Y0-ASU-739

兩千年中西曆對照表

A SINO-WESTERN CALENDAR

FOR TWO THOUSAND YEARS

1—2000 A.D.

BY

HSÜEH, CHUNG-SAN

AND

OUYANG, YI

THE STATISTICAL LABORATORY, PEIPING UNION MEDICAL COLLEGE, PEIPING, CHINA

KRISHNA PRESS
DIV. OF GORDON PRESS

New York 1974

LC No. 73-15410
ISBN No. 0-87968-096-2

GORDON PRESS
P. O. Box 459
Bowling Green Station
New York, N.Y. 10004

Printed in the United States of America

兩千年中西曆對照表

A SINO-WESTERN CALENDAR

FOR TWO THOUSAND YEARS

1—2000 A.D.

BY

HSÜEH, CHUNG-SAN

AND

OUYANG, YI

THE STATISTICAL LABORATORY, PEIPING UNION MEDICAL COLLEGE,
PEIPING, CHINA

KRISHNA PRESS
DIV. OF GORDON PRESS

New York 1974

方石珊先生序

薛仲三歐陽頤二君,在北平私立協和醫學院衛生科專攻統計學.近以餘暇,取中西日曆互相對照,由近代而推及於前時,凡年月日以及朔望星期等,俱列表以明之;俾吾人任舉中曆某年某月某日卽知其爲西曆某年某月某星期.孟子曰:『千歲之日至,可坐而致也』斯篇有焉.昔者,關於斯類之著作,大都爲史學之附庸,多舉其大,而不及其細;今則人事日繁,一切事物,均須詳核其歲時,而醫學界之關於生命統計者,尤須用爲參考.兩君以統計學之學識,成斯作,其有裨於世良多也.至其以簡御繁,綱舉目張,則覽者自得之,無庸鄙人之贅詞焉.

民國二十五年六月六日,方石珊書於故都首善醫院.

胡適先生序

薛仲三歐陽頤兩君,因為生命統計學上的需要,感覺到現行的幾部中西日曆對照表,都不很適用,所以他們發憤改作,造成這一部「兩千年中西曆對照表」.他們在自序裏說:此書「較葛麟瑞氏所著之頁數為少,而年代則八倍之;較陳垣氏所著之年數相若,而篇幅則少數倍」.我試驗此稿,檢查中西曆的對照,確是比別的書便利的多;其檢查某日為星期幾,雖須推算,也很便利.紀載干支,諸書均無最便利之方法;此書「每逢甲子月及各年中之第一甲子日,各於其右上方綴以星」.此法似仍不甚便利,鄙意以為可如此改良.

(一) 應採陳垣先生「二十史朔閏表」之長,於「日序」表之「月」欄下,增註每月朔日之干支.

例如民國二十五年丙子之月欄,可改為

月	朔
1	己巳
2	己亥
3	戊辰

(二) 月之干支,除推命之外,別無用處,似可全刪.否則逢「甲」月加一符號,例如甲子月為A,甲戌月為B,甲申月為C,甲午月為D,甲辰月為E,甲寅月為F,如此則可不須推算了.

此外如『甲子紀元』一項,毫無用處,亦可刪去.鄙見如此,不知編者以為何如?

二五,六月,廿六　胡適

袁貽瑾先生序

我國自採取西曆以來，雖逾廿載，然一般民衆沿用舊曆者，仍佔大多數。顧國內現無對照新舊曆便利之專書，以致關於生命統計．醫學．教育．心理．歷史等之研究上須計算實足年齡時，頗感困難．近年，爲求兒童實足年齡起見，曾語薛君仲三試作一簡易之新舊曆對照表．經渠幾費思索，由余補充意見，果得一表式；因用以暫作最近三十年陰陽曆對照表．表僅六頁，舉凡此三十年內任何陰陽曆對照日期，一檢即得，頗爲便利，且切實用．嗣薛與歐陽頤兩君，於暑假之暇，依照該表方式，增闢「星期」「干支」等欄；並考校近代曆書名著，正其訛誤；編成兩千年中西曆對照表一書．其包括年代既長，所佔篇幅且少，羅列事項猶全，用以檢查日期時，尤爲準確與迅速，此可謂曆書中之成功作品．今欣覩該書之告成，其有裨於科學界，自非淺鮮，爰樂爲之序．

袁貽瑾

序於北平協和醫學院

民國廿六年四月

自　序

中曆月之大小無定.越一年或二年置一閏月,閏月之夾錯,亦無顯然規律.其全年日數多則有爲三百八十四日,少則有爲三百五十四日.年差多可至三十日,少亦十餘日(一).西曆月之大小均有一定.如一三五七八十及十二月,均爲大月,各三十一日;四六九及十一月,均爲小月,各三十日;二月平年爲二十八日,閏年二十九日.至其何年爲平爲閏,均有固定算法(二).其平年日數爲三百六十五日.閏年三百六十六日.每年日數僅有時差一日.故世界上除少數國家(三),仍固守其舊有曆法外,皆已先後採用西曆.我邦自民國肇興,亦行明令廢止中曆,改用西曆,並頒定後者爲國曆.推行伊始,曾廣爲宣傳,俾舉國一致遵循;無如人民襲用中曆之習慣已成,迄於今日,尚未得悉行廢除.

關於生命統計一事,晚近已漸促國人注意.如南京,上海,南昌,重慶,昆明,閩侯,漢口,成都,青島,天津,北平等各大都市,皆先後舉行戶口調查.想不久即可推及全國,以爲確定人民參與政權,實行徵兵,強迫教育等事之準備;統計出生,死亡,婚姻,疾病等情形,以爲實施公共衞生改善環境之張本.凡此等等,皆與年齡有相當關係.然用中曆計算之年齡,極不翔實,故欲使所得結果美滿,必須將調查表上所記載之中曆生日化成西曆者,以求其實足年齡.顧調查表之份數往往以萬萬計,如一一經此手續,而無換算之專書,爲之佐助,耗時費事,且錯誤易生.想統計家分析調查資料時,莫不感此困難.利用簡單書表,增加中西日期互推之效率,乃爲當今急務.

(一) 前唐肅宗上元二年(761-62 A.D.).全年日數僅有二百九十五日;而寶元二年(762-63 A.D.則有四百十三日;兩年日數之差尤鉅.

(二) 西曆一五八二年以前,每逢其年數爲四之倍數時,即爲閏年;但西曆四年,值羅馬奧古斯都帝停閏,未置閏,乃爲例外.西曆一五八二年以後,每逢其年數爲四之倍數且年數末兩位不全爲零時,則閏;如全爲零,須能被四百整除時,方閏.

(三) 如埃及,希臘,波斯等.

近代編著中西合曆等書者,頗不乏人,其按年月日一一對照而編列之者,則有葛麟瑞先生所著之中西年曆合考(四),鄭鶴聲先生所著之近世中西史日對照表(五)等書;以西曆爲衡,中曆回曆爲權,則有陳垣先生所著之陳氏中西回史日曆(六);列出中曆月朔當西曆某月某日者,則有黃伯祿教士所著之中西年月通考(七)等書.以上各家著作,大都爲史學上之參考.或僤卷帙繁鉅,葛鄭二氏僅刊印近數百年之中西日曆,不得不將年代縮短;或慮年代過短,不敷史學上之參考,陳黃二氏將年代延展,而未能將中西對照日期一一列出,不得不删繁就簡,以省篇幅.此等書史學家用作參考,固已稱便,無乃於便利之程度上及應用範圍上,似均嫌未足,不無遺憾.

於是編者,在袁貽瑾教授指導之下,依統計觀點,以表列方式,作成兩千年中西曆對照表一書.舉凡曆書上之重要事項,如中西日期之對照,星期,干支等,皆行羅入.其所賅括之事項雖繁,起訖之年代雖久,但所佔篇幅不多,尚盡檢查之便.其較葛氏所著之頁數爲少,而年代則八倍之;較陳氏所著之年數相若,而篇幅則少數倍(八).此殆爲生命統計家之所蘄求者歟.餘如用以檢查中西對照日期,星期,干支等之史學家;用以求得兒童實足年齡與其身心發育關係之心理及教育學家;用以判定當事者之法定年齡,契約有效失效之期限等事之法律家;用以考覈病人罹病之日期及病之久暫之醫學家;用以檢查賬目票據利息年金等事之商界;用以檢中西對照日期,星期,干支,節氣,祖先誕辰及忌辰,家人之生辰,編修族譜等之民衆;等等,雖初非編者意之所鍾,倘用此書亦或能感到相當便利也.

(四) 葛麟瑞(瓊海關監督):中西年曆合考.上海,南京路十二號,Kelly and Walsh Ltd., 1905.書凡一鉅册,共五百頁.自西曆1751年起至2000年止,包括二百五十年.書內列入逐日中西曆對照日期,星期,甲子紀年,而月日干支闕焉.

(五) 鄭鶴聲(國立編譯館專任編譯)近世中西史日對照表.上海商務印書館,1936.書凡一鉅册,共八百餘頁.包括四百餘年.書內列入中西曆對照日期,星期,干支,節氣等.

(六) 陳垣(國立北京大學史學系教授):陳氏中西回史日曆.北平,國立北京大學研究所國學門,1926.書凡五鉅册,自西曆元年起至1940年止,包括一千九百餘年.書以西曆爲衡.中曆及回曆月首附於西曆相當日期之側.其他各相當日期須據月首遞推之.星期及干支之檢查,須按該書篇末附列之日曜表及甲子表.其檢查方法,不甚便利.該書之編輯,根據陳垣所著之二十史朔閏表.

(七) 黃伯祿(南京教士)中西年月通考.上海,Imprimerie de la Mission Catholique, 1910.書中列每年每月之干支,中曆月朔當西曆某月某日,及中曆月朔之干支.其餘各相當日期及干支,均須推算.該書上之中曆完全以汪日楨之歷代長術輯要爲準.

(八) 按陳氏所著,多回曆一項.附入回曆並不多佔篇幅,惟以此編限於中西日曆,故回曆一項,暫付闕如.

本書大體以黃伯祿教士之中西年月通考及陳垣先生之陳氏中西回史日曆二書爲準.遇有歧異處,則參證清汪曰楨之歷代長術輯要,陳垣先生之二十史朔閏表等書,以定舍從;並將異點列出(表十三),留待考校.汪曰楨曾殫精畢慮,閱時三十餘載,采證書籍百餘種,成二十四史月日考五十三卷,以繁而廢,遂別爲輯要十卷行世.故此輯要爲汪氏三十年心血之結晶.黃氏所著完全根據汪氏.陳垣先生曾將前人著述加以考校,且正其譌謬,先成二十史朔閏表,更推衍之,而成陳氏中西回史日曆一書.此書爲晚近曆書著作中之最完善者.今茲以黃陳二書爲準者,職此故耳.

本書之印稿,經過五次以上之校對,末兩次編者曾躬自參與俾以與所取作標準之書,除其本身有歧異外,完全一致爲鵠的.倘蒙讀者更發現錯誤,隨時賜教,則編者不勝翹企歡迎之至.

編　者

二五,八,五.

例 言

本書分正表及附錄:正表列歷代國號,帝號,年號,年數等,中西曆對照,星期,干支等.上起漢平帝元始元年(1-2 A.D.),下迄民國八十九年(2000-01 A.D.);附錄列與正表上同時並立各朝代朔閏與西曆之對照(表一至十二),陳黃二書異點之攷校(表十三),歷代帝系(表十四及十五),歷代年號(表十六),二十四節氣在西曆之約期(表十七)及六十干支與其序數(表十八).

本書正表共四百頁.每頁包括中曆五整年.頁分「年序」「陰曆月序」「陰曆日序」「星期」及「干支」五欄.「年序」欄下,記載國號,帝號,年號,年數等.「陰曆月序」欄下,有連續之數碼,是爲中曆月序,間有粗體數碼,是爲中曆閏月.與每年首月並列之粗體數碼,爲「月之干支數」,以爲推算該年各月干支之用.遇特殊情形時,則於一年內給兩個「月之干支數」,如淮陽王更始元年(23-24 A.D.)之「月之干支數」有二:一爲49,一爲50,意指1至前10月,適用49,後10至12月,適用50.「陰曆月序」欄下第一排之連續數碼1至30,爲中曆日序,再下之粗體數碼爲西曆月序,其中之O, N及D,各代表西曆十月,十一月及十二月;細體數碼爲西曆日序.「星期」欄下之數碼爲「星期數」,以爲推算每日星期之用.「干支」欄下之數碼爲「日之干支數」,以爲推算每日干支之用.

凡在某年第一月下畫有橫線者,如西漢王莽始建國元年(9-10A.D.),表明該年行用丑正,以寅正之十二月爲歲首;在其第二月下畫有橫線者,如前唐武后天授元年(690-91 A.D.),表明該年行用子正,以寅正之十一月爲歲首.

凡在年中某月改元者,則於該月旁加一「][」號,以識別之,在其正月改元者,聽.

甲子紀元始於軒轅黃帝六十一年,卽西曆紀元前2637年.求某年爲甲子紀元第幾週第幾年及該年之干支,法如下:

例: 問西曆1936年爲甲子紀元第幾週第幾年及該年之干支爲何?

[法則] 加2637於西曆年數上,以60除其和,如此所得之商數加以1,卽爲所求之週數;所得之餘數卽爲所求之年數,並代表該年之干支序數.

[運算] (2637+1936)÷60=76……13.

[答案] 西曆1936年爲甲子紀元77週13年丙子.

[注意] 如無餘時,則所得之商數,不必加以1,卽爲所求之週數.

我國習慣以屬相記憶歲數,如生在某年曰某屬相:子曰鼠,丑曰牛,寅曰虎,卯曰兔,辰曰龍,巳曰蛇,午曰馬,未曰羊,申曰猴,酉曰雞,戌曰狗及亥曰猪.

本書上之中曆,指我國昔日沿用之陰曆,舊曆而言;其西曆在一五八二年以前指儒略曆而言,以後指格勒哥里曆而言.民國紀元後頒用西曆,於是中西曆完全符合,本書上所書之民國幾年係指陰曆,非指所改用之新曆也.

回曆對於生命統計上之需要尙少,太平新曆已有專書(郭廷以,太平天國曆法攷訂,商務印書館,1937)刊行,本書不復表列.

爲使西國學者參攷便利起見,故夾註英文.

用 法

日期　利用正表,以檢查中西曆之對照日期,至爲簡易,茲舉例明之如下:

例:　問民國二十五年陰曆八月十五日爲西曆某年某月某日?

年序 Year	陰曆月序 Moon	陰曆日序 Order of days (Lunar) 1	2	3	4	5	6	7	8	9	10	11	12	13	14	15	16	17	18	19	20	21	22	23	24	25	26	27	28	29	30	星期 Week	干支 Cycle
民國 25 — 丙子 1936–37	26 1	24	25	26	27	28	29	30	31	21	2	3	4	5	6	7	8	9	10	11	12	13	14	15	16	17	18	19	20	21	22	4	41
	2	23	24	25	26	27	28	29	31	2	3	4	5	6	7	8	9	10	11	12	13	14	15	16	17	18	19	20	21	22	—	6	11
	3	23	24	25	26	27	28	29	30	31	41	2	3	4	5	6	7	8	9	10	11	12	13	14	15	16	17	18	19	20	—	0	40
	3	21	22	23	24	25	26	27	28	29	30	51	2	3	4	5	6	7	8	9	10	11	12	13	14	15	16	17	18	19	20	1	9
	4	21	22	23	24	25	26	27	28	29	30	31	61	2	3	4	5	6	7	8	9	10	11	12	13	14	15	16	17	18	—	3	39
	5	19	20	21	22	23	24	25	26	27	28	29	30	71	2	3	4	5	6	7	8	9	10	11	12	13	14	15	16	17	—	4	8
	6	18	19	20	21	22	23	24	25	26	27	28	29	30	31	81	2	3	4	5	6	7	8	9	10	11	12	13	14	15	16	5	37
	7	17	18	19	20	21	22	23	24	25	26	27	28	29	30	31	91	2	3	4	5	6	7	8	9	10	11	12	13	14	15	0	7
	8	16	17	18	19	20	21	22	23	24	25	26	27	28	29	30	01	2	3	4	5	6	7	8	9	10	11	12	13	14	—	2	37
	9	15	16	17	18	19	20	21	22	23	24	25	26	27	28	29	30	31	N1	2	3	4	5	6	7	8	9	10	11	12	13	3	6
	10	14	15	16	17	18	19	20	21	22	23	24	25	26	27	28	29	30	D1	2	3	4	5	6	7	8	9	10	11	12	13	5	36
	11	14	15	16	17	18	19	20	21	22	23	24	25	26	27	28	29	30	31	11	2	3	4	5	6	7	8	9	10	11	12	0	6
	12	13	14	15	16	17	18	19	20	21	22	23	24	25	26	27	28	29	30	31	21	2	3	4	5	6	7	8	9	10	—	2	36

先由正表「年序」欄查得民國二十五年(1936-37).次由其「陰曆月序」欄查得是年之中曆月序8.更由其「陰曆日序」欄查得中曆日序15.自8向右之橫行與自15向下之縱行,正交於30,卽所求之西曆日序;復自30逆推,則有29, 28, 27, ..., 3, 2, 1,而得粗體數字9,卽所求之西曆月序.於是知所求者爲西曆1936年9月30日.

反之,由西曆求中曆之對照日期,可依上法反求.

星期　利用「星期數」推算每日星期之法,如下例:

例:　問民國二十五年陰曆八月初一,初五,初十,十五,二十,二十五等日,各爲星期幾?

[法則]　以7除「星期數」與日數之和,如此所得之餘數爲幾,卽星期幾.

[運算]　由正表上查得民國二十五年陰曆八月之「星期數」爲2.於是

$(2+1)\div7=0......3,$

$(2+5)\div7=1......0,$

$(2+10)\div7=1......5,$

(2+15)÷7=2……3,

(2+20)÷7=3……1,

(2+25)÷7=3……6.

[答案] 所問者各爲星期三,日,五,三,一及六.

[注意] 1.如所加得之和小於7時,則無須除.

2.求西曆某年某月某日爲星期幾,須先查其中曆對照日期,然後再依上法推算.

3.如將中曆某月之「星期數」記在心中,則該月任何日爲星期幾,可脫口而出.

干支 求日之干支及干支所代表之日,其法各舉例明之如下:

例一: 問民國二十五年陰曆正月初一,初五,初十,十五,二十,二十五等日之干支各爲何?

[法則] 加「日之干支數」於陰曆日數上,如其和小於或等於60,則所得之數代表該日之干支序數;如大於60,減去60,如此所餘之數代表該日之干支序數,既有干支序數,用表十八,立可查得干支.

[運算] 由正表上查得民國二十五年陰曆正月之「日之干支數」爲41於是

41+1=42

41+5=46

41+10=51

41+15=56

41+20=61, 61−60=1

41+25=66, 66−60=6

[答案] 由表十八,查知所問者各爲乙巳,己酉,甲寅,己未,甲子及己巳.

[注意] 用「月之干支數」求每月之干支,理法同上.

例二 問民國二十五年陰曆四月癸卯,丁未,壬子,丁巳,壬戌及丁卯各代表何日?

[法則] 先查得代日之干支序數,由其內減去「日之干支數」,如此所餘之數代表陰曆日數;若不夠減時,加60於干支序數上,然後減之,如此所餘之數代表陰曆日數.

[運算] 由表十八,查得癸卯,丁未,壬子,丁巳,壬戌及丁卯之序數各爲40, 44, 49, 54. 59及4;由正表查得民國二十五年陰曆四月之「日之干支數」爲39. 於是

40−39=1

44−39=5

49−39=10

54−39=15

59−39=20

4+60−39=25

[答案] 所求者各爲初一日,初五日,初十日,十五日,二十日及二十五日.

[注意] 如知月之干支,則干支所代表之月,可由代表該月之地支知之.如寅正以寅月爲正月,卯月爲二月等是;丑正以丑月爲正月,寅月爲二月等是;及子正以子月爲正月,丑月爲二月等是.

編　者　附　言

(一)

本書關於干支,原文爲:『..,...每逢甲子月及每年中之第一甲子日,各於其右上方綴以星(*),其他各月日之干支,可依表十八遞推.』因編者專致意於中西日期之對照,初未重視月及日之干支,以致對於讀者檢查月日干支之便利上,未能熟加孜慮,深以爲歉!經胡適先生啓示後,遂將正表上原綴之星(*)除掉,而在其上增闢「干支」一欄,並在「陰曆月序」欄,填入「月之干支數」.其「甲子紀元」一項,亦擬遵胡適先生之意删去,但因該項只見於例言中,與其他各部分無關,姑存之.

於編輯此書時,蒙袁貽瑾先生隨時指導,胡適先生於匆匆赴美之前,予以有價值之批評與啓示,方石珊瞿宣頴兩先生慫恿與鼓勵,並承陳明軒,方明琛,楊子博,周瑞生四君輔助作稿或校對,特此誌謝.

編　　者

二五,八,十二

(二)

本書於民國二十五年八月脫稿,當卽交付上海商務印書館排印,至翌年七月該館完全將活字版排成.不意滬戰陡起,已排之版,未及取出,以致前功盡棄,至爲可惜,幸原稿於倉卒間,經該館移置安全處所,原稿部分,除瞿先生序無法搜獲外,餘均無缺.二十七年五月,該館擬重付排印,排印速率雖視前大減,然經該館多方努力,至二十八年歲杪,版又告竣.並且印稿由該館校對員負責校對.此皆爲編者所深感激者也.

二八,一二,二五

PREFACE

To a country like China, with a population well over 450,000,000, it is an undenied truth that a systematic census enumeration and an orderly registration of births, deaths and marriages are absolutely indispensable to the pavement of a better foundation for future progresses and developments. A systematic census enumeration provides an instantaneous picture of the community—a cross-section of the body-politic exhibiting its constitution at the point of time when it is made. An orderly registration of births may serve as evidences to prove the age and legitimacy of heirs, to establish age and proof of citizenship and descent in order to vote, to determine the relations of guardians and wards, to establish the right of admission to the professions and to many public offices, to determine the liability of parents for the debts of a minor and to prove the irresponsibility of children under legal age for crime and misdemeanor, and various other matters in the criminal code. And of still greater help to the government is that registration of births may serve also as testimonies in the claim for exemption from or the right to jury and military service, in the enforcement of law relating to education and child labor, in the furnishing of proof of citizenship in order to obtain a passport and of legal age to marry.

In addition to the purification of the internal order and system of a nation, especially in recent time when natural sciences reach the highest zenith, such registrations as registrations of deaths and marriages which have been somewhat neglected formerly have now also come to play a very important part in the well ordering and organizing of a country. The registrations of deaths and marriages, now paramount factors of vital statistics, the former analyzes the principal causes of deaths and the frequent age periods upon which mortalities usually occur and the latter affords a view of the mean age of marriages and the number of people who have married too early or too late, have both become the most essential sources of references to public health workers and eugenic practitioners. But much to our disappointment, all that we have just touched upon has to play with ages. It has been a customary habit of the Chinese to calculate ages basing the lunar calendar, despite the fact that order has been enforced by the Central Government for the abolishment of it. The Chinese consider a child to be one year old as soon as it first breathes and when it reaches the first lunar new year's day it is immediately supposed to be two years of age. This manner of reckoning ages highly impairs modern vital statistics. For if we make a certain survey basing upon these false records of ages we will surely not be able to come to any valuable conclusion. Furthermore if we take for instance, another case, say if we want to determine the age for military recruitments and if we count the ages of the youths according to the Chinese method of reckoning ages, we will commit a gross mistake, for then all the youths we thought to be of age for military service will all be under their required ages. Similar difficulty is encountering affairs of all sorts which have to do with ages.

The present urgent need is the securing of a better and convenient time-saved method for the transposing of Chinese ages to Western or to exact ages, the latter measure the lengths of time of persons surviving to the nearest of last birth dates and are therefore profitable for vital statisticians. There has been up to the present moment no better achievement purporting for such an undertaking saves the laborious methods of calculations which are still highly employed by census enumerators and vital statisticians. Though with the good calculating machines which fortune has profitted us and which have given us immeasurable facilities, yet it is hardly possible for us to admit that they have already fully met our need, for such undertakings as census enumeration, registrations of births, deaths, marriages, the determining of the lenghts of durations of certain morbidities and the calculating of the different age periods susceptible to certain kinds of diseases, usually involve millions of units of persons and if we make all the transposing of ages by means of painstaking calculations, it will have to take us years of time to complete a piece of statistical work.

In order to do away with the painful and wasteful calculations, some sort of tables such as tables of a concordance of the Sino-Western Calendar must be compiled basing which the transposing of Chinese ages to Western or to exact ages will need but a brisk of time. To fulfill this specific need, numerous attempts have been made by our predecessors and notably among which are those mentioned down below: "An Anglo-Chinese Calendar" by Charles Kliene, "A Comparative Daily Calendar for Chinese, European and Mohammedan History and Erh Shih Shih Shuo Jen Piao" by Professor Yüan Ch'en of the National University of Peking, "Concordance des Chronologies Néoméniques Chinoise et Européenne and a Notice of the Chinese Calendar" by Le Rév. Père Pierre Hoang and "Li Tai Ch'ang Shu Chi Yao" by Wong Yüeh-chen. The merits and demerits of the above mentioned will not be detailed here but a brief description of each of which will be given in the foot notes at the end of this preface. A glance of which will enable the readers to discern ceruse from natural bloom.

The present attainment, being perhaps the most complete treatise in existence in this field is superlative to its allied because of its unique method of presenting the desired factors through a systematic series of comprehensive tables and because of its numerous merits which far excel those that are already in books of the same line obtainable. It is especially written for vital statisticians as the compilers themselves are in connection with the Statistical Division of the Depart-

ment of Public Health of the Peiping Union Medical College and are by experience aware that the unavoided difficulties of reckoning Chinese ages which are now facing the public health workers and census enumerators must be eliminated by such a task. The book will become an inevitable friend to medical men, health officers and vital statisticians.

Besides this, it is also the aim of the writers that this book shall become a close friend to all historians, sociologists, and archæologists foreign as well. To those people, the present task will afford the conveniences of finding out the corresponding dates both Western and Chinese which they shall have to employ for the comparing of Chinese historical occurrences, different periods of social changes and periods in geological history in China within the 2,000 years, 1–2000 A. D. with that of Western Eras. For historians the compilers have specially outlined in tabulated form the different dynasties and reigns within the two thousand years, 1–2000 A.D. It is hoped that with such a table that historians may find convenient to master the Chinese history in the said 2,000 years thoroughly. Besides this the book is equally serviceable to merchants, lawyers, bankers, anthropologists, psychologists, philosophers, physicians, insurance companies, foreign tradesmen in China, domestic householders and governmental institutions.

FOOT NOTES

Charles Kliene, Anglo-Chinese Calendar, The Kelly & Walsh Ltd., 12 Nanking Road, Shanghai, 1905.

A huge volume, including 500 pages, covering a period of 250 years, 1751–2000 A.D., each year occupying two pages. It gives the corresponding week day to each day of both the Chinese and Western Calendars, etc.

Ch'en Yüan, A Comparative Daily Calendar for Chinese, European & Mohammedan History, The Sinological Research Institute at the National University of Peking, Peiping, 1926.

Five huge volumes, covering a period of 1,940 years, 1–1940 A.D., containing 970 pages, every two years occupying one page. The days of the Western Calendar are given fully from 1–1940 A.D., the first day of the moon of the lunar and Mohammedan year are attached by the side of the corresponding day of the Solar year. The calculation of the seven days of the week and the cycle for days are given in tables appended at the end of the book. Mr. Ch'en compiled this book as soon as his Erh Shih Shih Shuo Jen Piao was just off print.

Pierre Hoang, Concordance des Chronologies Néoméniques, Chinoise et Européenne, Imprimerie de La Mission Catholique, Shanghai, 1910.

A huge volume, including 569 pages, covering a period of 2,861 years, 841 B.C. to 2020 A.D. Every eigh years occupying a page, only the first day of each moon of the lunar year and its corresponding day in the Western Calendar are given. Cycles for moons and 1st day of each moon are also given, etc.

Cheng Ho-sheng, Chung Hsi Shih Jih Tui Chao Piao, Commercial Press, Shanghai, 1936.

A huge volume of more than 800 pages, covering a period of 425 years, 1516–1941 A. D. It gives the days of week and cycles for days both in the Chinese and Western Calendars.

Wong Yüeh-chen, Li Tai Ch'ang Shu Chi Yao, Kuang Hsü Fourth Year, 1878 A.D., Ch'ing Dynasty.

The author spent more than thirty years to accomplish this book. It is the book which Prof. Ch'en Yüan and Pierre Hoang have both regarded as their standard book of references for their then publications.

FOREWORD

This book is divided into two parts. The first part contains 400 pages including a period of 2,000 years from Hsi Han, Ping Ti First Year (1–2 A.D.) to the Republic of China 89th Year (2000–01 A.D.). The tables in the first part of this book are called main tables. The second part of this book contains 38 pages and is called the appendix. In it there are 12 tables (Tables 1–12, pp. 401–423) which present the corresponding days of Western months to the first day of each moon for the periods of years of the different kingdoms parallel in time with some of the principal dynasties, a table (Table 13, p. 424) which contrasts the mistakes that were rectified during the compiling of the book, a table (Table 14, pp. 425–430) which outlines the principal dynasties and reigns within the 2,000 years, 1–2000 A.D. in chronological order, a table (Table 15, pp. 431–433) which outlines the kingdoms and reigns parallel in time with the main dynasties in the 2,000 years, 1–2000 A.D., a table (Table 16, pp. 434–437) which is an index for the denominations of reigns of dynasties and kingdoms in alphabetical order a table (Table 17, p. 438) which gives the approximate dates of the twenty-four solar terms in western calendar and a table (Table 18, p. 438) which serves for finding the desired cycles for a given number of days of moon or moons or vice versa.

The main tables are served principally for the transposing of Chinese dates to Western, finding of the days of the week corresponding to certain given days and calculating of cycles for days of moon and moons. In each main table there are five sections. Each section contains a complete lunar year with its week and cyclic numbers. Looking vertically the main table is divided again into five separate columns. The first column, from the left to the right, is the year column. In each section of it there is recorded the denomination of the reign of the Dynasty, the year of the reign, the cycle of the year, the Western corresponding year, and if the year happens to be the first year of a new emperor or the first year of a new dynasty the desired name will also be attached. The second column is the moon column. In each section of it, there are the twelve moons of a lunar year and occasionally if there is a duplicated bold-faced number within the moon series, it is the intercalary moon of that year. In apposition to the first moon of each moon section there is a bold-faced figure which is served for the calculating of cycles for moons. Readers must pay great attention here, for there are a few exceptions where there are more than one bold-faced figure in apposition with moons in the moon section. When such condition appears it is because of the

alteration of the order of moons was effected by ruler of that time. The readers need not beware of the conditions of alteration, they are only required to follow the following suggestions. Whenever a second bold-faced figure is found other than the one in apposition with the first moon in the moon section, the calculating of cycles for moons after the second bold-faced figure and the one parallel with it will be done with the near bold-faced figure. The third column, the widest of all contains all the days of five lunar years in Western months. In it the bold-faced numbers are the Western months. The letters O, N and D denote the months, October, November and December respectively. Just on top of the third column and under the phrase "Order of Days (Lunar)" those number ranging from 1 to 30 are the series of days of a moon. The fourth column "the Week Number" column contains the numbers for the calculating the days of the week corresponding to given days. The last column "the Cyclic Number" column contains the numbers for the calculating of cycles for days of moon given.

If the first moon of a certain year is underlined, it indicates that the ruler of that year has employed the twelfth moon of the preceding year as the first moon of that year. For example, the year "Shih Chien Kuo First Year (9–10 A.D.)" has a line under its first moon, it is so because the ruler "Wang Mang" of that year had employed the twelfth moon of the preceding year as the first moon of that year. And similarly if the second moon of a year is underlined, it means that the ruler of that year had employed the 11th moon of the preceding year as the first moon of that year.

If such a mark "][" is found besides a certain moon in the moon section, it means that at that moon a new reign is inaugurated.

Sexagenary cycle: The Sexagenary cycle was originated in the year 2637 B.C. Thus the year 1936 is the 13th year of the 77th cycle. The calculation of which is very simple. Adding 2637 to 1936 then divide the sum by 60 "(2637+1936)÷60=76 . . . 13," the quotient thus obtained plus one will be the nearest cycle to which the remainder denoting the year is belonging.

But there is an exception which is to be carefully observed. For instance if we were asked to find out the year 1923 as to belong to which cycle of the Sexagenary link. In that case the quotient of (2637+1923)÷60=76 (no remainder) will not be increased by one, for the answer thus obtained is the nearest cycle of which the year 1923 is the last year.

Animals symbolizing years: The twelve animals symbolizing the years of the cycles are Rat, Ox, Tiger, Rabbit, Dragon, Snake, Horse, Sheep, Monkey, Fowl, Dog, and Pig. These animals are associated with the twelve "Terrestrial Branches," and indicate the years in the same order; Rat corresponding with Tzu, Ox with Ch'ou, etc. Thus the years "Chia-tzu, Ping-tzu, Wu-tzu, Keng-tzu and Jen-tzu" are symbolized by Rat and "Yi-ch'ou, Ting-ch'ou, Chi-ch'ou, Hsin-ch'ou and Kuei-ch'ou" are symbolized by Ox and so forth.

INTRODUCTION TO THE USE OF THE TABLES

Transposing of dates from Chinese to Western and vice versa

Example. Find the corresponding date in the Western calendar when the date in the old Chinese calendar is given to be the 15th day of the 8th "Moon" of the 25th year of the Republic of China.

Proceedings: In the section of the 25th year (1936–37) of the Republic of China, the figure 30, found at the intersection of two perpendicular lines drawn through 8 located in the series of numbers under the character "Moon" and 15 laid among the number range under the phrase "Order of Days (Lunar)," and to which the nearest bold-faced figure "9" found by tracing back from it is the month, is the number representing the day required.

Year	Moon	Order of Days (Lunar)																														Week	Cycle
		1	2	3	4	5	6	7	8	9	10	11	12	13	14	15	16	17	18	19	20	21	22	23	24	25	26	27	28	29	30		
民國25—丙子 1936–37	26 1	24	25	26	27	28	29	30	31	21	2	3	4	5	6	7	8	9	10	11	12	13	14	15	16	17	18	19	20	21	22	4	41
	2	23	24	25	26	27	28	29	31	2	3	4	5	6	7	8	9	10	11	12	13	14	15	16	17	18	19	20	21	22	—	6	11
	3	23	24	25	26	27	28	29	30	31	41	2	3	4	5	6	7	8	9	10	11	12	13	14	15	16	17	18	19	20	—	0	40
	3	21	22	23	24	25	26	27	28	29	30	51	2	3	4	5	6	7	8	9	10	11	12	13	14	15	16	17	18	19	20	1	9
	4	21	22	23	24	25	26	27	28	29	30	31	61	2	3	4	5	6	7	8	9	10	11	12	13	14	15	16	17	18	—	3	39
	5	19	20	21	22	23	24	25	26	27	28	29	30	71	2	3	4	5	6	7	8	9	10	11	12	13	14	15	16	17	—	4	8
	6	18	19	20	21	22	23	24	25	26	27	28	29	30	31	81	2	3	4	5	6	7	8	9	10	11	12	13	14	15	16	5	37
	7	17	18	19	20	21	22	23	24	25	26	27	28	29	30	31	91	2	3	4	5	6	7	8	9	10	11	12	13	14	15	0	7
	8	16	17	18	19	20	21	22	23	24	25	26	27	28	29	30	01	2	3	4	5	6	7	8	9	10	11	12	13	14	—	2	37
	9	15	16	17	18	19	20	21	22	23	24	25	26	27	28	29	30	31	N1	2	3	4	5	6	7	8	9	10	11	12	13	3	6
	10	14	15	16	17	18	19	20	21	22	23	24	25	26	27	28	29	30	D1	2	3	4	5	6	7	8	9	10	11	12	13	5	36
	11	14	15	16	17	18	19	20	21	22	23	24	25	26	27	28	29	30	31	11	2	3	4	5	6	7	8	9	10	11	12	0	6
	12	13	14	15	16	17	18	19	20	21	22	23	24	25	26	27	28	29	30	31	21	2	3	4	5	6	7	8	9	10	—	2	36

Answer: The 15th day of the 8th "Moon" of the 25th year of the Republic of China in the old Chinese calendar is September 30, 1936.

Remarks: The transposition of date from Western to Chinese is done by a reverse operation.

Days of the week

Example. Find the days of the week which correspond to the 1st day, 5th day, 10th day, 15th day, 20th day and 25th day of the 8th "Moon" of the 25th year of the Republic of China.

Rule: On dividing each of the sums of the "week number" corresponding to the "Moon" in question found in the 4th column of the main table and the numbers representing the days of the "Moon" given by 7, thus we have the remainders 0, 1, 2, 3, . . . , and 6. Where O means Sunday, 1, Monday, 2, Tuesday, 3, Wednesday, . . . , and 6, Saturday.

Proceedings: The "week number" which corresponds to the 8th "Moon" of the said year is found to be 2. Thus

$$\begin{aligned}
(\ 1+2)\div 7&=0 \ldots\ldots 3,\\
(\ 5+2)\div 7&=1 \ldots\ldots 0,\\
(10+2)\div 7&=1 \ldots\ldots 5,\\
(15+2)\div 7&=2 \ldots\ldots 3,\\
(20+2)\div 7&=3 \ldots\ldots 1,\\
(25+2)\div 7&=3 \ldots\ldots 6.
\end{aligned}$$

Answer: The 1st day, 5th day, 10th day, 15th day, 20th day and 25th day of the 8th "Moon" of the 25th year of the Republic of China are Wednesday, Sunday, Friday, Wednesday, Monday and Saturday respectively.

Remarks: 1. It is not necessary to divide when the sum obtained is less than 7. 2. For calculating days of the week corresponding to days in the Western calendar, it is necessary, first of all, to transpose the Western date to Chinese then proceed in a manner similar to the above.

Cycle for day of "Moon"

Example. Find the corresponding cycles for the 1st day, 5th day, 10th day, 15th day, 20th day and 25th day of the 1st "Moon" of the 25th year of the Republic of China.

Rule: On dividing each of the sums of the number representing the day of the "Moon" in question and the "cyclic number" corresponding to the said "Moon" found in the 5th column of the main table by 60, thus we have remainders 0, 1, 2, 3, . . . , and 59. Where O means Kuei-hai, 1, Chia-tzu, 2, Yi-ch'ou, 3, Ping-yin, . . . , and 59, Jen-hsü.

Proceedings: In the 5th column of the main table we find the number corresponds to the 1st "Moon" of the said year is 41. Thus

$$\begin{aligned}
(41+\ 1)\div 60&=0 \ldots\ldots 42,\\
(41+\ 5)\div 60&=0 \ldots\ldots 46\\
(41+10)\div 60&=0 \ldots\ldots 51,\\
(41+15)\div 60&=0 \ldots\ldots 56,\\
(41+20)\div 60&=1 \ldots\ldots 1,\\
(41+25)\div 60&=1 \ldots\ldots 6.
\end{aligned}$$

Then, from Table 18, we find that the cycles corresponding to the numbers 42, 46, 51, 56, 1 and 6 obtained are Yi-ssu, Chi-yu, Chia-yin, Chi-wei, Chia-tzu and Chi-ssu respectively.

Remarks: 1. Division by 60 is not necessary when the sum obtained is less than the divisor. 2. The cycles and its corresponding numbers are given in Table 18. 3. The methods for finding cycles for given "Moons" are exactly the same as above.

Corresponding days of "Moon" when cycles are given

Example. Find the corresponding days for the cycles Kuei-mao, Ting-wei, Jen-tzu, Ting-ssu, Jen-hsü and Ting-mao of the 4th "Moon" of the 25th year of the Republic of China.

Rule: The difference between the number representing the cycle of the day in question found in table 18 and the "cyclic number" for the moon in question found in the 5th column of the main table denotes the days of the moon corresponding to the given cycles. But 60 should be added before substraction when the latter is greater than the former.

Proceedings: From Table 18, the numbers corresponding to the given cycles: Kuei-mao, Ting-wei, Jen-tzu, Ting-ssu, Jen-hsü and Ting-mao are found to be 40, 44, 49, 54, 59 and 4 respectively and the "cyclic number" corresponding to the "Moon" in question is found, in the 5th column of the main table, to be 39. Thus

$$40-39=1,$$
$$44-39=5,$$
$$49-39=10,$$
$$54-39=15,$$
$$59-39=20,$$
$$4+60-39=25.$$

Answer: The days correspond to the given cycles are the 1st day, 5th day, 10th day, 15th day, 20th day and 25th day of the 4th "Moon" of the 25th year of the Republic of China respectively.

Remarks: The process of finding the "Moons" corresponding to certain given cycles of "Moons" is similar to the above.

年序 Year	陰曆月序 Moon	陰曆日序 Order of days (Lunar)																														星期 Week	干支 Cycle
		1	2	3	4	5	6	7	8	9	10	11	12	13	14	15	16	17	18	19	20	21	22	23	24	25	26	27	28	29	30		
西漢平帝元始1 辛酉 1-2	26 1	11	12	13	14	15	16	17	18	19	20	21	22	23	24	25	26	27	28	31	2	3	4	5	6	7	8	9	10	11	12	5	55
	2	13	14	15	16	17	18	19	20	21	22	23	24	25	26	27	28	29	30	31	41	2	3	4	5	6	7	8	9	10	—	0	25
	3	11	12	13	14	15	16	17	18	19	20	21	22	23	24	25	26	27	28	29	30	51	2	3	4	5	6	7	8	9	10	1	54
	4	11	12	13	14	15	16	17	18	19	20	21	22	23	24	25	26	27	28	29	30	31	61	2	3	4	5	6	7	8	—	3	24
	5	9	10	11	12	13	14	15	16	17	18	19	20	21	22	23	24	25	26	27	28	29	30	71	2	3	4	5	6	7	8	4	53
	6	9	10	11	12	13	14	15	16	17	18	19	20	21	22	23	24	25	26	27	28	29	30	31	81	2	3	4	5	6	—	6	23
	7	7	8	9	10	11	12	13	14	15	16	17	18	19	20	21	22	23	24	25	26	27	28	29	30	31	91	2	3	4	5	0	52
	8	6	7	8	9	10	11	12	13	14	15	16	17	18	19	20	21	22	23	24	25	26	27	28	29	30	O1	2	3	4	5	2	22
	9	6	7	8	9	10	11	12	13	14	15	16	17	18	19	20	21	22	23	24	25	26	27	28	29	30	31	N1	2	3	—	4	52
	10	4	5	6	7	8	9	10	11	12	13	14	15	16	17	18	19	20	21	22	23	24	25	26	27	28	29	30	D1	2	3	5	21
	11	4	5	6	7	8	9	10	11	12	13	14	15	16	17	18	19	20	21	22	23	24	25	26	27	28	29	30	31	11	—	0	51
	12	2	3	4	5	6	7	8	9	10	11	12	13	14	15	16	17	18	19	20	21	22	23	24	25	26	27	28	29	30	31	1	20
元始2 壬戌 2-3	38 1	21	2	3	4	5	6	7	8	9	10	11	12	13	14	15	16	17	18	19	20	21	22	23	24	25	26	27	28	31	—	3	50
	2	2	3	4	5	6	7	8	9	10	11	12	13	14	15	16	17	18	19	20	21	22	23	24	25	26	27	28	29	30	31	4	19
	3	41	2	3	4	5	6	7	8	9	10	11	12	13	14	15	16	17	18	19	20	21	22	23	24	25	26	27	28	29	—	6	49
	4	30	51	2	3	4	5	6	7	8	9	10	11	12	13	14	15	16	17	18	19	20	21	22	23	24	25	26	27	28	29	0	18
	5	30	31	61	2	3	4	5	6	7	8	9	10	11	12	13	14	15	16	17	18	19	20	21	22	23	24	25	26	27	—	2	48
	6	28	29	30	71	2	3	4	5	6	7	8	9	10	11	12	13	14	15	16	17	18	19	20	21	22	23	24	25	26	27	3	17
	7	28	29	30	31	81	2	3	4	5	6	7	8	9	10	11	12	13	14	15	16	17	18	19	20	21	22	23	24	25	—	5	47
	8	26	27	28	29	30	31	91	2	3	4	5	6	7	8	9	10	11	12	13	14	15	16	17	18	19	20	21	22	23	24	6	16
	8	25	26	27	28	29	30	O1	2	3	4	5	6	7	8	9	10	11	12	13	14	15	16	17	18	19	20	21	22	23	—	1	46
	9	24	25	26	27	28	29	30	31	N1	2	3	4	5	6	7	8	9	10	11	12	13	14	15	16	17	18	19	20	21	22	2	15
	10	23	24	25	26	27	28	29	30	D1	2	3	4	5	6	7	8	9	10	11	12	13	14	15	16	17	18	19	20	21	—	4	45
	11	22	23	24	25	26	27	28	29	30	31	11	2	3	4	5	6	7	8	9	10	11	12	13	14	15	16	17	18	19	20	5	14
	12	21	22	23	24	25	26	27	28	29	30	31	21	2	3	4	5	6	7	8	9	10	11	12	13	14	15	16	17	18	19	0	44
元始3 癸亥 3-4	50 1	20	21	22	23	24	25	26	27	28	31	2	3	4	5	6	7	8	9	10	11	12	13	14	15	16	17	18	19	20	—	2	14
	2	21	22	23	24	25	26	27	28	29	30	31	41	2	3	4	5	6	7	8	9	10	11	12	13	14	15	16	17	18	19	3	43
	3	20	21	22	23	24	25	26	27	28	29	30	51	2	3	4	5	6	7	8	9	10	11	12	13	14	15	16	17	18	—	5	13
	4	19	20	21	22	23	24	25	26	27	28	29	30	31	61	2	3	4	5	6	7	8	9	10	11	12	13	14	15	16	17	6	42
	5	18	19	20	21	22	23	24	25	26	27	28	29	30	71	2	3	4	5	6	7	8	9	10	11	12	13	14	15	16	—	1	12
	6	17	18	19	20	21	22	23	24	25	26	27	28	29	30	31	81	2	3	4	5	6	7	8	9	10	11	12	13	14	15	2	41
	7	16	17	18	19	20	21	22	23	24	25	26	27	28	29	30	31	91	2	3	4	5	6	7	8	9	10	11	12	13	—	4	11
	8	14	15	16	17	18	19	20	21	22	23	24	25	26	27	28	29	30	O1	2	3	4	5	6	7	8	9	10	11	12	13	5	40
	9	14	15	16	17	18	19	20	21	22	23	24	25	26	27	28	29	30	31	N1	2	3	4	5	6	7	8	9	10	11	—	0	10
	10	12	13	14	15	16	17	18	19	20	21	22	23	24	25	26	27	28	29	30	D1	2	3	4	5	6	7	8	9	10	11	1	39
	11	12	13	14	15	16	17	18	19	20	21	22	23	24	25	26	27	28	29	30	31	11	2	3	4	5	6	7	8	9	—	3	9
	12	10	11	12	13	14	15	16	17	18	19	20	21	22	23	24	25	26	27	28	29	30	31	21	2	3	4	5	6	7	8	4	38
元始4 甲子 4-5	2 1	9	10	11	12	13	14	15	16	17	18	19	20	21	22	23	24	25	26	27	28	31	2	3	4	5	6	7	8	9	—	6	8
	2	10	11	12	13	14	15	16	17	18	19	20	21	22	23	24	25	26	27	28	29	30	31	41	2	3	4	5	6	7	8	0	37
	3	9	10	11	12	13	14	15	16	17	18	19	20	21	22	23	24	25	26	27	28	29	30	51	2	3	4	5	6	7	—	2	7
	4	8	9	10	11	12	13	14	15	16	17	18	19	20	21	22	23	24	25	26	27	28	29	30	31	61	2	3	4	5	6	3	36
	5	7	8	9	10	11	12	13	14	15	16	17	18	19	20	21	22	23	24	25	26	27	28	29	30	71	2	3	4	5	6	5	6
	6	7	8	9	10	11	12	13	14	15	16	17	18	19	20	21	22	23	24	25	26	27	28	29	30	31	81	2	3	4	—	0	36
	7	5	6	7	8	9	10	11	12	13	14	15	16	17	18	19	20	21	22	23	24	25	26	27	28	29	30	31	91	2	3	1	5
	8	4	5	6	7	8	9	10	11	12	13	14	15	16	17	18	19	20	21	22	23	24	25	26	27	28	29	30	O1	2	—	3	35
	9	3	4	5	6	7	8	9	10	11	12	13	14	15	16	17	18	19	20	21	22	23	24	25	26	27	28	29	30	31	N1	4	4
	10	2	3	4	5	6	7	8	9	10	11	12	13	14	15	16	17	18	19	20	21	22	23	24	25	26	27	28	29	30	—	6	34
	11	D1	2	3	4	5	6	7	8	9	10	11	12	13	14	15	16	17	18	19	20	21	22	23	24	25	26	27	28	29	30	0	3
	12	31	11	2	3	4	5	6	7	8	9	10	11	12	13	14	15	16	17	18	19	20	21	22	23	24	25	26	27	28	—	2	33
元始5 乙丑 5-6	14 1	29	30	31	21	2	3	4	5	6	7	8	9	10	11	12	13	14	15	16	17	18	19	20	21	22	23	24	25	26	27	3	2
	2	28	31	2	3	4	5	6	7	8	9	10	11	12	13	14	15	16	17	18	19	20	21	22	23	24	25	26	27	28	—	5	32
	3	29	30	31	41	2	3	4	5	6	7	8	9	10	11	12	13	14	15	16	17	18	19	20	21	22	23	24	25	26	27	6	1
	4	28	29	30	51	2	3	4	5	6	7	8	9	10	11	12	13	14	15	16	17	18	19	20	21	22	23	24	25	26	—	1	31
	5	27	28	29	30	31	61	2	3	4	5	6	7	8	9	10	11	12	13	14	15	16	17	18	19	20	21	22	23	24	25	2	0
	5	26	27	28	29	30	71	2	3	4	5	6	7	8	9	10	11	12	13	14	15	16	17	18	19	20	21	22	23	24	—	4	30
	6	25	26	27	28	29	30	31	81	2	3	4	5	6	7	8	9	10	11	12	13	14	15	16	17	18	19	20	21	22	23	5	59
	7	24	25	26	27	28	29	30	31	91	2	3	4	5	6	7	8	9	10	11	12	13	14	15	16	17	18	19	20	21	22	0	29
	8	23	24	25	26	27	28	29	30	O1	2	3	4	5	6	7	8	9	10	11	12	13	14	15	16	17	18	19	20	21	—	2	59
	9	22	23	24	25	26	27	28	29	30	31	N1	2	3	4	5	6	7	8	9	10	11	12	13	14	15	16	17	18	19	20	3	28
	10	21	22	23	24	25	26	27	28	29	30	D1	2	3	4	5	6	7	8	9	10	11	12	13	14	15	16	17	18	19	—	5	58
	11	20	21	22	23	24	25	26	27	28	29	30	31	11	2	3	4	5	6	7	8	9	10	11	12	13	14	15	16	17	18	6	27
	12	19	20	21	22	23	24	25	26	27	28	29	30	31	21	2	3	4	5	6	7	8	9	10	11	12	13	14	15	16	—	1	57

西曆四年，值羅馬澳古斯都帝停閏，故是年二月仍爲二十八日.
The intercalary day of February of the 4th year A.D. was eliminated by the Pope of the Roman Church.

2

年序 Year		陰曆月序 Moon	陰曆日序 Order of days (Lunar) 1 2 3 4 5	6 7 8 9 10	11 12 13 14 15	16 17 18 19 20	21 22 23 24 25	26 27 28 29 30	星期 Week	干支 Cycle
孺子嬰居攝 1 丙寅 6–7	26	1	17 18 19 20 21	22 23 24 25 26	27 28 31 2 3	4 5 6 7 8	9 10 11 12 13	14 15 16 17 18	2	26
		2	19 20 21 22 23	24 25 26 27 28	29 30 31 41 2	3 4 5 6 7	8 9 10 11 12	13 14 15 16 —	4	56
		3	17 18 19 20 21	22 23 24 25 26	27 28 29 30 51	2 3 4 5 6	7 8 9 10 11	12 13 14 15 16	5	25
		4	17 18 19 20 21	22 23 24 25 26	27 28 29 30 31	61 2 3 4 5	6 7 8 9 10	11 12 13 14 —	0	55
		5	15 16 17 18 19	20 21 22 23 24	25 26 27 28 29	30 71 2 3 4	5 6 7 8 9	10 11 12 13 14	1	24
		6	15 16 17 18 19	20 21 22 23 24	25 26 27 28 29	30 31 81 2 3	4 5 6 7 8	9 10 11 12 —	3	54
		7	13 14 15 16 17	18 19 20 21 22	23 24 25 26 27	28 29 30 31 91	2 3 4 5 6	7 8 9 10 11	4	23
		8	12 13 14 15 16	17 18 19 20 21	22 23 24 25 26	27 28 29 30 01	2 3 4 5 6	7 8 9 10 —	6	53
		9	11 12 13 14 15	16 17 18 19 20	21 22 23 24 25	26 27 28 29 30	31 N1 2 3 4	5 6 7 8 9	0	22
		10	10 11 12 13 14	15 16 17 18 19	20 21 22 23 24	25 26 27 28 29	30 D1 2 3 4	5 6 7 8 —	2	52
		11	9 10 11 12 13	14 15 16 17 18	19 20 21 22 23	24 25 26 27 28	29 30 31 11 2	3 4 5 6 7	3	21
		12	8 9 10 11 12	13 14 15 16 17	18 19 20 21 22	23 24 25 26 27	28 29 30 31 21	2 3 4 5 6	5	51
居攝 2 丁卯 7–8	38	1	7 8 9 10 11	12 13 14 15 16	17 18 19 20 21	22 23 24 25 26	27 28 31 2 3	4 5 6 7 —	0	21
		2	8 9 10 11 12	13 14 15 16 17	18 19 20 21 22	23 24 25 26 27	28 29 30 31 41	2 3 4 5 6	1	50
		3	7 8 9 10 11	12 13 14 15 16	17 18 19 20 21	22 23 24 25 26	27 28 29 30 51	2 3 4 5 —	3	20
		4	6 7 8 9 10	11 12 13 14 15	16 17 18 19 20	21 22 23 24 25	26 27 28 29 30	31 61 2 3 4	4	49
		5	5 6 7 8 9	10 11 12 13 14	15 16 17 18 19	20 21 22 23 24	25 26 27 28 29	30 71 2 3 —	6	19
		6	4 5 6 7 8	9 10 11 12 13	14 15 16 17 18	19 20 21 22 23	24 25 26 27 28	29 30 31 81 2	0	48
		7	3 4 5 6 7	8 9 10 11 12	13 14 15 16 17	18 19 20 21 22	23 24 25 26 27	28 29 30 31 —	2	18
		8	91 2 3 4 5	6 7 8 9 10	11 12 13 14 15	16 17 18 19 20	21 22 23 24 25	26 27 28 29 30	3	47
		9	01 2 3 4 5	6 7 8 9 10	11 12 13 14 15	16 17 18 19 20	21 22 23 24 25	26 27 28 29 —	5	17
		10	30 31 N1 2 3	4 5 6 7 8	9 10 11 12 13	14 15 16 17 18	19 20 21 22 23	24 25 26 27 28	6	46
		11	29 30 D1 2 3	4 5 6 7 8	9 10 11 12 13	14 15 16 17 18	19 20 21 22 23	24 25 26 27 —	1	16
		12	28 29 30 31 11	2 3 4 5 6	7 8 9 10 11	12 13 14 15 16	17 18 19 20 21	22 23 24 25 26	2	45
初始 1 戊辰 □ 8–9	50	1	27 28 29 30 31	21 2 3 4 5	6 7 8 9 10	11 12 13 14 15	16 17 18 19 20	21 22 23 24 —	4	15
		1	25 26 27 28 29	31 2 3 4 5	6 7 8 9 10	11 12 13 14 15	16 17 18 19 20	21 22 23 24 25	5	44
		2	26 27 28 29 30	31 41 2 3 4	5 6 7 8 9	10 11 12 13 14	15 16 17 18 19	20 21 22 23 24	0	14
		3	25 26 27 28 29	30 51 2 3 4	5 6 7 8 9	10 11 12 13 14	15 16 17 18 19	20 21 22 23 —	2	44
		4	24 25 26 27 28	29 30 31 61 2	3 4 5 6 7	8 9 10 11 12	13 14 15 16 17	18 19 20 21 22	3	13
		5	23 24 25 26 27	28 29 30 71 2	3 4 5 6 7	8 9 10 11 12	13 14 15 16 17	18 19 20 21 —	5	43
		6	22 23 24 25 26	27 28 29 30 31	81 2 3 4 5	6 7 8 9 10	11 12 13 14 15	16 17 18 19 20	6	12
		7	21 22 23 24 25	26 27 28 29 30	31 91 2 3 4	5 6 7 8 9	10 11 12 13 14	15 16 17 18 —	1	42
		8	19 20 21 22 23	24 25 26 27 28	29 30 01 2 3	4 5 6 7 8	9 10 11 12 13	14 15 16 17 18	2	11
		9	19 20 21 22 23	24 25 26 27 28	29 30 31 N1 2	3 4 5 6 7	8 9 10 11 12	13 14 15 16 —	4	41
		10	17 18 19 20 21	22 23 24 25 26	27 28 29 30 D1	2 3 4 5 6	7 8 9 10 11	12 13 14 15 16	5	10
		11][	17 18 19 20 21	22 23 24 25 26	27 28 29 30 31	11 2 3 4 5	6 7 8 9 10	11 12 13 14 —	0	40
王莽始建國 1 己巳 9–10	1	1	15 16 17 18 19	20 21 22 23 24	25 26 27 28 29	30 31 21 2 3	4 5 6 7 8	9 10 11 12 13	1	9
		2	14 15 16 17 18	19 20 21 22 23	24 25 26 27 28	31 2 3 4 5	6 7 8 9 10	11 12 13 14 —	3	39
		3	15 16 17 18 10	20 21 22 23 24	25 26 27 28 29	30 31 41 2 3	4 5 6 7 8	9 10 11 12 13	4	8
		4	14 15 16 17 18	19 20 21 22 23	24 25 26 27 28	29 30 51 2 3	4 5 6 7 8	9 10 11 12 —	6	38
		5	13 14 15 16 17	18 19 20 21 22	23 24 25 26 27	28 29 30 31 61	2 3 4 5 6	7 8 9 10 11	0	7
		6	12 13 14 15 16	17 18 19 20 21	22 23 24 25 26	27 28 29 30 71	2 3 4 5 6	7 8 9 10 —	2	37
		7	11 12 13 14 15	16 17 18 19 20	21 22 23 24 25	26 27 28 29 30	31 81 2 3 4	5 6 7 8 9	3	6
		8	10 11 12 13 14	15 16 17 18 19	20 21 22 23 24	25 26 27 28 29	30 31 91 2 3	4 5 6 7 8	5	36
		9	9 10 11 12 13	14 15 16 17 18	19 20 21 22 23	24 25 26 27 28	29 30 01 2 3	4 5 6 7 —	0	6
		10	8 9 10 11 12	13 14 15 16 17	18 19 20 21 22	23 24 25 26 27	28 29 30 31 N1	2 3 4 5 6	1	35
		11	7 8 9 10 11	12 13 14 15 16	17 18 19 20 21	22 23 24 25 26	27 28 29 30 D1	2 3 4 5 —	3	5
		12	6 7 8 9 10	11 12 13 14 15	16 17 18 19 20	21 22 23 24 25	26 27 28 29 30	31 11 2 3 4	4	34
始建國 2 庚午 10–11	13	1	5 6 7 8 9	10 11 12 13 14	15 16 17 18 19	20 21 22 23 24	25 26 27 28 29	30 31 21 2 —	6	4
		2	3 4 5 6 7	8 9 10 11 12	13 14 15 16 17	18 19 20 21 22	23 24 25 26 27	28 31 2 3 4	0	33
		3	5 6 7 8 9	10 11 12 13 14	15 16 17 18 19	20 21 22 23 24	25 26 27 28 29	30 31 41 2 —	2	3
		4	3 4 5 6 7	8 9 10 11 12	13 14 15 16 17	18 19 20 21 22	23 24 25 26 27	28 29 30 51 2	3	32
		5	3 4 5 6 7	8 9 10 11 12	13 14 15 16 17	18 19 20 21 22	23 24 25 26 27	28 29 30 31 —	5	2
		6	61 2 3 4 5	6 7 8 9 10	11 12 13 14 15	16 17 18 19 20	21 22 23 24 25	26 27 28 29 30	6	31
		7	71 2 3 4 5	6 7 8 9 10	11 12 13 14 15	16 17 18 19 20	21 22 23 24 25	26 27 28 29 —	1	1
		8	30 31 81 2 3	4 5 6 7 8	9 10 11 12 13	14 15 16 17 18	19 20 21 22 23	24 25 26 27 28	2	30
		9	29 30 31 91 2	3 4 5 6 7	8 9 10 11 12	13 14 15 16 17	18 19 20 21 22	23 24 25 26 —	4	0
		10	27 28 29 30 01	2 3 4 5 6	7 8 9 10 11	12 13 14 15 16	17 18 19 20 21	22 23 24 25 26	5	29
		10	27 28 29 30 31	N1 2 3 4 5	6 7 8 9 10	11 12 13 14 15	16 17 18 19 20	21 22 23 24 —	0	59
		11	25 26 27 28 29	30 D1 2 3 4	5 6 7 8 9	10 11 12 13 14	15 16 17 18 19	20 21 22 23 24	1	28
		12	25 26 27 28 29	30 31 11 2 3	4 5 6 7 8	9 10 11 12 13	14 15 16 17 18	19 20 21 22 23	3	58

□ 王莽建丑，即王莽以西漢孺子嬰初始元年之十二月爲其始建國元年之正月，故初始元年少十二月.
Wang Mang dethroned King Ju Tzu Ying of Hsi Han and took the 12th moon of the year "Ch'u Shih First Year (8–9 A.D.)" of the reign of the latter as the first moon of the first year "Shih Chien Kuo First Year (9–10 A.D.)" of his reign. Thus the 12th moon of the year "Ch'u Shih First Year" is lacking.

年序 Year	陰曆月序 Moon	1 2 3 4 5	6 7 8 9 10	11 12 13 14 15	16 17 18 19 20	21 22 23 24 25	26 27 28 29 30	星期 Week	干支 Cycle
		陰曆日序 Order of days (Lunar)							
始建國 3 辛未 11–12	25 1	24 25 26 27 28	29 30 31 21 2	3 4 5 6 7	8 9 10 11 12	13 14 15 16 17	18 19 20 21 —	5	28
	2	22 23 24 25 26	27 28 31 2 3	4 5 6 7 8	9 10 11 12 13	14 15 16 17 18	19 20 21 22 23	6	57
	3	24 25 26 27 28	29 30 31 41 2	3 4 5 6 7	8 9 10 11 12	13 14 15 16 17	18 19 20 21 —	1	27
	4	22 23 24 25 26	27 28 29 30 51	2 3 4 5 6	7 8 9 10 11	12 13 14 15 16	17 18 19 20 21	2	56
	5	22 23 24 25 26	27 28 29 30 31	61 2 3 4 5	6 7 8 9 10	11 12 13 14 15	16 17 18 19 —	4	26
	6	20 21 22 23 24	25 26 27 28 29	30 71 2 3 4	5 6 7 8 9	10 11 12 13 14	15 16 17 18 19	5	55
	7	20 21 22 23 24	25 26 27 28 29	30 31 81 2 3	4 5 6 7 8	9 10 11 12 13	14 15 16 17 —	0	25
	8	18 19 20 21 22	23 24 25 26 27	28 29 30 31 91	2 3 4 5 6	7 8 9 10 11	12 13 14 15 16	1	54
	9	17 18 19 20 21	22 23 24 25 26	27 28 29 30 O1	2 3 4 5 6	7 8 9 10 11	12 13 14 15 —	3	24
	10	16 17 18 19 20	21 22 23 24 25	26 27 28 29 30	31 N1 2 3 4	5 6 7 8 9	10 11 12 13 14	4	53
	11	15 16 17 18 19	20 21 22 23 24	25 26 27 28 29	30 D1 2 3 4	5 6 7 8 9	10 11 12 13 —	6	23
	12	14 15 16 17 18	19 20 21 22 23	24 25 26 27 28	29 30 31 11 2	3 4 5 6 7	8 9 10 11 12	0	52
始建國 4 壬申 12–13	37 1	13 14 15 16 17	18 19 20 21 22	23 24 25 26 27	28 29 30 31 21	2 3 4 5 6	7 8 9 10 —	2	22
	2	11 12 13 14 15	16 17 18 19 20	21 22 23 24 25	26 27 28 29 31	2 3 4 5 6	7 8 9 10 11	3	51
	3	12 13 14 15 16	17 18 19 20 21	22 23 24 25 26	27 28 29 30 31	41 2 3 4 5	6 7 8 9 10	5	21
	4	11 12 13 14 15	16 17 18 19 20	21 22 23 24 25	26 27 28 29 30	51 2 3 4 5	6 7 8 9 —	0	51
	5	10 11 12 13 14	15 16 17 18 19	20 21 22 23 24	25 26 27 28 29	30 31 61 2 3	4 5 6 7 8	1	20
	6	9 10 11 12 13	14 15 16 17 18	19 20 21 22 23	24 25 26 27 28	29 30 71 2 3	4 5 6 7 —	3	50
	7	8 9 10 11 12	13 14 15 16 17	18 19 20 21 22	23 24 25 26 27	28 29 30 31 81	2 3 4 5 6	4	19
	8	7 8 9 10 11	12 13 14 15 16	17 18 19 20 21	22 23 24 25 26	27 28 29 30 31	91 2 3 4 —	6	49
	9	5 6 7 8 9	10 11 12 13 14	15 16 17 18 19	20 21 22 23 24	25 26 27 28 29	30 O1 2 3 4	0	18
	10	5 6 7 8 9	10 11 12 13 14	15 16 17 18 19	20 21 22 23 24	25 26 27 28 29	30 31 N1 2 —	2	48
	11	3 4 5 6 7	8 9 10 11 12	13 14 15 16 17	18 19 20 21 22	23 24 25 26 27	28 29 30 D1 2	3	17
	12	3 4 5 6 7	8 9 10 11 12	13 14 15 16 17	18 19 20 21 22	23 24 25 26 27	28 29 30 31 —	5	47
始建國 5 癸酉 13–14	49 1	11 2 3 4 5	6 7 8 9 10	11 12 13 14 15	16 17 18 19 20	21 22 23 24 25	26 27 28 29 30	0	16
	2	31 21 2 3 4	5 6 7 8 9	10 11 12 13 14	15 16 17 18 19	20 21 22 23 24	25 26 27 28 —	1	46
	3	31 2 3 4 5	6 7 8 9 10	11 12 13 14 15	16 17 18 19 20	21 22 23 24 25	26 27 28 29 30	2	15
	4	31 41 2 3 4	5 6 7 8 9	10 11 12 13 14	15 16 17 18 19	20 21 22 23 24	25 26 27 28 —	4	45
	5	29 30 51 2 3	4 5 6 7 8	9 10 11 12 13	14 15 16 17 18	19 20 21 22 23	24 25 26 27 28	5	14
	6	29 30 31 61 2	3 4 5 6 7	8 9 10 11 12	13 14 15 16 17	18 19 20 21 22	23 24 25 26 —	0	44
	7	27 28 29 30 71	2 3 4 5 6	7 8 9 10 11	12 13 14 15 16	17 18 19 20 21	22 23 24 25 26	1	13
	8	27 28 29 30 31	81 2 3 4 5	6 7 8 9 10	11 12 13 14 15	16 17 18 19 20	21 22 23 24 25	3	43
	8	26 27 28 29 30	31 91 2 3 4	5 6 7 8 9	10 11 12 13 14	15 16 17 18 19	20 21 22 23 —	5	13
	9	24 25 26 27 28	29 30 O1 2 3	4 5 6 7 8	9 10 11 12 13	14 15 16 17 18	19 20 21 22 23	6	42
	10	24 25 26 27 28	29 30 31 N1 2	3 4 5 6 7	8 9 10 11 12	13 14 15 16 17	18 19 20 21 —	1	12
	11	22 23 24 25 26	27 28 29 30 D1	2 3 4 5 6	7 8 9 10 11	12 13 14 15 16	17 18 19 20 21	2	41
	12	22 23 24 25 26	27 28 29 30 31	11 2 3 4 5	6 7 8 9 10	11 12 13 14 15	16 17 18 19 —	4	11
天鳳 1 甲戌 14–15	1 1	20 21 22 23 24	25 26 27 28 29	30 31 21 2 3	4 5 6 7 8	9 10 11 12 13	14 15 16 17 18	5	40
	2	19 20 21 22 23	24 25 26 27 28	31 2 3 4 5	6 7 8 9 10	11 12 13 14 15	16 17 18 19 —	0	10
	3	20 21 22 23 24	25 26 27 28 29	30 31 41 2 3	4 5 6 7 8	9 10 11 12 13	14 15 16 17 18	1	39
	4	19 20 21 22 23	24 25 26 27 28	29 30 51 2 3	4 5 6 7 8	9 10 11 12 13	14 15 16 17 —	3	9
	5	18 19 20 21 22	23 24 25 26 27	28 29 30 31 61	2 3 4 5 6	7 8 9 10 11	12 13 14 15 16	4	38
	6	17 18 19 20 21	22 23 24 25 26	27 28 29 30 71	2 3 4 5 6	7 8 9 10 11	12 13 14 15 —	6	8
	7	16 17 18 19 20	21 22 23 24 25	26 27 28 29 30	31 81 2 3 4	5 6 7 8 9	10 11 12 13 14	0	37
	8	15 16 17 18 19	20 21 22 23 24	25 26 27 28 29	30 31 91 2 3	4 5 6 7 8	9 10 11 12 —	2	7
	9	13 14 15 16 17	18 19 20 21 22	23 24 25 26 27	28 29 30 O1 2	3 4 5 6 7	8 9 10 11 12	3	36
	10	13 14 15 16 17	18 19 20 21 22	23 24 25 26 27	28 29 30 31 N1	2 3 4 5 6	7 8 9 10 11	5	6
	11	12 13 14 15 16	17 18 19 20 21	22 23 24 25 26	27 28 29 30 D1	2 3 4 5 6	7 8 9 10 —	0	36
	12	11 12 13 14 15	16 17 18 19 20	21 22 23 24 25	26 27 28 29 30	31 11 2 3 4	5 6 7 8 9	1	5
天鳳 2 乙亥 15–16	13 1	10 11 12 13 14	15 16 17 18 19	20 21 22 23 24	25 26 27 28 29	30 31 21 2 3	4 5 6 7 —	3	35
	2	8 9 10 11 12	13 14 15 16 17	18 19 20 21 22	23 24 25 26 27	28 31 2 3 4	5 6 7 8 9	4	4
	3	10 11 12 13 14	15 16 17 18 19	20 21 22 23 24	25 26 27 28 29	30 31 41 2 3	4 5 6 7 —	6	34
	4	8 9 10 11 12	13 14 15 16 17	18 19 20 21 22	23 24 25 26 27	28 29 30 51 2	3 4 5 6 7	0	3
	5	8 9 10 11 12	13 14 15 16 17	18 19 20 21 22	23 24 25 26 27	28 29 30 31 61	2 3 4 5 —	2	33
	6	6 7 8 9 10	11 12 13 14 15	16 17 18 19 20	21 22 23 24 25	26 27 28 29 30	71 2 3 4 5	3	2
	7	6 7 8 9 10	11 12 13 14 15	16 17 18 19 20	21 22 23 24 25	26 27 28 29 30	31 81 2 3 —	5	32
	8	4 5 6 7 8	9 10 11 12 13	14 15 16 17 18	19 20 21 22 23	24 25 26 27 28	29 30 31 91 2	6	1
	9	3 4 5 6 7	8 9 10 11 12	13 14 15 16 17	18 19 20 21 22	23 24 25 26 27	28 29 30 O1 —	1	31
	10	2 3 4 5 6	7 8 9 10 11	12 13 14 15 16	17 18 19 20 21	22 23 24 25 26	27 28 29 30 31	2	0
	11	N1 2 3 4 5	6 7 8 9 10	11 12 13 14 15	16 17 18 19 20	21 22 23 24 25	26 27 28 29 —	4	30
	12	30 D1 2 3 4	5 6 7 8 9	10 11 12 13 14	15 16 17 18 19	20 21 22 23 24	25 26 27 28 29	5	59

年序 Year	陰曆月序 Moon	陰曆日序 Order of days (Lunar)						星期 Week	干支 Cycle
		1 2 3 4 5	6 7 8 9 10	11 12 13 14 15	16 17 18 19 20	21 22 23 24 25	26 27 28 29 30		
天凤 3 丙子 16–17	25 1	30 31 11 2 3	4 5 6 7 8	9 10 11 12 13	14 15 16 17 18	19 20 21 22 23	24 25 26 27 —	0	29
	2	28 29 30 31 21	2 3 4 5 6	7 8 9 10 11	12 13 14 15 16	17 18 19 20 21	22 23 24 25 26	1	58
	3	27 28 29 31 2	3 4 5 6 7	8 9 10 11 12	13 14 15 16 17	18 19 20 21 22	23 24 25 26 27	3	28
	4	28 29 30 31 41	2 3 4 5 6	7 8 9 10 11	12 13 14 15 16	17 18 19 20 21	22 23 24 25 —	5	58
	5	26 27 28 29 30	51 2 3 4 5	6 7 8 9 10	11 12 13 14 15	16 17 18 19 20	21 22 23 24 25	6	27
	5	26 27 28 29 30	31 61 2 3 4	5 6 7 8 9	10 11 12 13 14	15 16 17 18 19	20 21 22 23 —	1	57
	6	24 25 26 27 28	29 30 71 2 3	4 5 6 7 8	9 10 11 12 13	14 15 16 17 18	19 20 21 22 23	2	26
	7	24 25 26 27 28	29 30 31 81 2	3 4 5 6 7	8 9 10 11 12	13 14 15 16 17	18 19 20 21 —	4	56
	8	22 23 24 25 26	27 28 29 30 31	91 2 3 4 5	6 7 8 9 10	11 12 13 14 15	16 17 18 19 20	5	25
	9	21 22 23 24 25	26 27 28 29 30	01 2 3 4 5	6 7 8 9 10	11 12 13 14 15	16 17 18 19 —	0	55
	10	20 21 22 23 24	25 26 27 28 29	30 31 N1 2 3	4 5 6 7 8	9 10 11 12 13	14 15 16 17 18	1	24
	11	19 20 21 22 23	24 25 26 27 28	29 30 D1 2 3	4 5 6 7 8	9 10 11 12 13	14 15 16 17 —	3	54
	12	18 19 20 21 22	23 24 25 26 27	28 29 30 31 11	2 3 4 5 6	7 8 9 10 11	12 13 14 15 16	4	23
天凤 4 丁丑 17–18	37 1	17 18 19 20 21	22 23 24 25 26	27 28 29 30 31	21 2 3 4 5	6 7 8 9 10	11 12 13 14 —	6	53
	2	15 16 17 18 19	20 21 22 23 24	25 26 27 28 31	2 3 4 5 6	7 8 9 10 11	12 13 14 15 16	0	22
	3	17 18 19 20 21	22 23 24 25 26	27 28 29 30 31	41 2 3 4 5	6 7 8 9 10	11 12 13 14 —	2	52
	4	15 16 17 18 19	20 21 22 23 24	25 26 27 28 29	30 51 2 3 4	5 6 7 8 9	10 11 12 13 14	3	21
	5	15 16 17 18 19	20 21 22 23 24	25 26 27 28 29	30 31 61 2 3	4 5 6 7 8	9 10 11 12 —	5	51
	6	13 14 15 16 17	18 19 20 21 22	23 24 25 26 27	28 29 30 71 2	3 4 5 6 7	8 9 10 11 12	6	20
	7	13 14 15 16 17	18 19 20 21 22	23 24 25 26 27	28 29 30 31 81	2 3 4 5 6	7 8 9 10 11	1	50
	8	12 13 14 15 16	17 18 19 20 21	22 23 24 25 26	27 28 29 30 31	91 2 3 4 5	6 7 8 9 —	3	20
	9	10 11 12 13 14	15 16 17 18 19	20 21 22 23 24	25 26 27 28 29	30 01 2 3 4	5 6 7 8 9	4	49
	10	10 11 12 13 14	15 16 17 18 19	20 21 22 23 24	25 26 27 28 29	30 31 N1 2 3	4 5 6 7 —	6	19
	11	8 9 10 11 12	13 14 15 16 17	18 19 20 21 22	23 24 25 26 27	28 29 30 D1 2	3 4 5 6 7	0	48
	12	8 9 10 11 12	13 14 15 16 17	18 19 20 21 22	23 24 25 26 27	28 29 30 31 11	2 3 4 5 —	2	18
天凤 5 戊寅 18–19	49 1	6 7 8 9 10	11 12 13 14 15	16 17 18 19 20	21 22 23 24 25	26 27 28 29 30	31 21 2 3 4	3	47
	2	5 6 7 8 9	10 11 12 13 14	15 16 17 18 19	20 21 22 23 24	25 26 27 28 31	2 3 4 5 —	5	17
	3	6 7 8 9 10	11 12 13 14 15	16 17 18 19 20	21 22 23 24 25	26 27 28 29 30	31 41 2 3 4	6	46
	4	5 6 7 8 9	10 11 12 13 14	15 16 17 18 19	20 21 22 23 24	25 26 27 28 29	30 51 2 3 —	1	16
	5	4 5 6 7 8	9 10 11 12 13	14 15 16 17 18	19 20 21 22 23	24 25 26 27 28	29 30 31 61 2	2	45
	6	3 4 5 6 7	8 9 10 11 12	13 14 15 16 17	18 19 20 21 22	23 24 25 26 27	28 29 30 71 —	4	15
	7	2 3 4 5 6	7 8 9 10 11	12 13 14 15 16	17 18 19 20 21	22 23 24 25 26	27 28 29 30 31	5	44
	8	81 2 3 4 5	6 7 8 9 10	11 12 13 14 15	16 17 18 19 20	21 22 23 24 25	26 27 28 29 —	0	14
	9	30 31 91 2 3	4 5 6 7 8	9 10 11 12 13	14 15 16 17 18	19 20 21 22 23	24 25 26 27 28	1	43
	10	29 30 01 2 3	4 5 6 7 8	9 10 11 12 13	14 15 16 17 18	19 20 21 22 23	24 25 26 27 28	3	13
	11	29 30 31 N1 2	3 4 5 6 7	8 9 10 11 12	13 14 15 16 17	18 19 20 21 22	23 24 25 26 —	5	43
	12	27 28 29 30 D1	2 3 4 5 6	7 8 9 10 11	12 13 14 15 16	17 18 19 20 21	22 23 24 25 26	6	12
天凤 6 己卯 19–20	1 1	27 28 29 30 31	11 2 3 4 5	6 7 8 9 10	11 12 13 14 15	16 17 18 19 20	21 22 23 24 —	1	42
	1	25 26 27 28 29	30 31 21 2 3	4 5 6 7 8	9 10 11 12 13	14 15 16 17 18	19 20 21 22 23	2	11
	2	24 25 26 27 28	31 2 3 4 5	6 7 8 9 10	11 12 13 14 15	16 17 18 19 20	21 22 23 24 —	4	41
	3	25 26 27 28 29	30 31 41 2 3	4 5 6 7 8	9 10 11 12 13	14 15 16 17 18	19 20 21 22 23	5	10
	4	24 25 26 27 28	29 30 51 2 3	4 5 6 7 8	9 10 11 12 13	14 15 16 17 18	19 20 21 22 —	0	40
	5	23 24 25 26 27	28 29 30 31 61	2 3 4 5 6	7 8 9 10 11	12 13 14 15 16	17 18 19 20 21	1	9
	6	22 23 24 25 26	27 28 29 30 71	2 3 4 5 6	7 8 9 10 11	12 13 14 15 16	17 18 19 20 —	3	39
	7	21 22 23 24 25	26 27 28 29 30	31 81 2 3 4	5 6 7 8 9	10 11 12 13 14	15 16 17 18 19	4	8
	8	20 21 22 23 24	25 26 27 28 29	30 31 91 2 3	4 5 6 7 8	9 10 11 12 13	14 15 16 17 —	6	38
	9	18 19 20 21 22	23 24 25 26 27	28 29 30 01 2	3 4 5 6 7	8 9 10 11 12	13 14 15 16 17	0	7
	10	18 19 20 21 22	23 24 25 26 27	28 29 30 31 N1	2 3 4 5 6	7 8 9 10 11	12 13 14 15 —	2	37
	11	16 17 18 19 20	21 22 23 24 25	26 27 28 29 30	D1 2 3 4 5	6 7 8 9 10	11 12 13 14 15	3	6
	12	16 17 18 19 20	21 22 23 24 25	26 27 28 29 30	31 11 2 3 4	5 6 7 8 9	10 11 12 13 —	5	36
地皇 1 庚辰 20–21	13 1	14 15 16 17 18	19 20 21 22 23	24 25 26 27 28	29 30 31 21 2	3 4 5 6 7	8 9 10 11 12	6	5
	2	13 14 15 16 17	18 19 20 21 22	23 24 25 26 27	28 29 31 2 3	4 5 6 7 8	9 10 11 12 13	1	35
	3	14 15 16 17 18	19 20 21 22 23	24 25 26 27 28	29 30 31 41 2	3 4 5 6 7	8 9 10 11 —	3	5
	4	12 13 14 15 16	17 18 19 20 21	22 23 24 25 26	27 28 29 30 51	2 3 4 5 6	7 8 9 10 11	4	34
	5	12 13 14 15 16	17 18 19 20 21	22 23 24 25 26	27 28 29 30 31	61 2 3 4 5	6 7 8 9 —	6	4
	6	10 11 12 13 14	15 16 17 18 19	20 21 22 23 24	25 26 27 28 29	30 71 2 3 4	5 6 7 8 9	0	33
	7	10 11 12 13 14	15 16 17 18 19	20 21 22 23 24	25 26 27 28 29	30 31 81 2 3	4 5 6 7 —	2	3
	8	8 9 10 11 12	13 14 15 16 17	18 19 20 21 22	23 24 25 26 27	28 29 30 31 91	2 3 4 5 6	3	32
	9	7 8 9 10 11	12 13 14 15 16	17 18 19 20 21	22 23 24 25 26	27 28 29 30 01	2 3 4 5 —	5	2
	10	6 7 8 9 10	11 12 13 14 15	16 17 18 19 20	21 22 23 24 25	26 27 28 29 30	31 N1 2 3 4	6	31
	11	5 6 7 8 9	10 11 12 13 14	15 16 17 18 19	20 21 22 23 24	25 26 27 28 29	30 D1 2 3 —	1	1
	12	4 5 6 7 8	9 10 11 12 13	14 15 16 17 18	19 20 21 22 23	24 25 26 27 28	29 30 31 11 2	2	30

年序 Year	陰曆月序 Moon	1 2 3 4 5	6 7 8 9 10	11 12 13 14 15	16 17 18 19 20	21 22 23 24 25	26 27 28 29 30	星期 Week	干支 Cycle
地皇 2 辛巳 21–22	25 1	3 4 5 6 7	8 9 10 11 12	13 14 15 16 17	18 19 20 21 22	23 24 25 26 27	28 29 30 31 —	4	0
	2	21 2 3 4 5	6 7 8 9 10	11 12 13 14 15	16 17 18 19 20	21 22 23 24 25	26 27 28 31 2	5	29
	3	3 4 5 6 7	8 9 10 11 12	13 14 15 16 17	18 19 20 21 22	23 24 25 26 27	28 29 30 31 —	0	59
	4	41 2 3 4 5	6 7 8 9 10	11 12 13 14 15	16 17 18 19 20	21 22 23 24 25	26 27 28 29 30	1	28
	5	51 2 3 4 5	6 7 8 9 10	11 12 13 14 15	16 17 18 19 20	21 22 23 24 25	26 27 28 29 30	3	58
	6	31 61 2 3 4	5 6 7 8 9	10 11 12 13 14	15 16 17 18 19	20 21 22 23 24	25 26 27 28 —	5	28
	7	29 30 71 2 3	4 5 6 7 8	9 10 11 12 13	14 15 16 17 18	19 20 21 22 23	24 25 26 27 28	6	57
	8	29 30 31 81 2	3 4 5 6 7	8 9 10 11 12	13 14 15 16 17	18 19 20 21 22	23 24 25 26 —	1	27
	9	27 28 29 30 31	91 2 3 4 5	6 7 8 9 10	11 12 13 14 15	16 17 18 19 20	21 22 23 24 25	2	56
	9	26 27 28 29 30	O1 2 3 4 5	6 7 8 9 10	11 12 13 14 15	16 17 18 19 20	21 22 23 24 —	4	26
	10	25 26 27 28 29	30 31 N1 2 3	4 5 6 7 8	9 10 11 12 13	14 15 16 17 18	19 20 21 22 23	5	55
	11	24 25 26 27 28	29 30 D1 2 3	4 5 6 7 8	9 10 11 12 13	14 15 16 17 18	19 20 21 22 —	0	25
	12	23 24 25 26 27	28 29 30 31 11	2 3 4 5 6	7 8 9 10 11	12 13 14 15 16	17 18 19 20 21	1	54
地皇 3 壬午 22–23	37 1	22 23 24 25 26	27 28 29 30 31	21 2 3 4 5	6 7 8 9 10	11 12 13 14 15	16 17 18 19 —	3	24
	2	20 21 22 23 24	25 26 27 28 31	2 3 4 5 6	7 8 9 10 11	12 13 14 15 16	17 18 19 20 21	4	53
	3	22 23 24 25 26	27 28 29 30 31	41 2 3 4 5	6 7 8 9 10	11 12 13 14 15	16 17 18 19 —	6	23
	4	20 21 22 23 24	25 26 27 28 29	30 51 2 3 4	5 6 7 8 9	10 11 12 13 14	15 16 17 18 19	0	52
	5	20 21 22 23 24	25 26 27 28 29	30 31 61 2 3	4 5 6 7 8	9 10 11 12 13	14 15 16 17 —	2	22
	6	18 19 20 21 22	23 24 25 26 27	28 29 30 71 2	3 4 5 6 7	8 9 10 11 12	13 14 15 16 17	3	51
	7	18 19 20 21 22	23 24 25 26 27	28 29 30 31 81	2 3 4 5 6	7 8 9 10 11	12 13 14 15 —	5	21
	8	16 17 18 19 20	21 22 23 24 25	26 27 28 29 30	31 91 2 3 4	5 6 7 8 9	10 11 12 13 14	6	50
	9	15 16 17 18 19	20 21 22 23 24	25 26 27 28 29	30 O1 2 3 4	5 6 7 8 9	10 11 12 13 14	1	20
	10	15 16 17 18 19	20 21 22 23 24	25 26 27 28 29	30 31 N1 2 3	4 5 6 7 8	9 10 11 12 —	3	50
	11	13 14 15 16 17	18 19 20 21 22	23 24 25 26 27	28 29 30 D1 2	3 4 5 6 7	8 9 10 11 12	4	19
	12	13 14 15 16 17	18 19 20 21 22	23 24 25 26 27	28 29 30 31 11	2 3 4 5 6	7 8 9 10 —	6	49
淮陽王 □ 更始 1 癸未 23–24	49 1	11 12 13 14 15	16 17 18 19 20	21 22 23 24 25	26 27 28 29 30	31 21 2 3 4	5 6 7 8 9	0	18
	2	10 11 12 13 14	15 16 17 18 19	20 21 22 23 24	25 26 27 28 31	2 3 4 5 6	7 8 9 10 —	2	48
	3][	11 12 13 14 15	16 17 18 19 20	21 22 23 24 25	26 27 28 29 30	31 41 2 3 4	5 6 7 8 9	3	17
	4	10 11 12 13 14	15 16 17 18 19	20 21 22 23 24	25 26 27 28 29	30 51 2 3 4	5 6 7 8 —	5	47
	5	9 10 11 12 13	14 15 16 17 18	19 20 21 22 23	24 25 26 27 28	29 30 31 61 2	3 4 5 6 7	6	16
	6	8 9 10 11 12	13 14 15 16 17	18 19 20 21 22	23 24 25 26 27	28 29 30 71 2	3 4 5 6 —	1	46
	7	7 8 9 10 11	12 13 14 15 16	17 18 19 20 21	22 23 24 25 26	27 28 29 30 31	81 2 3 4 5	2	15
	8	6 7 8 9 10	11 12 13 14 15	16 17 18 19 20	21 22 23 24 25	26 27 28 29 30	31 91 2 3 —	4	45
	9	4 5 6 7 8	9 10 11 12 13	14 15 16 17 18	19 20 21 22 23	24 25 26 27 28	29 30 O1 2 3	5	14
	10	4 5 6 7 8	9 10 11 12 13	14 15 16 17 18	19 20 21 22 23	24 25 26 27 28	29 30 31 N1 —	0	44
	50 10	2 3 4 5 6	7 8 9 10 11	12 13 14 15 16	17 18 19 20 21	22 23 24 25 26	27 28 29 30 D1	1	13
	11	2 3 4 5 6	7 8 9 10 11	12 13 14 15 16	17 18 19 20 21	22 23 24 25 26	27 28 29 30 —	3	43
	12	31 11 2 3 4	5 6 7 8 9	10 11 12 13 14	15 16 17 18 19	20 21 22 23 24	25 26 27 28 29	4	12
更始 2 甲申 24–25	2 1	30 31 21 2 3	4 5 6 7 8	9 10 11 12 13	14 15 16 17 18	19 20 21 22 23	24 25 26 27 28	6	42
	2	29 31 2 3 4	5 6 7 8 9	10 11 12 13 14	15 16 17 18 19	20 21 22 23 24	25 26 27 28 —	1	12
	3	29 30 31 41 2	3 4 5 6 7	8 9 10 11 12	13 14 15 16 17	18 19 20 21 22	23 24 25 26 27	2	41
	4	28 29 30 51 2	3 4 5 6 7	8 9 10 11 12	13 14 15 16 17	18 19 20 21 22	23 24 25 26 —	4	11
	5	27 28 29 30 31	61 2 3 4 5	6 7 8 9 10	11 12 13 14 15	16 17 18 19 20	21 22 23 24 25	5	40
	5	26 27 28 29 30	71 2 3 4 5	6 7 8 9 10	11 12 13 14 15	16 17 18 19 20	21 22 23 24 —	0	10
	6	25 26 27 28 29	30 31 81 2 3	4 5 6 7 8	9 10 11 12 13	14 15 16 17 18	19 20 21 22 23	1	39
	7	24 25 26 27 28	29 30 31 91 2	3 4 5 6 7	8 9 10 11 12	13 14 15 16 17	18 19 20 21 —	3	9
	8	22 23 24 25 26	27 28 29 30 O1	2 3 4 5 6	7 8 9 10 11	12 13 14 15 16	17 18 19 20 21	4	38
	9	22 23 24 25 26	27 28 29 30 31	N1 2 3 4 5	6 7 8 9 10	11 12 13 14 15	16 17 18 19 —	6	8
	10	20 21 22 23 24	25 26 27 28 29	30 D1 2 3 4	5 6 7 8 9	10 11 12 13 14	15 16 17 18 19	0	37
	11	20 21 22 23 24	25 26 27 28 29	30 31 11 2 3	4 5 6 7 8	9 10 11 12 13	14 15 16 17 —	2	7
	12	18 19 20 21 22	23 24 25 26 27	28 29 30 31 21	2 3 4 5 6	7 8 9 10 11	12 13 14 15 16	3	36
東漢光武帝建武 1 乙酉 25–26	14 1	17 18 19 20 21	22 23 24 25 26	27 28 31 2 3	4 5 6 7 8	9 10 11 12 13	14 15 16 17 —	5	6
	2	18 19 20 21 22	23 24 25 26 27	28 29 30 31 41	2 3 4 5 6	7 8 9 10 11	12 13 14 15 16	6	35
	3	17 18 19 20 21	22 23 24 25 26	27 28 29 30 51	2 3 4 5 6	7 8 9 10 11	12 13 14 15 16	1	5
	4	17 18 19 20 21	22 23 24 25 26	27 28 29 30 31	61 2 3 4 5	6 7 8 9 10	11 12 13 14 —	3	35
	5	15 16 17 18 19	20 21 22 23 24	25 26 27 28 29	30 71 2 3 4	5 6 7 8 9	10 11 12 13 14	4	4
	6][	15 16 17 18 19	20 21 22 23 24	25 26 27 28 29	30 31 81 2 3	4 5 6 7 8	9 10 11 12 —	6	34
	7	13 14 15 16 17	18 19 20 21 22	23 24 25 26 27	28 29 30 31 91	2 3 4 5 6	7 8 9 10 11	0	3
	8	12 13 14 15 16	17 18 19 20 21	22 23 24 25 26	27 28 29 30 O1	2 3 4 5 6	7 8 9 10 —	2	33
	9	11 12 13 14 15	16 17 18 19 20	21 22 23 24 25	26 27 28 29 30	31 N1 2 3 4	5 6 7 8 9	3	2
	10	10 11 12 13 14	15 16 17 18 19	20 21 22 23 24	25 26 27 28 29	30 D1 2 3 4	5 6 7 8 —	5	32
	11	9 10 11 12 13	14 15 16 17 18	19 20 21 22 23	24 25 26 27 28	29 30 31 11 2	3 4 5 6 7	6	1
	12	8 9 10 11 12	13 14 15 16 17	18 19 20 21 22	23 24 25 26 27	28 29 30 31 21	2 3 4 5 —	1	31

□ 西漢淮陽王復宗正．卽以王莽地皇四年之十一月爲其更始元年之十月．故是年有兩十月．

年序 Year	陰曆月序 Moon	陰曆日序 Order of days (Lunar) 1 2 3 4 5	6 7 8 9 10	11 12 13 14 15	16 17 18 19 20	21 22 23 24 25	26 27 28 29 30	星期 Week	干支 Cycle
建武 2 丙戌 26–27	26 1	6 7 8 9 10	11 12 13 14 15	16 17 18 19 20	21 22 23 24 25	26 27 28 31 2	3 4 5 6 7	2	0
	2	8 9 10 11 12	13 14 15 16 17	18 19 20 21 22	23 24 25 26 27	28 29 30 31 41	2 3 4 5 —	4	30
	3	6 7 8 9 10	11 12 13 14 15	16 17 18 19 20	21 22 23 24 25	26 27 28 29 30	51 2 3 4 5	5	59
	4	6 7 8 9 10	11 12 13 14 15	16 17 18 19 20	21 22 23 24 25	26 27 28 29 30	31 61 2 3 —	0	29
	5	4 5 6 7 8	9 10 11 12 13	14 15 16 17 18	19 20 21 22 23	24 25 26 27 28	29 30 71 2 3	1	58
	6	4 5 6 7 8	9 10 11 12 13	14 15 16 17 18	19 20 21 22 23	24 25 26 27 28	29 30 31 81 —	3	28
	7	2 3 4 5 6	7 8 9 10 11	12 13 14 15 16	17 18 19 20 21	22 23 24 25 26	27 28 29 30 31	4	57
	8	91 2 3 4 5	6 7 8 9 10	11 12 13 14 15	16 17 18 19 20	21 22 23 24 25	26 27 28 29 30	6	27
	9	01 2 3 4 5	6 7 8 9 10	11 12 13 14 15	16 17 18 19 20	21 22 23 24 25	26 27 28 29 —	1	57
	10	30 31 N1 2 3	4 5 6 7 8	9 10 11 12 13	14 15 16 17 18	19 20 21 22 23	24 25 26 27 28	2	26
	11	29 30 D1 2 3	4 5 6 7 8	9 10 11 12 13	14 15 16 17 18	19 20 21 22 23	24 25 26 27 —	4	56
	12	28 29 30 31 11	2 3 4 5 6	7 8 9 10 11	12 13 14 15 16	17 18 19 20 21	22 23 24 25 26	5	25
建武 3 丁亥 27–28	38 1	27 28 29 30 31	21 2 3 4 5	6 7 8 9 10	11 12 13 14 15	16 17 18 19 20	21 22 23 24 —	0	55
	2	25 26 27 28 31	2 3 4 5 6	7 8 9 10 11	12 13 14 15 16	17 18 19 20 21	22 23 24 25 26	1	24
	2	27 28 29 30 31	41 2 3 4 5	6 7 8 9 10	11 12 13 14 15	16 17 18 19 20	21 22 23 24 —	3	54
	3	25 26 27 28 29	30 51 2 3 4	5 6 7 8 9	10 11 12 13 14	15 16 17 18 19	20 21 22 23 24	4	23
	4	25 26 27 28 29	30 31 61 2 3	4 5 6 7 8	9 10 11 12 13	14 15 16 17 18	19 20 21 22 —	6	53
	5	23 24 25 26 27	28 29 30 71 2	3 4 5 6 7	8 9 10 11 12	13 14 15 16 17	18 19 20 21 22	0	22
	6	23 24 25 26 27	28 29 30 31 81	2 3 4 5 6	7 8 9 10 11	12 13 14 15 16	17 18 19 20 —	2	52
	7	21 22 23 24 25	26 27 28 29 30	31 91 2 3 4	5 6 7 8 9	10 11 12 13 14	15 16 17 18 19	3	21
	8	20 21 22 23 24	25 26 27 28 29	30 01 2 3 4	5 6 7 8 9	10 11 12 13 14	15 16 17 18 —	5	51
	9	19 20 21 22 23	24 25 26 27 28	29 30 31 N1 2	3 4 5 6 7	8 9 10 11 12	13 14 15 16 17	6	20
	10	18 19 20 21 22	23 24 25 26 27	28 29 30 D1 2	3 4 5 6 7	8 9 10 11 12	13 14 15 16 17	1	50
	11	18 19 20 21 22	23 24 25 26 27	28 29 30 31 11	2 3 4 5 6	7 8 9 10 11	12 13 14 15 —	3	20
	12	16 17 18 19 20	21 22 23 24 25	26 27 28 29 30	31 21 2 3 4	5 6 7 8 9	10 11 12 13 14	4	49
建武 4 戊子 28–29	50 1	15 16 17 18 19	20 21 22 23 24	25 26 27 28 29	31 2 3 4 5	6 7 8 9 10	11 12 13 14 —	6	19
	2	15 16 17 18 19	20 21 22 23 24	25 26 27 28 29	30 31 41 2 3	4 5 6 7 8	9 10 11 12 13	0	48
	3	14 15 16 17 18	19 20 21 22 23	24 25 26 27 28	29 30 51 2 3	4 5 6 7 8	9 10 11 12 —	2	18
	4	13 14 15 16 17	18 19 20 21 22	23 24 25 26 27	28 29 30 31 61	2 3 4 5 6	7 8 9 10 11	3	47
	5	12 13 14 15 16	17 18 19 20 21	22 23 24 25 26	27 28 29 30 71	2 3 4 5 6	7 8 9 10 —	5	17
	6	11 12 13 14 15	16 17 18 19 20	21 22 23 24 25	26 27 28 29 30	31 81 2 3 4	5 6 7 8 9	6	46
	7	10 11 12 13 14	15 16 17 18 19	20 21 22 23 24	25 26 27 28 29	30 31 91 2 3	4 5 6 7 —	1	16
	8	8 9 10 11 12	13 14 15 16 17	18 19 20 21 22	23 24 25 26 27	28 29 30 01 2	3 4 5 6 7	2	45
	9	8 9 10 11 12	13 14 15 16 17	18 19 20 21 22	23 24 25 26 27	28 29 30 31 N1	2 3 4 5 —	4	15
	10	6 7 8 9 10	11 12 13 14 15	16 17 18 19 20	21 22 23 24 25	26 27 28 29 30	D1 2 3 4 5	5	44
	11	6 7 8 9 10	11 12 13 14 15	16 17 18 19 20	21 22 23 24 25	26 27 28 29 30	31 11 2 3 —	0	14
	12	4 5 6 7 8	9 10 11 12 13	14 15 16 17 18	19 20 21 22 23	24 25 26 27 28	29 30 31 21 2	1	43
建武 5 己丑 29–30	2 1	3 4 5 6 7	8 9 10 11 12	13 14 15 16 17	18 19 20 21 22	23 24 25 26 27	28 31 2 3 —	3	13
	2	4 5 6 7 8	9 10 11 12 13	14 15 16 17 18	19 20 21 22 23	24 25 26 27 28	29 30 31 41 2	4	42
	3	3 4 5 6 7	8 9 10 11 12	13 14 15 16 17	18 19 20 21 22	23 24 25 26 27	28 29 30 51 2	6	12
	4	3 4 5 6 7	8 9 10 11 12	13 14 15 16 17	18 19 20 21 22	23 24 25 26 27	28 29 30 31 —	1	42
	5	61 2 3 4 5	6 7 8 9 10	11 12 13 14 15	16 17 18 19 20	21 22 23 24 25	26 27 28 29 30	2	11
	6	71 2 3 4 5	6 7 8 9 10	11 12 13 14 15	16 17 18 19 20	21 22 23 24 25	26 27 28 29 —	4	41
	7	30 31 81 2 3	4 5 6 7 8	9 10 11 12 13	14 15 16 17 18	19 20 21 22 23	24 25 26 27 28	5	10
	8	29 30 31 91 2	3 4 5 6 7	8 9 10 11 12	13 14 15 16 17	18 19 20 21 22	23 24 25 26 —	0	40
	9	27 28 29 30 01	2 3 4 5 6	7 8 9 10 11	12 13 14 15 16	17 18 19 20 21	22 23 24 25 26	1	9
	10	27 28 29 30 31	N1 2 3 4 5	6 7 8 9 10	11 12 13 14 15	16 17 18 19 20	21 22 23 24 —	3	39
	10	25 26 27 28 29	30 D1 2 3 4	5 6 7 8 9	10 11 12 13 14	15 16 17 18 19	20 21 22 23 24	4	8
	11	25 26 27 28 29	30 31 11 2 3	4 5 6 7 8	9 10 11 12 13	14 15 16 17 18	19 20 21 22 —	6	38
	12	23 24 25 26 27	28 29 30 31 21	2 3 4 5 6	7 8 9 10 11	12 13 14 15 16	17 18 19 20 21	0	7
建武 6 庚寅 30–31	14 1	22 23 24 25 26	27 28 31 2 3	4 5 6 7 8	9 10 11 12 13	14 15 16 17 18	19 20 21 22 —	2	37
	2	23 24 25 26 27	28 29 30 31 41	2 3 4 5 6	7 8 9 10 11	12 13 14 15 16	17 18 19 20 21	3	6
	3	22 23 24 25 26	27 28 29 30 51	2 3 4 5 6	7 8 9 10 11	12 13 14 15 16	17 18 19 20 —	5	36
	4	21 22 23 24 25	26 27 28 29 30	31 61 2 3 4	5 6 7 8 9	10 11 12 13 14	15 16 17 18 19	6	5
	5	20 21 22 23 24	25 26 27 28 29	30 71 2 3 4	5 6 7 8 9	10 11 12 13 14	15 16 17 18 —	1	35
	6	19 20 21 22 23	24 25 26 27 28	29 30 31 81 2	3 4 5 6 7	8 9 10 11 12	13 14 15 16 17	2	4
	7	18 19 20 21 22	23 24 25 26 27	28 29 30 31 91	2 3 4 5 6	7 8 9 10 11	12 13 14 15 16	4	34
	8	17 18 19 20 21	22 23 24 25 26	27 28 29 30 01	2 3 4 5 6	7 8 9 10 11	12 13 14 15 —	6	4
	9	16 17 18 19 20	21 22 23 24 25	26 27 28 29 30	31 N1 2 3 4	5 6 7 8 9	10 11 12 13 14	0	33.
	10	15 16 17 18 19	20 21 22 23 24	25 26 27 28 29	30 D1 2 3 4	5 6 7 8 9	10 11 12 13 —	2	3
	11	14 15 16 17 18	19 20 21 22 23	24 25 26 27 28	29 30 31 11 2	3 4 5 6 7	8 9 10 11 12	3	32
	12	13 14 15 16 17	18 19 20 21 22	23 24 25 26 27	28 29 30 31 21	2 3 4 5 6	7 8 9 10 —	5	2

年序 Year	陰曆月序 Moon	陰曆日序 Order of days (Lunar) 1 2 3 4 5	6 7 8 9 10	11 12 13 14 15	16 17 18 19 20	21 22 23 24 25	26 27 28 29 30	星期 Week	干支 Cycle
建武 7 辛卯 31–32	26 1	11 12 13 14 15	16 17 18 19 20	21 22 23 24 25	26 27 28 31 2	3 4 5 6 7	8 9 10 11 12	6	31
	2	13 14 15 16 17	18 19 20 21 22	23 24 25 26 27	28 29 30 31 41	2 3 4 5 6	7 8 9 10 —	1	1
	3	11 12 13 14 15	16 17 18 19 20	21 22 23 24 25	26 27 28 29 30	51 2 3 4 5	6 7 8 9 10	2	30
	4	11 12 13 14 15	16 17 18 19 20	21 22 23 24 25	26 27 28 29 30	31 61 2 3 4	5 6 7 8 —	4	0
	5	9 10 11 12 13	14 15 16 17 18	19 20 21 22 23	24 25 26 27 28	29 30 71 2 3	4 5 6 7 8	5	29
	6	9 10 11 12 13	14 15 16 17 18	19 20 21 22 23	24 25 26 27 28	29 30 31 81 2	3 4 5 6 —	0	59
	7	7 8 9 10 11	12 13 14 15 16	17 18 19 20 21	22 23 24 25 26	27 28 29 30 31	91 2 3 4 5	1	28
	8	6 7 8 9 10	11 12 13 14 15	16 17 18 19 20	21 22 23 24 25	26 27 28 29 30	01 2 3 4 —	3	58
	9	5 6 7 8 9	10 11 12 13 14	15 16 17 18 19	20 21 22 23 24	25 26 27 28 29	30 31 N1 2 3	4	27
	10	4 5 6 7 8	9 10 11 12 13	14 15 16 17 18	19 20 21 22 23	24 25 26 27 28	29 30 D1 2 3	6	57
	11	4 5 6 7 8	9 10 11 12 13	14 15 16 17 18	19 20 21 22 23	24 25 26 27 28	29 30 31 11 —	1	27
	12	2 3 4 5 6	7 8 9 10 11	12 13 14 15 16	17 18 19 20 21	22 23 24 25 26	27 28 29 30 31	2	56
建武 8 壬辰 32–33	38 1	21 2 3 4 5	6 7 8 9 10	11 12 13 14 15	16 17 18 19 20	21 22 23 24 25	26 27 28 29 —	4	26
	2	31 2 3 4 5	6 7 8 9 10	11 12 13 14 15	16 17 18 19 20	21 22 23 24 25	26 27 28 29 30	5	55
	3	31 41 2 3 4	5 6 7 8 9	10 11 12 13 14	15 16 17 18 19	20 21 22 23 24	25 26 27 28 —	0	25
	4	29 30 51 2 3	4 5 6 7 8	9 10 11 12 13	14 15 16 17 18	19 20 21 22 23	24 25 26 27 28	1	54
	5	29 30 31 61 2	3 4 5 6 7	8 9 10 11 12	13 14 15 16 17	18 19 20 21 22	23 24 25 26 —	3	24
	6	27 28 29 30 71	2 3 4 5 6	7 8 9 10 11	12 13 14 15 16	17 18 19 20 21	22 23 24 25 26	4	53
	6	27 28 29 30 31	81 2 3 4 5	6 7 8 9 10	11 12 13 14 15	16 17 18 19 20	21 22 23 24 —	6	23
	7	25 26 27 28 29	30 31 91 2 3	4 5 6 7 8	9 10 11 12 13	14 15 16 17 18	19 20 21 22 23	0	52
	8	24 25 26 27 28	29 30 01 2 3	4 5 6 7 8	9 10 11 12 13	14 15 16 17 18	19 20 21 22 —	2	22
	9	23 24 25 26 27	28 29 30 31 N1	2 3 4 5 6	7 8 9 10 11	12 13 14 15 16	17 18 19 20 21	3	51
	10	22 23 24 25 26	27 28 29 30 D1	2 3 4 5 6	7 8 9 10 11	12 13 14 15 16	17 18 19 20 —	5	21
	11	21 22 23 24 25	26 27 28 29 30	31 11 2 3 4	5 6 7 8 9	10 11 12 13 14	15 16 17 18 19	6	50
	12	20 21 22 23 24	25 26 27 28 29	30 31 21 2 3	4 5 6 7 8	9 10 11 12 13	14 15 16 17 —	1	20
建武 9 癸巳 33–34	50 1	18 19 20 21 22	23 24 25 26 27	28 31 2 3 4	5 6 7 8 9	10 11 12 13 14	15 16 17 18 19	2	49
	2	20 21 22 23 24	25 26 27 28 29	30 31 41 2 3	4 5 6 7 8	9 10 11 12 13	14 15 16 17 18	4	19
	3	19 20 21 22 23	24 25 26 27 28	29 30 51 2 3	4 5 6 7 8	9 10 11 12 13	14 15 16 17 —	6	49
	4	18 19 20 21 22	23 24 25 26 27	28 29 30 31 61	2 3 4 5 6	7 8 9 10 11	12 13 14 15 16	0	18
	5	17 18 19 20 21	22 23 24 25 26	27 28 29 30 71	2 3 4 5 6	7 8 9 10 11	12 13 14 15 —	2	48
	6	16 17 18 19 20	21 22 23 24 25	26 27 28 29 30	31 81 2 3 4	5 6 7 8 9	10 11 12 13 14	3	17
	7	15 16 17 18 19	20 21 22 23 24	25 26 27 28 29	30 31 91 2 3	4 5 6 7 8	9 10 11 12 —	5	47
	8	13 14 15 16 17	18 19 20 21 22	23 24 25 26 27	28 29 30 01 2	3 4 5 6 7	8 9 10 11 12	6	16
	9	13 14 15 16 17	18 19 20 21 22	23 24 25 26 27	28 29 30 31 N1	2 3 4 5 6	7 8 9 10 —	1	46
	10	11 12 13 14 15	16 17 18 19 20	21 22 23 24 25	26 27 28 29 30	D1 2 3 4 5	6 7 8 9 10	2	15
	11	11 12 13 14 15	16 17 18 19 20	21 22 23 24 25	26 27 28 29 30	31 11 2 3 4	5 6 7 8 —	4	45
	12	9 10 11 12 13	14 15 16 17 18	19 20 21 22 23	24 25 26 27 28	29 30 31 21 2	3 4 5 6 7	5	14
建武 10 甲午 34–35	2 1	8 9 10 11 12	13 14 15 16 17	18 19 20 21 22	23 24 25 26 27	28 31 2 3 4	5 6 7 8 —	0	44
	2	9 10 11 12 13	14 15 16 17 18	19 20 21 22 23	24 25 26 27 28	29 30 31 41 2	3 4 5 6 7	1	13
	3	8 9 10 11 12	13 14 15 16 17	18 19 20 21 22	23 24 25 26 27	28 29 30 51 2	3 4 5 6 —	3	43
	4	7 8 9 10 11	12 13 14 15 16	17 18 19 20 21	22 23 24 25 26	27 28 29 30 31	61 2 3 4 5	4	12
	5	6 7 8 9 10	11 12 13 14 15	16 17 18 19 20	21 22 23 24 25	26 27 28 29 30	71 2 3 4 5	6	42
	6	6 7 8 9 10	11 12 13 14 15	16 17 18 19 20	21 22 23 24 25	26 27 28 29 30	31 81 2 3 —	1	12
	7	4 5 6 7 8	9 10 11 12 13	14 15 16 17 18	19 20 21 22 23	24 25 26 27 28	29 30 31 91 2	2	41
	8	3 4 5 6 7	8 9 10 11 12	13 14 15 16 17	18 19 20 21 22	23 24 25 26 27	28 29 30 01 —	4	11
	9	2 3 4 5 6	7 8 9 10 11	12 13 14 15 16	17 18 19 20 21	22 23 24 25 26	27 28 29 30 31	5	40
	10	N1 2 3 4 5	6 7 8 9 10	11 12 13 14 15	16 17 18 19 20	21 22 23 24 25	26 27 28 29 —	0	10
	11	30 D1 2 3 4	5 6 7 8 9	10 11 12 13 14	15 16 17 18 19	20 21 22 23 24	25 26 27 28 29	1	39
	12	30 31 11 2 3	4 5 6 7 8	9 10 11 12 13	14 15 16 17 18	19 20 21 22 23	24 25 26 27 —	3	9
建武 11 乙未 35–36	14 1	28 29 30 31 21	2 3 4 5 6	7 8 9 10 11	12 13 14 15 16	17 18 19 20 21	22 23 24 25 26	4	38
	2	27 28 31 2 3	4 5 6 7 8	9 10 11 12 13	14 15 16 17 18	19 20 21 22 23	24 25 26 27 —	6	8
	3	28 29 30 31 41	2 3 4 5 6	7 8 9 10 11	12 13 14 15 16	17 18 19 20 21	22 23 24 25 26	0	37
	3	27 28 29 30 51	2 3 4 5 6	7 8 9 10 11	12 13 14 15 16	17 18 19 20 21	22 23 24 25 —	2	7
	4	26 27 28 29 30	31 61 2 3 4	5 6 7 8 9	10 11 12 13 14	15 16 17 18 19	20 21 22 23 24	3	36
	5	25 26 27 28 29	30 71 2 3 4	5 6 7 8 9	10 11 12 13 14	15 16 17 18 19	20 21 22 23 —	5	6
	6	24 25 26 27 28	29 30 31 81 2	3 4 5 6 7	8 9 10 11 12	13 14 15 16 17	18 19 20 21 22	6	35
	7	23 24 25 26 27	28 29 30 31 91	2 3 4 5 6	7 8 9 10 11	12 13 14 15 16	17 18 19 20 —	1	5
	8	21 22 23 24 25	26 27 28 29 30	01 2 3 4 5	6 7 8 9 10	11 12 13 14 15	16 17 18 19 20	2	34
	9	21 22 23 24 25	26 27 28 29 30	31 N1 2 3 4	5 6 7 8 9	10 11 12 13 14	15 16 17 18 19	4	4
	10	20 21 22 23 24	25 26 27 28 29	30 D1 2 3 4	5 6 7 8 9	10 11 12 13 14	15 16 17 18 —	6	34
	11	19 20 21 22 23	24 25 26 27 28	29 30 31 11 2	3 4 5 6 7	8 9 10 11 12	13 14 15 16 17	0	3
	12	18 19 20 21 22	23 24 25 26 27	28 29 30 31 21	2 3 4 5 6	7 8 9 10 11	12 13 14 15 —	2	33

年序 Year	陰曆月序 Moon	陰曆日序 Order of days (Lunar) 1 2 3 4 5	6 7 8 9 10	11 12 13 14 15	16 17 18 19 20	21 22 23 24 25	26 27 28 29 30	期星 Week	干支 Cycle
建武 12 丙申 36–37	26 1	16 17 18 19 20	21 22 23 24 25	26 27 28 29 31	2 3 4 5 6	7 8 9 10 11	12 13 14 15 16	3	2
	2	17 18 19 20 21	22 23 24 25 26	27 28 29 30 31	41 2 3 4 5	6 7 8 9 10	11 12 13 14 —	5	32
	3	15 16 17 18 19	20 21 22 23 24	25 26 27 28 29	30 51 2 3 4	5 6 7 8 9	10 11 12 13 14	6	1
	4	15 16 17 18 19	20 21 22 23 24	25 26 27 28 29	30 31 61 2 3	4 5 6 7 8	9 10 11 12 —	1	31
	5	13 14 15 16 17	18 19 20 21 22	23 24 25 26 27	28 29 30 71 2	3 4 5 6 7	8 9 10 11 12	2	0
	6	13 14 15 16 17	18 19 20 21 22	23 24 25 26 27	28 29 30 31 81	2 3 4 5 6	7 8 9 10 —	4	30
	7	11 12 13 14 15	16 17 18 19 20	21 22 23 24 25	26 27 28 29 30	31 91 2 3 4	5 6 7 8 9	5	59
	8	10 11 12 13 14	15 16 17 18 19	20 21 22 23 24	25 26 27 28 29	30 O1 2 3 4	5 6 7 8 —	0	29
	9	9 10 11 12 13	14 15 16 17 18	19 20 21 22 23	24 25 26 27 28	29 30 31 N1 2	3 4 5 6 7	1	58
	10	8 9 10 11 12	13 14 15 16 17	18 19 20 21 22	23 24 25 26 27	28 29 30 D1 2	3 4 5 6 —	3	28
	11	7 8 9 10 11	12 13 14 15 16	17 18 19 20 21	22 23 24 25 26	27 28 29 30 31	11 2 3 4 5	4	57
	12	6 7 8 9 10	11 12 13 14 15	16 17 18 19 20	21 22 23 24 25	26 27 28 29 30	31 21 2 3 —	6	27
建武 13 丁酉 37–38	38 1	4 5 6 7 8	9 10 11 12 13	14 15 16 17 18	19 20 21 22 23	24 25 26 27 28	31 2 3 4 5	0	56
	2	6 7 8 9 10	11 12 13 14 15	16 17 18 19 20	21 22 23 24 25	26 27 28 29 30	31 41 2 3 4	2	26
	3	5 6 7 8 9	10 11 12 13 14	15 16 17 18 19	20 21 22 23 24	25 26 27 28 29	30 51 2 3 —	4	56
	4	4 5 6 7 8	9 10 11 12 13	14 15 16 17 18	19 20 21 22 23	24 25 26 27 28	29 30 31 61 2	5	25
	5	3 4 5 6 7	8 9 10 11 12	13 14 15 16 17	18 19 20 21 22	23 24 25 26 27	28 29 30 71 —	0	55
	6	2 3 4 5 6	7 8 9 10 11	12 13 14 15 16	17 18 19 20 21	22 23 24 25 26	27 28 29 30 31	1	24
	7	81 2 3 4 5	6 7 8 9 10	11 12 13 14 15	16 17 18 19 20	21 22 23 24 25	26 27 28 29 —	3	54
	8	30 31 91 2 3	4 5 6 7 8	9 10 11 12 13	14 15 16 17 18	19 20 21 22 23	24 25 26 27 28	4	23
	9	29 30 O1 2 3	4 5 6 7 8	9 10 11 12 13	14 15 16 17 18	19 20 21 22 23	24 25 26 27 —	6	53
	10	28 29 30 31 N1	2 3 4 5 6	7 8 9 10 11	12 13 14 15 16	17 18 19 20 21	22 23 24 25 26	0	22
	11	27 28 29 30 D1	2 3 4 5 6	7 8 9 10 11	12 13 14 15 16	17 18 19 20 21	22 23 24 25 —	2	52
	12	26 27 28 29 30	31 11 2 3 4	5 6 7 8 9	10 11 12 13 14	15 16 17 18 19	20 21 22 23 24	3	21
	12	25 26 27 28 29	30 31 21 2 3	4 5 6 7 8	9 10 11 12 13	14 15 16 17 18	19 20 21 22 —	5	51
建武 14 戊戌 38–39	50 1	23 24 25 26 27	28 31 2 3 4	5 6 7 8 9	10 11 12 13 14	15 16 17 18 19	20 21 22 23 24	6	20
	2	25 26 27 28 29	30 31 41 2 3	4 5 6 7 8	9 10 11 12 13	14 15 16 17 18	19 20 21 22 —	1	50
	3	23 24 25 26 27	28 29 30 51 2	3 4 5 6 7	8 9 10 11 12	13 14 15 16 17	18 19 20 21 22	2	19
	4	23 24 25 26 27	28 29 30 31 61	2 3 4 5 6	7 8 9 10 11	12 13 14 15 16	17 18 19 20 21	4	49
	5	22 23 24 25 26	27 28 29 30 71	2 3 4 5 6	7 8 9 10 11	12 13 14 15 16	17 18 19 20 —	6	19
	6	21 22 23 24 25	26 27 28 29 30	31 81 2 3 4	5 6 7 8 9	10 11 12 13 14	15 16 17 18 19	0	48
	7	20 21 22 23 24	25 26 27 28 29	30 31 91 2 3	4 5 6 7 8	9 10 11 12 13	14 15 16 17 —	2	18
	8	18 19 20 21 22	23 24 25 26 27	28 29 30 O1 2	3 4 5 6 7	8 9 10 11 12	13 14 15 16 17	3	47
	9	18 19 20 21 22	23 24 25 26 27	28 29 30 31 N1	2 3 4 5 6	7 8 9 10 11	12 13 14 15 —	5	17
	10	16 17 18 19 20	21 22 23 24 25	26 27 28 29 30	D1 2 3 4 5	6 7 8 9 10	11 12 13 14 15	6	46
	11	16 17 18 19 20	21 22 23 24 25	26 27 28 29 30	31 11 2 3 4	5 6 7 8 9	10 11 12 13 —	1	16
	12	14 15 16 17 18	19 20 21 22 23	24 25 26 27 28	29 30 31 21 2	3 4 5 6 7	8 9 10 11 12	2	45
建武 15 己亥 39–40	2 1	13 14 15 16 17	18 19 20 21 22	23 24 25 26 27	28 31 2 3 4	5 6 7 8 9	10 11 12 13 —	4	15
	2	14 15 16 17 18	19 20 21 22 23	24 25 26 27 28	29 30 31 41 2	3 4 5 6 7	8 9 10 11 12	5	44
	3	13 14 15 16 17	18 19 20 21 22	23 24 25 26 27	28 29 30 51 2	3 4 5 6 7	8 9 10 11 —	0	14
	4	12 13 14 15 16	17 18 19 20 21	22 23 24 25 26	27 28 29 30 31	61 2 3 4 5	6 7 8 9 10	1	43
	5	11 12 13 14 15	16 17 18 19 20	21 22 23 24 25	26 27 28 29 30	71 2 3 4 5	6 7 8 9 —	3	13
	6	10 11 12 13 14	15 16 17 18 19	20 21 22 23 24	25 26 27 28 29	30 31 81 2 3	4 5 6 7 8	4	42
	7	9 10 11 12 13	14 15 16 17 18	19 20 21 22 23	24 25 26 27 28	29 30 31 91 2	3 4 5 6 —	6	12
	8	7 8 9 10 11	12 13 14 15 16	17 18 19 20 21	22 23 24 25 26	27 28 29 30 O1	2 3 4 5 6	0	41
	9	7 8 9 10 11	12 13 14 15 16	17 18 19 20 21	22 23 24 25 26	27 28 29 30 31	N1 2 3 4 5	2	11
	10	6 7 8 9 10	11 12 13 14 15	16 17 18 19 20	21 22 23 24 25	26 27 28 29 30	D1 2 3 4 —	4	41
	11	5 6 7 8 9	10 11 12 13 14	15 16 17 18 19	20 21 22 23 24	25 26 27 28 29	30 31 11 2 3	5	10
	12	4 5 6 7 8	9 10 11 12 13	14 15 16 17 18	19 20 21 22 23	24 25 26 27 28	29 30 31 21 —	0	40
建武 16 庚子 40–41	14 1	2 3 4 5 6	7 8 9 10 11	12 13 14 15 16	17 18 19 20 21	22 23 24 25 26	27 28 29 31 2	1	9
	2	3 4 5 6 7	8 9 10 11 12	13 14 15 16 17	18 19 20 21 22	23 24 25 26 27	28 29 30 31 —	3	39
	3	41 2 3 4 5	6 7 8 9 10	11 12 13 14 15	16 17 18 19 20	21 22 23 24 25	26 27 28 29 30	4	8
	4	51 2 3 4 5	6 7 8 9 10	11 12 13 14 15	16 17 18 19 20	21 22 23 24 25	26 27 28 29 —	6	38
	5	30 31 61 2 3	4 5 6 7 8	9 10 11 12 13	14 15 16 17 18	19 20 21 22 23	24 25 26 27 28	0	7
	6	29 30 71 2 3	4 5 6 7 8	9 10 11 12 13	14 15 16 17 18	19 20 21 22 23	24 25 26 27 —	2	37
	7	28 29 30 31 81	2 3 4 5 6	7 8 9 10 11	12 13 14 15 16	17 18 19 20 21	22 23 24 25 26	3	6
	8	27 28 29 30 31	91 2 3 4 5	6 7 8 9 10	11 12 13 14 15	16 17 18 19 20	21 22 23 24 —	5	36
	8	25 26 27 28 29	30 O1 2 3 4	5 6 7 8 9	10 11 12 13 14	15 16 17 18 19	20 21 22 23 24	6	5
	9	25 26 27 28 29	30 31 N1 2 3	4 5 6 7 8	9 10 11 12 13	14 15 16 17 18	19 20 21 22 —	1	35
	10	23 24 25 26 27	28 29 30 D1 2	3 4 5 6 7	8 9 10 11 12	13 14 15 16 17	18 19 20 21 22	2	4
	11	23 24 25 26 27	28 29 30 31 11	2 3 4 5 6	7 8 9 10 11	12 13 14 15 16	17 18 19 20 21	4	34
	12	22 23 24 25 26	27 28 29 30 31	21 2 3 4 5	6 7 8 9 10	11 12 13 14 15	16 17 18 19 —	6	4

年序 Year	陰曆月序 Moon	陰曆日序 Order of days (Lunar) 1 2 3 4 5	6 7 8 9 10	11 12 13 14 15	16 17 18 19 20	21 22 23 24 25	26 27 28 29 30	星期 Week	干支 Cycle
建武 17 辛丑 41–42	26 1	20 21 22 23 24	25 26 27 28 31	2 3 4 5 6	7 8 9 10 11	12 13 14 15 16	17 18 19 20 21	0	33
	2	22 23 24 25 26	27 28 29 30 31	41 2 3 4 5	6 7 8 9 10	11 12 13 14 15	16 17 18 19 —	2	3
	3	20 21 22 23 24	25 26 27 28 29	30 51 2 3 4	5 6 7 8 9	10 11 12 13 14	15 16 17 18 19	3	32
	4	20 21 22 23 24	25 26 27 28 29	30 31 61 2 3	4 5 6 7 8	9 10 11 12 13	14 15 16 17 —	5	2
	5	18 19 20 21 22	23 24 25 26 27	28 29 30 71 2	3 4 5 6 7	8 9 10 11 12	13 14 15 16 17	6	31
	6	18 19 20 21 22	23 24 25 26 27	28 29 30 31 81	2 3 4 5 6	7 8 9 10 11	12 13 14 15 —	1	1
	7	16 17 18 19 20	21 22 23 24 25	26 27 28 29 30	31 91 2 3 4	5 6 7 8 9	10 11 12 13 14	2	30
	8	15 16 17 18 19	20 21 22 23 24	25 26 27 28 29	30 01 2 3 4	5 6 7 8 9	10 11 12 13 —	4	0
	9	14 15 16 17 18	19 20 21 22 23	24 25 26 27 28	29 30 31 N1 2	3 4 5 6 7	8 9 10 11 12	5	29
	10	13 14 15 16 17	18 19 20 21 22	23 24 25 26 27	28 29 30 01 2	3 4 5 6 7	8 9 10 11 —	0	59
	11	12 13 14 15 16	17 18 19 20 21	22 23 24 25 26	27 28 29 30 31	11 2 3 4 5	6 7 8 9 10	1	28
	12	11 12 13 14 15	16 17 18 19 20	21 22 23 24 25	26 27 28 29 30	31 21 2 3 4	5 6 7 8 —	3	58
建武 18 壬寅 42–43	38 1	9 10 11 12 13	14 15 16 17 18	19 20 21 22 23	24 25 26 27 28	31 2 3 4 5	6 7 8 9 10	4	27
	2	11 12 13 14 15	16 17 18 19 20	21 22 23 24 25	26 27 28 29 30	31 41 2 3 4	5 6 7 8 —	6	57
	3	9 10 11 12 13	14 15 16 17 18	19 20 21 22 23	24 25 26 27 28	29 30 51 2 3	4 5 6 7 8	0	26
	4	9 10 11 12 13	14 15 16 17 18	19 20 21 22 23	24 25 26 27 28	29 30 31 61 2	3 4 5 6 7	2	56
	5	8 9 10 11 12	13 14 15 16 17	18 19 20 21 22	23 24 25 26 27	28 29 30 71 2	3 4 5 6 —	4	26
	6	7 8 9 10 11	12 13 14 15 16	17 18 19 20 21	22 23 24 25 26	27 28 29 30 31	81 2 3 4 5	5	55
	7	6 7 8 9 10	11 12 13 14 15	16 17 18 19 20	21 22 23 24 25	26 27 28 29 30	31 91 2 3 —	0	25
	8	4 5 6 7 8	9 10 11 12 13	14 15 16 17 18	19 20 21 22 23	24 25 26 27 28	29 30 01 2 3	1	54
	9	4 5 6 7 8	9 10 11 12 13	14 15 16 17 18	19 20 21 22 23	24 25 26 27 28	29 30 31 N1 —	3	24
	10	2 3 4 5 6	7 8 9 10 11	12 13 14 15 16	17 18 19 20 21	22 23 24 25 26	27 28 29 30 D1	4	53
	11	2 3 4 5 6	7 8 9 10 11	12 13 14 15 16	17 18 19 20 21	22 23 24 25 26	27 28 29 30 —	6	23
	12	31 11 2 3 4	5 6 7 8 9	10 11 12 13 14	15 16 17 18 19	20 21 22 23 24	25 26 27 28 29	0	52
建武 19 癸卯 43–44	50 1	30 31 21 2 3	4 5 6 7 8	9 10 11 12 13	14 15 16 17 18	19 20 21 22 23	24 25 26 27 —	2	22
	2	28 31 2 3 4	5 6 7 8 9	10 11 12 13 14	15 16 17 18 19	20 21 22 23 24	25 26 27 28 29	3	51
	3	30 31 41 2 3	4 5 6 7 8	9 10 11 12 13	14 15 16 17 18	19 20 21 22 23	24 25 26 27 —	5	21
	4	28 29 30 51 2	3 4 5 6 7	8 9 10 11 12	13 14 15 16 17	18 19 20 21 22	23 24 25 26 27	6	50
	4	28 29 30 31 61	2 3 4 5 6	7 8 9 10 11	12 13 14 15 16	17 18 19 20 21	22 23 24 25 —	1	20
	5	26 27 28 29 30	71 2 3 4 5	6 7 8 9 10	11 12 13 14 15	16 17 18 19 20	21 22 23 24 25	2	49
	6	26 27 28 29 30	31 81 2 3 4	5 6 7 8 9	10 11 12 13 14	15 16 17 18 19	20 21 22 23 —	4	19
	7	24 25 26 27 28	29 30 31 91 2	3 4 5 6 7	8 9 10 11 12	13 14 15 16 17	18 19 20 21 22	5	48
	8	23 24 25 26 27	28 29 30 01 2	3 4 5 6 7	8 9 10 11 12	13 14 15 16 17	18 19 20 21 22	0	18
	9	23 24 25 26 27	28 29 30 31 N1	2 3 4 5 6	7 8 9 10 11	12 13 14 15 16	17 18 19 20 —	2	48
	10	21 22 23 24 25	26 27 28 29 30	D1 2 3 4 5	6 7 8 9 10	11 12 13 14 15	16 17 18 19 20	3	17
	11	21 22 23 24 25	26 27 28 29 30	31 11 2 3 4	5 6 7 8 9	10 11 12 13 14	15 16 17 18 —	5	47
	12	19 20 21 22 23	24 25 26 27 28	29 30 31 21 2	3 4 5 6 7	8 9 10 11 12	13 14 15 16 17	6	16
建武 20 甲辰 44–45	2 1	18 19 20 21 22	23 24 25 26 27	28 29 31 2 3	4 5 6 7 8	9 10 11 12 13	14 15 16 17 —	1	46
	2	18 19 20 21 22	23 24 25 26 27	28 29 30 31 41	2 3 4 5 6	7 8 9 10 11	12 13 14 15 16	2	15
	3	17 18 19 20 21	22 23 24 25 26	27 28 29 30 51	2 3 4 5 6	7 8 9 10 11	12 13 14 15 —	4	45
	4	16 17 18 19 20	21 22 23 24 25	26 27 28 29 30	31 61 2 3 4	5 6 7 8 9	10 11 12 13 14	5	14
	5	15 16 17 18 19	20 21 22 23 24	25 26 27 28 29	30 71 2 3 4	5 6 7 8 9	10 11 12 13 —	0	44
	6	14 15 16 17 18	19 20 21 22 23	24 25 26 27 28	29 30 31 81 2	3 4 5 6 7	8 9 10 11 12	1	13
	7	13 14 15 16 17	18 19 20 21 22	23 24 25 26 27	28 29 30 31 91	2 3 4 5 6	7 8 9 10 —	3	43
	8	11 12 13 14 15	16 17 18 19 20	21 22 23 24 25	26 27 28 29 30	01 2 3 4 5	6 7 8 9 10	4	12
	9	11 12 13 14 15	16 17 18 19 20	21 22 23 24 25	26 27 28 29 30	31 N1 2 3 4	5 6 7 8 —	6	42
	10	9 10 11 12 13	14 15 16 17 18	19 20 21 22 23	24 25 26 27 28	29 30 D1 2 3	4 5 6 7 8	0	11
	11	9 10 11 12 13	14 15 16 17 18	19 20 21 22 23	24 25 26 27 28	29 30 31 11 2	3 4 5 6 7	2	41
	12	8 9 10 11 12	13 14 15 16 17	18 19 20 21 22	23 24 25 26 27	28 29 30 31 21	2 3 4 5 —	4	11
建武 21 乙巳 45–46	14 1	6 7 8 9 10	11 12 13 14 15	16 17 18 19 20	21 22 23 24 25	26 27 28 31 2	3 4 5 6 7	5	40
	2	8 9 10 11 12	13 14 15 16 17	18 19 20 21 22	23 24 25 26 27	28 29 30 31 41	2 3 4 5 —	0	10
	3	6 7 8 9 10	11 12 13 14 15	16 17 18 19 20	21 22 23 24 25	26 27 28 29 30	51 2 3 4 5	1	39
	4	6 7 8 9 10	11 12 13 14 15	16 17 18 19 20	21 22 23 24 25	26 27 28 29 30	31 61 2 3 —	3	9
	5	4 5 6 7 8	9 10 11 12 13	14 15 16 17 18	19 20 21 22 23	24 25 26 27 28	29 30 71 2 3	4	38
	6	4 5 6 7 8	9 10 11 12 13	14 15 16 17 18	19 20 21 22 23	24 25 26 27 28	29 30 31 81 —	6	8
	7	2 3 4 5 6	7 8 9 10 11	12 13 14 15 16	17 18 19 20 21	22 23 24 25 26	27 28 29 30 31	0	37
	8	91 2 3 4 5	6 7 8 9 10	11 12 13 14 15	16 17 18 19 20	21 22 23 24 25	26 27 28 29 —	2	7
	9	30 01 2 3 4	5 6 7 8 9	10 11 12 13 14	15 16 17 18 19	20 21 22 23 24	25 26 27 28 29	3	36
	10	30 31 N1 2 3	4 5 6 7 8	9 10 11 12 13	14 15 16 17 18	19 20 21 22 23	24 25 26 27 —	5	6
	11	28 29 30 D1 2	3 4 5 6 7	8 9 10 11 12	13 14 15 16 17	18 19 20 21 22	23 24 25 26 27	6	35
	12	28 29 30 31 11	2 3 4 5 6	7 8 9 10 11	12 13 14 15 16	17 18 19 20 21	22 23 24 25 —	1	5

年序 Year	陰曆月序 Moon	陰曆日序 Order of days (Lunar)						星期 Week	干支 Cycle
		1 2 3 4 5	6 7 8 9 10	11 12 13 14 15	16 17 18 19 20	21 22 23 24 25	26 27 28 29 30		
建武 22 丙午 46–47	26 1	26 27 28 29 30	31 21 2 3 4	5 6 7 8 9	10 11 12 13 14	15 16 17 18 19	20 21 22 23 24	2	34
	1	25 26 27 28 **31**	2 3 4 5 6	7 8 9 10 11	12 13 14 15 16	17 18 19 20 21	22 23 24 25 —	4	4
	2	26 27 28 29 30	31 **41** 2 3 4	5 6 7 8 9	10 11 12 13 14	15 16 17 18 19	20 21 22 23 24	5	33
	3	25 26 27 28 29	30 **51** 2 3 4	5 6 7 8 9	10 11 12 13 14	15 16 17 18 19	20 21 22 23 24	0	3
	4	25 26 27 28 29	30 31 **61** 2 3	4 5 6 7 8	9 10 11 12 13	14 15 16 17 18	19 20 21 22 —	2	33
	5	23 24 25 26 27	28 29 30 **71** 2	3 4 5 6 7	8 9 10 11 12	13 14 15 16 17	18 19 20 21 22	3	2
	6	23 24 25 26 27	28 29 30 31 **81**	2 3 4 5 6	7 8 9 10 11	12 13 14 15 16	17 18 19 20 —	5	32
	7	21 22 23 24 25	26 27 28 29 30	31 **91** 2 3 4	5 6 7 8 9	10 11 12 13 14	15 16 17 18 19	6	1
	8	20 21 22 23 24	25 26 27 28 29	30 **01** 2 3 4	5 6 7 8 9	10 11 12 13 14	15 16 17 18 —	1	31
	9	19 20 21 22 23	24 25 26 27 28	29 30 31 **N1** 2	3 4 5 6 7	8 9 10 11 12	13 14 15 16 17	2	0
	10	18 19 20 21 22	23 24 25 26 27	28 29 30 **D1** 2	3 4 5 6 7	8 9 10 11 12	13 14 15 16 —	4	30
	11	17 18 19 20 21	22 23 24 25 26	27 28 29 30 31	**11** 2 3 4 5	6 7 8 9 10	11 12 13 14 15	5	59
	12	16 17 18 19 20	21 22 23 24 25	26 27 28 29 30	31 **21** 2 3 4	5 6 7 8 9	10 11 12 13 —	0	29
建武 23 丁未 47–48	38 1	14 15 16 17 18	19 20 21 22 23	24 25 26 27 28	**31** 2 3 4 5	6 7 8 9 10	11 12 13 14 15	1	58
	2	16 17 18 19 20	21 22 23 24 25	26 27 28 29 30	31 **41** 2 3 4	5 6 7 8 9	10 11 12 13 —	3	28
	3	14 15 16 17 18	19 20 21 22 23	24 25 26 27 28	29 30 **51** 2 3	4 5 6 7 8	9 10 11 12 13	4	57
	4	14 15 16 17 18	19 20 21 22 23	24 25 26 27 28	29 30 31 **61** 2	3 4 5 6 7	8 9 10 11 —	6	27
	5	12 13 14 15 16	17 18 19 20 21	22 23 24 25 26	27 28 29 30 **71**	2 3 4 5 6	7 8 9 10 11	0	56
	6	12 13 14 15 16	17 18 19 20 21	22 23 24 25 26	27 28 29 30 31	**81** 2 3 4 5	6 7 8 9 10	2	26
	7	11 12 13 14 15	16 17 18 19 20	21 22 23 24 25	26 27 28 29 30	31 **91** 2 3 4	5 6 7 8 —	4	56
	8	9 10 11 12 13	14 15 16 17 18	19 20 21 22 23	24 25 26 27 28	29 30 **01** 2 3	4 5 6 7 8	5	25
	9	9 10 11 12 13	14 15 16 17 18	19 20 21 22 23	24 25 26 27 28	29 30 31 **N1** 2	3 4 5 6 —	0	55
	10	7 8 9 10 11	12 13 14 15 16	17 18 19 20 21	22 23 24 25 26	27 28 29 30 **D1**	2 3 4 5 6	1	24
	11	7 8 9 10 11	12 13 14 15 16	17 18 19 20 21	22 23 24 25 26	27 28 29 30 31	**11** 2 3 4 —	3	54
	12	5 6 7 8 9	10 11 12 13 14	15 16 17 18 19	20 21 22 23 24	25 26 27 28 29	30 31 **21** 2 3	4	23
建武 24 戊申 48–49	50 1	4 5 6 7 8	9 10 11 12 13	14 15 16 17 18	19 20 21 22 23	24 25 26 27 28	29 **31** 2 3 —	6	53
	2	4 5 6 7 8	9 10 11 12 13	14 15 16 17 18	19 20 21 22 23	24 25 26 27 28	29 30 31 **41** 2	0	22
	3	3 4 5 6 7	8 9 10 11 12	13 14 15 16 17	18 19 20 21 22	23 24 25 26 27	28 29 30 **51** —	2	52
	4	2 3 4 5 6	7 8 9 10 11	12 13 14 15 16	17 18 19 20 21	22 23 24 25 26	27 28 29 30 31	3	21
	5	**61** 2 3 4 5	6 7 8 9 10	11 12 13 14 15	16 17 18 19 20	21 22 23 24 25	26 27 28 29 —	5	51
	6	30 **71** 2 3 4	5 6 7 8 9	10 11 12 13 14	15 16 17 18 19	20 21 22 23 24	25 26 27 28 29	6	20
	7	30 31 **81** 2 3	4 5 6 7 8	9 10 11 12 13	14 15 16 17 18	19 20 21 22 23	24 25 26 27 —	1	50
	8	28 29 30 31 **91**	2 3 4 5 6	7 8 9 10 11	12 13 14 15 16	17 18 19 20 21	22 23 24 25 26	2	19
	9	27 28 29 30 **01**	2 3 4 5 6	7 8 9 10 11	12 13 14 15 16	17 18 19 20 21	22 23 24 25 —	4	49
	10	26 27 28 29 30	31 **N1** 2 3 4	5 6 7 8 9	10 11 12 13 14	15 16 17 18 19	20 21 22 23 24	5	18
	10	25 26 27 28 29	30 **D1** 2 3 4	5 6 7 8 9	10 11 12 13 14	15 16 17 18 19	20 21 22 23 24	0	48
	11	25 26 27 28 29	30 31 **11** 2 3	4 5 6 7 8	9 10 11 12 13	14 15 16 17 18	19 20 21 22 —	2	18
	12	23 24 25 26 27	28 29 30 31 **21**	2 3 4 5 6	7 8 9 10 11	12 13 14 15 16	17 18 19 20 21	3	47
建武 25 己酉 49–50	2 1	22 23 24 25 26	27 28 **31** 2 3	4 5 6 7 8	9 10 11 12 13	14 15 16 17 18	19 20 21 22 —	5	17
	2	23 24 25 26 27	28 29 30 31 **41**	2 3 4 5 6	7 8 9 10 11	12 13 14 15 16	17 18 19 20 21	6	46
	3	22 23 24 25 26	27 28 29 30 **51**	2 3 4 5 6	7 8 9 10 11	12 13 14 15 16	17 18 19 20 —	1	16
	4	21 22 23 24 25	26 27 28 29 30	31 **61** 2 3 4	5 6 7 8 9	10 11 12 13 14	15 16 17 18 19	2	45
	5	20 21 22 23 24	25 26 27 28 29	30 **71** 2 3 4	5 6 7 8 9	10 11 12 13 14	15 16 17 18 —	4	15
	6	19 20 21 22 23	24 25 26 27 28	29 30 31 **81** 2	3 4 5 6 7	8 9 10 11 12	13 14 15 16 17	5	44
	7	18 19 20 21 22	23 24 25 26 27	28 29 30 31 **91**	2 3 4 5 6	7 8 9 10 11	12 13 14 15 —	0	14
	8	16 17 18 19 20	21 22 23 24 25	26 27 28 29 30	**01** 2 3 4 5	6 7 8 9 10	11 12 13 14 15	1	43
	9	16 17 18 19 20	21 22 23 24 25	26 27 28 29 30	31 **N1** 2 3 4	5 6 7 8 9	10 11 12 13 —	3	13
	10	14 15 16 17 18	19 20 21 22 23	24 25 26 27 28	29 30 **D1** 2 3	4 5 6 7 8	9 10 11 12 13	4	42
	11	14 15 16 17 18	19 20 21 22 23	24 25 26 27 28	29 30 31 **11** 2	3 4 5 6 7	8 9 10 11 —	6	12
	12	12 13 14 15 16	17 18 19 20 21	22 23 24 25 26	27 28 29 30 31	**21** 2 3 4 5	6 7 8 9 10	0	41
建武 26 庚戌 50–51	14 1	11 12 13 14 15	16 17 18 19 20	21 22 23 24 25	26 27 28 **31** 2	3 4 5 6 7	8 9 10 11 —	2	11
	2	12 13 14 15 16	17 18 19 20 21	22 23 24 25 26	27 28 29 30 31	**41** 2 3 4 5	6 7 8 9 10	3	40
	3	11 12 13 14 15	16 17 18 19 20	21 22 23 24 25	26 27 28 29 30	**51** 2 3 4 5	6 7 8 9 10	5	10
	4	11 12 13 14 15	16 17 18 19 20	21 22 23 24 25	26 27 28 29 30	31 **61** 2 3 4	5 6 7 8 —	0	40
	5	9 10 11 12 13	14 15 16 17 18	19 20 21 22 23	24 25 26 27 28	29 30 **71** 2 3	4 5 6 7 8	1	9
	6	9 10 11 12 13	14 15 16 17 18	19 20 21 22 23	24 25 26 27 28	29 30 31 **81** 2	3 4 5 6 —	3	39
	7	7 8 9 10 11	12 13 14 15 16	17 18 19 20 21	22 23 24 25 26	27 28 29 30 31	**91** 2 3 4 5	4	8
	8	6 7 8 9 10	11 12 13 14 15	16 17 18 19 20	21 22 23 24 25	26 27 28 29 30	**01** 2 3 4 —	6	38
	9	5 6 7 8 9	10 11 12 13 14	15 16 17 18 19	20 21 22 23 24	25 26 27 28 29	30 31 **N1** 2 3	0	7
	10	4 5 6 7 8	9 10 11 12 13	14 15 16 17 18	19 20 21 22 23	24 25 26 27 28	29 30 **D1** 2 —	2	37
	11	3 4 5 6 7	8 9 10 11 12	13 14 15 16 17	18 19 20 21 22	23 24 25 26 27	28 29 30 31 **11**	3	6
	12	2 3 4 5 6	7 8 9 10 11	12 13 14 15 16	17 18 19 20 21	22 23 24 25 26	27 28 29 30 —	5	36

年序 Year	陰曆月序 Moon	陰曆日序 Order of days (Lunar) 1 2 3 4 5	6 7 8 9 10	11 12 13 14 15	16 17 18 19 20	21 22 23 24 25	26 27 28 29 30	星期 Week	干支 Cycle
建武 27 辛亥 51–52	26 1	31 21 2 3 4	5 6 7 8 9	10 11 12 13 14	15 16 17 18 19	20 21 22 23 24	25 26 27 28 31	6	5
	2	2 3 4 5 6	7 8 9 10 11	12 13 14 15 16	17 18 19 20 21	22 23 24 25 26	27 28 29 30 —	1	35
	3	31 41 2 3 4	5 6 7 8 9	10 11 12 13 14	15 16 17 18 19	20 21 22 23 24	25 26 27 28 29	2	4
	4	30 51 2 3 4	5 6 7 8 9	10 11 12 13 14	15 16 17 18 19	20 21 22 23 24	25 26 27 28 —	4	34
	5	29 30 31 61 2	3 4 5 6 7	8 9 10 11 12	13 14 15 16 17	18 19 20 21 22	22 24 25 26 27	5	3
	6	28 29 30 71 2	3 4 5 6 7	8 9 10 11 12	13 14 15 16 17	18 19 20 21 22	23 24 25 26 27	0	33
	6	28 29 30 31 81	2 3 4 5 6	7 8 9 10 11	12 13 14 15 16	17 18 19 20 21	22 23 24 25 —	2	3
	7	26 27 28 29 30	31 91 2 3 4	5 6 7 8 9	10 11 12 13 14	15 16 17 18 19	20 21 22 23 24	3	32
	8	25 26 27 28 29	30 01 2 3 4	5 6 7 8 9	10 11 12 13 14	15 16 17 18 19	20 21 22 23 —	5	2
	9	24 25 26 27 28	29 30 31 N1 2	3 4 5 6 7	8 9 10 11 12	13 14 15 16 17	18 19 20 21 22	6	31
	10	23 24 25 26 27	28 29 30 D1 2	3 4 5 6 7	8 9 10 11 12	13 14 15 16 17	18 19 20 21 —	1	1
	11	22 23 24 25 26	27 28 29 30 31	11 2 3 4 5	6 7 8 9 10	11 12 13 14 15	16 17 18 19 20	2	30
	12	21 22 23 24 25	26 27 28 29 30	31 21 2 3 4	5 6 7 8 9	10 11 12 13 14	15 16 17 18 —	4	0
建武 28 壬子 52–53	38 1	19 20 21 22 23	24 25 26 27 28	29 31 2 3 4	5 6 7 8 9	10 11 12 13 14	15 16 17 18 19	5	29
	2	20 21 22 23 24	25 26 27 28 29	30 31 41 2 3	4 5 6 7 8	9 10 11 12 13	14 15 16 17 —	0	59
	3	18 19 20 21 22	23 24 25 26 27	28 29 30 51 2	3 4 5 6 7	8 9 10 11 12	13 14 15 16 17	1	28
	4	18 19 20 21 22	23 24 25 26 27	28 29 30 31 61	2 3 4 5 6	7 8 9 10 11	12 13 14 15 —	3	58
	5	16 17 18 19 20	21 22 23 24 25	26 27 28 29 30	71 2 3 4 5	6 7 8 9 10	11 12 13 14 15	4	27
	6	16 17 18 19 20	21 22 23 24 25	26 27 28 29 30	31 81 2 3 4	5 6 7 8 9	10 11 12 13 —	6	57
	7	14 15 16 17 18	19 20 21 22 23	24 25 26 27 28	29 30 31 91 2	3 4 5 6 7	8 9 10 11 12	0	26
	8	13 14 15 16 17	18 19 20 21 22	23 24 25 26 27	28 29 30 01 2	3 4 5 6 7	8 9 10 11 —	2	56
	9	12 13 14 15 16	17 18 19 20 21	22 23 24 25 26	27 28 29 30 31	N1 2 3 4 5	6 7 8 9 10	3	25
	10	11 12 13 14 15	16 17 18 19 20	21 22 23 24 25	26 27 28 29 30	D1 2 3 4 5	6 7 8 9 10	5	55
	11	11 12 13 14 15	16 17 18 19 20	21 22 23 24 25	26 27 28 29 30	31 11 2 3 4	5 6 7 8 —	0	25
	12	9 10 11 12 13	14 15 16 17 18	19 20 21 22 23	24 25 26 27 28	29 30 31 21 2	3 4 5 6 7	1	54
建武 29 癸丑 53–54	50 1	8 9 10 11 12	13 14 15 16 17	18 19 20 21 22	23 24 25 26 27	28 31 2 3 4	5 6 7 8 —	3	24
	2	9 10 11 12 13	14 15 16 17 18	19 20 21 22 23	24 25 26 27 28	29 30 31 41 2	3 4 5 6 7	4	53
	3	8 9 10 11 12	13 14 15 16 17	18 19 20 21 22	23 24 25 26 27	28 29 30 51 2	3 4 5 6 —	6	23
	4	7 8 9 10 11	12 13 14 15 16	17 18 19 20 21	22 23 24 25 26	27 28 29 30 31	61 2 3 4 5	0	52
	5	6 7 8 9 10	11 12 13 14 15	16 17 18 19 20	21 22 23 24 25	26 27 28 29 30	71 2 3 4 —	2	22
	6	5 6 7 8 9	10 11 12 13 14	15 16 17 18 19	20 21 22 23 24	25 26 27 28 29	30 31 81 2 3	3	51
	7	4 5 6 7 8	9 10 11 12 13	14 15 16 17 18	19 20 21 22 23	24 25 26 27 28	29 30 31 91 —	5	21
	8	2 3 4 5 6	7 8 9 10 11	12 13 14 15 16	17 18 19 20 21	22 23 24 25 26	27 28 29 30 01	6	50
	9	2 3 4 5 6	7 8 9 10 11	12 13 14 15 16	17 18 19 20 21	22 23 24 25 26	27 28 29 30 —	1	20
	10	31 N1 2 3 4	5 6 7 8 9	10 11 12 13 14	15 16 17 18 19	20 21 22 23 24	25 26 27 28 29	2	49
	11	30 D1 2 3 4	5 6 7 8 9	10 11 12 13 14	15 16 17 18 19	20 21 22 23 24	25 26 27 28 —	4	19
	12	29 30 31 11 2	3 4 5 6 7	8 9 10 11 12	13 14 15 16 17	18 19 20 21 22	23 24 25 26 27	5	48
建武 30 甲寅 54–55	2 1	28 29 30 31 21	2 3 4 5 6	7 8 9 10 11	12 13 14 15 16	17 18 19 20 21	22 23 24 25 26	0	18
	2	27 28 31 2 3	4 5 6 7 8	9 10 11 12 13	14 15 16 17 18	19 20 21 22 23	24 25 26 27 —	2	48
	3	28 29 30 31 41	2 3 4 5 6	7 8 9 10 11	12 13 14 15 16	17 18 19 20 21	22 23 24 25 26	3	17
	3	27 28 29 30 51	2 3 4 5 6	7 8 9 10 11	12 13 14 15 16	17 18 19 20 21	22 23 24 25 —	5	47
	4	26 27 28 29 30	31 61 2 3 4	5 6 7 8 9	10 11 12 13 14	15 16 17 18 19	20 21 22 23 24	6	16
	5	25 26 27 28 29	30 71 2 3 4	5 6 7 8 9	10 11 12 13 14	15 16 17 18 19	20 21 22 23 —	1	46
	6	24 25 26 27 28	29 30 31 81 2	3 4 5 6 7	8 9 10 11 12	13 14 15 16 17	18 19 20 21 22	2	15
	7	23 24 25 26 27	28 29 30 31 91	2 3 4 5 6	7 8 9 10 11	12 13 14 15 16	17 18 19 20 —	4	45
	8	21 22 23 24 25	26 27 28 29 30	01 2 3 4 5	6 7 8 9 10	11 12 13 14 15	16 17 18 19 20	5	14
	9	21 22 23 24 25	26 27 28 29 30	31 N1 2 3 4	5 6 7 8 9	10 11 12 13 14	15 16 17 18 —	0	44
	10	19 20 21 22 23	24 25 26 27 28	29 30 D1 2 3	4 5 6 7 8	9 10 11 12 13	14 15 16 17 18	1	13
	11	19 20 21 22 23	24 25 26 27 28	29 30 31 11 2	3 4 5 6 7	8 9 10 11 12	13 14 15 16 —	3	43
	12	17 18 19 20 21	22 23 24 25 26	27 28 29 30 31	21 2 3 4 5	6 7 8 9 10	11 12 13 14 15	4	12
建武 31 乙卯 55–56	14 1	16 17 18 19 20	21 22 23 24 25	26 27 28 31 2	3 4 5 6 7	8 9 10 11 12	13 14 15 16 —	6	42
	2	17 18 19 20 21	22 23 24 25 26	27 28 29 30 31	41 2 3 4 5	6 7 8 9 10	11 12 13 14 15	0	11
	3	16 17 18 19 20	21 22 23 24 25	26 27 28 29 30	51 2 3 4 5	6 7 8 9 10	11 12 13 14 —	2	41
	4	15 16 17 18 19	20 21 22 23 24	25 26 27 28 29	30 31 61 2 3	4 5 6 7 8	9 10 11 12 13	3	10
	5	14 15 16 17 18	19 20 21 22 23	24 25 26 27 28	29 30 71 2 3	4 5 6 7 8	9 10 11 12 13	5	40
	6	14 15 16 17 18	19 20 21 22 23	24 25 26 27 28	29 30 31 81 2	3 4 5 6 7	8 9 10 11 —	0	10
	7	12 13 14 15 16	17 18 19 20 21	22 23 24 25 26	27 28 29 30 31	91 2 3 4 5	6 7 8 9 10	1	39
	8	11 12 13 14 15	16 17 18 19 20	21 22 23 24 25	26 27 28 29 30	01 2 3 4 5	6 7 8 9 —	3	9
	9	10 11 12 13 14	15 16 17 18 19	20 21 22 23 24	25 26 27 28 29	30 31 N1 2 3	4 5 6 7 8	4	38
	10	9 10 11 12 13	14 15 16 17 18	19 20 21 22 23	24 25 26 27 28	29 30 D1 2 3	4 5 6 7 —	6	8
	11	8 9 10 11 12	13 14 15 16 17	18 19 20 21 22	23 24 25 26 27	28 29 30 31 11	2 3 4 5 6	0	37
	12	7 8 9 10 11	12 13 14 15 16	17 18 19 20 21	22 23 24 25 26	27 28 29 30 31	21 2 3 4 —	2	7

年序 Year	陰暦月序 Moon	陰暦日序 Order of days (Lunar) 1 2 3 4 5	6 7 8 9 10	11 12 13 14 15	16 17 18 19 20	21 22 23 24 25	26 27 28 29 30	星期 Week	干支 Cycle
建武中元 1 丙辰 56–57	26 1	5 6 7 8 9	10 11 12 13 14	15 16 17 18 19	20 21 22 23 24	25 26 27 28 29	**3**1 2 3 4 5	3	36
	2	6 7 8 9 10	11 12 13 14 15	16 17 18 19 20	21 22 23 24 25	26 27 28 29 30	31 **4**1 2 3 —	5	6
	3	4 5 6 7 8	9 10 11 12 13	14 15 16 17 18	19 20 21 22 23	24 25 26 27 28	29 30 **5**1 2 3	6	35
	4][	4 5 6 7 8	9 10 11 12 13	14 15 16 17 18	19 20 21 22 23	24 25 26 27 28	29 30 31 **6**1 —	1	5
	5	2 3 4 5 6	7 8 9 10 11	12 13 14 15 16	17 18 19 20 21	22 23 24 25 26	27 28 29 30 **7**1	2	34
	6	2 3 4 5 6	7 8 9 10 11	12 13 14 15 16	17 18 19 20 21	22 23 24 25 26	27 28 29 30 —	4	4
	7	31 **8**1 2 3 4	5 6 7 8 9	10 11 12 13 14	15 16 17 18 19	20 21 22 23 24	25 26 27 28 29	5	33
	8	30 31 **9**1 2 3	4 5 6 7 8	9 10 11 12 13	14 15 16 17 18	19 20 21 22 23	24 25 26 27 —	0	3
	9	28 29 30 **0**1 2	3 4 5 6 7	8 9 10 11 12	13 14 15 16 17	18 19 20 21 22	23 24 25 26 27	1	32
	10	28 29 30 31 **N**1	2 3 4 5 6	7 8 9 10 11	12 13 14 15 16	17 18 19 20 21	22 23 24 25 26	3	2
	11	27 28 29 30 **D**1	2 3 4 5 6	7 8 9 10 11	12 13 14 15 16	17 18 19 20 21	22 23 24 25 —	5	32
	12	26 27 28 29 30	31 **1**1 2 3 4	5 6 7 8 9	10 11 12 13 14	15 16 17 18 19	20 21 22 23 24	6	1
	12	25 26 27 28 29	30 31 **2**1 2 3	4 5 6 7 8	9 10 11 12 13	14 15 16 17 18	19 20 21 22 —	1	31
建武中元 2 丁巳 57–58	38 1	23 24 25 26 27	28 **3**1 2 3 4	5 6 7 8 9	10 11 12 13 14	15 16 17 18 19	20 21 22 23 24	2	0
	2	25 26 27 28 29	30 31 **4**1 2 3	4 5 6 7 8	9 10 11 12 13	14 15 16 17 18	19 20 21 22 —	4	30
	3	23 24 25 26 27	28 29 30 **5**1 2	3 4 5 6 7	8 9 10 11 12	13 14 15 16 17	18 19 20 21 22	5	59
	4	23 24 25 26 27	28 29 30 31 **6**1	2 3 4 5 6	7 8 9 10 11	12 13 14 15 16	17 18 19 20 —	0	29
	5	21 22 23 24 25	26 27 28 29 30	**7**1 2 3 4 5	6 7 8 9 10	11 12 13 14 15	16 17 18 19 20	1	58
	6	21 22 23 24 25	26 27 28 29 30	31 **8**1 2 3 4	5 6 7 8 9	10 11 12 13 14	15 16 17 18 —	3	28
	7	19 20 21 22 23	24 25 26 27 28	29 30 31 **9**1 2	3 4 5 6 7	8 9 10 11 12	13 14 15 16 17	4	57
	8	18 19 20 21 22	23 24 25 26 27	28 29 30 **0**1 2	3 4 5 6 7	8 9 10 11 12	13 14 15 16 —	6	27
	9	17 18 19 20 21	22 23 24 25 26	27 28 29 30 31	**N**1 2 3 4 5	6 7 8 9 10	11 12 13 14 15	0	56
	10	16 17 18 19 20	21 22 23 24 25	26 27 28 29 30	**D**1 2 3 4 5	6 7 8 9 10	11 12 13 14 —	2	26
	11	15 16 17 18 19	20 21 22 23 24	25 26 27 28 29	30 31 **1**1 2 3	4 5 6 7 8	9 10 11 12 13	3	55
	12	14 15 16 17 18	19 20 21 22 23	24 25 26 27 28	29 30 31 **2**1 2	3 4 5 6 7	8 9 10 11 12	5	25
明帝 永平 1 戊午 58–59	50 1	13 14 15 16 17	18 19 20 21 22	23 24 25 26 27	28 **3**1 2 3 4	5 6 7 8 9	10 11 12 13 —	0	55
	2	14 15 16 17 18	19 20 21 22 23	24 25 26 27 28	29 30 31 **4**1 2	3 4 5 6 7	8 9 10 11 12	1	24
	3	13 14 15 16 17	18 19 20 21 22	23 24 25 26 27	28 29 30 **5**1 2	3 4 5 6 7	8 9 10 11 —	3	54
	4	12 13 14 15 16	17 18 19 20 21	22 23 24 25 26	27 28 29 30 31	**6**1 2 3 4 5	6 7 8 9 10	4	23
	5	11 12 13 14 15	16 17 18 19 20	21 22 23 24 25	26 27 28 29 30	**7**1 2 3 4 5	6 7 8 9 —	6	53
	6	10 11 12 13 14	15 16 17 18 19	20 21 22 23 24	25 26 27 28 29	30 31 **8**1 2 3	4 5 6 7 8	0	22
	7	9 10 11 12 13	14 15 16 17 18	19 20 21 22 23	24 25 26 27 28	29 30 31 **9**1 2	3 4 5 6 —	2	52
	8	7 8 9 10 11	12 13 14 15 16	17 18 19 20 21	22 23 24 25 26	27 28 29 30 **0**1	2 3 4 5 6	3	21
	9	7 8 9 10 11	12 13 14 15 16	17 18 19 20 21	22 23 24 25 26	27 28 29 30 31	**N**1 2 3 4 —	5	51
	10	5 6 7 8 9	10 11 12 13 14	15 16 17 18 19	20 21 22 23 24	25 26 27 28 29	30 **D**1 2 3 4	6	20
	11	5 6 7 8 9	10 11 12 13 14	15 16 17 18 19	20 21 22 23 24	25 26 27 28 29	30 31 **1**1 2 —	1	50
	12	3 4 5 6 7	8 9 10 11 12	13 14 15 16 17	18 19 20 21 22	23 24 25 26 27	28 29 30 31 **2**1	2	19
永平 2 己未 59–60	2 1	2 3 4 5 6	7 8 9 10 11	12 13 14 15 16	17 18 19 20 21	22 23 24 25 26	27 28 **3**1 2 —	4	49
	2	3 4 5 6 7	8 9 10 11 12	13 14 15 16 17	18 19 20 21 22	23 24 25 26 27	28 29 30 31 **4**1	5	18
	3	2 3 4 5 6	7 8 9 10 11	12 13 14 15 16	17 18 19 20 21	22 23 24 25 26	27 28 29 30 —	0	48
	4	**5**1 2 3 4 5	6 7 8 9 10	11 12 13 14 15	16 17 18 19 20	21 22 23 24 25	26 27 28 29 30	1	17
	5	31 **6**1 2 3 4	5 6 7 8 9	10 11 12 13 14	15 16 17 18 19	20 21 22 23 24	25 26 27 28 29	3	47
	6	30 **7**1 2 3 4	5 6 7 8 9	10 11 12 13 14	15 16 17 18 19	20 21 22 23 24	25 26 27 28 —	5	17
	7	29 30 31 **8**1 2	3 4 5 6 7	8 9 10 11 12	13 14 15 16 17	18 19 20 21 22	23 24 25 26 27	6	46
	8	28 29 30 31 **9**1	2 3 4 5 6	7 8 9 10 11	12 13 14 15 16	17 18 19 20 21	22 23 24 25 —	1	16
	9	26 27 28 29 30	**0**1 2 3 4 5	6 7 8 9 10	11 12 13 14 15	16 17 18 19 20	21 22 23 24 25	2	45
	9	26 27 28 29 30	31 **N**1 2 3 4	5 6 7 8 9	10 11 12 13 14	15 16 17 18 19	20 21 22 23 —	4	15
	10	24 25 26 27 28	29 30 **D**1 2 3	4 5 6 7 8	9 10 11 12 13	14 15 16 17 18	19 20 21 22 23	5	44
	11	24 25 26 27 28	29 30 31 **1**1 2	3 4 5 6 7	8 9 10 11 12	13 14 15 16 17	18 19 20 21 —	0	14
	12	22 23 24 25 26	27 28 29 30 31	**2**1 2 3 4 5	6 7 8 9 10	11 12 13 14 15	16 17 18 19 20	1	43
永平 3 庚申 60–61	14 1	21 22 23 24 25	26 27 28 29 **3**1	2 3 4 5 6	7 8 9 10 11	12 13 14 15 16	17 18 19 20 —	3	13
	2	21 22 23 24 25	26 27 28 29 30	31 **4**1 2 3 4	5 6 7 8 9	10 11 12 13 14	15 16 17 18 19	4	42
	3	20 21 22 23 24	25 26 27 28 29	30 **5**1 2 3 4	5 6 7 8 9	10 11 12 13 14	15 16 17 18 —	6	12
	4	19 20 21 22 23	24 25 26 27 28	29 30 31 **6**1 2	3 4 5 6 7	8 9 10 11 12	13 14 15 16 17	0	41
	5	18 19 20 21 22	23 24 25 26 27	28 29 30 **7**1 2	3 4 5 6 7	8 9 10 11 12	13 14 15 16 —	2	11
	6	17 18 19 20 21	22 23 24 25 26	27 28 29 30 31	**8**1 2 3 4 5	6 7 8 9 10	11 12 13 14 15	3	40
	7	16 17 18 19 20	21 22 23 24 25	26 27 28 29 30	31 **9**1 2 3 4	5 6 7 8 9	10 11 12 13 14	5	10
	8	15 16 17 18 19	20 21 22 23 24	25 26 27 28 29	30 **0**1 2 3 4	5 6 7 8 9	10 11 12 13 —	0	40
	9	14 15 16 17 18	19 20 21 22 23	24 25 26 27 28	29 30 31 **N**1 2	3 4 5 6 7	8 9 10 11 12	1	9
	10	13 14 15 16 17	18 19 20 21 22	23 24 25 26 27	28 29 30 **D**1 2	3 4 5 6 7	8 9 10 11 —	3	39
	11	12 13 14 15 16	17 18 19 20 21	22 23 24 25 26	27 28 29 30 31	**1**1 2 3 4 5	6 7 8 9 10	4	8
	12	11 12 13 14 15	16 17 18 19 20	21 22 23 24 25	26 27 28 29 30	31 **2**1 2 3 4	5 6 7 8 —	6	38

年序 Year	陰曆月序 Moon	陰曆日序 Order of days (Lunar) 1 2 3 4 5	6 7 8 9 10	11 12 13 14 15	16 17 18 19 20	21 22 23 24 25	26 27 28 29 30	星期 Week	干支 Cycle
永平 4 辛酉 61–62	26 1	9 10 11 12 13	14 15 16 17 18	19 20 21 22 23	24 25 26 27 28	31 2 3 4 5	6 7 8 9 10	0	7
	2	11 12 13 14 15	16 17 18 19 20	21 22 23 24 25	26 27 28 29 30	31 41 2 3 4	5 6 7 8 —	2	37
	3	9 10 11 12 13	14 15 16 17 18	19 20 21 22 23	24 25 26 27 28	29 30 51 2 3	4 5 6 7 8	3	6
	4	9 10 11 12 13	14 15 16 17 18	19 20 21 22 23	24 25 26 27 28	29 30 31 61 2	3 4 5 6 —	5	36
	5	7 8 9 10 11	12 13 14 15 16	17 18 19 20 21	22 23 24 25 26	27 28 29 30 71	2 3 4 5 6	6	5
	6	7 8 9 10 11	12 13 14 15 16	17 18 19 20 21	22 23 24 25 26	27 28 29 30 31	81 2 3 4 —	1	35
	7	5 6 7 8 9	10 11 12 13 14	15 16 17 18 19	20 21 22 23 24	25 26 27 28 29	30 31 91 2 3	2	4
	8	4 5 6 7 8	9 10 11 12 13	14 15 16 17 18	19 20 21 22 23	24 25 26 27 28	29 30 01 2 —	4	34
	9	3 4 5 6 7	8 9 10 11 12	13 14 15 16 17	18 19 20 21 22	23 24 25 26 27	28 29 30 31 N1	5	3
	10	2 3 4 5 6	7 8 9 10 11	12 13 14 15 16	17 18 19 20 21	22 23 24 25 26	27 28 29 30 —	0	33
	11	D1 2 3 4 5	6 7 8 9 10	11 12 13 14 15	16 17 18 19 20	21 22 23 24 25	26 27 28 29 30	1	2
	12	31 11 2 3 4	5 6 7 8 9	10 11 12 13 14	15 16 17 18 19	20 21 22 23 24	25 26 27 28 29	3	32
永平 5 壬戌 62–63	38 1	30 31 21 2 3	4 5 6 7 8	9 10 11 12 13	14 15 16 17 18	19 20 21 22 23	24 25 26 27 —	5	2
	2	28 31 2 3 4	5 6 7 8 9	10 11 12 13 14	15 16 17 18 19	20 21 22 23 24	25 26 27 28 29	6	31
	3	30 31 41 2 3	4 5 6 7 8	9 10 11 12 13	14 15 16 17 18	19 20 21 22 23	24 25 26 27 —	1	1
	4	28 29 30 51 2	3 4 5 6 7	8 9 10 11 12	13 14 15 16 17	18 19 20 21 22	23 24 25 26 27	2	30
	5	28 29 30 31 61	2 3 4 5 6	7 8 9 10 11	12 13 14 15 16	17 18 19 20 21	22 23 24 25 —	4	0
	5	26 27 28 29 30	71 2 3 4 5	6 7 8 9 10	11 12 13 14 15	16 17 18 19 20	21 22 23 24 25	5	29
	6	26 27 28 29 30	31 81 2 3 4	5 6 7 8 9	10 11 12 13 14	15 16 17 18 19	20 21 22 23 —	0	59
	7	24 25 26 27 28	29 30 31 91 2	3 4 5 6 7	8 9 10 11 12	13 14 15 16 17	18 19 20 21 22	1	28
	8	23 24 25 26 27	28 29 30 01 2	3 4 5 6 7	8 9 10 11 12	13 14 15 16 17	18 19 20 21 —	3	58
	9	22 23 24 25 26	27 28 29 30 31	N1 2 3 4 5	6 7 8 9 10	11 12 13 14 15	16 17 18 19 20	4	27
	10	21 22 23 24 25	26 27 28 29 30	D1 2 3 4 5	6 7 8 9 10	11 12 13 14 15	16 17 18 19 —	6	57
	11	20 21 22 23 24	25 26 27 28 29	30 31 11 2 3	4 5 6 7 8	9 10 11 12 13	14 15 16 17 18	0	26
	12	19 20 21 22 23	24 25 26 27 28	29 30 31 21 2	3 4 5 6 7	8 9 10 11 12	13 14 15 16 —	2	56
永平 6 癸亥 63–64	50 1	17 18 19 20 21	22 23 24 25 26	27 28 31 2 3	4 5 6 7 8	9 10 11 12 13	14 15 16 17 18	3	25
	2	19 20 21 22 23	24 25 26 27 28	29 30 31 41 2	3 4 5 6 7	8 9 10 11 12	13 14 15 16 —	5	55
	3	17 18 19 20 21	22 23 24 25 26	27 28 29 30 51	2 3 4 5 6	7 8 9 10 11	12 13 14 15 16	6	24
	4	17 18 19 20 21	22 23 24 25 26	27 28 29 30 31	61 2 3 4 5	6 7 8 9 10	11 12 13 14 15	1	54
	5	16 17 18 19 20	21 22 23 24 25	26 27 28 29 30	71 2 3 4 5	6 7 8 9 10	11 12 13 14 —	3	24
	6	15 16 17 18 19	20 21 22 23 24	25 26 27 28 29	30 31 81 2 3	4 5 6 7 8	9 10 11 12 13	4	53
	7	14 15 16 17 18	19 20 21 22 23	24 25 26 27 28	29 30 31 91 2	3 4 5 6 7	8 9 10 11 —	6	23
	8	12 13 14 15 16	17 18 19 20 21	22 23 24 25 26	27 28 29 30 01	2 3 4 5 6	7 8 9 10 11	0	52
	9	12 13 14 15 16	17 18 19 20 21	22 23 24 25 26	27 28 29 30 31	N1 2 3 4 5	6 7 8 9 —	2	22
	10	10 11 12 13 14	15 16 17 18 19	20 21 22 23 24	25 26 27 28 29	30 D1 2 3 4	5 6 7 8 9	3	51
	11	10 11 12 13 14	15 16 17 18 19	20 21 22 23 24	25 26 27 28 29	30 31 11 2 3	4 5 6 7 —	5	21
	12	8 9 10 11 12	13 14 15 16 17	18 19 20 21 22	23 24 25 26 27	28 29 30 31 21	2 3 4 5 6	6	50
永平 7 甲子 64–65	2 1	7 8 9 10 11	12 13 14 15 16	17 18 19 20 21	22 23 24 25 26	27 28 29 31 2	3 4 5 6 —	1	20
	2	7 8 9 10 11	12 13 14 15 16	17 18 19 20 21	22 23 24 25 26	27 28 29 30 31	41 2 3 4 5	2	49
	3	6 7 8 9 10	11 12 13 14 15	16 17 18 19 20	21 22 23 24 25	26 27 28 29 30	51 2 3 4 —	4	19
	4	5 6 7 8 9	10 11 12 13 14	15 16 17 18 19	20 21 22 23 24	25 26 27 28 29	30 31 61 2 3	5	48
	5	4 5 6 7 8	9 10 11 12 13	14 15 16 17 18	19 20 21 22 23	24 25 26 27 28	29 30 71 2 —	0	18
	6	3 4 5 6 7	8 9 10 11 12	13 14 15 16 17	18 19 20 21 22	23 24 25 26 27	28 29 30 31 81	1	47
	7	2 3 4 5 6	7 8 9 10 11	12 13 14 15 16	17 18 19 20 21	22 23 24 25 26	27 28 29 30 31	3	17
	8	91 2 3 4 5	6 7 8 9 10	11 12 13 14 15	16 17 18 19 20	21 22 23 24 25	26 27 28 29 —	5	47
	9	30 01 2 3 4	5 6 7 8 9	10 11 12 13 14	15 16 17 18 19	20 21 22 23 24	25 26 27 28 29	6	16
	10	30 31 N1 2 3	4 5 6 7 8	9 10 11 12 13	14 15 16 17 18	19 20 21 22 23	24 25 26 27 —	1	46
	11	28 29 30 D1 2	3 4 5 6 7	8 9 10 11 12	13 14 15 16 17	18 19 20 21 22	23 24 25 26 27	2	15
	12	28 29 30 31 11	2 3 4 5 6	7 8 9 10 11	12 13 14 15 16	17 18 19 20 21	22 23 24 25 —	4	45
永平 8 乙丑 65–66	14 1	26 27 28 29 30	31 21 2 3 4	5 6 7 8 9	10 11 12 13 14	15 16 17 18 19	20 21 22 23 24	5	14
	1	25 26 27 28 31	2 3 4 5 6	7 8 9 10 11	12 13 14 15 16	17 18 19 20 21	22 23 24 25 —	0	44
	2	26 27 28 29 30	31 41 2 3 4	5 6 7 8 9	10 11 12 13 14	15 16 17 18 19	20 21 22 23 24	1	13
	3	25 26 27 28 29	30 51 2 3 4	5 6 7 8 9	10 11 12 13 14	15 16 17 18 19	20 21 22 23 —	3	43
	4	24 25 26 27 28	29 30 31 61 2	3 4 5 6 7	8 9 10 11 12	13 14 15 16 17	18 19 20 21 22	4	12
	5	23 24 25 26 27	28 29 30 71 2	3 4 5 6 7	8 9 10 11 12	13 14 15 16 17	18 19 20 21 —	6	42
	6	22 23 24 25 26	27 28 29 30 31	81 2 3 4 5	6 7 8 9 10	11 12 13 14 15	16 17 18 19 20	0	11
	7	21 22 23 24 25	26 27 28 29 30	31 91 2 3 4	5 6 7 8 9	10 11 12 13 14	15 16 17 18 —	2	41
	8	19 20 21 22 23	24 25 26 27 28	29 30 01 2 3	4 5 6 7 8	9 10 11 12 13	14 15 16 17 18	3	10
	9	19 20 21 22 23	24 25 26 27 28	29 30 31 N1 2	3 4 5 6 7	8 9 10 11 12	13 14 15 16 —	5	40
	10	17 18 19 20 21	22 23 24 25 26	27 28 29 30 D1	2 3 4 5 6	7 8 9 10 11	12 13 14 15 16	6	9
	11	17 18 19 20 21	22 23 24 25 26	27 28 29 30 31	11 2 3 4 5	6 7 8 9 10	11 12 13 14 15	1	39
	12	16 17 18 19 20	21 22 23 24 25	26 27 28 29 30	31 21 2 3 4	5 6 7 8 9	10 11 12 13 —	3	9

年序 Year	陰曆月序 Moon	1 2 3 4 5	6 7 8 9 10	11 12 13 14 15	16 17 18 19 20	21 22 23 24 25	26 27 28 29 30	星期 Week	干支 Cycle
永平9丙寅 66–67	26 1	14 15 16 17 18	19 20 21 22 23	24 25 26 27 28	31 2 3 4 5	6 7 8 9 10	11 12 13 14 15	4	38
	2	16 17 18 19 20	21 22 23 24 25	26 27 28 29 30	31 41 2 3 4	5 6 7 8 9	10 11 12 13 —	6	8
	3	14 15 16 17 18	19 20 21 22 23	24 25 26 27 28	29 30 51 2 3	4 5 6 7 8	9 10 11 12 13	0	37
	4	14 15 16 17 18	19 20 21 22 23	24 25 26 27 28	29 30 31 61 2	3 4 5 6 7	8 9 10 11 —	2	7
	5	12 13 14 15 16	17 18 19 20 21	22 23 24 25 26	27 28 29 30 71	2 3 4 5 6	7 8 9 10 11	3	36
	6	12 13 14 15 16	17 18 19 20 21	22 23 24 25 26	27 28 29 30 31	81 2 3 4 5	6 7 8 9 —	5	6
	7	10 11 12 13 14	15 16 17 18 19	20 21 22 23 24	25 26 27 28 29	30 31 91 2 3	4 5 6 7 8	6	35
	8	9 10 11 12 13	14 15 16 17 18	19 20 21 22 23	24 25 26 27 28	29 30 01 2 3	4 5 6 7 —	1	5
	9	8 9 10 11 12	13 14 15 16 17	18 19 20 21 22	23 24 25 26 27	28 29 30 31 N1	2 3 4 5 6	2	34
	10	7 8 9 10 11	12 13 14 15 16	17 18 19 20 21	22 23 24 25 26	27 28 29 30 D1	2 3 4 5 —	4	4
	11	6 7 8 9 10	11 12 13 14 15	16 17 18 19 20	21 22 23 24 25	26 27 28 29 30	31 11 2 3 4	5	33
	12	5 6 7 8 9	10 11 12 13 14	15 16 17 18 19	20 21 22 23 24	25 26 27 28 29	30 31 21 2 —	0	3
永平10丁卯 67–68	38 1	3 4 5 6 7	8 9 10 11 12	13 14 15 16 17	18 19 20 21 22	23 24 25 26 27	28 31 2 3 4	1	32
	2	5 6 7 8 9	10 11 12 13 14	15 16 17 18 19	20 21 22 23 24	25 26 27 28 29	30 31 41 2 3	3	2
	3	4 5 6 7 8	9 10 11 12 13	14 15 16 17 18	19 20 21 22 23	24 25 26 27 28	29 30 51 2 —	5	32
	4	3 4 5 6 7	8 9 10 11 12	13 14 15 16 17	18 19 20 21 22	23 24 25 26 27	28 29 30 31 61	6	1
	5	2 3 4 5 6	7 8 9 10 11	12 13 14 15 16	17 18 19 20 21	22 23 24 25 26	27 28 29 30 —	1	31
	6	71 2 3 4 5	6 7 8 9 10	11 12 13 14 15	16 17 18 19 20	21 22 23 24 25	26 27 28 29 30	2	0
	7	31 81 2 3 4	5 6 7 8 9	10 11 12 13 14	15 16 17 18 19	20 21 22 23 24	25 26 27 28 —	4	30
	8	29 30 31 91 2	3 4 5 6 7	8 9 10 11 12	13 14 15 16 17	18 19 20 21 22	23 24 25 26 27	5	59
	9	28 29 30 01 2	3 4 5 6 7	8 9 10 11 12	13 14 15 16 17	18 19 20 21 22	23 24 25 26 —	0	29
	10	27 28 29 30 31	N1 2 3 4 5	6 7 8 9 10	11 12 13 14 15	16 17 18 19 20	21 22 23 24 25	1	58
	10	26 27 28 29 30	D1 2 3 4 5	6 7 8 9 10	11 12 13 14 15	16 17 18 19 20	21 22 23 24 —	3	28
	11	25 26 27 28 29	30 31 11 2 3	4 5 6 7 8	9 10 11 12 13	14 15 16 17 18	19 20 21 22 23	4	57
	12	24 25 26 27 28	29 30 31 21 2	3 4 5 6 7	8 9 10 11 12	13 14 15 16 17	18 19 20 21 —	6	27
永平11戊辰 68–69	50 1	22 23 24 25 26	27 28 29 31 2	3 4 5 6 7	8 9 10 11 12	13 14 15 16 17	18 19 20 21 22	0	56
	2	23 24 25 26 27	28 29 30 31 41	2 3 4 5 6	7 8 9 10 11	12 13 14 15 16	17 18 19 20 —	2	26
	3	21 22 23 24 25	26 27 28 29 30	51 2 3 4 5	6 7 8 9 10	11 12 13 14 15	16 17 18 19 20	3	55
	4	21 22 23 24 25	26 27 28 29 30	31 61 2 3 4	5 6 7 8 9	10 11 12 13 14	15 16 17 18 —	5	25
	5	19 20 21 22 23	24 25 26 27 28	29 30 71 2 3	4 5 6 7 8	9 10 11 12 13	14 15 16 17 18	6	54
	6	19 20 21 22 23	24 25 26 27 28	29 30 31 81 2	3 4 5 6 7	8 9 10 11 12	13 14 15 16 17	1	24
	7	18 19 20 21 22	23 24 25 26 27	28 29 30 31 91	2 3 4 5 6	7 8 9 10 11	12 13 14 15 —	3	54
	8	16 17 18 19 20	21 22 23 24 25	26 27 28 29 30	01 2 3 4 5	6 7 8 9 10	11 12 13 14 15	4	23
	9	16 17 18 19 20	21 22 23 24 25	26 27 28 29 30	31 N1 2 3 4	5 6 7 8 9	10 11 12 13 —	6	53
	10	14 15 16 17 18	19 20 21 22 23	24 25 26 27 28	29 30 D1 2 3	4 5 6 7 8	9 10 11 12 13	0	22
	11	14 15 16 17 18	19 20 21 22 23	24 25 26 27 28	29 30 31 11 2	3 4 5 6 7	8 9 10 11 —	2	52
	12	12 13 14 15 16	17 18 19 20 21	22 23 24 25 26	27 28 29 30 31	21 2 3 4 5	6 7 8 9 10	3	21
永平12己巳 69–70	2 1	11 12 13 14 15	16 17 18 19 20	21 22 23 24 25	26 27 28 31 2	3 4 5 6 7	8 9 10 11 —	5	51
	2	12 13 14 15 16	17 18 19 20 21	22 23 24 25 26	27 28 29 30 31	41 2 3 4 5	6 7 8 9 10	6	20
	3	11 12 13 14 15	16 17 18 19 20	21 22 23 24 25	26 27 28 29 30	51 2 3 4 5	6 7 8 9 —	1	50
	4	10 11 12 13 14	15 16 17 18 19	20 21 22 23 24	25 26 27 28 29	30 31 61 2 3	4 5 6 7 8	2	19
	5	9 10 11 12 13	14 15 16 17 18	19 20 21 22 23	24 25 26 27 28	29 30 71 2 3	4 5 6 7 —	4	49
	6	8 9 10 11 12	13 14 15 16 17	18 19 20 21 22	23 24 25 26 27	28 29 30 31 81	2 3 4 5 6	5	18
	7	7 8 9 10 11	12 13 14 15 16	17 18 19 20 21	22 23 24 25 26	27 28 29 30 31	91 2 3 4 —	0	48
	8	5 6 7 8 9	10 11 12 13 14	15 16 17 18 19	20 21 22 23 24	25 26 27 28 29	30 01 2 3 4	1	17
	9	5 6 7 8 9	10 11 12 13 14	15 16 17 18 19	20 21 22 23 24	25 26 27 28 29	30 31 N1 2 —	3	47
	10	3 4 5 6 7	8 9 10 11 12	13 14 15 16 17	18 19 20 21 22	23 24 25 26 27	28 29 30 D1 2	4	16
	11	3 4 5 6 7	8 9 10 11 12	13 14 15 16 17	18 19 20 21 22	23 24 25 26 27	28 29 30 31 11	6	46
	12	2 3 4 5 6	7 8 9 10 11	12 13 14 15 16	17 18 19 20 21	22 23 24 25 26	27 28 29 30 —	1	16
永平13庚午 70–71	14 1	31 21 2 3 4	5 6 7 8 9	10 11 12 13 14	15 16 17 18 19	20 21 22 23 24	25 26 27 28 31	2	45
	2	2 3 4 5 6	7 8 9 10 11	12 13 14 15 16	17 18 19 20 21	22 23 24 25 26	27 28 29 30 —	4	15
	3	31 41 2 3 4	5 6 7 8 9	10 11 12 13 14	15 16 17 18 19	20 21 22 23 24	25 26 27 28 29	5	44
	4	30 51 2 3 4	5 6 7 8 9	10 11 12 13 14	15 16 17 18 19	20 21 22 23 24	25 26 27 28 —	0	14
	5	29 30 31 61 2	3 4 5 6 7	8 9 10 11 12	13 14 15 16 17	18 19 20 21 22	23 24 25 26 27	1	43
	6	28 29 30 71 2	3 4 5 6 7	8 9 10 11 12	13 14 15 16 17	18 19 20 21 22	23 24 25 26 —	3	13
	7	27 28 29 30 31	81 2 3 4 5	6 7 8 9 10	11 12 13 14 15	16 17 18 19 20	21 22 23 24 25	4	42
	7	26 27 28 29 30	31 91 2 3 4	5 6 7 8 9	10 11 12 13 14	15 16 17 18 19	20 21 22 23 —	6	12
	8	24 25 26 27 28	29 30 01 2 3	4 5 6 7 8	9 10 11 12 13	14 15 16 17 18	19 20 21 22 23	0	41
	9	24 25 26 27 28	29 30 31 N1 2	3 4 5 6 7	8 9 10 11 12	13 14 15 16 17	18 19 20 21 —	2	11
	10	22 23 24 25 26	27 28 29 30 D1	2 3 4 5 6	7 8 9 10 11	12 13 14 15 16	17 18 19 20 21	3	40
	11	22 23 24 25 26	27 28 29 30 31	11 2 3 4 5	6 7 8 9 10	11 12 13 14 15	16 17 18 19 —	5	10
	12	20 21 22 23 24	25 26 27 28 29	30 31 21 2 3	4 5 6 7 8	9 10 11 12 13	14 15 16 17 18	6	39

年序 Year	陰曆月序 Moon	陰曆日序 Order of days (Lunar) 1 2 3 4 5	6 7 8 9 10	11 12 13 14 15	16 17 18 19 20	21 22 23 24 25	26 27 28 29 30	星期 Week	干支 Cycle
永平 14 辛未 71–72	26 1	19 20 21 22 23	24 25 26 27 28	31 2 3 4 5	6 7 8 9 10	11 12 13 14 15	16 17 18 19 20	1	9
	2	21 22 23 24 25	26 27 28 29 30	31 41 2 3 4	5 6 7 8 9	10 11 12 13 14	15 16 17 18 —	3	39
	3	19 20 21 22 23	24 25 26 27 28	29 30 51 2 3	4 5 6 7 8	9 10 11 12 13	14 15 16 17 18	4	8
	4	19 20 21 22 23	24 25 26 27 28	29 30 31 61 2	3 4 5 6 7	8 9 10 11 12	13 14 15 16 —	6	38
	5	17 18 19 20 21	22 23 24 25 26	27 28 29 30 71	2 3 4 5 6	7 8 9 10 11	12 13 14 15 16	0	7
	6	17 18 19 20 21	22 23 24 25 26	27 28 29 30 31	81 2 3 4 5	6 7 8 9 10	11 12 13 14 —	2	37
	7	15 16 17 18 19	20 21 22 23 24	25 26 27 28 29	30 31 91 2 3	4 5 6 7 8	9 10 11 12 13	3	6
	8	14 15 16 17 18	19 20 21 22 23	24 25 26 27 28	29 30 O1 2 3	4 5 6 7 8	9 10 11 12 —	5	36
	9	13 14 15 16 17	18 19 20 21 22	23 24 25 26 27	28 29 30 31 N1	2 3 4 5 6	7 8 9 10 11	6	5
	10	12 13 14 15 16	17 18 19 20 21	22 23 24 25 26	27 28 29 30 D1	2 3 4 5 6	7 8 9 10 —	1	35
	11	11 12 13 14 15	16 17 18 19 20	21 22 23 24 25	26 27 28 29 30	31 11 2 3 4	5 6 7 8 9	2	4
	12	10 11 12 13 14	15 16 17 18 19	20 21 22 23 24	25 26 27 28 29	30 31 21 2 3	4 5 6 7 —	4	34
永平 15 壬申 72–73	38 1	8 9 10 11 12	13 14 15 16 17	18 19 20 21 22	23 24 25 26 27	28 29 31 2 3	4 5 6 7 8	5	3
	2	9 10 11 12 13	14 15 16 17 18	19 20 21 22 23	24 25 26 27 28	29 30 31 41 2	3 4 5 6 —	0	33
	3	7 8 9 10 11	12 13 14 15 16	17 18 19 20 21	22 23 24 25 26	27 28 29 30 51	2 3 4 5 6	1	2
	4	7 8 9 10 11	12 13 14 15 16	17 18 19 20 21	22 23 24 25 26	27 28 29 30 31	61 2 3 4 —	3	32
	5	5 6 7 8 9	10 11 12 13 14	15 16 17 18 19	20 21 22 23 24	25 26 27 28 29	30 71 2 3 4	4	1
	6	5 6 7 8 9	10 11 12 13 14	15 16 17 18 19	20 21 22 23 24	25 26 27 28 29	30 31 81 2 3	6	31
	7	4 5 6 7 8	9 10 11 12 13	14 15 16 17 18	19 20 21 22 23	24 25 26 27 28	29 30 31 91 —	1	1
	8	2 3 4 5 6	7 8 9 10 11	12 13 14 15 16	17 18 19 20 21	22 23 24 25 26	27 28 29 30 O1	2	30
	9	2 3 4 5 6	7 8 9 10 11	12 13 14 15 16	17 18 19 20 21	22 23 24 25 26	27 28 29 30 —	4	0
	10	31 N1 2 3 4	5 6 7 8 9	10 11 12 13 14	15 16 17 18 19	20 21 22 23 24	25 26 27 28 29	5	29
	11	30 D1 2 3 4	5 6 7 8 9	10 11 12 13 14	15 16 17 18 19	20 21 22 23 24	25 26 27 28 —	0	59
	12	29 30 31 11 2	3 4 5 6 7	8 9 10 11 12	13 14 15 16 17	18 19 20 21 22	23 24 25 26 27	1	28
永平 16 癸酉 73–74	50 1	28 29 30 31 21	2 3 4 5 6	7 8 9 10 11	12 13 14 15 16	17 18 19 20 21	22 23 24 25 —	3	58
	2	26 27 28 31 2	3 4 5 6 7	8 9 10 11 12	13 14 15 16 17	18 19 20 21 22	23 24 25 26 27	4	27
	3	28 29 30 31 41	2 3 4 5 6	7 8 9 10 11	12 13 14 15 16	17 18 19 20 21	22 23 24 25 —	6	57
	3	26 27 28 29 30	51 2 3 4 5	6 7 8 9 10	11 12 13 14 15	16 17 18 19 20	21 22 23 24 25	0	26
	4	26 27 28 29 30	31 61 2 3 4	5 6 7 8 9	10 11 12 13 14	15 16 17 18 19	20 21 22 23 —	2	56
	5	24 25 26 27 28	29 30 71 2 3	4 5 6 7 8	9 10 11 12 13	14 15 16 17 18	19 20 21 22 23	3	25
	6	24 25 26 27 28	29 30 31 81 2	3 4 5 6 7	8 9 10 11 12	13 14 15 16 17	18 19 20 21 —	5	55
	7	22 23 24 25 26	27 28 29 30 31	91 2 3 4 5	6 7 8 9 10	11 12 13 14 15	16 17 18 19 20	6	24
	8	21 22 23 24 25	26 27 28 29 30	O1 2 3 4 5	6 7 8 9 10	11 12 13 14 15	16 17 18 19 20	1	54
	9	21 22 23 24 25	26 27 28 29 30	31 N1 2 3 4	5 6 7 8 9	10 11 12 13 14	15 16 17 18 —	3	24
	10	19 20 21 22 23	24 25 26 27 28	29 30 D1 2 3	4 5 6 7 8	9 10 11 12 13	14 15 16 17 18	4	53
	11	19 20 21 22 23	24 25 26 27 28	29 30 31 11 2	3 4 5 6 7	8 9 10 11 12	13 14 15 16 —	6	23
	12	17 18 19 20 21	22 23 24 25 26	27 28 29 30 31	21 2 3 4 5	6 7 8 9 10	11 12 13 14 15	0	52
永平 17 甲戌 74–75	2 1	16 17 18 19 20	21 22 23 24 25	26 27 28 31 2	3 4 5 6 7	8 9 10 11 12	13 14 15 16 —	2	22
	2	17 18 19 20 21	22 23 24 25 26	27 28 29 30 31	41 2 3 4 5	6 7 8 9 10	11 12 13 14 15	3	51
	3	16 17 18 19 20	21 22 23 24 25	26 27 28 29 30	51 2 3 4 5	6 7 8 9 10	11 12 13 14 —	5	21
	4	15 16 17 18 19	20 21 22 23 24	25 26 27 28 29	30 31 61 2 3	4 5 6 7 8	9 10 11 12 13	6	50
	5	14 15 16 17 18	19 20 21 22 23	24 25 26 27 28	29 30 71 2 3	4 5 6 7 8	9 10 11 12 —	1	20
	6	13 14 15 16 17	18 19 20 21 22	23 24 25 26 27	28 29 30 31 81	2 3 4 5 6	7 8 9 10 11	2	49
	7	12 13 14 15 16	17 18 19 20 21	22 23 24 25 26	27 28 29 30 31	91 2 3 4 5	6 7 8 9 —	4	19
	8	10 11 12 13 14	15 16 17 18 19	20 21 22 23 24	25 26 27 28 29	30 O1 2 3 4	5 6 7 8 9	5	48
	9	10 11 12 13 14	15 16 17 18 19	20 21 22 23 24	25 26 27 28 29	30 31 N1 2 3	4 5 6 7 —	0	18
	10	8 9 10 11 12	13 14 15 16 17	18 19 20 21 22	23 24 25 26 27	28 29 30 D1 2	3 4 5 6 7	1	47
	11	8 9 10 11 12	13 14 15 16 17	18 19 20 21 22	23 24 25 26 27	28 29 30 31 11	2 3 4 5 —	3	17
	12	6 7 8 9 10	11 12 13 14 15	16 17 18 19 20	21 22 23 24 25	26 27 28 29 30	31 21 2 3 4	4	46
永平 18 乙亥 75–76	14 1	5 6 7 8 9	10 11 12 13 14	15 16 17 18 19	20 21 22 23 24	25 26 27 28 31	2 3 4 5 6	6	16
	2	7 8 9 10 11	12 13 14 15 16	17 18 19 20 21	22 23 24 25 26	27 28 29 30 31	41 2 3 4 —	1	46
	3	5 6 7 8 9	10 11 12 13 14	15 16 17 18 19	20 21 22 23 24	25 26 27 28 29	30 51 2 3 4	2	15
	4	5 6 7 8 9	10 11 12 13 14	15 16 17 18 19	20 21 22 23 24	25 26 27 28 29	30 31 61 2 —	4	45
	5	3 4 5 6 7	8 9 10 11 12	13 14 15 16 17	18 19 20 21 22	23 24 25 26 27	28 29 30 71 2	5	14
	6	3 4 5 6 7	8 9 10 11 12	13 14 15 16 17	18 19 20 21 22	23 24 25 26 27	28 29 30 31 —	0	44
	7	81 2 3 4 5	6 7 8 9 10	11 12 13 14 15	16 17 18 19 20	21 22 23 24 25	26 27 28 29 30	1	13
	8	31 91 2 3 4	5 6 7 8 9	10 11 12 13 14	15 16 17 18 19	20 21 22 23 24	25 26 27 28 —	3	43
	9	29 30 O1 2 3	4 5 6 7 8	9 10 11 12 13	14 15 16 17 18	19 20 21 22 23	24 25 26 27 28	4	12
	10	29 30 31 N1 2	3 4 5 6 7	8 9 10 11 12	13 14 15 16 17	18 19 20 21 22	23 24 25 26 —	6	42
	11	27 28 29 30 D1	2 3 4 5 6	7 8 9 10 11	12 13 14 15 16	17 18 19 20 21	22 23 24 25 26	0	11
	11	27 28 29 30 31	11 2 3 4 5	6 7 8 9 10	11 12 13 14 15	16 17 18 19 20	21 22 23 24 —	2	41
	12	25 26 27 28 29	30 31 21 2 3	4 5 6 7 8	9 10 11 12 13	14 15 16 17 18	19 20 21 22 23	3	10

年序 Year	陰曆月序 Moon	陰曆日序 Order of days (Lunar) 1 2 3 4 5	6 7 8 9 10	11 12 13 14 15	16 17 18 19 20	21 22 23 24 25	26 27 28 29 30	星期 Week	干支 Cycle
章帝 建初 1 丙子 76–77	26 1	24 25 26 27 28	29 31 2 3 4	5 6 7 8 9	10 11 12 13 14	15 16 17 18 19	20 21 22 23 —	5	40
	2	24 25 26 27 28	29 30 31 41 2	3 4 5 6 7	8 9 10 11 12	13 14 15 16 17	18 19 20 21 22	6	9
	3	23 24 25 26 27	28 29 30 51 2	3 4 5 6 7	8 9 10 11 12	13 14 15 16 17	18 19 20 21 —	1	39
	4	22 23 24 25 26	27 28 29 30 31	61 2 3 4 5	6 7 8 9 10	11 12 13 14 15	16 17 18 19 20	2	8
	5	21 22 23 24 25	26 27 28 29 30	71 2 3 4 5	6 7 8 9 10	11 12 13 14 15	16 17 18 19 20	4	38
	6	21 22 23 24 25	26 27 28 29 30	31 81 2 3 4	5 6 7 8 9	10 11 12 13 14	15 16 17 18 —	6	8
	7	19 20 21 22 23	24 25 26 27 28	29 30 31 91 2	3 4 5 6 7	8 9 10 11 12	13 14 15 16 17	0	37
	8	18 19 20 21 22	23 24 25 26 27	28 29 30 01 2	3 4 5 6 7	8 9 10 11 12	13 14 15 16 —	2	7
	9	17 18 19 20 21	22 23 24 25 26	27 28 29 30 31	N1 2 3 4 5	6 7 8 9 10	11 12 13 14 15	3	36
	10	16 17 18 19 20	21 22 23 24 25	26 27 28 29 30	D1 2 3 4 5	6 7 8 9 10	11 12 13 14 —	5	6
	11	15 16 17 18 19	20 21 22 23 24	25 26 27 28 29	30 31 11 2 3	4 5 6 7 8	9 10 11 12 13	6	35
	12	14 15 16 17 18	19 20 21 22 23	24 25 26 27 28	29 30 31 21 2	3 4 5 6 7	8 9 10 11 —	1	5
建初 2 丁丑 77–78	38 1	12 13 14 15 16	17 18 19 20 21	22 23 24 25 26	27 28 31 2 3	4 5 6 7 8	9 10 11 12 13	2	34
	2	14 15 16 17 18	19 20 21 22 23	24 25 26 27 28	29 30 31 41 2	3 4 5 6 7	8 9 10 11 —	4	4
	3	12 13 14 15 16	17 18 19 20 21	22 23 24 25 26	27 28 29 30 51	2 3 4 5 6	7 8 9 10 11	5	33
	4	12 13 14 15 16	17 18 19 20 21	22 23 24 25 26	27 28 29 30 31	61 2 3 4 5	6 7 8 9 —	0	3
	5	10 11 12 13 14	15 16 17 18 19	20 21 22 23 24	25 26 27 28 29	30 71 2 3 4	5 6 7 8 9	1	32
	6	10 11 12 13 14	15 16 17 18 19	20 21 22 23 24	25 26 27 28 29	30 31 81 2 3	4 5 6 7 —	3	2
	7	8 9 10 11 12	13 14 15 16 17	18 19 20 21 22	23 24 25 26 27	28 29 30 31 91	2 3 4 5 6	4	31
	8	7 8 9 10 11	12 13 14 15 16	17 18 19 20 21	22 23 24 25 26	27 28 29 30 01	2 3 4 5 6	6	1
	9	7 8 9 10 11	12 13 14 15 16	17 18 19 20 21	22 23 24 25 26	27 28 29 30 31	N1 2 3 4 —	1	31
	10	5 6 7 8 9	10 11 12 13 14	15 16 17 18 19	20 21 22 23 24	25 26 27 28 29	30 D1 2 3 4	2	0
	11	5 6 7 8 9	10 11 12 13 14	15 16 17 18 19	20 21 22 23 24	25 26 27 28 29	30 31 11 2 —	4	30
	12	3 4 5 6 7	8 9 10 11 12	13 14 15 16 17	18 19 20 21 22	23 24 25 26 27	28 29 30 31 21	5	59
建初 3 戊寅 78–79	50 1	2 3 4 5 6	7 8 9 10 11	12 13 14 15 16	17 18 19 20 21	22 23 24 25 26	27 28 31 2 —	0	29
	2	3 4 5 6 7	8 9 10 11 12	13 14 15 16 17	18 19 20 21 22	23 24 25 26 27	28 29 30 31 41	1	58
	3	2 3 4 5 6	7 8 9 10 11	12 13 14 15 16	17 18 19 20 21	22 23 24 25 26	27 28 29 30 —	3	28
	4	51 2 3 4 5	6 7 8 9 10	11 12 13 14 15	16 17 18 19 20	21 22 23 24 25	26 27 28 29 30	4	57
	5	31 61 2 3 4	5 6 7 8 9	10 11 12 13 14	15 16 17 18 19	20 21 22 23 24	25 26 27 28 —	6	27
	6	29 30 71 2 3	4 5 6 7 8	9 10 11 12 13	14 15 16 17 18	19 20 21 22 23	24 25 26 27 28	0	56
	7	29 30 31 81 2	3 4 5 6 7	8 9 10 11 12	13 14 15 16 17	18 19 20 21 22	23 24 25 26 —	2	26
	8	27 28 29 30 31	91 2 3 4 5	6 7 8 9 10	11 12 13 14 15	16 17 18 19 20	21 22 23 24 25	3	55
	8	26 27 28 29 30	01 2 3 4 5	6 7 8 9 10	11 12 13 14 15	16 17 18 19 20	21 22 23 24 —	5	25
	9	25 26 27 28 29	30 31 N1 2 3	4 5 6 7 8	9 10 11 12 13	14 15 16 17 18	19 20 21 22 23	6	54
	10	24 25 26 27 28	29 30 D1 2 3	4 5 6 7 8	9 10 11 12 13	14 15 16 17 18	19 20 21 22 —	1	24
	11	23 24 25 26 27	28 29 30 31 11	2 3 4 5 6	7 8 9 10 11	12 13 14 15 16	17 18 19 20 21	2	53
	12	22 23 24 25 26	27 28 29 30 31	21 2 3 4 5	6 7 8 9 10	11 12 13 14 15	16 17 18 19 20	4	23
建初 4 己卯 79–80	2 1	21 22 23 24 25	26 27 28 31 2	3 4 5 6 7	8 9 10 11 12	13 14 15 16 17	18 19 20 21 —	6	53
	2	22 23 24 25 26	27 28 29 30 31	41 2 3 4 5	6 7 8 9 10	11 12 13 14 15	16 17 18 19 20	0	22
	3	21 22 23 24 25	26 27 28 29 30	51 2 3 4 5	6 7 8 9 10	11 12 13 14 15	16 17 18 19 —	2	52
	4	20 21 22 23 24	25 26 27 28 29	30 31 61 2 3	4 5 6 7 8	9 10 11 12 13	14 15 16 17 18	3	21
	5	19 20 21 22 23	24 25 26 27 28	29 30 71 2 3	4 5 6 7 8	9 10 11 12 13	14 15 16 17 —	5	51
	6	18 19 20 21 22	23 24 25 26 27	28 29 30 31 81	2 3 4 5 6	7 8 9 10 11	12 13 14 15 16	6	20
	7	17 18 19 20 21	22 23 24 25 26	27 28 29 30 31	91 2 3 4 5	6 7 8 9 10	11 12 13 14 —	1	50
	8	15 16 17 18 19	20 21 22 23 24	25 26 27 28 29	30 01 2 3 4	5 6 7 8 9	10 11 12 13 14	2	19
	9	15 16 17 18 19	20 21 22 23 24	25 26 27 28 29	30 31 N1 2 3	4 5 6 7 8	9 10 11 12 —	4	49
	10	13 14 15 16 17	18 19 20 21 22	23 24 25 26 27	28 29 30 D1 2	3 4 5 6 7	8 9 10 11 12	5	18
	11	13 14 15 16 17	18 19 20 21 22	23 24 25 26 27	28 29 30 31 11	2 3 4 5 6	7 8 9 10 —	0	48
	12	11 12 13 14 15	16 17 18 19 20	21 22 23 24 25	26 27 28 29 30	31 21 2 3 4	5 6 7 8 9	1	17
建初 5 庚辰 80–81	14 1	10 11 12 13 14	15 16 17 18 19	20 21 22 23 24	25 26 27 28 29	31 2 3 4 5	6 7 8 9 —	3	47
	2	10 11 12 13 14	15 16 17 18 19	20 21 22 23 24	25 26 27 28 29	30 31 41 2 3	4 5 6 7 8	4	16
	3	9 10 11 12 13	14 15 16 17 18	19 20 21 22 23	24 25 26 27 28	29 30 51 2 3	4 5 6 7 8	6	46
	4	9 10 11 12 13	14 15 16 17 18	19 20 21 22 23	24 25 26 27 28	29 30 31 61 2	3 4 5 6 —	1	16
	5	7 8 9 10 11	12 13 14 15 16	17 18 19 20 21	22 23 24 25 26	27 28 29 30 71	2 3 4 5 6	2	45
	6	7 8 9 10 11	12 13 14 15 16	17 18 19 20 21	22 23 24 25 26	27 28 29 30 31	81 2 3 4 —	4	15
	7	5 6 7 8 9	10 11 12 13 14	15 16 17 18 19	20 21 22 23 24	25 26 27 28 29	30 31 91 2 3	5	44
	8	4 5 6 7 8	9 10 11 12 13	14 15 16 17 18	19 20 21 22 23	24 25 26 27 28	29 30 01 2 —	0	14
	9	3 4 5 6 7	8 9 10 11 12	13 14 15 16 17	18 19 20 21 22	23 24 25 26 27	28 29 30 31 N1	1	43
	10	2 3 4 5 6	7 8 9 10 11	12 13 14 15 16	17 18 19 20 21	22 23 24 25 26	27 28 29 30 —	3	13
	11	D1 2 3 4 5	6 7 8 9 10	11 12 13 14 15	16 17 18 19 20	21 22 23 24 25	26 27 28 29 30	4	42
	12	31 11 2 3 4	5 6 7 8 9	10 11 12 13 14	15 16 17 18 19	20 21 22 23 24	25 26 27 28 —	6	12

年序 Year	陰曆月序 Moon	1 2 3 4 5	6 7 8 9 10	11 12 13 14 15	16 17 18 19 20	21 22 23 24 25	26 27 28 29 30	星期 Week	干支 Cycle
建初 6 辛巳 81–82	26 1	29 30 31 21 2	3 4 5 6 7	8 9 10 11 12	13 14 15 16 17	18 19 20 21 22	23 24 25 26 27	0	41
	2	28 31 2 3 4	5 6 7 8 9	10 11 12 13 14	15 16 17 18 19	20 21 22 23 24	25 26 27 28 —	2	11
	3	29 30 31 41 2	3 4 5 6 7	8 9 10 11 12	13 14 15 16 17	18 19 20 21 22	23 24 25 26 27	3	40
	4	28 29 30 51 2	3 4 5 6 7	8 9 10 11 12	13 14 15 16 17	18 19 20 21 22	23 24 25 26 —	5	10
	5	27 28 29 30 31	61 2 3 4 5	6 7 8 9 10	11 12 13 14 15	16 17 18 19 20	21 22 23 24 25	6	39
	5	26 27 28 29 30	71 2 3 4 5	6 7 8 9 10	11 12 13 14 15	16 17 18 19 20	21 22 23 24 —	1	9
	6	25 26 27 28 29	30 31 81 2 3	4 5 6 7 8	9 10 11 12 13	14 15 16 17 18	19 20 21 22 23	2	38
	7	24 25 26 27 28	29 30 31 91 2	3 4 5 6 7	8 9 10 11 12	13 14 15 16 17	18 19 20 21 22	4	8
	8	23 24 25 26 27	28 29 30 01 2	3 4 5 6 7	8 9 10 11 12	13 14 15 16 17	18 19 20 21 —	6	38
	9	22 23 24 25 26	27 28 29 30 31	N1 2 3 4 5	6 7 8 9 10	11 12 13 14 15	16 17 18 19 20	0	7
	10	21 22 23 24 25	26 27 28 29 30	D1 2 3 4 5	6 7 8 9 10	11 12 13 14 15	16 17 18 19 —	2	37
	11	20 21 22 23 24	25 26 27 28 29	30 31 11 2 3	4 5 6 7 8	9 10 11 12 13	14 15 16 17 18	3	6
	12	19 20 21 22 23	24 25 26 27 28	29 30 31 21 2	3 4 5 6 7	8 9 10 11 12	13 14 15 16 —	5	36
建初 7 壬午 82–83	38 1	17 18 19 20 21	22 23 24 25 26	27 28 31 2 3	4 5 6 7 8	9 10 11 12 13	14 15 16 17 18	6	5
	2	19 20 21 22 23	24 25 26 27 28	29 30 31 41 2	3 4 5 6 7	8 9 10 11 12	13 14 15 16 —	1	35
	3	17 18 19 20 21	22 23 24 25 26	27 28 29 30 51	2 3 4 5 6	7 8 9 10 11	12 13 14 15 16	2	4
	4	17 18 19 20 21	22 23 24 25 26	27 28 29 30 31	61 2 3 4 5	6 7 8 9 10	11 12 13 14 —	4	34
	5	15 16 17 18 19	20 21 22 23 24	25 26 27 28 29	30 71 2 3 4	5 6 7 8 9	10 11 12 13 14	5	3
	6	15 16 17 18 19	20 21 22 23 24	25 26 27 28 29	30 31 81 2 3	4 5 6 7 8	9 10 11 12 —	0	33
	7	13 14 15 16 17	18 19 20 21 22	23 24 25 26 27	28 29 30 31 91	2 3 4 5 6	7 8 9 10 11	1	2
	8	12 13 14 15 16	17 18 19 20 21	22 23 24 25 26	27 28 29 30 01	2 3 4 5 6	7 8 9 10 —	3	32
	9	11 12 13 14 15	16 17 18 19 20	21 22 23 24 25	26 27 28 29 30	31 N1 2 3 4	5 6 7 8 9	4	1
	10	10 11 12 13 14	15 16 17 18 19	20 21 22 23 24	25 26 27 28 29	30 D1 2 3 4	5 6 7 8 —	6	31
	11	9 10 11 12 13	14 15 16 17 18	19 20 21 22 23	24 25 26 27 28	29 30 31 11 2	3 4 5 6 7	0	0
	12	8 9 10 11 12	13 14 15 16 17	18 19 20 21 22	23 24 25 26 27	28 29 30 31 21	2 3 4 5 6	2	30
建初 8 癸未 83–84	50 1	7 8 9 10 11	12 13 14 15 16	17 18 19 20 21	22 23 24 25 26	27 28 31 2 3	4 5 6 7 —	4	0
	2	8 9 10 11 12	13 14 15 16 17	18 19 20 21 22	23 24 25 26 27	28 29 30 31 41	2 3 4 5 6	5	29
	3	7 8 9 10 11	12 13 14 15 16	17 18 19 20 21	22 23 24 25 26	27 28 29 30 51	2 3 4 5 —	0	59
	4	6 7 8 9 10	11 12 13 14 15	16 17 18 19 20	21 22 23 24 25	26 27 28 29 30	31 61 2 3 4	1	28
	5	5 6 7 8 9	10 11 12 13 14	15 16 17 18 19	20 21 22 23 24	25 26 27 28 29	30 71 2 3 —	3	58
	6	4 5 6 7 8	9 10 11 12 13	14 15 16 17 18	19 20 21 22 23	24 25 26 27 28	29 30 31 81 2	4	27
	7	3 4 5 6 7	8 9 10 11 12	13 14 15 16 17	18 19 20 21 22	23 24 25 26 27	28 29 30 31 —	6	57
	8	91 2 3 4 5	6 7 8 9 10	11 12 13 14 15	16 17 18 19 20	21 22 23 24 25	26 27 28 29 30	0	26
	9	01 2 3 4 5	6 7 8 9 10	11 12 13 14 15	16 17 18 19 20	21 22 23 24 25	26 27 28 29 —	2	56
	10	30 31 N1 2 3	4 5 6 7 8	9 10 11 12 13	14 15 16 17 18	19 20 21 22 23	24 25 26 27 28	3	25
	11	29 30 D1 2 3	4 5 6 7 8	9 10 11 12 13	14 15 16 17 18	19 20 21 22 23	24 25 26 27 —	5	55
	12	28 29 30 31 11	2 3 4 5 6	7 8 9 10 11	12 13 14 15 16	17 18 19 20 21	22 23 24 25 26	6	24
元和 1 甲申 84–85	2 1	27 28 29 30 31	21 2 3 4 5	6 7 8 9 10	11 12 13 14 15	16 17 18 19 20	21 22 23 24 —	1	54
	1	25 26 27 28 29	31 2 3 4 5	6 7 8 9 10	11 12 13 14 15	16 17 18 19 20	21 22 23 24 25	2	23
	2	26 27 28 29 30	31 41 2 3 4	5 6 7 8 9	10 11 12 13 14	15 16 17 18 19	20 21 22 23 24	4	53
	3	25 26 27 28 29	30 51 2 3 4	5 6 7 8 9	10 11 12 13 14	15 16 17 18 19	20 21 22 23 —	6	23
	4	24 25 26 27 28	29 30 31 61 2	3 4 5 6 7	8 9 10 11 12	13 14 15 16 17	18 19 20 21 22	0	52
	5	23 24 25 26 27	28 29 30 71 2	3 4 5 6 7	8 9 10 11 12	13 14 15 16 17	18 19 20 21 —	2	22
	6	22 23 24 25 26	27 28 29 30 31	81 2 3 4 5	6 7 8 9 10	11 12 13 14 15	16 17 18 19 20	3	51
	7	21 22 23 24 25	26 27 28 29 30	31 91 2 3 4	5 6 7 8 9	10 11 12 13 14	15 16 17 18 —	5	21
	8][	19 20 21 22 23	24 25 26 27 28	29 30 01 2 3	4 5 6 7 8	9 10 11 12 13	14 15 16 17 18	6	50
	9	19 20 21 22 23	24 25 26 27 28	29 30 31 N1 2	3 4 5 6 7	8 9 10 11 12	13 14 15 16 —	1	20
	10	17 18 19 20 21	22 23 24 25 26	27 28 29 30 D1	2 3 4 5 6	7 8 9 10 11	12 13 14 15 16	2	49
	11	17 18 19 20 21	22 23 24 25 26	27 28 29 30 31	11 2 3 4 5	6 7 8 9 10	11 12 13 14 —	4	19
	12	15 16 17 18 19	20 21 22 23 24	25 26 27 28 29	30 31 21 2 3	4 5 6 7 8	9 10 11 12 —	5	48
元和 2 乙酉 85–86	14 1	13 14 15 16 17	18 19 20 21 22	23 24 25 26 27	28 31 2 3 4	5 6 7 8 9	10 11 12 13 14	6	17
	2	15 16 17 18 19	20 21 22 23 24	25 26 27 28 29	30 31 41 2 3	4 5 6 7 8	9 10 11 12 —	1	47
	3	13 14 15 16 17	18 19 20 21 22	23 24 25 26 27	28 29 30 51 2	3 4 5 6 7	8 9 10 11 12	2	16
	4	13 14 15 16 17	18 19 20 21 22	23 24 25 26 27	28 29 30 31 61	2 3 4 5 6	7 8 9 10 —	4	46
	5	11 12 13 14 15	16 17 18 19 20	21 22 23 24 25	26 27 28 29 30	71 2 3 4 5	6 7 8 9 10	5	15
	6	11 12 13 14 15	16 17 18 19 20	21 22 23 24 25	26 27 28 29 30	31 81 2 3 4	5 6 7 8 —	0	45
	7	9 10 11 12 13	14 15 16 17 18	19 20 21 22 23	24 25 26 27 28	29 30 31 91 2	3 4 5 6 7	1	14
	8	8 9 10 11 12	13 14 15 16 17	18 19 20 21 22	23 24 25 26 27	28 29 30 01 2	3 4 5 6 —	3	44
	9	7 8 9 10 11	12 13 14 15 16	17 18 19 20 21	22 23 24 25 26	27 28 29 30 31	N1 2 3 4 5	4	13
	10	6 7 8 9 10	11 12 13 14 15	16 17 18 19 20	21 22 23 24 25	26 27 28 29 30	D1 2 3 4 —	6	43
	11	5 6 7 8 9	10 11 12 13 14	15 16 17 18 19	20 21 22 23 24	25 26 27 28 29	30 31 11 2 3	0	12
	12	4 5 6 7 8	9 10 11 12 13	14 15 16 17 18	19 20 21 22 23	24 25 26 27 28	29 30 31 21 —	2	42

年序 Year	陰曆月序 Moon	陰曆日序 Order of days (Lunar) 1 2 3 4 5	6 7 8 9 10	11 12 13 14 15	16 17 18 19 20	21 22 23 24 25	26 27 28 29 30	星期 Week	干支 Cycle
元和 **3** 丙戌 86–87	26 1	2 3 4 5 6	7 8 9 10 11	12 13 14 15 16	17 18 19 20 21	22 23 24 25 26	27 28 **31** 2 3	3	11
	2	4 5 6 7 8	9 10 11 12 13	14 15 16 17 18	19 20 21 22 23	24 25 26 27 28	29 30 31 **41** —	5	41
	3	2 3 4 5 6	7 8 9 10 11	12 13 14 15 16	17 18 19 20 21	22 23 24 25 26	27 28 29 30 **51**	6	10
	4	2 3 4 5 6	7 8 9 10 11	12 13 14 15 16	17 18 19 20 21	22 23 24 25 26	27 28 29 30 31	1	40
	5	**61** 2 3 4 5	6 7 8 9 10	11 12 13 14 15	16 17 18 19 20	21 22 23 24 25	26 27 28 29 —	3	10
	6	30 **71** 2 3 4	5 6 7 8 9	10 11 12 13 14	15 16 17 18 19	20 21 22 23 24	25 26 27 28 29	4	39
	7	30 31 **81** 2 3	4 5 6 7 8	9 10 11 12 13	14 15 16 17 18	19 20 21 22 23	24 25 26 27 —	6	9
	8	28 29 30 31 **91**	2 3 4 5 6	7 8 9 10 11	12 13 14 15 16	17 18 19 20 21	22 23 24 25 26	0	38
	9	27 28 29 30 **01**	2 3 4 5 6	7 8 9 10 11	12 13 14 15 16	17 18 19 20 21	22 23 24 25 —	2	8
	10	26 27 28 29 30	31 **N1** 2 3 4	5 6 7 8 9	10 11 12 13 14	15 16 17 18 19	20 21 22 23 24	3	37
	10	25 26 27 28 29	30 **D1** 2 3 4	5 6 7 8 9	10 11 12 13 14	15 16 17 18 19	20 21 22 23 —	5	7
	11	24 25 26 27 28	29 30 31 **11** 2	3 4 5 6 7	8 9 10 11 12	13 14 15 16 17	18 19 20 21 22	6	36
	12	23 24 25 26 27	28 29 30 31 **21**	2 3 4 5 6	7 8 9 10 11	12 13 14 15 16	17 18 19 20 —	1	6
章和 **1** 丁亥 87–88	38 1	21 22 23 24 25	26 27 28 **31** 2	3 4 5 6 7	8 9 10 11 12	13 14 15 16 17	18 19 20 21 22	2	35
	2	23 24 25 26 27	28 29 30 31 **41**	2 3 4 5 6	7 8 9 10 11	12 13 14 15 16	17 18 19 20 —	4	5
	3	21 22 23 24 25	26 27 28 29 30	**51** 2 3 4 5	6 7 8 9 10	11 12 13 14 15	16 17 18 19 20	5	34
	4	21 22 23 24 25	26 27 28 29 30	31 **61** 2 3 4	5 6 7 8 9	10 11 12 13 14	15 16 17 18 —	0	4
	5	19 20 21 22 23	24 25 26 27 28	29 30 **71** 2 3	4 5 6 7 8	9 10 11 12 13	14 15 16 17 18	1	33
	6	19 20 21 22 23	24 25 26 27 28	29 30 31 **81** 2	3 4 5 6 7	8 9 10 11 12	13 14 15 16 —	3	3
	7][	17 18 19 20 21	22 23 24 25 26	27 28 29 30 31	**91** 2 3 4 5	6 7 8 9 10	11 12 13 14 15	4	32
	8	16 17 18 19 20	21 22 23 24 25	26 27 28 29 30	**01** 2 3 4 5	6 7 8 9 10	11 12 13 14 15	6	2
	9	16 17 18 19 20	21 22 23 24 25	26 27 28 29 30	31 **N1** 2 3 4	5 6 7 8 9	10 11 12 13 —	1	32
	10	14 15 16 17 18	19 20 21 22 23	24 25 26 27 28	29 30 **D1** 2 3	4 5 6 7 8	9 10 11 12 13	2	1
	11	14 15 16 17 18	19 20 21 22 23	24 25 26 27 28	29 30 31 **11** 2	3 4 5 6 7	8 9 10 11 —	4	31
	12	12 13 14 15 16	17 18 19 20 21	22 23 24 25 26	27 28 29 30 31	**21** 2 3 4 5	6 7 8 9 10	5	0
章和 **2** 戊子 88–89	50 1	11 12 13 14 15	16 17 18 19 20	21 22 23 24 25	26 27 28 29 **31**	2 3 4 5 6	7 8 9 10 —	0	30
	2	11 12 13 14 15	16 17 18 19 20	21 22 23 24 25	26 27 28 29 30	31 **41** 2 3 4	5 6 7 8 9	1	59
	3	10 11 12 13 14	15 16 17 18 19	20 21 22 23 24	25 26 27 28 29	30 **51** 2 3 4	5 6 7 8 —	3	29
	4	9 10 11 12 13	14 15 16 17 18	19 20 21 22 23	24 25 26 27 28	29 30 31 **61** 2	3 4 5 6 7	4	58
	5	8 9 10 11 12	13 14 15 16 17	18 19 20 21 22	23 24 25 26 27	28 29 30 **71** 2	3 4 5 6 —	6	28
	6	7 8 9 10 11	12 13 14 15 16	17 18 19 20 21	22 23 24 25 26	27 28 29 30 31	**81** 2 3 4 5	0	57
	7	6 7 8 9 10	11 12 13 14 15	16 17 18 19 20	21 22 23 24 25	26 27 28 29 30	31 **91** 2 3 —	2	27
	8	4 5 6 7 8	9 10 11 12 13	14 15 16 17 18	19 20 21 22 23	24 25 26 27 28	29 30 **01** 2 3	3	56
	9	4 5 6 7 8	9 10 11 12 13	14 15 16 17 18	19 20 21 22 23	24 25 26 27 28	29 30 31 **N1** —	5	26
	10	2 3 4 5 6	7 8 9 10 11	12 13 14 15 16	17 18 19 20 21	22 23 24 25 26	27 28 29 30 **D1**	6	55
	11	2 3 4 5 6	7 8 9 10 11	12 13 14 15 16	17 18 19 20 21	22 23 24 25 26	27 28 29 30 31	1	25
	12	**11** 2 3 4 5	6 7 8 9 10	11 12 13 14 15	16 17 18 19 20	21 22 23 24 25	26 27 28 29 —	3	55
和帝永元 **1** 己丑 89–90	2 1	30 31 **21** 2 3	4 5 6 7 8	9 10 11 12 13	14 15 16 17 18	19 20 21 22 23	24 25 26 27 28	4	24
	2	**31** 2 3 4 5	6 7 8 9 10	11 12 13 14 15	16 17 18 19 20	21 22 23 24 25	26 27 28 29 —	6	54
	3	30 31 **41** 2 3	4 5 6 7 8	9 10 11 12 13	14 15 16 17 18	19 20 21 22 23	24 25 26 27 28	0	23
	4	29 30 **51** 2 3	4 5 6 7 8	9 10 11 12 13	14 15 16 17 18	19 20 21 22 23	24 25 26 27 —	2	53
	5	28 29 30 31 **61**	2 3 4 5 6	7 8 9 10 11	12 13 14 15 16	17 18 19 20 21	22 23 24 25 26	3	22
	6	27 28 29 30 **71**	2 3 4 5 6	7 8 9 10 11	12 13 14 15 16	17 18 19 20 21	22 23 24 25 —	5	52
	7	26 27 28 29 30	31 **81** 2 3 4	5 6 7 8 9	10 11 12 13 14	15 16 17 18 19	20 21 22 23 24	6	21
	7	25 26 27 28 29	30 31 **91** 2 3	4 5 6 7 8	9 10 11 12 13	14 15 16 17 18	19 20 21 22 —	1	51
	8	23 24 25 26 27	28 29 30 **01** 2	3 4 5 6 7	8 9 10 11 12	13 14 15 16 17	18 19 20 21 22	2	20
	9	23 24 25 26 27	28 29 30 31 **N1**	2 3 4 5 6	7 8 9 10 11	12 13 14 15 16	17 18 19 20 —	4	50
	10	21 22 23 24 25	26 27 28 29 30	**D1** 2 3 4 5	6 7 8 9 10	11 12 13 14 15	16 17 18 19 20	5	19
	11	21 22 23 24 25	26 27 28 29 30	31 **11** 2 3 4	5 6 7 8 9	10 11 12 13 14	15 16 17 18 —	0	49
	12	19 20 21 22 23	24 25 26 27 28	29 30 31 **21** 2	3 4 5 6 7	8 9 10 11 12	13 14 15 16 17	1	18
永元 **2** 庚寅 90–91	14 1	18 19 20 21 22	23 24 25 26 27	28 **31** 2 3 4	5 6 7 8 9	10 11 12 13 14	15 16 17 18 —	3	48
	2	19 20 21 22 23	24 25 26 27 28	29 30 31 **41** 2	3 4 5 6 7	8 9 10 11 12	13 14 15 16 17	4	17
	3	18 19 20 21 22	23 24 25 26 27	28 29 30 **51** 2	3 4 5 6 7	8 9 10 11 12	13 14 15 16 17	6	47
	4	18 19 20 21 22	23 24 25 26 27	28 29 30 31 **61**	2 3 4 5 6	7 8 9 10 11	12 13 14 15 —	1	17
	5	16 17 18 19 20	21 22 23 24 25	26 27 28 29 30	**71** 2 3 4 5	6 7 8 9 10	11 12 13 14 15	2	46
	6	16 17 18 19 20	21 22 23 24 25	26 27 28 29 30	31 **81** 2 3 4	5 6 7 8 9	10 11 12 13 —	4	16
	7	14 15 16 17 18	19 20 21 22 23	24 25 26 27 28	29 30 31 **91** 2	3 4 5 6 7	8 9 10 11 12	5	45
	8	13 14 15 16 17	18 19 20 21 22	23 24 25 26 27	28 29 30 **01** 2	3 4 5 6 7	8 9 10 11 —	0	15
	9	12 13 14 15 16	17 18 19 20 21	22 23 24 25 26	27 28 29 30 31	**N1** 2 3 4 5	6 7 8 9 10	1	44
	10	11 12 13 14 15	16 17 18 19 20	21 22 23 24 25	26 27 28 29 30	**D1** 2 3 4 5	6 7 8 9 —	3	14
	11	10 11 12 13 14	15 16 17 18 19	20 21 22 23 24	25 26 27 28 29	30 31 **11** 2 3	4 5 6 7 8	4	43
	12	9 10 11 12 13	14 15 16 17 18	19 20 21 22 23	24 25 26 27 28	29 30 31 **21** 2	3 4 5 6 —	6	13

年序 Year	陰曆月序 Moon	陰曆日序 Order of days (Lunar) 1 2 3 4 5	6 7 8 9 10	11 12 13 14 15	16 17 18 19 20	21 22 23 24 25	26 27 28 29 30	星期 Week	干支 Cycle
永元 3 辛卯 91–92	26 1	7 8 9 10 11	12 13 14 15 16	17 18 19 20 21	22 23 24 25 26	27 28 31 2 3	4 5 6 7 8	0	42
	2	9 10 11 12 13	14 15 16 17 18	19 20 21 22 23	24 25 26 27 28	29 30 31 41 2	3 4 5 6 —	2	12
	3	7 8 9 10 11	12 13 14 15 16	17 18 19 20 21	22 23 24 25 26	27 28 29 30 51	2 3 4 5 6	3	41
	4	7 8 9 10 11	12 13 14 15 16	17 18 19 20 21	22 23 24 25 26	27 28 29 30 31	61 2 3 4 —	5	11
	5	5 6 7 8 9	10 11 12 13 14	15 16 17 18 19	20 21 22 23 24	25 26 27 28 29	30 71 2 3 4	6	40
	6	5 6 7 8 9	10 11 12 13 14	15 16 17 18 19	20 21 22 23 24	25 26 27 28 29	30 31 81 2 3	1	10
	7	4 5 6 7 8	9 10 11 12 13	14 15 16 17 18	19 20 21 22 23	24 25 26 27 28	29 30 31 91 —	3	40
	8	2 3 4 5 6	7 8 9 10 11	12 13 14 15 16	17 18 19 20 21	22 23 24 25 26	27 28 29 30 O1	4	9
	9	2 3 4 5 6	7 8 9 10 11	12 13 14 15 16	17 18 19 20 21	22 23 24 25 26	27 28 29 30 —	6	39
	10	31 N1 2 3 4	5 6 7 8 9	10 11 12 13 14	15 16 17 18 19	20 21 22 23 24	25 26 27 28 29	0	8
	11	30 D1 2 3 4	5 6 7 8 9	10 11 12 13 14	15 16 17 18 19	20 21 22 23 24	25 26 27 28 —	2	38
	12	29 30 31 11 2	3 4 5 6 7	8 9 10 11 12	13 14 15 16 17	18 19 20 21 22	23 24 25 26 27	3	7
永元 4 壬辰 92–93	38 1	28 29 30 31 21	2 3 4 5 6	7 8 9 10 11	12 13 14 15 16	17 18 19 20 21	22 23 24 25 —	5	37
	2	26 27 28 29 31	2 3 4 5 6	7 8 9 10 11	12 13 14 15 16	17 18 19 20 21	22 23 24 25 26	6	6
	3	27 28 29 30 31	41 2 3 4 5	6 7 8 9 10	11 12 13 14 15	16 17 18 19 20	21 22 23 24 —	1	36
	3	25 26 27 28 29	30 51 2 3 4	5 6 7 8 9	10 11 12 13 14	15 16 17 18 19	20 21 22 23 24	2	5
	4	25 26 27 28 29	30 31 61 2 3	4 5 6 7 8	9 10 11 12 13	14 15 16 17 18	19 20 21 22 —	4	35
	5	23 24 25 26 27	28 29 30 71 2	3 4 5 6 7	8 9 10 11 12	13 14 15 16 17	18 19 20 21 22	5	4
	6	23 24 25 26 27	28 29 30 31 81	2 3 4 5 6	7 8 9 10 11	12 13 14 15 16	17 18 19 20 —	0	34
	7	21 22 23 24 25	26 27 28 29 30	31 91 2 3 4	5 6 7 8 9	10 11 12 13 14	15 16 17 18 19	1	3
	8	20 21 22 23 24	25 26 27 28 29	30 O1 2 3 4	5 6 7 8 9	10 11 12 13 14	15 16 17 18 —	3	33
	9	19 20 21 22 23	24 25 26 27 28	29 30 31 N1 2	3 4 5 6 7	8 9 10 11 12	13 14 15 16 17	4	2
	10	18 19 20 21 22	23 24 25 26 27	28 29 30 D1 2	3 4 5 6 7	8 9 10 11 12	13 14 15 16 17	6	32
	11	18 19 20 21 22	23 24 25 26 27	28 29 30 31 11	2 3 4 5 6	7 8 9 10 11	12 13 14 15 —	1	2
	12	16 17 18 19 20	21 22 23 24 25	26 27 28 29 30	31 21 2 3 4	5 6 7 8 9	10 11 12 13 14	2	31
永元 5 癸巳 93–94	50 1	15 16 17 18 19	20 21 22 23 24	25 26 27 28 31	2 3 4 5 6	7 8 9 10 11	12 13 14 15 —	4	1
	2	16 17 18 19 20	21 22 23 24 25	26 27 28 29 30	31 41 2 3 4	5 6 7 8 9	10 11 12 13 14	5	30
	3	15 16 17 18 19	20 21 22 23 24	25 26 27 28 29	30 51 2 3 4	5 6 7 8 9	10 11 12 13 —	0	0
	4	14 15 16 17 18	19 20 21 22 23	24 25 26 27 28	29 30 31 61 2	3 4 5 6 7	8 9 10 11 12	1	29
	5	13 14 15 16 17	18 19 20 21 22	23 24 25 26 27	28 29 30 71 2	3 4 5 6 7	8 9 10 11 —	3	59
	6	12 13 14 15 16	17 18 19 20 21	22 23 24 25 26	27 28 29 30 31	81 2 3 4 5	6 7 8 9 10	4	28
	7	11 12 13 14 15	16 17 18 19 20	21 22 23 24 25	26 27 28 29 30	31 91 2 3 4	5 6 7 8 —	6	58
	8	9 10 11 12 13	14 15 16 17 18	19 20 21 22 23	24 25 26 27 28	29 30 O1 2 3	4 5 6 7 8	0	27
	9	9 10 11 12 13	14 15 16 17 18	19 20 21 22 23	24 25 26 27 28	29 30 31 N1 2	3 4 5 6 —	2	57
	10	7 8 9 10 11	12 13 14 15 16	17 18 19 20 21	22 23 24 25 26	27 28 29 30 D1	2 3 4 5 6	3	26
	11	7 8 9 10 11	12 13 14 15 16	17 18 19 20 21	22 23 24 25 26	27 28 29 30 31	11 2 3 4 —	5	56
	12	5 6 7 8 9	10 11 12 13 14	15 16 17 18 19	20 21 22 23 24	25 26 27 28 29	30 31 21 2 3	6	25
永元 6 甲午 94–95	2 1	4 5 6 7 8	9 10 11 12 13	14 15 16 17 18	19 20 21 22 23	24 25 26 27 28	31 2 3 4 —	1	55
	2	5 6 7 8 9	10 11 12 13 14	15 16 17 18 19	20 21 22 23 24	25 26 27 28 29	30 31 41 2 3	2	24
	3	4 5 6 7 8	9 10 11 12 13	14 15 16 17 18	19 20 21 22 23	24 25 26 27 28	29 30 51 2 3	4	54
	4	4 5 6 7 8	9 10 11 12 13	14 15 16 17 18	19 20 21 22 23	24 25 26 27 28	29 30 31 61 —	6	24
	5	2 3 4 5 6	7 8 9 10 11	12 13 14 15 16	17 18 19 20 21	22 23 24 25 26	27 28 29 30 71	0	53
	6	2 3 4 5 6	7 8 9 10 11	12 13 14 15 16	17 18 19 20 21	22 23 24 25 26	27 28 29 30 —	2	23
	7	31 81 2 3 4	5 6 7 8 9	10 11 12 13 14	15 16 17 18 19	20 21 22 23 24	25 26 27 28 29	3	52
	8	30 31 91 2 3	4 5 6 7 8	9 10 11 12 13	14 15 16 17 18	19 20 21 22 23	24 25 26 27 —	5	22
	9	28 29 30 O1 2	3 4 5 6 7	8 9 10 11 12	13 14 15 16 17	18 19 20 21 22	23 24 25 26 27	6	51
	10	28 29 30 31 N1	2 3 4 5 6	7 8 9 10 11	12 13 14 15 16	17 18 19 20 21	22 23 24 25 —	1	21
	11	26 27 28 29 30	D1 2 3 4 5	6 7 8 9 10	11 12 13 14 15	16 17 18 19 20	21 22 23 24 25	2	50
	11	26 27 28 29 30	31 11 2 3 4	5 6 7 8 9	10 11 12 13 14	15 16 17 18 19	20 21 22 23 —	4	20
	12	24 25 26 27 28	29 30 31 21 2	3 4 5 6 7	8 9 10 11 12	13 14 15 16 17	18 19 20 21 22	5	49
永元 7 乙未 95–96	14 1	23 24 25 26 27	28 31 2 3 4	5 6 7 8 9	10 11 12 13 14	15 16 17 18 19	20 21 22 23 —	0	19
	2	24 25 26 27 28	29 30 31 41 2	3 4 5 6 7	8 9 10 11 12	13 14 15 16 17	18 19 20 21 22	1	48
	3	23 24 25 26 27	28 29 30 51 2	3 4 5 6 7	8 9 10 11 12	13 14 15 16 17	18 19 20 21 —	3	18
	4	22 23 24 25 26	27 28 29 30 31	61 2 3 4 5	6 7 8 9 10	11 12 13 14 15	16 17 18 19 20	4	47
	5	21 22 23 24 25	26 27 28 29 30	71 2 3 4 5	6 7 8 9 10	11 12 13 14 15	16 17 18 19 20	6	17
	6	21 22 23 24 25	26 27 28 29 30	31 81 2 3 4	5 6 7 8 9	10 11 12 13 14	15 16 17 18 —	1	47
	7	19 20 21 22 23	24 25 26 27 28	29 30 31 91 2	3 4 5 6 7	8 9 10 11 12	13 14 15 16 17	2	16
	8	18 19 20 21 22	23 24 25 26 27	28 29 30 O1 2	3 4 5 6 7	8 9 10 11 12	13 14 15 16 —	4	46
	9	17 18 19 20 21	22 23 24 25 26	27 28 29 30 31	N1 2 3 4 5	6 7 8 9 10	11 12 13 14 15	5	15
	10	16 17 18 19 20	21 22 23 24 25	26 27 28 29 30	D1 2 3 4 5	6 7 8 9 10	11 12 13 14 —	0	45
	11	15 16 17 18 19	20 21 22 23 24	25 26 27 28 29	30 31 11 2 3	4 5 6 7 8	9 10 11 12 13	1	14
	12	14 15 16 17 18	19 20 21 22 23	24 25 26 27 28	29 30 31 21 2	3 4 5 6 7	8 9 10 11 —	3	44

年序 Year	陰曆月序 Moon	陰曆日序 Order of days (Lunar)						星期 Week	干支 Cycle
		1 2 3 4 5	6 7 8 9 10	11 12 13 14 15	16 17 18 19 20	21 22 23 24 25	26 27 28 29 30		
永元 8 丙申 96–97	26 1	12 13 14 15 16	17 18 19 20 21	22 23 24 25 26	27 28 29 31 2	3 4 5 6 7	8 9 10 11 12	4	13
	2	13 14 15 16 17	18 19 20 21 22	23 24 25 26 27	28 29 30 31 41	2 3 4 5 6	7 8 9 10 —	6	43
	3	11 12 13 14 15	16 17 18 19 20	21 22 23 24 25	26 27 28 29 30	51 2 3 4 5	6 7 8 9 10	0	12
	4	11 12 13 14 15	16 17 18 19 20	21 22 23 24 25	26 27 28 29 30	31 61 2 3 4	5 6 7 8 —	2	42
	5	9 10 11 12 13	14 15 16 17 18	19 20 21 22 23	24 25 26 27 28	29 30 71 2 3	4 5 6 7 8	3	11
	6	9 10 11 12 13	14 15 16 17 18	19 20 21 22 23	24 25 26 27 28	29 30 31 81 2	3 4 5 6 —	5	41
	7	7 8 9 10 11	12 13 14 15 16	17 18 19 20 21	22 23 24 25 26	27 28 29 30 31	91 2 3 4 5	6	10
	8	6 7 8 9 10	11 12 13 14 15	16 17 18 19 20	21 22 23 24 25	26 27 28 29 30	O1 2 3 4 —	1	40
	9	5 6 7 8 9	10 11 12 13 14	15 16 17 18 19	20 21 22 23 24	25 26 27 28 29	30 31 N1 2 3	2	9
	10	4 5 6 7 8	9 10 11 12 13	14 15 16 17 18	19 20 21 22 23	24 25 26 27 28	29 30 D1 2 3	4	39
	11	4 5 6 7 8	9 10 11 12 13	14 15 16 17 18	19 20 21 22 23	24 25 26 27 28	29 30 31 11 —	6	9
	12	2 3 4 5 6	7 8 9 10 11	12 13 14 15 16	17 18 19 20 21	22 23 24 25 26	27 28 29 30 31	0	38
永元 9 丁酉 97–98	38 1	21 2 3 4 5	6 7 8 9 10	11 12 13 14 15	16 17 18 19 20	21 22 23 24 25	26 27 28 31 —	2	8
	2	2 3 4 5 6	7 8 9 10 11	12 13 14 15 16	17 18 19 20 21	22 23 24 25 26	27 28 29 30 31	3	37
	3	41 2 3 4 5	6 7 8 9 10	11 12 13 14 15	16 17 18 19 20	21 22 23 24 25	26 27 28 29 —	5	7
	4	30 51 2 3 4	5 6 7 8 9	10 11 12 13 14	15 16 17 18 19	20 21 22 23 24	25 26 27 28 29	6	36
	5	30 31 61 2 3	4 5 6 7 8	9 10 11 12 13	14 15 16 17 18	19 20 21 22 23	24 25 26 27 —	1	6
	6	28 29 30 71 2	3 4 5 6 7	8 9 10 11 12	13 14 15 16 17	18 19 20 21 22	23 24 25 26 27	2	35
	7	28 29 30 31 81	2 3 4 5 6	7 8 9 10 11	12 13 14 15 16	17 18 19 20 21	22 23 24 25 —	4	5
	8	26 27 28 29 30	31 91 2 3 4	5 6 7 8 9	10 11 12 13 14	15 16 17 18 19	20 21 22 23 24	5	34
	8	25 26 27 28 29	30 O1 2 3 4	5 6 7 8 9	10 11 12 13 14	15 16 17 18 19	20 21 22 23 —	0	4
	9	24 25 26 27 28	29 30 31 N1 2	3 4 5 6 7	8 9 10 11 12	13 14 15 16 17	18 19 20 21 22	1	33
	10	23 24 25 26 27	28 29 30 D1 2	3 4 5 6 7	8 9 10 11 12	13 14 15 16 17	18 19 20 21 —	3	3
	11	22 23 24 25 26	27 28 29 30 31	11 2 3 4 5	6 7 8 9 10	11 12 13 14 15	16 17 18 19 20	4	32
	12	21 22 23 24 25	26 27 28 29 30	31 21 2 3 4	5 6 7 8 9	10 11 12 13 14	15 16 17 18 19	6	2
永元 10 戊戌 98–99	50 1	20 21 22 23 24	25 26 27 28 31	2 3 4 5 6	7 8 9 10 11	12 13 14 15 16	17 18 19 20 —	1	32
	2	21 22 23 24 25	26 27 28 29 30	31 41 2 3 4	5 6 7 8 9	10 11 12 13 14	15 16 17 18 19	2	1
	3	20 21 22 23 24	25 26 27 28 29	30 51 2 3 4	5 6 7 8 9	10 11 12 13 14	15 16 17 18 —	4	31
	4	19 20 21 22 23	24 25 26 27 28	29 30 31 61 2	3 4 5 6 7	8 9 10 11 12	13 14 15 16 17	5	0
	5	18 19 20 21 22	23 24 25 26 27	28 29 30 71 2	3 4 5 6 7	8 9 10 11 12	13 14 15 16 —	0	30
	6	17 18 19 20 21	22 23 24 25 26	27 28 29 30 31	81 2 3 4 5	6 7 8 9 10	11 12 13 14 15	1	59
	7	16 17 18 19 20	21 22 23 24 25	26 27 28 29 30	31 91 2 3 4	5 6 7 8 9	10 11 12 13 —	3	29
	8	14 15 16 17 18	19 20 21 22 23	24 25 26 27 28	29 30 O1 2 3	4 5 6 7 8	9 10 11 12 13	4	58
	9	14 15 16 17 18	19 20 21 22 23	24 25 26 27 28	29 30 31 N1 2	3 4 5 6 7	8 9 10 11 —	6	28
	10	12 13 14 15 16	17 18 19 20 21	22 23 24 25 26	27 28 29 30 D1	2 3 4 5 6	7 8 9 10 11	0	57
	11	12 13 14 15 16	17 18 19 20 21	22 23 24 25 26	27 28 29 30 31	11 2 3 4 5	6 7 8 9 —	2	27
	12	10 11 12 13 14	15 16 17 18 19	20 21 22 23 24	25 26 27 28 29	30 31 21 2 3	4 5 6 7 8	3	56
永元 11 己亥 99–100	2 1	9 10 11 12 13	14 15 16 17 18	19 20 21 22 23	24 25 26 27 28	31 2 3 4 5	6 7 8 9 —	5	26
	2	10 11 12 13 14	15 16 17 18 19	20 21 22 23 24	25 26 27 28 29	30 31 41 2 3	4 5 6 7 8	6	55
	3	9 10 11 12 13	14 15 16 17 18	19 20 21 22 23	24 25 26 27 28	29 30 51 2 3	4 5 6 7 —	1	25
	4	8 9 10 11 12	13 14 15 16 17	18 19 20 21 22	23 24 25 26 27	28 29 30 31 61	2 3 4 5 6	2	54
	5	7 8 9 10 11	12 13 14 15 16	17 18 19 20 21	22 23 24 25 26	27 28 29 30 71	2 3 4 5 6	4	24
	6	7 8 9 10 11	12 13 14 15 16	17 18 19 20 21	22 23 24 25 26	27 28 29 30 31	81 2 3 4 —	6	54
	7	5 6 7 8 9	10 11 12 13 14	15 16 17 18 19	20 21 22 23 24	25 26 27 28 29	30 31 91 2 3	0	23
	8	4 5 6 7 8	9 10 11 12 13	14 15 16 17 18	19 20 21 22 23	24 25 26 27 28	29 30 O1 2 —	2	53
	9	3 4 5 6 7	8 9 10 11 12	13 14 15 16 17	18 19 20 21 22	23 24 25 26 27	28 29 30 31 N1	3	22
	10	2 3 4 5 6	7 8 9 10 11	12 13 14 15 16	17 18 19 20 21	22 23 24 25 26	27 28 29 30 —	5	52
	11	D1 2 3 4 5	6 7 8 9 10	11 12 13 14 15	16 17 18 19 20	21 22 23 24 25	26 27 28 29 30	6	21
	12	31 11 2 3 4	5 6 7 8 9	10 11 12 13 14	15 16 17 18 19	20 21 22 23 24	25 26 27 28 —	1	51
永元 12 庚子 100–01	14 1	29 30 31 21 2	3 4 5 6 7	8 9 10 11 12	13 14 15 16 17	18 19 20 21 22	23 24 25 26 27	2	20
	2	28 29 31 2 3	4 5 6 7 8	9 10 11 12 13	14 15 16 17 18	19 20 21 22 23	24 25 26 27 —	4	50
	3	28 29 30 31 41	2 3 4 5 6	7 8 9 10 11	12 13 14 15 16	17 18 19 20 21	22 23 24 25 26	5	19
	4	27 28 29 30 51	2 3 4 5 6	7 8 9 10 11	12 13 14 15 16	17 18 19 20 21	22 23 24 25 —	0	49
	5	26 27 28 29 30	31 61 2 3 4	5 6 7 8 9	10 11 12 13 14	15 16 17 18 19	20 21 22 23 24	1	18
	5	25 26 27 28 29	30 71 2 3 4	5 6 7 8 9	10 11 12 13 14	15 16 17 18 19	20 21 22 23 —	3	48
	6	24 25 26 27 28	29 30 31 81 2	3 4 5 6 7	8 9 10 11 12	13 14 15 16 17	18 19 20 21 22	4	17
	7	23 24 25 26 27	28 29 30 31 91	2 3 4 5 6	7 8 9 10 11	12 13 14 15 16	17 18 19 20 —	6	47
	8	21 22 23 24 25	26 27 28 29 30	O1 2 3 4 5	6 7 8 9 10	11 12 13 14 15	16 17 18 19 20	0	16
	9	21 22 23 24 25	26 27 28 29 30	31 N1 2 3 4	5 6 7 8 9	10 11 12 13 14	15 16 17 18 19	2	46
	10	20 21 22 23 24	25 26 27 28 29	30 D1 2 3 4	5 6 7 8 9	10 11 12 13 14	15 16 17 18 —	4	16
	11	19 20 21 22 23	24 25 26 27 28	29 30 31 11 2	3 4 5 6 7	8 9 10 11 12	13 14 15 16 17	5	45
	12	18 19 20 21 22	23 24 25 26 27	28 29 30 31 21	2 3 4 5 6	7 8 9 10 11	12 13 14 15 —	0	15

年序 Year		陰曆月序 Moon	1	2	3	4	5	6	7	8	9	10	11	12	13	14	15	16	17	18	19	20	21	22	23	24	25	26	27	28	29	30	星期 Week	干支 Cycle
永元13 辛丑 101–02	26	1	16	17	18	19	20	21	22	23	24	25	26	27	28	31	2	3	4	5	6	7	8	9	10	11	12	13	14	15	16	17	1	44
		2	18	19	20	21	22	23	24	25	26	27	28	29	30	31	41	2	3	4	5	6	7	8	9	10	11	12	13	14	15	—	3	14
		3	16	17	18	19	20	21	22	23	24	25	26	27	28	29	30	51	2	3	4	5	6	7	8	9	10	11	12	13	14	15	4	43
		4	16	17	18	19	20	21	22	23	24	25	26	27	28	29	30	31	61	2	3	4	5	6	7	8	9	10	11	12	13	—	6	13
		5	14	15	16	17	18	19	20	21	22	23	24	25	26	27	28	29	30	71	2	3	4	5	6	7	8	9	10	11	12	13	0	42
		6	14	15	16	17	18	19	20	21	22	23	24	25	26	27	28	29	30	31	81	2	3	4	5	6	7	8	9	10	11	—	2	12
		7	12	13	14	15	16	17	18	19	20	21	22	23	24	25	26	27	28	29	30	31	91	2	3	4	5	6	7	8	9	10	3	41
		8	11	12	13	14	15	16	17	18	19	20	21	22	23	24	25	26	27	28	29	30	01	2	3	4	5	6	7	8	9	—	5	11
		9	10	11	12	13	14	15	16	17	18	19	20	21	22	23	24	25	26	27	28	29	30	31	N1	2	3	4	5	6	7	8	6	40
		10	9	10	11	12	13	14	15	16	17	18	19	20	21	22	23	24	25	26	27	28	29	30	D1	2	3	4	5	6	7	—	1	10
		11	8	9	10	11	12	13	14	15	16	17	18	19	20	21	22	23	24	25	26	27	28	29	30	31	11	2	3	4	5	6	2	39
		12	7	8	9	10	11	12	13	14	15	16	17	18	19	20	21	22	23	24	25	26	27	28	29	30	31	21	2	3	4	5	4	9
永元14 壬寅 102–03	38	1	6	7	8	9	10	11	12	13	14	15	16	17	18	19	20	21	22	23	24	25	26	27	28	31	2	3	4	5	6	—	6	39
		2	7	8	9	10	11	12	13	14	15	16	17	18	19	20	21	22	23	24	25	26	27	28	29	30	31	41	2	3	4	5	0	8
		3	6	7	8	9	10	11	12	13	14	15	16	17	18	19	20	21	22	23	24	25	26	27	28	29	30	51	2	3	4	—	2	38
		4	5	6	7	8	9	10	11	12	13	14	15	16	17	18	19	20	21	22	23	24	25	26	27	28	29	30	31	61	2	3	3	7
		5	4	5	6	7	8	9	10	11	12	13	14	15	16	17	18	19	20	21	22	23	24	25	26	27	28	29	30	71	2	—	5	37
		6	3	4	5	6	7	8	9	10	11	12	13	14	15	16	17	18	19	20	21	22	23	24	25	26	27	28	29	30	31	81	6	6
		7	2	3	4	5	6	7	8	9	10	11	12	13	14	15	16	17	18	19	20	21	22	23	24	25	26	27	28	29	30	—	1	36
		8	31	91	2	3	4	5	6	7	8	9	10	11	12	13	14	15	16	17	18	19	20	21	22	23	24	25	26	27	28	29	2	5
		9	30	01	2	3	4	5	6	7	8	9	10	11	12	13	14	15	16	17	18	19	20	21	22	23	24	25	26	27	28	—	4	35
		10	29	30	31	N1	2	3	4	5	6	7	8	9	10	11	12	13	14	15	16	17	18	19	20	21	22	23	24	25	26	27	5	4
		11	28	29	30	D1	2	3	4	5	6	7	8	9	10	11	12	13	14	15	16	17	18	19	20	21	22	23	24	25	26	—	0	34
		12	27	28	29	30	31	11	2	3	4	5	6	7	8	9	10	11	12	13	14	15	16	17	18	19	20	21	22	23	24	25	1	3
永元15 癸卯 103–04	50	1	26	27	28	29	30	31	21	2	3	4	5	6	7	8	9	10	11	12	13	14	15	16	17	18	19	20	21	22	23	—	3	33
		1	24	25	26	27	28	31	2	3	4	5	6	7	8	9	10	11	12	13	14	15	16	17	18	19	20	21	22	23	24	25	4	2
		2	26	27	28	29	30	31	41	2	3	4	5	6	7	8	9	10	11	12	13	14	15	16	17	18	19	20	21	22	23	—	6	32
		3	24	25	26	27	28	29	30	51	2	3	4	5	6	7	8	9	10	11	12	13	14	15	16	17	18	19	20	21	22	23	0	1
		4	24	25	26	27	28	29	30	31	61	2	3	4	5	6	7	8	9	10	11	12	13	14	15	16	17	18	19	20	21	22	2	31
		5	23	24	25	26	27	28	29	30	71	2	3	4	5	6	7	8	9	10	11	12	13	14	15	16	17	18	19	20	21	—	4	1
		6	22	23	24	25	26	27	28	29	30	31	81	2	3	4	5	6	7	8	9	10	11	12	13	14	15	16	17	18	19	20	5	30
		7	21	22	23	24	25	26	27	28	29	30	31	91	2	3	4	5	6	7	8	9	10	11	12	13	14	15	16	17	18	—	0	0
		8	19	20	21	22	23	24	25	26	27	28	29	30	01	2	3	4	5	6	7	8	9	10	11	12	13	14	15	16	17	18	1	29
		9	19	20	21	22	23	24	25	26	27	28	29	30	31	N1	2	3	4	5	6	7	8	9	10	11	12	13	14	15	16	—	3	59
		10	17	18	19	20	21	22	23	24	25	26	27	28	29	30	D1	2	3	4	5	6	7	8	9	10	11	12	13	14	15	16	4	28
		11	17	18	19	20	21	22	23	24	25	26	27	28	29	30	31	11	2	3	4	5	6	7	8	9	10	11	12	13	14	—	6	58
		12	15	16	17	18	19	20	21	22	23	24	25	26	27	28	29	30	31	21	2	3	4	5	6	7	8	9	10	11	12	13	0	27
永元16 甲辰 104–05	2	1	14	15	16	17	18	19	20	21	22	23	24	25	26	27	28	29	31	2	3	4	5	6	7	8	9	10	11	12	13	—	2	57
		2	14	15	16	17	18	19	20	21	22	23	24	25	26	27	28	29	30	31	41	2	3	4	5	6	7	8	9	10	11	12	3	26
		3	13	14	15	16	17	18	19	20	21	22	23	24	25	26	27	28	29	30	51	2	3	4	5	6	7	8	9	10	11	—	5	56
		4	12	13	14	15	16	17	18	19	20	21	22	23	24	25	26	27	28	29	30	31	61	2	3	4	5	6	7	8	9	10	6	25
		5	11	12	13	14	15	16	17	18	19	20	21	22	23	24	25	26	27	28	29	30	71	2	3	4	5	6	7	8	9	—	1	55
		6	10	11	12	13	14	15	16	17	18	19	20	21	22	23	24	25	26	27	28	29	30	31	81	2	3	4	5	6	7	8	2	24
		7	9	10	11	12	13	14	15	16	17	18	19	20	21	22	23	24	25	26	27	28	29	30	31	91	2	3	4	5	6	7	4	54
		8	8	9	10	11	12	13	14	15	16	17	18	19	20	21	22	23	24	25	26	27	28	29	30	01	2	3	4	5	6	—	6	24
		9	7	8	9	10	11	12	13	14	15	16	17	18	19	20	21	22	23	24	25	26	27	28	29	30	31	N1	2	3	4	5	0	53
		10	6	7	8	9	10	11	12	13	14	15	16	17	18	19	20	21	22	23	24	25	26	27	28	29	30	D1	2	3	4	—	2	23
		11	5	6	7	8	9	10	11	12	13	14	15	16	17	18	19	20	21	22	23	24	25	26	27	28	29	30	31	11	2	3	3	52
		12	4	5	6	7	8	9	10	11	12	13	14	15	16	17	18	19	20	21	22	23	24	25	26	27	28	29	30	31	21	—	5	22
元興1 乙巳 105–06	14	1	2	3	4	5	6	7	8	9	10	11	12	13	14	15	16	17	18	19	20	21	22	23	24	25	26	27	28	31	2	3	6	51
		2	4	5	6	7	8	9	10	11	12	13	14	15	16	17	18	19	20	21	22	23	24	25	26	27	28	29	30	31	41	—	1	21
		3	2	3	4	5	6	7	8	9	10	11	12	13	14	15	16	17	18	19	20	21	22	23	24	25	26	27	28	29	30	51	2	50
		4][	2	3	4	5	6	7	8	9	10	11	12	13	14	15	16	17	18	19	20	21	22	23	24	25	26	27	28	29	30	—	4	20
		5	31	61	2	3	4	5	6	7	8	9	10	11	12	13	14	15	16	17	18	19	20	21	22	23	24	25	26	27	28	29	5	49
		6	30	71	2	3	4	5	6	7	8	9	10	11	12	13	14	15	16	17	18	19	20	21	22	23	24	25	26	27	28	—	0	19
		7	29	30	31	81	2	3	4	5	6	7	8	9	10	11	12	13	14	15	16	17	18	19	20	21	22	23	24	25	26	27	1	48
		8	28	29	30	31	91	2	3	4	5	6	7	8	9	10	11	12	13	14	15	16	17	18	19	20	21	22	23	24	25	—	3	18
		9	26	27	28	29	30	01	2	3	4	5	6	7	8	9	10	11	12	13	14	15	16	17	18	19	20	21	22	23	24	25	4	47
		9	26	27	28	29	30	31	N1	2	3	4	5	6	7	8	9	10	11	12	13	14	15	16	17	18	19	20	21	22	23	—	6	17
		10	24	25	26	27	28	29	30	D1	2	3	4	5	6	7	8	9	10	11	12	13	14	15	16	17	18	19	20	21	22	23	0	46
		11	24	25	26	27	28	29	30	31	11	2	3	4	5	6	7	8	9	10	11	12	13	14	15	16	17	18	19	20	21	22	2	16
		12	23	24	25	26	27	28	29	30	31	21	2	3	4	5	6	7	8	9	10	11	12	13	14	15	16	17	18	19	20	—	4	46

年序 Year	陰曆月序 Moon	陰曆日序 Order of days (Lunar) 1 2 3 4 5	6 7 8 9 10	11 12 13 14 15	16 17 18 19 20	21 22 23 24 25	26 27 28 29 30	星期 Week	干支 Cycle
殤帝 延平 1 丙午 106–07	26 1	21 22 23 24 25	26 27 28 **31** 2	3 4 5 6 7	8 9 10 11 12	13 14 15 16 17	18 19 20 21 22	5	15
	2	23 24 25 26 27	28 29 30 31 **41**	2 3 4 5 6	7 8 9 10 11	12 13 14 15 16	17 18 19 20 —	0	45
	3	21 22 23 24 25	26 27 28 29 30	**51** 2 3 4 5	6 7 8 9 10	11 12 13 14 15	16 17 18 19 20	1	14
	4	21 22 23 24 25	26 27 28 29 30	31 **61** 2 3 4	5 6 7 8 9	10 11 12 13 14	15 16 17 18 —	3	44
	5	19 20 21 22 23	24 25 26 27 28	29 30 **71** 2 3	4 5 6 7 8	9 10 11 12 13	14 15 16 17 18	4	13
	6	19 20 21 22 23	24 25 26 27 28	29 30 31 **81** 2	3 4 5 6 7	8 9 10 11 12	13 14 15 16 —	6	43
	7	17 18 19 20 21	22 23 24 25 26	27 28 29 30 31	**91** 2 3 4 5	6 7 8 9 10	11 12 13 14 15	0	12
	8	16 17 18 19 20	21 22 23 24 25	26 27 28 29 30	**O1** 2 3 4 5	6 7 8 9 10	11 12 13 14 —	2	42
	9	15 16 17 18 19	20 21 22 23 24	25 26 27 28 29	30 31 **N1** 2 3	4 5 6 7 8	9 10 11 12 13	3	11
	10	14 15 16 17 18	19 20 21 22 23	24 25 26 27 28	29 30 **D1** 2 3	4 5 6 7 8	9 10 11 12 —	5	41
	11	13 14 15 16 17	18 19 20 21 22	23 24 25 26 27	28 29 30 31 **11**	2 3 4 5 6	7 8 9 10 11	6	10
	12	12 13 14 15 16	17 18 19 20 21	22 23 24 25 26	27 28 29 30 31	**21** 2 3 4 5	6 7 8 9 —	1	40
安帝 永初 1 丁未 107–08	38 1	10 11 12 13 14	15 16 17 18 19	20 21 22 23 24	25 26 27 28 **31**	2 3 4 5 6	7 8 9 10 11	2	9
	2	12 13 14 15 16	17 18 19 20 21	22 23 24 25 26	27 28 29 30 31	**41** 2 3 4 5	6 7 8 9 —	4	39
	3	10 11 12 13 14	15 16 17 18 19	20 21 22 23 24	25 26 27 28 29	30 **51** 2 3 4	5 6 7 8 9	5	8
	4	10 11 12 13 14	15 16 17 18 19	20 21 22 23 24	25 26 27 28 29	30 31 **61** 2 3	4 5 6 7 8	0	38
	5	9 10 11 12 13	14 15 16 17 18	19 20 21 22 23	24 25 26 27 28	29 30 **71** 2 3	4 5 6 7 —	2	8
	6	8 9 10 11 12	13 14 15 16 17	18 19 20 21 22	23 24 25 26 27	28 29 30 31 **81**	2 3 4 5 6	3	37
	7	7 8 9 10 11	12 13 14 15 16	17 18 19 20 21	22 23 24 25 26	27 28 29 30 31	**91** 2 3 4 —	5	7
	8	5 6 7 8 9	10 11 12 13 14	15 16 17 18 19	20 21 22 23 24	25 26 27 28 29	30 **O1** 2 3 4	6	36
	9	5 6 7 8 9	10 11 12 13 14	15 16 17 18 19	20 21 22 23 24	25 26 27 28 29	30 31 **N1** 2 —	1	6
	10	3 4 5 6 7	8 9 10 11 12	13 14 15 16 17	18 19 20 21 22	23 24 25 26 27	28 29 30 **D1** 2	2	35
	11	3 4 5 6 7	8 9 10 11 12	13 14 15 16 17	18 19 20 21 22	23 24 25 26 27	28 29 30 31 —	4	5
	12	**11** 2 3 4 5	6 7 8 9 10	11 12 13 14 15	16 17 18 19 20	21 22 23 24 25	26 27 28 29 30	5	34
永初 2 戊申 108–09	50 1	31 **21** 2 3 4	5 6 7 8 9	10 11 12 13 14	15 16 17 18 19	20 21 22 23 24	25 26 27 28 —	0	4
	2	29 **31** 2 3 4	5 6 7 8 9	10 11 12 13 14	15 16 17 18 19	20 21 22 23 24	25 26 27 28 29	1	33
	3	30 31 **41** 2 3	4 5 6 7 8	9 10 11 12 13	14 15 16 17 18	19 20 21 22 23	24 25 26 27 —	3	3
	4	28 29 30 **51** 2	3 4 5 6 7	8 9 10 11 12	13 14 15 16 17	18 19 20 21 22	23 24 25 26 27	4	32
	5	28 29 30 31 **61**	2 3 4 5 6	7 8 9 10 11	12 13 14 15 16	17 18 19 20 21	22 23 24 25 —	6	2
	6	26 27 28 29 30	**71** 2 3 4 5	6 7 8 9 10	11 12 13 14 15	16 17 18 19 20	21 22 23 24 25	0	31
	7	26 27 28 29 30	31 **81** 2 3 4	5 6 7 8 9	10 11 12 13 14	15 16 17 18 19	20 21 22 23 24	2	1
	7	25 26 27 28 29	30 31 **91** 2 3	4 5 6 7 8	9 10 11 12 13	14 15 16 17 18	19 20 21 22 —	4	31
	8	23 24 25 26 27	28 29 30 **O1** 2	3 4 5 6 7	8 9 10 11 12	13 14 15 16 17	18 19 20 21 22	5	0
	9	23 24 25 26 27	28 29 30 31 **N1**	2 3 4 5 6	7 8 9 10 11	12 13 14 15 16	17 18 19 20 —	0	30
	10	21 22 23 24 25	26 27 28 29 30	**D1** 2 3 4 5	6 7 8 9 10	11 12 13 14 15	16 17 18 19 20	1	59
	11	21 22 23 24 25	26 27 28 29 30	31 **11** 2 3 4	5 6 7 8 9	10 11 12 13 14	15 16 17 18 —	3	29
	12	19 20 21 22 23	24 25 26 27 28	29 30 31 **21** 2	3 4 5 6 7	8 9 10 11 12	13 14 15 16 17	4	58
永初 3 己酉 109–10	2 1	18 19 20 21 22	23 24 25 26 27	28 **31** 2 3 4	5 6 7 8 9	10 11 12 13 14	15 16 17 18 —	6	28
	2	19 20 21 22 23	24 25 26 27 28	29 30 31 **41** 2	3 4 5 6 7	8 9 10 11 12	13 14 15 16 17	0	57
	3	18 19 20 21 22	23 24 25 26 27	28 29 30 **51** 2	3 4 5 6 7	8 9 10 11 12	13 14 15 16 —	2	27
	4	17 18 19 20 21	22 23 24 25 26	27 28 29 30 31	**61** 2 3 4 5	6 7 8 9 10	11 12 13 14 15	3	56
	5	16 17 18 19 20	21 22 23 24 25	26 27 28 29 30	**71** 2 3 4 5	6 7 8 9 10	11 12 13 14 —	5	26
	6	15 16 17 18 19	20 21 22 23 24	25 26 27 28 29	30 31 **81** 2 3	4 5 6 7 8	9 10 11 12 13	6	55
	7	14 15 16 17 18	19 20 21 22 23	24 25 26 27 28	29 30 31 **91** 2	3 4 5 6 7	8 9 10 11 —	1	25
	8	12 13 14 15 16	17 18 19 20 21	22 23 24 25 26	27 28 29 30 **O1**	2 3 4 5 6	7 8 9 10 11	2	54
	9	12 13 14 15 16	17 18 19 20 21	22 23 24 25 26	27 28 29 30 31	**N1** 2 3 4 5	6 7 8 9 —	4	24
	10	10 11 12 13 14	15 16 17 18 19	20 21 22 23 24	25 26 27 28 29	30 **D1** 2 3 4	5 6 7 8 9	5	53
	11	10 11 12 13 14	15 16 17 18 19	20 21 22 23 24	25 26 27 28 29	30 31 **11** 2 3	4 5 6 7 8	0	23
	12	9 10 11 12 13	14 15 16 17 18	19 20 21 22 23	24 25 26 27 28	29 30 31 **21** 2	3 4 5 6 —	2	53
永初 4 庚戌 110–11	14 1	7 8 9 10 11	12 13 14 15 16	17 18 19 20 21	22 23 24 25 26	27 28 **31** 2 3	4 5 6 7 8	3	22
	2	9 10 11 12 13	14 15 16 17 18	19 20 21 22 23	24 25 26 27 28	29 30 31 **41** 2	3 4 5 6 —	5	52
	3	7 8 9 10 11	12 13 14 15 16	17 18 19 20 21	22 23 24 25 26	27 28 29 30 **51**	2 3 4 5 6	6	21
	4	7 8 9 10 11	12 13 14 15 16	17 18 19 20 21	22 23 24 25 26	27 28 29 30 31	**61** 2 3 4 —	1	51
	5	5 6 7 8 9	10 11 12 13 14	15 16 17 18 19	20 21 22 23 24	25 26 27 28 29	30 **71** 2 3 4	2	20
	6	5 6 7 8 9	10 11 12 13 14	15 16 17 18 19	20 21 22 23 24	25 26 27 28 29	30 31 **81** 2 —	4	50
	7	3 4 5 6 7	8 9 10 11 12	13 14 15 16 17	18 19 20 21 22	23 24 25 26 27	28 29 30 31 **91**	5	19
	8	2 3 4 5 6	7 8 9 10 11	12 13 14 15 16	17 18 19 20 21	22 23 24 25 26	27 28 29 30 —	0	49
	9	**O1** 2 3 4 5	6 7 8 9 10	11 12 13 14 15	16 17 18 19 20	21 22 23 24 25	26 27 28 29 30	1	18
	10	31 **N1** 2 3 4	5 6 7 8 9	10 11 12 13 14	15 16 17 18 19	20 21 22 23 24	25 26 27 28 —	3	48
	11	29 30 **D1** 2 3	4 5 6 7 8	9 10 11 12 13	14 15 16 17 18	19 20 21 22 23	24 25 26 27 28	4	17
	12	29 30 31 **11** 2	3 4 5 6 7	8 9 10 11 12	13 14 15 16 17	18 19 20 21 22	23 24 25 26 —	6	47

年序 Year	陰曆月序 Moon	陰曆日序 Order of days (Lunar) 1 2 3 4 5	6 7 8 9 10	11 12 13 14 15	16 17 18 19 20	21 22 23 24 25	26 27 28 29 30	星期 Week	干支 Cycle
永初 5 辛亥 111–12	26 1	27 28 29 30 31	21 2 3 4 5	6 7 8 9 10	11 12 13 14 15	16 17 18 19 20	21 22 23 24 25	0	16
	2	26 27 28 31 2	3 4 5 6 7	8 9 10 11 12	13 14 15 16 17	18 19 20 21 22	23 24 25 26 27	2	46
	3	28 29 30 31 41	2 3 4 5 6	7 8 9 10 11	12 13 14 15 16	17 18 19 20 21	22 23 24 25 —	4	16
	4	26 27 28 29 30	51 2 3 4 5	6 7 8 9 10	11 12 13 14 15	16 17 18 19 20	21 22 23 24 25	5	45
	4	26 27 28 29 30	31 61 2 3 4	5 6 7 8 9	10 11 12 13 14	15 16 17 18 19	20 21 22 23 —	0	15
	5	24 25 26 27 28	29 30 71 2 3	4 5 6 7 8	9 10 11 12 13	14 15 16 17 18	19 20 21 22 23	1	44
	6	24 25 26 27 28	29 30 31 81 2	3 4 5 6 7	8 9 10 11 12	13 14 15 16 17	18 19 20 21 —	3	14
	7	22 23 24 25 26	27 28 29 30 31	91 2 3 4 5	6 7 8 9 10	11 12 13 14 15	16 17 18 19 20	4	43
	8	21 22 23 24 25	26 27 28 29 30	O1 2 3 4 5	6 7 8 9 10	11 12 13 14 15	16 17 18 19 —	6	13
	9	20 21 22 23 24	25 26 27 28 29	30 31 N1 2 3	4 5 6 7 8	9 10 11 12 13	14 15 16 17 18	0	42
	10	19 20 21 22 23	24 25 26 27 28	29 30 D1 2 3	4 5 6 7 8	9 10 11 12 13	14 15 16 17 —	2	12
	11	18 19 20 21 22	23 24 25 26 27	28 29 30 31 11	2 3 4 5 6	7 8 9 10 11	12 13 14 15 16	3	41
	12	17 18 19 20 21	22 23 24 25 26	27 28 29 30 31	21 2 3 4 5	6 7 8 9 10	11 12 13 14 —	5	11
永初 6 壬子 112–13	38 1	15 16 17 18 19	20 21 22 23 24	25 26 27 28 29	31 2 3 4 5	6 7 8 9 10	11 12 13 14 15	6	40
	2	16 17 18 19 20	21 22 23 24 25	26 27 28 29 30	31 41 2 3 4	5 6 7 8 9	10 11 12 13 —	1	10
	3	14 15 16 17 18	19 20 21 22 23	24 25 26 27 28	29 30 51 2 3	4 5 6 7 8	9 10 11 12 13	2	39
	4	14 15 16 17 18	19 20 21 22 23	24 25 26 27 28	29 30 31 61 2	3 4 5 6 7	8 9 10 11 —	4	9
	5	12 13 14 15 16	17 18 19 20 21	22 23 24 25 26	27 28 29 30 71	2 3 4 5 6	7 8 9 10 11	5	38
	6	12 13 14 15 16	17 18 19 20 21	22 23 24 25 26	27 28 29 30 31	81 2 3 4 5	6 7 8 9 10	0	8
	7	11 12 13 14 15	16 17 18 19 20	21 22 23 24 25	26 27 28 29 30	31 91 2 3 4	5 6 7 8 —	2	38
	8	9 10 11 12 13	14 15 16 17 18	19 20 21 22 23	24 25 26 27 28	29 30 O1 2 3	4 5 6 7 8	3	7
	9	9 10 11 12 13	14 15 16 17 18	19 20 21 22 23	24 25 26 27 28	29 30 31 N1 2	3 4 5 6 —	5	37
	10	7 8 9 10 11	12 13 14 15 16	17 18 19 20 21	22 23 24 25 26	27 28 29 30 D1	2 3 4 5 6	6	6
	11	7 8 9 10 11	12 13 14 15 16	17 18 19 20 21	22 23 24 25 26	27 28 29 30 31	11 2 3 4 —	1	36
	12	5 6 7 8 9	10 11 12 13 14	15 16 17 18 19	20 21 22 23 24	25 26 27 28 29	30 31 21 2 3	2	5
永初 7 癸丑 113–14	50 1	4 5 6 7 8	9 10 11 12 13	14 15 16 17 18	19 20 21 22 23	24 25 26 27 28	31 2 3 4 —	4	35
	2	5 6 7 8 9	10 11 12 13 14	15 16 17 18 19	20 21 22 23 24	25 26 27 28 29	30 31 41 2 3	5	4
	3	4 5 6 7 8	9 10 11 12 13	14 15 16 17 18	19 20 21 22 23	24 25 26 27 28	29 30 51 2 —	0	34
	4	3 4 5 6 7	8 9 10 11 12	13 14 15 16 17	18 19 20 21 22	23 24 25 26 27	28 29 30 31 61	1	3
	5	2 3 4 5 6	7 8 9 10 11	12 13 14 15 16	17 18 19 20 21	22 23 24 25 26	27 28 29 30 —	3	33
	6	71 2 3 4 5	6 7 8 9 10	11 12 13 14 15	16 17 18 19 20	21 22 23 24 25	26 27 28 29 30	4	2
	7	31 81 2 3 4	5 6 7 8 9	10 11 12 13 14	15 16 17 18 19	20 21 22 23 24	25 26 27 28 —	6	32
	8	29 30 31 91 2	3 4 5 6 7	8 9 10 11 12	13 14 15 16 17	18 19 20 21 22	23 24 25 26 27	0	1
	9	28 29 30 O1 2	3 4 5 6 7	8 9 10 11 12	13 14 15 16 17	18 19 20 21 22	23 24 25 26 —	2	31
	10	27 28 29 30 31	N1 2 3 4 5	6 7 8 9 10	11 12 13 14 15	16 17 18 19 20	21 22 23 24 25	3	0
	11	26 27 28 29 30	D1 2 3 4 5	6 7 8 9 10	11 12 13 14 15	16 17 18 19 20	21 22 23 24 25	5	30
	12	26 27 28 29 30	31 11 2 3 4	5 6 7 8 9	10 11 12 13 14	15 16 17 18 19	20 21 22 23 —	0	0
	12	24 25 26 27 28	29 30 31 21 2	3 4 5 6 7	8 9 10 11 12	13 14 15 16 17	18 19 20 21 22	1	29
元初 1 甲寅 114–15	2 1	23 24 25 26 27	28 31 2 3 4	5 6 7 8 9	10 11 12 13 14	15 16 17 18 19	20 21 22 23 —	3	59
	2	24 25 26 27 28	29 30 31 41 2	3 4 5 6 7	8 9 10 11 12	13 14 15 16 17	18 19 20 21 22	4	28
	3	23 24 25 26 27	28 29 30 51 2	3 4 5 6 7	8 9 10 11 12	13 14 15 16 17	18 19 20 21 —	6	58
	4	22 23 24 25 26	27 28 29 30 31	61 2 3 4 5	6 7 8 9 10	11 12 13 14 15	16 17 18 19 20	0	27
	5	21 22 23 24 25	26 27 28 29 30	71 2 3 4 5	6 7 8 9 10	11 12 13 14 15	16 17 18 19 —	2	57
	6	20 21 22 23 24	25 26 27 28 29	30 31 81 2 3	4 5 6 7 8	9 10 11 12 13	14 15 16 17 18	3	26
	7	19 20 21 22 23	24 25 26 27 28	29 30 31 91 2	3 4 5 6 7	8 9 10 11 12	13 14 15 16 —	5	56
	8	17 18 19 20 21	22 23 24 25 26	27 28 29 30 O1	2 3 4 5 6	7 8 9 10 11	12 13 14 15 16	6	25
	9	17 18 19 20 21	22 23 24 25 26	27 28 29 30 31	N1 2 3 4 5	6 7 8 9 10	11 12 13 14 —	1	55
	10	15 16 17 18 19	20 21 22 23 24	25 26 27 28 29	30 D1 2 3 4	5 6 7 8 9	10 11 12 13 14	2	24
	11	15 16 17 18 19	20 21 22 23 24	25 26 27 28 29	30 31 11 2 3	4 5 6 7 8	9 10 11 12 —	4	54
	12	13 14 15 16 17	18 19 20 21 22	23 24 25 26 27	28 29 30 31 21	2 3 4 5 6	7 8 9 10 11	5	23
元初 2 乙卯 115–16	14 1	12 13 14 15 16	17 18 19 20 21	22 23 24 25 26	27 28 31 2 3	4 5 6 7 8	9 10 11 12 13	0	53
	2	14 15 16 17 18	19 20 21 22 23	24 25 26 27 28	29 30 31 41 2	3 4 5 6 7	8 9 10 11 —	2	23
	3	12 13 14 15 16	17 18 19 20 21	22 23 24 25 26	27 28 29 30 51	2 3 4 5 6	7 8 9 10 11	3	52
	4	12 13 14 15 16	17 18 19 20 21	22 23 24 25 26	27 28 29 30 31	61 2 3 4 5	6 7 8 9 —	5	22
	5	10 11 12 13 14	15 16 17 18 19	20 21 22 23 24	25 26 27 28 29	30 71 2 3 4	5 6 7 8 9	6	51
	6	10 11 12 13 14	15 16 17 18 19	20 21 22 23 24	25 26 27 28 29	30 31 81 2 3	4 5 6 7 —	1	21
	7	8 9 10 11 12	13 14 15 16 17	18 19 20 21 22	23 24 25 26 27	28 29 30 31 91	2 3 4 5 6	2	50
	8	7 8 9 10 11	12 13 14 15 16	17 18 19 20 21	22 23 24 25 26	27 28 29 30 O1	2 3 4 5 —	4	20
	9	6 7 8 9 10	11 12 13 14 15	16 17 18 19 20	21 22 23 24 25	26 27 28 29 30	31 N1 2 3 4	5	49
	10	5 6 7 8 9	10 11 12 13 14	15 16 17 18 19	20 21 22 23 24	25 26 27 28 29	30 D1 2 3 —	0	19
	11	4 5 6 7 8	9 10 11 12 13	14 15 16 17 18	19 20 21 22 23	24 25 26 27 28	29 30 31 11 2	1	48
	12	3 4 5 6 7	8 9 10 11 12	13 14 15 16 17	18 19 20 21 22	23 24 25 26 27	28 29 30 31 —	3	18

年序 Year	陰曆月序 Moon	陰曆日序 Order of days (Lunar) 1 2 3 4 5	6 7 8 9 10	11 12 13 14 15	16 17 18 19 20	21 22 23 24 25	26 27 28 29 30	星期 Week	干支 Cycle
元初 3 丙辰 116–17	26 1	21 2 3 4 5	6 7 8 9 10	11 12 13 14 15	16 17 18 19 20	21 22 23 24 25	26 27 28 29 31	4	47
	2	2 3 4 5 6	7 8 9 10 11	12 13 14 15 16	17 18 19 20 21	22 23 24 25 26	27 28 29 30 —	6	17
	3	31 41 2 3 4	5 6 7 8 9	10 11 12 13 14	15 16 17 18 19	20 21 22 23 24	25 26 27 28 29	0	46
	4	30 51 2 3 4	5 6 7 8 9	10 11 12 13 14	15 16 17 18 19	20 21 22 23 24	25 26 27 28 —	2	16
	5	29 30 31 61 2	3 4 5 6 7	8 9 10 11 12	13 14 15 16 17	18 19 20 21 22	23 24 25 26 27	3	45
	6	28 29 30 71 2	3 4 5 6 7	8 9 10 11 12	13 14 15 16 17	18 19 20 21 22	23 24 25 26 27	5	15
	7	28 29 30 31 81	2 3 4 5 6	7 8 9 10 11	12 13 14 15 16	17 18 19 20 21	22 23 24 25 —	0	45
	8	26 27 28 29 30	31 91 2 3 4	5 6 7 8 9	10 11 12 13 14	15 16 17 18 19	20 21 22 23 24	1	14
	8	25 26 27 28 29	30 01 2 3 4	5 6 7 8 9	10 11 12 13 14	15 16 17 18 19	20 21 22 23 —	3	44
	9	24 25 26 27 28	29 30 31 N1 2	3 4 5 6 7	8 9 10 11 12	13 14 15 16 17	18 19 20 21 22	4	13
	10	23 24 25 26 27	28 29 30 D1 2	3 4 5 6 7	8 9 10 11 12	13 14 15 16 17	18 19 20 21 —	6	43
	11	22 23 24 25 26	27 28 29 30 31	11 2 3 4 5	6 7 8 9 10	11 12 13 14 15	16 17 18 19 20	0	12
	12	21 22 23 24 25	26 27 28 29 30	31 21 2 3 4	5 6 7 8 9	10 11 12 13 14	15 16 17 18 —	2	42
元初 4 丁巳 117–18	38 1	19 20 21 22 23	24 25 26 27 28	31 2 3 4 5	6 7 8 9 10	11 12 13 14 15	16 17 18 19 20	3	11
	2	21 22 23 24 25	26 27 28 29 30	31 41 2 3 4	5 6 7 8 9	10 11 12 13 14	15 16 17 18 —	5	41
	3	19 20 21 22 23	24 25 26 27 28	29 30 51 2 3	4 5 6 7 8	9 10 11 12 13	14 15 16 17 18	6	10
	4	19 20 21 22 23	24 25 26 27 28	29 30 31 61 2	3 4 5 6 7	8 9 10 11 12	13 14 15 16 —	1	40
	5	17 18 19 20 21	22 23 24 25 26	27 28 29 30 71	2 8 4 5 6	7 8 9 10 11	12 13 14 15 16	2	9
	6	17 18 19 20 21	22 23 24 25 26	27 28 29 30 31	81 2 3 4 5	6 7 8 9 10	11 12 13 14 —	4	39
	7	15 16 17 18 19	20 21 22 23 24	25 26 27 28 29	30 31 91 2 3	4 5 6 7 8	9 10 11 12 13	5	8
	8	14 15 16 17 18	19 20 21 22 23	24 25 26 27 28	29 30 01 2 3	4 5 6 7 8	9 10 11 12 13	0	38
	9	14 15 16 17 18	19 20 21 22 23	24 25 26 27 28	29 30 31 N1 2	3 4 5 6 7	8 9 10 11 —	2	8
	10	12 13 14 15 16	17 18 19 20 21	22 23 24 25 26	27 28 29 30 D1	2 3 4 5 6	7 8 9 10 11	3	37
	11	12 13 14 15 16	17 18 19 20 21	22 23 24 25 26	27 28 29 30 31	11 2 3 4 5	6 7 8 9 —	5	7
	12	10 11 12 13 14	15 16 17 18 19	20 21 22 23 24	25 26 27 28 29	30 31 21 2 3	4 5 6 7 8	6	36
元初 5 戊午 118–19	50 1	9 10 11 12 13	14 15 16 17 18	19 20 21 22 23	24 25 26 27 28	31 2 3 4 5	6 7 8 9 —	1	6
	2	10 11 12 13 14	15 16 17 18 19	20 21 22 23 24	25 26 27 28 29	30 31 41 2 3	4 5 6 7 8	2	35
	3	9 10 11 12 13	14 15 16 17 18	19 20 21 22 23	24 25 26 27 28	29 30 51 2 3	4 5 6 7 —	4	5
	4	8 9 10 11 12	13 14 15 16 17	18 19 20 21 22	23 24 25 26 27	28 29 30 31 61	2 3 4 5 6	5	34
	5	7 8 9 10 11	12 13 14 15 16	17 18 19 20 21	22 23 24 25 26	27 28 29 30 71	2 3 4 5 —	0	4
	6	6 7 8 9 10	11 12 13 14 15	16 17 18 19 20	21 22 23 24 25	26 27 28 29 30	31 81 2 3 4	1	33
	7	5 6 7 8 9	10 11 12 13 14	15 16 17 18 19	20 21 22 23 24	25 26 27 28 29	30 31 91 2 —	3	3
	8	3 4 5 6 7	8 9 10 11 12	13 14 15 16 17	18 19 20 21 22	23 24 25 26 27	28 29 30 01 2	4	32
	9	3 4 5 6 7	8 9 10 11 12	13 14 15 16 17	18 19 20 21 22	23 24 25 26 27	28 29 30 31 —	6	2
	10	N1 2 3 4 5	6 7 8 9 10	11 12 13 14 15	16 17 18 19 20	21 22 23 24 25	26 27 28 29 30	0	31
	11	D1 2 3 4 5	6 7 8 9 10	11 12 13 14 15	16 17 18 19 20	21 22 23 24 25	26 27 28 29 —	2	1
	12	30 31 11 2 3	4 5 6 7 8	9 10 11 12 13	14 15 16 17 18	19 20 21 22 23	24 25 26 27 28	3	30
元初 6 己未 119–20	2 1	29 30 31 21 2	3 4 5 6 7	8 9 10 11 12	13 14 15 16 17	18 19 20 21 22	23 24 25 26 27	5	0
	2	28 31 2 3 4	5 6 7 8 9	10 11 12 13 14	15 16 17 18 19	20 21 22 23 24	25 26 27 28 —	0	30
	3	29 30 31 41 2	3 4 5 6 7	8 9 10 11 12	13 14 15 16 17	18 19 20 21 22	23 24 25 26 27	1	59
	4	28 29 30 51 2	3 4 5 6 7	8 9 10 11 12	13 14 15 16 17	18 19 20 21 22	23 24 25 26 —	3	29
	5	27 28 29 30 31	61 2 3 4 5	6 7 8 9 10	11 12 13 14 15	16 17 18 19 20	21 22 23 24 25	4	58
	5	26 27 28 29 30	71 2 3 4 5	6 7 8 9 10	11 12 13 14 15	16 17 18 19 20	21 22 23 24 —	6	28
	6	25 26 27 28 29	30 31 81 2 3	4 5 6 7 8	9 10 11 12 13	14 15 16 17 18	19 20 21 22 23	0	57
	7	24 25 26 27 28	29 30 31 91 2	3 4 5 6 7	8 9 10 11 12	13 14 15 16 17	18 19 20 21 —	2	27
	8	22 23 24 25 26	27 28 29 30 01	2 3 4 5 6	7 8 9 10 11	12 13 14 15 16	17 18 19 20 21	3	56
	9	22 23 24 25 26	27 28 29 30 31	N1 2 3 4 5	6 7 8 9 10	11 12 13 14 15	16 17 18 19 —	5	26
	10	20 21 22 23 24	25 26 27 28 29	30 D1 2 3 4	5 6 7 8 9	10 11 12 13 14	15 16 17 18 19	6	55
	11	20 21 22 23 24	25 26 27 28 29	30 31 11 2 3	4 5 6 7 8	9 10 11 12 13	14 15 16 17 —	1	25
	12	18 19 20 21 22	23 24 25 26 27	28 29 30 31 21	2 3 4 5 6	7 8 9 10 11	12 13 14 15 16	2	54
永寧 1 庚申 120–21	14 1	17 18 19 20 21	22 23 24 25 26	27 28 29 31 2	3 4 5 6 7	8 9 10 11 12	13 14 15 16 —	4	24
	2	17 18 19 20 21	22 23 24 25 26	27 28 29 30 31	41 2 3 4 5	6 7 8 9 10	11 12 13 14 15	5	53
	3	16 17 18 19 20	21 22 23 24 25	26 27 28 29 30	51 2 3 4 5	6 7 8 9 10	11 12 13 14 —	0	23
	4][	15 16 17 18 19	20 21 22 23 24	25 26 27 28 29	30 31 61 2 3	4 5 6 7 8	9 10 11 12 13	1	52
	5	14 15 16 17 18	19 20 21 22 23	24 25 26 27 28	29 30 71 2 3	4 5 6 7 8	9 10 11 12 13	3	22
	6	14 15 16 17 18	19 20 21 22 23	24 25 26 27 28	29 30 31 81 2	3 4 5 6 7	8 9 10 11 —	5	52
	7	12 13 14 15 16	17 18 19 20 21	22 23 24 25 26	27 28 29 30 31	91 2 3 4 5	6 7 8 9 10	6	21
	8	11 12 13 14 15	16 17 18 19 20	21 22 23 24 25	26 27 28 29 30	01 2 3 4 5	6 7 8 9 —	1	51
	9	10 11 12 13 14	15 16 17 18 19	20 21 22 23 24	25 26 27 28 29	30 31 N1 2 3	4 5 6 7 8	2	20
	10	9 10 11 12 13	14 15 16 17 18	19 20 21 22 23	24 25 26 27 28	29 30 D1 2 3	4 5 6 7 —	4	50
	11	8 9 10 11 12	13 14 15 16 17	18 19 20 21 22	23 24 25 26 27	28 29 30 31 11	2 3 4 5 6	5	19
	12	7 8 9 10 11	12 13 14 15 16	17 18 19 20 21	22 23 24 25 26	27 28 29 30 31	21 2 3 4 —	0	49

年序 Year	陰曆月序 Moon	陰曆日序 Order of days (Lunar) 1 2 3 4 5	6 7 8 9 10	11 12 13 14 15	16 17 18 19 20	21 22 23 24 25	26 27 23 29 30	星期 Week	干支 Cycle
建光 1 辛酉 121–22	26 1	5 6 7 8 9	10 11 12 13 14	15 16 17 18 19	20 21 22 23 24	25 26 27 28 31	2 3 4 5 6	1	18
	2	7 8 9 10 11	12 13 14 15 16	17 18 19 20 21	22 23 24 25 26	27 28 29 30 31	41 2 3 4 —	3	48
	3	5 6 7 8 9	10 11 12 13 14	15 16 17 18 19	20 21 22 23 24	25 26 27 28 29	30 51 2 3 4	4	17
	4	5 6 7 8 9	10 11 12 13 14	15 16 17 18 19	20 21 22 23 24	25 26 27 28 29	30 31 61 2 —	6	47
	5	3 4 5 6 7	8 9 10 11 12	13 14 15 16 17	18 19 20 21 22	23 24 25 26 27	28 29 30 71 2	0	16
	6	3 4 5 6 7	8 9 10 11 12	13 14 15 16 17	18 19 20 21 22	23 24 25 26 27	28 29 30 31 —	2	46
	7][	81 2 3 4 5	6 7 8 9 10	11 12 13 14 15	16 17 18 19 20	21 22 23 24 25	26 27 28 29 30	3	15
	8	31 91 2 3 4	5 6 7 8 9	10 11 12 13 14	15 16 17 18 19	20 21 22 23 24	25 26 27 28 29	5	45
	9	30 01 2 3 4	5 6 7 8 9	10 11 12 13 14	15 16 17 18 19	20 21 22 23 24	25 26 27 28 —	0	15
	10	29 30 31 N1 2	3 4 5 6 7	8 9 10 11 12	13 14 15 16 17	18 19 20 21 22	23 24 25 26 27	1	44
	11	28 29 30 D1 2	3 4 5 6 7	8 9 10 11 12	13 14 15 16 17	18 19 20 21 22	23 24 25 26 —	3	14
	12	27 28 29 30 31	11 2 3 4 5	6 7 8 9 10	11 12 13 14 15	16 17 18 19 20	21 22 23 24 25	4	43
延光 1 壬戌 122–23	88 1	26 27 28 29 30	31 21 2 3 4	5 6 7 8 9	10 11 12 13 14	15 16 17 18 19	20 21 22 23 —	6	13
	2	24 25 26 27 28	31 2 3 4 5	6 7 8 9 10	11 12 13 14 15	16 17 18 19 20	21 22 23 24 25	0	42
	2	26 27 28 29 30	31 41 2 3 4	5 6 7 8 9	10 11 12 13 14	15 16 17 18 19	20 21 22 23 —	2	12
	3][	24 25 26 27 28	29 30 51 2 3	4 5 6 7 8	9 10 11 12 13	14 15 16 17 18	19 20 21 22 23	3	41
	4	24 25 26 27 28	29 30 31 61 2	3 4 5 6 7	8 9 10 11 12	13 14 15 16 17	18 19 20 21 —	5	11
	5	22 23 24 25 26	27 28 29 30 71	2 3 4 5 6	7 8 9 10 11	12 13 14 15 16	17 18 19 20 21	6	40
	6	22 23 24 25 26	27 28 29 30 31	81 2 3 4 5	6 7 8 9 10	11 12 13 14 15	16 17 18 19 —	1	10
	7	20 21 22 23 24	25 26 27 28 29	30 31 91 2 3	4 5 6 7 8	9 10 11 12 13	14 15 16 17 18	2	39
	8	19 20 21 22 23	24 25 26 27 28	29 30 01 2 3	4 5 6 7 8	9 10 11 12 13	14 15 16 17 —	4	9
	9	18 19 20 21 22	23 24 25 26 27	28 29 30 31 N1	2 3 4 5 6	7 8 9 10 11	12 13 14 15 16	5	38
	10	17 18 19 20 21	22 23 24 25 26	27 28 29 30 D1	2 3 4 5 6	7 8 9 10 11	12 13 14 15 —	0	8
	11	16 17 18 19 20	21 22 23 24 25	26 27 28 29 30	31 11 2 3 4	5 6 7 8 9	10 11 12 13 14	1	37
	12	15 16 17 18 19	20 21 22 23 24	25 26 27 28 29	30 31 21 2 3	4 5 6 7 8	9 10 11 12 13	3	7
延光 2 癸亥 123–24	50 1	14 15 16 17 18	19 20 21 22 23	24 25 26 27 28	31 2 3 4 5	6 7 8 9 10	11 12 13 14 —	5	37
	2	15 16 17 18 19	20 21 22 23 24	25 26 27 28 29	30 31 41 2 3	4 5 6 7 8	9 10 11 12 13	6	6
	3	14 15 16 17 18	19 20 21 22 23	24 25 26 27 28	29 30 51 2 3	4 5 6 7 8	9 10 11 12 —	1	36
	4	13 14 15 16 17	18 19 20 21 22	23 24 25 26 27	28 29 30 31 61	2 3 4 5 6	7 8 9 10 11	2	5
	5	12 13 14 15 16	17 18 19 20 21	22 23 24 25 26	27 28 29 30 71	2 3 4 5 6	7 8 9 10 —	4	35
	6	11 12 13 14 15	16 17 18 19 20	21 22 23 24 25	26 27 28 29 30	31 81 2 3 4	5 6 7 8 9	5	4
	7	10 11 12 13 14	15 16 17 18 19	20 21 22 23 24	25 26 27 28 29	30 31 91 2 3	4 5 6 7 —	0	34
	8	8 9 10 11 12	13 14 15 16 17	18 19 20 21 22	23 24 25 26 27	28 29 30 01 2	3 4 5 6 7	1	3
	9	8 9 10 11 12	13 14 15 16 17	18 19 20 21 22	23 24 25 26 27	28 29 30 31 N1	2 3 4 5 —	3	33
	10	6 7 8 9 10	11 12 13 14 15	16 17 18 19 20	21 22 23 24 25	26 27 28 29 30	D1 2 3 4 5	4	2
	11	6 7 8 9 10	11 12 13 14 15	16 17 18 19 20	21 22 23 24 25	26 27 28 29 30	31 11 2 3 —	6	32
	12	4 5 6 7 8	9 10 11 12 13	14 15 16 17 18	19 20 21 22 23	24 25 26 27 28	29 30 31 21 2	0	1
延光 3 甲子 124–25	2 1	3 4 5 6 7	8 9 10 11 12	13 14 15 16 17	18 19 20 21 22	23 24 25 26 27	28 29 31 2 —	2	31
	2	3 4 5 6 7	8 9 10 11 12	13 14 15 16 17	18 19 20 21 22	23 24 25 26 27	28 29 30 31 41	3	0
	3	2 3 4 5 6	7 8 9 10 11	12 13 14 15 16	17 18 19 20 21	22 23 24 25 26	27 28 29 30 51	5	30
	4	2 3 4 5 6	7 8 9 10 11	12 13 14 15 16	17 18 19 20 21	22 23 24 25 26	27 28 29 30 —	0	0
	5	31 61 2 3 4	5 6 7 8 9	10 11 12 13 14	15 16 17 18 19	20 21 22 23 24	25 26 27 28 29	1	29
	6	30 71 2 3 4	5 6 7 8 9	10 11 12 13 14	15 16 17 18 19	20 21 22 23 24	25 26 27 28 —	3	59
	7	29 30 31 81 2	3 4 5 6 7	8 9 10 11 12	13 14 15 16 17	18 19 20 21 22	23 24 25 26 27	4	28
	8	28 29 30 31 91	2 3 4 5 6	7 8 9 10 11	12 13 14 15 16	17 18 19 20 21	22 23 24 25 —	6	58
	9	26 27 28 29 30	01 2 3 4 5	6 7 8 9 10	11 12 13 14 15	16 17 18 19 20	21 22 23 24 25	0	27
	10	26 27 28 29 30	31 N1 2 3 4	5 6 7 8 9	10 11 12 13 14	15 16 17 18 19	20 21 22 23 —	2	57
	10	24 25 26 27 28	29 30 D1 2 3	4 5 6 7 8	9 10 11 12 13	14 15 16 17 18	19 20 21 22 23	3	26
	11	24 25 26 27 28	29 30 31 11 2	3 4 5 6 7	8 9 10 11 12	13 14 15 16 17	18 19 20 21 —	5	56
	12	22 23 24 25 26	27 28 29 30 31	21 2 3 4 5	6 7 8 9 10	11 12 13 14 15	16 17 18 19 20	6	25
延光 4 乙丑 125–26	14 1	21 22 23 24 25	26 27 28 31 2	3 4 5 6 7	8 9 10 11 12	13 14 15 16 17	18 19 20 21 —	1	55
	2	22 23 24 25 26	27 28 29 30 31	41 2 3 4 5	6 7 8 9 10	11 12 13 14 15	16 17 18 19 20	2	24
	3	21 22 23 24 25	26 27 28 29 30	51 2 3 4 5	6 7 8 9 10	11 12 13 14 15	16 17 18 19 —	4	54
	4	20 21 22 23 24	25 26 27 28 29	30 31 61 2 3	4 5 6 7 8	9 10 11 12 13	14 15 16 17 18	5	23
	5	19 20 21 22 23	24 25 26 27 28	29 30 71 2 3	4 5 6 7 8	9 10 11 12 13	14 15 16 17 —	0	53
	6	18 19 20 21 22	23 24 25 26 27	28 29 30 31 81	2 3 4 5 6	7 8 9 10 11	12 13 14 15 16	1	22
	7	17 18 19 20 21	22 23 24 25 26	27 28 29 30 31	91 2 3 4 5	6 7 8 9 10	11 12 13 14 15	3	52
	8	16 17 18 19 20	21 22 23 24 25	26 27 28 29 30	01 2 3 4 5	6 7 8 9 10	11 12 13 14 —	5	22
	9	15 16 17 18 19	20 21 22 23 24	25 26 27 28 29	30 31 N1 2 3	4 5 6 7 8	9 10 11 12 13	6	51
	10	14 15 16 17 18	19 20 21 22 23	24 25 26 27 28	29 30 D1 2 3	4 5 6 7 8	9 10 11 12 —	1	21
	11	13 14 15 16 17	18 19 20 21 22	23 24 25 26 27	28 29 30 31 11	2 3 4 5 6	7 8 9 10 11	2	50
	12	12 13 14 15 16	17 18 19 20 21	22 23 24 25 26	27 28 29 30 31	21 2 3 4 5	6 7 8 9 —	4	20

年序 Year	陰曆月序 Moon	陰曆日序 Order of days (Lunar) 1 2 3 4 5	6 7 8 9 10	11 12 13 14 15	16 17 18 19 20	21 22 23 24 25	26 27 28 29 30	星期 Week	干支 Cycle
順帝 永建 1 丙寅 126–27	26 1	10 11 12 13 14	15 16 17 18 19	20 21 22 23 24	25 26 27 28 31	2 3 4 5 6	7 8 9 10 11	5	49
	2	12 13 14 15 16	17 18 19 20 21	22 23 24 25 26	27 28 29 30 31	41 2 3 4 5	6 7 8 9 —	0	19
	3	10 11 12 13 14	15 16 17 18 19	20 21 22 23 24	25 26 27 28 29	30 51 2 3 4	5 6 7 8 9	1	48
	4	10 11 12 13 14	15 16 17 18 19	20 21 22 23 24	25 26 27 28 29	30 31 61 2 3	4 5 6 7 —	3	18
	5	8 9 10 11 12	13 14 15 16 17	18 19 20 21 22	23 24 25 26 27	28 29 30 71 2	3 4 5 6 7	4	47
	6	8 9 10 11 12	13 14 15 16 17	18 19 20 21 22	23 24 25 26 27	28 29 30 31 81	2 3 4 5 —	6	17
	7	6 7 8 9 10	11 12 13 14 15	16 17 18 19 20	21 22 23 24 25	26 27 28 29 30	31 91 2 3 4	0	46
	8	5 6 7 8 9	10 11 12 13 14	15 16 17 18 19	20 21 22 23 24	25 26 27 28 29	30 01 2 3 —	2	16
	9	4 5 6 7 8	9 10 11 12 13	14 15 16 17 18	19 20 21 22 23	24 25 26 27 28	29 30 31 N1 2	3	45
	10	3 4 5 6 7	8 9 10 11 12	13 14 15 16 17	18 19 20 21 22	23 24 25 26 27	28 29 30 D1 —	5	15
	11	2 3 4 5 6	7 8 9 10 11	12 13 14 15 16	17 18 19 20 21	22 23 24 25 26	27 28 29 30 31	6	44
	12	11 2 3 4 5	6 7 8 9 10	11 12 13 14 15	16 17 18 19 20	21 22 23 24 25	26 27 28 29 30	1	14
永建 2 丁卯 127–28	38 1	31 21 2 3 4	5 6 7 8 9	10 11 12 13 14	15 16 17 18 19	20 21 22 23 24	25 26 27 28 —	3	44
	2	31 2 3 4 5	6 7 8 9 10	11 12 13 14 15	16 17 18 19 20	21 22 23 24 25	26 27 28 29 30	4	13
	3	31 41 2 3 4	5 6 7 8 9	10 11 12 13 14	15 16 17 18 19	20 21 22 23 24	25 26 27 28 —	6	43
	4	29 30 51 2 3	4 5 6 7 8	9 10 11 12 13	14 15 16 17 18	19 20 21 22 23	24 25 26 27 28	0	12
	5	29 30 31 61 2	3 4 5 6 7	8 9 10 11 12	13 14 15 16 17	18 19 20 21 22	23 24 25 26 —	2	42
	6	27 28 29 30 71	2 3 4 5 6	7 8 9 10 11	12 13 14 15 16	17 18 19 20 21	22 23 24 25 26	3	11
	6	27 28 29 30 31	81 2 3 4 5	6 7 8 9 10	11 12 13 14 15	16 17 18 19 20	21 22 23 24 —	5	41
	7	25 26 27 28 29	30 31 91 2 3	4 5 6 7 8	9 10 11 12 13	14 15 16 17 18	19 20 21 22 23	6	10
	8	24 25 26 27 28	29 30 01 2 3	4 5 6 7 8	9 10 11 12 13	14 15 16 17 18	19 20 21 22 —	1	40
	9	23 24 25 26 27	28 29 30 31 N1	2 3 4 5 6	7 8 9 10 11	12 13 14 15 16	17 18 19 20 21	2	9
	10	22 23 24 25 26	27 28 29 30 D1	2 3 4 5 6	7 8 9 10 11	12 13 14 15 16	17 18 19 20 —	4	39
	11	21 22 23 24 25	26 27 28 29 30	31 11 2 3 4	5 6 7 8 9	10 11 12 13 14	15 16 17 18 19	5	8
	12	20 21 22 23 24	25 26 27 28 29	30 31 21 2 3	4 5 6 7 8	9 10 11 12 13	14 15 16 17 —	0	38
永建 3 戊辰 128–29	50 1	18 19 20 21 22	23 24 25 26 27	28 29 31 2 3	4 5 6 7 8	9 10 11 12 13	14 15 16 17 18	1	7
	2	19 20 21 22 23	24 25 26 27 28	29 30 31 41 2	3 4 5 6 7	8 9 10 11 12	13 14 15 16 17	3	37
	3	18 19 20 21 22	23 24 25 26 27	28 29 30 51 2	3 4 5 6 7	8 9 10 11 12	13 14 15 16 —	5	7
	4	17 18 19 20 21	22 23 24 25 26	27 28 29 30 31	61 2 3 4 5	6 7 8 9 10	11 12 13 14 15	6	36
	5	16 17 18 19 20	21 22 23 24 25	26 27 28 29 30	71 2 3 4 5	6 7 8 9 10	11 12 13 14 —	1	6
	6	15 16 17 18 19	20 21 22 23 24	25 26 27 28 29	30 31 81 2 3	4 5 6 7 8	9 10 11 12 13	2	35
	7	14 15 16 17 18	19 20 21 22 23	24 25 26 27 28	29 30 31 91 2	3 4 5 6 7	8 9 10 11 —	4	5
	8	12 13 14 15 16	17 18 19 20 21	22 23 24 25 26	27 28 29 30 01	2 3 4 5 6	7 8 9 10 11	5	34
	9	12 13 14 15 16	17 18 19 20 21	22 23 24 25 26	27 28 29 30 31	N1 2 3 4 5	6 7 8 9 —	0	4
	10	10 11 12 13 14	15 16 17 18 19	20 21 22 23 24	25 26 27 28 29	30 D1 2 3 4	5 6 7 8 9	1	33
	11	10 11 12 13 14	15 16 17 18 19	20 21 22 23 24	25 26 27 28 29	30 31 11 2 3	4 5 6 7 —	3	3
	12	8 9 10 11 12	13 14 15 16 17	18 19 20 21 22	23 24 25 26 27	28 29 30 31 21	2 3 4 5 6	4	32
永建 4 己巳 129–30	2 1	7 8 9 10 11	12 13 14 15 16	17 18 19 20 21	22 23 24 25 26	27 28 31 2 3	4 5 6 7 —	6	2
	2	8 9 10 11 12	13 14 15 16 17	18 19 20 21 22	23 24 25 26 27	28 29 30 31 41	2 3 4 5 6	0	31
	3	7 8 9 10 11	12 13 14 15 16	17 18 19 20 21	22 23 24 25 26	27 28 29 30 51	2 3 4 5 —	2	1
	4	6 7 8 9 10	11 12 13 14 15	16 17 18 19 20	21 22 23 24 25	26 27 28 29 30	31 61 2 3 4	3	30
	5	5 6 7 8 9	10 11 12 13 14	15 16 17 18 19	20 21 22 23 24	25 26 27 28 29	30 71 2 3 —	5	0
	6	4 5 6 7 8	9 10 11 12 13	14 15 16 17 18	19 20 21 22 23	24 25 26 27 28	29 30 31 81 2	6	29
	7	3 4 5 6 7	8 9 10 11 12	13 14 15 16 17	18 19 20 21 22	23 24 25 26 27	28 29 30 31 91	1	59
	8	2 3 4 5 6	7 8 9 10 11	12 13 14 15 16	17 18 19 20 21	22 23 24 25 26	27 28 29 30 —	3	29
	9	01 2 3 4 5	6 7 8 9 10	11 12 13 14 15	16 17 18 19 20	21 22 23 24 25	26 27 28 29 30	4	58
	10	31 N1 2 3 4	5 6 7 8 9	10 11 12 13 14	15 16 17 18 19	20 21 22 23 24	25 26 27 28 —	6	28
	11	29 30 D1 2 3	4 5 6 7 8	9 10 11 12 13	14 15 16 17 18	19 20 21 22 23	24 25 26 27 28	0	57
	12	29 30 31 11 2	3 4 5 6 7	8 9 10 11 12	13 14 15 16 17	18 19 20 21 22	23 24 25 26 —	2	27
永建 5 庚午 130–31	14 1	27 28 29 30 31	21 2 3 4 5	6 7 8 9 10	11 12 13 14 15	16 17 18 19 20	21 22 23 24 25	3	56
	2	26 27 28 31 2	3 4 5 6 7	8 9 10 11 12	13 14 15 16 17	18 19 20 21 22	23 24 25 26 —	5	26
	3	27 28 29 30 31	41 2 3 4 5	6 7 8 9 10	11 12 13 14 15	16 17 18 19 20	21 22 23 24 25	6	55
	3	26 27 28 29 30	51 2 3 4 5	6 7 8 9 10	11 12 13 14 15	16 17 18 19 20	21 22 23 24 —	1	25
	4	25 26 27 28 29	30 31 61 2 3	4 5 6 7 8	9 10 11 12 13	14 15 16 17 18	19 20 21 22 23	2	54
	5	24 25 26 27 28	29 30 71 2 3	4 5 6 7 8	9 10 11 12 13	14 15 16 17 18	19 20 21 22 —	4	24
	6	23 24 25 26 27	28 29 30 31 81	2 3 4 5 6	7 8 9 10 11	12 13 14 15 16	17 18 19 20 21	5	53
	7	22 23 24 25 26	27 28 29 30 31	91 2 3 4 5	6 7 8 9 10	11 12 13 14 15	16 17 18 19 —	0	23
	8	20 21 22 23 24	25 26 27 28 29	30 01 2 3 4	5 6 7 8 9	10 11 12 13 14	15 16 17 18 19	1	52
	9	20 21 22 23 24	25 26 27 28 29	30 31 N1 2 3	4 5 6 7 8	9 10 11 12 13	14 15 16 17 18	3	22
	10	19 20 21 22 23	24 25 26 27 28	29 30 D1 2 3	4 5 6 7 8	9 10 11 12 13	14 15 16 17 —	5	52
	11	18 19 20 21 22	23 24 25 26 27	28 29 30 31 11	2 3 4 5 6	7 8 9 10 11	12 13 14 15 16	6	21
	12	17 18 19 20 21	22 23 24 25 26	27 28 29 30 31	21 2 3 4 5	6 7 8 9 10	11 12 13 14 —	1	51

年序 Year	陰曆月序 Moon	1	2	3	4	5	6	7	8	9	10	11	12	13	14	15	16	17	18	19	20	21	22	23	24	25	26	27	28	29	30	星期 Week	干支 Cycle
永建 6 辛未 131–32	**26** 1	15	16	17	18	19	20	21	22	23	24	25	26	27	28	31	2	3	4	5	6	7	8	9	10	11	12	13	14	15	16	2	20
	2	17	18	19	20	21	22	23	24	25	26	27	28	29	30	31	41	2	3	4	5	6	7	8	9	10	11	12	13	14	—	4	50
	3	15	16	17	18	19	20	21	22	23	24	25	26	27	28	29	30	51	2	3	4	5	6	7	8	9	10	11	12	13	14	5	19
	4	15	16	17	18	19	20	21	22	23	24	25	26	27	28	29	30	31	61	2	3	4	5	6	7	8	9	10	11	12	—	0	49
	5	13	14	15	16	17	18	19	20	21	22	23	24	25	26	27	28	29	30	71	2	3	4	5	6	7	8	9	10	11	12	1	18
	6	13	14	15	16	17	18	19	20	21	22	23	24	25	26	27	28	29	30	31	31	2	3	4	5	6	7	8	9	10	—	3	48
	7	11	12	13	14	15	16	17	18	19	20	21	22	23	24	25	26	27	28	29	30	31	91	2	3	4	5	6	7	8	9	4	17
	8	10	11	12	13	14	15	16	17	18	19	20	21	22	23	24	25	26	27	28	29	30	O1	2	3	4	5	6	7	8	—	6	47
	9	9	10	11	12	13	14	15	16	17	18	19	20	21	22	23	24	25	26	27	28	29	30	31	N1	2	3	4	5	6	7	0	16
	10	8	9	10	11	12	13	14	15	16	17	18	19	20	21	22	23	24	25	26	27	28	29	30	D1	2	3	4	5	6	—	2	46
	11	7	8	9	10	11	12	13	14	15	16	17	18	19	20	21	22	23	24	25	26	27	28	29	30	31	11	2	3	4	5	3	15
	12	6	7	8	9	10	11	12	13	14	15	16	17	18	19	20	21	22	23	24	25	26	27	28	29	30	31	21	2	3	—	5	45
陽嘉 1 壬申 132–33	**38** 1	4	5	6	7	8	9	10	11	12	13	14	15	16	17	18	19	20	21	22	23	24	25	26	27	28	29	31	2	3	4	6	14
	2	5	6	7	8	9	10	11	12	13	14	15	16	17	18	19	20	21	22	23	24	25	26	27	28	29	30	31	41	2	3	1	44
	3][	4	5	6	7	8	9	10	11	12	13	14	15	16	17	18	19	20	21	22	23	24	25	26	27	28	29	30	51	2	—	3	14
	4	3	4	5	6	7	8	9	10	11	12	13	14	15	16	17	18	19	20	21	22	23	24	25	26	27	28	29	30	31	61	4	43
	5	2	3	4	5	6	7	8	9	10	11	12	13	14	15	16	17	18	19	20	21	22	23	24	25	26	27	28	29	30	—	6	13
	6	71	2	3	4	5	6	7	8	9	10	11	12	13	14	15	16	17	18	19	20	21	22	23	24	25	26	27	28	29	30	0	42
	7	31	81	2	3	4	5	6	7	8	9	10	11	12	13	14	15	16	17	18	19	20	21	22	23	24	25	26	27	28	—	2	12
	8	29	30	31	91	2	3	4	5	6	7	8	9	10	11	12	13	14	15	16	17	18	19	20	21	22	23	24	25	26	27	3	41
	9	28	29	30	O1	2	3	4	5	6	7	8	9	10	11	12	13	14	15	16	17	18	19	20	21	22	23	24	25	26	—	5	11
	10	27	28	29	30	31	N1	2	3	4	5	6	7	8	9	10	11	12	13	14	15	16	17	18	19	20	21	22	23	24	25	6	40
	11	26	27	28	29	30	D1	2	3	4	5	6	7	8	9	10	11	12	13	14	15	16	17	18	19	20	21	22	23	24	—	1	10
	12	25	26	27	28	29	30	31	11	2	3	4	5	6	7	8	9	10	11	12	13	14	15	16	17	18	19	20	21	22	23	2	39
	12	24	25	26	27	28	29	30	31	21	2	3	4	5	6	7	8	9	10	11	12	13	14	15	16	17	18	19	20	21	—	4	9
陽嘉 2 癸酉 133–34	**50** 1	22	23	24	25	26	27	28	31	2	3	4	5	6	7	8	9	10	11	12	13	14	15	16	17	18	19	20	21	22	23	5	38
	2	24	25	26	27	28	29	30	31	41	2	3	4	5	6	7	8	9	10	11	12	13	14	15	16	17	18	19	20	21	—	0	8
	3	22	23	24	25	26	27	28	29	30	51	2	3	4	5	6	7	8	9	10	11	12	13	14	15	16	17	18	19	20	21	1	37
	4	22	23	24	25	26	27	28	29	30	31	61	2	3	4	5	6	7	8	9	10	11	12	13	14	15	16	17	18	19	—	3	7
	5	20	21	22	23	24	25	26	27	28	29	30	71	2	3	4	5	6	7	8	9	10	11	12	13	14	15	16	17	18	19	4	36
	6	20	21	22	23	24	25	26	27	28	29	30	31	81	2	3	4	5	6	7	8	9	10	11	12	13	14	15	16	17	18	6	6
	7	19	20	21	22	23	24	25	26	27	28	29	30	31	91	2	3	4	5	6	7	8	9	10	11	12	13	14	15	16	—	1	36
	8	17	18	19	20	21	22	23	24	25	26	27	28	29	30	O1	2	3	4	5	6	7	8	9	10	11	12	13	14	15	16	2	5
	9	17	18	19	20	21	22	23	24	25	26	27	28	29	30	31	N1	2	3	4	5	6	7	8	9	10	11	12	13	14	—	4	35
	10	15	16	17	18	19	20	21	22	23	24	25	26	27	28	29	30	D1	2	3	4	5	6	7	8	9	10	11	12	13	14	5	4
	11	15	16	17	18	19	20	21	22	23	24	25	26	27	28	29	30	31	11	2	3	4	5	6	7	8	9	10	11	12	—	0	34
	12	13	14	15	16	17	18	19	20	21	22	23	24	25	26	27	28	29	30	31	21	2	3	4	5	6	7	8	9	10	11	1	3
陽嘉 3 甲戌 134–35	**2** 1	12	13	14	15	16	17	18	19	20	21	22	23	24	25	26	27	28	31	2	3	4	5	6	7	8	9	10	11	12	—	3	33
	2	13	14	15	16	17	18	19	20	21	22	23	24	25	26	27	28	29	30	31	41	2	3	4	5	6	7	8	9	10	11	4	2
	3	12	13	14	15	16	17	18	19	20	21	22	23	24	25	26	27	28	29	30	51	2	3	4	5	6	7	8	9	10	—	6	32
	4	11	12	13	14	15	16	17	18	19	20	21	22	23	24	25	26	27	28	29	30	31	61	2	3	4	5	6	7	8	9	0	1
	5	10	11	12	13	14	15	16	17	18	19	20	21	22	23	24	25	26	27	28	29	30	71	2	3	4	5	6	7	8	—	2	31
	6	9	10	11	12	13	14	15	16	17	18	19	20	21	22	23	24	25	26	27	28	29	30	31	81	2	3	4	5	6	7	3	0
	7	8	9	10	11	12	13	14	15	16	17	18	19	20	21	22	23	24	25	26	27	28	29	30	31	91	2	3	4	5	—	5	30
	8	6	7	8	9	10	11	12	13	14	15	16	17	18	19	20	21	22	23	24	25	26	27	28	29	30	O1	2	3	4	5	6	59
	9	6	7	8	9	10	11	12	13	14	15	16	17	18	19	20	21	22	23	24	25	26	27	28	29	30	31	N1	2	3	4	1	29
	10	5	6	7	8	9	10	11	12	13	14	15	16	17	18	19	20	21	22	23	24	25	26	27	28	29	30	D1	2	3	—	3	59
	11	4	5	6	7	8	9	10	11	12	13	14	15	16	17	18	19	20	21	22	23	24	25	26	27	28	29	30	31	11	2	4	28
	12	3	4	5	6	7	8	9	10	11	12	13	14	15	16	17	18	19	20	21	22	23	24	25	26	27	28	29	30	31	—	6	58
陽嘉 4 乙亥 135–36	**14** 1	21	2	3	4	5	6	7	8	9	10	11	12	13	14	15	16	17	18	19	20	21	22	23	24	25	26	27	28	31	2	0	27
	2	3	4	5	6	7	8	9	10	11	12	13	14	15	16	17	18	19	20	21	22	23	24	25	26	27	28	29	30	31	—	2	57
	3	41	2	3	4	5	6	7	8	9	10	11	12	13	14	15	16	17	18	19	20	21	22	23	24	25	26	27	28	29	30	3	26
	4	51	2	3	4	5	6	7	8	9	10	11	12	13	14	15	16	17	18	19	20	21	22	23	24	25	26	27	28	29	—	5	56
	5	30	31	61	2	3	4	5	6	7	8	9	10	11	12	13	14	15	16	17	18	19	20	21	22	23	24	25	26	27	28	6	25
	6	29	30	71	2	3	4	5	6	7	8	9	10	11	12	13	14	15	16	17	18	19	20	21	22	23	24	25	26	27	—	1	55
	7	28	29	30	31	81	2	3	4	5	6	7	8	9	10	11	12	13	14	15	16	17	18	19	20	21	22	23	24	25	26	2	24
	8	27	28	29	30	31	91	2	3	4	5	6	7	8	9	10	11	12	13	14	15	16	17	18	19	20	21	22	23	24	—	4	54
	8	25	26	27	28	29	30	O1	2	3	4	5	6	7	8	9	10	11	12	13	14	15	16	17	18	19	20	21	22	23	24	5	23
	9	25	26	27	28	29	30	31	N1	2	3	4	5	6	7	8	9	10	11	12	13	14	15	16	17	18	19	20	21	22	—	0	53
	10	23	24	25	26	27	28	29	30	D1	2	3	4	5	6	7	8	9	10	11	12	13	14	15	16	17	18	19	20	21	22	1	22
	11	23	24	25	26	27	28	29	30	31	11	2	3	4	5	6	7	8	9	10	11	12	13	14	15	16	17	18	19	20	—	3	52
	12	21	22	23	24	25	26	27	28	29	30	31	21	2	3	4	5	6	7	8	9	10	11	12	13	14	15	16	17	18	19	4	21

年序 Year	陰曆月序 Moon	陰曆日序 Order of days (Lunar) 1 2 3 4 5	6 7 8 9 10	11 12 13 14 15	16 17 18 19 20	21 22 23 24 25	26 27 28 29 30	星期 Week	干支 Cycle
永和 1 丙子 136–37	26 1	20 21 22 23 24	25 26 27 28 29	31 2 3 4 5	6 7 8 9 10	11 12 13 14 15	16 17 18 19 20	6	51
	2	21 22 23 24 25	26 27 28 29 30	31 41 2 3 4	5 6 7 8 9	10 11 12 13 14	15 16 17 18 —	1	21
	3	19 20 21 22 23	24 25 26 27 28	29 30 51 2 3	4 5 6 7 8	9 10 11 12 13	14 15 16 17 18	2	50
	4	19 20 21 22 23	24 25 26 27 28	29 30 31 61 2	3 4 5 6 7	8 9 10 11 12	13 14 15 16 —	4	20
	5	17 18 19 20 21	22 23 24 25 26	27 28 29 30 71	2 3 4 5 6	7 8 9 10 11	12 13 14 15 16	5	49
	6	17 18 19 20 21	22 23 24 25 26	27 28 29 30 31	81 2 3 4 5	6 7 8 9 10	11 12 13 14 —	0	19
	7	15 16 17 18 19	20 21 22 23 24	25 26 27 28 29	30 31 91 2 3	4 5 6 7 8	9 10 11 12 13	1	48
	8	14 15 16 17 18	19 20 21 22 23	24 25 26 27 28	29 30 01 2 3	4 5 6 7 8	9 10 11 12 —	3	18
	9	13 14 15 16 17	18 19 20 21 22	23 24 25 26 27	28 29 30 31 N1	2 3 4 5 6	7 8 9 10 11	4	47
	10	12 13 14 15 16	17 18 19 20 21	22 23 24 25 26	27 28 29 30 D1	2 3 4 5 6	7 8 9 10 —	6	17
	11	11 12 13 14 15	16 17 18 19 20	21 22 23 24 25	26 27 28 29 30	31 11 2 3 4	5 6 7 8 9	0	46
	12	10 11 12 13 14	15 16 17 18 19	20 21 22 23 24	25 26 27 28 29	30 31 21 2 3	4 5 6 7 —	2	16
永和 2 丁丑 137–38	38 1	8 9 10 11 12	13 14 15 16 17	18 19 20 21 22	23 24 25 26 27	28 31 2 3 4	5 6 7 8 9	3	45
	2	10 11 12 13 14	15 16 17 18 19	20 21 22 23 24	25 26 27 28 29	30 31 41 2 3	4 5 6 7 —	5	15
	3	8 9 10 11 12	13 14 15 16 17	18 19 20 21 22	23 24 25 26 27	28 29 30 51 2	3 4 5 6 7	6	44
	4	8 9 10 11 12	13 14 15 16 17	18 19 20 21 22	23 24 25 26 27	28 29 30 31 61	2 3 4 5 6	1	14
	5	7 8 9 10 11	12 13 14 15 16	17 18 19 20 21	22 23 24 25 26	27 28 29 30 71	2 3 4 5 —	3	44
	6	6 7 8 9 10	11 12 13 14 15	16 17 18 19 20	21 22 23 24 25	26 27 28 29 30	31 81 2 3 4	4	13
	7	5 6 7 8 9	10 11 12 13 14	15 16 17 18 19	20 21 22 23 24	25 26 27 28 29	30 31 91 2 —	6	43
	8	3 4 5 6 7	8 9 10 11 12	13 14 15 16 17	18 19 20 21 22	23 24 25 26 27	28 29 30 01 2	0	12
	9	3 4 5 6 7	8 9 10 11 12	13 14 15 16 17	18 19 20 21 22	23 24 25 26 27	28 29 30 31 —	2	42
	10	N1 2 3 4 5	6 7 8 9 10	11 12 13 14 15	16 17 18 19 20	21 22 23 24 25	26 27 28 29 30	3	11
	11	D1 2 3 4 5	6 7 8 9 10	11 12 13 14 15	16 17 18 19 20	21 22 23 24 25	26 27 28 29 —	5	41
	12	30 31 11 2 3	4 5 6 7 8	9 10 11 12 13	14 15 16 17 18	19 20 21 22 23	24 25 26 27 28	6	10
永和 3 戊寅 138–39	50 1	29 30 31 21 2	3 4 5 6 7	8 9 10 11 12	13 14 15 16 17	18 19 20 21 22	23 24 25 26 —	1	40
	2	27 28 31 2 3	4 5 6 7 8	9 10 11 12 13	14 15 16 17 18	19 20 21 22 23	24 25 26 27 28	2	9
	3	29 30 31 41 2	3 4 5 6 7	8 9 10 11 12	13 14 15 16 17	18 19 20 21 22	23 24 25 26 —	4	39
	4	27 28 29 30 51	2 3 4 5 6	7 8 9 10 11	12 13 14 15 16	17 18 19 20 21	22 23 24 25 26	5	8
	4	27 28 29 30 31	61 2 3 4 5	6 7 8 9 10	11 12 13 14 15	16 17 18 19 20	21 22 23 24 —	0	38
	5	25 26 27 28 29	30 71 2 3 4	5 6 7 8 9	10 11 12 13 14	15 16 17 18 19	20 21 22 23 24	1	7
	6	25 26 27 28 29	30 31 81 2 3	4 5 6 7 8	9 10 11 12 13	14 15 16 17 18	19 20 21 22 —	3	37
	7	23 24 25 26 27	28 29 30 31 91	2 3 4 5 6	7 8 9 10 11	12 13 14 15 16	17 18 19 20 21	4	6
	8	22 23 24 25 26	27 28 29 30 01	2 3 4 5 6	7 8 9 10 11	12 13 14 15 16	17 18 19 20 21	6	36
	9	22 23 24 25 26	27 28 29 30 31	N1 2 3 4 5	6 7 8 9 10	11 12 13 14 15	16 17 18 19 —	1	6
	10	20 21 22 23 24	25 26 27 28 29	30 D1 2 3 4	5 6 7 8 9	10 11 12 13 14	15 16 17 18 19	2	35
	11	20 21 22 23 24	25 26 27 28 29	30 31 11 2 3	4 5 6 7 8	9 10 11 12 13	14 15 16 17 —	4	5
	12	18 19 20 21 22	23 24 25 26 27	28 29 30 31 21	2 3 4 5 6	7 8 9 10 11	12 13 14 15 16	5	34
永和 4 己卯 139–40	2 1	17 18 19 20 21	22 23 24 25 26	27 28 31 2 3	4 5 6 7 8	9 10 11 12 13	14 15 16 17 —	0	4
	2	18 19 20 21 22	23 24 25 26 27	28 29 30 31 41	2 3 4 5 6	7 8 9 10 11	12 13 14 15 16	1	33
	3	17 18 19 20 21	22 23 24 25 26	27 28 29 30 51	2 3 4 5 6	7 8 9 10 11	12 13 14 15 —	3	3
	4	16 17 18 19 20	21 22 23 24 25	26 27 28 29 30	31 61 2 3 4	5 6 7 8 9	10 11 12 13 14	4	32
	5	15 16 17 18 19	20 21 22 23 24	25 26 27 28 29	30 71 2 3 4	5 6 7 8 9	10 11 12 13 —	6	2
	6	14 15 16 17 18	19 20 21 22 23	24 25 26 27 28	29 30 31 81 2	3 4 5 6 7	8 9 10 11 12	0	31
	7	13 14 15 16 17	18 19 20 21 22	23 24 25 26 27	28 29 30 31 91	2 3 4 5 6	7 8 9 10 —	2	1
	8	11 12 13 14 15	16 17 18 19 20	21 22 23 24 25	26 27 28 29 30	01 2 3 4 5	6 7 8 9 10	3	30
	9	11 12 13 14 15	16 17 18 19 20	21 22 23 24 25	26 27 28 29 30	31 N1 2 3 4	5 6 7 8 —	5	0
	10	9 10 11 12 13	14 15 16 17 18	19 20 21 22 23	24 25 26 27 28	29 30 D1 2 3	4 5 6 7 8	6	29
	11	9 10 11 12 13	14 15 16 17 18	19 20 21 22 23	24 25 26 27 28	29 30 31 11 2	3 4 5 6 —	1	59
	12	7 8 9 10 11	12 13 14 15 16	17 18 19 20 21	22 23 24 25 26	27 28 29 30 31	21 2 3 4 5	2	28
永和 5 庚辰 140–41	14 1	6 7 8 9 10	11 12 13 14 15	16 17 18 19 20	21 22 23 24 25	26 27 28 29 31	2 3 4 5 6	4	58
	2	7 8 9 10 11	12 13 14 15 16	17 18 19 20 21	22 23 24 25 26	27 28 29 30 31	41 2 3 4 —	6	28
	3	5 6 7 8 9	10 11 12 13 14	15 16 17 18 19	20 21 22 23 24	25 26 27 28 29	30 51 2 3 4	0	57
	4	5 6 7 8 9	10 11 12 13 14	15 16 17 18 19	20 21 22 23 24	25 26 27 28 29	30 31 61 2 —	2	27
	5	3 4 5 6 7	8 9 10 11 12	13 14 15 16 17	18 19 20 21 22	23 24 25 26 27	28 29 30 71 2	3	56
	6	3 4 5 6 7	8 9 10 11 12	13 14 15 16 17	18 19 20 21 22	23 24 25 26 27	28 29 30 31 —	5	26
	7	81 2 3 4 5	6 7 8 9 10	11 12 13 14 15	16 17 18 19 20	21 22 23 24 25	26 27 28 29 30	6	55
	8	31 91 2 3 4	5 6 7 8 9	10 11 12 13 14	15 16 17 18 19	20 21 22 23 24	25 26 27 28 —	1	25
	9	29 30 01 2 3	4 5 6 7 8	9 10 11 12 13	14 15 16 17 18	19 20 21 22 23	24 25 26 27 28	2	54
	10	29 30 31 N1 2	3 4 5 6 7	8 9 10 11 12	13 14 15 16 17	18 19 20 21 22	23 24 25 26 —	4	24
	11	27 28 29 30 D1	2 3 4 5 6	7 8 9 10 11	12 13 14 15 16	17 18 19 20 21	22 23 24 25 26	5	53
	12	27 28 29 30 31	11 2 3 4 5	6 7 8 9 10	11 12 13 14 15	16 17 18 19 20	21 22 23 24 —	0	23

年序 Year	陰曆月序 Moon	陰曆日序 Order of days (Lunar)						星期 Week	干支 Cycle
		1 2 3 4 5	6 7 8 9 10	11 12 13 14 15	16 17 18 19 20	21 22 23 24 25	26 27 28 29 30		
永和6辛巳 141–42	26 1	25 26 27 28 29	30 31 21 2 3	4 5 6 7 8	9 10 11 12 13	14 15 16 17 18	19 20 21 22 23	1	52
	1	24 25 26 27 28	31 2 3 4 5	6 7 8 9 10	11 12 13 14 15	16 17 18 19 20	21 22 23 24 —	3	22
	2	25 26 27 28 29	30 31 41 2 3	4 5 6 7 8	9 10 11 12 13	14 15 16 17 18	19 20 21 22 23	4	51
	3	24 25 26 27 28	29 30 51 2 3	4 5 6 7 8	9 10 11 12 13	14 15 16 17 18	19 20 21 22 23	6	21
	4	24 25 26 27 28	29 30 31 61 2	3 4 5 6 7	8 9 10 11 12	13 14 15 16 17	18 19 20 21 —	1	51
	5	22 23 24 25 26	27 28 29 30 71	2 3 4 5 6	7 8 9 10 11	12 13 14 15 16	17 18 19 20 21	2	20
	6	22 23 24 25 26	27 28 29 30 31	81 2 3 4 5	6 7 8 9 10	11 12 13 14 15	16 17 18 19 —	4	50
	7	20 21 22 23 24	25 26 27 28 29	30 31 91 2 3	4 5 6 7 8	9 10 11 12 13	14 15 16 17 18	5	19
	8	19 20 21 22 23	24 25 26 27 28	29 30 O1 2 3	4 5 6 7 8	9 10 11 12 13	14 15 16 17 —	0	49
	9	18 19 20 21 22	23 24 25 26 27	28 29 30 31 N1	2 3 4 5 6	7 8 9 10 11	12 13 14 15 16	1	18
	10	17 18 19 20 21	22 23 24 25 26	27 28 29 30 D1	2 3 4 5 6	7 8 9 10 11	12 13 14 15 —	3	48
	11	16 17 18 19 20	21 22 23 24 25	26 27 28 29 30	31 11 2 3 4	5 6 7 8 9	10 11 12 13 14	4	17
	12	15 16 17 18 19	20 21 22 23 24	25 26 27 28 29	30 31 21 2 3	4 5 6 7 8	9 10 11 12 —	6	47
漢安1壬午 142–43	38 1	13 14 15 16 17	18 19 20 21 22	23 24 25 26 27	28 31 2 3 4	5 6 7 8 9	10 11 12 13 14	0	16
	2	15 16 17 18 19	20 21 22 23 24	25 26 27 28 29	30 31 41 2 3	4 5 6 7 8	9 10 11 12 —	2	46
	3	13 14 15 16 17	18 19 20 21 22	23 24 25 26 27	28 29 30 51 2	3 4 5 6 7	8 9 10 11 12	3	15
	4	13 14 15 16 17	18 19 20 21 22	23 24 25 26 27	28 29 30 31 61	2 3 4 5 6	7 8 9 10 —	5	45
	5	11 12 13 14 15	16 17 18 19 20	21 22 23 24 25	26 27 28 29 30	71 2 3 4 5	6 7 8 9 10	6	14
	6	11 12 13 14 15	16 17 18 19 20	21 22 23 24 25	26 27 28 29 30	31 81 2 3 4	5 6 7 8 —	1	44
	7	9 10 11 12 13	14 15 16 17 18	19 20 21 22 23	24 25 26 27 28	29 30 31 91 2	3 4 5 6 7	2	13
	8	8 9 10 11 12	13 14 15 16 17	18 19 20 21 22	23 24 25 26 27	28 29 30 O1 2	3 4 5 6 7	4	43
	9	8 9 10 11 12	13 14 15 16 17	18 19 20 21 22	23 24 25 26 27	28 29 30 31 N1	2 3 4 5 —	6	13
	10	6 7 8 9 10	11 12 13 14 15	16 17 18 19 20	21 22 23 24 25	26 27 28 29 30	D1 2 3 4 5	0	42
	11	6 7 8 9 10	11 12 13 14 15	16 17 18 19 20	21 22 23 24 25	26 27 28 29 30	31 11 2 3 —	2	12
	12	4 5 6 7 8	9 10 11 12 13	14 15 16 17 18	19 20 21 22 23	24 25 26 27 28	29 30 31 21 2	3	41
漢安2癸未 143–44	50 1	3 4 5 6 7	8 9 10 11 12	13 14 15 16 17	18 19 20 21 22	23 24 25 26 27	28 31 2 3 —	5	11
	2	4 5 6 7 8	9 10 11 12 13	14 15 16 17 18	19 20 21 22 23	24 25 26 27 28	29 30 31 41 2	6	40
	3	3 4 5 6 7	8 9 10 11 12	13 14 15 16 17	18 19 20 21 22	23 24 25 26 27	28 29 30 51 —	1	10
	4	2 3 4 5 6	7 8 9 10 11	12 13 14 15 16	17 18 19 20 21	22 23 24 25 26	27 28 29 30 31	2	39
	5	61 2 3 4 5	6 7 8 9 10	11 12 13 14 15	16 17 18 19 20	21 22 23 24 25	26 27 28 29 —	4	9
	6	30 71 2 3 4	5 6 7 8 9	10 11 12 13 14	15 16 17 18 19	20 21 22 23 24	25 26 27 28 29	5	38
	7	30 31 81 2 3	4 5 6 7 8	9 10 11 12 13	14 15 16 17 18	19 20 21 22 23	24 25 26 27 —	0	8
	8	28 29 30 31 91	2 3 4 5 6	7 8 9 10 11	12 13 14 15 16	17 18 19 20 21	22 23 24 25 26	1	37
	9	27 28 29 30 O1	2 3 4 5 6	7 8 9 10 11	12 13 14 15 16	17 18 19 20 21	22 23 24 25 —	3	7
	10	26 27 28 29 30	31 N1 2 3 4	5 6 7 8 9	10 11 12 13 14	15 16 17 18 19	20 21 22 23 24	4	36
	10	25 26 27 28 29	30 D1 2 3 4	5 6 7 8 9	10 11 12 13 14	15 16 17 18 19	20 21 22 23 24	6	6
	11	25 26 27 28 29	30 31 11 2 3	4 5 6 7 8	9 10 11 12 13	14 15 16 17 18	19 20 21 22 —	1	36
	12	23 24 25 26 27	28 29 30 31 21	2 3 4 5 6	7 8 9 10 11	12 13 14 15 16	17 18 19 20 21	2	5
建康1甲申 144–45	2 1	22 23 24 25 26	27 28 29 31 2	3 4 5 6 7	8 9 10 11 12	13 14 15 16 17	18 19 20 21 —	4	35
	2	22 23 24 25 26	27 28 29 30 31	41 2 3 4 5	6 7 8 9 10	11 12 13 14 15	16 17 18 19 20	5	4
	3	21 22 23 24 25	26 27 28 29 30	51 2 3 4 5	6 7 8 9 10	11 12 13 14 15	16 17 18 19 —	0	34
	4][	20 21 22 23 24	25 26 27 28 29	30 31 61 2 3	4 5 6 7 8	9 10 11 12 13	14 15 16 17 18	1	3
	5	19 20 21 22 23	24 25 26 27 28	29 30 71 2 3	4 5 6 7 8	9 10 11 12 13	14 15 16 17 —	3	33
	6	18 19 20 21 22	23 24 25 26 27	28 29 30 31 81	2 3 4 5 6	7 8 9 10 11	12 13 14 15 16	4	2
	7	17 18 19 20 21	22 23 24 25 26	27 28 29 30 31	91 2 3 4 5	6 7 8 9 10	11 12 13 14 —	6	32
	8	15 16 17 18 19	20 21 22 23 24	25 26 27 28 29	30 O1 2 3 4	5 6 7 8 9	10 11 12 13 14	0	1
	9	15 16 17 18 19	20 21 22 23 24	25 26 27 28 29	30 31 N1 2 3	4 5 6 7 8	9 10 11 12 —	2	31
	10	13 14 15 16 17	18 19 20 21 22	23 24 25 26 27	28 29 30 D1 2	3 4 5 6 7	8 9 10 11 12	3	0
	11	13 14 15 16 17	18 19 20 21 22	23 24 25 26 27	28 29 30 31 11	2 3 4 5 6	7 8 9 10 —	5	30
	12	11 12 13 14 15	16 17 18 19 20	21 22 23 24 25	26 27 28 29 30	31 21 2 3 4	5 6 7 8 9	6	59
冲帝永嘉1乙酉 145–46	14 1	10 11 12 13 14	15 16 17 18 19	20 21 22 23 24	25 26 27 28 31	2 3 4 5 6	7 8 9 10 —	1	29
	2	11 12 13 14 15	16 17 18 19 20	21 22 23 24 25	26 27 28 29 30	31 41 2 3 4	5 6 7 8 9	2	58
	3	10 11 12 13 14	15 16 17 18 19	20 21 22 23 24	25 26 27 28 29	30 51 2 3 4	5 6 7 8 9	4	28
	4	10 11 12 13 14	15 16 17 18 19	20 21 22 23 24	25 26 27 28 29	30 31 61 2 3	4 5 6 7 —	6	58
	5	8 9 10 11 12	13 14 15 16 17	18 19 20 21 22	23 24 25 26 27	28 29 30 71 2	3 4 5 6 7	0	27
	6	8 9 10 11 12	13 14 15 16 17	18 19 20 21 22	23 24 25 26 27	28 29 30 31 81	2 3 4 5 —	2	57
	7	6 7 8 9 10	11 12 13 14 15	16 17 18 19 20	21 22 23 24 25	26 27 28 29 30	31 91 2 3 4	3	26
	8	5 6 7 8 9	10 11 12 13 14	15 16 17 18 19	20 21 22 23 24	25 26 27 28 29	30 O1 2 3 —	5	56
	9	4 5 6 7 8	9 10 11 12 13	14 15 16 17 18	19 20 21 22 23	24 25 26 27 28	29 30 31 N1 2	6	25
	10	3 4 5 6 7	8 9 10 11 12	13 14 15 16 17	18 19 20 21 22	23 24 25 26 27	28 29 30 D1 —	1	55
	11	2 3 4 5 6	7 8 9 10 11	12 13 14 15 16	17 18 19 20 21	22 23 24 25 26	27 28 29 30 31	2	24
	12	11 2 3 4 5	6 7 8 9 10	11 12 13 14 15	16 17 18 19 20	21 22 23 24 25	26 27 28 29 —	4	54

年序 Year	陰曆月序 Moon	陰曆日序 Order of days (Lunar) 1 2 3 4 5	6 7 8 9 10	11 12 13 14 15	16 17 18 19 20	21 22 23 24 25	26 27 28 29 30	星期 Week	干支 Cycle
質帝 本初 1 丙戌 146–47	26 1	30 31 21 2 3	4 5 6 7 8	9 10 11 12 13	14 15 16 17 18	19 20 21 22 23	24 25 26 27 28	5	23
	2	31 2 3 4 5	6 7 8 9 10	11 12 13 14 15	16 17 18 19 20	21 22 23 24 25	26 27 28 29 —	0	53
	3	30 31 41 2 3	4 5 6 7 8	9 10 11 12 13	14 15 16 17 18	19 20 21 22 23	24 25 26 27 28	1	22
	4	29 30 51 2 3	4 5 6 7 8	9 10 11 12 13	14 15 16 17 18	19 20 21 22 23	24 25 26 27 —	3	52
	5	28 29 30 31 61	2 3 4 5 6	7 8 9 10 11	12 13 14 15 16	17 18 19 20 21	22 23 24 25 26	4	21
	6	27 28 29 30 71	2 3 4 5 6	7 8 9 10 11	12 13 14 15 16	17 18 19 20 21	22 23 24 25 —	6	51
	6	26 27 28 29 30	31 81 2 3 4	5 6 7 8 9	10 11 12 13 14	15 16 17 18 19	20 21 22 23 24	0	20
	7	25 26 27 28 29	30 31 91 2 3	4 5 6 7 8	9 10 11 12 13	14 15 16 17 18	19 20 21 22 23	2	50
	8	24 25 26 27 28	29 30 O1 2 3	4 5 6 7 8	9 10 11 12 13	14 15 16 17 18	19 20 21 22 —	4	20
	9	23 24 25 26 27	28 29 30 31 N1	2 3 4 5 6	7 8 9 10 11	12 13 14 15 16	17 18 19 20 21	5	49
	10	22 23 24 25 26	27 28 29 30 D1	2 3 4 5 6	7 8 9 10 11	12 13 14 15 16	17 18 19 20 —	0	19
	11	21 22 23 24 25	26 27 28 29 30	31 11 2 3 4	5 6 7 8 9	10 11 12 13 14	15 16 17 18 19	1	48
	12	20 21 22 23 24	25 26 27 28 29	30 31 21 2 3	4 5 6 7 8	9 10 11 12 13	14 15 16 17 —	3	18
桓帝 建和 1 丁亥 147–48	38 1	18 19 20 21 22	23 24 25 26 27	28 31 2 3 4	5 6 7 8 9	10 11 12 13 14	15 16 17 18 19	4	47
	2	20 21 22 23 24	25 26 27 28 29	30 31 41 2 3	4 5 6 7 8	9 10 11 12 13	14 15 16 17 —	6	17
	3	18 19 20 21 22	23 24 25 26 27	28 29 30 51 2	3 4 5 6 7	8 9 10 11 12	13 14 15 16 17	0	46
	4	18 19 20 21 22	23 24 25 26 27	28 29 30 31 61	2 3 4 5 6	7 8 9 10 11	12 13 14 15 —	2	16
	5	16 17 18 19 20	21 22 23 24 25	26 27 28 29 30	71 2 3 4 5	6 7 8 9 10	11 12 13 14 15	3	45
	6	16 17 18 19 20	21 22 23 24 25	26 27 28 29 30	31 81 2 3 4	5 6 7 8 9	10 11 12 13 —	5	15
	7	14 15 16 17 18	19 20 21 22 23	24 25 26 27 28	29 30 31 91 2	3 4 5 6 7	8 9 10 11 12	6	44
	8	13 14 15 16 17	18 19 20 21 22	23 24 25 26 27	28 29 30 O1 2	3 4 5 6 7	8 9 10 11 —	1	14
	9	12 13 14 15 16	17 18 19 20 21	22 23 24 25 26	27 28 29 30 31	N1 2 3 4 5	6 7 8 9 10	2	43
	10	11 12 13 14 15	16 17 18 19 20	21 22 23 24 25	26 27 28 29 30	D1 2 3 4 5	6 7 8 9 10	4	13
	11	11 12 13 14 15	16 17 18 19 20	21 22 23 24 25	26 27 28 29 30	31 11 2 3 4	5 6 7 8 —	6	43
	12	9 10 11 12 13	14 15 16 17 18	19 20 21 22 23	24 25 26 27 28	29 30 31 21 2	3 4 5 6 7	0	12
建和 2 戊子 148–49	50 1	8 9 10 11 12	13 14 15 16 17	18 19 20 21 22	23 24 25 26 27	28 29 31 2 3	4 5 6 7 —	2	42
	2	8 9 10 11 12	13 14 15 16 17	18 19 20 21 22	23 24 25 26 27	28 29 30 31 41	2 3 4 5 6	3	11
	3	7 8 9 10 11	12 13 14 15 16	17 18 19 20 21	22 23 24 25 26	27 28 29 30 51	2 3 4 5 —	5	41
	4	6 7 8 9 10	11 12 13 14 15	16 17 18 19 20	21 22 23 24 25	26 27 28 29 30	31 61 2 3 4	6	10
	5	5 6 7 8 9	10 11 12 13 14	15 16 17 18 19	20 21 22 23 24	25 26 27 28 29	30 71 2 3 —	1	40
	6	4 5 6 7 8	9 10 11 12 13	14 15 16 17 18	19 20 21 22 23	24 25 26 27 28	29 30 31 81 2	2	9
	7	3 4 5 6 7	8 9 10 11 12	13 14 15 16 17	18 19 20 21 22	23 24 25 26 27	28 29 30 31 —	4	39
	8	91 2 3 4 5	6 7 8 9 10	11 12 13 14 15	16 17 18 19 20	21 22 23 24 25	26 27 28 29 30	5	8
	9	O1 2 3 4 5	6 7 8 9 10	11 12 13 14 15	16 17 18 19 20	21 22 23 24 25	26 27 28 29 —	0	38
	10	30 31 N1 2 3	4 5 6 7 8	9 10 11 12 13	14 15 16 17 18	19 20 21 22 23	24 25 26 27 28	1	7
	11	29 30 D1 2 3	4 5 6 7 8	9 10 11 12 13	14 15 16 17 18	19 20 21 22 23	24 25 26 27 —	3	37
	12	28 29 30 31 11	2 3 4 5 6	7 8 9 10 11	12 13 14 15 16	17 18 19 20 21	22 23 24 25 26	4	6
建和 3 己丑 149–50	2 1	27 28 29 30 31	21 2 3 4 5	6 7 8 9 10	11 12 13 14 15	16 17 18 19 20	21 22 23 24 —	6	36
	2	25 26 27 28 31	2 3 4 5 6	7 8 9 10 11	12 13 14 15 16	17 18 19 20 21	22 23 24 25 26	0	5
	3	27 28 29 30 31	41 2 3 4 5	6 7 8 9 10	11 12 13 14 15	16 17 18 19 20	21 22 23 24 25	2	35
	3	26 27 28 29 30	51 2 3 4 5	6 7 8 9 10	11 12 13 14 15	16 17 18 19 20	21 22 23 24 —	4	5
	4	25 26 27 28 29	30 31 61 2 3	4 5 6 7 8	9 10 11 12 13	14 15 16 17 18	19 20 21 22 23	5	34
	5	24 25 26 27 28	29 30 71 2 3	4 5 6 7 8	9 10 11 12 13	14 15 16 17 18	19 20 21 22 —	0	4
	6	23 24 25 26 27	28 29 30 31 81	2 3 4 5 6	7 8 9 10 11	12 13 14 15 16	17 18 19 20 21	1	33
	7	22 23 24 25 26	27 28 29 30 31	91 2 3 4 5	6 7 8 9 10	11 12 13 14 15	16 17 18 19 —	3	3
	8	20 21 22 23 24	25 26 27 28 29	30 O1 2 3 4	5 6 7 8 9	10 11 12 13 14	15 16 17 18 19	4	32
	9	20 21 22 23 24	25 26 27 28 29	30 31 N1 2 3	4 5 6 7 8	9 10 11 12 13	14 15 16 17 —	6	2
	10	18 19 20 21 22	23 24 25 26 27	28 29 30 D1 2	3 4 5 6 7	8 9 10 11 12	13 14 15 16 17	0	31
	11	18 19 20 21 22	23 24 25 26 27	28 29 30 31 11	2 3 4 5 6	7 8 9 10 11	12 13 14 15 —	2	1
	12	16 17 18 19 20	21 22 23 24 25	26 27 28 29 30	31 21 2 3 4	5 6 7 8 9	10 11 12 13 14	3	30
和平 1 庚寅 150–51	14 1	15 16 17 18 19	20 21 22 23 24	25 26 27 28 31	2 3 4 5 6	7 8 9 10 11	12 13 14 15 —	5	0
	2	16 17 18 19 20	21 22 23 24 25	26 27 28 29 30	31 41 2 3 4	5 6 7 8 9	10 11 12 13 14	6	29
	3	15 16 17 18 19	20 21 22 23 24	25 26 27 28 29	30 51 2 3 4	5 6 7 8 9	10 11 12 13 —	1	59
	4	14 15 16 17 18	19 20 21 22 23	24 25 26 27 28	29 30 31 61 2	3 4 5 6 7	8 9 10 11 12	2	28
	5	13 14 15 16 17	18 19 20 21 22	23 24 25 26 27	28 29 30 71 2	3 4 5 6 7	8 9 10 11 —	4	58
	6	12 13 14 15 16	17 18 19 20 21	22 23 24 25 26	27 28 29 30 31	81 2 3 4 5	6 7 8 9 10	5	27
	7	11 12 13 14 15	16 17 18 19 20	21 22 23 24 25	26 27 28 29 30	31 91 2 3 4	5 6 7 8 9	0	57
	8	10 11 12 13 14	15 16 17 18 19	20 21 22 23 24	25 26 27 28 29	30 O1 2 3 4	5 6 7 8 —	2	27
	9	9 10 11 12 13	14 15 16 17 18	19 20 21 22 23	24 25 26 27 28	29 30 31 N1 2	3 4 5 6 7	3	56
	10	8 9 10 11 12	13 14 15 16 17	18 19 20 21 22	23 24 25 26 27	28 29 30 D1 2	3 4 5 6 —	5	26
	11	7 8 9 10 11	12 13 14 15 16	17 18 19 20 21	22 23 24 25 26	27 28 29 30 31	11 2 3 4 5	6	55
	12	6 7 8 9 10	11 12 13 14 15	16 17 18 19 20	21 22 23 24 25	26 27 28 29 30	31 21 2 3 —	1	25

年序 Year	陰暦月序 Moon	1	2	3	4	5	6	7	8	9	10	11	12	13	14	15	16	17	18	19	20	21	22	23	24	25	26	27	28	29	30	星期 Week	干支 Cycle
元嘉 1 辛卯 151–52	26 1	4	5	6	7	8	9	10	11	12	13	14	15	16	17	18	19	20	21	22	23	24	25	26	27	28	31	2	3	4	5	2	54
	2	6	7	8	9	10	11	12	13	14	15	16	17	18	19	20	21	22	23	24	25	26	27	28	29	30	31	41	2	3	—	4	24
	3	4	5	6	7	8	9	10	11	12	13	14	15	16	17	18	19	20	21	22	23	24	25	26	27	28	29	30	51	2	3	5	53
	4	4	5	6	7	8	9	10	11	12	13	14	15	16	17	18	19	20	21	22	23	24	25	26	27	28	29	30	31	61	—	0	23
	5	2	3	4	5	6	7	8	9	10	11	12	13	14	15	16	17	18	19	20	21	22	23	24	25	26	27	28	29	30	71	1	52
	6	2	3	4	5	6	7	8	9	10	11	12	13	14	15	16	17	18	19	20	21	22	23	24	25	26	27	28	29	30	—	3	22
	7	31	81	2	3	4	5	6	7	8	9	10	11	12	13	14	15	16	17	18	19	20	21	22	23	24	25	26	27	28	29	4	51
	8	30	31	91	2	3	4	5	6	7	8	9	10	11	12	13	14	15	16	17	18	19	20	21	22	23	24	25	26	27	—	6	21
	9	28	29	30	01	2	3	4	5	6	7	8	9	10	11	12	13	14	15	16	17	18	19	20	21	22	23	24	25	26	27	0	50
	10	28	29	30	31	N1	2	3	4	5	6	7	8	9	10	11	12	13	14	15	16	17	18	19	20	21	22	23	24	25	26	2	20
	11	27	28	29	30	D1	2	3	4	5	6	7	8	9	10	11	12	13	14	15	16	17	18	19	20	21	22	23	24	25	—	4	50
	12	26	27	28	29	30	31	11	2	3	4	5	6	7	8	9	10	11	12	13	14	15	16	17	18	19	20	21	22	23	24	5	19
	12	25	26	27	28	29	30	31	21	2	3	4	5	6	7	8	9	10	11	12	13	14	15	16	17	18	19	20	21	22	—	0	49
元嘉 2 壬辰 152–53	38 1	23	24	25	26	27	28	29	31	2	3	4	5	6	7	8	9	10	11	12	13	14	15	16	17	18	19	20	21	22	23	1	18
	2	24	25	26	27	28	29	30	31	41	2	3	4	5	6	7	8	9	10	11	12	13	14	15	16	17	18	19	20	21	—	3	48
	3	22	23	24	25	26	27	28	29	30	51	2	3	4	5	6	7	8	9	10	11	12	13	14	15	16	17	18	19	20	21	4	17
	4	22	23	24	25	26	27	28	29	30	31	61	2	3	4	5	6	7	8	9	10	11	12	13	14	15	16	17	18	19	—	6	47
	5	20	21	22	23	24	25	26	27	28	29	30	71	2	3	4	5	6	7	8	9	10	11	12	13	14	15	16	17	18	19	0	16
	6	20	21	22	23	24	25	26	27	28	29	30	31	81	2	3	4	5	6	7	8	9	10	11	12	13	14	15	16	17	—	2	46
	7	18	19	20	21	22	23	24	25	26	27	28	29	30	31	91	2	3	4	5	6	7	8	9	10	11	12	13	14	15	16	3	15
	8	17	18	19	20	21	22	23	24	25	26	27	28	29	30	01	2	3	4	5	6	7	8	9	10	11	12	13	14	15	—	5	45
	9	16	17	18	19	20	21	22	23	24	25	26	27	28	29	30	31	N1	2	3	4	5	6	7	8	9	10	11	12	13	14	6	14
	10	15	16	17	18	19	20	21	22	23	24	25	26	27	28	29	30	D1	2	3	4	5	6	7	8	9	10	11	12	13	—	1	44
	11	14	15	16	17	18	19	20	21	22	23	24	25	26	27	28	29	30	31	11	2	3	4	5	6	7	8	9	10	11	12	2	13
	12	13	14	15	16	17	18	19	20	21	22	23	24	25	26	27	28	29	30	31	21	2	3	4	5	6	7	8	9	10	—	4	43
永興 1 癸巳 153–54	50 1	11	12	13	14	15	16	17	18	19	20	21	22	23	24	25	26	27	28	31	2	3	4	5	6	7	8	9	10	11	12	5	12
	2	13	14	15	16	17	18	19	20	21	22	23	24	25	26	27	28	29	30	31	41	2	3	4	5	6	7	8	9	10	11	0	42
	3	12	13	14	15	16	17	18	19	20	21	22	23	24	25	26	27	28	29	30	51	2	3	4	5	6	7	8	9	10	—	2	12
	4	11	12	13	14	15	16	17	18	19	20	21	22	23	24	25	26	27	28	29	30	31	61	2	3	4	5	6	7	8	9	3	41
	5][	10	11	12	13	14	15	16	17	18	19	20	21	22	23	24	25	26	27	28	29	30	71	2	3	4	5	6	7	8	—	5	11
	6	9	10	11	12	13	14	15	16	17	18	19	20	21	22	23	24	25	26	27	28	29	30	31	81	2	3	4	5	6	7	6	40
	7	8	9	10	11	12	13	14	15	16	17	18	19	20	21	22	23	24	25	26	27	28	29	30	31	91	2	3	4	5	—	1	10
	8	6	7	8	9	10	11	12	13	14	15	16	17	18	19	20	21	22	23	24	25	26	27	28	29	30	01	2	3	4	5	2	39
	9	6	7	8	9	10	11	12	13	14	15	16	17	18	19	20	21	22	23	24	25	26	27	28	29	30	31	N1	2	3	—	4	9
	10	4	5	6	7	8	9	10	11	12	13	14	15	16	17	18	19	20	21	22	23	24	25	26	27	28	29	30	D1	2	3	5	38
	11	4	5	6	7	8	9	10	11	12	13	14	15	16	17	18	19	20	21	22	23	24	25	26	27	28	29	30	31	11	—	0	8
	12	2	3	4	5	6	7	8	9	10	11	12	13	14	15	16	17	18	19	20	21	22	23	24	25	26	27	28	29	30	31	1	37
永興 2 甲午 154–55	2 1	21	2	3	4	5	6	7	8	9	10	11	12	13	14	15	16	17	18	19	20	21	22	23	24	25	26	27	28	31	—	3	7
	2	2	3	4	5	6	7	8	9	10	11	12	13	14	15	16	17	18	19	20	21	22	23	24	25	26	27	28	29	30	31	4	36
	3	41	2	3	4	5	6	7	8	9	10	11	12	13	14	15	16	17	18	19	20	21	22	23	24	25	26	27	28	29	—	6	6
	4	30	51	2	3	4	5	6	7	8	9	10	11	12	13	14	15	16	17	18	19	20	21	22	23	24	25	26	27	28	29	0	35
	5	30	31	61	2	3	4	5	6	7	8	9	10	11	12	13	14	15	16	17	18	19	20	21	22	23	24	25	26	27	28	2	5
	6	29	30	71	2	3	4	5	6	7	8	9	10	11	12	13	14	15	16	17	18	19	20	21	22	23	24	25	26	27	—	4	35
	7	28	29	30	31	81	2	3	4	5	6	7	8	9	10	11	12	13	14	15	16	17	18	19	20	21	22	23	24	25	26	5	4
	8	27	28	29	30	31	91	2	3	4	5	6	7	8	9	10	11	12	13	14	15	16	17	18	19	20	21	22	23	24	—	0	34
	9	25	26	27	28	29	30	01	2	3	4	5	6	7	8	9	10	11	12	13	14	15	16	17	18	19	20	21	22	23	24	1	3
	9	25	26	27	28	29	30	31	N1	2	3	4	5	6	7	8	9	10	11	12	13	14	15	16	17	18	19	20	21	22	—	3	33
	10	23	24	25	26	27	28	29	30	D1	2	3	4	5	6	7	8	9	10	11	12	13	14	15	16	17	18	19	20	21	22	4	2
	11	23	24	25	26	27	28	29	30	31	11	2	3	4	5	6	7	8	9	10	11	12	13	14	15	16	17	18	19	20	—	6	32
	12	21	22	23	24	25	26	27	28	29	30	31	21	2	3	4	5	6	7	8	9	10	11	12	13	14	15	16	17	18	19	0	1
永壽 1 乙未 155–56	14 1	20	21	22	23	24	25	26	27	28	31	2	3	4	5	6	7	8	9	10	11	12	13	14	15	16	17	18	19	20	—	2	31
	2	21	22	23	24	25	26	27	28	29	30	31	41	2	3	4	5	6	7	8	9	10	11	12	13	14	15	16	17	18	19	3	0
	3	20	21	22	23	24	25	26	27	28	29	30	51	2	3	4	5	6	7	8	9	10	11	12	13	14	15	16	17	18	—	5	30
	4	19	20	21	22	23	24	25	26	27	28	29	30	31	61	2	3	4	5	6	7	8	9	10	11	12	13	14	15	16	17	6	59
	5	18	19	20	21	22	23	24	25	26	27	28	29	30	71	2	3	4	5	6	7	8	9	10	11	12	13	14	15	16	—	1	29
	6	17	18	19	20	21	22	23	24	25	26	27	28	29	30	31	81	2	3	4	5	6	7	8	9	10	11	12	13	14	15	2	58
	7	16	17	18	19	20	21	22	23	24	25	26	27	28	29	30	31	91	2	3	4	5	6	7	8	9	10	11	12	13	—	4	28
	8	14	15	16	17	18	19	20	21	22	23	24	25	26	27	28	29	30	01	2	3	4	5	6	7	8	9	10	11	12	13	5	57
	9	14	15	16	17	18	19	20	21	22	23	24	25	26	27	28	29	30	31	N1	2	3	4	5	6	7	8	9	10	11	12	0	27
	10	13	14	15	16	17	18	19	20	21	22	23	24	25	26	27	28	29	30	D1	2	3	4	5	6	7	8	9	10	11	—	2	57
	11	12	13	14	15	16	17	18	19	20	21	22	23	24	25	26	27	28	29	30	31	11	2	3	4	5	6	7	8	9	10	3	26
	12	11	12	13	14	15	16	17	18	19	20	21	22	23	24	25	26	27	28	29	30	31	21	2	3	4	5	6	7	8	—	5	56

年序 Year	陰曆月序 Moon	陰曆日序 Order of days (Lunar) 1 2 3 4 5	6 7 8 9 10	11 12 13 14 15	16 17 18 19 20	21 22 23 24 25	26 27 28 29 30	星期 Week	干支 Cycle
·永壽 2 丙申· 156–57	26 1	9 10 11 12 13	14 15 16 17 18	19 20 21 22 23	24 25 26 27 28	29 **31** 2 3 4	5 6 7 8 9	6	25
	2	10 11 12 13 14	15 16 17 18 19	20 21 22 23 24	25 26 27 28 29	30 31 **41** 2 3	4 5 6 7 —	1	55
	3	8 9 10 11 12	13 14 15 16 17	18 19 20 21 22	23 24 25 26 27	28 29 30 **51** 2	3 4 5 6 7	2	24
	4	8 9 10 11 12	13 14 15 16 17	18 19 20 21 22	23 24 25 26 27	28 29 30 31 **61**	2 3 4 5 —	4	54
	5	6 7 8 9 10	11 12 13 14 15	16 17 18 19 20	21 22 23 24 25	26 27 28 29 30	**71** 2 3 4 5	5	23
	6	6 7 8 9 10	11 12 13 14 15	16 17 18 19 20	21 22 23 24 25	26 27 28 29 30	31 **81** 2 3 —	0	53
	7	4 5 6 7 8	9 10 11 12 13	14 15 16 17 18	19 20 21 22 23	24 25 26 27 28	29 30 31 **91** 2	1	22
	8	3 4 5 6 7	8 9 10 11 12	13 14 15 16 17	18 19 20 21 22	23 24 25 26 27	28 29 30 **01** —	3	52
	9	2 3 4 5 6	7 8 9 10 11	12 13 14 15 16	17 18 19 20 21	22 23 24 25 26	27 28 29 30 31	4	21
	10	**N1** 2 3 4 5	6 7 8 9 10	11 12 13 14 15	16 17 18 19 20	21 22 23 24 25	26 27 28 29 —	6	51
	11	30 **D1** 2 3 4	5 6 7 8 9	10 11 12 13 14	15 16 17 18 19	20 21 22 23 24	25 26 27 28 29	0	20
	12	30 31 **11** 2 3	4 5 6 7 8	9 10 11 12 13	14 15 16 17 18	19 20 21 22 23	24 25 26 27 —	2	50
永壽 3 丁酉 157–58	38 1	28 29 30 31 **21**	2 3 4 5 6	7 8 9 10 11	12 13 14 15 16	17 18 19 20 21	22 23 24 25 26	3	19
	2	27 28 **31** 2 3	4 5 6 7 8	9 10 11 12 13	14 15 16 17 18	19 20 21 22 23	24 25 26 27 28	5	49
	3	29 30 31 **41** 2	3 4 5 6 7	8 9 10 11 12	13 14 15 16 17	18 19 20 21 22	23 24 25 26 —	0	19
	4	27 28 29 30 **51**	2 3 4 5 6	7 8 9 10 11	12 13 14 15 16	17 18 19 20 21	22 23 24 25 26	1	48
	5	27 28 29 30 31	**61** 2 3 4 5	6 7 8 9 10	11 12 13 14 15	16 17 18 19 20	21 22 23 24 —	3	18
	5	25 26 27 28 29	30 **71** 2 3 4	5 6 7 8 9	10 11 12 13 14	15 16 17 18 19	20 21 22 23 24	4	47
	6	25 26 27 28 29	30 31 **81** 2 3	4 5 6 7 8	9 10 11 12 13	14 15 16 17 18	19 20 21 22 —	6	17
	7	23 24 25 26 27	28 29 30 31 **91**	2 3 4 5 6	7 8 9 10 11	12 13 14 15 16	17 18 19 20 21	0	46
	8	22 23 24 25 26	27 28 29 30 **01**	2 3 4 5 6	7 8 9 10 11	12 13 14 15 16	17 18 19 20 —	2	16
	9	21 22 23 24 25	26 27 28 29 30	31 **N1** 2 3 4	5 6 7 8 9	10 11 12 13 14	15 16 17 18 19	3	45
	10	20 21 22 23 24	25 26 27 28 29	30 **D1** 2 3 4	5 6 7 8 9	10 11 12 13 14	15 16 17 18 —	5	15
	11	19 20 21 22 23	24 25 26 27 28	29 30 31 **11** 2	3 4 5 6 7	8 9 10 11 12	13 14 15 16 17	6	44
	12	18 19 20 21 22	23 24 25 26 27	28 29 30 31 **21**	2 3 4 5 6	7 8 9 10 11	12 13 14 15 —	1	14
延熹 1 戊戌 158–59	50 1	16 17 18 19 20	21 22 23 24 25	26 27 28 **31** 2	3 4 5 6 7	8 9 10 11 12	13 14 15 16 17	2	43
	2	18 19 20 21 22	23 24 25 26 27	28 29 30 31 **41**	2 3 4 5 6	7 8 9 10 11	12 13 14 15 —	4	13
	3	16 17 18 19 20	21 22 23 24 25	26 27 28 29 30	**51** 2 3 4 5	6 7 8 9 10	11 12 13 14 15	5	42
	4	16 17 18 19 20	21 22 23 24 25	26 27 28 29 30	31 **61** 2 3 4	5 6 7 8 9	10 11 12 13 14	0	12
	5	15 16 17 18 19	20 21 22 23 24	25 26 27 28 29	30 **71** 2 3 4	5 6 7 8 9	10 11 12 13 —	2	42
	6][	14 15 16 17 18	19 20 21 22 23	24 25 26 27 28	29 30 31 **81** 2	3 4 5 6 7	8 9 10 11 12	3	11
	7	13 14 15 16 17	18 19 20 21 22	23 24 25 26 27	28 29 30 31 **91**	2 3 4 5 6	7 8 9 10 —	5	41
	8	11 12 13 14 15	16 17 18 19 20	21 22 23 24 25	26 27 28 29 30	**01** 2 3 4 5	6 7 8 9 10	6	10
	9	11 12 13 14 15	16 17 18 19 20	21 22 23 24 25	26 27 28 29 30	31 **N1** 2 3 4	5 6 7 8 —	1	40
	10	9 10 11 12 13	14 15 16 17 18	19 20 21 22 23	24 25 26 27 28	29 30 **D1** 2 3	4 5 6 7 8	2	9
	11	9 10 11 12 13	14 15 16 17 18	19 20 21 22 23	24 25 26 27 28	29 30 31 **11** 2	3 4 5 6 —	4	39
	12	7 8 9 10 11	12 13 14 15 16	17 18 19 20 21	22 23 24 25 26	27 28 29 30 31	**21** 2 3 4 5	5	8
延熹 2 己亥 159–60	2 1	6 7 8 9 10	11 12 13 14 15	16 17 18 19 20	21 22 23 24 25	26 27 28 **31** 2	3 4 5 6 —	0	38
	2	7 8 9 10 11	12 13 14 15 16	17 18 19 20 21	22 23 24 25 26	27 28 29 30 31	**41** 2 3 4 5	1	7
	3	6 7 8 9 10	11 12 13 14 15	16 17 18 19 20	21 22 23 24 25	26 27 28 29 30	**51** 2 3 4 —	3	37
	4	5 6 7 8 9	10 11 12 13 14	15 16 17 18 19	20 21 22 23 24	25 26 27 28 29	30 31 **61** 2 3	4	6
	5	4 5 6 7 8	9 10 11 12 13	14 15 16 17 18	19 20 21 22 23	24 25 26 27 28	29 30 **71** 2 —	6	36
	6	3 4 5 6 7	8 9 10 11 12	13 14 15 16 17	18 19 20 21 22	23 24 25 26 27	28 29 30 31 **81**	0	5
	7	2 3 4 5 6	7 8 9 10 11	12 13 14 15 16	17 18 19 20 21	22 23 24 25 26	27 28 29 30 —	2	35
	8	31 **91** 2 3 4	5 6 7 8 9	10 11 12 13 14	15 16 17 18 19	20 21 22 23 24	25 26 27 28 29	3	4
	9	30 **01** 2 3 4	5 6 7 8 9	10 11 12 13 14	15 16 17 18 19	20 21 22 23 24	25 26 27 28 29	5	34
	10	30 31 **N1** 2 3	4 5 6 7 8	9 10 11 12 13	14 15 16 17 18	19 20 21 22 23	24 25 26 27 —	0	4
	11	28 29 30 **D1** 2	3 4 5 6 7	8 9 10 11 12	13 14 15 16 17	18 19 20 21 22	23 24 25 26 27	1	33
	12	28 29 30 31 **11**	2 3 4 5 6	7 8 9 10 11	12 13 14 15 16	17 18 19 20 21	22 23 24 25 —	3	3
延熹 3 庚子 160–61	14 1	26 27 28 29 30	31 **21** 2 3 4	5 6 7 8 9	10 11 12 13 14	15 16 17 18 19	20 21 22 23 24	4	32
	1	25 26 27 28 29	**31** 2 3 4 5	6 7 8 9 10	11 12 13 14 15	16 17 18 19 20	21 22 23 24 —	6	2
	2	25 26 27 28 29	30 31 **41** 2 3	4 5 6 7 8	9 10 11 12 13	14 15 16 17 18	19 20 21 22 23	0	31
	3	24 25 26 27 28	29 30 **51** 2 3	4 5 6 7 8	9 10 11 12 13	14 15 16 17 18	19 20 21 22 —	2	1
	4	23 24 25 26 27	28 29 30 31 **61**	2 3 4 5 6	7 8 9 10 11	12 13 14 15 16	17 18 19 20 21	3	30
	5	22 23 24 25 26	27 28 29 30 **71**	2 3 4 5 6	7 8 9 10 11	12 13 14 15 16	17 18 19 20 —	5	0
	6	21 22 23 24 25	26 27 28 29 30	31 **81** 2 3 4	5 6 7 8 9	10 11 12 13 14	15 16 17 18 19	6	29
	7	20 21 22 23 24	25 26 27 28 29	30 31 **91** 2 3	4 5 6 7 8	9 10 11 12 13	14 15 16 17 —	1	59
	8	18 19 20 21 22	23 24 25 26 27	28 29 30 **01** 2	3 4 5 6 7	8 9 10 11 12	13 14 15 16 17	2	28
	9	18 19 20 21 22	23 24 25 26 27	28 29 30 31 **N1**	2 3 4 5 6	7 8 9 10 11	12 13 14 15 —	4	58
	10	16 17 18 19 20	21 22 23 24 25	26 27 28 29 30	**D1** 2 3 4 5	6 7 8 9 10	11 12 13 14 15	5	27
	11	16 17 18 19 20	21 22 23 24 25	26 27 28 29 30	31 **11** 2 3 4	5 6 7 8 9	10 11 12 13 14	0	57
	12	15 16 17 18 19	20 21 22 23 24	25 26 27 28 29	30 31 **21** 2 3	4 5 6 7 8	9 10 11 12 —	2	27

年序 Year	陰曆月序 Moon	陰曆日序 Order of days (Lunar) 1 2 3 4 5	6 7 8 9 10	11 12 13 14 15	16 17 18 19 20	21 22 23 24 25	26 27 28 29 30	星期 Week	干支 Cycle
延熹 4 辛丑 161–62	26 1	13 14 15 16 17	18 19 20 21 22	23 24 25 26 27	28 31 2 3 4	5 6 7 8 9	10 11 12 13 14	3	56
	2	15 16 17 18 19	20 21 22 23 24	25 26 27 28 29	30 31 41 2 3	4 5 6 7 8	9 10 11 12 —	5	26
	3	13 14 15 16 17	18 19 20 21 22	23 24 25 26 27	28 29 30 51 2	3 4 5 6 7	8 9 10 11 12	6	55
	4	13 14 15 16 17	18 19 20 21 22	23 24 25 26 27	28 29 30 31 61	2 3 4 5 6	7 8 9 10 —	1	25
	5	11 12 13 14 15	16 17 18 19 20	21 22 23 24 25	26 27 28 29 30	71 2 3 4 5	6 7 8 9 10	2	54
	6	11 12 13 14 15	16 17 18 19 20	21 22 23 24 25	26 27 28 29 30	31 81 2 3 4	5 6 7 8 —	4	24
	7	9 10 11 12 13	14 15 16 17 18	19 20 21 22 23	24 25 26 27 28	29 30 31 91 2	3 4 5 6 7	5	53
	8	8 9 10 11 12	13 14 15 16 17	18 19 20 21 22	23 24 25 26 27	28 29 30 01 2	3 4 5 6 —	0	23
	9	7 8 9 10 11	12 13 14 15 16	17 18 19 20 21	22 23 24 25 26	27 28 29 30 31	N1 2 3 4 5	1	52
	10	6 7 8 9 10	11 12 13 14 15	16 17 18 19 20	21 22 23 24 25	26 27 28 29 30	D1 2 3 4 —	3	22
	11	5 6 7 8 9	10 11 12 13 14	15 16 17 18 19	20 21 22 23 24	25 26 27 28 29	30 31 11 2 3	4	51
	12	4 5 6 7 8	9 10 11 12 13	14 15 16 17 18	19 20 21 22 23	24 25 26 27 28	29 30 31 21 —	6	21
延熹 5 壬寅 162–63	38 1	2 3 4 5 6	7 8 9 10 11	12 13 14 15 16	17 18 19 20 21	22 23 24 25 26	27 28 31 2 3	0	50
	2	4 5 6 7 8	9 10 11 12 13	14 15 16 17 18	19 20 21 22 23	24 25 26 27 28	29 30 31 41 —	2	20
	3	2 3 4 5 6	7 8 9 10 11	12 13 14 15 16	17 18 19 20 21	22 23 24 25 26	27 28 29 30 51	3	49
	4	2 3 4 5 6	7 8 9 10 11	12 13 14 15 16	17 18 19 20 21	22 23 24 25 26	27 28 29 30 31	5	19
	5	61 2 3 4 5	6 7 8 9 10	11 12 13 14 15	16 17 18 19 20	21 22 23 24 25	26 27 28 29 —	0	49
	6	30 71 2 3 4	5 6 7 8 9	10 11 12 13 14	15 16 17 18 19	20 21 22 23 24	25 26 27 28 29	1	18
	7	30 31 81 2 3	4 5 6 7 8	9 10 11 12 13	14 15 16 17 18	19 20 21 22 23	24 25 26 27 —	3	48
	8	28 29 30 31 91	2 3 4 5 6	7 8 9 10 11	12 13 14 15 16	17 18 19 20 21	22 23 24 25 26	4	17
	9	27 28 29 30 01	2 3 4 5 6	7 8 9 10 11	12 13 14 15 16	17 18 19 20 21	22 23 24 25 —	6	47
	10	26 27 28 29 30	31 N1 2 3 4	5 6 7 8 9	10 11 12 13 14	15 16 17 18 19	20 21 22 23 24	0	16
	10	25 26 27 28 29	30 D1 2 3 4	5 6 7 8 9	10 11 12 13 14	15 16 17 18 19	20 21 22 23 —	2	46
	11	24 25 26 27 28	29 30 31 11 2	3 4 5 6 7	8 9 10 11 12	13 14 15 16 17	18 19 20 21 22	3	15
	12	23 24 25 26 27	28 29 30 31 21	2 3 4 5 6	7 8 9 10 11	12 13 14 15 16	17 18 19 20 —	5	45
延熹 6 癸卯 163–64	50 1	21 22 23 24 25	26 27 28 31 2	3 4 5 6 7	8 9 10 11 12	13 14 15 16 17	18 19 20 21 22	6	14
	2	23 24 25 26 27	28 29 30 31 41	2 3 4 5 6	7 8 9 10 11	12 13 14 15 16	17 18 19 20 —	1	44
	3	21 22 23 24 25	26 27 28 29 30	51 2 3 4 5	6 7 8 9 10	11 12 13 14 15	16 17 18 19 20	2	13
	4	21 22 23 24 25	26 27 28 29 30	31 61 2 3 4	5 6 7 8 9	10 11 12 13 14	15 16 17 18 —	4	43
	5	19 20 21 22 23	24 25 26 27 28	29 30 71 2 3	4 5 6 7 8	9 10 11 12 13	14 15 16 17 18	5	12
	6	19 20 21 22 23	24 25 26 27 28	29 30 31 81 2	3 4 5 6 7	8 9 10 11 12	13 14 15 16 —	0	42
	7	17 18 19 20 21	22 23 24 25 26	27 28 29 30 31	91 2 3 4 5	6 7 8 9 10	11 12 13 14 15	1	11
	8	16 17 18 19 20	21 22 23 24 25	26 27 28 29 30	01 2 3 4 5	6 7 8 9 10	11 12 13 14 15	3	41
	9	16 17 18 19 20	21 22 23 24 25	26 27 28 29 30	31 N1 2 3 4	5 6 7 8 9	10 11 12 13 —	5	11
	10	14 15 16 17 18	19 20 21 22 23	24 25 26 27 28	29 30 D1 2 3	4 5 6 7 8	9 10 11 12 13	6	40
	11	14 15 16 17 18	19 20 21 22 23	24 25 26 27 28	29 30 31 11 2	3 4 5 6 7	8 9 10 11 —	1	10
	12	12 13 14 15 16	17 18 19 20 21	22 23 24 25 26	27 28 29 30 31	21 2 3 4 5	6 7 8 9 10	2	39
延熹 7 甲辰 164–65	2 1	11 12 13 14 15	16 17 18 19 20	21 22 23 24 25	26 27 28 29 31	2 3 4 5 6	7 8 9 10 —	4	9
	2	11 12 13 14 15	16 17 18 19 20	21 22 23 24 25	26 27 28 29 30	31 41 2 3 4	5 6 7 8 9	5	38
	3	10 11 12 13 14	15 16 17 18 19	20 21 22 23 24	25 26 27 28 29	30 51 2 3 4	5 6 7 8 —	0	8
	4	9 10 11 12 13	14 15 16 17 18	19 20 21 22 23	24 25 26 27 28	29 30 31 61 2	3 4 5 6 7	1	37
	5	8 9 10 11 12	13 14 15 16 17	18 19 20 21 22	23 24 25 26 27	28 29 30 71 2	3 4 5 6 —	3	7
	6	7 8 9 10 11	12 13 14 15 16	17 18 19 20 21	22 23 24 25 26	27 28 29 30 31	81 2 3 4 5	4	36
	7	6 7 8 9 10	11 12 13 14 15	16 17 18 19 20	21 22 23 24 25	26 27 28 29 30	31 91 2 3 —	6	6
	8	4 5 6 7 8	9 10 11 12 13	14 15 16 17 18	19 20 21 22 23	24 25 26 27 28	29 30 01 2 3	0	35
	9	4 5 6 7 8	9 10 11 12 13	14 15 16 17 18	19 20 21 22 23	24 25 26 27 28	29 30 31 N1 —	2	5
	10	2 3 4 5 6	7 8 9 10 11	12 13 14 15 16	17 18 19 20 21	22 23 24 25 26	27 28 29 30 D1	3	34
	11	2 3 4 5 6	7 8 9 10 11	12 13 14 15 16	17 18 19 20 21	22 23 24 25 26	27 28 29 30 31	5	4
	12	11 2 3 4 5	6 7 8 9 10	11 12 13 14 15	16 17 18 19 20	21 22 23 24 25	26 27 28 29 —	0	34
延熹 8 乙巳 165–66	14 1	30 31 21 2 3	4 5 6 7 8	9 10 11 12 13	14 15 16 17 18	19 20 21 22 23	24 25 26 27 28	1	3
	2	31 2 3 4 5	6 7 8 9 10	11 12 13 14 15	16 17 18 19 20	21 22 23 24 25	26 27 28 29 —	3	33
	3	30 31 41 2 3	4 5 6 7 8	9 10 11 12 13	14 15 16 17 18	19 20 21 22 23	24 25 26 27 28	4	2
	4	29 30 51 2 3	4 5 6 7 8	9 10 11 12 13	14 15 16 17 18	19 20 21 22 23	24 25 26 27 —	6	32
	5	28 29 30 31 61	2 3 4 5 6	7 8 9 10 11	12 13 14 15 16	17 18 19 20 21	22 23 24 25 26	0	1
	6	27 28 29 30 71	2 3 4 5 6	7 8 9 10 11	12 13 14 15 16	17 18 19 20 21	22 23 24 25 —	2	31
	7	26 27 28 29 30	31 81 2 3 4	5 6 7 8 9	10 11 12 13 14	15 16 17 18 19	20 21 22 23 24	3	0
	7	25 26 27 28 29	30 31 91 2 3	4 5 6 7 8	9 10 11 12 13	14 15 16 17 18	19 20 21 22 —	5	30
	8	23 24 25 26 27	28 29 30 01 2	3 4 5 6 7	8 9 10 11 12	13 14 15 16 17	18 19 20 21 22	6	59
	9	23 24 25 26 27	28 29 30 31 N1	2 3 4 5 6	7 8 9 10 11	12 13 14 15 16	17 18 19 20 —	1	29
	10	21 22 23 24 25	26 27 28 29 30	D1 2 3 4 5	6 7 8 9 10	11 12 13 14 15	16 17 18 19 20	2	58
	11	21 22 23 24 25	26 27 28 29 30	31 11 2 3 4	5 6 7 8 9	10 11 12 13 14	15 16 17 18 —	4	28
	12	19 20 21 22 23	24 25 26 27 28	29 30 31 21 2	3 4 5 6 7	8 9 10 11 12	13 14 15 16 17	5	57

年序 Year	陰曆月序 Moon	陰曆日序 Order of days (Lunar) 1 2 3 4 5	6 7 8 9 10	11 12 13 14 15	16 17 18 19 20	21 22 23 24 25	26 27 28 29 30	星期 Week	干支 Cycle
延熹 9 丙午 166–67	26 1	18 19 20 21 22	23 24 25 26 27	28 31 2 3 4	5 6 7 8 9	10 11 12 13 14	15 16 17 18 —	0	27
	2	19 20 21 22 23	24 25 26 27 28	29 30 31 41 2	3 4 5 6 7	8 9 10 11 12	13 14 15 16 17	1	56
	3	18 19 20 21 22	23 24 25 26 27	28 29 30 51 2	3 4 5 6 7	8 9 10 11 12	13 14 15 16 17	3	26
	4	18 19 20 21 22	23 24 25 26 27	28 29 30 31 61	2 3 4 5 6	7 8 9 10 11	12 13 14 15 —	5	56
	5	16 17 18 19 20	21 22 23 24 25	26 27 28 29 30	71 2 3 4 5	6 7 8 9 10	11 12 13 14 15	6	25
	6	16 17 18 19 20	21 22 23 24 25	26 27 28 29 30	31 81 2 3 4	5 6 7 8 9	10 11 12 13 —	1	55
	7	14 15 16 17 18	19 20 21 22 23	24 25 26 27 28	29 30 31 91 2	3 4 5 6 7	8 9 10 11 12	2	24
	8	13 14 15 16 17	18 19 20 21 22	23 24 25 26 27	28 29 30 01 2	3 4 5 6 7	8 9 10 11 —	4	54
	0	12 13 14 15 16	17 18 19 20 21	22 23 24 25 26	27 28 29 30 31	N1 2 3 4 5	6 7 8 9 10	5	23
	10	11 12 13 14 15	16 17 18 19 20	21 22 23 24 25	26 27 28 29 30	D1 2 3 4 5	6 7 8 9 —	0	53
	11	10 11 12 13 14	15 16 17 18 19	20 21 22 23 24	25 26 27 28 29	30 31 11 2 3	4 5 6 7 8	1	22
	12	9 10 11 12 13	14 15 16 17 18	19 20 21 22 23	24 25 26 27 28	29 30 31 21 2	3 4 5 6 —	3	52
永康 1 丁未 167–68	38 1	7 8 9 10 11	12 13 14 15 16	17 18 19 20 21	22 23 24 25 26	27 28 31 2 3	4 5 6 7 8	4	21
	2	9 10 11 12 13	14 15 16 17 18	19 20 21 22 23	24 25 26 27 28	29 30 31 41 2	3 4 5 6 —	6	51
	3	7 8 9 10 11	12 13 14 15 16	17 18 19 20 21	22 23 24 25 26	27 28 29 30 51	2 3 4 5 6	0	20
	4	7 8 9 10 11	12 13 14 15 16	17 18 19 20 21	22 23 24 25 26	27 28 29 30 31	61 2 3 4 —	2	50
	5	5 6 7 8 9	10 11 12 13 14	15 16 17 18 19	20 21 22 23 24	25 26 27 28 29	30 71 2 3 4	3	19
	6][	5 6 7 8 9	10 11 12 13 14	15 16 17 18 19	20 21 22 23 24	25 26 27 28 29	30 31 81 2 3	5	49
	7	4 5 6 7 8	9 10 11 12 13	14 15 16 17 18	19 20 21 22 23	24 25 26 27 28	29 30 31 91 —	0	19
	8	2 3 4 5 6	7 8 9 10 11	12 13 14 15 16	17 18 19 20 21	22 23 24 25 26	27 28 29 30 01	1	48
	9	2 3 4 5 6	7 8 9 10 11	12 13 14 15 16	17 18 19 20 21	22 23 24 25 26	27 28 29 30 —	3	18
	10	31 N1 2 3 4	5 6 7 8 9	10 11 12 13 14	15 16 17 18 19	20 21 22 23 24	25 26 27 28 29	4	47
	11	30 D1 2 3 4	5 6 7 8 9	10 11 12 13 14	15 16 17 18 19	20 21 22 23 24	25 26 27 28 —	6	17
	12	29 30 31 11 2	3 4 5 6 7	8 9 10 11 12	13 14 15 16 17	18 19 20 21 22	23 24 25 26 27	0	46
靈帝 建寧 1 戊申 168–69	50 1	28 29 30 31 21	2 3 4 5 6	7 8 9 10 11	12 13 14 15 16	17 18 19 20 21	22 23 24 25 —	2	16
	2	26 27 28 29 31	2 3 4 5 6	7 8 9 10 11	12 13 14 15 16	17 18 19 20 21	22 23 24 25 26	3	45
	3	27 28 29 30 31	41 2 3 4 5	6 7 8 9 10	11 12 13 14 15	16 17 18 19 20	21 22 23 24 —	5	15
	8	25 26 27 28 29	30 51 2 3 4	5 6 7 8 9	10 11 12 13 14	15 16 17 18 19	20 21 22 23 24	6	44
	4	25 26 27 28 29	30 31 61 2 3	4 5 6 7 8	9 10 11 12 13	14 15 16 17 18	19 20 21 22 —	1	14
	5	23 24 25 26 27	28 29 30 71 2	3 4 5 6 7	8 9 10 11 12	13 14 15 16 17	18 19 20 21 22	2	43
	6	23 24 25 26 27	28 29 30 31 81	2 3 4 5 6	7 8 9 10 11	12 13 14 15 16	17 18 19 20 —	4	13
	7	21 22 23 24 25	26 27 28 29 30	31 91 2 3 4	5 6 7 8 9	10 11 12 13 14	15 16 17 18 19	5	42
	8	20 21 22 23 24	25 26 27 28 29	30 01 2 3 4	5 6 7 8 9	10 11 12 13 14	15 16 17 18 —	0	12
	9	19 20 21 22 23	24 25 26 27 28	29 30 31 N1 2	3 4 5 6 7	8 9 10 11 12	13 14 15 16 17	1	41
	10	18 19 20 21 22	23 24 25 26 27	28 29 30 D1 2	3 4 5 6 7	8 9 10 11 12	13 14 15 16 17	3	11
	11	18 19 20 21 22	23 24 25 26 27	28 29 30 31 11	2 3 4 5 6	7 8 9 10 11	12 13 14 15 —	5	41
	12	16 17 18 19 20	21 22 23 24 25	26 27 28 29 30	31 21 2 3 4	5 6 7 8 9	10 11 12 13 14	6	10
建寧 2 己酉 169–70	2 1	15 16 17 18 19	20 21 22 23 24	25 26 27 28 31	2 3 4 5 6	7 8 9 10 11	12 13 14 15 —	1	40
	2	16 17 18 19 20	21 22 23 24 25	26 27 28 29 30	31 41 2 3 4	5 6 7 8 9	10 11 12 13 14	2	9
	3	15 16 17 18 19	20 21 22 23 24	25 26 27 28 29	30 51 2 3 4	5 6 7 8 9	10 11 12 13 —	4	39
	4	14 15 16 17 18	19 20 21 22 23	24 25 26 27 28	29 30 31 61 2	3 4 5 6 7	8 9 10 11 12	5	8
	5	13 14 15 16 17	18 19 20 21 22	23 24 25 26 27	28 29 30 71 2	3 4 5 6 7	8 9 10 11 —	0	38
	6	12 13 14 15 16	17 18 19 20 21	22 23 24 25 26	27 28 29 30 31	81 2 3 4 5	6 7 8 9 10	1	7
	7	11 12 13 14 15	16 17 18 19 20	21 22 23 24 25	26 27 28 29 30	31 91 2 3 4	5 6 7 8 —	3	37
	8	9 10 11 12 13	14 15 16 17 18	19 20 21 22 23	24 25 26 27 28	29 30 01 2 3	4 5 6 7 8	4	6
	9	9 10 11 12 13	14 15 16 17 18	19 20 21 22 23	24 25 26 27 28	29 30 31 N1 2	3 4 5 6 —	6	36
	10	7 8 9 10 11	12 13 14 15 16	17 18 19 20 21	22 23 24 25 26	27 28 29 30 D1	2 3 4 5 6	0	5
	11	7 8 9 10 11	12 13 14 15 16	17 18 19 20 21	22 23 24 25 26	27 28 29 30 31	11 2 3 4 —	2	35
	12	5 6 7 8 9	10 11 12 13 14	15 16 17 18 19	20 21 22 23 24	25 26 27 28 29	30 31 21 2 3	3	4
建寧 3 庚戌 170–71	14 1	4 5 6 7 8	9 10 11 12 13	14 15 16 17 18	19 20 21 22 23	24 25 26 27 28	31 2 3 4 —	5	34
	2	5 6 7 8 9	10 11 12 13 14	15 16 17 18 19	20 21 22 23 24	25 26 27 28 29	30 31 41 2 3	6	3
	3	4 5 6 7 8	9 10 11 12 13	14 15 16 17 18	19 20 21 22 23	24 25 26 27 28	29 30 51 2 3	1	33
	4	4 5 6 7 8	9 10 11 12 13	14 15 16 17 18	19 20 21 22 23	24 25 26 27 28	29 30 31 61 —	3	3
	5	2 3 4 5 6	7 8 9 10 11	12 13 14 15 16	17 18 19 20 21	22 23 24 25 26	27 28 29 30 71	4	32
	6	2 3 4 5 6	7 8 9 10 11	12 13 14 15 16	17 18 19 20 21	22 23 24 25 26	27 28 29 30 —	6	2
	7	31 81 2 3 4	5 6 7 8 9	10 11 12 13 14	15 16 17 18 19	20 21 22 23 24	25 26 27 28 29	0	31
	8	30 31 91 2 3	4 5 6 7 8	9 10 11 12 13	14 15 16 17 18	19 20 21 22 23	24 25 26 27 —	2	1
	9	28 29 30 01 2	3 4 5 6 7	8 9 10 11 12	13 14 15 16 17	18 19 20 21 22	23 24 25 26 27	3	30
	10	28 29 30 31 N1	2 3 4 5 6	7 8 9 10 11	12 13 14 15 16	17 18 19 20 21	22 23 24 25 —	5	0
	11	26 27 28 29 30	D1 2 3 4 5	6 7 8 9 10	11 12 13 14 15	16 17 18 19 20	21 22 23 24 25	6	29
	11	26 27 28 29 30	31 11 2 3 4	5 6 7 8 9	10 11 12 13 14	15 16 17 18 19	20 21 22 23 —	1	59
	12	24 25 26 27 28	29 30 31 21 2	3 4 5 6 7	8 9 10 11 12	13 14 15 16 17	18 19 20 21 22	2	28

年序 Year	陰曆月序 Moon	陰曆日序 Order of days (Lunar) 1 2 3 4 5	6 7 8 9 10	11 12 13 14 15	16 17 18 19 20	21 22 23 24 25	26 27 28 29 30	星期 Week	干支 Cycle
建寧 4 辛亥 171–72	26 1	23 24 25 26 27	28 31 2 3 4	5 6 7 8 9	10 11 12 13 14	15 16 17 18 19	20 21 22 23 —	4	58
	2	24 25 26 27 28	29 30 31 41 2	3 4 5 6 7	8 9 10 11 12	13 14 15 16 17	18 19 20 21 22	5	27
	3	23 24 25 26 27	28 29 30 51 2	3 4 5 6 7	8 9 10 11 12	13 14 15 16 17	18 19 20 21 —	0	57
	4	22 23 24 25 26	27 28 29 30 31	61 2 3 4 5	6 7 8 9 10	11 12 13 14 15	16 17 18 19 20	1	26
	5	21 22 23 24 25	26 27 28 29 30	71 2 3 4 5	6 7 8 9 10	11 12 13 14 15	16 17 18 19 20	3	56
	6	21 22 23 24 25	26 27 28 29 30	31 81 2 3 4	5 6 7 8 9	10 11 12 13 14	15 16 17 18 —	5	26
	7	19 20 21 22 23	24 25 26 27 28	29 30 31 91 2	3 4 5 6 7	8 9 10 11 12	13 14 15 16 17	6	55
	8	18 19 20 21 22	23 24 25 26 27	28 29 30 01 2	3 4 5 6 7	8 9 10 11 12	13 14 15 16 —	1	25
	9	17 18 19 20 21	22 23 24 25 26	27 28 29 30 31	N1 2 3 4 5	6 7 8 9 10	11 12 13 14 15	2	54
	10	16 17 18 19 20	21 22 23 24 25	26 27 28 29 30	D1 2 3 4 5	6 7 8 9 10	11 12 13 14 —	4	24
	11	15 16 17 18 19	20 21 22 23 24	25 26 27 28 29	30 31 11 2 3	4 5 6 7 8	9 10 11 12 13	5	53
	12	14 15 16 17 18	19 20 21 22 23	24 25 26 27 28	29 30 31 21 2	3 4 5 6 7	8 9 10 11 —	0	23
熹平 1 壬子 172–73	38 1	12 13 14 15 16	17 18 19 20 21	22 23 24 25 26	27 28 29 31 2	3 4 5 6 7	8 9 10 11 12	1	52
	2	13 14 15 16 17	18 19 20 21 22	23 24 25 26 27	28 29 30 31 41	2 3 4 5 6	7 8 9 10 —	3	22
	3	11 12 13 14 15	16 17 18 19 20	21 22 23 24 25	26 27 28 29 30	51 2 3 4 5	6 7 8 9 10	4	51
	4	11 12 13 14 15	16 17 18 19 20	21 22 23 24 25	26 27 28 29 30	31 61 2 3 4	5 6 7 8 —	6	21
	5][	9 10 11 12 13	14 15 16 17 18	19 20 21 22 23	24 25 26 27 28	29 30 71 2 3	4 5 6 7 8	0	50
	6	9 10 11 12 13	14 15 16 17 18	19 20 21 22 23	24 25 26 27 28	29 30 31 81 2	3 4 5 6 —	2	20
	7	7 8 9 10 11	12 13 14 15 16	17 18 19 20 21	22 23 24 25 26	27 28 29 30 31	91 2 3 4 5	3	49
	8	6 7 8 9 10	11 12 13 14 15	16 17 18 19 20	21 22 23 24 25	26 27 28 29 30	01 2 3 4 —	5	19
	9	5 6 7 8 9	10 11 12 13 14	15 16 17 18 19	20 21 22 23 24	25 26 27 28 29	30 31 N1 2 3	6	48
	10	4 5 6 7 8	9 10 11 12 13	14 15 16 17 18	19 20 21 22 23	24 25 26 27 28	29 30 D1 2 3	1	18
	11	4 5 6 7 8	9 10 11 12 13	14 15 16 17 18	19 20 21 22 23	24 25 26 27 28	29 30 31 11 —	3	48
	12	2 3 4 5 6	7 8 9 10 11	12 13 14 15 16	17 18 19 20 21	22 23 24 25 26	27 28 29 30 31	4	17
熹平 2 癸丑 173–74	50 1	21 2 3 4 5	6 7 8 9 10	11 12 13 14 15	16 17 18 19 20	21 22 23 24 25	26 27 28 31 —	6	47
	2	2 3 4 5 6	7 8 9 10 11	12 13 14 15 16	17 18 19 20 21	22 23 24 25 26	27 28 29 30 31	0	16
	3	41 2 3 4 5	6 7 8 9 10	11 12 13 14 15	16 17 18 19 20	21 22 23 24 25	26 27 28 29 —	2	46
	4	30 51 2 3 4	5 6 7 8 9	10 11 12 13 14	15 16 17 18 19	20 21 22 23 24	25 26 27 28 29	3	15
	5	30 31 61 2 3	4 5 6 7 8	9 10 11 12 13	14 15 16 17 18	19 20 21 22 23	24 25 26 27 —	5	45
	6	28 29 30 71 2	3 4 5 6 7	8 9 10 11 12	13 14 15 16 17	18 19 20 21 22	23 24 25 26 27	6	14
	7	28 29 30 31 81	2 3 4 5 6	7 8 9 10 11	12 13 14 15 16	17 18 19 20 21	22 23 24 25 —	1	44
	8	26 27 28 29 30	31 91 2 3 4	5 6 7 8 9	10 11 12 13 14	15 16 17 18 19	20 21 22 23 24	2	13
	8	25 26 27 28 29	30 01 2 3 4	5 6 7 8 9	10 11 12 13 14	15 16 17 18 19	20 21 22 23 —	4	43
	9	24 25 26 27 28	29 30 31 N1 2	3 4 5 6 7	8 9 10 11 12	13 14 15 16 17	18 19 20 21 22	5	12
	10	23 24 25 26 27	28 29 30 D1 2	3 4 5 6 7	8 9 10 11 12	13 14 15 16 17	18 19 20 21 —	0	42
	11	22 23 24 25 26	27 28 29 30 31	11 2 3 4 5	6 7 8 9 10	11 12 13 14 15	16 17 18 19 20	1	11
	12	21 22 23 24 25	26 27 28 29 30	31 21 2 3 4	5 6 7 8 9	10 11 12 13 14	15 16 17 18 19	3	41
熹平 3 甲寅 174–75	2 1	20 21 22 23 24	25 26 27 28 31	2 3 4 5 6	7 8 9 10 11	12 13 14 15 16	17 18 19 20 —	5	11
	2	21 22 23 24 25	26 27 28 29 30	31 41 2 3 4	5 6 7 8 9	10 11 12 13 14	15 16 17 18 19	6	40
	3	20 21 22 23 24	25 26 27 28 29	30 51 2 3 4	5 6 7 8 9	10 11 12 13 14	15 16 17 18 —	1	10
	4	19 20 21 22 23	24 25 26 27 28	29 30 31 61 2	3 4 5 6 7	8 9 10 11 12	13 14 15 16 17	2	39
	5	18 19 20 21 22	23 24 25 26 27	28 29 30 71 2	3 4 5 6 7	8 9 10 11 12	13 14 15 16 —	4	9
	6	17 18 19 20 21	22 23 24 25 26	27 28 29 30 31	81 2 3 4 5	6 7 8 9 10	11 12 13 14 15	5	38
	7	16 17 18 19 20	21 22 23 24 25	26 27 28 29 30	31 91 2 3 4	5 6 7 8 9	10 11 12 13 —	0	8
	8	14 15 16 17 18	19 20 21 22 23	24 25 26 27 28	29 30 01 2 3	4 5 6 7 8	9 10 11 12 13	1	37
	9	14 15 16 17 18	19 20 21 22 23	24 25 26 27 28	29 30 31 N1 2	3 4 5 6 7	·8 9 10 11 —	3	7
	10	12 13 14 15 16	17 18 19 20 21	22 23 24 25 26	27 28 29 30 D1	2 3 4 5 6	7 8 9 10 11	4	36
	11	12 13 14 15 16	17 18 19 20 21	22 23 24 25 26	27 28 29 30 31	11 2 3 4 5	6 7 8 9 —	6	6
	12	10 11 12 13 14	15 16 17 18 19	20 21 22 23 24	25 26 27 28 29	30 31 21 2 3	4 5 6 7 8	0	35
熹平 4 乙卯 175–76	14 1	9 10 11 12 13	14 15 16 17 18	19 20 21 22 23	24 25 26 27 28	31 2 3 4 5	6 7 8 9 —	2	5
	2	10 11 12 13 14	15 16 17 18 19	20 21 22 23 24	25 26 27 28 29	30 31 41 2 3	4 5 6 7 8	3	34
	3	9 10 11 12 13	14 15 16 17 18	19 20 21 22 23	24 25 26 27 28	29 30 51 2 3	4 5 6 7 —	5	4
	4	8 9 10 11 12	13 14 15 16 17	18 19 20 21 22	23 24 25 26 27	28 29 30 31 61	2 3 4 5 6	6	33
	5	7 8 9 10 11	12 13 14 15 16	17 18 19 20 21	22 23 24 25 26	27 28 29 30 71	2 3 4 5 6	1	3
	6	7 8 9 10 11	12 13 14 15 16	17 18 19 20 21	22 23 24 25 26	27 28 29 30 31	81 2 3 4 —	3	33
	7	5 6 7 8 9	10 11 12 13 14	15 16 17 18 19	20 21 22 23 24	25 26 27 28 29	30 31 91 2 3	4	2
	8	4 5 6 7 8	9 10 11 12 13	14 15 16 17 18	19 20 21 22 23	24 25 26 27 28	29 30 01 2 —	6	32
	9	3 4 5 6 7	8 9 10 11 12	13 14 15 16 17	18 19 20 21 22	23 24 25 26 27	28 29 30 31 N1	0	1
	10	2 3 4 5 6	7 8 9 10 11	12 13 14 15 16	17 18 19 20 21	22 23 24 25 26	27 28 29 30 —	2	31
	11	D1 2 3 4 5	6 7 8 9 10	11 12 13 14 15	16 17 18 19 20	21 22 23 24 25	26 27 28 29 30	3	0
	12	31 11 2 3 4	5 6 7 8 9	10 11 12 13 14	15 16 17 18 19	20 21 22 23 24	25 26 27 28 —	5	30

年序 Year		陰曆月序 Moon	陰曆日序 Order of days (Lunar) 1 2 3 4 5	6 7 8 9 10	11 12 13 14 15	16 17 18 19 20	21 22 23 24 25	26 27 28 29 30	星期 Week	干支 Cycle
熹平 5 丙辰 176–77	26	1	29 30 31 21 2	3 4 5 6 7	8 9 10 11 12	13 14 15 16 17	18 19 20 21 22	23 24 25 26 27	6	59
		2	28 29 31 2 3	4 5 6 7 8	9 10 11 12 13	14 15 16 17 18	19 20 21 22 23	24 25 26 27 —	1	29
		3	28 29 30 31 41	2 3 4 5 6	7 8 9 10 11	12 13 14 15 16	17 18 19 20 21	22 23 24 25 26	2	58
		4	27 28 29 30 51	2 3 4 5 6	7 8 9 10 11	12 13 14 15 16	17 18 19 20 21	22 23 24 25 —	4	28
		5	26 27 28 29 30	31 61 2 3 4	5 6 7 8 9	10 11 12 13 14	15 16 17 18 19	20 21 22 23 24	5	57
		5	25 26 27 28 29	30 71 2 3 4	5 6 7 8 9	10 11 12 13 14	15 16 17 18 19	20 21 22 23 —	0	27
		6	24 25 26 27 28	29 30 31 81 2	3 4 5 6 7	8 9 10 11 12	13 14 15 16 17	18 19 20 21 22	1	56
		7	23 24 25 26 27	28 29 30 31 91	2 3 4 5 6	7 8 9 10 11	12 13 14 15 16	17 18 19 20 —	3	26
		8	21 22 23 24 25	26 27 28 29 30	01 2 3 4 5	6 7 8 9 10	11 12 13 14 15	16 17 18 19 20	4	55
		9	21 22 23 24 25	26 27 28 29 30	31 N1 2 3 4	5 6 7 8 9	10 11 12 13 14	15 16 17 18 19	6	25
		10	20 21 22 23 24	25 26 27 28 29	30 D1 2 3 4	5 6 7 8 9	10 11 12 13 14	15 16 17 18 —	1	55
		11	19 20 21 22 23	24 25 26 27 28	29 30 31 11 2	3 4 5 6 7	8 9 10 11 12	13 14 15 16 17	2	24
		12	18 19 20 21 22	23 24 25 26 27	28 29 30 31 21	2 3 4 5 6	7 8 9 10 11	12 13 14 15 —	4	54
熹平 6 丁巳 177–78	38	1	16 17 18 19 20	21 22 23 24 25	26 27 28 31 2	3 4 5 6 7	8 9 10 11 12	13 14 15 16 17	5	23
		2	18 19 20 21 22	23 24 25 26 27	28 29 30 31 41	2 3 4 5 6	7 8 9 10 11	12 13 14 15 —	0	53
		3	16 17 18 19 20	21 22 23 24 25	26 27 28 29 30	51 2 3 4 5	6 7 8 9 10	11 12 13 14 15	1	22
		4	16 17 18 19 20	21 22 23 24 25	26 27 28 29 30	31 61 2 3 4	5 6 7 8 9	10 11 12 13 —	3	52
		5	14 15 16 17 18	19 20 21 22 23	24 25 26 27 28	29 30 71 2 3	4 5 6 7 8	9 10 11 12 13	4	21
		6	14 15 16 17 18	19 20 21 22 23	24 25 26 27 28	29 30 31 81 2	3 4 5 6 7	8 9 10 11 —	6	51
		7	12 13 14 15 16	17 18 19 20 21	22 23 24 25 26	27 28 29 30 31	91 2 3 4 5	6 7 8 9 10	0	20
		8	11 12 13 14 15	16 17 18 19 20	21 22 23 24 25	26 27 28 29 30	01 2 3 4 5	6 7 8 9 —	2	50
		9	10 11 12 13 14	15 16 17 18 19	20 21 22 23 24	25 26 27 28 29	30 31 N1 2 3	4 5 6 7 8	3	19
		10	9 10 11 12 13	14 15 16 17 18	19 20 21 22 23	24 25 26 27 28	29 30 D1 2 3	4 5 6 7 —	5	49
		11	8 9 10 11 12	13 14 15 16 17	18 19 20 21 22	23 24 25 26 27	28 29 30 31 11	2 3 4 5 6	6	18
		12	7 8 9 10 11	12 13 14 15 16	17 18 19 20 21	22 23 24 25 26	27 28 29 30 31	21 2 3 4 5	1	48
光和 1 戊午 178–79	50	1	6 7 8 9 10	11 12 13 14 15	16 17 18 19 20	21 22 23 24 25	26 27 28 31 2	3 4 5 6 —	3	18
		2	7 8 9 10 11	12 13 14 15 16	17 18 19 20 21	22 23 24 25 26	27 28 29 30 31	41 2 3 4 5	4	47
		3][	6 7 8 9 10	11 12 13 14 15	16 17 18 19 20	21 22 23 24 25	26 27 28 29 30	51 2 3 4 —	6	17
		4	5 6 7 8 9	10 11 12 13 14	15 16 17 18 19	20 21 22 23 24	25 26 27 28 29	30 31 61 2 3	0	46
		5	4 5 6 7 8	9 10 11 12 13	14 15 16 17 18	19 20 21 22 23	24 25 26 27 28	29 30 71 2 —	2	16
		6	3 4 5 6 7	8 9 10 11 12	13 14 15 16 17	18 19 20 21 22	23 24 25 26 27	28 29 30 31 81	3	45
		7	2 3 4 5 6	7 8 9 10 11	12 13 14 15 16	17 18 19 20 21	22 23 24 25 26	27 28 29 30 —	5	15
		8	31 91 2 3 4	5 6 7 8 9	10 11 12 13 14	15 16 17 18 19	20 21 22 23 24	25 26 27 28 29	6	44
		9	30 01 2 3 4	5 6 7 8 9	10 11 12 13 14	15 16 17 18 19	20 21 22 23 24	25 26 27 28 —	1	14
		10	29 30 31 N1 2	3 4 5 6 7	8 9 10 11 12	13 14 15 16 17	18 19 20 21 22	23 24 25 26 27	2	43
		11	28 29 30 D1 2	3 4 5 6 7	8 9 10 11 12	13 14 15 16 17	18 19 20 21 22	23 24 25 26 —	4	13
		12	27 28 29 30 31	11 2 3 4 5	6 7 8 9 10	11 12 13 14 15	16 17 18 19 20	21 22 23 24 25	5	42
光和 2 己未 179–80	2	1	26 27 28 29 30	31 21 2 3 4	5 6 7 8 9	10 11 12 13 14	15 16 17 18 19	20 21 22 23 —	0	12
		1	24 25 26 27 28	31 2 3 4 5	6 7 8 9 10	11 12 13 14 15	16 17 18 19 20	21 22 23 24 25	1	41
		2	26 27 28 29 30	31 41 2 3 4	5 6 7 8 9	10 11 12 13 14	15 16 17 18 19	20 21 22 23 —	3	11
		3	24 25 26 27 28	29 30 51 2 3	4 5 6 7 8	9 10 11 12 13	14 15 16 17 18	19 20 21 22 23	4	40
		4	24 25 26 27 28	29 30 31 61 2	3 4 5 6 7	8 9 10 11 12	13 14 15 16 17	18 19 20 21 22	6	10
		5	23 24 25 26 27	28 29 30 71 2	3 4 5 6 7	8 9 10 11 12	13 14 15 16 17	18 19 20 21 —	1	40
		6	22 23 24 25 26	27 28 29 30 31	81 2 3 4 5	6 7 8 9 10	11 12 13 14 15	16 17 18 19 20	2	9
		7	21 22 23 24 25	26 27 28 29 30	31 91 2 3 4	5 6 7 8 9	10 11 12 13 14	15 16 17 18 —	4	39
		8	19 20 21 22 23	24 25 26 27 28	29 30 01 2 3	4 5 6 7 8	9 10 11 12 13	14 15 16 17 18	5	8
		9	19 20 21 22 23	24 25 26 27 28	29 30 31 N1 2	3 4 5 6 7	8 9 10 11 12	13 14 15 16 —	0	38
		10	17 18 19 20 21	22 23 24 25 26	27 28 29 30 D1	2 3 4 5 6	7 8 9 10 11	12 13 14 15 16	1	7
		11	17 18 19 20 21	22 23 24 25 26	27 28 29 30 31	11 2 3 4 5	6 7 8 9 10	11 12 13 14 —	3	37
		12	15 16 17 18 19	20 21 22 23 24	25 26 27 28 29	30 31 21 2 3	4 5 6 7 8	9 10 11 12 13	4	6
光和 3 庚申 180–81	14	1	14 15 16 17 18	19 20 21 22 23	24 25 26 27 28	29 31 2 3 4	5 6 7 8 9	10 11 12 13 —	6	36
		2	14 15 16 17 18	19 20 21 22 23	24 25 26 27 28	29 30 31 41 2	3 4 5 6 7	8 9 10 11 12	0	5
		3	13 14 15 16 17	18 19 20 21 22	23 24 25 26 27	28 29 30 51 2	3 4 5 6 7	8 9 10 11 —	2	35
		4	12 13 14 15 16	17 18 19 20 21	22 23 24 25 26	27 28 29 30 31	61 2 3 4 5	6 7 8 9 10	3	4
		5	11 12 13 14 15	16 17 18 19 20	21 22 23 24 25	26 27 28 29 30	71 2 3 4 5	6 7 8 9 —	5	34
		6	10 11 12 13 14	15 16 17 18 19	20 21 22 23 24	25 26 27 28 29	30 31 81 2 3	4 5 6 7 8	6	3
		7	9 10 11 12 13	14 15 16 17 18	19 20 21 22 23	24 25 26 27 28	29 30 31 91 2	3 4 5 6 7	1	33
		8	8 9 10 11 12	13 14 15 16 17	18 19 20 21 22	23 24 25 26 27	28 29 30 01 2	3 4 5 6 —	3	3
		9	7 8 9 10 11	12 13 14 15 16	17 18 19 20 21	22 23 24 25 26	27 28 29 30 31	N1 2 3 4 5	4	32
		10	6 7 8 9 10	11 12 13 14 15	16 17 18 19 20	21 22 23 24 25	26 27 28 29 30	D1 2 3 4 —	6	2
		11	5 6 7 8 9	10 11 12 13 14	15 16 17 18 19	20 21 22 23 24	25 26 27 28 29	30 31 11 2 3	0	31
		12	4 5 6 7 8	9 10 11 12 13	14 15 16 17 18	19 20 21 22 23	24 25 26 27 28	29 30 31 21 —	2	1

年序 Year	陰曆月序 Moon	陰曆日序 Order of days (Lunar)						星期 Week	干支 Cycle
		1 2 3 4 5	6 7 8 9 10	11 12 13 14 15	16 17 18 19 20	21 22 23 24 25	26 27 28 29 30		
光和 4 辛酉 181–82	26 1	2 3 4 5 6	7 8 9 10 11	12 13 14 15 16	17 18 19 20 21	22 23 24 25 26	27 28 31 2 3	3	30
	2	4 5 6 7 8	9 10 11 12 13	14 15 16 17 18	19 20 21 22 23	24 25 26 27 28	29 30 31 41 —	5	0
	3	2 3 4 5 6	7 8 9 10 11	12 13 14 15 16	17 18 19 20 21	22 23 24 25 26	27 28 29 30 51	6	29
	4	2 3 4 5 6	7 8 9 10 11	12 13 14 15 16	17 18 19 20 21	22 23 24 25 26	27 28 29 30 —	1	59
	5	31 61 2 3 4	5 6 7 8 9	10 11 12 13 14	15 16 17 18 19	20 21 22 23 24	25 26 27 28 29	2	28
	6	30 71 2 3 4	5 6 7 8 9	10 11 12 13 14	15 16 17 18 19	20 21 22 23 24	25 26 27 28 —	4	58
	7	29 30 31 81 2	3 4 5 6 7	8 9 10 11 12	13 14 15 16 17	18 19 20 21 22	23 24 25 26 27	5	27
	8	28 29 30 31 91	2 3 4 5 6	7 8 9 10 11	12 13 14 15 16	17 18 19 20 21	22 23 24 25 —	0	57
	9	26 27 28 29 30	01 2 3 4 5	6 7 8 9 10	11 12 13 14 15	16 17 18 19 20	21 22 23 24 25	1	26
	9	26 27 28 29 30	31 N1 2 3 4	5 6 7 8 9	10 11 12 13 14	15 16 17 18 19	20 21 22 23 —	3	56
	10	24 25 26 27 28	29 30 D1 2 3	4 5 6 7 8	9 10 11 12 13	14 15 16 17 18	19 20 21 22 23	4	25
	11	24 25 26 27 28	29 30 31 11 2	3 4 5 6 7	8 9 10 11 12	13 14 15 16 17	18 19 20 21 22	6	55
	12	23 24 25 26 27	28 29 30 31 21	2 3 4 5 6	7 8 9 10 11	12 13 14 15 16	17 18 19 20 —	1	25
光和 5 壬戌 182–83	38 1	21 22 23 24 25	26 27 28 31 2	3 4 5 6 7	8 9 10 11 12	13 14 15 16 17	18 19 20 21 22	2	54
	2	23 24 25 26 27	28 29 30 31 41	2 3 4 5 6	7 8 9 10 11	12 13 14 15 16	17 18 19 20 —	4	24
	3	21 22 23 24 25	26 27 28 29 30	51 2 3 4 5	6 7 8 9 10	11 12 13 14 15	16 17 18 19 20	5	53
	4	21 22 23 24 25	26 27 28 29 30	31 61 2 3 4	5 6 7 8 9	10 11 12 13 14	15 16 17 18 —	0	23
	5	19 20 21 22 23	24 25 26 27 28	29 30 71 2 3	4 5 6 7 8	9 10 11 12 13	14 15 16 17 18	1	52
	6	19 20 21 22 23	24 25 26 27 28	29 30 31 81 2	3 4 5 6 7	8 9 10 11 12	13 14 15 16 —	3	22
	7	17 18 19 20 21	22 23 24 25 26	27 28 29 30 31	91 2 3 4 5	6 7 8 9 10	11 12 13 14 15	4	51
	8	16 17 18 19 20	21 22 23 24 25	26 27 28 29 30	01 2 3 4 5	6 7 8 9 10	11 12 13 14 —	6	21
	9	15 16 17 18 19	20 21 22 23 24	25 26 27 28 29	30 31 N1 2 3	4 5 6 7 8	9 10 11 12 13	0	50
	10	14 15 16 17 18	19 20 21 22 23	24 25 26 27 28	29 30 D1 2 3	4 5 6 7 8	9 10 11 12 —	2	20
	11	13 14 15 16 17	18 19 20 21 22	23 24 25 26 27	28 29 30 31 11	2 3 4 5 6	7 8 9 10 11	3	49
	12	12 13 14 15 16	17 18 19 20 21	22 23 24 25 26	27 28 29 30 31	21 2 3 4 5	6 7 8 9 —	5	19
光和 6 癸亥 183–84	50 1	10 11 12 13 14	15 16 17 18 19	20 21 22 23 24	25 26 27 28 31	2 3 4 5 6	7 8 9 10 11	6	48
	2	12 13 14 15 16	17 18 19 20 21	22 23 24 25 26	27 28 29 30 31	41 2 3 4 5	6 7 8 9 —	1	18
	3	10 11 12 13 14	15 16 17 18 19	20 21 22 23 24	25 26 27 28 29	30 51 2 3 4	5 6 7 8 9	2	47
	4	10 11 12 13 14	15 16 17 18 19	20 21 22 23 24	25 26 27 28 29	30 31 61 2 3	4 5 6 7 8	4	17
	5	9 10 11 12 13	14 15 16 17 18	19 20 21 22 23	24 25 26 27 28	29 30 71 2 3	4 5 6 7 —	6	47
	6	8 9 10 11 12	13 14 15 16 17	18 19 20 21 22	23 24 25 26 27	28 29 30 31 81	2 3 4 5 6	0	16
	7	7 8 9 10 11	12 13 14 15 16	17 18 19 20 21	22 23 24 25 26	27 28 29 30 31	91 2 3 4 —	2	46
	8	5 6 7 8 9	10 11 12 13 14	15 16 17 18 19	20 21 22 23 24	25 26 27 28 29	30 01 2 3 4	3	15
	9	5 6 7 8 9	10 11 12 13 14	15 16 17 18 19	20 21 22 23 24	25 26 27 28 29	30 31 N1 2 —	5	45
	10	3 4 5 6 7	8 9 10 11 12	13 14 15 16 17	18 19 20 21 22	23 24 25 26 27	28 29 30 D1 2	6	14
	11	3 4 5 6 7	8 9 10 11 12	13 14 15 16 17	18 19 20 21 22	23 24 25 26 27	28 29 30 31 —	1	44
	12	11 2 3 4 5	6 7 8 9 10	11 12 13 14 15	16 17 18 19 20	21 22 23 24 25	26 27 28 29 30	2	13
中平 1 甲子 184–85	2 1	31 21 2 3 4	5 6 7 8 9	10 11 12 13 14	15 16 17 18 19	20 21 22 23 24	25 26 27 28 —	4	43
	2	29 31 2 3 4	5 6 7 8 9	10 11 12 13 14	15 16 17 18 19	20 21 22 23 24	25 26 27 28 29	5	12
	3	30 31 41 2 3	4 5 6 7 8	9 10 11 12 13	14 15 16 17 18	19 20 21 22 23	24 25 26 27 —	0	42
	4	28 29 30 51 2	3 4 5 6 7	8 9 10 11 12	13 14 15 16 17	18 19 20 21 22	23 24 25 26 27	1	11
	5	28 29 30 31 61	2 3 4 5 6	7 8 9 10 11	12 13 14 15 16	17 18 19 20 21	22 23 24 25 —	3	41
	6	26 27 28 29 30	71 2 3 4 5	6 7 8 9 10	11 12 13 14 15	16 17 18 19 20	21 22 23 24 25	4	10
	7	26 27 28 29 30	31 81 2 3 4	5 6 7 8 9	10 11 12 13 14	15 16 17 18 19	20 21 22 23 24	6	40
	7	25 26 27 28 29	30 31 91 2 3	4 5 6 7 8	9 10 11 12 13	14 15 16 17 18	19 20 21 22 —	1	10
	8	23 24 25 26 27	28 29 30 01 2	3 4 5 6 7	8 9 10 11 12	13 14 15 16 17	18 19 20 21 22	2	39
	9	23 24 25 26 27	28 29 30 31 N1	2 3 4 5 6	7 8 9 10 11	12 13 14 15 16	17 18 19 20 —	4	9
	10	21 22 23 24 25	26 27 28 29 30	D1 2 3 4 5	6 7 8 9 10	11 12 13 14 15	16 17 18 19 20	5	38
	11	21 22 23 24 25	26 27 28 29 30	31 11 2 3 4	5 6 7 8 9	10 11 12 13 14	15 16 17 18 —	0	8
	12][	19 20 21 22 23	24 25 26 27 28	29 30 31 21 2	3 4 5 6 7	8 9 10 11 12	13 14 15 16 17	1	37
中平 2 乙丑 185–86	14 1	18 19 20 21 22	23 24 25 26 27	28 31 2 3 4	5 6 7 8 9	10 11 12 13 14	15 16 17 18 —	3	7
	2	19 20 21 22 23	24 25 26 27 28	29 30 31 41 2	3 4 5 6 7	8 9 10 11 12	13 14 15 16 17	4	36
	3	18 19 20 21 22	23 24 25 26 27	28 29 30 51 2	3 4 5 6 7	8 9 10 11 12	13 14 15 16 —	6	6
	4	17 18 19 20 21	22 23 24 25 26	27 28 29 30 31	61 2 3 4 5	6 7 8 9 10	11 12 13 14 15	0	35
	5	16 17 18 19 20	21 22 23 24 25	26 27 28 29 30	71 2 3 4 5	6 7 8 9 10	11 12 13 14 —	2	5
	6	15 16 17 18 19	20 21 22 23 24	25 26 27 28 29	30 31 81 2 3	4 5 6 7 8	9 10 11 12 13	3	34
	7	14 15 16 17 18	19 20 21 22 23	24 25 26 27 28	29 30 31 91 2	3 4 5 6 7	8 9 10 11 —	5	4
	8	12 13 14 15 16	17 18 19 20 21	22 23 24 25 26	27 28 29 30 01	2 3 4 5 6	7 8 9 10 11	6	33
	9	12 13 14 15 16	17 18 19 20 21	22 23 24 25 26	27 28 29 30 31	N1 2 3 4 5	6 7 8 9 —	1	3
	10	10 11 12 13 14	15 16 17 18 19	20 21 22 23 24	25 26 27 28 29	30 D1 2 3 4	5 6 7 8 9	2	32
	11	10 11 12 13 14	15 16 17 18 19	20 21 22 23 24	25 26 27 28 29	30 31 11 2 3	4 5 6 7 8	4	2
	12	9 10 11 12 13	14 15 16 17 18	19 20 21 22 23	24 25 26 27 28	29 30 31 21 2	3 4 5 6 —	6	32

年序 Year	陰曆月序 Moon	陰曆日序 Order of days (Lunar) 1 2 3 4 5	6 7 8 9 10	11 12 13 14 15	16 17 18 19 20	21 22 23 24 25	26 27 28 29 30	星期 Week	干支 Cycle
中平 3 丙寅 186–87	26 1	7 8 9 10 11	12 13 14 15 16	17 18 19 20 21	22 23 24 25 26	27 28 **31** 2 3	4 5 6 7 8	0	1
	2	9 10 11 12 13	14 15 16 17 18	19 20 21 22 23	24 25 26 27 28	29 30 31 **41** 2	3 4 5 6 —	2	31
	3	7 8 9 10 11	12 13 14 15 16	17 18 19 20 21	22 23 24 25 26	27 28 29 30 **51**	2 3 4 5 6	3	0
	4	7 8 9 10 11	12 13 14 15 16	17 18 19 20 21	22 23 24 25 26	27 28 29 30 31	**61** 2 3 4 —	5	30
	5	5 6 7 8 9	10 11 12 13 14	15 16 17 18 19	20 21 22 23 24	25 26 27 28 29	30 **71** 2 3 4	6	59
	6	5 6 7 8 9	10 11 12 13 14	15 16 17 18 19	20 21 22 23 24	25 26 27 28 29	30 31 **81** 2 —	1	29
	7	3 4 5 6 7	8 9 10 11 12	13 14 15 16 17	18 19 20 21 22	23 24 25 26 27	28 29 30 31 **91**	2	58
	8	2 3 4 5 6	7 8 9 10 11	12 13 14 15 16	17 18 19 20 21	22 23 24 25 26	27 28 29 30 —	4	28
	9	**01** 2 3 4 5	6 7 8 9 10	11 12 13 14 15	16 17 18 19 20	21 22 23 24 25	26 27 28 29 30	5	57
	10	31 **N1** 2 3 4	5 6 7 8 9	10 11 12 13 14	15 16 17 18 19	20 21 22 23 24	25 26 27 28 —	0	27
	11	29 30 **D1** 2 3	4 5 6 7 8	9 10 11 12 13	14 15 16 17 18	19 20 21 22 23	24 25 26 27 28	1	56
	12	29 30 31 **11** 2	3 4 5 6 7	8 9 10 11 12	13 14 15 16 17	18 19 20 21 22	23 24 25 26 —	3	26
中平 4 丁卯 187–88	38 1	27 28 29 30 31	**21** 2 3 4 5	6 7 8 9 10	11 12 13 14 15	16 17 18 19 20	21 22 23 24 25	4	55
	2	26 27 28 **31** 2	3 4 5 6 7	8 9 10 11 12	13 14 15 16 17	18 19 20 21 22	23 24 25 26 27	6	25
	3	28 29 30 31 **41**	2 3 4 5 6	7 8 9 10 11	12 13 14 15 16	17 18 19 20 21	22 23 24 25 —	1	55
	4	26 27 28 29 30	**51** 2 3 4 5	6 7 8 9 10	11 12 13 14 15	16 17 18 19 20	21 22 23 24 25	2	24
	4	26 27 28 29 30	31 **61** 2 3 4	5 6 7 8 9	10 11 12 13 14	15 16 17 18 19	20 21 22 23 —	4	54
	5	24 25 26 27 28	29 30 **71** 2 3	4 5 6 7 8	9 10 11 12 13	14 15 16 17 18	19 20 21 22 23	5	23
	6	24 25 26 27 28	29 30 31 **81** 2	3 4 5 6 7	8 9 10 11 12	13 14 15 16 17	18 19 20 21 —	0	53
	7	22 23 24 25 26	27 28 29 30 31	**91** 2 3 4 5	6 7 8 9 10	11 12 13 14 15	16 17 18 19 20	1	22
	8	21 22 23 24 25	26 27 28 29 30	**01** 2 3 4 5	6 7 8 9 10	11 12 13 14 15	16 17 18 19 —	3	52
	9	20 21 22 23 24	25 26 27 28 29	30 31 **N1** 2 3	4 5 6 7 8	9 10 11 12 13	14 15 16 17 18	4	21
	10	19 20 21 22 23	24 25 26 27 28	29 30 **D1** 2 3	4 5 6 7 8	9 10 11 12 13	14 15 16 17 —	6	51
	11	18 19 20 21 22	23 24 25 26 27	28 29 30 31 **11**	2 3 4 5 6	7 8 9 10 11	12 13 14 15 16	0	20
	12	17 18 19 20 21	22 23 24 25 26	27 28 29 30 31	**21** 2 3 4 5	6 7 8 9 10	11 12 13 14 —	2	50
中平 5 戊辰 188–89	50 1	15 16 17 18 19	20 21 22 23 24	25 26 27 28 29	**31** 2 3 4 5	6 7 8 9 10	11 12 13 14 15	3	19
	2	16 17 18 19 20	21 22 23 24 25	26 27 28 29 30	31 **41** 2 3 4	5 6 7 8 9	10 11 12 13 —	5	49
	3	14 15 16 17 18	19 20 21 22 23	24 25 26 27 28	29 30 **51** 2 3	4 5 6 7 8	9 10 11 12 13	6	18
	4	14 15 16 17 18	19 20 21 22 23	24 25 26 27 28	29 30 31 **61** 2	3 4 5 6 7	8 9 10 11 —	1	48
	5	12 13 14 15 16	17 18 19 20 21	22 23 24 25 26	27 28 29 30 **71**	2 3 4 5 6	7 8 9 10 11	2	17
	6	12 13 14 15 16	17 18 19 20 21	22 23 24 25 26	27 28 29 30 31	**81** 2 3 4 5	6 7 8 9 10	4	47
	7	11 12 13 14 15	16 17 18 19 20	21 22 23 24 25	26 27 28 29 30	31 **91** 2 3 4	5 6 7 8 —	6	17
	8	9 10 11 12 13	14 15 16 17 18	19 20 21 22 23	24 25 26 27 28	29 30 **01** 2 3	4 5 6 7 8	0	46
	9	9 10 11 12 13	14 15 16 17 18	19 20 21 22 23	24 25 26 27 28	29 30 31 **N1** 2	3 4 5 6 —	2	16
	10	7 8 9 10 11	12 13 14 15 16	17 18 19 20 21	22 23 24 25 26	27 28 29 30 **D1**	2 3 4 5 6	3	45
	11	7 8 9 10 11	12 13 14 15 16	17 18 19 20 21	22 23 24 25 26	27 28 29 30 31	**11** 2 3 4 —	5	15
	12	5 6 7 8 9	10 11 12 13 14	15 16 17 18 19	20 21 22 23 24	25 26 27 28 29	30 31 **21** 2 3	6	44
中平 6 己巳 189–90	2 1	4 5 6 7 8	9 10 11 12 13	14 15 16 17 18	19 20 21 22 23	24 25 26 27 28	**31** 2 3 4 —	1	14
	2	5 6 7 8 9	10 11 12 13 14	15 16 17 18 19	20 21 22 23 24	25 26 27 28 29	30 31 **41** 2 3	2	43
	3	4 5 6 7 8	9 10 11 12 13	14 15 16 17 18	19 20 21 22 23	24 25 26 27 28	29 30 **51** 2 —	4	13
	4	3 4 5 6 7	8 9 10 11 12	13 14 15 16 17	18 19 20 21 22	23 24 25 26 27	28 29 30 31 **61**	5	42
	5	2 3 4 5 6	7 8 9 10 11	12 13 14 15 16	17 18 19 20 21	22 23 24 25 26	27 28 29 30 —	0	12
	6	**71** 2 3 4 5	6 7 8 9 10	11 12 13 14 15	16 17 18 19 20	21 22 23 24 25	26 27 28 29 30	1	41
	7	31 **81** 2 3 4	5 6 7 8 9	10 11 12 13 14	15 16 17 18 19	20 21 22 23 24	25 26 27 28 —	3	11
	8	29 30 31 **91** 2	3 4 5 6 7	8 9 10 11 12	13 14 15 16 17	18 19 20 21 22	23 24 25 26 27	4	40
	9	28 29 30 **01** 2	3 4 5 6 7	8 9 10 11 12	13 14 15 16 17	18 19 20 21 22	23 24 25 26 —	6	10
	10	27 28 29 30 31	**N1** 2 3 4 5	6 7 8 9 10	11 12 13 14 15	16 17 18 19 20	21 22 23 24 25	0	39
	11	26 27 28 29 30	**D1** 2 3 4 5	6 7 8 9 10	11 12 13 14 15	16 17 18 19 20	21 22 23 24 25	2	9
	12	26 27 28 29 30	31 **11** 2 3 4	5 6 7 8 9	10 11 12 13 14	15 16 17 18 19	20 21 22 23 —	4	39
	12	24 25 26 27 28	29 30 31 **21** 2	3 4 5 6 7	8 9 10 11 12	13 14 15 16 17	18 19 20 21 22	5	8
獻帝 初平 1 庚午 190–91	14 1	23 24 25 26 27	28 **31** 2 3 4	5 6 7 8 9	10 11 12 13 14	15 16 17 18 19	20 21 22 23 —	0	38
	2	24 25 26 27 28	29 30 31 **41** 2	3 4 5 6 7	8 9 10 11 12	13 14 15 16 17	18 19 20 21 22	1	7
	3	23 24 25 26 27	28 29 30 **51** 2	3 4 5 6 7	8 9 10 11 12	13 14 15 16 17	18 19 20 21 —	3	37
	4	22 23 24 25 26	27 28 29 30 31	**61** 2 3 4 5	6 7 8 9 10	11 12 13 14 15	16 17 18 19 20	4	6
	5	21 22 23 24 25	26 27 28 29 30	**71** 2 3 4 5	6 7 8 9 10	11 12 13 14 15	16 17 18 19 —	6	36
	6	20 21 22 23 24	25 26 27 28 29	30 31 **81** 2 3	4 5 6 7 8	9 10 11 12 13	14 15 16 17 18	0	5
	7	19 20 21 22 23	24 25 26 27 28	29 30 31 **91** 2	3 4 5 6 7	8 9 10 11 12	13 14 15 16 —	2	35
	8	17 18 19 20 21	22 23 24 25 26	27 28 29 30 **01**	2 3 4 5 6	7 8 9 10 11	12 13 14 15 16	3	4
	9	17 18 19 20 21	22 23 24 25 26	27 28 29 30 31	**N1** 2 3 4 5	6 7 8 9 10	11 12 13 14 —	5	34
	10	15 16 17 18 19	20 21 22 23 24	25 26 27 28 29	30 **D1** 2 3 4	5 6 7 8 9	10 11 12 13 14	6	3
	11	15 16 17 18 19	20 21 22 23 24	25 26 27 28 29	30 31 **11** 2 3	4 5 6 7 8	9 10 11 12 —	1	33
	12	13 14 15 16 17	18 19 20 21 22	23 24 25 26 27	28 29 30 31 **21**	2 3 4 5 6	7 8 9 10 11	2	2

年序 Year	陰曆月序 Moon	陰曆日序 Order of days (Lunar) 1 2 3 4 5	6 7 8 9 10	11 12 13 14 15	16 17 18 19 20	21 22 23 24 25	26 27 28 29 30	星期 Week	干支 Cycle
初平 2 辛未 191–92	26 1	12 13 14 15 16	17 18 19 20 21	22 23 24 25 26	27 28 31 2 3	4 5 6 7 8	9 10 11 12 13	4	32
	2	14 15 16 17 18	19 20 21 22 23	24 25 26 27 28	29 30 31 41 2	3 4 5 6 7	8 9 10 11 —	6	2
	3	12 13 14 15 16	17 18 19 20 21	22 23 24 25 26	27 28 29 30 51	2 3 4 5 6	7 8 9 10 11	0	31
	4	12 13 14 15 16	17 18 19 20 21	22 23 24 25 26	27 28 29 30 31	61 2 3 4 5	6 7 8 9 —	2	1
	5	10 11 12 13 14	15 16 17 18 19	20 21 22 23 24	25 26 27 28 29	30 71 2 3 4	5 6 7 8 9	3	30
	6	10 11 12 13 14	15 16 17 18 19	20 21 22 23 24	25 26 27 28 29	30 31 81 2 3	4 5 6 7 —	5	0
	7	8 9 10 11 12	13 14 15 16 17	18 19 20 21 22	23 24 25 26 27	28 29 30 31 91	2 3 4 5 6	6	29
	8	7 8 9 10 11	12 13 14 15 16	17 18 19 20 21	22 23 24 25 26	27 28 29 30 O1	2 3 4 5 —	1	59
	9	6 7 8 9 10	11 12 13 14 15	16 17 18 19 20	21 22 23 24 25	26 27 28 29 30	31 N1 2 3 4	2	28
	10	5 6 7 8 9	10 11 12 13 14	15 16 17 18 19	20 21 22 23 24	25 26 27 28 29	30 D1 2 3 —	4	58
	11	4 5 6 7 8	9 10 11 12 13	14 15 16 17 18	19 20 21 22 23	24 25 26 27 28	29 30 31 11 2	5	27
	12	3 4 5 6 7	8 9 10 11 12	13 14 15 16 17	18 19 20 21 22	23 24 25 26 27	28 29 30 31 —	0	57
初平 3 壬申 192–93	38 1	21 2 3 4 5	6 7 8 9 10	11 12 13 14 15	16 17 18 19 20	21 22 23 24 25	26 27 28 29 31	1	26
	2	2 3 4 5 6	7 8 9 10 11	12 13 14 15 16	17 18 19 20 21	22 23 24 25 26	27 28 29 30 —	3	56
	3	31 41 2 3 4	5 6 7 8 9	10 11 12 13 14	15 16 17 18 19	20 21 22 23 24	25 26 27 28 29	4	25
	4	30 51 2 3 4	5 6 7 8 9	10 11 12 13 14	15 16 17 18 19	20 21 22 23 24	25 26 27 28 —	6	55
	5	29 30 31 61 2	3 4 5 6 7	8 9 10 11 12	13 14 15 16 17	18 19 20 21 22	23 24 25 26 27	0	24
	6	28 29 30 71 2	3 4 5 6 7	8 9 10 11 12	13 14 15 16 17	18 19 20 21 22	23 24 25 26 27	2	54
	7	28 29 30 31 81	2 3 4 5 6	7 8 9 10 11	12 13 14 15 16	17 18 19 20 21	22 23 24 25 —	4	24
	8	26 27 28 29 30	31 91 2 3 4	5 6 7 8 9	10 11 12 13 14	15 16 17 18 19	20 21 22 23 24	5	53
	8	25 26 27 28 29	30 O1 2 3 4	5 6 7 8 9	10 11 12 13 14	15 16 17 18 19	20 21 22 23 —	0	23
	9	24 25 26 27 28	29 30 31 N1 2	3 4 5 6 7	8 9 10 11 12	13 14 15 16 17	18 19 20 21 22	1	52
	10	23 24 25 26 27	28 29 30 D1 2	3 4 5 6 7	8 9 10 11 12	13 14 15 16 17	18 19 20 21 —	3	22
	11	22 23 24 25 26	27 28 29 30 31	11 2 3 4 5	6 7 8 9 10	11 12 13 14 15	16 17 18 19 20	4	51
	12	21 22 23 24 25	26 27 28 29 30	31 21 2 3 4	5 6 7 8 9	10 11 12 13 14	15 16 17 18 —	6	21
初平 4 癸酉 193–94	50 1	19 20 21 22 23	24 25 26 27 28	31 2 3 4 5	6 7 8 9 10	11 12 13 14 15	16 17 18 19 20	0	50
	2	21 22 23 24 25	26 27 28 29 30	31 41 2 3 4	5 6 7 8 9	10 11 12 13 14	15 16 17 18 —	2	20
	3	19 20 21 22 23	24 25 26 27 28	29 30 51 2 3	4 5 6 7 8	9 10 11 12 13	14 15 16 17 18	3	49
	4	19 20 21 22 23	24 25 26 27 28	29 30 31 61 2	3 4 5 6 7	8 9 10 11 12	13 14 15 16 —	5	19
	5	17 18 19 20 21	22 23 24 25 26	27 28 29 30 71	2 3 4 5 6	7 8 9 10 11	12 13 14 15 16	6	48
	6	17 18 19 20 21	22 23 24 25 26	27 28 29 30 31	81 2 3 4 5	6 7 8 9 10	11 12 13 14 —	1	18
	7	15 16 17 18 19	20 21 22 23 24	25 26 27 28 29	30 31 91 2 3	4 5 6 7 8	9 10 11 12 13	2	47
	8	14 15 16 17 18	19 20 21 22 23	24 25 26 27 28	29 30 O1 2 3	4 5 6 7 8	9 10 11 12 13	4	17
	9	14 15 16 17 18	19 20 21 22 23	24 25 26 27 28	29 30 31 N1 2	3 4 5 6 7	8 9 10 11 —	6	47
	10	12 13 14 15 16	17 18 19 20 21	22 23 24 25 26	27 28 29 30 D1	2 3 4 5 6	7 8 9 10 11	0	16
	11	12 13 14 15 16	17 18 19 20 21	22 23 24 25 26	27 28 29 30 31	11 2 3 4 5	6 7 8 9 —	2	46
	12	10 11 12 13 14	15 16 17 18 19	20 21 22 23 24	25 26 27 28 29	30 31 21 2 3	4 5 6 7 8	3	15
興平 1 甲戌 194–95	2 1	9 10 11 12 13	14 15 16 17 18	19 20 21 22 23	24 25 26 27 28	31 2 3 4 5	6 7 8 9 —	5	45
	2	10 11 12 13 14	15 16 17 18 19	20 21 22 23 24	25 26 27 28 29	30 31 41 2 3	4 5 6 7 8	6	14
	3	9 10 11 12 13	14 15 16 17 18	19 20 21 22 23	24 25 26 27 28	29 30 51 2 3	4 5 6 7 —	1	44
	4	8 9 10 11 12	13 14 15 16 17	18 19 20 21 22	23 24 25 26 27	28 29 30 31 61	2 3 4 5 6	2	13
	5	7 8 9 10 11	12 13 14 15 16	17 18 19 20 21	22 23 24 25 26	27 28 29 30 71	2 3 4 5 —	4	43
	6	6 7 8 9 10	11 12 13 14 15	16 17 18 19 20	21 22 23 24 25	26 27 28 29 30	31 81 2 3 4	5	12
	7	5 6 7 8 9	10 11 12 13 14	15 16 17 18 19	20 21 22 23 24	25 26 27 28 29	30 31 91 2 —	0	42
	8	3 4 5 6 7	8 9 10 11 12	13 14 15 16 17	18 19 20 21 22	23 24 25 26 27	28 29 30 O1 2	1	11
	9	3 4 5 6 7	8 9 10 11 12	13 14 15 16 17	18 19 20 21 22	23 24 25 26 27	28 29 30 31 —	3	41
	10	N1 2 3 4 5	6 7 8 9 10	11 12 13 14 15	16 17 18 19 20	21 22 23 24 25	26 27 28 29 30	4	10
	11	D1 2 3 4 5	6 7 8 9 10	11 12 13 14 15	16 17 18 19 20	21 22 23 24 25	26 27 28 29 —	6	40
	12	30 31 11 2 3	4 5 6 7 8	9 10 11 12 13	14 15 16 17 18	19 20 21 22 23	24 25 26 27 28	0	9
興平 2 乙亥 195–96	14 1	29 30 31 21 2	3 4 5 6 7	8 9 10 11 12	13 14 15 16 17	18 19 20 21 22	23 24 25 26 27	2	39
	2	28 31 2 3 4	5 6 7 8 9	10 11 12 13 14	15 16 17 18 19	20 21 22 23 24	25 26 27 28 —	4	9
	3	29 30 31 41 2	3 4 5 6 7	8 9 10 11 12	13 14 15 16 17	18 19 20 21 22	23 24 25 26 27	5	38
	4	28 29 30 51 2	3 4 5 6 7	8 9 10 11 12	13 14 15 16 17	18 19 20 21 22	23 24 25 26 —	0	8
	5	27 28 29 30 31	61 2 3 4 5	6 7 8 9 10	11 12 13 14 15	16 17 18 19 20	21 22 23 24 25	1	37
	5	26 27 28 29 30	71 2 3 4 5	6 7 8 9 10	11 12 13 14 15	16 17 18 19 20	21 22 23 24 —	3	7
	6	25 26 27 28 29	30 31 81 2 3	4 5 6 7 8	9 10 11 12 13	14 15 16 17 18	19 20 21 22 23	4	36
	7	24 25 26 27 28	29 30 31 91 2	3 4 5 6 7	8 9 10 11 12	13 14 15 16 17	18 19 20 21 —	6	6
	8	22 23 24 25 26	27 28 29 30 O1	2 3 4 5 6	7 8 9 10 11	12 13 14 15 16	17 18 19 20 21	0	35
	9	22 23 24 25 26	27 28 29 30 31	N1 2 3 4 5	6 7 8 9 10	11 12 13 14 15	16 17 18 19 —	2	5
	10	20 21 22 23 24	25 26 27 28 29	30 D1 2 3 4	5 6 7 8 9	10 11 12 13 14	15 16 17 18 19	3	34
	11	20 21 22 23 24	25 26 27 28 29	30 31 11 2 3	4 5 6 7 8	9 10 11 12 13	14 15 16 17 —	5	4
	12	18 19 20 21 22	23 24 25 26 27	28 29 30 31 21	2 3 4 5 6	7 8 9 10 11	12 13 14 15 16	6	33

年序 Year	陰曆月序 Moon		陰曆日序 Order of days (Lunar) 1 2 3 4 5	6 7 8 9 10	11 12 13 14 15	16 17 18 19 20	21 22 23 24 25	26 27 28 29 30	星期 Week	干支 Cycle
建安 1 丙子 196–97	26	1	17 18 19 20 21	22 23 24 25 26	27 28 29 31 2	3 4 5 6 7	8 9 10 11 12	13 14 15 16 —	1	3
		2	17 18 19 20 21	22 23 24 25 26	27 28 29 30 31	41 2 3 4 5	6 7 8 9 10	11 12 13 14 15	2	32
		3	16 17 18 19 20	21 22 23 24 25	26 27 28 29 30	51 2 3 4 5	6 7 8 9 10	11 12 13 14 —	4	2
		4	15 16 17 18 19	20 21 22 23 24	25 26 27 28 29	30 31 61 2 3	4 5 6 7 8	9 10 11 12 13	5	31
		5	14 15 16 17 18	19 20 21 22 23	24 25 26 27 28	29 30 71 2 3	4 5 6 7 8	9 10 11 12 13	0	1
		6	14 15 16 17 18	19 20 21 22 23	24 25 26 27 28	29 30 31 81 2	3 4 5 6 7	8 9 10 11 —	2	31
		7	12 13 14 15 16	17 18 19 20 21	22 23 24 25 26	27 28 29 30 31	91 2 3 4 5	6 7 8 9 10	3	0
		8	11 12 13 14 15	16 17 18 19 20	21 22 23 24 25	26 27 28 29 30	01 2 3 4 5	6 7 8 9 —	5	30
		9	10 11 12 13 14	15 16 17 18 19	20 21 22 23 24	25 26 27 28 29	30 31 N1 2 3	4 5 6 7 8	6	59
		10	9 10 11 12 13	14 15 16 17 18	19 20 21 22 23	24 25 26 27 28	29 30 D1 2 3	4 5 6 7 —	1	29
		11	8 9 10 11 12	13 14 15 16 17	18 19 20 21 22	23 24 25 26 27	28 29 30 31 11	2 3 4 5 6	2	58
		12	7 8 9 10 11	12 13 14 15 16	17 18 19 20 21	22 23 24 25 26	27 28 29 30 31	21 2 3 4 —	4	28
建安 2 丁丑 197–98	38	1	5 6 7 8 9	10 11 12 13 14	15 16 17 18 19	20 21 22 23 24	25 26 27 28 31	2 3 4 5 6	5	57
		2	7 8 9 10 11	12 13 14 15 16	17 18 19 20 21	22 23 24 25 26	27 28 29 30 31	41 2 3 4 —	0	27
		3	5 6 7 8 9	10 11 12 13 14	15 16 17 18 19	20 21 22 23 24	25 26 27 28 29	30 51 2 3 4	1	56
		4	5 6 7 8 9	10 11 12 13 14	15 16 17 18 19	20 21 22 23 24	25 26 27 28 29	30 31 61 2 —	3	26
		5	3 4 5 6 7	8 9 10 11 12	13 14 15 16 17	18 19 20 21 22	23 24 25 26 27	28 29 30 71 2	4	55
		6	3 4 5 6 7	8 9 10 11 12	13 14 15 16 17	18 19 20 21 22	23 24 25 26 27	28 29 30 31 —	6	25
		7	81 2 3 4 5	6 7 8 9 10	11 12 13 14 15	16 17 18 19 20	21 22 23 24 25	26 27 28 29 30	0	54
		8	31 91 2 3 4	5 6 7 8 9	10 11 12 13 14	15 16 17 18 19	20 21 22 23 24	25 26 27 28 29	2	24
		9	30 01 2 3 4	5 6 7 8 9	10 11 12 13 14	15 16 17 18 19	20 21 22 23 24	25 26 27 28 —	4	54
		10	29 30 31 N1 2	3 4 5 6 7	8 9 10 11 12	13 14 15 16 17	18 19 20 21 22	23 24 25 26 27	5	23
		11	28 29 30 D1 2	3 4 5 6 7	8 9 10 11 12	13 14 15 16 17	18 19 20 21 22	23 24 25 26 —	0	53
		12	27 28 29 30 31	11 2 3 4 5	6 7 8 9 10	11 12 13 14 15	16 17 18 19 20	21 22 23 24 25	1	22
建安 3 戊寅 198–99	50	1	26 27 28 29 30	31 21 2 3 4	5 6 7 8 9	10 11 12 13 14	15 16 17 18 19	20 21 22 23 —	3	52
		2	24 25 26 27 28	31 2 3 4 5	6 7 8 9 10	11 12 13 14 15	16 17 18 19 20	21 22 23 24 25	4	21
		2	26 27 28 29 30	31 41 2 3 4	5 6 7 8 9	10 11 12 13 14	15 16 17 18 19	20 21 22 23 —	6	51
		3	24 25 26 27 28	29 30 51 2 3	4 5 6 7 8	9 10 11 12 13	14 15 16 17 18	19 20 21 22 23	0	20
		4	24 25 26 27 28	29 30 31 61 2	3 4 5 6 7	8 9 10 11 12	13 14 15 16 17	18 19 20 21 —	2	50
		5	22 23 24 25 26	27 28 29 30 71	2 3 4 5 6	7 8 9 10 11	12 13 14 15 16	17 18 19 20 21	3	19
		6	22 23 24 25 26	27 28 29 30 31	81 2 3 4 5	6 7 8 9 10	11 12 13 14 15	16 17 18 19 —	5	49
		7	20 21 22 23 24	25 26 27 28 29	30 31 91 2 3	4 5 6 7 8	9 10 11 12 13	14 15 16 17 18	6	18
		8	19 20 21 22 23	24 25 26 27 28	29 30 01 2 3	4 5 6 7 8	9 10 11 12 13	14 15 16 17 —	1	48
		9	18 19 20 21 22	23 24 25 26 27	28 29 30 31 N1	2 3 4 5 6	7 8 9 10 11	12 13 14 15 16	2	17
		10	17 18 19 20 21	22 23 24 25 26	27 28 29 30 D1	2 3 4 5 6	7 8 9 10 11	12 13 14 15 —	4	47
		11	16 17 18 19 20	21 22 23 24 25	26 27 28 29 30	31 11 2 3 4	5 6 7 8 9	10 11 12 13 14	5	16
		12	15 16 17 18 19	20 21 22 23 24	25 26 27 28 29	30 31 21 2 3	4 5 6 7 8	9 10 11 12 13	0	46
建安 4 己卯 199–200	2	1	14 15 16 17 18	19 20 21 22 23	24 25 26 27 28	31 2 3 4 5	6 7 8 9 10	11 12 13 14 —	2	16
		2	15 16 17 18 19	20 21 22 23 24	25 26 27 28 29	30 31 41 2 3	4 5 6 7 8	9 10 11 12 13	3	45
		3	14 15 16 17 18	19 20 21 22 23	24 25 26 27 28	29 30 51 2 3	4 5 6 7 8	9 10 11 12 —	5	15
		4	13 14 15 16 17	18 19 20 21 22	23 24 25 26 27	28 29 30 31 61	2 3 4 5 6	7 8 9 10 11	6	44
		5	12 13 14 15 16	17 18 19 20 21	22 23 24 25 26	27 28 29 30 71	2 3 4 5 6	7 8 9 10 —	1	14
		6	11 12 13 14 15	16 17 18 19 20	21 22 23 24 25	26 27 28 29 30	31 81 2 3 4	5 6 7 8 9	2	43
		7	10 11 12 13 14	15 16 17 18 19	20 21 22 23 24	25 26 27 28 29	30 31 91 2 3	4 5 6 7 —	4	13
		8	8 9 10 11 12	13 14 15 16 17	18 19 20 21 22	23 24 25 26 27	28 29 30 01 2	3 4 5 6 7	5	42
		9	8 9 10 11 12	13 14 15 16 17	18 19 20 21 22	23 24 25 26 27	28 29 30 31 N1	2 3 4 5 —	0	12
		10	6 7 8 9 10	11 12 13 14 15	16 17 18 19 20	21 22 23 24 25	26 27 28 29 30	D1 2 3 4 5	1	41
		11	6 7 8 9 10	11 12 13 14 15	16 17 18 19 20	21 22 23 24 25	26 27 28 29 30	31 11 2 3 —	3	11
		12	4 5 6 7 8	9 10 11 12 13	14 15 16 17 18	19 20 21 22 23	24 25 26 27 28	29 30 31 21 2	4	40
建安 5 庚辰 200–01	14	1	3 4 5 6 7	8 9 10 11 12	13 14 15 16 17	18 19 20 21 22	23 24 25 26 27	28 29 31 2 —	6	10
		2	3 4 5 6 7	8 9 10 11 12	13 14 15 16 17	18 19 20 21 22	23 24 25 26 27	28 29 30 31 41	0	39
		3	2 3 4 5 6	7 8 9 10 11	12 13 14 15 16	17 18 19 20 21	22 23 24 25 26	27 28 29 30 51	2	9
		4	2 3 4 5 6	7 8 9 10 11	12 13 14 15 16	17 18 19 20 21	22 23 24 25 26	27 28 29 30 —	4	39
		5	31 61 2 3 4	5 6 7 8 9	10 11 12 13 14	15 16 17 18 19	20 21 22 23 24	25 26 27 28 29	5	8
		6	30 71 2 3 4	5 6 7 8 9	10 11 12 13 14	15 16 17 18 19	20 21 22 23 24	25 26 27 28 —	0	38
		7	29 30 31 81 2	3 4 5 6 7	8 9 10 11 12	13 14 15 16 17	18 19 20 21 22	23 24 25 26 27	1	7
		8	28 29 30 31 91	2 3 4 5 6	7 8 9 10 11	12 13 14 15 16	17 18 19 20 21	22 23 24 25 —	3	37
		9	26 27 28 29 30	01 2 3 4 5	6 7 8 9 10	11 12 13 14 15	16 17 18 19 20	21 22 23 24 25	4	6
		10	26 27 28 29 30	31 N1 2 3 4	5 6 7 8 9	10 11 12 13 14	15 16 17 18 19	20 21 22 23 —	6	36
		10	24 25 26 27 28	29 30 D1 2 3	4 5 6 7 8	9 10 11 12 13	14 15 16 17 18	19 20 21 22 23	0	5
		11	24 25 26 27 28	29 30 31 11 2	3 4 5 6 7	8 9 10 11 12	13 14 15 16 17	18 19 20 21 —	2	35
		12	22 23 24 25 26	27 28 29 30 31	21 2 3 4 5	6 7 8 9 10	11 12 13 14 15	16 17 18 19 20	3	4

年序 Year	陰曆月序 Moon	陰曆日序 Order of days (Lunar) 1 2 3 4 5	6 7 8 9 10	11 12 13 14 15	16 17 18 19 20	21 22 23 24 25	26 27 28 29 30	星期 Week	干支 Cycle
建安6辛巳 201–02	26 1	21 22 23 24 25	26 27 28 31 2	3 4 5 6 7	8 9 10 11 12	13 14 15 16 17	18 19 20 21 —	5	34
	2	22 23 24 25 26	27 28 29 30 31	41 2 3 4 5	6 7 8 9 10	11 12 13 14 15	16 17 18 19 20	6	3
	3	21 22 23 24 25	26 27 28 29 30	51 2 3 4 5	6 7 8 9 10	11 12 13 14 15	16 17 18 19 —	1	33
	4	20 21 22 23 24	25 26 27 28 29	30 31 61 2 3	4 5 6 7 8	9 10 11 12 13	14 15 16 17 18	2	2
	5	19 20 21 22 23	24 25 26 27 28	29 30 71 2 3	4 5 6 7 8	9 10 11 12 13	14 15 16 17 —	4	32
	6	18 19 20 21 22	23 24 25 26 27	28 29 30 31 81	2 3 4 5 6	7 8 9 10 11	12 13 14 15 16	5	1
	7	17 18 19 20 21	22 23 24 25 26	27 28 29 30 31	91 2 3 4 5	6 7 8 9 10	11 12 13 14 15	0	31
	8	16 17 18 19 20	21 22 23 24 25	26 27 28 29 30	01 2 3 4 5	6 7 8 9 10	11 12 13 14 —	2	1
	9	15 16 17 18 19	20 21 22 23 24	25 26 27 28 29	30 31 N1 2 3	4 5 6 7 8	9 10 11 12 13	3	30
	10	14 15 16 17 18	19 20 21 22 23	24 25 26 27 28	29 30 D1 2 3	4 5 6 7 8	9 10 11 12 —	5	0
	11	13 14 15 16 17	18 19 20 21 22	23 24 25 26 27	28 29 30 31 11	2 3 4 5 6	7 8 9 10 11	6	29
	12	12 13 14 15 16	17 18 19 20 21	22 23 24 25 26	27 28 29 30 31	21 2 3 4 5	6 7 8 9 —	1	59
建安7壬午 202–03	38 1	10 11 12 13 14	15 16 17 18 19	20 21 22 23 24	25 26 27 28 31	2 3 4 5 6	7 8 9 10 11	2	28
	2	12 13 14 15 16	17 18 19 20 21	22 23 24 25 26	27 28 29 30 31	41 2 3 4 5	6 7 8 9 —	4	58
	3	10 11 12 13 14	15 16 17 18 19	20 21 22 23 24	25 26 27 28 29	30 51 2 3 4	5 6 7 8 9	5	27
	4	10 11 12 13 14	15 16 17 18 19	20 21 22 23 24	25 26 27 28 29	30 31 61 2 3	4 5 6 7 —	0	57
	5	8 9 10 11 12	13 14 15 16 17	18 19 20 21 22	23 24 25 26 27	28 29 30 71 2	3 4 5 6 7	1	26
	6	8 9 10 11 12	13 14 15 16 17	18 19 20 21 22	23 24 25 26 27	28 29 30 31 81	2 3 4 5 —	3	56
	7	6 7 8 9 10	11 12 13 14 15	16 17 18 19 20	21 22 23 24 25	26 27 28 29 30	31 91 2 3 4	4	25
	8	5 6 7 8 9	10 11 12 13 14	15 16 17 18 19	20 21 22 23 24	25 26 27 28 29	30 01 2 3 —	6	55
	9	4 5 6 7 8	9 10 11 12 13	14 15 16 17 18	19 20 21 22 23	24 25 26 27 28	29 30 31 N1 2	0	24
	10	3 4 5 6 7	8 9 10 11 12	13 14 15 16 17	18 19 20 21 22	23 24 25 26 27	28 29 30 D1 —	2	54
	11	2 3 4 5 6	7 8 9 10 11	12 13 14 15 16	17 18 19 20 21	22 23 24 25 26	27 28 29 30 31	3	23
	12	11 2 3 4 5	6 7 8 9 10	11 12 13 14 15	16 17 18 19 20	21 22 23 24 25	26 27 28 29 30	5	53
建安8癸未 203–204	50 1	31 21 2 3 4	5 6 7 8 9	10 11 12 13 14	15 16 17 18 19	20 21 22 23 24	25 26 27 28 —	0	23
	2	31 2 3 4 5	6 7 8 9 10	11 12 13 14 15	16 17 18 19 20	21 22 23 24 25	26 27 28 29 30	1	52
	3	31 41 2 3 4	5 6 7 8 9	10 11 12 13 14	15 16 17 18 19	20 21 22 23 24	25 26 27 28 —	3	22
	4	29 30 51 2 3	4 5 6 7 8	9 10 11 12 13	14 15 16 17 18	19 20 21 22 23	24 25 26 27 28	4	51
	5	29 30 31 61 2	3 4 5 6 7	8 9 10 11 12	13 14 15 16 17	18 19 20 21 22	23 24 25 26 —	6	21
	6	27 28 29 30 71	2 3 4 5 6	7 8 9 10 11	12 13 14 15 16	17 18 19 20 21	22 23 24 25 26	0	50
	6	27 28 29 30 31	81 2 3 4 5	6 7 8 9 10	11 12 13 14 15	16 17 18 19 20	21 22 23 24 —	2	20
	7	25 26 27 28 29	30 31 91 2 3	4 5 6 7 8	9 10 11 12 13	14 15 16 17 18	19 20 21 22 23	3	49
	8	24 25 26 27 28	29 30 01 2 3	4 5 6 7 8	9 10 11 12 13	14 15 16 17 18	19 20 21 22 —	5	19
	9	23 24 25 26 27	28 29 30 31 N1	2 3 4 5 6	7 8 9 10 11	12 13 14 15 16	17 18 19 20 21	6	48
	10	22 23 24 25 26	27 28 29 30 D1	2 3 4 5 6	7 8 9 10 11	12 13 14 15 16	17 18 19 20 —	1	18
	11	21 22 23 24 25	26 27 28 29 30	31 11 2 3 4	5 6 7 8 9	10 11 12 13 14	15 16 17 18 19	2	47
	12	20 21 22 23 24	25 26 27 28 29	30 31 21 2 3	4 5 6 7 8	9 10 11 12 13	14 15 16 17 —	4	17
建安9甲申 204–05	2 1	18 19 20 21 22	23 24 25 26 27	28 29 31 2 3	4 5 6 7 8	9 10 11 12 13	14 15 16 17 18	5	46
	2	19 20 21 22 23	24 25 26 27 28	29 30 31 41 2	3 4 5 6 7	8 9 10 11 12	13 14 15 16 17	0	16
	3	18 19 20 21 22	23 24 25 26 27	28 29 30 51 2	3 4 5 6 7	8 9 10 11 12	13 14 15 16 —	2	46
	4	17 18 19 20 21	22 23 24 25 26	27 28 29 30 31	61 2 3 4 5	6 7 8 9 10	11 12 13 14 15	3	15
	5	16 17 18 19 20	21 22 23 24 25	26 27 28 29 30	71 2 3 4 5	6 7 8 9 10	11 12 13 14 —	5	45
	6	15 16 17 18 19	20 21 22 23 24	25 26 27 28 29	30 31 81 2 3	4 5 6 7 8	9 10 11 12 13	6	14
	7	14 15 16 17 18	19 20 21 22 23	24 25 26 27 28	29 30 31 91 2	3 4 5 6 7	8 9 10 11 —	1	44
	8	12 13 14 15 16	17 18 19 20 21	22 23 24 25 26	27 28 29 30 01	2 3 4 5 6	7 8 9 10 11	2	13
	9	12 13 14 15 16	17 18 19 20 21	22 23 24 25 26	27 28 29 30 31	N1 2 3 4 5	6 7 8 9 —	4	43
	10	10 11 12 13 14	15 16 17 18 19	20 21 22 23 24	25 26 27 28 29	30 D1 2 3 4	5 6 7 8 9	5	12
	11	10 11 12 13 14	15 16 17 18 19	20 21 22 23 24	25 26 27 28 29	30 31 11 2 3	4 5 6 7 —	0	42
	12	8 9 10 11 12	13 14 15 16 17	18 19 20 21 22	23 24 25 26 27	28 29 30 31 21	2 3 4 5 6	1	11
建安10乙酉 205–06	14 1	7 8 9 10 11	12 13 14 15 16	17 18 19 20 21	22 23 24 25 26	27 28 31 2 3	4 5 6 7 —	3	41
	2	8 9 10 11 12	13 14 15 16 17	18 19 20 21 22	23 24 25 26 27	28 29 30 31 41	2 3 4 5 6	4	10
	3	7 8 9 10 11	12 13 14 15 16	17 18 19 20 21	22 23 24 25 26	27 28 29 30 51	2 3 4 5 —	6	40
	4	6 7 8 9 10	11 12 13 14 15	16 17 18 19 20	21 22 23 24 25	26 27 28 29 30	31 61 2 3 4	0	9
	5	5 6 7 8 9	10 11 12 13 14	15 16 17 18 19	20 21 22 23 24	25 26 27 28 29	30 71 2 3 —	2	39
	6	4 5 6 7 8	9 10 11 12 13	14 15 16 17 18	19 20 21 22 23	24 25 26 27 28	29 30 31 81 2	3	8
	7	3 4 5 6 7	8 9 10 11 12	13 14 15 16 17	18 19 20 21 22	23 24 25 26 27	28 29 30 31 91	5	38
	8	2 3 4 5 6	7 8 9 10 11	12 13 14 15 16	17 18 19 20 21	22 23 24 25 26	27 28 29 30 —	0	8
	9	01 2 3 4 5	6 7 8 9 10	11 12 13 14 15	16 17 18 19 20	21 22 23 24 25	26 27 28 29 30	1	37
	10	31 N1 2 3 4	5 6 7 8 9	10 11 12 13 14	15 16 17 18 19	20 21 22 23 24	25 26 27 28 —	3	7
	11	29 30 D1 2 3	4 5 6 7 8	9 10 11 12 13	14 15 16 17 18	19 20 21 22 23	24 25 26 27 28	4	36
	12	29 30 31 11 2	3 4 5 6 7	8 9 10 11 12	13 14 15 16 17	18 19 20 21 22	23 24 25 26 —	6	6

年序 Year	陰曆月序 Moon	陰曆日序 Order of days (Lunar) 1 2 3 4 5	6 7 8 9 10	11 12 13 14 15	16 17 18 19 20	21 22 23 24 25	26 27 28 29 30	星期 Week	干支 Cycle
建安 11 丙戌 206-07	26 1	27 28 29 30 31	**21** 2 3 4 5	6 7 8 9 10	11 12 13 14 15	16 17 18 19 20	21 22 23 24 25	0	35
	2	26 27 28 **31** 2	3 4 5 6 7	8 9 10 11 12	13 14 15 16 17	18 19 20 21 22	23 24 25 26 —	2	5
	3	27 28 29 30 31	**41** 2 3 4 5	6 7 8 9 10	11 12 13 14 15	16 17 18 19 20	21 22 23 24 25	3	34
	3	26 27 28 29 30	**51** 2 3 4 5	6 7 8 9 10	11 12 13 14 15	16 17 18 19 20	21 22 23 24 —	5	4
	4	25 26 27 28 29	30 31 **61** 2 3	4 5 6 7 8	9 10 11 12 13	14 15 16 17 18	19 20 21 22 23	6	33
	5	24 25 26 27 28	29 30 **71** 2 3	4 5 6 7 8	9 10 11 12 13	14 15 16 17 18	19 20 21 22 —	1	3
	6	23 24 25 26 27	28 29 30 31 **81**	2 3 4 5 6	7 8 9 10 11	12 13 14 15 16	17 18 19 20 21	2	32
	7	22 23 24 25 26	27 28 29 30 31	**91** 2 3 4 5	6 7 8 9 10	11 12 13 14 15	16 17 18 19 —	4	2
	8	20 21 22 23 24	25 26 27 28 29	30 **01** 2 3 4	5 6 7 8 9	10 11 12 13 14	15 16 17 18 19	5	31
	9	20 21 22 23 24	25 26 27 28 29	30 31 **N1** 2 3	4 5 6 7 8	9 10 11 12 13	14 15 16 17 18	0	1
	10	19 20 21 22 23	24 25 26 27 28	29 30 **D1** 2 3	4 5 6 7 8	9 10 11 12 13	14 15 16 17 —	2	31
	11	18 19 20 21 22	23 24 25 26 27	28 29 30 31 **11**	2 3 4 5 6	7 8 9 10 11	12 13 14 15 16	3	0
	12	17 18 19 20 21	22 23 24 25 26	27 28 29 30 31	**21** 2 3 4 5	6 7 8 9 10	11 12 13 14 —	5	30
建安 12 丁亥 207-08	38 1	15 16 17 18 19	20 21 22 23 24	25 26 27 28 **31**	2 3 4 5 6	7 8 9 10 11	12 13 14 15 16	6	59
	2	17 18 19 20 21	22 23 24 25 26	27 28 29 30 31	**41** 2 3 4 5	6 7 8 9 10	11 12 13 14 —	1	29
	3	15 16 17 18 19	20 21 22 23 24	25 26 27 28 29	30 **51** 2 3 4	5 6 7 8 9	10 11 12 13 14	2	58
	4	15 16 17 18 19	20 21 22 23 24	25 26 27 28 29	30 31 **61** 2 3	4 5 6 7 8	9 10 11 12 —	4	28
	5	13 14 15 16 17	18 19 20 21 22	23 24 25 26 27	28 29 30 **71** 2	3 4 5 6 7	8 9 10 11 12	5	57
	6	13 14 15 16 17	18 19 20 21 22	23 24 25 26 27	28 29 30 31 **81**	2 3 4 5 6	7 8 9 10 —	0	27
	7	11 12 13 14 15	16 17 18 19 20	21 22 23 24 25	26 27 28 29 30	31 **91** 2 3 4	5 6 7 8 9	1	56
	8	10 11 12 13 14	15 16 17 18 19	20 21 22 23 24	25 26 27 28 29	30 **01** 2 3 4	5 6 7 8 —	3	26
	9	9 10 11 12 13	14 15 16 17 18	19 20 21 22 23	24 25 26 27 28	29 30 31 **N1** 2	3 4 5 6 7	4	55
	10	8 9 10 11 12	13 14 15 16 17	18 19 20 21 22	23 24 25 26 27	28 29 30 **D1** 2	3 4 5 6 —	6	25
	11	7 8 9 10 11	12 13 14 15 16	17 18 19 20 21	22 23 24 25 26	27 28 29 30 31	**11** 2 3 4 5	0	54
	12	6 7 8 9 10	11 12 13 14 15	16 17 18 19 20	21 22 23 24 25	26 27 28 29 30	31 **21** 2 3 —	2	24
建安 13 戊子 208-09	50 1	4 5 6 7 8	9 10 11 12 13	14 15 16 17 18	19 20 21 22 23	24 25 26 27 28	29 **31** 2 3 4	3	53
	2	5 6 7 8 9	10 11 12 13 14	15 16 17 18 19	20 21 22 23 24	25 26 27 28 29	30 31 **41** 2 3	5	23
	3	4 5 6 7 8	9 10 11 12 13	14 15 16 17 18	19 20 21 22 23	24 25 26 27 28	29 30 **51** 2 —	0	53
	4	3 4 5 6 7	8 9 10 11 12	13 14 15 16 17	18 19 20 21 22	23 24 25 26 27	28 29 30 31 **61**	1	22
	5	2 3 4 5 6	7 8 9 10 11	12 13 14 15 16	17 18 19 20 21	22 23 24 25 26	27 28 29 30 —	3	52
	6	**71** 2 3 4 5	6 7 8 9 10	11 12 13 14 15	16 17 18 19 20	21 22 23 24 25	26 27 28 29 30	4	21
	7	31 **81** 2 3 4	5 6 7 8 9	10 11 12 13 14	15 16 17 18 19	20 21 22 23 24	25 26 27 28 —	6	51
	8	29 30 31 **91** 2	3 4 5 6 7	8 9 10 11 12	13 14 15 16 17	18 19 20 21 22	23 24 25 26 27	0	20
	9	28 29 30 **01** 2	3 4 5 6 7	8 9 10 11 12	13 14 15 16 17	18 19 20 21 22	23 24 25 26 —	2	50
	10	27 28 29 30 31	**N1** 2 3 4 5	6 7 8 9 10	11 12 13 14 15	16 17 18 19 20	21 22 23 24 25	3	19
	11	26 27 28 29 30	**D1** 2 3 4 5	6 7 8 9 10	11 12 13 14 15	16 17 18 19 20	21 22 23 24 —	5	49
	12	25 26 27 28 29	30 31 **11** 2 3	4 5 6 7 8	9 10 11 12 13	14 15 16 17 18	19 20 21 22 23	6	18
	12	24 25 26 27 28	29 30 31 **21** 2	3 4 5 6 7	8 9 10 11 12	13 14 15 16 17	18 19 20 21 —	1	48
建安 14 己丑 209-10	2 1	22 23 24 25 26	27 28 **31** 2 3	4 5 6 7 8	9 10 11 12 13	14 15 16 17 18	19 20 21 22 23	2	17
	2	24 25 26 27 28	29 30 31 **41** 2	3 4 5 6 7	8 9 10 11 12	13 14 15 16 17	18 19 20 21 —	4	47
	3	22 23 24 25 26	27 28 29 30 **51**	2 3 4 5 6	7 8 9 10 11	12 13 14 15 16	17 18 19 20 21	5	16
	4	22 23 24 25 26	27 28 29 30 31	**61** 2 3 4 5	6 7 8 9 10	11 12 13 14 15	16 17 18 19 —	0	46
	5	20 21 22 23 24	25 26 27 28 29	30 **71** 2 3 4	5 6 7 8 9	10 11 12 13 14	15 16 17 18 19	1	15
	6	20 21 22 23 24	25 26 27 28 29	30 31 **81** 2 3	4 5 6 7 8	9 10 11 12 13	14 15 16 17 18	3	45
	7	19 20 21 22 23	24 25 26 27 28	29 30 31 **91** 2	3 4 5 6 7	8 9 10 11 12	13 14 15 16 —	5	15
	8	17 18 19 20 21	22 23 24 25 26	27 28 29 30 **01**	2 3 4 5 6	7 8 9 10 11	12 13 14 15 16	6	44
	9	17 18 19 20 21	22 23 24 25 26	27 28 29 30 31	**N1** 2 3 4 5	6 7 8 9 10	11 12 13 14 —	1	14
	10	15 16 17 18 19	20 21 22 23 24	25 26 27 28 29	30 **D1** 2 3 4	5 6 7 8 9	10 11 12 13 14	2	43
	11	15 16 17 18 19	20 21 22 23 24	25 26 27 28 29	30 31 **11** 2 3	4 5 6 7 8	9 10 11 12 —	4	13
	12	13 14 15 16 17	18 19 20 21 22	23 24 25 26 27	28 29 30 31 **21**	2 3 4 5 6	7 8 9 10 11	5	42
建安 15 庚寅 210-11	14 1	12 13 14 15 16	17 18 19 20 21	22 23 24 25 26	27 28 **31** 2 3	4 5 6 7 8	9 10 11 12 —	0	12
	2	13 14 15 16 17	18 19 20 21 22	23 24 25 26 27	28 29 30 31 **41**	2 3 4 5 6	7 8 9 10 11	1	41
	3	12 13 14 15 16	17 18 19 20 21	22 23 24 25 26	27 28 29 30 **51**	2 3 4 5 6	7 8 9 10 —	3	11
	4	11 12 13 14 15	16 17 18 19 20	21 22 23 24 25	26 27 28 29 30	31 **61** 2 3 4	5 6 7 8 9	4	40
	5	10 11 12 13 14	15 16 17 18 19	20 21 22 23 24	25 26 27 28 29	30 **71** 2 3 4	5 6 7 8 —	6	10
	6	9 10 11 12 13	14 15 16 17 18	19 20 21 22 23	24 25 26 27 28	29 30 31 **81** 2	3 4 5 6 7	0	39
	7	8 9 10 11 12	13 14 15 16 17	18 19 20 21 22	23 24 25 26 27	28 29 30 31 **91**	2 3 4 5 —	2	9
	8	6 7 8 9 10	11 12 13 14 15	16 17 18 19 20	21 22 23 24 25	26 27 28 29 30	**01** 2 3 4 5	3	38
	9	6 7 8 9 10	11 12 13 14 15	16 17 18 19 20	21 22 23 24 25	26 27 28 29 30	31 **N1** 2 3 4	5	8
	10	5 6 7 8 9	10 11 12 13 14	15 16 17 18 19	20 21 22 23 24	25 26 27 28 29	30 **D1** 2 3 —	0	38
	11	4 5 6 7 8	9 10 11 12 13	14 15 16 17 18	19 20 21 22 23	24 25 26 27 28	29 30 31 **11** 2	1	7
	12	3 4 5 6 7	8 9 10 11 12	13 14 15 16 17	18 19 20 21 22	23 24 25 26 27	28 29 30 31 —	3	37

年序 Year	陰曆月序 Moon	陰曆日序 Order of days (Lunar) 1 2 3 4 5	6 7 8 9 10	11 12 13 14 15	16 17 18 19 20	21 22 23 24 25	26 27 28 29 30	星期 Week	干支 Cycle
建安16辛卯 211-12	26 1	21 2 3 4 5	6 7 8 9 10	11 12 13 14 15	16 17 18 19 20	21 22 23 24 25	26 27 28 31 2	4	6
	2	3 4 5 6 7	8 9 10 11 12	13 14 15 16 17	18 19 20 21 22	23 24 25 26 27	28 29 30 31 —	6	36
	3	41 2 3 4 5	6 7 8 9 10	11 12 13 14 15	16 17 18 19 20	21 22 23 24 25	26 27 28 29 30	0	5
	4	51 2 3 4 5	6 7 8 9 10	11 12 13 14 15	16 17 18 19 20	21 22 23 24 25	26 27 28 29 —	2	35
	5	30 31 61 2 3	4 5 6 7 8	9 10 11 12 13	14 15 16 17 18	19 20 21 22 23	24 25 26 27 28	3	4
	6	29 30 71 2 3	4 5 6 7 8	9 10 11 12 13	14 15 16 17 18	19 20 21 22 23	24 25 26 27 —	5	34
	7	28 29 30 31 81	2 3 4 5 6	7 8 9 10 11	12 13 14 15 16	17 18 19 20 21	22 23 24 25 26	6	3
	8	27 28 29 30 31	91 2 3 4 5	6 7 8 9 10	11 12 13 14 15	16 17 18 19 20	21 22 23 24 —	1	33
	8	25 26 27 28 29	30 01 2 3 4	5 6 7 8 9	10 11 12 13 14	15 16 17 18 19	20 21 22 23 24	2	2
	9	25 26 27 28 29	30 31 N1 2 3	4 5 6 7 8	9 10 11 12 13	14 15 16 17 18	19 20 21 22 —	4	32
	10	23 24 25 26 27	28 29 30 D1 2	3 4 5 6 7	8 9 10 11 12	13 14 15 16 17	18 19 20 21 22	5	1
	11	23 24 25 26 27	28 29 30 31 11	2 3 4 5 6	7 8 9 10 11	12 13 14 15 16	17 18 19 20 —	0	31
	12	21 22 23 24 25	26 27 28 29 30	31 21 2 3 4	5 6 7 8 9	10 11 12 13 14	15 16 17 18 19	1	0
建安17壬辰 212-13	38 1	20 21 22 23 24	25 26 27 28 29	31 2 3 4 5	6 7 8 9 10	11 12 13 14 15	16 17 18 19 20	3	30
	2	21 22 23 24 25	26 27 28 29 30	31 41 2 3 4	5 6 7 8 9	10 11 12 13 14	15 16 17 18 —	5	0
	3	19 20 21 22 23	24 25 26 27 28	29 30 51 2 3	4 5 6 7 8	9 10 11 12 13	14 15 16 17 18	6	29
	4	19 20 21 22 23	24 25 26 27 28	29 30 31 61 2	3 4 5 6 7	8 9 10 11 12	13 14 15 16 —	1	59
	5	17 18 19 20 21	22 23 24 25 26	27 28 29 30 71	2 3 4 5 6	7 8 9 10 11	12 13 14 15 16	2	28
	6	17 18 19 20 21	22 23 24 25 26	27 28 29 30 31	81 2 3 4 5	6 7 8 9 10	11 12 13 14 —	4	58
	7	15 16 17 18 19	20 21 22 23 24	25 26 27 28 29	30 31 91 2 3	4 5 6 7 8	9 10 11 12 13	5	27
	8	14 15 16 17 18	19 20 21 22 23	24 25 26 27 28	29 30 01 2 3	4 5 6 7 8	9 10 11 12 —	0	57
	9	13 14 15 16 17	18 19 20 21 22	23 24 25 26 27	28 29 30 31 N1	2 3 4 5 6	7 8 9 10 11	1	26
	10	12 13 14 15 16	17 18 19 20 21	22 23 24 25 26	27 28 29 30 D1	2 3 4 5 6	7 8 9 10 —	3	56
	11	11 12 13 14 15	16 17 18 19 20	21 22 23 24 25	26 27 28 29 30	31 11 2 3 4	5 6 7 8 9	4	25
	12	10 11 12 13 14	15 16 17 18 19	20 21 22 23 24	25 26 27 28 29	30 31 21 2 3	4 5 6 7 —	6	55
建安18癸巳 213-14	50 1	8 9 10 11 12	13 14 15 16 17	18 19 20 21 22	23 24 25 26 27	28 31 2 3 4	5 6 7 8 9	0	24
	2	10 11 12 13 14	15 16 17 18 19	20 21 22 23 24	25 26 27 28 29	30 31 41 2 3	4 5 6 7 —	2	54
	3	8 9 10 11 12	13 14 15 16 17	18 19 20 21 22	23 24 25 26 27	28 29 30 51 2	3 4 5 6 7	3	23
	4	8 9 10 11 12	13 14 15 16 17	18 19 20 21 22	23 24 25 26 27	28 29 30 31 61	2 3 4 5 6	5	53
	5	7 8 9 10 11	12 13 14 15 16	17 18 19 20 21	22 23 24 25 26	27 28 29 30 71	2 3 4 5 —	0	23
	6	6 7 8 9 10	11 12 13 14 15	16 17 18 19 20	21 22 23 24 25	26 27 28 29 30	31 81 2 3 4	1	52
	7	5 6 7 8 9	10 11 12 13 14	15 16 17 18 19	20 21 22 23 24	25 26 27 28 29	30 31 91 2 —	3	22
	8	3 4 5 6 7	8 9 10 11 12	13 14 15 16 17	18 19 20 21 22	23 24 25 26 27	28 29 30 01 2	4	51
	9	3 4 5 6 7	8 9 10 11 12	13 14 15 16 17	18 19 20 21 22	23 24 25 26 27	28 29 30 31 —	6	21
	10	N1 2 3 4 5	6 7 8 9 10	11 12 13 14 15	16 17 18 19 20	21 22 23 24 25	26 27 28 29 30	0	50
	11	D1 2 3 4 5	6 7 8 9 10	11 12 13 14 15	16 17 18 19 20	21 22 23 24 25	26 27 28 29 —	2	20
	12	30 31 11 2 3	4 5 6 7 8	9 10 11 12 13	14 15 16 17 18	19 20 21 22 23	24 25 26 27 28	3	49
建安19甲午 214-15	2 1	29 30 31 21 2	3 4 5 6 7	8 9 10 11 12	13 14 15 16 17	18 19 20 21 22	23 24 25 26 —	5	19
	2	27 28 31 2 3	4 5 6 7 8	9 10 11 12 13	14 15 16 17 18	19 20 21 22 23	24 25 26 27 28	6	48
	3	29 30 31 41 2	3 4 5 6 7	8 9 10 11 12	13 14 15 16 17	18 19 20 21 22	23 24 25 26 —	1	18
	4	27 28 29 30 51	2 3 4 5 6	7 8 9 10 11	12 13 14 15 16	17 18 19 20 21	22 23 24 25 26	2	47
	4	27 28 29 30 31	61 2 3 4 5	6 7 8 9 10	11 12 13 14 15	16 17 18 19 20	21 22 23 24 —	4	17
	5	25 26 27 28 29	30 71 2 3 4	5 6 7 8 9	10 11 12 13 14	15 16 17 18 19	20 21 22 23 24	5	46
	6	25 26 27 28 29	30 31 81 2 3	4 5 6 7 8	9 10 11 12 13	14 15 16 17 18	19 20 21 22 —	0	16
	7	23 24 25 26 27	28 29 30 31 91	2 3 4 5 6	7 8 9 10 11	12 13 14 15 16	17 18 19 20 21	1	45
	8	22 23 24 25 26	27 28 29 30 01	2 3 4 5 6	7 8 9 10 11	12 13 14 15 16	17 18 19 20 21	3	15
	9	22 23 24 25 26	27 28 29 30 31	N1 2 3 4 5	6 7 8 9 10	11 12 13 14 15	16 17 18 19 —	5	45
	10	20 21 22 23 24	25 26 27 28 29	30 D1 2 3 4	5 6 7 8 9	10 11 12 13 14	15 16 17 18 19	6	14
	11	20 21 22 23 24	25 26 27 28 29	30 31 11 2 3	4 5 6 7 8	9 10 11 12 13	14 15 16 17 —	1	44
	12	18 19 20 21 22	23 24 25 26 27	28 29 30 31 21	2 3 4 5 6	7 8 9 10 11	12 13 14 15 16	2	13
建安20乙未 215-16	14 1	17 18 19 20 21	22 23 24 25 26	27 28 31 2 3	4 5 6 7 8	9 10 11 12 13	14 15 16 17 —	4	43
	2	18 19 20 21 22	23 24 25 26 27	28 29 30 31 41	2 3 4 5 6	7 8 9 10 11	12 13 14 15 16	5	12
	3	17 18 19 20 21	22 23 24 25 26	27 28 29 30 51	2 3 4 5 6	7 8 9 10 11	12 13 14 15 —	0	42
	4	16 17 18 19 20	21 22 23 24 25	26 27 28 29 30	31 61 2 3 4	5 6 7 8 9	10 11 12 13 14	1	11
	5	15 16 17 18 19	20 21 22 23 24	25 26 27 28 29	30 71 2 3 4	5 6 7 8 9	10 11 12 13 —	3	41
	6	14 15 16 17 18	19 20 21 22 23	24 25 26 27 28	29 30 31 81 2	3 4 5 6 7	8 9 10 11 12	4	10
	7	13 14 15 16 17	18 19 20 21 22	23 24 25 26 27	28 29 30 31 91	2 3 4 5 6	7 8 9 10 —	6	40
	8	11 12 13 14 15	16 17 18 19 20	21 22 23 24 25	26 27 28 29 30	01 2 3 4 5	6 7 8 9 10	0	9
	9	11 12 13 14 15	16 17 18 19 20	21 22 23 24 25	26 27 28 29 30	31 N1 2 3 4	5 6 7 8 —	2	39
	10	9 10 11 12 13	14 15 16 17 18	19 20 21 22 23	24 25 26 27 28	29 30 D1 2 3	4 5 6 7 8	3	8
	11	9 10 11 12 13	14 15 16 17 18	19 20 21 22 23	24 25 26 27 28	29 30 31 11 2	3 4 5 6 —	5	38
	12	7 8 9 10 11	12 13 14 15 16	17 18 19 20 21	22 23 24 25 26	27 28 29 30 31	21 2 3 4 5	6	7

年序 Year	陰曆月序 Moon	陰曆日序 Order of days (Lunar) 1 2 3 4 5	6 7 8 9 10	11 12 13 14 15	16 17 18 19 20	21 22 23 24 25	26 27 28 29 30	星期 Week	干支 Cycle
建安 21 丙申 216–17	26 1	6 7 8 9 10	11 12 13 14 15	16 17 18 19 20	21 22 23 24 25	26 27 28 29 31	2 3 4 5 6	1	37
	2	7 8 9 10 11	12 13 14 15 16	17 18 19 20 21	22 23 24 25 26	27 28 29 30 31	41 2 3 4 —	3	7
	3	5 6 7 8 9	10 11 12 13 14	15 16 17 18 19	20 21 22 23 24	25 26 27 28 29	30 51 2 3 4	4	36
	4	5 6 7 8 9	10 11 12 13 14	15 16 17 18 19	20 21 22 23 24	25 26 27 28 29	30 31 61 2 —	6	6
	5	3 4 5 6 7	8 9 10 11 12	13 14 15 16 17	18 19 20 21 22	23 24 25 26 27	28 29 30 71 2	0	35
	6	3 4 5 6 7	8 9 10 11 12	13 14 15 16 17	18 19 20 21 22	23 24 25 26 27	28 29 30 31 —	2	5
	7	81 2 3 4 5	6 7 8 9 10	11 12 13 14 15	16 17 18 19 20	21 22 23 24 25	26 27 28 29 30	3	34
	8	31 91 2 3 4	5 6 7 8 9	10 11 12 13 14	15 16 17 18 19	20 21 22 23 24	25 26 27 28 —	5	4
	9	29 30 01 2 3	4 5 6 7 8	9 10 11 12 13	14 15 16 17 18	19 20 21 22 23	24 25 26 27 28	6	33
	10	29 30 31 N1 2	3 4 5 6 7	8 9 10 11 12	13 14 15 16 17	18 19 20 21 22	23 24 25 26 —	1	3
	11	27 28 29 30 D1	2 3 4 5 6	7 8 9 10 11	12 13 14 15 16	17 18 19 20 21	22 23 24 25 26	2	32
	12	27 28 29 30 31	11 2 3 4 5	6 7 8 9 10	11 12 13 14 15	16 17 18 19 20	21 22 23 24 —	4	2
建安 22 丁酉 217–18	38 1	25 26 27 28 29	30 31 21 2 3	4 5 6 7 8	9 10 11 12 13	14 15 16 17 18	19 20 21 22 23	5	31
	1	24 25 26 27 28	31 2 3 4 5	6 7 8 9 10	11 12 13 14 15	16 17 18 19 20	21 22 23 24 —	0	1
	2	25 26 27 28 29	30 31 41 2 3	4 5 6 7 8	9 10 11 12 13	14 15 16 17 18	19 20 21 22 23	1	30
	3	24 25 26 27 28	29 30 51 2 3	4 5 6 7 8	9 10 11 12 13	14 15 16 17 18	19 20 21 22 23	3	0
	4	24 25 26 27 28	29 30 31 61 2	3 4 5 6 7	8 9 10 11 12	13 14 15 16 17	18 19 20 21 —	5	30
	5	22 23 24 25 26	27 28 29 30 71	2 3 4 5 6	7 8 9 10 11	12 13 14 15 16	17 18 19 20 21	6	59
	6	22 23 24 25 26	27 28 29 30 31	81 2 3 4 5	6 7 8 9 10	11 12 13 14 15	16 17 18 19 —	1	29
	7	20 21 22 23 24	25 26 27 28 29	30 31 91 2 3	4 5 6 7 8	9 10 11 12 13	14 15 16 17 18	2	58
	8	19 20 21 22 23	24 25 26 27 28	29 30 01 2 3	4 5 6 7 8	9 10 11 12 13	14 15 16 17 —	4	28
	9	18 19 20 21 22	23 24 25 26 27	28 29 30 31 N1	2 3 4 5 6	7 8 9 10 11	12 13 14 15 16	5	57
	10	17 18 19 20 21	22 23 24 25 26	27 28 29 30 D1	2 3 4 5 6	7 8 9 10 11	12 13 14 15 —	0	27
	11	16 17 18 19 20	21 22 23 24 25	26 27 28 29 30	31 11 2 3 4	5 6 7 8 9	10 11 12 13 14	1	56
	12	15 16 17 18 19	20 21 22 23 24	25 26 27 28 29	30 31 21 2 3	4 5 6 7 8	9 10 11 12 —	3	26
建安 23 戊戌 218–19	50 1	13 14 15 16 17	18 19 20 21 22	23 24 25 26 27	28 31 2 3 4	5 6 7 8 9	10 11 12 13 14	4	55
	2	15 16 17 18 19	20 21 22 23 24	25 26 27 28 29	30 31 41 2 3	4 5 6 7 8	9 10 11 12 —	6	25
	3	13 14 15 16 17	18 19 20 21 22	23 24 25 26 27	28 29 30 51 2	3 4 5 6 7	8 9 10 11 12	0	54
	4	13 14 15 16 17	18 19 20 21 22	23 24 25 26 27	28 29 30 31 61	2 3 4 5 6	7 8 9 10 —	2	24
	5	11 12 13 14 15	16 17 18 19 20	21 22 23 24 25	26 27 28 29 30	71 2 3 4 5	6 7 8 9 10	3	53
	6	11 12 13 14 15	16 17 18 19 20	21 22 23 24 25	26 27 28 29 30	31 81 2 3 4	5 6 7 8 —	5	23
	7	9 10 11 12 13	14 15 16 17 18	19 20 21 22 23	24 25 26 27 28	29 30 31 91 2	3 4 5 6 7	6	52
	8	8 9 10 11 12	13 14 15 16 17	18 19 20 21 22	23 24 25 26 27	28 29 30 01 2	3 4 5 6 7	1	22
	9	8 9 10 11 12	13 14 15 16 17	18 19 20 21 22	23 24 25 26 27	28 29 30 31 N1	2 3 4 5 —	3	52
	10	6 7 8 9 10	11 12 13 14 15	16 17 18 19 20	21 22 23 24 25	26 27 28 29 30	D1 2 3 4 5	4	21
	11	6 7 8 9 10	11 12 13 14 15	16 17 18 19 20	21 22 23 24 25	26 27 28 29 30	31 11 2 3 —	6	51
	12	4 5 6 7 8	9 10 11 12 13	14 15 16 17 18	19 20 21 22 23	24 25 26 27 28	29 30 31 21 2	0	20
建安 24 己亥 219–20	2 1	3 4 5 6 7	8 9 10 11 12	13 14 15 16 17	18 19 20 21 22	23 24 25 26 27	28 31 2 3 —	2	50
	2	4 5 6 7 8	9 10 11 12 13	14 15 16 17 18	19 20 21 22 23	24 25 26 27 28	29 30 31 41 2	3	19
	3	3 4 5 6 7	8 9 10 11 12	13 14 15 16 17	18 19 20 21 22	23 24 25 26 27	28 29 30 51 —	5	49
	4	2 3 4 5 6	7 8 9 10 11	12 13 14 15 16	17 18 19 20 21	22 23 24 25 26	27 28 29 30 31	6	18
	5	61 2 3 4 5	6 7 8 9 10	11 12 13 14 15	16 17 18 19 20	21 22 23 24 25	26 27 28 29 —	1	48
	6	30 71 2 3 4	5 6 7 8 9	10 11 12 13 14	15 16 17 18 19	20 21 22 23 24	25 26 27 28 29	2	17
	7	30 31 81 2 3	4 5 6 7 8	9 10 11 12 13	14 15 16 17 18	19 20 21 22 23	24 25 26 27 —	4	47
	8	28 29 30 31 91	2 3 4 5 6	7 8 9 10 11	12 13 14 15 16	17 18 19 20 21	22 23 24 25 26	5	16
	9	27 28 29 30 01	2 3 4 5 6	7 8 9 10 11	12 13 14 15 16	17 18 19 20 21	22 23 24 25 —	0	46
	10	26 27 28 29 30	31 N1 2 3 4	5 6 7 8 9	10 11 12 13 14	15 16 17 18 19	20 21 22 23 24	1	15
	10	25 26 27 28 29	30 D1 2 3 4	5 6 7 8 9	10 11 12 13 14	15 16 17 18 19	20 21 22 23 24	3	45
	11	25 26 27 28 29	30 31 11 2 3	4 5 6 7 8	9 10 11 12 13	14 15 16 17 18	19 20 21 22 —	5	15
	12	23 24 25 26 27	28 29 30 31 21	2 3 4 5 6	7 8 9 10 11	12 13 14 15 16	17 18 19 20 21	6	44
□ 前魏文帝黃初 1 庚子 220–21	14 1	22 23 24 25 26	27 28 29 31 2	3 4 5 6 7	8 9 10 11 12	13 14 15 16 17	18 19 20 21 —	1	14
	2	22 23 24 25 26	27 28 29 30 31	41 2 3 4 5	6 7 8 9 10	11 12 13 14 15	16 17 18 19 20	2	43
	3	21 22 23 24 25	26 27 28 29 30	51 2 3 4 5	6 7 8 9 10	11 12 13 14 15	16 17 18 19 —	4	13
	4	20 21 22 23 24	25 26 27 28 29	30 31 61 2 3	4 5 6 7 8	9 10 11 12 13	14 15 16 17 18	5	42
	5	19 20 21 22 23	24 25 26 27 28	29 30 71 2 3	4 5 6 7 8	9 10 11 12 13	14 15 16 17 —	0	12
	6	18 19 20 21 22	23 24 25 26 27	28 29 30 31 81	2 3 4 5 6	7 8 9 10 11	12 13 14 15 16	1	41
	7	17 18 19 20 21	22 23 24 25 26	27 28 29 30 31	91 2 3 4 5	6 7 8 9 10	11 12 13 14 —	3	11
	8	15 16 17 18 19	20 21 22 23 24	25 26 27 28 29	30 01 2 3 4	5 6 7 8 9	10 11 12 13 14	4	40
	9	15 16 17 18 19	20 21 22 23 24	25 26 27 28 29	30 31 N1 2 3	4 5 6 7 8	9 10 11 12 —	6	10
	10][	13 14 15 16 17	18 19 20 21 22	23 24 25 26 27	28 29 30 D1 2	3 4 5 6 7	8 9 10 11 12	0	39
	11	13 14 15 16 17	18 19 20 21 22	23 24 25 26 27	28 29 30 31 11	2 3 4 5 6	7 8 9 10 —	2	9
	12	11 12 13 14 15	16 17 18 19 20	21 22 23 24 25	26 27 28 29 30	31 21 2 3 4	5 6 7 8 9	3	38

□ 前魏，西蜀及東吳三國朔閏殊異． 本書正編只列魏曆；其蜀吳兩曆，另列朔閏表，附於編末． 如表一，二． 401-3 頁．

The calendars of the three kingdoms, Ch'ien Wei, Hsi Shu and Tung Wu are different. The dates from the year 220–265 A.D. of this book are basing upon the Ch'ien Wei calendar, while the calendars of Hsi Shu (220–265 A.D.) and Tung Wu (222–280 A.D.) are tabulated abbreviately in the appendix (Tables 1 and 2) on pages 401–3.

年序 Year	陰曆月序 Moon	陰曆日序 Order of days (Lunar) 1 2 3 4 5	6 7 8 9 10	11 12 13 14 15	16 17 18 19 20	21 22 23 24 25	26 27 28 29 30	星期 Week	干支 Cycle
黃初 2 辛丑 221–22	26 1	10 11 12 13 14	15 16 17 18 19	20 21 22 23 24	25 26 27 28 31	2 3 4 5 6	7 8 9 10 —	5	8
	2	11 12 13 14 15	16 17 18 19 20	21 22 23 24 25	26 27 28 29 30	31 41 2 3 4	5 6 7 8 9	6	37
	3	10 11 12 13 14	15 16 17 18 19	20 21 22 23 24	25 26 27 28 29	30 51 2 3 4	5 6 7 8 9	1	7
	4	10 11 12 13 14	15 16 17 18 19	20 21 22 23 24	25 26 27 28 29	30 31 61 2 3	4 5 6 7 —	3	37
	5	8 9 10 11 12	13 14 15 16 17	18 19 20 21 22	23 24 25 26 27	28 29 30 71 2	3 4 5 6 7	4	6
	6	8 9 10 11 12	13 14 15 16 17	18 19 20 21 22	23 24 25 26 27	28 29 30 31 81	2 3 4 5 —	6	36
	7	6 7 8 9 10	11 12 13 14 15	16 17 18 19 20	21 22 23 24 25	26 27 28 29 30	31 91 2 3 4	0	5
	8	5 6 7 8 9	10 11 12 13 14	15 16 17 18 19	20 21 22 23 24	25 26 27 28 29	30 01 2 3 —	2	35
	9	4 5 6 7 8	9 10 11 12 13	14 15 16 17 18	19 20 21 22 23	24 25 26 27 28	29 30 31 N1 2	3	4
	10	3 4 5 6 7	8 9 10 11 12	13 14 15 16 17	18 19 20 21 22	23 24 25 26 27	28 29 30 D1 —	5	34
	11	2 3 4 5 6	7 8 9 10 11	12 13 14 15 16	17 18 19 20 21	22 23 24 25 26	27 28 29 30 31	6	3
	12	11 2 3 4 5	6 7 8 9 10	11 12 13 14 15	16 17 18 19 20	21 22 23 24 25	26 27 28 29 —	1	33
黃初 3 壬寅 222–23	38 1	30 31 21 2 3	4 5 6 7 8	9 10 11 12 13	14 15 16 17 18	19 20 21 22 23	24 25 26 27 28	2	2
	2	31 2 3 4 5	6 7 8 9 10	11 12 13 14 15	16 17 18 19 20	21 22 23 24 25	26 27 28 29 —	4	32
	3	30 31 41 2 3	4 5 6 7 8	9 10 11 12 13	14 15 16 17 18	19 20 21 22 23	24 25 26 27 28	5	1
	4	29 30 51 2 3	4 5 6 7 8	9 10 11 12 13	14 15 16 17 18	19 20 21 22 23	24 25 26 27 —	0	31
	5	28 29 30 31 61	2 3 4 5 6	7 8 9 10 11	12 13 14 15 16	17 18 19 20 21	22 23 24 25 26	1	0
	6	27 28 29 30 71	2 3 4 5 6	7 8 9 10 11	12 13 14 15 16	17 18 19 20 21	22 23 24 25 —	3	30
	6	26 27 28 29 30	31 81 2 3 4	5 6 7 8 9	10 11 12 13 14	15 16 17 18 19	20 21 22 23 24	4	59
	7	25 26 27 28 29	30 31 91 2 3	4 5 6 7 8	9 10 11 12 13	14 15 16 17 18	19 20 21 22 23	6	29
	8	24 25 26 27 28	29 30 01 2 3	4 5 6 7 8	9 10 11 12 13	14 15 16 17 18	19 20 21 22 —	1	59
	9	23 24 25 26 27	28 29 30 31 N1	2 3 4 5 6	7 8 9 10 11	12 13 14 15 16	17 18 19 20 21	2	28
	10	22 23 24 25 26	27 28 29 30 D1	2 3 4 5 6	7 8 9 10 11	12 13 14 15 16	17 18 19 20 —	4	58
	11	21 22 23 24 25	26 27 28 29 30	31 11 2 3 4	5 6 7 8 9	10 11 12 13 14	15 16 17 18 19	5	27
	12	20 21 22 23 24	25 26 27 28 29	30 31 21 2 3	4 5 6 7 8	9 10 11 12 13	14 15 16 17 —	0	57
黃初 4 癸卯 223–24	50 1	18 19 20 21 22	23 24 25 26 27	28 31 2 3 4	5 6 7 8 9	10 11 12 13 14	15 16 17 18 19	1	26
	2	20 21 22 23 24	25 26 27 28 29	30 31 41 2 3	4 5 6 7 8	9 10 11 12 13	14 15 16 17 —	3	56
	3	18 19 20 21 22	23 24 25 26 27	28 29 30 51 2	3 4 5 6 7	8 9 10 11 12	13 14 15 16 17	4	25
	4	18 19 20 21 22	23 24 25 26 27	28 29 30 31 61	2 3 4 5 6	7 8 9 10 11	12 13 14 15 —	6	55
	5	16 17 18 19 20	21 22 23 24 25	26 27 28 29 30	71 2 3 4 5	6 7 8 9 10	11 12 13 14 15	0	24
	6	16 17 18 19 20	21 22 23 24 25	26 27 28 29 30	31 81 2 3 4	5 6 7 8 9	10 11 12 13 —	2	54
	7	14 15 16 17 18	19 20 21 22 23	24 25 26 27 28	29 30 31 91 2	3 4 5 6 7	8 9 10 11 12	3	23
	8	13 14 15 16 17	18 19 20 21 22	23 24 25 26 27	28 29 30 01 2	3 4 5 6 7	8 9 10 11 —	5	53
	9	12 13 14 15 16	17 18 19 20 21	22 23 24 25 26	27 28 29 30 31	N1 2 3 4 5	6 7 8 9 10	6	22
	10	11 12 13 14 15	16 17 18 19 20	21 22 23 24 25	26 27 28 29 30	D1 2 3 4 5	6 7 8 9 10	1	52
	11	11 12 13 14 15	16 17 18 19 20	21 22 23 24 25	26 27 28 29 30	31 11 2 3 4	5 6 7 8 —	3	22
	12	9 10 11 12 13	14 15 16 17 18	19 20 21 22 23	24 25 26 27 28	29 30 31 21 2	3 4 5 6 7	4	51
黃初 5 甲辰 224–25	2 1	8 9 10 11 12	13 14 15 16 17	18 19 20 21 22	23 24 25 26 27	28 29 31 2 3	4 5 6 7 —	6	21
	2	8 9 10 11 12	13 14 15 16 17	18 19 20 21 22	23 24 25 26 27	28 29 30 31 41	2 3 4 5 6	0	50
	3	7 8 9 10 11	12 13 14 15 16	17 18 19 20 21	22 23 24 25 26	27 28 29 30 51	2 3 4 5 —	2	20
	4	6 7 8 9 10	11 12 13 14 15	16 17 18 19 20	21 22 23 24 25	26 27 28 29 30	31 61 2 3 4	3	49
	5	5 6 7 8 9	10 11 12 13 14	15 16 17 18 19	20 21 22 23 24	25 26 27 28 29	30 71 2 3 —	5	19
	6	4 5 6 7 8	9 10 11 12 13	14 15 16 17 18	19 20 21 22 23	24 25 26 27 28	29 30 31 81 2	6	48
	7	3 4 5 6 7	8 9 10 11 12	13 14 15 16 17	18 19 20 21 22	23 24 25 26 27	28 29 30 31 —	1	18
	8	91 2 3 4 5	6 7 8 9 10	11 12 13 14 15	16 17 18 19 20	21 22 23 24 25	26 27 28 29 30	2	47
	9	01 2 3 4 5	6 7 8 9 10	11 12 13 14 15	16 17 18 19 20	21 22 23 24 25	26 27 28 29 —	4	17
	10	30 31 N1 2 3	4 5 6 7 8	9 10 11 12 13	14 15 16 17 18	19 20 21 22 23	24 25 26 27 28	5	46
	11	29 30 D1 2 3	4 5 6 7 8	9 10 11 12 13	14 15 16 17 18	19 20 21 22 23	24 25 26 27 —	0	16
	12	28 29 30 31 11	2 3 4 5 6	7 8 9 10 11	12 13 14 15 16	17 18 19 20 21	22 23 24 25 26	1	45
黃初 6 乙巳 225–26	14 1	27 28 29 30 31	21 2 3 4 5	6 7 8 9 10	11 12 13 14 15	16 17 18 19 20	21 22 23 24 —	3	15
	2	25 26 27 28 31	2 3 4 5 6	7 8 9 10 11	12 13 14 15 16	17 18 19 20 21	22 23 24 25 26	4	44
	3	27 28 29 30 31	41 2 3 4 5	6 7 8 9 10	11 12 13 14 15	16 17 18 19 20	21 22 23 24 25	6	14
	3	26 27 28 29 30	51 2 3 4 5	6 7 8 9 10	11 12 13 14 15	16 17 18 19 20	21 22 23 24 —	1	44
	4	25 26 27 28 29	30 31 61 2 3	4 5 6 7 8	9 10 11 12 13	14 15 16 17 18	19 20 21 22 23	2	13
	5	24 25 26 27 28	29 30 71 2 3	4 5 6 7 8	9 10 11 12 13	14 15 16 17 18	19 20 21 22 —	4	43
	6	23 24 25 26 27	28 29 30 31 81	2 3 4 5 6	7 8 9 10 11	12 13 14 15 16	17 18 19 20 21	5	12
	7	22 23 24 25 26	27 28 29 30 31	91 2 3 4 5	6 7 8 9 10	11 12 13 14 15	16 17 18 19 —	0	42
	8	20 21 22 28 24	25 26 27 28 29	30 01 2 3 4	5 6 7 8 9	10 11 12 13 14	15 16 17 18 19	1	11
	9	20 21 22 23 24	25 26 27 28 29	30 31 N1 2 3	4 5 6 7 8	9 10 11 12 13	14 15 16 17 —	3	41
	10	18 19 20 21 22	23 24 25 26 27	28 29 30 D1 2	3 4 5 6 7	8 9 10 11 12	13 14 15 16 17	4	10
	11	18 19 20 21 22	23 24 25 26 27	28 29 30 31 11	2 3 4 5 6	7 8 9 10 11	12 13 14 15 —	6	40
	12	16 17 18 19 20	21 22 23 24 25	26 27 28 29 30	31 21 2 3 4	5 6 7 8 9	10 11 12 13 14	0	9

年序 Year	陰暦月序 Moon	1 2 3 4 5	6 7 8 9 10	11 12 13 14 15	16 17 18 19 20	21 22 23 24 25	26 27 28 29 30	星期 Week	干支 Cycle
		陰暦日序 Order of days (Lunar)							
黄初 7 丙午 226–27	26 1	15 16 17 18 19	20 21 22 23 24	25 26 27 28 31	2 3 4 5 6	7 8 9 10 11	12 13 14 15 —	2	39
	2	16 17 18 19 20	21 22 23 24 25	26 27 28 29 30	31 41 2 3 4	5 6 7 8 9	10 11 12 13 14	3	8
	3	15 16 17 18 19	20 21 22 23 24	25 26 27 28 29	30 51 2 3 4	5 6 7 8 9	10 11 12 13 —	5	38
	4	14 15 16 17 18	19 20 21 22 23	24 25 26 27 28	29 30 31 61 2	3 4 5 6 7	8 9 10 11 12	6	7
	5	13 14 15 16 17	18 19 20 21 22	23 24 25 26 27	28 29 30 71 2	3 4 5 6 7	8 9 10 11 —	1	37
	6	12 13 14 15 16	17 18 19 20 21	22 23 24 25 26	27 28 29 30 31	81 2 3 4 5	6 7 8 9 10	2	6
	7	11 12 13 14 15	16 17 18 19 20	21 22 23 24 25	26 27 28 29 30	31 91 2 3 4	5 6 7 8 9	4	36
	8	10 11 12 13 14	15 16 17 18 19	20 21 22 23 24	25 26 27 28 29	30 01 2 3 4	5 6 7 8 —	6	6
	9	9 10 11 12 13	14 15 16 17 18	19 20 21 22 23	24 25 26 27 28	29 30 31 N1 2	3 4 5 6 7	0	35
	10	8 9 10 11 12	13 14 15 16 17	18 19 20 21 22	23 24 25 26 27	28 29 30 D1 2	3 4 5 6 —	2	5
	11	7 8 9 10 11	12 13 14 15 16	17 18 19 20 21	22 23 24 25 26	27 28 29 30 31	11 2 3 4 5	3	34
	12	6 7 8 9 10	11 12 13 14 15	16 17 18 19 20	21 22 23 24 25	26 27 28 29 30	31 21 2 3 —	5	4
明帝 太和 1 丁未 227–28	38 1	4 5 6 7 8	9 10 11 12 13	14 15 16 17 18	19 20 21 22 23	24 25 26 27 28	31 2 3 4 5	6	33
	2	6 7 8 9 10	11 12 13 14 15	16 17 18 19 20	21 22 23 24 25	26 27 28 29 30	31 41 2 3 —	1	3
	3	4 5 6 7 8	9 10 11 12 13	14 15 16 17 18	19 20 21 22 23	24 25 26 27 28	29 30 51 2 3	2	32
	4	4 5 6 7 8	9 10 11 12 13	14 15 16 17 18	19 20 21 22 23	24 25 26 27 28	29 30 31 61 —	4	2
	5	2 3 4 5 6	7 8 9 10 11	12 13 14 15 16	17 18 19 20 21	22 23 24 25 26	27 28 29 30 71	5	31
	6	2 3 4 5 6	7 8 9 10 11	12 13 14 15 16	17 18 19 20 21	22 23 24 25 26	27 28 29 30 —	0	1
	7	31 81 2 3 4	5 6 7 8 9	10 11 12 13 14	15 16 17 18 19	20 21 22 23 24	25 26 27 28 29	1	30
	8	30 31 91 2 3	4 5 6 7 8	9 10 11 12 13	14 15 16 17 18	19 20 21 22 23	24 25 26 27 —	3	0
	9	28 29 30 01 2	3 4 5 6 7	8 9 10 11 12	13 14 15 16 17	18 19 20 21 22	23 24 25 26 27	4	29
	10	28 29 30 31 N1	2 3 4 5 6	7 8 9 10 11	12 13 14 15 16	17 18 19 20 21	22 23 24 25 26	6	59
	11	27 28 29 30 D1	2 3 4 5 6	7 8 9 10 11	12 13 14 15 16	17 18 19 20 21	22 23 24 25 —	1	29
	12	26 27 28 29 30	31 11 2 3 4	5 6 7 8 9	10 11 12 13 14	15 16 17 18 19	20 21 22 23 24	2	58
	12	25 26 27 28 29	30 31 21 2 3	4 5 6 7 8	9 10 11 12 13	14 15 16 17 18	19 20 21 22 —	4	28
太和 2 戊申 228–29	50 1	23 24 25 26 27	28 29 31 2 3	4 5 6 7 8	9 10 11 12 13	14 15 16 17 18	19 20 21 22 23	5	57
	2	24 25 26 27 28	29 30 31 41 2	3 4 5 6 7	8 9 10 11 12	13 14 15 16 17	18 19 20 21 —	0	27
	3	22 23 24 25 26	27 28 29 30 51	2 3 4 5 6	7 8 9 10 11	12 13 14 15 16	17 18 19 20 21	1	56
	4	22 23 24 25 26	27 28 29 30 31	61 2 3 4 5	6 7 8 9 10	11 12 13 14 15	16 17 18 19 —	3	26
	5	20 21 22 23 24	25 26 27 28 29	30 71 2 3 4	5 6 7 8 9	10 11 12 13 14	15 16 17 18 19	4	55
	6	20 21 22 23 24	25 26 27 28 29	30 31 81 2 3	4 5 6 7 8	9 10 11 12 13	14 15 16 17 —	6	25
	7	18 19 20 21 22	23 24 25 26 27	28 29 30 31 91	2 3 4 5 6	7 8 9 10 11	12 13 14 15 16	0	54
	8	17 18 19 20 21	22 23 24 25 26	27 28 29 30 01	2 3 4 5 6	7 8 9 10 11	12 13 14 15 —	2	24
	9	16 17 18 19 20	21 22 23 24 25	26 27 28 29 30	31 N1 2 3 4	5 6 7 8 9	10 11 12 13 14	3	53
	10	15 16 17 18 19	20 21 22 23 24	25 26 27 28 29	30 D1 2 3 4	5 6 7 8 9	10 11 12 13 —	5	23
	11	14 15 16 17 18	19 20 21 22 23	24 25 26 27 28	29 30 31 11 2	3 4 5 6 7	8 9 10 11 12	6	52
	12	13 14 15 16 17	18 19 20 21 22	23 24 25 26 27	28 29 30 31 21	2 3 4 5 6	7 8 9 10 —	1	22
太和 3 己酉 229–30	2 1	11 12 13 14 15	16 17 18 19 20	21 22 23 24 25	26 27 28 31 2	3 4 5 6 7	8 9 10 11 12	2	51
	2	13 14 15 16 17	18 19 20 21 22	23 24 25 26 27	28 29 30 31 41	2 3 4 5 6	7 8 9 10 11	4	21
	3	12 13 14 15 16	17 18 19 20 21	22 23 24 25 26	27 28 29 30 51	2 3 4 5 6	7 8 9 10 —	6	51
	4	11 12 13 14 15	16 17 18 19 20	21 22 23 24 25	26 27 28 29 30	31 61 2 3 4	5 6 7 8 9	0	20
	5	10 11 12 13 14	15 16 17 18 19	20 21 22 23 24	25 26 27 28 29	30 71 2 3 4	5 6 7 8 —	2	50
	6	9 10 11 12 13	14 15 16 17 18	19 20 21 22 23	24 25 26 27 28	29 30 31 81 2	3 4 5 6 7	3	19
	7	8 9 10 11 12	13 14 15 16 17	18 19 20 21 22	23 24 25 26 27	28 29 30 31 91	2 3 4 5 —	5	49
	8	6 7 8 9 10	11 12 13 14 15	16 17 18 19 20	21 22 23 24 25	26 27 28 29 30	01 2 3 4 5	6	18
	9	6 7 8 9 10	11 12 13 14 15	16 17 18 19 20	21 22 23 24 25	26 27 28 29 30	31 N1 2 3 —	1	48
	10	4 5 6 7 8	9 10 11 12 13	14 15 16 17 18	19 20 21 22 23	24 25 26 27 28	29 30 D1 2 3	2	17
	11	4 5 6 7 8	9 10 11 12 13	14 15 16 17 18	19 20 21 22 23	24 25 26 27 28	29 30 31 11 —	4	47
	12	2 3 4 5 6	7 8 9 10 11	12 13 14 15 16	17 18 19 20 21	22 23 24 25 26	27 28 29 30 31	5	16
太和 4 庚戌 230–31	14 1	21 2 3 4 5	6 7 8 9 10	11 12 13 14 15	16 17 18 19 20	21 22 23 24 25	26 27 28 31 —	0	46
	2	2 3 4 5 6	7 8 9 10 11	12 13 14 15 16	17 18 19 20 21	22 23 24 25 26	27 28 29 30 31	1	15
	3	41 2 3 4 5	6 7 8 9 10	11 12 13 14 15	16 17 18 19 20	21 22 23 24 25	26 27 28 29 —	3	45
	4	30 51 2 3 4	5 6 7 8 9	10 11 12 13 14	15 16 17 18 19	20 21 22 23 24	25 26 27 28 29	4	14
	5	30 31 61 2 3	4 5 6 7 8	9 10 11 12 13	14 15 16 17 18	19 20 21 22 23	24 25 26 27 28	6	44
	6	29 30 71 2 3	4 5 6 7 8	9 10 11 12 13	14 15 16 17 18	19 20 21 22 23	24 25 26 27 —	1	14
	7	28 29 30 31 81	2 3 4 5 6	7 8 9 10 11	12 13 14 15 16	17 18 19 20 21	22 23 24 25 26	2	43
	8	27 28 29 30 31	91 2 3 4 5	6 7 8 9 10	11 12 13 14 15	16 17 18 19 20	21 22 23 24 —	4	13
	9	25 26 27 28 29	30 01 2 3 4	5 6 7 8 9	10 11 12 13 14	15 16 17 18 19	20 21 22 23 24	5	42
	9	25 26 27 28 29	30 31 N1 2 3	4 5 6 7 8	9 10 11 12 13	14 15 16 17 18	19 20 21 22 —	0	12
	10	23 24 25 26 27	28 29 30 D1 2	3 4 5 6 7	8 9 10 11 12	13 14 15 16 17	18 19 20 21 22	1	41
	11	23 24 25 26 27	28 29 30 31 11	2 3 4 5 6	7 8 9 10 11	12 13 14 15 16	17 18 19 20 —	3	11
	12	21 22 23 24 25	26 27 28 29 30	31 21 2 3 4	5 6 7 8 9	10 11 12 13 14	15 16 17 18 19	4	40

年序 Year	陰曆月序 Moon	陰曆日序 Order of days (Lunar) 1 2 3 4 5	6 7 8 9 10	11 12 13 14 15	16 17 18 19 20	21 22 23 24 25	26 27 28 29 30	星期 Week	干支 Cycle
太和 5 辛亥 231–32	26 1	20 21 22 23 24	25 26 27 28 31	2 3 4 5 6	7 8 9 10 11	12 13 14 15 16	17 18 19 20 —	6	10
	2	21 22 23 24 25	26 27 28 29 30	31 41 2 3 4	5 6 7 8 9	10 11 12 13 14	15 16 17 18 19	0	39
	3	20 21 22 23 24	25 26 27 28 29	30 51 2 3 4	5 6 7 8 9	10 11 12 13 14	15 16 17 18 —	2	9
	4	19 20 21 [illegible]	24 25 26 27 28	29 30 31 61 2	3 4 5 6 7	8 9 10 11 12	13 14 15 16 17	3	38
	5	18 19 20 21 22	23 24 25 26 27	28 29 30 71 2	3 4 5 6 7	8 9 10 11 12	13 14 15 16 —	5	8
	6	17 18 19 20 21	22 23 24 25 26	27 28 29 30 31	81 2 3 4 5	6 7 8 9 10	11 12 13 14 15	6	37
	7	16 17 18 19 20	21 22 23 24 25	26 27 28 29 30	31 91 2 3 4	5 6 7 8 9	10 11 12 13 —	1	7
	8	14 15 16 17 18	19 20 21 22 23	24 25 26 27 28	29 30 01 2 3	4 5 6 7 8	9 10 11 12 13	2	36
	9	14 15 16 17 18	19 20 21 22 23	24 25 26 27 28	29 30 31 N1 2	3 4 5 6 7	8 9 10 11 12	4	6
	10	13 14 15 16 17	18 19 20 21 22	23 24 25 26 27	28 29 30 D1 2	3 4 5 6 7	8 9 10 11 —	6	36
	11	12 13 14 15 16	17 18 19 20 21	22 23 24 25 26	27 28 29 30 31	11 2 3 4 5	6 7 8 9 10	0	5
	12	11 12 13 14 15	16 17 18 19 20	21 22 23 24 25	26 27 28 29 30	31 21 2 3 4	5 6 7 8 —	2	35
太和 6 壬子 232–33	38 1	9 10 11 12 13	14 15 16 17 18	19 20 21 22 23	24 25 26 27 28	29 31 2 3 4	5 6 7 8 9	3	4
	2	10 11 12 13 14	15 16 17 18 19	20 21 22 23 24	25 26 27 28 29	30 31 41 2 3	4 5 6 7 —	5	34
	3	8 9 10 11 12	13 14 15 16 17	18 19 20 21 22	23 24 25 26 27	28 29 30 51 2	3 4 5 6 7	6	3
	4	8 9 10 11 12	13 14 15 16 17	18 19 20 21 22	23 24 25 26 27	28 29 30 31 61	2 3 4 5 —	1	33
	5	6 7 8 9 10	11 12 13 14 15	16 17 18 19 20	21 22 23 24 25	26 27 28 29 30	71 2 3 4 5	2	2
	6	6 7 8 9 10	11 12 13 14 15	16 17 18 19 20	21 22 23 24 25	26 27 28 29 30	31 81 2 3 —	4	32
	7	4 5 6 7 8	9 10 11 12 13	14 15 16 17 18	19 20 21 22 23	24 25 26 27 28	29 30 31 91 2	5	1
	8	3 4 5 6 7	8 9 10 11 12	13 14 15 16 17	18 19 20 21 22	23 24 25 26 27	28 29 30 01 —	0	31
	9	2 3 4 5 6	7 8 9 10 11	12 13 14 15 16	17 18 19 20 21	22 23 24 25 26	27 28 29 30 31	1	0
	10	N1 2 3 4 5	6 7 8 9 10	11 12 13 14 15	16 17 18 19 20	21 22 23 24 25	26 27 28 29 —	3	30
	11	30 D1 2 3 4	5 6 7 8 9	10 11 12 13 14	15 16 17 18 19	20 21 22 23 24	25 26 27 28 29	4	59
	12	30 31 11 2 3	4 5 6 7 8	9 10 11 12 13	14 15 16 17 18	19 20 21 22 23	24 25 26 27 —	6	29
青龍 1 癸丑 233–34	50 1	28 29 30 31 21	2 3 4 5 6	7 8 9 10 11	12 13 14 15 16	17 18 19 20 21	22 23 24 25 26	0	58
	2][	27 28 31 2 3	4 5 6 7 8	9 10 11 12 13	14 15 16 17 18	19 20 21 22 23	24 25 26 27 28	2	28
	3	29 30 31 41 2	3 4 5 6 7	8 9 10 11 12	13 14 15 16 17	18 19 20 21 22	23 24 25 26 —	4	58
	4	27 28 29 30 51	2 3 4 5 6	7 8 9 10 11	12 13 14 15 16	17 18 19 20 21	22 23 24 25 26	5	27
	5	27 28 29 30 31	61 2 3 4 5	6 7 8 9 10	11 12 13 14 15	16 17 18 19 20	21 22 23 24 —	0	57
	5	25 26 27 28 29	30 71 2 3 4	5 6 7 8 9	10 11 12 13 14	15 16 17 18 19	20 21 22 23 24	1	26
	6	25 26 27 28 29	30 31 81 2 3	4 5 6 7 8	9 10 11 12 13	14 15 16 17 18	19 20 21 22 —	3	56
	7	23 24 25 26 27	28 29 30 31 91	2 3 4 5 6	7 8 9 10 11	12 13 14 15 16	17 18 19 20 21	4	25
	8	22 23 24 25 26	27 28 29 30 01	2 3 4 5 6	7 8 9 10 11	12 13 14 15 16	17 18 19 20 —	6	55
	9	21 22 23 24 25	26 27 28 29 30	31 N1 2 3 4	5 6 7 8 9	10 11 12 13 14	15 16 17 18 19	0	24
	10	20 21 22 23 24	25 26 27 28 29	30 D1 2 3 4	5 6 7 8 9	10 11 12 13 14	15 16 17 18 —	2	54
	11	19 20 21 22 23	24 25 26 27 28	29 30 31 11 2	3 4 5 6 7	8 9 10 11 12	13 14 15 16 17	3	23
	12	18 19 20 21 22	23 24 25 26 27	28 29 30 31 21	2 3 4 5 6	7 8 9 10 11	12 13 14 15 —	5	53
青龍 2 甲寅 234–35	2 1	16 17 18 19 20	21 22 23 24 25	26 27 28 31 2	3 4 5 6 7	8 9 10 11 12	13 14 15 16 17	6	22
	2	18 19 20 21 22	23 24 25 26 27	28 29 30 31 41	2 3 4 5 6	7 8 9 10 11	12 13 14 15 —	1	52
	3	16 17 18 19 20	21 22 23 24 25	26 27 28 29 30	51 2 3 4 5	6 7 8 9 10	11 12 13 14 15	2	21
	4	16 17 18 19 20	21 22 23 24 25	26 27 28 29 30	31 61 2 3 4	5 6 7 8 9	10 11 12 13 14	4	51
	5	15 16 17 18 19	20 21 22 23 24	25 26 27 28 29	30 71 2 3 4	5 6 7 8 9	10 11 12 13 —	6	21
	6	14 15 16 17 18	19 20 21 22 23	24 25 26 27 28	29 30 31 81 2	3 4 5 6 7	8 9 10 11 12	0	50
	7	13 14 15 16 17	18 19 20 21 22	23 24 25 26 27	28 29 30 31 91	2 3 4 5 6	7 8 9 10 —	2	20
	8	11 12 13 14 15	16 17 18 19 20	21 22 23 24 25	26 27 28 29 30	01 2 3 4 5	6 7 8 9 10	3	49
	9	11 12 13 14 15	16 17 18 19 20	21 22 23 24 25	26 27 28 29 30	31 N1 2 3 4	5 6 7 8 —	5	19
	10	9 10 11 12 13	14 15 16 17 18	19 20 21 22 23	24 25 26 27 28	29 30 D1 2 3	4 5 6 7 8	6	48
	11	9 10 11 12 13	14 15 16 17 18	19 20 21 22 23	24 25 26 27 28	29 30 31 11 2	3 4 5 6 —	1	18
	12	7 8 9 10 11	12 13 14 15 16	17 18 19 20 21	22 23 24 25 26	27 28 29 30 31	21 2 3 4 5	2	47
青龍 3 乙卯 235–36	14 1	6 7 8 9 10	11 12 13 14 15	16 17 18 19 20	21 22 23 24 25	26 27 28 31 2	3 4 5 6 —	4	17
	2	7 8 9 10 11	12 13 14 15 16	17 18 19 20 21	22 23 24 25 26	27 28 29 30 31	41 2 3 4 5	5	46
	3	6 7 8 9 10	11 12 13 14 15	16 17 18 19 20	21 22 23 24 25	26 27 28 29 30	51 2 3 4 —	0	16
	4	5 6 7 8 9	10 11 12 13 14	15 16 17 18 19	20 21 22 23 24	25 26 27 28 29	30 31 61 2 3	1	45
	5	4 5 6 7 8	9 10 11 12 13	14 15 16 17 18	19 20 21 22 23	24 25 26 27 28	29 30 71 2 —	3	15
	6	3 4 5 6 7	8 9 10 11 12	13 14 15 16 17	18 19 20 21 22	23 24 25 26 27	28 29 30 31 81	4	44
	7	2 3 4 5 6	7 8 9 10 11	12 13 14 15 16	17 18 19 20 21	22 23 24 25 26	27 28 29 30 —	6	14
	8	31 91 2 3 4	5 6 7 8 9	10 11 12 13 14	15 16 17 18 19	20 21 22 23 24	25 26 27 28 29	0	43
	9	30 01 2 3 4	5 6 7 8 9	10 11 12 13 14	15 16 17 18 19	20 21 22 23 24	25 26 27 28 29	2	13
	10	30 31 N1 2 3	4 5 6 7 8	9 10 11 12 13	14 15 16 17 18	19 20 21 22 23	24 25 26 27 —	4	43
	11	28 29 30 D1 2	3 4 5 6 7	8 9 10 11 12	13 14 15 16 17	18 19 20 21 22	23 24 25 26 27	5	12
	12	28 29 30 31 11	2 3 4 5 6	7 8 9 10 11	12 13 14 15 16	17 18 19 20 21	22 23 24 25 —	0	42

年序 Year	陰曆月序 Moon	陰曆日序 Order of days (Lunar) 1 2 3 4 5	6 7 8 9 10	11 12 13 14 15	16 17 18 19 20	21 22 23 24 25	26 27 28 29 30	星期 Week	干支 Cycle
青龍 4 丙辰 236–37	26 1	26 27 28 29 30	31 21 2 3 4	5 6 7 8 9	10 11 12 13 14	15 16 17 18 19	20 21 22 23 24	1	11
	1	25 26 27 28 29	31 2 3 4 5	6 7 8 9 10	11 12 13 14 15	16 17 18 19 20	21 22 23 24 —	3	41
	2	25 26 27 28 29	30 31 41 2 3	4 5 6 7 8	9 10 11 12 13	14 15 16 17 18	19 20 21 22 23	4	10
	3	24 25 26 27 28	29 30 51 2 3	4 5 6 7 8	9 10 11 12 13	14 15 16 17 18	19 20 21 22 —	6	40
	4	23 24 25 26 27	28 29 30 31 61	2 3 4 5 6	7 8 9 10 11	12 13 14 15 16	17 18 19 20 21	0	9
	5	22 23 24 25 26	27 28 29 30 71	2 3 4 5 6	7 8 9 10 11	12 13 14 15 16	17 18 19 20 —	2	39
	6	21 22 23 24 25	26 27 28 29 30	31 81 2 3 4	5 6 7 8 9	10 11 12 13 14	15 16 17 18 19	3	8
	7	20 21 22 23 24	25 26 27 28 29	30 31 91 2 3	4 5 6 7 8	9 10 11 12 13	14 15 16 17 —	5	38
	8	18 19 20 21 22	23 24 25 26 27	28 29 30 01 2	3 4 5 6 7	8 9 10 11 12	13 14 15 16 17	6	7
	9	18 19 20 21 22	23 24 25 26 27	28 29 30 31 N1	2 3 4 5 6	7 8 9 10 11	12 13 14 15 —	1	37
	10	16 17 18 19 20	21 22 23 24 25	26 27 28 29 30	D1 2 3 4 5	6 7 8 9 10	11 12 13 14 15	2	6
	11	16 17 18 19 20	21 22 23 24 25	26 27 28 29 30	31 11 2 3 4	5 6 7 8 9	10 11 12 13 14	4	36
	12	15 16 17 18 19	20 21 22 23 24	25 26 27 28 29	30 31 21 2 3	4 5 6 7 8	9 10 11 12 —	6	6
景初 1 丁巳 237–38 □	38 1	13 14 15 16 17	18 19 20 21 22	23 24 25 26 27	28 31 2 3 4	5 6 7 8 9	10 11 12 13 14	0	35
	2	15 16 17 18 19	20 21 22 23 24	25 26 27 28 29	30 31 41 2 3	4 5 6 7 8	9 10 11 12 —	2	5
	37 4	13 14 15 16 17	18 19 20 21 22	23 24 25 26 27	28 29 30 51 2	3 4 5 6 7	8 9 10 11 12	3	34
	5	13 14 15 16 17	18 19 20 21 22	23 24 25 26 27	28 29 30 31 61	2 3 4 5 6	7 8 9 10 —	5	4
	6	11 12 13 14 15	16 17 18 19 20	21 22 23 24 25	26 27 28 29 30	71 2 3 4 5	6 7 8 9 —	6	33
	7	10 11 12 13 14	15 16 17 18 19	20 21 22 23 24	25 26 27 28 29	30 31 81 2 3	4 5 6 7 8	0	2
	8	9 10 11 12 13	14 15 16 17 18	19 20 21 22 23	24 25 26 27 28	29 30 31 91 2	3 4 5 6 —	2	32
	9	7 8 9 10 11	12 13 14 15 16	17 18 19 20 21	22 23 24 25 26	27 28 29 30 01	2 3 4 5 6	3	1
	10	7 8 9 10 11	12 13 14 15 16	17 18 19 20 21	22 23 24 25 26	27 28 29 30 31	N1 2 3 4 —	5	31
	11	5 6 7 8 9	10 11 12 13 14	15 16 17 18 19	20 21 22 23 24	25 26 27 28 29	30 D1 2 3 4	6	0
	12	5 6 7 8 9	10 11 12 13 14	15 16 17 18 19	20 21 22 23 24	25 26 27 28 29	30 31 11 2 —	1	30
景初 2 戊午 238–39	49 1	3 4 5 6 7	8 9 10 11 12	13 14 15 16 17	18 19 20 21 22	23 24 25 26 27	28 29 30 31 21	2	59
	2	2 3 4 5 6	7 8 9 10 11	12 13 14 15 16	17 18 19 20 21	22 23 24 25 26	27 28 31 2 —	4	29
	3	3 4 5 6 7	8 9 10 11 12	13 14 15 16 17	18 19 20 21 22	23 24 25 26 27	28 29 30 31 41	5	58
	4	2 3 4 5 6	7 8 9 10 11	12 13 14 15 16	17 18 19 20 21	22 23 24 25 26	27 28 29 30 —	0	28
	5	51 2 3 4 5	6 7 8 9 10	11 12 13 14 15	16 17 18 19 20	21 22 23 24 25	26 27 28 29 30	1	57
	6	31 61 2 3 4	5 6 7 8 9	10 11 12 13 14	15 16 17 18 19	20 21 22 23 24	25 26 27 28 —	3	27
	7	29 30 71 2 3	4 5 6 7 8	9 10 11 12 13	14 15 16 17 18	19 20 21 22 23	24 25 26 27 28	4	56
	8	29 30 31 81 2	3 4 5 6 7	8 9 10 11 12	13 14 15 16 17	18 19 20 21 22	23 24 25 26 27	6	26
	9	28 29 30 31 91	2 3 4 5 6	7 8 9 10 11	12 13 14 15 16	17 18 19 20 21	22 23 24 25 —	1	56
	10	26 27 28 29 30	01 2 3 4 5	6 7 8 9 10	11 12 13 14 15	16 17 18 19 20	21 22 23 24 25	2	25
	11	26 27 28 29 30	31 N1 2 3 4	5 6 7 8 9	10 11 12 13 14	15 16 17 18 19	20 21 22 23 —	4	55
	11	24 25 26 27 28	29 30 D1 2 3	4 5 6 7 8	9 10 11 12 13	14 15 16 17 18	19 20 21 22 23	5	24
	12	24 25 26 27 28	29 30 31 11 2	3 4 5 6 7	8 9 10 11 12	13 14 15 16 17	18 19 20 21 —	0	54
景初 3 己未 239–40	1 1	22 23 24 25 26	27 28 29 30 31	21 2 3 4 5	6 7 8 9 10	11 12 13 14 15	16 17 18 19 20	1	23
	2	21 22 23 24 25	26 27 28 31 2	3 4 5 6 7	8 9 10 11 12	3 14 15 16 17	18 19 20 21 —	3	53
	3	22 23 24 25 26	27 28 29 30 31	41 2 3 4 5	6 7 8 9 10	11 12 13 14 15	16 17 18 19 20	4	22
	4	21 22 23 24 25	26 27 28 29 30	51 2 3 4 5	6 7 8 9 10	11 12 13 14 15	16 17 18 19 —	6	52
	5	20 21 22 23 24	25 26 27 28 29	30 31 61 2 3	4 5 6 7 8	9 10 11 12 13	14 15 16 17 18	0	21
	6	19 20 21 22 23	24 25 26 27 28	29 30 71 2 3	4 5 6 7 8	9 10 11 12 13	14 15 16 17 —	2	51
	7	18 19 20 21 22	23 24 25 26 27	28 29 30 31 81	2 3 4 5 6	7 8 9 10 11	12 13 14 15 16	3	20
	8	17 18 19 20 21	22 23 24 25 26	27 28 29 30 31	91 2 3 4 5	6 7 8 9 10	11 12 13 14 —	5	50
	9	15 16 17 18 19	20 21 22 23 24	25 26 27 28 29	30 01 2 3 4	5 6 7 8 9	10 11 12 13 14	6	19
	10	15 16 17 18 19	20 21 22 23 24	25 26 27 28 29	30 31 N1 2 3	4 5 6 7 8	9 10 11 12 —	1	49
	11	13 14 15 16 17	18 19 20 21 22	23 24 25 26 27	28 29 30 D1 2	3 4 5 6 7	8 9 10 11 12	2	18
	12	13 14 15 16 17	18 19 20 21 22	23 24 25 26 27	28 29 30 31 11	2 3 4 5 6	7 8 9 10 11	4	48
	2 12	12 13 14 15 16	17 18 19 20 21	22 23 24 25 26	27 28 29 30 31	21 2 3 4 5	6 7 8 9 —	6	18
少帝 正始 1 庚申 240–41	14 1	10 11 12 13 14	15 16 17 18 19	20 21 22 23 24	25 26 27 28 29	31 2 3 4 5	6 7 8 9 10	0	47
	2	11 12 13 14 15	16 17 18 19 20	21 22 23 24 25	26 27 28 29 30	31 41 2 3 4	5 6 7 8 —	2	17
	3	9 10 11 12 13	14 15 16 17 18	19 20 21 22 23	24 25 26 27 28	29 30 51 2 3	4 5 6 7 8	3	46
	4	9 10 11 12 13	14 15 16 17 18	19 20 21 22 23	24 25 26 27 28	29 30 31 61 2	3 4 5 6 —	5	16
	5	7 8 9 10 11	12 13 14 15 16	17 18 19 20 21	22 23 24 25 26	27 28 29 30 71	2 3 4 5 6	6	45
	6	7 8 9 10 11	12 13 14 15 16	17 18 19 20 21	22 23 24 25 26	27 28 29 30 31	81 2 3 4 —	1	15
	7	5 6 7 8 9	10 11 12 13 14	15 16 17 18 19	20 21 22 23 24	25 26 27 28 29	30 31 91 2 3	2	44
	8	4 5 6 7 8	9 10 11 12 13	14 15 16 17 18	19 20 21 22 23	24 25 26 27 28	29 30 01 2 —	4	14
	9	3 4 5 6 7	8 9 10 11 12	13 14 15 16 17	18 19 20 21 22	23 24 25 26 27	28 29 30 31 N1	5	43
	10	2 3 4 5 6	7 8 9 10 11	12 13 14 15 16	17 18 19 20 21	22 23 24 25 26	27 28 29 30 —	0	13
	11	D1 2 3 4 5	6 7 8 9 10	11 12 13 14 15	16 17 18 19 20	21 22 23 24 25	26 27 28 29 30	1	42
	12	31 11 2 3 4	5 6 7 8 9	10 11 12 13 14	15 16 17 18 19	20 21 22 23 24	25 26 27 28 —	3	12

□ 前魏文帝景初元年改建丑，卽以是年之三月爲四月，故無三月；迨景初三年復寅正，故是年有兩個十二月.

Ch'ien Wei Wen Ti altered the third moon of the year "Ching Ch'u First Year (237–38 A.D.)" as the fourth moon of the same year but after a period of 33 moons, he restored the order of moons in the usual way. That is why the third moon of the year (237–38 A.D.) is lacking and the year (239–40 A.D.) has two twelfth moons.

年序 Year	陰曆月序 Moon	陰曆日序 Order of days (Lunar)						星期 Week	干支 Cycle
		1 2 3 4 5	6 7 8 9 10	11 12 13 14 15	16 17 18 19 20	21 22 23 24 25	26 27 28 29 30		
正始 2 辛酉 241–42	26 1	29 30 31 21 2	3 4 5 6 7	8 9 10 11 12	13 14 15 16 17	18 19 20 21 22	23 24 25 26 27	4	41
	2	28 31 2 3 4	5 6 7 8 9	10 11 12 13 14	15 16 17 18 19	20 21 22 23 24	25 26 27 28 —	6	11
	3	29 30 31 41 2	3 4 5 6 7	8 9 10 11 12	13 14 15 16 17	18 19 20 21 22	23 24 25 26 27	0	40
	4	28 29 30 51 2	3 4 5 6 7	8 9 10 11 12	13 14 15 16 17	18 19 20 21 22	23 24 25 26 27	2	10
	5	28 29 30 31 61	2 3 4 5 6	7 8 9 10 11	12 13 14 15 16	17 18 19 20 21	22 23 24 25 —	4	40
	6	26 27 28 29 30	71 2 3 4 5	6 7 8 9 10	11 12 13 14 15	16 17 18 19 20	21 22 23 24 25	5	9
	6	26 27 28 29 30	31 81 2 3 4	5 6 7 8 9	10 11 12 13 14	15 16 17 18 19	20 21 22 23 —	0	39
	7	24 25 26 27 28	29 30 31 91 2	3 4 5 6 7	8 9 10 11 12	13 14 15 16 17	18 19 20 21 22	1	8
	8	23 24 25 26 27	28 29 30 01 2	3 4 5 6 7	8 9 10 11 12	13 14 15 16 17	18 19 20 21 —	3	38
	9	22 23 24 25 26	27 28 29 30 31	N1 2 3 4 5	6 7 8 9 10	11 12 13 14 15	16 17 18 19 20	4	7
	10	21 22 23 24 25	26 27 28 29 30	D1 2 3 4 5	6 7 8 9 10	11 12 13 14 15	16 17 18 19 —	6	37
	11	20 21 22 23 24	25 26 27 28 29	30 31 11 2 3	4 5 6 7 8	9 10 11 12 13	14 15 16 17 18	0	6
	12	19 20 21 22 23	24 25 26 27 28	29 30 31 21 2	3 4 5 6 7	8 9 10 11 12	13 14 15 16 —	2	36
正始 3 壬戌 242–43	38 1	17 18 19 20 21	22 23 24 25 26	27 28 31 2 3	4 5 6 7 8	9 10 11 12 13	14 15 16 17 18	3	5
	2	19 20 21 22 23	24 25 26 27 28	29 30 31 41 2	3 4 5 6 7	8 9 10 11 12	13 14 15 16 —	5	35
	3	17 18 19 20 21	22 23 24 25 26	27 28 29 30 51	2 3 4 5 6	7 8 9 10 11	12 13 14 15 16	6	4
	4	17 18 19 20 21	22 23 24 25 26	27 28 29 30 31	61 2 3 4 5	6 7 8 9 10	11 12 13 14 —	1	34
	5	15 16 17 18 19	20 21 22 23 24	25 26 27 28 29	30 71 2 3 4	5 6 7 8 9	10 11 12 13 14	2	3
	6	15 16 17 18 19	20 21 22 23 24	25 26 27 28 29	30 31 81 2 3	4 5 6 7 8	9 10 11 12 13	4	33
	7	14 15 16 17 18	19 20 21 22 23	24 25 26 27 28	29 30 31 91 2	3 4 5 6 7	8 9 10 11 —	6	3
	8	12 13 14 15 16	17 18 19 20 21	22 23 24 25 26	27 28 29 30 01	2 3 4 5 6	7 8 9 10 11	0	32
	9	12 13 14 15 16	17 18 19 20 21	22 23 24 25 26	27 28 29 30 31	N1 2 3 4 5	6 7 8 9 —	2	2
	10	10 11 12 13 14	15 16 17 18 19	20 21 22 23 24	25 26 27 28 29	30 D1 2 3 4	5 6 7 8 9	3	31
	11	10 11 12 13 14	15 16 17 18 19	20 21 22 23 24	25 26 27 28 29	30 31 11 2 3	4 5 6 7 —	5	1
	12	8 9 10 11 12	13 14 15 16 17	18 19 20 21 22	23 24 25 26 27	28 29 30 31 21	2 3 4 5 6	6	30
正始 4 癸亥 243–44	50 1	7 8 9 10 11	12 13 14 15 16	17 18 19 20 21	22 23 24 25 26	27 28 31 2 3	4 5 6 7 —	1	0
	2	8 9 10 11 12	13 14 15 16 17	18 19 20 21 22	23 24 25 26 27	28 29 30 31 41	2 3 4 5 6	2	29
	3	7 8 9 10 11	12 13 14 15 16	17 18 19 20 21	22 23 24 25 26	27 28 29 30 51	2 3 4 5 —	4	59
	4	6 7 8 9 10	11 12 13 14 15	16 17 18 19 20	21 22 23 24 25	26 27 28 29 30	31 61 2 3 4	5	28
	5	5 6 7 8 9	10 11 12 13 14	15 16 17 18 19	20 21 22 23 24	25 26 27 28 29	30 71 2 3 —	0	58
	6	4 5 6 7 8	9 10 11 12 13	14 15 16 17 18	19 20 21 22 23	24 25 26 27 28	29 30 31 81 2	1	27
	7	3 4 5 6 7	8 9 10 11 12	13 14 15 16 17	18 19 20 21 22	23 24 25 26 27	28 29 30 31 —	3	57
	8	91 2 3 4 5	6 7 8 9 10	11 12 13 14 15	16 17 18 19 20	21 22 23 24 25	26 27 28 29 30	4	26
	9	01 2 3 4 5	6 7 8 9 10	11 12 13 14 15	16 17 18 19 20	21 22 23 24 25	26 27 28 29 —	6	56
	10	30 31 N1 2 3	4 5 6 7 8	9 10 11 12 13	14 15 16 17 18	19 20 21 22 23	24 25 26 27 28	0	25
	11	29 30 D1 2 3	4 5 6 7 8	9 10 11 12 13	14 15 16 17 18	19 20 21 22 23	24 25 26 27 28	2	55
	12	29 30 31 11 2	3 4 5 6 7	8 9 10 11 12	13 14 15 16 17	18 19 20 21 22	23 24 25 26 —	4	25
正始 5 甲子 244–45	2 1	27 28 29 30 31	21 2 3 4 5	6 7 8 9 10	11 12 13 14 15	16 17 18 19 20	21 22 23 24 25	5	54
	2	26 27 28 29 31	2 3 4 5 6	7 8 9 10 11	12 13 14 15 16	17 18 19 20 21	22 23 24 25 —	0	24
	3	26 27 28 29 30	31 41 2 3 4	5 6 7 8 9	10 11 12 13 14	15 16 17 18 19	20 21 22 23 24	1	53
	3	25 26 27 28 29	30 51 2 3 4	5 6 7 8 9	10 11 12 13 14	15 16 17 18 19	20 21 22 23 —	3	23
	4	24 25 26 27 28	29 30 31 61 2	3 4 5 6 7	8 9 10 11 12	13 14 15 16 17	18 19 20 21 22	4	52
	5	23 24 25 26 27	28 29 30 71 2	3 4 5 6 7	8 9 10 11 12	13 14 15 16 17	18 19 20 21 —	6	22
	6	22 23 24 25 26	27 28 29 30 31	81 2 3 4 5	6 7 8 9 10	11 12 13 14 15	16 17 18 19 20	0	51
	7	21 22 23 24 25	26 27 28 29 30	31 91 2 3 4	5 6 7 8 9	10 11 12 13 14	15 16 17 18 —	2	21
	8	19 20 21 22 23	24 25 26 27 28	29 30 01 2 3	4 5 6 7 8	9 10 11 12 13	14 15 16 17 18	3	50
	9	19 20 21 22 23	24 25 26 27 28	29 30 31 N1 2	3 4 5 6 7	8 9 10 11 12	13 14 15 16 —	5	20
	10	17 18 19 20 21	22 23 24 25 26	27 28 29 30 D1	2 3 4 5 6	7 8 9 10 11	12 13 14 15 16	6	49
	11	17 18 19 20 21	22 23 24 25 26	27 28 29 30 31	11 2 3 4 5	6 7 8 9 10	11 12 13 14 —	1	19
	12	15 16 17 18 19	20 21 22 23 24	25 26 27 28 29	30 31 21 2 3	4 5 6 7 8	9 10 11 12 13	2	48
正始 6 乙丑 245–46	14 1	14 15 16 17 18	19 20 21 22 23	24 25 26 27 28	31 2 3 4 5	6 7 8 9 10	11 12 13 14 —	4	18
	2	15 16 17 18 19	20 21 22 23 24	25 26 27 28 29	30 31 41 2 3	4 5 6 7 8	9 10 11 12 13	5	47
	3	14 15 16 17 18	19 20 21 22 23	24 25 26 27 28	29 30 51 2 3	4 5 6 7 8	9 10 11 12 13	0	17
	4	14 15 16 17 18	19 20 21 22 23	24 25 26 27 28	29 30 31 61 2	3 4 5 6 7	8 9 10 11 —	2	47
	5	12 13 14 15 16	17 18 19 20 21	22 23 24 25 26	27 28 29 30 71	2 3 4 5 6	7 8 9 10 11	3	16
	6	12 13 14 15 16	17 18 19 20 21	22 23 24 25 26	27 28 29 30 31	81 2 3 4 5	6 7 8 9 —	5	46
	7	10 11 12 13 14	15 16 17 18 19	20 21 22 23 24	25 26 27 28 29	30 31 91 2 3	4 5 6 7 8	6	15
	8	9 10 11 12 13	14 15 16 17 18	19 20 21 22 23	24 25 26 27 28	29 30 01 2 3	4 5 6 7 —	1	45
	9	8 9 10 11 12	13 14 15 16 17	18 19 20 21 22	23 24 25 26 27	28 29 30 31 N1	2 3 4 5 6	2	14
	10	7 8 9 10 11	12 13 14 15 16	17 18 19 20 21	22 23 24 25 26	27 28 29 30 D1	2 3 4 5 —	4	44
	11	6 7 8 9 10	11 12 13 14 15	16 17 18 19 20	21 22 23 24 25	26 27 28 29 30	31 11 2 3 4	5	13
	12	5 6 7 8 9	10 11 12 13 14	15 16 17 18 19	20 21 22 23 24	25 26 27 28 29	30 31 21 2 —	0	43

年序 Year	陰曆月序 Moon	陰曆日序 Order of days (Lunar) 1 2 3 4 5	6 7 8 9 10	11 12 13 14 15	16 17 18 19 20	21 22 23 24 25	26 27 28 29 30	星期 Week	干支 Cycle
正始 7 丙寅 246–47	26 1	3 4 5 6 7	8 9 10 11 12	13 14 15 16 17	18 19 20 21 22	23 24 25 26 27	28 **3**1 2 3 4	1	12
	2	5 6 7 8 9	10 11 12 13 14	15 16 17 18 19	20 21 22 23 24	25 26 27 28 29	30 31 **4**1 2 —	3	42
	3	3 4 5 6 7	8 9 10 11 12	13 14 15 16 17	18 19 20 21 22	23 24 25 26 27	28 29 30 **5**1 2	4	11
	4	3 4 5 6 7	8 9 10 11 12	13 14 15 16 17	18 19 20 21 22	23 24 25 26 27	28 29 30 31 —	6	41
	5	**6**1 2 3 4 5	6 7 8 9 10	11 12 13 14 15	16 17 18 19 20	21 22 23 24 25	26 27 28 29 30	0	10
	6	**7**1 2 3 4 5	6 7 8 9 10	11 12 13 14 15	16 17 18 19 20	21 22 23 24 25	26 27 28 29 30	2	40
	7	31 **8**1 2 3 4	5 6 7 8 9	10 11 12 13 14	15 16 17 18 19	20 21 22 23 24	25 26 27 28 —	4	10
	8	29 30 31 **9**1 2	3 4 5 6 7	8 9 10 11 12	13 14 15 16 17	18 19 20 21 22	23 24 25 26 27	5	39
	9	28 29 30 **0**1 2	3 4 5 6 7	8 9 10 11 12	13 14 15 16 17	18 19 20 21 22	23 24 25 26 —	0	9
	10	27 28 29 30 31	**N**1 2 3 4 5	6 7 8 9 10	11 12 13 14 15	16 17 18 19 20	21 22 23 24 25	1	38
	11	26 27 28 29 30	**D**1 2 3 4 5	6 7 8 9 10	11 12 13 14 15	16 17 18 19 20	21 22 23 24 —	3	8
	12	25 26 27 28 29	30 31 **1**1 2 3	4 5 6 7 8	9 10 11 12 13	14 15 16 17 18	19 20 21 22 23	4	37
	12	24 25 26 27 28	29 30 31 **2**1 2	3 4 5 6 7	8 9 10 11 12	13 14 15 16 17	18 19 20 21 —	6	7
正始 8 丁卯 247–48	38 1	22 23 24 25 26	27 28 **3**1 2 3	4 5 6 7 8	9 10 11 12 13	14 15 16 17 18	19 20 21 22 23	0	36
	2	24 25 26 27 28	29 30 31 **4**1 2	3 4 5 6 7	8 9 10 11 12	13 14 15 16 17	18 19 20 21 —	2	6
	3	22 23 24 25 26	27 28 29 30 **5**1	2 3 4 5 6	7 8 9 10 11	12 13 14 15 16	17 18 19 20 21	3	35
	4	22 23 24 25 26	27 28 29 30 31	**6**1 2 3 4 5	6 7 8 9 10	11 12 13 14 15	16 17 18 19 —	5	5
	5	20 21 22 23 24	25 26 27 28 29	30 **7**1 2 3 4	5 6 7 8 9	10 11 12 13 14	15 16 17 18 19	6	34
	6	20 21 22 23 24	25 26 27 28 29	30 31 **8**1 2 3	4 5 6 7 8	9 10 11 12 13	14 15 16 17 —	1	4
	7	18 19 20 21 22	23 24 25 26 27	28 29 30 31 **9**1	2 3 4 5 6	7 8 9 10 11	12 13 14 15 16	2	33
	8	17 18 19 20 21	22 23 24 25 26	27 28 29 30 **0**1	2 3 4 5 6	7 8 9 10 11	12 13 14 15 —	4	3
	9	16 17 18 19 20	21 22 23 24 25	26 27 28 29 30	31 **N**1 2 3 4	5 6 7 8 9	10 11 12 13 14	5	32
	10	15 16 17 18 19	20 21 22 23 24	25 26 27 28 29	30 **D**1 2 3 4	5 6 7 8 9	10 11 12 13 14	0	2
	11	15 16 17 18 19	20 21 22 23 24	25 26 27 28 29	30 31 **1**1 2 3	4 5 6 7 8	9 10 11 12 —	2	32
	12	13 14 15 16 17	18 19 20 21 22	23 24 25 26 27	28 29 30 31 **2**1	2 3 4 5 6	7 8 9 10 11	3	1
正始 9 戊辰 248–49	50 1	12 13 14 15 16	17 18 19 20 21	22 23 24 25 26	27 28 29 **3**1 2	3 4 5 6 7	8 9 10 11 —	5	31
	2	12 13 14 15 16	17 18 19 20 21	22 23 24 25 26	27 28 29 30 31	**4**1 2 3 4 5	6 7 8 9 10	6	0
	3	11 12 13 14 15	16 17 18 19 20	21 22 23 24 25	26 27 28 29 30	**5**1 2 3 4 5	6 7 8 9 —	1	30
	4	10 11 12 13 14	15 16 17 18 19	20 21 22 23 24	25 26 27 28 29	30 31 **6**1 2 3	4 5 6 7 8	2	59
	5	9 10 11 12 13	14 15 16 17 18	19 20 21 22 23	24 25 26 27 28	29 30 **7**1 2 3	4 5 6 7 —	4	29
	6	8 9 10 11 12	13 14 15 16 17	18 19 20 21 22	23 24 25 26 27	28 29 30 31 **8**1	2 3 4 5 6	5	58
	7	7 8 9 10 11	12 13 14 15 16	17 18 19 20 21	22 23 24 25 26	27 28 29 30 31	**9**1 2 3 4 —	0	28
	8	5 6 7 8 9	10 11 12 13 14	15 16 17 18 19	20 21 22 23 24	25 26 27 28 29	30 **0**1 2 3 4	1	57
	9	5 6 7 8 9	10 11 12 13 14	15 16 17 18 19	20 21 22 23 24	25 26 27 28 29	30 31 **N**1 2 —	3	27
	10	3 4 5 6 7	8 9 10 11 12	13 14 15 16 17	18 19 20 21 22	23 24 25 26 27	28 29 30 **D**1 2	4	56
	11	3 4 5 6 7	8 9 10 11 12	13 14 15 16 17	18 19 20 21 22	23 24 25 26 27	28 29 30 31 —	6	26
	12	**1**1 2 3 4 5	6 7 8 9 10	11 12 13 14 15	16 17 18 19 20	21 22 23 24 25	26 27 28 29 30	0	55
嘉平 1 己巳 249–50	2 1	31 **2**1 2 3 4	5 6 7 8 9	10 11 12 13 14	15 16 17 18 19	20 21 22 23 24	25 26 27 28 —	2	25
	2	**3**1 2 3 4 5	6 7 8 9 10	11 12 13 14 15	16 17 18 19 20	21 22 23 24 25	26 27 28 29 30	3	54
	3	31 **4**1 2 3 4	5 6 7 8 9	10 11 12 13 14	15 16 17 18 19	20 21 22 23 24	25 26 27 28 29	5	24
	4	30 **5**1 2 3 4	5 6 7 8 9	10 11 12 13 14	15 16 17 18 19	20 21 22 23 24	25 26 27 28 —	0	54
	5	29 30 31 **6**1 2	3 4 5 6 7	8 9 10 11 12	13 14 15 16 17	18 19 20 21 22	23 24 25 26 27	1	23
	6	28 29 30 **7**1 2	3 4 5 6 7	8 9 10 11 12	13 14 15 16 17	18 19 20 21 22	23 24 25 26 —	3	53
	7	27 28 29 30 31	**8**1 2 3 4 5	6 7 8 9 10	11 12 13 14 15	16 17 18 19 20	21 22 23 24 25	4	22
	8	26 27 28 29 30	31 **9**1 2 3 4	5 6 7 8 9	10 11 12 13 14	15 16 17 18 19	20 21 22 23 —	6	52
	9	24 25 26 27 28	29 30 **0**1 2 3	4 5 6 7 8	9 10 11 12 13	14 15 16 17 18	19 20 21 22 23	0	21
	9	24 25 26 27 28	29 30 31 **N**1 2	3 4 5 6 7	8 9 10 11 12	13 14 15 16 17	18 19 20 21 —	2	51
	10	22 23 24 25 26	27 28 29 30 **D**1	2 3 4 5 6	7 8 9 10 11	12 13 14 15 16	17 18 19 20 21	3	20
	11	22 23 24 25 26	27 28 29 30 31	**1**1 2 3 4 5	6 7 8 9 10	11 12 13 14 15	16 17 18 19 —	5	50
	12	20 21 22 23 24	25 26 27 28 29	30 31 **2**1 2 3	4 5 6 7 8	9 10 11 12 13	14 15 16 17 18	6	19
嘉平 2 庚午 250–51	14 1	19 20 21 22 23	24 25 26 27 28	**3**1 2 3 4 5	6 7 8 9 10	11 12 13 14 15	16 17 18 19 —	1	49
	2	20 21 22 23 24	25 26 27 28 29	30 31 **4**1 2 3	4 5 6 7 8	9 10 11 12 13	14 15 16 17 18	2	18
	3	19 20 21 22 23	24 25 26 27 28	29 30 **5**1 2 3	4 5 6 7 8	9 10 11 12 13	14 15 16 17 —	4	48
	4	18 19 20 21 22	23 24 25 26 27	28 29 30 31 **6**1	2 3 4 5 6	7 8 9 10 11	12 13 14 15 16	5	17
	5	17 18 19 20 21	22 23 24 25 26	27 28 29 30 **7**1	2 3 4 5 6	7 8 9 10 11	12 13 14 15 —	0	47
	6	16 17 18 19 20	21 22 23 24 25	26 27 28 29 30	31 **8**1 2 3 4	5 6 7 8 9	10 11 12 13 14	1	16
	7	15 16 17 18 19	20 21 22 23 24	25 26 27 28 29	30 31 **9**1 2 3	4 5 6 7 8	9 10 11 12 13	3	46
	8	14 15 16 17 18	19 20 21 22 23	24 25 26 27 28	29 30 **0**1 2 3	4 5 6 7 8	9 10 11 12 —	5	16
	9	13 14 15 16 17	18 19 20 21 22	23 24 25 26 27	28 29 30 31 **N**1	2 3 4 5 6	7 8 9 10 11	6	45
	10	12 13 14 15 16	17 18 19 20 21	22 23 24 25 26	27 28 29 30 **D**1	2 3 4 5 6	7 8 9 10 —	1	15
	11	11 12 13 14 15	16 17 18 19 20	21 22 23 24 25	26 27 28 29 30	31 **1**1 2 3 4	5 6 7 8 9	2	44
	12	10 11 12 13 14	15 16 17 18 19	20 21 22 23 24	25 26 27 28 29	30 31 **2**1 2 3	4 5 6 7 —	4	14

年序 Year	陰曆月序 Moon	1	2	3	4	5	6	7	8	9	10	11	12	13	14	15	16	17	18	19	20	21	22	23	24	25	26	27	28	29	30	星期 Week	干支 Cycle
嘉平 3 辛未 251–52	26 1	8	9	10	11	12	13	14	15	16	17	18	19	20	21	22	23	24	25	26	27	28	31	2	3	4	5	6	7	8	9	5	43
	2	10	11	12	13	14	15	16	17	18	19	20	21	22	23	24	25	26	27	28	29	30	31	41	2	3	4	5	6	7	—	0	13
	3	8	9	10	11	12	13	14	15	16	17	18	19	20	21	22	23	24	25	26	27	28	29	30	51	2	3	4	5	6	7	1	42
	4	8	9	10	11	12	13	14	15	16	17	18	19	20	21	22	23	24	25	26	27	28	29	30	31	61	2	3	4	5	—	3	12
	5	6	7	8	9	10	11	12	13	14	15	16	17	18	19	20	21	22	23	24	25	26	27	28	29	30	71	2	3	4	5	4	41
	6	6	7	8	9	10	11	12	13	14	15	16	17	18	19	20	21	22	23	24	25	26	27	28	29	30	31	81	2	3	—	6	11
	7	4	5	6	7	8	9	10	11	12	13	14	15	16	17	18	19	20	21	22	23	24	25	26	27	28	29	30	31	91	2	0	40
	8	3	4	5	6	7	8	9	10	11	12	13	14	15	16	17	18	19	20	21	22	23	24	25	26	27	28	29	30	01	—	2	10
	9	2	3	4	5	6	7	8	9	10	11	12	13	14	15	16	17	18	19	20	21	22	23	24	25	26	27	28	29	30	31	3	39
	10	N1	2	3	4	5	6	7	8	9	10	11	12	13	14	15	16	17	18	19	20	21	22	23	24	25	26	27	28	29	30	5	9
	11	D1	2	3	4	5	6	7	8	9	10	11	12	13	14	15	16	17	18	19	20	21	22	23	24	25	26	27	28	29	—	0	39
	12	30	31	11	2	3	4	5	6	7	8	9	10	11	12	13	14	15	16	17	18	19	20	21	22	23	24	25	26	27	28	1	8
嘉平 4 壬申 252–53	38 1	29	30	31	21	2	3	4	5	6	7	8	9	10	11	12	13	14	15	16	17	18	19	20	21	22	23	24	25	26	—	3	38
	2	27	28	29	31	2	3	4	5	6	7	8	9	10	11	12	13	14	15	16	17	18	19	20	21	22	23	24	25	26	27	4	7
	3	28	29	30	31	41	2	3	4	5	6	7	8	9	10	11	12	13	14	15	16	17	18	19	20	21	22	23	24	25	—	6	37
	4	26	27	28	29	30	51	2	3	4	5	6	7	8	9	10	11	12	13	14	15	16	17	18	19	20	21	22	23	24	25	0	6
	5	26	27	28	29	30	31	61	2	3	4	5	6	7	8	9	10	11	12	13	14	15	16	17	18	19	20	21	22	23	—	2	36
	5	24	25	26	27	28	29	30	71	2	3	4	5	6	7	8	9	10	11	12	13	14	15	16	17	18	19	20	21	22	23	3	5
	6	24	25	26	27	28	29	30	31	81	2	3	4	5	6	7	8	9	10	11	12	13	14	15	16	17	18	19	20	21	—	5	35
	7	22	23	24	25	26	27	28	29	30	31	91	2	3	4	5	6	7	8	9	10	11	12	13	14	15	16	17	18	19	20	6	4
	8	21	22	23	24	25	26	27	28	29	30	01	2	3	4	5	6	7	8	9	10	11	12	13	14	15	16	17	18	19	—	1	34
	9	20	21	22	23	24	25	26	27	28	29	30	31	N1	2	3	4	5	6	7	8	9	10	11	12	13	14	15	16	17	18	2	3
	10	19	20	21	22	23	24	25	26	27	28	29	30	D1	2	3	4	5	6	7	8	9	10	11	12	13	14	15	16	17	—	4	33
	11	18	19	20	21	22	23	24	25	26	27	28	29	30	31	11	2	3	4	5	6	7	8	9	10	11	12	13	14	15	16	5	2
	12	17	18	19	20	21	22	23	24	25	26	27	28	29	30	31	21	2	3	4	5	6	7	8	9	10	11	12	13	14	—	0	32
嘉平 5 癸酉 253–54	50 1	15	16	17	18	19	20	21	22	23	24	25	26	27	28	31	2	3	4	5	6	7	8	9	10	11	12	13	14	15	16	1	1
	2	17	18	19	20	21	22	23	24	25	26	27	28	29	30	31	41	2	3	4	5	6	7	8	9	10	11	12	13	14	15	3	31
	3	16	17	18	19	20	21	22	23	24	25	26	27	28	29	30	51	2	3	4	5	6	7	8	9	10	11	12	13	14	—	5	1
	4	15	16	17	18	19	20	21	22	23	24	25	26	27	28	29	30	31	61	2	3	4	5	6	7	8	9	10	11	12	13	6	30
	5	14	15	16	17	18	19	20	21	22	23	24	25	26	27	28	29	30	71	2	3	4	5	6	7	8	9	10	11	12	—	1	0
	6	13	14	15	16	17	18	19	20	21	22	23	24	25	26	27	28	29	30	31	81	2	3	4	5	6	7	8	9	10	11	2	29
	7	12	13	14	15	16	17	18	19	20	21	22	23	24	25	26	27	28	29	30	31	91	2	3	4	5	6	7	8	9	—	4	59
	8	10	11	12	13	14	15	16	17	18	19	20	21	22	23	24	25	26	27	28	29	30	01	2	3	4	5	6	7	8	9	5	28
	9	10	11	12	13	14	15	16	17	18	19	20	21	22	23	24	25	26	27	28	29	30	31	N1	2	3	4	5	6	7	—	0	58
	10	8	9	10	11	12	13	14	15	16	17	18	19	20	21	22	23	24	25	26	27	28	29	30	D1	2	3	4	5	6	7	1	27
	11	8	9	10	11	12	13	14	15	16	17	18	19	20	21	22	23	24	25	26	27	28	29	30	31	11	2	3	4	5	—	3	57
	12	6	7	8	9	10	11	12	13	14	15	16	17	18	19	20	21	22	23	24	25	26	27	28	29	30	31	21	2	3	4	4	26
高貴鄉公 正元 1 甲戌 254–55	2 1	5	6	7	8	9	10	11	12	13	14	15	16	17	18	19	20	21	22	23	24	25	26	27	28	31	2	3	4	5	—	6	56
	2	6	7	8	9	10	11	12	13	14	15	16	17	18	19	20	21	22	23	24	25	26	27	28	29	30	31	41	2	3	4	0	25
	3	5	6	7	8	9	10	11	12	13	14	15	16	17	18	19	20	21	22	23	24	25	26	27	28	29	30	51	2	3	—	2	55
	4	4	5	6	7	8	9	10	11	12	13	14	15	16	17	18	19	20	21	22	23	24	25	26	27	28	29	30	31	61	2	3	24
	5	3	4	5	6	7	8	9	10	11	12	13	14	15	16	17	18	19	20	21	22	23	24	25	26	27	28	29	30	71	—	5	54
	6	2	3	4	5	6	7	8	9	10	11	12	13	14	15	16	17	18	19	20	21	22	23	24	25	26	27	28	29	30	31	6	23
	7	81	2	3	4	5	6	7	8	9	10	11	12	13	14	15	16	17	18	19	20	21	22	23	24	25	26	27	28	29	30	1	53
	8	31	91	2	3	4	5	6	7	8	9	10	11	12	13	14	15	16	17	18	19	20	21	22	23	24	25	26	27	28	—	3	23
	9	29	30	01	2	3	4	5	6	7	8	9	10	11	12	13	14	15	16	17	18	19	20	21	22	23	24	25	26	27	28	4	52
	10][	29	30	31	N1	2	3	4	5	6	7	8	9	10	11	12	13	14	15	16	17	18	19	20	21	22	23	24	25	26	—	6	22
	11	27	28	29	30	D1	2	3	4	5	6	7	8	9	10	11	12	13	14	15	16	17	18	19	20	21	22	23	24	25	26	0	51
	12	27	28	29	30	31	11	2	3	4	5	6	7	8	9	10	11	12	13	14	15	16	17	18	19	20	21	22	23	24	—	2	21
正元 2 乙亥 255–56	14 1	25	26	27	28	29	30	31	21	2	3	4	5	6	7	8	9	10	11	12	13	14	15	16	17	18	19	20	21	22	23	3	50
	1	24	25	26	27	28	31	2	3	4	5	6	7	8	9	10	11	12	13	14	15	16	17	18	19	20	21	22	23	24	—	5	20
	2	25	26	27	28	29	30	31	41	2	3	4	5	6	7	8	9	10	11	12	13	14	15	16	17	18	19	20	21	22	23	6	49
	3	24	25	26	27	28	29	30	51	2	3	4	5	6	7	8	9	10	11	12	13	14	15	16	17	18	19	20	21	22	—	1	19
	4	23	24	25	26	27	28	29	30	31	61	2	3	4	5	6	7	8	9	10	11	12	13	14	15	16	17	18	19	20	21	2	48
	5	22	23	24	25	26	27	28	29	30	71	2	3	4	5	6	7	8	9	10	11	12	13	14	15	16	17	18	19	20	—	4	18
	6	21	22	23	24	25	26	27	28	29	30	31	81	2	3	4	5	6	7	8	9	10	11	12	13	14	15	16	17	18	19	5	47
	7	20	21	22	23	24	25	26	27	28	29	30	31	91	2	3	4	5	6	7	8	9	10	11	12	13	14	15	16	17	—	0	17
	8	18	19	20	21	22	23	24	25	26	27	28	29	30	01	2	3	4	5	6	7	8	9	10	11	12	13	14	15	16	17	1	46
	9	18	19	20	21	22	23	24	25	26	27	28	29	30	31	N1	2	3	4	5	6	7	8	9	10	11	12	13	14	15	16	3	16
	10	17	18	19	20	21	22	23	24	25	26	27	28	29	30	D1	2	3	4	5	6	7	8	9	10	11	12	13	14	15	—	5	46
	11	16	17	18	19	20	21	22	23	24	25	26	27	28	29	30	31	11	2	3	4	5	6	7	8	9	10	11	12	13	14	6	15
	12	15	16	17	18	19	20	21	22	23	24	25	26	27	28	29	30	31	21	2	3	4	5	6	7	8	9	10	11	12	—	1	45

年序 Year	陰曆月序 Moon		1 2 3 4 5	6 7 8 9 10	11 12 13 14 15	16 17 18 19 20	21 22 23 24 25	26 27 28 29 30	星期 Week	干支 Cycle
			陰曆日序 Order of days (Lunar)							
廿露 1 丙子 256–57	26	1	13 14 15 16 17	18 19 20 21 22	23 24 25 26 27	28 29 31 2 3	4 5 6 7 8	9 10 11 12 13	2	14
		2	14 15 16 17 18	19 20 21 22 23	24 25 26 27 28	29 30 31 41 2	3 4 5 6 7	8 9 10 11 —	4	44
		3	12 13 14 15 16	17 18 19 20 21	22 23 24 25 26	27 28 29 30 51	2 3 4 5 6	7 8 9 10 11	5	13
		4	12 13 14 15 16	17 18 19 20 21	22 23 24 25 26	27 28 29 30 31	61 2 3 4 5	6 7 8 9 —	0	43
		5	10 11 12 13 14	15 16 17 18 19	20 21 22 23 24	25 26 27 28 29	30 71 2 3 4	5 6 7 8 9	1	12
		6]|	10 11 12 13 14	15 16 17 18 19	20 21 22 23 24	25 26 27 28 29	30 31 81 2 3	4 5 6 7 —	3	42
		7	8 9 10 11 12	13 14 15 16 17	18 19 20 21 22	23 24 25 26 27	28 29 30 31 91	2 3 4 5 6	4	11
		8	7 8 9 10 11	12 13 14 15 16	17 18 19 20 21	22 23 24 25 26	27 28 29 30 01	2 3 4 5 —	6	41
		9	6 7 8 9 10	11 12 13 14 15	16 17 18 19 20	21 22 23 24 25	26 27 28 29 30	31 N1 2 3 4	0	10
		10	5 6 7 8 9	10 11 12 13 14	15 16 17 18 19	20 21 22 23 24	25 26 27 28 29	30 D1 2 3 —	2	40
		11	4 5 6 7 8	9 10 11 12 13	14 15 16 17 18	19 20 21 22 23	24 25 26 27 28	29 30 31 11 2	3	9
		12	3 4 5 6 7	8 9 10 11 12	13 14 15 16 17	18 19 20 21 22	23 24 25 26 27	28 29 30 31 —	5	39
廿露 2 丁丑 257–58	38	1	21 2 3 4 5	6 7 8 9 10	11 12 13 14 15	16 17 18 19 20	21 22 23 24 25	26 27 28 31 2	6	8
		2	3 4 5 6 7	8 9 10 11 12	13 14 15 16 17	18 19 20 21 22	23 24 25 26 27	28 29 30 31 41	1	38
		3	2 3 4 5 6	7 8 9 10 11	12 13 14 15 16	17 18 19 20 21	22 23 24 25 26	27 28 29 30 —	3	8
		4	51 2 3 4 5	6 7 8 9 10	11 12 13 14 15	16 17 18 19 20	21 22 23 24 25	26 27 28 29 30	4	37
		5	31 61 2 3 4	5 6 7 8 9	10 11 12 13 14	15 16 17 18 19	20 21 22 23 24	25 26 27 28 —	6	7
		6	29 30 71 2 3	4 5 6 7 8	9 10 11 12 13	14 15 16 17 18	19 20 21 22 23	24 25 26 27 28	0	36
		7	29 30 31 81 2	3 4 5 6 7	8 9 10 11 12	13 14 15 16 17	18 19 20 21 22	23 24 25 26 —	2	6
		8	27 28 29 30 31	91 2 3 4 5	6 7 8 9 10	11 12 13 14 15	16 17 18 19 20	21 22 23 24 25	3	35
		9	26 27 28 29 30	01 2 3 4 5	6 7 8 9 10	11 12 13 14 15	16 17 18 19 20	21 22 23 24 —	5	5
		10	25 26 27 28 29	30 31 N1 2 3	4 5 6 7 8	9 10 11 12 13	14 15 16 17 18	19 20 21 22 23	6	34
		10	24 25 26 27 28	29 30 D1 2 3	4 5 6 7 8	9 10 11 12 13	14 15 16 17 18	19 20 21 22 —	1	4
		11	23 24 25 26 27	28 29 30 31 11	2 3 4 5 6	7 8 9 10 11	12 13 14 15 16	17 18 19 20 21	2	33
		12	22 23 24 25 26	27 28 29 30 31	21 2 3 4 5	6 7 8 9 10	11 12 13 14 15	16 17 18 19 —	4	3
廿露 3 戊寅 258–59	50	1	20 21 22 23 24	25 26 27 28 31	2 3 4 5 6	7 8 9 10 11	12 13 14 15 16	17 18 19 20 21	5	32
		2	22 23 24 25 26	27 28 29 30 31	41 2 3 4 5	6 7 8 9 10	11 12 13 14 15	16 17 18 19 —	0	2
		3	20 21 22 23 24	25 26 27 28 29	30 51 2 3 4	5 6 7 8 9	10 11 12 13 14	15 16 17 18 19	1	31
		4	20 21 22 23 24	25 26 27 28 29	30 31 61 2 3	4 5 6 7 8	9 10 11 12 13	14 15 16 17 —	3	1
		5	18 19 20 21 22	23 24 25 26 27	28 29 30 71 2	3 4 5 6 7	8 9 10 11 12	13 14 15 16 17	4	30
		6	18 19 20 21 22	23 24 25 26 27	28 29 30 31 81	2 3 4 5 6	7 8 9 10 11	12 13 14 15 16	6	0
		7	17 18 19 20 21	22 23 24 25 26	27 28 29 30 31	91 2 3 4 5	6 7 8 9 10	11 12 13 14 —	1	30
		8	15 16 17 18 19	20 21 22 23 24	25 26 27 28 29	30 01 2 3 4	5 6 7 8 9	10 11 12 13 14	2	59
		9	15 16 17 18 19	20 21 22 23 24	25 26 27 28 29	30 31 N1 2 3	4 5 6 7 8	9 10 11 12 —	4	29
		10	13 14 15 16 17	18 19 20 21 22	23 24 25 26 27	28 29 30 D1 2	3 4 5 6 7	8 9 10 11 12	5	58
		11	13 14 15 16 17	18 19 20 21 22	23 24 25 26 27	28 29 30 31 11	2 3 4 5 6	7 8 9 10 —	0	28
		12	11 12 13 14 15	16 17 18 19 20	21 22 23 24 25	26 27 28 29 30	31 21 2 3 4	5 6 7 8 9	1	57
廿露 4 己卯 259–60	2	1	10 11 12 13 14	15 16 17 18 19	20 21 22 23 24	25 26 27 28 31	2 3 4 5 6	7 8 9 10 —	3	27
		2	11 12 13 14 15	16 17 18 19 20	21 22 23 24 25	26 27 28 29 30	31 41 2 3 4	5 6 7 8 9	4	56
		3	10 11 12 13 14	15 16 17 18 19	20 21 22 23 24	25 26 27 28 29	30 51 2 3 4	5 6 7 8 —	6	26
		4	9 10 11 12 13	14 15 16 17 18	19 20 21 22 23	24 25 26 27 28	29 30 31 61 2	3 4 5 6 7	0	55
		5	8 9 10 11 12	13 14 15 16 17	18 19 20 21 22	23 24 25 26 27	28 29 30 71 2	3 4 5 6 —	2	25
		6	7 8 9 10 11	12 13 14 15 16	17 18 19 20 21	22 23 24 25 26	27 28 29 30 31	81 2 3 4 5	3	54
		7	6 7 8 9 10	11 12 13 14 15	16 17 18 19 20	21 22 23 24 25	26 27 28 29 30	31 91 2 3 —	5	24
		8	4 5 6 7 8	9 10 11 12 13	14 15 16 17 18	19 20 21 22 23	24 25 26 27 28	29 30 01 2 3	6	53
		9	4 5 6 7 8	9 10 11 12 13	14 15 16 17 18	19 20 21 22 23	24 25 26 27 28	29 30 31 N1 2	1	23
		10	3 4 5 6 7	8 9 10 11 12	13 14 15 16 17	18 19 20 21 22	23 24 25 26 27	28 29 30 D1 —	3	53
		11	2 3 4 5 6	7 8 9 10 11	12 13 14 15 16	17 18 19 20 21	22 23 24 25 26	27 28 29 30 31	4	22
		12	11 2 3 4 5	6 7 8 9 10	11 12 13 14 15	16 17 18 19 20	21 22 23 24 25	26 27 28 29 —	6	52
元帝景元 1 庚辰 260–61	14	1	30 31 21 2 3	4 5 6 7 8	9 10 11 12 13	14 15 16 17 18	19 20 21 22 23	24 25 26 27 28	0	21
		2	29 31 2 3 4	5 6 7 8 9	10 11 12 13 14	15 16 17 18 19	20 21 22 23 24	25 26 27 28 —	2	51
		3	29 30 31 41 2	3 4 5 6 7	8 9 10 11 12	13 14 15 16 17	18 19 20 21 22	23 24 25 26 27	3	20
		4	28 29 30 51 2	3 4 5 6 7	8 9 10 11 12	13 14 15 16 17	18 19 20 21 22	23 24 25 26 —	5	50
		5	27 28 29 30 31	61 2 3 4 5	6 7 8 9 10	11 12 13 14 15	16 17 18 19 20	21 22 23 24 25	6	19
		6]|	26 27 28 29 30	71 2 3 4 5	6 7 8 9 10	11 12 13 14 15	16 17 18 19 20	21 22 23 24 —	1	49
		7	25 26 27 28 29	30 31 81 2 3	4 5 6 7 8	9 10 11 12 13	14 15 16 17 18	19 20 21 22 23	2	18
		7	24 25 26 27 28	29 30 31 91 2	3 4 5 6 7	8 9 10 11 12	13 14 15 16 17	18 19 20 21 —	4	48
		8	22 23 24 25 26	27 28 29 30 01	2 3 4 5 6	7 8 9 10 11	12 13 14 15 16	17 18 19 20 21	5	17
		9	22 23 24 25 26	27 28 29 30 31	N1 2 3 4 5	6 7 8 9 10	11 12 13 14 15	16 17 18 19 —	0	47
		10	20 21 22 23 24	25 26 27 28 29	30 D1 2 3 4	5 6 7 8 9	10 11 12 13 14	15 16 17 18 19	1	16
		11	20 21 22 23 24	25 26 27 28 29	30 31 11 2 3	4 5 6 7 8	9 10 11 12 13	14 15 16 17 —	3	46
		12	18 19 20 21 22	23 24 25 26 27	28 29 30 31 21	2 3 4 5 6	7 8 9 10 11	12 13 14 15 16	4	15

年序 Year	陰曆月序 Moon	陰曆日序 Order of days (Lunar) 1 2 3 4 5	6 7 8 9 10	11 12 13 14 15	16 17 18 19 20	21 22 23 24 25	26 27 28 29 30	星期 Week	干支 Cycle
景元 2 辛巳 261–62	**26** 1	17 18 19 20 21	22 23 24 25 26	27 28 31 2 3	4 5 6 7 8	9 10 11 12 13	14 15 16 17 18	6	45
	2	19 20 21 22 23	24 25 26 27 28	29 30 31 41 2	3 4 5 6 7	8 9 10 11 12	13 14 15 16 —	1	15
	3	17 18 19 20 21	22 23 24 25 26	27 28 29 30 51	2 3 4 5 6	7 8 9 10 11	12 13 14 15 16	2	44
	4	17 18 19 20 21	22 23 24 25 26	27 28 29 30 31	61 2 3 4 5	6 7 8 9 10	11 12 13 14 —	4	14
	5	15 16 17 18 19	20 21 22 23 24	25 26 27 28 29	30 71 2 3 4	5 6 7 8 9	10 11 12 13 14	5	43
	6	15 16 17 18 19	20 21 22 23 24	25 26 27 28 29	30 31 81 2 3	4 5 6 7 8	9 10 11 12 —	0	13
	7	13 14 15 16 17	18 19 20 21 22	23 24 25 26 27	28 29 30 31 91	2 3 4 5 6	7 8 9 10 11	1	42
	8	12 13 14 15 16	17 18 19 20 21	22 23 24 25 26	27 28 29 30 01	2 3 4 5 6	7 8 9 10 —	3	12
	9	11 12 13 14 15	16 17 18 19 20	21 22 23 24 25	26 27 28 29 30	31 N1 2 3 4	5 6 7 8 9	4	41
	10	10 11 12 13 14	15 16 17 18 19	20 21 22 23 24	25 26 27 28 29	30 D1 2 3 4	5 6 7 8 —	6	11
	11	9 10 11 12 13	14 15 16 17 18	19 20 21 22 23	24 25 26 27 28	29 30 31 11 2	3 4 5 6 7	0	40
	12	8 9 10 11 12	13 14 15 16 17	18 19 20 21 22	23 24 25 26 27	28 29 30 31 21	2 3 4 5 —	2	10
景元 3 壬午 262–63	**38** 1	6 7 8 9 10	11 12 13 14 15	16 17 18 19 20	21 22 23 24 25	26 27 28 31 2	3 4 5 6 7	3	39
	2	8 9 10 11 12	13 14 15 16 17	18 19 20 21 22	23 24 25 26 27	28 29 30 31 41	2 3 4 5 —	5	9
	3	6 7 8 9 10	11 12 13 14 15	16 17 18 19 20	21 22 23 24 25	26 27 28 29 30	51 2 3 4 5	6	38
	4	6 7 8 9 10	11 12 13 14 15	16 17 18 19 20	21 22 23 24 25	26 27 28 29 30	31 61 2 3 —	1	8
	5	4 5 6 7 8	9 10 11 12 13	14 15 16 17 18	19 20 21 22 23	24 25 26 27 28	29 30 71 2 3	2	37
	6	4 5 6 7 8	9 10 11 12 13	14 15 16 17 18	19 20 21 22 23	24 25 26 27 28	29 30 31 81 2	4	7
	7	3 4 5 6 7	8 9 10 11 12	13 14 15 16 17	18 19 20 21 22	23 24 25 26 27	28 29 30 31 —	6	37
	8	91 2 3 4 5	6 7 8 9 10	11 12 13 14 15	16 17 18 19 20	21 22 23 24 25	26 27 28 29 30	0	6
	9	01 2 3 4 5	6 7 8 9 10	11 12 13 14 15	16 17 18 19 20	21 22 23 24 25	26 27 28 29 —	2	36
	10	30 31 N1 2 3	4 5 6 7 8	9 10 11 12 13	14 15 16 17 18	19 20 21 22 23	24 25 26 27 28	3	5
	11	29 30 D1 2 3	4 5 6 7 8	9 10 11 12 13	14 15 16 17 18	19 20 21 22 23	24 25 26 27 —	5	35
	12	28 29 30 31 11	2 3 4 5 6	7 8 9 10 11	12 13 14 15 16	17 18 19 20 21	22 23 24 25 26	6	4
景元 4 癸未 263–64	**50** 1	27 28 29 30 31	21 2 3 4 5	6 7 8 9 10	11 12 13 14 15	16 17 18 19 20	21 22 23 24 —	1	34
	2	25 26 27 28 31	2 3 4 5 6	7 8 9 10 11	12 13 14 15 16	17 18 19 20 21	22 23 24 25 26	2	3
	3	27 28 29 30 31	41 2 3 4 5	6 7 8 9 10	11 12 13 14 15	16 17 18 19 20	21 22 23 24 —	4	33
	8	25 26 27 28 29	30 51 2 3 4	5 6 7 8 9	10 11 12 13 14	15 16 17 18 19	20 21 22 23 24	5	2
	4	25 26 27 28 29	30 31 61 2 3	4 5 6 7 8	9 10 11 12 13	14 15 16 17 18	19 20 21 22 —	0	32
	5	23 24 25 26 27	28 29 30 71 2	3 4 5 6 7	8 9 10 11 12	13 14 15 16 17	18 19 20 21 22	1	1
	6	23 24 25 26 27	28 29 30 31 81	2 3 4 5 6	7 8 9 10 11	12 13 14 15 16	17 18 19 20 —	3	31
	7	21 22 23 24 25	26 27 28 29 30	31 91 2 3 4	5 6 7 8 9	10 11 12 13 14	15 16 17 18 19	4	0
	8	20 21 22 23 24	25 26 27 28 29	30 01 2 3 4	5 6 7 8 9	10 11 12 13 14	15 16 17 18 19	6	30
	9	20 21 22 23 24	25 26 27 28 29	30 31 N1 2 3	4 5 6 7 8	9 10 11 12 13	14 15 16 17 —	1	0
	10	18 19 20 21 22	23 24 25 26 27	28 29 30 D1 2	3 4 5 6 7	8 9 10 11 12	13 14 15 16 17	2	29
	11	18 19 20 21 22	23 24 25 26 27	28 29 30 31 11	2 3 4 5 6	7 8 9 10 11	12 13 14 15 —	4	59
	12	16 17 18 19 20	21 22 23 24 25	26 27 28 29 30	31 21 2 3 4	5 6 7 8 9	10 11 12 13 14	5	28
咸熙 1 甲申 264–65	**2** 1	15 16 17 18 19	20 21 22 23 24	25 26 27 28 29	31 2 3 4 5	6 7 8 9 10	11 12 13 14 —	0	58
	2	15 16 17 18 19	20 21 22 23 24	25 26 27 28 29	30 31 41 2 3	4 5 6 7 8	9 10 11 12 13	1	27
	3	14 15 16 17 18	19 20 21 22 23	24 25 26 27 28	29 30 51 2 3	4 5 6 7 8	9 10 11 12 —	3	57
	4	13 14 15 16 17	18 19 20 21 22	23 24 25 26 27	28 29 30 31 61	2 3 4 5 6	7 8 9 10 11	4	26
	5][	12 13 14 15 16	17 18 19 20 21	22 23 24 25 26	27 28 29 30 71	2 3 4 5 6	7 8 9 10 —	6	56
	6	11 12 13 14 15	16 17 18 19 20	21 22 23 24 25	26 27 28 29 30	31 81 2 3 4	5 6 7 8 9	0	25
	7	10 11 12 13 14	15 16 17 18 19	20 21 22 23 24	25 26 27 28 29	30 31 91 2 3	4 5 6 7 —	2	55
	8	8 9 10 11 12	13 14 15 16 17	18 19 20 21 22	23 24 25 26 27	28 29 30 01 2	3 4 5 6 7	3	24
	9	8 9 10 11 12	13 14 15 16 17	18 19 20 21 22	23 24 25 26 27	28 29 30 31 N1	2 3 4 5 —	5	54
	10	6 7 8 9 10	11 12 13 14 15	16 17 18 19 20	21 22 23 24 25	26 27 28 29 30	D1 2 3 4 5	6	23
	11	6 7 8 9 10	11 12 13 14 15	16 17 18 19 20	21 22 23 24 25	26 27 28 29 30	31 11 2 3 —	1	53
	12	4 5 6 7 8	9 10 11 12 13	14 15 16 17 18	19 20 21 22 23	24 25 26 27 28	29 30 31 21 2	2	22
西晉武帝泰始 1 乙酉 265–66	**14** 1	3 4 5 6 7	8 9 10 11 12	13 14 15 16 17	18 19 20 21 22	23 24 25 26 27	28 31 2 3 4	4	52
	2	5 6 7 8 9	10 11 12 13 14	15 16 17 18 19	20 21 22 23 24	25 26 27 28 29	30 31 41 2 —	6	22
	3	3 4 5 6 7	8 9 10 11 12	13 14 15 16 17	18 19 20 21 22	23 24 25 26 27	28 29 30 51 2	0	51
	4	3 4 5 6 7	8 9 10 11 12	13 14 15 16 17	18 19 20 21 22	23 24 25 26 27	28 29 30 31 —	2	21
	5	61 2 3 4 5	6 7 8 9 10	11 12 13 14 15	16 17 18 19 20	21 22 23 24 25	26 27 28 29 30	3	50
	6	71 2 3 4 5	6 7 8 9 10	11 12 13 14 15	16 17 18 19 20	21 22 23 24 25	26 27 28 29 —	5	20
	7	30 31 81 2 3	4 5 6 7 8	9 10 11 12 13	14 15 16 17 18	19 20 21 22 23	24 25 26 27 28	6	49
	8	29 30 31 91 2	3 4 5 6 7	8 9 10 11 12	13 14 15 16 17	18 19 20 21 22	23 24 25 26 —	1	19
	9	27 28 29 30 01	2 3 4 5 6	7 8 9 10 11	12 13 14 15 16	17 18 19 20 21	22 23 24 25 26	2	48
	10	27 28 29 30 31	N1 2 3 4 5	6 7 8 9 10	11 12 13 14 15	16 17 18 19 20	21 22 23 24 —	4	18
	11	25 26 27 28 29	30 D1 2 3 4	5 6 7 8 9	10 11 12 13 14	15 16 17 18 19	20 21 22 23 24	5	47
	11	25 26 27 28 29	30 31 11 2 3	4 5 6 7 8	9 10 11 12 13	14 15 16 17 18	19 20 21 22 —	0	17
	12][	23 24 25 26 27	28 29 30 31 21	2 3 4 5 6	7 8 9 10 11	12 13 14 15 16	17 18 19 20 21	1	46

年序 Year	陰曆月序 Moon	陰曆日序 Order of days (Lunar) 1 2 3 4 5	6 7 8 9 10	11 12 13 14 15	16 17 18 19 20	21 22 23 24 25	26 27 28 29 30	星期 Week	干支 Cycle
秦始2丙戌 266–67	26 1	22 23 24 25 26	27 28 31 2 3	4 5 6 7 8	9 10 11 12 13	14 15 16 17 18	19 20 21 22 —	3	16
	2	23 24 25 26 27	28 29 30 31 41	2 3 4 5 6	7 8 9 10 11	12 13 14 15 16	17 18 19 20 21	4	45
	3	22 23 24 25 26	27 28 29 30 51	2 3 4 5 6	7 8 9 10 11	12 13 14 15 16	17 18 19 20 —	6	15
	4	21 22 23 24 25	26 27 28 29 30	31 61 2 3 4	5 6 7 8 9	10 11 12 13 14	15 16 17 18 19	0	44
	5	20 21 22 23 24	25 26 27 28 29	30 71 2 3 4	5 6 7 8 9	10 11 12 13 14	15 16 17 18 19	2	14
	6	20 21 22 23 24	25 26 27 28 29	30 31 81 2 3	4 5 6 7 8	9 10 11 12 13	14 15 16 17 —	4	44
	7	18 19 20 21 22	23 24 25 26 27	28 29 30 31 91	2 3 4 5 6	7 8 9 10 11	12 13 14 15 16	5	13
	8	17 18 19 20 21	22 23 24 25 26	27 28 29 30 O1	2 3 4 5 6	7 8 9 10 11	12 13 14 15 —	0	43
	9	16 17 18 19 20	21 22 23 24 25	26 27 28 29 30	31 N1 2 3 4	5 6 7 8 9	10 11 12 13 14	1	12
	10	15 16 17 18 19	20 21 22 23 24	25 26 27 28 29	30 D1 2 3 4	5 6 7 8 9	10 11 12 13 —	3	42
	11	14 15 16 17 18	19 20 21 22 23	24 25 26 27 28	29 30 31 11 2	3 4 5 6 7	8 9 10 11 12	4	11
	12	13 14 15 16 17	18 19 20 21 22	23 24 25 26 27	28 29 30 31 21	2 3 4 5 6	7 8 9 10 —	6	41
秦始3丁亥 267–68	38 1	11 12 13 14 15	16 17 18 19 20	21 22 23 24 25	26 27 28 31 2	3 4 5 6 7	8 9 10 11 12	0	10
	2	13 14 15 16 17	18 19 20 21 22	23 24 25 26 27	28 29 30 31 41	2 3 4 5 6	7 8 9 10 —	2	40
	3	11 12 13 14 15	16 17 18 19 20	21 22 23 24 25	26 27 28 29 30	51 2 3 4 5	6 7 8 9 10	3	9
	4	11 12 13 14 15	16 17 18 19 20	21 22 23 24 25	26 27 28 29 30	31 61 2 3 4	5 6 7 8 —	5	39
	5	9 10 11 12 13	14 15 16 17 18	19 20 21 22 23	24 25 26 27 28	29 30 71 2 3	4 5 6 7 8	6	8
	6	9 10 11 12 13	14 15 16 17 18	19 20 21 22 23	24 25 26 27 28	29 30 31 81 2	3 4 5 6 —	1	38
	7	7 8 9 10 11	12 13 14 15 16	17 18 19 20 21	22 23 24 25 26	27 28 29 30 31	91 2 3 4 5	2	7
	8	6 7 8 9 10	11 12 13 14 15	16 17 18 19 20	21 22 23 24 25	26 27 28 29 30	O1 2 3 4 5	4	37
	9	6 7 8 9 10	11 12 13 14 15	16 17 18 19 20	21 22 23 24 25	26 27 28 29 30	31 N1 2 3 —	6	7
	10	4 5 6 7 8	9 10 11 12 13	14 15 16 17 18	19 20 21 22 23	24 25 26 27 28	29 30 D1 2 3	0	36
	11	4 5 6 7 8	9 10 11 12 13	14 15 16 17 18	19 20 21 22 23	24 25 26 27 28	29 30 31 11 —	2	6
	12	2 3 4 5 6	7 8 9 10 11	12 13 14 15 16	17 18 19 20 21	22 23 24 25 26	27 28 29 30 31	3	35
秦始4戊子 268–69	50 1	21 2 3 4 5	6 7 8 9 10	11 12 13 14 15	16 17 18 19 20	21 22 23 24 25	26 27 28 29 —	5	5
	2	31 2 3 4 5	6 7 8 9 10	11 12 13 14 15	16 17 18 19 20	21 22 23 24 25	26 27 28 29 30	6	34
	3	31 41 2 3 4	5 6 7 8 9	10 11 12 13 14	15 16 17 18 19	20 21 22 23 24	25 26 27 28 —	1	4
	4	29 30 51 2 3	4 5 6 7 8	9 10 11 12 13	14 15 16 17 18	19 20 21 22 23	24 25 26 27 28	2	33
	5	29 30 31 61 2	3 4 5 6 7	8 9 10 11 12	13 14 15 16 17	18 19 20 21 22	23 24 25 26 —	4	3
	6	27 28 29 30 71	2 3 4 5 6	7 8 9 10 11	12 13 14 15 16	17 18 19 20 21	22 23 24 25 26	5	32
	7	27 28 29 30 31	81 2 3 4 5	6 7 8 9 10	11 12 13 14 15	16 17 18 19 20	21 22 23 24 —	0	2
	8	25 26 27 28 29	30 31 91 2 3	4 5 6 7 8	9 10 11 12 13	14 15 16 17 18	19 20 21 22 23	1	31
	8	24 25 26 27 28	29 30 O1 2 3	4 5 6 7 8	9 10 11 12 13	14 15 16 17 18	19 20 21 22 —	3	1
	9	23 24 25 26 27	28 29 30 31 N1	2 3 4 5 6	7 8 9 10 11	12 13 14 15 16	17 18 19 20 21	4	30
	10	22 23 24 25 26	27 28 29 30 D1	2 3 4 5 6	7 8 9 10 11	12 13 14 15 16	17 18 19 20 —	6	0
	11	21 22 23 24 25	26 27 28 29 30	31 11 2 3 4	5 6 7 8 9	10 11 12 13 14	15 16 17 18 19	0	29
	12	20 21 22 23 24	25 26 27 28 29	30 31 21 2 3	4 5 6 7 8	9 10 11 12 13	14 15 16 17 18	2	59
秦始5己丑 269–70	2 1	19 20 21 22 23	24 25 26 27 28	31 2 3 4 5	6 7 8 9 10	11 12 13 14 15	16 17 18 19 —	4	29
	2	20 21 22 23 24	25 26 27 28 29	30 31 41 2 3	4 5 6 7 8	9 10 11 12 13	14 15 16 17 18	5	58
	3	19 20 21 22 23	24 25 26 27 28	29 30 51 2 3	4 5 6 7 8	9 10 11 12 13	14 15 16 17 —	0	28
	4	18 19 20 21 22	23 24 25 26 27	28 29 30 31 61	2 3 4 5 6	7 8 9 10 11	12 13 14 15 16	1	57
	5	17 18 19 20 21	22 23 24 25 26	27 28 29 30 71	2 3 4 5 6	7 8 9 10 11	12 13 14 15 —	3	27
	6	16 17 18 19 20	21 22 23 24 25	26 27 28 29 30	31 81 2 3 4	5 6 7 8 9	10 11 12 13 14	4	56
	7	15 16 17 18 19	20 21 22 23 24	25 26 27 28 29	30 31 91 2 3	4 5 6 7 8	9 10 11 12 —	6	26
	8	13 14 15 16 17	18 19 20 21 22	23 24 25 26 27	28 29 30 O1 2	3 4 5 6 7	8 9 10 11 12	0	55
	9	13 14 15 16 17	18 19 20 21 22	23 24 25 26 27	28 29 30 31 N1	2 3 4 5 6	7 8 9 10 —	2	25
	10	11 12 13 14 15	16 17 18 19 20	21 22 23 24 25	26 27 28 29 30	D1 2 3 4 5	6 7 8 9 10	3	54
	11	11 12 13 14 15	16 17 18 19 20	21 22 23 24 25	26 27 28 29 30	31 11 2 3 4	5 6 7 8 —	5	24
	12	9 10 11 12 13	14 15 16 17 18	19 20 21 22 23	24 25 26 27 28	29 30 31 21 2	3 4 5 6 7	6	53
秦始6庚寅 270–71	14 1	8 9 10 11 12	13 14 15 16 17	18 19 20 21 22	23 24 25 26 27	28 31 2 3 4	5 6 7 8 —	1	23
	2	9 10 11 12 13	14 15 16 17 18	19 20 21 22 23	24 25 26 27 28	29 30 31 41 2	3 4 5 6 7	2	52
	3	8 9 10 11 12	13 14 15 16 17	18 19 20 21 22	23 24 25 26 27	28 29 30 51 2	3 4 5 6 —	4	22
	4	7 8 9 10 11	12 13 14 15 16	17 18 19 20 21	22 23 24 25 26	27 28 29 30 31	61 2 3 4 5	5	51
	5	6 7 8 9 10	11 12 13 14 15	16 17 18 19 20	21 22 23 24 25	26 27 28 29 30	71 2 3 4 5	0	21
	6	6 7 8 9 10	11 12 13 14 15	16 17 18 19 20	21 22 23 24 25	26 27 28 29 30	31 81 2 3 —	2	51
	7	4 5 6 7 8	9 10 11 12 13	14 15 16 17 18	19 20 21 22 23	24 25 26 27 28	29 30 31 91 2	3	20
	8	3 4 5 6 7	8 9 10 11 12	13 14 15 16 17	18 19 20 21 22	23 24 25 26 27	28 29 30 O1 —	5	50
	9	2 3 4 5 6	7 8 9 10 11	12 13 14 15 16	17 18 19 20 21	22 23 24 25 26	27 28 29 30 31	6	19
	10	N1 2 3 4 5	6 7 8 9 10	11 12 13 14 15	16 17 18 19 20	21 22 23 24 25	26 27 28 29 —	1	49
	11	30 D1 2 3 4	5 6 7 8 9	10 11 12 13 14	15 16 17 18 19	20 21 22 23 24	25 26 27 28 29	2	18
	12	30 31 11 2 3	4 5 6 7 8	9 10 11 12 13	14 15 16 17 18	19 20 21 22 23	24 25 26 27 —	4	48

年序 Year	陰曆月序 Moon	陰曆日序 Order of days (Lunar) 1 2 3 4 5	6 7 8 9 10	11 12 13 14 15	16 17 18 19 20	21 22 23 24 25	26 27 28 29 30	星期 Week	干支 Cycle
泰始 7 辛卯 271–72	26 1	28 29 30 31 21	2 3 4 5 6	7 8 9 10 11	12 13 14 15 16	17 18 19 20 21	22 23 24 25 26	5	17
	2	27 28 31 2 3	4 5 6 7 8	9 10 11 12 13	14 15 16 17 18	19 20 21 22 23	24 25 26 27 —	0	47
	3	28 29 30 31 41	2 3 4 5 6	7 8 9 10 11	12 13 14 15 16	17 18 19 20 21	22 23 24 25 26	1	16
	4	27 28 29 30 51	2 3 4 5 6	7 8 9 10 11	12 13 14 15 16	17 18 19 20 21	22 23 24 25 —	3	46
	5	26 27 28 29 30	31 61 2 3 4	5 6 7 8 9	10 11 12 13 14	15 16 17 18 19	20 21 22 23 24	4	15
	5	25 26 27 28 29	30 71 2 3 4	5 6 7 8 9	10 11 12 13 14	15 16 17 18 19	20 21 22 23 —	6	45
	6	24 25 26 27 28	29 30 31 81 2	3 4 5 6 7	8 9 10 11 12	13 14 15 16 17	18 19 20 21 22	0	14
	7	23 24 25 26 27	28 29 30 31 91	2 3 4 5 6	7 8 9 10 11	12 13 14 15 16	17 18 19 20 21	2	44
	8	22 23 24 25 26	27 28 29 30 O1	2 3 4 5 6	7 8 9 10 11	12 13 14 15 16	17 18 19 20 —	4	14
	9	21 22 23 24 25	26 27 28 29 30	31 N1 2 3 4	5 6 7 8 9	10 11 12 13 14	15 16 17 18 19	5	43
	10	20 21 22 23 24	25 26 27 28 29	30 D1 2 3 4	5 6 7 8 9	10 11 12 13 14	15 16 17 18 —	0	13
	11	19 20 21 22 23	24 25 26 27 28	29 30 31 11 2	3 4 5 6 7	8 9 10 11 12	13 14 15 16 17	1	42
	12	18 19 20 21 22	23 24 25 26 27	28 29 30 31 21	2 3 4 5 6	7 8 9 10 11	12 13 14 15 —	3	12
泰始 8 壬辰 272–73	38 1	16 17 18 19 20	21 22 23 24 25	26 27 28 29 31	2 3 4 5 6	7 8 9 10 11	12 13 14 15 16	4	41
	2	17 18 19 20 21	22 23 24 25 26	27 28 29 30 31	41 2 3 4 5	6 7 8 9 10	11 12 13 14 —	6	11
	3	15 16 17 18 19	20 21 22 23 24	25 26 27 28 29	30 51 2 3 4	5 6 7 8 9	10 11 12 13 14	0	40
	4	15 16 17 18 19	20 21 22 23 24	25 26 27 28 29	30 31 61 2 3	4 5 6 7 8	9 10 11 12 —	2	10
	5	13 14 15 16 17	18 19 20 21 22	23 24 25 26 27	28 29 30 71 2	3 4 5 6 7	8 9 10 11 12	3	39
	6	13 14 15 16 17	18 19 20 21 22	23 24 25 26 27	28 29 30 31 81	2 3 4 5 6	7 8 9 10 —	5	9
	7	11 12 13 14 15	16 17 18 19 20	21 22 23 24 25	26 27 28 29 30	31 91 2 3 4	5 6 7 8 9	6	38
	8	10 11 12 13 14	15 16 17 18 19	20 21 22 23 24	25 26 27 28 29	30 O1 2 3 4	5 6 7 8 —	1	8
	9	9 10 11 12 13	14 15 16 17 18	19 20 21 22 23	24 25 26 27 28	29 30 31 N1 2	3 4 5 6 7	2	37
	10 .	8 9 10 11 12	13 14 15 16 17	18 19 20 21 22	23 24 25 26 27	28 29 30 D1 2	3 4 5 6 —	4	7
	11	7 8 9 10 11	12 13 14 15 16	17 18 19 20 21	22 23 24 25 26	27 28 29 30 31	11 2 3 4 5	5	36
	12	6 7 8 9 10	11 12 13 14 15	16 17 18 19 20	21 22 23 24 25	26 27 28 29 30	31 21 2 3 4	0	6
泰始 9 癸巳 273–74	50 1	5 6 7 8 9	10 11 12 13 14	15 16 17 18 19	20 21 22 23 24	25 26 27 28 31	2 3 4 5 —	2	36
	2	6 7 8 9 10	11 12 13 14 15	16 17 18 19 20	21 22 23 24 25	26 27 28 29 30	31 41 2 3 4	3	5
	3	5 6 7 8 9	10 11 12 13 14	15 16 17 18 19	20 21 22 23 24	25 26 27 28 29	30 51 2 3 —	5	35
	4	4 5 6 7 8	9 10 11 12 13	14 15 16 17 18	19 20 21 22 23	24 25 26 27 28	29 30 31 61 2	6	4
	5	3 4 5 6 7	8 9 10 11 12	13 14 15 16 17	18 19 20 21 22	23 24 25 26 27	28 29 30 71 —	1	34
	6	2 3 4 5 6	7 8 9 10 11	12 13 14 15 16	17 18 19 20 21	22 23 24 25 26	27 28 29 30 31	2	3
	7	81 2 3 4 5	6 7 8 9 10	11 12 13 14 15	16 17 18 19 20	21 22 23 24 25	26 27 28 29 —	4	33
	8	30 31 91 2 3	4 5 6 7 8	9 10 11 12 13	14 15 16 17 18	19 20 21 22 23	24 25 26 27 28	5	2
	9	29 30 O1 2 3	4 5 6 7 8	9 10 11 12 13	14 15 16 17 18	19 20 21 22 23	24 25 26 27 —	0	32
	10	28 29 30 31 N1	2 3 4 5 6	7 8 9 10 11	12 13 14 15 16	17 18 19 20 21	22 23 24 25 26	1	1
	11	27 28 29 30 D1	2 3 4 5 6	7 8 9 10 11	12 13 14 15 16	17 18 19 20 21	22 23 24 25 —	3	31
	12	26 27 28 29 30	31 11 2 3 4	5 6 7 8 9	10 11 12 13 14	15 16 17 18 19	20 21 22 23 24	4	0
泰始 10 甲午 274–75	2 1	25 26 27 28 29	30 31 21 2 3	4 5 6 7 8	9 10 11 12 13	14 15 16 17 18	19 20 21 22 —	6	30
	1	23 24 25 26 27	28 31 2 3 4	5 6 7 8 9	10 11 12 13 14	15 16 17 18 19	20 21 22 23 24	0	59
	2	25 26 27 28 29	30 31 41 2 3	4 5 6 7 8	9 10 11 12 13	14 15 16 17 18	19 20 21 22 —	2	29
	3	23 24 25 26 27	28 29 30 51 2	3 4 5 6 7	8 9 10 11 12	13 14 15 16 17	18 19 20 21 22	3	58
	4	23 24 25 26 27	28 29 30 31 61	2 3 4 5 6	7 8 9 10 11	12 13 14 15 16	17 18 19 20 21	5	28
	5	22 23 24 25 26	27 28 29 30 71	2 3 4 5 6	7 8 9 10 11	12 13 14 15 16	17 18 19 20 —	0	58
	6	21 22 23 24 25	26 27 28 29 30	31 81 2 3 4	5 6 7 8 9	10 11 12 13 14	15 16 17 18 19	1	27
	7	20 21 22 23 24	25 26 27 28 29	30 31 91 2 3	4 5 6 7 8	9 10 11 12 13	14 15 16 17 —	3	57
	8	18 19 20 21 22	23 24 25 26 27	28 29 30 O1 2	3 4 5 6 7	8 9 10 11 12	13 14 15 16 17	4	26
	9	18 19 20 21 22	23 24 25 26 27	28 29 30 31 N1	2 3 4 5 6	7 8 9 10 11	12 13 14 15 —	6	56
	10	16 17 18 19 20	21 22 23 24 25	26 27 28 29 30	D1 2 3 4 5	6 7 8 9 10	11 12 13 14 15	0	25
	11	16 17 18 19 20	21 22 23 24 25	26 27 28 29 30	31 11 2 3 4	5 6 7 8 9	10 11 12 13 —	2	55
	12	14 15 16 17 18	19 20 21 22 23	24 25 26 27 28	29 30 31 21 2	3 4 5 6 7	8 9 10 11 12	3	24
咸寧 1 乙未 275–76	14 1	13 14 15 16 17	18 19 20 21 22	23 24 25 26 27	28 31 2 3 4	5 6 7 8 9	10 11 12 13 —	5	54
	2	14 15 16 17 18	19 20 21 22 23	24 25 26 27 28	29 30 31 41 2	3 4 5 6 7	8 9 10 11 12	6	23
	3	13 14 15 16 17	18 19 20 21 22	23 24 25 26 27	28 29 30 51 2	3 4 5 6 7	8 9 10 11 —	1	53
	4	12 13 14 15 16	17 18 19 20 21	22 23 24 25 26	27 28 29 30 31	61 2 3 4 5	6 7 8 9 10	2	22
	5	11 12 13 14 15	16 17 18 19 20	21 22 23 24 25	26 27 28 29 30	71 2 3 4 5	6 7 8 9 —	4	52
	6	10 11 12 13 14	15 16 17 18 19	20 21 22 23 24	25 26 27 28 29	30 31 81 2 3	4 5 6 7 8	5	21
	7	9 10 11 12 13	14 15 16 17 18	19 20 21 22 23	24 25 26 27 28	29 30 31 91 2	3 4 5 6 7	0	51
	8	8 9 10 11 12	13 14 15 16 17	18 19 20 21 22	23 24 25 26 27	28 29 30 O1 2	3 4 5 6 —	2	21
	9	7 8 9 10 11	12 13 14 15 16	17 18 19 20 21	22 23 24 25 26	27 28 29 30 31	N1 2 3 4 5	3	50
	10	6 7 8 9 10	11 12 13 14 15	16 17 18 19 20	21 22 23 24 25	26 27 28 29 30	D1 2 3 4 —	5	20
	11	5 6 7 8 9	10 11 12 13 14	15 16 17 18 19	20 21 22 23 24	25 26 27 28 29	30 31 11 2 3	6	49
	12	4 5 6 7 8	9 10 11 12 13	14 15 16 17 18	19 20 21 22 23	24 25 26 27 28	29 30 31 21 —	1	19

年序 Year	陰曆月序 Moon	陰曆日序 Order of days (Lunar) 1 2 3 4 5	6 7 8 9 10	11 12 13 14 15	16 17 18 19 20	21 22 23 24 25	26 27 28 29 30	星期 Week	干支 Cycle
咸寧 2 丙申 276–77	26 1	2 3 4 5 6	7 8 9 10 11	12 13 14 15 16	17 18 19 20 21	22 23 24 25 26	37 28 29 31 2	2	48
	2	3 4 5 6 7	8 9 10 11 12	13 14 15 16 17	18 19 20 21 22	23 24 25 26 27	28 29 30 31 —	4	18
	3	41 2 3 4 5	6 7 8 9 10	11 12 13 14 15	16 17 18 19 20	21 22 23 24 25	26 27 28 29 30	5	47
	4	51 2 3 4 5	6 7 8 9 10	11 12 13 14 15	16 17 18 19 20	21 22 23 24 25	26 27 28 29 —	0	17
	5	30 31 61 2 3	4 5 6 7 8	9 10 11 12 13	14 15 16 17 18	19 20 21 22 23	24 25 26 27 28	1	46
	6	29 30 71 2 3	4 5 6 7 8	9 10 11 12 13	14 15 16 17 18	19 20 21 22 23	24 25 26 27 —	3	16
	7	28 29 30 31 81	2 3 4 5 6	7 8 9 10 11	12 13 14 15 16	17 18 19 20 21	22 23 24 25 26	4	45
	8	27 28 29 30 31	91 2 3 4 5	6 7 8 9 10	11 12 13 14 15	16 17 18 19 20	21 22 23 24 —	6	15
	9	25 26 27 28 29	30 O1 2 3 4	5 6 7 8 9	10 11 12 13 14	15 16 17 18 19	20 21 22 23 24	0	44
	9	25 26 27 28 29	30 31 N1 2 3	4 5 6 7 8	9 10 11 12 13	14 15 16 17 18	19 20 21 22 —	2	14
	10	23 24 25 26 27	28 29 30 D1 2	3 4 5 6 7	8 9 10 11 12	13 14 15 16 17	18 19 20 21 22	3	43
	11	23 24 25 26 27	28 29 30 31 11	2 3 4 5 6	7 8 9 10 11	12 13 14 15 16	17 18 19 20 21	5	13
	12	22 23 24 25 26	27 28 29 30 31	21 2 3 4 5	6 7 8 9 10	11 12 13 14 15	16 17 18 19 —	0	43
咸寧 3 丁酉 277–78	38 1	20 21 22 23 24	25 26 27 28 31	2 3 4 5 6	7 8 9 10 11	12 13 14 15 16	17 18 19 20 21	1	12
	2	22 23 24 25 26	27 28 29 30 31	41 2 3 4 5	6 7 8 9 10	11 12 13 14 15	16 17 18 19 —	3	42
	3	20 21 22 23 24	25 26 27 28 29	30 51 2 3 4	5 6 7 8 9	10 11 12 13 14	15 16 17 18 19	4	11
	4	20 21 22 23 24	25 26 27 28 29	30 31 61 2 3	4 5 6 7 8	9 10 11 12 13	14 15 16 17 —	6	41
	5	18 19 20 21 22	23 24 25 26 27	28 29 30 71 2	3 4 5 6 7	8 9 10 11 12	13 14 15 16 17	0	10
	6	18 19 20 21 22	23 24 25 26 27	28 29 30 31 81	2 3 4 5 6	7 8 9 10 11	12 13 14 15 —	2	40
	7	16 17 18 19 20	21 22 23 24 25	26 27 28 29 30	31 91 2 3 4	5 6 7 8 9	10 11 12 13 14	3	9
	8	15 16 17 18 19	20 21 22 23 24	25 26 27 28 29	30 O1 2 3 4	5 6 7 8 9	10 11 12 13 —	5	39
	9	14 15 16 17 18	19 20 21 22 23	24 25 26 27 28	29 30 31 N1 2	3 4 5 6 7	8 9 10 11 12	6	8
	10	13 14 15 16 17	18 19 20 21 22	23 24 25 26 27	28 29 30 D1 2	3 4 5 6 7	8 9 10 11 —	1	38
	11	12 13 14 15 16	17 18 19 20 21	22 23 24 25 26	27 28 29 30 31	11 2 3 4 5	6 7 8 9 10	2	7
	12	11 12 13 14 15	16 17 18 19 20	21 22 23 24 25	26 27 28 29 30	31 21 2 3 4	5 6 7 8 —	4	37
咸寧 4 戊戌 278–79	50 1	9 10 11 12 13	14 15 16 17 18	19 20 21 22 23	24 25 26 27 28	31 2 3 4 5	6 7 8 9 10	5	6
	2	11 12 13 14 15	16 17 18 19 20	21 22 23 24 25	26 27 28 29 30	31 41 2 3 4	5 6 7 8 9	0	36
	3	10 11 12 13 14	15 16 17 18 19	20 21 22 23 24	25 26 27 28 29	30 51 2 3 4	5 6 7 8 —	2	6
	4	9 10 11 12 13	14 15 16 17 18	19 20 21 22 23	24 25 26 27 28	29 30 31 61 2	3 4 5 6 7	3	35
	5	8 9 10 11 12	13 14 15 16 17	18 19 20 21 22	23 24 25 26 27	28 29 30 71 2	3 4 5 6 —	5	5
	6	7 8 9 10 11	12 13 14 15 16	17 18 19 20 21	22 23 24 25 26	27 28 29 30 31	81 2 3 4 5	6	34
	7	6 7 8 9 10	11 12 13 14 15	16 17 18 19 20	21 22 23 24 25	26 27 28 29 30	31 91 2 3 —	1	4
	8	4 5 6 7 8	9 10 11 12 13	14 15 16 17 18	19 20 21 22 23	24 25 26 27 28	29 30 O1 2 3	2	33
	9	4 5 6 7 8	9 10 11 12 13	14 15 16 17 18	19 20 21 22 23	24 25 26 27 28	29 30 31 N1 —	4	3
	10	2 3 4 5 6	7 8 9 10 11	12 13 14 15 16	17 18 19 20 21	22 23 24 25 26	27 28 29 30 D1	5	32
	11	2 3 4 5 6	7 8 9 10 11	12 13 14 15 16	17 18 19 20 21	22 23 24 25 26	27 28 29 30 —	0	2
	12	31 11 2 3 4	5 6 7 8 9	10 11 12 13 14	15 16 17 18 19	20 21 22 23 24	25 26 27 28 29	1	31
咸寧 5 己亥 279–80	2 1	30 31 21 2 3	4 5 6 7 8	9 10 11 12 13	14 15 16 17 18	19 20 21 22 23	24 25 26 [illegible]	3	1
	2	28 31 2 3 4	5 6 7 8 9	10 11 12 13 14	15 16 17 18 19	20 21 22 23 24	25 26 [illegible] 29	4	30
	3	30 31 41 2 3	4 5 6 7 8	9 10 11 12 13	14 15 16 17 18	19 20 21 22 23	24 25 [illegible] —	6	0
	4	28 29 30 51 2	3 4 5 6 7	8 9 10 11 12	13 14 15 16 17	18 19 20 21 22	23 [illegible] 26 27	0	29
	5	28 29 30 31 61	2 3 4 5 6	7 8 9 10 11	12 13 14 15 16	17 18 19 20 21	22 23 24 25 —	2	59
	6	26 27 28 29 30	71 2 3 4 5	6 7 8 9 10	11 12 13 14 15	16 17 18 19 20	21 22 23 24 25	3	28
	7	26 27 28 29 30	31 81 2 3 4	5 6 7 8 9	10 11 12 13 14	15 16 17 18 19	20 21 22 23 24	5	58
	7	25 26 27 28 29	30 31 91 2 3	4 5 6 7 8	9 10 11 12 13	14 15 16 17 18	19 20 21 22 —	0	28
	8	23 24 25 26 27	28 29 30 O1 2	3 4 5 6 7	8 9 10 11 12	13 14 15 16 17	18 19 20 21 22	1	57
	9	23 24 25 26 27	28 29 30 31 N1	2 3 4 5 6	7 8 9 10 11	12 13 14 15 16	17 18 19 20 —	3	27
	10	21 22 23 24 25	26 27 28 29 30	D1 2 3 4 5	6 7 8 9 10	11 12 13 14 15	16 17 18 19 20	4	56
	11	21 22 23 24 25	26 27 28 29 30	31 11 2 3 4	5 6 7 8 9	10 11 12 13 14	15 16 17 18 —	6	26
	12	19 20 21 22 23	24 25 26 27 28	29 30 31 21 2	3 4 5 6 7	8 9 10 11 12	13 14 15 16 17	0	55
太康 1 庚子 280–81	14 1	18 19 20 21 22	23 24 25 26 27	28 29 31 2 3	4 5 6 7 8	9 10 11 12 13	14 15 16 17 —	2	25
	2	18 19 20 21 22	23 24 25 26 27	28 29 30 31 41	2 3 4 5 6	7 8 9 10 11	12 13 14 15 16	3	54
	3][	17 18 19 20 21	22 23 24 25 26	27 28 29 30 51	2 3 4 5 6	7 8 9 10 11	12 13 14 15 —	5	24
	4	16 17 18 19 20	21 22 23 24 25	26 27 28 29 30	31 61 2 3 4	5 6 7 8 9	10 11 12 13 14	6	53
	5	15 16 17 18 19	20 21 22 23 24	25 26 27 28 29	30 71 2 3 4	5 6 7 8 9	10 11 12 13 —	1	23
	6	14 15 16 17 18	19 20 21 22 23	24 25 26 27 28	29 30 31 81 2	3 4 5 6 7	8 9 10 11 12	2	52
	7	13 14 15 16 17	18 19 20 21 22	23 24 25 26 27	28 29 30 31 91	2 3 4 5 6	7 8 9 10 —	4	22
	8	11 12 13 14 15	16 17 18 19 20	21 22 23 24 25	26 27 28 29 30	O1 2 3 4 5	6 7 8 9 10	5	51
	9	11 12 13 14 15	16 17 18 19 20	21 22 23 24 25	26 27 28 29 30	31 N1 2 3 4	5 6 7 8 —	0	21
	10	9 10 11 12 13	14 15 16 17 18	19 20 21 22 23	24 25 26 27 28	29 30 D1 2 3	4 5 6 7 8	1	50
	11	9 10 11 12 13	14 15 16 17 18	19 20 21 22 23	24 25 26 27 28	29 30 31 11 2	3 4 5 6 7	3	20
	12	8 9 10 11 12	13 14 15 16 17	18 19 20 21 22	23 24 25 26 27	28 29 30 31 21	2 3 4 5 —	5	50

年序 Year	陰曆月序 Moon	陰曆日序 Order of days (Lunar) 1 2 3 4 5	6 7 8 9 10	11 12 13 14 15	16 17 18 19 20	21 22 23 24 25	26 27 28 29 30	星期 Week	干支 Cycle
太康 2 辛丑 281–82	26 1	6 7 8 9 10	11 12 13 14 15	16 17 18 19 20	21 22 23 24 25	26 27 28 31 2	3 4 5 6 7	6	19
	2	8 9 10 11 12	13 14 15 16 17	18 19 20 21 22	23 24 25 26 27	28 29 30 31 41	2 3 4 5 —	1	49
	3	6 7 8 9 10	11 12 13 14 15	16 17 18 19 20	21 22 23 24 25	26 27 28 29 30	51 2 3 4 5	2	18
	4	6 7 8 9 10	11 12 13 14 15	16 17 18 19 20	21 22 23 24 25	26 27 28 29 30	31 61 2 3 —	4	48
	5	4 5 6 7 8	9 10 11 12 13	14 15 16 17 18	19 20 21 22 23	24 25 26 27 28	29 30 71 2 3	5	17
	6	4 5 6 7 8	9 10 11 12 13	14 15 16 17 18	19 20 21 22 23	24 25 26 27 28	29 30 31 81 —	0	47
	7	2 3 4 5 6	7 8 9 10 11	12 13 14 15 16	17 18 19 20 21	22 23 24 25 26	27 28 29 30 31	1	16
	8	91 2 3 4 5	6 7 8 9 10	11 12 13 14 15	16 17 18 19 20	21 22 23 24 25	26 27 28 29 —	3	46
	9	30 01 2 3 4	5 6 7 8 9	10 11 12 13 14	15 16 17 18 19	20 21 22 23 24	25 26 27 28 29	4	15
	10	30 31 N1 2 3	4 5 6 7 8	9 10 11 12 13	14 15 16 17 18	19 20 21 22 23	24 25 26 27 —	6	45
	11	28 29 30 D1 2	3 4 5 6 7	8 9 10 11 12	13 14 15 16 17	18 19 20 21 22	23 24 25 26 27	0	14
	12	28 29 30 31 11	2 3 4 5 6	7 8 9 10 11	12 13 14 15 16	17 18 19 20 21	22 23 24 25 —	2	44
太康 3 壬寅 282–83	38 1	26 27 28 29 30	31 21 2 3 4	5 6 7 8 9	10 11 12 13 14	15 16 17 18 19	20 21 22 23 24	3	13
	2	25 26 27 28 31	2 3 4 5 6	7 8 9 10 11	12 13 14 15 16	17 18 19 20 21	22 23 24 25 —	5	43
	3	26 27 28 29 30	31 41 2 3 4	5 6 7 8 9	10 11 12 13 14	15 16 17 18 19	20 21 22 23 24	6	12
	4	25 26 27 28 29	30 51 2 3 4	5 6 7 8 9	10 11 12 13 14	15 16 17 18 19	20 21 22 23 24	1	42
	4	25 26 27 28 29	30 31 61 2 3	4 5 6 7 8	9 10 11 12 13	14 15 16 17 18	19 20 21 22 —	3	12
	5	23 24 25 26 27	28 29 30 71 2	3 4 5 6 7	8 9 10 11 12	13 14 15 16 17	18 19 20 21 22	4	41
	6	23 24 25 26 27	28 29 30 31 81	2 3 4 5 6	7 8 9 10 11	12 13 14 15 16	17 18 19 20 —	6	11
	7	21 22 23 24 25	26 27 28 29 30	31 91 2 3 4	5 6 7 8 9	10 11 12 13 14	15 16 17 18 19	0	40
	8	20 21 22 23 24	25 26 27 28 29	30 01 2 3 4	5 6 7 8 9	10 11 12 13 14	15 16 17 18 —	2	10
	9	19 20 21 22 23	24 25 26 27 28	29 30 31 N1 2	3 4 5 6 7	8 9 10 11 12	13 14 15 16 17	3	39
	10	18 19 20 21 22	23 24 25 26 27	28 29 30 D1 2	3 4 5 6 7	8 9 10 11 12	13 14 15 16 —	5	9
	11	17 18 19 20 21	22 23 24 25 26	27 28 29 30 31	11 2 3 4 5	6 7 8 9 10	11 12 13 14 15	6	38
	12	16 17 18 19 20	21 22 23 24 25	26 27 28 29 30	31 21 2 3 4	5 6 7 8 9	10 11 12 13 —	1	8
太康 4 癸卯 283–84	50 1	14 15 16 17 18	19 20 21 22 23	24 25 26 27 28	31 2 3 4 5	6 7 8 9 10	11 12 13 14 15	2	37
	2	16 17 18 19 20	21 22 23 24 25	26 27 28 29 30	31 41 2 3 4	5 6 7 8 9	10 11 12 13 —	4	7
	3	14 15 16 17 18	19 20 21 22 23	24 25 26 27 28	29 30 51 2 3	4 5 6 7 8	9 10 11 12 13	5	36
	4	14 15 16 17 18	19 20 21 22 23	24 25 26 27 28	29 30 31 61 2	3 4 5 6 7	8 9 10 11 —	0	6
	5	12 13 14 15 16	17 18 19 20 21	22 23 24 25 26	27 28 29 30 71	2 3 4 5 6	7 8 9 10 11	1	35
	6	12 13 14 15 16	17 18 19 20 21	22 23 24 25 26	27 28 29 30 31	81 2 3 4 5	6 7 8 9 10	3	5
	7	11 12 13 14 15	16 17 18 19 20	21 22 23 24 25	26 27 28 29 30	31 91 2 3 4	5 6 7 8 —	5	35
	8	9 10 11 12 13	14 15 16 17 18	19 20 21 22 23	24 25 26 27 28	29 30 01 2 3	4 5 6 7 8	6	4
	9	9 10 11 12 13	14 15 16 17 18	19 20 21 22 23	24 25 26 27 28	29 30 31 N1 2	3 4 5 6 —	1	34
	10	7 8 9 10 11	12 13 14 15 16	17 18 19 20 21	22 23 24 25 26	27 28 29 30 D1	2 3 4 5 6	2	3
	11	7 8 9 10 11	12 13 14 15 16	17 18 19 20 21	22 23 24 25 26	27 28 29 30 31	11 2 3 4 —	4	33
	12	5 6 7 8 9	10 11 12 13 14	15 16 17 18 19	20 21 22 23 24	25 26 27 28 29	30 31 21 2 3	5	2
太康 5 甲辰 284–85	2 1	4 5 6 7 8	9 10 11 12 13	14 15 16 17 18	19 20 21 22 23	24 25 26 27 28	29 31 2 3 —	0	32
	2	4 5 6 7 8	9 10 11 12 13	14 15 16 17 18	19 20 21 22 23	24 25 26 27 28	29 30 31 41 2	1	1
	3	3 4 5 6 7	8 9 10 11 12	13 14 15 16 17	18 19 20 21 22	23 24 25 26 27	28 29 30 51 —	3	31
	4	2 3 4 5 6	7 8 9 10 11	12 13 14 15 16	17 18 19 20 21	22 23 24 25 26	27 28 29 30 31	4	0
	5	61 2 3 4 5	6 7 8 9 10	11 12 13 14 15	16 17 18 19 20	21 22 23 24 25	26 27 28 29 —	6	30
	6	30 71 2 3 4	5 6 7 8 9	10 11 12 13 14	15 16 17 18 19	20 21 22 23 24	25 26 27 28 29	0	59
	7	30 31 81 2 3	4 5 6 7 8	9 10 11 12 13	14 15 16 17 18	19 20 21 22 23	24 25 26 27 —	2	29
	8	28 29 30 31 91	2 3 4 5 6	7 8 9 10 11	12 13 14 15 16	17 18 19 20 21	22 23 24 25 26	3	58
	9	27 28 29 30 01	2 3 4 5 6	7 8 9 10 11	12 13 14 15 16	17 18 19 20 21	22 23 24 25 —	5	28
	10	26 27 28 29 30	31 N1 2 3 4	5 6 7 8 9	10 11 12 13 14	15 16 17 18 19	20 21 22 23 24	6	57
	11	25 26 27 28 29	30 D1 2 3 4	5 6 7 8 9	10 11 12 13 14	15 16 17 18 19	20 21 22 23 24	1	27
	12	25 26 27 28 29	30 31 11 2 3	4 5 6 7 8	9 10 11 12 13	14 15 16 17 18	19 20 21 22 —	3	57
	12	23 24 25 26 27	28 29 30 31 21	2 3 4 5 6	7 8 9 10 11	12 13 14 15 16	17 18 19 20 21	4	26
太康 6 乙巳 285–86	14 1	22 23 24 25 26	27 28 31 2 3	4 5 6 7 8	9 10 11 12 13	14 15 16 17 18	19 20 21 22 —	6	56
	2	23 24 25 26 27	28 29 30 31 41	2 3 4 5 6	7 8 9 10 11	12 13 14 15 16	17 18 19 20 21	0	25
	3	22 23 24 25 26	27 28 29 30 51	2 3 4 5 6	7 8 9 10 11	12 13 14 15 16	17 18 19 20 —	2	55
	4	21 22 23 24 25	26 27 28 29 30	31 61 2 3 4	5 6 7 8 9	10 11 12 13 14	15 16 17 18 19	3	24
	5	20 21 22 23 24	25 26 27 28 29	30 71 2 3 4	5 6 7 8 9	10 11 12 13 14	15 16 17 18 —	5	54
	6	19 20 21 22 23	24 25 26 27 28	29 30 31 81 2	3 4 5 6 7	8 9 10 11 12	13 14 15 16 17	6	23
	7	18 19 20 21 22	23 24 25 26 27	28 29 30 31 91	2 3 4 5 6	7 8 9 10 11	12 13 14 15 —	1	53
	8	16 17 18 19 20	21 22 23 24 25	26 27 28 29 30	01 2 3 4 5	6 7 8 9 10	11 12 13 14 15	2	22
	9	16 17 18 19 20	21 22 23 24 25	26 27 28 29 30	31 N1 2 3 4	5 6 7 8 9	10 11 12 13 —	4	52
	10	14 15 16 17 18	19 20 21 22 23	24 25 26 27 28	29 30 D1 2 3	4 5 6 7 8	9 10 11 12 13	5	21
	11	14 15 16 17 18	19 20 21 22 23	24 25 26 27 28	29 30 31 11 2	3 4 5 6 7	8 9 10 11 —	0	51
	12	12 13 14 15 16	17 18 19 20 21	22 23 24 25 26	27 28 29 30 31	21 2 3 4 5	6 7 8 9 10	1	20

年序 Year	陰曆月序 Moon	陰曆日序 Order of days (Lunar) 1 2 3 4 5	6 7 8 9 10	11 12 13 14 15	16 17 18 19 20	21 22 23 24 25	26 27 28 29 30	星期 Week	干支 Cycle
太康 7 丙午 286–87	26 1	11 12 13 14 15	16 17 18 19 20	21 22 23 24 25	26 27 28 31 2	3 4 5 6 7	8 9 10 11 —	3	50
	2	12 13 14 15 16	17 18 19 20 21	22 23 24 25 26	27 28 29 30 31	41 2 3 4 5	6 7 8 9 10	4	19
	3	11 12 13 14 15	16 17 18 19 20	21 22 23 24 25	26 27 28 29 30	51 2 3 4 5	6 7 8 9 10	6	49
	4	11 12 13 14 15	16 17 18 19 20	21 22 23 24 25	26 27 28 29 30	31 61 2 3 4	5 6 7 8 —	1	19
	5	9 10 11 12 13	14 15 16 17 18	19 20 21 22 23	24 25 26 27 28	29 30 71 2 3	4 5 6 7 8	2	48
	6	9 10 11 12 13	14 15 16 17 18	19 20 21 22 23	24 25 26 27 28	29 30 31 81 2	3 4 5 6 —	4	18
	7	7 8 9 10 11	12 13 14 15 16	17 18 19 20 21	22 23 24 25 26	27 28 29 30 31	91 2 3 4 5	5	47
	8	6 7 8 9 10	11 12 13 14 15	16 17 18 19 20	21 22 23 24 25	26 27 28 29 30	01 2 3 4 —	0	17
	9	5 6 7 8 9	10 11 12 13 14	15 16 17 18 19	20 21 22 23 24	25 26 27 28 29	30 31 N1 2 3	1	46
	10	4 5 6 7 8	9 10 11 12 13	14 15 16 17 18	19 20 21 22 23	24 25 26 27 28	29 30 D1 2 —	3	16
	11	3 4 5 6 7	8 9 10 11 12	13 14 15 16 17	18 19 20 21 22	23 24 25 26 27	28 29 30 31 11	4	45
	12	2 3 4 5 6	7 8 9 10 11	12 13 14 15 16	17 18 19 20 21	22 23 24 25 26	27 28 29 30 —	6	15
太康 8 丁未 287–88	38 1	31 21 2 3 4	5 6 7 8 9	10 11 12 13 14	15 16 17 18 19	20 21 22 23 24	25 26 27 28 31	0	44
	2	2 3 4 5 6	7 8 9 10 11	12 13 14 15 16	17 18 19 20 . 1	22 23 24 25 26	27 28 29 30 —	2	14
	3	31 41 2 3 4	5 6 7 8 9	10 11 12 13 14	15 16 17 18 19	20 21 22 23 24	25 26 27 28 29	3	43
	4	30 51 2 3 4	5 6 7 8 9	10 11 12 13 14	15 16 17 18 19	20 21 22 23 24	25 26 27 28 —	5	13
	5	29 30 31 61 2	3 4 5 6 7	8 9 10 11 12	13 14 15 16 17	18 19 20 21 22	23 24 25 26 27	6	42
	6	28 29 30 71 2	3 4 5 6 7	8 9 10 11 12	13 14 15 16 17	18 19 20 21 22	23 24 25 26 27	1	12
	7	28 29 30 31 81	2 3 4 5 6	7 8 9 10 11	12 13 14 15 16	17 18 19 20 21	22 23 24 25 —	3	42
	8	26 27 28 29 30	31 91 2 3 4	5 6 7 8 9	10 11 12 13 14	15 16 17 18 19	20 21 22 23 24	4	11
	8	25 26 27 28 29	30 01 2 3 4	5 6 7 8 9	10 11 12 13 14	15 16 17 18 19	20 21 22 23 —	6	41
	9	24 25 26 27 28	29 30 31 N1 2	3 4 5 6 7	8 9 10 11 12	13 14 15 16 17	18 19 20 21 22	0	10
	10	23 24 25 26 27	28 29 30 D1 2	3 4 5 6 7	8 9 10 11 12	13 14 15 16 17	18 19 20 21 —	2	40
	11	22 23 24 25 26	27 28 29 30 31	11 2 3 4 5	6 7 8 9 10	11 12 13 14 15	16 17 18 19 20	3	9
	12	21 22 23 24 25	26 27 28 29 30	31 21 2 3 4	5 6 7 8 9	10 11 12 13 14	15 16 17 18 --	5	39
太康 9 戊申 288–89	50 1	19 20 21 22 23	24 25 26 27 28	29 31 2 3 4	5 6 7 8 9	10 11 12 13 14	15 16 17 18 19	6	8
	2	20 21 22 23 24	25 26 27 28 29	30 31 41 2 3	4 5 6 7 8	9 10 11 12 13	14 15 16 17 —	1	38
	3	18 19 20 21 22	23 24 25 26 27	28 29 30 51 2	3 4 5 6 7	8 9 10 11 12	13 14 15 16 17	2	7
	4	18 19 20 21 22	23 24 25 26 27	28 29 30 31 61	2 3 4 5 6	7 8 9 10 11	12 13 14 15 —	4	37
	5	16 17 18 19 20	21 22 23 24 25	26 27 28 29 30	71 2 3 4 5	6 7 8 9 10	11 12 13 14 15	5	6
	6	16 17 18 19 20	21 22 23 24 25	26 27 28 29 30	31 81 2 3 4	5 6 7 8 9	10 11 12 13 —	0	36
	7	14 15 16 17 18	19 20 21 22 23	24 25 26 27 28	29 30 31 91 2	3 4 5 6 7	8 9 10 11 12	1	5
	8	13 14 15 16 17	18 19 20 21 22	23 24 25 26 27	28 29 30 01 2	3 4 5 6 7	8 9 10 11 —	3	35
	9	12 13 14 15 16	17 18 19 20 21	22 23 24 25 26	27 28 29 30 31	N1 2 3 4 5	6 7 8 9 10	4	4
	10	11 12 13 14 15	16 17 18 19 20	21 22 23 24 25	26 27 28 29 30	D1 2 3 4 5	6 7 8 9 10	6	34
	11	11 12 13 14 15	16 17 18 19 20	21 22 23 24 25	26 27 28 29 30	31 11 2 3 4	5 6 7 8 —	1	4
	12	9 10 11 12 13	14 15 16 17 18	19 20 21 22 23	24 25 26 27 28	29 30 31 21 2	3 4 5 6 7	2	33
太康 10 己酉 289–90	2 1	8 9 10 11 12	13 14 15 16 17	18 19 20 21 22	23 24 25 26 27	28 31 2 3 4	5 6 7 8 —	4	3
	2	9 10 11 12 13	14 15 16 17 18	19 20 21 22 23	24 25 26 27 28	29 30 31 41 2	3 4 5 6 7	5	32
	3	8 9 10 11 12	13 14 15 16 17	18 19 20 21 22	23 24 25 26 27	28 29 30 51 2	3 4 5 6 —	0	2
	4	7 8 9 10 11	12 13 14 15 16	17 18 19 20 21	22 23 24 25 26	27 28 29 30 31	61 2 3 4 5	1	31
	5	6 7 8 9 10	11 12 13 14 15	16 17 18 19 20	21 22 23 24 25	26 27 28 29 30	71 2 3 4 —	3	1
	6	5 6 7 8 9	10 11 12 13 14	15 16 17 18 19	20 21 22 23 24	25 26 27 28 29	30 31 81 2 3	4	30
	7	4 5 6 7 8	9 10 11 12 13	14 15 16 17 18	19 20 21 22 23	24 25 26 27 28	29 30 31 91 —	6	0
	8	2 3 4 5 6	7 8 9 10 11	12 13 14 15 16	17 18 19 20 21	22 23 24 25 26	27 28 29 30 01	0	29
	9	2 3 4 5 6	7 8 9 10 11	12 13 14 15 16	17 18 19 20 21	22 23 24 25 26	27 28 29 30 —	2	59
	10	31 N1 2 3 4	5 6 7 8 9	10 11 12 13 14	15 16 17 18 19	20 21 22 23 24	25 26 27 28 29	3	28
	11	30 D1 2 3 4	5 6 7 8 9	10 11 12 13 14	15 16 17 18 19	20 21 22 23 24	25 26 27 28 —	5	58
	12	29 30 31 11 2	3 4 5 6 7	8 9 10 11 12	13 14 15 16 17	18 19 20 21 22	23 24 25 26 27	6	27
惠帝永熙 1 庚戌 290–91	14 1	28 29 30 31 21	2 3 4 5 6	7 8 9 10 11	12 13 14 15 16	17 18 19 20 21	22 23 24 25 —	1	57
	2	26 27 28 31 2	3 4 5 6 7	8 9 10 11 12	13 14 15 16 17	18 19 20 21 22	23 24 25 26 27	2	26
	3	28 29 30 31 41	2 3 4 5 6	7 8 9 10 11	12 13 14 15 16	17 18 19 20 21	22 23 24 25 26	4	56
	4][	27 28 29 30 51	2 3 4 5 6	7 8 9 10 11	12 13 14 15 16	17 18 19 20 21	22 23 24 25 —	6	26
	5	26 27 28 29 30	31 61 2 3 4	5 6 7 8 9	10 11 12 13 14	15 16 17 18 19	20 21 22 23 24	0	55
	5	25 26 27 28 29	30 71 2 3 4	5 6 7 8 9	10 11 12 13 14	15 16 17 18 19	20 21 22 23 —	2	25
	6	24 25 26 27 28	29 30 31 81 2	3 4 5 6 7	8 9 10 11 12	13 14 15 16 17	18 19 20 21 22	3	54
	7	23 24 25 26 27	28 29 30 31 91	2 3 4 5 6	7 8 9 10 11	12 13 14 15 16	17 18 19 20 —	5	24
	8	21 22 23 24 25	26 27 28 29 30	01 2 3 4 5	6 7 8 9 10	11 12 13 14 15	16 17 18 19 20	6	53
	9	21 22 23 24 25	26 27 28 29 30	31 N1 2 3 4	5 6 7 8 9	10 11 12 13 14	15 16 17 18 —	1	23
	10	19 20 21 22 23	24 25 26 27 28	29 30 D1 2 3	4 5 6 7 8	9 10 11 12 13	14 15 16 17 18	2	52
	11	19 20 21 22 23	24 25 26 27 28	29 30 31 11 2	3 4 5 6 7	8 9 10 11 12	13 14 15 16 —	4	22
	12	17 18 19 20 21	22 23 24 25 26	27 28 29 30 31	21 2 3 4 5	6 7 8 9 10	11 12 13 14 15	5	51

年序 Year	陰曆月序 Moon	陰曆日序 Order of days (Lunar) 1 2 3 4 5	6 7 8 9 10	11 12 13 14 15	16 17 18 19 20	21 22 23 24 25	26 27 28 29 30	星期 Week	干支 Cycle
元康 1 辛亥 291–92	26 1	16 17 18 19 20	21 22 23 24 25	26 27 28 31 2	3 4 5 6 7	8 9 10 11 12	13 14 15 16 —	0	21
	2	17 18 19 20 21	22 23 24 25 26	27 28 29 30 31	41 2 3 4 5	6 7 8 9 10	11 12 13 14 15	1	50
	3][	16 17 18 19 20	21 22 23 24 25	26 27 28 29 30	51 2 3 4 5	6 7 8 9 10	11 12 13 14 —	3	20
	4	15 16 17 18 19	20 21 22 23 24	25 26 27 28 29	30 31 61 2 3	4 5 6 7 8	9 10 11 12 13	4	49
	5	14 15 16 17 18	19 20 21 22 23	24 25 26 27 28	29 30 71 2 3	4 5 6 7 8	9 10 11 12 13	6	19
	6	14 15 16 17 18	19 20 21 22 23	24 25 26 27 28	29 30 31 81 2	3 4 5 6 7	8 9 10 11 —	1	49
	7	12 13 14 15 16	17 18 19 20 21	22 23 24 25 26	27 28 29 30 31	91 2 3 4 5	6 7 8 9 10	2	18
	8	11 12 13 14 15	16 17 18 19 20	21 22 23 24 25	26 27 28 29 30	01 2 3 4 5	6 7 8 9 —	4	48
	9	10 11 12 13 14	15 16 17 18 19	20 21 22 23 24	25 26 27 28 29	30 31 N1 2 3	4 5 6 7 8	5	17
	10	9 10 11 12 13	14 15 16 17 18	19 20 21 22 23	24 25 26 27 28	29 30 D1 2 3	4 5 6 7 —	0	47
	11	8 9 10 11 12	13 14 15 16 17	18 19 20 21 22	23 24 25 26 27	28 29 30 31 11	2 3 4 5 6	1	16
	12	7 8 9 10 11	12 13 14 15 16	17 18 19 20 21	22 23 24 25 26	27 28 29 30 31	21 2 3 4 —	3	46
元康 2 壬子 292–93	38 1	5 6 7 8 9	10 11 12 13 14	15 16 17 18 19	20 21 22 23 24	25 26 27 28 29	31 2 3 4 5	4	15
	2	6 7 8 9 10	11 12 13 14 15	16 17 18 19 20	21 22 23 24 25	26 27 28 29 30	31 41 2 3 —	6	45
	3	4 5 6 7 8	9 10 11 12 13	14 15 16 17 18	19 20 21 22 23	24 25 26 27 28	29 30 51 2 3	0	14
	4	4 5 6 7 8	9 10 11 12 13	14 15 16 17 18	19 20 21 22 23	24 25 26 27 28	29 30 31 61 —	2	44
	5	2 3 4 5 6	7 8 9 10 11	12 13 14 15 16	17 18 19 20 21	22 23 24 25 26	27 28 29 30 71	3	13
	6	2 3 4 5 6	7 8 9 10 11	12 13 14 15 16	17 18 19 20 21	22 23 24 25 26	27 28 29 30 —	5	43
	7	31 81 2 3 4	5 6 7 8 9	10 11 12 13 14	15 16 17 18 19	20 21 22 23 24	25 26 27 28 29	6	12
	8	30 31 91 2 3	4 5 6 7 8	9 10 11 12 13	14 15 16 17 18	19 20 21 22 23	24 25 26 27 —	1	42
	9	28 29 30 01 2	3 4 5 6 7	8 9 10 11 12	13 14 15 16 17	18 19 20 21 22	23 24 25 26 27	2	11
	10	28 29 30 31 N1	2 3 4 5 6	7 8 9 10 11	12 13 14 15 16	17 18 19 20 21	22 23 24 25 26	4	41
	11	27 28 29 30 D1	2 3 4 5 6	7 8 9 10 11	12 13 14 15 16	17 18 19 20 21	22 23 24 25 —	6	11
	12	26 27 28 29 30	31 11 2 3 4	5 6 7 8 9	10 11 12 13 14	15 16 17 18 19	20 21 22 23 24	0	40
元康 3 癸丑 293–94	50 1	25 26 27 28 29	30 31 21 2 3	4 5 6 7 8	9 10 11 12 13	14 15 16 17 18	19 20 21 22 —	2	10
	2	23 24 25 26 27	28 31 2 3 4	5 6 7 8 9	10 11 12 13 14	15 16 17 18 19	20 21 22 23 24	3	39
	2	25 26 27 28 29	30 31 41 2 3	4 5 6 7 8	9 10 11 12 13	14 15 16 17 18	19 20 21 22 —	5	9
	3	23 24 25 26 27	28 29 30 51 2	3 4 5 6 7	8 9 10 11 12	13 14 15 16 17	18 19 20 21 22	6	38
	4	23 24 25 26 27	28 29 30 31 61	2 3 4 5 6	7 8 9 10 11	12 13 14 15 16	17 18 19 20 —	1	8
	5	21 22 23 24 25	26 27 28 29 30	71 2 3 4 5	6 7 8 9 10	11 12 13 14 15	16 17 18 19 20	2	37
	6	21 22 23 24 25	26 27 28 29 30	31 81 2 3 4	5 6 7 8 9	10 11 12 13 14	15 16 17 18 —	4	7
	7	19 20 21 22 23	24 25 26 27 28	29 30 31 91 2	3 4 5 6 7	8 9 10 11 12	13 14 15 16 17	5	36
	8	18 19 20 21 22	23 24 25 26 27	28 29 30 01 2	3 4 5 6 7	8 9 10 11 12	13 14 15 16 —	0	6
	9	17 18 19 20 21	22 23 24 25 26	27 28 29 30 31	N1 2 3 4 5	6 7 8 9 10	11 12 13 14 15	1	35
	10	16 17 18 19 20	21 22 23 24 25	26 27 28 29 30	D1 2 3 4 5	6 7 8 9 10	11 12 13 14 —	3	5
	11	15 16 17 18 19	20 21 22 23 24	25 26 27 28 29	30 31 11 2 3	4 5 6 7 8	9 10 11 12 13	4	34
	12	14 15 16 17 18	19 20 21 22 23	24 25 26 27 28	29 30 31 21 2	3 4 5 6 7	8 9 10 11 —	6	4
元康 4 甲寅 294–95	2 1	12 13 14 15 16	17 18 19 20 21	22 23 24 25 26	27 28 31 2 3	4 5 6 7 8	9 10 11 12 13	0	33
	2	14 15 16 17 18	19 20 21 22 23	24 25 26 27 28	29 30 31 41 2	3 4 5 6 7	8 9 10 11 12	2	3
	3	13 14 15 16 17	18 19 20 21 22	23 24 25 26 27	28 29 30 51 2	3 4 5 6 7	8 9 10 11 —	4	33
	4	12 13 14 15 16	17 18 19 20 21	22 23 24 25 26	27 28 29 30 31	61 2 3 4 5	6 7 8 9 10	5	2
	5	11 12 13 14 15	16 17 18 19 20	21 22 23 24 25	26 27 28 29 30	71 2 3 4 5	6 7 8 9 —	0	32
	6	10 11 12 13 14	15 16 17 18 19	20 21 22 23 24	25 26 27 28 29	30 31 81 2 3	4 5 6 7 8	1	1
	7	9 10 11 12 13	14 15 16 17 18	19 20 21 22 23	24 25 26 27 28	29 30 31 91 2	3 4 5 6 —	3	31
	8	7 8 9 10 11	12 13 14 15 16	17 18 19 20 21	22 23 24 25 26	27 28 29 30 01	2 3 4 5 6	4	0
	9	7 8 9 10 11	12 13 14 15 16	17 18 19 20 21	22 23 24 25 26	27 28 29 30 31	N1 2 3 4 —	6	30
	10	5 6 7 8 9	10 11 12 13 14	15 16 17 18 19	20 21 22 23 24	25 26 27 28 29	30 D1 2 3 4	0	59
	11	5 6 7 8 9	10 11 12 13 14	15 16 17 18 19	20 21 22 23 24	25 26 27 28 29	30 31 11 2 —	2	29
	12	3 4 5 6 7	8 9 10 11 12	13 14 15 16 17	18 19 20 21 22	23 24 25 26 27	28 29 30 31 21	3	58
元康 5 乙卯 295–96	14 1	2 3 4 5 6	7 8 9 10 11	12 13 14 15 16	17 18 19 20 21	22 23 24 25 26	27 28 31 2 —	5	28
	2	3 4 5 6 7	8 9 10 11 12	13 14 15 16 17	18 19 20 21 22	23 24 25 26 27	28 29 30 31 41	6	57
	3	2 3 4 5 6	7 8 9 10 11	12 13 14 15 16	17 18 19 20 21	22 23 24 25 26	27 28 29 30 —	1	27
	4	51 2 3 4 5	6 7 8 9 10	11 12 13 14 15	16 17 18 19 20	21 22 23 24 25	26 27 28 29 30	2	56
	5	31 61 2 3 4	5 6 7 8 9	10 11 12 13 14	15 16 17 18 19	20 21 22 23 24	25 26 27 28 29	4	26
	6	30 71 2 3 4	5 6 7 8 9	10 11 12 13 14	15 16 17 18 19	20 21 22 23 24	25 26 27 28 —	6	56
	7	29 30 31 81 2	3 4 5 6 7	8 9 10 11 12	13 14 15 16 17	18 19 20 21 22	23 24 25 26 27	0	25
	8	28 29 30 31 91	2 3 4 5 6	7 8 9 10 11	12 13 14 15 16	17 18 19 20 21	22 23 24 25 —	2	55
	9	26 27 28 29 30	01 2 3 4 5	6 7 8 9 10	11 12 13 14 15	16 17 18 19 20	21 22 23 24 25	3	24
	10	26 27 28 29 30	31 N1 2 3 4	5 6 7 8 9	10 11 12 13 14	15 16 17 18 19	20 21 22 23 —	5	54
	10	24 25 26 27 28	29 30 D1 2 3	4 5 6 7 8	9 10 11 12 13	14 15 16 17 18	19 20 21 22 23	6	23
	11	24 25 26 27 28	29 30 31 11 2	3 4 5 6 7	8 9 10 11 12	13 14 15 16 17	18 19 20 21 —	1	53
	12	22 23 24 25 26	27 28 29 30 31	21 2 3 4 5	6 7 8 9 10	11 12 13 14 15	16 17 18 19 20	2	22

年序 Year		陰曆月序 Moon	陰曆日序 Order of days (Lunar) 1 2 3 4 5	6 7 8 9 10	11 12 13 14 15	16 17 18 19 20	21 22 23 24 25	26 27 28 29 30	星期 Week	干支 Cycle
元康 6 丙辰 296–97	26	1	21 22 23 24 25	26 27 28 29 31	2 3 4 5 6	7 8 9 10 11	12 13 14 15 16	17 18 19 20 —	4	52
		2	21 22 23 24 25	26 27 28 29 30	31 41 2 3 4	5 6 7 8 9	10 11 12 13 14	15 16 17 18 19	5	21
		3	20 21 22 23 24	25 26 27 28 29	30 51 2 3 4	5 6 7 8 9	10 11 12 13 14	15 16 17 18 —	0	51
		4	19 20 21 22 23	24 25 26 27 28	29 30 31 61 2	3 4 5 6 7	8 9 10 11 12	13 14 15 16 17	1	20
		5	18 19 20 21 22	23 24 25 26 27	28 29 30 71 2	3 4 5 6 7	8 9 10 11 12	13 14 15 16 —	3	50
		6	17 18 19 20 21	22 23 24 25 26	27 28 29 30 31	81 2 3 4 5	6 7 8 9 10	11 12 13 14 15	4	19
		7	16 17 18 19 20	21 22 23 24 25	26 27 28 29 30	31 91 2 3 4	5 6 7 8 9	10 11 12 13 —	6	49
		8	14 15 16 17 18	19 20 21 22 23	24 25 26 27 28	29 30 01 2 3	4 5 6 7 8	9 10 11 12 13	0	18
		9	14 15 16 17 18	19 20 21 22 23	24 25 26 27 28	29 30 31 N1 2	3 4 5 6 7	8 9 10 11 12	2	48
		10	13 14 15 16 17	18 19 20 21 22	23 24 25 26 27	28 29 30 D1 2	3 4 5 6 7	8 9 10 11 —	4	18
		11	12 13 14 15 16	17 18 19 20 21	22 23 24 25 26	27 28 29 30 31	11 2 3 4 5	6 7 8 9 10	5	47
		12	11 12 13 14 15	16 17 18 19 20	21 22 23 24 25	26 27 28 29 30	31 21 2 3 4	5 6 7 8 —	0	17
元康 7 丁巳 297–98	38	1	9 10 11 12 13	14 15 16 17 18	19 20 21 22 23	24 25 26 27 28	31 2 3 4 5	6 7 8 9 10	1	46
		2	11 12 13 14 15	16 17 18 19 20	21 22 23 24 25	26 27 28 29 30	31 41 2 3 4	5 6 7 8 —	3	16
		3	9 10 11 12 13	14 15 16 17 18	19 20 21 22 23	24 25 26 27 28	29 30 51 2 3	4 5 6 7 8	4	45
		4	9 10 11 12 13	14 15 16 17 18	19 20 21 22 23	24 25 26 27 28	29 30 31 61 2	3 4 5 6 —	6	15
		5	7 8 9 10 11	12 13 14 15 16	17 18 19 20 21	22 23 24 25 26	27 28 29 30 71	2 3 4 5 6	0	44
		6	7 8 9 10 11	12 13 14 15 16	17 18 19 20 21	22 23 24 25 26	27 28 29 30 31	81 2 3 4 —	2	14
		7	5 6 7 8 9	10 11 12 13 14	15 16 17 18 19	20 21 22 23 24	25 26 27 28 29	30 31 91 2 3	3	43
		8	4 5 6 7 8	9 10 11 12 13	14 15 16 17 18	19 20 21 22 23	24 25 26 27 28	29 30 01 2 —	5	13
		9	3 4 5 6 7	8 9 10 11 12	13 14 15 16 17	18 19 20 21 22	23 24 25 26 27	28 29 30 31 N1	6	42
		10	2 3 4 5 6	7 8 9 10 11	12 13 14 15 16	17 18 19 20 21	22 23 24 25 26	27 28 29 30 —	1	12
		11	D1 2 3 4 5	6 7 8 9 10	11 12 13 14 15	16 17 18 19 20	21 22 23 24 25	26 27 28 29 30	2	41
		12	31 11 2 3 4	5 6 7 8 9	10 11 12 13 14	15 16 17 18 19	20 21 22 23 24	25 26 27 28 —	4	11
元康 8 戊午 298–99	50	1	29 30 31 21 2	3 4 5 6 7	8 9 10 11 12	13 14 15 16 17	18 19 20 21 22	23 24 25 26 27	5	40
		2	28 31 2 3 4	5 6 7 8 9	10 11 12 13 14	15 16 17 18 19	20 21 22 23 24	25 26 27 28 29	0	10
		3	30 31 41 2 3	4 5 6 7 8	9 10 11 12 13	14 15 16 17 18	19 20 21 22 23	24 25 26 27 —	2	40
		4	28 29 30 51 2	3 4 5 6 7	8 9 10 11 12	13 14 15 16 17	18 19 20 21 22	23 24 25 26 27	3	9
		5	28 29 30 31 61	2 3 4 5 6	7 8 9 10 11	12 13 14 15 16	17 18 19 20 21	22 23 24 25 —	5	39
		6	26 27 28 29 30	71 2 3 4 5	6 7 8 9 10	11 12 13 14 15	16 17 18 19 20	21 22 23 24 25	6	8
		6	26 27 28 29 30	31 81 2 3 4	5 6 7 8 9	10 11 12 13 14	15 16 17 18 19	20 21 22 23 —	1	38
		7	24 25 26 27 28	29 30 31 91 2	3 4 5 6 7	8 9 10 11 12	13 14 15 16 17	18 19 20 21 22	2	7
		8	23 24 25 26 27	28 29 30 01 2	3 4 5 6 7	8 9 10 11 12	13 14 15 16 17	18 19 20 21 —	4	37
		9	22 23 24 25 26	27 28 29 30 31	N1 2 3 4 5	6 7 8 9 10	11 12 13 14 15	16 17 18 19 20	5	6
		10	21 22 23 24 25	26 27 28 29 30	D1 2 3 4 5	6 7 8 9 10	11 12 13 14 15	16 17 18 19 —	0	36
		11	20 21 22 23 24	25 26 27 28 29	30 31 11 2 3	4 5 6 7 8	9 10 11 12 13	14 15 16 17 18	1	5
		12	19 20 21 22 23	24 25 26 27 28	29 30 31 21 2	3 4 5 6 7	8 9 10 11 12	13 14 15 16 —	3	35
元康 9 己未 299–300	2	1	17 18 19 20 21	22 23 24 25 26	27 28 31 2 3	4 5 6 7 8	9 10 11 12 13	14 15 16 17 18	4	4
		2	19 20 21 22 23	24 25 26 27 28	29 30 31 41 2	3 4 5 6 7	8 9 10 11 12	13 14 15 16 —	6	34
		3	17 18 19 20 21	22 23 24 25 26	27 28 29 30 51	2 3 4 5 6	7 8 9 10 11	12 13 14 15 16	0	3
		4	17 18 19 20 21	22 23 24 25 26	27 28 29 30 31	61 2 3 4 5	6 7 8 9 10	11 12 13 14 15	2	33
		5	16 17 18 19 20	21 22 23 24 25	26 27 28 29 30	71 2 3 4 5	6 7 8 9 10	11 12 13 14 —	4	3
		6	15 16 17 18 19	20 21 22 23 24	25 26 27 28 29	30 31 81 2 3	4 5 6 7 8	9 10 11 12 13	5	32
		7	14 15 16 17 18	19 20 21 22 23	24 25 26 27 28	29 30 31 91 2	3 4 5 6 7	8 9 10 11 —	0	2
		8	12 13 14 15 16	17 18 19 20 21	22 23 24 25 26	27 28 29 30 01	2 3 4 5 6	7 8 9 10 11	1	31
		9	12 13 14 15 16	17 18 19 20 21	22 23 24 25 26	27 28 29 30 31	N1 2 3 4 5	6 7 8 9 —	3	1
		10	10 11 12 13 14	15 16 17 18 19	20 21 22 23 24	25 26 27 28 29	30 D1 2 3 4	5 6 7 8 9	4	30
		11	10 11 12 13 14	15 16 17 18 19	20 21 22 23 24	25 26 27 28 29	30 31 11 2 3	4 5 6 7 —	6	0
		12	8 9 10 11 12	13 14 15 16 17	18 19 20 21 22	23 24 25 26 27	28 29 30 31 21	2 3 4 5 6	0	29
永康 1 庚申 300–01	14	1	7 8 9 10 11	12 13 14 15 16	17 18 19 20 21	22 23 24 25 26	27 28 29 31 2	3 4 5 6 —	2	59
		2	7 8 9 10 11	12 13 14 15 16	17 18 19 20 21	22 23 24 25 26	27 28 29 30 31	41 2 3 4 5	3	28
		3	6 7 8 9 10	11 12 13 14 15	16 17 18 19 20	21 22 23 24 25	26 27 28 29 30	51 2 3 4 —	5	58
		4	5 6 7 8 9	10 11 12 13 14	15 16 17 18 19	20 21 22 23 24	25 26 27 28 29	30 31 61 2 3	6	27
		5	4 5 6 7 8	9 10 11 12 13	14 15 16 17 18	19 20 21 22 23	24 25 26 27 28	29 30 71 2 —	1	57
		6	3 4 5 6 7	8 9 10 11 12	13 14 15 16 17	18 19 20 21 22	23 24 25 26 27	28 29 30 31 81	2	26
		7	2 3 4 5 6	7 8 9 10 11	12 13 14 15 16	17 18 19 20 21	22 23 24 25 26	27 28 29 30 —	4	56
		8	31 91 2 3 4	5 6 7 8 9	10 11 12 13 14	15 16 17 18 19	20 21 22 23 24	25 26 27 28 29	5	25
		9	30 01 2 3 4	5 6 7 8 9	10 11 12 13 14	15 16 17 18 19	20 21 22 23 24	25 26 27 28 29	0	55
		10	30 31 N1 2 3	4 5 6 7 8	9 10 11 12 13	14 15 16 17 18	19 20 21 22 23	24 25 26 27 —	2	25
		11	28 29 30 01 2	3 4 5 6 7	8 9 10 11 12	13 14 15 16 17	18 19 20 21 22	23 24 25 26 27	3	54
		12	28 29 30 31 11	2 3 4 5 6	7 8 9 10 11	12 13 14 15 16	17 18 19 20 21	22 23 24 25 —	5	24

年序 Year	陰曆月序 Moon	陰曆日序 Order of days (Lunar) 1 2 3 4 5	6 7 8 9 10	11 12 13 14 15	16 17 18 19 20	21 22 23 24 25	26 27 28 29 30	星期 Week	千支 Cycle
永寧 1 辛酉 301–02	26 1	26 27 28 29 30	31 21 2 3 4	5 6 7 8 9	10 11 12 13 14	15 16 17 18 19	20 21 22 23 24	6	53
	2][	25 26 27 28 31	2 3 4 5 6	7 8 9 10 11	12 13 14 15 16	17 18 19 20 21	22 23 24 25 —	1	23
	3	26 27 28 29 30	31 41 2 3 4	5 6 7 8 9	10 11 12 13 14	15 16 17 18 19	20 21 22 23 24	2	52
	8	25 26 27 28 29	30 51 2 3 4	5 6 7 8 9	10 11 12 13 14	15 16 17 18 19	20 21 22 23 —	4	22
	4	24 25 26 27 28	29 30 31 61 2	3 4 5 6 7	8 9 10 11 12	13 14 15 16 17	18 19 20 21 22	5	51
	5	23 24 25 26 27	28 29 30 71 2	3 4 5 6 7	8 9 10 11 12	13 14 15 16 17	18 19 20 21 —	0	21
	6	22 23 24 25 26	27 28 29 30 31	81 2 3 4 5	6 7 8 9 10	11 12 13 14 15	16 17 18 19 20	1	50
	7	21 22 23 24 25	26 27 28 29 30	31 91 2 3 4	5 6 7 8 9	10 11 12 13 14	15 16 17 18 —	3	20
	8	19 20 21 22 23	24 25 26 27 28	29 30 01 2 3	4 5 6 7 8	9 10 11 12 13	14 15 16 17 18	4	49
	9	19 20 21 22 23	24 25 26 27 28	29 30 31 N1 2	3 4 5 6 7	8 9 10 11 12	13 14 15 16 —	6	19
	10	17 18 19 20 21	22 23 24 25 26	27 28 29 30 D1	2 3 4 5 6	7 8 9 10 11	12 13 14 15 16	0	48
	11	17 18 19 20 21	22 23 24 25 26	27 28 29 30 31	11 2 3 4 5	6 7 8 9 10	11 12 13 14 —	2	18
	12	15 16 17 18 19	20 21 22 23 24	25 26 27 28 29	30 31 21 2 3	4 5 6 7 8	9 10 11 12 13	3	47
太安 1 壬戌 302–03	38 1	14 15 16 17 18	19 20 21 22 23	24 25 26 27 28	31 2 3 4 5	6 7 8 9 10	11 12 13 14 15	5	17
	2	16 17 18 19 20	21 22 23 24 25	26 27 28 29 30	31 41 2 3 4	5 6 7 8 9	10 11 12 13 —	0	47
	3	14 15 16 17 18	19 20 21 22 23	24 25 26 27 28	29 30 51 2 3	4 5 6 7 8	9 10 11 12 13	1	16
	4	14 15 16 17 18	19 20 21 22 23	24 25 26 27 28	29 30 31 61 2	3 4 5 6 7	8 9 10 11 —	3	46
	5	12 13 14 15 16	17 18 19 20 21	22 23 24 25 26	27 28 29 30 71	2 3 4 5 6	7 8 9 10 11	4	15
	6	12 13 14 15 16	17 18 19 20 21	22 23 24 25 26	27 28 29 30 31	81 2 3 4 5	6 7 8 9 —	6	45
	7	10 11 12 13 14	15 16 17 18 19	20 21 22 23 24	25 26 27 28 29	30 31 91 2 3	4 5 6 7 8	0	14
	8	9 10 11 12 13	14 15 16 17 18	19 20 21 22 23	24 25 26 27 28	29 30 01 2 3	4 5 6 7 —	2	44
	9	8 9 10 11 12	13 14 15 16 17	18 19 20 21 22	23 24 25 26 27	28 29 30 31 N1	2 3 4 5 6	3	13
	10	7 8 9 10 11	12 13 14 15 16	17 18 19 20 21	22 23 24 25 26	27 28 29 30 D1	2 3 4 5 —	5	43
	11	6 7 8 9 10	11 12 13 14 15	16 17 18 19 20	21 22 23 24 25	26 27 28 29 30	31 11 2 3 4	6	12
	12][	5 6 7 8 9	10 11 12 13 14	15 16 17 18 19	20 21 22 23 24	25 26 27 28 29	30 31 21 2 —	1	42
太安 2 癸亥 303–04	50 1	3 4 5 6 7	8 9 10 11 12	13 14 15 16 17	18 19 20 21 22	23 24 25 26 27	28 31 2 3 4	2	11
	2	5 6 7 8 9	10 11 12 13 14	15 16 17 18 19	20 21 22 23 24	25 26 27 28 29	30 31 41 2 —	4	41
	3	3 4 5 6 7	8 9 10 11 12	13 14 15 16 17	18 19 20 21 22	23 24 25 26 27	28 29 30 51 2	5	10
	4	3 4 5 6 7	8 9 10 11 12	13 14 15 16 17	18 19 20 21 22	23 24 25 26 27	28 29 30 31 61	0	40
	5	2 3 4 5 6	7 8 9 10 11	12 13 14 15 16	17 18 19 20 21	22 23 24 25 26	27 28 29 30 —	2	10
	6	71 2 3 4 5	6 7 8 9 10	11 12 13 14 15	16 17 18 19 20	21 22 23 24 25	26 27 28 29 30	3	39
	7	31 81 2 3 4	5 6 7 8 9	10 11 12 13 14	15 16 17 18 19	20 21 22 23 24	25 26 27 28 —	5	9
	8	29 30 31 91 2	3 4 5 6 7	8 9 10 11 12	13 14 15 16 17	18 19 20 21 22	23 24 25 26 27	6	38
	9	28 29 30 01 2	3 4 5 6 7	8 9 10 11 12	13 14 15 16 17	18 19 20 21 22	23 24 25 26 —	1	8
	10	27 28 29 30 31	N1 2 3 4 5	6 7 8 9 10	11 12 13 14 15	16 17 18 19 20	21 22 23 24 25	2	37
	11	26 27 28 29 30	D1 2 3 4 5	6 7 8 9 10	11 12 13 14 15	16 17 18 19 20	21 22 23 24 —	4	7
	12	25 26 27 28 29	30 31 11 2 3	4 5 6 7 8	9 10 11 12 13	14 15 16 17 18	19 20 21 22 23	5	36
	12	24 25 26 27 28	29 30 31 21 2	3 4 5 6 7	8 9 10 11 12	13 14 15 16 17	18 19 20 21 —	0	6
永興 1 甲子 304–05	2 1	22 23 24 25 26	27 28 29 31 2	3 4 5 6 7	8 9 10 11 12	13 14 15 16 17	18 19 20 21 22	1	35
	2	23 24 25 26 27	28 29 30 31 41	2 3 4 5 6	7 8 9 10 11	12 13 14 15 16	17 18 19 20 —	3	5
	3	21 22 23 24 25	26 27 28 29 30	51 2 3 4 5	6 7 8 9 10	11 12 13 14 15	16 17 18 19 20	4	34
	4	21 22 23 24 25	26 27 28 29 30	31 61 2 3 4	5 6 7 8 9	10 11 12 13 14	15 16 17 18 —	6	4
	5	19 20 21 22 23	24 25 26 27 28	29 30 71 2 3	4 5 6 7 8	9 10 11 12 13	14 15 16 17 18	0	33
	6	19 20 21 22 23	24 25 26 27 28	29 30 31 81 2	3 4 5 6 7	8 9 10 11 12	13 14 15 16 —	2	3
	7	17 18 19 20 21	22 23 24 25 26	27 28 29 30 31	91 2 3 4 5	6 7 8 9 10	11 12 13 14 15	3	32
	8	16 17 18 19 20	21 22 23 24 25	26 27 28 29 30	01 2 3 4 5	6 7 8 9 10	11 12 13 14 15	5	2
	9	16 17 18 19 20	21 22 23 24 25	26 27 28 29 30	31 N1 2 3 4	5 6 7 8 9	10 11 12 13 —	0	32
	10	14 15 16 17 18	19 20 21 22 23	24 25 26 27 28	29 30 D1 2 3	4 5 6 7 8	9 10 11 12 13	1	1
	11	14 15 16 17 18	19 20 21 22 23	24 25 26 27 28	29 30 31 11 2	3 4 5 6 7	8 9 10 11 —	3	31
	12][	12 13 14 15 16	17 18 19 20 21	22 23 24 25 26	27 28 29 30 31	21 2 3 4 5	6 7 8 9 10	4	0
永興 2 乙丑 305–06	14 1	11 12 13 14 15	16 17 18 19 20	21 22 23 24 25	26 27 28 31 2	3 4 5 6 7	8 9 10 11 —	6	30
	2	12 13 14 15 16	17 18 19 20 21	22 23 24 25 26	27 28 29 30 31	41 2 3 4 5	6 7 8 9 10	0	59
	3	11 12 13 14 15	16 17 18 19 20	21 22 23 24 25	26 27 28 29 30	51 2 3 4 5	6 7 8 9 —	2	29
	4	10 11 12 13 14	15 16 17 18 19	20 21 22 23 24	25 26 27 28 29	30 31 61 2 3	4 5 6 7 8	3	58
	5	9 10 11 12 13	14 15 16 17 18	19 20 21 22 23	24 25 26 27 28	29 30 71 2 3	4 5 6 7 —	5	28
	6	8 9 10 11 12	13 14 15 16 17	18 19 20 21 22	23 24 25 26 27	28 29 30 31 81	2 3 4 5 6	6	57
	7	7 8 9 10 11	12 13 14 15 16	17 18 19 20 21	22 23 24 25 26	27 28 29 30 31	91 2 3 4 —	1	27
	8	5 6 7 8 9	10 11 12 13 14	15 16 17 18 19	20 21 22 23 24	25 26 27 28 29	30 01 2 3 4	2	56
	9	5 6 7 8 9	10 11 12 13 14	15 16 17 18 19	20 21 22 23 24	25 26 27 28 29	30 31 N1 2 —	4	26
	10	3 4 5 6 7	8 9 10 11 12	13 14 15 16 17	18 19 20 21 22	23 24 25 26 27	28 29 30 D1 2	5	55
	11	3 4 5 6 7	8 9 10 11 12	13 14 15 16 17	18 19 20 21 22	23 24 25 26 27	28 29 30 31 —	0	25
	12	11 2 3 4 5	6 7 8 9 10	11 12 13 14 15	16 17 18 19 20	21 22 23 24 25	26 27 28 29 30	1	54

年序 Year	陰曆月序 Moon	1 2 3 4 5	6 7 8 9 10	11 12 13 14 15	16 17 18 19 20	21 22 23 24 25	26 27 28 29 30	星期 Week	干支 Cycle
光熙 1 丙寅 306–07	26 1	31 21 2 3 4	5 6 7 8 9	10 11 12 13 14	15 16 17 18 19	20 21 22 23 24	25 26 27 28 31	3	24
	2	2 3 4 5 6	7 8 9 10 11	12 13 14 15 16	17 18 19 20 21	22 23 24 25 26	27 28 29 30 —	5	54
	3	31 41 2 3 4	5 6 7 8 9	10 11 12 13 14	15 16 17 18 19	20 21 22 23 24	25 26 27 28 29	6	23
	4	30 51 2 3 4	5 6 7 8 9	10 11 12 13 14	15 16 17 18 19	20 21 22 23 24	25 26 27 28 —	1	53
	5	29 30 31 61 2	3 4 5 6 7	8 9 10 11 12	13 14 15 16 17	18 19 20 21 22	23 24 25 26 27	2	22
	6][	28 29 30 71 2	3 4 5 6 7	8 9 10 11 12	13 14 15 16 17	18 19 20 21 22	23 24 25 26 —	4	52
	7	27 28 29 30 31	81 2 3 4 5	6 7 8 9 10	11 12 13 14 15	16 17 18 19 20	21 22 23 24 25	5	21
	8	26 27 28 29 30	31 91 2 3 4	5 6 7 8 9	10 11 12 13 14	15 16 17 18 19	20 21 22 23 —	0	51
	8	24 25 26 27 28	29 30 01 2 3	4 5 6 7 8	9 10 11 12 13	14 15 16 17 18	19 20 21 22 23	1	20
	9	24 25 26 27 28	29 30 31 N1 2	3 4 5 6 7	8 9 10 11 12	13 14 15 16 17	18 19 20 21 —	3	50
	10	22 23 24 25 26	27 28 29 30 D1	2 3 4 5 6	7 8 9 10 11	12 13 14 15 16	17 18 19 20 21	4	19
	11	22 23 24 25 26	27 28 29 30 31	11 2 3 4 5	6 7 8 9 10	11 12 13 14 15	16 17 18 19 —	6	49
	12	20 21 22 23 24	25 26 27 28 29	30 31 21 2 3	4 5 6 7 8	9 10 11 12 13	14 15 16 17 18	0	18
懷帝 永嘉 1 丁卯 307–08	38 1	19 20 21 22 23	24 25 26 27 28	31 2 3 4 5	6 7 8 9 10	11 12 13 14 15	16 17 18 19 —	2	48
	2	20 21 22 23 24	25 26 27 28 29	30 31 41 2 3	4 5 6 7 8	9 10 11 12 13	14 15 16 17 18	3	17
	3	19 20 21 22 23	24 25 26 27 28	29 30 51 2 3	4 5 6 7 8	9 10 11 12 13	14 15 16 17 18	5	47
	4	19 20 21 22 23	24 25 26 27 28	29 30 31 61 2	3 4 5 6 7	8 9 10 11 12	13 14 15 16 —	0	17
	5	17 18 19 20 21	22 23 24 25 26	27 28 29 30 71	2 3 4 5 6	7 8 9 10 11	12 13 14 15 16	1	46
	6	17 18 19 20 21	22 23 24 25 26	27 28 29 30 31	81 2 3 4 5	6 7 8 9 10	11 12 13 14 —	3	16
	7	15 16 17 18 19	20 21 22 23 24	25 26 27 28 29	30 31 91 2 3	4 5 6 7 8	9 10 11 12 13	4	45
	8	14 15 16 17 18	19 20 21 22 23	24 25 26 27 28	29 30 01 2 3	4 5 6 7 8	9 10 11 12 —	6	15
	9	13 14 15 16 17	18 19 20 21 22	23 24 25 26 27	28 29 30 31 N1	2 3 4 5 6	7 8 9 10 11	0	44
	10	12 13 14 15 16	17 18 19 20 21	22 23 24 25 26	27 28 29 30 D1	2 3 4 5 6	7 8 9 10 —	2	14
	11	11 12 13 14 15	16 17 18 19 20	21 22 23 24 25	26 27 28 29 30	31 11 2 3 4	5 6 7 8 9	3	43
	12	10 11 12 13 14	15 16 17 18 19	20 21 22 23 24	25 26 27 28 29	30 31 21 2 3	4 5 6 7 —	5	13
永嘉 2 戊辰 308–09	50 1	8 9 10 11 12	13 14 15 16 17	18 19 20 21 22	23 24 25 26 27	28 29 31 2 3	4 5 6 7 8	6	42
	2	9 10 11 12 13	14 15 16 17 18	19 20 21 22 23	24 25 26 27 28	29 30 31 41 2	3 4 5 6 —	1	12
	3	7 8 9 10 11	12 13 14 15 16	17 18 19 20 21	22 23 24 25 26	27 28 29 30 51	2 3 4 5 6	2	41
	4	7 8 9 10 11	12 13 14 15 16	17 18 19 20 21	22 23 24 25 26	27 28 29 30 31	61 2 3 4 —	4	11
	5	5 6 7 8 9	10 11 12 13 14	15 16 17 18 19	20 21 22 23 24	25 26 27 28 29	30 71 2 3 4	5	40
	6	5 6 7 8 9	10 11 12 13 14	15 16 17 18 19	20 21 22 23 24	25 26 27 28 29	30 31 81 2 —	0	10
	7	3 4 5 6 7	8 9 10 11 12	13 14 15 16 17	18 19 20 21 22	23 24 25 26 27	28 29 30 31 91	1	39
	8	2 3 4 5 6	7 8 9 10 11	12 13 14 15 16	17 18 19 20 21	22 23 24 25 26	27 28 29 30 01	3	9
	9	2 3 4 5 6	7 8 9 10 11	12 13 14 15 16	17 18 19 20 21	22 23 24 25 26	27 28 29 30 —	5	39
	10	31 N1 2 3 4	5 6 7 8 9	10 11 12 13 14	15 16 17 18 19	20 21 22 23 24	25 26 27 28 29	6	8
	11	30 D1 2 3 4	5 6 7 8 9	10 11 12 13 14	15 16 17 18 19	20 21 22 23 24	25 26 27 28 —	1	38
	12	29 30 31 11 2	3 4 5 6 7	8 9 10 11 12	13 14 15 16 17	18 19 20 21 22	23 24 25 26 27	2	7
永嘉 3 己巳 309–10	2 1	28 29 30 31 21	2 3 4 5 6	7 8 9 10 11	12 13 14 15 16	17 18 19 20 21	22 23 24 25 —	4	37
	2	26 27 28 31 2	3 4 5 6 7	8 9 10 11 12	13 14 15 16 17	18 19 20 21 22	23 24 25 26 27	5	6
	3	28 29 30 31 41	2 3 4 5 6	7 8 9 10 11	12 13 14 15 16	17 18 19 20 21	22 23 24 25 —	0	36
	4	26 27 28 29 30	51 2 3 4 5	6 7 8 9 10	11 12 13 14 15	16 17 18 19 20	21 22 23 24 25	1	5
	4	26 27 28 29 30	31 61 2 3 4	5 6 7 8 9	10 11 12 13 14	15 16 17 18 19	20 21 22 23 —	3	35
	5	24 25 26 27 28	29 30 71 2 3	4 5 6 7 8	9 10 11 12 13	14 15 16 17 18	19 20 21 22 23	4	4
	6	24 25 26 27 28	29 30 31 81 2	3 4 5 6 7	8 9 10 11 12	13 14 15 16 17	18 19 20 21 —	6	34
	7	22 23 24 25 26	27 28 29 30 31	91 2 3 4 5	6 7 8 9 10	11 12 13 14 15	16 17 18 19 20	0	3
	8	21 22 23 24 25	26 27 28 29 30	01 2 3 4 5	6 7 8 9 10	11 12 13 14 15	16 17 18 19 —	2	33
	9	20 21 22 23 24	25 26 27 28 29	30 31 N1 2 3	4 5 6 7 ·8	9 10 11 12 13	14 15 16 17 18	3	2
	10	19 20 21 22 23	24 25 26 27 28	29 30 D1 2 3	4 5 6 7 8	9 10 11 12 13	14 15 16 17 —	5	32
	11	18 19 20 21 22	23 24 25 26 27	28 29 30 31 11	2 3 4 5 6	7 8 9 10 11	12 13 14 15 16	6	1
	12	17 18 19 20 21	22 23 24 25 26	27 28 29 30 31	21 2 3 4 5	6 7 8 9 10	11 12 13 14 15	1	31
永嘉 4 庚午 310–11	14 1	16 17 18 19 20	21 22 23 24 25	26 27 28 31 2	3 4 5 6 7	8 9 10 11 12	13 14 15 16 —	3	1
	2	17 18 19 20 21	22 23 24 25 26	27 28 29 30 31	41 2 3 4 5	6 7 8 9 10	11 12 13 14 15	4	30
	3	16 17 18 19 20	21 22 23 24 25	26 27 28 29 30	51 2 3 4 5	6 7 8 9 10	11 12 13 14 —	6	0
	4	15 16 17 18 19	20 21 22 23 24	25 26 27 28 29	30 31 61 2 3	4 5 6 7 8	9 10 11 12 13	0	29
	5	14 15 16 17 18	19 20 21 22 23	24 25 26 27 28	29 30 71 2 3	4 5 6 7 8	9 10 11 12 —	2	59
	6	13 14 15 16 17	18 19 20 21 22	23 24 25 26 27	28 29 30 31 81	2 3 4 5 6	7 8 9 10 11	3	28
	7	12 13 14 15 16	17 18 19 20 21	22 23 24 25 26	27 28 29 30 31	91 2 3 4 5	6 7 8 9 —	5	58
	8	10 11 12 13 14	15 16 17 18 19	20 21 22 23 24	25 26 27 28 29	30 01 2 3 4	5 6 7 8 9	6	27
	9	10 11 12 13 14	15 16 17 18 19	20 21 22 23 24	25 26 27 28 29	30 31 N1 2 3	4 5 6 7 —	1	57
	10	8 9 10 11 12	13 14 15 16 17	18 19 20 21 22	23 24 25 26 27	28 29 30 D1 2	3 4 5 6 7	2	26
	11	8 9 10 11 12	13 14 15 16 17	18 19 20 21 22	23 24 25 26 27	28 29 30 31 11	2 3 4 5 —	4	56
	12	6 7 8 9 10	11 12 13 14 15	16 17 18 19 20	21 22 23 24 25	26 27 28 29 30	31 21 2 3 4	5	25

年序 Year	陰曆月序 Moon	陰曆日序 Order of days (Lunar) 1 2 3 4 5	6 7 8 9 10	11 12 13 14 15	16 17 18 19 20	21 22 23 24 25	26 27 28 29 30	星期 Week	干支 Cycle
永嘉 5 辛未 311–12	26 1	5 6 7 8 9	10 11 12 13 14	15 16 17 18 19	20 21 22 23 24	25 26 27 28 31	2 3 4 5 —	0	55
	2	6 7 8 9 10	11 12 13 14 15	16 17 18 19 20	21 22 23 24 25	26 27 28 29 30	31 41 2 3 4	1	24
	3	5 6 7 8 9	10 11 12 13 14	15 16 17 18 19	20 21 22 23 24	25 26 27 28 29	30 51 2 3 4	3	54
	4	5 6 7 8 9	10 11 12 13 14	15 16 17 18 19	20 21 22 23 24	25 26 27 28 29	30 31 61 2 —	5	24
	5	3 4 5 6 7	8 9 10 11 12	13 14 15 16 17	18 19 20 21 22	23 24 25 26 27	28 29 30 71 2	6	53
	6	3 4 5 6 7	8 9 10 11 12	13 14 15 16 17	18 19 20 21 22	23 24 25 26 27	28 29 30 31 —	1	23
	7	81 2 3 4 5	6 7 8 9 10	11 12 13 14 15	16 17 18 19 20	21 22 23 24 25	26 27 28 29 30	2	52
	8	31 91 2 3 4	5 6 7 8 9	10 11 12 13 14	15 16 17 18 19	20 21 22 23 24	25 26 27 28 —	4	22
	9	29 30 01 2 3	4 5 6 7 8	9 10 11 12 13	14 15 16 17 18	19 20 21 22 23	24 25 26 27 28	5	51
	10	29 30 31 N1 2	3 4 5 6 7	8 9 10 11 12	13 14 15 16 17	18 19 20 21 22	23 24 25 26 —	0	21
	11	27 28 29 30 D1	2 3 4 5 6	7 8 9 10 11	12 13 14 15 16	17 18 19 20 21	22 23 24 25 26	1	50
	12	27 28 29 30 31	11 2 3 4 5	6 7 8 9 10	11 12 13 14 15	16 17 18 19 20	21 22 23 24 —	3	20
永嘉 6 壬申 312–13	38 1	25 26 27 28 29	30 31 21 2 3	4 5 6 7 8	9 10 11 12 13	14 15 16 17 18	19 20 21 22 23	4	49
	1	24 25 26 27 28	29 31 2 3 4	5 6 7 8 9	10 11 12 13 14	15 16 17 18 19	20 21 22 23 —	6	19
	2	24 25 26 27 28	29 30 31 41 2	3 4 5 6 7	8 9 10 11 12	13 14 15 16 17	18 19 20 21 22	0	48
	3	23 24 25 26 27	28 29 30 51 2	3 4 5 6 7	8 9 10 11 12	13 14 15 16 17	18 19 20 21 —	2	18
	4	22 23 24 25 26	27 28 29 30 31	61 2 3 4 5	6 7 8 9 10	11 12 13 14 15	16 17 18 19 20	3	47
	5	21 22 23 24 25	26 27 28 29 30	71 2 3 4 5	6 7 8 9 10	11 12 13 14 15	16 17 18 19 —	5	17
	6	20 21 22 23 24	25 26 27 28 29	30 31 81 2 3	4 5 6 7 8	9 10 11 12 13	14 15 16 17 18	6	46
	7	19 20 21 22 23	24 25 26 27 28	29 30 31 91 2	3 4 5 6 7	8 9 10 11 12	13 14 15 16 17	1	16
	8	18 19 20 21 22	23 24 25 26 27	28 29 30 01 2	3 4 5 6 7	8 9 10 11 12	13 14 15 16 —	3	46
	9	17 18 19 20 21	22 23 24 25 26	27 28 29 30 31	N1 2 3 4 5	6 7 8 9 10	11 12 13 14 15	4	15
	10	16 17 18 19 20	21 22 23 24 25	26 27 28 29 30	D1 2 3 4 5	6 7 8 9 10	11 12 13 14 —	6	45
	11	15 16 17 18 19	20 21 22 23 24	25 26 27 28 29	30 31 11 2 3	4 5 6 7 8	9 10 11 12 13	0	14
	12	14 15 16 17 18	19 20 21 22 23	24 25 26 27 28	29 30 31 21 2	3 4 5 6 7	8 9 10 11 —	2	44
愍帝 建興 1 癸酉 313–14	50 1	12 13 14 15 16	17 18 19 20 21	22 23 24 25 26	27 28 31 2 3	4 5 6 7 8	9 10 11 12 13	3	13
	2	14 15 16 17 18	19 20 21 22 23	24 25 26 27 28	29 30 31 41 2	3 4 5 6 7	8 9 10 11 —	5	43
	3	12 13 14 15 16	17 18 19 20 21	22 23 24 25 26	27 28 29 30 51	2 3 4 5 6	7 8 9 10 11	6	12
	4][	12 13 14 15 16	17 18 19 20 21	22 23 24 25 26	27 28 29 30 31	61 2 3 4 5	6 7 8 9 —	1	42
	5	10 11 12 13 14	15 16 17 18 19	20 21 22 23 24	25 26 27 28 29	30 71 2 3 4	5 6 7 8 9	2	11
	6	10 11 12 13 14	15 16 17 18 19	20 21 22 23 24	25 26 27 28 29	30 31 81 2 3	4 5 6 7 —	4	41
	7	8 9 10 11 12	13 14 15 16 17	18 19 20 21 22	23 24 25 26 27	28 29 30 31 91	2 3 4 5 6	5	10
	8	7 8 9 10 11	12 13 14 15 16	17 18 19 20 21	22 23 24 25 26	27 28 29 30 01	2 3 4 5 —	0	40
	9	6 7 8 9 10	11 12 13 14 15	16 17 18 19 20	21 22 23 24 25	26 27 28 29 30	31 N1 2 3 4	1	9
	10	5 6 7 8 9	10 11 12 13 14	15 16 17 18 19	20 21 22 23 24	25 26 27 28 29	30 D1 2 3 —	3	39
	11	4 5 6 7 8	9 10 11 12 13	14 15 16 17 18	19 20 21 22 23	24 25 26 27 28	29 30 31 11 2	4	8
	12	3 4 5 6 7	8 9 10 11 12	13 14 15 16 17	18 19 20 21 22	23 24 25 26 27	28 29 30 31 —	6	38
建興 2 甲戌 314–15	2 1	21 2 3 4 5	6 7 8 9 10	11 12 13 14 15	16 17 18 19 20	21 22 23 24 25	26 27 28 31 2	0	7
	2	3 4 5 6 7	8 9 10 11 12	13 14 15 16 17	18 19 20 21 22	23 24 25 26 27	28 29 30 31 —	2	37
	3	41 2 3 4 5	6 7 8 9 10	11 12 13 14 15	16 17 18 19 20	21 22 23 24 25	26 27 28 29 30	3	6
	4	51 2 3 4 5	6 7 8 9 10	11 12 13 14 15	16 17 18 19 20	21 22 23 24 25	26 27 28 29 30	5	36
	5	31 61 2 3 4	5 6 7 8 9	10 11 12 13 14	15 16 17 18 19	20 21 22 23 24	25 26 27 28 —	0	6
	6	29 30 71 2 3	4 5 6 7 8	9 10 11 12 13	14 15 16 17 18	19 20 21 22 23	24 25 26 27 28	1	35
	7	29 30 31 81 2	3 4 5 6 7	8 9 10 11 12	13 14 15 16 17	18 19 20 21 22	23 24 25 26 —	3	5
	8	27 28 29 30 31	91 2 3 4 5	6 7 8 9 10	11 12 13 14 15	16 17 18 19 20	21 22 23 24 25	4	34
	9	26 27 28 29 30	01 2 3 4 5	6 7 8 9 10	11 12 13 14 15	16 17 18 19 20	21 22 23 24 —	6	4
	10	25 26 27 28 29	30 31 N1 2 3	4 5 6 7 8	9 10 11 12 13	14 15 16 17 18	19 20 21 22 23	0	33
	10	24 25 26 27 28	29 30 D1 2 3	4 5 6 7 8	9 10 11 12 13	14 15 16 17 18	19 20 21 22 —	2	3
	11	23 24 25 26 27	28 29 30 31 11	2 3 4 5 6	7 8 9 10 11	12 13 14 15 16	17 18 19 20 21	3	32
	12	22 23 24 25 26	27 28 29 30 31	21 2 3 4 5	6 7 8 9 10	11 12 13 14 15	16 17 18 19 —	5	2
建興 3 乙亥 315–16	14 1	20 21 22 23 24	25 26 27 28 31	2 3 4 5 6	7 8 9 10 11	12 13 14 15 16	17 18 19 20 21	6	31
	2	22 23 24 25 26	27 28 29 30 31	41 2 3 4 5	6 7 8 9 10	11 12 13 14 15	16 17 18 19 20	1	1
	3	21 22 23 24 25	26 27 28 29 30	51 2 3 4 5	6 7 8 9 10	11 12 13 14 15	16 17 18 19 —	3	31
	4	20 21 22 23 24	25 26 27 28 29	30 31 61 2 3	4 5 6 7 8	9 10 11 12 13	14 15 16 17 18	4	0
	5	19 20 21 22 23	24 25 26 27 28	29 30 71 2 3	4 5 6 7 8	9 10 11 12 13	14 15 16 17 —	6	30
	6	18 19 20 21 22	23 24 25 26 27	28 29 30 31 81	2 3 4 5 6	7 8 9 10 11	12 13 14 15 16	0	59
	7	17 18 19 20 21	22 23 24 25 26	27 28 29 30 31	91 2 3 4 5	6 7 8 9 10	11 12 13 14 —	2	29
	8	15 16 17 18 19	20 21 22 23 24	25 26 27 28 29	30 01 2 3 4	5 6 7 8 9	10 11 12 13 14	3	58
	9	15 16 17 18 19	20 21 22 23 24	25 26 27 28 29	30 31 N1 2 3	4 5 6 7 8	9 10 11 12 —	5	28
	10	13 14 15 16 17	18 19 20 21 22	23 24 25 26 27	28 29 30 D1 2	3 4 5 6 7	8 9 10 11 12	6	57
	11	13 14 15 16 17	18 19 20 21 22	23 24 25 26 27	28 29 30 31 11	2 3 4 5 6	7 8 9 10 —	1	27
	12	11 12 13 14 15	16 17 18 19 20	21 22 23 24 25	26 27 28 29 30	31 21 2 3 4	5 6 7 8 9	2	56

年序 Year	陰曆月序 Moon	1	2	3	4	5	6	7	8	9	10	11	12	13	14	15	16	17	18	19	20	21	22	23	24	25	26	27	28	29	30	星期 Week	干支 Cycle
建興 4 丙子 316–17	**26** 1	10	11	12	13	14	15	16	17	18	19	20	21	22	23	24	25	26	27	28	29	**31**	2	3	4	5	6	7	8	9	—	4	26
	2	10	11	12	13	14	15	16	17	18	19	20	21	22	23	24	25	26	27	28	29	30	31	**41**	2	3	4	5	6	7	8	5	55
	3	9	10	11	12	13	14	15	16	17	18	19	20	21	22	23	24	25	26	27	28	29	30	**51**	2	3	4	5	6	7	—	0	25
	4	8	9	10	11	12	13	14	15	16	17	18	19	20	21	22	23	24	25	26	27	28	29	30	31	**61**	2	3	4	5	6	1	54
	5	7	8	9	10	11	12	13	14	15	16	17	18	19	20	21	22	23	24	25	26	27	28	29	30	**71**	2	3	4	5	—	3	24
	6	6	7	8	9	10	11	12	13	14	15	16	17	18	19	20	21	22	23	24	25	26	27	28	29	30	31	**81**	2	3	4	4	53
	7	5	6	7	8	9	10	11	12	13	14	15	16	17	18	19	20	21	22	23	24	25	26	27	28	29	30	31	**91**	2	3	6	23
	8	4	5	6	7	8	9	10	11	12	13	14	15	16	17	18	19	20	21	22	23	24	25	26	27	28	29	30	**01**	2	—	1	53
	9	3	4	5	6	7	8	9	10	11	12	13	14	15	16	17	18	19	20	21	22	23	24	25	26	27	28	29	30	31	**N1**	2	22
	10	2	3	4	5	6	7	8	9	10	11	12	13	14	15	16	17	18	19	20	21	22	23	24	25	26	27	28	29	30	—	4	52
	11	**D1**	2	3	4	5	6	7	8	9	10	11	12	13	14	15	16	17	18	19	20	21	22	23	24	25	26	27	28	29	30	5	21
	12	31	**11**	2	3	4	5	6	7	8	9	10	11	12	13	14	15	16	17	18	19	20	21	22	23	24	25	26	27	28	—	0	51
東晉元帝建武 1 丁丑 317–18	**38** 1	29	30	31	**21**	2	3	4	5	6	7	8	9	10	11	12	13	14	15	16	17	18	19	20	21	22	23	24	25	26	27	1	20
	2	28	**31**	2	3	4	5	6	7	8	9	10	11	12	13	14	15	16	17	18	19	20	21	22	23	24	25	26	27	28	—	3	50
	3][	29	30	31	**41**	2	3	4	5	6	7	8	9	10	11	12	13	14	15	16	17	18	19	20	21	22	23	24	25	26	27	4	19
	4	28	29	30	**51**	2	3	4	5	6	7	8	9	10	11	12	13	14	15	16	17	18	19	20	21	22	23	24	25	26	—	6	49
	5	27	28	29	30	31	**61**	2	3	4	5	6	7	8	9	10	11	12	13	14	15	16	17	18	19	20	21	22	23	24	25	0	18
	6	26	27	28	29	30	**71**	2	3	4	5	6	7	8	9	10	11	12	13	14	15	16	17	18	19	20	21	22	23	24	—	2	48
	7	25	26	27	28	29	30	31	**81**	2	3	4	5	6	7	8	9	10	11	12	13	14	15	16	17	18	19	20	21	22	23	3	17
	7	24	25	26	27	28	29	30	31	**91**	2	3	4	5	6	7	8	9	10	11	12	13	14	15	16	17	18	19	20	21	—	5	47
	8	22	23	24	25	26	27	28	29	30	**01**	2	3	4	5	6	7	8	9	10	11	12	13	14	15	16	17	18	19	20	21	6	16
	9	22	23	24	25	26	27	28	29	30	31	**N1**	2	3	4	5	6	7	8	9	10	11	12	13	14	15	16	17	18	19	—	1	46
	10	20	21	22	23	24	25	26	27	28	29	30	**D1**	2	3	4	5	6	7	8	9	10	11	12	13	14	15	16	17	18	19	2	15
	11	20	21	22	23	24	25	26	27	28	29	30	31	**11**	2	3	4	5	6	7	8	9	10	11	12	13	14	15	16	17	18	4	45
	12	19	20	21	22	23	24	25	26	27	28	29	30	31	**21**	2	3	4	5	6	7	8	9	10	11	12	13	14	15	16	—	6	15
太興 1 戊寅 318–19	**50** 1	17	18	19	20	21	22	23	24	25	26	27	28	**31**	2	3	4	5	6	7	8	9	10	11	12	13	14	15	16	17	18	0	44
	2	19	20	21	22	23	24	25	26	27	28	29	30	31	**41**	2	3	4	5	6	7	8	9	10	11	12	13	14	15	16	—	2	14
	3][	17	18	19	20	21	22	23	24	25	26	27	28	29	30	**51**	2	3	4	5	6	7	8	9	10	11	12	13	14	15	16	3	43
	4	17	18	19	20	21	22	23	24	25	26	27	28	29	30	31	**61**	2	3	4	5	6	7	8	9	10	11	12	13	14	—	5	13
	5	15	16	17	18	19	20	21	22	23	24	25	26	27	28	29	30	**71**	2	3	4	5	6	7	8	9	10	11	12	13	14	6	42
	6	15	16	17	18	19	20	21	22	23	24	25	26	27	28	29	30	31	**81**	2	3	4	5	6	7	8	9	10	11	12	—	1	12
	7	13	14	15	16	17	18	19	20	21	22	23	24	25	26	27	28	29	30	31	**91**	2	3	4	5	6	7	8	9	10	11	2	41
	8	12	13	14	15	16	17	18	19	20	21	22	23	24	25	26	27	28	29	30	**01**	2	3	4	5	6	7	8	9	10	—	4	11
	9	11	12	13	14	15	16	17	18	19	20	21	22	23	24	25	26	27	28	29	30	31	**N1**	2	3	4	5	6	7	8	9	5	40
	10	10	11	12	13	14	15	16	17	18	19	20	21	22	23	24	25	26	27	28	29	30	**D1**	2	3	4	5	6	7	8	—	0	10
	11	9	10	11	12	13	14	15	16	17	18	19	20	21	22	23	24	25	26	27	28	29	30	31	**11**	2	3	4	5	6	7	1	39
	12	8	9	10	11	12	13	14	15	16	17	18	19	20	21	22	23	24	25	26	27	28	29	30	31	**21**	2	3	4	5	—	3	9
太興 2 己卯 319–20	**2** 1	6	7	8	9	10	11	12	13	14	15	16	17	18	19	20	21	22	23	24	25	26	27	28	**31**	2	3	4	5	6	7	4	38
	2	8	9	10	11	12	13	14	15	16	17	18	19	20	21	22	23	24	25	26	27	28	29	30	31	**41**	2	3	4	5	6	6	8
	3	7	8	9	10	11	12	13	14	15	16	17	18	19	20	21	22	23	24	25	26	27	28	29	30	**51**	2	3	4	5	—	1	38
	4	6	7	8	9	10	11	12	13	14	15	16	17	18	19	20	21	22	23	24	25	26	27	28	29	30	31	**61**	2	3	4	2	7
	5	5	6	7	8	9	10	11	12	13	14	15	16	17	18	19	20	21	22	23	24	25	26	27	28	29	30	**71**	2	3	—	4	37
	6	4	5	6	7	8	9	10	11	12	13	14	15	16	17	18	19	20	21	22	23	24	25	26	27	28	29	30	31	**81**	2	5	6
	7	3	4	5	6	7	8	9	10	11	12	13	14	15	16	17	18	19	20	21	22	23	24	25	26	27	28	29	30	31	—	0	36
	8	**91**	2	3	4	5	6	7	8	9	10	11	12	13	14	15	16	17	18	19	20	21	22	23	24	25	26	27	28	29	30	1	5
	9	**01**	2	3	4	5	6	7	8	9	10	11	12	13	14	15	16	17	18	19	20	21	22	23	24	25	26	27	28	29	—	3	35
	10	30	31	**N1**	2	3	4	5	6	7	8	9	10	11	12	13	14	15	16	17	18	19	20	21	22	23	24	25	26	27	28	4	4
	11	29	30	**D1**	2	3	4	5	6	7	8	9	10	11	12	13	14	15	16	17	18	19	20	21	22	23	24	25	26	27	—	6	34
	12	28	29	30	31	**11**	2	3	4	5	6	7	8	9	10	11	12	13	14	15	16	17	18	19	20	21	22	23	24	25	26	0	3
太興 3 庚辰 320–21	**14** 1	27	28	29	30	31	**21**	2	3	4	5	6	7	8	9	10	11	12	13	14	15	16	17	18	19	20	21	22	23	24	—	2	33
	2	25	26	27	28	29	**31**	2	3	4	5	6	7	8	9	10	11	12	13	14	15	16	17	18	19	20	21	22	23	24	25	3	2
	3	26	27	28	29	30	31	**41**	2	3	4	5	6	7	8	9	10	11	12	13	14	15	16	17	18	19	20	21	22	23	—	5	32
	3	24	25	26	27	28	29	30	**51**	2	3	4	5	6	7	8	9	10	11	12	13	14	15	16	17	18	19	20	21	22	23	6	1
	4	24	25	26	27	28	29	30	31	**61**	2	3	4	5	6	7	8	9	10	11	12	13	14	15	16	17	18	19	20	21	—	1	31
	5	22	23	24	25	26	27	28	29	30	**71**	2	3	4	5	6	7	8	9	10	11	12	13	14	15	16	17	18	19	20	21	2	0
	6	22	23	24	25	26	27	28	29	30	31	**81**	2	3	4	5	6	7	8	9	10	11	12	13	14	15	16	17	18	19	20	4	30
	7	21	22	23	24	25	26	27	28	29	30	31	**91**	2	3	4	5	6	7	8	9	10	11	12	13	14	15	16	17	18	—	6	0
	8	19	20	21	22	23	24	25	26	27	28	29	30	**01**	2	3	4	5	6	7	8	9	10	11	12	13	14	15	16	17	18	0	29
	9	19	20	21	22	23	24	25	26	27	28	29	30	31	**N1**	2	3	4	5	6	7	8	9	10	11	12	13	14	15	16	—	2	59
	10	17	18	19	20	21	22	23	24	25	26	27	28	29	30	**D1**	2	3	4	5	6	7	8	9	10	11	12	13	14	15	16	3	28
	11	17	18	19	20	21	22	23	24	25	26	27	28	29	30	31	**11**	2	3	4	5	6	7	8	9	10	11	12	13	14	—	5	58
	12	15	16	17	18	19	20	21	22	23	24	25	26	27	28	29	30	31	**21**	2	3	4	5	6	7	8	9	10	11	12	13	6	27

Header: 陰曆日序 Order of days (Lunar)

年序 Year	陰曆月序 Moon	陰曆日序 Order of days (Lunar) 1 2 3 4 5	6 7 8 9 10	11 12 13 14 15	16 17 18 19 20	21 22 23 24 25	26 27 28 29 30	星期 Week	干支 Cycle
太興4辛巳 321–22	26 1	14 15 16 17 18	19 20 21 22 23	24 25 26 27 28	31 2 3 4 5	6 7 8 9 10	11 12 13 14 —	1	57
	2	15 16 17 18 19	20 21 22 23 24	25 26 27 28 29	30 31 41 2 3	4 5 6 7 8	9 10 11 12 13	2	26
	3	14 15 16 17 18	19 20 21 22 23	24 25 26 27 28	29 30 51 2 3	4 5 6 7 8	9 10 11 12 —	4	56
	4	13 14 15 16 17	18 19 20 21 22	23 24 25 26 27	28 29 30 31 61	2 3 4 5 6	7 8 9 10 11	5	25
	5	12 13 14 15 16	17 18 19 20 21	22 23 24 25 26	27 28 29 30 71	2 3 4 5 6	7 8 9 10 —	0	55
	6	11 12 13 14 15	16 17 18 19 20	21 22 23 24 25	26 27 28 29 30	31 81 2 3 4	5 6 7 8 9	1	24
	7	10 11 12 13 14	15 16 17 18 19	20 21 22 23 24	25 26 27 28 29	30 31 91 2 3	4 5 6 7 —	3	54
	8	8 9 10 11 12	13 14 15 16 17	18 19 20 21 22	23 24 25 26 27	28 29 30 O1 2	3 4 5 6 7	4	23
	9	8 9 10 11 12	13 14 15 16 17	18 19 20 21 22	23 24 25 26 27	28 29 30 31 N1	2 3 4 5 —	6	53
	10	6 7 8 9 10	11 12 13 14 15	16 17 18 19 20	21 22 23 24 25	26 27 28 29 30	D1 2 3 4 5	0	22
	11	6 7 8 9 10	11 12 13 14 15	16 17 18 19 20	21 22 23 24 25	26 27 28 29 30	31 11 2 3 4	2	52
	12	5 6 7 8 9	10 11 12 13 14	15 16 17 18 19	20 21 22 23 24	25 26 27 28 29	30 31 21 2 —	4	22
永昌1壬午 322–23	38 1	3 4 5 6 7	8 9 10 11 12	13 14 15 16 17	18 19 20 21 22	23 24 25 26 27	28 31 2 3 4	5	51
	2	5 6 7 8 9	10 11 12 13 14	15 16 17 18 19	20 21 22 23 24	25 26 27 28 29	30 31 41 2 —	0	21
	3	3 4 5 6 7	8 9 10 11 12	13 14 15 16 17	18 19 20 21 22	23 24 25 26 27	28 29 30 51 2	1	50
	4	3 4 5 6 7	8 9 10 11 12	13 14 15 16 17	18 19 20 21 22	23 24 25 26 27	28 29 30 31 —	3	20
	5	61 2 3 4 5	6 7 8 9 10	11 12 13 14 15	16 17 18 19 20	21 22 23 24 25	26 27 28 29 30	4	49
	6	71 2 3 4 5	6 7 8 9 10	11 12 13 14 15	16 17 18 19 20	21 22 23 24 25	26 27 28 29 —	6	19
	7	30 31 81 2 3	4 5 6 7 8	9 10 11 12 13	14 15 16 17 18	19 20 21 22 23	24 25 26 27 28	0	48
	8	29 30 31 91 2	3 4 5 6 7	8 9 10 11 12	13 14 15 16 17	18 19 20 21 22	23 24 25 26 —	2	18
	9	27 28 29 30 O1	2 3 4 5 6	7 8 9 10 11	12 13 14 15 16	17 18 19 20 21	22 23 24 25 26	3	47
	10	27 28 29 30 31	N1 2 3 4 5	6 7 8 9 10	11 12 13 14 15	16 17 18 19 20	21 22 23 24 —	5	17
	11	25 26 27 28 29	30 D1 2 3 4	5 6 7 8 9	10 11 12 13 14	15 16 17 18 19	20 21 22 23 24	6	46
	11	25 26 27 28 29	30 31 11 2 3	4 5 6 7 8	9 10 11 12 13	14 15 16 17 18	19 20 21 22 —	1	16
	12	23 24 25 26 27	28 29 30 31 21	2 3 4 5 6	7 8 9 10 11	12 13 14 15 16	17 18 19 20 21	2	45
明帝太寧1癸未 323–24	50 1	22 23 24 25 26	27 28 31 2 3	4 5 6 7 8	9 10 11 12 13	14 15 16 17 18	19 20 21 22 23	4	15
	2	24 25 26 27 28	29 30 31 41 2	3 4 5 6 7	8 9 10 11 12	13 14 15 16 17	18 19 20 21 —	6	45
	3][	22 23 24 25 26	27 28 29 30 51	2 3 4 5 6	7 8 9 10 11	12 13 14 15 16	17 18 19 20 21	0	14
	4	22 23 24 25 26	27 28 29 30 31	61 2 3 4 5	6 7 8 9 10	11 12 13 14 15	16 17 18 19 —	2	44
	5	20 21 22 23 24	25 26 27 28 29	30 71 2 3 4	5 6 7 8 9	10 11 12 13 14	15 16 17 18 19	3	13
	6	20 21 22 23 24	25 26 27 28 29	30 31 81 2 3	4 5 6 7 8	9 10 11 12 13	14 15 16 17 —	5	43
	7	18 19 20 21 22	23 24 25 26 27	28 29 30 31 91	2 3 4 5 6	7 8 9 10 11	12 13 14 15 16	6	12
	8	17 18 19 20 21	22 23 24 25 26	27 28 29 30 O1	2 3 4 5 6	7 8 9 10 11	12 13 14 15 —	1	42
	9	16 17 18 19 20	21 22 23 24 25	26 27 28 29 30	31 N1 2 3 4	5 6 7 8 9	10 11 12 13 14	2	11
	10	15 16 17 18 19	20 21 22 23 24	25 26 27 28 29	30 D1 2 3 4	5 6 7 8 9	10 11 12 13 —	4	41
	11	14 15 16 17 18	19 20 21 22 23	24 25 26 27 28	29 30 31 11 2	3 4 5 6 7	8 9 10 11 12	5	10
	12	13 14 15 16 17	18 19 20 21 22	23 24 25 26 27	28 29 30 31 21	2 3 4 5 6	7 8 9 10 —	0	40
太寧2甲申 324–25	2 1	11 12 13 14 15	16 17 18 19 20	21 22 23 24 25	26 27 28 29 31	2 3 4 5 6	7 8 9 10 11	1	9
	2	12 13 14 15 16	17 18 19 20 21	22 23 24 25 26	27 28 29 30 31	41 2 3 4 5	6 7 8 9 —	3	39
	3	10 11 12 13 14	15 16 17 18 19	20 21 22 23 24	25 26 27 28 29	30 51 2 3 4	5 6 7 8 9	4	8
	4	10 11 12 13 14	15 16 17 18 19	20 21 22 23 24	25 26 27 28 29	30 31 61 2 3	4 5 6 7 —	6	38
	5	8 9 10 11 12	13 14 15 16 17	18 19 20 21 22	23 24 25 26 27	28 29 30 71 2	3 4 5 6 7	0	7
	6	8 9 10 11 12	13 14 15 16 17	18 19 20 21 22	23 24 25 26 27	28 29 30 31 81	2 3 4 5 6	2	37
	7	7 8 9 10 11	12 13 14 15 16	17 18 19 20 21	22 23 24 25 26	27 28 29 30 31	91 2 3 4 —	4	7
	8	5 6 7 8 9	10 11 12 13 14	15 16 17 18 19	20 21 22 23 24	25 26 27 28 29	30 O1 2 3 4	5	36
	9	5 6 7 8 9	10 11 12 13 14	15 16 17 18 19	20 21 22 23 24	25 26 27 28 29	30 31 N1 2 —	0	6
	10	3 4 5 6 7	8 9 10 11 12	13 14 15 16 17	18 19 20 21 22	23 24 25 26 27	28 29 30 D1 2	1	35
	11	3 4 5 6 7	8 9 10 11 12	13 14 15 16 17	18 19 20 21 22	23 24 25 26 27	28 29 30 31 —	3	5
	12	11 2 3 4 5	6 7 8 9 10	11 12 13 14 15	16 17 18 19 20	21 22 23 24 25	26 27 28 29 30	4	34
太寧3乙酉 325–26	14 1	31 21 2 3 4	5 6 7 8 9	10 11 12 13 14	15 16 17 18 19	20 21 22 23 24	25 26 27 28 —	6	4
	2	31 2 3 4 5	6 7 8 9 10	11 12 13 14 15	16 17 18 19 20	21 22 23 24 25	26 27 28 29 30	0	33
	3	31 41 2 3 4	5 6 7 8 9	10 11 12 13 14	15 16 17 18 19	20 21 22 23 24	25 26 27 28 —	2	3
	4	29 30 51 2 3	4 5 6 7 8	9 10 11 12 13	14 15 16 17 18	19 20 21 22 23	24 25 26 27 28	3	32
	5	29 30 31 61 2	3 4 5 6 7	8 9 10 11 12	13 14 15 16 17	18 19 20 21 22	23 24 25 26 —	5	2
	6	27 28 29 30 71	2 3 4 5 6	7 8 9 10 11	12 13 14 15 16	17 18 19 20 21	22 23 24 25 26	6	31
	7	27 28 29 30 31	81 2 3 4 5	6 7 8 9 10	11 12 13 14 15	16 17 18 19 20	21 22 23 24 —	1	1
	8	25 26 27 28 29	30 31 91 2 3	4 5 6 7 8	9 10 11 12 13	14 15 16 17 18	19 20 21 22 23	2	30
	8	24 25 26 27 28	29 30 O1 2 3	4 5 6 7 8	9 10 11 12 13	14 15 16 17 18	19 20 21 22 —	4	0
	9	23 24 25 26 27	28 29 30 31 N1	2 3 4 5 6	7 8 9 10 11	12 13 14 15 16	17 18 19 20 21	5	29
	10	22 23 24 25 26	27 28 29 30 D1	2 3 4 5 6	7 8 9 10 11	12 13 14 15 16	17 18 19 20 21	0	59
	11	22 23 24 25 26	27 28 29 30 31	11 2 3 4 5	6 7 8 9 10	11 12 13 14 15	16 17 18 19 —	2	29
	12	20 21 22 23 24	25 26 27 28 29	30 31 21 2 3	4 5 6 7 8	9 10 11 12 13	14 15 16 17 18	3	58

年序 Year	陰曆月序 Moon		陰曆日序 Order of days (Lunar) 1 2 3 4 5	6 7 8 9 10	11 12 13 14 15	16 17 18 19 20	21 22 23 24 25	26 27 28 29 30	星期 Week	干支 Cycle
成帝 咸和 1 丙戌 326–27	26	1	19 20 21 22 23	24 25 26 27 28	**31** 2 3 4 5	6 7 8 9 10	11 12 13 14 15	16 17 18 19 —	5	28
		2	20 21 22 23 24	25 26 27 28 29	30 31 **41** 2 3	4 5 6 7 8	9 10 11 12 13	14 15 16 17 18	6	57
		3	19 20 21 22 23	24 25 26 27 28	29 30 **51** 2 3	4 5 6 7 8	9 10 11 12 13	14 15 16 17 —	1	27
		4	18 19 20 21 22	23 24 25 26 27	28 29 30 31 **61**	2 3 4 5 6	7 8 9 10 11	12 13 14 15 16	2	56
		5	17 18 19 20 21	22 23 24 25 26	27 28 29 30 **71**	2 3 4 5 6	7 8 9 10 11	12 13 14 15 —	4	26
		6	16 17 18 19 20	21 22 23 24 25	26 27 28 29 30	31 **81** 2 3 4	5 6 7 8 9	10 11 12 13 14	5	55
		7	15 16 17 18 19	20 21 22 23 24	25 26 27 28 29	30 31 **91** 2 3	4 5 6 7 8	9 10 11 12 —	0	25
		8	13 14 15 16 17	18 19 20 21 22	23 24 25 26 27	28 29 30 **01** 2	3 4 5 6 7	8 9 10 11 12	1	54
		9	13 14 15 16 17	18 19 20 21 22	23 24 25 26 27	28 29 30 31 **N1**	2 3 4 5 6	7 8 9 10 —	3	24
		10	11 12 13 14 15	16 17 18 19 20	21 22 23 24 25	26 27 28 29 30	**D1** 2 3 4 5	6 7 8 9 10	4	53
		11	11 12 13 14 15	16 17 18 19 20	21 22 23 24 25	26 27 28 29 30	31 **11** 2 3 4	5 6 7 8 —	6	23
		12	9 10 11 12 13	14 15 16 17 18	19 20 21 22 23	24 25 26 27 28	29 30 31 **21** 2	3 4 5 6 7	0	52
咸和 2 丁亥 327–28	38	1	8 9 10 11 12	13 14 15 16 17	18 19 20 21 22	23 24 25 26 27	28 **31** 2 3 4	5 6 7 8 9	2	22
		2	10 11 12 13 14	15 16 17 18 19	20 21 22 23 24	25 26 27 28 29	30 31 **41** 2 3	4 5 6 7 —	4	52
		3	8 9 10 11 12	13 14 15 16 17	18 19 20 21 22	23 24 25 26 27	28 29 30 **51** 2	3 4 5 6 7	5	21
		4	8 9 10 11 12	13 14 15 16 17	18 19 20 21 22	23 24 25 26 27	28 29 30 31 **61**	2 3 4 5 —	0	51
		5	6 7 8 9 10	11 12 13 14 15	16 17 18 19 20	21 22 23 24 25	26 27 28 29 30	**71** 2 3 4 5	1	20
		6	6 7 8 9 10	11 12 13 14 15	16 17 18 19 20	21 22 23 24 25	26 27 28 29 30	31 **81** 2 3 —	3	50
		7	4 5 6 7 8	9 10 11 12 13	14 15 16 17 18	19 20 21 22 23	24 25 26 27 28	29 30 31 **91** 2	4	19
		8	3 4 5 6 7	8 9 10 11 12	13 14 15 16 17	18 19 20 21 22	23 24 25 26 27	28 29 30 **01** —	6	49
		9	2 3 4 5 6	7 8 9 10 11	12 13 14 15 16	17 18 19 20 21	22 23 24 25 26	27 28 29 30 31	0	18
		10	**N1** 2 3 4 5	6 7 8 9 10	11 12 13 14 15	16 17 18 19 20	21 22 23 24 25	26 27 28 29 —	2	48
		11	30 **D1** 2 3 4	5 6 7 8 9	10 11 12 13 14	15 16 17 18 19	20 21 22 23 24	25 26 27 28 29	3	17
		12	30 31 **11** 2 3	4 5 6 7 8	9 10 11 12 13	14 15 16 17 18	19 20 21 22 23	24 25 26 27 —	5	47
咸和 3 戊子 328–29	50	1	28 29 30 31 **21**	2 3 4 5 6	7 8 9 10 11	12 13 14 15 16	17 18 19 20 21	22 23 24 25 26	6	16
		2	27 28 29 **31** 2	3 4 5 6 7	8 9 10 11 12	13 14 15 16 17	18 19 20 21 22	23 24 25 26 —	1	46
		3	27 28 29 30 31	**41** 2 3 4 5	6 7 8 9 10	11 12 13 14 15	16 17 18 19 20	21 22 23 24 25	2	15
		4	26 27 28 29 30	**51** 2 3 4 5	6 7 8 9 10	11 12 13 14 15	16 17 18 19 20	21 22 23 24 —	4	45
		5	25 26 27 28 29	30 31 **61** 2 3	4 5 6 7 8	9 10 11 12 13	14 15 16 17 18	19 20 21 22 23	5	14
		5	24 25 26 27 28	29 30 **71** 2 3	4 5 6 7 8	9 10 11 12 13	14 15 16 17 18	19 20 21 22 23	0	44
		6	24 25 26 27 28	29 30 31 **81** 2	3 4 5 6 7	8 9 10 11 12	13 14 15 16 17	18 19 20 21 —	2	14
		7	22 23 24 25 26	27 28 29 30 31	**91** 2 3 4 5	6 7 8 9 10	11 12 13 14 15	16 17 18 19 20	3	43
		8	21 22 23 24 25	26 27 28 29 30	**01** 2 3 4 5	6 7 8 9 10	11 12 13 14 15	16 17 18 19 —	5	13
		9	20 21 22 23 24	25 26 27 28 29	30 31 **N1** 2 3	4 5 6 7 8	9 10 11 12 13	14 15 16 17 18	6	42
		10	19 20 21 22 23	24 25 26 27 28	29 30 **D1** 2 3	4 5 6 7 8	9 10 11 12 13	14 15 16 17 —	1	12
		11	18 19 20 21 22	23 24 25 26 27	28 29 30 31 **11**	2 3 4 5 6	7 8 9 10 11	12 13 14 15 16	2	41
		12	17 18 19 20 21	22 23 24 25 26	27 28 29 30 31	**21** 2 3 4 5	6 7 8 9 10	11 12 13 14 —	4	11
咸和 4 己丑 329–30	2	1	15 16 17 18 19	20 21 22 23 24	25 26 27 28 **31**	2 3 4 5 6	7 8 9 10 11	12 13 14 15 16	5	40
		2	17 18 19 20 21	22 23 24 25 26	27 28 29 30 31	**41** 2 3 4 5	6 7 8 9 10	11 12 13 14 —	0	10
		3	15 16 17 18 19	20 21 22 23 24	25 26 27 28 29	30 **51** 2 3 4	5 6 7 8 9	10 11 12 13 14	1	39
		4	15 16 17 18 19	20 21 22 23 24	25 26 27 28 29	30 31 **61** 2 3	4 5 6 7 8	9 10 11 12 —	3	9
		5	13 14 15 16 17	18 19 20 21 22	23 24 25 26 27	28 29 30 **71** 2	3 4 5 6 7	8 9 10 11 12	4	38
		6	13 14 15 16 17	18 19 20 21 22	23 24 25 26 27	28 29 30 31 **81**	2 3 4 5 6	7 8 9 10 —	6	8
		7	11 12 13 14 15	16 17 18 19 20	21 22 23 24 25	26 27 28 29 30	31 **91** 2 3 4	5 6 7 8 9	0	37
		8	10 11 12 13 14	15 16 17 18 19	20 21 22 23 24	25 26 27 28 29	30 **01** 2 3 4	5 6 7 8 —	2	7
		9	9 10 11 12 13	14 15 16 17 18	19 20 21 22 23	24 25 26 27 28	29 30 31 **N1** 2	3 4 5 6 7	3	36
		10	8 9 10 11 12	13 14 15 16 17	18 19 20 21 22	23 24 25 26 27	28 29 30 **D1** 2	3 4 5 6 7	5	6
		11	8 9 10 11 12	13 14 15 16 17	18 19 20 21 22	23 24 25 26 27	28 29 30 31 **11**	2 3 4 5 —	0	36
		12	6 7 8 9 10	11 12 13 14 15	16 17 18 19 20	21 22 23 24 25	26 27 28 29 30	31 **21** 2 3 4	1	5
咸和 5 庚寅 330–31	14	1	5 6 7 8 9	10 11 12 13 14	15 16 17 18 19	20 21 22 23 24	25 26 27 28 **31**	2 3 4 5 —	3	35
		2	6 7 8 9 10	11 12 13 14 15	16 17 18 19 20	21 22 23 24 25	26 27 28 29 30	31 **41** 2 3 4	4	4
		3	5 6 7 8 9	10 11 12 13 14	15 16 17 18 19	20 21 22 23 24	25 26 27 28 29	30 **51** 2 3 —	6	34
		4	4 5 6 7 8	9 10 11 12 13	14 15 16 17 18	19 20 21 22 23	24 25 26 27 28	29 30 31 **61** 2	0	3
		5	3 4 5 6 7	8 9 10 11 12	13 14 15 16 17	18 19 20 21 22	23 24 25 26 27	28 29 30 **71** —	2	33
		6	2 3 4 5 6	7 8 9 10 11	12 13 14 15 16	17 18 19 20 21	22 23 24 25 26	27 28 29 30 31	3	2
		7	**81** 2 3 4 5	6 7 8 9 10	11 12 13 14 15	16 17 18 19 20	21 22 23 24 25	26 27 28 29 —	5	32
		8	30 31 **91** 2 3	4 5 6 7 8	9 10 11 12 13	14 15 16 17 18	19 20 21 22 23	24 25 26 27 28	6	1
		9	29 30 **01** 2 3	4 5 6 7 8	9 10 11 12 13	14 15 16 17 18	19 20 21 22 23	24 25 26 27 —	1	31
		10	28 29 30 31 **N1**	2 3 4 5 6	7 8 9 10 11	12 13 14 15 16	17 18 19 20 21	22 23 24 25 26	2	0
		11	27 28 29 30 **D1**	2 3 4 5 6	7 8 9 10 11	12 13 14 15 16	17 18 19 20 21	22 23 24 25 —	4	30
		12	26 27 28 29 30	31 **11** 2 3 4	5 6 7 8 9	10 11 12 13 14	15 16 17 18 19	20 21 22 23 24	5	59

年序 Year	陰暦月序 Moon	1 2 3 4 5	6 7 8 9 10	11 12 13 14 15	16 17 18 19 20	21 22 23 24 25	26 27 28 29 30	星期 Week	干支 Cycle
成和 6 辛卯 331–32	**26** 1	25 26 27 28 29	30 31 21 2 3	4 5 6 7 8	9 10 11 12 13	14 15 16 17 18	19 20 21 22 23	0	29
	1	24 25 26 27 28	31 2 3 4 5	6 7 8 9 10	11 12 13 14 15	16 17 18 19 20	21 22 23 24 —	2	59
	2	25 26 27 28 29	30 31 41 2 3	4 5 6 7 8	9 10 11 12 13	14 15 16 17 18	19 20 21 22 23	3	28
	3	24 25 26 27 28	29 30 51 2 3	4 5 6 7 8	9 10 11 12 13	14 15 16 17 18	19 20 21 22 —	5	58
	4	23 24 25 26 27	28 29 30 31 61	2 3 4 5 6	7 8 9 10 11	12 13 14 15 16	17 18 19 20 21	6	27
	5	22 23 24 25 26	27 28 29 30 71	2 3 4 5 6	7 8 9 10 11	12 13 14 15 16	17 18 19 20 —	1	57
	6	21 22 23 24 25	26 27 28 29 30	31 81 2 3 4	5 6 7 8 9	10 11 12 13 14	15 16 17 18 19	2	26
	7	20 21 22 23 24	25 26 27 28 29	30 31 91 2 3	4 5 6 7 8	9 10 11 12 13	14 15 16 17 —	4	56
	8	18 19 20 21 22	23 24 25 26 27	28 29 30 01 2	3 4 5 6 7	8 9 10 11 12	13 14 15 16 17	5	25
	9	18 19 20 21 22	23 24 25 26 27	28 29 30 31 N1	2 3 4 5 6	7 8 9 10 11	12 13 14 15 —	0	55
	10	16 17 18 19 20	21 22 23 24 25	26 27 28 29 30	D1 2 3 4 5	6 7 8 9 10	11 12 13 14 15	1	24
	11	16 17 18 19 20	21 22 23 24 25	26 27 28 29 30	31 11 2 3 4	5 6 7 8 9	10 11 12 13 —	3	54
	12	14 15 16 17 18	19 20 21 22 23	24 25 26 27 28	29 30 31 21 2	3 4 5 6 7	8 9 10 11 12	4	23
成和 7 壬辰 332–33	**38** 1	13 14 15 16 17	18 19 20 21 22	23 24 25 26 27	28 29 31 2 3	4 5 6 7 8	9 10 11 12 —	6	53
	2	13 14 15 16 17	18 19 20 21 22	23 24 25 26 27	28 29 30 31 41	2 3 4 5 6	7 8 9 10 11	0	22
	3	12 13 14 15 16	17 18 19 20 21	22 23 24 25 26	27 28 29 30 51	2 3 4 5 6	7 8 9 10 —	2	52
	4	11 12 13 14 15	16 17 18 19 20	21 22 23 24 25	26 27 28 29 30	31 61 2 3 4	5 6 7 8 9	3	21
	5	10 11 12 13 14	15 16 17 18 19	20 21 22 23 24	25 26 27 28 29	30 71 2 3 4	5 6 7 8 9	5	51
	6	10 11 12 13 14	15 16 17 18 19	20 21 22 23 24	25 26 27 28 29	30 31 81 2 3	4 5 6 7 —	0	21
	7	8 9 10 11 12	13 14 15 16 17	18 19 20 21 22	23 24 25 26 27	28 29 30 31 91	2 3 4 5 6	1	50
	8	7 8 9 10 11	12 13 14 15 16	17 18 19 20 21	22 23 24 25 26	27 28 29 30 01	2 3 4 5 —	3	20
	9	6 7 8 9 10	11 12 13 14 15	16 17 18 19 20	21 22 23 24 25	26 27 28 29 30	31 N1 2 3 4	4	49
	10	5 6 7 8 9	10 11 12 13 14	15 16 17 18 19	20 21 22 23 24	25 26 27 28 29	30 D1 2 3 —	6	19
	11	4 5 6 7 8	9 10 11 12 13	14 15 16 17 18	19 20 21 22 23	24 25 26 27 28	29 30 31 11 2	0	48
	12	3 4 5 6 7	8 9 10 11 12	13 14 15 16 17	18 19 20 21 22	23 24 25 26 27	28 29 30 31 —	2	18
成和 8 癸巳 333–34	**50** 1	21 2 3 4 5	6 7 8 9 10	11 12 13 14 15	16 17 18 19 20	21 22 23 24 25	26 27 28 31 2	3	47
	2	3 4 5 6 7	8 9 10 11 12	13 14 15 16 17	18 19 20 21 22	23 24 25 26 27	28 29 30 31 —	5	17
	3	41 2 3 4 5	6 7 8 9 10	11 12 13 14 15	16 17 18 19 20	21 22 23 24 25	26 27 28 29 30	6	46
	4	51 2 3 4 5	6 7 8 9 10	11 12 13 14 15	16 17 18 19 20	21 22 23 24 25	26 27 28 29 —	1	16
	5	30 31 61 2 3	4 5 6 7 8	9 10 11 12 13	14 15 16 17 18	19 20 21 22 23	24 25 26 27 28	2	45
	6	29 30 71 2 3	4 5 6 7 8	9 10 11 12 13	14 15 16 17 18	19 20 21 22 23	24 25 26 27 —	4	15
	7	28 29 30 31 81	2 3 4 5 6	7 8 9 10 11	12 13 14 15 16	17 18 19 20 21	22 23 24 25 26	5	44
	8	27 28 29 30 31	91 2 3 4 5	6 7 8 9 10	11 12 13 14 15	16 17 18 19 20	21 22 23 24 —	0	14
	9	25 26 27 28 29	30 01 2 3 4	5 6 7 8 9	10 11 12 13 14	15 16 17 18 19	20 21 22 23 24	1	43
	10	25 26 27 28 29	30 31 N1 2 3	4 5 6 7 8	9 10 11 12 13	14 15 16 17 18	19 20 21 22 23	3	13
	10	24 25 26 27 28	29 30 D1 2 3	4 5 6 7 8	9 10 11 12 13	14 15 16 17 18	19 20 21 22 —	5	43
	11	23 24 25 26 27	28 29 30 31 11	2 3 4 5 6	7 8 9 10 11	12 13 14 15 16	17 18 19 20 21	6	12
	12	22 23 24 25 26	27 28 29 30 31	21 2 3 4 5	6 7 8 9 10	11 12 13 14 15	16 17 18 19 —	1	42
成和 9 甲午 334–35	**2** 1	20 21 22 23 24	25 26 27 28 31	2 3 4 5 6	7 8 9 10 11	12 13 14 15 16	17 18 19 20 21	2	11
	2	22 23 24 25 26	27 28 29 30 31	41 2 3 4 5	6 7 8 9 10	11 12 13 14 15	16 17 18 19 —	4	41
	3	20 21 22 23 24	25 26 27 28 29	30 51 2 3 4	5 6 7 8 9	10 11 12 13 14	15 16 17 18 19	5	10
	4	20 21 22 23 24	25 26 27 28 29	30 31 61 2 3	4 5 6 7 8	9 10 11 12 13	14 15 16 17 —	0	40
	5	18 19 20 21 22	23 24 25 26 27	28 29 30 71 2	3 4 5 6 7	8 9 10 11 12	13 14 15 16 17	1	9
	6	18 19 20 21 22	23 24 25 26 27	28 29 30 31 81	2 3 4 5 6	7 8 9 10 11	12 13 14 15 —	3	39
	7	16 17 18 19 20	21 22 23 24 25	26 27 28 29 30	31 91 2 3 4	5 6 7 8 9	10 11 12 13 14	4	8
	8	15 16 17 18 19	20 21 22 23 24	25 26 27 28 29	30 01 2 3 4	5 6 7 8 9	10 11 12 13 —	6	38
	9	14 15 16 17 18	19 20 21 22 23	24 25 26 27 28	29 30 31 N1 2	3 4 5 6 7	8 9 10 11 12	0	7
	10	13 14 15 16 17	18 19 20 21 22	23 24 25 26 27	28 29 30 D1 2	3 4 5 6 7	8 9 10 11 —	2	37
	11	12 13 14 15 16	17 18 19 20 21	22 23 24 25 26	27 28 29 30 31	11 2 3 4 5	6 7 8 9 10	3	6
	12	11 12 13 14 15	16 17 18 19 20	21 22 23 24 25	26 27 28 29 30	31 21 2 3 4	5 6 7 8 9	5	36
成康 1 乙未 335–36	**14** 1	10 11 12 13 14	15 16 17 18 19	20 21 22 23 24	25 26 27 28 31	2 3 4 5 6	7 8 9 10 —	0	6
	2	11 12 13 14 15	16 17 18 19 20	21 22 23 24 25	26 27 28 29 30	31 41 2 3 4	5 6 7 8 9	1	35
	3	10 11 12 13 14	15 16 17 18 19	20 21 22 23 24	25 26 27 28 29	30 51 2 3 4	5 6 7 8 —	3	5
	4	9 10 11 12 13	14 15 16 17 18	19 20 21 22 23	24 25 26 27 28	29 30 31 61 2	3 4 5 6 7	4	34
	5	8 9 10 11 12	13 14 15 16 17	18 19 20 21 22	23 24 25 26 27	28 29 30 71 2	3 4 5 6 —	6	4
	6	7 8 9 10 11	12 13 14 15 16	17 18 19 20 21	22 23 24 25 26	27 28 29 30 31	81 2 3 4 5	0	33
	7	6 7 8 9 10	11 12 13 14 15	16 17 18 19 20	21 22 23 24 25	26 27 28 29 30	31 91 2 3 —	2	3
	8	4 5 6 7 8	9 10 11 12 13	14 15 16 17 18	19 20 21 22 23	24 25 26 27 28	29 30 01 2 3	3	32
	9	4 5 6 7 8	9 10 11 12 13	14 15 16 17 18	19 20 21 22 23	24 25 26 27 28	29 30 31 N1 —	5	2
	10	2 3 4 5 6	7 8 9 10 11	12 13 14 15 16	17 18 19 20 21	22 23 24 25 26	27 28 29 30 D1	6	31
	11	2 3 4 5 6	7 8 9 10 11	12 13 14 15 16	17 18 19 20 21	22 23 24 25 26	27 28 29 30 —	1	1
	12	31 11 2 3 4	5 6 7 8 9	10 11 12 13 14	15 16 17 18 19	20 21 22 23 24	25 26 27 28 29	2	30

年序 Year	陰曆月序 Moon	陰曆日序 Order or days (Lunar) 1 2 3 4 5	6 7 8 9 10	11 12 13 14 15	16 17 18 19 20	21 22 23 24 25	26 27 28 29 30	星期 Week	干支 Cycle
咸康 2 丙申 336–37	26 1	30 31 21 2 3	4 5 6 7 8	9 10 11 12 13	14 15 16 17 18	19 20 21 22 23	24 25 26 27 —	4	0
	2	28 29 31 2 3	4 5 6 7 8	9 10 11 12 13	14 15 16 17 18	19 20 21 22 23	24 25 26 27 28	5	29
	3	29 30 31 41 2	3 4 5 6 7	8 9 10 11 12	13 14 15 16 17	18 19 20 21 22	23 24 25 26 —	0	59
	4	27 28 29 30 51	2 3 4 5 6	7 8 9 10 11	12 13 14 15 16	17 18 19 20 21	22 23 24 25 26	1	28
	5	27 28 29 30 31	61 2 3 4 5	6 7 8 9 10	11 12 13 14 15	16 17 18 19 20	21 22 23 24 25	3	58
	6	26 27 28 29 30	71 2 3 4 5	6 7 8 9 10	11 12 13 14 15	16 17 18 19 20	21 22 23 24 —	5	28
	7	25 26 27 28 29	30 31 81 2 3	4 5 6 7 8	9 10 11 12 13	14 15 16 17 18	19 20 21 22 23	6	57
	7	24 25 26 27 28	29 30 31 91 2	3 4 5 6 7	8 9 10 11 12	13 14 15 16 17	18 19 20 21 —	1	27
	8	22 23 24 25 26	27 28 29 30 01	2 3 4 5 6	7 8 9 10 11	12 13 14 15 16	17 18 19 20 21	2	56
	9	22 23 24 25 26	27 28 29 30 31	N1 2 3 4 5	6 7 8 9 10	11 12 13 14 15	16 17 18 19 —	4	26
	10	20 21 22 23 24	25 26 27 28 29	30 D1 2 3 4	5 6 7 8 9	10 11 12 13 14	15 16 17 18 19	5	55
	11	20 21 22 23 24	25 26 27 28 29	30 31 11 2 3	4 5 6 7 8	9 10 11 12 13	14 15 16 17 —	0	25
	12	18 19 20 21 22	23 24 25 26 27	28 29 30 31 21	2 3 4 5 6	7 8 9 10 11	12 13 14 15 16	1	54
咸康 3 丁酉 337–38	38 1	17 18 19 20 21	22 23 24 25 26	27 28 31 2 3	4 5 6 7 8	9 10 11 12 13	14 15 16 17 —	3	24
	2	18 19 20 21 22	23 24 25 26 27	28 29 30 31 41	2 3 4 5 6	7 8 9 10 11	12 13 14 15 16	4	53
	3	17 18 19 20 21	22 23 24 25 26	27 28 29 30 51	2 3 4 5 6	7 8 9 10 11	12 13 14 15 —	6	23
	4	16 17 18 19 20	21 22 23 24 25	26 27 28 29 30	31 61 2 3 4	5 6 7 8 9	10 11 12 13 14	0	52
	5	15 16 17 18 19	20 21 22 23 24	25 26 27 28 29	30 71 2 3 4	5 6 7 8 9	10 11 12 13 —	2	22
	6	14 15 16 17 18	19 20 21 22 23	24 25 26 27 28	29 30 31 81 2	3 4 5 6 7	8 9 10 11 12	3	51
	7	13 14 15 16 17	18 19 20 21 22	23 24 25 26 27	28 29 30 31 91	2 3 4 5 6	7 8 9 10 —	5	21
	8	11 12 13 14 15	16 17 18 19 20	21 22 23 24 25	26 27 28 29 30	01 2 3 4 5	6 7 8 9 10	6	50
	9	11 12 13 14 15	16 17 18 19 20	21 22 23 24 25	26 27 28 29 30	31 N1 2 3 4	5 6 7 8 9	1	20
	10	10 11 12 13 14	15 16 17 18 19	20 21 22 23 24	25 26 27 28 29	30 D1 2 3 4	5 6 7 8 —	3	50
	11	9 10 11 12 13	14 15 16 17 18	19 20 21 22 23	24 25 26 27 28	29 30 31 11 2	3 4 5 6 7	4	19
	12	8 9 10 11 12	13 14 15 16 17	18 19 20 21 22	23 24 25 26 27	28 29 30 31 21	2 3 4 5 —	6	49
咸康 4 戊戌 338–39	50 1	6 7 8 9 10	11 12 13 14 15	16 17 18 19 20	21 22 23 24 25	26 27 28 31 2	3 4 5 6 7	0	18
	2	8 9 10 11 12	13 14 15 16 17	18 19 20 21 22	23 24 25 26 27	28 29 30 31 41	2 3 4 5 —	2	48
	3	6 7 8 9 10	11 12 13 14 15	16 17 18 19 20	21 22 23 24 25	26 27 28 29 30	51 2 3 4 5	3	17
	4	6 7 8 9 10	11 12 13 14 15	16 17 18 19 20	21 22 23 24 25	26 27 28 29 30	31 61 2 3 —	5	47
	5	4 5 6 7 8	9 10 11 12 13	14 15 16 17 18	19 20 21 22 23	24 25 26 27 28	29 30 71 2 3	6	16
	6	4 5 6 7 8	9 10 11 12 13	14 15 16 17 18	19 20 21 22 23	24 25 26 27 28	29 30 31 81 —	1	46
	7	2 3 4 5 6	7 8 9 10 11	12 13 14 15 16	17 18 19 20 21	22 23 24 25 26	27 28 29 30 31	2	15
	8	91 2 3 4 5	6 7 8 9 10	11 12 13 14 15	16 17 18 19 20	21 22 23 24 25	26 27 28 29 —	4	45
	9	30 01 2 3 4	5 6 7 8 9	10 11 12 13 14	15 16 17 18 19	20 21 22 23 24	25 26 27 28 29	5	14
	10	30 31 N1 2 3	4 5 6 7 8	9 10 11 12 13	14 15 16 17 18	19 20 21 22 23	24 25 26 27 —	0	44
	11	28 29 30 D1 2	3 4 5 6 7	8 9 10 11 12	13 14 15 16 17	18 19 20 21 22	23 24 25 26 27	1	13
	12	28 29 30 31 11	2 3 4 5 6	7 8 9 10 11	12 13 14 15 16	17 18 19 20 21	22 23 24 25 26	3	43
咸康 5 己亥 339–40	2 1	27 28 29 30 31	21 2 3 4 5	6 7 8 9 10	11 12 13 14 15	16 17 18 19 20	21 22 23 24 —	5	13
	2	25 26 27 28 31	2 3 4 5 6	7 8 9 10 11	12 13 14 15 16	17 18 19 20 21	22 23 24 25 26	6	42
	3	27 28 29 30 31	41 2 3 4 5	6 7 8 9 10	11 12 13 14 15	16 17 18 19 20	21 22 23 24 —	1	12
	4	25 26 27 28 29	30 51 2 3 4	5 6 7 8 9	10 11 12 13 14	15 16 17 18 19	20 21 22 23 24	2	41
	4	25 26 27 28 29	30 31 61 2 3	4 5 6 7 8	9 10 11 12 13	14 15 16 17 18	19 20 21 22 —	4	11
	5	23 24 25 26 27	28 29 30 71 2	3 4 5 6 7	8 9 10 11 12	13 14 15 16 17	18 19 20 21 22	5	40
	6	23 24 25 26 27	28 29 30 31 81	2 3 4 5 6	7 8 9 10 11	12 13 14 15 16	17 18 19 20 —	0	10
	7	21 22 23 24 25	26 27 28 29 30	31 91 2 3 4	5 6 7 8 9	10 11 12 13 14	15 16 17 18 19	1	39
	8	20 21 22 23 24	25 26 27 28 29	30 01 2 3 4	5 6 7 8 9	10 11 12 13 14	15 16 17 18 —	3	9
	9	19 20 21 22 23	24 25 26 27 28	29 30 31 N1 2	3 4 5 6 7	8 9 10 11 12	13 14 15 16 17	4	38
	10	18 19 20 21 22	23 24 25 26 27	28 29 30 D1 2	3 4 5 6 7	8 9 10 11 12	13 14 15 16 —	6	8
	11	17 18 19 20 21	22 23 24 25 26	27 28 29 30 31	11 2 3 4 5	6 7 8 9 10	11 12 13 14 15	0	37
	12	16 17 18 19 20	21 22 23 24 25	26 27 28 29 30	31 21 2 3 4	5 6 7 8 9	10 11 12 13 —	2	7
咸康 6 庚子 340–41	14 1	14 15 16 17 18	19 20 21 22 23	24 25 26 27 28	29 31 2 3 4	5 6 7 8 9	10 11 12 13 14	3	36
	2	15 16 17 18 19	20 21 22 23 24	25 26 27 28 29	30 31 41 2 3	4 5 6 7 8	9 10 11 12 —	5	6
	3	13 14 15 16 17	18 19 20 21 22	23 24 25 26 27	28 29 30 51 2	3 4 5 6 7	8 9 10 11 12	6	35
	4	13 14 15 16 17	18 19 20 21 22	23 24 25 26 27	28 29 30 31 61	2 3 4 5 6	7 8 9 10 11	1	5
	5	12 13 14 15 16	17 18 19 20 21	22 23 24 25 26	27 28 29 30 71	2 3 4 5 6	7 8 9 10 —	3	35
	6	11 12 13 14 15	16 17 18 19 20	21 22 23 24 25	26 27 28 29 30	31 81 2 3 4	5 6 7 8 9	4	4
	7	10 11 12 13 14	15 16 17 18 19	20 21 22 23 24	25 26 27 28 29	30 31 91 2 3	4 5 6 7 —	6	34
	8	8 9 10 11 12	13 14 15 16 17	18 19 20 21 22	23 24 25 26 27	28 29 30 01 2	3 4 5 6 7	0	3
	9	8 9 10 11 12	13 14 15 16 17	18 19 20 21 22	23 24 25 26 27	28 29 30 31 N1	2 3 4 5 —	2	33
	10	6 7 8 9 10	11 12 13 14 15	16 17 18 19 20	21 22 23 24 25	26 27 28 29 30	D1 2 3 4 5	3	2
	11	6 7 8 9 10	11 12 13 14 15	16 17 18 19 20	21 22 23 24 25	26 27 28 29 30	31 11 2 3 —	5	32
	12	4 5 6 7 8	9 10 11 12 13	14 15 16 17 18	19 20 21 22 23	24 25 26 27 28	29 30 31 21 2	6	1

年序 Year	陰曆月序 Moon	陰曆日序 Order of days (Lunar) 1 2 3 4 5	6 7 8 9 10	11 12 13 14 15	16 17 18 19 20	21 22 23 24 25	26 27 28 29 30	星期 Week	干支 Cycle
成康 7 辛丑 341–42	26 1	3 4 5 6 7	8 9 10 11 12	13 14 15 16 17	18 19 20 21 22	23 24 25 26 27	28 31 2 3 —	1	31
	2	4 5 6 7 8	9 10 11 12 13	14 15 16 17 18	19 20 21 22 23	24 25 26 27 28	29 30 31 41 2	2	0
	3	3 4 5 6 7	8 9 10 11 12	13 14 15 16 17	18 19 20 21 22	23 24 25 26 27	28 29 30 51 —	4	30
	4	2 3 4 5 6	7 8 9 10 11	12 13 14 15 16	17 18 19 20 21	22 23 24 25 26	27 28 29 30 31	5	59
	5	61 2 3 4 5	6 7 8 9 10	11 12 13 14 15	16 17 18 19 20	21 22 23 24 25	26 27 28 29 —	0	29
	6	30 71 2 3 4	5 6 7 8 9	10 11 12 13 14	15 16 17 18 19	20 21 22 23 24	25 26 27 28 29	1	58
	7	30 31 81 2 3	4 5 6 7 8	9 10 11 12 13	14 15 16 17 18	19 20 21 22 23	24 25 26 27 —	3	28
	8	28 29 30 31 91	2 3 4 5 6	7 8 9 10 11	12 13 14 15 16	17 18 19 20 21	22 23 24 25 26	4	57
	9	27 28 29 30 D1	2 3 4 5 6	7 8 9 10 11	12 13 14 15 16	17 18 19 20 21	22 23 24 25 26	6	27
	10	27 28 29 30 31	N1 2 3 4 5	6 7 8 9 10	11 12 13 14 15	16 17 18 19 20	21 22 23 24 —	1	57
	11	25 26 27 28 29	30 D1 2 3 4	5 6 7 8 9	10 11 12 13 14	15 16 17 18 19	20 21 22 23 24	2	26
	12	25 26 27 28 29	30 31 11 2 3	4 5 6 7 8	9 10 11 12 13	14 15 16 17 18	19 20 21 22 —	4	56
	12	23 24 25 26 27	28 29 30 31 21	2 3 4 5 6	7 8 9 10 11	12 13 14 15 16	17 18 19 20 21	5	25
成康 8 壬寅 342–43	38 1	22 23 24 25 26	27 28 31 2 3	4 5 6 7 8	9 10 11 12 13	14 15 16 17 18	19 20 21 22 —	0	55
	2	23 24 25 26 27	28 29 30 31 41	2 3 4 5 6	7 8 9 10 11	12 13 14 15 16	17 18 19 20 21	1	24
	3	22 23 24 25 26	27 28 29 30 51	2 3 4 5 6	7 8 9 10 11	12 13 14 15 16	17 18 19 20 —	3	54
	4	21 22 23 24 25	26 27 28 29 30	31 61 2 3 4	5 6 7 8 9	10 11 12 13 14	15 16 17 18 19	4	23
	5	20 21 22 23 24	25 26 27 28 29	30 71 2 3 4	5 6 7 8 9	10 11 12 13 14	15 16 17 18 —	6	53
	6	19 20 21 22 23	24 25 26 27 28	29 30 31 81 2	3 4 5 6 7	8 9 10 11 12	13 14 15 16 17	0	22
	7	18 19 20 21 22	23 24 25 26 27	28 29 30 31 91	2 3 4 5 6	7 8 9 10 11	12 13 14 15 —	2	52
	8	16 17 18 19 20	21 22 23 24 25	26 27 28 29 30	D1 2 3 4 5	6 7 8 9 10	11 12 13 14 15	3	21
	9	16 17 18 19 20	21 22 23 24 25	26 27 28 29 30	31 N1 2 3 4	5 6 7 8 9	10 11 12 13 —	5	51
	10	14 15 16 17 18	19 20 21 22 23	24 25 26 27 28	29 30 D1 2 3	4 5 6 7 8	9 10 11 12 13	6	20
	11	14 15 16 17 18	19 20 21 22 23	24 25 26 27 28	29 30 31 11 2	3 4 5 6 7	8 9 10 11 12	1	50
	12	13 14 15 16 17	18 19 20 21 22	23 24 25 26 27	28 29 30 31 21	2 3 4 5 6	7 8 9 10 —	3	20
康帝 建元 1 癸卯 343–44	50 1	11 12 13 14 15	16 17 18 19 20	21 22 23 24 25	26 27 28 31 2	3 4 5 6 7	8 9 10 11 12	4	49
	2	13 14 15 16 17	18 19 20 21 22	23 24 25 26 27	28 29 30 31 41	2 3 4 5 6	7 8 9 10 —	6	19
	3	11 12 13 14 15	16 17 18 19 20	21 22 23 24 25	26 27 28 29 30	51 2 3 4 5	6 7 8 9 10	0	48
	4	11 12 13 14 15	16 17 18 19 20	21 22 23 24 25	26 27 28 29 30	31 61 2 3 4	5 6 7 8 —	2	18
	5	9 10 11 12 13	14 15 16 17 18	19 20 21 22 23	24 25 26 27 28	29 30 71 2 3	4 5 6 7 8	3	47
	6	9 10 11 12 13	14 15 16 17 18	19 20 21 22 23	24 25 26 27 28	29 30 31 81 2	3 4 5 6 —	5	17
	7	7 8 9 10 11	12 13 14 15 16	17 18 19 20 21	22 23 24 25 26	27 28 29 30 31	91 2 3 4 5	6	46
	8	6 7 8 9 10	11 12 13 14 15	16 17 18 19 20	21 22 23 24 25	26 27 28 29 30	D1 2 3 4 —	1	16
	9	5 6 7 8 9	10 11 12 13 14	15 16 17 18 19	20 21 22 23 24	25 26 27 28 29	30 31 N1 2 3	2	45
	10	4 5 6 7 8	9 10 11 12 13	14 15 16 17 18	19 20 21 22 23	24 25 26 27 28	29 30 D1 2 —	4	15
	11	3 4 5 6 7	8 9 10 11 12	13 14 15 16 17	18 19 20 21 22	23 24 25 26 27	28 29 30 31 11	5	44
	12	2 3 4 5 6	7 8 9 10 11	12 13 14 15 16	17 18 19 20 21	22 23 24 25 26	27 28 29 30 —	0	14
建元 2 甲辰 344–45	2 1	31 21 2 3 4	5 6 7 8 9	10 11 12 13 14	15 16 17 18 19	20 21 22 23 24	25 26 27 28 29	1	43
	2	31 2 3 4 5	6 7 8 9 10	11 12 13 14 15	16 17 18 19 20	21 22 23 24 25	26 27 28 29 —	3	13
	3	30 31 41 2 3	4 5 6 7 8	9 10 11 12 13	14 15 16 17 18	19 20 21 22 23	24 25 26 27 28	4	42
	4	29 30 51 2 3	4 5 6 7 8	9 10 11 12 13	14 15 16 17 18	19 20 21 22 23	24 25 26 27 28	6	12
	5	29 30 31 61 2	3 4 5 6 7	8 9 10 11 12	13 14 15 16 17	18 19 20 21 22	23 24 25 26 —	1	42
	6	27 28 29 30 71	2 3 4 5 6	7 8 9 10 11	12 13 14 15 16	17 18 19 20 21	22 23 24 25 26	2	11
	7	27 28 29 30 31	81 2 3 4 5	6 7 8 9 10	11 12 13 14 15	16 17 18 19 20	21 22 23 24 —	4	41
	8	25 26 27 28 29	30 31 91 2 3	4 5 6 7 8	9 10 11 12 13	14 15 16 17 18	19 20 21 22 23	5	10
	8	24 25 26 27 28	29 30 D1 2 3	4 5 6 7 8	9 10 11 12 13	14 15 16 17 18	19 20 21 22 —	0	40
	9	23 24 25 26 27	28 29 30 31 N1	2 3 4 5 6	7 8 9 10 11	12 13 14 15 16	17 18 19 20 21	1	9
	10	22 23 24 25 26	27 28 29 30 D1	2 3 4 5 6	7 8 9 10 11	12 13 14 15 16	17 18 19 20 —	3	39
	11	21 22 23 24 25	26 27 28 29 30	31 11 2 3 4	5 6 7 8 9	10 11 12 13 14	15 16 17 18 19	4	8
	12	20 21 22 23 24	25 26 27 28 29	30 31 21 2 3	4 5 6 7 8	9 10 11 12 13	14 15 16 17 —	6	38
穆帝 永和 1 乙巳 345–46	14 1	18 19 20 21 22	23 24 25 26 27	28 31 2 3 4	5 6 7 8 9	10 11 12 13 14	15 16 17 18 19	0	7
	2	20 21 22 23 24	25 26 27 28 29	30 31 41 2 3	4 5 6 7 8	9 10 11 12 13	14 15 16 17 —	2	37
	3	18 19 20 21 22	23 24 25 26 27	28 29 30 51 2	3 4 5 6 7	8 9 10 11 12	13 14 15 16 17	3	6
	4	18 19 20 21 22	23 24 25 26 27	28 29 30 31 61	2 3 4 5 6	7 8 9 10 11	12 13 14 15 —	5	36
	5	16 17 18 19 20	21 22 23 24 25	26 27 28 29 30	71 2 3 4 5	6 7 8 9 10	11 12 13 14 15	6	5
	6	16 17 18 19 20	21 22 23 24 25	26 27 28 29 30	31 81 2 3 4	5 6 7 8 9	10 11 12 13 —	1	35
	7	14 15 16 17 18	19 20 21 22 23	24 25 26 27 28	29 30 31 91 2	3 4 5 6 7	8 9 10 11 12	2	4
	8	13 14 15 16 17	18 19 20 21 22	23 24 25 26 27	28 29 30 D1 2	3 4 5 6 7	8 9 10 11 12	4	34
	9	13 14 15 16 17	18 19 20 21 22	23 24 25 26 27	28 29 30 31 N1	2 3 4 5 6	7 8 9 10 —	6	4
	10	11 12 13 14 15	16 17 18 19 20	21 22 23 24 25	26 27 28 29 30	D1 2 3 4 5	6 7 8 9 10	0	33
	11	11 12 13 14 15	16 17 18 19 20	21 22 23 24 25	26 27 28 29 30	31 11 2 3 4	5 6 7 8 —	2	3
	12	9 10 11 12 13	14 15 16 17 18	19 20 21 22 23	24 25 26 27 28	29 30 31 21 2	3 4 5 6 7	3	32

年序 Year	陰曆月序 Moon	陰曆日序 Order of days (Lunar)						星期 Week	干支 Cycle
		1 2 3 4 5	6 7 8 9 10	11 12 13 14 15	16 17 18 19 20	21 22 23 24 25	26 27 28 29 30		
永和 2 丙午 346–47	26 1	8 9 10 11 12	13 14 15 16 17	18 19 20 21 22	23 24 25 26 27	28 31 2 3 4	5 6 7 8 —	5	2
	2	9 10 11 12 13	14 15 16 17 18	19 20 21 22 23	24 25 26 27 28	29 30 31 41 2	3 4 5 6 7	6	31
	3	8 9 10 11 12	13 14 15 16 17	18 19 20 21 22	23 24 25 26 27	28 29 30 51 2	3 4 5 6 —	1	1
	4	7 8 9 10 11	12 13 14 15 16	17 18 19 20 21	22 23 24 25 26	27 28 29 30 31	61 2 3 4 5	2	30
	5	6 7 8 9 10	11 12 13 14 15	16 17 18 19 20	21 22 23 24 25	26 27 28 29 30	71 2 3 4 —	4	0
	6	5 6 7 8 9	10 11 12 13 14	15 16 17 18 19	20 21 22 23 24	25 26 27 28 29	30 31 81 2 3	5	29
	7	4 5 6 7 8	9 10 11 12 13	14 15 16 17 18	19 20 21 22 23	24 25 26 27 28	29 30 31 91 —	0	59
	8	2 3 4 5 6	7 8 9 10 11	12 13 14 15 16	17 18 19 20 21	22 23 24 25 26	27 28 29 30 01	1	28
	9	2 3 4 5 6	7 8 9 10 11	12 13 14 15 16	17 18 19 20 21	22 23 24 25 26	27 28 29 30 —	3	58
	10	31 N1 2 3 4	5 6 7 8 9	10 11 12 13 14	15 16 17 18 19	20 21 22 23 24	25 26 27 28 29	4	27
	11	30 D1 2 3 4	5 6 7 8 9	10 11 12 13 14	15 16 17 18 19	20 21 22 23 24	25 26 27 28 29	6	57
	12	30 31 11 2 3	4 5 6 7 8	9 10 11 12 13	14 15 16 17 18	19 20 21 22 23	24 25 26 27 —	1	27
永和 3 丁未 347–48	38 1	28 29 30 31 21	2 3 4 5 6	7 8 9 10 11	12 13 14 15 16	17 18 19 20 21	22 23 24 25 26	2	56
	2	27 28 31 2 3	4 5 6 7 8	9 10 11 12 13	14 15 16 17 18	19 20 21 22 23	24 25 26 27 —	4	26
	3	28 29 30 31 41	2 3 4 5 6	7 8 9 10 11	12 13 14 15 16	17 18 19 20 21	22 23 24 25 26	5	55
	4	27 28 29 30 51	2 3 4 5 6	7 8 9 10 11	12 13 14 15 16	17 18 19 20 21	22 23 24 25 —	0	25
	5	26 27 28 29 30	31 61 2 3 4	5 6 7 8 9	10 11 12 13 14	15 16 17 18 19	20 21 22 23 24	1	54
	5	25 26 27 28 29	30 71 2 3 4	5 6 7 8 9	10 11 12 13 14	15 16 17 18 19	20 21 22 23 —	3	24
	6	24 25 26 27 28	29 30 31 81 2	3 4 5 6 7	8 9 10 11 12	13 14 15 16 17	18 19 20 21 22	4	53
	7	23 24 25 26 27	28 29 30 31 91	2 3 4 5 6	7 8 9 10 11	12 13 14 15 16	17 18 19 20 —	6	23
	8	21 22 23 24 25	26 27 28 29 30	01 2 3 4 5	6 7 8 9 10	11 12 13 14 15	16 17 18 19 20	0	52
	9	21 22 23 24 25	26 27 28 29 30	31 N1 2 3 4	5 6 7 8 9	10 11 12 13 14	15 16 17 18 —	2	22
	10	19 20 21 22 23	24 25 26 27 28	29 30 01 2 3	4 5 6 7 8	9 10 11 12 13	14 15 16 17 18	3	51
	11	19 20 21 22 23	24 25 26 27 28	29 30 31 11 2	3 4 5 6 7	8 9 10 11 12	13 14 15 16 —	5	21
	12	17 18 19 20 21	22 23 24 25 26	27 28 29 30 31	21 2 3 4 5	6 7 8 9 10	11 12 13 14 15	6	50
永和 4 戊申 348–49	50 1	16 17 18 19 20	21 22 23 24 25	26 27 28 29 31	2 3 4 5 6	7 8 9 10 11	12 13 14 15 —	1	20
	2	16 17 18 19 20	21 22 23 24 25	26 27 28 29 30	31 41 2 3 4	5 6 7 8 9	10 11 12 13 14	2	49
	3	15 16 17 18 19	20 21 22 23 24	25 26 27 28 29	30 51 2 3 4	5 6 7 8 9	10 11 12 13 14	4	19
	4	15 16 17 18 19	20 21 22 23 24	25 26 27 28 29	30 31 61 2 3	4 5 6 7 8	9 10 11 12 —	6	49
	5	13 14 15 16 17	18 19 20 21 22	23 24 25 26 27	28 29 30 71 2	3 4 5 6 7	8 9 10 11 12	0	18
	6	13 14 15 16 17	18 19 20 21 22	23 24 25 26 27	28 29 30 31 81	2 3 4 5 6	7 8 9 10 —	2	48
	7	11 12 13 14 15	16 17 18 19 20	21 22 23 24 25	26 27 28 29 30	31 91 2 3 4	5 6 7 8 9	3	17
	8	10 11 12 13 14	15 16 17 18 19	20 21 22 23 24	25 26 27 28 29	30 01 2 3 4	5 6 7 8 —	5	47
	9	9 10 11 12 13	14 15 16 17 18	19 20 21 22 23	24 25 26 27 28	29 30 31 N1 2	3 4 5 6 7	6	16
	10	8 9 10 11 12	13 14 15 16 17	18 19 20 21 22	23 24 25 26 27	28 29 30 D1 2	3 4 5 6 —	1	46
	11	7 8 9 10 11	12 13 14 15 16	17 18 19 20 21	22 23 24 25 26	27 28 29 30 31	11 2 3 4 5	2	15
	12	6 7 8 9 10	11 12 13 14 15	16 17 18 19 20	21 22 23 24 25	26 27 28 29 30	31 21 2 3 —	4	45
永和 5 己酉 349–50	2 1	4 5 6 7 8	9 10 11 12 13	14 15 16 17 18	19 20 21 22 23	24 25 26 27 28	31 2 3 4 5	5	14
	2	6 7 8 9 10	11 12 13 14 15	16 17 18 19 20	21 22 23 24 25	26 27 28 29 30	31 41 2 3 —	0	44
	3	4 5 6 7 8	9 10 11 12 13	14 15 16 17 18	19 20 21 22 23	24 25 26 27 28	29 30 51 2 3	1	13
	4	4 5 6 7 8	9 10 11 12 13	14 15 16 17 18	19 20 21 22 23	24 25 26 27 28	29 30 31 61 —	3	43
	5	2 3 4 5 6	7 8 9 10 11	12 13 14 15 16	17 18 19 20 21	22 23 24 25 26	27 28 29 30 71	4	12
	6	2 3 4 5 6	7 8 9 10 11	12 13 14 15 16	17 18 19 20 21	22 23 24 25 26	27 28 29 30 —	6	42
	7	31 81 2 3 4	5 6 7 8 9	10 11 12 13 14	15 16 17 18 19	20 21 22 23 24	25 26 27 28 29	0	11
	8	30 31 91 2 3	4 5 6 7 8	9 10 11 12 13	14 15 16 17 18	19 20 21 22 23	24 25 26 27 28	2	41
	9	29 30 01 2 3	4 5 6 7 8	9 10 11 12 13	14 15 16 17 18	19 20 21 22 23	24 25 26 27 —	4	11
	10	28 29 30 31 N1	2 3 4 5 6	7 8 9 10 11	12 13 14 15 16	17 18 19 20 21	22 23 24 25 26	5	40
	11	27 28 29 30 D1	2 3 4 5 6	7 8 9 10 11	12 13 14 15 16	17 18 19 20 21	22 23 24 25 —	0	10
	12	26 27 28 29 30	31 11 2 3 4	5 6 7 8 9	10 11 12 13 14	15 16 17 18 19	20 21 22 23 24	1	39
永和 6 庚戌 350–51	14 1	25 26 27 28 29	30 31 21 2 3	4 5 6 7 8	9 10 11 12 13	14 15 16 17 18	19 20 21 22 —	3	9
	2	23 24 25 26 27	28 31 2 3 4	5 6 7 8 9	10 11 12 13 14	15 16 17 18 19	20 21 22 23 24	4	38
	2	25 26 27 28 29	30 31 41 2 3	4 5 6 7 8	9 10 11 12 13	14 15 16 17 18	19 20 21 22 —	6	8
	3	23 24 25 26 27	28 29 30 51 2	3 4 5 6 7	8 9 10 11 12	13 14 15 16 17	18 19 20 21 22	0	37
	4	23 24 25 26 27	28 29 30 31 61	2 3 4 5 6	7 8 9 10 11	12 13 14 15 16	17 18 19 20 —	2	7
	5	21 22 23 24 25	26 27 28 29 30	71 2 3 4 5	6 7 8 9 10	11 12 13 14 15	16 17 18 19 20	3	36
	6	21 22 23 24 25	26 27 28 29 30	31 81 2 3 4	5 6 7 8 9	10 11 12 13 14	15 16 17 18 —	5	6
	7	19 20 21 22 23	24 25 26 27 28	29 30 31 91 2	3 4 5 6 7	8 9 10 11 12	13 14 15 16 17	6	35
	8	18 19 20 21 22	23 24 25 26 27	28 29 30 01 2	3 4 5 6 7	8 9 10 11 12	13 14 15 16 —	1	5
	9	17 18 19 20 21	22 23 24 25 26	27 28 29 30 31	N1 2 3 4 5	6 7 8 9 10	11 12 13 14 15	2	34
	10	16 17 18 19 20	21 22 23 24 25	26 27 28 29 30	D1 2 3 4 5	6 7 8 9 10	11 12 13 14 15	4	4
	11	16 17 18 19 20	21 22 23 24 25	26 27 28 29 30	31 11 2 3 4	5 6 7 8 9	10 11 12 13 —	6	34
	12	14 15 16 17 18	19 20 21 22 23	24 25 26 27 28	29 30 31 21 2	3 4 5 6 7	8 9 10 11 12	0	3

年序 Year	陰曆月序 Moon	陰曆日序 Order of days (Lunar) 1 2 3 4 5	6 7 8 9 10	11 12 13 14 15	16 17 18 19 20	21 22 23 24 25	26 27 28 29 30	星期 Week	干支 Cycle
永和 7 辛亥 351–52	26 1	13 14 15 16 17	18 19 20 21 22	23 24 25 26 27	28 31 2 3 4	5 6 7 8 9	10 11 12 13 —	2	33
	2	14 15 16 17 18	19 20 21 22 23	24 25 26 27 28	29 30 31 41 2	3 4 5 6 7	8 9 10 11 12	3	2
	3	13 14 15 16 17	18 19 20 21 22	23 24 25 26 27	28 29 30 51 2	3 4 5 6 7	8 9 10 11 —	5	32
	4	12 13 14 15 16	17 18 19 20 21	22 23 24 25 26	27 28 29 30 31	61 2 3 4 5	6 7 8 9 10	6	1
	5	11 12 13 14 15	16 17 18 19 20	21 22 23 24 25	26 27 28 29 30	71 2 3 4 5	6 7 8 9 —	1	31
	6	10 11 12 13 14	15 16 17 18 19	20 21 22 23 24	25 26 27 28 29	30 31 81 2 3	4 5 6 7 8	2	0
	7	9 10 11 12 13	14 15 16 17 18	19 20 21 22 23	24 25 26 27 28	29 30 31 91 2	3 4 5 6 —	4	30
	8	7 8 9 10 11	12 13 14 15 16	17 18 19 20 21	22 23 24 25 26	27 28 29 30 01	2 3 4 5 6	5	59
	9	7 8 9 10 11	12 13 14 15 16	17 18 19 20 21	22 23 24 25 26	27 28 29 30 31	N1 2 3 4 —	0	29
	10	5 6 7 8 9	10 11 12 13 14	15 16 17 18 19	20 21 22 23 24	25 26 27 28 29	30 D1 2 3 4	1	58
	11	5 6 7 8 9	10 11 12 13 14	15 16 17 18 19	20 21 22 23 24	25 26 27 28 29	30 31 11 2 —	3	28
	12	3 4 5 6 7	8 9 10 11 12	13 14 15 16 17	18 19 20 21 22	23 24 25 26 27	28 29 30 31 21	4	57
永和 8 壬子 352–53	38 1	2 3 4 5 6	7 8 9 10 11	12 13 14 15 16	17 18 19 20 21	22 23 24 25 26	27 28 29 31 —	6	27
	2	2 3 4 5 6	7 8 9 10 11	12 13 14 15 16	17 18 19 20 21	22 23 24 25 26	27 28 29 30 31	0	56
	3	41 2 3 4 5	6 7 8 9 10	11 12 13 14 15	16 17 18 19 20	21 22 23 24 25	26 27 28 29 30	2	26
	4	51 2 3 4 5	6 7 8 9 10	11 12 13 14 15	16 17 18 19 20	21 22 23 24 25	26 27 28 29 —	4	56
	5	30 31 61 2 3	4 5 6 7 8	9 10 11 12 13	14 15 16 17 18	19 20 21 22 23	24 25 26 27 28	5	25
	6	29 30 71 2 3	4 5 6 7 8	9 10 11 12 13	14 15 16 17 18	19 20 21 22 23	24 25 26 27 —	0	55
	7	28 29 30 31 81	2 3 4 5 6	7 8 9 10 11	12 13 14 15 16	17 18 19 20 21	22 23 24 25 26	1	24
	8	27 28 29 30 31	91 2 3 4 5	6 7 8 9 10	11 12 13 14 15	16 17 18 19 20	21 22 23 24 —	3	54
	9	25 26 27 28 29	30 01 2 3 4	5 6 7 8 9	10 11 12 13 14	15 16 17 18 19	20 21 22 23 24	4	23
	10	25 26 27 28 29	30 31 N1 2 3	4 5 6 7 8	9 10 11 12 13	14 15 16 17 18	19 20 21 22 —	6	53
	10	23 24 25 26 27	28 29 30 D1 2	3 4 5 6 7	8 9 10 11 12	13 14 15 16 17	18 19 20 21 22	0	22
	11	23 24 25 26 27	28 29 30 31 11	2 3 4 5 6	7 8 9 10 11	12 13 14 15 16	17 18 19 20 —	2	52
	12	21 22 23 24 25	26 27 28 29 30	31 21 2 3 4	5 6 7 8 9	10 11 12 13 14	15 16 17 18 19	3	21
永和 9 癸丑 353–54	50 1	20 21 22 23 24	25 26 27 28 31	2 3 4 5 6	7 8 9 10 11	12 13 14 15 16	17 18 19 20 —	5	51
	2	21 22 23 24 25	26 27 28 29 30	31 41 2 3 4	5 6 7 8 9	10 11 12 13 14	15 16 17 18 19	6	20
	3	20 21 22 23 24	25 26 27 28 29	30 51 2 3 4	5 6 7 8 9	10 11 12 13 14	15 16 17 18 —	1	50
	4	19 20 21 22 23	24 25 26 27 28	29 30 31 61 2	3 4 5 6 7	8 9 10 11 12	13 14 15 16 17	2	19
	5	18 19 20 21 22	23 24 25 26 27	28 29 30 71 2	3 4 5 6 7	8 9 10 11 12	13 14 15 16 —	4	49
	6	17 18 19 20 21	22 23 24 25 26	27 28 29 30 31	81 2 3 4 5	6 7 8 9 10	11 12 13 14 15	5	18
	7	16 17 18 19 20	21 22 23 24 25	26 27 28 29 30	31 91 2 3 4	5 6 7 8 9	10 11 12 13 14	0	48
	8	15 16 17 18 19	20 21 22 23 24	25 26 27 28 29	30 01 2 3 4	5 6 7 8 9	10 11 12 13 —	2	18
	9	14 15 16 17 18	19 20 21 22 23	24 25 26 27 28	29 30 31 N1 2	3 4 5 6 7	8 9 10 11 12	3	47
	10	13 14 15 16 17	18 19 20 21 22	23 24 25 26 27	28 29 30 D1 2	3 4 5 6 7	8 9 10 11 —	5	17
	11	12 13 14 15 16	17 18 19 20 21	22 23 24 25 26	27 28 29 30 31	11 2 3 4 5	6 7 8 9 10	6	46
	12	11 12 13 14 15	16 17 18 19 20	21 22 23 24 25	26 27 28 29 30	31 21 2 3 4	5 6 7 8 —	1	16
永和 10 甲寅 354–55	2 1	9 10 11 12 13	14 15 16 17 18	19 20 21 22 23	24 25 26 27 28	31 2 3 4 5	6 7 8 9 10	2	45
	2	11 12 13 14 15	16 17 18 19 20	21 22 23 24 25	26 27 28 29 30	31 41 2 3 4	5 6 7 8 —	4	15
	3	9 10 11 12 13	14 15 16 17 18	19 20 21 22 23	24 25 26 27 28	29 30 51 2 3	4 5 6 7 8	5	44
	4	9 10 11 12 13	14 15 16 17 18	19 20 21 22 23	24 25 26 27 28	29 30 31 61 2	3 4 5 6 —	0	14
	5	7 8 9 10 11	12 13 14 15 16	17 18 19 20 21	22 23 24 25 26	27 28 29 30 71	2 3 4 5 6	1	43
	6	7 8 9 10 11	12 13 14 15 16	17 18 19 20 21	22 23 24 25 26	27 28 29 30 31	81 2 3 4 —	3	13
	7	5 6 7 8 9	10 11 12 13 14	15 16 17 18 19	20 21 22 23 24	25 26 27 28 29	30 31 91 2 3	4	42
	8	4 5 6 7 8	9 10 11 12 13	14 15 16 17 18	19 20 21 22 23	24 25 26 27 28	29 30 01 2 —	6	12
	9	3 4 5 6 7	8 9 10 11 12	13 14 15 16 17	18 19 20 21 22	23 24 25 26 27	28 29 30 31 N1	0	41
	10	2 3 4 5 6	7 8 9 10 11	12 13 14 15 16	17 18 19 20 21	22 23 24 25 26	27 28 29 30 D1	2	11
	11	2 3 4 5 6	7 8 9 10 11	12 13 14 15 16	17 18 19 20 21	22 23 24 25 26	27 28 29 30 —	4	41
	12	31 11 2 3 4	5 6 7 8 9	10 11 12 13 14	15 16 17 18 19	20 21 22 23 24	25 26 27 28 29	5	10
永和 11 乙卯 355–56	14 1	30 31 21 2 3	4 5 6 7 8	9 10 11 12 13	14 15 16 17 18	19 20 21 22 23	24 25 26 27 —	0	40
	2	28 31 2 3 4	5 6 7 8 9	10 11 12 13 14	15 16 17 18 19	20 21 22 23 24	25 26 27 28 29	1	9
	3	30 31 41 2 3	4 5 6 7 8	9 10 11 12 13	14 15 16 17 18	19 20 21 22 23	24 25 26 27 —	3	39
	4	28 29 30 51 2	3 4 5 6 7	8 9 10 11 12	13 14 15 16 17	18 19 20 21 22	23 24 25 26 27	4	8
	5	28 29 30 31 61	2 3 4 5 6	7 8 9 10 11	12 13 14 15 16	17 18 19 20 21	22 23 24 25 —	6	38
	6	26 27 28 29 30	71 2 3 4 5	6 7 8 9 10	11 12 13 14 15	16 17 18 19 20	21 22 23 24 25	0	7
	6	26 27 28 29 30	31 81 2 3 4	5 6 7 8 9	10 11 12 13 14	15 16 17 18 19	20 21 22 23 —	2	37
	7	24 25 26 27 28	29 30 31 91 2	3 4 5 6 7	8 9 10 11 12	13 14 15 16 17	18 19 20 21 22	3	6
	8	23 24 25 26 27	28 29 30 01 2	3 4 5 6 7	8 9 10 11 12	13 14 15 16 17	18 19 20 21 —	5	36
	9	22 23 24 25 26	27 28 29 30 31	N1 2 3 4 5	6 7 8 9 10	11 12 13 14 15	16 17 18 19 20	6	5
	10	21 22 23 24 25	26 27 28 29 30	D1 2 3 4 5	6 7 8 9 10	11 12 13 14 15	16 17 18 19 —	1	35
	11	20 21 22 23 24	25 26 27 28 29	30 31 11 2 3	4 5 6 7 8	9 10 11 12 13	14 15 16 17 18	2	4
	12	19 20 21 22 23	24 25 26 27 28	29 30 31 21 2	3 4 5 6 7	8 9 10 11 12	13 14 15 16 —	4	34

年序 Year	陰曆月序 Moon	陰曆日序 Order of days (Lunar)																														星期 Week	干支 Cycle
		1	2	3	4	5	6	7	8	9	10	11	12	13	14	15	16	17	18	19	20	21	22	23	24	25	26	27	28	29	30		
永和 12 丙辰 356–57	26 1	17	18	19	20	21	22	23	24	25	26	27	28	29	**31**	2	3	4	5	6	7	8	9	10	11	12	13	14	15	16	17	5	3
	2	18	19	20	21	22	23	24	25	26	27	28	29	30	31	**41**	2	3	4	5	6	7	8	9	10	11	12	13	14	15	16	0	33
	3	17	18	19	20	21	22	23	24	25	26	27	28	29	30	**51**	2	3	4	5	6	7	8	9	10	11	12	13	14	15	—	2	3
	4	16	17	18	19	20	21	22	23	24	25	26	27	28	29	30	31	**61**	2	3	4	5	6	7	8	9	10	11	12	13	14	3	32
	5	15	16	17	18	19	20	21	22	23	24	25	26	27	28	29	30	**71**	2	3	4	5	6	7	8	9	10	11	12	13	—	5	2
	6	14	15	16	17	18	19	20	21	22	23	24	25	26	27	28	29	30	31	**81**	2	3	4	5	6	7	8	9	10	11	12	6	31
	7	13	14	15	16	17	18	19	20	21	22	23	24	25	26	27	28	29	30	31	**91**	2	3	4	5	6	7	8	9	10	—	1	1
	8	11	12	13	14	15	16	17	18	19	20	21	22	23	24	25	26	27	28	29	30	**O1**	2	3	4	5	6	7	8	9	10	2	30
	9	11	12	13	14	15	16	17	18	19	20	21	22	23	24	25	26	27	28	29	30	31	**N1**	2	3	4	5	6	7	8	—	4	0
	10	9	10	11	12	13	14	15	16	17	18	19	20	21	22	23	24	25	26	27	28	29	30	**D1**	2	3	4	5	6	7	8	5	29
	11	9	10	11	12	13	14	15	16	17	18	19	20	21	22	23	24	25	26	27	28	29	30	31	**11**	2	3	4	5	6	—	0	59
	12	7	8	9	10	11	12	13	14	15	16	17	18	19	20	21	22	23	24	25	26	27	28	29	30	31	**21**	2	3	4	5	1	28
升平 1 丁巳 357–58	38 1	6	7	8	9	10	11	12	13	14	15	16	17	18	19	20	21	22	23	24	25	26	27	28	**31**	2	3	4	5	6	—	3	58
	2	7	8	9	10	11	12	13	14	15	16	17	18	19	20	21	22	23	24	25	26	27	28	29	30	31	**41**	2	3	4	5	4	27
	3	6	7	8	9	10	11	12	13	14	15	16	17	18	19	20	21	22	23	24	25	26	27	28	29	30	**51**	2	3	4	—	6	57
	4	5	6	7	8	9	10	11	12	13	14	15	16	17	18	19	20	21	22	23	24	25	26	27	28	29	30	31	**61**	2	3	0	26
	5	4	5	6	7	8	9	10	11	12	13	14	15	16	17	18	19	20	21	22	23	24	25	26	27	28	29	30	**71**	2	—	2	56
	6	3	4	5	6	7	8	9	10	11	12	13	14	15	16	17	18	19	20	21	22	23	24	25	26	27	28	29	30	31	**81**	3	25
	7	2	3	4	5	6	7	8	9	10	11	12	13	14	15	16	17	18	19	20	21	22	23	24	25	26	27	28	29	30	31	5	55
	8	**91**	2	3	4	5	6	7	8	9	10	11	12	13	14	15	16	17	18	19	20	21	22	23	24	25	26	27	28	29	—	0	25
	9	30	**O1**	2	3	4	5	6	7	8	9	10	11	12	13	14	15	16	17	18	19	20	21	22	23	24	25	26	27	28	29	1	54
	10	30	31	**N1**	2	3	4	5	6	7	8	9	10	11	12	13	14	15	16	17	18	19	20	21	22	23	24	25	26	27	—	3	24
	11	28	29	30	**D1**	2	3	4	5	6	7	8	9	10	11	12	13	14	15	16	17	18	19	20	21	22	23	24	25	26	27	4	53
	12	28	29	30	31	**11**	2	3	4	5	6	7	8	9	10	11	12	13	14	15	16	17	18	19	20	21	22	23	24	25	—	6	23
升平 2 戊午 358–59	50 1	26	27	28	29	30	31	**21**	2	3	4	5	6	7	8	9	10	11	12	13	14	15	16	17	18	19	20	21	22	23	24	0	52
	2	25	26	27	28	**31**	2	3	4	5	6	7	8	9	10	11	12	13	14	15	16	17	18	19	20	21	22	23	24	25	—	2	22
	3	26	27	28	29	30	31	**41**	2	3	4	5	6	7	8	9	10	11	12	13	14	15	16	17	18	19	20	21	22	23	24	3	51
	3	25	26	27	28	29	30	**51**	2	3	4	5	6	7	8	9	10	11	12	13	14	15	16	17	18	19	20	21	22	23	—	5	21
	4	24	25	26	27	28	29	30	31	**61**	2	3	4	5	6	7	8	9	10	11	12	13	14	15	16	17	18	19	20	21	22	6	50
	5	23	24	25	26	27	28	29	30	**71**	2	3	4	5	6	7	8	9	10	11	12	13	14	15	16	17	18	19	20	21	—	1	20
	6	22	23	24	25	26	27	28	29	30	31	**81**	2	3	4	5	6	7	8	9	10	11	12	13	14	15	16	17	18	19	20	2	49
	7	21	22	23	24	25	26	27	28	29	30	31	**91**	2	3	4	5	6	7	8	9	10	11	12	13	14	15	16	17	18	—	4	19
	8	19	20	21	22	23	24	25	26	27	28	29	30	**O1**	2	3	4	5	6	7	8	9	10	11	12	13	14	15	16	17	18	5	48
	9	19	20	21	22	23	24	25	26	27	28	29	30	31	**N1**	2	3	4	5	6	7	8	9	10	11	12	13	14	15	16	17	0	18
	10	18	19	20	21	22	23	24	25	26	27	28	29	30	**D1**	2	3	4	5	6	7	8	9	10	11	12	13	14	15	16	—	2	48
	11	17	18	19	20	21	22	23	24	25	26	27	28	29	30	31	**11**	2	3	4	5	6	7	8	9	10	11	12	13	14	15	3	17
	12	16	17	18	19	20	21	22	23	24	25	26	27	28	29	30	31	**21**	2	3	4	5	6	7	8	9	10	11	12	13	—	5	47
升平 3 己未 359–60	2 1	14	15	16	17	18	19	20	21	22	23	24	25	26	27	28	**31**	2	3	4	5	6	7	8	9	10	11	12	13	14	15	6	16
	2	16	17	18	19	20	21	22	23	24	25	26	27	28	29	30	31	**41**	2	3	4	5	6	7	8	9	10	11	12	13	—	1	46
	3	14	15	16	17	18	19	20	21	22	23	24	25	26	27	28	29	30	**51**	2	3	4	5	6	7	8	9	10	11	12	13	2	15
	4	14	15	16	17	18	19	20	21	22	23	24	25	26	27	28	29	30	31	**61**	2	3	4	5	6	7	8	9	10	11	—	4	45
	5	12	13	14	15	16	17	18	19	20	21	22	23	24	25	26	27	28	29	30	**71**	2	3	4	5	6	7	8	9	10	11	5	14
	6	12	13	14	15	16	17	18	19	20	21	22	23	24	25	26	27	28	29	30	31	**81**	2	3	4	5	6	7	8	9	—	0	44
	7	10	11	12	13	14	15	16	17	18	19	20	21	22	23	24	25	26	27	28	29	30	31	**91**	2	3	4	5	6	7	8	1	13
	8	9	10	11	12	13	14	15	16	17	18	19	20	21	22	23	24	25	26	27	28	29	30	**O1**	2	3	4	5	6	7	—	3	43
	9	8	9	10	11	12	13	14	15	16	17	18	19	20	21	22	23	24	25	26	27	28	29	30	31	**N1**	2	3	4	5	6	4	12
	10	7	8	9	10	11	12	13	14	15	16	17	18	19	20	21	22	23	24	25	26	27	28	29	30	**D1**	2	3	4	5	—	6	42
	11	6	7	8	9	10	11	12	13	14	15	16	17	18	19	20	21	22	23	24	25	26	27	28	29	30	31	**11**	2	3	4	0	11
	12	5	6	7	8	9	10	11	12	13	14	15	16	17	18	19	20	21	22	23	24	25	26	27	28	29	30	31	**21**	2	—	2	41
升平 4 庚申 360–61	14 1	3	4	5	6	7	8	9	10	11	12	13	14	15	16	17	18	19	20	21	22	23	24	25	26	27	28	29	**31**	2	3	3	10
	2	4	5	6	7	8	9	10	11	12	13	14	15	16	17	18	19	20	21	22	23	24	25	26	27	28	29	30	31	**41**	2	5	40
	3	3	4	5	6	7	8	9	10	11	12	13	14	15	16	17	18	19	20	21	22	23	24	25	26	27	28	29	30	**51**	—	0	10
	4	2	3	4	5	6	7	8	9	10	11	12	13	14	15	16	17	18	19	20	21	22	23	24	25	26	27	28	29	30	31	1	39
	5	**61**	2	3	4	5	6	7	8	9	10	11	12	13	14	15	16	17	18	19	20	21	22	23	24	25	26	27	28	29	—	3	9
	6	30	**71**	2	3	4	5	6	7	8	9	10	11	12	13	14	15	16	17	18	19	20	21	22	23	24	25	26	27	28	29	4	38
	7	30	31	**81**	2	3	4	5	6	7	8	9	10	11	12	13	14	15	16	17	18	19	20	21	22	23	24	25	26	27	—	6	8
	8	28	29	30	31	**91**	2	3	4	5	6	7	8	9	10	11	12	13	14	15	16	17	18	19	20	21	22	23	24	25	26	0	37
	9	27	28	29	30	**O1**	2	3	4	5	6	7	8	9	10	11	12	13	14	15	16	17	18	19	20	21	22	23	24	25	—	2	7
	10	26	27	28	29	30	31	**N1**	2	3	4	5	6	7	8	9	10	11	12	13	14	15	16	17	18	19	20	21	22	23	24	3	36
	11	25	26	27	28	29	30	**D1**	2	3	4	5	6	7	8	9	10	11	12	13	14	15	16	17	18	19	20	21	22	23	—	5	6
	12	24	25	26	27	28	29	30	31	**11**	2	3	4	5	6	7	8	9	10	11	12	13	14	15	16	17	18	19	20	21	22	6	35
	12	23	24	25	26	27	28	29	30	31	**21**	2	3	4	5	6	7	8	9	10	11	12	13	14	15	16	17	18	19	20	—	1	5

年序 Year	陰曆月序 Moon		1	2	3	4	5	6	7	8	9	10	11	12	13	14	15	16	17	18	19	20	21	22	23	24	25	26	27	28	29	30	星期 Week	干支 Cycle
升平 5 辛酉 361–62	26	1	21	22	23	24	25	26	27	28	31	2	3	4	5	6	7	8	9	10	11	12	13	14	15	16	17	18	19	20	21	22	2	34
		2	23	24	25	26	27	28	29	30	31	41	2	3	4	5	6	7	8	9	10	11	12	13	14	15	16	17	18	19	20	—	4	4
		3	21	22	23	24	25	26	27	28	29	30	51	2	3	4	5	6	7	8	9	10	11	12	13	14	15	16	17	18	19	20	5	33
		4	21	22	23	24	25	26	27	28	29	30	31	61	2	3	4	5	6	7	8	9	10	11	12	13	14	15	16	17	18	—	0	3
		5	19	20	21	22	23	24	25	26	27	28	29	30	71	2	3	4	5	6	7	8	9	10	11	12	13	14	15	16	17	18	1	32
		6	19	20	21	22	23	24	25	26	27	28	29	30	31	81	2	3	4	5	6	7	8	9	10	11	12	13	14	15	16	17	3	2
		7	18	19	20	21	22	23	24	25	26	27	28	29	30	31	91	2	3	4	5	6	7	8	9	10	11	12	13	14	15	—	5	32
		8	16	17	18	19	20	21	22	23	24	25	26	27	28	29	30	01	2	3	4	5	6	7	8	9	10	11	12	13	14	15	6	1
		9	16	17	18	19	20	21	22	23	24	25	26	27	28	29	30	31	N1	2	3	4	5	6	7	8	9	10	11	12	13	—	1	31
		10	14	15	16	17	18	19	20	21	22	23	24	25	26	27	28	29	30	D1	2	3	4	5	6	7	8	9	10	11	12	13	2	0
		11	14	15	16	17	18	19	20	21	22	23	24	25	26	27	28	29	30	31	11	2	3	4	5	6	7	8	9	10	11	—	4	30
		12	12	13	14	15	16	17	18	19	20	21	22	23	24	25	26	27	28	29	30	31	21	2	3	4	5	6	7	8	9	10	5	59
哀帝 隆和 1 壬戌 362–63	38	1	11	12	13	14	15	16	17	18	19	20	21	22	23	24	25	26	27	28	31	2	3	4	5	6	7	8	9	10	11	—	0	29
		2	12	13	14	15	16	17	18	19	20	21	22	23	24	25	26	27	28	29	30	31	41	2	3	4	5	6	7	8	9	10	1	58
		3	11	12	1	14	15	16	17	18	19	20	21	22	23	24	25	26	27	28	29	30	51	2	3	4	5	6	7	8	9	—	3	28
		4	10	11	12	13	14	15	16	17	18	19	20	21	22	23	24	25	26	27	28	29	30	31	61	2	3	4	5	6	7	8	4	57
		5	9	10	11	12	13	14	15	16	17	18	19	20	21	22	23	24	25	26	27	28	29	30	71	2	3	4	5	6	7	—	6	27
		6	8	9	10	11	12	13	14	15	16	17	18	19	20	21	22	23	24	25	26	27	28	29	30	31	81	2	3	4	5	6	0	56
		7	7	8	9	10	11	12	13	14	15	16	17	18	19	20	21	22	23	24	25	26	27	28	29	30	31	91	2	3	4	—	2	26
		8	5	6	7	8	9	10	11	12	13	14	15	16	17	18	19	20	21	22	23	24	25	26	27	28	29	30	01	2	3	4	3	55
		9	5	6	7	8	9	10	11	12	13	14	15	16	17	18	19	20	21	22	23	24	25	26	27	28	29	30	31	N1	2	3	5	25
		10	4	5	6	7	8	9	10	11	12	13	14	15	16	17	18	19	20	21	22	23	24	25	26	27	28	29	30	D1	2	—	0	55
		11	3	4	5	6	7	8	9	10	11	12	13	14	15	16	17	18	19	20	21	22	23	24	25	26	27	28	29	30	31	11	1	24
		12	2	3	4	5	6	7	8	9	10	11	12	13	14	15	16	17	18	19	20	21	22	23	24	25	26	27	28	29	30	—	3	54
興寧 1 癸亥 363–64	50	1	31	21	2	3	4	5	6	7	8	9	10	11	12	13	14	15	16	17	18	19	20	21	22	23	24	25	26	27	28	31	4	23
		2	2	3	4	5	6	7	8	9	10	11	12	13	14	15	16	17	18	19	20	21	22	23	24	25	26	27	28	29	30	—	6	53
		3	31	41	2	3	4	5	6	7	8	9	10	11	12	13	14	15	16	17	18	19	20	21	22	23	24	25	26	27	28	29	0	22
		4	30	51	2	3	4	5	6	7	8	9	10	11	12	13	14	15	16	17	18	19	20	21	22	23	24	25	26	27	28	—	2	52
		5	29	30	31	61	2	3	4	5	6	7	8	9	10	11	12	13	14	15	16	17	18	19	20	21	22	23	24	25	26	27	3	21
		6	28	29	30	71	2	3	4	5	6	7	8	9	10	11	12	13	14	15	16	17	18	19	20	21	22	23	24	25	26	—	5	51
		7	27	28	29	30	31	81	2	3	4	5	6	7	8	9	10	11	12	13	14	15	16	17	18	19	20	21	22	23	24	25	6	20
		8	26	27	28	29	30	31	91	2	3	4	5	6	7	8	9	10	11	12	13	14	15	16	17	18	19	20	21	22	23	—	1	50
		8	24	25	26	27	28	29	30	01	2	3	4	5	6	7	8	9	10	11	12	13	14	15	16	17	18	19	20	21	22	23	2	19
		9	24	25	26	27	28	29	30	31	N1	2	3	4	5	6	7	8	9	10	11	12	13	14	15	16	17	18	19	20	21	—	4	49
		10	22	23	24	25	26	27	28	29	30	D1	2	3	4	5	6	7	8	9	10	11	12	13	14	15	16	17	18	19	20	21	5	18
		11	22	23	24	25	26	27	28	29	30	31	11	2	3	4	5	6	7	8	9	10	11	12	13	14	15	16	17	18	19	—	0	48
		12	20	21	22	23	24	25	26	27	28	29	30	31	21	2	3	4	5	6	7	8	9	10	11	12	13	14	15	16	17	18	1	17
興寧 2 甲子 364–65	2	1	19	20	21	22	23	24	25	26	27	28	29	31	2	3	4	5	6	7	8	9	10	11	12	13	14	15	16	17	18	19	3	47
		2	20	21	22	23	24	25	26	27	28	29	30	31	41	2	3	4	5	6	7	8	9	10	11	12	13	14	15	16	17	—	5	17
		3	18	19	20	21	22	23	24	25	26	27	28	29	30	51	2	3	4	5	6	7	8	9	10	11	12	13	14	15	16	17	6	46
		4	18	19	20	21	22	23	24	25	26	27	28	29	30	31	61	2	3	4	5	6	7	8	9	10	11	12	13	14	15	—	1	16
		5	16	17	18	19	20	21	22	23	24	25	26	27	28	29	30	71	2	3	4	5	6	7	8	9	10	11	12	13	14	15	2	45
		6	16	17	18	19	20	21	22	23	24	25	26	27	28	29	30	31	81	2	3	4	5	6	7	8	9	10	11	12	13	—	4	15
		7	14	15	16	17	18	19	20	21	22	23	24	25	26	27	28	29	30	31	91	2	3	4	5	6	7	8	9	10	11	12	5	44
		8	13	14	15	16	17	18	19	20	21	22	23	24	25	26	27	28	29	30	01	2	3	4	5	6	7	8	9	10	11	—	0	14
		9	12	13	14	15	16	17	18	19	20	21	22	23	24	25	26	27	28	29	30	31	N1	2	3	4	5	6	7	8	9	10	1	43
		10	11	12	13	14	15	16	17	18	19	20	21	22	23	24	25	26	27	28	29	30	D1	2	3	4	5	6	7	8	9	—	3	13
		11	10	11	12	13	14	15	16	17	18	19	20	21	22	23	24	25	26	27	28	29	30	31	11	2	3	4	5	6	7	8	4	42
		12	9	10	11	12	13	14	15	16	17	18	19	20	21	22	23	24	25	26	27	28	29	30	31	21	2	3	4	5	6	—	6	12
興寧 3 乙丑 365–66	14	1	7	8	9	10	11	12	13	14	15	16	17	18	19	20	21	22	23	24	25	26	27	28	31	2	3	4	5	6	7	8	0	41
		2	9	10	11	12	13	14	15	16	17	18	19	20	21	22	23	24	25	26	27	28	29	30	31	41	2	3	4	5	6	—	2	11
		3	7	8	9	10	11	12	13	14	15	16	17	18	19	20	21	22	23	24	25	26	27	28	29	30	51	2	3	4	5	6	3	40
		4	7	8	9	10	11	12	13	14	15	16	17	18	19	20	21	22	23	24	25	26	27	28	29	30	31	61	2	3	4	—	5	10
		5	5	6	7	8	9	10	11	12	13	14	15	16	17	18	19	20	21	22	23	24	25	26	27	28	29	30	71	2	3	4	6	39
		6	5	6	7	8	9	10	11	12	13	14	15	16	17	18	19	20	21	22	23	24	25	26	27	28	29	30	31	81	2	3	1	9
		7	4	5	6	7	8	9	10	11	12	13	14	15	16	17	18	19	20	21	22	23	24	25	26	27	28	29	30	31	91	—	3	39
		8	2	3	4	5	6	7	8	9	10	11	12	13	14	15	16	17	18	19	20	21	22	23	24	25	26	27	28	29	30	01	4	8
		9	2	3	4	5	6	7	8	9	10	11	12	13	14	15	16	17	18	19	20	21	22	23	24	25	26	27	28	29	30	—	6	38
		10	31	N1	2	3	4	5	6	7	8	9	10	11	12	13	14	15	16	17	18	19	20	21	22	23	24	25	26	27	28	29	0	7
		11	30	01	2	3	4	5	6	7	8	9	10	11	12	13	14	15	16	17	18	19	20	21	22	23	24	25	26	27	28	—	2	37
		12	29	30	31	11	2	3	4	5	6	7	8	9	10	11	12	13	14	15	16	17	18	19	20	21	22	23	24	25	26	27	3	6

年序 Year	陰曆月序 Moon	陰曆日序 Order of days (Lunar) 1 2 3 4 5	6 7 8 9 10	11 12 13 14 15	16 17 18 19 20	21 22 23 24 25	26 27 28 29 30	星期 Week	干支 Cycle
海西公 太和 1 丙寅 366–67	26 1	28 29 30 31 21	2 3 4 5 6	7 8 9 10 11	12 13 14 15 16	17 18 19 20 21	22 23 24 25 —	5	36
	2	26 27 28 31 2	3 4 5 6 7	8 9 10 11 12	13 14 15 16 17	18 19 20 21 22	23 24 25 26 27	6	5
	3	28 29 30 31 41	2 3 4 5 6	7 8 9 10 11	12 13 14 15 16	17 18 19 20 21	22 23 24 25 —	1	35
	4	26 27 28 29 30	51 2 3 4 5	6 7 8 9 10	11 12 13 14 15	16 17 18 19 20	21 22 23 24 25	2	4
	4	26 27 28 29 30	31 61 2 3 4	5 6 7 8 9	10 11 12 13 14	15 16 17 18 19	20 21 22 23 —	4	34
	5	24 25 26 27 28	29 30 71 2 3	4 5 6 7 8	9 10 11 12 13	14 15 16 17 18	19 20 21 22 23	5	3
	6	24 25 26 27 28	29 30 31 81 2	3 4 5 6 7	8 9 10 11 12	13 14 15 16 17	18 19 20 21 —	0	33
	7	22 23 24 25 26	27 28 29 30 31	91 2 3 4 5	6 7 8 9 10	11 12 13 14 15	16 17 18 19 20	1	2
	8	21 22 23 24 25	26 27 28 29 30	01 2 3 4 5	6 7 8 9 10	11 12 13 14 15	16 17 18 19 20	3	32
	9	21 22 23 24 25	26 27 28 29 30	31 N1 2 3 4	5 6 7 8 9	10 11 12 13 14	15 16 17 18 —	5	2
	10	19 20 21 22 23	24 25 26 27 28	29 30 D1 2 3	4 5 6 7 8	9 10 11 12 13	14 15 16 17 18	6	31
	11	19 20 21 22 23	24 25 26 27 28	29 30 31 11 2	3 4 5 6 7	8 9 10 11 12	13 14 15 16 —	1	1
	12	17 18 19 20 21	22 23 24 25 26	27 28 29 30 31	21 2 3 4 5	6 7 8 9 10	11 12 13 14 15	2	30
太和 2 丁卯 367–68	38 1	16 17 18 19 20	21 22 23 24 25	26 27 28 31 2	3 4 5 6 7	8 9 10 11 12	13 14 15 16 —	4	0
	2	17 18 19 20 21	22 23 24 25 26	27 28 29 30 31	41 2 3 4 5	6 7 8 9 10	11 12 13 14 15	5	29
	3	16 17 18 19 20	21 22 23 24 25	26 27 28 29 30	51 2 3 4 5	6 7 8 9 10	11 12 13 14 —	0	59
	4	15 16 17 18 19	20 21 22 23 24	25 26 27 28 29	30 31 61 2 3	4 5 6 7 8	9 10 11 12 1	1	28
	5	14 15 16 17 18	19 20 21 22 23	24 25 26 27 28	29 30 71 2 3	4 5 6 7 8	9 10 11 12 —	3	58
	6	13 14 15 16 17	18 19 20 21 22	23 24 25 26 27	28 29 30 31 81	2 3 4 5 6	7 8 9 10 11	4	27
	7	12 13 14 15 16	17 18 19 20 21	22 23 24 25 26	27 28 29 30 31	91 2 3 4 5	6 7 8 9 —	6	57
	8	10 11 12 13 14	15 16 17 18 19	20 21 22 23 24	25 26 27 28 29	30 01 2 3 4	5 6 7 8 9	0	26
	9	10 11 12 13 14	15 16 17 18 19	20 21 22 23 24	25 26 27 28 29	30 31 N1 2 3	4 5 6 7 —	2	56
	10	8 9 10 11 12	13 14 15 16 17	18 19 20 21 22	23 24 25 26 27	28 29 30 D1 2	3 4 5 6 7	3	25
	11	8 9 10 11 12	13 14 15 16 17	18 19 20 21 22	23 24 25 26 27	28 29 30 31 11	2 3 4 5 —	5	55
	12	6 7 8 9 10	11 12 13 14 15	16 17 18 19 20	21 22 23 24 25	26 27 28 29 30	31 21 2 3 4	6	24
太和 3 戊辰 368–69	50 1	5 6 7 8 9	10 11 12 13 14	15 16 17 18 19	20 21 22 23 24	25 26 27 28 29	31 2 3 4 5	1	54
	2	6 7 8 9 10	11 12 13 14 15	16 17 18 19 20	21 22 23 24 25	26 27 28 29 30	31 41 2 3 —	3	24
	3	4 5 6 7 8	9 10 11 12 13	14 15 16 17 18	19 20 21 22 23	24 25 26 27 28	29 30 51 2 3	4	53
	4	4 5 6 7 8	9 10 11 12 13	14 15 16 17 18	19 20 21 22 23	24 25 26 27 28	29 30 31 61 —	6	23
	5	2 3 4 5 6	7 8 9 10 11	12 13 14 15 16	17 18 19 20 21	22 23 24 25 26	27 28 29 30 71	0	52
	6	2 3 4 5 6	7 8 9 10 11	12 13 14 15 16	17 18 19 20 21	22 23 24 25 26	27 28 29 30 —	2	22
	7	31 81 2 3 4	5 6 7 8 9	10 11 12 13 14	15 16 17 18 19	20 21 22 23 24	25 26 27 28 29	3	51
	8	30 31 91 2 3	4 5 6 7 8	9 10 11 12 13	14 15 16 17 18	19 20 21 22 23	24 25 26 27 —	5	21
	9	28 29 30 01 2	3 4 5 6 7	8 9 10 11 12	13 14 15 16 17	18 19 20 21 22	23 24 25 26 27	6	50
	10	28 29 30 31 N1	2 3 4 5 6	7 8 9 10 11	12 13 14 15 16	17 18 19 20 21	22 23 24 25 —	1	20
	11	26 27 28 29 30	D1 2 3 4 5	6 7 8 9 10	11 12 13 14 15	16 17 18 19 20	21 22 23 24 25	2	49
	12	26 27 28 29 30	31 11 2 3 4	5 6 7 8 9	10 11 12 13 14	15 16 17 18 19	20 21 22 23 —	4	19
太和 4 己巳 369–70	2 1	24 25 26 27 28	29 30 31 21 2	3 4 5 6 7	8 9 10 11 12	13 14 15 16 17	18 19 20 21 22	5	48
	1	23 24 25 26 27	28 31 2 3 4	5 6 7 8 9	10 11 12 13 14	15 16 17 18 19	20 21 22 23 —	0	18
	2	24 25 26 27 28	29 30 31 41 2	3 4 5 6 7	8 9 10 11 12	13 14 15 16 17	18 19 20 21 22	1	47
	3	23 24 25 26 27	28 29 30 51 2	3 4 5 6 7	8 9 10 11 12	13 14 15 16 17	18 19 20 21 —	3	17
	4	22 23 24 25 26	27 28 29 30 31	61 2 3 4 5	6 7 8 9 10	11 12 13 14 15	16 17 18 19 20	4	46
	5	21 22 23 24 25	26 27 28 29 30	71 2 3 4 5	6 7 8 9 10	11 12 13 14 15	16 17 18 19 20	6	16
	6	21 22 23 24 25	26 27 28 29 30	31 81 2 3 4	5 6 7 8 9	10 11 12 13 14	15 16 17 18 —	1	46
	7	19 20 21 22 23	24 25 26 27 28	29 30 31 91 2	3 4 5 6 7	8 9 10 11 12	13 14 15 16 17	2	15
	8	18 19 20 21 22	23 24 25 26 27	28 29 30 01 2	3 4 5 6 7	8 9 10 11 12	13 14 15 16 —	4	45
	9	17 18 19 20 21	22 23 24 25 26	27 28 29 30 31	N1 2 3 4 5	6 7 8 9 10	11 12 13 14 15	5	14
	10	16 17 18 19 20	21 22 23 24 25	26 27 28 29 30	D1 2 3 4 5	6 7 8 9 10	11 12 13 14 —	0	44
	11	15 16 17 18 19	20 21 22 23 24	25 26 27 28 29	30 31 11 2 3	4 5 6 7 8	9 10 11 12 13	1	13
	12	14 15 16 17 18	19 20 21 22 23	24 25 26 27 28	29 30 31 21 2	3 4 5 6 7	8 9 10 11 —	3	43
太和 5 庚午 370–71	14 1	12 13 14 15 16	17 18 19 20 21	22 23 24 25 26	27 28 31 2 3	4 5 6 7 8	9 10 11 12 13	4	12
	2	14 15 16 17 18	19 20 21 22 23	24 25 26 27 28	29 30 31 41 2	3 4 5 6 7	8 9 10 11 —	6	42
	3	12 13 14 15 16	17 18 19 20 21	22 23 24 25 26	27 28 29 30 51	2 3 4 5 6	7 8 9 10 11	0	11
	4	12 13 14 15 16	17 18 19 20 21	22 23 24 25 26	27 28 29 30 31	61 2 3 4 5	6 7 8 9 —	2	41
	5	10 11 12 13 14	15 16 17 18 19	20 21 22 23 24	25 26 27 28 29	30 71 2 3 4	5 6 7 8 9	3	10
	6	10 11 12 13 14	15 16 17 18 19	20 21 22 23 24	25 26 27 28 29	30 31 81 2 3	4 5 6 7 —	5	40
	7	8 9 10 11 12	13 14 15 16 17	18 19 20 21 22	23 24 25 26 27	28 29 30 31 91	2 3 4 5 6	6	9
	8	7 8 9 10 11	12 13 14 15 16	17 18 19 20 21	22 23 24 25 26	27 28 29 30 01	2 3 4 5 —	1	39
	9	6 7 8 9 10	11 12 13 14 15	16 17 18 19 20	21 22 23 24 25	26 27 28 29 30	31 N1 2 3 4	2	8
	10	5 6 7 8 9	10 11 12 13 14	15 16 17 18 19	20 21 22 23 24	25 26 27 28 29	30 D1 2 3 4	4	38
	11	5 6 7 8 9	10 11 12 13 14	15 16 17 18 19	20 21 22 23 24	25 26 27 28 29	30 31 11 2 —	6	8
	12	3 4 5 6 7	8 9 10 11 12	13 14 15 16 17	18 19 20 21 22	23 24 25 26 27	28 29 30 31 21	0	37

年序 Year	陰曆月序 Moon	陰曆日序 Order of days (Lunar)																														星期 Week	干支 Cycle
		1	2	3	4	5	6	7	8	9	10	11	12	13	14	15	16	17	18	19	20	21	22	23	24	25	26	27	28	29	30		
簡文帝 咸安 1 辛未 371–72	26 1	2	3	4	5	6	7	8	9	10	11	12	13	14	15	16	17	18	19	20	21	22	23	24	25	26	27	28	31	2	—	2	7
	2	3	4	5	6	7	8	9	10	11	12	13	14	15	16	17	18	19	20	21	22	23	24	25	26	27	28	29	30	31	41	3	36
	3	2	3	4	5	6	7	8	9	10	11	12	13	14	15	16	17	18	19	20	21	22	23	24	25	26	27	28	29	30	—	5	6
	4	51	2	3	4	5	6	7	8	9	10	11	12	13	14	15	16	17	18	19	20	21	22	23	24	25	26	27	28	29	30	6	35
	5	31	61	2	3	4	5	6	7	8	9	10	11	12	13	14	15	16	17	18	19	20	21	22	23	24	25	26	27	28	—	1	5
	6	29	30	71	2	3	4	5	6	7	8	9	10	11	12	13	14	15	16	17	18	19	20	21	22	23	24	25	26	27	28	2	34
	7	29	30	31	81	2	3	4	5	6	7	8	9	10	11	12	13	14	15	16	17	18	19	20	21	22	23	24	25	26	—	4	4
	8	27	28	29	30	31	91	2	3	4	5	6	7	8	9	10	11	12	13	14	15	16	17	18	19	20	21	22	23	24	25	5	33
	9	26	27	28	29	30	O1	2	3	4	5	6	7	8	9	10	11	12	13	14	15	16	17	18	19	20	21	22	23	24	—	0	3
	10	25	26	27	28	29	30	31	N1	2	3	4	5	6	7	8	9	10	11	12	13	14	15	16	17	18	19	20	21	22	23	1	32
	10	24	25	26	27	28	29	30	D1	2	3	4	5	6	7	8	9	10	11	12	13	14	15	16	17	18	19	20	21	22	—	3	2
	11][	23	24	25	26	27	28	29	30	31	11	2	3	4	5	6	7	8	9	10	11	12	13	14	15	16	17	18	19	20	21	4	31
	12	22	23	24	25	26	27	28	29	30	31	21	2	3	4	5	6	7	8	9	10	11	12	13	14	15	16	17	18	19	20	6	1
咸安 2 壬申 372–73	38 1	21	22	23	24	25	26	27	28	29	31	2	3	4	5	6	7	8	9	10	11	12	13	14	15	16	17	18	19	20	—	1	31
	2	21	22	23	24	25	26	27	28	29	30	31	41	2	3	4	5	6	7	8	9	10	11	12	13	14	15	16	17	18	19	2	0
	3	20	21	22	23	24	25	26	27	28	29	30	51	2	3	4	5	6	7	8	9	10	11	12	13	14	15	16	17	18	—	4	30
	4	19	20	21	22	23	24	25	26	27	28	29	30	31	61	2	3	4	5	6	7	8	9	10	11	12	13	14	15	16	17	5	59
	5	18	19	20	21	22	23	24	25	26	27	28	29	30	71	2	3	4	5	6	7	8	9	10	11	12	13	14	15	16	—	0	29
	6	17	18	19	20	21	22	23	24	25	26	27	28	29	30	31	81	2	3	4	5	6	7	8	9	10	11	12	13	14	15	1	58
	7	16	17	18	19	20	21	22	23	24	25	26	27	28	29	30	31	91	2	3	4	5	6	7	8	9	10	11	12	13	—	3	28
	8	14	15	16	17	18	19	20	21	22	23	24	25	26	27	28	29	30	O1	2	3	4	5	6	7	8	9	10	11	12	13	4	57
	9	14	15	16	17	18	19	20	21	22	23	24	25	26	27	28	29	30	31	N1	2	3	4	5	6	7	8	9	10	11	—	6	27
	10	12	13	14	15	16	17	18	19	20	21	22	23	24	25	26	27	28	29	30	D1	2	3	4	5	6	7	8	9	10	11	0	56
	11	12	13	14	15	16	17	18	19	20	21	22	23	24	25	26	27	28	29	30	31	11	2	3	4	5	6	7	8	9	—	2	26
	12	10	11	12	13	14	15	16	17	18	19	20	21	22	23	24	25	26	27	28	29	30	31	21	2	3	4	5	6	7	8	3	55
孝武帝 寧康 1 癸酉 373–74	50 1	9	10	11	12	13	14	15	16	17	18	19	20	21	22	23	24	25	26	27	28	31	2	3	4	5	6	7	8	9	—	5	25
	2	10	11	12	13	14	15	16	17	18	19	20	21	22	23	24	25	26	27	28	29	30	31	41	2	3	4	5	6	7	8	6	54
	3	9	10	11	12	13	14	15	16	17	18	19	20	21	22	23	24	25	26	27	28	29	30	51	2	3	4	5	6	7	—	1	24
	4	8	9	10	11	12	13	14	15	16	17	18	19	20	21	22	23	24	25	26	27	28	29	30	31	61	2	3	4	5	6	2	53
	5	7	8	9	10	11	12	13	14	15	16	17	18	19	20	21	22	23	24	25	26	27	28	29	30	71	2	3	4	5	6	4	23
	6	7	8	9	10	11	12	13	14	15	16	17	18	19	20	21	22	23	24	25	26	27	28	29	30	31	81	2	3	4	—	6	53
	7	5	6	7	8	9	10	11	12	13	14	15	16	17	18	19	20	21	22	23	24	25	26	27	28	29	30	31	91	2	3	0	22
	8	4	5	6	7	8	9	10	11	12	13	14	15	16	17	18	19	20	21	22	23	24	25	26	27	28	29	30	O1	2	—	2	52
	9	3	4	5	6	7	8	9	10	11	12	13	14	15	16	17	18	19	20	21	22	23	24	25	26	27	28	29	30	31	N1	3	21
	10	2	3	4	5	6	7	8	9	10	11	12	13	14	15	16	17	18	19	20	21	22	23	24	25	26	27	28	29	30	—	5	51
	11	D1	2	3	4	5	6	7	8	9	10	11	12	13	14	15	16	17	18	19	20	21	22	23	24	25	26	27	28	29	30	6	20
	12	31	11	2	3	4	5	6	7	8	9	10	11	12	13	14	15	16	17	18	19	20	21	22	23	24	25	26	27	28	—	1	50
寧康 2 甲戌 374–75	2 1	29	30	31	21	2	3	4	5	6	7	8	9	10	11	12	13	14	15	16	17	18	19	20	21	22	23	24	25	26	27	2	19
	2	28	31	2	3	4	5	6	7	8	9	10	11	12	13	14	15	16	17	18	19	20	21	22	23	24	25	26	27	28	—	4	49
	3	29	30	31	41	2	3	4	5	6	7	8	9	10	11	12	13	14	15	16	17	18	19	20	21	22	23	24	25	26	27	5	18
	4	28	29	30	51	2	3	4	5	6	7	8	9	10	11	12	13	14	15	16	17	18	19	20	21	22	23	24	25	26	—	0	48
	5	27	28	29	30	31	61	2	3	4	5	6	7	8	9	10	11	12	13	14	15	16	17	18	19	20	21	22	23	24	25	1	17
	6	26	27	28	29	30	71	2	3	4	5	6	7	8	9	10	11	12	13	14	15	16	17	18	19	20	21	22	23	24	—	3	47
	7	25	26	27	28	29	30	31	81	2	3	4	5	6	7	8	9	10	11	12	13	14	15	16	17	18	19	20	21	22	23	4	16
	7	24	25	26	27	28	29	30	31	91	2	3	4	5	6	7	8	9	10	11	12	13	14	15	16	17	18	19	20	21	—	6	46
	8	22	23	24	25	26	27	28	29	30	O1	2	3	4	5	6	7	8	9	10	11	12	13	14	15	16	17	18	19	20	21	0	15
	9	22	23	24	25	26	27	28	29	30	31	N1	2	3	4	5	6	7	8	9	10	11	12	13	14	15	16	17	18	19	20	2	45
	10	21	22	23	24	25	26	27	28	29	30	D1	2	3	4	5	6	7	8	9	10	11	12	13	14	15	16	17	18	19	—	4	15
	11	20	21	22	23	24	25	26	27	28	29	30	31	11	2	3	4	5	6	7	8	9	10	11	12	13	14	15	16	17	18	5	44
	12	19	20	21	22	23	24	25	26	27	28	29	30	31	21	2	3	4	5	6	7	8	9	10	11	12	13	14	15	16	—	0	14
寧康 3 乙亥 375–76	14 1	17	18	19	20	21	22	23	24	25	26	27	28	31	2	3	4	5	6	7	8	9	10	11	12	13	14	15	16	17	18	1	43
	2	19	20	21	22	23	24	25	26	27	28	29	30	31	41	2	3	4	5	6	7	8	9	10	11	12	13	14	15	16	—	3	13
	3	17	18	19	20	21	22	23	24	25	26	27	28	29	30	51	2	3	4	5	6	7	8	9	10	11	12	13	14	15	16	4	42
	4	17	18	19	20	21	22	23	24	25	26	27	28	29	30	31	61	2	3	4	5	6	7	8	9	10	11	12	13	14	—	6	12
	5	15	16	17	18	19	20	21	22	23	24	25	26	27	28	29	30	71	2	3	4	5	6	7	8	9	10	11	12	13	14	0	41
	6	15	16	17	18	19	20	21	22	23	24	25	26	27	28	29	30	31	81	2	3	4	5	6	7	8	9	10	11	12	—	2	11
	7	13	14	15	16	17	18	19	20	21	22	23	24	25	26	27	28	29	30	31	91	2	3	4	5	6	7	8	9	10	11	3	40
	8	12	13	14	15	16	17	18	19	20	21	22	23	24	25	26	27	28	29	30	O1	2	3	4	5	6	7	8	9	10	—	5	10
	9	11	12	13	14	15	16	17	18	19	20	21	22	23	24	25	26	27	28	29	30	31	N1	2	3	4	5	6	7	8	9	6	39
	10	10	11	12	13	14	15	16	17	18	19	20	21	22	23	24	25	26	27	28	29	30	D1	2	3	4	5	6	7	8	—	1	9
	11	9	10	11	12	13	14	15	16	17	18	19	20	21	22	23	24	25	26	27	28	29	30	31	11	2	3	4	5	6	7	2	38
	12	8	9	10	11	12	13	14	15	16	17	18	19	20	21	22	23	24	25	26	27	28	29	30	31	21	2	3	4	5	6	4	8

年序 Year	陰曆月序 Moon	陰曆日序 Order of days (Lunar) 1 2 3 4 5	6 7 8 9 10	11 12 13 14 15	16 17 18 19 20	21 22 23 24 25	26 27 28 29 30	星期 Week	干支 Cycle
太元 1 丙子 376–77	26 1	7 8 9 10 11	12 13 14 15 16	17 18 19 20 21	22 23 24 25 26	27 28 29 31 2	3 4 5 6 —	6	38
	2	7 8 9 10 11	12 13 14 15 16	17 18 19 20 21	22 23 24 25 26	27 28 29 30 31	41 2 3 4 5	0	7
	3	6 7 8 9 10	11 12 13 14 15	16 17 18 19 20	21 22 23 24 25	26 27 28 29 30	51 2 3 4 —	2	37
	4	5 6 7 8 9	10 11 12 13 14	15 16 17 18 19	20 21 22 23 24	25 26 27 28 29	30 31 61 2 3	3	6
	5	4 5 6 7 8	9 10 11 12 13	14 15 16 17 18	19 20 21 22 23	24 25 26 27 28	29 30 71 2 —	5	36
	6	3 4 5 6 7	8 9 10 11 12	13 14 15 16 17	18 19 20 21 22	23 24 25 26 27	28 29 30 31 81	6	5
	7	2 3 4 5 6	7 8 9 10 11	12 13 14 15 16	17 18 19 20 21	22 23 24 25 26	27 28 29 30 —	1	35
	8	31 91 2 3 4	5 6 7 8 9	10 11 12 13 14	15 16 17 18 19	20 21 22 23 24	25 26 27 28 29	2	4
	9	30 01 2 3 4	5 6 7 8 9	10 11 12 13 14	15 16 17 18 19	20 21 22 23 24	25 26 27 28 —	4	34
	10	29 30 31 N1 2	3 4 5 6 7	8 9 10 11 12	13 14 15 16 17	18 19 20 21 22	23 24 25 26 27	5	3
	11	28 29 30 D1 2	3 4 5 6 7	8 9 10 11 12	13 14 15 16 17	18 19 20 21 22	23 24 25 26 —	0	33
	12	27 28 29 30 31	11 2 3 4 5	6 7 8 9 10	11 12 13 14 15	16 17 18 19 20	21 22 23 24 25	1	2
太元 2 丁丑 377–78	38 1	26 27 28 29 30	31 21 2 3 4	5 6 7 8 9	10 11 12 13 14	15 16 17 18 19	20 21 22 23 —	3	32
	2	24 25 26 27 28	31 2 3 4 5	6 7 8 9 10	11 12 13 14 15	16 17 18 19 20	21 22 23 24 25	4	1
	3	26 27 28 29 30	31 41 2 3 4	5 6 7 8 9	10 11 12 13 14	15 16 17 18 19	20 21 22 23 —	6	31
	3	24 25 26 27 28	29 30 51 2 3	4 5 6 7 8	9 10 11 12 13	14 15 16 17 18	19 20 21 22 23	0	0
	4	24 25 26 27 28	29 30 31 61 2	3 4 5 6 7	8 9 10 11 12	13 14 15 16 17	18 19 20 21 22	2	30
	5	23 24 25 26 27	28 29 30 71 2	3 4 5 6 7	8 9 10 11 12	13 14 15 16 17	18 19 20 21 —	4	0
	6	22 23 24 25 26	27 28 29 30 31	81 2 3 4 5	6 7 8 9 10	11 12 13 14 15	16 17 18 19 20	5	29
	7	21 22 23 24 25	26 27 28 29 30	31 91 2 3 4	5 6 7 8 9	10 11 12 13 14	15 16 17 18 —	0	59
	8	19 20 21 22 23	24 25 26 27 28	29 30 01 2 3	4 5 6 7 8	9 10 11 12 13	14 15 16 17 18	1	28
	9	19 20 21 22 23	24 25 26 27 28	29 30 31 N1 2	3 4 5 6 7	8 9 10 11 12	13 14 15 16 —	3	58
	10	17 18 19 20 21	22 23 24 25 26	27 28 29 30 D1	2 3 4 5 6	7 8 9 10 11	12 13 14 15 16	4	27
	11	17 18 19 20 21	22 23 24 25 26	27 28 29 30 31	11 2 3 4 5	6 7 8 9 10	11 12 13 14 —	6	57
	12	15 16 17 18 19	20 21 22 23 24	25 26 27 28 29	30 31 21 2 3	4 5 6 7 8	9 10 11 12 13	0	26
太元 3 戊寅 378–79	50 1	14 15 16 17 18	19 20 21 22 23	24 25 26 27 28	31 2 3 4 5	6 7 8 9 10	11 12 13 14 —	2	56
	2	15 16 17 18 19	20 21 22 23 24	25 26 27 28 29	30 31 41 2 3	4 5 6 7 8	9 10 11 12 13	3	25
	3	14 15 16 17 18	19 20 21 22 23	24 25 26 27 28	29 30 51 2 3	4 5 6 7 8	9 10 11 12 —	5	55
	4	13 14 15 16 17	18 19 20 21 22	23 24 25 26 27	28 29 30 31 61	2 3 4 5 6	7 8 9 10 11	6	24
	5	12 13 14 15 16	17 18 19 20 21	22 23 24 25 26	27 28 29 30 71	2 3 4 5 6	7 8 9 10 —	1	54
	6	11 12 13 14 15	16 17 18 19 20	21 22 23 24 25	26 27 28 29 30	31 81 2 3 4	5 6 7 8 9	2	23
	7	10 11 12 13 14	15 16 17 18 19	20 21 22 23 24	25 26 27 28 29	30 31 91 2 3	4 5 6 7 —	4	53
	8	8 9 10 11 12	13 14 15 16 17	18 19 20 21 22	23 24 25 26 27	28 29 30 01 2	3 4 5 6 7	5	22
	9	8 9 10 11 12	13 14 15 16 17	18 19 20 21 22	23 24 25 26 27	28 29 30 31 N1	2 3 4 5 6	0	52
	10	7 8 9 10 11	12 13 14 15 16	17 18 19 20 21	22 23 24 25 26	27 28 29 30 D1	2 3 4 5 —	2	22
	11	6 7 8 9 10	11 12 13 14 15	16 17 18 19 20	21 22 23 24 25	26 27 28 29 30	31 11 2 3 4	3	51
	12	5 6 7 8 9	10 11 12 13 14	15 16 17 18 19	20 21 22 23 24	25 26 27 28 29	30 31 21 2 —	5	21
太元 4 己卯 379–80	2 1	3 4 5 6 7	8 9 10 11 12	13 14 15 16 17	18 19 20 21 22	23 24 25 26 27	28 31 2 3 4	6	50
	2	5 6 7 8 9	10 11 12 13 14	15 16 17 18 19	20 21 22 23 24	25 26 27 28 29	30 31 41 2 —	1	20
	3	3 4 5 6 7	8 9 10 11 12	13 14 15 16 17	18 19 20 21 22	23 24 25 26 27	28 29 30 51 2	2	49
	4	3 4 5 6 7	8 9 10 11 12	13 14 15 16 17	18 19 20 21 22	23 24 25 26 27	28 29 30 31 —	4	19
	5	61 2 3 4 5	6 7 8 9 10	11 12 13 14 15	16 17 18 19 20	21 22 23 24 25	26 27 28 29 30	5	48
	6	71 2 3 4 5	6 7 8 9 10	11 12 13 14 15	16 17 18 19 20	21 22 23 24 25	26 27 28 29 —	0	18
	7	30 31 81 2 3	4 5 6 7 8	9 10 11 12 13	14 15 16 17 18	19 20 21 22 23	24 25 26 27 28	1	47
	8	29 30 31 91 2	3 4 5 6 7	8 9 10 11 12	13 14 15 16 17	18 19 20 21 22	23 24 25 26 —	3	17
	9	27 28 29 30 01	2 3 4 5 6	7 8 9 10 11	12 13 14 15 16	17 18 19 20 21	22 23 24 25 26	4	46
	10	27 28 29 30 31	N1 2 3 4 5	6 7 8 9 10	11 12 13 14 15	16 17 18 19 20	21 22 23 24 —	6	16
	11	25 26 27 28 29	30 D1 2 3 4	5 6 7 8 9	10 11 12 13 14	15 16 17 18 19	20 21 22 23 24	0	45
	12	25 26 27 28 29	30 31 11 2 3	4 5 6 7 8	9 10 11 12 13	14 15 16 17 18	19 20 21 22 23	2	15
	12	24 25 26 27 28	29 30 31 21 2	3 4 5 6 7	8 9 10 11 12	13 14 15 16 17	18 19 20 21 —	4	45
太元 5 庚辰 380–81	14 1	22 23 24 25 26	27 28 29 31 2	3 4 5 6 7	8 9 10 11 12	13 14 15 16 17	18 19 20 21 22	5	14
	2	23 24 25 26 27	28 29 30 31 41	2 3 4 5 6	7 8 9 10 11	12 13 14 15 16	17 18 19 20 —	0	44
	3	21 22 23 24 25	26 27 28 29 30	51 2 3 4 5	6 7 8 9 10	11 12 13 14 15	16 17 18 19 20	1	13
	4	21 22 23 24 25	26 27 28 29 30	31 61 2 3 4	5 6 7 8 9	10 11 12 13 14	15 16 17 18 —	3	43
	5	19 20 21 22 23	24 25 26 27 28	29 30 71 2 3	4 5 6 7 8	9 10 11 12 13	14 15 16 17 18	4	12
	6	19 20 21 22 23	24 25 26 27 28	29 30 31 81 2	3 4 5 6 7	8 9 10 11 12	13 14 15 16 —	6	42
	7	17 18 19 20 21	22 23 24 25 26	27 28 29 30 31	91 2 3 4 5	6 7 8 9 10	11 12 13 14 15	0	11
	8	16 17 18 19 20	21 22 23 24 25	26 27 28 29 30	01 2 3 4 5	6 7 8 9 10	11 12 13 14 —	2	41
	9	15 16 17 18 19	20 21 22 23 24	25 26 27 28 29	30 31 N1 2 3	4 5 6 7 8	9 10 11 12 13	3	10
	10	14 15 16 17 18	19 20 21 22 23	24 25 26 27 28	29 30 D1 2 3	4 5 6 7 8	9 10 11 12 —	5	40
	11	13 14 15 16 17	18 19 20 21 22	23 24 25 26 27	28 29 30 31 11	2 3 4 5 6	7 8 9 10 11	6	9
	12	12 13 14 15 16	17 18 19 20 21	22 23 24 25 26	27 28 29 30 31	21 2 3 4 5	6 7 8 9 —	1	39

年序 Year	陰曆月序 Moon	陰曆日序 Order of days (Lunar) 1 2 3 4 5	6 7 8 9 10	11 12 13 14 15	16 17 18 19 20	21 22 23 24 25	26 27 28 29 30	星期 Week	干支 Cycle
太元 6 辛巳 381–82	26 1	10 11 12 13 14	15 16 17 18 19	20 21 22 23 24	25 26 27 28 31	2 3 4 5 6	7 8 9 10 11	2	8
	2	12 13 14 15 16	17 18 19 20 21	22 23 24 25 26	27 28 29 30 31	41 2 3 4 5	6 7 8 9 —	4	38
	3	10 11 12 13 14	15 16 17 18 19	20 21 22 23 24	25 26 27 28 29	30 51 2 3 4	5 6 7 8 9	5	7
	4	10 11 12 13 14	15 16 17 18 19	20 21 22 23 24	25 26 27 28 29	30 31 61 2 3	4 5 6 7 8	0	37
	5	9 10 11 12 13	14 15 16 17 18	19 20 21 22 23	24 25 26 27 28	29 30 71 2 3	4 5 6 7 —	2	7
	6	8 9 10 11 12	13 14 15 16 17	18 19 20 21 22	23 24 25 26 27	28 29 30 31 81	2 3 4 5 6	3	36
	7	7 8 9 10 11	12 13 14 15 16	17 18 19 20 21	22 23 24 25 26	27 28 29 30 31	91 2 3 4 —	5	6
	8	5 6 7 8 9	10 11 12 13 14	15 16 17 18 19	20 21 22 23 24	25 26 27 28 29	30 O1 2 3 4	6	35
	9	5 6 7 8 9	10 11 12 13 14	15 16 17 18 19	20 21 22 23 24	25 26 27 28 29	30 31 N1 2 —	1	5
	10	3 4 5 6 7	8 9 10 11 12	13 14 15 16 17	18 19 20 21 22	23 24 25 26 27	28 29 30 D1 2	2	34
	11	3 4 5 6 7	8 9 10 11 12	13 14 15 16 17	18 19 20 21 22	23 24 25 26 27	28 29 30 31 —	4	4
	12	11 2 3 4 5	6 7 8 9 10	11 12 13 14 15	16 17 18 19 20	21 22 23 24 25	26 27 28 29 30	5	33
太元 7 壬午 382–83	38 1	31 21 2 3 4	5 6 7 8 9	10 11 12 13 14	15 16 17 18 19	20 21 22 23 24	25 26 27 28 —	0	3
	2	31 2 3 4 5	6 7 8 9 10	11 12 13 14 15	16 17 18 19 20	21 22 23 24 25	26 27 28 29 30	1	32
	3	31 41 2 3 4	5 6 7 8 9	10 11 12 13 14	15 16 17 18 19	20 21 22 23 24	25 26 27 28 —	3	2
	4	29 30 51 2 3	4 5 6 7 8	9 10 11 12 13	14 15 16 17 18	19 20 21 22 23	24 25 26 27 28	4	31
	5	29 30 31 61 2	3 4 5 6 7	8 9 10 11 12	13 14 15 16 17	18 19 20 21 22	23 24 25 26 —	6	1
	6	27 28 29 30 71	2 3 4 5 6	7 8 9 10 11	12 13 14 15 16	17 18 19 20 21	22 23 24 25 26	0	30
	7	27 28 29 30 31	81 2 3 4 5	6 7 8 9 10	11 12 13 14 15	16 17 18 19 20	21 22 23 24 —	2	0
	8	25 26 27 28 29	30 31 91 2 3	4 5 6 7 8	9 10 11 12 13	14 15 16 17 18	19 20 21 22 23	3	29
	9	24 25 26 27 28	29 30 O1 2 3	4 5 6 7 8	9 10 11 12 13	14 15 16 17 18	19 20 21 22 23	5	59
	9	24 25 26 27 28	29 30 31 N1 2	3 4 5 6 7	8 9 10 11 12	13 14 15 16 17	18 19 20 21 —	0	29
	10	22 23 24 25 26	27 28 29 30 D1	2 3 4 5 6	7 8 9 10 11	12 13 14 15 16	17 18 19 20 21	1	58
	11	22 23 24 25 26	27 28 29 30 31	11 2 3 4 5	6 7 8 9 10	11 12 13 14 15	16 17 18 19 —	3	28
	12	20 21 22 23 24	25 26 27 28 29	30 31 21 2 3	4 5 6 7 8	9 10 11 12 13	14 15 16 17 18	4	57
太元 8 癸未 383–84	50 1	19 20 21 22 23	24 25 26 27 28	31 2 3 4 5	6 7 8 9 10	11 12 13 14 15	16 17 18 19 —	6	27
	2	20 21 22 23 24	25 26 27 28 29	30 31 41 2 3	4 5 6 7 8	9 10 11 12 13	14 15 16 17 18	0	56
	3	19 20 21 22 23	24 25 26 27 28	29 30 51 2 3	4 5 6 7 8	9 10 11 12 13	14 15 16 17 —	2	26
	4	18 19 20 21 22	23 24 25 26 27	28 29 30 31 61	2 3 4 5 6	7 8 9 10 11	12 13 14 15 16	3	55
	5	17 18 19 20 21	22 23 24 25 26	27 28 29 30 71	2 3 4 5 6	7 8 9 10 11	12 13 14 15 —	5	25
	6	16 17 18 19 20	21 22 23 24 25	26 27 28 29 30	31 81 2 3 4	5 6 7 8 9	10 11 12 13 14	6	54
	7	15 16 17 18 19	20 21 22 23 24	25 26 27 28 29	30 31 91 2 3	4 5 6 7 8	9 10 11 12 —	1	24
	8	13 14 15 16 17	18 19 20 21 22	23 24 25 26 27	28 29 30 O1 2	3 4 5 6 7	8 9 10 11 12	2	53
	9	13 14 15 16 17	18 19 20 21 22	23 24 25 26 27	28 29 30 31 N1	2 3 4 5 6	7 8 9 10 —	4	23
	10	11 12 13 14 15	16 17 18 19 20	21 22 23 24 25	26 27 28 29 30	D1 2 3 4 5	6 7 8 9 10	5	52
	11	11 12 13 14 15	16 17 18 19 20	21 22 23 24 25	26 27 28 29 30	31 11 2 3 4	5 6 7 8 9	0	22
	12	10 11 12 13 14	15 16 17 18 19	20 21 22 23 24	25 26 27 28 29	30 31 21 2 3	4 5 6 7 —	2	52
太元 9 甲申 384–85	2 1	8 9 10 11 12	13 14 15 16 17	18 19 20 21 22	23 24 25 26 27	28 29 31 2 3	4 5 6 7 8	3	21
	2	9 10 11 12 13	14 15 16 17 18	19 20 21 22 23	24 25 26 27 28	29 30 31 41 2	3 4 5 6 —	5	51
	3	7 8 9 10 11	12 13 14 15 16	17 18 19 20 21	22 23 24 25 26	27 28 29 30 51	2 3 4 5 6	6	20
	4	7 8 9 10 11	12 13 14 15 16	17 18 19 20 21	22 23 24 25 26	27 28 29 30 31	61 2 3 4 —	1	50
	5	5 6 7 8 9	10 11 12 13 14	15 16 17 18 19	20 21 22 23 24	25 26 27 28 29	30 71 2 3 4	2	19
	6	5 6 7 8 9	10 11 12 13 14	15 16 17 18 19	20 21 22 23 24	25 26 27 28 29	30 31 81 2 —	4	49
	7	3 4 5 6 7	8 9 10 11 12	13 14 15 16 17	18 19 20 21 22	23 24 25 26 27	28 29 30 31 91	5	18
	8	2 3 4 5 6	7 8 9 10 11	12 13 14 15 16	17 18 19 20 21	22 23 24 25 26	27 28 29 30 —	0	48
	9	O1 2 3 4 5	6 7 8 9 10	11 12 13 14 15	16 17 18 19 20	21 22 23 24 25	26 27 28 29 30	1	17
	10	31 N1 2 3 4	5 6 7 8 9	10 11 12 13 14	15 16 17 18 19	20 21 22 23 24	25 26 27 28 —	3	47
	11	29 30 D1 2 3	4 5 6 7 8	9 10 11 12 13	14 15 16 17 18	19 20 21 22 23	24 25 26 27 28	4	16
	12	29 30 31 11 2	3 4 5 6 7	8 9 10 11 12	13 14 15 16 17	18 19 20 21 22	23 24 25 26 —	6	46
太元 10 乙酉 385–86	14 1	27 28 29 30 31	21 2 3 4 5	6 7 8 9 10	11 12 13 14 15	16 17 18 19 20	21 22 23 24 25	0	15
	2	26 27 28 31 2	3 4 5 6 7	8 9 10 11 12	13 14 15 16 17	18 19 20 21 22	23 24 25 26 —	2	45
	3	27 28 29 30 31	41 2 3 4 5	6 7 8 9 10	11 12 13 14 15	16 17 18 19 20	21 22 23 24 25	3	14
	4	26 27 28 29 30	51 2 3 4 5	6 7 8 9 10	11 12 13 14 15	16 17 18 19 20	21 22 23 24 25	5	44
	5	26 27 28 29 30	31 61 2 3 4	5 6 7 8 9	10 11 12 13 14	15 16 17 18 19	20 21 22 23 —	0	14
	5	24 25 26 27 28	29 30 71 2 3	4 5 6 7 8	9 10 11 12 13	14 15 16 17 18	19 20 21 22 23	1	43
	6	24 25 26 27 28	29 30 31 81 2	3 4 5 6 7	8 9 10 11 12	13 14 15 16 17	18 19 20 21 —	3	13
	7	22 23 24 25 26	27 28 29 30 31	91 2 3 4 5	6 7 8 9 10	11 12 13 14 15	16 17 18 19 20	4	42
	8	21 22 23 24 25	26 27 28 29 30	O1 2 3 4 5	6 7 8 9 10	11 12 13 14 15	16 17 18 19 —	6	12
	9	20 21 22 23 24	25 26 27 28 29	30 31 N1 2 3	4 5 6 7 8	9 10 11 12 13	14 15 16 17 18	0	41
	10	19 20 21 22 23	24 25 26 27 28	29 30 D1 2 3	4 5 6 7 8	9 10 11 12 13	14 15 16 17 —	2	11
	11	18 19 20 21 22	23 24 25 26 27	28 29 30 31 11	2 3 4 5 6	7 8 9 10 11	12 13 14 15 16	3	40
	12	17 18 19 20 21	22 23 24 25 26	27 28 29 30 31	21 2 3 4 5	6 7 8 9 10	11 12 13 14 —	5	10

年序 Year	陰曆月序 Moon	陰曆日序 Order of days (Lunar) 1 2 3 4 5	6 7 8 9 10	11 12 13 14 15	16 17 18 19 20	21 22 23 24 25	26 27 28 29 30	星期 Week	干支 Cycle
太元 11 丙戌 □ 386–87	26 1	15 16 17 18 19	20 21 22 23 24	25 26 27 28 31	2 3 4 5 6	7 8 9 10 11	12 13 14 15 16	6	39
	2	17 18 19 20 21	22 23 24 25 26	27 28 29 30 31	41 2 3 4 5	6 7 8 9 10	11 12 13 14 —	1	9
	3	15 16 17 18 19	20 21 22 23 24	25 26 27 28 29	30 51 2 3 4	5 6 7 8 9	10 11 12 13 14	2	38
	4	15 16 17 18 19	20 21 22 23 24	25 26 27 28 29	30 31 61 2 3	4 5 6 7 8	9 10 11 12 —	4	8
	5	13 14 15 16 17	18 19 20 21 22	23 24 25 26 27	28 29 30 71 2	3 4 5 6 7	8 9 10 11 12	5	37
	6	13 14 15 16 17	18 19 20 21 22	23 24 25 26 27	28 29 30 31 81	2 3 4 5 6	7 8 9 10 —	0	7
	7	11 12 13 14 15	16 17 18 19 20	21 22 23 24 25	26 27 28 29 30	31 91 2 3 4	5 6 7 8 9	1	36
	8	10 11 12 13 14	15 16 17 18 19	20 21 22 23 24	25 26 27 28 29	30 01 2 3 4	5 6 7 8 9	3	6
	9	10 11 12 13 14	15 16 17 18 19	20 21 22 23 24	25 26 27 28 29	30 31 N1 2 3	4 5 6 7 —	5	36
	10	8 9 10 11 12	13 14 15 16 17	18 19 20 21 22	23 24 25 26 27	28 29 30 D1 2	3 4 5 6 7	6	5
	11	8 9 10 11 12	13 14 15 16 17	18 19 20 21 22	23 24 25 26 27	28 29 30 31 11	2 3 4 5 —	1	35
	12	6 7 8 9 10	11 12 13 14 15	16 17 18 19 20	21 22 23 24 25	26 27 28 29 30	31 21 2 3 4	2	4
太元 12 丁亥 387–88	38 1	5 6 7 8 9	10 11 12 13 14	15 16 17 18 19	20 21 22 23 24	25 26 27 28 31	2 3 4 5 —	4	34
	2	6 7 8 9 10	11 12 13 14 15	16 17 18 19 20	21 22 23 24 25	26 27 28 29 30	31 41 2 3 4	5	3
	3	5 6 7 8 9	10 11 12 13 14	15 16 17 18 19	20 21 22 23 24	25 26 27 28 29	30 51 2 3 —	0	33
	4	4 5 6 7 8	9 10 11 12 13	14 15 16 17 18	19 20 21 22 23	24 25 26 27 28	29 30 31 61 2	1	2
	5	3 4 5 6 7	8 9 10 11 12	13 14 15 16 17	18 19 20 21 22	23 24 25 26 27	28 29 30 71 —	3	32
	6	2 3 4 5 6	7 8 9 10 11	12 13 14 15 16	17 18 19 20 21	22 23 24 25 26	27 28 29 30 31	4	1
	7	81 2 3 4 5	6 7 8 9 10	11 12 13 14 15	16 17 18 19 20	21 22 23 24 25	26 27 28 29 —	6	31
	8	30 31 91 2 3	4 5 6 7 8	9 10 11 12 13	14 15 16 17 18	19 20 21 22 23	24 25 26 27 28	0	0
	9	29 30 01 2 3	4 5 6 7 8	9 10 11 12 13	14 15 16 17 18	19 20 21 22 23	24 25 26 27 —	2	30
	10	28 29 30 31 N1	2 3 4 5 6	7 8 9 10 11	12 13 14 15 16	17 18 19 20 21	22 23 24 25 26	3	59
	11	27 28 29 30 D1	2 3 4 5 6	7 8 9 10 11	12 13 14 15 16	17 18 19 20 21	22 23 24 25 26	5	29
	12	27 28 29 30 31	11 2 3 4 5	6 7 8 9 10	11 12 13 14 15	16 17 18 19 20	21 22 23 24 —	0	59
太元 13 戊子 388–89	50 1	25 26 27 28 29	30 31 21 2 3	4 5 6 7 8	9 10 11 12 13	14 15 16 17 18	19 20 21 22 23	1	28
	1	24 25 26 27 28	29 31 2 3 4	5 6 7 8 9	10 11 12 13 14	15 16 17 18 19	20 21 22 23 —	3	58
	2	24 25 26 27 28	29 30 31 41 2	3 4 5 6 7	8 9 10 11 12	13 14 15 16 17	18 19 20 21 22	4	27
	3	23 24 25 26 27	28 29 30 51 2	3 4 5 6 7	8 9 10 11 12	13 14 15 16 17	18 19 20 21 —	6	57
	4	22 23 24 25 26	27 28 29 30 31	61 2 3 4 5	6 7 8 9 10	11 12 13 14 15	16 17 18 19 20	0	26
	5	21 22 23 24 25	26 27 28 29 30	71 2 3 4 5	6 7 8 9 10	11 12 13 14 15	16 17 18 19 —	2	56
	6	20 21 22 23 24	25 26 27 28 29	30 31 81 2 3	4 5 6 7 8	9 10 11 12 13	14 15 16 17 18	3	25
	7	19 20 21 22 23	24 25 26 27 28	29 30 31 91 2	3 4 5 6 7	8 9 10 11 12	13 14 15 16 —	5	55
	8	17 18 19 20 21	22 23 24 25 26	27 28 29 30 01	2 3 4 5 6	7 8 9 10 11	12 13 14 15 16	6	24
	9	17 18 19 20 21	22 23 24 25 26	27 28 29 30 31	N1 2 3 4 5	6 7 8 9 10	11 12 13 14 —	1	54
	10	15 16 17 18 19	20 21 22 23 24	25 26 27 28 29	30 D1 2 3 4	5 6 7 8 9	10 11 12 13 14	2	23
	11	15 16 17 18 19	20 21 22 23 24	25 26 27 28 29	30 31 11 2 3	4 5 6 7 8	9 10 11 12 —	4	53
	12	13 14 15 16 17	18 19 20 21 22	23 24 25 26 27	28 29 30 31 21	2 3 4 5 6	7 8 9 10 11	5	22
太元 14 己丑 389–90	2 1	12 13 14 15 16	17 18 19 20 21	22 23 24 25 26	27 28 31 2 3	4 5 6 7 8	9 10 11 12 —	0	52
	2	13 14 15 16 17	18 19 20 21 22	23 24 25 26 27	28 29 30 31 41	2 3 4 5 6	7 8 9 10 11	1	21
	3	12 13 14 15 16	17 18 19 20 21	22 23 24 25 26	27 28 29 30 51	2 3 4 5 6	7 8 9 10 11	3	51
	4	12 13 14 15 16	17 18 19 20 21	22 23 24 25 26	27 28 29 30 31	61 2 3 4 5	6 7 8 9 —	5	21
	5	10 11 12 13 14	15 16 17 18 19	20 21 22 23 24	25 26 27 28 29	30 71 2 3 4	5 6 7 8 9	6	50
	6	10 11 12 13 14	15 16 17 18 19	20 21 22 23 24	25 26 27 28 29	30 31 81 2 3	4 5 6 7 —	1	20
	7	8 9 10 11 12	13 14 15 16 17	18 19 20 21 22	23 24 25 26 27	28 29 30 31 91	2 3 4 5 6	2	49
	8	7 8 9 10 11	12 13 14 15 16	17 18 19 20 21	22 23 24 25 26	27 28 29 30 01	2 3 4 5 —	4	19
	9	6 7 8 9 10	11 12 13 14 15	16 17 18 19 20	21 22 23 24 25	26 27 28 29 30	31 N1 2 3 4	5	48
	10	5 6 7 8 9	10 11 12 13 14	15 16 17 18 19	20 21 22 23 24	25 26 27 28 29	30 D1 2 3 —	0	18
	11	4 5 6 7 8	9 10 11 12 13	14 15 16 17 18	19 20 21 22 23	24 25 26 27 28	29 30 31 11 2	1	47
	12	3 4 5 6 7	8 9 10 11 12	13 14 15 16 17	18 19 20 21 22	23 24 25 26 27	28 29 30 31 —	3	17
太元 15 庚寅 390–91	14 1	21 2 3 4 5	6 7 8 9 10	11 12 13 14 15	16 17 18 19 20	21 22 23 24 25	26 27 28 31 2	4	46
	2	3 4 5 6 7	8 9 10 11 12	13 14 15 16 17	18 19 20 21 22	23 24 25 26 27	28 29 30 31 —	6	16
	3	41 2 3 4 5	6 7 8 9 10	11 12 13 14 15	16 17 18 19 20	21 22 23 24 25	26 27 28 29 30	0	45
	4	51 2 3 4 5	6 7 8 9 10	11 12 13 14 15	16 17 18 19 20	21 22 23 24 25	26 27 28 29 —	2	15
	5	30 31 61 2 3	4 5 6 7 8	9 10 11 12 13	14 15 16 17 18	19 20 21 22 23	24 25 26 27 28	3	44
	6	29 30 71 2 3	4 5 6 7 8	9 10 11 12 13	14 15 16 17 18	19 20 21 22 23	24 25 26 27 —	5	14
	7	28 29 30 31 81	2 3 4 5 6	7 8 9 10 11	12 13 14 15 16	17 18 19 20 21	22 23 24 25 26	6	43
	8	27 28 29 30 31	91 2 3 4 5	6 7 8 9 10	11 12 13 14 15	16 17 18 19 20	21 22 23 24 25	1	13
	9	26 27 28 29 30	01 2 3 4 5	6 7 8 9 10	11 12 13 14 15	16 17 18 19 20	21 22 23 24 —	3	43
	10	25 26 27 28 29	30 31 N1 2 3	4 5 6 7 8	9 10 11 12 13	14 15 16 17 18	19 20 21 22 23	4	12
	10	24 25 26 27 28	29 30 D1 2 3	4 5 6 7 8	9 10 11 12 13	14 15 16 17 18	19 20 21 22 —	6	42
	11	23 24 25 26 27	28 29 30 31 11	2 3 4 5 6	7 8 9 10 11	12 13 14 15 16	17 18 19 20 21	0	11
	12	22 23 24 25 26	27 28 29 30 31	21 2 3 4 5	6 7 8 9 10	11 12 13 14 15	16 17 18 19 —	2	41

□ 北魏道武帝登國元年至孝武帝永熙三年 (386-535 A.D.)，見表三，404-6 頁.
The period of Pei Wei, Tao Wu Ti, Teng Kuo First Year to Hsiao Wu Ti, Yung Hsi Third Year (386–535 A.D.) is tabulated in Table 3 on pp. 404–6.

年序 Year	陰曆月序 Moon	1	2	3	4	5	6	7	8	9	10	11	12	13	14	15	16	17	18	19	20	21	22	23	24	25	26	27	28	29	30	星期 Week	干支 Cycle
太元 16 辛卯 391–92	26 1	20	21	22	23	24	25	26	27	28	31	2	3	4	5	6	7	8	9	10	11	12	13	14	15	16	17	18	19	20	21	3	10
	2	22	23	24	25	26	27	28	29	30	31	41	2	3	4	5	6	7	8	9	10	11	12	13	14	15	16	17	18	19	—	5	40
	3	20	21	22	23	24	25	26	27	28	29	30	51	2	3	4	5	6	7	8	9	10	11	12	13	14	15	16	17	18	19	6	9
	4	20	21	22	23	24	25	26	27	28	29	30	31	61	2	3	4	5	6	7	8	9	10	11	12	13	14	15	16	17	—	1	39
	5	18	19	20	21	22	23	24	25	26	27	28	29	30	71	2	3	4	5	6	7	8	9	10	11	12	13	14	15	16	17	2	8
	6	18	19	20	21	22	23	24	25	26	27	28	29	30	31	81	2	3	4	5	6	7	8	9	10	11	12	13	14	15	—	4	38
	7	16	17	18	19	20	21	22	23	24	25	26	27	28	29	30	31	91	2	3	4	5	6	7	8	9	10	11	12	13	14	5	7
	8	15	16	17	18	19	20	21	22	23	24	25	26	27	28	29	30	01	2	3	4	5	6	7	8	9	10	11	12	13	—	0	37
	9	14	15	16	17	18	19	20	21	22	23	24	25	26	27	28	29	30	31	N1	2	3	4	5	6	7	8	9	10	11	12	1	6
	10	13	14	15	16	17	18	19	20	21	22	23	24	25	26	27	28	29	30	D1	2	3	4	5	6	7	8	9	10	11	12	3	36
	11	13	14	15	16	17	18	19	20	21	22	23	24	25	26	27	28	29	30	31	11	2	3	4	5	6	7	8	9	10	—	5	6
	12	11	12	13	14	15	16	17	18	19	20	21	22	23	24	25	26	27	28	29	30	31	21	2	3	4	5	6	7	8	9	6	35
太元 17 壬辰 392–93	38 1	10	11	12	13	14	15	16	17	18	19	20	21	22	23	24	25	26	27	28	29	31	2	3	4	5	6	7	8	9	—	1	5
	2	10	11	12	13	14	15	16	17	18	19	20	21	22	23	24	25	26	27	28	29	30	31	41	2	3	4	5	6	7	8	2	34
	3	9	10	11	12	13	14	15	16	17	18	19	20	21	22	23	24	25	26	27	28	29	30	51	2	3	4	5	6	7	—	4	4
	4	8	9	10	11	12	13	14	15	16	17	18	19	20	21	22	23	24	25	26	27	28	29	30	31	61	2	3	4	5	6	5	33
	5	7	8	9	10	11	12	13	14	15	16	17	18	19	20	21	22	23	24	25	26	27	28	29	30	71	2	3	4	5	—	0	3
	6	6	7	8	9	10	11	12	13	14	15	16	17	18	19	20	21	22	23	24	25	26	27	28	29	30	31	81	2	3	4	1	32
	7	5	6	7	8	9	10	11	12	13	14	15	16	17	18	19	20	21	22	23	24	25	26	27	28	29	30	31	91	2	—	3	2
	8	3	4	5	6	7	8	9	10	11	12	13	14	15	16	17	18	19	20	21	22	23	24	25	26	27	28	29	30	01	2	4	31
	9	3	4	5	6	7	8	9	10	11	12	13	14	15	16	17	18	19	20	21	22	23	24	25	26	27	28	29	30	31	—	6	1
	10	N1	2	3	4	5	6	7	8	9	10	11	12	13	14	15	16	17	18	19	20	21	22	23	24	25	26	27	28	29	30	0	30
	11	D1	2	3	4	5	6	7	8	9	10	11	12	13	14	15	16	17	18	19	20	21	22	23	24	25	26	27	28	29	—	2	0
	12	30	31	11	2	3	4	5	6	7	8	9	10	11	12	13	14	15	16	17	18	19	20	21	22	23	24	25	26	27	28	3	29
太元 18 癸巳 393–94	50 1	29	30	31	21	2	3	4	5	6	7	8	9	10	11	12	13	14	15	16	17	18	19	20	21	22	23	24	25	26	—	5	59
	2	27	28	31	2	3	4	5	6	7	8	9	10	11	12	13	14	15	16	17	18	19	20	21	22	23	24	25	26	27	28	6	28
	3	29	30	31	41	2	3	4	5	6	7	8	9	10	11	12	13	14	15	16	17	18	19	20	21	22	23	24	25	26	27	1	58
	4	28	29	30	51	2	3	4	5	6	7	8	9	10	11	12	13	14	15	16	17	18	19	20	21	22	23	24	25	26	—	3	28
	5	27	28	29	30	31	61	2	3	4	5	6	7	8	9	10	11	12	13	14	15	16	17	18	19	20	21	22	23	24	25	4	57
	6	26	27	28	29	30	71	2	3	4	5	6	7	8	9	10	11	12	13	14	15	16	17	18	19	20	21	22	23	24	—	6	27
	7	25	26	27	28	29	30	31	81	2	3	4	5	6	7	8	9	10	11	12	13	14	15	16	17	18	19	20	21	22	23	0	56
	7	24	25	26	27	28	29	30	31	91	2	3	4	5	6	7	8	9	10	11	12	13	14	15	16	17	18	19	20	21	—	2	26
	8	22	23	24	25	26	27	28	29	30	01	2	3	4	5	6	7	8	9	10	11	12	13	14	15	16	17	18	19	20	21	3	55
	9	22	23	24	25	26	27	28	29	30	31	N1	2	3	4	5	6	7	8	9	10	11	12	13	14	15	16	17	18	19	—	5	25
	10	20	21	22	23	24	25	26	27	28	29	30	D1	2	3	4	5	6	7	8	9	10	11	12	13	14	15	16	17	18	19	6	54
	11	20	21	22	23	24	25	26	27	28	29	30	31	11	2	3	4	5	6	7	8	9	10	11	12	13	14	15	16	17	—	1	24
	12	18	19	20	21	22	23	24	25	26	27	28	29	30	31	21	2	3	4	5	6	7	8	9	10	11	12	13	14	15	16	2	53
太元 19 甲午 394–95	2 1	17	18	19	20	21	22	23	24	25	26	27	28	31	2	3	4	5	6	7	8	9	10	11	12	13	14	15	16	17	—	4	23
	2	18	19	20	21	22	23	24	25	26	27	28	29	30	31	41	2	3	4	5	6	7	8	9	10	11	12	13	14	15	16	5	52
	3	17	18	19	20	21	22	23	24	25	26	27	28	29	30	51	2	3	4	5	6	7	8	9	10	11	12	13	14	15	—	0	22
	4	16	17	18	19	20	21	22	23	24	25	26	27	28	29	30	31	61	2	3	4	5	6	7	8	9	10	11	12	13	14	1	51
	5	15	16	17	18	19	20	21	22	23	24	25	26	27	28	29	30	71	2	3	4	5	6	7	8	9	10	11	12	13	—	3	21
	6	14	15	16	17	18	19	20	21	22	23	24	25	26	27	28	29	30	31	81	2	3	4	5	6	7	8	9	10	11	12	4	50
	7	13	14	15	16	17	18	19	20	21	22	23	24	25	26	27	28	29	30	31	91	2	3	4	5	6	7	8	9	10	11	6	20
	8	12	13	14	15	16	17	18	19	20	21	22	23	24	25	26	27	28	29	30	01	2	3	4	5	6	7	8	9	10	—	1	50
	9	11	12	13	14	15	16	17	18	19	20	21	22	23	24	25	26	27	28	29	30	31	N1	2	3	4	5	6	7	8	9	2	19
	10	10	11	12	13	14	15	16	17	18	19	20	21	22	23	24	25	26	27	28	29	30	D1	2	3	4	5	6	7	8	—	4	49
	11	9	10	11	12	13	14	15	16	17	18	19	20	21	22	23	24	25	26	27	28	29	30	31	11	2	3	4	5	6	7	5	18
	12	8	9	10	11	12	13	14	15	16	17	18	19	20	21	22	23	24	25	26	27	28	29	30	31	21	2	3	4	5	—	0	48
太元 20 乙未 395–96	14 1	6	7	8	9	10	11	12	13	14	15	16	17	18	19	20	21	22	23	24	25	26	27	28	31	2	3	4	5	6	7	1	17
	2	8	9	10	11	12	13	14	15	16	17	18	19	20	21	22	23	24	25	26	27	28	29	30	31	41	2	3	4	5	—	3	47
	3	6	7	8	9	10	11	12	13	14	15	16	17	18	19	20	21	22	23	24	25	26	27	28	29	30	51	2	3	4	5	4	16
	4	6	7	8	9	10	11	12	13	14	15	16	17	18	19	20	21	22	23	24	25	26	27	28	29	30	31	61	2	3	—	6	46
	5	4	5	6	7	8	9	10	11	12	13	14	15	16	17	18	19	20	21	22	23	24	25	26	27	28	29	30	71	2	3	0	15
	6	4	5	6	7	8	9	10	11	12	13	14	15	16	17	18	19	20	21	22	23	24	25	26	27	28	29	30	31	81	—	2	45
	7	2	3	4	5	6	7	8	9	10	11	12	13	14	15	16	17	18	19	20	21	22	23	24	25	26	27	28	29	30	31	3	14
	8	91	2	3	4	5	6	7	8	9	10	11	12	13	14	15	16	17	18	19	20	21	22	23	24	25	26	27	28	29	—	5	44
	9	30	01	2	3	4	5	6	7	8	9	10	11	12	13	14	15	16	17	18	19	20	21	22	23	24	25	26	27	28	29	6	13
	10	30	31	N1	2	3	4	5	6	7	8	9	10	11	12	13	14	15	16	17	18	19	20	21	22	23	24	25	26	27	28	1	43
	11	29	30	D1	2	3	4	5	6	7	8	9	10	11	12	13	14	15	16	17	18	19	20	21	22	23	24	25	26	27	—	3	13
	12	28	29	30	31	11	2	3	4	5	6	7	8	9	10	11	12	13	14	15	16	17	18	19	20	21	22	23	24	25	26	4	42

年序 Year	陰曆月序 Moon	陰曆日序 Order of days (Lunar) 1 2 3 4 5	6 7 8 9 10	11 12 13 14 15	16 17 18 19 20	21 22 23 24 25	26 27 28 29 30	星期 Week	干支 Cycle
太元 2 1 丙申 396–97	26 1	27 28 29 30 31	21 2 3 4 5	6 7 8 9 10	11 12 13 14 15	16 17 18 19 20	21 22 23 24 —	6	12
	2	25 26 27 28 29	31 2 3 4 5	6 7 8 9 10	11 12 13 14 15	16 17 18 19 20	21 22 23 24 25	0	41
	3	26 27 28 29 30	31 41 2 3 4	5 6 7 8 9	10 11 12 13 14	15 16 17 18 19	20 21 22 23 —	2	11
	3	24 25 26 27 28	29 30 51 2 3	4 5 6 7 8	9 10 11 12 13	14 15 16 17 18	19 20 21 22 23	3	40
	4	24 25 26 27 28	29 30 31 61 2	3 4 5 6 7	8 9 10 11 12	13 14 15 16 17	18 19 20 21 —	5	10
	5	22 23 24 25 26	27 28 29 30 71	2 3 4 5 6	7 8 9 10 11	12 13 14 15 16	17 18 19 20 21	6	39
	6	22 23 24 25 26	27 28 29 30 31	81 2 3 4 5	6 7 8 9 10	11 12 13 14 15	16 17 18 19 —	1	9
	7	20 21 22 23 24	25 26 27 28 29	30 31 91 2 3	4 5 6 7 8	9 10 11 12 13	14 15 16 17 18	2	38
	8	19 20 21 22 23	24 25 26 27 28	29 30 01 2 3	4 5 6 7 8	9 10 11 12 13	14 15 16 17 —	4	8
	9	18 19 20 21 22	23 24 25 26 27	28 29 30 31 N1	2 3 4 5 6	7 8 9 10 11	12 13 14 15 16	5	37
	10	17 18 19 20 21	22 23 24 25 26	27 28 29 30 D1	2 3 4 5 6	7 8 9 10 11	12 13 14 15 —	0	7
	11	16 17 18 19 20	21 22 23 24 25	26 27 28 29 30	31 11 2 3 4	5 6 7 8 9	10 11 12 13 14	1	36
	12	15 16 17 18 19	20 21 22 23 24	25 26 27 28 29	30 31 21 2 3	4 5 6 7 8	9 10 11 12 —	3	6
安帝隆安 1 丁酉 397–98	38 1	13 14 15 16 17	18 19 20 21 22	23 24 25 26 27	28 31 2 3 4	5 6 7 8 9	10 11 12 13 14	4	35
	2	15 16 17 18 19	20 21 22 23 24	25 26 27 28 29	30 31 41 2 3	4 5 6 7 8	9 10 11 12 13	6	5
	3	14 15 16 17 18	19 20 21 22 23	24 25 26 27 28	29 30 51 2 3	4 5 6 7 8	9 10 11 12 —	1	35
	4	13 14 15 16 17	18 19 20 21 22	23 24 25 26 27	28 29 30 31 61	2 3 4 5 6	7 8 9 10 11	2	4
	5	12 13 14 15 16	17 18 19 20 21	22 23 24 25 26	27 28 29 30 71	2 3 4 5 6	7 8 9 10 —	4	34
	6	11 12 13 14 15	16 17 18 19 20	21 22 23 24 25	26 27 28 29 30	31 81 2 3 4	5 6 7 8 9	5	3
	7	10 11 12 13 14	15 16 17 18 19	20 21 22 23 24	25 26 27 28 29	30 31 91 2 3	4 5 6 7 —	0	33
	8	8 9 10 11 12	13 14 15 16 17	18 19 20 21 22	23 24 25 26 27	28 29 30 01 2	3 4 5 6 7	1	2
	9	8 9 10 11 12	13 14 15 16 17	18 19 20 21 22	23 24 25 26 27	28 29 30 31 N1	2 3 4 5 —	3	32
	10	6 7 8 9 10	11 12 13 14 15	16 17 18 19 20	21 22 23 24 25	26 27 28 29 30	D1 2 3 4 5	4	1
	11	6 7 8 9 10	11 12 13 14 15	16 17 18 19 20	21 22 23 24 25	26 27 28 29 30	31 11 2 3 —	6	31
	12	4 5 6 7 8	9 10 11 12 13	14 15 16 17 18	19 20 21 22 23	24 25 26 27 28	29 30 31 21 2	0	0
隆安 2 戊戌 398–99	50 1	3 4 5 6 7	8 9 10 11 12	13 14 15 16 17	18 19 20 21 22	23 24 25 26 27	28 31 2 3 —	2	30
	2	4 5 6 7 8	9 10 11 12 13	14 15 16 17 18	19 20 21 22 23	24 25 26 27 28	29 30 31 41 2	3	59
	3	3 4 5 6 7	8 9 10 11 12	13 14 15 16 17	18 19 20 21 22	23 24 25 26 27	28 29 30 51 —	5	29
	4	2 3 4 5 6	7 8 9 10 11	12 13 14 15 16	17 18 19 20 21	22 23 24 25 26	27 28 29 30 31	6	58
	5	61 2 3 4 5	6 7 8 9 10	11 12 13 14 15	16 17 18 19 20	21 22 23 24 25	26 27 28 29 —	1	28
	6	30 71 2 3 4	5 6 7 8 9	10 11 12 13 14	15 16 17 18 19	20 21 22 23 24	25 26 27 28 29	2	57
	7	30 31 81 2 3	4 5 6 7 8	9 10 11 12 13	14 15 16 17 18	19 20 21 22 23	24 25 26 27 28	4	27
	8	29 30 31 91 2	3 4 5 6 7	8 9 10 11 12	13 14 15 16 17	18 19 20 21 22	23 24 25 26 —	6	57
	9	27 28 29 30 01	2 3 4 5 6	7 8 9 10 11	12 13 14 15 16	17 18 19 20 21	22 23 24 25 26	0	26
	10	27 28 29 30 31	N1 2 3 4 5	6 7 8 9 10	11 12 13 14 15	16 17 18 19 20	21 22 23 24 —	2	56
	11	25 26 27 28 29	30 D1 2 3 4	5 6 7 8 9	10 11 12 13 14	15 16 17 18 19	20 21 22 23 24	3	25
	11	25 26 27 28 29	30 31 11 2 3	4 5 6 7 8	9 10 11 12 13	14 15 16 17 18	19 20 21 22 —	5	55
	12	23 24 25 26 27	28 29 30 31 21	2 3 4 5 6	7 8 9 10 11	12 13 14 15 16	17 18 19 20 21	6	24
隆安 3 己亥 399–400	2 1	22 23 24 25 26	27 28 31 2 3	4 5 6 7 8	9 10 11 12 13	14 15 16 17 18	19 20 21 22 —	1	54
	2	23 24 25 26 27	28 29 30 31 41	2 3 4 5 6	7 8 9 10 11	12 13 14 15 16	17 18 19 20 21	2	23
	3	22 23 24 25 26	27 28 29 30 51	2 3 4 5 6	7 8 9 10 11	12 13 14 15 16	17 18 19 20 —	4	53
	4	21 22 23 24 25	26 27 28 29 30	31 61 2 3 4	5 6 7 8 9	10 11 12 13 14	15 16 17 18 19	5	22
	5	20 21 22 23 24	25 26 27 28 29	30 71 2 3 4	5 6 7 8 9	10 11 12 13 14	15 16 17 18 —	0	52
	6	19 20 21 22 23	24 25 26 27 28	29 30 31 81 2	3 4 5 6 7	8 9 10 11 12	13 14 15 16 17	1	21
	7	18 19 20 21 22	23 24 25 26 27	28 29 30 31 91	2 3 4 5 6	7 8 9 10 11	12 13 14 15 —	3	51
	8	16 17 18 19 20	21 22 23 24 25	26 27 28 29 30	01 2 3 4 5	6 7 8 9 10	11 12 13 14 15	4	20
	9	16 17 18 19 20	21 22 23 24 25	26 27 28 29 30	31 N1 2 3 4	5 6 7 8 9	10 11 12 13 14	6	50
	10	15 16 17 18 19	20 21 22 23 24	25 26 27 28 29	30 D1 2 3 4	5 6 7 8 9	10 11 12 13 —	1	20
	11	14 15 16 17 18	19 20 21 22 23	24 25 26 27 28	29 30 31 11 2	3 4 5 6 7	8 9 10 11 12	2	49
	12	13 14 15 16 17	18 19 20 21 22	23 24 25 26 27	28 29 30 31 21	2 3 4 5 6	7 8 9 10 —	4	19
隆安 4 庚子 400–01	14 1	11 12 13 14 15	16 17 18 19 20	21 22 23 24 25	26 27 28 29 31	2 3 4 5 6	7 8 9 10 11	5	48
	2	12 13 14 15 16	17 18 19 20 21	22 23 24 25 26	27 28 29 30 31	41 2 3 4 5	6 7 8 9 —	0	18
	3	10 11 12 13 14	15 16 17 18 19	20 21 22 23 24	25 26 27 28 29	30 51 2 3 4	5 6 7 8 9	1	47
	4	10 11 12 13 14	15 16 17 18 19	20 21 22 23 24	25 26 27 28 29	30 31 61 2 3	4 5 6 7 —	3	17
	5	8 9 10 11 12	13 14 15 16 17	18 19 20 21 22	23 24 25 26 27	28 29 30 71 2	3 4 5 6 7	4	46
	6	8 9 10 11 12	13 14 15 16 17	18 19 20 21 22	23 24 25 26 27	28 29 30 31 81	2 3 4 5 —	6	16
	7	6 7 8 9 10	11 12 13 14 15	16 17 18 19 20	21 22 23 24 25	26 27 28 29 30	31 91 2 3 4	0	45
	8	5 6 7 8 9	10 11 12 13 14	15 16 17 18 19	20 21 22 23 24	25 26 27 28 29	30 01 2 3 —	2	15
	9	4 5 6 7 8	9 10 11 12 13	14 15 16 17 18	19 20 21 22 23	24 25 26 27 28	29 30 31 N1 2	3	44
	10	3 4 5 6 7	8 9 10 11 12	13 14 15 16 17	18 19 20 21 22	23 24 25 26 27	28 29 30 D1 —	5	14
	11	2 3 4 5 6	7 8 9 10 11	12 13 14 15 16	17 18 19 20 21	22 23 24 25 26	27 28 29 30 31	6	43
	12	11 2 3 4 5	6 7 8 9 10	11 12 13 14 15	16 17 18 19 20	21 22 23 24 25	26 27 28 29 —	1	13

年序 Year		陰曆月序 Moon	1	2	3	4	5	6	7	8	9	10	11	12	13	14	15	16	17	18	19	20	21	22	23	24	25	26	27	28	29	30	星期 Week	干支 Cycle
隆安 5 辛丑 401–02	26	1	30	31	21	2	3	4	5	6	7	8	9	10	11	12	13	14	15	16	17	18	19	20	21	22	23	24	25	26	27	28	2	42
		2	31	2	3	4	5	6	7	8	9	10	11	12	13	14	15	16	17	18	19	20	21	22	23	24	25	26	27	28	29	30	4	12
		3	31	41	2	3	4	5	6	7	8	9	10	11	12	13	14	15	16	17	18	19	20	21	22	23	24	25	26	27	28	—	6	42
		4	29	30	51	2	3	4	5	6	7	8	9	10	11	12	13	14	15	16	17	18	19	20	21	22	23	24	25	26	27	28	0	11
		5	29	30	31	61	2	3	4	5	6	7	8	9	10	11	12	13	14	15	16	17	18	19	20	21	22	23	24	25	26	—	2	41
		6	27	28	29	30	71	2	3	4	5	6	7	8	9	10	11	12	13	14	15	16	17	18	19	20	21	22	23	24	25	26	3	10
		7	27	28	29	30	31	81	2	3	4	5	6	7	8	9	10	11	12	13	14	15	16	17	18	19	20	21	22	23	24	—	5	40
		8	25	26	27	28	29	30	31	91	2	3	4	5	6	7	8	9	10	11	12	13	14	15	16	17	18	19	20	21	22	23	6	9
		8	24	25	26	27	28	29	30	01	2	3	4	5	6	7	8	9	10	11	12	13	14	15	16	17	18	19	20	21	22	—	1	39
		9	23	24	25	26	27	28	29	30	31	N1	2	3	4	5	6	7	8	9	10	11	12	13	14	15	16	17	18	19	20	21	2	8
		10	22	23	24	25	26	27	28	29	30	D1	2	3	4	5	6	7	8	9	10	11	12	13	14	15	16	17	18	19	20	—	4	38
		11	21	22	23	24	25	26	27	28	29	30	31	11	2	3	4	5	6	7	8	9	10	11	12	13	14	15	16	17	18	19	5	7
		12	20	21	22	23	24	25	26	27	28	29	30	31	21	2	3	4	5	6	7	8	9	10	11	12	13	14	15	16	17	—	0	37
元興 1 壬寅 402–03	38	1	18	19	20	21	22	23	24	25	26	27	28	31	2	3	4	5	6	7	8	9	10	11	12	13	14	15	16	17	18	19	1	6
		2	20	21	22	23	24	25	26	27	28	29	30	31	41	2	3	4	5	6	7	8	9	10	11	12	13	14	15	16	17	—	3	36
		3	18	19	20	21	22	23	24	25	26	27	28	29	30	51	2	3	4	5	6	7	8	9	10	11	12	13	14	15	16	17	4	5
		4	18	19	20	21	22	23	24	25	26	27	28	29	30	31	61	2	3	4	5	6	7	8	9	10	11	12	13	14	15	—	6	35
		5	16	17	18	19	20	21	22	23	24	25	26	27	28	29	30	71	2	3	4	5	6	7	8	9	10	11	12	13	14	15	0	4
		6	16	17	18	19	20	21	22	23	24	25	26	27	28	29	30	31	81	2	3	4	5	6	7	8	9	10	11	12	13	14	2	34
		7	15	16	17	18	19	20	21	22	23	24	25	26	27	28	29	30	31	91	2	3	4	5	6	7	8	9	10	11	12	—	4	4
		8	13	14	15	16	17	18	19	20	21	22	23	24	25	26	27	28	29	30	01	2	3	4	5	6	7	8	9	10	11	12	5	33
		9	13	14	15	16	17	18	19	20	21	22	23	24	25	26	27	28	29	30	31	N1	2	3	4	5	6	7	8	9	10	—	0	3
		10	11	12	13	14	15	16	17	18	19	20	21	22	23	24	25	26	27	28	29	30	D1	2	3	4	5	6	7	8	9	10	1	32
		11	11	12	13	14	15	16	17	18	19	20	21	22	23	24	25	26	27	28	29	30	31	11	2	3	4	5	6	7	8	—	3	2
		12	9	10	11	12	13	14	15	16	17	18	19	20	21	22	23	24	25	26	27	28	29	30	31	21	2	3	4	5	6	7	4	31
元興 2 癸卯 403–04	50	1	8	9	10	11	12	13	14	15	16	17	18	19	20	21	22	23	24	25	26	27	28	31	2	3	4	5	6	7	8	—	6	1
		2	9	10	11	12	13	14	15	16	17	18	19	20	21	22	23	24	25	26	27	28	29	30	31	41	2	3	4	5	6	7	0	30
		3	8	9	10	11	12	13	14	15	16	17	18	19	20	21	22	23	24	25	26	27	28	29	30	51	2	3	4	5	6	—	2	0
		4	7	8	9	10	11	12	13	14	15	16	17	18	19	20	21	22	23	24	25	26	27	28	29	30	31	61	2	3	4	5	3	29
		5	6	7	8	9	10	11	12	13	14	15	16	17	18	19	20	21	22	23	24	25	26	27	28	29	30	71	2	3	4	—	5	59
		6	5	6	7	8	9	10	11	12	13	14	15	16	17	18	19	20	21	22	23	24	25	26	27	28	29	30	31	81	2	3	6	28
		7	4	5	6	7	8	9	10	11	12	13	14	15	16	17	18	19	20	21	22	23	24	25	26	27	28	29	30	31	91	—	1	58
		8	2	3	4	5	6	7	8	9	10	11	12	13	14	15	16	17	18	19	20	21	22	23	24	25	26	27	28	29	30	01	2	27
		9	2	3	4	5	6	7	8	9	10	11	12	13	14	15	16	17	18	19	20	21	22	23	24	25	26	27	28	29	30	31	4	57
		10	N1	2	3	4	5	6	7	8	9	10	11	12	13	14	15	16	17	18	19	20	21	22	23	24	25	26	27	28	29	—	6	27
		11	30	D1	2	3	4	5	6	7	8	9	10	11	12	13	14	15	16	17	18	19	20	21	22	23	24	25	26	27	28	29	0	56
		12	30	31	11	2	3	4	5	6	7	8	9	10	11	12	13	14	15	16	17	18	19	20	21	22	23	24	25	26	27	—	2	26
元興 3 甲辰 404–05	2	1	28	29	30	31	21	2	3	4	5	6	7	8	9	10	11	12	13	14	15	16	17	18	19	20	21	22	23	24	25	26	3	55
		2	27	28	29	31	2	3	4	5	6	7	8	9	10	11	12	13	14	15	16	17	18	19	20	21	22	23	24	25	26	—	5	25
		3	27	28	29	30	31	41	2	3	4	5	6	7	8	9	10	11	12	13	14	15	16	17	18	19	20	21	22	23	24	25	6	54
		4	26	27	28	29	30	51	2	3	4	5	6	7	8	9	10	11	12	13	14	15	16	17	18	19	20	21	22	23	24	—	1	24
		5	25	26	27	28	29	30	31	61	2	3	4	5	6	7	8	9	10	11	12	13	14	15	16	17	18	19	20	21	22	23	2	53
		5	24	25	26	27	28	29	30	71	2	3	4	5	6	7	8	9	10	11	12	13	14	15	16	17	18	19	20	21	22	—	4	23
		6	23	24	25	26	27	28	29	30	31	81	2	3	4	5	6	7	8	9	10	11	12	13	14	15	16	17	18	19	20	21	5	52
		7	22	23	24	25	26	27	28	29	30	31	91	2	3	4	5	6	7	8	9	10	11	12	13	14	15	16	17	18	19	—	0	22
		8	20	21	22	23	24	25	26	27	28	29	30	01	2	3	4	5	6	7	8	9	10	11	12	13	14	15	16	17	18	19	1	51
		9	20	21	22	23	24	25	26	27	28	29	30	31	N1	2	3	4	5	6	7	8	9	10	11	12	13	14	15	16	17	—	3	21
		10	18	19	20	21	22	23	24	25	26	27	28	29	30	D1	2	3	4	5	6	7	8	9	10	11	12	13	14	15	16	17	4	50
		11	18	19	20	21	22	23	24	25	26	27	28	29	30	31	11	2	3	4	5	6	7	8	9	10	11	12	13	14	15	—	6	20
		12	16	17	18	19	20	21	22	23	24	25	26	27	28	29	30	31	21	2	3	4	5	6	7	8	9	10	11	12	13	14	0	49
義熙 1 乙巳 405–06	14	1	15	16	17	18	19	20	21	22	23	24	25	26	27	28	31	2	3	4	5	6	7	8	9	10	11	12	13	14	15	16	2	19
		2	17	18	19	20	21	22	23	24	25	26	27	28	29	30	31	41	2	3	4	5	6	7	8	9	10	11	12	13	14	—	4	49
		3	15	16	17	18	19	20	21	22	23	24	25	26	27	28	29	30	51	2	3	4	5	6	7	8	9	10	11	12	13	14	5	18
		4	15	16	17	18	19	20	21	22	23	24	25	26	27	28	29	30	31	61	2	3	4	5	6	7	8	9	10	11	12	—	0	48
		5	13	14	15	16	17	18	19	20	21	22	23	24	25	26	27	28	29	30	71	2	3	4	5	6	7	8	9	10	11	12	1	17
		6	13	14	15	16	17	18	19	20	21	22	23	24	25	26	27	28	29	30	31	81	2	3	4	5	6	7	8	9	10	—	3	47
		7	11	12	13	14	15	16	17	18	19	20	21	22	23	24	25	26	27	28	29	30	31	91	2	3	4	5	6	7	8	9	4	16
		8	10	11	12	13	14	15	16	17	18	19	20	21	22	23	24	25	26	27	28	29	30	01	2	3	4	5	6	7	8	—	6	46
		9	9	10	11	12	13	14	15	16	17	18	19	20	21	22	23	24	25	26	27	28	29	30	31	N1	2	3	4	5	6	7	0	15
		10	8	9	10	11	12	13	14	15	16	17	18	19	20	21	22	23	24	25	26	27	28	29	30	D1	2	3	4	5	6	—	2	45
		11	7	8	9	10	11	12	13	14	15	16	17	18	19	20	21	22	23	24	25	26	27	28	29	30	31	11	2	3	4	5	3	14
		12	6	7	8	9	10	11	12	13	14	15	16	17	18	19	20	21	22	23	24	25	26	27	28	29	30	31	21	2	3	—	5	44

年序 Year	陰曆月序 Moon		1	2	3	4	5	6	7	8	9	10	11	12	13	14	15	16	17	18	19	20	21	22	23	24	25	26	27	28	29	30	星期 Week	干支 Cycle
			陰曆日序 Order of days (Lunar)																															
義熙 2 丙午 406–07	26	1	4	5	6	7	8	9	10	11	12	13	14	15	16	17	18	19	20	21	22	23	24	25	26	27	28	31	2	3	4	5	6	13
		2	6	7	8	9	10	11	12	13	14	15	16	17	18	19	20	21	22	23	24	25	26	27	28	29	30	31	41	2	3	—	1	43
		3	4	5	6	7	8	9	10	11	12	13	14	15	16	17	18	19	20	21	22	23	24	25	26	27	28	29	30	51	2	3	2	12
		4	4	5	6	7	8	9	10	11	12	13	14	15	16	17	18	19	20	21	22	23	24	25	26	27	28	29	30	31	61	—	4	42
		5	2	3	4	5	6	7	8	9	10	11	12	13	14	15	16	17	18	19	20	21	22	23	24	25	26	27	28	29	30	71	5	11
		6	2	3	4	5	6	7	8	9	10	11	12	13	14	15	16	17	18	19	20	21	22	23	24	25	26	27	28	29	30	31	0	41
		7	81	2	3	4	5	6	7	8	9	10	11	12	13	14	15	16	17	18	19	20	21	22	23	24	25	26	27	28	29	—	2	11
		8	30	31	91	2	3	4	5	6	7	8	9	10	11	12	13	14	15	16	17	18	19	20	21	22	23	24	25	26	27	28	3	40
		9	29	30	O1	2	3	4	5	6	7	8	9	10	11	12	13	14	15	16	17	18	19	20	21	22	23	24	25	26	27	—	5	10
		10	28	29	30	31	N1	2	3	4	5	6	7	8	9	10	11	12	13	14	15	16	17	18	19	20	21	22	23	24	25	26	6	39
		11	27	28	29	30	D1	2	3	4	5	6	7	8	9	10	11	12	13	14	15	16	17	18	19	20	21	22	23	24	25	—	1	9
		12	26	27	28	29	30	31	11	2	3	4	5	6	7	8	9	10	11	12	13	14	15	16	17	18	19	20	21	22	23	24	2	38
義熙 3 丁未 407–08	38	1	25	26	27	28	29	30	31	21	2	3	4	5	6	7	8	9	10	11	12	13	14	15	16	17	18	19	20	21	22	—	4	8
		2	23	24	25	26	27	28	31	2	3	4	5	6	7	8	9	10	11	12	13	14	15	16	17	18	19	20	21	22	23	24	5	37
		2	25	26	27	28	29	30	31	41	2	3	4	5	6	7	8	9	10	11	12	13	14	15	16	17	18	19	20	21	22	—	0	7
		3	23	24	25	26	27	28	29	30	51	2	3	4	5	6	7	8	9	10	11	12	13	14	15	16	17	18	19	20	21	22	1	36
		4	23	24	25	26	27	28	29	30	31	61	2	3	4	5	6	7	8	9	10	11	12	13	14	15	16	17	18	19	20	—	3	6
		5	21	22	23	24	25	26	27	28	29	30	71	2	3	4	5	6	7	8	9	10	11	12	13	14	15	16	17	18	19	20	4	35
		6	21	22	23	24	25	26	27	28	29	30	31	81	2	3	4	5	6	7	8	9	10	11	12	13	14	15	16	17	18	—	6	5
		7	19	20	21	22	23	24	25	26	27	28	29	30	31	91	2	3	4	5	6	7	8	9	10	11	12	13	14	15	16	17	0	34
		8	18	19	20	21	22	23	24	25	26	27	28	29	30	O1	2	3	4	5	6	7	8	9	10	11	12	13	14	15	16	17	2	4
		9	18	19	20	21	22	23	24	25	26	27	28	29	30	31	N1	2	3	4	5	6	7	8	9	10	11	12	13	14	15	—	4	34
		10	16	17	18	19	20	21	22	23	24	25	26	27	28	29	30	D1	2	3	4	5	6	7	8	9	10	11	12	13	14	15	5	3
		11	16	17	18	19	20	21	22	23	24	25	26	27	28	29	30	31	11	2	3	4	5	6	7	8	9	10	11	12	13	—	0	33
		12	14	15	16	17	18	19	20	21	22	23	24	25	26	27	28	29	30	31	21	2	3	4	5	6	7	8	9	10	11	12	1	2
義熙 4 戊申 408–09	50	1	13	14	15	16	17	18	19	20	21	22	23	24	25	26	27	28	29	31	2	3	4	5	6	7	8	9	10	11	12	—	3	32
		2	13	14	15	16	17	18	19	20	21	22	23	24	25	26	27	28	29	30	31	41	2	3	4	5	6	7	8	9	10	11	4	1
		3	12	13	14	15	16	17	18	19	20	21	22	23	24	25	26	27	28	29	30	51	2	3	4	5	6	7	8	9	10	—	6	31
		4	11	12	13	14	15	16	17	18	19	20	21	22	23	24	25	26	27	28	29	30	31	61	2	3	4	5	6	7	8	9	0	0
		5	10	11	12	13	14	15	16	17	18	19	20	21	22	23	24	25	26	27	28	29	30	71	2	3	4	5	6	7	8	—	2	30
		6	9	10	11	12	13	14	15	16	17	18	19	20	21	22	23	24	25	26	27	28	29	30	31	81	2	3	4	5	6	7	3	59
		7	8	9	10	11	12	13	14	15	16	17	18	19	20	21	22	23	24	25	26	27	28	29	30	31	91	2	3	4	5	—	5	29
		8	6	7	8	9	10	11	12	13	14	15	16	17	18	19	20	21	22	23	24	25	26	27	28	29	30	O1	2	3	4	5	6	58
		9	6	7	8	9	10	11	12	13	14	15	16	17	18	19	20	21	22	23	24	25	26	27	28	29	30	31	N1	2	3	—	1	28
		10	4	5	6	7	8	9	10	11	12	13	14	15	16	17	18	19	20	21	22	23	24	25	26	27	28	29	30	D1	2	3	2	57
		11	4	5	6	7	8	9	10	11	12	13	14	15	16	17	18	19	20	21	22	23	24	25	26	27	28	29	30	31	11	—	4	27
		12	2	3	4	5	6	7	8	9	10	11	12	13	14	15	16	17	18	19	20	21	22	23	24	25	26	27	28	29	30	31	5	56
義熙 5 己酉 409–10	2	1	21	2	3	4	5	6	7	8	9	10	11	12	13	14	15	16	17	18	19	20	21	22	23	24	25	26	27	28	31	2	0	26
		2	3	4	5	6	7	8	9	10	11	12	13	14	15	16	17	18	19	20	21	22	23	24	25	26	27	28	29	30	31	—	2	56
		3	41	2	3	4	5	6	7	8	9	10	11	12	13	14	15	16	17	18	19	20	21	22	23	24	25	26	27	28	29	30	3	25
		4	51	2	3	4	5	6	7	8	9	10	11	12	13	14	15	16	17	18	19	20	21	22	23	24	25	26	27	28	29	—	5	55
		5	30	31	61	2	3	4	5	6	7	8	9	10	11	12	13	14	15	16	17	18	19	20	21	22	23	24	25	26	27	28	6	24
		6	29	30	71	2	3	4	5	6	7	8	9	10	11	12	13	14	15	16	17	18	19	20	21	22	23	24	25	26	27	—	1	54
		7	28	29	30	31	81	2	3	4	5	6	7	8	9	10	11	12	13	14	15	16	17	18	19	20	21	22	23	24	25	26	2	23
		8	27	28	29	30	31	91	2	3	4	5	6	7	8	9	10	11	12	13	14	15	16	17	18	19	20	21	22	23	24	—	4	53
		9	25	26	27	28	29	30	O1	2	3	4	5	6	7	8	9	10	11	12	13	14	15	16	17	18	19	20	21	22	23	24	5	22
		10	25	26	27	28	29	30	31	N1	2	3	4	5	6	7	8	9	10	11	12	13	14	15	16	17	18	19	20	21	22	—	0	52
		10	23	24	25	26	27	28	29	30	D1	2	3	4	5	6	7	8	9	10	11	12	13	14	15	16	17	18	19	20	21	22	1	21
		11	23	24	25	26	27	28	29	30	31	11	2	3	4	5	6	7	8	9	10	11	12	13	14	15	16	17	18	19	20	—	3	51
		12	21	22	23	24	25	26	27	28	29	30	31	21	2	3	4	5	6	7	8	9	10	11	12	13	14	15	16	17	18	19	4	20
義熙 6 庚戌 410–11	14	1	20	21	22	23	24	25	26	27	28	31	2	3	4	5	6	7	8	9	10	11	12	13	14	15	16	17	18	19	20	—	6	50
		2	21	22	23	24	25	26	27	28	29	30	31	41	2	3	4	5	6	7	8	9	10	11	12	13	14	15	16	17	18	19	0	19
		3	20	21	22	23	24	25	26	27	28	29	30	51	2	3	4	5	6	7	8	9	10	11	12	13	14	15	16	17	18	—	2	49
		4	19	20	21	22	23	24	25	26	27	28	29	30	31	61	2	3	4	5	6	7	8	9	10	11	12	13	14	15	16	17	3	18
		5	18	19	20	21	22	23	24	25	26	27	28	29	30	71	2	3	4	5	6	7	8	9	10	11	12	13	14	15	16	17	5	48
		6	18	19	20	21	22	23	24	25	26	27	28	29	30	31	81	2	3	4	5	6	7	8	9	10	11	12	13	14	15	—	0	18
		7	16	17	18	19	20	21	22	23	24	25	26	27	28	29	30	31	91	2	3	4	5	6	7	8	9	10	11	12	13	14	1	47
		8	15	16	17	18	19	20	21	22	23	24	25	26	27	28	29	30	O1	2	3	4	5	6	7	8	9	10	11	12	13	—	3	17
		9	14	15	16	17	18	19	20	21	22	23	24	25	26	27	28	29	30	31	N1	2	3	4	5	6	7	8	9	10	11	12	4	46
		10	13	14	15	16	17	18	19	20	21	22	23	24	25	26	27	28	29	30	D1	2	3	4	5	6	7	8	9	10	11	—	6	16
		11	12	13	14	15	16	17	18	19	20	21	22	23	24	25	26	27	28	29	30	31	11	2	3	4	5	6	7	8	9	10	0	45
		12	11	12	13	14	15	16	17	18	19	20	21	22	23	24	25	26	27	28	29	30	31	21	2	3	4	5	6	7	8	—	2	15

年序 Year	陰曆月序 Moon		1	2	3	4	5	6	7	8	9	10	11	12	13	14	15	16	17	18	19	20	21	22	23	24	25	26	27	28	29	30	星期 Week	干支 Cycle
義熙 7 辛亥 411–12	26	1	9	10	11	12	13	14	15	16	17	18	19	20	21	22	23	24	25	26	27	28	31	2	3	4	5	6	7	8	9	10	3	44
		2	11	12	13	14	15	16	17	18	19	20	21	22	23	24	25	26	27	28	29	30	31	41	2	3	4	5	6	7	8	—	5	14
		3	9	10	11	12	13	14	15	16	17	18	19	20	21	22	23	24	25	26	27	28	29	30	51	2	3	4	5	6	7	8	6	43
		4	9	10	11	12	13	14	15	16	17	18	19	20	21	22	23	24	25	26	27	28	29	30	31	61	2	3	4	5	6	—	1	13
		5	7	8	9	10	11	12	13	14	15	16	17	18	19	20	21	22	23	24	25	26	27	28	29	30	71	2	3	4	5	6	2	42
		6	7	8	9	10	11	12	13	14	15	16	17	18	19	20	21	22	23	24	25	26	27	28	29	30	31	81	2	3	4	—	4	12
		7	5	6	7	8	9	10	11	12	13	14	15	16	17	18	19	20	21	22	23	24	25	26	27	28	29	30	31	91	2	3	5	41
		8	4	5	6	7	8	9	10	11	12	13	14	15	16	17	18	19	20	21	22	23	24	25	26	27	28	29	30	O1	2	3	0	11
		9	4	5	6	7	8	9	10	11	12	13	14	15	16	17	18	19	20	21	22	23	24	25	26	27	28	29	30	31	N1	—	2	41
		10	2	3	4	5	6	7	8	9	10	11	12	13	14	15	16	17	18	19	20	21	22	23	24	25	26	27	28	29	30	D1	3	10
		11	2	3	4	5	6	7	8	9	10	11	12	13	14	15	16	17	18	19	20	21	22	23	24	25	26	27	28	29	30	—	5	40
		12	31	11	2	3	4	5	6	7	8	9	10	11	12	13	14	15	16	17	18	19	20	21	22	23	24	25	26	27	28	29	6	9
義熙 8 壬子 412–13	88	1	30	31	21	2	3	4	5	6	7	8	9	10	11	12	13	14	15	16	17	18	19	20	21	22	23	24	25	26	27	—	1	39
		2	28	29	31	2	3	4	5	6	7	8	9	10	11	12	13	14	15	16	17	18	19	20	21	22	23	24	25	26	27	28	2	8
		3	29	30	31	41	2	3	4	5	6	7	8	9	10	11	12	13	14	15	16	17	18	19	20	21	22	23	24	25	26	—	4	38
		4	27	28	29	30	51	2	3	4	5	6	7	8	9	10	11	12	13	14	15	16	17	18	19	20	21	22	23	24	25	26	5	7
		5	27	28	29	30	31	61	2	3	4	5	6	7	8	9	10	11	12	13	14	15	16	17	18	19	20	21	22	23	24	—	0	37
		6	25	26	27	28	29	30	71	2	3	4	5	6	7	8	9	10	11	12	13	14	15	16	17	18	19	20	21	22	23	24	1	6
		6	25	26	27	28	29	30	31	81	2	3	4	5	6	7	8	9	10	11	12	13	14	15	16	17	18	19	20	21	22	—	3	36
		7	23	24	25	26	27	28	29	30	31	91	2	3	4	5	6	7	8	9	10	11	12	13	14	15	16	17	18	19	20	21	4	5
		8	22	23	24	25	26	27	28	29	30	O1	2	3	4	5	6	7	8	9	10	11	12	13	14	15	16	17	18	19	20	—	6	35
		9	21	22	23	24	25	26	27	28	29	30	31	N1	2	3	4	5	6	7	8	9	10	11	12	13	14	15	16	17	18	19	0	4
		10	20	21	22	23	24	25	26	27	28	29	30	D1	2	3	4	5	6	7	8	9	10	11	12	13	14	15	16	17	18	—	2	34
		11	19	20	21	22	23	24	25	26	27	28	29	30	31	11	2	3	4	5	6	7	8	9	10	11	12	13	14	15	16	17	3	3
		12	18	19	20	21	22	23	24	25	26	27	28	29	30	31	21	2	3	4	5	6	7	8	9	10	11	12	13	14	15	16	5	33
義熙 9 癸丑 413–14	50	1	17	18	19	20	21	22	23	24	25	26	27	28	31	2	3	4	5	6	7	8	9	10	11	12	13	14	15	16	17	—	0	3
		2	18	19	20	21	22	23	24	25	26	27	28	29	30	31	41	2	3	4	5	6	7	8	9	10	11	12	13	14	15	16	1	32
		3	17	18	19	20	21	22	23	24	25	26	27	28	29	30	51	2	3	4	5	6	7	8	9	10	11	12	13	14	15	—	3	2
		4	16	17	18	19	20	21	22	23	24	25	26	27	28	29	30	31	61	2	3	4	5	6	7	8	9	10	11	12	13	14	4	31
		5	15	16	17	18	19	20	21	22	23	24	25	26	27	28	29	30	71	2	3	4	5	6	7	8	9	10	11	12	13	—	6	1
		6	14	15	16	17	18	19	20	21	22	23	24	25	26	27	28	29	30	31	81	2	3	4	5	6	7	8	9	10	11	12	0	30
		7	13	14	15	16	17	18	19	20	21	22	23	24	25	26	27	28	29	30	31	91	2	3	4	5	6	7	8	9	10	—	2	0
		8	11	12	13	14	15	16	17	18	19	20	21	22	23	24	25	26	27	28	29	30	O1	2	3	4	5	6	7	8	9	10	3	29
		9	11	12	13	14	15	16	17	18	19	20	21	22	23	24	25	26	27	28	29	30	31	N1	2	3	4	5	6	7	8	—	5	59
		10	9	10	11	12	13	14	15	16	17	18	19	20	21	22	23	24	25	26	27	28	29	30	D1	2	3	4	5	6	7	8	6	28
		11	9	10	11	12	13	14	15	16	17	18	19	20	21	22	23	24	25	26	27	28	29	30	31	11	2	3	4	5	6	—	1	58
		12	7	8	9	10	11	12	13	14	15	16	17	18	19	20	21	22	23	24	25	26	27	28	29	30	31	21	2	3	4	5	2	27
義熙 10 甲寅 414–15	2	1	6	7	8	9	10	11	12	13	14	15	16	17	18	19	20	21	22	23	24	25	26	27	28	31	2	3	4	5	6	—	4	57
		2	7	8	9	10	11	12	13	14	15	16	17	18	19	20	21	22	23	24	25	26	27	28	29	30	31	41	2	3	4	5	5	26
		3	6	7	8	9	10	11	12	13	14	15	16	17	18	19	20	21	22	23	24	25	26	27	28	29	30	51	2	3	4	—	0	56
		4	5	6	7	8	9	10	11	12	13	14	15	16	17	18	19	20	21	22	23	24	25	26	27	28	29	30	31	61	2	3	1	25
		5	4	5	6	7	8	9	10	11	12	13	14	15	16	17	18	19	20	21	22	23	24	25	26	27	28	29	30	71	2	3	3	55
		6	4	5	6	7	8	9	10	11	12	13	14	15	16	17	18	19	20	21	22	23	24	25	26	27	28	29	30	31	81	—	5	25
		7	2	3	4	5	6	7	8	9	10	11	12	13	14	15	16	17	18	19	20	21	22	23	24	25	26	27	28	29	30	31	6	54
		8	91	2	3	4	5	6	7	8	9	10	11	12	13	14	15	16	17	18	19	20	21	22	23	24	25	26	27	28	29	—	1	24
		9	30	O1	2	3	4	5	6	7	8	9	10	11	12	13	14	15	16	17	18	19	20	21	22	23	24	25	26	27	28	29	2	53
		10	30	31	N1	2	3	4	5	6	7	8	9	10	11	12	13	14	15	16	17	18	19	20	21	22	23	24	25	26	27	—	4	23
		11	28	29	30	D1	2	3	4	5	6	7	8	9	10	11	12	13	14	15	16	17	18	19	20	21	22	23	24	25	26	27	5	52
		12	28	29	30	31	11	2	3	4	5	6	7	8	9	10	11	12	13	14	15	16	17	18	19	20	21	22	23	24	25	—	0	22
義熙 11 乙卯 415–16	14	1	26	27	28	29	30	31	21	2	3	4	5	6	7	8	9	10	11	12	13	14	15	16	17	18	19	20	21	22	23	24	1	51
		2	25	26	27	28	31	2	3	4	5	6	7	8	9	10	11	12	13	14	15	16	17	18	19	20	21	22	23	24	25	—	3	21
		3	26	27	28	29	30	31	41	2	3	4	5	6	7	8	9	10	11	12	13	14	15	16	17	18	19	20	21	22	23	24	4	50
		3	25	26	27	28	29	30	51	2	3	4	5	6	7	8	9	10	11	12	13	14	15	16	17	18	19	20	21	22	23	—	6	20
		4	24	25	26	27	28	29	30	31	61	2	3	4	5	6	7	8	9	10	11	12	13	14	15	16	17	18	19	20	21	22	0	49
		5	23	24	25	26	27	28	29	30	71	2	3	4	5	6	7	8	9	10	11	12	13	14	15	16	17	18	19	20	21	—	2	19
		6	22	23	24	25	26	27	28	29	30	31	81	2	3	4	5	6	7	8	9	10	11	12	13	14	15	16	17	18	19	20	3	48
		7	21	22	23	24	25	26	27	28	29	30	31	91	2	3	4	5	6	7	8	9	10	11	12	13	14	15	16	17	18	19	5	18
		8	20	21	22	23	24	25	26	27	28	29	30	O1	2	3	4	5	6	7	8	9	10	11	12	13	14	15	16	17	18	—	0	48
		9	19	20	21	22	23	24	25	26	27	28	29	30	31	N1	2	3	4	5	6	7	8	9	10	11	12	13	14	15	16	17	1	17
		10	18	19	20	21	22	23	24	25	26	27	28	29	30	D1	2	3	4	5	6	7	8	9	10	11	12	13	14	15	16	—	3	47
		11	17	18	19	20	21	22	23	24	25	26	27	28	29	30	31	11	2	3	4	5	6	7	8	9	10	11	12	13	14	15	4	16
		12	16	17	18	19	20	21	22	23	24	25	26	27	28	29	30	31	21	2	3	4	5	6	7	8	9	10	11	12	13	—	6	46

Columns 1–30: 陰曆日序 Order of days (Lunar)

年序 Year	陰曆月序 Moon	1	2	3	4	5	6	7	8	9	10	11	12	13	14	15	16	17	18	19	20	21	22	23	24	25	26	27	28	29	30	星期 Week	干支 Cycle
義熙 12 丙辰 416–17	26 1	14	15	16	17	18	19	20	21	22	23	24	25	26	27	28	29	31	2	3	4	5	6	7	8	9	10	11	12	13	14	0	15
	2	15	16	17	18	19	20	21	22	23	24	25	26	27	28	29	30	31	41	2	3	4	5	6	7	8	9	10	11	12	—	2	45
	3	13	14	15	16	17	18	19	20	21	22	23	24	25	26	27	28	29	30	51	2	3	4	5	6	7	8	9	10	11	12	3	14
	4	13	14	15	16	17	18	19	20	21	22	23	24	25	26	27	28	29	30	31	61	2	3	4	5	6	7	8	9	10	—	5	44
	5	11	12	13	14	15	16	17	18	19	20	21	22	23	24	25	26	27	28	29	30	71	2	3	4	5	6	7	8	9	10	6	13
	6	11	12	13	14	15	16	17	18	19	20	21	22	23	24	25	26	27	28	29	30	31	81	2	3	4	5	6	7	8	—	1	43
	7	9	10	11	12	13	14	15	16	17	18	19	20	21	22	23	24	25	26	27	28	29	30	31	91	2	3	4	5	6	7	2	12
	8	8	9	10	11	12	13	14	15	16	17	18	19	20	21	22	23	24	25	26	27	28	29	30	01	2	3	4	5	6	—	4	42
	9	7	8	9	10	11	12	13	14	15	16	17	18	19	20	21	22	23	24	25	26	27	28	29	30	31	N1	2	3	4	5	5	11
	10	6	7	8	9	10	11	12	13	14	15	16	17	18	19	20	21	22	23	24	25	26	27	28	29	30	D1	2	3	4	—	0	41
	11	5	6	7	8	9	10	11	12	13	14	15	16	17	18	19	20	21	22	23	24	25	26	27	28	29	30	31	11	2	3	1	10
	12	4	5	6	7	8	9	10	11	12	13	14	15	16	17	18	19	20	21	22	23	24	25	26	27	28	29	30	31	21	2	3	40
義熙 13 丁巳 417–18	38 1	3	4	5	6	7	8	9	10	11	12	13	14	15	16	17	18	19	20	21	22	23	24	25	26	27	28	31	2	3	—	5	10
	2	4	5	6	7	8	9	10	11	12	13	14	15	16	17	18	19	20	21	22	23	24	25	26	27	28	29	30	31	41	2	6	39
	3	3	4	5	6	7	8	9	10	11	12	13	14	15	16	17	18	19	20	21	22	23	24	25	26	27	28	29	30	51	—	1	9
	4	2	3	4	5	6	7	8	9	10	11	12	13	14	15	16	17	18	19	20	21	22	23	24	25	26	27	28	29	30	31	2	38
	5	61	2	3	4	5	6	7	8	9	10	11	12	13	14	15	16	17	18	19	20	21	22	23	24	25	26	27	28	29	—	4	8
	6	30	71	2	3	4	5	6	7	8	9	10	11	12	13	14	15	16	17	18	19	20	21	22	23	24	25	26	27	28	29	5	37
	7	30	31	81	2	3	4	5	6	7	8	9	10	11	12	13	14	15	16	17	18	19	20	21	22	23	24	25	26	27	—	0	7
	8	28	29	30	31	91	2	3	4	5	6	7	8	9	10	11	12	13	14	15	16	17	18	19	20	21	22	23	24	25	26	1	36
	9	27	28	29	30	01	2	3	4	5	6	7	8	9	10	11	12	13	14	15	16	17	18	19	20	21	22	23	24	25	—	3	6
	10	26	27	28	29	30	31	N1	2	3	4	5	6	7	8	9	10	11	12	13	14	15	16	17	18	19	20	21	22	23	24	4	35
	11	25	26	27	28	29	30	D1	2	3	4	5	6	7	8	9	10	11	12	13	14	15	16	17	18	19	20	21	22	23	—	6	5
	12	24	25	26	27	28	29	30	31	11	2	3	4	5	6	7	8	9	10	11	12	13	14	15	16	17	18	19	20	21	22	0	34
	12	23	24	25	26	27	28	29	30	31	21	2	3	4	5	6	7	8	9	10	11	12	13	14	15	16	17	18	19	20	—	2	4
義熙 14 戊午 418–19	50 1	21	22	23	24	25	26	27	28	31	2	3	4	5	6	7	8	9	10	11	12	13	14	15	16	17	18	19	20	21	22	3	33
	2	23	24	25	26	27	28	29	30	31	41	2	3	4	5	6	7	8	9	10	11	12	13	14	15	16	17	18	19	20	—	5	3
	3.	21	22	23	24	25	26	27	28	29	30	51	2	3	4	5	6	7	8	9	10	11	12	13	14	15	16	17	18	19	20	6	32
	4	21	22	23	24	25	26	27	28	29	30	31	61	2	3	4	5	6	7	8	9	10	11	12	13	14	15	16	17	18	19	1	2
	5	20	21	22	23	24	25	26	27	28	29	30	71	2	3	4	5	6	7	8	9	10	11	12	13	14	15	16	17	18	—	3	32
	6	19	20	21	22	23	24	25	26	27	28	29	30	31	81	2	3	4	5	6	7	8	9	10	11	12	13	14	15	16	17	4	1
	7	18	19	20	21	22	23	24	25	26	27	28	29	30	31	91	2	3	4	5	6	7	8	9	10	11	12	13	14	15	—	6	31
	8	16	17	18	19	20	21	22	23	24	25	26	27	28	29	30	01	2	3	4	5	6	7	8	9	10	11	12	13	14	15	0	0
	9	16	17	18	19	20	21	22	23	24	25	26	27	28	29	30	31	N1	2	3	4	5	6	7	8	9	10	11	12	13	—	2	30
	10	14	15	16	17	18	19	20	21	22	23	24	25	26	27	28	29	30	D1	2	3	4	5	6	7	8	9	10	11	12	13	3	59
	11	14	15	16	17	18	19	20	21	22	23	24	25	26	27	28	29	30	31	11	2	3	4	5	6	7	8	9	10	11	—	5	29
	12	12	13	14	15	16	17	18	19	20	21	22	23	24	25	26	27	28	29	30	31	21	2	3	4	5	6	7	8	9	10	6	58
恭帝元熙 1 己未 419–20	2 1	11	12	13	14	15	16	17	18	19	20	21	22	23	24	25	26	27	28	31	2	3	4	5	6	7	8	9	10	11	—	1	28
	2	12	13	14	15	16	17	18	19	20	21	22	23	24	25	26	27	28	29	30	31	41	2	3	4	5	6	7	8	9	10	2	57
	3	11	12	13	14	15	16	17	18	19	20	21	22	23	24	25	26	27	28	29	30	51	2	3	4	5	6	7	8	9	—	4	27
	4	10	11	12	13	14	15	16	17	18	19	20	21	22	23	24	25	26	27	28	29	30	31	61	2	3	4	5	6	7	8	5	56
	5	9	10	11	12	13	14	15	16	17	18	19	20	21	22	23	24	25	26	27	28	29	30	71	2	3	4	5	6	7	—	0	26
	6	8	9	10	11	12	13	14	15	16	17	18	19	20	21	22	23	24	25	26	27	28	29	30	31	81	2	3	4	5	6	1	55
	7	7	8	9	10	11	12	13	14	15	16	17	18	19	20	21	22	23	24	25	26	27	28	29	30	31	91	2	3	4	5	3	25
	8	6	7	8	9	10	11	12	13	14	15	16	17	18	19	20	21	22	23	24	25	26	27	28	29	30	01	2	3	4	—	5	55
	9	5	6	7	8	9	10	11	12	13	14	15	16	17	18	19	20	21	22	23	24	25	26	27	28	29	30	31	N1	2	3	6	24
	10	4	5	6	7	8	9	10	11	12	13	14	15	16	17	18	19	20	21	22	23	24	25	26	27	28	29	30	D1	2	—	1	54
	11	3	4	5	6	7	8	9	10	11	12	13	14	15	16	17	18	19	20	21	22	23	24	25	26	27	28	29	30	31	11	2	23
	12	2	3	4	5	6	7	8	9	10	11	12	13	14	15	16	17	18	19	20	21	22	23	24	25	26	27	28	29	30	—	4	53
前宋 武帝 永初 1 庚申 420–21	14 1	31	21	2	3	4	5	6	7	8	9	10	11	12	13	14	15	16	17	18	19	20	21	22	23	24	25	26	27	28	29	5	22
	2	31	2	3	4	5	6	7	8	9	10	11	12	13	14	15	16	17	18	19	20	21	22	23	24	25	26	27	28	29	—	0	52
	3	30	31	41	2	3	4	5	6	7	8	9	10	11	12	13	14	15	16	17	18	19	20	21	22	23	24	25	26	27	28	1	21
	4	29	30	51	2	3	4	5	6	7	8	9	10	11	12	13	14	15	16	17	18	19	20	21	22	23	24	25	26	27	—	3	51
	5	28	29	30	31	61	2	3	4	5	6	7	8	9	10	11	12	13	14	15	16	17	18	19	20	21	22	23	24	25	26	4	20
	6][	27	28	29	30	71	2	3	4	5	6	7	8	9	10	11	12	13	14	15	16	17	18	19	20	21	22	23	24	25	—	6	50
	7	26	27	28	29	30	31	81	2	3	4	5	6	7	8	9	10	11	12	13	14	15	16	17	18	19	20	21	22	23	24	0	19
	8	25	26	27	28	29	30	31	91	2	3	4	5	6	7	8	9	10	11	12	13	14	15	16	17	18	19	20	21	22	—	2	49
	8	23	24	25	26	27	28	29	30	01	2	3	4	5	6	7	8	9	10	11	12	13	14	15	16	17	18	19	20	21	22	3	18
	9	23	24	25	26	27	28	29	30	31	N1	2	3	4	5	6	7	8	9	10	11	12	13	14	15	16	17	18	19	20	—	5	48
	10	21	22	23	24	25	26	27	28	29	30	D1	2	3	4	5	6	7	8	9	10	11	12	13	14	15	16	17	18	19	20	6	17
	11	21	22	23	24	25	26	27	28	29	30	31	11	2	3	4	5	6	7	8	9	10	11	12	13	14	15	16	17	18	19	1	47
	12	20	21	22	23	24	25	26	27	28	29	30	31	21	2	3	4	5	6	7	8	9	10	11	12	13	14	15	16	17	—	3	17

年序 Year	陰曆月序 Moon	1	2	3	4	5	6	7	8	9	10	11	12	13	14	15	16	17	18	19	20	21	22	23	24	25	26	27	28	29	30	星期 Week	干支 Cycle
永初 2 辛酉 421–22	26 1	18	19	20	21	22	23	24	25	26	27	28	31	2	3	4	5	6	7	8	9	10	11	12	13	14	15	16	17	18	19	4	46
	2	20	21	22	23	24	25	26	27	28	29	30	31	41	2	3	4	5	6	7	8	9	10	11	12	13	14	15	16	17	—	6	16
	3	18	19	20	21	22	23	24	25	26	27	28	29	30	51	2	3	4	5	6	7	8	9	10	11	12	13	14	15	16	17	0	45
	4	18	19	20	21	22	23	24	25	26	27	28	29	30	31	61	2	3	4	5	6	7	8	9	10	11	12	13	14	15	—	2	15
	5	16	17	18	19	20	21	22	23	24	25	26	27	28	29	30	71	2	3	4	5	6	7	8	9	10	11	12	13	14	15	3	44
	6	16	17	18	19	20	21	22	23	24	25	26	27	28	29	30	31	81	2	3	4	5	6	7	8	9	10	11	12	13	—	5	14
	7	14	15	16	17	18	19	20	21	22	23	24	25	26	27	28	29	30	31	91	2	3	4	5	6	7	8	9	10	11	12	6	43
	8	13	14	15	16	17	18	19	20	21	22	23	24	25	26	27	28	29	30	01	2	3	4	5	6	7	8	9	10	11	—	1	13
	9	12	13	14	15	16	17	18	19	20	21	22	23	24	25	26	27	28	29	30	31	N1	2	3	4	5	6	7	8	9	10	2	42
	10	11	12	13	14	15	16	17	18	19	20	21	22	23	24	25	26	27	28	29	30	D1	2	3	4	5	6	7	8	9	—	4	12
	11	10	11	12	13	14	15	16	17	18	19	20	21	22	23	24	25	26	27	28	29	30	31	11	2	3	4	5	6	7	8	5	41
	12	9	10	11	12	13	14	15	16	17	18	19	20	21	22	23	24	25	26	27	28	29	30	31	21	2	3	4	5	6	—	0	11
永初 3 壬戌 422–23	38 1	7	8	9	10	11	12	13	14	15	16	17	18	19	20	21	22	23	24	25	26	27	28	31	2	3	4	5	6	7	8	1	40
	2	9	10	11	12	13	14	15	16	17	18	19	20	21	22	23	24	25	26	27	28	29	30	31	41	2	3	4	5	6	—	3	10
	3	7	8	9	10	11	12	13	14	15	16	17	18	19	20	21	22	23	24	25	26	27	28	29	30	51	2	3	4	5	6	4	39
	4	7	8	9	10	11	12	13	14	15	16	17	18	19	20	21	22	23	24	25	26	27	28	29	30	31	61	2	3	4	5	6	9
	5	6	7	8	9	10	11	12	13	14	15	16	17	18	19	20	21	22	23	24	25	26	27	28	29	30	71	2	3	4	—	1	39
	6	5	6	7	8	9	10	11	12	13	14	15	16	17	18	19	20	21	22	23	24	25	26	27	28	29	30	31	81	2	3	2	8
	7	4	5	6	7	8	9	10	11	12	13	14	15	16	17	18	19	20	21	22	23	24	25	26	27	28	29	30	31	91	—	4	38
	8	2	3	4	5	6	7	8	9	10	11	12	13	14	15	16	17	18	19	20	21	22	23	24	25	26	27	28	29	30	01	5	7
	9	2	3	4	5	6	7	8	9	10	11	12	13	14	15	16	17	18	19	20	21	22	23	24	25	26	27	28	29	30	—	0	37
	10	31	N1	2	3	4	5	6	7	8	9	10	11	12	13	14	15	16	17	18	19	20	21	22	23	24	25	26	27	28	29	1	6
	11	30	D1	2	3	4	5	6	7	8	9	10	11	12	13	14	15	16	17	18	19	20	21	22	23	24	25	26	27	28	—	3	36
	12	29	30	31	11	2	3	4	5	6	7	8	9	10	11	12	13	14	15	16	17	18	19	20	21	22	23	24	25	26	27	4	5
營陽王 景平 1 癸亥 423–24	50 1	28	29	30	31	21	2	3	4	5	6	7	8	9	10	11	12	13	14	15	16	17	18	19	20	21	22	23	24	25	—	6	35
	2	26	27	28	31	2	3	4	5	6	7	8	9	10	11	12	13	14	15	16	17	18	19	20	21	22	23	24	25	26	27	0	4
	3	28	29	30	31	41	2	3	4	5	6	7	8	9	10	11	12	13	14	15	16	17	18	19	20	21	22	23	24	25	—	2	34
	4	26	27	28	29	30	51	2	3	4	5	6	7	8	9	10	11	12	13	14	15	16	17	18	19	20	21	22	23	24	25	3	3
	4	26	27	28	29	30	31	61	2	3	4	5	6	7	8	9	10	11	12	13	14	15	16	17	18	19	20	21	22	23	—	5	33
	5	24	25	26	27	28	29	30	71	2	3	4	5	6	7	8	9	10	11	12	13	14	15	16	17	18	19	20	21	22	23	6	2
	6	24	25	26	27	28	29	30	31	81	2	3	4	5	6	7	8	9	10	11	12	13	14	15	16	17	18	19	20	21	22	1	32
	7	23	24	25	26	27	28	29	30	31	91	2	3	4	5	6	7	8	9	10	11	12	13	14	15	16	17	18	19	20	—	3	2
	8	21	22	23	24	25	26	27	28	29	30	01	2	3	4	5	6	7	8	9	10	11	12	13	14	15	16	17	18	19	20	4	31
	9	21	22	23	24	25	26	27	28	29	30	31	N1	2	3	4	5	6	7	8	9	10	11	12	13	14	15	16	17	18	—	6	1
	10	19	20	21	22	23	24	25	26	27	28	29	30	D1	2	3	4	5	6	7	8	9	10	11	12	13	14	15	16	17	18	0	30
	11	19	20	21	22	23	24	25	26	27	28	29	30	31	11	2	3	4	5	6	7	8	9	10	11	12	13	14	15	16	—	2	0
	12	17	18	19	20	21	22	23	24	25	26	27	28	29	30	31	21	2	3	4	5	6	7	8	9	10	11	12	13	14	15	3	29
文帝 元嘉 1 甲子 424–25	2 1	16	17	18	19	20	21	22	23	24	25	26	27	28	29	31	2	3	4	5	6	7	8	9	10	11	12	13	14	15	—	5	59
	2	16	17	18	19	20	21	22	23	24	25	26	27	28	29	30	31	41	2	3	4	5	6	7	8	9	10	11	12	13	14	6	28
	3	15	16	17	18	19	20	21	22	23	24	25	26	27	28	29	30	51	2	3	4	5	6	7	8	9	10	11	12	13	—	1	58
	4	14	15	16	17	18	19	20	21	22	23	24	25	26	27	28	29	30	31	61	2	3	4	5	6	7	8	9	10	11	12	2	27
	5	13	14	15	16	17	18	19	20	21	22	23	24	25	26	27	28	29	30	71	2	3	4	5	6	7	8	9	10	11	—	4	57
	6	12	13	14	15	16	17	18	19	20	21	22	23	24	25	26	27	28	29	30	31	81	2	3	4	5	6	7	8	9	10	5	26
	7	11	12	13	14	15	16	17	18	19	20	21	22	23	24	25	26	27	28	29	30	31	91	2	3	4	5	6	7	8	—	0	56
	8][	9	10	11	12	13	14	15	16	17	18	19	20	21	22	23	24	25	26	27	28	29	30	01	2	3	4	5	6	7	8	1	25
	9	9	10	11	12	13	14	15	16	17	18	19	20	21	22	23	24	25	26	27	28	29	30	31	N1	2	3	4	5	6	—	3	55
	10	7	8	9	10	11	12	13	14	15	16	17	18	19	20	21	22	23	24	25	26	27	28	29	30	D1	2	3	4	5	6	4	24
	11	7	8	9	10	11	12	13	14	15	16	17	18	19	20	21	22	23	24	25	26	27	28	29	30	31	11	2	3	4	5	6	54
	12	6	7	8	9	10	11	12	13	14	15	16	17	18	19	20	21	22	23	24	25	26	27	28	29	30	31	21	2	3	—	1	24
元嘉 2 乙丑 425–26	14 1	4	5	6	7	8	9	10	11	12	13	14	15	16	17	18	19	20	21	22	23	24	25	26	27	28	31	2	3	4	5	2	53
	2	6	7	8	9	10	11	12	13	14	15	16	17	18	19	20	21	22	23	24	25	26	27	28	29	30	31	41	2	3	—	4	23
	3	4	5	6	7	8	9	10	11	12	13	14	15	16	17	18	19	20	21	22	23	24	25	26	27	28	29	30	51	2	3	5	52
	4	4	5	6	7	8	9	10	11	12	13	14	15	16	17	18	19	20	21	22	23	24	25	26	27	28	29	30	31	61	—	0	22
	5	2	3	4	5	6	7	8	9	10	11	12	13	14	15	16	17	18	19	20	21	22	23	24	25	26	27	28	29	30	71	1	51
	6	2	3	4	5	6	7	8	9	10	11	12	13	14	15	16	17	18	19	20	21	22	23	24	25	26	27	28	29	30	—	3	21
	7	31	81	2	3	4	5	6	7	8	9	10	11	12	13	14	15	16	17	18	19	20	21	22	23	24	25	26	27	28	29	4	50
	8	30	31	91	2	3	4	5	6	7	8	9	10	11	12	13	14	15	16	17	18	19	20	21	22	23	24	25	26	27	—	6	20
	9	28	29	30	01	2	3	4	5	6	7	8	9	10	11	12	13	14	15	16	17	18	19	20	21	22	23	24	25	26	27	0	49
	10	28	29	30	31	N1	2	3	4	5	6	7	8	9	10	11	12	13	14	15	16	17	18	19	20	21	22	23	24	25	—	2	19
	11	26	27	28	29	30	D1	2	3	4	5	6	7	8	9	10	11	12	13	14	15	16	17	18	19	20	21	22	23	24	25	3	48
	12	26	27	28	29	30	31	11	2	3	4	5	6	7	8	9	10	11	12	13	14	15	16	17	18	19	20	21	22	23	—	5	18

年序 Year	陰曆月序 Moon	陰曆日序 Order of days (Lunar)																														星期 Week	干支 Cycle
		1	2	3	4	5	6	7	8	9	10	11	12	13	14	15	16	17	18	19	20	21	22	23	24	25	26	27	28	29	30		
元嘉 3 丙寅 426–27	26 1	24	25	26	27	28	29	30	31	21	2	3	4	5	6	7	8	9	10	11	12	13	14	15	16	17	18	19	20	21	22	6	47
	1	23	24	25	26	27	28	31	2	3	4	5	6	7	8	9	10	11	12	13	14	15	16	17	18	19	20	21	22	23	—	1	17
	2	24	25	26	27	28	29	30	31	41	2	3	4	5	6	7	8	9	10	11	12	13	14	15	16	17	18	19	20	21	22	2	46
	3	23	24	25	26	27	28	29	30	51	2	3	4	5	6	7	8	9	10	11	12	13	14	15	16	17	18	19	20	21	22	4	16
	4	23	24	25	26	27	28	29	30	31	61	2	3	4	5	6	7	8	9	10	11	12	13	14	15	16	17	18	19	20	—	6	46
	5	21	22	23	24	25	26	27	28	29	30	71	2	3	4	5	6	7	8	9	10	11	12	13	14	15	16	17	18	19	20	0	15
	6	21	22	23	24	25	26	27	28	29	30	31	81	2	3	4	5	6	7	8	9	10	11	12	13	14	15	16	17	18	—	2	45
	7	19	20	21	22	23	24	25	26	27	28	29	30	31	91	2	3	4	5	6	7	8	9	10	11	12	13	14	15	16	17	3	14
	8	18	19	20	21	22	23	24	25	26	27	28	29	30	01	2	3	4	5	6	7	8	9	10	11	12	13	14	15	16	—	5	44
	9	17	18	19	20	21	22	23	24	25	26	27	28	29	30	31	N1	2	3	4	5	6	7	8	9	10	11	12	13	14	15	6	13
	10	16	17	18	19	20	21	22	23	24	25	26	27	28	29	30	D1	2	3	4	5	6	7	8	9	10	11	12	13	14	—	1	43
	11	15	16	17	18	19	20	21	22	23	24	25	26	27	28	29	30	31	11	2	3	4	5	6	7	8	9	10	11	12	13	2	12
	12	14	15	16	17	18	19	20	21	22	23	24	25	26	27	28	29	30	31	21	2	3	4	5	6	7	8	9	10	11	—	4	42
元嘉 4 丁卯 427–28	38 1	12	13	14	15	16	17	18	19	20	21	22	23	24	25	26	27	28	31	2	3	4	5	6	7	8	9	10	11	12	13	5	11
	2	14	15	16	17	18	19	20	21	22	23	24	25	26	27	28	29	30	31	41	2	3	4	5	6	7	8	9	10	11	—	0	41
	3	12	13	14	15	16	17	18	19	20	21	22	23	24	25	26	27	28	29	30	51	2	3	4	5	6	7	8	9	10	11	1	10
	4	12	13	14	15	16	17	18	19	20	21	22	23	24	25	26	27	28	29	30	31	61	2	3	4	5	6	7	8	9	—	3	40
	5	10	11	12	13	14	15	16	17	18	19	20	21	22	23	24	25	26	27	28	29	30	71	2	3	4	5	6	7	8	9	4	9
	6	10	11	12	13	14	15	16	17	18	19	20	21	22	23	24	25	26	27	28	29	30	31	81	2	3	4	5	6	7	8	6	39
	7	9	10	11	12	13	14	15	16	17	18	19	20	21	22	23	24	25	26	27	28	29	30	31	91	2	3	4	5	6	—	1	0
	8	7	8	9	10	11	12	13	14	15	16	17	18	19	20	21	22	23	24	25	26	27	28	29	30	01	2	3	4	5	6	2	38
	9	7	8	9	10	11	12	13	14	15	16	17	18	19	20	21	22	23	24	25	26	27	28	29	30	31	N1	2	3	4	—	4	8
	10	5	6	7	8	9	10	11	12	13	14	15	16	17	18	19	20	21	22	23	24	25	26	27	28	29	30	D1	2	3	4	5	37
	11	5	6	7	8	9	10	11	12	13	14	15	16	17	18	19	20	21	22	23	24	25	26	27	28	29	30	31	11	2	—	0	7
	12	3	4	5	6	7	8	9	10	11	12	13	14	15	16	17	18	19	20	21	22	23	24	25	26	27	28	29	30	31	21	1	36
元嘉 5 戊辰 428–29	50 1	2	3	4	5	6	7	8	9	10	11	12	13	14	15	16	17	18	19	20	21	22	23	24	25	26	27	28	29	31	—	3	6
	2	2	3	4	5	6	7	8	9	10	11	12	13	14	15	16	17	18	19	20	21	22	23	24	25	26	27	28	29	30	31	4	35
	3	41	2	3	4	5	6	7	8	9	10	11	12	13	14	15	16	17	18	19	20	21	22	23	24	25	26	27	28	29	—	6	5
	4	30	51	2	3	4	5	6	7	8	9	10	11	12	13	14	15	16	17	18	19	20	21	22	23	24	25	26	27	28	29	0	34
	5	30	31	61	2	3	4	5	6	7	8	9	10	11	12	13	14	15	16	17	18	19	20	21	22	23	24	25	26	27	—	2	4
	6	28	29	30	71	2	3	4	5	6	7	8	9	10	11	12	13	14	15	16	17	18	19	20	21	22	23	24	25	26	27	3	33
	7	28	29	30	31	81	2	3	4	5	6	7	8	9	10	11	12	13	14	15	16	17	18	19	20	21	22	23	24	25	—	5	3
	8	26	27	28	29	30	31	91	2	3	4	5	6	7	8	9	10	11	12	13	14	15	16	17	18	19	20	21	22	23	24	6	32
	9	25	26	27	28	29	30	01	2	3	4	5	6	7	8	9	10	11	12	13	14	15	16	17	18	19	20	21	22	23	—	1	2
	10	24	25	26	27	28	29	30	31	N1	2	3	4	5	6	7	8	9	10	11	12	13	14	15	16	17	18	19	20	21	22	2	31
	10	23	24	25	26	27	28	29	30	D1	2	3	4	5	6	7	8	9	10	11	12	13	14	15	16	17	18	19	20	21	22	4	1
	11	23	24	25	26	27	28	29	30	31	11	2	3	4	5	6	7	8	9	10	11	12	13	14	15	16	17	18	19	20	—	6	31
	12	21	22	23	24	25	26	27	28	29	30	31	21	2	3	4	5	6	7	8	9	10	11	12	13	14	15	16	17	18	19	0	0
元嘉 6 己巳 429–30	2 1	20	21	22	23	24	25	26	27	28	31	2	3	4	5	6	7	8	9	10	11	12	13	14	15	16	17	18	19	20	—	2	30
	2	21	22	23	24	25	26	27	28	29	30	31	41	2	3	4	5	6	7	8	9	10	11	12	13	14	15	16	17	18	19	3	59
	3	20	21	22	23	24	25	26	27	28	29	30	51	2	3	4	5	6	7	8	9	10	11	12	13	14	15	16	17	18	—	5	29
	4	19	20	21	22	23	24	25	26	27	28	29	30	31	61	2	3	4	5	6	7	8	9	10	11	12	13	14	15	16	17	6	58
	5	18	19	20	21	22	23	24	25	26	27	28	29	30	71	2	3	4	5	6	7	8	9	10	11	12	13	14	15	16	—	1	28
	6	17	18	19	20	21	22	23	24	25	26	27	28	29	30	31	81	2	3	4	5	6	7	8	9	10	11	12	13	14	15	2	57
	7	16	17	18	19	20	21	22	23	24	25	26	27	28	29	30	31	91	2	3	4	5	6	7	8	9	10	11	12	13	—	4	27
	8	14	15	16	17	18	19	20	21	22	23	24	25	26	27	28	29	30	01	2	3	4	5	6	7	8	9	10	11	12	13	5	56
	9	14	15	16	17	18	19	20	21	22	23	24	25	26	27	28	29	30	31	N1	2	3	4	5	6	7	8	9	10	11	—	0	26
	10	12	13	14	15	16	17	18	19	20	21	22	23	24	25	26	27	28	29	30	D1	2	3	4	5	6	7	8	9	10	11	1	55
	11	12	13	14	15	16	17	18	19	20	21	22	23	24	25	26	27	28	29	30	31	11	2	3	4	5	6	7	8	9	—	3	25
	12	10	11	12	13	14	15	16	17	18	19	20	21	22	23	24	25	26	27	28	29	30	31	21	2	3	4	5	6	7	8	4	54
元嘉 7 庚午 430–31	14 1	9	10	11	12	13	14	15	16	17	18	19	20	21	22	23	24	25	26	27	28	31	2	3	4	5	6	7	8	9	10	6	24
	2	11	12	13	14	15	16	17	18	19	20	21	22	23	24	25	26	27	28	29	30	31	41	2	3	4	5	6	7	8	—	1	54
	3	9	10	11	12	13	14	15	16	17	18	19	20	21	22	23	24	25	26	27	28	29	30	51	2	3	4	5	6	7	8	2	23
	4	9	10	11	12	13	14	15	16	17	18	19	20	21	22	23	24	25	26	27	28	29	30	31	61	2	3	4	5	6	—	4	53
	5	7	8	9	10	11	12	13	14	15	16	17	18	19	20	21	22	23	24	25	26	27	28	29	30	71	2	3	4	5	6	5	22
	6	7	8	9	10	11	12	13	14	15	16	17	18	19	20	21	22	23	24	25	26	27	28	29	30	31	81	2	3	4	—	0	52
	7	5	6	7	8	9	10	11	12	13	14	15	16	17	18	19	20	21	22	23	24	25	26	27	28	29	30	31	91	2	3	1	21
	8	4	5	6	7	8	9	10	11	12	13	14	15	16	17	18	19	20	21	22	23	24	25	26	27	28	29	30	01	2	—	3	51
	9	3	4	5	6	7	8	9	10	11	12	13	14	15	16	17	18	19	20	21	22	23	24	25	26	27	28	29	30	31	N1	4	20
	10	2	3	4	5	6	7	8	9	10	11	12	13	14	15	16	17	18	19	20	21	22	23	24	25	26	27	28	29	30	—	6	50
	11	D1	2	3	4	5	6	7	8	9	10	11	12	13	14	15	16	17	18	19	20	21	22	23	24	25	26	27	28	29	30	0	19
	12	31	11	2	3	4	5	6	7	8	9	10	11	12	13	14	15	16	17	18	19	20	21	22	23	24	25	26	27	28	—	2	49

年序 Year	陰曆月序 Moon	陰曆日序 Order of days (Lunar) 1 2 3 4 5	6 7 8 9 10	11 12 13 14 15	16 17 18 19 20	21 22 23 24 25	26 27 28 29 30	星期 Week	干支 Cycle
元嘉 8 辛未 431–32	26 1	29 30 31 21 2	3 4 5 6 7	8 9 10 11 12	13 14 15 16 17	18 19 20 21 22	23 24 25 26 27	3	18
	2	28 31 2 3 4	5 6 7 8 9	10 11 12 13 14	15 16 17 18 19	20 21 22 23 24	25 26 27 28 —	5	48
	3	29 30 31 41 2	3 4 5 6 7	8 9 10 11 12	13 14 15 16 17	18 19 20 21 22	23 24 25 26 27	6	17
	4	28 29 30 51 2	3 4 5 6 7	8 9 10 11 12	13 14 15 16 17	18 19 20 21 22	23 24 25 26 —	1	47
	5	27 28 29 30 31	61 2 3 4 5	6 7 8 9 10	11 12 13 14 15	16 17 18 19 20	21 22 23 24 25	2	16
	6	26 27 28 29 30	71 2 3 4 5	6 7 8 9 10	11 12 13 14 15	16 17 18 19 20	21 22 23 24 25	4	46
	6	26 27 28 29 30	31 81 2 3 4	5 6 7 8 9	10 11 12 13 14	15 16 17 18 19	20 21 22 23 —	6	16
	7	24 25 26 27 28	29 30 31 91 2	3 4 5 6 7	8 9 10 11 12	13 14 15 16 17	18 19 20 21 22	0	45
	8	23 24 25 26 27	28 29 30 O1 2	3 4 5 6 7	8 9 10 11 12	13 14 15 16 17	18 19 20 21 —	2	15
	9	22 23 24 25 26	27 28 29 30 31	N1 2 3 4 5	6 7 8 9 10	11 12 13 14 15	16 17 18 19 20	3	44
	10	21 22 23 24 25	26 27 28 29 30	D1 2 3 4 5	6 7 8 9 10	11 12 13 14 15	16 17 18 19 —	5	14
	11	20 21 22 23 24	25 26 27 28 29	30 31 11 2 3	4 5 6 7 8	9 10 11 12 13	14 15 16 17 18	6	43
	12	19 20 21 22 23	24 25 26 27 28	29 30 31 21 2	3 4 5 6 7	8 9 10 11 12	13 14 15 16 —	1	13
元嘉 9 壬申 432–33	38 1	17 18 19 20 21	22 23 24 25 26	27 28 29 31 2	3 4 5 6 7	8 9 10 11 12	13 14 15 16 17	2	42
	2	18 19 20 21 22	23 24 25 26 27	28 29 30 31 41	2 3 4 5 6	7 8 9 10 11	12 13 14 15 —	4	12
	3	16 17 18 19 20	21 22 23 24 25	26 27 28 29 30	51 2 3 4 5	6 7 8 9 10	11 12 13 14 15	5	41
	4	16 17 18 19 20	21 22 23 24 25	26 27 28 29 30	31 61 2 3 4	5 6 7 8 9	10 11 12 13 —	0	11
	5	14 15 16 17 18	19 20 21 22 23	24 25 26 27 28	29 30 71 2 3	4 5 6 7 8	9 10 11 12 13	1	40
	6	14 15 16 17 18	19 20 21 22 23	24 25 26 27 28	29 30 31 81 2	3 4 5 6 7	8 9 10 11 —	3	10
	7	12 13 14 15 16	17 18 19 20 21	22 23 24 25 26	27 28 29 30 31	91 2 3 4 5	6 7 8 9 10	4	39
	8	11 12 13 14 15	16 17 18 19 20	21 22 23 24 25	26 27 28 29 30	O1 2 3 4 5	6 7 8 9 —	6	9
	9	10 11 12 13 14	15 16 17 18 19	20 21 22 23 24	25 26 27 28 29	30 31 N1 2 3	4 5 6 7 8	0	38
	10	9 10 11 12 13	14 15 16 17 18	19 20 21 22 23	24 25 26 27 28	29 30 D1 2 3	4 5 6 7 8	2	8
	11	9 10 11 12 13	14 15 16 17 18	19 20 21 22 23	24 25 26 27 28	29 30 31 11 2	3 4 5 6 —	4	38
	12	7 8 9 10 11	12 13 14 15 16	17 18 19 20 21	22 23 24 25 26	27 28 29 30 31	21 2 3 4 5	5	7
元嘉 10 癸酉 433–34	50 1	6 7 8 9 10	11 12 13 14 15	16 17 18 19 20	21 22 23 24 25	26 27 28 31 2	3 4 5 6 —	0	37
	2	7 8 9 10 11	12 13 14 15 16	17 18 19 20 21	22 23 24 25 26	27 28 29 30 31	41 2 3 4 5	1	6
	3	6 7 8 9 10	11 12 13 14 15	16 17 18 19 20	21 22 23 24 25	26 27 28 29 30	51 2 3 4 —	3	36
	4	5 6 7 8 9	10 11 12 13 14	15 16 17 18 19	20 21 22 23 24	25 26 27 28 29	30 31 61 2 3	4	5
	5	4 5 6 7 8	9 10 11 12 13	14 15 16 17 18	19 20 21 22 23	24 25 26 27 28	29 30 71 2 —	6	35
	6	3 4 5 6 7	8 9 10 11 12	13 14 15 16 17	18 19 20 21 22	23 24 25 26 27	28 29 30 31 81	0	4
	7	2 3 4 5 6	7 8 9 10 11	12 13 14 15 16	17 18 19 20 21	22 23 24 25 26	27 28 29 30 —	2	34
	8	31 91 2 3 4	5 6 7 8 9	10 11 12 13 14	15 16 17 18 19	20 21 22 23 24	25 26 27 28 29	3	3
	9	30 O1 2 3 4	5 6 7 8 9	10 11 12 13 14	15 16 17 18 19	20 21 22 23 24	25 26 27 28 —	5	33
	10	29 30 31 N1 2	3 4 5 6 7	8 9 10 11 12	13 14 15 16 17	18 19 20 21 22	23 24 25 26 27	6	2
	11	28 29 30 D1 2	3 4 5 6 7	8 9 10 11 12	13 14 15 16 17	18 19 20 21 22	23 24 25 26 —	1	32
	12	27 28 29 30 31	11 2 3 4 5	6 7 8 9 10	11 12 13 14 15	16 17 18 19 20	21 22 23 24 25	2	1
元嘉 11 甲戌 434–35	2 1	26 27 28 29 30	31 21 2 3 4	5 6 7 8 9	10 11 12 13 14	15 16 17 18 19	20 21 22 23 —	4	31
	2	24 25 26 27 28	31 2 3 4 5	6 7 8 9 10	11 12 13 14 15	16 17 18 19 20	21 22 23 24 25	5	0
	3	26 27 28 29 30	31 41 2 3 4	5 6 7 8 9	10 11 12 13 14	15 16 17 18 19	20 21 22 23 24	0	30
	3	25 26 27 28 29	30 51 2 3 4	5 6 7 8 9	10 11 12 13 14	15 16 17 18 19	20 21 22 23 —	2	0
	4	24 25 26 27 28	29 30 31 61 2	3 4 5 6 7	8 9 10 11 12	13 14 15 16 17	18 19 20 21 22	3	29
	5	23 24 25 26 27	28 29 30 71 2	3 4 5 6 7	8 9 10 11 12	13 14 15 16 17	18 19 20 21 —	5	59
	6	22 23 24 25 26	27 28 29 30 31	81 2 3 4 5	6 7 8 9 10	11 12 13 14 15	16 17 18 19 20	6	28
	7	21 22 23 24 25	26 27 28 29 30	31 91 2 3 4	5 6 7 8 9	10 11 12 13 14	15 16 17 18 —	1	58
	8	19 20 21 22 23	24 25 26 27 28	29 30 O1 2 3	4 5 6 7 8	9 10 11 12 13	14 15 16 17 18	2	27
	9	19 20 21 22 23	24 25 26 27 28	29 30 31 N1 2	3 4 5 6 7	8 9 10 11 12	13 14 15 16 —	4	57
	10	17 18 19 20 21	22 23 24 25 26	27 28 29 30 D1	2 3 4 5 6	7 8 9 10 11	12 13 14 15 16	5	26
	11	17 18 19 20 21	22 23 24 25 26	27 28 29 30 31	11 2 3 4 5	6 7 8 9 10	11 12 13 14 —	0	56
	12	15 16 17 18 19	20 21 22 23 24	25 26 27 28 29	30 31 21 2 3	4 5 6 7 8	9 10 11 12 13	1	25
元嘉 12 乙亥 435–36	14 1	14 15 16 17 18	19 20 21 22 23	24 25 26 27 28	31 2 3 4 5	6 7 8 9 10	11 12 13 14 —	3	55
	2	15 16 17 18 19	20 21 22 23 24	25 26 27 28 29	30 31 41 2 3	4 5 6 7 8	9 10 11 12 13	4	24
	3	14 15 16 17 18	19 20 21 22 23	24 25 26 27 28	29 30 51 2 3	4 5 6 7 8	9 10 11 12 —	6	54
	4	13 14 15 16 17	18 19 20 21 22	23 24 25 26 27	28 29 30 31 61	2 3 4 5 6	7 8 9 10 11	0	23
	5	12 13 14 15 16	17 18 19 20 21	22 23 24 25 26	27 28 29 30 71	2 3 4 5 6	7 8 9 10 11	2	53
	6	12 13 14 15 16	17 18 19 20 21	22 23 24 25 26	27 28 29 30 31	81 2 3 4 5	6 7 8 9 —	4	23
	7	10 11 12 13 14	15 16 17 18 19	20 21 22 23 24	25 26 27 28 29	30 31 91 2 3	4 5 6 7 8	5	52
	8	9 10 11 12 13	14 15 16 17 18	19 20 21 22 23	24 25 26 27 28	29 30 O1 2 3	4 5 6 7 —	0	22
	9	8 9 10 11 12	13 14 15 16 17	18 19 20 21 22	23 24 25 26 27	28 29 30 31 N1	2 3 4 5 6	1	51
	10	7 8 9 10 11	12 13 14 15 16	17 18 19 20 21	22 23 24 25 26	27 28 29 30 D1	2 3 4 5 —	3	21
	11	6 7 8 9 10	11 12 13 14 15	16 17 18 19 20	21 22 23 24 25	26 27 28 29 30	31 11 2 3 4	4	50
	12	5 6 7 8 9	10 11 12 13 14	15 16 17 18 19	20 21 22 23 24	25 26 27 28 29	30 31 21 2 —	6	20

年序 Year	陰曆月序 Moon	陰曆日序 Order of days (Lunar) 1 2 3 4 5	6 7 8 9 10	11 12 13 14 15	16 17 18 19 20	21 22 23 24 25	26 27 28 29 30	星期 Week	干支 Cycle
元嘉 13 丙子 436–37	26 1	3 4 5 6 7	8 9 10 11 12	13 14 15 16 17	18 19 20 21 22	23 24 25 26 27	28 29 31 2 3	0	49
	2	4 5 6 7 8	9 10 11 12 13	14 15 16 17 18	19 20 21 22 23	24 25 26 27 28	29 30 31 41 —	2	19
	3	2 3 4 5 6	7 8 9 10 11	12 13 14 15 16	17 18 19 20 21	22 23 24 25 26	27 28 29 30 51	3	48
	4	2 3 4 5 6	7 8 9 10 11	12 13 14 15 16	17 18 19 20 21	22 23 24 25 26	27 28 29 30 —	5	18
	5	31 61 2 3 4	5 6 7 8 9	10 11 12 13 14	15 16 17 18 19	20 21 22 23 24	25 26 27 28 29	6	47
	6	30 71 2 3 4	5 6 7 8 9	10 11 12 13 14	15 16 17 18 19	20 21 22 23 24	25 26 27 28 —	1	17
	7	29 30 31 81 2	3 4 5 6 7	8 9 10 11 12	13 14 15 16 17	18 19 20 21 22	23 24 25 26 27	2	46
	8	28 29 30 31 91	2 3 4 5 6	7 8 9 10 11	12 13 14 15 16	17 18 19 20 21	22 23 24 25 —	4	16
	9	26 27 28 29 30	01 2 3 4 5	6 7 8 9 10	11 12 13 14 15	16 17 18 19 20	21 22 23 24 25	5	45
	10	26 27 28 29 30	31 N1 2 3 4	5 6 7 8 9	10 11 12 13 14	15 16 17 18 19	20 21 22 23 24	0	15
	11	25 26 27 28 29	30 D1 2 3 4	5 6 7 8 9	10 11 12 13 14	15 16 17 18 19	20 21 22 23 —	2	45
	12	24 25 26 27 28	29 30 31 11 2	3 4 5 6 7	8 9 10 11 12	13 14 15 16 17	18 19 20 21 22	3	14
	12	23 24 25 26 27	28 29 30 31 21	2 3 4 5 6	7 8 9 10 11	12 13 14 15 16	17 18 19 20 —	5	44
元嘉 14 丁丑 437–38	38 1	21 22 23 24 25	26 27 28 31 2	3 4 5 6 7	8 9 10 11 12	13 14 15 16 17	18 19 20 21 22	6	13
	2	23 24 25 26 27	28 29 30 31 41	2 3 4 5 6	7 8 9 10 11	12 13 14 15 16	17 18 19 20 —	1	43
	3	21 22 23 24 25	26 27 28 29 30	51 2 3 4 5	6 7 8 9 10	11 12 13 14 15	16 17 18 19 20	2	12
	4	21 22 23 24 25	26 27 28 29 30	31 61 2 3 4	5 6 7 8 9	10 11 12 13 14	15 16 17 18 —	4	42
	5	19 20 21 22 23	24 25 26 27 28	29 30 71 2 3	4 5 6 7 8	9 10 11 12 13	14 15 16 17 18	5	11
	6	19 20 21 22 23	24 25 26 27 28	29 30 31 81 2	3 4 5 6 7	8 9 10 11 12	13 14 15 16 —	0	41
	7	17 18 19 20 21	22 23 24 25 26	27 28 29 30 31	91 2 3 4 5	6 7 8 9 10	11 12 13 14 15	1	10
	8	16 17 18 19 20	21 22 23 24 25	26 27 28 29 30	01 2 3 4 5	6 7 8 9 10	11 12 13 14 —	3	40
	9	15 16 17 18 19	20 21 22 23 24	25 26 27 28 29	30 31 N1 2 3	4 5 6 7 8	9 10 11 12 13	4	9
	10	14 15 16 17 18	19 20 21 22 23	24 25 26 27 28	29 30 D1 2 3	4 5 6 7 8	9 10 11 12 —	6	39
	11	13 14 15 16 17	18 19 20 21 22	23 24 25 26 27	28 29 30 31 11	2 3 4 5 6	7 8 9 10 11	0	8
	12	12 13 14 15 16	17 18 19 20 21	22 23 24 25 26	27 28 29 30 31	21 2 3 4 5	6 7 8 9 —	2	38
元嘉 15 戊寅 438–39	50 1	10 11 12 13 14	15 16 17 18 19	20 21 22 23 24	25 26 27 28 31	2 3 4 5 6	7 8 9 10 11	3	7
	2	12 13 14 15 16	17 18 19 20 21	22 23 24 25 26	27 28 29 30 31	41 2 3 4 5	6 7 8 9 10	5	37
	3	11 12 13 14 15	16 17 18 19 20	21 22 23 24 25	26 27 28 29 30	51 2 3 4 5	6 7 8 9 —	0	7
	4	10 11 12 13 14	15 16 17 18 19	20 21 22 23 24	25 26 27 28 29	30 31 61 2 3	4 5 6 7 8	1	36
	5	9 10 11 12 13	14 15 16 17 18	19 20 21 22 23	24 25 26 27 28	29 30 71 2 3	4 5 6 7 —	3	6
	6	8 9 10 11 12	13 14 15 16 17	18 19 20 21 22	23 24 25 26 27	28 29 30 31 81	2 3 4 5 6	4	35
	7	7 8 9 10 11	12 13 14 15 16	17 18 19 20 21	22 23 24 25 26	27 28 29 30 31	91 2 3 4 —	6	5
	8	5 6 7 8 9	10 11 12 13 14	15 16 17 18 19	20 21 22 23 24	25 26 27 28 29	30 01 2 3 4	0	34
	9	5 6 7 8 9	10 11 12 13 14	15 16 17 18 19	20 21 22 23 24	25 26 27 28 29	30 31 N1 2 —	2	4
	10	3 4 5 6 7	8 9 10 11 12	13 14 15 16 17	18 19 20 21 22	23 24 25 26 27	28 29 30 D1 2	3	33
	11	3 4 5 6 7	8 9 10 11 12	13 14 15 16 17	18 19 20 21 22	23 24 25 26 27	28 29 30 31 —	5	3
	12	11 2 3 4 5	6 7 8 9 10	11 12 13 14 15	16 17 18 19 20	21 22 23 24 25	26 27 28 29 30	6	32
元嘉 16 己卯 439–40	2 1	31 21 2 3 4	5 6 7 8 9	10 11 12 13 14	15 16 17 18 19	20 21 22 23 24	25 26 27 28 —	1	2
	2	31 2 3 4 5	6 7 8 9 10	11 12 13 14 15	16 17 18 19 20	21 22 23 24 25	26 27 28 29 30	2	31
	3	31 41 2 3 4	5 6 7 8 9	10 11 12 13 14	15 16 17 18 19	20 21 22 23 24	25 26 27 28 —	4	1
	4	29 30 51 2 3	4 5 6 7 8	9 10 11 12 13	14 15 16 17 18	19 20 21 22 23	24 25 26 27 28	5	30
	5	29 30 31 61 2	3 4 5 6 7	8 9 10 11 12	13 14 15 16 17	18 19 20 21 22	23 24 25 26 27	0	0
	6	28 29 30 71 2	3 4 5 6 7	8 9 10 11 12	13 14 15 16 17	18 19 20 21 22	23 24 25 26 —	2	30
	7	27 28 29 30 31	81 2 3 4 5	6 7 8 9 10	11 12 13 14 15	16 17 18 19 20	21 22 23 24 25	3	59
	8	26 27 28 29 30	31 91 2 3 4	5 6 7 8 9	10 11 12 13 14	15 16 17 18 19	20 21 22 23 —	5	29
	9	24 25 26 27 28	29 30 01 2 3	4 5 6 7 8	9 10 11 12 13	14 15 16 17 18	19 20 21 22 23	6	58
	9	24 25 26 27 28	29 30 31 N1 2	3 4 5 6 7	8 9 10 11 12	13 14 15 16 17	18 19 20 21 —	1	28
	10	22 23 24 25 26	27 28 29 30 D1	2 3 4 5 6	7 8 9 10 11	12 13 14 15 16	17 18 19 20 21	2	57
	11	22 23 24 25 26	27 28 29 30 31	11 2 3 4 5	6 7 8 9 10	11 12 13 14 15	16 17 18 19 —	4	27
	12	20 21 22 23 24	25 26 27 28 29	30 31 21 2 3	4 5 6 7 8	9 10 11 12 13	14 15 16 17 18	5	56
元嘉 17 庚辰 440–41	14 1	19 20 21 22 23	24 25 26 27 28	29 31 2 3 4	5 6 7 8 9	10 11 12 13 14	15 16 17 18 —	0	26
	2	19 20 21 22 23	24 25 26 27 28	29 30 31 41 2	3 4 5 6 7	8 9 10 11 12	13 14 15 16 17	1	55
	3	18 19 20 21 22	23 24 25 26 27	28 29 30 51 2	3 4 5 6 7	8 9 10 11 12	13 14 15 16 —	3	25
	4	17 18 19 20 21	22 23 24 25 26	27 28 29 30 31	61 2 3 4 5	6 7 8 9 10	11 12 13 14 15	4	54
	5	16 17 18 19 20	21 22 23 24 25	26 27 28 29 30	71 2 3 4 5	6 7 8 9 10	11 12 13 14 —	6	24
	6	15 16 17 18 19	20 21 22 23 24	25 26 27 28 29	30 31 81 2 3	4 5 6 7 8	9 10 11 12 13	0	53
	7	14 15 16 17 18	19 20 21 22 23	24 25 26 27 28	29 30 31 91 2	3 4 5 6 7	8 9 10 11 —	2	23
	8	12 13 14 15 16	17 18 19 20 21	22 23 24 25 26	27 28 29 30 01	2 3 4 5 6	7 8 9 10 11	3	52
	9	12 13 14 15 16	17 18 19 20 21	22 23 24 25 26	27 28 29 30 31	N1 2 3 4 5	6 7 8 9 10	5	22
	10	11 12 13 14 15	16 17 18 19 20	21 22 23 24 25	26 27 28 29 30	D1 2 3 4 5	6 7 8 9 —	0	52
	11	10 11 12 13 14	15 16 17 18 19	20 21 22 23 24	25 26 27 28 29	30 31 11 2 3	4 5 6 7 8	1	21
	12	9 10 11 12 13	14 15 16 17 18	19 20 21 22 23	24 25 26 27 28	29 30 31 21 2	3 4 5 6 —	3	51

年序 Year	陰曆月序 Moon		陰曆日序 Order of days (Lunar)																														星期 Week	干支 Cycle
			1	2	3	4	5	6	7	8	9	10	11	12	13	14	15	16	17	18	19	20	21	22	23	24	25	26	27	28	29	30		
元嘉18辛巳 441–42	26	1	7	8	9	10	11	12	13	14	15	16	17	18	19	20	21	22	23	24	25	26	27	28	31	2	3	4	5	6	7	8	4	20
		2	9	10	11	12	13	14	15	16	17	18	19	20	21	22	23	24	25	26	27	28	29	30	31	41	2	3	4	5	6	—	6	50
		3	7	8	9	10	11	12	13	14	15	16	17	18	19	20	21	22	23	24	25	26	27	28	29	30	51	2	3	4	5	6	0	19
		4	7	8	9	10	11	12	13	14	15	16	17	18	19	20	21	22	23	24	25	26	27	28	29	30	31	61	2	3	4	—	2	49
		5	5	6	7	8	9	10	11	12	13	14	15	16	17	18	19	20	21	22	23	24	25	26	27	28	29	30	71	2	3	4	3	18
		6	5	6	7	8	9	10	11	12	13	14	15	16	17	18	19	20	21	22	23	24	25	26	27	28	29	30	31	81	2	—	5	48
		7	3	4	5	6	7	8	9	10	11	12	13	14	15	16	17	18	19	20	21	22	23	24	25	26	27	28	29	30	31	91	6	17
		8	2	3	4	5	6	7	8	9	10	11	12	13	14	15	16	17	18	19	20	21	22	23	24	25	26	27	28	29	30	—	1	47
		9	01	2	3	4	5	6	7	8	9	10	11	12	13	14	15	16	17	18	19	20	21	22	23	24	25	26	27	28	29	30	2	16
		10	31	N1	2	3	4	5	6	7	8	9	10	11	12	13	14	15	16	17	18	19	20	21	22	23	24	25	26	27	28	—	4	46
		11	29	30	D1	2	3	4	5	6	7	8	9	10	11	12	13	14	15	16	17	18	19	20	21	22	23	24	25	26	27	28	5	15
		12	29	30	31	11	2	3	4	5	6	7	8	9	10	11	12	13	14	15	16	17	18	19	20	21	22	23	24	25	26	—	0	45
元嘉19壬午 442–43	38	1	27	28	29	30	31	21	2	3	4	5	6	7	8	9	10	11	12	13	14	15	16	17	18	19	20	21	22	23	24	25	1	14
		2	26	27	28	31	2	3	4	5	6	7	8	9	10	11	12	13	14	15	16	17	18	19	20	21	22	23	24	25	26	27	3	44
		3	28	29	30	31	41	2	3	4	5	6	7	8	9	10	11	12	13	14	15	16	17	18	19	20	21	22	23	24	25	—	5	14
		4	26	27	28	29	30	51	2	3	4	5	6	7	8	9	10	11	12	13	14	15	16	17	18	19	20	21	22	23	24	25	6	43
		5	26	27	28	29	30	31	61	2	3	4	5	6	7	8	9	10	11	12	13	14	15	16	17	18	19	20	21	22	23	—	1	13
		5	24	25	26	27	28	29	30	71	2	3	4	5	6	7	8	9	10	11	12	13	14	15	16	17	18	19	20	21	22	23	2	42
		6	24	25	26	27	28	29	30	31	81	2	3	4	5	6	7	8	9	10	11	12	13	14	15	16	17	18	19	20	21	—	4	12
		7	22	23	24	25	26	27	28	29	30	31	91	2	3	4	5	6	7	8	9	10	11	12	13	14	15	16	17	18	19	20	5	41
		8	21	22	23	24	25	26	27	28	29	30	01	2	3	4	5	6	7	8	9	10	11	12	13	14	15	16	17	18	19	—	0	11
		9	20	21	22	23	24	25	26	27	28	29	30	31	N1	2	3	4	5	6	7	8	9	10	11	12	13	14	15	16	17	18	1	40
		10	19	20	21	22	23	24	25	26	27	28	29	30	D1	2	3	4	5	6	7	8	9	10	11	12	13	14	15	16	17	—	3	10
		11	18	19	20	21	22	23	24	25	26	27	28	29	30	31	11	2	3	4	5	6	7	8	9	10	11	12	13	14	15	16	4	39
		12	17	18	19	20	21	22	23	24	25	26	27	28	29	30	31	21	2	3	4	5	6	7	8	9	10	11	12	13	14	—	6	9
元嘉20癸未 443–44	50	1	15	16	17	18	19	20	21	22	23	24	25	26	27	28	31	2	3	4	5	6	7	8	9	10	11	12	13	14	15	16	0	38
		2	17	18	19	20	21	22	23	24	25	26	27	28	29	30	31	41	2	3	4	5	6	7	8	9	10	11	12	13	14	—	2	8
		3	15	16	17	18	19	20	21	22	23	24	25	26	27	28	29	30	51	2	3	4	5	6	7	8	9	10	11	12	13	14	3	37
		4	15	16	17	18	19	20	21	22	23	24	25	26	27	28	29	30	31	61	2	3	4	5	6	7	8	9	10	11	12	13	5	7
		5	14	15	16	17	18	19	20	21	22	23	24	25	26	27	28	29	30	71	2	3	4	5	6	7	8	9	10	11	12	—	0	37
		6	13	14	15	16	17	18	19	20	21	22	23	24	25	26	27	28	29	30	31	81	2	3	4	5	6	7	8	9	10	11	1	6
		7	12	13	14	15	16	17	18	19	20	21	22	23	24	25	26	27	28	29	30	31	91	2	3	4	5	6	7	8	9	—	3	36
		8	10	11	12	13	14	15	16	17	18	19	20	21	22	23	24	25	26	27	28	29	30	01	2	3	4	5	6	7	8	9	4	5
		9	10	11	12	13	14	15	16	17	18	19	20	21	22	23	24	25	26	27	28	29	30	31	N1	2	3	4	5	6	7	—	6	35
		10	8	9	10	11	12	13	14	15	16	17	18	19	20	21	22	23	24	25	26	27	28	29	30	D1	2	3	4	5	6	7	0	4
		11	8	9	10	11	12	13	14	15	16	17	18	19	20	21	22	23	24	25	26	27	28	29	30	31	11	2	3	4	5	—	2	34
		12	6	7	8	9	10	11	12	13	14	15	16	17	18	19	20	21	22	23	24	25	26	27	28	29	30	31	21	2	3	4	3	3
元嘉21甲申 444–45	2	1	5	6	7	8	9	10	11	12	13	14	15	16	17	18	19	20	21	22	23	24	25	26	27	28	29	31	2	3	4	—	5	33
		2	5	6	7	8	9	10	11	12	13	14	15	16	17	18	19	20	21	22	23	24	25	26	27	28	29	30	31	41	2	3	6	2
		3	4	5	6	7	8	9	10	11	12	13	14	15	16	17	18	19	20	21	22	23	24	25	26	27	28	29	30	51	2	—	1	32
		4	3	4	5	6	7	8	9	10	11	12	13	14	15	16	17	18	19	20	21	22	23	24	25	26	27	28	29	30	31	61	2	1
		5	2	3	4	5	6	7	8	9	10	11	12	13	14	15	16	17	18	19	20	21	22	23	24	25	26	27	28	29	30	—	4	31
		6	71	2	3	4	5	6	7	8	9	10	11	12	13	14	15	16	17	18	19	20	21	22	23	24	25	26	27	28	29	30	5	0
		7	31	81	2	3	4	5	6	7	8	9	10	11	12	13	14	15	16	17	18	19	20	21	22	23	24	25	26	27	28	—	0	30
		8	29	30	31	91	2	3	4	5	6	7	8	9	10	11	12	13	14	15	16	17	18	19	20	21	22	23	24	25	26	27	1	59
		9	28	29	30	01	2	3	4	5	6	7	8	9	10	11	12	13	14	15	16	17	18	19	20	21	22	23	24	25	26	27	3	29
		10	28	29	30	31	N1	2	3	4	5	6	7	8	9	10	11	12	13	14	15	16	17	18	19	20	21	22	23	24	25	—	5	59
		11	26	27	28	29	30	D1	2	3	4	5	6	7	8	9	10	11	12	13	14	15	16	17	18	19	20	21	22	23	24	25	6	28
		12	26	27	28	29	30	31	11	2	3	4	5	6	7	8	9	10	11	12	13	14	15	16	17	18	19	20	21	22	23	—	1	58
元嘉22乙酉 445–46	14	1	24	25	26	27	28	29	30	31	21	2	3	4	5	6	7	8	9	10	11	12	13	14	15	16	17	18	19	20	21	22	2	27
		2	23	24	25	26	27	28	31	2	3	4	5	6	7	8	9	10	11	12	13	14	15	16	17	18	19	20	21	22	23	—	4	57
		3	24	25	26	27	28	29	30	31	41	2	3	4	5	6	7	8	9	10	11	12	13	14	15	16	17	18	19	20	21	22	5	26
		4	23	24	25	26	27	28	29	30	51	2	3	4	5	6	7	8	9	10	11	12	13	14	15	16	17	18	19	20	21	—	0	56
		5	22	23	24	25	26	27	28	29	30	31	61	2	3	4	5	6	7	8	9	10	11	12	13	14	15	16	17	18	19	20	1	25
		5	21	22	23	24	25	26	27	28	29	30	71	2	3	4	5	6	7	8	9	10	11	12	13	14	15	16	17	18	19	—	3	55
		6	20	21	22	23	24	25	26	27	28	29	30	31	81	2	3	4	5	6	7	8	9	10	11	12	13	14	15	16	17	18	4	24
		7	19	20	21	22	23	24	25	26	27	28	29	30	31	91	2	3	4	5	6	7	8	9	10	11	12	13	14	15	16	—	6	54
		8	17	18	19	20	21	22	23	24	25	26	27	28	29	30	01	2	3	4	5	6	7	8	9	10	11	12	13	14	15	16	0	23
		9	17	18	19	20	21	22	23	24	25	26	27	28	29	30	31	N1	2	3	4	5	6	7	8	9	10	11	12	13	14	—	2	53
		10	15	16	17	18	19	20	21	22	23	24	25	26	27	28	29	30	D1	2	3	4	5	6	7	8	9	10	11	12	13	14	3	22
		11	15	16	17	18	19	20	21	22	23	24	25	26	27	28	29	30	31	11	2	3	4	5	6	7	8	9	10	11	12	—	5	52
		12	13	14	15	16	17	18	19	20	21	22	23	24	25	26	27	28	29	30	31	21	2	3	4	5	6	7	8	9	10	11	6	21

年序 Year	陰曆月序 Moon		陰曆日序 Order of days (Lunar)																														星期 Week	干支 Cycle
			1	2	3	4	5	6	7	8	9	10	11	12	13	14	15	16	17	18	19	20	21	22	23	24	25	26	27	28	29	30		
元嘉23丙戌 446–47	26	1	12	13	14	15	16	17	18	19	20	21	22	23	24	25	26	27	28	31	2	3	4	5	6	7	8	9	10	11	12	13	1	51
		2	14	15	16	17	18	19	20	21	22	23	24	25	26	27	28	29	30	31	41	2	3	4	5	6	7	8	9	10	11	—	3	21
		3	12	13	14	15	16	17	18	19	20	21	22	23	24	25	26	27	28	29	30	51	2	3	4	5	6	7	8	9	10	11	4	50
		4	12	13	14	15	16	17	18	19	20	21	22	23	24	25	26	27	28	29	30	31	61	2	3	4	5	6	7	8	9	—	6	20
		5	10	11	12	13	14	15	16	17	18	19	20	21	22	23	24	25	26	27	28	29	30	71	2	3	4	5	6	7	8	9	0	49
		6	10	11	12	13	14	15	16	17	18	19	20	21	22	23	24	25	26	27	28	29	30	31	81	2	3	4	5	6	7	—	2	19
		7	8	9	10	11	12	13	14	15	16	17	18	19	20	21	22	23	24	25	26	27	28	29	30	31	91	2	3	4	5	6	3	48
		8	7	8	9	10	11	12	13	14	15	16	17	18	19	20	21	22	23	24	25	26	27	28	29	30	01	2	3	4	5	—	5	18
		9	6	7	8	9	10	11	12	13	14	15	16	17	18	19	20	21	22	23	24	25	26	27	28	29	30	31	N1	2	3	4	6	47
		10	5	6	7	8	9	10	11	12	13	14	15	16	17	18	19	20	21	22	23	24	25	26	27	28	29	30	D1	2	3	—	1	17
		11	4	5	6	7	8	9	10	11	12	13	14	15	16	17	18	19	20	21	22	23	24	25	26	27	28	29	30	31	11	2	2	46
		12	3	4	5	6	7	8	9	10	11	12	13	14	15	16	17	18	19	20	21	22	23	24	25	26	27	28	29	30	31	—	4	16
元嘉24丁亥 447–48	38	1	21	2	3	4	5	6	7	8	9	10	11	12	13	14	15	16	17	18	19	20	21	22	23	24	25	26	27	28	31	2	5	45
		2	3	4	5	6	7	8	9	10	11	12	13	14	15	16	17	18	19	20	21	22	23	24	25	26	27	28	29	30	31	—	0	15
		3	41	2	3	4	5	6	7	8	9	10	11	12	13	14	15	16	17	18	19	20	21	22	23	24	25	26	27	28	29	30	1	44
		4	51	2	3	4	5	6	7	8	9	10	11	12	13	14	15	16	17	18	19	20	21	22	23	24	25	26	27	28	29	30	3	14
		5	31	61	2	3	4	5	6	7	8	9	10	11	12	13	14	15	16	17	18	19	20	21	22	23	24	25	26	27	28	—	5	44
		6	29	30	71	2	3	4	5	6	7	8	9	10	11	12	13	14	15	16	17	18	19	20	21	22	23	24	25	26	27	28	6	13
		7	29	30	31	81	2	3	4	5	6	7	8	9	10	11	12	13	14	15	16	17	18	19	20	21	22	23	24	25	26	—	1	43
		8	27	28	29	30	31	91	2	3	4	5	6	7	8	9	10	11	12	13	14	15	16	17	18	19	20	21	22	23	24	25	2	12
		9	26	27	28	29	30	01	2	3	4	5	6	7	8	9	10	11	12	13	14	15	16	17	18	19	20	21	22	23	24	—	4	42
		10	25	26	27	28	29	30	31	N1	2	3	4	5	6	7	8	9	10	11	12	13	14	15	16	17	18	19	20	21	22	23	5	11
		11	24	25	26	27	28	29	30	D1	2	3	4	5	6	7	8	9	10	11	12	13	14	15	16	17	18	19	20	21	22	—	0	41
		12	23	24	25	26	27	28	29	30	31	11	2	3	4	5	6	7	8	9	10	11	12	13	14	15	16	17	18	19	20	21	1	10
元嘉25戊子 448–49	50	1	22	23	24	25	26	27	28	29	30	31	21	2	3	4	5	6	7	8	9	10	11	12	13	14	15	16	17	18	19	—	3	40
		2	20	21	22	23	24	25	26	27	28	29	31	2	3	4	5	6	7	8	9	10	11	12	13	14	15	16	17	18	19	20	4	9
		2	21	22	23	24	25	26	27	28	29	30	31	41	2	3	4	5	6	7	8	9	10	11	12	13	14	15	16	17	18	—	6	39
		3	19	20	21	22	23	24	25	26	27	28	29	30	51	2	3	4	5	6	7	8	9	10	11	12	13	14	15	16	17	18	0	8
		4	19	20	21	22	23	24	25	26	27	28	29	30	31	61	2	3	4	5	6	7	8	9	10	11	12	13	14	15	16	—	2	38
		5	17	18	19	20	21	22	23	24	25	26	27	28	29	30	71	2	3	4	5	6	7	8	9	10	11	12	13	14	15	16	3	7
		6	17	18	19	20	21	22	23	24	25	26	27	28	29	30	31	81	2	3	4	5	6	7	8	9	10	11	12	13	14	—	5	37
		7	15	16	17	18	19	20	21	22	23	24	25	26	27	28	29	30	31	91	2	3	4	5	6	7	8	9	10	11	12	13	6	6
		8	14	15	16	17	18	19	20	21	22	23	24	25	26	27	28	29	30	01	2	3	4	5	6	7	8	9	10	11	12	13	1	36
		9	14	15	16	17	18	19	20	21	22	23	24	25	26	27	28	29	30	31	N1	2	3	4	5	6	7	8	9	10	11	—	3	6
		10	12	13	14	15	16	17	18	19	20	21	22	23	24	25	26	27	28	29	30	D1	2	3	4	5	6	7	8	9	10	11	4	35
		11	12	13	14	15	16	17	18	19	20	21	22	23	24	25	26	27	28	29	30	31	11	2	3	4	5	6	7	8	9	—	6	5
		12	10	11	12	13	14	15	16	17	18	19	20	21	22	23	24	25	26	27	28	29	30	31	21	2	3	4	5	6	7	8	0	34
元嘉26己丑 449–50	2	1	9	10	11	12	13	14	15	16	17	18	19	20	21	22	23	24	25	26	27	28	31	2	3	4	5	6	7	8	9	—	2	4
		2	10	11	12	13	14	15	16	17	18	19	20	21	22	23	24	25	26	27	28	29	30	31	41	2	3	4	5	6	7	8	3	33
		3	9	10	11	12	13	14	15	16	17	18	19	20	21	22	23	24	25	26	27	28	29	30	51	2	3	4	5	6	7	—	5	3
		4	8	9	10	11	12	13	14	15	16	17	18	19	20	21	22	23	24	25	26	27	28	29	30	31	61	2	3	4	5	6	6	32
		5	7	8	9	10	11	12	13	14	15	16	17	18	19	20	21	22	23	24	25	26	27	28	29	30	71	2	3	4	5	—	1	2
		6	6	7	8	9	10	11	12	13	14	15	16	17	18	19	20	21	22	23	24	25	26	27	28	29	30	31	81	2	3	4	2	31
		7	5	6	7	8	9	10	11	12	13	14	15	16	17	18	19	20	21	22	23	24	25	26	27	28	29	30	31	91	2	—	4	1
		8	3	4	5	6	7	8	9	10	11	12	13	14	15	16	17	18	19	20	21	22	23	24	25	26	27	28	29	30	01	2	5	30
		9	3	4	5	6	7	8	9	10	11	12	13	14	15	16	17	18	19	20	21	22	23	24	25	26	27	28	29	30	31	—	0	0
		10	N1	2	3	4	5	6	7	8	9	10	11	12	13	14	15	16	17	18	19	20	21	22	23	24	25	26	27	28	29	30	1	29
		11	D1	2	3	4	5	6	7	8	9	10	11	12	13	14	15	16	17	18	19	20	21	22	23	24	25	26	27	28	29	—	3	59
		12	30	31	11	2	3	4	5	6	7	8	9	10	11	12	13	14	15	16	17	18	19	20	21	22	23	24	25	26	27	28	4	28
元嘉27庚寅 450–51	14	1	29	30	31	21	2	3	4	5	6	7	8	9	10	11	12	13	14	15	16	17	18	19	20	21	22	23	24	25	26	27	6	58
		2	28	31	2	3	4	5	6	7	8	9	10	11	12	13	14	15	16	17	18	19	20	21	22	23	24	25	26	27	28	—	1	28
		3	29	30	31	41	2	3	4	5	6	7	8	9	10	11	12	13	14	15	16	17	18	19	20	21	22	23	24	25	26	27	2	57
		4	28	29	30	51	2	3	4	5	6	7	8	9	10	11	12	13	14	15	16	17	18	19	20	21	22	23	24	25	26	—	4	27
		5	27	28	29	30	31	61	2	3	4	5	6	7	8	9	10	11	12	13	14	15	16	17	18	19	20	21	22	23	24	25	5	56
		6	26	27	28	29	30	71	2	3	4	5	6	7	8	9	10	11	12	13	14	15	16	17	18	19	20	21	22	23	24	—	0	26
		7	25	26	27	28	29	30	31	81	2	3	4	5	6	7	8	9	10	11	12	13	14	15	16	17	18	19	20	21	22	23	1	55
		8	24	25	26	27	28	29	30	31	91	2	3	4	5	6	7	8	9	10	11	12	13	14	15	16	17	18	19	20	21	—	3	25
		9	22	23	24	25	26	27	28	29	30	01	2	3	4	5	6	7	8	9	10	11	12	13	14	15	16	17	18	19	20	21	4	54
		10	22	23	24	25	26	27	28	29	30	31	N1	2	3	4	5	6	7	8	9	10	11	12	13	14	15	16	17	18	19	—	6	24
		10	20	21	22	23	24	25	26	27	28	29	30	D1	2	3	4	5	6	7	8	9	10	11	12	13	14	15	16	17	18	19	0	53
		11	20	21	22	23	24	25	26	27	28	29	30	31	11	2	3	4	5	6	7	8	9	10	11	12	13	14	15	16	17	—	2	23
		12	18	19	20	21	22	23	24	25	26	27	28	29	30	31	21	2	3	4	5	6	7	8	9	10	11	12	13	14	15	16	3	52

年序 Year	陰曆月序 Moon	陰曆日序 Order of days (Lunar) 1 2 3 4 5	6 7 8 9 10	11 12 13 14 15	16 17 18 19 20	21 22 23 24 25	26 27 28 29 30	星期 Week	干支 Cycle
元嘉 28 辛卯 451–52	26 1	17 18 19 20 21	22 23 24 25 26	27 28 31 2 3	4 5 6 7 8	9 10 11 12 13	14 15 16 17 —	5	22
	2	18 19 20 21 22	23 24 25 26 27	28 29 30 31 41	2 3 4 5 6	7 8 9 10 11	12 13 14 15 16	6	51
	3	17 18 19 20 21	22 23 24 25 26	27 28 29 30 51	2 3 4 5 6	7 8 9 10 11	12 13 14 15 16	1	21
	4	17 18 19 20 21	22 23 24 25 26	27 28 29 30 31	61 2 3 4 5	6 7 8 9 10	11 12 13 14 —	3	51
	5	15 16 17 18 19	20 21 22 23 24	25 26 27 28 29	30 71 2 3 4	5 6 7 8 9	10 11 12 13 14	4	20
	6	15 16 17 18 19	20 21 22 23 24	25 26 27 28 29	30 31 81 2 3	4 5 6 7 8	9 10 11 12 —	6	50
	7	13 14 15 16 17	18 19 20 21 22	23 24 25 26 27	28 29 30 31 91	2 3 4 5 6	7 8 9 10 11	0	19
	8	12 13 14 15 16	17 18 19 20 21	22 23 24 25 26	27 28 29 30 01	2 3 4 5 6	7 8 9 10 —	2	49
	9	11 12 13 14 15	16 17 18 19 20	21 22 23 24 25	26 27 28 29 30	31 N1 2 3 4	5 6 7 8 9	3	18
	10	10 11 12 13 14	15 16 17 18 19	20 21 22 23 24	25 26 27 28 29	30 D1 2 3 4	5 6 7 8 —	5	48
	11	9 10 11 12 13	14 15 16 17 18	19 20 21 22 23	24 25 26 27 28	29 30 31 11 2	3 4 5 6 7	6	17
	12	8 9 10 11 12	13 14 15 16 17	18 19 20 21 22	23 24 25 26 27	28 29 30 31 21	2 3 4 5 —	1	47
元嘉 29 壬辰 452–53	38 1	6 7 8 9 10	11 12 13 14 15	16 17 18 19 20	21 22 23 24 25	26 27 28 29 31	2 3 4 5 6	2	16
	2	7 8 9 10 11	12 13 14 15 16	17 18 19 20 21	22 23 24 25 26	27 28 29 30 31	41 2 3 4 —	4	46
	3	5 6 7 8 9	10 11 12 13 14	15 16 17 18 19	20 21 22 23 24	25 26 27 28 29	30 51 2 3 4	5	15
	4	5 6 7 8 9	10 11 12 13 14	15 16 17 18 19	20 21 22 23 24	25 26 27 28 29	30 31 61 2 —	0	45
	5	3 4 5 6 7	8 9 10 11 12	13 14 15 16 17	18 19 20 21 22	23 24 25 26 27	28 29 30 71 2	1	14
	6	3 4 5 6 7	8 9 10 11 12	13 14 15 16 17	18 19 20 21 22	23 24 25 26 27	28 29 30 31 —	3	44
	7	81 2 3 4 5	6 7 8 9 10	11 12 13 14 15	16 17 18 19 20	21 22 23 24 25	26 27 28 29 30	4	13
	8	31 91 2 3 4	5 6 7 8 9	10 11 12 13 14	15 16 17 18 19	20 21 22 23 24	25 26 27 28 29	6	43
	9	30 01 2 3 4	5 6 7 8 9	10 11 12 13 14	15 16 17 18 19	20 21 22 23 24	25 26 27 28 —	1	13
	10	29 30 31 N1 2	3 4 5 6 7	8 9 10 11 12	13 14 15 16 17	18 19 20 21 22	23 24 25 26 27	2	42
	11	28 29 30 D1 2	3 4 5 6 7	8 9 10 11 12	13 14 15 16 17	18 19 20 21 22	23 24 25 26 —	4	12
	12	27 28 29 30 31	11 2 3 4 5	6 7 8 9 10	11 12 13 14 15	16 17 18 19 20	21 22 23 24 25	5	41
元嘉 30 癸巳 453–54	50 1	26 27 28 29 30	31 21 2 3 4	5 6 7 8 9	10 11 12 13 14	15 16 17 18 19	20 21 22 23 —	0	11
	2	24 25 26 27 28	31 2 3 4 5	6 7 8 9 10	11 12 13 14 15	16 17 18 19 20	21 22 23 24 25	1	40
	3	26 27 28 29 30	31 41 2 3 4	5 6 7 8 9	10 11 12 13 14	15 16 17 18 19	20 21 22 23 —	3	10
	4	24 25 26 27 28	29 30 51 2 3	4 5 6 7 8	9 10 11 12 13	14 15 16 17 18	19 20 21 22 23	4	39
	5	24 25 26 27 28	29 30 31 61 2	3 4 5 6 7	8 9 10 11 12	13 14 15 16 17	18 19 20 21 —	6	9
	6	22 23 24 25 26	27 28 29 30 71	2 3 4 5 6	7 8 9 10 11	12 13 14 15 16	17 18 19 20 21	0	38
	6	22 23 24 25 26	27 28 29 30 31	81 2 3 4 5	6 7 8 9 10	11 12 13 14 15	16 17 18 19 —	2	8
	7	20 21 22 23 24	25 26 27 28 29	30 31 91 2 3	4 5 6 7 8	9 10 11 12 13	14 15 16 17 18	3	37
	8	19 20 21 22 23	24 25 26 27 28	29 30 01 2 3	4 5 6 7 8	9 10 11 12 13	14 15 16 17 —	5	7
	9	18 19 20 21 22	23 24 25 26 27	28 29 30 31 N1	2 3 4 5 6	7 8 9 10 11	12 13 14 15 16	6	36
	10	17 18 19 20 21	22 23 24 25 26	27 28 29 30 D1	2 3 4 5 6	7 8 9 10 11	12 13 14 15 —	1	6
	11	16 17 18 19 20	21 22 23 24 25	26 27 28 29 30	31 11 2 3 4	5 6 7 8 9	10 11 12 13 14	2	35
	12	15 16 17 18 19	20 21 22 23 24	25 26 27 28 29	30 31 21 2 3	4 5 6 7 8	9 10 11 12 13	4	5
孝武帝 孝建 1 甲午 454–55	2 1	14 15 16 17 18	19 20 21 22 23	24 25 26 27 28	31 2 3 4 5	6 7 8 9 10	11 12 13 14 —	6	35
	2	15 16 17 18 19	20 21 22 23 24	25 26 27 28 29	30 31 41 2 3	4 5 6 7 8	9 10 11 12 13	0	4
	3	14 15 16 17 18	19 20 21 22 23	24 25 26 27 28	29 30 51 2 3	4 5 6 7 8	9 10 11 12 —	2	34
	4	13 14 15 16 17	18 19 20 21 22	23 24 25 26 27	28 29 30 31 61	2 3 4 5 6	7 8 9 10 11	3	3
	5	12 13 14 15 16	17 18 19 20 21	22 23 24 25 26	27 28 29 30 71	2 3 4 5 6	7 8 9 10 —	5	33
	6	11 12 13 14 15	16 17 18 19 20	21 22 23 24 25	26 27 28 29 30	31 81 2 3 4	5 6 7 8 9	6	2
	7	10 11 12 13 14	15 16 17 18 19	20 21 22 23 24	25 26 27 28 29	30 31 91 2 3	4 5 6 7 —	1	32
	8	8 9 10 11 12	13 14 15 16 17	18 19 20 21 22	23 24 25 26 27	28 29 30 01 2	3 4 5 6 7	2	1
	9	8 9 10 11 12	13 14 15 16 17	18 19 20 21 22	23 24 25 26 27	28 29 30 31 N1	2 3 4 5 —	4	31
	10	6 7 8 9 10	11 12 13 14 15	16 17 18 19 20	21 22 23 24 25	26 27 28 29 30	D1 2 3 4 5	5	0
	11	6 7 8 9 10	11 12 13 14 15	16 17 18 19 20	21 22 23 24 25	26 27 28 29 30	31 11 2 3 —	0	30
	12	4 5 6 7 8	9 10 11 12 13	14 15 16 17 18	19 20 21 22 23	24 25 26 27 28	29 30 31 21 2	1	59
孝建 2 乙未 455–56	14 1	3 4 5 6 7	8 9 10 11 12	13 14 15 16 17	18 19 20 21 22	23 24 25 26 27	28 31 2 3 —	3	29
	2	4 5 6 7 8	9 10 11 12 13	14 15 16 17 18	19 20 21 22 23	24 25 26 27 28	29 30 31 41 2	4	58
	3	3 4 5 6 7	8 9 10 11 12	13 14 15 16 17	18 19 20 21 22	23 24 25 26 27	28 29 30 51 2	6	28
	4	3 4 5 6 7	8 9 10 11 12	13 14 15 16 17	18 19 20 21 22	23 24 25 26 27	28 29 30 31 —	1	58
	5	61 2 3 4 5	6 7 8 9 10	11 12 13 14 15	16 17 18 19 20	21 22 23 24 25	26 27 28 29 30	2	27
	6	71 2 3 4 5	6 7 8 9 10	11 12 13 14 15	16 17 18 19 20	21 22 23 24 25	26 27 28 29 —	4	57
	7	30 31 81 2 3	4 5 6 7 8	9 10 11 12 13	14 15 16 17 18	19 20 21 22 23	24 25 26 27 28	5	26
	8	29 30 31 91 2	3 4 5 6 7	8 9 10 11 12	13 14 15 16 17	18 19 20 21 22	23 24 25 26 —	0	56
	9	27 28 29 30 01	2 3 4 5 6	7 8 9 10 11	12 13 14 15 16	17 18 19 20 21	22 23 24 25 26	1	25
	10	27 28 29 30 31	N1 2 3 4 5	6 7 8 9 10	11 12 13 14 15	16 17 18 19 20	21 22 23 24 —	3	55
	11	25 26 27 28 29	30 D1 2 3 4	5 6 7 8 9	10 11 12 13 14	15 16 17 18 19	20 21 22 23 24	4	24
	12	25 26 27 28 29	30 31 11 2 3	4 5 6 7 8	9 10 11 12 13	14 15 16 17 18	19 20 21 22 —	6	54

年序 Year	陰曆月序 Moon	陰曆日序 Order of days (Lunar) 1 2 3 4 5	6 7 8 9 10	11 12 13 14 15	16 17 18 19 20	21 22 23 24 25	26 27 28 29 30	星期 Week	干支 Cycle
孝建 3 丙申 456–57	26 1	23 24 25 26 27	28 29 30 31 21	2 3 4 5 6	7 8 9 10 11	12 13 14 15 16	17 18 19 20 21	0	23
	2	22 23 24 25 26	27 28 29 31 2	3 4 5 6 7	8 9 10 11 12	13 14 15 16 17	18 19 20 21 —	2	53
	3	22 23 24 25 26	27 28 29 30 31	41 2 3 4 5	6 7 8 9 10	11 12 13 14 15	16 17 18 19 20	3	22
	3	21 22 23 24 25	26 27 28 29 30	51 2 3 4 5	6 7 8 9 10	11 12 13 14 15	16 17 18 19 —	5	52
	4	20 21 22 23 24	25 26 27 28 29	30 31 61 2 3	4 5 6 7 8	9 10 11 12 13	14 15 16 17 18	6	21
	5	19 20 21 22 23	24 25 26 27 28	29 30 71 2 3	4 5 6 7 8	9 10 11 12 13	14 15 16 17 —	1	51
	6	18 19 20 21 22	23 24 25 26 27	28 29 30 31 81	2 3 4 5 6	7 8 9 10 11	12 13 14 15 16	2	20
	7	17 18 19 20 21	22 23 24 25 26	27 28 29 30 31	91 2 3 4 5	6 7 8 9 10	11 12 13 14 15	4	50
	8	16 17 18 19 20	21 22 23 24 25	26 27 28 29 30	01 2 3 4 5	6 7 8 9 10	11 12 13 14 —	6	20
	9	15 16 17 18 19	20 21 22 23 24	25 26 27 28 29	30 31 N1 2 3	4 5 6 7 8	9 10 11 12 13	0	49
	10	14 15 16 17 18	19 20 21 22 23	24 25 26 27 28	29 30 D1 2 3	4 5 6 7 8	9 10 11 12 —	2	19
	11	13 14 15 16 17	18 19 20 21 22	23 24 25 26 27	28 29 30 31 11	2 3 4 5 6	7 8 9 10 11	3	48
	12	12 13 14 15 16	17 18 19 20 21	22 23 24 25 26	27 28 29 30 31	21 2 3 4 5	6 7 8 9 —	5	18
大明 1 丁酉 457–58	38 1	10 11 12 13 14	15 16 17 18 19	20 21 22 23 24	25 26 27 28 31	2 3 4 5 6	7 8 9 10 11	6	47
	2	12 13 14 15 16	17 18 19 20 21	22 23 24 25 26	27 28 29 30 31	41 2 3 4 5	6 7 8 9 —	1	17
	3	10 11 12 13 14	15 16 17 18 19	20 21 22 23 24	25 26 27 28 29	30 51 2 3 4	5 6 7 8 9	2	46
	4	10 11 12 13 14	15 16 17 18 19	20 21 22 23 24	25 26 27 28 29	30 31 61 2 3	4 5 6 7 —	4	16
	5	8 9 10 11 12	13 14 15 16 17	18 19 20 21 22	23 24 25 26 27	28 29 30 71 2	3 4 5 6 7	5	45
	6	8 9 10 11 12	13 14 15 16 17	18 19 20 21 22	23 24 25 26 27	28 29 30 31 81	2 3 4 5 —	0	15
	7	6 7 8 9 10	11 12 13 14 15	16 17 18 19 20	21 22 23 24 25	26 27 28 29 30	31 91 2 3 4	1	44
	8	5 6 7 8 9	10 11 12 13 14	15 16 17 18 19	20 21 22 23 24	25 26 27 28 29	30 01 2 3 —	3	14
	9	4 5 6 7 8	9 10 11 12 13	14 15 16 17 18	19 20 21 22 23	24 25 26 27 28	29 30 31 N1 2	4	43
	10	3 4 5 6 7	8 9 10 11 12	13 14 15 16 17	18 19 20 21 22	23 24 25 26 27	28 29 30 D1 —	6	13
	11	2 3 4 5 6	7 8 9 10 11	12 13 14 15 16	17 18 19 20 21	22 23 24 25 26	27 28 29 30 31	0	42
	12	11 2 3 4 5	6 7 8 9 10	11 12 13 14 15	16 17 18 19 20	21 22 23 24 25	26 27 28 29 30	2	12
大明 2 戊戌 458–59	50 1	31 21 2 3 4	5 6 7 8 9	10 11 12 13 14	15 16 17 18 19	20 21 22 23 24	25 26 27 28 —	4	42
	2	31 2 3 4 5	6 7 8 9 10	11 12 13 14 15	16 17 18 19 20	21 22 23 24 25	26 27 28 29 30	5	11
	3	31 41 2 3 4	5 6 7 8 9	10 11 12 13 14	15 16 17 18 19	20 21 22 23 24	25 26 27 28 —	0	41
	4	29 30 51 2 3	4 5 6 7 8	9 10 11 12 13	14 15 16 17 18	19 20 21 22 23	24 25 26 27 28	1	10
	5	29 30 31 61 2	3 4 5 6 7	8 9 10 11 12	13 14 15 16 17	18 19 20 21 22	23 24 25 26 —	3	40
	6	27 28 29 30 71	2 3 4 5 6	7 8 9 10 11	12 13 14 15 16	17 18 19 20 21	22 23 24 25 26	4	9
	7	27 28 29 30 31	81 2 3 4 5	6 7 8 9 10	11 12 13 14 15	16 17 18 19 20	21 22 23 24 —	6	39
	8	25 26 27 28 29	30 31 91 2 3	4 5 6 7 8	9 10 11 12 13	14 15 16 17 18	19 20 21 22 23	0	8
	9	24 25 26 27 28	29 30 01 2 3	4 5 6 7 8	9 10 11 12 13	14 15 16 17 18	19 20 21 22 —	2	38
	10	23 24 25 26 27	28 29 30 31 N1	2 3 4 5 6	7 8 9 10 11	12 13 14 15 16	17 18 19 20 21	3	7
	11	22 23 24 25 26	27 28 29 30 D1	2 3 4 5 6	7 8 9 10 11	12 13 14 15 16	17 18 19 20 —	5	37
	12	21 22 23 24 25	26 27 28 29 30	31 11 2 3 4	5 6 7 8 9	10 11 12 13 14	15 16 17 18 19	6	6
	12	20 21 22 23 24	25 26 27 28 29	30 31 21 2 3	4 5 6 7 8	9 10 11 12 13	14 15 16 17 —	1	36
大明 3 己亥 459–60	2 1	18 19 20 21 22	23 24 25 26 27	28 31 2 3 4	5 6 7 8 9	10 11 12 13 14	15 16 17 18 19	2	5
	2	20 21 22 23 24	25 26 27 28 29	30 31 41 2 3	4 5 6 7 8	9 10 11 12 13	14 15 16 17 —	4	35
	3	18 19 20 21 22	23 24 25 26 27	28 29 30 51 2	3 4 5 6 7	8 9 10 11 12	13 14 15 16 17	5	4
	4	18 19 20 21 22	23 24 25 26 27	28 29 30 31 61	2 3 4 5 6	7 8 9 10 11	12 13 14 15 16	0	34
	5	17 18 19 20 21	22 23 24 25 26	27 28 29 30 71	2 3 4 5 6	7 8 9 10 11	12 13 14 15 —	2	4
	6	16 17 18 19 20	21 22 23 24 25	26 27 28 29 30	31 81 2 3 4	5 6 7 8 9	10 11 12 13 14	3	33
	7	15 16 17 18 19	20 21 22 23 24	25 26 27 28 29	30 31 91 2 3	4 5 6 7 8	9 10 11 12 —	5	3
	8	13 14 15 16 17	18 19 20 21 22	23 24 25 26 27	28 29 30 01 2	3 4 5 6 7	8 9 10 11 12	6	32
	9	13 14 15 16 17	18 19 20 21 22	23 24 25 26 27	28 29 30 31 N1	2 3 4 5 6	7 8 9 10 —	1	2
	10	11 12 13 14 15	16 17 18 19 20	21 22 23 24 25	26 27 28 29 30	D1 2 3 4 5	6 7 8 9 10	2	31
	11	11 12 13 14 15	16 17 18 19 20	21 22 23 24 25	26 27 28 29 30	31 11 2 3 4	5 6 7 8 —	4	1
	12	9 10 11 12 13	14 15 16 17 18	19 20 21 22 23	24 25 26 27 28	29 30 31 21 2	3 4 5 6 7	5	30
大明 4 庚子 460–61	14 1	8 9 10 11 12	13 14 15 16 17	18 19 20 21 22	23 24 25 26 27	28 29 31 2 3	4 5 6 7 —	0	0
	2	8 9 10 11 12	13 14 15 16 17	18 19 20 21 22	23 24 25 26 27	28 29 30 31 41	2 3 4 5 6	1	29
	3	7 8 9 10 11	12 13 14 15 16	17 18 19 20 21	22 23 24 25 26	27 28 29 30 51	2 3 4 5 —	3	59
	4	6 7 8 9 10	11 12 13 14 15	16 17 18 19 20	21 22 23 24 25	26 27 28 29 30	31 61 2 3 4	4	28
	5	5 6 7 8 9	10 11 12 13 14	15 16 17 18 19	20 21 22 23 24	25 26 27 28 29	30 71 2 3 —	6	58
	6	4 5 6 7 8	9 10 11 12 13	14 15 16 17 18	19 20 21 22 23	24 25 26 27 28	29 30 31 81 2	0	27
	7	3 4 5 6 7	8 9 10 11 12	13 14 15 16 17	18 19 20 21 22	23 24 25 26 27	28 29 30 31 91	2	57
	8	2 3 4 5 6	7 8 9 10 11	12 13 14 15 16	17 18 19 20 21	22 23 24 25 26	27 28 29 30 —	4	27
	9	01 2 3 4 5	6 7 8 9 10	11 12 13 14 15	16 17 18 19 20	21 22 23 24 25	26 27 28 29 30	5	56
	10	31 N1 2 3 4	5 6 7 8 9	10 11 12 13 14	15 16 17 18 19	20 21 22 23 24	25 26 27 28 —	0	26
	11	29 30 D1 2 3	4 5 6 7 8	9 10 11 12 13	14 15 16 17 18	19 20 21 22 23	24 25 26 27 28	1	55
	12	29 30 31 11 2	3 4 5 6 7	8 9 10 11 12	13 14 15 16 17	18 19 20 21 22	23 24 25 26 —	3	25

年序 Year	陰曆月序 Moon	陰曆日序 Order of days (Lunar) 1 2 3 4 5	6 7 8 9 10	11 12 13 14 15	16 17 18 19 20	21 22 23 24 25	26 27 28 29 30	星期 Week	干支 Cycle
大明 5 辛丑 461–62	26 1	27 28 29 30 31	21 2 3 4 5	6 7 8 9 10	11 12 13 14 15	16 17 18 19 20	21 22 23 24 25	4	54
	2	26 27 28 31 2	3 4 5 6 7	8 9 10 11 12	13 14 15 16 17	18 19 20 21 22	23 24 25 26 —	6	24
	3	27 28 29 30 31	41 2 3 4 5	6 7 8 9 10	11 12 13 14 15	16 17 18 19 20	21 22 23 24 25	0	53
	4	26 27 28 29 30	51 2 3 4 5	6 7 8 9 10	11 12 13 14 15	16 17 18 19 20	21 22 23 24 —	2	23
	5	25 26 27 28 29	30 31 61 2 3	4 5 6 7 8	9 10 11 12 13	14 15 16 17 18	19 20 21 22 23	3	52
	6	24 25 26 27 28	29 30 71 2 3	4 5 6 7 8	9 10 11 12 13	14 15 16 17 18	19 20 21 22 —	5	22
	7	23 24 25 26 27	28 29 30 31 81	2 3 4 5 6	7 8 9 10 11	12 13 14 15 16	17 18 19 20 21	6	51
	8	22 23 24 25 26	27 28 29 30 31	91 2 3 4 5	6 7 8 9 10	11 12 13 14 15	16 17 18 19 —	1	21
	9	20 21 22 23 24	25 26 27 28 29	30 O1 2 3 4	5 6 7 8 9	10 11 12 13 14	15 16 17 18 19	2	50
	9	20 21 22 23 24	25 26 27 28 29	30 31 N1 2 3	4 5 6 7 8	9 10 11 12 13	14 15 16 17 —	4	20
	10	18 19 20 21 22	23 24 25 26 27	28 29 30 D1 2	3 4 5 6 7	8 9 10 11 12	13 14 15 16 17	5	49
	11	18 19 20 21 22	23 24 25 26 27	28 29 30 31 11	2 3 4 5 6	7 8 9 10 11	12 13 14 15 16	0	19
	12	17 18 19 20 21	22 23 24 25 26	27 28 29 30 31	21 2 3 4 5	6 7 8 9 10	11 12 13 14 —	2	49
大明 6 壬寅 462–63	38 1	15 16 17 18 19	20 21 22 23 24	25 26 27 28 31	2 3 4 5 6	7 8 9 10 11	12 13 14 15 16	3	18
	2	17 18 19 20 21	22 23 24 25 26	27 28 29 30 31	41 2 3 4 5	6 7 8 9 10	11 12 13 14 —	5	48
	3	15 16 17 18 19	20 21 22 23 24	25 26 27 28 29	30 51 2 3 4	5 6 7 8 9	10 11 12 13 14	6	17
	4	15 16 17 18 19	20 21 22 23 24	25 26 27 28 29	30 31 61 2 3	4 5 6 7 8	9 10 11 12 —	1	47
	5	13 14 15 16 17	18 19 20 21 22	23 24 25 26 27	28 29 30 71 2	3 4 5 6 7	8 9 10 11 12	2	16
	6	13 14 15 16 17	18 19 20 21 22	23 24 25 26 27	28 29 30 31 81	2 3 4 5 6	7 8 9 10 —	4	46
	7	11 12 13 14 15	16 17 18 19 20	21 22 23 24 25	26 27 28 29 30	31 91 2 3 4	5 6 7 8 9	5	15
	8	10 11 12 13 14	15 16 17 18 19	20 21 22 23 24	25 26 27 28 29	30 O1 2 3 4	5 6 7 8 —	0	45
	9	9 10 11 12 13	14 15 16 17 18	19 20 21 22 23	24 25 26 27 28	29 30 31 N1 2	3 4 5 6 7	1	14
	10	8 9 10 11 12	13 14 15 16 17	18 19 20 21 22	23 24 25 26 27	28 29 30 D1 2	3 4 5 6 —	3	44
	11	7 8 9 10 11	12 13 14 15 16	17 18 19 20 21	22 23 24 25 26	27 28 29 30 31	11 2 3 4 5	4	13
	12	6 7 8 9 10	11 12 13 14 15	16 17 18 19 20	21 22 23 24 25	26 27 28 29 30	31 21 2 3 —	6	43
大明 7 癸卯 463–64	50 1	4 5 6 7 8	9 10 11 12 13	14 15 16 17 18	19 20 21 22 23	24 25 26 27 28	31 2 3 4 5	0	12
	2	6 7 8 9 10	11 12 13 14 15	16 17 18 19 20	21 22 23 24 25	26 27 28 29 30	31 41 2 3 —	2	42
	3	4 5 6 7 8	9 10 11 12 13	14 15 16 17 18	19 20 21 22 23	24 25 26 27 28	29 30 51 2 3	3	11
	4	4 5 6 7 8	9 10 11 12 13	14 15 16 17 18	19 20 21 22 23	24 25 26 27 28	29 30 31 61 2	5	41
	5	3 4 5 6 7	8 9 10 11 12	13 14 15 16 17	18 19 20 21 22	23 24 25 26 27	28 29 30 71 —	0	11
	6	2 3 4 5 6	7 8 9 10 11	12 13 14 15 16	17 18 19 20 21	22 23 24 25 26	27 28 29 30 31	1	40
	7	81 2 3 4 5	6 7 8 9 10	11 12 13 14 15	16 17 18 19 20	21 22 23 24 25	26 27 28 29 —	3	10
	8	30 31 91 2 3	4 5 6 7 8	9 10 11 12 13	14 15 16 17 18	19 20 21 22 23	24 25 26 27 28	4	39
	9	29 30 O1 2 3	4 5 6 7 8	9 10 11 12 13	14 15 16 17 18	19 20 21 22 23	24 25 26 27 —	6	9
	10	28 29 30 31 N1	2 3 4 5 6	7 8 9 10 11	12 13 14 15 16	17 18 19 20 21	22 23 24 25 26	0	38
	11	27 28 29 30 D1	2 3 4 5 6	7 8 9 10 11	12 13 14 15 16	17 18 19 20 21	22 23 24 25 —	2	8
	12	26 27 28 29 30	31 11 2 3 4	5 6 7 8 9	10 11 12 13 14	15 16 17 18 19	20 21 22 23 24	3	37
大明 8 甲辰 464–65	2 1	25 26 27 28 29	30 31 21 2 3	4 5 6 7 8	9 10 11 12 13	14 15 16 17 18	19 20 21 22 —	5	7
	2	23 24 25 26 27	28 29 31 2 3	4 5 6 7 8	9 10 11 12 13	14 15 16 17 18	19 20 21 22 23	6	36
	3	24 25 26 27 28	29 30 31 41 2	3 4 5 6 7	8 9 10 11 12	13 14 15 16 17	18 19 20 21 —	1	6
	4	22 23 24 25 26	27 28 29 30 51	2 3 4 5 6	7 8 9 10 11	12 13 14 15 16	17 18 19 20 21	2	35
	5	22 23 24 25 26	27 28 29 30 31	61 2 3 4 5	6 7 8 9 10	11 12 13 14 15	16 17 18 19 —	4	5
	5	20 21 22 23 24	25 26 27 28 29	30 71 2 3 4	5 6 7 8 9	10 11 12 13 14	15 16 17 18 19	5	34
	6	20 21 22 23 24	25 26 27 28 29	30 31 81 2 3	4 5 6 7 8	9 10 11 12 13	14 15 16 17 18	0	4
	7	19 20 21 22 23	24 25 26 27 28	29 30 31 91 2	3 4 5 6 7	8 9 10 11 12	13 14 15 16 —	2	34
	8	17 18 19 20 21	22 23 24 25 26	27 28 29 30 O1	2 3 4 5 6	7 8 9 10 11	12 13 14 15 16	3	3
	9	17 18 19 20 21	22 23 24 25 26	27 28 29 30 31	N1 2 3 4 5	6 7 8 9 10	11 12 13 14 —	5	33
	10	15 16 17 18 19	20 21 22 23 24	25 26 27 28 29	30 D1 2 3 4	5 6 7 8 9	10 11 12 13 14	6	2
	11	15 16 17 18 19	20 21 22 23 24	25 26 27 28 29	30 31 11 2 3	4 5 6 7 8	9 10 11 12 —	1	32
	12	13 14 15 16 17	18 19 20 21 22	23 24 25 26 27	28 29 30 31 21	2 3 4 5 6	7 8 9 10 11	2	1
明帝 泰始 1 乙巳 465–66	14 1	12 13 14 15 16	17 18 19 20 21	22 23 24 25 26	27 28 31 2 3	4 5 6 7 8	9 10 11 12 —	4	31
	2	13 14 15 16 17	18 19 20 21 22	23 24 25 26 27	28 29 30 31 41	2 3 4 5 6	7 8 9 10 11	5	0
	3	12 13 14 15 16	17 18 19 20 21	22 23 24 25 26	27 28 29 30 51	2 3 4 5 6	7 8 9 10 —	0	30
	4	11 12 13 14 15	16 17 18 19 20	21 22 23 24 25	26 27 28 29 30	31 61 2 3 4	5 6 7 8 9	1	59
	5	10 11 12 13 14	15 16 17 18 19	20 21 22 23 24	25 26 27 28 29	30 71 2 3 4	5 6 7 8 —	3	29
	6	9 10 11 12 13	14 15 16 17 18	19 20 21 22 23	24 25 26 27 28	29 30 31 81 2	3 4 5 6 7	4	58
	7	8 9 10 11 12	13 14 15 16 17	18 19 20 21 22	23 24 25 26 27	28 29 30 31 91	2 3 4 5 —	6	28
	8	6 7 8 9 10	11 12 13 14 15	16 17 18 19 20	21 22 23 24 25	26 27 28 29 30	O1 2 3 4 5	0	57
	9	6 7 8 9 10	11 12 13 14 15	16 17 18 19 20	21 22 23 24 25	26 27 28 29 30	31 N1 2 3 —	2	27
	10	4 5 6 7 8	9 10 11 12 13	14 15 16 17 18	19 20 21 22 23	24 25 26 27 28	29 30 D1 2 3	3	56
	11	4 5 6 7 8	9 10 11 12 13	14 15 16 17 18	19 20 21 22 23	24 25 26 27 28	29 30 31 11 2	5	26
	12	3 4 5 6 7	8 9 10 11 12	13 14 15 16 17	18 19 20 21 22	23 24 25 26 27	28 29 30 31 —	0	56

年序 Year	陰曆月序 Moon	陰曆日序 Order of days (Lunar)																														星期 Week	干支 Cycle
		1	2	3	4	5	6	7	8	9	10	11	12	13	14	15	16	17	18	19	20	21	22	23	24	25	26	27	28	29	30		
泰始 2 丙午 466–67	26 1	**21**	2	3	4	5	6	7	8	9	10	11	12	13	14	15	16	17	18	19	20	21	22	23	24	25	26	27	28	**31**	2	1	25
	2	3	4	5	6	7	8	9	10	11	12	13	14	15	16	17	18	19	20	21	22	23	24	25	26	27	28	29	30	31	—	3	55
	3	**41**	2	3	4	5	6	7	8	9	10	11	12	13	14	15	16	17	18	19	20	21	22	23	24	25	26	27	28	29	30	4	24
	4	**51**	2	3	4	5	6	7	8	9	10	11	12	13	14	15	16	17	18	19	20	21	22	23	24	25	26	27	28	29	—	6	54
	5	30	31	**61**	2	3	4	5	6	7	8	9	10	11	12	13	14	15	16	17	18	19	20	21	22	23	24	25	26	27	28	0	23
	6	29	30	**71**	2	3	4	5	6	7	8	9	10	11	12	13	14	15	16	17	18	19	20	21	22	23	24	25	26	27	—	2	53
	7	28	29	30	31	**81**	2	3	4	5	6	7	8	9	10	11	12	13	14	15	16	17	18	19	20	21	22	23	24	25	26	3	22
	8	27	28	29	30	31	**91**	2	3	4	5	6	7	8	9	10	11	12	13	14	15	16	17	18	19	20	21	22	23	24	—	5	52
	9	25	26	27	28	29	30	**01**	2	3	4	5	6	7	8	9	10	11	12	13	14	15	16	17	18	19	20	21	22	23	24	6	21
	10	25	26	27	28	29	30	31	**N1**	2	3	4	5	6	7	8	9	10	11	12	13	14	15	16	17	18	19	20	21	22	—	1	51
	11	23	24	25	26	27	28	29	30	**D1**	2	3	4	5	6	7	8	9	10	11	12	13	14	15	16	17	18	19	20	21	22	2	20
	12	23	24	25	26	27	28	29	30	31	**11**	2	3	4	5	6	7	8	9	10	11	12	13	14	15	16	17	18	19	20	—	4	50
泰始 3 丁未 467–68	38 1	21	22	23	24	25	26	27	28	29	30	31	**21**	2	3	4	5	6	7	8	9	10	11	12	13	14	15	16	17	18	19	5	19
	1	20	21	22	23	24	25	26	27	28	**31**	2	3	4	5	6	7	8	9	10	11	12	13	14	15	16	17	18	19	20	—	0	49
	2	21	22	23	24	25	26	27	28	29	30	31	**41**	2	3	4	5	6	7	8	9	10	11	12	13	14	15	16	17	18	19	1	18
	3	20	21	22	23	24	25	26	27	28	29	30	**51**	2	3	4	5	6	7	8	9	10	11	12	13	14	15	16	17	18	19	3	48
	4	20	21	22	23	24	25	26	27	28	29	30	31	**61**	2	3	4	5	6	7	8	9	10	11	12	13	14	15	16	17	—	5	18
	5	18	19	20	21	22	23	24	25	26	27	28	29	30	**71**	2	3	4	5	6	7	8	9	10	11	12	13	14	15	16	17	6	47
	6	18	19	20	21	22	23	24	25	26	27	28	29	30	31	**81**	2	3	4	5	6	7	8	9	10	11	12	13	14	15	—	1	17
	7	16	17	18	19	20	21	22	23	24	25	26	27	28	29	30	31	**91**	2	3	4	5	6	7	8	9	10	11	12	13	14	2	46
	8	15	16	17	18	19	20	21	22	23	24	25	26	27	28	29	30	**01**	2	3	4	5	6	7	8	9	10	11	12	13	—	4	16
	9	14	15	16	17	18	19	20	21	22	23	24	25	26	27	28	29	30	31	**N1**	2	3	4	5	6	7	8	9	10	11	12	5	45
	10	13	14	15	16	17	18	19	20	21	22	23	24	25	26	27	28	29	30	**D1**	2	3	4	5	6	7	8	9	10	11	—	0	15
	11	12	13	14	15	16	17	18	19	20	21	22	23	24	25	26	27	28	29	30	31	**11**	2	3	4	5	6	7	8	9	10	1	44
	12	11	12	13	14	15	16	17	18	19	20	21	22	23	24	25	26	27	28	29	30	31	**21**	2	3	4	5	6	7	8	—	3	14
泰始 4 戊申 468–69	50 1	9	10	11	12	13	14	15	16	17	18	19	20	21	22	23	24	25	26	27	28	29	**31**	2	3	4	5	6	7	8	9	4	43
	2	10	11	12	13	14	15	16	17	18	19	20	21	22	23	24	25	26	27	28	29	30	31	**41**	2	3	4	5	6	7	—	6	13
	3	8	9	10	11	12	13	14	15	16	17	18	19	20	21	22	23	24	25	26	27	28	29	30	**51**	2	3	4	5	6	7	0	42
	4	8	9	10	11	12	13	14	15	16	17	18	19	20	21	22	23	24	25	26	27	28	29	30	31	**61**	2	3	4	5	—	2	12
	5	6	7	8	9	10	11	12	13	14	15	16	17	18	19	20	21	22	23	24	25	26	27	28	29	30	**71**	2	3	4	5	3	41
	6	6	7	8	9	10	11	12	13	14	15	16	17	18	19	20	21	22	23	24	25	26	27	28	29	30	31	**81**	2	3	4	5	11
	7	5	6	7	8	9	10	11	12	13	14	15	16	17	18	19	20	21	22	23	24	25	26	27	28	29	30	31	**91**	2	—	0	41
	8	3	4	5	6	7	8	9	10	11	12	13	14	15	16	17	18	19	20	21	22	23	24	25	26	27	28	29	30	**01**	2	1	10
	9	3	4	5	6	7	8	9	10	11	12	13	14	15	16	17	18	19	20	21	22	23	24	25	26	27	28	29	30	31	—	3	40
	10	**N1**	2	3	4	5	6	7	8	9	10	11	12	13	14	15	16	17	18	19	20	21	22	23	24	25	26	27	28	29	30	4	9
	11	**D1**	2	3	4	5	6	7	8	9	10	11	12	13	14	15	16	17	18	19	20	21	22	23	24	25	26	27	28	29	—	6	39
	12	30	31	**11**	2	3	4	5	6	7	8	9	10	11	12	13	14	15	16	17	18	19	20	21	22	23	24	25	26	27	28	0	8
泰始 5 己酉 469–70	2 1	29	30	31	**21**	2	3	4	5	6	7	8	9	10	11	12	13	14	15	16	17	18	19	20	21	22	23	24	25	26	—	2	38
	2	27	28	**31**	2	3	4	5	6	7	8	9	10	11	12	13	14	15	16	17	18	19	20	21	22	23	24	25	26	27	28	3	7
	3	29	30	31	**41**	2	3	4	5	6	7	8	9	10	11	12	13	14	15	16	17	18	19	20	21	22	23	24	25	26	—	5	37
	4	27	28	29	30	**51**	2	3	4	5	6	7	8	9	10	11	12	13	14	15	16	17	18	19	20	21	22	23	24	25	26	6	6
	5	27	28	29	30	31	**61**	2	3	4	5	6	7	8	9	10	11	12	13	14	15	16	17	18	19	20	21	22	23	24	—	1	36
	6	25	26	27	28	29	30	**71**	2	3	4	5	6	7	8	9	10	11	12	13	14	15	16	17	18	19	20	21	22	23	24	2	5
	7	25	26	27	28	29	30	31	**81**	2	3	4	5	6	7	8	9	10	11	12	13	14	15	16	17	18	19	20	21	22	—	4	35
	8	23	24	25	26	27	28	29	30	31	**91**	2	3	4	5	6	7	8	9	10	11	12	13	14	15	16	17	18	19	20	21	5	4
	9	22	23	24	25	26	27	28	29	30	**01**	2	3	4	5	6	7	8	9	10	11	12	13	14	15	16	17	18	19	20	—	0	34
	10	21	22	23	24	25	26	27	28	29	30	31	**N1**	2	3	4	5	6	7	8	9	10	11	12	13	14	15	16	17	18	19	1	3
	11	20	21	22	23	24	25	26	27	28	29	30	**D1**	2	3	4	5	6	7	8	9	10	11	12	13	14	15	16	17	18	19	3	33
	11	20	21	22	23	24	25	26	27	28	29	30	31	**11**	2	3	4	5	6	7	8	9	10	11	12	13	14	15	16	17	—	5	3
	12	18	19	20	21	22	23	24	25	26	27	28	29	30	31	**21**	2	3	4	5	6	7	8	9	10	11	12	13	14	15	16	6	32
泰始 6 庚戌 470–71	14 1	17	18	19	20	21	22	23	24	25	26	27	28	**31**	2	3	4	5	6	7	8	9	10	11	12	13	14	15	16	17	—	1	2
	2	18	19	20	21	22	23	24	25	26	27	28	29	30	31	**41**	2	3	4	5	6	7	8	9	10	11	12	13	14	15	16	2	31
	3	17	18	19	20	21	22	23	24	25	26	27	28	29	30	**51**	2	3	4	5	6	7	8	9	10	11	12	13	14	15	—	4	1
	4	16	17	18	19	20	21	22	23	24	25	26	27	28	29	30	31	**61**	2	3	4	5	6	7	8	9	10	11	12	13	14	5	30
	5	15	16	17	18	19	20	21	22	23	24	25	26	27	28	29	30	**71**	2	3	4	5	6	7	8	9	10	11	12	13	—	0	0
	6	14	15	16	17	18	19	20	21	22	23	24	25	26	27	28	29	30	31	**81**	2	3	4	5	6	7	8	9	10	11	12	1	29
	7	13	14	15	16	17	18	19	20	21	22	23	24	25	26	27	28	29	30	31	**91**	2	3	4	5	6	7	8	9	10	—	3	59
	8	11	12	13	14	15	16	17	18	19	20	21	22	23	24	25	26	27	28	29	30	**01**	2	3	4	5	6	7	8	9	10	4	28
	9	11	12	13	14	15	16	17	18	19	20	21	22	23	24	25	26	27	28	29	30	31	**N1**	2	3	4	5	6	7	8	—	6	58
	10	9	10	11	12	13	14	15	16	17	18	19	20	21	22	23	24	25	26	27	28	29	30	**D1**	2	3	4	5	6	7	8	0	27
	11	9	10	11	12	13	14	15	16	17	18	19	20	21	22	23	24	25	26	27	28	29	30	31	**11**	2	3	4	5	6	—	2	57
	12	7	8	9	10	11	12	13	14	15	16	17	18	19	20	21	22	23	24	25	26	27	28	29	30	31	**21**	2	3	4	5	3	26

年序 Year	陰曆月序 Moon	陰曆日序 Order of days (Lunar) 1	2	3	4	5	6	7	8	9	10	11	12	13	14	15	16	17	18	19	20	21	22	23	24	25	26	27	28	29	30	星期 Week	干支 Cycle
泰始 7 辛亥 471–72	26 1	6	7	8	9	10	11	12	13	14	15	16	17	18	19	20	21	22	23	24	25	26	27	28	31	2	3	4	5	6	—	5	56
	2	7	8	9	10	11	12	13	14	15	16	17	18	19	20	21	22	23	24	25	26	27	28	29	30	31	41	2	3	4	5	6	25
	3	6	7	8	9	10	11	12	13	14	15	16	17	18	19	20	21	22	23	24	25	26	27	28	29	30	51	2	3	4	5	1	55
	4	6	7	8	9	10	11	12	13	14	15	16	17	18	19	20	21	22	23	24	25	26	27	28	29	30	31	61	2	3	—	3	25
	5	4	5	6	7	8	9	10	11	12	13	14	15	16	17	18	19	20	21	22	23	24	25	26	27	28	29	30	71	2	3	4	54
	6	4	5	6	7	8	9	10	11	12	13	14	15	16	17	18	19	20	21	22	23	24	25	26	27	28	29	30	31	81	—	6	24
	7	2	3	4	5	6	7	8	9	10	11	12	13	14	15	16	17	18	19	20	21	22	23	24	25	26	27	28	29	30	31	0	53
	8	91	2	3	4	5	6	7	8	9	10	11	12	13	14	15	16	17	18	19	20	21	22	23	24	25	26	27	28	29	—	2	23
	9	30	01	2	3	4	5	6	7	8	9	10	11	12	13	14	15	16	17	18	19	20	21	22	23	24	25	26	27	28	29	3	52
	10	30	31	N1	2	3	4	5	6	7	8	9	10	11	12	13	14	15	16	17	18	19	20	21	22	23	24	25	26	27	—	5	22
	11	28	29	30	D1	2	3	4	5	6	7	8	9	10	11	12	13	14	15	16	17	18	19	20	21	22	23	24	25	26	27	6	51
	12	28	29	30	31	11	2	3	4	5	6	7	8	9	10	11	12	13	14	15	16	17	18	19	20	21	22	23	24	25	—	1	21
泰豫 1 壬子 472–73	38 1	26	27	28	29	30	31	21	2	3	4	5	6	7	8	9	10	11	12	13	14	15	16	17	18	19	20	21	22	23	24	2	50
	2	25	26	27	28	29	31	2	3	4	5	6	7	8	9	10	11	12	13	14	15	16	17	18	19	20	21	22	23	24	—	4	20
	3	25	26	27	28	29	30	31	41	2	3	4	5	6	7	8	9	10	11	12	13	14	15	16	17	18	19	20	21	22	23	5	49
	4	24	25	26	27	28	29	30	51	2	3	4	5	6	7	8	9	10	11	12	13	14	15	16	17	18	19	20	21	22	—	0	19
	5	23	24	25	26	27	28	29	30	31	61	2	3	4	5	6	7	8	9	10	11	12	13	14	15	16	17	18	19	20	21	1	48
	6	22	23	24	25	26	27	28	29	30	71	2	3	4	5	6	7	8	9	10	11	12	13	14	15	16	17	18	19	20	21	3	18
	7	22	23	24	25	26	27	28	29	30	31	81	2	3	4	5	6	7	8	9	10	11	12	13	14	15	16	17	18	19	—	5	48
	7	20	21	22	23	24	25	26	27	28	29	30	31	91	2	3	4	5	6	7	8	9	10	11	12	13	14	15	16	17	18	6	17
	8	19	20	21	22	23	24	25	26	27	28	29	30	01	2	3	4	5	6	7	8	9	10	11	12	13	14	15	16	17	—	1	47
	9	18	19	20	21	22	23	24	25	26	27	28	29	30	31	N1	2	3	4	5	6	7	8	9	10	11	12	13	14	15	16	2	16
	10	17	18	19	20	21	22	23	24	25	26	27	28	29	30	D1	2	3	4	5	6	7	8	9	10	11	12	13	14	15	—	4	46
	11	16	17	18	19	20	21	22	23	24	25	26	27	28	29	30	31	11	2	3	4	5	6	7	8	9	10	11	12	13	14	5	15
	12	15	16	17	18	19	20	21	22	23	24	25	26	27	28	29	30	31	21	2	3	4	5	6	7	8	9	10	11	12	—	0	45
蒼梧王 元徽 1 癸丑 473–74	50 1	13	14	15	16	17	18	19	20	21	22	23	24	25	26	27	28	31	2	3	4	5	6	7	8	9	10	11	12	13	14	1	14
	2	15	16	17	18	19	20	21	22	23	24	25	26	27	28	29	30	31	41	2	3	4	5	6	7	8	9	10	11	12	—	3	44
	3	13	14	15	16	17	18	19	20	21	22	23	24	25	26	27	28	29	30	51	2	3	4	5	6	7	8	9	10	11	12	4	13
	4	13	14	15	16	17	18	19	20	21	22	23	24	25	26	27	28	29	30	31	61	2	3	4	5	6	7	8	9	10	—	6	43
	5	11	12	13	14	15	16	17	18	19	20	21	22	23	24	25	26	27	28	29	30	71	2	3	4	5	6	7	8	9	10	0	12
	6	11	12	13	14	15	16	17	18	19	20	21	22	23	24	25	26	27	28	29	30	31	81	2	3	4	5	6	7	8	—	2	42
	7	9	10	11	12	13	14	15	16	17	18	19	20	21	22	23	24	25	26	27	28	29	30	31	91	2	3	4	5	6	7	3	11
	8	8	9	10	11	12	13	14	15	16	17	18	19	20	21	22	23	24	25	26	27	28	29	30	01	2	3	4	5	6	—	5	41
	9	7	8	9	10	11	12	13	14	15	16	17	18	19	20	21	22	23	24	25	26	27	28	29	30	31	N1	2	3	4	5	6	10
	10	6	7	8	9	10	11	12	13	14	15	16	17	18	19	20	21	22	23	24	25	26	27	28	29	30	D1	2	3	4	5	1	40
	11	6	7	8	9	10	11	12	13	14	15	16	17	18	19	20	21	22	23	24	25	26	27	28	29	30	31	11	2	3	—	3	10
	12	4	5	6	7	8	9	10	11	12	13	14	15	16	17	18	19	20	21	22	23	24	25	26	27	28	29	30	31	21	2	4	39
元徽 2 甲寅 474–75	2 1	3	4	5	6	7	8	9	10	11	12	13	14	15	16	17	18	19	20	21	22	23	24	25	26	27	28	31	2	3	—	6	9
	2	4	5	6	7	8	9	10	11	12	13	14	15	16	17	18	19	20	21	22	23	24	25	26	27	28	29	30	31	41	2	0	38
	3	3	4	5	6	7	8	9	10	11	12	13	14	15	16	17	18	19	20	21	22	23	24	25	26	27	28	29	30	51	—	2	8
	4	2	3	4	5	6	7	8	9	10	11	12	13	14	15	16	17	18	19	20	21	22	23	24	25	26	27	28	29	30	31	3	37
	5	61	2	3	4	5	6	7	8	9	10	11	12	13	14	15	16	17	18	19	20	21	22	23	24	25	26	27	28	29	—	5	7
	6	30	71	2	3	4	5	6	7	8	9	10	11	12	13	14	15	16	17	18	19	20	21	22	23	24	25	26	27	28	29	6	36
	7	30	31	81	2	3	4	5	6	7	8	9	10	11	12	13	14	15	16	17	18	19	20	21	22	23	24	25	26	27	—	1	6
	8	28	29	30	31	91	2	3	4	5	6	7	8	9	10	11	12	13	14	15	16	17	18	19	20	21	22	23	24	25	26	2	35
	9	27	28	29	30	01	2	3	4	5	6	7	8	9	10	11	12	13	14	15	16	17	18	19	20	21	22	23	24	25	—	4	5
	10	26	27	28	29	30	31	N1	2	3	4	5	6	7	8	9	10	11	12	13	14	15	16	17	18	19	20	21	22	23	24	5	34
	11	25	26	27	28	29	30	D1	2	3	4	5	6	7	8	9	10	11	12	13	14	15	16	17	18	19	20	21	22	23	—	0	4
	12	24	25	26	27	28	29	30	31	11	2	3	4	5	6	7	8	9	10	11	12	13	14	15	16	17	18	19	20	21	22	1	33
元徽 3 乙卯 475–76	14 1	23	24	25	26	27	28	29	30	31	21	2	3	4	5	6	7	8	9	10	11	12	13	14	15	16	17	18	19	20	—	3	3
	2	21	22	23	24	25	26	27	28	31	2	3	4	5	6	7	8	9	10	11	12	13	14	15	16	17	18	19	20	21	22	4	32
	3	23	24	25	26	27	28	29	30	31	41	2	3	4	5	6	7	8	9	10	11	12	13	14	15	16	17	18	19	20	21	6	2
	3	22	23	24	25	26	27	28	29	30	51	2	3	4	5	6	7	8	9	10	11	12	13	14	15	16	17	18	19	20	—	1	32
	4	21	22	23	24	25	26	27	28	29	30	31	61	2	3	4	5	6	7	8	9	10	11	12	13	14	15	16	17	18	19	2	1
	5	20	21	22	23	24	25	26	27	28	29	30	71	2	3	4	5	6	7	8	9	10	11	12	13	14	15	16	17	18	—	4	31
	6	19	20	21	22	23	24	25	26	27	28	29	30	31	81	2	3	4	5	6	7	8	9	10	11	12	13	14	15	16	17	5	0
	7	18	19	20	21	22	23	24	25	26	27	28	29	30	31	91	2	3	4	5	6	7	8	9	10	11	12	13	14	15	—	0	30
	8	16	17	18	19	20	21	22	23	24	25	26	27	28	29	30	01	2	3	4	5	6	7	8	9	10	11	12	13	14	15	1	59
	9	16	17	18	19	20	21	22	23	24	25	26	27	28	29	30	31	N1	2	3	4	5	6	7	8	9	10	11	12	13	—	3	29
	10	14	15	16	17	18	19	20	21	22	23	24	25	26	27	28	29	30	D1	2	3	4	5	6	7	8	9	10	11	12	13	4	58
	11	14	15	16	17	18	19	20	21	22	23	24	25	26	27	28	29	30	31	11	2	3	4	5	6	7	8	9	10	11	—	6	28
	12	12	13	14	15	16	17	18	19	20	21	22	23	24	25	26	27	28	29	30	31	21	2	3	4	5	6	7	8	9	10	0	57

年序 Year	陰曆月序 Moon	陰曆日序 Order of days (Lunar) 1 2 3 4 5	6 7 8 9 10	11 12 13 14 15	16 17 18 19 20	21 22 23 24 25	26 27 28 29 30	星期 Week	干支 Cycle
元徽 4 丙辰 476–77	26 1	11 12 13 14 15	16 17 18 19 20	21 22 23 24 25	26 27 28 29 31	2 3 4 5 6	7 8 9 10 —	2	27
	2	11 12 13 14 15	16 17 18 19 20	21 22 23 24 25	26 27 28 29 30	31 41 2 3 4	5 6 7 8 9	3	56
	3	10 11 12 13 14	15 16 17 18 19	20 21 22 23 24	25 26 27 28 29	30 51 2 3 4	5 6 7 8 —	5	26
	4	9 10 11 12 13	14 15 16 17 18	19 20 21 22 23	24 25 26 27 28	29 30 31 61 2	3 4 5 6 7	6	55
	5	8 9 10 11 12	13 14 15 16 17	18 19 20 21 22	23 24 25 26 27	28 29 30 71 2	3 4 5 6 7	1	25
	6	8 9 10 11 12	13 14 15 16 17	18 19 20 21 22	23 24 25 26 27	28 29 30 31 81	2 3 4 5 —	3	55
	7	6 7 8 9 10	11 12 13 14 15	16 17 18 19 20	21 22 23 24 25	26 27 28 29 30	31 91 2 3 4	4	24
	8	5 6 7 8 9	10 11 12 13 14	15 16 17 18 19	20 21 22 23 24	25 26 27 28 29	30 01 2 3 —	6	54
	9	4 5 6 7 8	9 10 11 12 13	14 15 16 17 18	19 20 21 22 23	24 25 26 27 28	29 30 31 N1 2	0	23
	10	3 4 5 6 7	8 9 10 11 12	13 14 15 16 17	18 19 20 21 22	23 24 25 26 27	28 29 30 D1 —	2	53
	11	2 3 4 5 6	7 8 9 10 11	12 13 14 15 16	17 18 19 20 21	22 23 24 25 26	27 28 29 30 31	3	22
	12	11 2 3 4 5	6 7 8 9 10	11 12 13 14 15	16 17 18 19 20	21 22 23 24 25	26 27 28 29 —	5	52
順帝昇明 1 丁巳 477–78	38 1	30 31 21 2 3	4 5 6 7 8	9 10 11 12 13	14 15 16 17 18	19 20 21 22 23	24 25 26 27 28	6	21
	2	31 2 3 4 5	6 7 8 9 10	11 12 13 14 15	16 17 18 19 20	21 22 23 24 25	26 27 28 29 —	1	51
	3	30 31 41 2 3	4 5 6 7 8	9 10 11 12 13	14 15 16 17 18	19 20 21 22 23	24 25 26 27 28	2	20
	ᴣ4	29 30 51 2 3	4 5 6 7 8	9 10 11 12 13	14 15 16 17 18	19 20 21 22 23	24 25 26 27 —	4	50
	5	28 29 30 31 61	2 3 4 5 6	7 8 9 10 11	12 13 14 15 16	17 18 19 20 21	22 23 24 25 26	5	19
	6	27 28 29 30 71	2 3 4 5 6	7 8 9 10 11	12 13 14 15 16	17 18 19 20 21	22 23 24 25 —	0	49
	7][	26 27 28 29 30	31 81 2 3 4	5 6 7 8 9	10 11 12 13 14	15 16 17 18 19	20 21 22 23 24	1	18
	8	25 26 27 28 29	30 31 91 2 3	4 5 6 7 8	9 10 11 12 13	14 15 16 17 18	19 20 21 22 —	3	48
	9	23 24 25 26 27	28 29 30 01 2	3 4 5 6 7	8 9 10 11 12	13 14 15 16 17	18 19 20 21 22	4	17
	10	23 24 25 26 27	28 29 30 31 N1	2 3 4 5 6	7 8 9 10 11	12 13 14 15 16	17 18 19 20 21	6	47
	11	22 23 24 25 26	27 28 29 30 D1	2 3 4 5 6	7 8 9 10 11	12 13 14 15 16	17 18 19 20 —	1	17
	12	21 22 23 24 25	26 27 28 29 30	31 11 2 3 4	5 6 7 8 9	10 11 12 13 14	15 16 17 18 19	2	46
	12	20 21 22 23 24	25 26 27 28 29	30 31 21 2 3	4 5 6 7 8	9 10 11 12 13	14 15 16 17 —	4	16
昇明 2 戊午 478–79	50 1	18 19 20 21 22	23 24 25 26 27	28 31 2 3 4	5 6 7 8 9	10 11 12 13 14	15 16 17 18 19	5	45
	2	20 21 22 23 24	25 26 27 28 29	30 31 41 2 3	4 5 6 7 8	9 10 11 12 13	14 15 16 17 —	0	15
	3	18 19 20 21 22	23 24 25 26 27	28 29 30 51 2	3 4 5 6 7	8 9 10 11 12	13 14 15 16 17	1	44
	4	18 19 20 21 22	23 24 25 26 27	28 29 30 31 61	2 3 4 5 6	7 8 9 10 11	12 13 14 15 —	3	14
	5	16 17 18 19 20	21 22 23 24 25	26 27 28 29 30	71 2 3 4 5	6 7 8 9 10	11 12 13 14 15	4	43
	6	16 17 18 19 20	21 22 23 24 25	26 27 28 29 30	31 81 2 3 4	5 6 7 8 9	10 11 12 13 —	6	13
	7	14 15 16 17 18	19 20 21 22 23	24 25 26 27 28	29 30 31 91 2	3 4 5 6 7	8 9 10 11 12	0	42
	8	13 14 15 16 17	18 19 20 21 22	23 24 25 26 27	28 29 30 01 2	3 4 5 6 7	8 9 10 11 —	2	12
	9	12 13 14 15 16	17 18 19 20 21	22 23 24 25 26	27 28 29 30 31	N1 2 3 4 5	6 7 8 9 10	3	41
	10	11 12 13 14 15	16 17 18 19 20	21 22 23 24 25	26 27 28 29 30	D1 2 3 4 5	6 7 8 9 —	5	11
	11	10 11 12 13 14	15 16 17 18 19	20 21 22 23 24	25 26 27 28 29	30 31 11 2 3	4 5 6 7 8	6	40
	12	9 10 11 12 13	14 15 16 17 18	19 20 21 22 23	24 25 26 27 28	29 30 31 21 2	3 4 5 6 —	1	10
南齊高帝建元 1 己未 479–80	2 1	7 8 9 10 11	12 13 14 15 16	17 18 19 20 21	22 23 24 25 26	27 28 31 2 3	4 5 6 7 8	2	39
	2	9 10 11 12 13	14 15 16 17 18	19 20 21 22 23	24 25 26 27 28	29 30 31 41 2	3 4 5 6 7	4	9
	3	8 9 10 11 12	13 14 15 16 17	18 19 20 21 22	23 24 25 26 27	28 29 30 51 2	3 4 5 6 —	6	39
	4][	7 8 9 10 11	12 13 14 15 16	17 18 19 20 21	22 23 24 25 26	27 28 29 30 31	61 2 3 4 5	0	8
	5	6 7 8 9 10	11 12 13 14 15	16 17 18 19 20	21 22 23 24 25	26 27 28 29 30	71 2 3 4 —	2	38
	6	5 6 7 8 9	10 11 12 13 14	15 16 17 18 19	20 21 22 23 24	25 26 27 28 29	30 31 81 2 3	3	7
	7	4 5 6 7 8	9 10 11 12 13	14 15 16 17 18	19 20 21 22 23	24 25 26 27 28	29 30 31 91 —	5	37
	8	2 3 4 5 6	7 8 9 10 11	12 13 14 15 16	17 18 19 20 21	22 23 24 25 26	27 28 29 30 01	6	6
	9	2 3 4 5 6	7 8 9 10 11	12 13 14 15 16	17 18 19 20 21	22 23 24 25 26	27 28 29 30 —	1	36
	10	31 N1 2 3 4	5 6 7 8 9	10 11 12 13 14	15 16 17 18 19	20 21 22 23 24	25 26 27 28 29	2	5
	11	30 D1 2 3 4	5 6 7 8 9	10 11 12 13 14	15 16 17 18 19	20 21 22 23 24	25 26 27 28 —	4	35
	12	29 30 31 11 2	3 4 5 6 7	8 9 10 11 12	13 14 15 16 17	18 19 20 21 22	23 24 25 26 27	5	4
‥建元 2 庚申 480–81	14 1	28 29 30 31 21	2 3 4 5 6	7 8 9 10 11	12 13 14 15 16	17 18 19 20 21	22 23 24 25 —	0	34
	2	26 27 28 29 31	2 3 4 5 6	7 8 9 10 11	12 13 14 15 16	17 18 19 20 21	22 23 24 25 26	1	3
	3	27 28 29 30 31	41 2 3 4 5	6 7 8 9 10	11 12 13 14 15	16 17 18 19 20	21 22 23 24 —	3	33
	4	25 26 27 28 29	30 51 2 3 4	5 6 7 8 9	10 11 12 13 14	15 16 17 18 19	20 21 22 23 24	4	2
	5	25 26 27 28 29	30 31 61 2 3	4 5 6 7 8	9 10 11 12 13	14 15 16 17 18	19 20 21 22 23	6	32
	6	24 25 26 27 28	29 30 71 2 3	4 5 6 7 8	9 10 11 12 13	14 15 16 17 18	19 20 21 22 —	1	2
	7	23 24 25 26 27	28 29 30 31 81	2 3 4 5 6	7 8 9 10 11	12 13 14 15 16	17 18 19 20 21	2	31
	8	22 23 24 25 26	27 28 29 30 31	91 2 3 4 5	6 7 8 9 10	11 12 13 14 15	16 17 18 19 —	4	1
	9	20 21 22 23 24	25 26 27 28 29	30 01 2 3 4	5 6 7 8 9	10 11 12 13 14	15 16 17 18 19	5	30
	9	20 21 22 23 24	25 26 27 28 29	30 31 N1 2 3	4 5 6 7 8	9 10 11 12 13	14 15 16 17 —	0	0
	10	18 19 20 21 22	23 24 25 26 27	28 29 30 D1 2	3 4 5 6 7	8 9 10 11 12	13 14 15 16 17	1	29
	11	18 19 20 21 22	23 24 25 26 27	28 29 30 31 11	2 3 4 5 6	7 8 9 10 11	12 13 14 15 —	3	59
	12	16 17 18 19 20	21 22 23 24 25	26 27 28 29 30	31 21 2 3 4	5 6 7 8 9	10 11 12 13 14	4	28

年序 Year	陰曆月序 Moon	陰曆日序 Order of days (Lunar)																														星期 Week	干支 Cycle
		1	2	3	4	5	6	7	8	9	10	11	12	13	14	15	16	17	18	19	20	21	22	23	24	25	26	27	28	29	30		
建元 3 辛酉 481–82	26 1	15	16	17	18	19	20	21	22	23	24	25	26	27	28	31	2	3	4	5	6	7	8	9	10	11	12	13	14	15	—	6	58
	2	16	17	18	19	20	21	22	23	24	25	26	27	28	29	30	31	41	2	3	4	5	6	7	8	9	10	11	12	13	14	0	27
	3	15	16	17	18	19	20	21	22	23	24	25	26	27	28	29	30	51	2	3	4	5	6	7	8	9	10	11	12	13	—	2	57
	4	14	15	16	17	18	19	20	21	22	23	24	25	26	27	28	29	30	31	61	2	3	4	5	6	7	8	9	10	11	12	3	26
	5	13	14	15	16	17	18	19	20	21	22	23	24	25	26	27	28	29	30	71	2	3	4	5	6	7	8	9	10	11	—	5	56
	6	12	13	14	15	16	17	18	19	20	21	22	23	24	25	26	27	28	29	30	31	81	2	3	4	5	6	7	8	9	10	6	25
	7	11	12	13	14	15	16	17	18	19	20	21	22	23	24	25	26	27	28	29	30	31	91	2	3	4	5	6	7	8	—	1	55
	8	9	10	11	12	13	14	15	16	17	18	19	20	21	22	23	24	25	26	27	28	29	30	O1	2	3	4	5	6	7	8	2	24
	9	9	10	11	12	13	14	15	16	17	18	19	20	21	22	23	24	25	26	27	28	29	30	31	N1	2	3	4	5	6	7	4	54
	10	8	9	10	11	12	13	14	15	16	17	18	19	20	21	22	23	24	25	26	27	28	29	30	D1	2	3	4	5	6	—	6	24
	11	7	8	9	10	11	12	13	14	15	16	17	18	19	20	21	22	23	24	25	26	27	28	29	30	31	11	2	3	4	5	0	53
	12	6	7	8	9	10	11	12	13	14	15	16	17	18	19	20	21	22	23	24	25	26	27	28	29	30	31	21	2	3	—	2	23
建元 4 壬戌 482–83	38 1	4	5	6	7	8	9	10	11	12	13	14	15	16	17	18	19	20	21	22	23	24	25	26	27	28	31	2	3	4	5	3	52
	2	6	7	8	9	10	11	12	13	14	15	16	17	18	19	20	21	22	23	24	25	26	27	28	29	30	31	41	2	3	—	5	22
	3	4	5	6	7	8	9	10	11	12	13	14	15	16	17	18	19	20	21	22	23	24	25	26	27	28	29	30	51	2	3	6	51
	4	4	5	6	7	8	9	10	11	12	13	14	15	16	17	18	19	20	21	22	23	24	25	26	27	28	29	30	31	61	—	1	21
	5	2	3	4	5	6	7	8	9	10	11	12	13	14	15	16	17	18	19	20	21	22	23	24	25	26	27	28	29	30	71	2	50
	6	2	3	4	5	6	7	8	9	10	11	12	13	14	15	16	17	18	19	20	21	22	23	24	25	26	27	28	29	30	—	4	20
	7	31	81	2	3	4	5	6	7	8	9	10	11	12	13	14	15	16	17	18	19	20	21	22	23	24	25	26	27	28	29	5	49
	8	30	31	91	2	3	4	5	6	7	8	9	10	11	12	13	14	15	16	17	18	19	20	21	22	23	24	25	26	27	—	0	19
	9	28	29	30	O1	2	3	4	5	6	7	8	9	10	11	12	13	14	15	16	17	18	19	20	21	22	23	24	25	26	27	1	48
	10	28	29	30	31	N1	2	3	4	5	6	7	8	9	10	11	12	13	14	15	16	17	18	19	20	21	22	23	24	25	—	3	18
	11	26	27	28	29	30	D1	2	3	4	5	6	7	8	9	10	11	12	13	14	15	16	17	18	19	20	21	22	23	24	25	4	47
	12	26	27	28	29	30	31	11	2	3	4	5	6	7	8	9	10	11	12	13	14	15	16	17	18	19	20	21	22	23	—	6	17
武帝永明 1 癸亥 483–84	50 1	24	25	26	27	28	29	30	31	21	2	3	4	5	6	7	8	9	10	11	12	13	14	15	16	17	18	19	20	21	22	0	46
	2	23	24	25	26	27	28	31	2	3	4	5	6	7	8	9	10	11	12	13	14	15	16	17	18	19	20	21	22	23	24	2	16
	3	25	26	27	28	29	30	31	41	2	3	4	5	6	7	8	9	10	11	12	13	14	15	16	17	18	19	20	21	22	—	4	46
	4	23	24	25	26	27	28	29	30	51	2	3	4	5	6	7	8	9	10	11	12	13	14	15	16	17	18	19	20	21	22	5	15
	5	23	24	25	26	27	28	29	30	31	61	2	3	4	5	6	7	8	9	10	11	12	13	14	15	16	17	18	19	20	—	0	45
	5	21	22	23	24	25	26	27	28	29	30	71	2	3	4	5	6	7	8	9	10	11	12	13	14	15	16	17	18	19	20	1	14
	6	21	22	23	24	25	26	27	28	29	30	31	81	2	3	4	5	6	7	8	9	10	11	12	13	14	15	16	17	18	—	3	44
	7	19	20	21	22	23	24	25	26	27	28	29	30	31	91	2	3	4	5	6	7	8	9	10	11	12	13	14	15	16	17	4	13
	8	18	19	20	21	22	23	24	25	26	27	28	29	30	O1	2	3	4	5	6	7	8	9	10	11	12	13	14	15	16	—	6	43
	9	17	18	19	20	21	22	23	24	25	26	27	28	29	30	31	N1	2	3	4	5	6	7	8	9	10	11	12	13	14	15	0	12
	10	16	17	18	19	20	21	22	23	24	25	26	27	28	29	30	D1	2	3	4	5	6	7	8	9	10	11	12	13	14	—	2	42
	11	15	16	17	18	19	20	21	22	23	24	25	26	27	28	29	30	31	11	2	3	4	5	6	7	8	9	10	11	12	13	3	11
	12	14	15	16	17	18	19	20	21	22	23	24	25	26	27	28	29	30	31	21	2	3	4	5	6	7	8	9	10	11	—	5	41
永明 2 甲子 484–85	2 1	12	13	14	15	16	17	18	19	20	21	22	23	24	25	26	27	28	29	31	2	3	4	5	6	7	8	9	10	11	12	6	10
	2	13	14	15	16	17	18	19	20	21	22	23	24	25	26	27	28	29	30	31	41	2	3	4	5	6	7	8	9	10	—	1	40
	3	11	12	13	14	15	16	17	18	19	20	21	22	23	24	25	26	27	28	29	30	51	2	3	4	5	6	7	8	9	10	2	9
	4	11	12	13	14	15	16	17	18	19	20	21	22	23	24	25	26	27	28	29	30	31	61	2	3	4	5	6	7	8	9	4	39
	5	10	11	12	13	14	15	16	17	18	19	20	21	22	23	24	25	26	27	28	29	30	71	2	3	4	5	6	7	8	—	6	9
	6	9	10	11	12	13	14	15	16	17	18	19	20	21	22	23	24	25	26	27	28	29	30	31	81	2	3	4	5	6	7	0	38
	7	8	9	10	11	12	13	14	15	16	17	18	19	20	21	22	23	24	25	26	27	28	29	30	31	91	2	3	4	5	—	2	8
	8	6	7	8	9	10	11	12	13	14	15	16	17	18	19	20	21	22	23	24	25	26	27	28	29	30	O1	2	3	4	5	3	37
	9	6	7	8	9	10	11	12	13	14	15	16	17	18	19	20	21	22	23	24	25	26	27	28	29	30	31	N1	2	3	—	5	7
	10	4	5	6	7	8	9	10	11	12	13	14	15	16	17	18	19	20	21	22	23	24	25	26	27	28	29	30	D1	2	3	6	36
	11	4	5	6	7	8	9	10	11	12	13	14	15	16	17	18	19	20	21	22	23	24	25	26	27	28	29	30	31	11	—	1	6
	12	2	3	4	5	6	7	8	9	10	11	12	13	14	15	16	17	18	19	20	21	22	23	24	25	26	27	28	29	30	31	2	35
永明 3 乙丑 485–86	14 1	21	2	3	4	5	6	7	8	9	10	11	12	13	14	15	16	17	18	19	20	21	22	23	24	25	26	27	28	31	—	4	5
	2	2	3	4	5	6	7	8	9	10	11	12	13	14	15	16	17	18	19	20	21	22	23	24	25	26	27	28	29	30	31	5	34
	3	41	2	3	4	5	6	7	8	9	10	11	12	13	14	15	16	17	18	19	20	21	22	23	24	25	26	27	28	29	—	0	4
	4	30	51	2	3	4	5	6	7	8	9	10	11	12	13	14	15	16	17	18	19	20	21	22	23	24	25	26	27	28	29	1	33
	5	30	31	61	2	3	4	5	6	7	8	9	10	11	12	13	14	15	16	17	18	19	20	21	22	23	24	25	26	27	—	3	3
	6	28	29	30	71	2	3	4	5	6	7	8	9	10	11	12	13	14	15	16	17	18	19	20	21	22	23	24	25	26	27	4	32
	7	28	29	30	31	81	2	3	4	5	6	7	8	9	10	11	12	13	14	15	16	17	18	19	20	21	22	23	24	25	—	6	2
	8	26	27	28	29	30	31	91	2	3	4	5	6	7	8	9	10	11	12	13	14	15	16	17	18	19	20	21	22	23	24	0	31
	9	25	26	27	28	29	30	O1	2	3	4	5	6	7	8	9	10	11	12	13	14	15	16	17	18	19	20	21	22	23	24	2	1
	10	25	26	27	28	29	30	31	N1	2	3	4	5	6	7	8	9	10	11	12	13	14	15	16	17	18	19	20	21	22	—	4	31
	11	23	24	25	26	27	28	29	30	D1	2	3	4	5	6	7	8	9	10	11	12	13	14	15	16	17	18	19	20	21	22	5	0
	12	23	24	25	26	27	28	29	30	31	11	2	3	4	5	6	7	8	9	10	11	12	13	14	15	16	17	18	19	20	—	0	30

年序 Year	陰曆月序 Moon	陰曆日序 Order of days (Lunar) 1 2 3 4 5	6 7 8 9 10	11 12 13 14 15	16 17 18 19 20	21 22 23 24 25	26 27 28 29 30	星期 Week	干支 Cycle
永明 4 丙寅 486–87	26 1	21 22 23 24 25	26 27 28 29 30	31 **21** 2 3 4	5 6 7 8 9	10 11 12 13 14	15 16 17 18 19	1	59
	1	20 21 22 23 24	25 26 27 28 **31**	2 3 4 5 6	7 8 9 10 11	12 13 14 15 16	17 18 19 20 —	3	29
	2	21 22 23 24 25	26 27 28 29 30	31 **41** 2 3 4	5 6 7 8 9	10 11 12 13 14	15 16 17 18 19	4	58
	3	20 21 22 23 24	25 26 27 28 29	30 **51** 2 3 4	5 6 7 8 9	10 11 12 13 14	15 16 17 18 —	6	28
	4	19 20 21 22 23	24 25 26 27 28	29 30 31 **61** 2	3 4 5 6 7	8 9 10 11 12	13 14 15 16 17	0	57
	5	18 19 20 21 22	23 24 25 26 27	28 29 30 **71** 2	3 4 5 6 7	8 9 10 11 12	13 14 15 16 —	2	27
	6	17 18 19 20 21	22 23 24 25 26	27 28 29 30 31	**81** 2 3 4 5	6 7 8 9 10	11 12 13 14 15	3	56
	7	16 17 18 19 20	21 22 23 24 25	26 27 28 29 30	31 **91** 2 3 4	5 6 7 8 9	10 11 12 13 —	5	26
	8	14 15 16 17 18	19 20 21 22 23	24 25 26 27 28	29 30 **O1** 2 3	4 5 6 7 8	9 10 11 12 13	6	55
	9	14 15 16 17 18	19 20 21 22 23	24 25 26 27 28	29 30 31 **N1** 2	3 4 5 6 7	8 9 10 11 —	1	25
	10	12 13 14 15 16	17 18 19 20 21	22 23 24 25 26	27 28 29 30 **D1**	2 3 4 5 6	7 8 9 10 11	2	54
	11	12 13 14 15 16	17 18 19 20 21	22 23 24 25 26	27 28 29 30 31	**11** 2 3 4 5	6 7 8 9 —	4	24
	12	10 11 12 13 14	15 16 17 18 19	20 21 22 23 24	25 26 27 28 29	30 31 **21** 2 3	4 5 6 7 8	5	53
永明 5 丁卯 487–88	38 1	9 10 11 12 13	14 15 16 17 18	19 20 21 22 23	24 25 26 27 28	**31** 2 3 4 5	6 7 8 9 10	0	23
	2	11 12 13 14 15	16 17 18 19 20	21 22 23 24 25	26 27 28 29 30	31 **41** 2 3 4	5 6 7 8 —	2	53
	3	9 10 11 12 13	14 15 16 17 18	19 20 21 22 23	24 25 26 27 28	29 30 **51** 2 3	4 5 6 7 8	3	22
	4	9 10 11 12 13	14 15 16 17 18	19 20 21 22 23	24 25 26 27 28	29 30 31 **61** 2	3 4 5 6 —	5	52
	5	7 8 9 10 11	12 13 14 15 16	17 18 19 20 21	22 23 24 25 26	27 28 29 30 **71**	2 3 4 5 6	6	21
	6	7 8 9 10 11	12 13 14 15 16	17 18 19 20 21	22 23 24 25 26	27 28 29 30 31	**81** 2 3 4 —	1	51
	7	5 6 7 8 9	10 11 12 13 14	15 16 17 18 19	20 21 22 23 24	25 26 27 28 29	30 31 **91** 2 3	2	20
	8	4 5 6 7 8	9 10 11 12 13	14 15 16 17 18	19 20 21 22 23	24 25 26 27 28	29 30 **O1** 2 —	4	50
	9	3 4 5 6 7	8 9 10 11 12	13 14 15 16 17	18 19 20 21 22	23 24 25 26 27	28 29 30 31 **N1**	5	19
	10	2 3 4 5 6	7 8 9 10 11	12 13 14 15 16	17 18 19 20 21	22 23 24 25 26	27 28 29 30 —	0	49
	11	**D1** 2 3 4 5	6 7 8 9 10	11 12 13 14 15	16 17 18 19 20	21 22 23 24 25	26 27 28 29 30	1	18
	12	31 **11** 2 3 4	5 6 7 8 9	10 11 12 13 14	15 16 17 18 19	20 21 22 23 24	25 26 27 28 —	3	48
永明 6 戊辰 488–89	50 1	29 30 31 **21** 2	3 4 5 6 7	8 9 10 11 12	13 14 15 16 17	18 19 20 21 22	23 24 25 26 27	4	17
	2	28 29 **31** 2 3	4 5 6 7 8	9 10 11 12 13	14 15 16 17 18	19 20 21 22 23	24 25 26 27 —	6	47
	3	28 29 30 31 **41**	2 3 4 5 6	7 8 9 10 11	12 13 14 15 16	17 18 19 20 21	22 23 24 25 26	0	16
	4	27 28 29 30 **51**	2 3 4 5 6	7 8 9 10 11	12 13 14 15 16	17 18 19 20 21	22 23 24 25 26	2	46
	5	27 28 29 30 31	**61** 2 3 4 5	6 7 8 9 10	11 12 13 14 15	16 17 18 19 20	21 22 23 24 —	4	16
	6	25 26 27 28 29	30 **71** 2 3 4	5 6 7 8 9	10 11 12 13 14	15 16 17 18 19	20 21 22 23 24	5	45
	7	25 26 27 28 29	30 31 **81** 2 3	4 5 6 7 8	9 10 11 12 13	14 15 16 17 18	19 20 21 22 —	0	15
	8	23 24 25 26 27	28 29 30 31 **91**	2 3 4 5 6	7 8 9 10 11	12 13 14 15 16	17 18 19 20 21	1	44
	9	22 23 24 25 26	27 28 29 30 **O1**	2 3 4 5 6	7 8 9 10 11	12 13 14 15 16	17 18 19 20 —	3	14
	10	21 22 23 24 25	26 27 28 29 30	31 **N1** 2 3 4	5 6 7 8 9	10 11 12 13 14	15 16 17 18 19	4	43
	10	20 21 22 23 24	25 26 27 28 29	30 **D1** 2 3 4	5 6 7 8 9	10 11 12 13 14	15 16 17 18 —	6	13
	11	19 20 21 22 23	24 25 26 27 28	29 30 31 **11** 2	3 4 5 6 7	8 9 10 11 12	13 14 15 16 17	0	42
	12	18 19 20 21 22	23 24 25 26 27	28 29 30 31 **21**	2 3 4 5 6	7 8 9 10 11	12 13 14 15 —	2	12
永明 7 己巳 489–90	2 1	16 17 18 19 20	21 22 23 24 25	26 27 28 **31** 2	3 4 5 6 7	8 9 10 11 12	13 14 15 16 17	3	41
	2	18 19 20 21 22	23 24 25 26 27	28 29 30 31 **41**	2 3 4 5 6	7 8 9 10 11	12 13 14 15 —	5	11
	3	16 17 18 19 20	21 22 23 24 25	26 27 28 29 30	**51** 2 3 4 5	6 7 8 9 10	11 12 13 14 15	6	40
	4	16 17 18 19 20	21 22 23 24 25	26 27 28 29 30	31 **61** 2 3 4	5 6 7 8 9	10 11 12 13 —	1	10
	5	14 15 16 17 18	19 20 21 22 23	24 25 26 27 28	29 30 **71** 2 3	4 5 6 7 8	9 10 11 12 13	2	39
	6	14 15 16 17 18	19 20 21 22 23	24 25 26 27 28	29 30 31 **81** 2	3 4 5 6 7	8 9 10 11 —	4	9
	7	12 13 14 15 16	17 18 19 20 21	22 23 24 25 26	27 28 29 30 31	**91** 2 3 4 5	6 7 8 9 10	5	38
	8	11 12 13 14 15	16 17 18 19 20	21 22 23 24 25	26 27 28 29 30	**O1** 2 3 4 5	6 7 8 9 10	0	8
	9	11 12 13 14 15	16 17 18 19 20	21 22 23 24 25	26 27 28 29 30	31 **N1** 2 3 4	5 6 7 8 —	2	38
	10	9 10 11 12 13	14 15 16 17 18	19 20 21 22 23	24 25 26 27 28	29 30 **D1** 2 3	4 5 6 7 8	3	7
	11	9 10 11 12 13	14 15 16 17 18	19 20 21 22 23	24 25 26 27 28	29 30 31 **11** 2	3 4 5 6 —	5	37
	12	7 8 9 10 11	12 13 14 15 16	17 18 19 20 21	22 23 24 25 26	27 28 29 30 31	**21** 2 3 4 5	6	6
永明 8 庚午 490–91	14 1	6 7 8 9 10	11 12 13 14 15	16 17 18 19 20	21 22 23 24 25	26 27 28 **31** 2	3 4 5 6 —	1	36
	2	7 8 9 10 11	12 13 14 15 16	17 18 19 20 21	22 23 24 25 26	27 28 29 30 31	**41** 2 3 4 5	2	5
	3	6 7 8 9 10	11 12 13 14 15	16 17 18 19 20	21 22 23 24 25	26 27 28 29 30	**51** 2 3 4 —	4	35
	4	5 6 7 8 9	10 11 12 13 14	15 16 17 18 19	20 21 22 23 24	25 26 27 28 29	30 31 **61** 2 3	5	4
	5	4 5 6 7 8	9 10 11 12 13	14 15 16 17 18	19 20 21 22 23	24 25 26 27 28	29 30 **71** 2 —	0	34
	6	3 4 5 6 7	8 9 10 11 12	13 14 15 16 17	18 19 20 21 22	23 24 25 26 27	28 29 30 31 **81**	1	3
	7	2 3 4 5 6	7 8 9 10 11	12 13 14 15 16	17 18 19 20 21	22 23 24 25 26	27 28 29 30 —	3	33
	8	31 **91** 2 3 4	5 6 7 8 9	10 11 12 13 14	15 16 17 18 19	20 21 22 23 24	25 26 27 28 29	4	2
	9	30 **O1** 2 3 4	5 6 7 8 9	10 11 12 13 14	15 16 17 18 19	20 21 22 23 24	25 26 27 28 —	6	32
	10	29 30 31 **N1** 2	3 4 5 6 7	8 9 10 11 12	13 14 15 16 17	18 19 20 21 22	23 24 25 26 27	0	1
	11	28 29 30 **D1** 2	3 4 5 6 7	8 9 10 11 12	13 14 15 16 17	18 19 20 21 22	23 24 25 26 —	2	31
	12	27 28 29 30 31	**11** 2 3 4 5	6 7 8 9 10	11 12 13 14 15	16 17 18 19 20	21 22 23 24 25	3	0

年序 Year	陰暦月序 Moon	陰暦日序 Order of days (Lunar) 1 2 3 4 5	6 7 8 9 10	11 12 13 14 15	16 17 18 19 20	21 22 23 24 25	26 27 28 29 30	星期 Week	干支 Cycle
永明 9 辛未 491–92	26 1	26 27 28 29 30	31 21 2 3 4	5 6 7 8 9	10 11 12 13 14	15 16 17 18 19	20 21 22 23 24	5	30
	2	25 26 27 28 31	2 3 4 5 6	7 8 9 10 11	12 13 14 15 16	17 18 19 20 21	22 23 24 25 —	0	0
	3	26 27 28 29 30	31 41 2 3 4	5 6 7 8 9	10 11 12 13 14	15 16 17 18 19	20 21 22 23 24	1	29
	4	25 26 27 28 29	30 51 2 3 4	5 6 7 8 9	10 11 12 13 14	15 16 17 18 19	20 21 22 23 —	3	59
	5	24 25 26 27 28	29 30 31 61 2	3 4 5 6 7	8 9 10 11 12	13 14 15 16 17	18 19 20 21 22	4	28
	6	23 24 25 26 27	28 29 30 71 2	3 4 5 6 7	8 9 10 11 12	13 14 15 16 17	18 19 20 21 —	6	58
	7	22 23 24 25 26	27 28 29 30 31	81 2 3 4 5	6 7 8 9 10	11 12 13 14 15	16 17 18 19 20	0	27
	7	21 22 23 24 25	26 27 28 29 30	31 91 2 3 4	5 6 7 8 9	10 11 12 13 14	15 16 17 18 —	2	57
	8	19 20 21 22 23	24 25 26 27 28	29 30 01 2 3	4 5 6 7 8	9 10 11 12 13	14 15 16 17 18	3	26
	9	19 20 21 22 23	24 25 26 27 28	29 30 31 N1 2	3 4 5 6 7	8 9 10 11 12	13 14 15 16 —	5	56
	10	17 18 19 20 21	22 23 24 25 26	27 28 29 30 D1	2 3 4 5 6	7 8 9 10 11	12 13 14 15 16	6	25
	11	17 18 19 20 21	22 23 24 25 26	27 28 29 30 31	11 2 3 4 5	6 7 8 9 10	11 12 13 14 —	1	55
	12	15 16 17 18 19	20 21 22 23 24	25 26 27 28 29	30 31 21 2 3	4 5 6 7 8	9 10 11 12 13	2	24
永明 10 壬申 492–93	38 1	14 15 16 17 18	19 20 21 22 23	24 25 26 27 28	29 31 2 3 4	5 6 7 8 9	10 11 12 13 —	4	54
	2	14 15 16 17 18	19 20 21 22 23	24 25 26 27 28	29 30 31 41 2	3 4 5 6 7	8 9 10 11 12	5	23
	3	13 14 15 16 17	18 19 20 21 22	23 24 25 26 27	28 29 30 51 2	3 4 5 6 7	8 9 10 11 12	0	53
	4	13 14 15 16 17	18 19 20 21 22	23 24 25 26 27	28 29 30 31 61	2 3 4 5 6	7 8 9 10 —	2	23
	5	11 12 13 14 15	16 17 18 19 20	21 22 23 24 25	26 27 28 29 30	71 2 3 4 5	6 7 8 9 10	3	52
	6	11 12 13 14 15	16 17 18 19 20	21 22 23 24 25	26 27 28 29 30	31 81 2 3 4	5 6 7 8 —	5	22
	7	9 10 11 12 13	14 15 16 17 18	19 20 21 22 23	24 25 26 27 28	29 30 31 91 2	3 4 5 6 7	6	51
	8	8 9 10 11 12	13 14 15 16 17	18 19 20 21 22	23 24 25 26 27	28 29 30 01 2	3 4 5 6 —	1	21
	9	7 8 9 10 11	12 13 14 15 16	17 18 19 20 21	22 23 24 25 26	27 28 29 30 31	N1 2 3 4 5	2	50
	10	6 7 8 9 10	11 12 13 14 15	16 17 18 19 20	21 22 23 24 25	26 27 28 29 30	D1 2 3 4 —	4	20
	11	5 6 7 8 9	10 11 12 13 14	15 16 17 18 19	20 21 22 23 24	25 26 27 28 29	30 31 11 2 3	5	49
	12	4 5 6 7 8	9 10 11 12 13	14 15 16 17 18	19 20 21 22 23	24 25 26 27 28	29 30 31 21 —	0	19
永明 11 癸酉 493–94	50 1	2 3 4 5 6	7 8 9 10 11	12 13 14 15 16	17 18 19 20 21	22 23 24 25 26	27 28 31 2 3	1	48
	2	4 5 6 7 8	9 10 11 12 13	14 15 16 17 18	19 20 21 22 23	24 25 26 27 28	29 30 31 41 —	3	18
	3	2 3 4 5 6	7 8 9 10 11	12 13 14 15 16	17 18 19 20 21	22 23 24 25 26	27 28 29 30 51	4	47
	4	2 3 4 5 6	7 8 9 10 11	12 13 14 15 16	17 18 19 20 21	22 23 24 25 26	27 28 29 30 —	6	17
	5	31 61 2 3 4	5 6 7 8 9	10 11 12 13 14	15 16 17 18 19	20 21 22 23 24	25 26 27 28 29	0	46
	6	30 71 2 3 4	5 6 7 8 9	10 11 12 13 14	15 16 17 18 19	20 21 22 23 24	25 26 27 28 —	2	16
	7	29 30 31 81 2	3 4 5 6 7	8 9 10 11 12	13 14 15 16 17	18 19 20 21 22	23 24 25 26 27	3	45
	8	28 29 30 31 91	2 3 4 5 6	7 8 9 10 11	12 13 14 15 16	17 18 19 20 21	22 23 24 25 26	5	15
	9	27 28 29 30 01	2 3 4 5 6	7 8 9 10 11	12 13 14 15 16	17 18 19 20 21	22 23 24 25 —	0	45
	10	26 27 28 29 30	31 N1 2 3 4	5 6 7 8 9	10 11 12 13 14	15 16 17 18 19	20 21 22 23 24	1	14
	11	25 26 27 28 29	30 D1 2 3 4	5 6 7 8 9	10 11 12 13 14	15 16 17 18 19	20 21 22 23 —	3	44
	12	24 25 26 27 28	29 30 31 11 2	3 4 5 6 7	8 9 10 11 12	13 14 15 16 17	18 19 20 21 22	4	13
明帝 建武 1 甲戌 494–95	2 1	23 24 25 26 27	28 29 30 31 21	2 3 4 5 6	7 8 9 10 11	12 13 14 15 16	17 18 19 20 —	6	43
	2	21 22 23 24 25	26 27 28 31 2	3 4 5 6 7	8 9 10 11 12	13 14 15 16 17	18 19 20 21 22	0	12
	3	23 24 25 26 27	28 29 30 31 41	2 3 4 5 6	7 8 9 10 11	12 13 14 15 16	17 18 19 20 —	2	42
	4	21 22 23 24 25	26 27 28 29 30	51 2 3 4 5	6 7 8 9 10	11 12 13 14 15	16 17 18 19 20	3	11
	4	21 22 23 24 25	26 27 28 29 30	31 61 2 3 4	5 6 7 8 9	10 11 12 13 14	15 16 17 18 —	5	41
	5	19 20 21 22 23	24 25 26 27 28	29 30 71 2 3	4 5 6 7 8	9 10 11 12 13	14 15 16 17 18	6	10
	6	19 20 21 22 23	24 25 26 27 28	29 30 31 81 2	3 4 5 6 7	8 9 10 11 12	13 14 15 16 —	1	40
	7	17 18 19 20 21	22 23 24 25 26	27 28 29 30 31	91 2 3 4 5	6 7 8 9 10	11 12 13 14 15	2	9
	8	16 17 18 19 20	21 22 23 24 25	26 27 28 29 30	01 2 3 4 5	6 7 8 9 10	11 12 13 14 —	4	39
	9	15 16 17 18 19	20 21 22 23 24	25 26 27 28 29	30 31 N1 2 3	4 5 6 7 8	9 10 11 12 13	5	8
	10	14 15 16 17 18	19 20 21 22 23	24 25 26 27 28	29 30 D1 2 3	4 5 6 7 8	9 10 11 12 —	0	38
	11	13 14 15 16 17	18 19 20 21 22	23 24 25 26 27	28 29 30 31 11	2 3 4 5 6	7 8 9 10 11	1	7
	12	12 13 14 15 16	17 18 19 20 21	22 23 24 25 26	27 28 29 30 31	21 2 3 4 5	6 7 8 9 10	3	37
建武 2 乙亥 495–96	14 1	11 12 13 14 15	16 17 18 19 20	21 22 23 24 25	26 27 28 31 2	3 4 5 6 7	8 9 10 11 —	5	7
	2	12 13 14 15 16	17 18 19 20 21	22 23 24 25 26	27 28 29 30 31	41 2 3 4 5	6 7 8 9 10	6	36
	3	11 12 13 14 15	16 17 18 19 20	21 22 23 24 25	26 27 28 29 30	51 2 3 4 5	6 7 8 9 —	1	6
	4	10 11 12 13 14	15 16 17 18 19	20 21 22 23 24	25 26 27 28 29	30 31 61 2 3	4 5 6 7 8	2	35
	5	9 10 11 12 13	14 15 16 17 18	19 20 21 22 23	24 25 26 27 28	29 30 71 2 3	4 5 6 7 —	4	5
	6	8 9 10 11 12	13 14 15 16 17	18 19 20 21 22	23 24 25 26 27	28 29 30 31 81	2 3 4 5 6	5	34
	7	7 8 9 10 11	12 13 14 15 16	17 18 19 20 21	22 23 24 25 26	27 28 29 30 31	91 2 3 4 —	0	4
	8	5 6 7 8 9	10 11 12 13 14	15 16 17 18 19	20 21 22 23 24	25 26 27 28 29	30 01 2 3 4	1	33
	9	5 6 7 8 9	10 11 12 13 14	15 16 17 18 19	20 21 22 23 24	25 26 27 28 29	30 31 N1 2 —	3	3
	10	3 4 5 6 7	8 9 10 11 12	13 14 15 16 17	18 19 20 21 22	23 24 25 26 27	28 29 30 D1 2	4	32
	11	3 4 5 6 7	8 9 10 11 12	13 14 15 16 17	18 19 20 21 22	23 24 25 26 27	28 29 30 31 —	6	2
	12	11 2 3 4 5	6 7 8 9 10	11 12 13 14 15	16 17 18 19 20	21 22 23 24 25	26 27 28 29 30	0	31

年序 Year	陰曆月序 Moon	陰曆日序 Order of days (Lunar) 1 2 3 4 5	6 7 8 9 10	11 12 13 14 15	16 17 18 19 20	21 22 23 24 25	26 27 28 29 30	星期 Week	干支 Cycle
建武 3 丙子 496–97	26 1	31 **21** 2 3 4	5 6 7 8 9	10 11 12 13 14	15 16 17 18 19	20 21 22 23 24	25 26 27 28 —	2	1
	2	29 **31** 2 3 4	5 6 7 8 9	10 11 12 13 14	15 16 17 18 19	20 21 22 23 24	25 26 27 28 29	3	30
	3	30 31 **41** 2 3	4 5 6 7 8	9 10 11 12 13	14 15 16 17 18	19 20 21 22 23	24 25 26 27 28	5	0
	4	29 30 **51** 2 3	4 5 6 7 8	9 10 11 12 13	14 15 16 17 18	19 20 21 22 23	24 25 26 27 —	0	30
	5	28 29 30 31 **61**	2 3 4 5 6	7 8 9 10 11	12 13 14 15 16	17 18 19 20 21	22 23 24 25 26	1	59
	6	27 28 29 30 **71**	2 3 4 5 6	7 8 9 10 11	12 13 14 15 16	17 18 19 20 21	22 23 24 25 —	3	29
	7	26 27 28 29 30	31 **81** 2 3 4	5 6 7 8 9	10 11 12 13 14	15 16 17 18 19	20 21 22 23 24	4	58
	8	25 26 27 28 29	30 31 **91** 2 3	4 5 6 7 8	9 10 11 12 13	14 15 16 17 18	19 20 21 22 —	6	28
	9	23 24 25 26 27	28 29 30 **O1** 2	3 4 5 6 7	8 9 10 11 12	13 14 15 16 17	18 19 20 21 22	0	57
	10	23 24 25 26 27	28 29 30 31 **N1**	2 3 4 5 6	7 8 9 10 11	12 13 14 15 16	17 18 19 20 —	2	27
	11	21 22 23 24 25	26 27 28 29 30	**D1** 2 3 4 5	6 7 8 9 10	11 12 13 14 15	16 17 18 19 20	3	56
	12	21 22 23 24 25	26 27 28 29 30	31 **11** 2 3 4	5 6 7 8 9	10 11 12 13 14	15 16 17 18 —	5	26
	12	19 20 21 22 23	24 25 26 27 28	29 30 31 **21** 2	3 4 5 6 7	8 9 10 11 12	13 14 15 16 17	6	55
建武 4 丁丑 497–98	38 1	18 19 20 21 22	23 24 25 26 27	28 **31** 2 3 4	5 6 7 8 9	10 11 12 13 14	15 16 17 18 —	1	25
	2	19 20 21 22 23	24 25 26 27 28	29 30 31 **41** 2	3 4 5 6 7	8 9 10 11 12	13 14 15 16 17	2	54
	3	18 19 20 21 22	23 24 25 26 27	28 29 30 **51** 2	3 4 5 6 7	8 9 10 11 12	13 14 15 16 —	4	24
	4	17 18 19 20 21	22 23 24 25 26	27 28 29 30 31	**61** 2 3 4 5	6 7 8 9 10	11 12 13 14 15	5	53
	5	16 17 18 19 20	21 22 23 24 25	26 27 28 29 30	**71** 2 3 4 5	6 7 8 9 10	11 12 13 14 —	0	23
	6	15 16 17 18 19	20 21 22 23 24	25 26 27 28 29	30 31 **81** 2 3	4 5 6 7 8	9 10 11 12 13	1	52
	7	14 15 16 17 18	19 20 21 22 23	24 25 26 27 28	29 30 31 **91** 2	3 4 5 6 7	8 9 10 11 12	3	22
	8	13 14 15 16 17	18 19 20 21 22	23 24 25 26 27	28 29 30 **O1** 2	3 4 5 6 7	8 9 10 11 —	5	52
	9	12 13 14 15 16	17 18 19 20 21	22 23 24 25 26	27 28 29 30 31	**N1** 2 3 4 5	6 7 8 9 10	6	21
	10	11 12 13 14 15	16 17 18 19 20	21 22 23 24 25	26 27 28 29 30	**D1** 2 3 4 5	6 7 8 9 —	1	51
	11	10 11 12 13 14	15 16 17 18 19	20 21 22 23 24	25 26 27 28 29	30 31 **11** 2 3	4 5 6 7 8	2	20
	12	9 10 11 12 13	14 15 16 17 18	19 20 21 22 23	24 25 26 27 28	29 30 31 **21** 2	3 4 5 6 —	4	50
永泰 1 戊寅 498–99	50 1	7 8 9 10 11	12 13 14 15 16	17 18 19 20 21	22 23 24 25 26	27 28 **31** 2 3	4 5 6 7 8	5	19
	2	9 10 11 12 13	14 15 16 17 18	19 20 21 22 23	24 25 26 27 28	29 30 31 **41** 2	3 4 5 6 —	0	49
	3	7 8 9 10 11	12 13 14 15 16	17 18 19 20 21	22 23 24 25 26	27 28 29 30 **51**	2 3 4 5 6	1	18
	4][	7 8 9 10 11	12 13 14 15 16	17 18 19 20 21	22 23 24 25 26	27 28 29 30 31	**61** 2 3 4 —	3	48
	5	5 6 7 8 9	10 11 12 13 14	15 16 17 18 19	20 21 22 23 24	25 26 27 28 29	30 **71** 2 3 4	4	17
	6	5 6 7 8 9	10 11 12 13 14	15 16 17 18 19	20 21 22 23 24	25 26 27 28 29	30 31 **81** 2 —	6	47
	7	3 4 5 6 7	8 9 10 11 12	13 14 15 16 17	18 19 20 21 22	23 24 25 26 27	28 29 30 31 **91**	0	16
	8	2 3 4 5 6	7 8 9 10 11	12 13 14 15 16	17 18 19 20 21	22 23 24 25 26	27 28 29 30 —	2	46
	9	**O1** 2 3 4 5	6 7 8 9 10	11 12 13 14 15	16 17 18 19 20	21 22 23 24 25	26 27 28 29 30	3	15
	10	31 **N1** 2 3 4	5 6 7 8 9	10 11 12 13 14	15 16 17 18 19	20 21 22 23 24	25 26 27 28 —	5	45
	11	29 30 **D1** 2 3	4 5 6 7 8	9 10 11 12 13	14 15 16 17 18	19 20 21 22 23	24 25 26 27 28	6	14
	12	29 30 31 **11** 2	3 4 5 6 7	8 9 10 11 12	13 14 15 16 17	18 19 20 21 22	23 24 25 26 27	1	44
東昏侯 永元 1 己卯 499–500	2 1	28 29 30 31 **21**	2 3 4 5 6	7 8 9 10 11	12 13 14 15 16	17 18 19 20 21	22 23 24 25 —	3	14
	2	26 27 28 **31** 2	3 4 5 6 7	8 9 10 11 12	13 14 15 16 17	18 19 20 21 22	23 24 25 26 27	4	43
	3	28 29 30 31 **41**	2 3 4 5 6	7 8 9 10 11	12 13 14 15 16	17 18 19 20 21	22 23 24 25 —	6	13
	4	26 27 28 29 30	**51** 2 3 4 5	6 7 8 9 10	11 12 13 14 15	16 17 18 19 20	21 22 23 24 25	0	42
	5	26 27 28 29 30	31 **61** 2 3 4	5 6 7 8 9	10 11 12 13 14	15 16 17 18 19	20 21 22 23 —	2	12
	6	24 25 26 27 28	29 30 **71** 2 3	4 5 6 7 8	9 10 11 12 13	14 15 16 17 18	19 20 21 22 23	3	41
	7	24 25 26 27 28	29 30 31 **81** 2	3 4 5 6 7	8 9 10 11 12	13 14 15 16 17	18 19 20 21 —	5	11
	8	22 23 24 25 26	27 28 29 30 31	**91** 2 3 4 5	6 7 8 9 10	11 12 13 14 15	16 17 18 19 20	6	40
	8	21 22 23 24 25	26 27 28 29 30	**O1** 2 3 4 5	6 7 8 9 10	11 12 13 14 15	16 17 18 19 —	1	10
	9	20 21 22 23 24	25 26 27 28 29	30 31 **N1** 2 3	4 5 6 7 8	9 10 11 12 13	14 15 16 17 18	2	39
	10	19 20 21 22 23	24 25 26 27 28	29 30 **D1** 2 3	4 5 6 7 8	9 10 11 12 13	14 15 16 17 —	4	9
	11	18 19 20 21 22	23 24 25 26 27	28 29 30 31 **11**	2 3 4 5 6	7 8 9 10 11	12 13 14 15 16	5	38
	12	17 18 19 20 21	22 23 24 25 26	27 28 29 30 31	**21** 2 3 4 5	6 7 8 9 10	11 12 13 14 —	0	8
永元 2 庚辰 500–01	14 1	15 16 17 18 19	20 21 22 23 24	25 26 27 28 29	**31** 2 3 4 5	6 7 8 9 10	11 12 1: 14 15	1	37
	2	16 17 18 19 20	21 22 23 24 25	26 27 28 29 30	31 **41** 2 3 4	5 6 7 8 9	10 11 12 13 14	3	7
	3	15 16 17 18 19	20 21 22 23 24	25 26 27 28 29	30 **51** 2 3 4	5 6 7 8 9	10 11 12 13 —	5	37
	4	14 15 16 17 18	19 20 21 22 23	24 25 26 27 28	29 30 31 **61** 2	3 4 5 6 7	8 9 10 11 12	6	6
	5	13 14 15 16 17	18 19 20 21 22	23 24 25 26 27	28 29 30 **71** 2	3 4 5 6 7	8 9 10 11 —	1	36
	6	12 13 14 15 16	17 18 19 20 21	22 23 24 25 26	27 28 29 30 31	**81** 2 3 4 5	6 7 8 9 10	2	5
	7	11 12 13 14 15	16 17 18 19 20	21 22 23 24 25	26 27 28 29 30	31 **91** 2 3 4	5 6 7 8 —	4	35
	8	9 10 11 12 13	14 15 16 17 18	19 20 21 22 23	24 25 26 27 28	29 30 **O1** 2 3	4 5 6 7 8	5	4
	9	9 10 11 12 13	14 15 16 17 18	19 20 21 22 23	24 25 26 27 28	29 30 31 **N1** 2	3 4 5 6 —	0	34
	10	7 8 9 10 11	12 13 14 15 16	17 18 19 20 21	22 23 24 25 26	27 28 29 30 **D1**	2 3 4 5 6	1	3
	11	7 8 9 10 11	12 13 14 15 16	17 18 19 20 21	22 23 24 25 26	27 28 29 30 31	**11** 2 3 4 —	3	33
	12	5 6 7 8 9	10 11 12 13 14	15 16 17 18 19	20 21 22 23 24	25 26 27 28 29	30 31 **21** 2 3	4	2

年序 Year	陰曆月序 Moon	陰曆日序 Order of days (Lunar) 1 2 3 4 5	6 7 8 9 10	11 12 13 14 15	16 17 18 19 20	21 22 23 24 25	26 27 28 29 30	星期 Week	干支 Cycle
和帝中興 1 辛巳 501–02	26 1	4 5 6 7 8	9 10 11 12 13	14 15 16 17 18	19 20 21 22 23	24 25 26 27 28	31 2 3 4 —	6	32
	2	5 6 7 8 9	10 11 12 13 14	15 16 17 18 19	20 21 22 23 24	25 26 27 28 29	30 31 41 2 3	0	1
	3][	4 5 6 7 8	9 10 11 12 13	14 15 16 17 18	19 20 21 22 23	24 25 26 27 28	29 30 51 2 —	2	31
	4	3 4 5 6 7	8 9 10 11 12	13 14 15 16 17	18 19 20 21 22	23 24 25 26 27	28 29 30 31 61	3	0
	5	2 3 4 5 6	7 8 9 10 11	12 13 14 15 16	17 18 19 20 21	22 23 24 25 26	27 28 29 30 —	5	30
	6	71 2 3 4 5	6 7 8 9 10	11 12 13 14 15	16 17 18 19 20	21 22 23 24 25	26 27 28 29 30	6	59
	7	31 81 2 3 4	5 6 7 8 9	10 11 12 13 14	15 16 17 18 19	20 21 22 23 24	25 26 27 28 29	1	29
	8	30 31 91 2 3	4 5 6 7 8	9 10 11 12 13	14 15 16 17 18	19 20 21 22 23	24 25 26 27 —	3	59
	9	28 29 30 01 2	3 4 5 6 7	8 9 10 11 12	13 14 15 16 17	18 19 20 21 22	23 24 25 26 27	4	28
	10	28 29 30 31 N1	2 3 4 5 6	7 8 9 10 11	12 13 14 15 16	17 18 19 20 21	22 23 24 25 —	6	58
	11	26 27 28 29 30	D1 2 3 4 5	6 7 8 9 10	11 12 13 14 15	16 17 18 19 20	21 22 23 24 25	0	27
	12	26 27 28 29 30	31 11 2 3 4	5 6 7 8 9	10 11 12 13 14	15 16 17 18 19	20 21 22 23 —	2	57
南梁武帝天監 1 壬午 502–03	38 1	24 25 26 27 28	29 30 31 21 2	3 4 5 6 7	8 9 10 11 12	13 14 15 16 17	18 19 20 21 22	3	26
	2	23 24 25 26 27	28 31 2 3 4	5 6 7 8 9	10 11 12 13 14	15 16 17 18 19	20 21 22 23 —	5	56
	3	24 25 26 27 28	29 30 31 41 2	3 4 5 6 7	8 9 10 11 12	13 14 15 16 17	18 19 20 21 22	6	25
	4][	23 24 25 26 27	28 29 30 51 2	3 4 5 6 7	8 9 10 11 12	13 14 15 16 17	18 19 20 21 —	1	55
	4	22 23 24 25 26	27 28 29 30 31	61 2 3 4 5	6 7 8 9 10	11 12 13 14 15	16 17 18 19 20	2	24
	5	21 22 23 24 25	26 27 28 29 30	71 2 3 4 5	6 7 8 9 10	11 12 13 14 15	16 17 18 19 —	4	54
	6	20 21 22 23 24	25 26 27 28 29	30 31 81 2 3	4 5 6 7 8	9 10 11 12 13	14 15 16 17 18	5	23
	7	19 20 21 22 23	24 25 26 27 28	29 30 31 91 2	3 4 5 6 7	8 9 10 11 12	13 14 15 16 —	0	53
	8	17 18 19 20 21	22 23 24 25 26	27 28 29 30 01	2 3 4 5 6	7 8 9 10 11	12 13 14 15 16	1	22
	9	17 18 19 20 21	22 23 24 25 26	27 28 29 30 31	N1 2 3 4 5	6 7 8 9 10	11 12 13 14 —	3	52
	10	15 16 17 18 19	20 21 22 23 24	25 26 27 28 29	30 D1 2 3 4	5 6 7 8 9	10 11 12 13 14	4	21
	11	15 16 17 18 19	20 21 22 23 24	25 26 27 28 29	30 31 11 2 3	4 5 6 7 8	9 10 11 12 13	6	51
	12	14 15 16 17 18	19 20 21 22 23	24 25 26 27 28	29 30 31 21 2	3 4 5 6 7	8 9 10 11 —	1	21
天監 2 癸未 503–04	50 1	12 13 14 15 16	17 18 19 20 21	22 23 24 25 26	27 28 31 2 3	4 5 6 7 8	9 10 11 12 13	2	50
	2	14 15 16 17 18	19 20 21 22 23	24 25 26 27 28	29 30 31 41 2	3 4 5 6 7	8 9 10 11 —	4	20
	3	12 13 14 15 16	17 18 19 20 21	22 23 24 25 26	27 28 29 30 51	2 3 4 5 6	7 8 9 10 11	5	49
	4	12 13 14 15 16	17 18 19 20 21	22 23 24 25 26	27 28 29 30 31	61 2 3 4 5	6 7 8 9 —	0	19
	5	10 11 12 13 14	15 16 17 18 19	20 21 22 23 24	25 26 27 28 29	30 71 2 3 4	5 6 7 8 9	1	48
	6	10 11 12 13 14	15 16 17 18 19	20 21 22 23 24	25 26 27 28 29	30 31 81 2 3	4 5 6 7 —	3	18
	7	8 9 10 11 12	13 14 15 16 17	18 19 20 21 22	23 24 25 26 27	28 29 30 31 91	2 3 4 5 6	4	47
	8	7 8 9 10 11	12 13 14 15 16	17 18 19 20 21	22 23 24 25 26	27 28 29 30 01	2 3 4 5 —	6	17
	9	6 7 8 9 10	11 12 13 14 15	16 17 18 19 20	21 22 23 24 25	26 27 28 29 30	31 N1 2 3 4	0	46
	10	5 6 7 8 9	10 11 12 13 14	15 16 17 18 19	20 21 22 23 24	25 26 27 28 29	30 D1 2 3 —	2	16
	11	4 5 6 7 8	9 10 11 12 13	14 15 16 17 18	19 20 21 22 23	24 25 26 27 28	29 30 31 11 2	3	45
	12	3 4 5 6 7	8 9 10 11 12	13 14 15 16 17	18 19 20 21 22	23 24 25 26 27	28 29 30 31 —	5	15
天監 3 甲申 504–05	2 1	21 2 3 4 5	6 7 8 9 10	11 12 13 14 15	16 17 18 19 20	21 22 23 24 25	26 27 28 29 31	6	44
	2	2 3 4 5 6	7 8 9 10 11	12 13 14 15 16	17 18 19 20 21	22 23 24 25 26	27 28 29 30 31	1	14
	3	41 2 3 4 5	6 7 8 9 10	11 12 13 14 15	16 17 18 19 20	21 22 23 24 25	26 27 28 29 —	3	44
	4	30 51 2 3 4	5 6 7 8 9	10 11 12 13 14	15 16 17 18 19	20 21 22 23 24	25 26 27 28 29	4	13
	5	30 31 61 2 3	4 5 6 7 8	9 10 11 12 13	14 15 16 17 18	19 20 21 22 23	24 25 26 27 —	6	43
	6	28 29 30 71 2	3 4 5 6 7	8 9 10 11 12	13 14 15 16 17	18 19 20 21 22	23 24 25 26 27	0	12
	7	28 29 30 31 81	2 3 4 5 6	7 8 9 10 11	12 13 14 15 16	17 18 19 20 21	22 23 24 25 —	2	42
	8	26 27 28 29 30	31 91 2 3 4	5 6 7 8 9	10 11 12 13 14	15 16 17 18 19	20 21 22 23 24	3	11
	9	25 26 27 28 29	30 01 2 3 4	5 6 7 8 9	10 11 12 13 14	15 16 17 18 19	20 21 22 23 —	5	41
	10	24 25 26 27 28	29 30 31 N1 2	3 4 5 6 7	8 9 10 11 12	13 14 15 16 17	18 19 20 21 22	6	10
	11	23 24 25 26 27	28 29 30 D1 2	3 4 5 6 7	8 9 10 11 12	13 14 15 16 17	18 19 20 21 —	1	40
	12	22 23 24 25 26	27 28 29 30 31	11 2 3 4 5	6 7 8 9 10	11 12 13 14 15	16 17 18 19 20	2	9
天監 4 乙酉 505–06	14 1	21 22 23 24 25	26 27 28 29 30	31 21 2 3 4	5 6 7 8 9	10 11 12 13 14	15 16 17 18 —	4	39
	2	19 20 21 22 23	24 25 26 27 28	31 2 3 4 5	6 7 8 9 10	11 12 13 14 15	16 17 18 19 20	5	8
	2	21 22 23 24 25	26 27 28 29 30	31 41 2 3 4	5 6 7 8 9	10 11 12 13 14	15 16 17 18 —	0	38
	3	19 20 21 22 23	24 25 26 27 28	29 30 51 2 3	4 5 6 7 8	9 10 11 12 13	14 15 16 17 18	1	7
	4	19 20 21 22 23	24 25 26 27 28	29 30 31 61 2	3 4 5 6 7	8 9 10 11 12	13 14 15 16 —	3	37
	5	17 18 19 20 21	22 23 24 25 26	27 28 29 30 71	2 3 4 5 6	7 8 9 10 11	12 13 14 15 16	4	6
	6	17 18 19 20 21	22 23 24 25 26	27 28 29 30 31	81 2 3 4 5	6 7 8 9 10	11 12 13 14 15	6	36
	7	16 17 18 19 20	21 22 23 24 25	26 27 28 29 30	31 91 2 3 4	5 6 7 8 9	10 11 12 13 —	1	6
	8	14 15 16 17 18	19 20 21 22 23	24 25 26 27 28	29 30 01 2 3	4 5 6 7 8	9 10 11 12 13	2	35
	9	14 15 16 17 18	19 20 21 22 23	24 25 26 27 28	29 30 31 N1 2	3 4 5 6 7	8 9 10 11 —	4	5
	10	12 13 14 15 16	17 18 19 20 21	22 23 24 25 26	27 28 29 30 D1	2 3 4 5 6	7 8 9 10 11	5	34
	11	12 13 14 15 16	17 18 19 20 21	22 23 24 25 26	27 28 29 30 31	11 2 3 4 5	6 7 8 9 —	0	4
	12	10 11 12 13 14	15 16 17 18 19	20 21 22 23 24	25 26 27 28 29	30 31 21 2 3	4 5 6 7 8	1	33

年序 Year	陰曆月序 Moon	1 2 3 4 5	6 7 8 9 10	11 12 13 14 15	16 17 18 19 20	21 22 23 24 25	26 27 28 29 30	星期 Week	干支 Cycle
天監 5 丙戌 506–07	26 1	9 10 11 12 13	14 15 16 17 18	19 20 21 22 23	24 25 26 27 28	31 2 3 4 5	6 7 8 9 —	3	3
	2	10 11 12 13 14	15 16 17 18 19	20 21 22 23 24	25 26 27 28 29	30 31 41 2 3	4 5 6 7 8	4	32
	3	9 10 11 12 13	14 15 16 17 18	19 20 21 22 23	24 25 26 27 28	29 30 51 2 3	4 5 6 7 —	6	2
	4	8 9 10 11 12	13 14 15 16 17	18 19 20 21 22	23 24 25 26 27	28 29 30 31 61	2 3 4 5 6	0	31
	5	7 8 9 10 11	12 13 14 15 16	17 18 19 20 21	22 23 24 25 26	27 28 29 30 71	2 3 4 5 —	2	1
	6	6 7 8 9 10	11 12 13 14 15	16 17 18 19 20	21 22 23 24 25	26 27 28 29 30	31 81 2 3 4	3	30
	7	5 6 7 8 9	10 11 12 13 14	15 16 17 18 19	20 21 22 23 24	25 26 27 28 29	30 31 91 2 —	5	0
	8	3 4 5 6 7	8 9 10 11 12	13 14 15 16 17	18 19 20 21 22	23 24 25 26 27	28 29 30 01 2	6	29
	9	3 4 5 6 7	8 9 10 11 12	13 14 15 16 17	18 19 20 21 22	23 24 25 26 27	28 29 30 31 —	1	59
	10	N1 2 3 4 5	6 7 8 9 10	11 12 13 14 15	16 17 18 19 20	21 22 23 24 25	26 27 28 29 30	2	28
	11	D1 2 3 4 5	6 7 8 9 10	11 12 13 14 15	16 17 18 19 20	21 22 23 24 25	26 27 28 29 30	4	58
	12	31 11 2 3 4	5 6 7 8 9	10 11 12 13 14	15 16 17 18 19	20 21 22 23 24	25 26 27 28 —	6	28
天監 6 丁亥 507–08	38 1	29 30 31 21 2	3 4 5 6 7	8 9 10 11 12	13 14 15 16 17	18 19 20 21 22	23 24 25 26 27	0	57
	2	28 31 2 3 4	5 6 7 8 9	10 11 12 13 14	15 16 17 18 19	20 21 22 23 24	25 26 27 28 —	2	27
	3	29 30 31 41 2	3 4 5 6 7	8 9 10 11 12	13 14 15 16 17	18 19 20 21 22	23 24 25 26 27	3	56
	4	28 29 30 51 2	3 4 5 6 7	8 9 10 11 12	13 14 15 16 17	18 19 20 21 22	23 24 25 26 —	5	26
	5	27 28 29 30 31	61 2 3 4 5	6 7 8 9 10	11 12 13 14 15	16 17 18 19 20	21 22 23 24 25	6	55
	6	26 27 28 29 30	71 2 3 4 5	6 7 8 9 10	11 12 13 14 15	16 17 18 19 20	21 22 23 24 —	1	25
	7	25 26 27 28 29	30 31 81 2 3	4 5 6 7 8	9 10 11 12 13	14 15 16 17 18	19 20 21 22 23	2	54
	8	24 25 26 27 28	29 30 31 91 2	3 4 5 6 7	8 9 10 11 12	13 14 15 16 17	18 19 20 21 —	4	24
	9	22 23 24 25 26	27 28 29 30 01	2 3 4 5 6	7 8 9 10 11	12 13 14 15 16	17 18 19 20 21	5	53
	10	22 23 24 25 26	27 28 29 30 31	N1 2 3 4 5	6 7 8 9 10	11 12 13 14 15	16 17 18 19 —	0	23
	10	20 21 22 23 24	25 26 27 28 29	30 D1 2 3 4	5 6 7 8 9	10 11 12 13 14	15 16 17 18 19	1	52
	11	20 21 22 23 24	25 26 27 28 29	30 31 11 2 3	4 5 6 7 8	9 10 11 12 13	14 15 16 17 —	3	22
	12	18 19 20 21 22	23 24 25 26 27	28 29 30 31 21	2 3 4 5 6	7 8 9 10 11	12 13 14 15 16	4	51
天監 7 戊子 508–09	50 1	17 18 19 20 21	22 23 24 25 26	27 28 29 31 2	3 4 5 6 7	8 9 10 11 12	13 14 15 16 17	6	21
	2	18 19 20 21 22	23 24 25 26 27	28 29 30 31 41	2 3 4 5 6	7 8 9 10 11	12 13 14 15 —	1	51
	3	16 17 18 19 20	21 22 23 24 25	26 27 28 29 30	51 2 3 4 5	6 7 8 9 10	11 12 13 14 15	2	20
	4	16 17 18 19 20	21 22 23 24 25	26 27 28 29 30	31 61 2 3 4	5 6 7 8 9	10 11 12 13 —	4	50
	5	14 15 16 17 18	19 20 21 22 23	24 25 26 27 28	29 30 71 2 3	4 5 6 7 8	9 10 11 12 13	5	19
	6	14 15 16 17 18	19 20 21 22 23	24 25 26 27 28	29 30 31 81 2	3 4 5 6 7	8 9 10 11 —	0	49
	7	12 13 14 15 16	17 18 19 20 21	22 23 24 25 26	27 28 29 30 31	91 2 3 4 5	6 7 8 9 10	1	18
	8	11 12 13 14 15	16 17 18 19 20	21 22 23 24 25	26 27 28 29 30	01 2 3 4 5	6 7 8 9 —	3	48
	9	10 11 12 13 14	15 16 17 18 19	20 21 22 23 24	25 26 27 28 29	30 31 N1 2 3	4 5 6 7 8	4	17
	10	9 10 11 12 13	14 15 16 17 18	19 20 21 22 23	24 25 26 27 28	29 30 D1 2 3	4 5 6 7 —	6	47
	11	8 9 10 11 12	13 14 15 16 17	18 19 20 21 22	23 24 25 26 27	28 29 30 31 11	2 3 4 5 6	0	16
	12	7 8 9 10 11	12 13 14 15 16	17 18 19 20 21	22 23 24 25 26	27 28 29 30 31	21 2 3 4 —	2	46
天監 8 己丑 509–10	2 1	5 6 7 8 9	10 11 12 13 14	15 16 17 18 19	20 21 22 23 24	25 26 27 28 31	2 3 4 5 6	3	15
	2	7 8 9 10 11	12 13 14 15 16	17 18 19 20 21	22 23 24 25 26	27 28 29 30 31	41 2 3 4 —	5	45
	3	5 6 7 8 9	10 11 12 13 14	15 16 17 18 19	20 21 22 23 24	25 26 27 28 29	30 51 2 3 4	6	14
	4	5 6 7 8 9	10 11 12 13 14	15 16 17 18 19	20 21 22 23 24	25 26 27 28 29	30 31 61 2 —	1	44
	5	3 4 5 6 7	8 9 10 11 12	13 14 15 16 17	18 19 20 21 22	23 24 25 26 27	28 29 30 71 2	2	13
	6	3 4 5 6 7	8 9 10 11 12	13 14 15 16 17	18 19 20 21 22	23 24 25 26 27	28 29 30 31 81	4	43
	7	2 3 4 5 6	7 8 9 10 11	12 13 14 15 16	17 18 19 20 21	22 23 24 25 26	27 28 29 30 —	6	13
	8	31 91 2 3 4	5 6 7 8 9	10 11 12 13 14	15 16 17 18 19	20 21 22 23 24	25 26 27 28 29	0	42
	9	30 01 2 3 4	5 6 7 8 9	10 11 12 13 14	15 16 17 18 19	20 21 22 23 24	25 26 27 28 —	2	12
	10	29 30 31 N1 2	3 4 5 6 7	8 9 10 11 12	13 14 15 16 17	18 19 20 21 22	23 24 25 26 27	3	41
	11	28 29 30 D1 2	3 4 5 6 7	8 9 10 11 12	13 14 15 16 17	18 19 20 21 22	23 24 25 26 —	5	11
	12	27 28 29 30 31	11 2 3 4 5	6 7 8 9 10	11 12 13 14 15	16 17 18 19 20	21 22 23 24 25	6	40
天監 9 庚寅 510–11	14 1	26 27 28 29 30	31 21 2 3 4	5 6 7 8 9	10 11 12 13 14	15 16 17 18 19	20 21 22 23 —	1	10
	2	24 25 26 27 28	31 2 3 4 5	6 7 8 9 10	11 12 13 14 15	16 17 18 19 20	21 22 23 24 25	2	39
	3	26 27 28 29 30	31 41 2 3 4	5 6 7 8 9	10 11 12 13 14	15 16 17 18 19	20 21 22 23 —	4	9
	4	24 25 26 27 28	29 30 51 2 3	4 5 6 7 8	9 10 11 12 13	14 15 16 17 18	19 20 21 22 23	5	38
	5	24 25 26 27 28	29 30 31 61 2	3 4 5 6 7	8 9 10 11 12	13 14 15 16 17	18 19 20 21 —	0	8
	6	22 23 24 25 26	27 28 29 30 71	2 3 4 5 6	7 8 9 10 11	12 13 14 15 16	17 18 19 20 21	1	37
	6	22 23 24 25 26	27 28 29 30 31	81 2 3 4 5	6 7 8 9 10	11 12 13 14 15	16 17 18 19 —	3	7
	7	20 21 22 23 24	25 26 27 28 29	30 31 91 2 3	4 5 6 7 8	9 10 11 12 13	14 15 16 17 18	4	36
	8	19 20 21 22 23	24 25 26 27 28	29 30 01 2 3	4 5 6 7 8	9 10 11 12 13	14 15 16 17 —	6	6
	9	18 19 20 21 22	23 24 25 26 27	28 29 30 31 N1	2 3 4 5 6	7 8 9 10 11	12 13 14 15 16	0	35
	10	17 18 19 20 21	22 23 24 25 26	27 28 29 30 D1	2 3 4 5 6	7 8 9 10 11	12 13 14 15 16	2	5
	11	17 18 19 20 21	22 23 24 25 26	27 28 29 30 31	11 2 3 4 5	6 7 8 9 10	11 12 13 14 —	4	35
	12	15 16 17 18 19	20 21 22 23 24	25 26 27 28 29	30 31 21 2 3	4 5 6 7 8	9 10 11 12 13	5	4

年序 Year	陰曆月序 Moon	陰曆日序 Order of days (Lunar) 1 2 3 4 5	6 7 8 9 10	11 12 13 14 15	16 17 18 19 20	21 22 23 24 25	26 27 28 29 30	星期 Week	干支 Cycle
天監10 辛卯 511–12	26 1	14 15 16 17 18	19 20 21 22 23	24 25 26 27 28	31 2 3 4 5	6 7 8 9 10	11 12 13 14 —	0	34
	2	15 16 17 18 19	20 21 22 23 24	25 26 27 28 29	30 31 41 2 3	4 5 6 7 8	9 10 11 12 13	1	3
	3	14 15 16 17 18	19 20 21 22 23	24 25 26 27 28	29 30 51 2 3	4 5 6 7 8	9 10 11 12 —	3	33
	4	13 14 15 16 17	18 19 20 21 22	23 24 25 26 27	28 29 30 31 61	2 3 4 5 6	7 8 9 10 11	4	2
	5	12 13 14 15 16	17 18 19 20 21	22 23 24 25 26	27 28 29 30 71	2 3 4 5 6	7 8 9 10 —	6	32
	6	11 12 13 14 15	16 17 18 19 20	21 22 23 24 25	26 27 28 29 30	31 81 2 3 4	5 6 7 8 9	0	1
	7	10 11 12 13 14	15 16 17 18 19	20 21 22 23 24	25 26 27 28 29	30 31 91 2 3	4 5 6 7 —	2	31
	8	8 9 10 11 12	13 14 15 16 17	18 19 20 21 22	23 24 25 26 27	28 29 30 01 2	3 4 5 6 7	3	0
	9	8 9 10 11 12	13 14 15 16 17	18 19 20 21 22	23 24 25 26 27	28 29 30 31 N1	2 3 4 5 —	5	30
	10	6 7 8 9 10	11 12 13 14 15	16 17 18 19 20	21 22 23 24 25	26 27 28 29 30	D1 2 3 4 5	6	59
	11	6 7 8 9 10	11 12 13 14 15	16 17 18 19 20	21 22 23 24 25	26 27 28 29 30	31 11 2 3 —	1	29
	12	4 5 6 7 8	9 10 11 12 13	14 15 16 17 18	19 20 21 22 23	24 25 26 27 28	29 30 31 21 2	2	58
天監11 壬辰 512–13	38 1	3 4 5 6 7	8 9 10 11 12	13 14 15 16 17	18 19 20 21 22	23 24 25 26 27	28 29 31 2 3	4	28
	2	4 5 6 7 8	9 10 11 12 13	14 15 16 17 18	19 20 21 22 23	24 25 26 27 28	29 30 31 41 —	6	58
	3	2 3 4 5 6	7 8 9 10 11	12 13 14 15 16	17 18 19 20 21	22 23 24 25 26	27 28 29 30 51	0	27
	4	2 3 4 5 6	7 8 9 10 11	12 13 14 15 16	17 18 19 20 21	22 23 24 25 26	27 28 29 30 —	2	57
	5	31 61 2 3 4	5 6 7 8 9	10 11 12 13 14	15 16 17 18 19	20 21 22 23 24	25 26 27 28 29	3	26
	6	30 71 2 3 4	5 6 7 8 9	10 11 12 13 14	15 16 17 18 19	20 21 22 23 24	25 26 27 28 —	5	56
	7	29 30 31 81 2	3 4 5 6 7	8 9 10 11 12	13 14 15 16 17	18 19 20 21 22	23 24 25 26 27	6	25
	8	28 29 30 31 91	2 3 4 5 6	7 8 9 10 11	12 13 14 15 16	17 18 19 20 21	22 23 24 25 —	1	55
	9	26 27 28 29 30	01 2 3 4 5	6 7 8 9 10	11 12 13 14 15	16 17 18 19 20	21 22 23 24 25	2	24
	10	26 27 28 29 30	31 N1 2 3 4	5 6 7 8 9	10 11 12 13 14	15 16 17 18 19	20 21 22 23 —	4	54
	11	24 25 26 27 28	29 30 D1 2 3	4 5 6 7 8	9 10 11 12 13	14 15 16 17 18	19 20 21 22 23	5	23
	12	24 25 26 27 28	29 30 31 11 2	3 4 5 6 7	8 9 10 11 12	13 14 15 16 17	18 19 20 21 —	0	53
天監12 癸巳 513–14	50 1	22 23 24 25 26	27 28 29 30 31	21 2 3 4 5	6 7 8 9 10	11 12 13 14 15	16 17 18 19 20	1	22
	2	21 22 23 24 25	26 27 28 31 2	3 4 5 6 7	8 9 10 11 12	13 14 15 16 17	18 19 20 21 —	3	52
	3	22 23 24 25 26	27 28 29 30 31	41 2 3 4 5	6 7 8 9 10	11 12 13 14 15	16 17 18 19 20	4	21
	3	21 22 23 24 25	26 27 28 29 30	51 2 3 4 5	6 7 8 9 10	11 12 13 14 15	16 17 18 19 —	6	51
	4	20 21 22 23 24	25 26 27 28 29	30 31 61 2 3	4 5 6 7 8	9 10 11 12 13	14 15 16 17 18	0	20
	5	19 20 21 22 23	24 25 26 27 28	29 30 71 2 3	4 5 6 7 8	9 10 11 12 13	14 15 16 17 18	2	50
	6	19 20 21 22 23	24 25 26 27 28	29 30 31 81 2	3 4 5 6 7	8 9 10 11 12	13 14 15 16 —	4	20
	7	17 18 19 20 21	22 23 24 25 26	27 28 29 30 31	91 2 3 4 5	6 7 8 9 10	11 12 13 14 15	5	49
	8	16 17 18 19 20	21 22 23 24 25	26 27 28 29 30	01 2 3 4 5	6 7 8 9 10	11 12 13 14 —	0	19
	9	15 16 17 18 19	20 21 22 23 24	25 26 27 28 29	30 31 N1 2 3	4 5 6 7 8	9 10 11 12 13	1	48
	10	14 15 16 17 18	19 20 21 22 23	24 25 26 27 28	29 30 D1 2 3	4 5 6 7 8	9 10 11 12 —	3	18
	11	13 14 15 16 17	18 19 20 21 22	23 24 25 26 27	28 29 30 31 11	2 3 4 5 6	7 8 9 10 11	4	47
	12	12 13 14 15 16	17 18 19 20 21	22 23 24 25 26	27 28 29 30 31	21 2 3 4 5	6 7 8 9 —	6	17
天監13 甲午 514–15	2 1	10 11 12 13 14	15 16 17 18 19	20 21 22 23 24	25 26 27 28 31	2 3 4 5 6	7 8 9 10 11	0	46
	2	12 13 14 15 16	17 18 19 20 21	22 23 24 25 26	27 28 29 30 31	41 2 3 4 5	6 7 8 9 —	2	16
	3	10 11 12 13 14	15 16 17 18 19	20 21 22 23 24	25 26 27 28 29	30 51 2 3 4	5 6 7 8 9	3	45
	4	10 11 12 13 14	15 16 17 18 19	20 21 22 23 24	25 26 27 28 29	30 31 61 2 3	4 5 6 7 —	5	15
	5	8 9 10 11 12	13 14 15 16 17	18 19 20 21 22	23 24 25 26 27	28 29 30 71 2	3 4 5 6 7	6	44
	6	8 9 10 11 12	13 14 15 16 17	18 19 20 21 22	23 24 25 26 27	28 29 30 31 81	2 3 4 5 —	1	14
	7	6 7 8 9 10	11 12 13 14 15	16 17 18 19 20	21 22 23 24 25	26 27 28 29 30	31 91 2 3 4	2	43
	8	5 6 7 8 9	10 11 12 13 14	15 16 17 18 19	20 21 22 23 24	25 26 27 28 29	30 01 2 3 —	4	13
	9	4 5 6 7 8	9 10 11 12 13	14 15 16 17 18	19 20 21 22 23	24 25 26 27 28	29 30 31 N1 2	5	42
	10	3 4 5 6 7	8 9 10 11 12	13 14 15 16 17	18 19 20 21 22	23 24 25 26 27	28 29 30 D1 2	0	12
	11	3 4 5 6 7	8 9 10 11 12	13 14 15 16 17	18 19 20 21 22	23 24 25 26 27	28 29 30 31 —	2	42
	12	11 2 3 4 5	6 7 8 9 10	11 12 13 14 15	16 17 18 19 20	21 22 23 24 25	26 27 28 29 30	3	11
天監14 乙未 515–16	14 1	31 21 2 3 4	5 6 7 8 9	10 11 12 13 14	15 16 17 18 19	20 21 22 23 24	25 26 27 28 —	5	41
	2	31 2 3 4 5	6 7 8 9 10	11 12 13 14 15	16 17 18 19 20	21 22 23 24 25	26 27 28 29 30	6	10
	3	31 41 2 3 4	5 6 7 8 9	10 11 12 13 14	15 16 17 18 19	20 21 22 23 24	25 26 27 28 —	1	40
	4	29 30 51 2 3	4 5 6 7 8	9 10 11 12 13	14 15 16 17 18	19 20 21 22 23	24 25 26 27 28	2	9
	5	29 30 31 61 2	3 4 5 6 7	8 9 10 11 12	13 14 15 16 17	18 19 20 21 22	23 24 25 26 —	4	39
	6	27 28 29 30 71	2 3 4 5 6	7 8 9 10 11	12 13 14 15 16	17 18 19 20 21	22 23 24 25 26	5	8
	7	27 28 29 30 31	81 2 3 4 5	6 7 8 9 10	11 12 13 14 15	16 17 18 19 20	21 22 23 24 —	0	38
	8	25 26 27 28 29	30 31 91 2 3	4 5 6 7 8	9 10 11 12 13	14 15 16 17 18	19 20 21 22 23	1	7
	9	24 25 26 27 28	29 30 01 2 3	4 5 6 7 8	9 10 11 12 13	14 15 16 17 18	19 20 21 22 —	3	37
	10	23 24 25 26 27	28 29 30 31 N1	2 3 4 5 6	7 8 9 10 11	12 13 14 15 16	17 18 19 20 21	4	6
	11	22 23 24 25 26	27 28 29 30 D1	2 3 4 5 6	7 8 9 10 11	12 13 14 15 16	17 18 19 20 —	6	36
	12	21 22 23 24 25	26 27 28 29 30	31 11 2 3 4	5 6 7 8 9	10 11 12 13 14	15 16 17 18 19	0	5
	12	20 21 22 23 24	25 26 27 28 29	30 31 21 2 3	4 5 6 7 8	9 10 11 12 13	14 15 16 17 —	2	35

年序 Year	陰曆月序 Moon	陰曆日序 Order of days (Lunar) 1 2 3 4 5	6 7 8 9 10	11 12 13 14 15	16 17 18 19 20	21 22 23 24 25	26 27 28 29 30	星期 Week	干支 Cycle
天監 15 丙申 516–17	26 1	18 19 20 21 22	23 24 25 26 27	28 29 31 2 3	4 5 6 7 8	9 10 11 12 13	14 15 16 17 18	3	4
	2	19 20 21 22 23	24 25 26 27 28	29 30 31 41 2	3 4 5 6 7	8 9 10 11 12	13 14 15 16 17	5	34
	3	18 19 20 21 22	23 24 25 26 27	28 29 30 51 2	3 4 5 6 7	8 9 10 11 12	13 14 15 16 —	0	4
	4	17 18 19 20 21	22 23 24 25 26	27 28 29 30 31	61 2 3 4 5	6 7 8 9 10	11 12 13 14 15	1	33
	5	16 17 18 19 20	21 22 23 24 25	26 27 28 29 30	71 2 3 4 5	6 7 8 9 10	11 12 13 14 —	3	3
	6	15 16 17 18 19	20 21 22 23 24	25 26 27 28 29	30 31 81 2 3	4 5 6 7 8	9 10 11 12 13	4	32
	7	14 15 16 17 18	19 20 21 22 23	24 25 26 27 28	29 30 31 91 2	3 4 5 6 7	8 9 10 11 —	6	2
	8	12 13 14 15 16	17 18 19 20 21	22 23 24 25 26	27 28 29 30 O1	2 3 4 5 6	7 8 9 10 11	0	31
	9	12 13 14 15 16	17 18 19 20 21	22 23 24 25 26	27 28 29 30 31	N1 2 3 4 5	6 7 8 9 —	2	1
	10	10 11 12 13 14	15 16 17 18 19	20 21 22 23 24	25 26 27 28 29	30 D1 2 3 4	5 6 7 8 9	3	30
	11	10 11 12 13 14	15 16 17 18 19	20 21 22 23 24	25 26 27 28 29	30 31 11 2 3	4 5 6 7 —	5	0
	12	8 9 10 11 12	13 14 15 16 17	18 19 20 21 22	23 24 25 26 27	28 29 30 31 21	2 3 4 5 6	6	29
天監 16 丁酉 517–18	38 1	7 8 9 10 11	12 13 14 15 16	17 18 19 20 21	22 23 24 25 26	27 28 31 2 3	4 5 6 7 —	1	59
	2	8 9 10 11 12	13 14 15 16 17	18 19 20 21 22	23 24 25 26 27	28 29 30 31 41	2 3 4 5 6	2	28
	3	7 8 9 10 11	12 13 14 15 16	17 18 19 20 21	22 23 24 25 26	27 28 29 30 51	2 3 4 5 —	4	58
	4	6 7 8 9 10	11 12 13 14 15	16 17 18 19 20	21 22 23 24 25	26 27 28 29 30	31 61 2 3 4	5	27
	5	5 6 7 8 9	10 11 12 13 14	15 16 17 18 19	20 21 22 23 24	25 26 27 28 29	30 71 2 3 4	0	57
	6	5 6 7 8 9	10 11 12 13 14	15 16 17 18 19	20 21 22 23 24	25 26 27 28 29	30 31 81 2 —	2	27
	7	3 4 5 6 7	8 9 10 11 12	13 14 15 16 17	18 19 20 21 22	23 24 25 26 27	28 29 30 31 91	3	56
	8	2 3 4 5 6	7 8 9 10 11	12 13 14 15 16	17 18 19 20 21	22 23 24 25 26	27 28 29 30 —	5	26
	9	O1 2 3 4 5	6 7 8 9 10	11 12 13 14 15	16 17 18 19 20	21 22 23 24 25	26 27 28 29 30	6	55
	10	31 N1 2 3 4	5 6 7 8 9	10 11 12 13 14	15 16 17 18 19	20 21 22 23 24	25 26 27 28 —	1	25
	11	29 30 D1 2 3	4 5 6 7 8	9 10 11 12 13	14 15 16 17 18	19 20 21 22 23	24 25 26 27 28	2	54
	12	29 30 31 11 2	3 4 5 6 7	8 9 10 11 12	13 14 15 16 17	18 19 20 21 22	23 24 25 26 —	4	24
天監 17 戊戌 518–19	50 1	27 28 29 30 31	21 2 3 4 5	6 7 8 9 10	11 12 13 14 15	16 17 18 19 20	21 22 23 24 25	5	53
	2	26 27 28 31 2	3 4 5 6 7	8 9 10 11 12	13 14 15 16 17	18 19 20 21 22	23 24 25 26 —	0	23
	3	27 28 29 30 31	41 2 3 4 5	6 7 8 9 10	11 12 13 14 15	16 17 18 19 20	21 22 23 24 25	1	52
	4	26 27 28 29 30	51 2 3 4 5	6 7 8 9 10	11 12 13 14 15	16 17 18 19 20	21 22 23 24 —	3	22
	5	25 26 27 28 29	30 31 61 2 3	4 5 6 7 8	9 10 11 12 13	14 15 16 17 18	19 20 21 22 23	4	51
	6	24 25 26 27 28	29 30 71 2 3	4 5 6 7 8	9 10 11 12 13	14 15 16 17 18	19 20 21 22 —	6	21
	7	23 24 25 26 27	28 29 30 31 81	2 3 4 5 6	7 8 9 10 11	12 13 14 15 16	17 18 19 20 21	0	50
	8	22 23 24 25 26	27 28 29 30 31	91 2 3 4 5	6 7 8 9 10	11 12 13 14 15	16 17 18 19 —	2	20
	8	20 21 22 23 24	25 26 27 28 29	30 O1 2 3 4	5 6 7 8 9	10 11 12 13 14	15 16 17 18 19	3	49
	9	20 21 22 23 24	25 26 27 28 29	30 31 N1 2 3	4 5 6 7 8	9 10 11 12 13	14 15 16 17 18	5	19
	10	19 20 21 22 23	24 25 26 27 28	29 30 D1 2 3	4 5 6 7 8	9 10 11 12 13	14 15 16 17 —	0	49
	11	18 19 20 21 22	23 24 25 26 27	28 29 30 31 11	2 3 4 5 6	7 8 9 10 11	12 13 14 15 16	1	18
	12	17 18 19 20 21	22 23 24 25 26	27 28 29 30 31	21 2 3 4 5	6 7 8 9 10	11 12 13 14 —	3	48
天監 18 己亥 519–20	2 1	15 16 17 18 19	20 21 22 23 24	25 26 27 28 31	2 3 4 5 6	7 8 9 10 11	12 13 14 15 16	4	17
	2	17 18 19 20 21	22 23 24 25 26	27 28 29 30 31	41 2 3 4 5	6 7 8 9 10	11 12 13 14 —	6	47
	3	15 16 17 18 19	20 21 22 23 24	25 26 27 28 29	30 51 2 3 4	5 6 7 8 9	10 11 12 13 14	0	16
	4	15 16 17 18 19	20 21 22 23 24	25 26 27 28 29	30 31 61 2 3	4 5 6 7 8	9 10 11 12 —	2	46
	5	13 14 15 16 17	18 19 20 21 22	23 24 25 26 27	28 29 30 71 2	3 4 5 6 7	8 9 10 11 12	3	15
	6	13 14 15 16 17	18 19 20 21 22	23 24 25 26 27	28 29 30 31 81	2 3 4 5 6	7 8 9 10 —	5	45
	7	11 12 13 14 15	16 17 18 19 20	21 22 23 24 25	26 27 28 29 30	31 91 2 3 4	5 6 7 8 9	6	14
	8	10 11 12 13 14	15 16 17 18 19	20 21 22 23 24	25 26 27 28 29	30 O1 2 3 4	5 6 7 8 —	1	44
	9	9 10 11 12 13	14 15 16 17 18	19 20 21 22 23	24 25 26 27 28	29 30 31 N1 2	3 4 5 6 7	2	13
	10	8 9 10 11 12	13 14 15 16 17	18 19 20 21 22	23 24 25 26 27	28 29 30 D1 2	3 4 5 6 —	4	43
	11	7 8 9 10 11	12 13 14 15 16	17 18 19 20 21	22 23 24 25 26	27 28 29 30 31	11 2 3 4 5	5	12
	12	6 7 8 9 10	11 12 13 14 15	16 17 18 19 20	21 22 23 24 25	26 27 28 29 30	31 21 2 3 —	0	42
普通 1 庚子 520–21	14 1	4 5 6 7 8	9 10 11 12 13	14 15 16 17 18	19 20 21 22 23	24 25 26 27 28	29 31 2 3 4	1	11
	2	5 6 7 8 9	10 11 12 13 14	15 16 17 18 19	20 21 22 23 24	25 26 27 28 29	30 31 41 2 3	3	41
	3	4 5 6 7 8	9 10 11 12 13	14 15 16 17 18	19 20 21 22 23	24 25 26 27 28	29 30 51 2 —	5	11
	4	3 4 5 6 7	8 9 10 11 12	13 14 15 16 17	18 19 20 21 22	23 24 25 26 27	28 29 30 31 61	6	40
	5	2 3 4 5 6	7 8 9 10 11	12 13 14 15 16	17 18 19 20 21	22 23 24 25 26	27 28 29 30 —	1	10
	6	71 2 3 4 5	6 7 8 9 10	11 12 13 14 15	16 17 18 19 20	21 22 23 24 25	26 27 28 29 30	2	39
	7	31 81 2 3 4	5 6 7 8 9	10 11 12 13 14	15 16 17 18 19	20 21 22 23 24	25 26 27 28 —	4	9
	8	29 30 31 91 2	3 4 5 6 7	8 9 10 11 12	13 14 15 16 17	18 19 20 21 22	23 24 25 26 27	5	38
	9	28 29 30 O1 2	3 4 5 6 7	8 9 10 11 12	13 14 15 16 17	18 19 20 21 22	23 24 25 26 —	0	8
	10	27 28 29 30 31	N1 2 3 4 5	6 7 8 9 10	11 12 13 14 15	16 17 18 19 20	21 22 23 24 25	1	37
	11	26 27 28 29 30	D1 2 3 4 5	6 7 8 9 10	11 12 13 14 15	16 17 18 19 20	21 22 23 24 —	3	7
	12	25 26 27 28 29	30 31 11 2 3	4 5 6 7 8	9 10 11 12 13	14 15 16 17 18	19 20 21 22 23	4	36

年序 Year	陰曆月序 Moon	陰曆日序 Order of days (Lunar) 1 2 3 4 5	6 7 8 9 10	11 12 13 14 15	16 17 18 19 20	21 22 23 24 25	26 27 28 29 30	星期 Week	干支 Cycle
普通 2 辛丑 521–22	26 1	24 25 26 27 28	29 30 31 21 2	3 4 5 6 7	8 9 10 11 12	13 14 15 16 17	18 19 20 21 —	6	6
	2	22 23 24 25 26	27 28 31 2 3	4 5 6 7 8	9 10 11 12 13	14 15 16 17 18	19 20 21 22 23	0	35
	3	24 25 26 27 28	29 30 31 41 2	3 4 5 6 7	8 9 10 11 12	13 14 15 16 17	18 19 20 21 —	2	5
	4	22 23 24 25 26	27 28 29 30 51	2 3 4 5 6	7 8 9 10 11	12 13 14 15 16	17 18 19 20 21	3	34
	5	22 23 24 25 26	27 28 29 30 31	61 2 3 4 5	6 7 8 9 10	11 12 13 14 15	16 17 18 19 20	5	4
	5	21 22 23 24 25	26 27 28 29 30	71 2 3 4 5	6 7 8 9 10	11 12 13 14 15	16 17 18 19 —	0	34
	6	20 21 22 23 24	25 26 27 28 29	30 31 81 2 3	4 5 6 7 8	9 10 11 12 13	14 15 16 17 18	1	3
	7	19 20 21 22 23	24 25 26 27 28	29 30 31 91 2	3 4 5 6 7	8 9 10 11 12	13 14 15 16 —	3	33
	8	17 18 19 20 21	22 23 24 25 26	27 28 29 30 D1	2 3 4 5 6	7 8 9 10 11	12 13 14 15 16	4	2
	9	17 18 19 20 21	22 23 24 25 26	27 28 29 30 31	N1 2 3 4 5	6 7 8 9 10	11 12 13 14 —	6	32
	10	15 16 17 18 19	20 21 22 23 24	25 26 27 28 29	30 D1 2 3 4	5 6 7 8 9	10 11 12 13 14	0	1
	11	15 16 17 18 19	20 21 22 23 24	25 26 27 28 29	30 31 11 2 3	4 5 6 7 8	9 10 11 12 —	2	31
	12	13 14 15 16 17	18 19 20 21 22	23 24 25 26 27	28 29 30 31 21	2 3 4 5 6	7 8 9 10 11	3	0
普通 3 壬寅 522–23	38 1	12 13 14 15 16	17 18 19 20 21	22 23 24 25 26	27 28 31 2 3	4 5 6 7 8	9 10 11 12 —	5	30
	2	13 14 15 16 17	18 19 20 21 22	23 24 25 26 27	28 29 30 31 41	2 3 4 5 6	7 8 9 10 11	6	59
	3	12 13 14 15 16	17 18 19 20 21	22 23 24 25 26	27 28 29 30 51	2 3 4 5 6	7 8 9 10 —	1	29
	4	11 12 13 14 15	16 17 18 19 20	21 22 23 24 25	26 27 28 29 30	31 61 2 3 4	5 6 7 8 9	2	58
	5	10 11 12 13 14	15 16 17 18 19	20 21 22 23 24	25 26 27 28 29	30 71 2 3 4	5 6 7 8 —	4	28
	6	9 10 11 12 13	14 15 16 17 18	19 20 21 22 23	24 25 26 27 28	29 30 31 81 2	3 4 5 6 7	5	57
	7	8 9 10 11 12	13 14 15 16 17	18 19 20 21 22	23 24 25 26 27	28 29 30 31 91	2 3 4 5 —	0	27
	8	6 7 8 9 10	11 12 13 14 15	16 17 18 19 20	21 22 23 24 25	26 27 28 29 30	D1 2 3 4 5	1	56
	9	6 7 8 9 10	11 12 13 14 15	16 17 18 19 20	21 22 23 24 25	26 27 28 29 30	31 N1 2 3 4	3	26
	10	5 6 7 8 9	10 11 12 13 14	15 16 17 18 19	20 21 22 23 24	25 26 27 28 29	30 D1 2 3 —	5	56
	11	4 5 6 7 8	9 10 11 12 13	14 15 16 17 18	19 20 21 22 23	24 25 26 27 28	29 30 31 11 2	6	25
	12	3 4 5 6 7	8 9 10 11 12	13 14 15 16 17	18 19 20 21 22	23 24 25 26 27	28 29 30 31 —	1	55
普通 4 癸卯 523–24	50 1	21 2 3 4 5	6 7 8 9 10	11 12 13 14 15	16 17 18 19 20	21 22 23 24 25	26 27 28 31 2	2	24
	2	3 4 5 6 7	8 9 10 11 12	13 14 15 16 17	18 19 20 21 22	23 24 25 26 27	28 29 30 31 —	4	54
	3	41 2 3 4 5	6 7 8 9 10	11 12 13 14 15	16 17 18 19 20	21 22 23 24 25	26 27 28 29 30	5	23
	4	51 2 3 4 5	6 7 8 9 10	11 12 13 14 15	16 17 18 19 20	21 22 23 24 25	26 27 28 29 —	0	53
	5	30 31 61 2 3	4 5 6 7 8	9 10 11 12 13	14 15 16 17 18	19 20 21 22 23	24 25 26 27 28	1	22
	6	29 30 71 2 3	4 5 6 7 8	9 10 11 12 13	14 15 16 17 18	19 20 21 22 23	24 25 26 27 —	3	52
	7	28 29 30 31 81	2 3 4 5 6	7 8 9 10 11	12 13 14 15 16	17 18 19 20 21	22 23 24 25 26	4	21
	8	27 28 29 30 31	91 2 3 4 5	6 7 8 9 10	11 12 13 14 15	16 17 18 19 20	21 22 23 24 —	6	51
	9	25 26 27 28 29	30 D1 2 3 4	5 6 7 8 9	10 11 12 13 14	15 16 17 18 19	20 21 22 23 24	0	20
	10	25 26 27 28 29	30 31 N1 2 3	4 5 6 7 8	9 10 11 12 13	14 15 16 17 18	19 20 21 22 —	2	50
	11	23 24 25 26 27	28 29 30 D1 2	3 4 5 6 7	8 9 10 11 12	13 14 15 16 17	18 19 20 21 22	3	19
	12	23 24 25 26 27	28 29 30 31 11	2 3 4 5 6	7 8 9 10 11	12 13 14 15 16	17 18 19 20 —	5	49
普通 5 甲辰 524–25	2 1	21 22 23 24 25	26 27 28 29 30	31 21 2 3 4	5 6 7 8 9	10 11 12 13 14	15 16 17 18 19	6	18
	2	20 21 22 23 24	25 26 27 28 29	31 2 3 4 5	6 7 8 9 10	11 12 13 14 15	16 17 18 19 20	1	48
	2	21 22 23 24 25	26 27 28 29 30	31 41 2 3 4	5 6 7 8 9	10 11 12 13 14	15 16 17 18 —	3	18
	3	19 20 21 22 23	24 25 26 27 28	29 30 51 2 3	4 5 6 7 8	9 10 11 12 13	14 15 16 17 18	4	47
	4	19 20 21 22 23	24 25 26 27 28	29 30 31 61 2	3 4 5 6 7	8 9 10 11 12	13 14 15 16 —	6	17
	5	17 18 19 20 21	22 23 24 25 26	27 28 29 30 71	2 3 4 5 6	7 8 9 10 11	12 13 14 15 16	0	46
	6	17 18 19 20 21	22 23 24 25 26	27 28 29 30 31	81 2 3 4 5	6 7 8 9 10	11 12 13 14 —	2	16
	7	15 16 17 18 19	20 21 22 23 24	25 26 27 28 29	30 31 91 2 3	4 5 6 7 8	9 10 11 12 13	3	45
	8	14 15 16 17 18	19 20 21 22 23	24 25 26 27 28	29 30 D1 2 3	4 5 6 7 8	9 10 11 12 —	5	15
	9	13 14 15 16 17	18 19 20 21 22	23 24 25 26 27	28 29 30 31 N1	2 3 4 5 6	7 8 9 10 11	6	44
	10	12 13 14 15 16	17 18 19 20 21	22 23 24 25 26	27 28 29 30 D1	2 3 4 5 6	7 8 9 10 —	1	14
	11	11 12 13 14 15	16 17 18 19 20	21 22 23 24 25	26 27 28 29 30	31 11 2 3 4	5 6 7 8 9	2	43
	12	10 11 12 13 14	15 16 17 18 19	20 21 22 23 24	25 26 27 28 29	30 31 21 2 3	4 5 6 7 —	4	13
普通 6 乙巳 525–26	14 1	8 9 10 11 12	13 14 15 16 17	18 19 20 21 22	23 24 25 26 27	28 31 2 3 4	5 6 7 8 9	5	42
	2	10 11 12 13 14	15 16 17 18 19	20 21 22 23 24	25 26 27 28 29	30 31 41 2 3	4 5 6 7 —	0	12
	3	8 9 10 11 12	13 14 15 16 17	18 19 20 21 22	23 24 25 26 27	28 29 30 51 2	3 4 5 6 7	1	41
	4	8 9 10 11 12	13 14 15 16 17	18 19 20 21 22	23 24 25 26 27	28 29 30 31 61	2 3 4 5 6	3	11
	5	7 8 9 10 11	12 13 14 15 16	17 18 19 20 21	22 23 24 25 26	27 28 29 30 71	2 3 4 5 —	5	41
	6	6 7 8 9 10	11 12 13 14 15	16 17 18 19 20	21 22 23 24 25	26 27 28 29 30	31 81 2 3 4	6	10
	7	5 6 7 8 9	10 11 12 13 14	15 16 17 18 19	20 21 22 23 24	25 26 27 28 29	30 31 91 2 —	1	40
	8	3 4 5 6 7	8 9 10 11 12	13 14 15 16 17	18 19 20 21 22	23 24 25 26 27	28 29 30 D1 2	2	9
	9	3 4 5 6 7	8 9 10 11 12	13 14 15 16 17	18 19 20 21 22	23 24 25 26 27	28 29 30 31 —	4	39
	10	N1 2 3 4 5	6 7 8 9 10	11 12 13 14 15	16 17 18 19 20	21 22 23 24 25	26 27 28 29 30	5	8
	11	D1 2 3 4 5	6 7 8 9 10	11 12 13 14 15	16 17 18 19 20	21 22 23 24 25	26 27 28 29 —	0	38
	12	30 31 11 2 3	4 5 6 7 8	9 10 11 12 13	14 15 16 17 18	19 20 21 22 23	24 25 26 27 28	1	7

年序 Year	陰曆月序 Moon	陰曆日序 Order of days (Lunar) 1 2 3 4 5	6 7 8 9 10	11 12 13 14 15	16 17 18 19 20	21 22 23 24 25	26 27 28 29 30	星期 Week	干支 Cycle
普通7丙午 526–27	26 1	29 30 31 21 2	3 4 5 6 7	8 9 10 11 12	13 14 15 16 17	18 19 20 21 22	23 24 25 26 —	3	37
	2	27 28 31 2 3	4 5 6 7 8	9 10 11 12 13	14 15 16 17 18	19 20 21 22 23	24 25 26 27 28	4	6
	3	29 30 31 41 2	3 4 5 6 7	8 9 10 11 12	13 14 15 16 17	18 19 20 21 22	23 24 25 26 —	6	36
	4	27 28 29 30 51	2 3 4 5 6	7 8 9 10 11	12 13 14 15 16	17 18 19 20 21	22 23 24 25 26	0	5
	5	27 28 29 30 31	61 2 3 4 5	6 7 8 9 10	11 12 13 14 15	16 17 18 19 20	21 22 23 24 —	2	35
	6	25 26 27 28 29	30 71 2 3 4	5 6 7 8 9	10 11 12 13 14	15 16 17 18 19	20 21 22 23 24	3	4
	7	25 26 27 28 29	30 31 81 2 3	4 5 6 7 8	9 10 11 12 13	14 15 16 17 18	19 20 21 22 —	5	34
	8	23 24 25 26 27	28 29 30 31 91	2 3 4 5 6	7 8 9 10 11	12 13 14 15 16	17 18 19 20 21	6	3
	9	22 23 24 25 26	27 28 29 30 01	2 3 4 5 6	7 8 9 10 11	12 13 14 15 16	17 18 19 20 21	1	33
	10	22 23 24 25 26	27 28 29 30 31	N1 2 3 4 5	6 7 8 9 10	11 12 13 14 15	16 17 18 19 —	3	3
	10	20 21 22 23 24	25 26 27 28 29	30 D1 2 3 4	5 6 7 8 9	10 11 12 13 14	15 16 17 18 19	4	32
	11	20 21 22 23 24	25 26 27 28 29	30 31 11 2 3	4 5 6 7 8	9 10 11 12 13	14 15 16 17 —	6	2
	12	18 19 20 21 22	23 24 25 26 27	28 29 30 31 21	2 3 4 5 6	7 8 9 10 11	12 13 14 15 16	0	31
大通1丁未 527–28	38 1	17 18 19 20 21	22 23 24 25 26	27 28 31 2 3	4 5 6 7 8	9 10 11 12 13	14 15 16 17 —	2	1
	2	18 19 20 21 22	23 24 25 26 27	28 29 30 31 41	2 3 4 5 6	7 8 9 10 11	12 13 14 15 16	3	30
	3][	17 18 19 20 21	22 23 24 25 26	27 28 29 30 51	2 3 4 5 6	7 8 9 10 11	12 13 14 15 —	5	0
	4	16 17 18 19 20	21 22 23 24 25	26 27 28 29 30	31 61 2 3 4	5 6 7 8 9	10 11 12 13 14	6	29
	5	15 16 17 18 19	20 21 22 23 24	25 26 27 28 29	30 71 2 3 4	5 6 7 8 9	10 11 12 13 —	1	59
	6	14 15 16 17 18	19 20 21 22 23	24 25 26 27 28	29 30 31 81 2	3 4 5 6 7	8 9 10 11 12	2	28
	7	13 14 15 16 17	18 19 20 21 22	23 24 25 26 27	28 29 30 31 91	2 3 4 5 6	7 8 9 10 —	4	58
	8	11 12 13 14 15	16 17 18 19 20	21 22 23 24 25	26 27 28 29 30	01 2 3 4 5	6 7* 8 9 10	5	27
	9	11 12 13 14 15	16 17 18 19 20	21 22 23 24 25	26 27 28 29 30	31 N1 2 3 4	5 6 7 8 —	0	57
	10	9 10 11 12 13	14 15 16 17 18	19 20 21 22 23	24 25 26 27 28	29 30 D1 2 3	4 5 6 7 8	1	26
	11	9 10 11 12 13	14 15 16 17 18	19 20 21 22 23	24 25 26 27 28	29 30 31 11 2	3 4 5 6 —	3	56
	12	7 8 9 10 11	12 13 14 15 16	17 18 19 20 21	22 23 24 25 26	27 28 29 30 31	21 2 3 4 5	4	25
大通2戊申 528–29	50 1	6 7 8 9 10	11 12 13 14 15	16 17 18 19 20	21 22 23 24 25	26 27 28 29 31	2 3 4 5 6	6	55
	2	7 8 9 10 11	12 13 14 15 16	17 18 19 20 21	22 23 24 25 26	27 28 29 30 31	41 2 3 4 —	1	25
	3	5 6 7 8 9	10 11 12 13 14	15 16 17 18 19	20 21 22 23 24	25 26 27 28 29	30 51 2 3 4	2	54
	4	5 6 7 8 9	10 11 12 13 14	15 16 17 18 19	20 21 22 23 24	25 26 27 28 29	30 31 61 2 —	4	24
	5	3 4 5 6 7	8 9 10 11 12	13 14 15 16 17	18 19 20 21 22	23 24 25 26 27	28 29 30 71 2	5	53
	6	3 4 5 6 7	8 9 10 11 12	13 14 15 16 17	18 19 20 21 22	23 24 25 26 27	28 29 30 31 —	0	23
	7	81 2 3 4 5	6 7 8 9 10	11 12 13 14 15	16 17 18 19 20	21 22 23 24 25	26 27 28 29 30	1	52
	8	31 91 2 3 4	5 6 7 8 9	10 11 12 13 14	15 16 17 18 19	20 21 22 23 24	25 26 27 28 —	3	22
	9	29 30 01 2 3	4 5 6 7 8	9 10 11 12 13	14 15 16 17 18	19 20 21 22 23	24 25 26 27 28	4	51
	10	29 30 31 N1 2	3 4 5 6 7	8 9 10 11 12	13 14 15 16 17	18 19 20 21 22	23 24 25 26 —	6	21
	11	27 28 29 30 D1	2 3 4 5 6	7 8 9 10 11	12 13 14 15 16	17 18 19 20 21	22 23 24 25 26	0	50
	12	27 28 29 30 31	11 2 3 4 5	6 7 8 9 10	11 12 13 14 15	16 17 18 19 20	21 22 23 24 —	2	20
中大通1己酉 529–30	2 1	25 26 27 28 29	30 31 21 2 3	4 5 6 7 8	9 10 11 12 13	14 15 16 17 18	19 20 21 22 23	3	49
	2	24 25 26 27 28	31 2 3 4 5	6 7 8 9 10	11 12 13 14 15	16 17 18 19 20	21 22 23 24 —	5	19
	3	25 26 27 28 29	30 31 41 2 3	4 5 6 7 8	9 10 11 12 13	14 15 16 17 18	19 20 21 22 23	6	48
	4	24 25 26 27 28	29 30 51 2 3	4 5 6 7 8	9 10 11 12 13	14 15 16 17 18	19 20 21 22 23	1	18
	5	24 25 26 27 28	29 30 31 61 2	3 4 5 6 7	8 9 10 11 12	13 14 15 16 17	18 19 20 21 —	3	48
	6	22 23 24 25 26	27 28 29 30 71	2 3 4 5 6	7 8 9 10 11	12 13 14 15 16	17 18 19 20 21	4	17
	6	22 23 24 25 26	27 28 29 30 31	81 2 3 4 5	6 7 8 9 10	11 12 13 14 15	16 17 18 19 —	6	47
	7	20 21 22 23 24	25 26 27 28 29	30 31 91 2 3	4 5 6 7 8	9 10 11 12 13	14 15 16 17 18	0	16
	8	19 20 21 22 23	24 25 26 27 28	29 30 01 2 3	4 5 6 7 8	9 10 11 12 13	14 15 16 17 —	2	46
	9	18 19 20 21 22	23 24 25 26 27	28 29 30 31 N1	2 3 4 5 6	7 8 9 10 11	12 13 14 15 16	3	15
	10][	17 18 19 20 21	22 23 24 25 26	27 28 29 30 D1	2 3 4 5 6	7 8 9 10 11	12 13 14 15 —	5	45
	11	16 17 18 19 20	21 22 23 24 25	26 27 28 29 30	31 11 2 3 4	5 6 7 8 9	10 11 12 13 14	6	14
	12	15 16 17 18 19	20 21 22 23 24	25 26 27 28 29	30 31 21 2 3	4 5 6 7 8	9 10 11 12 —	1	44
中大通2庚戌 530–31	14 1	13 14 15 16 17	18 19 20 21 22	23 24 25 26 27	28 31 2 3 4	5 6 7 8 9	10 11 12 13 14	2	13
	2	15 16 17 18 19	20 21 22 23 24	25 26 27 28 29	30 31 41 2 3	4 5 6 7 8	9 10 11 12 —	4	43
	3	13 14 15 16 17	18 19 20 21 22	23 24 25 26 27	28 29 30 51 2	3 4 5 6 7	8 9 10 11 12	5	12
	4	13 14 15 16 17	18 19 20 21 22	23 24 25 26 27	28 29 30 31 61	2 3 4 5 6	7 8 9 10 —	0	42
	5	11 12 13 14 15	16 17 18 19 20	21 22 23 24 25	26 27 28 29 30	71 2 3 4 5	6 7 8 9 10	1	11
	6	11 12 13 14 15	16 17 18 19 20	21 22 23 24 25	26 27 28 29 30	31 81 2 3 4	5 6 7 8 —	3	41
	7	9 10 11 12 13	14 15 16 17 18	19 20 21 22 23	24 25 26 27 28	29 30 31 91 2	3 4 5 6 7	4	10
	8	8 9 10 11 12	13 14 15 16 17	18 19 20 21 22	23 24 25 26 27	28 29 30 01 2	3 4 5 6 7	6	40
	9	8 9 10 11 12	13 14 15 16 17	18 19 20 21 22	23 24 25 26 27	28 29 30 31 N1	2 3 4 5 —	1	10
	10	6 7 8 9 10	11 12 13 14 15	16 17 18 19 20	21 22 23 24 25	26 27 28 29 30	D1 2 3 4 5	2	39
	11	6 7 8 9 10	11 12 13 14 15	16 17 18 19 20	21 22 23 24 25	26 27 28 29 30	31 11 2 3 —	4	9
	12	4 5 6 7 8	9 10 11 12 13	14 15 16 17 18	19 20 21 22 23	24 25 26 27 28	29 30 31 21 2	5	38

年序 Year	陰曆月序 Moon	1 2 3 4 5	6 7 8 9 10	11 12 13 14 15	16 17 18 19 20	21 22 23 24 25	26 27 28 29 30	星期 Week	干支 Cycle
中大通 3 辛亥 531–32	26 1	3 4 5 6 7	8 9 10 11 12	13 14 15 16 17	18 19 20 21 22	23 24 25 26 27	28 31 2 3 —	0	8
	2	4 5 6 7 8	9 10 11 12 13	14 15 16 17 18	19 20 21 22 23	24 25 26 27 28	29 30 31 41 2	1	37
	3	3 4 5 6 7	8 9 10 11 12	13 14 15 16 17	18 19 20 21 22	23 24 25 26 27	28 29 30 51 —	3	7
	4	2 3 4 5 6	7 8 9 10 11	12 13 14 15 16	17 18 19 20 21	22 23 24 25 26	27 28 29 30 31	4	36
	5	61 2 3 4 5	6 7 8 9 10	11 12 13 14 15	16 17 18 19 20	21 22 23 24 25	26 27 28 29 —	6	6
	6	30 71 2 3 4	5 6 7 8 9	10 11 12 13 14	15 16 17 18 19	20 21 22 23 24	25 26 27 28 29	0	35
	7	30 31 81 2 3	4 5 6 7 8	9 10 11 12 13	14 15 16 17 18	19 20 21 22 23	24 25 26 27 —	2	5
	8	28 29 30 31 91	2 3 4 5 6	7 8 9 10 11	12 13 14 15 16	17 18 19 20 21	22 23 24 25 26	3	34
	9	27 28 29 30 D1	2 3 4 5 6	7 8 9 10 11	12 13 14 15 16	17 18 19 20 21	22 23 24 25 —	5	4
	10	26 27 28 29 30	31 N1 2 3 4	5 6 7 8 9	10 11 12 13 14	15 16 17 18 19	20 21 22 23 24	6	33
	11	25 26 27 28 29	30 D1 2 3 4	5 6 7 8 9	10 11 12 13 14	15 16 17 18 19	20 21 22 23 —	1	3
	12	24 25 26 27 28	29 30 31 11 2	3 4 5 6 7	8 9 10 11 12	13 14 15 16 17	18 19 20 21 22	2	32
中大通 4 壬子 532–33	38 1	23 24 25 26 27	28 29 30 31 21	2 3 4 5 6	7 8 9 10 11	12 13 14 15 16	17 18 19 20 21	4	2
	2	22 23 24 25 26	27 28 29 31 2	3 4 5 6 7	8 9 10 11 12	13 14 15 16 17	18 19 20 21 —	6	32
	3	22 23 24 25 26	27 28 29 30 31	41 2 3 4 5	6 7 8 9 10	11 12 13 14 15	16 17 18 19 20	0	1
	3	21 22 23 24 25	26 27 28 29 30	51 2 3 4 5	6 7 8 9 10	11 12 13 14 15	16 17 18 19 —	2	31
	4	20 21 22 23 24	25 26 27 28 29	30 31 61 2 3	4 5 6 7 8	9 10 11 12 13	14 15 16 17 18	3	0
	5	19 20 21 22 23	24 25 26 27 28	29 30 71 2 3	4 5 6 7 8	9 10 11 12 13	14 15 16 17 —	5	30
	6	18 19 20 21 22	23 24 25 26 27	28 29 30 31 81	2 3 4 5 6	7 8 9 10 11	12 13 14 15 16	6	59
	7	17 18 19 20 21	22 23 24 25 26	27 28 29 30 31	91 2 3 4 5	6 7 8 9 10	11 12 13 14 —	1	29
	8	15 16 17 18 19	20 21 22 23 24	25 26 27 28 29	30 D1 2 3 4	5 6 7 8 9	10 11 12 13 14	2	58
	9	15 16 17 18 19	20 21 22 23 24	25 26 27 28 29	30 31 N1 2 3	4 5 6 7 8	9 10 11 12 —	4	28
	10	13 14 15 16 17	18 19 20 21 22	23 24 25 26 27	28 29 30 D1 2	3 4 5 6 7	8 9 10 11 12	5	57
	11	13 14 15 16 17	18 19 20 21 22	23 24 25 26 27	28 29 30 31 11	2 3 4 5 6	7 8 9 10 —	0	27
	12	11 12 13 14 15	16 17 18 19 20	21 22 23 24 25	26 27 28 29 30	31 21 2 3 4	5 6 7 8 9	1	56
中大通 5 癸丑 533–34	50 1	10 11 12 13 14	15 16 17 18 19	20 21 22 23 24	25 26 27 28 31	2 3 4 5 6	7 8 9 10 —	3	26
	2	11 12 13 14 15	16 17 18 19 20	21 22 23 24 25	26 27 28 29 30	31 41 2 3 4	5 6 7 8 9	4	55
	3	10 11 12 13 14	15 16 17 18 19	20 21 22 23 24	25 26 27 28 29	30 51 2 3 4	5 6 7 8 9	6	25
	4	10 11 12 13 14	15 16 17 18 19	20 21 22 23 24	25 26 27 28 29	30 31 61 2 3	4 5 6 7 —	1	53
	5	8 9 10 11 12	13 14 15 16 17	18 19 20 21 22	23 24 25 26 27	28 29 30 71 2	3 4 5 6 7	2	24
	6	8 9 10 11 12	13 14 15 16 17	18 19 20 21 22	23 24 25 26 27	28 29 30 31 81	2 3 4 5 —	4	54
	7	6 7 8 9 10	11 12 13 14 15	16 17 18 19 20	21 22 23 24 25	26 27 28 29 30	31 91 2 3 4	5	23
	8	5 6 7 8 9	10 11 12 13 14	15 16 17 18 19	20 21 22 23 24	25 26 27 28 29	30 D1 2 3 —	0	53
	9	4 5 6 7 8	9 10 11 12 13	14 15 16 17 18	19 20 21 22 23	24 25 26 27 28	29 30 31 N1 2	1	22
	10	3 4 5 6 7	8 9 10 11 12	13 14 15 16 17	18 19 20 21 22	23 24 25 26 27	28 29 30 D1 —	3	52
	11	2 3 4 5 6	7 8 9 10 11	12 13 14 15 16	17 18 19 20 21	22 23 24 25 26	27 28 29 30 31	4	21
	12	11 2 3 4 5	6 7 8 9 10	11 12 13 14 15	16 17 18 19 20	21 22 23 24 25	26 27 28 29 —	6	51
中大通 6 甲寅 □ 534–35	2 1	30 31 21 2 3	4 5 6 7 8	9 10 11 12 13	14 15 16 17 18	19 20 21 22 23	24 25 26 27 28	0	20
	2	31 2 3 4 5	6 7 8 9 10	11 12 13 14 15	16 17 18 19 20	21 22 23 24 25	26 27 28 29 —	2	50
	3	30 31 41 2 3	4 5 6 7 8	9 10 11 12 13	14 15 16 17 18	19 20 21 22 23	24 25 26 27 28	3	19
	4	29 30 51 2 3	4 5 6 7 8	9 10 11 12 13	14 15 16 17 18	19 20 21 22 23	24 25 26 27 —	5	49
	5	28 29 30 31 61	2 3 4 5 6	7 8 9 10 11	12 13 14 15 16	17 18 19 20 21	22 23 24 25 26	6	18
	6	27 28 29 30 71	2 3 4 5 6	7 8 9 10 11	12 13 14 15 16	1 19 20 21	22 23 24 25 —	1	48
	7	26 27 28 29 30	31 81 2 3 4	5 6 7 8 9	10 11 12 13 14	15 16 17 18 19	20 21 22 23 24	2	17
	8	25 26 27 28 29	30 31 91 2 3	4 5 6 7 8	9 10 11 12 13	14 15 16 17 18	19 20 21 22 23	4	47
	9	24 25 26 27 28	29 30 D1 2 3	4 5 6 7 8	9 10 11 12 13	14 15 16 17 18	19 20 21 22 —	6	17
	10	23 24 25 26 27	28 29 30 31 N1	2 3 4 5 6	7 8 9 10 11	12 13 14 15 16	17 18 19 20 21	0	46
	11	22 23 24 25 26	27 28 29 30 D1	2 3 4 5 6	7 8 9 10 11	12 13 14 15 16	17 18 19 20 —	2	16
	12	21 22 23 24 25	26 27 28 29 30	31 11 2 3 4	5 6 7 8 9	10 11 12 13 14	15 16 17 18 19	3	45
	12	20 21 22 23 24	25 26 27 28 29	30 31 21 2 3	4 5 6 7 8	9 10 11 12 13	14 15 16 17 —	5	15
大同 1 乙卯 ⊠ 535–36	14 1	18 19 20 21 22	23 24 25 26 27	28 31 2 3 4	5 6 7 8 9	10 11 12 13 14	15 16 17 18 19	6	44
	2	20 21 22 23 24	25 26 27 28 29	30 31 41 2 3	4 5 6 7 8	9 10 11 12 13	14 15 16 17 —	1	14
	3	18 19 20 21 22	23 24 25 26 27	28 29 30 51 2	3 4 5 6 7	8 9 10 11 12	13 14 15 16 17	2	43
	4	18 19 20 21 22	23 24 25 26 27	28 29 30 31 61	2 3 4 5 6	7 8 9 10 11	12 13 14 15 —	4	13
	5	16 17 18 19 20	21 22 23 24 25	26 27 28 29 30	71 2 3 4 5	6 7 8 9 10	11 12 13 14 15	5	42
	6	16 17 18 19 20	21 22 23 24 25	26 27 28 29 30	31 81 2 3 4	5 6 7 8 9	10 11 12 13 —	0	12
	7	14 15 16 17 18	19 20 21 22 23	24 25 26 27 28	29 30 31 91 2	3 4 5 6 7	8 9 10 11 12	1	41
	8	13 14 15 16 17	18 19 20 21 22	23 24 25 26 27	28 29 30 D1 2	3 4 5 6 7	8 9 10 11 —	3	11
	9	12 13 14 15 16	17 18 19 20 21	22 23 24 25 26	27 28 29 30 31	N1 2 3 4 5	6 7 8 9 10	4	40
	10	11 12 13 14 15	16 17 18 19 20	21 22 23 24 25	26 27 28 29 30	D1 2 3 4 5	6 7 8 9 —	6	10
	11	10 11 12 13 14	15 16 17 18 19	20 21 22 23 24	25 26 27 28 29	30 31 11 2 3	4 5 6 7 8	0	39
	12	9 10 11 12 13	14 15 16 17 18	19 20 21 22 23	24 25 26 27 28	29 30 31 21 2	3 4 5 6 7	2	9

□ 東魏孝靜帝天平元年至武定八年 (534–51 A.D.), 見表四, 407 頁.

The period of Tung Wei, H-iao Ching Ti, T'ien P'ing First Year to Wu Ting Eighth Year (531-51 A D.) is tabulated in Table 4 on p. 407.

⊠ 西魏文帝大統元年至恭帝三年 (535–57 A.D.), 見表五, 408 頁.

The period of Hsi Wei, Wen Ti, Ta T'ung First Year to Kung Ti Third Year (535–57 A.D.) is tabulated in Table 5 on p. 408.

年序 Year		陰曆月序 Moon	陰曆日序 Order of days (Lunar) 1 2 3 4 5	6 7 8 9 10	11 12 13 14 15	16 17 18 19 20	21 22 23 24 25	26 27 28 29 30	星期 Week	干支 Cycle
大同 2 丙辰 536–37	26	1	8 9 10 11 12	13 14 15 16 17	18 19 20 21 22	23 24 25 26 27	28 29 31 2 3	4 5 6 7 —	4	39
		2	8 9 10 11 12	13 14 15 16 17	18 19 20 21 22	23 24 25 26 27	28 29 30 31 41	2 3 4 5 6	5	8
		3	7 8 9 10 11	12 13 14 15 16	17 18 19 20 21	22 23 24 25 26	27 28 29 30 51	2 3 4 5 —	0	38
		4	6 7 8 9 10	11 12 13 14 15	16 17 18 19 20	21 22 23 24 25	26 27 28 29 30	31 61 2 3 4	1	7
		5	5 6 7 8 9	10 11 12 13 14	15 16 17 18 19	20 21 22 23 24	25 26 27 28 29	30 71 2 3 —	3	37
		6	4 5 6 7 8	9 10 11 12 13	14 15 16 17 18	19 20 21 22 23	24 25 26 27 28	29 30 31 81 2	4	6
		7	3 4 5 6 7	8 9 10 11 12	13 14 15 16 17	18 19 20 21 22	23 24 25 26 27	28 29 30 31 —	6	36
		8	91 2 3 4 5	6 7 8 9 10	11 12 13 14 15	16 17 18 19 20	21 22 23 24 25	26 27 28 29 30	0	5
		9	01 2 3 4 5	6 7 8 9 10	11 12 13 14 15	16 17 18 19 20	21 22 23 24 25	26 27 28 29 —	2	35
		10	30 31 N1 2 3	4 5 6 7 8	9 10 11 12 13	14 15 16 17 18	19 20 21 22 23	24 25 26 27 28	3	4
		11	29 30 D1 2 3	4 5 6 7 8	9 10 11 12 13	14 15 16 17 18	19 20 21 22 23	24 25 26 27 —	5	34
		12	28 29 30 31 11	2 3 4 5 6	7 8 9 10 11	12 13 14 15 16	17 18 19 20 21	22 23 24 25 26	6	3
大同 3 丁巳 537–38	38	1	27 28 29 30 31	21 2 3 4 5	6 7 8 9 10	11 12 13 14 15	16 17 18 19 20	21 22 23 24 —	1	33
		2	25 26 27 28 31	2 3 4 5 6	7 8 9 10 11	12 13 14 15 16	17 18 19 20 21	22 23 24 25 26	2	2
		3	27 28 29 30 31	41 2 3 4 5	6 7 8 9 10	11 12 13 14 15	16 17 18 19 20	21 22 23 24 25	4	32
		4	26 27 28 29 30	51 2 3 4 5	6 7 8 9 10	11 12 13 14 15	16 17 18 19 20	21 22 23 24 —	6	2
		5	25 26 27 28 29	30 31 61 2 3	4 5 6 7 8	9 10 11 12 13	14 15 16 17 18	19 20 21 22 23	0	31
		6	24 25 26 27 28	29 30 71 2 3	4 5 6 7 8	9 10 11 12 13	14 15 16 17 18	19 20 21 22 —	2	1
		7	23 24 25 26 27	28 29 30 31 81	2 3 4 5 6	7 8 9 10 11	12 13 14 15 16	17 18 19 20 21	3	30
		8	22 23 24 25 26	27 28 29 30 31	91 2 3 4 5	6 7 8 9 10	11 12 13 14 15	16 17 18 19 —	5	0
		9	20 21 22 23 24	25 26 27 28 29	30 01 2 3 4	5 6 7 8 9	10 11 12 13 14	15 16 17 18 19	6	29
		9	20 21 22 23 24	25 26 27 28 29	30 31 N1 2 3	4 5 6 7 8	9 10 11 12 13	14 15 16 17 —	1	59
		10	18 19 20 21 22	23 24 25 26 27	28 29 30 D1 2	3 4 5 6 7	8 9 10 11 12	13 14 15 16 17	2	28
		11	18 19 20 21 22	23 24 25 26 27	28 29 30 31 11	2 3 4 5 6	7 8 9 10 11	12 13 14 15 —	4	58
		12	16 17 18 19 20	21 22 23 24 25	26 27 28 29 30	31 21 2 3 4	5 6 7 8 9	10 11 12 13 14	5	27
大同 4 戊午 538–39	50	1	15 16 17 18 19	20 21 22 23 24	25 26 27 28 31	2 3 4 5 6	7 8 9 10 11	12 13 14 15 —	0	57
		2	16 17 18 19 20	21 22 23 24 25	26 27 28 29 30	31 41 2 3 4	5 6 7 8 9	10 11 12 13 14	1	26
		3	15 16 17 18 19	20 21 22 23 24	25 26 27 28 29	30 51 2 3 4	5 6 7 8 9	10 11 12 13 —	3	56
		4	14 15 16 17 18	19 20 21 22 23	24 25 26 27 28	29 30 31 61 2	3 4 5 6 7	8 9 10 11 12	4	25
		5	13 14 15 16 17	18 19 20 21 22	23 24 25 26 27	28 29 30 71 2	3 4 5 6 7	8 9 10 11 —	6	55
		6	12 13 14 15 16	17 18 19 20 21	22 23 24 25 26	27 28 29 30 31	81 2 3 4 5	6 7 8 9 10	0	24
		7	11 12 13 14 15	16 17 18 19 20	21 22 23 24 25	26 27 28 29 30	31 91 2 3 4	5 6 7 8 9	2	54
		8	10 11 12 13 14	15 16 17 18 19	20 21 22 23 24	25 26 27 28 29	30 01 2 3 4	5 6 7 8 —	4	24
		9	9 10 11 12 13	14 15 16 17 18	19 20 21 22 23	24 25 26 27 28	29 30 31 N1 2	3 4 5 6 7	5	53
		10	8 9 10 11 12	13 14 15 16 17	18 19 20 21 22	23 24 25 26 27	28 29 30 D1 2	3 4 5 6 —	0	23
		11	7 8 9 10 11	12 13 14 15 16	17 18 19 20 21	22 23 24 25 26	27 28 29 30 31	11 2 3 4 5	1	52
		12	6 7 8 9 10	11 12 13 14 15	16 17 18 19 20	21 22 23 24 25	26 27 28 29 30	31 21 2 3 —	3	22
大同 5 己未 539–40	2	1	4 5 6 7 8	9 10 11 12 13	14 15 16 17 18	19 20 21 22 23	24 25 26 27 28	31 2 3 4 5	4	51
		2	6 7 8 9 10	11 12 13 14 15	16 17 18 19 20	21 22 23 24 25	26 27 28 29 30	31 41 2 3 —	6	21
		3	4 5 6 7 8	9 10 11 12 13	14 15 16 17 18	19 20 21 22 23	24 25 26 27 28	29 30 51 2 3	0	50
		4	4 5 6 7 8	9 10 11 12 13	14 15 16 17 18	19 20 21 22 23	24 25 26 27 28	29 30 31 61 —	2	20
		5	2 3 4 5 6	7 8 9 10 11	12 13 14 15 16	17 18 19 20 21	22 23 24 25 26	27 28 29 30 71	3	49
		6	2 3 4 5 6	7 8 9 10 11	12 13 14 15 16	17 18 19 20 21	22 23 24 25 26	27 28 29 30 —	5	19
		7	31 81 2 3 4	5 6 7 8 9	10 11 12 13 14	15 16 17 18 19	20 21 22 23 24	25 26 27 28 29	6	48
		8	30 31 91 2 3	4 5 6 7 8	9 10 11 12 13	14 15 16 17 18	19 20 21 22 23	24 25 26 27 —	1	18
		9	28 29 30 01 2	3 4 5 6 7	8 9 10 11 12	13 14 15 16 17	18 19 20 21 22	23 24 25 26 27	2	47
		10	28 29 30 31 N1	2 3 4 5 6	7 8 9 10 11	12 13 14 15 16	17 18 19 20 21	22 23 24 25 —	4	17
		11	26 27 28 29 30	D1 2 3 4 5	6 7 8 9 10	11 12 13 14 15	16 17 18 19 20	21 22 23 24 25	5	46
		12	26 27 28 29 30	31 11 2 3 4	5 6 7 8 9	10 11 12 13 14	15 16 17 18 19	20 21 22 23 24	0	16
大同 6 庚申 540–41	14	1	25 26 27 28 29	30 31 21 2 3	4 5 6 7 8	9 10 11 12 13	14 15 16 17 18	19 20 21 22 —	2	46
		2	23 24 25 26 27	28 29 31 2 3	4 5 6 7 8	9 10 11 12 13	14 15 16 17 18	19 20 21 22 23	3	15
		3	24 25 26 27 28	29 30 31 41 2	3 4 5 6 7	8 9 10 11 12	13 14 15 16 17	18 19 20 21 —	5	45
		4	22 23 24 25 26	27 28 29 30 51	2 3 4 5 6	7 8 9 10 11	12 13 14 15 16	17 18 19 20 21	6	14
		5	22 23 24 25 26	27 28 29 30 31	61 2 3 4 5	6 7 8 9 10	11 12 13 14 15	16 17 18 19 —	1	44
		5	20 21 22 23 24	25 26 27 28 29	30 71 2 3 4	5 6 7 8 9	10 11 12 13 14	15 16 17 18 19	2	13
		6	20 21 22 23 24	25 26 27 28 29	30 31 81 2 3	4 5 6 7 8	9 10 11 12 13	14 15 16 17 —	4	43
		7	18 19 20 21 22	23 24 25 26 27	28 29 30 31 91	2 3 4 5 6	7 8 9 10 11	12 13 14 15 16	5	12
		8	17 18 19 20 21	22 23 24 25 26	27 28 29 30 01	2 3 4 5 6	7 8 9 10 11	12 13 14 15 —	0	42
		9	16 17 18 19 20	21 22 23 24 25	26 27 28 29 30	31 N1 2 3 4	5 6 7 8 9	10 11 12 13 14	1	11
		10	15 16 17 18 19	20 21 22 23 24	25 26 27 28 29	30 D1 2 3 4	5 6 7 8 9	10 11 12 13 —	3	41
		11	14 15 16 17 18	19 20 21 22 23	24 25 26 27 28	29 30 31 11 2	3 4 5 6 7	8 9 10 11 12	4	10
		12	13 14 15 16 17	18 19 20 21 22	23 24 25 26 27	28 29 30 31 21	2 3 4 5 6	7 8 9 10 —	6	40

年序 Year	陰暦月序 Moon	陰暦日序 Order of days (Lunar) 1 2 3 4 5	6 7 8 9 10	11 12 13 14 15	16 17 18 19 20	21 22 23 24 25	26 27 28 29 30	星期 Week	干支 Cycle
大同 7 辛酉 541–42	26 1	11 12 13 14 15	16 17 18 19 20	21 22 23 24 25	26 27 28 31 2	3 4 5 6 7	8 9 10 11 12	0	9
	2	13 14 15 16 17	18 19 20 21 22	23 24 25 26 27	28 29 30 31 41	2 3 4 5 6	7 8 9 10 11	2	39
	3	12 13 14 15 16	17 18 19 20 21	22 23 24 25 26	27 28 29 30 51	2 3 4 5 6	7 8 9 10 —	4	9
	4	11 12 13 14 15	16 17 18 19 20	21 22 23 24 25	26 27 28 29 30	31 61 2 3 4	5 6 7 8 9	5	38
	5	10 11 12 13 14	15 16 17 18 19	20 21 22 23 24	25 26 27 28 29	30 71 2 3 4	5 6 7 8 —	0	8
	6	9 10 11 12 13	14 15 16 17 18	19 20 21 22 23	24 25 26 27 28	29 30 31 81 2	3 4 5 6 7	1	37
	7	8 9 10 11 12	13 14 15 16 17	18 19 20 21 22	23 24 25 26 27	28 29 30 31 91	2 3 4 5 —	3	7
	8	6 7 8 9 10	11 12 13 14 15	16 17 18 19 20	21 22 23 24 25	26 27 28 29 30	O1 2 3 4 5	4	36
	9	6 7 8 9 10	11 12 13 14 15	16 17 18 19 20	21 22 23 24 25	26 27 28 29 30	31 N1 2 3 —	6	6
	10	4 5 6 7 8	9 10 11 12 13	14 15 16 17 18	19 20 21 22 23	24 25 26 27 28	29 30 D1 2 3	0	35
	11	4 5 6 7 8	9 10 11 12 13	14 15 16 17 18	19 20 21 22 23	24 25 26 27 28	29 30 31 11 —	2	5
	12	2 3 4 5 6	7 8 9 10 11	12 13 14 15 16	17 18 19 20 21	22 23 24 25 26	27 28 29 30 31	3	34
大同 8 壬戌 542–43	38 1	21 2 3 4 5	6 7 8 9 10	11 12 13 14 15	16 17 18 19 20	21 22 23 24 25	26 27 28 31 —	5	4
	2	2 3 4 5 6	7 8 9 10 11	12 13 14 15 16	17 18 19 20 21	22 23 24 25 26	27 28 29 30 31	6	33
	3	41 2 3 4 5	6 7 8 9 10	11 12 13 14 15	16 17 18 19 20	21 22 23 24 25	26 27 28 29 —	1	3
	4	30 51 2 3 4	5 6 7 8 9	10 11 12 13 14	15 16 17 18 19	20 21 22 23 24	25 26 27 28 29	2	32
	5	30 31 61 2 3	4 5 6 7 8	9 10 11 12 13	14 15 16 17 18	19 20 21 22 23	24 25 26 27 —	4	2
	6	28 29 30 71 2	3 4 5 6 7	8 9 10 11 12	13 14 15 16 17	18 19 20 21 22	23 24 25 26 27	5	31
	7	28 29 30 31 81	2 3 4 5 6	7 8 9 10 11	12 13 14 15 16	17 18 19 20 21	22 23 24 25 26	0	1
	8	27 28 29 30 31	91 2 3 4 5	6 7 8 9 10	11 12 13 14 15	16 17 18 19 20	21 22 23 24 —	2	31
	9	25 26 27 28 29	30 O1 2 3 4	5 6 7 8 9	10 11 12 13 14	15 16 17 18 19	20 21 22 23 24	3	0
	10	25 26 27 28 29	30 31 N1 2 3	4 5 6 7 8	9 10 11 12 13	14 15 16 17 18	19 20 21 22 —	5	30
	11	23 24 25 26 27	28 29 30 D1 2	3 4 5 6 7	8 9 10 11 12	13 14 15 16 17	18 19 20 21 22	6	59
	12	23 24 25 26 27	28 29 30 31 11	2 3 4 5 6	7 8 9 10 11	12 13 14 15 16	17 18 19 20 —	1	29
大同 9 癸亥 543–44	50 1	21 22 23 24 25	26 27 28 29 30	31 21 2 3 4	5 6 7 8 9	10 11 12 13 14	15 16 17 18 19	2	58
	1	20 21 22 23 24	25 26 27 28 31	2 3 4 5 6	7 8 9 10 11	12 13 14 15 16	17 18 19 20 —	4	28
	2	21 22 23 24 25	26 27 28 29 30	31 41 2 3 4	5 6 7 8 9	10 11 12 13 14	15 16 17 18 19	5	57
	3	20 21 22 23 24	25 26 27 28 29	30 51 2 3 4	5 6 7 8 9	10 11 12 13 14	15 16 17 18 —	0	27
	4	19 20 21 22 23	24 25 26 27 28	29 30 31 61 2	3 4 5 6 7	8 9 10 11 12	13 14 15 16 17	1	56
	5	18 19 20 21 22	23 24 25 26 27	28 29 30 71 2	3 4 5 6 7	8 9 10 11 12	13 14 15 16 —	3	26
	6	17 18 19 20 21	22 23 24 25 26	27 28 29 30 31	81 2 3 4 5	6 7 8 9 10	11 12 13 14 15	4	55
	7	16 17 18 19 20	21 22 23 24 25	26 27 28 29 30	31 91 2 3 4	5 6 7 8 9	10 11 12 13 —	6	25
	8	14 15 16 17 18	19 20 21 22 23	24 25 26 27 28	29 30 O1 2 3	4 5 6 7 8	9 10 11 12 13	0	54
	9	14 15 16 17 18	19 20 21 22 23	24 25 26 27 28	29 30 31 N1 2	3 4 5 6 7	8 9 10 11 —	2	24
	10	12 13 14 15 16	17 18 19 20 21	22 23 24 25 26	27 28 29 30 D1	2 3 4 5 6	7 8 9 10 11	3	53
	11	12 13 14 15 16	17 18 19 20 21	22 23 24 25 26	27 28 29 30 31	11 2 3 4 5	6 7 8 9 10	5	23
	12	11 12 13 14 15	16 17 18 19 20	21 22 23 24 25	26 27 28 29 30	31 21 2 3 4	5 6 7 8 —	0	53
大同 10 甲子 544–45	2 1	9 10 11 12 13	14 15 16 17 18	19 20 21 22 23	24 25 26 27 28	29 31 2 3 4	5 6 7 8 9	1	22
	2	10 11 12 13 14	15 16 17 18 19	20 21 22 23 24	25 26 27 28 29	30 31 41 2 3	4 5 6 7 —	3	52
	3	8 9 10 11 12	13 14 15 16 17	18 19 20 21 22	23 24 25 26 27	28 29 30 51 2	3 4 5 6 7	4	21
	4	8 9 10 11 12	13 14 15 16 17	18 19 20 21 22	23 24 25 26 27	28 29 30 31 61	2 3 4 5 —	6	51
	5	6 7 8 9 10	11 12 13 14 15	16 17 18 19 20	21 22 23 24 25	26 27 28 29 30	71 2 3 4 5	0	20
	6	6 7 8 9 10	11 12 13 14 15	16 17 18 19 20	21 22 23 24 25	26 27 28 29 30	31 81 2 3 —	2	50
	7	4 5 6 7 8	9 10 11 12 13	14 15 16 17 18	19 20 21 22 23	24 25 26 27 28	29 30 31 91 2	3	19
	8	3 4 5 6 7	8 9 10 11 12	13 14 15 16 17	18 19 20 21 22	23 24 25 26 27	28 29 30 O1 —	5	49
	9	2 3 4 5 6	7 8 9 10 11	12 13 14 15 16	17 18 19 20 21	22 23 24 25 26	27 28 29 30 31	6	18
	10	N1 2 3 4 5	6 7 8 9 10	11 12 13 14 15	16 17 18 19 20	21 22 23 24 25	26 27 28 29 —	1	48
	11	30 D1 2 3 4	5 6 7 8 9	10 11 12 13 14	15 16 17 18 19	20 21 22 23 24	25 26 27 28 29	2	17
	12	30 31 11 2 3	4 5 6 7 8	9 10 11 12 13	14 15 16 17 18	19 20 21 22 23	24 25 26 27 —	4	47
大同 11 乙丑 545–46	14 1	28 29 30 31 21	2 3 4 5 6	7 8 9 10 11	12 13 14 15 16	17 18 19 20 21	22 23 24 25 26	5	16
	2	27 28 31 2 3	4 5 6 7 8	9 10 11 12 13	14 15 16 17 18	19 20 21 22 23	24 25 26 27 28	0	46
	3	29 30 31 41 2	3 4 5 6 7	8 9 10 11 12	13 14 15 16 17	18 19 20 21 22	23 24 25 26 —	2	16
	4	27 28 29 30 51	2 3 4 5 6	7 8 9 10 11	12 13 14 15 16	17 18 19 20 21	22 23 24 25 26	3	45
	5	27 28 29 30 31	61 2 3 4 5	6 7 8 9 10	11 12 13 14 15	16 17 18 19 20	21 22 23 24 —	5	15
	6	25 26 27 28 29	30 71 2 3 4	5 6 7 8 9	10 11 12 13 14	15 16 17 18 19	20 21 22 23 24	6	44
	7	25 26 27 28 29	30 31 81 2 3	4 5 6 7 8	9 10 11 12 13	14 15 16 17 18	19 20 21 22 —	1	14
	8	23 24 25 26 27	28 29 30 31 91	2 3 4 5 6	7 8 9 10 11	12 13 14 15 16	17 18 19 20 21	2	43
	9	22 23 24 25 26	27 28 29 30 O1	2 3 4 5 6	7 8 9 10 11	12 13 14 15 16	17 18 19 20 —	4	13
	10	21 22 23 24 25	26 27 28 29 30	31 N1 2 3 4	5 6 7 8 9	10 11 12 13 14	15 16 17 18 19	5	42
	10	20 21 22 23 24	25 26 27 28 29	30 D1 2 3 4	5 6 7 8 9	10 11 12 13 14	15 16 17 18 —	0	12
	11	19 20 21 22 23	24 25 26 27 28	29 30 31 11 2	3 4 5 6 7	8 9 10 11 12	13 14 15 16 17	1	41
	12	18 19 20 21 22	23 24 25 26 27	28 29 30 31 21	2 3 4 5 6	7 8 9 10 11	12 13 14 15 —	3	11

年序 Year	陰曆月序 Moon	1 2 3 4 5	6 7 8 9 10	11 12 13 14 15	16 17 18 19 20	21 22 23 24 25	26 27 28 29 30	星期 Week	干支 Cycle
中大同 1 丙寅 546–47	26 1	16 17 18 19 20	21 22 23 24 25	26 27 28 31 2	3 4 5 6 7	8 9 10 11 12	13 14 15 16 17	4	40
	2	18 19 20 21 22	23 24 25 26 27	28 29 30 31 41	2 3 4 5 6	7 8 9 10 11	12 13 14 15 —	6	10
	3	16 17 18 19 20	21 22 23 24 25	26 27 28 29 30	51 2 3 4 5	6 7 8 9 10	11 12 13 14 15	0	39
	4][	16 17 18 19 20	21 22 23 24 25	26 27 28 29 30	31 61 2 3 4	5 6 7 8 9	10 11 12 13 —	2	9
	5	14 15 16 17 18	19 20 21 22 23	24 25 26 27 28	29 30 71 2 3	4 5 6 7 8	9 10 11 12 13	3	38
	6	14 15 16 17 18	19 20 21 22 23	24 25 26 27 28	29 30 31 81 2	3 4 5 6 7	8 9 10 11 12	5	8
	7	13 14 15 16 17	18 19 20 21 22	23 24 25 26 27	28 29 30 31 91	2 3 4 5 6	7 8 9 10 —	0	38
	8	11 12 13 14 15	16 17 18 19 20	21 22 23 24 25	26 27 28 29 30	01 2 3 4 5	6 7 8 9 10	1	7
	9	11 12 13 14 15	16 17 18 19 20	21 22 23 24 25	26 27 28 29 30	31 N1 2 3 4	5 6 7 8 —	3	37
	10	9 10 11 12 13	14 15 16 17 18	19 20 21 22 23	24 25 26 27 28	29 30 D1 2 3	4 5 6 7 8	4	6
	11	9 10 11 12 13	14 15 16 17 18	19 20 21 22 23	24 25 26 27 28	29 30 31 11 2	3 4 5 6 —	6	36
	12	7 8 9 10 11	12 13 14 15 16	17 18 19 20 21	22 23 24 25 26	27 28 29 30 31	21 2 3 4 5	0	5
太清 1 丁卯 547–48	38 1	6 7 8 9 10	11 12 13 14 15	16 17 18 19 20	21 22 23 24 25	26 27 28 31 2	3 4 5 6 —	2	35
	2	7 8 9 10 11	12 13 14 15 16	17 18 19 20 21	22 23 24 25 26	27 28 29 30 31	41 2 3 4 5	3	4
	3	6 7 8 9 10	11 12 13 14 15	16 17 18 19 20	21 22 23 24 25	26 27 28 29 30	51 2 3 4 —	5	34
	4][	5 6 7 8 9	10 11 12 13 14	15 16 17 18 19	20 21 22 23 24	25 26 27 28 29	30 31 61 2 3	6	3
	5	4 5 6 7 8	9 10 11 12 13	14 15 16 17 18	19 20 21 22 23	24 25 26 27 28	29 30 71 2 —	1	33
	6	3 4 5 6 7	8 9 10 11 12	13 14 15 16 17	18 19 20 21 22	23 24 25 26 27	28 29 30 31 81	2	2
	7	2 3 4 5 6	7 8 9 10 11	12 13 14 15 16	17 18 19 20 21	22 23 24 25 26	27 28 29 30 —	4	32
	8	31 91 2 3 4	5 6 7 8 9	10 11 12 13 14	15 16 17 18 19	20 21 22 23 24	25 26 27 28 29	5	1
	9	30 01 2 3 4	5 6 7 8 9	10 11 12 13 14	15 16 17 18 19	20 21 22 23 24	25 26 27 28 —	0	31
	10	29 30 31 N1 2	3 4 5 6 7	8 9 10 11 12	13 14 15 16 17	18 19 20 21 22	23 24 25 26 27	1	0
	11	28 29 30 D1 2	3 4 5 6 7	8 9 10 11 12	13 14 15 16 17	18 19 20 21 22	23 24 25 26 27	3	30
	12	28 29 30 31 11	2 3 4 5 6	7 8 9 10 11	12 13 14 15 16	17 18 19 20 21	22 23 24 25 —	5	0
太清 2 戊辰 548–49	50 1	26 27 28 29 30	31 21 2 3 4	5 6 7 8 9	10 11 12 13 14	15 16 17 18 19	20 21 22 23 24	6	29
	2	25 26 27 28 29	31 2 3 4 5	6 7 8 9 10	11 12 13 14 15	16 17 18 19 20	21 22 23 24 —	1	59
	3	25 26 27 28 29	30 31 41 2 3	4 5 6 7 8	9 10 11 12 13	14 15 16 17 18	19 20 21 22 23	2	28
	4	24 25 26 27 28	29 30 51 2 3	4 5 6 7 8	9 10 11 12 13	14 15 16 17 18	19 20 21 22 —	4	58
	5	23 24 25 26 27	28 29 30 31 61	2 3 4 5 6	7 8 9 10 11	12 13 14 15 16	17 18 19 20 21	5	27
	6	22 23 24 25 26	27 28 29 30 71	2 3 4 5 6	7 8 9 10 11	12 13 14 15 16	17 18 19 20 —	0	57
	7	21 22 23 24 25	26 27 28 29 30	31 81 2 3 4	5 6 7 8 9	10 11 12 13 14	15 16 17 18 19	1	26
	7	20 21 22 23 24	25 26 27 28 29	30 31 91 2 3	4 5 6 7 8	9 10 11 12 13	14 15 16 17 —	3	56
	8	18 19 20 21 22	23 24 25 26 27	28 29 30 01 2	3 4 5 6 7	8 9 10 11 12	13 14 15 16 17	4	25
	9	18 19 20 21 22	23 24 25 26 27	28 29 30 31 N1	2 3 4 5 6	7 8 9 10 11	12 13 14 15 —	6	55
	10	16 17 18 19 20	21 22 23 24 25	26 27 28 29 30	D1 2 3 4 5	6 7 8 9 10	11 12 13 14 15	0	24
	11	16 17 18 19 20	21 22 23 24 25	26 27 28 29 30	31 11 2 3 4	5 6 7 8 9	10 11 12 13 —	2	54
	12	14 15 16 17 18	19 20 21 22 23	24 25 26 27 28	29 30 31 21 2	3 4 5 6 7	8 9 10 11 12	3	23
太清 3 己巳 549–50	2 1	13 14 15 16 17	18 19 20 21 22	23 24 25 26 27	28 31 2 3 4	5 6 7 8 9	10 11 12 13 14	5	53
	2	15 16 17 18 19	20 21 22 23 24	25 26 27 28 29	30 31 41 2 3	4 5 6 7 8	9 10 11 12 —	0	23
	3	13 14 15 16 17	18 19 20 21 22	23 24 25 26 27	28 29 30 51 2	3 4 5 6 7	8 9 10 11 12	1	52
	4	13 14 15 16 17	18 19 20 21 22	23 24 25 26 27	28 29 30 31 61	2 3 4 5 6	7 8 9 10 —	3	22
	5	11 12 13 14 15	16 17 18 19 20	21 22 23 24 25	26 27 28 29 30	71 2 3 4 5	6 7 8 9 10	4	51
	6	11 12 13 14 15	16 17 18 19 20	21 22 23 24 25	26 27 28 29 30	31 81 2 3 4	5 6 7 8 —	6	21
	7	9 10 11 12 13	14 15 16 17 18	19 20 21 22 23	24 25 26 27 28	29 30 31 91 2	3 4 5 6 7	0	50
	8	8 9 10 11 12	13 14 15 16 17	18 19 20 21 22	23 24 25 26 27	28 29 30 01 2	3 4 5 6 —	2	20
	9	7 8 9 10 11	12 13 14 15 16	17 18 19 20 21	22 23 24 25 26	27 28 29 30 31	N1 2 3 4 5	3	49
	10	6 7 8 9 10	11 12 13 14 15	16 17 18 19 20	21 22 23 24 25	26 27 28 29 30	D1 2 3 4 —	5	19
	11	5 6 7 8 9	10 11 12 13 14	15 16 17 18 19	20 21 22 23 24	25 26 27 28 29	30 31 11 2 3	6	48
	12	4 5 6 7 8	9 10 11 12 13	14 15 16 17 18	19 20 21 22 23	24 25 26 27 28	29 30 31 21 —	1	18
簡文帝 □ 大寶 1 庚午 550–51	14 1	2 3 4 5 6	7 8 9 10 11	12 13 14 15 16	17 18 19 20 21	22 23 24 25 26	27 28 31 2 3	2	47
	2	4 5 6 7 8	9 10 11 12 13	14 15 16 17 18	19 20 21 22 23	24 25 26 27 28	29 30 31 41 —	4	17
	3	2 3 4 5 6	7 8 9 10 11	12 13 14 15 16	17 18 19 20 21	22 23 24 25 26	27 28 29 30 51	5	46
	4	2 3 4 5 6	7 8 9 10 11	12 13 14 15 16	17 18 19 20 21	22 23 24 25 26	27 28 29 30 —	0	16
	5	31 61 2 3 4	5 6 7 8 9	10 11 12 13 14	15 16 17 18 19	20 21 22 23 24	25 26 27 28 29	1	45
	6	30 71 2 3 4	5 6 7 8 9	10 11 12 13 14	15 16 17 18 19	20 21 22 23 24	25 26 27 28 29	3	15
	7	30 31 81 2 3	4 5 6 7 8	9 10 11 12 13	14 15 16 17 18	19 20 21 22 23	24 25 26 27 —	5	45
	8	28 29 30 31 91	2 3 4 5 6	7 8 9 10 11	12 13 14 15 16	17 18 19 20 21	22 23 24 25 26	6	14
	9	27 28 29 30 01	2 3 4 5 6	7 8 9 10 11	12 13 14 15 16	17 18 19 20 21	22 23 24 25 —	1	44
	10	26 27 28 29 30	31 N1 2 3 4	5 6 7 8 9	10 11 12 13 14	15 16 17 18 19	20 21 22 23 24	2	13
	11	25 26 27 28 29	30 D1 2 3 4	5 6 7 8 9	10 11 12 13 14	15 16 17 18 19	20 21 22 23 —	4	43
	12	24 25 26 27 28	29 30 31 11 2	3 4 5 6 7	8 9 10 11 12	13 14 15 16 17	18 19 20 21 22	5	12

□ 北齊文宣帝天保元年至幼主承光元年 (550–78 A.D.), 見表六, 409 頁.

The period of Pei Ch'i, Wen Hsüan Ti, T'ien Pao First Year to Yu Chu, Ch'eng Kuang First Year (550–78 A.D.) is tabulated in Table 6 on p. 409.

年序 Year	陰曆月序 Moon	陰曆日序 Order of days (Lunar) 1 2 3 4 5	6 7 8 9 10	11 12 13 14 15	16 17 18 19 20	21 22 23 24 25	26 27 28 29 30	星期 Week	干支 Cycle
豫章王 天正 1 辛未 551–52	26 1	23 24 25 26 27	28 29 30 31 21	2 3 4 5 6	7 8 9 10 11	12 13 14 15 16	17 18 19 20 —	0	42
	2	21 22 23 24 25	26 27 28 31 2	3 4 5 6 7	8 9 10 11 12	13 14 15 16 17	18 19 20 21 22	1	11
	3	23 24 25 26 27	28 29 30 31 41	2 3 4 5 6	7 8 9 10 11	12 13 14 15 16	17 18 19 20 —	3	41
	3	21 22 23 24 25	26 27 28 29 30	51 2 3 4 5	6 7 8 9 10	11 12 13 14 15	16 17 18 19 20	4	10
	4	21 22 23 24 25	26 27 28 29 30	31 61 2 3 4	5 6 7 8 9	10 11 12 13 14	15 16 17 18 —	6	40
	5	19 20 21 22 23	24 25 26 27 28	29 30 71 2 3	4 5 6 7 8	9 10 11 12 13	14 15 16 17 18	0	9
	6	19 20 21 22 23	24 25 26 27 28	29 30 31 81 2	3 4 5 6 7	8 9 10 11 12	13 14 15 16 —	2	39
	7	17 18 19 20 21	22 23 24 25 26	27 28 29 30 31	91 2 3 4 5	6 7 8 9 10	11 12 13 14 15	3	8
	8][	16 17 18 19 20	21 22 23 24 25	26 27 28 29 30	01 2 3 4 5	6 7 8 9 10	11 12 13 14 —	5	38
	9	15 16 17 18 19	20 21 22 23 24	25 26 27 28 29	30 31 N1 2 3	4 5 6 7 8	9 10 11 12 13	6	7
	10	14 15 16 17 18	19 20 21 22 23	24 25 26 27 28	29 30 D1 2 3	4 5 6 7 8	9 10 11 12 13	1	37
	11	14 15 16 17 18	19 20 21 22 23	24 25 26 27 28	29 30 31 11 2	3 4 5 6 7	8 9 10 11 —	3	7
	12	12 13 14 15 16	17 18 19 20 21	22 23 24 25 26	27 28 29 30 31	21 2 3 4 5	6 7 8 9 10	4	36
元帝 承聖 1 壬申 552–53	38 1	11 12 13 14 15	16 17 18 19 20	21 22 23 24 25	26 27 28 29 31	2 3 4 5 6	7 8 9 10 —	6	6
	2	11 12 13 14 15	16 17 18 19 20	21 22 23 24 25	26 27 28 29 30	31 41 2 3 4	5 6 7 8 9	0	35
	3	10 11 12 13 14	15 16 17 18 19	20 21 22 23 24	25 26 27 28 29	30 51 2 3 4	5 6 7 8 —	2	5
	4	9 10 11 12 13	14 15 16 17 18	19 20 21 22 23	24 25 26 27 28	29 30 31 61 2	3 4 5 6 7	3	34
	5	8 9 10 11 12	13 14 15 16 17	18 19 20 21 22	23 24 25 26 27	28 29 30 71 2	3 4 5 6 —	5	4
	6	7 8 9 10 11	12 13 14 15 16	17 18 19 20 21	22 23 24 25 26	27 28 29 30 31	81 2 3 4 5	6	33
	7	6 7 8 9 10	11 12 13 14 15	16 17 18 19 20	21 22 23 24 25	26 27 28 29 30	31 91 2 3 —	1	3
	8	4 5 6 7 8	9 10 11 12 13	14 15 16 17 18	19 20 21 22 23	24 25 26 27 28	29 30 01 2 3	2	32
	9	4 5 6 7 8	9 10 11 12 13	14 15 16 17 18	19 20 21 22 23	24 25 26 27 28	29 30 31 N1 —	4	2
	10	2 3 4 5 6	7 8 9 10 11	12 13 14 15 16	17 18 19 20 21	22 23 24 25 26	27 28 29 30 D1	5	31
	11][	2 3 4 5 6	7 8 9 10 11	12 13 14 15 16	17 18 19 20 21	22 23 24 25 26	27 28 29 30 —	0	1
	12	31 11 2 3 4	5 6 7 8 9	10 11 12 13 14	15 16 17 18 19	20 21 22 23 24	25 26 27 28 29	1	30
承聖 2 癸酉 553–54	50 1	30 31 21 2 3	4 5 6 7 8	9 10 11 12 13	14 15 16 17 18	19 20 21 22 23	24 25 26 27 28	3	0
	2	31 2 3 4 5	6 7 8 9 10	11 12 13 14 15	16 17 18 19 20	21 22 23 24 25	26 27 28 29 —	5	30
	3	30 31 41 2 3	4 5 6 7 8	9 10 11 12 13	14 15 16 17 18	19 20 21 22 23	24 25 26 27 28	6	59
	4	29 30 51 2 3	4 5 6 7 8	9 10 11 12 13	14 15 16 17 18	19 20 21 22 23	24 25 26 27 —	1	29
	5	28 29 30 31 61	2 3 4 5 6	7 8 9 10 11	12 13 14 15 16	17 18 19 20 21	22 23 24 25 26	2	58
	6	27 28 29 30 71	2 3 4 5 6	7 8 9 10 11	12 13 14 15 16	17 18 19 20 21	22 23 24 25 —	4	28
	7	26 27 28 29 30	31 81 2 3 4	5 6 7 8 9	10 11 12 13 14	15 16 17 18 19	20 21 22 23 24	5	57
	8	25 26 27 28 29	30 31 91 2 3	4 5 6 7 8	9 10 11 12 13	14 15 16 17 18	19 20 21 22 —	0	27
	9	23 24 25 26 27	28 29 30 01 2	3 4 5 6 7	8 9 10 11 12	13 14 15 16 17	18 19 20 21 22	1	56
	10	23 24 25 26 27	28 29 30 31 N1	2 3 4 5 6	7 8 9 10 11	12 13 14 15 16	17 18 19 20 —	3	26
	11	21 22 23 24 25	26 27 28 29 30	D1 2 3 4 5	6 7 8 9 10	11 12 13 14 15	16 17 18 19 20	4	55
	11	21 22 23 24 25	26 27 28 29 30	31 11 2 3 4	5 6 7 8 9	10 11 12 13 14	15 16 17 18 —	6	25
	12	19 20 21 22 23	24 25 26 27 28	29 30 31 21 2	3 4 5 6 7	8 9 10 11 12	13 14 15 16 17	0	54
承聖 3 甲戌 554–55	2 1	18 19 20 21 22	23 24 25 26 27	28 31 2 3 4	5 6 7 8 9	10 11 12 13 14	15 16 17 18 —	2	24
	2	19 20 21 22 23	24 25 26 27 28	29 30 31 41 2	3 4 5 6 7	8 9 10 11 12	13 14 15 16 17	3	53
	3	18 19 20 21 22	23 24 25 26 27	28 29 30 51 2	3 4 5 6 7	8 9 10 11 12	13 14 15 16 —	5	23
	4	17 18 19 20 21	22 23 24 25 26	27 28 29 30 31	61 2 3 4 5	6 7 8 9 10	11 12 13 14 15	6	52
	5	16 17 18 19 20	21 22 23 24 25	26 27 28 29 30	71 2 3 4 5	6 7 8 9 10	11 12 13 14 15	1	22
	6	16 17 18 19 20	21 22 23 24 25	26 27 28 29 30	31 81 2 3 4	5 6 7 8 9	10 11 12 13 —	3	52
	7	14 15 16 17 18	19 20 21 22 23	24 25 26 27 28	29 30 31 91 2	3 4 5 6 7	8 9 10 11 12	4	21
	8	13 14 15 16 17	18 19 20 21 22	23 24 25 26 27	28 29 30 01 2	3 4 5 6 7	8 9 10 11 —	6	51
	9	12 13 14 15 16	17 18 19 20 21	22 23 24 25 26	27 28 29 30 31	N1 2 3 4 5	6 7 8 9 10	0	20
	10	11 12 13 14 15	16 17 18 19 20	21 22 23 24 25	26 27 28 29 30	D1 2 3 4 5	6 7 8 9 —	2	50
	11	10 11 12 13 14	15 16 17 18 19	20 21 22 23 24	25 26 27 28 29	30 31 11 2 3	4 5 6 7 8	3	19
	12	9 10 11 12 13	14 15 16 17 18	19 20 21 22 23	24 25 26 27 28	29 30 31 21 2	3 4 5 6 —	5	49
敬帝 紹泰 1 乙亥 555–56	14 1	7 8 9 10 11	12 13 14 15 16	17 18 19 20 21	22 23 24 25 26	27 28 31 2 3	4 5 6 7 8	6	18
	2	9 10 11 12 13	14 15 16 17 18	19 20 21 22 23	24 25 26 27 28	29 30 31 41 2	3 4 5 6 —	1	48
	3	7 8 9 10 11	12 13 14 15 16	17 18 19 20 21	22 23 24 25 26	27 28 29 30 51	2 3 4 5 6	2	17
	4	7 8 9 10 11	12 13 14 15 16	17 18 19 20 21	22 23 24 25 26	27 28 29 30 31	61 2 3 4 —	4	47
	5	5 6 7 8 9	10 11 12 13 14	15 16 17 18 19	20 21 22 23 24	25 26 27 28 29	30 71 2 3 4	5	16
	6	5 6 7 8 9	10 11 12 13 14	15 16 17 18 19	20 21 22 23 24	25 26 27 28 29	30 31 81 2 —	0	46
	7	3 4 5 6 7	8 9 10 11 12	13 14 15 16 17	18 19 20 21 22	23 24 25 26 27	28 29 30 31 91	1	15
	8	2 3 4 5 6	7 8 9 10 11	12 13 14 15 16	17 18 19 20 21	22 23 24 25 26	27 28 29 30 —	3	45
	9	01 2 3 4 5	6 7 8 9 10	11 12 13 14 15	16 17 18 19 20	21 22 23 24 25	26 27 28 29 30	4	14
	10][	31 N1 2 3 4	5 6 7 8 9	10 11 12 13 14	15 16 17 18 19	20 21 22 23 24	25 26 27 28 29	6	44
	11	30 D1 2 3 4	5 6 7 8 9	10 11 12 13 14	15 16 17 18 19	20 21 22 23 24	25 26 27 28 —	1	14
	12	29 30 31 11 2	3 4 5 6 7	8 9 10 11 12	13 14 15 16 17	18 19 20 21 22	23 24 25 26 27	2	43

年序 Year	陰曆月序 Moon	陰曆日序 Order of days (Lunar) 1 2 3 4 5	6 7 8 9 10	11 12 13 14 15	16 17 18 19 20	21 22 23 24 25	26 27 28 29 30	星期 Week	干支 Cycle
太平 1 丙子 556–57	26 1	28 29 30 31 21	2 3 4 5 6	7 8 9 10 11	12 13 14 15 16	17 18 19 20 21	22 23 24 25 —	4	13
	2	26 27 28 29 31	2 3 4 5 6	7 8 9 10 11	12 13 14 15 16	17 18 19 20 21	22 23 24 25 26	5	42
	3	27 28 29 30 31	41 2 3 4 5	6 7 8 9 10	11 12 13 14 15	16 17 18 19 20	21 22 23 24 —	0	12
	4	25 26 27 28 29	30 51 2 3 4	5 6 7 8 9	10 11 12 13 14	15 16 17 18 19	20 21 22 23 24	1	41
	5	25 26 27 28 29	30 31 61 2 3	4 5 6 7 8	9 10 11 12 13	14 15 16 17 18	19 20 21 22 —	3	11
	6	23 24 25 26 27	28 29 30 71 2	3 4 5 6 7	8 9 10 11 12	13 14 15 16 17	18 19 20 21 22	4	40
	7	23 24 25 26 27	28 29 30 31 81	2 3 4 5 6	7 8 9 10 11	12 13 14 15 16	17 18 19 20 —	6	10
	8	21 22 23 24 25	26 27 28 29 30	31 91 2 3 4	5 6 7 8 9	10 11 12 13 14	15 16 17 18 19	0	39
	8	20 21 22 23 24	25 26 27 28 29	30 01 2 3 4	5 6 7 8 9	10 11 12 13 14	15 16 17 18 —	2	9
	9][	19 20 21 22 23	24 25 26 27 28	29 30 31 N1 2	3 4 5 6 7	8 9 10 11 12	13 14 15 16 17	3	38
	10	18 19 20 21 22	23 24 25 26 27	28 29 30 D1 2	3 4 5 6 7	8 9 10 11 12	13 14 15 16 —	5	8
	11	17 18 19 20 21	22 23 24 25 26	27 28 29 30 31	11 2 3 4 5	6 7 8 9 10	11 12 13 14 15	6	37
	12	16 17 18 19 20	21 22 23 24 25	26 27 28 29 30	31 21 2 3 4	5 6 7 8 9	10 11 12 13 14	1	7
□ 陳武帝永定 1 丁丑 557–58	38 1	15 16 17 18 19	20 21 22 23 24	25 26 27 28 31	2 3 4 5 6	7 8 9 10 11	12 13 14 15 —	3	37
	2	16 17 18 19 20	21 22 23 24 25	26 27 28 29 30	31 41 2 3 4	5 6 7 8 9	10 11 12 13 14	4	6
	3	15 16 17 18 19	20 21 22 23 24	25 26 27 28 29	30 51 2 3 4	5 6 7 8 9	10 11 12 13 —	6	36
	4	14 15 16 17 18	19 20 21 22 23	24 25 26 27 28	29 30 31 61 2	3 4 5 6 7	8 9 10 11 12	0	5
	5	13 14 15 16 17	18 19 20 21 22	23 24 25 26 27	28 29 30 71 2	3 4 5 6 7	8 9 10 11 —	2	35
	6	12 13 14 15 16	17 18 19 20 21	22 23 24 25 26	27 28 29 30 31	81 2 3 4 5	6 7 8 9 10	3	4
	7	11 12 13 14 15	16 17 18 19 20	21 22 23 24 25	26 27 28 29 30	31 91 2 3 4	5 6 7 8 —	5	34
	8	9 10 11 12 13	14 15 16 17 18	19 20 21 22 23	24 25 26 27 28	29 30 01 2 3	4 5 6 7 8	6	3
	9	9 10 11 12 13	14 15 16 17 18	19 20 21 22 23	24 25 26 27 28	29 30 31 N1 2	3 4 5 6 —	1	33
	10][	7 8 9 10 11	12 13 14 15 16	17 18 19 20 21	22 23 24 25 26	27 28 29 30 D1	2 3 4 5 6	2	2
	11	7 8 9 10 11	12 13 14 15 16	17 18 19 20 21	22 23 24 25 26	27 28 29 30 31	11 2 3 4 —	4	32
	12	5 6 7 8 9	10 11 12 13 14	15 16 17 18 19	20 21 22 23 24	25 26 27 28 29	30 31 21 2 3	5	1
永定 2 戊寅 558–59	50 1	4 5 6 7 8	9 10 11 12 13	14 15 16 17 18	19 20 21 22 23	24 25 26 27 28	31 2 3 4 —	0	31
	2	5 6 7 8 9	10 11 12 13 14	15 16 17 18 19	20 21 22 23 24	25 26 27 28 29	30 31 41 2 3	1	0
	3	4 5 6 7 8	9 10 11 12 13	14 15 16 17 18	19 20 21 22 23	24 25 26 27 28	29 30 51 2 —	3	30
	4	3 4 5 6 7	8 9 10 11 12	13 14 15 16 17	18 19 20 21 22	23 24 25 26 27	28 29 30 31 61	4	59
	5	2 3 4 5 6	7 8 9 10 11	12 13 14 15 16	17 18 19 20 21	22 23 24 25 26	27 28 29 30 71	6	29
	6	2 3 4 5 6	7 8 9 10 11	12 13 14 15 16	17 18 19 20 21	22 23 24 25 26	27 28 29 30 —	1	59
	7	31 81 2 3 4	5 6 7 8 9	10 11 12 13 14	15 16 17 18 19	20 21 22 23 24	25 26 27 28 29	2	28
	8	30 31 91 2 3	4 5 6 7 8	9 10 11 12 13	14 15 16 17 18	19 20 21 22 23	24 25 26 27 —	4	58
	9	28 29 30 01 2	3 4 5 6 7	8 9 10 11 12	13 14 15 16 17	18 19 20 21 22	23 24 25 26 27	5	27
	10	28 29 30 31 N1	2 3 4 5 6	7 8 9 10 11	12 13 14 15 16	17 18 19 20 21	22 23 24 25 —	0	57
	11	26 27 28 29 30	D1 2 3 4 5	6 7 8 9 10	11 12 13 14 15	16 17 18 19 20	21 22 23 24 25	1	26
	12	26 27 28 29 30	31 11 2 3 4	5 6 7 8 9	10 11 12 13 14	15 16 17 18 19	20 21 22 23 —	3	56
永定 3 己卯 559–60	2 1	24 25 26 27 28	29 30 31 21 2	3 4 5 6 7	8 9 10 11 12	13 14 15 16 17	18 19 20 21 22	4	25
	2	23 24 25 26 27	28 31 2 3 4	5 6 7 8 9	10 11 12 13 14	15 16 17 18 19	20 21 22 23 —	6	55
	3	24 25 26 27 28	29 30 31 41 2	3 4 5 6 7	8 9 10 11 12	13 14 15 16 17	18 19 20 21 22	0	24
	4	23 24 25 26 27	28 29 30 51 2	3 4 5 6 7	8 9 10 11 12	13 14 15 16 17	18 19 20 21 —	2	54
	4	22 23 24 25 26	27 28 29 30 31	61 2 3 4 5	6 7 8 9 10	11 12 13 14 15	16 17 18 19 20	3	23
	5	21 22 23 24 25	26 27 28 29 30	71 2 3 4 5	6 7 8 9 10	11 12 13 14 15	16 17 18 19 —	5	53
	6	20 21 22 23 24	25 26 27 28 29	30 31 81 2 3	4 5 6 7 8	9 10 11 12 13	14 15 16 17 18	6	22
	7	19 20 21 22 23	24 25 26 27 28	29 30 31 91 2	3 4 5 6 7	8 9 10 11 12	13 14 15 16 —	1	52
	8	17 18 19 20 21	22 23 24 25 26	27 28 29 30 01	2 3 4 5 6	7 8 9 10 11	12 13 14 15 16	2	21
	9	17 18 19 20 21	22 23 24 25 26	27 28 29 30 31	N1 2 3 4 5	6 7 8 9 10	11 12 13 14 15	4	51
	10	16 17 18 19 20	21 22 23 24 25	26 27 28 29 30	D1 2 3 4 5	6 7 8 9 10	11 12 13 14 —	6	21
	11	15 16 17 18 19	20 21 22 23 24	25 26 27 28 29	30 31 11 2 3	4 5 6 7 8	9 10 11 12 13	0	50
	12	14 15 16 17 18	19 20 21 22 23	24 25 26 27 28	29 30 31 21 2	3 4 5 6 7	8 9 10 11 —	2	20
文帝天嘉 1 庚辰 560–61	14 1	12 13 14 15 16	17 18 19 20 21	22 23 24 25 26	27 28 29 31 2	3 4 5 6 7	8 9 10 11 12	3	49
	2	13 14 15 16 17	18 19 20 21 22	23 24 25 26 27	28 29 30 31 41	2 3 4 5 6	7 8 9 10 —	5	19
	3	11 12 13 14 15	16 17 18 19 20	21 22 23 24 25	26 27 28 29 30	51 2 3 4 5	6 7 8 9 10	6	48
	4	11 12 13 14 15	16 17 18 19 20	21 22 23 24 25	26 27 28 29 30	31 61 2 3 4	5 6 7 8 —	1	18
	5	9 10 11 12 13	14 15 16 17 18	19 20 21 22 23	24 25 26 27 28	29 30 71 2 3	4 5 6 7 8	2	47
	6	9 10 11 12 13	14 15 16 17 18	19 20 21 22 23	24 25 26 27 28	29 30 31 81 2	3 4 5 6 —	4	17
	7	7 8 9 10 11	12 13 14 15 16	17 18 19 20 21	22 23 24 25 26	27 28 29 30 31	91 2 3 4 5	5	46
	8	6 7 8 9 10	11 12 13 14 15	16 17 18 19 20	21 22 23 24 25	26 27 28 29 30	01 2 3 4 —	0	16
	9	5 6 7 8 9	10 11 12 13 14	15 16 17 18 19	20 21 22 23 24	25 26 27 28 29	30 31 N1 2 3	1	45
	10	4 5 6 7 8	9 10 11 12 13	14 15 16 17 18	19 20 21 22 23	24 25 26 27 28	29 30 D1 2 —	3	15
	11	3 4 5 6 7	8 9 10 11 12	13 14 15 16 17	18 19 20 21 22	23 24 25 26 27	28 29 30 31 11	4	44
	12	2 3 4 5 6	7 8 9 10 11	12 13 14 15 16	17 18 19 20 21	22 23 24 25 26	27 28 29 30 31	6	14

□ 北周明帝元年至靜帝大象二年 (557–81 A.D.), 見表七, 410 頁.

The period of Pei Chou, Ming Ti, First Year to Ching Ti Ta Hsiang Second Year 557–81 A.D.) is tabulated in Table 7, p. 410.

年序 Year	陰曆月序 Moon	陰曆日序 Order of days (Lunar) 1 2 3 4 5	6 7 8 9 10	11 12 13 14 15	16 17 18 19 20	21 22 23 24 25	26 27 28 29 30	星期 Week	干支 Cycle
天嘉 2 辛巳 561–62	**26** 1	**21** 2 3 4 5	6 7 8 9 10	11 12 13 14 15	16 17 18 19 20	21 22 23 24 25	26 27 28 **31** —	1	44
	2	2 3 4 5 6	7 8 9 10 11	12 13 14 15 16	17 18 19 20 21	22 23 24 25 26	27 28 29 30 31	2	13
	3	**41** 2 3 4 5	6 7 8 9 10	11 12 13 14 15	16 17 18 19 20	21 22 23 24 25	26 27 28 29 —	4	43
	4	30 **51** 2 3 4	5 6 7 8 9	10 11 12 13 14	15 16 17 18 19	20 21 22 23 24	25 26 27 28 29	5	12
	5	30 31 **61** 2 3	4 5 6 7 8	9 10 11 12 13	14 15 16 17 18	19 20 21 22 23	24 25 26 27 —	0	42
	6	28 29 30 **71** 2	3 4 5 6 7	8 9 10 11 12	13 14 15 16 17	18 19 20 21 22	23 24 25 26 27	1	11
	7	28 29 30 31 **81**	2 3 4 5 6	7 8 9 10 11	12 13 14 15 16	17 18 19 20 21	22 23 24 25 —	3	41
	8	26 27 28 29 30	31 **91** 2 3 4	5 6 7 8 9	10 11 12 13 14	15 16 17 18 19	20 21 22 23 24	4	10
	9	25 26 27 28 29	30 **01** 2 3 4	5 6 7 8 9	10 11 12 13 14	15 16 17 18 19	20 21 22 23 —	6	40
	10	24 25 26 27 28	29 30 31 **N1** 2	3 4 5 6 7	8 9 10 11 12	13 14 15 16 17	18 19 20 21 22	0	9
	11	23 24 25 26 27	28 29 30 **D1** 2	3 4 5 6 7	8 9 10 11 12	13 14 15 16 17	18 19 20 21 —	2	39
	12	22 23 24 25 26	27 28 29 30 31	**11** 2 3 4 5	6 7 8 9 10	11 12 13 14 15	16 17 18 19 20	3	8
天嘉 3 壬午 562–63	**38** 1	21 22 23 24 25	26 27 28 29 30	31 **21** 2 3 4	5 6 7 8 9	10 11 12 13 14	15 16 17 18 —	5	38
	2	19 20 21 22 23	24 25 26 27 28	**31** 2 3 4 5	6 7 8 9 10	11 12 13 14 15	16 17 18 19 20	6	7
	2	21 22 23 24 25	26 27 28 29 30	31 **41** 2 3 4	5 6 7 8 9	10 11 12 13 14	15 16 17 18 —	1	37
	3	19 20 21 22 23	24 25 26 27 28	29 30 **51** 2 3	4 5 6 7 8	9 10 11 12 13	14 15 16 17 18	2	6
	4	19 20 21 22 23	24 25 26 27 28	29 30 31 **61** 2	3 4 5 6 7	8 9 10 11 12	13 14 15 16 17	4	36
	5	18 19 20 21 22	23 24 25 26 27	28 29 30 **71** 2	3 4 5 6 7	8 9 10 11 12	13 14 15 16 —	6	6
	6	17 18 19 20 21	22 23 24 25 26	27 28 29 30 31	**81** 2 3 4 5	6 7 8 9 10	11 12 13 14 15	0	35
	7	16 17 18 19 20	21 22 23 24 25	26 27 28 29 30	31 **91** 2 3 4	5 6 7 8 9	10 11 12 13 —	2	5
	8	14 15 16 17 18	19 20 21 22 23	24 25 26 27 28	29 30 **01** 2 3	4 5 6 7 8	9 10 11 12 13	3	34
	9	14 15 16 17 18	19 20 21 22 23	24 25 26 27 28	29 30 31 **N1** 2	3 4 5 6 7	8 9 10 11 —	5	4
	10	12 13 14 15 16	17 18 19 20 21	22 23 24 25 26	27 28 29 30 **D1**	2 3 4 5 6	7 8 9 10 11	6	33
	11	12 13 14 15 16	17 18 19 20 21	22 23 24 25 26	27 28 29 30 31	**11** 2 3 4 5	6 7 8 9 —	1	3
	12	10 11 12 13 14	15 16 17 18 19	20 21 22 23 24	25 26 27 28 29	30 31 **21** 2 3	4 5 6 7 8	2	32
天嘉 4 癸未 563–64	**50** 1	9 10 11 12 13	14 15 16 17 18	19 20 21 22 23	24 25 26 27 28	**31** 2 3 4 5	6 7 8 9 —	4	2
	2	10 11 12 13 14	15 16 17 18 19	20 21 22 23 24	25 26 27 28 29	30 31 **41** 2 3	4 5 6 7 8	5	31
	3	9 10 11 12 13	14 15 16 17 18	19 20 21 22 23	24 25 26 27 28	29 30 **51** 2 3	4 5 6 7 —	0	1
	4	8 9 10 11 12	13 14 15 16 17	18 19 20 21 22	23 24 25 26 27	28 29 30 31 **61**	2 3 4 5 6	1	30
	5	7 8 9 10 11	12 13 14 15 16	17 18 19 20 21	22 23 24 25 26	27 28 29 30 **71**	2 3 4 5 —	3	0
	6	6 7 8 9 10	11 12 13 14 15	16 17 18 19 20	21 22 23 24 25	26 27 28 29 30	31 **81** 2 3 4	4	29
	7	5 6 7 8 9	10 11 12 13 14	15 16 17 18 19	20 21 22 23 24	25 26 27 28 29	30 31 **91** 2 —	6	59
	8	3 4 5 6 7	8 9 10 11 12	13 14 15 16 17	18 19 20 21 22	23 24 25 26 27	28 29 30 **01** 2	0	28
	9	3 4 5 6 7	8 9 10 11 12	13 14 15 16 17	18 19 20 21 22	23 24 25 26 27	28 29 30 31 **N1**	2	58
	10	2 3 4 5 6	7 8 9 10 11	12 13 14 15 16	17 18 19 20 21	22 23 24 25 26	27 28 29 30 —	4	28
	11	**D1** 2 3 4 5	6 7 8 9 10	11 12 13 14 15	16 17 18 19 20	21 22 23 24 25	26 27 28 29 30	5	57
	12	31 **11** 2 3 4	5 6 7 8 9	10 11 12 13 14	15 16 17 18 19	20 21 22 23 24	25 26 27 28 —	0	27
天嘉 5 甲申 564–65	**2** 1	29 30 31 **21** 2	3 4 5 6 7	8 9 10 11 12	13 14 15 16 17	18 19 20 21 22	23 24 25 26 27	1	56
	2	28 29 **31** 2 3	4 5 6 7 8	9 10 11 12 13	14 15 16 17 18	19 20 21 22 23	24 25 26 27 —	3	26
	3	28 29 30 31 **41**	2 3 4 5 6	7 8 9 10 11	12 13 14 15 16	17 18 19 20 21	22 23 24 25 26	4	55
	4	27 28 29 30 **51**	2 3 4 5 6	7 8 9 10 11	12 13 14 15 16	17 18 19 20 21	22 23 24 25 —	6	25
	5	26 27 28 29 30	31 **61** 2 3 4	5 6 7 8 9	10 11 12 13 14	15 16 17 18 19	20 21 22 23 24	0	54
	6	25 26 27 28 29	30 **71** 2 3 4	5 6 7 8 9	10 11 12 13 14	15 16 17 18 19	20 21 22 23 —	2	24
	7	24 25 26 27 28	29 30 31 **81** 2	3 4 5 6 7	8 9 10 11 12	13 14 15 16 17	18 19 20 21 22	3	53
	8	23 24 25 26 27	28 29 30 31 **91**	2 3 4 5 6	7 8 9 10 11	12 13 14 15 16	17 18 19 20 —	5	23
	9	21 22 23 24 25	26 27 28 29 30	**01** 2 3 4 5	6 7 8 9 10	11 12 13 14 15	16 17 18 19 20	6	52
	10	21 22 23 24 25	26 27 28 29 30	31 **N1** 2 3 4	5 6 7 8 9	10 11 12 13 14	15 16 17 18 —	1	22
	10	19 20 21 22 23	24 25 26 27 28	29 30 **D1** 2 3	4 5 6 7 8	9 10 11 12 13	14 15 16 17 18	2	51
	11	19 20 21 22 23	24 25 26 27 28	29 30 31 **11** 2	3 4 5 6 7	8 9 10 11 12	13 14 15 16 17	4	21
	12	18 19 20 21 22	23 24 25 26 27	28 29 30 31 **21**	2 3 4 5 6	7 8 9 10 11	12 13 14 15 —	6	51
天嘉 6 乙酉 565–66	**14** 1	16 17 18 19 20	21 22 23 24 25	26 27 28 **31** 2	3 4 5 6 7	8 9 10 11 12	13 14 15 16 17	0	20
	2	18 19 20 21 22	23 24 25 26 27	28 29 30 31 **41**	2 3 4 5 6	7 8 9 10 11	12 13 14 15 —	2	50
	3	16 17 18 19 20	21 22 23 24 25	26 27 28 29 30	**51** 2 3 4 5	6 7 8 9 10	11 12 13 14 15	3	19
	4	16 17 18 19 20	21 22 23 24 25	26 27 28 29 30	31 **61** 2 3 4	5 6 7 8 9	10 11 12 13 —	5	49
	5	14 15 16 17 18	19 20 21 22 23	24 25 26 27 28	29 30 **71** 2 3	4 5 6 7 8	9 10 11 12 13	6	18
	6	14 15 16 17 18	19 20 21 22 23	24 25 26 27 28	29 30 31 **81** 2	3 4 5 6 7	8 9 10 11 —	1	48
	7	12 13 14 15 16	17 18 19 20 21	22 23 24 25 26	27 28 29 30 31	**91** 2 3 4 5	6 7 8 9 10	2	17
	8	11 12 13 14 15	16 17 18 19 20	21 22 23 24 25	26 27 28 29 30	**01** 2 3 4 5	6 7 8 9 —	4	47
	9	10 11 12 13 14	15 16 17 18 19	20 21 22 23 24	25 26 27 28 29	30 31 **N1** 2 3	4 5 6 7 8	5	16
	10	9 10 11 12 13	14 15 16 17 18	19 20 21 22 23	24 25 26 27 28	29 30 **D1** 2 3	4 5 6 7 —	0	46
	11	8 9 10 11 12	13 14 15 16 17	18 19 20 21 22	23 24 25 26 27	28 29 30 31 **11**	2 3 4 5 6	1	15
	12	7 8 9 10 11	12 13 14 15 16	17 18 19 20 21	22 23 24 25 26	27 28 29 30 31	**21** 2 3 4 —	3	45

年序 Year	陰曆月序 Moon	陰曆日序 Order of days (Lunar) 1 2 3 4 5	6 7 8 9 10	11 12 13 14 15	16 17 18 19 20	21 22 23 24 25	26 27 28 29 30	星期 Week	干支 Cycle
天康 1 丙戌 566–67	26 1	5 6 7 8 9	10 11 12 13 14	15 16 17 18 19	20 21 22 23 24	25 26 27 28 31	2 3 4 5 6	4	14
	2][	7 8 9 10 11	12 13 14 15 16	17 18 19 20 21	22 23 24 25 26	27 28 29 30 31	41 2 3 4 —	6	44
	3	5 6 7 8 9	10 11 12 13 14	15 16 17 18 19	20 21 22 23 24	25 26 27 28 29	30 51 2 3 4	0	13
	4	5 6 7 8 9	10 11 12 13 14	15 16 17 18 19	20 21 22 23 24	25 26 27 28 29	30 31 61 2 3	2	43
	5	4 5 6 7 8	9 10 11 12 13	14 15 16 17 18	19 20 21 22 23	24 25 26 27 28	29 30 71 2 —	4	13
	6	3 4 5 6 7	8 9 10 11 12	13 14 15 16 17	18 19 20 21 22	23 24 25 26 27	28 29 30 31 81	5	42
	7	2 3 4 5 6	7 8 9 10 11	12 13 14 15 16	17 18 19 20 21	22 23 24 25 26	27 28 29 30 —	0	12
	8	31 91 2 3 4	5 6 7 8 9	10 11 12 13 14	15 16 17 18 19	20 21 22 23 24	25 26 27 28 29	1	41
	9	30 01 2 3 4	5 6 7 8 9	10 11 12 13 14	15 16 17 18 19	20 21 22 23 24	25 26 27 28 —	3	11
	10	29 30 31 N1 2	3 4 5 6 7	8 9 10 11 12	13 14 15 16 17	18 19 20 21 22	23 24 25 26 27	4	40
	11	28 29 30 D1 2	3 4 5 6 7	8 9 10 11 12	13 14 15 16 17	18 19 20 21 22	23 24 25 26 —	6	10
	12	27 28 29 30 31	11 2 3 4 5	6 7 8 9 10	11 12 13 14 15	16 17 18 19 20	21 22 23 24 25	0	39
臨海王 光大 1 丁亥 567–68	38 1	26 27 28 29 30	31 21 2 3 4	5 6 7 8 9	10 11 12 13 14	15 16 17 18 19	20 21 22 23 —	2	9
	2	24 25 26 27 28	31 2 3 4 5	6 7 8 9 10	11 12 13 14 15	16 17 18 19 20	21 22 23 24 25	3	38
	3	26 27 28 29 30	31 41 2 3 4	5 6 7 8 9	10 11 12 13 14	15 16 17 18 19	20 21 22 23 —	5	8
	4	24 25 26 27 28	29 30 51 2 3	4 5 6 7 8	9 10 11 12 13	14 15 16 17 18	19 20 21 22 23	6	37
	5	24 25 26 27 28	29 30 31 61 2	3 4 5 6 7	8 9 10 11 12	13 14 15 16 17	18 19 20 21 —	1	7
	6	22 23 24 25 26	27 28 29 30 71	2 3 4 5 6	7 8 9 10 11	12 13 14 15 16	17 18 19 20 21	2	36
	6	22 23 24 25 26	27 28 29 30 31	81 2 3 4 5	6 7 8 9 10	11 12 13 14 15	16 17 18 19 —	4	6
	7	20 21 22 23 24	25 26 27 28 29	30 31 91 2 3	4 5 6 7 8	9 10 11 12 13	14 15 16 17 18	5	35
	8	19 20 21 22 23	24 25 26 27 28	29 30 01 2 3	4 5 6 7 8	9 10 11 12 13	14 15 16 17 18	0	5
	9	19 20 21 22 23	24 25 26 27 28	29 30 31 N1 2	3 4 5 6 7	8 9 10 11 12	13 14 15 16 —	2	35
	10	17 18 19 20 21	22 23 24 25 26	27 28 29 30 D1	2 3 4 5 6	7 8 9 10 11	12 13 14 15 16	3	4
	11	17 18 19 20 21	22 23 24 25 26	27 28 29 30 31	11 2 3 4 5	6 7 8 9 10	11 12 13 14 —	5	34
	12	15 16 17 18 19	20 21 22 23 24	25 26 27 28 29	30 31 21 2 3	4 5 6 7 8	9 10 11 12 13	6	3
光大 2 戊子 568–69	50 1	14 15 16 17 18	19 20 21 22 23	24 25 26 27 28	29 31 2 3 4	5 6 7 8 9	10 11 12 13 —	1	33
	2	14 15 16 17 18	19 20 21 22 23	24 25 26 27 28	29 30 31 41 2	3 4 5 6 7	8 9 10 11 12	2	2
	3	13 14 15 16 17	18 19 20 21 22	23 24 25 26 27	28 29 30 51 2	3 4 5 6 7	8 9 10 11 —	4	32
	4	12 13 14 15 16	17 18 19 20 21	22 23 24 25 26	27 28 29 30 31	61 2 3 4 5	6 7 8 9 10	5	1
	5	11 12 13 14 15	16 17 18 19 20	21 22 23 24 25	26 27 28 29 30	71 2 3 4 5	6 7 8 9 —	0	31
	6	10 11 12 13 14	15 16 17 18 19	20 21 22 23 24	25 26 27 28 29	30 31 81 2 3	4 5 6 7 8	1	0
	7	9 10 11 12 13	14 15 16 17 18	19 20 21 22 23	24 25 26 27 28	29 30 31 91 2	3 4 5 6 —	3	30
	8	7 8 9 10 11	12 13 14 15 16	17 18 19 20 21	22 23 24 25 26	27 28 29 30 01	2 3 4 5 6	4	59
	9	7 8 9 10 11	12 13 14 15 16	17 18 19 20 21	22 23 24 25 26	27 28 29 30 31	N1 2 3 4 —	6	29
	10	5 6 7 8 9	10 11 12 13 14	15 16 17 18 19	20 21 22 23 24	25 26 27 28 29	30 D1 2 3 4	0	58
	11	5 6 7 8 9	10 11 12 13 14	15 16 17 18 19	20 21 22 23 24	25 26 27 28 29	30 31 11 2 3	2	28
	12	4 5 6 7 8	9 10 11 12 13	14 15 16 17 18	19 20 21 22 23	24 25 26 27 28	29 30 31 21 —	4	58
宣帝 太建 1 己丑 569–70	2 1	2 3 4 5 6	7 8 9 10 11	12 13 14 15 16	17 18 19 20 21	22 23 24 25 26	27 28 31 2 3	5	27
	2	4 5 6 7 8	9 10 11 12 13	14 15 16 17 18	19 20 21 22 23	24 25 26 27 28	29 30 31 41 —	0	57
	3	2 3 4 5 6	7 8 9 10 11	12 13 14 15 16	17 18 19 20 21	22 23 24 25 26	27 28 29 30 51	1	26
	4	2 3 4 5 6	7 8 9 10 11	12 13 14 15 16	17 18 19 20 21	22 23 24 25 26	27 28 29 30 —	3	56
	5	31 61 2 3 4	5 6 7 8 9	10 11 12 13 14	15 16 17 18 19	20 21 22 23 24	25 26 27 28 29	4	25
	6	30 71 2 3 4	5 6 7 8 9	10 11 12 13 14	15 16 17 18 19	20 21 22 23 24	25 26 27 28 —	6	55
	7	29 30 31 81 2	3 4 5 6 7	8 9 10 11 12	13 14 15 16 17	18 19 20 21 22	23 24 25 26 27	0	24
	8	28 29 30 31 91	2 3 4 5 6	7 8 9 10 11	12 13 14 15 16	17 18 19 20 21	22 23 24 25 —	2	54
	9	26 27 28 29 30	01 2 3 4 5	6 7 8 9 10	11 12 13 14 15	16 17 18 19 20	21 22 23 24 25	3	23
	10	26 27 28 29 30	31 N1 2 3 4	5 6 7 8 9	10 11 12 13 14	15 16 17 18 19	20 21 22 23 —	5	53
	11	24 25 26 27 28	29 30 D1 2 3	4 5 6 7 8	9 10 11 12 13	14 15 16 17 18	19 20 21 22 23	6	22
	12	24 25 26 27 28	29 30 31 11 2	3 4 5 6 7	8 9 10 11 12	13 14 15 16 17	18 19 20 21 —	1	52
太建 2 庚寅 570–71	14 1	22 23 24 25 26	27 28 29 30 31	21 2 3 4 5	6 7 8 9 10	11 12 13 14 15	16 17 18 19 20	2	21
	2	21 22 23 24 25	26 27 28 31 2	3 4 5 6 7	8 9 10 11 12	13 14 15 16 17	18 19 20 21 —	4	51
	3	22 23 24 25 26	27 28 29 30 31	41 2 3 4 5	6 7 8 9 10	11 12 13 14 15	16 17 18 19 20	5	20
	4	21 22 23 24 25	26 27 28 29 30	51 2 3 4 5	6 7 8 9 10	11 12 13 14 15	16 17 18 19 20	0	50
	4	21 22 23 24 25	26 27 28 29 30	31 61 2 3 4	5 6 7 8 9	10 11 12 13 14	15 16 17 18 —	2	20
	5	19 20 21 22 23	24 25 26 27 28	29 30 71 2 3	4 5 6 7 8	9 10 11 12 13	14 15 16 17 18	3	49
	6	19 20 21 22 23	24 25 26 27 28	29 30 31 81 2	3 4 5 6 7	8 9 10 11 12	13 14 15 16 —	5	19
	7	17 18 19 20 21	22 23 24 25 26	27 28 29 30 31	91 2 3 4 5	6 7 8 9 10	11 12 13 14 15	6	48
	8	16 17 18 19 20	21 22 23 24 25	26 27 28 29 30	01 2 3 4 5	6 7 8 9 10	11 12 13 14 —	1	18
	9	15 16 17 18 19	20 21 22 23 24	25 26 27 28 29	30 31 N1 2 3	4 5 6 7 8	9 10 11 12 13	2	47
	10	14 15 16 17 18	19 20 21 22 23	24 25 26 27 28	29 30 D1 2 3	4 5 6 7 8	9 10 11 12 —	4	17
	11	13 14 15 16 17	18 19 20 21 22	23 24 25 26 27	28 29 30 31 11	2 3 4 5 6	7 8 9 10 11	5	46
	12	12 13 14 15 16	17 18 19 20 21	22 23 24 25 26	27 28 29 30 31	21 2 3 4 5	6 7 8 9 —	0	16

年序 Year	陰曆月序 Moon	陰曆日序 Order of days (Lunar)																														星期 Week	干支 Cycle
		1	2	3	4	5	6	7	8	9	10	11	12	13	14	15	16	17	18	19	20	21	22	23	24	25	26	27	28	29	30		
太建 3 辛卯 571–72	**26** 1	10	11	12	13	14	15	16	17	18	19	20	21	22	23	24	25	26	27	28	31	2	3	4	5	6	7	8	9	10	11	1	45
	2	12	13	14	15	16	17	18	19	20	21	22	23	24	25	26	27	28	29	30	31	41	2	3	4	5	6	7	8	9	—	3	15
	3	10	11	12	13	14	15	16	17	18	19	20	21	22	23	24	25	26	27	28	29	30	51	2	3	4	5	6	7	8	9	4	44
	4	10	11	12	13	14	15	16	17	18	19	20	21	22	23	24	25	26	27	28	29	30	31	61	2	3	4	5	6	7	—	6	14
	5	8	9	10	11	12	13	14	15	16	17	18	19	20	21	22	23	24	25	26	27	28	29	30	71	2	3	4	5	6	7	0	43
	6	8	9	10	11	12	13	14	15	16	17	18	19	20	21	22	23	24	25	26	27	28	29	30	31	81	2	3	4	5	—	2	13
	7	6	7	8	9	10	11	12	13	14	15	16	17	18	19	20	21	22	23	24	25	26	27	28	29	30	31	91	2	3	4	3	42
	8	5	6	7	8	9	10	11	12	13	14	15	16	17	18	19	20	21	22	23	24	25	26	27	28	29	30	01	2	3	4	5	12
	9	5	6	7	8	9	10	11	12	13	14	15	16	17	18	19	20	21	22	23	24	25	26	27	28	29	30	31	N1	2	—	0	42
	10	3	4	5	6	7	8	9	10	11	12	13	14	15	16	17	18	19	20	21	22	23	24	25	26	27	28	29	30	D1	2	1	11
	11	3	4	5	6	7	8	9	10	11	12	13	14	15	16	17	18	19	20	21	22	23	24	25	26	27	28	29	30	31	—	3	41
	12	11	2	3	4	5	6	7	8	9	10	11	12	13	14	15	16	17	18	19	20	21	22	23	24	25	26	27	28	29	30	4	10
太建 4 壬辰 572–73	**38** 1	31	21	2	3	4	5	6	7	8	9	10	11	12	13	14	15	16	17	18	19	20	21	22	23	24	25	26	27	28	—	6	40
	2	29	31	2	3	4	5	6	7	8	9	10	11	12	13	14	15	16	17	18	19	20	21	22	23	24	25	26	27	28	29	0	9
	3	30	31	41	2	3	4	5	6	7	8	9	10	11	12	13	14	15	16	17	18	19	20	21	22	23	24	25	26	27	—	2	39
	4	28	29	30	51	2	3	4	5	6	7	8	9	10	11	12	13	14	15	16	17	18	19	20	21	22	23	24	25	26	27	3	8
	5	28	29	30	31	61	2	3	4	5	6	7	8	9	10	11	12	13	14	15	16	17	18	19	20	21	22	23	24	25	—	5	38
	6	26	27	28	29	30	71	2	3	4	5	6	7	8	9	10	11	12	13	14	15	16	17	18	19	20	21	22	23	24	25	6	7
	7	26	27	28	29	30	31	81	2	3	4	5	6	7	8	9	10	11	12	13	14	15	16	17	18	19	20	21	22	23	—	1	37
	8	24	25	26	27	28	29	30	31	91	2	3	4	5	6	7	8	9	10	11	12	13	14	15	16	17	18	19	20	21	22	2	6
	9	23	24	25	26	27	28	29	30	01	2	3	4	5	6	7	8	9	10	11	12	13	14	15	16	17	18	19	20	21	—	4	36
	10	22	23	24	25	26	27	28	29	30	31	N1	2	3	4	5	6	7	8	9	10	11	12	13	14	15	16	17	18	19	20	5	5
	11	21	22	23	24	25	26	27	28	29	30	D1	2	3	4	5	6	7	8	9	10	11	12	13	14	15	16	17	18	19	20	0	35
	12	21	22	23	24	25	26	27	28	29	30	31	11	2	3	4	5	6	7	8	9	10	11	12	13	14	15	16	17	18	—	2	5
	12	19	20	21	22	23	24	25	26	27	28	29	30	31	21	2	3	4	5	6	7	8	9	10	11	12	13	14	15	16	17	3	34
太建 5 癸巳 573–74	**50** 1	18	19	20	21	22	23	24	25	26	27	28	31	2	3	4	5	6	7	8	9	10	11	12	13	14	15	16	17	18	—	5	4
	2	19	20	21	22	23	24	25	26	27	28	29	30	31	41	2	3	4	5	6	7	8	9	10	11	12	13	14	15	16	17	6	33
	3	18	19	20	21	22	23	24	25	26	27	28	29	30	51	2	3	4	5	6	7	8	9	10	11	12	13	14	15	16	—	1	3
	4	17	18	19	20	21	22	23	24	25	26	27	28	29	30	31	61	2	3	4	5	6	7	8	9	10	11	12	13	14	15	2	32
	5	16	17	18	19	20	21	22	23	24	25	26	27	28	29	30	71	2	3	4	5	6	7	8	9	10	11	12	13	14	—	4	2
	6	15	16	17	18	19	20	21	22	23	24	25	26	27	28	29	30	31	81	2	3	4	5	6	7	8	9	10	11	12	13	5	31
	7	14	15	16	17	18	19	20	21	22	23	24	25	26	27	28	29	30	31	91	2	3	4	5	6	7	8	9	10	11	—	0	1
	8	12	13	14	15	16	17	18	19	20	21	22	23	24	25	26	27	28	29	30	01	2	3	4	5	6	7	8	9	10	11	1	30
	9	12	13	14	15	16	17	18	19	20	21	22	23	24	25	26	27	28	29	30	31	N1	2	3	4	5	6	7	8	9	—	3	0
	10	10	11	12	13	14	15	16	17	18	19	20	21	22	23	24	25	26	27	28	29	30	D1	2	3	4	5	6	7	8	9	4	29
	11	10	11	12	13	14	15	16	17	18	19	20	21	22	23	24	25	26	27	28	29	30	31	11	2	3	4	5	6	7	—	6	59
	12	8	9	10	11	12	13	14	15	16	17	18	19	20	21	22	23	24	25	26	27	28	29	30	31	21	2	3	4	5	6	0	28
太建 6 甲午 574–75	**2** 1	7	8	9	10	11	12	13	14	15	16	17	18	19	20	21	22	23	24	25	26	27	28	31	2	3	4	5	6	7	—	2	58
	2	8	9	10	11	12	13	14	15	16	17	18	19	20	21	22	23	24	25	26	27	28	29	30	31	41	2	3	4	5	6	3	27
	3	7	8	9	10	11	12	13	14	15	16	17	18	19	20	21	22	23	24	25	26	27	28	29	30	51	2	3	4	5	6	5	57
	4	7	8	9	10	11	12	13	14	15	16	17	18	19	20	21	22	23	24	25	26	27	28	29	30	31	61	2	3	4	—	0	27
	5	5	6	7	8	9	10	11	12	13	14	15	16	17	18	19	20	21	22	23	24	25	26	27	28	29	30	71	2	3	4	1	56
	6	5	6	7	8	9	10	11	12	13	14	15	16	17	18	19	20	21	22	23	24	25	26	27	28	29	30	31	81	2	—	3	26
	7	3	4	5	6	7	8	9	10	11	12	13	14	15	16	17	18	19	20	21	22	23	24	25	26	27	28	29	30	31	91	4	55
	8	2	3	4	5	6	7	8	9	10	11	12	13	14	15	16	17	18	19	20	21	22	23	24	25	26	27	28	29	30	—	6	25
	9	01	2	3	4	5	6	7	8	9	10	11	12	13	14	15	16	17	18	19	20	21	22	23	24	25	26	27	28	29	30	0	54
	10	31	N1	2	3	4	5	6	7	8	9	10	11	12	13	14	15	16	17	18	19	20	21	22	23	24	25	26	27	28	—	2	24
	11	29	30	D1	2	3	4	5	6	7	8	9	10	11	12	13	14	15	16	17	18	19	20	21	22	23	24	25	26	27	28	3	53
	12	29	30	31	11	2	3	4	5	6	7	8	9	10	11	12	13	14	15	16	17	18	19	20	21	22	23	24	25	26	—	5	23
太建 7 乙未 575–76	**14** 1	27	28	29	30	31	21	2	3	4	5	6	7	8	9	10	11	12	13	14	15	16	17	18	19	20	21	22	23	24	25	6	52
	2	26	27	28	31	2	3	4	5	6	7	8	9	10	11	12	13	14	15	16	17	18	19	20	21	22	23	24	25	26	—	1	22
	3	27	28	29	30	31	41	2	3	4	5	6	7	8	9	10	11	12	13	14	15	16	17	18	19	20	21	22	23	24	25	2	51
	4	26	27	28	29	30	51	2	3	4	5	6	7	8	9	10	11	12	13	14	15	16	17	18	19	20	21	22	23	24	—	4	21
	5	25	26	27	28	29	30	31	61	2	3	4	5	6	7	8	9	10	11	12	13	14	15	16	17	18	19	20	21	22	23	5	50
	6	24	25	26	27	28	29	30	71	2	3	4	5	6	7	8	9	10	11	12	13	14	15	16	17	18	19	20	21	22	—	0	20
	7	23	24	25	26	27	28	29	30	31	81	2	3	4	5	6	7	8	9	10	11	12	13	14	15	16	17	18	19	20	21	1	49
	8	22	23	24	25	26	27	28	29	30	31	91	2	3	4	5	6	7	8	9	10	11	12	13	14	15	16	17	18	19	20	3	19
	9	21	22	23	24	25	26	27	28	29	30	01	2	3	4	5	6	7	8	9	10	11	12	13	14	15	16	17	18	19	—	5	49
	9	20	21	22	23	24	25	26	27	28	29	30	31	N1	2	3	4	5	6	7	8	9	10	11	12	13	14	15	16	17	18	6	18
	10	19	20	21	22	23	24	25	26	27	28	29	30	D1	2	3	4	5	6	7	8	9	10	11	12	13	14	15	16	17	—	1	48
	11	18	19	20	21	22	23	24	25	26	27	28	29	30	31	11	2	3	4	5	6	7	8	9	10	11	12	13	14	15	16	2	17
	12	17	18	19	20	21	22	23	24	25	26	27	28	29	30	31	21	2	3	4	5	6	7	8	9	10	11	12	13	14	—	4	47

年序 Year		陰曆月序 Moon	陰曆日序 Order of days (Lunar)						星期 Week	干支 Cycle
			1 2 3 4 5	6 7 8 9 10	11 12 13 14 15	16 17 18 19 20	21 22 23 24 25	26 27 28 29 30		
太建 8 丙申 576–77	26	1	15 16 17 18 19	20 21 22 23 24	25 26 27 28 29	31 2 3 4 5	6 7 8 9 10	11 12 13 14 15	5	16
		2	16 17 18 19 20	21 22 23 24 25	26 27 28 29 30	31 41 2 3 4	5 6 7 8 9	10 11 12 13 —	0	46
		3	14 15 16 17 18	19 20 21 22 23	24 25 26 27 28	29 30 51 2 3	4 5 6 7 8	9 10 11 12 13	1	15
		4	14 15 16 17 18	19 20 21 22 23	24 25 26 27 28	29 30 31 61 2	3 4 5 6 7	8 9 10 11 —	3	45
		5	12 13 14 15 16	17 18 19 20 21	22 23 24 25 26	27 28 29 30 71	2 3 4 5 6	7 8 9 10 11	4	14
		6	12 13 14 15 16	17 18 19 20 21	22 23 24 25 26	27 28 29 30 31	81 2 3 4 5	6 7 8 9 —	6	44
		7	10 11 12 13 14	15 16 17 18 19	20 21 22 23 24	25 26 27 28 29	30 31 91 2 3	4 5 6 7 8	0	13
		8	9 10 11 12 13	14 15 16 17 18	19 20 21 22 23	24 25 26 27 28	29 30 01 2 3	4 5 6 7 —	2	43
		9	8 9 10 11 12	13 14 15 16 17	18 19 20 21 22	23 24 25 26 27	28 29 30 31 N1	2 3 4 5 6	3	12
		10	7 8 9 10 11	12 13 14 15 16	17 18 19 20 21	22 23 24 25 26	27 28 29 30 D1	2 3 4 5 6	5	42
		11	7 8 9 10 11	12 13 14 15 16	17 18 19 20 21	22 23 24 25 26	27 28 29 30 31	11 2 3 4 —	0	12
		12	5 6 7 8 9	10 11 12 13 14	15 16 17 18 19	20 21 22 23 24	25 26 27 28 29	30 31 21 2 3	1	41
太建 9 丁酉 577–78	38	1	4 5 6 7 8	9 10 11 12 13	14 15 16 17 18	19 20 21 22 23	24 25 26 27 28	31 2 3 4 —	3	11
		2	5 6 7 8 9	10 11 12 13 14	15 16 17 18 19	20 21 22 23 24	25 26 27 28 29	30 31 41 2 3	4	40
		3	4 5 6 7 8	9 10 11 12 13	14 15 16 17 18	19 20 21 22 23	24 25 26 27 28	29 30 51 2 —	6	10
		4	3 4 5 6 7	8 9 10 11 12	13 14 15 16 17	18 19 20 21 22	23 24 25 26 27	28 29 30 31 61	0	39
		5	2 3 4 5 6	7 8 9 10 11	12 13 14 15 16	17 18 19 20 21	22 23 24 25 26	27 28 29 30 —	2	9
		6	71 2 3 4 5	6 7 8 9 10	11 12 13 14 15	16 17 18 19 20	21 22 23 24 25	26 27 28 29 30	3	38
		7	31 81 2 3 4	5 6 7 8 9	10 11 12 13 14	15 16 17 18 19	20 21 22 23 24	25 26 27 28 —	5	8
		8	29 30 31 91 2	3 4 5 6 7	8 9 10 11 12	13 14 15 16 17	18 19 20 21 22	23 24 25 26 27	6	37
		9	28 29 30 01 2	3 4 5 6 7	8 9 10 11 12	13 14 15 16 17	18 19 20 21 22	23 24 25 26 —	1	7
		10	27 28 29 30 31	N1 2 3 4 5	6 7 8 9 10	11 12 13 14 15	16 17 18 19 20	21 22 23 24 25	2	36
		11	26 27 28 29 30	D1 2 3 4 5	6 7 8 9 10	11 12 13 14 15	16 17 18 19 20	21 22 23 24 —	4	6
		12	25 26 27 28 29	30 31 11 2 3	4 5 6 7 8	9 10 11 12 13	14 15 16 17 18	19 20 21 22 23	5	35
太建 10 戊戌 578–79	50	1	24 25 26 27 28	29 30 31 21 2	3 4 5 6 7	8 9 10 11 12	13 14 15 16 17	18 19 20 21 —	0	5
		2	22 23 24 25 26	27 28 31 2 3	4 5 6 7 8	9 10 11 12 13	14 15 16 17 18	19 20 21 22 23	1	34
		3	24 25 26 27 28	29 30 31 41 2	3 4 5 6 7	8 9 10 11 12	13 14 15 16 17	18 19 20 21 22	3	4
		4	23 24 25 26 27	28 29 30 51 2	3 4 5 6 7	8 9 10 11 12	13 14 15 16 17	18 19 20 21 —	5	34
		5	22 23 24 25 26	27 28 29 30 31	61 2 3 4 5	6 7 8 9 10	11 12 13 14 15	16 17 18 19 20	6	3
		5	21 22 23 24 25	26 27 28 29 30	71 2 3 4 5	6 7 8 9 10	11 12 13 14 15	16 17 18 19 —	1	33
		6	20 21 22 23 24	25 26 27 28 29	30 31 81 2 3	4 5 6 7 8	9 10 11 12 13	14 15 16 17 18	2	2
		7	19 20 21 22 23	24 25 26 27 28	29 30 31 91 2	3 4 5 6 7	8 9 10 11 12	13 14 15 16 —	4	32
		8	17 18 19 20 21	22 23 24 25 26	27 28 29 30 01	2 3 4 5 6	7 8 9 10 11	12 13 14 15 16	5	1
		9	17 18 19 20 21	22 23 24 25 26	27 28 29 30 31	N1 2 3 4 5	6 7 8 9 10	11 12 13 14 —	0	31
		10	15 16 17 18 19	20 21 22 23 24	25 26 27 28 29	30 D1 2 3 4	5 6 7 8 9	10 11 12 13 14	1	0
		11	15 16 17 18 19	20 21 22 23 24	25 26 27 28 29	30 31 11 2 3	4 5 6 7 8	9 10 11 12 —	3	30
		12	13 14 15 16 17	18 19 20 21 22	23 24 25 26 27	28 29 30 31 21	2 3 4 5 6	7 8 9 10 11	4	59
太建 11 己亥 579–80	2	1	12 13 14 15 16	17 18 19 20 21	22 23 24 25 26	27 28 31 2 3	4 5 6 7 8	9 10 11 12 —	6	29
		2	13 14 15 16 17	18 19 20 21 22	23 24 25 26 27	28 29 30 31 41	2 3 4 5 6	7 8 9 10 11	0	58
		3	12 13 14 15 16	17 18 19 20 21	22 23 24 25 26	27 28 29 30 51	2 3 4 5 6	7 8 9 10 —	2	28
		4	11 12 13 14 15	16 17 18 19 20	21 22 23 24 25	26 27 28 29 30	31 61 2 3 4	5 6 7 8 9	3	57
		5	10 11 12 13 14	15 16 17 18 19	20 21 22 23 24	25 26 27 28 29	30 71 2 3 4	5 6 7 8 —	5	27
		6	9 10 11 12 13	14 15 16 17 18	19 20 21 22 23	24 25 26 27 28	29 30 31 81 2	3 4 5 6 7	6	56
		7	8 9 10 11 12	13 14 15 16 17	18 19 20 21 22	23 24 25 26 27	28 29 30 31 91	2 3 4 5 6	1	26
		8	7 8 9 10 11	12 13 14 15 16	17 18 19 20 21	22 23 24 25 26	27 28 29 30 01	2 3 4 5 —	3	56
		9	6 7 8 9 10	11 12 13 14 15	16 17 18 19 20	21 22 23 24 25	26 27 28 29 30	31 N1 2 3 4	4	25
		10	5 6 7 8 9	10 11 12 13 14	15 16 17 18 19	20 21 22 23 24	25 26 27 28 29	30 D1 2 3 —	6	55
		11	4 5 6 7 8	9 10 11 12 13	14 15 16 17 18	19 20 21 22 23	24 25 26 27 28	29 30 31 11 2	0	24
		12	3 4 5 6 7	8 9 10 11 12	13 14 15 16 17	18 19 20 21 22	23 24 25 26 27	28 29 30 31 —	2	54
太建 12 庚子 580–81	14	1	21 2 3 4 5	6 7 8 9 10	11 12 13 14 15	16 17 18 19 20	21 22 23 24 25	26 27 28 29 31	3	23
		2	2 3 4 5 6	7 8 9 10 11	12 13 14 15 16	17 18 19 20 21	22 23 24 25 26	27 28 29 30 —	5	53
		3	31 41 2 3 4	5 6 7 8 9	10 11 12 13 14	15 16 17 18 19	20 21 22 23 24	25 26 27 28 29	6	22
		4	30 51 2 3 4	5 6 7 8 9	10 11 12 13 14	15 16 17 18 19	20 21 22 23 24	25 26 27 28 —	1	52
		5	29 30 31 61 2	3 4 5 6 7	8 9 10 11 12	13 14 15 16 17	18 19 20 21 22	23 24 25 26 27	2	21
		6	28 29 30 71 2	3 4 5 6 7	8 9 10 11 12	13 14 15 16 17	18 19 20 21 22	23 24 25 26 —	4	51
		7	27 28 29 30 31	81 2 3 4 5	6 7 8 9 10	11 12 13 14 15	16 17 18 19 20	21 22 23 24 25	5	20
		8	26 27 28 29 30	31 91 2 3 4	5 6 7 8 9	10 11 12 13 14	15 16 17 18 19	20 21 22 23 —	0	50
		9	24 25 26 27 28	29 30 01 2 3	4 5 6 7 8	9 10 11 12 13	14 15 16 17 18	19 20 21 22 23	1	19
		10	24 25 26 27 28	29 30 31 N1 2	3 4 5 6 7	8 9 10 11 12	13 14 15 16 17	18 19 20 21 22	3	49
		11	23 24 25 26 27	28 29 30 D1 2	3 4 5 6 7	8 9 10 11 12	13 14 15 16 17	18 19 20 21 —	5	19
		12	22 23 24 25 26	27 28 29 30 31	11 2 3 4 5	6 7 8 9 10	11 12 13 14 15	16 17 18 19 20	6	48

年序 Year	陰曆月序 Moon	1 2 3 4 5	6 7 8 9 10	11 12 13 14 15	16 17 18 19 20	21 22 23 24 25	26 27 28 29 30	星期 Week	干支 Cycle
太建 13 辛丑 581–82	26 1	21 22 23 24 25	26 27 28 29 30	31 21 2 3 4	5 6 7 8 9	10 11 12 13 14	15 16 17 18 —	1	18
	2	19 20 21 22 23	24 25 26 27 28	31 2 3 4 5	6 7 8 9 10	11 12 13 14 15	16 17 18 19 20	2	47
	2	21 22 23 24 25	26 27 28 29 30	31 41 2 3 4	5 6 7 8 9	10 11 12 13 14	15 16 17 18 —	4	17
	3	19 20 21 22 23	24 25 26 27 28	29 30 51 2 3	4 5 6 7 8	9 10 11 12 13	14 15 16 17 18	5	46
	4	19 20 21 22 23	24 25 26 27 28	29 30 31 61 2	3 4 5 6 7	8 9 10 11 12	13 14 15 16 —	0	16
	5	17 18 19 20 21	22 23 24 25 26	27 28 29 30 71	2 3 4 5 6	7 8 9 10 11	12 13 14 15 16	1	45
	6	17 18 19 20 21	22 23 24 25 26	27 28 29 30 31	81 2 3 4 5	6 7 8 9 10	11 12 13 14 —	3	15
	7	15 16 17 18 19	20 21 22 23 24	25 26 27 28 29	30 31 91 2 3	4 5 6 7 8	9 10 11 12 13	4	44
	8	14 15 16 17 18	19 20 21 22 23	24 25 26 27 28	29 30 01 2 3	4 5 6 7 8	9 10 11 12 —	6	14
	9	13 14 15 16 17	18 19 20 21 22	23 24 25 26 27	28 29 30 31 N1	2 3 4 5 6	7 8 9 10 11	0	43
	10	12 13 14 15 16	17 18 19 20 21	22 23 24 25 26	27 28 29 30 D1	2 3 4 5 6	7 8 9 10 —	2	13
	11	11 12 13 14 15	16 17 18 19 20	21 22 23 24 25	26 27 28 29 30	31 11 2 3 4	5 6 7 8 9	3	42
	12	10 11 12 13 14	15 16 17 18 19	20 21 22 23 24	25 26 27 28 29	30 31 21 2 3	4 5 6 7 —	5	12
太建 14 壬寅 582–83	38 1	8 9 10 11 12	13 14 15 16 17	18 19 20 21 22	23 24 25 26 27	28 31 2 3 4	5 6 7 8 9	6	41
	2	10 11 12 13 14	15 16 17 18 19	20 21 22 23 24	25 26 27 28 29	30 31 41 2 3	4 5 6 7 8	1	11
	3	9 10 11 12 13	14 15 16 17 18	19 20 21 22 23	24 25 26 27 28	29 30 51 2 3	4 5 6 7 —	3	41
	4	8 9 10 11 12	13 14 15 16 17	18 19 20 21 22	23 24 25 26 27	28 29 30 31 61	2 3 4 5 6	4	10
	5	7 8 9 10 11	12 13 14 15 16	17 18 19 20 21	22 23 24 25 26	27 28 29 30 71	2 3 4 5 —	6	40
	6	6 7 8 9 10	11 12 13 14 15	16 17 18 19 20	21 22 23 24 25	26 27 28 29 30	31 81 2 3 4	0	9
	7	5 6 7 8 9	10 11 12 13 14	15 16 17 18 19	20 21 22 23 24	25 26 27 28 29	30 31 91 2 —	2	39
	8	3 4 5 6 7	8 9 10 11 12	13 14 15 16 17	18 19 20 21 22	23 24 25 26 27	28 29 30 01 2	3	8
	9	3 4 5 6 7	8 9 10 11 12	13 14 15 16 17	18 19 20 21 22	23 24 25 26 27	28 29 30 31 —	5	38
	10	N1 2 3 4 5	6 7 8 9 10	11 12 13 14 15	16 17 18 19 20	21 22 23 24 25	26 27 28 29 30	6	7
	11	D1 2 3 4 5	6 7 8 9 10	11 12 13 14 15	16 17 18 19 20	21 22 23 24 25	26 27 28 29 —	1	37
	12	30 31 11 2 3	4 5 6 7 8	9 10 11 12 13	14 15 16 17 18	19 20 21 22 23	24 25 26 27 28	2	6
後主 至德 1 癸卯 583–84	50 1	29 30 31 21 2	3 4 5 6 7	8 9 10 11 12	13 14 15 16 17	18 19 20 21 22	23 24 25 26 —	4	36
	2	27 28 31 2 3	4 5 6 7 8	9 10 11 12 13	14 15 16 17 18	19 20 21 22 23	24 25 26 27 28	5	5
	3	29 30 31 41 2	3 4 5 6 7	8 9 10 11 12	13 14 15 16 17	18 19 20 21 22	23 24 25 26 —	0	35
	4	27 28 29 30 51	2 3 4 5 6	7 8 9 10 11	12 13 14 15 16	17 18 19 20 21	22 23 24 25 26	1	4
	5	27 28 29 30 31	61 2 3 4 5	6 7 8 9 10	11 12 13 14 15	16 17 18 19 20	21 22 23 24 —	3	34
	6	25 26 27 28 29	30 71 2 3 4	5 6 7 8 9	10 11 12 13 14	15 16 17 18 19	20 21 22 23 24	4	3
	7	25 26 27 28 29	30 31 81 2 3	4 5 6 7 8	9 10 11 12 13	14 15 16 17 18	19 20 21 22 23	6	33
	8	24 25 26 27 28	29 30 31 91 2	3 4 5 6 7	8 9 10 11 12	13 14 15 16 17	18 19 20 21 —	1	3
	9	22 23 24 25 26	27 28 29 30 01	2 3 4 5 6	7 8 9 10 11	12 13 14 15 16	17 18 19 20 21	2	32
	10	22 23 24 25 26	27 28 29 30 31	N1 2 3 4 5	6 7 8 9 10	11 12 13 14 15	16 17 18 19 —	4	2
	11	20 21 22 23 24	25 26 27 28 29	30 D1 2 3 4	5 6 7 8 9	10 11 12 13 14	15 16 17 18 19	5	31
	11	20 21 22 23 24	25 26 27 28 29	30 31 11 2 3	4 5 6 7 8	9 10 11 12 13	14 15 16 17 —	0	1
	12	18 19 20 21 22	23 24 25 26 27	28 29 30 31 21	2 3 4 5 6	7 8 9 10 11	12 13 14 15 16	1	30
至德 2 甲辰 584–85	2 1	17 18 19 20 21	22 23 24 25 26	27 28 29 31 2	3 4 5 6 7	8 9 10 11 12	13 14 15 16 —	3	0
	2	17 18 19 20 21	22 23 24 25 26	27 28 29 30 31	41 2 3 4 5	6 7 8 9 10	11 12 13 14 15	4	29
	3	16 17 18 19 20	21 22 23 24 25	26 27 28 29 30	51 2 3 4 5	6 7 8 9 10	11 12 13 14 —	6	59
	4	15 16 17 18 19	20 21 22 23 24	25 26 27 28 29	30 31 61 2 3	4 5 6 7 8	9 10 11 12 13	0	28
	5	14 15 16 17 18	19 20 21 22 23	24 25 26 27 28	29 30 71 2 3	4 5 6 7 8	9 10 11 12 —	2	58
	6	13 14 15 16 17	18 19 20 21 22	23 24 25 26 27	28 29 30 31 81	2 3 4 5 6	7 8 9 10 11	3	27
	7	12 13 14 15 16	17 18 19 20 21	22 23 24 25 26	27 28 29 30 31	91 2 3 4 5	6 7 8 9 —	5	57
	8	10 11 12 13 14	15 16 17 18 19	20 21 22 23 24	25 26 27 28 29	30 01 2 3 4	5 6 7 8 9	6	26
	9	10 11 12 13 14	15 16 17 18 19	20 21 22 23 24	25 26 27 28 29	30 31 N1 2 3	4 5 6 7 8	1	56
	10	9 10 11 12 13	14 15 16 17 18	19 20 21 22 23	24 25 26 27 28	29 30 D1 2 3	4 5 6 7 —	3	26
	11	8 9 10 11 12	13 14 15 16 17	18 19 20 21 22	23 24 25 26 27	28 29 30 31 11	2 3 4 5 6	4	55
	12	7 8 9 10 11	12 13 14 15 16	17 18 19 20 21	22 23 24 25 26	27 28 29 30 31	21 2 3 4 —	6	25
至德 3 乙巳 585–86	14 1	5 6 7 8 9	10 11 12 13 14	15 16 17 18 19	20 21 22 23 24	25 26 27 28 31	2 3 4 5 6	0	54
	2	7 8 9 10 11	12 13 14 15 16	17 18 19 20 21	22 23 24 25 26	27 28 29 30 31	41 2 3 4 —	2	24
	3	5 6 7 8 9	10 11 12 13 14	15 16 17 18 19	20 21 22 23 24	25 26 27 28 29	30 51 2 3 4	3	53
	4	5 6 7 8 9	10 11 12 13 14	15 16 17 18 19	20 21 22 23 24	25 26 27 28 29	30 31 61 2 —	5	23
	5	3 4 5 6 7	8 9 10 11 12	13 14 15 16 17	18 19 20 21 22	23 24 25 26 27	28 29 30 71 2	6	52
	6	3 4 5 6 7	8 9 10 11 12	13 14 15 16 17	18 19 20 21 22	23 24 25 26 27	28 29 30 31 —	1	22
	7	81 2 3 4 5	6 7 8 9 10	11 12 13 14 15	16 17 18 19 20	21 22 23 24 25	26 27 28 29 30	2	51
	8	31 91 2 3 4	5 6 7 8 9	10 11 12 13 14	15 16 17 18 19	20 21 22 23 24	25 26 27 28 —	4	21
	9	29 30 01 2 3	4 5 6 7 8	9 10 11 12 13	14 15 16 17 18	19 20 21 22 23	24 25 26 27 28	5	50
	10	29 30 31 N1 2	3 4 5 6 7	8 9 10 11 12	13 14 15 16 17	18 19 20 21 22	23 24 25 26 —	0	20
	11	27 28 29 30 D1	2 3 4 5 6	7 8 9 10 11	12 13 14 15 16	17 18 19 20 21	22 23 24 25 26	1	49
	12	27 28 29 30 31	11 2 3 4 5	6 7 8 9 10	11 12 13 14 15	16 17 18 19 20	21 22 23 24 —	3	19

年序 Year	陰曆月序 Moon	陰曆日序 Order of days (Lunar)																														星期 Week	千支 Cycle
		1	2	3	4	5	6	7	8	9	10	11	12	13	14	15	16	17	18	19	20	21	22	23	24	25	26	27	28	29	30		
至德 4 丙午 586–87	26 1	25	26	27	28	29	30	31	21	2	3	4	5	6	7	8	9	10	11	12	13	14	15	16	17	18	19	20	21	22	23	4	48
	2	24	25	26	27	28	31	2	3	4	5	6	7	8	9	10	11	12	13	14	15	16	17	18	19	20	21	22	23	24	25	6	18
	3	26	27	28	29	30	31	41	2	3	4	5	6	7	8	9	10	11	12	13	14	15	16	17	18	19	20	21	22	23	—	1	48
	4	24	25	26	27	28	29	30	51	2	3	4	5	6	7	8	9	10	11	12	13	14	15	16	17	18	19	20	21	22	23	2	17
	5	24	25	26	27	28	29	30	31	61	2	3	4	5	6	7	8	9	10	11	12	13	14	15	16	17	18	19	20	21	—	4	47
	6	22	23	24	25	26	27	28	29	30	71	2	3	4	5	6	7	8	9	10	11	12	13	14	15	16	17	18	19	20	21	5	16
	7	22	23	24	25	26	27	28	29	30	31	81	2	3	4	5	6	7	8	9	10	11	12	13	14	15	16	17	18	19	—	0	46
	7	20	21	22	23	24	25	26	27	28	29	30	31	91	2	3	4	5	6	7	8	9	10	11	12	13	14	15	16	17	18	1	15
	8	19	20	21	22	23	24	25	26	27	28	29	30	01	2	3	4	5	6	7	8	9	10	11	12	13	14	15	16	17	—	3	45
	9	18	19	20	21	22	23	24	25	26	27	28	29	30	31	N1	2	3	4	5	6	7	8	9	10	11	12	13	14	15	16	4	14
	10	17	18	19	20	21	22	23	24	25	26	27	28	29	30	D1	2	3	4	5	6	7	8	9	10	11	12	13	14	15	—	6	44
	11	16	17	18	19	20	21	22	23	24	25	26	27	28	29	30	31	11	2	3	4	5	6	7	8	9	10	11	12	13	14	0	13
	12	15	16	17	18	19	20	21	22	23	24	25	26	27	28	29	30	31	21	2	3	4	5	6	7	8	9	10	11	12	—	2	43
禎明 1 丁未 587–88	38 1	13	14	15	16	17	18	19	20	21	22	23	24	25	26	27	28	31	2	3	4	5	6	7	8	9	10	11	12	13	14	3	12
	2	15	16	17	18	19	20	21	22	23	24	25	26	27	28	29	30	31	41	2	3	4	5	6	7	8	9	10	11	12	—	5	42
	3	13	14	15	16	17	18	19	20	21	22	23	24	25	26	27	28	29	30	51	2	3	4	5	6	7	8	9	10	11	12	6	11
	4	13	14	15	16	17	18	19	20	21	22	23	24	25	26	27	28	29	30	31	61	2	3	4	5	6	7	8	9	10	—	1	41
	5	11	12	13	14	15	16	17	18	19	20	21	22	23	24	25	26	27	28	29	30	71	2	3	4	5	6	7	8	9	10	2	10
	6	11	12	13	14	15	16	17	18	19	20	21	22	23	24	25	26	27	28	29	30	31	81	2	3	4	5	6	7	8	9	4	40
	7	10	11	12	13	14	15	16	17	18	19	20	21	22	23	24	25	26	27	28	29	30	31	91	2	3	4	5	6	7	—	6	10
	8	8	9	10	11	12	13	14	15	16	17	18	19	20	21	22	23	24	25	26	27	28	29	30	01	2	3	4	5	6	7	0	39
	9	8	9	10	11	12	13	14	15	16	17	18	19	20	21	22	23	24	25	26	27	28	29	30	31	N1	2	3	4	5	—	2	9
	10	6	7	8	9	10	11	12	13	14	15	16	17	18	19	20	21	22	23	24	25	26	27	28	29	30	D1	2	3	4	5	3	38
	11	6	7	8	9	10	11	12	13	14	15	16	17	18	19	20	21	22	23	24	25	26	27	28	29	30	31	11	2	3	—	5	8
	12	4	5	6	7	8	9	10	11	12	13	14	15	16	17	18	19	20	21	22	23	24	25	26	27	28	29	30	31	21	2	6	37
禎明 2 戊申 588–89	50 1	3	4	5	6	7	8	9	10	11	12	13	14	15	16	17	18	19	20	21	22	23	24	25	26	27	28	29	31	2	—	1	7
	2	3	4	5	6	7	8	9	10	11	12	13	14	15	16	17	18	19	20	21	22	23	24	25	26	27	28	29	30	31	41	2	36
	3	2	3	4	5	6	7	8	9	10	11	12	13	14	15	16	17	18	19	20	21	22	23	24	25	26	27	28	29	30	—	4	6
	4	51	2	3	4	5	6	7	8	9	10	11	12	13	14	15	16	17	18	19	20	21	22	23	24	25	26	27	28	29	30	5	35
	5	31	61	2	3	4	5	6	7	8	9	10	11	12	13	14	15	16	17	18	19	20	21	22	23	24	25	26	27	28	—	0	5
	6	29	30	71	2	3	4	5	6	7	8	9	10	11	12	13	14	15	16	17	18	19	20	21	22	23	24	25	26	27	28	1	34
	7	29	30	31	81	2	3	4	5	6	7	8	9	10	11	12	13	14	15	16	17	18	19	20	21	22	23	24	25	26	—	3	4
	8	27	28	29	30	31	91	2	3	4	5	6	7	8	9	10	11	12	13	14	15	16	17	18	19	20	21	22	23	24	25	4	33
	9	26	27	28	29	30	01	2	3	4	5	6	7	8	9	10	11	12	13	14	15	16	17	18	19	20	21	22	23	24	25	6	3
	10	26	27	28	29	30	31	N1	2	3	4	5	6	7	8	9	10	11	12	13	14	15	16	17	18	19	20	21	22	23	—	1	33
	11	24	25	26	27	28	29	30	D1	2	3	4	5	6	7	8	9	10	11	12	13	14	15	16	17	18	19	20	21	22	23	2	2
	12	24	25	26	27	28	29	30	31	11	2	3	4	5	6	7	8	9	10	11	12	13	14	15	16	17	18	19	20	21	—	4	32
禎明 3 己酉 589–90	2 1	22	23	24	25	26	27	28	29	30	31	21	2	3	4	5	6	7	8	9	10	11	12	13	14	15	16	17	18	19	20	5	1
	2	21	22	23	24	25	26	27	28	31	2	3	4	5	6	7	8	9	10	11	12	13	14	15	16	17	18	19	20	21	—	0	31
	3	22	23	24	25	26	27	28	29	30	31	41	2	3	4	5	6	7	8	9	10	11	12	13	14	15	16	17	18	19	20	1	0
	3	21	22	23	24	25	26	27	28	29	30	51	2	3	4	5	6	7	8	9	10	11	12	13	14	15	16	17	18	19	—	3	30
	4	20	21	22	23	24	25	26	27	28	29	30	31	61	2	3	4	5	6	7	8	9	10	11	12	13	14	15	16	17	18	4	59
	5	19	20	21	22	23	24	25	26	27	28	29	30	71	2	3	4	5	6	7	8	9	10	11	12	13	14	15	16	17	—	6	29
	6	18	19	20	21	22	23	24	25	26	27	28	29	30	31	81	2	3	4	5	6	7	8	9	10	11	12	13	14	15	16	0	58
	7	17	18	19	20	21	22	23	24	25	26	27	28	29	30	31	91	2	3	4	5	6	7	8	9	10	11	12	13	14	—	2	28
	8	15	16	17	18	19	20	21	22	23	24	25	26	27	28	29	30	01	2	3	4	5	6	7	8	9	10	11	12	13	14	3	57
	9	15	16	17	18	19	20	21	22	23	24	25	26	27	28	29	30	31	N1	2	3	4	5	6	7	8	9	10	11	12	—	5	27
	10	13	14	15	16	17	18	19	20	21	22	23	24	25	26	27	28	29	30	D1	2	3	4	5	6	7	8	9	10	11	12	6	56
	11	13	14	15	16	17	18	19	20	21	22	23	24	25	26	27	28	29	30	31	11	2	3	4	5	6	7	8	9	10	—	1	26
	12	11	12	13	14	15	16	17	18	19	20	21	22	23	24	25	26	27	28	29	30	31	21	2	3	4	5	6	7	8	9	2	55
隋文帝開皇 10 庚戌 □ 590–91	14 1	10	11	12	13	14	15	16	17	18	19	20	21	22	23	24	25	26	27	28	31	2	3	4	5	6	7	8	9	10	11	4	25
	2	12	13	14	15	16	17	18	19	20	21	22	23	24	25	26	27	28	29	30	31	41	2	3	4	5	6	7	8	9	—	6	55
	3	10	11	12	13	14	15	16	17	18	19	20	21	22	23	24	25	26	27	28	29	30	51	2	3	4	5	6	7	8	9	0	24
	4	10	11	12	13	14	15	16	17	18	19	20	21	22	23	24	25	26	27	28	29	30	31	61	2	3	4	5	6	7	—	2	54
	5	8	9	10	11	12	13	14	15	16	17	18	19	20	21	22	23	24	25	26	27	28	29	30	71	2	3	4	5	6	7	3	23
	6	8	9	10	11	12	13	14	15	16	17	18	19	20	21	22	23	24	25	26	27	28	29	30	31	81	2	3	4	5	—	5	53
	7	6	7	8	9	10	11	12	13	14	15	16	17	18	19	20	21	22	23	24	25	26	27	28	29	30	31	91	2	3	4	6	22
	8	5	6	7	8	9	10	11	12	13	14	15	16	17	18	19	20	21	22	23	24	25	26	27	28	29	30	01	2	3	—	1	52
	9	4	5	6	7	8	9	10	11	12	13	14	15	16	17	18	19	20	21	22	23	24	25	26	27	28	29	30	31	N1	2	2	21
	10	3	4	5	6	7	8	9	10	11	12	13	14	15	16	17	18	19	20	21	22	23	24	25	26	27	28	29	30	D1	2	4	51
	11	3	4	5	6	7	8	9	10	11	12	13	14	15	16	17	18	19	20	21	22	23	24	25	26	27	28	29	30	31	—	6	21
	12	11	2	3	4	5	6	7	8	9	10	11	12	13	14	15	16	17	18	19	20	21	22	23	24	25	26	27	28	29	30	0	50

□ 隋文帝開皇元年 (581–82 A.D.) 至九年 (589–90 A.D.), 另列朔閏表, 如表八, 411 頁.

Sui Wen Ti K'ai Huang, First Year (581–82 A.D.) to the 9th Year (589–90 A.D.) are tabulated abbreviately n the appendix, Table 8, p. 411.

年序 Year	陰曆月序 Moon	陰曆日序 Order of days (Lunar) 1 2 3 4 5	6 7 8 9 10	11 12 13 14 15	16 17 18 19 20	21 22 23 24 25	26 27 28 29 30	星期 Week	干支 Cycle
開皇11 辛亥 591–92	26 1	31 21 2 3 4	5 6 7 8 9	10 11 12 13 14	15 16 17 18 19	20 21 22 23 24	25 26 27 28 —	2	20
	2	31 2 3 4 5	6 7 8 9 10	11 12 13 14 15	16 17 18 19 20	21 22 23 24 25	26 27 28 29 30	3	49
	3	31 41 2 3 4	5 6 7 8 9	10 11 12 13 14	15 16 17 18 19	20 21 22 23 24	25 26 27 28 —	5	19
	4	29 30 51 2 3	4 5 6 7 8	9 10 11 12 13	14 15 16 17 18	19 20 21 22 23	24 25 26 27 28	6	48
	5	29 30 31 61 2	3 4 5 6 7	8 9 10 11 12	13 14 15 16 17	18 19 20 21 22	23 24 25 26 —	1	18
	6	27 28 29 30 71	2 3 4 5 6	7 8 9 10 11	12 13 14 15 16	17 18 19 20 21	22 23 24 25 26	2	47
	7	27 28 29 30 31	81 2 3 4 5	6 7 8 9 10	11 12 13 14 15	16 17 18 19 20	21 22 23 24 —	4	17
	8	25 26 27 28 29	30 31 91 2 3	4 5 6 7 8	9 10 11 12 13	14 15 16 17 18	19 20 21 22 23	5	46
	9	24 25 26 27 28	29 30 01 2 3	4 5 6 7 8	9 10 11 12 13	14 15 16 17 18	19 20 21 22 —	0	16
	10	23 24 25 26 27	28 29 30 31 N1	2 3 4 5 6	7 8 9 10 11	12 13 14 15 16	17 18 19 20 21	1	45
	11	22 23 24 25 26	27 28 29 30 D1	2 3 4 5 6	7 8 9 10 11	12 13 14 15 16	17 18 19 20 —	3	15
	12	21 22 23 24 25	26 27 28 29 30	31 11 2 3 4	5 6 7 8 9	10 11 12 13 14	15 16 17 18 19	4	44
	12	20 21 22 23 24	25 26 27 28 29	30 31 21 2 3	4 5 6 7 8	9 10 11 12 13	14 15 16 17 —	6	14
開皇12 壬子 592–93	38 1	18 19 20 21 22	23 24 25 26 27	28 29 31 2 3	4 5 6 7 8	9 10 11 12 13	14 15 16 17 18	0	43
	2	19 20 21 22 23	24 25 26 27 28	29 30 31 41 2	3 4 5 6 7	8 9 10 11 12	13 14 15 16 17	2	13
	3	18 19 20 21 22	23 24 25 26 27	28 29 30 51 2	3 4 5 6 7	8 9 10 11 12	13 14 15 16 —	4	43
	4	17 18 19 20 21	22 23 24 25 26	27 28 29 30 31	61 2 3 4 5	6 7 8 9 10	11 12 13 14 15	5	12
	5	16 17 18 19 20	21 22 23 24 25	26 27 28 29 30	71 2 3 4 5	6 7 8 9 10	11 12 13 14 —	0	42
	6	15 16 17 18 19	20 21 22 23 24	25 26 27 28 29	30 31 81 2 3	4 5 6 7 8	9 10 11 12 13	1	11
	7	14 15 16 17 18	19 20 21 22 23	24 25 26 27 28	29 30 31 91 2	3 4 5 6 7	8 9 10 11 —	3	41
	8	12 13 14 15 16	17 18 19 20 21	22 23 24 25 26	27 28 29 30 01	2 3 4 5 6	7 8 9 10 11	4	10
	9	12 13 14 15 16	17 18 19 20 21	22 23 24 25 26	27 28 29 30 31	N1 2 3 4 5	6 7 8 9 —	6	40
	10	10 11 12 13 14	15 16 17 18 19	20 21 22 23 24	25 26 27 28 29	30 D1 2 3 4	5 6 7 8 9	0	9
	11	10 11 12 13 14	15 16 17 18 19	20 21 22 23 24	25 26 27 28 29	30 31 11 2 3	4 5 6 7 —	2	39
	12	8 9 10 11 12	13 14 15 16 17	18 19 20 21 22	23 24 25 26 27	28 29 30 31 21	2 3 4 5 6	3	8
開皇13 癸丑 593–94	50 1	7 8 9 10 11	12 13 14 15 16	17 18 19 20 21	22 23 24 25 26	27 28 31 2 3	4 5 6 7 —	5	38
	2	8 9 10 11 12	13 14 15 16 17	18 19 20 21 22	23 24 25 26 27	28 29 30 31 41	2 3 4 5 6	6	7
	3	7 8 9 10 11	12 13 14 15 16	17 18 19 20 21	22 23 24 25 26	27 28 29 30 51	2 3 4 5 —	1	37
	4	6 7 8 9 10	11 12 13 14 15	16 17 18 19 20	21 22 23 24 25	26 27 28 29 30	31 61 2 3 4	2	6
	5	5 6 7 8 9	10 11 12 13 14	15 16 17 18 19	20 21 22 23 24	25 26 27 28 29	30 71 2 3 4	4	36
	6	5 6 7 8 9	10 11 12 13 14	15 16 17 18 19	20 21 22 23 24	25 26 27 28 29	30 31 81 2 —	6	6
	7	3 4 5 6 7	8 9 10 11 12	13 14 15 16 17	18 19 20 21 22	23 24 25 26 27	28 29 30 31 91	0	35
	8	2 3 4 5 6	7 8 9 10 11	12 13 14 15 16	17 18 19 20 21	22 23 24 25 26	27 28 29 30 —	2	5
	9	01 2 3 4 5	6 7 8 9 10	11 12 13 14 15	16 17 18 19 20	21 22 23 24 25	26 27 28 29 30	3	34
	10	31 N1 2 3 4	5 6 7 8 9	10 11 12 13 14	15 16 17 18 19	20 21 22 23 24	25 26 27 28 —	5	4
	11	29 30 D1 2 3	4 5 6 7 8	9 10 11 12 13	14 15 16 17 18	19 20 21 22 23	24 25 26 27 28	6	33
	12	29 30 31 11 2	3 4 5 6 7	8 9 10 11 12	13 14 15 16 17	18 19 20 21 22	23 24 25 26 —	1	3
開皇14 甲寅 594–95	2 1	27 28 29 30 31	21 2 3 4 5	6 7 8 9 10	11 12 13 14 15	16 17 18 19 20	21 22 23 24 25	2	32
	2	26 27 28 31 2	3 4 5 6 7	8 9 10 11 12	13 14 15 16 17	18 19 20 21 22	23 24 25 26 —	4	2
	3	27 28 29 30 31	41 2 3 4 5	6 7 8 9 10	11 12 13 14 15	16 17 18 19 20	21 22 23 24 25	5	31
	4	26 27 28 29 30	51 2 3 4 5	6 7 8 9 10	11 12 13 14 15	16 17 18 19 20	21 22 23 24 —	0	1
	5	25 26 27 28 29	30 31 61 2 3	4 5 6 7 8	9 10 11 12 13	14 15 16 17 18	19 20 21 22 23	1	30
	6	24 25 26 27 28	29 30 71 2 3	4 5 6 7 8	9 10 11 12 13	14 15 16 17 18	19 20 21 22 —	3	0
	7	23 24 25 26 27	28 29 30 31 81	2 3 4 5 6	7 8 9 10 11	12 13 14 15 16	17 18 19 20 21	4	29
	8	22 23 24 25 26	27 28 29 30 31	91 2 3 4 5	6 7 8 9 10	11 12 13 14 15	16 17 18 19 —	6	59
	9	20 21 22 23 24	25 26 27 28 29	30 01 2 3 4	5 6 7 8 9	10 11 12 13 14	15 16 17 18 19	0	28
	10	20 21 22 23 24	25 26 27 28 29	30 31 N1 2 3	4 5 6 7 8	9 10 11 12 13	14 15 16 17 18	2	58
	10	19 20 21 22 23	24 25 26 27 28	29 30 D1 2 3	4 5 6 7 8	9 10 11 12 13	14 15 16 17 —	4	28
	11	18 19 20 21 22	23 24 25 26 27	28 29 30 31 11	2 3 4 5 6	7 8 9 10 11	12 13 14 15 16	5	57
	12	17 18 19 20 21	22 23 24 25 26	27 28 29 30 31	21 2 3 4 5	6 7 8 9 10	11 12 13 14 —	0	27
開皇15 乙卯 595–96	14 1	15 16 17 18 19	20 21 22 23 24	25 26 27 28 31	2 3 4 5 6	7 8 9 10 11	12 13 14 15 16	1	56
	2	17 18 19 20 21	22 23 24 25 26	27 28 29 30 31	41 2 3 4 5	6 7 8 9 10	11 12 13 14 —	3	26
	3	15 16 17 18 19	20 21 22 23 24	25 26 27 28 29	30 51 2 3 4	5 6 7 8 9	10 11 12 13 14	4	55
	4	15 16 17 18 19	20 21 22 23 24	25 26 27 28 29	30 31 61 2 3	4 5 6 7 8	9 10 11 12 —	6	25
	5	13 14 15 16 17	18 19 20 21 22	23 24 25 26 27	28 29 30 71 2	3 4 5 6 7	8 9 10 11 12	0	54
	6	13 14 15 16 17	18 19 20 21 22	23 24 25 26 27	28 29 30 31 81	2 3 4 5 6	7 8 9 10 —	2	24
	7	11 12 13 14 15	16 17 18 19 20	21 22 23 24 25	26 27 28 29 30	31 91 2 3 4	5 6 7 8 9	3	53
	8	10 11 12 13 14	15 16 17 18 19	20 21 22 23 24	25 26 27 28 29	30 01 2 3 4	5 6 7 8 —	5	23
	9	9 10 11 12 13	14 15 16 17 18	19 20 21 22 23	24 25 26 27 28	29 30 31 N1 2	3 4 5 6 7	6	52
	10	8 9 10 11 12	13 14 15 16 17	18 19 20 21 22	23 24 25 26 27	28 29 30 D1 2	3 4 5 6 —	1	22
	11	7 8 9 10 11	12 13 14 15 16	17 18 19 20 21	22 23 24 25 26	27 28 29 30 31	11 2 3 4 5	2	51
	12	6 7 8 9 10	11 12 13 14 15	16 17 18 19 20	21 22 23 24 25	26 27 28 29 30	31 21 2 3 —	4	21

年序 Year	陰曆月序 Moon	陰曆日序 Order of days (Lunar) 1 2 3 4 5	6 7 8 9 10	11 12 13 14 15	16 17 18 19 20	21 22 23 24 25	26 27 28 29 30	星期 Week	干支 Cycle
開皇16丙辰 596–97	26 1	4 5 6 7 8	9 10 11 12 13	14 15 16 17 18	19 20 21 22 23	24 25 26 27 28	29 31 2 3 4	5	50
	2	5 6 7 8 9	10 11 12 13 14	15 16 17 18 19	20 21 22 23 24	25 26 27 28 29	30 31 41 2 3	0	20
	3	4 5 6 7 8	9 10 11 12 13	14 15 16 17 18	19 20 21 22 23	24 25 26 27 28	29 30 51 2 —	2	50
	4	3 4 5 6 7	8 9 10 11 12	13 14 15 16 17	18 19 20 21 22	23 24 25 26 27	28 29 30 31 61	3	19
	5	2 3 4 5 6	7 8 9 10 11	12 13 14 15 16	17 18 19 20 21	22 23 24 25 26	27 28 29 30 —	5	49
	6	71 2 3 4 5	6 7 8 9 10	11 12 13 14 15	16 17 18 19 20	21 22 23 24 25	26 27 28 29 30	6	18
	7	31 81 2 3 4	5 6 7 8 9	10 11 12 13 14	15 16 17 18 19	20 21 22 23 24	25 26 27 28 —	1	48
	8	29 30 31 91 2	3 4 5 6 7	8 9 10 11 12	13 14 15 16 17	18 19 20 21 22	23 24 25 26 27	2	17
	9	28 29 30 01 2	3 4 5 6 7	8 9 10 11 12	13 14 15 16 17	18 19 20 21 22	23 24 25 26 —	4	47
	10	27 28 29 30 31	N1 2 3 4 5	6 7 8 9 10	11 12 13 14 15	16 17 18 19 20	21 22 23 24 25	5	16
	11	26 27 28 29 30	D1 2 3 4 5	6 7 8 9 10	11 12 13 14 15	16 17 18 19 20	21 22 23 24 —	0	46
	12	25 26 27 28 29	30 31 11 2 3	4 5 6 7 8	9 10 11 12 13	14 15 16 17 18	19 20 21 22 23	1	15
開皇17丁巳 597–98	38 1	24 25 26 27 28	29 30 31 21 2	3 4 5 6 7	8 9 10 11 12	13 14 15 16 17	18 19 20 21 —	3	45
	2	22 23 24 25 26	27 28 31 2 3	4 5 6 7 8	9 10 11 12 13	14 15 16 17 18	19 20 21 22 23	4	14
	3	24 25 26 27 28	29 30 31 41 2	3 4 5 6 7	8 9 10 11 12	13 14 15 16 17	18 19 20 21 —	6	44
	4	22 23 24 25 26	27 28 29 30 51	2 3 4 5 6	7 8 9 10 11	12 13 14 15 16	17 18 19 20 21	0	13
	5	22 23 24 25 26	27 28 29 30 31	61 2 3 4 5	6 7 8 9 10	11 12 13 14 15	16 17 18 19 —	2	43
	5	20 21 22 23 24	25 26 27 28 29	30 71 2 3 4	5 6 7 8 9	10 11 12 13 14	15 16 17 18 19	3	12
	6	20 21 22 23 24	25 26 27 28 29	30 31 81 2 3	4 5 6 7 8	9 10 11 12 13	14 15 16 17 —	5	42
	7	18 19 20 21 22	23 24 25 26 27	28 29 30 31 91	2 3 4 5 6	7 8 9 10 11	12 13 14 15 16	6	11
	8	17 18 19 20 21	22 23 24 25 26	27 28 29 30 01	2 3 4 5 6	7 8 9 10 11	12 13 14 15 —	1	41
	9	16 17 18 19 20	21 22 23 24 25	26 27 28 29 30	31 N1 2 3 4	5 6 7 8 9	10 11 12 13 14	2	10
	10	15 16 17 18 19	20 21 22 23 24	25 26 27 28 29	30 D1 2 3 4	5 6 7 8 9	10 11 12 13 14	4	40
	11	15 16 17 18 19	20 21 22 23 24	25 26 27 28 29	30 31 11 2 3	4 5 6 7 8	9 10 11 12 —	6	10
	12	13 14 15 16 17	18 19 20 21 22	23 24 25 26 27	28 29 30 31 21	2 3 4 5 6	7 8 9 10 11	0	39
開皇18戊午 598–99	50 1	12 13 14 15 16	17 18 19 20 21	22 23 24 25 26	27 28 31 2 3	4 5 6 7 8	9 10 11 12 —	2	9
	2	13 14 15 16 17	18 19 20 21 22	23 24 25 26 27	28 29 30 31 41	2 3 4 5 6	7 8 9 10 11	3	38
	3	12 13 14 15 16	17 18 19 20 21	22 23 24 25 26	27 28 29 30 51	2 3 4 5 6	7 8 9 10 —	5	8
	4	11 12 13 14 15	16 17 18 19 20	21 22 23 24 25	26 27 28 29 30	31 61 2 3 4	5 6 7 8 9	6	37
	5	10 11 12 13 14	15 16 17 18 19	20 21 22 23 24	25 26 27 28 29	30 71 2 3 4	5 6 7 8 —	1	7
	6	9 10 11 12 13	14 15 16 17 18	19 20 21 22 23	24 25 26 27 28	29 30 31 81 2	3 4 5 6 7	2	36
	7	8 9 10 11 12	13 14 15 16 17	18 19 20 21 22	23 24 25 26 27	28 29 30 31 91	2 3 4 5 —	4	6
	8	6 7 8 9 10	11 12 13 14 15	16 17 18 19 20	21 22 23 24 25	26 27 28 29 30	01 2 3 4 5	5	35
	9	6 7 8 9 10	11 12 13 14 15	16 17 18 19 20	21 22 23 24 25	26 27 28 29 30	31 N1 2 3 —	0	5
	10	4 5 6 7 8	9 10 11 12 13	14 15 16 17 18	19 20 21 22 23	24 25 26 27 28	29 30 D1 2 3	1	34
	11	4 5 6 7 8	9 10 11 12 13	14 15 16 17 18	19 20 21 22 23	24 25 26 27 28	29 30 31 11 —	3	4
	12	2 3 4 5 6	7 8 9 10 11	12 13 14 15 16	17 18 19 20 21	22 23 24 25 26	27 28 29 30 31	4	33
開皇19己未 599–600	2 1	21 2 3 4 5	6 7 8 9 10	11 12 13 14 15	16 17 18 19 20	21 22 23 24 25	26 27 28 31 —	6	3
	2	2 3 4 5 6	7 8 9 10 11	12 13 14 15 16	17 18 19 20 21	22 23 24 25 26	27 28 29 30 31	0	32
	3	41 2 3 4 5	6 7 8 9 10	11 12 13 14 15	16 17 18 19 20	21 22 23 24 25	26 27 28 29 30	2	2
	4	51 2 3 4 5	6 7 8 9 10	11 12 13 14 15	16 17 18 19 20	21 22 23 24 25	26 27 28 29 —	4	32
	5	30 31 61 2 3	4 5 6 7 8	9 10 11 12 13	14 15 16 17 18	19 20 21 22 23	24 25 26 27 28	5	1
	6	29 30 71 2 3	4 5 6 7 8	9 10 11 12 13	14 15 16 17 18	19 20 21 22 23	24 25 26 27 —	0	31
	7	28 29 30 31 81	2 3 4 5 6	7 8 9 10 11	12 13 14 15 16	17 18 19 20 21	22 23 24 25 26	1	0
	8	27 28 29 30 31	91 2 3 4 5	6 7 8 9 10	11 12 13 14 15	16 17 18 19 20	21 22 23 24 —	3	30
	9	25 26 27 28 29	30 01 2 3 4	5 6 7 8 9	10 11 12 13 14	15 16 17 18 19	20 21 22 23 24	4	59
	10	25 26 27 28 29	30 31 N1 2 3	4 5 6 7 8	9 10 11 12 13	14 15 16 17 18	19 20 21 22 —	6	29
	11	23 24 25 26 27	28 29 30 D1 2	3 4 5 6 7	8 9 10 11 12	13 14 15 16 17	18 19 20 21 22	0	58
	12	23 24 25 26 27	28 29 30 31 11	2 3 4 5 6	7 8 9 10 11	12 13 14 15 16	17 18 19 20 —	2	28
開皇20庚申 600–01	14 1	21 22 23 24 25	26 27 28 29 30	31 21 2 3 4	5 6 7 8 9	10 11 12 13 14	15 16 17 18 19	3	57
	1	20 21 22 23 24	25 26 27 28 29	31 2 3 4 5	6 7 8 9 10	11 12 13 14 15	16 17 18 19 —	5	27
	2	20 21 22 23 24	25 26 27 28 29	30 31 41 2 3	4 5 6 7 8	9 10 11 12 13	14 15 16 17 18	6	56
	3	19 20 21 22 23	24 25 26 27 28	29 30 51 2 3	4 5 6 7 8	9 10 11 12 13	14 15 16 17 —	1	26
	4	18 19 20 21 22	23 24 25 26 27	28 29 30 31 61	2 3 4 5 6	7 8 9 10 11	12 13 14 15 16	2	55
	5	17 18 19 20 21	22 23 24 25 26	27 28 29 30 71	2 3 4 5 6	7 8 9 10 11	12 13 14 15 —	4	25
	6	16 17 18 19 20	21 22 23 24 25	26 27 28 29 30	31 81 2 3 4	5 6 7 8 9	10 11 12 13 14	5	54
	7	15 16 17 18 19	20 21 22 23 24	25 26 27 28 29	30 31 91 2 3	4 5 6 7 8	9 10 11 12 13	0	24
	8	14 15 16 17 18	19 20 21 22 23	24 25 26 27 28	29 30 01 2 3	4 5 6 7 8	9 10 11 12 —	2	54
	9	13 14 15 16 17	18 19 20 21 22	23 24 25 26 27	28 29 30 31 N1	2 3 4 5 6	7 8 9 10 11	3	23
	10	12 13 14 15 16	17 18 19 20 21	22 23 24 25 26	27 28 29 30 D1	2 3 4 5 6	7 8 9 10 —	5	53
	11	11 12 13 14 15	16 17 18 19 20	21 22 23 24 25	26 27 28 29 30	31 11 2 3 4	5 6 7 8 9	6	22
	12	10 11 12 13 14	15 16 17 18 19	20 21 22 23 24	25 26 27 28 29	30 31 21 2 3	4 5 6 7 —	1	52

年序 Year	陰曆月序 Moon	1 2 3 4 5	6 7 8 9 10	11 12 13 14 15	16 17 18 19 20	21 22 23 24 25	26 27 28 29 30	星期 Week	干支 Cycle
仁壽 1 辛酉 601–02	**26** 1	8 9 10 11 12	13 14 15 16 17	18 19 20 21 22	23 24 25 26 27	28 **3**1 2 3 4	5 6 7 8 9	2	21
	2	10 11 12 13 14	15 16 17 18 19	20 21 22 23 24	25 26 27 28 29	30 31 **4**1 2 3	4 5 6 7 —	4	51
	3	8 9 10 11 12	13 14 15 16 17	18 19 20 21 22	23 24 25 26 27	28 29 30 **5**1 2	3 4 5 6 7	5	20
	4	8 9 10 11 12	13 14 15 16 17	18 19 20 21 22	23 24 25 26 27	28 29 30 31 **6**1	2 3 4 5 —	0	50
	5	6 7 8 9 10	11 12 13 14 15	16 17 18 19 20	21 22 23 24 25	26 27 28 29 30	**7**1 2 3 4 5	1	19
	6	6 7 8 9 10	11 12 13 14 15	16 17 18 19 20	21 22 23 24 25	26 27 28 29 30	31 **8**1 2 3 —	3	49
	7	4 5 6 7 8	9 10 11 12 13	14 15 16 17 18	19 20 21 22 23	24 25 26 27 28	29 30 31 **9**1 2	4	18
	8	3 4 5 6 7	8 9 10 11 12	13 14 15 16 17	18 19 20 21 22	23 24 25 26 27	28 29 30 **O**1 —	6	48
	9	2 3 4 5 6	7 8 9 10 11	12 13 14 15 16	17 18 19 20 21	22 23 24 25 26	27 28 29 30 31	0	17
	10	**N**1 2 3 4 5	6 7 8 9 10	11 12 13 14 15	16 17 18 19 20	21 22 23 24 25	26 27 28 29 30	2	47
	11	**D**1 2 3 4 5	6 7 8 9 10	11 12 13 14 15	16 17 18 19 20	21 22 23 24 25	26 27 28 29 —	4	17
	12	30 31 **1**1 2 3	4 5 6 7 8	9 10 11 12 13	14 15 16 17 18	19 20 21 22 23	24 25 26 27 28	5	46
仁壽 2 壬戌 602–03	**38** 1	29 30 31 **2**1 2	3 4 5 6 7	8 9 10 11 12	13 14 15 16 17	18 19 20 21 22	23 24 25 26 —	0	16
	2	27 28 **3**1 2 3	4 5 6 7 8	9 10 11 12 13	14 15 16 17 18	19 20 21 22 23	24 25 26 27 28	1	45
	3	29 30 31 **4**1 2	3 4 5 6 7	8 9 10 11 12	13 14 15 16 17	18 19 20 21 22	23 24 25 26 —	3	15
	4	27 28 29 30 **5**1	2 3 4 5 6	7 8 9 10 11	12 13 14 15 16	17 18 19 20 21	22 23 24 25 26	4	44
	5	27 28 29 30 31	**6**1 2 3 4 5	6 7 8 9 10	11 12 13 14 15	16 17 18 19 20	21 22 23 24 —	6	14
	6	25 26 27 28 29	30 **7**1 2 3 4	5 6 7 8 9	10 11 12 13 14	15 16 17 18 19	20 21 22 23 24	0	43
	7	25 26 27 28 29	30 31 **8**1 2 3	4 5 6 7 8	9 10 11 12 13	14 15 16 17 18	19 20 21 22 —	2	13
	8	23 24 25 26 27	28 29 30 31 **9**1	2 3 4 5 6	7 8 9 10 11	12 13 14 15 16	17 18 19 20 21	3	42
	9	22 23 24 25 26	27 28 29 30 **O**1	2 3 4 5 6	7 8 9 10 11	12 13 14 15 16	17 18 19 20 —	5	12
	10	21 22 23 24 25	26 27 28 29 30	31 **N**1 2 3 4	5 6 7 8 9	10 11 12 13 14	15 16 17 18 19	6	41
	10	20 21 22 23 24	25 26 27 28 29	30 **D**1 2 3 4	5 6 7 8 9	10 11 12 13 14	15 16 17 18 —	1	11
	11	19 20 21 22 23	24 25 26 27 28	29 30 31 **1**1 2	3 4 5 6 7	8 9 10 11 12	13 14 15 16 17	2	40
	12	18 19 20 21 22	23 24 25 26 27	28 29 30 31 **2**1	2 3 4 5 6	7 8 9 10 11	12 13 14 15 —	4	10
仁壽 3 癸亥 603–04	**50** 1	16 17 18 19 20	21 22 23 24 25	26 27 28 **3**1 2	3 4 5 6 7	8 9 10 11 12	13 14 15 16 17	5	39
	2	18 19 20 21 22	23 24 25 26 27	28 29 30 31 **4**1	2 3 4 5 6	7 8 9 10 11	12 13 14 15 16	0	9
	3	17 18 19 20 21	22 23 24 25 26	27 28 29 30 **5**1	2 3 4 5 6	7 8 9 10 11	12 13 14 15 —	2	39
	4	16 17 18 19 20	21 22 23 24 25	26 27 28 29 30	31 **6**1 2 3 4	5 6 7 8 9	10 11 12 13 14	3	8
	5	15 16 17 18 19	20 21 22 23 24	25 26 27 28 29	30 **7**1 2 3 4	5 6 7 8 9	10 11 12 13 —	5	38
	6	14 15 16 17 18	19 20 21 22 23	24 25 26 27 28	29 30 31 **8**1 2	3 4 5 6 7	8 9 10 11 12	6	7
	7	13 14 15 16 17	18 19 20 21 22	23 24 25 26 27	28 29 30 31 **9**1	2 3 4 5 6	7 8 9 10 —	1	37
	8	11 12 13 14 15	16 17 18 19 20	21 22 23 24 25	26 27 28 29 30	**O**1 2 3 4 5	6 7 8 9 10	2	6
	9	11 12 13 14 15	16 17 18 19 20	21 22 23 24 25	26 27 28 29 30	31 **N**1 2 3 4	5 6 7 8 —	4	36
	10	9 10 11 12 13	14 15 16 17 18	19 20 21 22 23	24 25 26 27 28	29 30 **D**1 2 3	4 5 6 7 8	5	5
	11	9 10 11 12 13	14 15 16 17 18	19 20 21 22 23	24 25 26 27 28	29 30 31 **1**1 2	3 4 5 6 —	0	35
	12	7 8 9 10 11	12 13 14 15 16	17 18 19 20 21	22 23 24 25 26	27 28 29 30 31	**2**1 2 3 4 5	1	4
仁壽 4 甲子 604–05	**2** 1	6 7 8 9 10	11 12 13 14 15	16 17 18 19 20	21 22 23 24 25	26 27 28 29 31	2 3 4 5 —	3	34
	2	6 7 8 9 10	11 12 13 14 15	16 17 18 19 20	21 22 23 24 25	26 27 28 29 30	31 **4**1 2 3 4	4	3
	3	5 6 7 8 9	10 11 12 13 14	15 16 17 18 19	20 21 22 23 24	25 26 27 28 29	30 **5**1 2 3 —	6	33
	4	4 5 6 7 8	9 10 11 12 13	14 15 16 17 18	19 20 21 22 23	24 25 26 27 28	29 30 31 **6**1 2	0	2
	5	3 4 5 6 7	8 9 10 11 12	13 14 15 16 17	18 19 20 21 22	23 24 25 26 27	28 29 30 **7**1 —	2	32
	6	2 3 4 5 6	7 8 9 10 11	12 13 14 15 16	17 18 19 20 21	22 23 24 25 26	27 28 29 30 31	3	1
	7	**8**1 2 3 4 5	6 7 8 9 10	11 12 13 14 15	16 17 18 19 20	21 22 23 24 25	26 27 28 29 30	5	31
	8	31 **9**1 2 3 4	5 6 7 8 9	10 11 12 13 14	15 16 17 18 19	20 21 22 23 24	25 26 27 28 —	0	1
	9	29 30 **O**1 2 3	4 5 6 7 8	9 10 11 12 13	14 15 16 17 18	19 20 21 22 23	24 25 26 27 28	1	30
	10	29 30 31 **N**1 2	3 4 5 6 7	8 9 10 11 12	13 14 15 16 17	18 19 20 21 22	23 24 25 26 —	3	0
	11	27 28 29 30 **D**1	2 3 4 5 6	7 8 9 10 11	12 13 14 15 16	17 18 19 20 21	22 23 24 25 26	4	29
	12	27 28 29 30 31	**1**1 2 3 4 5	6 7 8 9 10	11 12 13 14 15	16 17 18 19 20	21 22 23 24 —	6	59
煬帝 大業 1 乙丑 605–06	**14** 1	25 26 27 28 29	30 31 **2**1 2 3	4 5 6 7 8	9 10 11 12 13	14 15 16 17 18	19 20 21 22 23	0	28
	2	24 25 26 27 28	**3**1 2 3 4 5	6 7 8 9 10	11 12 13 14 15	16 17 18 19 20	21 22 23 24 —	2	58
	3	25 26 27 28 29	30 31 **4**1 2 3	4 5 6 7 8	9 10 11 12 13	14 15 16 17 18	19 20 21 22 23	3	27
	4	24 25 26 27 28	29 30 **5**1 2 3	4 5 6 7 8	9 10 11 12 13	14 15 16 17 18	19 20 21 22 —	5	57
	5	23 24 25 26 27	28 29 30 31 **6**1	2 3 4 5 6	7 8 9 10 11	12 13 14 15 16	17 18 19 20 21	6	26
	6	22 23 24 25 26	27 28 29 30 **7**1	2 3 4 5 6	7 8 9 10 11	12 13 14 15 16	17 18 19 20 —	1	56
	7	21 22 23 24 25	26 27 28 29 30	31 **8**1 2 3 4	5 6 7 8 9	10 11 12 13 14	15 16 17 18 19	2	25
	7	20 21 22 23 24	25 26 27 28 29	30 31 **9**1 2 3	4 5 6 7 8	9 10 11 12 13	14 15 16 17 —	4	55
	8	18 19 20 21 22	23 24 25 26 27	28 29 30 **O**1 2	3 4 5 6 7	8 9 10 11 12	13 14 15 16 17	5	24
	9	18 19 20 21 22	23 24 25 26 27	28 29 30 31 **N**1	2 3 4 5 6	7 8 9 10 11	12 13 14 15 16	0	54
	10	17 18 19 20 21	22 23 24 25 26	27 28 29 30 **D**1	2 3 4 5 6	7 8 9 10 11	12 13 14 15 —	2	24
	11	16 17 18 19 20	21 22 23 24 25	26 27 28 29 30	31 **1**1 2 3 4	5 6 7 8 9	10 11 12 13 14	3	53
	12	15 16 17 18 19	20 21 22 23 24	25 26 27 28 29	30 31 **2**1 2 3	4 5 6 7 8	9 10 11 12 —	5	23

年序 Year	陰曆月序 Moon	陰曆日序 Order of days (Lunar) 1 2 3 4 5	6 7 8 9 10	11 12 13 14 15	16 17 18 19 20	21 22 23 24 25	26 27 28 29 30	星期 Week	干支 Cycle
大業 2 丙寅 606–07	26 1	13 14 15 16 17	18 19 20 21 22	23 24 25 26 27	28 31 2 3 4	5 6 7 8 9	10 11 12 13 14	6	52
	2	15 16 17 18 19	20 21 22 23 24	25 26 27 28 29	30 31 41 2 3	4 5 6 7 8	9 10 11 12 —	1	22
	3	13 14 15 16 17	18 19 20 21 22	23 24 25 26 27	28 29 30 51 2	3 4 5 6 7	8 9 10 11 12	2	51
	4	13 14 15 16 17	18 19 20 21 22	23 24 25 26 27	28 29 30 31 61	2 3 4 5 6	7 8 9 10 —	4	21
	5	11 12 13 14 15	16 17 18 19 20	21 22 23 24 25	26 27 28 29 30	71 2 3 4 5	6 7 8 9 10	5	50
	6	11 12 13 14 15	16 17 18 19 20	21 22 23 24 25	26 27 28 29 30	31 81 2 3 4	5 6 7 8 —	0	20
	7	9 10 11 12 13	14 15 16 17 18	19 20 21 22 23	24 25 26 27 28	29 30 31 91 2	3 4 5 6 7	1	49
	8	8 9 10 11 12	13 14 15 16 17	18 19 20 21 22	23 24 25 26 27	28 29 30 01 2	3 4 5 6 —	3	19
	9	7 8 9 10 11	12 13 14 15 16	17 18 19 20 21	22 23 24 25 26	27 28 29 30 31	N1 2 3 4 5	4	48
	10	6 7 8 9 10	11 12 13 14 15	16 17 18 19 20	21 22 23 24 25	26 27 28 29 30	D1 2 3 4 —	6	18
	11	5 6 7 8 9	10 11 12 13 14	15 16 17 18 19	20 21 22 23 24	25 26 27 28 29	30 31 11 2 3	0	47
	12	4 5 6 7 8	9 10 11 12 13	14 15 16 17 18	19 20 21 22 23	24 25 26 27 28	29 30 31 21 —	2	17
大業 3 丁卯 607–08	38 1	2 3 4 5 6	7 8 9 10 11	12 13 14 15 16	17 18 19 20 21	22 23 24 25 26	27 28 31 2 3	3	46
	2	4 5 6 7 8	9 10 11 12 13	14 15 16 17 18	19 20 21 22 23	24 25 26 27 28	29 30 31 41 2	5	16
	3	3 4 5 6 7	8 9 10 11 12	13 14 15 16 17	18 19 20 21 22	23 24 25 26 27	28 29 30 51 —	0	46
	4	2 3 4 5 6	7 8 9 10 11	12 13 14 15 16	17 18 19 20 21	22 23 24 25 26	27 28 29 30 31	1	15
	5	61 2 3 4 5	6 7 8 9 10	11 12 13 14 15	16 17 18 19 20	21 22 23 24 25	26 27 28 29 —	3	45
	6	30 71 2 3 4	5 6 7 8 9	10 11 12 13 14	15 16 17 18 19	20 21 22 23 24	25 26 27 28 29	4	14
	7	30 31 81 2 3	4 5 6 7 8	9 10 11 12 13	14 15 16 17 18	19 20 21 22 23	24 25 26 27 —	6	44
	8	28 29 30 31 91	2 3 4 5 6	7 8 9 10 11	12 13 14 15 16	17 18 19 20 21	22 23 24 25 26	0	13
	9	27 28 29 30 01	2 3 4 5 6	7 8 9 10 11	12 13 14 15 16	17 18 19 20 21	22 23 24 25 —	2	43
	10	26 27 28 29 30	31 N1 2 3 4	5 6 7 8 9	10 11 12 13 14	15 16 17 18 19	20 21 22 23 24	3	12
	11	25 26 27 28 29	30 D1 2 3 4	5 6 7 8 9	10 11 12 13 14	15 16 17 18 19	20 21 22 23 —	5	42
	12	24 25 26 27 28	29 30 31 11 2	3 4 5 6 7	8 9 10 11 12	13 14 15 16 17	18 19 20 21 22	6	11
大業 4 戊辰 608–09	50 1	23 24 25 26 27	28 29 30 31 21	2 3 4 5 6	7 8 9 10 11	12 13 14 15 16	17 18 19 20 —	1	41
	2	21 22 23 24 25	26 27 28 29 31	2 3 4 5 6	7 8 9 10 11	12 13 14 15 16	17 18 19 20 21	2	10
	3	22 23 24 25 26	27 28 29 30 31	41 2 3 4 5	6 7 8 9 10	11 12 13 14 15	16 17 18 19 —	4	40
	3	20 21 22 23 24	25 26 27 28 29	30 51 2 3 4	5 6 7 8 9	10 11 12 13 14	15 16 17 18 19	5	9
	4	20 21 22 23 24	25 26 27 28 29	30 31 61 2 3	4 5 6 7 8	9 10 11 12 13	14 15 16 17 —	0	39
	5	18 19 20 21 22	23 24 25 26 27	28 29 30 71 2	3 4 5 6 7	8 9 10 11 12	13 14 15 16 17	1	8
	6	18 19 20 21 22	23 24 25 26 27	28 29 30 31 81	2 3 4 5 6	7 8 9 10 11	12 13 14 15 16	3	38
	7	17 18 19 20 21	22 23 24 25 26	27 28 29 30 31	91 2 3 4 5	6 7 8 9 10	11 12 13 14 —	5	8
	8	15 16 17 18 19	20 21 22 23 24	25 26 27 28 29	30 01 2 3 4	5 6 7 8 9	10 11 12 13 14	6	37
	9	15 16 17 18 19	20 21 22 23 24	25 26 27 28 29	30 31 N1 2 3	4 5 6 7 8	9 10 11 12 —	1	7
	10	13 14 15 16 17	18 19 20 21 22	23 24 25 26 27	28 29 30 D1 2	3 4 5 6 7	8 9 10 11 12	2	36
	11	13 14 15 16 17	18 19 20 21 22	23 24 25 26 27	28 29 30 31 11	2 3 4 5 6	7 8 9 10 —	4	6
	12	11 12 13 14 15	16 17 18 19 20	21 22 23 24 25	26 27 28 29 30	31 21 2 3 4	5 6 7 8 9	5	35
大業 5 己巳 609–10	2 1	10 11 12 13 14	15 16 17 18 19	20 21 22 23 24	25 26 27 28 31	2 3 4 5 6	7 8 9 10 —	0	5
	2	11 12 13 14 15	16 17 18 19 20	21 22 23 24 25	26 27 28 29 30	31 41 2 3 4	5 6 7 8 9	1	34
	3	10 11 12 13 14	15 16 17 18 19	20 21 22 23 24	25 26 27 28 29	30 51 2 3 4	5 6 7 8 —	3	4
	4	9 10 11 12 13	14 15 16 17 18	19 20 21 22 23	24 25 26 27 28	29 30 31 61 2	3 4 5 6 7	4	33
	5	8 9 10 11 12	13 14 15 16 17	18 19 20 21 22	23 24 25 26 27	28 29 30 71 2	3 4 5 6 —	6	3
	6	7 8 9 10 11	12 13 14 15 16	17 18 19 20 21	22 23 24 25 26	27 28 29 30 31	81 2 3 4 5	0	32
	7	6 7 8 9 10	11 12 13 14 15	16 17 18 19 20	21 22 23 24 25	26 27 28 29 30	31 91 2 3 —	2	2
	8	4 5 6 7 8	9 10 11 12 13	14 15 16 17 18	19 20 21 22 23	24 25 26 27 28	29 30 01 2 3	3	31
	9	4 5 6 7 8	9 10 11 12 13	14 15 16 17 18	19 20 21 22 23	24 25 26 27 28	29 30 31 N1 2	5	1
	10	3 4 5 6 7	8 9 10 11 12	13 14 15 16 17	18 19 20 21 22	23 24 25 26 27	28 29 30 D1 —	0	31
	11	2 3 4 5 6	7 8 9 10 11	12 13 14 15 16	17 18 19 20 21	22 23 24 25 26	27 28 29 30 31	1	0
	12	11 2 3 4 5	6 7 8 9 10	11 12 13 14 15	16 17 18 19 20	21 22 23 24 25	26 27 28 29 —	3	30
大業 6 庚午 610–11	14 1	30 31 21 2 3	4 5 6 7 8	9 10 11 12 13	14 15 16 17 18	19 20 21 22 23	24 25 26 27 28	4	59
	2	31 2 3 4 5	6 7 8 9 10	11 12 13 14 15	16 17 18 19 20	21 22 23 24 25	26 27 28 29 —	6	29
	3	30 31 41 2 3	4 5 6 7 8	9 10 11 12 13	14 15 16 17 18	19 20 21 22 23	24 25 26 27 28	0	58
	4	29 30 51 2 3	4 5 6 7 8	9 10 11 12 13	14 15 16 17 18	19 20 21 22 23	24 25 26 27 —	2	28
	5	28 29 30 31 61	2 3 4 5 6	7 8 9 10 11	12 13 14 15 16	17 18 19 20 21	22 23 24 25 26	3	57
	6	27 28 29 30 71	2 3 4 5 6	7 8 9 10 11	12 13 14 15 16	17 18 19 20 21	22 23 24 25 —	5	27
	7	26 27 28 29 30	31 81 2 3 4	5 6 7 8 9	10 11 12 13 14	15 16 17 18 19	20 21 22 23 24	6	56
	8	25 26 27 28 29	30 31 91 2 3	4 5 6 7 8	9 10 11 12 13	14 15 16 17 18	19 20 21 22 —	1	26
	9	23 24 25 26 27	28 29 30 01 2	3 4 5 6 7	8 9 10 11 12	13 14 15 16 17	18 19 20 21 22	2	55
	10	23 24 25 26 27	28 29 30 31 N1	2 3 4 5 6	7 8 9 10 11	12 13 14 15 16	17 18 19 20 —	4	25
	11	21 22 23 24 25	26 27 28 29 30	D1 2 3 4 5	6 7 8 9 10	11 12 13 14 15	16 17 18 19 20	5	54
	11	21 22 23 24 25	26 27 28 29 30	31 11 2 3 4	5 6 7 8 9	10 11 12 13 14	15 16 17 18 —	0	24
	12	19 20 21 22 23	24 25 26 27 28	29 30 31 21 2	3 4 5 6 7	8 9 10 11 12	13 14 15 16 17	1	53

年序 Year	陰曆月序 Moon	陰曆日序 Order of days (Lunar) 1 2 3 4 5	6 7 8 9 10	11 12 13 14 15	16 17 18 19 20	21 22 23 24 25	26 27 28 29 30	星期 Week	干支 Cycle
大業 7 辛未 611–12	26 1	18 19 20 21 22	23 24 25 26 27	28 31 2 3 4	5 6 7 8 9	10 11 12 13 14	15 16 17 18 19	3	23
	2	20 21 22 23 24	25 26 27 28 29	30 31 41 2 3	4 5 6 7 8	9 10 11 12 13	14 15 16 17 —	5	53
	3	18 19 20 21 22	23 24 25 26 27	28 29 30 51 2	3 4 5 6 7	8 9 10 11 12	13 14 15 16 17	6	22
	4	18 19 20 21 22	23 24 25 26 27	28 29 30 31 61	2 3 4 5 6	7 8 9 10 11	12 13 14 15 —	1	52
	5	16 17 18 19 20	21 22 23 24 25	26 27 28 29 30	71 2 3 4 5	6 7 8 9 10	11 12 13 14 15	2	21
	6	16 17 18 19 20	21 22 23 24 25	26 27 28 29 30	31 81 2 3 4	5 6 7 8 9	10 11 12 13 —	4	51
	7	14 15 16 17 18	19 20 21 22 23	24 25 26 27 28	29 30 31 91 2	3 4 5 6 7	8 9 10 11 12	5	20
	8	13 14 15 16 17	18 19 20 21 22	23 24 25 26 27	28 29 30 01 2	3 4 5 6 7	8 9 10 11 —	0	50
	9	12 13 14 15 16	17 18 19 20 21	22 23 24 25 26	27 28 29 30 31	N1 2 3 4 5	6 7 8 9 10	1	19
	10	11 12 13 14 15	16 17 18 19 20	21 22 23 24 25	26 27 28 29 30	D1 2 3 4 5	6 7 8 9 —	3	49
	11	10 11 12 13 14	15 16 17 18 19	20 21 22 23 24	25 26 27 28 29	30 31 11 2 3	4 5 6 7 8	4	18
	12	9 10 11 12 13	14 15 16 17 18	19 20 21 22 23	24 25 26 27 28	29 30 31 21 2	3 4 5 6 —	6	48
大業 8 壬申 612–13	38 1	7 8 9 10 11	12 13 14 15 16	17 18 19 20 21	22 23 24 25 26	27 28 29 31 2	3 4 5 6 7	0	17
	2	8 9 10 11 12	13 14 15 16 17	18 19 20 21 22	23 24 25 26 27	28 29 30 31 41	2 3 4 5 —	2	47
	3	6 7 8 9 10	11 12 13 14 15	16 17 18 19 20	21 22 23 24 25	26 27 28 29 30	51 2 3 4 5	3	16
	4	6 7 8 9 10	11 12 13 14 15	16 17 18 19 20	21 22 23 24 25	26 27 28 29 30	31 61 2 3 —	5	46
	5	4 5 6 7 8	9 10 11 12 13	14 15 16 17 18	19 20 21 22 23	24 25 26 27 28	29 30 71 2 3	6	15
	6	4 5 6 7 8	9 10 11 12 13	14 15 16 17 18	19 20 21 22 23	24 25 26 27 28	29 30 31 81 2	1	45
	7	3 4 5 6 7	8 9 10 11 12	13 14 15 16 17	18 19 20 21 22	23 24 25 26 27	28 29 30 31 —	3	15
	8	91 2 3 4 5	6 7 8 9 10	11 12 13 14 15	16 17 18 19 20	21 22 23 24 25	26 27 28 29 30	4	44
	9	01 2 3 4 5	6 7 8 9 10	11 12 13 14 15	16 17 18 19 20	21 22 23 24 25	26 27 28 29 —	6	14
	10	30 31 N1 2 3	4 5 6 7 8	9 10 11 12 13	14 15 16 17 18	19 20 21 22 23	24 25 26 27 28	0	43
	11	29 30 D1 2 3	4 5 6 7 8	9 10 11 12 13	14 15 16 17 18	19 20 21 22 23	24 25 26 27 —	2	13
	12	28 29 30 31 11	2 3 4 5 6	7 8 9 10 11	12 13 14 15 16	17 18 19 20 21	22 23 24 25 26	3	42
大業 9 癸酉 613–14	50 1	27 28 29 30 31	21 2 3 4 5	6 7 8 9 10	11 12 13 14 15	16 17 18 19 20	21 22 23 24 —	5	12
	2	25 26 27 28 31	2 3 4 5 6	7 8 9 10 11	12 13 14 15 16	17 18 19 20 21	22 23 24 25 26	6	41
	3	27 28 29 30 31	41 2 3 4 5	6 7 8 9 10	11 12 13 14 15	16 17 18 19 20	21 22 23 24 —	1	11
	4	25 26 27 28 29	30 51 2 3 4	5 6 7 8 9	10 11 12 13 14	15 16 17 18 19	20 21 22 23 24	2	40
	5	25 26 27 28 29	30 31 61 2 3	4 5 6 7 8	9 10 11 12 13	14 15 16 17 18	19 20 21 22 —	4	10
	6	23 24 25 26 27	28 29 30 71 2	3 4 5 6 7	8 9 10 11 12	13 14 15 16 17	18 19 20 21 22	5	39
	7	23 24 25 26 27	28 29 30 31 81	2 3 4 5 6	7 8 9 10 11	12 13 14 15 16	17 18 19 20 —	0	9
	8	21 22 23 24 25	26 27 28 29 30	31 91 2 3 4	5 6 7 8 9	10 11 12 13 14	15 16 17 18 19	1	38
	9	20 21 22 23 24	25 26 27 28 29	30 01 2 3 4	5 6 7 8 9	10 11 12 13 14	15 16 17 18 19	3	8
	9	20 21 22 23 24	25 26 27 28 29	30 31 N1 2 3	4 5 6 7 8	9 10 11 12 13	14 15 16 17 —	5	38
	10	18 19 20 21 22	23 24 25 26 27	28 29 30 D1 2	3 4 5 6 7	8 9 10 11 12	13 14 15 16 17	6	7
	11	18 19 20 21 22	23 24 25 26 27	28 29 30 31 11	2 3 4 5 6	7 8 9 10 11	12 13 14 15 —	1	37
	12	16 17 18 19 20	21 22 23 24 25	26 27 28 29 30	31 21 2 3 4	5 6 7 8 9	10 11 12 13 14	2	6
大業 10 甲戌 614–15	2 1	15 16 17 18 19	20 21 22 23 24	25 26 27 28 31	2 3 4 5 6	7 8 9 10 11	12 13 14 15 —	4	36
	2	16 17 18 19 20	21 22 23 24 25	26 27 28 29 30	31 41 2 3 4	5 6 7 8 9	10 11 12 13 14	5	5
	3	15 16 17 18 19	20 21 22 23 24	25 26 27 28 29	30 51 2 3 4	5 6 7 8 9	10 11 12 13 —	0	35
	4	14 15 16 17 18	19 20 21 22 23	24 25 26 27 28	29 30 31 61 2	3 4 5 6 7	8 9 10 11 12	1	4
	5	13 14 15 16 17	18 19 20 21 22	23 24 25 26 27	28 29 30 71 2	3 4 5 6 7	8 9 10 11 —	3	34
	6	12 13 14 15 16	17 18 19 20 21	22 23 24 25 26	27 28 29 30 31	81 2 3 4 5	6 7 8 9 10	4	3
	7	11 12 13 14 15	16 17 18 19 20	21 22 23 24 25	26 27 28 29 30	31 91 2 3 4	5 6 7 8 —	6	33
	8	9 10 11 12 13	14 15 16 17 18	19 20 21 22 23	24 25 26 27 28	29 30 01 2 3	4 5 6 7 8	0	2
	9	9 10 11 12 13	14 15 16 17 18	19 20 21 22 23	24 25 26 27 28	29 30 31 N1 2	3 4 5 6 —	2	32
	10	7 8 9 10 11	12 13 14 15 16	17 18 19 20 21	22 23 24 25 26	27 28 29 30 D1	2 3 4 5 6	3	1
	11	7 8 9 10 11	12 13 14 15 16	17 18 19 20 21	22 23 24 25 26	27 28 29 30 31	11 2 3 4 —	5	31
	12	5 6 7 8 9	10 11 12 13 14	15 16 17 18 19	20 21 22 23 24	25 26 27 28 29	30 31 21 2 3	6	0
大業 11 乙亥 615–16	14 1	4 5 6 7 8	9 10 11 12 13	14 15 16 17 18	19 20 21 22 23	24 25 26 27 28	31 2 3 4 5	1	30
	2	6 7 8 9 10	11 12 13 14 15	16 17 18 19 20	21 22 23 24 25	26 27 28 29 30	31 41 2 3 —	3	0
	3	4 5 6 7 8	9 10 11 12 13	14 15 16 17 18	19 20 21 22 23	24 25 26 27 28	29 30 51 2 3	4	29
	4	4 5 6 7 8	9 10 11 12 13	14 15 16 17 18	19 20 21 22 23	24 25 26 27 28	29 30 31 61 —	6	59
	5	2 3 4 5 6	7 8 9 10 11	12 13 14 15 16	17 18 19 20 21	22 23 24 25 26	27 28 29 30 71	0	28
	6	2 3 4 5 6	7 8 9 10 11	12 13 14 15 16	17 18 19 20 21	22 23 24 25 26	27 28 29 30 —	2	58
	7	31 81 2 3 4	5 6 7 8 9	10 11 12 13 14	15 16 17 18 19	20 21 22 23 24	25 26 27 28 29	3	27
	8	30 31 91 2 3	4 5 6 7 8	9 10 11 12 13	14 15 16 17 18	19 20 21 22 23	24 25 26 27 —	5	57
	9	28 29 30 01 2	3 4 5 6 7	8 9 10 11 12	13 14 15 16 17	18 19 20 21 22	23 24 25 26 27	6	26
	10	28 29 30 31 N1	2 3 4 5 6	7 8 9 10 11	12 13 14 15 16	17 18 19 20 21	22 23 24 25 —	1	56
	11	26 27 28 29 30	D1 2 3 4 5	6 7 8 9 10	11 12 13 14 15	16 17 18 19 20	21 22 23 24 25	2	25
	12	26 27 28 29 30	31 11 2 3 4	5 6 7 8 9	10 11 12 13 14	15 16 17 18 19	20 21 22 23 —	4	55

年序 Year	陰曆月序 Moon	1 2 3 4 5	6 7 8 9 10	11 12 13 14 15	16 17 18 19 20	21 22 23 24 25	26 27 28 29 30	星期 Week	干支 Cycle
大業 12 丙子 616–17	26 1	24 25 26 27 28	29 30 31 21 2	3 4 5 6 7	8 9 10 11 12	13 14 15 16 17	18 19 20 21 22	5	24
	2	23 24 25 26 27	28 29 31 2 3	4 5 6 7 8	9 10 11 12 13	14 15 16 17 18	19 20 21 22 —	0	54
	3	23 24 25 26 27	28 29 30 31 41	2 3 4 5 6	7 8 9 10 11	12 13 14 15 16	17 18 19 20 21	1	23
	4	22 23 24 25 26	27 28 29 30 51	2 3 4 5 6	7 8 9 10 11	12 13 14 15 16	17 18 19 20 —	3	53
	5	21 22 23 24 25	26 27 28 29 30	31 61 2 3 4	5 6 7 8 9	10 11 12 13 14	15 16 17 18 19	4	22
	5	20 21 22 23 24	25 26 27 28 29	30 71 2 3 4	5 6 7 8 9	10 11 12 13 14	15 16 17 18 19	6	52
	6	20 21 22 23 24	25 26 27 28 29	30 31 81 2 3	4 5 6 7 8	9 10 11 12 13	14 15 16 17 —	1	22
	7	18 19 20 21 22	23 24 25 26 27	28 29 30 31 91	2 3 4 5 6	7 8 9 10 11	12 13 14 15 16	2	51
	8	17 18 19 20 21	22 23 24 25 26	27 28 29 30 01	2 3 4 5 6	7 8 9 10 11	12 13 14 15 —	4	21
	9	16 17 18 19 20	21 22 23 24 25	26 27 28 29 30	31 N1 2 3 4	5 6 7 8 9	10 11 12 13 14	5	50
	10	15 16 17 18 19	20 21 22 23 24	25 26 27 28 29	30 D1 2 3 4	5 6 7 8 9	10 11 12 13 —	0	20
	11	14 15 16 17 18	19 20 21 22 23	24 25 26 27 28	29 30 31 11 2	3 4 5 6 7	8 9 10 11 12	1	49
	12	13 14 15 16 17	18 19 20 21 22	23 24 25 26 27	28 29 30 31 21	2 3 4 5 6	7 8 9 10 —	3	19
恭帝義寧 1 丁丑 617–18	38 1	11 12 13 14 15	16 17 18 19 20	21 22 23 24 25	26 27 28 31 2	3 4 5 6 7	8 9 10 11 12	4	48
	2	13 14 15 16 17	18 19 20 21 22	23 24 25 26 27	28 29 30 31 41	2 3 4 5 6	7 8 9 10 —	6	18
	3	11 12 13 14 15	16 17 18 19 20	21 22 23 24 25	26 27 28 29 30	51 2 3 4 5	6 7 8 9 10	0	47
	4	11 12 13 14 15	16 17 18 19 20	21 22 23 24 25	26 27 28 29 30	31 61 2 3 4	5 6 7 8 —	2	17
	5	9 10 11 12 13	14 15 16 17 18	19 20 21 22 23	24 25 26 27 28	29 30 71 2 3	4 5 6 7 8	3	46
	6	9 10 11 12 13	14 15 16 17 18	19 20 21 22 23	24 25 26 27 28	29 30 31 81 2	3 4 5 6 —	5	16
	7	7 8 9 10 11	12 13 14 15 16	17 18 19 20 21	22 23 24 25 26	27 28 29 30 31	91 2 3 4 5	6	45
	8	6 7 8 9 10	11 12 13 14 15	16 17 18 19 20	21 22 23 24 25	26 27 28 29 30	01 2 3 4 5	1	15
	9	6 7 8 9 10	11 12 13 14 15	16 17 18 19 20	21 22 23 24 25	26 27 28 29 30	31 N1 2 3 —	3	45
	10	4 5 6 7 8	9 10 11 12 13	14 15 16 17 18	19 20 21 22 23	24 25 26 27 28	29 30 D1 2 3	4	14
	11][	4 5 6 7 8	9 10 11 12 13	14 15 16 17 18	19 20 21 22 23	24 25 26 27 28	29 30 31 11 —	6	44
	12	2 3 4 5 6	7 8 9 10 11	12 13 14 15 16	17 18 19 20 21	22 23 24 25 26	27 28 29 30 31	0	13
前唐高祖武德 1 戊寅 618–19	50 1	21 2 3 4 5	6 7 8 9 10	11 12 13 14 15	16 17 18 19 20	21 22 23 24 25	26 27 28 31 —	2	43
	2	2 3 4 5 6	7 8 9 10 11	12 13 14 15 16	17 18 19 20 21	22 23 24 25 26	27 28 29 30 31	3	12
	3	41 2 3 4 5	6 7 8 9 10	11 12 13 14 15	16 17 18 19 20	21 22 23 24 25	26 27 28 29 —	5	42
	4	30 51 2 3 4	5 6 7 8 9	10 11 12 13 14	15 16 17 18 19	20 21 22 23 24	25 26 27 28 29	6	11
	5][	30 31 61 2 3	4 5 6 7 8	9 10 11 12 13	14 15 16 17 18	19 20 21 22 23	24 25 26 27 —	1	41
	6	28 29 30 71 2	3 4 5 6 7	8 9 10 11 12	13 14 15 16 17	18 19 20 21 22	23 24 25 26 27	2	10
	7	28 29 30 31 81	2 3 4 5 6	7 8 9 10 11	12 13 14 15 16	17 18 19 20 21	22 23 24 25 —	4	40
	8	26 27 28 29 30	31 91 2 3 4	5 6 7 8 9	10 11 12 13 14	15 16 17 18 19	20 21 22 23 24	5	9
	9	25 26 27 28 29	30 01 2 3 4	5 6 7 8 9	10 11 12 13 14	15 16 17 18 19	20 21 22 23 —	0	39
	10	24 25 26 27 28	29 30 31 N1 2	3 4 5 6 7	8 9 10 11 12	13 14 15 16 17	18 19 20 21 22	1	8
	11	23 24 25 26 27	28 29 30 D1 2	3 4 5 6 7	8 9 10 11 12	13 14 15 16 17	18 19 20 21 —	3	38
	12	22 23 24 25 26	27 28 29 30 31	11 2 3 4 5	6 7 8 9 10	11 12 13 14 15	16 17 18 19 20	4	7
武德 2 己卯 619–20	2 1	21 22 23 24 25	26 27 28 29 30	31 21 2 3 4	5 6 7 8 9	10 11 12 13 14	15 16 17 18 19	6	37
	2	20 21 22 23 24	25 26 27 28 31	2 3 4 5 6	7 8 9 10 11	12 13 14 15 16	17 18 19 20 21	1	7
	2	22 23 24 25 26	27 28 29 30 31	41 2 3 4 5	6 7 8 9 10	11 12 13 14 15	16 17 18 19 —	3	37
	3	20 21 22 23 24	25 26 27 28 29	30 51 2 3 4	5 6 7 8 9	10 11 12 13 14	15 16 17 18 —	4	6
	4	19 20 21 22 23	24 25 26 27 28	29 30 31 61 2	3 4 5 6 7	8 9 10 11 12	13 14 15 16 —	5	35
	5	17 18 19 20 21	22 23 24 25 26	27 28 29 30 71	2 3 4 5 6	7 8 9 10 11	12 13 14 15 16	6	4
	6	17 18 19 20 21	22 23 24 25 26	27 28 29 30 31	81 2 3 4 5	6 7 8 9 10	11 12 13 14 —	1	34
	7	15 16 17 18 19	20 21 22 23 24	25 26 27 28 29	30 31 91 2 3	4 5 6 7 8	9 10 11 12 13	2	3
	8	14 15 16 17 18	19 20 21 22 23	24 25 26 27 28	29 30 01 2 3	4 5 6 7 8	9 10 11 12 —	4	33
	9	13 14 15 16 17	18 19 20 21 22	23 24 25 26 27	28 29 30 31 N1	2 3 4 5 6	7 8 9 10 11	5	2
	10	12 13 14 15 16	17 18 19 20 21	22 23 24 25 26	27 28 29 30 D1	2 3 4 5 6	7 8 9 10 11	0	32
	11	12 13 14 15 16	17 18 19 20 21	22 23 24 25 26	27 28 29 30 31	11 2 3 4 5	6 7 8 9 10	2	2
	12	11 12 13 14 15	16 17 18 19 20	21 22 23 24 25	26 27 28 29 30	31 21 2 3 4	5 6 7 8 —	4	32
武德 3 庚辰 620–21	14 1	9 10 11 12 13	14 15 16 17 18	19 20 21 22 23	24 25 26 27 28	29 31 2 3 4	5 6 7 8 9	5	1
	2	10 11 12 13 14	15 16 17 18 19	20 21 22 23 24	25 26 27 28 29	30 31 41 2 3	4 5 6 7 —	0	31
	3	8 9 10 11 12	13 14 15 16 17	18 19 20 21 22	23 24 25 26 27	28 29 30 51 2	3 4 5 6 7	1	0
	4	8 9 10 11 12	13 14 15 16 17	18 19 20 21 22	23 24 25 26 27	28 29 30 31 61	2 3 4 5 —	3	30
	5	6 7 8 9 10	11 12 13 14 15	16 17 18 19 20	21 22 23 24 25	26 27 28 29 30	71 2 3 4 —	4	59
	6	5 6 7 8 9	10 11 12 13 14	15 16 17 18 19	20 21 22 23 24	25 26 27 28 29	30 31 81 2 3	5	28
	7	4 5 6 7 8	9 10 11 12 13	14 15 16 17 18	19 20 21 22 23	24 25 26 27 28	29 30 31 91 —	0	58
	8	2 3 4 5 6	7 8 9 10 11	12 13 14 15 16	17 18 19 20 21	22 23 24 25 26	27 28 29 30 01	1	27
	9	2 3 4 5 6	7 8 9 10 11	12 13 14 15 16	17 18 19 20 21	22 23 24 25 26	27 28 29 30 —	3	57
	10	31 N1 2 3 4	5 6 7 8 9	10 11 12 13 14	15 16 17 18 19	20 21 22 23 24	25 26 27 28 29	4	26
	11	30 D1 2 3 4	5 6 7 8 9	10 11 12 13 14	15 16 17 18 19	20 21 22 23 24	25 26 27 28 —	6	56
	12	29 30 31 11 2	3 4 5 6 7	8 9 10 11 12	13 14 15 16 17	18 19 20 21 22	23 24 25 26 27	0	25

年序 Year	陰曆月序 Moon	陰曆日序 Order of days (Lunar) 1 2 3 4 5	6 7 8 9 10	11 12 13 14 15	16 17 18 19 20	21 22 23 24 25	26 27 28 29 30	星期 Week	干支 Cycle
武德 4 辛巳 621–22	26 1	28 29 30 31 21	2 3 4 5 6	7 8 9 10 11	12 13 14 15 16	17 18 19 20 21	22 23 24 25 26	2	55
	2	27 28 31 2 3	4 5 6 7 8	9 10 11 12 13	14 15 16 17 18	19 20 21 22 23	24 25 26 27 28	4	25
	3	29 30 31 41 2	3 4 5 6 7	8 9 10 11 12	13 14 15 16 17	18 19 20 21 22	23 24 25 26 —	6	55
	4	27 28 29 30 51	2 3 4 5 6	7 8 9 10 11	12 13 14 15 16	17 18 19 20 21	22 23 24 25 26	0	24
	5	27 28 29 30 31	61 2 3 4 5	6 7 8 9 10	11 12 13 14 15	16 17 18 19 20	21 22 23 24 —	2	54
	6	25 26 27 28 29	30 71 2 3 4	5 6 7 8 9	10 11 12 13 14	15 16 17 18 19	20 21 22 23 —	3	23
	7	24 25 26 27 28	29 30 31 81 2	3 4 5 6 7	8 9 10 11 12	13 14 15 16 17	18 19 20 21 22	4	52
	8	23 24 25 26 27	28 29 30 31 91	2 3 4 5 6	7 8 9 10 11	12 13 14 15 16	17 18 19 20 —	6	22
	9	21 22 23 24 25	26 27 28 29 30	01 2 3 4 5	6 7 8 9 10	11 12 13 14 15	16 17 18 19 20	0	51
	10	21 22 23 24 25	26 27 28 29 30	31 N1 2 3 4	5 6 7 8 9	10 11 12 13 14	15 16 17 18 —	2	21
	10	19 20 21 22 23	24 25 26 27 28	29 30 D1 2 3	4 5 6 7 8	9 10 11 12 13	14 15 16 17 18	3	50
	11	19 20 21 22 23	24 25 26 27 28	29 30 31 11 2	3 4 5 6 7	8 9 10 11 12	13 14 15 16 —	5	20
	12	17 18 19 20 21	22 23 24 25 26	27 28 29 30 31	21 2 3 4 5	6 7 8 9 10	11 12 13 14 15	6	49
武德 5 壬午 622–23	38 1	16 17 18 19 20	21 22 23 24 25	26 27 28 31 2	3 4 5 6 7	8 9 10 11 12	13 14 15 16 17	1	19
	2	18 19 20 21 22	23 24 25 26 27	28 29 30 31 41	2 3 4 5 6	7 8 9 10 11	12 13 14 15 —	3	49
	3	16 17 18 19 20	21 22 23 24 25	26 27 28 29 30	51 2 3 4 5	6 7 8 9 10	11 12 13 14 15	4	18
	4	16 17 18 19 20	21 22 23 24 25	26 27 28 29 30	31 61 2 3 4	5 6 7 8 9	10 11 12 13 14	6	48
	5	15 16 17 18 19	20 21 22 23 24	25 26 27 28 29	30 71 2 3 4	5 6 7 8 9	10 11 12 13 —	1	18
	6	14 15 16 17 18	19 20 21 22 23	24 25 26 27 28	29 30 31 81 2	3 4 5 6 7	8 9 10 11 —	2	47
	7	12 13 14 15 16	17 18 19 20 21	22 23 24 25 26	27 28 29 30 31	91 2 3 4 5	6 7 8 9 10	3	16
	8	11 12 13 14 15	16 17 18 19 20	21 22 23 24 25	26 27 28 29 30	01 2 3 4 5	6 7 8 9 —	5	46
	9	10 11 12 13 14	15 16 17 18 19	20 21 22 23 24	25 26 27 28 29	30 31 N1 2 3	4 5 6 7 8	6	15
	10	9 10 11 12 13	14 15 16 17 18	19 20 21 22 23	24 25 26 27 28	29 30 D1 2 3	4 5 6 7 —	1	45
	11	8 9 10 11 12	13 14 15 16 17	18 19 20 21 22	23 24 25 26 27	28 29 30 31 11	2 3 4 5 6	2	14
	12	7 8 9 10 11	12 13 14 15 16	17 18 19 20 21	22 23 24 25 26	27 28 29 30 31	21 2 3 4 —	4	44
武德 6 癸未 623–24	50 1	5 6 7 8 9	10 11 12 13 14	15 16 17 18 19	20 21 22 23 24	25 26 27 28 31	2 3 4 5 6	5	13
	2	7 8 9 10 11	12 13 14 15 16	17 18 19 20 21	22 23 24 25 26	27 28 29 30 31	41 2 3 4 5	0	43
	3	6 7 8 9 10	11 12 13 14 15	16 17 18 19 20	21 22 23 24 25	26 27 28 29 30	51 2 3 4 —	2	13
	4	5 6 7 8 9	10 11 12 13 14	15 16 17 18 19	20 21 22 23 24	25 26 27 28 29	30 31 61 2 3	3	42
	5	4 5 6 7 8	9 10 11 12 13	14 15 16 17 18	19 20 21 22 23	24 25 26 27 28	29 30 71 2 —	5	12
	6	3 4 5 6 7	8 9 10 11 12	13 14 15 16 17	18 19 20 21 22	23 24 25 26 27	28 29 30 31 81	6	41
	7	2 3 4 5 6	7 8 9 10 11	12 13 14 15 16	17 18 19 20 21	22 23 24 25 26	27 28 29 30 —	1	11
	8	31 91 2 3 4	5 6 7 8 9	10 11 12 13 14	15 16 17 18 19	20 21 22 23 24	25 26 27 28 29	2	40
	9	30 01 2 3 4	5 6 7 8 9	10 11 12 13 14	15 16 17 18 19	20 21 22 23 24	25 26 27 28 —	4	10
	10	29 30 31 N1 2	3 4 5 6 7	8 9 10 11 12	13 14 15 16 17	18 19 20 21 22	23 24 25 26 27	5	39
	11	28 29 30 D1 2	3 4 5 6 7	8 9 10 11 12	13 14 15 16 17	18 19 20 21 22	23 24 25 26 —	0	9
	12	27 28 29 30 31	11 2 3 4 5	6 7 8 9 10	11 12 13 14 15	16 17 18 19 20	21 22 23 24 25	1	38
武德 7 甲申 624–25	2 1	26 27 28 29 30	31 21 2 3 4	5 6 7 8 9	10 11 12 13 14	15 16 17 18 19	20 21 22 23 —	3	8
	2	24 25 26 27 28	29 31 2 3 4	5 6 7 8 9	10 11 12 13 14	15 16 17 18 19	20 21 22 23 24	4	37
	3	25 26 27 28 29	30 31 41 2 3	4 5 6 7 8	9 10 11 12 13	14 15 16 17 18	19 20 21 22 —	6	7
	4	23 24 25 26 27	28 29 30 51 2	3 4 5 6 7	8 9 10 11 12	13 14 15 16 17	18 19 20 21 22	0	36
	5	23 24 25 26 27	28 29 30 31 61	2 3 4 5 6	7 8 9 10 11	12 13 14 15 16	17 18 19 20 —	2	6
	6	21 22 23 24 25	26 27 28 29 30	71 2 3 4 5	6 7 8 9 10	11 12 13 14 15	16 17 18 19 20	3	35
	7	21 22 23 24 25	26 27 28 29 30	31 81 2 3 4	5 6 7 8 9	10 11 12 13 14	15 16 17 18 19	5	5
	7	20 21 22 23 24	25 26 27 28 29	30 31 91 2 3	4 5 6 7 8	9 10 11 12 13	14 15 16 17 —	0	35
	8	18 19 20 21 22	23 24 25 26 27	28 29 30 01 2	3 4 5 6 7	8 9 10 11 12	13 14 15 16 17	1	4
	9	18 19 20 21 22	23 24 25 26 27	28 29 30 31 N1	2 3 4 5 6	7 8 9 10 11	12 13 14 15 —	3	34
	10	16 17 18 19 20	21 22 23 24 25	26 27 28 29 30	D1 2 3 4 5	6 7 8 9 10	11 12 13 14 15	4	3
	11	16 17 18 19 20	21 22 23 24 25	26 27 28 29 30	31 11 2 3 4	5 6 7 8 9	10 11 12 13 —	6	33
	12	14 15 16 17 18	19 20 21 22 23	24 25 26 27 28	29 30 31 21 2	3 4 5 6 7	8 9 10 11 12	0	2
武德 8 乙酉 625–26	14 1	13 14 15 16 17	18 19 20 21 22	23 24 25 26 27	28 31 2 3 4	5 6 7 8 9	10 11 12 13 —	2	32
	2	14 15 16 17 18	19 20 21 22 23	24 25 26 27 28	29 30 31 41 2	3 4 5 6 7	8 9 10 11 12	3	1
	3	13 14 15 16 17	18 19 20 21 22	23 24 25 26 27	28 29 30 51 2	3 4 5 6 7	8 9 10 11 —	5	31
	4	12 13 14 15 16	17 18 19 20 21	22 23 24 25 26	27 28 29 30 31	61 2 3 4 5	6 7 8 9 10	6	0
	5	11 12 13 14 15	16 17 18 19 20	21 22 23 24 25	26 27 28 29 30	71 2 3 4 5	6 7 8 9 —	1	30
	6	10 11 12 13 14	15 16 17 18 19	20 21 22 23 24	25 26 27 28 29	30 31 81 2 3	4 5 6 7 8	2	59
	7	9 10 11 12 13	14 15 16 17 18	19 20 21 22 23	24 25 26 27 28	29 30 31 91 2	3 4 5 6 —	4	29
	8	7 8 9 10 11	12 13 14 15 16	17 18 19 20 21	22 23 24 25 26	27 28 29 30 01	2 3 4 5 6	5	58
	9	7 8 9 10 11	12 13 14 15 16	17 18 19 20 21	22 23 24 25 26	27 28 29 30 31	N1 2 3 4 5	0	28
	10	6 7 8 9 10	11 12 13 14 15	16 17 18 19 20	21 22 23 24 25	26 27 28 29 30	D1 2 3 4 —	2	58
	11	5 6 7 8 9	10 11 12 13 14	15 16 17 18 19	20 21 22 23 24	25 26 27 28 29	30 31 11 2 3	3	27
	12	4 5 6 7 8	9 10 11 12 13	14 15 16 17 18	19 20 21 22 23	24 25 26 27 28	29 30 31 21 —	5	57

年序 Year		陰曆月序 Moon	陰曆日序 Order of days (Lunar)						星期 Week	干支 Cycle
			1 2 3 4 5	6 7 8 9 10	11 12 13 14 15	16 17 18 19 20	21 22 23 24 25	26 27 28 29 30		
武德 9 丙戌 626–27	26	1	2 3 4 5 6	7 8 9 10 11	12 13 14 15 16	17 18 19 20 21	22 23 24 25 26	27 28 **3**1 2 3	6	26
		2	4 5 6 7 8	9 10 11 12 13	14 15 16 17 18	19 20 21 22 23	24 25 26 27 28	29 30 31 **4**1 —	1	56
		3	2 3 4 5 6	7 8 9 10 11	12 13 14 15 16	17 18 19 20 21	22 23 24 25 26	27 28 29 30 **5**1	2	25
		4	2 3 4 5 6	7 8 9 10 11	12 13 14 15 16	17 18 19 20 21	22 23 24 25 26	27 28 29 30 —	4	55
		5	31 **6**1 2 3 4	5 6 7 8 9	10 11 12 13 14	15 16 17 18 19	20 21 22 23 24	25 26 27 28 —	5	24
		6	29 30 **7**1 2 3	4 5 6 7 8	9 10 11 12 13	14 15 16 17 18	19 20 21 22 23	24 25 26 27 28	6	53
		7	29 30 31 **8**1 2	3 4 5 6 7	8 9 10 11 12	13 14 15 16 17	18 19 20 21 22	23 24 25 26 —	1	23
		8	27 28 29 30 31	**9**1 2 3 4 5	6 7 8 9 10	11 12 13 14 15	16 17 18 19 20	21 22 23 24 25	2	52
		9	26 27 28 29 30	**0**1 2 3 4 5	6 7 8 9 10	11 12 13 14 15	16 17 18 19 20	21 22 23 24 25	4	22
		10	26 27 28 29 30	31 **N**1 2 3 4	5 6 7 8 9	10 11 12 13 14	15 16 17 18 19	20 21 22 23 24	6	52
		11	25 26 27 28 29	30 **D**1 2 3 4	5 6 7 8 9	10 11 12 13 14	15 16 17 18 19	20 21 22 23 —	1	22
		12	24 25 26 27 28	29 30 31 **1**1 2	3 4 5 6 7	8 9 10 11 12	13 14 15 16 17	18 19 20 21 22	2	51
太宗 貞觀 1 丁亥 627–28	38	1	23 24 25 26 27	28 29 30 31 **2**1	2 3 4 5 6	7 8 9 10 11	12 13 14 15 16	17 18 19 20 —	4	21
		2	21 22 23 24 25	26 27 28 **3**1 2	3 4 5 6 7	8 9 10 11 12	13 14 15 16 17	18 19 20 21 22	5	50
		3	23 24 25 26 27	28 29 30 31 **4**1	2 3 4 5 6	7 8 9 10 11	12 13 14 15 16	17 18 19 20 —	0	20
		8	21 22 23 24 25	26 27 28 29 30	**5**1 2 3 4 5	6 7 8 9 10	11 12 13 14 15	16 17 18 19 —	1	49
		4	20 21 22 23 24	25 26 27 28 29	30 31 **6**1 2 3	4 5 6 7 8	9 10 11 12 13	14 15 16 17 18	2	18
		5	19 20 21 22 23	24 25 26 27 28	29 30 **7**1 2 3	4 5 6 7 8	9 10 11 12 13	14 15 16 17 —	4	48
		6	18 19 20 21 22	23 24 25 26 27	28 29 30 31 **8**1	2 3 4 5 6	7 8 9 10 11	12 13 14 15 16	5	17
		7	17 18 19 20 21	22 23 24 25 26	27 28 29 30 31	**9**1 2 3 4 5	6 7 8 9 10	11 12 13 14 —	0	47
		8	15 16 17 18 19	20 21 22 23 24	25 26 27 28 29	30 **0**1 2 3 4	5 6 7 8 9	10 11 12 13 14	1	16
		9	15 16 17 18 19	20 21 22 23 24	25 26 27 28 29	30 31 **N**1 2 3	4 5 6 7 8	9 10 11 12 13	3	46
		10	14 15 16 17 18	19 20 21 22 23	24 25 26 27 28	29 30 **D**1 2 3	4 5 6 7 8	9 10 11 12 —	5	16
		11	13 14 15 16 17	18 19 20 21 22	23 24 25 26 27	28 29 30 31 **1**1	2 3 4 5 6	7 8 9 10 11	6	45
		12	12 13 14 15 16	17 18 19 20 21	22 23 24 25 26	27 28 29 30 31	**2**1 2 3 4 5	6 7 8 9 10	1	15
貞觀 2 戊子 628–29	50	1	11 12 13 14 15	16 17 18 19 20	21 22 23 24 25	26 27 28 29 31	2 3 4 5 6	7 8 9 10 —	3	45
		2	11 12 13 14 15	16 17 18 19 20	21 22 23 24 25	26 27 28 29 30	31 **4**1 2 3 4	5 6 7 8 9	4	14
		3	10 11 12 13 14	15 16 17 18 19	20 21 22 23 24	25 26 27 28 29	30 **5**1 2 3 4	5 6 7 8 —	6	44
		4	9 10 11 12 13	14 15 16 17 18	19 20 21 22 23	24 25 26 27 28	29 30 31 **6**1 2	3 4 5 6 —	0	13
		5	7 8 9 10 11	12 13 14 15 16	17 18 19 20 21	22 23 24 25 26	27 28 29 30 **7**1	2 3 4 5 6	1	42
		6	7 8 9 10 11	12 13 14 15 16	17 18 19 20 21	22 23 24 25 26	27 28 29 30 31	**8**1 2 3 4 —	3	12
		7	5 6 7 8 9	10 11 12 13 14	15 16 17 18 19	20 21 22 23 24	25 26 27 28 29	30 31 **9**1 2 —	4	41
		8	3 4 5 6 7	8 9 10 11 12	13 14 15 16 17	18 19 20 21 22	23 24 25 26 27	28 29 30 **0**1 2	5	[illegible]
		9	3 4 5 6 7	8 9 10 11 12	13 14 15 16 17	18 19 20 21 22	23 24 25 26 27	28 29 30 31 **N**1	0	40
		10	2 3 4 5 6	7 8 9 10 11	12 13 14 15 16	17 18 19 20 21	22 23 24 25 26	27 28 29 30 —	2	10
		11	**D**1 2 3 4 5	6 7 8 9 10	11 12 13 14 15	16 17 18 19 20	21 22 23 24 25	26 27 28 29 30	3	39
		12	31 **1**1 2 3 4	5 6 7 8 9	10 11 12 13 14	15 16 17 18 19	20 21 22 23 24	25 26 27 28 29	5	9
貞觀 3 己丑 629–30	2	1	30 31 **2**1 2 3	4 5 6 7 8	9 10 11 12 13	14 15 16 17 18	19 20 21 22 23	24 25 26 27 28	0	39
		2	**3**1 2 3 4 5	6 7 8 9 10	11 12 13 14 15	16 17 18 19 20	21 22 23 24 25	26 27 28 29 —	2	9
		3	30 31 **4**1 2 3	4 5 6 7 8	9 10 11 12 13	14 15 16 17 18	19 20 21 22 23	24 25 26 27 28	3	38
		4	29 30 **5**1 2 3	4 5 6 7 8	9 10 11 12 13	14 15 16 17 18	19 20 21 22 23	24 25 26 27 —	5	8
		5	28 29 30 31 **6**1	2 3 4 5 6	7 8 9 10 11	12 13 14 15 16	17 18 19 20 21	22 23 24 25 26	6	37
		6	27 28 29 30 **7**1	2 3 4 5 6	7 8 9 10 11	12 13 14 15 16	17 18 19 20 21	22 23 24 25 —	1	7
		7	26 27 28 29 30	31 **8**1 2 3 4	5 6 7 8 9	10 11 12 13 14	15 16 17 18 19	20 21 22 23 —	2	36
		8	24 25 26 27 28	29 30 31 **9**1 2	3 4 5 6 7	8 9 10 11 12	13 14 15 16 17	18 19 20 21 —	3	5
		9	22 23 24 25 26	27 28 29 30 **0**1	2 3 4 5 6	7 8 9 10 11	12 13 14 15 16	17 18 19 20 21	4	34
		10	22 23 24 25 26	27 28 29 30 31	**N**1 2 3 4 5	6 7 8 9 10	11 12 13 14 15	16 17 18 19 20	6	4
		11	21 22 23 24 25	26 27 28 29 30	**D**1 2 3 4 5	6 7 8 9 10	11 12 13 14 15	16 17 18 19 —	1	34
		12	20 21 22 23 24	25 26 27 28 29	30 31 **1**1 2 3	4 5 6 7 8	9 10 11 12 13	14 15 16 17 18	2	3
		12	19 20 21 22 23	24 25 26 27 28	29 30 31 **2**1 2	3 4 5 6 7	8 9 10 11 12	13 14 15 16 17	4	33
貞觀 4 庚寅 630–31	14	1	18 19 20 21 22	23 24 25 26 27	28 **3**1 2 3 4	5 6 7 8 9	10 11 12 13 14	15 16 17 18 19	6	3
		2	20 21 22 23 24	25 26 27 28 29	30 31 **4**1 2 3	4 5 6 7 8	9 10 11 12 13	14 15 16 17 —	1	33
		3	18 19 20 21 22	23 24 25 26 27	28 29 30 **5**1 2	3 4 5 6 7	8 9 10 11 12	13 14 15 16 17	2	2
		4	18 19 20 21 22	23 24 25 26 27	28 29 30 31 **6**1	2 3 4 5 6	7 8 9 10 11	12 13 14 15 —	4	32
		5	16 17 18 19 20	21 22 23 24 25	26 27 28 29 30	**7**1 2 3 4 5	6 7 8 9 10	11 12 13 14 —	5	1
		6	15 16 17 18 19	20 21 22 23 24	25 26 27 28 29	30 31 **8**1 2 3	4 5 6 7 8	9 10 11 12 13	6	30
		7	14 15 16 17 18	19 20 21 22 23	24 25 26 27 28	29 30 31 **9**1 2	3 4 5 6 7	8 9 10 11 —	1	0
		8	12 13 14 15 16	17 18 19 20 21	22 23 24 25 26	27 28 29 30 **0**1	2 3 4 5 6	7 8 9 10 11	2	29
		9	12 13 14 15 16	17 18 19 20 21	22 23 24 25 26	27 28 29 30 31	**N**1 2 3 4 5	6 7 8 9 —	4	59
		10	10 11 12 13 14	15 16 17 18 19	20 21 22 23 24	25 26 27 28 29	30 **D**1 2 3 4	5 6 7 8 9	5	28
		11	10 11 12 13 14	15 16 17 18 19	20 21 22 23 24	25 26 27 28 29	30 31 **1**1 2 3	4 5 6 7 —	0	58
		12	8 9 10 11 12	13 14 15 16 17	18 19 20 21 22	23 24 25 26 27	28 29 30 31 **2**1	2 3 4 5 6	1	27

年序 Year	陰曆月序 Moon	陰曆日序 Order of days (Lunar) 1 2 3 4 5	6 7 8 9 10	11 12 13 14 15	16 17 18 19 20	21 22 23 24 25	26 27 28 29 30	星期 Week	干支 Cycle
貞觀 5 辛卯 631–32	26 1	7 8 9 10 11	12 13 14 15 16	17 18 19 20 21	22 23 24 25 26	27 28 31 2 3	4 5 6 7 8	3	57
	2	9 10 11 12 13	14 15 16 17 18	19 20 21 22 23	24 25 26 27 28	29 30 31 41 2	3 4 5 6 —	5	27
	3	7 8 9 10 11	12 13 14 15 16	17 18 19 20 21	22 23 24 25 26	27 28 29 30 51	2 3 4 5 6	6	56
	4	7 8 9 10 11	12 13 14 15 16	17 18 19 20 21	22 23 24 25 26	27 28 29 30 31	61 2 3 4 —	1	26
	5	5 6 7 8 9	10 11 12 13 14	15 16 17 18 19	20 21 22 23 24	25 26 27 28 29	30 71 2 3 4	2	55
	6	5 6 7 8 9	10 11 12 13 14	15 16 17 18 19	20 21 22 23 24	25 26 27 28 29	30 31 81 2 —	4	25
	7	3 4 5 6 7	8 9 10 11 12	13 14 15 16 17	18 19 20 21 22	23 24 25 26 27	28 29 30 31 91	5	54
	8	2 3 4 5 6	7 8 9 10 11	12 13 14 15 16	17 18 19 20 21	22 23 24 25 26	27 28 29 30 —	0	24
	9	01 2 3 4 5	6 7 8 9 10	11 12 13 14 15	16 17 18 19 20	21 22 23 24 25	26 27 28 29 30	1	53
	10	31 N1 2 3 4	5 6 7 8 9	10 11 12 13 14	15 16 17 18 19	20 21 22 23 24	25 26 27 28 —	3	23
	11	29 30 D1 2 3	4 5 6 7 8	9 10 11 12 13	14 15 16 17 18	19 20 21 22 23	24 25 26 27 28	4	52
	12	29 30 31 11 2	3 4 5 6 7	8 9 10 11 12	13 14 15 16 17	18 19 20 21 22	23 24 25 26 —	6	22
貞觀 6 壬辰 632–33	38 1	27 28 29 30 31	21 2 3 4 5	6 7 8 9 10	11 12 13 14 15	16 17 18 19 20	21 22 23 24 25	0	51
	2	26 27 28 29 31	2 3 4 5 6	7 8 9 10 11	12 13 14 15 16	17 18 19 20 21	22 23 24 25 —	2	21
	3	26 27 28 29 30	31 41 2 3 4	5 6 7 8 9	10 11 12 13 14	15 16 17 18 19	20 21 22 23 24	3	50
	4	25 26 27 28 29	30 51 2 3 4	5 6 7 8 9	10 11 12 13 14	15 16 17 18 19	20 21 22 23 24	5	20
	5	25 26 27 28 29	30 31 61 2 3	4 5 6 7 8	9 10 11 12 13	14 15 16 17 18	19 20 21 22 —	0	50
	6	23 24 25 26 27	28 29 30 71 2	3 4 5 6 7	8 9 10 11 12	13 14 15 16 17	18 19 20 21 22	1	19
	7	23 24 25 26 27	28 29 30 31 81	2 3 4 5 6	7 8 9 10 11	12 13 14 15 16	17 18 19 20 —	3	49
	8	21 22 23 24 25	26 27 28 29 30	31 91 2 3 4	5 6 7 8 9	10 11 12 13 14	15 16 17 18 19	4	18
	8	20 21 22 23 24	25 26 27 28 29	30 01 2 3 4	5 6 7 8 9	10 11 12 13 14	15 16 17 18 —	6	48
	9	19 20 21 22 23	24 25 26 27 28	29 30 31 N1 2	3 4 5 6 7	8 9 10 11 12	13 14 15 16 17	0	17
	10	18 19 20 21 22	23 24 25 26 27	28 29 30 D1 2	3 4 5 6 7	8 9 10 11 12	13 14 15 16 —	2	47
	11	17 18 19 20 21	22 23 24 25 26	27 28 29 30 31	11 2 3 4 5	6 7 8 9 10	11 12 13 14 15	3	16
	12	16 17 18 19 20	21 22 23 24 25	26 27 28 29 30	31 21 2 3 4	5 6 7 8 9	10 11 12 13 —	5	46
貞觀 7 癸巳 633–34	50 1	14 15 16 17 18	19 20 21 22 23	24 25 26 27 28	31 2 3 4 5	6 7 8 9 10	11 12 13 14 15	6	15
	2	16 17 18 19 20	21 22 23 24 25	26 27 28 29 30	31 41 2 3 4	5 6 7 8 9	10 11 12 13 —	1	45
	3	14 15 16 17 18	19 20 21 22 23	24 25 26 27 28	29 30 51 2 3	4 5 6 7 8	9 10 11 12 13	2	14
	4	14 15 16 17 18	19 20 21 22 23	24 25 26 27 28	29 30 31 61 2	3 4 5 6 7	8 9 10 11 —	4	44
	5	12 13 14 15 16	17 18 19 20 21	22 23 24 25 26	27 28 29 30 71	2 3 4 5 6	7 8 9 10 11	5	13
	6	12 13 14 15 16	17 18 19 20 21	22 23 24 25 26	27 28 29 30 31	81 2 3 4 5	6 7 8 9 10	0	43
	7	11 12 13 14 15	16 17 18 19 20	21 22 23 24 25	26 27 28 29 30	31 91 2 3 4	5 6 7 8 —	2	13
	8	9 10 11 12 13	14 15 16 17 18	19 20 21 22 23	24 25 26 27 28	29 30 01 2 3	4 5 6 7 8	3	42
	9	9 10 11 12 13	14 15 16 17 18	19 20 21 22 23	24 25 26 27 28	29 30 31 N1 2	3 4 5 6 —	5	12
	10	7 8 9 10 11	12 13 14 15 16	17 18 19 20 21	22 23 24 25 26	27 28 29 30 D1	2 3 4 5 6	6	41
	11	7 8 9 10 11	12 13 14 15 16	17 18 19 20 21	22 23 24 25 26	27 28 29 30 31	11 2 3 4 —	1	11
	12	5 6 7 8 9	10 11 12 13 14	15 16 17 18 19	20 21 22 23 24	25 26 27 28 29	30 31 21 2 3	2	40
貞觀 8 甲午 634–35	2 1	4 5 6 7 8	9 10 11 12 13	14 15 16 17 18	19 20 21 22 23	24 25 26 27 28	31 2 3 4 —	4	10
	2	5 6 7 8 9	10 11 12 13 14	15 16 17 18 19	20 21 22 23 24	25 26 27 28 29	30 31 41 2 3	5	39
	3	4 5 6 7 8	9 10 11 12 13	14 15 16 17 18	19 20 21 22 23	24 25 26 27 28	29 30 51 2 —	0	9
	4	3 4 5 6 7	8 9 10 11 12	13 14 15 16 17	18 19 20 21 22	23 24 25 26 27	28 29 30 31 —	1	38
	5	61 2 3 4 5	6 7 8 9 10	11 12 13 14 15	16 17 18 19 20	21 22 23 24 25	26 27 28 29 30	2	7
	6	71 2 3 4 5	6 7 8 9 10	11 12 13 14 15	16 17 18 19 20	21 22 23 24 25	26 27 28 29 30	4	37
	7	31 81 2 3 4	5 6 7 8 9	10 11 12 13 14	15 16 17 18 19	20 21 22 23 24	25 26 27 28 —	6	7
	8	29 30 31 91 2	3 4 5 6 7	8 9 10 11 12	13 14 15 16 17	18 19 20 21 22	23 24 25 26 27	0	36
	9	28 29 30 01 2	3 4 5 6 7	8 9 10 11 12	13 14 15 16 17	18 19 20 21 22	23 24 25 26 27	2	6
	10	28 29 30 31 N1	2 3 4 5 6	7 8 9 10 11	12 13 14 15 16	17 18 19 20 21	22 23 24 25 —	4	36
	11	26 27 28 29 30	D1 2 3 4 5	6 7 8 9 10	11 12 13 14 15	16 17 18 19 20	21 22 23 24 25	5	5
	12	26 27 28 29 30	31 11 2 3 4	5 6 7 8 9	10 11 12 13 14	15 16 17 18 19	20 21 22 23 —	0	35
貞觀 9 乙未 635–36	14 1	24 25 26 27 28	29 30 31 21 2	3 4 5 6 7	8 9 10 11 12	13 14 15 16 17	18 19 20 21 22	1	4
	2	23 24 25 26 27	28 31 2 3 4	5 6 7 8 9	10 11 12 13 14	15 16 17 18 19	20 21 22 23 —	3	34
	3	24 25 26 27 28	29 30 31 41 2	3 4 5 6 7	8 9 10 11 12	13 14 15 16 17	18 19 20 21 22	4	3
	4	23 24 25 26 27	28 29 30 51 2	3 4 5 6 7	8 9 10 11 12	13 14 15 16 17	18 19 20 21 —	6	33
	4	22 23 24 25 26	27 28 29 30 31	61 2 3 4 5	6 7 8 9 10	11 12 13 14 15	16 17 18 19 —	0	2
	5	20 21 22 23 24	25 26 27 28 29	30 71 2 3 4	5 6 7 8 9	10 11 12 13 14	15 16 17 18 19	1	31
	6	20 21 22 23 24	25 26 27 28 29	30 31 81 2 3	4 5 6 7 8	9 10 11 12 13	14 15 16 17 —	3	1
	7	18 19 20 21 22	23 24 25 26 27	28 29 30 31 91	2 3 4 5 6	7 8 9 10 11	12 13 14 15 16	4	30
	8	17 18 19 20 21	22 23 24 25 26	27 28 29 30 01	2 3 4 5 6	7 8 9 10 11	12 13 14 15 16	6	0
	9	17 18 19 20 21	22 23 24 25 26	27 28 29 30 31	N1 2 3 4 5	6 7 8 9 10	11 12 13 14 15	1	30
	10	16 17 18 19 20	21 22 23 24 25	26 27 28 29 30	D1 2 3 4 5	6 7 8 9 10	11 12 13 14 —	3	0
	11	15 16 17 18 19	20 21 22 23 24	25 26 27 28 29	30 31 11 2 3	4 5 6 7 8	9 10 11 12 13	4	29
	12	14 15 16 17 18	19 20 21 22 23	24 25 26 27 28	29 30 31 21 2	3 4 5 6 7	8 9 10 11 —	6	59

年序 Year	陰曆月序 Moon	1 2 3 4 5	6 7 8 9 10	11 12 13 14 15	16 17 18 19 20	21 22 23 24 25	26 27 28 29 30	星期 Week	干支 Cycle
		陰曆日序 Order of days (Lunar)							
貞觀 10 丙申 636–37	26 1	12 13 14 15 16	17 18 19 20 21	22 23 24 25 26	27 28 29 31 2	3 4 5 6 7	8 9 10 11 12	0	28
	2	13 14 15 16 17	18 19 20 21 22	23 24 25 26 27	28 29 30 31 41	2 3 4 5 6	7 8 9 10 —	2	58
	3	11 12 13 14 15	16 17 18 19 20	21 22 23 24 25	26 27 28 29 30	51 2 3 4 5	6 7 8 9 10	3	27
	4	11 12 13 14 15	16 17 18 19 20	21 22 23 24 25	26 27 28 29 30	31 61 2 3 4	5 6 7 8 —	5	57
	5	9 10 11 12 13	14 15 16 17 18	19 20 21 22 23	24 25 26 27 28	29 30 71 2 3	4 5 6 7 —	6	26
	6	8 9 10 11 12	13 14 15 16 17	18 19 20 21 22	23 24 25 26 27	28 29 30 31 81	2 3 4 5 6	0	55
	7	7 8 9 10 11	12 13 14 15 16	17 18 19 20 21	22 23 24 25 26	27 28 29 30 31	91 2 3 4 —	2	25
	8	5 6 7 8 9	10 11 12 13 14	15 16 17 18 19	20 21 22 23 24	25 26 27 28 29	30 01 2 3 4	3	54
	9	5 6 7 8 9	10 11 12 13 14	15 16 17 18 19	20 21 22 23 24	25 26 27 28 29	30 31 N1 2 —	5	24
	10	3 4 5 6 7	8 9 10 11 12	13 14 15 16 17	18 19 20 21 22	23 24 25 26 27	28 29 30 D1 2	6	53
	11	3 4 5 6 7	8 9 10 11 12	13 14 15 16 17	18 19 20 21 22	23 24 25 26 27	28 29 30 31 11	1	23
	12	2 3 4 5 6	7 8 9 10 11	12 13 14 15 16	17 18 19 20 21	22 23 24 25 26	27 28 29 30 31	3	53
貞觀 11 丁酉 637–38	38 1	21 2 3 4 5	6 7 8 9 10	11 12 13 14 15	16 17 18 19 20	21 22 23 24 25	26 27 28 31 —	5	23
	2	2 3 4 5 6	7 8 9 10 11	12 13 14 15 16	17 18 19 20 21	22 23 24 25 26	27 28 29 30 31	6	52
	3	41 2 3 4 5	6 7 8 9 10	11 12 13 14 15	16 17 18 19 20	21 22 23 24 25	26 27 28 29 —	1	22
	4	30 51 2 3 4	5 6 7 8 9	10 11 12 13 14	15 16 17 18 19	20 21 22 23 24	25 26 27 28 29	2	51
	5	30 31 61 2 3	4 5 6 7 8	9 10 11 12 13	14 15 16 17 18	19 20 21 22 23	24 25 26 27 —	4	21
	6	28 29 30 71 2	3 4 5 6 7	8 9 10 11 12	13 14 15 16 17	18 19 20 21 22	23 24 25 26 —	5	50
	7	27 28 29 30 31	81 2 3 4 5	6 7 8 9 10	11 12 13 14 15	16 17 18 19 20	21 22 23 24 25	6	19
	8	26 27 28 29 30	31 91 2 3 4	5 6 7 8 9	10 11 12 13 14	15 16 17 18 19	20 21 22 23 —	1	49
	9	24 25 26 27 28	29 30 01 2 3	4 5 6 7 8	9 10 11 12 13	14 15 16 17 18	19 20 21 22 23	2	18
	10	24 25 26 27 28	29 30 31 N1 2	3 4 5 6 7	8 9 10 11 12	13 14 15 16 17	18 19 20 21 —	4	48
	11	22 23 24 25 26	27 28 29 30 D1	2 3 4 5 6	7 8 9 10 11	12 13 14 15 16	17 18 19 20 21	5	17
	12	22 23 24 25 26	27 28 29 30 31	11 2 3 4 5	6 7 8 9 10	11 12 13 14 15	16 17 18 19 20	0	47
貞觀 12 戊戌 638–39	50 1	21 22 23 24 25	26 27 28 29 30	31 21 2 3 4	5 6 7 8 9	10 11 12 13 14	15 16 17 18 19	2	17
	2	20 21 22 23 24	25 26 27 28 31	2 3 4 5 6	7 8 9 10 11	12 13 14 15 16	17 18 19 20 —	4	47
	2	21 22 23 24 25	26 27 28 29 30	31 41 2 3 4	5 6 7 8 9	10 11 12 13 14	15 16 17 18 19	5	16
	3	20 21 22 23 24	25 26 27 28 29	30 51 2 3 4	5 6 7 8 9	10 11 12 13 14	15 16 17 18 —	0	46
	4	19 20 21 22 23	24 25 26 27 28	29 30 31 61 2	3 4 5 6 7	8 9 10 11 12	13 14 15 16 —	1	15
	5	17 18 19 20 21	22 23 24 25 26	27 28 29 30 71	2 3 4 5 6	7 8 9 10 11	12 13 14 15 16	2	44
	6	17 18 19 20 21	22 23 24 25 26	27 28 29 30 31	81 2 3 4 5	6 7 8 9 10	11 12 13 14 —	4	14
	7	15 16 17 18 19	20 21 22 23 24	25 26 27 28 29	30 31 91 2 3	4 5 6 7 8	9 10 11 12 —	5	43
	8	13 14 15 16 17	18 19 20 21 22	23 24 25 26 27	28 29 30 01 2	3 4 5 6 7	8 9 10 11 12	6	12
	9	13 14 15 16 17	18 19 20 21 22	23 24 25 26 27	28 29 30 31 N1	2 3 4 5 6	7 8 9 10 —	1	42
	10	11 12 13 14 15	16 17 18 19 20	21 22 23 24 25	26 27 28 29 30	D1 2 3 4 5	6 7 8 9 10	2	11
	11	11 12 13 14 15	16 17 18 19 20	21 22 23 24 25	26 27 28 29 30	31 11 2 3 4	5 6 7 8 9	4	41
	12	10 11 12 13 14	15 16 17 18 19	20 21 22 23 24	25 26 27 28 29	30 31 21 2 3	4 5 6 7 8	6	11
貞觀 13 己亥 639–40	2 1	9 10 11 12 13	14 15 16 17 18	19 20 21 22 23	24 25 26 27 28	31 2 3 4 5	6 7 8 9 —	1	41
	2	10 11 12 13 14	15 16 17 18 19	20 21 22 23 24	25 26 27 28 29	30 31 41 2 3	4 5 6 7 8	2	10
	3	9 10 11 12 13	14 15 16 17 18	19 20 21 22 23	24 25 26 27 28	29 30 51 2 3	4 5 6 7 8	4	40
	4	9 10 11 12 13	14 15 16 17 18	19 20 21 22 23	24 25 26 27 28	29 30 31 61 2	3 4 5 6 —	6	10
	5	7 8 9 10 11	12 13 14 15 16	17 18 19 20 21	22 23 24 25 26	27 28 29 30 71	2 3 4 5 —	0	39
	6	6 7 8 9 10	11 12 13 14 15	16 17 18 19 20	21 22 23 24 25	26 27 28 29 30	31 81 2 3 4	1	8
	7	5 6 7 8 9	10 11 12 13 14	15 16 17 18 19	20 21 22 23 24	25 26 27 28 29	30 31 91 2 —	3	38
	8	3 4 5 6 7	8 9 10 11 12	13 14 15 16 17	18 19 20 21 22	23 24 25 26 27	28 29 30 01 —	4	7
	9	2 3 4 5 6	7 8 9 10 11	12 13 14 15 16	17 18 19 20 21	22 23 24 25 26	27 28 29 30 31	5	36
	10	N1 2 3 4 5	6 7 8 9 10	11 12 13 14 15	16 17 18 19 20	21 22 23 24 25	26 27 28 29 —	0	6
	11	30 D1 2 3 4	5 6 7 8 9	10 11 12 13 14	15 16 17 18 19	20 21 22 23 24	25 26 27 28 29	1	35
	12	30 31 11 2 3	4 5 6 7 8	9 10 11 12 13	14 15 16 17 18	19 20 21 22 23	24 25 26 27 28	3	5
貞觀 14 庚子 640–41	14 1	29 30 31 21 2	3 4 5 6 7	8 9 10 11 12	13 14 15 16 17	18 19 20 21 22	23 24 25 26 —	5	35
	2	27 28 29 31 2	3 4 5 6 7	8 9 10 11 12	13 14 15 16 17	18 19 20 21 22	23 24 25 26 27	6	4
	3	28 29 30 31 41	2 3 4 5 6	7 8 9 10 11	12 13 14 15 16	17 18 19 20 21	22 23 24 25 26	1	34
	4	27 28 29 30 51	2 3 4 5 6	7 8 9 10 11	12 13 14 15 16	17 18 19 20 21	22 23 24 25 —	3	4
	5	26 27 28 29 30	31 61 2 3 4	5 6 7 8 9	10 11 12 13 14	15 16 17 18 19	20 21 22 23 24	4	33
	6	25 26 27 28 29	30 71 2 3 4	5 6 7 8 9	10 11 12 13 14	15 16 17 18 19	20 21 22 23 —	6	3
	7	24 25 26 27 28	29 30 31 81 2	3 4 5 6 7	8 9 10 11 12	13 14 15 16 17	18 19 20 21 22	0	32
	8	23 24 25 26 27	28 29 30 31 91	2 3 4 5 6	7 8 9 10 11	12 13 14 15 16	17 18 19 20 —	2	2
	9	21 22 23 24 25	26 27 28 29 30	01 2 3 4 5	6 7 8 9 10	11 12 13 14 15	16 17 18 19 20	3	31
	10	21 22 23 24 25	26 27 28 29 30	31 N1 2 3 4	5 6 7 8 9	10 11 12 13 14	15 16 17 18 —	5	1
	10	19 20 21 22 23	24 25 26 27 28	29 30 D1 2 3	4 5 6 7 8	9 10 11 12 13	14 15 16 17 18	6	30
	11	19 20 21 22 23	24 25 26 27 28	29 30 31 11 2	3 4 5 6 7	8 9 10 11 12	13 14 15 16 —	1	0
	12	17 18 19 20 21	22 23 24 25 26	27 28 29 30 31	21 2 3 4 5	6 7 8 9 10	11 12 13 14 15	2	29

年序 Year		陰曆月序 Moon	陰曆日序 Order of days (Lunar)																														星期 Week	干支 Cycle
			1	2	3	4	5	6	7	8	9	10	11	12	13	14	15	16	17	18	19	20	21	22	23	24	25	26	27	28	29	30		
貞觀 15 辛丑 641–42	26	1	16	17	18	19	20	21	22	23	24	25	26	27	28	31	2	3	4	5	6	7	8	9	10	11	12	13	14	15	16	—	4	59
		2	17	18	19	20	21	22	23	24	25	26	27	28	29	30	31	41	2	3	4	5	6	7	8	9	10	11	12	13	14	15	5	28
		3	16	17	18	19	20	21	22	23	24	25	26	27	28	29	30	51	2	3	4	5	6	7	8	9	10	11	12	13	14	—	0	58
		4	15	16	17	18	19	20	21	22	23	24	25	26	27	28	29	30	31	61	2	3	4	5	6	7	8	9	10	11	12	13	1	27
		5	14	15	16	17	18	19	20	21	22	23	24	25	26	27	28	29	30	71	2	3	4	5	6	7	8	9	10	11	12	13	3	57
		6	14	15	16	17	18	19	20	21	22	23	24	25	26	27	28	29	30	31	81	2	3	4	5	6	7	8	9	10	11	—	5	27
		7	12	13	14	15	16	17	18	19	20	21	22	23	24	25	26	27	28	29	30	31	91	2	3	4	5	6	7	8	9	10	6	56
		8	11	12	13	14	15	16	17	18	19	20	21	22	23	24	25	26	27	28	29	30	01	2	3	4	5	6	7	8	9	—	1	26
		9	10	11	12	13	14	15	16	17	18	19	20	21	22	23	24	25	26	27	28	29	30	31	N1	2	3	4	5	6	7	8	2	55
		10	9	10	11	12	13	14	15	16	17	18	19	20	21	22	23	24	25	26	27	28	29	30	D1	2	3	4	5	6	7	—	4	25
		11	8	9	10	11	12	13	14	15	16	17	18	19	20	21	22	23	24	25	26	27	28	29	30	31	11	2	3	4	5	6	5	54
		12	7	8	9	10	11	12	13	14	15	16	17	18	19	20	21	22	23	24	25	26	27	28	29	30	31	21	2	3	4	—	0	24
貞觀 16 壬寅 642–43	38	1	5	6	7	8	9	10	11	12	13	14	15	16	17	18	19	20	21	22	23	24	25	26	27	28	31	2	3	4	5	6	1	53
		2	7	8	9	10	11	12	13	14	15	16	17	18	19	20	21	22	23	24	25	26	27	28	29	30	31	41	2	3	4	—	3	23
		3	5	6	7	8	9	10	11	12	13	14	15	16	17	18	19	20	21	22	23	24	25	26	27	28	29	30	51	2	3	4	4	52
		4	5	6	7	8	9	10	11	12	13	14	15	16	17	18	19	20	21	22	23	24	25	26	27	28	29	30	31	61	2	—	6	22
		5	3	4	5	6	7	8	9	10	11	12	13	14	15	16	17	18	19	20	21	22	23	24	25	26	27	28	29	30	71	2	0	51
		6	3	4	5	6	7	8	9	10	11	12	13	14	15	16	17	18	19	20	21	22	23	24	25	26	27	28	29	30	31	—	2	21
		7	81	2	3	4	5	6	7	8	9	10	11	12	13	14	15	16	17	18	19	20	21	22	23	24	25	26	27	28	29	30	3	50
		8	31	91	2	3	4	5	6	7	8	9	10	11	12	13	14	15	16	17	18	19	20	21	22	23	24	25	26	27	28	29	5	20
		9	30	01	2	3	4	5	6	7	8	9	10	11	12	13	14	15	16	17	18	19	20	21	22	23	24	25	26	27	28	—	0	50
		10	29	30	31	N1	2	3	4	5	6	7	8	9	10	11	12	13	14	15	16	17	18	19	20	21	22	23	24	25	26	27	1	19
		11	28	29	30	D1	2	3	4	5	6	7	8	9	10	11	12	13	14	15	16	17	18	19	20	21	22	23	24	25	26	—	3	49
		12	27	28	29	30	31	11	2	3	4	5	6	7	8	9	10	11	12	13	14	15	16	17	18	19	20	21	22	23	24	25	4	18
貞觀 17 癸卯 643–44	50	1	26	27	28	29	30	31	21	2	3	4	5	6	7	8	9	10	11	12	13	14	15	16	17	18	19	20	21	22	23	—	6	48
		2	24	25	26	27	28	31	2	3	4	5	6	7	8	9	10	11	12	13	14	15	16	17	18	19	20	21	22	23	24	25	0	17
		3	26	27	28	29	30	31	41	2	3	4	5	6	7	8	9	10	11	12	13	14	15	16	17	18	19	20	21	22	23	—	2	47
		4	24	25	26	27	28	29	30	51	2	3	4	5	6	7	8	9	10	11	12	13	14	15	16	17	18	19	20	21	22	—	3	16
		5	23	24	25	26	27	28	29	30	31	61	2	3	4	5	6	7	8	9	10	11	12	13	14	15	16	17	18	19	20	21	4	45
		6	22	23	24	25	26	27	28	29	30	71	2	3	4	5	6	7	8	9	10	11	12	13	14	15	16	17	18	19	20	—	6	15
		6	21	22	23	24	25	26	27	28	29	30	31	81	2	3	4	5	6	7	8	9	10	11	12	13	14	15	16	17	18	19	0	44
		7	20	21	22	23	24	25	26	27	28	29	30	31	91	2	3	4	5	6	7	8	9	10	11	12	13	14	15	16	17	18	2	14
		8	19	20	21	22	23	24	25	26	27	28	29	30	01	2	3	4	5	6	7	8	9	10	11	12	13	14	15	16	17	—	4	44
		9	18	19	20	21	22	23	24	25	26	27	28	29	30	31	N1	2	3	4	5	6	7	8	9	10	11	12	13	14	15	16	5	13
		10	17	18	19	20	21	22	23	24	25	26	27	28	29	30	D1	2	3	4	5	6	7	8	9	10	11	12	13	14	15	16	0	43
		11	17	18	19	20	21	22	23	24	25	26	27	28	29	30	31	11	2	3	4	5	6	7	8	9	10	11	12	13	14	15	2	13
		12	16	17	18	19	20	21	22	23	24	25	26	27	28	29	30	31	21	2	3	4	5	6	7	8	9	10	11	12	13	—	4	43
貞觀 18 甲辰 644–45	2	1	14	15	16	17	18	19	20	21	22	23	24	25	26	27	28	29	31	2	3	4	5	6	7	8	9	10	11	12	13	—	5	12
		2	14	15	16	17	18	19	20	21	22	23	24	25	26	27	28	29	30	31	41	2	3	4	5	6	7	8	9	10	11	12	6	41
		3	13	14	15	16	17	18	19	20	21	22	23	24	25	26	27	28	29	30	51	2	3	4	5	6	7	8	9	10	11	—	1	11
		4	12	13	14	15	16	17	18	19	20	21	22	23	24	25	26	27	28	29	30	31	61	2	3	4	5	6	7	8	9	—	2	40
		5	10	11	12	13	14	15	16	17	18	19	20	21	22	23	24	25	26	27	28	29	30	71	2	3	4	5	6	7	8	9	3	9
		6	10	11	12	13	14	15	16	17	18	19	20	21	22	23	24	25	26	27	28	29	30	31	81	2	3	4	5	6	7	—	5	39
		7	8	9	10	11	12	13	14	15	16	17	18	19	20	21	22	23	24	25	26	27	28	29	30	31	91	2	3	4	5	6	6	8
		8	7	8	9	10	11	12	13	14	15	16	17	18	19	20	21	22	23	24	25	26	27	28	29	30	01	2	3	4	5	—	1	38
		9	6	7	8	9	10	11	12	13	14	15	16	17	18	19	20	21	22	23	24	25	26	27	28	29	30	31	N1	2	3	4	2	7
		10	5	6	7	8	9	10	11	12	13	14	15	16	17	18	19	20	21	22	23	24	25	26	27	28	29	30	D1	2	3	4	4	37
		11	5	6	7	8	9	10	11	12	13	14	15	16	17	18	19	20	21	22	23	24	25	26	27	28	29	30	31	11	2	3	6	7
		12	4	5	6	7	8	9	10	11	12	13	14	15	16	17	18	19	20	21	22	23	24	25	26	27	28	29	30	31	21	—	1	37
貞觀 19 乙巳 645–46	14	1	2	3	4	5	6	7	8	9	10	11	12	13	14	15	16	17	18	19	20	21	22	23	24	25	26	27	28	31	2	—	2	6
		2	3	4	5	6	7	8	9	10	11	12	13	14	15	16	17	18	19	20	21	22	23	24	25	26	27	28	29	30	31	41	3	35
		3	2	3	4	5	6	7	8	9	10	11	12	13	14	15	16	17	18	19	20	21	22	23	24	25	26	27	28	29	30	—	5	5
		4	51	2	3	4	5	6	7	8	9	10	11	12	13	14	15	16	17	18	19	20	21	22	23	24	25	26	27	28	29	30	6	34
		5	31	61	2	3	4	5	6	7	8	9	10	11	12	13	14	15	16	17	18	19	20	21	22	23	24	25	26	27	28	—	1	4
		6	29	30	71	2	3	4	5	6	7	8	9	10	11	12	13	14	15	16	17	18	19	20	21	22	23	24	25	26	27	28	2	33
		7	29	30	31	81	2	3	4	5	6	7	8	9	10	11	12	13	14	15	16	17	18	19	20	21	22	23	24	25	26	27	4	3
		8	28	29	30	31	91	2	3	4	5	6	7	8	9	10	11	12	13	14	15	16	17	18	19	20	21	22	23	24	25	—	6	33
		9	26	27	28	29	30	01	2	3	4	5	6	7	8	9	10	11	12	13	14	15	16	17	18	19	20	21	22	23	24	25	0	2
		10	26	27	28	29	30	31	N1	2	3	4	5	6	7	8	9	10	11	12	13	14	15	16	17	18	19	20	21	22	23	—	2	32
		11	24	25	26	27	28	29	30	D1	2	3	4	5	6	7	8	9	10	11	12	13	14	15	16	17	18	19	20	21	22	23	3	1
		12	24	25	26	27	28	29	30	31	11	2	3	4	5	6	7	8	9	10	11	12	13	14	15	16	17	18	19	20	21	—	5	31

年序 Year	陰曆月序 Moon	1 2 3 4 5	6 7 8 9 10	11 12 13 14 15	16 17 18 19 20	21 22 23 24 25	26 27 28 29 30	星期 Week	干支 Cycle
貞觀 20 丙午 646–47	26 1	22 23 24 25 26	27 28 29 30 31	21 2 3 4 5	6 7 8 9 10	11 12 13 14 15	16 17 18 19 20	6	0
	2	21 22 23 24 25	26 27 28 31 2	3 4 5 6 7	8 9 10 11 12	13 14 15 16 17	18 19 20 21 —	1	30
	3	22 23 24 25 26	27 28 29 30 31	41 2 3 4 5	6 7 8 9 10	11 12 13 14 15	16 17 18 19 20	2	59
	3	21 22 23 24 25	26 27 28 29 30	51 2 3 4 5	6 7 8 9 10	11 12 13 14 15	16 17 18 19 —	4	29
	4	20 21 22 23 24	25 26 27 28 29	30 31 61 2 3	4 5 6 7 8	9 10 11 12 13	14 15 16 17 18	5	58
	5	19 20 21 22 23	24 25 26 27 28	29 30 71 2 3	4 5 6 7 8	9 10 11 12 13	14 15 16 17 —	0	28
	6	18 19 20 21 22	23 24 25 26 27	28 29 30 31 81	2 3 4 5 6	7 8 9 10 11	12 13 14 15 16	1	57
	7	17 18 19 20 21	22 23 24 25 26	27 28 29 30 31	91 2 3 4 5	6 7 8 9 10	11 12 13 14 —	3	27
	8	15 16 17 18 19	20 21 22 23 24	25 26 27 28 29	30 01 2 3 4	5 6 7 8 9	10 11 12 13 14	4	56
	9	15 16 17 18 19	20 21 22 23 24	25 26 27 28 29	30 31 N1 2 3	4 5 6 7 8	9 10 11 12 —	6	26
	10	13 14 15 16 17	18 19 20 21 22	23 24 25 26 27	28 29 30 D1 2	3 4 5 6 7	8 9 10 11 12	0	55
	11	13 14 15 16 17	18 19 20 21 22	23 24 25 26 27	28 29 30 31 11	2 3 4 5 6	7 8 9 10 11	2	25
	12	12 13 14 15 16	17 18 19 20 21	22 23 24 25 26	27 28 29 30 31	21 2 3 4 5	6 7 8 9 —	4	55
貞觀 21 丁未 647–48	38 1	10 11 12 13 14	15 16 17 18 19	20 21 22 23 24	25 26 27 28 31	2 3 4 5 6	7 8 9 10 11	5	24
	2	12 13 14 15 16	17 18 19 20 21	22 23 24 25 26	27 28 29 30 31	41 2 3 4 5	6 7 8 9 —	0	54
	3	10 11 12 13 14	15 16 17 18 19	20 21 22 23 24	25 26 27 28 29	30 51 2 3 4	5 6 7 8 9	1	23
	4	10 11 12 13 14	15 16 17 18 19	20 21 22 23 24	25 26 27 28 29	30 31 61 2 3	4 5 6 7 —	3	53
	5	8 9 10 11 12	13 14 15 16 17	18 19 20 21 22	23 24 25 26 27	28 29 30 71 2	3 4 5 6 7	4	22
	6	8 9 10 11 12	13 14 15 16 17	18 19 20 21 22	23 24 25 26 27	28 29 30 31 81	2 3 4 5 —	6	52
	7	6 7 8 9 10	11 12 13 14 15	16 17 18 19 20	21 22 23 24 25	26 27 28 29 30	31 91 2 3 4	0	21
	8	5 6 7 8 9	10 11 12 13 14	15 16 17 18 19	20 21 22 23 24	25 26 27 28 29	30 01 2 3 —	2	51
	9	4 5 6 7 8	9 10 11 12 13	14 15 16 17 18	19 20 21 22 23	24 25 26 27 28	29 30 31 N1 2	3	20
	10	3 4 5 6 7	8 9 10 11 12	13 14 15 16 17	18 19 20 21 22	23 24 25 26 27	28 29 30 D1 —	5	50
	11	2 3 4 5 6	7 8 9 10 11	12 13 14 15 16	17 18 19 20 21	22 23 24 25 26	27 28 29 30 31	6	19
	12	11 2 3 4 5	6 7 8 9 10	11 12 13 14 15	16 17 18 19 20	21 22 23 24 25	26 27 28 29 —	1	49
貞觀 22 戊申 648–49	50 1	30 31 21 2 3	4 5 6 7 8	9 10 11 12 13	14 15 16 17 18	19 20 21 22 23	24 25 26 27 28	2	18
	2	29 31 2 3 4	5 6 7 8 9	10 11 12 13 14	15 16 17 18 19	20 21 22 23 24	25 26 27 28 —	4	48
	3	29 30 31 41 2	3 4 5 6 7	8 9 10 11 12	13 14 15 16 17	18 19 20 21 22	23 24 25 26 27	5	17
	4"	28 29 30 51 2	3 4 5 6 7	8 9 10 11 12	13 14 15 16 17	18 19 20 21 22	23 24 25 26 27	0	47
	5	28 29 30 31 61	2 3 4 5 6	7 8 9 10 11	12 13 14 15 16	17 18 19 20 21	22 23 24 25 —	2	17
	6	26 27 28 29 30	71 2 3 4 5	6 7 8 9 10	11 12 13 14 15	16 17 18 19 20	21 22 23 24 25	3	46
	7	26 27 28 29 30	31 81 2 3 4	5 6 7 8 9	10 11 12 13 14	15 16 17 18 19	20 21 22 23 —	5	16
	8	24 25 26 27 28	29 30 31 91 2	3 4 5 6 7	8 9 10 11 12	13 14 15 16 17	18 19 20 21 22	6	45
	9	23 24 25 26 27	28 29 30 01 2	3 4 5 6 7	8 9 10 11 12	13 14 15 16 17	18 19 20 21 —	1	15
	10	22 23 24 25 26	27 28 29 30 31	N1 2 3 4 5	6 7 8 9 10	11 12 13 14 15	16 17 18 19 20	2	44
	11	21 22 23 24 25	26 27 28 29 30	D1 2 3 4 5	6 7 8 9 10	11 12 13 14 15	16 17 18 19 —	4	14
	12	20 21 22 23 24	25 26 27 28 29	30 31 11 2 3	4 5 6 7 8	9 10 11 12 13	14 15 16 17 18	5	43
	12	19 20 21 22 23	24 25 26 27 28	29 30 31 21 2	3 4 5 6 7	8 9 10 11 12	13 14 15 16 —	0	13
貞觀 23 己酉 649–50	2 1	17 18 19 20 21	22 23 24 25 26	27 28 31 2 3	4 5 6 7 8	9 10 11 12 13	14 15 16 17 18	1	42
	2	19 20 21 22 23	24 25 26 27 28	29 30 31 41 2	3 4 5 6 7	8 9 10 11 12	13 14 15 16 —	3	12
	3	17 18 19 20 21	22 23 24 25 26	27 28 29 30 51	2 3 4 5 6	7 8 9 10 11	12 13 14 15 16	4	41
	4	17 18 19 20 21	22 23 24 25 26	27 28 29 30 31	61 2 3 4 5	6 7 8 9 10	11 12 13 14 —	6	11
	5	15 16 17 18 19	20 21 22 23 24	25 26 27 28 29	30 71 2 3 4	5 6 7 8 9	10 11 12 13 14	0	40
	6	15 16 17 18 19	20 21 22 23 24	25 26 27 28 29	30 31 81 2 3	4 5 6 7 8	9 10 11 12 13	2	10
	7	14 15 16 17 18	19 20 21 22 23	24 25 26 27 28	29 30 31 91 2	3 4 5 6 7	8 9 10 11 —	4	40
	8	12 13 14 15 16	17 18 19 20 21	22 23 24 25 26	27 28 29 30 01	2 3 4 5 6	7 8 9 10 11	5	9
	9	12 13 14 15 16	17 18 19 20 21	22 23 24 25 26	27 28 29 30 31	N1 2 3 4 5	6 7 8 9 —	0	39
	10	10 11 12 13 14	15 16 17 18 19	20 21 22 23 24	25 26 27 28 29	30 D1 2 3 4	5 6 7 8 9	1	8
	11	10 11 12 13 14	15 16 17 18 19	20 21 22 23 24	25 26 27 28 29	30 31 11 2 3	4 5 6 7 —	3	38
	12	8 9 10 11 12	13 14 15 16 17	18 19 20 21 22	23 24 25 26 27	28 29 30 31 21	2 3 4 5 6	4	7
高宗 永徽 1 庚戌 650–51	14 1	7 8 9 10 11	12 13 14 15 16	17 18 19 20 21	22 23 24 25 26	27 28 31 2 3	4 5 6 7 —	6	37
	2	8 9 10 11 12	13 14 15 16 17	18 19 20 21 22	23 24 25 26 27	28 29 30 31 41	2 3 4 5 6	0	6
	3	7 8 9 10 11	12 13 14 15 16	17 18 19 20 21	22 23 24 25 26	27 28 29 30 51	2 3 4 5 —	2	36
	4	6 7 8 9 10	11 12 13 14 15	16 17 18 19 20	21 22 23 24 25	26 27 28 29 30	31 61 2 3 4	3	5
	5	5 6 7 8 9	10 11 12 13 14	15 16 17 18 19	20 21 22 23 24	25 26 27 28 29	30 71 2 3 —	5	35
	6	4 5 6 7 8	9 10 11 12 13	14 15 16 17 18	19 20 21 22 23	24 25 26 27 28	29 30 31 81 2	6	4
	7	3 4 5 6 7	8 9 10 11 12	13 14 15 16 17	18 19 20 21 22	23 24 25 26 27	28 29 30 31 —	1	34
	8	91 2 3 4 5	6 7 8 9 10	11 12 13 14 15	16 17 18 19 20	21 22 23 24 25	26 27 28 29 30	2	3
	9	01 2 3 4 5	6 7 8 9 10	11 12 13 14 15	16 17 18 19 20	21 22 23 24 25	26 27 28 29 —	4	33
	10	30 31 N1 2 3	4 5 6 7 8	9 10 11 12 13	14 15 16 17 18	19 20 21 22 23	24 25 26 27 28	5	2
	11	29 30 D1 2 3	4 5 6 7 8	9 10 11 12 13	14 15 16 17 18	19 20 21 22 23	24 25 26 27 28	0	32
	12	29 30 31 11 2	3 4 5 6 7	8 9 10 11 12	13 14 15 16 17	18 19 20 21 22	23 24 25 26 —	2	2

年序 Year	閏	附 月序 Moon	1	2	3	4	5	6	7	8	9	10	11	12	13	14	15	16	17	18	19	20	21	22	23	24	25	26	27	28	29	30	星期 Week	干支 Cycle
永徽 2 辛亥 651–52	26	1	27	28	29	30	31	21	2	3	4	5	6	7	8	9	10	11	12	13	14	15	16	17	18	19	20	21	22	23	24	25	3	31
		2	26	27	28	31	2	3	4	5	6	7	8	9	10	11	12	13	14	15	16	17	18	19	20	21	22	23	24	25	26	—	5	1
		3	27	28	29	30	31	41	2	3	4	5	6	7	8	9	10	11	12	13	14	15	16	17	18	19	20	21	22	23	24	25	6	30
		4	26	27	28	29	30	51	2	3	4	5	6	7	8	9	10	11	12	13	14	15	16	17	18	19	20	21	22	23	24	—	1	0
		5	25	26	27	28	29	30	31	61	2	3	4	5	6	7	8	9	10	11	12	13	14	15	16	17	18	19	20	21	22	23	2	29
		6	24	25	26	27	28	29	30	71	2	3	4	5	6	7	8	9	10	11	12	13	14	15	16	17	18	19	20	21	22	—	4	59
		7	23	24	25	26	27	28	29	30	31	81	2	3	4	5	6	7	8	9	10	11	12	13	14	15	16	17	18	19	20	21	5	28
		8	22	23	24	25	26	27	28	29	30	31	91	2	3	4	5	6	7	8	9	10	11	12	13	14	15	16	17	18	19	—	0	58
		9	20	21	22	23	24	25	26	27	28	29	30	01	2	3	4	5	6	7	8	9	10	11	12	13	14	15	16	17	18	19	1	27
		9	20	21	22	23	24	25	26	27	28	29	30	31	N1	2	3	4	5	6	7	8	9	10	11	12	13	14	15	16	17	—	3	57
		10	18	19	20	21	22	23	24	25	26	27	28	29	30	D1	2	3	4	5	6	7	8	9	10	11	12	13	14	15	16	17	4	26
		11	18	19	20	21	22	23	24	25	26	27	28	29	30	31	11	2	3	4	5	6	7	8	9	10	11	12	13	14	15	—	6	56
		12	16	17	18	19	20	21	22	23	24	25	26	27	28	29	30	31	21	2	3	4	5	6	7	8	9	10	11	12	13	14	0	25
永徽 3 壬子 652–53	38	1	15	16	17	18	19	20	21	22	23	24	25	26	27	28	29	31	2	3	4	5	6	7	8	9	10	11	12	13	14	—	2	55
		2	15	16	17	18	19	20	21	22	23	24	25	26	27	28	29	30	31	41	2	3	4	5	6	7	8	9	10	11	12	13	3	24
		3	14	15	16	17	18	19	20	21	22	23	24	25	26	27	28	29	30	51	2	3	4	5	6	7	8	9	10	11	12	13	5	54
		4	14	15	16	17	18	19	20	21	22	23	24	25	26	27	28	29	30	31	61	2	3	4	5	6	7	8	9	10	11	—	0	24
		5	12	13	14	15	16	17	18	19	20	21	22	23	24	25	26	27	28	29	30	71	2	3	4	5	6	7	8	9	10	11	1	53
		6	12	13	14	15	16	17	18	19	20	21	22	23	24	25	26	27	28	29	30	31	81	2	3	4	5	6	7	8	9	—	3	23
		7	10	11	12	13	14	15	16	17	18	19	20	21	22	23	24	25	26	27	28	29	30	31	91	2	3	4	5	6	7	8	4	52
		8	9	10	11	12	13	14	15	16	17	18	19	20	21	22	23	24	25	26	27	28	29	30	01	2	3	4	5	6	7	—	6	22
		9	8	9	10	11	12	13	14	15	16	17	18	19	20	21	22	23	24	25	26	27	28	29	30	31	N1	2	3	4	5	6	0	51
		10	7	8	9	10	11	12	13	14	15	16	17	18	19	20	21	22	23	24	25	26	27	28	29	30	D1	2	3	4	5	—	2	21
		11	6	7	8	9	10	11	12	13	14	15	16	17	18	19	20	21	22	23	24	25	26	27	28	29	30	31	11	2	3	4	3	50
		12	5	6	7	8	9	10	11	12	13	14	15	16	17	18	19	20	21	22	23	24	25	26	27	28	29	30	31	21	2	—	5	20
永徽 4 癸丑 653–54	50	1	3	4	5	6	7	8	9	10	11	12	13	14	15	16	17	18	19	20	21	22	23	24	25	26	27	28	31	2	3	4	6	49
		2	5	6	7	8	9	10	11	12	13	14	15	16	17	18	19	20	21	22	23	24	25	26	27	28	29	30	31	41	2	—	1	19
		3	3	4	5	6	7	8	9	10	11	12	13	14	15	16	17	18	19	20	21	22	23	24	25	26	27	28	29	30	51	2	2	48
		4	3	4	5	6	7	8	9	10	11	12	13	14	15	16	17	18	19	20	21	22	23	24	25	26	27	28	29	30	31	—	4	18
		5	61	2	3	4	5	6	7	8	9	10	11	12	13	14	15	16	17	18	19	20	21	22	23	24	25	26	27	28	29	30	5	47
		6	71	2	3	4	5	6	7	8	9	10	11	12	13	14	15	16	17	18	19	20	21	22	23	24	25	26	27	28	29	30	0	17
		7	31	81	2	3	4	5	6	7	8	9	10	11	12	13	14	15	16	17	18	19	20	21	22	23	24	25	26	27	28	—	2	47
		8	29	30	31	91	2	3	4	5	6	7	8	9	10	11	12	13	14	15	16	17	18	19	20	21	22	23	24	25	26	27	3	16
		9	28	29	30	01	2	3	4	5	6	7	8	9	10	11	12	13	14	15	16	17	18	19	20	21	22	23	24	25	26	—	5	46
		10	27	28	29	30	31	N1	2	3	4	5	6	7	8	9	10	11	12	13	14	15	16	17	18	19	20	21	22	23	24	25	6	15
		11	26	27	28	29	30	D1	2	3	4	5	6	7	8	9	10	11	12	13	14	15	16	17	18	19	20	21	22	23	24	—	1	45
		12	25	26	27	28	29	30	31	11	2	3	4	5	6	7	8	9	10	11	12	13	14	15	16	17	18	19	20	21	22	23	2	14
永徽 5 甲寅 654–55	2	1	24	25	26	27	28	29	30	31	21	2	3	4	5	6	7	8	9	10	11	12	13	14	15	16	17	18	19	20	21	—	4	44
		2	22	23	24	25	26	27	28	31	2	3	4	5	6	7	8	9	10	11	12	13	14	15	16	17	18	19	20	21	22	23	5	13
		3	24	25	26	27	28	29	30	31	41	2	3	4	5	6	7	8	9	10	11	12	13	14	15	16	17	18	19	20	21	—	0	43
		4	22	23	24	25	26	27	28	29	30	51	2	3	4	5	6	7	8	9	10	11	12	13	14	15	16	17	18	19	20	21	1	12
		5	22	23	24	25	26	27	28	29	30	31	61	2	3	4	5	6	7	8	9	10	11	12	13	14	15	16	17	18	19	—	3	42
		6	20	21	22	23	24	25	26	27	28	29	30	71	2	3	4	5	6	7	8	9	10	11	12	13	14	15	16	17	18	19	4	11
		6	20	21	22	23	24	25	26	27	28	29	30	31	81	2	3	4	5	6	7	8	9	10	11	12	13	14	15	16	17	—	6	41
		7	18	19	20	21	22	23	24	25	26	27	28	29	30	31	91	2	3	4	5	6	7	8	9	10	11	12	13	14	15	16	0	10
		8	17	18	19	20	21	22	23	24	25	26	27	28	29	30	01	2	3	4	5	6	7	8	9	10	11	12	13	14	15	—	2	40
		9	16	17	18	19	20	21	22	23	24	25	26	27	28	29	30	31	N1	2	3	4	5	6	7	8	9	10	11	12	13	14	3	9
		10	15	16	17	18	19	20	21	22	23	24	25	26	27	28	29	30	D1	2	3	4	5	6	7	8	9	10	11	12	13	14	5	39
		11	15	16	17	18	19	20	21	22	23	24	25	26	27	28	29	30	31	11	2	3	4	5	6	7	8	9	10	11	12	—	0	9
		12	13	14	15	16	17	18	19	20	21	22	23	24	25	26	27	28	29	30	31	21	2	3	4	5	6	7	8	9	10	11	1	38
永徽 6 乙卯 655–56	14	1	12	13	14	15	16	17	18	19	20	21	22	23	24	25	26	27	28	31	2	3	4	5	6	7	8	9	10	11	12	—	3	8
		2	13	14	15	16	17	18	19	20	21	22	23	24	25	26	27	28	29	30	31	41	2	3	4	5	6	7	8	9	10	11	4	37
		3	12	13	14	15	16	17	18	19	20	21	22	23	24	25	26	27	28	29	30	51	2	3	4	5	6	7	8	9	10	—	6	7
		4	11	12	13	14	15	16	17	18	19	20	21	22	23	24	25	26	27	28	29	30	31	61	2	3	4	5	6	7	8	9	0	36
		5	10	11	12	13	14	15	16	17	18	19	20	21	22	23	24	25	26	27	28	29	30	71	2	3	4	5	6	7	8	—	2	6
		6	9	10	11	12	13	14	15	16	17	18	19	20	21	22	23	24	25	26	27	28	29	30	31	81	2	3	4	5	6	7	3	35
		7	8	9	10	11	12	13	14	15	16	17	18	19	20	21	22	23	24	25	26	27	28	29	30	31	91	2	3	4	5	—	5	5
		8	6	7	8	9	10	11	12	13	14	15	16	17	18	19	20	21	22	23	24	25	26	27	28	29	30	01	2	3	4	5	6	34
		9	6	7	8	9	10	11	12	13	14	15	16	17	18	19	20	21	22	23	24	25	26	27	28	29	30	31	N1	2	3	—	1	4
		10	4	5	6	7	8	9	10	11	12	13	14	15	16	17	18	19	20	21	22	23	24	25	26	27	28	29	30	D1	2	3	2	33
		11	4	5	6	7	8	9	10	11	12	13	14	15	16	17	18	19	20	21	22	23	24	25	26	27	28	29	30	31	11	—	4	3
		12	2	3	4	5	6	7	8	9	10	11	12	13	14	15	16	17	18	19	20	21	22	23	24	25	26	27	28	29	30	31	5	32

年序 Year	陰曆月序 Moon	陰曆日序 Order of days (Lunar)																														星期 Week	干支 Cycle
		1	2	3	4	5	6	7	8	9	10	11	12	13	14	15	16	17	18	19	20	21	22	23	24	25	26	27	28	29	30		
顯慶 1 丙辰 656–57	26 1	21	2	3	4	5	6	7	8	9	10	11	12	13	14	15	16	17	18	19	20	21	22	23	24	25	26	27	28	29	—	0	2
	2	31	2	3	4	5	6	7	8	9	10	11	12	13	14	15	16	17	18	19	20	21	22	23	24	25	26	27	28	29	30	1	31
	3	31	41	2	3	4	5	6	7	8	9	10	11	12	13	14	15	16	17	18	19	20	21	22	23	24	25	26	27	28	29	3	1
	4	30	51	2	3	4	5	6	7	8	9	10	11	12	13	14	15	16	17	18	19	20	21	22	23	24	25	26	27	28	—	5	31
	5	29	30	31	61	2	3	4	5	6	7	8	9	10	11	12	13	14	15	16	17	18	19	20	21	22	23	24	25	26	27	6	0
	6	28	29	30	71	2	3	4	5	6	7	8	9	10	11	12	13	14	15	16	17	18	19	20	21	22	23	24	25	26	—	1	30
	7	27	28	29	30	31	81	2	3	4	5	6	7	8	9	10	11	12	13	14	15	16	17	18	19	20	21	22	23	24	25	2	59
	8	26	27	28	29	30	31	91	2	3	4	5	6	7	8	9	10	11	12	13	14	15	16	17	18	19	20	21	22	23	—	4	29
	9	24	25	26	27	28	29	30	01	2	3	4	5	6	7	8	9	10	11	12	13	14	15	16	17	18	19	20	21	22	23	5	58
	10	24	25	26	27	28	29	30	31	N1	2	3	4	5	6	7	8	9	10	11	12	13	14	15	16	17	18	19	20	21	—	0	28
	11	22	23	24	25	26	27	28	29	30	D1	2	3	4	5	6	7	8	9	10	11	12	13	14	15	16	17	18	19	20	21	1	57
	12	22	23	24	25	26	27	28	29	30	31	11	2	3	4	5	6	7	8	9	10	11	12	13	14	15	16	17	18	19	—	3	27
顯慶 2 丁巳 657–58	38 1	20	21	22	23	24	25	26	27	28	29	30	31	21	2	3	4	5	6	7	8	9	10	11	12	13	14	15	16	17	18	4	56
	1	19	20	21	22	23	24	25	26	27	28	31	2	3	4	5	6	7	8	9	10	11	12	13	14	15	16	17	18	19	—	6	26
	2	20	21	22	23	24	25	26	27	28	29	30	31	41	2	3	4	5	6	7	8	9	10	11	12	13	14	15	16	17	18	0	55
	3	19	20	21	22	23	24	25	26	27	28	29	30	51	2	3	4	5	6	7	8	9	10	11	12	13	14	15	16	17	—	2	25
	4	18	19	20	21	22	23	24	25	26	27	28	29	30	31	61	2	3	4	5	6	7	8	9	10	11	12	13	14	15	16	3	54
	5	17	18	19	20	21	22	23	24	25	26	27	28	29	30	71	2	3	4	5	6	7	8	9	10	11	12	13	14	15	16	5	24
	6	17	18	19	20	21	22	23	24	25	26	27	28	29	30	31	81	2	3	4	5	6	7	8	9	10	11	12	13	14	—	0	54
	7	15	16	17	18	19	20	21	22	23	24	25	26	27	28	29	30	31	91	2	3	4	5	6	7	8	9	10	11	12	13	1	23
	8	14	15	16	17	18	19	20	21	22	23	24	25	26	27	28	29	30	01	2	3	4	5	6	7	8	9	10	11	12	—	3	53
	9	13	14	15	16	17	18	19	20	21	22	23	24	25	26	27	28	29	30	31	N1	2	3	4	5	6	7	8	9	10	11	4	22
	10	12	13	14	15	16	17	18	19	20	21	22	23	24	25	26	27	28	29	30	D1	2	3	4	5	6	7	8	9	10	—	6	52
	11	11	12	13	14	15	16	17	18	19	20	21	22	23	24	25	26	27	28	29	30	31	11	2	3	4	5	6	7	8	9	0	21
	12	10	11	12	13	14	15	16	17	18	19	20	21	22	23	24	25	26	27	28	29	30	31	21	2	3	4	5	6	7	—	2	51
顯慶 3 戊午 658–59	50 1	8	9	10	11	12	13	14	15	16	17	18	19	20	21	22	23	24	25	26	27	28	31	2	3	4	5	6	7	8	9	3	20
	2	10	11	12	13	14	15	16	17	18	19	20	21	22	23	24	25	26	27	28	29	30	31	41	2	3	4	5	6	7	—	5	50
	3	8	9	10	11	12	13	14	15	16	17	18	19	20	21	22	23	24	25	26	27	28	29	30	51	2	3	4	5	6	7	6	19
	4	8	9	10	11	12	13	14	15	16	17	18	19	20	21	22	23	24	25	26	27	28	29	30	31	61	2	3	4	5	—	1	49
	5	6	7	8	9	10	11	12	13	14	15	16	17	18	19	20	21	22	23	24	25	26	27	28	29	30	71	2	3	4	5	2	18
	6	6	7	8	9	10	11	12	13	14	15	16	17	18	19	20	21	22	23	24	25	26	27	28	29	30	31	81	2	3	—	4	48
	7	4	5	6	7	8	9	10	11	12	13	14	15	16	17	18	19	20	21	22	23	24	25	26	27	28	29	30	31	91	2	5	17
	8	3	4	5	6	7	8	9	10	11	12	13	14	15	16	17	18	19	20	21	22	23	24	25	26	27	28	29	30	01	—	0	47
	9	2	3	4	5	6	7	8	9	10	11	12	13	14	15	16	17	18	19	20	21	22	23	24	25	26	27	28	29	30	31	1	16
	10	N1	2	3	4	5	6	7	8	9	10	11	12	13	14	15	16	17	18	19	20	21	22	23	24	25	26	27	28	29	30	3	46
	11	D1	2	3	4	5	6	7	8	9	10	11	12	13	14	15	16	17	18	19	20	21	22	23	24	25	26	27	28	29	—	5	16
	12	30	31	11	2	3	4	5	6	7	8	9	10	11	12	13	14	15	16	17	18	19	20	21	22	23	24	25	26	27	28	6	45
顯慶 4 己未 659–60	2 1	29	30	31	21	2	3	4	5	6	7	8	9	10	11	12	13	14	15	16	17	18	19	20	21	22	23	24	25	26	—	1	15
	2	27	28	31	2	3	4	5	6	7	8	9	10	11	12	13	14	15	16	17	18	19	20	21	22	23	24	25	26	27	28	2	44
	3	29	30	31	41	2	3	4	5	6	7	8	9	10	11	12	13	14	15	16	17	18	19	20	21	22	23	24	25	26	—	4	14
	4	27	28	29	30	51	2	3	4	5	6	7	8	9	10	11	12	13	14	15	16	17	18	19	20	21	22	23	24	25	26	5	43
	5	27	28	29	30	31	61	2	3	4	5	6	7	8	9	10	11	12	13	14	15	16	17	18	19	20	21	22	23	24	—	0	13
	6	25	26	27	28	29	30	71	2	3	4	5	6	7	8	9	10	11	12	13	14	15	16	17	18	19	20	21	22	23	24	1	42
	7	25	26	27	28	29	30	31	81	2	3	4	5	6	7	8	9	10	11	12	13	14	15	16	17	18	19	20	21	22	—	3	12
	8	23	24	25	26	27	28	29	30	31	91	2	3	4	5	6	7	8	9	10	11	12	13	14	15	16	17	18	19	20	21	4	41
	9	22	23	24	25	26	27	28	29	30	01	2	3	4	5	6	7	8	9	10	11	12	13	14	15	16	17	18	19	20	—	6	11
	10	21	22	23	24	25	26	27	28	29	30	31	N1	2	3	4	5	6	7	8	9	10	11	12	13	14	15	16	17	18	19	0	40
	10	20	21	22	23	24	25	26	27	28	29	30	D1	2	3	4	5	6	7	8	9	10	11	12	13	14	15	16	17	18	—	2	10
	11	19	20	21	22	23	24	25	26	27	28	29	30	31	11	2	3	4	5	6	7	8	9	10	11	12	13	14	15	16	17	3	39
	12	18	19	20	21	22	23	24	25	26	27	28	29	30	31	21	2	3	4	5	6	7	8	9	10	11	12	13	14	15	—	5	9
顯慶 5 庚申 660–61	14 1	16	17	18	19	20	21	22	23	24	25	26	27	28	29	31	2	3	4	5	6	7	8	9	10	11	12	13	14	15	16	6	38
	2	17	18	19	20	21	22	23	24	25	26	27	28	29	30	31	41	2	3	4	5	6	7	8	9	10	11	12	13	14	15	1	8
	3	16	17	18	19	20	21	22	23	24	25	26	27	28	29	30	51	2	3	4	5	6	7	8	9	10	11	12	13	14	—	3	38
	4	15	16	17	18	19	20	21	22	23	24	25	26	27	28	29	30	31	61	2	3	4	5	6	7	8	9	10	11	12	13	4	7
	5	14	15	16	17	18	19	20	21	22	23	24	25	26	27	28	29	30	71	2	3	4	5	6	7	8	9	10	11	12	—	6	37
	6	13	14	15	16	17	18	19	20	21	22	23	24	25	26	27	28	29	30	31	81	2	3	4	5	6	7	8	9	10	11	0	6
	7	12	13	14	15	16	17	18	19	20	21	22	23	24	25	26	27	28	29	30	31	91	2	3	4	5	6	7	8	9	—	2	36
	8	10	11	12	13	14	15	16	17	18	19	20	21	22	23	24	25	26	27	28	29	30	01	2	3	4	5	6	7	8	9	3	5
	9	10	11	12	13	14	15	16	17	18	19	20	21	22	23	24	25	26	27	28	29	30	31	N1	2	3	4	5	6	7	—	5	35
	10	8	9	10	11	12	13	14	15	16	17	18	19	20	21	22	23	24	25	26	27	28	29	30	D1	2	3	4	5	6	7	6	4
	11	8	9	10	11	12	13	14	15	16	17	18	19	20	21	22	23	24	25	26	27	28	29	30	31	11	2	3	4	5	—	1	34
	12	6	7	8	9	10	11	12	13	14	15	16	17	18	19	20	21	22	23	24	25	26	27	28	29	30	31	21	2	3	4	2	3

年序 Year	陰曆月序 Moon	1	2	3	4	5	6	7	8	9	10	11	12	13	14	15	16	17	18	19	20	21	22	23	24	25	26	27	28	29	30	星期 Week	干支 Cycle
龍朔 1 辛酉 661–62	26 1	5	6	7	8	9	10	11	12	13	14	15	16	17	18	19	20	21	22	23	24	25	26	27	28	31	2	3	4	5	—	4	33
	2	6	7	8	9	10	11	12	13	14	15	16	17	18	19	20	21	22	23	24	25	26	27	28	29	30	31	41	2	3	4	5	2
	3	5	6	7	8	9	10	11	12	13	14	15	16	17	18	19	20	21	22	23	24	25	26	27	28	29	30	51	2	3	—	0	32
	4	4	5	6	7	8	9	10	11	12	13	14	15	16	17	18	19	20	21	22	23	24	25	26	27	28	29	30	31	61	2	1	1
	5	3	4	5	6	7	8	9	10	11	12	13	14	15	16	17	18	19	20	21	22	23	24	25	26	27	28	29	30	71	2	3	31
	6	3	4	5	6	7	8	9	10	11	12	13	14	15	16	17	18	19	20	21	22	3	24	25	26	27	28	29	30	31	—	5	1
	7	81	2	3	4	5	6	7	8	9	10	11	12	13	14	15	16	17	18	19	20	21	22	23	24	25	26	27	28	29	30	6	30
	8	31	91	2	3	4	5	6	7	8	9	10	11	12	13	14	15	16	17	18	19	20	21	22	23	24	25	26	27	28	—	1	0
	9	29	30	01	2	3	4	5	6	7	8	9	10	11	12	13	14	15	16	17	18	19	20	21	22	23	24	25	26	27	28	2	29
	10	29	30	31	N1	2	3	4	5	6	7	8	9	10	11	12	13	14	15	16	17	18	19	20	21	22	23	24	25	26	—	4	59
	11	27	28	29	30	D1	2	3	4	5	6	7	8	9	10	11	12	13	14	15	16	17	18	19	20	21	22	23	24	25	26	5	28
	12	27	28	29	30	31	11	2	3	4	5	6	7	8	9	10	11	12	13	14	15	16	17	18	19	20	21	22	23	24	—	0	58
龍朔 2 壬戌 662–63	38 1	25	26	27	28	29	30	31	21	2	3	4	5	6	7	8	9	10	11	12	13	14	15	16	17	18	19	20	21	22	23	1	27
	2	24	25	26	27	28	31	2	3	4	5	6	7	8	9	10	11	12	13	14	15	16	17	18	19	20	21	22	23	24	—	3	57
	3	25	26	27	28	29	30	31	41	2	3	4	5	6	7	8	9	10	11	12	13	14	15	16	17	18	19	20	21	22	23	4	26
	4	24	25	26	27	28	29	30	51	2	3	4	5	6	7	8	9	10	11	12	13	14	15	16	17	18	19	20	21	22	—	6	56
	5	23	24	25	26	27	28	29	30	31	61	2	3	4	5	6	7	8	9	10	11	12	13	14	15	16	17	18	19	20	21	0	25
	6	22	23	24	25	26	27	28	29	30	71	2	3	4	5	6	7	8	9	10	11	12	13	14	15	16	17	18	19	20	—	2	55
	7	21	22	23	24	25	26	27	28	29	30	31	81	2	3	4	5	6	7	8	9	10	11	12	13	14	15	16	17	18	19	3	24
	7	20	21	22	23	24	25	26	27	28	29	30	31	91	2	3	4	5	6	7	8	9	10	11	12	13	14	15	16	17	—	5	54
	8	18	19	20	21	22	23	24	25	26	27	28	29	30	01	2	3	4	5	6	7	8	9	10	11	12	13	14	15	16	17	6	23
	9	18	19	20	21	22	23	24	25	26	27	28	29	30	31	N1	2	3	4	5	6	7	8	9	10	11	12	13	14	15	16	1	53
	10	17	18	19	20	21	22	23	24	25	26	27	28	29	30	D1	2	3	4	5	6	7	8	9	10	11	12	13	14	15	—	3	23
	11	16	17	18	19	20	21	22	23	24	25	26	27	28	29	30	31	11	2	3	4	5	6	7	8	9	10	11	12	13	14	4	52
	12	15	16	17	18	19	20	21	22	23	24	25	26	27	28	29	30	31	21	2	3	4	5	6	7	8	9	10	11	12	—	6	22
龍朔 3 癸亥 663–64	50 1	13	14	15	16	17	18	19	20	21	22	23	24	25	26	27	28	31	2	3	4	5	6	7	8	9	10	11	12	13	14	0	51
	2	15	16	17	18	19	20	21	22	23	24	25	26	27	28	29	30	31	41	2	3	4	5	6	7	8	9	10	11	12	—	2	21
	3	13	14	15	16	17	18	19	20	21	22	23	24	25	26	27	28	29	30	51	2	3	4	5	6	7	8	9	10	11	12	3	50
	4	13	14	15	16	17	18	19	20	21	22	23	24	25	26	27	28	29	30	31	61	2	3	4	5	6	7	8	9	10	—	5	20
	5	11	12	13	14	15	16	17	18	19	20	21	22	23	24	25	26	27	28	29	30	71	2	3	4	5	6	7	8	9	10	6	49
	6	11	12	13	14	15	16	17	18	19	20	21	22	23	24	25	26	27	28	29	30	31	81	2	3	4	5	6	7	8	—	1	19
	7	9	10	11	12	13	14	15	16	17	18	19	20	21	22	23	24	25	26	27	28	29	30	31	91	2	3	4	5	6	7	2	48
	8	8	9	10	11	12	13	14	15	16	17	18	19	20	21	22	23	24	25	26	27	28	29	30	01	2	3	4	5	6	—	4	18
	9	7	8	9	10	11	12	13	14	15	16	17	18	19	20	21	22	23	24	25	26	27	28	29	30	31	N1	2	3	4	5	5	47
	10	6	7	8	9	10	11	12	13	14	15	16	17	18	19	20	21	22	23	24	25	26	27	28	29	30	D1	2	3	4	—	0	17
	11	5	6	7	8	9	10	11	12	13	14	15	16	17	18	19	20	21	22	23	24	25	26	27	28	29	30	31	11	2	3	1	46
	12	4	5	6	7	8	9	10	11	12	13	14	15	16	17	18	19	20	21	22	23	24	25	26	27	28	29	30	31	21	—	3	16
麟德 1 甲子 664–65	2 1	2	3	4	5	6	7	8	9	10	11	12	13	14	15	16	17	18	19	20	21	22	23	24	25	26	27	28	29	31	2	4	45
	2	3	4	5	6	7	8	9	10	11	12	13	14	15	16	17	18	19	20	21	22	23	24	25	26	27	28	29	30	31	41	6	15
	3	2	3	4	5	6	7	8	9	10	11	12	13	14	15	16	17	18	19	20	21	22	23	24	25	26	27	28	29	30	—	1	45
	4	51	2	3	4	5	6	7	8	9	10	11	12	13	14	15	16	17	18	19	20	21	22	23	24	25	26	27	28	29	30	2	14
	5	31	61	2	3	4	5	6	7	8	9	10	11	12	13	14	15	16	17	18	19	20	21	22	23	24	25	26	27	28	—	4	44
	6	29	30	71	2	3	4	5	6	7	8	9	10	11	12	13	14	15	16	17	18	19	20	21	22	23	24	25	26	27	28	5	13
	7	29	30	31	81	2	3	4	5	6	7	8	9	10	11	12	13	14	15	16	17	18	19	20	21	22	23	24	25	26	—	0	43
	8	27	28	29	30	31	91	2	3	4	5	6	7	8	9	10	11	12	13	14	15	16	17	18	19	20	21	22	23	24	25	1	12
	9	26	27	28	29	30	01	2	3	4	5	6	7	8	9	10	11	12	13	14	15	16	17	18	19	20	21	22	23	24	—	3	42
	10	25	26	27	28	29	30	31	N1	2	3	4	5	6	7	8	9	10	11	12	13	14	15	16	17	18	19	20	21	22	23	4	11
	11	24	25	26	27	28	29	30	D1	2	3	4	5	6	7	8	9	10	11	12	13	14	15	16	17	18	19	20	21	22	—	6	41
	12	23	24	25	26	27	28	29	30	31	11	2	3	4	5	6	7	8	9	10	11	12	13	14	15	16	17	18	19	20	21	0	10
麟德 2 乙丑 665–66	14 1	22	23	24	25	26	27	28	29	30	31	21	2	3	4	5	6	7	8	9	10	11	12	13	14	15	16	17	18	19	—	2	40
	2	20	21	22	23	24	25	26	27	28	31	2	3	4	5	6	7	8	9	10	11	12	13	14	15	16	17	18	19	20	21	3	9
	3	22	23	24	25	26	27	28	29	30	31	41	2	3	4	5	6	7	8	9	10	11	12	13	14	15	16	17	18	19	—	5	39
	3	20	21	22	23	24	25	26	27	28	29	30	51	2	3	4	5	6	7	8	9	10	11	12	13	14	15	16	17	18	19	6	8
	4	20	21	22	23	24	25	26	27	28	29	30	31	61	2	3	4	5	6	7	8	9	10	11	12	13	14	15	16	17	18	1	38
	5	19	20	21	22	23	24	25	26	27	28	29	30	71	2	3	4	5	6	7	8	9	10	11	12	13	14	15	16	17	—	3	8
	6	18	19	20	21	22	23	24	25	26	27	28	29	30	31	81	2	3	4	5	6	7	8	9	10	11	12	13	14	15	16	4	37
	7	17	18	19	20	21	22	23	24	25	26	27	28	29	30	31	91	2	3	4	5	6	7	8	9	10	11	12	13	14	—	6	7
	8	15	16	17	18	19	20	21	22	23	24	25	26	27	28	29	30	01	2	3	4	5	6	7	8	9	10	11	12	13	14	0	36
	9	15	16	17	18	19	20	21	22	23	24	25	26	27	28	29	30	31	N1	2	3	4	5	6	7	8	9	10	11	12	—	2	6
	10	13	14	15	16	17	18	19	20	21	22	23	24	25	26	27	28	29	30	D1	2	3	4	5	6	7	8	9	10	11	12	3	35
	11	13	14	15	16	17	18	19	20	21	22	23	24	25	26	27	28	29	30	31	11	2	3	4	5	6	7	8	9	10	—	5	5
	12	11	12	13	14	15	16	17	18	19	20	21	22	23	24	25	26	27	28	29	30	31	21	2	3	4	5	6	7	8	9	6	34

年序 Year	陰暦月序 Moon	1	2	3	4	5	6	7	8	9	10	11	12	13	14	15	16	17	18	19	20	21	22	23	24	25	26	27	28	29	30	星期 Week	干支 Cycle
乾封 1 丙寅 666–67	26 1	10	11	12	13	14	15	16	17	18	19	20	21	22	23	24	25	26	27	28	31	2	3	4	5	6	7	8	9	10	11	1	4
	2	12	13	14	15	16	17	18	19	20	21	22	23	24	25	26	27	28	29	30	31	41	2	3	4	5	6	7	8	9	—	3	34
	3	10	11	12	13	14	15	16	17	18	19	20	21	22	23	24	25	26	27	28	29	30	51	2	3	4	5	6	7	8	9	4	3
	4	10	11	12	13	14	15	16	17	18	19	20	21	22	23	24	25	26	27	28	29	30	31	61	2	3	4	5	6	7	—	6	33
	5	8	9	10	11	12	13	14	15	16	17	18	19	20	21	22	23	24	25	26	27	28	29	30	71	2	3	4	5	6	7	0	2
	6	8	9	10	11	12	13	14	15	16	17	18	19	20	21	22	23	24	25	26	27	28	29	30	31	81	2	3	4	5	—	2	32
	7	6	7	8	9	10	11	12	13	14	15	16	17	18	19	20	21	22	23	24	25	26	27	28	29	30	31	91	2	3	—	3	1
	8	4	5	6	7	8	9	10	11	12	13	14	15	16	17	18	19	20	21	22	23	24	25	26	27	28	29	30	01	2	3	4	30
	9	4	5	6	7	8	9	10	11	12	13	14	15	16	17	18	19	20	21	22	23	24	25	26	27	28	29	30	31	N1	—	6	0
	10	2	3	4	5	6	7	8	9	10	11	12	13	14	15	16	17	18	19	20	21	22	23	24	25	26	27	28	29	30	D1	0	29
	11	2	3	4	5	6	7	8	9	10	11	12	13	14	15	16	17	18	19	20	21	22	23	24	25	26	27	28	29	30	—	2	59
	12	31	11	2	3	4	5	6	7	8	9	10	11	12	13	14	15	16	17	18	19	20	21	22	23	24	25	26	27	28	29	3	28
乾封 2 丁卯 667–68	38 1	30	31	21	2	3	4	5	6	7	8	9	10	11	12	13	14	15	16	17	18	19	20	21	22	23	24	25	26	27	28	5	58
	2	31	2	3	4	5	6	7	8	9	10	11	12	13	14	15	16	17	18	19	20	21	22	23	24	25	26	27	28	29	—	0	28
	3	30	31	41	2	3	4	5	6	7	8	9	10	11	12	13	14	15	16	17	18	19	20	21	22	23	24	25	26	27	28	1	57
	4	29	30	51	2	3	4	5	6	7	8	9	10	11	12	13	14	15	16	17	18	19	20	21	22	23	24	25	26	27	28	3	27
	5	29	30	31	61	2	3	4	5	6	7	8	9	10	11	12	13	14	15	16	17	18	19	20	21	22	23	24	25	26	—	5	57
	6	27	28	29	[illegible]	71	2	3	4	5	6	7	8	9	10	11	12	13	14	15	16	17	18	19	20	21	22	23	24	25	26	6	26
	7	27	28	29	30	31	81	2	3	4	5	6	7	8	9	10	11	12	13	14	15	16	17	18	19	20	21	22	23	24	—	1	56
	8	25	26	27	28	29	30	31	91	2	3	4	5	6	7	8	9	10	11	12	13	14	15	16	17	18	19	20	21	22	—	2	25
	9	23	24	25	26	27	28	29	30	01	2	3	4	5	6	7	8	9	10	11	12	13	14	15	16	17	18	19	20	21	22	3	54
	10	23	24	25	26	27	28	29	30	31	N1	2	3	4	5	6	7	8	9	10	11	12	13	14	15	16	17	18	19	20	—	5	24
	11	21	22	23	24	25	26	27	28	29	30	D1	2	3	4	5	6	7	8	9	10	11	12	13	14	15	16	17	18	19	20	6	53
	12	21	22	23	24	25	26	27	28	29	30	31	11	2	3	4	5	6	7	8	9	10	11	12	13	14	15	16	17	18	—	1	23
	12	19	20	21	22	23	24	25	26	27	28	29	30	31	21	2	3	4	5	6	7	8	9	10	11	12	13	14	15	16	17	2	52
總章 1 戊辰 668–69	50 1	18	19	20	21	22	23	24	25	26	27	28	29	31	2	3	4	5	6	7	8	9	10	11	12	13	14	15	16	17	—	4	22
	2	18	19	20	21	22	23	24	25	26	27	28	29	30	31	41	2	3	4	5	6	7	8	9	10	11	12	13	14	15	16	5	51
	3][	17	18	19	20	21	22	23	24	25	26	27	28	29	30	51	2	3	4	5	6	7	8	9	10	11	12	13	14	15	16	0	21
	4	17	18	19	20	21	22	23	24	25	26	27	28	29	30	31	61	2	3	4	5	6	7	8	9	10	11	12	13	14	—	2	51
	5	15	16	17	18	19	20	21	22	23	24	25	26	27	28	29	30	71	2	3	4	5	6	7	8	9	10	11	12	13	14	3	20
	6	15	16	17	18	19	20	21	22	23	24	25	26	27	28	29	30	31	81	2	3	4	5	6	7	8	9	10	11	12	—	5	50
	7	13	14	15	16	17	18	19	20	21	22	23	24	25	26	27	28	29	30	31	91	2	3	4	5	6	7	8	9	10	11	6	19
	8	12	13	14	15	16	17	18	19	20	21	22	23	24	25	26	27	28	29	30	01	2	3	4	5	6	7	8	9	10	—	1	49
	9	11	12	13	14	15	16	17	18	19	20	21	22	23	24	25	26	27	28	29	30	31	N1	2	3	4	5	6	7	8	9	2	18
	10	10	11	12	13	14	15	16	17	18	19	20	21	22	23	24	25	26	27	28	29	30	D1	2	3	4	5	6	7	8	—	4	48
	11	9	10	11	12	13	14	15	16	17	18	19	20	21	22	23	24	25	26	27	28	29	30	31	11	2	3	4	5	6	7	5	17
	12	8	9	10	11	12	13	14	15	16	17	18	19	20	21	22	23	24	25	26	27	28	29	30	31	21	2	3	4	5	—	0	47
總章 2 己巳 669–70	2 1	6	7	8	9	10	11	12	13	14	15	16	17	18	19	20	21	22	23	24	25	26	27	28	31	2	3	4	5	6	7	1	16
	2	8	9	10	11	12	13	14	15	16	17	18	19	20	21	22	23	24	25	26	27	28	29	30	31	41	2	3	4	5	—	3	46
	3	6	7	8	9	10	11	12	13	14	15	16	17	18	19	20	21	22	23	24	25	26	27	28	29	30	51	2	3	4	5	4	15
	4	6	7	8	9	10	11	12	13	14	15	16	17	18	19	20	21	22	23	24	25	26	27	28	29	30	31	61	2	3	—	6	45
	5	4	5	6	7	8	9	10	11	12	13	14	15	16	17	18	19	20	21	22	23	24	25	26	27	28	29	30	71	2	3	0	14
	6	4	5	6	7	8	9	10	11	12	13	14	15	16	17	18	19	20	21	22	23	24	25	26	27	28	29	30	31	81	—	2	44
	7	2	3	4	5	6	7	8	9	10	11	12	13	14	15	16	17	18	19	20	21	22	23	24	25	26	27	28	29	30	31	3	13
	8	91	2	3	4	5	6	7	8	9	10	11	12	13	14	15	16	17	18	19	20	21	22	23	24	25	26	27	28	29	30	5	43
	9	01	2	3	4	5	6	7	8	9	10	11	12	13	14	15	16	17	18	19	20	21	22	23	24	25	26	27	28	29	—	0	13
	10	30	31	N1	2	3	4	5	6	7	8	9	10	11	12	13	14	15	16	17	18	19	20	21	22	23	24	25	26	27	28	1	42
	11	29	30	D1	2	3	4	5	6	7	8	9	10	11	12	13	14	15	16	17	18	19	20	21	22	23	24	25	26	27	28	3	12
	12	29	30	31	11	2	3	4	5	6	7	8	9	10	11	12	13	14	15	16	17	18	19	20	21	22	23	24	25	26	—	5	42
咸亨 1 庚午 670–71	14 1	27	28	29	30	31	21	2	3	4	5	6	7	8	9	10	11	12	13	14	15	16	17	18	19	20	21	22	23	24	—	6	11
	2	25	26	27	28	31	2	3	4	5	6	7	8	9	10	11	12	13	14	15	16	17	18	19	20	21	22	23	24	25	26	0	40
	3][	27	28	29	30	31	41	2	3	4	5	6	7	8	9	10	11	12	13	14	15	16	17	18	19	20	21	22	23	24	—	2	10
	4	25	26	27	28	29	30	51	2	3	4	5	6	7	8	9	10	11	12	13	14	15	16	17	18	19	20	21	22	23	24	3	39
	5	25	26	27	28	29	30	31	61	2	3	4	5	6	7	8	9	10	11	12	13	14	15	16	17	18	19	20	21	22	—	5	9
	6	23	24	25	26	27	28	29	30	71	2	3	4	5	6	7	8	9	10	11	12	13	14	15	16	17	18	19	20	21	22	6	38
	7	23	24	25	26	27	28	29	30	31	81	2	3	4	5	6	7	8	9	10	11	12	13	14	15	16	17	18	19	20	—	1	8
	8	21	22	23	24	25	26	27	28	29	30	31	91	2	3	4	5	6	7	8	9	10	11	12	13	14	15	16	17	18	19	2	37
	9	20	21	22	23	24	25	26	27	28	29	30	01	2	3	4	5	6	7	8	9	10	11	12	13	14	15	16	17	18	19	4	7
	9	20	21	22	23	24	25	26	27	28	29	30	31	N1	2	3	4	5	6	7	8	9	10	11	12	13	14	15	16	17	—	6	37
	10	18	19	20	21	22	23	24	25	26	27	28	29	30	D1	2	3	4	5	6	7	8	9	10	11	12	13	14	15	16	17	0	6
	11	18	19	20	21	22	23	24	25	26	27	28	29	30	31	11	2	3	4	5	6	7	8	9	10	11	12	13	14	15	16	2	36
	12	17	18	19	20	21	2	23	24	25	26	27	28	29	30	31	21	2	3	4	5	6	7	8	9	10	11	12	13	14	—	4	6

年序 Year	陰曆月序 Moon	陰曆日序 Order of days (Lunar) 1 2 3 4 5	6 7 8 9 10	11 12 13 14 15	16 17 18 19 20	21 22 23 24 25	26 27 28 29 30	星期 Week	干支 Cycle
咸亨 2 辛未 671–72	26 1	15 16 17 18 19	20 21 22 23 24	25 26 27 28 31	2 3 4 5 6	7 8 9 10 11	12 13 14 15	5	35
	2	16 17 18 19 20	21 22 23 24 25	26 27 28 29 30	31 41 2 3 4	5 6 7 8 9	10 11 12 13 14	6	4
	3	15 16 17 18 19	20 21 22 23 24	25 26 27 28 29	30 51 2 3 4	5 6 7 8 9	10 11 12 13	1	34
	4	14 15 16 17 18	19 20 21 22 23	24 25 26 27 28	29 30 31 61 2	3 4 5 6 7	8 9 10 11	2	3
	5	12 13 14 15 16	17 18 19 20 21	22 23 24 25 26	27 28 29 30 71	2 3 4 5 6	7 8 9 10 11	3	32
	6	12 13 14 15 16	17 18 19 20 21	22 23 24 25 26	27 28 29 30 31	81 2 3 4 5	6 7 8 9	5	2
	7	10 11 12 13 14	15 16 17 18 19	20 21 22 23 24	25 26 27 28 29	30 31 91 2 3	4 5 6 7 8	6	31
	8	9 10 11 12 13	14 15 16 17 18	19 20 21 22 23	24 25 26 27 28	29 30 01 2 3	4 5 6 7 8	1	1
	9	9 10 11 12 13	14 15 16 17 18	19 20 21 22 23	24 25 26 27 28	29 30 31 N1 2	3 4 5 6	3	31
	10	7 8 9 10 11	12 13 14 15 16	17 18 19 20 21	22 23 24 25 26	27 28 29 30 D1	2 3 4 5 6	4	0
	11	7 8 9 10 11	12 13 14 15 16	17 18 19 20 21	22 23 24 25 26	27 28 29 30 31	11 2 3 4 5	6	30
	12	6 7 8 9 10	11 12 13 14 15	16 17 18 19 20	21 22 23 24 25	26 27 28 29 30	31 21 2 3 4	1	0
咸亨 3 壬申 672–73	38 1	5 6 7 8 9	10 11 12 13 14	15 16 17 18 19	20 21 22 23 24	25 26 27 28 29	31 2 3 4	3	30
	2	5 6 7 8 9	10 11 12 13 14	15 16 17 18 19	20 21 22 23 24	25 26 27 28 29	30 31 41 2 3	4	59
	3	4 5 6 7 8	9 10 11 12 13	14 15 16 17 18	19 20 21 22 23	24 25 26 27 28	29 30 51 2	6	29
	4	3 4 5 6 7	8 9 10 11 12	13 14 15 16 17	18 19 20 21 22	23 24 25 26 27	28 29 30 31	0	58
	5	61 2 3 4 5	6 7 8 9 10	11 12 13 14 15	16 17 18 19 20	21 22 23 24 25	26 27 28 29	1	27
	6	30 71 2 3 4	5 6 7 8 9	10 11 12 13 14	15 16 17 18 19	20 21 22 23 24	25 26 27 28 29	2	56
	7	30 31 81 2 3	4 5 6 7 8	9 10 11 12 13	14 15 16 17 18	19 20 21 22 23	24 25 26 27	4	26
	8	28 29 30 31 91	2 3 4 5 6	7 8 9 10 11	12 13 14 15 16	17 18 19 20 21	22 23 24 25 26	5	55
	9	27 28 29 30 01	2 3 4 5 6	7 8 9 10 11	12 13 14 15 16	17 18 19 20 21	22 23 24 25	0	25
	10	26 27 28 29 30	31 N1 2 3 4	5 6 7 8 9	10 11 12 13 14	15 16 17 18 19	20 21 22 23 24	1	54
	11	25 26 27 28 29	30 D1 2 3 4	5 6 7 8 9	10 11 12 13 14	15 16 17 18 19	20 21 22 23 24	3	24
	12	25 26 27 28 29	30 31 11 2 3	4 5 6 7 8	9 10 11 12 13	14 15 16 17 18	19 20 21 22 23	5	54
咸亨 4 癸酉 673–74	50 1	24 25 26 27 28	29 30 31 21 2	3 4 5 6 7	8 9 10 11 12	13 14 15 16 17	18 19 20 21	0	24
	2	22 23 24 25 26	27 28 31 2 3	4 5 6 7 8	9 10 11 12 13	14 15 16 17 18	19 20 21 22 23	1	53
	3	24 25 26 27 28	29 30 31 41 2	3 4 5 6 7	8 9 10 11 12	13 14 15 16 17	18 19 20 21	3	23
	4	22 23 24 25 26	27 28 29 30 51	2 3 4 5 6	7 8 9 10 11	12 13 14 15 16	17 18 19 20 21	4	52
	5	22 23 24 25 26	27 28 29 30 31	61 2 3 4 5	6 7 8 9 10	11 12 13 14 15	16 17 18 19	6	22
	5	20 21 22 23 24	25 26 27 28 29	30 71 2 3 4	5 6 7 8 9	10 11 12 13 14	15 16 17 18	0	51
	6	19 20 21 22 23	24 25 26 27 28	29 30 31 81 2	3 4 5 6 7	8 9 10 11 12	13 14 15 16 17	1	20
	7	18 19 20 21 22	23 24 25 26 27	28 29 30 31 91	2 3 4 5 6	7 8 9 10 11	12 13 14 15	3	50
	8	16 17 18 19 20	21 22 23 24 25	26 27 28 29 30	01 2 3 4 5	6 7 8 9 10	11 12 13 14 15	4	19
	9	16 17 18 19 20	21 22 23 24 25	26 27 28 29 30	31 N1 2 3 4	5 6 7 8 9	10 11 12 13	6	49
	10	14 15 16 17 18	19 20 21 22 23	24 25 26 27 28	29 30 D1 2 3	4 5 6 7 8	9 10 11 12 13	0	18
	11	14 15 16 17 18	19 20 21 22 23	24 25 26 27 28	29 30 31 11 2	3 4 5 6 7	8 9 10 11 12	2	48
	12	13 14 15 16 17	18 19 20 21 22	23 24 25 26 27	28 29 30 31 21	2 3 4 5 6	7 8 9 10 11	4	18
上元 1 甲戌 674–75	2 1	12 13 14 15 16	17 18 19 20 21	22 23 24 25 26	27 28 31 2 3	4 5 6 7 8	9 10 11 12	6	48
	2	13 14 15 16 17	18 19 20 21 22	23 24 25 26 27	28 29 30 31 41	2 3 4 5 6	7 8 9 10 11	0	17
	3	12 13 14 15 16	17 18 19 20 21	22 23 24 25 26	27 28 29 30 51	2 3 4 5 6	7 8 9 10	2	47
	4	11 12 13 14 15	16 17 18 19 20	21 22 23 24 25	26 27 28 29 30	31 61 2 3 4	5 6 7 8 9	3	16
	5	10 11 12 13 14	15 16 17 18 19	20 21 22 23 24	25 26 27 28 29	30 71 2 3 4	5 6 7 8	5	46
	6	9 10 11 12 13	14 15 16 17 18	19 20 21 22 23	24 25 26 27 28	29 30 31 81 2	3 4 5 6	6	15
	7	7 8 9 10 11	12 13 14 15 16	17 18 19 20 21	22 23 24 25 26	27 28 29 30 31	91 2 3 4 5	0	44
	8‖	6 7 8 9 10	11 12 13 14 15	16 17 18 19 20	21 22 23 24 25	26 27 28 29 30	01 2 3 4	2	14
	9	5 6 7 8 9	10 11 12 13 14	15 16 17 18 19	20 21 22 23 24	25 26 27 28 29	30 31 N1 2 3	3	43
	10	4 5 6 7 8	9 10 11 12 13	14 15 16 17 18	19 20 21 22 23	24 25 26 27 28	29 30 D1 2	5	13
	11	3 4 5 6 7	8 9 10 11 12	13 14 15 16 17	18 19 20 21 22	23 24 25 26 27	28 29 30 31 11	6	42
	12	2 3 4 5 6	7 8 9 10 11	12 13 14 15 16	17 18 19 20 21	22 23 24 25 26	27 28 29 30 31	1	12
上元 2 乙亥 675–76	14 1	21 2 3 4 5	6 7 8 9 10	11 12 13 14 15	16 17 18 19 20	21 22 23 24 25	26 27 28 31	3	42
	2	2 3 4 5 6	7 8 9 10 11	12 13 14 15 16	17 18 19 20 21	22 23 24 25 26	27 28 29 30 31	4	11
	3	41 2 3 4 5	6 7 8 9 10	11 12 13 14 15	16 17 18 19 20	21 22 23 24 25	26 27 28 29 30	6	41
	4	51 2 3 4 5	6 7 8 9 10	11 12 13 14 15	16 17 18 19 20	21 22 23 24 25	26 27 28 29	1	11
	5	30 31 61 2 3	4 5 6 7 8	9 10 11 12 13	14 15 16 17 18	19 20 21 22 23	24 25 26 27 28	2	40
	6	29 30 71 2 3	4 5 6 7 8	9 10 11 12 13	14 15 16 17 18	19 20 21 22 23	24 25 26 27	4	10
	7	28 29 30 31 81	2 3 4 5 6	7 8 9 10 11	12 13 14 15 16	17 18 19 20 21	22 23 24 25	5	39
	8	26 27 28 29 30	31 91 2 3 4	5 6 7 8 9	10 11 12 13 14	15 16 17 18 19	20 21 22 23 24	6	8
	9	25 26 27 28 29	30 01 2 3 4	5 6 7 8 9	10 11 12 13 14	15 16 17 18 19	20 21 22 23	1	38
	10	24 25 26 27 28	29 30 31 N1 2	3 4 5 6 7	8 9 10 11 12	13 14 15 16 17	18 19 20 21 22	2	7
	11	23 24 25 26 27	28 29 30 D1 2	3 4 5 6 7	8 9 10 11 12	13 14 15 16 17	18 19 20 21	4	37
	12	22 23 24 25 26	27 28 29 30 31	11 2 3 4 5	6 7 8 9 10	11 12 13 14 15	16 17 18 19 20	5	6

年序 Year	陰曆月序 Moon	陰曆日序 Order of days (Lunar) 1 2 3 4 5	6 7 8 9 10	11 12 13 14 15	16 17 18 19 20	21 22 23 24 25	26 27 28 29 30	星期 Week	干支 Cycle
儀鳳 1 丙子 676–77	26 1	21 22 23 24 25	26 27 28 29 30	31 21 2 3 4	5 6 7 8 9	10 11 12 13 14	15 16 17 18 —	0	36
	2	19 20 21 22 23	24 25 26 27 28	29 31 2 3 4	5 6 7 8 9	10 11 12 13 14	15 16 17 18 19	1	5
	3	20 21 22 23 24	25 26 27 28 29	30 31 41 2 3	4 5 6 7 8	9 10 11 12 13	14 15 16 17 18	3	35
	3	19 20 21 22 23	24 25 26 27 28	29 30 51 2 3	4 5 6 7 8	9 10 11 12 13	14 15 16 17 —	5	5
	4	18 19 20 21 22	23 24 25 26 27	28 29 30 31 61	2 3 4 5 6	7 8 9 10 11	12 13 14 15 16	6	34
	5	17 18 19 20 21	22 23 24 25 26	27 28 29 30 71	2 3 4 5 6	7 8 9 10 11	12 13 14 15 —	1	4
	6	16 17 18 19 20	21 22 23 24 25	26 27 28 29 30	31 81 2 3 4	5 6 7 8 9	10 11 12 13 14	2	33
	7	15 16 17 18 19	20 21 22 23 24	25 26 27 28 29	30 31 91 2 3	4 5 6 7 8	9 10 11 12 —	4	3
	8	13 14 15 16 17	18 19 20 21 22	23 24 25 26 27	28 29 30 01 2	3 4 5 6 7	8 9 10 11 12	5	32
	9	13 14 15 16 17	18 19 20 21 22	23 24 25 26 27	28 29 30 31 N1	2 3 4 5 6	7 8 9 10 —	0	2
	10	11 12 13 14 15	16 17 18 19 20	21 22 23 24 25	26 27 28 29 30	D1 2 3 4 5	6 7 8 9 10	1	31
	11][	11 12 13 14 15	16 17 18 19 20	21 22 23 24 25	26 27 28 29 30	31 11 2 3 4	5 6 7 8 —	3	1
	12	9 10 11 12 13	14 15 16 17 18	19 20 21 22 23	24 25 26 27 28	29 30 31 21 2	3 4 5 6 7	4	30
儀鳳 2 丁丑 677–78	38 1	8 9 10 11 12	13 14 15 16 17	18 19 20 21 22	23 24 25 26 27	28 31 2 3 4	5 6 7 8 —	6	0
	2	9 10 11 12 13	14 15 16 17 18	19 20 21 22 23	24 25 26 27 28	29 30 31 41 2	3 4 5 6 7	0	29
	3	8 9 10 11 12	13 14 15 16 17	18 19 20 21 22	23 24 25 26 27	28 29 30 51 2	3 4 5 6 —	2	59
	4	7 8 9 10 11	12 13 14 15 16	17 18 19 20 21	22 23 24 25 26	27 28 29 30 31	61 2 3 4 5	3	28
	5	6 7 8 9 10	11 12 13 14 15	16 17 18 19 20	21 22 23 24 25	26 27 28 29 30	71 2 3 4 5	5	58
	6	6 7 8 9 10	11 12 13 14 15	16 17 18 19 20	21 22 23 24 25	26 27 28 29 30	31 81 2 3 —	0	28
	7	4 5 6 7 8	9 10 11 12 13	14 15 16 17 18	19 20 21 22 23	24 25 26 27 28	29 30 31 91 2	1	57
	8	3 4 5 6 7	8 9 10 11 12	13 14 15 16 17	18 19 20 21 22	23 24 25 26 27	28 29 30 01 —	3	27
	9	2 3 4 5 6	7 8 9 10 11	12 13 14 15 16	17 18 19 20 21	22 23 24 25 26	27 28 29 30 31	4	56
	10	N1 2 3 4 5	6 7 8 9 10	11 12 13 14 15	16 17 18 19 20	21 22 23 24 25	26 27 28 29 —	6	26
	11	30 D1 2 3 4	5 6 7 8 9	10 11 12 13 14	15 16 17 18 19	20 21 22 23 24	25 26 27 28 29	0	55
	12	30 31 11 2 3	4 5 6 7 8	9 10 11 12 13	14 15 16 17 18	19 20 21 22 23	24 25 26 27 —	2	25
儀鳳 3 戊寅 678–79	50 1	28 29 30 31 21	2 3 4 5 6	7 8 9 10 11	12 13 14 15 16	17 18 19 20 21	22 23 24 25 26	3	54
	2	27 28 31 2 3	4 5 6 7 8	9 10 11 12 13	14 15 16 17 18	19 20 21 22 23	24 25 26 27 —	5	24
	3	28 29 30 31 41	2 3 4 5 6	7 8 9 10 11	12 13 14 15 16	17 18 19 20 21	22 23 24 25 26	6	53
	4	27 28 29 30 51	2 3 4 5 6	7 8 9 10 11	12 13 14 15 16	17 18 19 20 21	22 23 24 25 —	1	23
	5	26 27 28 29 30	31 61 2 3 4	5 6 7 8 9	10 11 12 13 14	15 16 17 18 19	20 21 22 23 24	2	52
	6	25 26 27 28 29	30 71 2 3 4	5 6 7 8 9	10 11 12 13 14	15 16 17 18 19	20 21 22 23 —	4	22
	7	24 25 26 27 28	29 30 31 81 2	3 4 5 6 7	8 9 10 11 12	13 14 15 16 17	18 19 20 21 22	5	51
	8	23 24 25 26 27	28 29 30 31 91	2 3 4 5 6	7 8 9 10 11	12 13 14 15 16	17 18 19 20 21	0	21
	9	22 23 24 25 26	27 28 29 30 01	2 3 4 5 6	7 8 9 10 11	12 13 14 15 16	17 18 19 20 —	2	51
	10	21 22 23 24 25	26 27 28 29 30	31 N1 2 3 4	5 6 7 8 9	10 11 12 13 14	15 16 17 18 19	3	20
	11	20 21 22 23 24	25 26 27 28 29	30 D1 2 3 4	5 6 7 8 9	10 11 12 13 14	15 16 17 18 —	5	50
	11	19 20 21 22 23	24 25 26 27 28	29 30 31 11 2	3 4 5 6 7	8 9 10 11 12	13 14 15 16 17	6	19
	12	18 19 20 21 22	23 24 25 26 27	28 29 30 31 21	2 3 4 5 6	7 8 9 10 11	12 13 14 15 —	1	49
調露 1 己卯 679–80	2 1	16 17 18 19 20	21 22 23 24 25	26 27 28 31 2	3 4 5 6 7	8 9 10 11 12	13 14 15 16 17	2	18
	2	18 19 20 21 22	23 24 25 26 27	28 29 30 31 41	2 3 4 5 6	7 8 9 10 11	12 13 14 15 —	4	48
	3	16 17 18 19 20	21 22 23 24 25	26 27 28 29 30	51 2 3 4 5	6 7 8 9 10	11 12 13 14 —	5	17
	4	15 16 17 18 19	20 21 22 23 24	25 26 27 28 29	30 31 61 2 3	4 5 6 7 8	9 10 11 12 13	6	46
	5	14 15 16 17 18	19 20 21 22 23	24 25 26 27 28	29 30 71 2 3	4 5 6 7 8	9 10 11 12 —	1	16
	6][	13 14 15 16 17	18 19 20 21 22	23 24 25 26 27	28 29 30 31 81	2 3 4 5 6	7 8 9 10 11	2	45
	7	12 13 14 15 16	17 18 19 20 21	22 23 24 25 26	27 28 29 30 31	91 2 3 4 5	6 7 8 9 10	4	15
	8	11 12 13 14 15	16 17 18 19 20	21 22 23 24 25	26 27 28 29 30	01 2 3 4 5	6 7 8 9 —	6	45
	9	10 11 12 13 14	15 16 17 18 19	20 21 22 23 24	25 26 27 28 29	30 31 N1 2 3	4 5 6 7 8	0	14
	10	9 10 11 12 13	14 15 16 17 18	19 20 21 22 23	24 25 26 27 28	29 30 D1 2 3	4 5 6 7 8	2	44
	11	9 10 11 12 13	14 15 16 17 18	19 20 21 22 23	24 25 26 27 28	29 30 31 11 2	3 4 5 6 —	4	14
	12	7 8 9 10 11	12 13 14 15 16	17 18 19 20 21	22 23 24 25 26	27 28 29 30 31	[illegible] 2 3 4 5	5	43
永隆 1 庚辰 680–81	14 1	6 7 8 9 10	11 12 13 14 15	16 17 18 19 20	21 22 23 24 25	26 27 28 29 31	2 3 4 5 —	0	13
	2	6 7 8 9 10	11 12 13 14 15	16 17 18 19 20	21 22 23 24 25	26 27 28 29 30	31 41 2 3 4	1	42
	3	5 6 7 8 9	10 11 12 13 14	15 16 17 18 19	20 21 22 23 24	25 26 27 28 29	30 51 2 3 —	3	12
	4	4 5 6 7 8	9 10 11 12 13	14 15 16 17 18	19 20 21 22 23	24 25 26 27 28	29 30 31 61 —	4	41
	5	2 3 4 5 6	7 8 9 10 11	12 13 14 15 16	17 18 19 20 21	22 23 24 25 26	27 28 29 30 71	5	10
	6	2 3 4 5 6	7 8 9 10 11	12 13 14 15 16	17 18 19 20 21	22 23 24 25 26	27 28 29 30 —	0	40
	7	31 81 2 3 4	5 6 7 8 9	10 11 12 13 14	15 16 17 18 19	20 21 22 23 24	25 26 27 28 29	1	9
	8][	30 31 91 2 3	4 5 6 7 8	9 10 11 12 13	14 15 16 17 18	19 20 21 22 23	24 25 26 27 —	3	39
	9	28 29 30 01 2	3 4 5 6 7	8 9 10 11 12	13 14 15 16 17	18 19 20 21 22	23 24 25 26 27	4	8
	10	28 29 30 31 N1	2 3 4 5 6	7 8 9 10 11	12 13 14 15 16	17 18 19 20 21	22 23 24 25 26	6	38
	11	27 28 29 30 D1	2 3 4 5 6	7 8 9 10 11	12 13 14 15 16	17 18 19 20 21	22 23 24 25 26	1	8
	12	27 28 29 30 31	11 2 3 4 5	6 7 8 9 10	11 12 13 14 15	16 17 18 19 20	21 22 23 24 —	3	38

年序 Year	陰曆月序 Moon	陰曆日序 Order of days (Lunar) 1 2 3 4 5	6 7 8 9 10	11 12 13 14 15	16 17 18 19 20	21 22 23 24 25	26 27 28 29 30	星期 Week	干支 Cycle
開耀 1 辛巳 681–82	26 1	25 26 27 28 29	30 31 21 2 3	4 5 6 7 8	9 10 11 12 13	14 15 16 17 18	19 20 21 22 23	4	7
	2	24 25 26 27 28	31 2 3 4 5	6 7 8 9 10	11 12 13 14 15	16 17 18 19 20	21 22 23 24 —	6	37
	3	25 26 27 28 29	30 31 41 2 3	4 5 6 7 8	9 10 11 12 13	14 15 16 17 18	19 20 21 22 23	0	6
	4	24 25 26 27 28	29 30 51 2 3	4 5 6 7 8	9 10 11 12 13	14 15 16 17 18	19 20 21 22 —	2	36
	5	23 24 25 26 27	28 29 30 31 61	2 3 4 5 6	7 8 9 10 11	12 13 14 15 16	17 18 19 20 —	3	5
	6	21 22 23 24 25	26 27 28 29 30	71 2 3 4 5	6 7 8 9 10	11 12 13 14 15	16 17 18 19 20	4	34
	7	21 22 23 24 25	26 27 28 29 30	31 81 2 3 4	5 6 7 8 9	10 11 12 13 14	15 16 17 18 —	6	4
	7	19 20 21 22 23	24 25 26 27 28	29 30 31 91 2	3 4 5 6 7	8 9 10 11 12	13 14 15 16 17	0	33
	8	18 19 20 21 22	23 24 25 26 27	28 29 30 01 2	3 4 5 6 7	8 9 10 11 12	13 14 15 16 —	2	3
	9	17 18 19 20 21	22 23 24 25 26	27 28 29 30 31	N1 2 3 4 5	6 7 8 9 10	11 12 13 14 15	3	32
	10][	16 17 18 19 20	21 22 23 24 25	26 27 28 29 30	D1 2 3 4 5	6 7 8 9 10	11 12 13 14 15	5	2
	11	16 17 18 19 20	21 22 23 24 25	26 27 28 29 30	31 11 2 3 4	5 6 7 8 9	10 11 12 13 14	0	32
	12	15 16 17 18 19	20 21 22 23 24	25 26 27 28 29	30 31 21 2 3	4 5 6 7 8	9 10 11 12 —	2	2
永淳 1 壬午 682–83	38 1	13 14 15 16 17	18 19 20 21 22	23 24 25 26 27	28 31 2 3 4	5 6 7 8 9	10 11 12 13 14	3	31
	2][	15 16 17 18 19	20 21 22 23 24	25 26 27 28 29	30 31 41 2 3	4 5 6 7 8	9 10 11 12 —	5	1
	3	13 14 15 16 17	18 19 20 21 22	23 24 25 26 27	28 29 30 51 2	3 4 5 6 7	8 9 10 11 12	6	30
	4	13 14 15 16 17	18 19 20 21 22	23 24 25 26 27	28 29 30 31 61	2 3 4 5 6	7 8 9 10 —	1	0
	5	11 12 13 14 15	16 17 18 19 20	21 22 23 24 25	26 27 28 29 30	71 2 3 4 5	6 7 8 9 —	2	29
	6	10 11 12 13 14	15 16 17 18 19	20 21 22 23 24	25 26 27 28 29	30 31 81 2 3	4 5 6 7 8	3	58
	7	9 10 11 12 13	14 15 16 17 18	19 20 21 22 23	24 25 26 27 28	29 30 31 91 2	3 4 5 6 —	5	28
	8	7 8 9 10 11	12 13 14 15 16	17 18 19 20 21	22 23 24 25 26	27 28 29 30 01	2 3 4 5 —	6	57
	9	6 7 8 9 10	11 12 13 14 15	16 17 18 19 20	21 22 23 24 25	26 27 28 29 30	31 N1 2 3 4	0	26
	10	5 6 7 8 9	10 11 12 13 14	15 16 17 18 19	20 21 22 23 24	25 26 27 28 29	30 D1 2 3 4	2	56
	11	5 6 7 8 9	10 11 12 13 14	15 16 17 18 19	20 21 22 23 24	25 26 27 28 29	30 31 11 2 —	4	26
	12	3 4 5 6 7	8 9 10 11 12	13 14 15 16 17	18 19 20 21 22	23 24 25 26 27	28 29 30 31 21	5	55
弘道 1 癸未 683–84	50 1	2 3 4 5 6	7 8 9 10 11	12 13 14 15 16	17 18 19 20 21	22 23 24 25 26	27 28 31 2 3	0	25
	2	4 5 6 7 8	9 10 11 12 13	14 15 16 17 18	19 20 21 22 23	24 25 26 27 28	29 30 31 41 2	2	55
	3	3 4 5 6 7	8 9 10 11 12	13 14 15 16 17	18 19 20 21 22	23 24 25 26 27	28 29 30 51 —	4	25
	4	2 3 4 5 6	7 8 9 10 11	12 13 14 15 16	17 18 19 20 21	22 23 24 25 26	27 28 29 30 31	5	54
	5	61 2 3 4 5	6 7 8 9 10	11 12 13 14 15	16 17 18 19 20	21 22 23 24 25	26 27 28 29 —	0	24
	6	30 71 2 3 4	5 6 7 8 9	10 11 12 13 14	15 16 17 18 19	20 21 22 23 24	25 26 27 28 —	1	53
	7	29 30 31 81 2	3 4 5 6 7	8 9 10 11 12	13 14 15 16 17	18 19 20 21 22	23 24 25 26 27	2	22
	8	28 29 30 31 91	2 3 4 5 6	7 8 9 10 11	12 13 14 15 16	17 18 19 20 21	22 23 24 25 —	4	52
	9	26 27 28 29 30	01 2 3 4 5	6 7 8 9 10	11 12 13 14 15	16 17 18 19 20	21 22 23 24 —	5	21
	10	25 26 27 28 29	30 31 N1 2 3	4 5 6 7 8	9 10 11 12 13	14 15 16 17 18	19 20 21 22 23	6	50
	11	24 25 26 27 28	29 30 D1 2 3	4 5 6 7 8	9 10 11 12 13	14 15 16 17 18	19 20 21 22 23	1	20
	12][	24 25 26 27 28	29 30 31 11 2	3 4 5 6 7	8 9 10 11 12	13 14 15 16 17	18 19 20 21 22	3	50
中宗 嗣聖 1 甲申 684–85	2 1	23 24 25 26 27	28 29 30 31 21	2 3 4 5 6	7 8 9 10 11	12 13 14 15 16	17 18 19 20 —	5	20
	2	21 22 23 24 25	26 27 28 29 31	2 3 4 5 6	7 8 9 10 11	12 13 14 15 16	17 18 19 20 21	6	49
	3	22 23 24 25 26	27 28 29 30 31	41 2 3 4 5	6 7 8 9 10	11 12 13 14 15	16 17 18 19 —	1	19
	4	20 21 22 23 24	25 26 27 28 29	30 51 2 3 4	5 6 7 8 9	10 11 12 13 14	15 16 17 18 19	2	48
	5	20 21 22 23 24	25 26 27 28 29	30 31 61 2 3	4 5 6 7 8	9 10 11 12 13	14 15 16 17 18	4	18
	5	19 20 21 22 23	24 25 26 27 28	29 30 71 2 3	4 5 6 7 8	9 10 11 12 13	14 15 16 17 —	6	48
	6	18 19 20 21 22	23 24 25 26 27	28 29 30 31 81	2 3 4 5 6	7 8 9 10 11	12 13 14 15 —	0	17
	7	16 17 18 19 20	21 22 23 24 25	26 27 28 29 30	31 91 2 3 4	5 6 7 8 9	10 11 12 13 14	1	46
	8	15 16 17 18 19	20 21 22 23 24	25 26 27 28 29	30 01 2 3 4	5 6 7 8 9	10 11 12 13 —	3	16
	9	14 15 16 17 18	19 20 21 22 23	24 25 26 27 28	29 30 31 N1 2	3 4 5 6 7	8 9 10 11 12	4	45
	10	13 14 15 16 17	18 19 20 21 22	23 24 25 26 27	28 29 30 D1 2	3 4 5 6 7	8 9 10 11 —	6	15
	11	12 13 14 15 16	17 18 19 20 21	22 23 24 25 26	27 28 29 30 31	11 2 3 4 5	6 7 8 9 10	0	44
	12	11 12 13 14 15	16 17 18 19 20	21 22 23 24 25	26 27 28 29 30	31 21 2 3 4	5 6 7 8 —	2	14
武后 垂拱 1 乙酉 685–86	14 1	9 10 11 12 13	14 15 16 17 18	19 20 21 22 23	24 25 26 27 28	31 2 3 4 5	6 7 8 9 10	3	43
	2	11 12 13 14 15	16 17 18 19 20	21 22 23 24 25	26 27 28 29 30	31 41 2 3 4	5 6 7 8 —	5	13
	3	9 10 11 12 13	14 15 16 17 18	19 20 21 22 23	24 25 26 27 28	29 30 51 2 3	4 5 6 7 8	6	42
	4	9 10 11 12 13	14 15 16 17 18	19 20 21 22 23	24 25 26 27 28	29 30 31 61 2	3 4 5 6 7	1	12
	5	8 9 10 11 12	13 14 15 16 17	18 19 20 21 22	23 24 25 26 27	28 29 30 71 2	3 4 5 6 —	3	42
	6	7 8 9 10 11	12 13 14 15 16	17 18 19 20 21	22 23 24 25 26	27 28 29 30 31	81 2 3 4 5	4	11
	7	6 7 8 9 10	11 12 13 14 15	16 17 18 19 20	21 22 23 24 25	26 27 28 29 30	31 91 2 3 —	6	41
	8	4 5 6 7 8	9 10 11 12 13	14 15 16 17 18	19 20 21 22 23	24 25 26 27 28	29 30 01 2 3	●	10
	9	4 5 6 7 8	9 10 11 12 13	14 15 16 17 18	19 20 21 22 23	24 25 26 27 28	29 30 31 N1 —	2	40
	10	2 3 4 5 6	7 8 9 10 11	12 13 14 15 16	17 18 19 20 21	22 23 24 25 26	27 28 29 30 D1	3	9
	11	2 3 4 5 6	7 8 9 10 11	12 13 14 15 16	17 18 19 20 21	22 23 24 25 26	27 28 29 30 —	5	39
	12	31 11 2 3 4	5 6 7 8 9	10 11 12 13 14	15 16 17 18 19	20 21 22 23 24	25 26 27 28 29	6	8

年序 Year	陰曆月序 Moon	陰曆日序 Order of days (Lunar) 1 2 3 4 5	6 7 8 9 10	11 12 13 14 15	16 17 18 19 20	21 22 23 24 25	26 27 28 29 30	星期 Week	干支 Cycle
垂拱 2 丙戌 686–87	26 1	30 31 21 2 3	4 5 6 7 8	9 10 11 12 13	14 15 16 17 18	19 20 21 22 23	24 25 26 27 —	1	38
	2	28 31 2 3 4	5 6 7 8 9	10 11 12 13 14	15 16 17 18 19	20 21 22 23 24	25 26 27 28 29	2	7
	3	30 31 41 2 3	4 5 6 7 8	9 10 11 12 13	14 15 16 17 18	19 20 21 22 23	24 25 26 27 —	4	37
	4	28 29 30 51 2	3 4 5 6 7	8 9 10 11 12	13 14 15 16 17	18 19 20 21 22	23 24 25 26 27	5	6
	5	28 29 30 31 61	2 3 4 5 6	7 8 9 10 11	12 13 14 15 16	17 18 19 20 21	22 23 24 25 —	0	36
	6	26 27 28 29 30	71 2 3 4 5	6 7 8 9 10	11 12 13 14 15	16 17 18 19 20	21 22 23 24 25	1	5
	7	26 27 28 29 30	31 81 2 3 4	5 6 7 8 9	10 11 12 13 14	15 16 17 18 19	20 21 22 23 24	3	35
	8	25 26 27 28 29	30 31 91 2 3	4 5 6 7 8	9 10 11 12 13	14 15 16 17 18	19 20 21 22 —	5	5
	9	23 24 25 26 27	28 29 30 01 2	3 4 5 6 7	8 9 10 11 12	13 14 15 16 17	18 19 20 21 22	6	34
	10	23 24 25 26 27	28 29 30 31 N1	2 3 4 5 6	7 8 9 10 11	12 13 14 15 16	17 18 19 20 —	1	4
	11	21 22 23 24 25	26 27 28 29 30	D1 2 3 4 5	6 7 8 9 10	11 12 13 14 15	16 17 18 19 20	2	33
	12	21 22 23 24 25	26 27 28 29 30	31 11 2 3 4	5 6 7 8 9	10 11 12 13 14	15 16 17 18 —	4	3
垂拱 3 丁亥 687–88	38 1	19 20 21 22 23	24 25 26 27 28	29 30 31 21 2	3 4 5 6 7	8 9 10 11 12	13 14 15 16 17	5	32
	1	18 19 20 21 22	23 24 25 26 27	28 31 2 3 4	5 6 7 8 9	10 11 12 13 14	15 16 17 18 —	0	2
	2	19 20 21 22 23	24 25 26 27 28	29 30 31 41 2	3 4 5 6 7	8 9 10 11 12	13 14 15 16 17	1	31
	3	18 19 20 21 22	23 24 25 26 27	28 29 30 51 2	3 4 5 6 7	8 9 10 11 12	13 14 15 16 —	3	1
	4	17 18 19 20 21	22 23 24 25 26	27 28 29 30 31	61 2 3 4 5	6 7 8 9 10	11 12 13 14 15	4	30
	5	16 17 18 19 20	21 22 23 24 25	26 27 28 29 30	71 2 3 4 5	6 7 8 9 10	11 12 13 14 —	6	0
	6	15 16 17 18 19	20 21 22 23 24	25 26 27 28 29	30 31 81 2 3	4 5 6 7 8	9 10 11 12 13	0	29
	7	14 15 16 17 18	19 20 21 22 23	24 25 26 27 28	29 30 31 91 2	3 4 5 6 7	8 9 10 11 —	2	59
	8	12 13 14 15 16	17 18 19 20 21	22 23 24 25 26	27 28 29 30 01	2 3 4 5 6	7 8 9 10 11	3	28
	9	12 13 14 15 16	17 18 19 20 21	22 23 24 25 26	27 28 29 30 31	N1 2 3 4 5	6 7 8 9 10	5	58
	10	11 12 13 14 15	16 17 18 19 20	21 22 23 24 25	26 27 28 29 30	D1 2 3 4 5	6 7 8 9 —	0	28
	11	10 11 12 13 14	15 16 17 18 19	20 21 22 23 24	25 26 27 28 29	30 31 11 2 3	4 5 6 7 8	1	57
	12	9 10 11 12 13	14 15 16 17 18	19 20 21 22 23	24 25 26 27 28	29 30 31 21 2	3 4 5 6 —	3	27
垂拱 4 戊子 688–89	50 1	7 8 9 10 11	12 13 14 15 16	17 18 19 20 21	22 23 24 25 26	27 28 29 31 2	3 4 5 6 7	4	56
	2	8 9 10 11 12	13 14 15 16 17	18 19 20 21 22	23 24 25 26 27	28 29 30 31 41	2 3 4 5 —	6	26
	3	6 7 8 9 10	11 12 13 14 15	16 17 18 19 20	21 22 23 24 25	26 27 28 29 30	51 2 3 4 —	0	55
	4	5 6 7 8 9	10 11 12 13 14	15 16 17 18 19	20 21 22 23 24	25 26 27 28 29	30 31 61 2 3	1	24
	5	4 5 6 7 8	9 10 11 12 13	14 15 16 17 18	19 20 21 22 23	24 25 26 27 28	29 30 71 2 —	3	54
	6	3 4 5 6 7	8 9 10 11 12	13 14 15 16 17	18 19 20 21 22	23 24 25 26 27	28 29 30 31 81	4	23
	7	2 3 4 5 6	7 8 9 10 11	12 13 14 15 16	17 18 19 20 21	22 23 24 25 26	27 28 29 30 —	6	53
	8	31 91 2 3 4	5 6 7 8 9	10 11 12 13 14	15 16 17 18 19	20 21 22 23 24	25 26 27 28 29	0	22
	9	30 01 2 3 4	5 6 7 8 9	10 11 12 13 14	15 16 17 18 19	20 21 22 23 24	25 26 27 28 29	2	52
	10	30 31 N1 2 3	4 5 6 7 8	9 10 11 12 13	14 15 16 17 18	19 20 21 22 23	24 25 26 27 28	4	22
	11	29 30 D1 2 3	4 5 6 7 8	9 10 11 12 13	14 15 16 17 18	19 20 21 22 23	24 25 26 27 —	6	52
	12	28 29 30 31 11	2 3 4 5 6	7 8 9 10 11	12 13 14 15 16	17 18 19 20 21	22 23 24 25 26	0	21
載初 □ 1 己丑 689–90	2 1	27 28 29 30 31	21 2 3 4 5	6 7 8 9 10	11 12 13 14 15	16 17 18 19 20	21 22 23 24 —	2	51
	2	25 26 27 28 31	2 3 4 5 6	7 8 9 10 11	12 13 14 15 16	17 18 19 20 21	22 23 24 25 26	3	20
	3	27 28 29 30 31	41 2 3 4 5	6 7 8 9 10	11 12 13 14 15	16 17 18 19 20	21 22 23 24 —	5	50
	4	25 26 27 28 29	30 51 2 3 4	5 6 7 8 9	10 11 12 13 14	15 16 17 18 19	20 21 22 23 —	6	19
	5	24 25 26 27 28	29 30 31 61 2	3 4 5 6 7	8 9 10 11 12	13 14 15 16 17	18 19 20 21 22	0	48
	6	23 24 25 26 27	28 29 30 71 2	3 4 5 6 7	8 9 10 11 12	13 14 15 16 17	18 19 20 21 —	2	18
	7	22 23 24 25 26	27 28 29 30 31	81 2 3 4 5	6 7 8 9 10	11 12 13 14 15	16 17 18 19 20	3	47
	8	21 22 23 24 25	26 27 28 29 30	31 91 2 3 4	5 6 7 8 9	10 11 12 13 14	15 16 17 18 —	5	17
	9	19 20 21 22 23	24 25 26 27 28	29 30 01 2 3	4 5 6 7 8	9 10 11 12 13	14 15 16 17 18	6	46
	9	19 20 21 22 23	24 25 26 27 28	29 30 31 N1 2	3 4 5 6 7	8 9 10 11 12	13 14 15 16 17	1	16
	10	18 19 20 21 22	23 24 25 26 27	28 29 30 D1 2	3 4 5 6 7	8 9 10 11 12	13 14 15 16 17	3	46
天授 1 庚寅 690–91	2 11	18 19 20 21 22	23 24 25 26 27	28 29 30 31 11	2 3 4 5 6	7 8 9 10 11	12 13 14 15 —	5	16
	12	16 17 18 19 20	21 22 23 24 25	26 27 28 29 30	31 21 2 3 4	5 6 7 8 9	10 11 12 13 14	6	45
	14 1	15 16 17 18 19	20 21 22 23 24	25 26 27 28 31	2 3 4 5 6	7 8 9 10 11	12 13 14 15 —	1	15
	2	16 17 18 19 20	21 22 23 24 25	26 27 28 29 30	31 41 2 3 4	5 6 7 8 9	10 11 12 13 14	2	44
	3	15 16 17 18 19	20 21 22 23 24	25 26 27 28 29	30 51 2 3 4	5 6 7 8 9	10 11 12 13 —	4	14
	4	14 15 16 17 18	19 20 21 22 23	24 25 26 27 28	29 30 31 61 2	3 4 5 6 7	8 9 10 11 —	5	43
	5	12 13 14 15 16	17 18 19 20 21	22 23 24 25 26	27 28 29 30 71	2 3 4 5 6	7 8 9 10 11	6	12
	6	12 13 14 15 16	17 18 19 20 21	22 23 24 25 26	27 28 29 30 31	81 2 3 4 5	6 7 8 9 —	1	42
	7	10 11 12 13 14	15 16 17 18 19	20 21 22 23 24	25 26 27 28 29	30 31 91 2 3	4 5 6 7 —	2	11
	8	8 9 10 11 12	13 14 15 16 17	18 19 20 21 22	23 24 25 26 27	28 29 30 01 2	3 4 5 6 7	3	40
	9	8 9 10 11 12	13 14 15 16 17	18 19 20 21 22	23 24 25 26 27	28 29 30 31 N1	2 3 4 5 6	5	10
	10	7 8 9 10 11	12 13 14 15 16	17 18 19 20 21	22 23 24 25 26	27 28 29 30 D1	2 3 4 5 —	0	40

□ 唐武后載初元年十一月改用子正，以載初元年之十一月爲天授元年歲首，故載初元年只有十個月.

The Empress Wu of the T'ang Dynasty took the 11th moon of the year "Tsai Ch'u First Year (689–90 A.D.)" as the 1st moon of the year "T'ien Shou First Year (690–91 A.D.)" of her reign. That is why the year "Tsai Ch'u First Year" has 10 moons.

年序 Year	陰曆月序 Moon		陰曆日序 Order of days (Lunar)																														星期 Week	干支 Cycle
			1	2	3	4	5	6	7	8	9	10	11	12	13	14	15	16	17	18	19	20	21	22	23	24	25	26	27	28	29	30		
天授2辛卯 691–92	14	11	6	7	8	9	10	11	12	13	14	15	16	17	18	19	20	21	22	23	24	25	26	27	28	29	30	31	11	2	3	4	1	9
		12	5	6	7	8	9	10	11	12	13	14	15	16	17	18	19	20	21	22	23	24	25	26	27	28	29	30	31	21	2	3	3	39
	26	1	4	5	6	7	8	9	10	11	12	13	14	15	16	17	18	19	20	21	22	23	24	25	26	27	28	31	2	3	4	5	5	9
		2	6	7	8	9	10	11	12	13	14	15	16	17	18	19	20	21	22	23	24	25	26	27	28	29	30	31	41	2	3	—	0	39
		3	4	5	6	7	8	9	10	11	12	13	14	15	16	17	18	19	20	21	22	23	24	25	26	27	28	29	30	51	2	3	1	8
		4	4	5	6	7	8	9	10	11	12	13	14	15	16	17	18	19	20	21	22	23	24	25	26	27	28	29	30	31	61	—	3	38
		5	2	3	4	5	6	7	8	9	10	11	12	13	14	15	16	17	18	19	20	21	22	23	24	25	26	27	28	29	30	—	4	7
		6	71	2	3	4	5	6	7	8	9	10	11	12	13	14	15	16	17	18	19	20	21	22	23	24	25	26	27	28	29	30	5	36
		7	31	81	2	3	4	5	6	7	8	9	10	11	12	13	14	15	16	17	18	19	20	21	22	23	24	25	26	27	28	—	0	6
		8	29	30	31	91	2	3	4	5	6	7	8	9	10	11	12	13	14	15	16	17	18	19	20	21	22	23	24	25	26	—	1	35
		9	27	28	29	30	01	2	3	4	5	6	7	8	9	10	11	12	13	14	15	16	17	18	19	20	21	22	23	24	25	26	2	4
		10	27	28	29	30	31	N1	2	3	4	5	6	7	8	9	10	11	12	13	14	15	16	17	18	19	20	21	22	23	24	25	4	34
長壽1壬辰 692–93	26	11	26	27	28	29	30	D1	2	3	4	5	6	7	8	9	10	11	12	13	14	15	16	17	18	19	20	21	22	23	24	—	6	4
		12	25	26	27	28	29	30	31	11	2	3	4	5	6	7	8	9	10	11	12	13	14	15	16	17	18	19	20	21	22	23	0	33
	38	1	24	25	26	27	28	29	30	31	21	2	3	4	5	6	7	8	9	10	11	12	13	14	15	16	17	18	19	20	21	22	2	3
		2	23	24	25	26	27	28	29	31	2	3	4	5	6	7	8	9	10	11	12	13	14	15	16	17	18	19	20	21	22	23	4	33
		3	24	25	26	27	28	29	30	31	41	2	3	4	5	6	7	8	9	10	11	12	13	14	15	16	17	18	19	20	21	—	6	3
		4	22	23	24	25	26	27	28	29	30	51	2	3	4	5	6	7	8	9	10	11	12	13	14	15	16	17	18	19	20	21	0	32
		5	22	23	24	25	26	27	28	29	30	31	61	2	3	4	5	6	7	8	9	10	11	12	13	14	15	16	17	18	19	—	2	2
		5	20	21	22	23	24	25	26	27	28	29	30	71	2	3	4	5	6	7	8	9	10	11	12	13	14	15	16	17	18	—	3	31
		6	19	20	21	22	23	24	25	26	27	28	29	30	31	81	2	3	4	5	6	7	8	9	10	11	12	13	14	15	16	17	4	0
		7	18	19	20	21	22	23	24	25	26	27	28	29	30	31	91	2	3	4	5	6	7	8	9	10	11	12	13	14	15	—	6	30
		8	16	17	18	19	20	21	22	23	24	25	26	27	28	29	30	01	2	3	4	5	6	7	8	9	10	11	12	13	14	—	0	59
		9][	15	16	17	18	19	20	21	22	23	24	25	26	27	28	29	30	31	N1	2	3	4	5	6	7	8	9	10	11	12	13	1	28
		10	14	15	16	17	18	19	20	21	22	23	24	25	26	27	28	29	30	D1	2	3	4	5	6	7	8	9	10	11	12	13	3	58
長壽2癸巳 693–94	38	11	14	15	16	17	18	19	20	21	22	23	24	25	26	27	28	29	30	31	11	2	3	4	5	6	7	8	9	10	11	—	5	28
		12	12	13	14	15	16	17	18	19	20	21	22	23	24	25	26	27	28	29	30	31	21	2	3	4	5	6	7	8	9	10	6	57
	50	1	11	12	13	14	15	16	17	18	19	20	21	22	23	24	25	26	27	28	31	2	3	4	5	6	7	8	9	10	11	12	1	27
		2	13	14	15	16	17	18	19	20	21	22	23	24	25	26	27	28	29	30	31	41	2	3	4	5	6	7	8	9	10	—	3	57
		3	11	12	13	14	15	16	17	18	19	20	21	22	23	24	25	26	27	28	29	30	51	2	3	4	5	6	7	8	9	10	4	26
		4	11	12	13	14	15	16	17	18	19	20	21	22	23	24	25	26	27	28	29	30	31	61	2	3	4	5	6	7	8	—	6	56
		5	9	10	11	12	13	14	15	16	17	18	19	20	21	22	23	24	25	26	27	28	29	30	71	2	3	4	5	6	7	8	0	25
		6	9	10	11	12	13	14	15	16	17	18	19	20	21	22	23	24	25	26	27	28	29	30	31	81	2	3	4	5	6	—	2	55
		7	7	8	9	10	11	12	13	14	15	16	17	18	19	20	21	22	23	24	25	26	27	28	29	30	31	91	2	3	4	5	3	24
		8	6	7	8	9	10	11	12	13	14	15	16	17	18	19	20	21	22	23	24	25	26	27	28	29	30	01	2	3	4	—	5	54
		9	5	6	7	8	9	10	11	12	13	14	15	16	17	18	19	20	21	22	23	24	25	26	27	28	29	30	31	N1	2	3	6	23
		10	4	5	6	7	8	9	10	11	12	13	14	15	16	17	18	19	20	21	22	23	24	25	26	27	28	29	30	D1	2	—	1	53
延載1甲午 694–95	50	11	3	4	5	6	7	8	9	10	11	12	13	14	15	16	17	18	19	20	21	22	23	24	25	26	27	28	29	30	31	11	2	22
		12	2	3	4	5	6	7	8	9	10	11	12	13	14	15	16	17	18	19	20	21	22	23	24	25	26	27	28	29	30	—	4	52
	2	1	31	21	2	3	4	5	6	7	8	9	10	11	12	13	14	15	16	17	18	19	20	21	22	23	24	25	26	27	28	31	5	21
		2	2	3	4	5	6	7	8	9	10	11	12	13	14	15	16	17	18	19	20	21	22	23	24	25	26	27	28	29	30	—	0	51
		3	31	41	2	3	4	5	6	7	8	9	10	11	12	13	14	15	16	17	18	19	20	21	22	23	24	25	26	27	28	29	1	20
		4	30	51	2	3	4	5	6	7	8	9	10	11	12	13	14	15	16	17	18	19	20	21	22	23	24	25	26	27	28	29	3	50
		5][	30	31	61	2	3	4	5	6	7	8	9	10	11	12	13	14	15	16	17	18	19	20	21	22	23	24	25	26	27	—	5	20
		6	28	29	30	71	2	3	4	5	6	7	8	9	10	11	12	13	14	15	16	17	18	19	20	21	22	23	24	25	26	27	6	49
		7	28	29	30	31	81	2	3	4	5	6	7	8	9	10	11	12	13	14	15	16	17	18	19	20	21	22	23	24	25	—	1	19
		8	26	27	28	29	30	31	91	2	3	4	5	6	7	8	9	10	11	12	13	14	15	16	17	18	19	20	21	22	23	24	2	48
		9	25	26	27	28	29	30	01	2	3	4	5	6	7	8	9	10	11	12	13	14	15	16	17	18	19	20	21	22	23	—	4	18
		10	24	25	26	27	28	29	30	31	N1	2	3	4	5	6	7	8	9	10	11	12	13	14	15	16	17	18	19	20	21	22	5	47
天冊萬歲1乙未 695–96	2	11	23	24	25	26	27	28	29	30	D1	2	3	4	5	6	7	8	9	10	11	12	13	14	15	16	17	18	19	20	21	—	0	17
		12	22	23	24	25	26	27	28	29	30	31	11	2	3	4	5	6	7	8	9	10	11	12	13	14	15	16	17	18	19	20	1	46
	14	1	21	22	23	24	25	26	27	28	29	30	31	21	2	3	4	5	6	7	8	9	10	11	12	13	14	15	16	17	18	—	3	16
		2	19	20	21	22	23	24	25	26	27	28	31	2	3	4	5	6	7	8	9	10	11	12	13	14	15	16	17	18	19	20	4	45
		2	21	22	23	24	25	26	27	28	29	30	31	41	2	3	4	5	6	7	8	9	10	11	12	13	14	15	16	17	18	—	6	15
		3	19	20	21	22	23	24	25	26	27	28	29	30	51	2	3	4	5	6	7	8	9	10	11	12	13	14	15	16	17	18	0	44
		4	19	20	21	22	23	24	25	26	27	28	29	30	31	61	2	3	4	5	6	7	8	9	10	11	12	13	14	15	16	—	2	14
		5	17	18	19	20	21	22	23	24	25	26	27	28	29	30	71	2	3	4	5	6	7	8	9	10	11	12	13	14	15	16	3	43
		6	17	18	19	20	21	22	23	24	25	26	27	28	29	30	31	81	2	3	4	5	6	7	8	9	10	11	12	13	14	15	5	13
		7	16	17	18	19	20	21	22	23	24	25	26	27	28	29	30	31	91	2	3	4	5	6	7	8	9	10	11	12	13	—	0	43
		8	14	15	16	17	18	19	20	21	22	23	24	25	26	27	28	29	30	01	2	3	4	5	6	7	8	9	10	11	12	13	1	12
		9][	14	15	16	17	18	19	20	21	22	23	24	25	26	27	28	29	30	31	N1	2	3	4	5	6	7	8	9	10	11	—	3	42
		10	12	13	14	15	16	17	18	19	20	21	22	23	24	25	26	27	28	29	30	D1	2	3	4	5	6	7	8	9	10	11	4	11

年序 Year	陰曆月序 Moon	陰曆日序 Order of days (Lunar) 1 2 3 4 5	6 7 8 9 10	11 12 13 14 15	16 17 18 19 20	21 22 23 24 25	26 27 28 29 30	星期 Week	干支 Cycle
萬歲通天 1 丙申 696–97	14 11	12 13 14 15 16	17 18 19 20 21	22 23 24 25 26	27 28 29 30 31	11 2 3 4 5	6 7 8 9 —	6	41
	12	10 11 12 13 14	15 16 17 18 19	20 21 22 23 24	25 26 27 28 29	30 31 21 2 3	4 5 6 7 8	0	10
	26 1	9 10 11 12 13	14 15 16 17 18	19 20 21 22 23	24 25 26 27 28	29 31 2 3 4	5 6 7 8 —	2	40
	2	9 10 11 12 13	14 15 16 17 18	19 20 21 22 23	24 25 26 27 28	29 30 31 41 2	3 4 5 6 —	3	9
	3	7 8 9 10 11	12 13 14 15 16	17 18 19 20 21	22 23 24 25 26	27 28 29 30 51	2 3 4 5 6	4	38
	4	7 8 9 10 11	12 13 14 15 16	17 18 19 20 21	22 23 24 25 26	27 28 29 30 31	61 2 3 4 —	6	8
	5	5 6 7 8 9	10 11 12 13 14	15 16 17 18 19	20 21 22 23 24	25 26 27 28 29	30 71 2 3 4	0	37
	6	5 6 7 8 9	10 11 12 13 14	15 16 17 18 19	20 21 22 23 24	25 26 27 28 29	30 31 81 2 3	2	7
	7	4 5 6 7 8	9 10 11 12 13	14 15 16 17 18	19 20 21 22 23	24 25 26 27 28	29 30 31 91 —	4	37
	8	2 3 4 5 6	7 8 9 10 11	12 13 14 15 16	17 18 19 20 21	22 23 24 25 26	27 28 29 30 01	5	6
	9][	2 3 4 5 6	7 8 9 10 11	12 13 14 15 16	17 18 19 20 21	22 23 24 25 26	27 28 29 30 31	0	36
	10	N1 2 3 4 5	6 7 8 9 10	11 12 13 14 15	16 17 18 19 20	21 22 23 24 25	26 27 28 29 —	2	6
神功 1 丁酉 697–98	26 11	30 01 2 3 4	5 6 7 8 9	10 11 12 13 14	15 16 17 18 19	20 21 22 23 24	25 26 27 28 29	3	35
	12	30 31 11 2 3	4 5 6 7 8	9 10 11 12 13	14 15 16 17 18	19 20 21 22 23	24 25 26 27 —	5	5
	38 1	28 29 30 31 21	2 3 4 5 6	7 8 9 10 11	12 13 14 15 16	17 18 19 20 21	22 23 24 25 26	6	34
	2	27 28 31 2 3	4 5 6 7 8	9 10 11 12 13	14 15 16 17 18	19 20 21 22 23	24 25 26 27 —	1	4
	3	28 29 30 31 41	2 3 4 5 6	7 8 9 10 11	12 13 14 15 16	17 18 19 20 21	22 23 24 25 —	2	33
	4	26 27 28 29 30	51 2 3 4 5	6 7 8 9 10	11 12 13 14 15	16 17 18 19 20	21 22 23 24 25	3	2
	5	26 27 28 29 30	31 61 2 3 4	5 6 7 8 9	10 11 12 13 14	15 16 17 18 19	20 21 22 23 —	5	32
	6	24 25 26 27 28	29 30 71 2 3	4 5 6 7 8	9 10 11 12 13	14 15 16 17 18	19 20 21 22 23	6	1
	7	24 25 26 27 28	29 30 31 81 2	3 4 5 6 7	8 9 10 11 12	13 14 15 16 17	18 19 20 21 —	1	31
	8	22 23 24 25 26	27 28 29 30 31	91 2 3 4 5	6 7 8 9 10	11 12 13 14 15	16 17 18 19 20	2	0
	9][	21 22 23 24 25	26 27 28 29 30	01 2 3 4 5	6 7 8 9 10	11 12 13 14 15	16 17 18 19 20	4	30
	10	21 22 23 24 25	26 27 28 29 30	31 N1 2 3 4	5 6 7 8 9	10 11 12 13 14	15 16 17 18 19	6	0
	10	20 21 22 23 24	25 26 27 28 29	30 01 2 3 4	5 6 7 8 9	10 11 12 13 14	15 16 17 18 19	1	30
聖曆 1 戊戌 698–99	38 11	20 21 22 23 24	25 26 27 28 29	30 31 11 2 3	4 5 6 7 8	9 10 11 12 13	14 15 16 17 —	3	0
	12	18 19 20 21 22	23 24 25 26 27	28 29 30 31 21	2 3 4 5 6	7 8 9 10 11	12 13 14 15 —	4	29
	50 1	16 17 18 19 20	21 22 23 24 25	26 27 28 31 2	3 4 5 6 7	8 9 10 11 12	13 14 15 16 17	5	58
	2	18 19 20 21 22	23 24 25 26 27	28 29 30 31 41	2 3 4 5 6	7 8 9 10 11	12 13 14 15 —	0	28
	3	16 17 18 19 20	21 22 23 24 25	26 27 28 29 30	51 2 3 4 5	6 7 8 9 10	11 12 13 14 —	1	57
	4	15 16 17 18 19	20 21 22 23 24	25 26 27 28 29	30 31 61 2 3	4 5 6 7 8	9 10 11 12 13	2	26
	5	14 15 16 17 18	19 20 21 22 23	24 25 26 27 28	29 30 71 2 3	4 5 6 7 8	9 10 11 12 —	4	56
	6	13 14 15 16 17	18 19 20 21 22	23 24 25 26 27	28 29 30 31 81	2 3 4 5 6	7 8 9 10 11	5	25
	7	12 13 14 15 16	17 18 19 20 21	22 23 24 25 26	27 28 29 30 31	91 2 3 4 5	6 7 8 9 —	0	55
	8	10 11 12 13 14	15 16 17 18 19	20 21 22 23 24	25 26 27 28 29	30 01 2 3 4	5 6 7 8 9	1	24
	9	10 11 12 13 14	15 16 17 18 19	20 21 22 23 24	25 26 27 28 29	30 31 N1 2 3	4 5 6 7 —	3	54
	10	8 9 10 11 12	13 14 15 16 17	18 19 20 21 22	23 24 25 26 27	28 29 30 01 2	3 4 5 6 7	4	23
聖曆 2 己亥 699–700	50 11	8 9 10 11 12	13 14 15 16 17	18 19 20 21 22	23 24 25 26 27	28 29 30 31 11	2 3 4 5 6	6	53
	12	7 8 9 10 11	12 13 14 15 16	17 18 19 20 21	22 23 24 25 26	27 28 29 30 31	21 2 3 4 5	1	23
	2 1	6 7 8 9 10	11 12 13 14 15	16 17 18 19 20	21 22 23 24 25	26 27 28 31 2	3 4 5 6 —	3	53
	2	7 8 9 10 11	12 13 14 15 16	17 18 19 20 21	22 23 24 25 26	27 28 29 30 31	41 2 3 4 5	4	22
	3	6 7 8 9 10	11 12 13 14 15	16 17 18 19 20	21 22 23 24 25	26 27 28 29 30	51 2 3 4 —	6	52
	4	5 6 7 8 9	10 11 12 13 14	15 16 17 18 19	20 21 22 23 24	25 26 27 28 29	30 31 61 2 —	0	21
	5	3 4 5 6 7	8 9 10 11 12	13 14 15 16 17	18 19 20 21 22	23 24 25 26 27	28 29 30 71 2	1	50
	6	3 4 5 6 7	8 9 10 11 12	13 14 15 16 17	18 19 20 21 22	23 24 25 26 27	28 29 30 31 —	3	20
	7	81 2 3 4 5	6 7 8 9 10	11 12 13 14 15	16 17 18 19 20	21 22 23 24 25	26 27 28 29 —	4	49
	8	30 31 91 2 3	4 5 6 7 8	9 10 11 12 13	14 15 16 17 18	19 20 21 22 23	24 25 26 27 28	5	18
	9	29 30 01 2 3	4 5 6 7 8	9 10 11 12 13	14 15 16 17 18	19 20 21 22 23	24 25 26 27 28	0	48
	10	29 30 31 N1 2	3 4 5 6 7	8 9 10 11 12	13 14 15 16 17	18 19 20 21 22	23 24 25 26 —	2	18
久視 1 庚子 700–01 □	2 11	27 28 29 30 01	2 3 4 5 6	7 8 9 10 11	12 13 14 15 16	17 18 19 20 21	22 23 24 25 26	3	47
	12	27 28 29 30 31	11 2 3 4 5	6 7 8 9 10	11 12 13 14 15	16 17 18 19 20	21 22 23 24 25	5	17
	14 1	26 27 28 29 30	31 21 2 3 4	5 6 7 8 9	10 11 12 13 14	15 16 17 18 19	20 21 22 23 24	0	47
	2	25 26 27 28 29	31 2 3 4 5	6 7 8 9 10	11 12 13 14 15	16 17 18 19 20	21 22 23 24 —	2	17
	3	25 26 27 28 29	30 31 41 2 3	4 5 6 7 8	9 10 11 12 13	14 15 16 17 18	19 20 21 22 23	3	46
	4	24 25 26 27 28	29 30 51 2 3	4 5 6 7 8	9 10 11 12 13	14 15 16 17 18	19 20 21 22 —	5	16
	5][	23 24 25 26 27	28 29 30 31 61	2 3 4 5 6	7 8 9 10 11	12 13 14 15 16	17 18 19 20 —	6	45
	6	21 22 23 24 25	26 27 28 29 30	71 2 3 4 5	6 7 8 9 10	11 12 13 14 15	16 17 18 19 20	0	14
	7	21 22 23 24 25	26 27 28 29 30	31 81 2 3 4	5 6 7 8 9	10 11 12 13 14	15 16 17 18 —	2	44
	7	19 20 21 22 23	24 25 26 27 28	29 30 31 91 2	3 4 5 6 7	8 9 10 11 12	13 14 15 16 —	3	13
	8	17 18 19 20 21	22 23 24 25 26	27 28 29 30 01	2 3 4 5 6	7 8 9 10 11	12 13 14 15 16	4	42
	9	17 18 19 20 21	22 23 24 25 26	27 28 29 30 31	N1 2 3 4 5	6 7 8 9 10	11 12 13 14 —	6	12
	10	15 16 17 18 19	20 21 22 23 24	25 26 27 28 29	30 01 2 3 4	5 6 7 8 9	10 11 12 13 14	0	41
	11	15 16 17 18 19	20 21 22 23 24	25 26 27 28 29	30 31 11 2 3	4 5 6 7 8	9 10 11 12 13	2	11
	12	14 15 16 17 18	19 20 21 22 23	24 25 26 27 28	29 30 31 21 2	3 4 5 6 7	8 9 10 11 12	4	41

□唐武后久視元年十月復寅正，故是年有兩個十一月及十二月.

The Empress Wu of the T'ang Dynasty restored the orders of moons according to the accustomed way in the year "Chiu Shih First Year (700–01 A.D.)" of her own reign. Thus that year has two 11th & 12th moons.

年序 Year	陰曆月序 Moon	陰曆日序 Order of days (Lunar) 1 2 3 4 5	6 7 8 9 10	11 12 13 14 15	16 17 18 19 20	21 22 23 24 25	26 27 28 29 30	星期 Week	干支 Cycle
長安 1 辛丑 701–02	26 1	13 14 15 16 17	18 19 20 21 22	23 24 25 26 27	28 31 2 3 4	5 6 7 8 9	10 11 12 13 —	6	11
	2	14 15 16 17 18	19 20 21 22 23	24 25 26 27 28	29 30 31 41 2	3 4 5 6 7	8 9 10 11 12	0	40
	3	13 14 15 16 17	18 19 20 21 22	23 24 25 26 27	28 29 30 51 2	3 4 5 6 7	8 9 10 11 12	2	10
	4	13 14 15 16 17	18 19 20 21 22	23 24 25 26 27	28 29 30 31 61	2 3 4 5 6	7 8 9 10 —	4	40
	5	11 12 13 14 15	16 17 18 19 20	21 22 23 24 25	26 27 28 29 30	71 2 3 4 5	6 7 8 9 —	5	9
	6	10 11 12 13 14	15 16 17 18 19	20 21 22 23 24	25 26 27 28 29	30 31 81 2 3	4 5 6 7 8	6	38
	7	9 10 11 12 13	14 15 16 17 18	19 20 21 22 23	24 25 26 27 28	29 30 31 91 2	3 4 5 6 —	1	8
	8	7 8 9 10 11	12 13 14 15 16	17 18 19 20 21	22 23 24 25 26	27 28 29 30 01	2 3 4 5 —	2	37
	9	6 7 8 9 10	11 12 13 14 15	16 17 18 19 20	21 22 23 24 25	26 27 28 29 30	31 N1 2 3 4	3	6
	10][	5 6 7 8 9	10 11 12 13 14	15 16 17 18 19	20 21 22 23 24	25 26 27 28 29	30 D1 2 3 —	5	36
	11	4 5 6 7 8	9 10 11 12 13	14 15 16 17 18	19 20 21 22 23	24 25 26 27 28	29 30 31 11 2	6	5
	12	3 4 5 6 7	8 9 10 11 12	13 14 15 16 17	18 19 20 21 22	23 24 25 26 27	28 29 30 31 21	1	35
長安 2 壬寅 702–03	38 1	2 3 4 5 6	7 8 9 10 11	12 13 14 15 16	17 18 19 20 21	22 23 24 25 26	27 28 31 2 —	3	5
	2	3 4 5 6 7	8 9 10 11 12	13 14 15 16 17	18 19 20 21 22	23 24 25 26 27	28 29 30 31 41	4	34
	3	2 3 4 5 6	7 8 9 10 11	12 13 14 15 16	17 18 19 20 21	22 23 24 25 26	27 28 29 30 51	6	4
	4	2 3 4 5 6	7 8 9 10 11	12 13 14 15 16	17 18 19 20 21	22 23 24 25 26	27 28 29 30 —	1	34
	5	31 61 2 3 4	5 6 7 8 9	10 11 12 13 14	15 16 17 18 19	20 21 22 23 24	25 26 27 28 29	2	3
	6	30 71 2 3 4	5 6 7 8 9	10 11 12 13 14	15 16 17 18 19	20 21 22 23 24	25 26 27 28 —	4	33
	7	29 30 31 81 2	3 4 5 6 7	8 9 10 11 12	13 14 15 16 17	18 19 20 21 22	23 24 25 26 27	5	2
	8	28 29 30 31 91	2 3 4 5 6	7 8 9 10 11	12 13 14 15 16	17 18 19 20 21	22 23 24 25 —	0	32
	9	26 27 28 29 30	01 2 3 4 5	6 7 8 9 10	11 12 13 14 15	16 17 18 19 20	21 22 23 24 25	1	1
	10	26 27 28 29 30	31 N1 2 3 4	5 6 7 8 9	10 11 12 13 14	15 16 17 18 19	20 21 22 23 —	3	31
	11	24 25 26 27 28	29 30 D1 2 3	4 5 6 7 8	9 10 11 12 13	14 15 16 17 18	19 20 21 22 —	4	0
	12	23 24 25 26 27	28 29 30 31 11	2 3 4 5 6	7 8 9 10 11	12 13 14 15 16	17 18 19 20 21	5	29
長安 3 癸卯 703–04	50 1	22 23 24 25 26	27 28 29 30 31	21 2 3 4 5	6 7 8 9 10	11 12 13 14 15	16 17 18 19 20	0	59
	2	21 22 23 24 25	26 27 28 31 2	3 4 5 6 7	8 9 10 11 12	13 14 15 16 17	18 19 20 21 —	2	29
	3	22 23 24 25 26	27 28 29 30 31	41 2 3 4 5	6 7 8 9 10	11 12 13 14 15	16 17 18 19 20	3	58
	4	21 22 23 24 25	26 27 28 29 30	51 2 3 4 5	6 7 8 9 10	11 12 13 14 15	16 17 18 19 —	5	28
	4	20 21 22 23 24	25 26 27 28 29	30 31 61 2 3	4 5 6 7 8	9 10 11 12 13	14 15 16 17 18	6	57
	5	19 20 21 22 23	24 25 26 27 28	29 30 71 2 3	4 5 6 7 8	9 10 11 12 13	14 15 16 17 18	1	27
	6	19 20 21 22 23	24 25 26 27 28	29 30 31 81 2	3 4 5 6 7	8 9 10 11 12	13 14 15 16 —	3	57
	7	17 18 19 20 21	22 23 24 25 26	27 28 29 30 31	91 2 3 4 5	6 7 8 9 10	11 12 13 14 15	4	26
	8	16 17 18 19 20	21 22 23 24 25	26 27 28 29 30	01 2 3 4 5	6 7 8 9 10	11 12 13 14 —	6	56
	9	15 16 17 18 19	20 21 22 23 24	25 26 27 28 29	30 31 N1 2 3	4 5 6 7 8	9 10 11 12 13	0	25
	10	14 15 16 17 18	19 20 21 22 23	24 25 26 27 28	29 30 D1 2 3	4 5 6 7 8	9 10 11 12 —	2	55
	11	13 14 15 16 17	18 19 20 21 22	23 24 25 26 27	28 29 30 31 11	2 3 4 5 6	7 8 9 10 11	3	24
	12	12 13 14 15 16	17 18 19 20 21	22 23 24 25 26	27 28 29 30 31	21 2 3 4 5	6 7 8 9 —	5	54
長安 4 甲辰 704–05	2 1	10 11 12 13 14	15 16 17 18 19	20 21 22 23 24	25 26 27 28 29	31 2 3 4 5	6 7 8 9 —	6	23
	2	10 11 12 13 14	15 16 17 18 19	20 21 22 23 24	25 26 27 28 29	30 31 41 2 3	4 5 6 7 8	0	52
	3	9 10 11 12 13	14 15 16 17 18	19 20 21 22 23	24 25 26 27 28	29 30 51 2 3	4 5 6 7 8	2	22
	4	9 10 11 12 13	14 15 16 17 18	19 20 21 22 23	24 25 26 27 28	29 30 31 61 2	3 4 5 6 —	4	52
	5	7 8 9 10 11	12 13 14 15 16	17 18 19 20 21	22 23 24 25 26	27 28 29 30 71	2 3 4 5 6	5	21
	6	7 8 9 10 11	12 13 14 15 16	17 18 19 20 21	22 23 24 25 26	27 28 29 30 31	81 2 3 4 —	0	51
	7	5 6 7 8 9	10 11 12 13 14	15 16 17 18 19	20 21 22 23 24	25 26 27 28 29	30 31 91 2 3	1	20
	8	4 5 6 7 8	9 10 11 12 13	14 15 16 17 18	19 20 21 22 23	24 25 26 27 28	29 30 01 2 3	3	50
	9	4 5 6 7 8	9 10 11 12 13	14 15 16 17 18	19 20 21 22 23	24 25 26 27 28	29 30 31 N1 —	5	20
	10	2 3 4 5 6	7 8 9 10 11	12 13 14 15 16	17 18 19 20 21	22 23 24 25 26	27 28 29 30 D1	6	49
	11	2 3 4 5 6	7 8 9 10 11	12 13 14 15 16	17 18 19 20 21	22 23 24 25 26	27 28 29 30 —	1	19
	12	31 11 2 3 4	5 6 7 8 9	10 11 12 13 14	15 16 17 18 19	20 21 22 23 24	25 26 27 28 29	2	48
中宗 神龍 1 乙巳 705–06	14 1	30 31 21 2 3	4 5 6 7 8	9 10 11 12 13	14 15 16 17 18	19 20 21 22 23	24 25 26 27 —	4	18
	2][	28 31 2 3 4	5 6 7 8 9	10 11 12 13 14	15 16 17 18 19	20 21 22 23 24	25 26 27 28 —	5	47
	3	29 30 31 41 2	3 4 5 6 7	8 9 10 11 12	13 14 15 16 17	18 19 20 21 22	23 24 25 26 27	6	16
	4	28 29 30 51 2	3 4 5 6 7	8 9 10 11 12	13 14 15 16 17	18 19 20 21 22	23 24 25 26 —	1	46
	5	27 28 29 30 31	61 2 3 4 5	6 7 8 9 10	11 12 13 14 15	16 17 18 19 20	21 22 23 24 25	2	15
	6	26 27 28 29 30	71 2 3 4 5	6 7 8 9 10	11 12 13 14 15	16 17 18 19 20	21 22 23 24 —	4	45
	7	25 26 27 28 29	30 31 81 2 3	4 5 6 7 8	9 10 11 12 13	14 15 16 17 18	19 20 21 22 23	5	14
	8	24 25 26 27 28	29 30 31 91 2	3 4 5 6 7	8 9 10 11 12	13 14 15 16 17	18 19 20 21 22	0	44
	9	23 24 25 26 27	28 29 30 01 2	3 4 5 6 7	8 9 10 11 12	13 14 15 16 17	18 19 20 21 —	2	14
	10	22 23 24 25 26	27 28 29 30 31	N1 2 3 4 5	6 7 8 9 10	11 12 13 14 15	16 17 18 19 20	3	43
	11	21 22 23 24 25	26 27 28 29 30	D1 2 3 4 5	6 7 8 9 10	11 12 13 14 15	16 17 18 19 20	5	13
	12	21 22 23 24 25	26 27 28 29 30	31 11 2 3 4	5 6 7 8 9	10 11 12 13 14	15 16 17 18 —	0	43

年序 Year		陰曆月序 Moon	陰曆日序 Order of days (Lunar) 1 2 3 4 5	6 7 8 9 10	11 12 13 14 15	16 17 18 19 20	21 22 23 24 25	26 27 28 29 30	星期 Week	干支 Cycle
神龍 2 丙午 706–07	26	1	19 20 21 22 23	24 25 26 27 28	29 30 31 **21** 2	3 4 5 6 7	8 9 10 11 12	13 14 15 16 17	1	12
		1	18 19 20 21 22	23 24 25 26 27	28 31 2 3 4	5 6 7 8 9	10 11 12 13 14	15 16 17 18 —	3	42
		2	19 20 21 22 23	24 25 26 27 28	29 30 31 **41** 2	3 4 5 6 7	8 9 10 11 12	13 14 15 16 —	4	11
		3	17 18 19 20 21	22 23 24 25 26	27 28 29 30 **51**	2 3 4 5 6	7 8 9 10 11	12 13 14 15 16	5	40
		4	17 18 19 20 21	22 23 24 25 26	27 28 29 30 31	**61** 2 3 4 5	6 7 8 9 10	11 12 13 14 —	0	10
		5	15 16 17 18 19	20 21 22 23 24	25 26 27 28 29	30 **71** 2 3 4	5 6 7 8 9	10 11 12 13 14	1	39
		6	15 16 17 18 19	20 21 22 23 24	25 26 27 28 29	30 31 **81** 2 3	4 5 6 7 8	9 10 11 12 —	3	9
		7	13 14 15 16 17	18 19 20 21 22	23 24 25 26 27	28 29 30 31 **91**	2 3 4 5 6	7 8 9 10 11	4	38
		8	12 13 14 15 16	17 18 19 20 21	22 23 24 25 26	27 28 29 30 **01**	2 3 4 5 6	7 8 9 10 11	6	8
		9	12 13 14 15 16	17 18 19 20 21	22 23 24 25 26	27 28 29 30 31	**N1** 2 3 4 5	6 7 8 9 —	1	38
		10	10 11 12 13 14	15 16 17 18 19	20 21 22 23 24	25 26 27 28 29	30 **D1** 2 3 4	5 6 7 8 9	2	7
		11	10 11 12 13 14	15 16 17 18 19	20 21 22 23 24	25 26 27 28 29	30 31 **11** 2 3	4 5 6 7 8	4	37
		12	9 10 11 12 13	14 15 16 17 18	19 20 21 22 23	24 25 26 27 28	29 30 31 **21** 2	3 4 5 6 —	6	7
景龍 1 丁未 707–08	38	1	7 8 9 10 11	12 13 14 15 16	17 18 19 20 21	22 23 24 25 26	27 28 **31** 2 3	4 5 6 7 8	0	36
		2	9 10 11 12 13	14 15 16 17 18	19 20 21 22 23	24 25 26 27 28	29 30 31 **41** 2	3 4 5 6 —	2	6
		3	7 8 9 10 11	12 13 14 15 16	17 18 19 20 21	22 23 24 25 26	27 28 29 30 **51**	2 3 4 5 —	3	35
		4	6 7 8 9 10	11 12 13 14 15	16 17 18 19 20	21 22 23 24 25	26 27 28 29 30	31 **61** 2 3 4	4	4
		5	5 6 7 8 9	10 11 12 13 14	15 16 17 18 19	20 21 22 23 24	25 26 27 28 29	30 **71** 2 3 —	6	34
		6	4 5 6 7 8	9 10 11 12 13	14 15 16 17 18	19 20 21 22 23	24 25 26 27 28	29 30 31 **81** —	0	3
		7	2 3 4 5 6	7 8 9 10 11	12 13 14 15 16	17 18 19 20 21	22 23 24 25 26	27 28 29 30 31	1	32
		8][	**91** 2 3 4 5	6 7 8 9 10	11 12 13 14 15	16 17 18 19 20	21 22 23 24 25	26 27 28 29 30	3	2
		9	**01** 2 3 4 5	6 7 8 9 10	11 12 13 14 15	16 17 18 19 20	21 22 23 24 25	26 27 28 29 —	5	32
		10	30 31 **N1** 2 3	4 5 6 7 8	9 10 11 12 13	14 15 16 17 18	19 20 21 22 23	24 25 26 27 28	6	1
		11	29 30 **D1** 2 3	4 5 6 7 8	9 10 11 12 13	14 15 16 17 18	19 20 21 22 23	24 25 26 27 28	1	31
		12	29 30 31 **11** 2	3 4 5 6 7	8 9 10 11 12	13 14 15 16 17	18 19 20 21 22	23 24 25 26 27	3	1
景龍 2 戊申 708–09	50	1	28 29 30 31 **21**	2 3 4 5 6	7 8 9 10 11	12 13 14 15 16	17 18 19 20 21	22 23 24 25 —	5	31
		2	26 27 28 29 **31**	2 3 4 5 6	7 8 9 10 11	12 13 14 15 16	17 18 19 20 21	22 23 24 25 26	6	0
		3	27 28 29 30 31	**41** 2 3 4 5	6 7 8 9 10	11 12 13 14 15	16 17 18 19 20	21 22 23 24 —	1	30
		4	25 26 27 28 29	30 **51** 2 3 4	5 6 7 8 9	10 11 12 13 14	15 16 17 18 19	20 21 22 23 —	2	59
		5	24 25 26 27 28	29 30 31 **61** 2	3 4 5 6 7	8 9 10 11 12	13 14 15 16 17	18 19 20 21 22	3	28
		6	23 24 25 26 27	28 29 30 **71** 2	3 4 5 6 7	8 9 10 11 12	13 14 15 16 17	18 19 20 21 —	5	58
		7	22 23 24 25 26	27 28 29 30 31	**81** 2 3 4 5	6 7 8 9 10	11 12 13 14 15	16 17 18 19 —	6	27
		8	20 21 22 23 24	25 26 27 28 29	30 31 **91** 2 3	4 5 6 7 8	9 10 11 12 13	14 15 16 17 18	0	56
		9	19 20 21 22 23	24 25 26 27 28	29 30 **01** 2 3	4 5 6 7 8	9 10 11 12 13	14 15 16 17 18	2	26
		9	19 20 21 22 23	24 25 26 27 28	29 30 31 **N1** 2	3 4 5 6 7	8 9 10 11 12	13 14 15 16 —	4	56
		10	17 18 19 20 21	22 23 24 25 26	27 28 29 30 **D1**	2 3 4 5 6	7 8 9 10 11	12 13 14 15 16	5	25
		11	17 18 19 20 21	22 23 24 25 26	27 28 29 30 31	**11** 2 3 4 5	6 7 8 9 10	11 12 13 14 15	0	55
		12	16 17 18 19 20	21 22 23 24 25	26 27 28 29 30	31 **21** 2 3 4	5 6 7 8 9	10 11 12 13 14	2	25
景龍 3 己酉 709–10	2	1	15 16 17 18 19	20 21 22 23 24	25 26 27 28 **31**	2 3 4 5 6	7 8 9 10 11	12 13 14 15 —	4	55
		2	16 17 18 19 20	21 22 23 24 25	26 27 28 29 30	31 **41** 2 3 4	5 6 7 8 9	10 11 12 13 14	5	24
		3	15 16 17 18 19	20 21 22 23 24	25 26 27 28 29	30 **51** 2 3 4	5 6 7 8 9	10 11 12 13 —	0	54
		4	14 15 16 17 18	19 20 21 22 23	24 25 26 27 28	29 30 31 **61** 2	3 4 5 6 7	8 9 10 11 —	1	23
		5	12 13 14 15 16	17 18 19 20 21	22 23 24 25 26	27 28 29 30 **71**	2 3 4 5 6	7 8 9 10 11	2	52
		6	12 13 14 15 16	17 18 19 20 21	22 23 24 25 26	27 28 29 30 31	**81** 2 3 4 5	6 7 8 9 —	4	22
		7	10 11 12 13 14	15 16 17 18 19	20 21 22 23 24	25 26 27 28 29	30 31 **91** 2 3	4 5 6 7 8	5	51
		8	9 10 11 12 13	14 15 16 17 18	19 20 21 22 23	24 25 26 27 28	29 30 **01** 2 3	4 5 6 7 —	0	21
		9	8 9 10 11 12	13 14 15 16 17	18 19 20 21 22	23 24 25 26 27	28 29 30 31 **N1**	2 3 4 5 —	1	50
		10	6 7 8 9 10	11 12 13 14 15	16 17 18 19 20	21 22 23 24 25	26 27 28 29 30	**D1** 2 3 4 5	2	19
		11	6 7 8 9 10	11 12 13 14 15	16 17 18 19 20	21 22 23 24 25	26 27 28 29 30	31 **11** 2 3 4	4	49
		12	5 6 7 8 9	10 11 12 13 14	15 16 17 18 19	20 21 22 23 24	25 26 27 28 29	30 31 **21** 2 3	6	19
睿宗 景雲 1 庚戌 710–11	14	1	4 5 6 7 8	9 10 11 12 13	14 15 16 17 18	19 20 21 22 23	24 25 26 27 28	**31** 2 3 4 —	1	49
		2	5 6 7 8 9	10 11 12 13 14	15 16 17 18 19	20 21 22 23 24	25 26 27 28 29	30 31 **41** 2 3	2	18
		3	4 5 6 7 8	9 10 11 12 13	14 15 16 17 18	19 20 21 22 23	24 25 26 27 28	29 30 **51** 2 3	4	48
		4	4 5 6 7 8	9 10 11 12 13	14 15 16 17 18	19 20 21 22 23	24 25 26 27 28	29 30 31 **61** —	6	18
		5	2 3 4 5 6	7 8 9 10 11	12 13 14 15 16	17 18 19 20 21	22 23 24 25 26	27 28 29 30 **71**	0	47
		6	2 3 4 5 6	7 8 9 10 11	12 13 14 15 16	17 18 19 20 21	22 23 24 25 26	27 28 29 30 —	2	17
		7][	31 **81** 2 3 4	5 6 7 8 9	10 11 12 13 14	15 16 17 18 19	20 21 22 23 24	25 26 27 28 —	3	46
		8	29 30 31 **91** 2	3 4 5 6 7	8 9 10 11 12	13 14 15 16 17	18 19 20 21 22	23 24 25 26 27	4	15
		9	28 29 30 **01** 2	3 4 5 6 7	8 9 10 11 12	13 14 15 16 17	18 19 20 21 22	23 24 25 26 —	6	45
		10	27 28 29 30 31	**N1** 2 3 4 5	6 7 8 9 10	11 12 13 14 15	16 17 18 19 20	21 22 23 24 25	0	14
		11	26 27 28 29 30	**D1** 2 3 4 5	6 7 8 9 10	11 12 13 14 15	16 17 18 19 20	21 22 23 24 —	2	44
		12	25 26 27 28 29	30 31 **11** 2 3	4 5 6 7 8	9 10 11 12 13	14 15 16 17 18	19 20 21 22 23	3	13

年序 Year	陰曆月序 Moon	1 2 3 4 5	6 7 8 9 10	11 12 13 14 15	16 17 18 19 20	21 22 23 24 25	26 27 28 29 30	星期 Week	干支 Cycle
景雲 2 辛亥 711–12	26 1	24 25 26 27 28	29 30 31 **21** 2	3 4 5 6 7	8 9 10 11 12	13 14 15 16 17	18 19 20 21 —	5	43
	2	22 23 24 25 26	27 28 **31** 2 3	4 5 6 7 8	9 10 11 12 13	14 15 16 17 18	19 20 21 22 23	6	12
	3	24 25 26 27 28	29 30 31 **41** 2	3 4 5 6 7	8 9 10 11 12	13 14 15 16 17	18 19 20 21 22	1	42
	4	23 24 25 26 27	28 29 30 **51** 2	3 4 5 6 7	8 9 10 11 12	13 14 15 16 17	18 19 20 21 —	3	12
	5	22 23 24 25 26	27 28 29 30 31	**61** 2 3 4 5	6 7 8 9 10	11 12 13 14 15	16 17 18 19 20	4	41
	6	21 22 23 24 25	26 27 28 29 30	**71** 2 3 4 5	6 7 8 9 10	11 12 13 14 15	16 17 18 19 —	6	11
	6	20 21 22 23 24	25 26 27 28 29	30 31 **81** 2 3	4 5 6 7 8	9 10 11 12 13	14 15 16 17 18	0	40
	7	19 20 21 22 23	24 25 26 27 28	29 30 31 **91** 2	3 4 5 6 7	8 9 10 11 12	13 14 15 16 —	2	10
	8	17 18 19 20 21	22 23 24 25 26	27 28 29 30 **O1**	2 3 4 5 6	7 8 9 10 11	12 13 14 15 16	3	39
	9	17 18 19 20 21	22 23 24 25 26	27 28 29 30 31	**N1** 2 3 4 5	6 7 8 9 10	11 12 13 14 —	5	9
	10	15 16 17 18 19	20 21 22 23 24	25 26 27 28 29	30 **D1** 2 3 4	5 6 7 8 9	10 11 12 13 —	6	38
	11	14 15 16 17 18	19 20 21 22 23	24 25 26 27 28	29 30 31 **11** 2	3 4 5 6 7	8 9 10 11 12	0	7
	12	13 14 15 16 17	18 19 20 21 22	23 24 25 26 27	28 29 30 31 **21**	2 3 4 5 6	7 8 9 10 11	2	37
玄宗先天 1 壬子 712–13	38 1	12 13 14 15 16	17 18 19 20 21	22 23 24 25 26	27 28 29 **31** 2	3 4 5 6 7	8 9 10 11 —	4	7
	2	12 13 14 15 16	17 18 19 20 21	22 23 24 25 26	27 28 29 30 31	**41** 2 3 4 5	6 7 8 9 10	5	36
	3	11 12 13 14 15	16 17 18 19 20	21 22 23 24 25	26 27 28 29 30	**51** 2 3 4 5	6 7 8 9 —	0	6
	4	10 11 12 13 14	15 16 17 18 19	20 21 22 23 24	25 26 27 28 29	30 31 **61** 2 3	4 5 6 7 8	1	35
	5	9 10 11 12 13	14 15 16 17 18	19 20 21 22 23	24 25 26 27 28	29 30 **71** 2 3	4 5 6 7 8	3	5
	6	9 10 11 12 13	14 15 16 17 18	19 20 21 22 23	24 25 26 27 28	29 30 31 **81** 2	3 4 5 6 —	5	35
	7	7 8 9 10 11	12 13 14 15 16	17 18 19 20 21	22 23 24 25 26	27 28 29 30 31	**91** 2 3 4 5	6	4
	8][	6 7 8 9 10	11 12 13 14 15	16 17 18 19 20	21 22 23 24 25	26 27 28 29 30	**O1** 2 3 4 —	1	34
	9	5 6 7 8 9	10 11 12 13 14	15 16 17 18 19	20 21 22 23 24	25 26 27 28 29	30 31 **N1** 2 3	2	3
	10	4 5 6 7 8	9 10 11 12 13	14 15 16 17 18	19 20 21 22 23	24 25 26 27 28	29 30 **D1** 2 —	4	33
	11	3 4 5 6 7	8 9 10 11 12	13 14 15 16 17	18 19 20 21 22	23 24 25 26 27	28 29 30 31 **11**	5	2
	12	2 3 4 5 6	7 8 9 10 11	12 13 14 15 16	17 18 19 20 21	22 23 24 25 26	27 28 29 30 —	0	32
開元 1 癸丑 713–14	50 1	31 **21** 2 3 4	5 6 7 8 9	10 11 12 13 14	15 16 17 18 19	20 21 22 23 24	25 26 27 28 —	1	1
	2	**31** 2 3 4 5	6 7 8 9 10	11 12 13 14 15	16 17 18 19 20	21 22 23 24 25	26 27 28 29 30	2	30
	3	31 **41** 2 3 4	5 6 7 8 9	10 11 12 13 14	15 16 17 18 19	20 21 22 23 24	25 26 27 28 29	4	0
	4	30 **51** 2 3 4	5 6 7 8 9	10 11 12 13 14	15 16 17 18 19	20 21 22 23 24	25 26 27 28 —	6	30
	5	29 30 31 **61** 2	3 4 5 6 7	8 9 10 11 12	13 14 15 16 17	18 19 20 21 22	23 24 25 26 27	0	59
	6	28 29 30 **71** 2	3 4 5 6 7	8 9 10 11 12	13 14 15 16 17	18 19 20 21 22	23 24 25 26 —	2	29
	7	27 28 29 30 31	**81** 2 3 4 5	6 7 8 9 10	11 12 13 14 15	16 17 18 19 20	21 22 23 24 25	3	58
	8	26 27 28 29 30	31 **91** 2 3 4	5 6 7 8 9	10 11 12 13 14	15 16 17 18 19	20 21 22 23 —	5	28
	9	24 25 26 27 28	29 30 **O1** 2 3	4 5 6 7 8	9 10 11 12 13	14 15 16 17 18	19 20 21 22 23	6	57
	10	24 25 26 27 28	29 30 31 **N1** 2	3 4 5 6 7	8 9 10 11 12	13 14 15 16 17	18 19 20 21 22	1	27
	11	23 24 25 26 27	28 29 30 **D1** 2	3 4 5 6 7	8 9 10 11 12	13 14 15 16 17	18 19 20 21 —	3	57
	12][	22 23 24 25 26	27 28 29 30 31	**11** 2 3 4 5	6 7 8 9 10	11 12 13 14 15	16 17 18 19 20	4	26
開元 2 甲寅 714–15	2 1	21 22 23 24 25	26 27 28 29 30	31 **21** 2 3 4	5 6 7 8 9	10 11 12 13 14	15 16 17 18 —	6	56
	2	19 20 21 22 23	24 25 26 27 28	**31** 2 3 4 5	6 7 8 9 10	11 12 13 14 15	16 17 18 19 20	0	25
	2	21 22 23 24 25	26 27 28 29 30	31 **41** 2 3 4	5 6 7 8 9	10 11 12 13 14	15 16 17 18 —	2	55
	3	19 20 21 22 23	24 25 26 27 28	29 30 **51** 2 3	4 5 6 7 8	9 10 11 12 13	14 15 16 17 —	3	24
	4	18 19 20 21 22	23 24 25 26 27	28 29 30 31 **61**	2 3 4 5 6	7 8 9 10 11	12 13 14 15 16	4	53
	5	17 18 19 20 21	22 23 24 25 26	27 28 29 30 **71**	2 3 4 5 6	7 8 9 10 11	12 13 14 15 —	6	23
	6	16 17 18 19 20	21 22 23 24 25	26 27 28 29 30	31 **81** 2 3 4	5 6 7 8 9	10 11 12 13 14	0	52
	7	15 16 17 18 19	20 21 22 23 24	25 26 27 28 29	30 31 **91** 2 3	4 5 6 7 8	9 10 11 12 13	2	22
	8	14 15 16 17 18	19 20 21 22 23	24 25 26 27 28	29 30 **O1** 2 3	4 5 6 7 8	9 10 11 12 —	4	52
	9	13 14 15 16 17	18 19 20 21 22	23 24 25 26 27	28 29 30 31 **N1**	2 3 4 5 6	7 8 9 10 11	5	21
	10	12 13 14 15 16	17 18 19 20 21	22 23 24 25 26	27 28 29 30 **D1**	2 3 4 5 6	7 8 9 10 11	0	51
	11	12 13 14 15 16	17 18 19 20 21	22 23 24 25 26	27 28 29 30 31	**11** 2 3 4 5	6 7 8 9 —	2	21
	12	10 11 12 13 14	15 16 17 18 19	20 21 22 23 24	25 26 27 28 29	30 31 **21** 2 3	4 5 6 7 8	3	50
開元 3 乙卯 715–16	14 1	9 10 11 12 13	14 15 16 17 18	19 20 21 22 23	24 25 26 27 28	**31** 2 3 4 5	6 7 8 9 —	5	20
	2	10 11 12 13 14	15 16 17 18 19	20 21 22 23 24	25 26 27 28 29	30 31 **41** 2 3	4 5 6 7 8	6	49
	3	9 10 11 12 13	14 15 16 17 18	19 20 21 22 23	24 25 26 27 28	29 30 **51** 2 3	4 5 6 7 —	1	19
	4	8 9 10 11 12	13 14 15 16 17	18 19 20 21 22	23 24 25 26 27	28 29 30 31 **61**	2 3 4 5 —	2	48
	5	6 7 8 9 10	11 12 13 14 15	16 17 18 19 20	21 22 23 24 25	26 27 28 29 30	**71** 2 3 4 5	3	17
	6	6 7 8 9 10	11 12 13 14 15	16 17 18 19 20	21 22 23 24 25	26 27 28 29 30	31 **81** 2 3 —	5	47
	7	4 5 6 7 8	9 10 11 12 13	14 15 16 17 18	19 20 21 22 23	24 25 26 27 28	29 30 31 **91** 2	6	16
	8	3 4 5 6 7	8 9 10 11 12	13 14 15 16 17	18 19 20 21 22	23 24 25 26 27	28 29 30 **O1** —	1	46
	9	2 3 4 5 6	7 8 9 10 11	12 13 14 15 16	17 18 19 20 21	22 23 24 25 26	27 28 29 30 31	2	15
	10	**N1** 2 3 4 5	6 7 8 9 10	11 12 13 14 15	16 17 18 19 20	21 22 23 24 25	26 27 28 29 30	4	45
	11	**D1** 2 3 4 5	6 7 8 9 10	11 12 13 14 15	16 17 18 19 20	21 22 23 24 25	26 27 28 29 30	6	15
	12	31 **11** 2 3 4	5 6 7 8 9	10 11 12 13 14	15 16 17 18 19	20 21 22 23 24	25 26 27 28 —	1	45

年序 Year	陰曆月序 Moon	陰曆日序 Order of days (Lunar) 1 2 3 4 5	6 7 8 9 10	11 12 13 14 15	16 17 18 19 20	21 22 23 24 25	26 27 28 29 30	星期 Week	干支 Cycle
開元4丙辰 716–17	26 1	29 30 31 21 2	3 4 5 6 7	8 9 10 11 12	13 14 15 16 17	18 19 20 21 22	23 24 25 26 27	2	14
	2	28 29 31 2 3	4 5 6 7 8	9 10 11 12 13	14 15 16 17 18	19 20 21 22 23	24 25 26 27 —	4	44
	3	28 29 30 31 41	2 3 4 5 6	7 8 9 10 11	12 13 14 15 16	17 18 19 20 21	22 23 24 25 26	5	13
	4	27 28 29 30 51	2 3 4 5 6	7 8 9 10 11	12 13 14 15 16	17 18 19 20 21	22 23 24 25 —	0	43
	5	26 27 28 29 30	31 61 2 3 4	5 6 7 8 9	10 11 12 13 14	15 16 17 18 19	20 21 22 23 —	1	12
	6	24 25 26 27 28	29 30 71 2 3	4 5 6 7 8	9 10 11 12 13	14 15 16 17 18	19 20 21 22 23	2	41
	7	24 25 26 27 28	29 30 31 81 2	3 4 5 6 7	8 9 10 11 12	13 14 15 16 17	18 19 20 21 —	4	11
	8	22 23 24 25 26	27 28 29 30 31	91 2 3 4 5	6 7 8 9 10	11 12 13 14 15	16 17 18 19 20	5	40
	9	21 22 23 24 25	26 27 28 29 30	01 2 3 4 5	6 7 8 9 10	11 12 13 14 15	16 17 18 19 —	0	10
	10	20 21 22 23 24	25 26 27 28 29	30 31 N1 2 3	4 5 6 7 8	9 10 11 12 13	14 15 16 17 18	1	39
	11	19 20 21 22 23	24 25 26 27 28	29 30 D1 2 3	4 5 6 7 8	9 10 11 12 13	14 15 16 17 18	3	9
	12	19 20 21 22 23	24 25 26 27 28	29 30 31 11 2	3 4 5 6 7	8 9 10 11 12	13 14 15 16 17	5	39
	12	18 19 20 21 22	23 24 25 26 27	28 29 30 31 21	2 3 4 5 6	7 8 9 10 11	12 13 14 15 —	0	9
開元5丁巳 717–18	38 1	16 17 18 19 20	21 22 23 24 25	26 27 28 31 2	3 4 5 6 7	8 9 10 11 12	13 14 15 16 17	1	38
	2	18 19 20 21 22	23 24 25 26 27	28 29 30 31 41	2 3 4 5 6	7 8 9 10 11	12 13 14 15 —	3	8
	3	16 17 18 19 20	21 22 23 24 25	26 27 28 29 30	51 2 3 4 5	6 7 8 9 10	11 12 13 14 —	4	37
	4	15 16 17 18 19	20 21 22 23 24	25 26 27 28 29	30 31 61 2 3	4 5 6 7 8	9 10 11 12 13	5	6
	5	14 15 16 17 18	19 20 21 22 23	24 25 26 27 28	29 30 71 2 3	4 5 6 7 8	9 10 11 12 —	0	36
	6	13 14 15 16 17	18 19 20 21 22	23 24 25 26 27	28 29 30 31 81	2 3 4 5 6	7 8 9 10 —	1	5
	7	11 12 13 14 15	16 17 18 19 20	21 22 23 24 25	26 27 28 29 30	31 91 2 3 4	5 6 7 8 9	2	34
	8	10 11 12 13 14	15 16 17 18 19	20 21 22 23 24	25 26 27 28 29	30 01 2 3 4	5 6 7 8 —	4	4
	9	9 10 11 12 13	14 15 16 17 18	19 20 21 22 23	24 25 26 27 28	29 30 31 N1 2	3 4 5 6 7	5	33
	10	8 9 10 11 12	13 14 15 16 17	18 19 20 21 22	23 24 25 26 27	28 29 30 D1 2	3 4 5 6 7	0	3
	11	8 9 10 11 12	13 14 15 16 17	18 19 20 21 22	23 24 25 26 27	28 29 30 31 11	2 3 4 5 —	2	33
	12	6 7 8 9 10	11 12 13 14 15	16 17 18 19 20	21 22 23 24 25	26 27 28 29 30	31 21 2 3 4	3	2
開元6戊午 718–19	50 1	5 6 7 8 9	10 11 12 13 14	15 16 17 18 19	20 21 22 23 24	25 26 27 28 31	2 3 4 5 6	5	32
	2	7 8 9 10 11	12 13 14 15 16	17 18 19 20 21	22 23 24 25 26	27 28 29 30 31	41 2 3 4 5	0	2
	3	6 7 8 9 10	11 12 13 14 15	16 17 18 19 20	21 22 23 24 25	26 27 28 29 30	51 2 3 4 —	2	32
	4	5 6 7 8 9	10 11 12 13 14	15 16 17 18 19	20 21 22 23 24	25 26 27 28 29	30 31 61 2 —	3	1
	5	3 4 5 6 7	8 9 10 11 12	13 14 15 16 17	18 19 20 21 22	23 24 25 26 27	28 29 30 71 2	4	30
	6	3 4 5 6 7	8 9 10 11 12	13 14 15 16 17	18 19 20 21 22	23 24 25 26 27	28 29 30 31 —	6	0
	7	81 2 3 4 5	6 7 8 9 10	11 12 13 14 15	16 17 18 19 20	21 22 23 24 25	26 27 28 29 30	0	29
	8	31 91 2 3 4	5 6 7 8 9	10 11 12 13 14	15 16 17 18 19	20 21 22 23 24	25 26 27 28 —	2	59
	9	29 30 01 2 3	4 5 6 7 8	9 10 11 12 13	14 15 16 17 18	19 20 21 22 23	24 25 26 27 —	3	28
	10	28 29 30 31 N1	2 3 4 5 6	7 8 9 10 11	12 13 14 15 16	17 18 19 20 21	22 23 24 25 26	4	57
	11	27 28 29 30 D1	2 3 4 5 6	7 8 9 10 11	12 13 14 15 16	17 18 19 20 21	22 23 24 25 26	6	27
	12	27 28 29 30 31	11 2 3 4 5	6 7 8 9 10	11 12 13 14 15	16 17 18 19 20	21 22 23 24 25	1	57
開元7己未 719–20	2 1	26 27 28 29 30	31 21 2 3 4	5 6 7 8 9	10 11 12 13 14	15 16 17 18 19	20 21 22 23 —	3	27
	2	24 25 26 27 28	31 2 3 4 5	6 7 8 9 10	11 12 13 14 15	16 17 18 19 20	21 22 23 24 25	4	56
	3	26 27 28 29 30	31 41 2 3 4	5 6 7 8 9	10 11 12 13 14	15 16 17 18 19	20 21 22 23 —	6	26
	4	24 25 26 27 28	29 30 51 2 3	4 5 6 7 8	9 10 11 12 13	14 15 16 17 18	19 20 21 22 23	0	55
	5	24 25 26 27 28	29 30 31 61 2	3 4 5 6 7	8 9 10 11 12	13 14 15 16 17	18 19 20 21 —	2	25
	6	22 23 24 25 26	27 28 29 30 71	2 3 4 5 6	7 8 9 10 11	12 13 14 15 16	17 18 19 20 21	3	54
	7	22 23 24 25 26	27 28 29 30 31	81 2 3 4 5	6 7 8 9 10	11 12 13 14 15	16 17 18 19 —	5	24
	7	20 21 22 23 24	25 26 27 28 29	30 31 91 2 3	4 5 6 7 8	9 10 11 12 13	14 15 16 17 —	6	53
	8	18 19 20 21 22	23 24 25 26 27	28 29 30 01 2	3 4 5 6 7	8 9 10 11 12	13 14 15 16 17	0	22
	9	18 19 20 21 22	23 24 25 26 27	28 29 30 31 N1	2 3 4 5 6	7 8 9 10 11	12 13 14 15 —	2	52
	10	16 17 18 19 20	21 22 23 24 25	26 27 28 29 30	D1 2 3 4 5	6 7 8 9 10	11 12 13 14 15	3	21
	11	16 17 18 19 20	21 22 23 24 25	26 27 28 29 30	31 11 2 3 4	5 6 7 8 9	10 11 12 13 —	5	51
	12	14 15 16 17 18	19 20 21 22 23	24 25 26 27 28	29 30 31 21 2	3 4 5 6 7	8 9 10 11 12	6	20
開元8庚申 720–21	14 1	13 14 15 16 17	18 19 20 21 22	23 24 25 26 27	28 29 31 2 3	4 5 6 7 8	9 10 11 12 13	1	50
	2	14 15 16 17 18	19 20 21 22 23	24 25 26 27 28	29 30 31 41 2	3 4 5 6 7	8 9 10 11 —	3	20
	3	12 13 14 15 16	17 18 19 20 21	22 23 24 25 26	27 28 29 30 51	2 3 4 5 6	7 8 9 10 11	4	49
	4	12 13 14 15 16	17 18 19 20 21	22 23 24 25 26	27 28 29 30 31	61 2 3 4 5	6 7 8 9 10	6	19
	5	11 12 13 14 15	16 17 18 19 20	21 22 23 24 25	26 27 28 29 30	71 2 3 4 5	6 7 8 9 —	1	49
	6	10 11 12 13 14	15 16 17 18 19	20 21 22 23 24	25 26 27 28 29	30 31 81 2 3	4 5 6 7 8	2	18
	7	9 10 11 12 13	14 15 16 17 18	19 20 21 22 23	24 25 26 27 28	29 30 31 91 2	3 4 5 6 —	4	48
	8	7 8 9 10 11	12 13 14 15 16	17 18 19 20 21	22 23 24 25 26	27 28 29 30 01	2 3 4 5 —	5	17
	9	6 7 8 9 10	11 12 13 14 15	16 17 18 19 20	21 22 23 24 25	26 27 28 29 30	31 N1 2 3 4	6	46
	10	5 6 7 8 9	10 11 12 13 14	15 16 17 18 19	20 21 22 23 24	25 26 27 28 29	30 D1 2 3 —	1	16
	11	4 5 6 7 8	9 10 11 12 13	14 15 16 17 18	19 20 21 22 23	24 25 26 27 28	29 30 31 11 2	2	45
	12	3 4 5 6 7	8 9 10 11 12	13 14 15 16 17	18 19 20 21 22	23 24 25 26 27	28 29 30 31 —	4	15

年序 Year	陰曆月序 Moon	1 2 3 4 5	6 7 8 9 10	11 12 13 14 15	16 17 18 19 20	21 22 23 24 25	26 27 28 29 30	星期 Week	干支 Cycle
		陰曆日序 Order of days (Lunar)							
開元9辛酉 721–22	26 1	21 2 3 4 5	6 7 8 9 10	11 12 13 14 15	16 17 18 19 20	21 22 23 24 25	26 27 28 31 2	5	44
	2	3 4 5 6 7	8 9 10 11 12	13 14 15 16 17	18 19 20 21 22	23 24 25 26 27	28 29 30 31 —	0	14
	3	41 2 3 4 5	6 7 8 9 10	11 12 13 14 15	16 17 18 19 20	21 22 23 24 25	26 27 28 29 30	1	43
	4	51 2 3 4 5	6 7 8 9 10	11 12 13 14 15	16 17 18 19 20	21 22 23 24 25	26 27 28 29 30	3	13
	5	31 61 2 3 4	5 6 7 8 9	10 11 12 13 14	15 16 17 18 19	20 21 22 23 24	25 26 27 28 29	5	43
	6	30 71 2 3 4	5 6 7 8 9	10 11 12 13 14	15 16 17 18 19	20 21 22 23 24	25 26 27 28 —	0	13
	7	29 30 31 81 2	3 4 5 6 7	8 9 10 11 12	13 14 15 16 17	18 19 20 21 22	23 24 25 26 —	1	42
	8	27 28 29 30 31	91 2 3 4 5	6 7 8 9 10	11 12 13 14 15	16 17 18 19 20	21 22 23 24 25	2	11
	9	26 27 28 29 30	01 2 3 4 5	6 7 8 9 10	11 12 13 14 15	16 17 18 19 20	21 22 23 24 25	4	41
	10	26 27 28 29 30	31 N1 2 3 4	5 6 7 8 9	10 11 12 13 14	15 16 17 18 19	20 21 22 23 —	6	11
	11	24 25 26 27 28	29 30 D1 2 3	4 5 6 7 8	9 10 11 12 13	14 15 16 17 18	19 20 21 22 —	0	40
	12	23 24 25 26 27	28 29 30 31 11	2 3 4 5 6	7 8 9 10 11	12 13 14 15 16	17 18 19 20 21	1	9
開元10壬戌 722–23	38 1	22 23 24 25 26	27 28 29 30 31	21 2 3 4 5	6 7 8 9 10	11 12 13 14 15	16 17 18 19 —	3	39
	2	20 21 22 23 24	25 26 27 28 31	2 3 4 5 6	7 8 9 10 11	12 13 14 15 16	17 18 19 20 21	4	8
	3	22 23 24 25 26	27 28 29 30 31	41 2 3 4 5	6 7 8 9 10	11 12 13 14 15	16 17 18 19 —	6	38
	4	20 21 22 23 24	25 26 27 28 29	30 51 2 3 4	5 6 7 8 9	10 11 12 13 14	15 16 17 18 19	0	7
	5	20 21 22 23 24	25 26 27 28 29	30 31 61 2 3	4 5 6 7 8	9 10 11 12 13	14 15 16 17 18	2	37
	5	19 20 21 22 23	24 25 26 27 28	29 30 71 2 3	4 5 6 7 8	9 10 11 12 13	14 15 16 17 —	4	7
	6	18 19 20 21 22	23 24 25 26 27	28 29 30 31 81	2 3 4 5 6	7 8 9 10 11	12 13 14 15 16	5	36
	7	17 18 19 20 21	22 23 24 25 26	27 28 29 30 31	91 2 3 4 5	6 7 8 9 10	11 12 13 14 15	0	6
	8	16 17 18 19 20	21 22 23 24 25	26 27 28 29 30	01 2 3 4 5	6 7 8 9 10	11 12 13 14 —	2	36
	9	15 16 17 18 19	20 21 22 23 24	25 26 27 28 29	30 31 N1 2 3	4 5 6 7 8	9 10 11 12 13	3	5
	10	14 15 16 17 18	19 20 21 22 23	24 25 26 27 28	29 30 D1 2 3	4 5 6 7 8	9 10 11 12 —	5	35
	11	13 14 15 16 17	18 19 20 21 22	23 24 25 26 27	28 29 30 31 11	2 3 4 5 6	7 8 9 10 11	6	4
	12	12 13 14 15 16	17 18 19 20 21	22 23 24 25 26	27 28 29 30 31	21 2 3 4 5	6 7 8 9 —	1	34
開元11癸亥 723–24	50 1	10 11 12 13 14	15 16 17 18 19	20 21 22 23 24	25 26 27 28 31	2 3 4 5 6	7 8 9 10 11	2	3
	2	12 13 14 15 16	17 18 19 20 21	22 23 24 25 26	27 28 29 30 31	41 2 3 4 5	6 7 8 9 —	4	33
	3	10 11 12 13 14	15 16 17 18 19	20 21 22 23 24	25 26 27 28 29	30 51 2 3 4	5 6 7 8 —	5	2
	4	9 10 11 12 13	14 15 16 17 18	19 20 21 22 23	24 25 26 27 28	29 30 31 61 2	3 4 5 6 7	6	31
	5	8 9 10 11 12	13 14 15 16 17	18 19 20 21 22	23 24 25 26 27	28 29 30 71 2	3 4 5 6 —	1	1
	6	7 8 9 10 11	12 13 14 15 16	17 18 19 20 21	22 23 24 25 26	27 28 29 30 31	81 2 3 4 5	2	30
	7	6 7 8 9 10	11 12 13 14 15	16 17 18 19 20	21 22 23 24 25	26 27 28 29 30	31 91 2 3 4	4	0
	8	5 6 7 8 9	10 11 12 13 14	15 16 17 18 19	20 21 22 23 24	25 26 27 28 29	30 01 2 3 —	6	30
	9	4 5 6 7 8	9 10 11 12 13	14 15 16 17 18	19 20 21 22 23	24 25 26 27 28	29 30 31 N1 2	0	59
	10	3 4 5 6 7	8 9 10 11 12	13 14 15 16 17	18 19 20 21 22	23 24 25 26 27	28 29 30 D1 2	2	29
	11	3 4 5 6 7	8 9 10 11 12	13 14 15 16 17	18 19 20 21 22	23 24 25 26 27	28 29 30 31 —	4	59
	12	11 2 3 4 5	6 7 8 9 10	11 12 13 14 15	16 17 18 19 20	21 22 23 24 25	26 27 28 29 30	5	28
開元12甲子 724–25	2 1	31 21 2 3 4	5 6 7 8 9	10 11 12 13 14	15 16 17 18 19	20 21 22 23 24	25 26 27 28 —	0	58
	2	29 31 2 3 4	5 6 7 8 9	10 11 12 13 14	15 16 17 18 19	20 21 22 23 24	25 26 27 28 —	1	27
	3	29 30 31 41 2	3 4 5 6 7	8 9 10 11 12	13 14 15 16 17	18 19 20 21 22	23 24 25 26 27	2	56
	4	28 29 30 51 2	3 4 5 6 7	8 9 10 11 12	13 14 15 16 17	18 19 20 21 22	23 24 25 26 —	4	26
	5	27 28 29 30 31	61 2 3 4 5	6 7 8 9 10	11 12 13 14 15	16 17 18 19 20	21 22 23 24 —	5	55
	6	25 26 27 28 29	30 71 2 3 4	5 6 7 8 9	10 11 12 13 14	15 16 17 18 19	20 21 22 23 24	6	24
	7	25 26 27 28 29	30 31 81 2 3	4 5 6 7 8	9 10 11 12 13	14 15 16 17 18	19 20 21 22 23	1	54
	8	24 25 26 27 28	29 30 31 91 2	3 4 5 6 7	8 9 10 11 12	13 14 15 16 17	18 19 20 21 —	3	24
	9	22 23 24 25 26	27 28 29 30 01	2 3 4 5 6	7 8 9 10 11	12 13 14 15 16	17 18 19 20 21	4	53
	10	22 23 24 25 26	27 28 29 30 31	N1 2 3 4 5	6 7 8 9 10	11 12 13 14 15	16 17 18 19 20	6	23
	11	21 22 23 24 25	26 27 28 29 30	D1 2 3 4 5	6 7 8 9 10	11 12 13 14 15	16 17 18 19 20	1	53
	12	21 22 23 24 25	26 27 28 29 30	31 11 2 3 4	5 6 7 8 9	10 11 12 13 14	15 16 17 18 —	3	23
	12	19 20 21 22 23	24 25 26 27 28	29 30 31 21 2	3 4 5 6 7	8 9 10 11 12	13 14 15 16 17	4	52
開元13乙丑 725–26	14 1	18 19 20 21 22	23 24 25 26 27	28 31 2 3 4	5 6 7 8 9	10 11 12 13 14	15 16 17 18 —	6	22
	2	19 20 21 22 23	24 25 26 27 28	29 30 31 41 2	3 4 5 6 7	8 9 10 11 12	13 14 15 16 17	0	51
	3	18 19 20 21 22	23 24 25 26 27	28 29 30 51 2	3 4 5 6 7	8 9 10 11 12	13 14 15 16 —	2	21
	4	17 18 19 20 21	22 23 24 25 26	27 28 29 30 31	61 2 3 4 5	6 7 8 9 10	11 12 13 14 —	3	50
	5	15 16 17 18 19	20 21 22 23 24	25 26 27 28 29	30 71 2 3 4	5 6 7 8 9	10 11 12 13 14	4	19
	6	15 16 17 18 19	20 21 22 23 24	25 26 27 28 29	30 31 81 2 3	4 5 6 7 8	9 10 11 12 —	6	49
	7	13 14 15 16 17	18 19 20 21 22	23 24 25 26 27	28 29 30 31 91	2 3 4 5 6	7 8 9 10 —	0	18
	8	11 12 13 14 15	16 17 18 19 20	21 22 23 24 25	26 27 28 29 30	01 2 3 4 5	6 7 8 9 10	1	47
	9	11 12 13 14 15	16 17 18 19 20	21 22 23 24 25	26 27 28 29 30	31 N1 2 3 4	5 6 7 8 9	3	17
	10	10 11 12 13 14	15 16 17 18 19	20 21 22 23 24	25 26 27 28 29	30 D1 2 3 4	5 6 7 8 9	5	47
	11	10 11 12 13 14	15 16 17 18 19	20 21 22 23 24	25 26 27 28 29	30 31 11 2 3	4 5 6 7 —	0	17
	12	8 9 10 11 12	13 14 15 16 17	18 19 20 21 22	23 24 25 26 27	28 29 30 31 21	2 3 4 5 6	1	46

年序 Year	陰曆月序 Moon		1	2	3	4	5	6	7	8	9	10	11	12	13	14	15	16	17	18	19	20	21	22	23	24	25	26	27	28	29	30	星期 Week	干支 Cycle
開元14丙寅 726–27	26	1	7	8		10	11	12	13	14	15	16	17	18	19	20	21	22	23	24	25	26	27	28	31	2	3	4	5	6	7	8	3	16
		2	9	10	11	12	13	14	15	16	17	18	19	20	21	22	23	24	25	26	27	28	29	30	31	41	2	3	4	5	6	—	5	46
		3	7	8	9	10	11	12	13	14	15	16	17	18	19	20	21	22	23	24	25	26	27	28	29	30	51	2	3	4	5	6	6	15
		4	7	8	9	10	11	12	13	14	15	16	17	18	19	20	21	22	23	24	25	26	27	28	29	30	31	61	2	3	4	—	1	45
		5	5	6	7	8	9	10	11	12	13	14	15	16	17	18	19	20	21	22	23	24	25	26	27	28	29	30	71	2	3	—	2	14
		6	4	5	6	7	8	9	10	11	12	13	14	15	16	17	18	19	20	21	22	23	24	25	26	27	28	29	30	31	81	—	3	43
		7	2	3	4	5	6	7	8	9	10	11	12	13	14	15	16	17	18	19	20	21	22	23	24	25	26	27	28	29	30	31	4	12
		8	91	2	3	4	5	6	7	8	9	10	11	12	13	14	15	16	17	18	19	20	21	22	23	24	25	26	27	28	29	—	6	42
		9	30	01	2	3	4	5	6	7	8	9	10	11	12	13	14	15	16	17	18	19	20	21	22	23	24	25	26	27	28	29	0	11
		10	30	31	N1	2	3	4	5	6	7	8	9	10	11	12	13	14	15	16	17	18	19	20	21	22	23	24	25	26	27	28	2	41
		11	29	30	D1	2	3	4	5	6	7	8	9	10	11	12	13	14	15	16	17	18	19	20	21	22	23	24	25	26	27	—	4	11
		12	28	29	30	31	11	2	3	4	5	6	7	8	9	10	11	12	13	14	15	16	17	18	19	20	21	22	23	24	25	26	5	40
開元15丁卯 727–28	38	1	27	28	29	30	31	21	2	3	4	5	6	7	8	9	10	11	12	13	14	15	16	17	18	19	20	21	22	23	24	25	0	10
		2	26	27	28	31	2	3	4	5	6	7	8	9	10	11	12	13	14	15	16	17	18	19	20	21	22	23	24	25	26	—	2	40
		3	27	28	29	30	31	41	2	3	4	5	6	7	8	9	10	11	12	13	14	15	16	17	18	19	20	21	22	23	24	25	3	9
		4	26	27	28	29	30	51	2	3	4	5	6	7	8	9	10	11	12	13	14	15	16	17	18	19	20	21	22	23	24	25	5	39
		5	26	27	28	29	30	31	61	2	3	4	5	6	7	8	9	10	11	12	13	14	15	16	17	18	19	20	21	22	23	—	0	9
		6	24	25	26	27	28	29	30	71	2	3	4	5	6	7	8	9	10	11	12	13	14	15	16	17	18	19	20	21	22	—	1	38
		7	23	24	25	26	27	28	29	30	31	81	2	3	4	5	6	7	8	9	10	11	12	13	14	15	16	17	18	19	20	21	2	7
		8	22	23	24	25	26	27	28	29	30	31	91	2	3	4	5	6	7	8	9	10	11	12	13	14	15	16	17	18	19	—	4	37
		9	20	21	22	23	24	25	26	27	28	29	30	01	2	3	4	5	6	7	8	9	10	11	12	13	14	15	16	17	18	—	5	6
		9	19	20	21	22	23	24	25	26	27	28	29	30	31	N1	2	3	4	5	6	7	8	9	10	11	12	13	14	15	16	17	6	35
		10	18	19	20	21	22	23	24	25	26	27	28	29	30	D1	2	3	4	5	6	7	8	9	10	11	12	13	14	15	16	17	1	5
		11	18	19	20	21	22	23	24	25	26	27	28	29	30	31	11	2	3	4	5	6	7	8	9	10	11	12	13	14	15	—	3	35
		12	16	17	18	19	20	21	22	23	24	25	26	27	28	29	30	31	21	2	3	4	5	6	7	8	9	10	11	12	13	14	4	4
開元16戊辰 728–29	50	1	15	16	17	18	19	20	21	22	23	24	25	26	27	28	29	31	2	3	4	5	6	7	8	9	10	11	12	13	14	—	6	34
		2	15	16	17	18	19	20	21	22	23	24	25	26	27	28	29	30	31	41	2	3	4	5	6	7	8	9	10	11	12	13	0	3
		3	14	15	16	17	18	19	20	21	22	23	24	25	26	27	28	29	30	51	2	3	4	5	6	7	8	9	10	11	12	13	2	33
		4	14	15	16	17	18	19	20	21	22	23	24	25	26	27	28	29	30	31	61	2	3	4	5	6	7	8	9	10	11	—	4	3
		5	12	13	14	15	16	17	18	19	20	21	22	23	24	25	26	27	28	29	30	71	2	3	4	5	6	7	8	9	10	11	5	32
		6	12	13	14	15	16	17	18	19	20	21	22	23	24	25	26	27	28	29	30	31	81	2	3	4	5	6	7	8	9	—	0	2
		7	10	11	12	13	14	15	16	17	18	19	20	21	22	23	24	25	26	27	28	29	30	31	91	2	3	4	5	6	7	—	1	31
		8	8	9	10	11	12	13	14	15	16	17	18	19	20	21	22	23	24	25	26	27	28	29	30	01	2	3	4	5	6	7	2	0
		9	8	9	10	11	12	13	14	15	16	17	18	19	20	21	22	23	24	25	26	27	28	29	30	31	N1	2	3	4	5	—	4	30
		10	6	7	8	9	10	11	12	13	14	15	16	17	18	19	20	21	22	23	24	25	26	27	28	29	30	D1	2	3	4	5	5	59
		11	6	7	8	9	10	11	12	13	14	15	16	17	18	19	20	21	22	23	24	25	26	27	28	29	30	31	11	2	3	—	0	29
		12	4	5	6	7	8	9	10	11	12	13	14	15	16	17	18	19	20	21	22	23	24	25	26	27	28	29	30	31	21	2	1	58
開元17己巳 729–30	2	1	3	4	5	6	7	8	9	10	11	12	13	14	15	16	17	18	19	20	21	22	23	24	25	26	27	28	31	2	3	4	3	28
		2	5	6	7	8	9	10	11	12	13	14	15	16	17	18	19	20	21	22	23	24	25	26	27	28	29	30	31	41	2	—	5	58
		3	3	4	5	6	7	8	9	10	11	12	13	14	15	16	17	18	19	20	21	22	23	24	25	26	27	28	29	30	51	2	6	27
		4	3	4	5	6	7	8	9	10	11	12	13	14	15	16	17	18	19	20	21	22	23	24	25	26	27	28	29	30	31	—	1	57
		5	61	2	3	4	5	6	7	8	9	10	11	12	13	14	15	16	17	18	19	20	21	22	23	24	25	26	27	28	29	30	2	26
		6	71	2	3	4	5	6	7	8	9	10	11	12	13	14	15	16	17	18	19	20	21	22	23	24	25	26	27	28	29	—	4	56
		7	30	31	81	2	3	4	5	6	7	8	9	10	11	12	13	14	15	16	17	18	19	20	21	22	23	24	25	26	27	28	5	25
		8	29	30	31	91	2	3	4	5	6	7	8	9	10	11	12	13	14	15	16	17	18	19	20	21	22	23	24	25	26	—	0	55
		9	27	28	29	30	01	2	3	4	5	6	7	8	9	10	11	12	13	14	15	16	17	18	19	20	21	22	23	24	25	26	1	24
		10	27	28	29	30	31	N1	2	3	4	5	6	7	8	9	10	11	12	13	14	15	16	17	18	19	20	21	22	23	24	—	3	54
		11	25	26	27	28	29	30	D1	2	3	4	5	6	7	8	9	10	11	12	13	14	15	16	17	18	19	20	21	22	23	24	4	23
		12	25	26	27	28	29	30	31	11	2	3	4	5	6	7	8	9	10	11	12	13	14	15	16	17	18	19	20	21	22	—	6	53
開元18庚午 730–31	14	1	23	24	25	26	27	28	29	30	31	21	2	3	4	5	6	7	8	9	10	11	12	13	14	15	16	17	18	19	20	21	0	22
		2	22	23	24	25	26	27	28	31	2	3	4	5	6	7	8	9	10	11	12	13	14	15	16	17	18	19	20	21	22	—	2	52
		3	23	24	25	26	27	28	29	30	31	41	2	3	4	5	6	7	8	9	10	11	12	13	14	15	16	17	18	19	20	21	3	21
		4	22	23	24	25	26	27	28	29	30	51	2	3	4	5	6	7	8	9	10	11	12	13	14	15	16	17	18	19	20	—	5	51
		5	21	22	23	24	25	26	27	28	29	30	31	61	2	3	4	5	6	7	8	9	10	11	12	13	14	15	16	17	18	19	6	20
		6	20	21	22	23	24	25	26	27	28	29	30	71	2	3	4	5	6	7	8	9	10	11	12	13	14	15	16	17	18	19	1	50
		6	20	21	22	23	24	25	26	27	28	29	30	31	81	2	3	4	5	6	7	8	9	10	11	12	13	14	15	16	17	—	3	20
		7	18	19	20	21	22	23	24	25	26	27	28	29	30	31	91	2	3	4	5	6	7	8	9	10	11	12	13	14	15	16	4	49
		8	17	18	19	20	21	22	23	24	25	26	27	28	29	30	01	2	3	4	5	6	7	8	9	10	11	12	13	14	15	—	6	19
		9	16	17	18	19	20	21	22	23	24	25	26	27	28	29	30	31	N1	2	3	4	5	6	7	8	9	10	11	12	13	14	0	48
		10	15	16	17	18	19	20	21	22	23	24	25	26	27	28	29	30	D1	2	3	4	5	6	7	8	9	10	11	12	13	—	2	18
		11	14	15	16	17	18	19	20	21	22	23	24	25	26	27	28	29	30	31	11	2	3	4	5	6	7	8	9	10	11	12	3	47
		12	13	14	15	16	17	18	19	20	21	22	23	24	25	26	27	28	29	30	31	21	2	3	4	5	6	7	8	9	10	—	5	17

年序 Year	陰曆月序 Moon	陰曆日序 Order of days (Lunar) 1 2 3 4 5	6 7 8 9 10	11 12 13 14 15	16 17 18 19 20	21 22 23 24 25	26 27 28 29 30	星期 Week	干支 Cycle
開元19辛未 731–32	26 1	11 12 13 14 15	16 17 18 19 20	21 22 23 24 25	26 27 28 31 2	3 4 5 6 7	8 9 10 11 12	6	46
	2	13 14 15 16 17	18 19 20 21 22	23 24 25 26 27	28 29 30 31 41	2 3 4 5 6	7 8 9 10 —	1	16
	3	11 12 13 14 15	16 17 18 19 20	21 22 23 24 25	26 27 28 29 30	51 2 3 4 5	6 7 8 9 10	2	45
	4	11 12 13 14 15	16 17 18 19 20	21 22 23 24 25	26 27 28 29 30	31 61 2 3 4	5 6 7 8 —	4	15
	5	9 10 11 12 13	14 15 16 17 18	19 20 21 22 23	24 25 26 27 28	29 30 71 2 3	4 5 6 7 8	5	44
	6	9 10 11 12 13	14 15 16 17 18	19 20 21 22 23	24 25 26 27 28	29 30 31 81 2	3 4 5 6 —	0	14
	7	7 8 9 10 11	12 13 14 15 16	17 18 19 20 21	22 23 24 25 26	27 28 29 30 31	91 2 3 4 5	1	43
	8	6 7 8 9 10	11 12 13 14 15	16 17 18 19 20	21 22 23 24 25	26 27 28 29 30	01 2 3 4 5	3	13
	9	6 7 8 9 10	11 12 13 14 15	16 17 18 19 20	21 22 23 24 25	26 27 28 29 30	31 N1 2 3 —	5	43
	10	4 5 6 7 8	9 10 11 12 13	14 15 16 17 18	19 20 21 22 23	24 25 26 27 28	29 30 D1 2 3	6	12
	11	4 5 6 7 8	9 10 11 12 13	14 15 16 17 18	19 20 21 22 23	24 25 26 27 28	29 30 31 11 2	1	42
	12	3 4 5 6 7	8 9 10 11 12	13 14 15 16 17	18 19 20 21 22	23 24 25 26 27	28 29 30 31 —	3	12
開元20壬申 732–33	38 1	21 2 3 4 5	6 7 8 9 10	11 12 13 14 15	16 17 18 19 20	21 22 23 24 25	26 27 28 29 —	4	41
	2	31 2 3 4 5	6 7 8 9 10	11 12 13 14 15	16 17 18 19 20	21 22 23 24 25	26 27 28 29 30	5	10
	3	31 41 2 3 4	5 6 7 8 9	10 11 12 13 14	15 16 17 18 19	20 21 22 23 24	25 26 27 28 —	0	40
	4	29 30 51 2 3	4 5 6 7 8	9 10 11 12 13	14 15 16 17 18	19 20 21 22 23	24 25 26 27 28	1	9
	5	29 30 31 61 2	3 4 5 6 7	8 9 10 11 12	13 14 15 16 17	18 19 20 21 22	23 24 25 26 —	3	39
	6	27 28 29 30 71	2 3 4 5 6	7 8 9 10 11	12 13 14 15 16	17 18 19 20 21	22 23 24 25 26	4	8
	7	27 28 29 30 31	81 2 3 4 5	6 7 8 9 10	11 12 13 14 15	16 17 18 19 20	21 22 23 24 —	6	38
	8	25 26 27 28 29	30 31 91 2 3	4 5 6 7 8	9 10 11 12 13	14 15 16 17 18	19 20 21 22 23	0	7
	9	24 25 26 27 28	29 30 01 2 3	4 5 6 7 8	9 10 11 12 13	14 15 16 17 18	19 20 21 22 23	2	37
	10	24 25 26 27 28	29 30 31 N1 2	3 4 5 6 7	8 9 10 11 12	13 14 15 16 17	18 19 20 21 —	4	7
	11	22 23 24 25 26	27 28 29 30 D1	2 3 4 5 6	7 8 9 10 11	12 13 14 15 16	17 18 19 20 21	5	36
	12	22 23 24 25 26	27 28 29 30 31	11 2 3 4 5	6 7 8 9 10	11 12 13 14 15	16 17 18 19 20	0	6
開元21癸酉 733–34	50 1	21 22 23 24 25	26 27 28 29 30	31 21 2 3 4	5 6 7 8 9	10 11 12 13 14	15 16 17 18 —	2	36
	2	19 20 21 22 23	24 25 26 27 28	31 2 3 4 5	6 7 8 9 10	11 12 13 14 15	16 17 18 19 20	3	5
	3	21 22 23 24 25	26 27 28 29 30	31 41 2 3 4	5 6 7 8 9	10 11 12 13 14	15 16 17 18 —	5	35
	3	19 20 21 22 23	24 25 26 27 28	29 30 51 2 3	4 5 6 7 8	9 10 11 12 13	14 15 16 17 —	6	4
	4	18 19 20 21 22	23 24 25 26 27	28 29 30 31 61	2 3 4 5 6	7 8 9 10 11	12 13 14 15 16	0	33
	5	17 18 19 20 21	22 23 24 25 26	27 28 29 30 71	2 3 4 5 6	7 8 9 10 11	12 13 14 15 —	2	3
	6	16 17 18 19 20	21 22 23 24 25	26 27 28 29 30	31 81 2 3 4	5 6 7 8 9	10 11 12 13 —	3	32
	7	14 15 16 17 18	19 20 21 22 23	24 25 26 27 28	29 30 31 91 2	3 4 5 6 7	8 9 10 11 12	4	1
	8	13 14 15 16 17	18 19 20 21 22	23 24 25 26 27	28 29 30 01 2	3 4 5 6 7	8 9 10 11 12	6	31
	9	13 14 15 16 17	18 19 20 21 22	23 24 25 26 27	28 29 30 31 N1	2 3 4 5 6	7 8 9 10 —	1	1
	10	11 12 13 14 15	16 17 18 19 20	21 22 23 24 25	26 27 28 29 30	D1 2 3 4 5	6 7 8 9 10	2	30
	11	11 12 13 14 15	16 17 18 19 20	21 22 23 [illegible] 25	26 27 28 29 30	31 11 2 3 4	5 6 7 8 9	4	0
	12	10 11 12 13 14	15 16 17 18 19	20 21 22 23 24	25 26 27 28 29	30 31 21 2 3	4 5 6 7 8	6	30
開元22甲戌 734–35	2 1	9 10 11 12 13	14 15 16 17 18	19 20 21 22 23	24 25 26 27 28	31 2 3 4 5	6 7 8 9 —	1	0
	2	10 11 12 13 14	15 16 17 18 19	20 21 22 23 24	25 26 27 28 29	30 31 41 2 3	4 5 6 7 —	2	29
	3	8 9 10 11 12	13 14 15 16 17	18 19 20 21 22	23 24 25 26 27	28 29 30 51 2	3 4 5 6 7	3	58
	4	8 9 10 11 12	13 14 15 16 17	18 19 20 21 22	23 24 25 26 27	28 29 30 31 61	2 3 4 5 —	5	28
	5	6 7 8 9 10	11 12 13 14 15	16 17 18 19 20	21 22 23 24 25	26 27 28 29 30	71 2 3 4 —	6	57
	6	5 6 7 8 9	10 11 12 13 14	15 16 17 18 19	20 21 22 23 24	25 26 27 28 29	30 31 81 2 3	0	26
	7	4 5 6 7 8	9 10 11 12 13	14 15 16 17 18	19 20 21 22 23	24 25 26 27 28	29 30 31 91 —	2	56
	8	2 3 4 5 6	7 8 9 10 11	12 13 14 15 16	17 18 19 20 21	22 23 24 25 26	27 28 29 30 01	3	25
	9	2 3 4 5 6	7 8 9 10 11	12 13 14 15 16	17 18 19 20 21	22 23 24 25 26	27 28 29 30 —	5	55
	10	31 N1 2 3 4	5 6 7 8 9	10 11 12 13 14	15 16 17 18 19	20 21 22 23 24	25 26 27 28 29	6	24
	11	30 D1 2 3 4	5 6 7 8 9	10 11 12 13 14	15 16 17 18 19	20 21 22 23 24	25 26 27 28 29	1	54
	12	30 31 11 2 3	4 5 6 7 8	9 10 11 12 13	14 15 16 17 18	19 20 21 22 23	24 25 26 27 28	3	24
開元23乙亥 735–36	14 1	29 30 31 21 2	3 4 5 6 7	8 9 10 11 12	13 14 15 16 17	18 19 20 21 22	23 24 25 26 —	5	54
	2	27 28 31 2 3	4 5 6 7 8	9 10 11 12 13	14 15 16 17 18	19 20 21 22 23	24 25 26 27 28	6	23
	3	29 30 31 41 2	3 4 5 6 7	8 9 10 11 12	13 14 15 16 17	18 19 20 21 22	23 24 25 26 —	1	53
	4	27 28 29 30 51	2 3 4 5 6	7 8 9 10 11	12 13 14 15 16	17 18 19 20 21	22 23 24 25 26	2	22
	5	27 28 29 30 31	61 2 3 4 5	6 7 8 9 10	11 12 13 14 15	16 17 18 19 20	21 22 23 24 —	4	52
	6	25 26 27 28 29	30 71 2 3 4	5 6 7 8 9	10 11 12 13 14	15 16 17 18 19	20 21 22 23 —	5	21
	7	24 25 26 27 28	29 30 31 81 2	3 4 5 6 7	8 9 10 11 12	13 14 15 16 17	18 19 20 21 22	6	50
	8	23 24 25 26 27	28 29 30 31 91	2 3 4 5 6	7 8 9 10 11	12 13 14 15 16	17 18 19 20 —	1	20
	9	21 22 23 24 25	26 27 28 29 30	01 2 3 4 5	6 7 8 9 10	11 12 13 14 15	16 17 18 19 20	2	49
	10	21 22 23 24 25	26 27 28 29 30	31 N1 2 3 4	5 6 7 8 9	10 11 12 13 14	15 16 17 18 —	4	19
	11	19 20 21 22 23	24 25 26 27 28	29 30 D1 2 3	4 5 6 7 8	9 10 11 12 13	14 15 16 17 18	5	48
	11	19 20 21 22 23	24 25 26 27 28	29 30 31 11 2	3 4 5 6 7	8 9 10 11 12	13 14 15 16 17	0	18
	12	18 19 20 21 22	23 24 25 26 27	28 29 30 31 21	2 3 4 5 6	7 8 9 10 11	12 13 14 15 —	2	48

年序 Year	陰曆月序 Moon	陰曆日序 Order of days (Lunar)																														星期 Week	干支 Cycle
		1	2	3	4	5	6	7	8	9	10	11	12	13	14	15	16	17	18	19	20	21	22	23	24	25	26	27	28	29	30		
開元24丙子 736–37	26 1	16	17	18	19	20	21	22	23	24	25	26	27	28	29	31	2	3	4	5	6	7	8	9	10	11	12	13	14	15	16	3	17
	2	17	18	19	20	21	22	23	24	25	26	27	28	29	30	31	41	2	3	4	5	6	7	8	9	10	11	12	13	14	15	5	47
	3	16	17	18	19	20	21	22	23	24	25	26	27	28	29	30	51	2	3	4	5	6	7	8	9	10	11	12	13	14	—	0	17
	4	15	16	17	18	19	20	21	22	23	24	25	26	27	28	29	30	31	61	2	3	4	5	6	7	8	9	10	11	12	13	1	46
	5	14	15	16	17	18	19	20	21	22	23	24	25	26	27	28	29	30	71	2	3	4	5	6	7	8	9	10	11	12	—	3	16
	6	13	14	15	16	17	18	19	20	21	22	23	24	25	26	27	28	29	30	31	81	2	3	4	5	6	7	8	9	10	—	4	45
	7	11	12	13	14	15	16	17	18	19	20	21	22	23	24	25	26	27	28	29	30	31	91	2	3	4	5	6	7	8	9	5	14
	8	10	11	12	13	14	15	16	17	18	19	20	21	22	23	24	25	26	27	28	29	30	01	2	3	4	5	6	7	8	—	0	44
	9	9	10	11	12	13	14	15	16	17	18	19	20	21	22	23	24	25	26	27	28	29	30	31	N1	2	3	4	5	6	7	1	13
	10	8	9	10	11	12	13	14	15	16	17	18	19	20	21	22	23	24	25	26	27	28	29	30	D1	2	3	4	5	6	—	3	43
	11	7	8	9	10	11	12	13	14	15	16	17	18	19	20	21	22	23	24	25	26	27	28	29	30	31	11	2	3	4	5	4	12
	12	6	7	8	9	10	11	12	13	14	15	16	17	18	19	20	21	22	23	24	25	26	27	28	29	30	31	21	2	3	—	6	42
開元25丁丑 737–38	38 1	4	5	6	7	8	9	10	11	12	13	14	15	16	17	18	19	20	21	22	23	24	25	26	27	28	31	2	3	4	5	0	11
	2	6	7	8	9	10	11	12	13	14	15	16	17	18	19	20	21	22	23	24	25	26	27	28	29	30	31	41	2	3	4	2	41
	3	5	6	7	8	9	10	11	12	13	14	15	16	17	18	19	20	21	22	23	24	25	26	27	28	29	30	51	2	3	4	4	11
	4	5	6	7	8	9	10	11	12	13	14	15	16	17	18	19	20	21	22	23	24	25	26	27	28	29	30	31	61	2	—	6	41
	5	3	4	5	6	7	8	9	10	11	12	13	14	15	16	17	18	19	20	21	22	23	24	25	26	27	28	29	30	71	2	0	10
	6	3	4	5	6	7	8	9	10	11	12	13	14	15	16	17	18	19	20	21	22	23	24	25	26	27	28	29	30	31	—	2	40
	7	81	2	3	4	5	6	7	8	9	10	11	12	13	14	15	16	17	18	19	20	21	22	23	24	25	26	27	28	29	30	3	9
	8	31	91	2	3	4	5	6	7	8	9	10	11	12	13	14	15	16	17	18	19	20	21	22	23	24	25	26	27	28	—	5	39
	9	29	30	01	2	3	4	5	6	7	8	9	10	11	12	13	14	15	16	17	18	19	20	21	22	23	24	25	26	27	—	6	8
	10	28	29	30	31	N1	2	3	4	5	6	7	8	9	10	11	12	13	14	15	16	17	18	19	20	21	22	23	24	25	26	0	37
	11	27	28	29	30	D1	2	3	4	5	6	7	8	9	10	11	12	13	14	15	16	17	18	19	20	21	22	23	24	25	—	2	7
	12	26	27	28	29	30	31	11	2	3	4	5	6	7	8	9	10	11	12	13	14	15	16	17	18	19	20	21	22	23	24	3	36
開元26戊寅 738–39	50 1	25	26	27	28	29	30	31	21	2	3	4	5	6	7	8	9	10	11	12	13	14	15	16	17	18	19	20	21	22	—	5	6
	2	23	24	25	26	27	28	31	2	3	4	5	6	7	8	9	10	11	12	13	14	15	16	17	18	19	20	21	22	23	24	6	35
	3	25	26	27	28	29	30	31	41	2	3	4	5	6	7	8	9	10	11	12	13	14	15	16	17	18	19	20	21	22	23	1	5
	4	24	25	26	27	28	29	30	51	2	3	4	5	6	7	8	9	10	11	12	13	14	15	16	17	18	19	20	21	22	—	3	35
	5	23	24	25	26	27	28	29	30	31	61	2	3	4	5	6	7	8	9	10	11	12	13	14	15	16	17	18	19	20	21	4	4
	6	22	23	24	25	26	27	28	29	30	71	2	3	4	5	6	7	8	9	10	11	12	13	14	15	16	17	18	19	20	21	6	34
	7	22	23	24	25	26	27	28	29	30	31	81	2	3	4	5	6	7	8	9	10	11	12	13	14	15	16	17	18	19	—	1	4
	8	20	21	22	23	24	25	26	27	28	29	30	31	91	2	3	4	5	6	7	8	9	10	11	12	13	14	15	16	17	18	2	33
	8	19	20	21	22	23	24	25	26	27	28	29	30	01	2	3	4	5	6	7	8	9	10	11	12	13	14	15	16	17	—	4	3
	9	18	19	20	21	22	23	24	25	26	27	28	29	30	31	N1	2	3	4	5	6	7	8	9	10	11	12	13	14	15	—	5	32
	10	16	17	18	19	20	21	22	23	24	25	26	27	28	29	30	D1	2	3	4	5	6	7	8	9	10	11	12	13	14	15	6	1
	11	16	17	18	19	20	21	22	23	24	25	26	27	28	29	30	31	11	2	3	4	5	6	7	8	9	10	11	12	13	—	1	31
	12	14	15	16	17	18	19	20	21	22	23	24	25	26	27	28	29	30	31	21	2	3	4	5	6	7	8	9	10	11	12	2	0
開元27己卯 739–40	2 1	13	14	15	16	17	18	19	20	21	22	23	24	25	26	27	28	31	2	3	4	5	6	7	8	9	10	11	12	13	—	4	30
	2	14	15	16	17	18	19	20	21	22	23	24	25	26	27	28	29	30	31	41	2	3	4	5	6	7	8	9	10	11	12	5	59
	3	13	14	15	16	17	18	19	20	21	22	23	24	25	26	27	28	29	30	51	2	3	4	5	6	7	8	9	10	11	—	0	29
	4	12	13	14	15	16	17	18	19	20	21	22	23	24	25	26	27	28	29	30	31	61	2	3	4	5	6	7	8	9	10	1	58
	5	11	12	13	14	15	16	17	18	19	20	21	22	23	24	25	26	27	28	29	30	71	2	3	4	5	6	7	8	9	10	3	28
	6	11	12	13	14	15	16	17	18	19	20	21	22	23	24	25	26	27	28	29	30	31	81	2	3	4	5	6	7	8	—	5	58
	7	9	10	11	12	13	14	15	16	17	18	19	20	21	22	23	24	25	26	27	28	29	30	31	91	2	3	4	5	6	7	6	27
	8	8	9	10	11	12	13	14	15	16	17	18	19	20	21	22	23	24	25	26	27	28	29	30	01	2	3	4	5	6	—	1	57
	9	7	8	9	10	11	12	13	14	15	16	17	18	19	20	21	22	23	24	25	26	27	28	29	30	31	N1	2	3	4	5	2	26
	10	6	7	8	9	10	11	12	13	14	15	16	17	18	19	20	21	22	23	24	25	26	27	28	29	30	D1	2	3	4	—	4	56
	11	5	6	7	8	9	10	11	12	13	14	15	16	17	18	19	20	21	22	23	24	25	26	27	28	29	30	31	11	2	3	5	25
	12	4	5	6	7	8	9	10	11	12	13	14	15	16	17	18	19	20	21	22	23	24	25	26	27	28	29	30	31	21	—	0	55
開元28庚辰 740–41	14 1	2	3	4	5	6	7	8	9	10	11	12	13	14	15	16	17	18	19	20	21	22	23	24	25	26	27	28	29	31	2	1	24
	2	3	4	5	6	7	8	9	10	11	12	13	14	15	16	17	18	19	20	21	22	23	24	25	26	27	28	29	30	31	—	3	54
	3	41	2	3	4	5	6	7	8	9	10	11	12	13	14	15	16	17	18	19	20	21	22	23	24	25	26	27	28	29	30	4	23
	4	51	2	3	4	5	6	7	8	9	10	11	12	13	14	15	16	17	18	19	20	21	22	23	24	25	26	27	28	29	—	6	53
	5	30	31	61	2	3	4	5	6	7	8	9	10	11	12	13	14	15	16	17	18	19	20	21	22	23	24	25	26	27	28	0	22
	6	29	30	71	2	3	4	5	6	7	8	9	10	11	12	13	14	15	16	17	18	19	20	21	22	23	24	25	26	27	—	2	52
	7	28	29	30	31	81	2	3	4	5	6	7	8	9	10	11	12	13	14	15	16	17	18	19	20	21	22	23	24	25	26	3	21
	8	27	28	29	30	31	91	2	3	4	5	6	7	8	9	10	11	12	13	14	15	16	17	18	19	20	21	22	23	24	25	5	51
	9	26	27	28	29	30	01	2	3	4	5	6	7	8	9	10	11	12	13	14	15	16	17	18	19	20	21	22	23	24	—	0	21
	10	25	26	27	28	29	30	31	N1	2	3	4	5	6	7	8	9	10	11	12	13	14	15	16	17	18	19	20	21	22	23	1	50
	11	24	25	26	27	28	29	30	D1	2	3	4	5	6	7	8	9	10	11	12	13	14	15	16	17	18	19	20	21	22	—	3	20
	12	23	24	25	26	27	28	29	30	31	11	2	3	4	5	6	7	8	9	10	11	12	13	14	15	16	17	18	19	20	21	4	49

年序 Year	陰曆月序 Moon	1 2 3 4 5	6 7 8 9 10	11 12 13 14 15	16 17 18 19 20	21 22 23 24 25	26 27 28 29 30	星期 Week	干支 Cycle
開元 29 辛巳 741–42	26 1	22 23 24 25 26	27 28 29 30 31	21 2 3 4 5	6 7 8 9 10	11 12 13 14 15	16 17 18 19 20	6	19
	2	21 22 23 24 25	26 27 28 31 2	3 4 5 6 7	8 9 10 11 12	13 14 15 16 17	18 19 20 21 —	1	49
	3	22 23 24 25 26	27 28 29 30 31	41 2 3 4 5	6 7 8 9 10	11 12 13 14 15	16 17 18 19 —	2	18
	4	20 21 22 23 24	25 26 27 28 29	30 51 2 3 4	5 6 7 8 9	10 11 12 13 14	15 16 17 18 19	3	47
	4	20 21 22 23 24	25 26 27 28 29	30 31 61 2 3	4 5 6 7 8	9 10 11 12 13	14 15 16 17 —	5	17
	5	18 19 20 21 22	23 24 25 26 27	28 29 30 71 2	3 4 5 6 7	8 9 10 11 12	13 14 15 16 17	6	46
	6	18 19 20 21 22	23 24 25 26 27	28 29 30 31 81	2 3 4 5 6	7 8 9 10 11	12 13 14 15 —	1	16
	7	16 17 18 19 20	21 22 23 24 25	26 27 28 29 30	31 91 2 3 4	5 6 7 8 9	10 11 12 13 14	2	45
	8	15 16 17 18 19	20 21 22 23 24	25 26 27 28 29	30 O1 2 3 4	5 6 7 8 9	10 11 12 13 14	4	15
	9	15 16 17 18 19	20 21 22 23 24	25 26 27 28 29	30 31 N1 2 3	4 5 6 7 8	9 10 11 12 —	6	45
	10	13 14 15 16 17	18 19 20 21 22	23 24 25 26 27	28 29 30 D1 2	3 4 5 6 7	8 9 10 11 12	0	14
	11	13 14 15 16 17	18 19 20 21 22	23 24 25 26 27	28 29 30 31 11	2 3 4 5 6	7 8 9 10 11	2	44
	12	12 13 14 15 16	17 18 19 20 21	22 23 24 25 26	27 28 29 30 31	21 2 3 4 5	6 7 8 9 —	4	14
天寶 1 壬午 742–43	38 1	10 11 12 13 14	15 16 17 18 19	20 21 22 23 24	25 26 27 28 31	2 3 4 5 6	7 8 9 10 11	5	43
	2	12 13 14 15 16	17 18 19 20 21	22 23 24 25 26	27 28 29 30 31	41 2 3 4 5	6 7 8 9 —	0	13
	3	10 11 12 13 14	15 16 17 18 19	20 21 22 23 24	25 26 27 28 29	30 51 2 3 4	5 6 7 8 —	1	42
	4	9 10 11 12 13	14 15 16 17 18	19 20 21 22 23	24 25 26 27 28	29 30 31 61 2	3 4 5 6 7	2	11
	5	8 9 10 11 12	13 14 15 16 17	18 19 20 21 22	23 24 25 26 27	28 29 30 71 2	3 4 5 6 —	4	41
	6	7 8 9 10 11	12 13 14 15 16	17 18 19 20 21	22 23 24 25 26	27 28 29 30 31	81 2 3 4 —	5	10
	7	5 6 7 8 9	10 11 12 13 14	15 16 17 18 19	20 21 22 23 24	25 26 27 28 29	30 31 91 2 3	6	39
	8	4 5 6 7 8	9 10 11 12 13	14 15 16 17 18	19 20 21 22 23	24 25 26 27 28	29 30 O1 2 3	1	9
	9	4 5 6 7 8	9 10 11 12 13	14 15 16 17 18	19 20 21 22 23	24 25 26 27 28	29 30 31 N1 —	3	39
	10	2 3 4 5 6	7 8 9 10 11	12 13 14 15 16	17 18 19 20 21	22 23 24 25 26	27 28 29 30 D1	4	8
	11	2 3 4 5 6	7 8 9 10 11	12 13 14 15 16	17 18 19 20 21	22 23 24 25 26	27 28 29 30 31	6	38
	12	11 2 3 4 5	6 7 8 9 10	11 12 13 14 15	16 17 18 19 20	21 22 23 24 25	26 27 28 29 —	1	8
天寶 2 癸未 743–44	50 1	30 31 21 2 3	4 5 6 7 8	9 10 11 12 13	14 15 16 17 18	19 20 21 22 23	24 25 26 27 28	2	37
	2	31 2 3 4 5	6 7 8 9 10	11 12 13 14 15	16 17 18 19 20	21 22 23 24 25	26 27 28 29 30	4	7
	3	31 41 2 3 4	5 6 7 8 9	10 11 12 13 14	15 16 17 18 19	20 21 22 23 24	25 26 27 28 —	6	37
	4	29 30 51 2 3	4 5 6 7 8	9 10 11 12 13	14 15 16 17 18	19 20 21 22 23	24 25 26 27 —	0	6
	5	28 29 30 31 61	2 3 4 5 6	7 8 9 10 11	12 13 14 15 16	17 18 19 20 21	22 23 24 25 26	1	35
	6	27 28 29 30 71	2 3 4 5 6	7 8 9 10 11	12 13 14 15 16	17 18 19 20 21	22 23 24 25 —	3	5
	7	26 27 28 29 30	31 81 2 3 4	5 6 7 8 9	10 11 12 13 14	15 16 17 18 19	20 21 22 23 —	4	34
	8	24 25 26 27 28	29 30 31 91 2	3 4 5 6 7	8 9 10 11 12	13 14 15 16 17	18 19 20 21 22	5	3
	9	23 24 25 26 27	28 29 30 O1 2	3 4 5 6 7	8 9 10 11 12	13 14 15 16 17	18 19 20 21 —	0	33
	10	22 23 24 25 26	27 28 29 30 31	N1 2 3 4 5	6 7 8 9 10	11 12 13 14 15	16 17 18 19 20	1	2
	11	21 22 23 24 25	26 27 28 29 30	D1 2 3 4 5	6 7 8 9 10	11 12 13 14 15	16 17 18 19 20	3	32
	12	21 22 23 24 25	26 27 28 29 30	31 11 2 3 4	5 6 7 8 9	10 11 12 13 14	15 16 17 18 19	5	2
天寶 3 甲申 744–45	2 1	20 21 22 23 24	25 26 27 28 29	30 31 21 2 3	4 5 6 7 8	9 10 11 12 13	14 15 16 17 —	0	32
	2	18 19 20 21 22	23 24 25 26 27	28 29 31 2 3	4 5 6 7 8	9 10 11 12 13	14 15 16 17 18	1	1
	2	19 20 21 22 23	24 25 26 27 28	29 30 31 41 2	3 4 5 6 7	8 9 10 11 12	13 14 15 16 17	3	31
	3	18 19 20 21 22	23 24 25 26 27	28 29 30 51 2	3 4 5 6 7	8 9 10 11 12	13 14 15 16 —	5	1
	4	17 18 19 20 21	22 23 24 25 26	27 28 29 30 31	61 2 3 4 5	6 7 8 9 10	11 12 13 14 —	6	30
	5	15 16 17 18 19	20 21 22 23 24	25 26 27 28 29	30 71 2 3 4	5 6 7 8 9	10 11 12 13 14	0	59
	6	15 16 17 18 19	20 21 22 23 24	25 26 27 28 29	30 31 81 2 3	4 5 6 7 8	9 10 11 12 —	2	29
	7	13 14 15 16 17	18 19 20 21 22	23 24 25 26 27	28 29 30 31 91	2 3 4 5 6	7 8 9 10 —	3	58
	8	11 12 13 14 15	16 17 18 19 20	21 22 23 24 25	26 27 28 29 30	O1 2 3 4 5	6 7 8 9 10	4	27
	9	11 12 13 14 15	16 17 18 19 20	21 22 23 24 25	26 27 28 29 30	31 N1 2 3 4	5 6 7 8 —	6	57
	10	9 10 11 12 13	14 15 16 17 18	19 20 21 22 23	24 25 26 27 28	29 30 D1 2 3	4 5 6 7 8	0	26
	11	9 10 11 12 13	14 15 16 17 18	19 20 21 22 23	24 25 26 27 28	29 30 31 11 2	3 4 5 6 7	2	56
	12	8 9 10 11 12	13 14 15 16 17	18 19 20 21 22	23 24 25 26 27	28 29 30 31 21	2 3 4 5 —	4	26
天寶 4 乙酉 745–46	14 1	6 7 8 9 10	11 12 13 14 15	16 17 18 19 20	21 22 23 24 25	26 27 28 31 2	3 4 5 6 7	5	55
	2	8 9 10 11 12	13 14 15 16 17	18 19 20 21 22	23 24 25 26 27	28 29 30 31 41	2 3 4 5 6	0	25
	3	7 8 9 10 11	12 13 14 15 16	17 18 19 20 21	22 23 24 25 26	27 28 29 30 51	2 3 4 5 —	2	55
	4	6 7 8 9 10	11 12 13 14 15	16 17 18 19 20	21 22 23 24 25	26 27 28 29 30	31 61 2 3 4	3	24
	5	5 6 7 8 9	10 11 12 13 14	15 16 17 18 19	20 21 22 23 24	25 26 27 28 29	30 71 2 3 —	5	54
	6	4 5 6 7 8	9 10 11 12 13	14 15 16 17 18	19 20 21 22 23	24 25 26 27 28	29 30 31 81 2	6	23
	7	3 4 5 6 7	8 9 10 11 12	13 14 15 16 17	18 19 20 21 22	23 24 25 26 27	28 29 30 31 —	1	53
	8	91 2 3 4 5	6 7 8 9 10	11 12 13 14 15	16 17 18 19 20	21 22 23 24 25	26 27 28 29 —	2	22
	9	30 O1 2 3 4	5 6 7 8 9	10 11 12 13 14	15 16 17 18 19	20 21 22 23 24	25 26 27 28 29	3	51
	10	30 31 N1 2 3	4 5 6 7 8	9 10 11 12 13	14 15 16 17 18	19 20 21 22 23	24 25 26 27 —	5	21
	11	28 29 30 D1 2	3 4 5 6 7	8 9 10 11 12	13 14 15 16 17	18 19 20 21 22	23 24 25 26 27	6	50
	12	28 29 30 31 11	2 3 4 5 6	7 8 9 10 11	12 13 14 15 16	17 18 19 20 21	22 23 24 25 —	1	20

年序 Year		陰曆月序 Moon	陰曆日序 Order of days (Lunar) 1	2	3	4	5	6	7	8	9	10	11	12	13	14	15	16	17	18	19	20	21	22	23	24	25	26	27	28	29	30	星期 Week	干支 Cycle
天寶 5 丙戌 746–47	26	1	26	27	28	29	30	31	21	2	3	4	5	6	7	8	9	10	11	12	13	14	15	16	17	18	19	20	21	22	23	24	2	49
		2	25	26	27	28	31	2	3	4	5	6	7	8	9	10	11	12	13	14	15	16	17	18	19	20	21	22	23	24	25	26	4	19
		3	27	28	29	30	31	41	2	3	4	5	6	7	8	9	10	11	12	13	14	15	16	17	18	19	20	21	22	23	24	25	6	49
		4	26	27	28	29	30	51	2	3	4	5	6	7	8	9	10	11	12	13	14	15	16	17	18	19	20	21	22	23	24	—	1	19
		5	25	26	27	28	29	30	31	61	2	3	4	5	6	7	8	9	10	11	12	13	14	15	16	17	18	19	20	21	22	23	2	48
		6	24	25	26	27	28	29	30	71	2	3	4	5	6	7	8	9	10	11	12	13	14	15	16	17	18	19	20	21	22	—	4	18
		7	23	24	25	26	27	28	29	30	31	81	2	3	4	5	6	7	8	9	10	11	12	13	14	15	16	17	18	19	20	21	5	47
		8	22	23	24	25	26	27	28	29	30	31	91	2	3	4	5	6	7	8	9	10	11	12	13	14	15	16	17	18	19	—	0	17
		9	20	21	22	23	24	25	26	27	28	29	30	O1	2	3	4	5	6	7	8	9	10	11	12	13	14	15	16	17	18	—	1	46
		10	19	20	21	22	23	24	25	26	27	28	29	30	31	N1	2	3	4	5	6	7	8	9	10	11	12	13	14	15	16	17	2	15
		10	18	19	20	21	22	23	24	25	26	27	28	29	30	D1	2	3	4	5	6	7	8	9	10	11	12	13	14	15	16	—	4	45
		11	17	18	19	20	21	22	23	24	25	26	27	28	29	30	31	11	2	3	4	5	6	7	8	9	10	11	12	13	14	15	5	14
		12	16	17	18	19	20	21	22	23	24	25	26	27	28	29	30	31	21	2	3	4	5	6	7	8	9	10	11	12	13	—	0	44
天寶 6 丁亥 747–48	38	1	14	15	16	17	18	19	20	21	22	23	24	25	26	27	28	31	2	3	4	5	6	7	8	9	10	11	12	13	14	15	1	13
		2	16	17	18	19	20	21	22	23	24	25	26	27	28	29	30	31	41	2	3	4	5	6	7	8	9	10	11	12	13	14	3	43
		3	15	16	17	18	19	20	21	22	23	24	25	26	27	28	29	30	51	2	3	4	5	6	7	8	9	10	11	12	13	—	5	13
		4	14	15	16	17	18	19	20	21	22	23	24	25	26	27	28	29	30	31	61	2	3	4	5	6	7	8	9	10	11	12	6	42
		5	13	14	15	16	17	18	19	20	21	22	23	24	25	26	27	28	29	30	71	2	3	4	5	6	7	8	9	10	11	—	1	12
		6	12	13	14	15	16	17	18	19	20	21	22	23	24	25	26	27	28	29	30	31	81	2	3	4	5	6	7	8	9	10	2	41
		7	11	12	13	14	15	16	17	18	19	20	21	22	23	24	25	26	27	28	29	30	31	91	2	3	4	5	6	7	8	—	4	11
		8	9	10	11	12	13	14	15	16	17	18	19	20	21	22	23	24	25	26	27	28	29	30	O1	2	3	4	5	6	7	8	5	40
		9	9	10	11	12	13	14	15	16	17	18	19	20	21	22	23	24	25	26	27	28	29	30	31	N1	2	3	4	5	6	—	0	10
		10	7	8	9	10	11	12	13	14	15	16	17	18	19	20	21	22	23	24	25	26	27	28	29	30	D1	2	3	4	5	6	1	39
		11	7	8	9	10	11	12	13	14	15	16	17	18	19	20	21	22	23	24	25	26	27	28	29	30	31	11	2	3	4	—	3	9
		12	5	6	7	8	9	10	11	12	13	14	15	16	17	18	19	20	21	22	23	24	25	26	27	28	29	30	31	21	2	3	4	38
天寶 7 戊子 748–49	50	1	4	5	6	7	8	9	10	11	12	13	14	15	16	17	18	19	20	21	22	23	24	25	26	27	28	29	31	2	3	—	6	8
		2	4	5	6	7	8	9	10	11	12	13	14	15	16	17	18	19	20	21	22	23	24	25	26	27	28	29	30	31	41	2	0	37
		3	3	4	5	6	7	8	9	10	11	12	13	14	15	16	17	18	19	20	21	22	23	24	25	26	27	28	29	30	51	—	2	7
		4	2	3	4	5	6	7	8	9	10	11	12	13	14	15	16	17	18	19	20	21	22	23	24	25	26	27	28	29	30	31	3	36
		5	61	2	3	4	5	6	7	8	9	10	11	12	13	14	15	16	17	18	19	20	21	22	23	24	25	26	27	28	29	30	5	6
		6	71	2	3	4	5	6	7	8	9	10	11	12	13	14	15	16	17	18	19	20	21	22	23	24	25	26	27	28	29	—	0	36
		7	30	31	81	2	3	4	5	6	7	8	9	10	11	12	13	14	15	16	17	18	19	20	21	22	23	24	25	26	27	28	1	5
		8	29	30	31	91	2	3	4	5	6	7	8	9	10	11	12	13	14	15	16	17	18	19	20	21	22	23	24	25	26	—	3	35
		9	27	28	29	30	O1	2	3	4	5	6	7	8	9	10	11	12	13	14	15	16	17	18	19	20	21	22	23	24	25	26	4	4
		10	27	28	29	30	31	N1	2	3	4	5	6	7	8	9	10	11	12	13	14	15	16	17	18	19	20	21	22	23	24	—	6	34
		11	25	26	27	28	29	30	D1	2	3	4	5	6	7	8	9	10	11	12	13	14	15	16	17	18	19	20	21	22	23	24	0	3
		12	25	26	27	28	29	30	31	11	2	3	4	5	6	7	8	9	10	11	12	13	14	15	16	17	18	19	20	21	22	—	2	33
天寶 8 己丑 749–50	2	1	23	24	25	26	27	28	29	30	31	21	2	3	4	5	6	7	8	9	10	11	12	13	14	15	16	17	18	19	20	21	3	2
		2	22	23	24	25	26	27	28	31	2	3	4	5	6	7	8	9	10	11	12	13	14	15	16	17	18	19	20	21	22	—	5	32
		3	23	24	25	26	27	28	29	30	31	41	2	3	4	5	6	7	8	9	10	11	12	13	14	15	16	17	18	19	20	21	6	1
		4	22	23	24	25	26	27	28	29	30	51	2	3	4	5	6	7	8	9	10	11	12	13	14	15	16	17	18	19	20	—	1	31
		5	21	22	23	24	25	26	27	28	29	30	31	61	2	3	4	5	6	7	8	9	10	11	12	13	14	15	16	17	18	19	2	0
		6	20	21	22	23	24	25	26	27	28	29	30	71	2	3	4	5	6	7	8	9	10	11	12	13	14	15	16	17	18	—	4	30
		6	19	20	21	22	23	24	25	26	27	28	29	30	31	81	2	3	4	5	6	7	8	9	10	11	12	13	14	15	16	17	5	59
		7	18	19	20	21	22	23	24	25	26	27	28	29	30	31	91	2	3	4	5	6	7	8	9	10	11	12	13	14	15	—	0	29
		8	16	17	18	19	20	21	22	23	24	25	26	27	28	29	30	O1	2	3	4	5	6	7	8	9	10	11	12	13	14	15	1	58
		9	16	17	18	19	20	21	22	23	24	25	26	27	28	29	30	31	N1	2	3	4	5	6	7	8	9	10	11	12	13	14	3	28
		10	15	16	17	18	19	20	21	22	23	24	25	26	27	28	29	30	D1	2	3	4	5	6	7	8	9	10	11	12	13	—	5	58
		11	14	15	16	17	18	19	20	21	22	23	24	25	26	27	28	29	30	31	11	2	3	4	5	6	7	8	9	10	11	12	6	27
		12	13	14	15	16	17	18	19	20	21	22	23	24	25	26	27	28	29	30	31	21	2	3	4	5	6	7	8	9	10	—	1	57
天寶 9 庚寅 750–51	14	1	11	12	13	14	15	16	17	18	19	20	21	22	23	24	25	26	27	28	31	2	3	4	5	6	7	8	9	10	11	12	2	26
		2	13	14	15	16	17	18	19	20	21	22	23	24	25	26	27	28	29	30	31	41	2	3	4	5	6	7	8	9	10	—	4	56
		3	11	12	13	14	15	16	17	18	19	20	21	22	23	24	25	26	27	28	29	30	51	2	3	4	5	6	7	8	9	10	5	25
		4	11	12	13	14	15	16	17	18	19	20	21	22	23	24	25	26	27	28	29	30	31	61	2	3	4	5	6	7	8	—	0	55
		5	9	10	11	12	13	14	15	16	17	18	19	20	21	22	23	24	25	26	27	28	29	30	71	2	3	4	5	6	7	—	1	24
		6	8	9	10	11	12	13	14	15	16	17	18	19	20	21	22	23	24	25	26	27	28	29	30	31	81	2	3	4	5	6	2	53
		7	7	8	9	10	11	12	13	14	15	16	17	18	19	20	21	22	23	24	25	26	27	28	29	30	31	91	2	3	4	5	4	23
		8	6	7	8	9	10	11	12	13	14	15	16	17	18	19	20	21	22	23	24	25	26	27	28	29	30	O1	2	3	4	—	6	53
		9	5	6	7	8	9	10	11	12	13	14	15	16	17	18	19	20	21	22	23	24	25	26	27	28	29	30	31	N1	2	3	0	22
		10	4	5	6	7	8	9	10	11	12	13	14	15	16	17	18	19	20	21	22	23	24	25	26	27	28	29	30	D1	2	3	2	52
		11	4	5	6	7	8	9	10	11	12	13	14	15	16	17	18	19	20	21	22	23	24	25	26	27	28	29	30	31	11	2	4	22
		12	3	4	5	6	7	8	9	10	11	12	13	14	15	16	17	18	19	20	21	22	23	24	25	26	27	28	29	30	31	—	6	52

年序 Year	陰曆月序 Moon		陰曆日序 Order of days (Lunar) 1 2 3 4 5	6 7 8 9 10	11 12 13 14 15	16 17 18 19 20	21 22 23 24 25	26 27 28 29 30	星期 Week	干支 Cycle
天寶10辛卯 751–52	26	1	21 2 3 4 5	6 7 8 9 10	11 12 13 14 15	16 17 18 19 20	21 22 23 24 25	26 27 28 31 2	0	21
		2	3 4 5 6 7	8 9 10 11 12	13 14 15 16 17	18 19 20 21 22	23 24 25 26 27	28 29 30 31 —	2	51
		3	41 2 3 4 5	6 7 8 9 10	11 12 13 14 15	16 17 18 19 20	21 22 23 24 25	26 27 28 29 —	3	20
		4	30 51 2 3 4	5 6 7 8 9	10 11 12 13 14	15 16 17 18 19	20 21 22 23 24	25 26 27 28 29	4	49
		5	30 31 61 2 3	4 5 6 7 8	9 10 11 12 13	14 15 16 17 18	19 20 21 22 23	24 25 26 27 —	6	19
		6	28 29 30 71 2	3 4 5 6 7	8 9 10 11 12	13 14 15 16 17	18 19 20 21 22	23 24 25 26 —	0	48
		7	27 28 29 30 31	81 2 3 4 5	6 7 8 9 10	11 12 13 14 15	16 17 18 19 20	21 22 23 24 25	1	17
		8	26 27 28 29 30	31 91 2 3 4	5 6 7 8 9	10 11 12 13 14	15 16 17 18 19	20 21 22 23 —	3	47
		9	24 25 26 27 28	29 30 01 2 3	4 5 6 7 8	9 10 11 12 13	14 15 16 17 18	19 20 21 22 23	4	16
		10	24 25 26 27 28	29 30 31 N1 2	3 4 5 6 7	8 9 10 11 12	13 14 15 16 17	18 19 20 21 22	6	46
		11	23 24 25 26 27	28 29 30 D1 2	3 4 5 6 7	8 9 10 11 12	13 14 15 16 17	18 19 20 21 22	1	16
		12	23 24 25 26 27	28 29 30 31 11	2 3 4 5 6	7 8 9 10 11	12 13 14 15 16	17 18 19 20 —	3	46
天寶11壬辰 752–53	38	1	21 22 23 24 25	26 27 28 29 30	31 21 2 3 4	5 6 7 8 9	10 11 12 13 14	15 16 17 18 19	4	15
		2	20 21 22 23 24	25 26 27 28 29	31 2 3 4 5	6 7 8 9 10	11 12 13 14 15	16 17 18 19 —	6	45
		3	20 21 22 23 24	25 26 27 28 29	30 31 41 2 3	4 5 6 7 8	9 10 11 12 13	14 15 16 17 18	0	14
		3	19 20 21 22 23	24 25 26 27 28	29 30 51 2 3	4 5 6 7 8	9 10 11 12 13	14 15 16 17 —	2	44
		4	18 19 20 21 22	23 24 25 26 27	28 29 30 31 61	2 3 4 5 6	7 8 9 10 11	12 13 14 15 —	3	13
		5	16 17 18 19 20	21 22 23 24 25	26 27 28 29 30	71 2 3 4 5	6 7 8 9 10	11 12 13 14 15	4	42
		6	16 17 18 19 20	21 22 23 24 25	26 27 28 29 30	31 81 2 3 4	5 6 7 8 9	10 11 12 13 —	6	12
		7	14 15 16 17 18	19 20 21 22 23	24 25 26 27 28	29 30 31 91 2	3 4 5 6 7	8 9 10 11 12	0	41
		8	13 14 15 16 17	18 19 20 21 22	23 24 25 26 27	28 29 30 01 2	3 4 5 6 7	8 9 10 11 —	2	11
		9	12 13 14 15 16	17 18 19 20 21	22 23 24 25 26	27 28 29 30 31	N1 2 3 4 5	6 7 8 9 10	3	40
		10	11 12 13 14 15	16 17 18 19 20	21 22 23 24 25	26 27 28 29 30	D1 2 3 4 5	6 7 8 9 10	5	10
		11	11 12 13 14 15	16 17 18 19 20	21 22 23 24 25	26 27 28 29 30	31 11 2 3 4	5 6 7 8 —	0	40
		12	9 10 11 12 13	14 15 16 17 18	19 20 21 22 23	24 25 26 27 28	29 30 31 21 2	3 4 5 6 7	1	9
天寶12癸巳 753–54	50	1	8 9 10 11 12	13 14 15 16 17	18 19 20 21 22	23 24 25 26 27	28 31 2 3 4	5 6 7 8 9	3	39
		2	10 11 12 13 14	15 16 17 18 19	20 21 22 23 24	25 26 27 28 29	30 31 41 2 3	4 5 6 7 —	5	9
		3	8 9 10 11 12	13 14 15 16 17	18 19 20 21 22	23 24 25 26 27	28 29 30 51 2	3 4 5 6 7	6	38
		4	8 9 10 11 12	13 14 15 16 17	18 19 20 21 22	23 24 25 26 27	28 29 30 31 61	2 3 4 5 —	1	8
		5	6 7 8 9 10	11 12 13 14 15	16 17 18 19 20	21 22 23 24 25	26 27 28 29 30	71 2 3 4 —	2	37
		6	5 6 7 8 9	10 11 12 13 14	15 16 17 18 19	20 21 22 23 24	25 26 27 28 29	30 31 81 2 3	3	6
		7	4 5 6 7 8	9 10 11 12 13	14 15 16 17 18	19 20 21 22 23	24 25 26 27 28	29 30 31 91 —	5	36
		8	2 3 4 5 6	7 8 9 10 11	12 13 14 15 16	17 18 19 20 21	22 23 24 25 26	27 28 29 30 01	6	5
		9	2 3 4 5 6	7 8 9 10 11	12 13 14 15 16	17 18 19 20 21	22 23 24 25 26	27 28 29 30 —	1	35
		10	31 N1 2 3 4	5 6 7 8 9	10 11 12 13 14	15 16 17 18 19	20 21 22 23 24	25 26 27 28 29	2	4
		11	30 D1 2 3 4	5 6 7 8 9	10 11 12 13 14	15 16 17 18 19	20 21 22 23 24	25 26 27 28 —	4	34
		12	29 30 31 11 2	3 4 5 6 7	8 9 10 11 12	13 14 15 16 17	18 19 20 21 22	23 24 25 26 27	5	3
天寶13甲午 754–55	2	1	28 29 30 31 21	2 3 4 5 6	7 8 9 10 11	12 13 14 15 16	17 18 19 20 21	22 23 24 25 26	0	33
		2	27 28 31 2 3	4 5 6 7 8	9 10 11 12 13	14 15 16 17 18	19 20 21 22 23	24 25 26 27 28	2	3
		3	29 30 31 41 2	3 4 5 6 7	8 9 10 11 12	13 14 15 16 17	18 19 20 21 22	23 24 25 26 —	4	33
		4	27 28 29 30 51	2 3 4 5 6	7 8 9 10 11	12 13 14 15 16	17 18 19 20 21	22 23 24 25 26	5	2
		5	27 28 29 30 31	61 2 3 4 5	6 7 8 9 10	11 12 13 14 15	16 17 18 19 20	21 22 23 24 —	0	32
		6	25 26 27 28 29	30 71 2 3 4	5 6 7 8 9	10 11 12 13 14	15 16 17 18 19	20 21 22 23 —	1	1
		7	24 25 26 27 28	29 30 31 81 2	3 4 5 6 7	8 9 10 11 12	13 14 15 16 17	18 19 20 21 22	2	30
		8	23 24 25 26 27	28 29 30 31 91	2 3 4 5 6	7 8 9 10 11	12 13 14 15 16	17 18 19 20 —	4	0
		9	21 22 23 24 25	26 27 28 29 30	01 2 3 4 5	6 7 8 9 10	11 12 13 14 15	16 17 18 19 20	5	29
		10	21 22 23 24 25	26 27 28 29 30	31 N1 2 3 4	5 6 7 8 9	10 11 12 13 14	15 16 17 18 —	0	59
		11	19 20 21 22 23	24 25 26 27 28	29 30 D1 2 3	4 5 6 7 8	9 10 11 12 13	14 15 16 17 18	1	28
		11	19 20 21 22 23	24 25 26 27 28	29 30 31 11 2	3 4 5 6 7	8 9 10 11 12	13 14 15 16 —	3	58
		12	17 18 19 20 21	22 23 24 25 26	27 28 29 30 31	21 2 3 4 5	6 7 8 9 10	11 12 13 14 15	4	27
天寶14乙未 755–56	14	1	16 17 18 19 20	21 22 23 24 25	26 27 28 31 2	3 4 5 6 7	8 9 10 11 12	13 14 15 16 —	6	57
		2	17 18 19 20 21	22 23 24 25 26	27 28 29 30 31	41 2 3 4 5	6 7 8 9 10	11 12 13 14 15	0	26
		3	16 17 18 19 20	21 22 23 24 25	26 27 28 29 30	51 2 3 4 5	6 7 8 9 10	11 12 13 14 15	2	56
		4	16 17 18 19 20	21 22 23 24 25	26 27 28 29 30	31 61 2 3 4	5 6 7 8 9	10 11 12 13 —	4	26
		5	14 15 16 17 18	19 20 21 22 23	24 25 26 27 28	29 30 71 2 3	4 5 6 7 8	9 10 11 12 13	5	55
		6	14 15 16 17 18	19 20 21 22 23	24 25 26 27 28	29 30 31 81 2	3 4 5 6 7	8 9 10 11 —	0	25
		7	12 13 14 15 16	17 18 19 20 21	22 23 24 25 26	27 28 29 30 31	91 2 3 4 5	6 7 8 9 10	1	54
		8	11 12 13 14 15	16 17 18 19 20	21 22 23 24 25	26 27 28 29 30	01 2 3 4 5	6 7 8 9 —	3	24
		9	10 11 12 13 14	15 16 17 18 19	20 21 22 23 24	25 26 27 28 29	30 31 N1 2 3	4 5 6 7 8	4	53
		10	9 10 11 12 13	14 15 16 17 18	19 20 21 22 23	24 25 26 27 28	29 30 D1 2 3	4 5 6 7 —	6	23
		11	8 9 10 11 12	13 14 15 16 17	18 19 20 21 22	23 24 25 26 27	28 29 30 31 11	2 3 4 5 6	0	52
		12	7 8 9 10 11	12 13 14 15 16	17 18 19 20 21	22 23 24 25 26	27 28 29 30 31	21 2 3 4 —	2	22

年序 Year	陰曆月序 Moon	1 2 3 4 5	6 7 8 9 10	11 12 13 14 15	16 17 18 19 20	21 22 23 24 25	26 27 28 29 30	星期 Week	干支 Cycle
肅宗至德 1 丙申 756–57	26 1	5 6 7 8 9	10 11 12 13 14	15 16 17 18 19	20 21 22 23 24	25 26 27 28 29	31 2 3 4 5	3	51
	2	6 7 8 9 10	11 12 13 14 15	16 17 18 19 20	21 22 23 24 25	26 27 28 29 30	31 41 2 3 —	5	21
	3	4 5 6 7 8	9 10 11 12 13	14 15 16 17 18	19 20 21 22 23	24 25 26 27 28	29 30 51 2 3	6	50
	4	4 5 6 7 8	9 10 11 12 13	14 15 16 17 18	19 20 21 22 23	24 25 26 27 28	29 30 31 61 2	1	20
	5	3 4 5 6 7	8 9 10 11 12	13 14 15 16 17	18 19 20 21 22	23 24 25 26 27	28 29 30 71 —	3	50
	6	2 3 4 5 6	7 8 9 10 11	12 13 14 15 16	17 18 19 20 21	22 23 24 25 26	27 28 29 30 31	4	19
	7][	81 2 3 4 5	6 7 8 9 10	11 12 13 14 15	16 17 18 19 20	21 22 23 24 25	26 27 28 29 —	6	49
	8	30 31 91 2 3	4 5 6 7 8	9 10 11 12 13	14 15 16 17 18	19 20 21 22 23	24 25 26 27 28	0	18
	9	29 30 01 2 3	4 5 6 7 8	9 10 11 12 13	14 15 16 17 18	19 20 21 22 23	24 25 26 27 —	2	48
	10	28 29 30 31 N1	2 3 4 5 6	7 8 9 10 11	12 13 14 15 16	17 18 19 20 21	22 23 24 25 26	3	17
	11	27 28 29 30 D1	2 3 4 5 6	7 8 9 10 11	12 13 14 15 16	17 18 19 20 21	22 23 24 25 —	5	47
	12	26 27 28 29 30	31 11 2 3 4	5 6 7 8 9	10 11 12 13 14	15 16 17 18 19	20 21 22 23 24	6	16
至德 2 丁酉 757–58	88 1	25 26 27 28 29	30 31 21 2 3	4 5 6 7 8	9 10 11 12 13	14 15 16 17 18	19 20 21 22 —	1	46
	2	23 24 25 26 27	28 31 2 3 4	5 6 7 8 9	10 11 12 13 14	15 16 17 18 19	20 21 22 23 24	2	15
	3	25 26 27 28 29	30 31 41 2 3	4 5 6 7 8	9 10 11 12 13	14 15 16 17 18	19 20 21 22 —	4	45
	4	23 24 25 26 27	28 29 30 51 2	3 4 5 6 7	8 9 10 11 12	13 14 15 16 17	18 19 20 21 22	5	14
	5	23 24 25 26 27	28 29 30 31 61	2 3 4 5 6	7 8 9 10 11	12 13 14 15 16	17 18 19 20 —	0	44
	6	21 22 23 24 25	26 27 28 29 30	71 2 3 4 5	6 7 8 9 10	11 12 13 14 15	16 17 18 19 20	1	13
	7	21 22 23 24 25	26 27 28 29 30	31 81 2 3 4	5 6 7 8 9	10 11 12 13 14	15 16 17 18 19	3	43
	8	20 21 22 23 24	25 26 27 28 29	30 31 91 2 3	4 5 6 7 8	9 10 11 12 13	14 15 16 17 —	5	13
	8	18 19 20 21 22	23 24 25 26 27	28 29 30 01 2	3 4 5 6 7	8 9 10 11 12	13 14 15 16 17	6	42
	9	18 19 20 21 22	23 24 25 26 27	28 29 30 31 N1	2 3 4 5 6	7 8 9 10 11	12 13 14 15 —	1	12
	10	16 17 18 19 20	21 22 23 24 25	26 27 28 29 30	D1 2 3 4 5	6 7 8 9 10	11 12 13 14 15	2	41
	11	16 17 18 19 20	21 22 23 24 25	26 27 28 29 30	31 11 2 3 4	5 6 7 8 9	10 11 12 13 —	4	11
	12	14 15 16 17 18	19 20 21 22 23	24 25 26 27 28	29 30 31 21 2	3 4 5 6 7	8 9 10 11 12	5	40
乾元 1 戊戌 758–59	50 1	13 14 15 16 17	18 19 20 21 22	23 24 25 26 27	28 31 2 3 4	5 6 7 8 9	10 11 12 13 —	0	10
	2][	14 15 16 17 18	19 20 21 22 23	24 25 26 27 28	29 30 31 41 2	3 4 5 6 7	8 9 10 11 12	1	39
	3	13 14 15 16 17	18 19 20 21 22	23 24 25 26 27	28 29 30 51 2	3 4 5 6 7	8 9 10 11 —	3	9
	4	12 13 14 15 16	17 18 19 20 21	22 23 24 25 26	27 28 29 30 31	61 2 3 4 5	6 7 8 9 10	4	38
	5	11 12 13 14 15	16 17 18 19 20	21 22 23 24 25	26 27 28 29 30	71 2 3 4 5	6 7 8 9 —	6	8
	6	10 11 12 13 14	15 16 17 18 19	20 21 22 23 24	25 26 27 28 29	30 31 81 2 3	4 5 6 7 8	0	37
	7	9 10 11 12 13	14 15 16 17 18	19 20 21 22 23	24 25 26 27 28	29 30 31 91 2	3 4 5 6 —	2	7
	8	7 8 9 10 11	12 13 14 15 16	17 18 19 20 21	22 23 24 25 26	27 28 29 30 01	2 3 4 5 6	3	36
	9	7 8 9 10 11	12 13 14 15 16	17 18 19 20 21	22 23 24 25 26	27 28 29 30 31	N1 2 3 4 5	5	6
	10	6 7 8 9 10	11 12 13 14 15	16 17 18 19 20	21 22 23 24 25	26 27 28 29 30	D1 2 3 4 5	0	36
	11	6 7 8 9 10	11 12 13 14 15	16 17 18 19 20	21 22 23 24 25	26 27 28 29 30	31 11 2 3 —	2	6
	12	4 5 6 7 8	9 10 11 12 13	14 15 16 17 18	19 20 21 22 23	24 25 26 27 28	29 30 31 21 2	3	35
乾元 2 己亥 759–60	2 1	3 4 5 6 7	8 9 10 11 12	13 14 15 16 17	18 19 20 21 22	23 24 25 26 27	28 31 2 3 —	5	5
	2	4 5 6 7 8	9 10 11 12 13	14 15 16 17 18	19 20 21 22 23	24 25 26 27 28	29 30 31 41 —	6	34
	3	2 3 4 5 6	7 8 9 10 11	12 13 14 15 16	17 18 19 20 21	22 23 24 25 26	27 28 29 30 51	0	3
	4	2 3 4 5 6	7 8 9 10 11	12 13 14 15 16	17 18 19 20 21	22 23 24 25 26	27 28 29 30 —	2	33
	5	31 61 2 3 4	5 6 7 8 9	10 11 12 13 14	15 16 17 18 19	20 21 22 23 24	25 26 27 28 —	3	2
	6	29 30 71 2 3	4 5 6 7 8	9 10 11 12 13	14 15 16 17 18	19 20 21 22 23	24 25 26 27 28	4	31
	7	29 30 31 81 2	3 4 5 6 7	8 9 10 11 12	13 14 15 16 17	18 19 20 21 22	23 24 25 26 —	6	1
	8	27 28 29 30 31	91 2 3 4 5	6 7 8 9 10	11 12 13 14 15	16 17 18 19 20	21 22 23 24 25	0	30
	9	26 27 28 29 30	01 2 3 4 5	6 7 8 9 10	11 12 13 14 15	16 17 18 19 20	21 22 23 24 25	2	0
	10	26 27 28 29 30	31 N1 2 3 4	5 6 7 8 9	10 11 12 13 14	15 16 17 18 19	20 21 22 23 24	4	30
	11	25 26 27 28 29	30 D1 2 3 4	5 6 7 8 9	10 11 12 13 14	15 16 17 18 19	20 21 22 23 —	6	0
	12	24 25 26 27 28	29 30 31 11 2	3 4 5 6 7	8 9 10 11 12	13 14 15 16 17	18 19 20 21 22	0	29
上元 1 庚子 760–61	14 1	23 24 25 26 27	28 29 30 31 21	2 3 4 5 6	7 8 9 10 11	12 13 14 15 16	17 18 19 20 21	2	59
	2	22 23 24 25 26	27 28 29 31 2	3 4 5 6 7	8 9 10 11 12	13 14 15 16 17	18 19 20 21 —	4	29
	3	22 23 24 25 26	27 28 29 30 31	41 2 3 4 5	6 7 8 9 10	11 12 13 14 15	16 17 18 19 —	5	58
	4	20 21 22 23 24	25 26 27 28 29	30 51 2 3 4	5 6 7 8 9	10 11 12 13 14	15 16 17 18 19	6	27
	4][	20 21 22 23 24	25 26 27 28 29	30 31 61 2 3	4 5 6 7 8	9 10 11 12 13	14 15 16 17 —	1	57
	5	18 19 20 21 22	23 24 25 26 27	28 29 30 71 2	3 4 5 6 7	8 9 10 11 12	13 14 15 16 —	2	26
	6	17 18 19 20 21	22 23 24 25 26	27 28 29 30 31	81 2 3 4 5	6 7 8 9 10	11 12 13 14 15	3	55
	7	16 17 18 19 20	21 22 23 24 25	26 27 28 29 30	31 91 2 3 4	5 6 7 8 9	10 11 12 13 —	5	25
	8	14 15 16 17 18	19 20 21 22 23	24 25 26 27 28	29 30 01 2 3	4 5 6 7 8	9 10 11 12 13	6	54
	9	14 15 16 17 18	19 20 21 22 23	24 25 26 27 28	29 30 31 N1 2	3 4 5 6 7	8 9 10 11 12	1	24
	10	13 14 15 16 17	18 19 20 21 22	23 24 25 26 27	28 29 30 D1 2	3 4 5 6 7	8 9 10 11 —	3	54
	11	12 13 14 15 16	17 18 19 20 21	22 23 24 25 26	27 28 29 30 31	11 2 3 4 5	6 7 8 9 10	4	23
	12	11 12 13 14 15	16 17 18 19 20	21 22 23 24 25	26 27 28 29 30	31 21 2 3 4	5 6 7 8 9	6	53

年序 Year	陰曆月序 Moon	陰曆日序 Order of days (Lunar) 1 2 3 4 5	6 7 8 9 10	11 12 13 14 15	16 17 18 19 20	21 22 23 24 25	26 27 28 29 30	星期 Week	干支 Cycle
上元 2 辛丑 761–62	26 1	10 11 12 13 14	15 16 17 18 19	20 21 22 23 24	25 26 27 28 31	2 3 4 5 6	7 8 9 10 —	1	23
	2	11 12 13 14 15	16 17 18 19 20	21 22 23 24 25	26 27 28 29 30	31 41 2 3 4	5 6 7 8 9	2	52
	3	10 11 12 13 14	15 16 17 18 19	20 21 22 23 24	25 26 27 28 29	30 51 2 3 4	5 6 7 8 —	4	22
	4	9 10 11 12 13	14 15 16 17 18	19 20 21 22 23	24 25 26 27 28	29 30 31 61 2	3 4 5 6 7	5	51
	5	8 9 10 11 12	13 14 15 16 17	18 19 20 21 22	23 24 25 26 27	28 29 30 71 2	3 4 5 6 —	0	21
	6	7 8 9 10 11	12 13 14 15 16	17 18 19 20 21	22 23 24 25 26	27 28 29 30 31	81 2 3 4 —	1	50
	7	5 6 7 8 9	10 11 12 13 14	15 16 17 18 19	20 21 22 23 24	25 26 27 28 29	30 31 91 2 3	2	19
	8	4 5 6 7 8	9 10 11 12 13	14 15 16 17 18	19 20 21 22 23	24 25 26 27 28	29 30 01 2 —	4	49
	9	3 4 5 6 7	8 9 10 11 12	13 14 15 16 17	18 19 20 21 22	23 24 25 26 27	28 29 30 31 N1	5	18
	10	2 3 4 5 6	7 8 9 10 11	12 13 14 15 16	17 18 19 20 21	22 23 24 25 26	27 28 29 30 D1	0	48
寶應 1 壬寅 □ 762–63	26 11	2 3 4 5 6	7 8 9 10 11	12 13 14 15 16	17 18 19 20 21	22 23 24 25 26	27 28 29 30 —	2	18
	12	31 11 2 3 4	5 6 7 8 9	10 11 12 13 14	15 16 17 18 19	20 21 22 23 24	25 26 27 28 29	3	47
	38 1	30 31 21 2 3	4 5 6 7 8	9 10 11 12 13	14 15 16 17 18	19 20 21 22 23	24 25 26 27 28	5	17
	2	31 2 3 4 5	6 7 8 9 10	11 12 13 14 15	16 17 18 19 20	21 22 23 24 25	26 27 28 29 —	0	47
	3	30 31 41 2 3	4 5 6 7 8	9 10 11 12 13	14 15 16 17 18	19 20 21 22 23	24 25 26 27 28	1	16
	4][	29 30 51 2 3	4 5 6 7 8	9 10 11 12 13	14 15 16 17 18	19 20 21 22 23	24 25 26 27 —	3	46
	5	28 29 30 31 61	2 3 4 5 6	7 8 9 10 11	12 13 14 15 16	17 18 19 20 21	22 23 24 25 26	4	15
	6	27 28 29 30 71	2 3 4 5 6	7 8 9 10 11	12 13 14 15 16	17 18 19 20 21	22 23 24 25 —	6	45
	7	26 27 28 29 30	31 81 2 3 4	5 6 7 8 9	10 11 12 13 14	15 16 17 18 19	20 21 22 23 —	0	14
	8	24 25 26 27 28	29 30 31 91 2	3 4 5 6 7	8 9 10 11 12	13 14 15 16 17	18 19 20 21 22	1	43
	9	23 24 25 26 27	28 29 30 01 2	3 4 5 6 7	8 9 10 11 12	13 14 15 16 17	18 19 20 21 —	3	13
	10	22 23 24 25 26	27 28 29 30 31	N1 2 3 4 5	6 7 8 9 10	11 12 13 14 15	16 17 18 19 20	4	42
	11	21 22 23 24 25	26 27 28 29 30	D1 2 3 4 5	6 7 8 9 10	11 12 13 14 15	16 17 18 19 —	6	12
	12	20 21 22 23 24	25 26 27 28 29	30 31 11 2 3	4 5 6 7 8	9 10 11 12 13	14 15 16 17 18	0	41
代宗 廣德 1 癸卯 763–64	50 1	19 20 21 22 23	24 25 26 27 28	29 30 31 21 2	3 4 5 6 7	8 9 10 11 12	13 14 15 16 17	2	11
	1	18 19 20 21 22	23 24 25 26 27	28 31 2 3 4	5 6 7 8 9	10 11 12 13 14	15 16 17 18 —	4	41
	2	19 20 21 22 23	24 25 26 27 28	29 30 31 41 2	3 4 5 6 7	8 9 10 11 12	13 14 15 16 17	5	10
	3	18 19 20 21 22	23 24 25 26 27	28 29 30 51 2	3 4 5 6 7	8 9 10 11 12	13 14 15 16 17	0	40
	4	18 19 20 21 22	23 24 25 26 27	28 29 30 31 61	2 3 4 5 6	7 8 9 10 11	12 13 14 15 —	2	10
	5	16 17 18 19 20	21 22 23 24 25	26 27 28 29 30	71 2 3 4 5	6 7 8 9 10	11 12 13 14 15	3	39
	6	16 17 18 19 20	21 22 23 24 25	26 27 28 29 30	31 81 2 3 4	5 6 7 8 9	10 11 12 13 —	5	9
	7][	14 15 16 17 18	19 20 21 22 23	24 25 26 27 28	29 30 31 91 2	3 4 5 6 7	8 9 10 11 —	6	38
	8	12 13 14 15 16	17 18 19 20 21	22 23 24 25 26	27 28 29 30 01	2 3 4 5 6	7 8 9 10 11	0	7
	9	12 13 14 15 16	17 18 19 20 21	22 23 24 25 26	27 28 29 30 31	N1 2 3 4 5	6 7 8 9 —	2	37
	10	10 11 12 13 14	15 16 17 18 19	20 21 22 23 24	25 26 27 28 29	30 D1 2 3 4	5 6 7 8 9	3	6
	11	10 11 12 13 14	15 16 17 18 19	20 21 22 23 24	25 26 27 28 29	30 31 11 2 3	4 5 6 7 —	5	36
	12	8 9 10 11 12	13 14 15 16 17	18 19 20 21 22	23 24 25 26 27	28 29 30 31 21	2 3 4 5 6	6	5
廣德 2 甲辰 764–65	2 1	7 8 9 10 11	12 13 14 15 16	17 18 19 20 21	22 23 24 25 26	27 28 29 31 2	3 4 5 6 7	1	35
	2	8 9 10 11 12	13 14 15 16 17	18 19 20 21 22	23 24 25 26 27	28 29 30 31 41	2 3 4 5 —	3	5
	3	6 7 8 9 10	11 12 13 14 15	16 17 18 19 20	21 22 23 24 25	26 27 28 29 30	51 2 3 4 5	4	34
	4	6 7 8 9 10	11 12 13 14 15	16 17 18 19 20	21 22 23 24 25	26 27 28 29 30	31 61 2 3 —	6	4
	5	4 5 6 7 8	9 10 11 12 13	14 15 16 17 18	19 20 21 22 23	24 25 26 27 28	29 30 71 2 3	0	33
	6	4 5 6 7 8	9 10 11 12 13	14 15 16 17 18	19 20 21 22 23	24 25 26 27 28	29 30 31 81 —	2	3
	7	2 3 4 5 6	7 8 9 10 11	12 13 14 15 16	17 18 19 20 21	22 23 24 25 26	27 28 29 30 31	3	32
	8	91 2 3 4 5	6 7 8 9 10	11 12 13 14 15	16 17 18 19 20	21 22 23 24 25	26 27 28 29 —	5	2
	9	30 01 2 3 4	5 6 7 8 9	10 11 12 13 14	15 16 17 18 19	20 21 22 23 24	25 26 27 28 29	6	31
	10	30 31 N1 2 3	4 5 6 7 8	9 10 11 12 13	14 15 16 17 18	19 20 21 22 23	24 25 26 27 —	1	1
	11	28 29 30 D1 2	3 4 5 6 7	8 9 10 11 12	13 14 15 16 17	18 19 20 21 22	23 24 25 26 27	2	30
	12	28 29 30 31 11	2 3 4 5 6	7 8 9 10 11	12 13 14 15 16	17 18 19 20 21	22 23 24 25 —	4	0
永泰 1 乙巳 765–66	14 1	26 27 28 29 30	31 21 2 3 4	5 6 7 8 9	10 11 12 13 14	15 16 17 18 19	20 21 22 23 24	5	29
	2	25 26 27 28 31	2 3 4 5 6	7 8 9 10 11	12 13 14 15 16	17 18 19 20 21	22 23 24 25 —	0	59
	3	26 27 28 29 30	31 41 2 3 4	5 6 7 8 9	10 11 12 13 14	15 16 17 18 19	20 21 22 23 24	1	28
	4	25 26 27 28 29	30 51 2 3 4	5 6 7 8 9	10 11 12 13 14	15 16 17 18 19	20 21 22 23 24	3	58
	5	25 26 27 28 29	30 31 61 2 3	4 5 6 7 8	9 10 11 12 13	14 15 16 17 18	19 20 21 22 —	5	28
	6	23 24 25 26 27	28 29 30 71 2	3 4 5 6 7	8 9 10 11 12	13 14 15 16 17	18 19 20 21 22	6	57
	7	23 24 25 26 27	28 29 30 31 81	2 3 4 5 6	7 8 9 10 11	12 13 14 15 16	17 18 19 20 —	1	27
	8	21 22 23 24 25	26 27 28 29 30	31 91 2 3 4	5 6 7 8 9	10 11 12 13 14	15 16 17 18 19	2	56
	9	20 21 22 23 24	25 26 27 28 29	30 01 2 3 4	5 6 7 8 9	10 11 12 13 14	15 16 17 18 —	4	26
	10	19 20 21 22 23	24 25 26 27 28	29 30 31 N1 2	3 4 5 6 7	8 9 10 11 12	13 14 15 16 17	5	55
	10	18 19 20 21 22	23 24 25 26 27	28 29 30 D1 2	3 4 5 6 7	8 9 10 11 12	13 14 15 16 —	0	25
	11	17 18 19 20 21	22 23 24 25 26	27 28 29 30 31	11 2 3 4 5	6 7 8 9 10	11 12 13 14 15	1	54
	12	16 17 18 19 20	21 22 23 24 25	26 27 28 29 30	31 21 2 3 4	5 6 7 8 9	10 11 12 13 —	3	24

□ 寶應元年以上元二年之十一月朔爲歲首，至四月復寅正，故寶應元年有兩個十一月及十二月.

King Shu Tsung of T'ang Dynasty took the 11th moon of the year "Shang Yüan Second Year (761–62 A.D.)" as the first moon of the year "Pao Ying First Year (762–63 A.D.)" of his own reign, but after an interval of 5 moons, he restored the orders of moons in the usua manner. thus that year has two 11th & 12th moons.

年序 Year	陰曆月序 Moon	陰曆日序 Order of days (Lunar) 1	2	3	4	5	6	7	8	9	10	11	12	13	14	15	16	17	18	19	20	21	22	23	24	25	26	27	28	29	30	星期 Week	干支 Cycle
大曆1丙午 766–67	26 1	14	15	16	17	18	19	20	21	22	23	24	25	26	27	28	31	2	3	4	5	6	7	8	9	10	11	12	13	14	15	4	53
	2	16	17	18	19	20	21	22	23	24	25	26	27	28	29	30	31	41	2	3	4	5	6	7	8	9	10	11	12	13	—	6	23
	3	14	15	16	17	18	19	20	21	22	23	24	25	26	27	28	29	30	51	2	3	4	5	6	7	8	9	10	11	12	13	0	52
	4	14	15	16	17	18	19	20	21	22	23	24	25	26	27	28	29	30	31	61	2	3	4	5	6	7	8	9	10	11	—	2	22
	5	12	13	14	15	16	17	18	19	20	21	22	23	24	25	26	27	28	29	30	71	2	3	4	5	6	7	8	9	10	11	3	51
	6	12	13	14	15	16	17	18	19	20	21	22	23	24	25	26	27	28	29	30	31	81	2	3	4	5	6	7	8	9	—	5	21
	7	10	11	12	13	14	15	16	17	18	19	20	21	22	23	24	25	26	27	28	29	30	31	91	2	3	4	5	6	7	8	6	50
	8	9	10	11	12	13	14	15	16	17	18	19	20	21	22	23	24	25	26	27	28	29	30	01	2	3	4	5	6	7	8	1	20
	9	9	10	11	12	13	14	15	16	17	18	19	20	21	22	23	24	25	26	27	28	29	30	31	N1	2	3	4	5	6	—	3	50
	10	7	8	9	10	11	12	13	14	15	16	17	18	19	20	21	22	23	24	25	26	27	28	29	30	D1	2	3	4	5	6	4	19
	11	7	8	9	10	11	12	13	14	15	16	17	18	19	20	21	22	23	24	25	26	27	28	29	30	31	11	2	3	4	—	6	49
	12	5	6	7	8	9	10	11	12	13	14	15	16	17	18	19	20	21	22	23	24	25	26	27	28	29	30	31	21	2	3	0	18
大曆2丁未 767–68	38 1	4	5	6	7	8	9	10	11	12	13	14	15	16	17	18	19	20	21	22	23	24	25	26	27	28	31	2	3	4	—	2	48
	2	5	6	7	8	9	10	11	12	13	14	15	16	17	18	19	20	21	22	23	24	25	26	27	28	29	30	31	41	2	3	3	17
	3	4	5	6	7	8	9	10	11	12	13	14	15	16	17	18	19	20	21	22	23	24	25	26	27	28	29	30	51	2	—	5	47
	4	3	4	5	6	7	8	9	10	11	12	13	14	15	16	17	18	19	20	21	22	23	24	25	26	27	28	29	30	31	—	6	16
	5	61	2	3	4	5	6	7	8	9	10	11	12	13	14	15	16	17	18	19	20	21	22	23	24	25	26	27	28	29	30	0	45
	6	71	2	3	4	5	6	7	8	9	10	11	12	13	14	15	16	17	18	19	20	21	22	23	24	25	26	27	28	29	—	2	15
	7	30	31	81	2	3	4	5	6	7	8	9	10	11	12	13	14	15	16	17	18	19	20	21	22	23	24	25	26	27	28	3	44
	8	29	30	31	91	2	3	4	5	6	7	8	9	10	11	12	13	14	15	16	17	18	19	20	21	22	23	24	25	26	27	5	14
	9	28	29	30	01	2	3	4	5	6	7	8	9	10	11	12	13	14	15	16	17	18	19	20	21	22	23	24	25	26	27	0	44
	10	28	29	30	31	N1	2	3	4	5	6	7	8	9	10	11	12	13	14	15	16	17	18	19	20	21	22	23	24	25	—	2	14
	11	26	27	28	29	30	D1	2	3	4	5	6	7	8	9	10	11	12	13	14	15	16	17	18	19	20	21	22	23	24	25	3	43
	12	26	27	28	29	30	31	11	2	3	4	5	6	7	8	9	10	11	12	13	14	15	16	17	18	19	20	21	22	23	—	5	13
大曆3戊申 768–69	50 1	24	25	26	27	28	29	30	31	21	2	3	4	5	6	7	8	9	10	11	12	13	14	15	16	17	18	19	20	21	22	6	42
	2	23	24	25	26	27	28	29	31	2	3	4	5	6	7	8	9	10	11	12	13	14	15	16	17	18	19	20	21	22	—	1	12
	3	23	24	25	26	27	28	29	30	31	41	2	3	4	5	6	7	8	9	10	11	12	13	14	15	16	17	18	19	20	21	2	41
	4	22	23	24	25	26	27	28	29	30	51	2	3	4	5	6	7	8	9	10	11	12	13	14	15	16	17	18	19	20	—	4	11
	5	21	22	23	24	25	26	27	28	29	30	31	61	2	3	4	5	6	7	8	9	10	11	12	13	14	15	16	17	18	—	5	40
	6	19	20	21	22	23	24	25	26	27	28	29	30	71	2	3	4	5	6	7	8	9	10	11	12	13	14	15	16	17	18	6	9
	6	19	20	21	22	23	24	25	26	27	28	29	30	31	81	2	3	4	5	6	7	8	9	10	11	12	13	14	15	16	—	1	39
	7	17	18	19	20	21	22	23	24	25	26	27	28	29	30	31	91	2	3	4	5	6	7	8	9	10	11	12	13	14	15	2	8
	8	16	17	18	19	20	21	22	23	24	25	26	27	28	29	30	01	2	3	4	5	6	7	8	9	10	11	12	13	14	15	4	38
	9	16	17	18	19	20	21	22	23	24	25	26	27	28	29	30	31	N1	2	3	4	5	6	7	8	9	10	11	12	13	—	6	8
	10	14	15	16	17	18	19	20	21	22	23	24	25	26	27	28	29	30	D1	2	3	4	5	6	7	8	9	10	11	12	13	0	37
	11	14	15	16	17	18	19	20	21	22	23	24	25	26	27	28	29	30	31	11	2	3	4	5	6	7	8	9	10	11	12	2	7
	12	13	14	15	16	17	18	19	20	21	22	23	24	25	26	27	28	29	30	31	21	2	3	4	5	6	7	8	9	10	—	4	37
大曆4己酉 769–70	2 1	11	12	13	14	15	16	17	18	19	20	21	22	23	24	25	26	27	28	31	2	3	4	5	6	7	8	9	10	11	12	5	6
	2	13	14	15	16	17	18	19	20	21	22	23	24	25	26	27	28	29	30	31	41	2	3	4	5	6	7	8	9	10	—	0	36
	3	11	12	13	14	15	16	17	18	19	20	21	22	23	24	25	26	27	28	29	30	51	2	3	4	5	6	7	8	9	10	1	5
	4	11	12	13	14	15	16	17	18	19	20	21	22	23	24	25	26	27	28	29	30	31	61	2	3	4	5	6	7	8	—	3	35
	5	9	10	11	12	13	14	15	16	17	18	19	20	21	22	23	24	25	26	27	28	29	30	71	2	3	4	5	6	7	—	4	4
	6	8	9	10	11	12	13	14	15	16	17	18	19	20	21	22	23	24	25	26	27	28	29	30	31	81	2	3	4	5	—	5	33
	7	6	7	8	9	10	11	12	13	14	15	16	17	18	19	20	21	22	23	24	25	26	27	28	29	30	31	91	2	3	4	6	2
	8	5	6	7	8	9	10	11	12	13	14	15	16	17	18	19	20	21	22	23	24	25	26	27	28	29	30	01	2	3	4	1	32
	9	5	6	7	8	9	10	11	12	13	14	15	16	17	18	19	20	21	22	23	24	25	26	27	28	29	30	31	N1	2	—	3	2
	10	3	4	5	6	7	8	9	10	11	12	13	14	15	16	17	18	19	20	21	22	23	24	25	26	27	28	29	30	D1	2	4	31
	11	3	4	5	6	7	8	9	10	11	12	13	14	15	16	17	18	19	20	21	22	23	24	25	26	27	28	29	30	31	11	6	1
	12	2	3	4	5	6	7	8	9	10	11	12	13	14	15	16	17	18	19	20	21	22	23	24	25	26	27	28	29	30	31	1	31
大曆5庚戌 770–71	14 1	21	2	3	4	5	6	7	8	9	10	11	12	13	14	15	16	17	18	19	20	21	22	23	24	25	26	27	28	31	—	3	1
	2	2	3	4	5	6	7	8	9	10	11	12	13	14	15	16	17	18	19	20	21	22	23	24	25	26	27	28	29	30	31	4	30
	3	41	2	3	4	5	6	7	8	9	10	11	12	13	14	15	16	17	18	19	20	21	22	23	24	25	26	27	28	29	—	6	0
	4	30	51	2	3	4	5	6	7	8	9	10	11	12	13	14	15	16	17	18	19	20	21	22	23	24	25	26	27	28	29	0	29
	5	30	31	61	2	3	4	5	6	7	8	9	10	11	12	13	14	15	16	17	18	19	20	21	22	23	24	25	26	27	—	2	59
	6	28	29	30	71	2	3	4	5	6	7	8	9	10	11	12	13	14	15	16	17	18	19	20	21	22	23	24	25	26	—	3	28
	7	27	28	29	30	31	81	2	3	4	5	6	7	8	9	10	11	12	13	14	15	16	17	18	19	20	21	22	23	24	25	4	57
	8	26	27	28	29	30	31	91	2	3	4	5	6	7	8	9	10	11	12	13	14	15	16	17	18	19	20	21	22	23	—	6	27
	9	24	25	26	27	28	29	30	01	2	3	4	5	6	7	8	9	10	11	12	13	14	15	16	17	18	19	20	21	22	—	0	56
	10	23	24	25	26	27	28	29	30	31	N1	2	3	4	5	6	7	8	9	10	11	12	13	14	15	16	17	18	19	20	21	1	25
	11	22	23	24	25	26	27	28	29	30	D1	2	3	4	5	6	7	8	9	10	11	12	13	14	15	16	17	18	19	20	21	3	55
	12	22	23	24	25	26	27	28	29	30	31	11	2	3	4	5	6	7	8	9	10	11	12	13	14	15	16	17	18	19	20	5	25

年序 Year		陰暦月序 Moon	陰暦日序 Order of days (Lunar)																														星期 Week	干支 Cycle
			1	2	3	4	5	6	7	8	9	10	11	12	13	14	15	16	17	18	19	20	21	22	23	24	25	26	27	28	29	30		
大暦 6 辛亥 771–72	26	1	21	22	23	24	25	26	27	28	29	30	31	21	2	3	4	5	6	7	8	9	10	11	12	13	14	15	16	17	18	—	0	55
		2	19	20	21	22	23	24	25	26	27	28	31	2	3	4	5	6	7	8	9	10	11	12	13	14	15	16	17	18	19	20	1	24
		3	21	22	23	24	25	26	27	28	29	30	31	41	2	3	4	5	6	7	8	9	10	11	12	13	14	15	16	17	18	19	3	54
		3	20	21	22	23	24	25	26	27	28	29	30	51	2	3	4	5	6	7	8	9	10	11	12	13	14	15	16	17	18	—	5	24
		4	19	20	21	22	23	24	25	26	27	28	29	30	31	61	2	3	4	5	6	7	8	9	10	11	12	13	14	15	16	—	6	53
		5	17	18	19	20	21	22	23	24	25	26	27	28	29	30	71	2	3	4	5	6	7	8	9	10	11	12	13	14	15	16	0	22
		6	17	18	19	20	21	22	23	24	25	26	27	28	29	30	31	81	2	3	4	5	6	7	8	9	10	11	12	13	14	—	2	52
		7	15	16	17	18	19	20	21	22	23	24	25	26	27	28	29	30	31	91	2	3	4	5	6	7	8	9	10	11	12	—	3	21
		8	13	14	15	16	17	18	19	20	21	22	23	24	25	26	27	28	29	30	01	2	3	4	5	6	7	8	9	10	11	12	4	50
		9	13	14	15	16	17	18	19	20	21	22	23	24	25	26	27	28	29	30	31	N1	2	3	4	5	6	7	8	9	10	—	6	20
		10	11	12	13	14	15	16	17	18	19	20	21	22	23	24	25	26	27	28	29	30	D1	2	3	4	5	6	7	8	9	10	0	49
		11	11	12	13	14	15	16	17	18	19	20	21	22	23	24	25	26	27	28	29	30	31	11	2	3	4	5	6	7	8	9	2	19
		12	10	11	12	13	14	15	16	17	18	19	20	21	22	23	24	25	26	27	28	29	30	31	21	2	3	4	5	6	7	8	4	49
大暦 7 壬子 772–73	38	1	9	10	11	12	13	14	15	16	17	18	19	20	21	22	23	24	25	26	27	28	29	31	2	3	4	5	6	7	8	—	6	19
		2	9	10	11	12	13	14	15	16	17	18	19	20	21	22	23	24	25	26	27	28	29	30	31	41	2	3	4	5	6	7	0	48
		3	8	9	10	11	12	13	14	15	16	17	18	19	20	21	22	23	24	25	26	27	28	29	30	51	2	3	4	5	6	—	2	18
		4	7	8	9	10	11	12	13	14	15	16	17	18	19	20	21	22	23	24	25	26	27	28	29	30	31	61	2	3	4	5	3	47
		5	6	7	8	9	10	11	12	13	14	15	16	17	18	19	20	21	22	23	24	25	26	27	28	29	30	71	2	3	4	—	5	17
		6	5	6	7	8	9	10	11	12	13	14	15	16	17	18	19	20	21	22	23	24	25	26	27	28	29	30	31	81	2	3	6	46
		7	4	5	6	7	8	9	10	11	12	13	14	15	16	17	18	19	20	21	22	23	24	25	26	27	28	29	30	31	91	—	1	16
		8	2	3	4	5	6	7	8	9	10	11	12	13	14	15	16	17	18	19	20	21	22	23	24	25	26	27	28	29	30	01	2	45
		9	2	3	4	5	6	7	8	9	10	11	12	13	14	15	16	17	18	19	20	21	22	23	24	25	26	27	28	29	30	—	4	15
		10	31	N1	2	3	4	5	6	7	8	9	10	11	12	13	14	15	16	17	18	19	20	21	22	23	24	25	26	27	28	—	5	44
		11	29	30	D1	2	3	4	5	6	7	8	9	10	11	12	13	14	15	16	17	18	19	20	21	22	23	24	25	26	27	28	6	13
		12	29	30	31	11	2	3	4	5	6	7	8	9	10	11	12	13	14	15	16	17	18	19	20	21	22	23	24	25	26	27	1	43
大暦 8 癸丑 773–74	50	1	28	29	30	31	21	2	3	4	5	6	7	8	9	10	11	12	13	14	15	16	17	18	19	20	21	22	23	24	25	—	3	13
		2	26	27	28	31	2	3	4	5	6	7	8	9	10	11	12	13	14	15	16	17	18	19	20	21	22	23	24	25	26	27	4	42
		3	28	29	30	31	41	2	3	4	5	6	7	8	9	10	11	12	13	14	15	16	17	18	19	20	21	22	23	24	25	26	6	12
		4	27	28	29	30	51	2	3	4	5	6	7	8	9	10	11	12	13	14	15	16	17	18	19	20	21	22	23	24	25	—	1	42
		5	26	27	28	29	30	31	61	2	3	4	5	6	7	8	9	10	11	12	13	14	15	16	17	18	19	20	21	22	23	24	2	11
		6	25	26	27	28	29	30	71	2	3	4	5	6	7	8	9	10	11	12	13	14	15	16	17	18	19	20	21	22	23	—	4	41
		7	24	25	26	27	28	29	30	31	81	2	3	4	5	6	7	8	9	10	11	12	13	14	15	16	17	18	19	20	21	22	5	10
		8	23	24	25	26	27	28	29	30	31	91	2	3	4	5	6	7	8	9	10	11	12	13	14	15	16	17	18	19	20	—	0	40
		9	21	22	23	24	25	26	27	28	29	30	01	2	3	4	5	6	7	8	9	10	11	12	13	14	15	16	17	18	19	20	1	9
		10	21	22	23	24	25	26	27	28	29	30	31	N1	2	3	4	5	6	7	8	9	10	11	12	13	14	15	16	17	18	—	3	39
		11	19	20	21	22	23	24	25	26	27	28	29	30	D1	2	3	4	5	6	7	8	9	10	11	12	13	14	15	16	17	18	4	8
		11	19	20	21	22	23	24	25	26	27	28	29	30	31	11	2	3	4	5	6	7	8	9	10	11	12	13	14	15	16	—	6	38
		12	17	18	19	20	21	22	23	24	25	26	27	28	29	30	31	21	2	3	4	5	6	7	8	9	10	11	12	13	14	—	0	7
大暦 9 甲寅 774–75	2	1	15	16	17	18	19	20	21	22	23	24	25	26	27	28	31	2	3	4	5	6	7	8	9	10	11	12	13	14	15	16	1	36
		2	17	18	19	20	21	22	23	24	25	26	27	28	29	30	31	41	2	3	4	5	6	7	8	9	10	11	12	13	14	15	3	6
		3	16	17	18	19	20	21	22	23	24	25	26	27	28	29	30	51	2	3	4	5	6	7	8	9	10	11	12	13	14	—	5	36
		4	15	16	17	18	19	20	21	22	23	24	25	26	27	28	29	30	31	61	2	3	4	5	6	7	8	9	10	11	12	13	6	5
		5	14	15	16	17	18	19	20	21	22	23	24	25	26	27	28	29	30	71	2	3	4	5	6	7	8	9	10	11	12	13	1	35
		6	14	15	16	17	18	19	20	21	22	23	24	25	26	27	28	29	30	31	81	2	3	4	5	6	7	8	9	10	11	—	3	5
		7	12	13	14	15	16	17	18	19	20	21	22	23	24	25	26	27	28	29	30	31	91	2	3	4	5	6	7	8	9	10	4	34
		8	11	12	13	14	15	16	17	18	19	20	21	22	23	24	25	26	27	28	29	30	01	2	3	4	5	6	7	8	9	—	6	4
		9	10	11	12	13	14	15	16	17	18	19	20	21	22	23	24	25	26	27	28	29	30	31	N1	2	3	4	5	6	7	8	0	33
		10	9	10	11	12	13	14	15	16	17	18	19	20	21	22	23	24	25	26	27	28	29	30	D1	2	3	4	5	6	7	—	2	3
		11	8	9	10	11	12	13	14	15	16	17	18	19	20	21	22	23	24	25	26	27	28	29	30	31	11	2	3	4	5	6	3	32
		12	7	8	9	10	11	12	13	14	15	16	17	18	19	20	21	22	23	24	25	26	27	28	29	30	31	21	2	3	4	—	5	2
大暦 10 乙卯 775–76	14	1	5	6	7	8	9	10	11	12	13	14	15	16	17	18	19	20	21	22	23	24	25	26	27	28	31	2	3	4	5	6	6	31
		2	7	8	9	10	11	12	13	14	15	16	17	18	19	20	21	22	23	24	25	26	27	28	29	30	31	41	2	3	4	—	1	1
		3	5	6	7	8	9	10	11	12	13	14	15	16	17	18	19	20	21	22	23	24	25	26	27	28	29	30	51	2	3	—	2	30
		4	4	5	6	7	8	9	10	11	12	13	14	15	16	17	18	19	20	21	22	23	24	25	26	27	28	29	30	31	61	2	3	59
		5	3	4	5	6	7	8	9	10	11	12	13	14	15	16	17	18	19	20	21	22	23	24	25	26	27	28	29	30	71	2	5	29
		6	3	4	5	6	7	8	9	10	11	12	13	14	15	16	17	18	19	20	21	22	23	24	25	26	27	28	29	30	31	—	0	59
		7	81	2	3	4	5	6	7	8	9	10	11	12	13	14	15	16	17	18	19	20	21	22	23	24	25	26	27	28	29	30	1	28
		8	31	91	2	3	4	5	6	7	8	9	10	11	12	13	14	15	16	17	18	19	20	21	22	23	24	25	26	27	28	29	3	58
		9	30	01	2	3	4	5	6	7	8	9	10	11	12	13	14	15	16	17	18	19	20	21	22	23	24	25	26	27	28	—	5	28
		10	29	30	31	N1	2	3	4	5	6	7	8	9	10	11	12	13	14	15	16	17	18	19	20	21	22	23	24	25	26	27	6	57
		11	28	29	30	D1	2	3	4	5	6	7	8	9	10	11	12	13	14	15	16	17	18	19	20	21	22	23	24	25	26	—	1	27
		12	27	28	29	30	31	11	2	3	4	5	6	7	8	9	10	11	12	13	14	15	16	17	18	19	20	21	22	23	24	25	2	56

年序 Year		陰曆月序 Moon	1	2	3	4	5	6	7	8	9	10	11	12	13	14	15	16	17	18	19	20	21	22	23	24	25	26	27	28	29	30	星期 Week	干支 Cycle
大暦11丙辰 776–77	26	1	26	27	28	29	30	31	21	2	3	4	5	6	7	8	9	10	11	12	13	14	15	16	17	18	19	20	21	22	23	—	4	26
		2	24	25	26	27	28	29	31	2	3	4	5	6	7	8	9	10	11	12	13	14	15	16	17	18	19	20	21	22	23	—	5	55
		3	24	25	26	27	28	29	30	31	41	2	3	4	5	6	7	8	9	10	11	12	13	14	15	16	17	18	19	20	21	22	6	24
		4	23	24	25	26	27	28	29	30	51	2	3	4	5	6	7	8	9	10	11	12	13	14	15	16	17	18	19	20	21	—	1	54
		5	22	23	24	25	26	27	28	29	30	31	61	2	3	4	5	6	7	8	9	10	11	12	13	14	15	16	17	18	19	20	2	23
		6	21	22	23	24	25	26	27	28	29	30	71	2	3	4	5	6	7	8	9	10	11	12	13	14	15	16	17	18	19	—	4	53
		7	20	21	22	23	24	25	26	27	28	29	30	31	81	2	3	4	5	6	7	8	9	10	11	12	13	14	15	16	17	18	5	22
		8	19	20	21	22	23	24	25	26	27	28	29	30	31	91	2	3	4	5	6	7	8	9	10	11	12	13	14	15	16	17	0	52
		8	18	19	20	21	22	23	24	25	26	27	28	29	30	01	2	3	4	5	6	7	8	9	10	11	12	13	14	15	16	—	2	22
		9	17	18	19	20	21	22	23	24	25	26	27	28	29	30	31	N1	2	3	4	5	6	7	8	9	10	11	12	13	14	15	3	51
		10	16	17	18	19	20	21	22	23	24	25	26	27	28	29	30	D1	2	3	4	5	6	7	8	9	10	11	12	13	14	15	5	21
		11	16	17	18	19	20	21	22	23	24	25	26	27	28	29	30	31	11	2	3	4	5	6	7	8	9	10	11	12	13	—	0	51
		12	14	15	16	17	18	19	20	21	22	23	24	25	26	27	28	29	30	31	21	2	3	4	5	6	7	8	9	10	11	12	1	20
大暦12丁巳 777–78	38	1	13	14	15	16	17	18	19	20	21	22	23	24	25	26	27	28	31	2	3	4	5	6	7	8	9	10	11	12	13	—	3	50
		2	14	15	16	17	18	19	20	21	22	23	24	25	26	27	28	29	30	31	41	2	3	4	5	6	7	8	9	10	11	12	4	19
		3	13	14	15	16	17	18	19	20	21	22	23	24	25	26	27	28	29	30	51	2	3	4	5	6	7	8	9	10	11	—	6	49
		4	12	13	14	15	16	17	18	19	20	21	22	23	24	25	26	27	28	29	30	31	61	2	3	4	5	6	7	8	9	—	0	18
		5	10	11	12	13	14	15	16	17	18	19	20	21	22	23	24	25	26	27	28	29	30	71	2	3	4	5	6	7	8	9	1	47
		6	10	11	12	13	14	15	16	17	18	19	20	21	22	23	24	25	26	27	28	29	30	31	81	2	3	4	5	6	7	—	3	17
		7	8	9	10	11	12	13	14	15	16	17	18	19	20	21	22	23	24	25	26	27	28	29	30	31	91	2	3	4	5	6	4	46
		8	7	8	9	10	11	12	13	14	15	16	17	18	19	20	21	22	23	24	25	26	27	28	29	30	01	2	3	4	5	—	6	16
		9	6	7	8	9	10	11	12	13	14	15	16	17	18	19	20	21	22	23	24	25	26	27	28	29	30	31	N1	2	3	4	0	45
		10	5	6	7	8	9	10	11	12	13	14	15	16	17	18	19	20	21	22	23	24	25	26	27	28	29	30	D1	2	3	4	2	15
		11	5	6	7	8	9	10	11	12	13	14	15	16	17	18	19	20	21	22	23	24	25	26	27	28	29	30	31	11	2	3	4	45
		12	4	5	6	7	8	9	10	11	12	13	14	15	16	17	18	19	20	21	22	23	24	25	26	27	28	29	30	31	21	—	6	15
大暦13戊午 778–79	50	1	2	3	4	5	6	7	8	9	10	11	12	13	14	15	16	17	18	19	20	21	22	23	24	25	26	27	28	31	2	3	0	44
		2	4	5	6	7	8	9	10	11	12	13	14	15	16	17	18	19	20	21	22	23	24	25	26	27	28	29	30	31	41	—	2	14
		3	2	3	4	5	6	7	8	9	10	11	12	13	14	15	16	17	18	19	20	21	22	23	24	25	26	27	28	29	30	51	3	43
		4	2	3	4	5	6	7	8	9	10	11	12	13	14	15	16	17	18	19	20	21	22	23	24	25	26	27	28	29	30	—	5	13
		5	31	61	2	3	4	5	6	7	8	9	10	11	12	13	14	15	16	17	18	19	20	21	22	23	24	25	26	27	28	—	6	42
		6	29	30	71	2	3	4	5	6	7	8	9	10	11	12	13	14	15	16	17	18	19	20	21	22	23	24	25	26	27	28	0	11
		7	29	30	31	81	2	3	4	5	6	7	8	9	10	11	12	13	14	15	16	17	18	19	20	21	22	23	24	25	26	—	2	41
		8	27	28	29	30	31	91	2	3	4	5	6	7	8	9	10	11	12	13	14	15	16	17	18	19	20	21	22	23	24	25	3	10
		9	26	27	28	29	30	01	2	3	4	5	6	7	8	9	10	11	12	13	14	15	16	17	18	19	20	21	22	23	24	—	5	40
		10	25	26	27	28	29	30	31	N1	2	3	4	5	6	7	8	9	10	11	12	13	14	15	16	17	18	19	20	21	22	23	6	9
		11	24	25	26	27	28	29	30	D1	2	3	4	5	6	7	8	9	10	11	12	13	14	15	16	17	18	19	20	21	22	23	1	39
		12	24	25	26	27	28	29	30	31	11	2	3	4	5	6	7	8	9	10	11	12	13	14	15	16	17	18	19	20	21	—	3	9
大暦14己未 779–80	2	1	22	23	24	25	26	27	28	29	30	31	21	2	3	4	5	6	7	8	9	10	11	12	13	14	15	16	17	18	19	20	4	38
		2	21	22	23	24	25	26	27	28	31	2	3	4	5	6	7	8	9	10	11	12	13	14	15	16	17	18	19	20	21	22	6	8
		3	23	24	25	26	27	28	29	30	31	41	2	3	4	5	6	7	8	9	10	11	12	13	14	15	16	17	18	19	20	—	1	38
		4	21	22	23	24	25	26	27	28	29	30	51	2	3	4	5	6	7	8	9	10	11	12	13	14	15	16	17	18	19	20	2	7
		5	21	22	23	24	25	26	27	28	29	30	31	61	2	3	4	5	6	7	8	9	10	11	12	13	14	15	16	17	18	—	4	37
		5	19	20	21	22	23	24	25	26	27	28	29	30	71	2	3	4	5	6	7	8	9	10	11	12	13	14	15	16	17	—	5	6
		6	18	19	20	21	22	23	24	25	26	27	28	29	30	31	81	2	3	4	5	6	7	8	9	10	11	12	13	14	15	—	6	35
		7	16	17	18	19	20	21	22	23	24	25	26	27	28	29	30	31	91	2	3	4	5	6	7	8	9	10	11	12	13	14	0	4
		8	15	16	17	18	19	20	21	22	23	24	25	26	27	28	29	30	01	2	3	4	5	6	7	8	9	10	11	12	13	14	2	34
		9	15	16	17	18	19	20	21	22	23	24	25	26	27	28	29	30	31	N1	2	3	4	5	6	7	8	9	10	11	12	—	4	4
		10	13	14	15	16	17	18	19	20	21	22	23	24	25	26	27	28	29	30	D1	2	3	4	5	6	7	8	9	10	11	12	5	33
		11	13	14	15	16	17	18	19	20	21	22	23	24	25	26	27	28	29	30	31	11	2	3	4	5	6	7	8	9	10	11	0	3
		12	12	13	14	15	16	17	18	19	20	21	22	23	24	25	26	27	28	29	30	31	21	2	3	4	5	6	7	8	9	10	2	33
德宗建中1庚申 780–81	14	1	11	12	13	14	15	16	17	18	19	20	21	22	23	24	25	26	27	28	29	31	2	3	4	5	6	7	8	9	10	—	4	3
		2	11	12	13	14	15	16	17	18	19	20	21	22	23	24	25	26	27	28	29	30	31	41	2	3	4	5	6	7	8	9	5	32
		3	10	11	12	13	14	15	16	17	18	19	20	21	22	23	24	25	26	27	28	29	30	51	2	3	4	5	6	7	8	—	0	2
		4	9	10	11	12	13	14	15	16	17	18	19	20	21	22	23	24	25	26	27	28	29	30	31	61	2	3	4	5	6	—	1	31
		5	7	8	9	10	11	12	13	14	15	16	17	18	19	20	21	22	23	24	25	26	27	28	29	30	71	2	3	4	5	6	2	0
		6	7	8	9	10	11	12	13	14	15	16	17	18	19	20	21	22	23	24	25	26	27	28	29	30	31	81	2	3	4	—	4	30
		7	5	6	7	8	9	10	11	12	13	14	15	16	17	18	19	20	21	22	23	24	25	26	27	28	29	30	31	91	2	—	5	59
		8	3	4	5	6	7	8	9	10	11	12	13	14	15	16	17	18	19	20	21	22	23	24	25	26	27	28	29	30	01	2	6	28
		9	3	4	5	6	7	8	9	10	11	12	13	14	15	16	17	18	19	20	21	22	23	24	25	26	27	28	29	30	31	—	1	58
		10	N1	2	3	4	5	6	7	8	9	10	11	12	13	14	15	16	17	18	19	20	21	22	23	24	25	26	27	28	29	30	2	27
		11	D1	2	3	4	5	6	7	8	9	10	11	12	13	14	15	16	17	18	19	20	21	22	23	24	25	26	27	28	29	30	4	57
		12	31	11	2	3	4	5	6	7	8	9	10	11	12	13	14	15	16	17	18	19	20	21	22	23	24	25	26	27	28	—	6	27

年序 Year	陰曆月序 Moon	陰曆日序 Order of days (Lunar) 1 2 3 4 5	6 7 8 9 10	11 12 13 14 15	16 17 18 19 20	21 22 23 24 25	26 27 28 29 30	星期 Week	干支 Cycle
建中 2 辛酉 781–82	26 1	29 30 31 21 2	3 4 5 6 7	8 9 10 11 12	13 14 15 16 17	18 19 20 21 22	23 24 25 26 27	0	56
	2	28 31 2 3 4	5 6 7 8 9	10 11 12 13 14	15 16 17 18 19	20 21 22 23 24	25 26 27 28 29	2	26
	3	30 31 41 2 3	4 5 6 7 8	9 10 11 12 13	14 15 16 17 18	19 20 21 22 23	24 25 26 27 —	4	56
	4	28 29 30 51 2	3 4 5 6 7	8 9 10 11 12	13 14 15 16 17	18 19 20 21 22	23 24 25 26 27	5	25
	5	28 29 30 31 61	2 3 4 5 6	7 8 9 10 11	12 13 14 15 16	17 18 19 20 21	22 23 24 25 —	0	55
	6	26 27 28 29 30	71 2 3 4 5	6 7 8 9 10	11 12 13 14 15	16 17 18 19 20	21 22 23 24 25	1	24
	7	26 27 28 29 30	31 81 2 3 4	5 6 7 8 9	10 11 12 13 14	15 16 17 18 19	20 21 22 23 —	3	54
	8	24 25 26 27 28	29 30 31 91 2	3 4 5 6 7	8 9 10 11 12	13 14 15 16 17	18 19 20 21 —	4	23
	9	22 23 24 25 26	27 28 29 30 O1	2 3 4 5 6	7 8 9 10 11	12 13 14 15 16	17 18 19 20 21	5	52
	10	22 23 24 25 26	27 28 29 30 31	N1 2 3 4 5	6 7 8 9 10	11 12 13 14 15	16 17 18 19 —	0	22
	11	20 21 22 23 24	25 26 27 28 29	30 D1 2 3 4	5 6 7 8 9	10 11 12 13 14	15 16 17 18 19	1	51
	12	20 21 22 23 24	25 26 27 28 29	30 31 11 2 3	4 5 6 7 8	9 10 11 12 13	14 15 16 17 18	3	21
建中 3 壬戌 782–83	38 1	19 20 21 22 23	24 25 26 27 28	29 30 31 21 2	3 4 5 6 7	8 9 10 11 12	13 14 15 16 —	5	51
	1	17 18 19 20 21	22 23 24 25 26	27 28 31 2 3	4 5 6 7 8	9 10 11 12 13	14 15 16 17 18	6	20
	2	19 20 21 22 23	24 25 26 27 28	29 30 31 41 2	3 4 5 6 7	8 9 10 11 12	13 14 15 16 —	1	50
	3	17 18 19 20 21	22 23 24 25 26	27 28 29 30 51	2 3 4 5 6	7 8 9 10 11	12 13 14 15 16	2	19
	4	17 18 19 20 21	22 23 24 25 26	27 28 29 30 31	61 2 3 4 5	6 7 8 9 10	11 12 13 14 15	4	49
	5	16 17 18 19 20	21 22 23 24 25	26 27 28 29 30	71 2 3 4 5	6 7 8 9 10	11 12 13 14 —	6	19
	6	15 16 17 18 19	20 21 22 23 24	25 26 27 28 29	30 31 81 2 3	4 5 6 7 8	9 10 11 12 13	0	48
	7	14 15 16 17 18	19 20 21 22 23	24 25 26 27 28	29 30 31 91 2	3 4 5 6 7	8 9 10 11 —	2	18
	8	12 13 14 15 16	17 18 19 20 21	22 23 24 25 26	27 28 29 30 O1	2 3 4 5 6	7 8 9 10 11	3	47
	9	12 13 14 15 16	17 18 19 20 21	22 23 24 25 26	27 28 29 30 31	N1 2 3 4 5	6 7 8 9 —	5	17
	10	10 11 12 13 14	15 16 17 18 19	20 21 22 23 24	25 26 27 28 29	30 D1 2 3 4	5 6 7 8 —	6	46
	11	9 10 11 12 13	14 15 16 17 18	19 20 21 22 23	24 25 26 27 28	29 30 31 11 2	3 4 5 6 7	0	15
	12	8 9 10 11 12	13 14 15 16 17	18 19 20 21 22	23 24 25 26 27	28 29 30 31 21	2 3 4 5 —	2	45
建中 4 癸亥 783–84	50 1	6 7 8 9 10	11 12 13 14 15	16 17 18 19 20	21 22 23 24 25	26 27 28 31 2	3 4 5 6 7	3	14
	2	8 9 10 11 12	13 14 15 16 17	18 19 20 21 22	23 24 25 26 27	28 29 30 31 41	2 3 4 5 6	5	44
	3	7 8 9 10 11	12 13 14 15 16	17 18 19 20 21	22 23 24 25 26	27 28 29 30 51	2 3 4 5 —	0	14
	4	6 7 8 9 10	11 12 13 14 15	16 17 18 19 20	21 22 23 24 25	26 27 28 29 30	31 61 2 3 4	1	43
	5	5 6 7 8 9	10 11 12 13 14	15 16 17 18 19	20 21 22 23 24	25 26 27 28 29	30 71 2 3 —	3	13
	6	4 5 6 7 8	9 10 11 12 13	14 15 16 17 18	19 20 21 22 23	24 25 26 27 28	29 30 31 81 2	4	42
	7	3 4 5 6 7	8 9 10 11 12	13 14 15 16 17	18 19 20 21 22	23 24 25 26 27	28 29 30 31 91	6	12
	8	2 3 4 5 6	7 8 9 10 11	12 13 14 15 16	17 18 19 20 21	22 23 24 25 26	27 28 29 30 —	1	42
	9	O1 2 3 4 5	6 7 8 9 10	11 12 13 14 15	16 17 18 19 20	21 22 23 24 25	26 27 28 29 30	2	11
	10	31 N1 2 3 4	5 6 7 8 9	10 11 12 13 14	15 16 17 18 19	20 21 22 23 24	25 26 27 28 —	4	41
	11	29 30 D1 2 3	4 5 6 7 8	9 10 11 12 13	14 15 16 17 18	19 20 21 22 23	24 25 26 27 28	5	10
	12	29 30 31 11 2	3 4 5 6 7	8 9 10 11 12	13 14 15 16 17	18 19 20 21 22	23 24 25 26 —	0	40
興元 1 甲子 784–85	2 1	27 28 29 30 31	21 2 3 4 5	6 7 8 9 10	11 12 13 14 15	16 17 18 19 20	21 22 23 24 —	1	9
	2	25 26 27 28 29	31 2 3 4 5	6 7 8 9 10	11 12 13 14 15	16 17 18 19 20	21 22 23 24 25	2	38
	3	26 27 28 29 30	31 41 2 3 4	5 6 7 8 9	10 11 12 13 14	15 16 17 18 19	20 21 22 23 —	4	8
	4	24 25 26 27 28	29 30 51 2 3	4 5 6 7 8	9 10 11 12 13	14 15 16 17 18	19 20 21 22 23	5	37
	5	24 25 26 27 28	29 30 31 61 2	3 4 5 6 7	8 9 10 11 12	13 14 15 16 17	18 19 20 21 —	0	7
	6	22 23 24 25 26	27 28 29 30 71	2 3 4 5 6	7 8 9 10 11	12 13 14 15 16	17 18 19 20 21	1	36
	7	22 23 24 25 26	27 28 29 30 31	81 2 3 4 5	6 7 8 9 10	11 12 13 14 15	16 17 18 19 20	3	6
	8	21 22 23 24 25	26 27 28 29 30	31 91 2 3 4	5 6 7 8 9	10 11 12 13 14	15 16 17 18 —	5	36
	9	19 20 21 22 23	24 25 26 27 28	29 30 O1 2 3	4 5 6 7 8	9 10 11 12 13	14 15 16 17 18	6	5
	10	19 20 21 22 23	24 25 26 27 28	29 30 31 N1 2	3 4 5 6 7	8 9 10 11 12	13 14 15 16 17	1	35
	10	18 19 20 21 22	23 24 25 26 27	28 29 30 D1 2	3 4 5 6 7	8 9 10 11 12	13 14 15 16 —	3	5
	11	17 18 19 20 21	22 23 24 25 26	27 28 29 30 31	11 2 3 4 5	6 7 8 9 10	11 12 13 14 15	4	34
	12	16 17 18 19 20	21 22 23 24 25	26 27 28 29 30	31 21 2 3 4	5 6 7 8 9	10 11 12 13 —	6	4
貞元 1 乙丑 785–86	14 1	14 15 16 17 18	19 20 21 22 23	24 25 26 27 28	31 2 3 4 5	6 7 8 9 10	11 12 13 14 —	0	33
	2	15 16 17 18 19	20 21 22 23 24	25 26 27 28 29	30 31 41 2 3	4 5 6 7 8	9 10 11 12 13	1	2
	3	14 15 16 17 18	19 20 21 22 23	24 25 26 27 28	29 30 51 2 3	4 5 6 7 8	9 10 11 12 —	3	32
	4	13 14 15 16 17	18 19 20 21 22	23 24 25 26 27	28 29 30 31 61	2 3 4 5 6	7 8 9 10 11	4	1
	5	12 13 14 15 16	17 18 19 20 21	22 23 24 25 26	27 28 29 30 71	2 3 4 5 6	7 8 9 10 —	6	31
	6	11 12 13 14 15	16 17 18 19 20	21 22 23 24 25	26 27 28 29 30	31 81 2 3 4	5 6 7 8 9	0	0
	7	10 11 12 13 14	15 16 17 18 19	20 21 22 23 24	25 26 27 28 29	30 31 91 2 3	4 5 6 7 —	2	30
	8	8 9 10 11 12	13 14 15 16 17	18 19 20 21 22	23 24 25 26 27	28 29 30 O1 2	3 4 5 6 7	3	59
	9	8 9 10 11 12	13 14 15 16 17	18 19 20 21 22	23 24 25 26 27	28 29 30 31 N1	2 3 4 5 6	5	29
	10	7 8 9 10 11	12 13 14 15 16	17 18 19 20 21	22 23 24 25 26	27 28 29 30 D1	2 3 4 5 6	0	59
	11	7 8 9 10 11	12 13 14 15 16	17 18 19 20 21	22 23 24 25 26	27 28 29 30 31	11 2 3 4 —	2	29
	12	5 6 7 8 9	10 11 12 13 14	15 16 17 18 19	20 21 22 23 24	25 26 27 28 29	30 31 21 2 3	3	58

年序 Year	陰曆月序 Moon	1 2 3 4 5	6 7 8 9 10	11 12 13 14 15	16 17 18 19 20	21 22 23 24 25	26 27 28 29 30	星期 Week	干支 Cycle
貞元 2 丙寅 786–87	26 1	4 5 6 7 8	9 10 11 12 13	14 15 16 17 18	19 20 21 22 23	24 25 26 27 28	31 2 3 4 —	5	28
	2	5 6 7 8 9	10 11 12 13 14	15 16 17 18 19	20 21 22 23 24	25 26 27 28 29	30 31 41 2 —	6	57
	3	3 4 5 6 7	8 9 10 11 12	13 14 15 16 17	18 19 20 21 22	23 24 25 26 27	28 29 30 51 2	0	26
	4	3 4 5 6 7	8 9 10 11 12	13 14 15 16 17	18 19 20 21 22	23 24 25 26 27	28 29 30 31 —	2	56
	5	61 2 3 4 5	6 7 8 9 10	11 12 13 14 15	16 17 18 19 20	21 22 23 24 25	26 27 28 29 —	3	25
	6	30 71 2 3 4	5 6 7 8 9	10 11 12 13 14	15 16 17 18 19	20 21 22 23 24	25 26 27 28 29	4	54
	7	30 31 81 2 3	4 5 6 7 8	9 10 11 12 13	14 15 16 17 18	19 20 21 22 23	24 25 26 27 —	6	24
	8	28 29 30 31 91	2 3 4 5 6	7 8 9 10 11	12 13 14 15 16	17 18 19 20 21	22 23 24 25 26	0	53
	9	27 28 29 30 01	2 3 4 5 6	7 8 9 10 11	12 13 14 15 16	17 18 19 20 21	22 23 24 25 26	2	23
	10	27 28 29 30 31	N1 2 3 4 5	6 7 8 9 10	11 12 13 14 15	16 17 18 19 20	21 22 23 24 25	4	53
	11	26 27 28 29 30	D1 2 3 4 5	6 7 8 9 10	11 12 13 14 15	16 17 18 19 20	21 22 23 24 —	6	23
	12	25 26 27 28 29	30 31 11 2 3	4 5 6 7 8	9 10 11 12 13	14 15 16 17 18	19 20 21 22 23	0	52
貞元 3 丁卯 787–88	88 1	24 25 26 27 28	29 30 31 21 2	3 4 5 6 7	8 9 10 11 12	13 14 15 16 17	18 19 20 21 22	2	22
	2	23 24 25 26 27	28 31 2 3 4	5 6 7 8 9	10 11 12 13 14	15 16 17 18 19	20 21 22 23 —	4	52
	3	24 25 26 27 28	29 30 31 41 2	3 4 5 6 7	8 9 10 11 12	13 14 15 16 17	18 19 20 21 22	5	21
	4	23 24 25 26 27	28 29 30 51 2	3 4 5 6 7	8 9 10 11 12	13 14 15 16 17	18 19 20 21 —	0	51
	5	22 23 24 25 26	27 28 29 30 31	61 2 3 4 5	6 7 8 9 10	11 12 13 14 15	16 17 18 19 —	1	20
	5	20 21 22 23 24	25 26 27 28 29	30 71 2 3 4	5 6 7 8 9	10 11 12 13 14	15 16 17 18 —	2	49
	6	19 20 21 22 23	24 25 26 27 28	29 30 31 81 2	3 4 5 6 7	8 9 10 11 12	13 14 15 16 17	3	18
	7	18 19 20 21 22	23 24 25 26 27	28 29 30 31 91	2 3 4 5 6	7 8 9 10 11	12 13 14 15 —	5	48
	8	16 17 18 19 20	21 22 23 24 25	26 27 28 29 30	01 2 3 4 5	6 7 8 9 10	11 12 13 14 15	6	17
	9	16 17 18 19 20	21 22 23 24 25	26 27 28 29 30	31 N1 2 3 4	5 6 7 8 9	10 11 12 13 14	1	47
	10	15 16 17 18 19	20 21 22 23 24	25 26 27 28 29	30 D1 2 3 4	5 6 7 8 9	10 11 12 13 14	3	17
	11	15 16 17 18 19	20 21 22 23 24	25 26 27 28 29	30 31 11 2 3	4 5 6 7 8	9 10 11 12 —	5	47
	12	13 14 15 16 17	18 19 20 21 22	23 24 25 26 27	28 29 30 31 21	2 3 4 5 6	7 8 9 10 11	6	16
貞元 4 戊辰 788–89	50 1	12 13 14 15 16	17 18 19 20 21	22 23 24 25 26	27 28 29 31 2	3 4 5 6 7	8 9 10 11 12	1	46
	2	13 14 15 16 17	18 19 20 21 22	23 24 25 26 27	28 29 30 31 41	2 3 4 5 6	7 8 9 10 —	3	16
	3	11 12 13 14 15	16 17 18 19 20	21 22 23 24 25	26 27 28 29 30	51 2 3 4 5	6 7 8 9 —	4	45
	4	10 11 12 13 14	15 16 17 18 19	20 21 22 23 24	25 26 27 28 29	30 31 61 2 3	4 5 6 7 8	5	14
	5	9 10 11 12 13	14 15 16 17 18	19 20 21 22 23	24 25 26 27 28	29 30 71 2 3	4 5 6 7 —	0	44
	6	8 9 10 11 12	13 14 15 16 17	18 19 20 21 22	23 24 25 26 27	28 29 30 31 81	2 3 4 5 —	1	13
	7	6 7 8 9 10	11 12 13 14 15	16 17 18 19 20	21 22 23 24 25	26 27 28 29 30	31 91 2 3 4	2	42
	8	5 6 7 8 9	10 11 12 13 14	15 16 17 18 19	20 21 22 23 24	25 26 27 28 29	30 01 2 3 —	4	12
	9	4 5 6 7 8	9 10 11 12 13	14 15 16 17 18	19 20 21 22 23	24 25 26 27 28	29 30 31 N1 2	5	41
	10	3 4 5 6 7	8 9 10 11 12	13 14 15 16 17	18 19 20 21 22	23 24 25 26 27	28 29 30 D1 2	0	11
	11	3 4 5 6 7	8 9 10 11 12	13 14 15 16 17	18 19 20 21 22	23 24 25 26 27	28 29 30 31 —	2	41
	12	11 2 3 4 5	6 7 8 9 10	11 12 13 14 15	16 17 18 19 20	21 22 23 24 25	26 27 28 29 30	3	10
貞元 5 己巳 789–90	2 1	31 21 2 3 4	5 6 7 8 9	10 11 12 13 14	15 16 17 18 19	20 21 22 23 24	25 26 27 28 31	5	40
	2	2 3 4 5 6	7 8 9 10 11	12 13 14 15 16	17 18 19 20 21	22 23 24 25 26	27 28 29 30 —	0	10
	3	31 41 2 3 4	5 6 7 8 9	10 11 12 13 14	15 16 17 18 19	20 21 22 23 24	25 26 27 28 29	1	39
	4	30 51 2 3 4	5 6 7 8 9	10 11 12 13 14	15 16 17 18 19	20 21 22 23 24	25 26 27 28 —	3	9
	5	29 30 31 61 2	3 4 5 6 7	8 9 10 11 12	13 14 15 16 17	18 19 20 21 22	23 24 25 26 27	4	38
	6	28 29 30 71 2	3 4 5 6 7	8 9 10 11 12	13 14 15 16 17	18 19 20 21 22	23 2 25 26 —	6	8
	7	27 28 29 30 31	81 2 3 4 5	6 7 8 9 10	11 12 13 14 15	16 17 18 19 20	21 22 23 24 —	0	37
	8	25 26 27 28 29	30 31 91 2 3	4 5 6 7 8	9 10 11 12 13	14 15 16 17 18	19 20 21 22 23	1	6
	9	24 25 26 27 28	29 30 01 2 3	4 5 6 7 8	9 10 11 12 13	14 15 16 17 18	19 20 21 22 —	3	36
	10	23 24 25 26 27	28 29 30 31 N1	2 3 4 5 6	7 8 9 10 11	12 13 14 15 16	17 18 19 20 21	4	5
	11	22 23 24 25 26	27 28 29 30 D1	2 3 4 5 6	7 8 9 10 11	12 13 14 15 16	17 18 19 20 —	6	35
	12	21 22 23 24 25	26 27 28 29 30	31 11 2 3 4	5 6 7 8 9	10 11 12 13 14	15 16 17 18 19	0	4
貞元 6 庚午 790–91	14 1	20 21 22 23 24	25 26 27 28 29	30 31 21 2 3	4 5 6 7 8	9 10 11 12 13	14 15 16 17 18	2	34
	2	19 20 21 22 23	24 25 26 27 28	31 2 3 4 5	6 7 8 9 10	11 12 13 14 15	16 17 18 19 20	4	4
	3	21 22 23 24 25	26 27 28 29 30	31 41 2 3 4	5 6 7 8 9	10 11 12 13 14	15 16 17 18 —	6	34
	4	19 20 21 22 23	24 25 26 27 28	29 30 51 2 3	4 5 6 7 8	9 10 11 12 13	14 15 16 17 18	0	3
	4	19 20 21 22 23	24 25 26 27 28	29 30 31 61 2	3 4 5 6 7	8 9 10 11 12	13 14 15 16 —	2	33
	5	17 18 19 20 21	22 23 24 25 26	27 28 29 30 71	2 3 4 5 6	7 8 9 10 11	12 13 14 15 16	3	2
	6	17 18 19 20 21	22 23 24 25 26	27 28 29 30 31	81 2 3 4 5	6 7 8 9 10	11 12 13 14 —	5	32
	7	15 16 17 18 19	20 21 22 23 24	25 26 27 28 29	30 31 91 2 3	4 5 6 7 8	9 10 11 12 —	6	1
	8	13 14 15 16 17	18 19 20 21 22	23 24 25 26 27	28 29 30 01 2	3 4 5 6 7	8 9 10 11 12	0	30
	9	13 14 15 16 17	18 19 20 21 22	23 24 25 26 27	28 29 30 31 N1	2 3 4 5 6	7 8 9 10 —	2	0
	10	11 12 13 14 15	16 17 18 19 20	21 22 23 24 25	26 27 28 29 30	D1 2 3 4 5	6 7 8 9 10	3	29
	11	11 12 13 14 15	16 17 18 19 20	21 22 23 24 25	26 27 28 29 30	31 11 2 3 4	5 6 7 8 —	5	59
	12	9 10 11 12 13	14 15 16 17 18	19 20 21 22 23	24 25 26 27 28	29 30 31 21 2	3 4 5 6 7	6	28

年序 Year	陰曆月序 Moon	陰曆日序 Order of days (Lunar) 1 2 3 4 5	6 7 8 9 10	11 12 13 14 15	16 17 18 19 20	21 22 23 24 25	26 27 28 29 30	星期 Week	干支 Cycle
貞元 7 辛未 791–92	26 1	8 9 10 11 12	13 14 15 16 17	18 19 20 21 22	23 24 25 26 27	28 31 2 3 4	5 6 7 8 9	1	58
	2	10 11 12 13 14	15 16 17 18 19	20 21 22 23 24	25 26 27 28 29	30 31 41 2 3	4 5 6 7 —	3	28
	3	8 9 10 11 12	13 14 15 16 17	18 19 20 21 22	23 24 25 26 27	28 29 30 51 2	3 4 5 6 7	4	57
	4	8 9 10 11 12	13 14 15 16 17	18 19 20 21 22	23 24 25 26 27	28 29 30 31 61	2 3 4 5 —	6	27
	5	6 7 8 9 10	11 12 13 14 15	16 17 18 19 20	21 22 23 24 25	26 27 28 29 30	71 2 3 4 5	0	56
	6	6 7 8 9 10	11 12 13 14 15	16 17 18 19 20	21 22 23 24 25	26 27 28 29 30	31 81 2 3 4	2	26
	7	5 6 7 8 9	10 11 12 13 14	15 16 17 18 19	20 21 22 23 24	25 26 27 28 29	30 31 91 2 —	4	56
	8	3 4 5 6 7	8 9 10 11 12	13 14 15 16 17	18 19 20 21 22	23 24 25 26 27	28 29 30 O1 2	5	25
	9	3 4 5 6 7	8 9 10 11 12	13 14 15 16 17	18 19 20 21 22	23 24 25 26 27	28 29 30 31 —	0	55
	10	N1 2 3 4 5	6 7 8 9 10	11 12 13 14 15	16 17 18 19 20	21 22 23 24 25	26 27 28 29 —	1	24
	11	30 D1 2 3 4	5 6 7 8 9	10 11 12 13 14	15 16 17 18 19	20 21 22 23 24	25 26 27 28 29	2	53
	12	30 31 11 2 3	4 5 6 7 8	9 10 11 12 13	14 15 16 17 18	19 20 21 22 23	24 25 26 27 —	4	23
貞元 8 壬申 792–93	38 1	28 29 30 31 21	2 3 4 5 6	7 8 9 10 11	12 13 14 15 16	17 18 19 20 21	22 23 24 25 26	5	52
	2	27 28 29 31 2	3 4 5 6 7	8 9 10 11 12	13 14 15 16 17	18 19 20 21 22	23 24 25 26 —	0	22
	3	27 28 29 30 31	41 2 3 4 5	6 7 8 9 10	11 12 13 14 15	16 17 18 19 20	21 22 23 24 25	1	51
	4	26 27 28 29 30	51 2 3 4 5	6 7 8 9 10	11 12 13 14 15	16 17 18 19 20	21 22 23 24 25	3	21
	5	26 27 28 29 30	31 61 2 3 4	5 6 7 8 9	10 11 12 13 14	15 16 17 18 19	20 21 22 23 —	5	51
	6	24 25 26 27 28	29 30 71 2 3	4 5 6 7 8	9 10 11 12 13	14 15 16 17 18	19 20 21 22 23	6	20
	7	24 25 26 27 28	29 30 31 81 2	3 4 5 6 7	8 9 10 11 12	13 14 15 16 17	18 19 20 21 —	1	50
	8	22 23 24 25 26	27 28 29 30 31	91 2 3 4 5	6 7 8 9 10	11 12 13 14 15	16 17 18 19 20	2	19
	9	21 22 23 24 25	26 27 28 29 30	O1 2 3 4 5	6 7 8 9 10	11 12 13 14 15	16 17 18 19 20	4	49
	10	21 22 23 24 25	26 27 28 29 30	31 N1 2 3 4	5 6 7 8 9	10 11 12 13 14	15 16 17 18 —	6	19
	11	19 20 21 22 23	24 25 26 27 28	29 30 D1 2 3	4 5 6 7 8	9 10 11 12 13	14 15 16 17 18	0	48
	12	19 20 21 22 23	24 25 26 27 28	29 30 31 11 2	3 4 5 6 7	8 9 10 11 12	13 14 15 16 —	2	18
	12	17 18 19 20 21	22 23 24 25 26	27 28 29 30 31	21 2 3 4 5	6 7 8 9 10	11 12 13 14 —	3	47
貞元 9 癸酉 793–94	50 1	15 16 17 18 19	20 21 22 23 24	25 26 27 28 31	2 3 4 5 6	7 8 9 10 11	12 13 14 15 16	4	16
	2	17 18 19 20 21	22 23 24 25 26	27 28 29 30 31	41 2 3 4 5	6 7 8 9 10	11 12 13 14 —	6	46
	3	15 16 17 18 19	20 21 22 23 24	25 26 27 28 29	30 51 2 3 4	5 6 7 8 9	10 11 12 13 14	0	15
	4	15 16 17 18 19	20 21 22 23 24	25 26 27 28 29	30 31 61 2 3	4 5 6 7 8	9 10 11 12 —	2	45
	5	13 14 15 16 17	18 19 20 21 22	23 24 25 26 27	28 29 30 71 2	3 4 5 6 7	8 9 10 11 12	3	14
	6	13 14 15 16 17	18 19 20 21 22	23 24 25 26 27	28 29 30 31 81	2 3 4 5 6	7 8 9 10 —	5	44
	7	11 12 13 14 15	16 17 18 19 20	21 22 23 24 25	26 27 28 29 30	31 91 2 3 4	5 6 7 8 9	6	13
	8	10 11 12 13 14	15 16 17 18 19	20 21 22 23 24	25 26 27 28 29	30 O1 2 3 4	5 6 7 8 9	1	43
	9	10 11 12 13 14	15 16 17 18 19	20 21 22 23 24	25 26 27 28 29	30 31 N1 2 3	4 5 6 7 8	3	13
	10	9 10 11 12 13	14 15 16 17 18	19 20 21 22 23	24 25 26 27 28	29 30 D1 2 3	4 5 6 7 —	5	43
	11	8 9 10 11 12	13 14 15 16 17	18 19 20 21 22	23 24 25 26 27	28 29 30 31 11	2 3 4 5 6	6	12
	12	7 8 9 10 11	12 13 14 15 16	17 18 19 20 21	22 23 24 25 26	27 28 29 30 31	21 2 3 4 —	1	42
貞元 10 甲戌 794–95	2 1	5 6 7 8 9	10 11 12 13 14	15 16 17 18 19	20 21 22 23 24	25 26 27 28 31	2 3 4 5 —	2	11
	2	6 7 8 9 10	11 12 13 14 15	16 17 18 19 20	21 22 23 24 25	26 27 28 29 30	31 41 2 3 4	3	40
	3	5 6 7 8 9	10 11 12 13 14	15 16 17 18 19	20 21 22 23 24	25 26 27 28 29	30 51 2 3 —	5	10
	4	4 5 6 7 8	9 10 11 12 13	14 15 16 17 18	19 20 21 22 23	24 25 26 27 28	29 30 31 61 2	6	39
	5	3 4 5 6 7	8 9 10 11 12	13 14 15 16 17	18 19 20 21 22	23 24 25 26 27	28 29 30 71 —	1	9
	6	2 3 4 5 6	7 8 9 10 11	12 13 14 15 16	17 18 19 20 21	22 23 24 25 26	27 28 29 30 31	2	38
	7	81 2 3 4 5	6 7 8 9 10	11 12 13 14 15	16 17 18 19 20	21 22 23 24 25	26 27 28 29 —	4	8
	8	30 31 91 2 3	4 5 6 7 8	9 10 11 12 13	14 15 16 17 18	19 20 21 22 23	24 25 26 27 28	5	37
	9	29 30 O1 2 3	4 5 6 7 8	9 10 11 12 13	14 15 16 17 18	19 20 21 22 23	24 25 26 27 28	0	7
	10	29 30 31 N1 2	3 4 5 6 7	8 9 10 11 12	13 14 15 16 17	18 19 20 21 22	23 24 25 26 —	2	37
	11	27 28 29 30 D1	2 3 4 5 6	7 8 9 10 11	12 13 14 15 16	17 18 19 20 21	22 23 24 25 26	3	6
	12	27 28 29 30 31	11 2 3 4 5	6 7 8 9 10	11 12 13 14 15	16 17 18 19 20	21 22 23 24 25	5	36
貞元 11 乙亥 795–96	14 1	26 27 28 29 30	31 21 2 3 4	5 6 7 8 9	10 11 12 13 14	15 16 17 18 19	20 21 22 23 —	0	6
	2	24 25 26 27 28	31 2 3 4 5	6 7 8 9 10	11 12 13 14 15	16 17 18 19 20	21 22 23 24 25	1	35
	3	26 27 28 29 30	31 41 2 3 4	5 6 7 8 9	10 11 12 13 14	15 16 17 18 19	20 21 22 23 —	3	5
	4	24 25 26 27 28	29 30 51 2 3	4 5 6 7 8	9 10 11 12 13	14 15 16 17 18	19 20 21 22 —	4	34
	5	23 24 25 26 27	28 29 30 31 61	2 3 4 5 6	7 8 9 10 11	12 13 14 15 16	17 18 19 20 21	5	3
	6	22 23 24 25 26	27 28 29 30 71	2 3 4 5 6	7 8 9 10 11	12 13 14 15 16	17 18 19 20 —	0	33
	7	21 22 23 24 25	26 27 28 29 30	31 81 2 3 4	5 6 7 8 9	10 11 12 13 14	15 16 17 18 —	1	2
	8	19 20 21 22 23	24 25 26 27 28	29 30 31 91 2	3 4 5 6 7	8 9 10 11 12	13 14 15 16 17	2	31
	8	18 19 20 21 22	23 24 25 26 27	28 29 30 O1 2	3 4 5 6 7	8 9 10 11 12	13 14 15 16 17	4	1
	9	18 19 20 21 22	23 24 25 26 27	28 29 30 31 N1	2 3 4 5 6	7 8 9 10 11	12 13 14 15 —	6	31
	10	16 17 18 19 20	21 22 23 24 25	26 27 28 29 30	D1 2 3 4 5	6 7 8 9 10	11 12 13 14 15	0	0
	11	16 17 18 19 20	21 22 23 24 25	26 27 28 29 30	31 11 2 3 4	5 6 7 8 9	10 11 12 13 14	2	30
	12	15 16 17 18 19	20 21 22 23 24	25 26 27 28 29	30 31 21 2 3	4 5 6 7 8	9 10 11 12 13	4	0

序年 Year	陰曆月序 Moon	陰曆日序 Order of days (Lunar) 1 2 3 4 5	6 7 8 9 10	11 12 13 14 15	16 17 18 19 20	21 22 23 24 25	26 27 28 29 30	星期 Week	干支 Cycle
貞元12丙子 796–97	**26** 1	14 15 16 17 18	19 20 21 22 23	24 25 26 27 28	29 31 2 3 4	5 6 7 8 9	10 11 12 13 —	6	30
	2	14 15 16 17 18	19 20 21 22 23	24 25 26 27 28	29 30 31 **41** 2	3 4 5 6 7	8 9 10 11 12	0	59
	3	13 14 15 16 17	18 19 20 21 22	23 24 25 26 27	28 29 30 **51** 2	3 4 5 6 7	8 9 10 11 —	2	29
	4	12 13 14 15 16	17 18 19 20 21	22 23 24 25 26	27 28 29 30 31	**61** 2 3 4 5	6 7 8 9 —	3	58
	5	10 11 12 13 14	15 16 17 18 19	20 21 22 23 24	25 26 27 28 29	30 **71** 2 3 4	5 6 7 8 —	4	27
	6	9 10 11 12 13	14 15 16 17 18	19 20 21 22 23	24 25 26 27 28	29 30 31 **81** 2	3 4 5 6 7	5	56
	7	8 9 10 11 12	13 14 15 16 17	18 19 20 21 22	23 24 25 26 27	28 29 30 31 **91**	2 3 4 5 —	0	26
	8	6 7 8 9 10	11 12 13 14 15	16 17 18 19 20	21 22 23 24 25	26 27 28 29 30	**01** 2 3 4 5	1	55
	9	6 7 8 9 10	11 12 13 14 15	16 17 18 19 20	21 22 23 24 25	26 27 28 29 30	31 **N1** 2 3 —	3	25
	10	4 5 6 7 8	9 10 11 12 13	14 15 16 17 18	19 20 21 22 23	24 25 26 27 28	29 30 **D1** 2 3	4	54
	11	4 5 6 7 8	9 10 11 12 13	14 15 16 17 18	19 20 21 22 23	24 25 26 27 28	29 30 31 **11** 2	6	24
	12	3 4 5 6 7	8 9 10 11 12	13 14 15 16 17	18 19 20 21 22	23 24 25 26 27	28 29 30 31 **21**	1	54
貞元13丁丑 797–98	**38** 1	2 3 4 5 6	7 8 9 10 11	12 13 14 15 16	17 18 19 20 21	22 23 24 25 26	27 28 **31** 2 —	3	24
	2	3 4 5 6 7	8 9 10 11 12	13 14 15 16 17	18 19 20 21 22	23 24 25 26 27	28 29 30 31 **41**	4	53
	3	2 3 4 5 6	7 8 9 10 11	12 13 14 15 16	17 18 19 20 21	22 23 24 25 26	27 28 29 30 —	6	23
	4	**51** 2 3 4 5	6 7 8 9 10	11 12 13 14 15	16 17 18 19 20	21 22 23 24 25	26 27 28 29 30	0	52
	5	31 **61** 2 3 4	5 6 7 8 9	10 11 12 13 14	15 16 17 18 19	20 21 22 23 24	25 26 27 28 —	2	22
	6	29 30 **71** 2 3	4 5 6 7 8	9 10 11 12 13	14 15 16 17 18	19 20 2 22 23	24 25 26 27 —	3	51
	7	28 29 30 31 **81**	2 3 4 5 6	7 8 9 10 11	12 13 14 15 16	17 18 19 20 21	22 23 24 25 26	4	20
	8	27 28 29 30 31	**91** 2 3 4 5	6 7 8 9 10	11 12 13 14 15	16 17 18 19 20	21 22 23 24 —	6	50
	9	25 26 27 28 29	30 **01** 2 3 4	5 6 7 8 9	10 11 12 13 14	15 16 17 18 19	20 21 22 23 24	0	19
	10	25 26 27 28 29	30 31 **N1** 2 3	4 5 6 7 8	9 10 11 12 13	14 15 16 17 18	19 20 21 22 —	2	49
	11	23 24 25 26 27	28 29 30 **D1** 2	3 4 5 6 7	8 9 10 11 12	13 14 15 16 17	18 19 20 21 22	3	18
	12	23 24 25 26 27	28 29 30 31 **11**	2 3 4 5 6	7 8 9 10 11	12 13 14 15 16	17 18 19 20 21	5	48
貞元14戊寅 798–99	**50** 1	22 23 24 25 26	27 28 29 30 31	**21** 2 3 4 5	6 7 8 9 10	11 12 13 14 15	16 17 18 19 20	0	18
	2	21 22 23 24 25	26 27 28 **31** 2	3 4 5 6 7	8 9 10 11 12	13 14 15 16 17	18 19 20 21 —	2	48
	3	22 23 24 25 26	27 28 29 30 31	**41** 2 3 4 5	6 7 8 9 10	11 12 13 14 15	16 17 18 19 20	3	17
	4	21 22 23 24 25	26 27 28 29 30	**51** 2 3 4 5	6 7 8 9 10	11 12 13 14 15	16 17 18 19 —	5	47
	5	20 21 22 23 24	25 26 27 28 29	30 31 **61** 2 3	4 5 6 7 8	9 10 11 12 13	14 15 16 17 18	6	16
	5	19 20 21 22 23	24 25 26 27 28	29 30 **71** 2 3	4 5 6 7 8	9 10 11 12 13	14 15 16 17 —	1	46
	6	18 19 20 21 22	23 24 25 26 27	28 29 30 31 **81**	2 3 4 5 6	7 8 9 10 11	12 13 14 15 —	2	15
	7	16 17 18 19 20	21 22 23 24 25	26 27 28 29 30	31 **91** 2 3 4	5 6 7 8 9	10 11 12 13 14	3	44
	8	15 16 17 18 19	20 21 22 23 24	25 26 27 28 29	30 **01** 2 3 4	5 6 7 8 9	10 11 12 13 —	5	14
	9	14 15 16 17 18	19 20 21 22 23	24 25 26 27 28	29 30 31 **N1** 2	3 4 5 6 7	8 9 10 11 12	6	43
	10	13 14 15 16 17	18 19 20 21 22	23 24 25 26 27	28 29 30 **D1** 2	3 4 5 6 7	8 9 10 11 —	1	13
	11	12 13 14 15 16	17 18 19 20 21	22 23 24 25 26	27 28 29 30 31	**11** 2 3 4 5	6 7 8 9 10	2	42
	12	11 12 13 14 15	16 17 18 19 20	21 22 23 24 25	26 27 28 29 30	31 **21** 2 3 4	5 6 7 8 9	4	12
貞元15己卯 799–800	**2** 1	10 11 12 13 14	15 16 17 18 19	20 21 22 23 24	25 26 27 28 **31**	2 3 4 5 6	7 8 9 10 —	6	42
	2	11 12 13 14 15	16 17 18 19 20	21 22 23 24 25	26 27 28 29 30	31 **41** 2 3 4	5 6 7 8 9	0	11
	3	10 11 12 13 14	15 16 17 18 19	20 21 22 23 24	25 26 27 28 29	30 **51** 2 3 4	5 6 7 8 9	2	41
	4	10 11 12 13 14	15 16 17 18 19	20 21 22 23 24	25 26 27 28 29	30 31 **61** 2 3	4 5 6 7 —	4	11
	5	8 9 10 11 12	13 14 15 16 17	18 19 20 21 22	23 24 25 26 27	28 29 30 **71** 2	3 4 5 6 7	5	40
	6	8 9 10 11 12	13 14 15 16 17	18 19 20 21 22	23 24 25 26 27	28 29 30 31 **81**	2 3 4 5 —	0	10
	7	6 7 8 9 10	11 12 13 14 15	16 17 18 19 20	21 22 23 24 25	26 27 28 29 30	31 **91** 2 3 —	1	39
	8	4 5 6 7 8	9 10 11 12 13	14 15 16 17 18	19 20 21 22 23	24 25 26 27 28	29 30 **01** 2 3	2	8
	9	4 5 6 7 8	9 10 11 12 13	14 15 16 17 18	19 20 21 22 23	24 25 26 27 28	29 30 31 **N1** —	4	38
	10	2 3 4 5 6	7 8 9 10 11	12 13 14 15 16	17 18 19 20 21	22 23 24 25 26	27 28 29 30 **D1**	5	7
	11	2 3 4 5 6	7 8 9 10 11	12 13 14 15 16	17 18 19 20 21	22 23 24 25 26	27 28 29 30 —	0	37
	12	31 **11** 2 3 4	5 6 7 8 9	10 11 12 13 14	15 16 17 18 19	20 21 22 23 24	25 26 27 28 29	1	6
貞元16庚辰 800–01	**14** 1	30 31 **21** 2 3	4 5 6 7 8	9 10 11 12 13	14 15 16 17 18	19 20 21 22 23	24 25 26 27 —	3	36
	2	28 29 **31** 2 3	4 5 6 7 8	9 10 11 12 13	14 15 16 17 18	19 20 21 22 23	24 25 26 27 28	4	5
	3	29 30 31 **41** 2	3 4 5 6 7	8 9 10 11 12	13 14 15 16 17	18 19 20 21 22	23 24 25 26 27	6	35
	4	28 29 30 **51** 2	3 4 5 6 7	8 9 10 11 12	13 14 15 16 17	18 19 20 21 22	23 24 25 26 —	1	5
	5	27 28 29 30 31	**61** 2 3 4 5	6 7 8 9 10	11 12 13 14 15	16 17 18 19 20	21 22 23 24 25	2	34
	6	26 27 28 29 30	**71** 2 3 4 5	6 7 8 9 10	11 12 13 14 15	16 17 18 19 20	21 22 23 24 —	4	4
	7	25 26 27 28 29	30 31 **81** 2 3	4 5 6 7 8	9 10 11 12 13	14 15 16 17 18	19 20 21 22 23	5	33
	8	24 25 26 27 28	29 30 31 **91** 2	3 4 5 6 7	8 9 10 11 12	13 14 15 16 17	18 19 20 21 —	0	3
	9	22 23 24 25 26	27 28 29 30 **01**	2 3 4 5 6	7 8 9 10 11	12 13 14 15 16	17 18 19 20 21	1	32
	10	22 23 24 25 26	27 28 29 30 31	**N1** 2 3 4 5	6 7 8 9 10	11 12 13 14 15	16 17 18 19 —	3	2
	11	20 21 22 23 24	25 26 27 28 29	30 **D1** 2 3 4	5 6 7 8 9	10 11 12 13 14	15 16 17 18 19	4	31
	12	20 21 22 23 24	25 26 27 28 29	30 31 **11** 2 3	4 5 6 7 8	9 10 11 12 13	14 15 16 17 —	6	1

年序 Year	陰曆月序 Moon	陰曆日序 Order of days (Lunar) 1 2 3 4 5	6 7 8 9 10	11 12 13 14 15	16 17 18 19 20	21 22 23 24 25	26 27 28 29 30	星期 Week	干支 Cycle
貞元 17 辛巳 801–02	26 1	18 19 20 21 22	23 24 25 26 27	28 29 30 31 21	2 3 4 5 6	7 8 9 10 11	12 13 14 15 16	0	30
	1	17 18 19 20 21	22 23 24 25 26	27 28 31 2 3	4 5 6 7 8	9 10 11 12 13	14 15 16 17 —	2	0
	2	18 19 20 21 22	23 24 25 26 27	28 29 30 31 41	2 3 4 5 6	7 8 9 10 11	12 13 14 15 16	3	29
	3	17 18 19 20 21	22 23 24 25 26	27 28 29 30 51	2 3 4 5 6	7 8 9 10 11	12 13 14 15 —	5	59
	4	16 17 18 19 20	21 22 23 24 25	26 27 28 29 30	31 61 2 3 4	5 6 7 8 9	10 11 12 13 14	6	28
	5	15 16 17 18 19	20 21 22 23 24	25 26 27 28 29	30 71 2 3 4	5 6 7 8 9	10 11 12 13 14	1	58
	6	15 16 17 18 19	20 21 22 23 24	25 26 27 28 29	30 31 81 2 3	4 5 6 7 8	9 10 11 12 —	3	28
	7	13 14 15 16 17	18 19 20 21 22	23 24 25 26 27	28 29 30 31 91	2 3 4 5 6	7 8 9 10 11	4	57
	8	12 13 14 15 16	17 18 19 20 21	22 23 24 25 26	27 28 29 30 01	2 3 4 5 6	7 8 9 10 —	6	27
	9	11 12 13 14 15	16 17 18 19 20	21 22 23 24 25	26 27 28 29 30	31 N1 2 3 4	5 6 7 8 9	0	56
	10	10 11 12 13 14	15 16 17 18 19	20 21 22 23 24	25 26 27 28 29	30 D1 2 3 4	5 6 7 8 —	2	26
	11	9 10 11 12 13	14 15 16 17 18	19 20 21 22 23	24 25 26 27 28	29 30 31 11 2	3 4 5 6 7	3	55
	12	8 9 10 11 12	13 14 15 16 17	18 19 20 21 22	23 24 25 26 27	28 29 30 31 21	2 3 4 5 —	5	25
貞元 18 壬午 802–03	38 1	6 7 8 9 10	11 12 13 14 15	16 17 18 19 20	21 22 23 24 25	26 27 28 31 2	3 4 5 6 7	6	54
	2	8 9 10 11 12	13 14 15 16 17	18 19 20 21 22	23 24 25 26 27	28 29 30 31 41	2 3 4 5 —	1	24
	3	6 7 8 9 10	11 12 13 14 15	16 17 18 19 20	21 22 23 24 25	26 27 28 29 30	51 2 3 4 5	2	53
	4	6 7 8 9 10	11 12 13 14 15	16 17 18 19 20	21 22 23 24 25	26 27 28 29 30	31 61 2 3 —	4	23
	5	4 5 6 7 8	9 10 11 12 13	14 15 16 17 18	19 20 21 22 23	24 25 26 27 28	29 30 71 2 3	5	52
	6	4 5 6 7 8	9 10 11 12 13	14 15 16 17 18	19 20 21 22 23	24 25 26 27 28	29 30 31 81 —	0	22
	7	2 3 4 5 6	7 8 9 10 11	12 13 14 15 16	17 18 19 20 21	22 23 24 25 26	27 28 29 30 31	1	51
	8	91 2 3 4 5	6 7 8 9 10	11 12 13 14 15	16 17 18 19 20	21 22 23 24 25	26 27 28 29 30	3	21
	9	01 2 3 4 5	6 7 8 9 10	11 12 13 14 15	16 17 18 19 20	21 22 23 24 25	26 27 28 29 —	5	51
	10	30 31 N1 2 3	4 5 6 7 8	9 10 11 12 13	14 15 16 17 18	19 20 21 22 23	24 25 26 27 28	6	20
	11	29 30 D1 2 3	4 5 6 7 8	9 10 11 12 13	14 15 16 17 18	19 20 21 22 23	24 25 26 27 28	1	50
	12	29 30 31 11 2	3 4 5 6 7	8 9 10 11 12	13 14 15 16 17	18 19 20 21 22	23 24 25 26 —	3	20
貞元 19 癸未 803–04	50 1	27 28 29 30 31	21 2 3 4 5	6 7 8 9 10	11 12 13 14 15	16 17 18 19 20	21 22 23 24 —	4	49
	2	25 26 27 28 31	2 3 4 5 6	7 8 9 10 11	12 13 14 15 16	17 18 19 20 21	22 23 24 25 26	5	18
	3	27 28 29 30 31	41 2 3 4 5	6 7 8 9 10	11 12 13 14 15	16 17 18 19 20	21 22 23 24 —	0	48
	4	25 26 27 28 29	30 51 2 3 4	5 6 7 8 9	10 11 12 13 14	15 16 17 18 19	20 21 22 23 —	1	17
	5	24 25 26 27 28	29 30 31 61 2	3 4 5 6 7	8 9 10 11 12	13 14 15 16 17	18 19 20 21 22	2	46
	6	23 24 25 26 27	28 29 30 71 2	3 4 5 6 7	8 9 10 11 12	13 14 15 16 17	18 19 20 21 —	4	16
	7	22 23 24 25 26	27 28 29 30 31	81 2 3 4 5	6 7 8 9 10	11 12 13 14 15	16 17 18 19 20	5	45
	8	21 22 23 24 25	26 27 28 29 30	31 91 2 3 4	5 6 7 8 9	10 11 12 13 14	15 16 17 18 19	0	15
	9	20 21 22 23 24	25 26 27 28 29	30 01 2 3 4	5 6 7 8 9	10 11 12 13 14	15 16 17 18 —	2	45
	10	19 20 21 22 23	24 25 26 27 28	29 30 31 N1 2	3 4 5 6 7	8 9 10 11 12	13 14 15 16 17	3	14
	10	18 19 20 21 22	23 24 25 26 27	28 29 30 D1 2	3 4 5 6 7	8 9 10 11 12	13 14 15 16 17	5	44
	11	18 19 20 21 22	23 24 25 26 27	28 29 30 31 11	2 3 4 5 6	7 8 9 10 11	12 13 14 15 16	0	14
	12	17 18 19 20 21	22 23 24 25 26	27 28 29 30 31	21 2 3 4 5	6 7 8 9 10	11 12 13 14 —	2	44
貞元 20 甲申 804–05	2 1	15 16 17 18 19	20 21 22 23 24	25 26 27 28 29	31 2 3 4 5	6 7 8 9 10	11 12 13 14 —	3	13
	2	15 16 17 18 19	20 21 22 23 24	25 26 27 28 29	30 31 41 2 3	4 5 6 7 8	9 10 11 12 13	4	42
	3	14 15 16 17 18	19 20 21 22 23	24 25 26 27 28	29 30 51 2 3	4 5 6 7 8	9 10 11 12 —	6	12
	4	13 14 15 16 17	18 19 20 21 22	23 24 25 26 27	28 29 30 31 61	2 3 4 5 6	7 8 9 10 —	0	41
	5	11 12 13 14 15	16 17 18 19 20	21 22 23 24 25	26 27 28 29 30	71 2 3 4 5	6 7 8 9 10	1	10
	6	11 12 13 14 15	16 17 18 19 20	21 22 23 24 25	26 27 28 29 30	31 81 2 3 4	5 6 7 8 —	3	40
	7	9 10 11 12 13	14 15 16 17 18	19 20 21 22 23	24 25 26 27 28	29 30 31 91 2	3 4 5 6 7	4	9
	8	8 9 10 11 12	13 14 15 16 17	18 19 20 21 22	23 24 25 26 27	28 29 30 01 2	3 4 5 6 —	6	39
	9	7 8 9 10 11	12 13 14 15 16	17 18 19 20 21	22 23 24 25 26	27 28 29 30 31	N1 2 3 4 5	0	8
	10	6 7 8 9 10	11 12 13 14 15	16 17 18 19 20	21 22 23 24 25	26 27 28 29 30	D1 2 3 4 5	2	38
	11	6 7 8 9 10	11 12 13 14 15	16 17 18 19 20	21 22 23 24 25	26 27 28 29 30	31 11 2 3 4	4	8
	12	5 6 7 8 9	10 11 12 13 14	15 16 17 18 19	20 21 22 23 24	25 26 27 28 29	30 31 21 2 —	6	38
順宗 永貞 1 乙酉 805–06	14 1	3 4 5 6 7	8 9 10 11 12	13 14 15 16 17	18 19 20 21 22	23 24 25 26 27	28 31 2 3 4	0	7
	2	5 6 7 8 9	10 11 12 13 14	15 16 17 18 19	20 21 22 23 24	25 26 27 28 29	30 31 41 2 —	2	37
	3	3 4 5 6 7	8 9 10 11 12	13 14 15 16 17	18 19 20 21 22	23 24 25 26 27	28 29 30 51 2	3	6
	4	3 4 5 6 7	8 9 10 11 12	13 14 15 16 17	18 19 20 21 22	23 24 25 26 27	28 29 30 31 —	5	36
	5	61 2 3 4 5	6 7 8 9 10	11 12 13 14 15	16 17 18 19 20	21 22 23 24 25	26 27 28 29 —	6	5
	6	30 71 2 3 4	5 6 7 8 9	10 11 12 13 14	15 16 17 18 19	20 21 22 23 24	25 26 27 28 29	0	34
	7	30 31 81 2 3	4 5 6 7 8	9 10 11 12 13	14 15 16 17 18	19 20 21 22 23	24 25 26 27 —	2	4
	8][	28 29 30 31 91	2 3 4 5 6	7 8 9 10 11	12 13 14 15 16	17 18 19 20 21	22 23 24 25 26	3	33
	9	27 28 29 30 01	2 3 4 5 6	7 8 9 10 11	12 13 14 15 16	17 18 19 20 21	22 23 24 25 —	5	3
	10	26 27 28 29 30	31 N1 2 3 4	5 6 7 8 9	10 11 12 13 14	15 16 17 18 19	20 21 22 23 24	6	32
	11	25 26 27 28 29	30 D1 2 3 4	5 6 7 8 9	10 11 12 13 14	15 16 17 18 19	20 21 22 23 24	1	2
	12	25 26 27 28 29	30 31 11 2 3	4 5 6 7 8	9 10 11 12 13	14 15 16 17 18	19 20 21 22 23	3	32

年序 Year		陰曆月序 Moon	1	2	3	4	5	6	7	8	9	10	11	12	13	14	15	16	17	18	19	20	21	22	23	24	25	26	27	28	29	30	星期 Week	干支 Cycle
憲宗 元和 1 丙戌 806–07	26	1	24	25	26	27	28	29	30	31	21	2	3	4	5	6	7	8	9	10	11	12	13	14	15	16	17	18	19	20	21	—	5	2
		2	22	23	24	25	26	27	28	31	2	3	4	5	6	7	8	9	10	11	12	13	14	15	16	17	18	19	20	21	22	23	6	31
		3	24	25	26	27	28	29	30	31	41	2	3	4	5	6	7	8	9	10	11	12	13	14	15	16	17	18	19	20	21	—	1	1
		4	22	23	24	25	26	27	28	29	30	51	2	3	4	5	6	7	8	9	10	11	12	13	14	15	16	17	18	19	20	21	2	30
		5	22	23	24	25	26	27	28	29	30	31	61	2	3	4	5	6	7	8	9	10	11	12	13	14	15	16	17	18	19	—	4	0
		6	20	21	22	23	24	25	26	27	28	29	30	71	2	3	4	5	6	7	8	9	10	11	12	13	14	15	16	17	18	—	5	29
		6	19	20	21	22	23	24	25	26	27	28	29	30	31	81	2	3	4	5	6	7	8	9	10	11	12	13	14	15	16	17	6	58
		7	18	19	20	21	22	23	24	25	26	27	28	29	30	31	91	2	3	4	5	6	7	8	9	10	11	12	13	14	15	—	1	28
		8	16	17	18	19	20	21	22	23	24	25	26	27	28	29	30	01	2	3	4	5	6	7	8	9	10	11	12	13	14	15	2	57
		9	16	17	18	19	20	21	22	23	24	25	26	27	28	29	30	31	N1	2	3	4	5	6	7	8	9	10	11	12	13	—	4	27
		10	14	15	16	17	18	19	20	21	22	23	24	25	26	27	28	29	30	D1	2	3	4	5	6	7	8	9	10	11	12	13	5	56
		11	14	15	16	17	18	19	20	21	22	23	24	25	26	27	28	29	30	31	11	2	3	4	5	6	7	8	9	10	11	12	0	26
		12	13	14	15	16	17	18	19	20	21	22	23	24	25	26	27	28	29	30	31	21	2	3	4	5	6	7	8	9	10	—	2	56
元和 2 丁亥 807–08	38	1	11	12	13	14	15	16	17	18	19	20	21	22	23	24	25	26	27	28	31	2	3	4	5	6	7	8	9	10	11	12	3	25
		2	13	14	15	16	17	18	19	20	21	22	23	24	25	26	27	28	29	30	31	41	2	3	4	5	6	7	8	9	10	11	5	55
		3	12	13	14	15	16	17	18	19	20	21	22	23	24	25	26	27	28	29	30	51	2	3	4	5	6	7	8	9	10	—	0	25
		4	11	12	13	14	15	16	17	18	19	20	21	22	23	24	25	26	27	28	29	30	31	61	2	3	4	5	6	7	8	9	1	54
		5	10	11	12	13	14	15	16	17	18	19	20	21	22	23	24	25	26	27	28	29	30	71	2	3	4	5	6	7	8	—	3	24
		6	9	10	11	12	13	14	15	16	17	18	19	20	21	22	23	24	25	26	27	28	29	30	31	81	2	3	4	5	6	—	4	53
		7	7	8	9	10	11	12	13	14	15	16	17	18	19	20	21	22	23	24	25	26	27	28	29	30	31	91	2	3	4	5	5	22
		8	6	7	8	9	10	11	12	13	14	15	16	17	18	19	20	21	22	23	24	25	26	27	28	29	30	01	2	3	4	—	0	52
		9	5	6	7	8	9	10	11	12	13	14	15	16	17	18	19	20	21	22	23	24	25	26	27	28	29	30	31	N1	2	3	1	21
		10	4	5	6	7	8	9	10	11	12	13	14	15	16	17	18	19	20	21	22	23	24	25	26	27	28	29	30	D1	2	—	3	51
		11	3	4	5	6	7	8	9	10	11	12	13	14	15	16	17	18	19	20	21	22	23	24	25	26	27	28	29	30	31	11	4	20
		12	2	3	4	5	6	7	8	9	10	11	12	13	14	15	16	17	18	19	20	21	22	23	24	25	26	27	28	29	30	—	6	50
元和 3 戊子 808–09	50	1	31	21	2	3	4	5	6	7	8	9	10	11	12	13	14	15	16	17	18	19	20	21	22	23	24	25	26	27	28	29	0	19
		2	31	2	3	4	5	6	7	8	9	10	11	12	13	14	15	16	17	18	19	20	21	22	23	24	25	26	27	28	29	30	2	49
		3	31	41	2	3	4	5	6	7	8	9	10	11	12	13	14	15	16	17	18	19	20	21	22	23	24	25	26	27	28	29	4	19
		4	30	51	2	3	4	5	6	7	8	9	10	11	12	13	14	15	16	17	18	19	20	21	22	23	24	25	26	27	28	—	6	49
		5	29	30	31	61	2	3	4	5	6	7	8	9	10	11	12	13	14	15	16	17	18	19	20	21	22	23	24	25	26	27	0	18
		6	28	29	30	71	2	3	4	5	6	7	8	9	10	11	12	13	14	15	16	17	18	19	20	21	22	23	24	25	26	—	2	48
		7	27	28	29	30	31	81	2	3	4	5	6	7	8	9	10	11	12	13	14	15	16	17	18	19	20	21	22	23	24	25	3	17
		8	26	27	28	29	30	31	91	2	3	4	5	6	7	8	9	10	11	12	13	14	15	16	17	18	19	20	21	22	23	—	5	47
		9	24	25	26	27	28	29	30	01	2	3	4	5	6	7	8	9	10	11	12	13	14	15	16	17	18	19	20	21	22	—	6	16
		10	23	24	25	26	27	28	29	30	31	N1	2	3	4	5	6	7	8	9	10	11	12	13	14	15	16	17	18	19	20	21	0	45
		11	22	23	24	25	26	27	28	29	30	D1	2	3	4	5	6	7	8	9	10	11	12	13	14	15	16	17	18	19	20	—	2	15
		12	21	22	23	24	25	26	27	28	29	30	31	11	2	3	4	5	6	7	8	9	10	11	12	13	14	15	16	17	18	19	3	44
元和 4 己丑 809–10	2	1	20	21	22	23	24	25	26	27	28	29	30	31	21	2	3	4	5	6	7	8	9	10	11	12	13	14	15	16	17	—	5	14
		2	18	19	20	21	22	23	24	25	26	27	28	31	2	3	4	5	6	7	8	9	10	11	12	13	14	15	16	17	18	19	6	43
		3	20	21	22	23	24	25	26	27	28	29	30	31	41	2	3	4	5	6	7	8	9	10	11	12	13	14	15	16	17	18	1	13
		3	19	20	21	22	23	24	25	26	27	28	29	30	51	2	3	4	5	6	7	8	9	10	11	12	13	14	15	16	17	—	3	43
		4	18	19	20	21	22	23	24	25	26	27	28	29	30	31	61	2	3	4	5	6	7	8	9	10	11	12	13	14	15	16	4	12
		5	17	18	19	20	21	22	23	24	25	26	27	28	29	30	71	2	3	4	5	6	7	8	9	10	11	12	13	14	15	—	6	42
		6	16	17	18	19	20	21	22	23	24	25	26	27	28	29	30	31	81	2	3	4	5	6	7	8	9	10	11	12	13	14	0	11
		7	15	16	17	18	19	20	21	22	23	24	25	26	27	28	29	30	31	91	2	3	4	5	6	7	8	9	10	11	12	—	2	41
		8	13	14	15	16	17	18	19	20	21	22	23	24	25	26	27	28	29	30	01	2	3	4	5	6	7	8	9	10	11	12	3	10
		9	13	14	15	16	17	18	19	20	21	22	23	24	25	26	27	28	29	30	31	N1	2	3	4	5	6	7	8	9	10	—	5	40
		10	11	12	13	14	15	16	17	18	19	20	21	22	23	24	25	26	27	28	29	30	D1	2	3	4	5	6	7	8	9	10	6	9
		11	11	12	13	14	15	16	17	18	19	20	21	22	23	24	25	26	27	28	29	30	31	11	2	3	4	5	6	7	8	—	1	39
		12	9	10	11	12	13	14	15	16	17	18	19	20	21	22	23	24	25	26	27	28	29	30	31	21	2	3	4	5	6	7	2	8
元和 5 庚寅 810–11	14	1	8	9	10	11	12	13	14	15	16	17	18	19	20	21	22	23	24	25	26	27	28	31	2	3	4	5	6	7	8	—	4	38
		2	9	10	11	12	13	14	15	16	17	18	19	20	21	22	23	24	25	26	27	28	29	30	31	41	2	3	4	5	6	7	5	7
		3	8	9	10	11	12	13	14	15	16	17	18	19	20	21	22	23	24	25	26	27	28	29	30	51	2	3	4	5	6	—	0	37
		4	7	8	9	10	11	12	13	14	15	16	17	18	19	20	21	22	23	24	25	26	27	28	29	30	31	61	2	3	4	5	1	6
		5	6	7	8	9	10	11	12	13	14	15	16	17	18	19	20	21	22	23	24	25	26	27	28	29	30	71	2	3	4	5	3	36
		6	6	7	8	9	10	11	12	13	14	15	16	17	18	19	20	21	22	23	24	25	26	27	28	29	30	31	81	2	3	—	5	6
		7	4	5	6	7	8	9	10	11	12	13	14	15	16	17	18	19	20	21	22	23	24	25	26	27	28	29	30	31	91	2	6	35
		8	3	4	5	6	7	8	9	10	11	12	13	14	15	16	17	18	19	20	21	22	23	24	25	26	27	28	29	30	01	—	1	5
		9	2	3	4	5	6	7	8	9	10	11	12	13	14	15	16	17	18	19	20	21	22	23	24	25	26	27	28	29	30	31	2	34
		10	N1	2	3	4	5	6	7	8	9	10	11	12	13	14	15	16	17	18	19	20	21	22	23	24	25	26	27	28	29	30	4	4
		11	D1	2	3	4	5	6	7	8	9	10	11	12	13	14	15	16	17	18	19	20	21	22	23	24	25	26	27	28	29	—	6	34
		12	30	31	11	2	3	4	5	6	7	8	9	10	11	12	13	14	15	16	17	18	19	20	21	22	23	24	25	26	27	—	0	3

年序 Year	陰曆月序 Moon	陰曆日序 Order of days (Lunar) 1 2 3 4 5	6 7 8 9 10	11 12 13 14 15	16 17 18 19 20	21 22 23 24 25	26 27 28 29 30	星期 Week	干支 Cycle
元和6辛卯 811–12	26 1	28 29 30 31 21	2 3 4 5 6	7 8 9 10 11	12 13 14 15 16	17 18 19 20 21	22 23 24 25 26	1	32
	2	27 28 31 2 3	4 5 6 7 8	9 10 11 12 13	14 15 16 17 18	19 20 21 22 23	24 25 26 27 —	3	2
	3	28 29 30 31 41	2 3 4 5 6	7 8 9 10 11	12 13 14 15 16	17 18 19 20 21	22 23 24 25 26	4	31
	4	27 28 29 30 51	2 3 4 5 6	7 8 9 10 11	12 13 14 15 16	17 18 19 20 21	22 23 24 25 —	6	1
	5	26 27 28 29 30	31 61 2 3 4	5 6 7 8 9	10 11 12 13 14	15 16 17 18 19	20 21 22 23 24	0	30
	6	25 26 27 28 29	30 71 2 3 4	5 6 7 8 9	10 11 12 13 14	15 16 17 18 19	20 21 22 23 —	2	0
	7	24 25 26 27 28	29 30 31 81 2	3 4 5 6 7	8 9 10 11 12	13 14 15 16 17	18 19 20 21 22	3	29
	8	23 24 25 26 27	28 29 30 31 91	2 3 4 5 6	7 8 9 10 11	12 13 14 15 16	17 18 19 20 21	5	59
	9	22 23 24 25 26	27 28 29 30 01	2 3 4 5 6	7 8 9 10 11	12 13 14 15 16	17 18 19 20 —	0	29
	10	21 22 23 24 25	26 27 28 29 30	31 N1 2 3 4	5 6 7 8 9	10 11 12 13 14	15 16 17 18 19	1	58
	11	20 21 22 23 24	25 26 27 28 29	30 D1 2 3 4	5 6 7 8 9	10 11 12 13 14	15 16 17 18 19	3	28
	12	20 21 22 23 24	25 26 27 28 29	30 31 11 2 3	4 5 6 7 8	9 10 11 12 13	14 15 16 17 —	5	58
	12	18 19 20 21 22	23 24 25 26 27	28 29 30 31 21	2 3 4 5 6	7 8 9 10 11	12 13 14 15 16	6	27
元和7壬辰 812–13	38 1	17 18 19 20 21	22 23 24 25 26	27 28 29 31 2	3 4 5 6 7	8 9 10 11 12	13 14 15 16 —	1	57
	2	17 18 19 20 21	22 23 24 25 26	27 28 29 30 31	41 2 3 4 5	6 7 8 9 10	11 12 13 14 —	2	26
	3	15 16 17 18 19	20 21 22 23 24	25 26 27 28 29	30 51 2 3 4	5 6 7 8 9	10 11 12 13 —	3	55
	4	14 15 16 17 18	19 20 21 22 23	24 25 26 27 28	29 30 31 61 2	3 4 5 6 7	8 9 10 11 12	4	24
	5	13 14 15 16 17	18 19 20 21 22	23 24 25 26 27	28 29 30 71 2	3 4 5 6 7	8 9 10 11 —	6	54
	6	12 13 14 15 16	17 18 19 20 21	22 23 24 25 26	27 28 29 30 31	81 2 3 4 5	6 7 8 9 10	0	23
	7	11 12 13 14 15	16 17 18 19 20	21 22 23 24 25	26 27 28 29 30	31 91 2 3 4	5 6 7 8 9	2	53
	8	10 11 12 13 14	15 16 17 18 19	20 21 22 23 24	25 26 27 28 29	30 01 2 3 4	5 6 7 8 —	4	23
	9	9 10 11 12 13	14 15 16 17 18	19 20 21 22 23	24 25 26 27 28	29 30 31 N1 2	3 4 5 6 7	5	52
	10	8 9 10 11 12	13 14 15 16 17	18 19 20 21 22	23 24 25 26 27	28 29 30 D1 2	3 4 5 6 7	0	22
	11	8 9 10 11 12	13 14 15 16 17	18 19 20 21 22	23 24 25 26 27	28 29 30 31 11	2 3 4 5 6	2	52
	12	7 8 9 10 11	12 13 14 15 16	17 18 19 20 21	22 23 24 25 26	27 28 29 30 31	21 2 3 4 —	4	22
元和8癸巳 813–14	50 1	5 6 7 8 9	10 11 12 13 14	15 16 17 18 19	20 21 22 23 24	25 26 27 28 31	2 3 4 5 6	5	51
	2	7 8 9 10 11	12 13 14 15 16	17 18 19 20 21	22 23 24 25 26	27 28 29 30 31	41 2 3 4 —	0	21
	3	5 6 7 8 9	10 11 12 13 14	15 16 17 18 19	20 21 22 23 24	25 26 27 28 29	30 51 2 3 —	1	50
	4	4 5 6 7 8	9 10 11 12 13	14 15 16 17 18	19 20 21 22 23	24 25 26 27 28	29 30 31 61 —	2	19
	5	2 3 4 5 6	7 8 9 10 11	12 13 14 15 16	17 18 19 20 21	22 23 24 25 26	27 28 29 30 71	3	48
	6	2 3 4 5 6	7 8 9 10 11	12 13 14 15 16	17 18 19 20 21	22 23 24 25 26	27 28 29 30 —	5	18
	7	31 81 2 3 4	5 6 7 8 9	10 11 12 13 14	15 16 17 18 19	20 21 22 23 24	25 26 27 28 29	6	47
	8	30 31 91 2 3	4 5 6 7 8	9 10 11 12 13	14 15 16 17 18	19 20 21 22 23	24 25 26 27 —	1	17
	9	28 29 30 01 2	3 4 5 6 7	8 9 10 11 12	13 14 15 16 17	18 19 20 21 22	23 24 25 26 27	2	46
	10	28 29 30 31 N1	2 3 4 5 6	7 8 9 10 11	12 13 14 15 16	17 18 19 20 21	22 23 24 25 26	4	16
	11	27 28 29 30 D1	2 3 4 5 6	7 8 9 10 11	12 13 14 15 16	17 18 19 20 21	22 23 24 25 26	6	46
	12	27 28 29 30 31	11 2 3 4 5	6 7 8 9 10	11 12 13 14 15	16 17 18 19 20	21 22 23 24 —	1	16
元和9甲午 814–15	2 1	25 26 27 28 29	30 31 21 2 3	4 5 6 7 8	9 10 11 12 13	14 15 16 17 18	19 20 21 22 23	2	45
	2	24 25 26 27 28	31 2 3 4 5	6 7 8 9 10	11 12 13 14 15	16 17 18 19 20	21 22 23 24 25	4	15
	3	26 27 28 29 30	31 41 2 3 4	5 6 7 8 9	10 11 12 13 14	15 16 17 18 19	20 21 22 23 —	6	45
	4	24 25 26 27 28	29 30 51 2 3	4 5 6 7 8	9 10 11 12 13	14 15 16 17 18	19 20 21 22 —	0	14
	5	23 24 25 26 27	28 29 30 31 61	2 3 4 5 6	7 8 9 10 11	12 13 14 15 16	17 18 19 20 —	1	43
	6	21 22 23 24 25	26 27 28 29 30	71 2 3 4 5	6 7 8 9 10	11 12 13 14 15	16 17 18 19 20	2	12
	7	21 22 23 24 25	26 27 28 29 30	31 81 2 3 4	5 6 7 8 9	10 11 12 13 14	15 16 17 18 —	4	42
	8	19 20 21 22 23	24 25 26 27 28	29 30 31 91 2	3 4 5 6 7	8 9 10 11 12	13 14 15 16 17	5	11
	8	18 19 20 21 22	23 24 25 26 27	28 29 30 01 2	3 4 5 6 7	8 9 10 11 12	13 14 15 16 —	0	41
	9	17 18 19 20 21	22 23 24 25 26	27 28 29 30 31	N1 2 3 4 5	6 7 8 9 10	11 12 13 14 15	1	10
	10	16 17 18 19 20	21 22 23 24 25	26 27 28 29 30	D1 2 3 4 5	6 7 8 9 10	11 12 13 14 15	3	40
	11	16 17 18 19 20	21 22 23 24 25	26 27 28 29 30	31 11 2 3 4	5 6 7 8 9	10 11 12 13 14	5	10
	12	15 16 17 18 19	20 21 22 23 24	25 26 27 28 29	30 31 21 2 3	4 5 6 7 8	9 10 11 12 —	0	40
元和10乙未 815–16	14 1	13 14 15 16 17	18 19 20 21 22	23 24 25 26 27	28 31 2 3 4	5 6 7 8 9	10 11 12 13 14	1	9
	2	15 16 17 18 19	20 21 22 23 24	25 26 27 28 29	30 31 41 2 3	4 5 6 7 8	9 10 11 12 —	3	39
	3	13 14 15 16 17	18 19 20 21 22	23 24 25 26 27	28 29 30 51 2	3 4 5 6 7	8 9 10 11 12	4	8
	4	13 14 15 16 17	18 19 20 21 22	23 24 25 26 27	28 29 30 31 61	2 3 4 5 6	7 8 9 10 —	6	38
	5	11 12 13 14 15	16 17 18 19 20	21 22 23 24 25	26 27 28 29 30	71 2 3 4 5	6 7 8 9 10	0	7
	6	11 12 13 14 15	16 17 18 19 20	21 22 23 24 25	26 27 28 29 30	31 81 2 3 4	5 6 7 8 —	2	37
	7	9 10 11 12 13	14 15 16 17 18	19 20 21 22 23	24 25 26 27 28	29 30 31 91 2	3 4 5 6 —	3	6
	8	7 8 9 10 11	12 13 14 15 16	17 18 19 20 21	22 23 24 25 26	27 28 29 30 01	2 3 4 5 6	4	35
	9	7 8 9 10 11	12 13 14 15 16	17 18 19 20 21	22 23 24 25 26	27 28 29 30 31	N1 2 3 4 —	6	5
	10	5 6 7 8 9	10 11 12 13 14	15 16 17 18 19	20 21 22 23 24	25 26 27 28 29	30 D1 2 3 4	0	34
	11	5 6 7 8 9	10 11 12 13 14	15 16 17 18 19	20 21 22 23 24	25 26 27 28 29	30 31 11 2 3	2	4
	12	4 5 6 7 8	9 10 11 12 13	14 15 16 17 18	19 20 21 22 23	24 25 26 27 28	29 30 31 21 —	4	34

年序 Year		陰曆月序 Moon	陰曆日序 Order of days (Lunar) 1 2 3 4 5	6 7 8 9 10	11 12 13 14 15	16 17 18 19 20	21 22 23 24 25	26 27 28 29 30	星期 Week	干支 Cycle
元和11丙申 816–17	26	1	2 3 4 5 6	7 8 9 10 11	12 13 14 15 16	17 18 19 20 21	22 23 24 25 26	27 28 29 31 2	5	3
		2	3 4 5 6 7	8 9 10 11 12	13 14 15 16 17	18 19 20 21 22	23 24 25 26 27	28 29 30 31 41	0	33
		3	2 3 4 5 6	7 8 9 10 11	12 13 14 15 16	17 18 19 20 21	22 23 24 25 26	27 28 29 30 —	2	3
		4	51 2 3 4 5	6 7 8 9 10	11 12 13 14 15	16 17 18 19 20	21 22 23 24 25	26 27 28 29 30	3	32
		5	31 61 2 3 4	5 6 7 8 9	10 11 12 13 14	15 16 17 18 19	20 21 22 23 24	25 26 27 28 —	5	2
		6	29 30 71 2 3	4 5 6 7 8	9 10 11 12 13	14 15 16 17 18	19 20 21 22 23	24 25 26 27 28	6	31
		7	29 30 31 81 2	3 4 5 6 7	8 9 10 11 12	13 14 15 16 17	18 19 20 21 22	23 24 25 26 —	1	1
		8	27 28 29 30 31	91 2 3 4 5	6 7 8 9 10	11 12 13 14 15	16 17 18 19 20	21 22 23 24 —	2	30
		9	25 26 27 28 29	30 01 2 3 4	5 6 7 8 9	10 11 12 13 14	15 16 17 18 19	20 21 22 23 24	3	59
		10	25 26 27 28 29	30 31 N1 2 3	4 5 6 7 8	9 10 11 12 13	14 15 16 17 18	19 20 21 22 —	5	29
		11	23 24 25 26 27	28 29 30 D1 2	3 4 5 6 7	8 9 10 11 12	13 14 15 16 17	18 19 20 21 22	6	58
		12	23 24 25 26 27	28 29 30 31 11	2 3 4 5 6	7 8 9 10 11	12 13 14 15 16	17 18 19 20 —	1	28
元和12丁酉 817–18	38	1	21 22 23 24 25	26 27 28 29 30	31 21 2 3 4	5 6 7 8 9	10 11 12 13 14	15 16 17 18 19	2	57
		2	20 21 22 23 24	25 26 27 28 31	2 3 4 5 6	7 8 9 10 11	12 13 14 15 16	17 18 19 20 21	4	27
		3	22 23 24 25 26	27 28 29 30 31	41 2 3 4 5	6 7 8 9 10	11 12 13 14 15	16 17 18 19 —	6	57
		4	20 21 22 23 24	25 26 27 28 29	30 51 2 3 4	5 6 7 8 9	10 11 12 13 14	15 16 17 18 19	0	26
		5	20 21 22 23 24	25 26 27 28 29	30 31 61 2 3	4 5 6 7 8	9 10 11 12 13	14 15 16 17 18	2	56
		5	19 20 21 22 23	24 25 26 27 28	29 30 71 2 3	4 5 6 7 8	9 10 11 12 13	14 15 16 17 —	4	26
		6	18 19 20 21 22	23 24 25 26 27	28 29 30 31 81	2 3 4 5 6	7 8 9 10 11	12 13 14 15 —	5	55
		7	16 17 18 19 20	21 22 23 24 25	26 27 28 29 30	31 91 2 3 4	5 6 7 8 9	10 11 12 13 14	6	24
		8	15 16 17 18 19	20 21 22 23 24	25 26 27 28 29	30 01 2 3 4	5 6 7 8 9	10 11 12 13 —	1	54
		9	14 15 16 17 18	19 20 21 22 23	24 25 26 27 28	29 30 31 N1 2	3 4 5 6 7	8 9 10 11 12	2	23
		10	13 14 15 16 17	18 19 20 21 22	23 24 25 26 27	28 29 30 D1 2	3 4 5 6 7	8 9 10 11 —	4	53
		11	12 13 14 15 16	17 18 19 20 21	22 23 24 25 26	27 28 29 30 31	11 2 3 4 5	6 7 8 9 10	5	22
		12	11 12 13 14 15	16 17 18 19 20	21 22 23 24 25	26 27 28 29 30	31 21 2 3 4	5 6 7 8 —	0	52
元和13戊戌 818–19	50	1	9 10 11 12 13	14 15 16 17 18	19 20 21 22 23	24 25 26 27 28	31 2 3 4 5	6 7 8 9 10	1	21
		2	11 12 13 14 15	16 17 18 19 20	21 22 23 24 25	26 27 28 29 30	31 41 2 3 4	5 6 7 8 —	3	51
		3	9 10 11 12 13	14 15 16 17 18	19 20 21 22 23	24 25 26 27 28	29 30 51 2 3	4 5 6 7 8	4	20
		4	9 10 11 12 13	14 15 16 17 18	19 20 21 22 23	24 25 26 27 28	29 30 31 61 2	3 4 5 6 7	6	50
		5	8 9 10 11 12	13 14 15 16 17	18 19 20 21 22	23 24 25 26 27	28 29 30 71 2	3 4 5 6 —	1	20
		6	7 8 9 10 11	12 13 14 15 16	17 18 19 20 21	22 23 24 25 26	27 28 29 30 31	81 2 3 4 5	2	49
		7	6 7 8 9 10	11 12 13 14 15	16 17 18 19 20	21 22 23 24 25	26 27 28 29 30	31 91 2 3 —	4	19
		8	4 5 6 7 8	9 10 11 12 13	14 15 16 17 18	19 20 21 22 23	24 25 26 27 28	29 30 01 2 3	5	48
		9	4 5 6 7 8	9 10 11 12 13	14 15 16 17 18	19 20 21 22 23	24 25 26 27 28	29 30 31 N1 —	0	18
		10	2 3 4 5 6	7 8 9 10 11	12 13 14 15 16	17 18 19 20 21	22 23 24 25 26	27 28 29 30 D1	1	47
		11	2 3 4 5 6	7 8 9 10 11	12 13 14 15 16	17 18 19 20 21	22 23 24 25 26	27 28 29 30 —	3	17
		12	31 11 2 3 4	5 6 7 8 9	10 11 12 13 14	15 16 17 18 19	20 21 22 23 24	25 26 27 28 29	4	46
元和14己亥 819–20	2	1	30 31 21 2 3	4 5 6 7 8	9 10 11 12 13	14 15 16 17 18	19 20 21 22 23	24 25 26 27 —	6	16
		2	28 31 2 3 4	5 6 7 8 9	10 11 12 13 14	15 16 17 18 19	20 21 22 23 24	25 26 27 28 29	0	45
		3	30 31 41 2 3	4 5 6 7 8	9 10 11 12 13	14 15 16 17 18	19 20 21 22 23	24 25 26 27 —	2	15
		4	28 29 30 51 2	3 4 5 6 7	8 9 10 11 12	13 14 15 16 17	18 19 20 21 22	23 24 25 26 27	3	44
		5	28 29 30 31 61	2 3 4 5 6	7 8 9 10 11	12 13 14 15 16	17 18 19 20 21	22 23 24 25 —	5	14
		6	26 27 28 29 30	71 2 3 4 5	6 7 8 9 10	11 12 13 14 15	16 17 18 19 20	21 22 23 24 25	6	43
		7	26 27 28 29 30	31 81 2 3 4	5 6 7 8 9	10 11 12 13 14	15 16 17 18 19	20 21 22 23 24	1	13
		8	25 26 27 28 29	30 31 91 2 3	4 5 6 7 8	9 10 11 12 13	14 15 16 17 18	19 20 21 22 —	3	43
		9	23 24 25 26 27	28 29 30 01 2	3 4 5 6 7	8 9 10 11 12	13 14 15 16 17	18 19 20 21 22	4	12
		10	23 24 25 26 27	28 29 30 31 N1	2 3 4 5 6	7 8 9 10 11	12 13 14 15 16	17 18 19 20 —	6	42
		11	21 22 23 24 25	26 27 28 29 30	D1 2 3 4 5	6 7 8 9 10	11 12 13 14 15	16 17 18 19 20	0	11
		12	21 22 23 24 25	26 27 28 29 30	31 11 2 3 4	5 6 7 8 9	10 11 12 13 14	15 16 17 18 —	2	41
元和15庚子 820–21	14	1	19 20 21 22 23	24 25 26 27 28	29 30 31 21 2	3 4 5 6 7	8 9 10 11 12	13 14 15 16 17	3	10
		1	18 19 20 21 22	23 24 25 26 27	28 29 31 2 3	4 5 6 7 8	9 10 11 12 13	14 15 16 17 —	5	40
		2	18 19 20 21 22	23 24 25 26 27	28 29 30 31 41	2 3 4 5 6	7 8 9 10 11	12 13 14 15 16	6	9
		3	17 18 19 20 21	22 23 24 25 26	27 28 29 30 51	2 3 4 5 6	7 8 9 10 11	12 13 14 15 —	1	39
		4	16 17 18 19 20	21 22 23 24 25	26 27 28 29 30	31 61 2 3 4	5 6 7 8 9	10 11 12 13 14	2	8
		5	15 16 17 18 19	20 21 22 23 24	25 26 27 28 29	30 71 2 3 4	5 6 7 8 9	10 11 12 13 —	4	38
		6	14 15 16 17 18	19 20 21 22 23	24 25 26 27 28	29 30 31 81 2	3 4 5 6 7	8 9 10 11 12	5	7
		7	13 14 15 16 17	18 19 20 21 22	23 24 25 26 27	28 29 30 31 91	2 3 4 5 6	7 8 9 10 —	0	37
		8	11 12 13 14 15	16 17 18 19 20	21 22 23 24 25	26 27 28 29 30	01 2 3 4 5	6 7 8 9 10	1	6
		9	11 12 13 14 15	16 17 18 19 20	21 22 23 24 25	26 27 28 29 30	31 N1 2 3 4	5 6 7 8 9	3	36
		10	10 11 12 13 14	15 16 17 18 19	20 21 22 23 24	25 26 27 28 29	30 D1 2 3 4	5 6 7 8 —	5	6
		11	9 10 11 12 13	14 15 16 17 18	19 20 21 22 23	24 25 26 27 28	29 30 31 11 2	3 4 5 6 7	6	35
		12	8 9 10 11 12	13 14 15 16 17	18 19 20 21 22	23 24 25 26 27	28 29 30 31 21	2 3 4 5 —	1	5

年序 Year	陰曆月序 Moon	陰曆日序 Order of days (Lunar)																														星期 Week	干支 Cycle
		1	2	3	4	5	6	7	8	9	10	11	12	13	14	15	16	17	18	19	20	21	22	23	24	25	26	27	28	29	30		
穆宗 長慶 1 辛丑 821–22	**26** 1	6	7	8	9	10	11	12	13	14	15	16	17	18	19	20	21	22	23	24	25	26	27	28	**31**	2	3	4	5	6	7	2	34
	2	8	9	10	11	12	13	14	15	16	17	18	19	20	21	22	23	24	25	26	27	28	29	30	31	**41**	2	3	4	5	—	4	4
	3	6	7	8	9	10	11	12	13	14	15	16	17	18	19	20	21	22	23	24	25	26	27	28	29	30	**51**	2	3	4	5	5	33
	4	6	7	8	9	10	11	12	13	14	15	16	17	18	19	20	21	22	23	24	25	26	27	28	29	30	31	**61**	2	3	—	0	3
	5	4	5	6	7	8	9	10	11	12	13	14	15	16	17	18	19	20	21	22	23	24	25	26	27	28	29	30	**71**	2	—	1	32
	6	3	4	5	6	7	8	9	10	11	12	13	14	15	16	17	18	19	20	21	22	23	24	25	26	27	28	29	30	31	**81**	2	1
	7	2	3	4	5	6	7	8	9	10	11	12	13	14	15	16	17	18	19	20	21	22	23	24	25	26	27	28	29	30	—	4	31
	8	31	**91**	2	3	4	5	6	7	8	9	10	11	12	13	14	15	16	17	18	19	20	21	22	23	24	25	26	27	28	29	5	0
	9	30	**O1**	2	3	4	5	6	7	8	9	10	11	12	13	14	15	16	17	18	19	20	21	22	23	24	25	26	27	28	29	0	30
	10	30	31	**N1**	2	3	4	5	6	7	8	9	10	11	12	13	14	15	16	17	18	19	20	21	22	23	24	25	26	27	28	2	0
	11	29	30	**D1**	2	3	4	5	6	7	8	9	10	11	12	13	14	15	16	17	18	19	20	21	22	23	24	25	26	27	—	4	30
	12	28	29	30	31	**11**	2	3	4	5	6	7	8	9	10	11	12	13	14	15	16	17	18	19	20	21	22	23	24	25	26	5	59
長慶 2 壬寅 822–23	**38** 1	27	28	29	30	31	**21**	2	3	4	5	6	7	8	9	10	11	12	13	14	15	16	17	18	19	20	21	22	23	24	25	0	29
	2	26	27	28	**31**	2	3	4	5	6	7	8	9	10	11	12	13	14	15	16	17	18	19	20	21	22	23	24	25	26	—	2	59
	3	27	28	29	30	31	**41**	2	3	4	5	6	7	8	9	10	11	12	13	14	15	16	17	18	19	20	21	22	23	24	—	3	28
	4	25	26	27	28	29	30	**51**	2	3	4	5	6	7	8	9	10	11	12	13	14	15	16	17	18	19	20	21	22	23	24	4	57
	5	25	26	27	28	29	30	31	**61**	2	3	4	5	6	7	8	9	10	11	12	13	14	15	16	17	18	19	20	21	22	—	6	27
	6	23	24	25	26	27	28	29	30	**71**	2	3	4	5	6	7	8	9	10	11	12	13	14	15	16	17	18	19	20	21	—	0	56
	7	22	23	24	25	26	27	28	29	30	31	**81**	2	3	4	5	6	7	8	9	10	11	12	13	14	15	16	17	18	19	20	1	25
	8	21	22	23	24	25	26	27	28	29	30	31	**91**	2	3	4	5	6	7	8	9	10	11	12	13	14	15	16	17	18	—	3	55
	9	19	20	21	22	23	24	25	26	27	28	29	30	**O1**	2	3	4	5	6	7	8	9	10	11	12	13	14	15	16	17	18	4	24
	10	19	20	21	22	23	24	25	26	27	28	29	30	31	**N1**	2	3	4	5	6	7	8	9	10	11	12	13	14	15	16	17	6	54
	10	18	19	20	21	22	23	24	25	26	27	28	29	30	**D1**	2	3	4	5	6	7	8	9	10	11	12	13	14	15	16	—	1	24
	11	17	18	19	20	21	22	23	24	25	26	27	28	29	30	31	**11**	2	3	4	5	6	7	8	9	10	11	12	13	14	15	2	53
	12	16	17	18	19	20	21	22	23	24	25	26	27	28	29	30	31	**21**	2	3	4	5	6	7	8	9	10	11	12	13	14	4	23
長慶 3 癸卯 823–24	**50** 1	15	16	17	18	19	20	21	22	23	24	25	26	27	28	**31**	2	3	4	5	6	7	8	9	10	11	12	13	14	15	—	6	53
	2	16	17	18	19	20	21	22	23	24	25	26	27	28	29	30	31	**41**	2	3	4	5	6	7	8	9	10	11	12	13	14	0	22
	3	15	16	17	18	19	20	21	22	23	24	25	26	27	28	29	30	**51**	2	3	4	5	6	7	8	9	10	11	12	13	—	2	52
	4	14	15	16	17	18	19	20	21	22	23	24	25	26	27	28	29	30	31	**61**	2	3	4	5	6	7	8	9	10	11	12	3	21
	5	13	14	15	16	17	18	19	20	21	22	23	24	25	26	27	28	29	30	**71**	2	3	4	5	6	7	8	9	10	11	—	5	51
	6	12	13	14	15	16	17	18	19	20	21	22	23	24	25	26	27	28	29	30	31	**81**	2	3	4	5	6	7	8	9	—	6	20
	7	10	11	12	13	14	15	16	17	18	19	20	21	22	23	24	25	26	27	28	29	30	31	**91**	2	3	4	5	6	7	8	0	49
	8	9	10	11	12	13	14	15	16	17	18	19	20	21	22	23	24	25	26	27	28	29	30	**O1**	2	3	4	5	6	7	—	2	19
	9	8	9	10	11	12	13	14	15	16	17	18	19	20	21	22	23	24	25	26	27	28	29	30	31	**N1**	2	3	4	5	6	3	48
	10	7	8	9	10	11	12	13	14	15	16	17	18	19	20	21	22	23	24	25	26	27	28	29	30	**D1**	2	3	4	5	—	5	18
	11	6	7	8	9	10	11	12	13	14	15	16	17	18	19	20	21	22	23	24	25	26	27	28	29	30	31	**11**	2	3	4	6	47
	12	5	6	7	8	9	10	11	12	13	14	15	16	17	18	19	20	21	22	23	24	25	26	27	28	29	30	31	**21**	2	3	1	17
長慶 4 甲辰 824–25	**2** 1	4	5	6	7	8	9	10	11	12	13	14	15	16	17	18	19	20	21	22	23	24	25	26	27	28	29	**31**	2	3	4	3	47
	2	5	6	7	8	9	10	11	12	13	14	15	16	17	18	19	20	21	22	23	24	25	26	27	28	29	30	31	**41**	2	—	5	17
	3	3	4	5	6	7	8	9	10	11	12	13	14	15	16	17	18	19	20	21	22	23	24	25	26	27	28	29	30	**51**	2	6	46
	4	3	4	5	6	7	8	9	10	11	12	13	14	15	16	17	18	19	20	21	22	23	24	25	26	27	28	29	30	31	—	1	16
	5	**61**	2	3	4	5	6	7	8	9	10	11	12	13	14	15	16	17	18	19	20	21	22	23	24	25	26	27	28	29	30	2	45
	6	**71**	2	3	4	5	6	7	8	9	10	11	12	13	14	15	16	17	18	19	20	21	22	23	24	25	26	27	28	29	—	4	15
	7	30	31	**81**	2	3	4	5	6	7	8	9	10	11	12	13	14	15	16	17	18	19	20	21	22	23	24	25	26	27	—	5	44
	8	28	29	30	31	**91**	2	3	4	5	6	7	8	9	10	11	12	13	14	15	16	17	18	19	20	21	22	23	24	25	26	6	13
	9	27	28	29	30	**O1**	2	3	4	5	6	7	8	9	10	11	12	13	14	15	16	17	18	19	20	21	22	23	24	25	—	1	43
	10	26	27	28	29	30	31	**N1**	2	3	4	5	6	7	8	9	10	11	12	13	14	15	16	17	18	19	20	21	22	23	24	2	12
	11	25	26	27	28	29	30	**D1**	2	3	4	5	6	7	8	9	10	11	12	13	14	15	16	17	18	19	20	21	22	23	—	4	42
	12	24	25	26	27	28	29	30	31	**11**	2	3	4	5	6	7	8	9	10	11	12	13	14	15	16	17	18	19	20	21	22	5	11
敬宗 寶曆 1 乙巳 825–26	**14** 1	23	24	25	26	27	28	29	30	31	**21**	2	3	4	5	6	7	8	9	10	11	12	13	14	15	16	17	18	19	20	21	0	41
	2	22	23	24	25	26	27	28	**31**	2	3	4	5	6	7	8	9	10	11	12	13	14	15	16	17	18	19	20	21	22	23	2	11
	3	24	25	26	27	28	29	30	31	**41**	2	3	4	5	6	7	8	9	10	11	12	13	14	15	16	17	18	19	20	21	—	4	41
	4	22	23	24	25	26	27	28	29	30	**51**	2	3	4	5	6	7	8	9	10	11	12	13	14	15	16	17	18	19	20	21	5	10
	5	22	23	24	25	26	27	28	29	30	31	**61**	2	3	4	5	6	7	8	9	10	11	12	13	14	15	16	17	18	19	—	0	40
	6	20	21	22	23	24	25	26	27	28	29	30	**71**	2	3	4	5	6	7	8	9	10	11	12	13	14	15	16	17	18	19	1	9
	7	20	21	22	23	24	25	26	27	28	29	30	31	**81**	2	3	4	5	6	7	8	9	10	11	12	13	14	15	16	17	—	3	39
	7	18	19	20	21	22	23	24	25	26	27	28	29	30	31	**91**	2	3	4	5	6	7	8	9	10	11	12	13	14	15	—	4	8
	8	16	17	18	19	20	21	22	23	24	25	26	27	28	29	30	**O1**	2	3	4	5	6	7	8	9	10	11	12	13	14	15	5	37
	9	16	17	18	19	20	21	22	23	24	25	26	27	28	29	30	31	**N1**	2	3	4	5	6	7	8	9	10	11	12	13	—	0	7
	10	14	15	16	17	18	19	20	21	22	23	24	25	26	27	28	29	30	**D1**	2	3	4	5	6	7	8	9	10	11	12	13	1	36
	11	14	15	16	17	18	19	20	21	22	23	24	25	26	27	28	29	30	31	**11**	2	3	4	5	6	7	8	9	10	11	—	3	6
	12	12	13	14	15	16	17	18	19	20	21	22	23	24	25	26	27	28	29	30	31	**21**	2	3	4	5	6	7	8	9	10	4	35

年序 Year	陰曆月序 Moon	1 2 3 4 5	6 7 8 9 10	11 12 13 14 15	16 17 18 19 20	21 22 23 24 25	26 27 28 29 30	星期 Week	干支 Cycle
寶曆 2 丙午 826–27	26 1	11 12 13 14 15	16 17 18 19 20	21 22 23 24 25	26 27 28 31 2	3 4 5 6 7	8 9 10 11 12	6	5
	2	13 14 15 16 17	18 19 20 21 22	23 24 25 26 27	28 29 30 31 41	2 3 4 5 6	7 8 9 10 —	1	35
	3	11 12 13 14 15	16 17 18 19 20	21 22 23 24 25	26 27 28 29 30	51 2 3 4 5	6 7 8 9 10	2	4
	4	11 12 13 14 15	16 17 18 19 20	21 22 23 24 25	26 27 28 29 30	31 61 2 3 4	5 6 7 8 9	4	34
	5	10 11 12 13 14	15 16 17 18 19	20 21 22 23 24	25 26 27 28 29	30 71 2 3 4	5 6 7 8 —	6	4
	6	9 10 11 12 13	14 15 16 17 18	19 20 21 22 23	24 25 26 27 28	29 30 31 81 2	3 4 5 6 —	0	33
	7	7 8 9 10 11	12 13 14 15 16	17 18 19 20 21	22 23 24 25 26	27 28 29 30 31	91 2 3 4 5	1	2
	8	6 7 8 9 10	11 12 13 14 15	16 17 18 19 20	21 22 23 24 25	26 27 28 29 30	01 2 3 4 —	3	32
	9	5 6 7 8 9	10 11 12 13 14	15 16 17 18 19	20 21 22 23 24	25 26 27 28 29	30 31 N1 2 3	4	1
	10	4 5 6 7 8	9 10 11 12 13	14 15 16 17 18	19 20 21 22 23	24 25 26 27 28	29 30 D1 2 —	6	31
	11	3 4 5 6 7	8 9 10 11 12	13 14 15 16 17	18 19 20 21 22	23 24 25 26 27	28 29 30 31 11	0	0
	12	2 3 4 5 6	7 8 9 10 11	12 13 14 15 16	17 18 19 20 21	22 23 24 25 26	27 28 29 30 —	2	30
文宗太和 1 丁未 827–28	38 1	31 21 2 3 4	5 6 7 8 9	10 11 12 13 14	15 16 17 18 19	20 21 22 23 24	25 26 27 28 31	3	59
	2][	2 3 4 5 6	7 8 9 10 11	12 13 14 15 16	17 18 19 20 21	22 23 24 25 26	27 28 29 30 —	5	29
	3	31 41 2 3 4	5 6 7 8 9	10 11 12 13 14	15 16 17 18 19	20 21 22 23 24	25 26 27 28 29	6	58
	4	30 51 2 3 4	5 6 7 8 9	10 11 12 13 14	15 16 17 18 19	20 21 22 23 24	25 26 27 28 29	1	28
	5	30 31 61 2 3	4 5 6 7 8	9 10 11 12 13	14 15 16 17 18	19 20 21 22 23	24 25 26 27 —	3	58
	6	28 29 30 71 2	3 4 5 6 7	8 9 10 11 12	13 14 15 16 17	18 19 20 21 22	23 24 25 26 27	4	27
	7	28 29 30 31 81	2 3 4 5 6	7 8 9 10 11	12 13 14 15 16	17 18 19 20 21	22 23 24 25 —	6	57
	8	26 27 28 29 30	31 91 2 3 4	5 6 7 8 9	10 11 12 13 14	15 16 17 18 19	20 21 22 23 24	0	26
	9	25 26 27 28 29	30 01 2 3 4	5 6 7 8 9	10 11 12 13 14	15 16 17 18 19	20 21 22 23 —	2	56
	10	24 25 26 27 28	29 30 31 N1 2	3 4 5 6 7	8 9 10 11 12	13 14 15 16 17	18 19 20 21 22	3	25
	11	23 24 25 26 27	28 29 30 D1 2	3 4 5 6 7	8 9 10 11 12	13 14 15 16 17	18 19 20 21 —	5	55
	12	22 23 24 25 26	27 28 29 30 31	11 2 3 4 5	6 7 8 9 10	11 12 13 14 15	16 17 18 19 20	6	24
太和 2 戊申 828–29	50 1	21 22 23 24 25	26 27 28 29 30	31 21 2 3 4	5 6 7 8 9	10 11 12 13 14	15 16 17 18 —	1	54
	2	19 20 21 22 23	24 25 26 27 28	29 31 2 3 4	5 6 7 8 9	10 11 12 13 14	15 16 17 18 19	2	23
	3	20 21 22 23 24	25 26 27 28 29	30 31 41 2 3	4 5 6 7 8	9 10 11 12 13	14 15 16 17 —	4	53
	3	18 19 20 21 22	23 24 25 26 27	28 29 30 51 2	3 4 5 6 7	8 9 10 11 12	13 14 15 16 17	5	22
	4	18 19 20 21 22	23 24 25 26 27	28 29 30 31 61	2 3 4 5 6	7 8 9 10 11	12 13 14 15 —	0	52
	5	16 17 18 19 20	21 22 23 24 25	26 27 28 29 30	71 2 3 4 5	6 7 8 9 10	11 12 13 14 15	1	21
	6	16 17 18 19 20	21 22 23 24 25	26 27 28 29 30	31 81 2 3 4	5 6 7 8 9	10 11 12 13 14	3	51
	7	15 16 17 18 19	20 21 22 23 24	25 26 27 28 29	30 31 91 2 3	4 5 6 7 8	9 10 11 12 —	5	21
	8	13 14 15 16 17	18 19 20 21 22	23 24 25 26 27	28 29 30 01 2	3 4 5 6 7	8 9 10 11 12	6	50
	9	13 14 15 16 17	18 19 20 21 22	23 24 25 26 27	28 29 30 31 N1	2 3 4 5 6	7 8 9 10 —	1	20
	10	11 12 13 14 15	16 17 18 19 20	21 22 23 24 25	26 27 28 29 30	D1 2 3 4 5	6 7 8 9 10	2	49
	11	11 12 13 14 15	16 17 18 19 20	21 22 23 24 25	26 27 28 29 30	31 11 2 3 4	5 6 7 8 —	4	19
	12	9 10 11 12 13	14 15 16 17 18	19 20 21 22 23	24 25 26 27 28	29 30 31 21 2	3 4 5 6 7	5	48
太和 3 己酉 829–30	2 1	8 9 10 11 12	13 14 15 16 17	18 19 20 21 22	23 24 25 26 27	28 31 2 3 4	5 6 7 8 —	0	18
	2	9 10 11 12 13	14 15 16 17 18	19 20 21 22 23	24 25 26 27 28	29 30 31 41 2	3 4 5 6 7	1	47
	3	8 9 10 11 12	13 14 15 16 17	18 19 20 21 22	23 24 25 26 27	28 29 30 51 2	3 4 5 6 —	3	17
	4	7 8 9 10 11	12 13 14 15 16	17 18 19 20 21	22 23 24 25 26	27 28 29 30 31	61 2 3 4 —	4	46
	5	5 6 7 8 9	10 11 12 13 14	15 16 17 18 19	20 21 22 23 24	25 26 27 28 29	30 71 2 3 4	5	15
	6	5 6 7 8 9	10 11 12 13 14	15 16 17 18 19	20 21 22 23 24	25 26 27 28 29	30 31 81 2 3	0	45
	7	4 5 6 7 8	9 10 11 12 13	14 15 16 17 18	19 20 21 22 23	24 25 26 27 28	29 30 31 91 —	2	15
	8	2 3 4 5 6	7 8 9 10 11	12 13 14 15 16	17 18 19 20 21	22 23 24 25 26	27 28 29 30 01	3	44
	9	2 3 4 5 6	7 8 9 10 11	12 13 14 15 16	17 18 19 20 21	22 23 24 25 26	27 28 29 30 31	5	14
	10	N1 2 3 4 5	6 7 8 9 10	11 12 13 14 15	16 17 18 19 20	21 22 23 24 25	26 27 28 29 —	0	44
	11	30 D1 2 3 4	5 6 7 8 9	10 11 12 13 14	15 16 17 18 19	20 21 22 23 24	25 26 27 28 29	1	13
	12	30 31 11 2 3	4 5 6 7 8	9 10 11 12 13	1: 15 16 17 18	19 20 21 22 23	24 25 26 27 —	3	43
太和 4 庚戌 830–31	14 1	28 29 30 31 21	2 3 4 5 6	7 8 9 10 11	12 13 14 15 16	17 18 19 20 21	22 23 24 25 26	4	12
	2	27 28 31 2 3	4 5 6 7 8	9 10 11 12 13	14 15 16 17 18	19 20 21 22 23	24 25 26 27 —	6	42
	3	28 29 30 31 41	2 3 4 5 6	7 8 9 10 11	12 13 14 15 16	17 18 19 20 21	22 23 24 25 26	0	11
	4	27 28 29 30 51	2 3 4 5 6	7 8 9 10 11	12 13 14 15 16	17 18 19 20 21	22 23 24 25 —	2	41
	5	26 27 28 29 30	31 61 2 3 4	5 6 7 8 9	10 11 12 13 14	15 16 17 18 19	20 21 22 23 —	3	10
	6	24 25 26 27 28	29 30 71 2 3	4 5 6 7 8	9 10 11 12 13	14 15 16 17 18	19 20 21 22 23	4	39
	7	24 25 26 27 28	29 30 31 81 2	3 4 5 6 7	8 9 10 11 12	13 14 15 16 17	18 19 20 21 —	6	9
	8	22 23 24 25 26	27 28 29 30 31	91 2 3 4 5	6 7 8 9 10	11 12 13 14 15	16 17 18 19 20	0	38
	9	21 22 23 24 25	26 27 28 29 30	01 2 3 4 5	6 7 8 9 10	11 12 13 14 15	16 17 18 19 20	2	8
	10	21 22 23 24 25	26 27 28 29 30	31 N1 2 3 4	5 6 7 8 9	10 11 12 13 14	15 16 17 18 —	4	38
	11	19 20 21 22 23	24 25 26 27 28	29 30 D1 2 3	4 5 6 7 8	9 10 11 12 13	14 15 16 17 18	5	7
	12	19 20 21 22 23	24 25 26 27 28	29 39 31 11 2	3 4 5 6 7	8 9 10 11 12	13 14 15 16 17	0	37
	12	18 19 20 21 22	23 24 25 26 27	28 29 30 31 21	2 3 4 5 6	7 8 9 10 11	12 13 14 15 —	2	7

年序 Year	陰曆月序 Moon	陰曆日序 Order of days (Lunar)																														星期 Week	干支 Cycle
		1	2	3	4	5	6	7	8	9	10	11	12	13	14	15	16	17	18	19	20	21	22	23	24	25	26	27	28	29	30		
太和 5 辛亥 831–32	26 1	16	17	18	19	20	21	22	23	24	25	26	27	28	**3**1	2	3	4	5	6	7	8	9	10	11	12	13	14	15	16	17	3	36
	2	18	19	20	21	22	23	24	25	26	27	28	29	30	31	**4**1	2	3	4	5	6	7	8	9	10	11	12	13	14	15	—	5	6
	3	16	17	18	19	20	21	22	23	24	25	26	27	28	29	30	**5**1	2	3	4	5	6	7	8	9	10	11	12	13	14	15	6	35
	4	16	17	18	19	20	21	22	23	24	25	26	27	28	29	30	31	**6**1	2	3	4	5	6	7	8	9	10	11	12	13	—	1	5
	5	14	15	16	17	18	19	20	21	22	23	24	25	26	27	28	29	30	**7**1	2	3	4	5	6	7	8	9	10	11	12	—	2	34
	6	13	14	15	16	17	18	19	20	21	22	23	24	25	26	27	28	29	30	31	**8**1	2	3	4	5	6	7	8	9	10	11	3	3
	7	12	13	14	15	16	17	18	19	20	21	22	23	24	25	26	27	28	29	30	31	**9**1	2	3	4	5	6	7	8	9	—	5	33
	8	10	11	12	13	14	15	16	17	18	19	20	21	22	23	24	25	26	27	28	29	30	**0**1	2	3	4	5	6	7	8	9	6	2
	9	10	11	12	13	14	15	16	17	18	19	20	21	22	23	24	25	26	27	28	29	30	31	**N**1	2	3	4	5	6	7	—	1	32
	10	8	9	10	11	12	13	14	15	16	17	18	19	20	21	22	23	24	25	26	27	28	29	30	**D**1	2	3	4	5	6	7	2	1
	11	8	9	10	11	12	13	14	15	16	17	18	19	20	21	22	23	24	25	26	27	28	29	30	31	**1**1	2	3	4	5	6	4	31
	12	7	8	9	10	11	12	13	14	15	16	17	18	19	20	21	22	23	24	25	26	27	28	29	30	31	**2**1	2	3	4	5	6	1
太和 6 壬子 832–33	38 1	6	7	8	9	10	11	12	13	14	15	16	17	18	19	20	21	22	23	24	25	26	27	28	29	**3**1	2	3	4	5	—	1	31
	2	6	7	8	9	10	11	12	13	14	15	16	17	18	19	20	21	22	23	24	25	26	27	28	29	30	31	**4**1	2	3	4	2	0
	3	5	6	7	8	9	10	11	12	13	14	15	16	17	18	19	20	21	22	23	24	25	26	27	28	29	30	**5**1	2	3	—	4	30
	4	4	5	6	7	8	9	10	11	12	13	14	15	16	17	18	19	20	21	22	23	24	25	26	27	28	29	30	31	**6**1	2	5	59
	5	3	4	5	6	7	8	9	10	11	12	13	14	15	16	17	18	19	20	21	22	23	24	25	26	27	28	29	30	**7**1	—	0	29
	6	2	3	4	5	6	7	8	9	10	11	12	13	14	15	16	17	18	19	20	21	22	23	24	25	26	27	28	29	30	—	1	58
	7	31	**8**1	2	3	4	5	6	7	8	9	10	11	12	13	14	15	16	17	18	19	20	21	22	23	24	25	26	27	28	29	2	27
	8	30	31	**9**1	2	3	4	5	6	7	8	9	10	11	12	13	14	15	16	17	18	19	20	21	22	23	24	25	26	27	—	4	57
	9	28	29	30	**0**1	2	3	4	5	6	7	8	9	10	11	12	13	14	15	16	17	18	19	20	21	22	23	24	25	26	27	5	26
	10	28	29	30	31	**N**1	2	3	4	5	6	7	8	9	10	11	12	13	14	15	16	17	18	19	20	21	22	23	24	25	—	0	56
	11	26	27	28	29	30	**D**1	2	3	4	5	6	7	8	9	10	11	12	13	14	15	16	17	18	19	20	21	22	23	24	25	1	25
	12	26	27	28	29	30	31	**1**1	2	3	4	5	6	7	8	9	10	11	12	13	14	15	16	17	18	19	20	21	22	23	24	3	55
太和 7 癸丑 833–34	50 1	25	26	27	28	29	30	31	**2**1	2	3	4	5	6	7	8	9	10	11	12	13	14	15	16	17	18	19	20	21	22	23	5	25
	2	24	25	26	27	28	**3**1	2	3	4	5	6	7	8	9	10	11	12	13	14	15	16	17	18	19	20	21	22	23	24	—	0	55
	3	25	26	27	28	29	30	31	**4**1	2	3	4	5	6	7	8	9	10	11	12	13	14	15	16	17	18	19	20	21	22	23	1	24
	4	24	25	26	27	28	29	30	**5**1	2	3	4	5	6	7	8	9	10	11	12	13	14	15	16	17	18	19	20	21	22	—	3	54
	5	23	24	25	26	27	28	29	30	31	**6**1	2	3	4	5	6	7	8	9	10	11	12	13	14	15	16	17	18	19	20	21	4	23
	6	22	23	24	25	26	27	28	29	30	**7**1	2	3	4	5	6	7	8	9	10	11	12	13	14	15	16	17	18	19	20	—	6	53
	7	21	22	23	24	25	26	27	28	29	30	31	**8**1	2	3	4	5	6	7	8	9	10	11	12	13	14	15	16	17	18	—	0	22
	7	19	20	21	22	23	24	25	26	27	28	29	30	31	**9**1	2	3	4	5	6	7	8	9	10	11	12	13	14	15	16	—	1	51
	8	17	18	19	20	21	22	23	24	25	26	27	28	29	30	**0**1	2	3	4	5	6	7	8	9	10	11	12	13	14	15	16	2	20
	9	17	18	19	20	21	22	23	24	25	26	27	28	29	30	31	**N**1	2	3	4	5	6	7	8	9	10	11	12	13	14	—	4	50
	10	15	16	17	18	19	20	21	22	23	24	25	26	27	28	29	30	**D**1	2	3	4	5	6	7	8	9	10	11	12	13	14	5	19
	11	15	16	17	18	19	20	21	22	23	24	25	26	27	28	29	30	31	**1**1	2	3	4	5	6	7	8	9	10	11	12	13	0	49
	12	14	15	16	17	18	19	20	21	22	23	24	25	26	27	28	29	30	31	**2**1	2	3	4	5	6	7	8	9	10	11	12	2	19
太和 8 甲寅 834–35	2 1	13	14	15	16	17	18	19	20	21	22	23	24	25	26	27	28	**3**1	2	3	4	5	6	7	8	9	10	11	12	13	—	4	49
	2	14	15	16	17	18	19	20	21	22	23	24	25	26	27	28	29	30	31	**4**1	2	3	4	5	6	7	8	9	10	11	12	5	18
	3	13	14	15	16	17	18	19	20	21	22	23	24	25	26	27	28	29	30	**5**1	2	3	4	5	6	7	8	9	10	11	12	0	48
	4	13	14	15	16	17	18	19	20	21	22	23	24	25	26	27	28	29	30	31	**6**1	2	3	4	5	6	7	8	9	10	—	2	18
	5	11	12	13	14	15	16	17	18	19	20	21	22	23	24	25	26	27	28	29	30	**7**1	2	3	4	5	6	7	8	9	—	3	47
	6	10	11	12	13	14	15	16	17	18	19	20	21	22	23	24	25	26	27	28	29	30	31	**8**1	2	3	4	5	6	7	8	4	16
	7	9	10	11	12	13	14	15	16	17	18	19	20	21	22	23	24	25	26	27	28	29	30	31	**9**1	2	3	4	5	6	—	6	46
	8	7	8	9	10	11	12	13	14	15	16	17	18	19	20	21	22	23	24	25	26	27	28	29	30	**0**1	2	3	4	5	6	0	15
	9	7	8	9	10	11	12	13	14	15	16	17	18	19	20	21	22	23	24	25	26	27	28	29	30	31	**N**1	2	3	4	—	2	45
	10	5	6	7	8	9	10	11	12	13	14	15	16	17	18	19	20	21	22	23	24	25	26	27	28	29	30	**D**1	2	3	—	3	14
	11	4	5	6	7	8	9	10	11	12	13	14	15	16	17	18	19	20	21	22	23	24	25	26	27	28	29	30	31	**1**1	2	4	43
	12	3	4	5	6	7	8	9	10	11	12	13	14	15	16	17	18	19	20	21	22	23	24	25	26	27	28	29	30	31	**2**1	6	13
太和 9 乙卯 835–36	14 1	2	3	4	5	6	7	8	9	10	11	12	13	14	15	16	17	18	19	20	21	22	23	24	25	26	27	28	**3**1	2	—	1	43
	2	3	4	5	6	7	8	9	10	11	12	13	14	15	16	17	18	19	20	21	22	23	24	25	26	27	28	29	30	31	**4**1	2	12
	3	2	3	4	5	6	7	8	9	10	11	12	13	14	15	16	17	18	19	20	21	22	23	24	25	26	27	28	29	30	**5**1	4	42
	4	2	3	4	5	6	7	8	9	10	11	12	13	14	15	16	17	18	19	20	21	22	23	24	25	26	27	28	29	30	—	6	12
	5	31	**6**1	2	3	4	5	6	7	8	9	10	11	12	13	14	15	16	17	18	19	20	21	22	23	24	25	26	27	28	29	0	41
	6	30	**7**1	2	3	4	5	6	7	8	9	10	11	12	13	14	15	16	17	18	19	20	21	22	23	24	25	26	27	28	—	2	11
	7	29	30	31	**8**1	2	3	4	5	6	7	8	9	10	11	12	13	14	15	16	17	18	19	20	21	22	23	24	25	26	27	3	40
	8	28	29	30	31	**9**1	2	3	4	5	6	7	8	9	10	11	12	13	14	15	16	17	18	19	20	21	22	23	24	25	—	5	10
	9	26	27	28	29	30	**0**1	2	3	4	5	6	7	8	9	10	11	12	13	14	15	16	17	18	19	20	21	22	23	24	25	6	39
	10	26	27	28	29	30	31	**N**1	2	3	4	5	6	7	8	9	10	11	12	13	14	15	16	17	18	19	20	21	22	23	—	1	9
	11	24	25	26	27	28	29	30	**D**1	2	3	4	5	6	7	8	9	10	11	12	13	14	15	16	17	18	19	20	21	22	23	2	38
	12	24	25	26	27	28	29	30	31	**1**1	2	3	4	5	6	7	8	9	10	11	12	13	14	15	16	17	18	19	20	21	—	4	8

年序 Year		陰曆月序 Moon	1	2	3	4	5	6	7	8	9	10	11	12	13	14	15	16	17	18	19	20	21	22	23	24	25	26	27	28	29	30	星期 Week	干支 Cycle
開成1丙辰 836–37	26	1	22	23	24	25	26	27	28	29	30	31	21	2	3	4	5	6	7	8	9	10	11	12	13	14	15	16	17	18	19	20	5	37
		2	21	22	23	24	25	26	27	28	29	31	2	3	4	5	6	7	8	9	10	11	12	13	14	15	16	17	18	19	20	—	0	7
		3	21	22	23	24	25	26	27	28	29	30	31	41	2	3	4	5	6	7	8	9	10	11	12	13	14	15	16	17	18	19	1	36
		4	20	21	22	23	24	25	26	27	28	29	30	51	2	3	4	5	6	7	8	9	10	11	12	13	14	15	16	17	18	—	3	6
		5	19	20	21	22	23	24	25	26	27	28	29	30	31	61	2	3	4	5	6	7	8	9	10	11	12	13	14	15	16	17	4	35
		5	18	19	20	21	22	23	24	25	26	27	28	29	30	71	2	3	4	5	6	7	8	9	10	11	12	13	14	15	16	—	6	5
		6	17	18	19	20	21	22	23	24	25	26	27	28	29	30	31	81	2	3	4	5	6	7	8	9	10	11	12	13	14	15	0	34
		7	16	17	18	19	20	21	22	23	24	25	26	27	28	29	30	31	91	2	3	4	5	6	7	8	9	10	11	12	13	14	2	4
		8	15	16	17	18	19	20	21	22	23	24	25	26	27	28	29	30	01	2	3	4	5	6	7	8	9	10	11	12	13	—	4	34
		9	14	15	16	17	18	19	20	21	22	23	24	25	26	27	28	29	30	31	N1	2	3	4	5	6	7	8	9	10	11	12	5	3
		10	13	14	15	16	17	18	19	20	21	22	23	24	25	26	27	28	29	30	D1	2	3	4	5	6	7	8	9	10	11	—	0	33
		11	12	13	14	15	16	17	18	19	20	21	22	23	24	25	26	27	28	29	30	31	11	2	3	4	5	6	7	8	9	10	1	2
		12	11	12	13	14	15	16	17	18	19	20	21	22	23	24	25	26	27	28	29	30	31	21	2	3	4	5	6	7	8	—	3	32
開成2丁巳 837–38	38	1	9	10	11	12	13	14	15	16	17	18	19	20	21	22	23	24	25	26	27	28	31	2	3	4	5	6	7	8	9	10	4	1
		2	11	12	13	14	15	16	17	18	19	20	21	22	23	24	25	26	27	28	29	30	31	41	2	3	4	5	6	7	8	—	6	31
		3	9	10	11	12	13	14	15	16	17	18	19	20	21	22	23	24	25	26	27	28	29	30	51	2	3	4	5	6	7	8	0	0
		4	9	10	11	12	13	14	15	16	17	18	19	20	21	22	23	24	25	26	27	28	29	30	31	61	2	3	4	5	6	—	2	30
		5	7	8	9	10	11	12	13	14	15	16	17	18	19	20	21	22	23	24	25	26	27	28	29	30	71	2	3	4	5	6	3	59
		6	7	8	9	10	11	12	13	14	15	16	17	18	19	20	21	22	23	24	25	26	27	28	29	30	31	81	2	3	4	—	5	29
		7	5	6	7	8	9	10	11	12	13	14	15	16	17	18	19	20	21	22	23	24	25	26	27	28	29	30	31	91	2	3	6	58
		8	4	5	6	7	8	9	10	11	12	13	14	15	16	17	18	19	20	21	22	23	24	25	26	27	28	29	30	01	2	3	1	28
		9	4	5	6	7	8	9	10	11	12	13	14	15	16	17	18	19	20	21	22	23	24	25	26	27	28	29	30	31	N1	—	3	58
		10	2	3	4	5	6	7	8	9	10	11	12	13	14	15	16	17	18	19	20	21	22	23	24	25	26	27	28	29	30	D1	4	27
		11	2	3	4	5	6	7	8	9	10	11	12	13	14	15	16	17	18	19	20	21	22	23	24	25	26	27	28	29	30	—	6	57
		12	31	11	2	3	4	5	6	7	8	9	10	11	12	13	14	15	16	17	18	19	20	21	22	23	24	25	26	27	28	29	0	26
開成3戊午 838–39	50	1	30	31	21	2	3	4	5	6	7	8	9	10	11	12	13	14	15	16	17	18	19	20	21	22	23	24	25	26	27	—	2	56
		2	28	31	2	3	4	5	6	7	8	9	10	11	12	13	14	15	16	17	18	19	20	21	22	23	24	25	26	27	28	29	3	25
		3	30	31	41	2	3	4	5	6	7	8	9	10	11	12	13	14	15	16	17	18	19	20	21	22	23	24	25	26	27	—	5	55
		4	28	29	30	51	2	3	4	5	6	7	8	9	10	11	12	13	14	15	16	17	18	19	20	21	22	23	24	25	26	—	6	24
		5	27	28	29	30	31	61	2	3	4	5	6	7	8	9	10	11	12	13	14	15	16	17	18	19	20	21	22	23	24	25	0	53
		6	26	27	28	29	30	71	2	3	4	5	6	7	8	9	10	11	12	13	14	15	16	17	18	19	20	21	22	23	24	—	2	23
		7	25	26	27	28	29	30	31	81	2	3	4	5	6	7	8	9	10	11	12	13	14	15	16	17	18	19	20	21	22	23	3	52
		8	24	25	26	27	28	29	30	31	91	2	3	4	5	6	7	8	9	10	11	12	13	14	15	16	17	18	19	20	21	22	5	22
		9	23	24	25	26	27	28	29	30	01	2	3	4	5	6	7	8	9	10	11	12	13	14	15	16	17	18	19	20	21	—	0	52
		10	22	23	24	25	26	27	28	29	30	31	N1	2	3	4	5	6	7	8	9	10	11	12	13	14	15	16	17	18	19	20	1	21
		11	21	22	23	24	25	26	27	28	29	30	D1	2	3	4	5	6	7	8	9	10	11	12	13	14	15	16	17	18	19	20	3	51
		12	21	22	23	24	25	26	27	28	29	30	31	11	2	3	4	5	6	7	8	9	10	11	12	13	14	15	16	17	18	—	5	21
開成4己未 839–40	2	1	19	20	21	22	23	24	25	26	27	28	29	30	31	21	2	3	4	5	6	7	8	9	10	11	12	13	14	15	16	17	6	50
		1	18	19	20	21	22	23	24	25	26	27	28	31	2	3	4	5	6	7	8	9	10	11	12	13	14	15	16	17	18	—	1	20
		2	19	20	21	22	23	24	25	26	27	28	29	30	31	41	2	3	4	5	6	7	8	9	10	11	12	13	14	15	16	17	2	49
		3	18	19	20	21	22	23	24	25	26	27	28	29	30	51	2	3	4	5	6	7	8	9	10	11	12	13	14	15	16	—	4	19
		4	17	18	19	20	21	22	23	24	25	26	27	28	29	30	31	61	2	3	4	5	6	7	8	9	10	11	12	13	14	—	5	48
		5	15	16	17	18	19	20	21	22	23	24	25	26	27	28	29	30	71	2	3	4	5	6	7	8	9	10	11	12	13	14	6	17
		6	15	16	17	18	19	20	21	22	23	24	25	26	27	28	29	30	31	81	2	3	4	5	6	7	8	9	10	11	12	—	1	47
		7	13	14	15	16	17	18	19	20	21	22	23	24	25	26	27	28	29	30	31	91	2	3	4	5	6	7	8	9	10	11	2	16
		8	12	13	14	15	16	17	18	19	20	21	22	23	24	25	26	27	28	29	30	01	2	3	4	5	6	7	8	9	10	—	4	46
		9	11	12	13	14	15	16	17	18	19	20	21	22	23	24	25	26	27	28	29	30	31	N1	2	3	4	5	6	7	8	9	5	15
		10	10	11	12	13	14	15	16	17	18	19	20	21	22	23	24	25	26	27	28	29	30	D1	2	3	4	5	6	7	8	9	0	45
		11	10	11	12	13	14	15	16	17	18	19	20	21	22	23	24	25	26	27	28	29	30	31	11	2	3	4	5	6	7	8	2	15
		12	9	10	11	12	13	14	15	16	17	18	19	20	21	22	23	24	25	26	27	28	29	30	31	21	2	3	4	5	6	—	4	45
開成5庚申 840–41	14	1	7	8	9	10	11	12	13	14	15	16	17	18	19	20	21	22	23	24	25	26	27	28	29	31	2	3	4	5	6	7	5	14
		2	8	9	10	11	12	13	14	15	16	17	18	19	20	21	22	23	24	25	26	27	28	29	30	31	41	2	3	4	5	—	0	44
		3	6	7	8	9	10	11	12	13	14	15	16	17	18	19	20	21	22	23	24	25	26	27	28	29	30	51	2	3	4	5	1	13
		4	6	7	8	9	10	11	12	13	14	15	16	17	18	19	20	21	22	23	24	25	26	27	28	29	30	31	61	2	3	—	3	43
		5	4	5	6	7	8	9	10	11	12	13	14	15	16	17	18	19	20	21	22	23	24	25	26	27	28	29	30	71	2	—	4	12
		6	3	4	5	6	7	8	9	10	11	12	13	14	15	16	17	18	19	20	21	22	23	24	25	26	27	28	29	30	31	81	5	41
		7	2	3	4	5	6	7	8	9	10	11	12	13	14	15	16	17	18	19	20	21	22	23	24	25	26	27	28	29	30	—	0	11
		8	31	91	2	3	4	5	6	7	8	9	10	11	12	13	14	15	16	17	18	19	20	21	22	23	24	25	26	27	28	29	1	40
		9	30	01	2	3	4	5	6	7	8	9	10	11	12	13	14	15	16	17	18	19	20	21	22	23	24	25	26	27	28	—	3	10
		10	29	30	31	N1	2	3	4	5	6	7	8	9	10	11	12	13	14	15	16	17	18	19	20	21	22	23	24	25	26	27	4	39
		11	28	29	30	D1	2	3	4	5	6	7	8	9	10	11	12	13	14	15	16	17	18	19	20	21	22	23	24	25	26	27	6	9
		12	28	29	30	31	11	2	3	4	5	6	7	8	9	10	11	12	13	14	15	16	17	18	19	20	21	22	23	24	25	26	1	39

年序 Year	陰曆月序 Moon	陰曆日序 Order of days (Lunar) 1 2 3 4 5	6 7 8 9 10	11 12 13 14 15	16 17 18 19 20	21 22 23 24 25	26 27 28 29 30	星期 Week	干支 Cycle
武宗會昌 1 辛酉 841–42	26 1	27 28 29 30 31	21 2 3 4 5	6 7 8 9 10	11 12 13 14 15	16 17 18 19 20	21 22 23 24 —	3	9
	2	25 26 27 28 31	2 3 4 5 6	7 8 9 10 11	12 13 14 15 16	17 18 19 20 21	22 23 24 25 26	4	38
	3	27 28 29 30 31	41 2 3 4 5	6 7 8 9 10	11 12 13 14 15	16 17 18 19 20	21 22 23 24 —	6	8
	4	25 26 27 28 29	30 51 2 3 4	5 6 7 8 9	10 11 12 13 14	15 16 17 18 19	20 21 22 23 24	0	37
	5	25 26 27 28 29	30 31 61 2 3	4 5 6 7 8	9 10 11 12 13	14 15 16 17 18	19 20 21 22 —	2	7
	6	23 24 25 26 27	28 29 30 71 2	3 4 5 6 7	8 9 10 11 12	13 14 15 16 17	18 19 20 21 —	3	36
	7	22 23 24 25 26	27 28 29 30 31	81 2 3 4 5	6 7 8 9 10	11 12 13 14 15	16 17 18 19 —	4	5
	8	20 21 22 23 24	25 26 27 28 29	30 31 91 2 3	4 5 6 7 8	9 10 11 12 13	14 15 16 17 18	5	34
	9	19 20 21 22 23	24 25 26 27 28	29 30 01 2 3	4 5 6 7 8	9 10 11 12 13	14 15 16 17 —	0	4
	9	18 19 20 21 22	23 24 25 26 27	28 29 30 31 N1	2 3 4 5 6	7 8 9 10 11	12 13 14 15 16	1	33
	10	17 18 19 20 21	22 23 24 25 26	27 28 29 30 D1	2 3 4 5 6	7 8 9 10 11	12 13 14 15 16	3	3
	11	17 18 19 20 21	22 23 24 25 26	27 28 29 30 31	11 2 3 4 5	6 7 8 9 10	11 12 13 14 15	5	33
	12	16 17 18 19 20	21 22 23 24 25	26 27 28 29 30	31 21 2 3 4	5 6 7 8 9	10 11 12 13 —	0	3
會昌 2 壬戌 842–43	38 1	14 15 16 17 18	19 20 21 22 23	24 25 26 27 28	31 2 3 4 5	6 7 8 9 10	11 12 13 14 15	1	32
	2	16 17 18 19 20	21 22 23 24 25	26 27 28 29 30	31 41 2 3 4	5 6 7 8 9	10 11 12 13 14	3	2
	3	15 16 17 18 19	20 21 22 23 24	25 26 27 28 29	30 51 2 3 4	5 6 7 8 9	10 11 12 13 —	5	32
	4	14 15 16 17 18	19 20 21 22 23	24 25 26 27 28	29 30 31 61 2	3 4 5 6 7	8 9 10 11 12	6	1
	5	13 14 15 16 17	18 19 20 21 22	23 24 25 26 27	28 29 30 71 2	3 4 5 6 7	8 9 10 11 —	1	31
	6	12 13 14 15 16	17 18 19 20 21	22 23 24 25 26	27 28 29 30 31	81 2 3 4 5	6 7 8 9 —	2	0
	7	10 11 12 13 14	15 16 17 18 19	20 21 22 23 24	25 26 27 28 29	30 31 91 2 3	4 5 6 7 —	3	29
	8	8 9 10 11 12	13 14 15 16 17	18 19 20 21 22	23 24 25 26 27	28 29 30 01 2	3 4 5 6 7	4	58
	9	8 9 10 11 12	13 14 15 16 17	18 19 20 21 22	23 24 25 26 27	28 29 30 31 N1	2 3 4 5 —	6	28
	10	6 7 8 9 10	11 12 13 14 15	16 17 18 19 20	21 22 23 24 25	26 27 28 29 30	D1 2 3 4 5	0	57
	11	6 7 8 9 10	11 12 13 14 15	16 17 18 19 20	21 22 23 24 25	26 27 28 29 30	31 11 2 3 —	2	27
	12	4 5 6 7 8	9 10 11 12 13	14 15 16 17 18	19 20 21 22 23	24 25 26 27 28	29 30 31 21 2	3	56
會昌 3 癸亥 843–44	50 1	3 4 5 6 7	8 9 10 11 12	13 14 15 16 17	18 19 20 21 22	23 24 25 26 27	28 31 2 3 4	5	26
	2	5 6 7 8 9	10 11 12 13 14	15 16 17 18 19	20 21 22 23 24	25 26 27 28 29	30 31 41 2 3	0	56
	3	4 5 6 7 8	9 10 11 12 13	14 15 16 17 18	19 20 21 22 23	24 25 26 27 28	29 30 51 2 —	2	26
	4	3 4 5 6 7	8 9 10 11 12	13 14 15 16 17	18 19 20 21 22	23 24 25 26 27	28 29 30 31 61	3	55
	5	2 3 4 5 6	7 8 9 10 11	12 13 14 15 16	17 18 19 20 21	22 23 24 25 26	27 28 29 30 —	5	25
	6	71 2 3 4 5	6 7 8 9 10	11 12 13 14 15	16 17 18 19 20	21 22 23 24 25	26 27 28 29 30	6	54
	7	31 81 2 3 4	5 6 7 8 9	10 11 12 13 14	15 16 17 18 19	20 21 22 23 24	25 26 27 28 —	1	24
	8	29 30 31 91 2	3 4 5 6 7	8 9 10 11 12	13 14 15 16 17	18 19 20 21 22	23 24 25 26 27	2	53
	9	28 29 30 01 2	3 4 5 6 7	8 9 10 11 12	13 14 15 16 17	18 19 20 21 22	23 24 25 26 —	4	23
	10	27 28 29 30 31	N1 2 3 4 5	6 7 8 9 10	11 12 13 14 15	16 17 18 19 20	21 22 23 24 —	5	52
	11	25 26 27 28 29	30 D1 2 3 4	5 6 7 8 9	10 11 12 13 14	15 16 17 18 19	20 21 22 23 24	6	21
	12	25 26 27 28 29	30 31 11 2 3	4 5 6 7 8	9 10 11 12 13	14 15 16 17 18	19 20 21 22 23	1	51
會昌 4 甲子 844–45	2 1	24 25 26 27 28	29 30 31 21 2	3 4 5 6 7	8 9 10 11 12	13 14 15 16 17	18 19 20 21 —	3	21
	2	22 23 24 25 26	27 28 29 31 2	3 4 5 6 7	8 9 10 11 12	13 14 15 16 17	18 19 20 21 22	4	50
	3	23 24 25 26 27	28 29 30 31 41	2 3 4 5 6	7 8 9 10 11	12 13 14 15 16	17 18 19 20 21	6	20
	4	22 23 24 25 26	27 28 29 30 51	2 3 4 5 6	7 8 9 10 11	12 13 14 15 16	17 18 19 20 —	1	50
	5	21 22 23 24 25	26 27 28 29 30	31 61 2 3 4	5 6 7 8 9	10 11 12 13 14	15 16 17 18 19	2	19
	6	20 21 22 23 24	25 26 27 28 29	30 71 2 3 4	5 6 7 8 9	10 11 12 13 14	15 16 17 18 —	4	49
	7	19 20 21 22 23	24 25 26 27 28	29 30 31 81 2	3 4 5 6 7	8 9 10 11 12	13 14 15 16 17	5	18
	7	18 19 20 21 22	23 24 25 26 27	28 29 30 31 91	2 3 4 5 6	7 8 9 10 11	12 13 14 15 —	0	48
	8	16 17 18 19 20	21 22 23 24 25	26 27 28 29 30	01 2 3 4 5	6 7 8 9 10	11 12 13 14 15	1	17
	9	16 17 18 19 20	21 22 23 24 25	26 27 28 29 30	31 N1 2 3 4	5 6 7 8 9	10 11 12 13 —	3	47
	10	14 15 16 17 18	19 20 21 22 23	24 25 26 27 28	29 30 D1 2 3	4 5 6 7 8	9 10 11 12 —	4	16
	11	13 14 15 16 17	18 19 20 21 22	23 24 25 26 27	28 29 30 31 11	2 3 4 5 6	7 8 9 10 11	5	45
	12	12 13 14 15 16	17 18 19 20 21	22 23 24 25 26	27 28 29 30 31	21 2 3 4 5	6 7 8 9 10	0	15
會昌 5 乙丑 845–46	14 1	11 12 13 14 15	16 17 18 19 20	21 22 23 24 25	26 27 28 31 2	3 4 5 6 7	8 9 10 11 —	2	45
	2	12 13 14 15 16	17 18 19 20 21	22 23 24 25 26	27 28 29 30 31	41 2 3 4 5	6 7 8 9 10	3	14
	3	11 12 13 14 15	16 17 18 19 20	21 22 23 24 25	26 27 28 29 30	51 2 3 4 5	6 7 8 9 —	5	44
	4	10 11 12 13 14	15 16 17 18 19	20 21 22 23 24	25 26 27 28 29	30 31 61 2 3	4 5 6 7 8	6	13
	5	9 10 11 12 13	14 15 16 17 18	19 20 21 22 23	24 25 26 27 28	29 30 71 2 3	4 5 6 7 —	1	43
	6	8 9 10 11 12	13 14 15 16 17	18 19 20 21 22	23 24 25 26 27	28 29 30 31 81	2 3 4 5 6	2	12
	7	7 8 9 10 11	12 13 14 15 16	17 18 19 20 21	22 23 24 25 26	27 28 29 30 31	91 2 3 4 5	4	42
	8	6 7 8 9 10	11 12 13 14 15	16 17 18 19 20	21 22 23 24 25	26 27 28 29 30	01 2 3 4 —	6	12
	9	5 6 7 8 9	10 11 12 13 14	15 16 17 18 19	20 21 22 23 24	25 26 27 28 29	30 31 N1 2 3	0	41
	10	4 5 6 7 8	9 10 11 12 13	14 15 16 17 18	19 20 21 22 23	24 25 26 27 28	29 30 D1 2 —	2	11
	11	3 4 5 6 7	8 9 10 11 12	13 14 15 16 17	18 19 20 21 22	23 24 25 26 27	28 29 30 31 11	3	40
	12	2 3 4 5 6	7 8 9 10 11	12 13 14 15 16	17 18 19 20 21	22 23 24 25 26	27 28 29 30 —	5	10

年序 Year	陰曆月序 Moon	1	2	3	4	5	6	7	8	9	10	11	12	13	14	15	16	17	18	19	20	21	22	23	24	25	26	27	28	29	30	星期 Week	干支 Cycle
		陰曆日序 Order of days (Lunar)																															
會昌 6 丙寅 846–47	26 1	31	21	2	3	4	5	6	7	8	9	10	11	12	13	14	15	16	17	18	19	20	21	22	23	24	25	26	27	28	—	6	39
	2	31	2	3	4	5	6	7	8	9	10	11	12	13	14	15	16	17	18	19	20	21	22	23	24	25	26	27	28	29	30	0	8
	3	31	41	2	3	4	5	6	7	8	9	10	11	12	13	14	15	16	17	18	19	20	21	22	23	24	25	26	27	28	—	2	38
	4	29	30	51	2	3	4	5	6	7	8	9	10	11	12	13	14	15	16	17	18	19	20	21	22	23	24	25	26	27	28	3	7
	5	29	30	31	61	2	3	4	5	6	7	8	9	10	11	12	13	14	15	16	17	18	19	20	21	22	23	24	25	26	27	5	37
	6	28	29	30	71	2	3	4	5	6	7	8	9	10	11	12	13	14	15	16	17	18	19	20	21	22	23	24	25	26	—	0	7
	7	27	28	29	30	31	81	2	3	4	5	6	7	8	9	10	11	12	13	14	15	16	17	18	19	20	21	22	23	24	25	1	36
	8	26	27	28	29	30	31	91	2	3	4	5	6	7	8	9	10	11	12	13	14	15	16	17	18	19	20	21	22	23	—	3	6
	9	24	25	26	27	28	29	30	01	2	3	4	5	6	7	8	9	10	11	12	13	14	15	16	17	18	19	20	21	22	23	4	35
	10	24	25	26	27	28	29	30	31	N1	2	3	4	5	6	7	8	9	10	11	12	13	14	15	16	17	18	19	20	21	22	6	5
	11	23	24	25	26	27	28	29	30	D1	2	3	4	5	6	7	8	9	10	11	12	13	14	15	16	17	18	19	20	21	—	1	35
	12	22	23	24	25	26	27	28	29	30	31	11	2	3	4	5	6	7	8	9	10	11	12	13	14	15	16	17	18	19	20	2	4
宣宗 大中 1 丁卯 847–48	38 1	21	22	23	24	25	26	27	28	29	30	31	21	2	3	4	5	6	7	8	9	10	11	12	13	14	15	16	17	18	—	4	34
	2	19	20	21	22	23	24	25	26	27	28	31	2	3	4	5	6	7	8	9	10	11	12	13	14	15	16	17	18	19	20	5	3
	3	21	22	23	24	25	26	27	28	29	30	31	41	2	3	4	5	6	7	8	9	10	11	12	13	14	15	16	17	18	—	0	33
	3	19	20	21	22	23	24	25	26	27	28	29	30	51	2	3	4	5	6	7	8	9	10	11	12	13	14	15	16	17	—	1	2
	4	18	19	20	21	22	23	24	25	26	27	28	29	30	31	61	2	3	4	5	6	7	8	9	10	11	12	13	14	15	16	2	31
	5	17	18	19	20	21	22	23	24	25	26	27	28	29	30	71	2	3	4	5	6	7	8	9	10	11	12	13	14	15	—	4	1
	6	16	17	18	19	20	21	22	23	24	25	26	27	28	29	30	31	81	2	3	4	5	6	7	8	9	10	11	12	13	14	5	30
	7	15	16	17	18	19	20	21	22	23	24	25	26	27	28	29	30	31	91	2	3	4	5	6	7	8	9	10	11	12	13	0	0
	8	14	15	16	17	18	19	20	21	22	23	24	25	26	27	28	29	30	01	2	3	4	5	6	7	8	9	10	11	12	—	2	30
	9	13	14	15	16	17	18	19	20	21	22	23	24	25	26	27	28	29	30	31	N1	2	3	4	5	6	7	8	9	10	11	3	59
	10	12	13	14	15	16	17	18	19	20	21	22	23	24	25	26	27	28	29	30	D1	2	3	4	5	6	7	8	9	10	11	5	29
	11	12	13	14	15	16	17	18	19	20	21	22	23	24	25	26	27	28	29	30	31	11	2	3	4	5	6	7	8	9	—	0	59
	12	10	11	12	13	14	15	16	17	18	19	20	21	22	23	24	25	26	27	28	29	30	31	21	2	3	4	5	6	7	8	1	28
大中 2 戊辰 848–49	50 1	9	10	11	12	13	14	15	16	17	18	19	20	21	22	23	24	25	26	27	28	29	31	2	3	4	5	6	7	8	—	3	58
	2	9	10	11	12	13	14	15	16	17	18	19	20	21	22	23	24	25	26	27	28	29	30	31	41	2	3	4	5	6	7	4	27
	3	8	9	10	11	12	13	14	15	16	17	18	19	20	21	22	23	24	25	26	27	28	29	30	51	2	3	4	5	6	—	6	57
	4	7	8	9	10	11	12	13	14	15	16	17	18	19	20	21	22	23	24	25	26	27	28	29	30	31	61	2	3	4	—	0	26
	5	5	6	7	8	9	10	11	12	13	14	15	16	17	18	19	20	21	22	23	24	25	26	27	28	29	30	71	2	3	4	1	55
	6	5	6	7	8	9	10	11	12	13	14	15	16	17	18	19	20	21	22	23	24	25	26	27	28	29	30	31	81	2	—	3	25
	7	3	4	5	6	7	8	9	10	11	12	13	14	15	16	17	18	19	20	21	22	23	24	25	26	27	28	29	30	31	91	4	54
	8	2	3	4	5	6	7	8	9	10	11	12	13	14	15	16	17	18	19	20	21	22	23	24	25	26	27	28	29	30	—	6	24
	9	01	2	3	4	5	6	7	8	9	10	11	12	13	14	15	16	17	18	19	20	21	22	23	24	25	26	27	28	29	30	0	53
	10	31	N1	2	3	4	5	6	7	8	9	10	11	12	13	14	15	16	17	18	19	20	21	22	23	24	25	26	27	28	29	2	23
	11	30	D1	2	3	4	5	6	7	8	9	10	11	12	13	14	15	16	17	18	19	20	21	22	23	24	25	26	27	28	29	4	53
	12	30	31	11	2	3	4	5	6	7	8	9	10	11	12	13	14	15	16	17	18	19	20	21	22	23	24	25	26	27	—	6	23
大中 3 己巳 849–50	2 1	28	29	30	31	21	2	3	4	5	6	7	8	9	10	11	12	13	14	15	16	17	18	19	20	21	22	23	24	25	26	0	52
	2	27	28	31	2	3	4	5	6	7	8	9	10	11	12	13	14	15	16	17	18	19	20	21	22	23	24	25	26	27	—	2	22
	3	28	29	30	31	41	2	3	4	5	6	7	8	9	10	11	12	13	14	15	16	17	18	19	20	21	22	23	24	25	26	3	51
	4	27	28	29	30	51	2	3	4	5	6	7	8	9	10	11	12	13	14	15	16	17	18	19	20	21	22	23	24	25	—	5	21
	5	26	27	28	29	30	31	61	2	3	4	5	6	7	8	9	10	11	12	13	14	15	16	17	18	19	20	21	22	23	—	6	50
	6	24	25	26	27	28	29	30	71	2	3	4	5	6	7	8	9	10	11	12	13	14	15	16	17	18	19	20	21	22	—	0	19
	7	23	24	25	26	27	28	29	30	31	81	2	3	4	5	6	7	8	9	10	11	12	13	14	15	16	17	18	19	20	21	1	48
	8	22	23	24	25	26	27	28	29	30	31	91	2	3	4	5	6	7	8	9	10	11	12	13	14	15	16	17	18	19	—	3	18
	9	20	21	22	23	24	25	26	27	28	29	30	01	2	3	4	5	6	7	8	9	10	11	12	13	14	15	16	17	18	19	4	47
	10	20	21	22	23	24	25	26	27	28	29	30	31	N1	2	3	4	5	6	7	8	9	10	11	12	13	14	15	16	17	18	6	17
	11	19	20	21	22	23	24	25	26	27	28	29	30	D1	2	3	4	5	6	7	8	9	10	11	12	13	14	15	16	17	18	1	47
	11	19	20	21	22	23	24	25	26	27	28	29	30	31	11	2	3	4	5	6	7	8	9	10	11	12	13	14	15	16	—	3	17
	12	17	18	19	20	21	22	23	24	25	26	27	28	29	30	31	21	2	3	4	5	6	7	8	9	10	11	12	13	14	15	4	46
大中 4 庚午 850–51	14 1	16	17	18	19	20	21	22	23	24	25	26	27	28	31	2	3	4	5	6	7	8	9	10	11	12	13	14	15	16	17	6	16
	2	18	19	20	21	22	23	24	25	26	27	28	29	30	31	41	2	3	4	5	6	7	8	9	10	11	12	13	14	15	—	1	46
	3	16	17	18	19	20	21	22	23	24	25	26	27	28	29	30	51	2	3	4	5	6	7	8	9	10	11	12	13	14	15	2	15
	4	16	17	18	19	20	21	22	23	24	25	26	27	28	29	30	31	61	2	3	4	5	6	7	8	9	10	11	12	13	—	4	45
	5	14	15	16	17	18	19	20	21	22	23	24	25	26	27	28	29	30	71	2	3	4	5	6	7	8	9	10	11	12	—	5	14
	6	13	14	15	16	17	18	19	20	21	22	23	24	25	26	27	28	29	30	31	81	2	3	4	5	6	7	8	9	10	—	6	43
	7	11	12	13	14	15	16	17	18	19	20	21	22	23	24	25	26	27	28	29	30	31	91	2	3	4	5	6	7	8	9	0	12
	8	10	11	12	13	14	15	16	17	18	19	20	21	22	23	24	25	26	27	28	29	30	01	2	3	4	5	6	7	8	—	2	42
	9	9	10	11	12	13	14	15	16	17	18	19	20	21	22	23	24	25	26	27	28	29	30	31	N1	2	3	4	5	6	7	3	11
	10	8	9	10	11	12	13	14	15	16	17	18	19	20	21	22	23	24	25	26	27	28	29	30	D1	2	3	4	5	6	7	5	41
	11	8	9	10	11	12	13	14	15	16	17	18	19	20	21	22	23	24	25	26	27	28	29	30	31	11	2	3	4	5	—	0	11
	12	6	7	8	9	10	11	12	13	14	15	16	17	18	19	20	21	22	23	24	25	26	27	28	29	30	31	21	2	3	4	1	40

年序 Year	陰暦月序 Moon	陰暦日序 Order of days (Lunar) 1	2	3	4	5	6	7	8	9	10	11	12	13	14	15	16	17	18	19	20	21	22	23	24	25	26	27	28	29	30	星期 Week	干支 Cycle
大中5辛未 851–52	26 1	5	6	7	8	9	10	11	12	13	14	15	16	17	18	19	20	21	22	23	24	25	26	27	28	31	2	3	4	5	6	3	10
	2	7	8	9	10	11	12	13	14	15	16	17	18	19	20	21	22	23	24	25	26	27	28	29	30	31	41	2	3	4	5	5	40
	3	6	7	8	9	10	11	12	13	14	15	16	17	18	19	20	21	22	23	24	25	26	27	28	29	30	51	2	3	4	—	0	10
	4	5	6	7	8	9	10	11	12	13	14	15	16	17	18	19	20	21	22	23	24	25	26	27	28	29	30	31	61	2	3	1	39
	5	4	5	6	7	8	9	10	11	12	13	14	15	16	17	18	19	20	21	22	23	24	25	26	27	28	29	30	71	2	—	3	9
	6	3	4	5	6	7	8	9	10	11	12	13	14	15	16	17	18	19	20	21	22	23	24	25	26	27	28	29	30	31	—	4	38
	7	81	2	3	4	5	6	7	8	9	10	11	12	13	14	15	16	17	18	19	20	21	22	23	24	25	26	27	28	29	—	5	7
	8	30	31	91	2	3	4	5	6	7	8	9	10	11	12	13	14	15	16	17	18	19	20	21	22	23	24	25	26	27	28	6	36
	9	29	30	01	2	3	4	5	6	7	8	9	10	11	12	13	14	15	16	17	18	19	20	21	22	23	24	25	26	27	—	1	6
	10	28	29	30	31	N1	2	3	4	5	6	7	8	9	10	11	12	13	14	15	16	17	18	19	20	21	22	23	24	25	26	2	35
	11	27	28	29	30	D1	2	3	4	5	6	7	8	9	10	11	12	13	14	15	16	17	18	19	20	21	22	23	24	25	—	4	5
	12	26	27	28	29	30	31	11	2	3	4	5	6	7	8	9	10	11	12	13	14	15	16	17	18	19	20	21	22	23	24	5	34
大中6壬申 852–53	38 1	25	26	27	28	29	30	31	21	2	3	4	5	6	7	8	9	10	11	12	13	14	15	16	17	18	19	20	21	22	23	0	4
	2	24	25	26	27	28	29	31	2	3	4	5	6	7	8	9	10	11	12	13	14	15	16	17	18	19	20	21	22	23	24	2	34
	3	25	26	27	28	29	30	31	41	2	3	4	5	6	7	8	9	10	11	12	13	14	15	16	17	18	19	20	21	22	—	4	4
	4	23	24	25	26	27	28	29	30	51	2	3	4	5	6	7	8	9	10	11	12	13	14	15	16	17	18	19	20	21	22	5	33
	5	23	24	25	26	27	28	29	30	31	61	2	3	4	5	6	7	8	9	10	11	12	13	14	15	16	17	18	19	20	—	0	3
	6	21	22	23	24	25	26	27	28	29	30	71	2	3	4	5	6	7	8	9	10	11	12	13	14	15	16	17	18	19	20	1	32
	7	21	22	23	24	25	26	27	28	29	30	31	81	2	3	4	5	6	7	8	9	10	11	12	13	14	15	16	17	18	—	3	2
	7	19	20	21	22	23	24	25	26	27	28	29	30	31	91	2	3	4	5	6	7	8	9	10	11	12	13	14	15	16	—	4	31
	8	17	18	19	20	21	22	23	24	25	26	27	28	29	30	01	2	3	4	5	6	7	8	9	10	11	12	13	14	15	16	5	0
	9	17	18	19	20	21	22	23	24	25	26	27	28	29	30	31	N1	2	3	4	5	6	7	8	9	10	11	12	13	14	—	0	30
	10	15	16	17	18	19	20	21	22	23	24	25	26	27	28	29	30	D1	2	3	4	5	6	7	8	9	10	11	12	13	14	1	59
	11	15	16	17	18	19	20	21	22	23	24	25	26	27	28	29	30	31	11	2	3	4	5	6	7	8	9	10	11	12	—	3	29
	12	13	14	15	16	17	18	19	20	21	22	23	24	25	26	27	28	29	30	31	21	2	3	4	5	6	7	8	9	10	11	4	58
大中7癸酉 853–54	50 1	12	13	14	15	16	17	18	19	20	21	22	23	24	25	26	27	28	31	2	3	4	5	6	7	8	9	10	11	12	13	6	28
	2	14	15	16	17	18	19	20	21	22	23	24	25	26	27	28	29	30	31	41	2	3	4	5	6	7	8	9	10	11	—	1	58
	3	12	13	14	15	16	17	18	19	20	21	22	23	24	25	26	27	28	29	30	51	2	3	4	5	6	7	8	9	10	11	2	27
	4	12	13	14	15	16	17	18	19	20	21	22	23	24	25	26	27	28	29	30	31	61	2	3	4	5	6	7	8	9	10	4	57
	5	11	12	13	14	15	16	17	18	19	20	21	22	23	24	25	26	27	28	29	30	71	2	3	4	5	6	7	8	9	—	6	27
	6	10	11	12	13	14	15	16	17	18	19	20	21	22	23	24	25	26	27	28	29	30	31	81	2	3	4	5	6	7	8	0	56
	7	9	10	11	12	13	14	15	16	17	18	19	20	21	22	23	24	25	26	27	28	29	30	31	91	2	3	4	5	6	—	2	26
	8	7	8	9	10	11	12	13	14	15	16	17	18	19	20	21	22	23	24	25	26	27	28	29	30	01	2	3	4	5	6	3	55
	9	7	8	9	10	11	12	13	14	15	16	17	18	19	20	21	22	23	24	25	26	27	28	29	30	31	N1	2	3	4	—	5	25
	10	5	6	7	8	9	10	11	12	13	14	15	16	17	18	19	20	21	22	23	24	25	26	27	28	29	30	D1	2	3	—	6	54
	11	4	5	6	7	8	9	10	11	12	13	14	15	16	17	18	19	20	21	22	23	24	25	26	27	28	29	30	31	11	2	0	23
	12	3	4	5	6	7	8	9	10	11	12	13	14	15	16	17	18	19	20	21	22	23	24	25	26	27	28	29	30	31	—	2	53
大中8甲戌 854–55	2 1	21	2	3	4	5	6	7	8	9	10	11	12	13	14	15	16	17	18	19	20	21	22	23	24	25	26	27	28	31	2	3	22
	2	3	4	5	6	7	8	9	10	11	12	13	14	15	16	17	18	19	20	21	22	23	24	25	26	27	28	29	30	31	—	5	52
	3	41	2	3	4	5	6	7	8	9	10	11	12	13	14	15	16	17	18	19	20	21	22	23	24	25	26	27	28	29	30	6	21
	4	51	2	3	4	5	6	7	8	9	10	11	12	13	14	15	16	17	18	19	20	21	22	23	24	25	26	27	28	29	30	1	51
	5	31	61	2	3	4	5	6	7	8	9	10	11	12	13	14	15	16	17	18	19	20	21	22	23	24	25	26	27	28	—	3	21
	6	29	30	71	2	3	4	5	6	7	8	9	10	11	12	13	14	15	16	17	18	19	20	21	22	23	24	25	26	27	28	4	50
	7	29	30	31	81	2	3	4	5	6	7	8	9	10	11	12	13	14	15	16	17	18	19	20	21	22	23	24	25	26	—	6	20
	8	27	28	29	30	31	91	2	3	4	5	6	7	8	9	10	11	12	13	14	15	16	17	18	19	20	21	22	23	24	25	0	49
	9	26	27	28	29	30	01	2	3	4	5	6	7	8	9	10	11	12	13	14	15	16	17	18	19	20	21	22	23	24	25	2	19
	10	26	27	28	29	30	31	N1	2	3	4	5	6	7	8	9	10	11	12	13	14	15	16	17	18	19	20	21	22	23	—	4	49
	11	24	25	26	27	28	29	30	D1	2	3	4	5	6	7	8	9	10	11	12	13	14	15	16	17	18	19	20	21	22	23	5	18
	12	24	25	26	27	28	29	30	31	11	2	3	4	5	6	7	8	9	10	11	12	13	14	15	16	17	18	19	20	21	—	0	48
大中9乙亥 855–56	14 1	22	23	24	25	26	27	28	29	30	31	21	2	3	4	5	6	7	8	9	10	11	12	13	14	15	16	17	18	19	—	1	17
	2	20	21	22	23	24	25	26	27	28	31	2	3	4	5	6	7	8	9	10	11	12	13	14	15	16	17	18	19	20	21	2	46
	3	22	23	24	25	26	27	28	29	30	31	41	2	3	4	5	6	7	8	9	10	11	12	13	14	15	16	17	18	19	—	4	16
	4	20	21	22	23	24	25	26	27	28	29	30	51	2	3	4	5	6	7	8	9	10	11	12	13	14	15	16	17	18	19	5	45
	4	20	21	22	23	24	25	26	27	28	29	30	31	61	2	3	4	5	6	7	8	9	10	11	12	13	14	15	16	17	—	0	15
	5	18	19	20	21	22	23	24	25	26	27	28	29	30	71	2	3	4	5	6	7	8	9	10	11	12	13	14	15	16	17	1	44
	6	18	19	20	21	22	23	24	25	26	27	28	29	30	31	81	2	3	4	5	6	7	8	9	10	11	12	13	14	15	16	3	14
	7	17	18	19	20	21	22	23	24	25	26	27	28	29	30	31	91	2	3	4	5	6	7	8	9	10	11	12	13	14	—	5	44
	8	15	16	17	18	19	20	21	22	23	24	25	26	27	28	29	30	01	2	3	4	5	6	7	8	9	10	11	12	13	14	6	13
	9	15	16	17	18	19	20	21	22	23	24	25	26	27	28	29	30	31	N1	2	3	4	5	6	7	8	9	10	11	12	13	1	43
	10	14	15	16	17	18	19	20	21	22	23	24	25	26	27	28	29	30	D1	2	3	4	5	6	7	8	9	10	11	12	—	3	13
	11	13	14	15	16	17	18	19	20	21	22	23	24	25	26	27	28	29	30	31	11	2	3	4	5	6	7	8	9	10	11	4	42
	12	12	13	14	15	16	17	18	19	20	21	22	23	24	25	26	27	28	29	30	31	21	2	3	4	5	6	7	8	9	—	6	12

年序 Year	陰曆月序 Moon	1	2	3	4	5	6	7	8	9	10	11	12	13	14	15	16	17	18	19	20	21	22	23	24	25	26	27	28	29	30	星期 Week	干支 Cycle
大中10丙子 856–57	26 1	10	11	12	13	14	15	16	17	18	19	20	21	22	23	24	25	26	27	28	29	31	2	3	4	5	6	7	8	9	—	0	41
	2	10	11	12	13	14	15	16	17	18	19	20	21	22	23	24	25	26	27	28	29	30	31	41	2	3	4	5	6	7	8	1	10
	3	9	10	11	12	13	14	15	16	17	18	19	20	21	22	23	24	25	26	27	28	29	30	51	2	3	4	5	6	7	—	3	40
	4	8	9	10	11	12	13	14	15	16	17	18	19	20	21	22	23	24	25	26	27	28	29	30	31	61	2	3	4	5	6	4	9
	5	7	8	9	10	11	12	13	14	15	16	17	18	19	20	21	22	23	24	25	26	27	28	29	30	71	2	3	4	5	—	6	39
	6	6	7	8	9	10	11	12	13	14	15	16	17	18	19	20	21	22	23	24	25	26	27	28	29	30	31	81	2	3	4	0	8
	7	5	6	7	8	9	10	11	12	13	14	15	16	17	18	19	20	21	22	23	24	25	26	27	28	29	30	31	91	2	—	2	38
	8	3	4	5	6	7	8	9	10	11	12	13	14	15	16	17	18	19	20	21	22	23	24	25	26	27	28	29	30	01	2	3	7
	9	3	4	5	6	7	8	9	10	11	12	13	14	15	16	17	18	19	20	21	22	23	24	25	26	27	28	29	30	31	N1	5	37
	10	2	3	4	5	6	7	8	9	10	11	12	13	14	15	16	17	18	19	20	21	22	23	24	25	26	27	28	29	30	—	0	7
	11	D1	2	3	4	5	6	7	8	9	10	11	12	13	14	15	16	17	18	19	20	21	22	23	24	25	26	27	28	29	30	1	36
	12	31	11	2	3	4	5	6	7	8	9	10	11	12	13	14	15	16	17	18	19	20	21	22	23	24	25	26	27	28	29	3	6
大中11丁丑 857–58	38 1	30	31	21	2	3	4	5	6	7	8	9	10	11	12	13	14	15	16	17	18	19	20	21	22	23	24	25	26	27	—	5	36
	2	28	31	2	3	4	5	6	7	8	9	10	11	12	13	14	15	16	17	18	19	20	21	22	23	24	25	26	27	28	29	6	5
	3	30	31	41	2	3	4	5	6	7	8	9	10	11	12	13	14	15	16	17	18	19	20	21	22	23	24	25	26	27	—	1	35
	4	28	29	30	51	2	3	4	5	6	7	8	9	10	11	12	13	14	15	16	17	18	19	20	21	22	23	24	25	26	—	2	4
	5	27	28	29	30	31	61	2	3	4	5	6	7	8	9	10	11	12	13	14	15	16	17	18	19	20	21	22	23	24	25	3	33
	6	26	27	28	29	30	71	2	3	4	5	6	7	8	9	10	11	12	13	14	15	16	17	18	19	20	21	22	23	24	—	5	3
	7	25	26	27	28	29	30	31	81	2	3	4	5	6	7	8	9	10	11	12	13	14	15	16	17	18	19	20	21	22	—	6	32
	8	23	24	25	26	27	28	29	30	31	91	2	3	4	5	6	7	8	9	10	11	12	13	14	15	16	17	18	19	20	21	0	1
	9	22	23	24	25	26	27	28	29	30	01	2	3	4	5	6	7	8	9	10	11	12	13	14	15	16	17	18	19	20	21	2	31
	10	22	23	24	25	26	27	28	29	30	31	N1	2	3	4	5	6	7	8	9	10	11	12	13	14	15	16	17	18	19	20	4	1
	11	21	22	23	24	25	26	27	28	29	30	D1	2	3	4	5	6	7	8	9	10	11	12	13	14	15	16	17	18	19	—	6	31
	12	20	21	22	23	24	25	26	27	28	29	30	31	11	2	3	4	5	6	7	8	9	10	11	12	13	14	15	16	17	18	0	0
大中12戊寅 858–59	50 1	19	20	21	22	23	24	25	26	27	28	29	30	31	21	2	3	4	5	6	7	8	9	10	11	12	13	14	15	16	17	2	30
	2	18	19	20	21	22	23	24	25	26	27	28	31	2	3	4	5	6	7	8	9	10	11	12	13	14	15	16	17	18	—	4	0
	2	19	20	21	22	23	24	25	26	27	28	29	30	31	41	2	3	4	5	6	7	8	9	10	11	12	13	14	15	16	17	5	29
	3	18	19	20	21	22	23	24	25	26	27	28	29	30	51	2	3	4	5	6	7	8	9	10	11	12	13	14	15	16	—	0	59
	4	17	18	19	20	21	22	23	24	25	26	27	28	29	30	31	61	2	3	4	5	6	7	8	9	10	11	12	13	14	—	1	28
	5	15	16	17	18	19	20	21	22	23	24	25	26	27	28	29	30	71	2	3	4	5	6	7	8	9	10	11	12	13	14	2	57
	6	15	16	17	18	19	20	21	22	23	24	25	26	27	28	29	30	31	81	2	3	4	5	6	7	8	9	10	11	12	—	4	27
	7	13	14	15	16	17	18	19	20	21	22	23	24	25	26	27	28	29	30	31	91	2	3	4	5	6	7	8	9	10	—	5	56
	8	11	12	13	14	15	16	17	18	19	20	21	22	23	24	25	26	27	28	29	30	01	2	3	4	5	6	7	8	9	10	6	25
	9	11	12	13	14	15	16	17	18	19	20	21	22	23	24	25	26	27	28	29	30	31	N1	2	3	4	5	6	7	8	9	1	55
	10	10	11	12	13	14	15	16	17	18	19	20	21	22	23	24	25	26	27	28	29	30	D1	2	3	4	5	6	7	8	—	3	25
	11	9	10	11	12	13	14	15	16	17	18	19	20	21	22	23	24	25	26	27	28	29	30	31	11	2	3	4	5	6	7	4	54
	12	8	9	10	11	12	13	14	15	16	17	18	19	20	21	22	23	24	25	26	27	28	29	30	31	21	2	3	4	5	6	6	24
大中13己卯 859–60	2 1	7	8	9	10	11	12	13	14	15	16	17	18	19	20	21	22	23	24	25	26	27	28	31	2	3	4	5	6	7	8	1	54
	2	9	10	11	12	13	14	15	16	17	18	19	20	21	22	23	24	25	26	27	28	29	30	31	41	2	3	4	5	6	—	3	24
	3	7	8	9	10	11	12	13	14	15	16	17	18	19	20	21	22	23	24	25	26	27	28	29	30	51	2	3	4	5	6	4	53
	4	7	8	9	10	11	12	13	14	15	16	17	18	19	20	21	22	23	24	25	26	27	28	29	30	31	61	2	3	4	—	6	23
	5	5	6	7	8	9	10	11	12	13	14	15	16	17	18	19	20	21	22	23	24	25	26	27	28	29	30	71	2	3	—	0	52
	6	4	5	6	7	8	9	10	11	12	13	14	15	16	17	18	19	20	21	22	23	24	25	26	27	28	29	30	31	81	—	1	21
	7	2	3	4	5	6	7	8	9	10	11	12	13	14	15	16	17	18	19	20	21	22	23	24	25	26	27	28	29	30	31	2	50
	8	91	2	3	4	5	6	7	8	9	10	11	12	13	14	15	16	17	18	19	20	21	22	23	24	25	26	27	28	29	—	4	20
	9	30	01	2	3	4	5	6	7	8	9	10	11	12	13	14	15	16	17	18	19	20	21	22	23	24	25	26	27	28	29	5	49
	10	30	31	N1	2	3	4	5	6	7	8	9	10	11	12	13	14	15	16	17	18	19	20	21	22	23	24	25	26	27	—	0	19
	11	28	29	30	D1	2	3	4	5	6	7	8	9	10	11	12	13	14	15	16	17	18	19	20	21	22	23	24	25	26	27	1	48
	12	28	29	30	31	11	2	3	4	5	6	7	8	9	10	11	12	13	14	15	16	17	18	19	20	21	22	23	24	25	26	3	18
懿宗咸通1庚辰 860–61	14 1	27	28	29	30	31	21	2	3	4	5	6	7	8	9	10	11	12	13	14	15	16	17	18	19	20	21	22	23	24	25	5	48
	2	26	27	28	29	31	2	3	4	5	6	7	8	9	10	11	12	13	14	15	16	17	18	19	20	21	22	23	24	25	—	0	18
	3	26	27	28	29	30	31	41	2	3	4	5	6	7	8	9	10	11	12	13	14	15	16	17	18	19	20	21	22	23	24	1	47
	4	25	26	27	28	29	30	51	2	3	4	5	6	7	8	9	10	11	12	13	14	15	16	17	18	19	20	21	22	23	—	3	17
	5	24	25	26	27	28	29	30	31	61	2	3	4	5	6	7	8	9	10	11	12	13	14	15	16	17	18	19	20	21	22	4	46
	6	23	24	25	26	27	28	29	30	71	2	3	4	5	6	7	8	9	10	11	12	13	14	15	16	17	18	19	20	21	—	6	16
	7	22	23	24	25	26	27	28	29	30	31	81	2	3	4	5	6	7	8	9	10	11	12	13	14	15	16	17	18	19	20	0	45
	8	21	22	23	24	25	26	27	28	29	30	31	91	2	3	4	5	6	7	8	9	10	11	12	13	14	15	16	17	18	—	2	15
	9	19	20	21	22	23	24	25	26	27	28	29	30	01	2	3	4	5	6	7	8	9	10	11	12	13	14	15	16	17	—	3	44
	10	18	19	20	21	22	23	24	25	26	27	28	29	30	31	N1	2	3	4	5	6	7	8	9	10	11	12	13	14	15	16	4	13
	10	17	18	19	20	21	22	23	24	25	26	27	28	29	30	D1	2	3	4	5	6	7	8	9	10	11	12	13	14	15	—	6	43
	11][	16	17	18	19	20	21	22	23	24	25	26	27	28	29	30	31	11	2	3	4	5	6	7	8	9	10	11	12	13	14	0	12
	12	15	16	17	18	19	20	21	22	23	24	25	26	27	28	29	30	31	21	2	3	4	5	6	7	8	9	10	11	12	13	2	42

年序 Year	陰曆月序 Moon	1	2	3	4	5	6	7	8	9	10	11	12	13	14	15	16	17	18	19	20	21	22	23	24	25	26	27	28	29	30	星期 Week	干支 Cycle
咸通 2 辛巳 861–62	26 1	14	15	16	17	18	19	20	21	22	23	24	25	26	27	28	31	2	3	4	5	6	7	8	9	10	11	12	13	14	—	4	12
	2	15	16	17	18	19	20	21	22	23	24	25	26	27	28	29	30	31	41	2	3	4	5	6	7	8	9	10	11	12	13	5	41
	3	14	15	16	17	18	19	20	21	22	23	24	25	26	27	28	29	30	51	2	3	4	5	6	7	8	9	10	11	12	13	0	11
	4	14	15	16	17	18	19	20	21	22	23	24	25	26	27	28	29	30	31	61	2	3	4	5	6	7	8	9	10	11	—	2	41
	5	12	13	14	15	16	17	18	19	20	21	22	23	24	25	26	27	28	29	30	71	2	3	4	5	6	7	8	9	10	11	3	10
	6	12	13	14	15	16	17	18	19	20	21	22	23	24	25	26	27	28	29	30	31	81	2	3	4	5	6	7	8	9	—	5	40
	7	10	11	12	13	14	15	16	17	18	19	20	21	22	23	24	25	26	27	28	29	30	31	91	2	3	4	5	6	7	8	6	9
	8	9	10	11	12	13	14	15	16	17	18	19	20	21	22	23	24	25	26	27	28	29	30	01	2	3	4	5	6	7	—	1	39
	9	8	9	10	11	12	13	14	15	16	17	18	19	20	21	22	23	24	25	26	27	28	29	30	31	N1	2	3	4	5	—	2	8
	10	6	7	8	9	10	11	12	13	14	15	16	17	18	19	20	21	22	23	24	25	26	27	28	29	30	D1	2	3	4	5	3	37
	11	6	7	8	9	10	11	12	13	14	15	16	17	18	19	20	21	22	23	24	25	26	27	28	29	30	31	11	2	3	—	5	7
	12	4	5	6	7	8	9	10	11	12	13	14	15	16	17	18	19	20	21	22	23	24	25	26	27	28	29	30	31	21	2	6	36
咸通 3 壬午 862–63	38 1	3	4	5	6	7	8	9	10	11	12	13	14	15	16	17	18	19	20	21	22	23	24	25	26	27	28	31	2	3	4	1	6
	2	5	6	7	8	9	10	11	12	13	14	15	16	17	18	19	20	21	22	23	24	25	26	27	28	29	30	31	41	2	—	3	36
	3	3	4	5	6	7	8	9	10	11	12	13	14	15	16	17	18	19	20	21	22	23	24	25	26	27	28	29	30	51	2	4	5
	4	3	4	5	6	7	8	9	10	11	12	13	14	15	16	17	18	19	20	21	22	23	24	25	26	27	28	29	30	31	—	6	35
	5	61	2	3	4	5	6	7	8	9	10	11	12	13	14	15	16	17	18	19	20	21	22	23	24	25	26	27	28	29	30	0	4
	6	71	2	3	4	5	6	7	8	9	10	11	12	13	14	15	16	17	18	19	20	21	22	23	24	25	26	27	28	29	30	2	34
	7	31	81	2	3	4	5	6	7	8	9	10	11	12	13	14	15	16	17	18	19	20	21	22	23	24	25	26	27	28	—	4	4
	8	29	30	31	91	2	3	4	5	6	7	8	9	10	11	12	13	14	15	16	17	18	19	20	21	22	23	24	25	26	27	5	33
	9	28	29	30	01	2	3	4	5	6	7	8	9	10	11	12	13	14	15	16	17	18	19	20	21	22	23	24	25	26	—	0	3
	10	27	28	29	30	31	N1	2	3	4	5	6	7	8	9	10	11	12	13	14	15	16	17	18	19	20	21	22	23	24	—	1	32
	11	25	26	27	28	29	30	D1	2	3	4	5	6	7	8	9	10	11	12	13	14	15	16	17	18	19	20	21	22	23	24	2	1
	12	25	26	27	28	29	30	31	11	2	3	4	5	6	7	8	9	10	11	12	13	14	15	16	17	18	19	20	21	22	—	4	31
咸通 4 癸未 863–64	50 1	23	24	25	26	27	28	29	30	31	21	2	3	4	5	6	7	8	9	10	11	12	13	14	15	16	17	18	19	20	21	5	0
	2	22	23	24	25	26	27	28	31	2	3	4	5	6	7	8	9	10	11	12	13	14	15	16	17	18	19	20	21	22	—	0	30
	3	23	24	25	26	27	28	29	30	31	41	2	3	4	5	6	7	8	9	10	11	12	13	14	15	16	17	18	19	20	21	1	59
	4	22	23	24	25	26	27	28	29	30	51	2	3	4	5	6	7	8	9	10	11	12	13	14	15	16	17	18	19	20	21	3	29
	5	22	23	24	25	26	27	28	29	30	31	61	2	3	4	5	6	7	8	9	10	11	12	13	14	15	16	17	18	19	—	5	59
	6	20	21	22	23	24	25	26	27	28	29	30	71	2	3	4	5	6	7	8	9	10	11	12	13	14	15	16	17	18	19	6	28
	6	20	21	22	23	24	25	26	27	28	29	30	31	81	2	3	4	5	6	7	8	9	10	11	12	13	14	15	16	17	—	1	58
	7	18	19	20	21	22	23	24	25	26	27	28	29	30	31	91	2	3	4	5	6	7	8	9	10	11	12	13	14	15	16	2	27
	8	17	18	19	20	21	22	23	24	25	26	27	28	29	30	01	2	3	4	5	6	7	8	9	10	11	12	13	14	15	—	4	57
	9	16	17	18	19	20	21	22	23	24	25	26	27	28	29	30	31	N1	2	3	4	5	6	7	8	9	10	11	12	13	14	5	26
	10	15	16	17	18	19	20	21	22	23	24	25	26	27	28	29	30	D1	2	3	4	5	6	7	8	9	10	11	12	13	14	0	56
	11	15	16	17	18	19	20	21	22	23	24	25	26	27	28	29	30	31	11	2	3	4	5	6	7	8	9	10	11	12	—	2	26
	12	13	14	15	16	17	18	19	20	21	22	23	24	25	26	27	28	29	30	31	21	2	3	4	5	6	7	8	9	10	—	3	55
咸通 5 甲申 864–65	2 1	11	12	13	14	15	16	17	18	19	20	21	22	23	24	25	26	27	28	29	31	2	3	4	5	6	7	8	9	10	11	4	24
	2	12	13	14	15	16	17	18	19	20	21	22	23	24	25	26	27	28	29	30	31	41	2	3	4	5	6	7	8	9	—	6	54
	3	10	11	12	13	14	15	16	17	18	19	20	21	22	23	24	25	26	27	28	29	30	51	2	3	4	5	6	7	8	9	0	23
	4	10	11	12	13	14	15	16	17	18	19	20	21	22	23	24	25	26	27	28	29	30	31	61	2	3	4	5	6	7	—	2	53
	5	8	9	10	11	12	13	14	15	16	17	18	19	20	21	22	23	24	25	26	27	28	29	30	71	2	3	4	5	6	7	3	22
	6	8	9	10	11	12	13	14	15	16	17	18	19	20	21	22	23	24	25	26	27	28	29	30	31	81	2	3	4	5	—	5	52
	7	6	7	8	9	10	11	12	13	14	15	16	17	18	19	20	21	22	23	24	25	26	27	28	29	30	31	91	2	3	4	6	21
	8	5	6	7	8	9	10	11	12	13	14	15	16	17	18	19	20	21	22	23	24	25	26	27	28	29	30	01	2	3	4	1	51
	9	5	6	7	8	9	10	11	12	13	14	15	16	17	18	19	20	21	22	23	24	25	26	27	28	29	30	31	N1	2	—	3	21
	10	3	4	5	6	7	8	9	10	11	12	13	14	15	16	17	18	19	20	21	22	23	24	25	26	27	28	29	30	D1	2	4	50
	11	3	4	5	6	7	8	9	10	11	12	13	14	15	16	17	18	19	20	21	22	23	24	25	26	27	28	29	30	31	11	6	20
	12	2	3	4	5	6	7	8	9	10	11	12	13	14	15	16	17	18	19	20	21	22	23	24	25	26	27	28	29	30	—	1	50
咸通 6 乙酉 865–66	14 1	31	21	2	3	4	5	6	7	8	9	10	11	12	13	14	15	16	17	18	19	20	21	22	23	24	25	26	27	28	—	2	19
	2	31	2	3	4	5	6	7	8	9	10	11	12	13	14	15	16	17	18	19	20	21	22	23	24	25	26	27	28	29	30	3	48
	3	31	41	2	3	4	5	6	7	8	9	10	11	12	13	14	15	16	17	18	19	20	21	22	23	24	25	26	27	28	—	5	18
	4	29	30	51	2	3	4	5	6	7	8	9	10	11	12	13	14	15	16	17	18	19	20	21	22	23	24	25	26	27	28	6	47
	5	29	30	31	61	2	3	4	5	6	7	8	9	10	11	12	13	14	15	16	17	18	19	20	21	22	23	24	25	26	—	1	17
	6	27	28	29	30	71	2	3	4	5	6	7	8	9	10	11	12	13	14	15	16	17	18	19	20	21	22	23	24	25	26	2	46
	7	27	28	29	30	31	81	2	3	4	5	6	7	8	9	10	11	12	13	14	15	16	17	18	19	20	21	22	23	24	—	4	16
	8	25	26	27	28	29	30	31	91	2	3	4	5	6	7	8	9	10	11	12	13	14	15	16	17	18	19	20	21	22	23	5	45
	9	24	25	26	27	28	29	30	01	2	3	4	5	6	7	8	9	10	11	12	13	14	15	16	17	18	19	20	21	22	23	0	15
	10	24	25	26	27	28	29	30	31	N1	2	3	4	5	6	7	8	9	10	11	12	13	14	15	16	17	18	19	20	21	—	2	45
	11	22	23	24	25	26	27	28	29	30	D1	2	3	4	5	6	7	8	9	10	11	12	13	14	15	16	17	18	19	20	21	3	14
	12	22	23	24	25	26	27	28	29	30	31	11	2	3	4	5	6	7	8	9	10	11	12	13	14	15	16	17	18	19	20	5	44

年序 Year	陰曆月序 Moon	陰曆日序 Order of days (Lunar) 1 2 3 4 5	6 7 8 9 10	11 12 13 14 15	16 17 18 19 20	21 22 23 24 25	26 27 28 29 30	星期 Week	干支 Cycle
咸通7丙戌 866–67	26 1	21 22 23 24 25	26 27 28 29 30	31 21 2 3 4	5 6 7 8 9	10 11 12 13 14	15 16 17 18 —	0	14
	2	19 20 21 22 23	24 25 26 27 28	31 2 3 4 5	6 7 8 9 10	11 12 13 14 15	16 17 18 19 20	1	43
	3	21 22 23 24 25	26 27 28 29 30	31 41 2 3 4	5 6 7 8 9	10 11 12 13 14	15 16 17 18 —	3	13
	3	19 20 21 22 23	24 25 26 27 28	29 30 51 2 3	4 5 6 7 8	9 10 11 12 13	14 15 16 17 —	4	42
	4	18 19 20 21 22	23 24 25 26 27	28 29 30 31 61	2 3 4 5 6	7 8 9 10 11	12 13 14 15 —	5	11
	5	16 17 18 19 20	21 22 23 24 25	26 27 28 29 30	71 2 3 4 5	6 7 8 9 10	11 12 13 14 15	6	40
	6	16 17 18 19 20	21 22 23 24 25	26 27 28 29 30	31 81 2 3 4	5 6 7 8 9	10 11 12 13 —	1	10
	7	14 15 16 17 18	19 20 21 22 23	24 25 26 27 28	29 30 31 91 2	3 4 5 6 7	8 9 10 11 12	2	39
	8	13 14 15 16 17	18 19 20 21 22	23 24 25 26 27	28 29 30 01 2	3 4 5 6 7	8 9 10 11 12	4	9
	9	13 14 15 16 17	18 19 20 21 22	23 24 25 26 27	28 29 30 31 N1	2 3 4 5 6	7 8 9 10 —	6	39
	10	11 12 13 14 15	16 17 18 19 20	21 22 23 24 25	26 27 28 29 30	D1 2 3 4 5	6 7 8 9 10	0	8
	11	11 12 13 14 15	16 17 18 19 20	21 22 23 24 25	26 27 28 29 30	31 11 2 3 4	5 6 7 8 9	2	38
	12	10 11 12 13 14	15 16 17 18 19	20 21 22 23 24	25 26 27 28 29	30 31 21 2 3	4 5 6 7 8	4	8
咸通8丁亥 867–68	38 1	9 10 11 12 13	14 15 16 17 18	19 20 21 22 23	24 25 26 27 28	31 2 3 4 5	6 7 8 9 —	6	38
	2	10 11 12 13 14	15 16 17 18 19	20 21 22 23 24	25 26 27 28 29	30 31 41 2 3	4 5 6 7 8	0	7
	3	9 10 11 12 13	14 15 16 17 18	19 20 21 22 23	24 25 26 27 28	29 30 51 2 3	4 5 6 7 —	2	37
	4	8 9 10 11 12	13 14 15 16 17	18 19 20 21 22	23 24 25 26 27	28 29 30 31 61	2 3 4 5 —	3	6
	5	6 7 8 9 10	11 12 13 14 15	16 17 18 19 20	21 22 23 24 25	26 27 28 29 30	71 2 3 4 —	4	35
	6	5 6 7 8 9	10 11 12 13 14	15 16 17 18 19	20 21 22 23 24	25 26 27 28 29	30 31 81 2 3	5	4
	7	4 5 6 7 8	9 10 11 12 13	14 15 16 17 18	19 20 21 22 23	24 25 26 27 28	29 30 31 91 —	0	34
	8	2 3 4 5 6	7 8 9 10 11	12 13 14 15 16	17 18 19 20 21	22 23 24 25 26	27 28 29 30 01	1	3
	9	2 3 4 5 6	7 8 9 10 11	12 13 14 15 16	17 18 19 20 21	22 23 24 25 26	27 28 29 30 —	3	33
	10	31 N1 2 3 4	5 6 7 8 9	10 11 12 13 14	15 16 17 18 19	20 21 22 23 24	25 26 27 28 29	4	2
	11	30 D1 2 3 4	5 6 7 8 9	10 11 12 13 14	15 16 17 18 19	20 21 22 23 24	25 26 27 28 29	6	32
	12	30 31 11 2 3	4 5 6 7 8	9 10 11 12 13	14 15 16 17 18	19 20 21 22 23	24 25 26 27 28	1	2
咸通9戊子 868–69	50 1	29 30 31 21 2	3 4 5 6 7	8 9 10 11 12	13 14 15 16 17	18 19 20 21 22	23 24 25 26 —	3	32
	2	27 28 29 31 2	3 4 5 6 7	8 9 10 11 12	13 14 15 16 17	18 19 20 21 22	23 24 25 26 27	4	1
	3	28 29 30 31 41	2 3 4 5 6	7 8 9 10 11	12 13 14 15 16	17 18 19 20 21	22 23 24 25 26	6	31
	4	27 28 29 30 51	2 3 4 5 6	7 8 9 10 11	12 13 14 15 16	17 18 19 20 21	22 23 24 25 —	1	1
	5	26 27 28 29 30	31 61 2 3 4	5 6 7 8 9	10 11 12 13 14	15 16 17 18 19	20 21 22 23 —	2	30
	6	24 25 26 27 28	29 30 71 2 3	4 5 6 7 8	9 10 11 12 13	14 15 16 17 18	19 20 21 22 —	3	59
	7	23 24 25 26 27	28 29 30 31 81	2 3 4 5 6	7 8 9 10 11	12 13 14 15 16	17 18 19 20 21	4	28
	8	22 23 24 25 26	27 28 29 30 31	91 2 3 4 5	6 7 8 9 10	11 12 13 14 15	16 17 18 19 —	6	58
	9	20 21 22 23 24	25 26 27 28 29	30 01 2 3 4	5 6 7 8 9	10 11 12 13 14	15 16 17 18 19	0	27
	10	20 21 22 23 24	25 26 27 28 29	30 31 N1 2 3	4 5 6 7 8	9 10 11 12 13	14 15 16 17 —	2	57
	11	18 19 20 21 22	23 24 25 26 27	28 29 30 D1 2	3 4 5 6 7	8 9 10 11 12	13 14 15 16 17	3	26
	12	18 19 20 21 22	23 24 25 26 27	28 29 30 31 11	2 3 4 5 6	7 8 9 10 11	12 13 14 15 16	5	56
	12	17 18 19 20 21	22 23 24 25 26	27 28 29 30 31	21 2 3 4 5	6 7 8 9 10	11 12 13 14 —	0	26
咸通10己丑 869–70	2 1	15 16 17 18 19	20 21 22 23 24	25 26 27 28 31	2 3 4 5 6	7 8 9 10 11	12 13 14 15 16	1	55
	2	17 18 19 20 21	22 23 24 25 26	27 28 29 30 31	41 2 3 4 5	6 7 8 9 10	11 12 13 14 15	3	25
	3	16 17 18 19 20	21 22 23 24 25	26 27 28 29 30	51 2 3 4 5	6 7 8 9 10	11 12 13 14 —	5	55
	4	15 16 17 18 19	20 21 22 23 24	25 26 27 28 29	30 31 61 2 3	4 5 6 7 8	9 10 11 12 13	6	24
	5	14 15 16 17 18	19 20 21 22 23	24 25 26 27 28	29 30 71 2 3	4 5 6 7 8	9 10 11 12 —	1	54
	6	13 14 15 16 17	18 19 20 21 22	23 24 25 26 27	28 29 30 31 81	2 3 4 5 6	7 8 9 10 11	2	23
	7	12 13 14 15 16	17 18 19 20 21	22 23 24 25 26	27 28 29 30 31	91 2 3 4 5	6 7 8 9 —	4	53
	8	10 11 12 13 14	15 16 17 18 19	20 21 22 23 24	25 26 27 28 29	30 01 2 3 4	5 6 7 8 —	5	22
	9	9 10 11 12 13	14 15 16 17 18	19 20 21 22 23	24 25 26 27 28	29 30 31 N1 2	3 4 5 6 7	6	51
	10	8 9 10 11 12	13 14 15 16 17	18 19 20 21 22	23 24 25 26 27	28 29 30 D1 2	3 4 5 6 —	1	21
	11	7 8 9 10 11	12 13 14 15 16	17 18 19 20 21	22 23 24 25 26	27 28 29 30 31	11 2 3 4 5	2	50
	12	6 7 8 9 10	11 12 13 14 15	16 17 18 19 20	21 22 23 24 25	26 27 28 29 30	31 21 2 3 4	4	20
咸通11庚寅 870–71	14 1	5 6 7 8 9	10 11 12 13 14	15 16 17 18 19	20 21 22 23 24	25 26 27 28 31	2 3 4 5 —	6	50
	2	6 7 8 9 10	11 12 13 14 15	16 17 18 19 20	21 22 23 24 25	26 27 28 29 30	31 41 2 3 4	0	19
	3	5 6 7 8 9	10 11 12 13 14	15 16 17 18 19	20 21 22 23 24	25 26 27 28 29	30 51 2 3 4	2	49
	4	5 6 7 8 9	10 11 12 13 14	15 16 17 18 19	20 21 22 23 24	25 26 27 28 29	30 31 61 2 —	4	19
	5	3 4 5 6 7	8 9 10 11 12	13 14 15 16 17	18 19 20 21 22	23 24 25 26 27	28 29 30 71 2	5	48
	6	3 4 5 6 7	8 9 10 11 12	13 14 15 16 17	18 19 20 21 22	23 24 25 26 27	28 29 30 31 —	0	18
	7	81 2 3 4 5	6 7 8 9 10	11 12 13 14 15	16 17 18 19 20	21 22 23 24 25	26 27 28 29 30	1	47
	8	31 91 2 3 4	5 6 7 8 9	10 11 12 13 14	15 16 17 18 19	20 21 22 23 24	25 26 27 28 —	3	17
	9	29 30 01 2 3	4 5 6 7 8	9 10 11 12 13	14 15 16 17 18	19 20 21 22 23	24 25 26 27 —	4	46
	10	28 29 30 31 N1	2 3 4 5 6	7 8 9 10 11	12 13 14 15 16	17 18 19 20 21	22 23 24 25 26	5	15
	11	27 28 29 30 D1	2 3 4 5 6	7 8 9 10 11	12 13 14 15 16	17 18 19 20 21	22 23 24 25 —	0	45
	12	26 27 28 29 30	31 11 2 3 4	5 6 7 8 9	10 11 12 13 14	15 16 17 18 19	20 21 22 23 24	1	14

年序 Year	陰曆月序 Moon	陰曆日序 Order of days (Lunar) 1 2 3 4 5	6 7 8 9 10	11 12 13 14 15	16 17 18 19 20	21 22 23 24 25	26 27 28 29 30	星期 Week	干支 Cycle
咸通 12 辛卯 871–72	**26** 1	25 26 27 28 29	30 31 21 2 3	4 5 6 7 8	9 10 11 12 13	14 15 16 17 18	19 20 21 22 —	3	44
	2	23 24 25 26 27	28 31 2 3 4	5 6 7 8 9	10 11 12 13 14	15 16 17 18 19	20 21 22 23 24	4	13
	3	25 26 27 28 29	30 31 41 2 3	4 5 6 7 8	9 10 11 12 13	14 15 16 17 18	19 20 21 22 23	6	43
	4	24 25 26 27 28	29 30 51 2 3	4 5 6 7 8	9 10 11 12 13	14 15 16 17 18	19 20 21 22 —	1	13
	5	23 24 25 26 27	28 29 30 31 61	2 3 4 5 6	7 8 9 10 11	12 13 14 15 16	17 18 19 20 21	2	42
	6	22 23 24 25 26	27 28 29 30 71	2 3 4 5 6	7 8 9 10 11	12 13 14 15 16	17 18 19 20 —	4	12
	7	21 22 23 24 25	26 27 28 29 30	31 81 2 3 4	5 6 7 8 9	10 11 12 13 14	15 16 17 18 19	5	41
	8	20 21 22 23 24	25 26 27 28 29	30 31 91 2 3	4 5 6 7 8	9 10 11 12 13	14 15 16 17 —	0	11
	8	18 19 20 21 22	23 24 25 26 27	28 29 30 01 2	3 4 5 6 7	8 9 10 11 12	13 14 15 16 17	1	40
	9	18 19 20 21 22	23 24 25 26 27	28 29 30 31 N1	2 3 4 5 6	7 8 9 10 11	12 13 14 15 —	3	10
	10	16 17 18 19 20	21 22 23 24 25	26 27 28 29 30	D1 2 3 4 5	6 7 8 9 10	11 12 13 14 15	4	39
	11	16 17 18 19 20	21 22 23 24 25	26 27 28 29 30	31 11 2 3 4	5 6 7 8 9	10 11 12 13 —	6	9
	12	14 15 16 17 18	19 20 21 22 23	24 25 26 27 28	29 30 31 21 2	3 4 5 6 7	8 9 10 11 12	0	38
咸通 13 壬辰 872–73	**38** 1	13 14 15 16 17	18 19 20 21 22	23 24 25 26 27	28 29 31 2 3	4 5 6 7 8	9 10 11 12 —	2	8
	2	13 14 15 16 17	18 19 20 21 22	23 24 25 26 27	28 29 30 31 41	2 3 4 5 6	7 8 9 10 11	3	37
	3	12 13 14 15 16	17 18 19 20 21	22 23 24 25 26	27 28 29 30 51	2 3 4 5 6	7 8 9 10 —	5	7
	4	11 12 13 14 15	16 17 18 19 20	21 22 23 24 25	26 27 28 29 30	31 61 2 3 4	5 6 7 8 9	6	36
	5	10 11 12 13 14	15 16 17 18 19	20 21 22 23 24	25 26 27 28 29	30 71 2 3 4	5 6 7 8 9	1	6
	6	10 11 12 13 14	15 16 17 18 19	20 21 22 23 24	25 26 27 28 29	30 31 81 2 3	4 5 6 7 —	3	36
	7	8 9 10 11 12	13 14 15 16 17	18 19 20 21 22	23 24 25 26 27	28 29 30 31 91	2 3 4 5 6	4	5
	8	7 8 9 10 11	12 13 14 15 16	17 18 19 20 21	22 23 24 25 26	27 28 29 30 01	2 3 4 5 —	6	35
	9	6 7 8 9 10	11 12 13 14 15	16 17 18 19 20	21 22 23 24 25	26 27 28 29 30	31 N1 2 3 4	0	4
	10	5 6 7 8 9	10 11 12 13 14	15 16 17 18 19	20 21 22 23 24	25 26 27 28 29	30 D1 2 3 —	2	34
	11	4 5 6 7 8	9 10 11 12 13	14 15 16 17 18	19 20 21 22 23	24 25 26 27 28	29 30 31 11 2	3	3
	12	3 4 5 6 7	8 9 10 11 12	13 14 15 16 17	18 19 20 21 22	23 24 25 26 27	28 29 30 31 —	5	33
咸通 14 癸巳 873–74	**50** 1	21 2 3 4 5	6 7 8 9 10	11 12 13 14 15	16 17 18 19 20	21 22 23 24 25	26 27 28 31 2	6	2
	2	3 4 5 6 7	8 9 10 11 12	13 14 15 16 17	18 19 20 21 22	23 24 25 26 27	28 29 30 31 —	1	32
	3	41 2 3 4 5	6 7 8 9 10	11 12 13 14 15	16 17 18 19 20	21 22 23 24 25	26 27 28 29 30	2	1
	4	51 2 3 4 5	6 7 8 9 10	11 12 13 14 15	16 17 18 19 20	21 22 23 24 25	26 27 28 29 —	4	31
	5	30 31 61 2 3	4 5 6 7 8	9 10 11 12 13	14 15 16 17 18	19 20 21 22 23	24 25 26 27 28	5	0
	6	29 30 71 2 3	4 5 6 7 8	9 10 11 12 13	14 15 16 17 18	19 20 21 22 23	24 25 26 27 —	0	30
	7	28 29 30 31 81	2 3 4 5 6	7 8 9 10 11	12 13 14 15 16	17 18 19 20 21	22 23 24 25 26	1	59
	8	27 28 29 30 31	91 2 3 4 5	6 7 8 9 10	11 12 13 14 15	16 17 18 19 20	21 22 23 24 25	3	29
	9	26 27 28 29 30	01 2 3 4 5	6 7 8 9 10	11 12 13 14 15	16 17 18 19 20	21 22 23 24 —	5	59
	10	25 26 27 28 29	30 31 N1 2 3	4 5 6 7 8	9 10 11 12 13	14 15 16 17 18	19 20 21 22 23	6	28
	11	24 25 26 27 28	29 30 D1 2 3	4 5 6 7 8	9 10 11 12 13	14 15 16 17 18	19 20 21 22 23	1	58
	12	24 25 26 27 28	29 30 31 11 2	3 4 5 6 7	8 9 10 11 12	13 14 15 16 17	18 19 20 21 —	3	28
僖宗 乾符 1 甲午 874–75	**2** 1	22 23 24 25 26	27 28 29 30 31	21 2 3 4 5	6 7 8 9 10	11 12 13 14 15	16 17 18 19 —	4	57
	2	20 21 22 23 24	25 26 27 28 31	2 3 4 5 6	7 8 9 10 11	12 13 14 15 16	17 18 19 20 21	5	26
	3	22 23 24 25 26	27 28 29 30 31	41 2 3 4 5	6 7 8 9 10	11 12 13 14 15	16 17 18 19 —	0	56
	4	20 21 22 23 24	25 26 27 28 29	30 51 2 3 4	5 6 7 8 9	10 11 12 13 14	15 16 17 18 19	1	25
	4	20 21 22 23 24	25 26 27 28 29	30 31 61 2 3	4 5 6 7 8	9 10 11 12 13	14 15 16 17 —	3	55
	5	18 19 20 21 22	23 24 25 26 27	28 29 30 71 2	3 4 5 6 7	8 9 10 11 12	13 14 15 16 —	4	24
	6	17 18 19 20 21	22 23 24 25 26	27 28 29 30 31	81 2 3 4 5	6 7 8 9 10	11 12 13 14 15	5	53
	7	16 17 18 19 20	21 22 23 24 25	26 27 28 29 30	31 91 2 3 4	5 6 7 8 9	10 11 12 13 14	0	23
	8	15 16 17 18 19	20 21 22 23 24	25 26 27 28 29	30 01 2 3 4	5 6 7 8 9	10 11 12 13 —	2	53
	9	14 15 16 17 18	19 20 21 22 23	24 25 26 27 28	29 30 31 N1 2	3 4 5 6 7	8 9 10 11 12	3	22
	10	13 14 15 16 17	18 19 20 21 22	23 24 25 26 27	28 29 30 D1 2	3 4 5 6 7	8 9 10 11 12	5	52
	11	13 14 15 16 17	18 19 20 21 22	23 24 25 26 27	28 29 30 31 11	2 3 4 5 6	7 8 9 10 —	0	22
	12	11 12 13 14 15	16 17 18 19 20	21 22 23 24 25	26 27 28 29 30	31 21 2 3 4	5 6 7 8 9	1	51
乾符 2 乙未 875–76	**14** 1	10 11 12 13 14	15 16 17 18 19	20 21 22 23 24	25 26 27 28 31	2 3 4 5 6	7 8 9 10 11	3	21
	2	12 13 14 15 16	17 18 19 20 21	22 23 24 25 26	27 28 29 30 31	41 2 3 4 5	6 7 8 9 —	5	51
	3	10 11 12 13 14	15 16 17 18 19	20 21 22 23 24	25 26 27 28 29	30 51 2 3 4	5 6 7 8 —	6	20
	4	9 10 11 12 13	14 15 16 17 18	19 20 21 22 23	24 25 26 27 28	29 30 31 61 2	3 4 5 6 7	0	49
	5	8 9 10 11 12	13 14 15 16 17	18 19 20 21 22	23 24 25 26 27	28 29 30 71 2	3 4 5 6 —	2	19
	6	7 8 9 10 11	12 13 14 15 16	17 18 19 20 21	22 23 24 25 26	27 28 29 30 31	81 2 3 4 —	3	48
	7	5 6 7 8 9	10 11 12 13 14	15 16 17 18 19	20 21 22 23 24	25 26 27 28 29	30 31 91 2 3	4	17
	8	4 5 6 7 8	9 10 11 12 13	14 15 16 17 18	19 20 21 22 23	24 25 26 27 28	29 30 01 2 —	6	47
	9	3 4 5 6 7	8 9 10 11 12	13 14 15 16 17	18 19 20 21 22	23 24 25 26 27	28 29 30 31 N1	0	16
	10	2 3 4 5 6	7 8 9 10 11	12 13 14 15 16	17 18 19 20 21	22 23 24 25 26	27 28 29 30 D1	2	46
	11	2 3 4 5 6	7 8 9 10 11	12 13 14 15 16	17 18 19 20 21	22 23 24 25 26	27 28 29 30 31	4	16
	12	11 2 3 4 5	6 7 8 9 10	11 12 13 14 15	16 17 18 19 20	21 22 23 24 25	26 27 28 29 —	6	46

年序 Year	陰曆月序 Moon	1	2	3	4	5	6	7	8	9	10	11	12	13	14	15	16	17	18	19	20	21	22	23	24	25	26	27	28	29	30	星期 Week	干支 Cycle
乾符 3 丙申 876–77	26 1	30	31	21	2	3	4	5	6	7	8	9	10	11	12	13	14	15	16	17	18	19	20	21	22	23	24	25	26	27	28	0	15
	2	29	31	2	3	4	5	6	7	8	9	10	11	12	13	14	15	16	17	18	19	20	21	22	23	24	25	26	27	28	29	2	45
	3	30	31	41	2	3	4	5	6	7	8	9	10	11	12	13	14	15	16	17	18	19	20	21	22	23	24	25	26	27	—	4	15
	4	28	29	30	51	2	3	4	5	6	7	8	9	10	11	12	13	14	15	16	17	18	19	20	21	22	23	24	25	26	—	5	44
	5	27	28	29	30	31	61	2	3	4	5	6	7	8	9	10	11	12	13	14	15	16	17	18	19	20	21	22	23	24	—	6	13
	6	25	26	27	28	29	30	71	2	3	4	5	6	7	8	9	10	11	12	13	14	15	16	17	18	19	20	21	22	23	24	0	42
	7	25	26	27	28	29	30	31	81	2	3	4	5	6	7	8	9	10	11	12	13	14	15	16	17	18	19	20	21	22	—	2	12
	8	23	24	25	26	27	28	29	30	31	91	2	3	4	5	6	7	8	9	10	11	12	13	14	15	16	17	18	19	20	21	3	41
	9	22	23	24	25	26	27	28	29	30	01	2	3	4	5	6	7	8	9	10	11	12	13	14	15	16	17	18	19	20	—	5	11
	10	21	22	23	24	25	26	27	28	29	30	31	N1	2	3	4	5	6	7	8	9	10	11	12	13	14	15	16	17	18	19	6	40
	11	20	21	22	23	24	25	26	27	28	29	30	D1	2	3	4	5	6	7	8	9	10	11	12	13	14	15	16	17	18	19	1	10
	12	20	21	22	23	24	25	26	27	28	29	30	31	11	2	3	4	5	6	7	8	9	10	11	12	13	14	15	16	17	—	3	40
乾符 4 丁酉 877–78	38 1	18	19	20	21	22	23	24	25	26	27	28	29	30	31	21	2	3	4	5	6	7	8	9	10	11	12	13	14	15	16	4	9
	2	17	18	19	20	21	22	23	24	25	26	27	28	31	2	3	4	5	6	7	8	9	10	11	12	13	14	15	16	17	18	6	39
	2	19	20	21	22	23	24	25	26	27	28	29	30	31	41	2	3	4	5	6	7	8	9	10	11	12	13	14	15	16	—	1	9
	3	17	18	19	20	21	22	23	24	25	26	27	28	29	30	51	2	3	4	5	6	7	8	9	10	11	12	13	14	15	16	2	38
	4	17	18	19	20	21	22	23	24	25	26	27	28	29	30	31	61	2	3	4	5	6	7	8	9	10	11	12	13	14	—	4	8
	5	15	16	17	18	19	20	21	22	23	24	25	26	27	28	29	30	71	2	3	4	5	6	7	8	9	10	11	12	13	14	5	37
	6	15	16	17	18	19	20	21	22	23	24	25	26	27	28	29	30	31	81	2	3	4	5	6	7	8	9	10	11	12	—	0	7
	7	13	14	15	16	17	18	19	20	21	22	23	24	25	26	27	28	29	30	31	91	2	3	4	5	6	7	8	9	10	—	1	36
	8	11	12	13	14	15	16	17	18	19	20	21	22	23	24	25	26	27	28	29	30	01	2	3	4	5	6	7	8	9	10	2	5
	9	11	12	13	14	15	16	17	18	19	20	21	22	23	24	25	26	27	28	29	30	31	N1	2	3	4	5	6	7	8	—	4	35
	10	9	10	11	12	13	14	15	16	17	18	19	20	21	22	23	24	25	26	27	28	29	30	D1	2	3	4	5	6	7	8	5	4
	11	9	10	11	12	13	14	15	16	17	18	19	20	21	22	23	24	25	26	27	28	29	30	31	11	2	3	4	5	6	—	0	34
	12	7	8	9	10	11	12	13	14	15	16	17	18	19	20	21	22	23	24	25	26	27	28	29	30	31	21	2	3	4	5	1	3
乾符 5 戊戌 878–79	50 1	6	7	8	9	10	11	12	13	14	15	16	17	18	19	20	21	22	23	24	25	26	27	28	31	2	3	4	5	6	7	3	33
	2	8	9	10	11	12	13	14	15	16	17	18	19	20	21	22	23	24	25	26	27	28	29	30	31	41	2	3	4	5	6	5	3
	3	7	8	9	10	11	12	13	14	15	16	17	18	19	20	21	22	23	24	25	26	27	28	29	30	51	2	3	4	5	—	0	33
	4	6	7	8	9	10	11	12	13	14	15	16	17	18	19	20	21	22	23	24	25	26	27	28	29	30	31	61	2	3	4	1	2
	5	5	6	7	8	9	10	11	12	13	14	15	16	17	18	19	20	21	22	23	24	25	26	27	28	29	30	71	2	3	—	3	32
	6	4	5	6	7	8	9	10	11	12	13	14	15	16	17	18	19	20	21	22	23	24	25	26	27	28	29	30	31	81	2	4	1
	7	3	4	5	6	7	8	9	10	11	12	13	14	15	16	17	18	19	20	21	22	23	24	25	26	27	28	29	30	31	—	6	31
	8	91	2	3	4	5	6	7	8	9	10	11	12	13	14	15	16	17	18	19	20	21	22	23	24	25	26	27	28	29	—	0	0
	9	30	01	2	3	4	5	6	7	8	9	10	11	12	13	14	15	16	17	18	19	20	21	22	23	24	25	26	27	28	29	1	29
	10	30	31	N1	2	3	4	5	6	7	8	9	10	11	12	13	14	15	16	17	18	19	20	21	22	23	24	25	26	27	—	3	59
	11	28	29	30	D1	2	3	4	5	6	7	8	9	10	11	12	13	14	15	16	17	18	19	20	21	22	23	24	25	26	27	4	28
	12	28	29	30	31	11	2	3	4	5	6	7	8	9	10	11	12	13	14	15	16	17	18	19	20	21	22	23	24	25	—	6	58
乾符 6 己亥 879–80	2 1	26	27	28	29	30	31	21	2	3	4	5	6	7	8	9	10	11	12	13	14	15	16	17	18	19	20	21	22	23	24	0	27
	2	25	26	27	28	31	2	3	4	5	6	7	8	9	10	11	12	13	14	15	16	17	18	19	20	21	22	23	24	25	26	2	57
	3	27	28	29	30	31	41	2	3	4	5	6	7	8	9	10	11	12	13	14	15	16	17	18	19	20	21	22	23	24	—	4	27
	4	25	26	27	28	29	30	51	2	3	4	5	6	7	8	9	10	11	12	13	14	15	16	17	18	19	20	21	22	23	24	5	56
	5	25	26	27	28	29	30	31	61	2	3	4	5	6	7	8	9	10	11	12	13	14	15	16	17	18	19	20	21	22	23	0	26
	6	24	25	26	27	28	29	30	71	2	3	4	5	6	7	8	9	10	11	12	13	14	15	16	17	18	19	20	21	22	—	2	56
	7	23	24	25	26	27	28	29	30	31	81	2	3	4	5	6	7	8	9	10	11	12	13	14	15	16	17	18	19	20	—	3	25
	8	21	22	23	24	25	26	27	28	29	30	31	91	2	3	4	5	6	7	8	9	10	11	12	13	14	15	16	17	18	19	4	54
	9	20	21	22	23	24	25	26	27	28	29	30	01	2	3	4	5	6	7	8	9	10	11	12	13	14	15	16	17	18	—	6	24
	10	19	20	21	22	23	24	25	26	27	28	29	30	31	N1	2	3	4	5	6	7	8	9	10	11	12	13	14	15	16	17	0	53
	10	18	19	20	21	22	23	24	25	26	27	28	29	30	D1	2	3	4	5	6	7	8	9	10	11	12	13	14	15	16	—	2	23
	11	17	18	19	20	21	22	23	24	25	26	27	28	29	30	31	11	2	3	4	5	6	7	8	9	10	11	12	13	14	15	3	52
	12	16	17	18	19	20	21	22	23	24	25	26	27	28	29	30	31	21	2	3	4	5	6	7	8	9	10	11	12	13	—	5	22
廣明 1 庚子 880–81	14 1	14	15	16	17	18	19	20	21	22	23	24	25	26	27	28	29	31	2	3	4	5	6	7	8	9	10	11	12	13	14	6	51
	2	15	16	17	18	19	20	21	22	23	24	25	26	27	28	29	30	31	41	2	3	4	5	6	7	8	9	10	11	12	—	1	21
	3	13	14	15	16	17	18	19	20	21	22	23	24	25	26	27	28	29	30	51	2	3	4	5	6	7	8	9	10	11	12	2	50
	4	13	14	15	16	17	18	19	20	21	22	23	24	25	26	27	28	29	30	31	61	2	3	4	5	6	7	8	9	10	11	4	20
	5	12	13	14	15	16	17	18	19	20	21	22	23	24	25	26	27	28	29	30	71	2	3	4	5	6	7	8	9	10	—	6	50
	6	11	12	13	14	15	16	17	18	19	20	21	22	23	24	25	26	27	28	29	30	31	81	2	3	4	5	6	7	8	9	0	19
	7	10	11	12	13	14	15	16	17	18	19	20	21	22	23	24	25	26	27	28	29	30	31	91	2	3	4	5	6	7	—	2	49
	8	8	9	10	11	12	13	14	15	16	17	18	19	20	21	22	23	24	25	26	27	28	29	30	01	2	3	4	5	6	7	3	18
	9	8	9	10	11	12	13	14	15	16	17	18	19	20	21	22	23	24	25	26	27	28	29	30	31	N1	2	3	4	5	—	5	48
	10	6	7	8	9	10	11	12	13	14	15	16	17	18	19	20	21	22	23	24	25	26	27	28	29	30	D1	2	3	4	5	6	17
	11	6	7	8	9	10	11	12	13	14	15	16	17	18	19	20	21	22	23	24	25	26	27	28	29	30	31	11	2	3	—	1	47
	12	4	5	6	7	8	9	10	11	12	13	14	15	16	17	18	19	20	21	22	23	24	25	26	27	28	29	30	31	21	2	2	16

年序 Year	陰曆月序 Moon	陰曆日序 Order of days (Lunar) 1 2 3 4 5	6 7 8 9 10	11 12 13 14 15	16 17 18 19 20	21 22 23 24 25	26 27 28 29 30	星期 Week	干支 Cycle
中和 1 辛丑 881–82	26 1	3 4 5 6 7	8 9 10 11 12	13 14 15 16 17	18 19 20 21 22	23 24 25 26 27	28 **31** 2 3 —	4	46
	2	4 5 6 7 8	9 10 11 12 13	14 15 16 17 18	19 20 21 22 23	24 25 26 27 28	29 30 31 **41** 2	5	15
	3	3 4 5 6 7	8 9 10 11 12	13 14 15 16 17	18 19 20 21 22	23 24 25 26 27	28 29 30 **51** —	0	45
	4	2 3 4 5 6	7 8 9 10 11	12 13 14 15 16	17 18 19 20 21	22 23 24 25 26	27 28 29 30 31	1	14
	5	**61** 2 3 4 5	6 7 8 9 10	11 12 13 14 15	16 17 18 19 20	21 22 23 24 25	26 27 28 29 —	3	44
	6	30 **71** 2 3 4	5 6 7 8 9	10 11 12 13 14	15 16 17 18 19	20 21 22 23 24	25 26 27 28 29	4	13
	7][	30 31 **81** 2 3	4 5 6 7 8	9 10 11 12 13	14 15 16 17 18	19 20 21 22 23	24 25 26 27 28	6	43
	8	29 30 31 **91** 2	3 4 5 6 7	8 9 10 11 12	13 14 15 16 17	18 19 20 21 22	23 24 25 26 —	1	13
	9	27 28 29 30 **01**	2 3 4 5 6	7 8 9 10 11	12 13 14 15 16	17 18 19 20 21	22 23 24 25 26	2	42
	10	27 28 29 30 31	**N1** 2 3 4 5	6 7 8 9 10	11 12 13 14 15	16 17 18 19 20	21 22 23 24 —	4	12
	11	25 26 27 28 29	30 **D1** 2 3 4	5 6 7 8 9	10 11 12 13 14	15 16 17 18 19	20 21 22 23 24	5	41
	12	25 26 27 28 29	30 31 **11** 2 3	4 5 6 7 8	9 10 11 12 13	14 15 16 17 18	19 20 21 22 —	0	11
中和 2 壬寅 882–83	88 1	23 24 25 26 27	28 29 30 31 **21**	2 3 4 5 6	7 8 9 10 11	12 13 14 15 16	17 18 19 20 21	1	40
	2	22 23 24 25 26	27 28 **31** 2 3	4 5 6 7 8	9 10 11 12 13	14 15 16 17 18	19 20 21 22 —	3	10
	3	23 24 25 26 27	28 29 30 31 **41**	2 3 4 5 6	7 8 9 10 11	12 13 14 15 16	17 18 19 20 21	4	39
	4	22 23 24 25 26	27 28 29 30 **51**	2 3 4 5 6	7 8 9 10 11	12 13 14 15 16	17 18 19 20 —	6	9
	5	21 22 23 24 25	26 27 28 29 30	31 **61** 2 3 4	5 6 7 8 9	10 11 12 13 14	15 16 17 18 19	0	38
	6	20 21 22 23 24	25 26 27 28 29	30 **71** 2 3 4	5 6 7 8 9	10 11 12 13 14	15 16 17 18 —	2	8
	7	19 20 21 22 23	24 25 26 27 28	29 30 31 **81** 2	3 4 5 6 7	8 9 10 11 12	13 14 15 16 17	3	37
	7	18 19 20 21 22	23 24 25 26 27	28 29 30 31 **91**	2 3 4 5 6	7 8 9 10 11	12 13 14 15 —	5	7
	8	16 17 18 19 20	21 22 23 24 25	26 27 28 29 30	**01** 2 3 4 5	6 7 8 9 10	11 12 13 14 15	6	36
	9	16 17 18 19 20	21 22 23 24 25	26 27 28 29 30	31 **N1** 2 3 4	5 6 7 8 9	10 11 12 13 14	1	6
	10	15 16 17 18 19	20 21 22 23 24	25 26 27 28 29	30 **D1** 2 3 4	5 6 7 8 9	10 11 12 13 —	3	36
	11	14 15 16 17 18	19 20 21 22 23	24 25 26 27 28	29 30 31 **11** 2	3 4 5 6 7	8 9 10 11 12	4	5
	12	13 14 15 16 17	18 19 20 21 22	23 24 25 26 27	28 29 30 31 **21**	2 3 4 5 6	7 8 9 10 —	6	35
中和 3 癸卯 883–84	50 1	11 12 13 14 15	16 17 18 19 20	21 22 23 24 25	26 27 28 **31** 2	3 4 5 6 7	8 9 10 11 12	0	4
	2	13 14 15 16 17	18 19 20 21 22	23 24 25 26 27	28 29 30 31 **41**	2 3 4 5 6	7 8 9 10 —	2	34
	3	11 12 13 14 15	16 17 18 19 20	21 22 23 24 25	26 27 28 29 30	**51** 2 3 4 5	6 7 8 9 10	3	3
	4	11 12 13 14 15	16 17 18 19 20	21 22 23 24 25	26 27 28 29 30	31 **61** 2 3 4	5 6 7 8 —	5	33
	5	9 10 11 12 13	14 15 16 17 18	19 20 21 22 23	24 25 26 27 28	29 30 **71** 2 3	4 5 6 7 —	6	2
	6	8 9 10 11 12	13 14 15 16 17	18 19 20 21 22	23 24 25 26 27	28 29 30 31 **81**	2 3 4 5 6	0	31
	7	7 8 9 10 11	12 13 14 15 16	17 18 19 20 21	22 23 24 25 26	27 28 29 30 31	**91** 2 3 4 —	2	1
	8	5 6 7 8 9	10 11 12 13 14	15 16 17 18 19	20 21 22 23 24	25 26 27 28 29	30 **01** 2 3 4	3	30
	9	5 6 7 8 9	10 11 12 13 14	15 16 17 18 19	20 21 22 23 24	25 26 27 28 29	30 31 **N1** 2 3	5	0
	10	4 5 6 7 8	9 10 11 12 13	14 15 16 17 18	19 20 21 22 23	24 25 26 27 28	29 30 **D1** 2 3	0	30
	11	4 5 6 7 8	9 10 11 12 13	14 15 16 17 18	19 20 21 22 23	24 25 26 27 28	29 30 31 **11** —	2	0
	12	2 3 4 5 6	7 8 9 10 11	12 13 14 15 16	17 18 19 20 21	22 23 24 25 26	27 28 29 30 31	3	29
中和 4 甲辰 884–85	2 1	**21** 2 3 4 5	6 7 8 9 10	11 12 13 14 15	16 17 18 19 20	21 22 23 24 25	26 27 28 29 —	5	59
	2	**31** 2 3 4 5	6 7 8 9 10	11 12 13 14 15	16 17 18 19 20	21 22 23 24 25	26 27 28 29 30	6	28
	3	31 **41** 2 3 4	5 6 7 8 9	10 11 12 13 14	15 16 17 18 19	20 21 22 23 24	25 26 27 28 —	1	58
	4	29 30 **51** 2 3	4 5 6 7 8	9 10 11 12 13	14 15 16 17 18	19 20 21 22 23	24 25 26 27 28	2	27
	5	29 30 31 **61** 2	3 4 5 6 7	8 9 10 11 12	13 14 15 16 17	18 19 20 21 22	23 24 25 26 —	4	57
	6	27 28 29 30 **71**	2 3 4 5 6	7 8 9 10 11	12 13 14 15 16	17 18 19 20 21	22 23 24 25 —	5	26
	7	26 27 28 29 30	31 **81** 2 3 4	5 6 7 8 9	10 11 12 13 14	15 16 17 18 19	20 21 22 23 24	6	55
	8	25 26 27 28 29	30 31 **91** 2 3	4 5 6 7 8	9 10 11 12 13	14 15 16 17 18	19 20 21 22 —	1	25
	9	23 24 25 26 27	28 29 30 **01** 2	3 4 5 6 7	8 9 10 11 12	13 14 15 16 17	18 19 20 21 22	2	54
	10	23 24 25 26 27	28 29 30 31 **N1**	2 3 4 5 6	7 8 9 10 11	12 13 14 15 16	17 18 19 20 21	4	24
	11	22 23 24 25 26	27 28 29 30 **D1**	2 3 4 5 6	7 8 9 10 11	12 13 14 15 16	17 18 19 20 —	6	54
	12	21 22 23 24 25	26 27 28 29 30	31 **11** 2 3 4	5 6 7 8 9	10 11 12 13 14	15 16 17 18 19	0	23
光啟 1 乙巳 885–86	14 1	20 21 22 23 24	25 26 27 28 29	30 31 **21** 2 3	4 5 6 7 8	9 10 11 12 13	14 15 16 17 18	2	53
	2	19 20 21 22 23	24 25 26 27 28	**31** 2 3 4 5	6 7 8 9 10	11 12 13 14 15	16 17 18 19 —	4	23
	3][	20 21 22 23 24	25 26 27 28 29	30 31 **41** 2 3	4 5 6 7 8	9 10 11 12 13	14 15 16 17 18	5	52
	3	19 20 21 22 23	24 25 26 27 28	29 30 **51** 2 3	4 5 6 7 8	9 10 11 12 13	14 15 16 17 —	0	22
	4	18 19 20 21 22	23 24 25 26 27	28 29 30 31 **61**	2 3 4 5 6	7 8 9 10 11	12 13 14 15 16	1	51
	5	17 18 19 20 21	22 23 24 25 26	27 28 29 30 **71**	2 3 4 5 6	7 8 9 10 11	12 13 14 15 —	3	21
	6	16 17 18 19 20	21 22 23 24 25	26 27 28 29 30	31 **81** 2 3 4	5 6 7 8 9	10 11 12 13 —	4	50
	7	14 15 16 17 18	19 20 21 22 23	24 25 26 27 28	29 30 31 **91** 2	3 4 5 6 7	8 9 10 11 12	5	19
	8	13 14 15 16 17	18 19 20 21 22	23 24 25 26 27	28 29 30 **01** 2	3 4 5 6 7	8 9 10 11 —	0	49
	9	12 13 14 15 16	17 18 19 20 21	22 23 24 25 26	27 28 29 30 31	**N1** 2 3 4 5	6 7 8 9 10	1	18
	10	11 12 13 14 15	16 17 18 19 20	21 22 23 24 25	26 27 28 29 30	**D1** 2 3 4 5	6 7 8 9 —	3	48
	11	10 11 12 13 14	15 16 17 18 19	20 21 22 23 24	25 26 27 28 29	30 31 **11** 2 3	4 5 6 7 8	4	17
	12	9 10 11 12 13	14 15 16 17 18	19 20 21 22 23	24 25 26 27 28	29 30 31 **21** 2	3 4 5 6 7	6	47

序 ear		陰曆月序 Moon	陰曆日序 Order of days (Lunar) 1 2 3 4 5	6 7 8 9 10	11 12 13 14 15	16 17 18 19 20	21 22 23 24 25	26 27 28 29 30	星期 Week	干支 Cycle
886–87	26	1	8 9 10 11 12	13 14 15 16 17	18 19 20 21 22	23 24 25 26 27	28 31 2 3 4	5 6 7 8 9	1	17
		2	10 11 12 13 14	15 16 17 18 19	20 21 22 23 24	25 26 27 28 29	30 31 41 2 3	4 5 6 7 —	3	47
		3	8 9 10 11 12	13 14 15 16 17	18 19 20 21 22	23 24 25 26 27	28 29 30 51 2	3 4 5 6 7	4	16
		4	8 9 10 11 12	13 14 15 16 17	18 19 20 21 22	23 24 25 26 27	28 29 30 31 61	2 3 4 5 —	6	46
		5	6 7 8 9 10	11 12 13 14 15	16 17 18 19 20	21 22 23 24 25	26 27 28 29 30	71 2 3 4 5	0	15
		6	6 7 8 9 10	11 12 13 14 15	16 17 18 19 20	21 22 23 24 25	26 27 28 29 30	31 81 2 3 —	2	45
		7	4 5 6 7 8	9 10 11 12 13	14 15 16 17 18	19 20 21 22 23	24 25 26 27 28	29 30 31 91 —	3	14
		8	2 3 4 5 6	7 8 9 10 11	12 13 14 15 16	17 18 19 20 21	22 23 24 25 26	27 28 29 30 01	4	43
		9	2 3 4 5 6	7 8 9 10 11	12 13 14 15 16	17 18 19 20 21	22 23 24 25 26	27 28 29 30 —	6	13
		10	31 N1 2 3 4	5 6 7 8 9	10 11 12 13 14	15 16 17 18 19	20 21 22 23 24	25 26 27 28 29	0	42
		11	30 D1 2 3 4	5 6 7 8 9	10 11 12 13 14	15 16 17 18 19	20 21 22 23 24	25 26 27 28 —	2	12
		12	29 30 31 11 2	3 4 5 6 7	8 9 10 11 12	13 14 15 16 17	18 19 20 21 22	23 24 25 26 27	3	41
887–88	38	1	28 29 30 31 21	2 3 4 5 6	7 8 9 10 11	12 13 14 15 16	17 18 19 20 21	22 23 24 25 26	5	11
		2	27 28 31 2 3	4 5 6 7 8	9 10 11 12 13	14 15 16 17 18	19 20 21 22 23	24 25 26 27 28	0	41
		3	29 30 31 41 2	3 4 5 6 7	8 9 10 11 12	13 14 15 16 17	18 19 20 21 22	23 24 25 26 —	2	11
		4	27 28 29 30 51	2 3 4 5 6	7 8 9 10 11	12 13 14 15 16	17 18 19 20 21	22 23 24 25 26	3	40
		5	27 28 29 30 31	61 2 3 4 5	6 7 8 9 10	11 12 13 14 15	16 17 18 19 20	21 22 23 24 —	5	10
		6	25 26 27 28 29	30 71 2 3 4	5 6 7 8 9	10 11 12 13 14	15 16 17 18 19	20 21 22 23 —	6	39
		7	24 25 26 27 28	29 30 31 81 2	3 4 5 6 7	8 9 10 11 12	13 14 15 16 17	18 19 20 21 22	0	8
		8	23 24 25 26 27	28 29 30 31 91	2 3 4 5 6	7 8 9 10 11	12 13 14 15 16	17 18 19 20 —	2	38
		9	21 22 23 24 25	26 27 28 29 30	01 2 3 4 5	6 7 8 9 10	11 12 13 14 15	16 17 18 19 20	3	7
		10	21 22 23 24 25	26 27 28 29 30	31 N1 2 3 4	5 6 7 8 9	10 11 12 13 14	15 16 17 18 —	5	37
		11	19 20 21 22 23	24 25 26 27 28	29 30 D1 2 3	4 5 6 7 8	9 10 11 12 13	14 15 16 17 18	6	6
		11	19 20 21 22 23	24 25 26 27 28	29 30 31 11 2	3 4 5 6 7	8 9 10 11 12	13 14 15 16 —	1	36
		12	17 18 19 20 21	22 23 24 25 26	27 28 29 30 31	21 2 3 4 5	6 7 8 9 10	11 12 13 14 15	2	5
888–89	50	1	16 17 18 19 20	21 22 23 24 25	26 27 28 29 31	2 3 4 5 6	7 8 9 10 11	12 13 14 15 16	4	35
		2][	17 18 19 20 21	22 23 24 25 26	27 28 29 30 31	41 2 3 4 5	6 7 8 9 10	11 12 13 14 —	6	5
		3	15 16 17 18 19	20 21 22 23 24	25 26 27 28 29	30 51 2 3 4	5 6 7 8 9	10 11 12 13 14	0	34
		4	15 16 17 18 19	20 21 22 23 24	25 26 27 28 29	30 31 61 2 3	4 5 6 7 8	9 10 11 12 —	2	4
		5	13 14 15 16 17	18 19 20 21 22	23 24 25 26 27	28 29 30 71 2	3 4 5 6 7	8 9 10 11 12	3	33
		6	13 14 15 16 17	18 19 20 21 22	23 24 25 26 27	28 29 30 31 81	2 3 4 5 6	7 8 9 10 —	5	3
		7	11 12 13 14 15	16 17 18 19 20	21 22 23 24 25	26 27 28 29 30	31 91 2 3 4	5 6 7 8 9	6	32
		8	10 11 12 13 14	15 16 17 18 19	20 21 22 23 24	25 26 27 28 29	30 01 2 3 4	5 6 7 8 —	1	2
		9	9 10 11 12 13	14 15 16 17 18	19 20 21 22 23	24 25 26 27 28	29 30 31 N1 2	3 4 5 6 7	2	31
		10	8 9 10 11 12	13 14 15 16 17	18 19 20 21 22	23 24 25 26 27	28 29 30 D1 2	3 4 5 6 —	4	1
		11	7 8 9 10 11	12 13 14 15 16	17 18 19 20 21	22 23 24 25 26	27 28 29 30 31	11 2 3 4 5	5	30
		12	6 7 8 9 10	11 12 13 14 15	16 17 18 19 20	21 22 23 24 25	26 27 28 29 30	31 21 2 3 —	0	0
889–90	2	1	4 5 6 7 8	9 10 11 12 13	14 15 16 17 18	19 20 21 22 23	24 25 26 27 28	31 2 3 4 5	1	29
		2	6 7 8 9 10	11 12 13 14 15	16 17 18 19 20	21 22 23 24 25	26 27 28 29 30	31 41 2 3 —	3	59
		3	4 5 6 7 8	9 10 11 12 13	14 15 16 17 18	19 20 21 22 23	24 25 26 27 28	29 30 51 2 3	4	28
		4	4 5 6 7 8	9 10 11 12 13	14 15 16 17 18	19 20 21 22 23	24 25 26 27 28	29 30 31 61 2	6	58
		5	3 4 5 6 7	8 9 10 11 12	13 14 15 16 17	18 19 20 21 22	23 24 25 26 27	28 29 30 71 —	1	28
		6	2 3 4 5 6	7 8 9 10 11	12 13 14 15 16	17 18 19 20 21	22 23 24 25 26	27 28 29 30 31	2	57
		7	81 2 3 4 5	6 7 8 9 10	11 12 13 14 15	16 17 18 19 20	21 22 23 24 25	26 27 28 29 —	4	27
		8	30 31 91 2 3	4 5 6 7 8	9 10 11 12 13	14 15 16 17 18	19 20 21 22 23	24 25 26 27 28	5	56
		9	29 30 01 2 3	4 5 6 7 8	9 10 11 12 13	14 15 16 17 18	19 20 21 22 23	24 25 26 27 —	0	26
		10	28 29 30 31 N1	2 3 4 5 6	7 8 9 10 11	12 13 14 15 16	17 18 19 20 21	22 23 24 25 26	1	55
		11	27 28 29 30 D1	2 3 4 5 6	7 8 9 10 11	12 13 14 15 16	17 18 19 20 21	22 23 24 25 —	3	25
		12	26 27 28 29 30	31 11 2 3 4	5 6 7 8 9	10 11 12 13 14	15 16 17 18 19	20 21 22 23 24	4	54
890–91	14	1	25 26 27 28 29	30 31 21 2 3	4 5 6 7 8	9 10 11 12 13	14 15 16 17 18	19 20 21 22 —	6	24
		2	23 24 25 26 27	28 31 2 3 4	5 6 7 8 9	10 11 12 13 14	15 16 17 18 19	20 21 22 23 24	0	53
		3	25 26 27 28 29	30 31 41 2 3	4 5 6 7 8	9 10 11 12 13	14 15 16 17 18	19 20 21 22 —	2	23
		4	23 24 25 26 27	28 29 30 51 2	3 4 5 6 7	8 9 10 11 12	13 14 15 16 17	18 19 20 21 22	3	52
		5	23 24 25 26 27	28 29 30 31 61	2 3 4 5 6	7 8 9 10 11	12 13 14 15 16	17 18 19 20 —	5	22
		6	21 22 23 24 25	26 27 28 29 30	71 2 3 4 5	6 7 8 9 10	11 12 13 14 15	16 17 18 19 20	6	51
		7	21 22 23 24 25	26 27 28 29 30	31 81 2 3 4	5 6 7 8 9	10 11 12 13 14	15 16 17 18 —	1	21
		8	19 20 21 22 23	24 25 26 27 28	29 30 31 91 2	3 4 5 6 7	8 9 10 11 12	13 14 15 16 17	2	50
		9	18 19 20 21 22	23 24 25 26 27	28 29 30 01 2	3 4 5 6 7	8 9 10 11 12	13 14 15 16 17	4	20
		9	18 19 20 21 22	23 24 25 26 27	28 29 30 31 N1	2 3 4 5 6	7 8 9 10 11	12 13 14 15 —	6	50
		10	16 17 18 19 20	21 22 23 24 25	26 27 28 29 30	D1 2 3 4 5	6 7 8 9 10	11 12 13 14 15	0	19
		11	16 17 18 19 20	21 22 23 24 25	26 27 28 29 30	31 11 2 3 4	5 6 7 8 9	10 11 12 13 —	2	49
		12	14 15 16 17 18	19 20 21 22 23	24 25 26 27 28	29 30 31 21 2	3 4 5 6 7	8 9 10 11 12	3	18

年序 Year	陰曆月序 Moon	1 2 3 4 5	6 7 8 9 10	11 12 13 14 15	16 17 18 19 20	21 22 23 24 25	26 27 28 29 30	星期 Week	干支 Cycle
		陰曆日序 Order of days (Lunar)							
大順 2 辛亥 891–92	26 1	13 14 15 16 17	18 19 20 21 22	23 24 25 26 27	28 31 2 3 4	5 6 7 8 9	10 11 12 13 —	5	48
	2	14 15 16 17 18	19 20 21 22 23	24 25 26 27 28	29 30 31 41 2	3 4 5 6 7	8 9 10 11 12	6	17
	3	13 14 15 16 17	18 19 20 21 22	23 24 25 26 27	28 29 30 51 2	3 4 5 6 7	8 9 10 11 —	1	47
	4	12 13 14 15 16	17 18 19 20 21	22 23 24 25 26	27 28 29 30 31	61 2 3 4 5	6 7 8 9 —	2	16
	5	10 11 12 13 14	15 16 17 18 19	20 21 22 23 24	25 26 27 28 29	30 71 2 3 4	5 6 7 8 9	3	45
	6	10 11 12 13 14	15 16 17 18 19	20 21 22 23 24	25 26 27 28 29	30 31 81 2 3	4 5 6 7 —	5	15
	7	8 9 10 11 12	13 14 15 16 17	18 19 20 21 22	23 24 25 26 27	28 29 30 31 91	2 3 4 5 6	6	44
	8	7 8 9 10 11	12 13 14 15 16	17 18 19 20 21	22 23 24 25 26	27 28 29 30 O1	2 3 4 5 6	1	14
	9	7 8 9 10 11	12 13 14 15 16	17 18 19 20 21	22 23 24 25 26	27 28 29 30 31	N1 2 3 4 5	3	44
	10	6 7 8 9 10	11 12 13 14 15	16 17 18 19 20	21 22 23 24 25	26 27 28 29 30	D1 2 3 4 —	5	14
	11	5 6 7 8 9	10 11 12 13 14	15 16 17 18 19	20 21 22 23 24	25 26 27 28 29	30 31 11 2 3	6	43
	12	4 5 6 7 8	9 10 11 12 13	14 15 16 17 18	19 20 21 22 23	24 25 26 27 28	29 30 31 21 —	1	13
景福 1 壬子 892–93	38 1	2 3 4 5 6	7 8 9 10 11	12 13 14 15 16	17 18 19 20 21	22 23 24 25 26	27 28 29 31 2	2	42
	2	3 4 5 6 7	8 9 10 11 12	13 14 15 16 17	18 19 20 21 22	23 24 25 26 27	28 29 30 31 —	4	12
	3	41 2 3 4 5	6 7 8 9 10	11 12 13 14 15	16 17 18 19 20	21 22 23 24 25	26 27 28 29 —	5	41
	4	30 51 2 3 4	5 6 7 8 9	10 11 12 13 14	15 16 17 18 19	20 21 22 23 24	25 26 27 28 29	6	10
	5	30 31 61 2 3	4 5 6 7 8	9 10 11 12 13	14 15 16 17 18	19 20 21 22 23	24 25 26 27 —	1	40
	6	28 29 30 71 2	3 4 5 6 7	8 9 10 11 12	13 14 15 16 17	18 19 20 21 22	23 24 25 26 27	2	9
	7	28 29 30 31 81	2 3 4 5 6	7 8 9 10 11	12 13 14 15 16	17 18 19 20 21	22 23 24 25 —	4	39
	8	26 27 28 29 30	31 91 2 3 4	5 6 7 8 9	10 11 12 13 14	15 16 17 18 19	20 21 22 23 24	5	8
	9	25 26 27 28 29	30 O1 2 3 4	5 6 7 8 9	10 11 12 13 14	15 16 17 18 19	20 21 22 23 24	0	38
	10	25 26 27 28 29	30 31 N1 2 3	4 5 6 7 8	9 10 11 12 13	14 15 16 17 18	19 20 21 22 —	2	8
	11	23 24 25 26 27	28 29 30 D1 2	3 4 5 6 7	8 9 10 11 12	13 14 15 16 17	18 19 20 21 22	3	37
	12	23 24 25 26 27	28 29 30 31 11	2 3 4 5 6	7 8 9 10 11	12 13 14 15 16	17 18 19 20 21	5	7
景福 2 癸丑 893–94	50 1	22 23 24 25 26	27 28 29 30 31	21 2 3 4 5	6 7 8 9 10	11 12 13 14 15	16 17 18 19 —	0	37
	2	20 21 22 23 24	25 26 27 28 31	2 3 4 5 6	7 8 9 10 11	12 13 14 15 16	17 18 19 20 21	1	6
	3	22 23 24 25 26	27 28 29 30 31	41 2 3 4 5	6 7 8 9 10	11 12 13 14 15	16 17 18 19 —	3	36
	4	20 21 22 23 24	25 26 27 28 29	30 51 2 3 4	5 6 7 8 9	10 11 12 13 14	15 16 17 18 19	4	5
	5	20 21 22 23 24	25 26 27 28 29	30 31 61 2 3	4 5 6 7 8	9 10 11 12 13	14 15 16 17 —	6	35
	5	18 19 20 21 22	23 24 25 26 27	28 29 30 71 2	3 4 5 6 7	8 9 10 11 12	13 14 15 16 —	0	4
	6	17 18 19 20 21	22 23 24 25 26	27 28 29 30 31	81 2 3 4 5	6 7 8 9 10	11 12 13 14 15	1	33
	7	16 17 18 19 20	21 22 23 24 25	26 27 28 29 30	31 91 2 3 4	5 6 7 8 9	10 11 12 13 —	3	3
	8	14 15 16 17 18	19 20 21 22 23	24 25 26 27 28	29 30 O1 2 3	4 5 6 7 8	9 10 11 12 13	4	32
	9	14 15 16 17 18	19 20 21 22 23	24 25 26 27 28	29 30 31 N1 2	3 4 5 6 7	8 9 10 11 —	6	2
	10	12 13 14 15 16	17 18 19 20 21	22 23 24 25 26	27 28 29 30 D1	2 3 4 5 6	7 8 9 10 11	0	31
	11	12 13 14 15 16	17 18 19 20 21	22 23 24 25 26	27 28 29 30 31	11 2 3 4 5	6 7 8 9 10	2	1
	12	11 12 13 14 15	16 17 18 19 20	21 22 23 24 25	26 27 28 29 30	31 21 2 3 4	5 6 7 8 9	4	31
乾寧 1 甲寅 894–95	2 1	10 11 12 13 14	15 16 17 18 19	20 21 22 23 24	25 26 27 28 31	2 3 4 5 6	7 8 9 10 —	6	1
	2	11 12 13 14 15	16 17 18 19 20	21 22 23 24 25	26 27 28 29 30	31 41 2 3 4	5 6 7 8 9	0	30
	3	10 11 12 13 14	15 16 17 18 19	20 21 22 23 24	25 26 27 28 29	30 51 2 3 4	5 6 7 8 —	2	0
	4	9 10 11 12 13	14 15 16 17 18	19 20 21 22 23	24 25 26 27 28	29 30 31 61 2	3 4 5 6 —	3	29
	5	7 8 9 10 11	12 13 14 15 16	17 18 19 20 21	22 23 24 25 26	27 28 29 30 71	2 3 4 5 6	4	58
	6	7 8 9 10 11	12 13 14 15 16	17 18 19 20 21	22 23 24 25 26	27 28 29 30 31	81 2 3 4 —	6	28
	7	5 6 7 8 9	10 11 12 13 14	15 16 17 18 19	20 21 22 23 24	25 26 27 28 29	30 31 91 2 —	0	57
	8	3 4 5 6 7	8 9 10 11 12	13 14 15 16 17	18 19 20 21 22	23 24 25 26 27	28 29 30 O1 2	1	26
	9	3 4 5 6 7	8 9 10 11 12	13 14 15 16 17	18 19 20 21 22	23 24 25 26 27	28 29 30 31 N1	3	56
	10	2 3 4 5 6	7 8 9 10 11	12 13 14 15 16	17 18 19 20 21	22 23 24 25 26	27 28 29 30 —	5	26
	11	D1 2 3 4 5	6 7 8 9 10	11 12 13 14 15	16 17 18 19 20	21 22 23 24 25	26 27 28 29 30	6	55
	12	31 11 2 3 4	5 6 7 8 9	10 11 12 13 14	15 16 17 18 19	20 21 22 23 24	25 26 27 28 29	1	25
乾寧 2 乙卯 895–96	14 1	30 31 21 2 3	4 5 6 7 8	9 10 11 12 13	14 15 16 17 18	19 20 21 22 23	24 25 26 27 28	3	55
	2	31 2 3 4 5	6 7 8 9 10	11 12 13 14 15	16 17 18 19 20	21 22 23 24 25	26 27 28 29 —	5	25
	3	30 31 41 2 3	4 5 6 7 8	9 10 11 12 13	14 15 16 17 18	19 20 21 22 23	24 25 26 27 28	6	54
	4	29 30 51 2 3	4 5 6 7 8	9 10 11 12 13	14 15 16 17 18	19 20 21 22 23	24 25 26 27 —	1	24
	5	28 29 30 31 61	2 3 4 5 6	7 8 9 10 11	12 13 14 15 16	17 18 19 20 21	22 23 24 25 26	2	53
	6	27 28 29 30 71	2 3 4 5 6	7 8 9 10 11	12 13 14 15 16	17 18 19 20 21	22 23 24 25 —	4	23
	7	26 27 28 29 30	31 81 2 3 4	5 6 7 8 9	10 11 12 13 14	15 16 17 18 19	20 21 22 23 —	5	52
	8	24 25 26 27 28	29 30 31 91 2	3 4 5 6 7	8 9 10 11 12	13 14 15 16 17	18 19 20 21 —	6	21
	9	22 23 24 25 26	27 28 29 30 O1	2 3 4 5 6	7 8 9 10 11	12 13 14 15 16	17 18 19 20 21	0	50
	10	22 23 24 25 26	27 28 29 30 31	N1 2 3 4 5	6 7 8 9 10	11 12 13 14 15	16 17 18 19 —	2	20
	11	20 21 22 23 24	25 26 27 28 29	30 D1 2 3 4	5 6 7 8 9	10 11 12 13 14	15 16 17 18 19	3	49
	12	20 21 22 23 24	25 26 27 28 29	30 31 11 2 3	4 5 6 7 8	9 10 11 12 13	14 15 16 17 18	5	19

年序 Year	陰曆月序 Moon	陰曆日序 Order of days (Lunar) 1 2 3 4 5	6 7 8 9 10	11 12 13 14 15	16 17 18 19 20	21 22 23 24 25	26 27 28 29 30	星期 Week	干支 Cycle
乾寧 3 丙辰 896–97	26 1	19 20 21 22 23	24 25 26 27 28	29 30 31 21 2	3 4 5 6 7	8 9 10 11 12	13 14 15 16 17	0	49
	1	18 19 20 21 22	23 24 25 26 27	28 29 31 2 3	4 5 6 7 8	9 10 11 12 13	14 15 16 17 —	2	19
	2	18 19 20 21 22	23 24 25 26 27	28 29 30 31 41	2 3 4 5 6	7 8 9 10 11	12 13 14 15 16	3	48
	3	17 18 19 20 21	22 23 24 25 26	27 28 29 30 51	2 3 4 5 6	7 8 9 10 11	12 13 14 15 16	5	18
	4	17 18 19 20 21	22 23 24 25 26	27 28 29 30 31	61 2 3 4 5	6 7 8 9 10	11 12 13 14 —	0	48
	5	15 16 17 18 19	20 21 22 23 24	25 26 27 28 29	30 71 2 3 4	5 6 7 8 9	10 11 12 13 —	1	17
	6	14 15 16 17 18	19 20 21 22 23	24 25 26 27 28	29 30 31 81 2	3 4 5 6 7	8 9 10 11 12	2	46
	7	13 14 15 16 17	18 19 20 21 22	23 24 25 26 27	28 29 30 31 91	2 3 4 5 6	7 8 9 10 —	4	16
	8	11 12 13 14 15	16 17 18 19 20	21 22 23 24 25	26 27 28 29 30	01 2 3 4 5	6 7 8 9 10	5	45
	9	11 12 13 14 15	16 17 18 19 20	21 22 23 24 25	26 27 28 29 30	31 N1 2 3 4	5 6 7 8 —	0	15
	10	9 10 11 12 13	14 15 16 17 18	19 20 21 22 23	24 25 26 27 28	29 30 01 2 3	4 5 6 7 —	1	44
	11	8 9 10 11 12	13 14 15 16 17	18 19 20 21 22	23 24 25 26 27	28 29 30 31 11	2 3 4 5 6	2	13
	12	7 8 9 10 11	12 13 14 15 16	17 18 19 20 21	22 23 24 25 26	27 28 29 30 31	21 2 3 4 5	4	43
乾寧 4 丁巳 897–98	38 1	6 7 8 9 10	11 12 13 14 15	16 17 18 19 20	21 22 23 24 25	26 27 28 31 2	3 4 5 6 —	6	13
	2	7 8 9 10 11	12 13 14 15 16	17 18 19 20 21	22 23 24 25 26	27 28 29 30 31	41 2 3 4 5	0	42
	3	6 7 8 9 10	11 12 13 14 15	16 17 18 19 20	21 22 23 24 25	26 27 28 29 30	51 2 3 4 5	2	12
	4	6 7 8 9 10	11 12 13 14 15	16 17 18 19 20	21 22 23 24 25	26 27 28 29 30	31 61 2 3 —	4	42
	5	4 5 6 7 8	9 10 11 12 13	14 15 16 17 18	19 20 21 22 23	24 25 26 27 28	29 30 71 2 3	5	11
	6	4 5 6 7 8	9 10 11 12 13	14 15 16 17 18	19 20 21 22 23	24 25 26 27 28	29 30 31 81 —	0	41
	7	2 3 4 5 6	7 8 9 10 11	12 13 14 15 16	17 18 19 20 21	22 23 24 25 26	27 28 29 30 31	1	10
	8	91 2 3 4 5	6 7 8 9 10	11 12 13 14 15	16 17 18 19 20	21 22 23 24 25	26 27 28 29 —	3	40
	9	30 01 2 3 4	5 6 7 8 9	10 11 12 13 14	15 16 17 18 19	20 21 22 23 24	25 26 27 28 29	4	9
	10	30 31 N1 2 3	4 5 6 7 8	9 10 11 12 13	14 15 16 17 18	19 20 21 22 23	24 25 26 27 —	6	39
	11	28 29 30 01 2	3 4 5 6 7	8 9 10 11 12	13 14 15 16 17	18 19 20 21 22	23 24 25 26 27	0	8
	12	28 29 30 31 11	2 3 4 5 6	7 8 9 10 11	12 13 14 15 16	17 18 19 20 21	22 23 24 25 —	2	38
光化 1 戊午 898–99	50 1	26 27 28 29 30	31 21 2 3 4	5 6 7 8 9	10 11 12 13 14	15 16 17 18 19	20 21 22 23 24	3	7
	2	25 26 27 28 31	2 3 4 5 6	7 8 9 10 11	12 13 14 15 16	17 18 19 20 21	22 23 24 25 —	5	37
	3	26 27 28 29 30	31 41 2 3 4	5 6 7 8 9	10 11 12 13 14	15 16 17 18 19	20 21 22 23 24	6	6
	4	25 26 27 28 29	30 51 2 3 4	5 6 7 8 9	10 11 12 13 14	15 16 17 18 19	20 21 22 23 —	1	36
	5	24 25 26 27 28	29 30 31 61 2	3 4 5 6 7	8 9 10 11 12	13 14 15 16 17	18 19 20 21 22	2	5
	6	23 24 25 26 27	28 29 30 71 2	3 4 5 6 7	8 9 10 11 12	13 14 15 16 17	18 19 20 21 22	4	35
	7	23 24 25 26 27	28 29 30 31 81	2 3 4 5 6	7 8 9 10 11	12 13 14 15 16	17 18 19 20 —	6	5
	8	21 22 23 24 25	26 27 28 29 30	31 91 2 3 4	5 6 7 8 9	10 11 12 13 14	15 16 17 18 19	0	34
	9	20 21 22 23 24	25 26 27 28 29	30 01 2 3 4	5 6 7 8 9	10 11 12 13 14	15 16 17 18 —	2	4
	10	19 20 21 22 23	24 25 26 27 28	29 30 31 N1 2	3 4 5 6 7	8 9 10 11 12	13 14 15 16 17	3	33
	10	18 19 20 21 22	23 24 25 26 27	28 29 30 01 2	3 4 5 6 7	8 9 10 11 12	13 14 15 16 —	5	3
	11	17 18 19 20 21	22 23 24 25 26	27 28 29 30 31	11 2 3 4 5	6 7 8 9 10	11 12 13 14 15	6	32
	12	16 17 18 19 20	21 22 23 24 25	26 27 28 29 30	31 21 2 3 4	5 6 7 8 9	10 11 12 13 —	1	2
光化 2 己未 899–900	2 1	14 15 16 17 18	19 20 21 22 23	24 25 26 27 28	31 2 3 4 5	6 7 8 9 10	11 12 13 14 —	2	31
	2	15 16 17 18 19	20 21 22 23 24	25 26 27 28 29	30 31 41 2 3	4 5 6 7 8	9 10 11 12 13	3	0
	3	14 15 16 17 18	19 20 21 22 23	24 25 26 27 28	29 30 51 2 3	4 5 6 7 8	9 10 11 12 13	5	30
	4	14 15 16 17 18	19 20 21 22 23	24 25 26 27 28	29 30 31 61 2	3 4 5 6 7	8 9 10 11 —	0	0
	5	12 13 14 15 16	17 18 19 20 21	22 23 24 25 26	27 28 29 30 71	2 3 4 5 6	7 8 9 10 11	1	29
	6	12 13 14 15 16	17 18 19 20 21	22 23 24 25 26	27 28 29 30 31	81 2 3 4 5	6 7 8 9 —	3	59
	7	10 11 12 13 14	15 16 17 18 19	20 21 22 23 24	25 26 27 28 29	30 31 91 2 3	4 5 6 7 8	4	28
	8	9 10 11 12 13	14 15 16 17 18	19 20 21 22 23	24 25 26 27 28	29 30 01 2 3	4 5 6 7 8	6	58
	9	9 10 11 12 13	14 15 16 17 18	19 20 21 22 23	24 25 26 27 28	29 30 31 N1 2	3 4 5 6 —	1	28
	10	7 8 9 10 11	12 13 14 15 16	17 18 19 20 21	22 23 24 25 26	27 28 29 30 01	2 3 4 5 6	2	57
	11	7 8 9 10 11	12 13 14 15 16	17 18 19 20 21	22 23 24 25 26	27 28 29 30 31	11 2 3 4 —	4	27
	12	5 6 7 8 9	10 11 12 13 14	15 16 17 18 19	20 21 22 23 24	25 26 27 28 29	30 31 21 2 3	5	56
光化 3 庚申 900–01	14 1	4 5 6 7 8	9 10 11 12 13	14 15 16 17 18	19 20 21 22 23	24 25 26 27 28	29 31 2 3 —	0	26
	2	4 5 6 7 8	9 10 11 12 13	14 15 16 17 18	19 20 21 22 23	24 25 26 27 28	29 30 31 41 —	1	55
	3	2 3 4 5 6	7 8 9 10 11	12 13 14 15 16	17 18 19 20 21	22 23 24 25 26	27 28 29 30 51	2	24
	4	2 3 4 5 6	7 8 9 10 11	12 13 14 15 16	17 18 19 20 21	22 23 24 25 26	27 28 29 30 —	4	54
	5	31 61 2 3 4	5 6 7 8 9	10 11 12 13 14	15 16 17 18 19	20 21 22 23 24	25 26 27 28 29	5	23
	6	30 71 2 3 4	5 6 7 8 9	10 11 12 13 14	15 16 17 18 19	20 21 22 23 24	25 26 27 28 —	0	53
	7	29 30 31 81 2	3 4 5 6 7	8 9 10 11 12	13 14 15 16 17	18 19 20 21 22	23 24 25 26 27	1	22
	8	28 29 30 31 91	2 3 4 5 6	7 8 9 10 11	12 13 14 15 16	17 18 19 20 21	22 23 24 25 26	3	52
	9	27 28 29 30 01	2 3 4 5 6	7 8 9 10 11	12 13 14 15 16	17 18 19 20 21	22 23 24 25 —	5	22
	10	26 27 28 29 30	31 N1 2 3 4	5 6 7 8 9	10 11 12 13 14	15 16 17 18 19	20 21 22 23 24	6	51
	11	25 26 27 28 29	30 01 2 3 4	5 6 7 8 9	10 11 12 13 14	15 16 17 18 19	20 21 22 23 24	1	21
	12	25 26 27 28 29	30 31 11 2 3	4 5 6 7 8	9 10 11 12 13	14 15 16 17 18	19 20 21 22 —	3	51

年序 Year	陰曆月序 Moon	陰曆日序 Order of days (Lunar) 1 2 3 4 5	6 7 8 9 10	11 12 13 14 15	16 17 18 19 20	21 22 23 24 25	26 27 28 29 30	星期 Week	干支 Cycle
天復 1 辛酉 901–02	26 1	23 24 25 26 27	28 29 30 31 21	2 3 4 5 6	7 8 9 10 11	12 13 14 15 16	17 18 19 20 21	4	20
	2	22 23 24 25 26	27 28 31 2 3	4 5 6 7 8	9 10 11 12 13	14 15 16 17 18	19 20 21 22 —	6	50
	3	23 24 25 26 27	28 29 30 31 41	2 3 4 5 6	7 8 9 10 11	12 13 14 15 16	17 18 19 20 21	0	19
	4][	22 23 24 25 26	27 28 29 30 51	2 3 4 5 6	7 8 9 10 11	12 13 14 15 16	17 18 19 20 —	2	49
	5	21 22 23 24 25	26 27 28 29 30	31 61 2 3 4	5 6 7 8 9	10 11 12 13 14	15 16 17 18 —	3	18
	6	19 20 21 22 23	24 25 26 27 28	29 30 71 2 3	4 5 6 7 8	9 10 11 12 13	14 15 16 17 18	4	47
	6	19 20 21 22 23	24 25 26 27 28	29 30 31 81 2	3 4 5 6 7	8 9 10 11 12	13 14 15 16 —	6	17
	7	17 18 19 20 21	22 23 24 25 26	27 28 29 30 31	91 2 3 4 5	6 7 8 9 10	11 12 13 14 15	0	46
	8	16 17 18 19 20	21 22 23 24 25	26 27 28 29 30	01 2 3 4 5	6 7 8 9 10	11 12 13 14 —	2	16
	9	15 16 17 18 19	20 21 22 23 24	25 26 27 28 29	30 31 N1 2 3	4 5 6 7 8	9 10 11 12 13	3	45
	10	14 15 16 17 18	19 20 21 22 23	24 25 26 27 28	29 30 D1 2 3	4 5 6 7 8	9 10 11 12 13	5	15
	11	14 15 16 17 18	19 20 21 22 23	24 25 26 27 28	29 30 31 11 2	3 4 5 6 7	8 9 10 11 12	0	45
	12	13 14 15 16 17	18 19 20 21 22	23 24 25 26 27	28 29 30 31 21	2 3 4 5 6	7 8 9 10 —	2	15
天復 2 壬戌 902–03	38 1	11 12 13 14 15	16 17 18 19 20	21 22 23 24 25	26 27 28 31 2	3 4 5 6 7	8 9 10 11 12	3	44
	2	13 14 15 16 17	18 19 20 21 22	23 24 25 26 27	28 29 30 31 41	2 3 4 5 6	7 8 9 10 —	5	14
	3	11 12 13 14 15	16 17 18 19 20	21 22 23 24 25	26 27 28 29 30	51 2 3 4 5	6 7 8 9 10	6	43
	4	11 12 13 14 15	16 17 18 19 20	21 22 23 24 25	26 27 28 29 30	31 61 2 3 4	5 6 7 8 —	1	13
	5	9 10 11 12 13	14 15 16 17 18	19 20 21 22 23	24 25 26 27 28	29 30 71 2 3	4 5 6 7 —	2	42
	6	8 9 10 11 12	13 14 15 16 17	18 19 20 21 22	23 24 25 26 27	28 29 30 31 81	2 3 4 5 —	3	11
	7	6 7 8 9 10	11 12 13 14 15	16 17 18 19 20	21 22 23 24 25	26 27 28 29 30	31 91 2 3 4	4	40
	8	5 6 7 8 9	10 11 12 13 14	15 16 17 18 19	20 21 22 23 24	25 26 27 28 29	30 01 2 3 4	6	10
	9	5 6 7 8 9	10 11 12 13 14	15 16 17 18 19	20 21 22 23 24	25 26 27 28 29	30 31 N1 2 —	1	40
	10	3 4 5 6 7	8 9 10 11 12	13 14 15 16 17	18 19 20 21 22	23 24 25 26 27	28 29 30 D1 2	2	9
	11	3 4 5 6 7	8 9 10 11 12	13 14 15 16 17	18 19 20 21 22	23 24 25 26 27	28 29 30 31 11	4	39
	12	2 3 4 5 6	7 8 9 10 11	12 13 14 15 16	17 18 19 20 21	22 23 24 25 26	27 28 29 30 31	6	9
天復 3 癸亥 903–04	50 1	21 2 3 4 5	6 7 8 9 10	11 12 13 14 15	16 17 18 19 20	21 22 23 24 25	26 27 28 31 —	1	39
	2	2 3 4 5 6	7 8 9 10 11	12 13 14 15 16	17 18 19 20 21	22 23 24 25 26	27 28 29 30 31	2	8
	3	41 2 3 4 5	6 7 8 9 10	11 12 13 14 15	16 17 18 19 20	21 22 23 24 25	26 27 28 29 —	4	38
	4	30 51 2 3 4	5 6 7 8 9	10 11 12 13 14	15 16 17 18 19	20 21 22 23 24	25 26 27 28 29	5	7
	5	30 31 61 2 3	4 5 6 7 8	9 10 11 12 13	14 15 16 17 18	19 20 21 22 23	24 25 26 27 —	0	37
	6	28 29 30 71 2	3 4 5 6 7	8 9 10 11 12	13 14 15 16 17	18 19 20 21 22	23 24 25 26 —	1	6
	7	27 28 29 30 31	81 2 3 4 5	6 7 8 9 10	11 12 13 14 15	16 17 18 19 20	21 22 23 24 —	2	35
	8	25 26 27 28 29	30 31 91 2 3	4 5 6 7 8	9 10 11 12 13	14 15 16 17 18	19 20 21 22 23	3	4
	9	24 25 26 27 28	29 30 01 2 3	4 5 6 7 8	9 10 11 12 13	14 15 16 17 18	19 20 21 22 —	5	34
	10	23 24 25 26 27	28 29 30 31 N1	2 3 4 5 6	7 8 9 10 11	12 13 14 15 16	17 18 19 20 21	6	3
	11	22 23 24 25 26	27 28 29 30 D1	2 3 4 5 6	7 8 9 10 11	12 13 14 15 16	17 18 19 20 21	1	33
	12	22 23 24 25 26	27 28 29 30 31	11 2 3 4 5	6 7 8 9 10	11 12 13 14 15	16 17 18 19 20	3	3
哀帝天佑 1 甲子 904–05	2 1	21 22 23 24 25	26 27 28 29 30	31 21 2 3 4	5 6 7 8 9	10 11 12 13 14	15 16 17 18 —	5	33
	2	19 20 21 22 23	24 25 26 27 28	29 31 2 3 4	5 6 7 8 9	10 11 12 13 14	15 16 17 18 19	6	2
	3	20 21 22 23 24	25 26 27 28 29	30 31 41 2 3	4 5 6 7 8	9 10 11 12 13	14 15 16 17 18	1	32
	4	19 20 21 22 23	24 25 26 27 28	29 30 51 2 3	4 5 6 7 8	9 10 11 12 13	14 15 16 17 —	3	2
	4][	18 19 20 21 22	23 24 25 26 27	28 29 30 31 61	2 3 4 5 6	7 8 9 10 11	12 13 14 15 16	4	31
	5	17 18 19 20 21	22 23 24 25 26	27 28 29 30 71	2 3 4 5 6	7 8 9 10 11	12 13 14 15 —	6	1
	6	16 17 18 19 20	21 22 23 24 25	26 27 28 29 30	31 81 2 3 4	5 6 7 8 9	10 11 12 13 —	0	30
	7	14 15 16 17 18	19 20 21 22 23	24 25 26 27 28	29 30 31 91 2	3 4 5 6 7	8 9 10 11 —	1	59
	8	12 13 14 15 16	17 18 19 20 21	22 23 24 25 26	27 28 29 30 01	2 3 4 5 6	7 8 9 10 11	2	28
	9	12 13 14 15 16	17 18 19 20 21	22 23 24 25 26	27 28 29 30 31	N1 2 3 4 5	6 7 8 9 —	4	58
	10	10 11 12 13 14	15 16 17 18 19	20 21 22 23 24	25 26 27 28 29	30 D1 2 3 4	5 6 7 8 9	5	27
	11	10 11 12 13 14	15 16 17 18 19	20 21 22 23 24	25 26 27 28 29	30 31 11 2 3	4 5 6 7 8	0	57
	12	9 10 11 12 13	14 15 16 17 18	19 20 21 22 23	24 25 26 27 28	29 30 31 21 2	3 4 5 6 —	2	27
天佑 2 乙丑 905–06	14 1	7 8 9 10 11	12 13 14 15 16	17 18 19 20 21	22 23 24 25 26	27 28 31 2 3	4 5 6 7 8	3	56
	2	9 10 11 12 13	14 15 16 17 18	19 20 21 22 23	24 25 26 27 28	29 30 31 41 2	3 4 5 6 7	5	26
	3	8 9 10 11 12	13 14 15 16 17	18 19 20 21 22	23 24 25 26 27	28 29 30 51 2	3 4 5 6 —	0	56
	4	7 8 9 10 11	12 13 14 15 16	17 18 19 20 21	22 23 24 25 26	27 28 29 30 31	61 2 3 4 5	1	25
	5	6 7 8 9 10	11 12 13 14 15	16 17 18 19 20	21 22 23 24 25	26 27 28 29 30	71 2 3 4 —	3	55
	6	5 6 7 8 9	10 11 12 13 14	15 16 17 18 19	20 21 22 23 24	25 26 27 28 29	30 31 81 2 3	4	24
	7	4 5 6 7 8	9 10 11 12 13	14 15 16 17 18	19 20 21 22 23	24 25 26 27 28	29 30 31 91 —	6	54
	8	2 3 4 5 6	7 8 9 10 11	12 13 14 15 16	17 18 19 20 21	22 23 24 25 26	27 28 29 30 01	0	23
	9	2 3 4 5 6	7 8 9 10 11	12 13 14 15 16	17 18 19 20 21	22 23 24 25 26	27 28 29 30 —	2	53
	10	31 N1 2 3 4	5 6 7 8 9	10 11 12 13 14	15 16 17 18 19	20 21 22 23 24	25 26 27 28 —	3	22
	11	29 30 D1 2 3	4 5 6 7 8	9 10 11 12 13	14 15 16 17 18	19 20 21 22 23	24 25 26 27 28	4	51
	12	29 30 31 11 2	3 4 5 6 7	8 9 10 11 12	13 14 15 16 17	18 19 20 21 22	23 24 25 26 27	6	21

年序 Year	陰曆月序 Moon	陰曆日序 Order of days (Lunar) 1 2 3 4 5	6 7 8 9 10	11 12 13 14 15	16 17 18 19 20	21 22 23 24 25	26 27 28 29 30	星期 Week	千支 Cycle
天佑3丙寅 906–07	26 1	28 29 30 31 21	2 3 4 5 6	7 8 9 10 11	12 13 14 15 16	17 18 19 20 21	22 23 24 25 —	1	51
	2	26 27 28 31 2	3 4 5 6 7	8 9 10 11 12	13 14 15 16 17	18 19 20 21 22	23 24 25 26 27	2	20
	3	28 29 30 31 41	2 3 4 5 6	7 8 9 10 11	12 13 14 15 16	17 18 19 20 21	22 23 24 25 —	4	50
	4	26 27 28 29 30	51 2 3 4 5	6 7 8 9 10	11 12 13 14 15	16 17 18 19 20	21 22 23 24 25	5	19
	5	26 27 28 29 30	31 61 2 3 4	5 6 7 8 9	10 11 12 13 14	15 16 17 18 19	20 21 22 23 24	0	49
	6	25 26 27 28 29	30 71 2 3 4	5 6 7 8 9	10 11 12 13 14	15 16 17 18 19	20 21 22 23 —	2	19
	7	24 25 26 27 28	29 30 31 81 2	3 4 5 6 7	8 9 10 11 12	13 14 15 16 17	18 19 20 21 22	3	48
	8	23 24 25 26 27	28 29 30 31 91	2 3 4 5 6	7 8 9 10 11	12 13 14 15 16	17 18 19 20 —	5	18
	9	21 22 23 24 25	26 27 28 29 30	01 2 3 4 5	6 7 8 9 10	11 12 13 14 15	16 17 18 19 20	6	47
	10	21 22 23 24 25	26 27 28 29 30	31 N1 2 3 4	5 6 7 8 9	10 11 12 13 14	15 16 17 18 —	1	17
	11	19 20 21 22 23	24 25 26 27 28	29 30 D1 2 3	4 5 6 7 8	9 10 11 12 13	14 15 16 17 —	2	46
	12	18 19 20 21 22	23 24 25 26 27	28 29 30 31 11	2 3 4 5 6	7 8 9 10 11	12 13 14 15 16	3	15
	12	17 18 19 20 21	22 23 24 25 26	27 28 29 30 31	21 2 3 4 5	6 7 8 9 10	11 12 13 14 —	5	45
□後梁太祖開平1丁卯 907–08	38 1	15 16 17 18 19	20 21 22 23 24	25 26 27 28 31	2 3 4 5 6	7 8 9 10 11	12 13 14 15 16	6	14
	2	17 18 19 20 21	22 23 24 25 26	27 28 29 30 31	41 2 3 4 5	6 7 8 9 10	11 12 13 14 15	1	44
	3	16 17 18 19 20	21 22 23 24 25	26 27 28 29 30	51 2 3 4 5	6 7 8 9 10	11 12 13 14 —	3	14
	4][	15 16 17 18 19	20 21 22 23 24	25 26 27 28 29	30 31 61 2 3	4 5 6 7 8	9 10 11 12 13	4	43
	5	14 15 16 17 18	19 20 21 22 23	24 25 26 27 28	29 30 71 2 3	4 5 6 7 8	9 10 11 12 —	6	13
	6	13 14 15 16 17	18 19 20 21 22	23 24 25 26 27	28 29 30 31 81	2 3 4 5 6	7 8 9 10 11	0	42
	7	12 13 14 15 16	17 18 19 20 21	22 23 24 25 26	27 28 29 30 31	91 2 3 4 5	6 7 8 9 10	2	12
	8	11 12 13 14 15	16 17 18 19 20	21 22 23 24 25	26 27 28 29 30	01 2 3 4 5	6 7 8 9 —	4	42
	9	10 11 12 13 14	15 16 17 18 19	20 21 22 23 24	25 26 27 28 29	30 31 N1 2 3	4 5 6 7 8	5	11
	10	9 10 11 12 13	14 15 16 17 18	19 20 21 22 23	24 25 26 27 28	29 30 D1 2 3	4 5 6 7 —	0	41
	11	8 9 10 11 12	13 14 15 16 17	18 19 20 21 22	23 24 25 26 27	28 29 30 31 11	2 3 4 5 6	1	10
	12	7 8 9 10 11	12 13 14 15 16	17 18 19 20 21	22 23 24 25 26	27 28 29 30 31	21 2 3 4 —	3	40
開平2戊辰 908–09	50 1	5 6 7 8 9	10 11 12 13 14	15 16 17 18 19	20 21 22 23 24	25 26 27 28 29	31 2 3 4 —	4	9
	2	5 6 7 8 9	10 11 12 13 14	15 16 17 18 19	20 21 22 23 24	25 26 27 28 29	30 31 41 2 3	5	38
	3	4 5 6 7 8	9 10 11 12 13	14 15 16 17 18	19 20 21 22 23	24 25 26 27 28	29 30 51 2 —	0	8
	4	3 4 5 6 7	8 9 10 11 12	13 14 15 16 17	18 19 20 21 22	23 24 25 26 27	28 29 30 31 61	1	37
	5	2 3 4 5 6	7 8 9 10 11	12 13 14 15 16	17 18 19 20 21	22 23 24 25 26	27 28 29 30 —	3	7
	6	71 2 3 4 5	6 7 8 9 10	11 12 13 14 15	16 17 18 19 20	21 22 23 24 25	26 27 28 29 30	4	36
	7	31 81 2 3 4	5 6 7 8 9	10 11 12 13 14	15 16 17 18 19	20 21 22 23 24	25 26 27 28 29	6	6
	8	30 31 91 2 3	4 5 6 7 8	9 10 11 12 13	14 15 16 17 18	19 20 21 22 23	24 25 26 27 —	1	36
	9	28 29 30 01 2	3 4 5 6 7	8 9 10 11 12	13 14 15 16 17	18 19 20 21 22	23 24 25 26 27	2	5
	10	28 29 30 31 N1	2 3 4 5 6	7 8 9 10 11	12 13 14 15 16	17 18 19 20 21	22 23 24 25 26	4	35
	11	27 28 29 30 D1	2 3 4 5 6	7 8 9 10 11	12 13 14 15 16	17 18 19 20 21	22 23 24 25 —	6	5
	12	26 27 28 29 30	31 11 2 3 4	5 6 7 8 9	10 11 12 13 14	15 16 17 18 19	20 21 22 23 24	0	34
開平3己巳 909–10	2 1	25 26 27 28 29	30 31 21 2 3	4 5 6 7 8	9 10 11 12 13	14 15 16 17 18	19 20 21 22 —	2	4
	2	23 24 25 26 27	28 31 2 3 4	5 6 7 8 9	10 11 12 13 14	15 16 17 18 19	20 21 22 23 —	3	33
	3	24 25 26 27 28	29 30 31 41 2	3 4 5 6 7	8 9 10 11 12	13 14 15 16 17	18 19 20 21 22	4	2
	4	23 24 25 26 27	28 29 30 51 2	3 4 5 6 7	8 9 10 11 12	13 14 15 16 17	18 19 20 21 —	6	32
	5	22 23 24 25 26	27 28 29 30 31	61 2 3 4 5	6 7 8 9 10	11 12 13 14 15	16 17 18 19 20	0	1
	6	21 22 23 24 25	26 27 28 29 30	71 2 3 4 5	6 7 8 9 10	11 12 13 14 15	16 17 18 19 —	2	31
	7	20 21 22 23 24	25 26 27 28 29	30 31 81 2 3	4 5 6 7 8	9 10 11 12 13	14 15 16 17 18	3	0
	8	19 20 21 22 23	24 25 26 27 28	29 30 31 91 2	3 4 5 6 7	8 9 10 11 12	13 14 15 16 —	5	30
	8	17 18 19 20 21	22 23 24 25 26	27 28 29 30 01	2 3 4 5 6	7 8 9 10 11	12 13 14 15 16	6	59
	9	17 18 19 20 21	22 23 24 25 26	27 28 29 30 31	N1 2 3 4 5	6 7 8 9 10	11 12 13 14 15	1	29
	10	16 17 18 19 20	21 22 23 24 25	26 27 28 29 30	D1 2 3 4 5	6 7 8 9 10	11 12 13 14 15	3	59
	11	16 17 18 19 20	21 22 23 24 25	26 27 28 29 30	31 11 2 3 4	5 6 7 8 9	10 11 12 13 —	5	29
	12	14 15 16 17 18	19 20 21 22 23	24 25 26 27 28	29 30 31 21 2	3 4 5 6 7	8 9 10 11 12	6	58
開平4庚午 910–11	14 1	13 14 15 16 17	18 19 20 21 22	23 24 25 26 27	28 31 2 3 4	5 6 7 8 9	10 11 12 13 —	1	28
	2	14 15 16 17 18	19 20 21 22 23	24 25 26 27 28	29 30 31 41 2	3 4 5 6 7	8 9 10 11 12	2	57
	3	13 14 15 16 17	18 19 20 21 22	23 24 25 26 27	28 29 30 51 2	3 4 5 6 7	8 9 10 11 —	4	27
	4	12 13 14 15 16	17 18 19 20 21	22 23 24 25 26	27 28 29 30 31	61 2 3 4 5	6 7 8 9 —	5	56
	5	10 11 12 13 14	15 16 17 18 19	20 21 22 23 24	25 26 27 28 29	30 71 2 3 4	5 6 7 8 9	6	25
	6	10 11 12 13 14	15 16 17 18 19	20 21 22 23 24	25 26 27 28 29	30 31 81 2 3	4 5 6 7 —	1	55
	7	8 9 10 11 12	13 14 15 16 17	18 19 20 21 22	23 24 25 26 27	28 29 30 31 91	2 3 4 5 6	2	24
	8	7 8 9 10 11	12 13 14 15 16	17 18 19 20 21	22 23 24 25 26	27 28 29 30 01	2 3 4 5 —	4	54
	9	6 7 8 9 10	11 12 13 14 15	16 17 18 19 20	21 22 23 24 25	26 27 28 29 30	31 N1 2 3 4	5	23
	10	5 6 7 8 9	10 11 12 13 14	15 16 17 18 19	20 21 22 23 24	25 26 27 28 29	30 D1 2 3 4	0	53
	11	5 6 7 8 9	10 11 12 13 14	15 16 17 18 19	20 21 22 23 24	25 26 27 28 29	30 31 11 2 3	2	23
	12	4 5 6 7 8	9 10 11 12 13	14 15 16 17 18	19 20 21 22 23	24 25 26 27 28	29 30 31 21 —	4	53

□ 遼太祖元年至末主天禧三十四年 (907–1212 A.D.), 見表九 412-18 頁.
The period of Liao, T'ai Tsu First Year to Mo Chu, T'ien Hsi Thirty-fourth Year (907–1212 A.D.) is tabulated in Table 9 on pp. 412–18

年序 Year	陰曆月序 Moon	陰曆日序 Order of days (Lunar) 1 2 3 4 5	6 7 8 9 10	11 12 13 14 15	16 17 18 19 20	21 22 23 24 25	26 27 28 29 30	星期 Week	干支 Cycle
乾化 1 辛未 911–12	26 1	2 3 4 5 6	7 8 9 10 11	12 13 14 15 16	17 18 19 20 21	22 23 24 25 26	27 28 31 2 3	5	22
	2	4 5 6 7 8	9 10 11 12 13	14 15 16 17 18	19 20 21 22 23	24 25 26 27 28	29 30 31 41 —	0	52
	3	2 3 4 5 6	7 8 9 10 11	12 13 14 15 16	17 18 19 20 21	22 23 24 25 26	27 28 29 30 51	1	21
	4	2 3 4 5 6	7 8 9 10 11	12 13 14 15 16	17 18 19 20 21	22 23 24 25 26	27 28 29 30 —	3	51
	5][	31 61 2 3 4	5 6 7 8 9	10 11 12 13 14	15 16 17 18 19	20 21 22 23 24	25 26 27 28 —	4	20
	6	29 30 71 2 3	4 5 6 7 8	9 10 11 12 13	14 15 16 17 18	19 20 21 22 23	24 25 26 27 —	5	49
	7	28 29 30 31 81	2 3 4 5 6	7 8 9 10 11	12 13 14 15 16	17 18 19 20 21	22 23 24 25 26	6	18
	8	27 28 29 30 31	91 2 3 4 5	6 7 8 9 10	11 12 13 14 15	16 17 18 19 20	21 22 23 24 —	1	48
	9	25 26 27 28 29	30 01 2 3 4	5 6 7 8 9	10 11 12 13 14	15 16 17 18 19	20 21 22 23 24	2	17
	10	25 26 27 28 29	30 31 N1 2 3	4 5 6 7 8	9 10 11 12 13	14 15 16 17 18	19 20 21 22 23	4	47
	11	24 25 26 27 28	29 30 D1 2 3	4 5 6 7 8	9 10 11 12 13	14 15 16 17 18	19 20 21 22 23	6	17
	12	24 25 26 27 28	29 30 31 11 2	3 4 5 6 7	8 9 10 11 12	13 14 15 16 17	18 19 20 21 —	1	47
乾化 2 壬申 912–13	88 1	22 23 24 25 26	27 28 29 30 31	21 2 3 4 5	6 7 8 9 10	11 12 13 14 15	16 17 18 19 20	2	16
	2	21 22 23 24 25	26 27 28 29 31	2 3 4 5 6	7 8 9 10 11	12 13 14 15 16	17 18 19 20 21	4	46
	3	22 23 24 25 26	27 28 29 30 31	41 2 3 4 5	6 7 8 9 10	11 12 13 14 15	16 17 18 19 —	6	16
	4	20 21 22 23 24	25 26 27 28 29	30 51 2 3 4	5 6 7 8 9	10 11 12 13 14	15 16 17 18 19	0	45
	5	20 21 22 23 24	25 26 27 28 29	30 31 61 2 3	4 5 6 7 8	9 10 11 12 13	14 15 16 17 —	2	15
	5	18 19 20 21 22	23 24 25 26 27	28 29 30 71 2	3 4 5 6 7	8 9 10 11 12	13 14 15 16 —	3	44
	6	17 18 19 20 21	22 23 24 25 26	27 28 29 30 31	81 2 3 4 5	6 7 8 9 10	11 12 13 14 —	4	13
	7	15 16 17 18 19	20 21 22 23 24	25 26 27 28 29	30 31 91 2 3	4 5 6 7 8	9 10 11 12 13	5	42
	8	14 15 16 17 18	19 20 21 22 23	24 25 26 27 28	29 30 01 2 3	4 5 6 7 8	9 10 11 12 —	0	12
	9	13 14 15 16 17	18 19 20 21 22	23 24 25 26 27	28 29 30 31 N1	2 3 4 5 6	7 8 9 10 11	1	41
	10	12 13 14 15 16	17 18 19 20 21	22 23 24 25 26	27 28 29 30 D1	2 3 4 5 6	7 8 9 10 11	3	11
	11	12 13 14 15 16	17 18 19 20 21	22 23 24 25 26	27 28 29 30 31	11 2 3 4 5	6 7 8 9 —	5	41
	12	10 11 12 13 14	15 16 17 18 19	20 21 22 23 24	25 26 27 28 29	30 31 21 2 3	4 5 6 7 8	6	10
末帝 乾化 3 癸酉 913–14	50 1	9 10 11 12 13	14 15 16 17 18	19 20 21 22 23	24 25 26 27 28	31 2 3 4 5	6 7 8 9 10	1	40
	2	11 12 13 14 15	16 17 18 19 20	21 22 23 24 25	26 27 28 29 30	31 41 2 3 4	5 6 7 8 9	3	10
	3	10 11 12 13 14	15 16 17 18 19	20 21 22 23 24	25 26 27 28 29	30 51 2 3 4	5 6 7 8 —	5	40
	4	9 10 11 12 13	14 15 16 17 18	19 20 21 22 23	24 25 26 27 28	29 30 31 61 2	3 4 5 6 —	6	9
	5	7 8 9 10 11	12 13 14 15 16	17 18 19 20 21	22 23 24 25 26	27 28 29 30 71	2 3 4 5 6	0	38
	6	7 8 9 10 11	12 13 14 15 16	17 18 19 20 21	22 23 24 25 26	27 28 29 30 31	81 2 3 4 —	2	8
	7	5 6 7 8 9	10 11 12 13 14	15 16 17 18 19	20 21 22 23 24	25 26 27 28 29	30 31 91 2 —	3	37
	8	3 4 5 6 7	8 9 10 11 12	13 14 15 16 17	18 19 20 21 22	23 24 25 26 27	28 29 30 01 2	4	6
	9	3 4 5 6 7	8 9 10 11 12	13 14 15 16 17	18 19 20 21 22	23 24 25 26 27	28 29 30 31 —	6	36
	10	N1 2 3 4 5	6 7 8 9 10	11 12 13 14 15	16 17 18 19 20	21 22 23 24 25	26 27 28 29 30	0	5
	11	D1 2 3 4 5	6 7 8 9 10	11 12 13 14 15	16 17 18 19 20	21 22 23 24 25	26 27 28 29 —	2	35
	12	30 31 11 2 3	4 5 6 7 8	9 10 11 12 13	14 15 16 17 18	19 20 21 22 23	24 25 26 27 28	3	4
乾化 4 甲戌 914–15	2 1	29 30 31 21 2	3 4 5 6 7	8 9 10 11 12	13 14 15 16 17	18 19 20 21 22	23 24 25 26 27	5	34
	2	28 31 2 3 4	5 6 7 8 9	10 11 12 13 14	15 16 17 18 19	20 21 22 23 24	25 26 27 28 29	0	4
	3	30 31 41 2 3	4 5 6 7 8	9 10 11 12 13	14 15 16 17 18	19 20 21 22 23	24 25 26 27 —	2	34
	4	28 29 30 51 2	3 4 5 6 7	8 9 10 11 12	13 14 15 16 17	18 19 20 21 22	23 24 25 26 27	3	3
	5	28 29 30 31 61	2 3 4 5 6	7 8 9 10 11	12 13 14 15 16	17 18 19 20 21	22 23 24 25 —	5	33
	6	26 27 28 29 30	71 2 3 4 5	6 7 8 9 10	11 12 13 14 15	16 17 18 19 20	21 22 23 24 25	6	2
	7	26 27 28 29 30	31 81 2 3 4	5 6 7 8 9	10 11 12 13 14	15 16 17 18 19	20 21 22 23 —	1	32
	8	24 25 26 27 28	29 30 31 91 2	3 4 5 6 7	8 9 10 11 12	13 14 15 16 17	18 19 20 21 22	2	1
	9	23 24 25 26 27	28 29 30 01 2	3 4 5 6 7	8 9 10 11 12	13 14 15 16 17	18 19 20 21 —	4	31
	10	22 23 24 25 26	27 28 29 30 31	N1 2 3 4 5	6 7 8 9 10	11 12 13 14 15	16 17 18 19 —	5	0
	11	20 21 22 23 24	25 26 27 28 29	30 D1 2 3 4	5 6 7 8 9	10 11 12 13 14	15 16 17 18 19	6	29
	12	20 21 22 23 24	25 26 27 28 29	30 31 11 2 3	4 5 6 7 8	9 10 11 12 13	14 15 16 17 —	1	59
貞明 1 乙亥 915–16	14 1	18 19 20 21 22	23 24 25 26 27	28 29 30 31 21	2 3 4 5 6	7 8 9 10 11	12 13 14 15 16	2	28
	2	17 18 19 20 21	22 23 24 25 26	27 28 31 2 3	4 5 6 7 8	9 10 11 12 13	14 15 16 17 18	4	58
	2	19 20 21 22 23	24 25 26 27 28	29 30 31 41 2	3 4 5 6 7	8 9 10 11 12	13 14 15 16 —	6	28
	3	17 18 19 20 21	22 23 24 25 26	27 28 29 30 51	2 3 4 5 6	7 8 9 10 11	12 13 14 15 16	0	57
	4	17 18 19 20 21	22 23 24 25 26	27 28 29 30 31	61 2 3 4 5	6 7 8 9 10	11 12 13 14 15	2	27
	5	16 17 18 19 20	21 22 23 24 25	26 27 28 29 30	71 2 3 4 5	6 7 8 9 10	11 12 13 14 —	4	57
	6	15 16 17 18 19	20 21 22 23 24	25 26 27 28 29	30 31 81 2 3	4 5 6 7 8	9 10 11 12 13	5	26
	7	14 15 16 17 18	19 20 21 22 23	24 25 26 27 28	29 30 31 91 2	3 4 5 6 7	8 9 10 11 —	0	56
	8	12 13 14 15 16	17 18 19 20 21	22 23 24 25 26	27 28 29 30 01	2 3 4 5 6	7 8 9 10 11	1	25
	9	12 13 14 15 16	17 18 19 20 21	22 23 24 25 26	27 28 29 30 31	N1 2 3 4 5	6 7 8 9 —	3	55
	10	10 11 12 13 14	15 16 17 18 19	20 21 22 23 24	25 26 27 28 29	30 D1 2 3 4	5 6 7 8 —	4	24
	11][	9 10 11 12 13	14 15 16 17 18	19 20 21 22 23	24 25 26 27 28	29 30 31 11 2	3 4 5 6 7	5	53
	12	8 9 10 11 12	13 14 15 16 17	18 19 20 21 22	23 24 25 26 27	28 29 30 31 21	2 3 4 5 —	0	23

陰曆日序 Order of days (Lunar)

年序 Year	陰曆月序 Moon	1	2	3	4	5	6	7	8	9	10	11	12	13	14	15	16	17	18	19	20	21	22	23	24	25	26	27	28	29	30	星期 Week	干支 Cycle
貞明 2 丙子 916–17	26 1	6	7	8	9	10	11	12	13	14	15	16	17	18	19	20	21	22	23	24	25	26	27	28	29	31	2	3	4	5	6	1	52
	2	7	8	9	10	11	12	13	14	15	16	17	18	19	20	21	22	23	24	25	26	27	28	29	30	31	41	2	3	4	—	3	22
	3	5	6	7	8	9	10	11	12	13	14	15	16	17	18	19	20	21	22	23	24	25	26	27	28	29	30	51	2	3	4	4	51
	4	5	6	7	8	9	10	11	12	13	14	15	16	17	18	19	20	21	22	23	24	25	26	27	28	29	30	31	61	2	3	6	21
	5	4	5	6	7	8	9	10	11	12	13	14	15	16	17	18	19	20	21	22	23	24	25	26	27	28	29	30	71	2	—	1	51
	6	3	4	5	6	7	8	9	10	11	12	13	14	15	16	17	18	19	20	21	22	23	24	25	26	27	28	29	30	31	81	2	20
	7	2	3	4	5	6	7	8	9	10	11	12	13	14	15	16	17	18	19	20	21	22	23	24	25	26	27	28	29	30	—	4	50
	8	31	91	2	3	4	5	6	7	8	9	10	11	12	13	14	15	16	17	18	19	20	21	22	23	24	25	26	27	28	29	5	10
	9	30	01	2	3	4	5	6	7	8	9	10	11	12	13	14	15	16	17	18	19	20	21	22	23	24	25	26	27	28	29	0	49
	10	30	31	N1	2	3	4	5	6	7	8	9	10	11	12	13	14	15	16	17	18	19	20	21	22	23	24	25	26	27	—	2	19
	11	28	29	30	D1	2	3	4	5	6	7	8	9	10	11	12	13	14	15	16	17	18	19	20	21	22	23	24	25	26	27	3	48
	12	28	29	30	31	11	2	3	4	5	6	7	8	9	10	11	12	13	14	15	16	17	18	19	20	21	22	23	24	25	—	5	18
貞明 3 丁丑 917–18	38 1	26	27	28	29	30	31	21	2	3	4	5	6	7	8	9	10	11	12	13	14	15	16	17	18	19	20	21	22	23	—	6	47
	2	24	25	26	27	28	31	2	3	4	5	6	7	8	9	10	11	12	13	14	15	16	17	18	19	20	21	22	23	24	25	0	16
	3	26	27	28	29	30	31	41	2	3	4	5	6	7	8	9	10	11	12	13	14	15	16	17	18	19	20	21	22	23	—	2	46
	4	24	25	26	27	28	29	30	51	2	3	4	5	6	7	8	9	10	11	12	13	14	15	16	17	18	19	20	21	22	23	3	15
	5	24	25	26	27	28	29	30	31	61	2	3	4	5	6	7	8	9	10	11	12	13	14	15	16	17	18	19	20	21	—	5	45
	6	22	23	24	25	26	27	28	29	30	71	2	3	4	5	6	7	8	9	10	11	12	13	14	15	16	17	18	19	20	21	6	14
	7	22	23	24	25	26	27	28	29	30	31	81	2	3	4	5	6	7	8	9	10	11	12	13	14	15	16	17	18	19	20	1	44
	8	21	22	23	24	25	26	27	28	29	30	31	91	2	3	4	5	6	7	8	9	10	11	12	13	14	15	16	17	18	—	3	14
	9	19	20	21	22	23	24	25	26	27	28	29	30	01	2	3	4	5	6	7	8	9	10	11	12	13	14	15	16	17	18	4	43
	10	19	20	21	22	23	24	25	26	27	28	29	30	31	N1	2	3	4	5	6	7	8	9	10	11	12	13	14	15	16	17	6	13
	10	18	19	20	21	22	23	24	25	26	27	28	29	30	D1	2	3	4	5	6	7	8	9	10	11	12	13	14	15	16	—	1	43
	11	17	18	19	20	21	22	23	24	25	26	27	28	29	30	31	11	2	3	4	5	6	7	8	9	10	11	12	13	14	15	2	12
	12	16	17	18	19	20	21	22	23	24	25	26	27	28	29	30	31	21	2	3	4	5	6	7	8	9	10	11	12	13	—	4	42
貞明 4 戊寅 918–19	50 1	14	15	16	17	18	19	20	21	22	23	24	25	26	27	28	31	2	3	4	5	6	7	8	9	10	11	12	13	14	—	5	11
	2	15	16	17	18	19	20	21	22	23	24	25	26	27	28	29	30	31	41	2	3	4	5	6	7	8	9	10	11	12	13	6	40
	3	14	15	16	17	18	19	20	21	22	23	24	25	26	27	28	29	30	51	2	3	4	5	6	7	8	9	10	11	12	—	1	10
	4	13	14	15	16	17	18	19	20	21	22	23	24	25	26	27	28	29	30	31	61	2	3	4	5	6	7	8	9	10	11	2	39
	5	12	13	14	15	16	17	18	19	20	21	22	23	24	25	26	27	28	29	30	71	2	3	4	5	6	7	8	9	10	—	4	9
	6	11	12	13	14	15	16	17	18	19	20	21	22	23	24	25	26	27	28	29	30	31	81	2	3	4	5	6	7	8	9	5	38
	7	10	11	12	13	14	15	16	17	18	19	20	21	22	23	24	25	26	27	28	29	30	31	91	2	3	4	5	6	7	—	0	8
	8	8	9	10	11	12	13	14	15	16	17	18	19	20	21	22	23	24	25	26	27	28	29	30	01	2	3	4	5	6	7	1	37
	9	8	9	10	11	12	13	14	15	16	17	18	19	20	21	22	23	24	25	26	27	28	29	30	31	N1	2	3	4	5	6	3	7
	10	7	8	9	10	11	12	13	14	15	16	17	18	19	20	21	22	23	24	25	26	27	28	29	30	01	2	3	4	5	—	5	37
	11	6	7	8	9	10	11	12	13	14	15	16	17	18	19	20	21	22	23	24	25	26	27	28	29	30	31	11	2	3	4	6	6
	12	5	6	7	8	9	10	11	12	13	14	15	16	17	18	19	20	21	22	23	24	25	26	27	28	29	30	31	21	2	3	1	36
貞明 5 己卯 919–20	2 1	4	5	6	7	8	9	10	11	12	13	14	15	16	17	18	19	20	21	22	23	24	25	26	27	28	31	2	3	4	—	3	6
	2	5	6	7	8	9	10	11	12	13	14	15	16	17	18	19	20	21	22	23	24	25	26	27	28	29	30	31	41	2	3	4	35
	3	4	5	6	7	8	9	10	11	12	13	14	15	16	17	18	19	20	21	22	23	24	25	26	27	28	29	30	51	2	—	6	5
	4	3	4	5	6	7	8	9	10	11	12	13	14	15	16	17	18	19	20	21	22	23	24	25	26	27	28	29	30	31	—	0	34
	5	61	2	3	4	5	6	7	8	9	10	11	12	13	14	15	16	17	18	19	20	21	22	23	24	25	26	27	28	29	—	1	3
	6	30	71	2	3	4	5	6	7	8	9	10	11	12	13	14	15	16	17	18	19	20	21	22	23	24	25	26	27	28	29	2	32
	7	30	31	81	2	3	4	5	6	7	8	9	10	11	12	13	14	15	16	17	18	19	20	21	22	23	24	25	26	27	—	4	2
	8	28	29	30	31	91	2	3	4	5	6	7	8	9	10	11	12	13	14	15	16	17	18	19	20	21	22	23	24	25	26	5	31
	9	27	28	29	30	01	2	3	4	5	6	7	8	9	10	11	12	13	14	15	16	17	18	19	20	21	22	23	24	25	26	0	1
	10	27	28	29	30	31	N1	2	3	4	5	6	7	8	9	10	11	12	13	14	15	16	17	18	19	20	21	22	23	24	25	2	31
	11	26	27	28	29	30	D1	2	3	4	5	6	7	8	9	10	11	12	13	14	15	16	17	18	19	20	21	22	23	24	—	4	1
	12	25	26	27	28	29	30	31	11	2	3	4	5	6	7	8	9	10	11	12	13	14	15	16	17	18	19	20	21	22	23	5	30
貞明 6 庚辰 920–21	14 1	24	25	26	27	28	29	30	31	21	2	3	4	5	6	7	8	9	10	11	12	13	14	15	16	17	18	19	20	21	22	0	0
	2	23	24	25	26	27	28	29	31	2	3	4	5	6	7	8	9	10	11	12	13	14	15	16	17	18	19	20	21	22	—	2	30
	3	23	24	25	26	27	28	29	30	31	41	2	3	4	5	6	7	8	9	10	11	12	13	14	15	16	17	18	19	20	21	3	59
	4	22	23	24	25	26	27	28	29	30	51	2	3	4	5	6	7	8	9	10	11	12	13	14	15	16	17	18	19	20	—	5	29
	5	21	22	23	24	25	26	27	28	29	30	31	61	2	3	4	5	6	7	8	9	10	11	12	13	14	15	16	17	18	—	6	58
	6	19	20	21	22	23	24	25	26	27	28	29	30	71	2	3	4	5	6	7	8	9	10	11	12	13	14	15	16	17	—	0	27
	6	18	19	20	21	22	23	24	25	26	27	28	29	30	31	81	2	3	4	5	6	7	8	9	10	11	12	13	14	15	16	1	56
	7	17	18	19	20	21	22	23	24	25	26	27	28	29	30	31	91	2	3	4	5	6	7	8	9	10	11	12	13	14	—	3	26
	8	15	16	17	18	19	20	21	22	23	24	25	26	27	28	29	30	01	2	3	4	5	6	7	8	9	10	11	12	13	14	4	55
	9	15	16	17	18	19	20	21	22	23	24	25	26	27	28	29	30	31	N1	2	3	4	5	6	7	8	9	10	11	12	13	6	25
	10	14	15	16	17	18	19	20	21	22	23	24	25	26	27	28	29	30	D1	2	3	4	5	6	7	8	9	10	11	12	—	1	55
	11	13	14	15	16	17	18	19	20	21	22	23	24	25	26	27	28	29	30	31	11	2	3	4	5	6	7	8	9	10	11	2	24
	12	12	13	14	15	16	17	18	19	20	21	22	23	24	25	26	27	28	29	30	31	21	2	3	4	5	6	7	8	9	10	4	54

年序 Year	陰曆月序 Moon	陰曆日序 Order of days (Lunar) 1 2 3 4 5	6 7 8 9 10	11 12 13 14 15	16 17 18 19 20	21 22 23 24 25	26 27 28 29 30	星期 Week	干支 Cycle
龍德 1 辛巳 921–22	26 1	11 12 13 14 15	16 17 18 19 20	21 22 23 24 25	26 27 28 31 2	3 4 5 6 7	8 9 10 11 12	6	24
	2	13 14 15 16 17	18 19 20 21 22	23 24 25 26 27	28 29 30 31 41	2 3 4 5 6	7 8 9 10 —	1	54
	3	11 12 13 14 15	16 17 18 19 20	21 22 23 24 25	26 27 28 29 30	51 2 3 4 5	6 7 8 9 10	2	23
	4	11 12 13 14 15	16 17 18 19 20	21 22 23 24 25	26 27 28 29 30	31 61 2 3 4	5 6 7 8 —	4	53
	5][	9 10 11 12 13	14 15 16 17 18	19 20 21 22 23	24 25 26 27 28	29 30 71 2 3	4 5 6 7 —	5	22
	6	8 9 10 11 12	13 14 15 16 17	18 19 20 21 22	23 24 25 26 27	28 29 30 31 81	2 3 4 5 —	6	51
	7	6 7 8 9 10	11 12 13 14 15	16 17 18 19 20	21 22 23 24 25	26 27 28 29 30	31 91 2 3 4	0	20
	8	5 6 7 8 9	10 11 12 13 14	15 16 17 18 19	20 21 22 23 24	25 26 27 28 29	30 01 2 3 —	2	50
	9	4 5 6 7 8	9 10 11 12 13	14 15 16 17 18	19 20 21 22 23	24 25 26 27 28	29 30 31 N1 2	3	19
	10	3 4 5 6 7	8 9 10 11 12	13 14 15 16 17	18 19 20 21 22	23 24 25 26 27	28 29 30 D1 —	5	49
	11	2 3 4 5 6	7 8 9 10 11	12 13 14 15 16	17 18 19 20 21	22 23 24 25 26	27 28 29 30 31	6	18
	12	11 2 3 4 5	6 7 8 9 10	11 12 13 14 15	16 17 18 19 20	21 22 23 24 25	26 27 28 29 30	1	48
龍德 2 壬午 922–23	38 1	31 21 2 3 4	5 6 7 8 9	10 11 12 13 14	15 16 17 18 19	20 21 22 23 24	25 26 27 28 31	3	18
	2	2 3 4 5 6	7 8 9 10 11	12 13 14 15 16	17 18 19 20 21	22 23 24 25 26	27 28 29 30 —	5	48
	3	31 41 2 3 4	5 6 7 8 9	10 11 12 13 14	15 16 17 18 19	20 21 22 23 24	25 26 27 28 29	6	17
	4	30 51 2 3 4	5 6 7 8 9	10 11 12 13 14	15 16 17 18 19	20 21 22 23 24	25 26 27 28 —	1	47
	5	29 30 31 61 2	3 4 5 6 7	8 9 10 11 12	13 14 15 16 17	18 19 20 21 22	23 24 25 26 27	2	16
	6	28 29 30 71 2	3 4 5 6 7	8 9 10 11 12	13 14 15 16 17	18 19 20 21 22	23 24 25 26 —	4	46
	7	27 28 29 30 31	81 2 3 4 5	6 7 8 9 10	11 12 13 14 15	16 17 18 19 20	21 22 23 24 —	5	15
	8	25 26 27 28 29	30 31 91 2 3	4 5 6 7 8	9 10 11 12 13	14 15 16 17 18	19 20 21 22 23	6	44
	9	24 25 26 27 28	29 30 01 2 3	4 5 6 7 8	9 10 11 12 13	14 15 16 17 18	19 20 21 22 —	1	14
	10	23 24 25 26 27	28 29 30 31 N1	2 3 4 5 6	7 8 9 10 11	12 13 14 15 16	17 18 19 20 21	2	43
	11	22 23 24 25 26	27 28 29 30 D1	2 3 4 5 6	7 8 9 10 11	12 13 14 15 16	17 18 19 20 —	4	13
	12	21 22 23 24 25	26 27 28 29 30	31 11 2 3 4	5 6 7 8 9	10 11 12 13 14	15 16 17 18 19	5	42
後唐莊宗同光 1 癸未 923–24	50 1	20 21 22 23 24	25 26 27 28 29	30 31 21 2 3	4 5 6 7 8	9 10 11 12 13	14 15 16 17 18	0	12
	2	19 20 21 22 23	24 25 26 27 28	31 2 3 4 5	6 7 8 9 10	11 12 13 14 15	16 17 18 19 —	2	42
	3	20 21 22 23 24	25 26 27 28 29	30 31 41 2 3	4 5 6 7 8	9 10 11 12 13	14 15 16 17 18	3	11
	4][	19 20 21 22 23	24 25 26 27 28	29 30 51 2 3	4 5 6 7 8	9 10 11 12 13	14 15 16 17 18	5	41
	4	19 20 21 22 23	24 25 26 27 28	29 30 31 61 2	3 4 5 6 7	8 9 10 11 12	13 14 15 16 —	0	11
	5	17 18 19 20 21	22 23 24 25 26	27 28 29 30 71	2 3 4 5 6	7 8 9 10 11	12 13 14 15 16	1	40
	6	17 18 19 20 21	22 23 24 25 26	27 28 29 30 31	81 2 3 4 5	6 7 8 9 10	11 12 13 14 —	3	10
	7	15 16 17 18 19	20 21 22 23 24	25 26 27 28 29	30 31 91 2 3	4 5 6 7 8	9 10 11 12 —	4	39
	8	13 14 15 16 17	18 19 20 21 22	23 24 25 26 27	28 29 30 01 2	3 4 5 6 7	8 9 10 11 12	5	8
	9	13 14 15 16 17	18 19 20 21 22	23 24 25 26 27	28 29 30 31 N1	2 3 4 5 6	7 8 9 10 —	0	38
	10	11 12 13 14 15	16 17 18 19 20	21 22 23 24 25	26 27 28 29 30	D1 2 3 4 5	6 7 8 9 10	1	7
	11	11 12 13 14 15	16 17 18 19 20	21 22 23 24 25	26 27 28 29 30	31 11 2 3 4	5 6 7 8 —	3	37
	12	9 10 11 12 13	14 15 16 17 18	19 20 21 22 23	24 25 26 27 28	29 30 31 21 2	3 4 5 6 7	4	6
同光 2 甲申 924–25	2 1	8 9 10 11 12	13 14 15 16 17	18 19 20 21 22	23 24 25 26 27	28 29 31 2 3	4 5 6 7 —	6	36
	2	8 9 10 11 12	13 14 15 16 17	18 19 20 21 22	23 24 25 26 27	28 29 30 31 41	2 3 4 5 6	0	5
	3	7 8 9 10 11	12 13 14 15 16	17 18 19 20 21	22 23 24 25 26	27 28 29 30 51	2 3 4 5 6	2	35
	4	7 8 9 10 11	12 13 14 15 16	17 18 19 20 21	22 23 24 25 26	27 28 29 30 31	61 2 3 4 —	4	5
	5	5 6 7 8 9	10 11 12 13 14	15 16 17 18 19	20 21 22 23 24	25 26 27 28 29	30 71 2 3 4	5	34
	6	5 6 7 8 9	10 11 12 13 14	15 16 17 18 19	20 21 22 23 24	25 26 27 28 29	30 31 81 2 3	0	4
	7	4 5 6 7 8	9 10 11 12 13	14 15 16 17 18	19 20 21 22 23	24 25 26 27 28	29 30 31 91 —	2	34
	8	2 3 4 5 6	7 8 9 10 11	12 13 14 15 16	17 18 19 20 21	22 23 24 25 26	27 28 29 30 01	3	3
	9	2 3 4 5 6	7 8 9 10 11	12 13 14 15 16	17 18 19 20 21	22 23 24 25 26	27 28 29 30 —	5	33
	10	31 N1 2 3 4	5 6 7 8 9	10 11 12 13 14	15 16 17 18 19	20 21 22 23 24	25 26 27 28 —	6	2
	11	29 30 D1 2 3	4 5 6 7 8	9 10 11 12 13	14 15 16 17 18	19 20 21 22 23	24 25 26 27 28	0	31
	12	29 30 31 11 2	3 4 5 6 7	8 9 10 11 12	13 14 15 16 17	18 19 20 21 22	23 24 25 26 —	2	1
同光 3 乙酉 925–26	14 1	27 28 29 30 31	21 2 3 4 5	6 7 8 9 10	11 12 13 14 15	16 17 18 19 20	21 22 23 24 25	3	30
	2	26 27 28 31 2	3 4 5 6 7	8 9 10 11 12	13 14 15 16 17	18 19 20 21 22	23 24 25 26 —	5	0
	3	27 28 29 30 31	41 2 3 4 5	6 7 8 9 10	11 12 13 14 15	16 17 18 19 20	21 22 23 24 25	6	29
	4	26 27 28 29 30	51 2 3 4 5	6 7 8 9 10	11 12 13 14 15	16 17 18 19 20	21 22 23 24 —	1	59
	5	25 26 27 28 29	30 31 61 2 3	4 5 6 7 8	9 10 11 12 13	14 15 16 17 18	19 20 21 22 23	2	28
	6	24 25 26 27 28	29 30 71 2 3	4 5 6 7 8	9 10 11 12 13	14 15 16 17 18	19 20 21 22 23	4	58
	7	24 25 26 27 28	29 30 31 81 2	3 4 5 6 7	8 9 10 11 12	13 14 15 16 17	18 19 20 21 —	6	28
	8	22 23 24 25 26	27 28 29 30 31	91 2 3 4 5	6 7 8 9 10	11 12 13 14 15	16 17 18 19 20	0	57
	9	21 22 23 24 25	26 27 28 29 30	01 2 3 4 5	6 7 8 9 10	11 12 13 14 15	16 17 18 19 —	2	27
	10	20 21 22 23 24	25 26 27 28 29	30 31 N1 2 3	4 5 6 7 8	9 10 11 12 13	14 15 16 17 18	3	56
	11	19 20 21 22 23	24 25 26 27 28	29 30 D1 2 3	4 5 6 7 8	9 10 11 12 13	14 15 16 17 18	5	26
	12	19 20 21 22 23	24 25 26 27 28	29 30 31 11 2	3 4 5 6 7	8 9 10 11 12	13 14 15 16 —	0	56
	12	17 18 19 20 21	22 23 24 25 26	27 28 29 30 31	21 2 3 4 5	6 7 8 9 10	11 12 13 14 —	1	25

年序 Year		陰曆月序 Moon	陰曆日序 Order of days (Lunar) 1 2 3 4 5	6 7 8 9 10	11 12 13 14 15	16 17 18 19 20	21 22 23 24 25	26 27 28 29 30	星期 Week	干支 Cycle
明宗天成 1 丙戌 926–27	26	1	15 16 17 18 19	20 21 22 23 24	25 26 27 28 31	2 3 4 5 6	7 8 9 10 11	12 13 14 15 16	2	54
		2	17 18 19 20 21	22 23 24 25 26	27 28 29 30 31	41 2 3 4 5	6 7 8 9 10	11 12 13 14 —	4	24
		3	15 16 17 18 19	20 21 22 23 24	25 26 27 28 29	30 51 2 3 4	5 6 7 8 9	10 11 12 13 14	5	53
		4]\[	15 16 17 18 19	20 21 22 23 24	25 26 27 28 29	30 31 61 2 3	4 5 6 7 8	9 10 11 12 —	0	23
		5	13 14 15 16 17	18 19 20 21 22	23 24 25 26 27	28 29 30 71 2	3 4 5 6 7	8 9 10 11 12	1	52
		6	13 14 15 16 17	18 19 20 21 22	23 24 25 26 27	28 29 30 31 81	2 3 4 5 6	7 8 9 10 —	3	22
		7	11 12 13 14 15	16 17 18 19 20	21 22 23 24 25	26 27 28 29 30	31 91 2 3 4	5 6 7 8 9	4	51
		8	10 11 12 13 14	15 16 17 18 19	20 21 22 23 24	25 26 27 28 29	30 01 2 3 4	5 6 7 8 9	6	21
		9	10 11 12 13 14	15 16 17 18 19	20 21 22 23 24	25 26 27 28 29	30 31 N1 2 3	4 5 6 7 —	1	51
		10	8 9 10 11 12	13 14 15 16 17	18 19 20 21 22	23 24 25 26 27	28 29 30 D1 2	3 4 5 6 7	2	20
		11	8 9 10 11 12	13 14 15 16 17	18 19 20 21 22	23 24 25 26 27	28 29 30 31 11	2 3 4 5 6	4	50
		12	7 8 9 10 11	12 13 14 15 16	17 18 19 20 21	22 23 24 25 26	27 28 29 30 31	21 2 3 4 —	6	20
天成 2 丁亥 927–28	38	1	5 6 7 8 9	10 11 12 13 14	15 16 17 18 19	20 21 22 23 24	25 26 27 28 31	2 3 4 5 —	0	49
		2	6 7 8 9 10	11 12 13 14 15	16 17 18 19 20	21 22 23 24 25	26 27 28 29 30	31 41 2 3 4	1	18
		3	5 6 7 8 9	10 11 12 13 14	15 16 17 18 19	20 21 22 23 24	25 26 27 28 29	30 51 2 3 —	3	48
		4	4 5 6 7 8	9 10 11 12 13	14 15 16 17 18	19 20 21 22 23	24 25 26 27 28	29 30 31 61 2	4	17
		5	3 4 5 6 7	8 9 10 11 12	13 14 15 16 17	18 19 20 21 22	23 24 25 26 27	28 29 30 71 —	6	47
		6	2 3 4 5 6	7 8 9 10 11	12 13 14 15 16	17 18 19 20 21	22 23 24 25 26	27 28 29 30 31	0	16
		7	81 2 3 4 5	6 7 8 9 10	11 12 13 14 15	16 17 18 19 20	21 22 23 24 25	26 27 28 29 —	2	46
		8	30 31 91 2 3	4 5 6 7 8	9 10 11 12 13	14 15 16 17 18	19 20 21 22 23	24 25 26 27 28	3	15
		9	29 30 01 2 3	4 5 6 7 8	9 10 11 12 13	14 15 16 17 18	19 20 21 22 23	24 25 26 27 28	5	45
		10	29 30 31 N1 2	3 4 5 6 7	8 9 10 11 12	13 14 15 16 17	18 19 20 21 22	23 24 25 26 —	0	15
		11	27 28 29 30 D1	2 3 4 5 6	7 8 9 10 11	12 13 14 15 16	17 18 19 20 21	22 23 24 25 26	1	44
		12	27 28 29 30 31	11 2 3 4 5	6 7 8 9 10	11 12 13 14 15	16 17 18 19 20	21 22 23 24 25	3	14
天成 3 戊子 928–29	50	1	26 27 28 29 30	31 21 2 3 4	5 6 7 8 9	10 11 12 13 14	15 16 17 18 19	20 21 22 23 —	5	44
		2	24 25 26 27 28	29 31 2 3 4	5 6 7 8 9	10 11 12 13 14	15 16 17 18 19	20 21 22 23 24	6	13
		3	25 26 27 28 29	30 31 41 2 3	4 5 6 7 8	9 10 11 12 13	14 15 16 17 18	19 20 21 22 —	1	43
		4	23 24 25 26 27	28 29 30 51 2	3 4 5 6 7	8 9 10 11 12	13 14 15 16 17	18 19 20 21 —	2	12
		5	22 23 24 25 26	27 28 29 30 31	61 2 3 4 5	6 7 8 9 10	11 12 13 14 15	16 17 18 19 —	3	41
		6	20 21 22 23 24	25 26 27 28 29	30 71 2 3 4	5 6 7 8 9	10 11 12 13 14	15 16 17 18 19	4	10
		7	20 21 22 23 24	25 26 27 28 29	30 31 81 2 3	4 5 6 7 8	9 10 11 12 13	14 15 16 17 —	6	40
		8	18 19 20 21 22	23 24 25 26 27	28 29 30 31 91	2 3 4 5 6	7 8 9 10 11	12 13 14 15 16	0	9
		8	17 18 19 20 21	22 23 24 25 26	27 28 29 30 01	2 3 4 5 6	7 8 9 10 11	12 13 14 15 16	2	39
		9	17 18 19 20 21	22 23 24 25 26	27 28 29 30 31	N1 2 3 4 5	6 7 8 9 10	11 12 13 14 —	4	9
		10	15 16 17 18 19	20 21 22 23 24	25 26 27 28 29	30 D1 2 3 4	5 6 7 8 9	10 11 12 13 14	5	38
		11	15 16 17 18 19	20 21 22 23 24	25 26 27 28 29	30 31 11 2 3	4 5 6 7 8	9 10 11 12 13	0	8
		12	14 15 16 17 18	19 20 21 22 23	24 25 26 27 28	29 30 31 21 2	3 4 5 6 7	8 9 10 11 12	2	38
天成 4 己丑 929–30	2	1	13 14 15 16 17	18 19 20 21 22	23 24 25 26 27	28 31 2 3 4	5 6 7 8 9	10 11 12 13 —	4	8
		2	14 15 16 17 18	19 20 21 22 23	24 25 26 27 28	29 30 31 41 2	3 4 5 6 7	8 9 10 11 12	5	37
		3	13 14 15 16 17	18 19 20 21 22	23 24 25 26 27	28 29 30 51 2	3 4 5 6 7	8 9 10 11 —	0	7
		4	12 13 14 15 16	17 18 19 20 21	22 23 24 25 26	27 28 29 30 31	61 2 3 4 5	6 7 8 9 —	1	36
		5	10 11 12 13 14	15 16 17 18 19	20 21 22 23 24	25 26 27 28 29	30 71 2 3 4	5 6 7 8 —	2	5
		6	9 10 11 12 13	14 15 16 17 18	19 20 21 22 23	24 25 26 27 28	29 30 31 81 2	3 4 5 6 7	3	34
		7	8 9 10 11 12	13 14 15 16 17	18 19 20 21 22	23 24 25 26 27	28 29 30 31 91	2 3 4 5 —	5	4
		8	6 7 8 9 10	11 12 13 14 15	16 17 18 19 20	21 22 23 24 25	26 27 28 29 30	01 2 3 4 5	6	33
		9	6 7 8 9 10	11 12 13 14 15	16 17 18 19 20	21 22 23 24 25	26 27 28 29 30	31 N1 2 3 —	1	3
		10	4 5 6 7 8	9 10 11 12 13	14 15 16 17 18	19 20 21 22 23	24 25 26 27 28	29 30 D1 2 3	2	32
		11	4 5 6 7 8	9 10 11 12 13	14 15 16 17 18	19 20 21 22 23	24 25 26 27 28	29 30 31 11 2	4	2
		12	3 4 5 6 7	8 9 10 11 12	13 14 15 16 17	18 19 20 21 22	23 24 25 26 27	28 29 30 31 21	6	32
長興 1 庚寅 930–31	14	1	2 3 4 5 6	7 8 9 10 11	12 13 14 15 16	17 18 19 20 21	22 23 24 25 26	27 28 31 2 —	1	2
		2]\[	3 4 5 6 7	8 9 10 11 12	13 14 15 16 17	18 19 20 21 22	23 24 25 26 27	28 29 30 31 41	2	31
		3	2 3 4 5 6	7 8 9 10 11	12 13 14 15 16	17 18 19 20 21	22 23 24 25 26	27 28 29 30 —	4	1
		4	51 2 3 4 5	6 7 8 9 10	11 12 13 14 15	16 17 18 19 20	21 22 23 24 25	26 27 28 29 30	5	30
		5	31 61 2 3 4	5 6 7 8 9	10 11 12 13 14	15 16 17 18 19	20 21 22 23 24	25 26 27 28 —	0	0
		6	29 30 71 2 3	4 5 6 7 8	9 10 11 12 13	14 15 16 17 18	19 20 21 22 23	24 25 26 27 —	1	29
		7	28 29 30 31 81	2 3 4 5 6	7 8 9 10 11	12 13 14 15 16	17 18 19 20 21	22 23 24 25 26	2	58
		8	27 28 29 30 31	91 2 3 4 5	6 7 8 9 10	11 12 13 14 15	16 17 18 19 20	21 22 23 24 —	4	28
		9	25 26 27 28 29	30 01 2 3 4	5 6 7 8 9	10 11 12 13 14	15 16 17 18 19	20 21 22 23 24	5	57
		10	25 26 27 28 29	30 31 N1 2 3	4 5 6 7 8	9 10 11 12 13	14 15 16 17 18	19 20 21 22 —	0	27
		11	23 24 25 26 27	28 29 30 D1 2	3 4 5 6 7	8 9 10 11 12	13 14 15 16 17	18 19 20 21 22	1	56
		12	23 24 25 26 27	28 29 30 31 11	2 3 4 5 6	7 8 9 10 11	12 13 14 15 16	17 18 19 20 21	3	26

年序 Year	陰曆月序 Moon	陰曆日序 Order of days (Lunar)																														星期 Week	干支 Cycle
		1	2	3	4	5	6	7	8	9	10	11	12	13	14	15	16	17	18	19	20	21	22	23	24	25	26	27	28	29	30		
長興 2 辛卯 931–32	**26** 1	22	23	24	25	26	27	28	29	30	31	**21**	2	3	4	5	6	7	8	9	10	11	12	13	14	15	16	17	18	19	—	5	56
	2	20	21	22	23	24	25	26	27	28	**31**	2	3	4	5	6	7	8	9	10	11	12	13	14	15	16	17	18	19	20	21	6	25
	3	22	23	24	25	26	27	28	29	30	31	**41**	2	3	4	5	6	7	8	9	10	11	12	13	14	15	16	17	18	19	20	1	55
	4	21	22	23	24	25	26	27	28	29	30	**51**	2	3	4	5	6	7	8	9	10	11	12	13	14	15	16	17	18	19	—	3	25
	5	20	21	22	23	24	25	26	27	28	29	30	31	**61**	2	3	4	5	6	7	8	9	10	11	12	13	14	15	16	17	18	4	54
	5	19	20	21	22	23	24	25	26	27	28	29	30	**71**	2	3	4	5	6	7	8	9	10	11	12	13	14	15	16	17	—	6	24
	6	18	19	20	21	22	23	24	25	26	27	28	29	30	31	**81**	2	3	4	5	6	7	8	9	10	11	12	13	14	15	—	0	53
	7	16	17	18	19	20	21	22	23	24	25	26	27	28	29	30	31	**91**	2	3	4	5	6	7	8	9	10	11	12	13	14	1	22
	8	15	16	17	18	19	20	21	22	23	24	25	26	27	28	29	30	**01**	2	3	4	5	6	7	8	9	10	11	12	13	—	3	52
	9	14	15	16	17	18	19	20	21	22	23	24	25	26	27	28	29	30	31	**N1**	2	3	4	5	6	7	8	9	10	11	12	4	21
	10	13	14	15	16	17	18	19	20	21	22	23	24	25	26	27	28	29	30	**D1**	2	3	4	5	6	7	8	9	10	11	—	6	51
	11	12	13	14	15	16	17	18	19	20	21	22	23	24	25	26	27	28	29	30	31	**11**	2	3	4	5	6	7	8	9	10	0	20
	12	11	12	13	14	15	16	17	18	19	20	21	22	23	24	25	26	27	28	29	30	31	**21**	2	3	4	5	6	7	8	—	2	50
長興 3 壬辰 932–33	**38** 1	9	10	11	12	13	14	15	16	17	18	19	20	21	22	23	24	25	26	27	28	29	**31**	2	3	4	5	6	7	8	9	3	19
	2	10	11	12	13	14	15	16	17	18	19	20	21	22	23	24	25	26	27	28	29	30	31	**41**	2	3	4	5	6	7	8	5	49
	3	9	10	11	12	13	14	15	16	17	18	19	20	21	22	23	24	25	26	27	28	29	30	**51**	2	3	4	5	6	7	8	0	19
	4	9	10	11	12	13	14	15	16	17	18	19	20	21	22	23	24	25	26	27	28	29	30	31	**61**	2	3	4	5	6	—	2	49
	5	7	8	9	10	11	12	13	14	15	16	17	18	19	20	21	22	23	24	25	26	27	28	29	30	**71**	2	3	4	5	6	3	18
	6	7	8	9	10	11	12	13	14	15	16	17	18	19	20	21	22	23	24	25	26	27	28	29	30	31	**81**	2	3	4	—	5	48
	7	5	6	7	8	9	10	11	12	13	14	15	16	17	18	19	20	21	22	23	24	25	26	27	28	29	30	31	**91**	2	—	6	17
	8	3	4	5	6	7	8	9	10	11	12	13	14	15	16	17	18	19	20	21	22	23	24	25	26	27	28	29	30	**01**	2	0	46
	9	3	4	5	6	7	8	9	10	11	12	13	14	15	16	17	18	19	20	21	22	23	24	25	26	27	28	29	30	31	—	2	16
	10	**N1**	2	3	4	5	6	7	8	9	10	11	12	13	14	15	16	17	18	19	20	21	22	23	24	25	26	27	28	29	30	3	45
	11	**D1**	2	3	4	5	6	7	8	9	10	11	12	13	14	15	16	17	18	19	20	21	22	23	24	25	26	27	28	29	—	5	15
	12	30	31	**11**	2	3	4	5	6	7	8	9	10	11	12	13	14	15	16	17	18	19	20	21	22	23	24	25	26	27	28	6	44
長興 4 癸巳 933–34	**50** 1	29	30	31	**21**	2	3	4	5	6	7	8	9	10	11	12	13	14	15	16	17	18	19	20	21	22	23	24	25	26	—	1	14
	2	27	28	**31**	2	3	4	5	6	7	8	9	10	11	12	13	14	15	16	17	18	19	20	21	22	23	24	25	26	27	28	2	43
	3	29	30	31	**41**	2	3	4	5	6	7	8	9	10	11	12	13	14	15	16	17	18	19	20	21	22	23	24	25	26	27	4	13
	4	28	29	30	**51**	2	3	4	5	6	7	8	9	10	11	12	13	14	15	16	17	18	19	20	21	22	23	24	25	26	—	6	43
	5	27	28	29	30	31	**61**	2	3	4	5	6	7	8	9	10	11	12	13	14	15	16	17	18	19	20	21	22	23	24	25	0	12
	6	26	27	28	29	30	**71**	2	3	4	5	6	7	8	9	10	11	12	13	14	15	16	17	18	19	20	21	22	23	24	—	2	42
	7	25	26	27	28	29	30	31	**81**	2	3	4	5	6	7	8	9	10	11	12	13	14	15	16	17	18	19	20	21	22	23	3	11
	8	24	25	26	27	28	29	30	31	**91**	2	3	4	5	6	7	8	9	10	11	12	13	14	15	16	17	18	19	20	21	—	5	41
	9	22	23	24	25	26	27	28	29	30	**01**	2	3	4	5	6	7	8	9	10	11	12	13	14	15	16	17	18	19	20	21	6	10
	10	22	23	24	25	26	27	28	29	30	31	**N1**	2	3	4	5	6	7	8	9	10	11	12	13	14	15	16	17	18	19	—	1	40
	11	20	21	22	23	24	25	26	27	28	29	30	**D1**	2	3	4	5	6	7	8	9	10	11	12	13	14	15	16	17	18	19	2	9
	12	20	21	22	23	24	25	26	27	28	29	30	31	**11**	2	3	4	5	6	7	8	9	10	11	12	13	14	15	16	17	—	4	39
廢帝清泰 1 甲午 934–35	**2** 1	18	19	20	21	22	23	24	25	26	27	28	29	30	31	**21**	2	3	4	5	6	7	8	9	10	11	12	13	14	15	16	5	8
	1	17	18	19	20	21	22	23	24	25	26	27	28	**31**	2	3	4	5	6	7	8	9	10	11	12	13	14	15	16	17	—	0	38
	2	18	19	20	21	22	23	24	25	26	27	28	29	30	31	**41**	2	3	4	5	6	7	8	9	10	11	12	13	14	15	16	1	7
	3	17	18	19	20	21	22	23	24	25	26	27	28	29	30	**51**	2	3	4	5	6	7	8	9	10	11	12	13	14	15	—	3	37
	4][	16	17	18	19	20	21	22	23	24	25	26	27	28	29	30	31	**61**	2	3	4	5	6	7	8	9	10	11	12	13	14	4	6
	5	15	16	17	18	19	20	21	22	23	24	25	26	27	28	29	30	**71**	2	3	4	5	6	7	8	9	10	11	12	13	14	6	36
	6	15	16	17	18	19	20	21	22	23	24	25	26	27	28	29	30	31	**81**	2	3	4	5	6	7	8	9	10	11	12	—	1	6
	7	13	14	15	16	17	18	19	20	21	22	23	24	25	26	27	28	29	30	31	**91**	2	3	4	5	6	7	8	9	10	11	2	35
	8	12	13	14	15	16	17	18	19	20	21	22	23	24	25	26	27	28	29	30	**01**	2	3	4	5	6	7	8	9	10	—	4	5
	9	11	12	13	14	15	16	17	18	19	20	21	22	23	24	25	26	27	28	29	30	31	**N1**	2	3	4	5	6	7	8	9	5	34
	10	10	11	12	13	14	15	16	17	18	19	20	21	22	23	24	25	26	27	28	29	30	**D1**	2	3	4	5	6	7	8	—	0	4
	11	9	10	11	12	13	14	15	16	17	18	19	20	21	22	23	24	25	26	27	28	29	30	31	**11**	2	3	4	5	6	7	1	33
	12	8	9	10	11	12	13	14	15	16	17	18	19	20	21	22	23	24	25	26	27	28	29	30	31	**21**	2	3	4	5	—	3	3
清泰 2 乙未 935–36	**14** 1	6	7	8	9	10	11	12	13	14	15	16	17	18	19	20	21	22	23	24	25	26	27	28	**31**	2	3	4	5	6	7	4	32
	2	8	9	10	11	12	13	14	15	16	17	18	19	20	21	22	23	24	25	26	27	28	29	30	31	**41**	2	3	4	5	—	6	2
	3	6	7	8	9	10	11	12	13	14	15	16	17	18	19	20	21	22	23	24	25	26	27	28	29	30	**51**	2	3	4	5	0	31
	4	6	7	8	9	10	11	12	13	14	15	16	17	18	19	20	21	22	23	24	25	26	27	28	29	30	31	**61**	2	3	—	2	1
	5	4	5	6	7	8	9	10	11	12	13	14	15	16	17	18	19	20	21	22	23	24	25	26	27	28	29	30	**71**	2	3	3	30
	6	4	5	6	7	8	9	10	11	12	13	14	15	16	17	18	19	20	21	22	23	24	25	26	27	28	29	30	31	**81**	—	5	0
	7	2	3	4	5	6	7	8	9	10	11	12	13	14	15	16	17	18	19	20	21	22	23	24	25	26	27	28	29	30	31	6	29
	8	**91**	2	3	4	5	6	7	8	9	10	11	12	13	14	15	16	17	18	19	20	21	22	23	24	25	26	27	28	29	30	1	59
	9	**01**	2	3	4	5	6	7	8	9	10	11	12	13	14	15	16	17	18	19	20	21	22	23	24	25	26	27	28	29	—	3	29
	10	30	31	**N1**	2	3	4	5	6	7	8	9	10	11	12	13	14	15	16	17	18	19	20	21	22	23	24	25	26	27	28	4	58
	11	29	30	**D1**	2	3	4	5	6	7	8	9	10	11	12	13	14	15	16	17	18	19	20	21	22	23	24	25	26	27	28	6	28
	12	29	30	31	**11**	2	3	4	5	6	7	8	9	10	11	12	13	14	15	16	17	18	19	20	21	22	23	24	25	26	—	1	58

年序 Year	陰曆月序 Moon	陰曆日序 Order of days (Lunar) 1 2 3 4 5	6 7 8 9 10	11 12 13 14 15	16 17 18 19 20	21 22 23 24 25	26 27 28 29 30	星期 Week	干支 Cycle
後晉高祖天福 1 丙申 936–37	26 1	27 28 29 30 31	21 2 3 4 5	6 7 8 9 10	11 12 13 14 15	16 17 18 19 20	21 22 23 24 —	2	27
	2	25 26 27 28 29	31 2 3 4 5	6 7 8 9 10	11 12 13 14 15	16 17 18 19 20	21 22 23 24 25	3	56
	3	26 27 28 29 30	31 41 2 3 4	5 6 7 8 9	10 11 12 13 14	15 16 17 18 19	20 21 22 23 —	5	26
	4	24 25 26 27 28	29 30 51 2 3	4 5 6 7 8	9 10 11 12 13	14 15 16 17 18	19 20 21 22 23	6	55
	5	24 25 26 27 28	29 30 31 61 2	3 4 5 6 7	8 9 10 11 12	13 14 15 16 17	18 19 20 21 —	1	25
	6	22 23 24 25 26	27 28 29 30 71	2 3 4 5 6	7 8 9 10 11	12 13 14 15 16	17 18 19 20 —	2	54
	7	21 22 23 24 25	26 27 28 29 30	31 81 2 3 4	5 6 7 8 9	10 11 12 13 14	15 16 17 18 19	3	23
	8	20 21 22 23 24	25 26 27 28 29	30 31 91 2 3	4 5 6 7 8	9 10 11 12 13	14 15 16 17 18	5	53
	9	19 20 21 22 23	24 25 26 27 28	29 30 01 2 3	4 5 6 7 8	9 10 11 12 13	14 15 16 17 —	0	23
	10	18 19 20 21 22	23 24 25 26 27	28 29 30 31 N1	2 3 4 5 6	7 8 9 10 11	12 13 14 15 16	1	52
	11][	17 18 19 20 21	22 23 24 25 26	27 28 29 30 D1	2 3 4 5 6	7 8 9 10 11	12 13 14 15 16	3	22
	11	17 18 19 20 21	22 23 24 25 26	27 28 29 30 31	11 2 3 4 5	6 7 8 9 10	11 12 13 14 —	5	52
	12	15 16 17 18 19	20 21 22 23 24	25 26 27 28 29	30 31 21 2 3	4 5 6 7 8	9 10 11 12 —	6	21
天福 2 丁酉 937–38	38 1	13 14 15 16 17	18 19 20 21 22	23 24 25 26 27	28 31 2 3 4	5 6 7 8 9	10 11 12 13 14	0	50
	2	15 16 17 18 19	20 21 22 23 24	25 26 27 28 29	30 31 41 2 3	4 5 6 7 8	9 10 11 12 13	2	20
	3	14 15 16 17 18	19 20 21 22 23	24 25 26 27 28	29 30 51 2 3	4 5 6 7 8	9 10 11 12 —	4	50
	4	13 14 15 16 17	18 19 20 21 22	23 24 25 26 27	28 29 30 31 61	2 3 4 5 6	7 8 9 10 —	5	19
	5	11 12 13 14 15	16 17 18 19 20	21 22 23 24 25	26 27 28 29 30	71 2 3 4 5	6 7 8 9 10	6	48
	6	11 12 13 14 15	16 17 18 19 20	21 22 23 24 25	26 27 28 29 30	31 81 2 3 4	5 6 7 8 —	1	18
	7	9 10 11 12 13	14 15 16 17 18	19 20 21 22 23	24 25 26 27 28	29 30 31 91 2	3 4 5 6 7	2	47
	8	8 9 10 11 12	13 14 15 16 17	18 19 20 21 22	23 24 25 26 27	28 29 30 01 2	3 4 5 6 —	4	17
	9	7 8 9 10 11	12 13 14 15 16	17 18 19 20 21	22 23 24 25 26	27 28 29 30 31	N1 2 3 4 5	5	46
	10	6 7 8 9 10	11 12 13 14 15	16 17 18 19 20	21 22 23 24 25	26 27 28 29 30	D1 2 3 4 5	0	16
	11	6 7 8 9 10	11 12 13 14 15	16 17 18 19 20	21 22 23 24 25	26 27 28 29 30	31 11 2 3 —	2	46
	12	4 5 6 7 8	9 10 11 12 13	14 15 16 17 18	19 20 21 22 23	24 25 26 27 28	29 30 31 21 —	3	15
天福 3 戊戌 938–39	50 1	2 3 4 5 6	7 8 9 10 11	12 13 14 15 16	17 18 19 20 21	22 23 24 25 26	27 28 31 2 3	4	44
	2	4 5 6 7 8	9 10 11 12 13	14 15 16 17 18	19 20 21 22 23	24 25 26 27 28	29 30 31 41 2	6	14
	3	3 4 5 6 7	8 9 10 11 12	13 14 15 16 17	18 19 20 21 22	23 24 25 26 27	28 29 30 51 2	1	44
	4	3 4 5 6 7	8 9 10 11 12	13 14 15 16 17	18 19 20 21 22	23 24 25 26 27	28 29 30 31 —	3	14
	5	61 2 3 4 5	6 7 8 9 10	11 12 13 14 15	16 17 18 19 20	21 22 23 24 25	26 27 28 29 —	4	43
	6	30 71 2 3 4	5 6 7 8 9	10 11 12 13 14	15 16 17 18 19	20 21 22 23 24	25 26 27 28 29	5	12
	7	30 31 81 2 3	4 5 6 7 8	9 10 11 12 13	14 15 16 17 18	19 20 21 22 23	24 25 26 27 —	0	42
	8	28 29 30 31 91	2 3 4 5 6	7 8 9 10 11	12 13 14 15 16	17 18 19 20 21	22 23 24 25 26	1	11
	9	27 28 29 30 01	2 3 4 5 6	7 8 9 10 11	12 13 14 15 16	17 18 19 20 21	22 23 24 25 —	3	41
	10	26 27 28 29 30	31 N1 2 3 4	5 6 7 8 9	10 11 12 13 14	15 16 17 18 19	20 21 22 23 24	4	10
	11	25 26 27 28 29	30 D1 2 3 4	5 6 7 8 9	10 11 12 13 14	15 16 17 18 19	20 21 22 23 24	6	40
	12	25 26 27 28 29	30 31 11 2 3	4 5 6 7 8	9 10 11 12 13	14 15 16 17 18	19 20 21 22 —	1	10
天福 4 己亥 939–40	2 1	23 24 25 26 27	28 29 30 31 21	2 3 4 5 6	7 8 9 10 11	12 13 14 15 16	17 18 19 20 21	2	39
	2	22 23 24 25 26	27 28 31 2 3	4 5 6 7 8	9 10 11 12 13	14 15 16 17 18	19 20 21 22 23	4	9
	3	24 25 26 27 28	29 30 31 41 2	3 4 5 6 7	8 9 10 11 12	13 14 15 16 17	18 19 20 21 —	6	39
	4	22 23 24 25 26	27 28 29 30 51	2 3 4 5 6	7 8 9 10 11	12 13 14 15 16	17 18 19 20 21	0	8
	5	22 23 24 25 26	27 28 29 30 31	61 2 3 4 5	6 7 8 9 10	11 12 13 14 15	16 17 18 19 —	2	38
	6	20 21 22 23 24	25 26 27 28 29	30 71 2 3 4	5 6 7 8 9	10 11 12 13 14	15 16 17 18 —	3	7
	7	19 20 21 22 23	24 25 26 27 28	29 30 31 81 2	3 4 5 6 7	8 9 10 11 12	13 14 15 16 17	4	36
	7	18 19 20 21 22	23 24 25 26 27	28 29 30 31 91	2 3 4 5 6	7 8 9 10 11	12 13 14 15 —	6	6
	8	16 17 18 19 20	21 22 23 24 25	26 27 28 29 30	01 2 3 4 5	6 7 8 9 10	11 12 13 14 15	0	35
	9	16 17 18 19 20	21 22 23 24 25	26 27 28 29 30	31 N1 2 3 4	5 6 7 8 9	10 11 12 13 —	2	5
	10	14 15 16 17 18	19 20 21 22 23	24 25 26 27 28	29 30 D1 2 3	4 5 6 7 8	9 10 11 12 13	3	34
	11	14 15 16 17 18	19 20 21 22 23	24 25 26 27 28	29 30 31 11 2	3 4 5 6 7	8 9 10 11 —	5	4
	12	12 13 14 15 16	17 18 19 20 21	22 23 24 25 26	27 28 29 30 31	21 2 3 4 5	6 7 8 9 10	6	33
天福 5 庚子 940–41	14 1	11 12 13 14 15	16 17 18 19 20	21 22 23 24 25	26 27 28 29 31	2 3 4 5 6	7 8 9 10 11	1	3
	2	12 13 14 15 16	17 18 19 20 21	22 23 24 25 26	27 28 29 30 31	41 2 3 4 5	6 7 8 9 10	3	33
	3	11 12 13 14 15	16 17 18 19 20	21 22 23 24 25	26 27 28 29 30	51 2 3 4 5	6 7 8 9 —	5	3
	4	10 11 12 13 14	15 16 17 18 19	20 21 22 23 24	25 26 27 28 29	30 31 61 2 3	4 5 6 7 8	6	32
	5	9 10 11 12 13	14 15 16 17 18	19 20 21 22 23	24 25 26 27 28	29 30 71 2 3	4 5 6 7 —	1	2
	6	8 9 10 11 12	13 14 15 16 17	18 19 20 21 22	23 24 25 26 27	28 29 30 31 81	2 3 4 5 —	2	31
	7	6 7 8 9 10	11 12 13 14 15	16 17 18 19 20	21 22 23 24 25	26 27 28 29 30	31 91 2 3 4	3	0
	8	5 6 7 8 9	10 11 12 13 14	15 16 17 18 19	20 21 22 23 24	25 26 27 28 29	30 01 2 3 —	5	30
	9	4 5 6 7 8	9 10 11 12 13	14 15 16 17 18	19 20 21 22 23	24 25 26 27 28	29 30 31 N1 2	6	59
	10	3 4 5 6 7	8 9 10 11 12	13 14 15 16 17	18 19 20 21 22	23 24 25 26 27	28 29 30 D1 —	1	29
	11	2 3 4 5 6	7 8 9 10 11	12 13 14 15 16	17 18 19 20 21	22 23 24 25 26	27 28 29 30 31	2	58
	12	11 2 3 4 5	6 7 8 9 10	11 12 13 14 15	16 17 18 19 20	21 22 23 24 25	26 27 28 29 —	4	28

年序 Year	陰曆月序 Moon	陰曆日序 Order of days (Lunar) 1 2 3 4 5	6 7 8 9 10	11 12 13 14 15	16 17 18 19 20	21 22 23 24 25	26 27 28 29 30	星期 Week	干支 Cycle
天福 6 辛丑 941–42	26 1	30 31 21 2 3	4 5 6 7 8	9 10 11 12 13	14 15 16 17 18	19 20 21 22 23	24 25 26 27 28	5	57
	2	31 2 3 4 5	6 7 8 9 10	11 12 13 14 15	16 17 18 19 20	21 22 23 24 25	26 27 28 29 30	0	27
	3	31 41 2 3 4	5 6 7 8 9	10 11 12 13 14	15 16 17 18 19	20 21 22 23 24	25 26 27 28 —	2	57
	4	29 30 51 2 3	4 5 6 7 8	9 10 11 12 13	14 15 16 17 18	19 20 21 22 23	24 25 26 27 28	3	26
	5	29 30 31 61 2	3 4 5 6 7	8 9 10 11 12	13 14 15 16 17	18 19 20 21 22	23 24 25 26 27	5	56
	6	28 29 30 71 2	3 4 5 6 7	8 9 10 11 12	13 14 15 16 17	18 19 20 21 22	23 24 25 26 —	0	26
	7	27 28 29 30 31	81 2 3 4 5	6 7 8 9 10	11 12 13 14 15	16 17 18 19 20	21 22 23 24 —	1	55
	8	25 26 27 28 29	30 31 91 2 3	4 5 6 7 8	9 10 11 12 13	14 15 16 17 18	19 20 21 22 23	2	24
	9	24 25 26 27 28	29 30 01 2 3	4 5 6 7 8	9 10 11 12 13	14 15 16 17 18	19 20 21 22 —	4	54
	10	23 24 25 26 27	28 29 30 31 N1	2 3 4 5 6	7 8 9 10 11	12 13 14 15 16	17 18 19 20 21	5	23
	11	22 23 24 25 26	27 28 29 30 D1	2 3 4 5 6	7 8 9 10 11	12 13 14 15 16	17 18 19 20 —	0	53
	12	21 22 23 24 25	26 27 28 29 30	31 11 2 3 4	5 6 7 8 9	10 11 12 13 14	15 16 17 18 19	1	22
天福 7 壬寅 942–43	88 1	20 21 22 23 24	25 26 27 28 29	30 31 21 2 3	4 5 6 7 8	9 10 11 12 13	14 15 16 17 —	3	52
	2	18 19 20 21 22	23 24 25 26 27	28 31 2 3 4	5 6 7 8 9	10 11 12 13 14	15 16 17 18 19	4	21
	3	20 21 22 23 24	25 26 27 28 29	30 31 41 2 3	4 5 6 7 8	9 10 11 12 13	14 15 16 17 —	6	51
	8	18 19 20 21 22	23 24 25 26 27	28 29 30 51 2	3 4 5 6 7	8 9 10 11 12	13 14 15 16 17	0	20
	4	18 19 20 21 22	23 24 25 26 27	28 29 30 31 61	2 3 4 5 6	7 8 9 10 11	12 13 14 15 16	2	50
	5	17 18 19 20 21	22 23 24 25 26	27 28 29 30 71	2 3 4 5 6	7 8 9 10 11	12 13 14 15 —	4	20
	6	16 17 18 19 20	21 22 23 24 25	26 27 28 29 30	31 81 2 3 4	5 6 7 8 9	10 11 12 13 14	5	49
	7	15 16 17 18 19	20 21 22 23 24	25 26 27 28 29	30 31 91 2 3	4 5 6 7 8	9 10 11 12 —	0	19
	8	13 14 15 16 17	18 19 20 21 22	23 24 25 26 27	28 29 30 01 2	3 4 5 6 7	8 9 10 11 12	1	48
	9	13 14 15 16 17	18 19 20 21 22	23 24 25 26 27	28 29 30 31 N1	2 3 4 5 6	7 8 9 10 —	3	18
	10	11 12 13 14 15	16 17 18 19 20	21 22 23 24 25	26 27 28 29 30	D1 2 3 4 5	6 7 8 9 10	4	47
	11	11 12 13 14 15	16 17 18 19 20	21 22 23 24 25	26 27 28 29 30	31 11 2 3 4	5 6 7 8 —	6	17
	12	9 10 11 12 13	14 15 16 17 18	19 20 21 22 23	24 25 26 27 28	29 30 31 21 2	3 4 5 6 7	0	46
出帝天福 8 癸卯 943–44	50 1	8 9 10 11 12	13 14 15 16 17	18 19 20 21 22	23 24 25 26 27	28 31 2 3 4	5 6 7 8 —	2	16
	2	9 10 11 12 13	14 15 16 17 18	19 20 21 22 23	24 25 26 27 28	29 30 31 41 2	3 4 5 6 7	3	45
	3	8 9 10 11 12	13 14 15 16 17	18 19 20 21 22	23 24 25 26 27	28 29 30 51 2	3 4 5 6 —	5	15
	4	7 8 9 10 11	12 13 14 15 16	17 18 19 20 21	22 23 24 25 26	27 28 29 30 31	61 2 3 4 5	6	44
	5	6 7 8 9 10	11 12 13 14 15	16 17 18 19 20	21 22 23 24 25	26 27 28 29 30	71 2 3 4 —	1	14
	6	5 6 7 8 9	10 11 12 13 14	15 16 17 18 19	20 21 22 23 24	25 26 27 28 29	30 31 81 2 3	2	43
	7	4 5 6 7 8	9 10 11 12 13	14 15 16 17 18	19 20 21 22 23	24 25 26 27 28	29 30 31 91 2	4	13
	8	3 4 5 6 7	8 9 10 11 12	13 14 15 16 17	18 19 20 21 22	23 24 25 26 27	28 29 30 01 —	6	43
	9	2 3 4 5 6	7 8 9 10 11	12 13 14 15 16	17 18 19 20 21	22 23 24 25 26	27 28 29 30 31	0	12
	10	N1 2 3 4 5	6 7 8 9 10	11 12 13 14 15	16 17 18 19 20	21 22 23 24 25	26 27 28 29 —	2	42
	11	30 D1 2 3 4	5 6 7 8 9	10 11 12 13 14	15 16 17 18 19	20 21 22 23 24	25 26 27 28 29	3	11
	12	30 31 11 2 3	4 5 6 7 8	9 10 11 12 13	14 15 16 17 18	19 20 21 22 23	24 25 26 27 —	5	41
開運 1 甲辰 944–45	2 1	28 29 30 31 21	2 3 4 5 6	7 8 9 10 11	12 13 14 15 16	17 18 19 20 21	22 23 24 25 26	6	10
	2	27 28 29 31 2	3 4 5 6 7	8 9 10 11 12	13 14 15 16 17	18 19 20 21 22	23 24 25 26 —	1	40
	3	27 28 29 30 31	41 2 3 4 5	6 7 8 9 10	11 12 13 14 15	16 17 18 19 20	21 22 23 24 25	2	9
	4	26 27 28 29 30	51 2 3 4 5	6 7 8 9 10	11 12 13 14 15	16 17 18 19 20	21 22 23 24 —	4	39
	5	25 26 27 28 29	30 31 61 2 3	4 5 6 7 8	9 10 11 12 13	14 15 16 17 18	19 20 21 22 —	5	8
	6	23 24 25 26 27	28 29 30 71 2	3 4 5 6 7	8 9 10 11 12	13 14 15 16 17	18 19 20 21 22	6	37
	7][	23 24 25 26 27	28 29 30 31 81	2 3 4 5 6	7 8 9 10 11	12 13 14 15 16	17 18 19 20 21	1	7
	8	22 23 24 25 26	27 28 29 30 31	91 2 3 4 5	6 7 8 9 10	11 12 13 14 15	16 17 18 19 —	3	37
	9	20 21 22 23 24	25 26 27 28 29	30 01 2 3 4	5 6 7 8 9	10 11 12 13 14	15 16 17 18 19	4	6
	10	20 21 22 23 24	25 26 27 28 29	30 31 N1 2 3	4 5 6 7 8	9 10 11 12 13	14 15 16 17 18	6	36
	11	19 20 21 22 23	24 25 26 27 28	29 30 D1 2 3	4 5 6 7 8	9 10 11 12 13	14 15 16 17 —	1	6
	12	18 19 20 21 22	23 24 25 26 27	28 29 30 31 11	2 3 4 5 6	7 8 9 10 11	12 13 14 15 16	2	35
	12	17 18 19 20 21	22 23 24 25 26	27 28 29 30 31	21 2 3 4 5	6 7 8 9 10	11 12 13 14 —	4	5
開運 2 乙巳 945–46	14 1	15 16 17 18 19	20 21 22 23 24	25 26 27 28 31	2 3 4 5 6	7 8 9 10 11	12 13 14 15 16	5	34
	2	17 18 19 20 21	22 23 24 25 26	27 28 29 30 31	41 2 3 4 5	6 7 8 9 10	11 12 13 14 —	0	4
	3	15 16 17 18 19	20 21 22 23 24	25 26 27 28 29	30 51 2 3 4	5 6 7 8 9	10 11 12 13 —	1	33
	4	14 15 16 17 18	19 20 21 22 23	24 25 26 27 28	29 30 31 61 2	3 4 5 6 7	8 9 10 11 12	2	2
	5	13 14 15 16 17	18 19 20 21 22	23 24 25 26 27	28 29 30 71 2	3 4 5 6 7	8 9 10 11 —	4	32
	6	12 13 14 15 16	17 18 19 20 21	22 23 24 25 26	27 28 29 30 31	81 2 3 4 5	6 7 8 9 10	5	1
	7	11 12 13 14 15	16 17 18 19 20	21 22 23 24 25	26 27 28 29 30	31 91 2 3 4	5 6 7 8 —	0	31
	8	9 10 11 12 13	14 15 16 17 18	19 20 21 22 23	24 25 26 27 28	29 30 01 2 3	4 5 6 7 8	1	0
	9	9 10 11 12 13	14 15 16 17 18	19 20 21 22 23	24 25 26 27 28	29 30 31 N1 2	3 4 5 6 7	3	30
	10	8 9 10 11 12	13 14 15 16 17	18 19 20 21 22	23 24 25 26 27	28 29 30 D1 2	3 4 5 6 7	5	0
	11	8 9 10 11 12	13 14 15 16 17	18 19 20 21 22	23 24 25 26 27	28 29 30 31 11	2 3 4 5 —	0	30
	12	6 7 8 9 10	11 12 13 14 15	16 17 18 19 20	21 22 23 24 25	26 27 28 29 30	31 21 2 3 4	1	59

年序 Year	陰曆月序 Moon	1	2	3	4	5	6	7	8	9	10	11	12	13	14	15	16	17	18	19	20	21	22	23	24	25	26	27	28	29	30	星期 Week	干支 Cycle
開運 3 丙午 946–47	26 1	5	6	7	8	9	10	11	12	13	14	15	16	17	18	19	20	21	22	23	24	25	26	27	28	31	2	3	4	5	—	3	29
	2	6	7	8	9	10	11	12	13	14	15	16	17	18	19	20	21	22	23	24	25	26	27	28	29	30	31	41	2	3	4	4	58
	3	5	6	7	8	9	10	11	12	13	14	15	16	17	18	19	20	21	22	23	24	25	26	27	28	29	30	51	2	3	—	6	28
	4	4	5	6	7	8	9	10	11	12	13	14	15	16	17	18	19	20	21	22	23	24	25	26	27	28	29	30	31	61	—	0	57
	5	2	3	4	5	6	7	8	9	10	11	12	13	14	15	16	17	18	19	20	21	22	23	24	25	26	27	28	29	30	71	1	26
	6	2	3	4	5	6	7	8	9	10	11	12	13	14	15	16	17	18	19	20	21	22	23	24	25	26	27	28	29	30	—	3	56
	7	31	81	2	3	4	5	6	7	8	9	10	11	12	13	14	15	16	17	18	19	20	21	22	23	24	25	26	27	28	29	4	25
	8	30	31	91	2	3	4	5	6	7	8	9	10	11	12	13	14	15	16	17	18	19	20	21	22	23	24	25	26	27	—	6	55
	9	28	29	30	01	2	3	4	5	6	7	8	9	10	11	12	13	14	15	16	17	18	19	20	21	22	23	24	25	26	27	0	24
	10	28	29	30	31	N1	2	3	4	5	6	7	8	9	10	11	12	13	14	15	16	17	18	19	20	21	22	23	24	25	26	2	54
	11	27	28	29	30	D1	2	3	4	5	6	7	8	9	10	11	12	13	14	15	16	17	18	19	20	21	22	23	24	25	—	4	24
	12	26	27	28	29	30	31	11	2	3	4	5	6	7	8	9	10	11	12	13	14	15	16	17	18	19	20	21	22	23	24	5	53
□ 後漢高祖天福 1 2 丁未 947–48	38 1	25	26	27	28	29	30	31	21	2	3	4	5	6	7	8	9	10	11	12	13	14	15	16	17	18	19	20	21	22	23	0	23
	2][	24	25	26	27	28	31	2	3	4	5	6	7	8	9	10	11	12	13	14	15	16	17	18	19	20	21	22	23	24	—	2	53
	3	25	26	27	28	29	30	31	41	2	3	4	5	6	7	8	9	10	11	12	13	14	15	16	17	18	19	20	21	22	23	3	22
	4	24	25	26	27	28	29	30	51	2	3	4	5	6	7	8	9	10	11	12	13	14	15	16	17	18	19	20	21	22	—	5	52
	5	23	24	25	26	27	28	29	30	31	61	2	3	4	5	6	7	8	9	10	11	12	13	14	15	16	17	18	19	20	—	6	21
	6	21	22	23	24	25	26	27	28	29	30	71	2	3	4	5	6	7	8	9	10	11	12	13	14	15	16	17	18	19	20	0	50
	7	21	22	23	24	25	26	27	28	29	30	31	81	2	3	4	5	6	7	8	9	10	11	12	13	14	15	16	17	18	—	2	20
	7	19	20	21	22	23	24	25	26	27	28	29	30	31	91	2	3	4	5	6	7	8	9	10	11	12	13	14	15	16	—	3	49
	8	17	18	19	20	21	22	23	24	25	26	27	28	29	30	01	2	3	4	5	6	7	8	9	10	11	12	13	14	15	16	4	18
	9	17	18	19	20	21	22	23	24	25	26	27	28	29	30	31	N1	2	3	4	5	6	7	8	9	10	11	12	13	14	15	6	48
	10	16	17	18	19	20	21	22	23	24	25	26	27	28	29	30	D1	2	3	4	5	6	7	8	9	10	11	12	13	14	—	1	18
	11	15	16	17	18	19	20	21	22	23	24	25	26	27	28	29	30	31	11	2	3	4	5	6	7	8	9	10	11	12	13	2	47
	12	14	15	16	17	18	19	20	21	22	23	24	25	26	27	28	29	30	31	21	2	3	4	5	6	7	8	9	10	11	12	4	17
隱帝乾祐 1 戊申 948–49	50 1	13	14	15	16	17	18	19	20	21	22	23	24	25	26	27	28	29	31	2	3	4	5	6	7	8	9	10	11	12	13	6	47
	2	14	15	16	17	18	19	20	21	22	23	24	25	26	27	28	29	30	31	41	2	3	4	5	6	7	8	9	10	11	—	1	17
	3	12	13	14	15	16	17	18	19	20	21	22	23	24	25	26	27	28	29	30	51	2	3	4	5	6	7	8	9	10	11	2	46
	4	12	13	14	15	16	17	18	19	20	21	22	23	24	25	26	27	28	29	30	31	61	2	3	4	5	6	7	8	9	—	4	16
	5	10	11	12	13	14	15	16	17	18	19	20	21	22	23	24	25	26	27	28	29	30	71	2	3	4	5	6	7	8	—	5	45
	6	9	10	11	12	13	14	15	16	17	18	19	20	21	22	23	24	25	26	27	28	29	30	31	81	2	3	4	5	6	7	6	14
	7	8	9	10	11	12	13	14	15	16	17	18	19	20	21	22	23	24	25	26	27	28	29	30	31	91	2	3	4	5	—	1	44
	8	6	7	8	9	10	11	12	13	14	15	16	17	18	19	20	21	22	23	24	25	26	27	28	29	30	01	2	3	4	—	2	13
	9	5	6	7	8	9	10	11	12	13	14	15	16	17	18	19	20	21	22	23	24	25	26	27	28	29	30	31	N1	2	3	3	42
	10	4	5	6	7	8	9	10	11	12	13	14	15	16	17	18	19	20	21	22	23	24	25	26	27	28	29	30	D1	2	3	5	12
	11	4	5	6	7	8	9	10	11	12	13	14	15	16	17	18	19	20	21	22	23	24	25	26	27	28	29	30	31	11	—	0	42
	12	2	3	4	5	6	7	8	9	10	11	12	13	14	15	16	17	18	19	20	21	22	23	24	25	26	27	28	29	30	31	1	11
乾祐 2 己酉 949–50	2 1	21	2	3	4	5	6	7	8	9	10	11	12	13	14	15	16	17	18	19	20	21	22	23	24	25	26	27	28	31	2	3	41
	2	3	4	5	6	7	8	9	10	11	12	13	14	15	16	17	18	19	20	21	22	23	24	25	26	27	28	29	30	31	—	5	11
	3	41	2	3	4	5	6	7	8	9	10	11	12	13	14	15	16	17	18	19	20	21	22	23	24	25	26	27	28	29	30	6	40
	4	51	2	3	4	5	6	7	8	9	10	11	12	13	14	15	16	17	18	19	20	21	22	23	24	25	26	27	28	29	30	1	10
	5	31	61	2	3	4	5	6	7	8	9	10	11	12	13	14	15	16	17	18	19	20	21	22	23	24	25	26	27	28	—	3	40
	6	29	30	71	2	3	4	5	6	7	8	9	10	11	12	13	14	15	16	17	18	19	20	21	22	23	24	25	26	27	—	4	9
	7	28	29	30	31	81	2	3	4	5	6	7	8	9	10	11	12	13	14	15	16	17	18	19	20	21	22	23	24	25	26	5	38
	8	27	28	29	30	31	91	2	3	4	5	6	7	8	9	10	11	12	13	14	15	16	17	18	19	20	21	22	23	24	—	0	8
	9	25	26	27	28	29	30	01	2	3	4	5	6	7	8	9	10	11	12	13	14	15	16	17	18	19	20	21	22	23	—	1	37
	10	24	25	26	27	28	29	30	31	N1	2	3	4	5	6	7	8	9	10	11	12	13	14	15	16	17	18	19	20	21	22	2	6
	11	23	24	25	26	27	28	29	30	D1	2	3	4	5	6	7	8	9	10	11	12	13	14	15	16	17	18	19	20	21	22	4	36
	12	23	24	25	26	27	28	29	30	31	11	2	3	4	5	6	7	8	9	10	11	12	13	14	15	16	17	18	19	20	—	6	6
乾祐 3 庚戌 950–51	14 1	21	22	23	24	25	26	27	28	29	30	31	21	2	3	4	5	6	7	8	9	10	11	12	13	14	15	16	17	18	19	0	35
	2	20	21	22	23	24	25	26	27	28	31	2	3	4	5	6	7	8	9	10	11	12	13	14	15	16	17	18	19	20	—	2	5
	3	21	22	23	24	25	26	27	28	29	30	31	41	2	3	4	5	6	7	8	9	10	11	12	13	14	15	16	17	18	19	3	34
	4	20	21	22	23	24	25	26	27	28	29	30	51	2	3	4	5	6	7	8	9	10	11	12	13	14	15	16	17	18	19	5	4
	5	20	21	22	23	24	25	26	27	28	29	30	31	61	2	3	4	5	6	7	8	9	10	11	12	13	14	15	16	17	—	0	34
	5	18	19	20	21	22	23	24	25	26	27	28	29	30	71	2	3	4	5	6	7	8	9	10	11	12	13	14	15	16	17	1	3
	6	18	19	20	21	22	23	24	25	26	27	28	29	30	31	81	2	3	4	5	6	7	8	9	10	11	12	13	14	15	—	3	33
	7	16	17	18	19	20	21	22	23	24	25	26	27	28	29	30	31	91	2	3	4	5	6	7	8	9	10	11	12	13	14	4	2
	8	15	16	17	18	19	20	21	22	23	24	25	26	27	28	29	30	01	2	3	4	5	6	7	8	9	10	11	12	13	—	6	32
	9	14	15	16	17	18	19	20	21	22	23	24	25	26	27	28	29	30	31	N1	2	3	4	5	6	7	8	9	10	11	12	0	1
	10	13	14	15	16	17	18	19	20	21	22	23	24	25	26	27	28	29	30	D1	2	3	4	5	6	7	8	9	10	11	—	2	31
	11	12	13	14	15	16	17	18	19	20	21	22	23	24	25	26	27	28	29	30	31	11	2	3	4	5	6	7	8	9	10	3	0
	12	11	12	13	14	15	16	17	18	19	20	21	22	23	24	25	26	27	28	29	30	31	21	2	3	4	5	6	7	8	—	5	30

□ 後漢高祖二月復稱天福.

King Kao Tsu restored the kingdom of Hou Han at the second moon of the year "K'ai Yün Fourth Year (947–48 A.D.)" and called that year "T'ien Fu Twelfth Year."

年序 Year	陰曆月序 Moon	陰曆日序 Order of days (Lunar)						星期 Week	干支 Cycle
		1 2 3 4 5	6 7 8 9 10	11 12 13 14 15	16 17 18 19 20	21 22 23 24 25	26 27 28 29 30		
後周太祖廣順 1 辛亥 951–52	26 1	9 10 11 12 13	14 15 16 17 18	19 20 21 22 23	24 25 26 27 28	31 2 3 4 5	6 7 8 9 10	6	59
	2	11 12 13 14 15	16 17 18 19 20	21 22 23 24 25	26 27 28 29 30	31 41 2 3 4	5 6 7 8 —	1	29
	3	9 10 11 12 13	14 15 16 17 18	19 20 21 22 23	24 25 26 27 28	29 30 51 2 3	4 5 6 7 8	2	58
	4	9 10 11 12 13	14 15 16 17 18	19 20 21 22 23	24 25 26 27 28	29 30 31 61 2	3 4 5 6 7	4	28
	5	8 9 10 11 12	13 14 15 16 17	18 19 20 21 22	23 24 25 26 27	28 29 30 71 2	3 4 5 6 —	6	58
	6	7 8 9 10 11	12 13 14 15 16	17 18 19 20 21	22 23 24 25 26	27 28 29 30 31	81 2 3 4 5	0	27
	7	6 7 8 9 10	11 12 13 14 15	16 17 18 19 20	21 22 23 24 25	26 27 28 29 30	31 91 2 3 —	2	57
	8	4 5 6 7 8	9 10 11 12 13	14 15 16 17 18	19 20 21 22 23	24 25 26 27 28	29 30 01 2 3	3	26
	9	4 5 6 7 8	9 10 11 12 13	14 15 16 17 18	19 20 21 22 23	24 25 26 27 28	29 30 31 N1 —	5	56
	10	2 3 4 5 6	7 8 9 10 11	12 13 14 15 16	17 18 19 20 21	22 23 24 25 26	27 28 29 30 D1	6	25
	11	2 3 4 5 6	7 8 9 10 11	12 13 14 15 16	17 18 19 20 21	22 23 24 25 26	27 28 29 30 —	1	55
	12	31 11 2 3 4	5 6 7 8 9	10 11 12 13 14	15 16 17 18 19	20 21 22 23 24	25 26 27 28 29	2	24
廣順 2 壬子 952–53	38 1	30 31 21 2 3	4 5 6 7 8	9 10 11 12 13	14 15 16 17 18	19 20 21 22 23	24 25 26 27 —	4	54
	2	28 29 31 2 3	4 5 6 7 8	9 10 11 12 13	14 15 16 17 18	19 20 21 22 23	24 25 26 27 28	5	23
	3	29 30 31 41 2	3 4 5 6 7	8 9 10 11 12	13 14 15 16 17	18 19 20 21 22	23 24 25 26 —	0	53
	4	27 28 29 30 51	2 3 4 5 6	7 8 9 10 11	12 13 14 15 16	17 18 19 20 21	22 23 24 25 26	1	22
	5	27 28 29 30 31	61 2 3 4 5	6 7 8 9 10	11 12 13 14 15	16 17 18 19 20	21 22 23 24 —	3	52
	6	25 26 27 28 29	30 71 2 3 4	5 6 7 8 9	10 11 12 13 14	15 16 17 18 19	20 21 22 23 24	4	21
	7	25 26 27 28 29	30 31 81 2 3	4 5 6 7 8	9 10 11 12 13	14 15 16 17 18	19 20 21 22 —	6	51
	8	23 24 25 26 27	28 29 30 31 91	2 3 4 5 6	7 8 9 10 11	12 13 14 15 16	17 18 19 20 21	0	20
	9	22 23 24 25 26	27 28 29 30 01	2 3 4 5 6	7 8 9 10 11	12 13 14 15 16	17 18 19 20 21	2	50
	10	22 23 24 25 26	27 28 29 30 31	N1 2 3 4 5	6 7 8 9 10	11 12 13 14 15	16 17 18 19 —	4	20
	11	20 21 22 23 24	25 26 27 28 29	30 D1 2 3 4	5 6 7 8 9	10 11 12 13 14	15 16 17 18 19	5	49
	12	20 21 22 23 24	25 26 27 28 29	30 31 11 2 3	4 5 6 7 8	9 10 11 12 13	14 15 16 17 —	0	19
廣順 3 癸丑 953–54	50 1	18 19 20 21 22	23 24 25 26 27	28 29 30 31 21	2 3 4 5 6	7 8 9 10 11	12 13 14 15 16	1	48
	1	17 18 19 20 21	22 23 24 25 26	27 28 31 2 3	4 5 6 7 8	9 10 11 12 13	14 15 16 17 —	3	18
	2	18 19 20 21 22	23 24 25 26 27	28 29 30 31 41	2 3 4 5 6	7 8 9 10 11	12 13 14 15 —	4	47
	3	16 17 18 19 20	21 22 23 24 25	26 27 28 29 30	51 2 3 4 5	6 7 8 9 10	11 12 13 14 15	5	16
	4	16 17 18 19 20	21 22 23 24 25	26 27 28 29 30	31 61 2 3 4	5 6 7 8 9	10 11 12 13 —	0	46
	5	14 15 16 17 18	19 20 21 22 23	24 25 26 27 28	29 30 71 2 3	4 5 6 7 8	9 10 11 12 13	1	15
	6	14 15 16 17 18	19 20 21 22 23	24 25 26 27 28	29 30 31 81 2	3 4 5 6 7	8 9 10 11 —	3	45
	7	12 13 14 15 16	17 18 19 20 21	22 23 24 25 26	27 28 29 30 31	91 2 3 4 5	6 7 8 9 10	4	14
	8	11 12 13 14 15	16 17 18 19 20	21 22 23 24 25	26 27 28 29 30	01 2 3 4 5	6 7 8 9 10	6	44
	9	11 12 13 14 15	16 17 18 19 20	21 22 23 24 25	26 27 28 29 30	31 N1 2 3 4	5 6 7 8 9	1	14
	10	10 11 12 13 14	15 16 17 18 19	20 21 22 23 24	25 26 27 28 29	30 D1 2 3 4	5 6 7 8 —	3	44
	11	9 10 11 12 13	14 15 16 17 18	19 20 21 22 23	24 25 26 27 28	29 30 31 11 2	3 4 5 6 7	4	13
	12	8 9 10 11 12	13 14 15 16 17	18 19 20 21 22	23 24 25 26 27	28 29 30 31 21	2 3 4 5 —	6	43
世宗顯德 1 甲寅 954–55	2 1	6 7 8 9 10	11 12 13 14 15	16 17 18 19 20	21 22 23 24 25	26 27 28 31 2	3 4 5 6 7	0	12
	2	8 9 10 11 12	13 14 15 16 17	18 19 20 21 22	23 24 25 26 27	28 29 30 31 41	2 3 4 5 —	2	42
	3	6 7 8 9 10	11 12 13 14 15	16 17 18 19 20	21 22 23 24 25	26 27 28 29 30	51 2 3 4 —	3	11
	4	5 6 7 8 9	10 11 12 13 14	15 16 17 18 19	20 21 22 23 24	25 26 27 28 29	30 31 61 2 3	4	40
	5	4 5 6 7 8	9 10 11 12 13	14 15 16 17 18	19 20 21 22 23	24 25 26 27 28	29 30 71 2 —	6	10
	6	3 4 5 6 7	8 9 10 11 12	13 14 15 16 17	18 19 20 21 22	23 24 25 26 27	28 29 30 31 81	0	39
	7	2 3 4 5 6	7 8 9 10 11	12 13 14 15 16	17 18 19 20 21	22 23 24 25 26	27 28 29 30 —	2	9
	8	31 91 2 3 4	5 6 7 8 9	10 11 12 13 14	15 16 17 18 19	20 21 22 23 24	25 26 27 28 29	3	38
	9	30 01 2 3 4	5 6 7 8 9	10 11 12 13 14	15 16 17 18 19	20 21 22 23 24	25 26 27 28 29	5	8
	10	30 31 N1 2 3	4 5 6 7 8	9 10 11 12 13	14 15 16 17 18	19 20 21 22 23	24 25 26 27 —	0	38
	11	28 29 30 D1 2	3 4 5 6 7	8 9 10 11 12	13 14 15 16 17	18 19 20 21 22	23 24 25 26 27	1	7
	12	28 29 30 31 11	2 3 4 5 6	7 8 9 10 11	12 13 14 15 16	17 18 19 20 21	22 23 24 25 26	3	37
顯德 2 乙卯 955–56	14 1	27 28 29 30 31	21 2 3 4 5	6 7 8 9 10	11 12 13 14 15	16 17 18 19 20	21 22 23 24 —	5	7
	2	25 26 27 28 31	2 3 4 5 6	7 8 9 10 11	12 13 14 15 16	17 18 19 20 21	22 23 24 25 26	6	36
	3	27 28 29 30 31	41 2 3 4 5	6 7 8 9 10	11 12 13 14 15	16 17 18 19 20	21 22 23 24 —	1	6
	4	25 26 27 28 29	30 51 2 3 4	5 6 7 8 9	10 11 12 13 14	15 16 17 18 19	20 21 22 23 —	2	35
	5	24 25 26 27 28	29 30 31 61 2	3 4 5 6 7	8 9 10 11 12	13 14 15 16 17	18 19 20 21 22	3	4
	6	23 24 25 26 27	28 29 30 71 2	3 4 5 6 7	8 9 10 11 12	13 14 15 16 17	18 19 20 21 —	5	34
	7	22 23 24 25 26	27 28 29 30 31	81 2 3 4 5	6 7 8 9 10	11 12 13 14 15	16 17 18 19 20	6	3
	8	21 22 23 24 25	26 27 28 29 30	31 91 2 3 4	5 6 7 8 9	10 11 12 13 14	15 16 17 18 —	1	33
	9	19 20 21 22 23	24 25 26 27 28	29 30 01 2 3	4 5 6 7 8	9 10 11 12 13	14 15 16 17 18	2	2
	9	19 20 21 22 23	24 25 26 27 28	29 30 31 N1 2	3 4 5 6 7	8 9 10 11 12	13 14 15 16 —	4	32
	10	17 18 19 20 21	22 23 24 25 26	27 28 29 30 D1	2 3 4 5 6	7 8 9 10 11	12 13 14 15 16	5	1
	11	17 18 19 20 21	22 23 24 25 26	27 28 29 30 31	11 2 3 4 5	6 7 8 9 10	11 12 13 14 15	0	31
	12	16 17 18 19 20	21 22 23 24 25	26 27 28 29 30	31 21 2 3 4	5 6 7 8 9	10 11 12 13 14	2	1

年序 Year	陰曆月序 Moon	1	2	3	4	5	6	7	8	9	10	11	12	13	14	15	16	17	18	19	20	21	22	23	24	25	26	27	28	29	30	星期 Week	干支 Cycle
顯德 3 丙辰 956–57	26 1	15	16	17	18	19	20	21	22	23	24	25	26	27	28	29	31	2	3	4	5	6	7	8	9	10	11	12	13	14	—	4	31
	2	15	16	17	18	19	20	21	22	23	24	25	26	27	28	29	30	31	41	2	3	4	5	6	7	8	9	10	11	12	13	5	0
	3	14	15	16	17	18	19	20	21	22	23	24	25	26	27	28	29	30	51	2	3	4	5	6	7	8	9	10	11	12	—	0	30
	4	13	14	15	16	17	18	19	20	21	22	23	24	25	26	27	28	29	30	31	61	2	3	4	5	6	7	8	9	10	—	1	59
	5	11	12	13	14	15	16	17	18	19	20	21	22	23	24	25	26	27	28	29	30	71	2	3	4	5	6	7	8	9	10	2	28
	6	11	12	13	14	15	16	17	18	19	20	21	22	23	24	25	26	27	28	29	30	31	81	2	3	4	5	6	7	8	—	4	58
	7	9	10	11	12	13	14	15	16	17	18	19	20	21	22	23	24	25	26	27	28	29	30	31	91	2	3	4	5	6	—	5	27
	8	7	8	9	10	11	12	13	14	15	16	17	18	19	20	21	22	23	24	25	26	27	28	29	30	01	2	3	4	5	6	6	56
	9	7	8	9	10	11	12	13	14	15	16	17	18	19	20	21	22	23	24	25	26	27	28	29	30	31	N1	2	3	4	5	1	26
	10	6	7	8	9	10	11	12	13	14	15	16	17	18	19	20	21	22	23	24	25	26	27	28	29	30	D1	2	3	4	—	3	56
	11	5	6	7	8	9	10	11	12	13	14	15	16	17	18	19	20	21	22	23	24	25	26	27	28	29	30	31	11	2	3	4	25
	12	4	5	6	7	8	9	10	11	12	13	14	15	16	17	18	19	20	21	22	23	24	25	26	27	28	29	30	31	21	2	6	55
顯德 4 丁巳 957–58	38 1	3	4	5	6	7	8	9	10	11	12	13	14	15	16	17	18	19	20	21	22	23	24	25	26	27	28	31	2	3	4	1	25
	2	5	6	7	8	9	10	11	12	13	14	15	16	17	18	19	20	21	22	23	24	25	26	27	28	29	30	31	41	2	—	3	55
	3	3	4	5	6	7	8	9	10	11	12	13	14	15	16	17	18	19	20	21	22	23	24	25	26	27	28	29	30	51	2	4	24
	4	3	4	5	6	7	8	9	10	11	12	13	14	15	16	17	18	19	20	21	22	23	24	25	26	27	28	29	30	31	—	6	54
	5	61	2	3	4	5	6	7	8	9	10	11	12	13	14	15	16	17	18	19	20	21	22	23	24	25	26	27	28	29	—	0	23
	6	30	71	2	3	4	5	6	7	8	9	10	11	12	13	14	15	16	17	18	19	20	21	22	23	24	25	26	27	28	29	1	52
	7	30	31	81	2	3	4	5	6	7	8	9	10	11	12	13	14	15	16	17	18	19	20	21	22	23	24	25	26	27	—	3	22
	8	28	29	30	31	91	2	3	4	5	6	7	8	9	10	11	12	13	14	15	16	17	18	19	20	21	22	23	24	25	—	4	51
	9	26	27	28	29	30	01	2	3	4	5	6	7	8	9	10	11	12	13	14	15	16	17	18	19	20	21	22	23	24	25	5	20
	10	26	27	28	29	30	31	N1	2	3	4	5	6	7	8	9	10	11	12	13	14	15	16	17	18	19	20	21	22	23	—	0	50
	11	24	25	26	27	28	29	30	D1	2	3	4	5	6	7	8	9	10	11	12	13	14	15	16	17	18	19	20	21	22	23	1	19
	12	24	25	26	27	28	29	30	31	11	2	3	4	5	6	7	8	9	10	11	12	13	14	15	16	17	18	19	20	21	22	3	49
顯德 5 戊午 958–59	50 1	23	24	25	26	27	28	29	30	31	21	2	3	4	5	6	7	8	9	10	11	12	13	14	15	16	17	18	19	20	21	5	19
	2	22	23	24	25	26	27	28	31	2	3	4	5	6	7	8	9	10	11	12	13	14	15	16	17	18	19	20	21	22	—	0	49
	3	23	24	25	26	27	28	29	30	31	41	2	3	4	5	6	7	8	9	10	11	12	13	14	15	16	17	18	19	20	21	1	18
	4	22	23	24	25	26	27	28	29	30	51	2	3	4	5	6	7	8	9	10	11	12	13	14	15	16	17	18	19	20	—	3	48
	5	21	22	23	24	25	26	27	28	29	30	31	61	2	3	4	5	6	7	8	9	10	11	12	13	14	15	16	17	18	19	4	17
	6	20	21	22	23	24	25	26	27	28	29	30	71	2	3	4	5	6	7	8	9	10	11	12	13	14	15	16	17	18	—	6	47
	7	19	20	21	22	23	24	25	26	27	28	29	30	31	81	2	3	4	5	6	7	8	9	10	11	12	13	14	15	16	17	0	16
	7	18	19	20	21	22	23	24	25	26	27	28	29	30	31	91	2	3	4	5	6	7	8	9	10	11	12	13	14	15	—	2	46
	8	16	17	18	19	20	21	22	23	24	25	26	27	28	29	30	01	2	3	4	5	6	7	8	9	10	11	12	13	14	15	3	15
	9	16	17	18	19	20	21	22	23	24	25	26	27	28	29	30	31	N1	2	3	4	5	6	7	8	9	10	11	12	13	—	5	45
	10	14	15	16	17	18	19	20	21	22	23	24	25	26	27	28	29	30	D1	2	3	4	5	6	7	8	9	10	11	12	—	6	14
	11	13	14	15	16	17	18	19	20	21	22	23	24	25	26	27	28	29	30	31	11	2	3	4	5	6	7	8	9	10	11	0	43
	12	12	13	14	15	16	17	18	19	20	21	22	23	24	25	26	27	28	29	30	31	21	2	3	4	5	6	7	8	9	10	2	13
顯德 6 己未 959–60	2 1	11	12	13	14	15	16	17	18	19	20	21	22	23	24	25	26	27	28	31	2	3	4	5	6	7	8	9	10	11	—	4	43
	2	12	13	14	15	16	17	18	19	20	21	22	23	24	25	26	27	28	29	30	31	41	2	3	4	5	6	7	8	9	10	5	12
	3	11	12	13	14	15	16	17	18	19	20	21	22	23	24	25	26	27	28	29	30	51	2	3	4	5	6	7	8	9	10	0	42
	4	11	12	13	14	15	16	17	18	19	20	21	22	23	24	25	26	27	28	29	30	31	61	2	3	4	5	6	7	8	—	2	12
	5	9	10	11	12	13	14	15	16	17	18	19	20	21	22	23	24	25	26	27	28	29	30	71	2	3	4	5	6	7	8	3	41
	6	9	10	11	12	13	14	15	16	17	18	19	20	21	22	23	24	25	26	27	28	29	30	31	81	2	3	4	5	6	—	5	11
	7	7	8	9	10	11	12	13	14	15	16	17	18	19	20	21	22	23	24	25	26	27	28	29	30	31	91	2	3	4	5	6	40
	8	6	7	8	9	10	11	12	13	14	15	16	17	18	19	20	21	22	23	24	25	26	27	28	29	30	01	2	3	4	—	1	10
	9	5	6	7	8	9	10	11	12	13	14	15	16	17	18	19	20	21	22	23	24	25	26	27	28	29	30	31	N1	2	3	2	39
	10	4	5	6	7	8	9	10	11	12	13	14	15	16	17	18	19	20	21	22	23	24	25	26	27	28	29	30	D1	2	—	4	9
	11	3	4	5	6	7	8	9	10	11	12	13	14	15	16	17	18	19	20	21	22	23	24	25	26	27	28	29	30	31	11	5	38
	12	2	3	4	5	6	7	8	9	10	11	12	13	14	15	16	17	18	19	20	21	22	23	24	25	26	27	28	29	30	—	0	8
宋太祖建隆 1 庚申 960–61	14 1	31	21	2	3	4	5	6	7	8	9	10	11	12	13	14	15	16	17	18	19	20	21	22	23	24	25	26	27	28	29	1	37
	2	31	2	3	4	5	6	7	8	9	10	11	12	13	14	15	16	17	18	19	20	21	22	23	24	25	26	27	28	29	—	3	7
	3	30	31	41	2	3	4	5	6	7	8	9	10	11	12	13	14	15	16	17	18	19	20	21	22	23	24	25	26	27	28	4	36
	4	29	30	51	2	3	4	5	6	7	8	9	10	11	12	13	14	15	16	17	18	19	20	21	22	23	24	25	26	27	—	6	6
	5	28	29	30	31	61	2	3	4	5	6	7	8	9	10	11	12	13	14	15	16	17	18	19	20	21	22	23	24	25	26	0	35
	6	27	28	29	30	71	2	3	4	5	6	7	8	9	10	11	12	13	14	15	16	17	18	19	20	21	22	23	24	25	26	2	5
	7	27	28	29	30	31	81	2	3	4	5	6	7	8	9	10	11	12	13	14	15	16	17	18	19	20	21	22	23	24	—	4	35
	8	25	26	27	28	29	30	31	91	2	3	4	5	6	7	8	9	10	11	12	13	14	15	16	17	18	19	20	21	22	23	5	4
	9	24	25	26	27	28	29	30	01	2	3	4	5	6	7	8	9	10	11	12	13	14	15	16	17	18	19	20	21	22	—	0	34
	10	23	24	25	26	27	28	29	30	31	N1	2	3	4	5	6	7	8	9	10	11	12	13	14	15	16	17	18	19	20	21	1	3
	11	22	23	24	25	26	27	28	29	30	D1	2	3	4	5	6	7	8	9	10	11	12	13	14	15	16	17	18	19	20	—	3	33
	12	21	22	23	24	25	26	27	28	29	30	31	11	2	3	4	5	6	7	8	9	10	11	12	13	14	15	16	17	18	19	4	2

Order of days (Lunar) — 陰曆日序

年序 Year	陰曆月序 Moon	陰曆日序 Order of days (Lunar) 1 2 3 4 5	6 7 8 9 10	11 12 13 14 15	16 17 18 19 20	21 22 23 24 25	26 27 28 29 30	星期 Week	干支 Cycle
建隆 2 辛酉 961–62	26 1	20 21 22 23 24	25 26 27 28 29	30 31 21 2 3	4 5 6 7 8	9 10 11 12 13	14 15 16 17 —	6	32
	2	18 19 20 21 22	23 24 25 26 27	28 31 2 3 4	5 6 7 8 9	10 11 12 13 14	15 16 17 18 19	0	1
	3	20 21 22 23 24	25 26 27 28 29	30 31 41 2 3	4 5 6 7 8	9 10 11 12 13	14 15 16 17 —	2	31
	3	18 19 20 21 22	23 24 25 26 27	28 29 30 51 2	3 4 5 6 7	8 9 10 11 12	13 14 15 16 —	3	0
	4	17 18 19 20 21	22 23 24 25 26	27 28 29 30 31	61 2 3 4 5	6 7 8 9 10	11 12 13 14 15	4	29
	5	16 17 18 19 20	21 22 23 24 25	26 27 28 29 30	71 2 3 4 5	6 7 8 9 10	11 12 13 14 15	6	59
	6	16 17 18 19 20	21 22 23 24 25	26 27 28 29 30	31 81 2 3 4	5 6 7 8 9	10 11 12 13 —	1	29
	7	14 15 16 17 18	19 20 21 22 23	24 25 26 27 28	29 30 31 91 2	3 4 5 6 7	8 9 10 11 12	2	58
	8	13 14 15 16 17	18 19 20 21 22	23 24 25 26 27	28 29 30 01 2	3 4 5 6 7	8 9 10 11 12	4	28
	9	13 14 15 16 17	18 19 20 21 22	23 24 25 26 27	28 29 30 31 N1	2 3 4 5 6	7 8 9 10 —	6	58
	10	11 12 13 14 15	16 17 18 19 20	21 22 23 24 25	26 27 28 29 30	D1 2 3 4 5	6 7 8 9 10	0	27
	11	11 12 13 14 15	16 17 18 19 20	21 22 23 24 25	26 27 28 29 30	31 11 2 3 4	5 6 7 8 —	2	57
	12	9 10 11 12 13	14 15 16 17 18	19 20 21 22 23	24 25 26 27 28	29 30 31 21 2	3 4 5 6 7	3	26
建隆 3 壬戌 962–63	38 1	8 9 10 11 12	13 14 15 16 17	18 19 20 21 22	23 24 25 26 27	28 31 2 3 4	5 6 7 8 —	5	56
	2	9 10 11 12 13	14 15 16 17 18	19 20 21 22 23	24 25 26 27 28	29 30 31 41 2	3 4 5 6 —	6	25
	3	7 8 9 10 11	12 13 14 15 16	17 18 19 20 21	22 23 24 25 26	27 28 29 30 51	2 3 4 5 6	0	54
	4	7 8 9 10 11	12 13 14 15 16	17 18 19 20 21	22 23 24 25 26	27 28 29 30 31	61 2 3 4 —	2	24
	5	5 6 7 8 9	10 11 12 13 14	15 16 17 18 19	20 21 22 23 24	25 26 27 28 29	30 71 2 3 4	3	53
	6	5 6 7 8 9	10 11 12 13 14	15 16 17 18 19	20 21 22 23 24	25 26 27 28 29	30 31 81 2 —	5	23
	7	3 4 5 6 7	8 9 10 11 12	13 14 15 16 17	18 19 20 21 22	23 24 25 26 27	28 29 30 31 91	6	52
	8	2 3 4 5 6	7 8 9 10 11	12 13 14 15 16	17 18 19 20 21	22 23 24 25 26	27 28 29 30 01	1	22
	9	2 3 4 5 6	7 8 9 10 11	12 13 14 15 16	17 18 19 20 21	22 23 24 25 26	27 28 29 30 —	3	52
	10	31 N1 2 3 4	5 6 7 8 9	10 11 12 13 14	15 16 17 18 19	20 21 22 23 24	25 26 27 28 29	4	21
	11	30 D1 2 3 4	5 6 7 8 9	10 11 12 13 14	15 16 17 18 19	20 21 22 23 24	25 26 27 28 29	6	51
	12	30 31 11 2 3	4 5 6 7 8	9 10 11 12 13	14 15 16 17 18	19 20 21 22 23	24 25 26 27 —	1	21
乾德 1 癸亥 963–64	50 1	28 29 30 31 21	2 3 4 5 6	7 8 9 10 11	12 13 14 15 16	17 18 19 20 21	22 23 24 25 26	2	50
	2	27 28 31 2 3	4 5 6 7 8	9 10 11 12 13	14 15 16 17 18	19 20 21 22 23	24 25 26 27 —	4	20
	3	28 29 30 31 41	2 3 4 5 6	7 8 9 10 11	12 13 14 15 16	17 18 19 20 21	22 23 24 25 —	5	49
	4	26 27 28 29 30	51 2 3 4 5	6 7 8 9 10	11 12 13 14 15	16 17 18 19 20	21 22 23 24 25	6	18
	5	26 27 28 29 30	31 61 2 3 4	5 6 7 8 9	10 11 12 13 14	15 16 17 18 19	20 21 22 23 —	1	48
	6	24 25 26 27 28	29 30 71 2 3	4 5 6 7 8	9 10 11 12 13	14 15 16 17 18	19 20 21 22 23	2	17
	7	24 25 26 27 28	29 30 31 81 2	3 4 5 6 7	8 9 10 11 12	13 14 15 16 17	18 19 20 21 —	4	47
	8	22 23 24 25 26	27 28 29 30 31	91 2 3 4 5	6 7 8 9 10	11 12 13 14 15	16 17 18 19 20	5	16
	9	21 22 23 24 25	26 27 28 29 30	01 2 3 4 5	6 7 8 9 10	11 12 13 14 15	16 17 18 19 —	0	46
	10	20 21 22 23 24	25 26 27 28 29	30 31 N1 2 3	4 5 6 7 8	9 10 11 12 13	14 15 16 17 18	1	15
	11	19 20 21 22 23	24 25 26 27 28	29 30 D1 2 3	4 5 6 7 8	9 10 11 12 13	14 15 16 17 18	3	45
	12	19 20 21 22 23	24 25 26 27 28	29 30 31 11 2	3 4 5 6 7	8 9 10 11 12	13 14 15 16 17	5	15
	12	18 19 20 21 22	23 24 25 26 27	28 29 30 31 21	2 3 4 5 6	7 8 9 10 11	12 13 14 15 —	0	45
乾德 2 甲子 964–65	2 1	16 17 18 19 20	21 22 23 24 25	26 27 28 29 31	2 3 4 5 6	7 8 9 10 11	12 13 14 15 16	1	14
	2	17 18 19 20 21	22 23 24 25 26	27 28 29 30 31	41 2 3 4 5	6 7 8 9 10	11 12 13 14 —	3	44
	3	15 16 17 18 19	20 21 22 23 24	25 26 27 28 29	30 51 2 3 4	5 6 7 8 9	10 11 12 13 14	4	13
	4	15 16 17 18 19	20 21 22 23 24	25 26 27 28 29	30 31 61 2 3	4 5 6 7 8	9 10 11 12 —	6	43
	5	13 14 15 16 17	18 19 20 21 22	23 24 25 26 27	28 29 30 71 2	3 4 5 6 7	8 9 10 11 —	0	12
	6	12 13 14 15 16	17 18 19 20 21	22 23 24 25 26	27 28 29 30 31	81 2 3 4 5	6 7 8 9 —	1	41
	7	10 11 12 13 14	15 16 17 18 19	20 21 22 23 24	25 26 27 28 29	30 31 91 2 3	4 5 6 7 8	2	10
	8	9 10 11 12 13	14 15 16 17 18	19 20 21 22 23	24 25 26 27 28	29 30 01 2 3	4 5 6 7 8	4	40
	9	9 10 11 12 13	14 15 16 17 18	19 20 21 22 23	24 25 26 27 28	29 30 31 N1 2	3 4 5 6 —	6	10
	10	7 8 9 10 11	12 13 14 15 16	17 18 19 20 21	22 23 24 25 26	27 28 29 30 D1	2 3 4 5 6	0	39
	11	7 8 9 10 11	12 13 14 15 16	17 18 19 20 21	22 23 24 25 26	27 28 29 30 31	11 2 3 4 5	2	9
	12	6 7 8 9 10	11 12 13 14 15	16 17 18 19 20	21 22 23 24 25	26 27 28 29 30	31 21 2 3 4	4	39
乾德 3 乙丑 965–66	14 1	5 6 7 8 9	10 11 12 13 14	15 16 17 18 19	20 21 22 23 24	25 26 27 28 31	2 3 4 5 —	6	9
	2	6 7 8 9 10	11 12 13 14 15	16 17 18 19 20	21 22 23 24 25	26 27 28 29 30	31 41 2 3 4	0	38
	3	5 6 7 8 9	10 11 12 13 14	15 16 17 18 19	20 21 22 23 24	25 26 27 28 29	30 51 2 3 —	2	8
	4	4 5 6 7 8	9 10 11 12 13	14 15 16 17 18	19 20 21 22 23	24 25 26 27 28	29 30 31 61 2	3	37
	5	3 4 5 6 7	8 9 10 11 12	13 14 15 16 17	18 19 20 21 22	23 24 25 26 27	28 29 30 71 —	5	7
	6	2 3 4 5 6	7 8 9 10 11	12 13 14 15 16	17 18 19 20 21	22 23 24 25 26	27 28 29 30 —	6	36
	7	31 81 2 3 4	5 6 7 8 9	10 11 12 13 14	15 16 17 18 19	20 21 22 23 24	25 26 27 28 —	0	5
	8	29 30 31 91 2	3 4 5 6 7	8 9 10 11 12	13 14 15 16 17	18 19 20 21 22	23 24 25 26 27	1	34
	9	28 29 30 01 2	3 4 5 6 7	8 9 10 11 12	13 14 15 16 17	18 19 20 21 22	23 24 25 26 —	3	4
	10	27 28 29 30 31	N1 2 3 4 5	6 7 8 9 10	11 12 13 14 15	16 17 18 19 20	21 22 23 24 25	4	33
	11	26 27 28 29 30	D1 2 3 4 5	6 7 8 9 10	11 12 13 14 15	16 17 18 19 20	21 22 23 24 25	6	3
	12	26 27 28 29 30	31 11 2 3 4	5 6 7 8 9	10 11 12 13 14	15 16 17 18 19	20 21 22 23 24	1	33

年序 Year	陰曆月序 Moon	陰曆日序 Order of days (Lunar) 1 2 3 4 5	6 7 8 9 10	11 12 13 14 15	16 17 18 19 20	21 22 23 24 25	26 27 28 29 30	星期 Week	干支 Cycle
乾德 4 丙寅 966–67	26 1	25 26 27 28 29	30 31 21 2 3	4 5 6 7 8	9 10 11 12 13	14 15 16 17 18	19 20 21 22 —	3	3
	2	23 24 25 26 27	28 31 2 3 4	5 6 7 8 9	10 11 12 13 14	15 16 17 18 19	20 21 22 23 24	4	32
	3	25 26 27 28 29	30 31 41 2 3	4 5 6 7 8	9 10 11 12 13	14 15 16 17 18	19 20 21 22 23	6	2
	4	24 25 26 27 28	29 30 51 2 3	4 5 6 7 8	9 10 11 12 13	14 15 16 17 18	19 20 21 22 —	1	32
	5	23 24 25 26 27	28 29 30 31 61	2 3 4 5 6	7 8 9 10 11	12 13 14 15 16	17 18 19 20 —	2	1
	6	21 22 23 24 25	26 27 28 29 30	71 2 3 4 5	6 7 8 9 10	11 12 13 14 15	16 17 18 19 20	3	30
	7	21 22 23 24 25	26 27 28 29 30	31 81 2 3 4	5 6 7 8 9	10 11 12 13 14	15 16 17 18 —	5	0
	8	19 20 21 22 23	24 25 26 27 28	29 30 31 91 2	3 4 5 6 7	8 9 10 11 12	13 14 15 16 —	6	29
	8	17 18 19 20 21	22 23 24 25 26	27 28 29 30 O1	2 3 4 5 6	7 8 9 10 11	12 13 14 15 16	0	58
	9	17 18 19 20 21	22 23 24 25 26	27 28 29 30 31	N1 2 3 4 5	6 7 8 9 10	11 12 13 14 —	2	28
	10	15 16 17 18 19	20 21 22 23 24	25 26 27 28 29	30 D1 2 3 4	5 6 7 8 9	10 11 12 13 14	3	57
	11	15 16 17 18 19	20 21 22 23 24	25 26 27 28 29	30 31 11 2 3	4 5 6 7 8	9 10 11 12 13	5	27
	12	14 15 16 17 18	19 20 21 22 23	24 25 26 27 28	29 30 31 21 2	3 4 5 6 7	8 9 10 11 —	0	5
乾德 5 丁卯 967–68	38 1	12 13 14 15 16	17 18 19 20 21	22 23 24 25 26	27 28 31 2 3	4 5 6 7 8	9 10 11 12 13	1	26
	2	14 15 16 17 18	19 20 21 22 23	24 25 26 27 28	29 30 31 41 2	3 4 5 6 7	8 9 10 11 12	3	56
	3	13 14 15 16 17	18 19 20 21 22	23 24 25 26 27	28 29 30 51 2	3 4 5 6 7	8 9 10 11 —	5	26
	4	12 13 14 15 16	17 18 19 20 21	22 23 24 25 26	27 28 29 30 31	61 2 3 4 5	6 7 8 9 10	6	55
	5	11 12 13 14 15	16 17 18 19 20	21 22 23 24 25	26 27 28 29 30	71 2 3 4 5	6 7 8 9 —	1	25
	6	10 11 12 13 14	15 16 17 18 19	20 21 22 23 24	25 26 27 28 29	30 31 81 2 3	4 5 6 7 8	2	54
	7	9 10 11 12 13	14 15 16 17 18	19 20 21 22 23	24 25 26 27 28	29 30 31 91 2	3 4 5 6 —	4	24
	8	7 8 9 10 11	12 13 14 15 16	17 18 19 20 21	22 23 24 25 26	27 28 29 30 O1	2 3 4 5 —	5	53
	9	6 7 8 9 10	11 12 13 14 15	16 17 18 19 20	21 22 23 24 25	26 27 28 29 30	31 N1 2 3 4	6	22
	10	5 6 7 8 9	10 11 12 13 14	15 16 17 18 19	20 21 22 23 24	25 26 27 28 29	30 D1 2 3 —	1	52
	11	4 5 6 7 8	9 10 11 12 13	14 15 16 17 18	19 20 21 22 23	24 25 26 27 28	29 30 31 11 2	2	21
	12	3 4 5 6 7	8 9 10 11 12	13 14 15 16 17	18 19 20 21 22	23 24 25 26 27	28 29 30 31 21	4	51
開寶 1 戊辰 968–69	50 1	2 3 4 5 6	7 8 9 10 11	12 13 14 15 16	17 18 19 20 21	22 23 24 25 26	27 28 29 31 —	6	21
	2	2 3 4 5 6	7 8 9 10 11	12 13 14 15 16	17 18 19 20 21	22 23 24 25 26	27 28 29 30 31	0	50
	3	41 2 3 4 5	6 7 8 9 10	11 12 13 14 15	16 17 18 19 20	21 22 23 24 25	26 27 28 29 —	2	20
	4	30 51 2 3 4	5 6 7 8 9	10 11 12 13 14	15 16 17 18 19	20 21 22 23 24	25 26 27 28 29	3	49
	5	30 31 61 2 3	4 5 6 7 8	9 10 11 12 13	14 15 16 17 18	19 20 21 22 23	24 25 26 27 28	5	19
	6	29 30 71 2 3	4 5 6 7 8	9 10 11 12 13	14 15 16 17 18	19 20 21 22 23	24 25 26 27 —	0	49
	7	28 29 30 31 81	2 3 4 5 6	7 8 9 10 11	12 13 14 15 16	17 18 19 20 21	22 23 24 25 26	1	18
	8	27 28 29 30 31	91 2 3 4 5	6 7 8 9 10	11 12 13 14 15	16 17 18 19 20	21 22 23 24 —	3	48
	9	25 26 27 28 29	30 O1 2 3 4	5 6 7 8 9	10 11 12 13 14	15 16 17 18 19	20 21 22 23 24	4	17
	10	25 26 27 28 29	30 31 N1 2 3	4 5 6 7 8	9 10 11 12 13	14 15 16 17 18	19 20 21 22 —	6	47
	11][	23 24 25 26 27	28 29 30 D1 2	3 4 5 6 7	8 9 10 11 12	13 14 15 16 17	18 19 20 21 —	0	16
	12	22 23 24 25 26	27 28 29 30 31	11 2 3 4 5	6 7 8 9 10	11 12 13 14 15	16 17 18 19 20	1	45
開寶 2 己巳 969–70	2 1	21 22 23 24 25	26 27 28 29 30	31 21 2 3 4	5 6 7 8 9	10 11 12 13 14	15 16 17 18 —	3	15
	2	19 20 21 22 23	24 25 26 27 28	31 2 3 4 5	6 7 8 9 10	11 12 13 14 15	16 17 18 19 20	4	44
	3	21 22 23 24 25	26 27 28 29 30	31 41 2 3 4	5 6 7 8 9	10 11 12 13 14	15 16 17 18 19	6	14
	4	20 21 22 23 24	25 26 27 28 29	30 51 2 3 4	5 6 7 8 9	10 11 12 13 14	15 16 17 18 —	1	44
	5	19 20 21 22 23	24 25 26 27 28	29 30 31 61 2	3 4 5 6 7	8 9 10 11 12	13 14 15 16 17	2	13
	5	18 19 20 21 22	23 24 25 26 27	28 29 30 71 2	3 4 5 6 7	8 9 10 11 12	13 14 15 16 —	4	43
	6	17 18 19 20 21	22 23 24 25 26	27 28 29 30 31	81 2 3 4 5	6 7 8 9 10	11 12 13 14 15	5	12
	7	16 17 18 19 20	21 22 23 24 25	26 27 28 29 30	31 91 2 3 4	5 6 7 8 9	10 11 12 13 14	0	42
	8	15 16 17 18 19	20 21 22 23 24	25 26 27 28 29	30 O1 2 3 4	5 6 7 8 9	10 11 12 13 —	2	12
	9	14 15 16 17 18	19 20 21 22 23	24 25 26 27 28	29 30 31 N1 2	3 4 5 6 7	8 9 10 11 12	3	41
	10	13 14 15 16 17	18 19 20 21 22	23 24 25 26 27	28 29 30 D1 2	3 4 5 6 7	8 9 10 11 —	5	11
	11	12 13 14 15 16	17 18 19 20 21	22 23 24 25 26	27 28 29 30 31	11 2 3 4 5	6 7 8 9 10	6	40
	12	11 12 13 14 15	16 17 18 19 20	21 22 23 24 25	26 27 28 29 30	31 21 2 3 4	5 6 7 8 —	1	10
開寶 3 庚午 970–71	14 1	9 10 11 12 13	14 15 16 17 18	19 20 21 22 23	24 25 26 27 28	31 2 3 4 5	6 7 8 9 —	2	39
	2	10 11 12 13 14	15 16 17 18 19	20 21 22 23 24	25 26 27 28 29	30 31 41 2 3	4 5 6 7 8	3	8
	3	9 10 11 12 13	14 15 16 17 18	19 20 21 22 23	24 25 26 27 28	29 30 51 2 3	4 5 6 7 —	5	38
	4	8 9 10 11 12	13 14 15 16 17	18 19 20 21 22	23 24 25 26 27	28 29 30 31 61	2 3 4 5 6	6	7
	5	7 8 9 10 11	12 13 14 15 16	17 18 19 20 21	22 23 24 25 26	27 28 29 30 71	2 3 4 5 —	1	37
	6	6 7 8 9 10	11 12 13 14 15	16 17 18 19 20	21 22 23 24 25	26 27 28 29 30	31 81 2 3 4	2	6
	7	5 6 7 8 9	10 11 12 13 14	15 16 17 18 19	20 21 22 23 24	25 26 27 28 29	30 31 91 2 3	4	36
	8	4 5 6 7 8	9 10 11 12 13	14 15 16 17 18	19 20 21 22 23	24 25 26 27 28	29 30 O1 2 —	6	6
	9	3 4 5 6 7	8 9 10 11 12	13 14 15 16 17	18 19 20 21 22	23 24 25 26 27	28 29 30 31 N1	0	35
	10	2 3 4 5 6	7 8 9 10 11	12 13 14 15 16	17 18 19 20 21	22 23 24 25 26	27 28 29 30 D1	2	5
	11	2 3 4 5 6	7 8 9 10 11	12 13 14 15 16	17 18 19 20 21	22 23 24 25 26	27 28 29 30 —	4	35
	12	31 11 2 3 4	5 6 7 8 9	10 11 12 13 14	15 16 17 18 19	20 21 22 23 24	25 26 27 28 29	5	4

年序 Year	陰曆月序 Moon	1 2 3 4 5	6 7 8 9 10	11 12 13 14 15	16 17 18 19 20	21 22 23 24 25	26 27 28 29 30	星期 Week	干支 Cycle
		陰曆日序 Order of days (Lunar)							
開寶 4 辛未 971–72	**26** 1	30 31 **21** 2 3	4 5 6 7 8	9 10 11 12 13	14 15 16 17 18	19 20 21 22 23	24 25 26 27 —	0	34
	2	28 **31** 2 3 4	5 6 7 8 9	10 11 12 13 14	15 16 17 18 19	20 21 22 23 24	25 26 27 28 —	1	3
	3	29 30 31 **41** 2	3 4 5 6 7	8 9 10 11 12	13 14 15 16 17	18 19 20 21 22	23 24 25 26 27	2	32
	4	28 29 30 **51** 2	3 4 5 6 7	8 9 10 11 12	13 14 15 16 17	18 19 20 21 22	23 24 25 26 —	4	2
	5	27 28 29 30 31	**61** 2 3 4 5	6 7 8 9 10	11 12 13 14 15	16 17 18 19 20	21 22 23 24 25	5	31
	6	26 27 28 29 30	**71** 2 3 4 5	6 7 8 9 10	11 12 13 14 15	16 17 18 19 20	21 22 23 24 —	0	1
	7	25 26 27 28 29	30 31 **81** 2 3	4 5 6 7 8	9 10 11 12 13	14 15 16 17 18	19 20 21 22 23	1	30
	8	24 25 26 27 28	29 30 31 **91** 2	3 4 5 6 7	8 9 10 11 12	13 14 15 16 17	18 19 20 21 —	3	0
	9	22 23 24 25 26	27 28 29 30 **01**	2 3 4 5 6	7 8 9 10 11	12 13 14 15 16	17 18 19 20 21	4	29
	10	22 23 24 25 26	27 28 29 30 31	**N1** 2 3 4 5	6 7 8 9 10	11 12 13 14 15	16 17 18 19 20	6	59
	11	21 22 23 24 25	26 27 28 29 30	**D1** 2 3 4 5	6 7 8 9 10	11 12 13 14 15	16 17 18 19 20	1	29
	12	21 22 23 24 25	26 27 28 29 30	31 **11** 2 3 4	5 6 7 8 9	10 11 12 13 14	15 16 17 18 —	3	59
開寶 5 壬申 972–73	**38** 1	19 20 21 22 23	24 25 26 27 28	29 30 31 **21** 2	3 4 5 6 7	8 9 10 11 12	13 14 15 16 17	4	28
	2	18 19 20 21 22	23 24 25 26 27	28 29 **31** 2 3	4 5 6 7 8	9 10 11 12 13	14 15 16 17 —	6	58
	2	18 19 20 21 22	23 24 25 26 27	28 29 30 31 **41**	2 3 4 5 6	7 8 9 10 11	12 13 14 15 —	0	27
	3	16 17 18 19 20	21 22 23 24 25	26 27 28 29 30	**51** 2 3 4 5	6 7 8 9 10	11 12 13 14 15	1	56
	4	16 17 18 19 20	21 22 23 24 25	26 27 28 29 30	31 **61** 2 3 4	5 6 7 8 9	10 11 12 13 —	3	26
	5	14 15 16 17 18	19 20 21 22 23	24 25 26 27 28	29 30 **71** 2 3	4 5 6 7 8	9 10 11 12 —	4	55
	6	13 14 15 16 17	18 19 20 21 22	23 24 25 26 27	28 29 30 31 **81**	2 3 4 5 6	7 8 9 10 11	5	24
	7	12 13 14 15 16	17 18 19 20 21	22 23 24 25 26	27 28 29 30 31	**91** 2 3 4 5	6 7 8 9 10	0	54
	8	11 12 13 14 15	16 17 18 19 20	21 22 23 24 25	26 27 28 29 30	**01** 2 3 4 5	6 7 8 9 —	2	24
	9	10 11 12 13 14	15 16 17 18 19	20 21 22 23 24	25 26 27 28 29	30 31 **N1** 2 3	4 5 6 7 8	3	53
	10	9 10 11 12 13	14 15 16 17 18	19 20 21 22 23	24 25 26 27 28	29 30 **D1** 2 3	4 5 6 7 8	5	23
	11	9 10 11 12 13	14 15 16 17 18	19 20 21 22 23	24 25 26 27 28	29 30 31 **11** 2	3 4 5 6 7	0	53
	12	8 9 10 11 12	13 14 15 16 17	18 19 20 21 22	23 24 25 26 27	28 29 30 31 **21**	2 3 4 5 —	2	23
開寶 6 癸酉 973–74	**50** 1	6 7 8 9 10	11 12 13 14 15	16 17 18 19 20	21 22 23 24 25	26 27 28 **31** 2	3 4 5 6 7	3	52
	2	8 9 10 11 12	13 14 15 16 17	18 19 20 21 22	23 24 25 26 27	28 29 30 31 **41**	2 3 4 5 —	5	22
	3	6 7 8 9 10	11 12 13 14 15	16 17 18 19 20	21 22 23 24 25	26 27 28 29 30	**51** 2 3 4 5	6	51
	4	6 7 8 9 10	11 12 13 14 15	16 17 18 19 20	21 22 23 24 25	26 27 28 29 30	31 **61** 2 3 —	1	21
	5	4 5 6 7 8	9 10 11 12 13	14 15 16 17 18	19 20 21 22 23	24 25 26 27 28	29 30 **71** 2 —	2	50
	6	3 4 5 6 7	8 9 10 11 12	13 14 15 16 17	18 19 20 21 22	23 24 25 26 27	28 29 30 31 —	3	19
	7	**81** 2 3 4 5	6 7 8 9 10	11 12 13 14 15	16 17 18 19 20	21 22 23 24 25	26 27 28 29 30	4	48
	8	31 **91** 2 3 4	5 6 7 8 9	10 11 12 13 14	15 16 17 18 19	20 21 22 23 24	25 26 27 28 —	6	18
	9	29 30 **01** 2 3	4 5 6 7 8	9 10 11 12 13	14 15 16 17 18	19 20 21 22 23	24 25 26 27 28	0	47
	10	29 30 31 **N1** 2	3 4 5 6 7	8 9 10 11 12	13 14 15 16 17	18 19 20 21 22	23 24 25 26 27	2	17
	11	28 29 30 **D1** 2	3 4 5 6 7	8 9 10 11 12	13 14 15 16 17	18 19 20 21 22	23 24 25 26 27	4	47
	12	28 29 30 31 **11**	2 3 4 5 6	7 8 9 10 11	12 13 14 15 16	17 18 19 20 21	22 23 24 25 —	6	17
開寶 7 甲戌 974–75	**2** 1	26 27 28 29 30	31 **21** 2 3 4	5 6 7 8 9	10 11 12 13 14	15 16 17 18 19	20 21 22 23 24	0	46
	2	25 26 27 28 **31**	2 3 4 5 6	7 8 9 10 11	12 13 14 15 16	17 18 19 20 21	22 23 24 25 26	2	16
	3	27 28 29 30 31	**41** 2 3 4 5	6 7 8 9 10	11 12 13 14 15	16 17 18 19 20	21 22 23 24 —	4	46
	4	25 26 27 28 29	30 **51** 2 3 4	5 6 7 8 9	10 11 12 13 14	15 16 17 18 19	20 21 22 23 —	5	15
	5	24 25 26 27 28	29 30 31 **61** 2	3 4 5 6 7	8 9 10 11 12	13 14 15 16 17	18 19 20 21 22	6	44
	6	23 24 25 26 27	28 29 30 **71** 2	3 4 5 6 7	8 9 10 11 12	13 14 15 16 17	18 19 20 21 —	1	14
	7	22 23 24 25 26	27 28 29 30 31	**81** 2 3 4 5	6 7 8 9 10	11 12 13 14 15	16 17 18 19 —	2	43
	8	20 21 22 23 24	25 26 27 28 29	30 31 **91** 2 3	4 5 6 7 8	9 10 11 12 13	14 15 16 17 18	3	12
	9	19 20 21 22 23	24 25 26 27 28	29 30 **01** 2 3	4 5 6 7 8	9 10 11 12 13	14 15 16 17 —	5	42
	10	18 19 20 21 22	23 24 25 26 27	28 29 30 31 **N1**	2 3 4 5 6	7 8 9 10 11	12 13 14 15 16	6	11
	10	17 18 19 20 21	22 23 24 25 26	27 28 29 30 **D1**	2 3 4 5 6	7 8 9 10 11	12 13 14 15 16	1	41
	11	17 18 19 20 21	22 23 24 25 26	27 28 29 30 31	**11** 2 3 4 5	6 7 8 9 10	11 12 13 14 —	3	11
	12	15 16 17 18 19	20 21 22 23 24	25 26 27 28 29	30 31 **21** 2 3	4 5 6 7 8	9 10 11 12 13	4	40
開寶 8 乙亥 975–76	**14** 1	14 15 16 17 18	19 20 21 22 23	24 25 26 27 28	**31** 2 3 4 5	6 7 8 9 10	11 12 13 14 15	6	10
	2	16 17 18 19 20	21 22 23 24 25	26 27 28 29 30	31 **41** 2 3 4	5 6 7 8 9	10 11 12 13 —	1	40
	3	14 15 16 17 18	19 20 21 22 23	24 25 26 27 28	29 30 **51** 2 3	4 5 6 7 8	9 10 11 12 13	2	9
	4	14 15 16 17 18	19 20 21 22 23	24 25 26 27 28	29 30 31 **61** 2	3 4 5 6 7	8 9 10 11 —	4	39
	5	12 13 14 15 16	17 18 19 20 21	22 23 24 25 26	27 28 29 30 **71**	2 3 4 5 6	7 8 9 10 11	5	8
	6	12 13 14 15 16	17 18 19 20 21	22 23 24 25 26	27 28 29 30 31	**81** 2 3 4 5	6 7 8 9 —	0	38
	7	10 11 12 13 14	15 16 17 18 19	20 21 22 23 24	25 26 27 28 29	30 31 **91** 2 3	4 5 6 7 —	1	7
	8	8 9 10 11 12	13 14 15 16 17	18 19 20 21 22	23 24 25 26 27	28 29 30 **01** 2	3 4 5 6 7	2	36
	9	8 9 10 11 12	13 14 15 16 17	18 19 20 21 22	23 24 25 26 27	28 29 30 31 **N1**	2 3 4 5 —	4	6
	10	6 7 8 9 10	11 12 13 14 15	16 17 18 19 20	21 22 23 24 25	26 27 28 29 30	**D1** 2 3 4 5	5	35
	11	6 7 8 9 10	11 12 13 14 15	16 17 18 19 20	21 22 23 24 25	26 27 28 29 30	31 **11** 2 3 —	0	5
	12	4 5 6 7 8	9 10 11 12 13	14 15 16 17 18	19 20 21 22 23	24 25 26 27 28	29 30 31 **21** 2	1	34

年序 Year	陰曆月序 Moon	陰曆日序 Order of days (Lunar) 1 2 3 4 5	6 7 8 9 10	11 12 13 14 15	16 17 18 19 20	21 22 23 24 25	26 27 28 29 30	星期 Week	干支 Cycle
太宗太平興國1丙子 976–77	26 1	3 4 5 6 7	8 9 10 11 12	13 14 15 16 17	18 19 20 21 22	23 24 25 26 27	28 29 31 2 3	3	4
	2	4 5 6 7 8	9 10 11 12 13	14 15 16 17 18	19 20 21 22 23	24 25 26 27 28	29 30 31 41 2	5	34
	3	3 4 5 6 7	8 9 10 11 12	13 14 15 16 17	18 19 20 21 22	23 24 25 26 27	28 29 30 51 —	0	4
	4	2 3 4 5 6	7 8 9 10 11	12 13 14 15 16	17 18 19 20 21	22 23 24 25 26	27 28 29 30 31	1	33
	5	61 2 3 4 5	6 7 8 9 10	11 12 13 14 15	16 17 18 19 20	21 22 23 24 25	26 27 28 29 —	3	3
	6	30 71 2 3 4	5 6 7 8 9	10 11 12 13 14	15 16 17 18 19	20 21 22 23 24	25 26 27 28 29	4	32
	7	30 31 81 2 3	4 5 6 7 8	9 10 11 12 13	14 15 16 17 18	19 20 21 22 23	24 25 26 27 —	6	2
	8	28 29 30 31 91	2 3 4 5 6	7 8 9 10 11	12 13 14 15 16	17 18 19 20 21	22 23 24 25 —	0	31
	9	26 27 28 29 30	01 2 3 4 5	6 7 8 9 10	11 12 13 14 15	16 17 18 19 20	21 22 23 24 25	1	0
	10	26 27 28 29 30	31 N1 2 3 4	5 6 7 8 9	10 11 12 13 14	15 16 17 18 19	20 21 22 23 —	3	30
	11 ||	24 25 26 27 28	29 30 D1 2 3	4 5 6 7 8	9 10 11 12 13	14 15 16 17 18	19 20 21 22 23	4	59
	12	24 25 26 27 28	29 30 31 11 2	3 4 5 6 7	8 9 10 11 12	13 14 15 16 17	18 19 20 21 —	6	29
太平興國2丁丑 977–78	38 1	22 23 24 25 26	27 28 29 30 31	21 2 3 4 5	6 7 8 9 10	11 12 13 14 15	16 17 18 19 20	0	58
	2	21 22 23 24 25	26 27 28 31 2	3 4 5 6 7	8 9 10 11 12	13 14 15 16 17	18 19 20 21 22	2	28
	3	23 24 25 26 27	28 29 30 31 41	2 3 4 5 6	7 8 9 10 11	12 13 14 15 16	17 18 19 20 —	4	58
	4	21 22 23 24 25	26 27 28 29 30	51 2 3 4 5	6 7 8 9 10	11 12 13 14 15	16 17 18 19 20	5	27
	5	21 22 23 24 25	26 27 28 29 30	31 61 2 3 4	5 6 7 8 9	10 11 12 13 14	15 16 17 18 19	0	57
	6	20 21 22 23 24	25 26 27 28 29	30 71 2 3 4	5 6 7 8 9	10 11 12 13 14	15 16 17 18 —	2	27
	7	19 20 21 22 23	24 25 26 27 28	29 30 31 81 2	3 4 5 6 7	8 9 10 11 12	13 14 15 16 17	3	56
	7	18 19 20 21 22	23 24 25 26 27	28 29 30 31 91	2 3 4 5 6	7 8 9 10 11	12 13 14 15 —	5	26
	8	16 17 18 19 20	21 22 23 24 25	26 27 28 29 30	01 2 3 4 5	6 7 8 9 10	11 12 13 14 15	6	55
	9	16 17 18 19 20	21 22 23 24 25	26 27 28 29 30	31 N1 2 3 4	5 6 7 8 9	10 11 12 13 —	1	25
	10	14 15 16 17 18	19 20 21 22 23	24 25 26 27 28	29 30 D1 2 3	4 5 6 7 8	9 10 11 12 —	2	54
	11	13 14 15 16 17	18 19 20 21 22	23 24 25 26 27	28 29 30 31 11	2 3 4 5 6	7 8 9 10 11	3	23
	12	12 13 14 15 16	17 18 19 20 21	22 23 24 25 26	27 28 29 30 31	21 2 3 4 5	6 7 8 9 —	5	53
太平興國3戊寅 978–79	50 1	10 11 12 13 14	15 16 17 18 19	20 21 22 23 24	25 26 27 28 31	2 3 4 5 6	7 8 9 10 11	6	22
	2	12 13 14 15 16	17 18 19 20 21	22 23 24 25 26	27 28 29 30 31	41 2 3 4 5	6 7 8 9 —	1	52
	3	10 11 12 13 14	15 16 17 18 19	20 21 22 23 24	25 26 27 28 29	30 51 2 3 4	5 6 7 8 9	2	21
	4	10 11 12 13 14	15 16 17 18 19	20 21 22 23 24	25 26 27 28 29	30 31 61 2 3	4 5 6 7 8	4	51
	5	9 10 11 12 13	14 15 16 17 18	19 20 21 22 23	24 25 26 27 28	29 30 71 2 3	4 5 6 7 —	6	21
	6	8 9 10 11 12	13 14 15 16 17	18 19 20 21 22	23 24 25 26 27	28 29 30 31 81	2 3 4 5 6	0	50
	7	7 8 9 10 11	12 13 14 15 16	17 18 19 20 21	22 23 24 25 26	27 28 29 30 31	91 2 3 4 —	2	20
	8	5 6 7 8 9	10 11 12 13 14	15 16 17 18 19	20 21 22 23 24	25 26 27 28 29	30 01 2 3 4	3	49
	9	5 6 7 8 9	10 11 12 13 14	15 16 17 18 19	20 21 22 23 24	25 26 27 28 29	30 31 N1 2 3	5	19
	10	4 5 6 7 8	9 10 11 12 13	14 15 16 17 18	19 20 21 22 23	24 25 26 27 28	29 30 D1 2 —	0	49
	11	3 4 5 6 7	8 9 10 11 12	13 14 15 16 17	18 19 20 21 22	23 24 25 26 27	28 29 30 31 11	1	18
	12	2 3 4 5 6	7 8 9 10 11	12 13 14 15 16	17 18 19 20 21	22 23 24 25 26	27 28 29 30 —	3	48
太平興國4己卯 979–80	2 1	31 21 2 3 4	5 6 7 8 9	10 11 12 13 14	15 16 17 18 19	20 21 22 23 24	25 26 27 28 —	4	17
	2	31 2 3 4 5	6 7 8 9 10	11 12 13 14 15	16 17 18 19 20	21 22 23 24 25	26 27 28 29 30	5	46
	3	31 41 2 3 4	5 6 7 8 9	10 11 12 13 14	15 16 17 18 19	20 21 22 23 24	25 26 27 28 —	0	16
	4	29 30 51 2 3	4 5 6 7 8	9 10 11 12 13	14 15 16 17 18	19 20 21 22 23	24 25 26 27 28	1	45
	5	29 30 31 61 2	3 4 5 6 7	8 9 10 11 12	13 14 15 16 17	18 19 20 21 22	23 24 25 26 —	3	15
	6	27 28 29 30 71	2 3 4 5 6	7 8 9 10 11	12 13 14 15 16	17 18 19 20 21	22 23 24 25 26	4	44
	7	27 28 29 30 31	81 2 3 4 5	6 7 8 9 10	11 12 13 14 15	16 17 18 19 20	21 22 23 24 25	6	14
	8	26 27 28 29 30	31 91 2 3 4	5 6 7 8 9	10 11 12 13 14	15 16 17 18 19	20 21 22 23 —	1	44
	9	24 25 26 27 28	29 30 01 2 3	4 5 6 7 8	9 10 11 12 13	14 15 16 17 18	19 20 21 22 23	2	13
	10	24 25 26 27 28	29 30 31 N1 2	3 4 5 6 7	8 9 10 11 12	13 14 15 16 17	18 19 20 21 22	4	43
	11	23 24 25 26 27	28 29 30 D1 2	3 4 5 6 7	8 9 10 11 12	13 14 15 16 17	18 19 20 21 —	6	13
	12	22 23 24 25 26	27 28 29 30 31	11 2 3 4 5	6 7 8 9 10	11 12 13 14 15	16 17 18 19 20	0	42
太平興國5庚辰 980–81	14 1	21 22 23 24 25	26 27 28 29 30	31 21 2 3 4	5 6 7 8 9	10 11 12 13 14	15 16 17 18 —	2	12
	2	19 20 21 22 23	24 25 26 27 28	29 31 2 3 4	5 6 7 8 9	10 11 12 13 14	15 16 17 18 —	3	41
	3	19 20 21 22 23	24 25 26 27 28	29 30 31 41 2	3 4 5 6 7	8 9 10 11 12	13 14 15 16 17	4	10
	3	18 19 20 21 22	23 24 25 26 27	28 29 30 51 2	3 4 5 6 7	8 9 10 11 12	13 14 15 16 —	6	40
	4	17 18 19 20 21	22 23 24 25 26	27 28 29 30 31	61 2 3 4 5	6 7 8 9 10	11 12 13 14 15	0	9
	5	16 17 18 19 20	21 22 23 24 25	26 27 28 29 30	71 2 3 4 5	6 7 8 9 10	11 12 13 14 —	2	39
	6	15 16 17 18 19	20 21 22 23 24	25 26 27 28 29	30 31 81 2 3	4 5 6 7 8	9 10 11 12 13	3	8
	7	14 15 16 17 18	19 20 21 22 23	24 25 26 27 28	29 30 31 91 2	3 4 5 6 7	8 9 10 11 —	5	38
	8	12 13 14 15 16	17 18 19 20 21	22 23 24 25 26	27 28 29 30 01	2 3 4 5 6	7 8 9 10 11	6	7
	9	12 13 14 15 16	17 18 19 20 21	22 23 24 25 26	27 28 29 30 31	N1 2 3 4 5	6 7 8 9 10	1	37
	10	11 12 13 14 15	16 17 18 19 20	21 22 23 24 25	26 27 28 29 30	D1 2 3 4 5	6 7 8 9 —	3	7
	11	10 11 12 13 14	15 16 17 18 19	20 21 22 23 24	25 26 27 28 29	30 31 11 2 3	4 5 6 7 8	4	36
	12	9 10 11 12 13	14 15 16 17 18	19 20 21 22 23	24 25 26 27 28	29 30 31 21 2	3 4 5 6 7	6	6

年序 Year	陰曆月序 Moon	1 2 3 4 5	6 7 8 9 10	11 12 13 14 15	16 17 18 19 20	21 22 23 24 25	26 27 28 29 30	星期 Week	干支 Cycle
太平興國 6 辛巳 981–82	26 1	8 9 10 11 12	13 14 15 16 17	18 19 20 21 22	23 24 25 26 27	28 31 2 3 4	5 6 7 8 —	1	36
	2	9 10 11 12 13	14 15 16 17 18	19 20 21 22 23	24 25 26 27 28	29 30 31 41 2	3 4 5 6 —	2	5
	3	7 8 9 10 11	12 13 14 15 16	17 18 19 20 21	22 23 24 25 26	27 28 29 30 51	2 3 4 5 6	3	34
	4	7 8 9 10 11	12 13 14 15 16	17 18 19 20 21	22 23 24 25 26	27 28 29 30 31	61 2 3 4 —	5	4
	5	5 6 7 8 9	10 11 12 13 14	15 16 17 18 19	20 21 22 23 24	25 26 27 28 29	30 71 2 3 —	6	33
	6	4 5 6 7 8	9 10 11 12 13	14 15 16 17 18	19 20 21 22 23	24 25 26 27 28	29 30 31 81 2	0	2
	7	3 4 5 6 7	8 9 10 11 12	13 14 15 16 17	18 19 20 21 22	23 24 25 26 27	28 29 30 31 —	2	32
	8	91 2 3 4 5	6 7 8 9 10	11 12 13 14 15	16 17 18 19 20	21 22 23 24 25	26 27 28 29 30	3	1
	9	01 2 3 4 5	6 7 8 9 10	11 12 13 14 15	16 17 18 19 20	21 22 23 24 25	26 27 28 29 30	5	31
	10	31 N1 2 3 4	5 6 7 8 9	10 11 12 13 14	15 16 17 18 19	20 21 22 23 24	25 26 27 28 29	0	1
	11	30 D1 2 3 4	5 6 7 8 9	10 11 12 13 14	15 16 17 18 19	20 21 22 23 24	25 26 27 28 —	2	31
	12	29 30 31 11 2	3 4 5 6 7	8 9 10 11 12	13 14 15 16 17	18 19 20 21 22	23 24 25 26 27	3	0
太平興國 7 壬午 982–83	38 1	28 29 30 31 21	2 3 4 5 6	7 8 9 10 11	12 13 14 15 16	17 18 19 20 21	22 23 24 25 26	5	30
	2	27 28 31 2 3	4 5 6 7 8	9 10 11 12 13	14 15 16 17 18	19 20 21 22 23	24 25 26 27 —	0	0
	3	28 29 30 31 41	2 3 4 5 6	7 8 9 10 11	12 13 14 15 16	17 18 19 20 21	22 23 24 25 —	1	29
	4	26 27 28 29 30	51 2 3 4 5	6 7 8 9 10	11 12 13 14 15	16 17 18 19 20	21 22 23 24 25	2	58
	5	26 27 28 29 30	31 61 2 3 4	5 6 7 8 9	10 11 12 13 14	15 16 17 18 19	20 21 22 23 —	4	28
	6	24 25 26 27 28	29 30 71 2 3	4 5 6 7 8	9 10 11 12 13	14 15 16 17 18	19 20 21 22 —	5	57
	7	23 24 25 26 27	28 29 30 31 81	2 3 4 5 6	7 8 9 10 11	12 13 14 15 16	17 18 19 20 21	6	26
	8	22 23 24 25 26	27 28 29 30 31	91 2 3 4 5	6 7 8 9 10	11 12 13 14 15	16 17 18 19 —	1	56
	9	20 21 22 23 24	25 26 27 28 29	30 01 2 3 4	5 6 7 8 9	10 11 12 13 14	15 16 17 18 19	2	25
	10	20 21 22 23 24	25 26 27 28 29	30 31 N1 2 3	4 5 6 7 8	9 10 11 12 13	14 15 16 17 18	4	55
	11	19 20 21 22 23	24 25 26 27 28	29 30 D1 2 3	4 5 6 7 8	9 10 11 12 13	14 15 16 17 —	6	25
	12	18 19 20 21 22	23 24 25 26 27	28 29 30 31 11	2 3 4 5 6	7 8 9 10 11	12 13 14 15 16	0	54
	12	17 18 19 20 21	22 23 24 25 26	27 28 29 30 31	21 2 3 4 5	6 7 8 9 10	11 12 13 14 15	2	24
太平興國 8 癸未 983–84	50 1	16 17 18 19 20	21 22 23 24 25	26 27 28 31 2	3 4 5 6 7	8 9 10 11 12	13 14 15 16 17	4	54
	2	18 19 20 21 22	23 24 25 26 27	28 29 30 31 41	2 3 4 5 6	7 8 9 10 11	12 13 14 15 —	6	24
	3	16 17 18 19 20	21 22 23 24 25	26 27 28 29 30	51 2 3 4 5	6 7 8 9 10	11 12 13 14 —	0	53
	4	15 16 17 18 19	20 21 22 23 24	25 26 27 28 29	30 31 61 2 3	4 5 6 7 8	9 10 11 12 13	1	22
	5	14 15 16 17 18	19 20 21 22 23	24 25 26 27 28	29 30 71 2 3	4 5 6 7 8	9 10 11 12 —	3	52
	6	13 14 15 16 17	18 19 20 21 22	23 24 25 26 27	28 29 30 31 81	2 3 4 5 6	7 8 9 10 —	4	21
	7	11 12 13 14 15	16 17 18 19 20	21 22 23 24 25	26 27 28 29 30	31 91 2 3 4	5 6 7 8 9	5	50
	8	10 11 12 13 14	15 16 17 18 19	20 21 22 23 24	25 26 27 28 29	30 01 2 3 4	5 6 7 8 —	0	20
	9	9 10 11 12 13	14 15 16 17 18	19 20 21 22 23	24 25 26 27 28	29 30 31 N1 2	3 4 5 6 7	1	49
	10	8 9 10 11 12	13 14 15 16 17	18 19 20 21 22	23 24 25 26 27	28 29 30 D1 2	3 4 5 6 —	3	19
	11	7 8 9 10 11	12 13 14 15 16	17 18 19 20 21	22 23 24 25 26	27 28 29 30 31	11 2 3 4 5	4	48
	12	6 7 8 9 10	11 12 13 14 15	16 17 18 19 20	21 22 23 24 25	26 27 28 29 30	31 21 2 3 4	6	18
雍熙 1 甲申 984–85	2 1	5 6 7 8 9	10 11 12 13 14	15 16 17 18 19	20 21 22 23 24	25 26 27 28 29	31 2 3 4 5	1	48
	2	6 7 8 9 10	11 12 13 14 15	16 17 18 19 20	21 22 23 24 25	26 27 28 29 30	31 41 2 3 —	3	18
	3	4 5 6 7 8	9 10 11 12 13	14 15 16 17 18	19 20 21 22 23	24 25 26 27 28	29 30 51 2 3	4	47
	4	4 5 6 7 8	9 10 11 12 13	14 15 16 17 18	19 20 21 22 23	24 25 26 27 28	29 30 31 61 —	6	17
	5	2 3 4 5 6	7 8 9 10 11	12 13 14 15 16	17 18 19 20 21	22 23 24 25 26	27 28 29 30 71	0	46
	6	2 3 4 5 6	7 8 9 10 11	12 13 14 15 16	17 18 19 20 21	22 23 24 25 26	27 28 29 30 —	2	16
	7	31 81 2 3 4	5 6 7 8 9	10 11 12 13 14	15 16 17 18 19	20 21 22 23 24	25 26 27 28 —	3	45
	8	29 30 31 91 2	3 4 5 6 7	8 9 10 11 12	13 14 15 16 17	18 19 20 21 22	23 24 25 26 27	4	14
	9	28 29 30 01 2	3 4 5 6 7	8 9 10 11 12	13 14 15 16 17	18 19 20 21 22	23 24 25 26 —	6	44
	10	27 28 29 30 31	N1 2 3 4 5	6 7 8 9 10	11 12 13 14 15	16 17 18 19 20	21 22 23 24 25	0	13
	11	26 27 28 29 30	D1 2 3 4 5	6 7 8 9 10	11 12 13 14 15	16 17 18 19 20	21 22 23 24 —	2	43
	12	25 26 27 28 29	30 31 11 2 3	4 5 6 7 8	9 10 11 12 13	14 15 16 17 18	19 20 21 22 23	3	12
雍熙 2 乙酉 985–86	14 1	24 25 26 27 28	29 30 31 21 2	3 4 5 6 7	8 9 10 11 12	13 14 15 16 17	18 19 20 21 22	5	42
	2	23 24 25 26 27	28 31 2 3 4	5 6 7 8 9	10 11 12 13 14	15 16 17 18 19	20 21 22 23 —	0	12
	3	24 25 26 27 28	29 30 31 41 2	3 4 5 6 7	8 9 10 11 12	13 14 15 16 17	18 19 20 21 22	1	41
	4	23 24 25 26 27	28 29 30 51 2	3 4 5 6 7	8 9 10 11 12	13 14 15 16 17	18 19 20 21 22	3	11
	5	23 24 25 26 27	28 29 30 31 61	2 3 4 5 6	7 8 9 10 11	12 13 14 15 16	17 18 19 20 —	5	41
	6	21 22 23 24 25	26 27 28 29 30	71 2 3 4 5	6 7 8 9 10	11 12 13 14 15	16 17 18 19 20	6	10
	7	21 22 23 24 25	26 27 28 29 30	31 81 2 3 4	5 6 7 8 9	10 11 12 13 14	15 16 17 18 —	1	40
	8	19 20 21 22 23	24 25 26 27 28	29 30 31 91 2	3 4 5 6 7	8 9 10 11 12	13 14 15 16 —	2	9
	9	17 18 19 20 21	22 23 24 25 26	27 28 29 30 01	2 3 4 5 6	7 8 9 10 11	12 13 14 15 16	3	38
	9	17 18 19 20 21	22 23 24 25 26	27 28 29 30 31	N1 2 3 4 5	6 7 8 9 10	11 12 13 14 —	5	8
	10	15 16 17 18 19	20 21 22 23 24	25 26 27 28 29	30 D1 2 3 4	5 6 7 8 9	10 11 12 13 14	6	37
	11	15 16 17 18 19	20 21 22 23 24	25 26 27 28 29	30 31 11 2 3	4 5 6 7 8	9 10 11 12 —	1	7
	12	13 14 15 16 17	18 19 20 21 22	23 24 25 26 27	28 29 30 31 21	2 3 4 5 6	7 8 9 10 11	2	36

年序 Year	陰曆月序 Moon	陰曆日序 Order of days (Lunar) 1 2 3 4 5	6 7 8 9 10	11 12 13 14 15	16 17 18 19 20	21 22 23 24 25	26 27 28 29 30	星期 Week	干支 Cycle
雍熙 3 丙戌 986–87	26 1	12 13 14 15 16	17 18 19 20 21	22 23 24 25 26	27 28 31 2 3	4 5 6 7 8	9 10 11 12 13	4	6
	2	14 15 16 17 18	19 20 21 22 23	24 25 26 27 28	29 30 31 41 2	3 4 5 6 7	8 9 10 11 —	6	36
	3	12 13 14 15 16	17 18 19 20 21	22 23 24 25 26	27 28 29 30 51	2 3 4 5 6	7 8 9 10 11	0	5
	4	12 13 14 15 16	17 18 19 20 21	22 23 24 25 26	27 28 29 30 31	61 2 3 4 5	6 7 8 9 —	2	35
	5	10 11 12 13 14	15 16 17 18 19	20 21 22 23 24	25 26 27 28 29	30 71 2 3 4	5 6 7 8 9	3	4
	6	10 11 12 13 14	15 16 17 18 19	20 21 22 23 24	25 26 27 28 29	30 31 81 2 3	4 5 6 7 8	5	34
	7	9 10 11 12 13	14 15 16 17 18	19 20 21 22 23	24 25 26 27 28	29 30 31 91 2	3 4 5 6 —	0	4
	8	7 8 9 10 11	12 13 14 15 16	17 18 19 20 21	22 23 24 25 26	27 28 29 30 01	2 3 4 5 —	1	33
	9	6 7 8 9 10	11 12 13 14 15	16 17 18 19 20	21 22 23 24 25	26 27 28 29 30	31 N1 2 3 4	2	2
	10	5 6 7 8 9	10 11 12 13 14	15 16 17 18 19	20 21 22 23 24	25 26 27 28 29	30 D1 2 3 —	4	32
	11	4 5 6 7 8	9 10 11 12 13	14 15 16 17 18	19 20 21 22 23	24 25 26 27 28	29 30 31 11 2	5	1
	12	3 4 5 6 7	8 9 10 11 12	13 14 15 16 17	18 19 20 21 22	23 24 25 26 27	28 29 30 31 —	0	31
雍熙 4 丁亥 987–88	38 1	21 2 3 4 5	6 7 8 9 10	11 12 13 14 15	16 17 18 19 20	21 22 23 24 25	26 27 28 31 2	1	0
	2	3 4 5 6 7	8 9 10 11 12	13 14 15 16 17	18 19 20 21 22	23 24 25 26 27	28 29 30 31 —	3	30
	3	41 2 3 4 5	6 7 8 9 10	11 12 13 14 15	16 17 18 19 20	21 22 23 24 25	26 27 28 29 30	4	59
	4	51 2 3 4 5	6 7 8 9 10	11 12 13 14 15	16 17 18 19 20	21 22 23 24 25	26 27 28 29 —	6	29
	5	30 31 61 2 3	4 5 6 7 8	9 10 11 12 13	14 15 16 17 18	19 20 21 22 23	24 25 26 27 28	0	58
	6	29 30 71 2 3	4 5 6 7 8	9 10 11 12 13	14 15 16 17 18	19 20 21 22 23	24 25 26 27 28	2	28
	7	29 30 31 81 2	3 4 5 6 7	8 9 10 11 12	13 14 15 16 17	18 19 20 21 22	23 24 25 26 —	4	58
	8	27 28 29 30 31	91 2 3 4 5	6 7 8 9 10	11 12 13 14 15	16 17 18 19 20	21 22 23 24 25	5	27
	9	26 27 28 29 30	01 2 3 4 5	6 7 8 9 10	11 12 13 14 15	16 17 18 19 20	21 22 23 24 —	0	57
	10	25 26 27 28 29	30 31 N1 2 3	4 5 6 7 8	9 10 11 12 13	14 15 16 17 18	19 20 21 22 23	1	26
	11	24 25 26 27 28	29 30 D1 2 3	4 5 6 7 8	9 10 11 12 13	14 15 16 17 18	19 20 21 22 —	3	56
	12	23 24 25 26 27	28 29 30 31 11	2 3 4 5 6	7 8 9 10 11	12 13 14 15 16	17 18 19 20 21	4	25
端拱 1 戊子 988–89	50 1	22 23 24 25 26	27 28 29 30 31	21 2 3 4 5	6 7 8 9 10	11 12 13 14 15	16 17 18 19 —	6	55
	2	20 21 22 23 24	25 26 27 28 29	31 2 3 4 5	6 7 8 9 10	11 12 13 14 15	16 17 18 19 20	0	24
	3	21 22 23 24 25	26 27 28 29 30	31 41 2 3 4	5 6 7 8 9	10 11 12 13 14	15 16 17 18 —	2	54
	4	19 20 21 22 23	24 25 26 27 28	29 30 51 2 3	4 5 6 7 8	9 10 11 12 13	14 15 16 17 18	3	23
	5	19 20 21 22 23	24 25 26 27 28	29 30 31 61 2	3 4 5 6 7	8 9 10 11 12	13 14 15 16 —	5	53
	5	17 18 19 20 21	22 23 24 25 26	27 28 29 30 71	2 3 4 5 6	7 8 9 10 11	12 13 14 15 16	6	22
	6	17 18 19 20 21	22 23 24 25 26	27 28 29 30 31	81 2 3 4 5	6 7 8 9 10	11 12 13 14 —	1	52
	7	15 16 17 18 19	20 21 22 23 24	25 26 27 28 29	30 31 91 2 3	4 5 6 7 8	9 10 11 12 13	2	21
	8	14 15 16 17 18	19 20 21 22 23	24 25 26 27 28	29 30 01 2 3	4 5 6 7 8	9 10 11 12 13	4	51
	9	14 15 16 17 18	19 20 21 22 23	24 25 26 27 28	29 30 31 N1 2	3 4 5 6 7	8 9 10 11 —	6	21
	10	12 13 14 15 16	17 18 19 20 21	22 23 24 25 26	27 28 29 30 D1	2 3 4 5 6	7 8 9 10 11	0	50
	11	12 13 14 15 16	17 18 19 20 21	22 23 24 25 26	27 28 29 30 31	11 2 3 4 5	6 7 8 9 10	2	20
	12	11 12 13 14 15	16 17 18 19 20	21 22 23 24 25	26 27 28 29 30	31 21 2 3 4	5 6 7 8 —	4	50
端拱 2 己丑 989–90	2 1	9 10 11 12 13	14 15 16 17 18	19 20 21 22 23	24 25 26 27 28	31 2 3 4 5	6 7 8 9 —	5	19
	2	10 11 12 13 14	15 16 17 18 19	20 21 22 23 24	25 26 27 28 29	30 31 41 2 3	4 5 6 7 8	6	48
	3	9 10 11 12 13	14 15 16 17 18	19 20 21 22 23	24 25 26 27 28	29 30 51 2 3	4 5 6 7 —	1	18
	4	8 9 10 11 12	13 14 15 16 17	18 19 20 21 22	23 24 25 26 27	28 29 30 31 61	2 3 4 5 —	2	47
	5	6 7 8 9 10	11 12 13 14 15	16 17 18 19 20	21 22 23 24 25	26 27 28 29 30	71 2 3 4 5	3	16
	6	6 7 8 9 10	11 12 13 14 15	16 17 18 19 20	21 22 23 24 25	26 27 28 29 30	31 81 2 3 —	5	46
	7	4 5 6 7 8	9 10 11 12 13	14 15 16 17 18	19 20 21 22 23	24 25 26 27 28	29 30 31 91 2	6	15
	8	3 4 5 6 7	8 9 10 11 12	13 14 15 16 17	18 19 20 21 22	23 24 25 26 27	28 29 30 01 2	1	45
	9	3 4 5 6 7	8 9 10 11 12	13 14 15 16 17	18 19 20 21 22	23 24 25 26 27	28 29 30 31 N1	3	15
	10	2 3 4 5 6	7 8 9 10 11	12 13 14 15 16	17 18 19 20 21	22 23 24 25 26	27 28 29 30 —	5	45
	11	D1 2 3 4 5	6 7 8 9 10	11 12 13 14 15	16 17 18 19 20	21 22 23 24 25	26 27 28 29 30	6	14
	12	31 11 2 3 4	5 6 7 8 9	10 11 12 13 14	15 16 17 18 19	20 21 22 23 24	25 26 27 28 29	1	44
淳化 1 庚寅 990–91	14 1	30 31 21 2 3	4 5 6 7 8	9 10 11 12 13	14 15 16 17 18	19 20 21 22 23	24 25 26 27 —	3	14
	2	28 31 2 3 4	5 6 7 8 9	10 11 12 13 14	15 16 17 18 19	20 21 22 23 24	25 26 27 28 —	4	43
	3	29 30 31 41 2	3 4 5 6 7	8 9 10 11 12	13 14 15 16 17	18 19 20 21 22	23 24 25 26 27	5	12
	4	28 29 30 51 2	3 4 5 6 7	8 9 10 11 12	13 14 15 16 17	18 19 20 21 22	23 24 25 26 —	0	42
	5	27 28 29 30 31	61 2 3 4 5	6 7 8 9 10	11 12 13 14 15	16 17 18 19 20	21 22 23 24 —	1	11
	6	25 26 27 28 29	30 71 2 3 4	5 6 7 8 9	10 11 12 13 14	15 16 17 18 19	20 21 22 23 24	2	40
	7	25 26 27 28 29	30 31 81 2 3	4 5 6 7 8	9 10 11 12 13	14 15 16 17 18	19 20 21 22 —	4	10
	8	23 24 25 26 27	28 29 30 31 91	2 3 4 5 6	7 8 9 10 11	12 13 14 15 16	17 18 19 20 21	5	39
	9	22 23 24 25 26	27 28 29 30 01	2 3 4 5 6	7 8 9 10 11	12 13 14 15 16	17 18 19 20 21	0	9
	10	22 23 24 25 26	27 28 29 30 31	N1 2 3 4 5	6 7 8 9 10	11 12 13 14 15	16 17 18 19 —	2	39
	11	20 21 22 23 24	25 26 27 28 29	30 D1 2 3 4	5 6 7 8 9	10 11 12 13 14	15 16 17 18 19	3	8
	12	20 21 22 23 24	25 26 27 28 29	30 31 11 2 3	4 5 6 7 8	9 10 11 12 13	14 15 16 17 18	5	38

年序 Year	陰曆月序 Moon	陰曆日序 Order of days (Lunar) 1 2 3 4 5	6 7 8 9 10	11 12 13 14 15	16 17 18 19 20	21 22 23 24 25	26 27 28 29 30	星期 Week	干支 Cycle
淳化 2 辛卯 991–92	26 1	19 20 21 22 23	24 25 26 27 28	29 30 31 21 2	3 4 5 6 7	8 9 10 11 12	13 14 15 16 17	0	8
	2	18 19 20 21 22	23 24 25 26 27	28 31 2 3 4	5 6 7 8 9	10 11 12 13 14	15 16 17 18 —	2	38
	2	19 20 21 22 23	24 25 26 27 28	29 30 31 41 2	3 4 5 6 7	8 9 10 11 12	13 14 15 16 —	3	7
	3	17 18 19 20 21	22 23 24 25 26	27 28 29 30 51	2 3 4 5 6	7 8 9 10 11	12 13 14 15 16	4	36
	4	17 18 19 20 21	22 23 24 25 26	27 28 29 30 31	61 2 3 4 5	6 7 8 9 10	11 12 13 14 —	6	6
	5	15 16 17 18 19	20 21 22 23 24	25 26 27 28 29	30 71 2 3 4	5 6 7 8 9	10 11 12 13 —	0	35
	6	14 15 16 17 18	19 20 21 22 23	24 25 26 27 28	29 30 31 81 2	3 4 5 6 7	8 9 10 11 12	1	4
	7	13 14 15 16 17	18 19 20 21 22	23 24 25 26 27	28 29 30 31 91	2 3 4 5 6	7 8 9 10 —	3	34
	8	11 12 13 14 15	16 17 18 19 20	21 22 23 24 25	26 27 28 29 30	01 2 3 4 5	6 7 8 9 10	4	3
	9	11 12 13 14 15	16 17 18 19 20	21 22 23 24 25	26 27 28 29 30	31 N1 2 3 4	5 6 7 8 —	6	33
	10	9 10 11 12 13	14 15 16 17 18	19 20 21 22 23	24 25 26 27 28	29 30 D1 2 3	4 5 6 7 8	0	2
	11	9 10 11 12 13	14 15 16 17 18	19 20 21 22 23	24 25 26 27 28	29 30 31 11 2	3 4 5 6 7	2	32
	12	8 9 10 11 12	13 14 15 16 17	18 19 20 21 22	23 24 25 26 27	28 29 30 31 21	2 3 4 5 6	4	2
淳化 3 壬辰 992–93	38 1	7 8 9 10 11	12 13 14 15 16	17 18 19 20 21	22 23 24 25 26	27 28 29 31 2	3 4 5 6 —	6	32
	2	7 8 9 10 11	12 13 14 15 16	17 18 19 20 21	22 23 24 25 26	27 28 29 30 31	41 2 3 4 5	0	1
	3	6 7 8 9 10	11 12 13 14 15	16 17 18 19 20	21 22 23 24 25	26 27 28 29 30	51 2 3 4 —	2	31
	4	5 6 7 8 9	10 11 12 13 14	15 16 17 18 19	20 21 22 23 24	25 26 27 28 29	30 31 61 2 3	3	0
	5	4 5 6 7 8	9 10 11 12 13	14 15 16 17 18	19 20 21 22 23	24 25 26 27 28	29 30 71 2 —	5	30
	6	3 4 5 6 7	8 9 10 11 12	13 14 15 16 17	18 19 20 21 22	23 24 25 26 27	28 29 30 31 —	6	59
	7	81 2 3 4 5	6 7 8 9 10	11 12 13 14 15	16 17 18 19 20	21 22 23 24 25	26 27 28 29 30	0	28
	8	31 91 2 3 4	5 6 7 8 9	10 11 12 13 14	15 16 17 18 19	20 21 22 23 24	25 26 27 28 —	2	58
	9	29 30 01 2 3	4 5 6 7 8	9 10 11 12 13	14 15 16 17 18	19 20 21 22 23	24 25 26 27 28	3	27
	10	29 30 31 N1 2	3 4 5 6 7	8 9 10 11 12	13 14 15 16 17	18 19 20 21 22	23 24 25 26 —	5	57
	11	27 28 29 30 D1	2 3 4 5 6	7 8 9 10 11	12 13 14 15 16	17 18 19 20 21	22 23 24 25 26	6	26
	12	27 28 29 30 31	11 2 3 4 5	6 7 8 9 10	11 12 13 14 15	16 17 18 19 20	21 22 23 24 25	1	56
淳化 4 癸巳 993–94	50 1	26 27 28 29 30	31 21 2 3 4	5 6 7 8 9	10 11 12 13 14	15 16 17 18 19	20 21 22 23 —	3	26
	2	24 25 26 27 28	31 2 3 4 5	6 7 8 9 10	11 12 13 14 15	16 17 18 19 20	21 22 23 24 25	4	55
	3	26 27 28 29 30	31 41 2 3 4	5 6 7 8 9	10 11 12 13 14	15 16 17 18 19	20 21 22 23 24	6	25
	4	25 26 27 28 29	30 51 2 3 4	5 6 7 8 9	10 11 12 13 14	15 16 17 18 19	20 21 22 23 —	1	55
	5	24 25 26 27 28	29 30 31 61 2	3 4 5 6 7	8 9 10 11 12	13 14 15 16 17	18 19 20 21 22	2	24
	6	23 24 25 26 27	28 29 30 71 2	3 4 5 6 7	8 9 10 11 12	13 14 15 16 17	18 19 20 21 —	4	54
	7	22 23 24 25 26	27 28 29 30 31	81 2 3 4 5	6 7 8 9 10	11 12 13 14 15	16 17 18 19 —	5	23
	8	20 21 22 23 24	25 26 27 28 29	30 31 91 2 3	4 5 6 7 8	9 10 11 12 13	14 15 16 17 18	6	52
	9	19 20 21 22 23	24 25 26 27 28	29 30 01 2 3	4 5 6 7 8	9 10 11 12 13	14 15 16 17 —	1	22
	10	18 19 20 21 22	23 24 25 26 27	28 29 30 31 N1	2 3 4 5 6	7 8 9 10 11	12 13 14 15 16	2	51
	10	17 18 19 20 21	22 23 24 25 26	27 28 29 30 D1	2 3 4 5 6	7 8 9 10 11	12 13 14 15 —	4	21
	11	16 17 18 19 20	21 22 23 24 25	26 27 28 29 30	31 11 2 3 4	5 6 7 8 9	10 11 12 13 14	5	50
	12	15 16 17 18 19	20 21 22 23 24	25 26 27 28 29	30 31 21 2 3	4 5 6 7 8	9 10 11 12 13	0	20
淳化 5 甲午 994–95	2 1	14 15 16 17 18	19 20 21 22 23	24 25 26 27 28	31 2 3 4 5	6 7 8 9 10	11 12 13 14 —	2	50
	2	15 16 17 18 19	20 21 22 23 24	25 26 27 28 29	30 31 41 2 3	4 5 6 7 8	9 10 11 12 13	3	19
	3	14 15 16 17 18	19 20 21 22 23	24 25 26 27 28	29 30 51 2 3	4 5 6 7 8	9 10 11 12 —	5	49
	4	13 14 15 16 17	18 19 20 21 22	23 24 25 26 27	28 29 30 31 61	2 3 4 5 6	7 8 9 10 11	6	18
	5	12 13 14 15 16	17 18 19 20 21	22 23 24 25 26	27 28 29 30 71	2 3 4 5 6	7 8 9 10 11	1	48
	6	12 13 14 15 16	17 18 19 20 21	22 23 24 25 26	27 28 29 30 31	81 2 3 4 5	6 7 8 9 —	3	18
	7	10 11 12 13 14	15 16 17 18 19	20 21 22 23 24	25 26 27 28 29	30 31 91 2 3	4 5 6 7 —	4	47
	8	8 9 10 11 12	13 14 15 16 17	18 19 20 21 22	23 24 25 26 27	28 29 30 01 2	3 4 5 6 7	5	16
	9	8 9 10 11 12	13 14 15 16 17	18 19 20 21 22	23 24 25 26 27	28 29 30 31 N1	2 3 4 5 —	0	46
	10	6 7 8 9 10	11 12 13 14 15	16 17 18 19 20	21 22 23 24 25	26 27 28 29 30	D1 2 3 4 5	1	15
	11	6 7 8 9 10	11 12 13 14 15	16 17 18 19 20	21 22 23 24 25	26 27 28 29 30	31 11 2 3 —	3	45
	12	4 5 6 7 8	9 10 11 12 13	14 15 16 17 18	19 20 21 22 23	24 25 26 27 28	29 30 31 21 2	4	14
至道 1 乙未 995–96	14 1	3 4 5 6 7	8 9 10 11 12	13 14 15 16 17	18 19 20 21 22	23 24 25 26 27	28 31 2 3 —	6	44
	2	4 5 6 7 8	9 10 11 12 13	14 15 16 17 18	19 20 21 22 23	24 25 26 27 28	29 30 31 41 2	0	13
	3	3 4 5 6 7	8 9 10 11 12	13 14 15 16 17	18 19 20 21 22	23 24 25 26 27	28 29 30 51 2	2	43
	4	3 4 5 6 7	8 9 10 11 12	13 14 15 16 17	18 19 20 21 22	23 24 25 26 27	28 29 30 31 —	4	13
	5	61 2 3 4 5	6 7 8 9 10	11 12 13 14 15	16 17 18 19 20	21 22 23 24 25	26 27 28 29 30	5	42
	6	71 2 3 4 5	6 7 8 9 10	11 12 13 14 15	16 17 18 19 20	21 22 23 24 25	26 27 28 29 —	0	12
	7	30 31 81 2 3	4 5 6 7 8	9 10 11 12 13	14 15 16 17 18	19 20 21 22 23	24 25 26 27 28	1	41
	8	29 30 31 91 2	3 4 5 6 7	8 9 10 11 12	13 14 15 16 17	18 19 20 21 22	23 24 25 26 —	3	11
	9	27 28 29 30 01	2 3 4 5 6	7 8 9 10 11	12 13 14 15 16	17 18 19 20 21	22 23 24 25 26	4	40
	10	27 28 29 30 31	N1 2 3 4 5	6 7 8 9 10	11 12 13 14 15	16 17 18 19 20	21 22 23 24 —	6	10
	11	25 26 27 28 29	30 D1 2 3 4	5 6 7 8 9	10 11 12 13 14	15 16 17 18 19	20 21 22 23 24	0	39
	12	25 26 27 28 29	30 31 11 2 3	4 5 6 7 8	9 10 11 12 13	14 15 16 17 18	19 20 21 22 —	2	9

年序 Year	陰曆月序 Moon	陰曆日序 Order of days (Lunar) 1 2 3 4 5	6 7 8 9 10	11 12 13 14 15	16 17 18 19 20	21 22 23 24 25	26 27 28 29 30	星期 Week	干支 Cycle
至道 2 丙申 996–97 26	1	23 24 25 26 27	28 29 30 31 21	2 3 4 5 6	7 8 9 10 11	12 13 14 15 16	17 18 19 20 21	3	38
	2	22 23 24 25 26	27 28 29 31 2	3 4 5 6 7	8 9 10 11 12	13 14 15 16 17	18 19 20 21 —	5	8
	3	22 23 24 25 26	27 28 29 30 31	41 2 3 4 5	6 7 8 9 10	11 12 13 14 15	16 17 18 19 20	6	37
	4	21 22 23 24 25	26 27 28 29 30	51 2 3 4 5	6 7 8 9 10	11 12 13 14 15	16 17 18 19 —	1	7
	5	20 21 22 23 24	25 26 27 28 29	30 31 61 2 3	4 5 6 7 8	9 10 11 12 13	14 15 16 17 18	2	36
	6	19 20 21 22 23	24 25 26 27 28	29 30 71 2 3	4 5 6 7 8	9 10 11 12 13	14 15 16 17 —	4	6
	7	18 19 20 21 22	23 24 25 26 27	28 29 30 31 81	2 3 4 5 6	7 8 9 10 11	12 13 14 15 16	5	35
	7	17 18 19 20 21	22 23 24 25 26	27 28 29 30 31	91 2 3 4 5	6 7 8 9 10	11 12 13 14 15	0	5
	8	16 17 18 19 20	21 22 23 24 25	26 27 28 29 30	01 2 3 4 5	6 7 8 9 10	11 12 13 14 —	2	35
	9	15 16 17 18 19	20 21 22 23 24	25 26 27 28 29	30 31 N1 2 3	4 5 6 7 8	9 10 11 12 13	3	4
	10	14 15 16 17 18	19 20 21 22 23	24 25 26 27 28	29 30 D1 2 3	4 5 6 7 8	9 10 11 12 —	5	34
	11	13 14 15 16 17	18 19 20 21 22	23 24 25 26 27	28 29 30 31 11	2 3 4 5 6	7 8 9 10 11	6	3
	12	12 13 14 15 16	17 18 19 20 21	22 23 24 25 26	27 28 29 30 31	21 2 3 4 5	6 7 8 9 —	1	33
至道 3 丁酉 997–98 38	1	10 11 12 13 14	15 16 17 18 19	20 21 22 23 24	25 26 27 28 31	2 3 4 5 6	7 8 9 10 11	2	2
	2	12 13 14 15 16	17 18 19 20 21	22 23 24 25 26	27 28 29 30 31	41 2 3 4 5	6 7 8 9 —	4	32
	3	10 11 12 13 14	15 16 17 18 19	20 21 22 23 24	25 26 27 28 29	30 51 2 3 4	5 6 7 8 9	5	1
	4	10 11 12 13 14	15 16 17 18 19	20 21 22 23 24	25 26 27 28 29	30 31 61 2 3	4 5 6 7 —	0	31
	5	8 9 10 11 12	13 14 15 16 17	18 19 20 21 22	23 24 25 26 27	28 29 30 71 2	3 4 5 6 7	1	0
	6	8 9 10 11 12	13 14 15 16 17	18 19 20 21 22	23 24 25 26 27	28 29 30 31 81	2 3 4 5 —	3	30
	7	6 7 8 9 10	11 12 13 14 15	16 17 18 19 20	21 22 23 24 25	26 27 28 29 30	31 91 2 3 4	4	59
	8	5 6 7 8 9	10 11 12 13 14	15 16 17 18 19	20 21 22 23 24	25 26 27 28 29	30 01 2 3 4	6	29
	9	5 6 7 8 9	10 11 12 13 14	15 16 17 18 19	20 21 22 23 24	25 26 27 28 29	30 31 N1 2 —	1	59
	10	3 4 5 6 7	8 9 10 11 12	13 14 15 16 17	18 19 20 21 22	23 24 25 26 27	28 29 30 D1 2	2	28
	11	3 4 5 6 7	8 9 10 11 12	13 14 15 16 17	18 19 20 21 22	23 24 25 26 27	28 29 30 31 11	4	58
	12	2 3 4 5 6	7 8 9 10 11	12 13 14 15 16	17 18 19 20 21	22 23 24 25 26	27 28 29 30 —	6	28
真宗 咸平 1 戊戌 998–99 50	1	31 21 2 3 4	5 6 7 8 9	10 11 12 13 14	15 16 17 18 19	20 21 22 23 24	25 26 27 28 —	0	57
	2	31 2 3 4 5	6 7 8 9 10	11 12 13 14 15	16 17 18 19 20	21 22 23 24 25	26 27 28 29 30	1	26
	3	31 41 2 3 4	5 6 7 8 9	10 11 12 13 14	15 16 17 18 19	20 21 22 23 24	25 26 27 28 —	3	56
	4	29 30 51 2 3	4 5 6 7 8	9 10 11 12 13	14 15 16 17 18	19 20 21 22 23	24 25 26 27 —	4	25
	5	28 29 30 31 61	2 3 4 5 6	7 8 9 10 11	12 13 14 15 16	17 18 19 20 21	22 23 24 25 26	5	54
	6	27 28 29 30 71	2 3 4 5 6	7 8 9 10 11	12 13 14 15 16	17 18 19 20 21	22 23 24 25 —	0	24
	7	26 27 28 29 30	31 81 2 3 4	5 6 7 8 9	10 11 12 13 14	15 16 17 18 19	20 21 22 23 24	1	53
	8	25 26 27 28 29	30 31 91 2 3	4 5 6 7 8	9 10 11 12 13	14 15 16 17 18	19 20 21 22 23	3	23
	9	24 25 26 27 28	29 30 01 2 3	4 5 6 7 8	9 10 11 12 13	14 15 16 17 18	19 20 21 22 —	5	53
	10	23 24 25 26 27	28 29 30 31 N1	2 3 4 5 6	7 8 9 10 11	12 13 14 15 16	17 18 19 20 21	6	22
	11	22 23 24 25 26	27 28 29 30 D1	2 3 4 5 6	7 8 9 10 11	12 13 14 15 16	17 18 19 20 21	1	52
	12	22 23 24 25 26	27 28 29 30 31	11 2 3 4 5	6 7 8 9 10	11 12 13 14 15	16 17 18 19 —	3	22
咸平 2 己亥 999–1000 2	1	20 21 22 23 24	25 26 27 28 29	30 31 21 2 3	4 5 6 7 8	9 10 11 12 13	14 15 16 17 18	4	51
	2	19 20 21 22 23	24 25 26 27 28	31 2 3 4 5	6 7 8 9 10	11 12 13 14 15	16 17 18 19 —	6	21
	3	20 21 22 23 24	25 26 27 28 29	30 31 41 2 3	4 5 6 7 8	9 10 11 12 13	14 15 16 17 18	0	50
	3	19 20 21 22 23	24 25 26 27 28	29 30 51 2 3	4 5 6 7 8	9 10 11 12 13	14 15 16 17 —	2	20
	4	18 19 20 21 22	23 24 25 26 27	28 29 30 31 61	2 3 4 5 6	7 8 9 10 11	12 13 14 15 —	3	49
	5	16 17 18 19 20	21 22 23 24 25	26 27 28 29 30	71 2 3 4 5	6 7 8 9 10	11 12 13 14 15	4	18
	6	16 17 18 19 20	21 22 23 24 25	26 27 28 29 30	31 81 2 3 4	5 6 7 8 9	10 11 12 13 —	6	48
	7	14 15 16 17 18	19 20 21 22 23	24 25 26 27 28	29 30 31 91 2	3 4 5 6 7	8 9 10 11 12	0	17
	8	13 14 15 16 17	18 19 20 21 22	23 24 25 26 27	28 29 30 01 2	3 4 5 6 7	8 9 10 11 —	2	47
	9	12 13 14 15 16	17 18 19 20 21	22 23 24 25 26	27 28 29 30 31	N1 2 3 4 5	6 7 8 9 10	3	16
	10	11 12 13 14 15	16 17 18 19 20	21 22 23 24 25	26 27 28 29 30	D1 2 3 4 5	6 7 8 9 10	5	46
	11	11 12 13 14 15	16 17 18 19 20	21 22 23 24 25	26 27 28 29 30	31 11 2 3 4	5 6 7 8 9	0	16
	12	10 11 12 13 14	15 16 17 18 19	20 21 22 23 24	25 26 27 28 29	30 31 21 2 3	4 5 6 7 —	2	46
咸平 3 庚子 1000–01 14	1	8 9 10 11 12	13 14 15 16 17	18 19 20 21 22	23 24 25 26 27	28 29 31 2 3	4 5 6 7 8	3	15
	2	9 10 11 12 13	14 15 16 17 18	19 20 21 22 23	24 25 26 27 28	29 30 31 41 2	3 4 5 6 —	5	45
	3	7 8 9 10 11	12 13 14 15 16	17 18 19 20 21	22 23 24 25 26	27 28 29 30 51	2 3 4 5 6	6	14
	4	7 8 9 10 11	12 13 14 15 16	17 18 19 20 21	22 23 24 25 26	27 28 29 30 31	61 2 3 4 —	1	44
	5	5 6 7 8 9	10 11 12 13 14	15 16 17 18 19	20 21 22 23 24	25 26 27 28 29	30 71 2 3 —	2	13
	6	4 5 6 7 8	9 10 11 12 13	14 15 16 17 18	19 20 21 22 23	24 25 26 27 28	29 30 31 81 2	3	42
	7	3 4 5 6 7	8 9 10 11 12	13 14 15 16 17	18 19 20 21 22	23 24 25 26 27	28 29 30 31 —	5	12
	8	91 2 3 4 5	6 7 8 9 10	11 12 13 14 15	16 17 18 19 20	21 22 23 24 25	26 27 28 29 30	6	41
	9	01 2 3 4 5	6 7 8 9 10	11 12 13 14 15	16 17 18 19 20	21 22 23 24 25	26 27 28 29 —	1	11
	10	30 31 N1 2 3	4 5 6 7 8	9 10 11 12 13	14 15 16 17 18	19 20 21 22 23	24 25 26 27 28	2	40
	11	29 30 D1 2 3	4 5 6 7 8	9 10 11 12 13	14 15 16 17 18	19 20 21 22 23	24 25 26 27 28	4	10
	12	29 30 31 11 2	3 4 5 6 7	8 9 10 11 12	13 14 15 16 17	18 19 20 21 22	23 24 25 26 27	6	40

年序 Year	陰曆月序 Moon	陰曆日序 Order of days (Lunar) 1 2 3 4 5	6 7 8 9 10	11 12 13 14 15	16 17 18 19 20	21 22 23 24 25	26 27 28 29 30	星期 Week	干支 Cycle
咸平 4 辛丑 1001–02	26 1	28 29 30 31 21	2 3 4 5 6	7 8 9 10 11	12 13 14 15 16	17 18 19 20 21	22 23 24 25 —	1	10
	2	26 27 28 31 2	3 4 5 6 7	8 9 10 11 12	13 14 15 16 17	18 19 20 21 22	23 24 25 26 27	2	39
	3	28 29 30 31 41	2 3 4 5 6	7 8 9 10 11	12 13 14 15 16	17 18 19 20 21	22 23 24 25 —	4	9
	4	26 27 28 29 30	51 2 3 4 5	6 7 8 9 10	11 12 13 14 15	16 17 18 19 20	21 22 23 24 25	5	38
	5	26 27 28 29 30	31 61 2 3 4	5 6 7 8 9	10 11 12 13 14	15 16 17 18 19	20 21 22 23 —	0	8
	6	24 25 26 27 28	29 30 71 2 3	4 5 6 7 8	9 10 11 12 13	14 15 16 17 18	19 20 21 22 —	1	37
	7	23 24 25 26 27	28 29 30 31 81	2 3 4 5 6	7 8 9 10 11	12 13 14 15 16	17 18 19 20 21	2	6
	8	22 23 24 25 26	27 28 29 30 31	91 2 3 4 5	6 7 8 9 10	11 12 13 14 15	16 17 18 19 —	4	36
	9	20 21 22 23 24	25 26 27 28 29	30 01 2 3 4	5 6 7 8 9	10 11 12 13 14	15 16 17 18 19	5	5
	10	20 21 22 23 24	25 26 27 28 29	30 31 N1 2 3	4 5 6 7 8	9 10 11 12 13	14 15 16 17 —	0	35
	11	18 19 20 21 22	23 24 25 26 27	28 29 30 D1 2	3 4 5 6 7	8 9 10 11 12	13 14 15 16 17	1	4
	12	18 19 20 21 22	23 24 25 26 27	28 29 30 31 11	2 3 4 5 6	7 8 9 10 11	12 13 14 15 16	3	34
	12	17 18 19 20 21	22 23 24 25 26	27 28 29 30 31	21 2 3 4 5	6 7 8 9 10	11 12 13 14 —	5	4
咸平 5 壬寅 1002–03	88 1	15 16 17 18 19	20 21 22 23 24	25 26 27 28 31	2 3 4 5 6	7 8 9 10 11	12 13 14 15 16	6	33
	2	17 18 19 20 21	22 23 24 25 26	27 28 29 30 31	41 2 3 4 5	6 7 8 9 10	11 12 13 14 15	1	3
	3	16 17 18 19 20	21 22 23 24 25	26 27 28 29 30	51 2 3 4 5	6 7 8 9 10	11 12 13 14 —	3	33
	4	15 16 17 18 19	20 21 22 23 24	25 26 27 28 29	30 31 61 2 3	4 5 6 7 8	9 10 11 12 13	4	2
	5	14 15 16 17 18	19 20 21 22 23	24 25 26 27 28	29 30 71 2 3	4 5 6 7 8	9 10 11 12 —	6	32
	6	13 14 15 16 17	18 19 20 21 22	23 24 25 26 27	28 29 30 31 81	2 3 4 5 6	7 8 9 10 —	0	1
	7	11 12 13 14 15	16 17 18 19 20	21 22 23 24 25	26 27 28 29 30	31 91 2 3 4	5 6 7 8 9	1	30
	8	10 11 12 13 14	15 16 17 18 19	20 21 22 23 24	25 26 27 28 29	30 01 2 3 4	5 6 7 8 —	3	0
	9	9 10 11 12 13	14 15 16 17 18	19 20 21 22 23	24 25 26 27 28	29 30 31 N1 2	3 4 5 6 7	4	29
	10	8 9 10 11 12	13 14 15 16 17	18 19 20 21 22	23 24 25 26 27	28 29 30 D1 2	3 4 5 6 —	6	59
	11	7 8 9 10 11	12 13 14 15 16	17 18 19 20 21	22 23 24 25 26	27 28 29 30 31	11 2 3 4 5	0	28
	12	6 7 8 9 10	11 12 13 14 15	16 17 18 19 20	21 22 23 24 25	26 27 28 29 30	31 21 2 3 —	2	58
咸平 6 癸卯 1003–04	50 1	4 5 6 7 8	9 10 11 12 13	14 15 16 17 18	19 20 21 22 23	24 25 26 27 28	31 2 3 4 5	3	27
	2	6 7 8 9 10	11 12 13 14 15	16 17 18 19 20	21 22 23 24 25	26 27 28 29 30	31 41 2 3 4	5	57
	3	5 6 7 8 9	10 11 12 13 14	15 16 17 18 19	20 21 22 23 24	25 26 27 28 29	30 51 2 3 —	0	27
	4	4 5 6 7 8	9 10 11 12 13	14 15 16 17 18	19 20 21 22 23	24 25 26 27 28	29 30 31 61 2	1	56
	5	3 4 5 6 7	8 9 10 11 12	13 14 15 16 17	18 19 20 21 22	23 24 25 26 27	28 29 30 71 —	3	26
	6	2 3 4 5 6	7 8 9 10 11	12 13 14 15 16	17 18 19 20 21	22 23 24 25 26	27 28 29 30 31	4	55
	7	81 2 3 4 5	6 7 8 9 10	11 12 13 14 15	16 17 18 19 20	21 22 23 24 25	26 27 28 29 —	6	25
	8	30 31 91 2 3	4 5 6 7 8	9 10 11 12 13	14 15 16 17 18	19 20 21 22 23	24 25 26 27 28	0	54
	9	29 30 01 2 3	4 5 6 7 8	9 10 11 12 13	14 15 16 17 18	19 20 21 22 23	24 25 26 27 —	2	24
	10	28 29 30 31 N1	2 3 4 5 6	7 8 9 10 11	12 13 14 15 16	17 18 19 20 21	22 23 24 25 26	3	53
	11	27 28 29 30 D1	2 3 4 5 6	7 8 9 10 11	12 13 14 15 16	17 18 19 20 21	22 23 24 25 —	5	23
	12	26 27 28 29 30	31 11 2 3 4	5 6 7 8 9	10 11 12 13 14	15 16 17 18 19	20 21 22 23 24	6	52
景德 1 甲辰 1004–05	2 1	25 26 27 28 29	30 31 21 2 3	4 5 6 7 8	9 10 11 12 13	14 15 16 17 18	19 20 21 22 —	1	22
	2	23 24 25 26 27	28 29 31 2 3	4 5 6 7 8	9 10 11 12 13	14 15 16 17 18	19 20 21 22 23	2	51
	3	24 25 26 27 28	29 30 31 41 2	3 4 5 6 7	8 9 10 11 12	13 14 15 16 17	18 19 20 21 —	4	21
	4	22 23 24 25 26	27 28 29 30 51	2 3 4 5 6	7 8 9 10 11	12 13 14 15 16	17 18 19 20 21	5	50
	5	22 23 24 25 26	27 28 29 30 31	61 2 3 4 5	6 7 8 9 10	11 12 13 14 15	16 17 18 19 20	0	20
	6	21 22 23 24 25	26 27 28 29 30	71 2 3 4 5	6 7 8 9 10	11 12 13 14 15	16 17 18 19 —	2	50
	7	20 21 22 23 24	25 26 27 28 29	30 31 81 2 3	4 5 6 7 8	9 10 11 12 13	14 15 16 17 18	3	19
	8	19 20 21 22 23	24 25 26 27 28	29 30 31 91 2	3 4 5 6 7	8 9 10 11 12	13 14 15 16 —	5	49
	9	17 18 19 20 21	22 23 24 25 26	27 28 29 30 01	2 3 4 5 6	7 8 9 10 11	12 13 14 15 16	6	18
	9	17 18 19 20 21	22 23 24 25 26	27 28 29 30 31	N1 2 3 4 5	6 7 8 9 10	11 12 13 14 —	1	48
	10	15 16 17 18 19	20 21 22 23 24	25 26 27 28 29	30 D1 2 3 4	5 6 7 8 9	10 11 12 13 14	2	17
	11	15 16 17 18 19	20 21 22 23 24	25 26 27 28 29	30 31 11 2 3	4 5 6 7 8	9 10 11 12 —	4	47
	12	13 14 15 16 17	18 19 20 21 22	23 24 25 26 27	28 29 30 31 21	2 3 4 5 6	7 8 9 10 11	5	16
景德 2 乙巳 1005–06	14 1	12 13 14 15 16	17 18 19 20 21	22 23 24 25 26	27 28 31 2 3	4 5 6 7 8	9 10 11 12 —	0	46
	2	13 14 15 16 17	18 19 20 21 22	23 24 25 26 27	28 29 30 31 41	2 3 4 5 6	7 8 9 10 11	1	15
	3	12 13 14 15 16	17 18 19 20 21	22 23 24 25 26	27 28 29 30 51	2 3 4 5 6	7 8 9 10 —	3	45
	4	11 12 13 14 15	16 17 18 19 20	21 22 23 24 25	26 27 28 29 30	31 61 2 3 4	5 6 7 8 9	4	14
	5	10 11 12 13 14	15 16 17 18 19	20 21 22 23 24	25 26 27 28 29	30 71 2 3 4	5 6 7 8 —	6	44
	6	9 10 11 12 13	14 15 16 17 18	19 20 21 22 23	24 25 26 27 28	29 30 31 81 2	3 4 5 6 7	0	13
	7	8 9 10 11 12	13 14 15 16 17	18 19 20 21 22	23 24 25 26 27	28 29 30 31 91	2 3 4 5 6	2	43
	8	7 8 9 10 11	12 13 14 15 16	17 18 19 20 21	22 23 24 25 26	27 28 29 30 01	2 3 4 5 —	4	13
	9	6 7 8 9 10	11 12 13 14 15	16 17 18 19 20	21 22 23 24 25	26 27 28 29 30	31 N1 2 3 4	5	42
	10	5 6 7 8 9	10 11 12 13 14	15 16 17 18 19	20 21 22 23 24	25 26 27 28 29	30 D1 2 3 —	0	12
	11	4 5 6 7 8	9 10 11 12 13	14 15 16 17 18	19 20 21 22 23	24 25 26 27 28	29 30 31 11 2	1	41
	12	3 4 5 6 7	8 9 10 11 12	13 14 15 16 17	18 19 20 21 22	23 24 25 26 27	28 29 30 31 —	3	11

年序 Year	陰曆月序 Moon		陰曆日序 Order of days (Lunar) 1 2 3 4 5	6 7 8 9 10	11 12 13 14 15	16 17 18 19 20	21 22 23 24 25	26 27 28 29 30	星期 Week	干支 Cycle
景德 3 丙午 1006–07	26	1	21 2 3 4 5	6 7 8 9 10	11 12 13 14 15	16 17 18 19 20	21 22 23 24 25	26 27 28 31 2	4	40
		2	3 4 5 6 7	8 9 10 11 12	13 14 15 16 17	18 19 20 21 22	23 24 25 26 27	28 29 30 31 —	6	10
		3	41 2 3 4 5	6 7 8 9 10	11 12 13 14 15	16 17 18 19 20	21 22 23 24 25	26 27 28 29 —	0	39
		4	30 51 2 3 4	5 6 7 8 9	10 11 12 13 14	15 16 17 18 19	20 21 22 23 24	25 26 27 28 29	1	8
		5	30 31 61 2 3	4 5 6 7 8	9 10 11 12 13	14 15 16 17 18	19 20 21 22 23	24 25 26 27 —	3	38
		6	28 29 30 71 2	3 4 5 6 7	8 9 10 11 12	13 14 15 16 17	18 19 20 21 22	23 24 25 26 27	4	7
		7	28 29 30 31 81	2 3 4 5 6	7 8 9 10 11	12 13 14 15 16	17 18 19 20 21	22 23 24 25 26	6	37
		8	27 28 29 30 31	91 2 3 4 5	6 7 8 9 10	11 12 13 14 15	16 17 18 19 20	21 22 23 24 —	1	7
		9	25 26 27 28 29	30 01 2 3 4	5 6 7 8 9	10 11 12 13 14	15 16 17 18 19	20 21 22 23 24	2	36
		10	25 26 27 28 29	30 31 N1 2 3	4 5 6 7 8	9 10 11 12 13	14 15 16 17 18	19 20 21 22 23	4	6
		11	24 25 26 27 28	29 30 D1 2 3	4 5 6 7 8	9 10 11 12 13	14 15 16 17 18	19 20 21 22 —	6	36
		12	23 24 25 26 27	28 29 30 31 11	2 3 4 5 6	7 8 9 10 11	12 13 14 15 16	17 18 19 20 21	0	5
景德 4 丁未 1007–08	38	1	22 23 24 25 26	27 28 29 30 31	21 2 3 4 5	6 7 8 9 10	11 12 13 14 15	16 17 18 19 —	2	35
		2	20 21 22 23 24	25 26 27 28 31	2 3 4 5 6	7 8 9 10 11	12 13 14 15 16	17 18 19 20 21	3	4
		3	22 23 24 25 26	27 28 29 30 31	41 2 3 4 5	6 7 8 9 10	11 12 13 14 15	16 17 18 19 —	5	34
		4	20 21 22 23 24	25 26 27 28 29	30 51 2 3 4	5 6 7 8 9	10 11 12 13 14	15 16 17 18 —	6	3
		5	19 20 21 22 23	24 25 26 27 28	29 30 31 61 2	3 4 5 6 7	8 9 10 11 12	13 14 15 16 17	0	32
		5	18 19 20 21 22	23 24 25 26 27	28 29 30 71 2	3 4 5 6 7	8 9 10 11 12	13 14 15 16 —	2	2
		6	17 18 19 20 21	22 23 24 25 26	27 28 29 30 31	81 2 3 4 5	6 7 8 9 10	11 12 13 14 15	3	31
		7	16 17 18 19 20	21 22 23 24 25	26 27 28 29 30	31 91 2 3 4	5 6 7 8 9	10 11 12 13 —	5	1
		8	14 15 16 17 18	19 20 21 22 23	24 25 26 27 28	29 30 01 2 3	4 5 6 7 8	9 10 11 12 13	6	30
		9	14 15 16 17 18	19 20 21 22 23	24 25 26 27 28	29 30 31 N1 2	3 4 5 6 7	8 9 10 11 12	1	0
		10	13 14 15 16 17	18 19 20 21 22	23 24 25 26 27	28 29 30 D1 2	3 4 5 6 7	8 9 10 11 12	3	30
		11	13 14 15 16 17	18 19 20 21 22	23 24 25 26 27	28 29 30 31 11	2 3 4 5 6	7 8 9 10 —	5	0
		12	11 12 13 14 15	16 17 18 19 20	21 22 23 24 25	26 27 28 29 30	31 21 2 3 4	5 6 7 8 9	6	29
大中祥符 1 戊申 1008–09	50	1	10 11 12 13 14	15 16 17 18 19	20 21 22 23 24	25 26 27 28 29	31 2 3 4 5	6 7 8 9 —	1	59
		2	10 11 12 13 14	15 16 17 18 19	20 21 22 23 24	25 26 27 28 29	30 31 41 2 3	4 5 6 7 8	2	28
		3	9 10 11 12 13	14 15 16 17 18	19 20 21 22 23	24 25 26 27 28	29 30 51 2 3	4 5 6 7 —	4	58
		4	8 9 10 11 12	13 14 15 16 17	18 19 20 21 22	23 24 25 26 27	28 29 30 31 61	2 3 4 5 —	5	27
		5	6 7 8 9 10	11 12 13 14 15	16 17 18 19 20	21 22 23 24 25	26 27 28 29 30	71 2 3 4 5	6	56
		6	6 7 8 9 10	11 12 13 14 15	16 17 18 19 20	21 22 23 24 25	26 27 28 29 30	31 81 2 3 —	1	26
		7	4 5 6 7 8	9 10 11 12 13	14 15 16 17 18	19 20 21 22 23	24 25 26 27 28	29 30 31 91 2	2	55
		8	3 4 5 6 7	8 9 10 11 12	13 14 15 16 17	18 19 20 21 22	23 24 25 26 27	28 29 30 01 —	4	25
		9	2 3 4 5 6	7 8 9 10 11	12 13 14 15 16	17 18 19 20 21	22 23 24 25 26	27 28 29 30 31	5	54
		10	N1 2 3 4 5	6 7 8 9 10	11 12 13 14 15	16 17 18 19 20	21 22 23 24 25	26 27 28 29 30	0	24
		11	D1 2 3 4 5	6 7 8 9 10	11 12 13 14 15	16 17 18 19 20	21 22 23 24 25	26 27 28 29 —	2	54
		12	30 31 11 2 3	4 5 6 7 8	9 10 11 12 13	14 15 16 17 18	19 20 21 22 23	24 25 26 27 28	3	23
大中祥符 2 己酉 1009–10	2	1	29 30 31 21 2	3 4 5 6 7	8 9 10 11 12	13 14 15 16 17	18 19 20 21 22	23 24 25 26 27	5	53
		2	28 31 2 3 4	5 6 7 8 9	10 11 12 13 14	15 16 17 18 19	20 21 22 23 24	25 26 27 28 —	0	23
		3	29 30 31 41 2	3 4 5 6 7	8 9 10 11 12	13 14 15 16 17	18 19 20 21 22	23 24 25 26 27	1	52
		4	28 29 30 51 2	3 4 5 6 7	8 9 10 11 12	13 14 15 16 17	18 19 20 21 22	23 24 25 26 —	3	22
		5	27 28 29 30 31	61 2 3 4 5	6 7 8 9 10	11 12 13 14 15	16 17 18 19 20	21 22 23 24 —	4	51
		6	25 26 27 28 29	30 71 2 3 4	5 6 7 8 9	10 11 12 13 14	15 16 17 18 19	20 21 22 23 24	5	20
		7	25 26 27 28 29	30 31 81 2 3	4 5 6 7 8	9 10 11 12 13	14 15 16 17 18	19 20 21 22 —	0	50
		8	23 24 25 26 27	28 29 30 31 91	2 3 4 5 6	7 8 9 10 11	12 13 14 15 16	17 18 19 20 —	1	19
		9	21 22 23 24 25	26 27 28 29 30	01 2 3 4 5	6 7 8 9 10	11 12 13 14 15	16 17 18 19 20	2	48
		10	21 22 23 24 25	26 27 28 29 30	31 N1 2 3 4	5 6 7 8 9	10 11 12 13 14	15 16 17 18 19	4	18
		11	20 21 22 23 24	25 26 27 28 29	30 D1 2 3 4	5 6 7 8 9	10 11 12 13 14	15 16 17 18 —	6	48
		12	19 20 21 22 23	24 25 26 27 28	29 30 31 11 2	3 4 5 6 7	8 9 10 11 12	13 14 15 16 17	0	17
大中祥符 3 庚戌 1010–11	14	1	18 19 20 21 22	23 24 25 26 27	28 29 30 31 21	2 3 4 5 6	7 8 9 10 11	12 13 14 15 16	2	47
		2	17 18 19 20 21	22 23 24 25 26	27 28 31 2 3	4 5 6 7 8	9 10 11 12 13	14 15 16 17 18	4	17
		2	19 20 21 22 23	24 25 26 27 28	29 30 31 41 2	3 4 5 6 7	8 9 10 11 12	13 14 15 16 —	6	47
		3	17 18 19 20 21	22 23 24 25 26	27 28 29 30 51	2 3 4 5 6	7 8 9 10 11	12 13 14 15 16	0	16
		4	17 18 19 20 21	22 23 24 25 26	27 28 29 30 31	61 2 3 4 5	6 7 8 9 10	11 12 13 14 —	2	46
		5	15 16 17 18 19	20 21 22 23 24	25 26 27 28 29	30 71 2 3 4	5 6 7 8 9	10 11 12 13 —	3	15
		6	14 15 16 17 18	19 20 21 22 23	24 25 26 27 28	29 30 31 81 2	3 4 5 6 7	8 9 10 11 12	4	44
		7	13 14 15 16 17	18 19 20 21 22	23 24 25 26 27	28 29 30 31 91	2 3 4 5 6	7 8 9 10 —	6	14
		8	11 12 13 14 15	16 17 18 19 20	21 22 23 24 25	26 27 28 29 30	01 2 3 4 5	6 7 8 9 —	0	43
		9	10 11 12 13 14	15 16 17 18 19	20 21 22 23 24	25 26 27 28 29	30 31 N1 2 3	4 5 6 7 8	1	12
		10	9 10 11 12 13	14 15 16 17 18	19 20 21 22 23	24 25 26 27 28	29 30 D1 2 3	4 5 6 7 8	3	42
		11	9 10 11 12 13	14 15 16 17 18	19 20 21 22 23	24 25 26 27 28	29 30 31 11 2	3 4 5 6 —	5	12
		12	7 8 9 10 11	12 13 14 15 16	17 18 19 20 21	22 23 24 25 26	27 28 29 30 31	21 2 3 4 5	6	41

年序 Year	陰曆月序 Moon	陰曆日序 Order of days (Lunar) 1 2 3 4 5	6 7 8 9 10	11 12 13 14 15	16 17 18 19 20	21 22 23 24 25	26 27 28 29 30	星期 Week	干支 Cycle
大中祥符4辛亥 1011–12	26 1	6 7 8 9 10	11 12 13 14 15	16 17 18 19 20	21 22 23 24 25	26 27 28 31 2	3 4 5 6 7	1	11
	2	8 9 10 11 12	13 14 15 16 17	18 19 20 21 22	23 24 25 26 27	28 29 30 31 41	2 3 4 5 —	3	41
	3	6 7 8 9 10	11 12 13 14 15	16 17 18 19 20	21 22 23 24 25	26 27 28 29 30	51 2 3 4 5	4	10
	4	6 7 8 9 10	11 12 13 14 15	16 17 18 19 20	21 22 23 24 25	26 27 28 29 30	31 61 2 3 4	6	40
	5	5 6 7 8 9	10 11 12 13 14	15 16 17 18 19	20 21 22 23 24	25 26 27 28 29	30 71 2 3 —	1	10
	6	4 5 6 7 8	9 10 11 12 13	14 15 16 17 18	19 20 21 22 23	24 25 26 27 28	29 30 31 81 —	2	39
	7	2 3 4 5 6	7 8 9 10 11	12 13 14 15 16	17 18 19 20 21	22 23 24 25 26	27 28 29 30 31	3	8
	8	91 2 3 4 5	6 7 8 9 10	11 12 13 14 15	16 17 18 19 20	21 22 23 24 25	26 27 28 29 —	5	38
	9	30 O1 2 3 4	5 6 7 8 9	10 11 12 13 14	15 16 17 18 19	20 21 22 23 24	25 26 27 28 —	6	7
	10	29 30 31 N1 2	3 4 5 6 7	8 9 10 11 12	13 14 15 16 17	18 19 20 21 22	23 24 25 26 27	0	36
	11	28 29 30 D1 2	3 4 5 6 7	8 9 10 11 12	13 14 15 16 17	18 19 20 21 22	23 24 25 26 27	2	6
	12	28 29 30 31 11	2 3 4 5 6	7 8 9 10 11	12 13 14 15 16	17 18 19 20 21	22 23 24 25 —	4	36
大中祥符5壬子 1012–13	38 1	26 27 28 29 30	31 21 2 3 4	5 6 7 8 9	10 11 12 13 14	15 16 17 18 19	20 21 22 23 24	5	5
	2	25 26 27 28 29	31 2 3 4 5	6 7 8 9 10	11 12 13 14 15	16 17 18 19 20	21 22 23 24 —	0	35
	3	25 26 27 28 29	30 31 41 2 3	4 5 6 7 8	9 10 11 12 13	14 15 16 17 18	19 20 21 22 23	1	4
	4	24 25 26 27 28	29 30 51 2 3	4 5 6 7 8	9 10 11 12 13	14 15 16 17 18	19 20 21 22 23	3	34
	5	24 25 26 27 28	29 30 31 61 2	3 4 5 6 7	8 9 10 11 12	13 14 15 16 17	18 19 20 21 —	5	4
	6	22 23 24 25 26	27 28 29 30 71	2 3 4 5 6	7 8 9 10 11	12 13 14 15 16	17 18 19 20 21	6	33
	7	22 23 24 25 26	27 28 29 30 31	81 2 3 4 5	6 7 8 9 10	11 12 13 14 15	16 17 18 19 —	1	3
	8	20 21 22 23 24	25 26 27 28 29	30 31 91 2 3	4 5 6 7 8	9 10 11 12 13	14 15 16 17 18	2	32
	9	19 20 21 22 23	24 25 26 27 28	29 30 O1 2 3	4 5 6 7 8	9 10 11 12 13	14 15 16 17 —	4	2
	10	18 19 20 21 22	23 24 25 26 27	28 29 30 31 N1	2 3 4 5 6	7 8 9 10 11	12 13 14 15 16	5	31
	10	17 18 19 20 21	22 23 24 25 26	27 28 29 30 D1	2 3 4 5 6	7 8 9 10 11	12 13 14 15 —	0	1
	11	16 17 18 19 20	21 22 23 24 25	26 27 28 29 30	31 11 2 3 4	5 6 7 8 9	10 11 12 13 14	1	30
	12	15 16 17 18 19	20 21 22 23 24	25 26 27 28 29	30 31 21 2 3	4 5 6 7 8	9 10 11 12 —	3	0
大中祥符6癸丑 1013–14	50 1	13 14 15 16 17	18 19 20 21 22	23 24 25 26 27	28 31 2 3 4	5 6 7 8 9	10 11 12 13 14	4	29
	2	15 16 17 18 19	20 21 22 23 24	25 26 27 28 29	30 31 41 2 3	4 5 6 7 8	9 10 11 12 —	6	59
	3	13 14 15 16 17	18 19 20 21 22	23 24 25 26 27	28 29 30 51 2	3 4 5 6 7	8 9 10 11 12	0	28
	4	13 14 15 16 17	18 19 20 21 22	23 24 25 26 27	28 29 30 31 61	2 3 4 5 6	7 8 9 10 —	2	58
	5	11 12 13 14 15	16 17 18 19 20	21 22 23 24 25	26 27 28 29 30	71 2 3 4 5	6 7 8 9 10	3	27
	6	11 12 13 14 15	16 17 18 19 20	21 22 23 24 25	26 27 28 29 30	31 81 2 3 4	5 6 7 8 9	5	57
	7	10 11 12 13 14	15 16 17 18 19	20 21 22 23 24	25 26 27 28 29	30 31 91 2 3	4 5 6 7 —	0	27
	8	8 9 10 11 12	13 14 15 16 17	18 19 20 21 22	23 24 25 26 27	28 29 30 O1 2	3 4 5 6 7	1	56
	9	8 9 10 11 12	13 14 15 16 17	18 19 20 21 22	23 24 25 26 27	28 29 30 31 N1	2 3 4 5 —	3	26
	10	6 7 8 9 10	11 12 13 14 15	16 17 18 19 20	21 22 23 24 25	26 27 28 29 30	D1 2 3 4 5	4	55
	11	6 7 8 9 10	11 12 13 14 15	16 17 18 19 20	21 22 23 24 25	26 27 28 29 30	31 11 2 3 —	6	25
	12	4 5 6 7 8	9 10 11 12 13	14 15 16 17 18	19 20 21 22 23	24 25 26 27 28	29 30 31 21 2	0	54
大中祥符7甲寅 1014–15	2 1	3 4 5 6 7	8 9 10 11 12	13 14 15 16 17	18 19 20 21 22	23 24 25 26 27	28 31 2 3 —	2	24
	2	4 5 6 7 8	9 10 11 12 13	14 15 16 17 18	19 20 21 22 23	24 25 26 27 28	29 30 31 41 —	3	53
	3	2 3 4 5 6	7 8 9 10 11	12 13 14 15 16	17 18 19 20 21	22 23 24 25 26	27 28 29 30 51	4	22
	4	2 3 4 5 6	7 8 9 10 11	12 13 14 15 16	17 18 19 20 21	22 23 24 25 26	27 28 29 30 31	6	52
	5	61 2 3 4 5	6 7 8 9 10	11 12 13 14 15	16 17 18 19 20	21 22 23 24 25	26 27 28 29 —	1	22
	6	30 71 2 3 4	5 6 7 8 9	10 11 12 13 14	15 16 17 18 19	20 21 22 23 24	25 26 27 28 29	2	51
	7	30 31 81 2 3	4 5 6 7 8	9 10 11 12 13	14 15 16 17 18	19 20 21 22 23	24 25 26 27 —	4	21
	8	28 29 30 31 91	2 3 4 5 6	7 8 9 10 11	12 13 14 15 16	17 18 19 20 21	22 23 24 25 26	5	50
	9	27 28 29 30 O1	2 3 4 5 6	7 8 9 10 11	12 13 14 15 16	17 18 19 20 21	22 23 24 25 26	0	20
	10	27 28 29 30 31	N1 2 3 4 5	6 7 8 9 10	11 12 13 14 15	16 17 18 19 20	21 22 23 24 —	2	50
	11	25 26 27 28 29	30 D1 2 3 4	5 6 7 8 9	10 11 12 13 14	15 16 17 18 19	20 21 22 23 24	3	19
	12	25 26 27 28 29	30 31 11 2 3	4 5 6 7 8	9 10 11 12 13	14 15 16 17 18	19 20 21 22 —	5	49
大中祥符8乙卯 1015–16	14 1	23 24 25 26 27	28 29 30 31 21	2 3 4 5 6	7 8 9 10 11	12 13 14 15 16	17 18 19 20 21	6	18
	2	22 23 24 25 26	27 28 31 2 3	4 5 6 7 8	9 10 11 12 13	14 15 16 17 18	19 20 21 22 —	1	48
	3	23 24 25 26 27	28 29 30 31 41	2 3 4 5 6	7 8 9 10 11	12 13 14 15 16	17 18 19 20 —	2	17
	4	21 22 23 24 25	26 27 28 29 30	51 2 3 4 5	6 7 8 9 10	11 12 13 14 15	16 17 18 19 20	3	46
	5	21 22 23 24 25	26 27 28 29 30	31 61 2 3 4	5 6 7 8 9	10 11 12 13 14	15 16 17 18 —	5	16
	6	19 20 21 22 23	24 25 26 27 28	29 30 71 2 3	4 5 6 7 8	9 10 11 12 13	14 15 16 17 18	6	45
	6	19 20 21 22 23	24 25 26 27 28	29 30 31 81 2	3 4 5 6 7	8 9 10 11 12	13 14 15 16 —	1	15
	7	17 18 19 20 21	22 23 24 25 26	27 28 29 30 31	91 2 3 4 5	6 7 8 9 10	11 12 13 14 15	2	44
	8	16 17 18 19 20	21 22 23 24 25	26 27 28 29 30	O1 2 3 4 5	6 7 8 9 10	11 12 13 14 15	4	14
	9	16 17 18 19 20	21 22 23 24 25	26 27 28 29 30	31 N1 2 3 4	5 6 7 8 9	10 11 12 13 14	6	44
	10	15 16 17 18 19	20 21 22 23 24	25 26 27 28 29	30 D1 2 3 4	5 6 7 8 9	10 11 12 13 —	1	14
	11	14 15 16 17 18	19 20 21 22 23	24 25 26 27 28	29 30 31 11 2	3 4 5 6 7	8 9 10 11 12	2	43
	12	13 14 15 16 17	18 19 20 21 22	23 24 25 26 27	28 29 30 31 21	2 3 4 5 6	7 8 9 10 —	4	13

年序 Year	陰曆月序 Moon	陰曆日序 Order of days (Lunar) 1 2 3 4 5	6 7 8 9 10	11 12 13 14 15	16 17 18 19 20	21 22 23 24 25	26 27 28 29 30	星期 Week	干支 Cycle
大中祥符 9 丙辰 1016–17	26 1	11 12 13 14 15	16 17 18 19 20	21 22 23 24 25	26 27 28 29 31	2 3 4 5 6	7 8 9 10 11	5	42
	2	12 13 14 15 16	17 18 19 20 21	22 23 24 25 26	27 28 29 30 31	41 2 3 4 5	6 7 8 9 —	0	12
	3	10 11 12 13 14	15 16 17 18 19	20 21 22 23 24	25 26 27 28 29	30 51 2 3 4	5 6 7 8 —	1	41
	4	9 10 11 12 13	14 15 16 17 18	19 20 21 22 23	24 25 26 27 28	29 30 31 61 2	3 4 5 6 7	2	10
	5	8 9 10 11 12	13 14 15 16 17	18 19 20 21 22	23 24 25 26 27	28 29 30 71 2	3 4 5 6 —	4	40
	6	7 8 9 10 11	12 13 14 15 16	17 18 19 20 21	22 23 24 25 26	27 28 29 30 31	81 2 3 4 5	5	9
	7	6 7 8 9 10	11 12 13 14 15	16 17 18 19 20	21 22 23 24 25	26 27 28 29 30	31 91 2 3 —	0	39
	8	4 5 6 7 8	9 10 11 12 13	14 15 16 17 18	19 20 21 22 23	24 25 26 27 28	29 30 01 2 3	1	8
	9	4 5 6 7 8	9 10 11 12 13	14 15 16 17 18	19 20 21 22 23	24 25 26 27 28	29 30 31 N1 2	3	38
	10	3 4 5 6 7	8 9 10 11 12	13 14 15 16 17	18 19 20 21 22	23 24 25 26 27	28 29 30 D1 —	5	8
	11	2 3 4 5 6	7 8 9 10 11	12 13 14 15 16	17 18 19 20 21	22 23 24 25 26	27 28 29 30 31	6	37
	12	11 2 3 4 5	6 7 8 9 10	11 12 13 14 15	16 17 18 19 20	21 22 23 24 25	26 27 28 29 30	1	7
天禧 1 丁巳 1017–18	38 1	31 21 2 3 4	5 6 7 8 9	10 11 12 13 14	15 16 17 18 19	20 21 22 23 24	25 26 27 28 —	3	37
	2	31 2 3 4 5	6 7 8 9 10	11 12 13 14 15	16 17 18 19 20	21 22 23 24 25	26 27 28 29 30	4	6
	3	31 41 2 3 4	5 6 7 8 9	10 11 12 13 14	15 16 17 18 19	20 21 22 23 24	25 26 27 28 —	6	36
	4	29 30 51 2 3	4 5 6 7 8	9 10 11 12 13	14 15 16 17 18	19 20 21 22 23	24 25 26 27 —	0	5
	5	28 29 30 31 61	2 3 4 5 6	7 8 9 10 11	12 13 14 15 16	17 18 19 20 21	22 23 24 25 26	1	34
	6	27 28 29 30 71	2 3 4 5 6	7 8 9 10 11	12 13 14 15 16	17 18 19 20 21	22 23 24 25 —	3	4
	7	26 27 28 29 30	31 81 2 3 4	5 6 7 8 9	10 11 12 13 14	15 16 17 18 19	20 21 22 23 —	4	33
	8	24 25 26 27 28	29 30 31 91 2	3 4 5 6 7	8 9 10 11 12	13 14 15 16 17	18 19 20 21 22	5	2
	9	23 24 25 26 27	28 29 30 01 2	3 4 5 6 7	8 9 10 11 12	13 14 15 16 17	18 19 20 21 22	0	32
	10	23 24 25 26 27	28 29 30 31 N1	2 3 4 5 6	7 8 9 10 11	12 13 14 15 16	17 18 19 20 —	2	2
	11	21 22 23 24 25	26 27 28 29 30	D1 2 3 4 5	6 7 8 9 10	11 12 13 14 15	16 17 18 19 20	3	31
	12	21 22 23 24 25	26 27 28 29 30	31 11 2 3 4	5 6 7 8 9	10 11 12 13 14	15 16 17 18 19	5	1
天禧 2 戊午 1018–19	50 1	20 21 22 23 24	25 26 27 28 29	30 31 21 2 3	4 5 6 7 8	9 10 11 12 13	14 15 16 17 18	0	31
	2	19 20 21 22 23	24 25 26 27 28	31 2 3 4 5	6 7 8 9 10	11 12 13 14 15	16 17 18 19 —	2	1
	3	20 21 22 23 24	25 26 27 28 29	30 31 41 2 3	4 5 6 7 8	9 10 11 12 13	14 15 16 17 18	3	30
	4	19 20 21 22 23	24 25 26 27 28	29 30 51 2 3	4 5 6 7 8	9 10 11 12 13	14 15 16 17 —	5	0
	4	18 19 20 21 22	23 24 25 26 27	28 29 30 31 61	2 3 4 5 6	7 8 9 10 11	12 13 14 15 —	6	29
	5	16 17 18 19 20	21 22 23 24 25	26 27 28 29 30	71 2 3 4 5	6 7 8 9 10	11 12 13 14 15	0	58
	6	16 17 18 19 20	21 22 23 24 25	26 27 28 29 30	31 81 2 3 4	5 6 7 8 9	10 11 12 13 —	2	28
	7	14 15 16 17 18	19 20 21 22 23	24 25 26 27 28	29 30 31 91 2	3 4 5 6 7	8 9 10 11 —	3	57
	8	12 13 14 15 16	17 18 19 20 21	22 23 24 25 26	27 28 29 30 01	2 3 4 5 6	7 8 9 10 11	4	26
	9	12 13 14 15 16	17 18 19 20 21	22 23 24 25 26	27 28 29 30 31	N1 2 3 4 5	6 7 8 9 10	6	56
	10	11 12 13 14 15	16 17 18 19 20	21 22 23 24 25	26 27 28 29 30	D1 2 3 4 5	6 7 8 9 —	1	26
	11	10 11 12 13 14	15 16 17 18 19	20 21 22 23 24	25 26 27 28 29	30 31 11 2 3	4 5 6 7 8	2	55
	12	9 10 11 12 13	14 15 16 17 18	19 20 21 22 23	24 25 26 27 28	29 30 31 21 2	3 4 5 6 7	4	25
天禧 3 己未 1019–20	2 1	8 9 10 11 12	13 14 15 16 17	18 19 20 21 22	23 24 25 26 27	28 31 2 3 4	5 6 7 8 9	6	55
	2	10 11 12 13 14	15 16 17 18 19	20 21 22 23 24	25 26 27 28 29	30 31 41 2 3	4 5 6 7 —	1	25
	3	8 9 10 11 12	13 14 15 16 17	18 19 20 21 22	23 24 25 26 27	28 29 30 51 2	3 4 5 6 7	2	54
	4	8 9 10 11 12	13 14 15 16 17	18 19 20 21 22	23 24 25 26 27	28 29 30 31 61	2 3 4 5 —	4	24
	5	6 7 8 9 10	11 12 13 14 15	16 17 18 19 20	21 22 23 24 25	26 27 28 29 30	71 2 3 4 —	5	53
	6	5 6 7 8 9	10 11 12 13 14	15 16 17 18 19	20 21 22 23 24	25 26 27 28 29	30 31 81 2 3	6	22
	7	4 5 6 7 8	9 10 11 12 13	14 15 16 17 18	19 20 21 22 23	24 25 26 27 28	29 30 31 91 —	1	52
	8	2 3 4 5 6	7 8 9 10 11	12 13 14 15 16	17 18 19 20 21	22 23 24 25 26	27 28 29 30 —	2	21
	9	01 2 3 4 5	6 7 8 9 10	11 12 13 14 15	16 17 18 19 20	21 22 23 24 25	26 27 28 29 30	3	50
	10	31 N1 2 3 4	5 6 7 8 9	10 11 12 13 14	15 16 17 18 19	20 21 22 23 24	25 26 27 28 —	5	20
	11	29 30 D1 2 3	4 5 6 7 8	9 10 11 12 13	14 15 16 17 18	19 20 21 22 23	24 25 26 27 28	6	49
	12	29 30 31 11 2	3 4 5 6 7	8 9 10 11 12	13 14 15 16 17	18 19 20 21 22	23 24 25 26 27	1	19
天禧 4 庚申 1020–21	14 1	28 29 30 31 21	2 3 4 5 6	7 8 9 10 11	12 13 14 15 16	17 18 19 20 21	22 23 24 25 26	3	49
	2	27 28 29 31 2	3 4 5 6 7	8 9 10 11 12	13 14 15 16 17	18 19 20 21 22	23 24 25 26 —	5	19
	3	27 28 29 30 31	41 2 3 4 5	6 7 8 9 10	11 12 13 14 15	16 17 18 19 20	21 22 23 24 25	6	48
	4	26 27 28 29 30	51 2 3 4 5	6 7 8 9 10	11 12 13 14 15	16 17 18 19 20	21 22 23 24 —	1	18
	5	25 26 27 28 29	30 31 61 2 3	4 5 6 7 8	9 10 11 12 13	14 15 16 17 18	19 20 21 22 23	2	47
	6	24 25 26 27 28	29 30 71 2 3	4 5 6 7 8	9 10 11 12 13	14 15 16 17 18	19 20 21 22 —	4	17
	7	23 24 25 26 27	28 29 30 31 81	2 3 4 5 6	7 8 9 10 11	12 13 14 15 16	17 18 19 20 21	5	46
	8	22 23 24 25 26	27 28 29 30 31	91 2 3 4 5	6 7 8 9 10	11 12 13 14 15	16 17 18 19 —	0	16
	9	20 21 22 23 24	25 26 27 28 29	30 01 2 3 4	5 6 7 8 9	10 11 12 13 14	15 16 17 18 —	1	45
	10	19 20 21 22 23	24 25 26 27 28	29 30 31 N1 2	3 4 5 6 7	8 9 10 11 12	13 14 15 16 17	2	14
	11	18 19 20 21 22	23 24 25 26 27	28 29 30 D1 2	3 4 5 6 7	8 9 10 11 12	13 14 15 16 —	4	44
	12	17 18 19 20 21	22 23 24 25 26	27 28 29 30 31	11 2 3 4 5	6 7 8 9 10	11 12 13 14 15	5	13
	12	16 17 18 19 20	21 22 23 24 25	26 27 28 29 30	31 21 2 3 4	5 6 7 8 9	10 11 12 13 14	0	43

年序 Year	陰曆月序 Moon	陰曆日序 Order of days (Lunar) 1 2 3 4 5	6 7 8 9 10	11 12 13 14 15	16 17 18 19 20	21 22 23 24 25	26 27 28 29 30	星期 Week	干支 Cycle
天禧 5 辛酉 1021–22	26 1	15 16 17 18 19	20 21 22 23 24	25 26 27 28 31	2 3 4 5 6	7 8 9 10 11	12 13 14 15 —	2	13
	2	16 17 18 19 20	21 22 23 24 25	26 27 28 29 30	31 41 2 3 4	5 6 7 8 9	10 11 12 13 14	3	42
	3	15 16 17 18 19	20 21 22 23 24	25 26 27 28 29	30 51 2 3 4	5 6 7 8 9	10 11 12 13 14	5	12
	4	15 16 17 18 19	20 21 22 23 24	25 26 27 28 29	30 31 61 2 3	4 5 6 7 8	9 10 11 12 —	0	42
	5	13 14 15 16 17	18 19 20 21 22	23 24 25 26 27	28 29 30 71 2	3 4 5 6 7	8 9 10 11 12	1	11
	6	13 14 15 16 17	18 19 20 21 22	23 24 25 26 27	28 29 30 31 81	2 3 4 5 6	7 8 9 10 —	3	41
	7	11 12 13 14 15	16 17 18 19 20	21 22 23 24 25	26 27 28 29 30	31 91 2 3 4	5 6 7 8 9	4	10
	8	10 11 12 13 14	15 16 17 18 19	20 21 22 23 24	25 26 27 28 29	30 01 2 3 4	5 6 7 8 —	6	40
	9	9 10 11 12 13	14 15 16 17 18	19 20 21 22 23	24 25 26 27 28	29 30 31 N1 2	3 4 5 6 7	0	9
	10	8 9 10 11 12	13 14 15 16 17	18 19 20 21 22	23 24 25 26 27	28 29 30 D1 2	3 4 5 6 —	2	39
	11	7 8 9 10 11	12 13 14 15 16	17 18 19 20 21	22 23 24 25 26	27 28 29 30 31	11 2 3 4 5	3	8
	12	6 7 8 9 10	11 12 13 14 15	16 17 18 19 20	21 22 23 24 25	26 27 28 29 30	31 21 2 3 —	5	38
乾興 1 壬戌 1022–23	38 1	4 5 6 7 8	9 10 11 12 13	14 15 16 17 18	19 20 21 22 23	24 25 26 27 28	31 2 3 4 —	6	7
	2	5 6 7 8 9	10 11 12 13 14	15 16 17 18 19	20 21 22 23 24	25 26 27 28 29	30 31 41 2 3	0	36
	3	4 5 6 7 8	9 10 11 12 13	14 15 16 17 18	19 20 21 22 23	24 25 26 27 28	29 30 51 2 3	2	6
	4	4 5 6 7 8	9 10 11 12 13	14 15 16 17 18	19 20 21 22 23	24 25 26 27 28	29 30 31 61 —	4	36
	5	2 3 4 5 6	7 8 9 10 11	12 13 14 15 16	17 18 19 20 21	22 23 24 25 26	27 28 29 30 71	5	5
	6	2 3 4 5 6	7 8 9 10 11	12 13 14 15 16	17 18 19 20 21	22 23 24 25 26	27 28 29 30 31	0	35
	7	81 2 3 4 5	6 7 8 9 10	11 12 13 14 15	16 17 18 19 20	21 22 23 24 25	26 27 28 29 —	2	5
	8	30 31 91 2 3	4 5 6 7 8	9 10 11 12 13	14 15 16 17 18	19 20 21 22 23	24 25 26 27 28	3	34
	9	29 30 01 2 3	4 5 6 7 8	9 10 11 12 13	14 15 16 17 18	19 20 21 22 23	24 25 26 27 —	5	4
	10	28 29 30 31 N1	2 3 4 5 6	7 8 9 10 11	12 13 14 15 16	17 18 19 20 21	22 23 24 25 26	6	33
	11	27 28 29 30 D1	2 3 4 5 6	7 8 9 10 11	12 13 14 15 16	17 18 19 20 21	22 23 24 25 —	1	3
	12	26 27 28 29 30	31 11 2 3 4	5 6 7 8 9	10 11 12 13 14	15 16 17 18 19	20 21 22 23 24	2	32
仁宗天聖 1 癸亥 1023–24	50 1	25 26 27 28 29	30 31 21 2 3	4 5 6 7 8	9 10 11 12 13	14 15 16 17 18	19 20 21 22 —	4	2
	2	23 24 25 26 27	28 31 2 3 4	5 6 7 8 9	10 11 12 13 14	15 16 17 18 19	20 21 22 23 —	5	31
	3	24 25 26 27 28	29 30 31 41 2	3 4 5 6 7	8 9 10 11 12	13 14 15 16 17	18 19 20 21 22	6	0
	4	23 24 25 26 27	28 29 30 51 2	3 4 5 6 7	8 9 10 11 12	13 14 15 16 17	18 19 20 21 —	1	30
	5	22 23 24 25 26	27 28 29 30 31	61 2 3 4 5	6 7 8 9 10	11 12 13 14 15	16 17 18 19 20	2	59
	6	21 22 23 24 25	26 27 28 29 30	71 2 3 4 5	6 7 8 9 10	11 12 13 14 15	16 17 18 19 20	4	29
	7	21 22 23 24 25	26 27 28 29 30	31 81 2 3 4	5 6 7 8 9	10 11 12 13 14	15 16 17 18 —	6	59
	8	19 20 21 22 23	24 25 26 27 28	29 30 31 91 2	3 4 5 6 7	8 9 10 11 12	13 14 15 16 17	0	28
	9	18 19 20 21 22	23 24 25 26 27	28 29 30 01 2	3 4 5 6 7	8 9 10 11 12	13 14 15 16 17	2	58
	9	18 19 20 21 22	23 24 25 26 27	28 29 30 31 N1	2 3 4 5 6	7 8 9 10 11	12 13 14 15 —	4	28
	10	16 17 18 19 20	21 22 23 24 25	26 27 28 29 30	D1 2 3 4 5	6 7 8 9 10	11 12 13 14 15	5	57
	11	16 17 18 19 20	21 22 23 24 25	26 27 28 29 30	31 11 2 3 4	5 6 7 8 9	10 11 12 13 —	0	27
	12	14 15 16 17 18	19 20 21 22 23	24 25 26 27 28	29 30 31 21 2	3 4 5 6 7	8 9 10 11 12	1	56
天聖 2 甲子 1024–25	2 1	13 14 15 16 17	18 19 20 21 22	23 24 25 26 27	28 29 31 2 3	4 5 6 7 8	9 10 11 12 —	3	26
	2	13 14 15 16 17	18 19 20 21 22	23 24 25 26 27	28 29 30 31 41	2 3 4 5 6	7 8 9 10 —	4	55
	3	11 12 13 14 15	16 17 18 19 20	21 22 23 24 25	26 27 28 29 30	51 2 3 4 5	6 7 8 9 10	5	24
	4	11 12 13 14 15	16 17 18 19 20	21 22 23 24 25	26 27 28 29 30	31 61 2 3 4	5 6 7 8 —	0	54
	5	9 10 11 12 13	14 15 16 17 18	19 20 21 22 23	24 25 26 27 28	29 30 71 2 3	4 5 6 7 8	1	23
	6	9 10 11 12 13	14 15 16 17 18	19 20 21 22 23	24 25 26 27 28	29 30 31 81 2	3 4 5 6 —	3	53
	7	7 8 9 10 11	12 13 14 15 16	17 18 19 20 21	22 23 24 25 26	27 28 29 30 31	91 2 3 4 5	4	22
	8	6 7 8 9 10	11 12 13 14 15	16 17 18 19 20	21 22 23 24 25	26 27 28 29 30	01 2 3 4 5	6	52
	9	6 7 8 9 10	11 12 13 14 15	16 17 18 19 20	21 22 23 24 25	26 27 28 29 30	31 N1 2 3 —	1	22
	10	4 5 6 7 8	9 10 11 12 13	14 15 16 17 18	19 20 21 22 23	24 25 26 27 28	29 30 D1 2 3	2	51
	11	4 5 6 7 8	9 10 11 12 13	14 15 16 17 18	19 20 21 22 23	24 25 26 27 28	29 30 31 11 —	4	21
	12	2 3 4 5 6	7 8 9 10 11	12 13 14 15 16	17 18 19 20 21	22 23 24 25 26	27 28 29 30 31	5	50
天聖 3 乙丑 1025–26	14 1	21 2 3 4 5	6 7 8 9 10	11 12 13 14 15	16 17 18 19 20	21 22 23 24 25	26 27 28 31 2	0	20
	2	3 4 5 6 7	8 9 10 11 12	13 14 15 16 17	18 19 20 21 22	23 24 25 26 27	28 29 30 31 —	2	50
	3	41 2 3 4 5	6 7 8 9 10	11 12 13 14 15	16 17 18 19 20	21 22 23 24 25	26 27 28 29 —	3	19
	4	30 51 2 3 4	5 6 7 8 9	10 11 12 13 14	15 16 17 18 19	20 21 22 23 24	25 26 27 28 29	4	48
	5	30 31 61 2 3	4 5 6 7 8	9 10 11 12 13	14 15 16 17 18	19 20 21 22 23	24 25 26 27 —	6	18
	6	28 29 30 71 2	3 4 5 6 7	8 9 10 11 12	13 14 15 16 17	18 19 20 21 22	23 24 25 26 —	0	47
	7	27 28 29 30 31	81 2 3 4 5	6 7 8 9 10	11 12 13 14 15	16 17 18 19 20	21 22 23 24 25	1	16
	8	26 27 28 29 30	31 91 2 3 4	5 6 7 8 9	10 11 12 13 14	15 16 17 18 19	20 21 22 23 24	3	46
	9	25 26 27 28 29	30 01 2 3 4	5 6 7 8 9	10 11 12 13 14	15 16 17 18 19	20 21 22 23 —	5	16
	10	24 25 26 27 28	29 30 31 N1 2	3 4 5 6 7	8 9 10 11 12	13 14 15 16 17	18 19 20 21 22	6	45
	11	23 24 25 26 27	28 29 30 D1 2	3 4 5 6 7	8 9 10 11 12	13 14 15 16 17	18 19 20 21 22	1	15
	12	23 24 25 26 27	28 29 30 31 11	2 3 4 5 6	7 8 9 10 11	12 13 14 15 16	17 18 19 20 21	3	45

年序 Year		陰曆月序 Moon	陰曆日序 Order of days (Lunar)																														星期 Week	干支 Cycle
			1	2	3	4	5	6	7	8	9	10	11	12	13	14	15	16	17	18	19	20	21	22	23	24	25	26	27	28	29	30		
天聖4丙寅 1026–27	26	1	22	23	24	25	26	27	28	29	30	31	21	2	3	4	5	6	7	8	9	10	11	12	13	14	15	16	17	18	19	—	5	15
		2	20	21	22	23	24	25	26	27	28	31	2	3	4	5	6	7	8	9	10	11	12	13	14	15	16	17	18	19	20	21	6	44
		3	22	23	24	25	26	27	28	29	30	31	41	2	3	4	5	6	7	8	9	10	11	12	13	14	15	16	17	18	19	—	1	14
		4	20	21	22	23	24	25	26	27	28	29	30	51	2	3	4	5	6	7	8	9	10	11	12	13	14	15	16	17	18	—	2	43
		5	19	20	21	22	23	24	25	26	27	28	29	30	31	61	2	3	4	5	6	7	8	9	10	11	12	13	14	15	16	17	3	12
		5	18	19	20	21	22	23	24	25	26	27	28	29	30	71	2	3	4	5	6	7	8	9	10	11	12	13	14	15	16	—	5	42
		6	17	18	19	20	21	22	23	24	25	26	27	28	29	30	31	81	2	3	4	5	6	7	8	9	10	11	12	13	14	—	6	11
		7	15	16	17	18	19	20	21	22	23	24	25	26	27	28	29	30	31	91	2	3	4	5	6	7	8	9	10	11	12	13	0	40
		8	14	15	16	17	18	19	20	21	22	23	24	25	26	27	28	29	30	01	2	3	4	5	6	7	8	9	10	11	12	—	2	10
		9	13	14	15	16	17	18	19	20	21	22	23	24	25	26	27	28	29	30	31	N1	2	3	4	5	6	7	8	9	10	11	3	39
		10	12	13	14	15	16	17	18	19	20	21	22	23	24	25	26	27	28	29	30	D1	2	3	4	5	6	7	8	9	10	11	5	9
		11	12	13	14	15	16	17	18	19	20	21	22	23	24	25	26	27	28	29	30	31	11	2	3	4	5	6	7	8	9	10	0	39
		12	11	12	13	14	15	16	17	18	19	20	21	22	23	24	25	26	27	28	29	30	31	21	2	3	4	5	6	7	8	—	2	9
天聖5丁卯 1027–28	38	1	9	10	11	12	13	14	15	16	17	18	19	20	21	22	23	24	25	26	27	28	31	2	3	4	5	6	7	8	9	10	3	38
		2	11	12	13	14	15	16	17	18	19	20	21	22	23	24	25	26	27	28	29	30	31	41	2	3	4	5	6	7	8	9	5	8
		3	10	11	12	13	14	15	16	17	18	19	20	21	22	23	24	25	26	27	28	29	30	51	2	3	4	5	6	7	8	—	0	38
		4	9	10	11	12	13	14	15	16	17	18	19	20	21	22	23	24	25	26	27	28	29	30	31	61	2	3	4	5	6	—	1	7
		5	7	8	9	10	11	12	13	14	15	16	17	18	19	20	21	22	23	24	25	26	27	28	29	30	71	2	3	4	5	6	2	36
		6	7	8	9	10	11	12	13	14	15	16	17	18	19	20	21	22	23	24	25	26	27	28	29	30	31	81	2	3	4	—	4	6
		7	5	6	7	8	9	10	11	12	13	14	15	16	17	18	19	20	21	22	23	24	25	26	27	28	29	30	31	91	2	—	5	35
		8	3	4	5	6	7	8	9	10	11	12	13	14	15	16	17	18	19	20	21	22	23	24	25	26	27	28	29	30	01	2	6	4
		9	3	4	5	6	7	8	9	10	11	12	13	14	15	16	17	18	19	20	21	22	23	24	25	26	27	28	29	30	31	—	1	34
		10	N1	2	3	4	5	6	7	8	9	10	11	12	13	14	15	16	17	18	19	20	21	22	23	24	25	26	27	28	29	30	2	3
		11	D1	2	3	4	5	6	7	8	9	10	11	12	13	14	15	16	17	18	19	20	21	22	23	24	25	26	27	28	29	30	4	33
		12	31	11	2	3	4	5	6	7	8	9	10	11	12	13	14	15	16	17	18	19	20	21	22	23	24	25	26	27	28	29	6	3
天聖6戊辰 1028–29	50	1	30	31	21	2	3	4	5	6	7	8	9	10	11	12	13	14	15	16	17	18	19	20	21	22	23	24	25	26	27	—	1	33
		2	28	29	31	2	3	4	5	6	7	8	9	10	11	12	13	14	15	16	17	18	19	20	21	22	23	24	25	26	27	28	2	2
		3	29	30	31	41	2	3	4	5	6	7	8	9	10	11	12	13	14	15	16	17	18	19	20	21	22	23	24	25	26	27	4	32
		4	28	29	30	51	2	3	4	5	6	7	8	9	10	11	12	13	14	15	16	17	18	19	20	21	22	23	24	25	26	—	6	2
		5	27	28	29	30	31	61	2	3	4	5	6	7	8	9	10	11	12	13	14	15	16	17	18	19	20	21	22	23	24	—	0	31
		6	25	26	27	28	29	30	71	2	3	4	5	6	7	8	9	10	11	12	13	14	15	16	17	18	19	20	21	22	23	24	1	0
		7	25	26	27	28	29	30	31	81	2	3	4	5	6	7	8	9	10	11	12	13	14	15	16	17	18	19	20	21	22	—	3	30
		8	23	24	25	26	27	28	29	30	31	91	2	3	4	5	6	7	8	9	10	11	12	13	14	15	16	17	18	19	20	—	4	59
		9	21	22	23	24	25	26	27	28	29	30	01	2	3	4	5	6	7	8	9	10	11	12	13	14	15	16	17	18	19	20	5	28
		10	21	22	23	24	25	26	27	28	29	30	31	N1	2	3	4	5	6	7	8	9	10	11	12	13	14	15	16	17	18	—	0	58
		11	19	20	21	22	23	24	25	26	27	28	29	30	D1	2	3	4	5	6	7	8	9	10	11	12	13	14	15	16	17	18	1	27
		12	19	20	21	22	23	24	25	26	27	28	29	30	31	11	2	3	4	5	6	7	8	9	10	11	12	13	14	15	16	17	3	57
天聖7己巳 1029–30	2	1	18	19	20	21	22	23	24	25	26	27	28	29	30	31	21	2	3	4	5	6	7	8	9	10	11	12	13	14	15	—	5	27
		2	16	17	18	19	20	21	22	23	24	25	26	27	28	31	2	3	4	5	6	7	8	9	10	11	12	13	14	15	16	17	6	56
		2	18	19	20	21	22	23	24	25	26	27	28	29	30	31	41	2	3	4	5	6	7	8	9	10	11	12	13	14	15	16	1	26
		3	17	18	19	20	21	22	23	24	25	26	27	28	29	30	51	2	3	4	5	6	7	8	9	10	11	12	13	14	15	—	3	56
		4	16	17	18	19	20	21	22	23	24	25	26	27	28	29	30	31	61	2	3	4	5	6	7	8	9	10	11	12	13	14	4	25
		5	15	16	17	18	19	20	21	22	23	24	25	26	27	28	29	30	71	2	3	4	5	6	7	8	9	10	11	12	13	—	6	55
		6	14	15	16	17	18	19	20	21	22	23	24	25	26	27	28	29	30	31	81	2	3	4	5	6	7	8	9	10	11	12	0	24
		7	13	14	15	16	17	18	19	20	21	22	23	24	25	26	27	28	29	30	31	91	2	3	4	5	6	7	8	9	10	—	2	54
		8	11	12	13	14	15	16	17	18	19	20	21	22	23	24	25	26	27	28	29	30	01	2	3	4	5	6	7	8	9	—	3	23
		9	10	11	12	13	14	15	16	17	18	19	20	21	22	23	24	25	26	27	28	29	30	31	N1	2	3	4	5	6	7	8	4	52
		10	9	10	11	12	13	14	15	16	17	18	19	20	21	22	23	24	25	26	27	28	29	30	D1	2	3	4	5	6	7	—	6	22
		11	8	9	10	11	12	13	14	15	16	17	18	19	20	21	22	23	24	25	26	27	28	29	30	31	11	2	3	4	5	6	0	51
		12	7	8	9	10	11	12	13	14	15	16	17	18	19	20	21	22	23	24	25	26	27	28	29	30	31	21	2	3	4	—	2	21
天聖8庚午 1030–31	14	1	5	6	7	8	9	10	11	12	13	14	15	16	17	18	19	20	21	22	23	24	25	26	27	28	31	2	3	4	5	6	3	50
		2	7	8	9	10	11	12	13	14	15	16	17	18	19	20	21	22	23	24	25	26	27	28	29	30	31	41	2	3	4	5	5	20
		3	6	7	8	9	10	11	12	13	14	15	16	17	18	19	20	21	22	23	24	25	26	27	28	29	30	51	2	3	4	—	0	50
		4	5	6	7	8	9	10	11	12	13	14	15	16	17	18	19	20	21	22	23	24	25	26	27	28	29	30	31	61	2	3	1	19
		5	4	5	6	7	8	9	10	11	12	13	14	15	16	17	18	19	20	21	22	23	24	25	26	27	28	29	30	71	2	3	3	49
		6	4	5	6	7	8	9	10	11	12	13	14	15	16	17	18	19	20	21	22	23	24	25	26	27	28	29	30	31	81	—	5	19
		7	2	3	4	5	6	7	8	9	10	11	12	13	14	15	16	17	18	19	20	21	22	23	24	25	26	27	28	29	30	31	6	48
		8	91	2	3	4	5	6	7	8	9	10	11	12	13	14	15	16	17	18	19	20	21	22	23	24	25	26	27	28	29	—	1	18
		9	30	01	2	3	4	5	6	7	8	9	10	11	12	13	14	15	16	17	18	19	20	21	22	23	24	25	26	27	28	29	2	47
		10	30	31	N1	2	3	4	5	6	7	8	9	10	11	12	13	14	15	16	17	18	19	20	21	22	23	24	25	26	27	—	4	17
		11	28	29	30	D1	2	3	4	5	6	7	8	9	10	11	12	13	14	15	16	17	18	19	20	21	22	23	24	25	26	—	5	46
		12	27	28	29	30	31	11	2	3	4	5	6	7	8	9	10	11	12	13	14	15	16	17	18	19	20	21	22	23	24	25	6	15

年序 Year	陰曆月序 Moon	陰曆日序 Order of days (Lunar) 1 2 3 4 5	6 7 8 9 10	11 12 13 14 15	16 17 18 19 20	21 22 23 24 25	26 27 28 29 30	星期 Week	干支 Cycle
天聖 9 辛未 1031–32	26 1	26 27 28 29 30	31 21 2 3 4	5 6 7 8 9	10 11 12 13 14	15 16 17 18 19	20 21 22 23 —	1	45
	2	24 25 26 27 28	31 2 3 4 5	6 7 8 9 10	11 12 13 14 15	16 17 18 19 20	21 22 23 24 25	2	14
	3	26 27 28 29 30	31 41 2 3 4	5 6 7 8 9	10 11 12 13 14	15 16 17 18 19	20 21 22 23 24	4	44
	4	25 26 27 28 29	30 51 2 3 4	5 6 7 8 9	10 11 12 13 14	15 16 17 18 19	20 21 22 23 —	6	14
	5	24 25 26 27 28	29 30 31 61 2	3 4 5 6 7	8 9 10 11 12	13 14 15 16 17	18 19 20 21 22	0	43
	6	23 24 25 26 27	28 29 30 71 2	3 4 5 6 7	8 9 10 11 12	13 14 15 16 17	18 19 20 21 —	2	13
	7	22 23 24 25 26	27 28 29 30 31	81 2 3 4 5	6 7 8 9 10	11 12 13 14 15	16 17 18 19 20	3	42
	8	21 22 23 24 25	26 27 28 29 30	31 91 2 3 4	5 6 7 8 9	10 11 12 13 14	15 16 17 18 19	5	12
	9	20 21 22 23 24	25 26 27 28 29	30 01 2 3 4	5 6 7 8 9	10 11 12 13 14	15 16 17 18 —	0	42
	10	19 20 21 22 23	24 25 26 27 28	29 30 31 N1 2	3 4 5 6 7	8 9 10 11 12	13 14 15 16 17	1	11
	10	18 19 20 21 22	23 24 25 26 27	28 29 30 D1 2	3 4 5 6 7	8 9 10 11 12	13 14 15 16 —	3	41
	11	17 18 19 20 21	22 23 24 25 26	27 28 29 30 31	11 2 3 4 5	6 7 8 9 10	11 12 13 14 15	4	10
	12	16 17 18 19 20	21 22 23 24 25	26 27 28 29 30	31 21 2 3 4	5 6 7 8 9	10 11 12 13 —	6	40
明道 1 壬申 1032–33	38 1	14 15 16 17 18	19 20 21 22 23	24 25 26 27 28	29 31 2 3 4	5 6 7 8 9	10 11 12 13 —	0	9
	2	14 15 16 17 18	19 20 21 22 23	24 25 26 27 28	29 30 31 41 2	3 4 5 6 7	8 9 10 11 12	1	38
	3	13 14 15 16 17	18 19 20 21 22	23 24 25 26 27	28 29 30 51 2	3 4 5 6 7	8 9 10 11 —	3	8
	4	12 13 14 15 16	17 18 19 20 21	22 23 24 25 26	27 28 29 30 31	61 2 3 4 5	6 7 8 9 10	4	37
	5	11 12 13 14 15	16 17 18 19 20	21 22 23 24 25	26 27 28 29 30	71 2 3 4 5	6 7 8 9 —	6	7
	6	10 11 12 13 14	15 16 17 18 19	20 21 22 23 24	25 26 27 28 29	30 31 81 2 3	4 5 6 7 8	0	36
	7	9 10 11 12 13	14 15 16 17 18	19 20 21 22 23	24 25 26 27 28	29 30 31 91 2	3 4 5 6 7	2	6
	8	8 9 10 11 12	13 14 15 16 17	18 19 20 21 22	23 24 25 26 27	28 29 30 01 2	3 4 5 6 —	4	36
	9	7 8 9 10 11	12 13 14 15 16	17 18 19 20 21	22 23 24 25 26	27 28 29 30 31	N1 2 3 4 5	5	5
	10	6 7 8 9 10	11 12 13 14 15	16 17 18 19 20	21 22 23 24 25	26 27 28 29 30	D1 2 3 4 5	0	35
	11][	6 7 8 9 10	11 12 13 14 15	16 17 18 19 20	21 22 23 24 25	26 27 28 29 30	31 11 2 3 —	2	5
	12	4 5 6 7 8	9 10 11 12 13	14 15 16 17 18	19 20 21 22 23	24 25 26 27 28	29 30 31 21 2	3	34
明道 2 癸酉 1033–34	50 1	3 4 5 6 7	8 9 10 11 12	13 14 15 16 17	18 19 20 21 22	23 24 25 26 27	28 31 2 3 —	5	4
	2	4 5 6 7 8	9 10 11 12 13	14 15 16 17 18	19 20 21 22 23	24 25 26 27 28	29 30 31 41 —	6	33
	3	2 3 4 5 6	7 8 9 10 11	12 13 14 15 16	17 18 19 20 21	22 23 24 25 26	27 28 29 30 51	0	2
	4	2 3 4 5 6	7 8 9 10 11	12 13 14 15 16	17 18 19 20 21	22 23 24 25 26	27 28 29 30 —	2	32
	5	31 61 2 3 4	5 6 7 8 9	10 11 12 13 14	15 16 17 18 19	20 21 22 23 24	25 26 27 28 —	3	1
	6	29 30 71 2 3	4 5 6 7 8	9 10 11 12 13	14 15 16 17 18	19 20 21 22 23	24 25 26 27 28	4	30
	7	29 30 31 81 2	3 4 5 6 7	8 9 10 11 12	13 14 15 16 17	18 19 20 21 22	23 24 25 26 27	6	0
	8	28 29 30 31 91	2 3 4 5 6	7 8 9 10 11	12 13 14 15 16	17 18 19 20 21	22 23 24 25 —	1	30
	9	26 27 28 29 30	01 2 3 4 5	6 7 8 9 10	11 12 13 14 15	16 17 18 19 20	21 22 23 24 25	2	59
	10	26 27 28 29 30	31 N1 2 3 4	5 6 7 8 9	10 11 12 13 14	15 16 17 18 19	20 21 22 23 24	4	29
	11	25 26 27 28 29	30 D1 2 3 4	5 6 7 8 9	10 11 12 13 14	15 16 17 18 19	20 21 22 23 24	6	59
	12	25 26 27 28 29	30 31 11 2 3	4 5 6 7 8	9 10 11 12 13	14 15 16 17 18	19 20 21 22 —	1	29
景祐 1 甲戌 1034–35	2 1	23 24 25 26 27	28 29 30 31 21	2 3 4 5 6	7 8 9 10 11	12 13 14 15 16	17 18 19 20 21	2	58
	2	22 23 24 25 26	27 28 31 2 3	4 5 6 7 8	9 10 11 12 13	14 15 16 17 18	19 20 21 22 —	4	28
	3	23 24 25 26 27	28 29 30 31 41	2 3 4 5 6	7 8 9 10 11	12 13 14 15 16	17 18 19 20 —	5	57
	4	21 22 23 24 25	26 27 28 29 30	51 2 3 4 5	6 7 8 9 10	11 12 13 14 15	16 17 18 19 20	6	26
	5	21 22 23 24 25	26 27 28 29 30	31 61 2 3 4	5 6 7 8 9	10 11 12 13 14	15 16 17 18 —	1	56
	6	19 20 21 22 23	24 25 26 27 28	29 30 71 2 3	4 5 6 7 8	9 10 11 12 13	14 15 16 17 —	2	25
	6	18 19 20 21 22	23 24 25 26 27	28 29 30 31 81	2 3 4 5 6	7 8 9 10 11	12 13 14 15 16	3	54
	7	17 18 19 20 21	22 23 24 25 26	27 28 29 30 31	91 2 3 4 5	6 7 8 9 10	11 12 13 14 15	5	24
	8	16 17 18 19 20	21 22 23 24 25	26 27 28 29 30	01 2 3 4 5	6 7 8 9 10	11 12 13 14 —	0	54
	9	15 16 17 18 19	20 21 22 23 24	25 26 27 28 29	30 31 N1 2 3	4 5 6 7 8	9 10 11 12 13	1	23
	10	14 15 16 17 18	19 20 21 22 23	24 25 26 27 28	29 30 D1 2 3	4 5 6 7 8	9 10 11 12 13	3	53
	11	14 15 16 17 18	19 20 21 22 23	24 25 26 27 28	29 30 31 11 2	3 4 5 6 7	8 9 10 11 12	5	23
	12	13 14 15 16 17	18 19 20 21 22	23 24 25 26 27	28 29 30 31 21	2 3 4 5 6	7 8 9 10 —	0	53
景祐 2 乙亥 1035–36	14 1	11 12 13 14 15	16 17 18 19 20	21 22 23 24 25	26 27 28 31 2	3 4 5 6 7	8 9 10 11 12	1	22
	2	13 14 15 16 17	18 19 20 21 22	23 24 25 26 27	28 29 30 31 41	2 3 4 5 6	7 8 9 10 —	3	52
	3	11 12 13 14 15	16 17 18 19 20	21 22 23 24 25	26 27 28 29 30	51 2 3 4 5	6 7 8 9 —	4	21
	4	10 11 12 13 14	15 16 17 18 19	20 21 22 23 24	25 26 27 28 29	30 31 61 2 3	4 5 6 7 8	5	50
	5	9 10 11 12 13	14 15 16 17 18	19 20 21 22 23	24 25 26 27 28	29 30 71 2 3	4 5 6 7 —	0	20
	6	8 9 10 11 12	13 14 15 16 17	18 19 20 21 22	23 24 25 26 27	28 29 30 31 81	2 3 4 5 —	1	49
	7	6 7 8 9 10	11 12 13 14 15	16 17 18 19 20	21 22 23 24 25	26 27 28 29 30	31 91 2 3 4	2	18
	8	5 6 7 8 9	10 11 12 13 14	15 16 17 18 19	20 21 22 23 24	25 26 27 28 29	30 01 2 3 —	4	48
	9	4 5 6 7 8	9 10 11 12 13	14 15 16 17 18	19 20 21 22 23	24 25 26 27 28	29 30 31 N1 2	5	17
	10	3 4 5 6 7	8 9 10 11 12	13 14 15 16 17	18 19 20 21 22	23 24 25 26 27	28 29 30 D1 2	0	47
	11	3 4 5 6 7	8 9 10 11 12	13 14 15 16 17	18 19 20 21 22	23 24 25 26 27	28 29 30 31 11	2	17
	12	2 3 4 5 6	7 8 9 10 11	12 13 14 15 16	17 18 19 20 21	22 23 24 25 26	27 28 29 30 —	4	47

年序 Year	陰曆月序 Moon	陰曆日序 Order of days (Lunar) 1 2 3 4 5	6 7 8 9 10	11 12 13 14 15	16 17 18 19 20	21 22 23 24 25	26 27 28 29 30	星期 Week	干支 Cycle
景祐 3 丙子 1036–37	26 1	31 21 2 3 4	5 6 7 8 9	10 11 12 13 14	15 16 17 18 19	20 21 22 23 24	25 26 27 28 29	5	16
	2	31 2 3 4 5	6 7 8 9 10	11 12 13 14 15	16 17 18 19 20	21 22 23 24 25	26 27 28 29 30	0	46
	3	31 41 2 3 4	5 6 7 8 9	10 11 12 13 14	15 16 17 18 19	20 21 22 23 24	25 26 27 28 —	2	16
	4	29 30 51 2 3	4 5 6 7 8	9 10 11 12 13	14 15 16 17 18	19 20 21 22 23	24 25 26 27 —	3	45
	5	28 29 30 31 61	2 3 4 5 6	7 8 9 10 11	12 13 14 15 16	17 18 19 20 21	22 23 24 25 26	4	14
	6	27 28 29 30 71	2 3 4 5 6	7 8 9 10 11	12 13 14 15 16	17 18 19 20 21	22 23 24 25 —	6	44
	7	26 27 28 29 30	31 81 2 3 4	5 6 7 8 9	10 11 12 13 14	15 16 17 18 19	20 21 22 23 —	0	13
	8	24 25 26 27 28	29 30 31 91 2	3 4 5 6 7	8 9 10 11 12	13 14 15 16 17	18 19 20 21 22	1	42
	9	23 24 25 26 27	28 29 30 01 2	3 4 5 6 7	8 9 10 11 12	13 14 15 16 17	18 19 20 21 —	3	12
	10	22 23 24 25 26	27 28 29 30 31	N1 2 3 4 5	6 7 8 9 10	11 12 13 14 15	16 17 18 19 20	4	41
	11	21 22 23 24 25	26 27 28 29 30	D1 2 3 4 5	6 7 8 9 10	11 12 13 14 15	16 17 18 19 20	6	11
	12	21 22 23 24 25	26 27 28 29 30	31 11 2 3 4	5 6 7 8 9	10 11 12 13 14	15 16 17 18 —	1	41
景祐 4 丁丑 1037–38	38 1	19 20 21 22 23	24 25 26 27 28	29 30 31 21 2	3 4 5 6 7	8 9 10 11 12	13 14 15 16 17	2	10
	2	18 19 20 21 22	23 24 25 26 27	28 31 2 3 4	5 6 7 8 9	10 11 12 13 14	15 16 17 18 19	4	40
	3	20 21 22 23 24	25 26 27 28 29	30 31 41 2 3	4 5 6 7 8	9 10 11 12 13	14 15 16 17 —	6	10
	4	18 19 20 21 22	23 24 25 26 27	28 29 30 51 2	3 4 5 6 7	8 9 10 11 12	13 14 15 16 17	0	39
	4	18 19 20 21 22	23 24 25 26 27	28 29 30 31 61	2 3 4 5 6	7 8 9 10 11	12 13 14 15 —	2	9
	5	16 17 18 19 20	21 22 23 24 25	26 27 28 29 30	71 2 3 4 5	6 7 8 9 10	11 12 13 14 15	3	38
	6	16 17 18 19 20	21 22 23 24 25	26 27 28 29 30	31 81 2 3 4	5 6 7 8 9	10 11 12 13 —	5	8
	7	14 15 16 17 18	19 20 21 22 23	24 25 26 27 28	29 30 31 91 2	3 4 5 6 7	8 9 10 11 —	6	37
	8	12 13 14 15 16	17 18 19 20 21	22 23 24 25 26	27 28 29 30 01	2 3 4 5 6	7 8 9 10 11	0	6
	9	12 13 14 15 16	17 18 19 20 21	22 23 24 25 26	27 28 29 30 31	N1 2 3 4 5	6 7 8 9 —	2	36
	10	10 11 12 13 14	15 16 17 18 19	20 21 22 23 24	25 26 27 28 29	30 D1 2 3 4	5 6 7 8 9	3	5
	11	10 11 12 13 14	15 16 17 18 19	20 21 22 23 24	25 26 27 28 29	30 31 11 2 3	4 5 6 7 —	5	35
	12	8 9 10 11 12	13 14 15 16 17	18 19 20 21 22	23 24 25 26 27	28 29 30 31 21	2 3 4 5 6	6	4
寶元 1 戊寅 1038–39	50 1	7 8 9 10 11	12 13 14 15 16	17 18 19 20 21	22 23 24 25 26	27 28 31 2 3	4 5 6 7 8	1	34
	2	9 10 11 12 13	14 15 16 17 18	19 20 21 22 23	24 25 26 27 28	29 30 31 41 2	3 4 5 6 7	3	4
	3	8 9 10 11 12	13 14 15 16 17	18 19 20 21 22	23 24 25 26 27	28 29 30 51 2	3 4 5 6 —	5	34
	4	7 8 9 10 11	12 13 14 15 16	17 18 19 20 21	22 23 24 25 26	27 28 29 30 31	61 2 3 4 5	6	3
	5	6 7 8 9 10	11 12 13 14 15	16 17 18 19 20	21 22 23 24 25	26 27 28 29 30	71 2 3 4 —	1	33
	6	5 6 7 8 9	10 11 12 13 14	15 16 17 18 19	20 21 22 23 24	25 26 27 28 29	30 31 81 2 3	2	2
	7	4 5 6 7 8	9 10 11 12 13	14 15 16 17 18	19 20 21 22 23	24 25 26 27 28	29 30 31 91 —	4	32
	8	2 3 4 5 6	7 8 9 10 11	12 13 14 15 16	17 18 19 20 21	22 23 24 25 26	27 28 29 30 —	5	1
	9	01 2 3 4 5	6 7 8 9 10	11 12 13 14 15	16 17 18 19 20	21 22 23 24 25	26 27 28 29 30	6	30
	10	31 N1 2 3 4	5 6 7 8 9	10 11 12 13 14	15 16 17 18 19	20 21 22 23 24	25 26 27 28 —	1	0
	11][	29 30 D1 2 3	4 5 6 7 8	9 10 11 12 13	14 15 16 17 18	19 20 21 22 23	24 25 26 27 28	2	29
	12	29 30 31 11 2	3 4 5 6 7	8 9 10 11 12	13 14 15 16 17	18 19 20 21 22	23 24 25 26 —	4	59
寶元 2 己卯 1039–40	2 1	27 28 29 30 31	21 2 3 4 5	6 7 8 9 10	11 12 13 14 15	16 17 18 19 20	21 22 23 24 25	5	28
	2	26 27 28 31 2	3 4 5 6 7	8 9 10 11 12	13 14 15 16 17	18 19 20 21 22	23 24 25 26 27	0	58
	3	28 29 30 31 41	2 3 4 5 6	7 8 9 10 11	12 13 14 15 16	17 18 19 20 21	22 23 24 25 —	2	28
	4	26 27 28 29 30	51 2 3 4 5	6 7 8 9 10	11 12 13 14 15	16 17 18 19 20	21 22 23 24 25	3	57
	5	26 27 28 29 30	31 61 2 3 4	5 6 7 8 9	10 11 12 13 14	15 16 17 18 19	20 21 22 23 —	5	27
	6	24 25 26 27 28	29 30 71 2 3	4 5 6 7 8	9 10 11 12 13	14 15 16 17 18	19 20 21 22 23	6	56
	7	24 25 26 27 28	29 30 31 81 2	3 4 5 6 7	8 9 10 11 12	13 14 15 16 17	18 19 20 21 22	1	26
	8	23 24 25 26 27	28 29 30 31 91	2 3 4 5 6	7 8 9 10 11	12 13 14 15 16	17 18 19 20 —	3	56
	9	21 22 23 24 25	26 27 28 29 30	01 2 3 4 5	6 7 8 9 10	11 12 13 14 15	16 17 18 19 20	4	25
	10	21 22 23 24 25	26 27 28 29 30	31 N1 2 3 4	5 -6 7 8 9	10 11 12 13 14	15 16 17 18 —	6	55
	11	19 20 21 22 23	24 25 26 27 28	29 30 D1 2 3	4 5 6 7 8	9 10 11 12 13	14 15 16 17 —	0	24
	12	18 19 20 21 22	23 24 25 26 27	28 29 30 31 11	2 3 4 5 6	7 8 9 10 11	12 13 14 15 16	1	53
	12	17 18 19 20 21	22 23 24 25 26	27 28 29 30 31	21 2 3 4 5	6 7 8 9 10	11 12 13 14 —	3	23
康定 1 庚辰 1040–41	14 1	15 16 17 18 19	20 21 22 23 24	25 26 27 28 29	31 2 3 4 5	6 7 8 9 10	11 12 13 14 15	4	52
	2][	16 17 18 19 20	21 22 23 24 25	26 27 28 29 30	31 41 2 3 4	5 6 7 8 9	10 11 12 13 —	6	22
	3	14 15 16 17 18	19 20 21 22 23	24 25 26 27 28	29 30 51 2 3	4 5 6 7 8	9 10 11 12 13	0	51
	4	14 15 16 17 18	19 20 21 22 23	24 25 26 27 28	29 30 31 61 2	3 4 5 6 7	8 9 10 11 —	2	21
	5	12 13 14 15 16	17 18 19 20 21	22 23 24 25 26	27 28 29 30 71	2 3 4 5 6	7 8 9 10 11	3	50
	6	12 13 14 15 16	17 18 19 20 21	22 23 24 25 26	27 28 29 30 31	81 2 3 4 5	6 7 8 9 10	5	20
	7	11 12 13 14 15	16 17 18 19 20	21 22 23 24 25	26 27 28 29 30	31 91 2 3 4	5 6 7 8 —	0	50
	8	9 10 11 12 13	14 15 16 17 18	19 20 21 22 23	24 25 26 27 28	29 30 01 2 3	4 5 6 7 8	1	19
	9	9 10 11 12 13	14 15 16 17 18	19 20 21 22 23	24 25 26 27 28	29 30 31 N1 2	3 4 5 6 7	3	49
	10	8 9 10 11 12	13 14 15 16 17	18 19 20 21 22	23 24 25 26 27	28 29 30 D1 2	3 4 5 6 —	5	19
	11	7 8 9 10 11	12 13 14 15 16	17 18 19 20 21	22 23 24 25 26	27 28 29 30 31	11 2 3 4 5	6	48
	12	6 7 8 9 10	11 12 13 14 15	16 17 18 19 20	21 22 23 24 25	26 27 28 29 30	31 21 2 3 —	1	18

年序 Year	陰曆月序 Moon	陰曆日序 Order of days (Lunar) 1 2 3 4 5	6 7 8 9 10	11 12 13 14 15	16 17 18 19 20	21 22 23 24 25	26 27 28 29 30	星期 Week	干支 Cycle
慶曆 1 辛巳 1041–42	26 1	4 5 6 7 8	9 10 11 12 13	14 15 16 17 18	19 20 21 22 23	24 25 26 27 28	31 2 3 4 —	2	47
	2	5 6 7 8 9	10 11 12 13 14	15 16 17 18 19	20 21 22 23 24	25 26 27 28 29	30 31 41 2 3	3	16
	3	4 5 6 7 8	9 10 11 12 13	14 15 16 17 18	19 20 21 22 23	24 25 26 27 28	29 30 51 2 —	5	46
	4	3 4 5 6 7	8 9 10 11 12	13 14 15 16 17	18 19 20 21 22	23 24 25 26 27	28 29 30 31 61	6	15
	5	2 3 4 5 6	7 8 9 10 11	12 13 14 15 16	17 18 19 20 21	22 23 24 25 26	27 28 29 30 —	1	45
	6	71 2 3 4 5	6 7 8 9 10	11 12 13 14 15	16 17 18 19 20	21 22 23 24 25	26 27 28 29 30	2	14
	7	31 81 2 3 4	5 6 7 8 9	10 11 12 13 14	15 16 17 18 19	20 21 22 23 24	25 26 27 28 29	4	44
	8	30 31 91 2 3	4 5 6 7 8	9 10 11 12 13	14 15 16 17 18	19 20 21 22 23	24 25 26 27 —	6	14
	9	28 29 30 01 2	3 4 5 6 7	8 9 10 11 12	13 14 15 16 17	18 19 20 21 22	23 24 25 26 27	0	43
	10	28 29 30 31 N1	2 3 4 5 6	7 8 9 10 11	12 13 14 15 16	17 18 19 20 21	22 23 24 25 26	2	13
	11	27 28 29 30 D1	2 3 4 5 6	7 8 9 10 11	12 13 14 15 16	17 18 19 20 21	22 23 24 25 —	4	43
	12	26 27 28 29 30	31 11 2 3 4	5 6 7 8 9	10 11 12 13 14	15 16 17 18 19	20 21 22 23 24	5	12
慶曆 2 壬午 1042–43	38 1	25 26 27 28 29	30 31 21 2 3	4 5 6 7 8	9 10 11 12 13	14 15 16 17 18	19 20 21 22 —	0	42
	2	23 24 25 26 27	28 31 2 3 4	5 6 7 8 9	10 11 12 13 14	15 16 17 18 19	20 21 22 23 —	1	11
	3	24 25 26 27 28	29 30 31 41 2	3 4 5 6 7	8 9 10 11 12	13 14 15 16 17	18 19 20 21 22	2	40
	4	23 24 25 26 27	28 29 30 51 2	3 4 5 6 7	8 9 10 11 12	13 14 15 16 17	18 19 20 21 —	4	10
	5	22 23 24 25 26	27 28 29 30 31	61 2 3 4 5	6 7 8 9 10	11 12 13 14 15	16 17 18 19 —	5	39
	6	20 21 22 23 24	25 26 27 28 29	30 71 2 3 4	5 6 7 8 9	10 11 12 13 14	15 16 17 18 19	6	8
	7	20 21 22 23 24	25 26 27 28 29	30 31 81 2 3	4 5 6 7 8	9 10 11 12 13	14 15 16 17 18	1	38
	8	19 20 21 22 23	24 25 26 27 28	29 30 31 91 2	3 4 5 6 7	8 9 10 11 12	13 14 15 16 —	3	8
	9	17 18 19 20 21	22 23 24 25 26	27 28 29 30 01	2 3 4 5 6	7 8 9 10 11	12 13 14 15 16	4	37
	9	17 18 19 20 21	22 23 24 25 26	27 28 29 30 31	N1 2 3 4 5	6 7 8 9 10	11 12 13 14 15	6	7
	10	16 17 18 19 20	21 22 23 24 25	26 27 28 29 30	D1 2 3 4 5	6 7 8 9 10	11 12 13 14 —	1	37
	11	15 16 17 18 19	20 21 22 23 24	25 26 27 28 29	30 31 11 2 3	4 5 6 7 8	9 10 11 12 13	2	6
	12	14 15 16 17 18	19 20 21 22 23	24 25 26 27 28	29 30 31 21 2	3 4 5 6 7	8 9 10 11 12	4	36
慶曆 3 癸未 1043–44	50 1	13 14 15 16 17	18 19 20 21 22	23 24 25 26 27	28 31 2 3 4	5 6 7 8 9	10 11 12 13 —	6	6
	2	14 15 16 17 18	19 20 21 22 23	24 25 26 27 28	29 30 31 41 2	3 4 5 6 7	8 9 10 11 —	0	35
	3	12 13 14 15 16	17 18 19 20 21	22 23 24 25 26	27 28 29 30 51	2 3 4 5 6	7 8 9 10 11	1	4
	4	12 13 14 15 16	17 18 19 20 21	22 23 24 25 26	27 28 29 30 31	61 2 3 4 5	6 7 8 9 —	3	34
	5	10 11 12 13 14	15 16 17 18 19	20 21 22 23 24	25 26 27 28 29	30 71 2 3 4	5 6 7 8 —	4	3
	6	9 10 11 12 13	14 15 16 17 18	19 20 21 22 23	24 25 26 27 28	29 30 31 81 2	3 4 5 6 7	5	32
	7	8 9 10 11 12	13 14 15 16 17	18 19 20 21 22	23 24 25 26 27	28 29 30 31 91	2 3 4 5 —	0	2
	8	6 7 8 9 10	11 12 13 14 15	16 17 18 19 20	21 22 23 24 25	26 27 28 29 30	01 2 3 4 5	1	31
	9	6 7 8 9 10	11 12 13 14 15	16 17 18 19 20	21 22 23 24 25	26 27 28 29 30	31 N1 2 3 4	3	1
	10	5 6 7 8 9	10 11 12 13 14	15 16 17 18 19	20 21 22 23 24	25 26 27 28 29	30 D1 2 3 4	5	31
	11	5 6 7 8 9	10 11 12 13 14	15 16 17 18 19	20 21 22 23 24	25 26 27 28 29	30 31 11 2 —	0	1
	12	3 4 5 6 7	8 9 10 11 12	13 14 15 16 17	18 19 20 21 22	23 24 25 26 27	28 29 30 31 21	1	30
慶曆 4 甲申 1044–45	2 1	2 3 4 5 6	7 8 9 10 11	12 13 14 15 16	17 18 19 20 21	22 23 24 25 26	27 28 29 31 2	3	0
	2	3 4 5 6 7	8 9 10 11 12	13 14 15 16 17	18 19 20 21 22	23 24 25 26 27	28 29 30 31 —	5	30
	3	41 2 3 4 5	6 7 8 9 10	11 12 13 14 15	16 17 18 19 20	21 22 23 24 25	26 27 28 29 —	6	59
	4	30 51 2 3 4	5 6 7 8 9	10 11 12 13 14	15 16 17 18 19	20 21 22 23 24	25 26 27 28 29	0	28
	5	30 31 61 2 3	4 5 6 7 8	9 10 11 12 13	14 15 16 17 18	19 20 21 22 23	24 25 26 27 —	2	58
	6	28 29 30 71 2	3 4 5 6 7	8 9 10 11 12	13 14 15 16 17	18 19 20 21 22	23 24 25 26 —	3	27
	7	27 28 29 30 31	81 2 3 4 5	6 7 8 9 10	11 12 13 14 15	16 17 18 19 20	21 22 23 24 25	4	56
	8	26 27 28 29 30	31 91 2 3 4	5 6 7 8 9	10 11 12 13 14	15 16 17 18 19	20 21 22 23 —	6	26
	9	24 25 26 27 28	29 30 01 2 3	4 5 6 7 8	9 10 11 12 13	14 15 16 17 18	19 20 21 22 23	0	55
	10	24 25 26 27 28	29 30 31 N1 2	3 4 5 6 7	8 9 10 11 12	13 14 15 16 17	18 19 20 21 —	2	25
	11	22 23 24 25 26	27 28 29 30 D1	2 3 4 5 6	7 8 9 10 11	12 13 14 15 16	17 18 19 20 21	3	54
	12	22 23 24 25 26	27 28 29 30 31	11 2 3 4 5	6 7 8 9 10	11 12 13 14 15	16 17 18 19 20	5	24
慶曆 5 乙酉 1045–46	14 1	21 22 23 24 25	26 27 28 29 30	31 21 2 3 4	5 6 7 8 9	10 11 12 13 14	15 16 17 18 19	0	54
	2	20 21 22 23 24	25 26 27 28 31	2 3 4 5 6	7 8 9 10 11	12 13 14 15 16	17 18 19 20 —	2	24
	3	21 22 23 24 25	26 27 28 29 30	31 41 2 3 4	5 6 7 8 9	10 11 12 13 14	15 16 17 18 19	3	53
	4	20 21 22 23 24	25 26 27 28 29	30 51 2 3 4	5 6 7 8 9	10 11 12 13 14	15 16 17 18 —	5	23
	5	19 20 21 22 23	24 25 26 27 28	29 30 31 61 2	3 4 5 6 7	8 9 10 11 12	13 14 15 16 17	6	52
	5	18 19 20 21 22	23 24 25 26 27	28 29 30 71 2	3 4 5 6 7	8 9 10 11 12	13 14 15 16 —	1	22
	6	17 18 19 20 21	22 23 24 25 26	27 28 29 30 31	81 2 3 4 5	6 7 8 9 10	11 12 13 14 —	2	51
	7	15 16 17 18 19	20 21 22 23 24	25 26 27 28 29	30 31 91 2 3	4 5 6 7 8	9 10 11 12 13	3	20
	8	14 15 16 17 18	19 20 21 22 23	24 25 26 27 28	29 30 01 2 3	4 5 6 7 8	9 10 11 12 —	5	50
	9	13 14 15 16 17	18 19 20 21 22	23 24 25 26 27	28 29 30 31 N1	2 3 4 5 6	7 8 9 10 11	6	19
	10	12 13 14 15 16	17 18 19 20 21	22 23 24 25 26	27 28 29 30 D1	2 3 4 5 6	7 8 9 10 —	1	49
	11	11 12 13 14 15	16 17 18 19 20	21 22 23 24 25	26 27 28 29 30	31 11 2 3 4	5 6 7 8 9	2	18
	12	10 11 12 13 14	15 16 17 18 19	20 21 22 23 24	25 26 27 28 29	30 31 21 2 3	4 5 6 7 8	4	48

年序 Year		陰曆月序 Moon	陰曆日序 Order of days (Lunar) 1 2 3 4 5	6 7 8 9 10	11 12 13 14 15	16 17 18 19 20	21 22 23 24 25	26 27 28 29 30	星期 Week	干支 Cycle
慶曆 6 丙戌 1046–47	26	1	9 10 11 12 13	14 15 16 17 18	19 20 21 22 23	24 25 26 27 28	31 2 3 4 5	6 7 8 9 10	6	18
		2	11 12 13 14 15	16 17 18 19 20	21 22 23 24 25	26 27 28 29 30	31 41 2 3 4	5 6 7 8 —	1	48
		3	9 10 11 12 13	14 15 16 17 18	19 20 21 22 23	24 25 26 27 28	29 30 51 2 3	4 5 6 7 8	2	17
		4	9 10 11 12 13	14 15 16 17 18	19 20 21 22 23	24 25 26 27 28	29 30 31 61 2	3 4 5 6 —	4	47
		5	7 8 9 10 11	12 13 14 15 16	17 18 19 20 21	22 23 24 25 26	27 28 29 30 71	2 3 4 5 6	5	16
		6	7 8 9 10 11	12 13 14 15 16	17 18 19 20 21	22 23 24 25 26	27 28 29 30 31	81 2 3 4 —	0	46
		7	5 6 7 8 9	10 11 12 13 14	15 16 17 18 19	20 21 22 23 24	25 26 27 28 29	30 31 91 2 —	1	15
		8	3 4 5 6 7	8 9 10 11 12	13 14 15 16 17	18 19 20 21 22	23 24 25 26 27	28 29 30 01 2	2	44
		9	3 4 5 6 7	8 9 10 11 12	13 14 15 16 17	18 19 20 21 22	23 24 25 26 27	28 29 30 31 —	4	14
		10	N1 2 3 4 5	6 7 8 9 10	11 12 13 14 15	16 17 18 19 20	21 22 23 24 25	26 27 28 29 30	5	43
		11	D1 2 3 4 5	6 7 8 9 10	11 12 13 14 15	16 17 18 19 20	21 22 23 24 25	26 27 28 29 —	0	13
		12	30 31 11 2 3	4 5 6 7 8	9 10 11 12 13	14 15 16 17 18	19 20 21 22 23	24 25 26 27 28	1	42
慶曆 7 丁亥 1047–48	38	1	29 30 31 21 2	3 4 5 6 7	8 9 10 11 12	13 14 15 16 17	18 19 20 21 22	23 24 25 26 27	3	12
		2	28 31 2 3 4	5 6 7 8 9	10 11 12 13 14	15 16 17 18 19	20 21 22 23 24	25 26 27 28 —	5	42
		3	29 30 31 41 2	3 4 5 6 7	8 9 10 11 12	13 14 15 16 17	18 19 20 21 22	23 24 25 26 27	6	11
		4	28 29 30 51 2	3 4 5 6 7	8 9 10 11 12	13 14 15 16 17	18 19 20 21 22	23 24 25 26 27	1	41
		5	28 29 30 31 61	2 3 4 5 6	7 8 9 10 11	12 13 14 15 16	17 18 19 20 21	22 23 24 25 —	3	11
		6	26 27 28 29 30	71 2 3 4 5	6 7 8 9 10	11 12 13 14 15	16 17 18 19 20	21 22 23 24 25	4	40
		7	26 27 28 29 30	31 81 2 3 4	5 6 7 8 9	10 11 12 13 14	15 16 17 18 19	20 21 22 23 —	6	10
		8	24 25 26 27 28	29 30 31 91 2	3 4 5 6 7	8 9 10 11 12	13 14 15 16 17	18 19 20 21 —	0	39
		9	22 23 24 25 26	27 28 29 30 01	2 3 4 5 6	7 8 9 10 11	12 13 14 15 16	17 18 19 20 21	1	8
		10	22 23 24 25 26	27 28 29 30 31	N1 2 3 4 5	6 7 8 9 10	11 12 13 14 15	16 17 18 19 —	3	38
		11	20 21 22 23 24	25 26 27 28 29	30 D1 2 3 4	5 6 7 8 9	10 11 12 13 14	15 16 17 18 19	4	7
		12	20 21 22 23 24	25 26 27 28 29	30 31 11 2 3	4 5 6 7 8	9 10 11 12 13	14 15 16 17 —	6	37
慶曆 8 戊子 1048–49	50	1	18 19 20 21 22	23 24 25 26 27	28 29 30 31 21	2 3 4 5 6	7 8 9 10 11	12 13 14 15 16	0	6
		1	17 18 19 20 21	22 23 24 25 26	27 28 29 31 2	3 4 5 6 7	8 9 10 11 12	13 14 15 16 —	2	36
		2	17 18 19 20 21	22 23 24 25 26	27 28 29 30 31	41 2 3 4 5	6 7 8 9 10	11 12 13 14 15	3	5
		3	16 17 18 19 20	21 22 23 24 25	26 27 28 29 30	51 2 3 4 5	6 7 8 9 10	11 12 13 14 15	5	35
		4	16 17 18 19 20	21 22 23 24 25	26 27 28 29 30	31 61 2 3 4	5 6 7 8 9	10 11 12 13 —	0	5
		5	14 15 16 17 18	19 20 21 22 23	24 25 26 27 28	29 30 71 2 3	4 5 6 7 8	9 10 11 12 13	1	34
		6	14 15 16 17 18	19 20 21 22 23	24 25 26 27 28	29 30 31 81 2	3 4 5 6 7	8 9 10 11 —	3	4
		7	12 13 14 15 16	17 18 19 20 21	22 23 24 25 26	27 28 29 30 31	91 2 3 4 5	6 7 8 9 10	4	33
		8	11 12 13 14 15	16 17 18 19 20	21 22 23 24 25	26 27 28 29 30	01 2 3 4 5	6 7 8 9 —	6	3
		9	10 11 12 13 14	15 16 17 18 19	20 21 22 23 24	25 26 27 28 29	30 31 N1 2 3	4 5 6 7 8	0	32
		10	9 10 11 12 13	14 15 16 17 18	19 20 21 22 23	24 25 26 27 28	29 30 D1 2 3	4 5 6 7 —	2	2
		11	8 9 10 11 12	13 14 15 16 17	18 19 20 21 22	23 24 25 26 27	28 29 30 31 11	2 3 4 5 6	3	31
		12	7 8 9 10 11	12 13 14 15 16	17 18 19 20 21	22 23 24 25 26	27 28 29 30 31	21 2 3 4 —	5	1
皇祐 1 己丑 1049–50	2	1	5 6 7 8 9	10 11 12 13 14	15 16 17 18 19	20 21 22 23 24	25 26 27 28 31	2 3 4 5 6	6	30
		2	7 8 9 10 11	12 13 14 15 16	17 18 19 20 21	22 23 24 25 26	27 28 29 30 31	41 2 3 4 —	1	0
		3	5 6 7 8 9	10 11 12 13 14	15 16 17 18 19	20 21 22 23 24	25 26 27 28 29	30 51 2 3 4	2	29
		4	5 6 7 8 9	10 11 12 13 14	15 16 17 18 19	20 21 22 23 24	25 26 27 28 29	30 31 61 2 —	4	59
		5	3 4 5 6 7	8 9 10 11 12	13 14 15 16 17	18 19 20 21 22	23 24 25 26 27	28 29 30 71 2	5	28
		6	3 4 5 6 7	8 9 10 11 12	13 14 15 16 17	18 19 20 21 22	23 24 25 26 27	28 29 30 31 81	0	58
		7	2 3 4 5 6	7 8 9 10 11	12 13 14 15 16	17 18 19 20 21	22 23 24 25 26	27 28 29 30 —	2	28
		8	31 91 2 3 4	5 6 7 8 9	10 11 12 13 14	15 16 17 18 19	20 21 22 23 24	25 26 27 28 29	3	57
		9	30 01 2 3 4	5 6 7 8 9	10 11 12 13 14	15 16 17 18 19	20 21 22 23 24	25 26 27 28 —	5	27
		10	29 30 31 N1 2	3 4 5 6 7	8 9 10 11 12	13 14 15 16 17	18 19 20 21 22	23 24 25 26 27	6	56
		11	28 29 30 D1 2	3 4 5 6 7	8 9 10 11 12	13 14 15 16 17	18 19 20 21 22	23 24 25 26 27	1	26
		12	28 29 30 31 11	2 3 4 5 6	7 8 9 10 11	12 13 14 15 16	17 18 19 20 21	22 23 24 25 —	3	56
皇祐 2 庚寅 1050–51	14	1	26 27 28 29 30	31 21 2 3 4	5 6 7 8 9	10 11 12 13 14	15 16 17 18 19	20 21 22 23 —	4	25
		2	24 25 26 27 28	31 2 3 4 5	6 7 8 9 10	11 12 13 14 15	16 17 18 19 20	21 22 23 24 25	5	54
		3	26 27 28 29 30	31 41 2 3 4	5 6 7 8 9	10 11 12 13 14	15 16 17 18 19	20 21 22 23 —	0	24
		4	24 25 26 27 28	29 30 51 2 3	4 5 6 7 8	9 10 11 12 13	14 15 16 17 18	19 20 21 22 23	1	53
		5	24 25 26 27 28	29 30 31 61 2	3 4 5 6 7	8 9 10 11 12	13 14 15 16 17	18 19 20 21 —	3	23
		6	22 23 24 25 26	27 28 29 30 71	2 3 4 5 6	7 8 9 10 11	12 13 14 15 16	17 18 19 20 21	4	52
		7	22 23 24 25 26	27 28 29 30 31	81 2 3 4 5	6 7 8 9 10	11 12 13 14 15	16 17 18 19 —	6	22
		8	20 21 22 23 24	25 26 27 28 29	30 31 91 2 3	4 5 6 7 8	9 10 11 12 13	14 15 16 17 18	0	51
		9	19 20 21 22 23	24 25 26 27 28	29 30 01 2 3	4 5 6 7 8	9 10 11 12 13	14 15 16 17 18	2	21
		10	19 20 21 22 23	24 25 26 27 28	29 30 31 N1 2	3 4 5 6 7	8 9 10 11 12	13 14 15 16 —	4	51
		11	17 18 19 20 21	22 23 24 25 26	27 28 29 30 D1	2 3 4 5 6	7 8 9 10 11	12 13 14 15 16	5	20
		11	17 18 19 20 21	22 23 24 25 26	27 28 29 30 31	11 2 3 4 5	6 7 8 9 10	11 12 13 14 15	0	50
		12	16 17 18 19 20	21 22 23 24 25	26 27 28 29 30	31 21 2 3 4	5 6 7 8 9	10 11 12 13 —	2	20

年序 Year	陰曆月序 Moon	陰曆日序 Order of days (Lunar)						星期 Week	干支 Cycle
		1 2 3 4 5	6 7 8 9 10	11 12 13 14 15	16 17 18 19 20	21 22 23 24 25	26 27 28 29 30		
皇祐 3 辛卯 1051–52	26 1	14 15 16 17 18	19 20 21 22 23	24 25 26 27 28	31 2 3 4 5	6 7 8 9 10	11 12 13 14 —	3	49
	2	15 16 17 18 19	20 21 22 23 24	25 26 27 28 29	30 31 41 2 3	4 5 6 7 8	9 10 11 12 13	4	18
	3	14 15 16 17 18	19 20 21 22 23	24 25 26 27 28	29 30 51 2 3	4 5 6 7 8	9 10 11 12 —	6	48
	4	13 14 15 16 17	18 19 20 21 22	23 24 25 26 27	28 29 30 31 61	2 3 4 5 6	7 8 9 10 —	0	17
	5	11 12 13 14 15	16 17 18 19 20	21 22 23 24 25	26 27 28 29 30	71 2 3 4 5	6 7 8 9 10	1	46
	6	11 12 13 14 15	16 17 18 19 20	21 22 23 24 25	26 27 28 29 30	31 81 2 3 4	5 6 7 8 —	3	16
	7	9 10 11 12 13	14 15 16 17 18	19 20 21 22 23	24 25 26 27 28	29 30 31 91 2	3 4 5 6 7	4	45
	8	8 9 10 11 12	13 14 15 16 17	18 19 20 21 22	23 24 25 26 27	28 29 30 01 2	3 4 5 6 7	6	15
	9	8 9 10 11 12	13 14 15 16 17	18 19 20 21 22	23 24 25 26 27	28 29 30 31 N1	2 3 4 5 6	1	45
	10	7 8 9 10 11	12 13 14 15 16	17 18 19 20 21	22 23 24 25 26	27 28 29 30 D1	2 3 4 5 —	3	15
	11	6 7 8 9 10	11 12 13 14 15	16 17 18 19 20	21 22 23 24 25	26 27 28 29 30	31 11 2 3 4	4	44
	12	5 6 7 8 9	10 11 12 13 14	15 16 17 18 19	20 21 22 23 24	25 26 27 28 29	30 31 21 2 3	6	14
皇祐 4 壬辰 1052–53	38 1	4 5 6 7 8	9 10 11 12 13	14 15 16 17 18	19 20 21 22 23	24 25 26 27 28	29 31 2 3 —	1	44
	2	4 5 6 7 8	9 10 11 12 13	14 15 16 17 18	19 20 21 22 23	24 25 26 27 28	29 30 31 41 —	2	13
	3	2 3 4 5 6	7 8 9 10 11	12 13 14 15 16	17 18 19 20 21	22 23 24 25 26	27 28 29 30 51	3	42
	4	2 3 4 5 6	7 8 9 10 11	12 13 14 15 16	17 18 19 20 21	22 23 24 25 26	27 28 29 30 —	5	12
	5	31 61 2 3 4	5 6 7 8 9	10 11 12 13 14	15 16 17 18 19	20 21 22 23 24	25 26 27 28 —	6	41
	6	29 30 71 2 3	4 5 6 7 8	9 10 11 12 13	14 15 16 17 18	19 20 21 22 23	24 25 26 27 28	0	10
	7	29 30 31 81 2	3 4 5 6 7	8 9 10 11 12	13 14 15 16 17	18 19 20 21 22	23 24 25 26 —	2	40
	8	27 28 29 30 31	91 2 3 4 5	6 7 8 9 10	11 12 13 14 15	16 17 18 19 20	21 22 23 24 25	3	9
	9	26 27 28 29 30	01 2 3 4 5	6 7 8 9 10	11 12 13 14 15	16 17 18 19 20	21 22 23 24 25	5	39
	10	26 27 28 29 30	31 N1 2 3 4	5 6 7 8 9	10 11 12 13 14	15 16 17 18 19	20 21 22 23 —	0	9
	11	24 25 26 27 28	29 30 D1 2 3	4 5 6 7 8	9 10 11 12 13	14 15 16 17 18	19 20 21 22 23	1	38
	12	24 25 26 27 28	29 30 31 11 2	3 4 5 6 7	8 9 10 11 12	13 14 15 16 17	18 19 20 21 22	3	8
皇祐 5 癸巳 1053–54	50 1	23 24 25 26 27	28 29 30 31 21	2 3 4 5 6	7 8 9 10 11	12 13 14 15 16	17 18 19 20 —	5	38
	2	21 22 23 24 25	26 27 28 31 2	3 4 5 6 7	8 9 10 11 12	13 14 15 16 17	18 19 20 21 22	6	7
	3	23 24 25 26 27	28 29 30 31 41	2 3 4 5 6	7 8 9 10 11	12 13 14 15 16	17 18 19 20 —	1	37
	4	21 22 23 24 25	26 27 28 29 30	51 2 3 4 5	6 7 8 9 10	11 12 13 14 15	16 17 18 19 20	2	6
	5	21 22 23 24 25	26 27 28 29 30	31 61 2 3 4	5 6 7 8 9	10 11 12 13 14	15 16 17 18 —	4	36
	6	19 20 21 22 23	24 25 26 27 28	29 30 71 2 3	4 5 6 7 8	9 10 11 12 13	14 15 16 17 —	5	5
	7	18 19 20 21 22	23 24 25 26 27	28 29 30 31 81	2 3 4 5 6	7 8 9 10 11	12 13 14 15 16	6	34
	7	17 18 19 20 21	22 23 24 25 26	27 28 29 30 31	91 2 3 4 5	6 7 8 9 10	11 12 13 14 —	1	4
	8	15 16 17 18 19	20 21 22 23 24	25 26 27 28 29	30 01 2 3 4	5 6 7 8 9	10 11 12 13 14	2	33
	9	15 16 17 18 19	20 21 22 23 24	25 26 27 28 29	30 31 N1 2 3	4 5 6 7 8	9 10 11 12 —	4	3
	10	13 14 15 16 17	18 19 20 21 22	23 24 25 26 27	28 29 30 D1 2	3 4 5 6 7	8 9 10 11 12	5	32
	11	13 14 15 16 17	18 19 20 21 22	23 24 25 26 27	28 29 30 31 11	2 3 4 5 6	7 8 9 10 11	0	2
	12	12 13 14 15 16	17 18 19 20 21	22 23 24 25 26	27 28 29 30 31	21 2 3 4 5	6 7 8 9 10	2	32
至和 1 甲午 1054–55	2 1	11 12 13 14 15	16 17 18 19 20	21 22 23 24 25	26 27 28 31 2	3 4 5 6 7	8 9 10 11 —	4	2
	2	12 13 14 15 16	17 18 19 20 21	22 23 24 25 26	27 28 29 30 31	41 2 3 4 5	6 7 8 9 10	5	31
	3	11 12 13 14 15	16 17 18 19 20	21 22 23 24 25	26 27 28 29 30	51 2 3 4 5	6 7 8 9 —	0	1
	4	10 11 12 13 14	15 16 17 18 19	20 21 22 23 24	25 26 27 28 29	30 31 61 2 3	4 5 6 7 8	1	30
	5	9 10 11 12 13	14 15 16 17 18	19 20 21 22 23	24 25 26 27 28	29 30 71 2 3	4 5 6 7 —	3	0
	6	8 9 10 11 12	13 14 15 16 17	18 19 20 21 22	23 24 25 26 27	28 29 30 31 81	2 3 4 5 —	4	29
	7	6 7 8 9 10	11 12 13 14 15	16 17 18 19 20	21 22 23 24 25	26 27 28 29 30	31 91 2 3 4	5	58
	8	5 6 7 8 9	10 11 12 13 14	15 16 17 18 19	20 21 22 23 24	25 26 27 28 29	30 01 2 3 —	0	28
	9	4 5 6 7 8	9 10 11 12 13	14 15 16 17 18	19 20 21 22 23	24 25 26 27 28	29 30 31 N1 2	1	57
	10	3 4 5 6 7	8 9 10 11 12	13 14 15 16 17	18 19 20 21 22	23 24 25 26 27	28 29 30 D1 —	3	27
	11	2 3 4 5 6	7 8 9 10 11	12 13 14 15 16	17 18 19 20 21	22 23 24 25 26	27 28 29 30 31	4	56
	12	11 2 3 4 5	6 7 8 9 10	11 12 13 14 15	16 17 18 19 20	21 22 23 24 25	26 27 28 29 30	6	26
至和 2 乙未 1055–56	14 1	31 21 2 3 4	5 6 7 8 9	10 11 12 13 14	15 16 17 18 19	20 21 22 23 24	25 26 27 28 —	1	56
	2	31 2 3 4 5	6 7 8 9 10	11 12 13 14 15	16 17 18 19 20	21 22 23 24 25	26 27 28 29 30	2	25
	3	31 41 2 3 4	5 6 7 8 9	10 11 12 13 14	15 16 17 18 19	20 21 22 23 24	25 26 27 28 29	4	55
	4	30 51 2 3 4	5 6 7 8 9	10 11 12 13 14	15 16 17 18 19	20 21 22 23 24	25 26 27 28 —	6	25
	5	29 30 31 61 2	3 4 5 6 7	8 9 10 11 12	13 14 15 16 17	18 19 20 21 22	23 24 25 26 27	0	54
	6	28 29 30 71 2	3 4 5 6 7	8 9 10 11 12	13 14 15 16 17	18 19 20 21 22	23 24 25 26 —	2	24
	7	27 28 29 30 31	81 2 3 4 5	6 7 8 9 10	11 12 13 14 15	16 17 18 19 20	21 22 23 24 —	3	53
	8	25 26 27 28 29	30 31 91 2 3	4 5 6 7 8	9 10 11 12 13	14 15 16 17 18	19 20 21 22 23	4	22
	9	24 25 26 27 28	29 30 01 2 3	4 5 6 7 8	9 10 11 12 13	14 15 16 17 18	19 20 21 22 —	6	52
	10	23 24 25 26 27	28 29 30 31 N1	2 3 4 5 6	7 8 9 10 11	12 13 14 15 16	17 18 19 20 21	0	21
	11	22 23 24 25 26	27 28 29 30 D1	2 3 4 5 6	7 8 9 10 11	12 13 14 15 16	17 18 19 20 —	2	51
	12	21 22 23 24 25	26 27 28 29 30	31 11 2 3 4	5 6 7 8 9	10 11 12 13 14	15 16 17 18 19	3	20

年序 Year	陰曆月序 Moon	1 2 3 4 5	6 7 8 9 10	11 12 13 14 15	16 17 18 19 20	21 22 23 24 25	26 27 28 29 30	星期 Week	干支 Cycle
嘉祐 1 丙申 1056–57	26 1	20 21 22 23 24	25 26 27 28 29	30 31 21 2 3	4 5 6 7 8	9 10 11 12 13	14 15 16 17 —	5	50
	2	18 19 20 21 22	23 24 25 26 27	28 29 31 2 3	4 5 6 7 8	9 10 11 12 13	14 15 16 17 18	6	19
	3	19 20 21 22 23	24 25 26 27 28	29 30 31 41 2	3 4 5 6 7	8 9 10 11 12	13 14 15 16 17	1	49
	3	18 19 20 21 22	23 24 25 26 27	28 29 30 51 2	3 4 5 6 7	8 9 10 11 12	13 14 15 16 —	3	19
	4	17 18 19 20 21	22 23 24 25 26	27 28 29 30 31	61 2 3 4 5	6 7 8 9 10	11 12 13 14 15	4	48
	5	16 17 18 19 20	21 22 23 24 25	26 27 28 29 30	71 2 3 4 5	6 7 8 9 10	11 12 13 14 —	6	18
	6	15 16 17 18 19	20 21 22 23 24	25 26 27 28 29	30 31 81 2 3	4 5 6 7 8	9 10 11 12 13	0	47
	7	14 15 16 17 18	19 20 21 22 23	24 25 26 27 28	29 30 31 91 2	3 4 5 6 7	8 9 10 11 —	2	17
	8	12 13 14 15 16	17 18 19 20 21	22 23 24 25 26	27 28 29 30 01	2 3 4 5 6	7 8 9 10 11	3	46
	9][	12 13 14 15 16	17 18 19 20 21	22 23 24 25 26	27 28 29 30 31	N1 2 3 4 5	6 7 8 9 —	5	16
	10	10 11 12 13 14	15 16 17 18 19	20 21 22 23 24	25 26 27 28 29	30 D1 2 3 4	5 6 7 8 9	6	45
	11	10 11 12 13 14	15 16 17 18 19	20 21 22 23 24	25 26 27 28 29	30 31 11 2 3	4 5 6 7 —	1	15
	12	8 9 10 11 12	13 14 15 16 17	18 19 20 21 22	23 24 25 26 27	28 29 30 31 21	2 3 4 5 6	2	44
嘉祐 2 丁酉 1057–58	38 1	7 8 9 10 11	12 13 14 15 16	17 18 19 20 21	22 23 24 25 26	27 28 31 2 3	4 5 6 7 —	4	14
	2	8 9 10 11 12	13 14 15 16 17	18 19 20 21 22	23 24 25 26 27	28 29 30 31 41	2 3 4 5 6	5	43
	3	7 8 9 10 11	12 13 14 15 16	17 18 19 20 21	22 23 24 25 26	27 28 29 30 51	2 3 4 5 6	0	13
	4	7 8 9 10 11	12 13 14 15 16	17 18 19 20 21	22 23 24 25 26	27 28 29 30 31	61 2 3 4 —	2	43
	5	5 6 7 8 9	10 11 12 13 14	15 16 17 18 19	20 21 22 23 24	25 26 27 28 29	30 71 2 3 4	3	12
	6	5 6 7 8 9	10 11 12 13 14	15 16 17 18 19	20 21 22 23 24	25 26 27 28 29	30 31 81 2 —	5	42
	7	3 4 5 6 7	8 9 10 11 12	13 14 15 16 17	18 19 20 21 22	23 24 25 26 27	28 29 30 31 91	6	11
	8	2 3 4 5 6	7 8 9 10 11	12 13 14 15 16	17 18 19 20 21	22 23 24 25 26	27 28 29 30 —	1	41
	9	01 2 3 4 5	6 7 8 9 10	11 12 13 14 15	16 17 18 19 20	21 22 23 24 25	26 27 28 29 30	2	10
	10	31 N1 2 3 4	5 6 7 8 9	10 11 12 13 14	15 16 17 18 19	20 21 22 23 24	25 26 27 28 —	4	40
	11	29 30 D1 2 3	4 5 6 7 8	9 10 11 12 13	14 15 16 17 18	19 20 21 22 23	24 25 26 27 28	5	9
	12	29 30 31 11 2	3 4 5 6 7	8 9 10 11 12	13 14 15 16 17	18 19 20 21 22	23 24 25 26 —	0	39
嘉祐 3 戊戌 1058–59	50 1	27 28 29 30 31	21 2 3 4 5	6 7 8 9 10	11 12 13 14 15	16 17 18 19 20	21 22 23 24 25	1	8
	2	26 27 28 31 2	3 4 5 6 7	8 9 10 11 12	13 14 15 16 17	18 19 20 21 22	23 24 25 26 —	3	38
	3	27 28 29 30 31	41 2 3 4 5	6 7 8 9 10	11 12 13 14 15	16 17 18 19 20	21 22 23 24 25	4	7
	4	26 27 28 29 30	51 2 3 4 5	6 7 8 9 10	11 12 13 14 15	16 17 18 19 20	21 22 23 24 —	6	37
	5	25 26 27 28 29	30 31 61 2 3	4 5 6 7 8	9 10 11 12 13	14 15 16 17 18	19 20 21 22 23	0	6
	6	24 25 26 27 28	29 30 71 2 3	4 5 6 7 8	9 10 11 12 13	14 15 16 17 18	19 20 21 22 —	2	36
	7	23 24 25 26 27	28 29 30 31 81	2 3 4 5 6	7 8 9 10 11	12 13 14 15 16	17 18 19 20 21	3	5
	8	22 23 24 25 26	27 28 29 30 31	91 2 3 4 5	6 7 8 9 10	11 12 13 14 15	16 17 18 19 20	5	35
	9	21 22 23 24 25	26 27 28 29 30	01 2 3 4 5	6 7 8 9 10	11 12 13 14 15	16 17 18 19 —	0	5
	10	20 21 22 23 24	25 26 27 28 29	30 31 N1 2 3	4 5 6 7 8	9 10 11 12 13	14 15 16 17 18	1	34
	11	19 20 21 22 23	24 25 26 27 28	29 30 D1 2 3	4 5 6 7 8	9 10 11 12 13	14 15 16 17 —	3	4
	12	18 19 20 21 22	23 24 25 26 27	28 29 30 31 11	2 3 4 5 6	7 8 9 10 11	12 13 14 15 16	4	33
	12	17 18 19 20 21	22 23 24 25 26	27 28 29 30 31	21 2 3 4 5	6 7 8 9 10	11 12 13 14 —	6	3
嘉祐 4 己亥 1059–60	2 1	15 16 17 18 19	20 21 22 23 24	25 26 27 28 31	2 3 4 5 6	7 8 9 10 11	12 13 14 15 16	0	32
	2	17 18 19 20 21	22 23 24 25 26	27 28 29 30 31	41 2 3 4 5	6 7 8 9 10	11 12 13 14 —	2	2
	3	15 16 17 18 19	20 21 22 23 24	25 26 27 28 29	30 51 2 3 4	5 6 7 8 9	10 11 12 13 14	3	31
	4	15 16 17 18 19	20 21 22 23 24	25 26 27 28 29	30 31 61 2 3	4 5 6 7 8	9 10 11 12 —	5	1
	5	13 14 15 16 17	18 19 20 21 22	23 24 25 26 27	28 29 30 71 2	3 4 5 6 7	8 9 10 11 —	6	30
	6	12 13 14 15 16	17 18 19 20 21	22 23 24 25 26	27 28 29 30 31	81 2 3 4 5	6 7 8 9 10	0	59
	7	11 12 13 14 15	16 17 18 19 20	21 22 23 24 25	26 27 28 29 30	31 91 2 3 4	5 6 7 8 9	2	29
	8	10 11 12 13 14	15 16 17 18 19	20 21 22 23 24	25 26 27 28 29	30 01 2 3 4	5 6 7 8 9	4	59
	9	10 11 12 13 14	15 16 17 18 19	20 21 22 23 24	25 26 27 28 29	30 31 N1 2 3	4 5 6 7 —	6	29
	10	8 9 10 11 12	13 14 15 16 17	18 19 20 21 22	23 24 25 26 27	28 29 30 D1 2	3 4 5 6 7	0	58
	11	8 9 10 11 12	13 14 15 16 17	18 19 20 21 22	23 24 25 26 27	28 29 30 31 11	2 3 4 5 6	2	28
	12	7 8 9 10 11	12 13 14 15 16	17 18 19 20 21	22 23 24 25 26	27 28 29 30 31	21 2 3 4 —	4	58
嘉祐 5 庚子 1060–61	14 1	5 6 7 8 9	10 11 12 13 14	15 16 17 18 19	20 21 22 23 24	25 26 27 28 29	31 2 3 4 —	5	27
	2	5 6 7 8 9	10 11 12 13 14	15 16 17 18 19	20 21 22 23 24	25 26 27 28 29	30 31 41 2 3	6	56
	3	4 5 6 7 8	9 10 11 12 13	14 15 16 17 18	19 20 21 22 23	24 25 26 27 28	29 30 51 2 —	1	26
	4	3 4 5 6 7	8 9 10 11 12	13 14 15 16 17	18 19 20 21 22	23 24 25 26 27	28 29 30 31 —	2	55
	5	61 2 3 4 5	6 7 8 9 10	11 12 13 14 15	16 17 18 19 20	21 22 23 24 25	26 27 28 29 30	3	24
	6	71 2 3 4 5	6 7 8 9 10	11 12 13 14 15	16 17 18 19 20	21 22 23 24 25	26 27 28 29 —	5	54
	7	30 31 81 2 3	4 5 6 7 8	9 10 11 12 13	14 15 16 17 18	19 20 21 22 23	24 25 26 27 28	6	23
	8	29 30 31 91 2	3 4 5 6 7	8 9 10 11 12	13 14 15 16 17	18 19 20 21 22	23 24 25 26 27	1	53
	9	28 29 30 01 2	3 4 5 6 7	8 9 10 11 12	13 14 15 16 17	18 19 20 21 22	23 24 25 26 —	3	23
	10	27 28 29 30 31	N1 2 3 4 5	6 7 8 9 10	11 12 13 14 15	16 17 18 19 20	21 22 23 24 25	4	52
	11	26 27 28 29 30	D1 2 3 4 5	6 7 8 9 10	11 12 13 14 15	16 17 18 19 20	21 22 23 24 25	6	22
	12	26 27 28 29 30	31 11 2 3 4	5 6 7 8 9	10 11 12 13 14	15 16 17 18 19	20 21 22 23 —	1	52.

年序 Year	陰曆月序 Moon	1 2 3 4 5	6 7 8 9 10	11 12 13 14 15	16 17 18 19 20	21 22 23 24 25	26 27 28 29 30	星期 Week	干支 Cycle
嘉祐 6 辛丑 1061–62	26 1	24 25 26 27 28	29 30 31 21 2	3 4 5 6 7	8 9 10 11 12	13 14 15 16 17	18 19 20 21 22	2	21
	2	23 24 25 26 27	28 31 2 3 4	5 6 7 8 9	10 11 12 13 14	15 16 17 18 19	20 21 22 23 —	4	51
	3	24 25 26 27 28	29 30 31 41 2	3 4 5 6 7	8 9 10 11 12	13 14 15 16 17	18 19 20 21 22	5	20
	4	23 24 25 26 27	28 29 30 51 2	3 4 5 6 7	8 9 10 11 12	13 14 15 16 17	18 19 20 21 —	0	50
	5	22 23 24 25 26	27 28 29 30 31	61 2 3 4 5	6 7 8 9 10	11 12 13 14 15	16 17 18 19 —	1	19
	6	20 21 22 23 24	25 26 27 28 29	30 71 2 3 4	5 6 7 8 9	10 11 12 13 14	15 16 17 18 19	2	48
	7	20 21 22 23 24	25 26 27 28 29	30 31 81 2 3	4 5 6 7 8	9 10 11 12 13	14 15 16 17 —	4	18
	8	18 19 20 21 22	23 24 25 26 27	28 29 30 31 91	2 3 4 5 6	7 8 9 10 11	12 13 14 15 16	5	47
	8	17 18 19 20 21	22 23 24 25 26	27 28 29 30 01	2 3 4 5 6	7 8 9 10 11	12 13 14 15 —	0	17
	9	16 17 18 19 20	21 22 23 24 25	26 27 28 29 30	31 N1 2 3 4	5 6 7 8 9	10 11 12 13 14	1	46
	10	15 16 17 18 19	20 21 22 23 24	25 26 27 28 29	30 D1 2 3 4	5 6 7 8 9	10 11 12 13 14	3	16
	11	15 16 17 18 19	20 21 22 23 24	25 26 27 28 29	30 31 11 2 3	4 5 6 7 8	9 10 11 12 13	5	46
	12	14 15 16 17 18	19 20 21 22 23	24 25 26 27 28	29 30 31 21 2	3 4 5 6 7	8 9 10 11 —	0	16
嘉祐 7 壬寅 1062–63	38 1	12 13 14 15 16	17 18 19 20 21	22 23 24 25 26	27 28 31 2 3	4 5 6 7 8	9 10 11 12 13	1	45
	2	14 15 16 17 18	19 20 21 22 23	24 25 26 27 28	29 30 31 41 2	3 4 5 6 7	8 9 10 11 —	3	15
	3	12 13 14 15 16	17 18 19 20 21	22 23 24 25 26	27 28 29 30 51	2 3 4 5 6	7 8 9 10 11	4	44
	4	12 13 14 15 16	17 18 19 20 21	22 23 24 25 26	27 28 29 30 31	61 2 3 4 5	6 7 8 9 —	6	14
	5	10 11 12 13 14	15 16 17 18 19	20 21 22 23 24	25 26 27 28 29	30 71 2 3 4	5 6 7 8 —	0	43
	6	9 10 11 12 13	14 15 16 17 18	19 20 21 22 23	24 25 26 27 28	29 30 31 81 2	3 4 5 6 7	1	12
	7	8 9 10 11 12	13 14 15 16 17	18 19 20 21 22	23 24 25 26 27	28 29 30 31 91	2 3 4 5 —	3	42
	8	6 7 8 9 10	11 12 13 14 15	16 17 18 19 20	21 22 23 24 25	26 27 28 29 30	01 2 3 4 5	4	11
	9	6 7 8 9 10	11 12 13 14 15	16 17 18 19 20	21 22 23 24 25	26 27 28 29 30	31 N1 2 3 —	6	41
	10	4 5 6 7 8	9 10 11 12 13	14 15 16 17 18	19 20 21 22 23	24 25 26 27 28	29 30 D1 2 3	0	10
	11	4 5 6 7 8	9 10 11 12 13	14 15 16 17 18	19 20 21 22 23	24 25 26 27 28	29 30 31 11 2	2	40
	12	3 4 5 6 7	8 9 10 11 12	13 14 15 16 17	18 19 20 21 22	23 24 25 26 27	28 29 30 31 —	4	10
嘉祐 8 癸卯 1063–64	50 1	21 2 3 4 5	6 7 8 9 10	11 12 13 14 15	16 17 18 19 20	21 22 23 24 25	26 27 28 31 2	5	39
	2	3 4 5 6 7	8 9 10 11 12	13 14 15 16 17	18 19 20 21 22	23 24 25 26 27	28 29 30 31 41	0	9
	3	2 3 4 5 6	7 8 9 10 11	12 13 14 15 16	17 18 19 20 21	22 23 24 25 26	27 28 29 30 —	2	39
	4	51 2 3 4 5	6 7 8 9 10	11 12 13 14 15	16 17 18 19 20	21 22 23 24 25	26 27 28 29 30	3	8
	5	31 61 2 3 4	5 6 7 8 9	10 11 12 13 14	15 16 17 18 19	20 21 22 23 24	25 26 27 28 —	5	38
	6	29 30 71 2 3	4 5 6 7 8	9 10 11 12 13	14 15 16 17 18	19 20 21 22 23	24 25 26 27 —	6	7
	7	28 29 30 31 81	2 3 4 5 6	7 8 9 10 11	12 13 14 15 16	17 18 19 20 21	22 23 24 25 26	0	36
	8	27 28 29 30 31	91 2 3 4 5	6 7 8 9 10	11 12 13 14 15	16 17 18 19 20	21 22 23 24 —	2	6
	9	25 26 27 28 29	30 01 2 3 4	5 6 7 8 9	10 11 12 13 14	15 16 17 18 19	20 21 22 23 —	3	35
	10	24 25 26 27 28	29 30 31 N1 2	3 4 5 6 7	8 9 10 11 12	13 14 15 16 17	18 19 20 21 22	4	4
	11	23 24 25 26 27	28 29 30 D1 2	3 4 5 6 7	8 9 10 11 12	13 14 15 16 17	18 19 20 21 22	6	34
	12	23 24 25 26 27	28 29 30 31 11	2 3 4 5 6	7 8 9 10 11	12 13 14 15 16	17 18 19 20 —	1	4
英宗 治平 1 甲辰 1064–65	2 1	21 22 23 24 25	26 27 28 29 30	31 21 2 3 4	5 6 7 8 9	10 11 12 13 14	15 16 17 18 19	2	33
	2	20 21 22 23 24	25 26 27 28 29	31 2 3 4 5	6 7 8 9 10	11 12 13 14 15	16 17 18 19 20	4	3
	3	21 22 23 24 25	26 27 28 29 30	31 41 2 3 4	5 6 7 8 9	10 11 12 13 14	15 16 17 18 19	6	33
	4	20 21 22 23 24	25 26 27 28 29	30 51 2 3 4	5 6 7 8 9	10 11 12 13 14	15 16 17 18 —	1	3
	5	19 20 21 22 23	24 25 26 27 28	29 30 31 61 2	3 4 5 6 7	8 9 10 11 12	13 14 15 16 17	2	32
	5	18 19 20 21 22	23 24 25 26 27	28 29 30 71 2	3 4 5 6 7	8 9 10 11 12	13 14 15 16 —	4	2
	6	17 18 19 20 21	22 23 24 25 26	27 28 29 30 31	81 2 3 4 5	6 7 8 9 10	11 12 13 14 —	5	31
	7	15 16 17 18 19	20 21 22 23 24	25 26 27 28 29	30 31 91 2 3	4 5 6 7 8	9 10 11 12 13	6	0
	8	14 15 16 17 18	19 20 21 22 23	24 25 26 27 28	29 30 01 2 3	4 5 6 7 8	9 10 11 12 —	1	30
	9	13 14 15 16 17	18 19 20 21 22	23 24 25 26 27	28 29 30 31 N1	2 3 4 5 6	7 8 9 10 —	2	59
	10	11 12 13 14 15	16 17 18 19 20	21 22 23 24 25	26 27 28 29 30	D1 2 3 4 5	6 7 8 9 10	3	28
	11	11 12 13 14 15	16 17 18 19 20	21 22 23 24 25	26 27 28 29 30	31 11 2 3 4	5 6 7 8 9	5	58
	12	10 11 12 13 14	15 16 17 18 19	20 21 22 23 24	25 26 27 28 29	30 31 21 2 3	4 5 6 7 —	0	28
治平 2 乙巳 1065–66	14 1	8 9 10 11 12	13 14 15 16 17	18 19 20 21 22	23 24 25 26 27	28 31 2 3 4	5 6 7 8 9	1	57
	2	10 11 12 13 14	15 16 17 18 19	20 21 22 23 24	25 26 27 28 29	30 31 41 2 3	4 5 6 7 8	3	27
	3	9 10 11 12 13	14 15 16 17 18	19 20 21 22 23	24 25 26 27 28	29 30 51 2 3	4 5 6 7 —	5	57
	4	8 9 10 11 12	13 14 15 16 17	18 19 20 21 22	23 24 25 26 27	28 29 30 31 61	2 3 4 5 6	6	26
	5	7 8 9 10 11	12 13 14 15 16	17 18 19 20 21	22 23 24 25 26	27 28 29 30 71	2 3 4 5 —	1	56
	6	6 7 8 9 10	11 12 13 14 15	16 17 18 19 20	21 22 23 24 25	26 27 28 29 30	31 81 2 3 4	2	25
	7	5 6 7 8 9	10 11 12 13 14	15 16 17 18 19	20 21 22 23 24	25 26 27 28 29	30 31 91 2 —	4	55
	8	3 4 5 6 7	8 9 10 11 12	13 14 15 16 17	18 19 20 21 22	23 24 25 26 27	28 29 30 01 2	5	24
	9	3 4 5 6 7	8 9 10 11 12	13 14 15 16 17	18 19 20 21 22	23 24 25 26 27	28 29 30 31 —	0	54
	10	N1 2 3 4 5	6 7 8 9 10	11 12 13 14 15	16 17 18 19 20	21 22 23 24 25	26 27 28 29 30	1	23
	11	D1 2 3 4 5	6 7 8 9 10	11 12 13 14 15	16 17 18 19 20	21 22 23 24 25	26 27 28 29 —	3	53
	12	30 31 11 2 3	4 5 6 7 8	9 10 11 12 13	14 15 16 17 18	19 20 21 22 23	24 25 26 27 28	4	22

年序 Year	陰曆月序 Moon	陰曆日序 Order of days (Lunar) 1 2 3 4 5	6 7 8 9 10	11 12 13 14 15	16 17 18 19 20	21 22 23 24 25	26 27 28 29 30	星期 Week	干支 Cycle
治平 3 丙午 1066–67	26 1	29 30 31 21 2	3 4 5 6 7	8 9 10 11 12	13 14 15 16 17	18 19 20 21 22	23 24 25 26 —	6	52
	2	27 28 31 2 3	4 5 6 7 8	9 10 11 12 13	14 15 16 17 18	19 20 21 22 23	24 25 26 27 28	0	21
	3	29 30 31 41 2	3 4 5 6 7	8 9 10 11 12	13 14 15 16 17	18 19 20 21 22	23 24 25 26 —	2	51
	4	27 28 29 30 51	2 3 4 5 6	7 8 9 10 11	12 13 14 15 16	17 18 19 20 21	22 23 24 25 26	3	20
	5	27 28 29 30 31	61 2 3 4 5	6 7 8 9 10	11 12 13 14 15	16 17 18 19 20	21 22 23 24 25	5	50
	6	26 27 28 29 30	71 2 3 4 5	6 7 8 9 10	11 12 13 14 15	16 17 18 19 20	21 22 23 24 —	0	20
	7	25 26 27 28 29	30 31 81 2 3	4 5 6 7 8	9 10 11 12 13	14 15 16 17 18	19 20 21 22 23	1	49
	8	24 25 26 27 28	29 30 31 91 2	3 4 5 6 7	8 9 10 11 12	13 14 15 16 17	18 19 20 21 —	3	19
	9	22 23 24 25 26	27 28 29 30 01	2 3 4 5 6	7 8 9 10 11	12 13 14 15 16	17 18 19 20 21	4	48
	10	22 23 24 25 26	27 28 29 30 31	N1 2 3 4 5	6 7 8 9 10	11 12 13 14 15	16 17 18 19 —	6	18
	11	20 21 22 23 24	25 26 27 28 29	30 D1 2 3 4	5 6 7 8 9	10 11 12 13 14	15 16 17 18 19	0	47
	12	20 21 22 23 24	25 26 27 28 29	30 31 11 2 3	4 5 6 7 8	9 10 11 12 13	14 15 16 17 —	2	17
治平 4 丁未 1067–68	38 1	18 19 20 21 22	23 24 25 26 27	28 29 30 31 21	2 3 4 5 6	7 8 9 10 11	12 13 14 15 16	3	46
	2	17 18 19 20 21	22 23 24 25 26	27 28 31 2 3	4 5 6 7 8	9 10 11 12 13	14 15 16 17 —	5	16
	3	18 19 20 21 22	23 24 25 26 27	28 29 30 31 41	2 3 4 5 6	7 8 9 10 11	12 13 14 15 16	6	45
	3	17 18 19 20 21	22 23 24 25 26	27 28 29 30 51	2 3 4 5 6	7 8 9 10 11	12 13 14 15 —	1	15
	4	16 17 18 19 20	21 22 23 24 25	26 27 28 29 30	31 61 2 3 4	5 6 7 8 9	10 11 12 13 14	2	44
	5	15 16 17 18 19	20 21 22 23 24	25 26 27 28 29	30 71 2 3 4	5 6 7 8 9	10 11 12 13 —	4	14
	6	14 15 16 17 18	19 20 21 22 23	24 25 26 27 28	29 30 31 81 2	3 4 5 6 7	8 9 10 11 12	5	43
	7	13 14 15 16 17	18 19 20 21 22	23 24 25 26 27	28 29 30 31 91	2 3 4 5 6	7 8 9 10 11	0	13
	8	12 13 14 15 16	17 18 19 20 21	22 23 24 25 26	27 28 29 30 01	2 3 4 5 6	7 8 9 10 —	2	43
	9	11 12 13 14 15	16 17 18 19 20	21 22 23 24 25	26 27 28 29 30	31 N1 2 3 4	5 6 7 8 9	3	12
	10	10 11 12 13 14	15 16 17 18 19	20 21 22 23 24	25 26 27 28 29	30 D1 2 3 4	5 6 7 8 —	5	42
	11	9 10 11 12 13	14 15 16 17 18	19 20 21 22 23	24 25 26 27 28	29 30 31 11 2	3 4 5 6 7	6	11
	12	8 9 10 11 12	13 14 15 16 17	18 19 20 21 22	23 24 25 26 27	28 29 30 31 21	2 3 4 5 —	1	14
神宗熙寧 1 戊申 1068–69	50 1	6 7 8 9 10	11 12 13 14 15	16 17 18 19 20	21 22 23 24 25	26 27 28 29 31	2 3 4 5 6	2	10
	2	7 8 9 10 11	12 13 14 15 16	17 18 19 20 21	22 23 24 25 26	27 28 29 30 31	41 2 3 4 —	4	40
	3	5 6 7 8 9	10 11 12 13 14	15 16 17 18 19	20 21 22 23 24	25 26 27 28 29	30 51 2 3 —	5	9
	4	4 5 6 7 8	9 10 11 12 13	14 15 16 17 18	19 20 21 22 23	24 25 26 27 28	29 30 31 61 2	6	38
	5	3 4 5 6 7	8 9 10 11 12	13 14 15 16 17	18 19 20 21 22	23 24 25 26 27	28 29 30 71 —	1	8
	6	2 3 4 5 6	7 8 9 10 11	12 13 14 15 16	17 18 19 20 21	22 23 24 25 26	27 28 29 30 31	2	37
	7	81 2 3 4 5	6 7 8 9 10	11 12 13 14 15	16 17 18 19 20	21 22 23 24 25	26 27 28 29 30	4	7
	8	31 91 2 3 4	5 6 7 8 9	10 11 12 13 14	15 16 17 18 19	20 21 22 23 24	25 26 27 28 —	6	37
	9	29 30 01 2 3	4 5 6 7 8	9 10 11 12 13	14 15 16 17 18	19 20 21 22 23	24 25 26 27 28	0	6
	10	29 30 31 N1 2	3 4 5 6 7	8 9 10 11 12	13 14 15 16 17	18 19 20 21 22	23 24 25 26 27	2	36
	11	28 29 30 D1 2	3 4 5 6 7	8 9 10 11 12	13 14 15 16 17	18 19 20 21 22	23 24 25 26 —	4	6
	12	27 28 29 30 31	11 2 3 4 5	6 7 8 9 10	11 12 13 14 15	16 17 18 19 20	21 22 23 24 25	5	35
熙寧 2 己酉 1069–70	2 1	26 27 28 29 30	31 21 2 3 4	5 6 7 8 9	10 11 12 13 14	15 16 17 18 19	20 21 22 23 —	0	5
	2	24 25 26 27 28	31 2 3 4 5	6 7 8 9 10	11 12 13 14 15	16 17 18 19 20	21 22 23 24 25	1	34
	3	26 27 28 29 30	31 41 2 3 4	5 6 7 8 9	10 11 12 13 14	15 16 17 18 19	20 21 22 23 —	3	4
	4	24 25 26 27 28	29 30 51 2 3	4 5 6 7 8	9 10 11 12 13	14 15 16 17 18	19 20 21 22 —	4	33
	5	23 24 25 26 27	28 29 30 31 61	2 3 4 5 6	7 8 9 10 11	12 13 14 15 16	17 18 19 20 21	5	2
	6	22 23 24 25 26	27 28 29 30 71	2 3 4 5 6	7 8 9 10 11	12 13 14 15 16	17 18 19 20 —	0	32
	7	21 22 23 24 25	26 27 28 29 30	31 81 2 3 4	5 6 7 8 9	10 11 12 13 14	15 16 17 18 19	1	1
	8	20 21 22 23 24	25 26 27 28 29	30 31 91 2 3	4 5 6 7 8	9 10 11 12 13	14 15 16 17 —	3	31
	9	18 19 20 21 22	23 24 25 26 27	28 29 30 01 2	3 4 5 6 7	8 9 10 11 12	13 14 15 16 17	4	0
	10	18 19 20 21 22	23 24 25 26 27	28 29 30 31 N1	2 3 4 5 6	7 8 9 10 11	12 13 14 15 16	6	30
	11	17 18 19 20 21	22 23 24 25 26	27 28 29 30 D1	2 3 4 5 6	7 8 9 10 11	12 13 14 15 16	1	0
	11	17 18 19 20 21	22 23 24 25 26	27 28 29 30 31	11 2 3 4 5	6 7 8 9 10	11 12 13 14 —	3	30
	12	15 16 17 18 19	20 21 22 23 24	25 26 27 28 29	30 31 21 2 3	4 5 6 7 8	9 10 11 12 13	4	59
熙寧 3 庚戌 1070–71	14 1	14 15 16 17 18	19 20 21 22 23	24 25 26 27 28	31 2 3 4 5	6 7 8 9 10	11 12 13 14 —	6	29
	2	15 16 17 18 19	20 21 22 23 24	25 26 27 28 29	30 31 41 2 3	4 5 6 7 8	9 10 11 12 13	0	58
	3	14 15 16 17 18	19 20 21 22 23	24 25 26 27 28	29 30 51 2 3	4 5 6 7 8	9 10 11 12 —	2	28
	4	13 14 15 16 17	18 19 20 21 22	23 24 25 26 27	28 29 30 31 61	2 3 4 5 6	7 8 9 10 —	3	57
	5	11 12 13 14 15	16 17 18 19 20	21 22 23 24 25	26 27 28 29 30	71 2 3 4 5	6 7 8 9 10	4	26
	6	11 12 13 14 15	16 17 18 19 20	21 22 23 24 25	26 27 28 29 30	31 81 2 3 4	5 6 7 8 —	6	56
	7	9 10 11 12 13	14 15 16 17 18	19 20 21 22 23	24 25 26 27 28	29 30 31 91 2	3 4 5 6 —	0	25
	8	7 8 9 10 11	12 13 14 15 16	17 18 19 20 21	22 23 24 25 26	27 28 29 30 01	2 3 4 5 6	1	54
	9	7 8 9 10 11	12 13 14 15 16	17 18 19 20 21	22 23 24 25 26	27 28 29 30 31	N1 2 3 4 5	3	24
	10	6 7 8 9 10	11 12 13 14 15	16 17 18 19 20	21 22 23 24 25	26 27 28 29 30	D1 2 3 4 5	5	54
	11	6 7 8 9 10	11 12 13 14 15	16 17 18 19 20	21 22 23 24 25	26 27 28 29 30	31 11 2 3 —	0	24
	12	4 5 6 7 8	9 10 11 12 13	14 15 16 17 18	19 20 21 22 23	24 25 26 27 28	29 30 31 21 2	1	53

年序 Year	陰曆月序 Moon	陰曆日序 Order of days (Lunar)						星期 Week	干支 Cycle
		1 2 3 4 5	6 7 8 9 10	11 12 13 14 15	16 17 18 19 20	21 22 23 24 25	26 27 28 29 30		
熙寧4辛亥 1071–72	26 1	3 4 5 6 7	8 9 10 11 12	13 14 15 16 17	18 19 20 21 22	23 24 25 26 27	28 31 2 3 4	3	23
	2	5 6 7 8 9	10 11 12 13 14	15 16 17 18 19	20 21 22 23 24	25 26 27 28 29	30 31 41 2 —	5	53
	3	3 4 5 6 7	8 9 10 11 12	13 14 15 16 17	18 19 20 21 22	23 24 25 26 27	28 29 30 51 2	6	22
	4	3 4 5 6 7	8 9 10 11 12	13 14 15 16 17	18 19 20 21 22	23 24 25 26 27	28 29 30 31 —	1	52
	5	61 2 3 4 5	6 7 8 9 10	11 12 13 14 15	16 17 18 19 20	21 22 23 24 25	26 27 28 29 —	2	21
	6	30 71 2 3 4	5 6 7 8 9	10 11 12 13 14	15 16 17 18 19	20 21 22 23 24	25 26 27 28 29	3	50
	7	30 31 81 2 3	4 5 6 7 8	9 10 11 12 13	14 15 16 17 18	19 20 21 22 23	24 25 26 27 —	5	20
	8	28 29 30 31 91	2 3 4 5 6	7 8 9 10 11	12 13 14 15 16	17 18 19 20 21	22 23 24 25 —	6	49
	9	26 27 28 29 30	01 2 3 4 5	6 7 8 9 10	11 12 13 14 15	16 17 18 19 20	21 22 23 24 25	0	18
	10	26 27 28 29 30	31 N1 2 3 4	5 6 7 8 9	10 11 12 13 14	15 16 17 18 19	20 21 22 23 24	2	48
	11	25 26 27 28 29	30 D1 2 3 4	5 6 7 8 9	10 11 12 13 14	15 16 17 18 19	20 21 22 23 —	4	18
	12	24 25 26 27 28	29 30 31 11 2	3 4 5 6 7	8 9 10 11 12	13 14 15 16 17	18 19 20 21 22	5	47
熙寧5壬子 1072–73	38 1	23 24 25 26 27	28 29 30 31 21	2 3 4 5 6	7 8 9 10 11	12 13 14 15 16	17 18 19 20 21	0	17
	2	22 23 24 25 26	27 28 29 31 2	3 4 5 6 7	8 9 10 11 12	13 14 15 16 17	18 19 20 21 22	2	47
	3	23 24 25 26 27	28 29 30 31 41	2 3 4 5 6	7 8 9 10 11	12 13 14 15 16	17 18 19 20 —	4	17
	4	21 22 23 24 25	26 27 28 29 30	51 2 3 4 5	6 7 8 9 10	11 12 13 14 15	16 17 18 19 20	5	46
	5	21 22 23 24 25	26 27 28 29 30	31 61 2 3 4	5 6 7 8 9	10 11 12 13 14	15 16 17 18 —	0	16
	6	19 20 21 22 23	24 25 26 27 28	29 30 71 2 3	4 5 6 7 8	9 10 11 12 13	14 15 16 17 —	1	45
	7	18 19 20 21 22	23 24 25 26 27	28 29 30 31 81	2 3 4 5 6	7 8 9 10 11	12 13 14 15 16	2	14
	7	17 18 19 20 21	22 23 24 25 26	27 28 29 30 31	91 2 3 4 5	6 7 8 9 10	11 12 13 14 —	4	44
	8	15 16 17 18 19	20 21 22 23 24	25 26 27 28 29	30 01 2 3 4	5 6 7 8 9	10 11 12 13 —	5	13
	9	14 15 16 17 18	19 20 21 22 23	24 25 26 27 28	29 30 31 N1 2	3 4 5 6 7	8 9 10 11 12	6	42
	10	13 14 15 16 17	18 19 20 21 22	23 24 25 26 27	28 29 30 D1 2	3 4 5 6 7	8 9 10 11 12	1	12
	11	13 14 15 16 17	18 19 20 21 22	23 24 25 26 27	28 29 30 31 11	2 3 4 5 6	7 8 9 10 —	3	42
	12	11 12 13 14 15	16 17 18 19 20	21 22 23 24 25	26 27 28 29 30	31 21 2 3 4	5 6 7 8 9	4	11
熙寧6癸丑 1073–74	50 1	10 11 12 13 14	15 16 17 18 19	20 21 22 23 24	25 26 27 28 31	2 3 4 5 6	7 8 9 10 11	3	41
	2	12 13 14 15 16	17 18 19 20 21	22 23 24 25 26	27 28 29 30 31	41 2 3 4 5	6 7 8 9 —	1	11
	3	10 11 12 13 14	15 16 17 18 19	20 21 22 23 24	25 26 27 28 29	30 51 2 3 4	5 6 7 8 9	2	40
	4	10 11 12 13 14	15 16 17 18 19	20 21 22 23 24	25 26 27 28 29	30 31 61 2 3	4 5 6 7 —	4	10
	5	8 9 10 11 12	13 14 15 16 17	18 19 20 21 22	23 24 25 26 27	28 29 30 71 2	3 4 5 6 7	5	39
	6	8 9 10 11 12	13 14 15 16 17	18 19 20 21 22	23 24 25 26 27	28 29 30 31 81	2 3 4 5 —	0	9
	7	6 7 8 9 10	11 12 13 14 15	16 17 18 19 20	21 22 23 24 25	26 27 28 29 30	31 91 2 3 4	1	38
	8	5 6 7 8 9	10 11 12 13 14	15 16 17 18 19	20 21 22 23 24	25 26 27 28 29	30 01 2 3 —	3	8
	9	4 5 6 7 8	9 10 11 12 13	14 15 16 17 18	19 20 21 22 23	24 25 26 27 28	29 30 31 N1 —	4	37
	10	2 3 4 5 6	7 8 9 10 11	12 13 14 15 16	17 18 19 20 21	22 23 24 25 26	27 28 29 30 D1	5	6
	11	2 3 4 5 6	7 8 9 10 11	12 13 14 15 16	17 18 19 20 21	22 23 24 25 26	27 28 29 30 —	0	36
	12	31 11 2 3 4	5 6 7 8 9	10 11 12 13 14	15 16 17 18 19	20 21 22 23 24	25 26 27 28 29	1	5
熙寧7甲寅 1074–75	2 1	30 31 21 2 3	4 5 6 7 8	9 10 11 12 13	14 15 16 17 18	19 20 21 22 23	24 25 26 27 28	3	35
	2	31 2 3 4 5	6 7 8 9 10	11 12 13 14 15	16 17 18 19 20	21 22 23 24 25	26 27 28 29 —	5	5
	3	30 31 41 2 3	4 5 6 7 8	9 10 11 12 13	14 15 16 17 18	19 20 21 22 23	24 25 26 27 28	6	34
	4	29 30 51 2 3	4 5 6 7 8	9 10 11 12 13	14 15 16 17 18	19 20 21 22 23	24 25 26 27 28	1	4
	5	29 30 31 61 2	3 4 5 6 7	8 9 10 11 12	13 14 15 16 17	18 19 20 21 22	23 24 25 26 —	3	34
	6	27 28 29 30 71	2 3 4 5 6	7 8 9 10 11	12 13 14 15 16	17 18 19 20 21	22 23 24 25 26	4	3
	7	27 28 29 30 31	81 2 3 4 5	6 7 8 9 10	11 12 13 14 15	16 17 18 19 20	21 22 23 24 —	6	33
	8	25 26 27 28 29	30 31 91 2 3	4 5 6 7 8	9 10 11 12 13	14 15 16 17 18	19 20 21 22 23	0	2
	9	24 25 26 27 28	29 30 01 2 3	4 5 6 7 8	9 10 11 12 13	14 15 16 17 18	19 20 21 22 —	2	32
	10	23 24 25 26 27	28 29 30 31 N1	2 3 4 5 6	7 8 9 10 11	12 13 14 15 16	17 18 19 20 21	3	1
	11	22 23 24 25 26	27 28 29 30 D1	2 3 4 5 6	7 8 9 10 11	12 13 14 15 16	17 18 19 20 —	5	31
	12	21 22 23 24 25	26 27 28 29 30	31 11 2 3 4	5 6 7 8 9	10 11 12 13 14	15 16 17 18 19	6	0
熙寧8乙卯 1075–76	14 1	20 21 22 23 24	25 26 27 28 29	30 31 21 2 3	4 5 6 7 8	9 10 11 12 13	14 15 16 17 —	1	30
	2	18 19 20 21 22	23 24 25 26 27	28 31 2 3 4	5 6 7 8 9	10 11 12 13 14	15 16 17 18 19	2	59
	3	20 21 22 23 24	25 26 27 28 29	30 31 41 2 3	4 5 6 7 8	9 10 11 12 13	14 15 16 17 —	4	29
	4	18 19 20 21 22	23 24 25 26 27	28 29 30 51 2	3 4 5 6 7	8 9 10 11 12	13 14 15 16 17	5	58
	4	18 19 20 21 22	23 24 25 26 27	28 29 30 31 61	2 3 4 5 6	7 8 9 10 11	12 13 14 15 —	0	28
	5	16 17 18 19 20	21 22 23 24 25	26 27 28 29 30	71 2 3 4 5	6 7 8 9 10	11 12 13 14 15	1	57
	6	16 17 18 19 20	21 22 23 24 25	26 27 28 29 30	31 81 2 3 4	5 6 7 8 9	10 11 12 13 14	3	27
	7	15 16 17 18 19	20 21 22 23 24	25 26 27 28 29	30 31 91 2 3	4 5 6 7 8	9 10 11 12 —	5	57
	8	13 14 15 16 17	18 19 20 21 22	23 24 25 26 27	28 29 30 01 2	3 4 5 6 7	8 9 10 11 12	6	26
	9	13 14 15 16 17	18 19 20 21 22	23 24 25 26 27	28 29 30 31 N1	2 3 4 5 6	7 8 9 10 —	1	56
	10	11 12 13 14 15	16 17 18 19 20	21 22 23 24 25	26 27 28 29 30	D1 2 3 4 5	6 7 8 9 10	2	25
	11	11 12 13 14 15	16 17 18 19 20	21 22 23 24 25	26 27 28 29 30	31 11 2 3 4	5 6 7 8 —	4	55
	12	9 10 11 12 13	14 15 16 17 18	19 20 21 22 23	24 25 26 27 28	29 30 31 21 2	3 4 5 6 7	5	24

年序 Year	陰曆月序 Moon	陰曆日序 Order of days (Lunar) 1 2 3 4 5	6 7 8 9 10	11 12 13 14 15	16 17 18 19 20	21 22 23 24 25	26 27 28 29 30	星期 Week	干支 Cycle
熙寧 9 丙辰 1076–77	26 1	8 9 10 11 12	13 14 15 16 17	18 19 20 21 22	23 24 25 26 27	28 29 31 2 3	4 5 6 7 —	0	54
	2	8 9 10 11 12	13 14 15 16 17	18 19 20 21 22	23 24 25 26 27	28 29 30 31 41	2 3 4 5 —	1	23
	3	6 7 8 9 10	11 12 13 14 15	16 17 18 19 20	21 22 23 24 25	26 27 28 29 30	51 2 3 4 5	2	52
	4	6 7 8 9 10	11 12 13 14 15	16 17 18 19 20	21 22 23 24 25	26 27 28 29 30	31 61 2 3 4	4	22
	5	5 6 7 8 9	10 11 12 13 14	15 16 17 18 19	20 21 22 23 24	25 26 27 28 29	30 71 2 3 —	6	52
	6	4 5 6 7 8	9 10 11 12 13	14 15 16 17 18	19 20 21 22 23	24 25 26 27 28	29 30 31 81 2	0	21
	7	3 4 5 6 7	8 9 10 11 12	13 14 15 16 17	18 19 20 21 22	23 24 25 26 27	28 29 30 31 —	2	51
	8	91 2 3 4 5	6 7 8 9 10	11 12 13 14 15	16 17 18 19 20	21 22 23 24 25	26 27 28 29 30	3	20
	9	01 2 3 4 5	6 7 8 9 10	11 12 13 14 15	16 17 18 19 20	21 22 23 24 25	26 27 28 29 30	5	50
	10	31 N1 2 3 4	5 6 7 8 9	10 11 12 13 14	15 16 17 18 19	20 21 22 23 24	25 26 27 28 —	0	20
	11	29 30 D1 2 3	4 5 6 7 8	9 10 11 12 13	14 15 16 17 18	19 20 21 22 23	24 25 26 27 28	1	49
	12	29 30 31 11 2	3 4 5 6 7	8 9 10 11 12	13 14 15 16 17	18 19 20 21 22	23 24 25 26 —	3	19
熙寧 10 丁巳 1077–78	38 1	27 28 29 30 31	21 2 3 4 5	6 7 8 9 10	11 12 13 14 15	16 17 18 19 20	21 22 23 24 25	4	48
	2	26 27 28 31 2	3 4 5 6 7	8 9 10 11 12	13 14 15 16 17	18 19 20 21 22	23 24 25 26 —	6	18
	3	27 28 29 30 31	41 2 3 4 5	6 7 8 9 10	11 12 13 14 15	16 17 18 19 20	21 22 23 24 —	0	47
	4	25 26 27 28 29	30 51 2 3 4	5 6 7 8 9	10 11 12 13 14	15 16 17 18 19	20 21 22 23 24	1	16
	5	25 26 27 28 29	30 31 61 2 3	4 5 6 7 8	9 10 11 12 13	14 15 16 17 18	19 20 21 22 —	3	46
	6	23 24 25 26 27	28 29 30 71 2	3 4 5 6 7	8 9 10 11 12	13 14 15 16 17	18 19 20 21 22	4	15
	7	23 24 25 26 27	28 29 30 31 81	2 3 4 5 6	7 8 9 10 11	12 13 14 15 16	17 18 19 20 —	6	45
	8	21 22 23 24 25	26 27 28 29 30	31 91 2 3 4	5 6 7 8 9	10 11 12 13 14	15 16 17 18 19	0	14
	9	20 21 22 23 24	25 26 27 28 29	30 01 2 3 4	5 6 7 8 9	10 11 12 13 14	15 16 17 18 19	2	44
	10	20 21 22 23 24	25 26 27 28 29	30 31 N1 2 3	4 5 6 7 8	9 10 11 12 13	14 15 16 17 18	4	14
	11	19 20 21 22 23	24 25 26 27 28	29 30 D1 2 3	4 5 6 7 8	9 10 11 12 13	14 15 16 17 —	6	44
	12	18 19 20 21 22	23 24 25 26 27	28 29 30 31 11	2 3 4 5 6	7 8 9 10 11	12 13 14 15 16	0	13
元豐 1 戊午 1078–79	50 1	17 18 19 20 21	22 23 24 25 26	27 28 29 30 31	21 2 3 4 5	6 7 8 9 10	11 12 13 14 —	2	43
	1	15 16 17 18 19	20 21 22 23 24	25 26 27 28 31	2 3 4 5 6	7 8 9 10 11	12 13 14 15 16	3	12
	2	17 18 19 20 21	22 23 24 25 26	27 28 29 30 31	41 2 3 4 5	6 7 8 9 10	11 12 13 14 —	5	42
	3	15 16 17 18 19	20 21 22 23 24	25 26 27 28 29	30 51 2 3 4	5 6 7 8 9	10 11 12 13 —	6	11
	4	14 15 16 17 18	19 20 21 22 23	24 25 26 27 28	29 30 31 61 2	3 4 5 6 7	8 9 10 11 12	0	40
	5	13 14 15 16 17	18 19 20 21 22	23 24 25 26 27	28 29 30 71 2	3 4 5 6 7	8 9 10 11 —	2	10
	6	12 13 14 15 16	17 18 19 20 21	22 23 24 25 26	27 28 29 30 31	81 2 3 4 5	6 7 8 9 10	3	39
	7	11 12 13 14 15	16 17 18 19 20	21 22 23 24 25	26 27 28 29 30	31 91 2 3 4	5 6 7 8 —	5	9
	8	9 10 11 12 13	14 15 16 17 18	19 20 21 22 23	24 25 26 27 28	29 30 01 2 3	4 5 6 7 8	6	38
	9	9 10 11 12 13	14 15 16 17 18	19 20 21 22 23	24 25 26 27 28	29 30 31 N1 2	3 4 5 6 7	1	8
	10	8 9 10 11 12	13 14 15 16 17	18 19 20 21 22	23 24 25 26 27	28 29 30 D1 2	3 4 5 6 —	3	38
	11	7 8 9 10 11	12 13 14 15 16	17 18 19 20 21	22 23 24 25 26	27 28 29 30 31	11 2 3 4 5	4	7
	12	6 7 8 9 10	11 12 13 14 15	16 17 18 19 20	21 22 23 24 25	26 27 28 29 30	31 21 2 3 4	6	37
元豐 2 己未 1079–80	2 1	5 6 7 8 9	10 11 12 13 14	15 16 17 18 19	20 21 22 23 24	25 26 27 28 31	2 3 4 5 —	1	7
	2	6 7 8 9 10	11 12 13 14 15	16 17 18 19 20	21 22 23 24 25	26 27 28 29 30	31 41 2 3 4	2	36
	3	5 6 7 8 9	10 11 12 13 14	15 16 17 18 19	20 21 22 23 24	25 26 27 28 29	30 51 2 3 —	4	6
	4	4 5 6 7 8	9 10 11 12 13	14 15 16 17 18	19 20 21 22 23	24 25 26 27 28	29 30 31 61 —	5	35
	5	2 3 4 5 6	7 8 9 10 11	12 13 14 15 16	17 18 19 20 21	22 23 24 25 26	27 28 29 30 71	6	4
	6	2 3 4 5 6	7 8 9 10 11	12 13 14 15 16	17 18 19 20 21	22 23 24 25 26	27 28 29 30 —	1	34
	7	31 81 2 3 4	5 6 7 8 9	10 11 12 13 14	15 16 17 18 19	20 21 22 23 24	25 26 27 28 —	2	3
	8	29 30 31 91 2	3 4 5 6 7	8 9 10 11 12	13 14 15 16 17	18 19 20 21 22	23 24 25 26 27	3	32
	9	28 29 30 01 2	3 4 5 6 7	8 9 10 11 12	13 14 15 16 17	18 19 20 21 22	23 24 25 26 27	5	2
	10	28 29 30 31 N1	2 3 4 5 6	7 8 9 10 11	12 13 14 15 16	17 18 19 20 21	22 23 24 25 —	0	32
	11	26 27 28 29 30	D1 2 3 4 5	6 7 8 9 10	11 12 13 14 15	16 17 18 19 20	21 22 23 24 25	1	1
	12	26 27 28 29 30	31 11 2 3 4	5 6 7 8 9	10 11 12 13 14	15 16 17 18 19	20 21 22 23 24	3	31
元豐 3 庚申 1080–81	14 1	25 26 27 28 29	30 31 21 2 3	4 5 6 7 8	9 10 11 12 13	14 15 16 17 18	19 20 21 22 23	5	1
	2	24 25 26 27 28	29 31 2 3 4	5 6 7 8 9	10 11 12 13 14	15 16 17 18 19	20 21 22 23 —	0	31
	3	24 25 26 27 28	29 30 31 41 2	3 4 5 6 7	8 9 10 11 12	13 14 15 16 17	18 19 20 21 22	1	0
	4	23 24 25 26 27	28 29 30 51 2	3 4 5 6 7	8 9 10 11 12	13 14 15 16 17	18 19 20 21 —	3	30
	5	22 23 24 25 26	27 28 29 30 31	61 2 3 4 5	6 7 8 9 10	11 12 13 14 15	16 17 18 19 —	4	59
	6	20 21 22 23 24	25 26 27 28 29	30 71 2 3 4	5 6 7 8 9	10 11 12 13 14	15 16 17 18 19	5	28
	7	20 21 22 23 24	25 26 27 28 29	30 31 81 2 3	4 5 6 7 8	9 10 11 12 13	14 15 16 17 —	0	58
	8	18 19 20 21 22	23 24 25 26 27	28 29 30 31 91	2 3 4 5 6	7 8 9 10 11	12 13 14 15 —	1	27
	9	16 17 18 19 20	21 22 23 24 25	26 27 28 29 30	01 2 3 4 5	6 7 8 9 10	11 12 13 14 15	2	56
	9	16 17 18 19 20	21 22 23 24 25	26 27 28 29 30	31 N1 2 3 4	5 6 7 8 9	10 11 12 13 —	4	26
	10	14 15 16 17 18	19 20 21 22 23	24 25 26 27 28	29 30 D1 2 3	4 5 6 7 8	9 10 11 12 13	5	55
	11	14 15 16 17 18	19 20 21 22 23	24 25 26 27 28	29 30 31 11 2	3 4 5 6 7	8 9 10 11 12	0	25
	12	13 14 15 16 17	18 19 20 21 22	23 24 25 26 27	28 29 30 31 21	2 3 4 5 6	7 8 9 10 11	2	55

年序 Year		陰曆月序 Moon	陰曆日序 Order of days (Lunar) 1 2 3 4 5	6 7 8 9 10	11 12 13 14 15	16 17 18 19 20	21 22 23 24 25	26 27 28 29 30	星期 Week	干支 Cycle
元豐 4 辛酉 1081–82	26	1	12 13 14 15 16	17 18 19 20 21	22 23 24 25 26	27 28 31 2 3	4 5 6 7 8	9 10 11 12 —	4	25
		2	13 14 15 16 17	18 19 20 21 22	23 24 25 26 27	28 29 30 31 41	2 3 4 5 6	7 8 9 10 11	5	54
		3	12 13 14 15 16	17 18 19 20 21	22 23 24 25 26	27 28 29 30 51	2 3 4 5 6	7 8 9 10 11	0	24
		4	12 13 14 15 16	17 18 19 20 21	22 23 24 25 26	27 28 29 30 31	61 2 3 4 5	6 7 8 9 —	2	54
		5	10 11 12 13 14	15 16 17 18 19	20 21 22 23 24	25 26 27 28 29	30 71 2 3 4	5 6 7 8 —	3	23
		6	9 10 11 12 13	14 15 16 17 18	19 20 21 22 23	24 25 26 27 28	29 30 31 81 2	3 4 5 6 7	4	52
		7	8 9 10 11 12	13 14 15 16 17	18 19 20 21 22	23 24 25 26 27	28 29 30 31 91	2 3 4 5 —	6	22
		8	6 7 8 9 10	11 12 13 14 15	16 17 18 19 20	21 22 23 24 25	26 27 28 29 30	01 2 3 4 —	0	51
		9	5 6 7 8 9	10 11 12 13 14	15 16 17 18 19	20 21 22 23 24	25 26 27 28 29	30 31 N1 2 3	1	20
		10	4 5 6 7 8	9 10 11 12 13	14 15 16 17 18	19 20 21 22 23	24 25 26 27 28	29 30 D1 2 —	3	50
		11	3 4 5 6 7	8 9 10 11 12	13 14 15 16 17	18 19 20 21 22	23 24 25 26 27	28 29 30 31 11	4	19
		12	2 3 4 5 6	7 8 9 10 11	12 13 14 15 16	17 18 19 20 21	22 23 24 25 26	27 28 29 30 31	6	49
元豐 5 壬戌 1082–83	38	1	21 2 3 4 5	6 7 8 9 10	11 12 13 14 15	16 17 18 19 20	21 22 23 24 25	26 27 28 31 2	1	19
		2	3 4 5 6 7	8 9 10 11 12	13 14 15 16 17	18 19 20 21 22	23 24 25 26 27	28 29 30 31 —	3	49
		3	41 2 3 4 5	6 7 8 9 10	11 12 13 14 15	16 17 18 19 20	21 22 23 24 25	26 27 28 29 30	4	18
		4	51 2 3 4 5	6 7 8 9 10	11 12 13 14 15	16 17 18 19 20	21 22 23 24 25	26 27 28 29 —	6	48
		5	30 31 61 2 3	4 5 6 7 8	9 10 11 12 13	14 15 16 17 18	19 20 21 22 23	24 25 26 27 28	0	17
		6	29 30 71 2 3	4 5 6 7 8	9 10 11 12 13	14 15 16 17 18	19 20 21 22 23	24 25 26 27 —	2	47
		7	28 29 30 31 81	2 3 4 5 6	7 8 9 10 11	12 13 14 15 16	17 18 19 20 21	22 23 24 25 26	3	16
		8	27 28 29 30 31	91 2 3 4 5	6 7 8 9 10	11 12 13 14 15	16 17 18 19 20	21 22 23 24 —	5	46
		9	25 26 27 28 29	30 01 2 3 4	5 6 7 8 9	10 11 12 13 14	15 16 17 18 19	20 21 22 23 —	6	15
		10	24 25 26 27 28	29 30 31 N1 2	3 4 5 6 7	8 9 10 11 12	13 14 15 16 17	18 19 20 21 22	0	44
		11	23 24 25 26 27	28 29 30 D1 2	3 4 5 6 7	8 9 10 11 12	13 14 15 16 17	18 19 20 21 —	2	14
		12	22 23 24 25 26	27 28 29 30 31	11 2 3 4 5	6 7 8 9 10	11 12 13 14 15	16 17 18 19 20	3	43
元豐 6 癸亥 1083–84	50	1	21 22 23 24 25	26 27 28 29 30	31 21 2 3 4	5 6 7 8 9	10 11 12 13 14	15 16 17 18 19	5	13
		2	20 21 22 23 24	25 26 27 28 31	2 3 4 5 6	7 8 9 10 11	12 13 14 15 16	17 18 19 20 —	0	43
		3	21 22 23 24 25	26 27 28 29 30	31 41 2 3 4	5 6 7 8 9	10 11 12 13 14	15 16 17 18 19	1	12
		4	20 21 22 23 24	25 26 27 28 29	30 51 2 3 4	5 6 7 8 9	10 11 12 13 14	15 16 17 18 19	3	42
		5	20 21 22 23 24	25 26 27 28 29	30 31 61 2 3	4 5 6 7 8	9 10 11 12 13	14 15 16 17 —	5	12
		6	18 19 20 21 22	23 24 25 26 27	28 29 30 71 2	3 4 5 6 7	8 9 10 11 12	13 14 15 16 17	6	41
		6	18 19 20 21 22	23 24 25 26 27	28 29 30 31 81	2 3 4 5 6	7 8 9 10 11	12 13 14 15 —	1	11
		7	16 17 18 19 20	21 22 23 24 25	26 27 28 29 30	31 91 2 3 4	5 6 7 8 9	10 11 12 13 14	2	40
		8	15 16 17 18 19	20 21 22 23 24	25 26 27 28 29	30 01 2 3 4	5 6 7 8 9	10 11 12 13 —	4	10
		9	14 15 16 17 18	19 20 21 22 23	24 25 26 27 28	29 30 31 N1 2	3 4 5 6 7	8 9 10 11 12	5	39
		10	13 14 15 16 17	18 19 20 21 22	23 24 25 26 27	28 29 30 D1 2	3 4 5 6 7	8 9 10 11 —	0	9
		11	12 13 14 15 16	17 18 19 20 21	22 23 24 25 26	27 28 29 30 31	11 2 3 4 5	6 7 8 9 —	1	38
		12	10 11 12 13 14	15 16 17 18 19	20 21 22 23 24	25 26 27 28 29	30 31 21 2 3	4 5 6 7 8	2	7
元豐 7 甲子 1084–85	2	1	9 10 11 12 13	14 15 16 17 18	19 20 21 22 23	24 25 26 27 28	29 31 2 3 4	5 6 7 8 —	4	37
		2	9 10 11 12 13	14 15 16 17 18	19 20 21 22 23	24 25 26 27 28	29 30 31 41 2	3 4 5 6 7	5	6
		3	8 9 10 11 12	13 14 15 16 17	18 19 20 21 22	23 24 25 26 27	28 29 30 51 2	3 4 5 6 7	0	36
		4	8 9 10 11 12	13 14 15 16 17	18 19 20 21 22	23 24 25 26 27	28 29 30 31 61	2 3 4 5 —	2	6
		5	6 7 8 9 10	11 12 13 14 15	16 17 18 19 20	21 22 23 24 25	26 27 28 29 30	71 2 3 4 5	3	35
		6	6 7 8 9 10	11 12 13 14 15	16 17 18 19 20	21 22 23 24 25	26 27 28 29 30	31 81 2 3 —	5	5
		7	4 5 6 7 8	9 10 11 12 13	14 15 16 17 18	19 20 21 22 23	24 25 26 27 28	29 30 31 91 2	6	34
		8	3 4 5 6 7	8 9 10 11 12	13 14 15 16 17	18 19 20 21 22	23 24 25 26 27	28 29 30 01 2	1	4
		9	3 4 5 6 7	8 9 10 11 12	13 14 15 16 17	18 19 20 21 22	23 24 25 26 27	28 29 30 31 —	3	34
		10	N1 2 3 4 5	6 7 8 9 10	11 12 13 14 15	16 17 18 19 20	21 22 23 24 25	26 27 28 29 30	4	3
		11	D1 2 3 4 5	6 7 8 9 10	11 12 13 14 15	16 17 18 19 20	21 22 23 24 25	26 27 28 29 —	6	33
		12	30 31 11 2 3	4 5 6 7 8	9 10 11 12 13	14 15 16 17 18	19 20 21 22 23	24 25 26 27 28	0	2
元豐 8 乙丑 1085–86	14	1	29 30 31 21 2	3 4 5 6 7	8 9 10 11 12	13 14 15 16 17	18 19 20 21 22	23 24 25 26 —	2	32
		2	27 28 31 2 3	4 5 6 7 8	9 10 11 12 13	14 15 16 17 18	19 20 21 22 23	24 25 26 27 —	3	1
		3	28 29 30 31 41	2 3 4 5 6	7 8 9 10 11	12 13 14 15 16	17 18 19 20 21	22 23 24 25 26	4	30
		4	27 28 29 30 51	2 3 4 5 6	7 8 9 10 11	12 13 14 15 16	17 18 19 20 21	22 23 24 25 —	6	0
		5	26 27 28 29 30	31 61 2 3 4	5 6 7 8 9	10 11 12 13 14	15 16 17 18 19	20 21 22 23 24	0	29
		6	25 26 27 28 29	30 71 2 3 4	5 6 7 8 9	10 11 12 13 14	15 16 17 18 19	20 21 22 23 24	2	59
		7	25 26 27 28 29	30 31 81 2 3	4 5 6 7 8	9 10 11 12 13	14 15 16 17 18	19 20 21 22 —	4	29
		8	23 24 25 26 27	28 29 30 31 91	2 3 4 5 6	7 8 9 10 11	12 13 14 15 16	17 18 19 20 21	5	58
		9	22 23 24 25 26	27 28 29 30 01	2 3 4 5 6	7 8 9 10 11	12 13 14 15 16	17 18 19 20 21	0	28
		10	22 23 24 25 26	27 28 29 30 31	N1 2 3 4 5	6 7 8 9 10	11 12 13 14 15	16 17 18 19 —	2	58
		11	20 21 22 23 24	25 26 27 28 29	30 D1 2 3 4	5 6 7 8 9	10 11 12 13 14	15 16 17 18 19	3	27
		12	20 21 22 23 24	25 26 27 28 29	30 31 11 2 3	4 5 6 7 8	9 10 11 12 13	14 15 16 17 —	5	57

年序 Year	陰曆月序 Moon	陰曆日序 Order of days (Lunar) 1 2 3 4 5	6 7 8 9 10	11 12 13 14 15	16 17 18 19 20	21 22 23 24 25	26 27 28 29 30	星期 Week	干支 Cycle
哲宗元祐 1 丙寅 1086–87	26 1	18 19 20 21 22	23 24 25 26 27	28 29 30 31 21	2 3 4 5 6	7 8 9 10 11	12 13 14 15 16	6	26
	2	17 18 19 20 21	22 23 24 25 26	27 28 31 2 3	4 5 6 7 8	9 10 11 12 13	14 15 16 17 —	1	56
	2	18 19 20 21 22	23 24 25 26 27	28 29 30 31 41	2 3 4 5 6	7 8 9 10 11	12 13 14 15 —	2	25
	3	16 17 18 19 20	21 22 23 24 25	26 27 28 29 30	51 2 3 4 5	6 7 8 9 10	11 12 13 14 15	3	54
	4	16 17 18 19 20	21 22 23 24 25	26 27 28 29 30	31 61 2 3 4	5 6 7 8 9	10 11 12 13 —	5	24
	5	14 15 16 17 18	19 20 21 22 23	24 25 26 27 28	29 30 71 2 3	4 5 6 7 8	9 10 11 12 13	6	53
	6	14 15 16 17 18	19 20 21 22 23	24 25 26 27 28	29 30 31 81 2	3 4 5 6 7	8 9 10 11 —	1	23
	7	12 13 14 15 16	17 18 19 20 21	22 23 24 25 26	27 28 29 30 31	91 2 3 4 5	6 7 8 9 10	2	52
	8	11 12 13 14 15	16 17 18 19 20	21 22 23 24 25	26 27 28 29 30	01 2 3 4 5	6 7 8 9 10	4	22
	9	11 12 13 14 15	16 17 18 19 20	21 22 23 24 25	26 27 28 29 30	31 N1 2 3 4	5 6 7 8 —	6	52
	10	9 10 11 12 13	14 15 16 17 18	19 20 21 22 23	24 25 26 27 28	29 30 D1 2 3	4 5 6 7 8	0	21
	11	9 10 11 12 13	14 15 16 17 18	19 20 21 22 23	24 25 26 27 28	29 30 31 11 2	3 4 5 6 7	2	51
	12	8 9 10 11 12	13 14 15 16 17	18 19 20 21 22	23 24 25 26 27	28 29 30 31 21	2 3 4 5 —	4	21
元祐 2 丁卯 1087–88	38 1	6 7 8 9 10	11 12 13 14 15	16 17 18 19 20	21 22 23 24 25	26 27 28 31 2	3 4 5 6 7	5	50
	2	8 9 10 11 12	13 14 15 16 17	18 19 20 21 22	23 24 25 26 27	28 29 30 31 41	2 3 4 5 —	0	20
	3	6 7 8 9 10	11 12 13 14 15	16 17 18 19 20	21 22 23 24 25	26 27 28 29 30	51 2 3 4 —	1	49
	4	5 6 7 8 9	10 11 12 13 14	15 16 17 18 19	20 21 22 23 24	25 26 27 28 29	30 31 61 2 3	2	18
	5	4 5 6 7 8	9 10 11 12 13	14 15 16 17 18	19 20 21 22 23	24 25 26 27 28	29 30 71 2 —	4	48
	6	3 4 5 6 7	8 9 10 11 12	13 14 15 16 17	18 19 20 21 22	23 24 25 26 27	28 29 30 31 —	5	17
	7	81 2 3 4 5	6 7 8 9 10	11 12 13 14 15	16 17 18 19 20	21 22 23 24 25	26 27 28 29 30	6	46
	8	31 91 2 3 4	5 6 7 8 9	10 11 12 13 14	15 16 17 18 19	20 21 22 23 24	25 26 27 28 29	1	16
	9	30 01 2 3 4	5 6 7 8 9	10 11 12 13 14	15 16 17 18 19	20 21 22 23 24	25 26 27 28 —	3	46
	10	29 30 31 N1 2	3 4 5 6 7	8 9 10 11 12	13 14 15 16 17	18 19 20 21 22	23 24 25 26 27	4	15
	11	28 29 30 D1 2	3 4 5 6 7	8 9 10 11 12	13 14 15 16 17	18 19 20 21 22	23 24 25 26 27	6	45
	12	28 29 30 31 11	2 3 4 5 6	7 8 9 10 11	12 13 14 15 16	17 18 19 20 21	22 23 24 25 26	1	15
元祐 3 戊辰 1088–89	50 1	27 28 29 30 31	21 2 3 4 5	6 7 8 9 10	11 12 13 14 15	16 17 18 19 20	21 22 23 24 —	3	45
	2	25 26 27 28 29	31 2 3 4 5	6 7 8 9 10	11 12 13 14 15	16 17 18 19 20	21 22 23 24 25	4	14
	3	26 27 28 29 30	31 41 2 3 4	5 6 7 8 9	10 11 12 13 14	15 16 17 18 19	20 21 22 23 —	6	44
	4	24 25 26 27 28	29 30 51 2 3	4 5 6 7 8	9 10 11 12 13	14 15 16 17 18	19 20 21 22 —	0	13
	5	23 24 25 26 27	28 29 30 31 61	2 3 4 5 6	7 8 9 10 11	12 13 14 15 16	17 18 19 20 21	1	42
	6	22 23 24 25 26	27 28 29 30 71	2 3 4 5 6	7 8 9 10 11	12 13 14 15 16	17 18 19 20 —	3	12
	7	21 22 23 24 25	26 27 28 29 30	31 81 2 3 4	5 6 7 8 9	10 11 12 13 14	15 16 17 18 —	4	41
	8	19 20 21 22 23	24 25 26 27 28	29 30 31 91 2	3 4 5 6 7	8 9 10 11 12	13 14 15 16 17	5	10
	9	18 19 20 21 22	23 24 25 26 27	28 29 30 01 2	3 4 5 6 7	8 9 10 11 12	13 14 15 16 —	0	40
	10	17 18 19 20 21	22 23 24 25 26	27 28 29 30 31	N1 2 3 4 5	6 7 8 9 10	11 12 13 14 15	1	9
	11	16 17 18 19 20	21 22 23 24 25	26 27 28 29 30	D1 2 3 4 5	6 7 8 9 10	11 12 13 14 15	3	39
	12	16 17 18 19 20	21 22 23 24 25	26 27 28 29 30	31 11 2 3 4	5 6 7 8 9	10 11 12 13 14	5	9
	12	15 16 17 18 19	20 21 22 23 24	25 26 27 28 29	30 31 21 2 3	4 5 6 7 8	9 10 11 12 —	0	39
元祐 4 己巳 1089–90	2 1	13 14 15 16 17	18 19 20 21 22	23 24 25 26 27	28 31 2 3 4	5 6 7 8 9	10 11 12 13 14	1	8
	2	15 16 17 18 19	20 21 22 23 24	25 26 27 28 29	30 31 41 2 3	4 5 6 7 8	9 10 11 12 13	3	38
	3	14 15 16 17 18	19 20 21 22 23	24 25 26 27 28	29 30 51 2 3	4 5 6 7 8	9 10 11 12 —	5	8
	4	13 14 15 16 17	18 19 20 21 22	23 24 25 26 27	28 29 30 31 61	2 3 4 5 6	7 8 9 10 —	6	37
	5	11 12 13 14 15	16 17 18 19 20	21 22 23 24 25	26 27 28 29 30	71 2 3 4 5	6 7 8 9 10	0	6
	6	11 12 13 14 15	16 17 18 19 20	21 22 23 24 25	26 27 28 29 30	31 81 2 3 4	5 6 7 8 —	2	36
	7	9 10 11 12 13	14 15 16 17 18	19 20 21 22 23	24 25 26 27 28	29 30 31 91 2	3 4 5 6 —	3	5
	8	7 8 9 10 11	12 13 14 15 16	17 18 19 20 21	22 23 24 25 26	27 28 29 30 01	2 3 4 5 6	4	34
	9	7 8 9 10 11	12 13 14 15 16	17 18 19 20 21	22 23 24 25 26	27 28 29 30 31	N1 2 3 4 —	6	4
	10	5 6 7 8 9	10 11 12 13 14	15 16 17 18 19	20 21 22 23 24	25 26 27 28 29	30 D1 2 3 4	0	33
	11	5 6 7 8 9	10 11 12 13 14	15 16 17 18 19	20 21 22 23 24	25 26 27 28 29	30 31 11 2 3	2	3
	12	4 5 6 7 8	9 10 11 12 13	14 15 16 17 18	19 20 21 22 23	24 25 26 27 28	29 30 31 21 2	4	33
元祐 5 庚午 1090–91	14 1	3 4 5 6 7	8 9 10 11 12	13 14 15 16 17	18 19 20 21 22	23 24 25 26 27	28 31 2 3 —	6	3
	2	4 5 6 7 8	9 10 11 12 13	14 15 16 17 18	19 20 21 22 23	24 25 26 27 28	29 30 31 41 2	0	32
	3	3 4 5 6 7	8 9 10 11 12	13 14 15 16 17	18 19 20 21 22	23 24 25 26 27	28 29 30 51 2	2	2
	4	3 4 5 6 7	8 9 10 11 12	13 14 15 16 17	18 19 20 21 22	23 24 25 26 27	28 29 30 31 —	4	32
	5	61 2 3 4 5	6 7 8 9 10	11 12 13 14 15	16 17 18 19 20	21 22 23 24 25	26 27 28 29 —	5	1
	6	30 71 2 3 4	5 6 7 8 9	10 11 12 13 14	15 16 17 18 19	20 21 22 23 24	25 26 27 28 29	6	30
	7	30 31 81 2 3	4 5 6 7 8	9 10 11 12 13	14 15 16 17 18	19 20 21 22 23	24 25 26 27 —	1	0
	8	28 29 30 31 91	2 3 4 5 6	7 8 9 10 11	12 13 14 15 16	17 18 19 20 21	22 23 24 25 —	2	29
	9	26 27 28 29 30	01 2 3 4 5	6 7 8 9 10	11 12 13 14 15	16 17 18 19 20	21 22 23 24 25	3	58
	10	26 27 28 29 30	31 N1 2 3 4	5 6 7 8 9	10 11 12 13 14	15 16 17 18 19	20 21 22 23 —	5	28
	11	24 25 26 27 28	29 30 D1 2 3	4 5 6 7 8	9 10 11 12 13	14 15 16 17 18	19 20 21 22 23	6	57
	12	24 25 26 27 28	29 30 31 11 2	3 4 5 6 7	8 9 10 11 12	13 14 15 16 17	18 19 20 21 22	1	27

年序 Year	陰曆月序 Moon	陰曆日序 Order of days (Lunar) 1 2 3 4 5	6 7 8 9 10	11 12 13 14 15	16 17 18 19 20	21 22 23 24 25	26 27 28 29 30	星期 Week	干支 Cycle
元祐6辛未 1091–92	**26** 1	23 24 25 26 27	28 29 30 31 **2**1	2 3 4 5 6	7 8 9 10 11	12 13 14 15 16	17 18 19 20 —	3	57
	2	21 22 23 24 25	26 27 28 **3**1 2	3 4 5 6 7	8 9 10 11 12	13 14 15 16 17	18 19 20 21 22	4	26
	3	23 24 25 26 27	28 29 30 31 **4**1	2 3 4 5 6	7 8 9 10 11	12 13 14 15 16	17 18 19 20 21	6	56
	4	22 23 24 25 26	27 28 29 30 **5**1	2 3 4 5 6	7 8 9 10 11	12 13 14 15 16	17 18 19 20 —	1	26
	5	21 22 23 24 25	26 27 28 29 30	31 **6**1 2 3 4	5 6 7 8 9	10 11 12 13 14	15 16 17 18 19	2	55
	6	20 21 22 23 24	25 26 27 28 29	30 **7**1 2 3 4	5 6 7 8 9	10 11 12 13 14	15 16 17 18 —	4	25
	7	19 20 21 22 23	24 25 26 27 28	29 30 31 **8**1 2	3 4 5 6 7	8 9 10 11 12	13 14 15 16 17	5	54
	8	18 19 20 21 22	23 24 25 26 27	28 29 30 31 **9**1	2 3 4 5 6	7 8 9 10 11	12 13 14 15 —	0	24
	8	16 17 18 19 20	21 22 23 24 25	26 27 28 29 30	**0**1 2 3 4 5	6 7 8 9 10	11 12 13 14 —	1	53
	9	15 16 17 18 19	20 21 22 23 24	25 26 27 28 29	30 31 **N**1 2 3	4 5 6 7 8	9 10 11 12 13	2	22
	10	14 15 16 17 18	19 20 21 22 23	24 25 26 27 28	29 30 **D**1 2 3	4 5 6 7 8	9 10 11 12 —	4	52
	11	13 14 15 16 17	18 19 20 21 22	23 24 25 26 27	28 29 30 31 **1**1	2 3 4 5 6	7 8 9 10 11	5	21
	12	12 13 14 15 16	17 18 19 20 21	22 23 24 25 26	27 28 29 30 31	**2**1 2 3 4 5	6 7 8 9 —	0	51
元祐7壬申 1092–93	**38** 1	10 11 12 13 14	15 16 17 18 19	20 21 22 23 24	25 26 27 28 29	31 2 3 4 5	6 7 8 9 10	1	20
	2	11 12 13 14 15	16 17 18 19 20	21 22 23 24 25	26 27 28 29 30	31 **4**1 2 3 4	5 6 7 8 9	3	50
	3	10 11 12 13 14	15 16 17 18 19	20 21 22 23 24	25 26 27 28 29	30 **5**1 2 3 4	5 6 7 8 —	5	20
	4	9 10 11 12 13	14 15 16 17 18	19 20 21 22 23	24 25 26 27 28	29 30 31 **6**1 2	3 4 5 6 7	6	49
	5	8 9 10 11 12	13 14 15 16 17	18 19 20 21 22	23 24 25 26 27	28 29 30 **7**1 2	3 4 5 6 7	1	19
	6	8 9 10 11 12	13 14 15 16 17	18 19 20 21 22	23 24 25 26 27	28 29 30 31 **8**1	2 3 4 5 —	3	49
	7	6 7 8 9 10	11 12 13 14 15	16 17 18 19 20	21 22 23 24 25	26 27 28 29 30	31 **9**1 2 3 4	4	18
	8	5 6 7 8 9	10 11 12 13 14	15 16 17 18 19	20 21 22 23 24	25 26 27 28 29	30 **0**1 2 3 —	6	48
	9	4 5 6 7 8	9 10 11 12 13	14 15 16 17 18	19 20 21 22 23	24 25 26 27 28	29 30 31 **N**1 —	0	17
	10	2 3 4 5 6	7 8 9 10 11	12 13 14 15 16	17 18 19 20 21	22 23 24 25 26	27 28 29 30 **D**1	1	46
	11	2 3 4 5 6	7 8 9 10 11	12 13 14 15 16	17 18 19 20 21	22 23 24 25 26	27 28 29 30 —	3	16
	12	31 **1**1 2 3 4	5 6 7 8 9	10 11 12 13 14	15 16 17 18 19	20 21 22 23 24	25 26 27 28 29	4	45
元祐8癸酉 1093–94	**50** 1	30 31 **2**1 2 3	4 5 6 7 8	9 10 11 12 13	14 15 16 17 18	19 20 21 22 23	24 25 26 27 —	6	15
	2	28 **3**1 2 3 4	5 6 7 8 9	10 11 12 13 14	15 16 17 18 19	20 21 22 23 24	25 26 27 28 29	0	44
	3	30 31 **4**1 2 3	4 5 6 7 8	9 10 11 12 13	14 15 16 17 18	19 20 21 22 23	24 25 26 27 —	2	14
	4	28 29 30 **5**1 2	3 4 5 6 7	8 9 10 11 12	13 14 15 16 17	18 19 20 21 22	23 24 25 26 27	3	43
	5	28 29 30 31 **6**1	2 3 4 5 6	7 8 9 10 11	12 13 14 15 16	17 18 19 20 21	22 23 24 25 26	5	13
	6	27 28 29 30 **7**1	2 3 4 5 6	7 8 9 10 11	12 13 14 15 16	17 18 19 20 21	22 23 24 25 —	0	43
	7	26 27 28 29 30	31 **8**1 2 3 4	5 6 7 8 9	10 11 12 13 14	15 16 17 18 19	20 21 22 23 24	1	12
	8	25 26 27 28 29	30 31 **9**1 2 3	4 5 6 7 8	9 10 11 12 13	14 15 16 17 18	19 20 21 22 23	3	42
	9	24 25 26 27 28	29 30 **0**1 2 3	4 5 6 7 8	9 10 11 12 13	14 15 16 17 18	19 20 21 22 —	5	12
	10	23 24 25 26 27	28 29 30 31 **N**1	2 3 4 5 6	7 8 9 10 11	12 13 14 15 16	17 18 19 20 21	6	41
	11	22 23 24 25 26	27 28 29 30 **D**1	2 3 4 5 6	7 8 9 10 11	12 13 14 15 16	17 18 19 20 —	1	11
	12	21 22 23 24 25	26 27 28 29 30	31 **1**1 2 3 4	5 6 7 8 9	10 11 12 13 14	15 16 17 18 —	2	40
紹聖1甲戌 1094–95	**2** 1	19 20 21 22 23	24 25 26 27 28	29 30 31 **2**1 2	3 4 5 6 7	8 9 10 11 12	13 14 15 16 17	3	9
	2	18 19 20 21 22	23 24 25 26 27	28 **3**1 2 3 4	5 6 7 8 9	10 11 12 13 14	15 16 17 18 —	5	39
	3	19 20 21 22 23	24 25 26 27 28	29 30 31 **4**1 2	3 4 5 6 7	8 9 10 11 12	13 14 15 16 17	6	8
	4	18 19 20 21 22	23 24 25 26 27	28 29 30 **5**1 2	3 4 5 6 7	8 9 10 11 12	13 14 15 16 —	1	38
	4	17 18 19 20 21	22 23 24 25 26	27 28 29 30 31	**6**1 2 3 4 5	6 7 8 9 10	11 12 13 14 15	2	7
	5	16 17 18 19 20	21 22 23 24 25	26 27 28 29 30	**7**1 2 3 4 5	6 7 8 9 10	11 12 13 14 —	4	37
	6	15 16 17 18 19	20 21 22 23 24	25 26 27 28 29	30 31 **8**1 2 3	4 5 6 7 8	9 10 11 12 13	5	6
	7	14 15 16 17 18	19 20 21 22 23	24 25 26 27 28	29 30 31 **9**1 2	3 4 5 6 7	8 9 10 11 12	0	36
	8	13 14 15 16 17	18 19 20 21 22	23 24 25 26 27	28 29 30 **0**1 2	3 4 5 6 7	8 9 10 11 —	2	6
	9][	12 13 14 15 16	17 18 19 20 21	22 23 24 25 26	27 28 29 30 31	**N**1 2 3 4 5	6 7 8 9 10	3	35
	10	11 12 13 14 15	16 17 18 19 20	21 22 23 24 25	26 27 28 29 30	**D**1 2 3 4 5	6 7 8 9 10	5	5
	11	11 12 13 14 15	16 17 18 19 20	21 22 23 24 25	26 27 28 29 30	31 **1**1 2 3 4	5 6 7 8 —	0	35
	12	9 10 11 12 13	14 15 16 17 18	19 20 21 22 23	24 25 26 27 28	29 30 31 **2**1 2	3 4 5 6 7	1	4
紹聖2乙亥 1095–96	**14** 1	8 9 10 11 12	13 14 15 16 17	18 19 20 21 22	23 24 25 26 27	28 **3**1 2 3 4	5 6 7 8 —	3	34
	2	9 10 11 12 13	14 15 16 17 18	19 20 21 22 23	24 25 26 27 28	29 30 31 **4**1 2	3 4 5 6 —	4	3
	3	7 8 9 10 11	12 13 14 15 16	17 18 19 20 21	22 23 24 25 26	27 28 29 30 **5**1	2 3 4 5 6	5	32
	4	7 8 9 10 11	12 13 14 15 16	17 18 19 20 21	22 23 24 25 26	27 28 29 30 31	**6**1 2 3 4 —	0	2
	5	5 6 7 8 9	10 11 12 13 14	15 16 17 18 19	20 21 22 23 24	25 26 27 28 29	30 **7**1 2 3 4	1	31
	6	5 6 7 8 9	10 11 12 13 14	15 16 17 18 19	20 21 22 23 24	25 26 27 28 29	30 31 **8**1 2 —	3	1
	7	3 4 5 6 7	8 9 10 11 12	13 14 15 16 17	18 19 20 21 22	23 24 25 26 27	28 29 30 31 **9**1	4	30
	8	2 3 4 5 6	7 8 9 10 11	12 13 14 15 16	17 18 19 20 21	22 23 24 25 26	27 28 29 30 —	6	0
	9	**0**1 2 3 4 5	6 7 8 9 10	11 12 13 14 15	16 17 18 19 20	21 22 23 24 25	26 27 28 29 30	0	29
	10	31 **N**1 2 3 4	5 6 7 8 9	10 11 12 13 14	15 16 17 18 19	20 21 22 23 24	25 26 27 28 29	2	59
	11	30 **D**1 2 3 4	5 6 7 8 9	10 11 12 13 14	15 16 17 18 19	20 21 22 23 24	25 26 27 28 29	4	29
	12	30 31 **1**1 2 3	4 5 6 7 8	9 10 11 12 13	14 15 16 17 18	19 20 21 22 23	24 25 26 27 —	6	59

年序 Year	陰曆月序 Moon	陰曆日序 Order of days (Lunar)																														星期 Week	干支 Cycle
		1	2	3	4	5	6	7	8	9	10	11	12	13	14	15	16	17	18	19	20	21	22	23	24	25	26	27	28	29	30		
紹聖 3 丙子 1096–97	26 1	28	29	30	31	21	2	3	4	5	6	7	8	9	10	11	12	13	14	15	16	17	18	19	20	21	22	23	24	25	26	0	28
	2	27	28	29	31	2	3	4	5	6	7	8	9	10	11	12	13	14	15	16	17	18	19	20	21	22	23	24	25	26	—	2	58
	3	27	28	29	30	31	41	2	3	4	5	6	7	8	9	10	11	12	13	14	15	16	17	18	19	20	21	22	23	24	—	3	27
	4	25	26	27	28	29	30	51	2	3	4	5	6	7	8	9	10	11	12	13	14	15	16	17	18	19	20	21	22	23	24	4	56
	5	25	26	27	28	29	30	31	61	2	3	4	5	6	7	8	9	10	11	12	13	14	15	16	17	18	19	20	21	22	—	6	26
	6	23	24	25	26	27	28	29	30	71	2	3	4	5	6	7	8	9	10	11	12	13	14	15	16	17	18	19	20	21	—	0	55
	7	22	23	24	25	26	27	28	29	30	31	81	2	3	4	5	6	7	8	9	10	11	12	13	14	15	16	17	18	19	20	1	24
	8	21	22	23	24	25	23	27	28	29	30	31	91	2	3	4	5	6	7	8	9	10	11	12	13	14	15	16	17	18	—	3	54
	9	19	20	21	22	23	24	25	26	27	28	29	30	01	2	3	4	5	6	7	8	9	10	11	12	13	14	15	16	17	18	4	23
	10	19	20	21	22	23	24	25	26	27	28	29	30	31	N1	2	3	4	5	6	7	8	9	10	11	12	13	14	15	16	17	6	53
	11	18	19	20	21	22	23	24	25	26	27	28	29	30	D1	2	3	4	5	6	7	8	9	10	11	12	13	14	15	16	17	1	23
	12	18	19	20	21	22	23	24	25	26	27	28	29	30	31	11	2	3	4	5	6	7	8	9	10	11	12	13	14	15	—	3	53
紹聖 4 丁丑 1097–98	38 1	16	17	18	19	20	21	22	23	24	25	26	27	28	29	30	31	21	2	3	4	5	6	7	8	9	10	11	12	13	14	4	22
	2	15	16	17	18	19	20	21	22	23	24	25	26	27	28	31	2	3	4	5	6	7	8	9	10	11	12	13	14	15	16	6	52
	2	17	18	19	20	21	22	23	24	25	26	27	28	29	30	31	41	2	3	4	5	6	7	8	9	10	11	12	13	14	—	1	22
	3	15	16	17	18	19	20	21	22	23	24	25	26	27	28	29	30	51	2	3	4	5	6	7	8	9	10	11	12	13	—	2	51
	4	14	15	16	17	18	19	20	21	22	23	24	25	26	27	28	29	30	31	61	2	3	4	5	6	7	8	9	10	11	12	3	20
	5	13	14	15	16	17	18	19	20	21	22	23	24	25	26	27	28	29	30	71	2	3	4	5	6	7	8	9	10	11	—	5	50
	6	12	13	14	15	16	17	18	19	20	21	22	23	24	25	26	27	28	29	30	31	81	2	3	4	5	6	7	8	9	—	6	19
	7	10	11	12	13	14	15	16	17	18	19	20	21	22	23	24	25	26	27	28	29	30	31	91	2	3	4	5	6	7	8	0	48
	8	9	10	11	12	13	14	15	16	17	18	19	20	21	22	23	24	25	26	27	28	29	30	01	2	3	4	5	6	7	—	2	18
	9	8	9	10	11	12	13	14	15	16	17	18	19	20	21	22	23	24	25	26	27	28	29	30	31	N1	2	3	4	5	6	3	47
	10	7	8	9	10	11	12	13	14	15	16	17	18	19	20	21	22	23	24	25	26	27	28	29	30	D1	2	3	4	5	6	5	17
	11	7	8	9	10	11	12	13	14	15	16	17	18	19	20	21	22	23	24	25	26	27	28	29	30	31	11	2	3	4	5	0	47
	12	6	7	8	9	10	11	12	13	14	15	16	17	18	19	20	21	22	23	24	25	26	27	28	29	30	31	21	2	3	—	2	17
元符 1 戊寅 1098–99	50 1	4	5	6	7	8	9	10	11	12	13	14	15	16	17	18	19	20	21	22	23	24	25	26	27	28	31	2	3	4	5	3	46
	2	6	7	8	9	10	11	12	13	14	15	16	17	18	19	20	21	22	23	24	25	26	27	28	29	30	31	41	2	3	4	5	16
	3	5	6	7	8	9	10	11	12	13	14	15	16	17	18	19	20	21	22	23	24	25	26	27	28	29	30	51	2	3	—	0	46
	4	4	5	6	7	8	9	10	11	12	13	14	15	16	17	18	19	20	21	22	23	24	25	26	27	28	29	30	31	61	—	1	15
	5	2	3	4	5	6	7	8	9	10	11	12	13	14	15	16	17	18	19	20	21	22	23	24	25	26	27	28	29	30	71	2	44
	6	2	3	4	5	6	7	8	9	10	11	12	13	14	15	16	17	18	19	20	21	22	23	24	25	26	27	28	29	30	—	4	14
	7	31	81	2	3	4	5	6	7	8	9	10	11	12	13	14	15	16	17	18	19	20	21	22	23	24	25	26	27	28	—	5	43
	8	29	30	31	91	2	3	4	5	6	7	8	9	10	11	12	13	14	15	16	17	18	19	20	21	22	23	24	25	26	27	6	12
	9	28	29	30	01	2	3	4	5	6	7	8	9	10	11	12	13	14	15	16	17	18	19	20	21	22	23	24	25	26	—	1	42
	10	27	28	29	30	31	N1	2	3	4	5	6	7	8	9	10	11	12	13	14	15	16	17	18	19	20	21	22	23	24	25	2	11
	11	26	27	28	29	30	D1	2	3	4	5	6	7	8	9	10	11	12	13	14	15	16	17	18	19	20	21	22	23	24	25	4	41
	12	26	27	28	29	30	31	11	2	3	4	5	6	7	8	9	10	11	12	13	14	15	16	17	18	19	20	21	22	23	—	6	11
元符 2 己卯 1099–1100	2 1	24	25	26	27	28	29	30	31	21	2	3	4	5	6	7	8	9	10	11	12	13	14	15	16	17	18	19	20	21	22	0	40
	2	23	24	25	26	27	28	31	2	3	4	5	6	7	8	9	10	11	12	13	14	15	16	17	18	19	20	21	22	23	24	2	10
	3	25	26	27	28	29	30	31	41	2	3	4	5	6	7	8	9	10	11	12	13	14	15	16	17	18	19	20	21	22	—	4	40
	4	23	24	25	26	27	28	29	30	51	2	3	4	5	6	7	8	9	10	11	12	13	14	15	16	17	18	19	20	21	22	5	9
	5	23	24	25	26	27	28	29	30	31	61	2	3	4	5	6	7	8	9	10	11	12	13	14	15	16	17	18	19	20	—	0	39
	6	21	22	23	24	25	26	27	28	29	30	71	2	3	4	5	6	7	8	9	10	11	12	13	14	15	16	17	18	19	20	1	8
	7	21	22	23	24	25	26	27	28	29	30	31	81	2	3	4	5	6	7	8	9	10	11	12	13	14	15	16	17	18	—	3	38
	8	19	20	21	22	23	24	25	26	27	28	29	30	31	91	2	3	4	5	6	7	8	9	10	11	12	13	14	15	16	—	4	7
	9	17	18	19	20	21	22	23	24	25	26	27	28	29	30	01	2	3	4	5	6	7	8	9	10	11	12	13	14	15	16	5	36
	9	17	18	19	20	21	22	23	24	25	26	27	28	29	30	31	N1	2	3	4	5	6	7	8	9	10	11	12	13	14	—	0	6
	10	15	16	17	18	19	20	21	22	23	24	25	26	27	28	29	30	D1	2	3	4	5	6	7	8	9	10	11	12	13	14	1	35
	11	15	16	17	18	19	20	21	22	23	24	25	26	27	28	29	30	31	11	2	3	4	5	6	7	8	9	10	11	12	—	3	5
	12	13	14	15	16	17	18	19	20	21	22	23	24	25	26	27	28	29	30	31	21	2	3	4	5	6	7	8	9	10	11	4	34
元符 3 庚辰 1100–01	14 1	12	13	14	15	16	17	18	19	20	21	22	23	24	25	26	27	28	29	31	2	3	4	5	6	7	8	9	10	11	12	6	4
	2	13	14	15	16	17	18	19	20	21	22	23	24	25	26	27	28	29	30	31	41	2	3	4	5	6	7	8	9	10	11	1	34
	3	12	13	14	15	16	17	18	19	20	21	22	23	24	25	26	27	28	29	30	51	2	3	4	5	6	7	8	9	10	—	3	4
	4	11	12	13	14	15	16	17	18	19	20	21	22	23	24	25	26	27	28	29	30	31	61	2	3	4	5	6	7	8	9	4	33
	5	10	11	12	13	14	15	16	17	18	19	20	21	22	23	24	25	26	27	28	29	30	71	2	3	4	5	6	7	8	—	6	3
	6	9	10	11	12	13	14	15	16	17	18	19	20	21	22	23	24	25	26	27	28	29	30	31	81	2	3	4	5	6	7	0	32
	7	8	9	10	11	12	13	14	15	16	17	18	19	20	21	22	23	24	25	26	27	28	29	30	31	91	2	3	4	5	—	2	2
	8	6	7	8	9	10	11	12	13	14	15	16	17	18	19	20	21	22	23	24	25	26	27	28	29	30	01	2	3	4	—	3	31
	9	5	6	7	8	9	10	11	12	13	14	15	16	17	18	19	20	21	22	23	24	25	26	27	28	29	30	31	N1	2	3	4	0
	10	4	5	6	7	8	9	10	11	12	13	14	15	16	17	18	19	20	21	22	23	24	25	26	27	28	29	30	D1	2	—	6	30
	11	3	4	5	6	7	8	9	10	11	12	13	14	15	16	17	18	19	20	21	22	23	24	25	26	27	28	29	30	31	11	0	59
	12	2	3	4	5	6	7	8	9	10	11	12	13	14	15	16	17	18	19	20	21	22	23	24	25	26	27	28	29	30	—	2	29

年序 Year	陰曆月序 Moon	陰曆日序 Order of days (Lunar) 1 2 3 4 5	6 7 8 9 10	11 12 13 14 15	16 17 18 19 20	21 22 23 24 25	26 27 28 29 30	星期 Week	干支 Cycle
徽宗建中靖國 1 辛巳 1101–02	26 1	31 21 2 3 4	5 6 7 8 9	10 11 12 13 14	15 16 17 18 19	20 21 22 23 24	25 26 27 28 31	3	58
	2	2 3 4 5 6	7 8 9 10 11	12 13 14 15 16	17 18 19 20 21	22 23 24 25 26	27 28 29 30 31	5	28
	3	41 2 3 4 5	6 7 8 9 10	11 12 13 14 15	16 17 18 19 20	21 22 23 24 25	26 27 28 29 —	0	58
	4	30 51 2 3 4	5 6 7 8 9	10 11 12 13 14	15 16 17 18 19	20 21 22 23 24	25 26 27 28 29	1	27
	5	30 31 61 2 3	4 5 6 7 8	9 10 11 12 13	14 15 16 17 18	19 20 21 22 23	24 25 26 27 —	3	57
	6	28 29 30 71 2	3 4 5 6 7	8 9 10 11 12	13 14 15 16 17	18 19 20 21 22	23 24 25 26 27	4	26
	7	28 29 30 31 81	2 3 4 5 6	7 8 9 10 11	12 13 14 15 16	17 18 19 20 21	22 23 24 25 26	6	56
	8	27 28 29 30 31	91 2 3 4 5	6 7 8 9 10	11 12 13 14 15	16 17 18 19 20	21 22 23 24 —	1	26
	9	25 26 27 28 29	30 01 2 3 4	5 6 7 8 9	10 11 12 13 14	15 16 17 18 19	20 21 22 23 —	2	55
	10	24 25 26 27 28	29 30 31 N1 2	3 4 5 6 7	8 9 10 11 12	13 14 15 16 17	18 19 20 21 22	3	24
	11	23 24 25 26 27	28 29 30 D1 2	3 4 5 6 7	8 9 10 11 12	13 14 15 16 17	18 19 20 21 —	5	54
	12	22 23 24 25 26	27 28 29 30 31	11 2 3 4 5	6 7 8 9 10	11 12 13 14 15	16 17 18 19 20	6	23
崇寧 1 壬午 1102–03	38 1	21 22 23 24 25	26 27 28 29 30	31 21 2 3 4	5 6 7 8 9	10 11 12 13 14	15 16 17 18 —	1	53
	2	19 20 21 22 23	24 25 26 27 28	31 2 3 4 5	6 7 8 9 10	11 12 13 14 15	16 17 18 19 20	2	22
	3	21 22 23 24 25	26 27 28 29 30	31 41 2 3 4	5 6 7 8 9	10 11 12 13 14	15 16 17 18 —	4	52
	4	19 20 21 22 23	24 25 26 27 28	29 30 51 2 3	4 5 6 7 8	9 10 11 12 13	14 15 16 17 18	5	21
	5	19 20 21 22 23	24 25 26 27 28	29 30 31 61 2	3 4 5 6 7	8 9 10 11 12	13 14 15 16 17	0	51
	6	18 19 20 21 22	23 24 25 26 27	28 29 30 71 2	3 4 5 6 7	8 9 10 11 12	13 14 15 16 —	2	21
	6	17 18 19 20 21	22 23 24 25 26	27 28 29 30 31	81 2 3 4 5	6 7 8 9 10	11 12 13 14 15	3	50
	7	16 17 18 19 20	21 22 23 24 25	26 27 28 29 30	31 91 2 3 4	5 6 7 8 9	10 11 12 13 —	5	20
	8	14 15 16 17 18	19 20 21 22 23	24 25 26 27 28	29 30 01 2 3	4 5 6 7 8	9 10 11 12 13	6	49
	9	14 15 16 17 18	19 20 21 22 23	24 25 26 27 28	29 30 31 N1 2	3 4 5 6 7	8 9 10 11 —	1	19
	10	12 13 14 15 16	17 18 19 20 21	22 23 24 25 26	27 28 29 30 D1	2 3 4 5 6	7 8 9 10 11	2	48
	11	12 13 14 15 16	17 18 19 20 21	22 23 24 25 26	27 28 29 30 31	11 2 3 4 5	6 7 8 9 —	4	18
	12	10 11 12 13 14	15 16 17 18 19	20 21 22 23 24	25 26 27 28 29	30 31 21 2 3	4 5 6 7 8	5	47
崇寧 2 癸未 1103–04	50 1	9 10 11 12 13	14 15 16 17 18	19 20 21 22 23	24 25 26 27 28	31 2 3 4 5	6 7 8 9 —	0	17
	2	10 11 12 13 14	15 16 17 18 19	20 21 22 23 24	25 26 27 28 29	30 31 41 2 3	4 5 6 7 8	1	46
	3	9 10 11 12 13	14 15 16 17 18	19 20 21 22 23	24 25 26 27 28	29 30 51 2 3	4 5 6 7 —	3	16
	4	8 9 10 11 12	13 14 15 16 17	18 19 20 21 22	23 24 25 26 27	28 29 30 31 61	2 3 4 5 6	4	45
	5	7 8 9 10 11	12 13 14 15 16	17 18 19 20 21	22 23 24 25 26	27 28 29 30 71	2 3 4 5 —	6	15
	6	6 7 8 9 10	11 12 13 14 15	16 17 18 19 20	21 22 23 24 25	26 27 28 29 30	31 81 2 3 4	0	44
	7	5 6 7 8 9	10 11 12 13 14	15 16 17 18 19	20 21 22 23 24	25 26 27 28 29	30 31 91 2 —	2	14
	8	3 4 5 6 7	8 9 10 11 12	13 14 15 16 17	18 19 20 21 22	23 24 25 26 27	28 29 30 01 2	3	43
	9	3 4 5 6 7	8 9 10 11 12	13 14 15 16 17	18 19 20 21 22	23 24 25 26 27	28 29 30 31 N1	5	13
	10	2 3 4 5 6	7 8 9 10 11	12 13 14 15 16	17 18 19 20 21	22 23 24 25 26	27 28 29 30 D1	0	43
	11	2 3 4 5 6	7 8 9 10 11	12 13 14 15 16	17 18 19 20 21	22 23 24 25 26	27 28 29 30 —	2	13
	12	31 11 2 3 4	5 6 7 8 9	10 11 12 13 14	15 16 17 18 19	20 21 22 23 24	25 26 27 28 29	3	42
崇寧 3 甲申 1104–05	2 1	30 31 21 2 3	4 5 6 7 8	9 10 11 12 13	14 15 16 17 18	19 20 21 22 23	24 25 26 27 —	5	12
	2	28 29 31 2 3	4 5 6 7 8	9 10 11 12 13	14 15 16 17 18	19 20 21 22 23	24 25 26 27 —	6	41
	3	28 29 30 31 41	2 3 4 5 6	7 8 9 10 11	12 13 14 15 16	17 18 19 20 21	22 23 24 25 26	0	10
	4	27 28 29 30 51	2 3 4 5 6	7 8 9 10 11	12 13 14 15 16	17 18 19 20 21	22 23 24 25 —	2	40
	5	26 27 28 29 30	31 61 2 3 4	5 6 7 8 9	10 11 12 13 14	15 16 17 18 19	20 21 22 23 —	3	9
	6	24 25 26 27 28	29 30 71 2 3	4 5 6 7 8	9 10 11 12 13	14 15 16 17 18	19 20 21 22 23	4	38
	7	24 25 26 27 28	29 30 31 81 2	3 4 5 6 7	8 9 10 11 12	13 14 15 16 17	18 19 20 21 22	6	8
	8	23 24 25 26 27	28 29 30 31 91	2 3 4 5 6	7 8 9 10 11	12 13 14 15 16	17 18 19 20 —	1	38
	9	21 22 23 24 25	26 27 28 29 30	01 2 3 4 5	6 7 8 9 10	11 12 13 14 15	16 17 18 19 20	2	7
	10	21 22 23 24 25	26 27 28 29 30	31 N1 2 3 4	5 6 7 8 9	10 11 12 13 14	15 16 17 18 19	4	37
	11	20 21 22 23 24	25 26 27 28 29	30 D1 2 3 4	5 6 7 8 9	10 11 12 13 14	15 16 17 18 —	6	7
	12	19 20 21 22 23	24 25 26 27 28	29 30 31 11 2	3 4 5 6 7	8 9 10 11 12	13 14 15 16 17	0	36
崇寧 4 乙酉 1105–06	14 1	18 19 20 21 22	23 24 25 26 27	28 29 30 31 21	2 3 4 5 6	7 8 9 10 11	12 13 14 15 16	2	6
	2	17 18 19 20 21	22 23 24 25 26	27 28 31 2 3	4 5 6 7 8	9 10 11 12 13	14 15 16 17 —	4	36
	2	18 19 20 21 22	23 24 25 26 27	28 29 30 31 41	2 3 4 5 6	7 8 9 10 11	12 13 14 15 —	5	5
	3	16 17 18 19 20	21 22 23 24 25	26 27 28 29 30	51 2 3 4 5	6 7 8 9 10	11 12 13 14 15	6	34
	4	16 17 18 19 20	21 22 23 24 25	26 27 28 29 30	31 61 2 3 4	5 6 7 8 9	10 11 12 13 —	1	4
	5	14 15 16 17 18	19 20 21 22 23	24 25 26 27 28	29 30 71 2 3	4 5 6 7 8	9 10 11 12 —	2	33
	6	13 14 15 16 17	18 19 20 21 22	23 24 25 26 27	28 29 30 31 81	2 3 4 5 6	7 8 9 10 11	3	2
	7	12 13 14 15 16	17 18 19 20 21	22 23 24 25 26	27 28 29 30 31	91 2 3 4 5	6 7 8 9 —	5	32
	8	10 11 12 13 14	15 16 17 18 19	20 21 22 23 24	25 26 27 28 29	30 01 2 3 4	5 6 7 8 9	6	1
	9	10 11 12 13 14	15 16 17 18 19	20 21 22 23 24	25 26 27 28 29	30 31 N1 2 3	4 5 6 7 8	1	31
	10	9 10 11 12 13	14 15 16 17 18	19 20 21 22 23	24 25 26 27 28	29 30 D1 2 3	4 5 6 7 8	3	1
	11	9 10 11 12 13	14 15 16 17 18	19 20 21 22 23	24 25 26 27 28	29 30 31 11 2	3 4 5 6 —	5	31
	12	7 8 9 10 11	12 13 14 15 16	17 18 19 20 21	22 23 24 25 26	27 28 29 30 31	21 2 3 4 5	6	0

年序 Year	陰曆月序 Moon	1 2 3 4 5	6 7 8 9 10	11 12 13 14 15	16 17 18 19 20	21 22 23 24 25	26 27 28 29 30	星期 Week	干支 Cycle
		陰曆日序 Order of days (Lunar)							
崇寧 5 丙戌 1106–07	26 1	6 7 8 9 10	11 12 13 14 15	16 17 18 19 20	21 22 23 24 25	26 27 28 31 2	3 4 5 6 7	1	30
	2	8 9 10 11 12	13 14 15 16 17	18 19 20 21 22	23 24 25 26 27	28 29 30 31 41	2 3 4 5 —	3	0
	3	6 7 8 9 10	11 12 13 14 15	16 17 18 19 20	21 22 23 24 25	26 27 28 29 30	51 2 3 4 —	4	29
	4	5 6 7 8 9	10 11 12 13 14	15 16 17 18 19	20 21 22 23 24	25 26 27 28 29	30 31 61 2 3	5	58
	5	4 5 6 7 8	9 10 11 12 13	14 15 16 17 18	19 20 21 22 23	24 25 26 27 28	29 30 71 2 —	0	28
	6	3 4 5 6 7	8 9 10 11 12	13 14 15 16 17	18 19 20 21 22	23 24 25 26 27	28 29 30 31 —	1	57
	7	81 2 3 4 5	6 7 8 9 10	11 12 13 14 15	16 17 18 19 20	21 22 23 24 25	26 27 28 29 30	2	26
	8	31 91 2 3 4	5 6 7 8 9	10 11 12 13 14	15 16 17 18 19	20 21 22 23 24	25 26 27 28 —	4	56
	9	29 30 01 2 3	4 5 6 7 8	9 10 11 12 13	14 15 16 17 18	19 20 21 22 23	24 25 26 27 28	5	25
	10	29 30 31 N1 2	3 4 5 6 7	8 9 10 11 12	13 14 15 16 17	18 19 20 21 22	23 24 25 26 —	0	55
	11	27 28 29 30 D1	2 3 4 5 6	7 8 9 10 11	12 13 14 15 16	17 18 19 20 21	22 23 24 25 26	1	24
	12	27 28 29 30 31	11 2 3 4 5	6 7 8 9 10	11 12 13 14 15	16 17 18 19 20	21 22 23 24 25	3	54
大觀 1 丁亥 1107–08	38 1	26 27 28 29 30	31 21 2 3 4	5 6 7 8 9	10 11 12 13 14	15 16 17 18 19	20 21 22 23 24	5	24
	2	25 26 27 28 31	2 3 4 5 6	7 8 9 10 11	12 13 14 15 16	17 18 19 20 21	22 23 24 25 —	0	54
	3	26 27 28 29 30	31 41 2 3 4	5 6 7 8 9	10 11 12 13 14	15 16 17 18 19	20 21 22 23 24	1	23
	4	25 26 27 28 29	30 51 2 3 4	5 6 7 8 9	10 11 12 13 14	15 16 17 18 19	20 21 22 23 —	3	53
	5	24 25 26 27 28	29 30 31 61 2	3 4 5 6 7	8 9 10 11 12	13 14 15 16 17	18 19 20 21 22	4	22
	6	23 24 25 26 27	28 29 30 71 2	3 4 5 6 7	8 9 10 11 12	13 14 15 16 17	18 19 20 21 —	6	52
	7	22 23 24 25 26	27 28 29 30 31	81 2 3 4 5	6 7 8 9 10	11 12 13 14 15	16 17 18 19 —	0	21
	8	20 21 22 23 24	25 26 27 28 29	30 31 91 2 3	4 5 6 7 8	9 10 11 12 13	14 15 16 17 18	1	50
	9	19 20 21 22 23	24 25 26 27 28	29 30 01 2 3	4 5 6 7 8	9 10 11 12 13	14 15 16 17 —	3	20
	10	18 19 20 21 22	23 24 25 26 27	28 29 30 31 N1	2 3 4 5 6	7 8 9 10 11	12 13 14 15 16	4	49
	10	17 18 19 20 21	22 23 24 25 26	27 28 29 30 D1	2 3 4 5 6	7 8 9 10 11	12 13 14 15 —	6	19
	11	16 17 18 19 20	21 22 23 24 25	26 27 28 29 30	31 11 2 3 4	5 6 7 8 9	10 11 12 13 14	0	48
	12	15 16 17 18 19	20 21 22 23 24	25 26 27 28 29	30 31 21 2 3	4 5 6 7 8	9 10 11 12 13	2	18
大觀 2 戊子 1108–09	50 1	14 15 16 17 18	19 20 21 22 23	24 25 26 27 28	29 31 2 3 4	5 6 7 8 9	10 11 12 13 14	4	48
	2	15 16 17 18 19	20 21 22 23 24	25 26 27 28 29	30 31 41 2 3	4 5 6 7 8	9 10 11 12 —	6	18
	3	13 14 15 16 17	18 19 20 21 22	23 24 25 26 27	28 29 30 51 2	3 4 5 6 7	8 9 10 11 12	0	47
	4	13 14 15 16 17	18 19 20 21 22	23 24 25 26 27	28 29 30 31 61	2 3 4 5 6	7 8 9 10 —	2	17
	5	11 12 13 14 15	16 17 18 19 20	21 22 23 24 25	26 27 28 29 30	71 2 3 4 5	6 7 8 9 10	3	46
	6	11 12 13 14 15	16 17 18 19 20	21 22 23 24 25	26 27 28 29 30	31 81 2 3 4	5 6 7 8 —	5	16
	7	9 10 11 12 13	14 15 16 17 18	19 20 21 22 23	24 25 26 27 28	29 30 31 91 2	3 4 5 6 —	6	45
	8	7 8 9 10 11	12 13 14 15 16	17 18 19 20 21	22 23 24 25 26	27 28 29 30 01	2 3 4 5 6	0	14
	9	7 8 9 10 11	12 13 14 15 16	17 18 19 20 21	22 23 24 25 26	27 28 29 30 31	N1 2 3 4 —	2	44
	10	5 6 7 8 9	10 11 12 13 14	15 16 17 18 19	20 21 22 23 24	25 26 27 28 29	30 D1 2 3 4	3	13
	11	5 6 7 8 9	10 11 12 13 14	15 16 17 18 19	20 21 22 23 24	25 26 27 28 29	30 31 11 2 —	5	43
	12	3 4 5 6 7	8 9 10 11 12	13 14 15 16 17	18 19 20 21 22	23 24 25 26 27	28 29 30 31 21	6	12
大觀 3 己丑 1109–10	2 1	2 3 4 5 6	7 8 9 10 11	12 13 14 15 16	17 18 19 20 21	22 23 24 25 26	27 28 31 2 3	1	42
	2	4 5 6 7 8	9 10 11 12 13	14 15 16 17 18	19 20 21 22 23	24 25 26 27 28	29 30 31 41 —	3	12
	3	2 3 4 5 6	7 8 9 10 11	12 13 14 15 16	17 18 19 20 21	22 23 24 25 26	27 28 29 30 51	4	41
	4	2 3 4 5 6	7 8 9 10 11	12 13 14 15 16	17 18 19 20 21	22 23 24 25 26	27 28 29 30 31	6	11
	5	61 2 3 4 5	6 7 8 9 10	11 12 13 14 15	16 17 18 19 20	21 22 23 24 25	26 27 28 29 —	1	41
	6	30 71 2 3 4	5 6 7 8 9	10 11 12 13 14	15 16 17 18 19	20 21 22 23 24	25 26 27 28 29	2	10
	7	30 31 81 2 3	4 5 6 7 8	9 10 11 12 13	14 15 16 17 18	19 20 21 22 23	24 25 26 27 —	4	40
	8	28 29 30 31 91	2 3 4 5 6	7 8 9 10 11	12 13 14 15 16	17 18 19 20 21	22 23 24 25 —	5	9
	9	26 27 28 29 30	01 2 3 4 5	6 7 8 9 10	11 12 13 14 15	16 17 18 19 20	21 22 23 24 25	6	38
	10	26 27 28 29 30	31 N1 2 3 4	5 6 7 8 9	10 11 12 13 14	15 16 17 18 19	20 21 22 23 —	1	8
	11	24 25 26 27 28	29 30 D1 2 3	4 5 6 7 8	9 10 11 12 13	14 15 16 17 18	19 20 21 22 23	2	37
	12	24 25 26 27 28	29 30 31 11 2	3 4 5 6 7	8 9 10 11 12	13 14 15 16 17	18 19 20 21 —	4	7
大觀 4 庚寅 1110–11	14 1	22 23 24 25 26	27 28 29 30 31	21 2 3 4 5	6 7 8 9 10	11 12 13 14 15	16 17 18 19 20	5	36
	2	21 22 23 24 25	26 27 28 31 2	3 4 5 6 7	8 9 10 11 12	13 14 15 16 17	18 19 20 21 —	0	6
	3	22 23 24 25 26	27 28 29 30 31	41 2 3 4 5	6 7 8 9 10	11 12 13 14 15	16 17 18 19 20	1	35
	4	21 22 23 24 25	26 27 28 29 30	51 2 3 4 5	6 7 8 9 10	11 12 13 14 15	16 17 18 19 20	3	5
	5	21 22 23 24 25	26 27 28 29 30	31 61 2 3 4	5 6 7 8 9	10 11 12 13 14	15 16 17 18 —	5	35
	6	19 20 21 22 23	24 25 26 27 28	29 30 71 2 3	4 5 6 7 8	9 10 11 12 13	14 15 16 17 18	6	4
	7	19 20 21 22 23	24 25 26 27 28	29 30 31 81 2	3 4 5 6 7	8 9 10 11 12	13 14 15 16 —	1	34
	8	17 18 19 20 21	22 23 24 25 26	27 28 29 30 31	91 2 3 4 5	6 7 8 9 10	11 12 13 14 15	2	3
	8	16 17 18 19 20	21 22 23 24 25	26 27 28 29 30	01 2 3 4 5	6 7 8 9 10	11 12 13 14 —	4	33
	9	15 16 17 18 19	20 21 22 23 24	25 26 27 28 29	30 31 N1 2 3	4 5 6 7 8	9 10 11 12 13	5	2
	10	14 15 16 17 18	19 20 21 22 23	24 25 26 27 28	29 30 D1 2 3	4 5 6 7 8	9 10 11 12 —	0	32
	11	13 14 15 16 17	18 19 20 21 22	23 24 25 26 27	28 29 30 31 11	2 3 4 5 6	7 8 9 10 11	1	1
	12	12 13 14 15 16	17 18 19 20 21	22 23 24 25 26	27 28 29 30 31	21 2 3 4 5	6 7 8 9 —	3	31

年序 Year	陰曆月序 Moon	1 2 3 4 5	6 7 8 9 10	11 12 13 14 15	16 17 18 19 20	21 22 23 24 25	26 27 28 29 30	星期 Week	干支 Cycle
政和 1 辛卯 1111–12	26 1	10 11 12 13 14	15 16 17 18 19	20 21 22 23 24	25 26 27 28 31	2 3 4 5 6	7 8 9 10 11	4	0
	2	12 13 14 15 16	17 18 19 20 21	22 23 24 25 26	27 28 29 30 31	41 2 3 4 5	6 7 8 9 —	6	30
	3	10 11 12 13 14	15 16 17 18 19	20 21 22 23 24	25 26 27 28 29	30 51 2 3 4	5 6 7 8 9	0	59
	4	10 11 12 13 14	15 16 17 18 19	20 21 22 23 24	25 26 27 28 29	30 31 61 2 3	4 5 6 7 —	2	29
	5	8 9 10 11 12	13 14 15 16 17	18 19 20 21 22	23 24 25 26 27	28 29 30 71 2	3 4 5 6 7	3	58
	6	8 9 10 11 12	13 14 15 16 17	18 19 20 21 22	23 24 25 26 27	28 29 30 31 81	2 3 4 5 6	5	28
	7	7 8 9 10 11	12 13 14 15 16	17 18 19 20 21	22 23 24 25 26	27 28 29 30 31	91 2 3 4 —	0	58
	8	5 6 7 8 9	10 11 12 13 14	15 16 17 18 19	20 21 22 23 24	25 26 27 28 29	30 01 2 3 4	1	27
	9	5 6 7 8 9	10 11 12 13 14	15 16 17 18 19	20 21 22 23 24	25 26 27 28 29	30 31 N1 2 —	3	57
	10	3 4 5 6 7	8 9 10 11 12	13 14 15 16 17	18 19 20 21 22	23 24 25 26 27	28 29 30 D1 2	4	26
	11	3 4 5 6 7	8 9 10 11 12	13 14 15 16 17	18 19 20 21 22	23 24 25 26 27	28 29 30 31 —	6	56
	12	11 2 3 4 5	6 7 8 9 10	11 12 13 14 15	16 17 18 19 20	21 22 23 24 25	26 27 28 29 30	0	25
政和 2 壬辰 1112–13	88 1	31 21 2 3 4	5 6 7 8 9	10 11 12 13 14	15 16 17 18 19	20 21 22 23 24	25 26 27 28 —	2	55
	2	29 31 2 3 4	5 6 7 8 9	10 11 12 13 14	15 16 17 18 19	20 21 22 23 24	25 26 27 28 29	3	24
	3	30 31 41 2 3	4 5 6 7 8	9 10 11 12 13	14 15 16 17 18	19 20 21 22 23	24 25 26 27 —	5	54
	4	28 29 30 51 2	3 4 5 6 7	8 9 10 11 12	13 14 15 16 17	18 19 20 21 22	23 24 25 26 27	6	23
	5	28 29 30 31 61	2 3 4 5 6	7 8 9 10 11	12 13 14 15 16	17 18 19 20 21	22 23 24 25 —	1	53
	6	26 27 28 29 30	71 2 3 4 5	6 7 8 9 10	11 12 13 14 15	16 17 18 19 20	21 22 23 24 25	2	22
	7	26 27 28 29 30	31 81 2 3 4	5 6 7 8 9	10 11 12 13 14	15 16 17 18 19	20 21 22 23 —	4	52
	8	24 25 26 27 28	29 30 31 91 2	3 4 5 6 7	8 9 10 11 12	13 14 15 16 17	18 19 20 21 22	5	21
	9	23 24 25 26 27	28 29 30 01 2	3 4 5 6 7	8 9 10 11 12	13 14 15 16 17	18 19 20 21 22	0	51
	10	23 24 25 26 27	28 29 30 31 N1	2 3 4 5 6	7 8 9 10 11	12 13 14 15 16	17 18 19 20 —	2	21
	11	21 22 23 24 25	26 27 28 29 30	D1 2 3 4 5	6 7 8 9 10	11 12 13 14 15	16 17 18 19 20	3	50
	12	21 22 23 24 25	26 27 28 29 30	31 11 2 3 4	5 6 7 8 9	10 11 12 13 14	15 16 17 18 19	5	20
政和 3 癸巳 1113–14	50 1	20 21 22 23 24	25 26 27 28 29	30 31 21 2 3	4 5 6 7 8	9 10 11 12 13	14 15 16 17 —	0	50
	2	18 19 20 21 22	23 24 25 26 27	28 31 2 3 4	5 6 7 8 9	10 11 12 13 14	15 16 17 18 —	1	19
	3	19 20 21 22 23	24 25 26 27 28	29 30 31 41 2	3 4 5 6 7	8 9 10 11 12	13 14 15 16 17	2	48
	4	18 19 20 21 22	23 24 25 26 27	28 29 30 51 2	3 4 5 6 7	8 9 10 11 12	13 14 15 16 —	4	18
	4	17 18 19 20 21	22 23 24 25 26	27 28 29 30 31	61 2 3 4 5	6 7 8 9 10	11 12 13 14 —	5	47
	5	15 16 17 18 19	20 21 22 23 24	25 26 27 28 29	30 71 2 3 4	5 6 7 8 9	10 11 12 13 14	6	16
	6	15 16 17 18 19	20 21 22 23 24	25 26 27 28 29	30 31 81 2 3	4 5 6 7 8	9 10 11 12 —	1	46
	7	13 14 15 16 17	18 19 20 21 22	23 24 25 26 27	28 29 30 31 91	2 3 4 5 6	7 8 9 10 11	2	15
	8	12 13 14 15 16	17 18 19 20 21	22 23 24 25 26	27 28 29 30 01	2 3 4 5 6	7 8 9 10 11	4	45
	9	12 13 14 15 16	17 18 19 20 21	22 23 24 25 26	27 28 29 30 31	N1 2 3 4 5	6 7 8 9 —	6	15
	10	10 11 12 13 14	15 16 17 18 19	20 21 22 23 24	25 26 27 28 29	30 D1 2 3 4	5 6 7 8 9	0	44
	11	10 11 12 13 14	15 16 17 18 19	20 21 22 23 24	25 26 27 28 29	30 31 11 2 3	4 5 6 7 8	2	14
	12	9 10 11 12 13	14 15 16 17 18	19 20 21 22 23	24 25 26 27 28	29 30 31 21 2	3 4 5 6 7	4	44
政和 4 甲午 1114–15	2 1	8 9 10 11 12	13 14 15 16 17	18 19 20 21 22	23 24 25 26 27	28 31 2 3 4	5 6 7 8 —	6	14
	2	9 10 11 12 13	14 15 16 17 18	19 20 21 22 23	24 25 26 27 28	29 30 31 41 2	3 4 5 6 —	0	43
	3	7 8 9 10 11	12 13 14 15 16	17 18 19 20 21	22 23 24 25 26	27 28 29 30 51	2 3 4 5 6	1	12
	4	7 8 9 10 11	12 13 14 15 16	17 18 19 20 21	22 23 24 25 26	27 28 29 30 31	61 2 3 4 —	3	42
	5	5 6 7 8 9	10 11 12 13 14	15 16 17 18 19	20 21 22 23 24	25 26 27 28 29	30 71 2 3 —	4	11
	6	4 5 6 7 8	9 10 11 12 13	14 15 16 17 18	19 20 21 22 23	24 25 26 27 28	29 30 31 81 2	5	40
	7	3 4 5 6 7	8 9 10 11 12	13 14 15 16 17	18 19 20 21 22	23 24 25 26 27	28 29 30 31 —	0	10
	8	91 2 3 4 5	6 7 8 9 10	11 12 13 14 15	16 17 18 19 20	21 22 23 24 25	26 27 28 29 30	1	39
	9	01 2 3 4 5	6 7 8 9 10	11 12 13 14 15	16 17 18 19 20	21 22 23 24 25	26 27 28 29 —	3	9
	10	30 31 N1 2 3	4 5 6 7 8	9 10 11 12 13	14 15 16 17 18	19 20 21 22 23	24 25 26 27 28	4	38
	11	29 30 D1 2 3	4 5 6 7 8	9 10 11 12 13	14 15 16 17 18	19 20 21 22 23	24 25 26 27 28	6	8
	12	29 30 31 11 2	3 4 5 6 7	8 9 10 11 12	13 14 15 16 17	18 19 20 21 22	23 24 25 26 27	1	38
政和 5 乙未 1115–16	14 1	28 29 30 31 21	2 3 4 5 6	7 8 9 10 11	12 13 14 15 16	17 18 19 20 21	22 23 24 25 —	3	8
	2	26 27 28 31 2	3 4 5 6 7	8 9 10 11 12	13 14 15 16 17	18 19 20 21 22	23 24 25 26 27	4	37
	3	28 29 30 31 41	2 3 4 5 6	7 8 9 10 11	12 13 14 15 16	17 18 19 20 21	22 23 24 25 —	6	7
	4	26 27 28 29 30	51 2 3 4 5	6 7 8 9 10	11 12 13 14 15	16 17 18 19 20	21 22 23 24 25	0	36
	5	26 27 28 29 30	31 61 2 3 4	5 6 7 8 9	10 11 12 13 14	15 16 17 18 19	20 21 22 23 —	2	6
	6	24 25 26 27 28	29 30 71 2 3	4 5 6 7 8	9 10 11 12 13	14 15 16 17 18	19 20 21 22 —	3	35
	7	23 24 25 26 27	28 29 30 31 81	2 3 4 5 6	7 8 9 10 11	12 13 14 15 16	17 18 19 20 21	4	4
	8	22 23 24 25 26	27 28 29 30 31	91 2 3 4 5	6 7 8 9 10	11 12 13 14 15	16 17 18 19 —	6	34
	9	20 21 22 23 24	25 26 27 28 29	30 01 2 3 4	5 6 7 8 9	10 11 12 13 14	15 16 17 18 19	0	3
	10	20 21 22 23 24	25 26 27 28 29	30 31 N1 2 3	4 5 6 7 8	9 10 11 12 13	14 15 16 17 —	2	33
	11	18 19 20 21 22	23 24 25 26 27	28 29 30 D1 2	3 4 5 6 7	8 9 10 11 12	13 14 15 16 17	3	2
	12	18 19 20 21 22	23 24 25 26 27	28 29 30 31 11	2 3 4 5 6	7 8 9 10 11	12 13 14 15 16	5	32

金太祖收國元年至哀宗天興三年 (1115–1235 A. D.), 見表 十, 419–21 頁.

The period of Chin, T'ai Tsu, Shou Kuo First Year to Ai Tsung, T'ien Hsing Third Year (1115–1235 A.D.) is tabulated in Table 10, pp. 419–21.

年序 Year	陰暦月序 Moon	陰暦日序 Order of days (Lunar) 1 2 3 4 5	6 7 8 9 10	11 12 13 14 15	16 17 18 19 20	21 22 23 24 25	26 27 28 29 30	星期 Week	干支 Cycle
政和 6 丙申 1116–17	26 1	17 18 19 20 21	22 23 24 25 26	27 28 29 30 31	21 2 3 4 5	6 7 8 9 10	11 12 13 14 15	0	2
	·1	16 17 18 19 20	21 22 23 24 25	26 27 28 29 31	2 3 4 5 6	7 8 9 10 11	12 13 14 15 —	2	32
	2	16 17 18 19 20	21 22 23 24 25	26 27 28 29 30	31 41 2 3 4	5 6 7 8 9	10 11 12 13 14	3	1
	3	15 16 17 18 19	20 21 22 23 24	25 26 27 28 29	30 51 2 3 4	5 6 7 8 9	10 11 12 13 —	5	31
	4	14 15 16 17 18	19 20 21 22 23	24 25 26 27 28	29 30 31 61 2	3 4 5 6 7	8 9 10 11 12	6	0
	5	13 14 15 16 17	18 19 20 21 22	23 24 25 26 27	28 29 30 71 2	3 4 5 6 7	8 9 10 11 —	1	30
	6	12 13 14 15 16	17 18 19 20 21	22 23 24 25 26	27 28 29 30 31	81 2 3 4 5	6 7 8 9 —	2	59
	7	10 11 12 13 14	15 16 17 18 19	20 21 22 23 24	25 26 27 28 29	30 31 91 2 3	4 5 6 7 8	3	28
	8	9 10 11 12 13	14 15 16 17 18	19 20 21 22 23	24 25 26 27 28	29 30 01 2 3	4 5 6 7 —	5	58
	9	8 9 10 11 12	13 14 15 16 17	18 19 20 21 22	23 24 25 26 27	28 29 30 31 N1	2 3 4 5 6	6	27
	10	7 8 9 10 11	12 13 14 15 16	17 18 19 20 21	22 23 24 25 26	27 28 29 30 D1	2 3 4 5 —	1	57
	11	6 7 8 9 10	11 12 13 14 15	16 17 18 19 20	21 22 23 24 25	26 27 28 29 30	31 11 2 3 4	2	26
	12	5 6 7 8 9	10 11 12 13 14	15 16 17 18 19	20 21 22 23 24	25 26 27 28 29	30 31 21 2 3	4	56
政和 7 丁酉 1117–18	38 1	4 5 6 7 8	9 10 11 12 13	14 15 16 17 18	19 20 21 22 23	24 25 26 27 28	31 2 3 4 —	6	26
	2	5 6 7 8 9	10 11 12 13 14	15 16 17 18 19	20 21 22 23 24	25 26 27 28 29	30 31 41 2 3	0	55
	3	4 5 6 7 8	9 10 11 12 13	14 15 16 17 18	19 20 21 22 23	24 25 26 27 28	29 30 51 2 3	2	25
	4	4 5 6 7 8	9 10 11 12 13	14 15 16 17 18	19 20 21 22 23	24 25 26 27 28	29 30 31 61 —	4	55
	5	2 3 4 5 6	7 8 9 10 11	12 13 14 15 16	17 18 19 20 21	22 23 24 25 26	27 28 29 30 71	5	24
	6	2 3 4 5 6	7 8 9 10 11	12 13 14 15 16	17 18 19 20 21	22 23 24 25 26	27 28 29 30 —	0	54
	7	31 81 2 3 4	5 6 7 8 9	10 11 12 13 14	15 16 17 18 19	20 21 22 23 24	25 26 27 28 —	1	23
	8	29 30 31 91 2	3 4 5 6 7	8 9 10 11 12	13 14 15 16 17	18 19 20 21 22	23 24 25 26 27	2	52
	9	28 29 30 01 2	3 4 5 6 7	8 9 10 11 12	13 14 15 16 17	18 19 20 21 22	23 24 25 26 —	4	22
	10	27 28 29 30 31	N1 2 3 4 5	6 7 8 9 10	11 12 13 14 15	16 17 18 19 20	21 22 23 24 25	5	51
	11	26 27 28 29 30	D1 2 3 4 5	6 7 8 9 10	11 12 13 14 15	16 17 18 19 20	21 22 23 24 —	0	21
	12	25 26 27 28 29	30 31 11 2 3	4 5 6 7 8	9 10 11 12 13	14 15 16 17 18	19 20 21 22 23	1	50
重和 1 戊戌 1118–19	50 1	24 25 26 27 28	29 30 31 21 2	3 4 5 6 7	8 9 10 11 12	13 14 15 16 17	18 19 20 21 —	3	20
	2	22 23 24 25 26	27 28 31 2 3	4 5 6 7 8	9 10 11 12 13	14 15 16 17 18	19 20 21 22 23	4	49
	3	24 25 26 27 28	29 30 31 41 2	3 4 5 6 7	8 9 10 11 12	13 14 15 16 17	18 19 20 21 22	6	19
	4	23 24 25 26 27	28 29 30 51 2	3 4 5 6 7	8 9 10 11 12	13 14 15 16 17	18 19 20 21 —	1	49
	5	22 23 24 25 26	27 28 29 30 31	61 2 3 4 5	6 7 8 9 10	11 12 13 14 15	16 17 18 19 20	2	18
	6	21 22 23 24 25	26 27 28 29 30	71 2 3 4 5	6 7 8 9 10	11 12 13 14 15	16 17 18 19 —	4	48
	7	20 21 22 23 24	25 26 27 28 29	30 31 81 2 3	4 5 6 7 8	9 10 11 12 13	14 15 16 17 18	5	17
	8	19 20 21 22 23	24 25 26 27 28	29 30 31 91 2	3 4 5 6 7	8 9 10 11 12	13 14 15 16 —	0	47
	9	17 18 19 20 21	22 23 24 25 26	27 28 29 30 01	2 3 4 5 6	7 8 9 10 11	12 13 14 15 16	1	16
	9	17 18 19 20 21	22 23 24 25 26	27 28 29 30 31	N1 2 3 4 5	6 7 8 9 10	11 12 13 14 —	3	46
	10	15 16 17 18 19	20 21 22 23 24	25 26 27 28 29	30 D1 2 3 4	5 6 7 8 9	10 11 12 13 14	4	15
	11][	15 16 17 18 19	20 21 22 23 24	25 26 27 28 29	30 31 11 2 3	4 5 6 7 8	9 10 11 12 —	6	45
	12	13 14 15 16 17	18 19 20 21 22	23 24 25 26 27	28 29 30 31 21	2 3 4 5 6	7 8 9 10 11	0	14
宣和 1 己亥 1119–20	2 1	12 13 14 15 16	17 18 19 20 21	22 23 24 25 26	27 28 31 2 3	4 5 6 7 8	9 10 11 12 —	2	44
	2][	13 14 15 16 17	18 19 20 21 22	23 24 25 26 27	28 29 30 31 41	2 3 4 5 6	7 8 9 10 11	3	13
	3	12 13 14 15 16	17 18 19 20 21	22 23 24 25 26	27 28 29 30 51	2 3 4 5 6	7 8 9 10 —	5	43
	4	11 12 13 14 15	16 17 18 19 20	21 22 23 24 25	26 27 28 29 30	31 61 2 3 4	5 6 7 8 9	6	12
	5	10 11 12 13 14	15 16 17 18 19	20 21 22 23 24	25 26 27 28 29	30 71 2 3 4	5 6 7 8 9	1	42
	6	10 11 12 13 14	15 16 17 18 19	20 21 22 23 24	25 26 27 28 29	30 31 81 2 3	4 5 6 7 —	3	12
	7	8 9 10 11 12	13 14 15 16 17	18 19 20 21 22	23 24 25 26 27	28 29 30 31 91	2 3 4 5 6	4	41
	8	7 8 9 10 11	12 13 14 15 16	17 18 19 20 21	22 23 24 25 26	27 28 29 30 01	2 3 4 5 —	6	11
	9	6 7 8 9 10	11 12 13 14 15	16 17 18 19 20	21 22 23 24 25	26 27 28 29 30	31 N1 2 3 4	0	40
	10	5 6 7 8 9	10 11 12 13 14	15 16 17 18 19	20 21 22 23 24	25 26 27 28 29	30 D1 2 3 —	2	10
	11	4 5 6 7 8	9 10 11 12 13	14 15 16 17 18	19 20 21 22 23	24 25 26 27 28	29 30 31 11 2	3	39
	12	3 4 5 6 7	8 9 10 11 12	13 14 15 16 17	18 19 20 21 22	23 24 25 26 27	28 29 30 31 —	5	9
宣和 2 庚子 1120–21	14 1	21 2 3 4 5	6 7 8 9 10	11 12 13 14 15	16 17 18 19 20	21 22 23 24 25	26 27 28 29 31	6	38
	2	2 3 4 5 6	7 8 9 10 11	12 13 14 15 16	17 18 19 20 21	22 23 24 25 26	27 28 29 30 —	1	8
	3	31 41 2 3 4	5 6 7 8 9	10 11 12 13 14	15 16 17 18 19	20 21 22 23 24	25 26 27 28 29	2	37
	4	30 51 2 3 4	5 6 7 8 9	10 11 12 13 14	15 16 17 18 19	20 21 22 23 24	25 26 27 28 —	4	7
	5	29 30 31 61 2	3 4 5 6 7	8 9 10 11 12	13 14 15 16 17	18 19 20 21 22	23 24 25 26 27	5	36
	6	28 29 30 71 2	3 4 5 6 7	8 9 10 11 12	13 14 15 16 17	18 19 20 21 22	23 24 25 26 —	0	6
	7	27 28 29 30 31	81 2 3 4 5	6 7 8 9 10	11 12 13 14 15	16 17 18 19 20	21 22 23 24 25	1	35
	8	26 27 28 29 30	31 91 2 3 4	5 6 7 8 9	10 11 12 13 14	15 16 17 18 19	20 21 22 23 24	3	5
	9	25 26 27 28 29	30 01 2 3 4	5 6 7 8 9	10 11 12 13 14	15 16 17 18 19	20 21 22 23 —	5	35
	10	24 25 26 27 28	29 30 31 N1 2	3 4 5 6 7	8 9 10 11 12	13 14 15 16 17	18 19 20 21 22	6	4
	11	23 24 25 26 27	28 29 30 D1 2	3 4 5 6 7	8 9 10 11 12	13 14 15 16 17	18 19 20 21 —	1	34
	12	22 23 24 25 26	27 28 29 30 31	11 2 3 4 5	6 7 8 9 10	11 12 13 14 15	16 17 18 19 20	2	3

年序 Year	陰曆月序 Moon	1 2 3 4 5	6 7 8 9 10	11 12 13 14 15	16 17 18 19 20	21 22 23 24 25	26 27 28 29 30	星期 Week	干支 Cycle
宣和3辛丑 1121–22	26 1	21 22 23 24 25	26 27 28 29 30	31 21 2 3 4	5 6 7 8 9	10 11 12 13 14	15 16 17 18 —	4	33
	2	19 20 21 22 23	24 25 26 27 28	31 2 3 4 5	6 7 8 9 10	11 12 13 14 15	16 17 18 19 20	5	2
	3	21 22 23 24 25	26 27 28 29 30	31 41 2 3 4	5 6 7 8 9	10 11 12 13 14	15 16 17 18 —	0	32
	4	19 20 21 22 23	24 25 26 27 28	29 30 51 2 3	4 5 6 7 8	9 10 11 12 13	14 15 16 17 —	1	1
	5	18 19 20 21 22	23 24 25 26 27	28 29 30 31 61	2 3 4 5 6	7 8 9 10 11	12 13 14 15 16	2	30
	5	17 18 19 20 21	22 23 24 25 26	27 28 29 30 71	2 3 4 5 6	7 8 9 10 11	12 13 14 15 —	4	0
	6	16 17 18 19 20	21 22 23 24 25	26 27 28 29 30	31 81 2 3 4	5 6 7 8 9	10 11 12 13 14	5	29
	7	15 16 17 18 19	20 21 22 23 24	25 26 27 28 29	30 31 91 2 3	4 5 6 7 8	9 10 11 12 13	0	59
	8	14 15 16 17 18	19 20 21 22 23	24 25 26 27 28	29 30 01 2 3	4 5 6 7 8	9 10 11 12 —	2	29
	9	13 14 15 16 17	18 19 20 21 22	23 24 25 26 27	28 29 30 31 N1	2 3 4 5 6	7 8 9 10 11	3	58
	10	12 13 14 15 16	17 18 19 20 21	22 23 24 25 26	27 28 29 30 D1	2 3 4 5 6	7 8 9 10 11	5	28
	11	12 13 14 15 16	17 18 19 20 21	22 23 24 25 26	27 28 29 30 31	11 2 3 4 5	6 7 8 9 —	0	58
	12	10 11 12 13 14	15 16 17 18 19	20 21 22 23 24	25 26 27 28 29	30 31 21 2 3	4 5 6 7 8	1	27
宣和4壬寅 1122–23	38 1	9 10 11 12 13	14 15 16 17 18	19 20 21 22 23	24 25 26 27 28	31 2 3 4 5	6 7 8 9 —	3	57
	2	10 11 12 13 14	15 16 17 18 19	20 21 22 23 24	25 26 27 28 29	30 31 41 2 3	4 5 6 7 8	4	26
	3	9 10 11 12 13	14 15 16 17 18	19 20 21 22 23	24 25 26 27 28	29 30 51 2 3	4 5 6 7 —	6	56
	4	8 9 10 11 12	13 14 15 16 17	18 19 20 21 22	23 24 25 26 27	28 29 30 31 61	2 3 4 5 —	0	25
	5	6 7 8 9 10	11 12 13 14 15	16 17 18 19 20	21 22 23 24 25	26 27 28 29 30	71 2 3 4 5	1	54
	6	6 7 8 9 10	11 12 13 14 15	16 17 18 19 20	21 22 23 24 25	26 27 28 29 30	31 81 2 3 —	3	24
	7	4 5 6 7 8	9 10 11 12 13	14 15 16 17 18	19 20 21 22 23	24 25 26 27 28	29 30 31 91 2	4	53
	8	3 4 5 6 7	8 9 10 11 12	13 14 15 16 17	18 19 20 21 22	23 24 25 26 27	28 29 30 01 2	6	23
	9	3 4 5 6 7	8 9 10 11 12	13 14 15 16 17	18 19 20 21 22	23 24 25 26 27	28 29 30 31 —	1	53
	10	N1 2 3 4 5	6 7 8 9 10	11 12 13 14 15	16 17 18 19 20	21 22 23 24 25	26 27 28 29 30	2	22
	11	D1 2 3 4 5	6 7 8 9 10	11 12 13 14 15	16 17 18 19 20	21 22 23 24 25	26 27 28 29 30	4	52
	12	31 11 2 3 4	5 6 7 8 9	10 11 12 13 14	15 16 17 18 19	20 21 22 23 24	25 26 27 28 —	6	22
宣和5癸卯 1123–24	50 1	29 30 31 21 2	3 4 5 6 7	8 9 10 11 12	13 14 15 16 17	18 19 20 21 22	23 21 25 26 27	0	51
	2	28 31 2 3 4	5 6 7 8 9	10 11 12 13 14	15 16 17 18 19	20 21 22 23 24	25 26 27 28 —	2	21
	3	29 30 31 41 2	3 4 5 6 7	8 9 10 11 12	13 14 15 16 17	18 19 20 21 22	23 24 25 26 27	3	50
	4	28 29 30 51 2	3 4 5 6 7	8 9 10 11 12	13 14 15 16 17	18 19 20 21 22	23 24 25 26 —	5	20
	5	27 28 29 30 31	61 2 3 4 5	6 7 8 9 10	11 12 13 14 15	16 17 18 19 20	21 22 23 24 —	6	49
	6	25 26 27 28 29	30 71 2 3 4	5 6 7 8 9	10 11 12 13 14	15 16 17 18 19	20 21 22 23 24	0	18
	7	25 26 27 28 29	30 31 81 2 3	4 5 6 7 8	9 10 11 12 13	14 15 16 17 18	19 20 21 22 —	2	48
	8	23 24 25 26 27	28 29 30 31 91	2 3 4 5 6	7 8 9 10 11	12 13 14 15 16	17 18 19 20 21	3	17
	9	22 23 24 25 26	27 28 29 30 01	2 3 4 5 6	7 8 9 10 11	12 13 14 15 16	17 18 19 20 —	5	47
	10	21 22 23 24 25	26 27 28 29 30	31 N1 2 3 4	5 6 7 8 9	10 11 12 13 14	15 16 17 18 19	6	16
	11	20 21 22 23 24	25 26 27 28 29	30 D1 2 3 4	5 6 7 8 9	10 11 12 13 14	15 16 17 18 19	1	46
	12	20 21 22 23 24	25 26 27 28 29	30 31 11 2 3	4 5 6 7 8	9 10 11 12 13	14 15 16 17 18	3	16
宣和6甲辰 1124–25	2 1	19 20 21 22 23	24 25 26 27 28	29 30 31 21 2	3 4 5 6 7	8 9 10 11 12	13 14 15 16 —	5	46
	2	17 18 19 20 21	22 23 24 25 26	27 28 29 31 2	3 4 5 6 7	8 9 10 11 12	13 14 15 16 17	6	15
	3	18 19 20 21 22	23 24 25 26 27	28 29 30 31 41	2 3 4 5 6	7 8 9 10 11	12 13 14 15 —	1	45
	3	16 17 18 19 20	21 22 23 24 25	26 27 28 29 30	51 2 3 4 5	6 7 8 9 10	11 12 13 14 15	2	14
	4	16 17 18 19 20	21 22 23 24 25	26 27 28 29 30	31 61 2 3 4	5 6 7 8 9	10 11 12 13 —	4	44
	5	14 15 16 17 18	19 20 21 22 23	24 25 26 27 28	29 30 71 2 3	4 5 6 7 8	9 10 11 12 —	5	13
	6	13 14 15 16 17	18 19 20 21 22	23 24 25 26 27	28 29 30 31 81	2 3 4 5 6	7 8 9 10 11	6	42
	7	12 13 14 15 16	17 18 19 20 21	22 23 24 25 26	27 28 29 30 31	91 2 3 4 5	6 7 8 9 —	1	12
	8	10 11 12 13 14	15 16 17 18 19	20 21 22 23 24	25 26 27 28 29	30 01 2 3 4	5 6 7 8 —	2	41
	9	9 10 11 12 13	14 15 16 17 18	19 20 21 22 23	24 25 26 27 28	29 30 31 N1 2	3 4 5 6 7	3	10
	10	8 9 10 11 12	13 14 15 16 17	18 19 20 21 22	23 24 25 26 27	28 29 30 D1 2	3 4 5 6 7	5	40
	11	8 9 10 11 12	13 14 15 16 17	18 19 20 21 22	23 24 25 26 27	28 29 30 31 11	2 3 4 5 6	0	10
	12	7 8 9 10 11	12 13 14 15 16	17 18 19 20 21	22 23 24 25 26	27 28 29 30 31	21 2 3 4 —	2	40
宣和7乙巳 1125–26	14 1	5 6 7 8 9	10 11 12 13 14	15 16 17 18 19	20 21 22 23 24	25 26 27 28 31	2 3 4 5 6	3	9
	2	7 8 9 10 11	12 13 14 15 16	17 18 19 20 21	22 23 24 25 26	27 28 29 30 31	41 2 3 4 5	5	39
	3	6 7 8 9 10	11 12 13 14 15	16 17 18 19 20	21 22 23 24 25	26 27 28 29 30	51 2 3 4 —	0	9
	4	5 6 7 8 9	10 11 12 13 14	15 16 17 18 19	20 21 22 23 24	25 26 27 28 29	30 31 61 2 3	1	38
	5	4 5 6 7 8	9 10 11 12 13	14 15 16 17 18	19 20 21 22 23	24 25 26 27 28	29 30 71 2 —	3	8
	6	3 4 5 6 7	8 9 10 11 12	13 14 15 16 17	18 19 20 21 22	23 24 25 26 27	28 29 30 31 —	4	37
	7	81 2 3 4 5	6 7 8 9 10	11 12 13 14 15	16 17 18 19 20	21 22 23 24 25	26 27 28 29 30	5	6
	8	31 91 2 3 4	5 6 7 8 9	10 11 12 13 14	15 16 17 18 19	20 21 22 23 24	25 26 27 28 —	0	36
	9	29 30 01 2 3	4 5 6 7 8	9 10 11 12 13	14 15 16 17 18	19 20 21 22 23	24 25 26 27 —	1	5
	10	28 29 30 31 N1	2 3 4 5 6	7 8 9 10 11	12 13 14 15 16	17 18 19 20 21	22 23 24 25 26	2	34
	11	27 28 29 30 D1	2 3 4 5 6	7 8 9 10 11	12 13 14 15 16	17 18 19 20 21	22 23 24 25 26	4	4
	12	27 28 29 30 31	11 2 3 4 5	6 7 8 9 10	11 12 13 14 15	16 17 18 19 20	21 22 23 24 —	6	34

年序 Year	陰曆月序 Moon	陰曆日序 Order of days (Lunar) 1 2 3 4 5	6 7 8 9 10	11 12 13 14 15	16 17 18 19 20	21 22 23 24 25	26 27 28 29 30	星期 Week	干支 Cycle
欽宗靖康 1 丙午 1126–27	26 1	25 26 27 28 29	30 31 21 2 3	4 5 6 7 8	9 10 11 12 13	14 15 16 17 18	19 20 21 22 23	0	3
	2	24 25 26 27 28	31 2 3 4 5	6 7 8 9 10	11 12 13 14 15	16 17 18 19 20	21 22 23 24 25	2	33
	3	26 27 28 29 30	31 41 2 3 4	5 6 7 8 9	10 11 12 13 14	15 16 17 18 19	20 21 22 23 24	4	3
	4	25 26 27 28 29	30 51 2 3 4	5 6 7 8 9	10 11 12 13 14	15 16 17 18 19	20 21 22 23 —	6	33
	5	24 25 26 27 28	29 30 31 61 2	3 4 5 6 7	8 9 10 11 12	13 14 15 16 17	18 19 20 21 22	0	2
	6	23 24 25 26 27	28 29 30 71 2	3 4 5 6 7	8 9 10 11 12	13 14 15 16 17	18 19 20 21 —	2	32
	7	22 23 24 25 26	27 28 29 30 31	81 2 3 4 5	6 7 8 9 10	11 12 13 14 15	16 17 18 19 —	3	1
	8	20 21 22 23 24	25 26 27 28 29	30 31 91 2 3	4 5 6 7 8	9 10 11 12 13	14 15 16 17 18	4	30
	9	19 20 21 22 23	24 25 26 27 28	29 30 01 2 3	4 5 6 7 8	9 10 11 12 13	14 15 16 17 —	6	0
	10	18 19 20 21 22	23 24 25 26 27	28 29 30 31 N1	2 3 4 5 6	7 8 9 10 11	12 13 14 15 —	0	29
	11	16 17 18 19 20	21 22 23 24 25	26 27 28 29 30	D1 2 3 4 5	6 7 8 9 10	11 12 13 14 15	1	58
	11	16 17 18 19 20	21 22 23 24 25	26 27 28 29 30	31 11 2 3 4	5 6 7 8 9	10 11 12 13 14	3	28
	12	15 16 17 18 19	20 21 22 23 24	25 26 27 28 29	30 31 21 2 3	4 5 6 7 8	9 10 11 12 —	5	58
高宗建炎 1 丁未 1127–28	38 1	13 14 15 16 17	18 19 20 21 22	23 24 25 26 27	28 31 2 3 4	5 6 7 8 9	10 11 12 13 14	6	27
	2	15 16 17 18 19	20 21 22 23 24	25 26 27 28 29	30 31 41 2 3	4 5 6 7 8	9 10 11 12 13	1	57
	3	14 15 16 17 18	19 20 21 22 23	24 25 26 27 28	29 30 51 2 3	4 5 6 7 8	9 10 11 12 —	3	27
	4	13 14 15 16 17	18 19 20 21 22	23 24 25 26 27	28 29 30 31 61	2 3 4 5 6	7 8 9 10 11	4	56
	5	12 13 14 15 16	17 18 19 20 21	22 23 24 25 26	27 28 29 30 71	2 3 4 5 6	7 8 9 10 —	6	26
	6	11 12 13 14 15	16 17 18 19 20	21 22 23 24 25	26 27 28 29 30	31 81 2 3 4	5 6 7 8 9	0	55
	7	10 11 12 13 14	15 16 17 18 19	20 21 22 23 24	25 26 27 28 29	30 31 91 2 3	4 5 6 7 —	2	25
	8	8 9 10 11 12	13 14 15 16 17	18 19 20 21 22	23 24 25 26 27	28 29 30 01 2	3 4 5 6 7	3	54
	9	8 9 10 11 12	13 14 15 16 17	18 19 20 21 22	23 24 25 26 27	28 29 30 31 N1	2 3 4 5 —	5	24
	10	6 7 8 9 10	11 12 13 14 15	16 17 18 19 20	21 22 23 24 25	26 27 28 29 30	D1 2 3 4 5	6	53
	11	6 7 8 9 10	11 12 13 14 15	16 17 18 19 20	21 22 23 24 25	26 27 28 29 30	31 11 2 3 —	1	23
	12	4 5 6 7 8	9 10 11 12 13	14 15 16 17 18	19 20 21 22 23	24 25 26 27 28	29 30 31 21 2	2	52
建炎 2 戊申 1128–29	50 1	3 4 5 6 7	8 9 10 11 12	13 14 15 16 17	18 19 20 21 22	23 24 25 26 27	28 29 31 2 —	4	22
	2	3 4 5 6 7	8 9 10 11 12	13 14 15 16 17	18 19 20 21 22	23 24 25 26 27	28 29 30 31 41	5	51
	3	2 3 4 5 6	7 8 9 10 11	12 13 14 15 16	17 18 19 20 21	22 23 24 25 26	27 28 29 30 —	0	21
	4	51 2 3 4 5	6 7 8 9 10	11 12 13 14 15	16 17 18 19 20	21 22 23 24 25	26 27 28 29 30	1	50
	5	31 61 2 3 4	5 6 7 8 9	10 11 12 13 14	15 16 17 18 19	20 21 22 23 24	25 26 27 28 29	3	20
	6	30 71 2 3 4	5 6 7 8 9	10 11 12 13 14	15 16 17 18 19	20 21 22 23 24	25 26 27 28 —	5	50
	7	29 30 31 81 2	3 4 5 6 7	8 9 10 11 12	13 14 15 16 17	18 19 20 21 22	23 24 25 26 27	6	19
	8	28 29 30 31 91	2 3 4 5 6	7 8 9 10 11	12 13 14 15 16	17 18 19 20 21	22 23 24 25 —	1	49
	9	26 27 28 29 30	01 2 3 4 5	6 7 8 9 10	11 12 13 14 15	16 17 18 19 20	21 22 23 24 25	2	18
	10	26 27 28 29 30	31 N1 2 3 4	5 6 7 8 9	10 11 12 13 14	15 16 17 18 19	20 21 22 23 —	4	48
	11	24 25 26 27 28	29 30 D1 2 3	4 5 6 7 8	9 10 11 12 13	14 15 16 17 18	19 20 21 22 23	5	17
	12	24 25 26 27 28	29 30 31 11 2	3 4 5 6 7	8 9 10 11 12	13 14 15 16 17	18 19 20 21 —	0	47
建炎 3 己酉 1129–30	2 1	22 23 24 25 26	27 28 29 30 31	21 2 3 4 5	6 7 8 9 10	11 12 13 14 15	16 17 18 19 20	1	16
	2	21 22 23 24 25	26 27 28 31 2	3 4 5 6 7	8 9 10 11 12	13 14 15 16 17	18 19 20 21 —	3	46
	3	22 23 24 25 26	27 28 29 30 31	41 2 3 4 5	6 7 8 9 10	11 12 13 14 15	16 17 18 19 —	4	15
	4	20 21 22 23 24	25 26 27 28 29	30 51 2 3 4	5 6 7 8 9	10 11 12 13 14	15 16 17 18 19	5	44
	5	20 21 22 23 24	25 26 27 28 29	30 31 61 2 3	4 5 6 7 8	9 10 11 12 13	14 15 16 17 18	0	14
	6	19 20 21 22 23	24 25 26 27 28	29 30 71 2 3	4 5 6 7 8	9 10 11 12 13	14 15 16 17 —	2	44
	7	18 19 20 21 22	23 24 25 26 27	28 29 30 31 81	2 3 4 5 6	7 8 9 10 11	12 13 14 15 16	3	13
	8	17 18 19 20 21	22 23 24 25 26	27 28 29 30 31	91 2 3 4 5	6 7 8 9 10	11 12 13 14 15	5	43
	8	16 17 18 19 20	21 22 23 24 25	26 27 28 29 30	01 2 3 4 5	6 7 8 9 10	11 12 13 14 —	0	13
	9	15 16 17 18 19	20 21 22 23 24	25 26 27 28 29	30 31 N1 2 3	4 5 6 7 8	9 10 11 12 13	1	42
	10	14 15 16 17 18	19 20 21 22 23	24 25 26 27 28	29 30 D1 2 3	4 5 6 7 8	9 10 11 12 —	3	12
	11	13 14 15 16 17	18 19 20 21 22	23 24 25 26 27	28 29 30 31 11	2 3 4 5 6	7 8 9 10 11	4	41
	12	12 13 14 15 16	17 18 19 20 21	22 23 24 25 26	27 28 29 30 31	21 2 3 4 5	6 7 8 9 —	6	11
建炎 4 庚戌 1130–31	14 1	10 11 12 13 14	15 16 17 18 19	20 21 22 23 24	25 26 27 28 31	2 3 4 5 6	7 8 9 10 11	0	40
	2	12 13 14 15 16	17 18 19 20 21	22 23 24 25 26	27 28 29 30 31	41 2 3 4 5	6 7 8 9 —	2	10
	3	10 11 12 13 14	15 16 17 18 19	20 21 22 23 24	25 26 27 28 29	30 51 2 3 4	5 6 7 8 —	3	39
	4	9 10 11 12 13	14 15 16 17 18	19 20 21 22 23	24 25 26 27 28	29 30 31 61 2	3 4 5 6 7	4	8
	5	8 9 10 11 12	13 14 15 16 17	18 19 20 21 22	23 24 25 26 27	28 29 30 71 2	3 4 5 6 —	6	38
	6	7 8 9 10 11	12 13 14 15 16	17 18 19 20 21	22 23 24 25 26	27 28 29 30 31	81 2 3 4 5	0	7
	7	6 7 8 9 10	11 12 13 14 15	16 17 18 19 20	21 22 23 24 25	26 27 28 29 30	31 91 2 3 4	2	37
	8	5 6 7 8 9	10 11 12 13 14	15 16 17 18 19	20 21 22 23 24	25 26 27 28 29	30 01 2 3 —	4	7
	9	4 5 6 7 8	9 10 11 12 13	14 15 16 17 18	19 20 21 22 23	24 25 26 27 28	29 30 31 N1 2	5	36
	10	3 4 5 6 7	8 9 10 11 12	13 14 15 16 17	18 19 20 21 22	23 24 25 26 27	28 29 30 D1 2	0	6
	11	3 4 5 6 7	8 9 10 11 12	13 14 15 16 17	18 19 20 21 22	23 24 25 26 27	28 29 30 31 —	2	36
	12	11 2 3 4 5	6 7 8 9 10	11 12 13 14 15	16 17 18 19 20	21 22 23 24 25	26 27 28 29 30	3	5

年序 Year	陰曆月序 Moon	陰曆日序 Order of days (Lunar) 1 2 3 4 5	6 7 8 9 10	11 12 13 14 15	16 17 18 19 20	21 22 23 24 25	26 27 28 29 30	星期 Week	干支 Cycle
紹興 1 辛亥 1131–32	26 1	31 21 2 3 4	5 6 7 8 9	10 11 12 13 14	15 16 17 18 19	20 21 22 23 24	25 26 27 28 —	5	35
	2	31 2 3 4 5	6 7 8 9 10	11 12 13 14 15	16 17 18 19 20	21 22 23 24 25	26 27 28 29 30	6	4
	3	31 41 2 3 4	5 6 7 8 9	10 11 12 13 14	15 16 17 18 19	20 21 22 23 24	25 26 27 28 —	1	34
	4	29 30 51 2 3	4 5 6 7 8	9 10 11 12 13	14 15 16 17 18	19 20 21 22 23	24 25 26 27 —	2	3
	5	28 29 30 31 61	2 3 4 5 6	7 8 9 10 11	12 13 14 15 16	17 18 19 20 21	22 23 24 25 26	3	32
	6	27 28 29 30 71	2 3 4 5 6	7 8 9 10 11	12 13 14 15 16	17 18 19 20 21	22 23 24 25 —	5	2
	7	26 27 28 29 30	31 81 2 3 4	5 6 7 8 9	10 11 12 13 14	15 16 17 18 19	20 21 22 23 24	6	31
	8	25 26 27 28 29	30 31 91 2 3	4 5 6 7 8	9 10 11 12 13	14 15 16 17 18	19 20 21 22 —	1	1
	9	23 24 25 26 27	28 29 30 O1 2	3 4 5 6 7	8 9 10 11 12	13 14 15 16 17	18 19 20 21 22	2	30
	10	23 24 25 26 27	28 29 30 31 N1	2 3 4 5 6	7 8 9 10 11	12 13 14 15 16	17 18 19 20 21	4	0
	11	22 23 24 25 26	27 28 29 30 D1	2 3 4 5 6	7 8 9 10 11	12 13 14 15 16	17 18 19 20 21	6	30
	12	22 23 24 25 26	27 28 29 30 31	11 2 3 4 5	6 7 8 9 10	11 12 13 14 15	16 17 18 19 —	1	0
紹興 2 壬子 1132–33	38 1	20 21 22 23 24	25 26 27 28 29	30 31 21 2 3	4 5 6 7 8	9 10 11 12 13	14 15 16 17 18	2	29
	2	19 20 21 22 23	24 25 26 27 28	29 31 2 3 4	5 6 7 8 9	10 11 12 13 14	15 16 17 18 —	4	59
	3	19 20 21 22 23	24 25 26 27 28	29 30 31 41 2	3 4 5 6 7	8 9 10 11 12	13 14 15 16 17	5	28
	4	18 19 20 21 22	23 24 25 26 27	28 29 30 51 2	3 4 5 6 7	8 9 10 11 12	13 14 15 16 —	0	58
	4	17 18 19 20 21	22 23 24 25 26	27 28 29 30 31	61 2 3 4 5	6 7 8 9 10	11 12 13 14 —	1	27
	5	15 16 17 18 19	20 21 22 23 24	25 26 27 28 29	30 71 2 3 4	5 6 7 8 9	10 11 12 13 14	2	56
	6	15 16 17 18 19	20 21 22 23 24	25 26 27 28 29	30 31 81 2 3	4 5 6 7 8	9 10 11 12 —	4	26
	7	13 14 15 16 17	18 19 20 21 22	23 24 25 26 27	28 29 30 31 91	2 3 4 5 6	7 8 9 10 —	5	55
	8	11 12 13 14 15	16 17 18 19 20	21 22 23 24 25	26 27 28 29 30	O1 2 3 4 5	6 7 8 9 10	6	24
	9	11 12 13 14 15	16 17 18 19 20	21 22 23 24 25	26 27 28 29 30	31 N1 2 3 4	5 6 7 8 9	1	54
	10	10 11 12 13 14	15 16 17 18 19	20 21 22 23 24	25 26 27 28 29	30 D1 2 3 4	5 6 7 8 9	3	24
	11	10 11 12 13 14	15 16 17 18 19	20 21 22 23 24	25 26 27 28 29	30 31 11 2 3	4 5 6 7 —	5	54
	12	8 9 10 11 12	13 14 15 16 17	18 19 20 21 22	23 24 25 26 27	28 29 30 31 21	2 3 4 5 6	6	23
紹興 3 癸丑 1133–34	50 1	7 8 9 10 11	12 13 14 15 16	17 18 19 20 21	22 23 24 25 26	27 28 31 2 3	4 5 6 7 8	1	53
	2	9 10 11 12 13	14 15 16 17 18	19 20 21 22 23	24 25 26 27 28	29 30 31 41 2	3 4 5 6 —	3	23
	3	7 8 9 10 11	12 13 14 15 16	17 18 19 20 21	22 23 24 25 26	27 28 29 30 51	2 3 4 5 6	4	52
	4	7 8 9 10 11	12 13 14 15 16	17 18 19 20 21	22 23 24 25 26	27 28 29 30 31	61 2 3 4 —	6	22
	5	5 6 7 8 9	10 11 12 13 14	15 16 17 18 19	20 21 22 23 24	25 26 27 28 29	30 71 2 3 —	0	51
	6	4 5 6 7 8	9 10 11 12 13	14 15 16 17 18	19 20 21 22 23	24 25 26 27 28	29 30 31 81 2	1	20
	7	3 4 5 6 7	8 9 10 11 12	13 14 15 16 17	18 19 20 21 22	23 24 25 26 27	28 29 30 31 —	3	50
	8	91 2 3 4 5	6 7 8 9 10	11 12 13 14 15	16 17 18 19 20	21 22 23 24 25	26 27 28 29 —	4	19
	9	30 O1 2 3 4	5 6 7 8 9	10 11 12 13 14	15 16 17 18 19	20 21 22 23 24	25 26 27 28 29	5	48
	10	30 31 N1 2 3	4 5 6 7 8	9 10 11 12 13	14 15 16 17 18	19 20 21 22 23	24 25 26 27 28	0	18
	11	29 30 D1 2 3	4 5 6 7 8	9 10 11 12 13	14 15 16 17 18	19 20 21 22 23	24 25 26 27 —	2	48
	12	28 29 30 31 11	2 3 4 5 6	7 8 9 10 11	12 13 14 15 16	17 18 19 20 21	22 23 24 25 26	3	17
紹興 4 甲寅 1134–35	2 1	27 28 29 30 31	21 2 3 4 5	6 7 8 9 10	11 12 13 14 15	16 17 18 19 20	21 22 23 24 25	5	47
	2	26 27 28 31 2	3 4 5 6 7	8 9 10 11 12	13 14 15 16 17	18 19 20 21 22	23 24 25 26 27	0	17
	3	28 29 30 31 41	2 3 4 5 6	7 8 9 10 11	12 13 14 15 16	17 18 19 20 21	22 23 24 25 —	2	47
	4	26 27 28 29 30	51 2 3 4 5	6 7 8 9 10	11 12 13 14 15	16 17 18 19 20	21 22 23 24 25	3	16
	5	26 27 28 29 30	31 61 2 3 4	5 6 7 8 9	10 11 12 13 14	15 16 17 18 19	20 21 22 23 —	5	46
	6	24 25 26 27 28	29 30 71 2 3	4 5 6 7 8	9 10 11 12 13	14 15 16 17 18	19 20 21 22 —	6	15
	7	23 24 25 26 27	28 29 30 31 81	2 3 4 5 6	7 8 9 10 11	12 13 14 15 16	17 18 19 20 21	0	44
	8	22 23 24 25 26	27 28 29 30 31	91 2 3 4 5	6 7 8 9 10	11 12 13 14 15	16 17 18 19 —	2	14
	9	20 21 22 23 24	25 26 27 28 29	30 O1 2 3 4	5 6 7 8 9	10 11 12 13 14	15 16 17 18 —	3	43
	10	19 20 21 22 23	24 25 26 27 28	29 30 31 N1 2	3 4 5 6 7	8 9 10 11 12	13 14 15 16 17	4	12
	11	18 19 20 21 22	23 24 25 26 27	28 29 30 D1 2	3 4 5 6 7	8 9 10 11 12	13 14 15 16 —	6	42
	12	17 18 19 20 21	22 23 24 25 26	27 28 29 30 31	11 2 3 4 5	6 7 8 9 10	11 12 13 14 15	0	11
紹興 5 乙卯 1135–36	14 1	16 17 18 19 20	21 22 23 24 25	26 27 28 29 30	31 21 2 3 4	5 6 7 8 9	10 11 12 13 14	2	41
	2	15 16 17 18 19	20 21 22 23 24	25 26 27 28 31	2 3 4 5 6	7 8 9 10 11	12 13 14 15 16	4	11
	2	17 18 19 20 21	22 23 24 25 26	27 28 29 30 31	41 2 3 4 5	6 7 8 9 10	11 12 13 14 —	6	41
	3	15 16 17 18 19	20 21 22 23 24	25 26 27 28 29	30 51 2 3 4	5 6 7 8 9	10 11 12 13 14	0	10
	4	15 16 17 18 19	20 21 22 23 24	25 26 27 28 29	30 31 61 2 3	4 5 6 7 8	9 10 11 12 13	2	40
	5	14 15 16 17 18	19 20 21 22 23	24 25 26 27 28	29 30 71 2 3	4 5 6 7 8	9 10 11 12 —	4	10
	6	13 14 15 16 17	18 19 20 21 22	23 24 25 26 27	28 29 30 31 81	2 3 4 5 6	7 8 9 10 —	5	39
	7	11 12 13 14 15	16 17 18 19 20	21 22 23 24 25	26 27 28 29 30	31 91 2 3 4	5 6 7 8 9	6	8
	8	10 11 12 13 14	15 16 17 18 19	20 21 22 23 24	25 26 27 28 29	30 O1 2 3 4	5 6 7 8 —	1	38
	9	9 10 11 12 13	14 15 16 17 18	19 20 21 22 23	24 25 26 27 28	29 30 31 N1 2	3 4 5 6 —	2	7
	10	7 8 9 10 11	12 13 14 15 16	17 18 19 20 21	22 23 24 25 26	27 28 29 30 D1	2 3 4 5 6	3	36
	11	7 8 9 10 11	12 13 14 15 16	17 18 19 20 21	22 23 24 25 26	27 28 29 30 31	11 2 3 4 —	5	6
	12	5 6 7 8 9	10 11 12 13 14	15 16 17 18 19	20 21 22 23 24	25 26 27 28 29	30 31 21 2 3	6	35

年序 Year	陰曆月序 Moon		陰曆日序 Order of days (Lunar)						星期 Week	干支 Cycle
			1 2 3 4 5	6 7 8 9 10	11 12 13 14 15	16 17 18 19 20	21 22 23 24 25	26 27 28 29 30		
紹興6丙辰 1136–37	26	1	4 5 6 7 8	9 10 11 12 13	14 15 16 17 18	19 20 21 22 23	24 25 26 27 28	29 31 2 3 4	1	5
		2	5 6 7 8 9	10 11 12 13 14	15 16 17 18 19	20 21 22 23 24	25 26 27 28 29	30 31 41 2 —	3	35
		3	3 4 5 6 7	8 9 10 11 12	13 14 15 16 17	18 19 20 21 22	23 24 25 26 27	28 29 30 51 2	4	4
		4	3 4 5 6 7	8 9 10 11 12	13 14 15 16 17	18 19 20 21 22	23 24 25 26 27	28 29 30 31 61	6	34
		5	2 3 4 5 6	7 8 9 10 11	12 13 14 15 16	17 18 19 20 21	22 23 24 25 26	27 28 29 30 —	1	4
		6	71 2 3 4 5	6 7 8 9 10	11 12 13 14 15	16 17 18 19 20	21 22 23 24 25	26 27 28 29 30	2	33
		7	31 81 2 3 4	5 6 7 8 9	10 11 12 13 14	15 16 17 18 19	20 21 22 23 24	25 26 27 28 —	4	3
		8	29 30 31 91 2	3 4 5 6 7	8 9 10 11 12	13 14 15 16 17	18 19 20 21 22	23 24 25 26 27	5	32
		9	28 29 30 01 2	3 4 5 6 7	8 9 10 11 12	13 14 15 16 17	18 19 20 21 22	23 24 25 26 —	0	2
		10	27 28 29 30 31	N1 2 3 4 5	6 7 8 9 10	11 12 13 14 15	16 17 18 19 20	21 22 23 24 25	1	31
		11	26 27 28 29 30	D1 2 3 4 5	6 7 8 9 10	11 12 13 14 15	16 17 18 19 20	21 22 23 24 —	3	1
		12	25 26 27 28 29	30 31 11 2 3	4 5 6 7 8	9 10 11 12 13	14 15 16 17 18	19 20 21 22 —	4	30
紹興7丁巳 1137–38	38	1	23 24 25 26 27	28 29 30 31 21	2 3 4 5 6	7 8 9 10 11	12 13 14 15 16	17 18 19 20 21	5	59
		2	22 23 24 25 26	27 28 31 2 3	4 5 6 7 8	9 10 11 12 13	14 15 16 17 18	19 20 21 22 23	0	29
		3	24 25 26 27 28	29 30 31 41 2	3 4 5 6 7	8 9 10 11 12	13 14 15 16 17	18 19 20 21 —	2	59
		4	22 23 24 25 26	27 28 29 30 51	2 3 4 5 6	7 8 9 10 11	12 13 14 15 16	17 18 19 20 21	3	28
		5	22 23 24 25 26	27 28 29 30 31	61 2 3 4 5	6 7 8 9 10	11 12 13 14 15	16 17 18 19 —	5	58
		6	20 21 22 23 24	25 26 27 28 29	30 71 2 3 4	5 6 7 8 9	10 11 12 13 14	15 16 17 18 19	6	27
		7	20 21 22 23 24	25 26 27 28 29	30 31 81 2 3	4 5 6 7 8	9 10 11 12 13	14 15 16 17 18	1	57
		8	19 20 21 22 23	24 25 26 27 28	29 30 31 91 2	3 4 5 6 7	8 9 10 11 12	13 14 15 16 —	3	27
		9	17 18 19 20 21	22 23 24 25 26	27 28 29 30 01	2 3 4 5 6	7 8 9 10 11	12 13 14 15 16	4	56
		10	17 18 19 20 21	22 23 24 25 26	27 28 29 30 31	N1 2 3 4 5	6 7 8 9 10	11 12 13 14 —	6	26
		10	15 16 17 18 19	20 21 22 23 24	25 26 27 28 29	30 D1 2 3 4	5 6 7 8 9	10 11 12 13 14	0	55
		11	15 16 17 18 19	20 21 22 23 24	25 26 27 28 29	30 31 11 2 3	4 5 6 7 8	9 10 11 12 —	2	25
		12	13 14 15 16 17	18 19 20 21 22	23 24 25 26 27	28 29 30 31 21	2 3 4 5 6	7 8 9 10 11	3	54
紹興8戊午 1138–39	50	1	12 13 14 15 16	17 18 19 20 21	22 23 24 25 26	27 28 31 2 3	4 5 6 7 8	9 10 11 12 —	5	24
		2	13 14 15 16 17	18 19 20 21 22	23 24 25 26 27	28 29 30 31 41	2 3 4 5 6	7 8 9 10 —	6	53
		3	11 12 13 14 15	16 17 18 19 20	21 22 23 24 25	26 27 28 29 30	51 2 3 4 5	6 7 8 9 10	0	22
		4	11 12 13 14 15	16 17 18 19 20	21 22 23 24 25	26 27 28 29 30	31 61 2 3 4	5 6 7 8 —	2	52
		5	9 10 11 12 13	14 15 16 17 18	19 20 21 22 23	24 25 26 27 28	29 30 71 2 3	4 5 6 7 8	3	21
		6	9 10 11 12 13	14 15 16 17 18	19 20 21 22 23	24 25 26 27 28	29 30 31 81 2	3 4 5 6 7	5	51
		7	8 9 10 11 12	13 14 15 16 17	18 19 20 21 22	23 24 25 26 27	28 29 30 31 91	2 3 4 5 —	0	21
		8	6 7 8 9 10	11 12 13 14 15	16 17 18 19 20	21 22 23 24 25	26 27 28 29 30	01 2 3 4 5	1	50
		9	6 7 8 9 10	11 12 13 14 15	16 17 18 19 20	21 22 23 24 25	26 27 28 29 30	31 N1 2 3 4	3	20
		10	5 6 7 8 9	10 11 12 13 14	15 16 17 18 19	20 21 22 23 24	25 26 27 28 29	30 D1 2 3 —	5	50
		11	4 5 6 7 8	9 10 11 12 13	14 15 16 17 18	19 20 21 22 23	24 25 26 27 28	29 30 31 11 2	6	19
		12	3 4 5 6 7	8 9 10 11 12	13 14 15 16 17	18 19 20 21 22	23 24 25 26 27	28 29 30 31 —	1	49
紹興9己未 1139–40	2	1	21 2 3 4 5	6 7 8 9 10	11 12 13 14 15	16 17 18 19 20	21 22 23 24 25	26 27 28 31 2	2	18
		2	3 4 5 6 7	8 9 10 11 12	13 14 15 16 17	18 19 20 21 22	23 24 25 26 27	28 29 30 31 —	4	48
		3	41 2 3 4 5	6 7 8 9 10	11 12 13 14 15	16 17 18 19 20	21 22 23 24 25	26 27 28 29 —	5	17
		4	30 51 2 3 4	5 6 7 8 9	10 11 12 13 14	15 16 17 18 19	20 21 22 23 24	25 26 27 28 29	6	46
		5	30 31 61 2 3	4 5 6 7 8	9 10 11 12 13	14 15 16 17 18	19 20 21 22 23	24 25 26 27 —	1	16
		6	28 29 30 71 2	3 4 5 6 7	8 9 10 11 12	13 14 15 16 17	18 19 20 21 22	23 24 25 26 27	2	45
		7	28 29 30 31 81	2 3 4 5 6	7 8 9 10 11	12 13 14 15 16	17 18 19 20 21	22 23 24 25 —	4	15
		8	26 27 28 29 30	31 91 2 3 4	5 6 7 8 9	10 11 12 13 14	15 16 17 18 19	20 21 22 23 24	5	44
		9	25 26 27 28 29	30 01 2 3 4	5 6 7 8 9	10 11 12 13 14	15 16 17 18 19	20 21 22 23 24	0	14
		10	25 26 27 28 29	30 31 N1 2 3	4 5 6 7 8	9 10 11 12 13	14 15 16 17 18	19 20 21 22 23	2	44
		11	24 25 26 27 28	29 30 D1 2 3	4 5 6 7 8	9 10 11 12 13	14 15 16 17 18	19 20 21 22 —	4	14
		12	23 24 25 26 27	28 29 30 31 11	2 3 4 5 6	7 8 9 10 11	12 13 14 15 16	17 18 19 20 21	5	43
紹興10庚申 1140–41	14	1	22 23 24 25 26	27 28 29 30 31	21 2 3 4 5	6 7 8 9 10	11 12 13 14 15	16 17 18 19 —	0	13
		2	20 21 22 23 24	25 26 27 28 29	31 2 3 4 5	6 7 8 9 10	11 12 13 14 15	16 17 18 19 20	1	42
		3	21 22 23 24 25	26 27 28 29 30	31 41 2 3 4	5 6 7 8 9	10 11 12 13 14	15 16 17 18 —	3	12
		4	19 20 21 22 23	24 25 26 27 28	29 30 51 2 3	4 5 6 7 8	9 10 11 12 13	14 15 16 17 —	4	41
		5	18 19 20 21 22	23 24 25 26 27	28 29 30 31 61	2 3 4 5 6	7 8 9 10 11	12 13 14 15 16	5	10
		6	17 18 19 20 21	22 23 24 25 26	27 28 29 30 71	2 3 4 5 6	7 8 9 10 11	12 13 14 15 —	0	40
		6	16 17 18 19 20	21 22 23 24 25	26 27 28 29 30	31 81 2 3 4	5 6 7 8 9	10 11 12 13 14	1	9
		7	15 16 17 18 19	20 21 22 23 24	25 26 27 28 29	30 31 91 2 3	4 5 6 7 8	9 10 11 12 —	3	39
		8	13 14 15 16 17	18 19 20 21 22	23 24 25 26 27	28 29 30 01 2	3 4 5 6 7	8 9 10 11 12	4	8
		9	13 14 15 16 17	18 19 20 21 22	23 24 25 26 27	28 29 30 31 N1	2 3 4 5 6	7 8 9 10 11	6	38
		10	12 13 14 15 16	17 18 19 20 21	22 23 24 25 26	27 28 29 30 D1	2 3 4 5 6	7 8 9 10 —	1	8
		11	11 12 13 14 15	16 17 18 19 20	21 22 23 24 25	26 27 28 29 30	31 11 2 3 4	5 6 7 8 9	2	37
		12	10 11 12 13 14	15 16 17 18 19	20 21 22 23 24	25 26 27 28 29	30 31 21 2 3	4 5 6 7 8	4	7

年序 Year	陰曆月序 Moon	陰曆日序 Order of days (Lunar) 1 2 3 4 5	6 7 8 9 10	11 12 13 14 15	16 17 18 19 20	21 22 23 24 25	26 27 28 29 30	星期 Week	干支 Cycle
紹興 11 辛酉 1141–42	26 1	9 10 11 12 13	14 15 16 17 18	19 20 21 22 23	24 25 26 27 28	31 2 3 4 5	6 7 8 9 —	6	37
	2	10 11 12 13 14	15 16 17 18 19	20 21 22 23 24	25 26 27 28 29	30 31 41 2 3	4 5 6 7 8	0	6
	3	9 10 11 12 13	14 15 16 17 18	19 20 21 22 23	24 25 26 27 28	29 30 51 2 3	4 5 6 7 —	2	36
	4	8 9 10 11 12	13 14 15 16 17	18 19 20 21 22	23 24 25 26 27	28 29 30 31 61	2 3 4 5 —	3	5
	5	6 7 8 9 10	11 12 13 14 15	16 17 18 19 20	21 22 23 24 25	26 27 28 29 30	71 2 3 4 5	4	34
	6	6 7 8 9 10	11 12 13 14 15	16 17 18 19 20	21 22 23 24 25	26 27 28 29 30	31 81 2 3 —	6	4
	7	4 5 6 7 8	9 10 11 12 13	14 15 16 17 18	19 20 21 22 23	24 25 26 27 28	29 30 31 91 —	0	33
	8	2 3 4 5 6	7 8 9 10 11	12 13 14 15 16	17 18 19 20 21	22 23 24 25 26	27 28 29 30 O1	1	2
	9	2 3 4 5 6	7 8 9 10 11	12 13 14 15 16	17 18 19 20 21	22 23 24 25 26	27 28 29 30 31	3	32
	10	N1 2 3 4 5	6 7 8 9 10	11 12 13 14 15	16 17 18 19 20	21 22 23 24 25	26 27 28 29 —	5	2
	11	30 D1 2 3 4	5 6 7 8 9	10 11 12 13 14	15 16 17 18 19	20 21 22 23 24	25 26 27 28 29	6	31
	12	30 31 11 2 3	4 5 6 7 8	9 10 11 12 13	14 15 16 17 18	19 20 21 22 23	24 25 26 27 28	1	1
紹興 12 壬戌 1142–43	38 1	29 30 31 21 2	3 4 5 6 7	8 9 10 11 12	13 14 15 16 17	18 19 20 21 22	23 24 25 26 27	3	31
	2	28 31 2 3 4	5 6 7 8 9	10 11 12 13 14	15 16 17 18 19	20 21 22 23 24	25 26 27 28 —	5	1
	3	29 30 31 41 2	3 4 5 6 7	8 9 10 11 12	13 14 15 16 17	18 19 20 21 22	23 24 25 26 27	6	30
	4	28 29 30 51 2	3 4 5 6 7	8 9 10 11 12	13 14 15 16 17	18 19 20 21 22	23 24 25 26 —	1	0
	5	27 28 29 30 31	61 2 3 4 5	6 7 8 9 10	11 12 13 14 15	16 17 18 19 20	21 22 23 24 —	2	29
	6	25 26 27 28 29	30 71 2 3 4	5 6 7 8 9	10 11 12 13 14	15 16 17 18 19	20 21 22 23 24	3	58
	7	25 26 27 28 29	30 31 81 2 3	4 5 6 7 8	9 10 11 12 13	14 15 16 17 18	19 20 21 22 —	5	28
	8	23 24 25 26 27	28 29 30 31 91	2 3 4 5 6	7 8 9 10 11	12 13 14 15 16	17 18 19 20 —	6	57
	9	21 22 23 24 25	26 27 28 29 30	O1 2 3 4 5	6 7 8 9 10	11 12 13 14 15	16 17 18 19 20	0	26
	10	21 22 23 24 25	26 27 28 29 30	31 N1 2 3 4	5 6 7 8 9	10 11 12 13 14	15 16 17 18 —	2	56
	11	19 20 21 22 23	24 25 26 27 28	29 30 D1 2 3	4 5 6 7 8	9 10 11 12 13	14 15 16 17 18	3	25
	12	19 20 21 22 23	24 25 26 27 28	29 30 31 11 2	3 4 5 6 7	8 9 10 11 12	13 14 15 16 17	5	55
紹興 13 癸亥 1143–44	50 1	18 19 20 21 22	23 24 25 26 27	28 29 30 31 21	2 3 4 5 6	7 8 9 10 11	12 13 14 15 16	0	25
	2	17 18 19 20 21	22 23 24 25 26	27 28 31 2 3	4 5 6 7 8	9 10 11 12 13	14 15 16 17 —	2	55
	3	18 19 20 21 22	23 24 25 26 27	28 29 30 31 41	2 3 4 5 6	7 8 9 10 11	12 13 14 15 16	3	24
	4	17 18 19 20 21	22 23 24 25 26	27 28 29 30 51	2 3 4 5 6	7 8 9 10 11	12 13 14 15 16	5	54
	4	17 18 19 20 21	22 23 24 25 26	27 28 29 30 31	61 2 3 4 5	6 7 8 9 10	11 12 13 14 —	0	24
	5	15 16 17 18 19	20 21 22 23 24	25 26 27 28 29	30 71 2 3 4	5 6 7 8 9	10 11 12 13 —	1	53
	6	14 15 16 17 18	19 20 21 22 23	24 25 26 27 28	29 30 31 81 2	3 4 5 6 7	8 9 10 11 12	2	22
	7	13 14 15 16 17	18 19 20 21 22	23 24 25 26 27	28 29 30 31 91	2 3 4 5 6	7 8 9 10 —	4	52
	8	11 12 13 14 15	16 17 18 19 20	21 22 23 24 25	26 27 28 29 30	O1 2 3 4 5	6 7 8 9 —	5	21
	9	10 11 12 13 14	15 16 17 18 19	20 21 22 23 24	25 26 27 28 29	30 31 N1 2 3	4 5 6 7 8	6	50
	10	9 10 11 12 13	14 15 16 17 18	19 20 21 22 23	24 25 26 27 28	29 30 D1 2 3	4 5 6 7 —	1	20
	11	8 9 10 11 12	13 14 15 16 17	18 19 20 21 22	23 24 25 26 27	28 29 30 31 11	2 3 4 5 6	2	49
	12	7 8 9 10 11	12 13 14 15 16	17 18 19 20 21	22 23 24 25 26	27 28 29 30 31	21 2 3 4 5	4	19
紹興 14 甲子 1144–45	2 1	6 7 8 9 10	11 12 13 14 15	16 17 18 19 20	21 22 23 24 25	26 27 28 29 31	2 3 4 5 —	6	49
	2	6 7 8 9 10	11 12 13 14 15	16 17 18 19 20	21 22 23 24 25	26 27 28 29 30	31 41 2 3 4	0	18
	3	5 6 7 8 9	10 11 12 13 14	15 16 17 18 19	20 21 22 23 24	25 26 27 28 29	30 51 2 3 4	2	48
	4	5 6 7 8 9	10 11 12 13 14	15 16 17 18 19	20 21 22 23 24	25 26 27 28 29	30 31 61 2 —	4	18
	5	3 4 5 6 7	8 9 10 11 12	13 14 15 16 17	18 19 20 21 22	23 24 25 26 27	28 29 30 71 2	5	47
	6	3 4 5 6 7	8 9 10 11 12	13 14 15 16 17	18 19 20 21 22	23 24 25 26 27	28 29 30 31 —	0	17
	7	81 2 3 4 5	6 7 8 9 10	11 12 13 14 15	16 17 18 19 20	21 22 23 24 25	26 27 28 29 30	1	46
	8	31 91 2 3 4	5 6 7 8 9	10 11 12 13 14	15 16 17 18 19	20 21 22 23 24	25 26 27 28 —	3	16
	9	29 30 O1 2 3	4 5 6 7 8	9 10 11 12 13	14 15 16 17 18	19 20 21 22 23	24 25 26 27 —	4	45
	10	28 29 30 31 N1	2 3 4 5 6	7 8 9 10 11	12 13 14 15 16	17 18 19 20 21	22 23 24 25 26	5	14
	11	27 28 29 30 D1	2 3 4 5 6	7 8 9 10 11	12 13 14 15 16	17 18 19 20 21	22 23 24 25 —	0	44
	12	26 27 28 29 30	31 11 2 3 4	5 6 7 8 9	10 11 12 13 14	15 16 17 18 19	20 21 22 23 24	1	13
紹興 15 乙丑 1145–46	14 1	25 26 27 28 29	30 31 21 2 3	4 5 6 7 8	9 10 11 12 13	14 15 16 17 18	19 20 21 22 23	3	43
	2	24 25 26 27 28	31 2 3 4 5	6 7 8 9 10	11 12 13 14 15	16 17 18 19 20	21 22 23 24 —	5	13
	3	25 26 27 28 29	30 31 41 2 3	4 5 6 7 8	9 10 11 12 13	14 15 16 17 18	19 20 21 22 23	6	42
	4	24 25 26 27 28	29 30 51 2 3	4 5 6 7 8	9 10 11 12 13	14 15 16 17 18	19 20 21 22 23	1	12
	5	24 25 26 27 28	29 30 31 61 2	3 4 5 6 7	8 9 10 11 12	13 14 15 16 17	18 19 20 21 —	3	42
	6	22 23 24 25 26	27 28 29 30 71	2 3 4 5 6	7 8 9 10 11	12 13 14 15 16	17 18 19 20 21	4	11
	7	22 23 24 25 26	27 28 29 30 31	81 2 3 4 5	6 7 8 9 10	11 12 13 14 15	16 17 18 19 —	6	41
	8	20 21 22 23 24	25 26 27 28 29	30 31 91 2 3	4 5 6 7 8	9 10 11 12 13	14 15 16 17 18	0	10
	9	19 20 21 22 23	24 25 26 27 28	29 30 O1 2 3	4 5 6 7 8	9 10 11 12 13	14 15 16 17 —	2	40
	10	18 19 20 21 22	23 24 25 26 27	28 29 30 31 N1	2 3 4 5 6	7 8 9 10 11	12 13 14 15 —	3	9
	11	16 17 18 19 20	21 22 23 24 25	26 27 28 29 30	D1 2 3 4 5	6 7 8 9 10	11 12 13 14 15	4	38
	11	16 17 18 19 20	21 22 23 24 25	26 27 28 29 30	31 11 2 3 4	5 6 7 8 9	10 11 12 13 —	6	8
	12	14 15 16 17 18	19 20 21 22 23	24 25 26 27 28	29 30 31 21 2	3 4 5 6 7	8 9 10 11 12	0	37

年序 Year	陰曆月序 Moon	陰曆日序 Order of days (Lunar) 1 2 3 4 5	6 7 8 9 10	11 12 13 14 15	16 17 18 19 20	21 22 23 24 25	26 27 28 29 30	星期 Week	干支 Cycle
紹興16丙寅 1146–47	26 1	13 14 15 16 17	18 19 20 21 22	23 24 25 26 27	28 31 2 3 4	5 6 7 8 9	10 11 12 13 —	2	7
	2	14 15 16 17 18	19 20 21 22 23	24 25 26 27 28	29 30 31 41 2	3 4 5 6 7	8 9 10 11 12	3	36
	3	13 14 15 16 17	18 19 20 21 22	23 24 25 26 27	28 29 30 51 2	3 4 5 6 7	8 9 10 11 12	5	6
	4	13 14 15 16 17	18 19 20 21 22	23 24 25 26 27	28 29 30 31 61	2 3 4 5 6	7 8 9 10 —	0	36
	5	11 12 13 14 15	16 17 18 19 20	21 22 23 24 25	26 27 28 29 30	71 2 3 4 5	6 7 8 9 10	1	5
	6	11 12 13 14 15	16 17 18 19 20	21 22 23 24 25	26 27 28 29 30	31 81 2 3 4	5 6 7 8 —	3	35
	7	9 10 11 12 13	14 15 16 17 18	19 20 21 22 23	24 25 26 27 28	29 30 31 91 2	3 4 5 6 7	4	4
	8	8 9 10 11 12	13 14 15 16 17	18 19 20 21 22	23 24 25 26 27	28 29 30 O1 2	3 4 5 6 7	6	34
	9	8 9 10 11 12	13 14 15 16 17	18 19 20 21 22	23 24 25 26 27	28 29 30 31 N1	2 3 4 5 —	1	4
	10	6 7 8 9 10	11 12 13 14 15	16 17 18 19 20	21 22 23 24 25	26 27 28 29 30	D1 2 3 4 5	2	33
	11	6 7 8 9 10	11 12 13 14 15	16 17 18 19 20	21 22 23 24 25	26 27 28 29 30	31 11 2 3 —	4	3
	12	4 5 6 7 8	9 10 11 12 13	14 15 16 17 18	19 20 21 22 23	24 25 26 27 28	29 30 31 21 —	5	32
紹興17丁卯 1147–48	38 1	2 3 4 5 6	7 8 9 10 11	12 13 14 15 16	17 18 19 20 21	22 23 24 25 26	27 28 31 2 3	6	1
	2	4 5 6 7 8	9 10 11 12 13	14 15 16 17 18	19 20 21 22 23	24 25 26 27 28	29 30 31 41 —	1	31
	3	2 3 4 5 6	7 8 9 10 11	12 13 14 15 16	17 18 19 20 21	22 23 24 25 26	27 28 29 30 51	2	0
	4	2 3 4 5 6	7 8 9 10 11	12 13 14 15 16	17 18 19 20 21	22 23 24 25 26	27 28 29 30 —	4	30
	5	31 61 2 3 4	5 6 7 8 9	10 11 12 13 14	15 16 17 18 19	20 21 22 23 24	25 26 27 28 29	5	59
	6	30 71 2 3 4	5 6 7 8 9	10 11 12 13 14	15 16 17 18 19	20 21 22 23 24	25 26 27 28 —	0	29
	7	29 30 31 81 2	3 4 5 6 7	8 9 10 11 12	13 14 15 16 17	18 19 20 21 22	23 24 25 26 27	1	58
	8	28 29 30 31 91	2 3 4 5 6	7 8 9 10 11	12 13 14 15 16	17 18 19 20 21	22 23 24 25 26	3	28
	9	27 28 29 30 O1	2 3 4 5 6	7 8 9 10 11	12 13 14 15 16	17 18 19 20 21	22 23 24 25 —	5	58
	10	26 27 28 29 30	31 N1 2 3 4	5 6 7 8 9	10 11 12 13 14	15 16 17 18 19	20 21 22 23 24	6	27
	11	25 26 27 28 29	30 D1 2 3 4	5 6 7 8 9	10 11 12 13 14	15 16 17 18 19	20 21 22 23 24	1	57
	12	25 26 27 28 29	30 31 11 2 3	4 5 6 7 8	9 10 11 12 13	14 15 16 17 18	19 20 21 22 —	3	27
紹興18戊辰 1148–49	50 1	23 24 25 26 27	28 29 30 31 21	2 3 4 5 6	7 8 9 10 11	12 13 14 15 16	17 18 19 20 21	4	56
	2	22 23 24 25 26	27 28 29 31 2	3 4 5 6 7	8 9 10 11 12	13 14 15 16 17	18 19 20 21 —	6	26
	3	22 23 24 25 26	27 28 29 30 31	41 2 3 4 5	6 7 8 9 10	11 12 13 14 15	16 17 18 19 —	0	55
	4	20 21 22 23 24	25 26 27 28 29	30 51 2 3 4	5 6 7 8 9	10 11 12 13 14	15 16 17 18 19	1	24
	5	20 21 22 23 24	25 26 27 28 29	30 31 61 2 3	4 5 6 7 8	9 10 11 12 13	14 15 16 17 —	3	54
	6	18 19 20 21 22	23 24 25 26 27	28 29 30 71 2	3 4 5 6 7	8 9 10 11 12	13 14 15 16 17	4	23
	7	18 19 20 21 22	23 24 25 26 27	28 29 30 31 81	2 3 4 5 6	7 8 9 10 11	12 13 14 15 —	6	53
	8	16 17 18 19 20	21 22 23 24 25	26 27 28 29 30	31 91 2 3 4	5 6 7 8 9	10 11 12 13 14	0	22
	8	15 16 17 18 19	20 21 22 23 24	25 26 27 28 29	30 O1 2 3 4	5 6 7 8 9	10 11 12 13 14	2	52
	9	15 16 17 18 19	20 21 22 23 24	25 26 27 28 29	30 31 N1 2 3	4 5 6 7 8	9 10 11 12 —	4	22
	10	13 14 15 16 17	18 19 20 21 22	23 24 25 26 27	28 29 30 D1 2	3 4 5 6 7	8 9 10 11 12	5	51
	11	13 14 15 16 17	18 19 20 21 22	23 24 25 26 27	28 29 30 31 11	2 3 4 5 6	7 8 9 10 11	0	21
	12	12 13 14 15 16	17 18 19 20 21	22 23 24 25 26	27 28 29 30 31	21 2 3 4 5	6 7 8 9 —	2	51
紹興19己巳 1149–50	2 1	10 11 12 13 14	15 16 17 18 19	20 21 22 23 24	25 26 27 28 31	2 3 4 5 6	7 8 9 10 11	3	20
	2	12 13 14 15 16	17 18 19 20 21	22 23 24 25 26	27 28 29 30 31	41 2 3 4 5	6 7 8 9 —	5	50
	3	10 11 12 13 14	15 16 17 18 19	20 21 22 23 24	25 26 27 28 29	30 51 2 3 4	5 6 7 8 —	6	19
	4	9 10 11 12 13	14 15 16 17 18	19 20 21 22 23	24 25 26 27 28	29 30 31 61 2	3 4 5 6 7	0	48
	5	8 9 10 11 12	13 14 15 16 17	18 19 20 21 22	23 24 25 26 27	28 29 30 71 2	3 4 5 6 —	2	18
	6	7 8 9 10 11	12 13 14 15 16	17 18 19 20 21	22 23 24 25 26	27 28 29 30 31	81 2 3 4 —	3	47
	7	5 6 7 8 9	10 11 12 13 14	15 16 17 18 19	20 21 22 23 24	25 26 27 28 29	30 31 91 2 3	4	16
	8	4 5 6 7 8	9 10 11 12 13	14 15 16 17 18	19 20 21 22 23	24 25 26 27 28	29 30 O1 2 3	6	46
	9	4 5 6 7 8	9 10 11 12 13	14 15 16 17 18	19 20 21 22 23	24 25 26 27 28	29 30 31 N1 —	1	16
	10	2 3 4 5 6	7 8 9 10 11	12 13 14 15 16	17 18 19 20 21	22 23 24 25 26	27 28 29 30 D1	2	45
	11	2 3 4 5 6	7 8 9 10 11	12 13 14 15 16	17 18 19 20 21	22 23 24 25 26	27 28 29 30 31	4	15
	12	11 2 3 4 5	6 7 8 9 10	11 12 13 14 15	16 17 18 19 20	21 22 23 24 25	26 27 28 29 30	6	45
紹興20庚午 1150–51	14 1	31 21 2 3 4	5 6 7 8 9	10 11 12 13 14	15 16 17 18 19	20 21 22 23 24	25 26 27 28 —	1	15
	2	31 2 3 4 5	6 7 8 9 10	11 12 13 14 15	16 17 18 19 20	21 22 23 24 25	26 27 28 29 30	2	44
	3	31 41 2 3 4	5 6 7 8 9	10 11 12 13 14	15 16 17 18 19	20 21 22 23 24	25 26 27 28 —	4	14
	4	29 30 51 2 3	4 5 6 7 8	9 10 11 12 13	14 15 16 17 18	19 20 21 22 23	24 25 26 27 —	5	43
	5	28 29 30 31 61	2 3 4 5 6	7 8 9 10 11	12 13 14 15 16	17 18 19 20 21	22 23 24 25 26	6	12
	6	27 28 29 30 71	2 3 4 5 6	7 8 9 10 11	12 13 14 15 16	17 18 19 20 21	22 23 24 25 —	1	42
	7	26 27 28 29 30	31 81 2 3 4	5 6 7 8 9	10 11 12 13 14	15 16 17 18 19	20 21 22 23 —	2	11
	8	24 25 26 27 28	29 30 31 91 2	3 4 5 6 7	8 9 10 11 12	13 14 15 16 17	18 19 20 21 22	3	40
	9	23 24 25 26 27	28 29 30 O1 2	3 4 5 6 7	8 9 10 11 12	13 14 15 16 17	18 19 20 21 —	5	10
	10	22 23 24 25 26	27 28 29 30 31	N1 2 3 4 5	6 7 8 9 10	11 12 13 14 15	16 17 18 19 20	6	39
	11	21 22 23 24 25	26 27 28 29 30	D1 2 3 4 5	6 7 8 9 10	11 12 13 14 15	16 17 18 19 20	1	9
	12	21 22 23 24 25	26 27 28 29 30	31 11 2 3 4	5 6 7 8 9	10 11 12 13 14	15 16 17 18 19	3	39

年序 Year	陰曆月序 Moon	陰曆日序 Order of days (Lunar) 1 2 3 4 5	6 7 8 9 10	11 12 13 14 15	16 17 18 19 20	21 22 23 24 25	26 27 28 29 30	星期 Week	干支 Cycle
紹興21 辛未 1151–52	26 1	20 21 22 23 24	25 26 27 28 29	30 31 21 2 3	4 5 6 7 8	9 10 11 12 13	14 15 16 17 —	5	9
	2	18 19 20 21 22	23 24 25 26 27	28 31 2 3 4	5 6 7 8 9	10 11 12 13 14	15 16 17 18 19	6	38
	3	20 21 22 23 24	25 26 27 28 29	30 31 41 2 3	4 5 6 7 8	9 10 11 12 13	14 15 16 17 18	1	8
	4	19 20 21 22 23	24 25 26 27 28	29 30 51 2 3	4 5 6 7 8	9 10 11 12 13	14 15 16 17 —	3	38
	4	18 19 20 21 22	23 24 25 26 27	28 29 30 31 61	2 3 4 5 6	7 8 9 10 11	12 13 14 15 —	4	7
	5	16 17 18 19 20	21 22 23 24 25	26 27 28 29 30	71 2 3 4 5	6 7 8 9 10	11 12 13 14 15	5	36
	6	16 17 18 19 20	21 22 23 24 25	26 27 28 29 30	31 81 2 3 4	5 6 7 8 9	10 11 12 13 —	0	6
	7	14 15 16 17 18	19 20 21 22 23	24 25 26 27 28	29 30 31 91 2	3 4 5 6 7	8 9 10 11 —	1	35
	8	12 13 14 15 16	17 18 19 20 21	22 23 24 25 26	27 28 29 30 01	2 3 4 5 6	7 8 9 10 11	2	4
	9	12 13 14 15 16	17 18 19 20 21	22 23 24 25 26	27 28 29 30 31	N1 2 3 4 5	6 7 8 9 —	4	34
	10	10 11 12 13 14	15 16 17 18 19	20 21 22 23 24	25 26 27 28 29	30 D1 2 3 4	5 6 7 8 9	5	3
	11	10 11 12 13 14	15 16 17 18 19	20 21 22 23 24	25 26 27 28 29	30 31 11 2 3	4 5 6 7 8	0	33
	12	9 10 11 12 13	14 15 16 17 18	19 20 21 22 23	24 25 26 27 28	29 30 31 21 2	3 4 5 6 7	2	3
紹興22 壬申 1152–53	38 1	8 9 10 11 12	13 14 15 16 17	18 19 20 21 22	23 24 25 26 27	28 29 31 2 3	4 5 6 7 —	4	33
	2	8 9 10 11 12	13 14 15 16 17	18 19 20 21 22	23 24 25 26 27	28 29 30 31 41	2 3 4 5 6	5	2
	3	7 8 9 10 11	12 13 14 15 16	17 18 19 20 21	22 23 24 25 26	27 28 29 30 51	2 3 4 5 —	0	32
	4	6 7 8 9 10	11 12 13 14 15	16 17 18 19 20	21 22 23 24 25	26 27 28 29 30	31 61 2 3 4	1	1
	5	5 6 7 8 9	10 11 12 13 14	15 16 17 18 19	20 21 22 23 24	25 26 27 28 29	30 71 2 3 —	3	31
	6	4 5 6 7 8	9 10 11 12 13	14 15 16 17 18	19 20 21 22 23	24 25 26 27 28	29 30 31 81 2	4	0
	7	3 4 5 6 7	8 9 10 11 12	13 14 15 16 17	18 19 20 21 22	23 24 25 26 27	28 29 30 31 —	6	30
	8	91 2 3 4 5	6 7 8 9 10	11 12 13 14 15	16 17 18 19 20	21 22 23 24 25	26 27 28 29 —	0	59
	9	30 01 2 3 4	5 6 7 8 9	10 11 12 13 14	15 16 17 18 19	20 21 22 23 24	25 26 27 28 29	1	28
	10	30 31 N1 2 3	4 5 6 7 8	9 10 11 12 13	14 15 16 17 18	19 20 21 22 23	24 25 26 27 —	3	58
	11	28 29 30 D1 2	3 4 5 6 7	8 9 10 11 12	13 14 15 16 17	18 19 20 21 22	23 24 25 26 27	4	27
	12	28 29 30 31 11	2 3 4 5 6	7 8 9 10 11	12 13 14 15 16	17 18 19 20 21	22 23 24 25 26	6	57
紹興23 癸酉 1153–54	50 1	27 28 29 30 31	21 2 3 4 5	6 7 8 9 10	11 12 13 14 15	16 17 18 19 20	21 22 23 24 —	1	27
	2	25 26 27 28 31	2 3 4 5 6	7 8 9 10 11	12 13 14 15 16	17 18 19 20 21	22 23 24 25 26	2	56
	3	27 28 29 30 31	41 2 3 4 5	6 7 8 9 10	11 12 13 14 15	16 17 18 19 20	21 22 23 24 25	4	26
	4	26 27 28 29 30	51 2 3 4 5	6 7 8 9 10	11 12 13 14 15	16 17 18 19 20	21 22 23 24 —	6	56
	5	25 26 27 28 29	30 31 61 2 3	4 5 6 7 8	9 10 11 12 13	14 15 16 17 18	19 20 21 22 23	0	25
	6	24 25 26 27 28	29 30 71 2 3	4 5 6 7 8	9 10 11 12 13	14 15 16 17 18	19 20 21 22 —	2	55
	7	23 24 25 26 27	28 29 30 31 81	2 3 4 5 6	7 8 9 10 11	12 13 14 15 16	17 18 19 20 21	3	24
	8	22 23 24 25 26	27 28 29 30 31	91 2 3 4 5	6 7 8 9 10	11 12 13 14 15	16 17 18 19 —	5	54
	9	20 21 22 23 24	25 26 27 28 29	30 01 2 3 4	5 6 7 8 9	10 11 12 13 14	15 16 17 18 —	6	23
	10	19 20 21 22 23	24 25 26 27 28	29 30 31 N1 2	3 4 5 6 7	8 9 10 11 12	13 14 15 16 17	0	52
	11	18 19 20 21 22	23 24 25 26 27	28 29 30 D1 2	3 4 5 6 7	8 9 10 11 12	13 14 15 16 —	2	22
	12	17 18 19 20 21	22 23 24 25 26	27 28 29 30 31	11 2 3 4 5	6 7 8 9 10	11 12 13 14 15	3	51
	12	16 17 18 19 20	21 22 23 24 25	26 27 28 29 30	31 21 2 3 4	5 6 7 8 9	10 11 12 13 —	5	21
紹興24 甲戌 1154–55	2 1	14 15 16 17 18	19 20 21 22 23	24 25 26 27 28	31 2 3 4 5	6 7 8 9 10	11 12 13 14 15	6	50
	2	16 17 18 19 20	21 22 23 24 25	26 27 28 29 30	31 41 2 3 4	5 6 7 8 9	10 11 12 13 14	1	20
	3	15 16 17 18 19	20 21 22 23 24	25 26 27 28 29	30 51 2 3 4	5 6 7 8 9	10 11 12 13 —	3	50
	4	14 15 16 17 18	19 20 21 22 23	24 25 26 27 28	29 30 31 61 2	3 4 5 6 7	8 9 10 11 12	4	19
	5	13 14 15 16 17	18 19 20 21 22	23 24 25 26 27	28 29 30 71 2	3 4 5 6 7	8 9 10 11 12	6	49
	6	13 14 15 16 17	18 19 20 21 22	23 24 25 26 27	28 29 30 31 81	2 3 4 5 6	7 8 9 10 —	1	19
	7	11 12 13 14 15	16 17 18 19 20	21 22 23 24 25	26 27 28 29 30	31 91 2 3 4	5 6 7 8 9	2	48
	8	10 11 12 13 14	15 16 17 18 19	20 21 22 23 24	25 26 27 28 29	30 01 2 3 4	5 6 7 8 —	4	18
	9	9 10 11 12 13	14 15 16 17 18	19 20 21 22 23	24 25 26 27 28	29 30 31 N1 2	3 4 5 6 —	5	47
	10	7 8 9 10 11	12 13 14 15 16	17 18 19 20 21	22 23 24 25 26	27 28 29 30 D1	2 3 4 5 6	6	16
	11	7 8 9 10 11	12 13 14 15 16	17 18 19 20 21	22 23 24 25 26	27 28 29 30 31	11 2 3 4 —	1	46
	12	5 6 7 8 9	10 11 12 13 14	15 16 17 18 19	20 21 22 23 24	25 26 27 28 29	30 31 21 2 3	2	15
紹興25 乙亥 1155–56	14 1	4 5 6 7 8	9 10 11 12 13	14 15 16 17 18	19 20 21 22 23	24 25 26 27 28	31 2 3 4 —	4	45
	2	5 6 7 8 9	10 11 12 13 14	15 16 17 18 19	20 21 22 23 24	25 26 27 28 29	30 31 41 2 3	5	14
	3	4 5 6 7 8	9 10 11 12 13	14 15 16 17 18	19 20 21 22 23	24 25 26 27 28	29 30 51 2 —	0	44
	4	3 4 5 6 7	8 9 10 11 12	13 14 15 16 17	18 19 20 21 22	23 24 25 26 27	28 29 30 31 61	1	13
	5	2 3 4 5 6	7 8 9 10 11	12 13 14 15 16	17 18 19 20 21	22 23 24 25 26	27 28 29 30 71	3	43
	6	2 3 4 5 6	7 8 9 10 11	12 13 14 15 16	17 18 19 20 21	22 23 24 25 26	27 28 29 30 —	5	13
	7	31 81 2 3 4	5 6 7 8 9	10 11 12 13 14	15 16 17 18 19	20 21 22 23 24	25 26 27 28 29	6	42
	8	30 31 91 2 3	4 5 6 7 8	9 10 11 12 13	14 15 16 17 18	19 20 21 22 23	24 25 26 27 —	1	12
	9	28 29 30 01 2	3 4 5 6 7	8 9 10 11 12	13 14 15 16 17	18 19 20 21 22	23 24 25 26 27	2	41
	10	28 29 30 31 N1	2 3 4 5 6	7 8 9 10 11	12 13 14 15 16	17 18 19 20 21	22 23 24 25 26	4	11
	11	27 28 29 30 D1	2 3 4 5 6	7 8 9 10 11	12 13 14 15 16	17 18 19 20 21	22 23 24 25 —	6	41
	12	26 27 28 29 30	31 11 2 3 4	5 6 7 8 9	10 11 12 13 14	15 16 17 18 19	20 21 22 23 —	0	10

年序 Year	陰曆月序 Moon	陰曆日序 Order of days (Lunar) 1 2 3 4 5	6 7 8 9 10	11 12 13 14 15	16 17 18 19 20	21 22 23 24 25	26 27 28 29 30	星期 Week	干支 Cycle
紹興26丙子 1156–57	26 1	24 25 26 27 28	29 30 31 **21** 2	3 4 5 6 7	8 9 10 11 12	13 14 15 16 17	18 19 20 21 22	1	39
	2	23 24 25 26 27	28 29 **31** 2 3	4 5 6 7 8	9 10 11 12 13	14 15 16 17 18	19 20 21 22 —	3	9
	3	23 24 25 26 27	28 29 30 31 **41**	2 3 4 5 6	7 8 9 10 11	12 13 14 15 16	17 18 19 20 21	4	38
	4	22 23 24 25 26	27 28 29 30 **51**	2 3 4 5 6	7 8 9 10 11	12 13 14 15 16	17 18 19 20 —	6	8
	5	21 22 23 24 25	26 27 28 29 30	31 **61** 2 3 4	5 6 7 8 9	10 11 12 13 14	15 16 17 18 19	0	37
	6	20 21 22 23 24	25 26 27 28 29	30 **71** 2 3 4	5 6 7 8 9	10 11 12 13 14	15 16 17 18 —	2	7
	7	19 20 21 22 23	24 25 26 27 28	29 30 31 **81** 2	3 4 5 6 7	8 9 10 11 12	13 14 15 16 17	3	36
	8	18 19 20 21 22	23 24 25 26 27	28 29 30 31 **91**	2 3 4 5 6	7 8 9 10 11	12 13 14 15 16	5	6
	9	17 18 19 20 21	22 23 24 25 26	27 28 29 30 **01**	2 3 4 5 6	7 8 9 10 11	12 13 14 15 —	0	36
	10	16 17 18 19 20	21 22 23 24 25	26 27 28 29 30	31 **N1** 2 3 4	5 6 7 8 9	10 11 12 13 14	1	5
	10	15 16 17 18 19	20 21 22 23 24	25 26 27 28 29	30 **D1** 2 3 4	5 6 7 8 9	10 11 12 13 14	3	35
	11	15 16 17 18 19	20 21 22 23 24	25 26 27 28 29	30 31 **11** 2 3	4 5 6 7 8	9 10 11 12 —	5	5
	12	13 14 15 16 17	18 19 20 21 22	23 24 25 26 27	28 29 30 31 **21**	2 3 4 5 6	7 8 9 10 11	6	34
紹興27丁丑 1157–58	38 1	12 13 14 15 16	17 18 19 20 21	22 23 24 25 26	27 28 **31** 2 3	4 5 6 7 8	9 10 11 12 —	1	4
	2	13 14 15 16 17	18 19 20 21 22	23 24 25 26 27	28 29 30 31 **41**	2 3 4 5 6	7 8 9 10 —	2	33
	3	11 12 13 14 15	16 17 18 19 20	21 22 23 24 25	26 27 28 29 30	**51** 2 3 4 5	6 7 8 9 10	3	2
	4	11 12 13 14 15	16 17 18 19 20	21 22 23 24 25	26 27 28 29 30	31 **61** 2 3 4	5 6 7 8 —	5	32
	5	9 10 11 12 13	14 15 16 17 18	19 20 21 22 23	24 25 26 27 28	29 30 **71** 2 3	4 5 6 7 —	6	1
	6	8 9 10 11 12	13 14 15 16 17	18 19 20 21 22	23 24 25 26 27	28 29 30 31 **81**	2 3 4 5 6	0	30
	7	7 8 9 10 11	12 13 14 15 16	17 18 19 20 21	22 23 24 25 26	27 28 29 30 31	**91** 2 3 4 5	2	0
	8	6 7 8 9 10	11 12 13 14 15	16 17 18 19 20	21 22 23 24 25	26 27 28 29 30	**01** 2 3 4 —	4	30
	9	5 6 7 8 9	10 11 12 13 14	15 16 17 18 19	20 21 22 23 24	25 26 27 28 29	30 31 **N1** 2 3	5	59
	10	4 5 6 7 8	9 10 11 12 13	14 15 16 17 18	19 20 21 22 23	24 25 26 27 28	29 30 **D1** 2 3	0	29
	11	4 5 6 7 8	9 10 11 12 13	14 15 16 17 18	19 20 21 22 23	24 25 26 27 28	29 30 31 **11** 2	2	59
	12	3 4 5 6 7	8 9 10 11 12	13 14 15 16 17	18 19 20 21 22	23 24 25 26 27	28 29 30 31 —	4	29
紹興28戊寅 1158–59	50 1	**21** 2 3 4 5	6 7 8 9 10	11 12 13 14 15	16 17 18 19 20	21 22 23 24 25	26 27 28 **31** 2	5	58
	2	3 4 5 6 7	8 9 10 11 12	13 14 15 16 17	18 19 20 21 22	23 24 25 26 27	28 29 30 31 —	0	28
	3	**41** 2 3 4 5	6 7 8 9 10	11 12 13 14 15	16 17 18 19 **20**	21 22 23 24 25	26 27 28 29 —	1	57
	4	30 **51** 2 3 4	5 6 7 8 9	10 11 12 13 14	15 16 17 18 19	20 21 22 23 24	25 26 27 28 29	2	26
	5	30 31 **61** 2 3	4 5 6 7 8	9 10 11 12 13	14 15 16 17 18	19 20 21 22 23	24 25 26 27 —	4	56
	6	28 29 30 **71** 2	3 4 5 6 7	8 9 10 11 12	13 14 15 16 17	18 19 20 21 22	23 24 25 26 —	5	25
	7	27 28 29 30 31	**81** 2 3 4 5	6 7 8 9 10	11 12 13 14 15	16 17 18 19 20	21 22 23 24 25	6	54
	8	26 27 28 29 30	31 **91** 2 3 4	5 6 7 8 9	10 11 12 13 14	15 16 17 18 19	20 21 22 23 —	1	24
	9	24 25 26 27 28	29 30 **01** 2 3	4 5 6 7 8	9 10 11 12 13	14 15 16 17 18	19 20 21 22 23	2	53
	10	24 25 26 27 28	29 30 31 **N1** 2	3 4 5 6 7	8 9 10 11 12	13 14 15 16 17	18 19 20 21 22	4	23
	11	23 24 25 26 27	28 29 30 **D1** 2	3 4 5 6 7	8 9 10 11 12	13 14 15 16 17	18 19 20 21 22	6	53
	12	23 24 25 26 27	28 29 30 31 **11**	2 3 4 5 6	7 8 9 10 11	12 13 14 15 16	17 18 19 20 —	1	23
紹興29己卯 1159–60	2 1	21 22 23 24 25	26 27 28 29 30	31 **21** 2 3 4	5 6 7 8 9	10 11 12 13 14	15 16 17 18 19	2	52
	2	20 21 22 23 24	25 26 27 28 **31**	2 3 4 5 6	7 8 9 10 11	12 13 14 15 16	17 18 19 20 21	4	22
	3	22 23 24 25 26	27 28 29 30 31	**41** 2 3 4 5	6 7 8 9 10	11 12 13 14 15	16 17 18 19 —	6	52
	4	20 21 22 23 24	25 26 27 28 29	30 **51** 2 3 4	5 6 7 8 9	10 11 12 13 14	15 16 17 18 —	0	21
	5	19 20 21 22 23	24 25 26 27 28	29 30 31 **61** 2	3 4 5 6 7	8 9 10 11 12	13 14 15 16 17	1	50
	6	18 19 20 21 22	23 24 25 26 27	28 29 30 **71** 2	3 4 5 6 7	8 9 10 11 12	13 14 15 16 —	3	20
	6	17 18 19 20 21	22 23 24 25 26	27 28 29 30 31	**81** 2 3 4 5	6 7 8 9 10	11 12 13 14 —	4	49
	7	15 16 17 18 19	20 21 22 23 24	25 26 27 28 29	30 31 **91** 2 3	4 5 6 7 8	9 10 11 12 13	5	18
	8	14 15 16 17 18	19 20 21 22 23	24 25 26 27 28	29 30 **01** 2 3	4 5 6 7 8	9 10 11 12 —	0	48
	9	13 14 15 16 17	18 19 20 21 22	23 24 25 26 27	28 29 30 31 **N1**	2 3 4 5 6	7 8 9 10 11	1	17
	10	12 13 14 15 16	17 18 19 20 21	22 23 24 25 26	27 28 29 30 **D1**	2 3 4 5 6	7 8 9 10 11	3	47
	11	12 13 14 15 16	17 18 19 20 21	22 23 24 25 26	27 28 29 30 31	**11** 2 3 4 5	6 7 8 9 10	5	17
	12	11 12 13 14 15	16 17 18 19 20	21 22 23 24 25	26 27 28 29 30	31 **21** 2 3 4	5 6 7 8 —	0	47
紹興30庚辰 1160–61	14 1	9 10 11 12 13	14 15 16 17 18	19 20 21 22 23	24 25 26 27 28	29 **31** 2 3 4	5 6 7 8 9	1	16
	2	10 11 12 13 14	15 16 17 18 19	20 21 22 23 24	25 26 27 28 29	30 31 **41** 2 3	4 5 6 7 8	3	46
	3	9 10 11 12 13	14 15 16 17 18	19 20 21 22 23	24 25 26 27 28	29 30 **51** 2 3	4 5 6 7 —	5	16
	4	8 9 10 11 12	13 14 15 16 17	18 19 20 21 22	23 24 25 26 27	28 29 30 31 **61**	2 3 4 5 —	6	45
	5	6 7 8 9 10	11 12 13 14 15	16 17 18 19 20	21 22 23 24 25	26 27 28 29 30	**71** 2 3 4 5	0	14
	6	6 7 8 9 10	11 12 13 14 15	16 17 18 19 20	21 22 23 24 25	26 27 28 29 30	31 **81** 2 3 —	2	44
	7	4 5 6 7 8	9 10 11 12 13	14 15 16 17 18	19 20 21 22 23	24 25 26 27 28	29 30 31 **91** —	3	13
	8	2 3 4 5 6	7 8 9 10 11	12 13 14 15 16	17 18 19 20 21	22 23 24 25 26	27 28 29 30 **01**	4	42
	9	2 3 4 5 6	7 8 9 10 11	12 13 14 15 16	17 18 19 20 21	22 23 24 25 26	27 28 29 30 —	6	12
	10	31 **N1** 2 3 4	5 6 7 8 9	10 11 12 13 14	15 16 17 18 19	20 21 22 23 24	25 26 27 28 29	0	41
	11	30 **D1** 2 3 4	5 6 7 8 9	10 11 12 13 14	15 16 17 18 19	20 21 22 23 24	25 26 27 28 29	2	11
	12	30 31 **11** 2 3	4 5 6 7 8	9 10 11 12 13	14 15 16 17 18	19 20 21 22 23	24 25 26 27 —	4	41

年序 Year	陰曆月序 Moon	1 2 3 4 5	6 7 8 9 10	11 12 13 14 15	16 17 18 19 20	21 22 23 24 25	26 27 28 29 30	星期 Week	干支 Cycle
紹興 3 1 辛巳 1161–62	26 1	28 29 30 31 21	2 3 4 5 6	7 8 9 10 11	12 13 14 15 16	17 18 19 20 21	22 23 24 25 26	5	10
	2	27 28 31 2 3	4 5 6 7 8	9 10 11 12 13	14 15 16 17 18	19 20 21 22 23	24 25 26 27 28	0	40
	3	29 30 31 41 2	3 4 5 6 7	8 9 10 11 12	13 14 15 16 17	18 19 20 21 22	23 24 25 26 —	2	10
	4	27 28 29 30 51	2 3 4 5 6	7 8 9 10 11	12 13 14 15 16	17 18 19 20 21	22 23 24 25 26	3	39
	5	27 28 29 30 31	61 2 3 4 5	6 7 8 9 10	11 12 13 14 15	16 17 18 19 20	21 22 23 24 —	5	9
	6	25 26 27 28 29	30 71 2 3 4	5 6 7 8 9	10 11 12 13 14	15 16 17 18 19	20 21 22 23 24	6	38
	7	25 26 27 28 29	30 31 81 2 3	4 5 6 7 8	9 10 11 12 13	14 15 16 17 18	19 20 21 22 —	1	8
	8	23 24 25 26 27	28 29 30 31 91	2 3 4 5 6	7 8 9 10 11	12 13 14 15 16	17 18 19 20 —	2	37
	9	21 22 23 24 25	26 27 28 29 30	01 2 3 4 5	6 7 8 9 10	11 12 13 14 15	16 17 18 19 20	3	6
	10	21 22 23 24 25	26 27 28 29 30	31 N1 2 3 4	5 6 7 8 9	10 11 12 13 14	15 16 17 18 —	5	36
	11	19 20 21 22 23	24 25 26 27 28	29 30 D1 2 3	4 5 6 7 8	9 10 11 12 13	14 15 16 17 18	6	5
	12	19 20 21 22 23	24 25 26 27 28	29 30 31 11 2	3 4 5 6 7	8 9 10 11 12	13 14 15 16 —	1	35
紹興 3 2 壬午 1162–63	38 1	17 18 19 20 21	22 23 24 25 26	27 28 29 30 31	21 2 3 4 5	6 7 8 9 10	11 12 13 14 15	2	4
	2	16 17 18 19 20	21 22 23 24 25	26 27 28 31 2	3 4 5 6 7	8 9 10 11 12	13 14 15 16 17	4	34
	2	18 19 20 21 22	23 24 25 26 27	28 29 30 31 41	2 3 4 5 6	7 8 9 10 11	12 13 14 15 —	6	4
	3	16 17 18 19 20	21 22 23 24 25	26 27 28 29 30	51 2 3 4 5	6 7 8 9 10	11 12 13 14 15	0	33
	4	16 17 18 19 20	21 22 23 24 25	26 27 28 29 30	31 61 2 3 4	5 6 7 8 9	10 11 12 13 14	2	3
	5	15 16 17 18 19	20 21 22 23 24	25 26 27 28 29	30 71 2 3 4	5 6 7 8 9	10 11 12 13 —	4	33
	6	14 15 16 17 18	19 20 21 22 23	24 25 26 27 28	29 30 31 81 2	3 4 5 6 7	8 9 10 11 12	5	2
	7	13 14 15 16 17	18 19 20 21 22	23 24 25 26 27	28 29 30 31 91	2 3 4 5 6	7 8 9 10 —	0	32
	8	11 12 13 14 15	16 17 18 19 20	21 22 23 24 25	26 27 28 29 30	01 2 3 4 5	6 7 8 9 —	1	1
	9	10 11 12 13 14	15 16 17 18 19	20 21 22 23 24	25 26 27 28 29	30 31 N1 2 3	4 5 6 7 8	2	30
	10	9 10 11 12 13	14 15 16 17 18	19 20 21 22 23	24 25 26 27 28	29 30 D1 2 3	4 5 6 7 —	4	0
	11	8 9 10 11 12	13 14 15 16 17	18 19 20 21 22	23 24 25 26 27	28 29 30 31 11	2 3 4 5 6	5	29
	12	7 8 9 10 11	12 13 14 15 16	17 18 19 20 21	22 23 24 25 26	27 28 29 30 31	21 2 3 4 —	0	59
孝宗 隆興 1 癸未 1163–64	50 1	5 6 7 8 9	10 11 12 13 14	15 16 17 18 19	20 21 22 23 24	25 26 27 28 31	2 3 4 5 6	1	28
	2	7 8 9 10 11	12 13 14 15 16	17 18 19 20 21	22 23 24 25 26	27 28 29 30 31	41 2 3 4 5	3	58
	3	6 7 8 9 10	11 12 13 14 15	16 17 18 19 20	21 22 23 24 25	26 27 28 29 30	51 2 3 4 —	5	28
	4	5 6 7 8 9	10 11 12 13 14	15 16 17 18 19	20 21 22 23 24	25 26 27 28 29	30 31 61 2 3	6	57
	5	4 5 6 7 8	9 10 11 12 13	14 15 16 17 18	19 20 21 22 23	24 25 26 27 28	29 30 71 2 —	1	27
	6	3 4 5 6 7	8 9 10 11 12	13 14 15 16 17	18 19 20 21 22	23 24 25 26 27	28 29 30 31 81	2	56
	7	2 3 4 5 6	7 8 9 10 11	12 13 14 15 16	17 18 19 20 21	22 23 24 25 26	27 28 29 30 —	4	26
	8	31 91 2 3 4	5 6 7 8 9	10 11 12 13 14	15 16 17 18 19	20 21 22 23 24	25 26 27 28 29	5	55
	9	30 01 2 3 4	5 6 7 8 9	10 11 12 13 14	15 16 17 18 19	20 21 22 23 24	25 26 27 28 —	0	25
	10	29 30 31 N1 2	3 4 5 6 7	8 9 10 11 12	13 14 15 16 17	18 19 20 21 22	23 24 25 26 27	1	54
	11	28 29 30 D1 2	3 4 5 6 7	8 9 10 11 12	13 14 15 16 17	18 19 20 21 22	23 24 25 26 —	3	24
	12	27 28 29 30 31	11 2 3 4 5	6 7 8 9 10	11 12 13 14 15	16 17 18 19 20	21 22 23 24 25	4	53
隆興 2 甲申 1164–65	2 1	26 27 28 29 30	31 21 2 3 4	5 6 7 8 9	10 11 12 13 14	15 16 17 18 19	20 21 22 23 —	6	23
	2	24 25 26 27 28	29 31 2 3 4	5 6 7 8 9	10 11 12 13 14	15 16 17 18 19	20 21 22 23 24	0	52
	3	25 26 27 28 29	30 31 41 2 3	4 5 6 7 8	9 10 11 12 13	14 15 16 17 18	19 20 21 22 —	2	22
	4	23 24 25 26 27	28 29 30 51 2	3 4 5 6 7	8 9 10 11 12	13 14 15 16 17	18 19 20 21 22	3	51
	5	23 24 25 26 27	28 29 30 31 61	2 3 4 5 6	7 8 9 10 11	12 13 14 15 16	17 18 19 20 —	5	21
	6	21 22 23 24 25	26 27 28 29 30	71 2 3 4 5	6 7 8 9 10	11 12 13 14 15	16 17 18 19 20	6	50
	7	21 22 23 24 25	26 27 28 29 30	31 81 2 3 4	5 6 7 8 9	10 11 12 13 14	15 16 17 18 19	1	20
	8	20 21 22 23 24	25 26 27 28 29	30 31 91 2 3	4 5 6 7 8	9 10 11 12 13	14 15 16 17 —	3	50
	9	18 19 20 21 22	23 24 25 26 27	28 29 30 01 2	3 4 5 6 7	8 9 10 11 12	13 14 15 16 17	4	19
	10	18 19 20 21 22	23 24 25 26 27	28 29 30 31 N1	2 3 4 5 6	7 8 9 10 11	12 13 14 15 —	6	49
	11	16 17 18 19 20	21 22 23 24 25	26 27 28 29 30	D1 2 3 4 5	6 7 8 9 10	11 12 13 14 15	0	18
	11	16 17 18 19 20	21 22 23 24 25	26 27 28 29 30	31 11 2 3 4	5 6 7 8 9	10 11 12 13 —	2	48
	12	14 15 16 17 18	19 20 21 22 23	24 25 26 27 28	29 30 31 21 2	3 4 5 6 7	8 9 10 11 12	3	17
乾道 1 乙酉 1165–66	14 1	13 14 15 16 17	18 19 20 21 22	23 24 25 26 27	28 31 2 3 4	5 6 7 8 9	10 11 12 13 —	5	47
	2	14 15 16 17 18	19 20 21 22 23	24 25 26 27 28	29 30 31 41 2	3 4 5 6 7	8 9 10 11 12	6	16
	3	13 14 15 16 17	18 19 20 21 22	23 24 25 26 27	28 29 30 51 2	3 4 5 6 7	8 9 10 11 —	1	46
	4	12 13 14 15 16	17 18 19 20 21	22 23 24 25 26	27 28 29 30 31	61 2 3 4 5	6 7 8 9 10	2	15
	5	11 12 13 14 15	16 17 18 19 20	21 22 23 24 25	26 27 28 29 30	71 2 3 4 5	6 7 8 9 —	4	45
	6	10 11 12 13 14	15 16 17 18 19	20 21 22 23 24	25 26 27 28 29	30 31 81 2 3	4 5 6 7 8	5	14
	7	9 10 11 12 13	14 15 16 17 18	19 20 21 22 23	24 25 26 27 28	29 30 31 91 2	3 4 5 6 —	0	44
	8	7 8 9 10 11	12 13 14 15 16	17 18 19 20 21	22 23 24 25 26	27 28 29 30 01	2 3 4 5 6	1	13
	9	7 8 9 10 11	12 13 14 15 16	17 18 19 20 21	22 23 24 25 26	27 28 29 30 31	N1 2 3 4 5	3	43
	10	6 7 8 9 10	11 12 13 14 15	16 17 18 19 20	21 22 23 24 25	26 27 28 29 30	D1 2 3 4 —	5	13
	11	5 6 7 8 9	10 11 12 13 14	15 16 17 18 19	20 21 22 23 24	25 26 27 28 29	30 31 11 2 3	6	42
	12	4 5 6 7 8	9 10 11 12 13	14 15 16 17 18	19 20 21 22 23	24 25 26 27 28	29 30 31 21 2	1	12

年序 Year		陰曆月序 Moon	陰曆日序 Order of days (Lunar) 1 2 3 4 5	6 7 8 9 10	11 12 13 14 15	16 17 18 19 20	21 22 23 24 25	26 27 28 29 30	星期 Week	干支 Cycle
乾道2丙戌 1166–67	26	1	3 4 5 6 7	8 9 10 11 12	13 14 15 16 17	18 19 20 21 22	23 24 25 26 27	28 31 2 3 —	3	42
		2	4 5 6 7 8	9 10 11 12 13	14 15 16 17 18	19 20 21 22 23	24 25 26 27 28	29 30 31 41 —	4	11
		3	2 3 4 5 6	7 8 9 10 11	12 13 14 15 16	17 18 19 20 21	22 23 24 25 26	27 28 29 30 51	5	40
		4	2 3 4 5 6	7 8 9 10 11	12 13 14 15 16	17 18 19 20 21	22 23 24 25 26	27 28 29 30 —	0	10
		5	31 61 2 3 4	5 6 7 8 9	10 11 12 13 14	15 16 17 18 19	20 21 22 23 24	25 26 27 28 —	1	39
		6	29 30 71 2 3	4 5 6 7 8	9 10 11 12 13	14 15 16 17 18	19 20 21 22 23	24 25 26 27 28	2	8
		7	29 30 31 81 2	3 4 5 6 7	8 9 10 11 12	13 14 15 16 17	18 19 20 21 22	23 24 25 26 —	4	38
		8	27 28 29 30 31	91 2 3 4 5	6 7 8 9 10	11 12 13 14 15	16 17 18 19 20	21 22 23 24 25	5	7
		9	26 27 28 29 30	01 2 3 4 5	6 7 8 9 10	11 12 13 14 15	16 17 18 19 20	21 22 23 24 25	0	37
		10	26 27 28 29 30	31 N1 2 3 4	5 6 7 8 9	10 11 12 13 14	15 16 17 18 19	20 21 22 23 24	2	7
		11	25 26 27 28 29	30 D1 2 3 4	5 6 7 8 9	10 11 12 13 14	15 16 17 18 19	20 21 22 23 —	4	37
		12	24 25 26 27 28	29 30 31 11 2	3 4 5 6 7	8 9 10 11 12	13 14 15 16 17	18 19 20 21 22	5	6
乾道3丁亥 1167–68	38	1	23 24 25 26 27	28 29 30 31 21	2 3 4 5 6	7 8 9 10 11	12 13 14 15 16	17 18 19 20 21	0	36
		2	22 23 24 25 26	27 28 31 2 3	4 5 6 7 8	9 10 11 12 13	14 15 16 17 18	19 20 21 22 —	2	6
		3	23 24 25 26 27	28 29 30 31 41	2 3 4 5 6	7 8 9 10 11	12 13 14 15 16	17 18 19 20 —	3	35
		4	21 22 23 24 25	26 27 28 29 30	51 2 3 4 5	6 7 8 9 10	11 12 13 14 15	16 17 18 19 20	4	4
		5	21 22 23 24 25	26 27 28 29 30	31 61 2 3 4	5 6 7 8 9	10 11 12 13 14	15 16 17 18 —	6	34
		6	19 20 21 22 23	24 25 26 27 28	29 30 71 2 3	4 5 6 7 8	9 10 11 12 13	14 15 16 17 —	0	3
		7	18 19 20 21 22	23 24 25 26 27	28 29 30 31 81	2 3 4 5 6	7 8 9 10 11	12 13 14 15 16	1	32
		7	17 18 19 20 21	22 23 24 25 26	27 28 29 30 31	91 2 3 4 5	6 7 8 9 10	11 12 13 14 —	3	2
		8	15 16 17 18 19	20 21 22 23 24	25 26 27 28 29	30 01 2 3 4	5 6 7 8 9	10 11 12 13 14	4	31
		9	15 16 17 18 19	20 21 22 23 24	25 26 27 28 29	30 31 N1 2 3	4 5 6 7 8	9 10 11 12 13	6	1
		10	14 15 16 17 18	19 20 21 22 23	24 25 26 27 28	29 30 D1 2 3	4 5 6 7 8	9 10 11 12 13	1	31
		11	14 15 16 17 18	19 20 21 22 23	24 25 26 27 28	29 30 31 11 2	3 4 5 6 7	8 9 10 11 —	3	1
		12	12 13 14 15 16	17 18 19 20 21	22 23 24 25 26	27 28 29 30 31	21 2 3 4 5	6 7 8 9 10	4	30
乾道4戊子 1168–69	50	1	11 12 13 14 15	16 17 18 19 20	21 22 23 24 25	26 27 28 29 31	2 3 4 5 6	7 8 9 10 11	6	0
		2	12 13 14 15 16	17 18 19 20 21	22 23 24 25 26	27 28 29 30 31	41 2 3 4 5	6 7 8 9 —	1	30
		3	10 11 12 13 14	15 16 17 18 19	20 21 22 23 24	25 26 27 28 29	30 51 2 3 4	5 6 7 8 —	2	59
		4	9 10 11 12 13	14 15 16 17 18	19 20 21 22 23	24 25 26 27 28	29 30 31 61 2	3 4 5 6 7	3	28
		5	8 9 10 11 12	13 14 15 16 17	18 19 20 21 22	23 24 25 26 27	28 29 30 71 2	3 4 5 6 —	5	58
		6	7 8 9 10 11	12 13 14 15 16	17 18 19 20 21	22 23 24 25 26	27 28 29 30 31	81 2 3 4 —	6	27
		7	5 6 7 8 9	10 11 12 13 14	15 16 17 18 19	20 21 22 23 24	25 26 27 28 29	30 31 91 2 3	0	56
		8	4 5 6 7 8	9 10 11 12 13	14 15 16 17 18	19 20 21 22 23	24 25 26 27 28	29 30 01 2 —	2	26
		9	3 4 5 6 7	8 9 10 11 12	13 14 15 16 17	18 19 20 21 22	23 24 25 26 27	28 29 30 31 —	3	55
		10	N1 2 3 4 5	6 7 8 9 10	11 12 13 14 15	16 17 18 19 20	21 22 23 24 25	26 27 28 29 30	4	24
		11	D1 2 3 4 5	6 7 8 9 10	11 12 13 14 15	16 17 18 19 20	21 22 23 24 25	26 27 28 29 30	6	54
		12	31 11 2 3 4	5 6 7 8 9	10 11 12 13 14	15 16 17 18 19	20 21 22 23 24	25 26 27 28 29	1	24
乾道5己丑 1169–70	2	1	30 31 21 2 3	4 5 6 7 8	9 10 11 12 13	14 15 16 17 18	19 20 21 22 23	24 25 26 27 28	3	54
		2	31 2 3 4 5	6 7 8 9 10	11 12 13 14 15	16 17 18 19 20	21 22 23 24 25	26 27 28 29 —	5	24
		3	30 31 41 2 3	4 5 6 7 8	9 10 11 12 13	14 15 16 17 18	19 20 21 22 23	24 25 26 27 28	6	53
		4	29 30 51 2 3	4 5 6 7 8	9 10 11 12 13	14 15 16 17 18	19 20 21 22 23	24 25 26 27 —	1	23
		5	28 29 30 31 61	2 3 4 5 6	7 8 9 10 11	12 13 14 15 16	17 18 19 20 21	22 23 24 25 26	2	52
		6	27 28 29 30 71	2 3 4 5 6	7 8 9 10 11	12 13 14 15 16	17 18 19 20 21	22 23 24 25 —	4	22
		7	26 27 28 29 30	31 81 2 3 4	5 6 7 8 9	10 11 12 13 14	15 16 17 18 19	20 21 22 23 —	5	51
		8	24 25 26 27 28	29 30 31 91 2	3 4 5 6 7	8 9 10 11 12	13 14 15 16 17	18 19 20 21 22	6	20
		9	23 24 25 26 27	28 29 30 01 2	3 4 5 6 7	8 9 10 11 12	13 14 15 16 17	18 19 20 21 —	1	50
		10	22 23 24 25 26	27 28 29 30 31	N1 2 3 4 5	6 7 8 9 10	11 12 13 14 15	16 17 18 19 20	2	19
		11	21 22 23 24 25	26 27 28 29 30	D1 2 3 4 5	6 7 8 9 10	11 12 13 14 15	16 17 18 19 —	4	49
		12	20 21 22 23 24	25 26 27 28 29	30 31 11 2 3	4 5 6 7 8	9 10 11 12 13	14 15 16 17 18	5	18
乾道6庚寅 1170–71	14	1	19 20 21 22 23	24 25 26 27 28	29 30 31 21 2	3 4 5 6 7	8 9 10 11 12	13 14 15 16 17	0	48
		2	18 19 20 21 22	23 24 25 26 27	28 31 2 3 4	5 6 7 8 9	10 11 12 13 14	15 16 17 18 19	2	18
		3	20 21 22 23 24	25 26 27 28 29	30 31 41 2 3	4 5 6 7 8	9 10 11 12 13	14 15 16 17 —	4	48
		4	18 19 20 21 22	23 24 25 26 27	28 29 30 51 2	3 4 5 6 7	8 9 10 11 12	13 14 15 16 17	5	17
		5	18 19 20 21 22	23 24 25 26 27	28 29 30 31 61	2 3 4 5 6	7 8 9 10 11	12 13 14 15 —	0	47
		5	16 17 18 19 20	21 22 23 24 25	26 27 28 29 30	71 2 3 4 5	6 7 8 9 10	11 12 13 14 15	1	16
		6	16 17 18 19 20	21 22 23 24 25	26 27 28 29 30	31 81 2 3 4	5 6 7 8 9	10 11 12 13 —	3	46
		7	14 15 16 17 18	19 20 21 22 23	24 25 26 27 28	29 30 31 91 2	3 4 5 6 7	8 9 10 11 —	4	15
		8	12 13 14 15 16	17 18 19 20 21	22 23 24 25 26	27 28 29 30 01	2 3 4 5 6	7 8 9 10 11	5	44
		9	12 13 14 15 16	17 18 19 20 21	22 23 24 25 26	27 28 29 30 31	N1 2 3 4 5	6 7 8 9 —	0	14
		10	10 11 12 13 14	15 16 17 18 19	20 21 22 23 24	25 26 27 28 29	30 D1 2 3 4	5 6 7 8 9	1	43
		11	10 11 12 13 14	15 16 17 18 19	20 21 22 23 24	25 26 27 28 29	30 31 11 2 3	4 5 6 7 —	3	13
		12	8 9 10 11 12	13 14 15 16 17	18 19 20 21 22	23 24 25 26 27	28 29 30 31 21	2 3 4 5 6	4	42

年序 Year	陰曆月序 Moon	陰曆日序 Order of days (Lunar) 1 2 3 4 5	6 7 8 9 10	11 12 13 14 15	16 17 18 19 20	21 22 23 24 25	26 27 28 29 30	星期 Week	干支 Cycle
乾道 7 辛卯 1171–72	**26** 1	7 8 9 10 11	12 13 14 15 16	17 18 19 20 21	22 23 24 25 26	27 28 **31** 2 3	4 5 6 7 8	6	12
	2	9 10 11 12 13	14 15 16 17 18	19 20 21 22 23	24 25 26 27 28	29 30 31 **41** 2	3 4 5 6 —	1	42
	3	7 8 9 10 11	12 13 14 15 16	17 18 19 20 21	22 23 24 25 26	27 28 29 30 **51**	2 3 4 5 6	2	11
	4	7 8 9 10 11	12 13 14 15 16	17 18 19 20 21	22 23 24 25 26	27 28 29 30 31	**61** 2 3 4 5	4	41
	5	6 7 8 9 10	11 12 13 14 15	16 17 18 19 20	21 22 23 24 25	26 27 28 29 30	**71** 2 3 4 —	6	11
	6	5 6 7 8 9	10 11 12 13 14	15 16 17 18 19	20 21 22 23 24	25 26 27 28 29	30 31 **81** 2 3	0	40
	7	4 5 6 7 8	9 10 11 12 13	14 15 16 17 18	19 20 21 22 23	24 25 26 27 28	29 30 31 **91** —	2	10
	8	2 3 4 5 6	7 8 9 10 11	12 13 14 15 16	17 18 19 20 21	22 23 24 25 26	27 28 29 30 —	3	39
	9	**01** 2 3 4 5	6 7 8 9 10	11 12 13 14 15	16 17 18 19 20	21 22 23 24 25	26 27 28 29 30	4	8
	10	31 **N1** 2 3 4	5 6 7 8 9	10 11 12 13 14	15 16 17 18 19	20 21 22 23 24	25 26 27 28 —	6	38
	11	29 30 **D1** 2 3	4 5 6 7 8	9 10 11 12 13	14 15 16 17 18	19 20 21 22 23	24 25 26 27 28	0	7
	12	29 30 31 **11** 2	3 4 5 6 7	8 9 10 11 12	13 14 15 16 17	18 19 20 21 22	23 24 25 26 —	2	37
乾道 8 壬辰 1172–73	**38** 1	27 28 29 30 31	**21** 2 3 4 5	6 7 8 9 10	11 12 13 14 15	16 17 18 19 20	21 22 23 24 25	3	6
	2	26 27 28 29 **31**	2 3 4 5 6	7 8 9 10 11	12 13 14 15 16	17 18 19 20 21	22 23 24 25 —	5	36
	3	26 27 28 29 30	31 **41** 2 3 4	5 6 7 8 9	10 11 12 13 14	15 16 17 18 19	20 21 22 23 24	6	5
	4	25 26 27 28 29	30 **51** 2 3 4	5 6 7 8 9	10 11 12 13 14	15 16 17 18 19	20 21 22 23 24	1	35
	5	25 26 27 28 29	30 31 **61** 2 3	4 5 6 7 8	9 10 11 12 13	14 15 16 17 18	19 20 21 22 —	3	5
	6	23 24 25 26 27	28 29 30 **71** 2	3 4 5 6 7	8 9 10 11 12	13 14 15 16 17	18 19 20 21 22	4	34
	7	23 24 25 26 27	28 29 30 31 **81**	2 3 4 5 6	7 8 9 10 11	12 13 14 15 16	17 18 19 20 —	6	4
	8	21 22 23 24 25	26 27 28 29 30	31 **91** 2 3 4	5 6 7 8 9	10 11 12 13 14	15 16 17 18 19	0	33
	9	20 21 22 23 24	25 26 27 28 29	30 **01** 2 3 4	5 6 7 8 9	10 11 12 13 14	15 16 17 18 —	2	3
	10	19 20 21 22 23	24 25 26 27 28	29 30 31 **N1** 2	3 4 5 6 7	8 9 10 11 12	13 14 15 16 17	3	32
	11	18 19 20 21 22	23 24 25 26 27	28 29 30 **D1** 2	3 4 5 6 7	8 9 10 11 12	13 14 15 16 —	5	2
	12	17 18 19 20 21	22 23 24 25 26	27 28 29 30 31	**11** 2 3 4 5	6 7 8 9 10	11 12 13 14 15	6	31
乾道 9 癸巳 1173–74	**50** 1	16 17 18 19 20	21 22 23 24 25	26 27 28 29 30	31 **21** 2 3 4	5 6 7 8 9	10 11 12 13 —	1	1
	1	14 15 16 17 18	19 20 21 22 23	24 25 26 27 28	**31** 2 3 4 5	6 7 8 9 10	11 12 13 14 15	2	30
	2	16 17 18 19 20	21 22 23 24 25	26 27 28 29 30	31 **41** 2 3 4	5 6 7 8 9	10 11 12 13 —	4	0
	3	14 15 16 17 18	19 20 21 22 23	24 25 26 27 28	29 30 **51** 2 3	4 5 6 7 8	9 10 11 12 13	5	29
	4	14 15 16 17 18	19 20 21 22 23	24 25 26 27 28	29 30 31 **61** 2	3 4 5 6 7	8 9 10 11 —	0	59
	5	12 13 14 15 16	17 18 19 20 21	22 23 24 25 26	27 28 29 30 **71**	2 3 4 5 6	7 8 9 10 11	1	28
	6	12 13 14 15 16	17 18 19 20 21	22 23 24 25 26	27 28 29 30 31	**81** 2 3 4 5	6 7 8 9 10	3	58
	7	11 12 13 14 15	16 17 18 19 20	21 22 23 24 25	26 27 28 29 30	31 **91** 2 3 4	5 6 7 8 —	5	28
	8	9 10 11 12 13	14 15 16 17 18	19 20 21 22 23	24 25 26 27 28	29 30 **01** 2 3	4 5 6 7 8	6	57
	9	9 10 11 12 13	14 15 16 17 18	19 20 21 22 23	24 25 26 27 28	29 30 31 **N1** 2	3 4 5 6 —	1	27
	10	7 8 9 10 11	12 13 14 15 16	17 18 19 20 21	22 23 24 25 26	27 28 29 30 **D1**	2 3 4 5 6	2	56
	11	7 8 9 10 11	12 13 14 15 16	17 18 19 20 21	22 23 24 25 26	27 28 29 30 31	**11** 2 3 4 —	4	26
	12	5 6 7 8 9	10 11 12 13 14	15 16 17 18 19	20 21 22 23 24	25 26 27 28 29	30 31 **21** 2 3	5	55
淳熙 1 甲午 1174–75	**2** 1	4 5 6 7 8	9 10 11 12 13	14 15 16 17 18	19 20 21 22 23	24 25 26 27 28	**31** 2 3 4 —	0	25
	2	5 6 7 8 9	10 11 12 13 14	15 16 17 18 19	20 21 22 23 24	25 26 27 28 29	30 31 **41** 2 3	1	54
	3	4 5 6 7 8	9 10 11 12 13	14 15 16 17 18	19 20 21 22 23	24 25 26 27 28	29 30 **51** 2 —	3	24
	4	3 4 5 6 7	8 9 10 11 12	13 14 15 16 17	18 19 20 21 22	23 24 25 26 27	28 29 30 31 —	4	53
	5	**61** 2 3 4 5	6 7 8 9 10	11 12 13 14 15	16 17 18 19 20	21 22 23 24 25	26 27 28 29 30	5	22
	6	**71** 2 3 4 5	6 7 8 9 10	11 12 13 14 15	16 17 18 19 20	21 22 23 24 25	26 27 28 29 30	0	52
	7	31 **81** 2 3 4	5 6 7 8 9	10 11 12 13 14	15 16 17 18 19	20 21 22 23 24	25 26 27 28 —	2	22
	8	29 30 31 **91** 2	3 4 5 6 7	8 9 10 11 12	13 14 15 16 17	18 19 20 21 22	23 24 25 26 27	3	51
	9	28 29 30 **01** 2	3 4 5 6 7	8 9 10 11 12	13 14 15 16 17	18 19 20 21 22	23 24 25 26 27	5	21
	10	28 29 30 31 **N1**	2 3 4 5 6	7 8 9 10 11	12 13 14 15 16	17 18 19 20 21	22 23 24 25 —	0	51
	11	26 27 28 29 30	**D1** 2 3 4 5	6 7 8 9 10	11 12 13 14 15	16 17 18 19 20	21 22 23 24 25	1	20
	12	26 27 28 29 30	31 **11** 2 3 4	5 6 7 8 9	10 11 12 13 14	15 16 17 18 19	20 21 22 23 24	3	50
淳熙 2 乙未 1175–76	**14** 1	25 26 27 28 29	30 31 **21** 2 3	4 5 6 7 8	9 10 11 12 13	14 15 16 17 18	19 20 21 22 —	5	20
	2	23 24 25 26 27	28 **31** 2 3 4	5 6 7 8 9	10 11 12 13 14	15 16 17 18 19	20 21 22 23 —	6	49
	3	24 25 26 27 28	29 30 31 **41** 2	3 4 5 6 7	8 9 10 11 12	13 14 15 16 17	18 19 20 21 22	0	18
	4	23 24 25 26 27	28 29 30 **51** 2	3 4 5 6 7	8 9 10 11 12	13 14 15 16 17	18 19 20 21 —	2	48
	5	22 23 24 25 26	27 28 29 30 31	**61** 2 3 4 5	6 7 8 9 10	11 12 13 14 15	16 17 18 19 —	3	17
	6	20 21 22 23 24	25 26 27 28 29	30 **71** 2 3 4	5 6 7 8 9	10 11 12 13 14	15 16 17 18 19	4	46
	7	20 21 22 23 24	25 26 27 28 29	30 31 **81** 2 3	4 5 6 7 8	9 10 11 12 13	14 15 16 17 —	6	16
	8	18 19 20 21 22	23 24 25 26 27	28 29 30 31 **91**	2 3 4 5 6	7 8 9 10 11	12 13 14 15 16	0	45
	9	17 18 19 20 21	22 23 24 25 26	27 28 29 30 **01**	2 3 4 5 6	7 8 9 10 11	12 13 14 15 16	2	15
	9	17 18 19 20 21	22 23 24 25 26	27 28 29 30 31	**N1** 2 3 4 5	6 7 8 9 10	11 12 13 14 —	4	45
	10	15 16 17 18 19	20 21 22 23 24	25 26 27 28 29	30 **D1** 2 3 4	5 6 7 8 9	10 11 12 13 14	5	14
	11	15 16 17 18 19	20 21 22 23 24	25 26 27 28 29	30 31 **11** 2 3	4 5 6 7 8	9 10 11 12 13	0	44
	12	14 15 16 17 18	19 20 21 22 23	24 25 26 27 28	29 30 31 **21** 2	3 4 5 6 7	8 9 10 11 —	2	14

年序 Year	陰曆月序 Moon		陰曆日序 Order of days (Lunar) 1 2 3 4 5	6 7 8 9 10	11 12 13 14 15	16 17 18 19 20	21 22 23 24 25	26 27 28 29 30	星期 Week	干支 Cycle
淳熙 3 丙申 1176–77	26	1	12 13 14 15 16	17 18 19 20 21	22 23 24 25 26	27 28 29 31 2	3 4 5 6 7	8 9 10 11 12	3	43
		2	13 14 15 16 17	18 19 20 21 22	23 24 25 26 27	28 29 30 31 41	2 3 4 5 6	7 8 9 10 —	5	13
		3	11 12 13 14 15	16 17 18 19 20	21 22 23 24 25	26 27 28 29 30	51 2 3 4 5	6 7 8 9 10	6	42
		4	11 12 13 14 15	16 17 18 19 20	21 22 23 24 25	26 27 28 29 30	31 61 2 3 4	5 6 7 8 —	1	12
		5	9 10 11 12 13	14 15 16 17 18	19 20 21 22 23	24 25 26 27 28	29 30 71 2 3	4 5 6 7 —	2	41
		6	8 9 10 11 12	13 14 15 16 17	18 19 20 21 22	23 24 25 26 27	28 29 30 31 81	2 3 4 5 6	3	10
		7	7 8 9 10 11	12 13 14 15 16	17 18 19 20 21	22 23 24 25 26	27 28 29 30 31	91 2 3 4 —	5	40
		8	5 6 7 8 9	10 11 12 13 14	15 16 17 18 19	20 21 22 23 24	25 26 27 28 29	30 01 2 3 4	6	9
		9	5 6 7 8 9	10 11 12 13 14	15 16 17 18 19	20 21 22 23 24	25 26 27 28 29	30 31 N1 2 —	1	39
		10	3 4 5 6 7	8 9 10 11 12	13 14 15 16 17	18 19 20 21 22	23 24 25 26 27	28 29 30 D1 2	2	8
		11	3 4 5 6 7	8 9 10 11 12	13 14 15 16 17	18 19 20 21 22	23 24 25 26 27	28 29 30 31 11	4	38
		12	2 3 4 5 6	7 8 9 10 11	12 13 14 15 16	17 18 19 20 21	22 23 24 25 26	27 28 29 30 31	6	8
淳熙 4 丁酉 1177–78	38	1	21 2 3 4 5	6 7 8 9 10	11 12 13 14 15	16 17 18 19 20	21 22 23 24 25	26 27 28 31 —	1	38
		2	2 3 4 5 6	7 8 9 10 11	12 13 14 15 16	17 18 19 20 21	22 23 24 25 26	27 28 29 30 31	2	7
		3	41 2 3 4 5	6 7 8 9 10	11 12 13 14 15	16 17 18 19 20	21 22 23 24 25	26 27 28 29 —	4	37
		4	30 51 2 3 4	5 6 7 8 9	10 11 12 13 14	15 16 17 18 19	20 21 22 23 24	25 26 27 28 29	5	6
		5	30 31 61 2 3	4 5 6 7 8	9 10 11 12 13	14 15 16 17 18	19 20 21 22 23	24 25 26 27 —	0	36
		6	28 29 30 71 2	3 4 5 6 7	8 9 10 11 12	13 14 15 16 17	18 19 20 21 22	23 24 25 26 —	1	5
		7	27 28 29 30 31	81 2 3 4 5	6 7 8 9 10	11 12 13 14 15	16 17 18 19 20	21 22 23 24 25	2	34
		8	26 27 28 29 30	31 91 2 3 4	5 6 7 8 9	10 11 12 13 14	15 16 17 18 19	20 21 22 23 —	4	4
		9	24 25 26 27 28	29 30 01 2 3	4 5 6 7 8	9 10 11 12 13	14 15 16 17 18	19 20 21 22 23	5	33
		10	24 25 26 27 28	29 30 31 N1 2	3 4 5 6 7	8 9 10 11 12	13 14 15 16 17	18 19 20 21 —	0	3
		11	22 23 24 25 26	27 28 29 30 D1	2 3 4 5 6	7 8 9 10 11	12 13 14 15 16	17 18 19 20 21	1	32
		12	22 23 24 25 26	27 28 29 30 31	11 2 3 4 5	6 7 8 9 10	11 12 13 14 15	16 17 18 19 20	3	2
淳熙 5 戊戌 1178–79	50	1	21 22 23 24 25	26 27 28 29 30	31 21 2 3 4	5 6 7 8 9	10 11 12 13 14	15 16 17 18 19	5	32
		2	20 21 22 23 24	25 26 27 28 31	2 3 4 5 6	7 8 9 10 11	12 13 14 15 16	17 18 19 20 —	0	2
		3	21 22 23 24 25	26 27 28 29 30	31 41 2 3 4	5 6 7 8 9	10 11 12 13 14	15 16 17 18 19	1	31
		4	20 21 22 23 24	25 26 27 28 29	30 51 2 3 4	5 6 7 8 9	10 11 12 13 14	15 16 17 18 —	3	1
		5	19 20 21 22 23	24 25 26 27 28	29 30 31 61 2	3 4 5 6 7	8 9 10 11 12	13 14 15 16 17	4	30
		6	18 19 20 21 22	23 24 25 26 27	28 29 30 71 2	3 4 5 6 7	8 9 10 11 12	13 14 15 16 —	6	0
		6	17 18 19 20 21	22 23 24 25 26	27 28 29 30 31	81 2 3 4 5	6 7 8 9 10	11 12 13 14 —	0	29
		7	15 16 17 18 19	20 21 22 23 24	25 26 27 28 29	30 31 91 2 3	4 5 6 7 8	9 10 11 12 13	1	58
		8	14 15 16 17 18	19 20 21 22 23	24 25 26 27 28	29 30 01 2 3	4 5 6 7 8	9 10 11 12 —	3	28
		9	13 14 15 16 17	18 19 20 21 22	23 24 25 26 27	28 29 30 31 N1	2 3 4 5 6	7 8 9 10 11	4	57
		10	12 13 14 15 16	17 18 19 20 21	22 23 24 25 26	27 28 29 30 D1	2 3 4 5 6	7 8 9 10 —	6	27
		11	11 12 13 14 15	16 17 18 19 20	21 22 23 24 25	26 27 28 29 30	31 11 2 3 4	5 6 7 8 9	0	56
		12	10 11 12 13 14	15 16 17 18 19	20 21 22 23 24	25 26 27 28 29	30 31 21 2 3	4 5 6 7 8	2	26
淳熙 6 己亥 1179–80	2	1	9 10 11 12 13	14 15 16 17 18	19 20 21 22 23	24 25 26 27 28	31 2 3 4 5	6 7 8 9 —	4	56
		2	10 11 12 13 14	15 16 17 18 19	20 21 22 23 24	25 26 27 28 29	30 31 41 2 3	4 5 6 7 8	5	25
		3	9 10 11 12 13	14 15 16 17 18	19 20 21 22 23	24 25 26 27 28	29 30 51 2 3	4 5 6 7 8	0	55
		4	9 10 11 12 13	14 15 16 17 18	19 20 21 22 23	24 25 26 27 28	29 30 31 61 2	3 4 5 6 —	2	25
		5	7 8 9 10 11	12 13 14 15 16	17 18 19 20 21	22 23 24 25 26	27 28 29 30 71	2 3 4 5 6	3	54
		6	7 8 9 10 11	12 13 14 15 16	17 18 19 20 21	22 23 24 25 26	27 28 29 30 31	81 2 3 4 —	5	24
		7	5 6 7 8 9	10 11 12 13 14	15 16 17 18 19	20 21 22 23 24	25 26 27 28 29	30 31 91 2 —	6	53
		8	3 4 5 6 7	8 9 10 11 12	13 14 15 16 17	18 19 20 21 22	23 24 25 26 27	28 29 30 01 2	0	22
		9	3 4 5 6 7	8 9 10 11 12	13 14 15 16 17	18 19 20 21 22	23 24 25 26 27	28 29 30 31 —	2	52
		10	N1 2 3 4 5	6 7 8 9 10	11 12 13 14 15	16 17 18 19 20	21 22 23 24 25	26 27 28 29 30	3	21
		11	D1 2 3 4 5	6 7 8 9 10	11 12 13 14 15	16 17 18 19 20	21 22 23 24 25	26 27 28 29 —	5	51
		12	30 31 11 2 3	4 5 6 7 8	9 10 11 12 13	14 15 16 17 18	19 20 21 22 23	24 25 26 27 28	6	20
淳熙 7 庚子 1180–81	14	1	29 30 31 21 2	3 4 5 6 7	8 9 10 11 12	13 14 15 16 17	18 19 20 21 22	23 24 25 26 —	1	50
		2	27 28 29 31 2	3 4 5 6 7	8 9 10 11 12	13 14 15 16 17	18 19 20 21 22	23 24 25 26 27	2	19
		3	28 29 30 31 41	2 3 4 5 6	7 8 9 10 11	12 13 14 15 16	17 18 19 20 21	22 23 24 25 26	4	49
		4	27 28 29 30 51	2 3 4 5 6	7 8 9 10 11	12 13 14 15 16	17 18 19 20 21	22 23 24 25 —	6	19
		5	26 27 28 29 30	31 61 2 3 4	5 6 7 8 9	10 11 12 13 14	15 16 17 18 19	20 21 22 23 24	0	48
		6	25 26 27 28 29	30 71 2 3 4	5 6 7 8 9	10 11 12 13 14	15 16 17 18 19	20 21 22 23 —	2	18
		7	24 25 26 27 28	29 30 31 81 2	3 4 5 6 7	8 9 10 11 12	13 14 15 16 17	18 19 20 21 22	3	47
		8	23 24 25 26 27	28 29 30 31 91	2 3 4 5 6	7 8 9 10 11	12 13 14 15 16	17 18 19 20 —	5	17
		9	21 22 23 24 25	26 27 28 29 30	01 2 3 4 5	6 7 8 9 10	11 12 13 14 15	16 17 18 19 20	6	46
		10	21 22 23 24 25	26 27 28 29 30	31 N1 2 3 4	5 6 7 8 9	10 11 12 13 14	15 16 17 18 —	1	16
		11	19 20 21 22 23	24 25 26 27 28	29 30 D1 2 3	4 5 6 7 8	9 10 11 12 13	14 15 16 17 18	2	45
		12	19 20 21 22 23	24 25 26 27 28	29 30 31 11 2	3 4 5 6 7	8 9 10 11 12	13 14 15 16 —	4	15

年序 Year	陰曆月序 Moon	陰曆日序 Order of days (Lunar) 1 2 3 4 5	6 7 8 9 10	11 12 13 14 15	16 17 18 19 20	21 22 23 24 25	26 27 28 29 30	星期 Week	干支 Cycle
淳熙 8 辛丑 1181–82	26 1	17 18 19 20 21	22 23 24 25 26	27 28 29 30 31	21 2 3 4 5	6 7 8 9 10	11 12 13 14 15	5	44
	2	16 17 18 19 20	21 22 23 24 25	26 27 28 31 2	3 4 5 6 7	8 9 10 11 12	13 14 15 16 —	0	14
	3	17 18 19 20 21	22 23 24 25 26	27 28 29 30 31	41 2 3 4 5	6 7 8 9 10	11 12 13 14 15	1	43
	3	16 17 18 19 20	21 22 23 24 25	26 27 28 29 30	51 2 3 4 5	6 7 8 9 10	11 12 13 14 —	3	13
	4	15 16 17 18 19	20 21 22 23 24	25 26 27 28 29	30 31 61 2 3	4 5 6 7 8	9 10 11 12 13	4	42
	5	14 15 16 17 18	19 20 21 22 23	24 25 26 27 28	29 30 71 2 3	4 5 6 7 8	9 10 11 12 13	6	12
	6	14 15 16 17 18	19 20 21 22 23	24 25 26 27 28	29 30 31 81 2	3 4 5 6 7	8 9 10 11 —	1	42
	7	12 13 14 15 16	17 18 19 20 21	22 23 24 25 26	27 28 29 30 31	91 2 3 4 5	6 7 8 9 10	2	11
	8	11 12 13 14 15	16 17 18 19 20	21 22 23 24 25	26 27 28 29 30	01 2 3 4 5	6 7 8 9 —	4	41
	9	10 11 12 13 14	15 16 17 18 19	20 21 22 23 24	25 26 27 28 29	30 31 N1 2 3	4 5 6 7 8	5	10
	10	9 10 11 12 13	14 15 16 17 18	19 20 21 22 23	24 25 26 27 28	29 30 D1 2 3	4 5 6 7 —	0	40
	11	8 9 10 11 12	13 14 15 16 17	18 19 20 21 22	23 24 25 26 27	28 29 30 31 11	2 3 4 5 6	1	9
	12	7 8 9 10 11	12 13 14 15 16	17 18 19 20 21	22 23 24 25 26	27 28 29 30 31	21 2 3 4 —	3	39
淳熙 9 壬寅 1182–83	38 1	5 6 7 8 9	10 11 12 13 14	15 16 17 18 19	20 21 22 23 24	25 26 27 28 31	2 3 4 5 6	4	8
	2	7 8 9 10 11	12 13 14 15 16	17 18 19 20 21	22 23 24 25 26	27 28 29 30 31	41 2 3 4 —	6	38
	3	5 6 7 8 9	10 11 12 13 14	15 16 17 18 19	20 21 22 23 24	25 26 27 28 29	30 51 2 3 4	0	7
	4	5 6 7 8 9	10 11 12 13 14	15 16 17 18 19	20 21 22 23 24	25 26 27 28 29	30 31 61 2 —	2	37
	5	3 4 5 6 7	8 9 10 11 12	13 14 15 16 17	18 19 20 21 22	23 24 25 26 27	28 29 30 71 2	3	6
	6	3 4 5 6 7	8 9 10 11 12	13 14 15 16 17	18 19 20 21 22	23 24 25 26 27	28 29 30 31 —	5	36
	7	81 2 3 4 5	6 7 8 9 10	11 12 13 14 15	16 17 18 19 20	21 22 23 24 25	26 27 28 29 30	6	5
	8	31 91 2 3 4	5 6 7 8 9	10 11 12 13 14	15 16 17 18 19	20 21 22 23 24	25 26 27 28 29	1	35
	9	30 01 2 3 4	5 6 7 8 9	10 11 12 13 14	15 16 17 18 19	20 21 22 23 24	25 26 27 28 —	3	5
	10	29 30 31 N1 2	3 4 5 6 7	8 9 10 11 12	13 14 15 16 17	18 19 20 21 22	23 24 25 26 27	4	34
	11	28 29 30 D1 2	3 4 5 6 7	8 9 10 11 12	13 14 15 16 17	18 19 20 21 22	23 24 25 26 —	6	4
	12	27 28 29 30 31	11 2 3 4 5	6 7 8 9 10	11 12 13 14 15	16 17 18 19 20	21 22 23 24 25	0	33
淳熙 10 癸卯 1183–84	50 1	26 27 28 29 30	31 21 2 3 4	5 6 7 8 9	10 11 12 13 14	15 16 17 18 19	20 21 22 23 —	2	3
	2	24 25 26 27 28	31 2 3 4 5	6 7 8 9 10	11 12 13 14 15	16 17 18 19 20	21 22 23 24 25	3	32
	3	26 27 28 29 30	31 41 2 3 4	5 6 7 8 9	10 11 12 13 14	15 16 17 18 19	20 21 22 23 —	5	2
	4	24 25 26 27 28	29 30 51 2 3	4 5 6 7 8	9 10 11 12 13	14 15 16 17 18	19 20 21 22 —	6	31
	5	23 24 25 26 27	28 29 30 31 61	2 3 4 5 6	7 8 9 10 11	12 13 14 15 16	17 18 19 20 21	0	0
	6	22 23 24 25 26	27 28 29 30 71	2 3 4 5 6	7 8 9 10 11	12 13 14 15 16	17 18 19 20 —	2	30
	7	21 22 23 24 25	26 27 28 29 30	31 81 2 3 4	5 6 7 8 9	10 11 12 13 14	15 16 17 18 19	3	59
	8	20 21 22 23 24	25 26 27 28 29	30 31 91 2 3	4 5 6 7 8	9 10 11 12 13	14 15 16 17 18	5	29
	9	19 20 21 22 23	24 25 26 27 28	29 30 01 2 3	4 5 6 7 8	9 10 11 12 13	14 15 16 17 —	0	59
	10	18 19 20 21 22	23 24 25 26 27	28 29 30 31 N1	2 3 4 5 6	7 8 9 10 11	12 13 14 15 16	1	28
	11	17 18 19 20 21	22 23 24 25 26	27 28 29 30 D1	2 3 4 5 6	7 8 9 10 11	12 13 14 15 16	3	58
	11	17 18 19 20 21	22 23 24 25 26	27 28 29 30 31	11 2 3 4 5	6 7 8 9 10	11 12 13 14 —	5	28
	12	15 16 17 18 19	20 21 22 23 24	25 26 27 28 29	30 31 21 2 3	4 5 6 7 8	9 10 11 12 13	6	57
淳熙 11 甲辰 1184–85	2 1	14 15 16 17 18	19 20 21 22 23	24 25 26 27 28	29 31 2 3 4	5 6 7 8 9	10 11 12 13 —	1	27
	2	14 15 16 17 18	19 20 21 22 23	24 25 26 27 28	29 30 31 41 2	3 4 5 6 7	8 9 10 11 12	2	56
	3	13 14 15 16 17	18 19 20 21 22	23 24 25 26 27	28 29 30 51 2	3 4 5 6 7	8 9 10 11 —	4	26
	4	12 13 14 15 16	17 18 19 20 21	22 23 24 25 26	27 28 29 30 31	61 2 3 4 5	6 7 8 9 —	5	55
	5	10 11 12 13 14	15 16 17 18 19	20 21 22 23 24	25 26 27 28 29	30 71 2 3 4	5 6 7 8 9	6	24
	6	10 11 12 13 14	15 16 17 18 19	20 21 22 23 24	25 26 27 28 29	30 31 81 2 3	4 5 6 7 —	1	54
	7	8 9 10 11 12	13 14 15 16 17	18 19 20 21 22	23 24 25 26 27	28 29 30 31 91	2 3 4 5 6	2	23
	8	7 8 9 10 11	12 13 14 15 16	17 18 19 20 21	22 23 24 25 26	27 28 29 30 01	2 3 4 5 —	4	53
	9	6 7 8 9 10	11 12 13 14 15	16 17 18 19 20	21 22 23 24 25	26 27 28 29 30	31 N1 2 3 4	5	22
	10	5 6 7 8 9	10 11 12 13 14	15 16 17 18 19	20 21 22 23 24	25 26 27 28 29	30 D1 2 3 4	0	52
	11	5 6 7 8 9	10 11 12 13 14	15 16 17 18 19	20 21 22 23 24	25 26 27 28 29	30 31 11 2 3	2	22
	12	4 5 6 7 8	9 10 11 12 13	14 15 16 17 18	19 20 21 22 23	24 25 26 27 28	29 30 31 21 —	4	52
淳熙 12 乙巳 1185–86	14 1	2 3 4 5 6	7 8 9 10 11	12 13 14 15 16	17 18 19 20 21	22 23 24 25 26	27 28 31 2 3	5	21
	2	4 5 6 7 8	9 10 11 12 13	14 15 16 17 18	19 20 21 22 23	24 25 26 27 28	29 30 31 41 —	0	51
	3	2 3 4 5 6	7 8 9 10 11	12 13 14 15 16	17 18 19 20 21	22 23 24 25 26	27 28 29 30 51	1	20
	4	2 3 4 5 6	7 8 9 10 11	12 13 14 15 16	17 18 19 20 21	22 23 24 25 26	27 28 29 30 —	3	50
	5	31 61 2 3 4	5 6 7 8 9	10 11 12 13 14	15 16 17 18 19	20 21 22 23 24	25 26 27 28 —	4	19
	6	29 30 71 2 3	4 5 6 7 8	9 10 11 12 13	14 15 16 17 18	19 20 21 22 23	24 25 26 27 28	5	48
	7	29 30 31 81 2	3 4 5 6 7	8 9 10 11 12	13 14 15 16 17	18 19 20 21 22	23 24 25 26 —	0	18
	8	27 28 29 30 31	91 2 3 4 5	6 7 8 9 10	11 12 13 14 15	16 17 18 19 20	21 22 23 24 25	1	47
	9	26 27 28 29 30	01 2 3 4 5	6 7 8 9 10	11 12 13 14 15	16 17 18 19 20	21 22 23 24 —	3	17
	10	25 26 27 28 29	30 31 N1 2 3	4 5 6 7 8	9 10 11 12 13	14 15 16 17 18	19 20 21 22 23	4	46
	11	24 25 26 27 28	29 30 D1 2 3	4 5 6 7 8	9 10 11 12 13	14 15 16 17 18	19 20 21 22 23	6	16
	12	24 25 26 27 28	29 30 31 11 2	3 4 5 6 7	8 9 10 11 12	13 14 15 16 17	18 19 20 21 22	1	46

年序 Year	陰曆月序 Moon	陰曆日序 Order of days (Lunar) 1 2 3 4 5	6 7 8 9 10	11 12 13 14 15	16 17 18 19 20	21 22 23 24 25	26 27 28 29 30	星期 Week	干支 Cycle
慶元 2 丙辰 1196–97	26 1	21 2 3 4 5	6 7 8 9 10	11 12 13 14 15	16 17 18 19 20	21 22 23 24 25	26 27 28 29 31	3	17
	2	2 3 4 5 6	7 8 9 10 11	12 13 14 15 16	17 18 19 20 21	22 23 24 25 26	27 28 29 30 31	5	47
	3	41 2 3 4 5	6 7 8 9 10	11 12 13 14 15	16 17 18 19 20	21 22 23 24 25	26 27 28 29 —	0	17
	4	30 51 2 3 4	5 6 7 8 9	10 11 12 13 14	15 16 17 18 19	20 21 22 23 24	25 26 27 28 29	1	46
	5	30 31 61 2 3	4 5 6 7 8	9 10 11 12 13	14 15 16 17 18	19 20 21 22 23	24 25 26 27 —	3	16
	6	28 29 30 71 2	3 4 5 6 7	8 9 10 11 12	13 14 15 16 17	18 19 20 21 22	23 24 25 26 —	4	45
	7	27 28 29 30 31	81 2 3 4 5	6 7 8 9 10	11 12 13 14 15	16 17 18 19 20	21 22 23 24 25	5	14
	8	26 27 28 29 30	31 91 2 3 4	5 6 7 8 9	10 11 12 13 14	15 16 17 18 19	20 21 22 23 —	0	44
	9	24 25 26 27 28	29 30 01 2 3	4 5 6 7 8	9 10 11 12 13	14 15 16 17 18	19 20 21 22 —	1	13
	10	23 24 25 26 27	28 29 30 31 N1	2 3 4 5 6	7 8 9 10 11	12 13 14 15 16	17 18 19 20 21	2	42
	11	22 23 24 25 26	27 28 29 30 D1	2 3 4 5 6	7 8 9 10 11	12 13 14 15 16	17 18 19 20 21	4	12
	12	22 23 24 25 26	27 28 29 30 31	11 2 3 4 5	6 7 8 9 10	11 12 13 14 15	16 17 18 19 —	6	42
慶元 3 丁巳 1197–98	38 1	20 21 22 23 24	25 26 27 28 29	30 31 21 2 3	4 5 6 7 8	9 10 11 12 13	14 15 16 17 18	0	11
	2	19 20 21 22 23	24 25 26 27 28	31 2 3 4 5	6 7 8 9 10	11 12 13 14 15	16 17 18 19 20	2	41
	3	21 22 23 24 25	26 27 28 29 30	31 41 2 3 4	5 6 7 8 9	10 11 12 13 14	15 16 17 18 —	4	11
	4	19 20 21 22 23	24 25 26 27 28	29 30 51 2 3	4 5 6 7 8	9 10 11 12 13	14 15 16 17 18	5	40
	5	19 20 21 22 23	24 25 26 27 28	29 30 31 61 2	3 4 5 6 7	8 9 10 11 12	13 14 15 16 —	0	10
	6	17 18 19 20 21	22 23 24 25 26	27 28 29 30 71	2 3 4 5 6	7 8 9 10 11	12 13 14 15 16	1	39
	6	17 18 19 20 21	22 23 24 25 26	27 28 29 30 31	81 2 3 4 5	6 7 8 9 10	11 12 13 14 —	3	9
	7	15 16 17 18 19	20 21 22 23 24	25 26 27 28 29	30 31 91 2 3	4 5 6 7 8	9 10 11 12 13	4	38
	8	14 15 16 17 18	19 20 21 22 23	24 25 26 27 28	29 30 01 2 3	4 5 6 7 8	9 10 11 12 —	6	8
	9	13 14 15 16 17	18 19 20 21 22	23 24 25 26 27	28 29 30 31 N1	2 3 4 5 6	7 8 9 10 —	0	37
	10	11 12 13 14 15	16 17 18 19 20	21 22 23 24 25	26 27 28 29 30	D1 2 3 4 5	6 7 8 9 10	1	6
	11	11 12 13 14 15	16 17 18 19 20	21 22 23 24 25	26 27 28 29 30	31 11 2 3 4	5 6 7 8 —	3	36
	12	9 10 11 12 13	14 15 16 17 18	19 20 21 22 23	24 25 26 27 28	29 30 31 21 2	3 4 5 6 7	4	5
慶元 4 戊午 1198–99	50 1	8 9 10 11 12	13 14 15 16 17	18 19 20 21 22	23 24 25 26 27	28 31 2 3 4	5 6 7 8 9	6	35
	2	10 11 12 13 14	15 16 17 18 19	20 21 22 23 24	25 26 27 28 29	30 31 41 2 3	4 5 6 7 —	1	5
	3	8 9 10 11 12	13 14 15 16 17	18 19 20 21 22	23 24 25 26 27	28 29 30 51 2	3 4 5 6 7	2	34
	4	8 9 10 11 12	13 14 15 16 17	18 19 20 21 22	23 24 25 26 27	28 29 30 31 61	2 3 4 5 6	4	4
	5	7 8 9 10 11	12 13 14 15 16	17 18 19 20 21	22 23 24 25 26	27 28 29 30 71	2 3 4 5 —	6	34
	6	6 7 8 9 10	11 12 13 14 15	16 17 18 19 20	21 22 23 24 25	26 27 28 29 30	31 81 2 3 4	0	3
	7	5 6 7 8 9	10 11 12 13 14	15 16 17 18 19	20 21 22 23 24	25 26 27 28 29	30 31 91 2 —	2	33
	8	3 4 5 6 7	8 9 10 11 12	13 14 15 16 17	18 19 20 21 22	23 24 25 26 27	28 29 30 01 2	3	2
	9	3 4 5 6 7	8 9 10 11 12	13 14 15 16 17	18 19 20 21 22	23 24 25 26 27	28 29 30 31 —	5	32
	10	N1 2 3 4 5	6 7 8 9 10	11 12 13 14 15	16 17 18 19 20	21 22 23 24 25	26 27 28 29 —	6	1
	11	30 D1 2 3 4	5 6 7 8 9	10 11 12 13 14	15 16 17 18 19	20 21 22 23 24	25 26 27 28 29	0	30
	12	30 31 11 2 3	4 5 6 7 8	9 10 11 12 13	14 15 16 17 18	19 20 21 22 23	24 25 26 27 —	2	0
慶元 5 己未 1199–1200	2 1	28 29 30 31 21	2 3 4 5 6	7 8 9 10 11	12 13 14 15 16	17 18 19 20 21	22 23 24 25 26	3	29
	2	27 28 31 2 3	4 5 6 7 8	9 10 11 12 13	14 15 16 17 18	19 20 21 22 23	24 25 26 27 28	5	59
	3	29 30 31 41 2	3 4 5 6 7	8 9 10 11 12	13 14 15 16 17	18 19 20 21 22	23 24 25 26 —	0	29
	4	27 28 29 30 51	2 3 4 5 6	7 8 9 10 11	12 13 14 15 16	17 18 19 20 21	22 23 24 25 26	1	58
	5	27 28 29 30 31	61 2 3 4 5	6 7 8 9 10	11 12 13 14 15	16 17 18 19 20	21 22 23 24 —	3	28
	6	25 26 27 28 29	30 71 2 3 4	5 6 7 8 9	10 11 12 13 14	15 16 17 18 19	20 21 22 23 24	4	57
	7	25 26 27 28 29	30 31 81 2 3	4 5 6 7 8	9 10 11 12 13	14 15 16 17 18	19 20 21 22 23	6	27
	8	24 25 26 27 28	29 30 31 91 2	3 4 5 6 7	8 9 10 11 12	13 14 15 16 17	18 19 20 21 —	1	57
	9	22 23 24 25 26	27 28 29 30 01	2 3 4 5 6	7 8 9 10 11	12 13 14 15 16	17 18 19 20 21	2	26
	10	22 23 24 25 26	27 28 29 30 31	N1 2 3 4 5	6 7 8 9 10	11 12 13 14 15	16 17 18 19 —	4	56
	11	20 21 22 23 24	25 26 27 28 29	30 D1 2 3 4	5 6 7 8 9	10 11 12 13 14	15 16 17 18 19	5	25
	12	20 21 22 23 24	25 26 27 28 29	30 31 11 2 3	4 5 6 7 8	9 10 11 12 13	14 15 16 17 —	0	55
慶元 6 庚申 1200–01	14 1	18 19 20 21 22	23 24 25 26 27	28 29 30 31 21	2 3 4 5 6	7 8 9 10 11	12 13 14 15 —	1	24
	2	16 17 18 19 20	21 22 23 24 25	26 27 28 29 31	2 3 4 5 6	7 8 9 10 11	12 13 14 15 16	2	53
	2	17 18 19 20 21	22 23 24 25 26	27 28 29 30 31	41 2 3 4 5	6 7 8 9 10	11 12 13 14 —	4	23
	3	15 16 17 18 19	20 21 22 23 24	25 26 27 28 29	30 51 2 3 4	5 6 7 8 9	10 11 12 13 14	5	52
	4	15 16 17 18 19	20 21 22 23 24	25 26 27 28 29	30 31 61 2 3	4 5 6 7 8	9 10 11 12 —	0	22
	5	13 14 15 16 17	18 19 20 21 22	23 24 25 26 27	28 29 30 71 2	3 4 5 6 7	8 9 10 11 12	1	51
	6	13 14 15 16 17	18 19 20 21 22	23 24 25 26 27	28 29 30 31 81	2 3 4 5 6	7 8 9 10 11	3	21
	7	12 13 14 15 16	17 18 19 20 21	22 23 24 25 26	27 28 29 30 31	91 2 3 4 5	6 7 8 9 —	5	51
	8	10 11 12 13 14	15 16 17 18 19	20 21 22 23 24	25 26 27 28 29	30 01 2 3 4	5 6 7 8 9	6	20
	9	10 11 12 13 14	15 16 17 18 19	20 21 22 23 24	25 26 27 28 29	30 31 N1 2 3	4 5 6 7 8	1	50
	10	9 10 11 12 13	14 15 16 17 18	19 20 21 22 23	24 25 26 27 28	29 30 D1 2 3	4 5 6 7 —	3	20
	11	8 9 10 11 12	13 14 15 16 17	18 19 20 21 22	23 24 25 26 27	28 29 30 31 11	2 3 4 5 6	4	49
	12	7 8 9 10 11	12 13 14 15 16	17 18 19 20 21	22 23 24 25 26	27 28 29 30 31	21 2 3 4 —	6	19

年序 Year	陰曆月序 Moon	陰曆日序 Order of days (Lunar)																														星期 Week	干支 Cycle
		1	2	3	4	5	6	7	8	9	10	11	12	13	14	15	16	17	18	19	20	21	22	23	24	25	26	27	28	29	30		
嘉泰 1 辛酉 1201–02	**26** 1	5	6	7	8	9	10	11	12	13	14	15	16	17	18	19	20	21	22	23	24	25	26	27	28	**3**1	2	3	4	5	6	0	48
	2	7	8	9	10	11	12	13	14	15	16	17	18	19	20	21	22	23	24	25	26	27	28	29	30	31	**4**1	2	3	4	—	2	18
	3	5	6	7	8	9	10	11	12	13	14	15	16	17	18	19	20	21	22	23	24	25	26	27	28	29	30	**5**1	2	3	—	3	47
	4	4	5	6	7	8	9	10	11	12	13	14	15	16	17	18	19	20	21	22	23	24	25	26	27	28	29	30	31	**6**1	2	4	16
	5	3	4	5	6	7	8	9	10	11	12	13	14	15	16	17	18	19	20	21	22	23	24	25	26	27	28	29	30	**7**1	—	6	46
	6	2	3	4	5	6	7	8	9	10	11	12	13	14	15	16	17	18	19	20	21	22	23	24	25	26	27	28	29	30	31	0	15
	7	**8**1	2	3	4	5	6	7	8	9	10	11	12	13	14	15	16	17	18	19	20	21	22	23	24	25	26	27	28	29	—	2	45
	8	30	31	**9**1	2	3	4	5	6	7	8	9	10	11	12	13	14	15	16	17	18	19	20	21	22	23	24	25	26	27	28	3	14
	9	29	30	**O**1	2	3	4	5	6	7	8	9	10	11	12	13	14	15	16	17	18	19	20	21	22	23	24	25	26	27	28	5	44
	10	29	30	31	**N**1	2	3	4	5	6	7	8	9	10	11	12	13	14	15	16	17	18	19	20	21	22	23	24	25	26	27	0	14
	11	28	29	30	**D**1	2	3	4	5	6	7	8	9	10	11	12	13	14	15	16	17	18	19	20	21	22	23	24	25	26	—	2	41
	12	27	28	29	30	31	**1**1	2	3	4	5	6	7	8	9	10	11	12	13	14	15	16	17	18	19	20	21	22	23	24	25	3	13
嘉泰 2 壬戌 1202–03	**38** 1	26	27	28	29	30	31	**2**1	2	3	4	5	6	7	8	9	10	11	12	13	14	15	16	17	18	19	20	21	22	23	—	5	43
	2	24	25	26	27	28	**3**1	2	3	4	5	6	7	8	9	10	11	12	13	14	15	16	17	18	19	20	21	22	23	24	25	6	12
	3	26	27	28	29	30	31	**4**1	2	3	4	5	6	7	8	9	10	11	12	13	14	15	16	17	18	19	20	21	22	23	—	1	42
	4	24	25	26	27	28	29	30	**5**1	2	3	4	5	6	7	8	9	10	11	12	13	14	15	16	17	18	19	20	21	22	—	2	11
	5	23	24	25	26	27	28	29	30	31	**6**1	2	3	4	5	6	7	8	9	10	11	12	13	14	15	16	17	18	19	20	21	3	40
	6	22	23	24	25	26	27	28	29	30	**7**1	2	3	4	5	6	7	8	9	10	11	12	13	14	15	16	17	18	19	20	—	5	10
	7	21	22	23	24	25	26	27	28	29	30	31	**8**1	2	3	4	5	6	7	8	9	10	11	12	13	14	15	16	17	18	—	6	39
	8	19	20	21	22	23	24	25	26	27	28	29	30	31	**9**1	2	3	4	5	6	7	8	9	10	11	12	13	14	15	16	17	0	8
	9	18	19	20	21	22	23	24	25	26	27	28	29	30	**O**1	2	3	4	5	6	7	8	9	10	11	12	13	14	15	16	17	2	38
	10	18	19	20	21	22	23	24	25	26	27	28	29	30	31	**N**1	2	3	4	5	6	7	8	9	10	11	12	13	14	15	16	4	8
	11	17	18	19	20	21	22	23	24	25	26	27	28	29	30	**D**1	2	3	4	5	6	7	8	9	10	11	12	13	14	15	—	6	38
	12	16	17	18	19	20	21	22	23	24	25	26	27	28	29	30	31	**1**1	2	3	4	5	6	7	8	9	10	11	12	13	14	0	7
	12	15	16	17	18	19	20	21	22	23	24	25	26	27	28	29	30	31	**2**1	2	3	4	5	6	7	8	9	10	11	12	13	2	37
嘉泰 3 癸亥 1203–04	**50** 1	14	15	16	17	18	19	20	21	22	23	24	25	26	27	28	**3**1	2	3	4	5	6	7	8	9	10	11	12	13	14	—	4	7
	2	15	16	17	18	19	20	21	22	23	24	25	26	27	28	29	30	31	**4**1	2	3	4	5	6	7	8	9	10	11	12	13	5	36
	3	14	15	16	17	18	19	20	21	22	23	24	25	26	27	28	29	30	**5**1	2	3	4	5	6	7	8	9	10	11	12	—	0	6
	4	13	14	15	16	17	18	19	20	21	22	23	24	25	26	27	28	29	30	31	**6**1	2	3	4	5	6	7	8	9	10	—	1	35
	5	11	12	13	14	15	16	17	18	19	20	21	22	23	24	25	26	27	28	29	30	**7**1	2	3	4	5	6	7	8	9	10	2	4
	6	11	12	13	14	15	16	17	18	19	20	21	22	23	24	25	26	27	28	29	30	31	**8**1	2	3	4	5	6	7	8	—	4	34
	7	9	10	11	12	13	14	15	16	17	18	19	20	21	22	23	24	25	26	27	28	29	30	31	**9**1	2	3	4	5	6	—	5	3
	8	7	8	9	10	11	12	13	14	15	16	17	18	19	20	21	22	23	24	25	26	27	28	29	30	**O**1	2	3	4	5	6	6	32
	9	7	8	9	10	11	12	13	14	15	16	17	18	19	20	21	22	23	24	25	26	27	28	29	30	31	**N**1	2	3	4	5	1	2
	10	6	7	8	9	10	11	12	13	14	15	16	17	18	19	20	21	22	23	24	25	26	27	28	29	30	**D**1	2	3	4	—	3	32
	11	5	6	7	8	9	10	11	12	13	14	15	16	17	18	19	20	21	22	23	24	25	26	27	28	29	30	31	**1**1	2	3	4	1
	12	4	5	6	7	8	9	10	11	12	13	14	15	16	17	18	19	20	21	22	23	24	25	26	27	28	29	30	31	**2**1	2	6	31
嘉泰 4 甲子 1204–05	**2** 1	3	4	5	6	7	8	9	10	11	12	13	14	15	16	17	18	19	20	21	22	23	24	25	26	27	28	29	**3**1	2	3	1	1
	2	4	5	6	7	8	9	10	11	12	13	14	15	16	17	18	19	20	21	22	23	24	25	26	27	28	29	30	31	**4**1	—	3	31
	3	2	3	4	5	6	7	8	9	10	11	12	13	14	15	16	17	18	19	20	21	22	23	24	25	26	27	28	29	30	**5**1	4	0
	4	2	3	4	5	6	7	8	9	10	11	12	13	14	15	16	17	18	19	20	21	22	23	24	25	26	27	28	29	30	—	6	30
	5	31	**6**1	2	3	4	5	6	7	8	9	10	11	12	13	14	15	16	17	18	19	20	21	22	23	24	25	26	27	28	—	0	59
	6	29	30	**7**1	2	3	4	5	6	7	8	9	10	11	12	13	14	15	16	17	18	19	20	21	22	23	24	25	26	27	28	1	28
	7	29	30	31	**8**1	2	3	4	5	6	7	8	9	10	11	12	13	14	15	16	17	18	19	20	21	22	23	24	25	26	—	3	58
	8	27	28	29	30	31	**9**1	2	3	4	5	6	7	8	9	10	11	12	13	14	15	16	17	18	19	20	21	22	23	24	—	4	27
	9	25	26	27	28	29	30	**O**1	2	3	4	5	6	7	8	9	10	11	12	13	14	15	16	17	18	19	20	21	22	23	24	5	56
	10	25	26	27	28	29	30	31	**N**1	2	3	4	5	6	7	8	9	10	11	12	13	14	15	16	17	18	19	20	21	22	—	0	26
	11	23	24	25	26	27	28	29	30	**D**1	2	3	4	5	6	7	8	9	10	11	12	13	14	15	16	17	18	19	20	21	22	1	55
	12	23	24	25	26	27	28	29	30	31	**1**1	2	3	4	5	6	7	8	9	10	11	12	13	14	15	16	17	18	19	20	21	3	25
開禧 1 乙丑 1205–06	**14** 1	22	23	24	25	26	27	28	29	30	31	**2**1	2	3	4	5	6	7	8	9	10	11	12	13	14	15	16	17	18	19	20	5	55
	2	21	22	23	24	25	26	27	28	**3**1	2	3	4	5	6	7	8	9	10	11	12	13	14	15	16	17	18	19	20	21	—	0	25
	3	22	23	24	25	26	27	28	29	30	31	**4**1	2	3	4	5	6	7	8	9	10	11	12	13	14	15	16	17	18	19	20	1	54
	4	21	22	23	24	25	26	27	28	29	30	**5**1	2	3	4	5	6	7	8	9	10	11	12	13	14	15	16	17	18	19	—	3	24
	5	20	21	22	23	24	25	26	27	28	29	30	31	**6**1	2	3	4	5	6	7	8	9	10	11	12	13	14	15	16	17	18	4	53
	6	19	20	21	22	23	24	25	26	27	28	29	30	**7**1	2	3	4	5	6	7	8	9	10	11	12	13	14	15	16	17	—	6	23
	7	18	19	20	21	22	23	24	25	26	27	28	29	30	31	**8**1	2	3	4	5	6	7	8	9	10	11	12	13	14	15	16	0	52
	8	17	18	19	20	21	22	23	24	25	26	27	28	29	30	31	**9**1	2	3	4	5	6	7	8	9	10	11	12	13	14	—	2	22
	8	15	16	17	18	19	20	21	22	23	24	25	26	27	28	29	30	**O**1	2	3	4	5	6	7	8	9	10	11	12	13	—	3	51
	9	14	15	16	17	18	19	20	21	22	23	24	25	26	27	28	29	30	31	**N**1	2	3	4	5	6	7	8	9	10	11	12	4	20
	10	13	14	15	16	17	18	19	20	21	22	23	24	25	26	27	28	29	30	**D**1	2	3	4	5	6	7	8	9	10	11	—	6	50
	11	12	13	14	15	16	17	18	19	20	21	22	23	24	25	26	27	28	29	30	31	**1**1	2	3	4	5	6	7	8	9	10	0	19
	12	11	12	13	14	15	16	17	18	19	20	21	22	23	24	25	26	27	28	29	30	31	**2**1	2	3	4	5	6	7	8	9	2	49

年序 Year		陰曆月序 Moon	1 2 3 4 5	6 7 8 9 10	11 12 13 14 15	16 17 18 19 20	21 22 23 24 25	26 27 28 29 30	星期 Week	干支 Cycle
			陰曆日序 Order of days (Lunar)							
開禧 2 丙寅 1206–07	26	1	10 11 12 13 14	15 16 17 18 19	20 21 22 23 24	25 26 27 28 31	2 3 4 5 6	7 8 9 10 —	4	19
		2	11 12 13 14 15	16 17 18 19 20	21 22 23 24 25	26 27 28 29 30	31 41 2 3 4	5 6 7 8 9	5	48
		3	10 11 12 13 14	15 16 17 18 19	20 21 22 23 24	25 26 27 28 20	30 51 2 3 4	5 6 7 8 9	0	18
		4	10 11 12 13 14	15 16 17 18 19	20 21 22 23 24	25 26 27 28 29	30 31 61 2 3	4 5 6 7 —	2	48
		5	8 9 10 11 12	13 14 15 16 17	18 19 20 21 22	23 24 25 26 27	28 29 30 71 2	3 4 5 6 7	3	17
		6	8 9 10 11 12	13 14 15 16 17	18 19 20 21 22	23 24 25 26 27	28 29 30 31 81	2 3 4 5 —	5	47
		7	6 7 8 9 10	11 12 13 14 15	16 17 18 19 20	21 22 23 24 25	26 27 28 29 30	31 91 2 3 4	6	16
		8	5 6 7 8 9	10 11 12 13 14	15 16 17 18 19	20 21 22 23 24	25 26 27 28 29	30 01 2 3 —	1	46
		9	4 5 6 7 8	9 10 11 12 13	14 15 16 17 18	19 20 21 22 23	24 25 26 27 28	29 30 31 N1 —	2	15
		10	2 3 4 5 6	7 8 9 10 11	12 13 14 15 16	17 18 19 20 21	22 23 24 25 26	27 28 29 30 D1	3	44
		11	2 3 4 5 6	7 8 9 10 11	12 13 14 15 16	17 18 19 20 21	22 23 24 25 26	27 28 29 30 —	5	14
		12	31 11 2 3 4	5 6 7 8 9	10 11 12 13 14	15 16 17 18 19	20 21 22 23 24	25 26 27 28 29	6	43
開禧 3 丁卯 1207–08	38	1	30 31 21 2 3	4 5 6 7 8	9 10 11 12 13	14 15 16 17 18	19 20 21 22 23	24 25 26 27 28	1	13
		2	31 2 3 4 5	6 7 8 9 10	11 12 13 14 15	16 17 18 19 20	21 22 23 24 25	26 27 28 29 —	3	43
		3	30 31 41 2 3	4 5 6 7 8	9 10 11 12 13	14 15 16 17 18	19 20 21 22 23	24 25 26 27 28	4	12
		4	29 30 51 2 3	4 5 6 7 8	9 10 11 12 13	14 15 16 17 18	19 20 21 22 23	24 25 26 27 28	6	42
		5	29 30 31 61 2	3 4 5 6 7	8 9 10 11 12	13 14 15 16 17	18 19 20 21 22	23 24 25 26 —	1	12
		6	27 28 29 30 71	2 3 4 5 6	7 8 9 10 11	12 13 14 15 16	17 18 19 20 21	22 23 24 25 26	2	41
		7	27 28 29 30 31	81 2 3 4 5	6 7 8 9 10	11 12 13 14 15	16 17 18 19 20	21 22 23 24 —	4	11
		8	25 26 27 28 29	30 31 91 2 3	4 5 6 7 8	9 10 11 12 13	14 15 16 17 18	19 20 21 22 23	5	40
		9	24 25 26 27 28	29 30 01 2 3	4 5 6 7 8	9 10 11 12 13	14 15 16 17 18	19 20 21 22 —	0	10
		10	23 24 25 26 27	28 29 30 31 N1	2 3 4 5 6	7 8 9 10 11	12 13 14 15 16	17 18 19 20 21	1	39
		11	22 23 24 25 26	27 28 29 30 D1	2 3 4 5 6	7 8 9 10 11	12 13 14 15 16	17 18 19 20 —	3	9
		12	21 22 23 24 25	26 27 28 29 30	31 11 2 3 4	5 6 7 8 9	10 11 12 13 14	15 16 17 18 —	4	38
嘉定 1 戊辰 1208–09	50	1	19 20 21 22 23	24 25 26 27 28	29 30 31 21 2	3 4 5 6 7	8 9 10 11 12	13 14 15 16 17	5	7
		2	18 19 20 21 22	23 24 25 26 27	28 29 31 2 3	4 5 6 7 8	9 10 11 12 13	14 15 16 17 —	0	37
		3	18 19 20 21 22	23 24 25 26 27	28 29 30 31 41	2 3 4 5 6	7 8 9 10 11	12 13 14 15 16	1	6
		4	17 18 19 20 21	22 23 24 25 26	27 28 29 30 51	2 3 4 5 6	7 8 9 10 11	12 13 14 15 16	3	36
		4	17 18 19 20 21	22 23 24 25 26	27 28 29 30 31	61 2 3 4 5	6 7 8 9 10	11 12 13 14 —	5	6
		5	15 16 17 18 19	20 21 22 23 24	25 26 27 28 29	30 71 2 3 4	5 6 7 8 9	10 11 12 13 14	6	35
		6	15 16 17 18 19	20 21 22 23 24	25 26 27 28 29	30 31 81 2 3	4 5 6 7 8	9 10 11 12 —	1	5
		7	13 14 15 16 17	18 19 20 21 22	23 24 25 26 27	28 29 30 31 91	2 3 4 5 6	7 8 9 10 11	2	34
		8	12 13 14 15 16	17 18 19 20 21	22 23 24 25 26	27 28 29 30 01	2 3 4 5 6	7 8 9 10 11	4	4
		9	12 13 14 15 16	17 18 19 20 21	22 23 24 25 26	27 28 29 30 31	N1 2 3 4 5	6 7 8 9 —	6	34
		10	10 11 12 13 14	15 16 17 18 19	20 21 22 23 24	25 26 27 28 29	30 D1 2 3 4	5 6 7 8 9	0	3
		11	10 11 12 13 14	15 16 17 18 19	20 21 22 23 24	25 26 27 28 29	30 31 11 2 3	4 5 6 7 —	2	33
		12	8 9 10 11 12	13 14 15 16 17	18 19 20 21 22	23 24 25 26 27	28 29 30 31 21	2 3 4 5 —	3	2
嘉定 2 己巳 1209–10	2	1	6 7 8 9 10	11 12 13 14 15	16 17 18 19 20	21 22 23 24 25	26 27 28 31 2	3 4 5 6 7	4	31
		2	8 9 10 11 12	13 14 15 16 17	18 19 20 21 22	23 24 25 26 27	28 29 30 31 41	2 3 4 5 —	6	1
		3	6 7 8 9 10	11 12 13 14 15	16 17 18 19 20	21 22 23 24 25	26 27 28 29 30	51 2 3 4 5	0	30
		4	6 7 8 9 10	11 12 13 14 15	16 17 18 19 20	21 22 23 24 25	26 27 28 29 30	31 61 2 3 —	2	0
		5	4 5 6 7 8	9 10 11 12 13	14 15 16 17 18	19 20 21 22 23	24 25 26 27 28	29 30 71 2 3	3	29
		6	4 5 6 7 8	9 10 11 12 13	14 15 16 17 18	19 20 21 22 23	24 25 26 27 28	29 30 31 81 —	5	59
		7	2 3 4 5 6	7 8 9 10 11	12 13 14 15 16	17 18 19 20 21	22 23 24 25 26	27 28 29 30 31	6	28
		8	91 2 3 4 5	6 7 8 9 10	11 12 13 14 15	16 17 18 19 20	21 22 23 24 25	26 27 28 29 30	1	58
		9	01 2 3 4 5	6 7 8 9 10	11 12 13 14 15	16 17 18 19 20	21 22 23 24 25	26 27 28 29 —	3	28
		10	30 31 N1 2 3	4 5 6 7 8	9 10 11 12 13	14 15 16 17 18	19 20 21 22 23	24 25 26 27 28	4	57
		11	29 30 D1 2 3	4 5 6 7 8	9 10 11 12 13	14 15 16 17 18	19 20 21 22 23	24 25 26 27 28	6	27
		12	29 30 31 11 2	3 4 5 6 7	8 9 10 11 12	13 14 15 16 17	18 19 20 21 22	23 24 25 26 —	1	57
嘉定 3 庚午 1210–11	14	1	27 28 29 30 31	21 2 3 4 5	6 7 8 9 10	11 12 13 14 15	16 17 18 19 20	21 22 23 24 25	2	26
		2	26 27 28 31 2	3 4 5 6 7	8 9 10 11 12	13 14 15 16 17	18 19 20 21 22	23 24 25 26 —	4	56
		3	27 28 29 30 31	41 2 3 4 5	6 7 8 9 10	11 12 13 14 15	16 17 18 19 20	21 22 23 24 —	5	25
		4	25 26 27 28 29	30 51 2 3 4	5 6 7 8 9	10 11 12 13 14	15 16 17 18 19	20 21 22 23 24	6	54
		5	25 26 27 28 29	30 31 61 2 3	4 5 6 7 8	9 10 11 12 13	14 15 16 17 18	19 20 21 22 —	1	24
		6	23 24 25 26 27	28 29 30 71 2	3 4 5 6 7	8 9 10 11 12	13 14 15 16 17	18 19 20 21 22	2	53
		7	23 24 25 26 27	28 29 30 31 81	2 3 4 5 6	7 8 9 10 11	12 13 14 15 16	17 18 19 20 —	4	23
		8	21 22 23 24 25	26 27 28 29 30	31 91 2 3 4	5 6 7 8 9	10 11 12 13 14	15 16 17 18 19	5	52
		9	20 21 22 23 24	25 26 27 28 29	30 01 2 3 4	5 6 7 8 9	10 11 12 13 14	15 16 17 18 19	0	22
		10	20 21 22 23 24	25 26 27 28 29	30 31 N1 2 3	4 5 6 7 8	9 10 11 12 13	14 15 16 17 —	2	52
		11	18 19 20 21 22	23 24 25 26 27	28 29 30 D1 2	3 4 5 6 7	8 9 10 11 12	13 14 15 16 17	3	21
		12	18 19 20 21 22	23 24 25 26 27	28 29 30 31 11	2 3 4 5 6	7 8 9 10 11	12 13 14 15 16	5	51

元太祖元年至世祖至元十六年 (1206–80 A.D.), 見表 11, 422–23 頁.

The period of Yüan, T'a Tsu First Year to Shih Tsu, Chih Yüan Sixteenth Year (1206–80 A.D.) is tabulated in Table 11 on pp. 422–23.

年序 Year	陰曆月序 Moon	陰曆日序 Order of days (Lunar) 1 2 3 4 5	6 7 8 9 10	11 12 13 14 15	16 17 18 19 20	21 22 23 24 25	26 27 28 29 30	星期 Week	干支 Cycle
嘉定 4 辛未 1211–12	6 1	17 18 19 20 21	22 23 24 25 26	27 28 29 30 31	21 2 3 4 5	6 7 8 9 10	11 12 13 14 —	0	21
	2	15 16 17 18 19	20 21 22 23 24	25 26 27 28 31	2 3 4 5 6	7 8 9 10 11	12 13 14 15 16	1	50
	2	17 18 19 20 21	22 23 24 25 26	27 28 29 30 31	41 2 3 4 5	6 7 8 9 10	11 12 13 14 —	3	20
	3	15 16 17 18 19	20 21 22 23 24	25 26 27 28 29	30 51 2 3 4	5 6 7 8 9	10 11 12 13 —	4	49
	4	14 15 16 17 18	19 20 21 22 23	24 25 26 27 28	29 30 31 61 2	3 4 5 6 7	8 9 10 11 12	5	18
	5	13 14 15 16 17	18 19 20 21 22	23 24 25 26 27	28 29 30 71 2	3 4 5 6 7	8 9 10 11 —	0	48
	6	12 13 14 15 16	17 18 19 20 21	22 23 24 25 26	27 28 29 30 31	81 2 3 4 5	6 7 8 9 —	1	17
	7	10 11 12 13 14	15 16 17 18 19	20 21 22 23 24	25 26 27 28 29	30 31 91 2 3	4 5 6 7 8	2	46
	8	9 10 11 12 13	14 15 16 17 18	19 20 21 22 23	24 25 26 27 28	29 30 O1 2 3	4 5 6 7 8	4	16
	9	9 10 11 12 13	14 15 16 17 18	19 20 21 22 23	24 25 26 27 28	29 30 31 N1 2	3 4 5 6 —	6	46
	10	7 8 9 10 11	12 13 14 15 16	17 18 19 20 21	22 23 24 25 26	27 28 29 30 D1	2 3 4 5 6	0	15
	11	7 8 9 10 11	12 13 14 15 16	17 18 19 20 21	22 23 24 25 26	27 28 29 30 31	11 2 3 4 5	2	45
	12	6 7 8 9 10	11 12 13 14 15	16 17 18 19 20	21 22 23 24 25	26 27 28 29 30	31 21 2 3 4	4	15
嘉定 5 壬申 1212–13	38 1	5 6 7 8 9	10 11 12 13 14	15 16 17 18 19	20 21 22 23 24	25 26 27 28 29	31 2 3 4 —	6	45
	2	5 6 7 8 9	10 11 12 13 14	15 16 17 18 19	20 21 22 23 24	25 26 27 28 29	30 31 41 2 3	0	14
	3	4 5 6 7 8	9 10 11 12 13	14 15 16 17 18	19 20 21 22 23	24 25 26 27 28	29 30 51 2 —	2	44
	4	3 4 5 6 7	8 9 10 11 12	13 14 15 16 17	18 19 20 21 22	23 24 25 26 27	28 29 30 31 —	3	13
	5	61 2 3 4 5	6 7 8 9 10	11 12 13 14 15	16 17 18 19 20	21 22 23 24 25	26 27 28 29 30	4	42
	6	71 2 3 4 5	6 7 8 9 10	11 12 13 14 15	16 17 18 19 20	21 22 23 24 25	26 27 28 29 —	6	12
	7	30 31 81 2 3	4 5 6 7 8	9 10 11 12 13	14 15 16 17 18	19 20 21 22 23	24 25 26 27 —	0	41
	8	28 29 30 31 91	2 3 4 5 6	7 8 9 10 11	12 13 14 15 16	17 18 19 20 21	22 23 24 25 26	1	10
	9	27 28 29 30 O1	2 3 4 5 6	7 8 9 10 11	12 13 14 15 16	17 18 19 20 21	22 23 24 25 —	3	40
	10	26 27 28 29 30	31 N1 2 3 4	5 6 7 8 9	10 11 12 13 14	15 16 17 18 19	20 21 22 23 24	4	9
	11	25 26 27 28 29	30 D1 2 3 4	5 6 7 8 9	10 11 12 13 14	15 16 17 18 19	20 21 22 23 24	6	39
	12	25 26 27 28 29	30 31 11 2 3	4 5 6 7 8	9 10 11 12 13	14 15 16 17 18	19 20 21 22 23	1	9
嘉定 6 癸酉 1213–14	50 1	24 25 26 27 28	29 30 31 21 2	3 4 5 6 7	8 9 10 11 12	13 14 15 16 17	18 19 20 21 —	3	39
	2	22 23 24 25 26	27 28 31 2 3	4 5 6 7 8	9 10 11 12 13	14 15 16 17 18	19 20 21 22 23	4	8
	3	24 25 26 27 28	29 30 31 41 2	3 4 5 6 7	8 9 10 11 12	13 14 15 16 17	18 19 20 21 22	6	38
	4	23 24 25 26 27	28 29 30 51 2	3 4 5 6 7	8 9 10 11 12	13 14 15 16 17	18 19 20 21 —	1	8
	5	22 23 24 25 26	27 28 29 30 31	61 2 3 4 5	6 7 8 9 10	11 12 13 14 15	16 17 18 19 —	2	37
	6	20 21 22 23 24	25 26 27 28 29	30 71 2 3 4	5 6 7 8 9	10 11 12 13 14	15 16 17 18 19	3	6
	7	20 21 22 23 24	25 26 27 28 29	30 31 81 2 3	4 5 6 7 8	9 10 11 12 13	14 15 16 17 —	5	36
	8	18 19 20 21 22	23 24 25 26 27	28 29 30 31 91	2 3 4 5 6	7 8 9 10 11	12 13 14 15 —	6	5
	9	16 17 18 19 20	21 22 23 24 25	26 27 28 29 30	O1 2 3 4 5	6 7 8 9 10	11 12 13 14 15	0	34
	9	16 17 18 19 20	21 22 23 24 25	26 27 28 29 30	31 N1 2 3 4	5 6 7 8 9	10 11 12 13 —	2	4
	10	14 15 16 17 18	19 20 21 22 23	24 25 26 27 28	29 30 D1 2 3	4 5 6 7 8	9 10 11 12 13	3	33
	11	14 15 16 17 18	19 20 21 22 23	24 25 26 27 28	29 30 31 11 2	3 4 5 6 7	8 9 10 11 12	5	3
	12	13 14 15 16 17	18 19 20 21 22	23 24 25 26 27	28 29 30 31 21	2 3 4 5 6	7 8 9 10 11	0	33
嘉定 7 甲戌 1214–15	2 1	12 13 14 15 16	17 18 19 20 21	22 23 24 25 26	27 28 31 2 3	4 5 6 7 8	9 10 11 12 —	2	3
	2	13 14 15 16 17	18 19 20 21 22	23 24 25 26 27	28 29 30 31 41	2 3 4 5 6	7 8 9 10 11	3	32
	3	12 13 14 15 16	17 18 19 20 21	22 23 24 25 26	27 28 29 30 51	2 3 4 5 6	7 8 9 10 —	5	2
	4	11 12 13 14 15	16 17 18 19 20	21 22 23 24 25	26 27 28 29 30	31 61 2 3 4	5 6 7 8 9	6	31
	5	10 11 12 13 14	15 16 17 18 19	20 21 22 23 24	25 26 27 28 29	30 71 2 3 4	5 6 7 8 —	1	1
	6	9 10 11 12 13	14 15 16 17 18	19 20 21 22 23	24 25 26 27 28	29 30 31 81 2	3 4 5 6 7	2	30
	7	8 9 10 11 12	13 14 15 16 17	18 19 20 21 22	23 24 25 26 27	28 29 30 31 91	2 3 4 5 —	4	0
	8	6 7 8 9 10	11 12 13 14 15	16 17 18 19 20	21 22 23 24 25	26 27 28 29 30	O1 2 3 4 —	5	29
	9	5 6 7 8 9	10 11 12 13 14	15 16 17 18 19	20 21 22 23 24	25 26 27 28 29	30 31 N1 2 3	6	58
	10	4 5 6 7 8	9 10 11 12 13	14 15 16 17 18	19 20 21 22 23	24 25 26 27 28	29 30 D1 2 —	1	28
	11	3 4 5 6 7	8 9 10 11 12	13 14 15 16 17	18 19 20 21 22	23 24 25 26 27	28 29 30 31 11	2	57
	12	2 3 4 5 6	7 8 9 10 11	12 13 14 15 16	17 18 19 20 21	22 23 24 25 26	27 28 29 30 31	4	27
嘉定 8 乙亥 1215–16	14 1	21 2 3 4 5	6 7 8 9 10	11 12 13 14 15	16 17 18 19 20	21 22 23 24 25	26 27 28 31 —	6	57
	2	2 3 4 5 6	7 8 9 10 11	12 13 14 15 16	17 18 19 20 21	22 23 24 25 26	27 28 29 30 31	0	26
	3	41 2 3 4 5	6 7 8 9 10	11 12 13 14 15	16 17 18 19 20	21 22 23 24 25	26 27 28 29 30	2	56
	4	51 2 3 4 5	6 7 8 9 10	11 12 13 14 15	16 17 18 19 20	21 22 23 24 25	26 27 28 29 —	4	26
	5	30 31 61 2 3	4 5 6 7 8	9 10 11 12 13	14 15 16 17 18	19 20 21 22 23	24 25 26 27 28	5	55
	6	29 30 71 2 3	4 5 6 7 8	9 10 11 12 13	14 15 16 17 18	19 20 21 22 23	24 25 26 27 —	0	25
	7	28 29 30 31 81	2 3 4 5 6	7 8 9 10 11	12 13 14 15 16	17 18 19 20 21	22 23 24 25 26	1	54
	8	27 28 29 30 31	91 2 3 4 5	6 7 8 9 10	11 12 13 14 15	16 17 18 19 20	21 22 23 24 —	3	24
	9	25 26 27 28 29	30 O1 2 3 4	5 6 7 8 9	10 11 12 13 14	15 16 17 18 19	20 21 22 23 —	4	53
	10	24 25 26 27 28	29 30 31 N1 2	3 4 5 6 7	8 9 10 11 12	13 14 15 16 17	18 19 20 21 22	5	22
	11	23 24 25 26 27	28 29 30 D1 2	3 4 5 6 7	8 9 10 11 12	13 14 15 16 17	18 19 20 21 —	0	52
	12	22 23 24 25 26	27 28 29 30 31	11 2 3 4 5	6 7 8 9 10	11 12 13 14 15	16 17 18 19 20	1	21

年序 Year	陰曆月序 Moon	陰曆日序 Order of days (Lunar) 1 2 3 4 5	6 7 8 9 10	11 12 13 14 15	16 17 18 19 20	21 22 23 24 25	26 27 28 29 30	星期 Week	干支 Cycle
嘉定 9 丙子 1216–17	26 1	21 22 23 24 25	26 27 28 29 30	31 21 2 3 4	5 6 7 8 9	10 11 12 13 14	15 16 17 18 —	3	51
	2	19 20 21 22 23	24 25 26 27 28	29 31 2 3 4	5 6 7 8 9	10 11 12 13 14	15 16 17 18 19	4	20
	3	20 21 22 23 24	25 26 27 28 29	30 31 41 2 3	4 5 6 7 8	9 10 11 12 13	14 15 16 17 18	6	50
	4	19 20 21 22 23	24 25 26 27 28	29 30 51 2 3	4 5 6 7 8	9 10 11 12 13	14 15 16 17 —	1	20
	5	18 19 20 21 22	23 24 25 26 27	28 29 30 31 61	2 3 4 5 6	7 8 9 10 11	12 13 14 15 16	2	49
	6	17 18 19 20 21	22 23 24 25 26	27 28 29 30 71	2 3 4 5 6	7 8 9 10 11	12 13 14 15 16	4	19
	7	17 18 19 20 21	22 23 24 25 26	27 28 29 30 31	81 2 3 4 5	6 7 8 9 10	11 12 13 14 —	6	49
	7	15 16 17 18 19	20 21 22 23 24	25 26 27 28 29	30 31 91 2 3	4 5 6 7 8	9 10 11 12 13	0	18
	8	14 15 16 17 18	19 20 21 22 23	24 25 26 27 28	29 30 01 2 3	4 5 6 7 8	9 10 11 12 —	2	48
	9	13 14 15 16 17	18 19 20 21 22	23 24 25 26 27	28 29 30 31 N1	2 3 4 5 6	7 8 9 10 —	3	17
	10	11 12 13 14 15	16 17 18 19 20	21 22 23 24 25	26 27 28 29 30	D1 2 3 4 5	6 7 8 9 10	4	46
	11	11 12 13 14 15	16 17 18 19 20	21 22 23 24 25	26 27 28 29 30	31 11 2 3 4	5 6 7 8 —	6	16
	12	9 10 11 12 13	14 15 16 17 18	19 20 21 22 23	24 25 26 27 28	29 30 31 21 2	3 4 5 6 7	0	45
嘉定 10 丁丑 1217–18	38 1	8 9 10 11 12	13 14 15 16 17	18 19 20 21 22	23 24 25 26 27	28 31 2 3 4	5 6 7 8 —	2	15
	2	9 10 11 12 13	14 15 16 17 18	19 20 21 22 23	24 25 26 27 28	29 30 31 41 2	3 4 5 6 7	3	44
	3	8 9 10 11 12	13 14 15 16 17	18 19 20 21 22	23 24 25 26 27	28 29 30 51 2	3 4 5 6 —	5	14
	4	7 8 9 10 11	12 13 14 15 16	17 18 19 20 21	22 23 24 25 26	27 28 29 30 31	61 2 3 4 5	6	43
	5	6 7 8 9 10	11 12 13 14 15	16 17 18 19 20	21 22 23 24 25	26 27 28 29 30	71 2 3 4 5	1	13
	6	6 7 8 9 10	11 12 13 14 15	16 17 18 19 20	21 22 23 24 25	26 27 28 29 30	31 81 2 3 —	3	43
	7	4 5 6 7 8	9 10 11 12 13	14 15 16 17 18	19 20 21 22 23	24 25 26 27 28	29 30 31 91 2	4	12
	8	3 4 5 6 7	8 9 10 11 12	13 14 15 16 17	18 19 20 21 22	23 24 25 26 27	28 29 30 01 —	6	42
	9	2 3 4 5 6	7 8 9 10 11	12 13 14 15 16	17 18 19 20 21	22 23 24 25 26	27 28 29 30 31	0	11
	10	N1 2 3 4 5	6 7 8 9 10	11 12 13 14 15	16 17 18 19 20	21 22 23 24 25	26 27 28 29 30	2	41
	11	D1 2 3 4 5	6 7 8 9 10	11 12 13 14 15	16 17 18 19 20	21 22 23 24 25	26 27 28 29 —	4	11
	12	30 31 11 2 3	4 5 6 7 8	9 10 11 12 13	14 15 16 17 18	19 20 21 22 23	24 25 26 27 —	5	40
嘉定 11 戊寅 1218–19	50 1	28 29 30 31 21	2 3 4 5 6	7 8 9 10 11	12 13 14 15 16	17 18 19 20 21	22 23 24 25 26	6	9
	2	27 28 31 2 3	4 5 6 7 8	9 10 11 12 13	14 15 16 17 18	19 20 21 22 23	24 25 26 27 —	1	39
	3	28 29 30 31 41	2 3 4 5 6	7 8 9 10 11	12 13 14 15 16	17 18 19 20 21	22 23 24 25 26	2	8
	4	27 28 29 30 51	2 3 4 5 6	7 8 9 10 11	12 13 14 15 16	17 18 19 20 21	22 23 24 25 —	4	38
	5	26 27 28 29 30	31 61 2 3 4	5 6 7 8 9	10 11 12 13 14	15 16 17 18 19	20 21 22 23 24	5	7
	6	25 26 27 28 29	30 71 2 3 4	5 6 7 8 9	10 11 12 13 14	15 16 17 18 19	20 21 22 23 —	0	37
	7	24 25 26 27 28	29 30 31 81 2	3 4 5 6 7	8 9 10 11 12	13 14 15 16 17	18 19 20 21 22	1	6
	8	23 24 25 26 27	28 29 30 31 91	2 3 4 5 6	7 8 9 10 11	12 13 14 15 16	17 18 19 20 21	3	36
	9	22 23 24 25 26	27 28 29 30 01	2 3 4 5 6	7 8 9 10 11	12 13 14 15 16	17 18 19 20 —	5	6
	10	21 22 23 24 25	26 27 28 29 30	31 N1 2 3 4	5 6 7 8 9	10 11 12 13 14	15 16 17 18 19	6	35
	11	20 21 22 23 24	25 26 27 28 29	30 D1 2 3 4	5 6 7 8 9	10 11 12 13 14	15 16 17 18 19	1	5
	12	20 21 22 23 24	25 26 27 28 29	30 31 11 2 3	4 5 6 7 8	9 10 11 12 13	14 15 16 17 —	3	35
嘉定 12 己卯 1219–20	2 1	18 19 20 21 22	23 24 25 26 27	28 29 30 31 21	2 3 4 5 6	7 8 9 10 11	12 13 14 15 16	4	4
	2	17 18 19 20 21	22 23 24 25 26	27 28 31 2 3	4 5 6 7 8	9 10 11 12 13	14 15 16 17 —	6	34
	3	18 19 20 21 22	23 24 25 26 27	28 29 30 31 41	2 3 4 5 6	7 8 9 10 11	12 13 14 15 —	0	3
	3	16 17 18 19 20	21 22 23 24 25	26 27 28 29 30	51 2 3 4 5	6 7 8 9 10	11 12 13 14 15	1	32
	4	16 17 18 19 20	21 22 23 24 25	26 27 28 29 30	31 61 2 3 4	5 6 7 8 9	10 11 12 13 —	3	2
	5	14 15 16 17 18	19 20 21 22 23	24 25 26 27 28	29 30 71 2 3	4 5 6 7 8	9 10 11 12 —	4	31
	6	13 14 15 16 17	18 19 20 21 22	23 24 25 26 27	28 29 30 31 81	2 3 4 5 6	7 8 9 10 11	5	0
	7	12 13 14 15 16	17 18 19 20 21	22 23 24 25 26	27 28 29 30 31	91 2 3 4 5	6 7 8 9 10	0	30
	8	11 12 13 14 15	16 17 18 19 20	21 22 23 24 25	26 27 28 29 30	01 2 3 4 5	6 7 8 9 —	2	0
	9	10 11 12 13 14	15 16 17 18 19	20 21 22 23 24	25 26 27 28 29	30 31 N1 2 3	4 5 6 7 8	3	29
	10	9 10 11 12 13	14 15 16 17 18	19 20 21 22 23	24 25 26 27 28	29 30 D1 2 3	4 5 6 7 8	5	59
	11	9 10 11 12 13	14 15 16 17 18	19 20 21 22 23	24 25 26 27 28	29 30 31 11 2	3 4 5 6 7	0	29
	12	8 9 10 11 12	13 14 15 16 17	18 19 20 21 22	23 24 25 26 27	28 29 30 31 21	2 3 4 5 —	2	59
嘉定 13 庚辰 1220–21	14 1	6 7 8 9 10	11 12 13 14 15	16 17 18 19 20	21 22 23 24 25	26 27 28 29 31	2 3 4 5 6	3	28
	2	7 8 9 10 11	12 13 14 15 16	17 18 19 20 21	22 23 24 25 26	27 28 29 30 31	41 2 3 4 —	5	58
	3	5 6 7 8 9	10 11 12 13 14	15 16 17 18 19	20 21 22 23 24	25 26 27 28 29	30 51 2 3 —	6	27
	4	4 5 6 7 8	9 10 11 12 13	14 15 16 17 18	19 20 21 22 23	24 25 26 27 28	29 30 31 61 2	0	56
	5	3 4 5 6 7	8 9 10 11 12	13 14 15 16 17	18 19 20 21 22	23 24 25 26 27	28 29 30 71 —	2	26
	6	2 3 4 5 6	7 8 9 10 11	12 13 14 15 16	17 18 19 20 21	22 23 24 25 26	27 28 29 30 —	3	55
	7	31 81 2 3 4	5 6 7 8 9	10 11 12 13 14	15 16 17 18 19	20 21 22 23 24	25 26 27 28 29	4	24
	8	30 31 91 2 3	4 5 6 7 8	9 10 11 12 13	14 15 16 17 18	19 20 21 22 23	24 25 26 27 —	6	54
	9	28 29 30 01 2	3 4 5 6 7	8 9 10 11 12	13 14 15 16 17	18 19 20 21 22	23 24 25 26 27	0	23
	10	28 29 30 31 N1	2 3 4 5 6	7 8 9 10 11	12 13 14 15 16	17 18 19 20 21	22 23 24 25 26	2	53
	11	27 28 29 30 D1	2 3 4 5 6	7 8 9 10 11	12 13 14 15 16	17 18 19 20 21	22 23 24 25 26	4	23
	12	27 28 29 30 31	11 2 3 4 5	6 7 8 9 10	11 12 13 14 15	16 17 18 19 20	21 22 23 24 —	6	53

年序 Year		陰曆月序 Moon	1	2	3	4	5	6	7	8	9	10	11	12	13	14	15	16	17	18	19	20	21	22	23	24	25	26	27	28	29	30	星期 Week	干支 Cycle
嘉定 14 辛巳 1221–22	26	1	25	26	27	28	29	30	31	21	2	3	4	5	6	7	8	9	10	11	12	13	14	15	16	17	18	19	20	21	22	23	0	22
		2	24	25	26	27	28	31	2	3	4	5	6	7	8	9	10	11	12	13	14	15	16	17	18	19	20	21	22	23	24	25	2	52
		3	26	27	28	29	30	31	41	2	3	4	5	6	7	8	9	10	11	12	13	14	15	16	17	18	19	20	21	22	23	—	4	22
		4	24	25	26	27	28	29	30	51	2	3	4	5	6	7	8	9	10	11	12	13	14	15	16	17	18	19	20	21	22	—	5	51
		5	23	24	25	26	27	28	29	30	31	61	2	3	4	5	6	7	8	9	10	11	12	13	14	15	16	17	18	19	20	21	6	20
		6	22	23	24	25	26	27	28	29	30	71	2	3	4	5	6	7	8	9	10	11	12	13	14	15	16	17	18	19	20	—	1	50
		7	21	22	23	24	25	26	27	28	29	30	31	81	2	3	4	5	6	7	8	9	10	11	12	13	14	15	16	17	18	—	2	19
		8	19	20	21	22	23	24	25	26	27	28	29	30	31	91	2	3	4	5	6	7	8	9	10	11	12	13	14	15	16	17	3	48
		9	18	19	20	21	22	23	24	25	26	27	28	29	30	01	2	3	4	5	6	7	8	9	10	11	12	13	14	15	16	—	5	18
		10	17	18	19	20	21	22	23	24	25	26	27	28	29	30	31	N1	2	3	4	5	6	7	8	9	10	11	12	13	14	15	6	47
		11	16	17	18	19	20	21	22	23	24	25	26	27	28	29	30	D1	2	3	4	5	6	7	8	9	10	11	12	13	14	15	1	17
		12	16	17	18	19	20	21	22	23	24	25	26	27	28	29	30	31	11	2	3	4	5	6	7	8	9	10	11	12	13	14	3	47
		12	15	16	17	18	19	20	21	22	23	24	25	26	27	28	29	30	31	21	2	3	4	5	6	7	8	9	10	11	12	—	5	17
嘉定 15 壬午 1222–23	38	1	13	14	15	16	17	18	19	20	21	22	23	24	25	26	27	28	31	2	3	4	5	6	7	8	9	10	11	12	13	14	6	46
		2	15	16	17	18	19	20	21	22	23	24	25	26	27	28	29	30	31	41	2	3	4	5	6	7	8	9	10	11	12	13	1	16
		3	14	15	16	17	18	19	20	21	22	23	24	25	26	27	28	29	30	51	2	3	4	5	6	7	8	9	10	11	12	—	3	46
		4	13	14	15	16	17	18	19	20	21	22	23	24	25	26	27	28	29	30	31	61	2	3	4	5	6	7	8	9	10	—	4	15
		5	11	12	13	14	15	16	17	18	19	20	21	22	23	24	25	26	27	28	29	30	71	2	3	4	5	6	7	8	9	10	5	44
		6	11	12	13	14	15	16	17	18	19	20	21	22	23	24	25	26	27	28	29	30	31	81	2	3	4	5	6	7	8	—	0	14
		7	9	10	11	12	13	14	15	16	17	18	19	20	21	22	23	24	25	26	27	28	29	30	31	91	2	3	4	5	6	—	1	43
		8	7	8	9	10	11	12	13	14	15	16	17	18	19	20	21	22	23	24	25	26	27	28	29	30	01	2	3	4	5	6	2	12
		9	7	8	9	10	11	12	13	14	15	16	17	18	19	20	21	22	23	24	25	26	27	28	29	30	31	N1	2	3	4	—	4	42
		10	5	6	7	8	9	10	11	12	13	14	15	16	17	18	19	20	21	22	23	24	25	26	27	28	29	30	D1	2	3	4	5	11
		11	5	6	7	8	9	10	11	12	13	14	15	16	17	18	19	20	21	22	23	24	25	26	27	28	29	30	31	11	2	3	0	41
		12	4	5	6	7	8	9	10	11	12	13	14	15	16	17	18	19	20	21	22	23	24	25	26	27	28	29	30	31	21	—	2	11
嘉定 16 癸未 1223–24	50	1	2	3	4	5	6	7	8	9	10	11	12	13	14	15	16	17	18	19	20	21	22	23	24	25	26	27	28	31	2	3	3	40
		2	4	5	6	7	8	9	10	11	12	13	14	15	16	17	18	19	20	21	22	23	24	25	26	27	28	29	30	31	41	2	5	10
		3	3	4	5	6	7	8	9	10	11	12	13	14	15	16	17	18	19	20	21	22	23	24	25	26	27	28	29	30	51	—	0	40
		4	2	3	4	5	6	7	8	9	10	11	12	13	14	15	16	17	18	19	20	21	22	23	24	25	26	27	28	29	30	31	1	9
		5	61	2	3	4	5	6	7	8	9	10	11	12	13	14	15	16	17	18	19	20	21	22	23	24	25	26	27	28	29	—	3	39
		6	30	71	2	3	4	5	6	7	8	9	10	11	12	13	14	15	16	17	18	19	20	21	22	23	24	25	26	27	28	29	4	8
		7	30	31	81	2	3	4	5	6	7	8	9	10	11	12	13	14	15	16	17	18	19	20	21	22	23	24	25	26	27	—	6	38
		8	28	29	30	31	91	2	3	4	5	6	7	8	9	10	11	12	13	14	15	16	17	18	19	20	21	22	23	24	25	—	0	7
		9	26	27	28	29	30	01	2	3	4	5	6	7	8	9	10	11	12	13	14	15	16	17	18	19	20	21	22	23	24	25	1	36
		10	26	27	28	29	30	31	N1	2	3	4	5	6	7	8	9	10	11	12	13	14	15	16	17	18	19	20	21	22	23	—	3	6
		11	24	25	26	27	28	29	30	D1	2	3	4	5	6	7	8	9	10	11	12	13	14	15	16	17	18	19	20	21	22	23	4	35
		12	24	25	26	27	28	29	30	31	11	2	3	4	5	6	7	8	9	10	11	12	13	14	15	16	17	18	19	20	21	—	6	5
嘉定 17 甲申 1224–25	2	1	22	23	24	25	26	27	28	29	30	31	21	2	3	4	5	6	7	8	9	10	11	12	13	14	15	16	17	18	19	20	0	34
		2	21	22	23	24	25	26	27	28	29	31	2	3	4	5	6	7	8	9	10	11	12	13	14	15	16	17	18	19	20	21	2	4
		3	22	23	24	25	26	27	28	29	30	31	41	2	3	4	5	6	7	8	9	10	11	12	13	14	15	16	17	18	19	—	4	34
		4	20	21	22	23	24	25	26	27	28	29	30	51	2	3	4	5	6	7	8	9	10	11	12	13	14	15	16	17	18	19	5	3
		5	20	21	22	23	24	25	26	27	28	29	30	31	61	2	3	4	5	6	7	8	9	10	11	12	13	14	15	16	17	18	0	33
		6	19	20	21	22	23	24	25	26	27	28	29	30	71	2	3	4	5	6	7	8	9	10	11	12	13	14	15	16	17	—	2	3
		7	18	19	20	21	22	23	24	25	26	27	28	29	30	31	81	2	3	4	5	6	7	8	9	10	11	12	13	14	15	16	3	32
		8	17	18	19	20	21	22	23	24	25	26	27	28	29	30	31	91	2	3	4	5	6	7	8	9	10	11	12	13	14	—	5	2
		8	15	16	17	18	19	20	21	22	23	24	25	26	27	28	29	30	01	2	3	4	5	6	7	8	9	10	11	12	13	—	6	31
		9	14	15	16	17	18	19	20	21	22	23	24	25	26	27	28	29	30	31	N1	2	3	4	5	6	7	8	9	10	11	12	0	0
		10	13	14	15	16	17	18	19	20	21	22	23	24	25	26	27	28	29	30	D1	2	3	4	5	6	7	8	9	10	11	—	2	30
		11	12	13	14	15	16	17	18	19	20	21	22	23	24	25	26	27	28	29	30	31	11	2	3	4	5	6	7	8	9	10	3	59
		12	11	12	13	14	15	16	17	18	19	20	21	22	23	24	25	26	27	28	29	30	31	21	2	3	4	5	6	7	8	—	5	29
理宗寶慶 1 乙酉 1225–26	14	1	9	10	11	12	13	14	15	16	17	18	19	20	21	22	23	24	25	26	27	28	31	2	3	4	5	6	7	8	9	10	6	58
		2	11	12	13	14	15	16	17	18	19	20	21	22	23	24	25	26	27	28	29	30	31	41	2	3	4	5	6	7	8	—	1	28
		3	9	10	11	12	13	14	15	16	17	18	19	20	21	22	23	24	25	26	27	28	29	30	51	2	3	4	5	6	7	8	2	57
		4	9	10	11	12	13	14	15	16	17	18	19	20	21	22	23	24	25	26	27	28	29	30	31	61	2	3	4	5	6	7	4	27
		5	8	9	10	11	12	13	14	15	16	17	18	19	20	21	22	23	24	25	26	27	28	29	30	71	2	3	4	5	6	—	6	57
		6	7	8	9	10	11	12	13	14	15	16	17	18	19	20	21	22	23	24	25	26	27	28	29	30	31	81	2	3	4	5	0	26
		7	6	7	8	9	10	11	12	13	14	15	16	17	18	19	20	21	22	23	24	25	26	27	28	29	30	31	91	2	3	—	2	56
		8	4	5	6	7	8	9	10	11	12	13	14	15	16	17	18	19	20	21	22	23	24	25	26	27	28	29	30	01	2	3	3	25
		9	4	5	6	7	8	9	10	11	12	13	14	15	16	17	18	19	20	21	22	23	24	25	26	27	28	29	30	31	N1	—	5	55
		10	2	3	4	5	6	7	8	9	10	11	12	13	14	15	16	17	18	19	20	21	22	23	24	25	26	27	28	29	30	D1	6	24
		11	2	3	4	5	6	7	8	9	10	11	12	13	14	15	16	17	18	19	20	21	22	23	24	25	26	27	28	29	30	—	1	54
		12	31	11	2	3	4	5	6	7	8	9	10	11	12	13	14	15	16	17	18	19	20	21	22	23	24	25	26	27	28	29	2	23

年序 Year	陰曆月序 Moon	1 2 3 4 5	6 7 8 9 10	11 12 13 14 15	16 17 18 19 20	21 22 23 24 25	26 27 28 29 30	星期 Week	干支 Cycle
寶慶2丙戌 1226–27	26 1	30 31 21 2 3	4 5 6 7 8	9 10 11 12 13	14 15 16 17 18	19 20 21 22 23	24 25 26 27 —	4	53
	2	28 31 2 3 4	5 6 7 8 9	10 11 12 13 14	15 16 17 18 19	20 21 22 23 24	25 26 27 28 29	5	22
	3	30 31 41 2 3	4 5 6 7 8	9 10 11 12 13	14 15 16 17 18	19 20 21 22 23	24 25 26 27 —	0	52
	4	28 29 30 51 2	3 4 5 6 7	8 9 10 11 12	13 14 15 16 17	18 19 20 21 22	23 24 25 26 27	1	21
	5	28 29 30 31 61	2 3 4 5 6	7 8 9 10 11	12 13 14 15 16	17 18 19 20 21	22 23 24 25 —	3	51
	6	26 27 28 29 30	71 2 3 4 5	6 7 8 9 10	11 12 13 14 15	16 17 18 19 20	21 22 23 24 25	4	20
	7	26 27 28 29 30	31 81 2 3 4	5 6 7 8 9	10 11 12 13 14	15 16 17 18 19	20 21 22 23 24	6	50
	8	25 26 27 28 29	30 31 91 2 3	4 5 6 7 8	9 10 11 12 13	14 15 16 17 18	19 20 21 22 —	1	20
	9	23 24 25 26 27	28 29 30 01 2	3 4 5 6 7	8 9 10 11 12	13 14 15 16 17	18 19 20 21 22	2	49
	10	23 24 25 26 27	28 29 30 31 N1	2 3 4 5 6	7 8 9 10 11	12 13 14 15 16	17 18 19 20 —	4	19
	11	21 22 23 24 25	26 27 28 29 30	D1 2 3 4 5	6 7 8 9 10	11 12 13 14 15	16 17 18 19 20	5	48
	12	21 22 23 24 25	26 27 28 29 30	31 11 2 3 4	5 6 7 8 9	10 11 12 13 14	15 16 17 18 —	0	18
寶慶3丁亥 1227–28	38 1	19 20 21 22 23	24 25 26 27 28	29 30 31 21 2	3 4 5 6 7	8 9 10 11 12	13 14 15 16 17	1	47
	2	18 19 20 21 22	23 24 25 26 27	28 31 2 3 4	5 6 7 8 9	10 11 12 13 14	15 16 17 18 —	3	17
	3	19 20 21 22 23	24 25 26 27 28	29 30 31 41 2	3 4 5 6 7	8 9 10 11 12	13 14 15 16 17	4	46
	4	18 19 20 21 22	23 24 25 26 27	28 29 30 51 2	3 4 5 6 7	8 9 10 11 12	13 14 15 16 —	6	16
	5	17 18 19 20 21	22 23 24 25 26	27 28 29 30 31	61 2 3 4 5	6 7 8 9 10	11 12 13 14 15	0	45
	5	16 17 18 19 20	21 22 23 24 25	26 27 28 29 30	71 2 3 4 5	6 7 8 9 10	11 12 13 14 —	2	15
	6	15 16 17 18 19	20 21 22 23 24	25 26 27 28 29	30 31 81 2 3	4 5 6 7 8	9 10 11 12 13	3	44
	7	14 15 16 17 18	19 20 21 22 23	24 25 26 27 28	29 30 31 91 2	3 4 5 6 7	8 9 10 11 —	5	14
	8	12 13 14 15 16	17 18 19 20 21	22 23 24 25 26	27 28 29 30 01	2 3 4 5 6	7 8 9 10 11	6	43
	9	12 13 14 15 16	17 18 19 20 21	22 23 24 25 26	27 28 29 30 31	N1 2 3 4 5	6 7 8 9 10	1	13
	10	11 12 13 14 15	16 17 18 19 20	21 22 23 24 25	26 27 28 29 30	D1 2 3 4 5	6 7 8 9 —	3	43
	11	10 11 12 13 14	15 16 17 18 19	20 21 22 23 24	25 26 27 28 29	30 31 11 2 3	4 5 6 7 8	4	12
	12	9 10 11 12 13	14 15 16 17 18	19 20 21 22 23	24 25 26 27 28	29 30 31 21 2	3 4 5 6 7	6	42
紹定1戊子 1228–29	50 1	8 9 10 11 12	13 14 15 16 17	18 19 20 21 22	23 24 25 26 27	28 29 31 2 3	4 5 6 7 —	1	12
	2	8 9 10 11 12	13 14 15 16 17	18 19 20 21 22	23 24 25 26 27	28 29 30 31 41	2 3 4 5 —	2	41
	3	6 7 8 9 10	11 12 13 14 15	16 17 18 19 20	21 22 23 24 25	26 27 28 29 30	51 2 3 4 5	3	10
	4	6 7 8 9 10	11 12 13 14 15	16 17 18 19 20	21 22 23 24 25	26 27 28 29 30	31 61 2 3 —	5	40
	5	4 5 6 7 8	9 10 11 12 13	14 15 16 17 18	19 20 21 22 23	24 25 26 27 28	29 30 71 2 —	6	9
	6	3 4 5 6 7	8 9 10 11 12	13 14 15 16 17	18 19 20 21 22	23 24 25 26 27	28 29 30 31 81	0	38
	7	2 3 4 5 6	7 8 9 10 11	12 13 14 15 16	17 18 19 20 21	22 23 24 25 26	27 28 29 30 —	2	8
	8	31 91 2 3 4	5 6 7 8 9	10 11 12 13 14	15 16 17 18 19	20 21 22 23 24	25 26 27 28 29	3	37
	9	30 01 2 3 4	5 6 7 8 9	10 11 12 13 14	15 16 17 18 19	20 21 22 23 24	25 26 27 28 29	5	7
	10	30 31 N1 2 3	4 5 6 7 8	9 10 11 12 13	14 15 16 17 18	19 20 21 22 23	24 25 26 27 28	0	37
	11	29 30 D1 2 3	4 5 6 7 8	9 10 11 12 13	14 15 16 17 18	19 20 21 22 23	24 25 26 27 —	2	7
	12	28 29 30 31 11	2 3 4 5 6	7 8 9 10 11	12 13 14 15 16	17 18 19 20 21	22 23 24 25 26	3	36
紹定2己丑 1229–30	2 1	27 28 29 30 31	21 2 3 4 5	6 7 8 9 10	11 12 13 14 15	16 17 18 19 20	21 22 23 24 25	5	6
	2	26 27 28 31 2	3 4 5 6 7	8 9 10 11 12	13 14 15 16 17	18 19 20 21 22	23 24 25 26 —	0	36
	3	27 28 29 30 31	41 2 3 4 5	6 7 8 9 10	11 12 13 14 15	16 17 18 19 20	21 22 23 24 —	1	5
	4	25 26 27 28 29	30 51 2 3 4	5 6 7 8 9	10 11 12 13 14	15 16 17 18 19	20 21 22 23 24	2	34
	5	25 26 27 28 29	30 31 61 2 3	4 5 6 7 8	9 10 11 12 13	14 15 16 17 18	19 20 21 22 —	4	4
	6	23 24 25 26 27	28 29 30 71 2	3 4 5 6 7	8 9 10 11 12	13 14 15 16 17	18 19 20 21 —	5	33
	7	22 23 24 25 26	27 28 29 30 31	81 2 3 4 5	6 7 8 9 10	11 12 13 14 15	16 17 18 19 20	6	2
	8	21 22 23 24 25	26 27 28 29 30	31 91 2 3 4	5 6 7 8 9	10 11 12 13 14	15 16 17 18 —	1	32
	9	19 20 21 22 23	24 25 26 27 28	29 30 01 2 3	4 5 6 7 8	9 10 11 12 13	14 15 16 17 18	2	1
	10	19 20 21 22 23	24 25 26 27 28	29 30 31 N1 2	3 4 5 6 7	8 9 10 11 12	13 14 15 16 17	4	31
	11	18 19 20 21 22	23 24 25 26 27	28 29 30 D1 2	3 4 5 6 7	8 9 10 11 12	13 14 15 16 17	6	1
	12	18 19 20 21 22	23 24 25 26 27	28 29 30 31 11	2 3 4 5 6	7 8 9 10 11	12 13 14 15 —	1	31
紹定3庚寅 1230–31	14 1	16 17 18 19 20	21 22 23 24 25	26 27 28 29 30	31 21 2 3 4	5 6 7 8 9	10 11 12 13 14	2	0
	2	15 16 17 18 19	20 21 22 23 24	25 26 27 28 31	2 3 4 5 6	7 8 9 10 11	12 13 14 15 16	4	30
	2	17 18 19 20 21	22 23 24 25 26	27 28 29 30 31	41 2 3 4 5	6 7 8 9 10	11 12 13 14 —	6	0
	3	15 16 17 18 19	20 21 22 23 24	25 26 27 28 29	30 51 2 3 4	5 6 7 8 9	10 11 12 13 —	0	29
	4	14 15 16 17 18	19 20 21 22 23	24 25 26 27 28	29 30 31 61 2	3 4 5 6 7	8 9 10 11 12	1	58
	5	13 14 15 16 17	18 19 20 21 22	23 24 25 26 27	28 29 30 71 2	3 4 5 6 7	8 9 10 11 —	3	28
	6	12 13 14 15 16	17 18 19 20 21	22 23 24 25 26	27 28 29 30 31	81 2 3 4 5	6 7 8 9 —	4	57
	7	10 11 12 13 14	15 16 17 18 19	20 21 22 23 24	25 26 27 28 29	30 31 91 2 3	4 5 6 7 8	5	26
	8	9 10 11 12 13	14 15 16 17 18	19 20 21 22 23	24 25 26 27 28	29 30 01 2 3	4 5 6 7 —	0	56
	9	8 9 10 11 12	13 14 15 16 17	18 19 20 21 22	23 24 25 26 27	28 29 30 31 N1	2 3 4 5 6	1	25
	10	7 8 9 10 11	12 13 14 15 16	17 18 19 20 21	22 23 24 25 26	27 28 29 30 D1	2 3 4 5 —	3	55
	11	6 7 8 9 10	11 12 13 14 15	16 17 18 19 20	21 22 23 24 25	26 27 28 29 30	31 11 2 3 4	4	24
	12	5 6 7 8 9	10 11 12 13 14	15 16 17 18 19	20 21 22 23 24	25 26 27 28 29	30 31 21 2 3	6	54

年序 Year	陰曆月序 Moon	陰曆日序 Order of days (Lunar)																														星期 Week	干支 Cycle
		1	2	3	4	5	6	7	8	9	10	11	12	13	14	15	16	17	18	19	20	21	22	23	24	25	26	27	28	29	30		
紹定 4 辛卯 1231–32	**26** 1	4	5	6	7	8	9	10	11	12	13	14	15	16	17	18	19	20	21	22	23	24	25	26	27	28	**31**	2	3	4	5	1	24
	2	6	7	8	9	10	11	12	13	14	15	16	17	18	19	20	21	22	23	24	25	26	27	28	29	30	31	**41**	2	3	—	3	54
	3	4	5	6	7	8	9	10	11	12	13	14	15	16	17	18	19	20	21	22	23	24	25	26	27	28	29	30	**51**	2	3	4	23
	4	4	5	6	7	8	9	10	11	12	13	14	15	16	17	18	19	20	21	22	23	24	25	26	27	28	29	30	31	**61**	—	6	53
	5	2	3	4	5	6	7	8	9	10	11	12	13	14	15	16	17	18	19	20	21	22	23	24	25	26	27	28	29	30	**71**	0	22
	6	2	3	4	5	6	7	8	9	10	11	12	13	14	15	16	17	18	19	20	21	22	23	24	25	26	27	28	29	30	—	2	52
	7	31	**81**	2	3	4	5	6	7	8	9	10	11	12	13	14	15	16	17	18	19	20	21	22	23	24	25	26	27	28	—	3	21
	8	29	30	31	**91**	2	3	4	5	6	7	8	9	10	11	12	13	14	15	16	17	18	19	20	21	22	23	24	25	26	27	4	50
	9	28	29	30	**01**	2	3	4	5	6	7	8	9	10	11	12	13	14	15	16	17	18	19	20	21	22	23	24	25	26	—	6	20
	10	27	28	29	30	31	**N1**	2	3	4	5	6	7	8	9	10	11	12	13	14	15	16	17	18	19	20	21	22	23	24	25	0	49
	11	26	27	28	29	30	**D1**	2	3	4	5	6	7	8	9	10	11	12	13	14	15	16	17	18	19	20	21	22	23	24	—	2	19
	12	25	26	27	28	29	30	31	**11**	2	3	4	5	6	7	8	9	10	11	12	13	14	15	16	17	18	19	20	21	22	23	3	48
紹定 5 壬辰 1232–33	**38** 1	24	25	26	27	28	29	30	31	**21**	2	3	4	5	6	7	8	9	10	11	12	13	14	15	16	17	18	19	20	21	22	5	18
	2	23	24	25	26	27	28	29	**31**	2	3	4	5	6	7	8	9	10	11	12	13	14	15	16	17	18	19	20	21	22	23	0	48
	3	24	25	26	27	28	29	30	31	**41**	2	3	4	5	6	7	8	9	10	11	12	13	14	15	16	17	18	19	20	21	—	2	18
	4	22	23	24	25	26	27	28	29	30	**51**	2	3	4	5	6	7	8	9	10	11	12	13	14	15	16	17	18	19	20	21	3	47
	5	22	23	24	25	26	27	28	29	30	31	**61**	2	3	4	5	6	7	8	9	10	11	12	13	14	15	16	17	18	19	—	5	17
	6	20	21	22	23	24	25	26	27	28	29	30	**71**	2	3	4	5	6	7	8	9	10	11	12	13	14	15	16	17	18	19	6	46
	7	20	21	22	23	24	25	26	27	28	29	30	31	**81**	2	3	4	5	6	7	8	9	10	11	12	13	14	15	16	17	—	1	16
	8	18	19	20	21	22	23	24	25	26	27	28	29	30	31	**91**	2	3	4	5	6	7	8	9	10	11	12	13	14	5	—	2	45
	9	16	17	18	19	20	21	22	23	24	25	26	27	28	29	30	**01**	2	3	4	5	6	7	8	9	10	11	12	13	14	15	3	14
	9	16	17	18	19	20	21	22	23	24	25	26	27	28	29	30	31	**N1**	2	3	4	5	6	7	8	9	10	11	12	13	—	5	44
	10	14	15	16	17	18	19	20	21	22	23	24	25	26	27	28	29	30	**D1**	2	3	4	5	6	7	8	9	10	11	12	13	6	13
	11	14	15	16	17	18	19	20	21	22	23	24	25	26	27	28	29	30	31	**11**	2	3	4	5	6	7	8	9	10	11	—	1	43
	12	12	13	14	15	16	17	18	19	20	21	22	23	24	25	26	27	28	29	30	31	**21**	2	3	4	5	6	7	8	9	10	2	12
紹定 6 癸巳 1233–34	**50** 1	11	12	13	14	5	16	17	18	19	20	21	22	23	24	25	26	27	28	**31**	2	3	4	5	6	7	8	9	10	11	12	4	42
	2	13	14	15	16	17	18	19	20	21	22	23	24	25	26	27	28	29	30	31	**41**	2	3	4	5	6	7	8	9	10	—	6	12
	3	11	12	13	14	15	16	17	18	19	20	21	22	23	24	25	26	27	28	29	30	**51**	2	3	4	5	6	7	8	9	10	0	41
	4	11	12	13	14	15	16	17	18	19	20	21	22	23	24	25	26	27	28	29	30	31	**61**	2	3	4	5	6	7	8	9	2	11
	5	10	11	12	13	14	15	16	17	18	19	20	21	22	23	24	25	26	27	28	29	30	**71**	2	3	4	5	6	7	8	—	4	41
	6	9	10	11	12	13	14	15	16	17	18	19	20	21	22	23	24	25	26	27	28	29	30	31	**81**	2	3	4	5	6	—	5	10
	7	7	8	9	10	11	12	13	14	15	16	17	18	19	20	21	22	23	24	25	26	27	28	29	30	31	**91**	2	3	4	5	6	39
	8	6	7	8	9	10	11	12	13	14	15	16	17	18	19	20	21	22	23	24	25	26	27	28	29	30	**01**	2	3	4	—	1	9
	9	5	6	7	8	9	10	11	12	13	14	15	16	17	18	19	20	21	22	23	24	25	26	27	28	29	30	31	**N1**	2	3	2	38
	10	4	5	6	7	8	9	10	11	12	13	14	15	16	17	18	19	20	21	22	23	24	25	26	27	28	29	30	**D1**	2	—	4	8
	11	3	4	5	6	7	8	9	10	11	12	13	14	15	16	17	18	19	20	21	22	23	24	25	26	27	28	29	30	31	**11**	5	37
	12	2	3	4	5	6	7	8	9	10	11	12	13	14	15	16	17	18	19	20	21	22	23	24	25	26	27	28	29	30	—	0	7
端平 1 甲午 1234–35	**2** 1	31	**21**	2	3	4	5	6	7	8	9	10	11	12	13	14	15	16	17	18	19	20	21	22	23	24	25	26	27	28	**31**	1	36
	2	2	3	4	5	6	7	8	9	10	11	12	13	14	15	16	17	18	19	20	21	22	23	24	25	26	27	28	29	30	—	3	6
	3	31	**41**	2	3	4	5	6	7	8	9	10	11	12	13	14	15	16	17	18	19	20	21	22	23	24	25	26	27	28	29	4	35
	4	30	**51**	2	3	4	5	6	7	8	9	10	11	12	13	14	15	16	17	18	19	20	21	22	23	24	25	26	27	28	29	6	5
	5	30	31	**61**	2	3	4	5	6	7	8	9	10	11	12	13	14	15	16	17	18	19	20	21	22	23	24	25	26	27	—	1	35
	6	28	29	30	**71**	2	3	4	5	6	7	8	9	10	11	12	13	14	15	16	17	18	19	20	21	22	23	24	25	26	27	2	4
	7	28	29	30	31	**81**	2	3	4	5	6	7	8	9	10	11	12	13	14	15	16	17	18	19	20	21	22	23	24	25	—	4	34
	8	26	27	28	29	30	31	**91**	2	3	4	5	6	7	8	9	10	11	12	13	14	15	16	17	18	19	20	21	22	23	24	5	3
	9	25	26	27	28	29	30	**01**	2	3	4	5	6	7	8	9	10	11	12	13	14	15	16	17	18	19	20	21	22	23	—	0	33
	10	24	25	26	27	28	29	30	31	**N1**	2	3	4	5	6	7	8	9	10	11	12	13	14	15	16	17	18	19	20	21	22	1	2
	11	23	24	25	26	27	28	29	30	**D1**	2	3	4	5	6	7	8	9	10	11	12	13	14	15	16	17	18	19	20	21	—	3	32
	12	22	23	24	25	26	27	28	29	30	31	**11**	2	3	4	5	6	7	8	9	10	11	12	13	14	15	16	17	18	19	20	4	1
端平 2 乙未 1235–36	**14** 1	21	22	23	24	25	26	27	28	29	30	31	**21**	2	3	4	5	6	7	8	9	10	11	12	13	14	15	16	17	18	—	6	31
	2	19	20	21	22	23	24	25	26	27	28	**31**	2	3	4	5	6	7	8	9	10	11	12	13	14	15	16	17	18	19	20	0	0
	3	21	22	23	24	25	26	27	28	29	30	31	**41**	2	3	4	5	6	7	8	9	10	11	12	13	14	15	16	17	18	—	2	30
	4	19	20	21	22	23	24	25	26	27	28	29	30	**51**	2	3	4	5	6	7	8	9	10	11	12	13	14	15	16	17	18	3	59
	5	19	20	21	22	23	24	25	26	27	28	29	30	31	**61**	2	3	4	5	6	7	8	9	10	11	12	13	14	15	16	—	5	29
	6	17	18	19	20	21	22	23	24	25	26	27	28	29	30	**71**	2	3	4	5	6	7	8	9	10	11	12	13	14	15	16	6	58
	7	17	18	19	20	21	22	23	24	25	26	27	28	29	30	31	**81**	2	3	4	5	6	7	8	9	10	11	12	13	14	15	1	28
	7	16	17	18	19	20	21	22	23	24	25	26	27	28	29	30	31	**91**	2	3	4	5	6	7	8	9	10	11	12	13	—	3	58
	8	14	15	16	17	18	19	20	21	22	23	24	25	26	27	28	29	30	**01**	2	3	4	5	6	7	8	9	10	11	12	13	4	27
	9	14	15	16	17	18	19	20	21	22	23	24	25	26	27	28	29	30	31	**N1**	2	3	4	5	6	7	8	9	10	11	—	6	57
	10	12	13	14	15	16	17	18	19	20	21	22	23	24	25	26	27	28	29	30	**D1**	2	3	4	5	6	7	8	9	10	11	0	26
	11	12	13	14	15	16	17	18	19	20	21	22	23	24	25	26	27	28	29	30	31	**11**	2	3	4	5	6	7	8	9	—	2	56
	12	10	11	12	13	14	15	16	17	18	19	20	21	22	23	24	25	26	27	28	29	30	31	**21**	2	3	4	5	6	7	8	3	25

年序 Year	陰曆月序 Moon	陰曆日序 Order of days (Lunar)						星期 Week	干支 Cycle
		1 2 3 4 5	6 7 8 9 10	11 12 13 14 15	16 17 18 19 20	21 22 23 24 25	26 27 28 29 30		
端平 3 丙申 1236–37	26 1	9 10 11 12 13	14 15 16 17 18	19 20 21 22 23	24 25 26 27 28	29 31 2 3 4	5 6 7 8 —	5	55
	2	9 10 11 12 13	14 15 16 17 18	19 20 21 22 23	24 25 26 27 28	29 30 31 41 2	3 4 5 6 7	6	24
	3	8 9 10 11 12	13 14 15 16 17	18 19 20 21 22	23 24 25 26 27	28 29 30 51 2	3 4 5 6 —	1	54
	4	7 8 9 10 11	12 13 14 15 16	17 18 19 20 21	22 23 24 25 26	27 28 29 30 31	61 2 3 4 —	2	23
	5	5 6 7 8 9	10 11 12 13 14	15 16 17 18 19	20 21 22 23 24	25 26 27 28 29	30 71 2 3 4	3	52
	6	5 6 7 8 9	10 11 12 13 14	15 16 17 18 19	20 21 22 23 24	25 26 27 28 29	30 31 81 2 3	5	22
	7	4 5 6 7 8	9 10 11 12 13	14 15 16 17 18	19 20 21 22 23	24 25 26 27 28	29 30 31 91 —	0	52
	8	2 3 4 5 6	7 8 9 10 11	12 13 14 15 16	17 18 19 20 21	22 23 24 25 26	27 28 29 30 01	1	21
	9	2 3 4 5 6	7 8 9 10 11	12 13 14 15 16	17 18 19 20 21	22 23 24 25 26	27 28 29 30 31	3	51
	10	N1 2 3 4 5	6 7 8 9 10	11 12 13 14 15	16 17 18 19 20	21 22 23 24 25	26 27 28 29 —	5	21
	11	30 D1 2 3 4	5 6 7 8 9	10 11 12 13 14	15 16 17 18 19	20 21 22 23 24	25 26 27 28 29	6	50
	12	30 31 11 2 3	4 5 6 7 8	9 10 11 12 13	14 15 16 17 18	19 20 21 22 23	24 25 26 27 —	1	20
嘉熙 1 丁酉 1237–38	38 1	28 29 30 31 21	2 3 4 5 6	7 8 9 10 11	12 13 14 15 16	17 18 19 20 21	22 23 24 25 26	2	49
	2	27 28 31 2 3	4 5 6 7 8	9 10 11 12 13	14 15 16 17 18	19 20 21 22 23	24 25 26 27 —	4	19
	3	28 29 30 31 41	2 3 4 5 6	7 8 9 10 11	12 13 14 15 16	17 18 19 20 21	22 23 24 25 26	5	48
	4	27 28 29 30 51	2 3 4 5 6	7 8 9 10 11	12 13 14 15 16	17 18 19 20 21	22 23 24 25 —	0	18
	5	26 27 28 29 30	31 61 2 3 4	5 6 7 8 9	10 11 12 13 14	15 16 17 18 19	20 21 22 23 —	1	47
	6	24 25 26 27 28	29 30 71 2 3	4 5 6 7 8	9 10 11 12 13	14 15 16 17 18	19 20 21 22 23	2	16
	7	24 25 26 27 28	29 30 31 81 2	3 4 5 6 7	8 9 10 11 12	13 14 15 16 17	18 19 20 21 —	4	46
	8	22 23 24 25 26	-7 28 29 30 31	91 2 3 4 5	6 7 8 9 10	11 12 13 14 15	16 17 18 19 20	5	15
	9	21 22 23 24 25	26 27 28 29 30	01 2 3 4 5	6 7 8 9 10	11 12 13 14 15	16 17 18 19 20	0	45
	10	21 22 23 24 25	26 27 28 29 30	31 N1 2 3 4	5 6 7 8 9	10 11 12 13 14	15 16 17 18 —	2	15
	11	19 20 21 22 23	24 25 26 27 28	29 30 D1 2 3	4 5 6 7 8	9 10 11 12 13	14 15 16 17 18	3	44
	12	19 20 21 22 23	24 25 26 27 28	29 30 31 11 2	3 4 5 6 7	8 9 10 11 12	13 14 15 16 17	5	14
嘉熙 2 戊戌 1238–39	50 1	18 19 20 21 22	23 24 25 26 27	28 29 30 31 21	2 3 4 5 6	7 8 9 10 11	12 13 14 15 —	0	44
	2	16 17 18 19 20	21 22 23 24 25	26 27 28 31 2	3 4 5 6 7	8 9 10 11 12	13 14 15 16 17	1	13
	3	18 19 20 21 22	23 24 25 26 27	28 29 30 31 41	2 3 4 5 6	7 8 9 10 11	12 13 14 15 —	3	43
	4	16 17 18 19 20	21 22 23 24 25	26 27 2- 29 30	51 2 3 4 5	6 7 8 9 10	11 12 13 14 15	4	12
	4	16 17 18 19 20	21 22 23 24 25	26 27 28 29 30	31 61 2 3 4	5 6 7 8 9	10 11 12 13 —	6	42
	5	14 15 16 17 18	19 20 21 22 23	24 25 26 27 28	29 30 71 2 3	4 5 6 7 8	9 10 11 12 —	0	11
	6	13 14 15 16 17	18 19 20 21 22	23 24 25 26 27	28 29 30 31 81	2 3 4 5 6	7 8 9 10 11	1	40
	7	12 13 14 15 16	17 18 19 20 21	22 23 24 25 26	27 28 29 30 31	91 2 3 4 5	6 7 8 9 —	3	10
	8	10 11 12 13 14	15 16 17 18 19	20 21 22 23 24	25 26 27 28 29	30 01 2 3 4	5 6 7 8 9	4	39
	9	10 11 12 13 14	15 16 17 18 19	20 21 22 23 24	25 26 27 28 29	30 31 N1 2 3	4 5 6 7 —	6	9
	10	8 9 10 11 12	13 14 15 16 17	18 19 20 21 22	23 24 25 26 27	28 29 30 D1 2	3 4 5 6 7	0	38
	11	8 9 10 11 12	13 14 15 16 17	18 19 20 21 22	23 24 25 26 27	28 29 30 31 11	2 3 4 5 6	2	8
	12	7 8 9 10 11	12 13 14 15 16	17 18 19 20 21	22 23 24 25 26	27 28 29 30 31	21 2 3 4 5	4	38
嘉熙 3 己亥 1239–40	2 1	6 7 8 9 10	11 12 13 14 15	16 17 18 19 20	21 22 23 24 25	26 27 28 31 2	3 4 5 6 —	6	8
	2	7 8 9 10 11	12 13 14 15 16	17 18 19 20 21	22 23 24 25 26	27 28 29 30 31	41 2 3 4 5	0	37
	3	6 7 8 9 10	11 12 13 14 15	16 17 18 19 20	21 22 23 24 25	26 27 28 29 30	51 2 3 4 —	2	7
	4	5 6 7 8 9	10 11 12 13 14	15 16 17 18 19	20 21 22 23 24	25 26 27 28 29	30 31 61 2 3	3	36
	5	4 5 6 7 8	9 10 11 12 13	14 15 16 17 18	19 20 21 22 23	24 25 26 27 28	29 30 71 2 —	5	6
	6	3 4 5 6 7	8 9 10 11 12	13 14 15 16 17	18 19 20 21 22	23 24 25 26 27	28 29 30 31 —	6	35
	7	81 2 3 4 5	6 7 8 9 10	11 12 13 14 15	16 17 18 19 20	21 22 23 24 25	26 27 28 29 30	0	4
	8	31 91 2 3 4	5 6 7 8 9	10 11 12 13 14	15 16 17 18 19	20 21 22 23 24	25 26 27 28 —	2	34
	9	29 30 01 2 3	4 5 6 7 8	9 10 11 12 13	14 15 16 17 18	19 20 21 22 23	24 25 26 27 28	3	3
	10	29 30 31 N1 2	3 4 5 6 7	8 9 10 11 12	13 14 15 16 17	18 19 20 21 22	23 24 25 26 —	5	33
	11	27 28 29 30 D1	2 3 4 5 6	7 8 9 10 11	12 13 14 15 16	17 18 19 20 21	22 23 24 25 26	6	2
	12	27 28 29 30 31	11 2 3 4 5	6 7 8 9 10	11 12 13 14 15	16 17 18 19 20	21 22 23 24 25	1	32
嘉熙 4 庚子 1240–41	14 1	26 27 28 29 30	31 21 2 3 4	5 6 7 8 9	10 11 12 13 14	15 16 17 18 19	20 21 22 23 24	3	2
	2	25 26 27 28 29	31 2 3 4 5	6 7 8 9 10	11 12 13 14 15	16 17 18 19 20	21 22 23 24 —	5	32
	3	25 26 27 28 29	30 31 41 2 3	4 5 6 7 8	9 10 11 12 13	14 15 16 17 18	19 20 21 22 23	6	1
	4	24 25 26 27 28	29 30 51 2 3	4 5 6 7 8	9 10 11 12 13	14 15 16 17 18	19 20 21 22 —	1	31
	5	23 24 25 26 27	28 29 30 31 61	2 3 4 5 6	7 8 9 10 11	12 13 14 15 16	17 18 19 20 21	2	0
	6	22 23 24 25 26	27 28 29 30 71	2 3 4 5 6	7 8 9 10 11	12 13 14 15 16	17 18 19 20 —	4	30
	7	21 22 23 24 25	26 27 28 29 30	31 81 2 3 4	5 6 7 8 9	10 11 12 13 14	15 16 17 18 —	5	59
	8	19 20 21 22 23	24 25 26 27 28	29 30 31 91 2	3 4 5 6 7	8 9 10 11 12	13 14 15 16 17	6	28
	9	18 19 20 21 22	23 24 25 26 27	28 29 30 01 2	3 4 5 6 7	8 9 10 11 12	13 14 15 16 —	1	58
	10	17 18 19 20 21	22 23 24 25 26	27 28 29 30 31	N1 2 3 4 5	6 7 8 9 10	11 12 13 14 —	2	27
	11	15 16 17 18 19	20 21 22 23 24	25 26 27 28 29	30 D1 2 3 4	5 6 7 8 9	10 11 12 13 14	3	56
	12	15 16 17 18 19	20 21 22 23 24	25 26 27 28 29	30 31 11 2 3	4 5 6 7 8	9 10 11 12 13	5	26
	12	14 15 16 17 18	19 20 21 22 23	24 25 26 27 28	29 30 31 21 2	3 4 5 6 7	8 9 10 11 12	0	56

年序 Year	陰曆月序 Moon	陰曆日序 Order of days (Lunar) 1 2 3 4 5	6 7 8 9 10	11 12 13 14 15	16 17 18 19 20	21 22 23 24 25	26 27 28 29 30	星期 Week	干支 Cycle
淳祐 1 辛丑 1241–42	26 1	13 14 15 16 17	18 19 20 21 22	23 24 25 26 27	28 31 2 3 4	5 6 7 8 9	10 11 12 13 —	2	26
	2	14 15 16 17 18	19 20 21 22 23	24 25 26 27 28	29 30 31 41 2	3 4 5 6 7	8 9 10 11 12	3	55
	3	13 14 15 16 17	18 19 20 21 22	23 24 25 26 27	28 29 30 51 2	3 4 5 6 7	8 9 10 11 12	5	25
	4	13 14 15 16 17	18 19 20 21 22	23 24 25 26 27	28 29 30 31 61	2 3 4 5 6	7 8 9 10 —	0	55
	5	11 12 13 14 15	16 17 18 19 20	21 22 23 24 25	26 27 28 29 30	71 2 3 4 5	6 7 8 9 10	1	24
	6	11 12 13 14 15	16 17 18 19 20	21 22 23 24 25	26 27 28 29 30	31 81 2 3 4	5 6 7 8 —	3	54
	7	9 10 11 12 13	14 15 16 17 18	19 20 21 22 23	24 25 26 27 28	29 30 31 91 2	3 4 5 6 —	4	23
	8	7 8 9 10 11	12 13 14 15 16	17 18 19 20 21	22 23 24 25 26	27 28 29 30 O1	2 3 4 5 6	5	52
	9	7 8 9 10 11	12 13 14 15 16	17 18 19 20 21	22 23 24 25 26	27 28 29 30 31	N1 2 3 4 —	0	22
	10	5 6 7 8 9	10 11 12 13 14	15 16 17 18 19	20 21 22 23 24	25 26 27 28 29	30 D1 2 3 —	1	51
	11	4 5 6 7 8	9 10 11 12 13	14 15 16 17 18	19 20 21 22 23	24 25 26 27 28	29 30 31 11 2	2	20
	12	3 4 5 6 7	8 9 10 11 12	13 14 15 16 17	18 19 20 21 22	23 24 25 26 27	28 29 30 31 21	4	50
淳祐 2 壬寅 1242–43	38 1	2 3 4 5 6	7 8 9 10 11	12 13 14 15 16	17 18 19 20 21	22 23 24 25 26	27 28 31 2 —	6	20
	2	3 4 5 6 7	8 9 10 11 12	13 14 15 16 17	18 19 20 21 22	23 24 25 26 27	28 29 30 31 41	0	49
	3	2 3 4 5 6	7 8 9 10 11	12 13 14 15 16	17 18 19 20 21	22 23 24 25 26	27 28 29 30 51	2	19
	4	2 3 4 5 6	7 8 9 10 11	12 13 14 15 16	17 18 19 20 21	22 23 24 25 26	27 28 29 30 —	4	49
	5	31 61 2 3 4	5 6 7 8 9	10 11 12 13 14	15 16 17 18 19	20 21 22 23 24	25 26 27 28 29	5	18
	6	30 71 2 3 4	5 6 7 8 9	10 11 12 13 14	15 16 17 18 19	20 21 22 23 24	25 26 27 28 —	0	48
	7	29 30 31 81 2	3 4 5 6 7	8 9 10 11 12	13 14 15 16 17	18 19 20 21 22	23 24 25 26 27	1	17
	8	28 29 30 31 91	2 3 4 5 6	7 8 9 10 11	12 13 14 15 16	17 18 19 20 21	22 23 24 25 —	3	47
	9	26 27 28 29 30	O1 2 3 4 5	6 7 8 9 10	11 12 13 14 15	16 17 18 19 20	21 22 23 24 25	4	16
	10	26 27 28 29 30	31 N1 2 3 4	5 6 7 8 9	10 11 12 13 14	15 16 17 18 19	20 21 22 23 —	6	46
	11	24 25 26 27 28	29 30 D1 2 3	4 5 6 7 8	9 10 11 12 13	14 15 16 17 18	19 20 21 22 23	0	15
	12	24 25 26 27 28	29 30 31 11 2	3 4 5 6 7	8 9 10 11 12	13 14 15 16 17	18 19 20 21 —	2	45
淳祐 3 癸卯 1243–44	50 1	22 23 24 25 26	27 28 20 30 31	21 2 3 4 5	6 7 8 9 10	11 12 13 14 15	16 17 18 19 20	3	14
	2	21 22 23 24 25	26 27 28 31 2	3 4 5 6 7	8 9 10 11 12	13 14 15 16 17	18 19 20 21 —	5	44
	3	22 23 24 25 26	27 28 29 30 31	41 2 3 4 5	6 7 8 9 10	11 12 13 14 15	16 17 18 19 20	6	13
	4	21 22 23 24 25	26 27 28 29 30	51 2 3 4 5	6 7 8 9 10	11 12 13 14 15	16 17 18 19 —	1	43
	5	20 21 22 23 24	25 26 27 28 29	30 31 61 2 3	4 5 6 7 8	9 10 11 12 13	14 15 16 17 18	2	12
	6	19 20 21 22 23	24 25 26 27 28	29 30 71 2 3	4 5 6 7 8	9 10 11 12 13	14 15 16 17 18	4	42
	7	19 20 21 22 23	24 25 26 27 28	29 30 31 81 2	3 4 5 6 7	8 9 10 11 12	13 14 15 16 —	6	12
	8	17 18 19 20 21	22 23 24 25 26	27 28 29 30 31	91 2 3 4 5	6 7 8 9 10	11 12 13 14 15	0	41
	8	16 17 18 19 20	21 22 23 24 25	26 27 28 29 30	O1 2 3 4 5	6 7 8 9 10	11 12 13 14 —	2	11
	9	15 16 17 18 19	20 21 22 23 24	25 26 27 28 29	30 31 N1 2 3	4 5 6 7 8	9 10 11 12 13	3	40
	10	14 15 16 17 18	19 20 21 22 23	24 25 26 27 28	29 30 D1 2 3	4 5 6 7 8	9 10 11 12 —	5	10
	11	13 14 15 16 17	18 19 20 21 22	23 24 25 26 27	28 29 30 31 11	2 3 4 5 6	7 8 9 10 11	6	39
	12	12 13 14 15 16	17 18 19 20 21	22 23 24 25 26	27 28 29 30 31	21 2 3 4 5	6 7 8 9 —	1	9
淳祐 4 甲辰 1244–45	2 1	10 11 12 13 14	15 16 17 18 19	20 21 22 23 24	25 26 27 28 29	31 2 3 4 5	6 7 8 9 10	2	38
	2	11 12 13 14 15	16 17 18 19 20	21 22 23 24 25	26 27 28 29 30	31 41 2 3 4	5 6 7 8 —	4	8
	3	9 10 11 12 13	14 15 16 17 18	19 20 21 22 23	24 25 26 27 28	29 30 51 2 3	4 5 6 7 8	5	37
	4	9 10 11 12 13	14 15 16 17 18	19 20 21 22 23	24 25 26 27 28	29 30 31 61 2	3 4 5 6 —	0	7
	5	7 8 9 10 11	12 13 14 15 16	17 18 19 20 21	22 23 24 25 26	27 28 29 30 71	2 3 4 5 6	1	36
	6	7 8 9 10 11	12 13 14 15 16	17 18 19 20 21	22 23 24 25 26	27 28 29 30 31	81 2 3 4 —	3	6
	7	5 6 7 8 9	10 11 12 13 14	15 16 17 18 19	20 21 22 23 24	25 26 27 28 29	30 31 91 2 3	4	35
	8	4 5 6 7 8	9 10 11 12 13	14 15 16 17 18	19 20 21 22 23	24 25 26 27 28	29 30 O1 2 3	6	5
	9	4 5 6 7 8	9 10 11 12 13	14 15 16 17 18	19 20 21 22 23	24 25 26 27 28	29 30 31 N1 —	1	35
	10	2 3 4 5 6	7 8 9 10 11	12 13 14 15 16	17 18 19 20 21	22 23 24 25 26	27 28 29 30 D1	2	4
	11	2 3 4 5 6	7 8 9 10 11	12 13 14 15 16	17 18 19 20 21	22 23 24 25 26	27 28 29 30 —	4	34
	12	31 11 2 3 4	5 6 7 8 9	10 11 12 13 14	15 16 17 18 19	20 21 22 23 24	25 26 27 28 29	5	3
淳祐 5 乙巳 1245–46	14 1	30 31 21 2 3	4 5 6 7 8	9 10 11 12 13	14 15 16 17 18	19 20 21 22 23	24 25 26 27 —	0	33
	2	28 31 2 3 4	5 6 7 8 9	10 11 12 13 14	15 16 17 18 19	20 21 22 23 24	25 26 27 28 29	1	2
	3	30 31 41 2 3	4 5 6 7 8	9 10 11 12 13	14 15 16 17 18	19 20 21 22 23	24 25 26 27 —	3	32
	4	28 29 30 51 2	3 4 5 6 7	8 9 10 11 12	13 14 15 16 17	18 19 20 21 22	23 24 25 26 —	4	1
	5	27 28 29 30 31	61 2 3 4 5	6 7 8 9 10	11 12 13 14 15	16 17 18 19 20	21 22 23 24 25	5	30
	6	26 27 28 29 30	71 2 3 4 5	6 7 8 9 10	11 12 13 14 15	16 17 18 19 20	21 22 23 24 —	0	0
	7	25 26 27 28 29	30 31 81 2 3	4 5 6 7 8	9 10 11 12 13	14 15 16 17 18	19 20 21 22 23	1	29
	8	24 25 26 27 28	29 30 31 91 2	3 4 5 6 7	8 9 10 11 12	13 14 15 16 17	18 19 20 21 22	3	59
	9	23 24 25 26 27	28 29 30 O1 2	3 4 5 6 7	8 9 10 11 12	13 14 15 16 17	18 19 20 21 —	5	29
	10	22 23 24 25 26	27 28 29 30 31	N1 2 3 4 5	6 7 8 9 10	11 12 13 14 15	16 17 18 19 20	6	58
	11	21 22 23 24 25	26 27 28 29 30	D1 2 3 4 5	6 7 8 9 10	11 12 13 14 15	16 17 18 19 20	1	28
	12	21 22 23 24 25	26 27 28 29 30	31 11 2 3 4	5 6 7 8 9	10 11 12 13 14	15 16 17 18 —	3	58

年序 Year		陰曆月序 Moon	陰曆日序 Order of days (Lunar)																														星期 Week	干支 Cycle
			1	2	3	4	5	6	7	8	9	10	11	12	13	14	15	16	17	18	19	20	21	22	23	24	25	26	27	28	29	30		
淳祐6丙午 1246–47	**26**	1	19	20	21	22	23	24	25	26	27	28	29	30	31	**21**	2	3	4	5	6	7	8	9	10	11	12	13	14	15	16	17	4	27
		2	18	19	20	21	22	23	24	25	26	27	28	**31**	2	3	4	5	6	7	8	9	10	11	12	13	14	15	16	17	18	—	6	57
		3	19	20	21	22	23	24	25	26	27	28	29	30	31	**41**	2	3	4	5	6	7	8	9	10	11	12	13	14	15	16	17	0	26
		4	18	19	20	21	22	23	24	25	26	27	28	29	30	**51**	2	3	4	5	6	7	8	9	10	11	12	13	14	15	16	—	2	56
		4	17	18	19	20	21	22	23	24	25	26	27	28	29	30	31	**61**	2	3	4	5	6	7	8	9	10	11	12	13	14	—	3	25
		5	15	16	17	18	19	20	21	22	23	24	25	26	27	28	29	30	**71**	2	3	4	5	6	7	8	9	10	11	12	13	14	4	54
		6	15	16	17	18	19	20	21	22	23	24	25	26	27	28	29	30	31	**81**	2	3	4	5	6	7	8	9	10	11	12	—	6	24
		7	13	14	15	16	17	18	19	20	21	22	23	24	25	26	27	28	29	30	31	**91**	2	3	4	5	6	7	8	9	10	11	0	53
		8	12	13	14	15	16	17	18	19	20	21	22	23	24	25	26	27	28	29	30	**01**	2	3	4	5	6	7	8	9	10	—	2	23
		9	11	12	13	14	15	16	17	18	19	20	21	22	23	24	25	26	27	28	29	30	31	**N1**	2	3	4	5	6	7	8	9	3	52
		10	10	11	12	13	14	15	16	17	18	19	20	21	22	23	24	25	26	27	28	29	30	**D1**	2	3	4	5	6	7	8	9	5	22
		11	10	11	12	13	14	15	16	17	18	19	20	21	22	23	24	25	26	27	28	29	30	31	**11**	2	3	4	5	6	7	8	0	52
		12	9	10	11	12	13	14	15	16	17	18	19	20	21	22	23	24	25	26	27	28	29	30	31	**21**	2	3	4	5	6	—	2	22
淳祐7丁未 1247–48	**38**	1	7	8	9	10	11	12	13	14	15	16	17	18	19	20	21	22	23	24	25	26	27	28	**31**	2	3	4	5	6	7	8	3	51
		2	9	10	11	12	13	14	15	16	17	18	19	20	21	22	23	24	25	26	27	28	29	30	31	**41**	2	3	4	5	6	—	5	21
		3	7	8	9	10	11	12	13	14	15	16	17	18	19	20	21	22	23	24	25	26	27	28	29	30	**51**	2	3	4	5	6	6	50
		4	7	8	9	10	11	12	13	14	15	16	17	18	19	20	21	22	23	24	25	26	27	28	29	30	31	**61**	2	3	4	—	1	20
		5	5	6	7	8	9	10	11	12	13	14	15	16	17	18	19	20	21	22	23	24	25	26	27	28	29	30	**71**	2	3	—	2	49
		6	4	5	6	7	8	9	10	11	12	13	14	15	16	17	18	19	20	21	22	23	24	25	26	27	28	29	30	31	**81**	2	3	18
		7	3	4	5	6	7	8	9	10	11	12	13	14	15	16	17	18	19	20	21	22	23	24	25	26	27	28	29	30	31	—	5	48
		8	**91**	2	3	4	5	6	7	8	9	10	11	12	13	14	15	16	17	18	19	20	21	22	23	24	25	26	27	28	29	30	6	17
		9	**01**	2	3	4	5	6	7	8	9	10	11	12	13	14	15	16	17	18	19	20	21	22	23	24	25	26	27	28	29	—	1	47
		10	30	31	**N1**	2	3	4	5	6	7	8	9	10	11	12	13	14	15	16	17	18	19	20	21	22	23	24	25	26	27	28	2	16
		11	29	30	**D1**	2	3	4	5	6	7	8	9	10	11	12	13	14	15	16	17	18	19	20	21	22	23	24	25	26	27	28	4	46
		12	29	30	31	**11**	2	3	4	5	6	7	8	9	10	11	12	13	14	15	16	17	18	19	20	21	22	23	24	25	26	27	6	16
淳祐8戊申 1248–49	**50**	1	28	29	30	31	**21**	2	3	4	5	6	7	8	9	10	11	12	13	14	15	16	17	18	19	20	21	22	23	24	25	—	1	46
		2	26	27	28	29	**31**	2	3	4	5	6	7	8	9	10	11	12	13	14	15	16	17	18	19	20	21	22	23	24	25	26	2	15
		3	27	28	29	30	31	**41**	2	3	4	5	6	7	8	9	10	11	12	13	14	15	16	17	18	19	20	21	22	23	24	—	4	45
		4	25	26	27	28	29	30	**51**	2	3	4	5	6	7	8	9	10	11	12	13	14	15	16	17	18	19	20	21	22	23	24	5	14
		5	25	26	27	28	29	30	31	**61**	2	3	4	5	6	7	8	9	10	11	12	13	14	15	16	17	18	19	20	21	22	—	0	44
		6	23	24	25	26	27	28	29	30	**71**	2	3	4	5	6	7	8	9	10	11	12	13	14	15	16	17	18	19	20	21	—	1	13
		7	22	23	24	25	26	27	28	29	30	31	**81**	2	3	4	5	6	7	8	9	10	11	12	13	14	15	16	17	18	19	20	2	42
		8	21	22	23	24	25	26	27	28	29	30	31	**91**	2	3	4	5	6	7	8	9	10	11	12	13	14	15	16	17	18	—	4	12
		9	19	20	21	22	23	24	25	26	27	28	29	30	**01**	2	3	4	5	6	7	8	9	10	11	12	13	14	15	16	17	—	5	41
		10	18	19	20	21	22	23	24	25	26	27	28	29	30	31	**N1**	2	3	4	5	6	7	8	9	10	11	12	13	14	15	16	6	10
		11	17	18	19	20	21	22	23	24	25	26	27	28	29	30	**D1**	2	3	4	5	6	7	8	9	10	11	12	13	14	15	16	1	40
		12	17	18	19	20	21	22	23	24	25	26	27	28	.9	30	31	**11**	2	3	4	5	6	7	8	9	10	11	12	13	14	15	3	10
淳祐9己酉 1249–50	**2**	1	16	17	18	19	20	21	22	23	24	25	26	27	28	29	30	31	**21**	2	3	4	5	6	7	8	9	10	11	12	13	—	5	40
		2	14	15	16	17	18	19	20	21	22	23	24	25	26	27	28	**31**	2	3	4	5	6	7	8	9	10	11	12	13	14	15	6	9
		2	16	17	18	19	20	21	22	23	24	25	26	27	28	29	30	31	**41**	2	3	4	5	6	7	8	9	10	11	12	13	14	1	39
		3	15	16	17	18	19	20	21	22	23	24	25	26	27	28	29	30	**51**	2	3	4	5	6	7	8	9	10	11	12	13	—	3	9
		4	14	15	16	17	18	19	20	21	22	23	24	25	26	27	28	29	30	31	**61**	2	3	4	5	6	7	8	9	10	11	12	4	38
		5	1	14	15	16	17	18	19	20	21	22	23	24	25	26	27	28	29	30	**71**	2	3	4	5	6	7	8	9	10	11	—	6	8
		6	12	13	14	15	16	17	18	19	20	21	22	23	24	25	26	27	28	29	30	31	**81**	2	3	4	5	6	7	8	9	—	0	37
		7	10	11	12	13	14	15	16	17	18	19	20	21	22	23	24	25	26	27	28	29	30	31	**91**	2	3	4	5	6	7	8	1	6
		8	9	10	11	12	13	14	15	16	17	18	19	20	21	22	23	24	25	26	27	28	29	30	**01**	2	3	4	5	6	7	—	3	36
		9	8	9	10	11	12	13	14	15	16	17	18	19	20	21	22	23	24	25	26	27	28	29	30	31	**N1**	2	3	4	5	—	4	5
		10	6	7	8	9	10	11	12	13	14	15	16	17	18	19	20	21	22	23	24	25	26	27	28	29	30	**D1**	2	3	4	5	5	34
		11	6	7	8	9	10	11	12	13	14	15	16	17	18	19	20	21	22	23	24	25	26	27	28	29	30	31	**11**	2	3	4	0	4
		12	5	6	7	8	9	10	11	12	13	14	15	16	17	18	19	20	21	22	23	24	25	26	27	28	29	30	31	**21**	2	—	2	34
淳祐10庚戌 1250–51	**14**	1	3	4	5	6	7	8	9	10	11	12	13	14	15	16	17	18	19	20	21	22	23	24	25	26	27	28	**31**	2	3	4	3	3
		2	5	6	7	8	9	10	11	12	13	14	15	16	17	18	19	20	21	22	23	24	25	26	27	28	29	30	31	**41**	2	3	5	33
		3	4	5	6	7	8	9	10	11	12	13	14	15	16	17	18	19	20	21	22	23	24	25	26	27	28	29	30	**51**	2	3	0	3
		4	4	5	6	7	8	9	10	11	12	13	14	15	16	17	18	19	20	21	22	23	24	25	26	27	28	29	30	31	**61**	—	2	33
		5	2	3	4	5	6	7	8	9	10	11	12	13	14	15	16	17	18	19	20	21	22	23	24	25	26	27	28	29	30	—	3	2
		6	**71**	2	3	4	5	6	7	8	9	10	11	12	13	14	15	16	17	18	19	20	21	22	23	24	25	26	27	28	29	30	4	31
		7	31	**81**	2	3	4	5	6	7	8	9	10	11	12	13	14	15	16	17	18	19	20	21	22	23	24	25	26	27	28	—	6	1
		8	29	30	31	**91**	2	3	4	5	6	7	8	9	10	11	12	13	14	15	16	17	18	19	20	21	22	23	24	25	26	27	0	30
		9	28	29	30	**01**	2	3	4	5	6	7	8	9	10	11	12	13	14	15	16	17	18	19	20	21	22	23	24	25	26	—	2	0
		10	27	28	29	30	31	**N1**	2	3	4	5	6	7	8	9	10	11	12	13	14	15	16	17	18	19	20	21	22	23	24	—	3	29
		11	25	26	27	28	29	30	**D1**	2	3	4	5	6	7	8	9	10	11	12	13	14	15	16	17	18	19	20	21	22	23	24	4	58
		12	25	26	27	28	29	30	31	**11**	2	3	4	5	6	7	8	9	10	11	12	13	14	15	16	17	18	19	20	21	22	23	6	28

年序 Year	陰曆月序 Moon	陰曆日序 Order of days (Lunar) 1 2 3 4 5	6 7 8 9 10	11 12 13 14 15	16 17 18 19 20	21 22 23 24 25	26 27 28 29 30	星期 Week	干支 Cycle
淳祐11辛亥 1251–52	26 1	24 25 26 27 28	29 30 31 21 2	3 4 5 6 7	8 9 10 11 12	13 14 15 16 17	18 19 20 21 —	1	58
	2	22 23 24 25 26	27 28 31 2 3	4 5 6 7 8	9 10 11 12 13	14 15 16 17 18	19 20 21 22 23	2	27
	3	24 25 26 27 28	29 30 31 41 2	3 4 5 6 7	8 9 10 11 12	13 14 15 16 17	18 19 20 21 22	4	57
	4	23 24 25 26 27	28 29 30 51 2	3 4 5 6 7	8 9 10 11 12	13 14 15 16 17	18 19 20 21 —	6	27
	5	22 23 24 25 26	27 28 29 30 31	61 2 3 4 5	6 7 8 9 10	11 12 13 14 15	16 17 18 19 20	0	56
	6	21 22 23 24 25	26 27 28 29 30	71 2 3 4 5	6 7 8 9 10	11 12 13 14 15	16 17 18 19 20	2	26
	7	21 22 23 24 25	26 27 28 29 30	31 81 2 3 4	5 6 7 8 9	10 11 12 13 14	15 16 17 18 —	4	56
	8	19 20 21 22 23	24 25 26 27 28	29 30 31 91 2	3 4 5 6 7	8 9 10 11 12	13 14 15 16 —	5	25
	9	17 18 19 20 21	22 23 24 25 26	27 28 29 30 01	2 3 4 5 6	7 8 9 10 11	12 13 14 15 16	6	54
	10	17 18 19 20 21	22 23 24 25 26	27 28 29 30 31	N1 2 3 4 5	6 7 8 9 10	11 12 13 14 —	1	24
	10	15 16 17 18 19	20 21 22 23 24	25 26 27 28 29	30 D1 2 3 4	5 6 7 8 9	10 11 12 13 —	2	53
	11	14 15 16 17 18	19 20 21 22 23	24 25 26 27 28	29 30 31 11 2	3 4 5 6 7	8 9 10 11 12	3	22
	12	13 14 15 16 17	18 19 20 21 22	23 24 25 26 27	28 29 30 31 21	2 3 4 5 6	7 8 9 10 11	5	52
淳祐12壬子 1252–53	38 1	12 13 14 15 16	17 18 19 20 21	22 23 24 25 26	27 28 29 31 2	3 4 5 6 7	8 9 10 11 —	0	22
	2	12 13 14 15 16	17 18 19 20 21	22 23 24 25 26	27 28 29 30 31	41 2 3 4 5	6 7 8 9 10	1	51
	3	11 12 13 14 15	16 17 18 19 20	21 22 23 24 25	26 27 28 29 30	51 2 3 4 5	6 7 8 9 —	3	21
	4	10 11 12 13 14	15 16 17 18 19	20 21 22 23 24	25 26 27 28 29	30 31 61 2 3	4 5 6 7 8	4	50
	5	9 10 11 12 13	14 15 16 17 18	19 20 21 22 23	24 25 26 27 28	29 30 71 2 3	4 5 6 7 —	6	20
	6	8 9 10 11 12	13 14 15 16 17	18 19 20 21 22	23 24 25 26 27	28 29 30 31 81	2 3 4 5 6	0	49
	7	7 8 9 10 11	12 13 14 15 16	17 18 19 20 21	22 23 24 25 26	27 28 29 30 31	91 2 3 4 5	2	19
	8	6 7 8 9 10	11 12 13 14 15	16 17 18 19 20	21 22 23 24 25	26 27 28 29 30	01 2 3 4 —	4	49
	9	5 6 7 8 9	10 11 12 13 14	15 16 17 18 19	20 21 22 23 24	25 26 27 28 29	30 31 N1 2 3	5	18
	10	4 5 6 7 8	9 10 11 12 13	14 15 16 17 18	19 20 21 22 23	24 25 26 27 28	29 30 D1 2 —	0	48
	11	3 4 5 6 7	8 9 10 11 12	13 14 15 16 17	18 19 20 21 22	23 24 25 26 27	28 29 30 31 11	1	17
	12	2 3 4 5 6	7 8 9 10 11	12 13 14 15 16	17 18 19 20 21	22 23 24 25 26	27 28 29 30 —	3	47
寶祐1癸丑 1253–54	50 1	31 21 2 3 4	5 6 7 8 9	10 11 12 13 14	15 16 17 18 19	20 21 22 23 24	25 26 27 28 —	4	16
	2	31 2 3 4 5	6 7 8 9 10	11 12 13 14 15	16 17 18 19 20	21 22 23 24 25	26 27 28 29 30	5	45
	3	31 41 2 3 4	5 6 7 8 9	10 11 12 13 14	15 16 17 18 19	20 21 22 23 24	25 26 27 28 —	0	15
	4	29 30 51 2 3	4 5 6 7 8	9 10 11 12 13	14 15 16 17 18	19 20 21 22 23	24 25 26 27 28	1	44
	5	29 30 31 61 2	3 4 5 6 7	8 9 10 11 12	13 14 15 16 17	18 19 20 21 22	23 24 25 26 27	3	14
	6	28 29 30 71 2	3 4 5 6 7	8 9 10 11 12	13 14 15 16 17	18 19 20 21 22	23 24 25 26 —	5	44
	7	27 28 29 30 31	81 2 3 4 5	6 7 8 9 10	11 12 13 14 15	16 17 18 19 20	21 22 23 24 25	6	13
	8	26 27 28 29 30	31 91 2 3 4	5 6 7 8 9	10 11 12 13 14	15 16 17 18 19	20 21 22 23 24	1	43
	9	25 26 27 28 29	30 01 2 3 4	5 6 7 8 9	10 11 12 13 14	15 16 17 18 19	20 21 22 23 —	3	13
	10	24 25 26 27 28	29 30 31 N1 2	3 4 5 6 7	8 9 10 11 12	13 14 15 16 17	18 19 20 21 22	4	42
	11	23 24 25 26 27	28 29 30 D1 2	3 4 5 6 7	8 9 10 11 12	13 14 15 16 17	18 19 20 21 —	6	12
	12	22 23 24 25 26	27 28 29 30 31	11 2 3 4 5	6 7 8 9 10	11 12 13 14 15	16 17 18 19 20	0	41
寶祐2甲寅 1254–55	2 1	21 22 23 24 25	26 27 28 29 30	31 21 2 3 4	5 6 7 8 9	10 11 12 13 14	15 16 17 18 —	2	11
	2	19 20 21 22 23	24 25 26 27 28	31 2 3 4 5	6 7 8 9 10	11 12 13 14 15	16 17 18 19 20	3	40
	3	21 22 23 24 25	26 27 28 29 30	31 41 2 3 4	5 6 7 8 9	10 11 12 13 14	15 16 17 18 —	5	10
	4	19 20 21 22 23	24 25 26 27 28	29 30 51 2 3	4 5 6 7 8	9 10 11 12 13	14 15 16 17 —	6	39
	5	18 19 20 21 22	23 24 25 26 27	28 29 30 31 61	2 3 4 5 6	7 8 9 10 11	12 13 14 15 16	0	8
	6	17 18 19 20 21	22 23 24 25 26	27 28 29 30 71	2 3 4 5 6	7 8 9 10 11	12 13 14 15 —	2	38
	6	16 17 18 19 20	21 22 23 24 25	26 27 28 29 30	31 81 2 3 4	5 6 7 8 9	10 11 12 13 14	3	7
	7	15 16 17 18 19	20 21 22 23 24	25 26 27 28 29	30 31 91 2 3	4 5 6 7 8	9 10 11 12 13	5	37
	8	14 15 16 17 18	19 20 21 22 23	24 25 26 27 28	29 30 01 2 3	4 5 6 7 8	9 10 11 12 —	0	7
	9	13 14 15 16 17	18 19 20 21 22	23 24 25 26 27	28 29 30 31 N1	2 3 4 5 6	7 8 9 10 11	1	36
	10	12 13 14 15 16	17 18 19 20 21	22 23 24 25 26	27 28 29 30 D1	2 3 4 5 6	7 8 9 10 11	3	6
	11	12 13 14 15 16	17 18 19 20 21	22 23 24 25 26	27 28 29 30 31	11 2 3 4 5	6 7 8 9 —	5	36
	12	10 11 12 13 14	15 16 17 18 19	20 21 22 23 24	25 26 27 28 29	30 31 21 2 3	4 5 6 7 8	6	5
寶祐3乙卯 1255–56	14 1	9 10 11 12 13	14 15 16 17 18	19 20 21 22 23	24 25 26 27 28	31 2 3 4 5	6 7 8 9 —	1	35
	2	10 11 12 13 14	15 16 17 18 19	20 21 22 23 24	25 26 27 28 29	30 31 41 2 3	4 5 6 7 8	2	4
	3	9 10 11 12 13	14 15 16 17 18	19 20 21 22 23	24 25 26 27 28	29 30 51 2 3	4 5 6 7 —	4	34
	4	8 9 10 11 12	13 14 15 16 17	18 19 20 21 22	23 24 25 26 27	28 29 30 31 61	2 3 4 5 —	5	3
	5	6 7 8 9 10	11 12 13 14 15	16 17 18 19 20	21 22 23 24 25	26 27 28 29 30	71 2 3 4 5	6	32
	6	6 7 8 9 10	11 12 13 14 15	16 17 18 19 20	21 22 23 24 25	26 27 28 29 30	31 81 2 3 —	1	2
	7	4 5 6 7 8	9 10 11 12 13	14 15 16 17 18	19 20 21 22 23	24 25 26 27 28	29 30 31 91 2	2	31
	8	3 4 5 6 7	8 9 10 11 12	13 14 15 16 17	18 19 20 21 22	23 24 25 26 27	28 29 30 01 —	4	1
	9	2 3 4 5 6	7 8 9 10 11	12 13 14 15 16	17 18 19 20 21	22 23 24 25 26	27 28 29 30 31	5	30
	10	N1 2 3 4 5	6 7 8 9 10	11 12 13 14 15	16 17 18 19 20	21 22 23 24 25	26 27 28 29 30	0	0
	11	D1 2 3 4 5	6 7 8 9 10	11 12 13 14 15	16 17 18 19 20	21 22 23 24 25	26 27 28 29 30	2	30
	12	31 11 2 3 4	5 6 7 8 9	10 11 12 13 14	15 16 17 18 19	20 21 22 23 24	25 26 27 28 —	4	0

年序 Year	陰曆月序 Moon	陰曆日序 Order of days (Lunar)																														星期 Week	干支 Cycle
		1	2	3	4	5	6	7	8	9	10	11	12	13	14	15	16	17	18	19	20	21	22	23	24	25	26	27	28	29	30		
寶祐4丙辰 1256–57	26 1	29	30	31	21	2	3	4	5	6	7	8	9	10	11	12	13	14	15	16	17	18	19	20	21	22	23	24	25	26	27	5	29
	2	28	29	31	2	3	4	5	6	7	8	9	10	11	12	13	14	15	16	17	18	19	20	21	22	23	24	25	26	27	—	0	59
	3	28	29	30	31	41	2	3	4	5	6	7	8	9	10	11	12	13	14	15	16	17	18	19	20	21	22	23	24	25	26	1	28
	4	27	28	29	30	51	2	3	4	5	6	7	8	9	10	11	12	13	14	15	16	17	18	19	20	21	22	23	24	25	—	3	58
	5	26	27	28	29	30	31	61	2	3	4	5	6	7	8	9	10	11	12	13	14	15	16	17	18	19	20	21	22	23	—	4	27
	6	24	25	26	27	28	29	30	71	2	3	4	5	6	7	8	9	10	11	12	13	14	15	16	17	18	19	20	21	22	23	5	56
	7	24	25	26	27	28	29	30	31	81	2	3	4	5	6	7	8	9	10	11	12	13	14	15	16	17	18	19	20	21	—	0	26
	8	22	23	24	25	26	27	28	29	30	31	91	2	3	4	5	6	7	8	9	10	11	12	13	14	15	16	17	18	19	—	1	55
	9	20	21	22	23	24	25	26	27	28	29	30	01	2	3	4	5	6	7	8	9	10	11	12	13	14	15	16	17	18	19	2	24
	10	20	21	22	23	24	25	26	27	28	29	30	31	N1	2	3	4	5	6	7	8	9	10	11	12	13	14	15	16	17	18	4	54
	11	19	20	21	22	23	24	25	26	27	28	29	30	D1	2	3	4	5	6	7	8	9	10	11	12	13	14	15	16	17	18	6	24
	12	19	20	21	22	23	24	25	26	27	28	29	30	31	11	2	3	4	5	6	7	8	9	10	11	12	13	14	15	16	—	1	54
寶祐5丁巳 1257–58	38 1	17	18	19	20	21	22	23	24	25	26	27	28	29	30	31	21	2	3	4	5	6	7	8	9	10	11	12	13	14	15	2	23
	2	16	17	18	19	20	21	22	23	24	25	26	27	28	31	2	3	4	5	6	7	8	9	10	11	12	13	14	15	16	17	4	53
	3	18	19	20	21	22	23	24	25	26	27	28	29	30	31	41	2	3	4	5	6	7	8	9	10	11	12	13	14	15	—	6	23
	4	16	17	18	19	20	21	22	23	24	25	26	27	28	29	30	51	2	3	4	5	6	7	8	9	10	11	12	13	14	15	0	52
	4	16	17	18	19	20	21	22	23	24	25	26	27	28	29	30	31	61	2	3	4	5	6	7	8	9	10	11	12	13	—	2	22
	5	14	15	16	17	18	19	20	21	22	23	24	25	26	27	28	29	30	71	2	3	4	5	6	7	8	9	10	11	12	—	3	51
	6	13	14	15	16	17	18	19	20	21	22	23	24	25	26	27	28	29	30	31	81	2	3	4	5	6	7	8	9	10	11	4	20
	7	12	13	14	15	16	17	18	19	20	21	22	23	24	25	26	27	28	29	30	31	91	2	3	4	5	6	7	8	9	—	6	50
	8	10	11	12	13	14	15	16	17	18	19	20	21	22	23	24	25	26	27	28	29	30	01	2	3	4	5	6	7	8	—	0	19
	9	9	10	11	12	13	14	15	16	17	18	19	20	21	22	23	24	25	26	27	28	29	30	31	N1	2	3	4	5	6	7	1	48
	10	8	9	10	11	12	13	14	15	16	17	18	19	20	21	22	23	24	25	26	27	28	29	30	D1	2	3	4	5	6	7	3	18
	11	8	9	10	11	12	13	14	15	16	17	18	19	20	21	22	23	24	25	26	27	28	29	30	31	11	2	3	4	5	—	5	48
	12	6	7	8	9	10	11	12	13	14	15	16	17	18	19	20	21	22	23	24	25	26	27	28	29	30	31	21	2	3	4	6	17
寶祐6戊午 1258–59	50 1	5	6	7	8	9	10	11	12	13	14	15	16	17	18	19	20	21	22	23	24	25	26	27	28	31	2	3	4	5	6	1	47
	2	7	8	9	10	11	12	13	14	15	16	17	18	19	20	21	22	23	24	25	26	27	28	29	30	31	41	2	3	4	5	3	17
	3	6	7	8	9	10	11	12	13	14	15	16	17	18	19	20	21	22	23	24	25	26	27	28	29	30	51	2	3	4	—	5	47
	4	5	6	7	8	9	10	11	12	13	14	15	16	17	18	19	20	21	22	23	24	25	26	27	28	29	30	31	61	2	3	6	16
	5	4	5	6	7	8	9	10	11	12	13	14	15	16	17	18	19	20	21	22	23	24	25	26	27	28	29	30	71	2	—	1	46
	6	3	4	5	6	7	8	9	10	11	12	13	14	15	16	17	18	19	20	21	22	23	24	25	26	27	28	29	30	31	—	2	15
	7	81	2	3	4	5	6	7	8	9	10	11	12	13	14	15	16	17	18	19	20	21	22	23	24	25	26	27	28	29	30	3	44
	8	31	91	2	3	4	5	6	7	8	9	10	11	12	13	14	15	16	17	18	19	20	21	22	23	24	25	26	27	28	—	5	14
	9	29	30	01	2	3	4	5	6	7	8	9	10	11	12	13	14	15	16	17	18	19	20	21	22	23	24	25	26	27	—	6	43
	10	28	29	30	31	N1	2	3	4	5	6	7	8	9	10	11	12	13	14	15	16	17	18	19	20	21	22	23	24	25	26	0	12
	11	27	28	29	30	D1	2	3	4	5	6	7	8	9	10	11	12	13	14	15	16	17	18	19	20	21	22	23	24	25	26	2	42
	12	27	28	29	30	31	11	2	3	4	5	6	7	8	9	10	11	12	13	14	15	16	17	18	19	20	21	22	23	24	—	4	12
開慶1己未 1259–60	2 1	25	26	27	28	29	30	31	21	2	3	4	5	6	7	8	9	10	11	12	13	14	15	16	17	18	19	20	21	22	23	5	41
	2	24	25	26	27	28	31	2	3	4	5	6	7	8	9	10	11	12	13	14	15	16	17	18	19	20	21	22	23	24	25	0	11
	3	26	27	28	29	30	31	41	2	3	4	5	6	7	8	9	10	11	12	13	14	15	16	17	18	19	20	21	22	23	—	2	41
	4	24	25	26	27	28	29	30	51	2	3	4	5	6	7	8	9	10	11	12	13	14	15	16	17	18	19	20	21	22	23	3	10
	5	24	25	26	27	28	29	30	31	61	2	3	4	5	6	7	8	9	10	11	12	13	14	15	16	17	18	19	20	21	—	5	40
	6	22	23	24	25	26	27	28	29	30	71	2	3	4	5	6	7	8	9	10	11	12	13	14	15	16	17	18	19	20	21	6	9
	7	22	23	24	25	26	27	28	29	30	31	81	2	3	4	5	6	7	8	9	10	11	12	13	14	15	16	17	18	19	—	1	39
	8	20	21	22	23	24	25	26	27	28	29	30	31	91	2	3	4	5	6	7	8	9	10	11	12	13	14	15	16	17	18	2	8
	9	19	20	21	22	23	24	25	26	27	28	29	30	01	2	3	4	5	6	7	8	9	10	11	12	13	14	15	16	17	—	4	38
	10	18	19	20	21	22	23	24	25	26	27	28	29	30	31	N1	2	3	4	5	6	7	8	9	10	11	12	13	14	15	—	5	7
	11	16	17	18	19	20	21	22	23	24	25	26	27	28	29	30	D1	2	3	4	5	6	7	8	9	10	11	12	13	14	15	6	36
	11	16	17	18	19	20	21	22	23	24	25	26	27	28	29	30	31	11	2	3	4	5	6	7	8	9	10	11	12	13	—	1	6
	12	14	15	16	17	18	19	20	21	22	23	24	25	26	27	28	29	30	31	21	2	3	4	5	6	7	8	9	10	11	12	2	35
景定1庚申 1260–61	14 1	13	14	15	16	17	18	19	20	21	22	23	24	25	26	27	28	29	31	2	3	4	5	6	7	8	9	10	11	12	13	4	5
	2	14	15	16	17	18	19	20	21	22	23	24	25	26	27	28	29	30	31	41	2	3	4	5	6	7	8	9	10	11	—	6	35
	3	12	13	14	15	16	17	18	19	20	21	22	23	24	25	26	27	28	29	30	51	2	3	4	5	6	7	8	9	10	11	0	4
	4	12	13	14	15	16	17	18	19	20	21	22	23	24	25	26	27	28	29	30	31	61	2	3	4	5	6	7	8	9	10	2	34
	5	11	12	13	14	15	16	17	18	19	20	21	22	23	24	25	26	27	28	29	30	71	2	3	4	5	6	7	8	9	—	4	4
	6	10	11	12	13	14	15	16	17	18	19	20	21	22	23	24	25	26	27	28	29	30	31	81	2	3	4	5	6	7	8	5	33
	7	9	10	11	12	13	14	15	16	17	18	19	20	21	22	23	24	25	26	27	28	29	30	31	91	2	3	4	5	6	—	0	3
	8	7	8	9	10	11	12	13	14	15	16	17	18	19	20	21	22	23	24	25	26	27	28	29	30	01	2	3	4	5	6	1	32
	9	7	8	9	10	11	12	13	14	15	16	17	18	19	20	21	22	23	24	25	26	27	28	29	30	31	N1	2	3	4	—	3	2
	10	5	6	7	8	9	10	11	12	13	14	15	16	17	18	19	20	21	22	23	24	25	26	27	28	29	30	D1	2	3	—	4	31
	11	4	5	6	7	8	9	10	11	12	13	14	15	16	17	18	19	20	21	22	23	24	25	26	27	28	29	30	31	11	2	5	0
	12	3	4	5	6	7	8	9	10	11	12	13	14	15	16	17	18	19	20	21	22	23	24	25	26	27	28	29	30	31	—	0	30

年序 Year	陰暦月序 Moon	陰暦日序 Order of days (Lunar) 1	2	3	4	5	6	7	8	9	10	11	12	13	14	15	16	17	18	19	20	21	22	23	24	25	26	27	28	29	30	星期 Week	干支 Cycle
景定 2 辛酉 1261–62	26 1	21	2	3	4	5	6	7	8	9	10	11	12	13	14	15	16	17	18	19	20	21	22	23	24	25	26	27	28	31	2	1	59
	2	3	4	5	6	7	8	9	10	11	12	13	14	15	16	17	18	19	20	21	22	23	24	25	26	27	28	29	30	31	—	3	29
	3	41	2	3	4	5	6	7	8	9	10	11	12	13	14	15	16	17	18	19	20	21	22	23	24	25	26	27	28	29	30	4	58
	4	51	2	3	4	5	6	7	8	9	10	11	12	13	14	15	16	17	18	19	20	21	22	23	24	25	26	27	28	29	30	6	28
	5	31	61	2	3	4	5	6	7	8	9	10	11	12	13	14	15	16	17	18	19	20	21	22	23	24	25	26	27	28	—	1	58
	6	29	30	71	2	3	4	5	6	7	8	9	10	11	12	13	14	15	16	17	18	19	20	21	22	23	24	25	26	27	28	2	27
	7	29	30	31	81	2	3	4	5	6	7	8	9	10	11	12	13	14	15	16	17	18	19	20	21	22	23	24	25	26	27	4	57
	8	28	29	30	31	91	2	3	4	5	6	7	8	9	10	11	12	13	14	15	16	17	18	19	20	21	22	23	24	25	—	6	27
	9	26	27	28	29	30	01	2	3	4	5	6	7	8	9	10	11	12	13	14	15	16	17	18	19	20	21	22	23	24	25	0	56
	10	26	27	28	29	30	31	N1	2	3	4	5	6	7	8	9	10	11	12	13	14	15	16	17	18	19	20	21	22	23	—	2	26
	11	24	25	26	27	28	29	30	D1	2	3	4	5	6	7	8	9	10	11	12	13	14	15	16	17	18	19	20	21	22	23	3	55
	12	24	25	26	27	28	29	30	31	11	2	3	4	5	6	7	8	9	10	11	12	13	14	15	16	17	18	19	20	21	—	5	25
景定 3 壬戌 1262–63	38 1	22	23	24	25	26	27	28	29	30	31	21	2	3	4	5	6	7	8	9	10	11	12	13	14	15	16	17	18	19	—	6	54
	2	20	21	22	23	24	25	26	27	28	31	2	3	4	5	6	7	8	9	10	11	12	13	14	15	16	17	18	19	20	21	0	23
	3	22	23	24	25	26	27	28	29	30	31	41	2	3	4	5	6	7	8	9	10	11	12	13	14	15	16	17	18	19	—	2	53
	4	20	21	22	23	24	25	26	27	28	29	30	51	2	3	4	5	6	7	8	9	10	11	12	13	14	15	16	17	18	19	3	22
	5	20	21	22	23	24	25	26	27	28	29	30	31	61	2	3	4	5	6	7	8	9	10	11	12	13	14	15	16	17	—	5	52
	6	18	19	20	21	22	23	24	25	26	27	28	29	30	71	2	3	4	5	6	7	8	9	10	11	12	13	14	15	16	17	6	21
	7	18	19	20	21	22	23	24	25	26	27	28	29	30	31	81	2	3	4	5	6	7	8	9	10	11	12	13	14	15	16	1	51
	8	17	18	19	20	21	22	23	24	25	26	27	28	29	30	31	91	2	3	4	5	6	7	8	9	10	11	12	13	14	—	3	21
	9	15	16	17	18	19	20	21	22	23	24	25	26	27	28	29	30	01	2	3	4	5	6	7	8	9	10	11	12	13	14	4	50
	9	15	16	17	18	19	20	21	22	23	24	25	26	27	28	29	30	31	N1	2	3	4	5	6	7	8	9	10	11	12	13	6	20
	10	14	15	16	17	18	19	20	21	22	23	24	25	26	27	28	29	30	D1	2	3	4	5	6	7	8	9	10	11	12	—	1	50
	11	13	14	15	16	17	18	19	20	21	22	23	24	25	26	27	28	29	30	31	11	2	3	4	5	6	7	8	9	10	11	2	19
	12	12	13	14	15	16	17	18	19	20	21	22	23	24	25	26	27	28	29	30	31	21	2	3	4	5	6	7	8	9	—	4	49
景定 4 癸亥 1263–64	50 1	10	11	12	13	14	15	16	17	18	19	20	21	22	23	24	25	26	27	28	31	2	3	4	5	6	7	8	9	10	—	5	18
	2	11	12	13	14	15	16	17	18	19	20	21	22	23	24	25	26	27	28	29	30	31	41	2	3	4	5	6	7	8	9	6	47
	3	10	11	12	13	14	15	16	17	18	19	20	21	22	23	24	25	26	27	28	29	30	51	2	3	4	5	6	7	8	—	1	17
	4	9	10	11	12	13	14	15	16	17	18	19	20	21	22	23	24	25	26	27	28	29	30	31	61	2	3	4	5	6	7	2	46
	5	8	9	10	11	12	13	14	15	16	17	18	19	20	21	22	23	24	25	26	27	28	29	30	71	2	3	4	5	6	—	4	16
	6	7	8	9	10	11	12	13	14	15	16	17	18	19	20	21	22	23	24	25	26	27	28	29	30	31	81	2	3	4	5	5	45
	7	6	7	8	9	10	11	12	13	14	15	16	17	18	19	20	21	22	23	24	25	26	27	28	29	30	31	91	2	3	—	0	15
	8	4	5	6	7	8	9	10	11	12	13	14	15	16	17	18	19	20	21	22	23	24	25	26	27	28	29	30	01	2	3	1	44
	9	4	5	6	7	8	9	10	11	12	13	14	15	16	17	18	19	20	21	22	23	24	25	26	27	28	29	30	31	N1	—	3	14
	10	2	3	4	5	6	7	8	9	10	11	12	13	14	15	16	17	18	19	20	21	22	23	24	25	26	27	28	29	30	D1	4	43
	11	2	3	4	5	6	7	8	9	10	11	12	13	14	15	16	17	18	19	20	21	22	23	24	25	26	27	28	29	30	31	6	13
	12	11	2	3	4	5	6	7	8	9	10	11	12	13	14	15	16	17	18	19	20	21	22	23	24	25	26	27	28	29	30	1	43
景定 5 甲子 1264–65	2 1	31	21	2	3	4	5	6	7	8	9	10	11	12	13	14	15	16	17	18	19	20	21	22	23	24	25	26	27	28	—	3	13
	2	29	31	2	3	4	5	6	7	8	9	10	11	12	13	14	15	16	17	18	19	20	21	22	23	24	25	26	27	28	29	4	42
	3	30	31	41	2	3	4	5	6	7	8	9	10	11	12	13	14	15	16	17	18	19	20	21	22	23	24	25	26	27	—	6	12
	4	28	29	30	51	2	3	4	5	6	7	8	9	10	11	12	13	14	15	16	17	18	19	20	21	22	23	24	25	26	—	0	41
	5	27	28	29	30	31	61	2	3	4	5	6	7	8	9	10	11	12	13	14	15	16	17	18	19	20	21	22	23	24	25	1	10
	6	26	27	28	29	30	71	2	3	4	5	6	7	8	9	10	11	12	13	14	15	16	17	18	19	20	21	22	23	24	—	3	40
	7	25	26	27	28	29	30	31	81	2	3	4	5	6	7	8	9	10	11	12	13	14	15	16	17	18	19	20	21	22	—	4	9
	8	23	24	25	26	27	28	29	30	31	91	2	3	4	5	6	7	8	9	10	11	12	13	14	15	16	17	18	19	20	21	5	38
	9	22	23	24	25	26	27	28	29	30	01	2	3	4	5	6	7	8	9	10	11	12	13	14	15	16	17	18	19	20	21	0	8
	10	22	23	24	25	26	27	28	29	30	31	N1	2	3	4	5	6	7	8	9	10	11	12	13	14	15	16	17	18	19	20	2	38
	11	21	22	23	24	25	26	27	28	29	30	D1	2	3	4	5	6	7	8	9	10	11	12	13	14	15	16	17	18	19	—	4	8
	12	20	21	22	23	24	25	26	27	28	29	30	31	11	2	3	4	5	6	7	8	9	10	11	12	13	14	15	16	17	18	5	37
度宗 咸淳 1 乙丑 1265–66	14 1	19	20	21	22	23	24	25	26	27	28	29	30	31	21	2	3	4	5	6	7	8	9	10	11	12	13	14	15	16	17	0	7
	2	18	19	20	21	22	23	24	25	26	27	28	31	2	3	4	5	6	7	8	9	10	11	12	13	14	15	16	17	18	—	2	37
	3	19	20	21	22	23	24	25	26	27	28	29	30	31	41	2	3	4	5	6	7	8	9	10	11	12	13	14	15	16	17	3	6
	4	18	19	20	21	22	23	24	25	26	27	28	29	30	51	2	3	4	5	6	7	8	9	10	11	12	13	14	15	16	—	5	36
	5	17	18	19	20	21	22	23	24	25	26	27	28	29	30	31	61	2	3	4	5	6	7	8	9	10	11	12	13	14	—	6	5
	5	15	16	17	18	19	20	21	22	23	24	25	26	27	28	29	30	71	2	3	4	5	6	7	8	9	10	11	12	13	14	0	34
	6	15	16	17	18	19	20	21	22	23	24	25	26	27	28	29	30	31	81	2	3	4	5	6	7	8	9	10	11	12	—	2	4
	7	13	14	15	16	17	18	19	20	21	22	23	24	25	26	27	28	29	30	31	91	2	3	4	5	6	7	8	9	10	—	3	33
	8	11	12	13	14	15	16	17	18	19	20	21	22	23	24	25	26	27	28	29	30	01	2	3	4	5	6	7	8	9	10	4	2
	9	11	12	13	14	15	16	17	18	19	20	21	22	23	24	25	26	27	28	29	30	31	N1	2	3	4	5	6	7	8	9	6	32
	10	10	11	12	13	14	15	16	17	18	19	20	21	22	23	24	25	26	27	28	29	30	D1	2	3	4	5	6	7	8	—	1	2
	11	9	10	11	12	13	14	15	16	17	18	19	20	21	22	23	24	25	26	27	28	29	30	31	11	2	3	4	5	6	7	2	31
	12	8	9	10	11	12	13	14	15	16	17	18	19	20	21	22	23	24	25	26	27	28	29	30	31	21	2	3	4	5	6	4	1

年序 Year	陰曆月序 Moon	陰曆日序 Order of days (Lunar) 1 2 3 4 5	6 7 8 9 10	11 12 13 14 15	16 17 18 19 20	21 22 23 24 25	26 27 28 29 30	星期 Week	干支 Cycle
咸淳 2 丙寅 1266–67	26 1	7 8 9 10 11	12 13 14 15 16	17 18 19 20 21	22 23 24 25 26	27 28 **31** 2 3	4 5 6 7 8	6	31
	2	9 10 11 12 13	14 15 16 17 18	19 20 21 22 23	24 25 26 27 28	29 30 31 **41** 2	3 4 5 6 —	1	1
	3	7 8 9 10 11	12 13 14 15 16	17 18 19 20 21	22 23 24 25 26	27 28 29 30 **51**	2 3 4 5 6	2	30
	4	7 8 9 10 11	12 13 14 15 16	17 18 19 20 21	22 23 24 25 26	27 28 29 30 31	**61** 2 3 4 —	4	0
	5	5 6 7 8 9	10 11 12 13 14	15 16 17 18 19	20 21 22 23 24	25 26 27 28 29	30 **71** 2 3 —	5	29
	6	4 5 6 7 8	9 10 11 12 13	14 15 16 17 18	19 20 21 22 23	24 25 26 27 28	29 30 31 **81** 2	6	58
	7	3 4 5 6 7	8 9 10 11 12	13 14 15 16 17	18 19 20 21 22	23 24 25 26 27	28 29 30 31 —	1	28
	8	**91** 2 3 4 5	6 7 8 9 10	11 12 13 14 15	16 17 18 19 20	21 22 23 24 25	26 27 28 29 —	2	57
	9	30 **01** 2 3 4	5 6 7 8 9	10 11 12 13 14	15 16 17 18 19	20 21 22 23 24	25 26 27 28 29	3	26
	10	30 31 **N1** 2 3	4 5 6 7 8	9 10 11 12 13	14 15 16 17 18	19 20 21 22 23	24 25 26 27 —	5	56
	11	28 29 30 **D1** 2	3 4 5 6 7	8 9 10 11 12	13 14 15 16 17	18 19 20 21 22	23 24 25 26 27	6	25
	12	28 29 30 31 **11**	2 3 4 5 6	7 8 9 10 11	12 13 14 15 16	17 18 19 20 21	22 23 24 25 26	1	55
咸淳 3 丁卯 1267–68	38 1	27 28 29 30 31	**21** 2 3 4 5	6 7 8 9 10	11 12 13 14 15	16 17 18 19 20	21 22 23 24 25	3	25
	2	26 27 28 **31** 2	3 4 5 6 7	8 9 10 11 12	13 14 15 16 17	18 19 20 21 22	23 24 25 26 —	5	55
	3	27 28 29 30 31	**41** 2 3 4 5	6 7 8 9 10	11 12 13 14 15	16 17 18 19 20	21 22 23 24 25	6	24
	4	26 27 28 29 30	**51** 2 3 4 5	6 7 8 9 10	11 12 13 14 15	16 17 18 19 20	21 22 23 24 —	1	54
	5	25 26 27 28 29	30 31 **61** 2 3	4 5 6 7 8	9 10 11 12 13	14 15 16 17 18	19 20 21 22 23	2	23
	6	24 25 26 27 28	29 30 **71** 2 3	4 5 6 7 8	9 10 11 12 13	14 15 16 17 18	19 20 21 22 —	4	53
	7	23 24 25 26 27	28 29 30 31 **81**	2 3 4 5 6	7 8 9 10 11	12 13 14 15 16	17 18 19 20 21	5	22
	8	22 23 24 25 26	27 28 29 30 31	**91** 2 3 4 5	6 7 8 9 10	11 12 13 14 15	16 17 18 19 —	0	52
	9	20 21 22 23 24	25 26 27 28 29	30 **01** 2 3 4	5 6 7 8 9	10 11 12 13 14	15 16 17 18 —	1	21
	10	19 20 21 22 23	24 25 26 27 28	29 30 31 **N1** 2	3 4 5 6 7	8 9 10 11 12	13 14 15 16 17	2	50
	11	18 19 20 21 22	23 24 25 26 27	28 29 30 **D1** 2	3 4 5 6 7	8 9 10 11 12	13 14 15 16 —	4	20
	12	17 18 19 20 21	22 23 24 25 26	27 28 29 30 31	**11** 2 3 4 5	6 7 8 9 10	11 12 13 14 15	5	49
咸淳 4 戊辰 1268–69	50 1	16 17 18 19 20	21 22 23 24 25	26 27 28 29 30	31 **21** 2 3 4	5 6 7 8 9	10 11 12 13 14	0	19
	1	15 16 17 18 19	20 21 22 23 24	25 26 27 28 29	**31** 2 3 4 5	6 7 8 9 10	11 12 13 14 —	2	49
	2	15 16 17 18 19	20 21 22 23 24	25 26 27 28 29	30 31 **41** 2 3	4 5 6 7 8	9 10 11 12 13	3	18
	3	14 15 16 17 18	19 20 21 22 23	24 25 26 27 28	29 30 **51** 2 3	4 5 6 7 8	9 10 11 12 13	5	48
	4	14 15 16 17 18	19 20 21 22 23	24 25 26 27 28	29 30 31 **61** 2	3 4 5 6 7	8 9 10 11 —	0	18
	5	12 13 14 15 16	17 18 19 20 21	22 23 24 25 26	27 28 29 30 **71**	2 3 4 5 6	7 8 9 10 11	1	47
	6	12 13 14 15 16	17 18 19 20 21	22 23 24 25 26	27 28 29 30 31	**81** 2 3 4 5	6 7 8 9 —	3	17
	7	10 11 12 13 14	15 16 17 18 19	20 21 22 23 24	25 26 27 28 29	30 31 **91** 2 3	4 5 6 7 8	4	46
	8	9 10 11 12 13	14 15 16 17 18	19 20 21 22 23	24 25 26 27 28	29 30 **01** 2 3	4 5 6 7 —	6	16
	9	8 9 10 11 12	13 14 15 16 17	18 19 20 21 22	23 24 25 26 27	28 29 30 31 **N1**	2 3 4 5 —	0	45
	10	6 7 8 9 10	11 12 13 14 15	16 17 18 19 20	21 22 23 24 25	26 27 28 29 30	**D1** 2 3 4 5	1	14
	11	6 7 8 9 10	11 12 13 14 15	16 17 18 19 20	21 22 23 24 25	26 27 28 29 30	31 **11** 2 3 —	3	44
	12	4 5 6 7 8	9 10 11 12 13	14 15 16 17 18	19 20 21 22 23	24 25 26 27 28	29 30 31 **21** 2	4	13
咸淳 5 己巳 1269–70	2 1	3 4 5 6 7	8 9 10 11 12	13 14 15 16 17	18 19 20 21 22	23 24 25 26 27	28 **31** 2 3 4	6	43
	2	5 6 7 8 9	10 11 12 13 14	15 16 17 18 19	20 21 22 23 24	25 26 27 28 29	30 31 **41** 2 —	1	13
	3	3 4 5 6 7	8 9 10 11 12	13 14 15 16 17	18 19 20 21 22	23 24 25 26 27	28 29 30 **51** 2	2	42
	4	3 4 5 6 7	8 9 10 11 12	13 14 15 16 17	18 19 20 21 22	23 24 25 26 27	28 29 30 31 **61**	4	12
	5	2 3 4 5 6	7 8 9 10 11	12 13 14 15 16	17 18 19 20 21	22 23 24 25 26	27 28 29 30 —	6	42
	6	**71** 2 3 4 5	6 7 8 9 10	11 12 13 14 15	16 17 18 19 20	21 22 23 24 25	26 27 28 29 30	0	11
	7	31 **81** 2 3 4	5 6 7 8 9	10 11 12 13 14	15 16 17 18 19	20 21 22 23 24	25 26 27 28 —	2	41
	8	29 30 31 **91** 2	3 4 5 6 7	8 9 10 11 12	13 14 15 16 17	18 19 20 21 22	23 24 25 26 27	3	10
	9	28 29 30 **01** 2	3 4 5 6 7	8 9 10 11 12	13 14 15 16 17	18 19 20 21 22	23 24 25 26 —	5	40
	10	27 28 29 30 31	**N1** 2 3 4 5	6 7 8 9 10	11 12 13 14 15	16 17 18 19 20	21 22 23 24 —	6	9
	11	25 26 27 28 29	30 **D1** 2 3 4	5 6 7 8 9	10 11 12 13 14	15 16 17 18 19	20 21 22 23 24	0	38
	12	25 26 27 28 29	30 31 **11** 2 3	4 5 6 7 8	9 10 11 12 13	14 15 16 17 18	19 20 21 22 —	2	8
咸淳 6 庚午 1270–71	14 1	23 24 25 26 27	28 29 30 31 **21**	2 3 4 5 6	7 8 9 10 11	12 13 14 15 16	17 18 19 20 21	3	37
	2	22 23 24 25 26	27 28 **31** 2 3	4 5 6 7 8	9 10 11 12 13	14 15 16 17 18	19 20 21 22 —	5	7
	3	23 24 25 26 27	28 29 30 31 **41**	2 3 4 5 6	7 8 9 10 11	12 13 14 15 16	17 18 19 20 21	6	36
	4	22 23 24 25 26	27 28 29 30 **51**	2 3 4 5 6	7 8 9 10 11	12 13 14 15 16	17 18 19 20 21	1	6
	5	22 23 24 25 26	27 28 29 30 31	**61** 2 3 4 5	6 7 8 9 10	11 12 13 14 15	16 17 18 19 —	3	36
	6	20 21 22 23 24	25 26 27 28 29	30 **71** 2 3 4	5 6 7 8 9	10 11 12 13 14	15 16 17 18 19	4	5
	7	20 21 22 23 24	25 26 27 28 29	30 31 **81** 2 3	4 5 6 7 8	9 10 11 12 13	14 15 16 17 —	6	35
	8	18 19 20 21 22	23 24 25 26 27	28 29 30 31 **91**	2 3 4 5 6	7 8 9 10 11	12 13 14 15 16	0	4
	9	17 18 19 20 21	22 23 24 25 26	27 28 29 30 **01**	2 3 4 5 6	7 8 9 10 11	12 13 14 15 16	2	34
	10	17 18 19 20 21	22 23 24 25 26	27 28 29 30 31	**N1** 2 3 4 5	6 7 8 9 10	11 12 13 14 —	4	4
	10	15 16 17 18 19	20 21 22 23 24	25 26 27 28 29	30 **D1** 2 3 4	5 6 7 8 9	10 11 12 13 —	5	33
	11	14 15 16 17 18	19 20 21 22 23	24 25 26 27 28	29 30 31 **11** 2	3 4 5 6 7	8 9 10 11 12	6	2
	12	13 14 15 16 17	18 19 20 21 22	23 24 25 26 27	28 29 30 31 **21**	2 3 4 5 6	7 8 9 10 -	1	32

年序 Year	陰曆月序 Moon	陰曆日序 Order of days (Lunar) 1 2 3 4 5	6 7 8 9 10	11 12 13 14 15	16 17 18 19 20	21 22 23 24 25	26 27 28 29 30	星期 Week	干支 Cycle
咸淳 7 辛未 1271–72	26 1	11 12 13 14 15	16 17 18 19 20	21 22 23 24 25	26 27 28 31 2	3 4 5 6 7	8 9 10 11 12	2	1
	2	13 14 15 16 17	18 19 20 21 22	23 24 25 26 27	28 29 30 31 41	2 3 4 5 6	7 8 9 10 —	4	31
	3	11 12 13 14 15	16 17 18 19 20	21 22 23 24 25	26 27 28 29 30	51 2 3 4 5	6 7 8 9 10	5	0
	4	11 12 13 14 15	16 17 18 19 20	21 22 23 24 25	26 27 28 29 30	31 61 2 3 4	5 6 7 8 —	0	30
	5	9 10 11 12 13	14 15 16 17 18	19 20 21 22 23	24 25 26 27 28	29 30 71 2 3	4 5 6 7 8	1	59
	6	9 10 11 12 13	14 15 16 17 18	19 20 21 22 23	24 25 26 27 28	29 30 31 81 2	3 4 5 6 —	·3	29
	7	7 8 9 10 11	12 13 14 15 16	17 18 19 20 21	22 23 24 25 26	27 28 29 30 31	91 2 3 4 5	4	58
	8	6 7 8 9 10	11 12 13 14 15	16 17 18 19 20	21 22 23 24 25	26 27 28 29 30	01 2 3 4 5	6	28
	9	6 7 8 9 10	11 12 13 14 15	16 17 18 19 20	21 22 23 24 25	26 27 28 29 30	31 N1 2 3 —	1	58
	10	4 5 6 7 8	9 10 11 12 13	14 15 16 17 18	19 20 21 22 23	24 25 26 27 28	29 30 D1 2 3	2	27
	11	4 5 6 7 8	9 10 11 12 13	14 15 16 17 18	19 20 21 22 23	24 25 26 27 28	29 30 31 11 2	4	57
	12	3 4 5 6 7	8 9 10 11 12	13 14 15 16 17	18 19 20 21 22	23 24 25 26 27	28 29 30 31 —	6	27
咸淳 8 壬申 1272–73	38 1	21 2 3 4 5	6 7 8 9 10	11 12 13 14 15	16 17 18 19 20	21 22 23 24 25	26 27 28 29 31	0	56
	2	2 3 4 5 6	7 8 9 10 11	12 13 14 15 16	17 18 19 20 21	22 23 24 25 26	27 28 29 30 —	2	26
	3	31 41 2 3 4	5 6 7 8 9	10 11 12 13 14	15 16 17 18 19	20 21 22 23 24	25 26 27 28 —	3	55
	4	29 30 51 2 3	4 5 6 7 8	9 10 11 12 13	14 15 16 17 18	19 20 21 22 23	24 25 26 27 28	4	24
	5	29 30 31 61 2	3 4 5 6 7	8 9 10 11 12	13 14 15 16 17	18 19 20 21 22	23 24 25 26 —	6	54
	6	27 28 29 30 71	2 3 4 5 6	7 8 9 10 11	12 13 14 15 16	17 18 19 20 21	22 23 24 25 26	0	23
	7	27 28 29 30 31	81 2 3 4 5	6 7 8 9 10	11 12 13 14 15	16 17 18 19 20	21 22 23 24 —	2	53
	8	25 26 27 28 29	30 31 91 2 3	4 5 6 7 8	9 10 11 12 13	14 15 16 17 18	19 20 21 22 23	3	22
	9	24 25 26 27 28	29 30 01 2 3	4 5 6 7 8	9 10 11 12 13	14 15 16 17 18	19 20 21 22 23	5	52
	10	24 25 26 27 28	29 30 31 N1 2	3 4 5 6 7	8 9 10 11 12	13 14 15 16 17	18 19 20 21 —	0	22
	11	22 23 24 25 26	27 28 29 30 D1	2 3 4 5 6	7 8 9 10 11	12 13 14 15 16	17 18 19 20 21	1	51
	12	22 23 24 25 26	27 28 29 30 31	11 2 3 4 5	6 7 8 9 10	11 12 13 14 15	16 17 18 19 20	3	21
咸淳 9 癸酉 1273–74	50 1	21 22 23 24 25	26 27 28 29 30	31 21 2 3 4	5 6 7 8 9	10 11 12 13 14	15 16 17 18 —	5	51
	2	19 20 21 22 23	24 25 26 27 28	31 2 3 4 5	6 7 8 9 10	11 12 13 14 15	16 17 18 19 20	6	20
	3	21 22 23 24 25	26 27 28 29 30	31 41 2 3 4	5 6 7 8 9	10 11 12 13 14	15 16 17 18 —	1	50
	4	19 20 21 22 23	24 25 26 27 28	29 30 51 2 3	4 5 6 7 8	9 10 11 12 13	14 15 16 17 —	2	19
	5	18 19 20 21 22	23 24 25 26 27	28 29 30 31 61	2 3 4 5 6	7 8 9 10 11	12 13 14 15 16	3	48
	6	17 18 19 20 21	22 23 24 25 26	27 28 29 30 71	2 3 4 5 6	7 8 9 10 11	12 13 14 15 —	5	18
	6	16 17 18 19 20	21 22 23 24 25	26 27 28 29 30	31 81 2 3 4	5 6 7 8 9	10 11 12 13 —	6	47
	7	14 15 16 17 18	19 20 21 22 23	24 25 26 27 28	29 30 31 91 2	3 4 5 6 7	8 9 10 11 12	0	16
	8	13 14 15 16 17	18 19 20 21 22	23 24 25 26 27	28 29 30 01 2	3 4 5 6 7	8 9 10 11 12	2	46
	9	13 14 15 16 17	18 19 20 21 22	23 24 25 26 27	28 29 30 31 N1	2 3 4 5 6	7 8 9 10 —	4	16
	10	11 12 13 14 15	16 17 18 19 20	21 22 23 24 25	26 27 28 29 30	D1 2 3 4 5	6 7 8 9 10	5	45
	11	11 12 13 14 15	16 17 18 19 20	21 22 23 24 25	26 27 28 29 30	31 11 2 3 4	5 6 7 8 9	0	15
	12	10 11 12 13 14	15 16 17 18 19	20 21 22 23 24	25 26 27 28 29	30 31 21 2 3	4 5 6 7 8	2	45
咸淳 10 甲戌 1274–75	2 1	9 10 11 12 13	14 15 16 17 18	19 20 21 22 23	24 25 26 27 28	31 2 3 4 5	6 7 8 9 —	4	15
	2	10 11 12 13 14	15 16 17 18 19	20 21 22 23 24	25 26 27 28 29	30 31 41 2 3	4 5 6 7 8	5	44
	3	9 10 11 12 13	14 15 16 17 18	19 20 21 22 23	24 25 26 27 28	29 30 51 2 3	4 5 6 7 —	0	14
	4	8 9 10 11 12	13 14 15 16 17	18 19 20 21 22	23 24 25 26 27	28 29 30 31 61	2 3 4 5 —	1	43
	5	6 7 8 9 10	11 12 13 14 15	16 17 18 19 20	21 22 23 24 25	26 27 28 29 30	71 2 3 4 5	2	12
	6	6 7 8 9 10	11 12 13 14 15	16 17 18 19 20	21 22 23 24 25	26 27 28 29 30	31 81 2 3 —	4	42
	7	4 5 6 7 8	9 10 11 12 13	14 15 16 17 18	19 20 21 22 23	24 25 26 27 28	29 30 31 91 —	5	11
	8	2 3 4 5 6	7 8 9 10 11	12 13 14 15 16	17 18 19 20 21	22 23 24 25 26	27 28 29 30 01	6	40
	9	2 3 4 5 6	7 8 9 10 11	12 13 14 15 16	17 18 19 20 21	22 23 24 25 26	27 28 29 30 —	1	10
	10	31 N1 2 3 4	5 6 7 8 9	10 11 12 13 14	15 16 17 18 19	20 21 22 23 24	25 26 27 28 29	2	39
	11	30 D1 2 3 4	5 6 7 8 9	10 11 12 13 14	15 16 17 18 19	20 21 22 23 24	25 26 27 28 29	4	9
	12	30 31 11 2 3	4 5 6 7 8	9 10 11 12 13	14 15 16 17 18	19 20 21 22 23	24 25 26 27 28	6	39
恭宗 德祐 1 乙亥 1275–76	14 1	29 30 31 21 2	3 4 5 6 7	8 9 10 11 12	13 14 15 16 17	18 19 20 21 22	23 24 25 26 —	1	9
	2	27 28 31 2 3	4 5 6 7 8	9 10 11 12 13	14 15 16 17 18	19 20 21 22 23	24 25 26 27 28	2	38
	3	29 30 31 41 2	3 4 5 6 7	8 9 10 11 12	13 14 15 16 17	18 19 20 21 22	23 24 25 26 27	4	8
	4	28 29 30 51 2	3 4 5 6 7	8 9 10 11 12	13 14 15 16 17	18 19 20 21 22	23 24 25 26 —	6	38
	5	27 28 29 30 31	61 2 3 4 5	6 7 8 9 10	11 12 13 14 15	16 17 18 19 20	21 22 23 24 —	0	7
	6	25 26 27 28 29	30 71 2 3 4	5 6 7 8 9	10 11 12 13 14	15 16 17 18 19	20 21 22 23 24	1	36
	7	25 26 27 28 29	30 31 81 2 3	4 5 6 7 8	9 10 11 12 13	14 15 16 17 18	19 20 21 22 —	3	6
	8	23 24 25 26 27	28 29 30 31 91	2 3 4 5 6	7 8 9 10 11	12 13 14 15 16	17 18 19 20 —	4	35
	9	21 22 23 24 25	26 27 28 29 30	01 2 3 4 5	6 7 8 9 10	11 12 13 14 15	16 17 18 19 20	5	4
	10	21 22 23 24 25	26 27 28 29 30	31 N1 2 3 4	5 6 7 8 9	10 11 12 13 14	15 16 17 18 —	0	34
	11	19 20 21 22 23	24 25 26 27 28	29 30 D1 2 3	4 5 6 7 8	9 10 11 12 13	14 15 16 17 18	1	3
	12	19 20 21 22 23	24 25 26 27 28	29 30 31 11 2	3 4 5 6 7	8 9 10 11 12	13 14 15 16 17	3	33

年序 Year	陰曆月序 Moon	1 2 3 4 5	6 7 8 9 10	11 12 13 14 15	16 17 18 19 20	21 22 23 24 25	26 27 28 29 30	星期 Week	干支 Cycle
		陰曆日序 Order of days (Lunar)							
端宗 景炎 1 丙子 1276–77	26 1	18 19 20 21 22	23 24 25 26 27	28 29 30 31 21	2 3 4 5 6	7 8 9 10 11	12 13 14 15 16	5	3
	2	17 18 19 20 21	22 23 24 25 26	27 28 29 31 2	3 4 5 6 7	8 9 10 11 12	13 14 15 16 —	0	33
	3	17 18 19 20 21	22 23 24 25 26	27 28 29 30 31	41 2 3 4 5	6 7 8 9 10	11 12 13 14 15	1	2
	3	16 17 18 19 20	21 22 23 24 25	26 27 28 29 30	51 2 3 4 5	6 7 8 9 10	11 12 13 14 —	3	32
	4	15 16 17 18 19	20 21 22 23 24	25 26 27 28 29	30 31 61 2 3	4 5 6 7 8	9 10 11 12 13	4	1
	5][	14 15 16 17 18	19 20 21 22 23	24 25 26 27 28	29 30 71 2 3	4 5 6 7 8	9 10 11 12 —	6	31
	6	13 14 15 16 17	18 19 20 21 22	23 24 25 26 27	28 29 30 31 81	2 3 4 5 6	7 8 9 10 11	0	0
	7	12 13 14 15 16	17 18 19 20 21	22 23 24 25 26	27 28 29 30 31	91 2 3 4 5	6 7 8 9 —	2	30
	8	10 11 12 13 14	15 16 17 18 19	20 21 22 23 24	25 26 27 28 29	30 01 2 3 4	5 6 7 8 —	3	59
	9	9 10 11 12 13	14 15 16 17 18	19 20 21 22 23	24 25 26 27 28	29 30 31 N1 2	3 4 5 6 7	4	28
	10	8 9 10 11 12	13 14 15 16 17	18 19 20 21 22	23 24 25 26 27	28 29 30 D1 2	3 4 5 6 —	6	58
	11	7 8 9 10 11	12 13 14 15 16	17 18 19 20 21	22 23 24 25 26	27 28 29 30 31	11 2 3 4 5	0	27
	12	6 7 8 9 10	11 12 13 14 15	16 17 18 19 20	21 22 23 24 25	26 27 28 29 30	31 21 2 3 4	2	57
景炎 2 丁丑 1277–78	88 1	5 6 7 8 9	10 11 12 13 14	15 16 17 18 19	20 21 22 23 24	25 26 27 28 31	2 3 4 5 —	4	27
	2	6 7 8 9 10	11 12 13 14 15	16 17 18 19 20	21 22 23 24 25	26 27 28 29 30	31 41 2 3 4	5	56
	3	5 6 7 8 9	10 11 12 13 14	15 16 17 18 19	20 21 22 23 24	25 26 27 28 29	30 51 2 3 4	0	26
	4	5 6 7 8 9	10 11 12 13 14	15 16 17 18 19	20 21 22 23 24	25 26 27 28 29	30 31 61 2 —	2	56
	5	3 4 5 6 7	8 9 10 11 12	13 14 15 16 17	18 19 20 21 22	23 24 25 26 27	28 29 30 71 2	3	25
	6	3 4 5 6 7	8 9 10 11 12	13 14 15 16 17	18 19 20 21 22	23 24 25 26 27	28 29 30 31 —	5	55
	7	81 2 3 4 5	6 7 8 9 10	11 12 13 14 15	16 17 18 19 20	21 22 23 24 25	26 27 28 29 30	6	24
	8	31 91 2 3 4	5 6 7 8 9	10 11 12 13 14	15 16 17 18 19	20 21 22 23 24	25 26 27 28 —	1	54
	9	29 30 01 2 3	4 5 6 7 8	9 10 11 12 13	14 15 16 17 18	19 20 21 22 23	24 25 26 27 —	2	23
	10	28 29 30 31 N1	2 3 4 5 6	7 8 9 10 11	12 13 14 15 16	17 18 19 20 21	22 23 24 25 26	3	52
	11	27 28 29 30 D1	2 3 4 5 6	7 8 9 10 11	12 13 14 15 16	17 18 19 20 21	22 23 24 25 —	5	22
	12	26 27 28 29 30	31 11 2 3 4	5 6 7 8 9	10 11 12 13 14	15 16 17 18 19	20 21 22 23 24	6	51
昺帝 祥興 1 戊寅 1278–79	50 1	25 26 27 28 29	30 31 21 2 3	4 5 6 7 8	9 10 11 12 13	14 15 16 17 18	19 20 21 22 —	1	21
	2	23 24 25 26 27	28 31 2 3 4	5 6 7 8 9	10 11 12 13 14	15 16 17 18 19	20 21 22 23 24	2	50
	3	25 26 27 28 29	30 31 41 2 3	4 5 6 7 8	9 10 11 12 13	14 15 16 17 18	19 20 21 22 23	4	20
	4	24 25 26 27 28	29 30 51 2 3	4 5 6 7 8	9 10 11 12 13	14 15 16 17 18	19 20 21 22 —	6	50
	5][	23 24 25 26 27	28 29 30 31 61	2 3 4 5 6	7 8 9 10 11	12 13 14 15 16	17 18 19 20 21	0	19
	6	22 23 24 25 26	27 28 29 30 71	2 3 4 5 6	7 8 9 10 11	12 13 14 15 16	17 18 19 20 —	2	49
	7	21 22 23 24 25	26 27 28 29 30	31 81 2 3 4	5 6 7 8 9	10 11 12 13 14	15 16 17 18 19	3	18
	8	20 21 22 23 24	25 26 27 28 29	30 31 91 2 3	4 5 6 7 8	9 10 11 12 13	14 15 16 17 18	5	48
	9	19 20 21 22 23	24 25 26 27 28	29 30 01 2 3	4 5 6 7 8	9 10 11 12 13	14 15 16 17 —	0	18
	10	18 19 20 21 22	23 24 25 26 27	28 29 30 31 N1	2 3 4 5 6	7 8 9 10 11	12 13 14 15 —	1	47
	11	16 17 18 19 20	21 22 23 24 25	26 27 28 29 30	D1 2 3 4 5	6 7 8 9 10	11 12 13 14 15	2	16
	11	16 17 18 19 20	21 22 23 24 25	26 27 28 29 30	31 11 2 3 4	5 6 7 8 9	10 11 12 13 —	4	46
	12	14 15 16 17 18	19 20 21 22 23	24 25 26 27 28	29 30 31 21 2	3 4 5 6 7	8 9 10 11 12	5	15
祥興 2 己卯 1279–80	2 1	13 14 15 16 17	18 19 20 21 22	23 24 25 26 27	28 31 2 3 4	5 6 7 8 9	10 11 12 13 —	0	45
	2	14 15 16 17 18	19 20 21 22 23	24 25 26 27 28	29 30 31 41 2	3 4 5 6 7	8 9 10 11 12	1	14
	3	13 14 15 16 17	18 19 20 21 22	23 24 25 26 27	28 29 30 51 2	3 4 5 6 7	8 9 10 11 —	3	44
	4	12 13 14 15 16	17 18 19 20 21	22 23 24 25 26	27 28 29 30 31	61 2 3 4 5	6 7 8 9 10	4	13
	5	11 12 13 14 15	16 17 18 19 20	21 22 23 24 25	26 27 28 29 30	71 2 3 4 5	6 7 8 9 10	6	43
	6	11 12 13 14 15	16 17 18 19 20	21 22 23 24 25	26 27 28 29 30	31 81 2 3 4	5 6 7 8 —	1	13
	7	9 10 11 12 13	14 15 16 17 18	19 20 21 22 23	24 25 26 27 28	29 30 31 91 2	3 4 5 6 7	2	42
	8	8 9 10 11 12	13 14 15 16 17	18 19 20 21 22	23 24 25 26 27	28 29 30 01 2	3 4 5 6 —	4	12
	9	7 8 9 10 11	12 13 14 15 16	17 18 19 20 21	22 23 24 25 26	27 28 29 30 31	N1 2 3 4 5	5	41
	10	6 7 8 9 10	11 12 13 14 15	16 17 18 19 20	21 22 23 24 25	26 27 28 29 30	D1 2 3 4 5	0	11
	11	6 7 8 9 10	11 12 13 14 15	16 17 18 19 20	21 22 23 24 25	26 27 28 29 30	31 11 2 3 —	2	41
	12	4 5 6 7 8	9 10 11 12 13	14 15 16 17 18	19 20 21 22 23	24 25 26 27 28	29 30 31 21 —	3	10
元世祖 至元 17 庚辰 1280–81	14 1	2 3 4 5 6	7 8 9 10 11	12 13 14 15 16	17 18 19 20 21	22 23 24 25 26	27 28 29 31 2	4	39
	2	3 4 5 6 7	8 9 10 11 12	13 14 15 16 17	18 19 20 21 22	23 24 25 26 27	28 29 30 31 —	6	9
	3	41 2 3 4 5	6 7 8 9 10	11 12 13 14 15	16 17 18 19 20	21 22 23 24 25	26 27 28 29 30	0	38
	4	51 2 3 4 5	6 7 8 9 10	11 12 13 14 15	16 17 18 19 20	21 22 23 24 25	26 27 28 29 —	2	8
	5	30 31 61 2 3	4 5 6 7 8	9 10 11 12 13	14 15 16 17 18	19 20 21 22 23	24 25 26 27 28	3	37
	6	29 30 71 2 3	4 5 6 7 8	9 10 11 12 13	14 15 16 17 18	19 20 21 22 23	24 25 26 27 —	5	7
	7	28 29 30 31 81	2 3 4 5 6	7 8 9 10 11	12 13 14 15 16	17 18 19 20 21	22 23 24 25 26	6	36
	8	27 28 29 30 31	91 2 3 4 5	6 7 8 9 10	11 12 13 14 15	16 17 18 19 20	21 22 23 24 25	1	6
	9	26 27 28 29 30	01 2 3 4 5	6 7 8 9 10	11 12 13 14 15	16 17 18 19 20	21 22 23 24 —	3	36
	10	25 26 27 28 29	30 31 N1 2 3	4 5 6 7 8	9 10 11 12 13	14 15 16 17 18	19 20 21 22 23	4	5
	11	24 25 26 27 28	29 30 D1 2 3	4 5 6 7 8	9 10 11 12 13	14 15 16 17 18	19 20 21 22 23	6	35
	12	24 25 26 27 28	29 30 31 11 2	3 4 5 6 7	8 9 10 11 12	13 14 15 16 17	18 19 20 21 —	1	5

年序 Year	陰曆月序 Moon	陰曆日序 Order of days (Lunar) 1 2 3 4 5	6 7 8 9 10	11 12 13 14 15	16 17 18 19 20	21 22 23 24 25	26 27 28 29 30	星期 Week	干支 Cycle
至元18辛巳 1281–82	26 1	22 23 24 25 26	27 28 29 30 31	21 2 3 4 5	6 7 8 9 10	11 12 13 14 15	16 17 18 19 —	2	34
	2	20 21 22 23 24	25 26 27 28 31	2 3 4 5 6	7 8 9 10 11	12 13 14 15 16	17 18 19 20 —	3	3
	3	21 22 23 24 25	26 27 28 29 30	31 41 2 3 4	5 6 7 8 9	10 11 12 13 14	15 16 17 18 19	4	32
	4	20 21 22 23 24	25 26 27 28 29	30 51 2 3 4	5 6 7 8 9	10 11 12 13 14	15 16 17 18 —	6	2
	5	19 20 21 22 23	24 25 26 27 28	29 30 31 61 2	3 4 5 6 7	8 9 10 11 12	13 14 15 16 17	0	31
	6	18 19 20 21 22	23 24 25 26 27	28 29 30 71 2	3 4 5 6 7	8 9 10 11 12	13 14 15 16 —	2	1
	7	17 18 19 20 21	22 23 24 25 26	27 28 29 30 31	81 2 3 4 5	6 7 8 9 10	11 12 13 14 15	3	30
	8	16 17 18 19 20	21 22 23 24 25	26 27 28 29 30	31 91 2 3 4	5 6 7 8 9	10 11 12 13 —	5	0
	8	14 15 16 17 18	19 20 21 22 23	24 25 26 27 28	29 30 01 2 3	4 5 6 7 8	9 10 11 12 13	6	29
	9	14 15 16 17 18	19 20 21 22 23	24 25 26 27 28	29 30 31 N1 2	3 4 5 6 7	8 9 10 11 12	1	59
	10	13 14 15 16 17	18 19 20 21 22	23 24 25 26 27	28 29 30 D1 2	3 4 5 6 7	8 9 10 11 12	3	29
	11	13 14 15 16 17	18 19 20 21 22	23 24 25 26 27	28 29 30 31 11	2 3 4 5 6	7 8 9 10 —	5	59
	12	11 12 13 14 15	16 17 18 19 20	21 22 23 24 25	26 27 28 29 30	31 21 2 3 4	5 6 7 8 9	6	28
至元19壬午 1282–83	38 1	10 11 12 13 14	15 16 17 18 19	20 21 22 23 24	25 26 27 28 31	2 3 4 5 6	7 8 9 10 —	1	58
	2	11 12 13 14 15	16 17 18 19 20	21 22 23 24 25	26 27 28 29 30	31 41 2 3 4	5 6 7 8 9	2	27
	3	10 11 12 13 14	15 16 17 18 19	20 21 22 23 24	25 26 27 28 29	30 51 2 3 4	5 6 7 8 —	4	57
	4	9 10 11 12 13	14 15 16 17 18	19 20 21 22 23	24 25 26 27 28	29 30 31 61 2	3 4 5 6 —	5	26
	5	7 8 9 10 11	12 13 14 15 16	17 18 19 20 21	22 23 24 25 26	27 28 29 30 71	2 3 4 5 6	6	55
	6	7 8 9 10 11	12 13 14 15 16	17 18 19 20 21	22 23 24 25 26	27 28 29 30 31	81 2 3 4 —	1	25
	7	5 6 7 8 9	10 11 12 13 14	15 16 17 18 19	20 21 22 23 24	25 26 27 28 29	30 31 91 2 —	2	54
	8	3 4 5 6 7	8 9 10 11 12	13 14 15 16 17	18 19 20 21 22	23 24 25 26 27	28 29 30 01 2	3	23
	9	3 4 5 6 7	8 9 10 11 12	13 14 15 16 17	18 19 20 21 22	23 24 25 26 27	28 29 30 31 N1	5	53
	10	2 3 4 5 6	7 8 9 10 11	12 13 14 15 16	17 18 19 20 21	22 23 24 25 26	27 28 29 30 D1	0	23
	11	2 3 4 5 6	7 8 9 10 11	12 13 14 15 16	17 18 19 20 21	22 23 24 25 26	27 28 29 30 31	2	53
	12	11 2 3 4 5	6 7 8 9 10	11 12 13 14 15	16 17 18 19 20	21 22 23 24 25	26 27 28 29 —	4	23
至元20癸未 1283–84	50 1	30 31 21 2 3	4 5 6 7 8	9 10 11 12 13	14 15 16 17 18	19 20 21 22 23	24 25 26 27 28	5	52
	2	31 2 3 4 5	6 7 8 9 10	11 12 13 14 15	16 17 18 19 20	21 22 23 24 25	26 27 28 29 —	0	22
	3	30 31 41 2 3	4 5 6 7 8	9 10 11 12 13	14 15 16 17 18	19 20 21 22 23	24 25 26 27 28	1	51
	4	29 30 51 2 3	4 5 6 7 8	9 10 11 12 13	14 15 16 17 18	19 20 21 22 23	24 25 26 27 —	3	21
	5	28 29 30 31 61	2 3 4 5 6	7 8 9 10 11	12 13 14 15 16	17 18 19 20 21	22 23 24 25 —	4	50
	6	26 27 28 29 30	71 2 3 4 5	6 7 8 9 10	11 12 13 14 15	16 17 18 19 20	21 22 23 24 25	5	19
	7	26 27 28 29 30	31 81 2 3 4	5 6 7 8 9	10 11 12 13 14	15 16 17 18 19	20 21 22 23 —	0	49
	8	24 25 26 27 28	29 30 31 91 2	3 4 5 6 7	8 9 10 11 12	13 14 15 16 17	18 19 20 21 —	1	18
	9	22 23 24 25 26	27 28 29 30 01	2 3 4 5 6	7 8 9 10 11	12 13 14 15 16	17 18 19 20 21	2	47
	10	22 23 24 25 26	27 28 29 30 31	N1 2 3 4 5	6 7 8 9 10	11 12 13 14 15	16 17 18 19 20	4	17
	11	21 22 23 24 25	26 27 28 29 30	D1 2 3 4 5	6 7 8 9 10	11 12 13 14 15	16 17 18 19 —	6	47
	12	20 21 22 23 24	25 26 27 28 29	30 31 11 2 3	4 5 6 7 8	9 10 11 12 13	14 15 16 17 18	0	16
至元21甲申 1284–85	2 1	19 20 21 22 23	24 25 26 27 28	29 30 31 21 2	3 4 5 6 7	8 9 10 11 12	13 14 15 16 17	2	46
	2	18 19 20 21 22	23 24 25 26 27	28 29 31 2 3	4 5 6 7 8	9 10 11 12 13	14 15 16 17 18	4	16
	3	19 20 21 22 23	24 25 26 27 28	29 30 31 41 2	3 4 5 6 7	8 9 10 11 12	13 14 15 16 —	6	46
	4	17 18 19 20 21	22 23 24 25 26	27 28 29 30 51	2 3 4 5 6	7 8 9 10 11	12 13 14 15 16	0	15
	5	17 18 19 20 21	22 23 24 25 26	27 28 29 30 31	61 2 3 4 5	6 7 8 9 10	11 12 13 14 —	2	45
	5	15 16 17 18 19	20 21 22 23 24	25 26 27 28 29	30 71 2 3 4	5 6 7 8 9	10 11 12 13 —	3	14
	6	14 15 16 17 18	19 20 21 22 23	24 25 26 27 28	29 30 31 81 2	3 4 5 6 7	8 9 10 11 12	4	43
	7	13 14 15 16 17	18 19 20 21 22	23 24 25 26 27	28 29 30 31 91	2 3 4 5 6	7 8 9 10 —	6	13
	8	11 12 13 14 15	16 17 18 19 20	21 22 23 24 25	26 27 28 29 30	01 2 3 4 5	6 7 8 9 —	0	42
	9	10 11 12 13 14	15 16 17 18 19	20 21 22 23 24	25 26 27 28 29	30 31 N1 2 3	4 5 6 7 8	1	11
	10	9 10 11 12 13	14 15 16 17 18	19 20 21 22 23	24 25 26 27 28	29 30 D1 2 3	4 5 6 7 —	3	41
	11	8 9 10 11 12	13 14 15 16 17	18 19 20 21 22	23 24 25 26 27	28 29 30 31 11	2 3 4 5 6	4	10
	12	7 8 9 10 11	12 13 14 15 16	17 18 19 20 21	22 23 24 25 26	27 28 29 30 31	21 2 3 4 5	6	40
至元22乙酉 1285–86	14 1	6 7 8 9 10	11 12 13 14 15	16 17 18 19 20	21 22 23 24 25	26 27 28 31 2	3 4 5 6 7	1	10
	2	8 9 10 11 12	13 14 15 16 17	18 19 20 21 22	23 24 25 26 27	28 29 30 31 41	2 3 4 5 —	3	40
	3	6 7 8 9 10	11 12 13 14 15	16 17 18 19 20	21 22 23 24 25	26 27 28 29 30	51 2 3 4 5	4	9
	4	6 7 8 9 10	11 12 13 14 15	16 17 18 19 20	21 22 23 24 25	26 27 28 29 30	31 61 2 3 4	6	39
	5	5 6 7 8 9	10 11 12 13 14	15 16 17 18 19	20 21 22 23 24	25 26 27 28 29	30 71 2 3 —	1	9
	6	4 5 6 7 8	9 10 11 12 13	14 15 16 17 18	19 20 21 22 23	24 25 26 27 28	29 30 31 81 —	2	38
	7	2 3 4 5 6	7 8 9 10 11	12 13 14 15 16	17 18 19 20 21	22 23 24 25 26	27 28 29 30 31	3	7
	8	91 2 3 4 5	6 7 8 9 10	11 12 13 14 15	16 17 18 19 20	21 22 23 24 25	26 27 28 29 —	5	37
	9	30 01 2 3 4	5 6 7 8 9	10 11 12 13 14	15 16 17 18 19	20 21 22 23 24	25 26 27 28 —	6	6
	10	29 30 31 N1 2	3 4 5 6 7	8 9 10 11 12	13 14 15 16 17	18 19 20 21 22	23 24 25 26 27	0	35
	11	28 29 30 D1 2	3 4 5 6 7	8 9 10 11 12	13 14 15 16 17	18 19 20 21 22	23 24 25 26 —	2	5
	12	27 28 29 30 31	11 2 3 4 5	6 7 8 9 10	11 12 13 14 15	16 17 18 19 20	21 22 23 24 25	3	34

年序 Year	陰曆月序 Moon	陰曆日序 Order of days (Lunar)																														星期 Week	干支 Cycle
		1	2	3	4	5	6	7	8	9	10	11	12	13	14	15	16	17	18	19	20	21	22	23	24	25	26	27	28	29	30		
至元23丙戌 1286–87	26 1	26	27	28	29	30	31	21	2	3	4	5	6	7	8	9	10	11	12	13	14	15	16	17	18	19	20	21	22	23	24	5	4
	2	25	26	27	28	31	2	3	4	5	6	7	8	9	10	11	12	13	14	15	16	17	18	19	20	21	22	23	24	25	—	0	34
	3	26	27	28	29	30	31	41	2	3	4	5	6	7	8	9	10	11	12	13	14	15	16	17	18	19	20	21	22	23	24	1	3
	4	25	26	27	28	29	30	51	2	3	4	5	6	7	8	9	10	11	12	13	14	15	16	17	18	19	20	21	22	23	24	3	33
	5	25	26	27	28	29	30	31	61	2	3	4	5	6	7	8	9	10	11	12	13	14	15	16	17	18	19	20	21	22	—	5	3
	6	23	24	25	26	27	28	29	30	71	2	3	4	5	6	7	8	9	10	11	12	13	14	15	16	17	18	19	20	21	22	6	32
	7	23	24	25	26	27	28	29	30	31	81	2	3	4	5	6	7	8	9	10	11	12	13	14	15	16	17	18	19	20	—	1	2
	8	21	22	23	24	25	26	27	28	29	30	31	91	2	3	4	5	6	7	8	9	10	11	12	13	14	15	16	17	18	19	2	31
	9	20	21	22	23	24	25	26	27	28	29	30	01	2	3	4	5	6	7	8	9	10	11	12	13	14	15	16	17	18	—	4	1
	10	19	20	21	22	23	24	25	26	27	28	29	30	31	N1	2	3	4	5	6	7	8	9	10	11	12	13	14	15	16	—	5	30
	11	17	18	19	20	21	22	23	24	25	26	27	28	29	30	D1	2	3	4	5	6	7	8	9	10	11	12	13	14	15	16	6	59
	12	17	18	19	20	21	22	23	24	25	26	27	28	29	30	31	11	2	3	4	5	6	7	8	9	10	11	12	13	14	—	1	29
至元24丁亥 1287–88	38 1	15	16	17	18	19	20	21	22	23	24	25	26	27	28	29	30	31	21	2	3	4	5	6	7	8	9	10	11	12	13	2	58
	2	14	15	16	17	18	19	20	21	22	23	24	25	26	27	28	31	2	3	4	5	6	7	8	9	10	11	12	13	14	15	4	28
	2	16	17	18	19	20	21	22	23	24	25	26	27	28	29	30	31	41	2	3	4	5	6	7	8	9	10	11	12	13	—	6	58
	3	14	15	16	17	18	19	20	21	22	23	24	25	26	27	28	29	30	51	2	3	4	5	6	7	8	9	10	11	12	13	0	27
	4	14	15	16	17	18	19	20	21	22	23	24	25	26	27	28	29	30	31	61	2	3	4	5	6	7	8	9	10	11	12	2	57
	5	13	14	15	16	17	18	19	20	21	22	23	24	25	26	27	28	29	30	71	2	3	4	5	6	7	8	9	10	11	—	4	27
	6	12	13	14	15	16	17	18	19	20	21	22	23	24	25	26	27	28	29	30	31	81	2	3	4	5	6	7	8	9	10	5	56
	7	11	12	13	14	15	16	17	18	19	20	21	22	23	24	25	26	27	28	29	30	31	91	2	3	4	5	6	7	8	—	0	26
	8	9	10	11	12	13	14	15	16	17	18	19	20	21	22	23	24	25	26	27	28	29	30	01	2	3	4	5	6	7	8	1	55
	9	9	10	11	12	13	14	15	16	17	18	19	20	21	22	23	24	25	26	27	28	29	30	31	N1	2	3	4	5	6	—	3	25
	10	7	8	9	10	11	12	13	14	15	16	17	18	19	20	21	22	23	24	25	26	27	28	29	30	D1	2	3	4	5	—	4	54
	11	6	7	8	9	10	11	12	13	14	15	16	17	18	19	20	21	22	23	24	25	26	27	28	29	30	31	11	2	3	4	5	23
	12	5	6	7	8	9	10	11	12	13	14	15	16	17	18	19	20	21	22	23	24	25	26	27	28	29	30	31	21	2	—	0	53
至元25戊子 1288–89	50 1	3	4	5	6	7	8	9	10	11	12	13	14	15	16	17	18	19	20	21	22	23	24	25	26	27	28	29	31	2	3	1	22
	2	4	5	6	7	8	9	10	11	12	13	14	15	16	17	18	19	20	21	22	23	24	25	26	27	28	29	30	31	41	—	3	52
	3	2	3	4	5	6	7	8	9	10	11	12	13	14	15	16	17	18	19	20	21	22	23	24	25	26	27	28	29	30	51	4	21
	4	2	3	4	5	6	7	8	9	10	11	12	13	14	15	16	17	18	19	20	21	22	23	24	25	26	27	28	29	30	31	6	51
	5	61	2	3	4	5	6	7	8	9	10	11	12	13	14	15	16	17	18	19	20	21	22	23	24	25	26	27	28	29	—	1	21
	6	30	71	2	3	4	5	6	7	8	9	10	11	12	13	14	15	16	17	18	19	20	21	22	23	24	25	26	27	28	29	2	50
	7	30	31	81	2	3	4	5	6	7	8	9	10	11	12	13	14	15	16	17	18	19	20	21	22	23	24	25	26	27	—	4	20
	8	28	29	30	31	91	2	3	4	5	6	7	8	9	10	11	12	13	14	15	16	17	18	19	20	21	22	23	24	25	26	5	49
	9	27	28	29	30	01	2	3	4	5	6	7	8	9	10	11	12	13	14	15	16	17	18	19	20	21	22	23	24	25	26	0	19
	10	27	28	29	30	31	N1	2	3	4	5	6	7	8	9	10	11	12	13	14	15	16	17	18	19	20	21	22	23	24	—	2	49
	11	25	26	27	28	29	30	D1	2	3	4	5	6	7	8	9	10	11	12	13	14	15	16	17	18	19	20	21	22	23	24	3	18
	12	25	26	27	28	29	30	31	11	2	3	4	5	6	7	8	9	10	11	12	13	14	15	16	17	18	19	20	21	22	—	5	48
至元26己丑 1289–90	2 1	23	24	25	26	27	28	29	30	31	21	2	3	4	5	6	7	8	9	10	11	12	13	14	15	16	17	18	19	20	21	6	17
	2	22	23	24	25	26	27	28	31	2	3	4	5	6	7	8	9	10	11	12	13	14	15	16	17	18	19	20	21	22	—	1	47
	3	23	24	25	26	27	28	29	30	31	41	2	3	4	5	6	7	8	9	10	11	12	13	14	15	16	17	18	19	20	—	2	16
	4	21	22	23	24	25	26	27	28	29	30	51	2	3	4	5	6	7	8	9	10	11	12	13	14	15	16	17	18	19	20	3	45
	5	21	22	23	24	25	26	27	28	29	30	31	61	2	3	4	5	6	7	8	9	10	11	12	13	14	15	16	17	18	—	5	15
	6	19	20	21	22	23	24	25	26	27	28	29	30	71	2	3	4	5	6	7	8	9	10	11	12	13	14	15	16	17	18	6	44
	7	19	20	21	22	23	24	25	26	27	28	29	30	31	81	2	3	4	5	6	7	8	9	10	11	12	13	14	15	16	—	1	14
	8	17	18	19	20	21	22	23	24	25	26	27	28	29	30	31	91	2	3	4	5	6	7	8	9	10	11	12	13	14	15	2	43
	9	16	17	18	19	20	21	22	23	24	25	26	27	28	29	30	01	2	3	4	5	6	7	8	9	10	11	12	13	14	15	4	13
	10	16	17	18	19	20	21	22	23	24	25	26	27	28	29	30	31	N1	2	3	4	5	6	7	8	9	10	11	12	13	14	6	43
	10	15	16	17	18	19	20	21	22	23	24	25	26	27	28	29	30	D1	2	3	4	5	6	7	8	9	10	11	12	13	—	1	13
	11	14	15	16	17	18	19	20	21	22	23	24	25	26	27	28	29	30	31	11	2	3	4	5	6	7	8	9	10	11	12	2	42
	12	13	14	15	16	17	18	19	20	21	22	23	24	25	26	27	28	29	30	31	21	2	3	4	5	6	7	8	9	10	—	4	12
至元27庚寅 1290–91	14 1	11	12	13	14	15	16	17	18	19	20	21	22	23	24	25	26	27	28	31	2	3	4	5	6	7	8	9	10	11	12	5	41
	2	13	14	15	16	17	18	19	20	21	22	23	24	25	26	27	28	29	30	31	41	2	3	4	5	6	7	8	9	10	—	0	11
	3	11	12	13	14	15	16	17	18	19	20	21	22	23	24	25	26	27	28	29	30	51	2	3	4	5	6	7	8	9	—	1	40
	4	10	11	12	13	14	15	16	17	18	19	20	21	22	23	24	25	26	27	28	29	30	31	61	2	3	4	5	6	7	8	2	9
	5	9	10	11	12	13	14	15	16	17	18	19	20	21	22	23	24	25	26	27	28	29	30	71	2	3	4	5	6	7	—	4	39
	6	8	9	10	11	12	13	14	15	16	17	18	19	20	21	22	23	24	25	26	27	28	29	30	31	81	2	3	4	5	6	5	8
	7	7	8	9	10	11	12	13	14	15	16	17	18	19	20	21	22	23	24	25	26	27	28	29	30	31	91	2	3	4	—	0	38
	8	5	6	7	8	9	10	11	12	13	14	15	16	17	18	19	20	21	22	23	24	25	26	27	28	29	30	01	2	3	4	1	7
	9	5	6	7	8	9	10	11	12	13	14	15	16	17	18	19	20	21	22	23	24	25	26	27	28	29	30	31	N1	2	3	3	37
	10	4	5	6	7	8	9	10	11	12	13	14	15	16	17	18	19	20	21	22	23	24	25	26	27	28	29	30	D1	2	—	5	7
	11	3	4	5	6	7	8	9	10	11	12	13	14	15	16	17	18	19	20	21	22	23	24	25	26	27	28	29	30	31	11	6	36
	12	2	3	4	5	6	7	8	9	10	11	12	13	14	15	16	17	18	19	20	21	22	23	24	25	26	27	28	29	30	31	1	6

年序 Year		陰曆月序 Moon	陰曆日序 Order of days (Lunar) 1 2 3 4 5	6 7 8 9 10	11 12 13 14 15	16 17 18 19 20	21 22 23 24 25	26 27 28 29 30	星期 Week	干支 Cycle
至元 28 辛卯 1291–92	26	1	21 2 3 4 5	6 7 8 9 10	11 12 13 14 15	16 17 18 19 20	21 22 23 24 25	26 27 28 31 —	3	36
		2	2 3 4 5 6	7 8 9 10 11	12 13 14 15 16	17 18 19 20 21	22 23 24 25 26	27 28 29 30 31	4	5
		3	41 2 3 4 5	6 7 8 9 10	11 12 13 14 15	16 17 18 19 20	21 22 23 24 25	26 27 28 29 —	6	35
		4	30 51 2 3 4	5 6 7 8 9	10 11 12 13 14	15 16 17 18 19	20 21 22 23 24	25 26 27 28 —	0	4
		5	29 30 31 61 2	3 4 5 6 7	8 9 10 11 12	13 14 15 16 17	18 19 20 21 22	23 24 25 26 27	1	33
		6	28 29 30 71 2	3 4 5 6 7	8 9 10 11 12	13 14 15 16 17	18 19 20 21 22	23 24 25 26 —	3	3
		7	27 28 29 30 31	81 2 3 4 5	6 7 8 9 10	11 12 13 14 15	16 17 18 19 20	21 22 23 24 —	4	32
		8	25 26 27 28 29	30 31 91 2 3	4 5 6 7 8	9 10 11 12 13	14 15 16 17 18	19 20 21 22 23	5	1
		9	24 25 26 27 28	29 30 01 2 3	4 5 6 7 8	9 10 11 12 13	14 15 16 17 18	19 20 21 22 23	0	31
		10	24 25 26 27 28	29 30 31 N1 2	3 4 5 6 7	8 9 10 11 12	13 14 15 16 17	18 19 20 21 —	2	1
		11	22 23 24 25 26	27 28 29 30 D1	2 3 4 5 6	7 8 9 10 11	12 13 14 15 16	17 18 19 20 21	3	30
		12	22 23 24 25 26	27 28 29 30 31	11 2 3 4 5	6 7 8 9 10	11 12 13 14 15	16 17 18 19 20	5	0
至元 29 壬辰 1292–93	38	1	21 22 23 24 25	26 27 28 29 30	31 21 2 3 4	5 6 7 8 9	10 11 12 13 14	15 16 17 18 19	0	30
		2	20 21 22 23 24	25 26 27 28 29	31 2 3 4 5	6 7 8 9 10	11 12 13 14 15	16 17 18 19 —	2	0
		3	20 21 22 23 24	25 26 27 28 29	30 31 41 2 3	4 5 6 7 8	9 10 11 12 13	14 15 16 17 18	3	29
		4	19 20 21 22 23	24 25 26 27 28	29 30 51 2 3	4 5 6 7 8	9 10 11 12 13	14 15 16 17 —	5	59
		5	18 19 20 21 22	23 24 25 26 27	28 29 30 31 61	2 3 4 5 6	7 8 9 10 11	12 13 14 15 —	6	28
		6	16 17 18 19 20	21 22 23 24 25	26 27 28 29 30	71 2 3 4 5	6 7 8 9 10	11 12 13 14 15	0	57
		6	16 17 18 19 20	21 22 23 24 25	26 27 28 29 30	31 81 2 3 4	5 6 7 8 9	10 11 12 13 —	2	27
		7	14 15 16 17 18	19 20 21 22 23	24 25 26 27 28	29 30 31 91 2	3 4 5 6 7	8 9 10 11 —	3	56
		8	12 13 14 15 16	17 18 19 20 21	22 23 24 25 26	27 28 29 30 01	2 3 4 5 6	7 8 9 10 11	4	25
		9	12 13 14 15 16	17 18 19 20 21	22 23 24 25 26	27 28 29 30 31	N1 2 3 4 5	6 7 8 9 —	6	55
		10	10 11 12 13 14	15 16 17 18 19	20 21 22 23 24	25 26 27 28 29	30 D1 2 3 4	5 6 7 8 9	0	24
		11	10 11 12 13 14	15 16 17 18 19	20 21 22 23 24	25 26 27 28 29	30 31 11 2 3	4 5 6 7 8	2	54
		12	9 10 11 12 13	14 15 16 17 18	19 20 21 22 23	24 25 26 27 28	29 30 31 21 2	3 4 5 6 7	4	24
至元 30 癸巳 1293–94	50	1	8 9 10 11 12	13 14 15 16 17	18 19 20 21 22	23 24 25 26 27	28 31 2 3 4	5 6 7 8 9	6	54
		2	10 11 12 13 14	15 16 17 18 19	20 21 22 23 24	25 26 27 28 29	30 31 41 2 3	4 5 6 7 —	1	24
		3	8 9 10 11 12	13 14 15 16 17	18 19 20 21 22	23 24 25 26 27	28 29 30 51 2	3 4 5 6 7	2	53
		4	8 9 10 11 12	13 14 15 16 17	18 19 20 21 22	23 24 25 26 27	28 29 30 31 61	2 3 4 5 —	4	23
		5	6 7 8 9 10	11 12 13 14 15	16 17 18 19 20	21 22 23 24 25	26 27 28 29 30	71 2 3 4 —	5	52
		6	5 6 7 8 9	10 11 12 13 14	15 16 17 18 19	20 21 22 23 24	25 26 27 28 29	30 31 81 2 3	6	21
		7	4 5 6 7 8	9 10 11 12 13	14 15 16 17 18	19 20 21 22 23	24 25 26 27 28	29 30 31 91 —	1	51
		8	2 3 4 5 6	7 8 9 10 11	12 13 14 15 16	17 18 19 20 21	22 23 24 25 26	27 28 29 30 —	2	20
		9	01 2 3 4 5	6 7 8 9 10	11 12 13 14 15	16 17 18 19 20	21 22 23 24 25	26 27 28 29 30	3	49
		10	31 N1 2 3 4	5 6 7 8 9	10 11 12 13 14	15 16 17 18 19	20 21 22 23 24	25 26 27 28 —	5	19
		11	29 30 D1 2 3	4 5 6 7 8	9 10 11 12 13	14 15 16 17 18	19 20 21 22 23	24 25 26 27 28	6	48
		12	29 30 31 11 2	3 4 5 6 7	8 9 10 11 12	13 14 15 16 17	18 19 20 21 22	23 24 25 26 27	1	18
至元 31 甲午 1294–95	2	1	28 29 30 31 21	2 3 4 5 6	7 8 9 10 11	12 13 14 15 16	17 18 19 20 21	22 23 24 25 26	3	48
		2	27 28 31 2 3	4 5 6 7 8	9 10 11 12 13	14 15 16 17 18	19 20 21 22 23	24 25 26 27 —	5	18
		3	28 29 30 31 41	2 3 4 5 6	7 8 9 10 11	12 13 14 15 16	17 18 19 20 21	22 23 24 25 26	6	47
		4	27 28 29 30 51	2 3 4 5 6	7 8 9 10 11	12 13 14 15 16	17 18 19 20 21	22 23 24 25 —	1	17
		5	26 27 28 29 30	31 61 2 3 4	5 6 7 8 9	10 11 12 13 14	15 16 17 18 19	20 21 22 23 24	2	46
		6	25 26 27 28 29	30 71 2 3 4	5 6 7 8 9	10 11 12 13 14	15 16 17 18 19	20 21 22 23 —	4	16
		7	24 25 26 27 28	29 30 31 81 2	3 4 5 6 7	8 9 10 11 12	13 14 15 16 17	18 19 20 21 22	5	45
		8	23 24 25 26 27	28 29 30 31 91	2 3 4 5 6	7 8 9 10 11	12 13 14 15 16	17 18 19 20 —	0	15
		9	21 22 23 24 25	26 27 28 29 30	01 2 3 4 5	6 7 8 9 10	11 12 13 14 15	16 17 18 19 —	1	44
		10	20 21 22 23 24	25 26 27 28 29	30 31 N1 2 3	4 5 6 7 8	9 10 11 12 13	14 15 16 17 18	2	13
		11	19 20 21 22 23	24 25 26 27 28	29 30 D1 2 3	4 5 6 7 8	9 10 11 12 13	14 15 16 17 —	4	43
		12	18 19 20 21 22	23 24 25 26 27	28 29 30 31 11	2 3 4 5 6	7 8 9 10 11	12 13 14 15 16	5	12
成宗 元貞 1 乙未 1295–96	14	1	17 18 19 20 21	22 23 24 25 26	27 28 29 30 31	21 2 3 4 5	6 7 8 9 10	11 12 13 14 15	0	42
		2	16 17 18 19 20	21 22 23 24 25	26 27 28 31 2	3 4 5 6 7	8 9 10 11 12	13 14 15 16 —	2	12
		3	17 18 19 20 21	22 23 24 25 26	27 28 29 30 31	41 2 3 4 5	6 7 8 9 10	11 12 13 14 15	3	41
		4	16 17 18 19 20	21 22 23 24 25	26 27 28 29 30	51 2 3 4 5	6 7 8 9 10	11 12 13 14 15	5	11
		4	16 17 18 19 20	21 22 23 24 25	26 27 28 29 30	31 61 2 3 4	5 6 7 8 9	10 11 12 13 —	0	41
		5	14 15 16 17 18	19 20 21 22 23	24 25 26 27 28	29 30 71 2 3	4 5 6 7 8	9 10 11 12 13	1	10
		6	14 15 16 17 18	19 20 21 22 23	24 25 26 27 28	29 30 31 81 2	3 4 5 6 7	8 9 10 11 —	3	40
		7	12 13 14 15 16	17 18 19 20 21	22 23 24 25 26	27 28 29 30 31	91 2 3 4 5	6 7 8 9 10	4	9
		8	11 12 13 14 15	16 17 18 19 20	21 22 23 24 25	26 27 28 29 30	01 2 3 4 5	6 7 8 9 —	6	39
		9	10 11 12 13 14	15 16 17 18 19	20 21 22 23 24	25 26 27 28 29	30 31 N1 2 3	4 5 6 7 —	0	8
		10	8 9 10 11 12	13 14 15 16 17	18 19 20 21 22	23 24 25 26 27	28 29 30 D1 2	3 4 5 6 7	1	37
		11	8 9 10 11 12	13 14 15 16 17	18 19 20 21 22	23 24 25 26 27	28 29 30 31 11	2 3 4 5 —	3	7
		12	6 7 8 9 10	11 12 13 14 15	16 17 18 19 20	21 22 23 24 25	26 27 28 29 30	31 21 2 3 4	4	36

年序 Year		陰曆月序 Moon	陰曆日序 Order of days (Lunar)																														星期 Week	干支 Cycle
			1	2	3	4	5	6	7	8	9	10	11	12	13	14	15	16	17	18	19	20	21	22	23	24	25	26	27	28	29	30		
元貞 2 丙申 1296–97	26	1	5	6	7	8	9	10	11	12	13	14	15	16	17	18	19	20	21	22	23	24	25	26	27	28	29	31	2	3	4	—	6	6
		2	5	6	7	8	9	10	11	12	13	14	15	16	17	18	19	20	21	22	23	24	25	26	27	28	29	30	31	41	2	3	0	35
		3	4	5	6	7	8	9	10	11	12	13	14	15	16	17	18	19	20	21	22	23	24	25	26	27	28	29	30	51	2	3	2	5
		4	4	5	6	7	8	9	10	11	12	13	14	15	16	17	18	19	20	21	22	23	24	25	26	27	28	29	30	31	61	—	4	35
		5	2	3	4	5	6	7	8	9	10	11	12	13	14	15	16	17	18	19	20	21	22	23	24	25	26	27	28	29	30	71	5	4
		6	2	3	4	5	6	7	8	9	10	11	12	13	14	15	16	17	18	19	20	21	22	23	24	25	26	27	28	29	30	31	0	34
		7	81	2	3	4	5	6	7	8	9	10	11	12	13	14	15	16	17	18	19	20	21	22	23	24	25	26	27	28	29	—	2	4
		8	30	31	91	2	3	4	5	6	7	8	9	10	11	12	13	14	15	16	17	18	19	20	21	22	23	24	25	26	27	28	3	33
		9	29	30	01	2	3	4	5	6	7	8	9	10	11	12	13	14	15	16	17	18	19	20	21	22	23	24	25	26	27	—	5	3
		10	28	29	30	31	N1	2	3	4	5	6	7	8	9	10	11	12	13	14	15	16	17	18	19	20	21	22	23	24	25	26	6	32
		11	27	28	29	30	D1	2	3	4	5	6	7	8	9	10	11	12	13	14	15	16	17	18	19	20	21	22	23	24	25	—	1	2
		12	26	27	28	29	30	31	11	2	3	4	5	6	7	8	9	10	11	12	13	14	15	16	17	18	19	20	21	22	23	—	2	31
大德 1 丁酉 1297–98	38	1	24	25	26	27	28	29	30	31	21	2	3	4	5	6	7	8	9	10	11	12	13	14	15	16	17	18	19	20	21	22	3	0
		2][	23	24	25	26	27	28	31	2	3	4	5	6	7	8	9	10	11	12	13	14	15	16	17	18	19	20	21	22	23	—	5	30
		3	24	25	26	27	28	29	30	31	41	2	3	4	5	6	7	8	9	10	11	12	13	14	15	16	17	18	19	20	21	22	6	59
		4	23	24	25	26	27	28	29	30	51	2	3	4	5	6	7	8	9	10	11	12	13	14	15	16	17	18	19	20	21	—	1	29
		5	22	23	24	25	26	27	28	29	30	31	61	2	3	4	5	6	7	8	9	10	11	12	13	14	15	16	17	18	19	20	2	58
		6	21	22	23	24	25	26	27	28	29	30	71	2	3	4	5	6	7	8	9	10	11	12	13	14	15	16	17	18	19	20	4	28
		7	21	22	23	24	25	26	27	28	29	30	31	81	2	3	4	5	6	7	8	9	10	11	12	13	14	15	16	17	18	—	6	58
		8	19	20	21	22	23	24	25	26	27	28	29	30	31	91	2	3	4	5	6	7	8	9	10	11	12	13	14	15	16	17	0	27
		9	18	19	20	21	22	23	24	25	26	27	28	29	30	01	2	3	4	5	6	7	8	9	10	11	12	13	14	15	16	—	2	57
		10	17	18	19	20	21	22	23	24	25	26	27	28	29	30	31	N1	2	3	4	5	6	7	8	9	10	11	12	13	14	15	3	26
		11	16	17	18	19	20	21	22	23	24	25	26	27	28	29	30	D1	2	3	4	5	6	7	8	9	10	11	12	13	14	15	5	56
		12	16	17	18	19	20	21	22	23	24	25	26	27	28	29	30	31	11	2	3	4	5	6	7	8	9	10	11	12	13	—	0	26
		12	14	15	16	17	18	19	20	21	22	23	24	25	26	27	28	29	30	31	21	2	3	4	5	6	7	8	9	10	11	—	1	55
大德 2 戊戌 1298–99	50	1	12	13	14	15	16	17	18	19	20	21	22	23	24	25	26	27	28	31	2	3	4	5	6	7	8	9	10	11	12	13	2	24
		2	14	15	16	17	18	19	20	21	22	23	24	25	26	27	28	29	30	31	41	2	3	4	5	6	7	8	9	10	11	—	4	54
		3	12	13	14	15	16	17	18	19	20	21	22	23	24	25	26	27	28	29	30	51	2	3	4	5	6	7	8	9	10	11	5	23
		4	12	13	14	15	16	17	18	19	20	21	22	23	24	25	26	27	28	29	30	31	61	2	3	4	5	6	7	8	9	—	0	53
		5	10	11	12	13	14	15	16	17	18	19	20	21	22	23	24	25	26	27	28	29	30	71	2	3	4	5	6	7	8	9	1	22
		6	10	11	12	13	14	15	16	17	18	19	20	21	22	23	24	25	26	27	28	29	30	31	81	2	3	4	5	6	7	—	3	52
		7	8	9	10	11	12	13	14	15	16	17	18	19	20	21	22	23	24	25	26	27	28	29	30	31	91	2	3	4	5	6	4	21
		8	7	8	9	10	11	12	13	14	15	16	17	18	19	20	21	22	23	24	25	26	27	28	29	30	01	2	3	4	5	6	6	51
		9	7	8	9	10	11	12	13	14	15	16	17	18	19	20	21	22	23	24	25	26	27	28	29	30	31	N1	2	3	4	—	1	21
		10	5	6	7	8	9	10	11	12	13	14	15	16	17	18	19	20	21	22	23	24	25	26	27	28	29	30	D1	2	3	4	2	50
		11	5	6	7	8	9	10	11	12	13	14	15	16	17	18	19	20	21	22	23	24	25	26	27	28	29	30	31	11	2	3	4	20
		12	4	5	6	7	8	9	10	11	12	13	14	15	16	17	18	19	20	21	22	23	24	25	26	27	28	29	30	31	21	—	6	50
大德 3 己亥 1299–1300	2	1	2	3	4	5	6	7	8	9	10	11	12	13	14	15	16	17	18	19	20	21	22	23	24	25	26	27	28	31	2	3	0	19
		2	4	5	6	7	8	9	10	11	12	13	14	15	16	17	18	19	20	21	22	23	24	25	26	27	28	29	30	31	41	—	2	49
		3	2	3	4	5	6	7	8	9	10	11	12	13	14	15	16	17	18	19	20	21	22	23	24	25	26	27	28	29	30	—	3	18
		4	51	2	3	4	5	6	7	8	9	10	11	12	13	14	15	16	17	18	19	20	21	22	23	24	25	26	27	28	29	30	4	47
		5	31	61	2	3	4	5	6	7	8	9	10	11	12	13	14	15	16	17	18	19	20	21	22	23	24	25	26	27	28	—	6	17
		6	29	30	71	2	3	4	5	6	7	8	9	10	11	12	13	14	15	16	17	18	19	20	21	22	23	24	25	26	27	—	0	46
		7	28	29	30	31	81	2	3	4	5	6	7	8	9	10	11	12	13	14	15	16	17	18	19	20	21	22	23	24	25	26	1	15
		8	27	28	29	30	31	91	2	3	4	5	6	7	8	9	10	11	12	13	14	15	16	17	18	19	20	21	22	23	24	25	3	45
		9	26	27	28	29	30	01	2	3	4	5	6	7	8	9	10	11	12	13	14	15	16	17	18	19	20	21	22	23	24	—	5	15
		10	25	26	27	28	29	30	31	N1	2	3	4	5	6	7	8	9	10	11	12	13	14	15	16	17	18	19	20	21	22	23	6	44
		11	24	25	26	27	28	29	30	D1	2	3	4	5	6	7	8	9	10	11	12	13	14	15	16	17	18	19	20	21	22	23	1	14
		12	24	25	26	27	28	29	30	31	11	2	3	4	5	6	7	8	9	10	11	12	13	14	15	16	17	18	19	20	21	22	3	44
大德 4 庚子 1300–01	14	1	23	24	25	26	27	28	29	30	31	21	2	3	4	5	6	7	8	9	10	11	12	13	14	15	16	17	18	19	20	—	5	14
		2	21	22	23	24	25	26	27	28	29	31	2	3	4	5	6	7	8	9	10	11	12	13	14	15	16	17	18	19	20	21	6	43
		3	22	23	24	25	26	27	28	29	30	31	41	2	3	4	5	6	7	8	9	10	11	12	13	14	15	16	17	18	19	—	1	13
		4	20	21	22	23	24	25	26	27	28	29	30	51	2	3	4	5	6	7	8	9	10	11	12	13	14	15	16	17	18	—	2	42
		5	19	20	21	22	23	24	25	26	27	28	29	30	31	61	2	3	4	5	6	7	8	9	10	11	12	13	14	15	16	17	3	11
		6	18	19	20	21	22	23	24	25	26	27	28	29	30	71	2	3	4	5	6	7	8	9	10	11	12	13	14	15	16	—	5	41
		7	17	18	19	20	21	22	23	24	25	26	27	28	29	30	31	81	2	3	4	5	6	7	8	9	10	11	12	13	14	—	6	10
		8	15	16	17	18	19	20	21	22	23	24	25	26	27	28	29	30	31	91	2	3	4	5	6	7	8	9	10	11	12	13	0	39
		8	14	15	16	17	18	19	20	21	22	23	24	25	26	27	28	29	30	01	2	3	4	5	6	7	8	9	10	11	12	13	2	9
		9	14	15	16	17	18	19	20	21	22	23	24	25	26	27	28	29	30	31	N1	2	3	4	5	6	7	8	9	10	11	12	4	39
		10	13	14	15	16	17	18	19	20	21	22	23	24	25	26	27	28	29	30	D1	2	3	4	5	6	7	8	9	10	11	—	6	9
		11	12	13	14	15	16	17	18	19	20	21	22	23	24	25	26	27	28	29	30	31	11	2	3	4	5	6	7	8	9	10	0	38
		12	11	12	13	14	15	16	17	18	19	20	21	22	23	24	25	26	27	28	29	30	31	21	2	3	4	5	6	7	8	9	2	8

年序 Year	陰暦月序 Moon	陰暦日序 Order of days (Lunar) 1 2 3 4 5	6 7 8 9 10	11 12 13 14 15	16 17 18 19 20	21 22 23 24 25	26 27 28 29 30	星期 Week	干支 Cycle
大德 5 辛丑 1301–02	26 1	10 11 12 13 14	15 16 17 18 19	20 21 22 23 24	25 26 27 28 31	2 3 4 5 6	7 8 9 10 —	4	38
	2	11 12 13 14 15	16 17 18 19 20	21 22 23 24 25	26 27 28 29 30	31 41 2 3 4	5 6 7 8 9	5	7
	3	10 11 12 13 14	15 16 17 18 19	20 21 22 23 24	25 26 27 28 29	30 51 2 3 4	5 6 7 8 —	0	37
	4	9 10 11 12 13	14 15 16 17 18	19 20 21 22 23	24 25 26 27 28	29 30 31 61 2	3 4 5 6 —	1	6
	5	7 8 9 10 11	12 13 14 15 16	17 18 19 20 21	22 23 24 25 26	27 28 29 30 71	2 3 4 5 6	2	35
	6	7 8 9 10 11	12 13 14 15 16	17 18 19 20 21	22 23 24 25 26	27 28 29 30 31	81 2 3 4 —	4	5
	7	5 6 7 8 9	10 11 12 13 14	15 16 17 18 19	20 21 22 23 24	25 26 27 28 29	30 31 91 2 —	5	34
	8	3 4 5 6 7	8 9 10 11 12	13 14 15 16 17	18 19 20 21 22	23 24 25 26 27	28 29 30 01 2	6	3
	9	3 4 5 6 7	8 9 10 11 12	13 14 15 16 17	18 19 20 21 22	23 24 25 26 27	28 29 30 31 —	1	33
	10	N1 2 3 4 5	6 7 8 9 10	11 12 13 14 15	16 17 18 19 20	21 22 23 24 25	26 27 28 29 30	2	2
	11	D1 2 3 4 5	6 7 8 9 10	11 12 13 14 15	16 17 18 19 20	21 22 23 24 25	26 27 28 29 30	4	32
	12	31 11 2 3 4	5 6 7 8 9	10 11 12 13 14	15 16 17 18 19	20 21 22 23 24	25 26 27 28 29	6	2
大德 6 壬寅 1302–03	38 1	30 31 21 2 3	4 5 6 7 8	9 10 11 12 13	14 15 16 17 18	19 20 21 22 23	24 25 26 27 —	1	32
	2	28 31 2 3 4	5 6 7 8 9	10 11 12 13 14	15 16 17 18 19	20 21 22 23 24	25 26 27 28 29	2	1
	3	30 31 41 2 3	4 5 6 7 8	9 10 11 12 13	14 15 16 17 18	19 20 21 22 23	24 25 26 27 28	4	31
	4	29 30 51 2 3	4 5 6 7 8	9 10 11 12 13	14 15 16 17 18	19 20 21 22 23	24 25 26 27 —	6	1
	5	28 29 30 31 61	2 3 4 5 6	7 8 9 10 11	12 13 14 15 16	17 18 19 20 21	22 23 24 25 —	0	30
	6	26 27 28 29 30	71 2 3 4 5	6 7 8 9 10	11 12 13 14 15	16 17 18 19 20	21 22 23 24 25	1	59
	7	26 27 28 29 30	31 81 2 3 4	5 6 7 8 9	10 11 12 13 14	15 16 17 18 19	20 21 22 23 —	3	29
	8	24 25 26 27 28	29 30 31 91 2	3 4 5 6 7	8 9 10 11 12	13 14 15 16 17	18 19 20 21 —	4	58
	9	22 23 24 25 26	27 28 29 30 01	2 3 4 5 6	7 8 9 10 11	12 13 14 15 16	17 18 19 20 21	5	27
	10	22 23 24 25 26	27 28 29 30 31	N1 2 3 4 5	6 7 8 9 10	11 12 13 14 15	16 17 18 19 —	0	57
	11	20 21 22 23 24	25 26 27 28 29	30 D1 2 3 4	5 6 7 8 9	10 11 12 13 14	15 16 17 18 19	1	26
	12	20 21 22 23 24	25 26 27 28 29	30 31 11 2 3	4 5 6 7 8	9 10 11 12 13	14 15 16 17 18	3	56
大德 7 癸卯 1303–04	50 1	19 20 21 22 23	24 25 26 27 28	29 30 31 21 2	3 4 5 6 7	8 9 10 11 12	13 14 15 16 —	5	26
	2	17 18 19 20 21	22 23 24 25 26	27 28 31 2 3	4 5 6 7 8	9 10 11 12 13	14 15 16 17 18	6	55
	3	19 20 21 22 23	24 25 26 27 28	29 30 31 41 2	3 4 5 6 7	8 9 10 11 12	13 14 15 16 17	1	25
	4	18 19 20 21 22	23 24 25 26 27	28 29 30 51 2	3 4 5 6 7	8 9 10 11 12	13 14 15 16 —	3	55
	5	17 18 19 20 21	22 23 24 25 26	27 28 29 30 31	61 2 3 4 5	6 7 8 9 10	11 12 13 14 15	4	24
	5	16 17 18 19 20	21 22 23 24 25	26 27 28 29 30	71 2 3 4 5	6 7 8 9 10	11 12 13 14 —	6	54
	6	15 16 17 18 19	20 21 22 23 24	25 26 27 28 29	30 31 81 2 3	4 5 6 7 8	9 10 11 12 13	0	23
	7	14 15 16 17 18	19 20 21 22 23	24 25 26 27 28	29 30 31 91 2	3 4 5 6 7	8 9 10 11 —	2	53
	8	12 13 14 15 16	17 18 19 20 21	22 23 24 25 26	27 28 29 30 01	2 3 4 5 6	7 8 9 10 —	3	22
	9	11 12 13 14 15	16 17 18 19 20	21 22 23 24 25	26 27 28 29 30	31 N1 2 3 4	5 6 7 8 9	4	51
	10	10 11 12 13 14	15 16 17 18 19	20 21 22 23 24	25 26 27 28 29	30 D1 2 3 4	5 6 7 8 —	6	21
	11	9 10 11 12 13	14 15 16 17 18	19 20 21 22 23	24 25 26 27 28	29 30 31 11 2	3 4 5 6 7	0	50
	12	8 9 10 11 12	13 14 15 16 17	18 19 20 21 22	23 24 25 26 27	28 29 30 31 21	2 3 4 5 —	2	20
大德 8 甲辰 1304–05	2 1	6 7 8 9 10	11 12 13 14 15	16 17 18 19 20	21 22 23 24 25	26 27 28 29 31	2 3 4 5 6	3	49
	2	7 8 9 10 11	12 13 14 15 16	17 18 19 20 21	22 23 24 25 26	27 28 29 30 31	41 2 3 4 5	5	19
	3	6 7 8 9 10	11 12 13 14 15	16 17 18 19 20	21 22 23 24 25	26 27 28 29 30	51 2 3 4 —	0	49
	4	5 6 7 8 9	10 11 12 13 14	15 16 17 18 19	20 21 22 23 24	25 26 27 28 29	30 31 61 2 3	1	18
	5	4 5 6 7 8	9 10 11 12 13	14 15 16 17 18	19 20 21 22 23	24 25 26 27 28	29 30 71 2 3	3	48
	6	4 5 6 7 8	9 10 11 12 13	14 15 16 17 18	19 20 21 22 23	24 25 26 27 28	29 30 31 81 —	5	18
	7	2 3 4 5 6	7 8 9 10 11	12 13 14 15 16	17 18 19 20 21	22 23 24 25 26	27 28 29 30 31	6	47
	8	91 2 3 4 5	6 7 8 9 10	11 12 13 14 15	16 17 18 19 20	21 22 23 24 25	26 27 28 29 —	1	17
	9	30 01 2 3 4	5 6 7 8 9	10 11 12 13 14	15 16 17 18 19	20 21 22 23 24	25 26 27 28 —	2	46
	10	29 30 31 N1 2	3 4 5 6 7	8 9 10 11 12	13 14 15 16 17	18 19 20 21 22	23 24 25 26 27	3	15
	11	28 29 30 D1 2	3 4 5 6 7	8 9 10 11 12	13 14 15 16 17	18 19 20 21 22	23 24 25 26 —	5	45
	12	27 28 29 30 31	11 2 3 4 5	6 7 8 9 10	11 12 13 14 15	16 17 18 19 20	21 22 23 24 25	6	14
大德 9 乙巳 1305–06	14 1	26 27 28 29 30	31 21 2 3 4	5 6 7 8 9	10 11 12 13 14	15 16 17 18 19	20 21 22 23 —	1	44
	2	24 25 26 27 28	31 2 3 4 5	6 7 8 9 10	11 12 13 14 15	16 17 18 19 20	21 22 23 24 25	2	13
	3	26 27 28 29 30	31 41 2 3 4	5 6 7 8 9	10 11 12 13 14	15 16 17 18 19	20 21 22 23 —	4	43
	4	24 25 26 27 28	29 30 51 2 3	4 5 6 7 8	9 10 11 12 13	14 15 16 17 18	19 20 21 22 23	5	12
	5	24 25 26 27 28	29 30 31 61 2	3 4 5 6 7	8 9 10 11 12	13 14 15 16 17	18 19 20 21 22	0	42
	6	23 24 25 26 27	28 29 30 71 2	3 4 5 6 7	8 9 10 11 12	13 14 15 16 17	18 19 20 21 —	2	12
	7	22 23 24 25 26	27 28 29 30 31	81 2 3 4 5	6 7 8 9 10	11 12 13 14 15	16 17 18 19 20	3	41
	8	21 22 23 24 25	26 27 28 29 30	31 91 2 3 4	5 6 7 8 9	10 11 12 13 14	15 16 17 18 —	5	11
	9	19 20 21 22 23	24 25 26 27 28	29 30 01 2 3	4 5 6 7 8	9 10 11 12 13	14 15 16 17 18	6	40
	10	19 20 21 22 23	24 25 26 27 28	29 30 31 N1 2	3 4 5 6 7	8 9 10 11 12	13 14 15 16 —	1	10
	11	17 18 19 20 21	22 23 24 25 26	27 28 29 30 D1	2 3 4 5 6	7 8 9 10 11	12 13 14 15 16	2	39
	12	17 18 19 20 21	22 23 24 25 26	27 28 29 30 31	11 2 3 4 5	6 7 8 9 10	11 12 13 14 —	4	9

年序 Year	陰曆月序 Moon	陰曆日序 Order of days (Lunar) 1 2 3 4 5	6 7 8 9 10	11 12 13 14 15	16 17 18 19 20	21 22 23 24 25	26 27 28 29 30	星期 Week	干支 Cycle
大德 10 丙午 1306–07	26 1	15 16 17 18 19	20 21 22 23 24	25 26 27 28 29	30 31 21 2 3	4 5 6 7 8	9 10 11 12 13	5	38
	1	14 15 16 17 18	19 20 21 22 23	24 25 26 27 28	31 2 3 4 5	6 7 8 9 10	11 12 13 14 —	0	8
	2	15 16 17 18 19	20 21 22 23 24	25 26 27 28 29	30 31 41 2 3	4 5 6 7 8	9 10 11 12 13	1	37
	3	14 15 16 17 18	19 20 21 22 23	24 25 26 27 28	29 30 51 2 3	4 5 6 7 8	9 10 11 12 —	3	7
	4	13 14 15 16 17	18 19 20 21 22	23 24 25 26 27	28 29 30 31 61	2 3 4 5 6	7 8 9 10 11	4	36
	5	12 13 14 15 16	17 18 19 20 21	22 23 24 25 26	27 28 29 30 71	2 3 4 5 6	7 8 9 10 —	6	6
	6	11 12 13 14 15	16 17 18 19 20	21 22 23 24 25	26 27 28 29 30	31 81 2 3 4	5 6 7 8 9	0	35
	7	10 11 12 13 14	15 16 17 18 19	20 21 22 23 24	25 26 27 28 29	30 31 91 2 3	4 5 6 7 8	2	5
	8	9 10 11 12 13	14 15 16 17 18	19 20 21 22 23	24 25 26 27 28	29 30 01 2 3	4 5 6 7 —	4	35
	9	8 9 10 11 12	13 14 15 16 17	18 19 20 21 22	23 24 25 26 27	28 29 30 31 N1	2 3 4 5 6	5	4
	10	7 8 9 10 11	12 13 14 15 16	17 18 19 20 21	22 23 24 25 26	27 28 29 30 D1	2 3 4 5 6	0	34
	11	7 8 9 10 11	12 13 14 15 16	17 18 19 20 21	22 23 24 25 26	27 28 29 30 31	11 2 3 4 —	2	4
	12	5 6 7 8 9	10 11 12 13 14	15 16 17 18 19	20 21 22 23 24	25 26 27 28 29	30 31 21 2 —	3	33
大德 11 丁未 1307–08	38 1	3 4 5 6 7	8 9 10 11 12	13 14 15 16 17	18 19 20 21 22	23 24 25 26 27	28 31 2 3 4	4	2
	2	5 6 7 8 9	10 11 12 13 14	15 16 17 18 19	20 21 22 23 24	25 26 27 28 29	30 31 41 2 —	6	32
	3	3 4 5 6 7	8 9 10 11 12	13 14 15 16 17	18 19 20 21 22	23 24 25 26 27	28 29 30 51 2	0	1
	4	3 4 5 6 7	8 9 10 11 12	13 14 15 16 17	18 19 20 21 22	23 24 25 26 27	28 29 30 31 —	2	31
	5	61 2 3 4 5	6 7 8 9 10	11 12 13 14 15	16 17 18 19 20	21 22 23 24 25	26 27 28 29 —	3	0
	6	30 71 2 3 4	5 6 7 8 9	10 11 12 13 14	15 16 17 18 19	20 21 22 23 24	25 26 27 28 29	4	29
	7	30 31 81 2 3	4 5 6 7 8	9 10 11 12 13	14 15 16 17 18	19 20 21 22 23	24 25 26 27 28	6	59
	8	29 30 31 91 2	3 4 5 6 7	8 9 10 11 12	13 14 15 16 17	18 19 20 21 22	23 24 25 26 —	1	29
	9	27 28 29 30 01	2 3 4 5 6	7 8 9 10 11	12 13 14 15 16	17 18 19 20 21	22 23 24 25 26	2	58
	10	27 28 29 30 31	N1 2 3 4 5	6 7 8 9 10	11 12 13 14 15	16 17 18 19 20	21 22 23 24 25	4	28
	11	26 27 28 29 30	D1 2 3 4 5	6 7 8 9 10	11 12 13 14 15	16 17 18 19 20	21 22 23 24 25	6	58
	12	26 27 28 29 30	31 11 2 3 4	5 6 7 8 9	10 11 12 13 14	15 16 17 18 19	20 21 22 23 —	1	28
武宗 至大 1 戊申 1308–09	50 1	24 25 26 27 28	29 30 31 21 2	3 4 5 6 7	8 9 10 11 12	13 14 15 16 17	18 19 20 21 22	2	57
	2	23 24 25 26 27	28 29 31 2 3	4 5 6 7 8	9 10 11 12 13	14 15 16 17 18	19 20 21 22 —	4	27
	3	23 24 25 26 27	28 29 30 31 41	2 3 4 5 6	7 8 9 10 11	12 13 14 15 16	17 18 19 20 —	5	56
	4	21 22 23 24 25	26 27 28 29 30	51 2 3 4 5	6 7 8 9 10	11 12 13 14 15	16 17 18 19 20	6	25
	5	21 22 23 24 25	26 27 28 29 30	31 61 2 3 4	5 6 7 8 9	10 11 12 13 14	15 16 17 18 —	1	55
	6	19 20 21 22 23	24 25 26 27 28	29 30 71 2 3	4 5 6 7 8	9 10 11 12 13	14 15 16 17 —	2	24
	7	18 19 20 21 22	23 24 25 26 27	28 29 30 31 81	2 3 4 5 6	7 8 9 10 11	12 13 14 15 16	3	53
	8	17 18 19 20 21	22 23 24 25 26	27 28 29 30 31	91 2 3 4 5	6 7 8 9 10	11 12 13 14 —	5	23
	9	15 16 17 18 19	20 21 22 23 24	25 26 27 28 29	30 01 2 3 4	5 6 7 8 9	10 11 12 13 14	6	52
	10	15 16 17 18 19	20 21 22 23 24	25 26 27 28 29	30 31 N1 2 3	4 5 6 7 8	9 10 11 12 13	1	22
	11	14 15 16 17 18	19 20 21 22 23	24 25 26 27 28	29 30 D1 2 3	4 5 6 7 8	9 10 11 12 13	3	52
	11	14 15 16 17 18	19 20 21 22 23	24 25 26 27 28	29 30 31 11 2	3 4 5 6 7	8 9 10 11 —	5	22
	12	12 13 14 15 16	17 18 19 20 21	22 23 24 25 26	27 28 29 30 31	21 2 3 4 5	6 7 8 9 10	6	51
至大 2 己酉 1309–10	2 1	11 12 13 14 15	16 17 18 19 20	21 22 23 24 25	26 27 28 31 2	3 4 5 6 7	8 9 10 11 12	1	21
	2	13 14 15 16 17	18 19 20 21 22	23 24 25 26 27	28 29 30 31 41	2 3 4 5 6	7 8 9 10 —	3	51
	3	11 12 13 14 15	16 17 18 19 20	21 22 23 24 25	26 27 28 29 30	51 2 3 4 5	6 7 8 9 —	4	20
	4	10 11 12 13 14	15 16 17 18 19	20 21 22 23 24	25 26 27 28 29	30 31 61 2 3	4 5 6 7 8	5	49
	5	9 10 11 12 13	14 15 16 17 18	19 20 21 22 23	24 25 26 27 28	29 30 71 2 3	4 5 6 7 —	0	19
	6	8 9 10 11 12	13 14 15 16 17	18 19 20 21 22	23 24 25 26 27	28 29 30 31 81	2 3 4 5 —	1	48
	7	6 7 8 9 10	11 12 13 14 15	16 17 18 19 20	21 22 23 24 25	26 27 28 29 30	31 91 2 3 4	2	17
	8	5 6 7 8 9	10 11 12 13 14	15 16 17 18 19	20 21 22 23 24	25 26 27 28 29	30 01 2 3 —	4	47
	9	4 5 6 7 8	9 10 11 12 13	14 15 16 17 18	19 20 21 22 23	24 25 26 27 28	29 30 31 N1 2	5	16
	10	3 4 5 6 7	8 9 10 11 12	13 14 15 16 17	18 19 20 21 22	23 24 25 26 27	28 29 30 D1 2	0	46
	11	3 4 5 6 7	8 9 10 11 12	13 14 15 16 17	18 19 20 21 22	23 24 25 26 27	28 29 30 31 11	2	16
	12	2 3 4 5 6	7 8 9 10 11	12 13 14 15 16	17 18 19 20 21	22 23 24 25 26	27 28 29 30 —	4	46
至大 3 庚戌 1310–11	14 1	31 21 2 3 4	5 6 7 8 9	10 11 12 13 14	15 16 17 18 19	20 21 22 23 24	25 26 27 28 31	5	15
	2	2 3 4 5 6	7 8 9 10 11	12 13 14 15 16	17 18 19 20 21	22 23 24 25 26	27 28 29 30 31	0	45
	3	41 2 3 4 5	6 7 8 9 10	11 12 13 14 15	16 17 18 19 20	21 22 23 24 25	26 27 28 29 —	2	15
	4	30 51 2 3 4	5 6 7 8 9	10 11 12 13 14	15 16 17 18 19	20 21 22 23 24	25 26 27 28 —	3	44
	5	29 30 31 61 2	3 4 5 6 7	8 9 10 11 12	13 14 15 16 17	18 19 20 21 22	23 24 25 26 27	4	13
	6	28 29 30 71 2	3 4 5 6 7	8 9 10 11 12	13 14 15 16 17	18 19 20 21 22	23 24 25 26 —	6	43
	7	27 28 29 30 31	81 2 3 4 5	6 7 8 9 10	11 12 13 14 15	16 17 18 19 20	21 22 23 24 —	0	12
	8	25 26 27 28 29	30 31 91 2 3	4 5 6 7 8	9 10 11 12 13	14 15 16 17 18	19 20 21 22 23	1	41
	9	24 25 26 27 28	29 30 01 2 3	4 5 6 7 8	9 10 11 12 13	14 15 16 17 18	19 20 21 22 —	3	11
	10	23 24 25 26 27	28 29 30 31 N1	2 3 4 5 6	7 8 9 10 11	12 13 14 15 16	17 18 19 20 21	4	40
	11	22 23 24 25 26	27 28 29 30 D1	2 3 4 5 6	7 8 9 10 11	12 13 14 15 16	17 18 19 20 21	6	10
	12	22 23 24 25 26	27 28 29 30 31	11 2 3 4 5	6 7 8 9 10	11 12 13 14 15	16 17 18 19 —	1	40

年序 Year	陰曆月序 Moon	陰曆日序 Order of days (Lunar)																														星期 Week	干支 Cycle
		1	2	3	4	5	6	7	8	9	10	11	12	13	14	15	16	17	18	19	20	21	22	23	24	25	26	27	28	29	30		
至大 4 辛亥 1311–12	26 1	20	21	22	23	24	25	26	27	28	29	30	31	21	2	3	4	5	6	7	8	9	10	11	12	13	14	15	16	17	18	2	9
	2	19	20	21	22	23	24	25	26	27	28	31	2	3	4	5	6	7	8	9	10	11	12	13	14	15	16	17	18	19	20	4	39
	3	21	22	23	24	25	26	27	28	29	30	31	41	2	3	4	5	6	7	8	9	10	11	12	13	14	15	16	17	18	—	6	9
	4	19	20	21	22	23	24	25	26	27	28	29	30	51	2	3	4	5	6	7	8	9	10	11	12	13	14	15	16	17	18	0	38
	5	19	20	21	22	23	24	25	26	27	28	29	30	31	61	2	3	4	5	6	7	8	9	10	11	12	13	14	15	16	—	2	8
	6	17	18	19	20	21	22	23	24	25	26	27	28	29	30	71	2	3	4	5	6	7	8	9	10	11	12	13	14	15	16	3	37
	7	17	18	19	20	21	22	23	24	25	26	27	28	29	30	31	81	2	3	4	5	6	7	8	9	10	11	12	13	14	—	5	7
	7	15	16	17	18	19	20	21	22	23	24	25	26	27	28	29	30	31	91	2	3	4	5	6	7	8	9	10	11	12	—	6	36
	8	13	14	15	16	17	18	19	20	21	22	23	24	25	26	27	28	29	30	01	2	3	4	5	6	7	8	9	10	11	12	0	5
	9	13	14	15	16	17	18	19	20	21	22	23	24	25	26	27	28	29	30	31	N1	2	3	4	5	6	7	8	9	10	—	2	35
	10	11	12	13	14	15	16	17	18	19	20	21	22	23	24	25	26	27	28	29	30	D1	2	3	4	5	6	7	8	9	10	3	4
	11	11	12	13	14	15	16	17	18	19	20	21	22	23	24	25	26	27	28	29	30	31	11	2	3	4	5	6	7	8	—	5	34
	12	9	10	11	12	13	14	15	16	17	18	19	20	21	22	23	24	25	26	27	28	29	30	31	21	2	3	4	5	6	7	6	3
仁宗皇慶 1 壬子 1312–13	38 1	.8	9	10	11	12	13	14	15	16	17	18	19	20	21	22	23	24	25	26	27	28	29	31	2	3	4	5	6	7	8	1	33
	2	9	10	11	12	13	14	15	16	17	18	19	20	21	22	23	24	25	26	27	28	29	30	31	41	2	3	4	5	6	7	3	3
	3	8	9	10	11	12	13	14	15	16	17	18	19	20	21	22	23	24	25	26	27	28	29	30	51	2	3	4	5	6	—	5	33
	4	7	8	9	10	11	12	13	14	15	16	17	18	19	20	21	22	23	24	25	26	27	28	29	30	31	61	2	3	4	5	6	2
	5	6	7	8	9	10	11	12	13	14	15	16	17	18	19	20	21	22	23	24	25	26	27	28	29	30	71	2	3	4	—	1	32
	6	5	6	7	8	9	10	11	12	13	14	15	16	17	18	19	20	21	22	23	24	25	26	27	28	29	30	31	81	2	3	2	1
	7	4	5	6	7	8	9	10	11	12	13	14	15	16	17	18	19	20	21	22	23	24	25	26	27	28	29	30	31	91	—	4	31
	8	2	3	4	5	6	7	8	9	10	11	12	13	14	15	16	17	18	19	20	21	22	23	24	25	26	27	28	29	30	—	5	0
	9	01	2	3	4	5	6	7	8	9	10	11	12	13	14	15	16	17	18	19	20	21	22	23	24	25	26	27	28	29	30	6	29
	10	31	N1	2	3	4	5	6	7	8	9	10	11	12	13	14	15	16	17	18	19	20	21	22	23	24	25	26	27	28	—	1	59
	11	29	30	D1	2	3	4	5	6	7	8	9	10	11	12	13	14	15	16	17	18	19	20	21	22	23	24	25	26	27	28	2	28
	12	29	30	31	11	2	3	4	5	6	7	8	9	10	11	12	13	14	15	16	17	18	19	20	21	22	23	24	25	26	—	4	58
皇慶 2 癸丑 1313–14	50 1	27	28	29	30	31	21	2	3	4	5	6	7	8	9	10	11	12	13	14	15	16	17	18	19	20	21	22	23	24	25	5	27
	2	26	27	28	31	2	3	4	5	6	7	8	9	10	11	12	13	14	15	16	17	18	19	20	21	22	23	24	25	26	27	0	57
	3	28	29	30	31	41	2	3	4	5	6	7	8	9	10	11	12	13	14	15	16	17	18	19	20	21	22	23	24	25	—	2	27
	4	26	27	28	29	30	51	2	3	4	5	6	7	8	9	10	11	12	13	14	15	16	17	18	19	20	21	22	23	24	25	3	56
	5	26	27	28	29	30	31	61	2	3	4	5	6	7	8	9	10	11	12	13	14	15	16	17	18	19	20	21	22	23	—	5	26
	6	24	25	26	27	28	29	30	71	2	3	4	5	6	7	8	9	10	11	12	13	14	15	16	17	18	19	20	21	22	23	6	55
	7	24	25	26	27	28	29	30	31	81	2	3	4	5	6	7	8	9	10	11	12	13	14	15	16	17	18	19	20	21	—	1	25
	8	22	23	24	25	26	27	28	29	30	31	91	2	3	4	5	6	7	8	9	10	11	12	13	14	15	16	17	18	19	20	2	54
	9	21	22	23	24	25	26	27	28	29	30	01	2	3	4	5	6	7	8	9	10	11	12	13	14	15	16	17	18	19	—	4	24
	10	20	21	22	23	24	25	26	27	28	29	30	31	N1	2	3	4	5	6	7	8	9	10	11	12	13	14	15	16	17	18	5	53
	11	19	20	21	22	23	24	25	26	27	28	29	30	D1	2	3	4	5	6	7	8	9	10	11	12	13	14	15	16	17	—	0	23
	12	18	19	20	21	22	23	24	25	26	27	28	29	30	31	11	2	3	4	5	6	7	8	9	10	11	12	13	14	15	16	1	52
延祐 1 甲寅 1314–15	2 1	17	18	19	20	21	22	23	24	25	26	27	28	29	30	31	21	2	3	4	5	6	7	8	9	10	11	12	13	14	—	3	22
	2	15	16	17	18	19	20	21	22	23	24	25	26	27	28	31	2	3	4	5	6	7	8	9	10	11	12	13	14	15	16	4	51
	3	17	18	19	20	21	22	23	24	25	26	27	28	29	30	31	41	2	3	4	5	6	7	8	9	10	11	12	13	14	—	6	21
	3	15	16	17	18	19	20	21	22	23	24	25	26	27	28	29	30	51	2	3	4	5	6	7	8	9	10	11	12	13	14	0	50
	4	15	16	17	18	19	20	21	22	23	24	25	26	27	28	29	30	31	61	2	3	4	5	6	7	8	9	10	11	12	13	2	20
	5	14	15	16	17	18	19	20	21	22	23	24	25	26	27	28	29	30	71	2	3	4	5	6	7	8	9	10	11	12	—	4	50
	6	13	14	15	16	17	18	19	20	21	22	23	24	25	26	27	28	29	30	31	81	2	3	4	5	6	7	8	9	10	11	5	19
	7	12	13	14	15	16	17	18	19	20	21	22	23	24	25	26	27	28	29	30	31	91	2	3	4	5	6	7	8	9	—	0	49
	8	10	11	12	13	14	15	16	17	18	19	20	21	22	23	24	25	26	27	28	29	30	01	2	3	4	5	6	7	8	9	1	18
	9	10	11	12	13	14	15	16	17	18	19	20	21	22	23	24	25	26	27	28	29	30	31	N1	2	3	4	5	6	7	—	3	48
	10	8	9	10	11	12	13	14	15	16	17	18	19	20	21	22	23	24	25	26	27	28	29	30	D1	2	3	4	5	6	7	4	17
	11	8	9	10	11	12	13	14	15	16	17	18	19	20	21	22	23	24	25	26	27	28	29	30	31	11	2	3	4	5	—	6	47
	12	6	7	8	9	10	11	12	13	14	15	16	17	18	19	20	21	22	23	24	25	26	27	28	29	30	31	21	2	3	4	0	16
延祐 2 乙卯 1315–16	14 1	5	6	7	8	9	10	11	12	13	14	15	16	17	18	19	20	21	22	23	24	25	26	27	28	31	2	3	4	5	—	2	46
	2	6	7	8	9	10	11	12	13	14	15	16	17	18	19	20	21	22	23	24	25	26	27	28	29	30	31	41	2	3	4	3	15
	3	5	6	7	8	9	10	11	12	13	14	15	16	17	18	19	20	21	22	23	24	25	26	27	28	29	30	51	2	3	—	5	45
	4	4	5	6	7	8	9	10	11	12	13	14	15	16	17	18	19	20	21	22	23	24	25	26	27	28	29	30	31	61	2	6	14
	5	3	4	5	6	7	8	9	10	11	12	13	14	15	16	17	18	19	20	21	22	23	24	25	26	27	28	29	30	71	—	1	44
	6	2	3	4	5	6	7	8	9	10	11	12	13	14	15	16	17	18	19	20	21	22	23	24	25	26	27	28	29	30	31	2	13
	7	81	2	3	4	5	6	7	8	9	10	11	12	13	14	15	16	17	18	19	20	21	22	23	24	25	26	27	28	29	30	4	43
	8	31	91	2	3	4	5	6	7	8	9	10	11	12	13	14	15	16	17	18	19	20	21	22	23	24	25	26	27	28	—	6	13
	9	29	30	01	2	3	4	5	6	7	8	9	10	11	12	13	14	15	16	17	18	19	20	21	22	23	24	25	26	27	28	0	42
	10	29	30	31	N1	2	3	4	5	6	7	8	9	10	11	12	13	14	15	16	17	18	19	20	21	22	23	24	25	26	—	2	12
	11	27	28	29	30	D1	2	3	4	5	6	7	8	9	10	11	12	13	14	15	16	17	18	19	20	21	22	23	24	25	26	3	41
	12	27	28	29	30	31	11	2	3	4	5	6	7	8	9	10	11	12	13	14	15	16	17	18	19	20	21	22	23	24	—	5	11

年序 Year	陰曆月序 Moon	陰曆日序 Order of days (Lunar) 1 2 3 4 5	6 7 8 9 10	11 12 13 14 15	16 17 18 19 20	21 22 23 24 25	26 27 28 29 30	星期 Week	干支 Cycle
延祐 3 丙辰 1316–17	26 1	25 26 27 28 29	30 31 21 2 3	4 5 6 7 8	9 10 11 12 13	14 15 16 17 18	19 20 21 22 23	6	40
	2	24 25 26 27 28	29 31 2 3 4	5 6 7 8 9	10 11 12 13 14	15 16 17 18 19	20 21 22 23 —	1	10
	3	24 25 26 27 28	29 30 31 41 2	3 4 5 6 7	8 9 10 11 12	13 14 15 16 17	18 19 20 21 22	2	39
	4	23 24 25 26 27	28 29 30 51 2	3 4 5 6 7	8 9 10 11 12	13 14 15 16 17	18 19 20 21 —	4	9
	5	22 23 24 25 26	27 28 29 30 31	61 2 3 4 5	6 7 8 9 10	11 12 13 14 15	16 17 18 19 —	5	38
	6	20 21 22 23 24	25 26 27 28 29	30 71 2 3 4	5 6 7 8 9	10 11 12 13 14	15 16 17 18 19	6	7
	7	20 21 22 23 24	25 26 27 28 29	30 31 81 2 3	4 5 6 7 8	9 10 11 12 13	14 15 16 17 18	1	37
	8	19 20 21 22 23	24 25 26 27 28	29 30 31 91 2	3 4 5 6 7	8 9 10 11 12	13 14 15 16 —	3	7
	9	17 18 19 20 21	22 23 24 25 26	27 28 29 30 01	2 3 4 5 6	7 8 9 10 11	12 13 14 15 16	4	36
	10	17 18 19 20 21	22 23 24 25 26	27 28 29 30 31	N1 2 3 4 5	6 7 8 9 10	11 12 13 14 15	6	6
	11	16 17 18 19 20	21 22 23 24 25	26 27 28 29 30	D1 2 3 4 5	6 7 8 9 10	11 12 13 14 —	1	36
	12	15 16 17 18 19	20 21 22 23 24	25 26 27 28 29	30 31 11 2 3	4 5 6 7 8	9 10 11 12 13	2	5
延祐 4 丁巳 1317–18	38 1	14 15 16 17 18	19 20 21 22 23	24 25 26 27 28	29 30 31 21 2	3 4 5 6 7	8 9 10 11 12	4	35
	1	13 14 15 16 17	18 19 20 21 22	23 24 25 26 27	28 31 2 3 4	5 6 7 8 9	10 11 12 13 —	6	5
	2	14 15 16 17 18	19 20 21 22 23	24 25 26 27 28	29 30 31 41 2	3 4 5 6 7	8 9 10 11 —	0	34
	3	12 13 14 15 16	17 18 19 20 21	22 23 24 25 26	27 28 29 30 51	2 3 4 5 6	7 8 9 10 11	1	3
	4	12 13 14 15 16	17 18 19 20 21	22 23 24 25 26	27 28 29 30 31	61 2 3 4 5	6 7 8 9 —	3	33
	5	10 11 12 13 14	15 16 17 18 19	20 21 22 23 24	25 26 27 28 29	30 71 2 3 4	5 6 7 8 —	4	2
	6	9 10 11 12 13	14 15 16 17 18	19 20 21 22 23	24 25 26 27 28	29 30 31 81 2	3 4 5 6 7	5	31
	7	8 9 10 11 12	13 14 15 16 17	18 19 20 21 22	23 24 25 26 27	28 29 30 31 91	2 3 4 5 —	0	1
	8	6 7 8 9 10	11 12 13 14 15	16 17 18 19 20	21 22 23 24 25	26 27 28 29 30	01 2 3 4 5	1	30
	9	6 7 8 9 10	11 12 13 14 15	16 17 18 19 20	21 22 23 24 25	26 27 28 29 30	31 N1 2 3 4	3	0
	10	5 6 7 8 9	10 11 12 13 14	15 16 17 18 19	20 21 22 23 24	25 26 27 28 29	30 D1 2 3 4	5	30
	11	5 6 7 8 9	10 11 12 13 14	15 16 17 18 19	20 21 22 23 24	25 26 27 28 29	30 31 11 2 —	0	0
	12	3 4 5 6 7	8 9 10 11 12	13 14 15 16 17	18 19 20 21 22	23 24 25 26 27	28 29 30 31 21	1	29
延祐 5 戊午 1318–19	50 1	2 3 4 5 6	7 8 9 10 11	12 13 14 15 16	17 18 19 20 21	22 23 24 25 26	27 28 31 2 3	3	59
	2	4 5 6 7 8	9 10 11 12 13	14 15 16 17 18	19 20 21 22 23	24 25 26 27 28	29 30 31 41 —	5	29
	3	2 3 4 5 6	7 8 9 10 11	12 13 14 15 16	17 18 19 20 21	22 23 24 25 26	27 28 29 30 —	6	58
	4	51 2 3 4 5	6 7 8 9 10	11 12 13 14 15	16 17 18 19 20	21 22 23 24 25	26 27 28 29 30	0	27
	5	31 61 2 3 4	5 6 7 8 9	10 11 12 13 14	15 16 17 18 19	20 21 22 23 24	25 26 27 28 —	2	57
	6	29 30 71 2 3	4 5 6 7 8	9 10 11 12 13	14 15 16 17 18	19 20 21 22 23	24 25 26 27 —	3	26
	7	28 29 30 31 81	2 3 4 5 6	7 8 9 10 11	12 13 14 15 16	17 18 19 20 21	22 23 24 25 26	4	55
	8	27 28 29 30 31	91 2 3 4 5	6 7 8 9 10	11 12 13 14 15	16 17 18 19 20	21 22 23 24 —	6	25
	9	25 26 27 28 29	30 01 2 3 4	5 6 7 8 9	10 11 12 13 14	15 16 17 18 19	20 21 22 23 24	0	54
	10	25 26 27 28 29	30 31 N1 2 3	4 5 6 7 8	9 10 11 12 13	14 15 16 17 18	19 20 21 22 —	2	24
	11	23 24 25 26 27	28 29 30 D1 2	3 4 5 6 7	8 9 10 11 12	13 14 15 16 17	18 19 20 21 22	3	53
	12	23 24 25 26 27	28 29 30 31 11	2 3 4 5 6	7 8 9 10 11	12 13 14 15 16	17 18 19 20 21	5	23
延祐 6 己未 1319–20	2 1	22 23 24 25 26	27 28 29 30 31	21 2 3 4 5	6 7 8 9 10	11 12 13 14 15	16 17 18 19 20	0	53
	2	21 22 23 24 25	26 27 28 31 2	3 4 5 6 7	8 9 10 11 12	13 14 15 16 17	18 19 20 21 —	2	23
	3	22 23 24 25 26	27 28 29 30 31	41 2 3 4 5	6 7 8 9 10	11 12 13 14 15	16 17 18 19 20	3	52
	4	21 22 23 24 25	26 27 28 29 30	51 2 3 4 5	6 7 8 9 10	11 12 13 14 15	16 17 18 19 —	5	22
	5	20 21 22 23 24	25 26 27 28 29	30 31 61 2 3	4 5 6 7 8	9 10 11 12 13	14 15 16 17 —	6	51
	6	18 19 20 21 22	23 24 25 26 27	28 29 30 71 2	3 4 5 6 7	8 9 10 11 12	13 14 15 16 17	0	20
	7	18 19 20 21 22	23 24 25 26 27	28 29 30 31 81	2 3 4 5 6	7 8 9 10 11	12 13 14 15 —	2	50
	8	16 17 18 19 20	21 22 23 24 25	26 27 28 29 30	31 91 2 3 4	5 6 7 8 9	10 11 12 13 14	3	19
	8	15 16 17 18 19	20 21 22 23 24	25 26 27 28 29	30 01 2 3 4	5 6 7 8 9	10 11 12 13 —	5	49
	9	14 15 16 17 18	19 20 21 22 23	24 25 26 27 28	29 30 31 N1 2	3 4 5 6 7	8 9 10 11 12	6	18
	10	13 14 15 16 17	18 19 20 21 22	23 24 25 26 27	28 29 30 D1 2	3 4 5 6 7	8 9 10 11 —	1	48
	11	12 13 14 15 16	17 18 19 20 21	22 23 24 25 26	27 28 29 30 31	11 2 3 4 5	6 7 8 9 10	2	17
	12	11 12 13 14 15	16 17 18 19 20	21 22 23 24 25	26 27 28 29 30	31 21 2 3 4	5 6 7 8 9	4	47
延祐 7 庚申 1320–21	14 1	10 11 12 13 14	15 16 17 18 19	20 21 22 23 24	25 26 27 28 29	31 2 3 4 5	6 7 8 9 10	6	17
	2	11 12 13 14 15	16 17 18 19 20	21 22 23 24 25	26 27 28 29 30	31 41 2 3 4	5 6 7 8 —	1	47
	3	9 10 11 12 13	14 15 16 17 18	19 20 21 22 23	24 25 26 27 28	29 30 51 2 3	4 5 6 7 8	2	16
	4	9 10 11 12 13	14 15 16 17 18	19 20 21 22 23	24 25 26 27 28	29 30 31 61 2	3 4 5 6 —	4	46
	5	7 8 9 10 11	12 13 14 15 16	17 18 19 20 21	22 23 24 25 26	27 28 29 30 71	2 3 4 5 6	5	15
	6	7 8 9 10 11	12 13 14 15 16	17 18 19 20 21	22 23 24 25 26	27 28 29 30 31	81 2 3 4 —	0	45
	7	5 6 7 8 9	10 11 12 13 14	15 16 17 18 19	20 21 22 23 24	25 26 27 28 29	30 31 91 2 —	1	14
	8	3 4 5 6 7	8 9 10 11 12	13 14 15 16 17	18 19 20 21 22	23 24 25 26 27	28 29 30 01 2	2	43
	9	3 4 5 6 7	8 9 10 11 12	13 14 15 16 17	18 19 20 21 22	23 24 25 26 27	28 29 30 31 —	4	13
	10	N1 2 3 4 5	6 7 8 9 10	11 12 13 14 15	16 17 18 19 20	21 22 23 24 25	26 27 28 29 30	5	42
	11	D1 2 3 4 5	6 7 8 9 10	11 12 13 14 15	16 17 18 19 20	21 22 23 24 25	26 27 28 29 —	0	12
	12	30 31 11 2 3	4 5 6 7 8	9 10 11 12 13	14 15 16 17 18	19 20 21 22 23	24 25 26 27 28	1	41

年序 Year	陰曆月序 Moon	陰曆日序 Order of days (Lunar) 1 2 3 4 5	6 7 8 9 10	11 12 13 14 15	16 17 18 19 20	21 22 23 24 25	26 27 28 29 30	星期 Week	干支 Cycle
英宗 至治 1 辛酉 1321–22	26 1	29 30 31 21 2	3 4 5 6 7	8 9 10 11 12	13 14 15 16 17	18 19 20 21 22	23 24 25 26 27	3	11
	2	28 31 2 3 4	5 6 7 8 9	10 11 12 13 14	15 16 17 18 19	20 21 22 23 24	25 26 27 28 —	5	41
	3	29 30 31 41 2	3 4 5 6 7	8 9 10 11 12	13 14 15 16 17	18 19 20 21 22	23 24 25 26 27	6	10
	4	28 29 30 51 2	3 4 5 6 7	8 9 10 11 12	13 14 15 16 17	18 19 20 21 22	23 24 25 26 27	1	40
	5	28 29 30 31 61	2 3 4 5 6	7 8 9 10 11	12 13 14 15 16	17 18 19 20 21	22 23 24 25 —	3	10
	6	26 27 28 29 30	71 2 3 4 5	6 7 8 9 10	11 12 13 14 15	16 17 18 19 20	21 22 23 24 —	4	39
	7	25 26 27 28 29	30 31 81 2 3	4 5 6 7 8	9 10 11 12 13	14 15 16 17 18	19 20 21 22 23	5	8
	8	24 25 26 27 28	29 30 31 91 2	3 4 5 6 7	8 9 10 11 12	13 14 15 16 17	18 19 20 21 —	0	38
	9	22 23 24 25 26	27 28 29 30 01	2 3 4 5 6	7 8 9 10 11	12 13 14 15 16	17 18 19 20 21	1	7
	10	22 23 24 25 26	27 28 29 30 31	N1 2 3 4 5	6 7 8 9 10	11 12 13 14 15	16 17 18 19 —	3	37
	11	20 21 22 23 24	25 26 27 28 29	30 D1 2 3 4	5 6 7 8 9	10 11 12 13 14	15 16 17 18 19	4	6
	12	20 21 22 23 24	25 26 27 28 29	30 31 11 2 3	4 5 6 7 8	9 10 11 12 13	14 15 16 17 —	6	36
至治 2 壬戌 1322–23	88 1	18 19 20 21 22	23 24 25 26 27	28 29 30 31 21	2 3 4 5 6	7 8 9 10 11	12 13 14 15 16	0	5
	2	17 18 19 20 21	22 23 24 25 26	27 28 31 2 3	4 5 6 7 8	9 10 11 12 13	14 15 16 17 —	2	35
	3	18 19 20 21 22	23 24 25 26 27	28 29 30 31 41	2 3 4 5 6	7 8 9 10 11	12 13 14 15 16	3	4
	4	17 18 19 20 21	22 23 24 25 26	27 28 29 30 51	2 3 4 5 6	7 8 9 10 11	12 13 14 15 16	5	34
	5	17 18 19 20 21	22 23 24 25 26	27 28 29 30 31	61 2 3 4 5	6 7 8 9 10	11 12 13 14 —	0	4
	5	15 16 17 18 19	20 21 22 23 24	25 26 27 28 29	30 71 2 3 4	5 6 7 8 9	10 11 12 13 14	1	33
	6	15 16 17 18 19	20 21 22 23 24	25 26 27 28 29	30 31 81 2 3	4 5 6 7 8	9 10 11 12 —	3	3
	7	13 14 15 16 17	18 19 20 21 22	23 24 25 26 27	28 29 30 31 91	2 3 4 5 6	7 8 9 10 11	4	32
	8	12 13 14 15 16	17 18 19 20 21	22 23 24 25 26	27 28 29 30 01	2 3 4 5 6	7 8 9 10 —	6	2
	9	11 12 13 14 15	16 17 18 19 20	21 22 23 24 25	26 27 28 29 30	31 N1 2 3 4	5 6 7 8 9	0	31
	10	10 11 12 13 14	15 16 17 18 19	20 21 22 23 24	25 26 27 28 29	30 D1 2 3 4	5 6 7 8 —	2	1
	11	9 10 11 12 13	14 15 16 17 18	19 20 21 22 23	24 25 26 27 28	29 30 31 11 2	3 4 5 6 7	3	30
	12	8 9 10 11 12	13 14 15 16 17	18 19 20 21 22	23 24 25 26 27	28 29 30 31 21	2 3 4 5 —	5	0
至治 3 癸亥 1323–24	50 1	6 7 8 9 10	11 12 13 14 15	16 17 18 19 20	21 22 23 24 25	26 27 28 31 2	3 4 5 6 7	6	29
	2	8 9 10 11 12	13 14 15 16 17	18 19 20 21 22	23 24 25 26 27	28 29 30 31 41	2 3 4 5 —	1	59
	3	6 7 8 9 10	11 12 13 14 15	16 17 18 19 20	21 22 23 24 25	26 27 28 29 30	51 2 3 4 5	2	28
	4	6 7 8 9 10	11 12 13 14 15	16 17 18 19 20	21 22 23 24 25	26 27 28 29 30	31 61 2 3 —	4	58
	5	4 5 6 7 8	9 10 11 12 13	14 15 16 17 18	19 20 21 22 23	24 25 26 27 28	29 30 71 2 3	5	27
	6	4 5 6 7 8	9 10 11 12 13	14 15 16 17 18	19 20 21 22 23	24 25 26 27 28	29 30 31 81 2	0	57
	7	3 4 5 6 7	8 9 10 11 12	13 14 15 16 17	18 19 20 21 22	23 24 25 26 27	28 29 30 31 —	2	27
	8	91 2 3 4 5	6 7 8 9 10	11 12 13 14 15	16 17 18 19 20	21 22 23 24 25	26 27 28 29 30	3	56
	9	01 2 3 4 5	6 7 8 9 10	11 12 13 14 15	16 17 18 19 20	21 22 23 24 25	26 27 28 29 —	5	26
	10	30 31 N1 2 3	4 5 6 7 8	9 10 11 12 13	14 15 16 17 18	19 20 21 22 23	24 25 26 27 28	6	55
	11	29 30 D1 2 3	4 5 6 7 8	9 10 11 12 13	14 15 16 17 18	19 20 21 22 23	24 25 26 27 —	1	25
	12	28 29 30 31 11	2 3 4 5 6	7 8 9 10 11	12 13 14 15 16	17 18 19 20 21	22 23 24 25 26	2	54
泰定帝 泰定 1 甲子 1324–25	2 1	27 28 29 30 31	21 2 3 4 5	6 7 8 9 10	11 12 13 14 15	16 17 18 19 20	21 22 23 24 —	4	24
	2	25 26 27 28 29	31 2 3 4 5	6 7 8 9 10	11 12 13 14 15	16 17 18 19 20	21 22 23 24 25	5	53
	3	26 27 28 29 30	31 41 2 3 4	5 6 7 8 9	10 11 12 13 14	15 16 17 18 19	20 21 22 23 —	0	23
	4	24 25 26 27 28	29 30 51 2 3	4 5 6 7 8	9 10 11 12 13	14 15 16 17 18	19 20 21 22 —	1	52
	5	23 24 25 26 27	28 29 30 31 61	2 3 4 5 6	7 8 9 10 11	12 13 14 15 16	17 18 19 20 21	2	21
	6	22 23 24 25 26	27 28 29 30 71	2 3 4 5 6	7 8 9 10 11	12 13 14 15 16	17 18 19 20 21	4	51
	7	22 23 24 25 26	27 28 29 30 31	81 2 3 4 5	6 7 8 9 10	11 12 13 14 15	16 17 18 19 —	6	21
	8	20 21 22 23 24	25 26 27 28 29	30 31 91 2 3	4 5 6 7 8	9 10 11 12 13	14 15 16 17 18	0	50
	9	19 20 21 22 23	24 25 26 27 28	29 30 01 2 3	4 5 6 7 8	9 10 11 12 13	14 15 16 17 18	2	20
	10	19 20 21 22 23	24 25 26 27 28	29 30 31 N1 2	3 4 5 6 7	8 9 10 11 12	13 14 15 16 —	4	50
	11	17 18 19 20 21	22 23 24 25 26	27 28 29 30 D1	2 3 4 5 6	7 8 9 10 11	12 13 14 15 16	5	19
	12	17 18 19 20 21	22 23 24 25 26	27 28 29 30 31	11 2 3 4 5	6 7 8 9 10	11 12 13 14 —	0	49
泰定 2 乙丑 1325–26	14 1	15 16 17 18 19	20 21 22 23 24	25 26 27 28 29	30 31 21 2 3	4 5 6 7 8	9 10 11 12 13	1	18
	1	14 15 16 17 18	19 20 21 22 23	24 25 26 27 28	31 2 3 4 5	6 7 8 9 10	11 12 13 14 —	3	48
	2	15 16 17 18 19	20 21 22 23 24	25 26 27 28 29	30 31 41 2 3	4 5 6 7 9	8 10 11 12 13	4	17
	3	14 15 16 17 18	19 20 21 22 23	24 25 26 27 28	29 30 51 2 3	4 5 6 7 8	9 10 11 12 —	6	47
	4	13 14 15 16 17	18 19 20 21 22	23 24 25 26 27	28 29 30 31 61	2 3 4 5 6	7 8 9 10 —	0	16
	5	11 12 13 14 15	16 17 18 19 20	21 22 23 24 25	26 27 28 29 30	71 2 3 4 5	6 7 8 9 10	1	45
	6	11 12 13 14 15	16 17 18 19 20	21 22 23 24 25	26 27 28 29 30	31 81 2 3 4	5 6 7 8 —	3	15
	7	9 10 11 12 13	14 15 16 17 18	19 20 21 22 23	24 25 26 27 28	29 30 31 91 2	3 4 5 6 7	4	44
	8	8 9 10 11 12	13 14 15 16 17	18 19 20 21 22	23 24 25 26 27	28 29 30 01 2	3 4 5 6 7	6	14
	9	8 9 10 11 12	13 14 15 16 17	18 19 20 21 22	23 24 25 26 27	28 29 30 31 N1	2 3 4 5 6	1	44
	10	7 8 9 10 11	12 13 14 15 16	17 18 19 20 21	22 23 24 25 26	27 28 29 30 D1	2 3 4 5 —	3	14
	11	6 7 8 9 10	11 12 13 14 15	16 17 18 19 20	21 22 23 24 25	26 27 28 29 30	31 11 2 3 4	4	43
	12	5 6 7 8 9	10 11 12 13 14	15 16 17 18 19	20 21 22 23 24	25 26 27 28 29	30 31 21 2 —	6	13

年序 Year		陰曆月序 Moon	陰曆日序 Order of days (Lunar) 1	2	3	4	5	6	7	8	9	10	11	12	13	14	15	16	17	18	19	20	21	22	23	24	25	26	27	28	29	30	星期 Week	干支 Cycle
泰定 3 丙寅 1326–27	26	1	3	4	5	6	7	8	9	10	11	12	13	14	15	16	17	18	19	20	21	22	23	24	25	26	27	28	31	2	3	4	0	42
		2	5	6	7	8	9	10	11	12	13	14	15	16	17	18	19	20	21	22	23	24	25	26	27	28	29	30	31	41	2	—	2	12
		3	3	4	5	6	7	8	9	10	11	12	13	14	15	16	17	18	19	20	21	22	23	24	25	26	27	28	29	30	51	2	3	41
		4	3	4	5	6	7	8	9	10	11	12	13	14	15	16	17	18	19	20	21	22	23	24	25	26	27	28	29	30	31	—	5	11
		5	61	2	3	4	5	6	7	8	9	10	11	12	13	14	15	16	17	18	19	20	21	22	23	24	25	26	27	28	29	—	6	40
		6	30	71	2	3	4	5	6	7	8	9	10	11	12	13	14	15	16	17	18	19	20	21	22	23	24	25	26	27	28	29	0	9
		7	30	31	81	2	3	4	5	6	7	8	9	10	11	12	13	14	15	16	17	18	19	20	21	22	23	24	25	26	27	—	2	39
		8	28	29	30	31	91	2	3	4	5	6	7	8	9	10	11	12	13	14	15	16	17	18	19	20	21	22	23	24	25	26	3	8
		9	27	28	29	30	01	2	3	4	5	6	7	8	9	10	11	12	13	14	15	16	17	18	19	20	21	22	23	24	25	—	5	38
		10	26	27	28	29	30	31	N1	2	3	4	5	6	7	8	9	10	11	12	13	14	15	16	17	18	19	20	21	22	23	24	6	7
		11	25	26	27	28	29	30	D1	2	3	4	5	6	7	8	9	10	11	12	13	14	15	16	17	18	19	20	21	22	23	24	1	37
		12	25	26	27	28	29	30	31	11	2	3	4	5	6	7	8	9	10	11	12	13	14	15	16	17	18	19	20	21	22	23	3	7
泰定 4 丁卯 1327–28	38	1	24	25	26	27	28	29	30	31	21	2	3	4	5	6	7	8	9	10	11	12	13	14	15	16	17	18	19	20	21	—	5	37
		2	22	23	24	25	26	27	28	31	2	3	4	5	6	7	8	9	10	11	12	13	14	15	16	17	18	19	20	21	22	23	6	6
		3	24	25	26	27	28	29	30	31	41	2	3	4	5	6	7	8	9	10	11	12	13	14	15	16	17	18	19	20	21	—	1	36
		4	22	23	24	25	26	27	28	29	30	51	2	3	4	5	6	7	8	9	10	11	12	13	14	15	16	17	18	19	20	21	2	5
		5	22	23	24	25	26	27	28	29	30	31	61	2	3	4	5	6	7	8	9	10	11	12	13	14	15	16	17	18	19	—	4	35
		6	20	21	22	23	24	25	26	27	28	29	30	71	2	3	4	5	6	7	8	9	10	11	12	13	14	15	16	17	18	—	5	4
		7	19	20	21	22	23	24	25	26	27	28	29	30	31	81	2	3	4	5	6	7	8	9	10	11	12	13	14	15	16	17	6	33
		8	18	19	20	21	22	23	24	25	26	27	28	29	30	31	91	2	3	4	5	6	7	8	9	10	11	12	13	14	15	—	1	3
		9	16	17	18	19	20	21	22	23	24	25	26	27	28	29	30	01	2	3	4	5	6	7	8	9	10	11	12	13	14	15	2	32
		9	16	17	18	19	20	21	22	23	24	25	26	27	28	29	30	31	N1	2	3	4	5	6	7	8	9	10	11	12	13	—	4	2
		10	14	15	16	17	18	19	20	21	22	23	24	25	26	27	28	29	30	D1	2	3	4	5	6	7	8	9	10	11	12	13	5	31
		11	14	15	16	17	18	19	20	21	22	23	24	25	26	27	28	29	30	31	11	2	3	4	5	6	7	8	9	10	11	12	0	1
		12	13	14	15	16	17	18	19	20	21	22	23	24	25	26	27	28	29	30	31	21	2	3	4	5	6	7	8	9	10	11	2	31
明宗天曆 1 戊辰 1328–29	50	1	12	13	14	15	16	17	18	19	20	21	22	23	24	25	26	27	28	29	31	2	3	4	5	6	7	8	9	10	11	—	4	1
		2	12	13	14	15	16	17	18	19	20	21	22	23	24	25	26	27	28	29	30	31	41	2	3	4	5	6	7	8	9	10	5	30
		3	11	12	13	14	15	16	17	18	19	20	21	22	23	24	25	26	27	28	29	30	51	2	3	4	5	6	7	8	9	—	0	0
		4	10	11	12	13	14	15	16	17	18	19	20	21	22	23	24	25	26	27	28	29	30	31	61	2	3	4	5	6	7	8	1	29
		5	9	10	11	12	13	14	15	16	17	18	19	20	21	22	23	24	25	26	27	28	[illegible]	30	71	2	3	4	5	6	7	—	3	59
		6	8	9	10	11	12	13	14	15	16	17	18	19	20	21	22	23	24	25	26	27	28	29	30	31	81	2	3	4	5	—	4	28
		7	6	7	8	9	10	11	12	13	14	15	16	17	18	19	20	21	22	23	24	25	26	27	28	29	30	31	91	2	3	4	5	57
		8	5	6	7	8	9	10	11	12	13	14	15	16	17	18	19	20	21	22	23	24	25	26	27	28	29	30	01	2	3	—	0	27
		9][	4	5	6	7	8	9	10	11	12	13	14	15	16	17	18	19	20	21	22	23	24	25	26	27	28	29	30	31	N1	—	1	56
		10	2	3	4	5	6	7	8	9	10	11	12	13	14	15	16	17	18	19	20	21	22	23	24	25	26	27	28	29	30	D1	2	25
		11	2	3	4	5	6	7	8	9	10	11	12	13	14	15	16	17	18	19	20	21	22	23	24	25	26	27	28	29	30	31	4	55
		12	11	2	3	4	5	6	7	8	9	10	11	12	13	14	15	16	17	18	19	20	21	22	23	24	25	26	27	28	29	30	6	25
天曆 2 己巳 1329–30	2	1	31	21	2	3	4	5	6	7	8	9	10	11	12	13	14	15	16	17	18	19	20	21	22	23	24	25	26	27	28	—	1	55
		2	31	2	3	4	5	6	7	8	9	10	11	12	13	14	15	16	17	18	19	20	21	22	23	24	25	26	27	28	29	30	2	24
		3	31	41	2	3	4	5	6	7	8	9	10	11	12	13	14	15	16	17	18	19	20	21	22	23	24	25	26	27	28	29	4	54
		4	30	51	2	3	4	5	6	7	8	9	10	11	12	13	14	15	16	17	18	19	20	21	22	23	24	25	26	27	28	—	6	24
		5	29	30	31	61	2	3	4	5	6	7	8	9	10	11	12	13	14	15	16	17	18	19	20	21	22	23	24	25	26	27	0	53
		6	28	29	30	71	2	3	4	5	6	7	8	9	10	11	12	13	14	15	16	17	18	19	20	21	22	23	24	25	26	—	2	23
		7	27	28	29	30	31	81	2	3	4	5	6	7	8	9	10	11	12	13	14	15	16	17	18	19	20	21	22	23	24	—	3	52
		8	25	26	27	28	29	30	31	91	2	3	4	5	6	7	8	9	10	11	12	13	14	15	16	17	18	19	20	21	22	23	4	21
		9	24	25	26	27	28	29	30	01	2	3	4	5	6	7	8	9	10	11	12	13	14	15	16	17	18	19	20	21	22	—	6	51
		10	23	24	25	26	27	28	29	30	31	N1	2	3	4	5	6	7	8	9	10	11	12	13	14	15	16	17	18	19	20	—	0	20
		11	21	22	23	24	25	26	27	28	29	30	D1	2	3	4	5	6	7	8	9	10	11	12	13	14	15	16	17	18	19	20	1	49
		12	21	22	23	24	25	26	27	28	29	30	31	11	2	3	4	5	6	7	8	9	10	11	12	13	14	15	16	17	18	19	3	19
文宗至順 1 庚午 1330–31	14	1	20	21	22	23	24	25	26	27	28	29	30	31	21	2	3	4	5	6	7	8	9	10	11	12	13	14	15	16	17	—	5	49
		2	18	19	20	21	22	23	24	25	26	27	28	31	2	3	4	5	6	7	8	9	10	11	12	13	14	15	16	17	18	19	6	18
		3	20	21	22	23	24	25	26	27	28	29	30	31	41	2	3	4	5	6	7	8	9	10	11	12	13	14	15	16	17	18	1	48
		4	19	20	21	22	23	24	25	26	27	28	29	30	51	2	3	4	5	6	7	8	9	10	11	12	13	14	15	16	17	—	3	18
		5][	18	19	20	21	22	23	24	25	26	27	28	29	30	31	61	2	3	4	5	6	7	8	9	10	11	12	13	14	15	16	4	47
		6	17	18	19	20	21	22	23	24	25	26	27	28	29	30	71	2	3	4	5	6	7	8	9	10	11	12	13	14	15	—	6	17
		7	16	17	18	19	20	21	22	23	24	25	26	27	28	29	30	31	81	2	3	4	5	6	7	8	9	10	11	12	13	14	0	46
		7	15	16	17	18	19	20	21	22	23	24	25	26	27	28	29	30	31	91	2	3	4	5	6	7	8	9	10	11	12	—	2	16
		8	13	14	15	16	17	18	19	20	21	22	23	24	25	26	27	28	29	30	01	2	3	4	5	6	7	8	9	10	11	12	3	45
		9	13	14	15	16	17	18	19	20	21	22	23	24	25	26	27	28	29	30	31	N1	2	3	4	5	6	7	8	9	10	—	5	15
		10	11	12	13	14	15	16	17	18	19	20	21	22	23	24	25	26	27	28	29	30	D1	2	3	4	5	6	7	8	9	—	6	44
		11	10	11	12	13	14	15	16	17	18	19	20	21	22	23	24	25	26	27	28	29	30	31	11	2	3	4	5	6	7	8	0	13
		12	9	10	11	12	13	14	15	16	17	18	19	20	21	22	23	24	25	26	27	28	29	30	31	21	2	3	4	5	6	7	2	43

年序 Year		陰曆月序 Moon	陰曆日序 Order of days (Lunar) 1 2 3 4 5	6 7 8 9 10	11 12 13 14 15	16 17 18 19 20	21 22 23 24 25	26 27 28 29 30	星期 Week	干支 Cycle
至順 2 辛未 1331–32	26	1	8 9 10 11 12	13 14 15 16 17	18 19 20 21 22	23 24 25 26 27	28 31 2 3 4	5 6 7 8 --	4	13
		2	9 10 11 12 13	14 15 16 17 18	19 20 21 22 23	24 25 26 27 28	29 30 31 41 2	3 4 5 6 7	5	42
		3	8 9 10 11 12	13 14 15 16 17	18 19 20 21 22	23 24 25 26 27	28 29 30 51 2	3 4 5 6 7	0	12
		4	8 9 10 11 12	13 14 15 16 17	18 19 20 21 22	23 24 25 26 27	28 29 30 31 61	2 3 4 5 --	2	42
		5	6 7 8 9 10	11 12 13 14 15	16 17 18 19 20	21 22 23 24 25	26 27 28 29 30	71 2 3 4 5	3	11
		6	6 7 8 9 10	11 12 13 14 15	16 17 18 19 20	21 22 23 24 25	26 27 28 29 30	31 81 2 3 —	5	41
		7	4 5 6 7 8	9 10 11 12 13	14 15 16 17 18	19 20 21 22 23	24 25 26 27 28	29 30 31 91 2	6	10
		8	3 4 5 6 7	8 9 10 11 12	13 14 15 16 17	18 19 20 21 22	23 24 25 26 27	28 29 30 01 —	1	40
		9	2 3 4 5 6	7 8 9 10 11	12 13 14 15 16	17 18 19 20 21	22 23 24 25 26	27 28 29 30 31	2	9
		10	N1 2 3 4 5	6 7 8 9 10	11 12 13 14 15	16 17 18 19 20	21 22 23 24 25	26 27 28 29 —	4	39
		11	30 D1 2 3 4	5 6 7 8 9	10 11 12 13 14	15 16 17 18 19	20 21 22 23 24	25 26 27 28 29	5	8
		12	30 31 11 2 3	4 5 6 7 8	9 10 11 12 13	14 15 16 17 18	19 20 21 22 23	24 25 26 27 —	0	38
至順 3 壬申 1332–33	38	1	28 29 30 31 21	2 3 4 5 6	7 8 9 10 11	12 13 14 15 16	17 18 19 20 21	22 23 24 25 26	1	7
		2	27 28 29 31 2	3 4 5 6 7	8 9 10 11 12	13 14 15 16 17	18 19 20 21 22	23 24 25 26 —	3	37
		3	27 28 29 30 31	41 2 3 4 5	6 7 8 9 10	11 12 13 14 15	16 17 18 19 20	21 22 23 24 25	4	6
		4	26 27 28 29 30	51 2 3 4 5	6 7 8 9 10	11 12 13 14 15	16 17 18 19 20	21 22 23 24 —	6	36
		5	25 26 27 28 29	30 31 61 2 3	4 5 6 7 8	9 10 11 12 13	14 15 16 17 18	19 20 21 22 23	0	5
		6	24 25 26 27 28	29 30 71 2 3	4 5 6 7 8	9 10 11 12 13	14 15 16 17 18	19 20 21 22 —	2	35
		7	23 24 25 26 27	28 29 30 31 81	2 3 4 5 6	7 8 9 10 11	12 13 14 15 16	17 18 19 20 21	3	4
		8	22 23 24 25 26	27 28 29 30 31	91 2 3 4 5	6 7 8 9 10	11 12 13 14 15	16 17 18 19 20	5	34
		9	21 22 23 24 25	26 27 28 29 30	01 2 3 4 5	6 7 8 9 10	11 12 13 14 15	16 17 18 19 —	0	4
		10	20 21 22 23 24	25 26 27 28 29	30 31 N1 2 3	4 5 6 7 8	9 10 11 12 13	14 15 16 17 18	1	33
		11	19 20 21 22 23	24 25 26 27 28	29 30 D1 2 3	4 5 6 7 8	9 10 11 12 13	14 15 16 17 —	3	3
		12	18 19 20 21 22	23 24 25 26 27	28 29 30 31 11	2 3 4 5 6	7 8 9 10 11	12 13 14 15 16	4	32
順帝元統 1 癸酉 1333–34	50	1	17 18 19 20 21	22 23 24 25 26	27 28 29 30 31	21 2 3 4 5	6 7 8 9 10	11 12 13 14 –	6	2
		2	15 16 17 18 19	20 21 22 23 24	25 26 27 28 31	2 3 4 5 6	7 8 9 10 11	12 13 14 15 16	0	31
		3	17 18 19 20 21	22 23 24 25 26	27 28 29 30 31	41 2 3 4 5	6 7 8 9 10	11 12 13 14 —	2	1
		3	15 16 17 18 19	20 21 22 23 24	25 26 27 28 29	30 51 2 3 4	5 6 7 8 9	10 11 12 13 —	3	30
		4	14 15 16 17 18	19 20 21 22 23	24 25 26 27 28	29 30 31 61 2	3 4 5 6 7	8 9 10 11 12	4	59
		5	13 14 15 16 17	18 19 20 21 22	23 24 25 26 27	28 29 30 71 2	3 4 5 6 7	8 9 10 11 —	6	29
		6	12 13 14 15 16	17 18 19 20 21	22 23 24 25 26	27 28 29 30 31	81 2 3 4 5	6 7 8 9 10	0	58
		7	11 12 13 14 15	16 17 18 19 20	21 22 23 24 25	26 27 28 29 30	31 91 2 3 4	5 6 7 8 9	2	28
		8	10 11 12 13 14	15 16 17 18 19	20 21 22 23 24	25 26 27 28 29	30 01 2 3 4	5 6 7 8 9	4	58
		9	10 11 12 13 14	15 16 17 18 19	20 21 22 23 24	25 26 27 28 29	30 31 N1 2 3	4 5 6 7 —	6	28
		10][	8 9 10 11 12	13 14 15 16 17	18 19 20 21 22	23 24 25 26 27	28 29 30 D1 2	3 4 5 6 7	0	57
		11	8 9 10 11 12	13 14 15 16 17	18 19 20 21 22	23 24 25 26 27	28 29 30 31 11	2 3 4 5 —	2	27
		12	6 7 8 9 10	11 12 13 14 15	16 17 18 19 20	21 22 23 24 25	26 27 28 29 30	31 21 2 3 4	3	56
元統 2 甲戌 1334–35	2	1	5 6 7 8 9	10 11 12 13 14	15 16 17 18 19	20 21 22 23 24	25 26 27 28 31	2 3 4 5 —	5	26
		2	6 7 8 9 10	11 12 13 14 15	16 17 18 19 20	21 22 23 24 25	26 27 28 29 30	31 41 2 3 4	6	55
		3	5 6 7 8 9	10 11 12 13 14	15 16 17 18 19	20 21 22 23 24	25 26 27 28 29	30 51 2 3 —	1	25
		4	4 5 6 7 8	9 10 11 12 13	14 15 16 17 18	19 20 21 22 23	24 25 26 27 28	29 30 31 61 —	2	54
		5	2 3 4 5 6	7 8 9 10 11	12 13 14 15 16	17 18 19 20 21	22 23 24 25 26	27 28 29 30 71	3	23
		6	2 3 4 5 6	7 8 9 10 11	12 13 14 15 16	17 18 19 20 21	22 23 24 25 26	27 28 29 30 —	5	53
		7	31 81 2 3 4	5 6 7 8 9	10 11 12 13 14	15 16 17 18 19	20 21 22 23 24	25 26 27 28 29	6	22
		8	30 31 91 2 3	4 5 6 7 8	9 10 11 12 13	14 15 16 17 18	19 20 21 22 23	24 25 26 27 28	1	52
		9	29 30 01 2 3	4 5 6 7 8	9 10 11 12 13	14 15 16 17 18	19 20 21 22 23	24 25 26 27 —	3	22
		10	28 29 30 31 N1	2 3 4 5 6	7 8 9 10 11	12 13 14 15 16	17 18 19 20 21	22 23 24 25 26	4	51
		11	27 28 29 30 D1	2 3 4 5 6	7 8 9 10 11	12 13 14 15 16	17 18 19 20 21	22 23 24 25 26	6	21
		12	27 28 29 30 31	11 2 3 4 5	6 7 8 9 10	11 12 13 14 15	16 17 18 19 20	21 22 23 24 —	1	51
至元 1 乙亥 1335–36	14	1	25 26 27 28 29	30 31 21 2 3	4 5 6 7 8	9 10 11 12 13	14 15 16 17 18	19 20 21 22 23	2	20
		2	24 25 26 27 28	31 2 3 4 5	6 7 8 9 10	11 12 13 14 15	16 17 18 19 20	21 22 23 24 —	4	50
		3	25 26 27 28 29	30 31 41 2 3	4 5 6 7 8	9 10 11 12 13	14 15 16 17 18	19 20 21 22 23	5	19
		4	24 25 26 27 28	29 30 51 2 3	4 5 6 7 8	9 10 11 12 13	14 15 16 17 18	19 20 21 22 —	0	49
		5	23 24 25 26 27	28 29 30 31 61	2 3 4 5 6	7 8 9 10 11	12 13 14 15 16	17 18 19 20 —	1	18
		6	21 22 23 24 25	26 27 28 29 30	71 2 3 4 5	6 7 8 9 10	11 12 13 14 15	16 17 18 19 20	2	47
		7	21 22 23 24 25	26 27 28 29 30	31 81 2 3 4	5 6 7 8 9	10 11 12 13 14	15 16 17 18 19	4	17
		8	20 21 22 23 24	25 26 27 28 29	30 31 91 2 3	4 5 6 7 8	9 10 11 12 13	14 15 16 17 —	6	47
		9	18 19 20 21 22	23 24 25 26 27	28 29 30 01 2	3 4 5 6 7	8 9 10 11 12	13 14 15 16 —	0	16
		10	17 18 19 20 21	22 23 24 25 26	27 28 29 30 31	N1 2 3 4 5	6 7 8 9 10	11 12 13 14 15	1	45
		11][	16 17 18 19 20	21 22 23 24 25	26 27 28 29 30	D1 2 3 4 5	6 7 8 9 10	11 12 13 14 15	3	15
		12	16 17 18 19 20	21 22 23 24 25	26 27 28 29 30	31 11 2 3 4	5 6 7 8 9	10 11 12 13 14	5	45
		12	15 16 17 18 19	20 21 22 23 24	25 26 27 28 29	30 31 21 2 3	4 5 6 7 8	9 10 11 12 —	0	15

年序 Year	陰 曆 月 序 Moon	陰 曆 日 序 Order of days (Lunar) 1 2 3 4 5	6 7 8 9 10	11 12 13 14 15	16 17 18 19 20	21 22 23 24 25	26 27 28 29 30	星期 Week	干支 Cycle
至元 2 丙子 1336–37	26 1	13 14 15 16 17	18 19 20 21 22	23 24 25 26 27	28 29 31 2 3	4 5 6 7 8	9 10 11 12 13	1	44
	2	14 15 16 17 18	19 20 21 22 23	24 25 26 27 28	29 30 31 41 2	3 4 5 6 7	8 9 10 11 —	3	14
	3	12 13 14 15 16	17 18 19 20 21	22 23 24 25 26	27 28 29 30 51	2 3 4 5 6	7 8 9 10 11	4	43
	4	12 13 14 15 16	17 18 19 20 21	22 23 24 25 26	27 28 29 30 31	61 2 3 4 5	6 7 8 9 —	6	13
	5	10 11 12 13 14	15 16 17 18 19	20 21 22 23 24	25 26 27 28 29	30 71 2 3 4	5 6 7 8 —	0	42
	6	9 10 11 12 13	14 15 16 17 18	19 20 21 22 23	24 25 26 27 28	29 30 31 81 2	3 4 5 6 —	1	11
	7	7 8 9 10 11	12 13 14 15 16	17 18 19 20 21	22 23 24 25 26	27 28 29 30 31	91 2 3 4 5	2	40
	8	6 7 8 9 10	11 12 13 14 15	16 17 18 19 20	21 22 23 24 25	26 27 28 29 30	01 2 3 4 —	4	10
	9	5 6 7 8 9	10 11 12 13 14	15 16 17 18 19	20 21 22 23 24	25 26 27 28 29	30 31 N1 2 3	5	39
	10	4 5 6 7 8	9 10 11 12 13	14 15 16 17 18	19 20 21 22 23	24 25 26 27 28	29 30 D1 2 3	0	9
	11	4 5 6 7 8	9 10 11 12 13	14 15 16 17 18	19 20 21 22 23	24 25 26 27 28	29 30 31 11 2	2	39
	12	3 4 5 6 7	8 9 10 11 12	13 14 15 16 17	18 19 20 21 22	23 24 25 26 27	28 29 30 31 —	4	9
至元 3 丁丑 1337–38	38 1	21 2 3 4 5	6 7 8 9 10	11 12 13 14 15	16 17 18 19 20	21 22 23 24 25	26 27 28 31 2	5	38
	2	3 4 5 6 7	8 9 10 11 12	13 14 15 16 17	18 19 20 21 22	23 24 25 26 27	28 29 30 31 41	0	8
	3	2 3 4 5 6	7 8 9 10 11	12 13 14 15 16	17 18 19 20 21	22 23 24 25 26	27 28 29 30 —	2	38
	4	51 2 3 4 5	6 7 8 9 10	11 12 13 14 15	16 17 18 19 20	21 22 23 24 25	26 27 28 29 30	3	7
	5	31 61 2 3 4	5 6 7 8 9	10 11 12 13 14	15 16 17 18 19	20 21 22 23 24	25 26 27 28 —	5	37
	6	29 30 71 2 3	4 5 6 7 8	9 10 11 12 13	14 15 16 17 18	19 20 21 22 23	24 25 26 27 —	6	6
	7	28 29 30 31 81	2 3 4 5 6	7 8 9 10 11	12 13 14 15 16	17 18 19 20 21	22 23 24 25 —	0	35
	8	26 27 28 29 30	31 91 2 3 4	5 6 7 8 9	10 11 12 13 14	15 16 17 18 19	20 21 22 23 24	1	4
	9	25 26 27 28 29	30 01 2 3 4	5 6 7 8 9	10 11 12 13 14	15 16 17 18 19	20 21 22 23 —	3	34
	10	24 25 26 27 28	29 30 31 N1 2	3 4 5 6 7	8 9 10 11 12	13 14 15 16 17	18 19 20 21 22	4	3
	11	23 24 25 26 27	28 29 30 D1 2	3 4 5 6 7	8 9 10 11 12	13 14 15 16 17	18 19 20 21 22	6	33
	12	23 24 25 26 27	28 29 30 31 11	2 3 4 5 6	7 8 9 10 11	12 13 14 15 16	17 18 19 20 —	1	3
至元 4 戊寅 1338–39	50 1	21 22 23 24 25	26 27 28 29 30	31 21 2 3 4	5 6 7 8 9	10 11 12 13 14	15 16 17 18 19	2	32
	2	20 21 22 23 24	25 26 27 28 31	2 3 4 5 6	7 8 9 10 11	12 13 14 15 16	17 18 19 20 21	4	2
	3	22 23 24 25 26	27 28 29 30 31	41 2 3 4 5	6 7 8 9 10	11 12 13 14 15	16 17 18 19 20	6	32
	4	21 22 23 24 25	26 27 28 29 30	51 2 3 4 5	6 7 8 9 10	11 12 13 14 15	16 17 18 19 —	1	2
	5	20 21 22 23 24	25 26 27 28 29	30 31 61 2 3	4 5 6 7 8	9 10 11 12 13	14 15 16 17 18	2	31
	6	19 20 21 22 23	24 25 26 27 28	29 30 71 2 3	4 5 6 7 8	9 10 11 12 13	14 15 16 17 —	4	1
	7	18 19 20 21 22	23 24 25 26 27	28 29 30 31 81	2 3 4 5 6	7 8 9 10 11	12 13 14 15 —	5	30
	8	16 17 18 19 20	21 22 23 24 25	26 27 28 29 30	31 91 2 3 4	5 6 7 8 9	10 11 12 13 14	6	59
	8	15 16 17 18 19	20 21 22 23 24	25 26 27 28 29	30 01 2 3 4	5 6 7 8 9	10 11 12 13 —	1	29
	9	14 15 16 17 18	19 20 21 22 23	24 25 26 27 28	29 30 31 N1 2	3 4 5 6 7	8 9 10 11 —	2	58
	10	12 13 14 15 16	17 18 19 20 21	22 23 24 25 26	27 28 29 30 D1	2 3 4 5 6	7 8 9 10 11	3	27
	11	12 13 14 15 16	17 18 19 20 21	22 23 24 25 26	27 28 29 30 31	11 2 3 4 5	6 7 8 9 10	5	57
	12	11 12 13 14 15	16 17 18 19 20	21 22 23 24 25	26 27 28 29 30	31 21 2 3 4	5 6 7 8 —	0	27
至元 5 己卯 1339–40	2 1	9 10 11 12 13	14 15 16 17 18	19 20 21 22 23	24 25 26 27 28	31 2 3 4 5	6 7 8 9 10	1	56
	2	11 12 13 14 15	16 17 18 19 20	21 22 23 24 25	26 27 28 29 30	31 41 2 3 4	5 6 7 8 9	3	26
	3	10 11 12 13 14	15 16 17 18 19	20 21 22 23 24	25 26 27 28 29	30 51 2 3 4	5 6 7 8 —	5	56
	4	9 10 11 12 13	14 15 16 17 18	19 20 21 22 23	24 25 26 27 28	29 30 31 61 2	3 4 5 6 7	6	25
	5	8 9 10 11 12	13 14 15 16 17	18 19 20 21 22	23 24 25 26 27	28 29 30 71 2	3 4 5 6 —	1	55
	6	7 8 9 10 11	12 13 14 15 16	17 18 19 20 21	22 23 24 25 26	27 28 29 30 31	81 2 3 4 5	2	24
	7	6 7 8 9 10	11 12 13 14 15	16 17 18 19 20	21 22 23 24 25	26 27 28 29 30	31 91 2 3 —	4	54
	8	4 5 6 7 8	9 10 11 12 13	14 15 16 17 18	19 20 21 22 23	24 25 26 27 28	29 30 01 2 —	5	23
	9	3 4 5 6 7	8 9 10 11 12	13 14 15 16 17	18 19 20 21 22	23 24 25 26 27	28 29 30 31 N1	6	52
	10	2 3 4 5 6	7 8 9 10 11	12 13 14 15 16	17 18 19 20 21	22 23 24 25 26	27 28 29 30 —	1	22
	11	D1 2 3 4 5	6 7 8 9 10	11 12 13 14 15	16 17 18 19 20	21 22 23 24 25	26 27 28 29 30	2	51
	12	31 11 2 3 4	5 6 7 8 9	10 11 12 13 14	15 16 17 18 19	20 21 22 23 24	25 26 27 28 —	4	21
至元 6 庚辰 1340–41	14 1	29 30 31 21 2	3 4 5 6 7	8 9 10 11 12	13 14 15 16 17	18 19 20 21 22	23 24 25 26 27	5	50
	2	28 29 31 2 3	4 5 6 7 8	9 10 11 12 13	14 15 16 17 18	19 20 21 22 23	24 25 26 27 28	0	20
	3	29 30 31 41 2	3 4 5 6 7	8 9 10 11 12	13 14 15 16 17	18 19 20 21 22	23 24 25 26 —	2	50
	4	27 28 29 30 51	2 3 4 5 6	7 8 9 10 11	12 13 14 15 16	17 18 19 20 21	22 23 24 25 26	3	19
	5	27 28 29 30 31	61 2 3 4 5	6 7 8 9 10	11 12 13 14 15	16 17 18 19 20	21 22 23 24 25	5	49
	6	26 27 28 29 30	71 2 3 4 5	6 7 8 9 10	11 12 13 14 15	16 17 18 19 20	21 22 23 24 —	0	19
	7	25 26 27 28 29	30 31 81 2 3	4 5 6 7 8	9 10 11 12 13	14 15 16 17 18	19 20 21 22 23	1	48
	8	24 25 26 27 28	29 30 31 91 2	3 4 5 6 7	8 9 10 11 12	13 14 15 16 17	18 19 20 21 —	3	18
	9	22 23 24 25 26	27 28 29 30 01	2 3 4 5 6	7 8 9 10 11	12 13 14 15 16	17 18 19 20 21	4	47
	10	22 23 24 25 26	27 28 29 30 31	N1 2 3 4 5	6 7 8 9 10	11 12 13 14 15	16 17 18 19 —	6	17
	11	20 21 22 23 24	25 26 27 28 29	30 D1 2 3 4	5 6 7 8 9	10 11 12 13 14	15 16 17 18 19	0	46
	12	20 21 22 23 24	25 26 27 28 29	30 31 11 2 3	4 5 6 7 8	9 10 11 12 13	14 15 16 17 —	2	16

年序 Year	陰曆月序 Moon	陰曆日序 Order of days (Lunar) 1 2 3 4 5	6 7 8 9 10	11 12 13 14 15	16 17 18 19 20	21 22 23 24 25	26 27 28 29 30	星期 Week	干支 Cycle
至正 1 辛巳 1341–42	26 1	18 19 20 21 22	23 24 25 26 27	28 29 30 31 21	2 3 4 5 6	7 8 9 10 11	12 13 14 15 —	3	45
	2	16 17 18 19 20	21 22 23 24 25	26 27 28 31 2	3 4 5 6 7	8 9 10 11 12	13 14 15 16 17	4	14
	3	18 19 20 21 22	23 24 25 26 27	28 29 30 31 41	2 3 4 5 6	7 8 9 10 11	12 13 14 15 —	6	44
	4	16 17 18 19 20	21 22 23 24 25	26 27 28 29 30	51 2 3 4 5	6 7 8 9 10	11 12 13 14 15	0	13
	5	16 17 18 19 20	21 22 23 24 25	26 27 28 29 30	31 61 2 3 4	5 6 7 8 9	10 11 12 13 14	2	43
	5	15 16 17 18 19	20 21 22 23 24	25 26 27 28 29	30 71 2 3 4	5 6 7 8 9	10 11 12 13 —	4	13
	6	14 15 16 17 18	19 20 21 22 23	24 25 26 27 28	29 30 31 81 2	3 4 5 6 7	8 9 10 11 12	5	42
	7	13 14 15 16 17	18 19 20 21 22	23 24 25 26 27	28 29 30 31 91	2 3 4 5 6	7 8 9 10 11	0	12
	8	12 13 14 15 16	17 18 19 20 21	22 23 24 25 26	27 28 29 30 O1	2 3 4 5 6	7 8 9 10 —	2	42
	9	11 12 13 14 15	16 17 18 19 20	21 22 23 24 25	26 27 28 29 30	31 N1 2 3 4	5 6 7 8 9	3	11
	10	10 11 12 13 14	15 16 17 18 19	20 21 22 23 24	25 26 27 28 29	30 D1 2 3 4	5 6 7 8 —	5	41
	11	9 10 11 12 13	14 15 16 17 18	19 20 21 22 23	24 25 26 27 28	29 30 31 11 2	3 4 5 6 7	6	10
	12	8 9 10 11 12	13 14 15 16 17	18 19 20 21 22	23 24 25 26 27	28 29 30 31 21	2 3 4 5 —	1	40
至正 2 壬午 1342–43	38 1	6 7 8 9 10	11 12 13 14 15	16 17 18 19 20	21 22 23 24 25	26 27 28 31 2	3 4 5 6 —	2	9
	2	7 8 9 10 11	12 13 14 15 16	17 18 19 20 21	22 23 24 25 26	27 28 29 30 31	41 2 3 4 5	3	38
	3	6 7 8 9 10	11 12 13 14 15	16 17 18 19 20	21 22 23 24 25	26 27 28 29 30	51 2 3 4 —	5	8
	4	5 6 7 8 9	10 11 12 13 14	15 16 17 18 19	20 21 22 23 24	25 26 27 28 29	30 31 61 2 3	6	37
	5	4 5 6 7 8	9 10 11 12 13	14 15 16 17 18	19 20 21 22 23	24 25 26 27 28	29 30 71 2 —	1	7
	6	3 4 5 6 7	8 9 10 11 12	13 14 15 16 17	18 19 20 21 22	23 24 25 26 27	28 29 30 31 81	2	36
	7	2 3 4 5 6	7 8 9 10 11	12 13 14 15 16	17 18 19 20 21	22 23 24 25 26	27 28 29 30 31	4	6
	8	91 2 3 4 5	6 7 8 9 10	11 12 13 14 15	16 17 18 19 20	21 22 23 24 25	26 27 28 29 —	6	36
	9	30 O1 2 3 4	5 6 7 8 9	10 11 12 13 14	15 16 17 18 19	20 21 22 23 24	25 26 27 28 29	0	5
	10	30 31 N1 2 3	4 5 6 7 8	9 10 11 12 13	14 15 16 17 18	19 20 21 22 23	24 25 26 27 28	2	35
	11	29 30 D1 2 3	4 5 6 7 8	9 10 11 12 13	14 15 16 17 18	19 20 21 22 23	24 25 26 27 —	4	5
	12	28 29 30 31 11	2 3 4 5 6	7 8 9 10 11	12 13 14 15 16	17 18 19 20 21	22 23 24 25 26	5	34
至正 3 癸未 1343–44	50 1	27 28 29 30 31	21 2 3 4 5	6 7 8 9 10	11 12 13 14 15	16 17 18 19 20	21 22 23 24 —	0	4
	2	25 26 27 28 31	2 3 4 5 6	7 8 9 10 11	12 13 14 15 16	17 18 19 20 21	22 23 24 25 26	1	33
	3	27 28 29 30 31	41 2 3 4 5	6 7 8 9 10	11 12 13 14 15	16 17 18 19 20	21 22 23 24 —	3	3
	4	25 26 27 28 29	30 51 2 3 4	5 6 7 8 9	10 11 12 13 14	15 16 17 18 19	20 21 22 23 —	4	32
	5	24 25 26 27 28	29 30 31 61 2	3 4 5 6 7	8 9 10 11 12	13 14 15 16 17	18 19 20 21 22	5	1
	6	23 24 25 26 27	28 29 30 71 2	3 4 5 6 7	8 9 10 11 12	13 14 15 16 17	18 19 20 21 —	0	31
	7	22 23 24 25 26	27 28 29 30 31	81 2 3 4 5	6 7 8 9 10	11 12 13 14 15	16 17 18 19 20	1	0
	8	21 22 23 24 25	26 27 28 29 30	31 91 2 3 4	5 6 7 8 9	10 11 12 13 14	15 16 17 18 —	3	30
	9	19 20 21 22 23	24 25 26 27 28	29 30 O1 2 3	4 5 6 7 8	9 10 11 12 13	14 15 16 17 18	4	59
	10	19 20 21 22 23	24 25 26 27 28	29 30 31 N1 2	3 4 5 6 7	8 9 10 11 12	13 14 15 16 17	6	29
	11	18 19 20 21 22	23 24 25 26 27	28 29 30 D1 2	3 4 5 6 7	8 9 10 11 12	13 14 15 16 17	1	59
	12	18 19 20 21 22	23 24 25 26 27	28 29 30 31 11	2 3 4 5 6	7 8 9 10 11	12 13 14 15 —	3	29
至正 4 甲申 1344–45	2 1	16 17 18 19 20	21 22 23 24 25	26 27 28 29 30	31 21 2 3 4	5 6 7 8 9	10 11 12 13 14	4	58
	2	15 16 17 18 19	20 21 22 23 24	25 26 27 28 29	31 2 3 4 5	6 7 8 9 10	11 12 13 14 —	6	28
	2	15 16 17 18 19	20 21 22 23 24	25 26 27 28 29	30 31 41 2 3	4 5 6 7 8	9 10 11 12 13	0	57
	3	14 15 16 17 18	19 20 21 22 23	24 25 26 27 28	29 30 51 2 3	4 5 6 7 8	9 10 11 12 —	2	27
	4	13 14 15 16 17	18 19 20 21 22	23 24 25 26 27	28 29 30 31 61	2 3 4 5 6	7 8 9 10 —	3	56
	5	11 12 13 14 15	16 17 18 19 20	21 22 23 24 25	26 27 28 29 30	71 2 3 4 5	6 7 8 9 —	4	25
	6	10 11 12 13 14	15 16 17 18 19	20 21 22 23 24	25 26 27 28 29	30 31 81 2 3	4 5 6 7 8	5	54
	7	9 10 11 12 13	14 15 16 17 18	19 20 21 22 23	24 25 26 27 28	29 30 31 91 2	3 4 5 6 —	0	24
	8	7 8 9 10 11	12 13 14 15 16	17 18 19 20 21	22 23 24 25 26	27 28 29 30 O1	2 3 4 5 6	1	53
	9	7 8 9 10 11	12 13 14 15 16	17 18 19 20 21	22 23 24 25 26	27 28 29 30 31	N1 2 3 4 5	3	23
	10	6 7 8 9 10	11 12 13 14 15	16 17 18 19 20	21 22 23 24 25	26 27 28 29 30	D1 2 3 4 5	5	53
	11	6 7 8 9 10	11 12 13 14 15	16 17 18 19 20	21 22 23 24 25	26 27 28 29 30	31 11 2 3 —	0	23
	12	4 5 6 7 8	9 10 11 12 13	14 15 16 17 18	19 20 21 22 23	24 25 26 27 28	29 30 31 21 2	1	52
至正 5 乙酉 1345–46	14 1	3 4 5 6 7	8 9 10 11 12	13 14 15 16 17	18 19 20 21 22	23 24 25 26 27	28 31 2 3 4	3	22
	2	5 6 7 8 9	10 11 12 13 14	15 16 17 18 19	20 21 22 23 24	25 26 27 28 29	30 31 41 2 —	5	52
	3	3 4 5 6 7	8 9 10 11 12	13 14 15 16 17	18 19 20 21 22	23 24 25 26 27	28 29 30 51 2	6	21
	4	3 4 5 6 7	8 9 10 11 12	13 14 15 16 17	18 19 20 21 22	23 24 25 26 27	28 29 30 31 —	1	51
	5	61 2 3 4 5	6 7 8 9 10	11 12 13 14 15	16 17 18 19 20	21 22 23 24 25	26 27 28 29 —	2	20
	6	30 71 2 3 4	5 6 7 8 9	10 11 12 13 14	15 16 17 18 19	20 21 22 23 24	25 26 27 28 —	3	49
	7	29 30 31 81 2	3 4 5 6 7	8 9 10 11 12	13 14 15 16 17	18 19 20 21 22	23 24 25 26 27	4	18
	8	28 29 30 31 91	2 3 4 5 6	7 8 9 10 11	12 13 14 15 16	17 18 19 20 21	22 23 24 25 —	6	48
	9	26 27 28 29 30	O1 2 3 4 5	6 7 8 9 10	11 12 13 14 15	16 17 18 19 20	21 22 23 24 25	0	17
	10	26 27 28 29 30	31 N1 2 3 4	5 6 7 8 9	10 11 12 13 14	15 16 17 18 19	20 21 22 23 24	2	47
	11	25 26 27 28 29	30 D1 2 3 4	5 6 7 8 9	10 11 12 13 14	15 16 17 18 19	20 21 22 23 —	4	17
	12	24 25 26 27 28	29 30 31 11 2	3 4 5 6 7	8 9 10 11 12	13 14 15 16 17	18 19 20 21 22	5	46

年序 Year	陰曆月序 Moon	1 2 3 4 5	6 7 8 9 10	11 12 13 14 15	16 17 18 19 20	21 22 23 24 25	26 27 28 29 30	星期 Week	干支 Cycle
至正6丙戌 1346–47	26 1	23 24 25 26 27	28 29 30 31 21	2 3 4 5 6	7 8 9 10 11	12 13 14 15 16	17 18 19 20 21	0	16
	2	22 23 24 25 26	27 28 31 2 3	4 5 6 7 8	9 10 11 12 13	14 15 16 17 18	19 20 21 22 23	2	46
	3	24 25 26 27 28	29 30 31 41 2	3 4 5 6 7	8 9 10 11 12	13 14 15 16 17	18 19 20 21 —	4	16
	4	22 23 24 25 26	27 28 29 30 51	2 3 4 5 6	7 8 9 10 11	12 13 14 15 16	17 18 19 20 21	5	45
	5	22 23 24 25 26	27 28 29 30 31	61 2 3 4 5	6 7 8 9 10	11 12 13 14 15	16 17 18 19 —	0	15
	6	20 21 22 23 24	25 26 27 28 29	30 71 2 3 4	5 6 7 8 9	10 11 12 13 14	15 16 17 18 —	1	44
	7	19 20 21 22 23	24 25 26 27 28	29 30 31 81 2	3 4 5 6 7	8 9 10 11 12	13 14 15 16 —	2	13
	8	17 18 19 20 21	22 23 24 25 26	27 28 29 30 31	91 2 3 4 5	6 7 8 9 10	11 12 13 14 15	3	42
	9	16 17 18 19 20	21 22 23 24 25	26 27 28 29 30	01 2 3 4 5	6 7 8 9 10	11 12 13 14 —	5	12
	10	15 16 17 18 19	20 21 22 23 24	25 26 27 28 29	30 31 N1 2 3	4 5 6 7 8	9 10 11 12 13	6	41
	10	14 15 16 17 18	19 20 21 22 23	24 25 26 27 28	29 30 D1 2 3	4 5 6 7 8	9 10 11 12 —	1	11
	11	13 14 15 16 17	18 19 20 21 22	23 24 25 26 27	28 29 30 31 11	2 3 4 5 6	7 8 9 10 11	2	40
	12	12 13 14 15 16	17 18 19 20 21	22 23 24 25 26	27 28 29 30 31	21 2 3 4 5	6 7 8 9 10	4	10
至正7丁亥 1347–48	38 1	11 12 13 14 15	16 17 18 19 20	21 22 23 24 25	26 27 28 31 2	3 4 5 6 7	8 9 10 11 12	6	40
	2	13 14 15 16 17	18 19 20 21 22	23 24 25 26 27	28 29 30 31 41	2 3 4 5 6	7 8 9 10 —	1	10
	3	11 12 13 14 15	16 17 18 19 20	21 22 23 24 25	26 27 28 29 30	51 2 3 4 5	6 7 8 9 10	2	39
	4	11 12 13 14 15	16 17 18 19 20	21 22 23 24 25	26 27 28 29 30	31 61 2 3 4	5 6 7 8 —	4	9
	5	9 10 11 12 13	14 15 16 17 18	19 20 21 22 23	24 25 26 27 28	29 30 71 2 3	4 5 6 7 8	5	38
	6	9 10 11 12 13	14 15 16 17 18	19 20 21 22 23	24 25 26 27 28	29 30 31 81 2	3 4 5 6 —	0	8
	7	7 8 9 10 11	12 13 14 15 16	17 18 19 20 21	22 23 24 25 26	27 28 29 30 31	91 2 3 4 5	1	37
	8	6 7 8 9 10	11 12 13 14 15	16 17 18 19 20	21 22 23 24 25	26 27 28 29 30	01 2 3 4 —	3	7
	9	5 6 7 8 9	10 11 12 13 14	15 16 17 18 19	20 21 22 23 24	25 26 27 28 29	30 31 N1 2 —	4	36
	10	3 4 5 6 7	8 9 10 11 12	13 14 15 16 17	18 19 20 21 22	23 24 25 26 27	28 29 30 D1 2	5	5
	11	3 4 5 6 7	8 9 10 11 12	13 14 15 16 17	18 19 20 21 22	23 24 25 26 27	28 29 30 31 —	0	35
	12	11 2 3 4 5	6 7 8 9 10	11 12 13 14 15	16 17 18 19 20	21 22 23 24 25	26 27 28 29 30	1	4
至正8戊子 1348–49	50 1	31 21 2 3 4	5 6 7 8 9	10 11 12 13 14	15 16 17 18 19	20 21 22 23 24	25 26 27 28 29	3	34
	2	31 2 3 4 5	6 7 8 9 10	11 12 13 14 15	16 17 18 19 20	21 22 23 24 25	26 27 28 29 —	5	4
	3	30 31 41 2 3	4 5 6 7 8	9 10 11 12 13	14 15 16 17 18	19 20 21 22 23	24 25 26 27 28	6	33
	4	29 30 51 2 3	4 5 6 7 8	9 10 11 12 13	14 15 16 17 18	19 20 21 22 23	24 25 26 27 28	1	3
	5	29 30 31 61 2	3 4 5 6 7	8 9 10 11 12	13 14 15 16 17	18 19 20 21 22	23 24 25 26 —	3	33
	6	27 28 29 30 71	2 3 4 5 6	7 8 9 10 11	12 13 14 15 16	17 18 19 20 21	22 23 24 25 26	4	2
	7	27 28 29 30 31	81 2 3 4 5	6 7 8 9 10	11 12 13 14 15	16 17 18 19 20	21 22 23 24 —	6	32
	8	25 26 27 28 29	30 31 91 2 3	4 5 6 7 8	9 10 11 12 13	14 15 16 17 18	19 20 21 22 23	0	1
	9	24 25 26 27 28	29 30 01 2 3	4 5 6 7 8	9 10 11 12 13	14 15 16 17 18	19 20 21 22 —	2	31
	10	23 24 25 26 27	28 29 30 31 N1	2 3 4 5 6	7 8 9 10 11	12 13 14 15 16	17 18 19 20 —	3	0
	11	21 22 23 24 25	26 27 28 29 30	D1 2 3 4 5	6 7 8 9 10	11 12 13 14 15	16 17 18 19 20	4	29
	12	21 22 23 24 25	26 27 28 29 30	31 11 2 3 4	5 6 7 8 9	10 11 12 13 14	15 16 17 18 —	6	59
至正9己丑 1349–50	2 1	19 20 21 22 23	24 25 26 27 28	29 30 31 21 2	3 4 5 6 7	8 9 10 11 12	13 14 15 16 17	0	28
	2	18 19 20 21 22	23 24 25 26 27	28 31 2 3 4	5 6 7 8 9	10 11 12 13 14	15 16 17 18 19	2	58
	3	20 21 22 23 24	25 26 27 28 29	30 31 41 2 3	4 5 6 7 8	9 10 11 12 13	14 15 16 17 —	4	28
	4	18 19 20 21 22	23 24 25 26 27	28 29 30 51 2	3 4 5 6 7	8 9 10 11 12	13 14 15 16 17	5	57
	5	18 19 20 21 22	23 24 25 26 27	28 29 30 31 61	2 3 4 5 6	7 8 9 10 11	12 13 14 15 —	0	27
	6	16 17 18 19 20	21 22 23 24 25	26 27 28 29 30	71 2 3 4 5	6 7 8 9 10	11 12 13 14 15	1	56
	7	16 17 18 19 20	21 22 23 24 25	26 27 28 29 30	31 81 2 3 4	5 6 7 8 9	10 11 12 13 14	3	26
	7	15 16 17 18 19	20 21 22 23 24	25 26 27 28 29	30 31 91 2 3	4 5 6 7 8	9 10 11 12 —	5	56
	8	13 14 15 16 17	18 19 20 21 22	23 24 25 26 27	28 29 30 01 2	3 4 5 6 7	8 9 10 11 12	6	25
	9	13 14 15 16 17	18 19 20 21 22	23 24 25 26 27	28 29 30 31 N1	2 3 4 5 6	7 8 9 10 —	1	55
	10	11 12 13 14 15	16 17 18 19 20	21 22 23 24 25	26 27 28 29 30	D1 2 3 4 5	6 7 8 9 10	2	24
	11	11 12 13 14 15	16 17 18 19 20	21 22 23 24 25	26 27 28 29 30	31 11 2 3 4	5 6 7 8 —	4	54
	12	9 10 11 12 13	14 15 16 17 18	19 20 21 22 23	24 25 26 27 28	29 30 31 21 2	3 4 5 6 —	5	23
至正10庚寅 1350–51	14 1	7 8 9 10 11	12 13 14 15 16	17 18 19 20 21	22 23 24 25 26	27 28 31 2 3	4 5 6 7 8	6	52
	2	9 10 11 12 13	14 15 16 17 18	19 20 21 22 23	24 25 26 27 28	29 30 31 41 2	3 4 5 6 —	1	22
	3	7 8 9 10 11	12 13 14 15 16	17 18 19 20 21	22 23 24 25 26	27 28 29 30 51	2 3 4 5 6	2	51
	4	7 8 9 10 11	12 13 14 15 16	17 18 19 20 21	22 23 24 25 26	27 28 29 30 31	61 2 3 4 —	4	21
	5	5 6 7 8 9	10 11 12 13 14	15 16 17 18 19	20 21 22 23 24	25 26 27 28 29	30 71 2 3 4	5	50
	6	5 6 7 8 9	10 11 12 13 14	15 16 17 18 19	20 21 22 23 24	25 26 27 28 29	30 31 81 2 3	0	20
	7	4 5 6 7 8	9 10 11 12 13	14 15 16 17 18	19 20 21 22 23	24 25 26 27 28	29 30 31 91 —	2	50
	8	2 3 4 5 6	7 8 9 10 11	12 13 14 15 16	17 18 19 20 21	22 23 24 25 26	27 28 29 30 01	3	19
	9	2 3 4 5 6	7 8 9 10 11	12 13 14 15 16	17 18 19 20 21	22 23 24 25 26	27 28 29 30 31	5	49
	10	N1 2 3 4 5	6 7 8 9 10	11 12 13 14 15	16 17 18 19 20	21 22 23 24 25	26 27 28 29 —	0	19
	11	30 D1 2 3 4	5 6 7 8 9	10 11 12 13 14	15 16 17 18 19	20 21 22 23 24	25 26 27 28 29	1	48
	12	30 31 11 2 3	4 5 6 7 8	9 10 11 12 13	14 15 16 17 18	19 20 21 22 23	24 25 26 27 —	3	18

年序 Year	陰曆月序 Moon	1	2	3	4	5	6	7	8	9	10	11	12	13	14	15	16	17	18	19	20	21	22	23	24	25	26	27	28	29	30	星期 Week	干支 Cycle
至正 11 辛卯 1351–52	26 1	28	29	30	31	21	2	3	4	5	6	7	8	9	10	11	12	13	14	15	16	17	18	19	20	21	22	23	24	25	—	4	47
	2	26	27	28	31	2	3	4	5	6	7	8	9	10	11	12	13	14	15	16	17	18	19	20	21	22	23	24	25	26	27	5	16
	3	28	29	30	31	41	2	3	4	5	6	7	8	9	10	11	12	13	14	15	16	17	18	19	20	21	22	23	24	25	—	0	46
	4	26	27	28	29	30	51	2	3	4	5	6	7	8	9	10	11	12	13	14	15	16	17	18	19	20	21	22	23	24	25	1	15
	5	26	27	28	29	30	31	61	2	3	4	5	6	7	8	9	10	11	12	13	14	15	16	17	18	19	20	21	22	23	—	3	45
	6	24	25	26	27	28	29	30	71	2	3	4	5	6	7	8	9	10	11	12	13	14	15	16	17	18	19	20	21	22	23	4	14
	7	24	25	26	27	28	29	30	31	81	2	3	4	5	6	7	8	9	10	11	12	13	14	15	16	17	18	19	20	21	—	6	44
	8	22	23	24	25	26	27	28	29	30	31	91	2	3	4	5	6	7	8	9	10	11	12	13	14	15	16	17	18	19	20	0	13
	9	21	22	23	24	25	26	27	28	29	30	O1	2	3	4	5	6	7	8	9	10	11	12	13	14	15	16	17	18	19	20	2	43
	10	21	22	23	24	25	26	27	28	29	30	31	N1	2	3	4	5	6	7	8	9	10	11	12	13	14	15	16	17	18	19	4	13
	11	20	21	22	23	24	25	26	27	28	29	30	D1	2	3	4	5	6	7	8	9	10	11	12	13	14	15	16	17	18	—	6	43
	12	19	20	21	22	23	24	25	26	27	28	29	30	31	11	2	3	4	5	6	7	8	9	10	11	12	13	14	15	16	17	0	12
至正 12 壬辰 1352–53	38 1	18	19	20	21	22	23	24	25	26	27	28	29	30	31	21	2	3	4	5	6	7	8	9	10	11	12	13	14	15	—	2	42
	2	16	17	18	19	20	21	22	23	24	25	26	27	28	29	31	2	3	4	5	6	7	8	9	10	11	12	13	14	15	16	3	11
	3	17	18	19	20	21	22	23	24	25	26	27	28	29	30	31	41	2	3	4	5	6	7	8	9	10	11	12	13	14	—	5	41
	3	15	16	17	18	19	20	21	22	23	24	25	26	27	28	29	30	51	2	3	4	5	6	7	8	9	10	11	12	13	—	6	10
	4	14	15	16	17	18	19	20	21	22	23	24	25	26	27	28	29	30	31	61	2	3	4	5	6	7	8	9	10	11	12	0	39
	5	13	14	15	16	17	18	19	20	21	22	23	24	25	26	27	28	29	30	71	2	3	4	5	6	7	8	9	10	11	—	2	9
	6	12	13	14	15	16	17	18	19	20	21	22	23	24	25	26	27	28	29	30	31	81	2	3	4	5	6	7	8	9	—	3	38
	7	10	11	12	13	14	15	16	17	18	19	20	21	22	23	24	25	26	27	28	29	30	31	91	2	3	4	5	6	7	8	4	7
	8	9	10	11	12	13	14	15	16	17	18	19	20	21	22	23	24	25	26	27	28	29	30	O1	2	3	4	5	6	7	8	6	37
	9	9	10	11	12	13	14	15	16	17	18	19	20	21	22	23	24	25	26	27	28	29	30	31	N1	2	3	4	5	6	7	1	7
	10	8	9	10	11	12	13	14	15	16	17	18	19	20	21	22	23	24	25	26	27	28	29	30	D1	2	3	4	5	6	—	3	37
	11	7	8	9	10	11	12	13	14	15	16	17	18	19	20	21	22	23	24	25	26	27	28	29	30	31	11	2	3	4	5	4	6
	12	6	7	8	9	10	11	12	13	14	15	16	17	18	19	20	21	22	23	24	25	26	27	28	29	30	31	21	2	3	4	6	36
至正 13 癸巳 1353–54	50 1	5	6	7	8	9	10	11	12	13	14	15	16	17	18	19	20	21	22	23	24	25	26	27	28	31	2	3	4	5	—	1	6
	2	6	7	8	9	10	11	12	13	14	15	16	17	18	19	20	21	22	23	24	25	26	27	28	29	30	31	41	2	3	4	2	35
	3	5	6	7	8	9	10	11	12	13	14	15	16	17	18	19	20	21	22	23	24	25	26	27	28	29	30	51	2	3	—	4	5
	4	4	5	6	7	8	9	10	11	12	13	14	15	16	17	18	19	20	21	22	23	24	25	26	27	28	29	30	31	61	—	5	34
	5	2	3	4	5	6	7	8	9	10	11	12	13	14	15	16	17	18	19	20	21	22	23	24	25	26	27	28	29	30	—	6	3
	6	71	2	3	4	5	6	7	8	9	10	11	12	13	14	15	16	17	18	19	20	21	22	23	24	25	26	27	28	29	30	0	32
	7	31	81	2	3	4	5	6	7	8	9	10	11	12	13	14	15	16	17	18	19	20	21	22	23	24	25	26	27	28	—	2	2
	8	29	30	31	91	2	3	4	5	6	7	8	9	10	11	12	13	14	15	16	17	18	19	20	21	22	23	24	25	26	27	3	31
	9	28	29	30	O1	2	3	4	5	6	7	8	9	10	11	12	13	14	15	16	17	18	19	20	21	22	23	24	25	26	27	5	1
	10	28	29	30	31	N1	2	3	4	5	6	7	8	9	10	11	12	13	14	15	16	17	18	19	20	21	22	23	24	25	—	0	31
	11	26	27	28	29	30	D1	2	3	4	5	6	7	8	9	10	11	12	13	14	15	16	17	18	19	20	21	22	23	24	25	1	0
	12	26	27	28	29	30	31	11	2	3	4	5	6	7	8	9	10	11	12	13	14	15	16	17	18	19	20	21	22	23	24	3	30
至正 14 甲午 1354–55	2 1	25	26	27	28	29	30	31	21	2	3	4	5	6	7	8	9	10	11	12	13	14	15	16	17	18	19	20	21	22	23	5	0
	2	24	25	26	27	28	31	2	3	4	5	6	7	8	9	10	11	12	13	14	15	16	17	18	19	20	21	22	23	24	—	0	30
	3	25	26	27	28	29	30	31	41	2	3	4	5	6	7	8	9	10	11	12	13	14	15	16	17	18	19	20	21	22	23	1	59
	4	24	25	26	27	28	29	30	51	2	3	4	5	6	7	8	9	10	11	12	13	14	15	16	17	18	19	20	21	22	—	3	29
	5	23	24	25	26	27	28	29	30	31	61	2	3	4	5	6	7	8	9	10	11	12	13	14	15	16	17	18	19	20	—	4	58
	6	21	22	23	24	25	26	27	28	29	30	71	2	3	4	5	6	7	8	9	10	11	12	13	14	15	16	17	18	19	—	5	27
	7	20	21	22	23	24	25	26	27	28	29	30	31	81	2	3	4	5	6	7	8	9	10	11	12	13	14	15	16	17	18	6	56
	8	19	20	21	22	23	24	25	26	27	28	29	30	31	91	2	3	4	5	6	7	8	9	10	11	12	13	14	15	16	—	1	26
	9	17	18	19	20	21	22	23	24	25	26	27	28	29	30	O1	2	3	4	5	6	7	8	9	10	11	12	13	14	15	16	2	55
	10	17	18	19	20	21	22	23	24	25	26	27	28	29	30	31	N1	2	3	4	5	6	7	8	9	10	11	12	13	14	—	4	25
	11	15	16	17	18	19	20	21	22	23	24	25	26	27	28	29	30	D1	2	3	4	5	6	7	8	9	10	11	12	13	14	5	54
	12	15	16	17	18	19	20	21	22	23	24	25	26	27	28	29	30	31	11	2	3	4	5	6	7	8	9	10	11	12	13	0	24
至正 15 乙未 1355–56	14 1	14	15	16	17	18	19	20	21	22	23	24	25	26	27	28	29	30	31	21	2	3	4	5	6	7	8	9	10	11	12	2	54
	1	13	14	15	16	17	18	19	20	21	22	23	24	25	26	27	28	31	2	3	4	5	6	7	8	9	10	11	12	13	14	4	24
	2	15	16	17	18	19	20	21	22	23	24	25	26	27	28	29	30	31	41	2	3	4	5	6	7	8	9	10	11	12	—	6	54
	3	13	14	15	16	17	18	19	20	21	22	23	24	25	26	27	28	29	30	51	2	3	4	5	6	7	8	9	10	11	12	0	23
	4	13	14	15	16	17	18	19	20	21	22	23	24	25	26	27	28	29	30	31	61	2	3	4	5	6	7	8	9	10	—	2	53
	5	11	12	13	14	15	16	17	18	19	20	21	22	23	24	25	26	27	28	29	30	71	2	3	4	5	6	7	8	9	—	3	22
	6	10	11	12	13	14	15	16	17	18	19	20	21	22	23	24	25	26	27	28	29	30	31	81	2	3	4	5	6	7	—	4	51
	7	8	9	10	11	12	13	14	15	16	17	18	19	20	21	22	23	24	25	26	27	28	29	30	31	91	2	3	4	5	6	5	20
	8	7	8	9	10	11	12	13	14	15	16	17	18	19	20	21	22	23	24	25	26	27	28	29	30	O1	2	3	4	5	—	0	50
	9	6	7	8	9	10	11	12	13	14	15	16	17	18	19	20	21	22	23	24	25	26	27	28	29	30	31	N1	2	3	4	1	19
	10	5	6	7	8	9	10	11	12	13	14	15	16	17	18	19	20	21	22	23	24	25	26	27	28	29	30	D1	2	3	—	3	49
	11	4	5	6	7	8	9	10	11	12	13	14	15	16	17	18	19	20	21	22	23	24	25	26	27	28	29	30	31	11	2	4	18
	12	3	4	5	6	7	8	9	10	11	12	13	14	15	16	17	18	19	20	21	22	23	24	25	26	27	28	29	30	31	21	6	48

年序 Year		陰曆月序 Moon	1 2 3 4 5	6 7 8 9 10	11 12 13 14 15	16 17 18 19 20	21 22 23 24 25	26 27 28 29 30	星期 Week	干支 Cycle
至正16丙申 1356–57	26	1	2 3 4 5 6	7 8 9 10 11	12 13 14 15 16	17 18 19 20 21	22 23 24 25 26	27 28 29 31 2	1	18
		2	3 4 5 6 7	8 9 10 11 12	13 14 15 16 17	18 19 20 21 22	23 24 25 26 27	28 29 30 31 —	3	48
		3	41 2 3 4 5	6 7 8 9 10	11 12 13 14 15	16 17 18 19 20	21 22 23 24 25	26 27 28 29 30	4	17
		4	51 2 3 4 5	6 7 8 9 10	11 12 13 14 15	16 17 18 19 20	21 22 23 24 25	26 27 28 29 —	6	47
		5	30 31 61 2 3	4 5 6 7 8	9 10 11 12 13	14 15 16 17 18	19 20 21 22 23	24 25 26 27 28	0	16
		6	29 30 71 2 3	4 5 6 7 8	9 10 11 12 13	14 15 16 17 18	19 20 21 22 23	24 25 26 27 —	2	46
		7	28 29 30 31 81	2 3 4 5 6	7 8 9 10 11	12 13 14 15 16	17 18 19 20 21	22 23 24 25 26	3	15
		8	27 28 29 30 31	91 2 3 4 5	6 7 8 9 10	11 12 13 14 15	16 17 18 19 20	21 22 23 24 —	5	45
		9	25 26 27 28 29	30 O1 2 3 4	5 6 7 8 9	10 11 12 13 14	15 16 17 18 19	20 21 22 23 —	6	14
		10	24 25 26 27 28	29 30 31 N1 2	3 4 5 6 7	8 9 10 11 12	13 14 15 16 17	18 19 20 21 22	0	43
		11	23 24 25 26 27	28 29 30 D1 2	3 4 5 6 7	8 9 10 11 12	13 14 15 16 17	18 19 20 21 —	2	13
		12	22 23 24 25 26	27 28 29 30 31	11 2 3 4 5	6 7 8 9 10	11 12 13 14 15	16 17 18 19 20	3	42
至正17丁酉 1357–58	38	1	21 22 23 24 25	26 27 28 29 30	31 21 2 3 4	5 6 7 8 9	10 11 12 13 14	15 16 17 18 19	5	12
		2	20 21 22 23 24	25 26 27 28 31	2 3 4 5 6	7 8 9 10 11	12 13 14 15 16	17 18 19 20 —	0	42
		3	21 22 23 24 25	26 27 28 29 30	31 41 2 3 4	5 6 7 8 9	10 11 12 13 14	15 16 17 18 19	1	11
		4	20 21 22 23 24	25 26 27 28 29	30 51 2 3 4	5 6 7 8 9	10 11 12 13 14	15 16 17 18 19	3	41
		5	20 21 22 23 24	25 26 27 28 29	30 31 61 2 3	4 5 6 7 8	9 10 11 12 13	14 15 16 17 —	5	11
		6	18 19 20 21 22	23 24 25 26 27	28 29 30 71 2	3 4 5 6 7	8 9 10 11 12	13 14 15 16 17	6	40
		7	18 19 20 21 22	23 24 25 26 27	28 29 30 31 81	2 3 4 5 6	7 8 9 10 11	12 13 14 15 —	1	10
		8	16 17 18 19 20	21 22 23 24 25	26 27 28 29 30	31 91 2 3 4	5 6 7 8 9	10 11 12 13 14	2	39
		9	15 16 17 18 19	20 21 22 23 24	25 26 27 28 29	30 O1 2 3 4	5 6 7 8 9	10 11 12 13 —	4	9
		9	14 15 16 17 18	19 20 21 22 23	24 25 26 27 28	29 30 31 N1 2	3 4 5 6 7	8 9 10 11 —	5	38
		10	12 13 14 15 16	17 18 19 20 21	22 23 24 25 26	27 28 29 30 D1	2 3 4 5 6	7 8 9 10 11	6	7
		11	12 13 14 15 16	17 18 19 20 21	22 23 24 25 26	27 28 29 30 31	11 2 3 4 5	6 7 8 9 —	1	37
		12	10 11 12 13 14	15 16 17 18 19	20 21 22 23 24	25 26 27 28 29	30 31 21 2 3	4 5 6 7 8	2	6
至正18戊戌 1358–59	50	1	9 10 11 12 13	14 15 16 17 18	19 20 21 22 23	24 25 26 27 28	31 2 3 4 5	6 7 8 9 —	4	36
		2	10 11 12 13 14	15 16 17 18 19	20 21 22 23 24	25 26 27 28 29	30 31 41 2 3	4 5 6 7 8	5	5
		3	9 10 11 12 13	14 15 16 17 18	19 20 21 22 23	24 25 26 27 28	29 30 51 2 3	4 5 6 7 8	0	35
		4	9 10 11 12 13	14 15 16 17 18	19 20 21 22 23	24 25 26 27 28	29 30 31 61 2	3 4 5 6 —	2	5
		5	7 8 9 10 11	12 13 14 15 16	17 18 19 20 21	22 23 24 25 26	27 28 29 30 71	2 3 4 5 6	3	34
		6	7 8 9 10 11	12 13 14 15 16	17 18 19 20 21	22 23 24 25 26	27 28 29 30 31	81 2 3 4 —	5	4
		7	5 6 7 8 9	10 11 12 13 14	15 16 17 18 19	20 21 22 23 24	25 26 27 28 29	30 31 91 2 3	6	33
		8	4 5 6 7 8	9 10 11 12 13	14 15 16 17 18	19 20 21 22 23	24 25 26 27 28	29 30 O1 2 3	1	3
		9	4 5 6 7 8	9 10 11 12 13	14 15 16 17 18	19 20 21 22 23	24 25 26 27 28	29 30 31 N1 —	3	33
		10	2 3 4 5 6	7 8 9 10 11	12 13 14 15 16	17 18 19 20 21	22 23 24 25 26	27 28 29 30 —	4	2
		11	D1 2 3 4 5	6 7 8 9 10	11 12 13 14 15	16 17 18 19 20	21 22 23 24 25	26 27 28 29 30	5	31
		12	31 11 2 3 4	5 6 7 8 9	10 11 12 13 14	15 16 17 18 19	20 21 22 23 24	25 26 27 28 —	0	1
至正19己亥 1359–60	2	1	29 30 31 21 2	3 4 5 6 7	8 9 10 11 12	13 14 15 16 17	18 19 20 21 22	23 24 25 26 27	1	30
		2	28 31 2 3 4	5 6 7 8 9	10 11 12 13 14	15 16 17 18 19	20 21 22 23 24	25 26 27 28 —	3	0
		3	29 30 31 41 2	3 4 5 6 7	8 9 10 11 12	13 14 15 16 17	18 19 20 21 22	23 24 25 26 27	4	29
		4	28 29 30 51 2	3 4 5 6 7	8 9 10 11 12	13 14 15 16 17	18 19 20 21 22	23 24 25 26 —	6	59
		5	27 28 29 30 31	61 2 3 4 5	6 7 8 9 10	11 12 13 14 15	16 17 18 19 20	21 22 23 24 25	0	28
		6	26 27 28 29 30	71 2 3 4 5	6 7 8 9 10	11 12 13 14 15	16 17 18 19 20	21 22 23 24 25	2	58
		7	26 27 28 29 30	31 81 2 3 4	5 6 7 8 9	10 11 12 13 14	15 16 17 18 19	20 21 22 23 —	4	28
		8	24 25 26 27 28	29 30 31 91 2	3 4 5 6 7	8 9 10 11 12	13 14 15 16 17	18 19 20 21 22	5	57
		9	23 24 25 26 27	28 29 30 O1 2	3 4 5 6 7	8 9 10 11 12	13 14 15 16 17	18 19 20 21 —	0	27
		10	22 23 24 25 26	27 28 29 30 31	N1 2 3 4 5	6 7 8 9 10	11 12 13 14 15	16 17 18 19 20	1	56
		11	21 22 23 24 25	26 27 28 29 30	D1 2 3 4 5	6 7 8 9 10	11 12 13 14 15	16 17 18 19 20	3	26
		12	21 22 23 24 25	26 27 28 29 30	31 11 2 3 4	5 6 7 8 9	10 11 12 13 14	15 16 17 18 —	5	56
至正20庚子 1360–61	14	1	19 20 21 22 23	24 25 26 27 28	29 30 31 21 2	3 4 5 6 7	8 9 10 11 12	13 14 15 16 —	6	25
		2	17 18 19 20 21	22 23 24 25 26	27 28 29 31 2	3 4 5 6 7	8 9 10 11 12	13 14 15 16 17	0	54
		3	18 19 20 21 22	23 24 25 26 27	28 29 30 31 41	2 3 4 5 6	7 8 9 10 11	12 13 14 15 —	2	24
		4	16 17 18 19 20	21 22 23 24 25	26 27 28 29 30	51 2 3 4 5	6 7 8 9 10	11 12 13 14 15	3	53
		5	16 17 18 19 20	21 22 23 24 25	26 27 28 29 30	31 61 2 3 4	5 6 7 8 9	10 11 12 13 —	5	23
		5	14 15 16 17 18	19 20 21 22 23	24 25 26 27 28	29 30 71 2 3	4 5 6 7 8	9 10 11 12 13	6	52
		6	14 15 16 17 18	19 20 21 22 23	24 25 26 27 28	29 30 31 81 2	3 4 5 6 7	8 9 10 11 —	1	22
		7	12 13 14 15 16	17 18 19 20 21	22 23 24 25 26	27 28 29 30 31	91 2 3 4 5	6 7 8 9 10	2	51
		8	11 12 13 14 15	16 17 18 19 20	21 22 23 24 25	26 27 28 29 30	O1 2 3 4 5	6 7 8 9 10	4	21
		9	11 12 13 14 15	16 17 18 19 20	21 22 23 24 25	26 27 28 29 30	31 N1 2 3 4	5 6 7 8 —	6	51
		10	9 10 11 12 13	14 15 16 17 18	19 20 21 22 23	24 25 26 27 28	29 30 D1 2 3	4 5 6 7 8	0	20
		11	9 10 11 12 13	14 15 16 17 18	19 20 21 22 23	24 25 26 27 28	29 30 31 11 2	3 4 5 6 7	2	50
		12	8 9 10 11 12	13 14 15 16 17	18 19 20 21 22	23 24 25 26 27	28 29 30 31 21	2 3 4 5 —	4	20

年序 Year	陰曆月序 Moon		陰曆日序 Order of days (Lunar) 1 2 3 4 5	6 7 8 9 10	11 12 13 14 15	16 17 18 19 20	21 22 23 24 25	26 27 28 29 30	星期 Week	干支 Cycle
至正21 辛丑 1361–62	26	1	6 7 8 9 10	11 12 13 14 15	16 17 18 19 20	21 22 23 24 25	26 27 28 **31** 2	3 4 5 6 7	5	49
		2	8 9 10 11 12	13 14 15 16 17	18 19 20 21 22	23 24 25 26 27	28 29 30 31 **41**	2 3 4 5 —	0	19
		3	6 7 8 9 10	11 12 13 14 15	16 17 18 19 20	21 22 23 24 25	26 27 28 29 30	**51** 2 3 4 —	1	48
		4	5 6 7 8 9	10 11 12 13 14	15 16 17 18 19	20 21 22 23 24	25 26 27 28 29	30 31 **61** 2 3	2	17
		5	4 5 6 7 8	9 10 11 12 13	14 15 16 17 18	19 20 21 22 23	24 25 26 27 28	29 30 **71** 2 —	4	47
		6	3 4 5 6 7	8 9 10 11 12	13 14 15 16 17	18 19 20 21 22	23 24 25 26 27	28 29 30 31 —	5	16
		7	**81** 2 3 4 5	6 7 8 9 10	11 12 13 14 15	16 17 18 19 20	21 22 23 24 25	26 27 28 29 30	6	45
		8	31 **91** 2 3 4	5 6 7 8 9	10 11 12 13 14	15 16 17 18 19	20 21 22 23 24	25 26 27 28 29	1	15
		9	30 **O1** 2 3 4	5 6 7 8 9	10 11 12 13 14	15 16 17 18 19	20 21 22 23 24	25 26 27 28 —	3	45
		10	29 30 31 **N1** 2	3 4 5 6 7	8 9 10 11 12	13 14 15 16 17	18 19 20 21 22	23 24 25 26 27	4	14
		11	28 29 30 **D1** 2	3 4 5 6 7	8 9 10 11 12	13 14 15 16 17	18 19 20 21 22	23 24 25 26 27	6	44
		12	28 29 30 31 **11**	2 3 4 5 6	7 8 9 10 11	12 13 14 15 16	17 18 19 20 21	22 23 24 25 26	1	14
至正22 壬寅 1362–63	38	1	27 28 29 30 31	**21** 2 3 4 5	6 7 8 9 10	11 12 13 14 15	16 17 18 19 20	21 22 23 24 —	3	44
		2	25 26 27 28 **31**	2 3 4 5 6	7 8 9 10 11	12 13 14 15 16	17 18 19 20 21	22 23 24 25 26	4	13
		3	27 28 29 30 31	**41** 2 3 4 5	6 7 8 9 10	11 12 13 14 15	16 17 18 19 20	21 22 23 24 —	6	43
		4	25 26 27 28 29	30 **51** 2 3 4	5 6 7 8 9	10 11 12 13 14	15 16 17 18 19	20 21 22 23 —	0	12
		5	24 25 26 27 28	29 30 31 **61** 2	3 4 5 6 7	8 9 10 11 12	13 14 15 16 17	18 19 20 21 —	1	41
		6	22 23 24 25 26	27 28 29 30 **71**	2 3 4 5 6	7 8 9 10 11	12 13 14 15 16	17 18 19 20 21	2	10
		7	22 23 24 25 26	27 28 29 30 31	**81** 2 3 4 5	6 7 8 9 10	11 12 13 14 15	16 17 18 19 —	4	40
		8	20 21 22 23 24	25 26 27 28 29	30 31 **91** 2 3	4 5 6 7 8	9 10 11 12 13	14 15 16 17 18	5	9
		9	19 20 21 22 23	24 25 26 27 28	29 30 **O1** 2 3	4 5 6 7 8	9 10 11 12 13	14 15 16 17 —	0	39
		10	18 19 20 21 22	23 24 25 26 27	28 29 30 31 **N1**	2 3 4 5 6	7 8 9 10 11	12 13 14 15 16	1	8
		11	17 18 19 20 21	22 23 24 25 26	27 28 29 30 **D1**	2 3 4 5 6	7 8 9 10 11	12 13 14 15 16	3	38
		12	17 18 19 20 21	22 23 24 25 26	27 28 29 30 31	**11** 2 3 4 5	6 7 8 9 10	11 12 13 14 15	5	8
至正23 癸卯 1363–64	50	1	16 17 18 19 20	21 22 23 24 25	26 27 28 29 30	31 **21** 2 3 4	5 6 7 8 9	10 11 12 13 14	0	38
		2	15 16 17 18 19	20 21 22 23 24	25 26 27 28 **31**	2 3 4 5 6	7 8 9 10 11	12 13 14 15 —	2	8
		3	16 17 18 19 20	21 22 23 24 25	26 27 28 29 30	31 **41** 2 3 4	5 6 7 8 9	10 11 12 13 14	3	37
		3	15 16 17 18 19	20 21 22 23 24	25 26 27 28 29	30 **51** 2 3 4	5 6 7 8 9	10 11 12 13 —	5	7
		4	14 15 16 17 18	19 20 21 22 23	24 25 26 27 28	29 30 31 **61** 2	3 4 5 6 7	8 9 10 11 —	6	36
		5	12 13 14 15 16	17 18 19 20 21	22 23 24 25 26	27 28 29 30 **71**	2 3 4 5 6	7 8 9 10 —	0	5
		6	11 12 13 14 15	16 17 18 19 20	21 22 23 24 25	26 27 28 29 30	31 **31** 2 3 4	5 6 7 8 9	1	34
		7	10 11 12 13 14	15 16 17 18 19	20 21 22 23 24	25 26 27 28 29	30 31 **91** 2 3	4 5 6 7 —	3	4
		8	8 9 10 11 12	13 14 15 16 17	18 19 20 21 22	23 24 25 26 27	28 29 30 **O1** 2	3 4 5 6 7	4	33
		9	8 9 10 11 12	13 14 15 16 17	18 19 20 21 22	23 24 25 26 27	28 29 30 31 **N1**	2 3 4 5 —	6	3
		10	6 7 8 9 10	11 12 13 14 15	16 17 18 19 20	21 22 23 24 25	26 27 28 29 30	**D1** 2 3 4 5	0	32
		11	6 7 8 9 10	11 12 13 14 15	16 17 18 19 20	21 22 23 24 25	26 27 28 29 30	31 **11** 2 3 4	2	2
		12	5 6 7 8 9	10 11 12 13 14	15 16 17 18 19	20 21 22 23 24	25 26 27 28 29	30 31 **21** 2 3	4	32
至正24 甲辰 1364–65	2	1	4 5 6 7 8	9 10 11 12 13	14 15 16 17 18	19 20 21 22 23	24 25 26 27 28	29 **31** 2 3 —	6	2
		2	4 5 6 7 8	9 10 11 12 13	14 15 16 17 18	19 20 21 22 23	24 25 26 27 28	29 30 31 **41** 2	0	31
		3	3 4 5 6 7	8 9 10 11 12	13 14 15 16 17	18 19 20 21 22	23 24 25 26 27	28 29 30 **51** —	2	1
		4	2 3 4 5 6	7 8 9 10 11	12 13 14 15 16	17 18 19 20 21	22 23 24 25 26	27 28 29 30 31	3	30
		5	**61** 2 3 4 5	6 7 8 9 10	11 12 13 14 15	16 17 18 19 20	21 22 23 24 25	26 27 28 29 —	5	0
		6	30 **71** 2 3 4	5 6 7 8 9	10 11 12 13 14	15 16 17 18 19	20 21 22 23 24	25 26 27 28 —	6	29
		7	29 30 31 **81** 2	3 4 5 6 7	8 9 10 11 12	13 14 15 16 17	18 19 20 21 22	23 24 25 26 27	0	58
		8	28 29 30 31 **91**	2 3 4 5 6	7 8 9 10 11	12 13 14 15 16	17 18 19 20 21	22 23 24 25 —	2	28
		9	26 27 28 29 30	**O1** 2 3 4 5	6 7 8 9 10	11 12 13 14 15	16 17 18 19 20	21 22 23 24 25	3	57
		10	26 27 28 29 30	31 **N1** 2 3 4	5 6 7 8 9	10 11 12 13 14	15 16 17 18 19	20 21 22 23 —	5	27
		11	24 25 26 27 28	29 30 **D1** 2 3	4 5 6 7 8	9 10 11 12 13	14 15 16 17 18	19 20 21 22 23	6	56
		12	24 25 26 27 28	29 30 31 **11** 2	3 4 5 6 7	8 9 10 11 12	13 14 15 16 17	18 19 20 21 22	1	26
至正25 乙巳 1365–66	14	1	23 24 25 26 27	28 29 30 31 **21**	2 3 4 5 6	7 8 9 10 11	12 13 14 15 16	17 18 19 20 —	3	56
		2	21 22 23 24 25	26 27 28 **31** 2	3 4 5 6 7	8 9 10 11 12	13 14 15 16 17	18 19 20 21 22	4	25
		3	23 24 25 26 27	28 29 30 31 **41**	2 3 4 5 6	7 8 9 10 11	12 13 14 15 16	17 18 19 20 21	6	55
		4	22 23 24 25 26	27 28 29 30 **51**	2 3 4 5 6	7 8 9 10 11	12 13 14 15 16	17 18 19 20 —	1	25
		5	21 22 23 24 25	26 27 28 29 30	31 **61** 2 3 4	5 6 7 8 9	10 11 12 13 14	15 16 17 18 19	2	54
		6	20 21 22 23 24	25 26 27 28 29	30 **71** 2 3 4	5 6 7 8 9	10 11 12 13 14	15 16 17 18 —	4	24
		7	19 20 21 22 23	24 25 26 27 28	29 30 31 **81** 2	3 4 5 6 7	8 9 10 11 12	13 14 15 16 17	5	53
		8	18 19 20 21 22	23 24 25 26 27	28 29 30 31 **91**	2 3 4 5 6	7 8 9 10 11	12 13 14 15 —	0	23
		9	16 17 18 19 20	21 22 23 24 25	26 27 28 29 30	**O1** 2 3 4 5	6 7 8 9 10	11 12 13 14 —	1	52
		10	15 16 17 18 19	20 21 22 23 24	25 26 27 28 29	30 31 **N1** 2 3	4 5 6 7 8	9 10 11 12 13	2	21
		10	14 15 16 17 18	19 20 21 22 23	24 25 26 27 28	29 30 **D1** 2 3	4 5 6 7 8	9 10 11 12 —	4	51
		11	13 14 15 16 17	18 19 20 21 22	23 24 25 26 27	28 29 30 31 **11**	2 3 4 5 6	7 8 9 10 11	5	20
		12	12 13 14 15 16	17 18 19 20 21	22 23 24 25 26	27 28 29 30 31	**21** 2 3 4 5	6 7 8 9 —	0	50

年序 Year		陰曆月序 Moon	1	2	3	4	5	6	7	8	9	10	11	12	13	14	15	16	17	18	19	20	21	22	23	24	25	26	27	28	29	30	星期 Week	干支 Cycle
至正26丙午 1366–67	26	1	10	11	12	13	14	15	16	17	18	19	20	21	22	23	24	25	26	27	28	31	2	3	4	5	6	7	8	9	10	11	1	19
		2	12	13	14	15	16	17	18	19	20	21	22	23	24	25	26	27	28	29	30	31	41	2	3	4	5	6	7	8	9	10	3	49
		3	11	12	13	14	15	16	17	18	19	20	21	22	23	24	25	26	27	28	29	30	51	2	3	4	5	6	7	8	9	—	5	19
		4	10	11	12	13	14	15	16	17	18	19	20	21	22	23	24	25	26	27	28	29	30	31	61	2	3	4	5	6	7	8	6	48
		5	9	10	11	12	13	14	15	16	17	18	19	20	21	22	23	24	25	26	27	28	29	30	71	2	3	4	5	6	7	8	1	18
		6	9	10	11	12	13	14	15	16	17	18	19	20	21	22	23	24	25	26	27	28	29	30	31	81	2	3	4	5	6	—	3	48
		7	7	8	9	10	11	12	13	14	15	16	17	18	19	20	21	22	23	24	25	26	27	28	29	30	31	91	2	3	4	—	4	17
		8	5	6	7	8	9	10	11	12	13	14	15	16	17	18	19	20	21	22	23	24	25	26	27	28	29	30	O1	2	3	4	5	46
		9	5	6	7	8	9	10	11	12	13	14	15	16	17	18	19	20	21	22	23	24	25	26	27	28	29	30	31	N1	2	—	0	16
		10	3	4	5	6	7	8	9	10	11	12	13	14	15	16	17	18	19	20	21	22	23	24	25	26	27	28	29	30	D1	2	1	45
		11	3	4	5	6	7	8	9	10	11	12	13	14	15	16	17	18	19	20	21	22	23	24	25	26	27	28	29	30	31	—	3	15
		12	11	2	3	4	5	6	7	8	9	10	11	12	13	14	15	16	17	18	19	20	21	22	23	24	25	26	27	28	29	30	4	44
至正27丁未 1367–68	88	1	31	21	2	3	4	5	6	7	8	9	10	11	12	13	14	15	16	17	18	19	20	21	22	23	24	25	26	27	28	—	6	14
		2	31	2	3	4	5	6	7	8	9	10	11	12	13	14	15	16	17	18	19	20	21	22	23	24	25	26	27	28	29	30	0	43
		3	31	41	2	3	4	5	6	7	8	9	10	11	12	13	14	15	16	17	18	19	20	21	22	23	24	25	26	27	28	—	2	13
		4	29	30	51	2	3	4	5	6	7	8	9	10	11	12	13	14	15	16	17	18	19	20	21	22	23	24	25	26	27	28	3	42
		5	29	30	31	61	2	3	4	5	6	7	8	9	10	11	12	13	14	15	16	17	18	19	20	21	22	23	24	25	26	27	5	12
		6	28	29	30	71	2	3	4	5	6	7	8	9	10	11	12	13	14	15	16	17	18	19	20	21	22	23	24	25	26	—	0	42
		7	27	28	29	30	31	81	2	3	4	5	6	7	8	9	10	11	12	13	14	15	16	17	18	19	20	21	22	23	24	25	1	11
		8	26	27	28	29	30	31	91	2	3	4	5	6	7	8	9	10	11	12	13	14	15	16	17	18	19	20	21	22	23	—	3	41
		9	24	25	26	27	28	29	30	O1	2	3	4	5	6	7	8	9	10	11	12	13	14	15	16	17	18	19	20	21	22	23	4	10
		10	24	25	26	27	28	29	30	31	N1	2	3	4	5	6	7	8	9	10	11	12	13	14	15	16	17	18	19	20	21	—	6	40
		11	22	23	24	25	26	27	28	29	30	D1	2	3	4	5	6	7	8	9	10	11	12	13	14	15	16	17	18	19	20	21	0	9
		12	22	23	24	25	26	27	28	29	30	31	11	2	3	4	5	6	7	8	9	10	11	12	13	14	15	16	17	18	19	—	2	39
明太祖洪武1戊申 1368–69	50	1	20	21	22	23	24	25	26	27	28	29	30	31	21	2	3	4	5	6	7	8	9	10	11	12	13	14	15	16	17	18	3	8
		2	19	20	21	22	23	24	25	26	27	28	29	31	2	3	4	5	6	7	8	9	10	11	12	13	14	15	16	17	18	—	5	38
		3	19	20	21	22	23	24	25	26	27	28	29	30	31	41	2	3	4	5	6	7	8	9	10	11	12	13	14	15	16	17	6	7
		4	18	19	20	21	22	23	24	25	26	27	28	29	30	51	2	3	4	5	6	7	8	9	10	11	12	13	14	15	16	—	1	37
		5	17	18	19	20	21	22	23	24	25	26	27	28	29	30	31	61	2	3	4	5	6	7	8	9	10	11	12	13	14	15	2	6
		6	16	17	18	19	20	21	22	23	24	25	26	27	28	29	30	71	2	3	4	5	6	7	8	9	10	11	12	13	14	—	4	36
		7	15	16	17	18	19	20	21	22	23	24	25	26	27	28	29	30	31	81	2	3	4	5	6	7	8	9	10	11	12	13	5	5
		7	14	15	16	17	18	19	20	21	22	23	24	25	26	27	28	29	30	31	91	2	3	4	5	6	7	8	9	10	11	12	0	35
		8	13	14	15	16	17	18	19	20	21	22	23	24	25	26	27	28	29	30	O1	2	3	4	5	6	7	8	9	10	11	—	2	5
		9	12	13	14	15	16	17	18	19	20	21	22	23	24	25	26	27	28	29	30	31	N1	2	3	4	5	6	7	8	9	10	3	34
		10	11	12	13	14	15	16	17	18	19	20	21	22	23	24	25	26	27	28	29	30	D1	2	3	4	5	6	7	8	9	10	5	4
		11	11	12	13	14	15	16	17	18	19	20	21	22	23	24	25	26	27	28	29	30	31	11	2	3	4	5	6	7	8	—	0	34
		12	9	10	11	12	13	14	15	16	17	18	19	20	21	22	23	24	25	26	27	28	29	30	31	21	2	3	4	5	6	—	1	3
洪武2己酉 1369–70	2	1	7	8	9	10	11	12	13	14	15	16	17	18	19	20	21	22	23	24	25	26	27	28	31	2	3	4	5	6	7	8	2	32
		2	9	10	11	12	13	14	15	16	17	18	19	20	21	22	23	24	25	26	27	28	29	30	31	41	2	3	4	5	6	—	4	2
		3	7	8	9	10	11	12	13	14	15	16	17	18	19	20	21	22	23	24	25	26	27	28	29	30	51	2	3	4	5	6	5	31
		4	7	8	9	10	11	12	13	14	15	16	17	18	19	20	21	22	23	24	25	26	27	28	29	30	31	61	2	3	4	—	0	1
		5	5	6	7	8	9	10	11	12	13	14	15	16	17	18	19	20	21	22	23	24	25	26	27	28	29	30	71	2	3	—	1	30
		6	4	5	6	7	8	9	10	11	12	13	14	15	16	17	18	19	20	21	22	23	24	25	26	27	28	29	30	31	81	2	2	59
		7	3	4	5	6	7	8	9	10	11	12	13	14	15	16	17	18	19	20	21	22	23	24	25	26	27	28	29	30	31	91	4	29
		8	2	3	4	5	6	7	8	9	10	11	12	13	14	15	16	17	18	19	20	21	22	23	24	25	26	27	28	29	30	—	6	59
		9	O1	2	3	4	5	6	7	8	9	10	11	12	13	14	15	16	17	18	19	20	21	22	23	24	25	26	27	28	29	30	0	28
		10	31	N1	2	3	4	5	6	7	8	9	10	11	12	13	14	15	16	17	18	19	20	21	22	23	24	25	26	27	28	29	2	58
		11	30	D1	2	3	4	5	6	7	8	9	10	11	12	13	14	15	16	17	18	19	20	21	22	23	24	25	26	27	28	29	4	28
		12	30	31	11	2	3	4	5	6	7	8	9	10	11	12	13	14	15	16	17	18	19	20	21	22	23	24	25	26	27	—	6	58
洪武3庚戌 1370–71	14	1	28	29	30	31	21	2	3	4	5	6	7	8	9	10	11	12	13	14	15	16	17	18	19	20	21	22	23	24	25	—	0	27
		2	26	27	28	31	2	3	4	5	6	7	8	9	10	11	12	13	14	15	16	17	18	19	20	21	22	23	24	25	26	27	1	56
		3	28	29	30	31	41	2	3	4	5	6	7	8	9	10	11	12	13	14	15	16	17	18	19	20	21	22	23	24	25	—	3	26
		4	26	27	28	29	30	51	2	3	4	5	6	7	8	9	10	11	12	13	14	15	16	17	18	19	20	21	22	23	24	25	4	55
		5	26	27	28	29	30	31	61	2	3	4	5	6	7	8	9	10	11	12	13	14	15	16	17	18	19	20	21	22	23	—	6	25
		6	24	25	26	27	28	29	30	71	2	3	4	5	6	7	8	9	10	11	12	13	14	15	16	17	18	19	20	21	22	—	0	54
		7	23	24	25	26	27	28	29	30	31	81	2	3	4	5	6	7	8	9	10	11	12	13	14	15	16	17	18	19	20	21	1	23
		8	22	23	24	25	26	27	28	29	30	31	91	2	3	4	5	6	7	8	9	10	11	12	13	14	15	16	17	18	19	—	3	53
		9	20	21	22	23	24	25	26	27	28	29	30	O1	2	3	4	5	6	7	8	9	10	11	12	13	14	15	16	17	18	19	4	22
		10	20	21	22	23	24	25	26	27	28	29	30	31	N1	2	3	4	5	6	7	8	9	10	11	12	13	14	15	16	17	18	6	52
		11	19	20	21	22	23	24	25	26	27	28	29	30	D1	2	3	4	5	6	7	8	9	10	11	12	13	14	15	16	17	18	1	22
		12	19	20	21	22	23	24	25	26	27	28	29	30	31	11	2	3	4	5	6	7	8	9	10	11	12	13	14	15	16	—	3	52

年序 Year	陰曆月序 Moon	1 2 3 4 5	6 7 8 9 10	11 12 13 14 15	16 17 18 19 20	21 22 23 24 25	26 27 28 29 30	星期 Week	干支 Cycle
洪武4辛亥 1371–72	26 1	17 18 19 20 21	22 23 24 25 26	27 28 29 30 31	21 2 3 4 5	6 7 8 9 10	11 12 13 14 15	4	21
	2	16 17 18 19 20	21 22 23 24 25	26 27 28 31 2	3 4 5 6 7	8 9 10 11 12	13 14 15 16 17	6	51
	3	18 19 20 21 22	23 24 25 26 27	28 29 30 31 41	2 3 4 5 6	7 8 9 10 11	12 13 14 15 —	1	21
	3	16 17 18 19 20	21 22 23 24 25	26 27 28 29 30	51 2 3 4 5	6 7 8 9 10	11 12 13 14 —	2	50
	4	15 16 17 18 19	20 21 22 23 24	25 26 27 28 29	30 31 61 2 3	4 5 6 7 8	9 10 11 12 —	3	19
	5	13 14 15 16 17	18 19 20 21 22	23 24 25 26 27	28 29 30 71 2	3 4 5 6 7	8 9 10 11 12	4	48
	6	13 14 15 16 17	18 19 20 21 22	23 24 25 26 27	28 29 30 31 81	2 3 4 5 6	7 8 9 10 —	6	18
	7	11 12 13 14 15	16 17 18 19 20	21 22 23 24 25	26 27 28 29 30	31 91 2 3 4	5 6 7 8 9	0	47
	8	10 11 12 13 14	15 16 17 18 19	20 21 22 23 24	25 26 27 28 29	30 01 2 3 4	5 6 7 8 —	2	17
	9	9 10 11 12 13	14 15 16 17 18	19 20 21 22 23	24 25 26 27 28	29 30 31 N1 2	3 4 5 6 7	3	46
	10	8 9 10 11 12	13 14 15 16 17	18 19 20 21 22	23 24 25 26 27	28 29 30 D1 2	3 4 5 6 7	5	16
	11	8 9 10 11 12	13 14 15 16 17	18 19 20 21 22	23 24 25 26 27	28 29 30 31 11	2 3 4 5 6	0	46
	12	7 8 9 10 11	12 13 14 15 16	17 18 19 20 21	22 23 24 25 26	27 28 29 30 31	21 2 3 4 —	2	16
洪武5壬子 1372–73	38 1	5 6 7 8 9	10 11 12 13 14	15 16 17 18 19	20 21 22 23 24	25 26 27 28 29	31 2 3 4 5	3	45
	2	6 7 8 9 10	11 12 13 14 15	16 17 18 19 20	21 22 23 24 25	26 27 28 29 30	31 41 2 3 —	5	15
	3	4 5 6 7 8	9 10 11 12 13	14 15 16 17 18	19 20 21 22 23	24 25 26 27 28	29 30 51 2 3	6	44
	4	4 5 6 7 8	9 10 11 12 13	14 15 16 17 18	19 20 21 22 23	24 25 26 27 28	29 30 31 61 —	1	14
	5	2 3 4 5 6	7 8 9 10 11	12 13 14 15 16	17 18 19 20 21	22 23 24 25 26	27 28 29 30 —	2	43
	6	71 2 3 4 5	6 7 8 9 10	11 12 13 14 15	16 17 18 19 20	21 22 23 24 25	26 27 28 29 30	3	12
	7	31 81 2 3 4	5 6 7 8 9	10 11 12 13 14	15 16 17 18 19	20 21 22 23 24	25 26 27 28 —	5	42
	8	29 30 31 91 2	3 4 5 6 7	8 9 10 11 12	13 14 15 16 17	18 19 20 21 22	23 24 25 26 27	6	11
	9	28 29 30 01 2	3 4 5 6 7	8 9 10 11 12	13 14 15 16 17	18 19 20 21 22	23 24 25 26 —	1	41
	10	27 28 29 30 31	N1 2 3 4 5	6 7 8 9 10	11 12 13 14 15	16 17 18 19 20	21 22 23 24 25	2	10
	11	26 27 28 29 30	D1 2 3 4 5	6 7 8 9 10	11 12 13 14 15	16 17 18 19 20	21 22 23 24 25	4	40
	12	26 27 28 29 30	31 11 2 3 4	5 6 7 8 9	10 11 12 13 14	15 16 17 18 19	20 21 22 23 —	6	10
洪武6癸丑 1373–74	50 1	24 25 26 27 28	29 30 31 21 2	3 4 5 6 7	8 9 10 11 12	13 14 15 16 17	18 19 20 21 22	0	39
	2	23 24 25 26 27	28 31 2 3 4	5 6 7 8 9	10 11 12 13 14	15 16 17 18 19	20 21 22 23 24	2	9
	3	25 26 27 28 29	30 31 41 2 3	4 5 6 7 8	9 10 11 12 13	14 15 16 17 18	19 20 21 22 —	4	39
	4	23 24 25 26 27	28 29 30 51 2	3 4 5 6 7	8 9 10 11 12	13 14 15 16 17	18 19 20 21 22	5	8
	5	23 24 25 26 27	28 29 30 31 61	2 3 4 5 6	7 8 9 10 11	12 13 14 15 16	17 18 19 20 —	0	38
	6	21 22 23 24 25	26 27 28 29 30	71 2 3 4 5	6 7 8 9 10	11 12 13 14 15	16 17 18 19 —	1	7
	7	20 21 22 23 24	25 26 27 28 29	30 31 81 2 3	4 5 6 7 8	9 10 11 12 13	14 15 16 17 18	2	36
	8	19 20 21 22 23	24 25 26 27 28	29 30 31 91 2	3 4 5 6 7	8 9 10 11 12	13 14 15 16 —	4	6
	9	17 18 19 20 21	22 23 24 25 26	27 28 29 30 01	2 3 4 5 6	7 8 9 10 11	12 13 14 15 16	5	35
	10	17 18 19 20 21	22 23 24 25 26	27 28 29 30 31	N1 2 3 4 5	6 7 8 9 10	11 12 13 14 —	0	5
	11	15 16 17 18 19	20 21 22 23 24	25 26 27 28 29	30 D1 2 3 4	5 6 7 8 9	10 11 12 13 14	1	34
	11	15 16 17 18 19	20 21 22 23 24	25 26 27 28 29	30 31 11 2 3	4 5 6 7 8	9 10 11 12 —	3	4
	12	13 14 15 16 17	18 19 20 21 22	23 24 25 26 27	28 29 30 31 21	2 3 4 5 6	7 8 9 10 11	4	33
洪武7甲寅 1374–75	2 1	12 13 14 15 16	17 18 19 20 21	22 23 24 25 26	27 28 31 2 3	4 5 6 7 8	9 10 11 12 13	6	3
	2	14 15 16 17 18	19 20 21 22 23	24 25 26 27 28	29 30 31 41 2	3 4 5 6 7	8 9 10 11 12	1	33
	3	13 14 15 16 17	18 19 20 21 22	23 24 25 26 27	28 29 30 51 2	3 4 5 6 7	8 9 10 11 —	3	3
	4	12 13 14 15 16	17 18 19 20 21	22 23 24 25 26	27 28 29 30 31	61 2 3 4 5	6 7 8 9 10	4	32
	5	11 12 13 14 15	16 17 18 19 20	21 22 23 24 25	26 27 28 29 30	71 2 3 4 5	6 7 8 9 —	6	2
	6	10 11 12 13 14	15 16 17 18 19	20 21 22 23 24	25 26 27 28 29	30 31 81 2 3	4 5 6 7 —	0	31
	7	8 9 10 11 12	13 14 15 16 17	18 19 20 21 22	23 24 25 26 27	28 29 30 31 91	2 3 4 5 6	1	0
	8	7 8 9 10 11	12 13 14 15 16	17 18 19 20 21	22 23 24 25 26	27 28 29 30 01	2 3 4 5 —	3	30
	9	6 7 8 9 10	11 12 13 14 15	16 17 18 19 20	21 22 23 24 25	26 27 28 29 30	31 N1 2 3 4	4	59
	10	5 6 7 8 9	10 11 12 13 14	15 16 17 18 19	20 21 22 23 24	25 26 27 28 29	30 D1 2 3 —	6	29
	11	4 5 6 7 8	9 10 11 12 13	14 15 16 17 18	19 20 21 22 23	24 25 26 27 28	29 30 31 11 2	0	58
	12	3 4 5 6 7	8 9 10 11 12	13 14 15 16 17	18 19 20 21 22	23 24 25 26 27	28 29 30 31 —	2	28
洪武8乙卯 1375–76	14 1	21 2 3 4 5	6 7 8 9 10	11 12 13 14 15	16 17 18 19 20	21 22 23 24 25	26 27 28 31 2	3	57
	2	3 4 5 6 7	8 9 10 11 12	13 14 15 16 17	18 19 20 21 22	23 24 25 26 27	28 29 30 31 41	5	27
	3	2 3 4 5 6	7 8 9 10 11	12 13 14 15 16	17 18 19 20 21	22 23 24 25 26	27 28 29 30 —	0	57
	4	51 2 3 4 5	6 7 8 9 10	11 12 13 14 15	16 17 18 19 20	21 22 23 24 25	26 27 28 29 30	1	26
	5	31 61 2 3 4	5 6 7 8 9	10 11 12 13 14	15 16 17 18 19	20 21 22 23 24	25 26 27 28 —	3	56
	6	29 30 71 2 3	4 5 6 7 8	9 10 11 12 13	14 15 16 17 18	19 20 21 22 23	24 25 26 27 28	4	25
	7	29 30 31 81 2	3 4 5 6 7	8 9 10 11 12	13 14 15 16 17	18 19 20 21 22	23 24 25 26 —	6	55
	8	27 28 29 30 31	91 2 3 4 5	6 7 8 9 10	11 12 13 14 15	16 17 18 19 20	21 22 23 24 25	0	24
	9	26 27 28 29 30	01 2 3 4 5	6 7 8 9 10	11 12 13 14 15	16 17 18 19 20	21 22 23 24 —	2	54
	10	25 26 27 28 29	30 31 N1 2 3	4 5 6 7 8	9 10 11 12 13	14 15 16 17 18	19 20 21 22 23	3	23
	11	24 25 26 27 28	29 30 D1 2 3	4 5 6 7 8	9 10 11 12 13	14 15 16 17 18	19 20 21 22 —	5	53
	12	23 24 25 26 27	28 29 30 31 11	2 3 4 5 6	7 8 9 10 11	12 13 14 15 16	17 18 19 20 21	6	22

年序 Year	陰曆月序 Moon	陰曆日序 Order of days (Lunar)																														星期 Week	干支 Cycle
		1	2	3	4	5	6	7	8	9	10	11	12	13	14	15	16	17	18	19	20	21	22	23	24	25	26	27	28	29	30		
洪武9丙辰 1376–77	26 1	22	23	24	25	26	27	28	29	30	31	21	2	3	4	5	6	7	8	9	10	11	12	13	14	15	16	17	18	19	—	1	52
	2	20	21	22	23	24	25	26	27	28	29	31	2	3	4	5	6	7	8	9	10	11	12	13	14	15	16	17	18	19	20	2	21
	3	21	22	23	24	25	26	27	28	29	30	31	41	2	3	4	5	6	7	8	9	10	11	12	13	14	15	16	17	18	—	4	51
	4	19	20	21	22	23	24	25	26	27	28	29	30	51	2	3	4	5	6	7	8	9	10	11	12	13	14	15	16	17	18	5	20
	5	19	20	21	22	23	24	25	26	27	28	29	30	31	61	2	3	4	5	6	7	8	9	10	11	12	13	14	15	16	17	0	50
	6	18	19	20	21	22	23	24	25	26	27	28	29	30	71	2	3	4	5	6	7	8	9	10	11	12	13	14	15	16	—	2	20
	7	17	18	19	20	21	22	23	24	25	26	27	28	29	30	31	81	2	3	4	5	6	7	8	9	10	11	12	13	14	15	3	49
	8	16	17	18	19	20	21	22	23	24	25	26	27	28	29	30	31	91	2	3	4	5	6	7	8	9	10	11	12	13	—	5	19
	9	14	15	16	17	18	19	20	21	22	23	24	25	26	27	28	29	30	01	2	3	4	5	6	7	8	9	10	11	12	13	6	48
	9	14	15	16	17	18	19	20	21	22	23	24	25	26	27	28	29	30	31	N1	2	3	4	5	6	7	8	9	10	11	—	1	18
	10	12	13	14	15	16	17	18	19	20	21	22	23	24	25	26	27	28	29	30	D1	2	3	4	5	6	7	8	9	10	11	2	47
	11	12	13	14	15	16	17	18	19	20	21	22	23	24	25	26	27	28	29	30	31	11	2	3	4	5	6	7	8	9	—	4	17
	12	10	11	12	13	14	15	16	17	18	19	20	21	22	23	24	25	26	27	28	29	30	31	21	2	3	4	5	6	7	8	5	46
洪武10丁巳 1377–78	38 1	9	10	11	12	13	14	15	16	17	18	19	20	21	22	23	24	25	26	27	28	31	2	3	4	5	6	7	8	9	—	0	16
	2	10	11	12	13	14	15	16	17	18	19	20	21	22	23	24	25	26	27	28	29	30	31	41	2	3	4	5	6	7	8	1	45
	3	9	10	11	12	13	14	15	16	17	18	19	20	21	22	23	24	25	26	27	28	29	30	51	2	3	4	5	6	7	—	3	15
	4	8	9	10	11	12	13	14	15	16	17	18	19	20	21	22	23	24	25	26	27	28	29	30	31	61	2	3	4	5	6	4	44
	5	7	8	9	10	11	12	13	14	15	16	17	18	19	20	21	22	23	24	25	26	27	28	29	30	71	2	3	4	5	—	6	14
	6	6	7	8	9	10	11	12	13	14	15	16	17	18	19	20	21	22	23	24	25	26	27	28	29	30	31	81	2	3	4	0	43
	7	5	6	7	8	9	10	11	12	13	14	15	16	17	18	19	20	21	22	23	24	25	26	27	28	29	30	31	91	2	3	2	13
	8	4	5	6	7	8	9	10	11	12	13	14	15	16	17	18	19	20	21	22	23	24	25	26	27	28	29	30	01	2	—	4	43
	9	3	4	5	6	7	8	9	10	11	12	13	14	15	16	17	18	19	20	21	22	23	24	25	26	27	28	29	30	31	N1	5	12
	10	2	3	4	5	6	7	8	9	10	11	12	13	14	15	16	17	18	19	20	21	22	23	24	25	26	27	28	29	30	—	0	42
	11	D1	2	3	4	5	6	7	8	9	10	11	12	13	14	15	16	17	18	19	20	21	22	23	24	25	26	27	28	29	30	1	11
	12	31	11	2	3	4	5	6	7	8	9	10	11	12	13	14	15	16	17	18	19	20	21	22	23	24	25	26	27	28	—	3	41
洪武11戊午 1378–79	50 1	29	30	31	21	2	3	4	5	6	7	8	9	10	11	12	13	14	15	16	17	18	19	20	21	22	23	24	25	26	27	4	10
	2	28	31	2	3	4	5	6	7	8	9	10	11	12	13	14	15	16	17	18	19	20	21	22	23	24	25	26	27	28	—	6	40
	3	29	30	31	41	2	3	4	5	6	7	8	9	10	11	12	13	14	15	16	17	18	19	20	21	22	23	24	25	26	27	0	9
	4	28	29	30	51	2	3	4	5	6	7	8	9	10	11	12	13	14	15	16	17	18	19	20	21	22	23	24	25	26	—	2	39
	5	27	28	29	30	31	61	2	3	4	5	6	7	8	9	10	11	12	13	14	15	16	17	18	19	20	21	22	23	24	—	3	8
	6	25	26	27	28	29	30	71	2	3	4	5	6	7	8	9	10	11	12	13	14	15	16	17	18	19	20	21	22	23	24	4	37
	7	25	26	27	28	29	30	31	81	2	3	4	5	6	7	8	9	10	11	12	13	14	15	16	17	18	19	20	21	22	23	6	7
	8	24	25	26	27	28	29	30	31	91	2	3	4	5	6	7	8	9	10	11	12	13	14	15	16	17	18	19	20	21	—	1	37
	9	22	23	24	25	26	27	28	29	30	01	2	3	4	5	6	7	8	9	10	11	12	13	14	15	16	17	18	19	20	21	2	6
	10	22	23	24	25	26	27	28	29	30	31	N1	2	3	4	5	6	7	8	9	10	11	12	13	14	15	16	17	18	19	20	4	36
	11	21	22	23	24	25	26	27	28	29	30	D1	2	3	4	5	6	7	8	9	10	11	12	13	14	15	16	17	18	19	—	6	6
	12	20	21	22	23	24	25	26	27	28	29	30	31	11	2	3	4	5	6	7	8	9	10	11	12	13	14	15	16	17	18	0	35
洪武12己未 1379–80	2 1	19	20	21	22	23	24	25	26	27	28	29	30	31	21	2	3	4	5	6	7	8	9	10	11	12	13	14	15	16	—	2	5
	2	17	18	19	20	21	22	23	24	25	26	27	28	31	2	3	4	5	6	7	8	9	10	11	12	13	14	15	16	17	18	3	34
	3	19	20	21	22	23	24	25	26	27	28	29	30	31	41	2	3	4	5	6	7	8	9	10	11	12	13	14	15	16	—	5	4
	4	17	18	19	20	21	22	23	24	25	26	27	28	29	30	51	2	3	4	5	6	7	8	9	10	11	12	13	14	15	16	6	33
	5	17	18	19	20	21	22	23	24	25	26	27	28	29	30	31	61	2	3	4	5	6	7	8	9	10	11	12	13	14	—	1	3
	5	15	16	17	18	19	20	21	22	23	24	25	26	27	28	29	30	71	2	3	4	5	6	7	8	9	10	11	12	13	—	2	32
	6	14	15	16	17	18	19	20	21	22	23	24	25	26	27	28	29	30	31	81	2	3	4	5	6	7	8	9	10	11	12	3	1
	7	13	14	15	16	17	18	19	20	21	22	23	24	25	26	27	28	29	30	31	91	2	3	4	5	6	7	8	9	10	—	5	31
	8	11	12	13	14	15	16	17	18	19	20	21	22	23	24	25	26	27	28	29	30	01	2	3	4	5	6	7	8	9	10	6	0
	9	11	12	13	14	15	16	17	18	19	20	21	22	23	24	25	26	27	28	29	30	31	N1	2	3	4	5	6	7	8	9	1	30
	10	10	11	12	13	14	15	16	17	18	19	20	21	22	23	24	25	26	27	28	29	30	D1	2	3	4	5	6	7	8	9	3	0
	11	10	11	12	13	14	15	16	17	18	19	20	21	22	23	24	25	26	27	28	29	30	31	11	2	3	4	5	6	7	—	5	30
	12	8	9	10	11	12	13	14	15	16	17	18	19	20	21	22	23	24	25	26	27	28	29	30	31	21	2	3	4	5	6	6	59
洪武13庚申 1380–81	14 1	7	8	9	10	11	12	13	14	15	16	17	18	19	20	21	22	23	24	25	26	27	28	29	31	2	3	4	5	6	—	1	29
	2	7	8	9	10	11	12	13	14	15	16	17	18	19	20	21	22	23	24	25	26	27	28	29	30	31	41	2	3	4	5	2	58
	3	6	7	8	9	10	11	12	13	14	15	16	17	18	19	20	21	22	23	24	25	26	27	28	29	30	51	2	3	4	—	4	28
	4	5	6	7	8	9	10	11	12	13	14	15	16	17	18	19	20	21	22	23	24	25	26	27	28	29	30	31	61	2	3	5	57
	5	4	5	6	7	8	9	10	11	12	13	14	15	16	17	18	19	20	21	22	23	24	25	26	27	28	29	30	71	2	—	0	27
	6	3	4	5	6	7	8	9	10	11	12	13	14	15	16	17	18	19	20	21	22	23	24	25	26	27	28	29	30	31	—	1	56
	7	81	2	3	4	5	6	7	8	9	10	11	12	13	14	15	16	17	18	19	20	21	22	23	24	25	26	27	28	29	30	2	25
	8	31	91	2	3	4	5	6	7	8	9	10	11	12	13	14	15	16	17	18	19	20	21	22	23	24	25	26	27	28	—	4	55
	9	29	30	01	2	3	4	5	6	7	8	9	10	11	12	13	14	15	16	17	18	19	20	21	22	23	24	25	26	27	28	5	24
	10	29	30	31	N1	2	3	4	5	6	7	8	9	10	11	12	13	14	15	16	17	18	19	20	21	22	23	24	25	26	—	0	54
	11	27	28	29	30	D1	2	3	4	5	6	7	8	9	10	11	12	13	14	15	16	17	18	19	20	21	22	23	24	25	26	1	23
	12	27	28	29	30	31	11	2	3	4	5	6	7	8	9	10	11	12	13	14	15	16	17	18	19	20	21	22	23	24	25	3	53

年序 Year	陰曆月序 Moon	陰曆日序 Order of days (Lunar) 1 2 3 4 5	6 7 8 9 10	11 12 13 14 15	16 17 18 19 20	21 22 23 24 25	26 27 28 29 30	星期 Week	干支 Cycle
洪武 14 辛酉 1381–82	**26** 1	26 27 28 29 30	31 **21** 2 3 4	5 6 7 8 9	10 11 12 13 14	15 16 17 18 19	20 21 22 23 24	5	23
	2	25 26 27 28 **31**	2 3 4 5 6	7 8 9 10 11	12 13 14 15 16	17 18 19 20 21	22 23 24 25 —	0	53
	3	26 27 28 29 30	31 **41** 2 3 4	5 6 7 8 9	10 11 12 13 14	15 16 17 18 19	20 21 22 23 24	1	22
	4	25 26 27 28 29	30 **51** 2 3 4	5 6 7 8 9	10 11 12 13 14	15 16 17 18 19	20 21 22 23 —	3	52
	5	24 25 26 27 28	29 30 31 **61** 2	3 4 5 6 7	8 9 10 11 12	13 14 15 16 17	18 19 20 21 22	4	21
	6	23 24 25 26 27	28 29 30 **71** 2	3 4 5 6 7	8 9 10 11 12	13 14 15 16 17	18 19 20 21 —	6	51
	7	22 23 24 25 26	27 28 29 30 31	**81** 2 3 4 5	6 7 8 9 10	11 12 13 14 15	16 17 18 19 —	0	20
	8	20 21 22 23 24	25 26 27 28 29	30 31 **91** 2 3	4 5 6 7 8	9 10 11 12 13	14 15 16 17 —	1	49
	9	18 19 20 21 22	23 24 25 26 27	28 29 30 **O1** 2	3 4 5 6 7	8 9 10 11 12	13 14 15 16 17	2	18
	10	18 19 20 21 22	23 24 25 26 27	28 29 30 31 **N1**	2 3 4 5 6	7 8 9 10 11	12 13 14 15 16	4	48
	11	17 18 19 20 21	22 23 24 25 26	27 28 29 30 **D1**	2 3 4 5 6	7 8 9 10 11	12 13 14 15 —	6	18
	12	16 17 18 19 20	21 22 23 24 25	26 27 28 29 30	31 **11** 2 3 4	5 6 7 8 9	10 11 12 13 14	0	47
洪武 15 壬戌 1382–83	**38** 1	15 16 17 18 19	20 21 22 23 24	25 26 27 28 29	30 31 **21** 2 3	4 5 6 7 8	9 10 11 12 13	2	17
	2	14 15 16 17 18	19 20 21 22 23	24 25 26 27 28	**31** 2 3 4 5	6 7 8 9 10	11 12 13 14 15	4	47
	2	16 17 18 19 20	21 22 23 24 25	26 27 28 29 30	31 **41** 2 3 4	5 6 7 8 9	10 11 12 13 —	6	17
	3	14 15 16 17 18	19 20 21 22 23	24 25 26 27 28	29 30 **51** 2 3	4 5 6 7 8	9 10 11 12 13	0	46
	4	14 15 16 17 18	19 20 21 22 23	24 25 26 27 28	29 30 31 **61** 2	3 4 5 6 7	8 9 10 11 —	2	16
	5	12 13 14 15 16	17 18 19 20 21	22 23 24 25 26	27 28 29 30 **71**	2 3 4 5 6	7 8 9 10 —	3	45
	6	11 12 13 14 15	16 17 18 19 20	21 22 23 24 25	26 27 28 29 30	31 **81** 2 3 4	5 6 7 8 9	4	14
	7	10 11 12 13 14	15 16 17 18 19	20 21 22 23 24	25 26 27 28 29	30 31 **91** 2 3	4 5 6 7 —	6	44
	8	8 9 10 11 12	13 14 15 16 17	18 19 20 21 22	23 24 25 26 27	28 29 30 **O1** 2	3 4 5 6 7	0	13
	9	8 9 10 11 12	13 14 15 16 17	18 19 20 21 22	23 24 25 26 27	28 29 30 31 **N1**	2 3 4 5 —	2	43
	10	6 7 8 9 10	11 12 13 14 15	16 17 18 19 20	21 22 23 24 25	26 27 28 29 30	**D1** 2 3 4 5	3	12
	11	6 7 8 9 10	11 12 13 14 15	16 17 18 19 20	21 22 23 24 25	26 27 28 29 30	31 **11** 2 3 —	5	42
	12	4 5 6 7 8	9 10 11 12 13	14 15 16 17 18	19 20 21 22 23	24 25 26 27 28	29 30 31 **21** 2	6	11
洪武 16 癸亥 1383–84	**50** 1	3 4 5 6 7	8 9 10 11 12	13 14 15 16 17	18 19 20 21 22	23 24 25 26 27	28 **31** 2 3 4	1	41
	2	5 6 7 8 9	10 11 12 13 14	15 16 17 18 19	20 21 22 23 24	25 26 27 28 29	30 31 **41** 2 —	3	11
	3	3 4 5 6 7	8 9 10 11 12	13 14 15 16 17	18 19 20 21 22	23 24 25 26 27	28 29 30 **51** 2	4	40
	4	3 4 5 6 7	8 9 10 11 12	13 14 15 16 17	18 19 20 21 22	23 24 25 26 27	28 29 30 31 **61**	6	10
	5	2 3 4 5 6	7 8 9 10 11	12 13 14 15 16	17 18 19 20 21	22 23 24 25 26	27 28 29 30 —	1	40
	6	**71** 2 3 4 5	6 7 8 9 10	11 12 13 14 15	16 17 18 19 20	21 22 23 24 25	26 27 28 29 —	2	9
	7	30 31 **81** 2 3	4 5 6 7 8	9 10 11 12 13	14 15 16 17 18	19 20 21 22 23	24 25 26 27 28	3	38
	8	29 30 31 **91** 2	3 4 5 6 7	8 9 10 11 12	13 14 15 16 17	18 19 20 21 22	23 24 25 26 —	5	8
	9	27 28 29 30 **O1**	2 3 4 5 6	7 8 9 10 11	12 13 14 15 16	17 18 19 20 21	22 23 24 25 26	6	37
	10	27 28 29 30 31	**N1** 2 3 4 5	6 7 8 9 10	11 12 13 14 15	16 17 18 19 20	21 22 23 24 —	1	7
	11	25 26 27 28 29	30 **D1** 2 3 4	5 6 7 8 9	10 11 12 13 14	15 16 17 18 19	20 21 22 23 24	2	36
	12	25 26 27 28 29	30 31 **11** 2 3	4 5 6 7 8	9 10 11 12 13	14 15 16 17 18	19 20 21 22 —	4	6
洪武 17 甲子 1384–85	**2** 1	23 24 25 26 27	28 29 30 31 **21**	2 3 4 5 6	7 8 9 10 11	12 13 14 15 16	17 18 19 20 21	5	35
	2	22 23 24 25 26	27 28 29 **31** 2	3 4 5 6 7	8 9 10 11 12	13 14 15 16 17	18 19 20 21 —	0	5
	3	22 23 24 25 26	27 28 29 30 31	**41** 2 3 4 5	6 7 8 9 10	11 12 13 14 15	16 17 18 19 20	1	34
	4	21 22 23 24 25	26 27 28 29 30	**51** 2 3 4 5	6 7 8 9 10	11 12 13 14 15	16 17 18 19 20	3	4
	5	21 22 23 24 25	26 27 28 29 30	31 **61** 2 3 4	5 6 7 8 9	10 11 12 13 14	15 16 17 18 —	5	34
	6	19 20 21 22 23	24 25 26 27 28	29 30 **71** 2 3	4 5 6 7 8	9 10 11 12 13	14 15 16 17 18	6	3
	7	19 20 21 22 23	24 25 26 27 28	29 30 31 **81** 2	3 4 5 6 7	8 9 10 11 12	13 14 15 16 —	1	33
	8	17 18 19 20 21	22 23 24 25 26	27 28 29 30 31	**91** 2 3 4 5	6 7 8 9 10	11 12 13 14 15	2	2
	9	16 17 18 19 20	21 22 23 24 25	26 27 28 29 30	**O1** 2 3 4 5	6 7 8 9 10	11 12 13 14 —	4	32
	10	15 16 17 18 19	20 21 22 23 24	25 26 27 28 29	30 31 **N1** 2 3	4 5 6 7 8	9 10 11 12 13	5	1
	10	14 15 16 17 18	19 20 21 22 23	24 25 26 27 28	29 30 **D1** 2 3	4 5 6 7 8	9 10 11 12 —	0	31
	11	13 14 15 16 17	18 19 20 21 22	23 24 25 26 27	28 29 30 31 **11**	2 3 4 5 6	7 8 9 10 11	1	0
	12	12 13 14 15 16	17 18 19 20 21	22 23 24 25 26	27 28 29 30 31	**21** 2 3 4 5	6 7 8 9 —	3	30
洪武 18 乙丑 1385–86	**14** 1	10 11 12 13 14	15 16 17 18 19	20 21 22 23 24	25 26 27 28 **31**	2 3 4 5 6	7 8 9 10 11	4	59
	2	12 13 14 15 16	17 18 19 20 21	22 23 24 25 26	27 28 29 30 31	**41** 2 3 4 5	6 7 8 9 —	6	29
	3	10 11 12 13 14	15 16 17 18 19	20 21 22 23 24	25 26 27 28 29	30 **51** 2 3 4	5 6 7 8 9	0	58
	4	10 11 12 13 14	15 16 17 18 19	20 21 22 23 24	25 26 27 28 29	30 31 **61** 2 3	4 5 6 7 —	2	28
	5	8 9 10 11 12	13 14 15 16 17	18 19 20 21 22	23 24 25 26 27	28 29 30 **71** 2	3 4 5 6 7	3	57
	6	8 9 10 11 12	13 14 15 16 17	18 19 20 21 22	23 24 25 26 27	28 29 30 31 **81**	2 3 4 5 6	5	27
	7	7 8 9 10 11	12 13 14 15 16	17 18 19 20 21	22 23 24 25 26	27 28 29 30 31	**91** 2 3 4 —	0	57
	8	5 6 7 8 9	10 11 12 13 14	15 16 17 18 19	20 21 22 23 24	25 26 27 28 29	30 **O1** 2 3 4	1	26
	9	5 6 7 8 9	10 11 12 13 14	15 16 17 18 19	20 21 22 23 24	25 26 27 28 29	30 31 **N1** 2 —	3	56
	10	3 4 5 6 7	8 9 10 11 12	13 14 15 16 17	18 19 20 21 22	23 24 25 26 27	28 29 30 **D1** 2	4	25
	11	3 4 5 6 7	8 9 10 11 12	13 14 15 16 17	18 19 20 21 22	23 24 25 26 27	28 29 30 31 —	6	55
	12	**11** 2 3 4 5	6 7 8 9 10	11 12 13 14 15	16 17 18 19 20	21 22 23 24 25	26 27 28 29 30	0	24

年序 Year	陰曆月序 Moon	陰曆日序 Order of days (Lunar) 1 2 3 4 5	6 7 8 9 10	11 12 13 14 15	16 17 18 19 20	21 22 23 24 25	26 27 28 29 30	星期 Week	干支 Cycle
洪武 19 丙寅 1386–87	26 1	31 21 2 3 4	5 6 7 8 9	10 11 12 13 14	15 16 17 18 19	20 21 22 23 24	25 26 27 28 —	2	54
	2	31 2 3 4 5	6 7 8 9 10	11 12 13 14 15	16 17 18 19 20	21 22 23 24 25	26 27 28 29 30	3	23
	3	31 41 2 3 4	5 6 7 8 9	10 11 12 13 14	15 16 17 18 19	20 21 22 23 24	25 26 27 28 —	5	53
	4	29 30 51 2 3	4 5 6 7 8	9 10 11 12 13	14 15 16 17 18	19 20 21 22 23	24 25 26 27 —	6	22
	5	28 29 30 31 61	2 3 4 5 6	7 8 9 10 11	12 13 14 15 16	17 18 19 20 21	22 23 24 25 26	0	51
	6	27 28 29 30 71	2 3 4 5 6	7 8 9 10 11	12 13 14 15 16	17 18 19 20 21	22 23 24 25 26	2	21
	7	27 28 29 30 31	81 2 3 4 5	6 7 8 9 10	11 12 13 14 15	16 17 18 19 20	21 22 23 24 —	4	51
	8	25 26 27 28 29	30 31 91 2 3	4 5 6 7 8	9 10 11 12 13	14 15 16 17 18	19 20 21 22 23	5	20
	9	24 25 26 27 28	29 30 01 2 3	4 5 6 7 8	9 10 11 12 13	14 15 16 17 18	19 20 21 22 23	0	50
	10	24 25 26 27 28	29 30 31 N1 2	3 4 5 6 7	8 9 10 11 12	13 14 15 16 17	18 19 20 21 —	2	20
	11	22 23 24 25 26	27 28 29 30 D1	2 3 4 5 6	7 8 9 10 11	12 13 14 15 16	17 18 19 20 21	3	49
	12	22 23 24 25 26	27 28 29 30 31	11 2 3 4 5	6 7 8 9 10	11 12 13 14 15	16 17 18 19 —	5	19
洪武 20 丁卯 1387–88	38 1	20 21 22 23 24	25 26 27 28 29	30 31 21 2 3	4 5 6 7 8	9 10 11 12 13	14 15 16 17 18	6	48
	2	19 20 21 22 23	24 25 26 27 28	31 2 3 4 5	6 7 8 9 10	11 12 13 14 15	16 17 18 19 —	1	18
	3	20 21 22 23 24	25 26 27 28 29	30 31 41 2 3	4 5 6 7 8	9 10 11 12 13	14 15 16 17 18	2	47
	4	19 20 21 22 23	24 25 26 27 28	29 30 51 2 3	4 5 6 7 8	9 10 11 12 13	14 15 16 17 —	4	17
	5	18 19 20 21 22	23 24 25 26 27	28 29 30 31 61	2 3 4 5 6	7 8 9 10 11	12 13 14 15 —	5	46
	6	16 17 18 19 20	21 22 23 24 25	26 27 28 29 30	71 2 3 4 5	6 7 8 9 10	11 12 13 14 15	6	15
	6	16 17 18 19 20	21 22 23 24 25	26 27 28 29 30	31 81 2 3 4	5 6 7 8 9	10 11 12 13 —	1	45
	7	14 15 16 17 18	19 20 21 22 23	24 25 26 27 28	29 30 31 91 2	3 4 5 6 7	8 9 10 11 12	2	14
	8	13 14 15 16 17	18 19 20 21 22	23 24 25 26 27	28 29 30 01 2	3 4 5 6 7	8 9 10 11 12	4	44
	9	13 14 15 16 17	18 19 20 21 22	23 24 25 26 27	28 29 30 31 N1	2 3 4 5 6	7 8 9 10 11	6	14
	10	12 13 14 15 16	17 18 19 20 21	22 23 24 25 26	27 28 29 30 D1	2 3 4 5 6	7 8 9 10 —	1	44
	11	11 12 13 14 15	16 17 18 19 20	21 22 23 24 25	26 27 28 29 30	31 11 2 3 4	5 6 7 8 9	2	13
	12	10 11 12 13 14	15 16 17 18 19	20 21 22 23 24	25 26 27 28 29	30 31 21 2 3	4 5 6 7 —	4	43
洪武 21 戊辰 1388–89	50 1	8 9 10 11 12	13 14 15 16 17	18 19 20 21 22	23 24 25 26 27	28 29 31 2 3	4 5 6 7 8	5	12
	2	9 10 11 12 13	14 15 16 17 18	19 20 21 22 23	24 25 26 27 28	29 30 31 41 2	3 4 5 6 —	0	42
	3	7 8 9 10 11	12 13 14 15 16	17 18 19 20 21	22 23 24 25 26	27 28 29 30 51	2 3 4 5 6	1	11
	4	7 8 9 10 11	12 13 14 15 16	17 18 19 20 21	22 23 24 25 26	27 28 29 30 31	61 2 3 4 —	3	41
	5	5 6 7 8 9	10 11 12 13 14	15 16 17 18 19	20 21 22 23 24	25 26 27 28 29	30 71 2 3 —	4	10
	6	4 5 6 7 8	9 10 11 12 13	14 15 16 17 18	19 20 21 22 23	24 25 26 27 28	29 30 31 81 2	5	39
	7	3 4 5 6 7	8 9 10 11 12	13 14 15 16 17	18 19 20 21 22	23 24 25 26 27	28 29 30 31 —	0	9
	8	91 2 3 4 5	6 7 8 9 10	11 12 13 14 15	16 17 18 19 20	21 22 23 24 25	26 27 28 29 30	1	38
	9	01 2 3 4 5	6 7 8 9 10	11 12 13 14 15	16 17 18 19 20	21 22 23 24 25	26 27 28 29 —	3	8
	10	30 31 N1 2 3	4 5 6 7 8	9 10 11 12 13	14 15 16 17 18	19 20 21 22 23	24 25 26 27 28	4	37
	11	29 30 D1 2 3	4 5 6 7 8	9 10 11 12 13	14 15 16 17 18	19 20 21 22 23	24 25 26 27 28	6	7
	12	29 30 31 11 2	3 4 5 6 7	8 9 10 11 12	13 14 15 16 17	18 19 20 21 22	23 24 25 26 27	1	37
洪武 22 己巳 1389–90	2 1	28 29 30 31 21	2 3 4 5 6	7 8 9 10 11	12 13 14 15 16	17 18 19 20 21	22 23 24 25 —	3	7
	2	26 27 28 31 2	3 4 5 6 7	8 9 10 11 12	13 14 15 16 17	18 19 20 21 22	23 24 25 26 27	4	36
	3	28 29 30 31 41	2 3 4 5 6	7 8 9 10 11	12 13 14 15 16	17 18 19 20 21	22 23 24 25 —	6	6
	4	26 27 28 29 30	51 2 3 4 5	6 7 8 9 10	11 12 13 14 15	16 17 18 19 20	21 22 23 24 25	0	35
	5	26 27 28 29 30	31 61 2 3 4	5 6 7 8 9	10 11 12 13 14	15 16 17 18 19	20 21 22 23 —	2	5
	6	24 25 26 27 28	29 30 71 2 3	4 5 6 7 8	9 10 11 12 13	14 15 16 17 18	19 20 21 22 —	3	34
	7	23 24 25 26 27	28 29 30 31 81	2 3 4 5 6	7 8 9 10 11	12 13 14 15 16	17 18 19 20 —	4	3
	8	21 22 23 24 25	26 27 28 29 30	31 91 2 3 4	5 6 7 8 9	10 11 12 13 14	15 16 17 18 19	5	32
	9	20 21 22 23 24	25 26 27 28 29	30 01 2 3 4	5 6 7 8 9	10 11 12 13 14	15 16 17 18 19	0	2
	10	20 21 22 23 24	25 26 27 28 29	30 31 N1 2 3	4 5 6 7 8	9 10 11 12 13	14 15 16 17 —	2	32
	11	18 19 20 21 22	23 24 25 26 27	28 29 30 D1 2	3 4 5 6 7	8 9 10 11 12	13 14 15 16 17	3	1
	12	18 19 20 21 22	23 24 25 26 27	28 29 30 31 11	2 3 4 5 6	7 8 9 10 11	12 13 14 15 16	5	31
洪武 23 庚午 1390–91	14 1	17 18 19 20 21	22 23 24 25 26	27 28 29 30 31	21 2 3 4 5	6 7 8 9 10	11 12 13 14 15	0	1
	2	16 17 18 19 20	21 22 23 24 25	26 27 28 31 2	3 4 5 6 7	8 9 10 11 12	13 14 15 16 —	2	31
	3	17 18 19 20 21	22 23 24 25 26	27 28 29 30 31	41 2 3 4 5	6 7 8 9 10	11 12 13 14 15	3	0
	4	16 17 18 19 20	21 22 23 24 25	26 27 28 29 30	51 2 3 4 5	6 7 8 9 10	11 12 13 14 —	5	30
	4	15 16 17 18 19	20 21 22 23 24	25 26 27 28 29	30 31 61 2 3	4 5 6 7 8	9 10 11 12 13	6	59
	5	14 15 16 17 18	19 20 21 22 23	24 25 26 27 28	29 30 71 2 3	4 5 6 7 8	9 10 11 12 —	1	29
	6	13 14 15 16 17	18 19 20 21 22	23 24 25 26 27	28 29 30 31 81	2 3 4 5 6	7 8 9 10 —	2	58
	7	11 12 13 14 15	16 17 18 19 20	21 22 23 24 25	26 27 28 29 30	31 91 2 3 4	5 6 7 8 —	3	27
	8	9 10 11 12 13	14 15 16 17 18	19 20 21 22 23	24 25 26 27 28	29 30 01 2 3	4 5 6 7 8	4	56
	9	9 10 11 12 13	14 15 16 17 18	19 20 21 22 23	24 25 26 27 28	29 30 31 N1 2	3 4 5 6 —	6	26
	10	7 8 9 10 11	12 13 14 15 16	17 18 19 20 21	22 23 24 25 26	27 28 29 30 D1	2 3 4 5 6	0	55
	11	7 8 9 10 11	12 13 14 15 16	17 18 19 20 21	22 23 24 25 26	27 28 29 30 31	11 2 3 4 5	2	25
	12	6 7 8 9 10	11 12 13 14 15	16 17 18 19 20	21 22 23 24 25	26 27 28 29 30	31 21 2 3 4	4	55

年序 Year	陰曆月序 Moon	陰曆日序 Order of days (Lunar) 1 2 3 4 5	6 7 8 9 10	11 12 13 14 15	16 17 18 19 20	21 22 23 24 25	26 27 28 29 30	星期 Week	干支 Cycle
洪武 24 辛未 1391–92	**26** 1	5 6 7 8 9	10 11 12 13 14	15 16 17 18 19	20 21 22 23 24	25 26 27 28 **31**	2 3 4 5 —	6	25
	2	6 7 8 9 10	11 12 13 14 15	16 17 18 19 20	21 22 23 24 25	26 27 28 29 30	31 **41** 2 3 4	0	54
	3	5 6 7 8 9	10 11 12 13 14	15 16 17 18 19	20 21 22 23 24	25 26 27 28 29	30 **51** 2 3 4	2	24
	4	5 6 7 8 9	10 11 12 13 14	15 16 17 18 19	20 21 22 23 24	25 26 27 28 29	30 31 **61** 2 —	4	54
	5	3 4 5 6 7	8 9 10 11 12	13 14 15 16 17	18 19 20 21 22	23 24 25 26 27	28 29 30 **71** —	5	23
	6	2 3 4 5 6	7 8 9 10 11	12 13 14 15 16	17 18 19 20 21	22 23 24 25 26	27 28 29 30 31	6	52
	7	**81** 2 3 4 5	6 7 8 9 10	11 12 13 14 15	16 17 18 19 20	21 22 23 24 25	26 27 28 29 —	1	22
	8	30 31 **91** 2 3	4 5 6 7 8	9 10 11 12 13	14 15 16 17 18	19 20 21 22 23	24 25 26 27 28	2	51
	9	29 30 **01** 2 3	4 5 6 7 8	9 10 11 12 13	14 15 16 17 18	19 20 21 22 23	24 25 26 27 —	4	21
	10	28 29 30 31 **N1**	2 3 4 5 6	7 8 9 10 11	12 13 14 15 16	17 18 19 20 21	22 23 24 25 —	5	50
	11	26 27 28 29 30	**D1** 2 3 4 5	6 7 8 9 10	11 12 13 14 15	16 17 18 19 20	21 22 23 24 25	6	19
	12	26 27 28 29 30	31 **11** 2 3 4	5 6 7 8 9	10 11 12 13 14	15 16 17 18 19	20 21 22 23 24	1	49
洪武 25 壬申 1392–93	**38** 1	25 26 27 28 29	30 31 **21** 2 3	4 5 6 7 8	9 10 11 12 13	14 15 16 17 18	19 20 21 22 —	3	19
	2	23 24 25 26 27	28 29 **31** 2 3	4 5 6 7 8	9 10 11 12 13	14 15 16 17 18	19 20 21 22 23	4	48
	3	24 25 26 27 28	29 30 31 **41** 2	3 4 5 6 7	8 9 10 11 12	13 14 15 16 17	18 19 20 21 22	6	18
	4	23 24 25 26 27	28 29 30 **51** 2	3 4 5 6 7	8 9 10 11 12	13 14 15 16 17	18 19 20 21 —	1	48
	5	22 23 24 25 26	27 28 29 30 31	**61** 2 3 4 5	6 7 8 9 10	11 12 13 14 15	16 17 18 19 20	2	17
	6	21 22 23 24 25	26 27 28 29 30	**71** 2 3 4 5	6 7 8 9 10	11 12 13 14 15	16 17 18 19 —	4	47
	7	20 21 22 23 24	25 26 27 28 29	30 31 **81** 2 3	4 5 6 7 8	9 10 11 12 13	14 15 16 17 18	5	16
	8	19 20 21 22 23	24 25 26 27 28	29 30 31 **91** 2	3 4 5 6 7	8 9 10 11 12	13 14 15 16 —	0	46
	9	17 18 19 20 21	22 23 24 25 26	27 28 29 30 **01**	2 3 4 5 6	7 8 9 10 11	12 13 14 15 16	1	15
	10	17 18 19 20 21	22 23 24 25 26	27 28 29 30 31	**N1** 2 3 4 5	6 7 8 9 10	11 12 13 14 —	3	45
	11	15 16 17 18 19	20 21 22 23 24	25 26 27 28 29	30 **D1** 2 3 4	5 6 7 8 9	10 11 12 13 —	4	14
	12	14 15 16 17 18	19 20 21 22 23	24 25 26 27 28	29 30 31 **11** 2	3 4 5 6 7	8 9 10 11 12	5	43
	12	13 14 15 16 17	18 19 20 21 22	23 24 25 26 27	28 29 30 31 **21**	2 3 4 5 6	7 8 9 10 11	0	13
洪武 26 癸酉 1393–94	**50** 1	12 13 14 15 16	17 18 19 20 21	22 23 24 25 26	27 28 **31** 2 3	4 5 6 7 8	9 10 11 12 —	2	43
	2	13 14 15 16 17	18 19 20 21 22	23 24 25 26 27	28 29 30 31 **41**	2 3 4 5 6	7 8 9 10 11	3	12
	3	12 13 14 15 16	17 18 19 20 21	22 23 24 25 26	27 28 29 30 **51**	2 3 4 5 6	7 8 9 10 —	5	42
	4	11 12 13 14 15	16 17 18 19 20	21 22 23 24 25	26 27 28 29 30	31 **61** 2 3 4	5 6 7 8 9	6	11
	5	10 11 12 13 14	15 16 17 18 19	20 21 22 23 24	25 26 27 28 29	30 **71** 2 3 4	5 6 7 8 9	1	41
	6	10 11 12 13 14	15 16 17 18 19	20 21 22 23 24	25 26 27 28 29	30 31 **81** 2 3	4 5 6 7 —	3	11
	7	8 9 10 11 12	13 14 15 16 17	18 19 20 21 22	23 24 25 26 27	28 29 30 31 **91**	2 3 4 5 6	4	40
	8	7 8 9 10 11	12 13 14 15 16	17 18 19 20 21	22 23 24 25 26	27 28 29 30 **01**	2 3 4 5 —	6	10
	9	6 7 8 9 10	11 12 13 14 15	16 17 18 19 20	21 22 23 24 25	26 27 28 29 30	31 **N1** 2 3 4	0	39
	10	5 6 7 8 9	10 11 12 13 14	15 16 17 18 19	20 21 22 23 24	25 26 27 28 29	30 **D1** 2 3 —	2	9
	11	4 5 6 7 8	9 10 11 12 13	14 15 16 17 18	19 20 21 22 23	24 25 26 27 28	29 30 31 **11** 2	3	38
	12	3 4 5 6 7	8 9 10 11 12	13 14 15 16 17	18 19 20 21 22	23 24 25 26 27	28 29 30 31 —	5	8
洪武 27 甲戌 1394–95	**2** 1	**21** 2 3 4 5	6 7 8 9 10	11 12 13 14 15	16 17 18 19 20	21 22 23 24 25	26 27 28 **31** 2	6	37
	2	3 4 5 6 7	8 9 10 11 12	13 14 15 16 17	18 19 20 21 22	23 24 25 26 27	28 29 30 31 —	1	7
	3	**41** 2 3 4 5	6 7 8 9 10	11 12 13 14 15	16 17 18 19 20	21 22 23 24 25	26 27 28 29 30	2	36
	4	**51** 2 3 4 5	6 7 8 9 10	11 12 13 14 15	16 17 18 19 20	21 22 23 24 25	26 27 28 29 —	4	6
	5	30 31 **61** 2 3	4 5 6 7 8	9 10 11 12 13	14 15 16 17 18	19 20 21 22 23	24 25 26 27 28	5	35
	6	29 30 **71** 2 3	4 5 6 7 8	9 10 11 12 13	14 15 16 17 18	19 20 21 22 23	24 25 26 27 —	0	5
	7	28 29 30 31 **81**	2 3 4 5 6	7 8 9 10 11	12 13 14 15 16	17 18 19 20 21	22 23 24 25 26	1	34
	8	27 28 29 30 31	**91** 2 3 4 5	6 7 8 9 10	11 12 13 14 15	16 17 18 19 20	21 22 23 24 25	3	4
	9	26 27 28 29 30	**01** 2 3 4 5	6 7 8 9 10	11 12 13 14 15	16 17 18 19 20	21 22 23 24 —	5	34
	10	25 26 27 28 29	30 31 **N1** 2 3	4 5 6 7 8	9 10 11 12 13	14 15 16 17 18	19 20 21 22 23	6	3
	11	24 25 26 27 28	29 30 **D1** 2 3	4 5 6 7 8	9 10 11 12 13	14 15 16 17 18	19 20 21 22 —	1	33
	12	23 24 25 26 27	28 29 30 31 **11**	2 3 4 5 6	7 8 9 10 11	12 13 14 15 16	17 18 19 20 21	2	2
洪武 28 乙亥 1395–96	**14** 1	22 23 24 25 26	27 28 29 30 31	**21** 2 3 4 5	6 7 8 9 10	11 12 13 14 15	16 17 18 19 —	4	32
	2	20 21 22 23 24	25 26 27 28 **31**	2 3 4 5 6	7 8 9 10 11	12 13 14 15 16	17 18 19 20 —	5	1
	3	21 22 23 24 25	26 27 28 29 30	31 **41** 2 3 4	5 6 7 8 9	10 11 12 13 14	15 16 17 18 19	6	30
	4	20 21 22 23 24	25 26 27 28 29	30 **51** 2 3 4	5 6 7 8 9	10 11 12 13 14	15 16 17 18 —	1	0
	5	19 20 21 22 23	24 25 26 27 28	29 30 31 **61** 2	3 4 5 6 7	8 9 10 11 12	13 14 15 16 17	2	29
	6	18 19 20 21 22	23 24 25 26 27	28 29 30 **71** 2	3 4 5 6 7	8 9 10 11 12	13 14 15 16 —	4	59
	7	17 18 19 20 21	22 23 24 25 26	27 28 29 30 31	**81** 2 3 4 5	6 7 8 9 10	11 12 13 14 15	5	28
	8	16 17 18 19 20	21 22 23 24 25	26 27 28 29 30	31 **91** 2 3 4	5 6 7 8 9	10 11 12 13 14	0	58
	9	15 16 17 18 19	20 21 22 23 24	25 26 27 28 29	30 **01** 2 3 4	5 6 7 8 9	10 11 12 13 14	2	28
	9	15 16 17 18 19	20 21 22 23 24	25 26 27 28 29	30 31 **N1** 2 3	4 5 6 7 8	9 10 11 12 —	4	58
	10	13 14 15 16 17	18 19 20 21 22	23 24 25 26 27	28 29 30 **D1** 2	3 4 5 6 7	8 9 10 11 12	5	27
	11	13 14 15 16 17	18 19 20 21 22	23 24 25 26 27	28 29 30 31 **11**	2 3 4 5 6	7 8 9 10 —	0	57
	12	11 12 13 14 15	16 17 18 19 20	21 22 23 24 25	26 27 28 29 30	31 **21** 2 3 4	5 6 7 8 9	1	26

年序 Year	陰曆月序 Moon	陰曆日序 Order of days (Lunar) 1 2 3 4 5	6 7 8 9 10	11 12 13 14 15	16 17 18 19 20	21 22 23 24 25	26 27 28 29 30	星期 Week	干支 Cycle
洪武 29 丙子 1396–97	26 1	10 11 12 13 14	15 16 17 18 19	20 21 22 23 24	25 26 27 28 29	31 2 3 4 5	6 7 8 9 —	3	56
	2	10 11 12 13 14	15 16 17 18 19	20 21 22 23 24	25 26 27 28 29	30 31 41 2 3	4 5 6 7 —	4	25
	3	8 9 10 11 12	13 14 15 16 17	18 19 20 21 22	23 24 25 26 27	28 29 30 51 2	3 4 5 6 7	5	54
	4	8 9 10 11 12	13 14 15 16 17	18 19 20 21 22	23 24 25 26 27	28 29 30 31 61	2 3 4 5 —	0	24
	5	6 7 8 9 10	11 12 13 14 15	16 17 18 19 20	21 22 23 24 25	26 27 28 29 30	71 2 3 4 5	1	53
	6	6 7 8 9 10	11 12 13 14 15	16 17 18 19 20	21 22 23 24 25	26 27 28 29 30	31 81 2 3 —	3	23
	7	4 5 6 7 8	9 10 11 12 13	14 15 16 17 18	19 20 21 22 23	24 25 26 27 28	29 30 31 91 2	4	52
	8	3 4 5 6 7	8 9 10 11 12	13 14 15 16 17	18 19 20 21 22	23 24 25 26 27	28 29 30 01 2	6	22
	9	3 4 5 6 7	8 9 10 11 12	13 14 15 16 17	18 19 20 21 22	23 24 25 26 27	28 29 30 31 —	1	52
	10	N1 2 3 4 5	6 7 8 9 10	11 12 13 14 15	16 17 18 19 20	21 22 23 24 25	26 27 28 29 30	2	21
	11	D1 2 3 4 5	6 7 8 9 10	11 12 13 14 15	16 17 18 19 20	21 22 23 24 25	26 27 28 29 30	4	51
	12	31 11 2 3 4	5 6 7 8 9	10 11 12 13 14	15 16 17 18 19	20 21 22 23 24	25 26 27 28 —	6	21
洪武 30 丁丑 1397–98	88 1	29 30 31 21 2	3 4 5 6 7	8 9 10 11 12	13 14 15 16 17	18 19 20 21 22	23 24 25 26 27	0	50
	2	28 31 2 3 4	5 6 7 8 9	10 11 12 13 14	15 16 17 18 19	20 21 22 23 24	25 26 27 28 —	2	20
	3	29 30 31 41 2	3 4 5 6 7	8 9 10 11 12	13 14 15 16 17	18 19 20 21 22	23 24 25 26 27	3	49
	4	28 29 30 51 2	3 4 5 6 7	8 9 10 11 12	13 14 15 16 17	18 19 20 21 22	23 24 25 26 —	5	19
	5	27 28 29 30 31	61 2 3 4 5	6 7 8 9 10	11 12 13 14 15	16 17 18 19 20	21 22 23 24 —	6	48
	6	25 26 27 28 29	30 71 2 3 4	5 6 7 8 9	10 11 12 13 14	15 16 17 18 19	20 21 22 23 —	0	17
	7	24 25 26 27 28	29 30 31 81 2	3 4 5 6 7	8 9 10 11 12	13 14 15 16 17	18 19 20 21 22	1	46
	8	23 24 25 26 27	28 29 30 31 91	2 3 4 5 6	7 8 9 10 11	12 13 14 15 16	17 18 19 20 21	3	16
	9	22 23 24 25 26	27 28 29 30 01	2 3 4 5 6	7 8 9 10 11	12 13 14 15 16	17 18 19 20 —	5	46
	10	21 22 23 24 25	26 27 28 29 30	31 N1 2 3 4	5 6 7 8 9	10 11 12 13 14	15 16 17 18 19	6	15
	11	20 21 22 23 24	25 26 27 28 29	30 D1 2 3 4	5 6 7 8 9	10 11 12 13 14	15 16 17 18 19	1	45
	12	20 21 22 23 24	25 26 27 28 29	30 31 11 2 3	4 5 6 7 8	9 10 11 12 13	14 15 16 17 18	3	15
洪武 31 戊寅 1398–99	50 1	19 20 21 22 23	24 25 26 27 28	29 30 31 21 2	3 4 5 6 7	8 9 10 11 12	13 14 15 16 —	5	45
	2	17 18 19 20 21	22 23 24 25 26	27 28 31 2 3	4 5 6 7 8	9 10 11 12 13	14 15 16 17 18	6	14
	3	19 20 21 22 23	24 25 26 27 28	29 30 31 41 2	3 4 5 6 7	8 9 10 11 12	13 14 15 16 —	1	44
	4	17 18 19 20 21	22 23 24 25 26	27 28 29 30 51	2 3 4 5 6	7 8 9 10 11	12 13 14 15 16	2	13
	5	17 18 19 20 21	22 23 24 25 26	27 28 29 30 31	61 2 3 4 5	6 7 8 9 10	11 12 13 14 —	4	43
	5	15 16 17 18 19	20 21 22 23 24	25 26 27 28 29	30 71 2 3 4	5 6 7 8 9	10 11 12 13 —	5	12
	6	14 15 16 17 18	19 20 21 22 23	24 25 26 27 28	29 30 31 81 2	3 4 5 6 7	8 9 10 11 —	6	41
	7	12 13 14 15 16	17 18 19 20 21	22 23 24 25 26	27 28 29 30 31	91 2 3 4 5	6 7 8 9 10	0	10
	8	11 12 13 14 15	16 17 18 19 20	21 22 23 24 25	26 27 28 29 30	01 2 3 4 5	6 7 8 9 —	2	40
	9	10 11 12 13 14	15 16 17 18 19	20 21 22 23 24	25 26 27 28 29	30 31 N1 2 3	4 5 6 7 8	3	9
	10	9 10 11 12 13	14 15 16 17 18	19 20 21 22 23	24 25 26 27 28	29 30 D1 2 3	4 5 6 7 8	5	39
	11	9 10 11 12 13	14 15 16 17 18	19 20 21 22 23	24 25 26 27 28	29 30 31 11 2	3 4 5 6 7	0	9
	12	8 9 10 11 12	13 14 15 16 17	18 19 20 21 22	23 24 25 26 27	28 29 30 31 21	2 3 4 5 —	2	39
惠帝 建文 1 己卯 1399–1400	2 1	6 7 8 9 10	11 12 13 14 15	16 17 18 19 20	21 22 23 24 25	26 27 28 31 2	3 4 5 6 7	3	8
	2	8 9 10 11 12	13 14 15 16 17	18 19 20 21 22	23 24 25 26 27	28 29 30 31 41	2 3 4 5 6	5	38
	3	7 8 9 10 11	12 13 14 15 16	17 18 19 20 21	22 23 24 25 26	27 28 29 30 51	2 3 4 5 —	0	8
	4	6 7 8 9 10	11 12 13 14 15	16 17 18 19 20	21 22 23 24 25	26 27 28 29 30	31 61 2 3 4	1	37
	5	5 6 7 8 9	10 11 12 13 14	15 16 17 18 19	20 21 22 23 24	25 26 27 28 29	30 71 2 3 —	3	7
	6	4 5 6 7 8	9 10 11 12 13	14 15 16 17 18	19 20 21 22 23	24 25 26 27 28	29 30 31 81 —	4	36
	7	2 3 4 5 6	7 8 9 10 11	12 13 14 15 16	17 18 19 20 21	22 23 24 25 26	27 28 29 30 —	5	5
	8	31 91 2 3 4	5 6 7 8 9	10 11 12 13 14	15 16 17 18 19	20 21 22 23 24	25 26 27 28 29	6	34
	9	30 01 2 3 4	5 6 7 8 9	10 11 12 13 14	15 16 17 18 19	20 21 22 23 24	25 26 27 28 —	1	4
	10	29 30 31 N1 2	3 4 5 6 7	8 9 10 11 12	13 14 15 16 17	18 19 20 21 22	23 24 25 26 27	2	33
	11	28 29 30 D1 2	3 4 5 6 7	8 9 10 11 12	13 14 15 16 17	18 19 20 21 22	23 24 25 26 27	4	3
	12	28 29 30 31 11	2 3 4 5 6	7 8 9 10 11	12 13 14 15 16	17 18 19 20 21	22 23 24 25 —	6	33
建文 2 庚辰 1400–01	14 1	26 27 28 29 30	31 21 2 3 4	5 6 7 8 9	10 11 12 13 14	15 16 17 18 19	20 21 22 23 24	0	2
	2	25 26 27 28 29	31 2 3 4 5	6 7 8 9 10	11 12 13 14 15	16 17 18 19 20	21 22 23 24 25	2	32
	3	26 27 28 29 30	31 41 2 3 4	5 6 7 8 9	10 11 12 13 14	15 16 17 18 19	20 21 22 23 24	4	2
	4	25 26 27 28 29	30 51 2 3 4	5 6 7 8 9	10 11 12 13 14	15 16 17 18 19	20 21 22 23 —	6	32
	5	24 25 26 27 28	29 30 31 61 2	3 4 5 6 7	8 9 10 11 12	13 14 15 16 17	18 19 20 21 —	0	1
	6	22 23 24 25 26	27 28 29 30 71	2 3 4 5 6	7 8 9 10 11	12 13 14 15 16	17 18 19 20 21	1	30
	7	22 23 24 25 26	27 28 29 30 31	81 2 3 4 5	6 7 8 9 10	11 12 13 14 15	16 17 18 19 —	3	0
	8	20 21 22 23 24	25 26 27 28 29	30 31 91 2 3	4 5 6 7 8	9 10 11 12 13	14 15 16 17 —	4	29
	9	18 19 20 21 22	23 24 25 26 27	28 29 30 01 2	3 4 5 6 7	8 9 10 11 12	13 14 15 16 17	5	58
	10	18 19 20 21 22	23 24 25 26 27	28 29 30 31 N1	2 3 4 5 6	7 8 9 10 11	12 13 14 15 —	0	28
	11	16 17 18 19 20	21 22 23 24 25	26 27 28 29 30	D1 2 3 4 5	6 7 8 9 10	11 12 13 14 15	1	57
	12	16 17 18 19 20	21 22 23 24 25	26 27 28 29 30	31 11 2 3 4	5 6 7 8 9	10 11 12 13 14	3	27

年序 Year	陰曆月序 Moon	陰曆日序 Order of days (Lunar)																														星期 Week	干支 Cycle
		1	2	3	4	5	6	7	8	9	10	11	12	13	14	15	16	17	18	19	20	21	22	23	24	25	26	27	28	29	30		
建文3辛巳 1401–02	26 1	15	16	17	18	19	20	21	22	23	24	25	26	27	28	29	30	31	21	2	3	4	5	6	7	8	9	10	11	12	—	5	57
	2	13	14	15	16	17	18	19	20	21	22	23	24	25	26	27	28	31	2	3	4	5	6	7	8	9	10	11	12	13	14	6	26
	3	15	16	17	18	19	20	21	22	23	24	25	26	27	28	29	30	31	41	2	3	4	5	6	7	8	9	10	11	12	13	1	56
	3	14	15	16	17	18	19	20	21	22	23	24	25	26	27	28	29	30	51	2	3	4	5	6	7	8	9	10	11	12	—	3	26
	4	13	14	15	16	17	18	19	20	21	22	23	24	25	26	27	28	29	30	31	61	2	3	4	5	6	7	8	9	10	11	4	55
	5	12	13	14	15	16	17	18	19	20	21	22	23	24	25	26	27	28	29	30	71	2	3	4	5	6	7	8	9	10	—	6	25
	6	11	12	13	14	15	16	17	18	19	20	21	22	23	24	25	26	27	28	29	30	31	81	2	3	4	5	6	7	8	9	0	54
	7	10	11	12	13	14	15	16	17	18	19	20	21	22	23	24	25	26	27	28	29	30	31	91	2	3	4	5	6	7	—	2	24
	8	8	9	10	11	12	13	14	15	16	17	18	19	20	21	22	23	24	25	26	27	28	29	30	01	2	3	4	5	6	7	3	53
	9	8	9	10	11	12	13	14	15	16	17	18	19	20	21	22	23	24	25	26	27	28	29	30	31	N1	2	3	4	5	—	5	23
	10	6	7	8	9	10	11	12	13	14	15	16	17	18	19	20	21	22	23	24	25	26	27	28	29	30	D1	2	3	4	—	6	52
	11	5	6	7	8	9	10	11	12	13	14	15	16	17	18	19	20	21	22	23	24	25	26	27	28	29	30	31	11	2	3	0	21
	12	4	5	6	7	8	9	10	11	12	13	14	15	16	17	18	19	20	21	22	23	24	25	26	27	28	29	30	31	21	—	2	51
建文4壬午 1402–03	38 1	2	3	4	5	6	7	8	9	10	11	12	13	14	15	16	17	18	19	20	21	22	23	24	25	26	27	28	31	2	3	3	20
	2	4	5	6	7	8	9	10	11	12	13	14	15	16	17	18	19	20	21	22	23	24	25	26	27	28	29	30	31	41	2	5	50
	3	3	4	5	6	7	8	9	10	11	12	13	14	15	16	17	18	19	20	21	22	23	24	25	26	27	28	29	30	51	—	0	20
	4	2	3	4	5	6	7	8	9	10	11	12	13	14	15	16	17	18	19	20	21	22	23	24	25	26	27	28	29	30	31	1	49
	5	61	2	3	4	5	6	7	8	9	10	11	12	13	14	15	16	17	18	19	20	21	22	23	24	25	26	27	28	29	30	3	19
	6	71	2	3	4	5	6	7	8	9	10	11	12	13	14	15	16	17	18	19	20	21	22	23	24	25	26	27	28	29	—	5	49
	7	30	31	81	2	3	4	5	6	7	8	9	10	11	12	13	14	15	16	17	18	19	20	21	22	23	24	25	26	27	28	6	18
	8	29	30	31	91	2	3	4	5	6	7	8	9	10	11	12	13	14	15	16	17	18	19	20	21	22	23	24	25	26	—	1	48
	9	27	28	29	30	01	2	3	4	5	6	7	8	9	10	11	12	13	14	15	16	17	18	19	20	21	22	23	24	25	26	2	17
	10	27	28	29	30	31	N1	2	3	4	5	6	7	8	9	10	11	12	13	14	15	16	17	18	19	20	21	22	23	24	—	4	47
	11	25	26	27	28	29	30	D1	2	3	4	5	6	7	8	9	10	11	12	13	14	15	16	17	18	19	20	21	22	23	24	5	16
	12	25	26	27	28	29	30	31	11	2	3	4	5	6	7	8	9	10	11	12	13	14	15	16	17	18	19	20	21	22	—	0	46
成祖永樂1癸未 1403–04	50 1	23	24	25	26	27	28	29	30	31	21	2	3	4	5	6	7	8	9	10	11	12	13	14	15	16	17	18	19	20	—	1	15
	2	21	22	23	24	25	26	27	28	31	2	3	4	5	6	7	8	9	10	11	12	13	14	15	16	17	18	19	20	21	22	2	44
	3	23	24	25	26	27	28	29	30	31	41	2	3	4	5	6	7	8	9	10	11	12	13	14	15	16	17	18	19	20	—	4	14
	4	21	22	23	24	25	26	27	28	29	30	51	2	3	4	5	6	7	8	9	10	11	12	13	14	15	16	17	18	19	20	5	43
	5	21	22	23	24	25	26	27	28	29	30	31	61	2	3	4	5	6	7	8	9	10	11	12	13	14	15	16	17	18	19	0	13
	6	20	21	22	23	24	25	26	27	28	29	30	71	2	3	4	5	6	7	8	9	10	11	12	13	14	15	16	17	18	—	2	43
	7	19	20	21	22	23	24	25	26	27	28	29	30	31	81	2	3	4	5	6	7	8	9	10	11	12	13	14	15	16	17	3	12
	8	18	19	20	21	22	23	24	25	26	27	28	29	30	31	91	2	3	4	5	6	7	8	9	10	11	12	13	14	15	16	5	42
	9	17	18	19	20	21	22	23	24	25	26	27	28	29	30	01	2	3	4	5	6	7	8	9	10	11	12	13	14	15	—	0	12
	10	16	17	18	19	20	21	22	23	24	25	26	27	28	29	30	31	N1	2	3	4	5	6	7	8	9	10	11	12	13	14	1	41
	11	15	16	17	18	19	20	21	22	23	24	25	26	27	28	29	30	D1	2	3	4	5	6	7	8	9	10	11	12	13	—	3	11
	11	14	15	16	17	18	19	20	21	22	23	24	25	26	27	28	29	30	31	11	2	3	4	5	6	7	8	9	10	11	12	4	40
	12	13	14	15	16	17	18	19	20	21	22	23	24	25	26	27	28	29	30	31	21	2	3	4	5	6	7	8	9	10	—	6	10
永樂2甲申 1404–05	2 1	11	12	13	14	15	16	17	18	19	20	21	22	23	24	25	26	27	28	29	31	2	3	4	5	6	7	8	9	10	—	0	39
	2	11	12	13	14	15	16	17	18	19	20	21	22	23	24	25	26	27	28	29	30	31	41	2	3	4	5	6	7	8	9	1	8
	3	10	11	12	13	14	15	16	17	18	19	20	21	22	23	24	25	26	27	28	29	30	51	2	3	4	5	6	7	8	—	3	38
	4	9	10	11	12	13	14	15	16	17	18	19	20	21	22	23	24	25	26	27	28	29	30	31	61	2	3	4	5	6	7	4	7
	5	8	9	10	11	12	13	14	15	16	17	18	19	20	21	22	23	24	25	26	27	28	29	30	71	2	3	4	5	6	—	6	37
	6	7	8	9	10	11	12	13	14	15	16	17	18	19	20	21	22	23	24	25	26	27	28	29	30	31	81	2	3	4	5	0	6
	7	6	7	8	9	10	11	12	13	14	15	16	17	18	19	20	21	22	23	24	25	26	27	28	29	30	31	91	2	3	4	2	36
	8	5	6	7	8	9	10	11	12	13	14	15	16	17	18	19	20	21	22	23	24	25	26	27	28	29	30	01	2	3	—	4	6
	9	4	5	6	7	8	9	10	11	12	13	14	15	16	17	18	19	20	21	22	23	24	25	26	27	28	29	30	31	N1	2	5	35
	10	3	4	5	6	7	8	9	10	11	12	13	14	15	16	17	18	19	20	21	22	23	24	25	26	27	28	29	30	D1	2	0	5
	11	3	4	5	6	7	8	9	10	11	12	13	14	15	16	17	18	19	20	21	22	23	24	25	26	27	28	29	30	31	—	2	35
	12	11	2	3	4	5	6	7	8	9	10	11	12	13	14	15	16	17	18	19	20	21	22	23	24	25	26	27	28	29	30	3	4
永樂3乙酉 1405–06	14 1	31	21	2	3	4	5	6	7	8	9	10	11	12	13	14	15	16	17	18	19	20	21	22	23	24	25	26	27	28	—	5	34
	2	31	2	3	4	5	6	7	8	9	10	11	12	13	14	15	16	17	18	19	20	21	22	23	24	25	26	27	28	29	—	6	3
	3	30	31	41	2	3	4	5	6	7	8	9	10	11	12	13	14	15	16	17	18	19	20	21	22	23	24	25	26	27	28	0	32
	4	29	30	51	2	3	4	5	6	7	8	9	10	11	12	13	14	15	16	17	18	19	20	21	22	23	24	25	26	27	—	2	2
	5	28	29	30	31	61	2	3	4	5	6	7	8	9	10	11	12	13	14	15	16	17	18	19	20	21	22	23	24	25	26	3	31
	6	27	28	29	30	71	2	3	4	5	6	7	8	9	10	11	12	13	14	15	16	17	18	19	20	21	22	23	24	25	—	5	1
	7	26	27	28	29	30	31	81	2	3	4	5	6	7	8	9	10	11	12	13	14	15	16	17	18	19	20	21	22	23	24	6	30
	8	25	26	27	28	29	30	31	91	2	3	4	5	6	7	8	9	10	11	12	13	14	15	16	17	18	19	20	21	22	—	1	0
	9	23	24	25	26	27	28	29	30	01	2	3	4	5	6	7	8	9	10	11	12	13	14	15	16	17	18	19	20	21	22	2	29
	10	23	24	25	26	27	28	29	30	31	N1	2	3	4	5	6	7	8	9	10	11	12	13	14	15	16	17	18	19	20	21	4	59
	11	22	23	24	25	26	27	28	29	30	D1	2	3	4	5	6	7	8	9	10	11	12	13	14	15	16	17	18	19	20	21	6	29
	12	22	23	24	25	26	27	28	29	30	31	11	2	3	4	5	6	7	8	9	10	11	12	13	14	15	16	17	18	19	—	1	59

年序 Year	陰曆月序 Moon	1	2	3	4	5	6	7	8	9	10	11	12	13	14	15	16	17	18	19	20	21	22	23	24	25	26	27	28	29	30	星期 Week	干支 Cycle
永樂 4 丙戌 1406–07	26 1	20	21	22	23	24	25	26	27	28	29	30	31	21	2	3	4	5	6	7	8	9	10	11	12	13	14	15	16	17	18	2	28
	2	19	20	21	22	23	24	25	26	27	28	31	2	3	4	5	6	7	8	9	10	11	12	13	14	15	16	17	18	19	—	4	58
	3	20	21	22	23	24	25	26	27	28	29	30	31	41	2	3	4	5	6	7	8	9	10	11	12	13	14	15	16	17	18	5	27
	4	19	20	21	22	23	24	25	26	27	28	29	30	51	2	3	4	5	6	7	8	9	10	11	12	13	14	15	16	17	—	0	57
	5	18	19	20	21	22	23	24	25	26	27	28	29	30	31	61	2	3	4	5	6	7	8	9	10	11	12	13	14	15	—	1	26
	6	16	17	18	19	20	21	22	23	24	25	26	27	28	29	30	71	2	3	4	5	6	7	8	9	10	11	12	13	14	—	2	55
	7	15	16	17	18	19	20	21	22	23	24	25	26	27	28	29	30	31	81	2	3	4	5	6	7	8	9	10	11	12	13	3	24
	7	14	15	16	17	18	19	20	21	22	23	24	25	26	27	28	29	30	31	91	2	3	4	5	6	7	8	9	10	11	—	5	54
	8	12	13	14	15	16	17	18	19	20	21	22	23	24	25	26	27	28	29	30	01	2	3	4	5	6	7	8	9	10	11	6	23
	9	12	13	14	15	16	17	18	19	20	21	22	23	24	25	26	27	28	29	30	31	N1	2	3	4	5	6	7	8	9	10	1	53
	10	11	12	13	14	15	16	17	18	19	20	21	22	23	24	25	26	27	28	29	30	D1	2	3	4	5	6	7	8	9	10	3	23
	11	11	12	13	14	15	16	17	18	19	20	21	22	23	24	25	26	27	28	29	30	31	11	2	3	4	5	6	7	8	—	5	53
	12	9	10	11	12	13	14	15	16	17	18	19	20	21	22	23	24	25	26	27	28	29	30	31	21	2	3	4	5	6	7	6	22
永樂 5 丁亥 1407–08	38 1	8	9	10	11	12	13	14	15	16	17	18	19	20	21	22	23	24	25	26	27	28	31	2	3	4	5	6	7	8	9	1	52
	2	10	11	12	13	14	15	16	17	18	19	20	21	22	23	24	25	26	27	28	29	30	31	41	2	3	4	5	6	7	—	3	22
	3	8	9	10	11	12	13	14	15	16	17	18	19	20	21	22	23	24	25	26	27	28	29	30	51	2	3	4	5	6	7	4	51
	4	8	9	10	11	12	13	14	15	16	17	18	19	20	21	22	23	24	25	26	27	28	29	30	31	61	2	3	4	5	—	6	21
	5	6	7	8	9	10	11	12	13	14	15	16	17	18	19	20	21	22	23	24	25	26	27	28	29	30	71	2	3	4	—	0	50
	6	5	6	7	8	9	10	11	12	13	14	15	16	17	18	19	20	21	22	23	24	25	26	27	28	29	30	31	81	2	—	1	10
	7	3	4	5	6	7	8	9	10	11	12	13	14	15	16	17	18	19	20	21	22	23	24	25	26	27	28	29	30	31	91	2	48
	8	2	3	4	5	6	7	8	9	10	11	12	13	14	15	16	17	18	19	20	21	22	23	24	25	26	27	28	29	30	—	4	18
	9	01	2	3	4	5	6	7	8	9	10	11	12	13	14	15	16	17	18	19	20	21	22	23	24	25	26	27	28	29	30	5	47
	10	31	N1	2	3	4	5	6	7	8	9	10	11	12	13	14	15	16	17	18	19	20	21	22	23	24	25	26	27	28	29	0	17
	11	30	D1	2	3	4	5	6	7	8	9	10	11	12	13	14	15	16	17	18	19	20	21	22	23	24	25	26	27	28	—	2	47
	12	29	30	31	11	2	3	4	5	6	7	8	9	10	11	12	13	14	15	16	17	18	19	20	21	22	23	24	25	26	27	3	16
永樂 6 戊子 1408–09	50 1	28	29	30	31	21	2	3	4	5	6	7	8	9	10	11	12	13	14	15	16	17	18	19	20	21	22	23	24	25	26	5	46
	2	27	28	29	31	2	3	4	5	6	7	8	9	10	11	12	13	14	15	16	17	18	19	20	21	22	23	24	25	26	27	0	16
	3	28	29	30	31	41	2	3	4	5	6	7	8	9	10	11	12	13	14	15	16	17	18	19	20	21	22	23	24	25	—	2	46
	4	26	27	28	29	30	51	2	3	4	5	6	7	8	9	10	11	12	13	14	15	16	17	18	19	20	21	22	23	24	25	3	15
	5	26	27	28	29	30	31	61	2	3	4	5	6	7	8	9	10	11	12	13	14	15	16	17	18	19	20	21	22	23	—	5	45
	6	24	25	26	27	28	29	30	71	2	3	4	5	6	7	8	9	10	11	12	13	14	15	16	17	18	19	20	21	22	—	6	14
	7	23	24	25	26	27	28	29	30	31	81	2	3	4	5	6	7	8	9	10	11	12	13	14	15	16	17	18	19	20	—	0	43
	8	21	22	23	24	25	26	27	28	29	30	31	91	2	3	4	5	6	7	8	9	10	11	12	13	14	15	16	17	18	19	1	12
	9	20	21	22	23	24	25	26	27	28	29	30	01	2	3	4	5	6	7	8	9	10	11	12	13	14	15	16	17	18	—	3	42
	10	19	20	21	22	23	24	25	26	27	28	29	30	31	N1	2	3	4	5	6	7	8	9	10	11	12	13	14	15	16	17	4	11
	11	18	19	20	21	22	23	24	25	26	27	28	29	30	D1	2	3	4	5	6	7	8	9	10	11	12	13	14	15	16	—	6	41
	12	17	18	19	20	21	22	23	24	25	26	27	28	29	30	31	11	2	3	4	5	6	7	8	9	10	11	12	13	14	15	0	10
永樂 7 己丑 1409–10	2 1	16	17	18	19	20	21	22	23	24	25	26	27	28	29	30	31	21	2	3	4	5	6	7	8	9	10	11	12	13	14	2	40
	2	15	16	17	18	19	20	21	22	23	24	25	26	27	28	31	2	3	4	5	6	7	8	9	10	11	12	13	14	15	16	4	10
	3	17	18	19	20	21	22	23	24	25	26	27	28	29	30	31	41	2	3	4	5	6	7	8	9	10	11	12	13	14	—	6	40
	4	15	16	17	18	19	20	21	22	23	24	25	26	27	28	29	30	51	2	3	4	5	6	7	8	9	10	11	12	13	14	0	9
	4	15	16	17	18	19	20	21	22	23	24	25	26	27	28	29	30	31	61	2	3	4	5	6	7	8	9	10	11	12	—	2	39
	5	13	14	15	16	17	18	19	20	21	22	23	24	25	26	27	28	29	30	71	2	3	4	5	6	7	8	9	10	11	12	3	8
	6	13	14	15	16	17	18	19	20	21	22	23	24	25	26	27	28	29	30	31	81	2	3	4	5	6	7	8	9	10	—	5	38
	7	11	12	13	14	15	16	17	18	19	20	21	22	23	24	25	26	27	28	29	30	31	91	2	3	4	5	6	7	8	—	6	7
	8	9	10	11	12	13	14	15	16	17	18	19	20	21	22	23	24	25	26	27	28	29	30	01	2	3	4	5	6	7	8	0	36
	9	9	10	11	12	13	14	15	16	17	18	19	20	21	22	23	24	25	26	27	28	29	30	31	N1	2	3	4	5	6	—	2	6
	10	7	8	9	10	11	12	13	14	15	16	17	18	19	20	21	22	23	24	25	26	27	28	29	30	D1	2	3	4	5	6	3	35
	11	7	8	9	10	11	12	13	14	15	16	17	18	19	20	21	22	23	24	25	26	27	28	29	30	31	11	2	3	4	—	5	5
	12	5	6	7	8	9	10	11	12	13	14	15	16	17	18	19	20	21	22	23	24	25	26	27	28	2[illegible]	30	31	21	2	3	6	34
永樂 8 庚寅 1410–11	14 1	4	5	6	7	8	9	10	11	12	13	14	15	16	17	18	19	20	21	22	23	24	25	26	27	2[illegible]	31	2	3	4	5	1	4
	2	6	7	8	9	10	11	12	13	14	15	16	17	18	19	20	21	22	23	24	25	26	27	28	29	30	31	41	2	3	—	3	34
	3	4	5	6	7	8	9	10	11	12	13	14	15	16	17	18	19	20	21	22	23	24	25	26	27	28	29	30	51	2	3	4	3
	4	4	5	6	7	8	9	10	11	12	13	14	15	16	17	18	19	20	21	22	23	24	25	26	27	28	29	30	31	61	2	6	33
	5	3	4	5	6	7	8	9	10	11	12	13	14	15	16	17	18	19	20	21	22	23	24	25	26	27	28	29	30	71	—	1	3
	6	2	3	4	5	6	7	8	9	10	11	12	13	14	15	16	17	18	19	20	21	22	23	24	25	26	27	28	29	30	31	2	32
	7	81	2	3	4	5	6	7	8	9	10	11	12	13	14	15	16	17	18	19	20	21	22	23	24	25	26	27	28	29	—	4	2
	8	30	31	91	2	3	4	5	6	7	8	9	10	11	12	13	14	15	16	17	18	19	20	21	22	23	24	25	26	27	28	5	31
	9	29	30	01	2	3	4	5	6	7	8	9	10	11	12	13	14	15	16	17	18	19	20	21	22	23	24	25	26	27	—	0	1
	10	28	29	30	31	N1	2	3	4	5	6	7	8	9	10	11	12	13	14	15	16	17	18	19	20	21	22	23	24	25	—	1	30
	11	26	27	28	29	30	D1	2	3	4	5	6	7	8	9	10	11	12	13	14	15	16	17	18	19	20	21	22	23	24	25	2	59
	12	26	27	28	29	30	31	11	2	3	4	5	6	7	8	9	10	11	12	13	14	15	16	17	18	19	20	21	22	23	—	4	29

年序 Year	陰曆月序 Moon	陰曆日序 Order of days (Lunar) 1 2 3 4 5	6 7 8 9 10	11 12 13 14 15	16 17 18 19 20	21 22 23 24 25	26 27 28 29 30	星期 Week	干支 Cycle
永樂 9 辛卯 1411–12	26 1	24 25 26 27 28	29 30 31 21 2	3 4 5 6 7	8 9 10 11 12	13 14 15 16 17	18 19 20 21 22	5	58
	2	23 24 25 26 27	28 31 2 3 4	5 6 7 8 9	10 11 12 13 14	15 16 17 18 19	20 21 22 23 —	0	28
	3	24 25 26 27 28	29 30 31 41 2	3 4 5 6 7	8 9 10 11 12	13 14 15 16 17	18 19 20 21 22	1	57
	4	23 24 25 26 27	28 29 30 51 2	3 4 5 6 7	8 9 10 11 12	13 14 15 16 17	18 19 20 21 22	3	27
	5	23 24 25 26 27	28 29 30 31 61	2 3 4 5 6	7 8 9 10 11	12 13 14 15 16	17 18 19 20 —	5	57
	6	21 22 23 24 25	26 27 28 29 30	71 2 3 4 5	6 7 8 9 10	11 12 13 14 15	16 17 18 19 20	6	26
	7	21 22 23 24 25	26 27 28 29 30	31 81 2 3 4	5 6 7 8 9	10 11 12 13 14	15 16 17 18 19	1	56
	8	20 21 22 23 24	25 26 27 28 29	30 31 91 2 3	4 5 6 7 8	9 10 11 12 13	14 15 16 17 —	3	26
	9	18 19 20 21 22	23 24 25 26 27	28 29 30 O1 2	3 4 5 6 7	8 9 10 11 12	13 14 15 16 17	4	55
	10	18 19 20 21 22	23 24 25 26 27	28 29 30 31 N1	2 3 4 5 6	7 8 9 10 11	12 13 14 15 —	6	25
	11	16 17 18 19 20	21 22 23 24 25	26 27 28 29 30	D1 2 3 4 5	6 7 8 9 10	11 12 13 14 —	0	54
	12	15 16 17 18 19	20 21 22 23 24	25 26 27 28 29	30 31 11 2 3	4 5 6 7 8	9 10 11 12 13	1	23
	12	14 15 16 17 18	19 20 21 22 23	24 25 26 27 28	29 30 31 21 2	3 4 5 6 7	8 9 10 11 —	3	53
永樂 10 壬辰 1412–13	38 1	12 13 14 15 16	17 18 19 20 21	22 23 24 25 26	27 28 29 31 2	3 4 5 6 7	8 9 10 11 12	4	22
	2	13 14 15 16 17	18 19 20 21 22	23 24 25 26 27	28 29 30 31 41	2 3 4 5 6	7 8 9 10 —	6	52
	3	11 12 13 14 15	16 17 18 19 20	21 22 23 24 25	26 27 28 29 30	51 2 3 4 5	6 7 8 9 10	0	21
	4	11 12 13 14 15	16 17 18 19 20	21 22 23 24 25	26 27 28 29 30	31 61 2 3 4	5 6 7 8 —	2	51
	5	9 10 11 12 13	14 15 16 17 18	19 20 21 22 23	24 25 26 27 28	29 30 71 2 3	4 5 6 7 8	3	20
	6	9 10 11 12 13	14 15 16 17 18	19 20 21 22 23	24 25 26 27 28	29 30 31 81 2	3 4 5 6 7	5	50
	7	8 9 10 11 12	13 14 15 16 17	18 19 20 21 22	23 24 25 26 27	28 29 30 31 91	2 3 4 5 —	0	20
	8	6 7 8 9 10	11 12 13 14 15	16 17 18 19 20	21 22 23 24 25	26 27 28 29 30	O1 2 3 4 5	1	49
	9	6 7 8 9 10	11 12 13 14 15	16 17 18 19 20	21 22 23 24 25	26 27 28 29 30	31 N1 2 3 4	3	19
	10	5 6 7 8 9	10 11 12 13 14	15 16 17 18 19	20 21 22 23 24	25 26 27 28 29	30 D1 2 3 —	5	49
	11	4 5 6 7 8	9 10 11 12 13	14 15 16 17 18	19 20 21 22 23	24 25 26 27 28	29 30 31 11 2	6	18
	12	3 4 5 6 7	8 9 10 11 12	13 14 15 16 17	18 19 20 21 22	23 24 25 26 27	28 29 30 31 —	1	48
永樂 11 癸巳 1413–14	50 1	21 2 3 4 5	6 7 8 9 10	11 12 13 14 15	16 17 18 19 20	21 22 23 24 25	26 27 28 31 —	2	17
	2	2 3 4 5 6	7 8 9 10 11	12 13 14 15 16	17 18 19 20 21	22 23 24 25 26	27 28 29 30 31	3	46
	3	41 2 3 4 5	6 7 8 9 10	11 12 13 14 15	16 17 18 19 20	21 22 23 24 25	26 27 28 29 —	5	16
	4	30 51 2 3 4	5 6 7 8 9	10 11 12 13 14	15 16 17 18 19	20 21 22 23 24	25 26 27 28 29	6	45
	5	30 31 61 2 3	4 5 6 7 8	9 10 11 12 13	14 15 16 17 18	19 20 21 22 23	24 25 26 27 —	1	15
	6	28 29 30 71 2	3 4 5 6 7	8 9 10 11 12	13 14 15 16 17	18 19 20 21 22	23 24 25 26 27	2	44
	7	28 29 30 31 81	2 3 4 5 6	7 8 9 10 11	12 13 14 15 16	17 18 19 20 21	22 23 24 25 —	4	14
	8	26 27 28 29 30	31 91 2 3 4	5 6 7 8 9	10 11 12 13 14	15 16 17 18 19	20 21 22 23 24	5	43
	9	25 26 27 28 29	30 O1 2 3 4	5 6 7 8 9	10 11 12 13 14	15 16 17 18 19	20 21 22 23 24	0	13
	10	25 26 27 28 29	30 31 N1 2 3	4 5 6 7 8	9 10 11 12 13	14 15 16 17 18	19 20 21 22 23	2	43
	11	24 25 26 27 28	29 30 D1 2 3	4 5 6 7 8	9 10 11 12 13	14 15 16 17 18	19 20 21 22 —	4	13
	12	23 24 25 26 27	28 29 30 31 11	2 3 4 5 6	7 8 9 10 11	12 13 14 15 16	17 18 19 20 21	5	42
永樂 12 甲午 1414–15	2 1	22 23 24 25 26	27 28 29 30 31	21 2 3 4 5	6 7 8 9 10	11 12 13 14 15	16 17 18 19 —	0	12
	2	20 21 22 23 24	25 26 27 28 31	2 3 4 5 6	7 8 9 10 11	12 13 14 15 16	17 18 19 20 —	1	41
	3	21 22 23 24 25	26 27 28 29 30	31 41 2 3 4	5 6 7 8 9	10 11 12 13 14	15 16 17 18 19	2	10
	4	20 21 22 23 24	25 26 27 28 29	30 51 2 3 4	5 6 7 8 9	10 11 12 13 14	15 16 17 18 —	4	40
	5	19 20 21 22 23	24 25 26 27 28	29 30 31 61 2	3 4 5 6 7	8 9 10 11 12	13 14 15 16 —	5	9
	6	17 18 19 20 21	22 23 24 25 26	27 28 29 30 71	2 3 4 5 6	7 8 9 10 11	12 13 14 15 16	6	38
	7	17 18 19 20 21	22 23 24 25 26	27 28 29 30 31	81 2 3 4 5	6 7 8 9 10	11 12 13 14 —	1	8
	8	15 16 17 18 19	20 21 22 23 24	25 26 27 28 29	30 31 91 2 3	4 5 6 7 8	9 10 11 12 13	2	37
	9	14 15 16 17 18	19 20 21 22 23	24 25 26 27 28	29 30 O1 2 3	4 5 6 7 8	9 10 11 12 13	4	7
	9	14 15 16 17 18	19 20 21 22 23	24 25 26 27 28	29 30 31 N1 2	3 4 5 6 7	8 9 10 11 12	6	37
	10	13 14 15 16 17	18 19 20 21 22	23 24 25 26 27	28 29 30 D1 2	3 4 5 6 7	8 9 10 11 —	1	7
	11	12 13 14 15 16	17 18 19 20 21	22 23 24 25 26	27 28 29 30 31	11 2 3 4 5	6 7 8 9 10	2	36
	12	11 12 13 14 15	16 17 18 19 20	21 22 23 24 25	26 27 28 29 30	31 21 2 3 4	5 6 7 8 9	4	6
永樂 13 乙未 1415–16	14 1	10 11 12 13 14	15 16 17 18 19	20 21 22 23 24	25 26 27 28 31	2 3 4 5 6	7 8 9 10 —	6	36
	2	11 12 13 14 15	16 17 18 19 20	21 22 23 24 25	26 27 28 29 30	31 41 2 3 4	5 6 7 8 9	0	5
	3	10 11 12 13 14	15 16 17 18 19	20 21 22 23 24	25 26 27 28 29	30 51 2 3 4	5 6 7 8 —	2	35
	4	9 10 11 12 13	14 15 16 17 18	19 20 21 22 23	24 25 26 27 28	29 30 31 61 2	3 4 5 6 —	3	4
	5	7 8 9 10 11	12 13 14 15 16	17 18 19 20 21	22 23 24 25 26	27 28 29 30 71	2 3 4 5 —	4	33
	6	6 7 8 9 10	11 12 13 14 15	16 17 18 19 20	21 22 23 24 25	26 27 28 29 30	31 81 2 3 4	5	2
	7	5 6 7 8 9	10 11 12 13 14	15 16 17 18 19	20 21 22 23 24	25 26 27 28 29	30 31 91 2 —	0	32
	8	3 4 5 6 7	8 9 10 11 12	13 14 15 16 17	18 19 20 21 22	23 24 25 26 27	28 29 30 O1 2	1	1
	9	3 4 5 6 7	8 9 10 11 12	13 14 15 16 17	18 19 20 21 22	23 24 25 26 27	28 29 30 31 N1	3	31
	10	2 3 4 5 6	7 8 9 10 11	12 13 14 15 16	17 18 19 20 21	22 23 24 25 26	27 28 29 30 —	5	1
	11	D1 2 3 4 5	6 7 8 9 10	11 12 13 14 15	16 17 18 19 20	21 22 23 24 25	26 27 28 29 30	6	30
	12	31 11 2 3 4	5 6 7 8 9	10 11 12 13 14	15 16 17 18 19	20 21 22 23 24	25 26 27 28 29	1	0

年序 Year		陰曆月序 Moon	陰曆日序 Order of days (Lunar) 1	2	3	4	5	6	7	8	9	10	11	12	13	14	15	16	17	18	19	20	21	22	23	24	25	26	27	28	29	30	星期 Week	干支 Cycle
永樂14丙申 1416–17	26	1	30	31	21	2	3	4	5	6	7	8	9	10	11	12	13	14	15	16	17	18	19	20	21	22	23	24	25	26	27	28	3	30
		2	29	31	2	3	4	5	6	7	8	9	10	11	12	13	14	15	16	17	18	19	20	21	22	23	24	25	26	27	28	—	5	0
		3	29	30	31	41	2	3	4	5	6	7	8	9	10	11	12	13	14	15	16	17	18	19	20	21	22	23	24	25	26	27	6	29
		4	28	29	30	51	2	3	4	5	6	7	8	9	10	11	12	13	14	15	16	17	18	19	20	21	22	23	24	25	26	—	1	59
		5	27	28	29	30	31	61	2	3	4	5	6	7	8	9	10	11	12	13	14	15	16	17	18	19	20	21	22	23	24	—	2	28
		6	25	26	27	28	29	30	71	2	3	4	5	6	7	8	9	10	11	12	13	14	15	16	17	18	19	20	21	22	23	—	3	57
		7	24	25	26	27	28	29	30	31	81	2	3	4	5	6	7	8	9	10	11	12	13	14	15	16	17	18	19	20	21	22	4	26
		8	23	24	25	26	27	28	29	30	31	91	2	3	4	5	6	7	8	9	10	11	12	13	14	15	16	17	18	19	20	—	6	56
		9	21	22	23	24	25	26	27	28	29	30	01	2	3	4	5	6	7	8	9	10	11	12	13	14	15	16	17	18	19	20	0	25
		10	21	22	23	24	25	26	27	28	29	30	31	N1	2	3	4	5	6	7	8	9	10	11	12	13	14	15	16	17	18	—	2	55
		11	19	20	21	22	23	24	25	26	27	28	29	30	D1	2	3	4	5	6	7	8	9	10	11	12	13	14	15	16	17	18	3	24
		12	19	20	21	22	23	24	25	26	27	28	29	30	31	11	2	3	4	5	6	7	8	9	10	11	12	13	14	15	16	17	5	54
永樂15丁酉 1417–18	88	1	18	19	20	21	22	23	24	25	26	27	28	29	30	31	21	2	3	4	5	6	7	8	9	10	11	12	13	14	15	16	0	24
		2	17	18	19	20	21	22	23	24	25	26	27	28	31	2	3	4	5	6	7	8	9	10	11	12	13	14	15	16	17	—	2	54
		3	18	19	20	21	22	23	24	25	26	27	28	29	30	31	41	2	3	4	5	6	7	8	9	10	11	12	13	14	15	16	3	23
		4	17	18	19	20	21	22	23	24	25	26	27	28	29	30	51	2	3	4	5	6	7	8	9	10	11	12	13	14	15	—	5	53
		5	16	17	18	19	20	21	22	23	24	25	26	27	28	29	30	31	61	2	3	4	5	6	7	8	9	10	11	12	13	14	6	22
		5	15	16	17	18	19	20	21	22	23	24	25	26	27	28	29	30	71	2	3	4	5	6	7	8	9	10	11	12	13	—	1	52
		6	14	15	16	17	18	19	20	21	22	23	24	25	26	27	28	29	30	31	81	2	3	4	5	6	7	8	9	10	11	—	2	21
		7	12	13	14	15	16	17	18	19	20	21	22	23	24	25	26	27	28	29	30	31	91	2	3	4	5	6	7	8	9	10	3	50
		8	11	12	13	14	15	16	17	18	19	20	21	22	23	24	25	26	27	28	29	30	01	2	3	4	5	6	7	8	9	—	5	20
		9	10	11	12	13	14	15	16	17	18	19	20	21	22	23	24	25	26	27	28	29	30	31	N1	2	3	4	5	6	7	8	6	49
		10	9	10	11	12	13	14	15	16	17	18	19	20	21	22	23	24	25	26	27	28	29	30	D1	2	3	4	5	6	7	—	1	19
		11	8	9	10	11	12	13	14	15	16	17	18	19	20	21	22	23	24	25	26	27	28	29	30	31	11	2	3	4	5	6	2	48
		12	7	8	9	10	11	12	13	14	15	16	17	18	19	20	21	22	23	24	25	26	27	28	29	30	31	21	2	3	4	5	4	18
永樂16戊戌 1418–19	50	1	6	7	8	9	10	11	12	13	14	15	16	17	18	19	20	21	22	23	24	25	26	27	28	31	2	3	4	5	6	7	6	48
		2	8	9	10	11	12	13	14	15	16	17	18	19	20	21	22	23	24	25	26	27	28	29	30	31	41	2	3	4	5	—	1	18
		3	6	7	8	9	10	11	12	13	14	15	16	17	18	19	20	21	22	23	24	25	26	27	28	29	30	51	2	3	4	5	2	47
		4	6	7	8	9	10	11	12	13	14	15	16	17	18	19	20	21	22	23	24	25	26	27	28	29	30	31	61	2	3	—	4	17
		5	4	5	6	7	8	9	10	11	12	13	14	15	16	17	18	19	20	21	22	23	24	25	26	27	28	29	30	71	2	3	5	46
		6	4	5	6	7	8	9	10	11	12	13	14	15	16	17	18	19	20	21	22	23	24	25	26	27	28	29	30	31	81	—	0	16
		7	2	3	4	5	6	7	8	9	10	11	12	13	14	15	16	17	18	19	20	21	22	23	24	25	26	27	28	29	30	—	1	45
		8	31	91	2	3	4	5	6	7	8	9	10	11	12	13	14	15	16	17	18	19	20	21	22	23	24	25	26	27	28	29	2	14
		9	30	01	2	3	4	5	6	7	8	9	10	11	12	13	14	15	16	17	18	19	20	21	22	23	24	25	26	27	28	—	4	44
		10	29	30	31	N1	2	3	4	5	6	7	8	9	10	11	12	13	14	15	16	17	18	19	20	21	22	23	24	25	26	27	5	13
		11	28	29	30	D1	2	3	4	5	6	7	8	9	10	11	12	13	14	15	16	17	18	19	20	21	22	23	24	25	26	—	0	43
		12	27	28	29	30	31	11	2	3	4	5	6	7	8	9	10	11	12	13	14	15	16	17	18	19	20	21	22	23	24	25	1	12
永樂17己亥 1419–20	2	1	26	27	28	29	30	31	21	2	3	4	5	6	7	8	9	10	11	12	13	14	15	16	17	18	19	20	21	22	23	24	3	42
		2	25	26	27	28	31	2	3	4	5	6	7	8	9	10	11	12	13	14	15	16	17	18	19	20	21	22	23	24	25	—	5	12
		3	26	27	28	29	30	31	41	2	3	4	5	6	7	8	9	10	11	12	13	14	15	16	17	18	19	20	21	22	23	24	6	41
		4	25	26	27	28	29	30	51	2	3	4	5	6	7	8	9	10	11	12	13	14	15	16	17	18	19	20	21	22	23	24	1	11
		5	25	26	27	28	29	30	31	61	2	3	4	5	6	7	8	9	10	11	12	13	14	15	16	17	18	19	20	21	22	—	3	41
		6	23	24	25	26	27	28	29	30	71	2	3	4	5	6	7	8	9	10	11	12	13	14	15	16	17	18	19	20	21	22	4	10
		7	23	24	25	26	27	28	29	30	31	81	2	3	4	5	6	7	8	9	10	11	12	13	14	15	16	17	18	19	20	—	6	40
		8	21	22	23	24	25	26	27	28	29	30	31	91	2	3	4	5	6	7	8	9	10	11	12	13	14	15	16	17	18	19	0	9
		9	20	21	22	23	24	25	26	27	28	29	30	01	2	3	4	5	6	7	8	9	10	11	12	13	14	15	16	17	18	—	2	39
		10	19	20	21	22	23	24	25	26	27	28	29	30	31	N1	2	3	4	5	6	7	8	9	10	11	12	13	14	15	16	—	3	8
		11	17	18	19	20	21	22	23	24	25	26	27	28	29	30	D1	2	3	4	5	6	7	8	9	10	11	12	13	14	15	16	4	37
		12	17	18	19	20	21	22	23	24	25	26	27	28	29	30	31	11	2	3	4	5	6	7	8	9	10	11	12	13	14	—	6	7
永樂18庚子 1420–21	14	1	15	16	17	18	19	20	21	22	23	24	25	26	27	28	29	30	31	21	2	3	4	5	6	7	8	9	10	11	12	13	0	36
		1	14	15	16	17	18	19	20	21	22	23	24	25	26	27	28	29	31	2	3	4	5	6	7	8	9	10	11	12	13	—	2	6
		2	14	15	16	17	18	19	20	21	22	23	24	25	26	27	28	29	30	31	41	2	3	4	5	6	7	8	9	10	11	12	3	35
		3	13	14	15	16	17	18	19	20	21	22	23	24	25	26	27	28	29	30	51	2	3	4	5	6	7	8	9	10	11	12	5	5
		4	13	14	15	16	17	18	19	20	21	22	23	24	25	26	27	28	29	30	31	61	2	3	4	5	6	7	8	9	10	—	0	35
		5	11	12	13	14	15	16	17	18	19	20	21	22	23	24	25	26	27	28	29	30	71	2	3	4	5	6	7	8	9	10	1	4
		6	11	12	13	14	15	16	17	18	19	20	21	22	23	24	25	26	27	28	29	30	31	81	2	3	4	5	6	7	8	—	3	34
		7	9	10	11	12	13	14	15	16	17	18	19	20	21	22	23	24	25	26	27	28	29	30	31	91	2	3	4	5	6	7	4	3
		8	8	9	10	11	12	13	14	15	16	17	18	19	20	21	22	23	24	25	26	27	28	29	30	01	2	3	4	5	6	—	6	33
		9	7	8	9	10	11	12	13	14	15	16	17	18	19	20	21	22	23	24	25	26	27	28	29	30	31	N1	2	3	4	5	0	2
		10	6	7	8	9	10	11	12	13	14	15	16	17	18	19	20	21	22	23	24	25	26	27	28	29	30	D1	2	3	4	—	2	32
		11	5	6	7	8	9	10	11	12	13	14	15	16	17	18	19	20	21	22	23	24	25	26	27	28	29	30	31	11	2	3	3	1
		12	4	5	6	7	8	9	10	11	12	13	14	15	16	17	18	19	20	21	22	23	24	25	26	27	28	29	30	31	21	—	5	31

年序 Year	陰曆月序 Moon	陰曆日序 Order of days (Lunar) 1 2 3 4 5	6 7 8 9 10	11 12 13 14 15	16 17 18 19 20	21 22 23 24 25	26 27 28 29 30	星期 Week	干支 Cycle
永樂 19 辛丑 1421–22	26 1	2 3 4 5 6	7 8 9 10 11	12 13 14 15 16	17 18 19 20 21	22 23 24 25 26	27 28 31 2 3	6	0
	2	4 5 6 7 8	9 10 11 12 13	14 15 16 17 18	19 20 21 22 23	24 25 26 27 28	29 30 31 41 —	1	30
	3	2 3 4 5 6	7 8 9 10 11	12 13 14 15 16	17 18 19 20 21	22 23 24 25 26	27 28 29 30 51	2	59
	4	2 3 4 5 6	7 8 9 10 11	12 13 14 15 16	17 18 19 20 21	22 23 24 25 26	27 28 29 30 —	4	29
	5	31 61 2 3 4	5 6 7 8 9	10 11 12 13 14	15 16 17 18 19	20 21 22 23 24	25 26 27 28 29	5	58
	6	30 71 2 3 4	5 6 7 8 9	10 11 12 13 14	15 16 17 18 19	20 21 22 23 24	25 26 27 28 —	0	28
	7	29 30 31 81 2	3 4 5 6 7	8 9 10 11 12	13 14 15 16 17	18 19 20 21 22	23 24 25 26 27	1	57
	8	28 29 30 31 91	2 3 4 5 6	7 8 9 10 11	12 13 14 15 16	17 18 19 20 21	22 23 24 25 26	3	27
	9	27 28 29 30 01	2 3 4 5 6	7 8 9 10 11	12 13 14 15 16	17 18 19 20 21	22 23 24 25 —	5	57
	10	26 27 28 29 30	31 N1 2 3 4	5 6 7 8 9	10 11 12 13 14	15 16 17 18 19	20 21 22 23 24	6	26
	11	25 26 27 28 29	30 D1 2 3 4	5 6 7 8 9	10 11 12 13 14	15 16 17 18 19	20 21 22 23 24	1	56
	12	25 26 27 28 29	30 31 11 2 3	4 5 6 7 8	9 10 11 12 13	14 15 16 17 18	19 20 21 22 —	3	26
永樂 20 壬寅 1422–23	38 1	23 24 25 26 27	28 29 30 31 21	2 3 4 5 6	7 8 9 10 11	12 13 14 15 16	17 18 19 20 —	4	55
	2	21 22 23 24 25	26 27 28 31 2	3 4 5 6 7	8 9 10 11 12	13 14 15 16 17	18 19 20 21 22	5	24
	3	23 24 25 26 27	28 29 30 31 41	2 3 4 5 6	7 8 9 10 11	12 13 14 15 16	17 18 19 20 —	0	54
	4	21 22 23 24 25	26 27 28 29 30	51 2 3 4 5	6 7 8 9 10	11 12 13 14 15	16 17 18 19 20	1	23
	5	21 22 23 24 25	26 27 28 29 30	31 61 2 3 4	5 6 7 8 9	10 11 12 13 14	15 16 17 18 —	3	53
	6	19 20 21 22 23	24 25 26 27 28	29 30 71 2 3	4 5 6 7 8	9 10 11 12 13	14 15 16 17 18	4	22
	7	19 20 21 22 23	24 25 26 27 28	29 30 31 81 2	3 4 5 6 7	8 9 10 11 12	13 14 15 16 —	6	52
	8	17 18 19 20 21	22 23 24 25 26	27 28 29 30 31	91 2 3 4 5	6 7 8 9 10	11 12 13 14 15	0	21
	9	16 17 18 19 20	21 22 23 24 25	26 27 28 29 30	01 2 3 4 5	6 7 8 9 10	11 12 13 14 15	2	51
	10	16 17 18 19 20	21 22 23 24 25	26 27 28 29 30	31 N1 2 3 4	5 6 7 8 9	10 11 12 13 —	4	21
	11	14 15 16 17 18	19 20 21 22 23	24 25 26 27 28	29 30 D1 2 3	4 5 6 7 8	9 10 11 12 13	5	50
	12	14 15 16 17 18	19 20 21 22 23	24 25 26 27 28	29 30 31 11 2	3 4 5 6 7	8 9 10 11 12	0	20
	12	13 14 15 16 17	18 19 20 21 22	23 24 25 26 27	28 29 30 31 21	2 3 4 5 6	7 8 9 10 —	2	50
永樂 21 癸卯 1423–24	50 1	11 12 13 14 15	16 17 18 19 20	21 22 23 24 25	26 27 28 31 2	3 4 5 6 7	8 9 10 11 —	3	19
	2	12 13 14 15 16	17 18 19 20 21	22 23 24 25 26	27 28 29 30 31	41 2 3 4 5	6 7 8 9 10	4	48
	3	11 12 13 14 15	16 17 18 19 20	21 22 23 24 25	26 27 28 29 30	51 2 3 4 5	6 7 8 9 —	6	18
	4	10 11 12 13 14	15 16 17 18 19	20 21 22 23 24	25 26 27 28 29	30 31 61 2 3	4 5 6 7 —	0	47
	5	8 9 10 11 12	13 14 15 16 17	18 19 20 21 22	23 24 25 26 27	28 29 30 71 2	3 4 5 6 7	1	16
	6	8 9 10 11 12	13 14 15 16 17	18 19 20 21 22	23 24 25 26 27	28 29 30 31 81	2 3 4 5 —	3	46
	7	6 7 8 9 10	11 12 13 14 15	16 17 18 19 20	21 22 23 24 25	26 27 28 29 30	31 91 2 3 4	4	15
	8	5 6 7 8 9	10 11 12 13 14	15 16 17 18 19	20 21 22 23 24	25 26 27 28 29	30 01 2 3 4	6	45
	9	5 6 7 8 9	10 11 12 13 14	15 16 17 18 19	20 21 22 23 24	25 26 27 28 29	30 31 N1 2 —	1	15
	10	3 4 5 6 7	8 9 10 11 12	13 14 15 16 17	18 19 20 21 22	23 24 25 26 27	28 29 30 D1 2	2	44
	11	3 4 5 6 7	8 9 10 11 12	13 14 15 16 17	18 19 20 21 22	23 24 25 26 27	28 29 30 31 11	4	14
	12	2 3 4 5 6	7 8 9 10 11	12 13 14 15 16	17 18 19 20 21	22 23 24 25 26	27 28 29 30 31	6	44
永樂 22 甲辰 1424–25	2 1	21 2 3 4 5	6 7 8 9 10	11 12 13 14 15	16 17 18 19 20	21 22 23 24 25	26 27 28 29 —	1	14
	2	31 2 3 4 5	6 7 8 9 10	11 12 13 14 15	16 17 18 19 20	21 22 23 24 25	26 27 28 29 30	2	43
	3	31 41 2 3 4	5 6 7 8 9	10 11 12 13 14	15 16 17 18 19	20 21 22 23 24	25 26 27 28 —	4	13
	4	29 30 51 2 3	4 5 6 7 8	9 10 11 12 13	14 15 16 17 18	19 20 21 22 23	24 25 26 27 —	5	42
	5	28 29 30 31 61	2 3 4 5 6	7 8 9 10 11	12 13 14 15 16	17 18 19 20 21	22 23 24 25 —	6	11
	6	26 27 28 29 30	71 2 3 4 5	6 7 8 9 10	11 12 13 14 15	16 17 18 19 20	21 22 23 24 25	0	40
	7	26 27 28 29 30	31 81 2 3 4	5 6 7 8 9	10 11 12 13 14	15 16 17 18 19	20 21 22 23 —	2	10
	8	24 25 26 27 28	29 30 31 91 2	3 4 5 6 7	8 9 10 11 12	13 14 15 16 17	18 19 20 21 22	3	39
	9	23 24 25 26 27	28 29 30 01 2	3 4 5 6 7	8 9 10 11 12	13 14 15 16 17	18 19 20 21 —	5	9
	10	22 23 24 25 26	27 28 29 30 31	N1 2 3 4 5	6 7 8 9 10	11 12 13 14 15	16 17 18 19 20	6	38
	11	21 22 23 24 25	26 27 28 29 30	D1 2 3 4 5	6 7 8 9 10	11 12 13 14 15	16 17 18 19 20	1	8
	12	21 22 23 24 25	26 27 28 29 30	31 11 2 3 4	5 6 7 8 9	10 11 12 13 14	15 16 17 18 19	3	38
仁宗 洪熙 1 乙巳 1425–26	14 1	20 21 22 23 24	25 26 27 28 29	30 31 21 2 3	4 5 6 7 8	9 10 11 12 13	14 15 16 17 —	5	8
	2	18 19 20 21 22	23 24 25 26 27	28 31 2 3 4	5 6 7 8 9	10 11 12 13 14	15 16 17 18 19	6	37
	3	20 21 22 23 24	25 26 27 28 29	30 31 41 2 3	4 5 6 7 8	9 10 11 12 13	14 15 16 17 —	1	7
	4	18 19 20 21 22	23 24 25 26 27	28 29 30 51 2	3 4 5 6 7	8 9 10 11 12	13 14 15 16 17	2	36
	5	18 19 20 21 22	23 24 25 26 27	28 29 30 31 61	2 3 4 5 6	7 8 9 10 11	12 13 14 15 —	4	6
	6	16 17 18 19 20	21 22 23 24 25	26 27 28 29 30	71 2 3 4 5	6 7 8 9 10	11 12 13 14 —	5	35
	7	15 16 17 18 19	20 21 22 23 24	25 26 27 28 29	30 31 81 2 3	4 5 6 7 8	9 10 11 12 13	6	4
	7	14 15 16 17 18	19 20 21 22 23	24 25 26 27 28	29 30 31 91 2	3 4 5 6 7	8 9 10 11 —	1	34
	8	12 13 14 15 16	17 18 19 20 21	22 23 24 25 26	27 28 29 30 01	2 3 4 5 6	7 8 9 10 11	2	3
	9	12 13 14 15 16	17 18 19 20 21	22 23 24 25 26	27 28 29 30 31	N1 2 3 4 5	6 7 8 9 —	4	33
	10	10 11 12 13 14	15 16 17 18 19	20 21 22 23 24	25 26 27 28 29	30 D1 2 3 4	5 6 7 8 9	5	2
	11	10 11 12 13 14	15 16 17 18 19	20 21 22 23 24	25 26 27 28 29	30 31 11 2 3	4 5 6 7 8	0	32
	12	9 10 11 12 13	14 15 16 17 18	19 20 21 22 23	24 25 26 27 28	29 30 31 21 2	3 4 5 6 7	2	2

年序 Year	陰曆月序 Moon	陰曆日序 Order of days (Lunar) 1 2 3 4 5	6 7 8 9 10	11 12 13 14 15	16 17 18 19 20	21 22 23 24 25	26 27 28 29 30	星期 Week	干支 Cycle
宣宗 宣德 1 丙午 1426–27	26 1	8 9 10 11 12	13 14 15 16 17	18 19 20 21 22	23 24 25 26 27	28 31 2 3 4	5 6 7 8 —	4	32
	2	9 10 11 12 13	14 15 16 17 18	19 20 21 22 23	24 25 26 27 28	29 30 31 41 2	3 4 5 6 7	5	1
	3	8 9 10 11 12	13 14 15 16 17	18 19 20 21 22	23 24 25 26 27	28 29 30 51 2	3 4 5 6 —	0	31
	4	7 8 9 10 11	12 13 14 15 16	17 18 19 20 21	22 23 24 25 26	27 28 29 30 31	61 2 3 4 5	1	0
	5	6 7 8 9 10	11 12 13 14 15	16 17 18 19 20	21 22 23 24 25	26 27 28 29 30	71 2 3 4 —	3	30
	6	5 6 7 8 9	10 11 12 13 14	15 16 17 18 19	20 21 22 23 24	25 26 27 28 29	30 31 81 2 —	4	59
	7	3 4 5 6 7	8 9 10 11 12	13 14 15 16 17	18 19 20 21 22	23 24 25 26 27	28 29 30 31 91	5	28
	8	2 3 4 5 6	7 8 9 10 11	12 13 14 15 16	17 18 19 20 21	22 23 24 25 26	27 28 29 30 —	0	58
	9	01 2 3 4 5	6 7 8 9 10	11 12 13 14 15	16 17 18 19 20	21 22 23 24 25	26 27 28 29 30	1	27
	10	31 N1 2 3 4	5 6 7 8 9	10 11 12 13 14	15 16 17 18 19	20 21 22 23 24	25 26 27 28 —	3	57
	11	29 30 D1 2 3	4 5 6 7 8	9 10 11 12 13	14 15 16 17 18	19 20 21 22 23	24 25 26 27 28	4	26
	12	29 30 31 11 2	3 4 5 6 7	8 9 10 11 12	13 14 15 16 17	18 19 20 21 22	23 24 25 26 27	6	56
宣德 2 丁未 1427–28	88 1	28 29 30 31 21	2 3 4 5 6	7 8 9 10 11	12 13 14 15 16	17 18 19 20 21	22 23 24 25 —	1	26
	2	26 27 28 31 2	3 4 5 6 7	8 9 10 11 12	13 14 15 16 17	18 19 20 21 22	23 24 25 26 27	2	55
	3	28 29 30 31 41	2 3 4 5 6	7 8 9 10 11	12 13 14 15 16	17 18 19 20 21	22 23 24 25 26	4	25
	4	27 28 29 30 51	2 3 4 5 6	7 8 9 10 11	12 13 14 15 16	17 18 19 20 21	22 23 24 25 —	6	55
	5	26 27 28 29 30	31 61 2 3 4	5 6 7 8 9	10 11 12 13 14	15 16 17 18 19	20 21 22 23 24	0	24
	6	25 26 27 28 29	30 71 2 3 4	5 6 7 8 9	10 11 12 13 14	15 16 17 18 19	20 21 22 23 —	2	54
	7	24 25 26 27 28	29 30 31 81 2	3 4 5 6 7	8 9 10 11 12	13 14 15 16 17	18 19 20 21 —	3	23
	8	22 23 24 25 26	27 28 29 30 31	91 2 3 4 5	6 7 8 9 10	11 12 13 14 15	16 17 18 19 20	4	52
	9	21 22 23 24 25	26 27 28 29 30	01 2 3 4 5	6 7 8 9 10	11 12 13 14 15	16 17 18 19 —	6	22
	10	20 21 22 23 24	25 26 27 28 29	30 31 N1 2 3	4 5 6 7 8	9 10 11 12 13	14 15 16 17 18	0	51
	11	19 20 21 22 23	24 25 26 27 28	29 30 D1 2 3	4 5 6 7 8	9 10 11 12 13	14 15 16 17 —	2	21
	12	18 19 20 21 22	23 24 25 26 27	28 29 30 31 11	2 3 4 5 6	7 8 9 10 11	12 13 14 15 16	3	50
宣德 3 戊申 1428–29	50 1	17 18 19 20 21	22 23 24 25 26	27 28 29 30 31	21 2 3 4 5	6 7 8 9 10	11 12 13 14 —	5	20
	2	15 16 17 18 19	20 21 22 23 24	25 26 27 28 29	31 2 3 4 5	6 7 8 9 10	11 12 13 14 15	6	49
	3	16 17 18 19 20	21 22 23 24 25	26 27 28 29 30	31 41 2 3 4	5 6 7 8 9	10 11 12 13 14	1	19
	4	15 16 17 18 19	20 21 22 23 24	25 26 27 28 29	30 51 2 3 4	5 6 7 8 9	10 11 12 13 —	3	49
	4	14 15 16 17 18	19 20 21 22 23	24 25 26 27 28	29 30 31 61 2	3 4 5 6 7	8 9 10 11 12	4	18
	5	13 14 15 16 17	18 19 20 21 22	23 24 25 26 27	28 29 30 71 2	3 4 5 6 7	8 9 10 11 12	6	48
	6	13 14 15 16 17	18 19 20 21 22	23 24 25 26 27	28 29 30 31 81	2 3 4 5 6	7 8 9 10 —	1	18
	7	11 12 13 14 15	16 17 18 19 20	21 22 23 24 25	26 27 28 29 30	31 91 2 3 4	5 6 7 8 —	2	47
	8	9 10 11 12 13	14 15 16 17 18	19 20 21 22 23	24 25 26 27 28	29 30 01 2 3	4 5 6 7 8	3	16
	9	9 10 11 12 13	14 15 16 17 18	19 20 21 22 23	24 25 26 27 28	29 30 31 N1 2	3 4 5 6 —	5	46
	10	7 8 9 10 11	12 13 14 15 16	17 18 19 20 21	22 23 24 25 26	27 28 29 30 D1	2 3 4 5 6	6	15
	11	7 8 9 10 11	12 13 14 15 16	17 18 19 20 21	22 23 24 25 26	27 28 29 30 31	11 2 3 4 —	1	45
	12	5 6 7 8 9	10 11 12 13 14	15 16 17 18 19	20 21 22 23 24	25 26 27 28 29	30 31 21 2 3	2	14
宣德 4 己酉 1429–30	2 1	4 5 6 7 8	9 10 11 12 13	14 15 16 17 18	19 20 21 22 23	24 25 26 27 28	31 2 3 4 —	4	44
	2	5 6 7 8 9	10 11 12 13 14	15 16 17 18 19	20 21 22 23 24	25 26 27 28 29	30 31 41 2 3	5	13
	3	4 5 6 7 8	9 10 11 12 13	14 15 16 17 18	19 20 21 22 23	24 25 26 27 28	29 30 51 2 —	0	43
	4	3 4 5 6 7	8 9 10 11 12	13 14 15 16 17	18 19 20 21 22	23 24 25 26 27	28 29 30 31 61	1	12
	5	2 3 4 5 6	7 8 9 10 11	12 13 14 15 16	17 18 19 20 21	22 23 24 25 26	27 28 29 30 71	3	42
	6	2 3 4 5 6	7 8 9 10 11	12 13 14 15 16	17 18 19 20 21	22 23 24 25 26	27 28 29 30 —	5	12
	7	31 81 2 3 4	5 6 7 8 9	10 11 12 13 14	15 16 17 18 19	20 21 22 23 24	25 26 27 28 29	6	41
	8	30 31 91 2 3	4 5 6 7 8	9 10 11 12 13	14 15 16 17 18	19 20 21 22 23	24 25 26 27 —	1	11
	9	28 29 30 01 2	3 4 5 6 7	8 9 10 11 12	13 14 15 16 17	18 19 20 21 22	23 24 25 26 27	2	40
	10	28 29 30 31 N1	2 3 4 5 6	7 8 9 10 11	12 13 14 15 16	17 18 19 20 21	22 23 24 25 —	4	10
	11	26 27 28 29 30	D1 2 3 4 5	6 7 8 9 10	11 12 13 14 15	16 17 18 19 20	21 22 23 24 25	5	39
	12	26 27 28 29 30	31 11 2 3 4	5 6 7 8 9	10 11 12 13 14	15 16 17 18 19	20 21 22 23 —	0	9
宣德 5 庚戌 1430–31	14 1	24 25 26 27 28	29 30 31 21 2	3 4 5 6 7	8 9 10 11 12	13 14 15 16 17	18 19 20 21 22	1	38
	2	23 24 25 26 27	28 31 2 3 4	5 6 7 8 9	10 11 12 13 14	15 16 17 18 19	20 21 22 23 —	3	8
	3	24 25 26 27 28	29 30 31 41 2	3 4 5 6 7	8 9 10 11 12	13 14 15 16 17	18 19 20 21 22	4	37
	4	23 24 25 26 27	28 29 30 51 2	3 4 5 6 7	8 9 10 11 12	13 14 15 16 17	18 19 20 21 —	6	7
	5	22 23 24 25 26	27 28 29 30 31	61 2 3 4 5	6 7 8 9 10	11 12 13 14 15	16 17 18 19 20	0	36
	6	21 22 23 24 25	26 27 28 29 30	71 2 3 4 5	6 7 8 9 10	11 12 13 14 15	16 17 18 19 —	2	6
	7	20 21 22 23 24	25 26 27 28 29	30 31 81 2 3	4 5 6 7 8	9 10 11 12 13	14 15 16 17 18	3	35
	8	19 20 21 22 23	24 25 26 27 28	29 30 31 91 2	3 4 5 6 7	8 9 10 11 12	13 14 15 16 17	5	5
	9	18 19 20 21 22	23 24 25 26 27	28 29 30 01 2	3 4 5 6 7	8 9 10 11 12	13 14 15 16 —	0	35
	10	17 18 19 20 21	22 23 24 25 26	27 28 29 30 31	N1 2 3 4 5	6 7 8 9 10	11 12 13 14 15	1	4
	11	16 17 18 19 20	21 22 23 24 25	26 27 28 29 30	D1 2 3 4 5	6 7 8 9 10	11 12 13 14 —	3	34
	12	15 16 17 18 19	20 21 22 23 24	25 26 27 28 29	30 31 11 2 3	4 5 6 7 8	9 10 11 12 13	4	3
	12	14 15 16 17 18	19 20 21 22 23	24 25 26 27 28	29 30 31 21 2	3 4 5 6 7	8 9 10 11 —	6	33

年序 Year	陰曆月序 Moon	陰曆日序 Order of days (Lunar) 1 2 3 4 5	6 7 8 9 10	11 12 13 14 15	16 17 18 19 20	21 22 23 24 25	26 27 28 29 30	星期 Week	干支 Cycle
宣德 6 辛亥 1431–32	26 1	12 13 14 15 16	17 18 19 20 21	22 23 24 25 26	27 28 31 2 3	4 5 6 7 8	9 10 11 12 13	0	2
	2	14 15 16 17 18	19 20 21 22 23	24 25 26 27 28	29 30 31 41 2	3 4 5 6 7	8 9 10 11 —	2	32
	3	12 13 14 15 16	17 18 19 20 21	22 23 24 25 26	27 28 29 30 51	2 3 4 5 6	7 8 9 10 11	3	1
	4	12 13 14 15 16	17 18 19 20 21	22 23 24 25 26	27 28 29 30 31	61 2 3 4 5	6 7 8 9 —	5	31
	5	10 11 12 13 14	15 16 17 18 19	20 21 22 23 24	25 26 27 28 29	30 71 2 3 4	5 6 7 8 —	6	0
	6	9 10 11 12 13	14 15 16 17 18	19 20 21 22 23	24 25 26 27 28	29 30 31 81 2	3 4 5 6 7	0	29
	7	8 9 10 11 12	13 14 15 16 17	18 19 20 21 22	23 24 25 26 27	28 29 30 31 91	2 3 4 5 6	2	59
	8	7 8 9 10 11	12 13 14 15 16	17 18 19 20 21	22 23 24 25 26	27 28 29 30 01	2 3 4 5 —	4	29
	9	6 7 8 9 10	11 12 13 14 15	16 17 18 19 20	21 22 23 24 25	26 27 28 29 30	31 N1 2 3 4	5	58
	10	5 6 7 8 9	10 11 12 13 14	15 16 17 18 19	20 21 22 23 24	25 26 27 28 29	30 D1 2 3 4	0	28
	11	5 6 7 8 9	10 11 12 13 14	15 16 17 18 19	20 21 22 23 24	25 26 27 28 29	30 31 11 2 3	2	58
	12	4 5 6 7 8	9 10 11 12 13	14 15 16 17 18	19 20 21 22 23	24 25 26 27 28	29 30 31 21 —	4	28
宣德 7 壬子 1432–33	38 1	2 3 4 5 6	7 8 9 10 11	12 13 14 15 16	17 18 19 20 21	22 23 24 25 26	27 28 29 31 —	5	57
	2	2 3 4 5 6	7 8 9 10 11	12 13 14 15 16	17 18 19 20 21	22 23 24 25 26	27 28 29 30 31	6	26
	3	41 2 3 4 5	6 7 8 9 10	11 12 13 14 15	16 17 18 19 20	21 22 23 24 25	26 27 28 29 —	1	56
	4	30 51 2 3 4	5 6 7 8 9	10 11 12 13 14	15 16 17 18 19	20 21 22 23 24	25 26 27 28 —	2	25
	5	29 30 31 61 2	3 4 5 6 7	8 9 10 11 12	13 14 15 16 17	18 19 20 21 22	23 24 25 26 27	3	54
	6	28 29 30 71 2	3 4 5 6 7	8 9 10 11 12	13 14 15 16 17	18 19 20 21 22	23 24 25 26 —	5	24
	7	27 28 29 30 31	81 2 3 4 5	6 7 8 9 10	11 12 13 14 15	16 17 18 19 20	21 22 23 24 25	6	53
	8	26 27 28 29 30	31 91 2 3 4	5 6 7 8 9	10 11 12 13 14	15 16 17 18 19	20 21 22 23 —	1	23
	9	24 25 26 27 28	29 30 01 2 3	4 5 6 7 8	9 10 11 12 13	14 15 16 17 18	19 20 21 22 23	2	52
	10	24 25 26 27 28	29 30 31 N1 2	3 4 5 6 7	8 9 10 11 12	13 14 15 16 17	18 19 20 21 22	4	22
	11	23 24 25 26 27	28 29 30 D1 2	3 4 5 6 7	8 9 10 11 12	13 14 15 16 17	18 19 20 21 22	6	52
	12	23 24 25 26 27	28 29 30 31 11	2 3 4 5 6	7 8 9 10 11	12 13 14 15 16	17 18 19 20 —	1	22
宣德 8 癸丑 1433–34	50 1	21 22 23 24 25	26 27 28 29 30	31 21 2 3 4	5 6 7 8 9	10 11 12 13 14	15 16 17 18 19	2	51
	2	20 21 22 23 24	25 26 27 28 31	2 3 4 5 6	7 8 9 10 11	12 13 14 15 16	17 18 19 20 —	4	21
	3	21 22 23 24 25	26 27 28 29 30	31 41 2 3 4	5 6 7 8 9	10 11 12 13 14	15 16 17 18 19	5	50
	4	20 21 22 23 24	25 26 27 28 29	30 51 2 3 4	5 6 7 8 9	10 11 12 13 14	15 16 17 18 —	0	20
	5	19 20 21 22 23	24 25 26 27 28	29 30 31 61 2	3 4 5 6 7	8 9 10 11 12	13 14 15 16 —	1	49
	6	17 18 19 20 21	22 23 24 25 26	27 28 29 30 71	2 3 4 5 6	7 8 9 10 11	12 13 14 15 16	2	18
	7	17 18 19 20 21	22 23 24 25 26	27 28 29 30 31	81 2 3 4 5	6 7 8 9 10	11 12 13 14 —	4	48
	8	15 16 17 18 19	20 21 22 23 24	25 26 27 28 29	30 31 91 2 3	4 5 6 7 8	9 10 11 12 13	5	17
	8	14 15 16 17 18	19 20 21 22 23	24 25 26 27 28	29 30 01 2 3	4 5 6 7 8	9 10 11 12 —	0	47
	9	13 14 15 16 17	18 19 20 21 22	23 24 25 26 27	28 29 30 31 N1	2 3 4 5 6	7 8 9 10 11	1	16
	10	12 13 14 15 16	17 18 19 20 21	22 23 24 25 26	27 28 29 30 D1	2 3 4 5 6	7 8 9 10 11	3	46
	11	12 13 14 15 16	17 18 19 20 21	22 23 24 25 26	27 28 29 30 31	11 2 3 4 5	6 7 8 9 10	5	16
	12	11 12 13 14 15	16 17 18 19 20	21 22 23 24 25	26 27 28 29 30	31 21 2 3 4	5 6 7 8 —	0	46
宣德 9 甲寅 1434–35	2 1	9 10 11 12 13	14 15 16 17 18	19 20 21 22 23	24 25 26 27 28	31 2 3 4 5	6 7 8 9 10	1	15
	2	11 12 13 14 15	16 17 18 19 20	21 22 23 24 25	26 27 28 29 30	31 41 2 3 4	5 6 7 8 —	3	45
	3	9 10 11 12 13	14 15 16 17 18	19 20 21 22 23	24 25 26 27 28	29 30 51 2 3	4 5 6 7 8	4	14
	4	9 10 11 12 13	14 15 16 17 18	19 20 21 22 23	24 25 26 27 28	29 30 31 61 2	3 4 5 6 —	6	44
	5	7 8 9 10 11	12 13 14 15 16	17 18 19 20 21	22 23 24 25 26	27 28 29 30 71	2 3 4 5 —	0	13
	6	6 7 8 9 10	11 12 13 14 15	16 17 18 19 20	21 22 23 24 25	26 27 28 29 30	31 81 2 3 4	1	42
	7	5 6 7 8 9	10 11 12 13 14	15 16 17 18 19	20 21 22 23 24	25 26 27 28 29	30 31 91 2 —	3	12
	8	3 4 5 6 7	8 9 10 11 12	13 14 15 16 17	18 19 20 21 22	23 24 25 26 27	28 29 30 01 2	4	41
	9	3 4 5 6 7	8 9 10 11 12	13 14 15 16 17	18 19 20 21 22	23 24 25 26 27	28 29 30 31 —	6	11
	10	N1 2 3 4 5	6 7 8 9 10	11 12 13 14 15	16 17 18 19 20	21 22 23 24 25	26 27 28 29 30	0	40
	11	D1 2 3 4 5	6 7 8 9 10	11 12 13 14 15	16 17 18 19 20	21 22 23 24 25	26 27 28 29 30	2	10
	12	31 11 2 3 4	5 6 7 8 9	10 11 12 13 14	15 16 17 18 19	20 21 22 23 24	25 26 27 28 —	4	40
宣德 10 乙卯 1435–36	14 1	29 30 31 21 2	3 4 5 6 7	8 9 10 11 12	13 14 15 16 17	18 19 20 21 22	23 24 25 26 27	5	9
	2	28 31 2 3 4	5 6 7 8 9	10 11 12 13 14	15 16 17 18 19	20 21 22 23 24	25 26 27 28 29	0	39
	3	30 31 41 2 3	4 5 6 7 8	9 10 11 12 13	14 15 16 17 18	19 20 21 22 23	24 25 26 27 —	2	9
	4	28 29 30 51 2	3 4 5 6 7	8 9 10 11 12	13 14 15 16 17	18 19 20 21 22	23 24 25 26 27	3	38
	5	28 29 30 31 61	2 3 4 5 6	7 8 9 10 11	12 13 14 15 16	17 18 19 20 21	22 23 24 25 —	5	8
	6	26 27 28 29 30	71 2 3 4 5	6 7 8 9 10	11 12 13 14 15	16 17 18 19 20	21 22 23 24 —	6	37
	7	25 26 27 28 29	30 31 81 2 3	4 5 6 7 8	9 10 11 12 13	14 15 16 17 18	19 20 21 22 23	0	6
	8	24 25 26 27 28	29 30 31 91 2	3 4 5 6 7	8 9 10 11 12	13 14 15 16 17	18 19 20 21 —	2	36
	9	22 23 24 25 26	27 28 29 30 01	2 3 4 5 6	7 8 9 10 11	12 13 14 15 16	17 18 19 20 21	3	5
	10	22 23 24 25 26	27 28 29 30 31	N1 2 3 4 5	6 7 8 9 10	11 12 13 14 15	16 17 18 19 —	5	35
	11	20 21 22 23 24	25 26 27 28 29	30 D1 2 3 4	5 6 7 8 9	10 11 12 13 14	15 16 17 18 19	6	4
	12	20 21 22 23 24	25 26 27 28 29	30 31 11 2 3	4 5 6 7 8	9 10 11 12 13	14 15 16 17 —	1	34

年序 Year	陰曆月序 Moon	陰曆日曆 Order of days (Lunar) 1 2 3 4 5	6 7 8 9 10	11 12 13 14 15	16 17 18 19 20	21 22 23 24 25	26 27 28 29 30	星期 Week	干支 Cycle
英宗正統1丙辰 1436–37	26 1	18 19 20 21 22	23 24 25 26 27	28 29 30 31 21	2 3 4 5 6	7 8 9 10 11	12 13 14 15 16	3	3
	2	17 18 19 20 21	22 23 24 25 26	27 28 29 31 2	3 4 5 6 7	8 9 10 11 12	13 14 15 16 17	4	33
	3	18 19 20 21 22	23 24 25 26 27	28 29 30 31 41	2 3 4 5 6	7 8 9 10 11	12 13 14 15 16	6	3
	4	17 18 19 20 21	22 23 24 25 26	27 28 29 30 51	2 3 4 5 6	7 8 9 10 11	12 13 14 15	1	33
	5	16 17 18 19 20	21 22 23 24 25	26 27 28 29 30	31 61 2 3 4	5 6 7 8 9	10 11 12 13 14	2	2
	6	15 16 17 18 19	20 21 22 23 24	25 26 27 28 29	30 71 2 3 4	5 6 7 8 9	10 11 12 13	4	32
	6	14 15 16 17 18	19 20 21 22 23	24 25 26 27 28	29 30 31 81 2	3 4 5 6 7	8 9 10 11	5	1
	7	12 13 14 15 16	17 18 19 20 21	22 23 24 25 26	27 28 29 30 31	91 2 3 4 5	6 7 8 9 10	6	30
	8	11 12 13 14 15	16 17 18 19 20	21 22 23 24 25	26 27 28 29 30	01 2 3 4 5	6 7 8 9	1	0
	9	10 11 12 13 14	15 16 17 18 19	20 21 22 23 24	25 26 27 28 29	30 31 N1 2 3	4 5 6 7 8	2	29
	10	9 10 11 12 13	14 15 16 17 18	19 20 21 22 23	24 25 26 27 28	29 30 D1 2 3	4 5 6 7	4	59
	11	8 9 10 11 12	13 14 15 16 17	18 19 20 21 22	23 24 25 26 27	28 29 30 31 11	2 3 4 5 6	5	28
	12	7 8 9 10 11	12 13 14 15 16	17 18 19 20 21	22 23 24 25 26	27 28 29 30 31	21 2 3 4	0	58
正統2丁巳 1437–38	38 1	5 6 7 8 9	10 11 12 13 14	15 16 17 18 19	20 21 22 23 24	25 26 27 28 31	2 3 4 5 6	1	27
	2	7 8 9 10 11	12 13 14 15 16	17 18 19 20 21	22 23 24 25 26	27 28 29 30 31	41 2 3 4 5	3	57
	3	6 7 8 9 10	11 12 13 14 15	16 17 18 19 20	21 22 23 24 25	26 27 28 29 30	51 2 3 4	5	27
	4	5 6 7 8 9	10 11 12 13 14	15 16 17 18 19	20 21 22 23 24	25 26 27 28 29	30 31 61 2 3	6	56
	5	4 5 6 7 8	9 10 11 12 13	14 15 16 17 18	19 20 21 22 23	24 25 26 27 28	29 30 71 2	1	26
	6	3 4 5 6 7	8 9 10 11 12	13 14 15 16 17	18 19 20 21 22	23 24 25 26 27	28 29 30 31 81	2	55
	7	2 3 4 5 6	7 8 9 10 11	12 13 14 15 16	17 18 19 20 21	22 23 24 25 26	27 28 29 30	4	25
	8	31 91 2 3 4	5 6 7 8 9	10 11 12 13 14	15 16 17 18 19	20 21 22 23 24	25 26 27 28 29	5	54
	9	30 01 2 3 4	5 6 7 8 9	10 11 12 13 14	15 16 17 18 19	20 21 22 23 24	25 26 27 28	0	24
	10	29 30 31 N1 2	3 4 5 6 7	8 9 10 11 12	13 14 15 16 17	18 19 20 21 22	23 24 25 26 27	1	53
	11	28 29 30 D1 2	3 4 5 6 7	8 9 10 11 12	13 14 15 16 17	18 19 20 21 22	23 24 25 26	3	23
	12	27 28 29 30 31	11 2 3 4 5	6 7 8 9 10	11 12 13 14 15	16 17 18 19 20	21 22 23 24 25	4	52
正統3戊午 1438–39	50 1	26 27 28 29 30	31 21 2 3 4	5 6 7 8 9	10 11 12 13 14	15 16 17 18 19	20 21 22 23	6	22
	2	24 25 26 27 28	31 2 3 4 5	6 7 8 9 10	11 12 13 14 15	16 17 18 19 20	21 22 23 24 25	0	51
	3	26 27 28 29 30	31 41 2 3 4	5 6 7 8 9	10 11 12 13 14	15 16 17 18 19	20 21 22 23	2	21
	4	24 25 26 27 28	29 30 51 2 3	4 5 6 7 8	9 10 11 12 13	14 15 16 17 18	19 20 21 22 23	3	50
	5	24 25 26 27 28	29 30 31 61 2	3 4 5 6 7	8 9 10 11 12	13 14 15 16 17	18 19 20 21	5	20
	6	22 23 24 25 26	27 28 29 30 71	2 3 4 5 6	7 8 9 10 11	12 13 14 15 16	17 18 19 20 21	6	49
	7	22 23 24 25 26	27 28 29 30 31	81 2 3 4 5	6 7 8 9 10	11 12 13 14 15	16 17 18 19 20	1	19
	8	21 22 23 24 25	26 27 28 29 30	31 91 2 3 4	5 6 7 8 9	10 11 12 13 14	15 16 17 18	3	49
	9	19 20 21 22 23	24 25 26 27 28	29 30 01 2 3	4 5 6 7 8	9 10 11 12 13	14 15 16 17 18	4	18
	10	19 20 21 22 23	24 25 26 27 28	29 30 31 N1 2	3 4 5 6 7	8 9 10 11 12	13 14 15 16	6	48
	11	17 18 19 20 21	22 23 24 25 26	27 28 29 30 D1	2 3 4 5 6	7 8 9 10 11	12 13 14 15 16	0	17
	12	17 18 19 20 21	22 23 24 25 26	27 28 29 30 31	11 2 3 4 5	6 7 8 9 10	11 12 13 14	2	47
正統4己未 1439–40	2 1	15 16 17 18 19	20 21 22 23 24	25 26 27 28 29	30 31 21 2 3	4 5 6 7 8	9 10 11 12 13	3	16
	2	14 15 16 17 18	19 20 21 22 23	24 25 26 27 28	31 2 3 4 5	6 7 8 9 10	11 12 13 14	5	46
	2	15 16 17 18 19	20 21 22 23 24	25 26 27 28 29	30 31 41 2 3	4 5 6 7 8	9 10 11 12 13	6	15
	3	14 15 16 17 18	19 20 21 22 23	24 25 26 27 28	29 30 51 2 3	4 5 6 7 8	9 10 11 12	1	45
	4	13 14 15 16 17	18 19 20 21 22	23 24 25 26 27	28 29 30 31 61	2 3 4 5 6	7 8 9 10 11	2	14
	5	12 13 14 15 16	17 18 19 20 21	22 23 24 25 26	27 28 29 30 71	2 3 4 5 6	7 8 9 10	4	44
	6	11 12 13 14 15	16 17 18 19 20	21 22 23 24 25	26 27 28 29 30	31 81 2 3 4	5 6 7 8 9	5	13
	7	10 11 12 13 14	15 16 17 18 19	20 21 22 23 24	25 26 27 28 29	30 31 91 2 3	4 5 6 7	0	43
	8	8 9 10 11 12	13 14 15 16 17	18 19 20 21 22	23 24 25 26 27	28 29 30 01 2	3 4 5 6 7	1	12
	9	8 9 10 11 12	13 14 15 16 17	18 19 20 21 22	23 24 25 26 27	28 29 30 31 N1	2 3 4 5 6	3	42
	10	7 8 9 10 11	12 13 14 15 16	17 18 19 20 21	22 23 24 25 26	27 28 29 30 D1	2 3 4 5	5	12
	11	6 7 8 9 10	11 12 13 14 15	16 17 18 19 20	21 22 23 24 25	26 27 28 29 30	31 11 2 3 4	6	41
	12	5 6 7 8 9	10 11 12 13 14	15 16 17 18 19	20 21 22 23 24	25 26 27 28 29	30 31 21 2	1	11
正統5庚申 1440–41	14 1	3 4 5 6 7	8 9 10 11 12	13 14 15 16 17	18 19 20 21 22	23 24 25 26 27	28 29 31 2 3	2	40
	2	4 5 6 7 8	9 10 11 12 13	14 15 16 17 18	19 20 21 22 23	24 25 26 27 28	29 30 31 41	4	10
	3	2 3 4 5 6	7 8 9 10 11	12 13 14 15 16	17 18 19 20 21	22 23 24 25 26	27 28 29 30	5	39
	4	51 2 3 4 5	6 7 8 9 10	11 12 13 14 15	16 17 18 19 20	21 22 23 24 25	26 27 28 29 30	6	8
	5	31 61 2 3 4	5 6 7 8 9	10 11 12 13 14	15 16 17 18 19	20 21 22 23 24	25 26 27 28	1	38
	6	29 30 71 2 3	4 5 6 7 8	9 10 11 12 13	14 15 16 17 18	19 20 21 22 23	24 25 26 27 28	2	7
	7	29 30 31 81 2	3 4 5 6 7	8 9 10 11 12	13 14 15 16 17	18 19 20 21 22	23 24 25 26	4	37
	8	27 28 29 30 31	91 2 3 4 5	6 7 8 9 10	11 12 13 14 15	16 17 18 19 20	21 22 23 24 25	5	6
	9	26 27 28 29 30	01 2 3 4 5	6 7 8 9 10	11 12 13 14 15	16 17 18 19 20	21 22 23 24 25	0	36
	10	26 27 28 29 30	31 N1 2 3 4	5 6 7 8 9	10 11 12 13 14	15 16 17 18 19	20 21 22 23 24	2	6
	11	25 26 27 28 29	30 D1 2 3 4	5 6 7 8 9	10 11 12 13 14	15 16 17 18 19	20 21 22 23	4	36
	12	24 25 26 27 28	29 30 31 11 2	3 4 5 6 7	8 9 10 11 12	13 14 15 16 17	18 19 20 21 22	5	5

年序 Year	陰曆月序 Moon	1	2	3	4	5	6	7	8	9	10	11	12	13	14	15	16	17	18	19	20	21	22	23	24	25	26	27	28	29	30	星期 Week	干支 Cycle
正統 6 辛酉 1441–42	26 1	23	24	25	26	27	28	29	30	31	21	2	3	4	5	6	7	8	9	10	11	12	13	14	15	16	17	18	19	20	—	0	35
	2	21	22	23	24	25	26	27	28	31	2	3	4	5	6	7	8	9	10	11	12	13	14	15	16	17	18	19	20	21	22	1	4
	3	23	24	25	26	27	28	29	30	31	41	2	3	4	5	6	7	8	9	10	11	12	13	14	15	16	17	18	19	20	—	3	34
	4	21	22	23	24	25	26	27	28	29	30	51	2	3	4	5	6	7	8	9	10	11	12	13	14	15	16	17	18	19	—	4	3
	5	20	21	22	23	24	25	26	27	28	29	30	31	61	2	3	4	5	6	7	8	9	10	11	12	13	14	15	16	17	18	5	32
	6	19	20	21	22	23	24	25	26	27	28	29	30	71	2	3	4	5	6	7	8	9	10	11	12	13	14	15	16	17	—	0	2
	7	18	19	20	21	22	23	24	25	26	27	28	29	30	31	81	2	3	4	5	6	7	8	9	10	11	12	13	14	15	16	1	31
	8	17	18	19	20	21	22	23	24	25	26	27	28	29	30	31	91	2	3	4	5	6	7	8	9	10	11	12	13	14	—	3	1
	9	15	16	17	18	19	20	21	22	23	24	25	26	27	28	29	30	01	2	3	4	5	6	7	8	9	10	11	12	13	14	4	30
	10	15	16	17	18	19	20	21	22	23	24	25	26	27	28	29	30	31	N1	2	3	4	5	6	7	8	9	10	11	12	13	6	0
	11	14	15	16	17	18	19	20	21	22	23	24	25	26	27	28	29	30	D1	2	3	4	5	6	7	8	9	10	11	12	13	1	30
	11	14	15	16	17	18	19	20	21	22	23	24	25	26	27	28	29	30	31	11	2	3	4	5	6	7	8	9	10	11	—	3	0
	12	12	13	14	15	16	17	18	19	20	21	22	23	24	25	26	27	28	29	30	31	21	2	3	4	5	6	7	8	9	10	4	29
正統 7 壬戌 1442–43	38 1	11	12	13	14	15	16	17	18	19	20	21	22	23	24	25	26	27	28	31	2	3	4	5	6	7	8	9	10	11	—	6	59
	2	12	13	14	15	16	17	18	19	20	21	22	23	24	25	26	27	28	29	30	31	41	2	3	4	5	6	7	8	9	10	0	28
	3	11	12	13	14	15	16	17	18	19	20	21	22	23	24	25	26	27	28	29	30	51	2	3	4	5	6	7	8	9	—	2	58
	4	10	11	12	13	14	15	16	17	18	19	20	21	22	23	24	25	26	27	28	29	30	31	61	2	3	4	5	6	7	—	3	27
	5	8	9	10	11	12	13	14	15	16	17	18	19	20	21	22	23	24	25	26	27	28	29	30	71	2	3	4	5	6	7	4	56
	6	8	9	10	11	12	13	14	15	16	17	18	19	20	21	22	23	24	25	26	27	28	29	30	31	81	2	3	4	5	—	6	26
	7	6	7	8	9	10	11	12	13	14	15	16	17	18	19	20	21	22	23	24	25	26	27	28	29	30	31	91	2	3	—	0	55
	8	4	5	6	7	8	9	10	11	12	13	14	15	16	17	18	19	20	21	22	23	24	25	26	27	28	29	30	01	2	3	1	24
	9	4	5	6	7	8	9	10	11	12	13	14	15	16	17	18	19	20	21	22	23	24	25	26	27	28	29	30	31	N1	2	3	54
	10	3	4	5	6	7	8	9	10	11	12	13	14	15	16	17	18	19	20	21	22	23	24	25	26	27	28	29	30	D1	—	5	24
	11	2	3	4	5	6	7	8	9	10	11	12	13	14	15	16	17	18	19	20	21	22	23	24	25	26	27	28	29	30	31	6	53
	12	11	2	3	4	5	6	7	8	9	10	11	12	13	14	15	16	17	18	19	20	21	22	23	24	25	26	27	28	29	30	1	23
正統 8 癸亥 1443–44	50 1	31	21	2	3	4	5	6	7	8	9	10	11	12	13	14	15	16	17	18	19	20	21	22	23	24	25	26	27	28	31	3	53
	2	2	3	4	5	6	7	8	9	10	11	12	13	14	15	16	17	18	19	20	21	22	23	24	25	26	27	28	29	30	—	5	23
	3	31	41	2	3	4	5	6	7	8	9	10	11	12	13	14	15	16	17	18	19	20	21	22	23	24	25	26	27	28	29	6	52
	4	30	51	2	3	4	5	6	7	8	9	10	11	12	13	14	15	16	17	18	19	20	21	22	23	24	25	26	27	28	—	1	22
	5	29	30	31	61	2	3	4	5	6	7	8	9	10	11	12	13	14	15	16	17	18	19	20	21	22	23	24	25	26	—	2	51
	6	27	28	29	30	71	2	3	4	5	6	7	8	9	10	11	12	13	14	15	16	17	18	19	20	21	22	23	24	25	26	3	20
	7	27	28	29	30	31	81	2	3	4	5	6	7	8	9	10	11	12	13	14	15	16	17	18	19	20	21	22	23	24	—	5	50
	8	25	26	27	28	29	30	31	91	2	3	4	5	6	7	8	9	10	11	12	13	14	15	16	17	18	19	20	21	22	—	6	19
	9	23	24	25	26	27	28	29	30	01	2	3	4	5	6	7	8	9	10	11	12	13	14	15	16	17	18	19	20	21	22	0	48
	10	23	24	25	26	27	28	29	30	31	N1	2	3	4	5	6	7	8	9	10	11	12	13	14	15	16	17	18	19	20	21	2	18
	11	22	23	24	25	26	27	28	29	30	D1	2	3	4	5	6	7	8	9	10	11	12	13	14	15	16	17	18	19	20	—	4	48
	12	21	22	23	24	25	26	27	28	29	30	31	11	2	3	4	5	6	7	8	9	10	11	12	13	14	15	16	17	18	19	5	17
正統 9 甲子 1444–45	2 1	20	21	22	23	24	25	26	27	28	29	30	31	21	2	3	4	5	6	7	8	9	10	11	12	13	14	15	16	17	18	0	47
	2	19	20	21	22	23	24	25	26	27	28	29	31	2	3	4	5	6	7	8	9	10	11	12	13	14	15	16	17	18	19	2	17
	3	20	21	22	23	24	25	26	27	28	29	30	31	41	2	3	4	5	6	7	8	9	10	11	12	13	14	15	16	17	—	4	47
	4	18	19	20	21	22	23	24	25	26	27	28	29	30	51	2	3	4	5	6	7	8	9	10	11	12	13	14	15	16	17	5	16
	5	18	19	20	21	22	23	24	25	26	27	28	29	30	31	61	2	3	4	5	6	7	8	9	10	11	12	13	14	15	—	0	46
	6	16	17	18	19	20	21	22	23	24	25	26	27	28	29	30	71	2	3	4	5	6	7	8	9	10	11	12	13	14	—	1	15
	7	15	16	17	18	19	20	21	22	23	24	25	26	27	28	29	30	31	81	2	3	4	5	6	7	8	9	10	11	12	13	2	44
	7	14	15	16	17	18	19	20	21	22	23	24	25	26	27	28	29	30	31	91	2	3	4	5	6	7	8	9	10	11	—	4	14
	8	12	13	14	15	16	17	18	19	20	21	22	23	24	25	26	27	28	29	30	01	2	3	4	5	6	7	8	9	10	—	5	43
	9	11	12	13	14	15	16	17	18	19	20	21	22	23	24	25	26	27	28	29	30	31	N1	2	3	4	5	6	7	8	9	6	12
	10	10	11	12	13	14	15	16	17	18	19	20	21	22	23	24	25	26	27	28	29	30	D1	2	3	4	5	6	7	8	9	1	42
	11	10	11	12	13	14	15	16	17	18	19	20	21	22	23	24	25	26	27	28	29	30	31	11	2	3	4	5	6	7	—	3	12
	12	8	9	10	11	12	13	14	15	16	17	18	19	20	21	22	23	24	25	26	27	28	29	30	31	21	2	3	4	5	6	4	41
正統 10 乙丑 1445–46	14 1	7	8	9	10	11	12	13	14	15	16	17	18	19	20	21	22	23	24	25	26	27	28	31	2	3	4	5	6	7	8	6	11
	2	9	10	11	12	13	14	15	16	17	18	19	20	21	22	23	24	25	26	27	28	29	30	31	41	2	3	4	5	6	—	1	41
	3	7	8	9	10	11	12	13	14	15	16	17	18	19	20	21	22	23	24	25	26	27	28	29	30	51	2	3	4	5	6	2	10
	4	7	8	9	10	11	12	13	14	15	16	17	18	19	20	21	22	23	24	25	26	27	28	29	30	31	61	2	3	4	5	4	40
	5	6	7	8	9	10	11	12	13	14	15	16	17	18	19	20	21	22	23	24	25	26	27	28	29	30	71	2	3	4	—	6	10
	6	5	6	7	8	9	10	11	12	13	14	15	16	17	18	19	20	21	22	23	24	25	26	27	28	29	30	31	81	2	—	0	39
	7	3	4	5	6	7	8	9	10	11	12	13	14	15	16	17	18	19	20	21	22	23	24	25	26	27	28	29	30	31	91	1	8
	8	2	3	4	5	6	7	8	9	10	11	12	13	14	15	16	17	18	19	20	21	22	23	24	25	26	27	28	29	30	—	3	38
	9	01	2	3	4	5	6	7	8	9	10	11	12	13	14	15	16	17	18	19	20	21	22	23	24	25	26	27	28	29	30	4	7
	10	31	N1	2	3	4	5	6	7	8	9	10	11	12	13	14	15	16	17	18	19	20	21	22	23	24	25	26	27	28	—	6	37
	11	29	30	D1	2	3	4	5	6	7	8	9	10	11	12	13	14	15	16	17	18	19	20	21	22	23	24	25	26	27	28	0	6
	12	29	30	31	11	2	3	4	5	6	7	8	9	10	11	12	13	14	15	16	17	18	19	20	21	22	23	24	25	26	—	2	36

年序 Year	陰曆月序 Moon		陰曆日序 Order of days (Lunar)																														星期 Week	干支 Cycle
			1	2	3	4	5	6	7	8	9	10	11	12	13	14	15	16	17	18	19	20	21	22	23	24	25	26	27	28	29	30		
正統11丙寅 1446–47	26	1	27	28	29	30	31	21	2	3	4	5	6	7	8	9	10	11	12	13	14	15	16	17	18	19	20	21	22	23	24	25	3	5
		2	26	27	28	31	2	3	4	5	6	7	8	9	10	11	12	13	14	15	16	17	18	19	20	21	22	23	24	25	26	—	5	35
		3	27	28	29	30	31	41	2	3	4	5	6	7	8	9	10	11	12	13	14	15	16	17	18	19	20	21	22	23	24	25	6	4
		4	26	27	28	29	30	51	2	3	4	5	6	7	8	9	10	11	12	13	14	15	16	17	18	19	20	21	22	23	24	25	1	34
		5	26	27	28	29	30	31	61	2	3	4	5	6	7	8	9	10	11	12	13	14	15	16	17	18	19	20	21	22	23	—	3	4
		6	24	25	26	27	28	29	30	71	2	3	4	5	6	7	8	9	10	11	12	13	14	15	16	17	18	19	20	21	22	23	4	33
		7	24	25	26	27	28	29	30	31	81	2	3	4	5	6	7	8	9	10	11	12	13	14	15	16	17	18	19	20	21	—	6	3
		8	22	23	24	25	26	27	28	29	30	31	91	2	3	4	5	6	7	8	9	10	11	12	13	14	15	16	17	18	19	20	0	32
		9	21	22	23	24	25	26	27	28	29	30	01	2	3	4	5	6	7	8	9	10	11	12	13	14	15	16	17	18	19	—	2	2
		10	20	21	22	23	24	25	26	27	28	29	30	31	N1	2	3	4	5	6	7	8	9	10	11	12	13	14	15	16	17	18	3	31
		11	19	20	21	22	23	24	25	26	27	28	29	30	D1	2	3	4	5	6	7	8	9	10	11	12	13	14	15	16	17	—	5	1
		12	18	19	20	21	22	23	24	25	26	27	28	29	30	31	11	2	3	4	5	6	7	8	9	10	11	12	13	14	15	16	6	30
正統12丁卯 1447–48	38	1	17	18	19	20	21	22	23	24	25	26	27	28	29	30	31	21	2	3	4	5	6	7	8	9	10	11	12	13	14	—	1	0
		2	15	16	17	18	19	20	21	22	23	24	25	26	27	28	31	2	3	4	5	6	7	8	9	10	11	12	13	14	15	16	2	29
		3	17	18	19	20	21	22	23	24	25	26	27	28	29	30	31	41	2	3	4	5	6	7	8	9	10	11	12	13	14	—	4	59
		4	15	16	17	18	19	20	21	22	23	24	25	26	27	28	29	30	51	2	3	4	5	6	7	8	9	10	11	12	13	14	5	28
		4	15	16	17	18	19	20	21	22	23	24	25	26	27	28	29	30	31	61	2	3	4	5	6	7	8	9	10	11	12	—	0	58
		5	13	14	15	16	17	18	19	20	21	22	23	24	25	26	27	28	29	30	71	2	3	4	5	6	7	8	9	10	11	12	1	27
		6	13	14	15	16	17	18	19	20	21	22	23	24	25	26	27	28	29	30	31	81	2	3	4	5	6	7	8	9	10	11	3	57
		7	12	13	14	15	16	17	18	19	20	21	22	23	24	25	26	27	28	29	30	31	91	2	3	4	5	6	7	8	9	—	5	27
		8	10	11	12	13	14	15	16	17	18	19	20	21	22	23	24	25	26	27	28	29	30	01	2	3	4	5	6	7	8	9	6	56
		9	10	11	12	13	14	15	16	17	18	19	20	21	22	23	24	25	26	27	28	29	30	31	N1	2	3	4	5	6	7	—	1	26
		10	8	9	10	11	12	13	14	15	16	17	18	19	20	21	22	23	24	25	26	27	28	29	30	D1	2	3	4	5	6	7	2	55
		11	8	9	10	11	12	13	14	15	16	17	18	19	20	21	22	23	24	25	26	27	28	29	30	31	11	2	3	4	5	—	4	25
		12	6	7	8	9	10	11	12	13	14	15	16	17	18	19	20	21	22	23	24	25	26	27	28	29	30	31	21	2	3	4	5	54
正統13戊辰 1448–49	50	1	5	6	7	8	9	10	11	12	13	14	15	16	17	18	19	20	21	22	23	24	25	26	27	28	29	31	2	3	4	—	0	24
		2	5	6	7	8	9	10	11	12	13	14	15	16	17	18	19	20	21	22	23	24	25	26	27	28	29	30	31	41	2	—	1	53
		3	3	4	5	6	7	8	9	10	11	12	13	14	15	16	17	18	19	20	21	22	23	24	25	26	27	28	29	30	51	2	2	22
		4	3	4	5	6	7	8	9	10	11	12	13	14	15	16	17	18	19	20	21	22	23	24	25	26	27	28	29	30	31	—	4	52
		5	61	2	3	4	5	6	7	8	9	10	11	12	13	14	15	16	17	18	19	20	21	22	23	24	25	26	27	28	29	30	5	21
		6	71	2	3	4	5	6	7	8	9	10	11	12	13	14	15	16	17	18	19	20	21	22	23	24	25	26	27	28	29	30	0	51
		7	31	81	2	3	4	5	6	7	8	9	10	11	12	13	14	15	16	17	18	19	20	21	22	23	24	25	26	27	28	—	2	21
		8	29	30	31	91	2	3	4	5	6	7	8	9	10	11	12	13	14	15	16	17	18	19	20	21	22	23	24	25	26	27	3	50
		9	28	29	30	01	2	3	4	5	6	7	8	9	10	11	12	13	14	15	16	17	18	19	20	21	22	23	24	25	26	27	5	20
		10	28	29	30	31	N1	2	3	4	5	6	7	8	9	10	11	12	13	14	15	16	17	18	19	20	21	22	23	24	25	—	0	50
		11	26	27	28	29	30	D1	2	3	4	5	6	7	8	9	10	11	12	13	14	15	16	17	18	19	20	21	22	23	24	25	1	19
		12	26	27	28	29	30	31	11	2	3	4	5	6	7	8	9	10	11	12	13	14	15	16	17	18	19	20	21	22	23	—	3	49
正統14己巳 1449–50	2	1	24	25	26	27	28	29	30	31	21	2	3	4	5	6	7	8	9	10	11	12	13	14	15	16	17	18	19	20	21	22	4	18
		2	23	24	25	26	27	28	31	2	3	4	5	6	7	8	9	10	11	12	13	14	15	16	17	18	19	20	21	22	23	—	6	48
		3	24	25	26	27	28	29	30	31	41	2	3	4	5	6	7	8	9	10	11	12	13	14	15	16	17	18	19	20	21	—	0	17
		4	22	23	24	25	26	27	28	29	30	51	2	3	4	5	6	7	8	9	10	11	12	13	14	15	16	17	18	19	20	21	1	46
		5	22	23	24	25	26	27	28	29	30	31	61	2	3	4	5	6	7	8	9	10	11	12	13	14	15	16	17	18	19	—	3	16
		6	20	21	22	23	24	25	26	27	28	29	30	71	2	3	4	5	6	7	8	9	10	11	12	13	14	15	16	17	18	19	4	45
		7	20	21	22	23	24	25	26	27	28	29	30	31	81	2	3	4	5	6	7	8	9	10	11	12	13	14	15	16	17	—	6	15
		8	18	19	20	21	22	23	24	25	26	27	28	29	30	31	91	2	3	4	5	6	7	8	9	10	11	12	13	14	15	16	0	44
		9	17	18	19	20	21	22	23	24	25	26	27	28	29	30	01	2	3	4	5	6	7	8	9	10	11	12	13	14	15	16	2	14
		10	17	18	19	20	21	22	23	24	25	26	27	28	29	30	31	N1	2	3	4	5	6	7	8	9	10	11	12	13	14	—	4	44
		11	15	16	17	18	19	20	21	22	23	24	25	26	27	28	29	30	D1	2	3	4	5	6	7	8	9	10	11	12	13	14	5	13
		12	15	16	17	18	19	20	21	22	23	24	25	26	27	28	29	30	31	11	2	3	4	5	6	7	8	9	10	11	12	13	0	43
景帝景泰1庚午 1450–51	14	1	14	15	16	17	18	19	20	21	22	23	24	25	26	27	28	29	30	31	21	2	3	4	5	6	7	8	9	10	11	—	2	13
		1	12	13	14	15	16	17	18	19	20	21	22	23	24	25	26	27	28	31	2	3	4	5	6	7	8	9	10	11	12	13	3	42
		2	14	15	16	17	18	19	20	21	22	23	24	25	26	27	28	29	30	31	41	2	3	4	5	6	7	8	9	10	11	—	5	12
		3	12	13	14	15	16	17	18	19	20	21	22	23	24	25	26	27	28	29	30	51	2	3	4	5	6	7	8	9	10	—	6	41
		4	11	12	13	14	15	16	17	18	19	20	21	22	23	24	25	26	27	28	29	30	31	61	2	3	4	5	6	7	8	9	0	10
		5	10	11	12	13	14	15	16	17	18	19	20	21	22	23	24	25	26	27	28	29	30	71	2	3	4	5	6	7	8	—	2	40
		6	9	10	11	12	13	14	15	16	17	18	19	20	21	22	23	24	25	26	27	28	29	30	31	81	2	3	4	5	6	7	3	9
		7	8	9	10	11	12	13	14	15	16	17	18	19	20	21	22	23	24	25	26	27	28	29	30	31	91	2	3	4	5	—	5	39
		8	6	7	8	9	10	11	12	13	14	15	16	17	18	19	20	21	22	23	24	25	26	27	28	29	30	01	2	3	4	5	6	8
		9	6	7	8	9	10	11	12	13	14	15	16	17	18	19	20	21	22	23	24	25	26	27	28	29	30	31	N1	2	3	—	1	38
		10	4	5	6	7	8	9	10	11	12	13	14	15	16	17	18	19	20	21	22	23	24	25	26	27	28	29	30	D1	2	3	2	7
		11	4	5	6	7	8	9	10	11	12	13	14	15	16	17	18	19	20	21	22	23	24	25	26	27	28	29	30	31	11	2	4	37
		12	3	4	5	6	7	8	9	10	11	12	13	14	15	16	17	18	19	20	21	22	23	24	25	26	27	28	29	30	31	21	6	7

年序 Year	陰曆月序 Moon	1	2	3	4	5	6	7	8	9	10	11	12	13	14	15	16	17	18	19	20	21	22	23	24	25	26	27	28	29	30	星期 Week	干支 Cycle
景泰2辛未 1451–52	26 1	2	3	4	5	6	7	8	9	10	11	12	13	14	15	16	17	18	19	20	21	22	23	24	25	26	27	28	31	2	—	1	37
	2	3	4	5	6	7	8	9	10	11	12	13	14	15	16	17	18	19	20	21	22	23	24	25	26	27	28	29	30	31	41	2	6
	3	2	3	4	5	6	7	8	9	10	11	12	13	14	15	16	17	18	19	20	21	22	23	24	25	26	27	28	29	30	—	4	36
	4	51	2	3	4	5	6	7	8	9	10	11	12	13	14	15	16	17	18	19	20	21	22	23	24	25	26	27	28	29	—	5	5
	5	30	31	61	2	3	4	5	6	7	8	9	10	11	12	13	14	15	16	17	18	19	20	21	22	23	24	25	26	27	28	6	34
	6	29	30	71	2	3	4	5	6	7	8	9	10	11	12	13	14	15	16	17	18	19	20	21	22	23	24	25	26	27	—	1	4
	7	28	29	30	31	81	2	3	4	5	6	7	8	9	10	11	12	13	14	15	16	17	18	19	20	21	22	23	24	25	—	2	33
	8	26	27	28	29	30	31	91	2	3	4	5	6	7	8	9	10	11	12	13	14	15	16	17	18	19	20	21	22	23	24	3	2
	9	25	26	27	28	29	30	O1	2	3	4	5	6	7	8	9	10	11	12	13	14	15	16	17	18	19	20	21	22	23	24	5	32
	10	25	26	27	28	29	30	31	N1	2	3	4	5	6	7	8	9	10	11	12	13	14	15	16	17	18	19	20	21	22	—	0	2
	11	23	24	25	26	27	28	29	30	D1	2	3	4	5	6	7	8	9	10	11	12	13	14	15	16	17	18	19	20	21	22	1	31
	12	23	24	25	26	27	28	29	30	31	11	2	3	4	5	6	7	8	9	10	11	12	13	14	15	16	17	18	19	20	21	3	1
景泰3壬申 1452–53	38 1	22	23	24	25	26	27	28	29	30	31	21	2	3	4	5	6	7	8	9	10	11	12	13	14	15	16	17	18	19	20	5	31
	2	21	22	23	24	25	26	27	28	29	31	2	3	4	5	6	7	8	9	10	11	12	13	14	15	16	17	18	19	20	—	0	1
	3	21	22	23	24	25	26	27	28	29	30	31	41	2	3	4	5	6	7	8	9	10	11	12	13	14	15	16	17	18	19	1	30
	4	20	21	22	23	24	25	26	27	28	29	30	51	2	3	4	5	6	7	8	9	10	11	12	13	14	15	16	17	18	—	3	0
	5	19	20	21	22	23	24	25	26	27	28	29	30	31	61	2	3	4	5	6	7	8	9	10	11	12	13	14	15	16	—	4	29
	6	17	18	19	20	21	22	23	24	25	26	27	28	29	30	71	2	3	4	5	6	7	8	9	10	11	12	13	14	15	16	5	58
	7	17	18	19	20	21	22	23	24	25	26	27	28	29	30	31	81	2	3	4	5	6	7	8	9	10	11	12	13	14	—	0	28
	8	15	16	17	18	19	20	21	22	23	24	25	26	27	28	29	30	31	91	2	3	4	5	6	7	8	9	10	11	12	—	1	57
	9	13	14	15	16	17	18	19	20	21	22	23	24	25	26	27	28	29	30	O1	2	3	4	5	6	7	8	9	10	11	12	2	26
	9	13	14	15	16	17	18	19	20	21	22	23	24	25	26	27	28	29	30	31	N1	2	3	4	5	6	7	8	9	10	—	4	56
	10	11	12	13	14	15	16	17	18	19	20	21	22	23	24	25	26	27	28	29	30	D1	2	3	4	5	6	7	8	9	10	5	25
	11	11	12	13	14	15	16	17	18	19	20	21	22	23	24	25	26	27	28	29	30	31	11	2	3	4	5	6	7	8	9	0	55
	12	10	11	12	13	14	15	16	17	18	19	20	21	22	23	24	25	26	27	28	29	30	31	21	2	3	4	5	6	7	8	2	25
景泰4癸酉 1453–54	50 1	9	10	11	12	13	14	15	16	17	18	19	20	21	22	23	24	25	26	27	28	31	2	3	4	5	6	7	8	9	—	4	55
	2	10	11	12	13	14	15	16	17	18	19	20	21	22	23	24	25	26	27	28	29	30	31	41	2	3	4	5	6	7	8	5	24
	3	9	10	11	12	13	14	15	16	17	18	19	20	21	22	23	24	25	26	27	28	29	30	51	2	3	4	5	6	7	8	0	54
	4	9	10	11	12	13	14	15	16	17	18	19	20	21	22	23	24	25	26	27	28	29	30	31	61	2	3	4	5	6	—	2	24
	5	7	8	9	10	11	12	13	14	15	16	17	18	19	20	21	22	23	24	25	26	27	28	29	30	71	2	3	4	5	—	3	53
	6	6	7	8	9	10	11	12	13	14	15	16	17	18	19	20	21	22	23	24	25	26	27	28	29	30	31	81	2	3	4	4	22
	7	5	6	7	8	9	10	11	12	13	14	15	16	17	18	19	20	21	22	23	24	25	26	27	28	29	30	31	91	2	—	6	52
	8	3	4	5	6	7	8	9	10	11	12	13	14	15	16	17	18	19	20	21	22	23	24	25	26	27	28	29	30	O1	—	0	21
	9	2	3	4	5	6	7	8	9	10	11	12	13	14	15	16	17	18	19	20	21	22	23	24	25	26	27	28	29	30	31	1	50
	10	N1	2	3	4	5	6	7	8	9	10	11	12	13	14	15	16	17	18	19	20	21	22	23	24	25	26	27	28	29	—	3	20
	11	30	D1	2	3	4	5	6	7	8	9	10	11	12	13	14	15	16	17	18	19	20	21	22	23	24	25	26	27	28	29	4	49
	12	30	31	11	2	3	4	5	6	7	8	9	10	11	12	13	14	15	16	17	18	19	20	21	22	23	24	25	26	27	28	6	19
景泰5甲戌 1454–55	2 1	29	30	31	21	2	3	4	5	6	7	8	9	10	11	12	13	14	15	16	17	18	19	20	21	22	23	24	25	26	—	1	49
	2	27	28	31	2	3	4	5	6	7	8	9	10	11	12	13	14	15	16	17	18	19	20	21	22	23	24	25	26	27	28	2	18
	3	29	30	31	41	2	3	4	5	6	7	8	9	10	11	12	13	14	15	16	17	18	19	20	21	22	23	24	25	26	27	4	48
	4	28	29	30	51	2	3	4	5	6	7	8	9	10	11	12	13	14	15	16	17	18	19	20	21	22	23	24	25	26	—	6	18
	5	27	28	29	30	31	61	2	3	4	5	6	7	8	9	10	11	12	13	14	15	16	17	18	19	20	21	22	23	24	25	0	47
	6	26	27	28	29	30	71	2	3	4	5	6	7	8	9	10	11	12	13	14	15	16	17	18	19	20	21	22	23	24	—	2	17
	7	25	26	27	28	29	30	31	81	2	3	4	5	6	7	8	9	10	11	12	13	14	15	16	17	18	19	20	21	22	23	3	46
	8	24	25	26	27	28	29	30	31	91	2	3	4	5	6	7	8	9	10	11	12	13	14	15	16	17	18	19	20	21	—	5	16
	9	22	23	24	25	26	27	28	29	30	O1	2	3	4	5	6	7	8	9	10	11	12	13	14	15	16	17	18	19	20	21	6	45
	10	22	23	24	25	26	27	28	29	30	31	N1	2	3	4	5	6	7	8	9	10	11	12	13	14	15	16	17	18	19	—	1	15
	11	20	21	22	23	24	25	26	27	28	29	30	D1	2	3	4	5	6	7	8	9	10	11	12	13	14	15	16	17	18	—	2	44
	12	19	20	21	22	23	24	25	26	27	28	29	30	31	11	2	3	4	5	6	7	8	9	10	11	12	13	14	15	16	17	3	13
景泰6乙亥 1455–56	14 1	18	19	20	21	22	23	24	25	26	27	28	29	30	31	21	2	3	4	5	6	7	8	9	10	11	12	13	14	15	16	5	43
	2	17	18	19	20	21	22	23	24	25	26	27	28	31	2	3	4	5	6	7	8	9	10	11	12	13	14	15	16	17	—	0	13
	3	18	19	20	21	22	23	24	25	26	27	28	29	30	31	41	2	3	4	5	6	7	8	9	10	11	12	13	14	15	16	1	42
	4	17	18	19	20	21	22	23	24	25	26	27	28	29	30	51	2	3	4	5	6	7	8	9	10	11	12	13	14	15	—	3	12
	5	16	17	18	19	20	21	22	23	24	25	26	27	28	29	30	31	61	2	3	4	5	6	7	8	9	10	11	12	13	14	4	41
	6	15	16	17	18	19	20	21	22	23	24	25	26	27	28	29	30	71	2	3	4	5	6	7	8	9	10	11	12	13	14	6	11
	6	15	16	17	18	19	20	21	22	23	24	25	26	27	28	29	30	31	81	2	3	4	5	6	7	8	9	10	11	12	—	1	41
	7	13	14	15	16	17	18	19	20	21	22	23	24	25	26	27	28	29	30	31	91	2	3	4	5	6	7	8	9	10	11	2	10
	8	12	13	14	15	16	17	18	19	20	21	22	23	24	25	26	27	28	29	30	O1	2	3	4	5	6	7	8	9	10	—	4	40
	9	11	12	13	14	15	16	17	18	19	20	21	22	23	24	25	26	27	28	29	30	31	N1	2	3	4	5	6	7	8	9	5	9
	10	10	11	12	13	14	15	16	17	18	19	20	21	22	23	24	25	26	27	28	29	30	D1	2	3	4	5	6	7	8	—	0	39
	11	9	10	11	12	13	14	15	16	17	18	19	20	21	22	23	24	25	26	27	28	29	30	31	11	2	3	4	5	6	7	1	8
	12	8	9	10	11	12	13	14	15	16	17	18	19	20	21	22	23	24	25	26	27	28	29	30	31	21	2	3	4	5	—	3	38

陰曆日序 Order of days (Lunar)

年序 Year	陰曆月序 Moon	陰曆日序 Order of days (Lunar)																														星期 Week	干支 Cycle
		1	2	3	4	5	6	7	8	9	10	11	12	13	14	15	16	17	18	19	20	21	22	23	24	25	26	27	28	29	30		
景泰 7 丙子 1456–57	26 1	6	7	8	9	10	11	12	13	14	15	16	17	18	19	20	21	22	23	24	25	26	27	28	29	31	2	3	4	5	—	4	7
	2	6	7	8	9	10	11	12	13	14	15	16	17	18	19	20	21	22	23	24	25	26	27	28	29	30	31	41	2	3	4	5	36
	3	5	6	7	8	9	10	11	12	13	14	15	16	17	18	19	20	21	22	23	24	25	26	27	28	29	30	51	2	3	4	0	6
	4	5	6	7	8	9	10	11	12	13	14	15	16	17	18	19	20	21	22	23	24	25	26	27	28	29	30	31	61	2	—	2	36
	5	3	4	5	6	7	8	9	10	11	12	13	14	15	16	17	18	19	20	21	22	23	24	25	26	27	28	29	30	71	2	3	5
	6	3	4	5	6	7	8	9	10	11	12	13	14	15	16	17	18	19	20	21	22	23	24	25	26	27	28	29	30	31	—	5	35
	7	81	2	3	4	5	6	7	8	9	10	11	12	13	14	15	16	17	18	19	20	21	22	23	24	25	26	27	28	29	30	6	4
	8	31	91	2	3	4	5	6	7	8	9	10	11	12	13	14	15	16	17	18	19	20	21	22	23	24	25	26	27	28	29	1	34
	9	30	01	2	3	4	5	6	7	8	9	10	11	12	13	14	15	16	17	18	19	20	21	22	23	24	25	26	27	28	—	3	4
	10	29	30	31	N1	2	3	4	5	6	7	8	9	10	11	12	13	14	15	16	17	18	19	20	21	22	23	24	25	26	27	4	33
	11	28	29	30	D1	2	3	4	5	6	7	8	9	10	11	12	13	14	15	16	17	18	19	20	21	22	23	24	25	26	—	6	3
	12	27	28	29	30	31	11	2	3	4	5	6	7	8	9	10	11	12	13	14	15	16	17	18	19	20	21	22	23	24	25	0	32
英宗 天順 1 丁丑 1457–58	38 1	26	27	28	29	30	31	21	2	3	4	5	6	7	8	9	10	11	12	13	14	15	16	17	18	19	20	21	22	23	—	2	2
	2	24	25	26	27	28	31	2	3	4	5	6	7	8	9	10	11	12	13	14	15	16	17	18	19	20	21	22	23	24	—	3	31
	3	25	26	27	28	29	30	31	41	2	3	4	5	6	7	8	9	10	11	12	13	14	15	16	17	18	19	20	21	22	23	4	0
	4	24	25	26	27	28	29	30	51	2	3	4	5	6	7	8	9	10	11	12	13	14	15	16	17	18	19	20	21	22	—	6	30
	5	23	24	25	26	27	28	29	30	31	61	2	3	4	5	6	7	8	9	10	11	12	13	14	15	16	17	18	19	20	21	0	59
	6	22	23	24	25	26	27	28	29	30	71	2	3	4	5	6	7	8	9	10	11	12	13	14	15	16	17	18	19	20	—	2	29
	7	21	22	23	24	25	26	27	28	29	30	31	81	2	3	4	5	6	7	8	9	10	11	12	13	14	15	16	17	18	19	3	58
	8	20	21	22	23	24	25	26	27	28	29	30	31	91	2	3	4	5	6	7	8	9	10	11	12	13	14	15	16	17	18	5	28
	9	19	20	21	22	23	24	25	26	27	28	29	30	01	2	3	4	5	6	7	8	9	10	11	12	13	14	15	16	17	—	0	58
	10	18	19	20	21	22	23	24	25	26	27	28	29	30	31	N1	2	3	4	5	6	7	8	9	10	11	12	13	14	15	16	1	27
	11	17	18	19	20	21	22	23	24	25	26	27	28	29	30	D1	2	3	4	5	6	7	8	9	10	11	12	13	14	15	16	3	57
	12	17	18	19	20	21	22	23	24	25	26	27	28	29	30	31	11	2	3	4	5	6	7	8	9	10	11	12	13	14	—	5	27
天順 2 戊寅 1458–59	50 1	15	16	17	18	19	20	21	22	23	24	25	26	27	28	29	30	31	21	2	3	4	5	6	7	8	9	10	11	12	13	6	56
	2	14	15	16	17	18	19	20	21	22	23	24	25	26	27	28	31	2	3	4	5	6	7	8	9	10	11	12	13	14	—	1	26
	2	15	16	17	18	19	20	21	22	23	24	25	26	27	28	29	30	31	41	2	3	4	5	6	7	8	9	10	11	12	—	2	55
	3	13	14	15	16	17	18	19	20	21	22	23	24	25	26	27	28	29	30	51	2	3	4	5	6	7	8	9	10	11	12	3	24
	4	13	14	15	16	17	18	19	20	21	22	23	24	25	26	27	28	29	30	31	61	2	3	4	5	6	7	8	9	10	—	5	54
	5	11	12	13	14	15	16	17	18	19	20	21	22	23	24	25	26	27	28	29	30	71	2	3	4	5	6	7	8	9	10	6	23
	6	11	12	13	14	15	16	17	18	19	20	21	22	23	24	25	26	27	28	29	30	31	81	2	3	4	5	6	7	8	—	1	53
	7	9	10	11	12	13	14	15	16	17	18	19	20	21	22	23	24	25	26	27	28	29	30	31	91	2	3	4	5	6	7	2	22
	8	8	9	10	11	12	13	14	15	16	17	18	19	20	21	22	23	24	25	26	27	28	29	30	01	2	3	4	5	6	—	4	52
	9	7	8	9	10	11	12	13	14	15	16	17	18	19	20	21	22	23	24	25	26	27	28	29	30	31	N1	2	3	4	5	5	21
	10	6	7	8	9	10	11	12	13	14	15	16	17	18	19	20	21	22	23	24	25	26	27	28	29	30	D1	2	3	4	5	0	51
	11	6	7	8	9	10	11	12	13	14	15	16	17	18	19	20	21	22	23	24	25	26	27	28	29	30	31	11	2	3	4	2	21
	12	5	6	7	8	9	10	11	12	13	14	15	16	17	18	19	20	21	22	23	24	25	26	27	28	29	30	31	21	2	—	4	51
天順 3 己卯 1459–60	2 1	3	4	5	6	7	8	9	10	11	12	13	14	15	16	17	18	19	20	21	22	23	24	25	26	27	28	31	2	3	4	5	20
	2	5	6	7	8	9	10	11	12	13	14	15	16	17	18	19	20	21	22	23	24	25	26	27	28	29	30	31	41	2	—	0	50
	3	3	4	5	6	7	8	9	10	11	12	13	14	15	16	17	18	19	20	21	22	23	24	25	26	27	28	29	30	51	—	1	19
	4	2	3	4	5	6	7	8	9	10	11	12	13	14	15	16	17	18	19	20	21	22	23	24	25	26	27	28	29	30	31	2	48
	5	61	2	3	4	5	6	7	8	9	10	11	12	13	14	15	16	17	18	19	20	21	22	23	24	25	26	27	28	29	—	4	18
	6	30	71	2	3	4	5	6	7	8	9	10	11	12	13	14	15	16	17	18	19	20	21	22	23	24	25	26	27	28	—	5	47
	7	29	30	31	81	2	3	4	5	6	7	8	9	10	11	12	13	14	15	16	17	18	19	20	21	22	23	24	25	26	27	6	16
	8	28	29	30	31	91	2	3	4	5	6	7	8	9	10	11	12	13	14	15	16	17	18	19	20	21	22	23	24	25	26	1	46
	9	27	28	29	30	01	2	3	4	5	6	7	8	9	10	11	12	13	14	15	16	17	18	19	20	21	22	23	24	25	—	3	16
	10	26	27	28	29	30	31	N1	2	3	4	5	6	7	8	9	10	11	12	13	14	15	16	17	18	19	20	21	22	23	24	4	45
	11	25	26	27	28	29	30	D1	2	3	4	5	6	7	8	9	10	11	12	13	14	15	16	17	18	19	20	21	22	23	24	6	15
	12	25	26	27	28	29	30	31	11	2	3	4	5	6	7	8	9	10	11	12	13	14	15	16	17	18	19	20	21	22	23	1	45
天順 4 庚辰 1460–61	14 1	24	25	26	27	28	29	30	31	21	2	3	4	5	6	7	8	9	10	11	12	13	14	15	16	17	18	19	20	21	—	3	15
	2	22	23	24	25	26	27	28	29	31	2	3	4	5	6	7	8	9	10	11	12	13	14	15	16	17	18	19	20	21	22	4	44
	3	23	24	25	26	27	28	29	30	31	41	2	3	4	5	6	7	8	9	10	11	12	13	14	15	16	17	18	19	20	—	6	14
	4	21	22	23	24	25	26	27	28	29	30	51	2	3	4	5	6	7	8	9	10	11	12	13	14	15	16	17	18	19	—	0	43
	5	20	21	22	23	24	25	26	27	28	29	30	31	61	2	3	4	5	6	7	8	9	10	11	12	13	14	15	16	17	18	1	12
	6	19	20	21	22	23	24	25	26	27	28	29	30	71	2	3	4	5	6	7	8	9	10	11	12	13	14	15	16	17	—	3	42
	7	18	19	20	21	22	23	24	25	26	27	28	29	30	31	81	2	3	4	5	6	7	8	9	10	11	12	13	14	15	—	4	11
	8	16	17	18	19	20	21	22	23	24	25	26	27	28	29	30	31	91	2	3	4	5	6	7	8	9	10	11	12	13	14	5	40
	9	15	16	17	18	19	20	21	22	23	24	25	26	27	28	29	30	01	2	3	4	5	6	7	8	9	10	11	12	13	—	0	10
	10	14	15	16	17	18	19	20	21	22	23	24	25	26	27	28	29	30	31	N1	2	3	4	5	6	7	8	9	10	11	12	1	39
	11	13	14	15	16	17	18	19	20	21	22	23	24	25	26	27	28	29	30	D1	2	3	4	5	6	7	8	9	10	11	12	3	9
	11	13	14	15	16	17	18	19	20	21	22	23	24	25	26	27	28	29	30	31	11	2	3	4	5	6	7	8	9	10	11	5	39
	12	12	13	14	15	16	17	18	19	20	21	22	23	24	25	26	27	28	29	30	31	21	2	3	4	5	6	7	8	9	—	0	9

年序 Year	陰曆月序 Moon		陰曆日序 Order of days (Lunar)																														星期 Week	干支 Cycle
			1	2	3	4	5	6	7	8	9	10	11	12	13	14	15	16	17	18	19	20	21	22	23	24	25	26	27	28	29	30		
天順 5 辛巳 1461–62	26	1	10	11	12	13	14	15	16	17	18	19	20	21	22	23	24	25	26	27	28	31	2	3	4	5	6	7	8	9	10	11	1	38
		2	12	13	14	15	16	17	18	19	20	21	22	23	24	25	26	27	28	29	30	31	41	2	3	4	5	6	7	8	9	10	3	8
		3	11	12	13	14	15	16	17	18	19	20	21	22	23	24	25	26	27	28	29	30	51	2	3	4	5	6	7	8	9	—	5	38
		4	10	11	12	13	14	15	16	17	18	19	20	21	22	23	24	25	26	27	28	29	30	31	61	2	3	4	5	6	7	—	6	7
		5	8	9	10	11	12	13	14	15	16	17	18	19	20	21	22	23	24	25	26	27	28	29	30	71	2	3	4	5	6	7	0	36
		6	8	9	10	11	12	13	14	15	16	17	18	19	20	21	22	23	24	25	26	27	28	29	30	31	81	2	3	4	5	—	2	6
		7	6	7	8	9	10	11	12	13	14	15	16	17	18	19	20	21	22	23	24	25	26	27	28	29	30	31	91	2	3	—	3	35
		8	4	5	6	7	8	9	10	11	12	13	14	15	16	17	18	19	20	21	22	23	24	25	26	27	28	29	30	O1	2	3	4	4
		9	4	5	6	7	8	9	10	11	12	13	14	15	16	17	18	19	20	21	22	23	24	25	26	27	28	29	30	31	N1	—	6	34
		10	2	3	4	5	6	7	8	9	10	11	12	13	14	15	16	17	18	19	20	21	22	23	24	25	26	27	28	29	30	D1	0	3
		11	2	3	4	5	6	7	8	9	10	11	12	13	14	15	16	17	18	19	20	21	22	23	24	25	26	27	28	29	30	31	2	33
		12	11	2	3	4	5	6	7	8	9	10	11	12	13	14	15	16	17	18	19	20	21	22	23	24	25	26	27	28	29	—	4	3
天順 6 壬午 1462–63	38	1	30	31	21	2	3	4	5	6	7	8	9	10	11	12	13	14	15	16	17	18	19	20	21	22	23	24	25	26	27	28	5	32
		2	31	2	3	4	5	6	7	8	9	10	11	12	13	14	15	16	17	18	19	20	21	22	23	24	25	26	27	28	29	30	0	2
		3	31	41	2	3	4	5	6	7	8	9	10	11	12	13	14	15	16	17	18	19	20	21	22	23	24	25	26	27	28	29	2	32
		4	30	51	2	3	4	5	6	7	8	9	10	11	12	13	14	15	16	17	18	19	20	21	22	23	24	25	26	27	28	—	4	2
		5	29	30	31	61	2	3	4	5	6	7	8	9	10	11	12	13	14	15	16	17	18	19	20	21	22	23	24	25	26	—	5	31
		6	27	28	29	30	71	2	3	4	5	6	7	8	9	10	11	12	13	14	15	16	17	18	19	20	21	22	23	24	25	26	6	0
		7	27	28	29	30	31	81	2	3	4	5	6	7	8	9	10	11	12	13	14	15	16	17	18	19	20	21	22	23	24	—	1	30
		8	25	26	27	28	29	30	31	91	2	3	4	5	6	7	8	9	10	11	12	13	14	15	16	17	18	19	20	21	22	—	2	59
		9	23	24	25	26	27	28	29	30	O1	2	3	4	5	6	7	8	9	10	11	12	13	14	15	16	17	18	19	20	21	22	3	28
		10	23	24	25	26	27	28	29	30	31	M1	2	3	4	5	6	7	8	9	10	11	12	13	14	15	16	17	18	19	20	21	5	58
		11	22	23	24	25	26	27	28	29	30	D1	2	3	4	5	6	7	8	9	10	11	12	13	14	15	16	17	18	19	20	—	0	28
		12	21	22	23	24	25	26	27	28	29	30	31	11	2	3	4	5	6	7	8	9	10	11	12	13	14	15	16	17	18	19	1	57
天順 7 癸未 1463–64	50	1	20	21	22	23	24	25	26	27	28	29	30	31	21	2	3	4	5	6	7	8	9	10	11	12	13	14	15	16	17	—	3	27
		2	18	19	20	21	22	23	24	25	26	27	28	31	2	3	4	5	6	7	8	9	10	11	12	13	14	15	16	17	18	19	4	56
		3	20	21	22	23	24	25	26	27	28	29	30	31	41	2	3	4	5	6	7	8	9	10	11	12	13	14	15	16	17	18	6	26
		4	19	20	21	22	23	24	25	26	27	28	29	30	51	2	3	4	5	6	7	8	9	10	11	12	13	14	15	16	17	—	1	56
		5	18	19	20	21	22	23	24	25	26	27	28	29	30	31	61	2	3	4	5	6	7	8	9	10	11	12	13	14	15	16	2	25
		6	17	18	19	20	21	22	23	24	25	26	27	28	29	30	71	2	3	4	5	6	7	8	9	10	11	12	13	14	15	—	4	55
		7	16	17	18	19	20	21	22	23	24	25	26	27	28	29	30	31	81	2	3	4	5	6	7	8	9	10	11	12	13	14	5	24
		7	15	16	17	18	19	20	21	22	23	24	25	26	27	28	29	30	31	91	2	3	4	5	6	7	8	9	10	11	12	—	0	54
		8	13	14	15	16	17	18	19	20	21	22	23	24	25	26	27	28	29	30	O1	2	3	4	5	6	7	8	9	10	11	12	1	23
		9	13	14	15	16	17	18	19	20	21	22	23	24	25	26	27	28	29	30	31	N1	2	3	4	5	6	7	8	9	10	—	3	53
		10	11	12	13	14	15	16	17	18	19	20	21	22	23	24	25	26	27	28	29	30	D1	2	3	4	5	6	7	8	9	—	4	22
		11	10	11	12	13	14	15	16	17	18	19	20	21	22	23	24	25	26	27	28	29	30	31	11	2	3	4	5	6	7	8	5	51
		12	9	10	11	12	13	14	15	16	17	18	19	20	21	22	23	24	25	26	27	28	29	30	31	21	2	3	4	5	6	—	0	21
天順 8 甲申 1464–65	2	1	7	8	9	10	11	12	13	14	15	16	17	18	19	20	21	22	23	24	25	26	27	28	29	31	2	3	4	5	6	7	1	50
		2	8	9	10	11	12	13	14	15	16	17	18	19	20	21	22	23	24	25	26	27	28	29	30	31	41	2	3	4	5	6	3	20
		3	7	8	9	10	11	12	13	14	15	16	17	18	19	20	21	22	23	24	25	26	27	28	29	30	51	2	3	4	5	—	5	50
		4	6	7	8	9	10	11	12	13	14	15	16	17	18	19	20	21	22	23	24	25	26	27	28	29	30	31	61	2	3	4	6	19
		5	5	6	7	8	9	10	11	12	13	14	15	16	17	18	19	20	21	22	23	24	25	26	27	28	29	30	71	2	3	4	1	49
		6	5	6	7	8	9	10	11	12	13	14	15	16	17	18	19	20	21	22	23	24	25	26	27	28	29	30	31	81	2	—	3	19
		7	3	4	5	6	7	8	9	10	11	12	13	14	15	16	17	18	19	20	21	22	23	24	25	26	27	28	29	30	31	91	4	48
		8	2	3	4	5	6	7	8	9	10	11	12	13	14	15	16	17	18	19	20	21	22	23	24	25	26	27	28	29	30	—	6	18
		9	O1	2	3	4	5	6	7	8	9	10	11	12	13	14	15	16	17	18	19	20	21	22	23	24	25	26	27	28	29	30	0	47
		10	31	N1	2	3	4	5	6	7	8	9	10	11	12	13	14	15	16	17	18	19	20	21	22	23	24	25	26	27	28	—	2	17
		11	29	30	D1	2	3	4	5	6	7	8	9	10	11	12	13	14	15	16	17	18	19	20	21	22	23	24	25	26	27	28	3	46
		12	29	30	31	11	2	3	4	5	6	7	8	9	10	11	12	13	14	15	16	17	18	19	20	21	22	23	24	25	26	—	5	16
憲宗成化 1 乙酉 1465–66	14	1	27	28	29	30	31	21	2	3	4	5	6	7	8	9	10	11	12	13	14	15	16	17	18	19	20	21	22	23	24	—	6	45
		2	25	26	27	28	31	2	3	4	5	6	7	8	9	10	11	12	13	14	15	16	17	18	19	20	21	22	23	24	25	26	0	14
		3	27	28	29	30	31	41	2	3	4	5	6	7	8	9	10	11	12	13	14	15	16	17	18	19	20	21	22	23	24	—	2	44
		4	25	26	27	28	29	30	51	2	3	4	5	6	7	8	9	10	11	12	13	14	15	16	17	18	19	20	21	22	23	24	3	13
		5	25	26	27	28	29	30	31	61	2	3	4	5	6	7	8	9	10	11	12	13	14	15	16	17	18	19	20	21	22	23	5	43
		6	24	25	26	27	28	29	30	71	2	3	4	5	6	7	8	9	10	11	12	13	14	15	16	17	18	19	20	21	22	—	0	13
		7	23	24	25	26	27	28	29	30	31	81	2	3	4	5	6	7	8	9	10	11	12	13	14	15	16	17	18	19	20	21	1	42
		8	22	23	24	25	26	27	28	29	30	31	91	2	3	4	5	6	7	8	9	10	11	12	13	14	15	16	17	18	19	—	3	12
		9	20	21	22	23	24	25	26	27	28	29	30	O1	2	3	4	5	6	7	8	9	10	11	12	13	14	15	16	17	18	19	4	41
		10	20	21	22	23	24	25	26	27	28	29	30	31	N1	2	3	4	5	6	7	8	9	10	11	12	13	14	15	16	17	18	6	11
		11	19	20	21	22	23	24	25	26	27	28	29	30	D1	2	3	4	5	6	7	8	9	10	11	12	13	14	15	16	17	—	1	41
		12	18	19	20	21	22	23	24	25	26	27	28	29	30	31	11	2	3	4	5	6	7	8	9	10	11	12	13	14	15	16	2	10

年序 Year	陰曆月序 Moon	陰曆日序 Order of days (Lunar) 1	2	3	4	5	6	7	8	9	10	11	12	13	14	15	16	17	18	19	20	21	22	23	24	25	26	27	28	29	30	星期 Week	干支 Cycle
成化2丙戌 1466–67	26 1	17	18	19	20	21	22	23	24	25	26	27	28	29	30	31	21	2	3	4	5	6	7	8	9	10	11	12	13	14	—	4	40
	2	15	16	17	18	19	20	21	22	23	24	25	26	27	28	31	2	3	4	5	6	7	8	9	10	11	12	13	14	15	—	5	9
	3	16	17	18	19	20	21	22	23	24	25	26	27	28	29	30	31	41	2	3	4	5	6	7	8	9	10	11	12	13	14	6	38
	3	15	16	17	18	19	20	21	22	23	24	25	26	27	28	29	30	51	2	3	4	5	6	7	8	9	10	11	12	13	—	1	8
	4	14	15	16	17	18	19	20	21	22	23	24	25	26	27	28	29	30	31	61	2	3	4	5	6	7	8	9	10	11	12	2	37
	5	13	14	15	16	17	18	19	20	21	22	23	24	25	26	27	28	29	30	71	2	3	4	5	6	7	8	9	10	11	—	4	7
	6	12	13	14	15	16	17	18	19	20	21	22	23	24	25	26	27	28	29	30	31	81	2	3	4	5	6	7	8	9	10	5	36
	7	11	12	13	14	15	16	17	18	19	20	21	22	23	24	25	26	27	28	29	30	31	91	2	3	4	5	6	7	8	9	0	6
	8	10	11	12	13	14	15	16	17	18	19	20	21	22	23	24	25	26	27	28	29	30	O1	2	3	4	5	6	7	8	—	2	36
	9	9	10	11	12	13	14	15	16	17	18	19	20	21	22	23	24	25	26	27	28	29	30	31	N1	2	3	4	5	6	7	3	5
	10	8	9	10	11	12	13	14	15	16	17	18	19	20	21	22	23	24	25	26	27	28	29	30	D1	2	3	4	5	6	7	5	35
	11	8	9	10	11	12	13	14	15	16	17	18	19	20	21	22	23	24	25	26	27	28	29	30	31	11	2	3	4	5	—	0	5
	12	6	7	8	9	10	11	12	13	14	15	16	17	18	19	20	21	22	23	24	25	26	27	28	29	30	31	21	2	3	4	1	34
成化3丁亥 1467–68	38 1	5	6	7	8	9	10	11	12	13	14	15	16	17	18	19	20	21	22	23	24	25	26	27	28	31	2	3	4	5	—	3	4
	2	6	7	8	9	10	11	12	13	14	15	16	17	18	19	20	21	22	23	24	25	26	27	28	29	30	31	41	2	3	—	4	33
	3	4	5	6	7	8	9	10	11	12	13	14	15	16	17	18	19	20	21	22	23	24	25	26	27	28	29	30	51	2	3	5	2
	4	4	5	6	7	8	9	10	11	12	13	14	15	16	17	18	19	20	21	22	23	24	25	26	27	28	29	30	31	61	—	0	32
	5	2	3	4	5	6	7	8	9	10	11	12	13	14	15	16	17	18	19	20	21	22	23	24	25	26	27	28	29	30	—	1	1
	6	71	2	3	4	5	6	7	8	9	10	11	12	13	14	15	16	17	18	19	20	21	22	23	24	25	26	27	28	29	30	2	30
	7	31	81	2	3	4	5	6	7	8	9	10	11	12	13	14	15	16	17	18	19	20	21	22	23	24	25	26	27	28	29	4	0
	8	30	31	91	2	3	4	5	6	7	8	9	10	11	12	13	14	15	16	17	18	19	20	21	22	23	24	25	26	27	—	6	30
	9	28	29	30	O1	2	3	4	5	6	7	8	9	10	11	12	13	14	15	16	17	18	19	20	21	22	23	24	25	26	27	0	59
	10	28	29	30	31	N1	2	3	4	5	6	7	8	9	10	11	12	13	14	15	16	17	18	19	20	21	22	23	24	25	26	2	29
	11	27	28	29	30	D1	2	3	4	5	6	7	8	9	10	11	12	13	14	15	16	17	18	19	20	21	22	23	24	25	26	4	59
	12	27	28	29	30	31	11	2	3	4	5	6	7	8	9	10	11	12	13	14	15	16	17	18	19	20	21	22	23	24	—	6	29
成化4戊子 1468–69	50 1	25	26	27	28	29	30	31	21	2	3	4	5	6	7	8	9	10	11	12	13	14	15	16	17	18	19	20	21	22	23	0	58
	2	24	25	26	27	28	29	31	2	3	4	5	6	7	8	9	10	11	12	13	14	15	16	17	18	19	20	21	22	23	—	2	28
	3	24	25	26	27	28	29	30	31	41	2	3	4	5	6	7	8	9	10	11	12	13	14	15	16	17	18	19	20	21	—	3	57
	4	22	23	24	25	26	27	28	29	30	51	2	3	4	5	6	7	8	9	10	11	12	13	14	15	16	17	18	19	20	21	4	26
	5	22	23	24	25	26	27	28	29	30	31	61	2	3	4	5	6	7	8	9	10	11	12	13	14	15	16	17	18	19	—	6	56
	6	20	21	22	23	24	25	26	27	28	29	30	71	2	3	4	5	6	7	8	9	10	11	12	13	14	15	16	17	18	—	0	25
	7	19	20	21	22	23	24	25	26	27	28	29	30	31	81	2	3	4	5	6	7	8	9	10	11	12	13	14	15	16	17	1	54
	8	18	19	20	21	22	23	24	25	26	27	28	29	30	31	91	2	3	4	5	6	7	8	9	10	11	12	13	14	15	—	3	24
	9	16	17	18	19	20	21	22	23	24	25	26	27	28	29	30	O1	2	3	4	5	6	7	8	9	10	11	12	13	14	15	4	53
	10	16	17	18	19	20	21	22	23	24	25	26	27	28	29	30	31	N1	2	3	4	5	6	7	8	9	10	11	12	13	14	6	23
	11	15	16	17	18	19	20	21	22	23	24	25	26	27	28	29	30	D1	2	3	4	5	6	7	8	9	10	11	12	13	14	1	53
	12	15	16	17	18	19	20	21	22	23	24	25	26	27	28	29	30	31	11	2	3	4	5	6	7	8	9	10	11	12	—	3	23
成化5己丑 1469–70	2 1	13	14	15	16	17	18	19	20	21	22	23	24	25	26	27	28	29	30	31	21	2	3	4	5	6	7	8	9	10	11	4	52
	2	12	13	14	15	16	17	18	19	20	21	22	23	24	25	26	27	28	31	2	3	4	5	6	7	8	9	10	11	12	13	6	22
	2	14	15	16	17	18	19	20	21	22	23	24	25	26	27	28	29	30	31	41	2	3	4	5	6	7	8	9	10	11	—	1	52
	3	12	13	14	15	16	17	18	19	20	21	22	23	24	25	26	27	28	29	30	51	2	3	4	5	6	7	8	9	10	—	2	21
	4	11	12	13	14	15	16	17	18	19	20	21	22	23	24	25	26	27	28	29	30	31	61	2	3	4	5	6	7	8	9	3	50
	5	10	11	12	13	14	15	16	17	18	19	20	21	22	23	24	25	26	27	28	29	30	71	2	3	4	5	6	7	8	—	5	20
	6	9	10	11	12	13	14	15	16	17	18	19	20	21	22	23	24	25	26	27	28	29	30	31	81	2	3	4	5	6	—	6	49
	7	7	8	9	10	11	12	13	14	15	16	17	18	19	20	21	22	23	24	25	26	27	28	29	30	31	91	2	3	4	5	0	18
	8	6	7	8	9	10	11	12	13	14	15	16	17	18	19	20	21	22	23	24	25	26	27	28	29	30	O1	2	3	4	—	2	48
	9	5	6	7	8	9	10	11	12	13	14	15	16	17	18	19	20	21	22	23	24	25	26	27	28	29	30	31	N1	2	3	[illegible]	17
	10	4	5	6	7	8	9	10	11	12	13	14	15	16	17	18	19	20	21	22	23	24	25	26	27	28	29	30	D1	2	3	5	47
	11	4	5	6	7	8	9	10	11	12	13	14	15	16	17	18	19	20	21	22	23	24	25	26	27	28	29	30	31	11	—	0	17
	12	2	3	4	5	6	7	8	9	10	11	12	13	14	15	16	17	18	19	20	21	22	23	24	25	26	27	28	29	30	31	1	46
成化6庚寅 1470–71	14 1	21	2	3	4	5	6	7	8	9	10	11	12	13	14	15	16	17	18	19	20	21	22	23	24	25	26	27	28	31	2	3	16
	2	3	4	5	6	7	8	9	10	11	12	13	14	15	16	17	18	19	20	21	22	23	24	25	26	27	28	29	30	31	41	5	46
	3	2	3	4	5	6	7	8	9	10	11	12	13	14	15	16	17	18	19	20	21	22	23	24	25	26	27	28	29	30	—	0	16
	4	51	2	3	4	5	6	7	8	9	10	11	12	13	14	15	16	17	18	19	20	21	22	23	24	25	26	27	28	29	—	1	45
	5	30	31	61	2	3	4	5	6	7	8	9	10	11	12	13	14	15	16	17	18	19	20	21	22	23	24	25	26	27	28	2	14
	6	29	30	71	2	3	4	5	6	7	8	9	10	11	12	13	14	15	16	17	18	19	20	21	22	23	24	25	26	27	—	4	44
	7	28	29	30	31	81	2	3	4	5	6	7	8	9	10	11	12	13	14	15	16	17	18	19	20	21	22	23	24	25	—	5	13
	8	26	27	28	29	30	31	91	2	3	4	5	6	7	8	9	10	11	12	13	14	15	16	17	18	19	20	21	22	23	24	6	42
	9	25	26	27	28	29	30	O1	2	3	4	5	6	7	8	9	10	11	12	13	14	15	16	17	18	19	20	21	22	23	—	1	12
	10	24	25	26	27	28	29	30	31	N1	2	3	4	5	6	7	8	9	10	11	12	13	14	15	16	17	18	19	20	21	22	2	41
	11	23	24	25	26	27	28	29	30	D1	2	3	4	5	6	7	8	9	10	11	12	13	14	15	16	17	18	19	20	21	—	4	11
	12	22	23	24	25	26	27	28	29	30	31	11	2	3	4	5	6	7	8	9	10	11	12	13	14	15	16	17	18	19	20	5	40

年序 Year		陰曆月序 Moon	1	2	3	4	5	6	7	8	9	10	11	12	13	14	15	16	17	18	19	20	21	22	23	24	25	26	27	28	29	30	星期 Week	干支 Cycle
成化7辛卯 1471–72	26	1	21	22	23	24	25	26	27	28	29	30	31	21	2	3	4	5	6	7	8	9	10	11	12	13	14	15	16	17	18	19	0	10
		2	20	21	22	23	24	25	26	27	28	31	2	3	4	5	6	7	8	9	10	11	12	13	14	15	16	17	18	19	20	21	2	40
		3	22	23	24	25	26	27	28	29	30	31	41	2	3	4	5	6	7	8	9	10	11	12	13	14	15	16	17	18	19	—	4	10
		4	20	21	22	23	24	25	26	27	28	29	30	51	2	3	4	5	6	7	8	9	10	11	12	13	14	15	16	17	18	19	5	39
		5	20	21	22	23	24	25	26	27	28	29	30	31	61	2	3	4	5	6	7	8	9	10	11	12	13	14	15	16	17	—	0	9
		6	18	19	20	21	22	23	24	25	26	27	28	29	30	71	2	3	4	5	6	7	8	9	10	11	12	13	14	15	16	17	1	38
		7	18	19	20	21	22	23	24	25	26	27	28	29	30	31	81	2	3	4	5	6	7	8	9	10	11	12	13	14	15	—	3	8
		8	16	17	18	19	20	21	22	23	24	25	26	27	28	29	30	31	91	2	3	4	5	6	7	8	9	10	11	12	13	—	4	37
		9	14	15	16	17	18	19	20	21	22	23	24	25	26	27	28	29	30	01	2	3	4	5	6	7	8	9	10	11	12	13	5	6
		9	14	15	16	17	18	19	20	21	22	23	24	25	26	27	28	29	30	31	N1	2	3	4	5	6	7	8	9	10	11	—	0	36
		10	12	13	14	15	16	17	18	19	20	21	22	23	24	25	26	27	28	29	30	D1	2	3	4	5	6	7	8	9	10	11	1	5
		11	12	13	14	15	16	17	18	19	20	21	22	23	24	25	26	27	28	29	30	31	11	2	3	4	5	6	7	8	9	—	3	35
		12	10	11	12	13	14	15	16	17	18	19	20	21	22	23	24	25	26	27	28	29	30	31	21	2	3	4	5	6	7	8	4	4
成化8壬辰 1472–73	38	1	9	10	11	12	13	14	15	16	17	18	19	20	21	22	23	24	25	26	27	28	29	31	2	3	4	5	6	7	8	9	6	34
		2	10	11	12	13	14	15	16	17	18	19	20	21	22	23	24	25	26	27	28	29	30	31	41	2	3	4	5	6	7	—	1	4
		3	8	9	10	11	12	13	14	15	16	17	18	19	20	21	22	23	24	25	26	27	28	29	30	51	2	3	4	5	6	7	2	33
		4	8	9	10	11	12	13	14	15	16	17	18	19	20	21	22	23	24	25	26	27	28	29	30	31	61	2	3	4	5	6	4	3
		5	7	8	9	10	11	12	13	14	15	16	17	18	19	20	21	22	23	24	25	26	27	28	29	30	71	2	3	4	5	—	6	33
		6	6	7	8	9	10	11	12	13	14	15	16	17	18	19	20	21	22	23	24	25	26	27	28	29	30	31	81	2	3	4	0	2
		7	5	6	7	8	9	10	11	12	13	14	15	16	17	18	19	20	21	22	23	24	25	26	27	28	29	30	31	91	2	—	2	32
		8	3	4	5	6	7	8	9	10	11	12	13	14	15	16	17	18	19	20	21	22	23	24	25	26	27	28	29	30	01	—	3	1
		9	2	3	4	5	6	7	8	9	10	11	12	13	14	15	16	17	18	19	20	21	22	23	24	25	26	27	28	29	30	31	4	30
		10	N1	2	3	4	5	6	7	8	9	10	11	12	13	14	15	16	17	18	19	20	21	22	23	24	25	26	27	28	29	—	6	0
		11	30	D1	2	3	4	5	6	7	8	9	10	11	12	13	14	15	16	17	18	19	20	21	22	23	24	25	26	27	28	29	0	29
		12	30	31	11	2	3	4	5	6	7	8	9	10	11	12	13	14	15	16	17	18	19	20	21	22	23	24	25	26	27	—	2	59
成化9癸巳 1473–74	50	1	28	29	30	31	21	2	3	4	5	6	7	8	9	10	11	12	13	14	15	16	17	18	19	20	21	22	23	24	25	26	3	28
		2	27	28	31	2	3	4	5	6	7	8	9	10	11	12	13	14	15	16	17	18	19	20	21	22	23	24	25	26	27	—	5	58
		3	28	29	30	31	41	2	3	4	5	6	7	8	9	10	11	12	13	14	15	16	17	18	19	20	21	22	23	24	25	26	6	27
		4	27	28	29	30	51	2	3	4	5	6	7	8	9	10	11	12	13	14	15	16	17	18	19	20	21	22	23	24	25	26	1	57
		5	27	28	29	30	31	61	2	3	4	5	6	7	8	9	10	11	12	13	14	15	16	17	18	19	20	21	22	23	24	—	3	27
		6	25	26	27	28	29	30	71	2	3	4	5	6	7	8	9	10	11	12	13	14	15	16	17	18	19	20	21	22	23	24	4	56
		7	25	26	27	28	29	30	31	81	2	3	4	5	6	7	8	9	10	11	12	13	14	15	16	17	18	19	20	21	22	23	6	26
		8	24	25	26	27	28	29	30	31	91	2	3	4	5	6	7	8	9	10	11	12	13	14	15	16	17	18	19	20	21	—	1	56
		9	22	23	24	25	26	27	28	29	30	01	2	3	4	5	6	7	8	9	10	11	12	13	14	15	16	17	18	19	20	21	2	25
		10	22	23	24	25	26	27	28	29	30	31	N1	2	3	4	5	6	7	8	9	10	11	12	13	14	15	16	17	18	19	—	4	55
		11	20	21	22	23	24	25	26	27	28	29	30	D1	2	3	4	5	6	7	8	9	10	11	12	13	14	15	16	17	18	—	5	24
		12	19	20	21	22	23	24	25	26	27	28	29	30	31	11	2	3	4	5	6	7	8	9	10	11	12	13	14	15	16	17	6	53
成化10甲午 1474–75	2	1	18	19	20	21	22	23	24	25	26	27	28	29	30	31	21	2	3	4	5	6	7	8	9	10	11	12	13	14	15	—	1	23
		2	16	17	18	19	20	21	22	23	24	25	26	27	28	31	2	3	4	5	6	7	8	9	10	11	12	13	14	15	16	17	2	52
		3	18	19	20	21	22	23	24	25	26	27	28	29	30	31	41	2	3	4	5	6	7	8	9	10	11	12	13	14	15	—	4	22
		4	16	17	18	19	20	21	22	23	24	25	26	27	28	29	30	51	2	3	4	5	6	7	8	9	10	11	12	13	14	15	5	51
		5	16	17	18	19	20	21	22	23	24	25	26	27	28	29	30	31	61	2	3	4	5	6	7	8	9	10	11	12	13	—	0	21
		6	14	15	16	17	18	19	20	21	22	23	24	25	26	27	28	29	30	71	2	3	4	5	6	7	8	9	10	11	12	13	1	50
		6	14	15	16	17	18	19	20	21	22	23	24	25	26	27	28	29	30	31	81	2	3	4	5	6	7	8	9	10	11	12	3	20
		7	13	14	15	16	17	18	19	20	21	22	23	24	25	26	27	28	29	30	31	91	2	3	4	5	6	7	8	9	10	—	5	50
		8	11	12	13	14	15	16	17	18	19	20	21	22	23	24	25	26	27	28	29	30	01	2	3	4	5	6	7	8	9	10	6	19
		9	11	12	13	14	15	16	17	18	19	20	21	22	23	24	25	26	27	28	29	30	31	N1	2	3	4	5	6	7	8	9	1	49
		10	10	11	12	13	14	15	16	17	18	19	20	21	22	23	24	25	26	27	28	29	30	D1	2	3	4	5	6	7	8	—	3	19
		11	9	10	11	12	13	14	15	16	17	18	19	20	21	22	23	24	25	26	27	28	29	30	31	11	2	3	4	5	6	7	4	48
		12	8	9	10	11	12	13	14	15	16	17	18	19	20	21	22	23	24	25	26	27	28	29	30	31	21	2	3	4	5	—	6	18
成化11乙未 1475–76	14	1	6	7	8	9	10	11	12	13	14	15	16	17	18	19	20	21	22	23	24	25	26	27	28	31	2	3	4	5	6	—	0	47
		2	7	8	9	10	11	12	13	14	15	16	17	18	19	20	21	22	23	24	25	26	27	28	29	30	31	41	2	3	4	5	1	16
		3	6	7	8	9	10	11	12	13	14	15	16	17	18	19	20	21	22	23	24	25	26	27	28	29	30	51	2	3	4	—	3	46
		4	5	6	7	8	9	10	11	12	13	14	15	16	17	18	19	20	21	22	23	24	25	26	27	28	29	30	31	61	2	3	4	15
		5	4	5	6	7	8	9	10	11	12	13	14	15	16	17	18	19	20	21	22	23	24	25	26	27	28	29	30	71	2	—	6	45
		6	3	4	5	6	7	8	9	10	11	12	13	14	15	16	17	18	19	20	21	22	23	24	25	26	27	28	29	30	31	81	0	14
		7	2	3	4	5	6	7	8	9	10	11	12	13	14	15	16	17	18	19	20	21	22	23	24	25	26	27	28	29	30	—	2	44
		8	31	91	2	3	4	5	6	7	8	9	10	11	12	13	14	15	16	17	18	19	20	21	22	23	24	25	26	27	28	29	3	13
		9	30	01	2	3	4	5	6	7	8	9	10	11	12	13	14	15	16	17	18	19	20	21	22	23	24	25	26	27	28	29	5	43
		10	30	31	N1	2	3	4	5	6	7	8	9	10	11	12	13	14	15	16	17	18	19	20	21	22	23	24	25	26	27	—	0	13
		11	28	29	30	D1	2	3	4	5	6	7	8	9	10	11	12	13	14	15	16	17	18	19	20	21	22	23	24	25	26	27	1	42
		12	28	29	30	31	11	2	3	4	5	6	7	8	9	10	11	12	13	14	15	16	17	18	19	20	21	22	23	24	25	26	3	12

年序 Year	陰曆月序 Moon	1	2	3	4	5	6	7	8	9	10	11	12	13	14	15	16	17	18	19	20	21	22	23	24	25	26	27	28	29	30	星期 Week	干支 Cycle
成化 12 丙申 1476–77	26 1	27	28	29	30	31	21	2	3	4	5	6	7	8	9	10	11	12	13	14	15	16	17	18	19	20	21	22	23	24	—	5	42
	2	25	26	27	28	29	31	2	3	4	5	6	7	8	9	10	11	12	13	14	15	16	17	18	19	20	21	22	23	24	—	6	11
	3	25	26	27	28	29	30	31	41	2	3	4	5	6	7	8	9	10	11	12	13	14	15	16	17	18	19	20	21	22	23	0	40
	4	24	25	26	27	28	29	30	51	2	3	4	5	6	7	8	9	10	11	12	13	14	15	16	17	18	19	20	21	22	—	2	10
	5	23	24	25	26	27	28	29	30	31	61	2	3	4	5	6	7	8	9	10	11	12	13	14	15	16	17	18	19	20	—	3	39
	6	21	22	23	24	25	26	27	28	29	30	71	2	3	4	5	6	7	8	9	10	11	12	13	14	15	16	17	18	19	20	4	8
	7	21	22	23	24	25	26	27	28	29	30	31	81	2	3	4	5	6	7	8	9	10	11	12	13	14	15	16	17	18	—	6	38
	8	19	20	21	22	23	24	25	26	27	28	29	30	31	91	2	3	4	5	6	7	8	9	10	11	12	13	14	15	16	17	0	7
	9	18	19	20	21	22	23	24	25	26	27	28	29	30	01	2	3	4	5	6	7	8	9	10	11	12	13	14	15	16	17	2	37
	10	18	19	20	21	22	23	24	25	26	27	28	29	30	31	N1	2	3	4	5	6	7	8	9	10	11	12	13	14	15	16	4	7
	11	17	18	19	20	21	22	23	24	25	26	27	28	29	30	D1	2	3	4	5	6	7	8	9	10	11	12	13	14	15	—	6	37
	12	16	17	18	19	20	21	22	23	24	25	26	27	28	29	30	31	11	2	3	4	5	6	7	8	9	10	11	12	13	14	0	6
成化 13 丁酉 1477–78	88 1	15	16	17	18	19	20	21	22	23	24	25	26	27	28	29	30	31	21	2	3	4	5	6	7	8	9	10	11	12	13	2	36
	2	14	15	16	17	18	19	20	21	22	23	24	25	26	27	28	31	2	3	4	5	6	7	8	9	10	11	12	13	14	—	4	6
	2	15	16	17	18	19	20	21	22	23	24	25	26	27	28	29	30	31	41	2	3	4	5	6	7	8	9	10	11	12	—	5	35
	3	13	14	15	16	17	18	19	20	21	22	23	24	25	26	27	28	29	30	51	2	3	4	5	6	7	8	9	10	11	12	6	4
	4	13	14	15	16	17	18	19	20	21	22	23	24	25	26	27	28	29	30	31	61	2	3	4	5	6	7	8	9	10	—	1	34
	5	11	12	13	14	15	16	17	18	19	20	21	22	23	24	25	26	27	28	29	30	71	2	3	4	5	6	7	8	9	—	2	3
	6	10	11	12	13	14	15	16	17	18	19	20	21	22	23	24	25	26	27	28	29	30	31	81	2	3	4	5	6	7	8	3	32
	7	9	10	11	12	13	14	15	16	17	18	19	20	21	22	23	24	25	26	27	28	29	30	31	91	2	3	4	5	6	—	5	2
	8	7	8	9	10	11	12	13	14	15	16	17	18	19	20	21	22	23	24	25	26	27	28	29	30	01	2	3	4	5	6	6	31
	9	7	8	9	10	11	12	13	14	15	16	17	18	19	20	21	22	23	24	25	26	27	28	29	30	31	N1	2	3	4	5	1	1
	10	6	7	8	9	10	11	12	13	14	15	16	17	18	19	20	21	22	23	24	25	26	27	28	29	30	D1	2	3	4	—	3	31
	11	5	6	7	8	9	10	11	12	13	14	15	16	17	18	19	20	21	22	23	24	25	26	27	28	29	30	31	11	2	3	4	0
	12	4	5	6	7	8	9	10	11	12	13	14	15	16	17	18	19	20	21	22	23	24	25	26	27	28	29	30	31	21	2	6	30
成化 14 戊戌 1478–79	50 1	3	4	5	6	7	8	9	10	11	12	13	14	15	16	17	18	19	20	21	22	23	24	25	26	27	28	31	2	3	4	1	0
	2	5	6	7	8	9	10	11	12	13	14	15	16	17	18	19	20	21	22	23	24	25	26	27	28	29	30	31	41	2	—	3	30
	3	3	4	5	6	7	8	9	10	11	12	13	14	15	16	17	18	19	20	21	22	23	24	25	26	27	28	29	30	51	—	4	59
	4	2	3	4	5	6	7	8	9	10	11	12	13	14	15	16	17	18	19	20	21	22	23	24	25	26	27	28	29	30	31	5	28
	5	61	2	3	4	5	6	7	8	9	10	11	12	13	14	15	16	17	18	19	20	21	22	23	24	25	26	27	28	29	—	0	58
	6	30	71	2	3	4	5	6	7	8	9	10	11	12	13	14	15	16	17	18	19	20	21	22	23	24	25	26	27	28	—	1	27
	7	29	30	31	81	2	3	4	5	6	7	8	9	10	11	12	13	14	15	16	17	18	19	20	21	22	23	24	25	26	27	2	56
	8	28	29	30	31	91	2	3	4	5	6	7	8	9	10	11	12	13	14	15	16	17	18	19	20	21	22	23	24	25	—	4	26
	9	26	27	28	29	30	01	2	3	4	5	6	7	8	9	10	11	12	13	14	15	16	17	18	19	20	21	22	23	24	25	5	55
	10	26	27	28	29	30	31	N1	2	3	4	5	6	7	8	9	10	11	12	13	14	15	16	17	18	19	20	21	22	23	—	0	25
	11	24	25	26	27	28	29	30	D1	2	3	4	5	6	7	8	9	10	11	12	13	14	15	16	17	18	19	20	21	22	23	1	54
	12	24	25	26	27	28	29	30	31	11	2	3	4	5	6	7	8	9	10	11	12	13	14	15	16	17	18	19	20	21	22	3	24
成化 15 己亥 1479–80	2 1	23	24	25	26	27	28	29	30	31	21	2	3	4	5	6	7	8	9	10	11	12	13	14	15	16	17	18	19	20	21	5	54
	2	22	23	24	25	26	27	28	31	2	3	4	5	6	7	8	9	10	11	12	13	14	15	16	17	18	19	20	21	22	—	0	24
	3	23	24	25	26	27	28	29	30	31	41	2	3	4	5	6	7	8	9	10	11	12	13	14	15	16	17	18	19	20	21	1	53
	4	22	23	24	25	26	27	28	29	30	51	2	3	4	5	6	7	8	9	10	11	12	13	14	15	16	17	18	19	20	—	3	23
	5	21	22	23	24	25	26	27	28	29	30	31	61	2	3	4	5	6	7	8	9	10	11	12	13	14	15	16	17	18	19	4	52
	6	20	21	22	23	24	25	26	27	28	29	30	71	2	3	4	5	6	7	8	9	10	11	12	13	14	15	16	17	18	—	6	22
	7	19	20	21	22	23	24	25	26	27	28	29	30	31	81	2	3	4	5	6	7	8	9	10	11	12	13	14	15	16	—	0	51
	8	17	18	19	20	21	22	23	24	25	26	27	28	29	30	31	91	2	3	4	5	6	7	8	9	10	11	12	13	14	15	1	20
	9	16	17	18	19	20	21	22	23	24	25	26	27	28	29	30	01	2	3	4	5	6	7	8	9	10	11	12	13	14	—	3	50
	10	15	16	17	18	19	20	21	22	23	24	25	26	27	28	29	30	31	N1	2	3	4	5	6	7	8	9	10	11	12	13	4	19
	10	14	15	16	17	18	19	20	21	22	23	24	25	26	27	28	29	30	D1	2	3	4	5	6	7	8	9	10	11	12	—	6	49
	11	13	14	15	16	17	18	19	20	21	22	23	24	25	26	27	28	29	30	31	11	2	3	4	5	6	7	8	9	10	11	0	18
	12	12	13	14	15	16	17	18	19	20	21	22	23	24	25	26	27	28	29	30	31	21	2	3	4	5	6	7	8	9	10	2	48
成化 16 庚子 1480–81	14 1	11	12	13	14	15	16	17	18	19	20	21	22	23	24	25	26	27	28	29	31	2	3	4	5	6	7	8	9	10	—	4	18
	2	11	12	13	14	15	16	17	18	19	20	21	22	23	24	25	26	27	28	29	30	31	41	2	3	4	5	6	7	8	9	5	47
	3	10	11	12	13	14	15	16	17	18	19	20	21	22	23	24	25	26	27	28	29	30	51	2	3	4	5	6	7	8	9	0	17
	4	10	11	12	13	14	15	16	17	18	19	20	21	22	23	24	25	26	27	28	29	30	31	61	2	3	4	5	6	7	—	2	47
	5	8	9	10	11	12	13	14	15	16	17	18	19	20	21	22	23	24	25	26	27	28	29	30	71	2	3	4	5	6	7	3	16
	6	8	9	10	11	12	13	14	15	16	17	18	19	20	21	22	23	24	25	26	27	28	29	30	31	81	2	3	4	5	—	5	46
	7	6	7	8	9	10	11	12	13	14	15	16	17	18	19	20	21	22	23	24	25	26	27	28	29	30	31	91	2	3	—	6	15
	8	4	5	6	7	8	9	10	11	12	13	14	15	16	17	18	19	20	21	22	23	24	25	26	27	28	29	30	01	2	3	0	44
	9	4	5	6	7	8	9	10	11	12	13	14	15	16	17	18	19	20	21	22	23	24	25	26	27	28	29	30	31	N1	—	2	14
	10	2	3	4	5	6	7	8	9	10	11	12	13	14	15	16	17	18	19	20	21	22	23	24	25	26	27	28	29	30	D1	3	43
	11	2	3	4	5	6	7	8	9	10	11	12	13	14	15	16	17	18	19	20	21	22	23	24	25	26	27	28	29	30	—	5	13
	12	31	11	2	3	4	5	6	7	8	9	10	11	12	13	14	15	16	17	18	19	20	21	22	23	24	25	26	27	28	29	6	42

年序 Year	陰曆月序 Moon	陰曆日序 Order of days (Lunar) 1	2	3	4	5	6	7	8	9	10	11	12	13	14	15	16	17	18	19	20	21	22	23	24	25	26	27	28	29	30	星期 Week	干支 Cycle
成化17辛丑 1481–82	26 1	30	31	21	2	3	4	5	6	7	8	9	10	11	12	13	14	15	16	17	18	19	20	21	22	23	24	25	26	27	—	1	12
	2	28	31	2	3	4	5	6	7	8	9	10	11	12	13	14	15	16	17	18	19	20	21	22	23	24	25	26	27	28	29	2	41
	3	30	31	41	2	3	4	5	6	7	8	9	10	11	12	13	14	15	16	17	18	19	20	21	22	23	24	25	26	27	28	4	11
	4	29	30	51	2	3	4	5	6	7	8	9	10	11	12	13	14	15	16	17	18	19	20	21	22	23	24	25	26	27	28	6	41
	5	29	30	31	61	2	3	4	5	6	7	8	9	10	11	12	13	14	15	16	17	18	19	20	21	22	23	24	25	26	—	1	11
	6	27	28	29	30	71	2	3	4	5	6	7	8	9	10	11	12	13	14	15	16	17	18	19	20	21	22	23	24	25	26	2	40
	7	27	28	29	30	31	81	2	3	4	5	6	7	8	9	10	11	12	13	14	15	16	17	18	19	20	21	22	23	24	—	4	10
	8	25	26	27	28	29	30	31	91	2	3	4	5	6	7	8	9	10	11	12	13	14	15	16	17	18	19	20	21	22	—	5	39
	9	23	24	25	26	27	28	29	30	01	2	3	4	5	6	7	8	9	10	11	12	13	14	15	16	17	18	19	20	21	22	6	8
	10	23	24	25	26	27	28	29	30	31	N1	2	3	4	5	6	7	8	9	10	11	12	13	14	15	16	17	18	19	20	—	1	38
	11	21	22	23	24	25	26	27	28	29	30	D1	2	3	4	5	6	7	8	9	10	11	12	13	14	15	16	17	18	19	20	2	7
	12	21	22	23	24	25	26	27	28	29	30	31	11	2	3	4	5	6	7	8	9	10	11	12	13	14	15	16	17	18	—	4	37
成化18壬寅 1482–83	38 1	19	20	21	22	23	24	25	26	27	28	29	30	31	21	2	3	4	5	6	7	8	9	10	11	12	13	14	15	16	17	5	6
	2	18	19	20	21	22	23	24	25	26	27	28	31	2	3	4	5	6	7	8	9	10	11	12	13	14	15	16	17	18	—	0	36
	3	19	20	21	22	23	24	25	26	27	28	29	30	31	41	2	3	4	5	6	7	8	9	10	11	12	13	14	15	16	17	1	5
	4	18	19	20	21	22	23	24	25	26	27	28	29	30	51	2	3	4	5	6	7	8	9	10	11	12	13	14	15	16	17	3	35
	5	18	19	20	21	22	23	24	25	26	27	28	29	30	31	61	2	3	4	5	6	7	8	9	10	11	12	13	14	15	—	5	5
	6	16	17	18	19	20	21	22	23	24	25	26	27	28	29	30	71	2	3	4	5	6	7	8	9	10	11	12	13	14	15	6	34
	7	16	17	18	19	20	21	22	23	24	25	26	27	28	29	30	31	81	2	3	4	5	6	7	8	9	10	11	12	13	—	1	4
	8	14	15	16	17	18	19	20	21	22	23	24	25	26	27	28	29	30	31	91	2	3	4	5	6	7	8	9	10	11	12	2	33
	8	13	14	15	16	17	18	19	20	21	22	23	24	25	26	27	28	29	30	01	2	3	4	5	6	7	8	9	10	11	—	4	3
	9	12	13	14	15	16	17	18	19	20	21	22	23	24	25	26	27	28	29	30	31	N1	2	3	4	5	6	7	8	9	10	5	32
	10	11	12	13	14	15	16	17	18	19	20	21	22	23	24	25	26	27	28	29	30	D1	2	3	4	5	6	7	8	9	—	0	2
	11	10	11	12	13	14	15	16	17	18	19	20	21	22	23	24	25	26	27	28	29	30	31	11	2	3	4	5	6	7	8	1	31
	12	9	10	11	12	13	14	15	16	17	18	19	20	21	22	23	24	25	26	27	28	29	30	31	21	2	3	4	5	6	—	3	1
成化19癸卯 1483–84	50 1	7	8	9	10	11	12	13	14	15	16	17	18	19	20	21	22	23	24	25	26	27	28	31	2	3	4	5	6	7	8	4	30
	2	9	10	11	12	13	14	15	16	17	18	19	20	21	22	23	24	25	26	27	28	29	30	31	41	2	3	4	5	6	—	6	0
	3	7	8	9	10	11	12	13	14	15	16	17	18	19	20	21	22	23	24	25	26	27	28	29	30	51	2	3	4	5	6	0	29
	4	7	8	9	10	11	12	13	14	15	16	17	18	19	20	21	22	23	24	25	26	27	28	29	30	31	61	2	3	4	—	2	59
	5	5	6	7	8	9	10	11	12	13	14	15	16	17	18	19	20	21	22	23	24	25	26	27	28	29	30	71	2	3	4	3	28
	6	5	6	7	8	9	10	11	12	13	14	15	16	17	18	19	20	21	22	23	24	25	26	27	28	29	30	31	81	2	—	5	58
	7	3	4	5	6	7	8	9	10	11	12	13	14	15	16	17	18	19	20	21	22	23	24	25	26	27	28	29	30	31	91	6	27
	8	2	3	4	5	6	7	8	9	10	11	12	13	14	15	16	17	18	19	20	21	22	23	24	25	26	27	28	29	30	01	1	57
	9	2	3	4	5	6	7	8	9	10	11	12	13	14	15	16	17	18	19	20	21	22	23	24	25	26	27	28	29	30	—	3	27
	10	31	N1	2	3	4	5	6	7	8	9	10	11	12	13	14	15	16	17	18	19	20	21	22	23	24	25	26	27	28	29	4	56
	11	30	D1	2	3	4	5	6	7	8	9	10	11	12	13	14	15	16	17	18	19	20	21	22	23	24	25	26	27	28	29	6	26
	12	30	31	11	2	3	4	5	6	7	8	9	10	11	12	13	14	15	16	17	18	19	20	21	22	23	24	25	26	27	—	1	56
成化20甲辰 1484–85	2 1	28	29	30	31	21	2	3	4	5	6	7	8	9	10	11	12	13	14	15	16	17	18	19	20	21	22	23	24	25	—	2	25
	2	26	27	28	29	31	2	3	4	5	6	7	8	9	10	11	12	13	14	15	16	17	18	19	20	21	22	23	24	25	26	3	54
	3	27	28	29	30	31	41	2	3	4	5	6	7	8	9	10	11	12	13	14	15	16	17	18	19	20	21	22	23	24	—	5	24
	4	25	26	27	28	29	30	51	2	3	4	5	6	7	8	9	10	11	12	13	14	15	16	17	18	19	20	21	22	23	24	6	53
	5	25	26	27	28	29	30	31	61	2	3	4	5	6	7	8	9	10	11	12	13	14	15	16	17	18	19	20	21	22	—	1	23
	6	23	24	25	26	27	28	29	30	71	2	3	4	5	6	7	8	9	10	11	12	13	14	15	16	17	18	19	20	21	—	2	52
	7	22	23	24	25	26	27	28	29	30	31	81	2	3	4	5	6	7	8	9	10	11	12	13	14	15	16	17	18	19	20	3	21
	8	21	22	23	24	25	26	27	28	29	30	31	91	2	3	4	5	6	7	8	9	10	11	12	13	14	15	16	17	18	19	5	51
	9	20	21	22	23	24	25	26	27	28	29	30	01	2	3	4	5	6	7	8	9	10	11	12	13	14	15	16	17	18	19	0	21
	10	20	21	22	23	24	25	26	27	28	29	30	31	N1	2	3	4	5	6	7	8	9	10	11	12	13	14	15	16	17	—	2	51
	11	18	19	20	21	22	23	24	25	26	27	28	29	30	D1	2	3	4	5	6	7	8	9	10	11	12	13	14	15	16	17	3	20
	12	18	19	20	21	22	23	24	25	26	27	28	29	30	31	11	2	3	4	5	6	7	8	9	10	11	12	13	14	15	16	5	50
成化21乙巳 1485–86	14 1	17	18	19	20	21	22	23	24	25	26	27	28	29	30	31	21	2	3	4	5	6	7	8	9	10	11	12	13	14	—	0	20
	2	15	16	17	18	19	20	21	22	23	24	25	26	27	28	31	2	3	4	5	6	7	8	9	10	11	12	13	14	15	—	1	49
	3	16	17	18	19	20	21	22	23	24	25	26	27	28	29	30	31	41	2	3	4	5	6	7	8	9	10	11	12	13	14	2	18
	4	15	16	17	18	19	20	21	22	23	24	25	26	27	28	29	30	51	2	3	4	5	6	7	8	9	10	11	12	13	—	4	48
	4	14	15	16	17	18	19	20	21	22	23	24	25	26	27	28	29	30	31	61	2	3	4	5	6	7	8	9	10	11	—	5	17
	5	12	13	14	15	16	17	18	19	20	21	22	23	24	25	26	27	28	29	30	71	2	3	4	5	6	7	8	9	10	11	6	46
	6	12	13	14	15	16	17	18	19	20	21	22	23	24	25	26	27	28	29	30	31	81	2	3	4	5	6	7	8	9	—	1	16
	7	10	11	12	13	14	15	16	17	18	19	20	21	22	23	24	25	26	27	28	29	30	31	91	2	3	4	5	6	7	8	2	45
	8	9	10	11	12	13	14	15	16	17	18	19	20	21	22	23	24	25	26	27	28	29	30	01	2	3	4	5	6	7	8	4	15
	9	9	10	11	12	13	14	15	16	17	18	19	20	21	22	23	24	25	26	27	28	29	30	31	N1	2	3	4	5	6	—	6	45
	10	7	8	9	10	11	12	13	14	15	16	17	18	19	20	21	22	23	24	25	26	27	28	29	30	D1	2	3	4	5	6	0	14
	11	7	8	9	10	11	12	13	14	15	16	17	18	19	20	21	22	23	24	25	26	27	28	29	30	31	11	2	3	4	5	2	44
	12	6	7	8	9	10	11	12	13	14	15	16	17	18	19	20	21	22	23	24	25	26	27	28	29	30	31	21	2	3	4	4	14

年序 Year	陰歷月序 Moon	陰曆日序 Order of days (Lunar)																														星期 Week	干支 Cycle
		1	2	3	4	5	6	7	8	9	10	11	12	13	14	15	16	17	18	19	20	21	22	23	24	25	26	27	28	29	30		
成化22丙午 1486–87	26 1	5	6	7	8	9	10	11	12	13	14	15	16	17	18	19	20	21	22	23	24	25	26	27	28	**31**	2	3	4	5	—	6	44
	2	6	7	8	9	10	11	12	13	14	15	16	17	18	19	20	21	22	23	24	25	26	27	28	29	30	31	**41**	2	3	—	0	13
	3	4	5	6	7	8	9	10	11	12	13	14	15	16	17	18	19	20	21	22	23	24	25	26	27	28	29	30	**51**	2	3	1	42
	4	4	5	6	7	8	9	10	11	12	13	14	15	16	17	18	19	20	21	22	23	24	25	26	27	28	29	30	31	**61**	—	3	12
	5	2	3	4	5	6	7	8	9	10	11	12	13	14	15	16	17	18	19	20	21	22	23	24	25	26	27	28	29	30	—	4	41
	6	**71**	2	3	4	5	6	7	8	9	10	11	12	13	14	15	16	17	18	19	20	21	22	23	24	25	26	27	28	29	30	5	10
	7	31	**81**	2	3	4	5	6	7	8	9	10	11	12	13	14	15	16	17	18	19	20	21	22	23	24	25	26	27	28	—	0	40
	8	29	30	31	**91**	2	3	4	5	6	7	8	9	10	11	12	13	14	15	16	17	18	19	20	21	22	23	24	25	26	27	1	9
	9	28	29	30	**01**	2	3	4	5	6	7	8	9	10	11	12	13	14	15	16	17	18	19	20	21	22	23	24	25	26	—	3	39
	10	27	28	29	30	31	**N1**	2	3	4	5	6	7	8	9	10	11	12	13	14	15	16	17	18	19	20	21	22	23	24	25	4	8
	11	26	27	28	29	30	**D1**	2	3	4	5	6	7	8	9	10	11	12	13	14	15	16	17	18	19	20	21	22	23	24	25	6	38
	12	26	27	28	29	30	31	**11**	2	3	4	5	6	7	8	9	10	11	12	13	14	15	16	17	18	19	20	21	22	23	24	1	8
成化23丁未 1487–88	38 1	25	26	27	28	29	30	31	**21**	2	3	4	5	6	7	8	9	10	11	12	13	14	15	16	17	18	19	20	21	22	—	3	38
	2	23	24	25	26	27	28	**31**	2	3	4	5	6	7	8	9	10	11	12	13	14	15	16	17	18	19	20	21	22	23	24	4	7
	3	25	26	27	28	29	30	31	**41**	2	3	4	5	6	7	8	9	10	11	12	13	14	15	16	17	18	19	20	21	22	—	6	37
	4	23	24	25	26	27	28	29	30	**51**	2	3	4	5	6	7	8	9	10	11	12	13	14	15	16	17	18	19	20	21	22	0	6
	5	23	24	25	26	27	28	29	30	31	**61**	2	3	4	5	6	7	8	9	10	11	12	13	14	15	16	17	18	19	20	—	2	36
	6	21	22	23	24	25	26	27	28	29	30	**71**	2	3	4	5	6	7	8	9	10	11	12	13	14	15	16	17	18	19	—	3	5
	7	20	21	22	23	24	25	26	27	28	29	30	31	**81**	2	3	4	5	6	7	8	9	10	11	12	13	14	15	16	17	18	4	34
	8	19	20	21	22	23	24	25	26	27	28	29	30	31	**91**	2	3	4	5	6	7	8	9	10	11	12	13	14	15	16	—	6	4
	9	17	18	19	20	21	22	23	24	25	26	27	28	29	30	**01**	2	3	4	5	6	7	8	9	10	11	12	13	14	15	16	0	33
	10	17	18	19	20	21	22	23	24	25	26	27	28	29	30	31	**N1**	2	3	4	5	6	7	8	9	10	11	12	13	14	—	2	3
	11	15	16	17	18	19	20	21	22	23	24	25	26	27	28	29	30	**D1**	2	3	4	5	6	7	8	9	10	11	12	13	14	3	32
	12	15	16	17	18	19	20	21	22	23	24	25	26	27	28	29	30	31	**11**	2	3	4	5	6	7	8	9	10	11	12	13	5	2
孝宗弘治1戊申 1488–89	50 1	14	15	16	17	18	19	20	21	22	23	24	25	26	27	28	29	30	31	**21**	2	3	4	5	6	7	8	9	10	11	12	0	32
	1	13	14	15	16	17	18	19	20	21	22	23	24	25	26	27	28	29	**31**	2	3	4	5	6	7	8	9	10	11	12	—	2	2
	2	13	14	15	16	17	18	19	20	21	22	23	24	25	26	27	28	29	30	31	**41**	2	3	4	5	6	7	8	9	10	11	3	31
	3	12	13	14	15	16	17	18	19	20	21	22	23	24	25	26	27	28	29	30	**51**	2	3	4	5	6	7	8	9	10	—	5	1
	4	11	12	13	14	15	16	17	18	19	20	21	22	23	24	25	26	27	28	29	30	31	**61**	2	3	4	5	6	7	8	9	6	30
	5	10	11	12	13	14	15	16	17	18	19	20	21	22	23	24	25	26	27	28	29	30	**71**	2	3	4	5	6	7	8	—	1	0
	6	9	10	11	12	13	14	15	16	17	18	19	20	21	22	23	24	25	26	27	28	29	30	31	**81**	2	3	4	5	6	—	2	29
	7	7	8	9	10	11	12	13	14	15	16	17	18	19	20	21	22	23	24	25	26	27	28	29	30	31	**91**	2	3	4	5	3	58
	8	6	7	8	9	10	11	12	13	14	15	16	17	18	19	20	21	22	23	24	25	26	27	28	29	30	**01**	2	3	4	—	5	28
	9	5	6	7	8	9	10	11	12	13	14	15	16	17	18	19	20	21	22	23	24	25	26	27	28	29	30	31	**N1**	2	3	6	57
	10	4	5	6	7	8	9	10	11	12	13	14	15	16	17	18	19	20	21	22	23	24	25	26	27	28	29	30	**D1**	2	—	1	27
	11	3	4	5	6	7	8	9	10	11	12	13	14	15	16	17	18	19	20	21	22	23	24	25	26	27	28	29	30	31	**11**	2	56
	12	2	3	4	5	6	7	8	9	10	11	12	13	14	15	16	17	18	19	20	21	22	23	24	25	26	27	28	29	30	31	4	26
弘治2己酉 1489–90	2 1	**21**	2	3	4	5	6	7	8	9	10	11	12	13	14	15	16	17	18	19	20	21	22	23	24	25	26	27	28	**31**	—	6	56
	2	2	3	4	5	6	7	8	9	10	11	12	13	14	15	16	17	18	19	20	21	22	23	24	25	26	27	28	29	30	31	0	25
	3	**41**	2	3	4	5	6	7	8	9	10	11	12	13	14	15	16	17	18	19	20	21	22	23	24	25	26	27	28	29	30	2	55
	4	**51**	2	3	4	5	6	7	8	9	10	11	12	13	14	15	16	17	18	19	20	21	22	23	24	25	26	27	28	29	—	4	25
	5	30	31	**61**	2	3	4	5	6	7	8	9	10	11	12	13	14	15	16	17	18	19	20	21	22	23	24	25	26	27	28	5	54
	6	29	30	**71**	2	3	4	5	6	7	8	9	10	11	12	13	14	15	16	17	18	19	20	21	22	23	24	25	26	27	—	0	24
	7	28	29	30	31	**81**	2	3	4	5	6	7	8	9	10	11	12	13	14	15	16	17	18	19	20	21	22	23	24	25	—	1	53
	8	26	27	28	29	30	31	**91**	2	3	4	5	6	7	8	9	10	11	12	13	14	15	16	17	18	19	20	21	22	23	24	2	22
	9	25	26	27	28	29	30	**01**	2	3	4	5	6	7	8	9	10	11	12	13	14	15	16	17	18	19	20	21	22	23	—	4	52
	10	24	25	26	27	28	29	30	31	**N1**	2	3	4	5	6	7	8	9	10	11	12	13	14	15	16	17	18	19	20	21	22	5	21
	11	23	24	25	26	27	28	29	30	**D1**	2	3	4	5	6	7	8	9	10	11	12	13	14	15	16	17	18	19	20	21	—	0	51
	12	22	23	24	25	26	27	28	29	30	31	**11**	2	3	4	5	6	7	8	9	10	11	12	13	14	15	16	17	18	19	20	1	20
弘治3庚戌 1490–91	14 1	21	22	23	24	25	26	27	28	29	30	31	**21**	2	3	4	5	6	7	8	9	10	11	12	13	14	15	16	17	18	—	3	50
	2	19	20	21	22	23	24	25	26	27	28	**31**	2	3	4	5	6	7	8	9	10	11	12	13	14	15	16	17	18	19	20	4	19
	3	21	22	23	24	25	26	27	28	29	30	31	**41**	2	3	4	5	6	7	8	9	10	11	12	13	14	15	16	17	18	19	6	49
	4	20	21	22	23	24	25	26	27	28	29	30	**51**	2	3	4	5	6	7	8	9	10	11	12	13	14	15	16	17	18	—	1	19
	5	19	20	21	22	23	24	25	26	27	28	29	30	31	**61**	2	3	4	5	6	7	8	9	10	11	12	13	14	15	16	17	2	48
	6	18	19	20	21	22	23	24	25	26	27	28	29	30	**71**	2	3	4	5	6	7	8	9	10	11	12	13	14	15	16	—	4	18
	7	17	18	19	20	21	22	23	24	25	26	27	28	29	30	31	**81**	2	3	4	5	6	7	8	9	10	11	12	13	14	15	5	47
	8	16	17	18	19	20	21	22	23	24	25	26	27	28	29	30	31	**91**	2	3	4	5	6	7	8	9	10	11	12	13	—	0	17
	9	14	15	16	17	18	19	20	21	22	23	24	25	26	27	28	29	30	**01**	2	3	4	5	6	7	8	9	10	11	12	13	1	46
	9	14	15	16	17	18	19	20	21	22	23	24	25	26	27	28	29	30	31	**N1**	2	3	4	5	6	7	8	9	10	11	—	3	16
	10	12	13	14	15	16	17	18	19	20	21	22	23	24	25	26	27	28	29	30	**D1**	2	3	4	5	6	7	8	9	10	11	4	45
	11	12	13	14	15	16	17	18	19	20	21	22	23	24	25	26	27	28	29	30	31	**11**	2	3	4	5	6	7	8	9	—	6	15
	12	10	11	12	13	14	15	16	17	18	19	20	21	22	23	24	25	26	27	28	29	30	31	**21**	2	3	4	5	6	7	8	0	44

年序 Year	陰曆月序 Moon	陰曆日序 Order of days (Lunar) 1 2 3 4 5	6 7 8 9 10	11 12 13 14 15	16 17 18 19 20	21 22 23 24 25	26 27 28 29 30	星期 Week	干支 Cycle
弘治4辛亥 1491–92	26 1	9 10 11 12 13	14 15 16 17 18	19 20 21 22 23	24 25 26 27 28	31 2 3 4 5	6 7 8 9 —	2	14
	2	10 11 12 13 14	15 16 17 18 19	20 21 22 23 24	25 26 27 28 29	30 31 41 2 3	4 5 6 7 8	3	43
	3	9 10 11 12 13	14 15 16 17 18	19 20 21 22 23	24 25 26 27 28	29 30 51 2 3	4 5 6 7 —	5	13
	4	8 9 10 11 12	13 14 15 16 17	18 19 20 21 22	23 24 25 26 27	28 29 30 31 61	2 3 4 5 6	6	42
	5	7 8 9 10 11	12 13 14 15 16	17 18 19 20 21	22 23 24 25 26	27 28 29 30 71	2 3 4 5 6	1	12
	6	7 8 9 10 11	12 13 14 15 16	17 18 19 20 21	22 23 24 25 26	27 28 29 30 31	81 2 3 4 —	3	42
	7	5 6 7 8 9	10 11 12 13 14	15 16 17 18 19	20 21 22 23 24	25 26 27 28 29	30 31 91 2 3	4	11
	8	4 5 6 7 8	9 10 11 12 13	14 15 16 17 18	19 20 21 22 23	24 25 26 27 28	29 30 01 2 —	6	41
	9	3 4 5 6 7	8 9 10 11 12	13 14 15 16 17	18 19 20 21 22	23 24 25 26 27	28 29 30 31 N1	0	10
	10	2 3 4 5 6	7 8 9 10 11	12 13 14 15 16	17 18 19 20 21	22 23 24 25 26	27 28 29 30 —	2	40
	11	D1 2 3 4 5	6 7 8 9 10	11 12 13 14 15	16 17 18 19 20	21 22 23 24 25	26 27 28 29 30	3	9
	12	31 11 2 3 4	5 6 7 8 9	10 11 12 13 14	15 16 17 18 19	20 21 22 23 24	25 26 27 28 —	5	39
弘治5壬子 1492–93	38 1	29 30 31 21 2	3 4 5 6 7	8 9 10 11 12	13 14 15 16 17	18 19 20 21 22	23 24 25 26 27	6	8
	2	28 29 31 2 3	4 5 6 7 8	9 10 11 12 13	14 15 16 17 18	19 20 21 22 23	24 25 26 27 —	1	38
	3	28 29 30 31 41	2 3 4 5 6	7 8 9 10 11	12 13 14 15 16	17 18 19 20 21	22 23 24 25 26	2	7
	4	27 28 29 30 51	2 3 4 5 6	7 8 9 10 11	12 13 14 15 16	17 18 19 20 21	22 23 24 25 —	4	37
	5	26 27 28 29 30	31 61 2 3 4	5 6 7 8 9	10 11 12 13 14	15 16 17 18 19	20 21 22 23 24	5	6
	6	25 26 27 28 29	30 71 2 3 4	5 6 7 8 9	10 11 12 13 14	15 16 17 18 19	20 21 22 23 —	0	36
	7	24 25 26 27 28	29 30 31 81 2	3 4 5 6 7	8 9 10 11 12	13 14 15 16 17	18 19 20 21 22	1	5
	8	23 24 25 26 27	28 29 30 31 91	2 3 4 5 6	7 8 9 10 11	12 13 14 15 16	17 18 19 20 21	3	35
	9	22 23 24 25 26	27 28 29 30 01	2 3 4 5 6	7 8 9 10 11	12 13 14 15 16	17 18 19 20 —	5	5
	10	21 22 23 24 25	26 27 28 29 30	31 N1 2 3 4	5 6 7 8 9	10 11 12 13 14	15 16 17 18 19	6	34
	11	20 21 22 23 24	25 26 27 28 29	30 D1 2 3 4	5 6 7 8 9	10 11 12 13 14	15 16 17 18 —	1	4
	12	19 20 21 22 23	24 25 26 27 28	29 30 31 11 2	3 4 5 6 7	8 9 10 11 12	13 14 15 16 17	2	33
弘治6癸丑 1493–94	50 1	18 19 20 21 22	23 24 25 26 27	28 29 30 31 21	2 3 4 5 6	7 8 9 10 11	12 13 14 15 —	4	3
	2	16 17 18 19 20	21 22 23 24 25	26 27 28 31 2	3 4 5 6 7	8 9 10 11 12	13 14 15 16 17	5	32
	3	18 19 20 21 22	23 24 25 26 27	28 29 30 31 41	2 3 4 5 6	7 8 9 10 11	12 13 14 15 —	0	2
	4	16 17 18 19 20	21 22 23 24 25	26 27 28 29 30	51 2 3 4 5	6 7 8 9 10	11 12 13 14 —	1	31
	5	15 16 17 18 19	20 21 22 23 24	25 26 27 28 29	30 31 61 2 3	4 5 6 7 8	9 10 11 12 13	2	0
	5	14 15 16 17 18	19 20 21 22 23	24 25 26 27 28	29 30 71 2 3	4 5 6 7 8	9 10 11 12 —	4	30
	6	13 14 15 16 17	18 19 20 21 22	23 24 25 26 27	28 29 30 31 81	2 3 4 5 6	7 8 9 10 11	5	59
	7	12 13 14 15 16	17 18 19 20 21	22 23 24 25 26	27 28 29 30 31	91 2 3 4 5	6 7 8 9 10	0	29
	8	11 12 13 14 15	16 17 18 19 20	21 22 23 24 25	26 27 28 29 30	01 2 3 4 5	6 7 8 9 —	2	59
	9	10 11 12 13 14	15 16 17 18 19	20 21 22 23 24	25 26 27 28 29	30 31 N1 2 3	4 5 6 7 8	3	28
	10	9 10 11 12 13	14 15 16 17 18	19 20 21 22 23	24 25 26 27 28	29 30 D1 2 3	4 5 6 7 8	5	58
	11	9 10 11 12 13	14 15 16 17 18	19 20 21 22 23	24 25 26 27 28	29 30 31 11 2	3 4 5 6 —	0	28
	12	7 8 9 10 11	12 13 14 15 16	17 18 19 20 21	22 23 24 25 26	27 28 29 30 31	21 2 3 4 5	1	57
弘治7甲寅 1494–95	2 1	6 7 8 9 10	11 12 13 14 15	16 17 18 19 20	21 22 23 24 25	26 27 28 31 2	3 4 5 6 —	3	27
	2	7 8 9 10 11	12 13 14 15 16	17 18 19 20 21	22 23 24 25 26	27 28 29 30 31	41 2 3 4 5	4	56
	3	6 7 8 9 10	11 12 13 14 15	16 17 18 19 20	21 22 23 24 25	26 27 28 29 30	51 2 3 4 —	6	26
	4	5 6 7 8 9	10 11 12 13 14	15 16 17 18 19	20 21 22 23 24	25 26 27 28 29	30 31 61 2 —	0	55
	5	3 4 5 6 7	8 9 10 11 12	13 14 15 16 17	18 19 20 21 22	23 24 25 26 27	28 29 30 71 2	1	24
	6	3 4 5 6 7	8 9 10 11 12	13 14 15 16 17	18 19 20 21 22	23 24 25 26 27	28 29 30 31 —	3	54
	7	81 2 3 4 5	6 7 8 9 10	11 12 13 14 15	16 17 18 19 20	21 22 23 24 25	26 27 28 29 30	4	23
	8	31 91 2 3 4	5 6 7 8 9	10 11 12 13 14	15 16 17 18 19	20 21 22 23 24	25 26 27 28 —	6	53
	9	29 30 01 2 3	4 5 6 7 8	9 10 11 12 13	14 15 16 17 18	19 20 21 22 23	24 25 26 27 28	0	22
	10	29 30 31 N1 2	3 4 5 6 7	8 9 10 11 12	13 14 15 16 17	18 19 20 21 22	23 24 25 26 27	2	52
	11	28 29 30 D1 2	3 4 5 6 7	8 9 10 11 12	13 14 15 16 17	18 19 20 21 22	23 24 25 26 27	4	22
	12	28 29 30 31 11	2 3 4 5 6	7 8 9 10 11	12 13 14 15 16	17 18 19 20 21	22 23 24 25 —	6	52
弘治8乙卯 1495–96	14 1	26 27 28 29 30	31 21 2 3 4	5 6 7 8 9	10 11 12 13 14	15 16 17 18 19	20 21 22 23 24	0	21
	2	25 26 27 28 31	2 3 4 5 6	7 8 9 10 11	12 13 14 15 16	17 18 19 20 21	22 23 24 25 —	2	51
	3	26 27 28 29 30	31 41 2 3 4	5 6 7 8 9	10 11 12 13 14	15 16 17 18 19	20 21 22 23 24	3	20
	4	25 26 27 28 29	30 51 2 3 4	5 6 7 8 9	10 11 12 13 14	15 16 17 18 19	20 21 22 23 —	5	50
	5	24 25 26 27 28	29 30 31 61 2	3 4 5 6 7	8 9 10 11 12	13 14 15 16 17	18 19 20 21 —	6	19
	6	22 23 24 25 26	27 28 29 30 71	2 3 4 5 6	7 8 9 10 11	12 13 14 15 16	17 18 19 20 —	0	48
	7	21 22 23 24 25	26 27 28 29 30	31 81 2 3 4	5 6 7 8 9	10 11 12 13 14	15 16 17 18 19	1	17
	8	20 21 22 23 24	25 26 27 28 29	30 31 91 2 3	4 5 6 7 8	9 10 11 12 13	14 15 16 17 18	3	47
	9	19 20 21 22 23	24 25 26 27 28	29 30 01 2 3	4 5 6 7 8	9 10 11 12 13	14 15 16 17 —	5	17
	10	18 19 20 21 22	23 24 25 26 27	28 29 30 31 N1	2 3 4 5 6	7 8 9 10 11	12 13 14 15 16	6	46
	11	17 18 19 20 21	22 23 24 25 26	27 28 29 30 D1	2 3 4 5 6	7 8 9 10 11	12 13 14 15 16	1	16
	12	17 18 19 20 21	22 23 24 25 26	27 28 29 30 31	11 2 3 4 5	6 7 8 9 10	11 12 13 14 15	3	46

年序 Year	陰曆月序 Moon		陰曆日序 Order of days (Lunar)																														星期 Week	干支 Cycle
			1	2	3	4	5	6	7	8	9	10	11	12	13	14	15	16	17	18	19	20	21	22	23	24	25	26	27	28	29	30		
弘治9丙辰 1496–97	26	1	16	17	18	19	20	21	22	23	24	25	26	27	28	29	30	31	21	2	3	4	5	6	7	8	9	10	11	12	13	—	5	16
		2	14	15	16	17	18	19	20	21	22	23	24	25	26	27	28	29	31	2	3	4	5	6	7	8	9	10	11	12	13	14	6	45
		3	15	16	17	18	19	20	21	22	23	24	25	26	27	28	29	30	31	41	2	3	4	5	6	7	8	9	10	11	12	—	1	15
		3	13	14	15	16	17	18	19	20	21	22	23	24	25	26	27	28	29	30	51	2	3	4	5	6	7	8	9	10	11	12	2	44
		4	13	14	15	16	17	18	19	20	21	22	23	24	25	26	27	28	29	30	31	61	2	3	4	5	6	7	8	9	10	—	4	14
		5	11	12	13	14	15	16	17	18	19	20	21	22	23	24	25	26	27	28	29	30	71	2	3	4	5	6	7	8	9	—	5	43
		6	10	11	12	13	14	15	16	17	18	19	20	21	22	23	24	25	26	27	28	29	30	31	81	2	3	4	5	6	7	8	6	12
		7	9	10	11	12	13	14	15	16	17	18	19	20	21	22	23	24	25	26	27	28	29	30	31	91	2	3	4	5	6	—	1	42
		8	7	8	9	10	11	12	13	14	15	16	17	18	19	20	21	22	23	24	25	26	27	28	29	30	01	2	3	4	5	—	2	11
		9	6	7	8	9	10	11	12	13	14	15	16	17	18	19	20	21	22	23	24	25	26	27	28	29	30	31	N1	2	3	4	3	40
		10	5	6	7	8	9	10	11	12	13	14	15	16	17	18	19	20	21	22	23	24	25	26	27	28	29	30	D1	2	3	4	5	10
		11	5	6	7	8	9	10	11	12	13	14	15	16	17	18	19	20	21	22	23	24	25	26	27	28	29	30	31	11	2	3	0	40
		12	4	5	6	7	8	9	10	11	12	13	14	15	16	17	18	19	20	21	22	23	24	25	26	27	28	29	30	31	21	—	2	10
弘治10丁巳 1497–98	38	1	2	3	4	5	6	7	8	9	10	11	12	13	14	15	16	17	18	19	20	21	22	23	24	25	26	27	28	31	2	3	3	39
		2	4	5	6	7	8	9	10	11	12	13	14	15	16	17	18	19	20	21	22	23	24	25	26	27	28	29	30	31	41	2	5	9
		3	3	4	5	6	7	8	9	10	11	12	13	14	15	16	17	18	19	20	21	22	23	24	25	26	27	28	29	30	51	—	0	39
		4	2	3	4	5	6	7	8	9	10	11	12	13	14	15	16	17	18	19	20	21	22	23	24	25	26	27	28	29	30	31	1	8
		5	61	2	3	4	5	6	7	8	9	10	11	12	13	14	15	16	17	18	19	20	21	22	23	24	25	26	27	28	29	—	3	38
		6	30	71	2	3	4	5	6	7	8	9	10	11	12	13	14	15	16	17	18	19	20	21	22	23	24	25	26	27	28	—	4	7
		7	29	30	31	81	2	3	4	5	6	7	8	9	10	11	12	13	14	15	16	17	18	19	20	21	22	23	24	25	26	27	5	36
		8	28	29	30	31	91	2	3	4	5	6	7	8	9	10	11	12	13	14	15	16	17	18	19	20	21	22	23	24	25	—	0	6
		9	26	27	28	29	30	01	2	3	4	5	6	7	8	9	10	11	12	13	14	15	16	17	18	19	20	21	22	23	24	25	1	35
		10	26	27	28	29	30	31	N1	2	3	4	5	6	7	8	9	10	11	12	13	14	15	16	17	18	19	20	21	22	23	—	3	5
		11	24	25	26	27	28	29	30	D1	2	3	4	5	6	7	8	9	10	11	12	13	14	15	16	17	18	19	20	21	22	23	4	34
		12	24	25	26	27	28	29	30	31	11	2	3	4	5	6	7	8	9	10	11	12	13	14	15	16	17	18	19	20	21	—	6	4
弘治11戊午 1498–99	50	1	22	23	24	25	26	27	28	29	30	31	21	2	3	4	5	6	7	8	9	10	11	12	13	14	15	16	17	18	19	20	0	33
		2	21	22	23	24	25	26	27	28	31	2	3	4	5	6	7	8	9	10	11	12	13	14	15	16	17	18	19	20	21	22	2	3
		3	23	24	25	26	27	28	29	30	31	41	2	3	4	5	6	7	8	9	10	11	12	13	14	15	16	17	18	19	20	—	4	33
		4	21	22	23	24	25	26	27	28	29	30	51	2	3	4	5	6	7	8	9	10	11	12	13	14	15	16	17	18	19	20	5	2
		5	21	22	23	24	25	26	27	28	29	30	31	61	2	3	4	5	6	7	8	9	10	11	12	13	14	15	16	17	18	19	0	32
		6	20	21	22	23	24	25	26	27	28	29	30	71	2	3	4	5	6	7	8	9	10	11	12	13	14	15	16	17	18	—	2	2
		7	19	20	21	22	23	24	25	26	27	28	29	30	31	81	2	3	4	5	6	7	8	9	10	11	12	13	14	15	16	—	3	31
		8	17	18	19	20	21	22	23	24	25	26	27	28	29	30	31	91	2	3	4	5	6	7	8	9	10	11	12	13	14	15	4	0
		9	16	17	18	19	20	21	22	23	24	25	26	27	28	29	30	01	2	3	4	5	6	7	8	9	10	11	12	13	14	—	6	30
		10	15	16	17	18	19	20	21	22	23	24	25	26	27	28	29	30	31	N1	2	3	4	5	6	7	8	9	10	11	12	13	0	59
		11	14	15	16	17	18	19	20	21	22	23	24	25	26	27	28	29	30	D1	2	3	4	5	6	7	8	9	10	11	12	—	2	29
		11	13	14	15	16	17	18	19	20	21	22	23	24	25	26	27	28	29	30	31	11	2	3	4	5	6	7	8	9	10	11	3	58
		12	12	13	14	15	16	17	18	19	20	21	22	23	24	25	26	27	28	29	30	31	21	2	3	4	5	6	7	8	9	—	5	28
弘治12己未 1499–1500	2	1	10	11	12	13	14	15	16	17	18	19	20	21	22	23	24	25	26	27	28	31	2	3	4	5	6	7	8	9	10	11	6	57
		2	12	13	14	15	16	17	18	19	20	21	22	23	24	25	26	27	28	29	30	31	41	2	3	4	5	6	7	8	9	—	1	27
		3	10	11	12	13	14	15	16	17	18	19	20	21	22	23	24	25	26	27	28	29	30	51	2	3	4	5	6	7	8	9	2	56
		4	10	11	12	13	14	15	16	17	18	19	20	21	22	23	24	25	26	27	28	29	30	31	61	2	3	4	5	6	7	8	4	26
		5	9	10	11	12	13	14	15	16	17	18	19	20	21	22	23	24	25	26	27	28	29	30	71	2	3	4	5	6	7	—	6	56
		6	8	9	10	11	12	13	14	15	16	17	18	19	20	21	22	23	24	25	26	27	28	29	30	31	81	2	3	4	5	6	0	25
		7	7	8	9	10	11	12	13	14	15	16	17	18	19	20	21	22	23	24	25	26	27	28	29	30	31	91	2	3	4	—	2	55
		8	5	6	7	8	9	10	11	12	13	14	15	16	17	18	19	20	21	22	23	24	25	26	27	28	29	30	01	2	3	4	3	24
		9	5	6	7	8	9	10	11	12	13	14	15	16	17	18	19	20	21	22	23	24	25	26	27	28	29	30	31	N1	2	—	5	54
		10	3	4	5	6	7	8	9	10	11	12	13	14	15	16	17	18	19	20	21	22	23	24	25	26	27	28	29	30	D1	2	6	23
		11	3	4	5	6	7	8	9	10	11	12	13	14	15	16	17	18	19	20	21	22	23	24	25	26	27	28	29	30	31	—	1	53
		12	11	2	3	4	5	6	7	8	9	10	11	12	13	14	15	16	17	18	19	20	21	22	23	24	25	26	27	28	29	30	2	22
弘治13庚申 1500–01	14	1	31	21	2	3	4	5	6	7	8	9	10	11	12	13	14	15	16	17	18	19	20	21	22	23	24	25	26	27	28	—	4	52
		2	29	31	2	3	4	5	6	7	8	9	10	11	12	13	14	15	16	17	18	19	20	21	22	23	24	25	26	27	28	29	5	21
		3	30	31	41	2	3	4	5	6	7	8	9	10	11	12	13	14	15	16	17	18	19	20	21	22	23	24	25	26	27	—	0	51
		4	28	29	30	51	2	3	4	5	6	7	8	9	10	11	12	13	14	15	16	17	18	19	20	21	22	23	24	25	26	27	1	20
		5	28	29	30	31	61	2	3	4	5	6	7	8	9	10	11	12	13	14	15	16	17	18	19	20	21	22	23	24	25	—	3	50
		6	26	27	28	29	30	71	2	3	4	5	6	7	8	9	10	11	12	13	14	15	16	17	18	19	20	21	22	23	24	25	4	19
		7	26	27	28	29	30	31	81	2	3	4	5	6	7	8	9	10	11	12	13	14	15	16	17	18	19	20	21	22	23	24	6	49
		8	25	26	27	28	29	30	31	91	2	3	4	5	6	7	8	9	10	11	12	13	14	15	16	17	18	19	20	21	22	—	1	19
		9	23	24	25	26	27	28	29	30	01	2	3	4	5	6	7	8	9	10	11	12	13	14	15	16	17	18	19	20	21	22	2	48
		10	23	24	25	26	27	28	29	30	31	N1	2	3	4	5	6	7	8	9	10	11	12	13	14	15	16	17	18	19	20	—	4	18
		11	21	22	23	24	25	26	27	28	29	30	D1	2	3	4	5	6	7	8	9	10	11	12	13	14	15	16	17	18	19	20	5	47
		12	21	22	23	24	25	26	27	28	29	30	31	11	2	3	4	5	6	7	8	9	10	11	12	13	14	15	16	17	18	—	0	17

年序 Year	陰曆月序 Moon	1	2	3	4	5	6	7	8	9	10	11	12	13	14	15	16	17	18	19	20	21	22	23	24	25	26	27	28	29	30	星期 Week	干支 Cycle
弘治14 辛酉 1501–02	26 1	19	20	21	22	23	24	25	26	27	28	29	30	31	21	2	3	4	5	6	7	8	9	10	11	12	13	14	15	16	17	1	46
	2	18	19	20	21	22	23	24	25	26	27	28	31	2	3	4	5	6	7	8	9	10	11	12	13	14	15	16	17	18	—	3	16
	3	19	20	21	22	23	24	25	26	27	28	29	30	31	41	2	3	4	5	6	7	8	9	10	11	12	13	14	15	16	—	4	45
	4	17	18	19	20	21	22	23	24	25	26	27	28	29	30	51	2	3	4	5	6	7	8	9	10	11	12	13	14	15	16	5	14
	5	17	18	19	20	21	22	23	24	25	26	27	28	29	30	31	61	2	3	4	5	6	7	8	9	10	11	12	13	14	—	0	44
	6	15	16	17	18	19	20	21	22	23	24	25	26	27	28	29	30	71	2	3	4	5	6	7	8	9	10	11	12	13	14	1	13
	7	15	16	17	18	19	20	21	22	23	24	25	26	27	28	29	30	31	81	2	3	4	5	6	7	8	9	10	11	12	13	3	43
	7	14	15	16	17	18	19	20	21	22	23	24	25	26	27	28	29	30	31	91	2	3	4	5	6	7	8	9	10	11	—	5	13
	8	12	13	14	15	16	17	18	19	20	21	22	23	24	25	26	27	28	29	30	01	2	3	4	5	6	7	8	9	10	11	6	42
	9	12	13	14	15	16	17	18	19	20	21	22	23	24	25	26	27	28	29	30	31	N1	2	3	4	5	6	7	8	9	10	1	12
	10	11	12	13	14	15	16	17	18	19	20	21	22	23	24	25	26	27	28	29	30	01	2	3	4	5	6	7	8	9	—	3	42
	11	10	11	12	13	14	15	16	17	18	19	20	21	22	23	24	25	26	27	28	29	30	31	11	2	3	4	5	6	7	8	4	12
	12	9	10	11	12	13	14	15	16	17	18	19	20	21	22	23	24	25	26	27	28	29	30	31	21	2	3	4	5	6	—	6	41
弘治15 壬戌 1502–03	38 1	7	8	9	10	11	12	13	14	15	16	17	18	19	20	21	22	23	24	25	26	27	28	31	2	3	4	5	6	7	8	0	10
	2	9	10	11	12	13	14	15	16	17	18	19	20	21	22	23	24	25	26	27	28	29	30	31	41	2	3	4	5	6	—	2	40
	3	7	8	9	10	11	12	13	14	15	16	17	18	19	20	21	22	23	24	25	26	27	28	29	30	51	2	3	4	5	—	3	9
	4	6	7	8	9	10	11	12	13	14	15	16	17	18	19	20	21	22	23	24	25	26	27	28	29	30	31	61	2	3	4	4	38
	5	5	6	7	8	9	10	11	12	13	14	15	16	17	18	19	20	21	22	23	24	25	26	27	28	29	30	71	2	3	—	6	8
	6	4	5	6	7	8	9	10	11	12	13	14	15	16	17	18	19	20	21	22	23	24	25	26	27	28	29	30	31	81	2	0	37
	7	3	4	5	6	7	8	9	10	11	12	13	14	15	16	17	18	19	20	21	22	23	24	25	26	27	28	29	30	31	—	2	7
	8	91	2	3	4	5	6	7	8	9	10	11	12	13	14	15	16	17	18	19	20	21	22	23	24	25	26	27	28	29	30	3	36
	9	01	2	3	4	5	6	7	8	9	10	11	12	13	14	15	16	17	18	19	20	21	22	23	24	25	26	27	28	29	30	5	6
	10	31	N1	2	3	4	5	6	7	8	9	10	11	12	13	14	15	16	17	18	19	20	21	22	23	24	25	26	27	28	29	0	36
	11	30	D1	2	3	4	5	6	7	8	9	10	11	12	13	14	15	16	17	18	19	20	21	22	23	24	25	26	27	28	—	2	6
	12	29	30	31	11	2	3	4	5	6	7	8	9	10	11	12	13	14	15	16	17	18	19	20	21	22	23	24	25	26	27	3	35
弘治16 癸亥 1503–04	50 1	28	29	30	31	21	2	3	4	5	6	7	8	9	10	11	12	13	14	15	16	17	18	19	20	21	22	23	24	25	—	5	5
	2	26	27	28	31	2	3	4	5	6	7	8	9	10	11	12	13	14	15	16	17	18	19	20	21	22	23	24	25	26	27	6	34
	3	28	29	30	31	41	2	3	4	5	6	7	8	9	10	11	12	13	14	15	16	17	18	19	20	21	22	23	24	25	—	1	4
	4	26	27	28	29	30	51	2	3	4	5	6	7	8	9	10	11	12	13	14	15	16	17	18	19	20	21	22	23	24	—	2	33
	5	25	26	27	28	29	30	31	61	2	3	4	5	6	7	8	9	10	11	12	13	14	15	16	17	18	19	20	21	22	23	3	2
	6	24	25	26	27	28	29	30	71	2	3	4	5	6	7	8	9	10	11	12	13	14	15	16	17	18	19	20	21	22	—	5	32
	7	23	24	25	26	27	28	29	30	31	81	2	3	4	5	6	7	8	9	10	11	12	13	14	15	16	17	18	19	20	21	6	1
	8	22	23	24	25	26	27	28	29	30	31	91	2	3	4	5	6	7	8	9	10	11	12	13	14	15	16	17	18	19	—	1	31
	9	20	21	22	23	24	25	26	27	28	29	30	01	2	3	4	5	6	7	8	9	10	11	12	13	14	15	16	17	18	19	2	0
	10	20	21	22	23	24	25	26	27	28	29	30	31	N1	2	3	4	5	6	7	8	9	10	11	12	13	14	15	16	17	18	4	30
	11	19	20	21	22	23	24	25	26	27	28	29	30	D1	2	3	4	5	6	7	8	9	10	11	12	13	14	15	16	17	18	6	0
	12	19	20	21	22	23	24	25	26	27	28	29	30	31	11	2	3	4	5	6	7	8	9	10	11	12	13	14	15	16	—	1	30
弘治17 甲子 1504–05	2 1	17	18	19	20	21	22	23	24	25	26	27	28	29	30	31	21	2	3	4	5	6	7	8	9	10	11	12	13	14	15	2	59
	2	16	17	18	19	20	21	22	23	24	25	26	27	28	29	31	2	3	4	5	6	7	8	9	10	11	12	13	14	15	—	4	29
	3	16	17	18	19	20	21	22	23	24	25	26	27	28	29	30	31	41	2	3	4	5	6	7	8	9	10	11	12	13	14	5	58
	4	15	16	17	18	19	20	21	22	23	24	25	26	27	28	29	30	51	2	3	4	5	6	7	8	9	10	11	12	13	—	0	28
	4	14	15	16	17	18	19	20	21	22	23	24	25	26	27	28	29	30	31	61	2	3	4	5	6	7	8	9	10	11	—	1	57
	5	12	13	14	15	16	17	18	19	20	21	22	23	24	25	26	27	28	29	30	71	2	3	4	5	6	7	8	9	10	11	2	26
	6	12	13	14	15	16	17	18	19	20	21	22	23	24	25	26	27	28	29	30	31	81	2	3	4	5	6	7	8	9	—	4	56
	7	10	11	12	13	14	15	16	17	18	19	20	21	22	23	24	25	26	27	28	29	30	31	91	2	3	4	5	6	7	—	5	25
	8	8	9	10	11	12	13	14	15	16	17	18	19	20	21	22	23	24	25	26	27	28	29	30	01	2	3	4	5	6	7	6	54
	9	8	9	10	11	12	13	14	15	16	17	18	19	20	21	22	23	24	25	26	27	28	29	30	31	N1	2	3	4	5	6	1	24
	10	7	8	9	10	11	12	13	14	15	16	17	18	19	20	21	22	23	24	25	26	27	28	29	30	D1	2	3	4	5	—	3	54
	11	6	7	8	9	10	11	12	13	14	15	16	17	18	19	20	21	22	23	24	25	26	27	28	29	30	31	11	2	3	4	4	23
	12	5	6	7	8	9	10	11	12	13	14	15	16	17	18	19	20	21	22	23	24	25	26	27	28	29	30	31	21	2	3	6	53
弘治18 乙丑 1505–06	14 1	4	5	6	7	8	9	10	11	12	13	14	15	16	17	18	19	20	21	22	23	24	25	26	27	28	31	2	3	4	5	1	23
	2	6	7	8	9	10	11	12	13	14	15	16	17	18	19	20	21	22	23	24	25	26	27	28	29	30	31	41	2	3	—	3	53
	3	4	5	6	7	8	9	10	11	12	13	14	15	16	17	18	19	20	21	22	23	24	25	26	27	28	29	30	51	2	3	4	22
	4	4	5	6	7	8	9	10	11	12	13	14	15	16	17	18	19	20	21	22	23	24	25	26	27	28	29	30	31	61	—	6	52
	5	2	3	4	5	6	7	8	9	10	11	12	13	14	15	16	17	18	19	20	21	22	23	24	25	26	27	28	29	30	—	0	21
	6	71	2	3	4	5	6	7	8	9	10	11	12	13	14	15	16	17	18	19	20	21	22	23	24	25	26	27	28	29	30	1	50
	7	31	81	2	3	4	5	6	7	8	9	10	11	12	13	14	15	16	17	18	19	20	21	22	23	24	25	26	27	28	—	3	20
	8	29	30	31	91	2	3	4	5	6	7	8	9	10	11	12	13	14	15	16	17	18	19	20	21	22	23	24	25	26	—	4	49
	9	27	28	29	30	01	2	3	4	5	6	7	8	9	10	11	12	13	14	15	16	17	18	19	20	21	22	23	24	25	26	5	18
	10	27	28	29	30	31	N1	2	3	4	5	6	7	8	9	10	11	12	13	14	15	16	17	18	19	20	21	22	23	24	25	0	48
	11	26	27	28	29	30	D1	2	3	4	5	6	7	8	9	10	11	12	13	14	15	16	17	18	19	20	21	22	23	24	—	2	18
	12	25	26	27	28	29	30	31	11	2	3	4	5	6	7	8	9	10	11	12	13	14	15	16	17	18	19	20	21	22	23	3	47

年序 Year	陰曆月序 Moon		陰曆日序 Order of days (Lunar) 1	2	3	4	5	6	7	8	9	10	11	12	13	14	15	16	17	18	19	20	21	22	23	24	25	26	27	28	29	30	星期 Week	干支 Cycle
武宗正德1丙寅 1506–07	26	1	24	25	26	27	28	29	30	31	21	2	3	4	5	6	7	8	9	10	11	12	13	14	15	16	17	18	19	20	21	22	5	17
		2	23	24	25	26	27	28	31	2	3	4	5	6	7	8	9	10	11	12	13	14	15	16	17	18	19	20	21	22	23	24	0	47
		3	25	26	27	28	29	30	31	41	2	3	4	5	6	7	8	9	10	11	12	13	14	15	16	17	18	19	20	21	22	—	2	17
		4	23	24	25	26	27	28	29	30	51	2	3	4	5	6	7	8	9	10	11	12	13	14	15	16	17	18	19	20	21	22	3	46
		5	23	24	25	26	27	28	29	30	31	61	2	3	4	5	6	7	8	9	10	11	12	13	14	15	16	17	18	19	20	—	5	16
		6	21	22	23	24	25	26	27	28	29	30	71	2	3	4	5	6	7	8	9	10	11	12	13	14	15	16	17	18	19	—	6	45
		7	20	21	22	23	24	25	26	27	28	29	30	31	81	2	3	4	5	6	7	8	9	10	11	12	13	14	15	16	17	18	0	14
		8	19	20	21	22	23	24	25	26	27	28	29	30	31	91	2	3	4	5	6	7	8	9	10	11	12	13	14	15	16	—	2	44
		9	17	18	19	20	21	22	23	24	25	26	27	28	29	30	01	2	3	4	5	6	7	8	9	10	11	12	13	14	15	—	3	13
		10	16	17	18	19	20	21	22	23	24	25	26	27	28	29	30	31	N1	2	3	4	5	6	7	8	9	10	11	12	13	14	4	42
		11	15	16	17	18	19	20	21	22	23	24	25	26	27	28	29	30	D1	2	3	4	5	6	7	8	9	10	11	12	13	—	6	12
		12	14	15	16	17	18	19	20	21	22	23	24	25	26	27	28	29	30	31	11	2	3	4	5	6	7	8	9	10	11	12	0	41
正德2丁卯 1507–08	38	1	13	14	15	16	17	18	19	20	21	22	23	24	25	26	27	28	29	30	31	21	2	3	4	5	6	7	8	9	10	11	2	11
		1	12	13	14	15	16	17	18	19	20	21	22	23	24	25	26	27	28	31	2	3	4	5	6	7	8	9	10	11	12	13	4	41
		2	14	15	16	17	18	19	20	21	22	23	24	25	26	27	28	29	30	31	41	2	3	4	5	6	7	8	9	10	11	—	6	11
		3	12	13	14	15	16	17	18	19	20	21	22	23	24	25	26	27	28	29	30	51	2	3	4	5	6	7	8	9	10	11	0	40
		4	12	13	14	15	16	17	18	19	20	21	22	23	24	25	26	27	28	29	30	31	61	2	3	4	5	6	7	8	9	—	2	10
		5	10	11	12	13	14	15	16	17	18	19	20	21	22	23	24	25	26	27	28	29	30	71	2	3	4	5	6	7	8	9	3	39
		6	10	11	12	13	14	15	16	17	18	19	20	21	22	23	24	25	26	27	28	29	30	31	81	2	3	4	5	6	7	—	5	9
		7	8	9	10	11	12	13	14	15	16	17	18	19	20	21	22	23	24	25	26	27	28	29	30	31	91	2	3	4	5	6	6	38
		8	7	8	9	10	11	12	13	14	15	16	17	18	19	20	21	22	23	24	25	26	27	28	29	30	01	2	3	4	5	—	1	8
		9	6	7	8	9	10	11	12	13	14	15	16	17	18	19	20	21	22	23	24	25	26	27	28	20	30	31	N1	2	3	4	2	37
		10	5	6	7	8	9	10	11	12	13	14	15	16	17	18	19	20	21	22	23	24	25	26	27	28	29	30	D1	2	3	—	4	7
		11	4	5	6	7	8	9	10	11	12	13	14	15	16	17	18	19	20	21	22	23	24	25	26	27	28	29	30	31	11	2	5	36
		12	3	4	5	6	7	8	9	10	11	12	13	14	15	16	17	18	19	20	21	22	23	24	25	26	27	28	29	30	31	—	0	6
正德3戊辰 1508–09	50	1	21	2	3	4	5	6	7	8	9	10	11	12	13	14	15	16	17	18	19	20	21	22	23	24	25	26	27	28	29	31	1	35
		2	2	3	4	5	6	7	8	9	10	11	12	13	14	15	16	17	18	19	20	21	22	23	24	25	26	27	28	29	30	—	3	5
		3	31	41	2	3	4	5	6	7	8	9	10	11	12	13	14	15	16	17	18	19	20	21	22	23	24	25	26	27	28	29	4	34
		4	30	51	2	3	4	5	6	7	8	9	10	11	12	13	14	15	16	17	18	19	20	21	22	23	24	25	26	27	28	29	6	4
		5	30	31	61	2	3	4	5	6	7	8	9	10	11	12	13	14	15	16	17	18	19	20	21	22	23	24	25	26	27	—	1	34
		6	28	29	30	71	2	3	4	5	6	7	8	9	10	11	12	13	14	15	16	17	18	19	20	21	22	23	24	25	26	27	2	3
		7	28	29	30	31	81	2	3	4	5	6	7	8	9	10	11	12	13	14	15	16	17	18	19	20	21	22	23	24	25	—	4	33
		8	26	27	28	29	30	31	91	2	3	4	5	6	7	8	9	10	11	12	13	14	15	16	17	18	19	20	21	22	23	24	5	2
		9	25	26	27	28	29	30	01	2	3	4	5	6	7	8	9	10	11	12	13	14	15	16	17	18	19	20	21	22	23	—	0	32
		10	24	25	26	27	28	29	30	31	N1	2	3	4	5	6	7	8	9	10	11	12	13	14	15	16	17	18	19	20	21	22	1	1
		11	23	24	25	26	27	28	29	30	D1	2	3	4	5	6	7	8	9	10	11	12	13	14	15	16	17	18	19	20	21	—	3	31
		12	22	23	24	25	26	27	28	29	30	31	11	2	3	4	5	6	7	8	9	10	11	12	13	14	15	16	17	18	19	20	4	0
正德4己巳 1509–10	2	1	21	22	23	24	25	26	27	28	29	30	31	21	2	3	4	5	6	7	8	9	10	11	12	13	14	15	16	17	18	—	6	30
		2	19	20	21	22	23	24	25	26	27	28	31	2	3	4	5	6	7	8	9	10	11	12	13	14	15	16	17	18	19	20	0	59
		3	21	22	23	24	25	26	27	28	29	30	31	41	2	3	4	5	6	7	8	9	10	11	12	13	14	15	16	17	18	—	2	29
		4	19	20	21	22	23	24	25	26	27	28	29	30	51	2	3	4	5	6	7	8	9	10	11	12	13	14	15	16	17	18	3	58
		5	19	20	21	22	23	24	25	26	27	28	29	30	31	61	2	3	4	5	6	7	8	9	10	11	12	13	14	15	16	—	5	28
		6	17	18	19	20	21	22	23	24	25	26	27	28	29	30	71	2	3	4	5	6	7	8	9	10	11	12	13	14	15	16	6	57
		7	17	18	19	20	21	22	23	24	25	26	27	28	29	30	31	81	2	3	4	5	6	7	8	9	10	11	12	13	14	15	1	27
		8	16	17	18	19	20	21	22	23	24	25	26	27	28	29	30	31	91	2	3	4	5	6	7	8	9	10	11	12	13	—	3	57
		9	14	15	16	17	18	19	20	21	22	23	24	25	26	27	28	29	30	01	2	3	4	5	6	7	8	9	10	11	12	13	4	26
		9	14	15	16	17	18	19	20	21	22	23	24	25	26	27	28	29	30	31	N1	2	3	4	5	6	7	8	9	10	11	—	6	56
		10	12	13	14	15	16	17	18	19	20	21	22	23	24	25	26	27	28	29	30	D1	2	3	4	5	6	7	8	9	10	11	0	25
		11	12	13	14	15	16	17	18	19	20	21	22	23	24	25	26	27	28	29	30	31	11	2	3	4	5	6	7	8	9	—	2	55
		12	10	11	12	13	14	15	16	17	18	19	20	21	22	23	24	25	26	27	28	29	30	31	21	2	3	4	5	6	7	8	3	24
正德5庚午 1510–11	14	1	9	10	11	12	13	14	15	16	17	18	19	20	21	22	23	24	25	26	27	28	31	2	3	4	5	6	7	8	9	—	5	54
		2	10	11	12	13	14	15	16	17	18	19	20	21	22	23	24	25	26	27	28	29	30	31	41	2	3	4	5	6	7	—	6	23
		3	8	9	10	11	12	13	14	15	16	17	18	19	20	21	22	23	24	25	26	27	28	29	30	51	2	3	4	5	6	7	0	52
		4	8	9	10	11	12	13	14	15	16	17	18	19	20	21	22	23	24	25	26	27	28	29	30	31	61	2	3	4	5	—	2	22
		5	6	7	8	9	10	11	12	13	14	15	16	17	18	19	20	21	22	23	24	25	26	27	28	29	30	71	2	3	4	5	3	51
		6	6	7	8	9	10	11	12	13	14	15	16	17	18	19	20	21	22	23	24	25	26	27	28	29	30	31	81	2	3	4	5	21
		7	5	6	7	8	9	10	11	12	13	14	15	16	17	18	19	20	21	22	23	24	25	26	27	28	29	30	31	91	2	—	0	51
		8	3	4	5	6	7	8	9	10	11	12	13	14	15	16	17	18	19	20	21	22	23	24	25	26	27	28	29	30	01	2	1	20
		9	3	4	5	6	7	8	9	10	11	12	13	14	15	16	17	18	19	20	21	22	23	24	25	26	27	28	29	30	31	N1	3	50
		10	2	3	4	5	6	7	8	9	10	11	12	13	14	15	16	17	18	19	20	21	22	23	24	25	26	27	28	29	30	—	5	20
		11	D1	2	3	4	5	6	7	8	9	10	11	12	13	14	15	16	17	18	19	20	21	22	23	24	25	26	27	28	29	30	6	49
		12	31	11	2	3	4	5	6	7	8	9	10	11	12	13	14	15	16	17	18	19	20	21	22	23	24	25	26	27	28	—	1	19

年序 Year	陰曆月序 Moon	陰曆日序 Order of days (Lunar)																														星期 Week	干支 Cycle
		1	2	3	4	5	6	7	8	9	10	11	12	13	14	15	16	17	18	19	20	21	22	23	24	25	26	27	28	29	30		
正德6辛未 1511–12	**26** 1	29	30	31	**21**	2	3	4	5	6	7	8	9	10	11	12	13	14	15	16	17	18	19	20	21	22	23	24	25	26	27	2	48
	2	28	**31**	2	3	4	5	6	7	8	9	10	11	12	13	14	15	16	17	18	19	20	21	22	23	24	25	26	27	28	—	4	18
	3	29	30	31	**41**	2	3	4	5	6	7	8	9	10	11	12	13	14	15	16	17	18	19	20	21	22	23	24	25	26	—	5	47
	4	27	28	29	30	**51**	2	3	4	5	6	7	8	9	10	11	12	13	14	15	16	17	18	19	20	21	22	23	24	25	26	6	16
	5	27	28	29	30	31	**61**	2	3	4	5	6	7	8	9	10	11	12	13	14	15	16	17	18	19	20	21	22	23	24	—	1	46
	6	25	26	27	28	29	30	**71**	2	3	4	5	6	7	8	9	10	11	12	13	14	15	16	17	18	19	20	21	22	23	24	2	15
	7	25	26	27	28	29	30	31	**81**	2	3	4	5	6	7	8	9	10	11	12	13	14	15	16	17	18	19	20	21	22	—	4	45
	8	23	24	25	26	27	28	29	30	31	**91**	2	3	4	5	6	7	8	9	10	11	12	13	14	15	16	17	18	19	20	21	5	14
	9	22	23	24	25	26	27	28	29	30	**01**	2	3	4	5	6	7	8	9	10	11	12	13	14	15	16	17	18	19	20	21	0	44
	10	22	23	24	25	26	27	28	29	30	31	**N1**	2	3	4	5	6	7	8	9	10	11	12	13	14	15	16	17	18	19	—	2	14
	11	20	21	22	23	24	25	26	27	28	29	30	**D1**	2	3	4	5	6	7	8	9	10	11	12	13	14	15	16	17	18	19	3	43
	12	20	21	22	23	24	25	26	27	28	29	30	31	**11**	2	3	4	5	6	7	8	9	10	11	12	13	14	15	16	17	18	5	13
正德7壬申 1512–13	**38** 1	19	20	21	22	23	24	25	26	27	28	29	30	31	**21**	2	3	4	5	6	7	8	9	10	11	12	13	14	15	16	—	0	43
	2	17	18	19	20	21	22	23	24	25	26	27	28	29	**31**	2	3	4	5	6	7	8	9	10	11	12	13	14	15	16	17	1	12
	3	18	19	20	21	22	23	24	25	26	27	28	29	30	31	**41**	2	3	4	5	6	7	8	9	10	11	12	13	14	15	—	3	42
	4	16	17	18	19	20	21	22	23	24	25	26	27	28	29	30	**51**	2	3	4	5	6	7	8	9	10	11	12	13	14	—	4	11
	5	15	16	17	18	19	20	21	22	23	24	25	26	27	28	29	30	31	**61**	2	3	4	5	6	7	8	9	10	11	12	13	5	40
	5	14	15	16	17	18	19	20	21	22	23	24	25	26	27	28	29	30	**71**	2	3	4	5	6	7	8	9	10	11	12	—	0	10
	6	13	14	15	16	17	18	19	20	21	22	23	24	25	26	27	28	29	30	31	**81**	2	3	4	5	6	7	8	9	10	—	1	39
	7	11	12	13	14	15	16	17	18	19	20	21	22	23	24	25	26	27	28	29	30	31	**91**	2	3	4	5	6	7	8	9	2	8
	8	10	11	12	13	14	15	16	17	18	19	20	21	22	23	24	25	26	27	28	29	30	**01**	2	3	4	5	6	7	8	9	4	38
	9	10	11	12	13	14	15	16	17	18	19	20	21	22	23	24	25	26	27	28	29	30	31	**N1**	2	3	4	5	6	7	—	6	8
	10	8	9	10	11	12	13	14	15	16	17	18	19	20	21	22	23	24	25	26	27	28	29	30	**D1**	2	3	4	5	6	7	0	37
	11	8	9	10	11	12	13	14	15	16	17	18	19	20	21	22	23	24	25	26	27	28	29	30	31	**11**	2	3	4	5	6	2	7
	12	7	8	9	10	11	12	13	14	15	16	17	18	19	20	21	22	23	24	25	26	27	28	29	30	31	**21**	2	3	4	5	4	37
正德8癸酉 1513–14	**50** 1	6	7	8	9	10	11	12	13	14	15	16	17	18	19	20	21	22	23	24	25	26	27	28	**31**	2	3	4	5	6	—	6	7
	2	7	8	9	10	11	12	13	14	15	16	17	18	19	20	21	22	23	24	25	26	27	28	29	30	31	**41**	2	3	4	5	0	36
	3	6	7	8	9	10	11	12	13	14	15	16	17	18	19	20	21	22	23	24	25	26	27	28	29	30	**51**	2	3	4	—	2	6
	4	5	6	7	8	9	10	11	12	13	14	15	16	17	18	19	20	21	22	23	24	25	26	27	28	29	30	31	**61**	2	—	3	35
	5	3	4	5	6	7	8	9	10	11	12	13	14	15	16	17	18	19	20	21	22	23	24	25	26	27	28	29	30	**71**	2	4	4
	6	3	4	5	6	7	8	9	10	11	12	13	14	15	16	17	18	19	20	21	22	23	24	25	26	27	28	29	30	31	—	6	34
	7	**81**	2	3	4	5	6	7	8	9	10	11	12	13	14	15	16	17	18	19	20	21	22	23	24	25	26	27	28	29	—	0	3
	8	30	31	**91**	2	3	4	5	6	7	8	9	10	11	12	13	14	15	16	17	18	19	20	21	22	23	24	25	26	27	28	1	32
	9	29	30	**01**	2	3	4	5	6	7	8	9	10	11	12	13	14	15	16	17	18	19	20	21	22	23	24	25	26	27	—	3	2
	10	28	29	30	31	**N1**	2	3	4	5	6	7	8	9	10	11	12	13	14	15	16	17	18	19	20	21	22	23	24	25	26	4	31
	11	27	28	29	30	**D1**	2	3	4	5	6	7	8	9	10	11	12	13	14	15	16	17	18	19	20	21	22	23	24	25	26	6	1
	12	27	28	29	30	31	**11**	2	3	4	5	6	7	8	9	10	11	12	13	14	15	16	17	18	19	20	21	22	23	24	25	1	31
正德9甲戌 1514–15	**2** 1	26	27	28	29	30	31	**21**	2	3	4	5	6	7	8	9	10	11	12	13	14	15	16	17	18	19	20	21	22	23	24	3	1
	2	25	26	27	28	**31**	2	3	4	5	6	7	8	9	10	11	12	13	14	15	16	17	18	19	20	21	22	23	24	25	—	5	31
	3	26	27	28	29	30	31	**41**	2	3	4	5	6	7	8	9	10	11	12	13	14	15	16	17	18	19	20	21	22	23	24	6	0
	4	25	26	27	28	29	30	**51**	2	3	4	5	6	7	8	9	10	11	12	13	14	15	16	17	18	19	20	21	22	23	—	1	30
	5	24	25	26	27	28	29	30	31	**61**	2	3	4	5	6	7	8	9	10	11	12	13	14	15	16	17	18	19	20	21	—	2	59
	6	22	23	24	25	26	27	28	29	30	**71**	2	3	4	5	6	7	8	9	10	11	12	13	14	15	16	17	18	19	20	21	3	28
	7	22	23	24	25	26	27	28	29	30	31	**81**	2	3	4	5	6	7	8	9	10	11	12	13	14	15	16	17	18	19	—	5	58
	8	20	21	22	23	24	25	26	27	28	29	30	31	**91**	2	3	4	5	6	7	8	9	10	11	12	13	14	15	16	17	—	6	27
	9	18	19	20	21	22	23	24	25	26	27	28	29	30	**01**	2	3	4	5	6	7	8	9	10	11	12	13	14	15	16	17	0	56
	10	18	19	20	21	22	23	24	25	26	27	28	29	30	31	**N1**	2	3	4	5	6	7	8	9	10	11	12	13	14	15	—	2	26
	11	16	17	18	19	20	21	22	23	24	25	26	27	28	29	30	**D1**	2	3	4	5	6	7	8	9	10	11	12	13	14	15	3	55
	12	16	17	18	19	20	21	22	23	24	25	26	27	28	29	30	31	**11**	2	3	4	5	6	7	8	9	10	11	12	13	14	5	25
正德10乙亥 1515–16	**14** 1	15	16	17	18	19	20	21	22	23	24	25	26	27	28	29	30	31	**21**	2	3	4	5	6	7	8	9	10	11	12	13	0	55
	2	14	15	16	17	18	19	20	21	22	23	24	25	26	27	28	**31**	2	3	4	5	6	7	8	9	10	11	12	13	14	—	2	25
	3	15	16	17	18	19	20	21	22	23	24	25	26	27	28	29	30	31	**41**	2	3	4	5	6	7	8	9	10	11	12	13	3	54
	4	14	15	16	17	18	19	20	21	22	23	24	25	26	27	28	29	30	**51**	2	3	4	5	6	7	8	9	10	11	12	13	5	24
	4	14	15	16	17	18	19	20	21	22	23	24	25	26	27	28	29	30	31	**61**	2	3	4	5	6	7	8	9	10	11	—	0	54
	5	12	13	14	15	16	17	18	19	20	21	22	23	24	25	26	27	28	29	30	**71**	2	3	4	5	6	7	8	9	10	—	1	23
	6	11	12	13	14	15	16	17	18	19	20	21	22	23	24	25	26	27	28	29	30	31	**81**	2	3	4	5	6	7	8	9	2	52
	7	10	11	12	13	14	15	16	17	18	19	20	21	22	23	24	25	26	27	28	29	30	31	**91**	2	3	4	5	6	7	—	4	22
	8	8	9	10	11	12	13	14	15	16	17	18	19	20	21	22	23	24	25	26	27	28	29	30	**01**	2	3	4	5	6	—	5	51
	9	7	8	9	10	11	12	13	14	15	16	17	18	19	20	21	22	23	24	25	26	27	28	29	30	31	**N1**	2	3	4	5	6	20
	10	6	7	8	9	10	11	12	13	14	15	16	17	18	19	20	21	22	23	24	25	26	27	28	29	30	**D1**	2	3	4	—	1	50
	11	5	6	7	8	9	10	11	12	13	14	15	16	17	18	19	20	21	22	23	24	25	26	27	28	29	30	31	**11**	2	3	2	19
	12	4	5	6	7	8	9	10	11	12	13	14	15	16	17	18	19	20	21	22	23	24	25	26	27	28	29	30	31	**21**	2	4	49

年序 Year	陰曆月序 Moon	陰曆日序 Order of days (Lunar)																														星期 Week	干支 Cycle
		1	2	3	4	5	6	7	8	9	10	11	12	13	14	15	16	17	18	19	20	21	22	23	24	25	26	27	28	29	30		
正德11丙子 1516–17	26 1	3	4	5	6	7	8	9	10	11	12	13	14	15	16	17	18	19	20	21	22	23	24	25	26	27	28	29	**31**	2	—	6	19
	2	3	4	5	6	7	8	9	10	11	12	13	14	15	16	17	18	19	20	21	22	23	24	25	26	27	28	29	30	31	**41**	0	48
	3	2	3	4	5	6	7	8	9	10	11	12	13	14	15	16	17	18	19	20	21	22	23	24	25	26	27	28	29	30	**51**	2	18
	4	2	3	4	5	6	7	8	9	10	11	12	13	14	15	16	17	18	19	20	21	22	23	24	25	26	27	28	29	30	—	4	48
	5	31	**61**	2	3	4	5	6	7	8	9	10	11	12	13	14	15	16	17	18	19	20	21	22	23	24	25	26	27	28	29	5	17
	6	30	**71**	2	3	4	5	6	7	8	9	10	11	12	13	14	15	16	17	18	19	20	21	22	23	24	25	26	27	28	—	0	47
	7	29	30	31	**81**	2	3	4	5	6	7	8	9	10	11	12	13	14	15	16	17	18	19	20	21	22	23	24	25	26	27	1	16
	8	28	29	30	31	**91**	2	3	4	5	6	7	8	9	10	11	12	13	14	15	16	17	18	19	20	21	22	23	24	25	—	3	46
	9	26	27	28	29	30	**01**	2	3	4	5	6	7	8	9	10	11	12	13	14	15	16	17	18	19	20	21	22	23	24	25	4	15
	10	26	27	28	29	30	31	**N1**	2	3	4	5	6	7	8	9	10	11	12	13	14	15	16	17	18	19	20	21	22	23	—	6	45
	11	24	25	26	27	28	29	30	**D1**	2	3	4	5	6	7	8	9	10	11	12	13	14	15	16	17	18	19	20	21	22	—	0	14
	12	23	24	25	26	27	28	29	30	31	**11**	2	3	4	5	6	7	8	9	10	11	12	13	14	15	16	17	18	19	20	21	1	43
正德12丁丑 1517–18	38 1	22	23	24	25	26	27	28	29	30	31	**21**	2	3	4	5	6	7	8	9	10	11	12	13	14	15	16	17	18	19	20	3	13
	2	21	22	23	24	25	26	27	28	**31**	2	3	4	5	6	7	8	9	10	11	12	13	14	15	16	17	18	19	20	21	—	5	43
	3	22	23	24	25	26	27	28	29	30	31	**41**	2	3	4	5	6	7	8	9	10	11	12	13	14	15	16	17	18	19	20	6	12
	4	21	22	23	24	25	26	27	28	29	30	**51**	2	3	4	5	6	7	8	9	10	11	12	13	14	15	16	17	18	19	—	1	42
	5	20	21	22	23	24	25	26	27	28	29	30	31	**61**	2	3	4	5	6	7	8	9	10	11	12	13	14	15	16	17	18	2	11
	6	19	20	21	22	23	24	25	26	27	28	29	30	**71**	2	3	4	5	6	7	8	9	10	11	12	13	14	15	16	17	18	4	41
	7	19	20	21	22	23	24	25	26	27	28	29	30	31	**81**	2	3	4	5	6	7	8	9	10	11	12	13	14	15	16	—	6	11
	8	17	18	19	20	21	22	23	24	25	26	27	28	29	30	31	**91**	2	3	4	5	6	7	8	9	10	11	12	13	14	15	0	40
	9	16	17	18	19	20	21	22	23	24	25	26	27	28	29	30	**01**	2	3	4	5	6	7	8	9	10	11	12	13	14	—	2	10
	10	15	16	17	18	19	20	21	22	23	24	25	26	27	28	29	30	31	**N1**	2	3	4	5	6	7	8	9	10	11	12	13	3	39
	11	14	15	16	17	18	19	20	21	22	23	24	25	26	27	28	29	30	**D1**	2	3	4	5	6	7	8	9	10	11	12	—	5	9
	12	13	14	15	16	17	18	19	20	21	22	23	24	25	26	27	28	29	30	31	**11**	2	3	4	5	6	7	8	9	10	11	6	38
	12	12	13	14	15	16	17	18	19	20	21	22	23	24	25	26	27	28	29	30	31	**21**	2	3	4	5	6	7	8	9	—	1	8
正德13戊寅 1518–19	50 1	10	11	12	13	14	15	16	17	18	19	20	21	22	23	24	25	26	27	28	**31**	2	3	4	5	6	7	8	9	10	—	2	37
	2	11	12	13	14	15	16	17	18	19	20	21	22	23	24	25	26	27	28	29	30	31	**41**	2	3	4	5	6	7	8	9	3	6
	3	10	11	12	13	14	15	16	17	18	19	20	21	22	23	24	25	26	27	28	29	30	**51**	2	3	4	5	6	7	8	—	5	36
	4	9	10	11	12	13	14	15	16	17	18	19	20	21	22	23	24	25	26	27	28	29	30	31	**61**	2	3	4	5	6	7	6	5
	5	8	9	10	11	12	13	14	15	16	17	18	19	20	21	22	23	24	25	26	27	28	29	30	**71**	2	3	4	5	6	7	1	35
	6	8	9	10	11	12	13	14	15	16	17	18	19	20	21	22	23	24	25	26	27	28	29	30	31	**81**	2	3	4	5	—	3	5
	7	6	7	8	9	10	11	12	13	14	15	16	17	18	19	20	21	22	23	24	25	26	27	28	29	30	31	**91**	2	3	4	4	34
	8	5	6	7	8	9	10	11	12	13	14	15	16	17	18	19	20	21	22	23	24	25	26	27	28	29	30	**01**	2	3	4	6	4
	9	5	6	7	8	9	10	11	12	13	14	15	16	17	18	19	20	21	22	23	24	25	26	27	28	29	30	31	**N1**	2	—	1	34
	10	3	4	5	6	7	8	9	10	11	12	13	14	15	16	17	18	19	20	21	22	23	24	25	26	27	28	29	30	**D1**	2	2	3
	11	3	4	5	6	7	8	9	10	11	12	13	14	15	16	17	18	19	20	21	22	23	24	25	26	27	28	29	30	31	—	4	33
	12	**11**	2	3	4	5	6	7	8	9	10	11	12	13	14	15	16	17	18	19	20	21	22	23	24	25	26	27	28	29	30	5	2
正德14己卯 1519–20	2 1	31	**21**	2	3	4	5	6	7	8	9	10	11	12	13	14	15	16	17	18	19	20	21	22	23	24	25	26	27	28	—	0	32
	2	**31**	2	3	4	5	6	7	8	9	10	11	12	13	14	15	16	17	18	19	20	21	22	23	24	25	26	27	28	29	—	1	1
	3	30	31	**41**	2	3	4	5	6	7	8	9	10	11	12	13	14	15	16	17	18	19	20	21	22	23	24	25	26	27	28	2	30
	4	29	30	**51**	2	3	4	5	6	7	8	9	10	11	12	13	14	15	16	17	18	19	20	21	22	23	24	25	26	27	—	4	0
	5	28	29	30	31	**61**	2	3	4	5	6	7	8	9	10	11	12	13	14	15	16	17	18	19	20	21	22	23	24	25	26	5	29
	6	27	28	29	30	**71**	2	3	4	5	6	7	8	9	10	11	12	13	14	15	16	17	18	19	20	21	22	23	24	25	—	0	59
	7	26	27	28	29	30	31	**81**	2	3	4	5	6	7	8	9	10	11	12	13	14	15	16	17	18	19	20	21	22	23	24	1	28
	8	25	26	27	28	29	30	31	**91**	2	3	4	5	6	7	8	9	10	11	12	13	14	15	16	17	18	19	20	21	22	23	3	58
	9	24	25	26	27	28	29	30	**01**	2	3	4	5	6	7	8	9	10	11	12	13	14	15	16	17	18	19	20	21	22	—	5	28
	10	23	24	25	26	27	28	29	30	31	**N1**	2	3	4	5	6	7	8	9	10	11	12	13	14	15	16	17	18	19	20	21	6	57
	11	22	23	24	25	26	27	28	29	30	**D1**	2	3	4	5	6	7	8	9	10	11	12	13	14	15	16	17	18	19	20	21	1	27
	12	22	23	24	25	26	27	28	29	30	31	**11**	2	3	4	5	6	7	8	9	10	11	12	13	14	15	16	17	18	19	—	3	57
正德15庚辰 1520–21	14 1	20	21	22	23	24	25	26	27	28	29	30	31	**21**	2	3	4	5	6	7	8	9	10	11	12	13	14	15	16	17	18	4	26
	2	19	20	21	22	23	24	25	26	27	28	29	**31**	2	3	4	5	6	7	8	9	10	11	12	13	14	15	16	17	18	—	6	56
	3	19	20	21	22	23	24	25	26	27	28	29	30	31	**41**	2	3	4	5	6	7	8	9	10	11	12	13	14	15	16	—	0	25
	4	17	18	19	20	21	22	23	24	25	26	27	28	29	30	**51**	2	3	4	5	6	7	8	9	10	11	12	13	14	15	16	1	54
	5	17	18	19	20	21	22	23	24	25	26	27	28	29	30	31	**61**	2	3	4	5	6	7	8	9	10	11	12	13	14	—	3	24
	6	15	16	17	18	19	20	21	22	23	24	25	26	27	28	29	30	**71**	2	3	4	5	6	7	8	9	10	11	12	13	14	4	53
	7	15	16	17	18	19	20	21	22	23	24	25	26	27	28	29	30	31	**81**	2	3	4	5	6	7	8	9	10	11	12	—	6	23
	8	13	14	15	16	17	18	19	20	21	22	23	24	25	26	27	28	29	30	31	**91**	2	3	4	5	6	7	8	9	10	11	0	52
	8	12	13	14	15	16	17	18	19	20	21	22	23	24	25	26	27	28	29	30	**01**	2	3	4	5	6	7	8	9	10	—	2	22
	9	11	12	13	14	15	16	17	18	19	20	21	22	23	24	25	26	27	28	29	30	31	**N1**	2	3	4	5	6	7	8	9	3	51
	10	10	11	12	13	14	15	16	17	18	19	20	21	22	23	24	25	26	27	28	29	30	**D1**	2	3	4	5	6	7	8	9	5	21
	11	10	11	12	13	14	15	16	17	18	19	20	21	22	23	24	25	26	27	28	29	30	31	**11**	2	3	4	5	6	7	8	0	51
	12	9	10	11	12	13	14	15	16	17	18	19	20	21	22	23	24	25	26	27	28	29	30	31	**21**	2	3	4	5	6	—	2	21

年序 Year	陰曆月序 Moon	陰曆日序 Order of days (Lunar)																														星期 Week	干支 Cycle
		1	2	3	4	5	6	7	8	9	10	11	12	13	14	15	16	17	18	19	20	21	22	23	24	25	26	27	28	29	30		
正德 16 辛巳 1521–22	26 1	7	8	9	10	11	12	13	14	15	16	17	18	19	20	21	22	23	24	25	26	27	28	31	2	3	4	5	6	7	8	3	50
	2	9	10	11	12	13	14	15	16	17	18	19	20	21	22	23	24	25	26	27	28	29	30	31	41	2	3	4	5	6	—	5	20
	3	7	8	9	10	11	12	13	14	15	16	17	18	19	20	21	22	23	24	25	26	27	28	29	30	51	2	3	4	5	—	6	49
	4	6	7	8	9	10	11	12	13	14	15	16	17	18	19	20	21	22	23	24	25	26	27	28	29	30	31	61	2	3	4	0	18
	5	5	6	7	8	9	10	11	12	13	14	15	16	17	18	19	20	21	22	23	24	25	26	27	28	29	30	71	2	3	—	2	48
	6	4	5	6	7	8	9	10	11	12	13	14	15	16	17	18	19	20	21	22	23	24	25	26	27	28	29	30	31	81	—	3	17
	7	2	3	4	5	6	7	8	9	10	11	12	13	14	15	16	17	18	19	20	21	22	23	24	25	26	27	28	29	30	31	4	46
	8	91	2	3	4	5	6	7	8	9	10	11	12	13	14	15	16	17	18	19	20	21	22	23	24	25	26	27	28	29	—	6	16
	9	30	01	2	3	4	5	6	7	8	9	10	11	12	13	14	15	16	17	18	19	20	21	22	23	24	25	26	27	28	29	0	45
	10	30	31	N1	2	3	4	5	6	7	8	9	10	11	12	13	14	15	16	17	18	19	20	21	22	23	24	25	26	27	28	2	15
	11	29	30	D1	2	3	4	5	6	7	8	9	10	11	12	13	14	15	16	17	18	19	20	21	22	23	24	25	26	27	28	4	45
	12	29	30	31	11	2	3	4	5	6	7	8	9	10	11	12	13	14	15	16	17	18	19	20	21	22	23	24	25	26	27	6	15
世宗嘉靖 1 壬午 1522–23	38 1	28	29	30	31	21	2	3	4	5	6	7	8	9	10	11	12	13	14	15	16	17	18	19	20	21	22	23	24	25	—	1	45
	2	26	27	28	31	2	3	4	5	6	7	8	9	10	11	12	13	14	15	16	17	18	19	20	21	22	23	24	25	26	27	2	14
	3	28	29	30	31	41	2	3	4	5	6	7	8	9	10	11	12	13	14	15	16	17	18	19	20	21	22	23	24	25	—	4	44
	4	26	27	28	29	30	51	2	3	4	5	6	7	8	9	10	11	12	13	14	15	16	17	18	19	20	21	22	23	24	—	5	13
	5	25	26	27	28	29	30	31	61	2	3	4	5	6	7	8	9	10	11	12	13	14	15	16	17	18	19	20	21	22	23	6	42
	6	24	25	26	27	28	29	30	71	2	3	4	5	6	7	8	9	10	11	12	13	14	15	16	17	18	19	20	21	22	—	1	12
	7	23	24	25	26	27	28	29	30	31	81	2	3	4	5	6	7	8	9	10	11	12	13	14	15	16	17	18	19	20	—	2	41
	8	21	22	23	24	25	26	27	28	29	30	31	91	2	3	4	5	6	7	8	9	10	11	12	13	14	15	16	17	18	19	3	10
	9	20	21	22	23	24	25	26	27	28	29	30	01	2	3	4	5	6	7	8	9	10	11	12	13	14	15	16	17	18	—	5	40
	10	19	20	21	22	23	24	25	26	27	28	29	30	31	N1	2	3	4	5	6	7	8	9	10	11	12	13	14	15	16	17	6	9
	11	18	19	20	21	22	23	24	25	26	27	28	29	30	D1	2	3	4	5	6	7	8	9	10	11	12	13	14	15	16	17	1	39
	12	18	19	20	21	22	23	24	25	26	27	28	29	30	31	11	2	3	4	5	6	7	8	9	10	11	12	13	14	15	16	3	9
嘉靖 2 癸未 1523–24	50 1	17	18	19	20	21	22	23	24	25	26	27	28	29	30	31	21	2	3	4	5	6	7	8	9	10	11	12	13	14	—	5	39
	2	15	16	17	18	19	20	21	22	23	24	25	26	27	28	31	2	3	4	5	6	7	8	9	10	11	12	13	14	15	16	6	8
	3	17	18	19	20	21	22	23	24	25	26	27	28	29	30	31	41	2	3	4	5	6	7	8	9	10	11	12	13	14	15	1	38
	4	16	17	18	19	20	21	22	23	24	25	26	27	28	29	30	51	2	3	4	5	6	7	8	9	10	11	12	13	14	—	3	8
	4	15	16	17	18	19	20	21	22	23	24	25	26	27	28	29	30	31	61	2	3	4	5	6	7	8	9	10	11	12	—	4	37
	5	13	14	15	16	17	18	19	20	21	22	23	24	25	26	27	28	29	30	71	2	3	4	5	6	7	8	9	10	11	12	5	6
	6	13	14	15	16	17	18	19	20	21	22	23	24	25	26	27	28	29	30	31	81	2	3	4	5	6	7	8	9	10	—	0	36
	7	11	12	13	14	15	16	17	18	19	20	21	22	23	24	25	26	27	28	29	30	31	91	2	3	4	5	6	7	8	—	1	5
	8	9	10	11	12	13	14	15	16	17	18	19	20	21	22	23	24	25	26	27	28	29	30	01	2	3	4	5	6	7	8	2	34
	9	9	10	11	12	13	14	15	16	17	18	19	20	21	22	23	24	25	26	27	28	29	30	31	N1	2	3	4	5	6	—	4	4
	10	7	8	9	10	11	12	13	14	15	16	17	18	19	20	21	22	23	24	25	26	27	28	29	30	D1	2	3	4	5	6	5	33
	11	7	8	9	10	11	12	13	14	15	16	17	18	19	20	21	22	23	24	25	26	27	28	29	30	31	11	2	3	4	5	0	3
	12	6	7	8	9	10	11	12	13	14	15	16	17	18	19	20	21	22	23	24	25	26	27	28	29	30	31	21	2	3	—	2	33
嘉靖 3 甲申 1524–25	2 1	4	5	6	7	8	9	10	11	12	13	14	15	16	17	18	19	20	21	22	23	24	25	26	27	28	29	31	2	3	4	3	2
	2	5	6	7	8	9	10	11	12	13	14	15	16	17	18	19	20	21	22	23	24	25	26	27	28	29	30	31	41	2	3	5	32
	3	4	5	6	7	8	9	10	11	12	13	14	15	16	17	18	19	20	21	22	23	24	25	26	27	28	29	30	51	2	—	0	2
	4	3	4	5	6	7	8	9	10	11	12	13	14	15	16	17	18	19	20	21	22	23	24	25	26	27	28	29	30	31	61	1	31
	5	2	3	4	5	6	7	8	9	10	11	12	13	14	15	16	17	18	19	20	21	22	23	24	25	26	27	28	29	30	—	3	1
	6	71	2	3	4	5	6	7	8	9	10	11	12	13	14	15	16	17	18	19	20	21	22	23	24	25	26	27	28	29	30	4	30
	7	31	81	2	3	4	5	6	7	8	9	10	11	12	13	14	15	16	17	18	19	20	21	22	23	24	25	26	27	28	—	6	0
	8	29	30	31	91	2	3	4	5	6	7	8	9	10	11	12	13	14	15	16	17	18	19	20	21	22	23	24	25	26	—	0	29
	9	27	28	29	30	01	2	3	4	5	6	7	8	9	10	11	12	13	14	15	16	17	18	19	20	21	22	23	24	25	26	1	58
	10	27	28	29	30	31	N1	2	3	4	5	6	7	8	9	10	11	12	13	14	15	16	17	18	19	20	21	22	23	24	—	3	28
	11	25	26	27	28	29	30	D1	2	3	4	5	6	7	8	9	10	11	12	13	14	15	16	17	18	19	20	21	22	23	24	4	57
	12	25	26	27	28	29	30	31	11	2	3	4	5	6	7	8	9	10	11	12	13	14	15	16	17	18	19	20	21	22	—	6	27
嘉靖 4 乙酉 1525–26	14 1	23	24	25	26	27	28	29	30	31	21	2	3	4	5	6	7	8	9	10	11	12	13	14	15	16	17	18	19	20	21	0	56
	2	22	23	24	25	26	27	28	31	2	3	4	5	6	7	8	9	10	11	12	13	14	15	16	17	18	19	20	21	22	23	2	26
	3	24	25	26	27	28	29	30	31	41	2	3	4	5	6	7	8	9	10	11	12	13	14	15	16	17	18	19	20	21	22	4	56
	4	23	24	25	26	27	28	29	30	51	2	3	4	5	6	7	8	9	10	11	12	13	14	15	16	17	18	19	20	21	—	6	26
	5	22	23	24	25	26	27	28	29	30	31	61	2	3	4	5	6	7	8	9	10	11	12	13	14	15	16	17	18	19	20	0	55
	6	21	22	23	24	25	26	27	28	29	30	71	2	3	4	5	6	7	8	9	10	11	12	13	14	15	16	17	18	19	—	2	25
	7	20	21	22	23	24	25	26	27	28	29	30	31	81	2	3	4	5	6	7	8	9	10	11	12	13	14	15	16	17	18	3	54
	8	19	20	21	22	23	24	25	26	27	28	29	30	31	91	2	3	4	5	6	7	8	9	10	11	12	13	14	15	16	—	5	24
	9	17	18	19	20	21	22	23	24	25	26	27	28	29	30	01	2	3	4	5	6	7	8	9	10	11	12	13	14	15	—	6	53
	10	16	17	18	19	20	21	22	23	24	25	26	27	28	29	30	31	N1	2	3	4	5	6	7	8	9	10	11	12	13	14	0	22
	11	15	16	17	18	19	20	21	22	23	24	25	26	27	28	29	30	D1	2	3	4	5	6	7	8	9	10	11	12	13	—	2	52
	12	14	15	16	17	18	19	20	21	22	23	24	25	26	27	28	29	30	31	11	2	3	4	5	6	7	8	9	10	11	12	3	21
	12	13	14	15	16	17	18	19	20	21	22	23	24	25	26	27	28	29	30	31	21	2	3	4	5	6	7	8	9	10	—	5	51

年序 Year	陰曆月序 Moon	陰曆日序 Order of days (Lunar)																														星期 Week	干支 Cycle
		1	2	3	4	5	6	7	8	9	10	11	12	13	14	15	16	17	18	19	20	21	22	23	24	25	26	27	28	29	30		
嘉靖 5 丙戌 1526–27	26 1	11	12	13	14	15	16	17	18	19	20	21	22	23	24	25	26	27	28	31	2	3	4	5	6	7	8	9	10	11	12	6	20
	2	13	14	15	16	17	18	19	20	21	22	23	24	25	26	27	28	29	30	31	41	2	3	4	5	6	7	8	9	10	11	1	50
	3	12	13	14	15	16	17	18	19	20	21	22	23	24	25	26	27	28	29	30	51	2	3	4	5	6	7	8	9	10	—	3	20
	4	11	12	13	14	15	16	17	18	19	20	21	22	23	24	25	26	27	28	29	30	31	61	2	3	4	5	6	7	8	9	4	49
	5	10	11	12	13	14	15	16	17	18	19	20	21	22	23	24	25	26	27	28	29	30	71	2	3	4	5	6	7	8	—	6	19
	6	9	10	11	12	13	14	15	16	17	18	19	20	21	22	23	24	25	26	27	28	29	30	31	81	2	3	4	5	6	7	0	48
	7	8	9	10	11	12	13	14	15	16	17	18	19	20	21	22	23	24	25	26	27	28	29	30	31	91	2	3	4	5	6	2	18
	8	7	8	9	10	11	12	13	14	15	16	17	18	19	20	21	22	23	24	25	26	27	28	29	30	01	2	3	4	5	—	4	48
	9	6	7	8	9	10	11	12	13	14	15	16	17	18	19	20	21	22	23	24	25	26	27	28	29	30	31	N1	2	3	4	5	17
	10	5	6	7	8	9	10	11	12	13	14	15	16	17	18	19	20	21	22	23	24	25	26	27	28	29	30	D1	2	3	—	0	47
	11	4	5	6	7	8	9	10	11	12	13	14	15	16	17	18	19	20	21	22	23	24	25	26	27	28	29	30	31	11	—	1	16
	12	2	3	4	5	6	7	8	9	10	11	12	13	14	15	16	17	18	19	20	21	22	23	24	25	26	27	28	29	30	31	2	45
嘉靖 6 丁亥 1527–28	38 1	21	2	3	4	5	6	7	8	9	10	11	12	13	14	15	16	17	18	19	20	21	22	23	24	25	26	27	28	31	—	4	15
	2	2	3	4	5	6	7	8	9	10	11	12	13	14	15	16	17	18	19	20	21	22	23	24	25	26	27	28	29	30	31	5	44
	3	41	2	3	4	5	6	7	8	9	10	11	12	13	14	15	16	17	18	19	20	21	22	23	24	25	26	27	28	29	—	0	14
	4	30	51	2	3	4	5	6	7	8	9	10	11	12	13	14	15	16	17	18	19	20	21	22	23	24	25	26	27	28	29	1	43
	5	30	31	61	2	3	4	5	6	7	8	9	10	11	12	13	14	15	16	17	18	19	20	21	22	23	24	25	26	27	—	3	13
	6	28	29	30	71	2	3	4	5	6	7	8	9	10	11	12	13	14	15	16	17	18	19	20	21	22	23	24	25	26	27	4	42
	7	28	29	30	31	81	2	3	4	5	6	7	8	9	10	11	12	13	14	15	16	17	18	19	20	21	22	23	24	25	26	6	12
	8	27	28	29	30	31	91	2	3	4	5	6	7	8	9	10	11	12	13	14	15	16	17	18	19	20	21	22	23	24	—	1	42
	9	25	26	27	28	29	30	01	2	3	4	5	6	7	8	9	10	11	12	13	14	15	16	17	18	19	20	21	22	23	24	2	11
	10	25	26	27	28	29	30	31	N1	2	3	4	5	6	7	8	9	10	11	12	13	14	15	16	17	18	19	20	21	22	23	4	41
	11	24	25	26	27	28	29	30	D1	2	3	4	5	6	7	8	9	10	11	12	13	14	15	16	17	18	19	20	21	22	—	6	11
	12	23	24	25	26	27	28	29	30	31	11	2	3	4	5	6	7	8	9	10	11	12	13	14	15	16	17	18	19	20	21	0	40
嘉靖 7 戊子 1528–29	50 1	22	23	24	25	26	27	28	29	30	31	21	2	3	4	5	6	7	8	9	10	11	12	13	14	15	16	17	18	19	—	2	10
	2	20	21	22	23	24	25	26	27	28	29	31	2	3	4	5	6	7	8	9	10	11	12	13	14	15	16	17	18	19	—	3	39
	3	20	21	22	23	24	25	26	27	28	29	30	31	41	2	3	4	5	6	7	8	9	10	11	12	13	14	15	16	17	18	4	8
	4	19	20	21	22	23	24	25	26	27	28	29	30	51	2	3	4	5	6	7	8	9	10	11	12	13	14	15	16	17	—	6	38
	5	18	19	20	21	22	23	24	25	26	27	28	29	30	31	61	2	3	4	5	6	7	8	9	10	11	12	13	14	15	16	0	7
	6	17	18	19	20	21	22	23	24	25	26	27	28	29	30	71	2	3	4	5	6	7	8	9	10	11	12	13	14	15	—	2	37
	7	16	17	18	19	20	21	22	23	24	25	26	27	28	29	30	31	81	2	3	4	5	6	7	8	9	10	11	12	13	14	3	6
	8	15	16	17	18	19	20	21	22	23	24	25	26	27	28	29	30	31	91	2	3	4	5	6	7	8	9	10	11	12	13	5	36
	9	14	15	16	17	18	19	20	21	22	23	24	25	26	27	28	29	30	01	2	3	4	5	6	7	8	9	10	11	12	—	0	6
	10	13	14	15	16	17	18	19	20	21	22	23	24	25	26	27	28	29	30	31	N1	2	3	4	5	6	7	8	9	10	11	1	35
	10	12	13	14	15	16	17	18	19	20	21	22	23	24	25	26	27	28	29	30	D1	2	3	4	5	6	7	8	9	10	11	3	5
	11	12	13	14	15	16	17	18	19	20	21	22	23	24	25	26	27	28	29	30	31	11	2	3	4	5	6	7	8	9	—	5	35
	12	10	11	12	13	14	15	16	17	18	19	20	21	22	23	24	25	26	27	28	29	30	31	21	2	3	4	5	6	7	8	6	4
嘉靖 8 己丑 1529–30	2 1	9	10	11	12	13	14	15	16	17	18	19	20	21	22	23	24	25	26	27	28	31	2	3	4	5	6	7	8	9	—	1	34
	2	10	11	12	13	14	15	16	17	18	19	20	21	22	23	24	25	26	27	28	29	30	31	41	2	3	4	5	6	7	—	2	3
	3	8	9	10	11	12	13	14	15	16	17	18	19	20	21	22	23	24	25	26	27	28	29	30	51	2	3	4	5	6	7	3	32
	4	8	9	10	11	12	13	14	15	16	17	18	19	20	21	22	23	24	25	26	27	28	29	30	31	61	2	3	4	5	—	5	2
	5	6	7	8	9	10	11	12	13	14	15	16	17	18	19	20	21	22	23	24	25	26	27	28	29	30	71	2	3	4	—	6	31
	6	5	6	7	8	9	10	11	12	13	14	15	16	17	18	19	20	21	22	23	24	25	26	27	28	29	30	31	81	2	3	0	0
	7	4	5	6	7	8	9	10	11	12	13	14	15	16	17	18	19	20	21	22	23	24	25	26	27	28	29	30	31	91	2	2	30
	8	3	4	5	6	7	8	9	10	11	12	13	14	15	16	17	18	19	20	21	22	23	24	25	26	27	28	29	30	01	—	4	0
	9	2	3	4	5	6	7	8	9	10	11	12	13	14	15	16	17	18	19	20	21	22	23	24	25	26	27	28	29	30	31	5	29
	10	N1	2	3	4	5	6	7	8	9	10	11	12	13	14	15	16	17	18	19	20	21	22	23	24	25	26	27	28	29	30	0	59
	11	D1	2	3	4	5	6	7	8	9	10	11	12	13	14	15	16	17	18	19	20	21	22	23	24	25	26	27	28	29	30	2	29
	12	31	11	2	3	4	5	6	7	8	9	10	11	12	13	14	15	16	17	18	19	20	21	22	23	24	25	26	27	28	—	4	59
嘉靖 9 庚寅 1530–31	14 1	29	30	31	21	2	3	4	5	6	7	8	9	10	11	12	13	14	15	16	17	18	19	20	21	22	23	24	25	26	27	5	28
	2	28	31	2	3	4	5	6	7	8	9	10	11	12	13	14	15	16	17	18	19	20	21	22	23	24	25	26	27	28	—	0	58
	3	29	30	31	41	2	3	4	5	6	7	8	9	10	11	12	13	14	15	16	17	18	19	20	21	22	23	24	25	26	—	1	27
	4	27	28	29	30	51	2	3	4	5	6	7	8	9	10	11	12	13	14	15	16	17	18	19	20	21	22	23	24	25	26	2	56
	5	27	28	29	30	31	61	2	3	4	5	6	7	8	9	10	11	12	13	14	15	16	17	18	19	20	21	22	23	24	—	4	26
	6	25	26	27	28	29	30	71	2	3	4	5	6	7	8	9	10	11	12	13	14	15	16	17	18	19	20	21	22	23	—	5	55
	7	24	25	26	27	28	29	30	31	81	2	3	4	5	6	7	8	9	10	11	12	13	14	15	16	17	18	19	20	21	22	6	24
	8	23	24	25	26	27	28	29	30	31	91	2	3	4	5	6	7	8	9	10	11	12	13	14	15	16	17	18	19	20	—	1	54
	9	21	22	23	24	25	26	27	28	29	30	01	2	3	4	5	6	7	8	9	10	11	12	13	14	15	16	17	18	19	20	2	23
	10	21	22	23	24	25	26	27	28	29	30	31	N1	2	3	4	5	6	7	8	9	10	11	12	13	14	15	16	17	18	19	4	53
	11	20	21	22	23	24	25	26	27	28	29	30	D1	2	3	4	5	6	7	8	9	10	11	12	13	14	15	16	17	18	19	6	23
	12	20	21	22	23	24	25	26	27	28	29	30	31	11	2	3	4	5	6	7	8	9	10	11	12	13	14	15	16	17	—	1	53

年序 Year	陰曆月序 Moon	1	2	3	4	5	6	7	8	9	10	11	12	13	14	15	16	17	18	19	20	21	22	23	24	25	26	27	28	29	30	星期 Week	干支 Cycle
嘉靖10 辛卯 1531–32	26 1	18	19	20	21	22	23	24	25	26	27	28	29	30	31	21	2	3	4	5	6	7	8	9	10	11	12	13	14	15	16	2	22
	2	17	18	19	20	21	22	23	24	25	26	27	28	31	2	3	4	5	6	7	8	9	10	11	12	13	14	15	16	17	18	4	52
	3	19	20	21	22	23	24	25	26	27	28	29	30	31	41	2	3	4	5	6	7	8	9	10	11	12	13	14	15	16	—	6	22
	4	17	18	19	20	21	22	23	24	25	26	27	28	29	30	51	2	3	4	5	6	7	8	9	10	11	12	13	14	15	—	0	51
	5	16	17	18	19	20	21	22	23	24	25	26	27	28	29	30	31	61	2	3	4	5	6	7	8	9	10	11	12	13	14	1	20
	6	15	16	17	18	19	20	21	22	23	24	25	26	27	28	29	30	71	2	3	4	5	6	7	8	9	10	11	12	13	—	3	50
	6	14	15	16	17	18	19	20	21	22	23	24	25	26	27	28	29	30	31	81	2	3	4	5	6	7	8	9	10	11	—	4	19
	7	12	13	14	15	16	17	18	19	20	21	22	23	24	25	26	27	28	29	30	31	91	2	3	4	5	6	7	8	9	10	5	48
	8	11	12	13	14	15	16	17	18	19	20	21	22	23	24	25	26	27	28	29	30	01	2	3	4	5	6	7	8	9	—	0	18
	9	10	11	12	13	14	15	16	17	18	19	20	21	22	23	24	25	26	27	28	29	30	31	N1	2	3	4	5	6	7	8	1	47
	10	9	10	11	12	13	14	15	16	17	18	19	20	21	22	23	24	25	26	27	28	29	30	D1	2	3	4	5	6	7	8	3	17
	11	9	10	11	12	13	14	15	16	17	18	19	20	21	22	23	24	25	26	27	28	29	30	31	11	2	3	4	5	6	—	5	47
	12	7	8	9	10	11	12	13	14	15	16	17	18	19	20	21	22	23	24	25	26	27	28	29	30	31	21	2	3	4	5	6	16
嘉靖11 壬辰 1532–33	88 1	6	7	8	9	10	11	12	13	14	15	16	17	18	19	20	21	22	23	24	25	26	27	28	29	31	2	3	4	5	6	1	46
	2	7	8	9	10	11	12	13	14	15	16	17	18	19	20	21	22	23	24	25	26	27	28	29	30	31	41	2	3	4	5	3	16
	3	6	7	8	9	10	11	12	13	14	15	16	17	18	19	20	21	22	23	24	25	26	27	28	29	30	51	2	3	4	—	5	46
	4	5	6	7	8	9	10	11	12	13	14	15	16	17	18	19	20	21	22	23	24	25	26	27	28	29	30	31	61	2	—	6	15
	5	3	4	5	6	7	8	9	10	11	12	13	14	15	16	17	18	19	20	21	22	23	24	25	26	27	28	29	30	71	2	0	44
	6	3	4	5	6	7	8	9	10	11	12	13	14	15	16	17	18	19	20	21	22	23	24	25	26	27	28	29	30	31	—	2	14
	7	81	2	3	4	5	6	7	8	9	10	11	12	13	14	15	16	17	18	19	20	21	22	23	24	25	26	27	28	29	—	3	43
	8	30	31	91	2	3	4	5	6	7	8	9	10	11	12	13	14	15	16	17	18	19	20	21	22	23	24	25	26	27	28	4	12
	9	29	30	01	2	3	4	5	6	7	8	9	10	11	12	13	14	15	16	17	18	19	20	21	22	23	24	25	26	27	—	6	42
	10	28	29	30	31	N1	2	3	4	5	6	7	8	9	10	11	12	13	14	15	16	17	18	19	20	21	22	23	24	25	26	0	11
	11	27	28	29	30	D1	2	3	4	5	6	7	8	9	10	11	12	13	14	15	16	17	18	19	20	21	22	23	24	25	—	2	41
	12	26	27	28	29	30	31	11	2	3	4	5	6	7	8	9	10	11	12	13	14	15	16	17	18	19	20	21	22	23	24	3	10
嘉靖12 癸巳 1533–34	50 1	25	26	27	28	29	30	31	21	2	3	4	5	6	7	8	9	10	11	12	13	14	15	16	17	18	19	20	21	22	23	5	40
	2	24	25	26	27	28	31	2	3	4	5	6	7	8	9	10	11	12	13	14	15	16	17	18	19	20	21	22	23	24	25	0	10
	3	26	27	28	29	30	31	41	2	3	4	5	6	7	8	9	10	11	12	13	14	15	16	17	18	19	20	21	22	23	—	2	40
	4	24	25	26	27	28	29	30	51	2	3	4	5	6	7	8	9	10	11	12	13	14	15	16	17	18	19	20	21	22	23	3	9
	5	24	25	26	27	28	29	30	31	61	2	3	4	5	6	7	8	9	10	11	12	13	14	15	16	17	18	19	20	21	—	5	39
	6	22	23	24	25	26	27	28	29	30	71	2	3	4	5	6	7	8	9	10	11	12	13	14	15	16	17	18	19	20	21	6	8
	7	22	23	24	25	26	27	28	29	30	31	81	2	3	4	5	6	7	8	9	10	11	12	13	14	15	16	17	18	19	—	1	38
	8	20	21	22	23	24	25	26	27	28	29	30	31	91	2	3	4	5	6	7	8	9	10	11	12	13	14	15	16	17	—	2	7
	9	18	19	20	21	22	23	24	25	26	27	28	29	30	01	2	3	4	5	6	7	8	9	10	11	12	13	14	15	16	17	3	36
	10	18	19	20	21	22	23	24	25	26	27	28	29	30	31	N1	2	3	4	5	6	7	8	9	10	11	12	13	14	15	—	5	6
	11	16	17	18	19	20	21	22	23	24	25	26	27	28	29	30	D1	2	3	4	5	6	7	8	9	10	11	12	13	14	15	6	35
	12	16	17	18	19	20	21	22	23	24	25	26	27	28	29	30	31	11	2	3	4	5	6	7	8	9	10	11	12	13	—	1	5
嘉靖13 甲午 1534–35	2 1	14	15	16	17	18	19	20	21	22	23	24	25	26	27	28	29	30	31	21	2	3	4	5	6	7	8	9	10	11	12	2	34
	2	13	14	15	16	17	18	19	20	21	22	23	24	25	26	27	28	31	2	3	4	5	6	7	8	9	10	11	12	13	14	4	4
	2	15	16	17	18	19	20	21	22	23	24	25	26	27	28	29	30	31	41	2	3	4	5	6	7	8	9	10	11	12	—	6	34
	3	13	14	15	16	17	18	19	20	21	22	23	24	25	26	27	28	29	30	51	2	3	4	5	6	7	8	9	10	11	12	0	3
	4	13	14	15	16	17	18	19	20	21	22	23	24	25	26	27	28	29	30	31	61	2	3	4	5	6	7	8	9	10	11	2	33
	5	12	13	14	15	16	17	18	19	20	21	22	23	24	25	26	27	28	29	30	71	2	3	4	5	6	7	8	9	10	—	4	3
	6	11	12	13	14	15	16	17	18	19	20	21	22	23	24	25	26	27	28	29	30	31	81	2	3	4	5	6	7	8	9	5	32
	7	10	11	12	13	14	15	16	17	18	19	20	21	22	23	24	25	26	27	28	29	30	31	91	2	3	4	5	6	7	—	0	2
	8	8	9	10	11	12	13	14	15	16	17	18	19	20	21	22	23	24	25	26	27	28	29	30	01	2	3	4	5	6	—	1	31
	9	7	8	9	10	11	12	13	14	15	16	17	18	19	20	21	22	23	24	25	26	27	28	29	30	31	N1	2	3	4	5	2	0
	10	6	7	8	9	10	11	12	13	14	15	16	17	18	19	20	21	22	23	24	25	26	27	28	29	30	D1	2	3	4	—	4	30
	11	5	6	7	8	9	10	11	12	13	14	15	16	17	18	19	20	21	22	23	24	25	26	27	28	29	30	31	11	2	3	5	59
	12	4	5	6	7	8	9	10	11	12	13	14	15	16	17	18	19	20	21	22	23	24	25	26	27	28	29	30	31	21	—	0	29
嘉靖14 乙未 1535–36	14 1	2	3	4	5	6	7	8	9	10	11	12	13	14	15	16	17	18	19	20	21	22	23	24	25	26	27	28	31	2	3	1	58
	2	4	5	6	7	8	9	10	11	12	13	14	15	16	17	18	19	20	21	22	23	24	25	26	27	28	29	30	31	41	—	3	28
	3	2	3	4	5	6	7	8	9	10	11	12	13	14	15	16	17	18	19	20	21	22	23	24	25	26	27	28	29	30	51	4	57
	4	2	3	4	5	6	7	8	9	10	11	12	13	14	15	16	17	18	19	20	21	22	23	24	25	26	27	28	29	30	31	6	27
	5	61	2	3	4	5	6	7	8	9	10	11	12	13	14	15	16	17	18	19	20	21	22	23	24	25	26	27	28	29	—	1	57
	6	30	71	2	3	4	5	6	7	8	9	10	11	12	13	14	15	16	17	18	19	20	21	22	23	24	25	26	27	28	29	2	26
	7	30	31	81	2	3	4	5	6	7	8	9	10	11	12	13	14	15	16	17	18	19	20	21	22	23	24	25	26	27	—	4	56
	8	28	29	30	31	91	2	3	4	5	6	7	8	9	10	11	12	13	14	15	16	17	18	19	20	21	22	23	24	25	26	5	25
	9	27	28	29	30	01	2	3	4	5	6	7	8	9	10	11	12	13	14	15	16	17	18	19	20	21	22	23	24	25	26	0	55
	10	27	28	29	30	31	N1	2	3	4	5	6	7	8	9	10	11	12	13	14	15	16	17	18	19	20	21	22	23	24	—	2	25
	11	25	26	27	28	29	30	D1	2	3	4	5	6	7	8	9	10	11	12	13	14	15	16	17	18	19	20	21	22	23	—	3	54
	12	24	25	26	27	28	29	30	31	11	2	3	4	5	6	7	8	9	10	11	12	13	14	15	16	17	18	19	20	21	22	4	23

年序 Year		陰曆月序 Moon	陰曆日序 Order of days (Lunar) 1	2	3	4	5	6	7	8	9	10	11	12	13	14	15	16	17	18	19	20	21	22	23	24	25	26	27	28	29	30	星期 Week	干支 Cycle
嘉靖15丙申 1536–37	26	1	23	24	25	26	27	28	29	30	31	21	2	3	4	5	6	7	8	9	10	11	12	13	14	15	16	17	18	19	20	—	6	53
		2	21	22	23	24	25	26	27	28	29	31	2	3	4	5	6	7	8	9	10	11	12	13	14	15	16	17	18	19	20	21	0	22
		3	22	23	24	25	26	27	28	29	30	31	41	2	3	4	5	6	7	8	9	10	11	12	13	14	15	16	17	18	19	—	2	52
		4	20	21	22	23	24	25	26	27	28	29	30	51	2	3	4	5	6	7	8	9	10	11	12	13	14	15	16	17	18	19	3	21
		5	20	21	22	23	24	25	26	27	28	29	30	31	61	2	3	4	5	6	7	8	9	10	11	12	13	14	15	16	17	—	5	51
		6	18	19	20	21	22	23	24	25	26	27	28	29	30	71	2	3	4	5	6	7	8	9	10	11	12	13	14	15	16	17	6	20
		7	18	19	20	21	22	23	24	25	26	27	28	29	30	31	81	2	3	4	5	6	7	8	9	10	11	12	13	14	15	16	1	50
		8	17	18	19	20	21	22	23	24	25	26	27	28	29	30	31	91	2	3	4	5	6	7	8	9	10	11	12	13	14	—	3	20
		9	15	16	17	18	19	20	21	22	23	24	25	26	27	28	29	30	O1	2	3	4	5	6	7	8	9	10	11	12	13	14	4	49
		10	15	16	17	18	19	20	21	22	23	24	25	26	27	28	29	30	31	N1	2	3	4	5	6	7	8	9	10	11	12	13	6	19
		11	14	15	16	17	18	19	20	21	22	23	24	25	26	27	28	29	30	D1	2	3	4	5	6	7	8	9	10	11	12	—	1	49
		12	13	14	15	16	17	18	19	20	21	22	23	24	25	26	27	28	29	30	31	11	2	3	4	5	6	7	8	9	10	11	2	18
		12	12	13	14	15	16	17	18	19	20	21	22	23	24	25	26	27	28	29	30	31	21	2	3	4	5	6	7	8	9	—	4	48
嘉靖16丁酉 1537–38	38	1	10	11	12	13	14	15	16	17	18	19	20	21	22	23	24	25	26	27	28	31	2	3	4	5	6	7	8	9	10	—	5	17
		2	11	12	13	14	15	16	17	18	19	20	21	22	23	24	25	26	27	28	29	30	31	41	2	3	4	5	6	7	8	9	6	46
		3	10	11	12	13	14	15	16	17	18	19	20	21	22	23	24	25	26	27	28	29	30	51	2	3	4	5	6	7	8	—	1	16
		4	9	10	11	12	13	14	15	16	17	18	19	20	21	22	23	24	25	26	27	28	29	30	31	61	2	3	4	5	6	7	2	45
		5	8	9	10	11	12	13	14	15	16	17	18	19	20	21	22	23	24	25	26	27	28	29	30	71	2	3	4	5	6	—	4	15
		6	7	8	9	10	11	12	13	14	15	16	17	18	19	20	21	22	23	24	25	26	27	28	29	30	31	81	2	3	4	5	5	44
		7	6	7	8	9	10	11	12	13	14	15	16	17	18	19	20	21	22	23	24	25	26	27	28	29	30	31	91	2	3	—	0	14
		8	4	5	6	7	8	9	10	11	12	13	14	15	16	17	18	19	20	21	22	23	24	25	26	27	28	29	30	O1	2	3	1	43
		9	4	5	6	7	8	9	10	11	12	13	14	15	16	17	18	19	20	21	22	23	24	25	26	27	28	29	30	31	N1	2	3	13
		10	3	4	5	6	7	8	9	10	11	12	13	14	15	16	17	18	19	20	21	22	23	24	25	26	27	28	29	30	D1	—	5	43
		11	2	3	4	5	6	7	8	9	10	11	12	13	14	15	16	17	18	19	20	21	22	23	24	25	26	27	28	29	30	31	6	12
		12	11	2	3	4	5	6	7	8	9	10	11	12	13	14	15	16	17	18	19	20	21	22	23	24	25	26	27	28	29	30	1	42
嘉靖17戊戌 1538–39	50	1	31	21	2	3	4	5	6	7	8	9	10	11	12	13	14	15	16	17	18	19	20	21	22	23	24	25	26	27	28	—	3	12
		2	31	2	3	4	5	6	7	8	9	10	11	12	13	14	15	16	17	18	19	20	21	22	23	24	25	26	27	28	29	—	4	41
		3	30	31	41	2	3	4	5	6	7	8	9	10	11	12	13	14	15	16	17	18	19	20	21	22	23	24	25	26	27	28	5	10
		4	29	30	51	2	3	4	5	6	7	8	9	10	11	12	13	14	15	16	17	18	19	20	21	22	23	24	25	26	27	—	0	40
		5	28	29	30	31	61	2	3	4	5	6	7	8	9	10	11	12	13	14	15	16	17	18	19	20	21	22	23	24	25	—	1	9
		6	26	27	28	29	30	71	2	3	4	5	6	7	8	9	10	11	12	13	14	15	16	17	18	19	20	21	22	23	24	25	2	38
		7	26	27	28	29	30	31	81	2	3	4	5	6	7	8	9	10	11	12	13	14	15	16	17	18	19	20	21	22	23	—	4	8
		8	24	25	26	27	28	29	30	31	91	2	3	4	5	6	7	8	9	10	11	12	13	14	15	16	17	18	19	20	21	22	5	37
		9	23	24	25	26	27	28	29	30	O1	2	3	4	5	6	7	8	9	10	11	12	13	14	15	16	17	18	19	20	21	22	0	7
		10	23	24	25	26	27	28	29	30	31	N1	2	3	4	5	6	7	8	9	10	11	12	13	14	15	16	17	18	19	20	21	2	37
		11	22	23	24	25	26	27	28	29	30	D1	2	3	4	5	6	7	8	9	10	11	12	13	14	15	16	17	18	19	20	—	4	7
		12	21	22	23	24	25	26	27	28	29	30	31	11	2	3	4	5	6	7	8	9	10	11	12	13	14	15	16	17	18	19	5	36
嘉靖18己亥 1539–40	2	1	20	21	22	23	24	25	26	27	28	29	30	31	21	2	3	4	5	6	7	8	9	10	11	12	13	14	15	16	17	18	0	6
		2	19	20	21	22	23	24	25	26	27	28	31	2	3	4	5	6	7	8	9	10	11	12	13	14	15	16	17	18	19	—	2	36
		3	20	21	22	23	24	25	26	27	28	29	30	31	41	2	3	4	5	6	7	8	9	10	11	12	13	14	15	16	17	—	3	5
		4	18	19	20	21	22	23	24	25	26	27	28	29	30	51	2	3	4	5	6	7	8	9	10	11	12	13	14	15	16	17	4	34
		5	18	19	20	21	22	23	24	25	26	27	28	29	30	31	61	2	3	4	5	6	7	8	9	10	11	12	13	14	15	—	6	4
		6	16	17	18	19	20	21	22	23	24	25	26	27	28	29	30	71	2	3	4	5	6	7	8	9	10	11	12	13	14	—	0	33
		7	15	16	17	18	19	20	21	22	23	24	25	26	27	28	29	30	31	81	2	3	4	5	6	7	8	9	10	11	12	13	1	2
		7	14	15	16	17	18	19	20	21	22	23	24	25	26	27	28	29	30	31	91	2	3	4	5	6	7	8	9	10	11	—	3	32
		8	12	13	14	15	16	17	18	19	20	21	22	23	24	25	26	27	28	29	30	O1	2	3	4	5	6	7	8	9	10	11	4	1
		9	12	13	14	15	16	17	18	19	20	21	22	23	24	25	26	27	28	29	30	31	N1	2	3	4	5	6	7	8	9	10	6	31
		10	11	12	13	14	15	16	17	18	19	20	21	22	23	24	25	26	27	28	29	30	D1	2	3	4	5	6	7	8	9	—	1	1
		11	10	11	12	13	14	15	16	17	18	19	20	21	22	23	24	25	26	27	28	29	30	31	11	2	3	4	5	6	7	8	2	30
		12	9	10	11	12	13	14	15	16	17	18	19	20	21	22	23	24	25	26	27	28	29	30	31	21	2	3	4	5	6	7	4	0
嘉靖19庚子 1540–41	14	1	8	9	10	11	12	13	14	15	16	17	18	19	20	21	22	23	24	25	26	27	28	29	31	2	3	4	5	6	7	8	6	30
		2	9	10	11	12	13	14	15	16	17	18	19	20	21	22	23	24	25	26	27	28	29	30	31	41	2	3	4	5	6	—	1	0
		3	7	8	9	10	11	12	13	14	15	16	17	18	19	20	21	22	23	24	25	26	27	28	29	30	51	2	3	4	5	—	2	29
		4	6	7	8	9	10	11	12	13	14	15	16	17	18	19	20	21	22	23	24	25	26	27	28	29	30	31	61	2	3	4	3	58
		5	5	6	7	8	9	10	11	12	13	14	15	16	17	18	19	20	21	22	23	24	25	26	27	28	29	30	71	2	3	—	5	28
		6	4	5	6	7	8	9	10	11	12	13	14	15	16	17	18	19	20	21	22	23	24	25	26	27	28	29	30	31	81	—	6	57
		7	2	3	4	5	6	7	8	9	10	11	12	13	14	15	16	17	18	19	20	21	22	23	24	25	26	27	28	29	30	31	0	26
		8	91	2	3	4	5	6	7	8	9	10	11	12	13	14	15	16	17	18	19	20	21	22	23	24	25	26	27	28	29	—	2	56
		9	30	O1	2	3	4	5	6	7	8	9	10	11	12	13	14	15	16	17	18	19	20	21	22	23	24	25	26	27	28	29	3	25
		10	30	31	N1	2	3	4	5	6	7	8	9	10	11	12	13	14	15	16	17	18	19	20	21	22	23	24	25	26	27	—	5	55
		11	28	29	30	D1	2	3	4	5	6	7	8	9	10	11	12	13	14	15	16	17	18	19	20	21	22	23	24	25	26	27	6	24
		12	28	29	30	31	11	2	3	4	5	6	7	8	9	10	11	12	13	14	15	16	17	18	19	20	21	22	23	24	25	26	1	54

年序 Year	陰曆月序 Moon	陰曆日序 Order of days (Lunar) 1 2 3 4 5	6 7 8 9 10	11 12 13 14 15	16 17 18 19 20	21 22 23 24 25	26 27 28 29 30	星期 Week	干支 Cycle
嘉靖20辛丑 1541–42	26 1	27 28 29 30 31	21 2 3 4 5	6 7 8 9 10	11 12 13 14 15	16 17 18 19 20	21 22 23 24 25	3	24
	2	26 27 28 31 2	3 4 5 6 7	8 9 10 11 12	13 14 15 16 17	18 19 20 21 22	23 24 25 26 —	5	54
	3	27 28 29 30 31	41 2 3 4 5	6 7 8 9 10	11 12 13 14 15	16 17 18 19 20	21 22 23 24 25	6	23
	4	26 27 28 29 30	51 2 3 4 5	6 7 8 9 10	11 12 13 14 15	16 17 18 19 20	21 22 23 24 —	1	53
	5	25 26 27 28 29	30 31 61 2 3	4 5 6 7 8	9 10 11 12 13	14 15 16 17 18	19 20 21 22 23	2	22
	6	24 25 26 27 28	29 30 71 2 3	4 5 6 7 8	9 10 11 12 13	14 15 16 17 18	19 20 21 22 —	4	52
	7	23 24 25 26 27	28 29 30 31 81	2 3 4 5 6	7 8 9 10 11	12 13 14 15 16	17 18 19 20 —	5	21
	8	21 22 23 24 25	26 27 28 29 30	31 91 2 3 4	5 6 7 8 9	10 11 12 13 14	15 16 17 18 19	6	50
	9	20 21 22 23 24	25 26 27 28 29	30 01 2 3 4	5 6 7 8 9	10 11 12 13 14	15 16 17 18 —	1	20
	10	19 20 21 22 23	24 25 26 27 28	29 30 31 N1 2	3 4 5 6 7	8 9 10 11 12	13 14 15 16 17	2	49
	11	18 19 20 21 22	23 24 25 26 27	28 29 30 D1 2	3 4 5 6 7	8 9 10 11 12	13 14 15 16 —	4	19
	12	17 18 19 20 21	22 23 24 25 26	27 28 29 30 31	11 2 3 4 5	6 7 8 9 10	11 12 13 14 15	5	48
嘉靖21壬寅 1542–43	38 1	16 17 18 19 20	21 22 23 24 25	26 27 28 29 30	31 21 2 3 4	5 6 7 8 9	10 11 12 13 14	0	18
	2	15 16 17 18 19	20 21 22 23 24	25 26 27 28 31	2 3 4 5 6	7 8 9 10 11	12 13 14 15 —	2	48
	3	16 17 18 19 20	21 22 23 24 25	26 27 28 29 30	31 41 2 3 4	5 6 7 8 9	10 11 12 13 14	3	17
	4	15 16 17 18 19	20 21 22 23 24	25 26 27 28 29	30 51 2 3 4	5 6 7 8 9	10 11 12 13 14	5	47
	5	15 16 17 18 19	20 21 22 23 24	25 26 27 28 29	30 31 61 2 3	4 5 6 7 8	9 10 11 12 —	0	17
	5	13 14 15 16 17	18 19 20 21 22	23 24 25 26 27	28 29 30 71 2	3 4 5 6 7	8 9 10 11 12	1	46
	6	13 14 15 16 17	18 19 20 21 22	23 24 25 26 27	28 29 30 31 81	2 3 4 5 6	7 8 9 10 —	3	16
	7	11 12 13 14 15	16 17 18 19 20	21 22 23 24 25	26 27 28 29 30	31 91 2 3 4	5 6 7 8 —	4	45
	8	9 10 11 12 13	14 15 16 17 18	19 20 21 22 23	24 25 26 27 28	29 30 01 2 3	4 5 6 7 8	5	14
	9	9 10 11 12 13	14 15 16 17 18	19 20 21 22 23	24 25 26 27 28	29 30 31 N1 2	3 4 5 6 —	0	44
	10	7 8 9 10 11	12 13 14 15 16	17 18 19 20 21	22 23 24 25 26	27 28 29 30 D1	2 3 4 5 6	1	13
	11	7 8 9 10 11	12 13 14 15 16	17 18 19 20 21	22 23 24 25 26	27 28 29 30 31	11 2 3 4 —	3	43
	12	5 6 7 8 9	10 11 12 13 14	15 16 17 18 19	20 21 22 23 24	25 26 27 28 29	30 31 21 2 3	4	12
嘉靖22癸卯 1543–44	50 1	4 5 6 7 8	9 10 11 12 13	14 15 16 17 18	19 20 21 22 23	24 25 26 27 28	31 2 3 4 —	6	42
	2	5 6 7 8 9	10 11 12 13 14	15 16 17 18 19	20 21 22 23 24	25 26 27 28 29	30 31 41 2 3	0	11
	3	4 5 6 7 8	9 10 11 12 13	14 15 16 17 18	19 20 21 22 23	24 25 26 27 28	29 30 51 2 3	2	41
	4	4 5 6 7 8	9 10 11 12 13	14 15 16 17 18	19 20 21 22 23	24 25 26 27 28	29 30 31 61 —	4	11
	5	2 3 4 5 6	7 8 9 10 11	12 13 14 15 16	17 18 19 20 21	22 23 24 25 26	27 28 29 30 71	5	40
	6	2 3 4 5 6	7 8 9 10 11	12 13 14 15 16	17 18 19 20 21	22 23 24 25 26	27 28 29 30 31	0	10
	7	81 2 3 4 5	6 7 8 9 10	11 12 13 14 15	16 17 18 19 20	21 22 23 24 25	26 27 28 29 —	2	40
	8	30 31 91 2 3	4 5 6 7 8	9 10 11 12 13	14 15 16 17 18	19 20 21 22 23	24 25 26 27 —	3	9
	9	28 29 30 01 2	3 4 5 6 7	8 9 10 11 12	13 14 15 16 17	18 19 20 21 22	23 24 25 26 27	4	38
	10	28 29 30 31 N1	2 3 4 5 6	7 8 9 10 11	12 13 14 15 16	17 18 19 20 21	22 23 24 25 —	6	8
	11	26 27 28 29 30	D1 2 3 4 5	6 7 8 9 10	11 12 13 14 15	16 17 18 19 20	21 22 23 24 25	0	37
	12	26 27 28 29 30	31 11 2 3 4	5 6 7 8 9	10 11 12 13 14	15 16 17 18 19	20 21 22 23 —	2	7
嘉靖23甲辰 1544–45	2 1	24 25 26 27 28	29 30 31 21 2	3 4 5 6 7	8 9 10 11 12	13 14 15 16 17	18 19 20 21 22	3	36
	2	23 24 25 26 27	28 29 31 2 3	4 5 6 7 8	9 10 11 12 13	14 15 16 17 18	19 20 21 22 —	5	6
	3	23 24 25 26 27	28 29 30 31 41	2 3 4 5 6	7 8 9 10 11	12 13 14 15 16	17 18 19 20 21	6	35
	4	22 23 24 25 26	27 28 29 30 51	2 3 4 5 6	7 8 9 10 11	12 13 14 15 16	17 18 19 20 —	1	5
	5	21 22 23 24 25	26 27 28 29 30	31 61 2 3 4	5 6 7 8 9	10 11 12 13 14	15 16 17 18 19	2	34
	6	20 21 22 23 24	25 26 27 28 29	30 71 2 3 4	5 6 7 8 9	10 11 12 13 14	15 16 17 18 19	4	4
	7	20 21 22 23 24	25 26 27 28 29	30 31 81 2 3	4 5 6 7 8	9 10 11 12 13	14 15 16 17 —	6	34
	8	18 19 20 21 22	23 24 25 26 27	28 29 30 31 91	2 3 4 5 6	7 8 9 10 11	12 13 14 15 16	0	3
	9	17 18 19 20 21	22 23 24 25 26	27 28 29 30 01	2 3 4 5 6	7 8 9 10 11	12 13 14 15 —	2	33
	10	16 17 18 19 20	21 22 23 24 25	26 27 28 29 30	31 N1 2 3 4	5 6 7 8 9	10 11 12 13 14	3	2
	11	15 16 17 18 19	20 21 22 23 24	25 26 27 28 29	30 D1 2 3 4	5 6 7 8 9	10 11 12 13 —	5	32
	12	14 15 16 17 18	19 20 21 22 23	24 25 26 27 28	29 30 31 11 2	3 4 5 6 7	8 9 10 11 12	6	1
嘉靖24乙巳 1545–46	14 1	13 14 15 16 17	18 19 20 21 22	23 24 25 26 27	28 29 30 31 21	2 3 4 5 6	7 8 9 10 —	1	31
	1	11 12 13 14 15	16 17 18 19 20	21 22 23 24 25	26 27 28 31 2	3 4 5 6 7	8 9 10 11 12	2	0
	2	13 14 15 16 17	18 19 20 21 22	23 24 25 26 27	28 29 30 31 41	2 3 4 5 6	7 8 9 10 —	4	30
	3	11 12 13 14 15	16 17 18 19 20	21 22 23 24 25	26 27 28 29 30	51 2 3 4 5	6 7 8 9 10	5	59
	4	11 12 13 14 15	16 17 18 19 20	21 22 23 24 25	26 27 28 29 30	31 61 2 3 4	5 6 7 8 —	0	29
	5	9 10 11 12 13	14 15 16 17 18	19 20 21 22 23	24 25 26 27 28	29 30 71 2 3	4 5 6 7 8	1	58
	6	9 10 11 12 13	14 15 16 17 18	19 20 21 22 23	24 25 26 27 28	29 30 31 81 2	3 4 5 6 —	3	28
	7	7 8 9 10 11	12 13 14 15 16	17 18 19 20 21	22 23 24 25 26	27 28 29 30 31	91 2 3 4 5	4	57
	8	6 7 8 9 10	11 12 13 14 15	16 17 18 19 20	21 22 23 24 25	26 27 28 29 30	01 2 3 4 5	6	27
	9	6 7 8 9 10	11 12 13 14 15	16 17 18 19 20	21 22 23 24 25	26 27 28 29 30	31 N1 2 3 —	1	57
	10	4 5 6 7 8	9 10 11 12 13	14 15 16 17 18	19 20 21 22 23	24 25 26 27 28	29 30 D1 2 3	2	26
	11	4 5 6 7 8	9 10 11 12 13	14 15 16 17 18	19 20 21 22 23	24 25 26 27 28	29 30 31 11 2	4	56
	12	3 4 5 6 7	8 9 10 11 12	13 14 15 16 17	18 19 20 21 22	23 24 25 26 27	28 29 30 31 —	6	26

年序 Year	陰曆月序 Moon	陰曆日序 Order of days (Lunar)																														星期 Week	干支 Cycle
		1	2	3	4	5	6	7	8	9	10	11	12	13	14	15	16	17	18	19	20	21	22	23	24	25	26	27	28	29	30		
嘉靖25丙午 1546–47	26 1	21	2	3	4	5	6	7	8	9	10	11	12	13	14	15	16	17	18	19	20	21	22	23	24	25	26	27	28	31	—	0	55
	2	2	3	4	5	6	7	8	9	10	11	12	13	14	15	16	17	18	19	20	21	22	23	24	25	26	27	28	29	30	31	1	24
	3	41	2	3	4	5	6	7	8	9	10	11	12	13	14	15	16	17	18	19	20	21	22	23	24	25	26	27	28	29	—	3	54
	4	30	51	2	3	4	5	6	7	8	9	10	11	12	13	14	15	16	17	18	19	20	21	22	23	24	25	26	27	28	—	4	23
	5	29	30	31	61	2	3	4	5	6	7	8	9	10	11	12	13	14	15	16	17	18	19	20	21	22	23	24	25	26	27	5	52
	6	28	29	30	71	2	3	4	5	6	7	8	9	10	11	12	13	14	15	16	17	18	19	20	21	22	23	24	25	26	—	0	22
	7	27	28	29	30	31	81	2	3	4	5	6	7	8	9	10	11	12	13	14	15	16	17	18	19	20	21	22	23	24	25	1	51
	8	26	27	28	29	30	31	91	2	3	4	5	6	7	8	9	10	11	12	13	14	15	16	17	18	19	20	21	22	23	24	3	21
	9	25	26	27	28	29	30	01	2	3	4	5	6	7	8	9	10	11	12	13	14	15	16	17	18	19	20	21	22	23	24	5	51
	10	25	26	27	28	29	30	31	N1	2	3	4	5	6	7	8	9	10	11	12	13	14	15	16	17	18	19	20	21	22	—	0	21
	11	23	24	25	26	27	28	29	30	D1	2	3	4	5	6	7	8	9	10	11	12	13	14	15	16	17	18	19	20	21	22	1	50
	12	23	24	25	26	27	28	29	30	31	11	2	3	4	5	6	7	8	9	10	11	12	13	14	15	16	17	18	19	20	21	3	20
嘉靖26丁未 1547–48	38 1	22	23	24	25	26	27	28	29	30	31	21	2	3	4	5	6	7	8	9	10	11	12	13	14	15	16	17	18	19	—	5	50
	2	20	21	22	23	24	25	26	27	28	31	2	3	4	5	6	7	8	9	10	11	12	13	14	15	16	17	18	19	20	—	6	19
	3	21	22	23	24	25	26	27	28	29	30	31	41	2	3	4	5	6	7	8	9	10	11	12	13	14	15	16	17	18	19	0	48
	4	20	21	22	23	24	25	26	27	28	29	30	51	2	3	4	5	6	7	8	9	10	11	12	13	14	15	16	17	18	—	2	18
	5	19	20	21	22	23	24	25	26	27	28	29	30	31	61	2	3	4	5	6	7	8	9	10	11	12	13	14	15	16	—	3	47
	6	17	18	19	20	21	22	23	24	25	26	27	28	29	30	71	2	3	4	5	6	7	8	9	10	11	12	13	14	15	16	4	16
	7	17	18	19	20	21	22	23	24	25	26	27	28	29	30	31	81	2	3	4	5	6	7	8	9	10	11	12	13	14	—	6	46
	8	15	16	17	18	19	20	21	22	23	24	25	26	27	28	29	30	31	91	2	3	4	5	6	7	8	9	10	11	12	13	0	15
	9	14	15	16	17	18	19	20	21	22	23	24	25	26	27	28	29	30	01	2	3	4	5	6	7	8	9	10	11	12	13	2	45
	9	14	15	16	17	18	19	20	21	22	23	24	25	26	27	28	29	30	31	N1	2	3	4	5	6	7	8	9	10	11	—	4	15
	10	12	13	14	15	16	17	18	19	20	21	22	23	24	25	26	27	28	29	30	D1	2	3	4	5	6	7	8	9	10	11	5	44
	11	12	13	14	15	16	17	18	19	20	21	22	23	24	25	26	27	28	29	30	31	11	2	3	4	5	6	7	8	9	10	0	14
	12	11	12	13	14	15	16	17	18	19	20	21	22	23	24	25	26	27	28	29	30	31	21	2	3	4	5	6	7	8	9	2	44
嘉靖27戊申 1548–49	50 1	10	11	12	13	14	15	16	17	18	19	20	21	22	23	24	25	26	27	28	29	31	2	3	4	5	6	7	8	9	—	4	14
	2	10	11	12	13	14	15	16	17	18	19	20	21	22	23	24	25	26	27	28	29	30	31	41	2	3	4	5	6	7	—	5	43
	3	8	9	10	11	12	13	14	15	16	17	18	19	20	21	22	23	24	25	26	27	28	29	30	51	2	3	4	5	6	7	6	12
	4	8	9	10	11	12	13	14	15	16	17	18	19	20	21	22	23	24	25	26	27	28	29	30	31	61	2	3	4	5	—	1	42
	5	6	7	8	9	10	11	12	13	14	15	16	17	18	19	20	21	22	23	24	25	26	27	28	29	30	71	2	3	4	—	2	11
	6	5	6	7	8	9	10	11	12	13	14	15	16	17	18	19	20	21	22	23	24	25	26	27	28	29	30	31	81	2	3	3	40
	7	4	5	6	7	8	9	10	11	12	13	14	15	16	17	18	19	20	21	22	23	24	25	26	27	28	29	30	31	91	—	5	10
	8	2	3	4	5	6	7	8	9	10	11	12	13	14	15	16	17	18	19	20	21	22	23	24	25	26	27	28	29	30	01	6	39
	9	2	3	4	5	6	7	8	9	10	11	12	13	14	15	16	17	18	19	20	21	22	23	24	25	26	27	28	29	30	—	1	9
	10	31	N1	2	3	4	5	6	7	8	9	10	11	12	13	14	15	16	17	18	19	20	21	22	23	24	25	26	27	28	29	2	38
	11	30	D1	2	3	4	5	6	7	8	9	10	11	12	13	14	15	16	17	18	19	20	21	22	23	24	25	26	27	28	29	4	8
	12	30	31	11	2	3	4	5	6	7	8	9	10	11	12	13	14	15	16	17	18	19	20	21	22	23	24	25	26	27	28	6	38
嘉靖28己酉 1549–50	2 1	29	30	31	21	2	3	4	5	6	7	8	9	10	11	12	13	14	15	16	17	18	19	20	21	22	23	24	25	26	—	1	8
	2	27	28	31	2	3	4	5	6	7	8	9	10	11	12	13	14	15	16	17	18	19	20	21	22	23	24	25	26	27	28	2	37
	3	29	30	31	41	2	3	4	5	6	7	8	9	10	11	12	13	14	15	16	17	18	19	20	21	22	23	24	25	26	—	4	7
	4	27	28	29	30	51	2	3	4	5	6	7	8	9	10	11	12	13	14	15	16	17	18	19	20	21	22	23	24	25	26	5	36
	5	27	28	29	30	31	61	2	3	4	5	6	7	8	9	10	11	12	13	14	15	16	17	18	19	20	21	22	23	24	—	0	6
	6	25	26	27	28	29	30	71	2	3	4	5	6	7	8	9	10	11	12	13	14	15	16	17	18	19	20	21	22	23	—	1	35
	7	24	25	26	27	28	29	30	31	81	2	3	4	5	6	7	8	9	10	11	12	13	14	15	16	17	18	19	20	21	22	2	4
	8	23	24	25	26	27	28	29	30	31	91	2	3	4	5	6	7	8	9	10	11	12	13	14	15	16	17	18	19	20	—	4	34
	9	21	22	23	24	25	26	27	28	29	30	01	2	3	4	5	6	7	8	9	10	11	12	13	14	15	16	17	18	19	20	5	3
	10	21	22	23	24	25	26	27	28	29	30	31	N1	2	3	4	5	6	7	8	9	10	11	12	13	14	15	16	17	18	—	0	33
	11	19	20	21	22	23	24	25	26	27	28	29	30	D1	2	3	4	5	6	7	8	9	10	11	12	13	14	15	16	17	18	1	2
	12	19	20	21	22	23	24	25	26	27	28	29	30	31	11	2	3	4	5	6	7	8	9	10	11	12	13	14	15	16	17	3	32
嘉靖29庚戌 1550–51	14 1	18	19	20	21	22	23	24	25	26	27	28	29	30	31	21	2	3	4	5	6	7	8	9	10	11	12	13	14	15	16	5	2
	2	17	18	19	20	21	22	23	24	25	26	27	28	31	2	3	4	5	6	7	8	9	10	11	12	13	14	15	16	17	—	0	32
	3	18	19	20	21	22	23	24	25	26	27	28	29	30	31	41	2	3	4	5	6	7	8	9	10	11	12	13	14	15	16	1	1
	4	17	18	19	20	21	22	23	24	25	26	27	28	29	30	51	2	3	4	5	6	7	8	9	10	11	12	13	14	15	—	3	31
	5	16	17	18	19	20	21	22	23	24	25	26	27	28	29	30	31	61	2	3	4	5	6	7	8	9	10	11	12	13	14	4	0
	6	15	16	17	18	19	20	21	22	23	24	25	26	27	28	29	30	71	2	3	4	5	6	7	8	9	10	11	12	13	—	6	30
	6	14	15	16	17	18	19	20	21	22	23	24	25	26	27	28	29	30	31	81	2	3	4	5	6	7	8	9	10	11	—	0	59
	7	12	13	14	15	16	17	18	19	20	21	22	23	24	25	26	27	28	29	30	31	91	2	3	4	5	6	7	8	9	10	1	28
	8	11	12	13	14	15	16	17	18	19	20	21	22	23	24	25	26	27	28	29	30	01	2	3	4	5	6	7	8	9	—	3	58
	9	10	11	12	13	14	15	16	17	18	19	20	21	22	23	24	25	26	27	28	29	30	31	N1	2	3	4	5	6	7	8	4	27
	10	9	10	11	12	13	14	15	16	17	18	19	20	21	22	23	24	25	26	27	28	29	30	D1	2	3	4	5	6	7	—	6	57
	11	8	9	10	11	12	13	14	15	16	17	18	19	20	21	22	23	24	25	26	27	28	29	30	31	11	2	3	4	5	6	0	26
	12	7	8	9	10	11	12	13	14	15	16	17	18	19	20	21	22	23	24	25	26	27	28	29	30	31	21	2	3	4	—	2	56

年序 Year	陰曆月序 Moon	陰曆日序 Order of days (Lunar) 1 2 3 4 5	6 7 8 9 10	11 12 13 14 15	16 17 18 19 20	21 22 23 24 25	26 27 28 29 30	星期 Week	干支 Cycle
嘉靖30辛亥 1551–52	26 1	5 6 7 8 9	10 11 12 13 14	15 16 17 18 19	20 21 22 23 24	25 26 27 28 31	2 3 4 5 6	3	25
	2	7 8 9 10 11	12 13 14 15 16	17 18 19 20 21	22 23 24 25 26	27 28 29 30 31	41 2 3 4 5	5	55
	3	6 7 8 9 10	11 12 13 14 15	16 17 18 19 20	21 22 23 24 25	26 27 28 29 30	51 2 3 4 5	0	25
	4	6 7 8 9 10	11 12 13 14 15	16 17 18 19 20	21 22 23 24 25	26 27 28 29 30	31 61 2 3 —	2	55
	5	4 5 6 7 8	9 10 11 12 13	14 15 16 17 18	19 20 21 22 23	24 25 26 27 28	29 30 71 2 3	3	24
	6	4 5 6 7 8	9 10 11 12 13	14 15 16 17 18	19 20 21 22 23	24 25 26 27 28	29 30 31 81 —	5	54
	7	2 3 4 5 6	7 8 9 10 11	12 13 14 15 16	17 18 19 20 21	22 23 24 25 26	27 28 29 30 —	6	23
	8	31 91 2 3 4	5 6 7 8 9	10 11 12 13 14	15 16 17 18 19	20 21 22 23 24	25 26 27 28 29	0	52
	9	30 O1 2 3 4	5 6 7 8 9	10 11 12 13 14	15 16 17 18 19	20 21 22 23 24	25 26 27 28 —	2	22
	10	29 30 31 N1 2	3 4 5 6 7	8 9 10 11 12	13 14 15 16 17	18 19 20 21 22	23 24 25 26 27	3	51
	11	28 29 30 D1 2	3 4 5 6 7	8 9 10 11 12	13 14 15 16 17	18 19 20 21 22	23 24 25 26 —	5	21
	12	27 28 29 30 31	11 2 3 4 5	6 7 8 9 10	11 12 13 14 15	16 17 18 19 20	21 22 23 24 25	6	50
嘉靖31壬子 1552–53	38 1	26 27 28 29 30	31 21 2 3 4	5 6 7 8 9	10 11 12 13 14	15 16 17 18 19	20 21 22 23 —	1	20
	2	24 25 26 27 28	29 31 2 3 4	5 6 7 8 9	10 11 12 13 14	15 16 17 18 19	20 21 22 23 24	2	49
	3	25 26 27 28 29	30 31 41 2 3	4 5 6 7 8	9 10 11 12 13	14 15 16 17 18	19 20 21 22 23	4	19
	4	24 25 26 27 28	29 30 51 2 3	4 5 6 7 8	9 10 11 12 13	14 15 16 17 18	19 20 21 22 —	6	49
	5	23 24 25 26 27	28 29 30 31 61	2 3 4 5 6	7 8 9 10 11	12 13 14 15 16	17 18 19 20 21	0	18
	6	22 23 24 25 26	27 28 29 30 71	2 3 4 5 6	7 8 9 10 11	12 13 14 15 16	17 18 19 20 —	2	48
	7	21 22 23 24 25	26 27 28 29 30	31 81 2 3 4	5 6 7 8 9	10 11 12 13 14	15 16 17 18 19	3	17
	8	20 21 22 23 24	25 26 27 28 29	30 31 91 2 3	4 5 6 7 8	9 10 11 12 13	14 15 16 17 —	5	47
	9	18 19 20 21 22	23 24 25 26 27	28 29 30 O1 2	3 4 5 6 7	8 9 10 11 12	13 14 15 16 17	6	16
	10	18 19 20 21 22	23 24 25 26 27	28 29 30 31 N1	2 3 4 5 6	7 8 9 10 11	12 13 14 15 —	1	46
	11	16 17 18 19 20	21 22 23 24 25	26 27 28 29 30	D1 2 3 4 5	6 7 8 9 10	11 12 13 14 15	2	15
	12	16 17 18 19 20	21 22 23 24 25	26 27 28 29 30	31 11 2 3 4	5 6 7 8 9	10 11 12 13 —	4	45
嘉靖32癸丑 1553–54	50 1	14 15 16 17 18	19 20 21 22 23	24 25 26 27 28	29 30 31 21 2	3 4 5 6 7	8 9 10 11 12	5	14
	2	13 14 15 16 17	18 19 20 21 22	23 24 25 26 27	28 31 2 3 4	5 6 7 8 9	10 11 12 13 —	0	44
	3	14 15 16 17 18	19 20 21 22 23	24 25 26 27 28	29 30 31 41 2	3 4 5 6 7	8 9 10 11 12	1	13
	3	13 14 15 16 17	18 19 20 21 22	23 24 25 26 27	28 29 30 51 2	3 4 5 6 7	8 9 10 11 —	3	43
	4	12 13 14 15 16	17 18 19 20 21	22 23 24 25 26	27 28 29 30 31	61 2 3 4 5	6 7 8 9 10	4	12
	5	11 12 13 14 15	16 17 18 19 20	21 22 23 24 25	26 27 28 29 30	71 2 3 4 5	6 7 8 9 10	6	42
	6	11 12 13 14 15	16 17 18 19 20	21 22 23 24 25	26 27 28 29 30	31 81 2 3 4	5 6 7 8 —	1	12
	7	9 10 11 12 13	14 15 16 17 18	19 20 21 22 23	24 25 26 27 28	29 30 31 91 2	3 4 5 6 7	2	41
	8	8 9 10 11 12	13 14 15 16 17	18 19 20 21 22	23 24 25 26 27	28 29 30 O1 2	3 4 5 6 —	4	11
	9	7 8 9 10 11	12 13 14 15 16	17 18 19 20 21	22 23 24 25 26	27 28 29 30 31	N1 2 3 4 5	5	40
	10	6 7 8 9 10	11 12 13 14 15	16 17 18 19 20	21 22 23 24 25	26 27 28 29 30	D1 2 3 4 —	0	10
	11	5 6 7 8 9	10 11 12 13 14	15 16 17 18 19	20 21 22 23 24	25 26 27 28 29	30 31 11 2 3	1	39
	12	4 5 6 7 8	9 10 11 12 13	14 15 16 17 18	19 20 21 22 23	24 25 26 27 28	29 30 31 21 —	3	9
嘉靖33甲寅 1554–55	2 1	2 3 4 5 6	7 8 9 10 11	12 13 14 15 16	17 18 19 20 21	22 23 24 25 26	27 28 31 2 3	4	38
	2	4 5 6 7 8	9 10 11 12 13	14 15 16 17 18	19 20 21 22 23	24 25 26 27 28	29 30 31 41 —	6	8
	3	2 3 4 5 6	7 8 9 10 11	12 13 14 15 16	17 18 19 20 21	22 23 24 25 26	27 28 29 30 51	0	37
	4	2 3 4 5 6	7 8 9 10 11	12 13 14 15 16	17 18 19 20 21	22 23 24 25 26	27 28 29 30 —	2	7
	5	31 61 2 3 4	5 6 7 8 9	10 11 12 13 14	15 16 17 18 19	20 21 22 23 24	25 26 27 28 29	3	36
	6	30 71 2 3 4	5 6 7 8 9	10 11 12 13 14	15 16 17 18 19	20 21 22 23 24	25 26 27 28 —	5	6
	7	29 30 31 81 2	3 4 5 6 7	8 9 10 11 12	13 14 15 16 17	18 19 20 21 22	23 24 25 26 27	6	35
	8	28 29 30 31 91	2 3 4 5 6	7 8 9 10 11	12 13 14 15 16	17 18 19 20 21	22 23 24 25 26	1	5
	9	27 28 29 30 O1	2 3 4 5 6	7 8 9 10 11	12 13 14 15 16	17 18 19 20 21	22 23 24 25 —	3	35
	10	26 27 28 29 30	31 N1 2 3 4	5 6 7 8 9	10 11 12 13 14	15 16 17 18 19	20 21 22 23 24	4	4
	11	25 26 27 28 29	30 D1 2 3 4	5 6 7 8 9	10 11 12 13 14	15 16 17 18 19	20 21 22 23 —	6	34
	12	24 25 26 27 28	29 30 31 11 2	3 4 5 6 7	8 9 10 11 12	13 14 15 16 17	18 19 20 21 22	0	3
嘉靖34乙卯 1555–56	14 1	23 24 25 26 27	28 29 30 31 21	2 3 4 5 6	7 8 9 10 11	12 13 14 15 16	17 18 19 20 —	2	33
	2	21 22 23 24 25	26 27 28 31 2	3 4 5 6 7	8 9 10 11 12	13 14 15 16 17	18 19 20 21 22	3	2
	3	23 24 25 26 27	28 29 30 31 41	2 3 4 5 6	7 8 9 10 11	12 13 14 15 16	17 18 19 20 —	5	32
	4	21 22 23 24 25	26 27 28 29 30	51 2 3 4 5	6 7 8 9 10	11 12 13 14 15	16 17 18 19 —	6	1
	5	20 21 22 23 24	25 26 27 28 29	30 31 61 2 3	4 5 6 7 8	9 10 11 12 13	14 15 16 17 18	0	30
	6	19 20 21 22 23	24 25 26 27 28	29 30 71 2 3	4 5 6 7 8	9 10 11 12 13	14 15 16 17 —	2	0
	7	18 19 20 21 22	23 24 25 26 27	28 29 30 31 81	2 3 4 5 6	7 8 9 10 11	12 13 14 15 16	3	29
	8	17 18 19 20 21	22 23 24 25 26	27 28 29 30 31	91 2 3 4 5	6 7 8 9 10	11 12 13 14 15	5	59
	9	16 17 18 19 20	21 22 23 24 25	26 27 28 29 30	O1 2 3 4 5	6 7 8 9 10	11 12 13 14 —	0	29
	10	15 16 17 18 19	20 21 22 23 24	25 26 27 28 29	30 31 N1 2 3	4 5 6 7 8	9 10 11 12 13	1	58
	11	14 15 16 17 18	19 20 21 22 23	24 25 26 27 28	29 30 D1 2 3	4 5 6 7 8	9 10 11 12 13	3	28
	11	14 15 16 17 18	19 20 21 22 23	24 25 26 27 28	29 30 31 11 2	3 4 5 6 7	8 9 10 11 —	5	58
	12	12 13 14 15 16	17 18 19 20 21	22 23 24 25 26	27 28 29 30 31	21 2 3 4 5	6 7 8 9 10	6	27

年序 Year	陰曆月序 Moon	陰曆日序 Order of days (Lunar)																														星期 Week	干支 Cycle
		1	2	3	4	5	6	7	8	9	10	11	12	13	14	15	16	17	18	19	20	21	22	23	24	25	26	27	28	29	30		
嘉靖 35 丙辰 1556–57	26 1	11	12	13	14	15	16	17	18	19	20	21	22	23	24	25	26	27	28	29	31	2	3	4	5	6	7	8	9	10	—	1	57
	2	11	12	13	14	15	16	17	18	19	20	21	22	23	24	25	26	27	28	29	30	31	41	2	3	4	5	6	7	8	9	2	26
	3	10	11	12	13	14	15	16	17	18	19	20	21	22	23	24	25	26	27	28	29	30	51	2	3	4	5	6	7	8	—	4	56
	4	9	10	11	12	13	14	15	16	17	18	19	20	21	22	23	24	25	26	27	28	29	30	31	61	2	3	4	5	6	—	5	25
	5	7	8	9	10	11	12	13	14	15	16	17	18	19	20	21	22	23	24	25	26	27	28	29	30	71	2	3	4	5	6	6	54
	6	7	8	9	10	11	12	13	14	15	16	17	18	19	20	21	22	23	24	25	26	27	28	29	30	31	81	2	3	4	—	1	24
	7	5	6	7	8	9	10	11	12	13	14	15	16	17	18	19	20	21	22	23	24	25	26	27	28	29	30	31	91	2	3	2	53
	8	4	5	6	7	8	9	10	11	12	13	14	15	16	17	18	19	20	21	22	23	24	25	26	27	28	29	30	01	2	—	4	23
	9	3	4	5	6	7	8	9	10	11	12	13	14	15	16	17	18	19	20	21	22	23	24	25	26	27	28	29	30	31	N1	5	52
	10	2	3	4	5	6	7	8	9	10	11	12	13	14	15	16	17	18	19	20	21	22	23	24	25	26	27	28	29	30	D1	0	22
	11	2	3	4	5	6	7	8	9	10	11	12	13	14	15	16	17	18	19	20	21	22	23	24	25	26	27	28	29	30	31	2	52
	12	11	2	3	4	5	6	7	8	9	10	11	12	13	14	15	16	17	18	19	20	21	22	23	24	25	26	27	28	29	—	4	22
嘉靖 36 丁巳 1557–58	38 1	30	31	21	2	3	4	5	6	7	8	9	10	11	12	13	14	15	16	17	18	19	20	21	22	23	24	25	26	27	28	5	51
	2	31	2	3	4	5	6	7	8	9	10	11	12	13	14	15	16	17	18	19	20	21	22	23	24	25	26	27	28	29	—	0	21
	3	30	31	41	2	3	4	5	6	7	8	9	10	11	12	13	14	15	16	17	18	19	20	21	22	23	24	25	26	27	28	1	50
	4	29	30	51	2	3	4	5	6	7	8	9	10	11	12	13	14	15	16	17	18	19	20	21	22	23	24	25	26	27	—	3	20
	5	28	29	30	31	61	2	3	4	5	6	7	8	9	10	11	12	13	14	15	16	17	18	19	20	21	22	23	24	25	—	4	49
	6	26	27	28	29	30	71	2	3	4	5	6	7	8	9	10	11	12	13	14	15	16	17	18	19	20	21	22	23	24	25	5	18
	7	26	27	28	29	30	31	81	2	3	4	5	6	7	8	9	10	11	12	13	14	15	16	17	18	19	20	21	22	23	—	0	48
	8	24	25	26	27	28	29	30	31	91	2	3	4	5	6	7	8	9	10	11	12	13	14	15	16	17	18	19	20	21	22	1	17
	9	23	24	25	26	27	28	29	30	01	2	3	4	5	6	7	8	9	10	11	12	13	14	15	16	17	18	19	20	21	—	3	47
	10	22	23	24	25	26	27	28	29	30	31	N1	2	3	4	5	6	7	8	9	10	11	12	13	14	15	16	17	18	19	20	4	16
	11	21	22	23	24	25	26	27	28	29	30	D1	2	3	4	5	6	7	8	9	10	11	12	13	14	15	16	17	18	19	20	6	46
	12	21	22	23	24	25	26	27	28	29	30	31	11	2	3	4	5	6	7	8	9	10	11	12	13	14	15	16	17	18	19	1	16
嘉靖 37 戊午 1558–59	50 1	20	21	22	23	24	25	26	27	28	29	30	31	21	2	3	4	5	6	7	8	9	10	11	12	13	14	15	16	17	—	3	46
	2	18	19	20	21	22	23	24	25	26	27	28	31	2	3	4	5	6	7	8	9	10	11	12	13	14	15	16	17	18	19	4	15
	3	20	21	22	23	24	25	26	27	28	29	30	31	41	2	3	4	5	6	7	8	9	10	11	12	13	14	15	16	17	—	6	45
	4	18	19	20	21	22	23	24	25	26	27	28	29	30	51	2	3	4	5	6	7	8	9	10	11	12	13	14	15	16	17	0	14
	5	18	19	20	21	22	23	24	25	26	27	28	29	30	31	61	2	3	4	5	6	7	8	9	10	11	12	13	14	15	—	2	44
	6	16	17	18	19	20	21	22	23	24	25	26	27	28	29	30	71	2	3	4	5	6	7	8	9	10	11	12	13	14	—	3	13
	7	15	16	17	18	19	20	21	22	23	24	25	26	27	28	29	30	31	81	2	3	4	5	6	7	8	9	10	11	12	13	4	42
	7	14	15	16	17	18	19	20	21	22	23	24	25	26	27	28	29	30	31	91	2	3	4	5	6	7	8	9	10	11	—	6	12
	8	12	13	14	15	16	17	18	19	20	21	22	23	24	25	26	27	28	29	30	01	2	3	4	5	6	7	8	9	10	—	0	41
	9	11	12	13	14	15	16	17	18	19	20	21	22	23	24	25	26	27	28	29	30	31	N1	2	3	4	5	6	7	8	9	1	10
	10	10	11	12	13	14	15	16	17	18	19	20	21	22	23	24	25	26	27	28	29	30	D1	2	3	4	5	6	7	8	9	3	40
	11	10	11	12	13	14	15	16	17	18	19	20	21	22	23	24	25	26	27	28	29	30	31	11	2	3	4	5	6	7	—	5	10
	12	8	9	10	11	12	13	14	15	16	17	18	19	20	21	22	23	24	25	26	27	28	29	30	31	21	2	3	4	5	6	6	39
嘉靖 38 己未 1559–60	2 1	7	8	9	10	11	12	13	14	15	16	17	18	19	20	21	22	23	24	25	26	27	28	31	2	3	4	5	6	7	8	1	9
	2	9	10	11	12	13	14	15	16	17	18	19	20	21	22	23	24	25	26	27	28	29	30	31	41	2	3	4	5	6	7	3	39
	3	8	9	10	11	12	13	14	15	16	17	18	19	20	21	22	23	24	25	26	27	28	29	30	51	2	3	4	5	6	—	5	9
	4	7	8	9	10	11	12	13	14	15	16	17	18	19	20	21	22	23	24	25	26	27	28	29	30	31	61	2	3	4	5	6	38
	5	6	7	8	9	10	11	12	13	14	15	16	17	18	19	20	21	22	23	24	25	26	27	28	29	30	71	2	3	4	—	1	8
	6	5	6	7	8	9	10	11	12	13	14	15	16	17	18	19	20	21	22	23	24	25	26	27	28	29	30	31	81	2	—	2	37
	7	3	4	5	6	7	8	9	10	11	12	13	14	15	16	17	18	19	20	21	22	23	24	25	26	27	28	29	30	31	91	3	6
	8	2	3	4	5	6	7	8	9	10	11	12	13	14	15	16	17	18	19	20	21	22	23	24	25	26	27	28	29	30	—	5	36
	9	01	2	3	4	5	6	7	8	9	10	11	12	13	14	15	16	17	18	19	20	21	22	23	24	25	26	27	28	29	—	6	5
	10	30	31	N1	2	3	4	5	6	7	8	9	10	11	12	13	14	15	16	17	18	19	20	21	22	23	24	25	26	27	28	0	34
	11	29	30	D1	2	3	4	5	6	7	8	9	10	11	12	13	14	15	16	17	18	19	20	21	22	23	24	25	26	27	28	2	4
	12	29	30	31	11	2	3	4	5	6	7	8	9	10	11	12	13	14	15	16	17	18	19	20	21	22	23	24	25	26	—	4	34
嘉靖 39 庚申 1560–61	14 1	27	28	29	30	31	21	2	3	4	5	6	7	8	9	10	11	12	13	14	15	16	17	18	19	20	21	22	23	24	25	5	3
	2	26	27	28	29	31	2	3	4	5	6	7	8	9	10	11	12	13	14	15	16	17	18	19	20	21	22	23	24	25	26	0	33
	3	27	28	29	30	31	41	2	3	4	5	6	7	8	9	10	11	12	13	14	15	16	17	18	19	20	21	22	23	24	—	2	3
	4	25	26	27	28	29	30	51	2	3	4	5	6	7	8	9	10	11	12	13	14	15	16	17	18	19	20	21	22	23	24	3	32
	5	25	26	27	28	29	30	31	61	2	3	4	5	6	7	8	9	10	11	12	13	14	15	16	17	18	19	20	21	22	23	5	2
	6	24	25	26	27	28	29	30	71	2	3	4	5	6	7	8	9	10	11	12	13	14	15	16	17	18	19	20	21	22	—	0	32
	7	23	24	25	26	27	28	29	30	31	81	2	3	4	5	6	7	8	9	10	11	12	13	14	15	16	17	18	19	20	—	1	1
	8	21	22	23	24	25	26	27	28	29	30	31	91	2	3	4	5	6	7	8	9	10	11	12	13	14	15	16	17	18	19	2	30
	9	20	21	22	23	24	25	26	27	28	29	30	01	2	3	4	5	6	7	8	9	10	11	12	13	14	15	16	17	18	—	4	0
	10	19	20	21	22	23	24	25	26	27	28	29	30	31	N1	2	3	4	5	6	7	8	9	10	11	12	13	14	15	16	17	5	29
	11	18	19	20	21	22	23	24	25	26	27	28	29	30	D1	2	3	4	5	6	7	8	9	10	11	12	13	14	15	16	—	0	59
	12	17	18	19	20	21	22	23	24	25	26	27	28	29	30	31	11	2	3	4	5	6	7	8	9	10	11	12	13	14	15	1	28

年序 Year	陰曆月序 Moon	陰曆日序 Order of days (Lunar)																														星期 Week	干支 Cycle
		1	2	3	4	5	6	7	8	9	10	11	12	13	14	15	16	17	18	19	20	21	22	23	24	25	26	27	28	29	30		
嘉靖 40 辛酉 1561–62	26 1	16	17	18	19	20	21	22	23	24	25	26	27	28	29	30	31	21	2	3	4	5	6	7	8	9	10	11	12	13	—	3	58
	2	14	15	16	17	18	19	20	21	22	23	24	25	26	27	28	31	2	3	4	5	6	7	8	9	10	11	12	13	14	15	4	27
	3	16	17	18	19	20	21	22	23	24	25	26	27	28	29	30	31	41	2	3	4	5	6	7	8	9	10	11	12	13	—	6	57
	4	14	15	16	17	18	19	20	21	22	23	24	25	26	27	28	29	30	51	2	3	4	5	6	7	8	9	10	11	12	13	0	26
	5	14	15	16	17	18	19	20	21	22	23	24	25	26	27	28	29	30	31	61	2	3	4	5	6	7	8	9	10	11	12	2	56
	5	13	14	15	16	17	18	19	20	21	22	23	24	25	26	27	28	29	30	71	2	3	4	5	6	7	8	9	10	11	—	4	26
	6	12	13	14	15	16	17	18	19	20	21	22	23	24	25	26	27	28	29	30	31	81	2	3	4	5	6	7	8	9	10	5	55
	7	11	12	13	14	15	16	17	18	19	20	21	22	23	24	25	26	27	28	29	30	31	91	2	3	4	5	6	7	8	—	0	25
	8	9	10	11	12	13	14	15	16	17	18	19	20	21	22	23	24	25	26	27	28	29	30	01	2	3	4	5	6	7	8	1	54
	9	9	10	11	12	13	14	15	16	17	18	19	20	21	22	23	24	25	26	27	28	29	30	31	N1	2	3	4	5	6	—	3	24
	10	7	8	9	10	11	12	13	14	15	16	17	18	19	20	21	22	23	24	25	26	27	28	29	30	D1	2	3	4	5	6	4	53
	11	7	8	9	10	11	12	13	14	15	16	17	18	19	20	21	22	23	24	25	26	27	28	29	30	31	11	2	3	4	—	6	23
	12	5	6	7	8	9	10	11	12	13	14	15	16	17	18	19	20	21	22	23	24	25	26	27	28	29	30	31	21	2	3	0	52
嘉靖 41 壬戌 1562–63	38 1	4	5	6	7	8	9	10	11	12	13	14	15	16	17	18	19	20	21	22	23	24	25	26	27	28	31	2	3	4	—	2	22
	2	5	6	7	8	9	10	11	12	13	14	15	16	17	18	19	20	21	22	23	24	25	26	27	28	29	30	31	41	2	3	3	51
	3	4	5	6	7	8	9	10	11	12	13	14	15	16	17	18	19	20	21	22	23	24	25	26	27	28	29	30	51	2	—	5	21
	4	3	4	5	6	7	8	9	10	11	12	13	14	15	16	17	18	19	20	21	22	23	24	25	26	27	28	29	30	31	61	6	50
	5	2	3	4	5	6	7	8	9	10	11	12	13	14	15	16	17	18	19	20	21	22	23	24	25	26	27	28	29	30	—	1	20
	6	71	2	3	4	5	6	7	8	9	10	11	12	13	14	15	16	17	18	19	20	21	22	23	24	25	26	27	28	29	30	2	49
	7	31	81	2	3	4	5	6	7	8	9	10	11	12	13	14	15	16	17	18	19	20	21	22	23	24	25	26	27	28	29	4	19
	8	30	31	91	2	3	4	5	6	7	8	9	10	11	12	13	14	15	16	17	18	19	20	21	22	23	24	25	26	27	—	6	49
	9	28	29	30	01	2	3	4	5	6	7	8	9	10	11	12	13	14	15	16	17	18	19	20	21	22	23	24	25	26	27	0	18
	10	28	29	30	31	N1	2	3	4	5	6	7	8	9	10	11	12	13	14	15	16	17	18	19	20	21	22	23	24	25	—	2	48
	11	26	27	28	29	30	D1	2	3	4	5	6	7	8	9	10	11	12	13	14	15	16	17	18	19	20	21	22	23	24	25	3	17
	12	26	27	28	29	30	31	11	2	3	4	5	6	7	8	9	10	11	12	13	14	15	16	17	18	19	20	21	22	23	—	5	47
嘉靖 42 癸亥 1563–64	50 1	24	25	26	27	28	29	30	31	21	2	3	4	5	6	7	8	9	10	11	12	13	14	15	16	17	18	19	20	21	22	6	16
	2	23	24	25	26	27	28	31	2	3	4	5	6	7	8	9	10	11	12	13	14	15	16	17	18	19	20	21	22	23	—	1	46
	3	24	25	26	27	28	29	30	31	41	2	3	4	5	6	7	8	9	10	11	12	13	14	15	16	17	18	19	20	21	—	2	15
	4	22	23	24	25	26	27	28	29	30	51	2	3	4	5	6	7	8	9	10	11	12	13	14	15	16	17	18	19	20	21	3	44
	5	22	23	24	25	26	27	28	29	30	31	61	2	3	4	5	6	7	8	9	10	11	12	13	14	15	16	17	18	19	—	5	14
	6	20	21	22	23	24	25	26	27	28	29	30	71	2	3	4	5	6	7	8	9	10	11	12	13	14	15	16	17	18	19	6	43
	7	20	21	22	23	24	25	26	27	28	29	30	31	81	2	3	4	5	6	7	8	9	10	11	12	13	14	15	16	17	18	1	13
	8	19	20	21	22	23	24	25	26	27	28	29	30	31	91	2	3	4	5	6	7	8	9	10	11	12	13	14	15	16	—	3	43
	9	17	18	19	20	21	22	23	24	25	26	27	28	29	30	01	2	3	4	5	6	7	8	9	10	11	12	13	14	15	16	4	12
	10	17	18	19	20	21	22	23	24	25	26	27	28	29	30	31	N1	2	3	4	5	6	7	8	9	10	11	12	13	14	15	6	42
	11	16	17	18	19	20	21	22	23	24	25	26	27	28	29	30	D1	2	3	4	5	6	7	8	9	10	11	12	13	14	—	1	12
	12	15	16	17	18	19	20	21	22	23	24	25	26	27	28	29	30	31	11	2	3	4	5	6	7	8	9	10	11	12	13	2	41
嘉靖 43 甲子 1564–65	2 1	14	15	16	17	18	19	20	21	22	23	24	25	26	27	28	29	30	31	21	2	3	4	5	6	7	8	9	10	11	—	4	11
	2	12	13	14	15	16	17	18	19	20	21	22	23	24	25	26	27	28	29	31	2	3	4	5	6	7	8	9	10	11	12	5	40
	2	13	14	15	16	17	18	19	20	21	22	23	24	25	26	27	28	29	30	31	41	2	3	4	5	6	7	8	9	10	—	0	10
	3	11	12	13	14	15	16	17	18	19	20	21	22	23	24	25	26	27	28	29	30	51	2	3	4	5	6	7	8	9	—	1	39
	4	10	11	12	13	14	15	16	17	18	19	20	21	22	23	24	25	26	27	28	29	30	31	61	2	3	4	5	6	7	8	2	8
	5	9	10	11	12	13	14	15	16	17	18	19	20	21	22	23	24	25	26	27	28	29	30	71	2	3	4	5	6	7	—	4	38
	6	8	9	10	11	12	13	14	15	16	17	18	19	20	21	22	23	24	25	26	27	28	29	30	31	81	2	3	4	5	6	5	7
	7	7	8	9	10	11	12	13	14	15	16	17	18	19	20	21	22	23	24	25	26	27	28	29	30	31	91	2	3	4	—	0	37
	8	5	6	7	8	9	10	11	12	13	14	15	16	17	18	19	20	21	22	23	24	25	26	27	28	29	30	01	2	3	4	1	6
	9	5	6	7	8	9	10	11	12	13	14	15	16	17	18	19	20	21	22	23	24	25	26	27	28	29	30	31	N1	2	3	3	36
	10	4	5	6	7	8	9	10	11	12	13	14	15	16	17	18	19	20	21	22	23	24	25	26	27	28	29	30	D1	2	3	5	6
	11	4	5	6	7	8	9	10	11	12	13	14	15	16	17	18	19	20	21	22	23	24	25	26	27	28	29	30	31	11	—	0	36
	12	2	3	4	5	6	7	8	9	10	11	12	13	14	15	16	17	18	19	20	21	22	23	24	25	26	27	28	29	30	31	1	5
嘉靖 44 乙丑 1565–66	14 1	21	2	3	4	5	6	7	8	9	10	11	12	13	14	15	16	17	18	19	20	21	22	23	24	25	26	27	28	31	—	3	35
	2	2	3	4	5	6	7	8	9	10	11	12	13	14	15	16	17	18	19	20	21	22	23	24	25	26	27	28	29	30	31	4	4
	3	41	2	3	4	5	6	7	8	9	10	11	12	13	14	15	16	17	18	19	20	21	22	23	24	25	26	27	28	29	—	6	34
	4	30	51	2	3	4	5	6	7	8	9	10	11	12	13	14	15	16	17	18	19	20	21	22	23	24	25	26	27	28	—	0	3
	5	29	30	31	61	2	3	4	5	6	7	8	9	10	11	12	13	14	15	16	17	18	19	20	21	22	23	24	25	26	27	1	32
	6	28	29	30	71	2	3	4	5	6	7	8	9	10	11	12	13	14	15	16	17	18	19	20	21	22	23	24	25	26	—	3	2
	7	27	28	29	30	31	81	2	3	4	5	6	7	8	9	10	11	12	13	14	15	16	17	18	19	20	21	22	23	24	25	4	31
	8	26	27	28	29	30	31	91	2	3	4	5	6	7	8	9	10	11	12	13	14	15	16	17	18	19	20	21	22	23	—	6	1
	9	24	25	26	27	28	29	30	01	2	3	4	5	6	7	8	9	10	11	12	13	14	15	16	17	18	19	20	21	22	23	0	30
	10	24	25	26	27	28	29	30	31	N1	2	3	4	5	6	7	8	9	10	11	12	13	14	15	16	17	18	19	20	21	22	2	0
	11	23	24	25	26	27	28	29	30	D1	2	3	4	5	6	7	8	9	10	11	12	13	14	15	16	17	18	19	20	21	22	4	30
	12	23	24	25	26	27	28	29	30	31	11	2	3	4	5	6	7	8	9	10	11	12	13	14	15	16	17	18	19	20	—	6	0

年序 Year	陰曆月序 Moon	陰曆日序 Order of days (Lunar)																														星期 Week	干支 Cycle
		1	2	3	4	5	6	7	8	9	10	11	12	13	14	15	16	17	18	19	20	21	22	23	24	25	26	27	28	29	30		
嘉靖 45 丙寅 1566–67	26 1	21	22	23	24	25	26	27	28	29	30	31	21	2	3	4	5	6	7	8	9	10	11	12	13	14	15	16	17	18	19	0	29
	2	20	21	22	23	24	25	26	27	28	31	2	3	4	5	6	7	8	9	10	11	12	13	14	15	16	17	18	19	20	—	2	59
	3	21	22	23	24	25	26	27	28	29	30	31	41	2	3	4	5	6	7	8	9	10	11	12	13	14	15	16	17	18	19	3	28
	4	20	21	22	23	24	25	26	27	28	29	30	51	2	3	4	5	6	7	8	9	10	11	12	13	14	15	16	17	18	—	5	58
	5	19	20	21	22	23	24	25	26	27	28	29	30	31	61	2	3	4	5	6	7	8	9	10	11	12	13	14	15	16	—	6	27
	6	17	18	19	20	21	22	23	24	25	26	27	28	29	30	71	2	3	4	5	6	7	8	9	10	11	12	13	14	15	16	0	56
	7	17	18	19	20	21	22	23	24	25	26	27	28	29	30	31	81	2	3	4	5	6	7	8	9	10	11	12	13	14	—	2	26
	8	15	16	17	18	19	20	21	22	23	24	25	26	27	28	29	30	31	91	2	3	4	5	6	7	8	9	10	11	12	—	3	55
	9	13	14	15	16	17	18	19	20	21	22	23	24	25	26	27	28	29	30	01	2	3	4	5	6	7	8	9	10	11	12	4	24
	10	13	14	15	16	17	18	19	20	21	22	23	24	25	26	27	28	29	30	31	N1	2	3	4	5	6	7	8	9	10	11	6	54
	10	12	13	14	15	16	17	18	19	20	21	22	23	24	25	26	27	28	29	30	D1	2	3	4	5	6	7	8	9	10	—	1	24
	11	11	12	13	14	15	16	17	18	19	20	21	22	23	24	25	26	27	28	29	30	31	11	2	3	4	5	6	7	8	9	2	53
	12	10	11	12	13	14	15	16	17	18	19	20	21	22	23	24	25	26	27	28	29	30	31	21	2	3	4	5	6	7	8	4	23
穆宗隆慶 1 丁卯 1567–68	38 1	9	10	11	12	13	14	15	16	17	18	19	20	21	22	23	24	25	26	27	28	31	2	3	4	5	6	7	8	9	10	6	53
	2	11	12	13	14	15	16	17	18	19	20	21	22	23	24	25	26	27	28	29	30	31	41	2	3	4	5	6	7	8	—	1	23
	3	9	10	11	12	13	14	15	16	17	18	19	20	21	22	23	24	25	26	27	28	29	30	51	2	3	4	5	6	7	8	2	52
	4	9	10	11	12	13	14	15	16	17	18	19	20	21	22	23	24	25	26	27	28	29	30	31	61	2	3	4	5	6	—	4	22
	5	7	8	9	10	11	12	13	14	15	16	17	18	19	20	21	22	23	24	25	26	27	28	29	30	71	2	3	4	5	—	5	51
	6	6	7	8	9	10	11	12	13	14	15	16	17	18	19	20	21	22	23	24	25	26	27	28	29	30	31	81	2	3	4	6	20
	7	5	6	7	8	9	10	11	12	13	14	15	16	17	18	19	20	21	22	23	24	25	26	27	28	29	30	31	91	2	—	1	50
	8	3	4	5	6	7	8	9	10	11	12	13	14	15	16	17	18	19	20	21	22	23	24	25	26	27	28	29	30	01	—	2	19
	9	2	3	4	5	6	7	8	9	10	11	12	13	14	15	16	17	18	19	20	21	22	23	24	25	26	27	28	29	30	31	3	48
	10	N1	2	3	4	5	6	7	8	9	10	11	12	13	14	15	16	17	18	19	20	21	22	23	24	25	26	27	28	29	30	5	18
	11	D1	2	3	4	5	6	7	8	9	10	11	12	13	14	15	16	17	18	19	20	21	22	23	24	25	26	27	28	29	—	0	48
	12	30	31	11	2	3	4	5	6	7	8	9	10	11	12	13	14	15	16	17	18	19	20	21	22	23	24	25	26	27	28	1	17
隆慶 2 戊辰 1568–69	50 1	29	30	31	21	2	3	4	5	6	7	8	9	10	11	12	13	14	15	16	17	18	19	20	21	22	23	24	25	26	27	3	47
	2	28	29	31	2	3	4	5	6	7	8	9	10	11	12	13	14	15	16	17	18	19	20	21	22	23	24	25	26	27	28	5	17
	3	29	30	31	41	2	3	4	5	6	7	8	9	10	11	12	13	14	15	16	17	18	19	20	21	22	23	24	25	26	—	0	47
	4	27	28	29	30	51	2	3	4	5	6	7	8	9	10	11	12	13	14	15	16	17	18	19	20	21	22	23	24	25	26	1	16
	5	27	28	29	30	31	61	2	3	4	5	6	7	8	9	10	11	12	13	14	15	16	17	18	19	20	21	22	23	24	—	3	46
	6	25	26	27	28	29	30	71	2	3	4	5	6	7	8	9	10	11	12	13	14	15	16	17	18	19	20	21	22	23	—	4	15
	7	24	25	26	27	28	29	30	31	81	2	3	4	5	6	7	8	9	10	11	12	13	14	15	16	17	18	19	20	21	22	5	44
	8	23	24	25	26	27	28	29	30	31	91	2	3	4	5	6	7	8	9	10	11	12	13	14	15	16	17	18	19	20	—	0	14
	9	21	22	23	24	25	26	27	28	29	30	01	2	3	4	5	6	7	8	9	10	11	12	13	14	15	16	17	18	19	—	1	43
	10	20	21	22	23	24	25	26	27	28	29	30	31	N1	2	3	4	5	6	7	8	9	10	11	12	13	14	15	16	17	18	2	12
	11	19	20	21	22	23	24	25	26	27	28	29	30	D1	2	3	4	5	6	7	8	9	10	11	12	13	14	15	16	17	—	4	42
	12	18	19	20	21	22	23	24	25	26	27	28	29	30	31	11	2	3	4	5	6	7	8	9	10	11	12	13	14	15	16	5	11
隆慶 3 己巳 1569–70	2 1	17	18	19	20	21	22	23	24	25	26	27	28	29	30	31	21	2	3	4	5	6	7	8	9	10	11	12	13	14	15	0	41
	2	16	17	18	19	20	21	22	23	24	25	26	27	28	31	2	3	4	5	6	7	8	9	10	11	12	13	14	15	16	17	2	11
	3	18	19	20	21	22	23	24	25	26	27	28	29	30	31	41	2	3	4	5	6	7	8	9	10	11	12	13	14	15	—	4	41
	4	16	17	18	19	20	21	22	23	24	25	26	27	28	29	30	51	2	3	4	5	6	7	8	9	10	11	12	13	14	15	5	10
	5	16	17	18	19	20	21	22	23	24	25	26	27	28	29	30	31	61	2	3	4	5	6	7	8	9	10	11	12	13	—	0	40
	6	14	15	16	17	18	19	20	21	22	23	24	25	26	27	28	29	30	71	2	3	4	5	6	7	8	9	10	11	12	13	1	9
	6	14	15	16	17	18	19	20	21	22	23	24	25	26	27	28	29	30	31	81	2	3	4	5	6	7	8	9	10	11	—	3	39
	7	12	13	14	15	16	17	18	19	20	21	22	23	24	25	26	27	28	29	30	31	91	2	3	4	5	6	7	8	9	10	4	8
	8	11	12	13	14	15	16	17	18	19	20	21	22	23	24	25	26	27	28	29	30	01	2	3	4	5	6	7	8	9	—	6	38
	9	10	11	12	13	14	15	16	17	18	19	20	21	22	23	24	25	26	27	28	29	30	31	N1	2	3	4	5	6	7	8	0	7
	10	9	10	11	12	13	14	15	16	17	18	19	20	21	22	23	24	25	26	27	28	29	30	D1	2	3	4	5	6	7	—	2	37
	11	8	9	10	11	12	13	14	15	16	17	18	19	20	21	22	23	24	25	26	27	28	29	30	31	11	2	3	4	5	—	3	6
	12	6	7	8	9	10	11	12	13	14	15	16	17	18	19	20	21	22	23	24	25	26	27	28	29	30	31	21	2	3	4	4	35
隆慶 4 庚午 1570–71	14 1	5	6	7	8	9	10	11	12	13	14	15	16	17	18	19	20	21	22	23	24	25	26	27	28	31	2	3	4	5	6	6	5
	2	7	8	9	10	11	12	13	14	15	16	17	18	19	20	21	22	23	24	25	26	27	28	29	30	31	41	2	3	4	—	1	35
	3	5	6	7	8	9	10	11	12	13	14	15	16	17	18	19	20	21	22	23	24	25	26	27	28	29	30	51	2	3	4	2	4
	4	5	6	7	8	9	10	11	12	13	14	15	16	17	18	19	20	21	22	23	24	25	26	27	28	29	30	31	61	2	3	4	34
	5	4	5	6	7	8	9	10	11	12	13	14	15	16	17	18	19	20	21	22	23	24	25	26	27	28	29	30	71	2	—	6	4
	6	3	4	5	6	7	8	9	10	11	12	13	14	15	16	17	18	19	20	21	22	23	24	25	26	27	28	29	30	31	81	0	33
	7	2	3	4	5	6	7	8	9	10	11	12	13	14	15	16	17	18	19	20	21	22	23	24	25	26	27	28	29	30	—	2	3
	8	31	91	2	3	4	5	6	7	8	9	10	11	12	13	14	15	16	17	18	19	20	21	22	23	24	25	26	27	28	29	3	32
	9	30	01	2	3	4	5	6	7	8	9	10	11	12	13	14	15	16	17	18	19	20	21	22	23	24	25	26	27	28	—	5	2
	10	29	30	31	N1	2	3	4	5	6	7	8	9	10	11	12	13	14	15	16	17	18	19	20	21	22	23	24	25	26	27	6	31
	11	28	29	30	D1	2	3	4	5	6	7	8	9	10	11	12	13	14	15	16	17	18	19	20	21	22	23	24	25	26	—	1	1
	12	27	28	29	30	31	11	2	3	4	5	6	7	8	9	10	11	12	13	14	15	16	17	18	19	20	21	22	23	24	25	2	30

年序 Year	陰曆月序 Moon	陰曆日序 Order of days (Lunar) 1–5	6–10	11–15	16–20	21–25	26–30	星期 Week	干支 Cycle
隆慶 5 辛未 1571–72	26 1	26 27 28 29 30	31 21 2 3 4	5 6 7 8 9	10 11 12 13 14	15 16 17 18 19	20 21 22 23 —	4	0
	2	24 25 26 27 28	31 2 3 4 5	6 7 8 9 10	11 12 13 14 15	16 17 18 19 20	21 22 23 24 —	5	29
	3	25 26 27 28 29	30 31 41 2 3	4 5 6 7 8	9 10 11 12 13	14 15 16 17 18	19 20 21 22 23	6	58
	4	24 25 26 27 28	29 30 51 2 3	4 5 6 7 8	9 10 11 12 13	14 15 16 17 18	19 20 21 22 23	1	28
	5	24 25 26 27 28	29 30 31 61 2	3 4 5 6 7	8 9 10 11 12	13 14 15 16 17	18 19 20 21 —	3	58
	6	22 23 24 25 26	27 28 29 30 71	2 3 4 5 6	7 8 9 10 11	12 13 14 15 16	17 18 19 20 21	4	27
	7	22 23 24 25 26	27 28 29 30 31	81 2 3 4 5	6 7 8 9 10	11 12 13 14 15	16 17 18 19 —	6	57
	8	20 21 22 23 24	25 26 27 28 29	30 31 91 2 3	4 5 6 7 8	9 10 11 12 13	14 15 16 17 18	0	26
	9	19 20 21 22 23	24 25 26 27 28	29 30 01 2 3	4 5 6 7 8	9 10 11 12 13	14 15 16 17 18	2	56
	10	19 20 21 22 23	24 25 26 27 28	29 30 31 N1 2	3 4 5 6 7	8 9 10 11 12	13 14 15 16 —	4	26
	11	17 18 19 20 21	22 23 24 25 26	27 28 29 30 D1	2 3 4 5 6	7 8 9 10 11	12 13 14 15 16	5	55
	12	17 18 19 20 21	22 23 24 25 26	27 28 29 30 31	11 2 3 4 5	6 7 8 9 10	11 12 13 14 —	0	25
隆慶 6 壬申 1572–73	38 1	15 16 17 18 19	20 21 22 23 24	25 26 27 28 29	30 31 21 2 3	4 5 6 7 8	9 10 11 12 13	1	54
	2	14 15 16 17 18	19 20 21 22 23	24 25 26 27 28	29 31 2 3 4	5 6 7 8 9	10 11 12 13 —	3	24
	2	14 15 16 17 18	19 20 21 22 23	24 25 26 27 28	29 30 31 41 2	3 4 5 6 7	8 9 10 11 —	4	53
	3	12 13 14 15 16	17 18 19 20 21	22 23 24 25 26	27 28 29 30 51	2 3 4 5 6	7 8 9 10 11	5	22
	4	12 13 14 15 16	17 18 19 20 21	22 23 24 25 26	27 28 29 30 31	61 2 3 4 5	6 7 8 9 —	0	52
	5	10 11 12 13 14	15 16 17 18 19	20 21 22 23 24	25 26 27 28 29	30 71 2 3 4	5 6 7 8 9	1	21
	6	10 11 12 13 14	15 16 17 18 19	20 21 22 23 24	25 26 27 28 29	30 31 81 2 3	4 5 6 7 —	3	51
	7	8 9 10 11 12	13 14 15 16 17	18 19 20 21 22	23 24 25 26 27	28 29 30 31 91	2 3 4 5 6	4	20
	8	7 8 9 10 11	12 13 14 15 16	17 18 19 20 21	22 23 24 25 26	27 28 29 30 01	2 3 4 5 6	6	50
	9	7 8 9 10 11	12 13 14 15 16	17 18 19 20 21	22 23 24 25 26	27 28 29 30 31	N1 2 3 4 5	1	20
	10	6 7 8 9 10	11 12 13 14 15	16 17 18 19 20	21 22 23 24 25	26 27 28 29 30	D1 2 3 4 —	3	50
	11	5 6 7 8 9	10 11 12 13 14	15 16 17 18 19	20 21 22 23 24	25 26 27 28 29	30 31 11 2 3	4	19
	12	4 5 6 7 8	9 10 11 12 13	14 15 16 17 18	19 20 21 22 23	24 25 26 27 28	29 30 31 21 —	6	49
神宗 萬曆 1 癸酉 1573–74	50 1	2 3 4 5 6	7 8 9 10 11	12 13 14 15 16	17 18 19 20 21	22 23 24 25 26	27 28 31 2 3	0	18
	2	4 5 6 7 8	9 10 11 12 13	14 15 16 17 18	19 20 21 22 23	24 25 26 27 28	29 30 31 41 —	2	48
	3	2 3 4 5 6	7 8 9 10 11	12 13 14 15 16	17 18 19 20 21	22 23 24 25 26	27 28 29 30 —	3	17
	4	51 2 3 4 5	6 7 8 9 10	11 12 13 14 15	16 17 18 19 20	21 22 23 24 25	26 27 28 29 30	4	46
	5	31 61 2 3 4	5 6 7 8 9	10 11 12 13 14	15 16 17 18 19	20 21 22 23 24	25 26 27 28 —	6	16
	6	29 30 71 2 3	4 5 6 7 8	9 10 11 12 13	14 15 16 17 18	19 20 21 22 23	24 25 26 27 28	0	45
	7	29 30 31 81 2	3 4 5 6 7	8 9 10 11 12	13 14 15 16 17	18 19 20 21 22	23 24 25 26 —	2	15
	8	27 28 29 30 31	91 2 3 4 5	6 7 8 9 10	11 12 13 14 15	16 17 18 19 20	21 22 23 24 25	3	44
	9	26 27 28 29 30	01 2 3 4 5	6 7 8 9 10	11 12 13 14 15	16 17 18 19 20	21 22 23 24 25	5	14
	10	26 27 28 29 30	31 N1 2 3 4	5 6 7 8 9	10 11 12 13 14	15 16 17 18 19	20 21 22 23 —	0	44
	11	24 25 26 27 28	29 30 D1 2 3	4 5 6 7 8	9 10 11 12 13	14 15 16 17 18	19 20 21 22 23	1	13
	12	24 25 26 27 28	29 30 31 11 2	3 4 5 6 7	8 9 10 11 12	13 14 15 16 17	18 19 20 21 22	3	43
萬曆 2 甲戌 1574–75	2 1	23 24 25 26 27	28 29 30 31 21	2 3 4 5 6	7 8 9 10 11	12 13 14 15 16	17 18 19 20 —	5	13
	2	21 22 23 24 25	26 27 28 31 2	3 4 5 6 7	8 9 10 11 12	13 14 15 16 17	18 19 20 21 22	6	42
	3	23 24 25 26 27	28 29 30 31 41	2 3 4 5 6	7 8 9 10 11	12 13 14 15 16	17 18 19 20 —	1	12
	4	21 22 23 24 25	26 27 28 29 30	51 2 3 4 5	6 7 8 9 10	11 12 13 14 15	16 17 18 19 —	2	41
	5	20 21 22 23 24	25 26 27 28 29	30 31 61 2 3	4 5 6 7 8	9 10 11 12 13	14 15 16 17 18	3	10
	6	19 20 21 22 23	24 25 26 27 28	29 30 71 2 3	4 5 6 7 8	9 10 11 12 13	14 15 16 17 —	5	40
	7	18 19 20 21 22	23 24 25 26 27	28 29 30 31 81	2 3 4 5 6	7 8 9 10 11	12 13 14 15 —	6	9
	8	16 17 18 19 20	21 22 23 24 25	26 27 28 29 30	31 91 2 3 4	5 6 7 8 9	10 11 12 13 14	0	38
	9	15 16 17 18 19	20 21 22 23 24	25 26 27 28 29	30 01 2 3 4	5 6 7 8 9	10 11 12 13 14	2	8
	10	15 16 17 18 19	20 21 22 23 24	25 26 27 28 29	30 31 N1 2 3	4 5 6 7 8	9 10 11 12 —	4	38
	11	13 14 15 16 17	18 19 20 21 22	23 24 25 26 27	28 29 30 D1 2	3 4 5 6 7	8 9 10 11 12	5	7
	12	13 14 15 16 17	18 19 20 21 22	23 24 25 26 27	28 29 30 31 11	2 3 4 5 6	7 8 9 10 11	0	37
	12	12 13 14 15 16	17 18 19 20 21	22 23 24 25 26	27 28 29 30 31	21 2 3 4 5	6 7 8 9 10	2	7
萬曆 3 乙亥 1575–76	14 1	11 12 13 14 15	16 17 18 19 20	21 22 23 24 25	26 27 28 31 2	3 4 5 6 7	8 9 10 11 —	4	37
	2	12 13 14 15 16	17 18 19 20 21	22 23 24 25 26	27 28 29 30 31	41 2 3 4 5	6 7 8 9 10	5	6
	3	11 12 13 14 15	16 17 18 19 20	21 22 23 24 25	26 27 28 29 30	51 2 3 4 5	6 7 8 9 —	0	36
	4	10 11 12 13 14	15 16 17 18 19	20 21 22 23 24	25 26 27 28 29	30 31 61 2 3	4 5 6 7 —	1	5
	5	8 9 10 11 12	13 14 15 16 17	18 19 20 21 22	23 24 25 26 27	28 29 30 71 2	3 4 5 6 7	2	34
	6	8 9 10 11 12	13 14 15 16 17	18 19 20 21 22	23 24 25 26 27	28 29 30 31 81	2 3 4 5 —	4	4
	7	6 7 8 9 10	11 12 13 14 15	16 17 18 19 20	21 22 23 24 25	26 27 28 29 30	31 91 2 3 —	5	33
	8	4 5 6 7 8	9 10 11 12 13	14 15 16 17 18	19 20 21 22 23	24 25 26 27 28	29 30 01 2 3	6	2
	9	4 5 6 7 8	9 10 11 12 13	14 15 16 17 18	19 20 21 22 23	24 25 26 27 28	29 30 31 N1 —	1	32
	10	2 3 4 5 6	7 8 9 10 11	12 13 14 15 16	17 18 19 20 21	22 23 24 25 26	27 28 29 30 D1	2	1
	11	2 3 4 5 6	7 8 9 10 11	12 13 14 15 16	17 18 19 20 21	22 23 24 25 26	27 28 29 30 31	4	31
	12	11 2 3 4 5	6 7 8 9 10	11 12 13 14 15	16 17 18 19 20	21 22 23 24 25	26 27 28 29 30	6	1

年序 Year	陰曆月序 Moon	1	2	3	4	5	6	7	8	9	10	11	12	13	14	15	16	17	18	19	20	21	22	23	24	25	26	27	28	29	30	星期 Week	干支 Cycle
萬曆 4 丙子 1576–77	26 1	31	21	2	3	4	5	6	7	8	9	10	11	12	13	14	15	16	17	18	19	20	21	22	23	24	25	26	27	28	29	1	31
	2	31	2	3	4	5	6	7	8	9	10	11	12	13	14	15	16	17	18	19	20	21	22	23	24	25	26	27	28	29	—	3	1
	3	30	31	41	2	3	4	5	6	7	8	9	10	11	12	13	14	15	16	17	18	19	20	21	22	23	24	25	26	27	28	4	30
	4	29	30	51	2	3	4	5	6	7	8	9	10	11	12	13	14	15	16	17	18	19	20	21	22	23	24	25	26	27	—	6	0
	5	28	29	30	31	61	2	3	4	5	6	7	8	9	10	11	12	13	14	15	16	17	18	19	20	21	22	23	24	25	—	0	29
	6	26	27	28	29	30	71	2	3	4	5	6	7	8	9	10	11	12	13	14	15	16	17	18	19	20	21	22	23	24	25	1	58
	7	26	27	28	29	30	31	81	2	3	4	5	6	7	8	9	10	11	12	13	14	15	16	17	18	19	20	21	22	23	—	3	28
	8	24	25	26	27	28	29	30	31	91	2	3	4	5	6	7	8	9	10	11	12	13	14	15	16	17	18	19	20	21	—	4	57
	9	22	23	24	25	26	27	28	29	30	01	2	3	4	5	6	7	8	9	10	11	12	13	14	15	16	17	18	19	20	21	5	26
	10	22	23	24	25	26	27	28	29	30	31	N1	2	3	4	5	6	7	8	9	10	11	12	13	14	15	16	17	18	19	—	0	56
	11	20	21	22	23	24	25	26	27	28	29	30	D1	2	3	4	5	6	7	8	9	10	11	12	13	14	15	16	17	18	19	1	25
	12	20	21	22	23	24	25	26	27	28	29	30	31	11	2	3	4	5	6	7	8	9	10	11	12	13	14	15	16	17	18	3	55
萬曆 5 丁丑 1577–78	38 1	19	20	21	22	23	24	25	26	27	28	29	30	31	21	2	3	4	5	6	7	8	9	10	11	12	13	14	15	16	17	5	25
	2	18	19	20	21	22	23	24	25	26	27	28	31	2	3	4	5	6	7	8	9	10	11	12	13	14	15	16	17	18	—	0	55
	3	19	20	21	22	23	24	25	26	27	28	29	30	31	41	2	3	4	5	6	7	8	9	10	11	12	13	14	15	16	17	1	24
	4	18	19	20	21	22	23	24	25	26	27	28	29	30	51	2	3	4	5	6	7	8	9	10	11	12	13	14	15	16	17	3	54
	5	18	19	20	21	22	23	24	25	26	27	28	29	30	31	61	2	3	4	5	6	7	8	9	10	11	12	13	14	15	—	5	24
	6	16	17	18	19	20	21	22	23	24	25	26	27	28	29	30	71	2	3	4	5	6	7	8	9	10	11	12	13	14	—	6	53
	7	15	16	17	18	19	20	21	22	23	24	25	26	27	28	29	30	31	81	2	3	4	5	6	7	8	9	10	11	12	13	0	22
	8	14	15	16	17	18	19	20	21	22	23	24	25	26	27	28	29	30	31	91	2	3	4	5	6	7	8	9	10	11	—	2	52
	8	12	13	14	15	16	17	18	19	20	21	22	23	24	25	26	27	28	29	30	01	2	3	4	5	6	7	8	9	10	—	3	21
	9	11	12	13	14	15	16	17	18	19	20	21	22	23	24	25	26	27	28	29	30	31	N1	2	3	4	5	6	7	8	9	4	50
	10	10	11	12	13	14	15	16	17	18	19	20	21	22	23	24	25	26	27	28	29	30	D1	2	3	4	5	6	7	8	—	6	20
	11	9	10	11	12	13	14	15	16	17	18	19	20	21	22	23	24	25	26	27	28	29	30	31	11	2	3	4	5	6	7	0	49
	12	8	9	10	11	12	13	14	15	16	17	18	19	20	21	22	23	24	25	26	27	28	29	30	31	21	2	3	4	5	6	2	19
萬曆 6 戊寅 1578–79	50 1	7	8	9	10	11	12	13	14	15	16	17	18	19	20	21	22	23	24	25	26	27	28	31	2	3	4	5	6	7	—	4	49
	2	8	9	10	11	12	13	14	15	16	17	18	19	20	21	22	23	24	25	26	27	28	29	30	31	41	2	3	4	5	6	5	18
	3	7	8	9	10	11	12	13	14	15	16	17	18	19	20	21	22	23	24	25	26	27	28	29	30	51	2	3	4	5	6	0	48
	4	7	8	9	10	11	12	13	14	15	16	17	18	19	20	21	22	23	24	25	26	27	28	29	30	31	61	2	3	4	—	2	18
	5	5	6	7	8	9	10	11	12	13	14	15	16	17	18	19	20	21	22	23	24	25	26	27	28	29	30	71	2	3	4	3	47
	6	5	6	7	8	9	10	11	12	13	14	15	16	17	18	19	20	21	22	23	24	25	26	27	28	29	30	31	81	2	—	5	17
	7	3	4	5	6	7	8	9	10	11	12	13	14	15	16	17	18	19	20	21	22	23	24	25	26	27	28	29	30	31	91	6	46
	8	2	3	4	5	6	7	8	9	10	11	12	13	14	15	16	17	18	19	20	21	22	23	24	25	26	27	28	29	30	—	1	16
	9	01	2	3	4	5	6	7	8	9	10	11	12	13	14	15	16	17	18	19	20	21	22	23	24	25	26	27	28	29	—	2	45
	10	30	31	N1	2	3	4	5	6	7	8	9	10	11	12	13	14	15	16	17	18	19	20	21	22	23	24	25	26	27	28	3	14
	11	29	30	D1	2	3	4	5	6	7	8	9	10	11	12	13	14	15	16	17	18	19	20	21	22	23	24	25	26	27	—	5	44
	12	28	29	0	31	11	2	3	4	5	6	7	8	9	10	11	12	13	14	15	16	17	18	19	20	21	22	23	24	25	26	6	13
萬曆 7 己卯 1579–80	2 1	2	28	29	30	31	21	2	3	4	5	6	7	8	9	10	11	12	13	14	15	16	17	18	19	20	21	22	23	24	—	1	43
	2	25	26	27	28	31	2	3	4	5	6	7	8	9	10	11	12	13	14	15	16	17	18	19	20	21	22	23	24	25	26	2	12
	3	27	28	29	30	31	41	2	3	4	5	6	7	8	9	10	11	12	13	14	15	16	17	18	19	20	21	22	23	24	25	4	42
	4	26	27	28	29	30	51	2	3	4	5	6	7	8	9	10	11	12	13	14	15	16	17	18	19	20	21	22	23	24	—	6	12
	5	25	26	27	28	29	30	31	61	2	3	4	5	6	7	8	9	10	11	12	13	14	15	16	17	18	19	20	21	22	23	0	41
	6	24	25	26	27	28	29	30	71	2	3	4	5	6	7	8	9	10	11	12	13	14	15	16	17	18	19	20	21	22	23	2	11
	7	24	25	26	27	28	29	30	31	81	2	3	4	5	6	7	8	9	10	11	12	13	14	15	16	17	18	19	20	21	—	4	41
	8	22	23	24	25	26	27	28	29	30	31	91	2	3	4	5	6	7	8	9	10	11	12	13	14	15	16	17	18	19	20	5	10
	9	21	22	23	24	25	26	27	28	29	30	01	2	3	4	5	6	7	8	9	10	11	12	13	14	15	16	17	18	19	—	0	40
	10	20	21	22	23	24	25	26	27	28	29	30	31	N1	2	3	4	5	6	7	8	9	10	11	12	13	14	15	16	17	18	1	9
	11	19	20	21	22	23	24	25	26	27	28	29	30	D1	2	3	4	5	6	7	8	9	10	11	12	13	14	15	16	17	—	3	39
	12	18	19	20	21	22	23	24	25	26	27	28	29	30	31	11	2	3	4	5	6	7	8	9	10	11	12	13	14	15	—	4	8
萬曆 8 庚辰 1580–81	14 1	16	17	18	19	20	21	22	23	24	25	26	27	28	29	30	31	21	2	3	4	5	6	7	8	9	10	11	12	13	14	5	37
	2	15	16	17	18	19	20	21	22	23	24	25	26	27	28	29	31	2	3	4	5	6	7	8	9	10	11	12	13	14	—	0	7
	3	15	16	17	18	19	20	21	22	23	24	25	26	27	28	29	30	31	41	2	3	4	5	6	7	8	9	10	11	12	13	1	36
	4	14	15	16	17	18	19	20	21	22	23	24	25	26	27	28	29	30	51	2	3	4	5	6	7	8	9	10	11	12	—	3	6
	4	13	14	15	16	17	18	19	20	21	22	23	24	25	26	27	28	29	30	31	61	2	3	4	5	6	7	8	9	10	11	4	35
	5	12	13	14	15	16	17	18	19	20	21	22	23	24	25	26	27	28	29	30	71	2	3	4	5	6	7	8	9	10	11	6	5
	6	12	13	14	15	16	17	18	19	20	21	22	23	24	25	26	27	28	29	30	31	81	2	3	4	5	6	7	8	9	—	1	35
	7	10	11	12	13	14	15	16	17	18	19	20	21	22	23	24	25	26	27	28	29	30	31	91	2	3	4	5	6	7	8	2	4
	8	9	10	11	12	13	14	15	16	17	18	19	20	21	22	23	24	25	26	27	28	29	30	01	2	3	4	5	6	7	8	4	34
	9	9	10	11	12	13	14	15	16	17	18	19	20	21	22	23	24	25	26	27	28	29	30	31	N1	2	3	4	5	6	—	6	4
	10	7	8	9	10	11	12	13	14	15	16	17	18	19	20	21	22	23	24	25	26	27	28	29	30	D1	2	3	4	5	6	0	33
	11	7	8	9	10	11	12	13	14	15	16	17	18	19	20	21	22	23	24	25	26	27	28	29	30	31	11	2	3	4	—	2	3
	12	5	6	7	8	9	10	11	12	13	14	15	16	17	18	19	20	21	22	23	24	25	26	27	28	29	30	31	21	2	3	3	32

年序 Year	陰曆月序 Moon	陰曆日序 Order of days (Lunar) 1	2	3	4	5	6	7	8	9	10	11	12	13	14	15	16	17	18	19	20	21	22	23	24	25	26	27	28	29	30	星期 Week	干支 Cycle
萬曆9辛巳 1581–82	26 1	4	5	6	7	8	9	10	11	12	13	14	15	16	17	18	19	20	21	22	23	24	25	26	27	28	31	2	3	4	—	5	2
	2	5	6	7	8	9	10	11	12	13	14	15	16	17	18	19	20	21	22	23	24	25	26	27	28	29	30	31	41	2	—	6	31
	3	3	4	5	6	7	8	9	10	11	12	13	14	15	16	17	18	19	20	21	22	23	24	25	26	27	28	29	30	51	2	0	0
	4	3	4	5	6	7	8	9	10	11	12	13	14	15	16	17	18	19	20	21	22	23	24	25	26	27	28	29	30	31	—	2	30
	5	61	2	3	4	5	6	7	8	9	10	11	12	13	14	15	16	17	18	19	20	21	22	23	24	25	26	27	28	29	30	3	59
	6	71	2	3	4	5	6	7	8	9	10	11	12	13	14	15	16	17	18	19	20	21	22	23	24	25	26	27	28	29	—	5	29
	7	30	31	81	2	3	4	5	6	7	8	9	10	11	12	13	14	15	16	17	18	19	20	21	22	23	24	25	26	27	28	6	58
	8	29	30	31	91	2	3	4	5	6	7	8	9	10	11	12	13	14	15	16	17	18	19	20	21	22	23	24	25	26	27	1	28
	9	28	29	30	01	2	3	4	5	6	7	8	9	10	11	12	13	14	15	16	17	18	19	20	21	22	23	24	25	26	27	3	58
	10	28	29	30	31	N1	2	3	4	5	6	7	8	9	10	11	12	13	14	15	16	17	18	19	20	21	22	23	24	25	—	5	28
	11	26	27	28	29	30	D1	2	3	4	5	6	7	8	9	10	11	12	13	14	15	16	17	18	19	20	21	22	23	24	25	6	57
	12	26	27	28	29	30	31	11	2	3	4	5	6	7	8	9	10	11	12	13	14	15	16	17	18	19	20	21	22	23	—	1	27
萬曆10壬午 1582–83	38 1	24	25	26	27	28	29	30	31	21	2	3	4	5	6	7	8	9	10	11	12	13	14	15	16	17	18	19	20	21	22	2	56
	2	23	24	25	26	27	28	31	2	3	4	5	6	7	8	9	10	11	12	13	14	15	16	17	18	19	20	21	22	23	—	4	26
	3	24	25	26	27	28	29	30	31	41	2	3	4	5	6	7	8	9	10	11	12	13	14	15	16	17	18	19	20	21	—	5	55
	4	22	23	24	25	26	27	28	29	30	51	2	3	4	5	6	7	8	9	10	11	12	13	14	15	16	17	18	19	20	21	6	24
	5	22	23	24	25	26	27	28	29	30	31	61	2	3	4	5	6	7	8	9	10	11	12	13	14	15	16	17	18	19	—	1	54
	6	20	21	22	23	24	25	26	27	28	29	30	71	2	3	4	5	6	7	8	9	10	11	12	13	14	15	16	17	18	—	2	23
	7	19	20	21	22	23	24	25	26	27	28	29	30	31	81	2	3	4	5	6	7	8	9	10	11	12	13	14	15	16	17	3	52
	8	18	19	20	21	22	23	24	25	26	27	28	29	30	31	91	2	3	4	5	6	7	8	9	10	11	12	13	14	15	16	5	22
	9	17	18	19	20	21	22	23	24	25	26	27	28	29	30	01	2	3	4	15	16	17	18	19	20	21	22	23	24	25	—	0	52
	10	26	27	28	29	30	31	N1	2	3	4	5	6	7	8	9	10	11	12	13	14	15	16	17	18	19	20	21	22	23	24	1	21
	11	25	26	27	28	29	30	D1	2	3	4	5	6	7	8	9	10	11	12	13	14	15	16	17	18	19	20	21	22	23	24	3	51
	12	25	26	27	28	29	30	31	11	2	3	4	5	6	7	8	9	10	11	12	13	14	15	16	17	18	19	20	21	22	23	5	21
萬曆11癸未 1583–84	50 1	24	25	26	27	28	29	30	31	21	2	3	4	5	6	7	8	9	10	11	12	13	14	15	16	17	18	19	20	21	—	0	51
	2	22	23	24	25	26	27	28	31	2	3	4	5	6	7	8	9	10	11	12	13	14	15	16	17	18	19	20	21	22	23	1	20
	2	24	25	26	27	28	29	30	31	41	2	3	4	5	6	7	8	9	10	11	12	13	14	15	16	17	18	19	20	21	—	3	50
	3	22	23	24	25	26	27	28	29	30	51	2	3	4	5	6	7	8	9	10	11	12	13	14	15	16	17	18	19	20	—	4	19
	4	21	22	23	24	25	26	27	28	29	30	31	61	2	3	4	5	6	7	8	9	10	11	12	13	14	15	16	17	18	19	5	48
	5	20	21	22	23	24	25	26	27	28	29	30	71	2	3	4	5	6	7	8	9	10	11	12	13	14	15	16	17	18	—	0	18
	6	19	20	21	22	23	24	25	26	27	28	29	30	31	81	2	3	4	5	6	7	8	9	10	11	12	13	14	15	16	—	1	47
	7	17	18	19	20	21	22	23	24	25	26	27	28	29	30	31	91	2	3	4	5	6	7	8	9	10	11	12	13	14	15	2	16
	8	16	17	18	19	20	21	22	23	24	25	26	27	28	29	30	01	2	3	4	5	6	7	8	9	10	11	12	13	14	—	4	46
	9	15	16	17	18	19	20	21	22	23	24	25	26	27	28	29	30	31	N1	2	3	4	5	6	7	8	9	10	11	12	13	5	15
	10	14	15	16	17	18	19	20	21	22	23	24	25	26	27	28	29	30	D1	2	3	4	5	6	7	8	9	10	11	12	13	0	45
	11	14	15	16	17	18	19	20	21	22	23	24	25	26	27	28	29	30	31	11	2	3	4	5	6	7	8	9	10	11	12	2	15
	12	13	14	15	16	17	18	19	20	21	22	23	24	25	26	27	28	29	30	31	21	2	3	4	5	6	7	8	9	10	11	4	45
萬曆12甲申 1584–85	2 1	12	13	14	15	16	17	18	19	20	21	22	23	24	25	26	27	28	29	31	2	3	4	5	6	7	8	9	10	11	—	6	15
	2	12	13	14	15	16	17	18	19	20	21	22	23	24	25	26	27	28	29	30	31	41	2	3	4	5	6	7	8	9	10	0	44
	3	11	12	13	14	15	16	17	18	19	20	21	22	23	24	25	26	27	28	29	30	51	2	3	4	5	6	7	8	9	—	2	14
	4	10	11	12	13	14	15	16	17	18	19	20	21	22	23	24	25	26	27	28	29	30	31	61	2	3	4	5	6	7	—	3	43
	5	8	9	10	11	12	13	14	15	16	17	18	19	20	21	22	23	24	25	26	27	28	29	30	71	2	3	4	5	6	7	4	12
	6	8	9	10	11	12	13	14	15	16	17	18	19	20	21	22	23	24	25	26	27	28	29	30	31	81	2	3	4	5	—	6	42
	7	6	7	8	9	10	11	12	13	14	15	16	17	18	19	20	21	22	23	24	25	26	27	28	29	30	31	91	2	3	—	0	11
	8	4	5	6	7	8	9	10	11	12	13	14	15	16	17	18	19	20	21	22	23	24	25	26	27	28	29	30	01	2	3	1	40
	9	4	5	6	7	8	9	10	11	12	13	14	15	16	17	18	19	20	21	22	23	24	25	26	27	28	29	30	31	N1	—	3	10
	10	2	3	4	5	6	7	8	9	10	11	12	13	14	15	16	17	18	19	20	21	22	23	24	25	26	27	28	29	30	D1	4	39
	11	2	3	4	5	6	7	8	9	10	11	12	13	14	15	16	17	18	19	20	21	22	23	24	25	26	27	28	29	30	31	6	9
	12	11	2	3	4	5	6	7	8	9	10	11	12	13	14	15	16	17	18	19	20	21	22	23	24	25	26	27	28	29	30	1	39
萬曆13乙酉 1585–86	14 1	31	21	2	3	4	5	6	7	8	9	10	11	12	13	14	15	16	17	18	19	20	21	22	23	24	25	26	27	28	—	3	9
	2	31	2	3	4	5	6	7	8	9	10	11	12	13	14	15	16	17	18	19	20	21	22	23	24	25	26	27	28	29	30	4	38
	3	31	41	2	3	4	5	6	7	8	9	10	11	12	13	14	15	16	17	18	19	20	21	22	23	24	25	26	27	28	29	6	8
	4	30	51	2	3	4	5	6	7	8	9	10	11	12	13	14	15	16	17	18	19	20	21	22	23	24	25	26	27	28	—	1	38
	5	29	30	31	61	2	3	4	5	6	7	8	9	10	11	12	13	14	15	16	17	18	19	20	21	22	23	24	25	26	—	2	7
	6	27	28	29	30	71	2	3	4	5	6	7	8	9	10	11	12	13	14	15	16	17	18	19	20	21	22	23	24	25	26	3	36
	7	27	28	29	30	31	81	2	3	4	5	6	7	8	9	10	11	12	13	14	15	16	17	18	19	20	21	22	23	24	—	5	6
	8	25	26	27	28	29	30	31	91	2	3	4	5	6	7	8	9	10	11	12	13	14	15	16	17	18	19	20	21	22	—	6	35
	9	23	24	25	26	27	28	29	30	01	2	3	4	5	6	7	8	9	10	11	12	13	14	15	16	17	18	19	20	21	22	0	4
	9	23	24	25	26	27	28	29	30	31	N1	2	3	4	5	6	7	8	9	10	11	12	13	14	15	16	17	18	19	20	—	2	34
	10	21	22	23	24	25	26	27	28	29	30	D1	2	3	4	5	6	7	8	9	10	11	12	13	14	15	16	17	18	19	20	3	3
	11	21	22	23	24	25	26	27	28	29	30	31	11	2	3	4	5	6	7	8	9	10	11	12	13	14	15	16	17	18	19	5	33
	12	20	21	22	23	24	25	26	27	28	29	30	31	21	2	3	4	5	6	7	8	9	10	11	12	13	14	15	16	17	—	0	3

敎皇格勒哥里第十三始改歷．以西歷一五八二年十月五日爲十五日，中間諸去十日．

Gregory XIII, Pope of the Roman Church took the 5th day of October as the 15th day of the same month of the year 1582. Thus 10 days are to be taken off from that year

年序 Year	陰曆月序 Moon	陰曆日序 Order of days (Lunar)																														星期 Week	干支 Cycle
		1	2	3	4	5	6	7	8	9	10	11	12	13	14	15	16	17	18	19	20	21	22	23	24	25	26	27	28	29	30		
萬曆 14 丙戌 1586–87	26 1	18	19	20	21	22	23	24	25	26	27	28	31	2	3	4	5	6	7	8	9	10	11	12	13	14	15	16	17	18	19	1	32
	2	20	21	22	23	24	25	26	27	28	29	30	31	41	2	3	4	5	6	7	8	9	10	11	12	13	14	15	16	17	18	3	2
	3	19	20	21	22	23	24	25	26	27	28	29	30	51	2	3	4	5	6	7	8	9	10	11	12	13	14	15	16	17	—	5	32
	4	18	19	20	21	22	23	24	25	26	27	28	29	30	31	61	2	3	4	5	6	7	8	9	10	11	12	13	14	15	16	6	1
	5	17	18	19	20	21	22	23	24	25	26	27	28	29	30	71	2	3	4	5	6	7	8	9	10	11	12	13	14	15	—	1	31
	6	16	17	18	19	20	21	22	23	24	25	26	27	28	29	30	31	81	2	3	4	5	6	7	8	9	10	11	12	13	14	2	0
	7	15	16	17	18	19	20	21	22	23	24	25	26	27	28	29	30	31	91	2	3	4	5	6	7	8	9	10	11	12	—	4	30
	8	13	14	15	16	17	18	19	20	21	22	23	24	25	26	27	28	29	30	01	2	3	4	5	6	7	8	9	10	11	—	5	59
	9	12	13	14	15	16	17	18	19	20	21	22	23	24	25	26	27	28	29	30	31	N1	2	3	4	5	6	7	8	9	10	6	28
	10	11	12	13	14	15	16	17	18	19	20	21	22	23	24	25	26	27	28	29	30	D1	2	3	4	5	6	7	8	9	—	1	58
	11	10	11	12	13	14	15	16	17	18	19	20	21	22	23	24	25	26	27	28	29	30	31	11	2	3	4	5	6	7	8	2	27
	12	9	10	11	12	13	14	15	16	17	18	19	20	21	22	23	24	25	26	27	28	29	30	31	21	2	3	4	5	6	—	4	57
萬曆 15 丁亥 1587–88	38 1	7	8	9	10	11	12	13	14	15	16	17	18	19	20	21	22	23	24	25	26	27	28	31	2	3	4	5	6	7	8	5	26
	2	9	10	11	12	13	14	15	16	17	18	19	20	21	22	23	24	25	26	27	28	29	30	31	41	2	3	4	5	6	7	0	56
	3	8	9	10	11	12	13	14	15	16	17	18	19	20	21	22	23	24	25	26	27	28	29	30	51	2	3	4	5	6	7	2	26
	4	8	9	10	11	12	13	14	15	16	17	18	19	20	21	22	23	24	25	26	27	28	29	30	31	61	2	3	4	5	—	4	56
	5	6	7	8	9	10	11	12	13	14	15	16	17	18	19	20	21	22	23	24	25	26	27	28	29	30	71	2	3	4	5	5	25
	6	6	7	8	9	10	11	12	13	14	15	16	17	18	19	20	21	22	23	24	25	26	27	28	29	30	31	81	2	3	—	0	55
	7	4	5	6	7	8	9	10	11	12	13	14	15	16	17	18	19	20	21	22	23	24	25	26	27	28	29	30	31	91	2	1	24
	8	3	4	5	6	7	8	9	10	11	12	13	14	15	16	17	18	19	20	21	22	23	24	25	26	27	28	29	30	01	—	3	54
	9	2	3	4	5	6	7	8	9	10	11	12	13	14	15	16	17	18	19	20	21	22	23	24	25	26	27	28	29	30	—	4	23
	10	31	N1	2	3	4	5	6	7	8	9	10	11	12	13	14	15	16	17	18	19	20	21	22	23	24	25	26	27	28	29	5	52
	11	30	D1	2	3	4	5	6	7	8	9	10	11	12	13	14	15	16	17	18	19	20	21	22	23	24	25	26	27	28	—	0	2'
	12	29	30	31	11	2	3	4	5	6	7	8	9	10	11	12	13	14	15	16	17	18	19	20	21	22	23	24	25	26	27	1	51
萬曆 16 戊子 1588–89	50 1	28	29	30	31	21	2	3	4	5	6	7	8	9	10	11	12	13	14	15	16	17	18	19	20	21	22	23	24	25	—	3	21
	2	26	27	28	29	31	2	3	4	5	6	7	8	9	10	11	12	13	14	15	16	17	18	19	20	21	22	23	24	25	—	4	50
	3	26	27	28	29	30	31	41	2	3	4	5	6	7	8	9	10	11	12	13	14	15	16	17	18	19	20	21	22	23	24	5	19
	4	25	26	27	28	29	30	51	2	3	4	5	6	7	8	9	10	11	12	13	14	15	16	17	18	19	20	21	22	23	24	0	49
	5	25	26	27	28	29	30	31	61	2	3	4	5	6	7	8	9	10	11	12	13	14	15	16	17	18	19	20	21	22	23	2	19
	6	24	25	26	27	28	29	30	71	2	3	4	5	6	7	8	9	10	11	12	13	14	15	16	17	18	19	20	21	22	—	4	49
	6	23	24	25	26	27	28	29	30	31	81	2	3	4	5	6	7	8	9	10	11	12	13	14	15	16	17	18	19	20	21	5	18
	7	22	23	24	25	26	27	28	29	30	31	91	2	3	4	5	6	7	8	9	10	11	12	13	14	15	16	17	18	19	20	0	48
	8	21	22	23	24	25	26	27	28	29	30	01	2	3	4	5	6	7	8	9	10	11	12	13	14	15	16	17	18	19	—	2	18
	9	20	21	22	23	24	25	26	27	28	29	30	31	N1	2	3	4	5	6	7	8	9	10	11	12	13	14	15	16	17	18	3	47
	10	19	20	21	22	23	24	25	26	27	28	29	30	D1	2	3	4	5	6	7	8	9	10	11	12	13	14	15	16	17	—	5	17
	11	18	19	20	21	22	23	24	25	26	27	28	29	30	31	11	2	3	4	5	6	7	8	9	10	11	12	13	14	15	16	6	46
	12	17	18	19	20	21	22	23	24	25	26	27	28	29	30	31	21	2	3	4	5	6	7	8	9	10	11	12	13	14	—	1	16
萬曆 17 己丑 1589–90	2 1	15	16	17	18	19	20	21	22	23	24	25	26	27	28	31	2	3	4	5	6	7	8	9	10	11	12	13	14	15	—	2	45
	2	16	17	18	19	20	21	22	23	24	25	26	27	28	29	30	31	41	2	3	4	5	6	7	8	9	10	11	12	13	14	3	14
	3	15	16	17	18	19	20	21	22	23	24	25	26	27	28	29	30	51	2	3	4	5	6	7	8	9	10	11	12	13	—	5	44
	4	14	15	16	17	18	19	20	21	22	23	24	25	26	27	28	29	30	31	61	2	3	4	5	6	7	8	9	10	11	12	6	13
	5	13	14	15	16	17	18	19	20	21	22	23	24	25	26	27	28	29	30	71	2	3	4	5	6	7	8	9	10	11	—	1	43
	6	12	13	14	15	16	17	18	19	20	21	22	23	24	25	26	27	28	29	30	31	81	2	3	4	5	6	7	8	9	10	2	12
	7	11	12	13	14	15	16	17	18	19	20	21	22	23	24	25	26	27	28	29	30	31	91	2	3	4	5	6	7	8	9	4	42
	8	10	11	12	13	14	15	16	17	18	19	20	21	22	23	24	25	26	27	28	29	30	01	2	3	4	5	6	7	8	—	6	12
	9	9	10	11	12	13	14	15	16	17	18	19	20	21	22	23	24	25	26	27	28	29	30	31	N1	2	3	4	5	6	7	0	41
	10	8	9	10	11	12	13	14	15	16	17	18	19	20	21	22	23	24	25	26	27	28	29	30	D1	2	3	4	5	6	7	2	11
	11	8	9	10	11	12	13	14	15	16	17	18	19	20	21	22	23	24	25	26	27	28	29	30	31	11	2	3	4	5	—	4	41
	12	6	7	8	9	10	11	12	13	14	15	16	17	18	19	20	21	22	23	24	25	26	27	28	29	30	31	21	2	3	4	5	10
萬曆 18 庚寅 1590–91	14 1	5	6	7	8	9	10	11	12	13	14	15	16	17	18	19	20	21	22	23	24	25	26	27	28	31	2	3	4	5	—	0	40
	2	6	7	8	9	10	11	12	13	14	15	16	17	18	19	20	21	22	23	24	25	26	27	28	29	30	31	41	2	3	—	1	9
	3	4	5	6	7	8	9	10	11	12	13	14	15	16	17	18	19	20	21	22	23	24	25	26	27	28	29	30	51	2	3	2	38
	4	4	5	6	7	8	9	10	11	12	13	14	15	16	17	18	19	20	21	22	23	24	25	26	27	28	29	30	31	61	—	4	8
	5	2	3	4	5	6	7	8	9	10	11	12	13	14	15	16	17	18	19	20	21	22	23	24	25	26	27	28	29	30	71	5	37
	6	2	3	4	5	6	7	8	9	10	11	12	13	14	15	16	17	18	19	20	21	22	23	24	25	26	27	28	29	30	—	0	7
	7	31	81	2	3	4	5	6	7	8	9	10	11	12	13	14	15	16	17	18	19	20	21	22	23	24	25	26	27	28	29	1	36
	8	30	31	91	2	3	4	5	6	7	8	9	10	11	12	13	14	15	16	17	18	19	20	21	22	23	24	25	26	27	28	3	6
	9	29	30	01	2	3	4	5	6	7	8	9	10	11	12	13	14	15	16	17	18	19	20	21	22	23	24	25	26	27	—	5	36
	10	28	29	30	31	N1	2	3	4	5	6	7	8	9	10	11	12	13	14	15	16	17	18	19	20	21	22	23	24	25	26	6	5
	11	27	28	29	30	D1	2	3	4	5	6	7	8	9	10	11	12	13	14	15	16	17	18	19	20	21	22	23	24	25	26	1	35
	12	27	28	29	30	31	11	2	3	4	5	6	7	8	9	10	11	12	13	14	15	16	17	18	19	20	21	22	23	24	—	3	5

年序 Year	陰曆月序 Moon	陰曆日序 Order of days (Lunar)																														星期 Week	干支 Cycle
		1	2	3	4	5	6	7	8	9	10	11	12	13	14	15	16	17	18	19	20	21	22	23	24	25	26	27	28	29	30		
萬曆 19 辛卯 1591–92	26 1	25	26	27	28	29	30	31	21	2	3	4	5	6	7	8	9	10	11	12	13	14	15	16	17	18	19	20	21	22	23	4	34
	2	24	25	26	27	28	31	2	3	4	5	6	7	8	9	10	11	12	13	14	15	16	17	18	19	20	21	22	23	24	—	6	4
	3	25	26	27	28	29	30	31	41	2	3	4	5	6	7	8	9	10	11	12	13	14	15	16	17	18	19	20	21	22	—	0	33
	8	23	24	25	26	27	28	29	30	51	2	3	4	5	6	7	8	9	10	11	12	13	14	15	16	17	18	19	20	21	22	1	2
	4	23	24	25	26	27	28	29	30	31	61	2	3	4	5	6	7	8	9	10	11	12	13	14	15	16	17	18	19	20	—	3	32
	5	21	22	23	24	25	26	27	28	29	30	71	2	3	4	5	6	7	8	9	10	11	12	13	14	15	16	17	18	19	—	4	1
	6	20	21	22	23	24	25	26	27	28	29	30	31	81	2	3	4	5	6	7	8	9	10	11	12	13	14	15	16	17	18	5	30
	7	19	20	21	22	23	24	25	26	27	28	29	30	31	91	2	3	4	5	6	7	8	9	10	11	12	13	14	15	16	—	0	0
	8	17	18	19	20	21	22	23	24	25	26	27	28	29	30	01	2	3	4	5	6	7	8	9	10	11	12	13	14	15	16	1	29
	9	17	18	19	20	21	22	23	24	25	26	27	28	29	30	31	N1	2	3	4	5	6	7	8	9	10	11	12	13	14	15	3	59
	10	16	17	18	19	20	21	22	23	24	25	26	27	28	29	30	D1	2	3	4	5	6	7	8	9	10	11	12	13	14	15	5	29
	11	16	17	18	19	20	21	22	23	24	25	26	27	28	29	30	31	11	2	3	4	5	6	7	8	9	10	11	12	13	14	0	59
	12	15	16	17	18	19	20	21	22	23	24	25	26	27	28	29	30	31	21	2	3	4	5	6	7	8	9	10	11	12	—	2	29
萬曆 20 壬辰 1592–93	38 1	13	14	15	16	17	18	19	20	21	22	23	24	25	26	27	28	29	31	2	3	4	5	6	7	8	9	10	11	12	13	3	58
	2	14	15	16	17	18	19	20	21	22	23	24	25	26	27	28	29	30	31	41	2	3	4	5	6	7	8	9	10	11	—	5	28
	3	12	13	14	15	16	17	18	19	20	21	22	23	24	25	26	27	28	29	30	51	2	3	4	5	6	7	8	9	10	—	6	57
	4	11	12	13	14	15	16	17	18	19	20	21	22	23	24	25	26	27	28	29	30	31	61	2	3	4	5	6	7	8	9	0	26
	5	10	11	12	13	14	15	16	17	18	19	20	21	22	23	24	25	26	27	28	29	30	71	2	3	4	5	6	7	8	—	2	56
	6	9	10	11	12	13	14	15	16	17	18	19	20	21	22	23	24	25	26	27	28	29	30	31	81	2	3	4	5	6	—	3	25
	7	7	8	9	10	11	12	13	14	15	16	17	18	19	20	21	22	23	24	25	26	27	28	29	30	31	91	2	3	4	5	4	54
	8	6	7	8	9	10	11	12	13	14	15	16	17	18	19	20	21	22	23	24	25	26	27	28	29	30	01	2	3	4	—	6	24
	9	5	6	7	8	9	10	11	12	13	14	15	16	17	18	19	20	21	22	23	24	25	26	27	28	29	30	31	N1	2	3	0	53
	10	4	5	6	7	8	9	10	11	12	13	14	15	16	17	18	19	20	21	22	23	24	25	26	27	28	29	30	D1	2	3	2	23
	11	4	5	6	7	8	9	10	11	12	13	14	15	16	17	18	19	20	21	22	23	24	25	26	27	28	29	30	31	11	2	4	53
	12	3	4	5	6	7	8	9	10	11	12	13	14	15	16	17	18	19	20	21	22	23	24	25	26	27	28	29	30	31	—	6	23
萬曆 21 癸巳 1593–94	50 1	21	2	3	4	5	6	7	8	9	10	11	12	13	14	15	16	17	18	19	20	21	22	23	24	25	26	27	28	31	2	0	52
	2	3	4	5	6	7	8	9	10	11	12	13	14	15	16	17	18	19	20	21	22	23	24	25	26	27	28	29	30	31	41	2	22
	3	2	3	4	5	6	7	8	9	10	11	12	13	14	15	16	17	18	19	20	21	22	23	24	25	26	27	28	29	30	—	4	52
	4	51	2	3	4	5	6	7	8	9	10	11	12	13	14	15	16	17	18	19	20	21	22	23	24	25	26	27	28	29	—	5	21
	5	30	31	61	2	3	4	5	6	7	8	9	10	11	12	13	14	15	16	17	18	19	20	21	22	23	24	25	26	27	28	6	50
	6	29	30	71	2	3	4	5	6	7	8	9	10	11	12	13	14	15	16	17	18	19	20	21	22	23	24	25	26	27	—	1	20
	7	28	29	30	31	81	2	3	4	5	6	7	8	9	10	11	12	13	14	15	16	17	18	19	20	21	22	23	24	25	—	2	49
	8	26	27	28	29	30	31	91	2	3	4	5	6	7	8	9	10	11	12	13	14	15	16	17	18	19	20	21	22	23	24	3	18
	9	25	26	27	28	29	30	01	2	3	4	5	6	7	8	9	10	11	12	13	14	15	16	17	18	19	20	21	22	23	—	5	48
	10	24	25	26	27	28	29	30	31	N1	2	3	4	5	6	7	8	9	10	11	12	13	14	15	16	17	18	19	20	21	22	6	17
	11	23	24	25	26	27	28	29	30	D1	2	3	4	5	6	7	8	9	10	11	12	13	14	15	16	17	18	19	20	21	22	1	47
	11	23	24	25	26	27	28	29	30	31	11	2	3	4	5	6	7	8	9	10	11	12	13	14	15	16	17	18	19	20	—	3	17
	12	21	22	23	24	25	26	27	28	29	30	31	21	2	3	4	5	6	7	8	9	10	11	12	13	14	15	16	17	18	19	4	46
萬曆 22 甲午 1594–95	2 1	20	21	22	23	24	25	26	27	28	31	2	3	4	5	6	7	8	9	10	11	12	13	14	15	16	17	18	19	20	21	6	16
	2	22	23	24	25	26	27	28	29	30	31	41	2	3	4	5	6	7	8	9	10	11	12	13	14	15	16	17	18	19	—	1	46
	3	20	21	22	23	24	25	26	27	28	29	30	51	2	3	4	5	6	7	8	9	10	11	12	13	14	15	16	17	18	19	2	15
	4	20	21	22	23	24	25	26	27	28	29	30	31	61	2	3	4	5	6	7	8	9	10	11	12	13	14	15	16	17	—	4	45
	5	18	19	20	21	22	23	24	25	26	27	28	29	30	71	2	3	4	5	6	7	8	9	10	11	12	13	14	15	16	17	5	14
	6	18	19	20	21	22	23	24	25	26	27	28	29	30	31	81	2	3	4	5	6	7	8	9	10	11	12	13	14	15	—	0	44
	7	16	17	18	19	20	21	22	23	24	25	26	27	28	29	30	31	91	2	3	4	5	6	7	8	9	10	11	12	13	—	1	13
	8	14	15	16	17	18	19	20	21	22	23	24	25	26	27	28	29	30	01	2	3	4	5	6	7	8	9	10	11	12	13	2	42
	9	14	15	16	17	18	19	20	21	22	23	24	25	26	27	28	29	30	31	N1	2	3	4	5	6	7	8	9	10	11	—	4	12
	10	12	13	14	15	16	17	18	19	20	21	22	23	24	25	26	27	28	29	30	D1	2	3	4	5	6	7	8	9	10	11	5	41
	11	12	13	14	15	16	17	18	19	20	21	22	23	24	25	26	27	28	29	30	31	11	2	3	4	5	6	7	8	9	—	0	11
	12	10	11	12	13	14	15	16	17	18	19	20	21	22	23	24	25	26	27	28	29	30	31	21	2	3	4	5	6	7	8	1	40
萬曆 23 乙未 1595–96	14 1	9	10	11	12	13	14	15	16	17	18	19	20	21	22	23	24	25	26	27	28	31	2	3	4	5	6	7	8	9	10	3	10
	2	11	12	13	14	15	16	17	18	19	20	21	22	23	24	25	26	27	28	29	30	31	41	2	3	4	5	6	7	8	9	5	40
	3	10	11	12	13	14	15	16	17	18	19	20	21	22	23	24	25	26	27	28	29	30	51	2	3	4	5	6	7	8	—	0	10
	4	9	10	11	12	13	14	15	16	17	18	19	20	21	22	23	24	25	26	27	28	29	30	31	61	2	3	4	5	6	7	1	39
	5	8	9	10	11	12	13	14	15	16	17	18	19	20	21	22	23	24	25	26	27	28	29	30	71	2	3	4	5	6	—	3	9
	6	7	8	9	10	11	12	13	14	15	16	17	18	19	20	21	22	23	24	25	26	27	28	29	30	31	81	2	3	4	5	4	38
	7	6	7	8	9	10	11	12	13	14	15	16	17	18	19	20	21	22	23	24	25	26	27	28	29	30	31	91	2	3	—	6	8
	8	4	5	6	7	8	9	10	11	12	13	14	15	16	17	18	19	20	21	22	23	24	25	26	27	28	29	30	01	2	—	0	37
	9	3	4	5	6	7	8	9	10	11	12	13	14	15	16	17	18	19	20	21	22	23	24	25	26	27	28	29	30	31	N1	1	6
	10	2	3	4	5	6	7	8	9	10	11	12	13	14	15	16	17	18	19	20	21	22	23	24	25	26	27	28	29	30	—	3	36
	11	D1	2	3	4	5	6	7	8	9	10	11	12	13	14	15	16	17	18	19	20	21	22	23	24	25	26	27	28	29	30	4	5
	12	31	11	2	3	4	5	6	7	8	9	10	11	12	13	14	15	16	17	18	19	20	21	22	23	24	25	26	27	28	—	6	35

年序 Year		陰曆月序 Moon	陰曆日序 Order of days (Lunar)																														星期 Week	干支 Cycle
			1	2	3	4	5	6	7	8	9	10	11	12	13	14	15	16	17	18	19	20	21	22	23	24	25	26	27	28	29	30		
萬曆 24 丙申 1596–97	26	1	29	30	31	21	2	3	4	5	6	7	8	9	10	11	12	13	14	15	16	17	18	19	20	21	22	23	24	25	26	27	0	4
		2	28	29	31	2	3	4	5	6	7	8	9	10	11	12	13	14	15	16	17	18	19	20	21	22	23	24	25	26	27	28	2	34
		3	29	30	31	41	2	3	4	5	6	7	8	9	10	11	12	13	14	15	16	17	18	19	20	21	22	23	24	25	26	—	4	4
		4	27	28	29	30	51	2	3	4	5	6	7	8	9	10	11	12	13	14	15	16	17	18	19	20	21	22	23	24	25	26	5	33
		5	27	28	29	30	31	61	2	3	4	5	6	7	8	9	10	11	12	13	14	15	16	17	18	19	20	21	22	23	24	25	0	3
		6	26	27	28	29	30	71	2	3	4	5	6	7	8	9	10	11	12	13	14	15	16	17	18	19	20	21	22	23	24	—	2	33
		7	25	26	27	28	29	30	31	81	2	3	4	5	6	7	8	9	10	11	12	13	14	15	16	17	18	19	20	21	22	23	3	2
		8	24	25	26	27	28	29	30	31	91	2	3	4	5	6	7	8	9	10	11	12	13	14	15	16	17	18	19	20	21	—	5	32
		8	22	23	24	25	26	27	28	29	30	01	2	3	4	5	6	7	8	9	10	11	12	13	14	15	16	17	18	19	20	—	6	1
		9	21	22	23	24	25	26	27	28	29	30	31	N1	2	3	4	5	6	7	8	9	10	11	12	13	14	15	16	17	18	19	0	30
		10	20	21	22	23	24	25	26	27	28	29	30	D1	2	3	4	5	6	7	8	9	10	11	12	13	14	15	16	17	18	—	2	0
		11	19	20	21	22	23	24	25	26	27	28	29	30	31	11	2	3	4	5	6	7	8	9	10	11	12	13	14	15	16	17	3	29
		12	18	19	20	21	22	23	24	25	26	27	28	29	30	31	21	2	3	4	5	6	7	8	9	10	11	12	13	14	15	—	5	59
萬曆 25 丁酉 1597–98	38	1	16	17	18	19	20	21	22	23	24	25	26	27	28	31	2	3	4	5	6	7	8	9	10	11	12	13	14	15	16	17	6	28
		2	18	19	20	21	22	23	24	25	26	27	28	29	30	31	41	2	3	4	5	6	7	8	9	10	11	12	13	14	15	—	1	58
		3	16	17	18	19	20	21	22	23	24	25	26	27	28	29	30	51	2	3	4	5	6	7	8	9	10	11	12	13	14	15	2	27
		4	16	17	18	19	20	21	22	23	24	25	26	27	28	29	30	31	61	2	3	4	5	6	7	8	9	10	11	12	13	14	4	57
		5	15	16	17	18	19	20	21	22	23	24	25	26	27	28	29	30	71	2	3	4	5	6	7	8	9	10	11	12	13	—	6	27
		6	14	15	16	17	18	19	20	21	22	23	24	25	26	27	28	29	30	31	81	2	3	4	5	6	7	8	9	10	11	12	0	56
		7	13	14	15	16	17	18	19	20	21	22	23	24	25	26	27	28	29	30	31	91	2	3	4	5	6	7	8	9	10	—	2	26
		8	11	12	13	14	15	16	17	18	19	20	21	22	23	24	25	26	27	28	29	30	01	2	3	4	5	6	7	8	9	10	3	55
		9	11	12	13	14	15	16	17	18	19	20	21	22	23	24	25	26	27	28	29	30	31	N1	2	3	4	5	6	7	8	—	5	25
		10	9	10	11	12	13	14	15	16	17	18	19	20	21	22	23	24	25	26	27	28	29	30	D1	2	3	4	5	6	7	8	6	54
		11	9	10	11	12	13	14	15	16	17	18	19	20	21	22	23	24	25	26	27	28	29	30	31	11	2	3	4	5	6	—	1	24
		12	7	8	9	10	11	12	13	14	15	16	17	18	19	20	21	22	23	24	25	26	27	28	29	30	31	21	2	3	4	5	2	53
萬曆 26 戊戌 1598–99	50	1	6	7	8	9	10	11	12	13	14	15	16	17	18	19	20	21	22	23	24	25	26	27	28	31	2	3	4	5	6	—	4	23
		2	7	8	9	10	11	12	13	14	15	16	17	18	19	20	21	22	23	24	25	26	27	28	29	30	31	41	2	3	4	5	5	52
		3	6	7	8	9	10	11	12	13	14	15	16	17	18	19	20	21	22	23	24	25	26	27	28	29	30	51	2	3	4	—	0	22
		4	5	6	7	8	9	10	11	12	13	14	15	16	17	18	19	20	21	22	23	24	25	26	27	28	29	30	31	61	2	3	1	51
		5	4	5	6	7	8	9	10	11	12	13	14	15	16	17	18	19	20	21	22	23	24	25	26	27	28	29	30	71	2	—	3	21
		6	3	4	5	6	7	8	9	10	11	12	13	14	15	16	17	18	19	20	21	22	23	24	25	26	27	28	29	30	31	81	4	50
		7	2	3	4	5	6	7	8	9	10	11	12	13	14	15	16	17	18	19	20	21	22	23	24	25	26	27	28	29	30	31	6	20
		8	91	2	3	4	5	6	7	8	9	10	11	12	13	14	15	16	17	18	19	20	21	22	23	24	25	26	27	28	29	—	1	50
		9	30	01	2	3	4	5	6	7	8	9	10	11	12	13	14	15	16	17	18	19	20	21	22	23	24	25	26	27	28	29	2	19
		10	30	31	N1	2	3	4	5	6	7	8	9	10	11	12	13	14	15	16	17	18	19	20	21	22	23	24	25	26	27	—	4	49
		11	28	29	30	D1	2	3	4	5	6	7	8	9	10	11	12	13	14	15	16	17	18	19	20	21	22	23	24	25	26	27	5	18
		12	28	29	30	31	11	2	3	4	5	6	7	8	9	10	11	12	13	14	15	16	17	18	19	20	21	22	23	24	25	26	0	48
萬曆 27 己亥 1599–1600	2	1	27	28	29	30	31	21	2	3	4	5	6	7	8	9	10	11	12	13	14	15	16	17	18	19	20	21	22	23	24	—	2	81
		2	25	26	27	28	31	2	3	4	5	6	7	8	9	10	11	12	13	14	15	16	17	18	19	20	21	22	23	24	25	—	3	47
		3	26	27	28	29	30	31	41	2	3	4	5	6	7	8	9	10	11	12	13	14	15	16	17	18	19	20	21	22	23	24	4	16
		4	25	26	27	28	29	30	51	2	3	4	5	6	7	8	9	10	11	12	13	14	15	16	17	18	19	20	21	22	23	—	6	46
		4	24	25	26	27	28	29	30	31	61	2	3	4	5	6	7	8	9	10	11	12	13	14	15	16	17	18	19	20	21	—	0	15
		5	22	23	24	25	26	27	28	29	30	71	2	3	4	5	6	7	8	9	10	11	12	13	14	15	16	17	18	19	20	21	1	44
		6	22	23	24	25	26	27	28	29	30	31	81	2	3	4	5	6	7	8	9	10	11	12	13	14	15	16	17	18	19	20	3	14
		7	21	22	23	24	25	26	27	28	29	30	31	91	2	3	4	5	6	7	8	9	10	11	12	13	14	15	16	17	18	—	5	44
		8	19	20	21	22	23	24	25	26	27	28	29	30	01	2	3	4	5	6	7	8	9	10	11	12	13	14	15	16	17	18	6	13
		9	19	20	21	22	23	24	25	26	27	28	29	30	31	N1	2	3	4	5	6	7	8	9	10	11	12	13	14	15	16	17	1	43
		10	18	19	20	21	22	23	24	25	26	27	28	29	30	D1	2	3	4	5	6	7	8	9	10	11	12	13	14	15	16	—	3	13
		11	17	18	19	20	21	22	23	24	25	26	27	28	29	30	31	11	2	3	4	5	6	7	8	9	10	11	12	13	14	15	4	42
		12	16	17	18	19	20	21	22	23	24	25	26	27	28	29	30	31	21	2	3	4	5	6	7	8	9	10	11	12	13	—	6	12
萬曆 28 庚子 1600–01	14	1	14	15	16	17	18	19	20	21	22	23	24	25	26	27	28	29	31	2	3	4	5	6	7	8	9	10	11	12	13	14	0	41
		2	15	16	17	18	19	20	21	22	23	24	25	26	27	28	29	30	31	41	2	3	4	5	6	7	8	9	10	11	12	—	2	11
		3	13	14	15	16	17	18	19	20	21	22	23	24	25	26	27	28	29	30	51	2	3	4	5	6	7	8	9	10	11	12	3	40
		4	13	14	15	16	17	18	19	20	21	22	23	24	25	26	27	28	29	30	31	61	2	3	4	5	6	7	8	9	10	—	5	10
		5	11	12	13	14	15	16	17	18	19	20	21	22	23	24	25	26	27	28	29	30	71	2	3	4	5	6	7	8	9	—	6	39
		6	10	11	12	13	14	15	16	17	18	19	20	21	22	23	24	25	26	27	28	29	30	31	81	2	3	4	5	6	7	8	0	8
		7	9	10	11	12	13	14	15	16	17	18	19	20	21	22	23	24	25	26	27	28	29	30	31	91	2	3	4	5	6	—	2	38
		8	7	8	9	10	11	12	13	14	15	16	17	18	19	20	21	22	23	24	25	26	27	28	29	30	01	2	3	4	5	6	3	7
		9	7	8	9	10	11	12	13	14	15	16	17	18	19	20	21	22	23	24	25	26	27	28	29	30	31	N1	2	3	4	5	5	37
		10	6	7	8	9	10	11	12	13	14	15	16	17	18	19	20	21	22	23	24	25	26	27	28	29	30	D1	2	3	4	5	0	7
		11	6	7	8	9	10	11	12	13	14	15	16	17	18	19	20	21	22	23	24	25	26	27	28	29	30	31	11	2	3	—	2	37
		12	4	5	6	7	8	9	10	11	12	13	14	15	16	17	18	19	20	21	22	23	24	25	26	27	28	29	30	31	21	2	3	6

年序 Year	陰曆月序 Moon	陰曆日序 Order of days (Lunar) 1 2 3 4 5	6 7 8 9 10	11 12 13 14 15	16 17 18 19 20	21 22 23 24 25	26 27 28 29 30	星期 Week	干支 Cycle
萬曆 29 辛丑 1601–02	26 1	3 4 5 6 7	8 9 10 11 12	13 14 15 16 17	18 19 20 21 22	23 24 25 26 27	28 31 2 3 4	5	36
	2	5 6 7 8 9	10 11 12 13 14	15 16 17 18 19	20 21 22 23 24	25 26 27 28 29	30 31 41 2 —	0	6
	3	3 4 5 6 7	8 9 10 11 12	13 14 15 16 17	18 19 20 21 22	23 24 25 26 27	28 29 30 51 —	1	35
	4	2 3 4 5 6	7 8 9 10 11	12 13 14 15 16	17 18 19 20 21	22 23 24 25 26	27 28 29 30 31	2	4
	5	61 2 3 4 5	6 7 8 9 10	11 12 13 14 15	16 17 18 19 20	21 22 23 24 25	26 27 28 29 —	4	34
	6	30 71 2 3 4	5 6 7 8 9	10 11 12 13 14	15 16 17 18 19	20 21 22 23 24	25 26 27 28 —	5	3
	7	29 30 31 81 2	3 4 5 6 7	8 9 10 11 12	13 14 15 16 17	18 19 20 21 22	23 24 25 26 27	6	32
	8	28 29 30 31 91	2 3 4 5 6	7 8 9 10 11	12 13 14 15 16	17 18 19 20 21	22 23 24 25 —	1	2
	9	26 27 28 29 30	01 2 3 4 5	6 7 8 9 10	11 12 13 14 15	16 17 18 19 20	21 22 23 24 25	2	31
	10	26 27 28 29 30	31 N1 2 3 4	5 6 7 8 9	10 11 12 13 14	15 16 17 18 19	20 21 22 23 24	4	1
	11	25 26 27 28 29	30 D1 2 3 4	5 6 7 8 9	10 11 12 13 14	15 16 17 18 19	20 21 22 23 —	6	31
	12	24 25 26 27 28	29 30 31 11 2	3 4 5 6 7	8 9 10 11 12	13 14 15 16 17	18 19 20 21 22	0	0
萬曆 30 壬寅 1602–03	38 1	23 24 25 26 27	28 29 30 31 21	2 3 4 5 6	7 8 9 10 11	12 13 14 15 16	17 18 19 20 21	2	30
	2	22 23 24 25 26	27 28 31 2 3	4 5 6 7 8	9 10 11 12 13	14 15 16 17 18	19 20 21 22 23	4	0
	2	24 25 26 27 28	29 30 31 41 2	3 4 5 6 7	8 9 10 11 12	13 14 15 16 17	18 19 20 21 —	6	30
	3	22 23 24 25 26	27 28 29 30 51	2 3 4 5 6	7 8 9 10 11	12 13 14 15 16	17 18 19 20 —	0	59
	4	21 22 23 24 25	26 27 28 29 30	31 61 2 3 4	5 6 7 8 9	10 11 12 13 14	15 16 17 18 19	1	28
	5	20 21 22 23 24	25 26 27 28 29	30 71 2 3 4	5 6 7 8 9	10 11 12 13 14	15 16 17 18 —	3	58
	6	19 20 21 22 23	24 25 26 27 28	29 30 31 81 2	3 4 5 6 7	8 9 10 11 12	13 14 15 16 —	4	27
	7	17 18 19 20 21	22 23 24 25 26	27 28 29 30 31	91 2 3 4 5	6 7 8 9 10	11 12 13 14 15	5	56
	8	16 17 18 19 20	21 22 23 24 25	26 27 28 29 30	01 2 3 4 5	6 7 8 9 10	11 12 13 14 —	0	26
	9	15 16 17 18 19	20 21 22 23 24	25 26 27 28 29	30 31 N1 2 3	4 5 6 7 8	9 10 11 12 13	1	55
	10	14 15 16 17 18	19 20 21 22 23	24 25 26 27 28	29 30 D1 2 3	4 5 6 7 8	9 10 11 12 —	3	25
	11	13 14 15 16 17	18 19 20 21 22	23 24 25 26 27	28 29 30 31 11	2 3 4 5 6	7 8 9 10 11	4	54
	12	12 13 14 15 16	17 18 19 20 21	22 23 24 25 26	27 28 29 30 31	21 2 3 4 5	6 7 8 9 10	6	24
萬曆 31 癸卯 1603–04	50 1	11 12 13 14 15	16 17 18 19 20	21 22 23 24 25	26 27 28 31 2	3 4 5 6 7	8 9 10 11 12	1	54
	2	13 14 15 16 17	18 19 20 21 22	23 24 25 26 27	28 29 30 31 41	2 3 4 5 6	7 8 9 10 —	3	24
	3	11 12 13 14 15	16 17 18 19 20	21 22 23 24 25	26 27 28 29 30	51 2 3 4 5	6 7 8 9 10	4	53
	4	11 12 13 14 15	16 17 18 19 20	21 22 23 24 25	26 27 28 29 30	31 61 2 3 4	5 6 7 8 —	6	23
	5	9 10 11 12 13	14 15 16 17 18	19 20 21 22 23	24 25 26 27 28	29 30 71 2 3	4 5 6 7 8	0	52
	6	9 10 11 12 13	14 15 16 17 18	19 20 21 22 23	24 25 26 27 28	29 30 31 81 2	3 4 5 6 —	2	22
	7	7 8 9 10 11	12 13 14 15 16	17 18 19 20 21	22 23 24 25 26	27 28 29 30 31	91 2 3 4 —	3	51
	8	5 6 7 8 9	10 11 12 13 14	15 16 17 18 19	20 21 22 23 24	25 26 27 28 29	30 01 2 3 4	4	20
	9	5 6 7 8 9	10 11 12 13 14	15 16 17 18 19	20 21 22 23 24	25 26 27 28 29	30 31 N1 2 —	6	50
	10	3 4 5 6 7	8 9 10 11 12	13 14 15 16 17	18 19 20 21 22	23 24 25 26 27	28 29 30 D1 2	0	19
	11	3 4 5 6 7	8 9 10 11 12	13 14 15 16 17	18 19 20 21 22	23 24 25 26 27	28 29 30 31 —	2	49
	12	11 2 3 4 5	6 7 8 9 10	11 12 13 14 15	16 17 18 19 20	21 22 23 24 25	26 27 28 29 30	3	18
萬曆 32 甲辰 1604–05	2 1	31 21 2 3 4	5 6 7 8 9	10 11 12 13 14	15 16 17 18 19	20 21 22 23 24	25 26 27 28 29	5	48
	2	31 2 3 4 5	6 7 8 9 10	11 12 13 14 15	16 17 18 19 20	21 22 23 24 25	26 27 28 29 —	0	18
	3	30 31 41 2 3	4 5 6 7 8	9 10 11 12 13	14 15 16 17 18	19 20 21 22 23	24 25 26 27 28	1	47
	4	29 30 51 2 3	4 5 6 7 8	9 10 11 12 13	14 15 16 17 18	19 20 21 22 23	24 25 26 27 28	3	17
	5	29 30 31 61 2	3 4 5 6 7	8 9 10 11 12	13 14 15 16 17	18 19 20 21 22	23 24 25 26 —	4	47
	6	27 28 29 30 71	2 3 4 5 6	7 8 9 10 11	12 13 14 15 16	17 18 19 20 21	22 23 24 25 26	6	16
	7	27 28 29 30 31	81 2 3 4 5	6 7 8 9 10	11 12 13 14 15	16 17 18 19 20	21 22 23 24 —	1	46
	8	25 26 27 28 29	30 31 91 2 3	4 5 6 7 8	9 10 11 12 13	14 15 16 17 18	19 20 21 22 —	2	15
	9	23 24 25 26 27	28 29 30 01 2	3 4 5 6 7	8 9 10 11 12	13 14 15 16 17	18 19 20 21 22	3	44
	9	23 24 25 26 27	28 29 30 31 N1	2 3 4 5 6	7 8 9 10 11	12 13 14 15 16	17 18 19 20 —	5	14
	10	21 22 23 24 25	26 27 28 29 30	D1 2 3 4 5	6 7 8 9 10	11 12 13 14 15	16 17 18 19 20	6	43
	11	21 22 23 24 25	26 27 28 29 30	31 11 2 3 4	5 6 7 8 9	10 11 12 13 14	15 16 17 18 —	1	13
	12	19 20 21 22 23	24 25 26 27 28	29 30 31 21 2	3 4 5 6 7	8 9 10 11 12	13 14 15 16 17	2	42
萬曆 33 乙巳 1605–06	14 1	18 19 20 21 22	23 24 25 26 27	28 31 2 3 4	5 6 7 8 9	10 11 12 13 14	15 16 17 18 —	4	12
	2	19 20 21 22 23	24 25 26 27 28	29 30 31 41 2	3 4 5 6 7	8 9 10 11 12	13 14 15 16 17	5	41
	3	18 19 20 21 22	23 24 25 26 27	28 29 30 51 2	3 4 5 6 7	8 9 10 11 12	13 14 15 16 17	0	11
	4	18 19 20 21 22	23 24 25 26 27	28 29 30 31 61	2 3 4 5 6	7 8 9 10 11	12 13 14 15 —	2	41
	5	16 17 18 19 20	21 22 23 24 25	26 27 28 29 30	71 2 3 4 5	6 7 8 9 10	11 12 13 14 15	3	10
	6	16 17 18 19 20	21 22 23 24 25	26 27 28 29 30	31 81 2 3 4	5 6 7 8 9	10 11 12 13 —	5	40
	7	14 15 16 17 18	19 20 21 22 23	24 25 26 27 28	29 30 31 91 2	3 4 5 6 7	8 9 10 11 12	6	9
	8	13 14 15 16 17	18 19 20 21 22	23 24 25 26 27	28 29 30 01 2	3 4 5 6 7	8 9 10 11 —	1	39
	9	12 13 14 15 16	17 18 19 20 21	22 23 24 25 26	27 28 29 30 31	N1 2 3 4 5	6 7 8 9 10	2	8
	10	11 12 13 14 15	16 17 18 19 20	21 22 23 24 25	26 27 28 29 30	D1 2 3 4 5	6 7 8 9 —	4	38
	11	10 11 12 13 14	15 16 17 18 19	20 21 22 23 24	25 26 27 28 29	30 31 11 2 3	4 5 6 7 8	5	7
	12	9 10 11 12 13	14 15 16 17 18	19 20 21 22 23	24 25 26 27 28	29 30 31 21 2	3 4 5 6 —	0	37

年序 Year	陰曆月序 Moon		陰曆日序 Order of days (Lunar) 1 2 3 4 5	6 7 8 9 10	11 12 13 14 15	16 17 18 19 20	21 22 23 24 25	26 27 28 29 30	星期 Week	干支 Cycle
萬曆 34 丙午 1606–07	26	1	7 8 9 10 11	12 13 14 15 16	17 18 19 20 21	22 23 24 25 26	27 28 31 2 3	4 5 6 7 8	1	6
		2	9 10 11 12 13	14 15 16 17 18	19 20 21 22 23	24 25 26 27 28	29 30 31 41 2	3 4 5 6 —	3	36
		3	7 8 9 10 11	12 13 14 15 16	17 18 19 20 21	22 23 24 25 26	27 28 29 30 51	2 3 4 5 6	4	5
		4	7 8 9 10 11	12 13 14 15 16	17 18 19 20 21	22 23 24 25 26	27 28 29 30 31	61 2 3 4 —	6	35
		5	5 6 7 8 9	10 11 12 13 14	15 16 17 18 19	20 21 22 23 24	25 26 27 28 29	30 71 2 3 4	0	4
		6	5 6 7 8 9	10 11 12 13 14	15 16 17 18 19	20 21 22 23 24	25 26 27 28 29	30 31 81 2 3	2	34
		7	4 5 6 7 8	9 10 11 12 13	14 15 16 17 18	19 20 21 22 23	24 25 26 27 28	29 30 31 91 —	4	4
		8	2 3 4 5 6	7 8 9 10 11	12 13 14 15 16	17 18 19 20 21	22 23 24 25 26	27 28 29 30 01	5	33
		9	2 3 4 5 6	7 8 9 10 11	12 13 14 15 16	17 18 19 20 21	22 23 24 25 26	27 28 29 30 —	0	3
		10	31 N1 2 3 4	5 6 7 8 9	10 11 12 13 14	15 16 17 18 19	20 21 22 23 24	25 26 27 28 29	1	32
		11	30 D1 2 3 4	5 6 7 8 9	10 11 12 13 14	15 16 17 18 19	20 21 22 23 24	25 26 27 28 —	3	2
		12	29 30 31 11 2	3 4 5 6 7	8 9 10 11 12	13 14 15 16 17	18 19 20 21 22	23 24 25 26 27	4	31
萬曆 35 丁未 1607–08	88	1	28 29 30 31 21	2 3 4 5 6	7 8 9 10 11	12 13 14 15 16	17 18 19 20 21	22 23 24 25 —	6	1
		2	26 27 28 31 2	3 4 5 6 7	8 9 10 11 12	13 14 15 16 17	18 19 20 21 22	23 24 25 26 27	0	30
		3	28 29 30 31 41	2 3 4 5 6	7 8 9 10 11	12 13 14 15 16	17 18 19 20 21	22 23 24 25 —	2	0
		4	26 27 28 29 30	51 2 3 4 5	6 7 8 9 10	11 12 13 14 15	16 17 18 19 20	21 22 23 24 25	3	29
		5	26 27 28 29 30	31 61 2 3 4	5 6 7 8 9	10 11 12 13 14	15 16 17 18 19	20 21 22 23 —	5	59
		6	24 25 26 27 28	29 30 71 2 3	4 5 6 7 8	9 10 11 12 13	14 15 16 17 18	19 20 21 22 23	6	28
		6	24 25 26 27 28	29 30 31 81 2	3 4 5 6 7	8 9 10 11 12	13 14 15 16 17	18 19 20 21 —	1	58
		7	22 23 24 25 26	27 28 29 30 31	91 2 3 4 5	6 7 8 9 10	11 12 13 14 15	16 17 18 19 20	2	27
		8	21 22 23 24 25	26 27 28 29 30	01 2 3 4 5	6 7 8 9 10	11 12 13 14 15	16 17 18 19 20	4	57
		9	21 22 23 24 25	26 27 28 29 30	31 N1 2 3 4	5 6 7 8 9	10 11 12 13 14	15 16 17 18 —	6	27
		10	19 20 21 22 23	24 25 26 27 28	29 30 D1 2 3	4 5 6 7 8	9 10 11 12 13	14 15 16 17 18	0	56
		11	19 20 21 22 23	24 25 26 27 28	29 30 31 11 2	3 4 5 6 7	8 9 10 11 12	13 14 15 16 —	2	26
		12	17 18 19 20 21	22 23 24 25 26	27 28 29 30 31	21 2 3 4 5	6 7 8 9 10	11 12 13 14 15	3	55
萬曆 36 戊申 1608–09	50	1	16 17 18 19 20	21 22 23 24 25	26 27 28 29 31	2 3 4 5 6	7 8 9 10 11	12 13 14 15 —	5	25
		2	16 17 18 19 20	21 22 23 24 25	26 27 28 29 30	31 41 2 3 4	5 6 7 8 9	10 11 12 13 14	6	54
		3	15 16 17 18 19	20 21 22 23 24	25 26 27 28 29	30 51 2 3 4	5 6 7 8 9	10 11 12 13 —	1	24
		4	14 15 16 17 18	19 20 21 22 23	24 25 26 27 28	29 30 31 61 2	3 4 5 6 7	8 9 10 11 —	2	53
		5	12 13 14 15 16	17 18 19 20 21	22 23 24 25 26	27 28 29 30 71	2 3 4 5 6	7 8 9 10 11	3	22
		6	12 13 14 15 16	17 18 19 20 21	22 23 24 25 26	27 28 29 30 31	81 2 3 4 5	6 7 8 9 —	5	52
		7	10 11 12 13 14	15 16 17 18 19	20 21 22 23 24	25 26 27 28 29	30 31 91 2 3	4 5 6 7 8	6	21
		8	9 10 11 12 13	14 15 16 17 18	19 20 21 22 23	24 25 26 27 28	29 30 01 2 3	4 5 6 7 8	1	51
		9	9 10 11 12 13	14 15 16 17 18	19 20 21 22 23	24 25 26 27 28	29 30 31 N1 2	3 4 5 6 7	3	21
		10	8 9 10 11 12	13 14 15 16 17	18 19 20 21 22	23 24 25 26 27	28 29 30 D1 2	3 4 5 6 —	5	51
		11	7 8 9 10 11	12 13 14 15 16	17 18 19 20 21	22 23 24 25 26	27 28 29 30 31	11 2 3 4 5	6	20
		12	6 7 8 9 10	11 12 13 14 15	16 17 18 19 20	21 22 23 24 25	26 27 28 29 30	31 21 2 3 —	1	50
萬曆 37 己酉 1609–10	2	1	4 5 6 7 8	9 10 11 12 13	14 15 16 17 18	19 20 21 22 23	24 25 26 27 28	31 2 3 4 5	2	19
		2	6 7 8 9 10	11 12 13 14 15	16 17 18 19 20	21 22 23 24 25	26 27 28 29 30	31 41 2 3 —	4	49
		3	4 5 6 7 8	9 10 11 12 13	14 15 16 17 18	19 20 21 22 23	24 25 26 27 28	29 30 51 2 3	5	18
		4	4 5 6 7 8	9 10 11 12 13	14 15 16 17 18	19 20 21 22 23	24 25 26 27 28	29 30 31 61 —	0	48
		5	2 3 4 5 6	7 8 9 10 11	12 13 14 15 16	17 18 19 20 21	22 23 24 25 26	27 28 29 30 —	1	17
		6	71 2 3 4 5	6 7 8 9 10	11 12 13 14 15	16 17 18 19 20	21 22 23 24 25	26 27 28 29 30	2	46
		7	31 81 2 3 4	5 6 7 8 9	10 11 12 13 14	15 16 17 18 19	20 21 22 23 24	25 26 27 28 —	4	16
		8	29 30 31 91 2	3 4 5 6 7	8 9 10 11 12	13 14 15 16 17	18 19 20 21 22	23 24 25 26 27	5	45
		9	28 29 30 01 2	3 4 5 6 7	8 9 10 11 12	13 14 15 16 17	18 19 20 21 22	23 24 25 26 27	0	15
		10	28 29 30 31 N1	2 3 4 5 6	7 8 9 10 11	12 13 14 15 16	17 18 19 20 21	22 23 24 25 —	2	45
		11	26 27 28 29 30	D1 2 3 4 5	6 7 8 9 10	11 12 13 14 15	16 17 18 19 20	21 22 23 24 25	3	14
		12	26 27 28 29 30	31 11 2 3 4	5 6 7 8 9	10 11 12 13 14	15 16 17 18 19	20 21 22 23 24	5	44
萬曆 38 庚戌 1610–11	14	1	25 26 27 28 29	30 31 21 2 3	4 5 6 7 8	9 10 11 12 13	14 15 16 17 18	19 20 21 22 —	0	14
		2	23 24 25 26 27	28 31 2 3 4	5 6 7 8 9	10 11 12 13 14	15 16 17 18 19	20 21 22 23 24	1	43
		3	25 26 27 28 29	30 31 41 2 3	4 5 6 7 8	9 10 11 12 13	14 15 16 17 18	19 20 21 22 —	3	13
		3	23 24 25 26 27	28 29 30 51 2	3 4 5 6 7	8 9 10 11 12	13 14 15 16 17	18 19 20 21 22	4	42
		4	23 24 25 26 27	28 29 30 31 61	2 3 4 5 6	7 8 9 10 11	12 13 14 15 16	17 18 19 20 —	6	12
		5	21 22 23 24 25	26 27 28 29 30	71 2 3 4 5	6 7 8 9 10	11 12 13 14 15	16 17 18 19 —	0	41
		6	20 21 22 23 24	25 26 27 28 29	30 31 81 2 3	4 5 6 7 8	9 10 11 12 13	14 15 16 17 18	1	10
		7	19 20 21 22 23	24 25 26 27 28	29 30 31 91 2	3 4 5 6 7	8 9 10 11 12	13 14 15 16 —	3	40
		8	17 18 19 20 21	22 23 24 25 26	27 28 29 30 01	2 3 4 5 6	7 8 9 10 11	12 13 14 15 16	4	9
		9	17 18 19 20 21	22 23 24 25 26	27 28 29 30 31	N1 2 3 4 5	6 7 8 9 10	11 12 13 14 —	6	39
		10	15 16 17 18 19	20 21 22 23 24	25 26 27 28 29	30 D1 2 3 4	5 6 7 8 9	10 11 12 13 14	0	8
		11	15 16 17 18 19	20 21 22 23 24	25 26 27 28 29	30 31 11 2 3	4 5 6 7 8	9 10 11 12 13	2	38
		12	14 15 16 17 18	19 20 21 22 23	24 25 26 27 28	29 30 31 21 2	3 4 5 6 7	8 9 10 11 12	4	8

年序 Year	陰曆月序 Moon	陰曆日序 Order of days (Lunar)																														星期 Week	干支 Cycle
		1	2	3	4	5	6	7	8	9	10	11	12	13	14	15	16	17	18	19	20	21	22	23	24	25	26	27	28	29	30		
萬曆 39 辛亥 1611–12	26 1	13	14	15	16	17	18	19	20	21	22	23	24	25	26	27	28	31	2	3	4	5	6	7	8	9	10	11	12	13	—	6	38
	2	14	15	16	17	18	19	20	21	22	23	24	25	26	27	28	29	30	31	41	2	3	4	5	6	7	8	9	10	11	12	0	7
	3	13	14	15	16	17	18	19	20	21	22	23	24	25	26	27	28	29	30	51	2	3	4	5	6	7	8	9	10	11	—	2	37
	4	12	13	14	15	16	17	18	19	20	21	22	23	24	25	26	27	28	29	30	31	61	2	3	4	5	6	7	8	9	10	3	6
	5	11	12	13	14	15	16	17	18	19	20	21	22	23	24	25	26	27	28	29	30	71	2	3	4	5	6	7	8	9	—	5	36
	6	10	11	12	13	14	15	16	17	18	19	20	21	22	23	24	25	26	27	28	29	30	31	81	2	3	4	5	6	7	—	6	5
	7	8	9	10	11	12	13	14	15	16	17	18	19	20	21	22	23	24	25	26	27	28	29	30	31	91	2	3	4	5	6	0	34
	8	7	8	9	10	11	12	13	14	15	16	17	18	19	20	21	22	23	24	25	26	27	28	29	30	O1	2	3	4	5	—	2	4
	9	6	7	8	9	10	11	12	13	14	15	16	17	18	19	20	21	22	23	24	25	26	27	28	29	30	31	N1	2	3	4	3	33
	10	5	6	7	8	9	10	11	12	13	14	15	16	17	18	19	20	21	22	23	24	25	26	27	28	29	30	D1	2	3	—	5	3
	11	4	5	6	7	8	9	10	11	12	13	14	15	16	17	18	19	20	21	22	23	24	25	26	27	28	29	30	31	11	2	6	32
	12	3	4	5	6	7	8	9	10	11	12	13	14	15	16	17	18	19	20	21	22	23	24	25	26	27	28	29	30	31	21	1	2
萬曆 40 壬子 1612–13	38 1	2	3	4	5	6	7	8	9	10	11	12	13	14	15	16	17	18	19	20	21	22	23	24	25	26	27	28	29	31	2	3	32
	2	3	4	5	6	7	8	9	10	11	12	13	14	15	16	17	18	19	20	21	22	23	24	25	26	27	28	29	30	31	—	5	2
	3	41	2	3	4	5	6	7	8	9	10	11	12	13	14	15	16	17	18	19	20	21	22	23	24	25	26	27	28	29	30	6	31
	4	51	2	3	4	5	6	7	8	9	10	11	12	13	14	15	16	17	18	19	20	21	22	23	24	25	26	27	28	29	—	1	1
	5	30	31	61	2	3	4	5	6	7	8	9	10	11	12	13	14	15	16	17	18	19	20	21	22	23	24	25	26	27	28	2	30
	6	29	30	71	2	3	4	5	6	7	8	9	10	11	12	13	14	15	16	17	18	19	20	21	22	23	24	25	26	27	—	4	0
	7	28	29	30	31	81	2	3	4	5	6	7	8	9	10	11	12	13	14	15	16	17	18	19	20	21	22	23	24	25	—	5	29
	8	26	27	28	29	30	31	91	2	3	4	5	6	7	8	9	10	11	12	13	14	15	16	17	18	19	20	21	22	23	24	6	58
	9	25	26	27	28	29	30	O1	2	3	4	5	6	7	8	9	10	11	12	13	14	15	16	17	18	19	20	21	22	23	—	1	28
	10	24	25	26	27	28	29	30	31	N1	2	3	4	5	6	7	8	9	10	11	12	13	14	15	16	17	18	19	20	21	22	2	57
	11	23	24	25	26	27	28	29	30	D1	2	3	4	5	6	7	8	9	10	11	12	13	14	15	16	17	18	19	20	21	—	4	27
	11	22	23	24	25	26	27	28	29	30	31	11	2	3	4	5	6	7	8	9	10	11	12	13	14	15	16	17	18	19	20	5	56
	12	21	22	23	24	25	26	27	28	29	30	31	21	2	3	4	5	6	7	8	9	10	11	12	13	14	15	16	17	18	—	0	26
萬曆 41 癸丑 1613–14	50 1	19	20	21	22	23	24	25	26	27	28	31	2	3	4	5	6	7	8	9	10	11	12	13	14	15	16	17	18	19	20	1	55
	2	21	22	23	24	25	26	27	28	29	30	31	41	2	3	4	5	6	7	8	9	10	11	12	13	14	15	16	17	18	19	3	25
	3	20	21	22	23	24	25	26	27	28	29	30	51	2	3	4	5	6	7	8	9	10	11	12	13	14	15	16	17	18	19	5	55
	4	20	21	22	23	24	25	26	27	28	29	30	31	61	2	3	4	5	6	7	8	9	10	11	12	13	14	15	16	17	—	0	25
	5	18	19	20	21	22	23	24	25	26	27	28	29	30	71	2	3	4	5	6	7	8	9	10	11	12	13	14	15	16	17	1	54
	6	18	19	20	21	22	23	24	25	26	27	28	29	30	31	81	2	3	4	5	6	7	8	9	10	11	12	13	14	15	—	3	24
	7	16	17	18	19	20	21	22	23	24	25	26	27	28	29	30	31	91	2	3	4	5	6	7	8	9	10	11	12	13	—	4	53
	8	14	15	16	17	18	19	20	21	22	23	24	25	26	27	28	29	30	O1	2	3	4	5	6	7	8	9	10	11	12	13	5	22
	9	14	15	16	17	18	19	20	21	22	23	24	25	26	27	28	29	30	31	N1	2	3	4	5	6	7	8	9	10	11	—	0	52
	10	12	13	14	15	16	17	18	19	20	21	22	23	24	25	26	27	28	29	30	D1	2	3	4	5	6	7	8	9	10	11	1	21
	11	12	13	14	15	16	17	18	19	20	21	22	23	24	25	26	27	28	29	30	31	11	2	3	4	5	6	7	8	9	—	3	51
	12	10	11	12	13	14	15	16	17	18	19	20	21	22	23	24	25	26	27	28	29	30	31	21	2	3	4	5	6	7	8	4	20
萬曆 42 甲寅 1614–15	2 1	9	10	11	12	13	14	15	16	17	18	19	20	21	22	23	24	25	26	27	28	31	2	3	4	5	6	7	8	9	—	6	50
	2	10	11	12	13	14	15	16	17	18	19	20	21	22	23	24	25	26	27	28	29	30	31	41	2	3	4	5	6	7	8	0	19
	3	9	10	11	12	13	14	15	16	17	18	19	20	21	22	23	24	25	26	27	28	29	30	51	2	3	4	5	6	7	8	2	49
	4	9	10	11	12	13	14	15	16	17	18	19	20	21	22	23	24	25	26	27	28	29	30	31	61	2	3	4	5	6	—	4	19
	5	7	8	9	10	11	12	13	14	15	16	17	18	19	20	21	22	23	24	25	26	27	28	29	30	71	2	3	4	5	6	5	48
	6	7	8	9	10	11	12	13	14	15	16	17	18	19	20	21	22	23	24	25	26	27	28	29	30	31	81	2	3	4	—	0	18
	7	5	6	7	8	9	10	11	12	13	14	15	16	17	18	19	20	21	22	23	24	25	26	27	28	29	30	31	91	2	3	1	47
	8	4	5	6	7	8	9	10	11	12	13	14	15	16	17	18	19	20	21	22	23	24	25	26	27	28	29	30	O1	2	—	3	17
	9	3	4	5	6	7	8	9	10	11	12	13	14	15	16	17	18	19	20	21	22	23	24	25	26	27	28	29	30	31	N1	4	46
	10	2	3	4	5	6	7	8	9	10	11	12	13	14	15	16	17	18	19	20	21	22	23	24	25	26	27	28	29	30	—	6	16
	11	D1	2	3	4	5	6	7	8	9	10	11	12	13	14	15	16	17	18	19	20	21	22	23	24	25	26	27	28	29	30	0	45
	12	31	11	2	3	4	5	6	7	8	9	10	11	12	13	14	15	16	17	18	19	20	21	22	23	24	25	26	27	28	—	2	15
萬曆 43 乙卯 1615–16	14 1	29	30	31	21	2	3	4	5	6	7	8	9	10	11	12	13	14	15	16	17	18	19	20	21	22	23	24	25	26	27	3	44
	2	28	31	2	3	4	5	6	7	8	9	10	11	12	13	14	15	16	17	18	19	20	21	22	23	24	25	26	27	28	—	5	14
	3	29	30	31	41	2	3	4	5	6	7	8	9	10	11	12	13	14	15	16	17	18	19	20	21	22	23	24	25	26	27	6	43
	4	28	29	30	51	2	3	4	5	6	7	8	9	10	11	12	13	14	15	16	17	18	19	20	21	22	23	24	25	26	—	1	13
	5	27	28	29	30	31	61	2	3	4	5	6	7	8	9	10	11	12	13	14	15	16	17	18	19	20	21	22	23	24	25	2	42
	6	26	27	28	29	30	71	2	3	4	5	6	7	8	9	10	11	12	13	14	15	16	17	18	19	20	21	22	23	24	25	4	12
	7	26	27	28	29	30	31	81	2	3	4	5	6	7	8	9	10	11	12	13	14	15	16	17	18	19	20	21	22	23	—	6	42
	8	24	25	26	27	28	29	30	31	91	2	3	4	5	6	7	8	9	10	11	12	13	14	15	16	17	18	19	20	21	22	0	11
	8	23	24	25	26	27	28	29	30	O1	2	3	4	5	6	7	8	9	10	11	12	13	14	15	16	17	18	19	20	21	—	2	41
	9	22	23	24	25	26	27	28	29	30	31	N1	2	3	4	5	6	7	8	9	10	11	12	13	14	15	16	17	18	19	20	3	10
	10	21	22	23	24	25	26	27	28	29	30	D1	2	3	4	5	6	7	8	9	10	11	12	13	14	15	16	17	18	19	—	5	40
	11	20	21	22	23	24	25	26	27	28	29	30	31	11	2	3	4	5	6	7	8	9	10	11	12	13	14	15	16	17	18	6	9
	12	19	20	21	22	23	24	25	26	27	28	29	30	31	21	2	3	4	5	6	7	8	9	10	11	12	13	14	15	16	—	1	39

年序 Year	陰曆月序 Moon	1	2	3	4	5	6	7	8	9	10	11	12	13	14	15	16	17	18	19	20	21	22	23	24	25	26	27	28	29	30	星期 Week	干支 Cycle
萬曆ロ 44 丙辰 1616–17	26 1	17	18	19	20	21	22	23	24	25	26	27	28	29	31	2	3	4	5	6	7	8	9	10	11	12	13	14	15	16	17	2	8
	2	18	19	20	21	22	23	24	25	26	27	28	29	30	31	41	2	3	4	5	6	7	8	9	10	11	12	13	14	15	—	4	38
	3	16	17	18	19	20	21	22	23	24	25	26	27	28	29	30	51	2	3	4	5	6	7	8	9	10	11	12	13	14	—	5	7
	4	15	16	17	18	19	20	21	22	23	24	25	26	27	28	29	30	31	61	2	3	4	5	6	7	8	9	10	11	12	13	6	36
	5	14	15	16	17	18	19	20	21	22	23	24	25	26	27	28	29	30	71	2	3	4	5	6	7	8	9	10	11	12	13	1	6
	6	14	15	16	17	18	19	20	21	22	23	24	25	26	27	28	29	30	31	81	2	3	4	5	6	7	8	9	10	11	—	3	36
	7	12	13	14	15	16	17	18	19	20	21	22	23	24	25	26	27	28	29	30	31	91	2	3	4	5	6	7	8	9	10	4	5
	8	11	12	13	14	15	16	17	18	19	20	21	22	23	24	25	26	27	28	29	30	01	2	3	4	5	6	7	8	9	10	6	35
	9	11	12	13	14	15	16	17	18	19	20	21	22	23	24	25	26	27	28	29	30	31	N1	2	3	4	5	6	7	8	—	1	5
	10	9	10	11	12	13	14	15	16	17	18	19	20	21	22	23	24	25	26	27	28	29	30	D1	2	3	4	5	6	7	8	2	34
	11	9	10	11	12	13	14	15	16	17	18	19	20	21	22	23	24	25	26	27	28	29	30	31	11	2	3	4	5	6	—	4	4
	12	7	8	9	10	11	12	13	14	15	16	17	18	19	20	21	22	23	24	25	26	27	28	29	30	31	21	2	3	4	5	5	33
萬曆 45 丁巳 1617–18	88 1	6	7	8	9	10	11	12	13	14	15	16	17	18	19	20	21	22	23	24	25	26	27	28	31	2	3	4	5	6	—	0	3
	2	7	8	9	10	11	12	13	14	15	16	17	18	19	20	21	22	23	24	25	26	27	28	29	30	31	41	2	3	4	5	1	32
	3	6	7	8	9	10	11	12	13	14	15	16	17	18	19	20	21	22	23	24	25	26	27	28	29	30	51	2	3	4	—	3	2
	4	5	6	7	8	9	10	11	12	13	14	15	16	17	18	19	20	21	22	23	24	25	26	27	28	29	30	31	61	2	—	4	31
	5	3	4	5	6	7	8	9	10	11	12	13	14	15	16	17	18	19	20	21	22	23	24	25	26	27	28	29	30	71	2	5	0
	6	3	4	5	6	7	8	9	10	11	12	13	14	15	16	17	18	19	20	21	22	23	24	25	26	27	28	29	30	31	—	0	30
	7	81	2	3	4	5	6	7	8	9	10	11	12	13	14	15	16	17	18	19	20	21	22	23	24	25	26	27	28	29	30	1	59
	8	31	91	2	3	4	5	6	7	8	9	10	11	12	13	14	15	16	17	18	19	20	21	22	23	24	25	26	27	28	29	3	29
	9	30	01	2	3	4	5	6	7	8	9	10	11	12	13	14	15	16	17	18	19	20	21	22	23	24	25	26	27	28	—	5	59
	10	29	30	31	N1	2	3	4	5	6	7	8	9	10	11	12	13	14	15	16	17	18	19	20	21	22	23	24	25	26	27	6	28
	11	28	29	30	D1	2	3	4	5	6	7	8	9	10	11	12	13	14	15	16	17	18	19	20	21	22	23	24	25	26	27	1	58
	12	28	29	30	31	11	2	3	4	5	6	7	8	9	10	11	12	13	14	15	16	17	18	19	20	21	22	23	24	25	—	3	28
萬曆 46 戊午 1618–19	50 1	26	27	28	29	30	31	21	2	3	4	5	6	7	8	9	10	11	12	13	14	15	16	17	18	19	20	21	22	23	24	4	57
	2	25	26	27	28	31	2	3	4	5	6	7	8	9	10	11	12	13	14	15	16	17	18	19	20	21	22	23	24	25	—	6	27
	3	26	27	28	29	30	31	41	2	3	4	5	6	7	8	9	10	11	12	13	14	15	16	17	18	19	20	21	22	23	24	0	56
	4	25	26	27	28	29	30	51	2	3	4	5	6	7	8	9	10	11	12	13	14	15	16	17	18	19	20	21	22	23	—	2	26
	4	24	25	26	27	28	29	30	31	61	2	3	4	5	6	7	8	9	10	11	12	13	14	15	16	17	18	19	20	21	—	3	55
	5	22	23	24	25	26	27	28	29	30	71	2	3	4	5	6	7	8	9	10	11	12	13	14	15	16	17	18	19	20	21	4	24
	6	22	23	24	25	26	27	28	29	30	31	81	2	3	4	5	6	7	8	9	10	11	12	13	14	15	16	17	18	19	—	6	54
	7	20	21	22	23	24	25	26	27	28	29	30	31	91	2	3	4	5	6	7	8	9	10	11	12	13	14	15	16	17	18	0	23
	8	19	20	21	22	23	24	25	26	27	28	29	30	01	2	3	4	5	6	7	8	9	10	11	12	13	14	15	16	17	—	2	53
	9	18	19	20	21	22	23	24	25	26	27	28	29	30	31	N1	2	3	4	5	6	7	8	9	10	11	12	13	14	15	16	3	22
	10	17	18	19	20	21	22	23	24	25	26	27	28	29	30	D1	2	3	4	5	6	7	8	9	10	11	12	13	14	15	16	5	52
	11	17	18	19	20	21	22	23	24	25	26	27	28	29	30	31	11	2	3	4	5	6	7	8	9	10	11	12	13	14	15	0	22
	12	16	17	18	19	20	21	22	23	24	25	26	27	28	29	30	31	21	2	3	4	5	6	7	8	9	10	11	12	13	—	2	52
萬曆 47 己未 1619–20	2 1	14	15	16	17	18	19	20	21	22	23	24	25	26	27	28	31	2	3	4	5	6	7	8	9	10	11	12	13	14	15	3	21
	2	16	17	18	19	20	21	22	23	24	25	26	27	28	29	30	31	41	2	3	4	5	6	7	8	9	10	11	12	13	—	5	51
	3	14	15	16	17	18	19	20	21	22	23	24	25	26	27	28	29	30	51	2	3	4	5	6	7	8	9	10	11	12	13	6	20
	4	14	15	16	17	18	19	20	21	22	23	24	25	26	27	28	29	30	31	61	2	3	4	5	6	7	8	9	10	11	—	1	50
	5	12	13	14	15	16	17	18	19	20	21	22	23	24	25	26	27	28	29	30	71	2	3	4	5	6	7	8	9	10	—	2	19
	6	11	12	13	14	15	16	17	18	19	20	21	22	23	24	25	26	27	28	29	30	31	81	2	3	4	5	6	7	8	9	3	48
	7	10	11	12	13	14	15	16	17	18	19	20	21	22	23	24	25	26	27	28	29	30	31	91	2	3	4	5	6	7	—	5	18
	8	8	9	10	11	12	13	14	15	16	17	18	19	20	21	22	23	24	25	26	27	28	29	30	01	2	3	4	5	6	—	6	47
	9	7	8	9	10	11	12	13	14	15	16	17	18	19	20	21	22	23	24	25	26	27	28	29	30	31	N1	2	3	4	5	0	16
	10	6	7	8	9	10	11	12	13	14	15	16	17	18	19	20	21	22	23	24	25	26	27	28	29	30	D1	2	3	4	5	2	46
	11	6	7	8	9	10	11	12	13	14	15	16	17	18	19	20	21	22	23	24	25	26	27	28	29	30	31	11	2	3	4	4	16
	12	5	6	7	8	9	10	11	12	13	14	15	16	17	18	19	20	21	22	23	24	25	26	27	28	29	30	31	21	2	3	6	46
光宗泰昌 1 庚申 1620–21	14 1	4	5	6	7	8	9	10	11	12	13	14	15	16	17	18	19	20	21	22	23	24	25	26	27	28	29	31	2	3	—	1	16
	2	4	5	6	7	8	9	10	11	12	13	14	15	16	17	18	19	20	21	22	23	24	25	26	27	28	29	30	31	41	2	2	45
	3	3	4	5	6	7	8	9	10	11	12	13	14	15	16	17	18	19	20	21	22	23	24	25	26	27	28	29	30	51	—	4	15
	4	2	3	4	5	6	7	8	9	10	11	12	13	14	15	16	17	18	19	20	21	22	23	24	25	26	27	28	29	30	31	5	44
	5	61	2	3	4	5	6	7	8	9	10	11	12	13	14	15	16	17	18	19	20	21	22	23	24	25	26	27	28	29	—	0	14
	6	30	71	2	3	4	5	6	7	8	9	10	11	12	13	14	15	16	17	18	19	20	21	22	23	24	25	26	27	28	—	1	43
	7	29	30	31	81	2	3	4	5	6	7	8	9	10	11	12	13	14	15	16	17	18	19	20	21	22	23	24	25	26	27	2	12
	8][	28	29	30	31	91	2	3	4	5	6	7	8	9	10	11	12	13	14	15	16	17	18	19	20	21	22	23	24	25	—	4	42
	9	26	27	28	29	30	01	2	3	4	5	6	7	8	9	10	11	12	13	14	15	16	17	18	19	20	21	22	23	24	—	5	11
	10	25	26	27	28	29	30	31	N1	2	3	4	5	6	7	8	9	10	11	12	13	14	15	16	17	18	19	20	21	22	23	6	40
	11	24	25	26	27	28	29	30	D1	2	3	4	5	6	7	8	9	10	11	12	13	14	15	16	17	18	19	20	21	22	23	1	10
	12	24	25	26	27	28	29	30	31	11	2	3	4	5	6	7	8	9	10	11	12	13	14	15	16	17	18	19	20	21	—	3	40

ロ清太祖天命元年至世祖順治十八年 (1616–62 A. D.), 見表十二, 423 頁
The Period of Ching Ta'i Tsu, T'ien Ming First year to Shih Tsu, Shun Shih Eighteenth year (1616–62 A. D.) is tabulated in Table 12 on p. 424.

年序 Year		陰曆月序 Moon	陰曆日序 Order of days (Lunar)																														星期 Week	干支 Cycle
			1	2	3	4	5	6	7	8	9	10	11	12	13	14	15	16	17	18	19	20	21	22	23	24	25	26	27	28	29	30		
熹宗天啓1辛酉 1621–22	26	1	22	23	24	25	26	27	28	29	30	31	**2**1	2	3	4	5	6	7	8	9	10	11	12	13	14	15	16	17	18	19	20	4	9
		2	21	22	23	24	25	26	27	28	**3**1	2	3	4	5	6	7	8	9	10	11	12	13	14	15	16	17	18	19	20	21	22	6	39
		2	23	24	25	26	27	28	29	30	31	**4**1	2	3	4	5	6	7	8	9	10	11	12	13	14	15	16	17	18	19	20	21	1	9
		3	22	23	24	25	26	27	28	29	30	**5**1	2	3	4	5	6	7	8	9	10	11	12	13	14	15	16	17	18	19	20	—	3	39
		4	21	22	23	24	25	26	27	28	29	30	31	**6**1	2	3	4	5	6	7	8	9	10	11	12	13	14	15	16	17	18	19	4	8
		5	20	21	22	23	24	25	26	27	28	29	30	**7**1	2	3	4	5	6	7	8	9	10	11	12	13	14	15	16	17	18	—	6	38
		6	19	20	21	22	23	24	25	26	27	28	29	30	31	**8**1	2	3	4	5	6	7	8	9	10	11	12	13	14	15	16	—	0	7
		7	17	18	19	20	21	22	23	24	25	26	27	28	29	30	31	**9**1	2	3	4	5	6	7	8	9	10	11	12	13	14	15	1	36
		8	16	17	18	19	20	21	22	23	24	25	26	27	28	29	30	**0**1	2	3	4	5	6	7	8	9	10	11	12	13	14	—	3	6
		9	15	16	17	18	19	20	21	22	23	24	25	26	27	28	29	30	31	**N**1	2	3	4	5	6	7	8	9	10	11	12	—	4	35
		10	13	14	15	16	17	18	19	20	21	22	23	24	25	26	27	28	29	30	**D**1	2	3	4	5	6	7	8	9	10	11	12	5	4
		11	13	14	15	16	17	18	19	20	21	22	23	24	25	26	27	28	29	30	31	**1**1	2	3	4	5	6	7	8	9	10	11	0	34
		12	12	13	14	15	16	17	18	19	20	21	22	23	24	25	26	27	28	29	30	31	**2**1	2	3	4	5	6	7	8	9	—	2	4
天啓2壬戌 1622–23	38	1	10	11	12	13	14	15	16	17	18	19	20	21	22	23	24	25	26	27	28	**3**1	2	3	4	5	6	7	8	9	10	11	3	33
		2	12	13	14	15	16	17	18	19	20	21	22	23	24	25	26	27	28	29	30	31	**4**1	2	3	4	5	6	7	8	9	10	5	3
		3	11	12	13	14	15	16	17	18	19	20	21	22	23	24	25	26	27	28	29	30	**5**1	2	3	4	5	6	7	8	9	—	0	33
		4	10	11	12	13	14	15	16	17	18	19	20	21	22	23	24	25	26	27	28	29	30	31	**6**1	2	3	4	5	6	7	8	1	2
		5	9	10	11	12	13	14	15	16	17	18	19	20	21	22	23	24	25	26	27	28	29	30	**7**1	2	3	4	5	6	7	—	3	32
		6	8	9	10	11	12	13	14	15	16	17	18	19	20	21	22	23	24	25	26	27	28	29	30	31	**8**1	2	3	4	5	6	4	1
		7	7	8	9	10	11	12	13	14	15	16	17	18	19	20	21	22	23	24	25	26	27	28	29	30	31	**9**1	2	3	4	—	6	31
		8	5	6	7	8	9	10	11	12	13	14	15	16	17	18	19	20	21	22	23	24	25	26	27	28	29	30	**0**1	2	3	4	0	0
		9	5	6	7	8	9	10	11	12	13	14	15	16	17	18	19	20	21	22	23	24	25	26	27	28	29	30	31	**N**1	2	—	2	30
		10	3	4	5	6	7	8	9	10	11	12	13	14	15	16	17	18	19	20	21	22	23	24	25	26	27	28	29	30	**D**1	2	3	59
		11	3	4	5	6	7	8	9	10	11	12	13	14	15	16	17	18	19	20	21	22	23	24	25	26	27	28	29	30	31	—	5	29
		12	**1**1	2	3	4	5	6	7	8	9	10	11	12	13	14	15	16	17	18	19	20	21	22	23	24	25	26	27	28	29	30	6	58
天啓3癸亥 1623–24	50	1	31	**2**1	2	3	4	5	6	7	8	9	10	11	12	13	14	15	16	17	18	19	20	21	22	23	24	25	26	27	28	—	1	28
		2	**3**1	2	3	4	5	6	7	8	9	10	11	12	13	14	15	16	17	18	19	20	21	22	23	24	25	26	27	28	29	30	2	57
		3	31	**4**1	2	3	4	5	6	7	8	9	10	11	12	13	14	15	16	17	18	19	20	21	22	23	24	25	26	27	28	—	4	27
		4	29	30	**5**1	2	3	4	5	6	7	8	9	10	11	12	13	14	15	16	17	18	19	20	21	22	23	24	25	26	27	28	5	56
		5	29	30	31	**6**1	2	3	4	5	6	7	8	9	10	11	12	13	14	15	16	17	18	19	20	21	22	23	24	25	26	27	0	26
		6	28	29	30	**7**1	2	3	4	5	6	7	8	9	10	11	12	13	14	15	16	17	18	19	20	21	22	23	24	25	26	—	2	56
		7	27	28	29	30	31	**8**1	2	3	4	5	6	7	8	9	10	11	12	13	14	15	16	17	18	19	20	21	22	23	24	25	3	25
		8	26	27	28	29	30	31	**9**1	2	3	4	5	6	7	8	9	10	11	12	13	14	15	16	17	18	19	20	21	22	23	—	5	55
		9	24	25	26	27	28	29	30	**0**1	2	3	4	5	6	7	8	9	10	11	12	13	14	15	16	17	18	19	20	21	22	23	6	24
		10	24	25	26	27	28	29	30	31	**N**1	2	3	4	5	6	7	8	9	10	11	12	13	14	15	16	17	18	19	20	21	—	1	54
		10	22	23	24	25	26	27	28	29	30	**D**1	2	3	4	5	6	7	8	9	10	11	12	13	14	15	16	17	18	19	20	21	2	23
		11	22	23	24	25	26	27	28	29	30	31	**1**1	2	3	4	5	6	7	8	9	10	11	12	13	14	15	16	17	18	19	—	4	53
		12	20	21	22	23	24	25	26	27	28	29	30	31	**2**1	2	3	4	5	6	7	8	9	10	11	12	13	14	15	16	17	18	5	22
天啓4甲子 1624–25	2	1	19	20	21	22	23	24	25	26	27	28	29	**3**1	2	3	4	5	6	7	8	9	10	11	12	13	14	15	16	17	18	—	0	52
		2	19	20	21	22	23	24	25	26	27	28	29	30	31	**4**1	2	3	4	5	6	7	8	9	10	11	12	13	14	15	16	17	1	21
		3	18	19	20	21	22	23	24	25	26	27	28	29	30	**5**1	2	3	4	5	6	7	8	9	10	11	12	13	14	15	16	—	3	51
		4	17	18	19	20	21	22	23	24	25	26	27	28	29	30	31	**6**1	2	3	4	5	6	7	8	9	10	11	12	13	14	15	4	20
		5	16	17	18	19	20	21	22	23	24	25	26	27	28	29	30	**7**1	2	3	4	5	6	7	8	9	10	11	12	13	14	—	6	50
		6	15	16	17	18	19	20	21	22	23	24	25	26	27	28	29	30	31	**8**1	2	3	4	5	6	7	8	9	10	11	12	13	0	19
		7	14	15	16	17	18	19	20	21	22	23	24	25	26	27	28	29	30	31	**9**1	2	3	4	5	6	7	8	9	10	11	12	2	49
		8	13	14	15	16	17	18	19	20	21	22	23	24	25	26	27	28	29	30	**0**1	2	3	4	5	6	7	8	9	10	11	—	4	19
		9	12	13	14	15	16	17	18	19	20	21	22	23	24	25	26	27	28	29	30	31	**N**1	2	3	4	5	6	7	8	9	10	5	48
		10	11	12	13	14	15	16	17	18	19	20	21	22	23	24	25	26	27	28	29	30	**D**1	2	3	4	5	6	7	8	9	—	0	18
		11	10	11	12	13	14	15	16	17	18	19	20	21	22	23	24	25	26	27	28	29	30	31	**1**1	2	3	4	5	6	7	8	1	47
		12	9	10	11	12	13	14	15	16	17	18	19	20	21	22	23	24	25	26	27	28	29	30	31	**2**1	2	3	4	5	6	—	3	17
天啓5乙丑 1625–26	14	1	7	8	9	10	11	12	13	14	15	16	17	18	19	20	21	22	23	24	25	26	27	28	**3**1	2	3	4	5	6	7	8	4	46
		2	9	10	11	12	13	14	15	16	17	18	19	20	21	22	23	24	25	26	27	28	29	30	31	**4**1	2	3	4	5	6	—	6	16
		3	7	8	9	10	11	12	13	14	15	16	17	18	19	20	21	22	23	24	25	26	27	28	29	30	**5**1	2	3	4	5	—	0	45
		4	6	7	8	9	10	11	12	13	14	15	16	17	18	19	20	21	22	23	24	25	26	27	28	29	30	31	**6**1	2	3	4	1	14
		5	5	6	7	8	9	10	11	12	13	14	15	16	17	18	19	20	21	22	23	24	25	26	27	28	29	30	**7**1	2	3	—	3	44
		6	4	5	6	7	8	9	10	11	12	13	14	15	16	17	18	19	20	21	22	23	24	25	26	27	28	29	30	31	**8**1	2	4	13
		7	3	4	5	6	7	8	9	10	11	12	13	14	15	16	17	18	19	20	21	22	23	24	25	26	27	28	29	30	31	**9**1	6	43
		8	2	3	4	5	6	7	8	9	10	11	12	13	14	15	16	17	18	19	20	21	22	23	24	25	26	27	28	29	30	—	1	13
		9	**0**1	2	3	4	5	6	7	8	9	10	11	12	13	14	15	16	17	18	19	20	21	22	23	24	25	26	27	28	29	30	2	42
		10	31	**N**1	2	3	4	5	6	7	8	9	10	11	12	13	14	15	16	17	18	19	20	21	22	23	24	25	26	27	28	29	4	12
		11	30	**D**1	2	3	4	5	6	7	8	9	10	11	12	13	14	15	16	17	18	19	20	21	22	23	24	25	26	27	28	—	6	42
		12	29	30	31	**1**1	2	3	4	5	6	7	8	9	10	11	12	13	14	15	16	17	18	19	20	21	22	23	24	25	26	27	0	11

年序 Year	陰曆月序 Moon	陰曆日序 Order of days (Lunar) 1	2	3	4	5	6	7	8	9	10	11	12	13	14	15	16	17	18	19	20	21	22	23	24	25	26	27	28	29	30	星期 Week	干支 Cycle
天啓 6 丙寅 1626–27	26 1	28	29	30	31	21	2	3	4	5	6	7	8	9	10	11	12	13	14	15	16	17	18	19	20	21	22	23	24	25	—	2	41
	2	26	27	28	31	2	3	4	5	6	7	8	9	10	11	12	13	14	15	16	17	18	19	20	21	22	23	24	25	26	27	3	10
	3	28	29	30	31	41	2	3	4	5	6	7	8	9	10	11	12	13	14	15	16	17	18	19	20	21	22	23	24	25	—	5	40
	4	26	27	28	29	30	51	2	3	4	5	6	7	8	9	10	11	12	13	14	15	16	17	18	19	20	21	22	23	24	—	6	9
	5	25	26	27	28	29	30	31	61	2	3	4	5	6	7	8	9	10	11	12	13	14	15	16	17	18	19	20	21	22	23	0	38
	6	24	25	26	27	28	29	30	71	2	3	4	5	6	7	8	9	10	11	12	13	14	15	16	17	18	19	20	21	22	—	2	8
	6	23	24	25	26	27	28	29	30	31	81	2	3	4	5	6	7	8	9	10	11	12	13	14	15	16	17	18	19	20	21	3	37
	7	22	23	24	25	26	27	28	29	30	31	91	2	3	4	5	6	7	8	9	10	11	12	13	14	15	16	17	18	19	—	5	7
	8	20	21	22	23	24	25	26	27	28	29	30	01	2	3	4	5	6	7	8	9	10	11	12	13	14	15	16	17	18	19	6	36
	9	20	21	22	23	24	25	26	27	28	29	30	31	N1	2	3	4	5	6	7	8	9	10	11	12	13	14	15	16	17	18	1	6
	10	19	20	21	22	23	24	25	26	27	28	29	30	D1	2	3	4	5	6	7	8	9	10	11	12	13	14	15	16	17	18	3	36
	11	19	20	21	22	23	24	25	26	27	28	29	30	31	11	2	3	4	5	6	7	8	9	10	11	12	13	14	15	16	—	5	6
	12	17	18	19	20	21	22	23	24	25	26	27	28	29	30	31	21	2	3	4	5	6	7	8	9	10	11	12	13	14	15	6	35
天啓 7 丁卯 1627–28	38 1	16	17	18	19	20	21	22	23	24	25	26	27	28	31	2	3	4	5	6	7	8	9	10	11	12	13	14	15	16	—	1	5
	2	17	18	19	20	21	22	23	24	25	26	27	28	29	30	31	41	2	3	4	5	6	7	8	9	10	11	12	13	14	15	2	34
	3	16	17	18	19	20	21	22	23	24	25	26	27	28	29	30	51	2	3	4	5	6	7	8	9	10	11	12	13	14	—	4	4
	4	15	16	17	18	19	20	21	22	23	24	25	26	27	28	29	30	31	61	2	3	4	5	6	7	8	9	10	11	12	—	5	33
	5	13	14	15	16	17	18	19	20	21	22	23	24	25	26	27	28	29	30	71	2	3	4	5	6	7	8	9	10	11	12	6	2
	6	13	14	15	16	17	18	19	20	21	22	23	24	25	26	27	28	29	30	31	81	2	3	4	5	6	7	8	9	10	—	1	32
	7	11	12	13	14	15	16	17	18	19	20	21	22	23	24	25	26	27	28	29	30	31	91	2	3	4	5	6	7	8	—	2	1
	8	9	10	11	12	13	14	15	16	17	18	19	20	21	22	23	24	25	26	27	28	29	30	01	2	3	4	5	6	7	8	3	30
	9	9	10	11	12	13	14	15	16	17	18	19	20	21	22	23	24	25	26	27	28	29	30	31	N1	2	3	4	5	6	7	5	0
	10	8	9	10	11	12	13	14	15	16	17	18	19	20	21	22	23	24	25	26	27	28	29	30	D1	2	3	4	5	6	7	0	30
	11	8	9	10	11	12	13	14	15	16	17	18	19	20	21	22	23	24	25	26	27	28	29	30	31	11	2	3	4	5	6	2	0
	12	7	8	9	10	11	12	13	14	15	16	17	18	19	20	21	22	23	24	25	26	27	28	29	30	31	21	2	3	4	—	4	30
思宗 崇禎 1 戊辰 1628–29	50 1	5	6	7	8	9	10	11	12	13	14	15	16	17	18	19	20	21	22	23	24	25	26	27	28	29	31	2	3	4	5	5	59
	2	6	7	8	9	10	11	12	13	14	15	16	17	18	19	20	21	22	23	24	25	26	27	28	29	30	31	41	2	3	—	0	29
	3	4	5	6	7	8	9	10	11	12	13	14	15	16	17	18	19	20	21	22	23	24	25	26	27	28	29	30	51	2	3	1	58
	4	4	5	6	7	8	9	10	11	12	13	14	15	16	17	18	19	20	21	22	23	24	25	26	27	28	29	30	31	61	—	3	28
	5	2	3	4	5	6	7	8	9	10	11	12	13	14	15	16	17	18	19	20	21	22	23	24	25	26	27	28	29	30	—	4	57
	6	71	2	3	4	5	6	7	8	9	10	11	12	13	14	15	16	17	18	19	20	21	22	23	24	25	26	27	28	29	30	5	26
	7	31	81	2	3	4	5	6	7	8	9	10	11	12	13	14	15	16	17	18	19	20	21	22	23	24	25	26	27	28	—	0	56
	8	29	30	31	91	2	3	4	5	6	7	8	9	10	11	12	13	14	15	16	17	18	19	20	21	22	23	24	25	26	—	1	25
	9	27	28	29	30	01	2	3	4	5	6	7	8	9	10	11	12	13	14	15	16	17	18	19	20	21	22	23	24	25	26	2	54
	10	27	28	29	30	31	N1	2	3	4	5	6	7	8	9	10	11	12	13	14	15	16	17	18	19	20	21	22	23	24	25	4	24
	11	26	27	28	29	30	D1	2	3	4	5	6	7	8	9	10	11	12	13	14	15	16	17	18	19	20	21	22	23	24	—	6	54
	12	25	26	27	28	29	30	31	11	2	3	4	5	6	7	8	9	10	11	12	13	14	15	16	17	18	19	20	21	22	23	0	23
崇禎 2 己巳 1629–30	2 1	24	25	26	27	28	29	30	31	21	2	3	4	5	6	7	8	9	10	11	12	13	14	15	16	17	18	19	20	21	22	2	53
	2	23	24	25	26	27	28	31	2	3	4	5	6	7	8	9	10	11	12	13	14	15	16	17	18	19	20	21	22	23	24	4	23
	3	25	26	27	28	29	30	31	41	2	3	4	5	6	7	8	9	10	11	12	13	14	15	16	17	18	19	20	21	22	—	6	53
	4	23	24	25	26	27	28	29	30	51	2	3	4	5	6	7	8	9	10	11	12	13	14	15	16	17	18	19	20	21	22	0	22
	4	23	24	25	26	27	28	29	30	31	61	2	3	4	5	6	7	8	9	10	11	12	13	14	15	16	17	18	19	20	—	2	52
	5	21	22	23	24	25	26	27	28	29	30	71	2	3	4	5	6	7	8	9	10	11	12	13	14	15	16	17	18	19	—	3	21
	6	20	21	22	23	24	25	26	27	28	29	30	31	81	2	3	4	5	6	7	8	9	10	11	12	13	14	15	16	17	18	4	50
	7	19	20	21	22	23	24	25	26	27	28	29	30	31	91	2	3	4	5	6	7	8	9	10	11	12	13	14	15	16	—	6	20
	8	17	18	19	20	21	22	23	24	25	26	27	28	29	30	01	2	3	4	5	6	7	8	9	10	11	12	13	14	15	—	0	49
	9	16	17	18	19	20	21	22	23	24	25	26	27	28	29	30	31	N1	2	3	4	5	6	7	8	9	10	11	12	13	14	1	18
	10	15	16	17	18	19	20	21	22	23	24	25	26	27	28	29	30	D1	2	3	4	5	6	7	8	9	10	11	12	13	14	3	48
	11	15	16	17	18	19	20	21	22	23	24	25	26	27	28	29	30	31	11	2	3	4	5	6	7	8	9	10	11	12	—	5	18
	12	13	14	15	16	17	18	19	20	21	22	23	24	25	26	27	28	29	30	31	21	2	3	4	5	6	7	8	9	10	11	6	47
崇禎 3 庚午 1630–31	14 1	12	13	14	15	16	17	18	19	20	21	22	23	24	25	26	27	28	31	2	3	4	5	6	7	8	9	10	11	12	13	1	17
	2	14	15	16	17	18	19	20	21	22	23	24	25	26	27	28	29	30	31	41	2	3	4	5	6	7	8	9	10	11	12	3	47
	3	13	14	15	16	17	18	19	20	21	22	23	24	25	26	27	28	29	30	51	2	3	4	5	6	7	8	9	10	11	—	5	17
	4	12	13	14	15	16	17	18	19	20	21	22	23	24	25	26	27	28	29	30	31	61	2	3	4	5	6	7	8	9	10	6	46
	5	11	12	13	14	15	16	17	18	19	20	21	22	23	24	25	26	27	28	29	30	71	2	3	4	5	6	7	8	9	—	1	16
	6	10	11	12	13	14	15	16	17	18	19	20	21	22	23	24	25	26	27	28	29	30	31	81	2	3	4	5	6	7	—	2	45
	7	8	9	10	11	12	13	14	15	16	17	18	19	20	21	22	23	24	25	26	27	28	29	30	31	91	2	3	4	5	6	3	14
	8	7	8	9	10	11	12	13	14	15	16	17	18	19	20	21	22	23	24	25	26	27	28	29	30	01	2	3	4	5	—	5	44
	9	6	7	8	9	10	11	12	13	14	15	16	17	18	19	20	21	22	23	24	25	26	27	28	29	30	31	N1	2	3	—	6	13
	10	4	5	6	7	8	9	10	11	12	13	14	15	16	17	18	19	20	21	22	23	24	25	26	27	28	29	30	D1	2	3	0	42
	11	4	5	6	7	8	9	10	11	12	13	14	15	16	17	18	19	20	21	22	23	24	25	26	27	28	29	30	31	11	—	2	12
	12	2	3	4	5	6	7	8	9	10	11	12	13	14	15	16	17	18	19	20	21	22	23	24	25	26	27	28	29	30	31	3	41

年序 Year	陰曆月序 Moon	陰曆日序 Order of days (Lunar) 1	2	3	4	5	6	7	8	9	10	11	12	13	14	15	16	17	18	19	20	21	22	23	24	25	26	27	28	29	30	星期 Week	干支 Cycle
崇禎 4 辛未 1631–32	26 1	21	2	3	4	5	6	7	8	9	10	11	12	13	14	15	16	17	18	19	20	21	22	23	24	25	26	27	28	31	2	5	11
	2	3	4	5	6	7	8	9	10	11	12	13	14	15	16	17	18	19	20	21	22	23	24	25	26	27	28	29	30	31	41	0	41
	3	2	3	4	5	6	7	8	9	10	11	12	13	14	15	16	17	18	19	20	21	22	23	24	25	26	27	28	29	30	—	2	11
	4	51	2	3	4	5	6	7	8	9	10	11	12	13	14	15	16	17	18	19	20	21	22	23	24	25	26	27	28	29	30	3	40
	5	31	61	2	3	4	5	6	7	8	9	10	11	12	13	14	15	16	17	18	19	20	21	22	23	24	25	26	27	28	—	5	10
	6	29	30	71	2	3	4	5	6	7	8	9	10	11	12	13	14	15	16	17	18	19	20	21	22	23	24	25	26	27	28	6	39
	7	29	30	31	81	2	3	4	5	6	7	8	9	10	11	12	13	14	15	16	17	18	19	20	21	22	23	24	25	26	—	1	9
	8	27	28	29	30	31	91	2	3	4	5	6	7	8	9	10	11	12	13	14	15	16	17	18	19	20	21	22	23	24	25	2	38
	9	26	27	28	29	30	01	2	3	4	5	6	7	8	9	10	11	12	13	14	15	16	17	18	19	20	21	22	23	24	—	4	8
	10	25	26	27	28	29	30	31	N1	2	3	4	5	6	7	8	9	10	11	12	13	14	15	16	17	18	19	20	21	22	—	5	37
	11	23	24	25	26	27	28	29	30	D1	2	3	4	5	6	7	8	9	10	11	12	13	14	15	16	17	18	19	20	21	22	6	6
	11	23	24	25	26	27	28	29	30	31	11	2	3	4	5	6	7	8	9	10	11	12	13	14	15	16	17	18	19	20	—	1	36
	12	21	22	23	24	25	26	27	28	29	30	31	21	2	3	4	5	6	7	8	9	10	11	12	13	14	15	16	17	18	19	2	5
崇禎 5 壬申 1632–33	38 1	20	21	22	23	24	25	26	27	28	29	31	2	3	4	5	6	7	8	9	10	11	12	13	14	15	16	17	18	19	20	4	35
	2	21	22	23	24	25	26	27	28	29	30	31	41	2	3	4	5	6	7	8	9	10	11	12	13	14	15	16	17	18	—	6	5
	3	19	20	21	22	23	24	25	26	27	28	29	30	51	2	3	4	5	6	7	8	9	10	11	12	13	14	15	16	17	18	0	34
	4	19	20	21	22	23	24	25	26	27	28	29	30	31	61	2	3	4	5	6	7	8	9	10	11	12	13	14	15	16	17	2	4
	5	18	19	20	21	22	23	24	25	26	27	28	29	30	71	2	3	4	5	6	7	8	9	10	11	12	13	14	15	16	—	4	34
	6	17	18	19	20	21	22	23	24	25	26	27	28	29	30	31	81	2	3	4	5	6	7	8	9	10	11	12	13	14	15	5	3
	7	16	17	18	19	20	21	22	23	24	25	26	27	28	29	30	31	91	2	3	4	5	6	7	8	9	10	11	12	13	—	0	33
	8	14	15	16	17	18	19	20	21	22	23	24	25	26	27	28	29	30	01	2	3	4	5	6	7	8	9	10	11	12	13	1	2
	9	14	15	16	17	18	19	20	21	22	23	24	25	26	27	28	29	30	31	N1	2	3	4	5	6	7	8	9	10	11	—	3	32
	10	12	13	14	15	16	17	18	19	20	21	22	23	24	25	26	27	28	29	30	D1	2	3	4	5	6	7	8	9	10	11	4	1
	11	12	13	14	15	16	17	18	19	20	21	22	23	24	25	26	27	28	29	30	31	11	2	3	4	5	6	7	8	9	—	6	31
	12	10	11	12	13	14	15	16	17	18	19	20	21	22	23	24	25	26	27	28	29	30	31	21	2	3	4	5	6	7	—	0	0
崇禎 6 癸酉 1633–34	50 1	8	9	10	11	12	13	14	15	16	17	18	19	20	21	22	23	24	25	26	27	28	31	2	3	4	5	6	7	8	9	1	29
	2	10	11	12	13	14	15	16	17	18	19	20	21	22	23	24	25	26	27	28	29	30	31	41	2	3	4	5	6	7	—	3	59
	3	8	9	10	11	12	13	14	15	16	17	18	19	20	21	22	23	24	25	26	27	28	29	30	51	2	3	4	5	6	7	4	28
	4	8	9	10	11	12	13	14	15	16	17	18	19	20	21	22	23	24	25	26	27	28	29	30	31	61	2	3	4	5	6	6	58
	5	7	8	9	10	11	12	13	14	15	16	17	18	19	20	21	22	23	24	25	26	27	28	29	30	71	2	3	4	5	—	1	28
	6	6	7	8	9	10	11	12	13	14	15	16	17	18	19	20	21	22	23	24	25	26	27	28	29	30	31	81	2	3	4	2	57
	7	5	6	7	8	9	10	11	12	13	14	15	16	17	18	19	20	21	22	23	24	25	26	27	28	29	30	31	91	2	—	4	27
	8	3	4	5	6	7	8	9	10	11	12	13	14	15	16	17	18	19	20	21	22	23	24	25	26	27	28	29	30	01	2	5	56
	9	3	4	5	6	7	8	9	10	11	12	13	14	15	16	17	18	19	20	21	22	23	24	25	26	27	28	29	30	31	N1	0	26
	10	2	3	4	5	6	7	8	9	10	11	12	13	14	15	16	17	18	19	20	21	22	23	24	25	26	27	28	29	30	—	2	56
	11	D1	2	3	4	5	6	7	8	9	10	11	12	13	14	15	16	17	18	19	20	21	22	23	24	25	26	27	28	29	30	3	25
	12	31	11	2	3	4	5	6	7	8	9	10	11	12	13	14	15	16	17	18	19	20	21	22	23	24	25	26	27	28	—	5	55
崇禎 7 甲戌 1634–35	2 1	29	30	31	21	2	3	4	5	6	7	8	9	10	11	12	13	14	15	16	17	18	19	20	21	22	23	24	25	26	27	6	24
	2	28	31	2	3	4	5	6	7	8	9	10	11	12	13	14	15	16	17	18	19	20	21	22	23	24	25	26	27	28	—	1	54
	3	29	30	31	41	2	3	4	5	6	7	8	9	10	11	12	13	14	15	16	17	18	19	20	21	22	23	24	25	26	—	2	23
	4	27	28	29	30	51	2	3	4	5	6	7	8	9	10	11	12	13	14	15	16	17	18	19	20	21	22	23	24	25	26	3	52
	5	27	28	29	30	31	61	2	3	4	5	6	7	8	9	10	11	12	13	14	15	16	17	18	19	20	21	22	23	24	—	5	22
	6	25	26	27	28	29	30	71	2	3	4	5	6	7	8	9	10	11	12	13	14	15	16	17	18	19	20	21	22	23	24	6	51
	7	25	26	27	28	29	30	31	81	2	3	4	5	6	7	8	9	10	11	12	13	14	15	16	17	18	19	20	21	22	—	1	21
	8	23	24	25	26	27	28	29	30	31	91	2	3	4	5	6	7	8	9	10	11	12	13	14	15	16	17	18	19	20	21	2	50
	8	22	23	24	25	26	27	28	29	30	01	2	3	4	5	6	7	8	9	10	11	12	13	14	15	16	17	18	19	20	21	4	20
	9	22	23	24	25	26	27	28	29	30	31	N1	2	3	4	5	6	7	8	9	10	11	12	13	14	15	16	17	18	19	20	6	50
	10	21	22	23	24	25	26	27	28	29	30	D1	2	3	4	5	6	7	8	9	10	11	12	13	14	15	16	17	18	19	—	1	20
	11	20	21	22	23	24	25	26	27	28	29	30	31	11	2	3	4	5	6	7	8	9	10	11	12	13	14	15	16	17	18	2	49
	12	19	20	21	22	23	24	25	26	27	28	29	30	31	21	2	3	4	5	6	7	8	9	10	11	12	13	14	15	16	—	4	19
崇禎 8 乙亥 1635–36	14 1	17	18	19	20	21	22	23	24	25	26	27	28	31	2	3	4	5	6	7	8	9	10	11	12	13	14	15	16	17	18	5	48
	2	19	20	21	22	23	24	25	26	27	28	29	30	31	41	2	3	4	5	6	7	8	9	10	11	12	13	14	15	16	—	0	18
	3	17	18	19	20	21	22	23	24	25	26	27	28	29	30	51	2	3	4	5	6	7	8	9	10	11	12	13	14	15	—	1	47
	4	16	17	18	19	20	21	22	23	24	25	26	27	28	29	30	31	61	2	3	4	5	6	7	8	9	10	11	12	13	14	2	16
	5	15	16	17	18	19	20	21	22	23	24	25	26	27	28	29	30	71	2	3	4	5	6	7	8	9	10	11	12	13	—	4	46
	6	14	15	16	17	18	19	20	21	22	23	24	25	26	27	28	29	30	31	81	2	3	4	5	6	7	8	9	10	11	12	5	15
	7	13	14	15	16	17	18	19	20	21	22	23	24	25	26	27	28	29	30	31	91	2	3	4	5	6	7	8	9	10	—	0	45
	8	11	12	13	14	15	16	17	18	19	20	21	22	23	24	25	26	27	28	29	30	01	2	3	4	5	6	7	8	9	10	1	14
	9	11	12	13	14	15	16	17	18	19	20	21	22	23	24	25	26	27	28	29	30	31	N1	2	3	4	5	6	7	8	9	3	44
	10	10	11	12	13	14	15	16	17	18	19	20	21	22	23	24	25	26	27	28	29	30	D1	2	3	4	5	6	7	8	—	5	14
	11	9	10	11	12	13	14	15	16	17	18	19	20	21	22	23	24	25	26	27	28	29	30	31	11	2	3	4	5	6	7	6	43
	12	8	9	10	11	12	13	14	15	16	17	18	19	20	21	22	23	24	25	26	27	28	29	30	31	21	2	3	4	5	6	1	13

年序 Year	陰曆月序 Mocn	陰曆日序 Order of days (Lunar) 1 2 3 4 5	6 7 8 9 10	11 12 13 14 15	16 17 18 19 20	21 22 23 24 25	26 27 28 29 30	星期 Week	干支 Cycle
崇禎 9 丙子 1636–37	26 1	7 8 9 10 11	12 13 14 15 16	17 18 19 20 21	22 23 24 25 26	27 28 29 31 2	3 4 5 6 —	3	43
	2	7 8 9 10 11	12 13 14 15 16	17 18 19 20 21	22 23 24 25 26	27 28 29 30 31	41 2 3 4 5	4	12
	3	6 7 8 9 10	11 12 13 14 15	16 17 18 19 20	21 22 23 24 25	26 27 28 29 30	51 2 3 4 —	6	42
	4	5 6 7 8 9	10 11 12 13 14	15 16 17 18 19	20 21 22 23 24	25 26 27 28 29	30 31 61 2 —	0	11
	5	3 4 5 6 7	8 9 10 11 12	13 14 15 16 17	18 19 20 21 22	23 24 25 26 27	28 29 30 71 2	1	40
	6	3 4 5 6 7	8 9 10 11 12	13 14 15 16 17	18 19 20 21 22	23 24 25 26 27	28 29 30 31 —	3	10
	7	81 2 3 4 5	6 7 8 9 10	11 12 13 14 15	16 17 18 19 20	21 22 23 24 25	26 27 28 29 —	4	39
	8	30 31 91 2 3	4 5 6 7 8	9 10 11 12 13	14 15 16 17 18	19 20 21 22 23	24 25 26 27 28	5	8
	9	29 30 01 2 3	4 5 6 7 8	9 10 11 12 13	14 15 16 17 18	19 20 21 22 23	24 25 26 27 28	0	38
	10	29 30 31 N1 2	3 4 5 6 7	8 9 10 11 12	13 14 15 16 17	18 19 20 21 22	23 24 25 26 —	2	8
	11	27 28 29 30 D1	2 3 4 5 6	7 8 9 10 11	12 13 14 15 16	17 18 19 20 21	22 23 24 25 26	3	37
	12	27 28 29 30 31	11 2 3 4 5	6 7 8 9 10	11 12 13 14 15	16 17 18 19 20	21 22 23 24 25	5	7
崇禎 10 丁丑 1637–38	38 1	26 27 28 29 30	31 21 2 3 4	5 6 7 8 9	10 11 12 13 14	15 16 17 18 19	20 21 22 23 24	0	37
	2	25 26 27 28 31	2 3 4 5 6	7 8 9 10 11	12 13 14 15 16	17 18 19 20 21	22 23 24 25 —	2	7
	3	26 27 28 29 30	31 41 2 3 4	5 6 7 8 9	10 11 12 13 14	15 16 17 18 19	20 21 22 23 24	3	36
	4	25 26 27 28 29	30 51 2 3 4	5 6 7 8 9	10 11 12 13 14	15 16 17 18 19	20 21 22 23 —	5	6
	4	24 25 26 27 28	29 30 31 61 2	3 4 5 6 7	8 9 10 11 12	13 14 15 16 17	18 19 20 21 —	6	35
	5	22 23 24 25 26	27 28 29 30 71	2 3 4 5 6	7 8 9 10 11	12 13 14 15 16	17 18 19 20 21	0	4
	6	22 23 24 25 26	27 28 29 30 31	81 2 3 4 5	6 7 8 9 10	11 12 13 14 15	16 17 18 19 —	2	34
	7	20 21 22 23 24	25 26 27 28 29	30 31 91 2 3	4 5 6 7 8	9 10 11 12 13	14 15 16 17 —	3	3
	8	18 19 20 21 22	23 24 25 26 27	28 29 30 01 2	3 4 5 6 7	8 9 10 11 12	13 14 15 16 17	4	32
	9	18 19 20 21 22	23 24 25 26 27	28 29 30 31 N1	2 3 4 5 6	7 8 9 10 11	12 13 14 15 —	6	2
	10	16 17 18 19 20	21 22 23 24 25	26 27 28 29 30	D1 2 3 4 5	6 7 8 9 10	11 12 13 14 15	0	31
	11	16 17 18 19 20	21 22 23 24 25	26 27 28 29 30	31 11 2 3 4	5 6 7 8 9	10 11 12 13 14	2	1
	12	15 16 17 18 19	20 21 22 23 24	25 26 27 28 29	30 31 21 2 3	4 5 6 7 8	9 10 11 12 13	4	31
崇禎 11 戊寅 1638–39	50 1	14 15 16 17 18	19 20 21 22 23	24 25 26 27 28	31 2 3 4 5	6 7 8 9 10	11 12 13 14 15	6	1
	2	16 17 18 19 20	21 22 23 24 25	26 27 28 29 30	31 41 2 3 4	5 6 7 8 9	10 11 12 13 —	1	31
	3	14 15 16 17 18	19 20 21 22 23	24 25 26 27 28	29 30 51 2 3	4 5 6 7 8	9 10 11 12 13	2	0
	4	14 15 16 17 18	19 20 21 22 23	24 25 26 27 28	29 30 31 61 2	3 4 5 6 7	8 9 10 11 —	4	30
	5	12 13 14 15 16	17 18 19 20 21	22 23 24 25 26	27 28 29 30 71	2 3 4 5 6	7 8 9 10 —	5	59
	6	11 12 13 14 15	16 17 18 19 20	21 22 23 24 25	26 27 28 29 30	31 81 2 3 4	5 6 7 8 9	6	28
	7	10 11 12 13 14	15 16 17 18 19	20 21 22 23 24	25 26 27 28 29	30 31 91 2 3	4 5 6 7 —	1	58
	8	8 9 10 11 12	13 14 15 16 17	18 19 20 21 22	23 24 25 26 27	28 29 30 01 2	3 4 5 6 —	2	27
	9	7 8 9 10 11	12 13 14 15 16	17 18 19 20 21	22 23 24 25 26	27 28 29 30 31	N1 2 3 4 5	3	56
	10	6 7 8 9 10	11 12 13 14 15	16 17 18 19 20	21 22 23 24 25	26 27 28 29 30	D1 2 3 4 —	5	26
	11	5 6 7 8 9	10 11 12 13 14	15 16 17 18 19	20 21 22 23 24	25 26 27 28 29	30 31 11 2 3	6	55
	12	4 5 6 7 8	9 10 11 12 13	14 15 16 17 18	19 20 21 22 23	24 25 26 27 28	29 30 31 21 2	1	25
崇禎 12 己卯 1639–40	2 1	3 4 5 6 7	8 9 10 11 12	13 14 15 16 17	18 19 20 21 22	23 24 25 26 27	28 31 2 3 4	3	55
	2	5 6 7 8 9	10 11 12 13 14	15 16 17 18 19	20 21 22 23 24	25 26 27 28 29	30 31 41 2 —	5	25
	3	3 4 5 6 7	8 9 10 11 12	13 14 15 16 17	18 19 20 21 22	23 24 25 26 27	28 29 30 51 2	6	54
	4	3 4 5 6 7	8 9 10 11 12	13 14 15 16 17	18 19 20 21 22	23 24 25 26 27	28 29 30 31 —	1	24
	5	61 2 3 4 5	6 7 8 9 10	11 12 13 14 15	16 17 18 19 20	21 22 23 24 25	26 27 28 29 30	2	53
	6	71 2 3 4 5	6 7 8 9 10	11 12 13 14 15	16 17 18 19 20	21 22 23 24 25	26 27 28 29 —	4	23
	7	30 31 81 2 3	4 5 6 7 8	9 10 11 12 13	14 15 16 17 18	19 20 21 22 23	24 25 26 27 28	5	52
	8	29 30 31 91 2	3 4 5 6 7	8 9 10 11 12	13 14 15 16 17	18 19 20 21 22	23 24 25 26 —	0	22
	9	27 28 29 30 01	2 3 4 5 6	7 8 9 10 11	12 13 14 15 16	17 18 19 20 21	22 23 24 25 —	1	51
	10	26 27 28 29 30	31 N1 2 3 4	5 6 7 8 9	10 11 12 13 14	15 16 17 18 19	20 21 22 23 24	2	20
	11	25 26 27 28 29	30 D1 2 3 4	5 6 7 8 9	10 11 12 13 14	15 16 17 18 19	20 21 22 23 —	4	50
	12	24 25 26 27 28	29 30 31 11 2	3 4 5 6 7	8 9 10 11 12	13 14 15 16 17	18 19 20 21 22	5	19
崇禎 13 庚辰 1640–41	14 1	23 24 25 26 27	28 29 30 31 21	2 3 4 5 6	7 8 9 10 11	12 13 14 15 16	17 18 19 20 21	0	49
	1	22 23 24 25 26	27 28 29 31 2	3 4 5 6 7	8 9 10 11 12	13 14 15 16 17	18 19 20 21 —	2	19
	2	22 23 24 25 26	27 28 29 30 31	41 2 3 4 5	6 7 8 9 10	11 12 13 14 15	16 17 18 19 20	3	48
	3	21 22 23 24 25	26 27 28 29 30	51 2 3 4 5	6 7 8 9 10	11 12 13 14 15	16 17 18 19 20	5	18
	4	21 22 23 24 25	26 27 28 29 30	31 61 2 3 4	5 6 7 8 9	10 11 12 13 14	15 16 17 18 —	0	48
	5	19 20 21 22 23	24 25 26 27 28	29 30 71 2 3	4 5 6 7 8	9 10 11 12 13	14 15 16 17 18	1	17
	6	19 20 21 22 23	24 25 26 27 28	29 30 31 81 2	3 4 5 6 7	8 9 10 11 12	13 14 15 16 —	3	47
	7	17 18 19 20 21	22 23 24 25 26	27 28 29 30 31	91 2 3 4 5	6 7 8 9 10	11 12 13 14 15	4	16
	8	16 17 18 19 20	21 22 23 24 25	26 27 28 29 30	01 2 3 4 5	6 7 8 9 10	11 12 13 14 —	6	46
	9	15 16 17 18 19	20 21 22 23 24	25 26 27 28 29	30 31 N1 2 3	4 5 6 7 8	9 10 11 12 —	0	15
	10	13 14 15 16 17	18 19 20 21 22	23 24 25 26 27	28 29 30 D1 2	3 4 5 6 7	8 9 10 11 12	1	44
	11	13 14 15 16 17	18 19 20 21 22	23 24 25 26 27	28 29 30 31 11	2 3 4 5 6	7 8 9 10 —	3	14
	12	11 12 13 14 15	16 17 18 19 20	21 22 23 24 25	26 27 28 29 30	31 21 2 3 4	5 6 7 8 9	4	43

年序 Year	陰曆月序 Moon	陰曆日序 Order of days (Lunar) 1	2	3	4	5	6	7	8	9	10	11	12	13	14	15	16	17	18	19	20	21	22	23	24	25	26	27	28	29	30	星期 Week	干支 Cycle
崇禎 14 辛巳 1641–42	26 1	10	11	12	13	14	15	16	17	18	19	20	21	22	23	24	25	26	27	28	31	2	3	4	5	6	7	8	9	10	—	6	13
	2	11	12	13	14	15	16	17	18	19	20	21	22	23	24	25	26	27	28	29	30	31	41	2	3	4	5	6	7	8	9	0	42
	3	10	11	12	13	14	15	16	17	18	19	20	21	22	23	24	25	26	27	28	29	30	51	2	3	4	5	6	7	8	9	2	12
	4	10	11	12	13	14	15	16	17	18	19	20	21	22	23	24	25	26	27	28	29	30	31	61	2	3	4	5	6	7	—	4	42
	5	8	9	10	11	12	13	14	15	16	17	18	19	20	21	22	23	24	25	26	27	28	29	30	71	2	3	4	5	6	7	5	11
	6	8	9	10	11	12	13	14	15	16	17	18	19	20	21	22	23	24	25	26	27	28	29	30	31	81	2	3	4	5	6	0	41
	7	7	8	9	10	11	12	13	14	15	16	17	18	19	20	21	22	23	24	25	26	27	28	29	30	31	91	2	3	4	—	2	11
	8	5	6	7	8	9	10	11	12	13	14	15	16	17	18	19	20	21	22	23	24	25	26	27	28	29	30	O1	2	3	4	3	40
	9	5	6	7	8	9	10	11	12	13	14	15	16	17	18	19	20	21	22	23	24	25	26	27	28	29	30	31	N1	2	—	5	10
	10	3	4	5	6	7	8	9	10	11	12	13	14	15	16	17	18	19	20	21	22	23	24	25	26	27	28	29	30	D1	2	6	39
	11	3	4	5	6	7	8	9	10	11	12	13	14	15	16	17	18	19	20	21	22	23	24	25	26	27	28	29	30	31	—	1	9
	12	11	2	3	4	5	6	7	8	9	10	11	12	13	14	15	16	17	18	19	20	21	22	23	24	25	26	27	28	29	—	2	38
崇禎 15 壬午 1642–43	38 1	30	31	21	2	3	4	5	6	7	8	9	10	11	12	13	14	15	16	17	18	19	20	21	22	23	24	25	26	27	28	3	7
	2	31	2	3	4	5	6	7	8	9	10	11	12	13	14	15	16	17	18	19	20	21	22	23	24	25	26	27	28	29	—	5	37
	3	30	31	41	2	3	4	5	6	7	8	9	10	11	12	13	14	15	16	17	18	19	20	21	22	23	24	25	26	27	28	6	6
	4	29	30	51	2	3	4	5	6	7	8	9	10	11	12	13	14	15	16	17	18	19	20	21	22	23	24	25	26	27	—	1	36
	5	28	29	30	31	61	2	3	4	5	6	7	8	9	10	11	12	13	14	15	16	17	18	19	20	21	22	23	24	25	26	2	5
	6	27	28	29	30	71	2	3	4	5	6	7	8	9	10	11	12	13	14	15	16	17	18	19	20	21	22	23	24	25	26	4	35
	7	27	28	29	30	31	81	2	3	4	5	6	7	8	9	10	11	12	13	14	15	16	17	18	19	20	21	22	23	24	—	6	5
	8	25	26	27	28	29	30	31	91	2	3	4	5	6	7	8	9	10	11	12	13	14	15	16	17	18	19	20	21	22	23	0	34
	9	24	25	26	27	28	29	30	O1	2	3	4	5	6	7	8	9	10	11	12	13	14	15	16	17	18	19	20	21	22	23	2	4
	10	24	25	26	27	28	29	30	31	N1	2	3	4	5	6	7	8	9	10	11	12	13	14	15	16	17	18	19	20	21	—	4	34
	11	22	23	24	25	26	27	28	29	30	D1	2	3	4	5	6	7	8	9	10	11	12	13	14	15	16	17	18	19	20	21	5	3
	11	22	23	24	25	26	27	28	29	30	31	11	2	3	4	5	6	7	8	9	10	11	12	13	14	15	16	17	18	19	—	0	33
	12	20	21	22	23	24	25	26	27	28	29	30	31	21	2	3	4	5	6	7	8	9	10	11	12	13	14	15	16	17	18	1	2
崇禎 16 癸未 1643–44	50 1	19	20	21	22	23	24	25	26	27	28	31	2	3	4	5	6	7	8	9	10	11	12	13	14	15	16	17	18	19	—	3	32
	2	20	21	22	23	24	25	26	27	28	29	30	31	41	2	3	4	5	6	7	8	9	10	11	12	13	14	15	16	17	—	4	1
	3	18	19	20	21	22	23	24	25	26	27	28	29	30	51	2	3	4	5	6	7	8	9	10	11	12	13	14	15	16	17	5	30
	4	18	19	20	21	22	23	24	25	26	27	28	29	30	31	61	2	3	4	5	6	7	8	9	10	11	12	13	14	15	—	0	0
	5	16	17	18	19	20	21	22	23	24	25	26	27	28	29	30	71	2	3	4	5	6	7	8	9	10	11	12	13	14	15	1	29
	6	16	17	18	19	20	21	22	23	24	25	26	27	28	29	30	31	81	2	3	4	5	6	7	8	9	10	11	12	13	—	3	59
	7	14	15	16	17	18	19	20	21	22	23	24	25	26	27	28	29	30	31	91	2	3	4	5	6	7	8	9	10	11	12	4	28
	8	13	14	15	16	17	18	19	20	21	22	23	24	25	26	27	28	29	30	O1	2	3	4	5	6	7	8	9	10	11	12	6	58
	9	13	14	15	16	17	18	19	20	21	22	23	24	25	26	27	28	29	30	31	N1	2	3	4	5	6	7	8	9	10	—	1	28
	10	11	12	13	14	15	16	17	18	19	20	21	22	23	24	25	26	27	28	29	30	D1	2	3	4	5	6	7	8	9	10	2	57
	11	11	12	13	14	15	16	17	18	19	20	21	22	23	24	25	26	27	28	29	30	31	11	2	3	4	5	6	7	8	9	4	27
	12	10	11	12	13	14	15	16	17	18	19	20	21	22	23	24	25	26	27	28	29	30	31	21	2	3	4	5	6	7	—	6	57
崇禎 17 甲申 1644–45	2 1	8	9	10	11	12	13	14	15	16	17	18	19	20	21	22	23	24	25	26	27	28	29	31	2	3	4	5	6	7	8	0	26
	2	9	10	11	12	13	14	15	16	17	18	19	20	21	22	23	24	25	26	27	28	29	30	31	41	2	3	4	5	6	—	2	56
	3	7	8	9	10	11	12	13	14	15	16	17	18	19	20	21	22	23	24	25	26	27	28	29	30	51	2	3	4	5	—	3	25
	4	6	7	8	9	10	11	12	13	14	15	16	17	18	19	20	21	22	23	24	25	26	27	28	29	30	31	61	2	3	4	4	54
	5	5	6	7	8	9	10	11	12	13	14	15	16	17	18	19	20	21	22	23	24	25	26	27	28	29	30	71	2	3	—	6	24
	6	4	5	6	7	8	9	10	11	12	13	14	15	16	17	18	19	20	21	22	23	24	25	26	27	28	29	30	31	81	—	0	53
	7	2	3	4	5	6	7	8	9	10	11	12	13	14	15	16	17	18	19	20	21	22	23	24	25	26	27	28	29	30	31	1	22
	8	91	2	3	4	5	6	7	8	9	10	11	12	13	14	15	16	17	18	19	20	21	22	23	24	25	26	27	28	29	30	3	52
	9	O1	2	3	4	5	6	7	8	9	10	11	12	13	14	15	16	17	18	19	20	21	22	23	24	25	26	27	28	29	—	5	22
	10	30	31	N1	2	3	4	5	6	7	8	9	10	11	12	13	14	15	16	17	18	19	20	21	22	23	24	25	26	27	28	6	51
	11	29	30	D1	2	3	4	5	6	7	8	9	10	11	12	13	14	15	16	17	18	19	20	21	22	23	24	25	26	27	28	1	21
	12	29	30	31	11	2	3	4	5	6	7	8	9	10	11	12	13	14	15	16	17	18	19	20	21	22	23	24	25	26	27	3	51
唐王 隆武 1 乙酉 1645–46	14 1	28	29	30	31	21	2	3	4	5	6	7	8	9	10	11	12	13	14	15	16	17	18	19	20	21	22	23	24	25	—	5	21
	2	26	27	28	31	2	3	4	5	6	7	8	9	10	11	12	13	14	15	16	17	18	19	20	21	22	23	24	25	26	27	6	50
	3	28	29	30	31	41	2	3	4	5	6	7	8	9	10	11	12	13	14	15	16	17	18	19	20	21	22	23	24	25	—	1	20
	4	26	27	28	29	30	51	2	3	4	5	6	7	8	9	10	11	12	13	14	15	16	17	18	19	20	21	22	23	24	—	2	49
	5	25	26	27	28	29	30	31	61	2	3	4	5	6	7	8	9	10	11	12	13	14	15	16	17	18	19	20	21	22	23	3	18
	6	24	25	26	27	28	29	30	71	2	3	4	5	6	7	8	9	10	11	12	13	14	15	16	17	18	19	20	21	22	—	5	48
	6	23	24	25	26	27	28	29	30	31	81	2	3	4	5	6	7	8	9	10	11	12	13	14	15	16	17	18	19	20	—	6	17
	7	21	22	23	24	25	26	27	28	29	30	31	91	2	3	4	5	6	7	8	9	10	11	12	13	14	15	16	17	18	19	0	46
	8	20	21	22	23	24	25	26	27	28	29	30	O1	2	3	4	5	6	7	8	9	10	11	12	13	14	15	16	17	18	—	2	16
	9	19	20	21	22	23	24	25	26	27	28	29	30	31	N1	2	3	4	5	6	7	8	9	10	11	12	13	14	15	16	17	3	45
	10	18	19	20	21	22	23	24	25	26	27	28	29	30	D1	2	3	4	5	6	7	8	9	10	11	12	13	14	15	16	17	5	15
	11	18	19	20	21	22	23	24	25	26	27	28	29	30	31	11	2	3	4	5	6	7	8	9	10	11	12	13	14	15	16	0	45
	12	17	18	19	20	21	22	23	24	25	26	27	28	29	30	31	21	2	3	4	5	6	7	8	9	10	11	12	13	14	15	2	15

年序 Year	陰暦月序 Moon	陰暦日序 Order of days (Lunar) 1 2 3 4 5	6 7 8 9 10	11 12 13 14 15	16 17 18 19 20	21 22 23 24 25	26 27 28 29 30	星期 Week	干支 Cycle
隆武 2 丙戌 1646–47	26 1	16 17 18 19 20	21 22 23 24 25	26 27 28 31 2	3 4 5 6 7	8 9 10 11 12	13 14 15 16 —	4	45
	2	17 18 19 20 21	22 23 24 25 26	27 28 29 30 31	41 2 3 4 5	6 7 8 9 10	11 12 13 14 15	5	14
	3	16 17 18 19 20	21 22 23 24 25	26 27 28 29 30	51 2 3 4 5	6 7 8 9 10	11 12 13 14 —	0	44
	4	15 16 17 18 19	20 21 22 23 24	25 26 27 28 29	30 31 61 2 3	4 5 6 7 8	9 10 11 12 —	1	13
	5	13 14 15 16 17	18 19 20 21 22	23 24 25 26 27	28 29 30 71 2	3 4 5 6 7	8 9 10 11 12	2	42
	6	13 14 15 16 17	18 19 20 21 22	23 24 25 26 27	28 29 30 31 81	2 3 4 5 6	7 8 9 10 —	4	12
	7	11 12 13 14 15	16 17 18 19 20	21 22 23 24 25	26 27 28 29 30	31 91 2 3 4	5 6 7 8 —	5	41
	8	9 10 11 12 13	14 15 16 17 18	19 20 21 22 23	24 25 26 27 28	29 30 01 2 3	4 5 6 7 8	6	10
	9	9 10 11 12 13	14 15 16 17 18	19 20 21 22 23	24 25 26 27 28	29 30 31 N1 2	3 4 5 6 —	1	40
	10	7 8 9 10 11	12 13 14 15 16	17 18 19 20 21	22 23 24 25 26	27 28 29 30 D1	2 3 4 5 6	2	9
	11	7 8 9 10 11	12 13 14 15 16	17 18 19 20 21	22 23 24 25 26	27 28 29 30 31	11 2 3 4 5	4	39
	12	6 7 8 9 10	11 12 13 14 15	16 17 18 19 20	21 22 23 24 25	26 27 28 29 30	31 21 2 3 4	6	9
永明王 永暦 1 丁亥 1647–48	38 1	5 6 7 8 9	10 11 12 13 14	15 16 17 18 19	20 21 22 23 24	25 26 27 28 31	2 3 4 5 —	1	39
	2	6 7 8 9 10	11 12 13 14 15	16 17 18 19 20	21 22 23 24 25	26 27 28 29 30	31 41 2 3 4	2	8
	3	5 6 7 8 9	10 11 12 13 14	15 16 17 18 19	20 21 22 23 24	25 26 27 28 29	30 51 2 3 4	4	38
	4	5 6 7 8 9	10 11 12 13 14	15 16 17 18 19	20 21 22 23 24	25 26 27 28 29	30 31 61 2 —	6	8
	5	3 4 5 6 7	8 9 10 11 12	13 14 15 16 17	18 19 20 21 22	23 24 25 26 27	28 29 30 71 —	0	37
	6	2 3 4 5 6	7 8 9 10 11	12 13 14 15 16	17 18 19 20 21	22 23 24 25 26	27 28 29 30 31	1	6
	7	81 2 3 4 5	6 7 8 9 10	11 12 13 14 15	16 17 18 19 20	21 22 23 24 25	26 27 28 29 —	3	36
	8	30 31 91 2 3	4 5 6 7 8	9 10 11 12 13	14 15 16 17 18	19 20 21 22 23	24 25 26 27 —	4	5
	9	28 29 30 01 2	3 4 5 6 7	8 9 10 11 12	13 14 15 16 17	18 19 20 21 22	23 24 25 26 27	5	34
	10	28 29 30 31 N1	2 3 4 5 6	7 8 9 10 11	12 13 14 15 16	17 18 19 20 21	22 23 24 25 —	0	4
	11	26 27 28 29 30	D1 2 3 4 5	6 7 8 9 10	11 12 13 14 15	16 17 18 19 20	21 22 23 24 25	1	33
	12	26 27 28 29 30	31 11 2 3 4	5 6 7 8 9	10 11 12 13 14	15 16 17 18 19	20 21 22 23 24	3	3
永暦 2 戊子 1648–49	50 1	25 26 27 28 29	30 31 21 2 3	4 5 6 7 8	9 10 11 12 13	14 15 16 17 18	19 20 21 22 —	5	33
	2	23 24 25 26 27	28 29 31 2 3	4 5 6 7 8	9 10 11 12 13	14 15 16 17 18	19 20 21 22 23	6	2
	3	24 25 26 27 28	29 30 31 41 2	3 4 5 6 7	8 9 10 11 12	13 14 15 16 17	18 19 20 21 22	1	32
	3	23 24 25 26 27	28 29 30 51 2	3 4 5 6 7	8 9 10 11 12	13 14 15 16 17	18 19 20 21 —	3	2
	4	22 23 24 25 26	27 28 29 30 31	61 2 3 4 5	6 7 8 9 10	11 12 13 14 15	16 17 18 19 20	4	31
	5	21 22 23 24 25	26 27 28 29 30	71 2 3 4 5	6 7 8 9 10	11 12 13 14 15	16 17 18 19 —	6	1
	6	20 21 22 23 24	25 26 27 28 29	30 31 81 2 3	4 5 6 7 8	9 10 11 12 13	14 15 16 17 18	0	30
	7	19 20 21 22 23	24 25 26 27 28	29 30 31 91 2	3 4 5 6 7	8 9 10 11 12	13 14 15 16 —	2	0
	8	17 18 19 20 21	22 23 24 25 26	27 28 29 30 01	2 3 4 5 6	7 8 9 10 11	12 13 14 15 —	3	29
	9	16 17 18 19 20	21 22 23 24 25	26 27 28 29 30	31 N1 2 3 4	5 6 7 8 9	10 11 12 13 14	4	58
	10	15 16 17 18 19	20 21 22 23 24	25 26 27 28 29	30 D1 2 3 4	5 6 7 8 9	10 11 12 13 —	6	28
	11	14 15 16 17 18	19 20 21 22 23	24 25 26 27 28	29 30 31 11 2	3 4 5 6 7	8 9 10 11 12	0	57
	12	13 14 15 16 17	18 19 20 21 22	23 24 25 26 27	28 29 30 31 21	2 3 4 5 6	7 8 9 10 —	2	27
永暦 3 己丑 1649–50	2 1	11 12 13 14 15	16 17 18 19 20	21 22 23 24 25	26 27 28 31 2	3 4 5 6 7	8 9 10 11 12	3	56
	2	13 14 15 16 17	18 19 20 21 22	23 24 25 26 27	28 29 30 31 41	2 3 4 5 6	7 8 9 10 11	5	26
	3	12 13 14 15 16	17 18 19 20 21	22 23 24 25 26	27 28 29 30 51	2 3 4 5 6	7 8 9 10 —	0	56
	4	11 12 13 14 15	16 17 18 19 20	21 22 23 24 25	26 27 28 29 30	31 61 2 3 4	5 6 7 8 9	1	25
	5	10 11 12 13 14	15 16 17 18 19	20 21 22 23 24	25 26 27 28 29	30 71 2 3 4	5 6 7 8 9	3	55
	6	10 11 12 13 14	15 16 17 18 19	20 21 22 23 24	25 26 27 28 29	30 31 81 2 3	4 5 6 7 —	5	25
	7	8 9 10 11 12	13 14 15 16 17	18 19 20 21 22	23 24 25 26 27	28 29 30 31 91	2 3 4 5 6	6	54
	8	7 8 9 10 11	12 13 14 15 16	17 18 19 20 21	22 23 24 25 26	27 28 29 30 01	2 3 4 5 —	1	24
	9	6 7 8 9 10	11 12 13 14 15	16 17 18 19 20	21 22 23 24 25	26 27 28 29 30	31 N1 2 3 —	2	53
	10	4 5 6 7 8	9 10 11 12 13	14 15 16 17 18	19 20 21 22 23	24 25 26 27 28	29 30 D1 2 3	3	22
	11	4 5 6 7 8	9 10 11 12 13	14 15 16 17 18	19 20 21 22 23	24 25 26 27 28	29 30 31 11 —	5	52
	12	2 3 4 5 6	7 8 9 10 11	12 13 14 15 16	17 18 19 20 21	22 23 24 25 26	27 28 29 30 31	6	21
永暦 4 庚寅 1650–51	14 1	21 2 3 4 5	6 7 8 9 10	11 12 13 14 15	16 17 18 19 20	21 22 23 24 25	26 27 28 31 —	1	51
	2	2 3 4 5 6	7 8 9 10 11	12 13 14 15 16	17 18 19 20 21	22 23 24 25 26	27 28 29 30 31	2	20
	3	41 2 3 4 5	6 7 8 9 10	11 12 13 14 15	16 17 18 19 20	21 22 23 24 25	26 27 28 29 30	4	50
	4	51 2 3 4 5	6 7 8 9 10	11 12 13 14 15	16 17 18 19 20	21 22 23 24 25	26 27 28 29 —	6	20
	5	30 31 61 2 3	4 5 6 7 8	9 10 11 12 13	14 15 16 17 18	19 20 21 22 23	24 25 26 27 28	0	49
	6	29 30 71 2 3	4 5 6 7 8	9 10 11 12 13	14 15 16 17 18	19 20 21 22 23	24 25 26 27 —	2	19
	7	28 29 30 31 81	2 3 4 5 6	7 8 9 10 11	12 13 14 15 16	17 18 19 20 21	22 23 24 25 26	3	48
	8	27 28 29 30 31	91 2 3 4 5	6 7 8 9 10	11 12 13 14 15	16 17 18 19 20	21 22 23 24 25	5	18
	9	26 27 28 29 30	01 2 3 4 5	6 7 8 9 10	11 12 13 14 15	16 17 18 19 20	21 22 23 24 —	0	48
	10	25 26 27 28 29	30 31 N1 2 3	4 5 6 7 8	9 10 11 12 13	14 15 16 17 18	19 20 21 22 23	1	17
	11	24 25 26 27 28	29 30 D1 2 3	4 5 6 7 8	9 10 11 12 13	14 15 16 17 18	19 20 21 22 —	3	47
	11	23 24 25 26 27	28 29 30 31 11	2 3 4 5 6	7 8 9 10 11	12 13 14 15 16	17 18 19 20 —	4	16
	12	21 22 23 24 25	26 27 28 29 30	31 21 2 3 4	5 6 7 8 9	10 11 12 13 14	15 16 17 18 19	5	45

年序 Year	陰曆月序 Moon	1	2	3	4	5	6	7	8	9	10	11	12	13	14	15	16	17	18	19	20	21	22	23	24	25	26	27	28	29	30	星期 Week	干支 Cycle
永曆 5 辛卯 1651–52	26 1	20	21	22	23	24	25	26	27	28	31	2	3	4	5	6	7	8	9	10	11	12	13	14	15	16	17	18	19	20	—	0	15
	2	21	22	23	24	25	26	27	28	29	30	31	41	2	3	4	5	6	7	8	9	10	11	12	13	14	15	16	17	18	19	1	44
	3	20	21	22	23	24	25	26	27	28	29	30	51	2	3	4	5	6	7	8	9	10	11	12	13	14	15	16	17	18	—	3	14
	4	19	20	21	22	23	24	25	26	27	28	29	30	31	61	2	3	4	5	6	7	8	9	10	11	12	13	14	15	16	17	4	43
	5	18	19	20	21	22	23	24	25	26	27	28	29	30	71	2	3	4	5	6	7	8	9	10	11	12	13	14	15	16	—	6	13
	6	17	18	19	20	21	22	23	24	25	26	27	28	29	30	31	81	2	3	4	5	6	7	8	9	10	11	12	13	14	15	0	42
	7	16	17	18	19	20	21	22	23	24	25	26	27	28	29	30	31	91	2	3	4	5	6	7	8	9	10	11	12	13	14	2	12
	8	15	16	17	18	19	20	21	22	23	24	25	26	27	28	29	30	01	2	3	4	5	6	7	8	9	10	11	12	13	—	4	42
	9	14	15	16	17	18	19	20	21	22	23	24	25	26	27	28	29	30	31	N1	2	3	4	5	6	7	8	9	10	11	12	5	11
	10	13	14	15	16	17	18	19	20	21	22	23	24	25	26	27	28	29	30	D1	2	3	4	5	6	7	8	9	10	11	12	0	41
	11	13	14	15	16	17	18	19	20	21	22	23	24	25	26	27	28	29	30	31	11	2	3	4	5	6	7	8	9	10	—	2	11
	12	11	12	13	14	15	16	17	18	19	20	21	22	23	24	25	26	27	28	29	30	31	21	2	3	4	5	6	7	8	9	3	40
永曆 6 壬辰 1652–53	38 1	10	11	12	13	14	15	16	17	18	19	20	21	22	23	24	25	26	27	28	29	31	2	3	4	5	6	7	8	9	—	5	10
	2	10	11	12	13	14	15	16	17	18	19	20	21	22	23	24	25	26	27	28	29	30	31	41	2	3	4	5	6	7	—	6	39
	3	8	9	10	11	12	13	14	15	16	17	18	19	20	21	22	23	24	25	26	27	28	29	30	51	2	3	4	5	6	7	0	8
	4	8	9	10	11	12	13	14	15	16	17	18	19	20	21	22	23	24	25	26	27	28	29	30	31	61	2	3	4	5	—	2	38
	5	6	7	8	9	10	11	12	13	14	15	16	17	18	19	20	21	22	23	24	25	26	27	28	29	30	71	2	3	4	5	3	7
	6	6	7	8	9	10	11	12	13	14	15	16	17	18	19	20	21	22	23	24	25	26	27	28	29	30	31	81	2	3	—	5	37
	7	4	5	6	7	8	9	10	11	12	13	14	15	16	17	18	19	20	21	22	23	24	25	26	27	28	29	30	31	91	2	6	6
	8	3	4	5	6	7	8	9	10	11	12	13	14	15	16	17	18	19	20	21	22	23	24	25	26	27	28	29	30	01	—	1	36
	9	2	3	4	5	6	7	8	9	10	11	12	13	14	15	16	17	18	19	20	21	22	23	24	25	26	27	28	29	30	31	2	5
	10	N1	2	3	4	5	6	7	8	9	10	11	12	13	14	15	16	17	18	19	20	21	22	23	24	25	26	27	28	29	30	4	35
	11	D1	2	3	4	5	6	7	8	9	10	11	12	13	14	15	16	17	18	19	20	21	22	23	24	25	26	27	28	29	30	6	5
	12	31	11	2	3	4	5	6	7	8	9	10	11	12	13	14	15	16	17	18	19	20	21	22	23	24	25	26	27	28	—	1	35
永曆 7 癸巳 1653–54	50 1	29	30	31	21	2	3	4	5	6	7	8	9	10	11	12	13	14	15	16	17	18	19	20	21	22	23	24	25	26	27	2	4
	2	28	31	2	3	4	5	6	7	8	9	10	11	12	13	14	15	16	17	18	19	20	21	22	23	24	25	26	27	28	—	4	34
	3	29	30	31	41	2	3	4	5	6	7	8	9	10	11	12	13	14	15	16	17	18	19	20	21	22	23	24	25	26	—	5	3
	4	27	28	29	30	51	2	3	4	5	6	7	8	9	10	11	12	13	14	15	16	17	18	19	20	21	22	23	24	25	26	6	32
	5	27	28	29	30	31	61	2	3	4	5	6	7	8	9	10	11	12	13	14	15	16	17	18	19	20	21	22	23	24	—	1	2
	6	25	26	27	28	29	30	71	2	3	4	5	6	7	8	9	10	11	12	13	14	15	16	17	18	19	20	21	22	23	—	2	31
	7	24	25	26	27	28	29	30	31	81	2	3	4	5	6	7	8	9	10	11	12	13	14	15	16	17	18	19	20	21	22	3	0
	7	23	24	25	26	27	28	29	30	31	91	2	3	4	5	6	7	8	9	10	11	12	13	14	15	16	17	18	19	20	—	5	30
	8	21	22	23	24	25	26	27	28	29	30	01	2	3	4	5	6	7	8	9	10	11	12	13	14	15	16	17	18	19	20	6	59
	9	21	22	23	24	25	26	27	28	29	30	31	N1	2	3	4	5	6	7	8	9	10	11	12	13	14	15	16	17	18	19	1	29
	10	20	21	22	23	24	25	26	27	28	29	30	D1	2	3	4	5	6	7	8	9	10	11	12	13	14	15	16	17	18	19	3	59
	11	20	21	22	23	24	25	26	27	28	29	30	31	11	2	3	4	5	6	7	8	9	10	11	12	13	14	15	16	17	18	5	29
	12	19	20	21	22	23	24	25	26	27	28	29	30	31	21	2	3	4	5	6	7	8	9	10	11	12	13	14	15	16	—	0	59
永曆 8 甲午 1654–55	2 1	17	18	19	20	21	22	23	24	25	26	27	28	31	2	3	4	5	6	7	8	9	10	11	12	13	14	15	16	17	18	1	28
	2	19	20	21	22	23	24	25	26	27	28	29	30	31	41	2	3	4	5	6	7	8	9	10	11	12	13	14	15	16	—	3	58
	3	17	18	19	20	21	22	23	24	25	26	27	28	29	30	51	2	3	4	5	6	7	8	9	10	11	12	13	14	15	—	4	27
	4	16	17	18	19	20	21	22	23	24	25	26	27	28	29	30	31	61	2	3	4	5	6	7	8	9	10	11	12	13	14	5	56
	5	15	16	17	18	19	20	21	22	23	24	25	26	27	28	29	30	71	2	3	4	5	6	7	8	9	10	11	12	13	—	0	26
	6	14	15	16	17	18	19	20	21	22	23	24	25	26	27	28	29	30	31	81	2	3	4	5	6	7	8	9	10	11	—	1	55
	7	12	13	14	15	16	17	18	19	20	21	22	23	24	25	26	27	28	29	30	31	91	2	3	4	5	6	7	8	9	10	2	24
	8	11	12	13	14	15	16	17	18	19	20	21	22	23	24	25	26	27	28	29	30	01	2	3	4	5	6	7	8	9	—	4	54
	9	10	11	12	13	14	15	16	17	18	19	20	21	22	23	24	25	26	27	28	29	30	31	N1	2	3	4	5	6	7	8	5	23
	10	9	10	11	12	13	14	15	16	17	18	19	20	21	22	23	24	25	26	27	28	29	30	D1	2	3	4	5	6	7	8	0	53
	11	9	10	11	12	13	14	15	16	17	18	19	20	21	22	23	24	25	26	27	28	29	30	31	11	2	3	4	5	6	7	2	23
	12	8	9	10	11	12	13	14	15	16	17	18	19	20	21	22	23	24	25	26	27	28	29	30	31	21	2	3	4	5	—	4	53
永曆 9 乙未 1655–56	14 1	6	7	8	9	10	11	12	13	14	15	16	17	18	19	20	21	22	23	24	25	26	27	28	31	2	3	4	5	6	7	5	22
	2	8	9	10	11	12	13	14	15	16	17	18	19	20	21	22	23	24	25	26	27	28	29	30	31	41	2	3	4	5	6	0	52
	3	7	8	9	10	11	12	13	14	15	16	17	18	19	20	21	22	23	24	25	26	27	28	29	30	51	2	3	4	5	—	2	22
	4	6	7	8	9	10	11	12	13	14	15	16	17	18	19	20	21	22	23	24	25	26	27	28	29	30	31	61	2	3	—	3	51
	5	4	5	6	7	8	9	10	11	12	13	14	15	16	17	18	19	20	21	22	23	24	25	26	27	28	29	30	71	2	3	4	20
	6	4	5	6	7	8	9	10	11	12	13	14	15	16	17	18	19	20	21	22	23	24	25	26	27	28	29	30	31	81	—	6	50
	7	2	3	4	5	6	7	8	9	10	11	12	13	14	15	16	17	18	19	20	21	22	23	24	25	26	27	28	29	30	—	0	19
	8	31	91	2	3	4	5	6	7	8	9	10	11	12	13	14	15	16	17	18	19	20	21	22	23	24	25	26	27	28	29	1	48
	9	30	01	2	3	4	5	6	7	8	9	10	11	12	13	14	15	16	17	18	19	20	21	22	23	24	25	26	27	28	—	3	18
	10	29	30	31	N1	2	3	4	5	6	7	8	9	10	11	12	13	14	15	16	17	18	19	20	21	22	23	24	25	26	27	4	47
	11	28	29	30	D1	2	3	4	5	6	7	8	9	10	11	12	13	14	15	16	17	18	19	20	21	22	23	24	25	26	27		17
	12	28	29	30	31	11	2	3	4	5	6	7	8	9	10	11	12	13	14	15	16	17	18	19	20	21	22	23	24	25	—	1	47

年序 Year	陰曆月序 Moon	陰曆日序 Order of days (Lunar)																														星期 Week	干支 Cycle
		1	2	3	4	5	6	7	8	9	10	11	12	13	14	15	16	17	18	19	20	21	22	23	24	25	26	27	28	29	30		
永曆10 丙申 1656–57	26 1	26	27	28	29	30	31	21	2	3	4	5	6	7	8	9	10	11	12	13	14	15	16	17	18	19	20	21	22	23	24	2	16
	2	25	26	27	28	29	31	2	3	4	5	6	7	8	9	10	11	12	13	14	15	16	17	18	19	20	21	22	23	24	25	4	46
	3	26	27	28	29	30	31	41	2	3	4	5	6	7	8	9	10	11	12	13	14	15	16	17	18	19	20	21	22	23	—	6	16
	4	24	25	26	27	28	29	30	51	2	3	4	5	6	7	8	9	10	11	12	13	14	15	16	17	18	19	20	21	22	23	0	45
	5	24	25	26	27	28	29	30	31	61	2	3	4	5	6	7	8	9	10	11	12	13	14	15	16	17	18	19	20	21	—	2	15
	5	22	23	24	25	26	27	28	29	30	71	2	3	4	5	6	7	8	9	10	11	12	13	14	15	16	17	18	19	20	21	3	44
	6	22	23	24	25	26	27	28	29	30	31	81	2	3	4	5	6	7	8	9	10	11	12	13	14	15	16	17	18	19	—	5	14
	7	20	21	22	23	24	25	26	27	28	29	30	31	91	2	3	4	5	6	7	8	9	10	11	12	13	14	15	16	17	—	6	43
	8	18	19	20	21	22	23	24	25	26	27	28	29	30	01	2	3	4	5	6	7	8	9	10	11	12	13	14	15	16	17	0	12
	9	18	19	20	21	22	23	24	25	26	27	28	29	30	31	N1	2	3	4	5	6	7	8	9	10	11	12	13	14	15	—	2	42
	10	16	17	18	19	20	21	22	23	24	25	26	27	28	29	30	D1	2	3	4	5	6	7	8	9	10	11	12	13	14	15	3	11
	11	16	17	18	19	20	21	22	23	24	25	26	27	28	29	30	31	11	2	3	4	5	6	7	8	9	10	11	12	13	—	5	41
	12	14	15	16	17	18	19	20	21	22	23	24	25	26	27	28	29	30	31	21	2	3	4	5	6	7	8	9	10	11	12	6	10
永曆11 丁酉 1657–58	38 1	13	14	15	16	17	18	19	20	21	22	23	24	25	26	27	28	31	2	3	4	5	6	7	8	9	10	11	12	13	14	1	40
	2	15	16	17	18	19	20	21	22	23	24	25	26	27	28	29	30	31	41	2	3	4	5	6	7	8	9	10	11	12	13	3	10
	3	14	15	16	17	18	19	20	21	22	23	24	25	26	27	28	29	30	51	2	3	4	5	6	7	8	9	10	11	12	—	5	40
	4	13	14	15	16	17	18	19	20	21	22	23	24	25	26	27	28	29	30	31	61	2	3	4	5	6	7	8	9	10	11	6	9
	5	12	13	14	15	16	17	18	19	20	21	22	23	24	25	26	27	28	29	30	71	2	3	4	5	6	7	8	9	10	—	1	39
	6	11	12	13	14	15	16	17	18	19	20	21	22	23	24	25	26	27	28	29	30	31	81	2	3	4	5	6	7	8	9	2	8
	7	10	11	12	13	14	15	16	17	18	19	20	21	22	23	24	25	26	27	28	29	30	31	91	2	3	4	5	6	7	—	4	38
	8	8	9	10	11	12	13	14	15	16	17	18	19	20	21	22	23	24	25	26	27	28	29	30	01	2	3	4	5	6	—	5	7
	9	7	8	9	10	11	12	13	14	15	16	17	18	19	20	21	22	23	24	25	26	27	28	29	30	31	N1	2	3	4	5	6	36
	10	6	7	8	9	10	11	12	13	14	15	16	17	18	19	20	21	22	23	24	25	26	27	28	29	30	D1	2	3	4	—	1	6
	11	5	6	7	8	9	10	11	12	13	14	15	16	17	18	19	20	21	22	23	24	25	26	27	28	29	30	31	11	2	3	2	35
	12	4	5	6	7	8	9	10	11	12	13	14	15	16	17	18	19	20	21	22	23	24	25	26	27	28	29	30	31	21	—	4	5
永曆12 戊戌 1658–59	50 1	2	3	4	5	6	7	8	9	10	11	12	13	14	15	16	17	18	19	20	21	22	23	24	25	26	27	28	31	2	3	5	34
	2	4	5	6	7	8	9	10	11	12	13	14	15	16	17	18	19	20	21	22	23	24	25	26	27	28	29	30	31	41	2	0	4
	3	3	4	5	6	7	8	9	10	11	12	13	14	15	16	17	18	19	20	21	22	23	24	25	26	27	28	29	30	51	—	2	34
	4	2	3	4	5	6	7	8	9	10	11	12	13	14	15	16	17	18	19	20	21	22	23	24	25	26	27	28	29	30	31	3	3
	5	61	2	3	4	5	6	7	8	9	10	11	12	13	14	15	16	17	18	19	20	21	22	23	24	25	26	27	28	29	30	5	33
	6	71	2	3	4	5	6	7	8	9	10	11	12	13	14	15	16	17	18	19	20	21	22	23	24	25	26	27	28	29	—	0	3
	7	30	31	81	2	3	4	5	6	7	8	9	10	11	12	13	14	15	16	17	18	19	20	21	22	23	24	25	26	27	28	1	32
	8	29	30	31	91	2	3	4	5	6	7	8	9	10	11	12	13	14	15	16	17	18	19	20	21	22	23	24	25	26	—	3	2
	9	27	28	29	30	01	2	3	4	5	6	7	8	9	10	11	12	13	14	15	16	17	18	19	20	21	22	23	24	25	—	4	31
	10	26	27	28	29	30	31	N1	2	3	4	5	6	7	8	9	10	11	12	13	14	15	16	17	18	19	20	21	22	23	24	5	0
	11	25	26	27	28	29	30	01	2	3	4	5	6	7	8	9	10	11	12	13	14	15	16	17	18	19	20	21	22	23	—	0	30
	12	24	25	26	27	28	29	30	31	11	2	3	4	5	6	7	8	9	10	11	12	13	14	15	16	17	18	19	20	21	22	1	59
永曆13 己亥 1659–60	2 1	23	24	25	26	27	28	29	30	31	21	2	3	4	5	6	7	8	9	10	11	12	13	14	15	16	17	18	19	20	—	3	29
	1	21	22	23	24	25	26	27	28	31	2	3	4	5	6	7	8	9	10	11	12	13	14	15	16	17	18	19	20	21	22	4	58
	2	23	24	25	26	27	28	29	30	31	41	2	3	4	5	6	7	8	9	10	11	12	13	14	15	16	17	18	19	20	—	6	28
	3	21	22	23	24	25	26	27	28	29	30	51	2	3	4	5	6	7	8	9	10	11	12	13	14	15	16	17	18	19	20	0	57
	4	21	22	23	24	25	26	27	28	29	30	31	61	2	3	4	5	6	7	8	9	10	11	12	13	14	15	16	17	18	19	2	27
	5	20	21	22	23	24	25	26	27	28	29	30	71	2	3	4	5	6	7	8	9	10	11	12	13	14	15	16	17	18	—	4	57
	6	19	20	21	22	23	24	25	26	27	28	29	30	31	81	2	3	4	5	6	7	8	9	10	11	12	13	14	15	16	17	5	26
	7	18	19	20	21	22	23	24	25	26	27	28	29	30	31	91	2	3	4	5	6	7	8	9	10	11	12	13	14	15	—	0	56
	8	16	17	18	19	20	21	22	23	24	25	26	27	28	29	30	01	2	3	4	5	6	7	8	9	10	11	12	13	14	15	1	25
	9	16	17	18	19	20	21	22	23	24	25	26	27	28	29	30	31	N1	2	3	4	5	6	7	8	9	10	11	12	13	—	3	55
	10	14	15	16	17	18	19	20	21	22	23	24	25	26	27	28	29	30	D1	2	3	4	5	6	7	8	9	10	11	12	13	4	24
	11	14	15	16	17	18	19	20	21	22	23	24	25	26	27	28	29	30	31	11	2	3	4	5	6	7	8	9	10	11	—	6	54
	12	12	13	14	15	16	17	18	19	20	21	22	23	24	25	26	27	28	29	30	31	21	2	3	4	5	6	7	8	9	10	0	23
永曆14 庚子 1660–61	14 1	11	12	13	14	15	16	17	18	19	20	21	22	23	24	25	26	27	28	29	31	2	3	4	5	6	7	8	9	10	—	2	53
	2	11	12	13	14	15	16	17	18	19	20	21	22	23	24	25	26	27	28	29	30	31	41	2	3	4	5	6	7	8	9	3	22
	3	10	11	12	13	14	15	16	17	18	19	20	21	22	23	24	25	26	27	28	29	30	51	2	3	4	5	6	7	8	—	5	52
	4	9	10	11	12	13	14	15	16	17	18	19	20	21	22	23	24	25	26	27	28	29	30	31	61	2	3	4	5	6	7	6	21
	5	8	9	10	11	12	13	14	15	16	17	18	19	20	21	22	23	24	25	26	27	28	29	30	71	2	3	4	5	6	—	1	51
	6	7	8	9	10	11	12	13	14	15	16	17	18	19	20	21	22	23	24	25	26	27	28	29	30	31	81	2	3	4	5	2	20
	7	6	7	8	9	10	11	12	13	14	15	16	17	18	19	20	21	22	23	24	25	26	27	28	29	30	31	91	2	3	4	4	50
	8	5	6	7	8	9	10	11	12	13	14	15	16	17	18	19	20	21	22	23	24	25	26	27	28	29	30	01	2	3	—	6	20
	9	4	5	6	7	8	9	10	11	12	13	14	15	16	17	18	19	20	21	22	23	24	25	26	27	28	29	30	31	N1	2	0	49
	10	3	4	5	6	7	8	9	10	11	12	13	14	15	16	17	18	19	20	21	22	23	24	25	26	27	28	29	30	D1	—	2	19
	11	2	3	4	5	6	7	8	9	10	11	12	13	14	15	16	17	18	19	20	21	22	23	24	25	26	27	28	29	30	31	3	48
	12	11	2	3	4	5	6	7	8	9	10	11	12	13	14	15	16	17	18	19	20	21	22	23	24	25	26	27	28	29	—	5	18

年序 Year		陰曆月序 Moon	陰曆日序 Order of days (Lunar) 1 2 3 4 5	6 7 8 9 10	11 12 13 14 15	16 17 18 19 20	21 22 23 24 25	26 27 28 29 30	星期 Week	干支 Cycle
永曆 15 辛丑 1661–62	26	1	30 31 21 2 3	4 5 6 7 8	9 10 11 12 13	14 15 16 17 18	19 20 21 22 23	24 25 26 27 28	6	47
		2	31 2 3 4 5	6 7 8 9 10	11 12 13 14 15	16 17 18 19 20	21 22 23 24 25	26 27 28 29 —	1	17
		3	30 31 41 2 3	4 5 6 7 8	9 10 11 12 13	14 15 16 17 18	19 20 21 22 23	24 25 26 27 28	2	46
		4	29 30 51 2 3	4 5 6 7 8	9 10 11 12 13	14 15 16 17 18	19 20 21 22 23	24 25 26 27 —	4	16
		5	28 29 30 31 61	2 3 4 5 6	7 8 9 10 11	12 13 14 15 16	17 18 19 20 21	22 23 24 25 —	5	45
		6	26 27 28 29 30	71 2 3 4 5	6 7 8 9 10	11 12 13 14 15	16 17 18 19 20	21 22 23 24 25	6	14
		7	26 27 28 29 30	31 81 2 3 4	5 6 7 8 9	10 11 12 13 14	15 16 17 18 19	20 21 22 23 24	1	44
		8	25 26 27 28 29	30 31 91 2 3	4 5 6 7 8	9 10 11 12 13	14 15 16 17 18	19 20 21 22 —	3	14
		9	23 24 25 26 27	28 29 30 01 2	3 4 5 6 7	8 9 10 11 12	13 14 15 16 17	18 19 20 21 22	4	43
		10	23 24 25 26 27	28 29 30 31 N1	2 3 4 5 6	7 8 9 10 11	12 13 14 15 16	17 18 19 20 21	6	13
		10	22 23 24 25 26	27 28 29 30 D1	2 3 4 5 6	7 8 9 10 11	12 13 14 15 16	17 18 19 20 —	1	43
		11	21 22 23 24 25	26 27 28 29 30	31 11 2 3 4	5 6 7 8 9	10 11 12 13 14	15 16 17 18 19	2	12
		12	20 21 22 23 24	25 26 27 28 29	30 31 21 2 3	4 5 6 7 8	9 10 11 12 13	14 15 16 17 —	4	42
清聖祖康熙 1 壬寅 1662–63	38	1	18 19 20 21 22	23 24 25 26 27	28 31 2 3 4	5 6 7 8 9	10 11 12 13 14	15 16 17 18 19	5	11
		2	20 21 22 23 24	25 26 27 28 29	30 31 41 2 3	4 5 6 7 8	9 10 11 12 13	14 15 16 17 —	0	41
		3	18 19 20 21 22	23 24 25 26 27	28 29 30 51 2	3 4 5 6 7	8 9 10 11 12	13 14 15 16 17	1	10
		4	18 19 20 21 22	23 24 25 26 27	28 29 30 31 61	2 3 4 5 6	7 8 9 10 11	12 13 14 15 —	3	40
		5	16 17 18 19 20	21 22 23 24 25	26 27 28 29 30	71 2 3 4 5	6 7 8 9 10	11 12 13 14 —	4	9
		6	15 16 17 18 19	20 21 22 23 24	25 26 27 28 29	30 31 81 2 3	4 5 6 7 8	9 10 11 12 13	5	38
		7	14 15 16 17 18	19 20 21 22 23	24 25 26 27 28	29 30 31 91 2	3 4 5 6 7	8 9 10 11 —	0	8
		8	12 13 14 15 16	17 18 19 20 21	22 23 24 25 26	27 28 29 30 01	2 3 4 5 6	7 8 9 10 11	1	37
		9	12 13 14 15 16	17 18 19 20 21	22 23 24 25 26	27 28 29 30 31	N1 2 3 4 5	6 7 8 9 10	3	7
		10	11 12 13 14 15	16 17 18 19 20	21 22 23 24 25	26 27 28 29 30	D1 2 3 4 5	6 7 8 9 10	5	37
		11	11 12 13 14 15	16 17 18 19 20	21 22 23 24 25	26 27 28 29 30	31 11 2 3 4	5 6 7 8 —	0	7
		12	9 10 11 12 13	14 15 16 17 18	19 20 21 22 23	24 25 26 27 28	29 30 31 21 2	3 4 5 6 7	1	36
康熙 2 癸卯 1663–64	50	1	8 9 10 11 12	13 14 15 16 17	18 19 20 21 22	23 24 25 26 27	28 31 2 3 4	5 6 7 8 9	3	6
		2	10 11 12 13 14	15 16 17 18 19	20 21 22 23 24	25 26 27 28 29	30 31 41 2 3	4 5 6 7 —	5	36
		3	8 9 10 11 12	13 14 15 16 17	18 19 20 21 22	23 24 25 26 27	28 29 30 51 2	3 4 5 6 —	6	5
		4	7 8 9 10 11	12 13 14 15 16	17 18 19 20 21	22 23 24 25 26	27 28 29 30 31	61 2 3 4 5	0	34
		5	6 7 8 9 10	11 12 13 14 15	16 17 18 19 20	21 22 23 24 25	26 27 28 29 30	71 2 3 4 —	2	4
		6	5 6 7 8 9	10 11 12 13 14	15 16 17 18 19	20 21 22 23 24	25 26 27 28 29	30 31 81 2 —	3	33
		7	3 4 5 6 7	8 9 10 11 12	13 14 15 16 17	18 19 20 21 22	23 24 25 26 27	28 29 30 31 91	4	2
		8	2 3 4 5 6	7 8 9 10 11	12 13 14 15 16	17 18 19 20 21	22 23 24 25 26	27 28 29 30 —	6	32
		9	01 2 3 4 5	6 7 8 9 10	11 12 13 14 15	16 17 18 19 20	21 22 23 24 25	26 27 28 29 30	0	1
		10	31 N1 2 3 4	5 6 7 8 9	10 11 12 13 14	15 16 17 18 19	20 21 22 23 24	25 26 27 28 29	2	31
		11	30 D1 2 3 4	5 6 7 8 9	10 11 12 13 14	15 16 17 18 19	20 21 22 23 24	25 26 27 28 —	4	1
		12	29 30 31 11 2	3 4 5 6 7	8 9 10 11 12	13 14 15 16 17	18 19 20 21 22	23 24 25 26 27	5	30
康熙 3 甲辰 1664–65	2	1	28 29 30 31 21	2 3 4 5 6	7 8 9 10 11	12 13 14 15 16	17 18 19 20 21	22 23 24 25 26	0	0
		2	27 28 29 31 2	3 4 5 6 7	8 9 10 11 12	13 14 15 16 17	18 19 20 21 22	23 24 25 26 —	2	30
		3	27 28 29 30 31	41 2 3 4 5	6 7 8 9 10	11 12 13 14 15	16 17 18 19 20	21 22 23 24 25	3	59
		4	26 27 28 29 30	51 2 3 4 5	6 7 8 9 10	11 12 13 14 15	16 17 18 19 20	21 22 23 24 —	5	29
		5	25 26 27 28 29	30 31 61 2 3	4 5 6 7 8	9 10 11 12 13	14 15 16 17 18	19 20 21 22 23	6	58
		6	24 25 26 27 28	29 30 71 2 3	4 5 6 7 8	9 10 11 12 13	14 15 16 17 18	19 20 21 22 —	1	28
		6	23 24 25 26 27	28 29 30 31 81	2 3 4 5 6	7 8 9 10 11	12 13 14 15 16	17 18 19 20 —	2	57
		7	21 22 23 24 25	26 27 28 29 30	31 91 2 3 4	5 6 7 8 9	10 11 12 13 14	15 16 17 18 19	3	26
		8	20 21 22 23 24	25 26 27 28 29	30 01 2 3 4	5 6 7 8 9	10 11 12 13 14	15 16 17 18 —	5	56
		9	19 20 21 22 23	24 25 26 27 28	29 30 31 N1 2	3 4 5 6 7	8 9 10 11 12	13 14 15 16 17	6	25
		10	18 19 20 21 22	23 24 25 26 27	28 29 30 D1 2	3 4 5 6 7	8 9 10 11 12	13 14 15 16 —	1	55
		11	17 18 19 20 21	22 23 24 25 26	27 28 29 30 31	11 2 3 4 5	6 7 8 9 10	11 12 13 14 15	2	24
		12	16 17 18 19 20	21 22 23 24 25	26 27 28 29 30	31 21 2 3 4	5 6 7 8 9	10 11 12 13 14	4	54
康熙 4 乙巳 1665–66	14	1	15 16 17 18 19	20 21 22 23 24	25 26 27 28 31	2 3 4 5 6	7 8 9 10 11	12 13 14 15 16	6	24
		2	17 18 19 20 21	22 23 24 25 26	27 28 29 30 31	41 2 3 4 5	6 7 8 9 10	11 12 13 14 —	1	54
		3	15 16 17 18 19	20 21 22 23 24	25 26 27 28 29	30 51 2 3 4	5 6 7 8 9	10 11 12 13 14	2	23
		4	15 16 17 18 19	20 21 22 23 24	25 26 27 28 29	30 31 61 2 3	4 5 6 7 8	9 10 11 12 —	4	53
		5	13 14 15 16 17	18 19 20 21 22	23 24 25 26 27	28 29 30 71 2	3 4 5 6 7	8 9 10 11 12	5	22
		6	13 14 15 16 17	18 19 20 21 22	23 24 25 26 27	28 29 30 31 81	2 3 4 5 6	7 8 9 10 —	0	52
		7	11 12 13 14 15	16 17 18 19 20	21 22 23 24 25	26 27 28 29 30	31 91 2 3 4	5 6 7 8 —	1	21
		8	9 10 11 12 13	14 15 16 17 18	19 20 21 22 23	24 25 26 27 28	29 30 01 2 3	4 5 6 7 8	2	50
		9	9 10 11 12 13	14 15 16 17 18	19 20 21 22 23	24 25 26 27 28	29 30 31 N1 2	3 4 5 6 —	4	20
		10	7 8 9 10 11	12 13 14 15 16	17 18 19 20 21	22 23 24 25 26	27 28 29 30 D1	2 3 4 5 6	5	49
		11	7 8 9 10 11	12 13 14 15 16	17 18 19 20 21	22 23 24 25 26	27 28 29 30 31	11 2 3 4 —	0	19
		12	5 6 7 8 9	10 11 12 13 14	15 16 17 18 19	20 21 22 23 24	25 26 27 28 29	30 31 21 2 3	1	48

年序 Year		陰曆月序 Moon	陰曆日序 Order of days (Lunar)																														星期 Week	干支 Cycle
			1	2	3	4	5	6	7	8	9	10	11	12	13	14	15	16	17	18	19	20	21	22	23	24	25	26	27	28	29	30		
康熙5丙午 1666–67	26	1	4	5	6	7	8	9	10	11	12	13	14	15	16	17	18	19	20	21	22	23	24	25	26	27	28	31	2	3	4	5	3	18
		2	6	7	8	9	10	11	12	13	14	15	16	17	18	19	20	21	22	23	24	25	26	27	28	29	30	31	41	2	3	—	5	48
		3	4	5	6	7	8	9	10	11	12	13	14	15	16	17	18	19	20	21	22	23	24	25	26	27	28	29	30	51	2	3	6	17
		4	4	5	6	7	8	9	10	11	12	13	14	15	16	17	18	19	20	21	22	23	24	25	26	27	28	29	30	31	61	2	1	47
		5	3	4	5	6	7	8	9	10	11	12	13	14	15	16	17	18	19	20	21	22	23	24	25	26	27	28	29	30	71	—	3	17
		6	2	3	4	5	6	7	8	9	10	11	12	13	14	15	16	17	18	19	20	21	22	23	24	25	26	27	28	29	30	31	4	46
		7	81	2	3	4	5	6	7	8	9	10	11	12	13	14	15	16	17	18	19	20	21	22	23	24	25	26	27	28	29	—	6	16
		8	30	31	91	2	3	4	5	6	7	8	9	10	11	12	13	14	15	16	17	18	19	20	21	22	23	24	25	26	27	—	0	45
		9	28	29	30	01	2	3	4	5	6	7	8	9	10	11	12	13	14	15	16	17	18	19	20	21	22	23	24	25	26	27	1	14
		10	28	29	30	31	N1	2	3	4	5	6	7	8	9	10	11	12	13	14	15	16	17	18	19	20	21	22	23	24	25	—	3	44
		11	26	27	28	29	30	D1	2	3	4	5	6	7	8	9	10	11	12	13	14	15	16	17	18	19	20	21	22	23	24	25	4	13
		12	26	27	28	29	30	31	11	2	3	4	5	6	7	8	9	10	11	12	13	14	15	16	17	18	19	20	21	22	23	—	6	43
康熙6丁未 1667–68	38	1	24	25	26	27	28	29	30	31	21	2	3	4	5	6	7	8	9	10	11	12	13	14	15	16	17	18	19	20	21	22	0	12
		2	23	24	25	26	27	28	31	2	3	4	5	6	7	8	9	10	11	12	13	14	15	16	17	18	19	20	21	22	23	—	2	42
		3	24	25	26	27	28	29	30	31	41	2	3	4	5	6	7	8	9	10	11	12	13	14	15	16	17	18	19	20	21	22	3	11
		4	23	24	25	26	27	28	29	30	51	2	3	4	5	6	7	8	9	10	11	12	13	14	15	16	17	18	19	20	21	22	5	41
		4	23	24	25	26	27	28	29	30	31	61	2	3	4	5	6	7	8	9	10	11	12	13	14	15	16	17	18	19	20	—	0	11
		5	21	22	23	24	25	26	27	28	29	30	71	2	3	4	5	6	7	8	9	10	11	12	13	14	15	16	17	18	19	20	1	40
		6	21	22	23	24	25	26	27	28	29	30	31	81	2	3	4	5	6	7	8	9	10	11	12	13	14	15	16	17	18	—	3	10
		7	19	20	21	22	23	24	25	26	27	28	29	30	31	91	2	3	4	5	6	7	8	9	10	11	12	13	14	15	16	17	4	39
		8	18	19	20	21	22	23	24	25	26	27	28	29	30	01	2	3	4	5	6	7	8	9	10	11	12	13	14	15	16	—	6	9
		9	17	18	19	20	21	22	23	24	25	26	27	28	29	30	31	N1	2	3	4	5	6	7	8	9	10	11	12	13	14	15	0	38
		10	16	17	18	19	20	21	22	23	24	25	26	27	28	29	30	D1	2	3	4	5	6	7	8	9	10	11	12	13	14	—	2	8
		11	15	16	17	18	19	20	21	22	23	24	25	26	27	28	29	30	31	11	2	3	4	5	6	7	8	9	10	11	12	13	3	37
		12	14	15	16	17	18	19	20	21	22	23	24	25	26	27	28	29	30	31	21	2	3	4	5	6	7	8	9	10	11	—	5	7
康熙7戊申 1668–69	50	1	12	13	14	15	16	17	18	19	20	21	22	23	24	25	26	27	28	29	31	2	3	4	5	6	7	8	9	10	11	12	6	36
		2	13	14	15	16	17	18	19	20	21	22	23	24	25	26	27	28	29	30	31	41	2	3	4	5	6	7	8	9	10	—	1	6
		3	11	12	13	14	15	16	17	18	19	20	21	22	23	24	25	26	27	28	29	30	51	2	3	4	5	6	7	8	9	10	2	35
		4	11	12	13	14	15	16	17	18	19	20	21	22	23	24	25	26	27	28	29	30	31	61	2	3	4	5	6	7	8	—	4	5
		5	9	10	11	12	13	14	15	16	17	18	19	20	21	22	23	24	25	26	27	28	29	30	71	2	3	4	5	6	7	8	5	34
		6	9	10	11	12	13	14	15	16	17	18	19	20	21	22	23	24	25	26	27	28	29	30	31	81	2	3	4	5	6	7	0	4
		7	8	9	10	11	12	13	14	15	16	17	18	19	20	21	22	23	24	25	26	27	28	29	30	31	91	2	3	4	5	—	2	34
		8	6	7	8	9	10	11	12	13	14	15	16	17	18	19	20	21	22	23	24	25	26	27	28	29	30	01	2	3	4	5	3	3
		9	6	7	8	9	10	11	12	13	14	15	16	17	18	19	20	21	22	23	24	25	26	27	28	29	30	31	N1	2	3	—	5	33
		10	4	5	6	7	8	9	10	11	12	13	14	15	16	17	18	19	20	21	22	23	24	25	26	27	28	29	30	D1	2	3	6	2
		11	4	5	6	7	8	9	10	11	12	13	14	15	16	17	18	19	20	21	22	23	24	25	26	27	28	29	30	31	11	—	1	32
		12	2	3	4	5	6	7	8	9	10	11	12	13	14	15	16	17	18	19	20	21	22	23	24	25	26	27	28	29	30	31	2	1
康熙8己酉 1669–70	2	1	21	2	3	4	5	6	7	8	9	10	11	12	13	14	15	16	17	18	19	20	21	22	23	24	25	26	27	28	31	—	4	31
		2	2	3	4	5	6	7	8	9	10	11	12	13	14	15	16	17	18	19	20	21	22	23	24	25	26	27	28	29	30	31	5	0
		3	41	2	3	4	5	6	7	8	9	10	11	12	13	14	15	16	17	18	19	20	21	22	23	24	25	26	27	28	29	—	0	30
		4	30	51	2	3	4	5	6	7	8	9	10	11	12	13	14	15	16	17	18	19	20	21	22	23	24	25	26	27	28	29	1	59
		5	30	31	61	2	3	4	5	6	7	8	9	10	11	12	13	14	15	16	17	18	19	20	21	22	23	24	25	26	27	—	3	29
		6	28	29	30	71	2	3	4	5	6	7	8	9	10	11	12	13	14	15	16	17	18	19	20	21	22	23	24	25	26	27	4	58
		7	28	29	30	31	81	2	3	4	5	6	7	8	9	10	11	12	13	14	15	16	17	18	19	20	21	22	23	24	25	—	6	28
		8	26	27	28	29	30	31	91	2	3	4	5	6	7	8	9	10	11	12	13	14	15	16	17	18	19	20	21	22	23	24	0	57
		9	25	26	27	28	29	30	01	2	3	4	5	6	7	8	9	10	11	12	13	14	15	16	17	18	19	20	21	22	23	24	2	27
		10	25	26	27	28	29	30	31	N1	2	3	4	5	6	7	8	9	10	11	12	13	14	15	16	17	18	19	20	21	22	—	4	57
		11	23	24	25	26	27	28	29	30	D1	2	3	4	5	6	7	8	9	10	11	12	13	14	15	16	17	18	19	20	21	22	5	26
		12	23	24	25	26	27	28	29	30	31	11	2	3	4	5	6	7	8	9	10	11	12	13	14	15	16	17	18	19	20	—	0	56
康熙9庚戌 1670–71	14	1	21	22	23	24	25	26	27	28	29	30	31	21	2	3	4	5	6	7	8	9	10	11	12	13	14	15	16	17	18	19	1	25
		2	20	21	22	23	24	25	26	27	28	81	2	3	4	5	6	7	8	9	10	11	12	13	14	15	16	17	18	19	20	—	3	55
		2	21	22	23	24	25	26	27	28	29	30	31	41	2	3	4	5	6	7	8	9	10	11	12	13	14	15	16	17	18	19	4	24
		3	20	21	22	23	24	25	26	27	28	29	30	51	2	3	4	5	6	7	8	9	10	11	12	13	14	15	16	17	18	—	6	54
		4	19	20	21	22	23	24	25	26	27	28	29	30	31	61	2	3	4	5	6	7	8	9	10	11	12	13	14	15	16	—	0	23
		5	17	18	19	20	21	22	23	24	25	26	27	28	29	30	71	2	3	4	5	6	7	8	9	10	11	12	13	14	15	16	1	52
		6	17	18	19	20	21	22	23	24	25	26	27	28	29	30	31	81	2	3	4	5	6	7	8	9	10	11	12	13	14	—	3	22
		7	15	16	17	18	19	20	21	22	23	24	25	26	27	28	29	30	31	91	2	3	4	5	6	7	8	9	10	11	12	13	4	51
		8	14	15	16	17	18	19	20	21	22	23	24	25	26	27	28	29	30	01	2	3	4	5	6	7	8	9	10	11	12	13	6	21
		9	14	15	16	17	18	19	20	21	22	23	24	25	26	27	28	29	30	31	N1	2	3	4	5	6	7	8	9	10	11	12	1	51
		10	13	14	15	16	17	18	19	20	21	22	23	24	25	26	27	28	29	30	D1	2	3	4	5	6	7	8	9	10	11	—	3	21
		11	12	13	14	15	16	17	18	19	20	21	22	23	24	25	26	27	28	29	30	31	11	2	3	4	5	6	7	8	9	10	4	50
		12	11	12	13	14	15	16	17	18	19	20	21	22	23	24	25	26	27	28	29	30	31	21	2	3	4	5	6	7	8	—	6	20

年序 Year	陰曆月序 Moon	陰曆日序 Order of days (Lunar) 1 2 3 4 5	6 7 8 9 10	11 12 13 14 15	16 17 18 19 20	21 22 23 24 25	26 27 28 29 30	星期 Week	干支 Cycle
康熙 10 辛亥 1671–72	26 1	9 10 11 12 13	14 15 16 17 18	19 20 21 22 23	24 25 26 27 28	31 2 3 4 5	6 7 8 9 10	0	49
	2	11 12 13 14 15	16 17 18 19 20	21 22 23 24 25	26 27 28 29 30	31 41 2 3 4	5 6 7 8 —	2	19
	3	9 10 11 12 13	14 15 16 17 18	19 20 21 22 23	24 25 26 27 28	29 30 51 2 3	4 5 6 7 8	3	48
	4	9 10 11 12 13	14 15 16 17 18	19 20 21 22 23	24 25 26 27 28	29 30 31 61 2	3 4 5 6 —	5	18
	5	7 8 9 10 11	12 13 14 15 16	17 18 19 20 21	22 23 24 25 26	27 28 29 30 71	2 3 4 5 —	6	47
	6	6 7 8 9 10	11 12 13 14 15	16 17 18 19 20	21 22 23 24 25	26 27 28 29 30	31 81 2 3 4	0	16
	7	5 6 7 8 9	10 11 12 13 14	15 16 17 18 19	20 21 22 23 24	25 26 27 28 29	30 31 91 2 —	2	46
	8	3 4 5 6 7	8 9 10 11 12	13 14 15 16 17	18 19 20 21 22	23 24 25 26 27	28 29 30 O1 2	3	15
	9	3 4 5 6 7	8 9 10 11 12	13 14 15 16 17	18 19 20 21 22	23 24 25 26 27	28 29 30 31 N1	5	45
	10	2 3 4 5 6	7 8 9 10 11	12 13 14 15 16	17 18 19 20 21	22 23 24 25 26	27 28 29 30 —	0	15
	11	D1 2 3 4 5	6 7 8 9 10	11 12 13 14 15	16 17 18 19 20	21 22 23 24 25	26 27 28 29 30	1	44
	12	31 11 2 3 4	5 6 7 8 9	10 11 12 13 14	15 16 17 18 19	20 21 22 23 24	25 26 27 28 29	3	14
康熙 11 壬子 1672–73	38 1	30 31 21 2 3	4 5 6 7 8	9 10 11 12 13	14 15 16 17 18	19 20 21 22 23	24 25 26 27 —	5	44
	2	28 29 31 2 3	4 5 6 7 8	9 10 11 12 13	14 15 16 17 18	19 20 21 22 23	24 25 26 27 28	6	13
	3	29 30 31 41 2	3 4 5 6 7	8 9 10 11 12	13 14 15 16 17	18 19 20 21 22	23 24 25 26 —	1	43
	4	27 28 29 30 51	2 3 4 5 6	7 8 9 10 11	12 13 14 15 16	17 18 19 20 21	22 23 24 25 26	2	12
	5	27 28 29 30 31	61 2 3 4 5	6 7 8 9 10	11 12 13 14 15	16 17 18 19 20	21 22 23 24 —	4	42
	6	25 26 27 28 29	30 71 2 3 4	5 6 7 8 9	10 11 12 13 14	15 16 17 18 19	20 21 22 23 —	5	11
	7	24 25 26 27 28	29 30 31 81 2	3 4 5 6 7	8 9 10 11 12	13 14 15 16 17	18 19 20 21 22	6	40
	7	23 24 25 26 27	28 29 30 31 91	2 3 4 5 6	7 8 9 10 11	12 13 14 15 16	17 18 19 20 —	1	10
	8	21 22 23 24 25	26 27 28 29 30	O1 2 3 4 5	6 7 8 9 10	11 12 13 14 15	16 17 18 19 20	2	39
	9	21 22 23 24 25	26 27 28 29 30	31 N1 2 3 4	5 6 7 8 9	10 11 12 13 14	15 16 17 18 —	4	9
	10	19 20 21 22 23	24 25 26 27 28	29 30 D1 2 3	4 5 6 7 8	9 10 11 12 13	14 15 16 17 18	5	38
	11	19 20 21 22 23	24 25 26 27 28	29 30 31 11 2	3 4 5 6 7	8 9 10 11 12	13 14 15 16 17	0	8
	12	18 19 20 21 22	23 24 25 26 27	28 29 30 31 21	2 3 4 5 6	7 8 9 10 11	12 13 14 15 16	2	38
康熙 12 癸丑 1673–74	50 1	17 18 19 20 21	22 23 24 25 26	27 28 31 2 3	4 5 6 7 8	9 10 11 12 13	14 15 16 17 —	4	8
	2	18 19 20 21 22	23 24 25 26 27	28 29 30 31 41	2 3 4 5 6	7 8 9 10 11	12 13 14 15 16	5	37
	3	17 18 19 20 21	22 23 24 25 26	27 28 29 30 51	2 3 4 5 6	7 8 9 10 11	12 13 14 15 —	0	7
	4	16 17 18 19 20	21 22 23 24 25	26 27 28 29 30	31 61 2 3 4	5 6 7 8 9	10 11 12 13 14	1	36
	5	15 16 17 18 19	20 21 22 23 24	25 26 27 28 29	30 71 2 3 4	5 6 7 8 9	10 11 12 13 —	3	6
	6	14 15 16 17 18	19 20 21 22 23	24 25 26 27 28	29 30 31 81 2	3 4 5 6 7	8 9 10 11 —	4	35
	7	12 13 14 15 16	17 18 19 20 21	22 23 24 25 26	27 28 29 30 31	91 2 3 4 5	6 7 8 9 10	5	4
	8	11 12 13 14 15	16 17 18 19 20	21 22 23 24 25	26 27 28 29 30	O1 2 3 4 5	6 7 8 9 —	0	34
	9	10 11 12 13 14	15 16 17 18 19	20 21 22 23 24	25 26 27 28 29	30 31 N1 2 3	4 5 6 7 8	1	3
	10	9 10 11 12 13	14 15 16 17 18	19 20 21 22 23	24 25 26 27 28	29 30 D1 2 3	4 5 6 7 —	3	33
	11	8 9 10 11 12	13 14 15 16 17	18 19 20 21 22	23 24 25 26 27	28 29 30 31 11	2 3 4 5 6	4	2
	12	7 8 9 10 11	12 13 14 15 16	17 18 19 20 21	22 23 24 25 26	27 28 29 30 31	21 2 3 4 5	6	32
康熙 13 甲寅 1674–75	2 1	6 7 8 9 10	11 12 13 14 15	16 17 18 19 20	21 22 23 24 25	26 27 28 31 2	3 4 5 6 —	1	2
	2	7 8 9 10 11	12 13 14 15 16	17 18 19 20 21	22 23 24 25 26	27 28 29 30 31	41 2 3 4 5	2	31
	3	6 7 8 9 10	11 12 13 14 15	16 17 18 19 20	21 22 23 24 25	26 27 28 29 30	51 2 3 4 5	4	1
	4	6 7 8 9 10	11 12 13 14 15	16 17 18 19 20	21 22 23 24 25	26 27 28 29 30	31 61 2 3 —	6	31
	5	4 5 6 7 8	9 10 11 12 13	14 15 16 17 18	19 20 21 22 23	24 25 26 27 28	29 30 71 2 3	0	0
	6	4 5 6 7 8	9 10 11 12 13	14 15 16 17 18	19 20 21 22 23	24 25 26 27 28	29 30 31 81 —	2	30
	7	2 3 4 5 6	7 8 9 10 11	12 13 14 15 16	17 18 19 20 21	22 23 24 25 26	27 28 29 30 —	3	59
	8	31 91 2 3 4	5 6 7 8 9	10 11 12 13 14	15 16 17 18 19	20 21 22 23 24	25 26 27 28 29	4	28
	9	30 O1 2 3 4	5 6 7 8 9	10 11 12 13 14	15 16 17 18 19	20 21 22 23 24	25 26 27 28 —	6	58
	10	29 30 31 N1 2	3 4 5 6 7	8 9 10 11 12	13 14 15 16 17	18 19 20 21 22	23 24 25 26 —	0	27
	11	27 28 29 30 D1	2 3 4 5 6	7 8 9 10 11	12 13 14 15 16	17 18 19 20 21	22 23 24 25 26	1	56
	12	27 28 29 30 31	11 2 3 4 5	6 7 8 9 10	11 12 13 14 15	16 17 18 19 20	21 22 23 24 25	3	26
康熙 14 乙卯 1675–76	14 1	26 27 28 29 30	31 21 2 3 4	5 6 7 8 9	10 11 12 13 14	15 16 17 18 19	20 21 22 23 —	5	56
	2	24 25 26 27 28	31 2 3 4 5	6 7 8 9 10	11 12 13 14 15	16 17 18 19 20	21 22 23 24 25	6	25
	3	26 27 28 29 30	31 41 2 3 4	5 6 7 8 9	10 11 12 13 14	15 16 17 18 19	20 21 22 23 24	1	55
	4	25 26 27 28 29	30 51 2 3 4	5 6 7 8 9	10 11 12 13 14	15 16 17 18 19	20 21 22 23 24	3	25
	5	25 26 27 28 29	30 31 61 2 3	4 5 6 7 8	9 10 11 12 13	14 15 16 17 18	19 20 21 22 —	5	55
	5	23 24 25 26 27	28 29 30 71 2	3 4 5 6 7	8 9 10 11 12	13 14 15 16 17	18 19 20 21 22	6	24
	6	23 24 25 26 27	28 29 30 31 81	2 3 4 5 6	7 8 9 10 11	12 13 14 15 16	17 18 19 20 —	1	54
	7	21 22 23 24 25	26 27 28 29 30	31 91 2 3 4	5 6 7 8 9	10 11 12 13 14	15 16 17 18 —	2	23
	8	19 20 21 22 23	24 25 26 27 28	29 30 O1 2 3	4 5 6 7 8	9 10 11 12 13	14 15 16 17 18	3	52
	9	19 20 21 22 23	24 25 26 27 28	29 30 31 N1 2	3 4 5 6 7	8 9 10 11 12	13 14 15 16 —	5	22
	10	17 18 19 20 21	22 23 24 25 26	27 28 29 30 D1	2 3 4 5 6	7 8 9 10 11	12 13 14 15 16	6	51
	11	17 18 19 20 21	22 23 24 25 26	27 28 29 30 31	11 2 3 4 5	6 7 8 9 10	11 12 13 14 —	1	21
	12	15 16 17 18 19	20 21 22 23 24	25 26 27 28 29	30 31 21 2 3	4 5 6 7 8	9 10 11 12 13	2	50

年序 Year	陰曆月序 Moon	陰曆日序 Order of days (Lunar)																														星期 Week	干支 Cycle
		1	2	3	4	5	6	7	8	9	10	11	12	13	14	15	16	17	18	19	20	21	22	23	24	25	26	27	28	29	30		
康熙 15 丙辰 1676–77	26 1	14	15	16	17	18	19	20	21	22	23	24	25	26	27	28	29	31	2	3	4	5	6	7	8	9	10	11	12	13	—	4	20
	2	14	15	16	17	18	19	20	21	22	23	24	25	26	27	28	29	30	31	41	2	3	4	5	6	7	8	9	10	11	12	5	49
	3	13	14	15	16	17	18	19	20	21	22	23	24	25	26	27	28	29	30	51	2	3	4	5	6	7	8	9	10	11	12	0	19
	4	13	14	15	16	17	18	19	20	21	22	23	24	25	26	27	28	29	30	31	61	2	3	4	5	6	7	8	9	10	—	2	49
	5	11	12	13	14	15	16	17	18	19	20	21	22	23	24	25	26	27	28	29	30	71	2	3	4	5	6	7	8	9	10	3	18
	6	11	12	13	14	15	16	17	18	19	20	21	22	23	24	25	26	27	28	29	30	31	81	2	3	4	5	6	7	8	—	5	48
	7	9	10	11	12	13	14	15	16	17	18	19	20	21	22	23	24	25	26	27	28	29	30	31	91	2	3	4	5	6	7	6	17
	8	8	9	10	11	12	13	14	15	16	17	18	19	20	21	22	23	24	25	26	27	28	29	30	01	2	3	4	5	6	—	1	47
	9	7	8	9	10	11	12	13	14	15	16	17	18	19	20	21	22	23	24	25	26	27	28	29	30	31	N1	2	3	4	5	2	16
	10	6	7	8	9	10	11	12	13	14	15	16	17	18	19	20	21	22	23	24	25	26	27	28	29	30	D1	2	3	4	—	4	46
	11	5	6	7	8	9	10	11	12	13	14	15	16	17	18	19	20	21	22	23	24	25	26	27	28	29	30	31	11	2	3	5	15
	12	4	5	6	7	8	9	10	11	12	13	14	15	16	17	18	19	20	21	22	23	24	25	26	27	28	29	30	31	21	—	0	45
康熙 16 丁巳 1677–78	38 1	2	3	4	5	6	7	8	9	10	11	12	13	14	15	16	17	18	19	20	21	22	23	24	25	26	27	28	31	2	3	1	14
	2	4	5	6	7	8	9	10	11	12	13	14	15	16	17	18	19	20	21	22	23	24	25	26	27	28	29	30	31	41	—	3	44
	3	2	3	4	5	6	7	8	9	10	11	12	13	14	15	16	17	18	19	20	21	22	23	24	25	26	27	28	29	30	51	4	13
	4	2	3	4	5	6	7	8	9	10	11	12	13	14	15	16	17	18	19	20	21	22	23	24	25	26	27	28	29	30	—	6	43
	5	31	61	2	3	4	5	6	7	8	9	10	11	12	13	14	15	16	17	18	19	20	21	22	23	24	25	26	27	28	29	0	12
	6	30	71	2	3	4	5	6	7	8	9	10	11	12	13	14	15	16	17	18	19	20	21	22	23	24	25	26	27	28	29	2	42
	7	30	31	81	2	3	4	5	6	7	8	9	10	11	12	13	14	15	16	17	18	19	20	21	22	23	24	25	26	27	—	4	12
	8	28	29	30	31	91	2	3	4	5	6	7	8	9	10	11	12	13	14	15	16	17	18	19	20	21	22	23	24	25	26	5	41
	9	27	28	29	30	01	2	3	4	5	6	7	8	9	10	11	12	13	14	15	16	17	18	19	20	21	22	23	24	25	—	0	11
	10	26	27	28	29	30	31	N1	2	3	4	5	6	7	8	9	10	11	12	13	14	15	16	17	18	19	20	21	22	23	24	1	40
	11	25	26	27	28	29	30	D1	2	3	4	5	6	7	8	9	10	11	12	13	14	15	16	17	18	19	20	21	22	23	—	3	10
	12	24	25	26	27	28	29	30	31	11	2	3	4	5	6	7	8	9	10	11	12	13	14	15	16	17	18	19	20	21	22	4	39
康熙 17 戊午 1678–79	50 1	23	24	25	26	27	28	29	30	31	21	2	3	4	5	6	7	8	9	10	11	12	13	14	15	16	17	18	19	20	—	6	9
	2	21	22	23	24	25	26	27	28	31	2	3	4	5	6	7	8	9	10	11	12	13	14	15	16	17	18	19	20	21	22	0	38
	3	23	24	25	26	27	28	29	30	31	41	2	3	4	5	6	7	8	9	10	11	12	13	14	15	16	17	18	19	20	—	2	8
	3	21	22	23	24	25	26	27	28	29	30	51	2	3	4	5	6	7	8	9	10	11	12	13	14	15	16	17	18	19	—	3	37
	4	20	21	22	23	24	25	26	27	28	29	30	31	61	2	3	4	5	6	7	8	9	10	11	12	13	14	15	16	17	18	4	6
	5	19	20	21	22	23	24	25	26	27	28	29	30	71	2	3	4	5	6	7	8	9	10	11	12	13	14	15	16	17	18	6	36
	6	19	20	21	22	23	24	25	26	27	28	29	30	31	81	2	3	4	5	6	7	8	9	10	11	12	13	14	15	16	—	1	6
	7	17	18	19	20	21	22	23	24	25	26	27	28	29	30	31	91	2	3	4	5	6	7	8	9	10	11	12	13	14	15	2	35
	8	16	17	18	19	20	21	22	23	24	25	26	27	28	29	30	01	2	3	4	5	6	7	8	9	10	11	12	13	14	15	4	5
	9	16	17	18	19	20	21	22	23	24	25	26	27	28	29	30	31	N1	2	3	4	5	6	7	8	9	10	11	12	13	—	6	35
	10	14	15	16	17	18	19	20	21	22	23	24	25	26	27	28	29	30	D1	2	3	4	5	6	7	8	9	10	11	12	13	0	4
	11	14	15	16	17	18	19	20	21	22	23	24	25	26	27	28	29	30	31	11	2	3	4	5	6	7	8	9	10	11	—	2	34
	12	12	13	14	15	16	17	18	19	20	21	22	23	24	25	26	27	28	29	30	31	21	2	3	4	5	6	7	8	9	10	3	3
康熙 18 己未 1679–80	2 1	11	12	13	14	15	16	17	18	19	20	21	22	23	24	25	26	27	28	31	2	3	4	5	6	7	8	9	10	11	—	5	33
	2	12	13	14	15	16	17	18	19	20	21	22	23	24	25	26	27	28	29	30	31	41	2	3	4	5	6	7	8	9	10	6	2
	3	11	12	13	14	15	16	17	18	19	20	21	22	23	24	25	26	27	28	29	30	51	2	3	4	5	6	7	8	9	—	1	32
	4	10	11	12	13	14	15	16	17	18	19	20	21	22	23	24	25	26	27	28	29	30	31	61	2	3	4	5	6	7	—	2	1
	5	8	9	10	11	12	13	14	15	16	17	18	19	20	21	22	23	24	25	26	27	28	29	30	71	2	3	4	5	6	7	3	30
	6	8	9	10	11	12	13	14	15	16	17	18	19	20	21	22	23	24	25	26	27	28	29	30	31	81	2	3	4	5	—	5	0
	7	6	7	8	9	10	11	12	13	14	15	16	17	18	19	20	21	22	23	24	25	26	27	28	29	30	31	91	2	3	4	6	29
	8	5	6	7	8	9	10	11	12	13	14	15	16	17	18	19	20	21	22	23	24	25	26	27	28	29	30	01	2	3	4	1	59
	9	5	6	7	8	9	10	11	12	13	14	15	16	17	18	19	20	21	22	23	24	25	26	27	28	29	30	31	N1	2	—	3	29
	10	3	4	5	6	7	8	9	10	11	12	13	14	15	16	17	18	19	20	21	22	23	24	25	26	27	28	29	30	D1	2	4	58
	11	3	4	5	6	7	8	9	10	11	12	13	14	15	16	17	18	19	20	21	22	23	24	25	26	27	28	29	30	31	11	6	28
	12	2	3	4	5	6	7	8	9	10	11	12	13	14	15	16	17	18	19	20	21	22	23	24	25	26	27	28	29	30	—	1	58
康熙 19 庚申 1680–81	14 1	31	21	2	3	4	5	6	7	8	9	10	11	12	13	14	15	16	17	18	19	20	21	22	23	24	25	26	27	28	29	2	27
	2	31	2	3	4	5	6	7	8	9	10	11	12	13	14	15	16	17	18	19	20	21	22	23	24	25	26	27	28	29	—	4	57
	3	30	31	41	2	3	4	5	6	7	8	9	10	11	12	13	14	15	16	17	18	19	20	21	22	23	24	25	26	27	28	5	26
	4	29	30	51	2	3	4	5	6	7	8	9	10	11	12	13	14	15	16	17	18	19	20	21	22	23	24	25	26	27	—	0	56
	5	28	29	30	31	61	2	3	4	5	6	7	8	9	10	11	12	13	14	15	16	17	18	19	20	21	22	23	24	25	—	1	25
	6	26	27	28	29	30	71	2	3	4	5	6	7	8	9	10	11	12	13	14	15	16	17	18	19	20	21	22	23	24	25	2	54
	7	26	27	28	29	30	31	81	2	3	4	5	6	7	8	9	10	11	12	13	14	15	16	17	18	19	20	21	22	23	—	4	24
	8	24	25	26	27	28	29	30	31	91	2	3	4	5	6	7	8	9	10	11	12	13	14	15	16	17	18	19	20	21	22	5	53
	8	23	24	25	26	27	28	29	30	01	2	3	4	5	6	7	8	9	10	11	12	13	14	15	16	17	18	19	20	21	—	0	23
	9	22	23	24	25	26	27	28	29	30	31	N1	2	3	4	5	6	7	8	9	10	11	12	13	14	15	16	17	18	19	20	1	52
	10	21	22	23	24	25	26	27	28	29	30	D1	2	3	4	5	6	7	8	9	10	11	12	13	14	15	16	17	18	19	20	3	22
	11	21	22	23	24	25	26	27	28	29	30	31	11	2	3	4	5	6	7	8	9	10	11	12	13	14	15	16	17	18	19	5	52
	12	20	21	22	23	24	25	26	27	28	29	30	31	21	2	3	4	5	6	7	8	9	10	11	12	13	14	15	16	17	—	0	22

年序 Year	陰曆月序 Moon	陰曆日序 Order of days (Lunar) 1 2 3 4 5	6 7 8 9 10	11 12 13 14 15	16 17 18 19 20	21 22 23 24 25	26 27 28 29 30	星期 Week	干支 Cycle
康熙 20 辛酉 1681–82	26 1	18 19 20 21 22	23 24 25 26 27	28 31 2 3 4	5 6 7 8 9	10 11 12 13 14	15 16 17 18 19	1	51
	2	20 21 22 23 24	25 26 27 28 29	30 31 41 2 3	4 5 6 7 8	9 10 11 12 13	14 15 16 17 —	3	21
	3	18 19 20 21 22	23 24 25 26 27	28 29 30 51 2	3 4 5 6 7	8 9 10 11 12	13 14 15 16 17	4	50
	4	18 19 20 21 22	23 24 25 26 27	28 29 30 31 61	2 3 4 5 6	7 8 9 10 11	12 13 14 15 —	6	20
	5	16 17 18 19 20	21 22 23 24 25	26 27 28 29 30	71 2 3 4 5	6 7 8 9 10	11 12 13 14 —	0	49
	6	15 16 17 18 19	20 21 22 23 24	25 26 27 28 29	30 31 81 2 3	4 5 6 7 8	9 10 11 12 13	1	18
	7	14 15 16 17 18	19 20 21 22 23	24 25 26 27 28	29 30 31 91 2	3 4 5 6 7	8 9 10 11 —	3	48
	8	12 13 14 15 16	17 18 19 20 21	22 23 24 25 26	27 28 29 30 O1	2 3 4 5 6	7 8 9 10 —	4	17
	9	11 12 13 14 15	16 17 18 19 20	21 22 23 24 25	26 27 28 29 30	31 N1 2 3 4	5 6 7 8 9	5	46
	10	10 11 12 13 14	15 16 17 18 19	20 21 22 23 24	25 26 27 28 29	30 D1 2 3 4	5 6 7 8 9	0	16
	11	10 11 12 13 14	15 16 17 18 19	20 21 22 23 24	25 26 27 28 29	30 31 11 2 3	4 5 6 7 8	2	46
	12	9 10 11 12 13	14 15 16 17 18	19 20 21 22 23	24 25 26 27 28	29 30 31 21 2	3 4 5 6 —	4	16
康熙 21 壬戌 1682–83	38 1	7 8 9 10 11	12 13 14 15 16	17 18 19 20 21	22 23 24 25 26	27 28 31 2 3	4 5 6 7 8	5	45
	2	9 10 11 12 13	14 15 16 17 18	19 20 21 22 23	24 25 26 27 28	29 30 31 41 2	3 4 5 6 7	0	15
	3	8 9 10 11 12	13 14 15 16 17	18 19 20 21 22	23 24 25 26 27	28 29 30 51 2	3 4 5 6 —	2	45
	4	7 8 9 10 11	12 13 14 15 16	17 18 19 20 21	22 23 24 25 26	27 28 29 30 31	61 2 3 4 5	3	14
	5	6 7 8 9 10	11 12 13 14 15	16 17 18 19 20	21 22 23 24 25	26 27 28 29 30	71 2 3 4 —	5	44
	6	5 6 7 8 9	10 11 12 13 14	15 16 17 18 19	20 21 22 23 24	25 26 27 28 29	30 31 81 2 —	6	13
	7	3 4 5 6 7	8 9 10 11 12	13 14 15 16 17	18 19 20 21 22	23 24 25 26 27	28 29 30 31 91	0	42
	8	2 3 4 5 6	7 8 9 10 11	12 13 14 15 16	17 18 19 20 21	22 23 24 25 26	27 28 29 30 —	2	12
	9	O1 2 3 4 5	6 7 8 9 10	11 12 13 14 15	16 17 18 19 20	21 22 23 24 25	26 27 28 29 —	3	41
	10	30 31 N1 2 3	4 5 6 7 8	9 10 11 12 13	14 15 16 17 18	19 20 21 22 23	24 25 26 27 28	4	10
	11	29 30 D1 2 3	4 5 6 7 8	9 10 11 12 13	14 15 16 17 18	19 20 21 22 23	24 25 26 27 28	6	40
	12	29 30 31 11 2	3 4 5 6 7	8 9 10 11 12	13 14 15 16 17	18 19 20 21 22	23 24 25 26 —	1	10
康熙 22 癸亥 1683–84	50 1	27 28 29 30 31	21 2 3 4 5	6 7 8 9 10	11 12 13 14 15	16 17 18 19 20	21 22 23 24 25	2	39
	2	26 27 28 31 2	3 4 5 6 7	8 9 10 11 12	13 14 15 16 17	18 19 20 21 22	23 24 25 26 27	4	9
	3	28 29 30 31 41	2 3 4 5 6	7 8 9 10 11	12 13 14 15 16	17 18 19 20 21	22 23 24 25 26	6	39
	4	27 28 29 30 51	2 3 4 5 6	7 8 9 10 11	12 13 14 15 16	17 18 19 20 21	22 23 24 25 —	1	9
	5	26 27 28 29 30	31 61 2 3 4	5 6 7 8 9	10 11 12 13 14	15 16 17 18 19	20 21 22 23 24	2	38
	6	25 26 27 28 29	30 71 2 3 4	5 6 7 8 9	10 11 12 13 14	15 16 17 18 19	20 21 22 23 —	4	8
	6	24 25 26 27 28	29 30 31 81 2	3 4 5 6 7	8 9 10 11 12	13 14 15 16 17	18 19 20 21 —	5	37
	7	22 23 24 25 26	27 28 29 30 31	91 2 3 4 5	6 7 8 9 10	11 12 13 14 15	16 17 18 19 20	6	6
	8	21 22 23 24 25	26 27 28 29 30	O1 2 3 4 5	6 7 8 9 10	11 12 13 14 15	16 17 18 19 —	1	36
	9	20 21 22 23 24	25 26 27 28 29	30 31 N1 2 3	4 5 6 7 8	9 10 11 12 13	14 15 16 17 —	2	5
	10	18 19 20 21 22	23 24 25 26 27	28 29 30 D1 2	3 4 5 6 7	8 9 10 11 12	13 14 15 16 17	3	34
	11	18 19 20 21 22	23 24 25 26 27	28 29 30 31 11	2 3 4 5 6	7 8 9 10 11	12 13 14 15 16	5	4
	12	17 18 19 20 21	22 23 24 25 26	27 28 29 30 31	21 2 3 4 5	6 7 8 9 10	11 12 13 14 —	0	34
康熙 23 甲子 1684–85	2 1	15 16 17 18 19	20 21 22 23 24	25 26 27 28 29	31 2 3 4 5	6 7 8 9 10	11 12 13 14 15	1	3
	2	16 17 18 19 20	21 22 23 24 25	26 27 28 29 30	31 41 2 3 4	5 6 7 8 9	10 11 12 13 14	3	33
	3	15 16 17 18 19	20 21 22 23 24	25 26 27 28 29	30 51 2 3 4	5 6 7 8 9	10 11 12 13 —	5	3
	4	14 15 16 17 18	19 20 21 22 23	24 25 26 27 28	29 30 31 61 2	3 4 5 6 7	8 9 10 11 12	6	32
	5	13 14 15 16 17	18 19 20 21 22	23 24 25 26 27	28 29 30 71 2	3 4 5 6 7	8 9 10 11 —	1	2
	6	12 13 14 15 16	17 18 19 20 21	22 23 24 25 26	27 28 29 30 31	81 2 3 4 5	6 7 8 9 10	2	31
	7	11 12 13 14 15	16 17 18 19 20	21 22 23 24 25	26 27 28 29 30	31 91 2 3 4	5 6 7 8 —	4	1
	8	9 10 11 12 13	14 15 16 17 18	19 20 21 22 23	24 25 26 27 28	29 30 O1 2 3	4 5 6 7 8	5	30
	9	9 10 11 12 13	14 15 16 17 18	19 20 21 22 23	24 25 26 27 28	29 30 31 N1 2	3 4 5 6 —	0	0
	10	7 8 9 10 11	12 13 14 15 16	17 18 19 20 21	22 23 24 25 26	27 28 29 30 D1	2 3 4 5 —	1	29
	11	6 7 8 9 10	11 12 13 14 15	16 17 18 19 20	21 22 23 24 25	26 27 28 29 30	31 11 2 3 4	2	58
	12	5 6 7 8 9	10 11 12 13 14	15 16 17 18 19	20 21 22 23 24	25 26 27 28 29	30 31 21 2 —	4	28
康熙 24 乙丑 1685–86	14 1	3 4 5 6 7	8 9 10 11 12	13 14 15 16 17	18 19 20 21 22	23 24 25 26 27	28 31 2 3 4	5	57
	2	5 6 7 8 9	10 11 12 13 14	15 16 17 18 19	20 21 22 23 24	25 26 27 28 29	30 31 41 2 3	0	27
	3	4 5 6 7 8	9 10 11 12 13	14 15 16 17 18	19 20 21 22 23	24 25 26 27 28	29 30 51 2 —	2	57
	4	3 4 5 6 7	8 9 10 11 12	13 14 15 16 17	18 19 20 21 22	23 24 25 26 27	28 29 30 31 61	3	26
	5	2 3 4 5 6	7 8 9 10 11	12 13 14 15 16	17 18 19 20 21	22 23 24 25 26	27 28 29 30 71	5	56
	6	2 3 4 5 6	7 8 9 10 11	12 13 14 15 16	17 18 19 20 21	22 23 24 25 26	27 28 29 30 —	0	26
	7	31 81 2 3 4	5 6 7 8 9	10 11 12 13 14	15 16 17 18 19	20 21 22 23 24	25 26 27 28 29	1	55
	8	30 31 91 2 3	4 5 6 7 8	9 10 11 12 13	14 15 16 17 18	19 20 21 22 23	24 25 26 27 —	3	25
	9	28 29 30 O1 2	3 4 5 6 7	8 9 10 11 12	13 14 15 16 17	18 19 20 21 22	23 24 25 26 27	4	54
	10	28 29 30 31 N1	2 3 4 5 6	7 8 9 10 11	12 13 14 15 16	17 18 19 20 21	22 23 24 25 —	6	24
	11	26 27 28 29 30	D1 2 3 4 5	6 7 8 9 10	11 12 13 14 15	16 17 18 19 20	21 22 23 24 25	0	53
	12	26 27 28 29 30	31 11 2 3 4	5 6 7 8 9	10 11 12 13 14	15 16 17 18 19	20 21 22 23 —	2	23

年序 Year	陰曆月序 Moon	陰曆日序 Order of days (Lunar) 1 2 3 4 5	6 7 8 9 10	11 12 13 14 15	16 17 18 19 20	21 22 23 24 25	26 27 28 29 30	星期 Week	干支 Cycle
康熙 25 丙寅 1686–87	26 1	24 25 26 27 28	29 30 31 21 2	3 4 5 6 7	8 9 10 11 12	13 14 15 16 17	18 19 20 21 —	3	52
	2	22 23 24 25 26	27 28 31 2 3	4 5 6 7 8	9 10 11 12 13	14 15 16 17 18	19 20 21 22 23	4	21
	3	24 25 26 27 28	29 30 31 41 2	3 4 5 6 7	8 9 10 11 12	13 14 15 16 17	18 19 20 21 22	6	51
	4	23 24 25 26 27	28 29 30 51 2	3 4 5 6 7	8 9 10 11 12	13 14 15 16 17	18 19 20 21 —	1	21
	4	22 23 24 25 26	27 28 29 30 31	61 2 3 4 5	6 7 8 9 10	11 12 13 14 15	16 17 18 19 20	2	50
	5	21 22 23 24 25	26 27 28 29 30	71 2 3 4 5	6 7 8 9 10	11 12 13 14 15	16 17 18 19 —	4	20
	6	20 21 22 23 24	25 26 27 28 29	30 31 81 2 3	4 5 6 7 8	9 10 11 12 13	14 15 16 17 18	5	49
	7	19 20 21 22 23	24 25 26 27 28	29 30 31 91 2	3 4 5 6 7	8 9 10 11 12	13 14 15 16 17	0	19
	8	18 19 20 21 22	23 24 25 26 27	28 29 30 01 2	3 4 5 6 7	8 9 10 11 12	13 14 15 16 —	2	49
	9	17 18 19 20 21	22 23 24 25 26	27 28 29 30 31	N1 2 3 4 5	6 7 8 9 10	11 12 13 14 15	3	18
	10	16 17 18 19 20	21 22 23 24 25	26 27 28 29 30	D1 2 3 4 5	6 7 8 9 10	11 12 13 14 —	5	48
	11	15 16 17 18 19	20 21 22 23 24	25 26 27 28 29	30 31 11 2 3	4 5 6 7 8	9 10 11 12 13	6	17
	12	14 15 16 17 18	19 20 21 22 23	24 25 26 27 28	29 30 31 21 2	3 4 5 6 7	8 9 10 11 —	1	47
康熙 26 丁卯 1687–88	38 1	12 13 14 15 16	17 18 19 20 21	22 23 24 25 26	27 28 31 2 3	4 5 6 7 8	9 10 11 12 —	2	16
	2	13 14 15 16 17	18 19 20 21 22	23 24 25 26 27	28 29 30 31 41	2 3 4 5 6	7 8 9 10 11	3	45
	3	12 13 14 15 16	17 18 19 20 21	22 23 24 25 26	27 28 29 30 51	2 3 4 5 6	7 8 9 10 —	5	15
	4	11 12 13 14 15	16 17 18 19 20	21 22 23 24 25	26 27 28 29 30	31 61 2 3 4	5 6 7 8 9	6	44
	5	10 11 12 13 14	15 16 17 18 19	20 21 22 23 24	25 26 27 28 29	30 71 2 3 4	5 6 7 8 —	1	14
	6	9 10 11 12 13	14 15 16 17 18	19 20 21 22 23	24 25 26 27 28	29 30 31 81 2	3 4 5 6 7	2	43
	7	8 9 10 11 12	13 14 15 16 17	18 19 20 21 22	23 24 25 26 27	28 29 30 31 91	2 3 4 5 6	4	13
	8	7 8 9 10 11	12 13 14 15 16	17 18 19 20 21	22 23 24 25 26	27 28 29 30 01	2 3 4 5 —	6	43
	9	6 7 8 9 10	11 12 13 14 15	16 17 18 19 20	21 22 23 24 25	26 27 28 29 30	31 N1 2 3 4	0	12
	10	5 6 7 8 9	10 11 12 13 14	15 16 17 18 19	20 21 22 23 24	25 26 27 28 29	30 D1 2 3 4	2	42
	11	5 6 7 8 9	10 11 12 13 14	15 16 17 18 19	20 21 22 23 24	25 26 27 28 29	30 31 11 2 —	4	12
	12	3 4 5 6 7	8 9 10 11 12	13 14 15 16 17	18 19 20 21 22	23 24 25 26 27	28 29 30 31 21	5	41
康熙 27 戊辰 1688–89	50 1	2 3 4 5 6	7 8 9 10 11	12 13 14 15 16	17 18 19 20 21	22 23 24 25 26	27 28 29 31 —	0	11
	2	2 3 4 5 6	7 8 9 10 11	12 13 14 15 16	17 18 19 20 21	22 23 24 25 26	27 28 29 30 31	1	40
	3	41 2 3 4 5	6 7 8 9 10	11 12 13 14 15	16 17 18 19 20	21 22 23 24 25	26 27 28 29 —	3	10
	4	30 51 2 3 4	5 6 7 8 9	10 11 12 13 14	15 16 17 18 19	20 21 22 23 24	25 26 27 28 —	4	39
	5	29 30 31 61 2	3 4 5 6 7	8 9 10 11 12	13 14 15 16 17	18 19 20 21 22	23 24 25 26 27	5	8
	6	28 29 30 71 2	3 4 5 6 7	8 9 10 11 12	13 14 15 16 17	18 19 20 21 22	23 24 25 26 —	0	38
	7	27 28 29 30 31	81 2 3 4 5	6 7 8 9 10	11 12 13 14 15	16 17 18 19 20	21 22 23 24 25	1	7
	8	26 27 28 29 30	31 91 2 3 4	5 6 7 8 9	10 11 12 13 14	15 16 17 18 19	20 21 22 23 —	3	37
	9	24 25 26 27 28	29 30 01 2 3	4 5 6 7 8	9 10 11 12 13	14 15 16 17 18	19 20 21 22 23	4	6
	10	24 25 26 27 28	29 30 31 N1 2	3 4 5 6 7	8 9 10 11 12	13 14 15 16 17	18 19 20 21 22	6	36
	11	23 24 25 26 27	28 29 30 D1 2	3 4 5 6 7	8 9 10 11 12	13 14 15 16 17	18 19 20 21 22	1	6
	12	23 24 25 26 27	28 29 30 31 11	2 3 4 5 6	7 8 9 10 11	12 13 14 15 16	17 18 19 20 —	3	36
康熙 28 己巳 1689–90	2 1	21 22 23 24 25	26 27 28 29 30	31 21 2 3 4	5 6 7 8 9	10 11 12 13 14	15 16 17 18 19	4	5
	2	20 21 22 23 24	25 26 27 28 31	2 3 4 5 6	7 8 9 10 11	12 13 14 15 16	17 18 19 20 —	6	35
	3	21 22 23 24 25	26 27 28 29 30	31 41 2 3 4	5 6 7 8 9	10 11 12 13 14	15 16 17 18 19	0	4
	3	20 21 22 23 24	25 26 27 28 29	30 51 2 3 4	5 6 7 8 9	10 11 12 13 14	15 16 17 18 —	2	34
	4	19 20 21 22 23	24 25 26 27 28	29 30 31 61 2	3 4 5 6 7	8 9 10 11 12	13 14 15 16 —	3	3
	5	17 18 19 20 21	22 23 24 25 26	27 28 29 30 71	2 3 4 5 6	7 8 9 10 11	12 13 14 15 16	4	32
	6	17 18 19 20 21	22 23 24 25 26	27 28 29 30 31	81 2 3 4 5	6 7 8 9 10	11 12 13 14 —	6	2
	7	15 16 17 18 19	20 21 22 23 24	25 26 27 28 29	30 31 91 2 3	4 5 6 7 8	9 10 11 12 —	0	31
	8	13 14 15 16 17	18 19 20 21 22	23 24 25 26 27	28 29 30 01 2	3 4 5 6 7	8 9 10 11 12	1	0
	9	13 14 15 16 17	18 19 20 21 22	23 24 25 26 27	28 29 30 31 N1	2 3 4 5 6	7 8 9 10 11	3	30
	10	12 13 14 15 16	17 18 19 20 21	22 23 24 25 26	27 28 29 30 D1	2 3 4 5 6	7 8 9 10 11	5	0
	11	12 13 14 15 16	17 18 19 20 21	22 23 24 25 26	27 28 29 30 31	11 2 3 4 5	6 7 8 9 —	0	30
	12	10 11 12 13 14	15 16 17 18 19	20 21 22 23 24	25 26 27 28 29	30 31 21 2 3	4 5 6 7 8	1	59
康熙 29 庚午 1690–91	14 1	9 10 11 12 13	14 15 16 17 18	19 20 21 22 23	24 25 26 27 28	31 2 3 4 5	6 7 8 9 10	3	29
	2	11 12 13 14 15	16 17 18 19 20	21 22 23 24 25	26 27 28 29 30	31 41 2 3 4	5 6 7 8 —	5	59
	3	9 10 11 12 13	14 15 16 17 18	19 20 21 22 23	24 25 26 27 28	29 30 51 2 3	4 5 6 7 8	6	28
	4	9 10 11 12 13	14 15 16 17 18	19 20 21 22 23	24 25 26 27 28	29 30 31 61 2	3 4 5 6 —	1	58
	5	7 8 9 10 11	12 13 14 15 16	17 18 19 20 21	22 23 24 25 26	27 28 29 30 71	2 3 4 5 —	2	27
	6	6 7 8 9 10	11 12 13 14 15	16 17 18 19 20	21 22 23 24 25	26 27 28 29 30	31 81 2 3 4	3	56
	7	5 6 7 8 9	10 11 12 13 14	15 16 17 18 19	20 21 22 23 24	25 26 27 28 29	30 31 91 2 —	5	26
	8	3 4 5 6 7	8 9 10 11 12	13 14 15 16 17	18 19 20 21 22	23 24 25 26 27	28 29 30 01 —	6	55
	9	2 3 4 5 6	7 8 9 10 11	12 13 14 15 16	17 18 19 20 21	22 23 24 25 26	27 28 29 30 31	0	24
	10	N1 2 3 4 5	6 7 8 9 10	11 12 13 14 15	16 17 18 19 20	21 22 23 24 25	26 27 28 29 30	2	54
	11	D1 2 3 4 5	6 7 8 9 10	11 12 13 14 15	16 17 18 19 20	21 22 23 24 25	26 27 28 29 —	4	24
	12	30 31 11 2 3	4 5 6 7 8	9 10 11 12 13	14 15 16 17 18	19 20 21 22 23	24 25 26 27 28	5	53

年序 Year		陰曆月序 Moon	1	2	3	4	5	6	7	8	9	10	11	12	13	14	15	16	17	18	19	20	21	22	23	24	25	26	27	28	29	30	星期 Week	干支 Cycle
康熙 30 辛未 1691–92	26	1	29	30	31	21	2	3	4	5	6	7	8	9	10	11	12	13	14	15	16	17	18	19	20	21	22	23	24	25	26	27	0	23
		2	28	31	2	3	4	5	6	7	8	9	10	11	12	13	14	15	16	17	18	19	20	21	22	23	24	25	26	27	28	29	2	53
		3	30	31	41	2	3	4	5	6	7	8	9	10	11	12	13	14	15	16	17	18	19	20	21	22	23	24	25	26	27	—	4	23
		4	28	29	30	51	2	3	4	5	6	7	8	9	10	11	12	13	14	15	16	17	18	19	20	21	22	23	24	25	26	27	5	52
		5	28	29	30	31	61	2	3	4	5	6	7	8	9	10	11	12	13	14	15	16	17	18	19	20	21	22	23	24	25	—	0	22
		6	26	27	28	29	30	71	2	3	4	5	6	7	8	9	10	11	12	13	14	15	16	17	18	19	20	21	22	23	24	—	1	51
		7	25	26	27	28	29	30	31	81	2	3	4	5	6	7	8	9	10	11	12	13	14	15	16	17	18	19	20	21	22	23	2	20
		7	24	25	26	27	28	29	30	31	91	2	3	4	5	6	7	8	9	10	11	12	13	14	15	16	17	18	19	20	21	—	4	50
		8	22	23	24	25	26	27	28	29	30	01	2	3	4	5	6	7	8	9	10	11	12	13	14	15	16	17	18	19	20	—	5	19
		9	21	22	23	24	25	26	27	28	29	30	31	N1	2	3	4	5	6	7	8	9	10	11	12	13	14	15	16	17	18	19	6	48
		10	20	21	22	23	24	25	26	27	28	29	30	D1	2	3	4	5	6	7	8	9	10	11	12	13	14	15	16	17	18	—	1	18
		11	19	20	21	22	23	24	25	26	27	28	29	30	31	11	2	3	4	5	6	7	8	9	10	11	12	13	14	15	16	17	2	47
		12	18	19	20	21	22	23	24	25	26	27	28	29	30	31	21	2	3	4	5	6	7	8	9	10	11	12	13	14	15	16	4	17
康熙 31 壬申 1692–93	38	1	17	18	19	20	21	22	23	24	25	26	27	28	29	31	2	3	4	5	6	7	8	9	10	11	12	13	14	15	16	17	6	47
		2	18	19	20	21	22	23	24	25	26	27	28	29	30	31	41	2	3	4	5	6	7	8	9	10	11	12	13	14	15	—	1	17
		3	16	17	18	19	20	21	22	23	24	25	26	27	28	29	30	51	2	3	4	5	6	7	8	9	10	11	12	13	14	15	2	46
		4	16	17	18	19	20	21	22	23	24	25	26	27	28	29	30	31	61	2	3	4	5	6	7	8	9	10	11	12	13	14	4	16
		5	15	16	17	18	19	20	21	22	23	24	25	26	27	28	29	30	71	2	3	4	5	6	7	8	9	10	11	12	13	—	6	46
		6	14	15	16	17	18	19	20	21	22	23	24	25	26	27	28	29	30	31	81	2	3	4	5	6	7	8	9	10	11	—	0	15
		7	12	13	14	15	16	17	18	19	20	21	22	23	24	25	26	27	28	29	30	31	91	2	3	4	5	6	7	8	9	10	1	44
		8	11	12	13	14	15	16	17	18	19	20	21	22	23	24	25	26	27	28	29	30	01	2	3	4	5	6	7	8	9	—	3	14
		9	10	11	12	13	14	15	16	17	18	19	20	21	22	23	24	25	26	27	28	29	30	31	N1	2	3	4	5	6	7	—	4	43
		10	8	9	10	11	12	13	14	15	16	17	18	19	20	21	22	23	24	25	26	27	28	29	30	D1	2	3	4	5	6	7	5	12
		11	8	9	10	11	12	13	14	15	16	17	18	19	20	21	22	23	24	25	26	27	28	29	30	31	11	2	3	4	5	—	0	42
		12	6	7	8	9	10	11	12	13	14	15	16	17	18	19	20	21	22	23	24	25	26	27	28	29	30	31	21	2	3	4	1	11
康熙 32 癸酉 1693–94	50	1	5	6	7	8	9	10	11	12	13	14	15	16	17	18	19	20	21	22	23	24	25	26	27	28	31	2	3	4	5	6	3	41
		2	7	8	9	10	11	12	13	14	15	16	17	18	19	20	21	22	23	24	25	26	27	28	29	30	31	41	2	3	4	5	5	11
		3	6	7	8	9	10	11	12	13	14	15	16	17	18	19	20	21	22	23	24	25	26	27	28	29	30	51	2	3	4	—	0	41
		4	5	6	7	8	9	10	11	12	13	14	15	16	17	18	19	20	21	22	23	24	25	26	27	28	29	30	31	61	2	3	1	10
		5	4	5	6	7	8	9	10	11	12	13	14	15	16	17	18	19	20	21	22	23	24	25	26	27	28	29	30	71	2	—	3	40
		6	3	4	5	6	7	8	9	10	11	12	13	14	15	16	17	18	19	20	21	22	23	24	25	26	27	28	29	30	31	81	4	9
		7	2	3	4	5	6	7	8	9	10	11	12	13	14	15	16	17	18	19	20	21	22	23	24	25	26	27	28	29	30	—	6	39
		8	31	91	2	3	4	5	6	7	8	9	10	11	12	13	14	15	16	17	18	19	20	21	22	23	24	25	26	27	28	29	0	8
		9	30	01	2	3	4	5	6	7	8	9	10	11	12	13	14	15	16	17	18	19	20	21	22	23	24	25	26	27	28	—	2	38
		10	29	30	31	N1	2	3	4	5	6	7	8	9	10	11	12	13	14	15	16	17	18	19	20	21	22	23	24	25	26	—	3	7
		11	27	28	29	30	D1	2	3	4	5	6	7	8	9	10	11	12	13	14	15	16	17	18	19	20	21	22	23	24	25	26	4	36
		12	27	28	29	30	31	11	2	3	4	5	6	7	8	9	10	11	12	13	14	15	16	17	18	19	20	21	22	23	24	—	6	6
康熙 33 甲戌 1694–95	2	1	25	26	27	28	29	30	31	21	2	3	4	5	6	7	8	9	10	11	12	13	14	15	16	17	18	19	20	21	22	23	0	35
		2	24	25	26	27	28	31	2	3	4	5	6	7	8	9	10	11	12	13	14	15	16	17	18	19	20	21	22	23	24	25	2	5
		3	26	27	28	29	30	31	41	2	3	4	5	6	7	8	9	10	11	12	13	14	15	16	17	18	19	20	21	22	23	—	4	35
		4	24	25	26	27	28	29	30	51	2	3	4	5	6	7	8	9	10	11	12	13	14	15	16	17	18	19	20	21	22	23	5	4
		5	24	25	26	27	28	29	30	31	61	2	3	4	5	6	7	8	9	10	11	12	13	14	15	16	17	18	19	20	21	—	0	34
		5	22	23	24	25	26	27	28	29	30	71	2	3	4	5	6	7	8	9	10	11	12	13	14	15	16	17	18	19	20	21	1	3
		6	22	23	24	25	26	27	28	29	30	31	81	2	3	4	5	6	7	8	9	10	11	12	13	14	15	16	17	18	19	20	3	33
		7	21	22	23	24	25	26	27	28	29	30	31	91	2	3	4	5	6	7	8	9	10	11	12	13	14	15	16	17	18	—	5	3
		8	19	20	21	22	23	24	25	26	27	28	29	30	01	2	3	4	5	6	7	8	9	10	11	12	13	14	15	16	17	18	6	32
		9	19	20	21	22	23	24	25	26	27	28	29	30	31	N1	2	3	4	5	6	7	8	9	10	11	12	13	14	15	16	—	1	2
		10	17	18	19	20	21	22	23	24	25	26	27	28	29	30	D1	2	3	4	5	6	7	8	9	10	11	12	13	14	15	16	2	31
		11	17	18	19	20	21	22	23	24	25	26	27	28	29	30	31	11	2	3	4	5	6	7	8	9	10	11	12	13	14	—	4	1
		12	15	16	17	18	19	20	21	22	23	24	25	26	27	28	29	30	31	21	2	3	4	5	6	7	8	9	10	11	12	—	5	30
康熙 34 乙亥 1695–96	14	1	13	14	15	16	17	18	19	20	21	22	23	24	25	26	27	28	31	2	3	4	5	6	7	8	9	10	11	12	13	14	6	59
		2	15	16	17	18	19	20	21	22	23	24	25	26	27	28	29	30	31	41	2	3	4	5	6	7	8	9	10	11	12	—	1	29
		3	13	14	15	16	17	18	19	20	21	22	23	24	25	26	27	28	29	30	51	2	3	4	5	6	7	8	9	10	11	12	2	58
		4	13	14	15	16	17	18	19	20	21	22	23	24	25	26	27	28	29	30	31	61	2	3	4	5	6	7	8	9	10	11	4	28
		5	12	13	14	15	16	17	18	19	20	21	22	23	24	25	26	27	28	29	30	71	2	3	4	5	6	7	8	9	10	—	6	58
		6	11	12	13	14	15	16	17	18	19	20	21	22	23	24	25	26	27	28	29	30	31	81	2	3	4	5	6	7	8	9	0	27
		7	10	11	12	13	14	15	16	17	18	19	20	21	22	23	24	25	26	27	28	29	30	31	91	2	3	4	5	6	7	—	2	57
		8	8	9	10	11	12	13	14	15	16	17	18	19	20	21	22	23	24	25	26	27	28	29	30	01	2	3	4	5	6	7	3	26
		9	8	9	10	11	12	13	14	15	16	17	18	19	20	21	22	23	24	25	26	27	28	29	30	31	N1	2	3	4	5	6	5	56
		10	7	8	9	10	11	12	13	14	15	16	17	18	19	20	21	22	23	24	25	26	27	28	29	30	D1	2	3	4	5	—	0	26
		11	6	7	8	9	10	11	12	13	14	15	16	17	18	19	20	21	22	23	24	25	26	27	28	29	30	31	11	2	3	4	1	55
		12	5	6	7	8	9	10	11	12	13	14	15	16	17	18	19	20	21	22	23	24	25	26	27	28	29	30	31	21	2	—	3	25

年序 Year	陰曆月序 Moon	陰曆日序 Order of days (Lunar) 1 2 3 4 5	6 7 8 9 10	11 12 13 14 15	16 17 18 19 20	21 22 23 24 25	26 27 28 29 30	星期 Week	干支 Cycle
康熙 35 丙子 1696–97	26 1	3 4 5 6 7	8 9 10 11 12	13 14 15 16 17	18 19 20 21 22	23 24 25 26 27	28 29 31 2 —	4	54
	2	3 4 5 6 7	8 9 10 11 12	13 14 15 16 17	18 19 20 21 22	23 24 25 26 27	28 29 30 31 41	5	23
	3	2 3 4 5 6	7 8 9 10 11	12 13 14 15 16	17 18 19 20 21	22 23 24 25 26	27 28 29 30 —	0	53
	4	51 2 3 4 5	6 7 8 9 10	11 12 13 14 15	16 17 18 19 20	21 22 23 24 25	26 27 28 29 30	1	22
	5	31 61 2 3 4	5 6 7 8 9	10 11 12 13 14	15 16 17 18 19	20 21 22 23 24	25 26 27 28 —	3	52
	6	29 30 71 2 3	4 5 6 7 8	9 10 11 12 13	14 15 16 17 18	19 20 21 22 23	24 25 26 27 28	4	21
	7	29 30 31 81 2	3 4 5 6 7	8 9 10 11 12	13 14 15 16 17	18 19 20 21 22	23 24 25 26 —	6	51
	8	27 28 29 30 31	91 2 3 4 5	6 7 8 9 10	11 12 13 14 15	16 17 18 19 20	21 22 23 24 25	0	20
	9	26 27 28 29 30	01 2 3 4 5	6 7 8 9 10	11 12 13 14 15	16 17 18 19 20	21 22 23 24 25	2	50
	10	26 27 28 29 30	31 N1 2 3 4	5 6 7 8 9	10 11 12 13 14	15 16 17 18 19	20 21 22 23 24	4	20
	11	25 26 27 28 29	30 D1 2 3 4	5 6 7 8 9	10 11 12 13 14	15 16 17 18 19	20 21 22 23 —	6	50
	12	24 25 26 27 28	29 30 31 11 2	3 4 5 6 7	8 9 10 11 12	13 14 15 16 17	18 19 20 21 22	0	19
康熙 36 丁丑 1697–98	38 1	23 24 25 26 27	28 29 30 31 21	2 3 4 5 6	7 8 9 10 11	12 13 14 15 16	17 18 19 20 —	2	49
	2	21 22 23 24 25	26 27 28 31 2	3 4 5 6 7	8 9 10 11 12	13 14 15 16 17	18 19 20 21 22	3	18
	3	23 24 25 26 27	28 29 30 31 41	2 3 4 5 6	7 8 9 10 11	12 13 14 15 16	17 18 19 20 —	5	48
	3	21 22 23 24 25	26 27 28 29 30	51 2 3 4 5	6 7 8 9 10	11 12 13 14 15	16 17 18 19 —	6	17
	4	20 21 22 23 24	25 26 27 28 29	30 31 61 2 3	4 5 6 7 8	9 10 11 12 13	14 15 16 17 18	0	46
	5	19 20 21 22 23	24 25 26 27 28	29 30 71 2 3	4 5 6 7 8	9 10 11 12 13	14 15 16 17 —	2	16
	6	18 19 20 21 22	23 24 25 26 27	28 29 30 31 81	2 3 4 5 6	7 8 9 10 11	12 13 14 15 16	3	45
	7	17 18 19 20 21	22 23 24 25 26	27 28 29 30 31	91 2 3 4 5	6 7 8 9 10	11 12 13 14 —	5	15
	8	15 16 17 18 19	20 21 22 23 24	25 26 27 28 29	30 01 2 3 4	5 6 7 8 9	10 11 12 13 14	6	44
	9	15 16 17 18 19	20 21 22 23 24	25 26 27 28 29	30 31 N1 2 3	4 5 6 7 8	9 10 11 12 13	1	14
	10	14 15 16 17 18	19 20 21 22 23	24 25 26 27 28	29 30 D1 2 3	4 5 6 7 8	9 10 11 12 —	3	44
	11	13 14 15 16 17	18 19 20 21 22	23 24 25 26 27	28 29 30 31 11	2 3 4 5 6	7 8 9 10 11	4	13
	12	12 13 14 15 16	17 18 19 20 21	22 23 24 25 26	27 28 29 30 31	21 2 3 4 5	6 7 8 9 10	6	43
康熙 37 戊寅 1698–99	50 1	11 12 13 14 15	16 17 18 19 20	21 22 23 24 25	26 27 28 31 2	3 4 5 6 7	8 9 10 11 —	1	13
	2	12 13 14 15 16	17 18 19 20 21	22 23 24 25 26	27 28 29 30 31	41 2 3 4 5	6 7 8 9 10	2	42
	3	11 12 13 14 15	16 17 18 19 20	21 22 23 24 25	26 27 28 29 30	51 2 3 4 5	6 7 8 9 —	4	12
	4	10 11 12 13 14	15 16 17 18 19	20 21 22 23 24	25 26 27 28 29	30 31 61 2 3	4 5 6 7 —	5	41
	5	8 9 10 11 12	13 14 15 16 17	18 19 20 21 22	23 24 25 26 27	28 29 30 71 2	3 4 5 6 7	6	10
	6	8 9 10 11 12	13 14 15 16 17	18 19 20 21 22	23 24 25 26 27	28 29 30 31 81	2 3 4 5 —	1	40
	7	6 7 8 9 10	11 12 13 14 15	16 17 18 19 20	21 22 23 24 25	26 27 28 29 30	31 91 2 3 —	2	9
	8	4 5 6 7 8	9 10 11 12 13	14 15 16 17 18	19 20 21 22 23	24 25 26 27 28	29 30 01 2 3	3	38
	9	4 5 6 7 8	9 10 11 12 13	14 15 16 17 18	19 20 21 22 23	24 25 26 27 28	29 30 31 N1 2	5	8
	10	3 4 5 6 7	8 9 10 11 12	13 14 15 16 17	18 19 20 21 22	23 24 25 26 27	28 29 30 D1 —	0	38
	11	2 3 4 5 6	7 8 9 10 11	12 13 14 15 16	17 18 19 20 21	22 23 24 25 26	27 28 29 30 31	1	7
	12	11 2 3 4 5	6 7 8 9 10	11 12 13 14 15	16 17 18 19 20	21 22 23 24 25	26 27 28 29 30	3	37
康熙 38 己卯 1699–1700	2 1	31 21 2 3 4	5 6 7 8 9	10 11 12 13 14	15 16 17 18 19	20 21 22 23 24	25 26 27 28 31	5	7
	2	2 3 4 5 6	7 8 9 10 11	12 13 14 15 16	17 18 19 20 21	22 23 24 25 26	27 28 29 30 —	0	37
	3	31 41 2 3 4	5 6 7 8 9	10 11 12 13 14	15 16 17 18 19	20 21 22 23 24	25 26 27 28 29	1	6
	4	30 51 2 3 4	5 6 7 8 9	10 11 12 13 14	15 16 17 18 19	20 21 22 23 24	25 26 27 28 —	3	36
	5	29 30 31 61 2	3 4 5 6 7	8 9 10 11 12	13 14 15 16 17	18 19 20 21 22	23 24 25 26 —	4	5
	6	27 28 29 30 71	2 3 4 5 6	7 8 9 10 11	12 13 14 15 16	17 18 19 20 21	22 23 24 25 26	5	34
	7	27 28 29 30 31	81 2 3 4 5	6 7 8 9 10	11 12 13 14 15	16 17 18 19 20	21 22 23 24 —	0	4
	7	25 26 27 28 29	30 31 91 2 3	4 5 6 7 8	9 10 11 12 13	14 15 16 17 18	19 20 21 22 —	1	33
	8	23 24 25 26 27	28 29 30 01 2	3 4 5 6 7	8 9 10 11 12	13 14 15 16 17	18 19 20 21 22	2	2
	9	23 24 25 26 27	28 29 30 31 N1	2 3 4 5 6	7 8 9 10 11	12 13 14 15 16	17 18 19 20 —	4	32
	10	21 22 23 24 25	26 27 28 29 30	D1 2 3 4 5	6 7 8 9 10	11 12 13 14 15	16 17 18 19 20	5	1
	11	21 22 23 24 25	26 27 28 29 30	31 11 2 3 4	5 6 7 8 9	10 11 12 13 14	15 16 17 18 19	0	31
	12	20 21 22 23 24	25 26 27 28 29	30 31 21 2 3	4 5 6 7 8	9 10 11 12 13	14 15 16 17 18	2	1
康熙 39 庚辰 1700–01	14 1	19 20 21 22 23	24 25 26 27 28	31 2 3 4 5	6 7 8 9 10	11 12 13 14 15	16 17 18 19 20	4	31
	2	21 22 23 24 25	26 27 28 29 30	31 41 2 3 4	5 6 7 8 9	10 11 12 13 14	15 16 17 18 —	6	1
	3	19 20 21 22 23	24 25 26 27 28	29 30 51 2 3	4 5 6 7 8	9 10 11 12 13	14 15 16 17 18	0	30
	4	19 20 21 22 23	24 25 26 27 28	29 30 31 61 2	3 4 5 6 7	8 9 10 11 12	13 14 15 16 —	2	0
	5	17 18 19 20 21	22 23 24 25 26	27 28 29 30 71	2 3 4 5 6	7 8 9 10 11	12 13 14 15 —	3	29
	6	16 17 18 19 20	21 22 23 24 25	26 27 28 29 30	31 81 2 3 4	5 6 7 8 9	10 11 12 13 14	4	58
	7	15 16 17 18 19	20 21 22 23 24	25 26 27 28 29	30 31 91 2 3	4 5 6 7 8	9 10 11 12 —	6	28
	8	13 14 15 16 17	18 19 20 21 22	23 24 25 26 27	28 29 30 01 2	3 4 5 6 7	8 9 10 11 —	0	57
	9	12 13 14 15 16	17 18 19 20 21	22 23 24 25 26	27 28 29 30 31	N1 2 3 4 5	6 7 8 9 10	1	26
	10	11 12 13 14 15	16 17 18 19 20	21 22 23 24 25	26 27 28 29 30	D1 2 3 4 5	6 7 8 9 —	3	56
	11	10 11 12 13 14	15 16 17 18 19	20 21 22 23 24	25 26 27 28 29	30 31 11 2 3	4 5 6 7 8	4	25
	12	9 10 11 12 13	14 15 16 17 18	19 20 21 22 23	24 25 26 27 28	29 30 31 21 2	3 4 5 6 7	6	55

年序 Year	陰曆月序 Moon	陰曆日序 Order of days (Lunar) 1 2 3 4 5	6 7 8 9 10	11 12 13 14 15	16 17 18 19 20	21 22 23 24 25	26 27 28 29 30	星期 Week	干支 Cycle
康熙 40 辛巳 1701–02	26 1	8 9 10 11 12	13 14 15 16 17	18 19 20 21 22	23 24 25 26 27	28 **3**1 2 3 4	5 6 7 8 9	1	25
	2	10 11 12 13 14	15 16 17 18 19	20 21 22 23 24	25 26 27 28 29	30 31 **4**1 2 3	4 5 6 7 —	3	55
	3	8 9 10 11 12	13 14 15 16 17	18 19 20 21 22	23 24 25 26 27	28 29 30 **5**1 2	3 4 5 6 7	4	24
	4	8 9 10 11 12	13 14 15 16 17	18 19 20 21 22	23 24 25 26 27	28 29 30 31 **6**1	2 3 4 5 —	6	54
	5	6 7 8 9 10	11 12 13 14 15	16 17 18 19 20	21 22 23 24 25	26 27 28 29 30	**7**1 2 3 4 5	0	23
	6	6 7 8 9 10	11 12 13 14 15	16 17 18 19 20	21 22 23 24 25	26 27 28 29 30	31 **8**1 2 3 —	2	53
	7	4 5 6 7 8	9 10 11 12 13	14 15 16 17 18	19 20 21 22 23	24 25 26 27 28	29 30 31 **9**1 2	3	22
	8	3 4 5 6 7	8 9 10 11 12	13 14 15 16 17	18 19 20 21 22	23 24 25 26 27	28 29 30 **0**1 —	5	52
	9	2 3 4 5 6	7 8 9 10 11	12 13 14 15 16	17 18 19 20 21	22 23 24 25 26	27 28 29 30 —	6	21
	10	31 **N**1 2 3 4	5 6 7 8 9	10 11 12 13 14	15 16 17 18 19	20 21 22 23 24	25 26 27 28 29	0	50
	11	30 **D**1 2 3 4	5 6 7 8 9	10 11 12 13 14	15 16 17 18 19	20 21 22 23 24	25 26 27 28 —	2	20
	12	29 30 31 **1**1 2	3 4 5 6 7	8 9 10 11 12	13 14 15 16 17	18 19 20 21 22	23 24 25 26 27	3	49
康熙 41 壬午 1702–03	38 1	28 29 30 31 **2**1	2 3 4 5 6	7 8 9 10 11	12 13 14 15 16	17 18 19 20 21	22 23 24 25 26	5	19
	2	27 28 **3**1 2 3	4 5 6 7 8	9 10 11 12 13	14 15 16 17 18	19 20 21 22 23	24 25 26 27 —	0	49
	3	28 29 30 31 **4**1	2 3 4 5 6	7 8 9 10 11	12 13 14 15 16	17 18 19 20 21	22 23 24 25 26	1	18
	4	27 28 29 30 **5**1	2 3 4 5 6	7 8 9 10 11	12 13 14 15 16	17 18 19 20 21	22 23 24 25 26	3	48
	5	27 28 29 30 31	**6**1 2 3 4 5	6 7 8 9 10	11 12 13 14 15	16 17 18 19 20	21 22 23 24 —	5	18
	6	25 26 27 28 29	30 **7**1 2 3 4	5 6 7 8 9	10 11 12 13 14	15 16 17 18 19	20 21 22 23 24	6	47
	6	25 26 27 28 29	30 31 **8**1 2 3	4 5 6 7 8	9 10 11 12 13	14 15 16 17 18	19 20 21 22 —	1	17
	7	23 24 25 26 27	28 29 30 31 **9**1	2 3 4 5 6	7 8 9 10 11	12 13 14 15 16	17 18 19 20 21	2	46
	8	22 23 24 25 26	27 28 29 30 **0**1	2 3 4 5 6	7 8 9 10 11	12 13 14 15 16	17 18 19 20 —	4	16
	9	21 22 23 24 25	26 27 28 29 30	31 **N**1 2 3 4	5 6 7 8 9	10 11 12 13 14	15 16 17 18 —	5	45
	10	19 20 21 22 23	24 25 26 27 28	29 30 **D**1 2 3	4 5 6 7 8	9 10 11 12 13	14 15 16 17 18	6	14
	11	19 20 21 22 23	24 25 26 27 28	29 30 31 **1**1 2	3 4 5 6 7	8 9 10 11 12	13 14 15 16 —	1	44
	12	17 18 19 20 21	22 23 24 25 26	27 28 29 30 31	**2**1 2 3 4 5	6 7 8 9 10	11 12 13 14 15	2	13
康熙 42 癸未 1703–04	50 1	16 17 18 19 20	21 22 23 24 25	26 27 28 **3**1 2	3 4 5 6 7	8 9 10 11 12	13 14 15 16 —	4	43
	2	17 18 19 20 21	22 23 24 25 26	27 28 29 30 31	**4**1 2 3 4 5	6 7 8 9 10	11 12 13 14 15	5	12
	3	16 17 18 19 20	21 22 23 24 25	26 27 28 29 30	**5**1 2 3 4 5	6 7 8 9 10	11 12 13 14 15	0	42
	4	16 17 18 19 20	21 22 23 24 25	26 27 28 29 30	31 **6**1 2 3 4	5 6 7 8 9	10 11 12 13 —	2	12
	5	14 15 16 17 18	19 20 21 22 23	24 25 26 27 28	29 30 **7**1 2 3	4 5 6 7 8	9 10 11 12 13	3	41
	6	14 15 16 17 18	19 20 21 22 23	24 25 26 27 28	29 30 31 **8**1 2	3 4 5 6 7	8 9 10 11 12	5	11
	7	13 14 15 16 17	18 19 20 21 22	23 24 25 26 27	28 29 30 31 **9**1	2 3 4 5 6	7 8 9 10 —	0	41
	8	11 12 13 14 15	16 17 18 19 20	21 22 23 24 25	26 27 28 29 30	**0**1 2 3 4 5	6 7 8 9 10	1	10
	9	11 12 13 14 15	16 17 18 19 20	21 22 23 24 25	26 27 28 29 30	31 **N**1 2 3 4	5 6 7 8 —	3	40
	10	9 10 11 12 13	14 15 16 17 18	19 20 21 22 23	24 25 26 27 28	29 30 **D**1 2 3	4 5 6 7 —	4	9
	11	8 9 10 11 12	13 14 15 16 17	18 19 20 21 22	23 24 25 26 27	28 29 30 31 **1**1	2 3 4 5 6	5	38
	12	7 8 9 10 11	12 13 14 15 16	17 18 19 20 21	22 23 24 25 26	27 28 29 30 31	**2**1 2 3 4 —	0	8
康熙 43 甲申 1704–05	2 1	5 6 7 8 9	10 11 12 13 14	15 16 17 18 19	20 21 22 23 24	25 26 27 28 29	**3**1 2 3 4 5	1	37
	2	6 7 8 9 10	11 12 13 14 15	16 17 18 19 20	21 22 23 24 25	26 27 28 29 30	31 **4**1 2 3 —	3	7
	3	4 5 6 7 8	9 10 11 12 13	14 15 16 17 18	19 20 21 22 23	24 25 26 27 28	29 30 **5**1 2 3	4	36
	4	4 5 6 7 8	9 10 11 12 13	14 15 16 17 18	19 20 21 22 23	24 25 26 27 28	29 30 31 **6**1 —	6	6
	5	2 3 4 5 6	7 8 9 10 11	12 13 14 15 16	17 18 19 20 21	22 23 24 25 26	27 28 29 30 **7**1	0	35
	6	2 3 4 5 6	7 8 9 10 11	12 13 14 15 16	17 18 19 20 21	22 23 24 25 26	27 28 29 30 31	2	5
	7	**8**1 2 3 4 5	6 7 8 9 10	11 12 13 14 15	16 17 18 19 20	21 22 23 24 25	26 27 28 29 —	4	35
	8	30 31 **9**1 2 3	4 5 6 7 8	9 10 11 12 13	14 15 16 17 18	19 20 21 22 23	24 25 26 27 28	5	4
	9	29 30 **0**1 2 3	4 5 6 7 8	9 10 11 12 13	14 15 16 17 18	19 20 21 22 23	24 25 26 27 28	0	34
	10	29 30 31 **N**1 2	3 4 5 6 7	8 9 10 11 12	13 14 15 16 17	18 19 20 21 22	23 24 25 26 —	2	4
	11	27 28 29 30 **D**1	2 3 4 5 6	7 8 9 10 11	12 13 14 15 16	17 18 19 20 21	22 23 24 25 26	3	33
	12	27 28 29 30 31	**1**1 2 3 4 5	6 7 8 9 10	11 12 13 14 15	16 17 18 19 20	21 22 23 24 —	5	3
康熙 44 乙酉 1705–06	14 1	25 26 27 28 29	30 31 **2**1 2 3	4 5 6 7 8	9 10 11 12 13	14 15 16 17 18	19 20 21 22 —	6	32
	2	23 24 25 26 27	28 **3**1 2 3 4	5 6 7 8 9	10 11 12 13 14	15 16 17 18 19	20 21 22 23 24	0	1
	3	25 26 27 28 29	30 31 **4**1 2 3	4 5 6 7 8	9 10 11 12 13	14 15 16 17 18	19 20 21 22 —	2	31
	4	23 24 25 26 27	28 29 30 **5**1 2	3 4 5 6 7	8 9 10 11 12	13 14 15 16 17	18 19 20 21 22	3	0
	4	23 24 25 26 27	28 29 30 31 **6**1	2 3 4 5 6	7 8 9 10 11	12 13 14 15 16	17 18 19 20 —	5	30
	5	21 22 23 24 25	26 27 28 29 30	**7**1 2 3 4 5	6 7 8 9 10	11 12 13 14 15	16 17 18 19 20	6	59
	6	21 22 23 24 25	26 27 28 29 30	31 **8**1 2 3 4	5 6 7 8 9	10 11 12 13 14	15 16 17 18 —	1	29
	7	19 20 21 22 23	24 25 26 27 28	29 30 31 **9**1 2	3 4 5 6 7	8 9 10 11 12	13 14 15 16 17	2	58
	8	18 19 20 21 22	23 24 25 26 27	28 29 30 **0**1 2	3 4 5 6 7	8 9 10 11 12	13 14 15 16 17	4	28
	9	18 19 20 21 22	23 24 25 26 27	28 29 30 31 **N**1	2 3 4 5 6	7 8 9 10 11	12 13 14 15 —	6	58
	10	16 17 18 19 20	21 22 23 24 25	26 27 28 29 30	**D**1 2 3 4 5	6 7 8 9 10	11 12 13 14 15	0	27
	11	16 17 18 19 20	21 22 23 24 25	26 27 28 29 30	31 **1**1 2 3 4	5 6 7 8 9	10 11 12 13 14	2	57
	12	15 16 17 18 19	20 21 22 23 24	25 26 27 28 29	30 31 **2**1 2 3	4 5 6 7 8	9 10 11 12 —	4	27

年序 Year	陰曆月序 Moon		陰曆日序 Order of days (Lunar) 1	2	3	4	5	6	7	8	9	10	11	12	13	14	15	16	17	18	19	20	21	22	23	24	25	26	27	28	29	30	星期 Week	干支 Cycle
康熙 45 丙戌 1706–07	26	1	13	14	15	16	17	18	19	20	21	22	23	24	25	26	27	28	31	2	3	4	5	6	7	8	9	10	11	12	13	14	5	56
		2	15	16	17	18	19	20	21	22	23	24	25	26	27	28	29	30	31	41	2	3	4	5	6	7	8	9	10	11	12	—	0	26
		3	13	14	15	16	17	18	19	20	21	22	23	24	25	26	27	28	29	30	51	2	3	4	5	6	7	8	9	10	11	—	1	55
		4	12	13	14	15	16	17	18	19	20	21	22	23	24	25	26	27	28	29	30	31	61	2	3	4	5	6	7	8	9	10	2	24
		5	11	12	13	14	15	16	17	18	19	20	21	22	23	24	25	26	27	28	29	30	71	2	3	4	5	6	7	8	9	—	4	54
		6	10	11	12	13	14	15	16	17	18	19	20	21	22	23	24	25	26	27	28	29	30	31	81	2	3	4	5	6	7	—	5	23
		7	8	9	10	11	12	13	14	15	16	17	18	19	20	21	22	23	24	25	26	27	28	29	30	31	91	2	3	4	5	6	6	52
		8	7	8	9	10	11	12	13	14	15	16	17	18	19	20	21	22	23	24	25	26	27	28	29	30	01	2	3	4	5	6	1	22
		9	7	8	9	10	11	12	13	14	15	16	17	18	19	20	21	22	23	24	25	26	27	28	29	30	31	N1	2	3	4	—	3	52
		10	5	6	7	8	9	10	11	12	13	14	15	16	17	18	19	20	21	22	23	24	25	26	27	28	29	30	D1	2	3	4	4	21
		11	5	6	7	8	9	10	11	12	13	14	15	16	17	18	19	20	21	22	23	24	25	26	27	28	29	30	31	11	2	3	6	51
		12	4	5	6	7	8	9	10	11	12	13	14	15	16	17	18	19	20	21	22	23	24	25	26	27	28	29	30	31	21	2	1	21
康熙 46 丁亥 1707–08	38	1	3	4	5	6	7	8	9	10	11	12	13	14	15	16	17	18	19	20	21	22	23	24	25	26	27	28	31	2	3	—	3	51
		2	4	5	6	7	8	9	10	11	12	13	14	15	16	17	18	19	20	21	22	23	24	25	26	27	28	29	30	31	41	2	4	20
		3	3	4	5	6	7	8	9	10	11	12	13	14	15	16	17	18	19	20	21	22	23	24	25	26	27	28	29	30	51	—	6	50
		4	2	3	4	5	6	7	8	9	10	11	12	13	14	15	16	17	18	19	20	21	22	23	24	25	26	27	28	29	30	—	0	19
		5	31	61	2	3	4	5	6	7	8	9	10	11	12	13	14	15	16	17	18	19	20	21	22	23	24	25	26	27	28	29	1	48
		6	30	71	2	3	4	5	6	7	8	9	10	11	12	13	14	15	16	17	18	19	20	21	22	23	24	25	26	27	28	—	3	18
		7	29	30	31	81	2	3	4	5	6	7	8	9	10	11	12	13	14	15	16	17	18	19	20	21	22	23	24	25	26	—	4	47
		8	27	28	29	30	31	91	2	3	4	5	6	7	8	9	10	11	12	13	14	15	16	17	18	19	20	21	22	23	24	25	5	16
		9	26	27	28	29	30	01	2	3	4	5	6	7	8	9	10	11	12	13	14	15	16	17	18	19	20	21	22	23	24	—	0	46
		10	25	26	27	28	29	30	31	N1	2	3	4	5	6	7	8	9	10	11	12	13	14	15	16	17	18	19	20	21	22	23	1	15
		11	24	25	26	27	28	29	30	D1	2	3	4	5	6	7	8	9	10	11	12	13	14	15	16	17	18	19	20	21	22	23	3	45
		12	24	25	26	27	28	29	30	31	11	2	3	4	5	6	7	8	9	10	11	12	13	14	15	16	17	18	19	20	21	22	5	15
康熙 47 戊子 1708–09	50	1	23	24	25	26	27	28	29	30	31	21	2	3	4	5	6	7	8	9	10	11	12	13	14	15	16	17	18	19	20	—	0	45
		2	21	22	23	24	25	26	27	28	29	31	2	3	4	5	6	7	8	9	10	11	12	13	14	15	16	17	18	19	20	21	1	14
		3	22	23	24	25	26	27	28	29	30	31	41	2	3	4	5	6	7	8	9	10	11	12	13	14	15	16	17	18	19	20	3	44
		3	21	22	23	24	25	26	27	28	29	30	51	2	3	4	5	6	7	8	9	10	11	12	13	14	15	16	17	18	19	—	5	14
		4	20	21	22	23	24	25	26	27	28	29	30	31	61	2	3	4	5	6	7	8	9	10	11	12	13	14	15	16	17	—	6	43
		5	18	19	20	21	22	23	24	25	26	27	28	29	30	71	2	3	4	5	6	7	8	9	10	11	12	13	14	15	16	17	0	12
		6	18	19	20	21	22	23	24	25	26	27	28	29	30	31	81	2	3	4	5	6	7	8	9	10	11	12	13	14	15	—	2	42
		7	16	17	18	19	20	21	22	23	24	25	26	27	28	29	30	31	91	2	3	4	5	6	7	8	9	10	11	12	13	—	3	11
		8	14	15	16	17	18	19	20	21	22	23	24	25	26	27	28	29	30	01	2	3	4	5	6	7	8	9	10	11	12	13	4	40
		9	14	15	16	17	18	19	20	21	22	23	24	25	26	27	28	29	30	31	N1	2	3	4	5	6	7	8	9	10	11	—	6	10
		10	12	13	14	15	16	17	18	19	20	21	22	23	24	25	26	27	28	29	30	D1	2	3	4	5	6	7	8	9	10	11	0	9
		11	12	13	14	15	16	17	18	19	20	21	22	23	24	25	26	27	28	29	30	31	11	2	3	4	5	6	7	8	9	10	2	39
		12	11	12	13	14	15	16	17	18	19	20	21	22	23	24	25	26	27	28	29	30	31	21	2	3	4	5	6	7	8	9	4	39
康熙 48 己丑 1709–10	2	1	10	11	12	13	14	15	16	17	18	19	20	21	22	23	24	25	26	27	28	31	2	3	4	5	6	7	8	9	10	—	6	9
		2	11	12	13	14	15	16	17	18	19	20	21	22	23	24	25	26	27	28	29	30	31	41	2	3	4	5	6	7	8	9	0	38
		3	10	11	12	13	14	15	16	17	18	19	20	21	22	23	24	25	26	27	28	29	30	51	2	3	4	5	6	7	8	9	2	8
		4	10	11	12	13	14	15	16	17	18	19	20	21	22	23	24	25	26	27	28	29	30	31	61	2	3	4	5	6	7	—	4	38
		5	8	9	10	11	12	13	14	15	16	17	18	19	20	21	22	23	24	25	26	27	28	29	30	71	2	3	4	5	6	—	5	7
		6	7	8	9	10	11	12	13	14	15	16	17	18	19	20	21	22	23	24	25	26	27	28	29	30	31	81	2	3	4	5	6	36
		7	6	7	8	9	10	11	12	13	14	15	16	17	18	19	20	21	22	23	24	25	26	27	28	29	30	31	91	2	3	—	1	6
		8	4	5	6	7	8	9	10	11	12	13	14	15	16	17	18	19	20	21	22	23	24	25	26	27	28	29	30	01	2	—	2	35
		9	3	4	5	6	7	8	9	10	11	12	13	14	15	16	17	18	19	20	21	22	23	24	25	26	27	28	29	30	31	N1	3	4
		10	2	3	4	5	6	7	8	9	10	11	12	13	14	15	16	17	18	19	20	21	22	23	24	25	26	27	28	29	30	—	5	34
		11	D1	2	3	4	5	6	7	8	9	10	11	12	13	14	15	16	17	18	19	20	21	22	23	24	25	26	27	28	29	30	6	3
		12	31	11	2	3	4	5	6	7	8	9	10	11	12	13	14	15	16	17	18	19	20	21	22	23	24	25	26	27	28	29	1	33
康熙 49 庚寅 1710–11	14	1	30	31	21	2	3	4	5	6	7	8	9	10	11	12	13	14	15	16	17	18	19	20	21	22	23	24	25	26	27	—	3	3
		2	28	31	2	3	4	5	6	7	8	9	10	11	12	13	14	15	16	17	18	19	20	21	22	23	24	25	26	27	28	29	4	32
		3	30	31	41	2	3	4	5	6	7	8	9	10	11	12	13	14	15	16	17	18	19	20	21	22	23	24	25	26	27	28	6	2
		4	29	30	51	2	3	4	5	6	7	8	9	10	11	12	13	14	15	16	17	18	19	20	21	22	23	24	25	26	27	—	1	32
		5	28	29	30	31	61	2	3	4	5	6	7	8	9	10	11	12	13	14	15	16	17	18	19	20	21	22	23	24	25	26	2	1
		6	27	28	29	30	71	2	3	4	5	6	7	8	9	10	11	12	13	14	15	16	17	18	19	20	21	22	23	24	25	—	4	31
		7	26	27	28	29	30	31	81	2	3	4	5	6	7	8	9	10	11	12	13	14	15	16	17	18	19	20	21	22	23	24	5	0
		7	25	26	27	28	29	30	31	91	2	3	4	5	6	.7	8	9	10	11	12	13	14	15	16	17	18	19	20	21	22	—	0	30
		8	23	24	25	26	27	28	29	30	01	2	3	4	5	6	7	8	9	10	11	12	13	14	15	16	17	18	19	20	21	—	1	59
		9	22	23	24	25	26	27	28	29	30	31	N1	2	3	4	5	6	7	8	9	10	11	12	13	14	15	16	17	18	19	20	2	28
		10	21	22	23	24	25	26	27	28	29	30	D1	2	3	4	5	6	7	8	9	10	11	12	13	14	15	16	17	18	19	—	4	58
		11	20	21	22	23	24	25	26	27	28	29	30	31	11	2	3	4	5	6	7	8	9	10	11	12	13	14	15	16	17	18	5	27
		12	19	20	21	22	23	24	25	26	27	28	29	30	31	21	2	3	4	5	6	7	8	9	10	11	12	13	14	15	16	—	0	57

年序 Year	陰曆月序 Moon	陰曆日序 Order of days (Lunar) 1 2 3 4 5	6 7 8 9 10	11 12 13 14 15	16 17 18 19 20	21 22 23 24 25	26 27 28 29 30	星期 Week	干支 Cycle
康熙 50 辛卯 1711–12	26 1	17 18 19 20 21	22 23 24 25 26	27 28 31 2 3	4 5 6 7 8	9 10 11 12 13	14 15 16 17 18	1	26
	2	19 20 21 22 23	24 25 26 27 28	29 30 31 41 2	3 4 5 6 7	8 9 10 11 12	13 14 15 16 17	3	56
	3	18 19 20 21 22	23 24 25 26 27	28 29 30 51 2	3 4 5 6 7	8 9 10 11 12	13 14 15 16 —	5	26
	4	17 18 19 20 21	22 23 24 25 26	27 28 29 30 31	61 2 3 4 5	6 7 8 9 10	11 12 13 14 15	6	55
	5	16 17 18 19 20	21 22 23 24 25	26 27 28 29 30	71 2 3 4 5	6 7 8 9 10	11 12 13 14 15	1	25
	6	16 17 18 19 20	21 22 23 24 25	26 27 28 29 30	31 81 2 3 4	5 6 7 8 9	10 11 12 13 —	3	55
	7	14 15 16 17 18	19 20 21 22 23	24 25 26 27 28	29 30 31 91 2	3 4 5 6 7	8 9 10 11 12	4	24
	8	13 14 15 16 17	18 19 20 21 22	23 24 25 26 27	28 29 30 01 2	3 4 5 6 7	8 9 10 11 —	6	54
	9	12 13 14 15 16	17 18 19 20 21	22 23 24 25 26	27 28 29 30 31	N1 2 3 4 5	6 7 8 9 —	0	23
	10	10 11 12 13 14	15 16 17 18 19	20 21 22 23 24	25 26 27 28 29	30 D1 2 3 4	5 6 7 8 9	1	52
	11	10 11 12 13 14	15 16 17 18 19	20 21 22 23 24	25 26 27 28 29	30 31 11 2 3	4 5 6 7 —	3	22
	12	8 9 10 11 12	13 14 15 16 17	18 19 20 21 22	23 24 25 26 27	28 29 30 31 21	2 3 4 5 6	4	51
康熙 51 壬辰 1712–13	38 1	7 8 9 10 11	12 13 14 15 16	17 18 19 20 21	22 23 24 25 26	27 28 29 31 2	3 4 5 6 —	6	21
	2	7 8 9 10 11	12 13 14 15 16	17 18 19 20 21	22 23 24 25 26	27 28 29 30 31	41 2 3 4 5	0	50
	3	6 7 8 9 10	11 12 13 14 15	16 17 18 19 20	21 22 23 24 25	26 27 28 29 30	51 2 3 4 —	2	20
	4	5 6 7 8 9	10 11 12 13 14	15 16 17 18 19	20 21 22 23 24	25 26 27 28 29	30 31 61 2 3	3	49
	5	4 5 6 7 8	9 10 11 12 13	14 15 16 17 18	19 20 21 22 23	24 25 26 27 28	29 30 71 2 3	5	19
	6	4 5 6 7 8	9 10 11 12 13	14 15 16 17 18	19 20 21 22 23	24 25 26 27 28	29 30 31 81 —	0	49
	7	2 3 4 5 6	7 8 9 10 11	12 13 14 15 16	17 18 19 20 21	22 23 24 25 26	27 28 29 30 31	1	18
	8	91 2 3 4 5	6 7 8 9 10	11 12 13 14 15	16 17 18 19 20	21 22 23 24 25	26 27 28 29 —	3	48
	9	30 01 2 3 4	5 6 7 8 9	10 11 12 13 14	15 16 17 18 19	20 21 22 23 24	25 26 27 28 29	4	17
	10	30 31 N1 2 3	4 5 6 7 8	9 10 11 12 13	14 15 16 17 18	19 20 21 22 23	24 25 26 27 —	6	47
	11	28 29 30 D1 2	3 4 5 6 7	8 9 10 11 12	13 14 15 16 17	18 19 20 21 22	23 24 25 26 27	0	16
	12	28 29 30 31 11	2 3 4 5 6	7 8 9 10 11	12 13 14 15 16	17 18 19 20 21	22 23 24 25 —	2	46
康熙 52 癸巳 1713–14	50 1	26 27 28 29 30	31 21 2 3 4	5 6 7 8 9	10 11 12 13 14	15 16 17 18 19	20 21 22 23 24	3	15
	2	25 26 27 28 31	2 3 4 5 6	7 8 9 10 11	12 13 14 15 16	17 18 19 20 21	22 23 24 25 —	5	45
	3	26 27 28 29 30	31 41 2 3 4	5 6 7 8 9	10 11 12 13 14	15 16 17 18 19	20 21 22 23 24	6	14
	4	25 26 27 28 29	30 51 2 3 4	5 6 7 8 9	10 11 12 13 14	15 16 17 18 19	20 21 22 23 —	1	44
	5	24 25 26 27 28	29 30 31 61 2	3 4 5 6 7	8 9 10 11 12	13 14 15 16 17	18 19 20 21 22	2	13
	5	23 24 25 26 27	28 29 30 71 2	3 4 5 6 7	8 9 10 11 12	13 14 15 16 17	18 19 20 21 —	4	43
	6	22 23 24 25 26	27 28 29 30 31	81 2 3 4 5	6 7 8 9 10	11 12 13 14 15	16 17 18 19 20	5	12
	7	21 22 23 24 25	26 27 28 29 30	31 91 2 3 4	5 6 7 8 9	10 11 12 13 14	15 16 17 18 19	0	42
	8	20 21 22 23 24	25 26 27 28 29	30 01 2 3 4	5 6 7 8 9	10 11 12 13 14	15 16 17 18 —	2	12
	9	19 20 21 22 23	24 25 26 27 28	29 30 31 N1 2	3 4 5 6 7	8 9 10 11 12	13 14 15 16 17	3	41
	10	18 19 20 21 22	23 24 25 26 27	28 29 30 D1 2	3 4 5 6 7	8 9 10 11 12	13 14 15 16 17	5	11
	11	18 19 20 21 22	23 24 25 26 27	28 29 30 31 11	2 3 4 5 6	7 8 9 10 11	12 13 14 15 —	0	41
	12	16 17 18 19 20	21 22 23 24 25	26 27 28 29 30	31 21 2 3 4	5 6 7 8 9	10 11 12 13 —	1	10
康熙 53 甲午 1714–15	2 1	14 15 16 17 18	19 20 21 22 23	24 25 26 27 28	31 2 3 4 5	6 7 8 9 10	11 12 13 14 15	2	39
	2	16 17 18 19 20	21 22 23 24 25	26 27 28 29 30	31 41 2 3 4	5 6 7 8 9	10 11 12 13 —	4	9
	3	14 15 16 17 18	19 20 21 22 23	24 25 26 27 28	29 30 51 2 3	4 5 6 7 8	9 10 11 12 13	5	38
	4	14 15 16 17 18	19 20 21 22 23	24 25 26 27 28	29 30 31 61 2	3 4 5 6 7	8 9 10 11 —	0	8
	5	12 13 14 15 16	17 18 19 20 21	22 23 24 25 26	27 28 29 30 71	2 3 4 5 6	7 8 9 10 11	1	37
	6	12 13 14 15 16	17 18 19 20 21	22 23 24 25 26	27 28 29 30 31	81 2 3 4 5	6 7 8 9 —	3	7
	7	10 11 12 13 14	15 16 17 18 19	20 21 22 23 24	25 26 27 28 29	30 31 91 2 3	4 5 6 7 8	4	36
	8	9 10 11 12 13	14 15 16 17 18	19 20 21 22 23	24 25 26 27 28	29 30 01 2 3	4 5 6 7 —	6	6
	9	8 9 10 11 12	13 14 15 16 17	18 19 20 21 22	23 24 25 26 27	28 29 30 31 N1	2 3 4 5 6	0	35
	10	7 8 9 10 11	12 13 14 15 16	17 18 19 20 21	22 23 24 25 26	27 28 29 30 D1	2 3 4 5 6	2	5
	11	7 8 9 10 11	12 13 14 15 16	17 18 19 20 21	22 23 24 25 26	27 28 29 30 31	11 2 3 4 5	4	35
	12	6 7 8 9 10	11 12 13 14 15	16 17 18 19 20	21 22 23 24 25	26 27 28 29 30	31 21 2 3 —	6	5
康熙 54 乙未 1715–16	14 1	4 5 6 7 8	9 10 11 12 13	14 15 16 17 18	19 20 21 22 23	24 25 26 27 28	31 2 3 4 5	0	34
	2	6 7 8 9 10	11 12 13 14 15	16 17 18 19 20	21 22 23 24 25	26 27 28 29 30	31 41 2 3 —	2	4
	3	4 5 6 7 8	9 10 11 12 13	14 15 16 17 18	19 20 21 22 23	24 25 26 27 28	29 30 51 2 —	3	33
	4	3 4 5 6 7	8 9 10 11 12	13 14 15 16 17	18 19 20 21 22	23 24 25 26 27	28 29 30 31 61	4	2
	5	2 3 4 5 6	7 8 9 10 11	12 13 14 15 16	17 18 19 20 21	22 23 24 25 26	27 28 29 30 —	6	32
	6	71 2 3 4 5	6 7 8 9 10	11 12 13 14 15	16 17 18 19 20	21 22 23 24 25	26 27 28 29 —	0	1
	7	30 31 81 2 3	4 5 6 7 8	9 10 11 12 13	14 15 16 17 18	19 20 21 22 23	24 25 26 27 28	1	30
	8	29 30 31 91 2	3 4 5 6 7	8 9 10 11 12	13 14 15 16 17	18 19 20 21 22	23 24 25 26 —	3	0
	9	27 28 29 30 01	2 3 4 5 6	7 8 9 10 11	12 13 14 15 16	17 18 19 20 21	22 23 24 25 26	4	29
	10	27 28 29 30 31	N1 2 3 4 5	6 7 8 9 10	11 12 13 14 15	16 17 18 19 20	21 22 23 24 25	6	59
	11	26 27 28 29 30	D1 2 3 4 5	6 7 8 9 10	11 12 13 14 15	16 17 18 19 20	21 22 23 24 25	1	29
	12	26 27 28 29 30	31 11 2 3 4	5 6 7 8 9	10 11 12 13 14	15 16 17 18 19	20 21 22 23 —	3	59

年序 Year	陰曆月序 Moon	陰曆日序 Order of days (Lunar) 1	2	3	4	5	6	7	8	9	10	11	12	13	14	15	16	17	18	19	20	21	22	23	24	25	26	27	28	29	30	星期 Week	干支 Cycle
康熙 55 丙申 1716–17	26 1	24	25	26	27	28	29	30	31	21	2	3	4	5	6	7	8	9	10	11	12	13	14	15	16	17	18	19	20	21	22	4	28
	2	23	24	25	26	27	28	29	31	2	3	4	5	6	7	8	9	10	11	12	13	14	15	16	17	18	19	20	21	22	23	6	58
	3	24	25	26	27	28	29	30	31	41	2	3	4	5	6	7	8	9	10	11	12	13	14	15	16	17	18	19	20	21	—	1	28
	3	22	23	24	25	26	27	28	29	30	51	2	3	4	5	6	7	8	9	10	11	12	13	14	15	16	17	18	19	20	—	2	57
	4	21	22	23	24	25	26	27	28	29	30	31	61	2	3	4	5	6	7	8	9	10	11	12	13	14	15	16	17	18	19	3	26
	5	20	21	22	23	24	25	26	27	28	29	30	71	2	3	4	5	6	7	8	9	10	11	12	13	14	15	16	17	18	—	5	56
	6	19	20	21	22	23	24	25	26	27	28	29	30	31	81	2	3	4	5	6	7	8	9	10	11	12	13	14	15	16	—	6	25
	7	17	18	19	20	21	22	23	24	25	26	27	28	29	30	31	91	2	3	4	5	6	7	8	9	10	11	12	13	14	15	0	54
	8	16	17	18	19	20	21	22	23	24	25	26	27	28	29	30	01	2	3	4	5	6	7	8	9	10	11	12	13	14	—	2	24
	9	15	16	17	18	19	20	21	22	23	24	25	26	27	28	29	30	31	N1	2	3	4	5	6	7	8	9	10	11	12	13	3	53
	10	14	15	16	17	18	19	20	21	22	23	24	25	26	27	28	29	30	D1	2	3	4	5	6	7	8	9	10	11	12	13	5	23
	11	14	15	16	17	18	19	20	21	22	23	24	25	26	27	28	29	30	31	11	2	3	4	5	6	7	8	9	10	11	12	0	53
	12	13	14	15	16	17	18	19	20	21	22	23	24	25	26	27	28	29	30	31	21	2	3	4	5	6	7	8	9	10	—	2	23
康熙 56 丁酉 1717–18	38 1	11	12	13	14	15	16	17	18	19	20	21	22	23	24	25	26	27	28	31	2	3	4	5	6	7	8	9	10	11	12	3	52
	2	13	14	15	16	17	18	19	20	21	22	23	24	25	26	27	28	29	30	31	41	2	3	4	5	6	7	8	9	10	11	5	22
	3	12	13	14	15	16	17	18	19	20	21	22	23	24	25	26	27	28	29	30	51	2	3	4	5	6	7	8	9	10	—	0	52
	4	11	12	13	14	15	16	17	18	19	20	21	22	23	24	25	26	27	28	29	30	31	61	2	3	4	5	6	7	8	—	1	21
	5	9	10	11	12	13	14	15	16	17	18	19	20	21	22	23	24	25	26	27	28	29	30	71	2	3	4	5	6	7	8	2	50
	6	9	10	11	12	13	14	15	16	17	18	19	20	21	22	23	24	25	26	27	28	29	30	31	81	2	3	4	5	6	—	4	20
	7	7	8	9	10	11	12	13	14	15	16	17	18	19	20	21	22	23	24	25	26	27	28	29	30	31	91	2	3	4	—	5	49
	8	5	6	7	8	9	10	11	12	13	14	15	16	17	18	19	20	21	22	23	24	25	26	27	28	29	30	01	2	3	4	6	18
	9	5	6	7	8	9	10	11	12	13	14	15	16	17	18	19	20	21	22	23	24	25	26	27	28	29	30	31	N1	2	—	1	48
	10	3	4	5	6	7	8	9	10	11	12	13	14	15	16	17	18	19	20	21	22	23	24	25	26	27	28	29	30	D1	2	2	17
	11	3	4	5	6	7	8	9	10	11	12	13	14	15	16	17	18	19	20	21	22	23	24	25	26	27	28	29	30	31	11	4	47
	12	2	3	4	5	6	7	8	9	10	11	12	13	14	15	16	17	18	19	20	21	22	23	24	25	26	27	28	29	30	—	6	17
康熙 57 戊戌 1718–19	50 1	31	21	2	3	4	5	6	7	8	9	10	11	12	13	14	15	16	17	18	19	20	21	22	23	24	25	26	27	28	31	0	46
	2	2	3	4	5	6	7	8	9	10	11	12	13	14	15	16	17	18	19	20	21	22	23	24	25	26	27	28	29	30	31	2	16
	3	41	2	3	4	5	6	7	8	9	10	11	12	13	14	15	16	17	18	19	20	21	22	23	24	25	26	27	28	29	—	4	46
	4	30	51	2	3	4	5	6	7	8	9	10	11	12	13	14	15	16	17	18	19	20	21	22	23	24	25	26	27	28	29	5	15
	5	30	31	61	2	3	4	5	6	7	8	9	10	11	12	13	14	15	16	17	18	19	20	21	22	23	24	25	26	27	—	0	45
	6	28	29	30	71	2	3	4	5	6	7	8	9	10	11	12	13	14	15	16	17	18	19	20	21	22	23	24	25	26	27	1	14
	7	28	29	30	31	81	2	3	4	5	6	7	8	9	10	11	12	13	14	15	16	17	18	19	20	21	22	23	24	25	—	3	44
	8	26	27	28	29	30	31	91	2	3	4	5	6	7	8	9	10	11	12	13	14	15	16	17	18	19	20	21	22	23	—	4	13
	8	24	25	26	27	28	29	30	01	2	3	4	5	6	7	8	9	10	11	12	13	14	15	16	17	18	19	20	21	22	23	5	42
	9	24	25	26	27	28	29	30	31	N1	2	3	4	5	6	7	8	9	10	11	12	13	14	15	16	17	18	19	20	21	—	0	12
	10	22	23	24	25	26	27	28	29	30	D1	2	3	4	5	6	7	8	9	10	11	12	13	14	15	16	17	18	19	20	21	1	41
	11	22	23	24	25	26	27	28	29	30	31	11	2	3	4	5	6	7	8	9	10	11	12	13	14	15	16	17	18	19	—	3	11
	12	20	21	22	23	24	25	26	27	28	29	30	31	21	2	3	4	5	6	7	8	9	10	11	12	13	14	15	16	17	18	4	40
康熙 58 己亥 1719–20	2 1	19	20	21	22	23	24	25	26	27	28	31	2	3	4	5	6	7	8	9	10	11	12	13	14	15	16	17	18	19	20	6	10
	2	21	22	23	24	25	26	27	28	29	30	31	41	2	3	4	5	6	7	8	9	10	11	12	13	14	15	16	17	18	19	1	40
	3	20	21	22	23	24	25	26	27	28	29	30	51	2	3	4	5	6	7	8	9	10	11	12	13	14	15	16	17	18	—	3	10
	4	19	20	21	22	23	24	25	26	27	28	29	30	31	61	2	3	4	5	6	7	8	9	10	11	12	13	14	15	16	17	4	39
	5	18	19	20	21	22	23	24	25	26	27	28	29	30	71	2	3	4	5	6	7	8	9	10	11	12	13	14	15	16	—	6	9
	6	17	18	19	20	21	22	23	24	25	26	27	28	29	30	31	81	2	3	4	5	6	7	8	9	10	11	12	13	14	15	0	38
	7	16	17	18	19	20	21	22	23	24	25	26	27	28	29	30	31	91	2	3	4	5	6	7	8	9	10	11	12	13	—	2	8
	8	14	15	16	17	18	19	20	21	22	23	24	25	26	27	28	29	30	01	2	3	4	5	6	7	8	9	10	11	12	—	3	37
	9	13	14	15	16	17	18	19	20	21	22	23	24	25	26	27	28	29	30	31	N1	2	3	4	5	6	7	8	9	10	11	4	6
	10	12	13	14	15	16	17	18	19	20	21	22	23	24	25	26	27	28	29	30	D1	2	3	4	5	6	7	8	9	10	—	6	36
	11	11	12	13	14	15	16	17	18	19	20	21	22	23	24	25	26	27	28	29	30	31	11	2	3	4	5	6	7	8	9	0	5
	12	10	11	12	13	14	15	16	17	18	19	20	21	22	23	24	25	26	27	28	29	30	31	21	2	3	4	5	6	7	—	2	35
康熙 59 庚子 1720–21	14 1	8	9	10	11	12	13	14	15	16	17	18	19	20	21	22	23	24	25	26	27	28	29	31	2	3	4	5	6	7	8	3	4
	2	9	10	11	12	13	14	15	16	17	18	19	20	21	22	23	24	25	26	27	28	29	30	31	41	2	3	4	5	6	7	5	34
	3	8	9	10	11	12	13	14	15	16	17	18	19	20	21	22	23	24	25	26	27	28	29	30	51	2	3	4	5	6	—	0	4
	4	7	8	9	10	11	12	13	14	15	16	17	18	19	20	21	22	23	24	25	26	27	28	29	30	31	61	2	3	4	5	1	33
	5	6	7	8	9	10	11	12	13	14	15	16	17	18	19	20	21	22	23	24	25	26	27	28	29	30	71	2	3	4	—	3	3
	6	5	6	7	8	9	10	11	12	13	14	15	16	17	18	19	20	21	22	23	24	25	26	27	28	29	30	31	81	2	3	4	32
	7	4	5	6	7	8	9	10	11	12	13	14	15	16	17	18	19	20	21	22	23	24	25	26	27	28	29	30	31	91	—	6	2
	8	2	3	4	5	6	7	8	9	10	11	12	13	14	15	16	17	18	19	20	21	22	23	24	25	26	27	28	29	30	01	0	31
	9	2	3	4	5	6	7	8	9	10	11	12	13	14	15	16	17	18	19	20	21	22	23	24	25	26	27	28	29	30	—	2	1
	10	31	N1	2	3	4	5	6	7	8	9	10	11	12	13	14	15	16	17	18	19	20	21	22	23	24	25	26	27	28	29	3	30
	11	30	D1	2	3	4	5	6	7	8	9	10	11	12	13	14	15	16	17	18	19	20	21	22	23	24	25	26	27	28	—	5	0
	12	29	30	31	11	2	3	4	5	6	7	8	9	10	11	12	13	14	15	16	17	18	19	20	21	22	23	24	25	26	27	6	29

年序 Year	陰曆月序 Moon	1 2 3 4 5	6 7 8 9 10	11 12 13 14 15	16 17 18 19 20	21 22 23 24 25	26 27 28 29 30	星期 Week	干支 Cycle
康熙 60 辛丑 1721–22	26 1	28 29 30 31 21	2 3 4 5 6	7 8 9 10 11	12 13 14 15 16	17 18 19 20 21	22 23 24 25 —	1	59
	2	26 27 28 31 2	3 4 5 6 7	8 9 10 11 12	13 14 15 16 17	18 19 20 21 22	23 24 25 26 27	2	28
	3	28 29 30 31 41	2 3 4 5 6	7 8 9 10 11	12 13 14 15 16	17 18 19 20 21	22 23 24 25 —	4	58
	4	26 27 28 29 30	51 2 3 4 5	6 7 8 9 10	11 12 13 14 15	16 17 18 19 20	21 22 23 24 25	5	27
	5	26 27 28 29 30	31 61 2 3 4	5 6 7 8 9	10 11 12 13 14	15 16 17 18 19	20 21 22 23 24	0	57
	6	25 26 27 28 29	30 71 2 3 4	5 6 7 8 9	10 11 12 13 14	15 16 17 18 19	20 21 22 23 —	2	27
	6	24 25 26 27 28	29 30 31 81 2	3 4 5 6 7	8 9 10 11 12	13 14 15 16 17	18 19 20 21 22	3	56
	7	23 24 25 26 27	28 29 30 31 91	2 3 4 5 6	7 8 9 10 11	12 13 14 15 16	17 18 19 20 —	5	26
	8	21 22 23 24 25	26 27 28 29 30	01 2 3 4 5	6 7 8 9 10	11 12 13 14 15	16 17 18 19 20	6	55
	9	21 22 23 24 25	26 27 28 29 30	31 N1 2 3 4	5 6 7 8 9	10 11 12 13 14	15 16 17 18 —	1	25
	10	19 20 21 22 23	24 25 26 27 28	29 30 D1 2 3	4 5 6 7 8	9 10 11 12 13	14 15 16 17 18	2	54
	11	19 20 21 22 23	24 25 26 27 28	29 30 31 11 2	3 4 5 6 7	8 9 10 11 12	13 14 15 16 —	4	24
	12	17 18 19 20 21	22 23 24 25 26	27 28 29 30 31	21 2 3 4 5	6 7 8 9 10	11 12 13 14 15	5	53
康熙 61 壬寅 1722–23	38 1	16 17 18 19 20	21 22 23 24 25	26 27 28 31 2	3 4 5 6 7	8 9 10 11 12	13 14 15 16 —	0	23
	2	17 18 19 20 21	22 23 24 25 26	27 28 29 30 31	41 2 3 4 5	6 7 8 9 10	11 12 13 14 15	1	52
	3	16 17 18 19 20	21 22 23 24 25	26 27 28 29 30	51 2 3 4 5	6 7 8 9 10	11 12 13 14 —	3	22
	4	15 16 17 18 19	20 21 22 23 24	25 26 27 28 29	30 31 61 2 3	4 5 6 7 8	9 10 11 12 13	4	51
	5	14 15 16 17 18	19 20 21 22 23	24 25 26 27 28	29 30 71 2 3	4 5 6 7 8	9 10 11 12 —	6	21
	6	13 14 15 16 17	18 19 20 21 22	23 24 25 26 27	28 29 30 31 81	2 3 4 5 6	7 8 9 10 11	0	50
	7	12 13 14 15 16	17 18 19 20 21	22 23 24 25 26	27 28 29 30 31	91 2 3 4 5	6 7 8 9 10	2	20
	8	11 12 13 14 15	16 17 18 19 20	21 22 23 24 25	26 27 28 29 30	01 2 3 4 5	6 7 8 9 —	4	50
	9	10 11 12 13 14	15 16 17 18 19	20 21 22 23 24	25 26 27 28 29	30 31 N1 2 3	4 5 6 7 8	5	19
	10	9 10 11 12 13	14 15 16 17 18	19 20 21 22 23	24 25 26 27 28	29 30 D1 2 3	4 5 6 7 —	0	49
	11	8 9 10 11 12	13 14 15 16 17	18 19 20 21 22	23 24 25 26 27	28 29 30 31 11	2 3 4 5 6	1	18
	12	7 8 9 10 11	12 13 14 15 16	17 18 19 20 21	22 23 24 25 26	27 28 29 30 31	21 2 3 4 —	3	48
世宗 雍正 1 癸卯 1723–24	50 1	5 6 7 8 9	10 11 12 13 14	15 16 17 18 19	20 21 22 23 24	25 26 27 28 31	2 3 4 5 6	4	17
	2	7 8 9 10 11	12 13 14 15 16	17 18 19 20 21	22 23 24 25 26	27 28 29 30 31	41 2 3 4 —	6	47
	3	5 6 7 8 9	10 11 12 13 14	15 16 17 18 19	20 21 22 23 24	25 26 27 28 29	30 51 2 3 4	0	16
	4	5 6 7 8 9	10 11 12 13 14	15 16 17 18 19	20 21 22 23 24	25 26 27 28 29	30 31 61 2 —	2	46
	5	3 4 5 6 7	8 9 10 11 12	13 14 15 16 17	18 19 20 21 22	23 24 25 26 27	28 29 30 71 —	3	15
	6	2 3 4 5 6	7 8 9 10 11	12 13 14 15 16	17 18 19 20 21	22 23 24 25 26	27 28 29 30 31	4	44
	7	81 2 3 4 5	6 7 8 9 10	11 12 13 14 15	16 17 18 19 20	21 22 23 24 25	26 27 28 29 30	6	14
	8	31 91 2 3 4	5 6 7 8 9	10 11 12 13 14	15 16 17 18 19	20 21 22 23 24	25 26 27 28 —	1	44
	9	29 30 01 2 3	4 5 6 7 8	9 10 11 12 13	14 15 16 17 18	19 20 21 22 23	24 25 26 27 28	2	13
	10	29 30 31 N1 2	3 4 5 6 7	8 9 10 11 12	13 14 15 16 17	18 19 20 21 22	23 24 25 26 27	4	43
	11	28 29 30 D1 2	3 4 5 6 7	8 9 10 11 12	13 14 15 16 17	18 19 20 21 22	23 24 25 26 —	6	13
	12	27 28 29 30 31	11 2 3 4 5	6 7 8 9 10	11 12 13 14 15	16 17 18 19 20	21 22 23 24 25	0	42
雍正 2 甲辰 1724–25	2 1	26 27 28 29 30	31 21 2 3 4	5 6 7 8 9	10 11 12 13 14	15 16 17 18 19	20 21 22 23 —	2	12
	2	24 25 26 27 28	29 31 2 3 4	5 6 7 8 9	10 11 12 13 14	15 16 17 18 19	20 21 22 23 24	3	41
	3	25 26 27 28 29	30 31 41 2 3	4 5 6 7 8	9 10 11 12 13	14 15 16 17 18	19 20 21 22 —	5	11
	4	23 24 25 26 27	28 29 30 51 2	3 4 5 6 7	8 9 10 11 12	13 14 15 16 17	18 19 20 21 22	6	40
	4	23 24 25 26 27	28 29 30 31 61	2 3 4 5 6	7 8 9 10 11	12 13 14 15 16	17 18 19 20 —	1	10
	5	21 22 23 24 25	26 27 28 29 30	71 2 3 4 5	6 7 8 9 10	11 12 13 14 15	16 17 18 19 —	2	39
	6	20 21 22 23 24	25 26 27 28 29	30 31 81 2 3	4 5 6 7 8	9 10 11 12 13	14 15 16 17 18	3	8
	7	19 20 21 22 23	24 25 26 27 28	29 30 31 91 2	3 4 5 6 7	8 9 10 11 12	13 14 15 16 —	5	38
	8	17 18 19 20 21	22 23 24 25 26	27 28 29 30 01	2 3 4 5 6	7 8 9 10 11	12 13 14 15 16	6	7
	9	17 18 19 20 21	22 23 24 25 26	27 28 29 30 31	N1 2 3 4 5	6 7 8 9 10	11 12 13 14 15	1	37
	10	16 17 18 19 20	21 22 23 24 25	26 27 28 29 30	D1 2 3 4 5	6 7 8 9 10	11 12 13 14 15	3	7
	11	16 17 18 19 20	21 22 23 24 25	26 27 28 29 30	31 11 2 3 4	5 6 7 8 9	10 11 12 13 —	5	37
	12	14 15 16 17 18	19 20 21 22 23	24 25 26 27 28	29 30 31 21 2	3 4 5 6 7	8 9 10 11 12	6	6
雍正 3 乙巳 1725–26	14 1	13 14 15 16 17	18 19 20 21 22	23 24 25 26 27	28 31 2 3 4	5 6 7 8 9	10 11 12 13 —	1	36
	2	14 15 16 17 18	19 20 21 22 23	24 25 26 27 28	29 30 31 41 2	3 4 5 6 7	8 9 10 11 12	2	5
	3	13 14 15 16 17	18 19 20 21 22	23 24 25 26 27	28 29 30 51 2	3 4 5 6 7	8 9 10 11 —	4	35
	4	12 13 14 15 16	17 18 19 20 21	22 23 24 25 26	27 28 29 30 31	61 2 3 4 5	6 7 8 9 10	5	4
	5	11 12 13 14 15	16 17 18 19 20	21 22 23 24 25	26 27 28 29 30	71 2 3 4 5	6 7 8 9 —	0	34
	6	10 11 12 13 14	15 16 17 18 19	20 21 22 23 24	25 26 27 28 29	30 31 81 2 3	4 5 6 7 —	1	3
	7	8 9 10 11 12	13 14 15 16 17	18 19 20 21 22	23 24 25 26 27	28 29 30 31 91	2 3 4 5 6	2	32
	8	7 8 9 10 11	12 13 14 15 16	17 18 19 20 21	22 23 24 25 26	27 28 29 30 01	2 3 4 5 —	4	2
	9	6 7 8 9 10	11 12 13 14 15	16 17 18 19 20	21 22 23 24 25	26 27 28 29 30	31 N1 2 3 4	5	31
	10	5 6 7 8 9	10 11 12 13 14	15 16 17 18 19	20 21 22 23 24	25 26 27 28 29	30 D1 2 3 4	0	1
	11	5 6 7 8 9	10 11 12 13 14	15 16 17 18 19	20 21 22 23 24	25 26 27 28 29	30 31 11 2 —	2	31
	12	3 4 5 6 7	8 9 10 11 12	13 14 15 16 17	18 19 20 21 22	23 24 25 26 27	28 29 30 31 21	3	0

年序 Year	陰曆月序 Moon	陰曆日序 Order of days (Lunar)																														星期 Week	干支 Cycle
		1	2	3	4	5	6	7	8	9	10	11	12	13	14	15	16	17	18	19	20	21	22	23	24	25	26	27	28	29	30		
雍正4丙午 1726–27	26 1	2	3	4	5	6	7	8	9	10	11	12	13	14	15	16	17	18	19	20	21	22	23	24	25	26	27	28	31	2	3	5	30
	2	4	5	6	7	8	9	10	11	12	13	14	15	16	17	18	19	20	21	22	23	24	25	26	27	28	29	30	31	41	—	0	0
	3	2	3	4	5	6	7	8	9	10	11	12	13	14	15	16	17	18	19	20	21	22	23	24	25	26	27	28	29	30	51	1	29
	4	2	3	4	5	6	7	8	9	10	11	12	13	14	15	16	17	18	19	20	21	22	23	24	25	26	27	28	29	30	—	3	59
	5	31	61	2	3	4	5	6	7	8	9	10	11	12	13	14	15	16	17	18	19	20	21	22	23	24	25	26	27	28	29	4	28
	6	30	71	2	3	4	5	6	7	8	9	10	11	12	13	14	15	16	17	18	19	20	21	22	23	24	25	26	27	28	—	6	58
	7	29	30	31	81	2	3	4	5	6	7	8	9	10	11	12	13	14	15	16	17	18	19	20	21	22	23	24	25	26	—	0	27
	8	27	28	29	30	31	91	2	3	4	5	6	7	8	9	10	11	12	13	14	15	16	17	18	19	20	21	22	23	24	25	1	56
	9	26	27	28	29	30	01	2	3	4	5	6	7	8	9	10	11	12	13	14	15	16	17	18	19	20	21	22	23	24	—	3	26
	10	25	26	27	28	29	30	31	N1	2	3	4	5	6	7	8	9	10	11	12	13	14	15	16	17	18	19	20	21	22	23	4	55
	11	24	25	26	27	28	29	30	D1	2	3	4	5	6	7	8	9	10	11	12	13	14	15	16	17	18	19	20	21	22	—	6	25
	12	23	24	25	26	27	28	29	30	31	11	2	3	4	5	6	7	8	9	10	11	12	13	14	15	16	17	18	19	20	21	0	54
雍正5丁未 1727–28	38 1	22	23	24	25	26	27	28	29	30	31	21	2	3	4	5	6	7	8	9	10	11	12	13	14	15	16	17	18	19	20	2	24
	2	21	22	23	24	25	26	27	28	31	2	3	4	5	6	7	8	9	10	11	12	13	14	15	16	17	18	19	20	21	22	4	54
	3	23	24	25	26	27	28	29	30	31	41	2	3	4	5	6	7	8	9	10	11	12	13	14	15	16	17	18	19	20	—	6	24
	3	21	22	23	24	25	26	27	28	29	30	51	2	3	4	5	6	7	8	9	10	11	12	13	14	15	16	17	18	19	20	0	53
	4	21	22	23	24	25	26	27	28	29	30	31	61	2	3	4	5	6	7	8	9	10	11	12	13	14	15	16	17	18	—	2	23
	5	19	20	21	22	23	24	25	26	27	28	29	30	71	2	3	4	5	6	7	8	9	10	11	12	13	14	15	16	17	18	3	52
	6	19	20	21	22	23	24	25	26	27	28	29	30	31	81	2	3	4	5	6	7	8	9	10	11	12	13	14	15	16	—	5	22
	7	17	18	19	20	21	22	23	24	25	26	27	28	29	30	31	91	2	3	4	5	6	7	8	9	10	11	12	13	14	—	6	51
	8	15	16	17	18	19	20	21	22	23	24	25	26	27	28	29	30	01	2	3	4	5	6	7	8	9	10	11	12	13	14	0	20
	9	15	16	17	18	19	20	21	22	23	24	25	26	27	28	29	30	31	N1	2	3	4	5	6	7	8	9	10	11	12	—	2	50
	10	13	14	15	16	17	18	19	20	21	22	23	24	25	26	27	28	29	30	D1	2	3	4	5	6	7	8	9	10	11	12	3	19
	11	13	14	15	16	17	18	19	20	21	22	23	24	25	26	27	28	29	30	31	11	2	3	4	5	6	7	8	9	10	—	5	49
	12	11	12	13	14	15	16	17	18	19	20	21	22	23	24	25	26	27	28	29	30	31	21	2	3	4	5	6	7	8	9	6	18
雍正6戊申 1728–29	50 1	10	11	12	13	14	15	16	17	18	19	20	21	22	23	24	25	26	27	28	29	31	2	3	4	5	6	7	8	9	10	1	48
	2	11	12	13	14	15	16	17	18	19	20	21	22	23	24	25	26	27	28	29	30	31	41	2	3	4	5	6	7	8	—	3	18
	3	9	10	11	12	13	14	15	16	17	18	19	20	21	22	23	24	25	26	27	28	29	30	51	2	3	4	5	6	7	8	4	47
	4	9	10	11	12	13	14	15	16	17	18	19	20	21	22	23	24	25	26	27	28	29	30	31	61	2	3	4	5	6	7	6	17
	5	8	9	10	11	12	13	14	15	16	17	18	19	20	21	22	23	24	25	26	27	28	29	30	71	2	3	4	5	6	—	1	47
	6	7	8	9	10	11	12	13	14	15	16	17	18	19	20	21	22	23	24	25	26	27	28	29	30	31	81	2	3	4	5	2	16
	7	6	7	8	9	10	11	12	13	14	15	16	17	18	19	20	21	22	23	24	25	26	27	28	29	30	31	91	2	3	—	4	46
	8	4	5	6	7	8	9	10	11	12	13	14	15	16	17	18	19	20	21	22	23	24	25	26	27	28	29	30	01	2	—	5	15
	9	3	4	5	6	7	8	9	10	11	12	13	14	15	16	17	18	19	20	21	22	23	24	25	26	27	28	29	30	31	N1	6	44
	10	2	3	4	5	6	7	8	9	10	11	12	13	14	15	16	17	18	19	20	21	22	23	24	25	26	27	28	29	30	—	1	14
	11	D1	2	3	4	5	6	7	8	9	10	11	12	13	14	15	16	17	18	19	20	21	22	23	24	25	26	27	28	29	30	2	43
	12	31	11	2	3	4	5	6	7	8	9	10	11	12	13	14	15	16	17	18	19	20	21	22	23	24	25	26	27	28	—	4	13
雍正7己酉 1729–30	2 1	29	30	31	21	2	3	4	5	6	7	8	9	10	11	12	13	14	15	16	17	18	19	20	21	22	23	24	25	26	27	5	42
	2	28	31	2	3	4	5	6	7	8	9	10	11	12	13	14	15	16	17	18	19	20	21	22	23	24	25	26	27	28	—	0	12
	3	29	30	31	41	2	3	4	5	6	7	8	9	10	11	12	13	14	15	16	17	18	19	20	21	22	23	24	25	26	27	1	41
	4	28	29	30	51	2	3	4	5	6	7	8	9	10	11	12	13	14	15	16	17	18	19	20	21	22	23	24	25	26	27	3	11
	5	28	29	30	31	61	2	3	4	5	6	7	8	9	10	11	12	13	14	15	16	17	18	19	20	21	22	23	24	25	—	5	41
	6	26	27	28	29	30	71	2	3	4	5	6	7	8	9	10	11	12	13	14	15	16	17	18	19	20	21	22	23	24	25	6	10
	7	26	27	28	29	30	31	81	2	3	4	5	6	7	8	9	10	11	12	13	14	15	16	17	18	19	20	21	22	23	—	1	40
	7	24	25	26	27	28	29	30	31	91	2	3	4	5	6	7	8	9	10	11	12	13	14	15	16	17	18	19	20	21	22	2	9
	8	23	24	25	26	27	28	29	30	01	2	3	4	5	6	7	8	9	10	11	12	13	14	15	16	17	18	19	20	21	—	4	39
	9	22	23	24	25	26	27	28	29	30	31	N1	2	3	4	5	6	7	8	9	10	11	12	13	14	15	16	17	18	19	20	5	8
	10	21	22	23	24	25	26	27	28	29	30	D1	2	3	4	5	6	7	8	9	10	11	12	13	14	15	16	17	18	19	—	0	38
	11	20	21	22	23	24	25	26	27	28	29	30	31	11	2	3	4	5	6	7	8	9	10	11	12	13	14	15	16	17	18	1	7
	12	19	20	21	22	23	24	25	26	27	28	29	30	31	21	2	3	4	5	6	7	8	9	10	11	12	13	14	15	16	—	3	37
雍正8庚戌 1730–31	14 1	17	18	19	20	21	22	23	24	25	26	27	28	31	2	3	4	5	6	7	8	9	10	11	12	13	14	15	16	17	18	4	6
	2	19	20	21	22	23	24	25	26	27	28	29	30	31	41	2	3	4	5	6	7	8	9	10	11	12	13	14	15	16	—	6	36
	3	17	18	19	20	21	22	23	24	25	26	27	28	29	30	51	2	3	4	5	6	7	8	9	10	11	12	13	14	15	16	0	5
	4	17	18	19	20	21	22	23	24	25	26	27	28	29	30	31	61	2	3	4	5	6	7	8	9	10	11	12	13	14	—	2	35
	5	15	16	17	18	19	20	21	22	23	24	25	26	27	28	29	30	71	2	3	4	5	6	7	8	9	10	11	12	13	14	3	4
	6	15	16	17	18	19	20	21	22	23	24	25	26	27	28	29	30	31	81	2	3	4	5	6	7	8	9	10	11	12	13	5	34
	7	14	15	16	17	18	19	20	21	22	23	24	25	26	27	28	29	30	31	91	2	3	4	5	6	7	8	9	10	11	—	0	4
	8	12	13	14	15	16	17	18	19	20	21	22	23	24	25	26	27	28	29	30	01	2	3	4	5	6	7	8	9	10	11	1	33
	9	12	13	14	15	16	17	18	19	20	21	22	23	24	25	26	27	28	29	30	31	N1	2	3	4	5	6	7	8	9	—	3	3
	10	10	11	12	13	14	15	16	17	18	19	20	21	22	23	24	25	26	27	28	29	30	D1	2	3	4	5	6	7	8	9	4	32
	11	10	11	12	13	14	15	16	17	18	19	20	21	22	23	24	25	26	27	28	29	30	31	11	2	3	4	5	6	7	—	6	2
	12	8	9	10	11	12	13	14	15	16	17	18	19	20	21	22	23	24	25	26	27	28	29	30	31	21	2	3	4	5	6	0	31

年序 Year	陰曆月序 Moon	陰曆日序 Order of days (Lunar) 1 2 3 4 5	6 7 8 9 10	11 12 13 14 15	16 17 18 19 20	21 22 23 24 25	26 27 28 29 30	星期 Week	干支 Cycle
雍正 9 辛亥 1731–32	26 1	7 8 9 10 11	12 13 14 15 16	17 18 19 20 21	22 23 24 25 26	27 28 31 2 3	4 5 6 7 —	2	1
	2	8 9 10 11 12	13 14 15 16 17	18 19 20 21 22	23 24 25 26 27	28 29 30 31 41	2 3 4 5 6	3	30
	3	7 8 9 10 11	12 13 14 15 16	17 18 19 20 21	22 23 24 25 26	27 28 29 30 51	2 3 4 5 —	5	0
	4	6 7 8 9 10	11 12 13 14 15	16 17 18 19 20	21 22 23 24 25	26 27 28 29 30	31 61 2 3 4	6	29
	5	5 6 7 8 9	10 11 12 13 14	15 16 17 18 19	20 21 22 23 24	25 26 27 28 29	30 71 2 3 —	1	59
	6	4 5 6 7 8	9 10 11 12 13	14 15 16 17 18	19 20 21 22 23	24 25 26 27 28	29 30 31 81 2	2	28
	7	3 4 5 6 7	8 9 10 11 12	13 14 15 16 17	18 19 20 21 22	23 24 25 26 27	28 29 30 31 —	4	58
	8	91 2 3 4 5	6 7 8 9 10	11 12 13 14 15	16 17 18 19 20	21 22 23 24 25	26 27 28 29 30	5	27
	9	O1 2 3 4 5	6 7 8 9 10	11 12 13 14 15	16 17 18 19 20	21 22 23 24 25	26 27 28 29 30	0	57
	10	31 N1 2 3 4	5 6 7 8 9	10 11 12 13 14	15 16 17 18 19	20 21 22 23 24	25 26 27 28 —	2	27
	11	29 30 D1 2 3	4 5 6 7 8	9 10 11 12 13	14 15 16 17 18	19 20 21 22 23	24 25 26 27 28	3	56
	12	29 30 31 11 2	3 4 5 6 7	8 9 10 11 12	13 14 15 16 17	18 19 20 21 22	23 24 25 26 —	5	26
雍正 10 壬子 1732–33	38 1	27 28 29 30 31	21 2 3 4 5	6 7 8 9 10	11 12 13 14 15	16 17 18 19 20	21 22 23 24 25	6	55
	2	26 27 28 29 31	2 3 4 5 6	7 8 9 10 11	12 13 14 15 16	17 18 19 20 21	22 23 24 25 —	1	25
	3	26 27 28 29 30	31 41 2 3 4	5 6 7 8 9	10 11 12 13 14	15 16 17 18 19	20 21 22 23 24	2	54
	4	25 26 27 28 29	30 51 2 3 4	5 6 7 8 9	10 11 12 13 14	15 16 17 18 19	20 21 22 23 —	4	24
	5	24 25 26 27 28	29 30 31 61 2	3 4 5 6 7	8 9 10 11 12	13 14 15 16 17	18 19 20 21 —	5	53
	5	22 23 24 25 26	27 28 29 30 71	2 3 4 5 6	7 8 9 10 11	12 13 14 15 16	17 18 19 20 21	6	22
	6	22 23 24 25 26	27 28 29 30 31	81 2 3 4 5	6 7 8 9 10	11 12 13 14 15	16 17 18 19 —	1	52
	7	20 21 22 23 24	25 26 27 28 29	30 31 91 2 3	4 5 6 7 8	9 10 11 12 13	14 15 16 17 18	2	21
	8	19 20 21 22 23	24 25 26 27 28	29 30 O1 2 3	4 5 6 7 8	9 10 11 12 13	14 15 16 17 18	4	51
	9	19 20 21 22 23	24 25 26 27 28	29 30 31 N1 2	3 4 5 6 7	8 9 10 11 12	13 14 15 16 17	6	21
	10	18 19 20 21 22	23 24 25 26 27	28 29 30 D1 2	3 4 5 6 7	8 9 10 11 12	13 14 15 16 —	1	51
	11	17 18 19 20 21	22 23 24 25 26	27 28 29 30 31	11 2 3 4 5	6 7 8 9 10	11 12 13 14 15	2	20
	12	16 17 18 19 20	21 22 23 24 25	26 27 28 29 30	31 21 2 3 4	5 6 7 8 9	10 11 12 13 —	4	50
雍正 11 癸丑 1733–34	50 1	14 15 16 17 18	19 20 21 22 23	24 25 26 27 28	31 2 3 4 5	6 7 8 9 10	11 12 13 14 15	5	19
	2	16 17 18 19 20	21 22 23 24 25	26 27 28 29 30	31 41 2 3 4	5 6 7 8 9	10 11 12 13 —	0	49
	3	14 15 16 17 18	19 20 21 22 23	24 25 26 27 28	29 30 51 2 3	4 5 6 7 8	9 10 11 12 13	1	18
	4	14 15 16 17 18	19 20 21 22 23	24 25 26 27 28	29 30 31 61 2	3 4 5 6 7	8 9 10 11 —	3	48
	5	12 13 14 15 16	17 18 19 20 21	22 23 24 25 26	27 28 29 30 71	2 3 4 5 6	7 8 9 10 —	4	17
	6	11 12 13 14 15	16 17 18 19 20	21 22 23 24 25	26 27 28 29 30	31 81 2 3 4	5 6 7 8 9	5	46
	7	10 11 12 13 14	15 16 17 18 19	20 21 22 23 24	25 26 27 28 29	30 31 91 2 3	4 5 6 7 —	0	16
	8	8 9 10 11 12	13 14 15 16 17	18 19 20 21 22	23 24 25 26 27	28 29 30 O1 2	3 4 5 6 7	1	45
	9	8 9 10 11 12	13 14 15 16 17	18 19 20 21 22	23 24 25 26 27	28 29 30 31 N1	2 3 4 5 6	3	15
	10	7 8 9 10 11	12 13 14 15 16	17 18 19 20 21	22 23 24 25 26	27 28 29 30 D1	2 3 4 5 —	5	45
	11	6 7 8 9 10	11 12 13 14 15	16 17 18 19 20	21 22 23 24 25	26 27 28 29 30	31 11 2 3 4	6	14
	12	5 6 7 8 9	10 11 12 13 14	15 16 17 18 19	20 21 22 23 24	25 26 27 28 29	30 31 21 2 3	1	44
雍正 12 甲寅 1734–35	2 1	4 5 6 7 8	9 10 11 12 13	14 15 16 17 18	19 20 21 22 23	24 25 26 27 28	31 2 3 4 —	3	14
	2	5 6 7 8 9	10 11 12 13 14	15 16 17 18 19	20 21 22 23 24	25 26 27 28 29	30 31 41 2 3	4	43
	3	4 5 6 7 8	9 10 11 12 13	14 15 16 17 18	19 20 21 22 23	24 25 26 27 28	29 30 51 2 —	6	13
	4	3 4 5 6 7	8 9 10 11 12	13 14 15 16 17	18 19 20 21 22	23 24 25 26 27	28 29 30 31 61	0	42
	5	2 3 4 5 6	7 8 9 10 11	12 13 14 15 16	17 18 19 20 21	22 23 24 25 26	27 28 29 30 —	2	12
	6	71 2 3 4 5	6 7 8 9 10	11 12 13 14 15	16 17 18 19 20	21 22 23 24 25	26 27 28 29 —	3	41
	7	30 31 81 2 3	4 5 6 7 8	9 10 11 12 13	14 15 16 17 18	19 20 21 22 23	24 25 26 27 28	4	10
	8	29 30 31 91 2	3 4 5 6 7	8 9 10 11 12	13 14 15 16 17	18 19 20 21 22	23 24 25 26 —	6	40
	9	27 28 29 30 O1	2 3 4 5 6	7 8 9 10 11	12 13 14 15 16	17 18 19 20 21	22 23 24 25 26	0	9
	10	27 28 29 30 31	N1 2 3 4 5	6 7 8 9 10	11 12 13 14 15	16 17 18 19 20	21 22 23 24 —	2	39
	11	25 26 27 28 29	30 D1 2 3 4	5 6 7 8 9	10 11 12 13 14	15 16 17 18 19	20 21 22 23 24	3	8
	12	25 26 27 28 29	30 31 11 2 3	4 5 6 7 8	9 10 11 12 13	14 15 16 17 18	19 20 21 22 23	5	38
雍正 13 乙卯 1735–36	14 1	24 25 26 27 28	29 30 31 21 2	3 4 5 6 7	8 9 10 11 12	13 14 15 16 17	18 19 20 21 22	0	8
	2	23 24 25 26 27	28 31 2 3 4	5 6 7 8 9	10 11 12 13 14	15 16 17 18 19	20 21 22 23 —	2	38
	3	24 25 26 27 28	29 30 31 41 2	3 4 5 6 7	8 9 10 11 12	13 14 15 16 17	18 19 20 21 22	3	7
	4	23 24 25 26 27	28 29 30 51 2	3 4 5 6 7	8 9 10 11 12	13 14 15 16 17	18 19 20 21 —	5	37
	4	22 23 24 25 26	27 28 29 30 31	61 2 3 4 5	6 7 8 9 10	11 12 13 14 15	16 17 18 19 20	6	6
	5	21 22 23 24 25	26 27 28 29 30	71 2 3 4 5	6 7 8 9 10	11 12 13 14 15	16 17 18 19 —	1	36
	6	20 21 22 23 24	25 26 27 28 29	30 31 81 2 3	4 5 6 7 8	9 10 11 12 13	14 15 16 17 —	2	5
	7	18 19 20 21 22	23 24 25 26 27	28 29 30 31 91	2 3 4 5 6	7 8 9 10 11	12 13 14 15 —	3	34
	8	16 17 18 19 20	21 22 23 24 25	26 27 28 29 30	O1 2 3 4 5	6 7 8 9 10	11 12 13 14 15	4	3
	9	16 17 18 19 20	21 22 23 24 25	26 27 28 29 30	31 N1 2 3 4	5 6 7 8 9	10 11 12 13 —	6	33
	10	14 15 16 17 18	19 20 21 22 23	24 25 26 27 28	29 30 D1 2 3	4 5 6 7 8	9 10 11 12 13	0	2
	11	14 15 16 17 18	19 20 21 22 23	24 25 26 27 28	29 30 31 11 2	3 4 5 6 7	8 9 10 11 12	2	32
	12	13 14 15 16 17	18 19 20 21 22	23 24 25 26 27	28 29 30 31 21	2 3 4 5 6	7 8 9 10 11	4	2

年序 Year	陰曆月序 Moon	陰曆日序 Order of days (Lunar)																														星期 Week	干支 Cycle
		1	2	3	4	5	6	7	8	9	10	11	12	13	14	15	16	17	18	19	20	21	22	23	24	25	26	27	28	29	30		
高宗乾隆 1 丙辰 1736–37	26 1	12	13	14	15	16	17	18	19	20	21	22	23	24	25	26	27	28	29	31	2	3	4	5	6	7	8	9	10	11	—	6	32
	2	12	13	14	15	16	17	18	19	20	21	22	23	24	25	26	27	28	29	30	31	41	2	3	4	5	6	7	8	9	10	0	1
	3	11	12	13	14	15	16	17	18	19	20	21	22	23	24	25	26	27	28	29	30	51	2	3	4	5	6	7	8	9	10	2	31
	4	11	12	13	14	15	16	17	18	19	20	21	22	23	24	25	26	27	28	29	30	31	61	2	3	4	5	6	7	8	—	4	1
	5	9	10	11	12	13	14	15	16	17	18	19	20	21	22	23	24	25	26	27	28	29	30	71	2	3	4	5	6	7	8	5	30
	6	9	10	11	12	13	14	15	16	17	18	19	20	21	22	23	24	25	26	27	28	29	30	31	81	2	3	4	5	6	—	0	0
	7	7	8	9	10	11	12	13	14	15	16	17	18	19	20	21	22	23	24	25	26	27	28	29	30	31	91	2	3	4	—	1	29
	8	5	6	7	8	9	10	11	12	13	14	15	16	17	18	19	20	21	22	23	24	25	26	27	28	29	30	01	2	3	4	2	58
	9	5	6	7	8	9	10	11	12	13	14	15	16	17	18	19	20	21	22	23	24	25	26	27	28	29	30	31	N1	2	—	4	28
	10	3	4	5	6	7	8	9	10	11	12	13	14	15	16	17	18	19	20	21	22	23	24	25	26	27	28	29	30	D1	—	5	57
	11	2	3	4	5	6	7	8	9	10	11	12	13	14	15	16	17	18	19	20	21	22	23	24	25	26	27	28	29	30	31	6	26
	12	11	2	3	4	5	6	7	8	9	10	11	12	13	14	15	16	17	18	19	20	21	22	23	24	25	26	27	28	29	30	1	56
乾隆 2 丁巳 1737–38	38 1	31	21	2	3	4	5	6	7	8	9	10	11	12	13	14	15	16	17	18	19	20	21	22	23	24	25	26	27	28	—	3	26
	2	31	2	3	4	5	6	7	8	9	10	11	12	13	14	15	16	17	18	19	20	21	22	23	24	25	26	27	28	29	30	4	55
	3	31	41	2	3	4	5	6	7	8	9	10	11	12	13	14	15	16	17	18	19	20	21	22	23	24	25	26	27	28	29	6	25
	4	30	51	2	3	4	5	6	7	8	9	10	11	12	13	14	15	16	17	18	19	20	21	22	23	24	25	26	27	28	—	1	55
	5	29	30	31	61	2	3	4	5	6	7	8	9	10	11	12	13	14	15	16	17	18	19	20	21	22	23	24	25	26	27	2	24
	6	28	29	30	71	2	3	4	5	6	7	8	9	10	11	12	13	14	15	16	17	18	19	20	21	22	23	24	25	26	—	4	54
	7	27	28	29	30	31	81	2	3	4	5	6	7	8	9	10	11	12	13	14	15	16	17	18	19	20	21	22	23	24	25	5	23
	8	26	27	28	29	30	31	91	2	3	4	5	6	7	8	9	10	11	12	13	14	15	16	17	18	19	20	21	22	23	—	0	53
	9	24	25	26	27	28	29	30	01	2	3	4	5	6	7	8	9	10	11	12	13	14	15	16	17	18	19	20	21	22	23	1	22
	9	24	25	26	27	28	29	30	31	N1	2	3	4	5	6	7	8	9	10	11	12	13	14	15	16	17	18	19	20	21	—	3	52
	10	22	23	24	25	26	27	28	29	30	D1	2	3	4	5	6	7	8	9	10	11	12	13	14	15	16	17	18	19	20	—	4	21
	11	21	22	23	24	25	26	27	28	29	30	31	11	2	3	4	5	6	7	8	9	10	11	12	13	14	15	16	17	18	19	5	50
	12	20	21	22	23	24	25	26	27	28	29	30	31	21	2	3	4	5	6	7	8	9	10	11	12	13	14	15	16	17	18	0	20
乾隆 3 戊午 1738–39	50 1	19	20	21	22	23	24	25	26	27	28	31	2	3	4	5	6	7	8	9	10	11	12	13	14	15	16	17	18	19	—	2	50
	2	20	21	22	23	24	25	26	27	28	29	30	31	41	2	3	4	5	6	7	8	9	10	11	12	13	14	15	16	17	18	3	19
	3	19	20	21	22	23	24	25	26	27	28	29	30	51	2	3	4	5	6	7	8	9	10	11	12	13	14	15	16	17	18	5	49
	4	19	20	21	22	23	24	25	26	27	28	29	30	31	61	2	3	4	5	6	7	8	9	10	11	12	13	14	15	16	—	0	19
	5	17	18	19	20	21	22	23	24	25	26	27	28	29	30	71	2	3	4	5	6	7	8	9	10	11	12	13	14	15	16	1	48
	6	17	18	19	20	21	22	23	24	25	26	27	28	29	30	31	81	2	3	4	5	6	7	8	9	10	11	12	13	14	—	3	18
	7	15	16	17	18	19	20	21	22	23	24	25	26	27	28	29	30	31	91	2	3	4	5	6	7	8	9	10	11	12	13	4	47
	8	14	15	16	17	18	19	20	21	22	23	24	25	26	27	28	29	30	01	2	3	4	5	6	7	8	9	10	11	12	—	6	17
	9	13	14	15	16	17	18	19	20	21	22	23	24	25	26	27	28	29	30	31	N1	2	3	4	5	6	7	8	9	10	11	0	46
	10	12	13	14	15	16	17	18	19	20	21	22	23	24	25	26	27	28	29	30	D1	2	3	4	5	6	7	8	9	10	—	2	16
	11	11	12	13	14	15	16	17	18	19	20	21	22	23	24	25	26	27	28	29	30	31	11	2	3	4	5	6	7	8	9	3	45
	12	10	11	12	13	14	15	16	17	18	19	20	21	22	23	24	25	26	27	28	29	30	31	21	2	3	4	5	6	7	—	5	15
乾隆 4 己未 1739–40	2 1	8	9	10	11	12	13	14	15	16	17	18	19	20	21	22	23	24	25	26	27	28	31	2	3	4	5	6	7	8	9	6	44
	2	10	11	12	13	14	15	16	17	18	19	20	21	22	23	24	25	26	27	28	29	30	31	41	2	3	4	5	6	7	—	1	14
	3	8	9	10	11	12	13	14	15	16	17	18	19	20	21	22	23	24	25	26	27	28	29	30	51	2	3	4	5	6	7	2	43
	4	8	9	10	11	12	13	14	15	16	17	18	19	20	21	22	23	24	25	26	27	28	29	30	31	61	2	3	4	5	—	4	13
	5	6	7	8	9	10	11	12	13	14	15	16	17	18	19	20	21	22	23	24	25	26	27	28	29	30	71	2	3	4	5	5	42
	6	6	7	8	9	10	11	12	13	14	15	16	17	18	19	20	21	22	23	24	25	26	27	28	29	30	31	81	2	3	—	0	12
	7	4	5	6	7	8	9	10	11	12	13	14	15	16	17	18	19	20	21	22	23	24	25	26	27	28	29	30	31	91	2	1	41
	8	3	4	5	6	7	8	9	10	11	12	13	14	15	16	17	18	19	20	21	22	23	24	25	26	27	28	29	30	01	2	3	11
	9	3	4	5	6	7	8	9	10	11	12	13	14	15	16	17	18	19	20	21	22	23	24	25	26	27	28	29	30	31	—	5	41
	10	N1	2	3	4	5	6	7	8	9	10	11	12	13	14	15	16	17	18	19	20	21	22	23	24	25	26	27	28	29	30	6	10
	11	D1	2	3	4	5	6	7	8	9	10	11	12	13	14	15	16	17	18	19	20	21	22	23	24	25	26	27	28	29	—	1	40
	12	30	31	11	2	3	4	5	6	7	8	9	10	11	12	13	14	15	16	17	18	19	20	21	22	23	24	25	26	27	28	2	9
乾隆 5 庚申 1740–41	14 1	29	30	31	21	2	3	4	5	6	7	8	9	10	11	12	13	14	15	16	17	18	19	20	21	22	23	24	25	26	—	4	39
	2	27	28	29	31	2	3	4	5	6	7	8	9	10	11	12	13	14	15	16	17	18	19	20	21	22	23	24	25	26	27	5	8
	3	28	29	30	31	41	2	3	4	5	6	7	8	9	10	11	12	13	14	15	16	17	18	19	20	21	22	23	24	25	—	0	38
	4	26	27	28	29	30	51	2	3	4	5	6	7	8	9	10	11	12	13	14	15	16	17	18	19	20	21	22	23	24	—	1	7
	5	25	26	27	28	29	30	31	61	2	3	4	5	6	7	8	9	10	11	12	13	14	15	16	17	18	19	20	21	22	23	2	36
	6	24	25	26	27	28	29	30	71	2	3	4	5	6	7	8	9	10	11	12	13	14	15	16	17	18	19	20	21	22	23	4	6
	6	24	25	26	27	28	29	30	31	81	2	3	4	5	6	7	8	9	10	11	12	13	14	15	16	17	18	19	20	21	—	6	36
	7	22	23	24	25	26	27	28	29	30	31	91	2	3	4	5	6	7	8	9	10	11	12	13	14	15	16	17	18	19	20	0	5
	8	21	22	23	24	25	26	27	28	29	30	01	2	3	4	5	6	7	8	9	10	11	12	13	14	15	16	17	18	19	20	2	35
	9	21	22	23	24	25	26	27	28	29	30	31	N1	2	3	4	5	6	7	8	9	10	11	12	13	14	15	16	17	18	—	4	5
	10	19	20	21	22	23	24	25	26	27	28	29	30	D1	2	3	4	5	6	7	8	9	10	11	12	13	14	15	16	17	18	5	34
	11	19	20	21	22	23	24	25	26	27	28	29	30	31	11	2	3	4	5	6	7	8	9	10	11	12	13	14	15	16	—	0	4
	12	17	18	19	20	21	22	23	24	25	26	27	28	29	30	31	21	2	3	4	5	6	7	8	9	10	11	12	13	14	15	1	33

年序 Year	陰曆月序 Moon	陰曆日序 Order of days (Lunar) 1	2	3	4	5	6	7	8	9	10	11	12	13	14	15	16	17	18	19	20	21	22	23	24	25	26	27	28	29	30	星期 Week	干支 Cycle
乾隆6辛酉 1741–42	26 1	16	17	18	19	20	21	22	23	24	25	26	27	28	31	2	3	4	5	6	7	8	9	10	11	12	13	14	15	16	—	3	3
	2	17	18	19	20	21	22	23	24	25	26	27	28	29	30	31	41	2	3	4	5	6	7	8	9	10	11	12	13	14	15	4	32
	3	16	17	18	19	20	21	22	23	24	25	26	27	28	29	30	51	2	3	4	5	6	7	8	9	10	11	12	13	14	—	6	2
	4	15	16	17	18	19	20	21	22	23	24	25	26	27	28	29	30	31	61	2	3	4	5	6	7	8	9	10	11	12	—	0	31
	5	13	14	15	16	17	18	19	20	21	22	23	24	25	26	27	28	29	30	71	2	3	4	5	6	7	8	9	10	11	12	1	0
	6	13	14	15	16	17	18	19	20	21	22	23	24	25	26	27	28	29	30	31	81	2	3	4	5	6	7	8	9	10	—	3	30
	7	11	12	13	14	15	16	17	18	19	20	21	22	23	24	25	26	27	28	29	30	31	91	2	3	4	5	6	7	8	9	4	59
	8	10	11	12	13	14	15	16	17	18	19	20	21	22	23	24	25	26	27	28	29	30	O1	2	3	4	5	6	7	8	9	6	29
	9	10	11	12	13	14	15	16	17	18	19	20	21	22	23	24	25	26	27	28	29	30	31	N1	2	3	4	5	6	7	—	1	59
	10	8	9	10	11	12	13	14	15	16	17	18	19	20	21	22	23	24	25	26	27	28	29	30	D1	2	3	4	5	6	7	2	28
	11	8	9	10	11	12	13	14	15	16	17	18	19	20	21	22	23	24	25	26	27	28	29	30	31	11	2	3	4	5	6	4	58
	12	7	8	9	10	11	12	13	14	15	16	17	18	19	20	21	22	23	24	25	26	27	28	29	30	31	21	2	3	4	—	6	28
乾隆7壬戌 1742–43	38 1	5	6	7	8	9	10	11	12	13	14	15	16	17	18	19	20	21	22	23	24	25	26	27	28	31	2	3	4	5	6	0	57
	2	7	8	9	10	11	12	13	14	15	16	17	18	19	20	21	22	23	24	25	26	27	28	29	30	31	41	2	3	4	—	2	27
	3	5	6	7	8	9	10	11	12	13	14	15	16	17	18	19	20	21	22	23	24	25	26	27	28	29	30	51	2	3	4	3	56
	4	5	6	7	8	9	10	11	12	13	14	15	16	17	18	19	20	21	22	23	24	25	26	27	28	29	30	31	61	2	—	5	26
	5	3	4	5	6	7	8	9	10	11	12	13	14	15	16	17	18	19	20	21	22	23	24	25	26	27	28	29	30	71	—	6	55
	6	2	3	4	5	6	7	8	9	10	11	12	13	14	15	16	17	18	19	20	21	22	23	24	25	26	27	28	29	30	31	0	24
	7	81	2	3	4	5	6	7	8	9	10	11	12	13	14	15	16	17	18	19	20	21	22	23	24	25	26	27	28	29	—	2	54
	8	30	31	91	2	3	4	5	6	7	8	9	10	11	12	13	14	15	16	17	18	19	20	21	22	23	24	25	26	27	28	3	23
	9	29	30	O1	2	3	4	5	6	7	8	9	10	11	12	13	14	15	16	17	18	19	20	21	22	23	24	25	26	27	—	5	53
	10	28	29	30	31	N1	2	3	4	5	6	7	8	9	10	11	12	13	14	15	16	17	18	19	20	21	22	23	24	25	26	6	22
	11	27	28	29	30	D1	2	3	4	5	6	7	8	9	10	11	12	13	14	15	16	17	18	19	20	21	22	23	24	25	26	1	52
	12	27	28	29	30	31	11	2	3	4	5	6	7	8	9	10	11	12	13	14	15	16	17	18	19	20	21	22	23	24	25	3	22
乾隆8癸亥 1743–44	50 1	26	27	28	29	30	31	21	2	3	4	5	6	7	8	9	10	11	12	13	14	15	16	17	18	19	20	21	22	23	—	5	52
	2	24	25	26	27	28	31	2	3	4	5	6	7	8	9	10	11	12	13	14	15	16	17	18	19	20	21	22	23	24	25	6	21
	3	26	27	28	29	30	31	41	2	3	4	5	6	7	8	9	10	11	12	13	14	15	16	17	18	19	20	21	22	23	—	1	51
	4	24	25	26	27	28	29	30	51	2	3	4	5	6	7	8	9	10	11	12	13	14	15	16	17	18	19	20	21	22	23	2	20
	4	24	25	26	27	28	29	30	31	61	2	3	4	5	6	7	8	9	10	11	12	13	14	15	16	17	18	19	20	21	—	4	50
	5	22	23	24	25	26	27	28	29	30	71	2	3	4	5	6	7	8	9	10	11	12	13	14	15	16	17	18	19	20	—	5	19
	6	21	22	23	24	25	26	27	28	29	30	31	81	2	3	4	5	6	7	8	9	10	11	12	13	14	15	16	17	18	—	6	48
	7	19	20	21	22	23	24	25	26	27	28	29	30	31	91	2	3	4	5	6	7	8	9	10	11	12	13	14	15	16	17	0	17
	8	18	19	20	21	22	23	24	25	26	27	28	29	30	O1	2	3	4	5	6	7	8	9	10	11	12	13	14	15	16	—	2	47
	9	17	18	19	20	21	22	23	24	25	26	27	28	29	30	31	N1	2	3	4	5	6	7	8	9	10	11	12	13	14	15	3	16
	10	16	17	18	19	20	21	22	23	24	25	26	27	28	29	30	D1	2	3	4	5	6	7	8	9	10	11	12	13	14	15	5	46
	11	16	17	18	19	20	21	22	23	24	25	26	27	28	29	30	31	11	2	3	4	5	6	7	8	9	10	11	12	13	14	0	16
	12	15	16	17	18	19	20	21	22	23	24	25	26	27	28	29	30	31	21	2	3	4	5	6	7	8	9	10	11	12	—	2	46
乾隆9甲子 1744–45	2 1	13	14	15	16	17	18	19	20	21	22	23	24	25	26	27	28	29	31	2	3	4	5	6	7	8	9	10	11	12	13	3	15
	2	14	15	16	17	18	19	20	21	22	23	24	25	26	27	28	29	30	31	41	2	3	4	5	6	7	8	9	10	11	12	5	45
	3	13	14	15	16	17	18	19	20	21	22	23	24	25	26	27	28	29	30	51	2	3	4	5	6	7	8	9	10	11	—	0	15
	4	12	13	14	15	16	17	18	19	20	21	22	23	24	25	26	27	28	29	30	31	61	2	3	4	5	6	7	8	9	10	1	44
	5	11	12	13	14	15	16	17	18	19	20	21	22	23	24	25	26	27	28	29	30	71	2	3	4	5	6	7	8	9	—	3	14
	6	10	11	12	13	14	15	16	17	18	19	20	21	22	23	24	25	26	27	28	29	30	31	81	2	3	4	5	6	7	—	4	43
	7	8	9	10	11	12	13	14	15	16	17	18	19	20	21	22	23	24	25	26	27	28	29	30	31	91	2	3	4	5	—	5	12
	8	6	7	8	9	10	11	12	13	14	15	16	17	18	19	20	21	22	23	24	25	26	27	28	29	30	O1	2	3	4	5	6	41
	9	6	7	8	9	10	11	12	13	14	15	16	17	18	19	20	21	22	23	24	25	26	27	28	29	30	31	N1	2	3	—	1	11
	10	4	5	6	7	8	9	10	11	12	13	14	15	16	17	18	19	20	21	22	23	24	25	26	27	28	29	30	D1	2	3	2	40
	11	4	5	6	7	8	9	10	11	12	13	14	15	16	17	18	19	20	21	22	23	24	25	26	27	28	29	30	31	11	2	4	10
	12	3	4	5	6	7	8	9	10	11	12	13	14	15	16	17	18	19	20	21	22	23	24	25	26	27	28	29	30	31	—	6	40
乾隆10乙丑 1745–46	14 1	21	2	3	4	5	6	7	8	9	10	11	12	13	14	15	16	17	18	19	20	21	22	23	24	25	26	27	28	31	2	0	9
	2	3	4	5	6	7	8	9	10	11	12	13	14	15	16	17	18	19	20	21	22	23	24	25	26	27	28	29	30	31	41	2	39
	3	2	3	4	5	6	7	8	9	10	11	12	13	14	15	16	17	18	19	20	21	22	23	24	25	26	27	28	29	30	51	4	9
	4	2	3	4	5	6	7	8	9	10	11	12	13	14	15	16	17	18	19	20	21	22	23	24	25	26	27	28	29	30	—	6	39
	5	31	61	2	3	4	5	6	7	8	9	10	11	12	13	14	15	16	17	18	19	20	21	22	23	24	25	26	27	28	29	0	8
	6	30	71	2	3	4	5	6	7	8	9	10	11	12	13	14	15	16	17	18	19	20	21	22	23	24	25	26	27	28	—	2	38
	7	29	30	31	81	2	3	4	5	6	7	8	9	10	11	12	13	14	15	16	17	18	19	20	21	22	23	24	25	26	—	3	7
	8	27	28	29	30	31	91	2	3	4	5	6	7	8	9	10	11	12	13	14	15	16	17	18	19	20	21	22	23	24	25	4	36
	9	26	27	28	29	30	O1	2	3	4	5	6	7	8	9	10	11	12	13	14	15	16	17	18	19	20	21	22	23	24	—	6	6
	10	25	26	27	28	29	30	31	N1	2	3	4	5	6	7	8	9	10	11	12	13	14	15	16	17	18	19	20	21	22	—	0	35
	11	23	24	25	26	27	28	29	30	D1	2	3	4	5	6	7	8	9	10	11	12	13	14	15	16	17	18	19	20	21	22	1	4
	12	23	24	25	26	27	28	29	30	31	11	2	3	4	5	6	7	8	9	10	11	12	13	14	15	16	17	18	19	20	21	3	34

年序 Year	陰曆月序 Moon	陰曆日序 Order of days (Lunar) 1 2 3 4 5	6 7 8 9 10	11 12 13 14 15	16 17 18 19 20	21 22 23 24 25	26 27 28 29 30	星期 Week	干支 Cycle
乾隆11丙寅 1746–47	26 1	22 23 24 25 26	27 28 29 30 31	21 2 3 4 5	6 7 8 9 10	11 12 13 14 15	16 17 18 19 —	5	4
	2	20 21 22 23 24	25 26 27 28 31	2 3 4 5 6	7 8 9 10 11	12 13 14 15 16	17 18 19 20 21	6	33
	3	22 23 24 25 26	27 28 29 30 31	41 2 3 4 5	6 7 8 9 10	11 12 13 14 15	16 17 18 19 20	1	3
	3	21 22 23 24 25	26 27 28 29 30	51 2 3 4 5	6 7 8 9 10	11 12 13 14 15	16 17 18 19 —	3	33
	4	20 21 22 23 24	25 26 27 28 29	30 31 61 2 3	4 5 6 7 8	9 10 11 12 13	14 15 16 17 18	4	2
	5	19 20 21 22 23	24 25 26 27 28	29 30 71 2 3	4 5 6 7 8	9 10 11 12 13	14 15 16 17 —	6	32
	6	18 19 20 21 22	23 24 25 26 27	28 29 30 31 81	2 3 4 5 6	7 8 9 10 11	12 13 14 15 16	0	1
	7	17 18 19 20 21	22 23 24 25 26	27 28 29 30 31	91 2 3 4 5	6 7 8 9 10	11 12 13 14 —	2	31
	8	15 16 17 18 19	20 21 22 23 24	25 26 27 28 29	30 01 2 3 4	5 6 7 8 9	10 11 12 13 14	3	0
	9	15 16 17 18 19	20 21 22 23 24	25 26 27 28 29	30 31 N1 2 3	4 5 6 7 8	9 10 11 12 —	5	30
	10	13 14 15 16 17	18 19 20 21 22	23 24 25 26 27	28 29 30 D1 2	3 4 5 6 7	8 9 10 11 —	6	59
	11	12 13 14 15 16	17 18 19 20 21	22 23 24 25 26	27 28 29 30 31	11 2 3 4 5	6 7 8 9 10	0	28
	12	11 12 13 14 15	16 17 18 19 20	21 22 23 24 25	26 27 28 29 30	31 21 2 3 4	5 6 7 8 —	2	58
乾隆12丁卯 1747–48	38 1	9 10 11 12 13	14 15 16 17 18	19 20 21 22 23	24 25 26 27 28	31 2 3 4 5	6 7 8 9 10	3	27
	2	11 12 13 14 15	16 17 18 19 20	21 22 23 24 25	26 27 28 29 30	31 41 2 3 4	5 6 7 8 9	5	57
	3	10 11 12 13 14	15 16 17 18 19	20 21 22 23 24	25 26 27 28 29	30 51 2 3 4	5 6 7 8 —	0	27
	4	9 10 11 12 13	14 15 16 17 18	19 20 21 22 28	24 25 26 27 28	29 30 31 61 2	3 4 5 6 7	1	56
	5	8 9 10 11 12	13 14 15 16 17	18 19 20 21 22	23 24 25 26 27	28 29 30 71 2	3 4 5 6 7	3	26
	6	8 9 10 11 12	13 14 15 16 17	18 19 20 21 22	23 24 25 26 27	28 29 30 31 81	2 3 4 5 —	5	56
	7	6 7 8 9 10	11 12 13 14 15	16 17 18 19 20	21 22 23 24 25	26 27 28 29 30	31 91 2 3 4	6	25
	8	5 6 7 8 9	10 11 12 13 14	15 16 17 18 19	20 21 22 23 24	25 26 27 28 29	30 01 2 3 —	1	55
	9	4 5 6 7 8	9 10 11 12 13	14 15 16 17 18	19 20 21 22 23	24 25 26 27 28	29 30 31 N1 2	2	24
	10	3 4 5 6 7	8 9 10 11 12	13 14 15 16 17	18 19 20 21 22	23 24 25 26 27	28 29 30 D1 —	4	54
	11	2 3 4 5 6	7 8 9 10 11	12 13 14 15 16	17 18 19 20 21	22 23 24 25 26	27 28 29 30 31	5	23
	12	11 2 3 4 5	6 7 8 9 10	11 12 13 14 15	16 17 18 19 20	21 22 23 24 25	26 27 28 29 —	0	53
乾隆13戊辰 1748–49	50 1	30 31 21 2 3	4 5 6 7 8	9 10 11 12 13	14 15 16 17 18	19 20 21 22 23	24 25 26 27 —	1	22
	2	28 29 31 2 3	4 5 6 7 8	9 10 11 12 13	14 15 16 17 18	19 20 21 22 23	24 25 26 27 28	2	51
	3	29 30 31 41 2	3 4 5 6 7	8 9 10 11 12	13 14 15 16 17	18 19 20 21 22	23 24 25 26 —	4	21
	4	27 28 29 30 51	2 3 4 5 6	7 8 9 10 11	12 13 14 15 16	17 18 19 20 21	22 23 24 25 26	5	50
	5	27 28 29 30 31	61 2 3 4 5	6 7 8 9 10	11 12 13 14 15	16 17 18 19 20	21 22 23 24 25	0	20
	6	26 27 28 29 30	71 2 3 4 5	6 7 8 9 10	11 12 13 14 15	16 17 18 19 20	21 22 23 24 —	2	50
	7	25 26 27 28 29	30 31 81 2 3	4 5 6 7 8	9 10 11 12 13	14 15 16 17 18	19 20 21 22 23	3	19
	7	24 25 26 27 28	29 30 31 91 2	3 4 5 6 7	8 9 10 11 12	13 14 15 16 17	18 19 20 21 22	5	49
	8	23 24 25 26 27	28 29 30 01 2	3 4 5 6 7	8 9 10 11 12	13 14 15 16 17	18 19 20 21 —	0	19
	9	22 23 24 25 26	27 28 29 30 31	N1 2 3 4 5	6 7 8 9 10	11 12 13 14 15	16 17 18 19 20	1	48
	10	21 22 23 24 25	26 27 28 29 30	D1 2 3 4 5	6 7 8 9 10	11 12 13 14 15	16 17 18 19 —	3	18
	11	20 21 22 23 24	25 26 27 28 29	30 31 11 2 3	4 5 6 7 8	9 10 11 12 13	14 15 16 17 18	4	47
	12	19 20 21 22 23	24 25 26 27 28	29 30 31 21 2	3 4 5 6 7	8 9 10 11 12	13 14 15 16 —	6	17
乾隆14己巳 1749–50	2 1	17 18 19 20 21	22 23 24 25 26	27 28 31 2 3	4 5 6 7 8	9 10 11 12 13	14 15 16 17 —	0	46
	2	18 19 20 21 22	23 24 25 26 27	28 29 30 31 41	2 3 4 5 6	7 8 9 10 11	12 13 14 15 16	1	15
	3	17 18 19 20 21	22 23 24 25 26	27 28 29 30 51	2 3 4 5 6	7 8 9 10 11	12 13 14 15 —	3	45
	4	16 17 18 19 20	21 22 23 24 25	26 27 28 29 30	31 61 2 3 4	5 6 7 8 9	10 11 12 13 14	4	14
	5	15 16 17 18 19	20 21 22 23 24	25 26 27 28 29	30 71 2 3 4	5 6 7 8 9	10 11 12 13 —	6	44
	6	14 15 16 17 18	19 20 21 22 23	24 25 26 27 28	29 30 31 81 2	3 4 5 6 7	8 9 10 11 12	0	13
	7	13 14 15 16 17	18 19 20 21 22	23 24 25 26 27	28 29 30 31 91	2 3 4 5 6	7 8 9 10 11	2	43
	8	12 13 14 15 16	17 18 19 20 21	22 23 24 25 26	27 28 29 30 01	2 3 4 5 6	7 8 9 10 —	4	13
	9	11 12 13 14 15	16 17 18 19 20	21 22 23 24 25	26 27 28 29 30	31 N1 2 3 4	5 6 7 8 9	5	42
	10	10 11 12 13 14	15 16 17 18 19	20 21 22 23 24	25 26 27 28 29	30 D1 2 3 4	5 6 7 8 9	0	12
	11	10 11 12 13 14	15 16 17 18 19	20 21 22 23 24	25 26 27 28 29	30 31 11 2 3	4 5 6 7 —	2	42
	12	8 9 10 11 12	13 14 15 16 17	18 19 20 21 22	23 24 25 26 27	28 29 30 31 21	2 3 4 5 6	3	11
乾隆15庚午 1750–51	14 1	7 8 9 10 11	12 13 14 15 16	17 18 19 20 21	22 23 24 25 26	27 28 31 2 3	4 5 6 7 —	5	41
	2	8 9 10 11 12	13 14 15 16 17	18 19 20 21 22	23 24 25 26 27	28 29 30 31 41	2 3 4 5 6	6	10
	3	7 8 9 10 11	12 13 14 15 16	17 18 19 20 21	22 23 24 25 26	27 28 29 30 51	2 3 4 5 —	1	40
	4	6 7 8 9 10	11 12 13 14 15	16 17 18 19 20	21 22 23 24 25	26 27 28 20 30	31 61 2 3 —	2	9
	5	4 5 6 7 8	9 10 11 12 13	14 15 16 17 18	19 20 21 22 23	24 25 26 27 28	29 30 71 2 3	3	38
	6	4 5 6 7 8	9 10 11 12 13	14 15 16 17 18	19 20 21 22 23	24 25 26 27 28	29 30 31 81 —	5	8
	7	2 3 4 5 6	7 8 9 10 11	12 13 14 15 16	17 18 19 20 21	22 23 24 25 26	27 28 20 30 31	6	37
	8	91 2 3 4 5	6 7 8 9 10	11 12 13 14 15	16 17 18 19 20	21 22 23 24 25	26 27 28 29 —	1	7
	9	30 01 2 3 4	5 6 7 8 9	10 11 12 13 14	15 16 17 18 19	20 21 22 23 24	25 26 27 28 29	2	36
	10	30 31 N1 2 3	4 5 6 7 8	9 10 11 12 13	14 15 16 17 18	19 20 21 22 23	24 25 26 27 28	4	6
	11	29 30 D1 2 3	4 5 6 7 8	9 10 11 12 13	14 15 16 17 18	19 20 21 22 23	24 25 26 27 28	6	36
	12	29 30 31 11 2	3 4 5 6 7	8 9 10 11 12	13 14 15 16 17	18 19 20 21 22	23 24 25 26 —	1	6

年序 Year	陰曆月序 Moon	1 2 3 4 5	6 7 8 9 10	11 12 13 14 15	16 17 18 19 20	21 22 23 24 25	26 27 28 29 30	星期 Week	干支 Cycle
乾隆16辛未 1751–52	26 1	27 28 29 30 31	21 2 3 4 5	6 7 8 9 10	11 12 13 14 15	16 17 18 19 20	21 22 23 24 25	2	35
	2	26 27 28 31 2	3 4 5 6 7	8 9 10 11 12	13 14 15 16 17	18 19 20 21 22	23 24 25 26 —	4	5
	3	27 28 29 30 31	41 2 3 4 5	6 7 8 9 10	11 12 13 14 15	16 17 18 19 20	21 22 23 24 25	5	34
	4	26 27 28 29 30	51 2 3 4 5	6 7 8 9 10	11 12 13 14 15	16 17 18 19 20	21 22 23 24 —	0	4
	5	25 26 27 28 29	30 31 61 2 3	4 5 6 7 8	9 10 11 12 13	14 15 16 17 18	19 20 21 22 —	1	33
	5	23 24 25 26 27	28 29 30 71 2	3 4 5 6 7	8 9 10 11 12	13 14 15 16 17	18 19 20 21 22	2	2
	6	23 24 25 26 27	28 29 30 31 81	2 3 4 5 6	7 8 9 10 11	12 13 14 15 16	17 18 19 20 —	4	32
	7	21 22 23 24 25	26 27 28 29 30	31 91 2 3 4	5 6 7 8 9	10 11 12 13 14	15 16 17 18 —	5	1
	8	19 20 21 22 23	24 25 26 27 28	29 30 O1 2 3	4 5 6 7 8	9 10 11 12 13	14 15 16 17 18	6	30
	9	19 20 21 22 23	24 25 26 27 28	29 30 31 N1 2	3 4 5 6 7	8 9 10 11 12	13 14 15 16 17	1	0
	10	18 19 20 21 22	23 24 25 26 27	28 29 30 D1 2	3 4 5 6 7	8 9 10 11 12	13 14 15 16 17	3	30
	11	18 19 20 21 22	23 24 25 26 27	28 29 30 31 11	2 3 4 5 6	7 8 9 10 11	12 13 14 15 —	5	0
	12	16 17 18 19 20	21 22 23 24 25	26 27 28 29 30	31 21 2 3 4	5 6 7 8 9	10 11 12 13 14	6	29
乾隆17壬申 1752–53	38 1	15 16 17 18 19	20 21 22 23 24	25 26 27 28 29	31 2 3 4 5	6 7 8 9 10	11 12 13 14 15	1	59
	2	16 17 18 19 20	21 22 23 24 25	26 27 28 29 30	31 41 2 3 4	5 6 7 8 9	10 11 12 13 —	3	29
	3	14 15 16 17 18	19 20 21 22 23	24 25 26 27 28	29 30 51 2 3	4 5 6 7 8	9 10 11 12 13	4	58
	4	14 15 16 17 18	19 20 21 22 23	24 25 26 27 28	29 30 31 61 2	3 4 5 6 7	8 9 10 11 —	6	28
	5	12 13 14 15 16	17 18 19 20 21	22 23 24 25 26	27 28 29 30 71	2 3 4 5 6	7 8 9 10 —	0	57
	6	11 12 13 14 15	16 17 18 19 20	21 22 23 24 25	26 27 28 29 30	31 81 2 3 4	5 6 7 8 —	1	26
	7	9 10 11 12 13	14 15 16 17 18	19 20 21 22 23	24 25 26 27 28	29 30 31 91 2	3 4 5 6 7	2	55
	8	8 9 10 11 12	13 14 15 16 17	18 19 20 21 22	23 24 25 26 27	28 29 30 O1 2	3 4 5 6 —	4	25
	9	7 8 9 10 11	12 13 14 15 16	17 18 19 20 21	22 23 24 25 26	27 28 29 30 31	N1 2 3 4 5	5	54
	10	6 7 8 9 10	11 12 13 14 15	16 17 18 19 20	21 22 23 24 25	26 27 28 29 30	D1 2 3 4 5	0	24
	11	6 7 8 9 10	11 12 13 14 15	16 17 18 19 20	21 22 23 24 25	26 27 28 29 30	31 11 2 3 —	2	54
	12	4 5 6 7 8	9 10 11 12 13	14 15 16 17 18	19 20 21 22 23	24 25 26 27 28	29 30 31 21 2	3	23
乾隆18癸酉 1753–54	50 1	3 4 5 6 7	8 9 10 11 12	13 14 15 16 17	18 19 20 21 22	23 24 25 26 27	28 31 2 3 4	5	53
	2	5 6 7 8 9	10 11 12 13 14	15 16 17 18 19	20 21 22 23 24	25 26 27 28 29	30 31 41 2 3	0	23
	3	4 5 6 7 8	9 10 11 12 13	14 15 16 17 18	19 20 21 22 23	24 25 26 27 28	29 30 51 2 —	2	53
	4	3 4 5 6 7	8 9 10 11 12	13 14 15 16 17	18 19 20 21 22	23 24 25 26 27	28 29 30 31 61	3	22
	5	2 3 4 5 6	7 8 9 10 11	12 13 14 15 16	17 18 19 20 21	22 23 24 25 26	27 28 29 30 —	5	52
	6	71 2 3 4 5	6 7 8 9 10	11 12 13 14 15	16 17 18 19 20	21 22 23 24 25	26 27 28 29 —	6	21
	7	30 31 81 2 3	4 5 6 7 8	9 10 11 12 13	14 15 16 17 18	19 20 21 22 23	24 25 26 27 —	0	50
	8	28 29 30 31 91	2 3 4 5 6	7 8 9 10 11	12 13 14 15 16	17 18 19 20 21	22 23 24 25 26	1	19
	9	27 28 29 30 O1	2 3 4 5 6	7 8 9 10 11	12 13 14 15 16	17 18 19 20 21	22 23 24 25 —	3	49
	10	26 27 28 29 30	31 N1 2 3 4	5 6 7 8 9	10 11 12 13 14	15 16 17 18 19	20 21 22 23 24	4	18
	11	25 26 27 28 29	30 D1 2 3 4	5 6 7 8 9	10 11 12 13 14	15 16 17 18 19	20 21 22 23 —	6	48
	12	24 25 26 27 28	29 30 31 11 2	3 4 5 6 7	8 9 10 11 12	13 14 15 16 17	18 19 20 21 22	0	17
乾隆19甲戌 1754–55	2 1	23 24 25 26 27	28 29 30 31 21	2 3 4 5 6	7 8 9 10 11	12 13 14 15 16	17 18 19 20 21	2	47
	2	22 23 24 25 26	27 28 31 2 3	4 5 6 7 8	9 10 11 12 13	14 15 16 17 18	19 20 21 22 23	4	17
	3	24 25 26 27 28	29 30 31 41 2	3 4 5 6 7	8 9 10 11 12	13 14 15 16 17	18 19 20 21 —	6	47
	4	22 23 24 25 26	27 28 29 30 51	2 3 4 5 6	7 8 9 10 11	12 13 14 15 16	17 18 19 20 21	0	16
	4	22 23 24 25 26	27 28 29 30 31	61 2 3 4 5	6 7 8 9 10	11 12 13 14 15	16 17 18 19 —	2	46
	5	20 21 22 23 24	25 26 27 28 29	30 71 2 3 4	5 6 7 8 9	10 11 12 13 14	15 16 17 18 19	3	15
	6	20 21 22 23 24	25 26 27 28 29	30 31 81 2 3	4 5 6 7 8	9 10 11 12 13	14 15 16 17 —	5	45
	7	18 19 20 21 22	23 24 25 26 27	28 29 30 31 91	2 3 4 5 6	7 8 9 10 11	12 13 14 15 16	6	14
	8	17 18 19 20 21	22 23 24 25 26	27 28 29 30 O1	2 3 4 5 6	7 8 9 10 11	12 13 14 15 —	1	44
	9	16 17 18 19 20	21 22 23 24 25	26 27 28 29 30	31 N1 2 3 4	5 6 7 8 9	10 11 12 13 —	2	13
	10	14 15 16 17 18	19 20 21 22 23	24 25 26 27 28	29 30 D1 2 3	4 5 6 7 8	9 10 11 12 13	3	42
	11	14 15 16 17 18	19 20 21 22 23	24 25 26 27 28	29 30 31 11 2	3 4 5 6 7	8 9 10 11 —	5	12
	12	12 13 14 15 16	17 18 19 20 21	22 23 24 25 26	27 28 29 30 31	21 2 3 4 5	6 7 8 9 10	6	41
乾隆20乙亥 1755–56	14 1	11 12 13 14 15	16 17 18 19 20	21 22 23 24 25	26 27 28 31 2	3 4 5 6 7	8 9 10 11 12	1	11
	2	13 14 15 16 17	18 19 20 21 22	23 24 25 26 27	28 29 30 31 41	2 3 4 5 6	7 8 9 10 —	3	41
	3	11 12 13 14 15	16 17 18 19 20	21 22 23 24 25	26 27 28 29 30	51 2 3 4 5	6 7 8 9 10	4	10
	4	11 12 13 14 15	16 17 18 19 20	21 22 23 24 25	26 27 28 29 30	31 61 2 3 4	5 6 7 8 9	6	40
	5	10 11 12 13 14	15 16 17 18 19	20 21 22 23 24	25 26 27 28 29	30 71 2 3 4	5 6 7 8 —	1	10
	6	9 10 11 12 13	14 15 16 17 18	19 20 21 22 23	24 25 26 27 28	29 30 31 81 2	3 4 5 6 7	2	39
	7	8 9 10 11 12	13 14 15 16 17	18 19 20 21 22	23 24 25 26 27	28 29 30 31 91	2 3 4 5 —	4	9
	8	6 7 8 9 10	11 12 13 14 15	16 17 18 19 20	21 22 23 24 25	26 27 28 29 30	O1 2 3 4 5	5	38
	9	6 7 8 9 10	11 12 13 14 15	16 17 18 19 20	21 22 23 24 25	26 27 28 29 30	31 N1 2 3 —	0	8
	10	4 5 6 7 8	9 10 11 12 13	14 15 16 17 18	19 20 21 22 23	24 25 26 27 28	29 30 D1 2 —	1	37
	11	3 4 5 6 7	8 9 10 11 12	13 14 15 16 17	18 19 20 21 22	23 24 25 26 27	28 29 30 31 11	2	6
	12	2 3 4 5 6	7 8 9 10 11	12 13 14 15 16	17 18 19 20 21	22 23 24 25 26	27 28 29 30 —	4	36

Table header: 陰曆日序 Order of days (Lunar)

年序 Year	陰曆月序 Moon		1	2	3	4	5	6	7	8	9	10	11	12	13	14	15	16	17	18	19	20	21	22	23	24	25	26	27	28	29	30	星期 Week	干支 Cycle
乾隆 2 1 丙子 1756–57	26	1	31	21	2	3	4	5	6	7	8	9	10	11	12	13	14	15	16	17	18	19	20	21	22	23	24	25	26	27	28	29	5	5
		2	31	2	3	4	5	6	7	8	9	10	11	12	13	14	15	16	17	18	19	20	21	22	23	24	25	26	27	28	29	30	0	35
		3	31	41	2	3	4	5	6	7	8	9	10	11	12	13	14	15	16	17	18	19	20	21	22	23	24	25	26	27	28	—	2	5
		4	29	30	51	2	3	4	5	6	7	8	9	10	11	12	13	14	15	16	17	18	19	20	21	22	23	24	25	26	27	28	3	34
		5	29	30	31	61	2	3	4	5	6	7	8	9	10	11	12	13	14	15	16	17	18	19	20	21	22	23	24	25	26	—	5	4
		6	27	28	29	30	71	2	3	4	5	6	7	8	9	10	11	12	13	14	15	16	17	18	19	20	21	22	23	24	25	26	6	33
		7	27	28	29	30	31	81	2	3	4	5	6	7	8	9	10	11	12	13	14	15	16	17	18	19	20	21	22	23	24	25	1	3
		8	26	27	28	29	30	31	91	2	3	4	5	6	7	8	9	10	11	12	13	14	15	16	17	18	19	20	21	22	23	—	3	33
		9	24	25	26	27	28	29	30	01	2	3	4	5	6	7	8	9	10	11	12	13	14	15	16	17	18	19	20	21	22	23	4	2
		9	24	25	26	27	28	29	30	31	N1	2	3	4	5	6	7	8	9	10	11	12	13	14	15	16	17	18	19	20	21	—	6	32
		10	22	23	24	25	26	27	28	29	30	D1	2	3	4	5	6	7	8	9	10	11	12	13	14	15	16	17	18	19	20	—	0	1
		11	21	22	23	24	25	26	27	28	29	30	31	11	2	3	4	5	6	7	8	9	10	11	12	13	14	15	16	17	18	19	1	30
		12	20	21	22	23	24	25	26	27	28	29	30	31	21	2	3	4	5	6	7	8	9	10	11	12	13	14	15	16	17	—	3	0
乾隆 2 2 丁丑 1757–58	38	1	18	19	20	21	22	23	24	25	26	27	28	31	2	3	4	5	6	7	8	9	10	11	12	13	14	15	16	17	18	19	4	29
		2	20	21	22	23	24	25	26	27	28	29	30	31	41	2	3	4	5	6	7	8	9	10	11	12	13	14	15	16	17	—	6	59
		3	18	19	20	21	22	23	24	25	26	27	28	29	30	51	2	3	4	5	6	7	8	9	10	11	12	13	14	15	16	17	0	28
		4	18	19	20	21	22	23	24	25	26	27	28	29	30	31	61	2	3	4	5	6	7	8	9	10	11	12	13	14	15	—	2	58
		5	16	17	18	19	20	21	22	23	24	25	26	27	28	29	30	71	2	3	4	5	6	7	8	9	10	11	12	13	14	15	3	27
		6	16	17	18	19	20	21	22	23	24	25	26	27	28	29	30	31	81	2	3	4	5	6	7	8	9	10	11	12	13	14	5	57
		7	15	16	17	18	19	20	21	22	23	24	25	26	27	28	29	30	31	91	2	3	4	5	6	7	8	9	10	11	12	—	0	27
		8	13	14	15	16	17	18	19	20	21	22	23	24	25	26	27	28	29	30	01	2	3	4	5	6	7	8	9	10	11	12	1	56
		9	13	14	15	16	17	18	19	20	21	22	23	24	25	26	27	28	29	30	31	N1	2	3	4	5	6	7	8	9	10	11	3	26
		10	12	13	14	15	16	17	18	19	20	21	22	23	24	25	26	27	28	29	30	D1	2	3	4	5	6	7	8	9	10	—	5	56
		11	11	12	13	14	15	16	17	18	19	20	21	22	23	24	25	26	27	28	29	30	31	11	2	3	4	5	6	7	8	9	6	25
		12	10	11	12	13	14	15	16	17	18	19	20	21	22	23	24	25	26	27	28	29	30	31	21	2	3	4	5	6	7	—	1	55
乾隆 2 3 戊寅 1758–59	50	1	8	9	10	11	12	13	14	15	16	17	18	19	20	21	22	23	24	25	26	27	28	31	2	3	4	5	6	7	8	—	2	24
		2	9	10	11	12	13	14	15	16	17	18	19	20	21	22	23	24	25	26	27	28	29	30	31	41	2	3	4	5	6	7	3	53
		3	8	9	10	11	12	13	14	15	16	17	18	19	20	21	22	23	24	25	26	27	28	29	30	51	2	3	4	5	6	—	5	23
		4	7	8	9	10	11	12	13	14	15	16	17	18	19	20	21	22	23	24	25	26	27	28	29	30	31	61	2	3	4	5	6	52
		5	6	7	8	9	10	11	12	13	14	15	16	17	18	19	20	21	22	23	24	25	26	27	28	29	30	71	2	3	4	—	1	22
		6	5	6	7	8	9	10	11	12	13	14	15	16	17	18	19	20	21	22	23	24	25	26	27	28	29	30	31	81	2	3	2	51
		7	4	5	6	7	8	9	10	11	12	13	14	15	16	17	18	19	20	21	22	23	24	25	26	27	28	29	30	31	91	—	4	21
		8	2	3	4	5	6	7	8	9	10	11	12	13	14	15	16	17	18	19	20	21	22	23	24	25	26	27	28	29	30	01	5	50
		9	2	3	4	5	6	7	8	9	10	11	12	13	14	15	16	17	18	19	20	21	22	23	24	25	26	27	28	29	30	31	0	20
		10	N1	2	3	4	5	6	7	8	9	10	11	12	13	14	15	16	17	18	19	20	21	22	23	24	25	26	27	28	29	30	2	50
		11	D1	2	3	4	5	6	7	8	9	10	11	12	13	14	15	16	17	18	19	20	21	22	23	24	25	26	27	28	29	—	4	20
		12	30	31	11	2	3	4	5	6	7	8	9	10	11	12	13	14	15	16	17	18	19	20	21	22	23	24	25	26	27	28	5	49
乾隆 2 4 己卯 1759–60	2	1	29	30	31	21	2	3	4	5	6	7	8	9	10	11	12	13	14	15	16	17	18	19	20	21	22	23	24	25	26	—	0	19
		2	27	28	31	2	3	4	5	6	7	8	9	10	11	12	13	14	15	16	17	18	19	20	21	22	23	24	25	26	27	—	1	48
		3	28	29	30	31	41	2	3	4	5	6	7	8	9	10	11	12	13	14	15	16	17	18	19	20	21	22	23	24	25	26	2	17
		4	27	28	29	30	51	2	3	4	5	6	7	8	9	10	11	12	13	14	15	16	17	18	19	20	21	22	23	24	25	—	4	47
		5	26	27	28	29	30	31	61	2	3	4	5	6	7	8	9	10	11	12	13	14	15	16	17	18	19	20	21	22	23	24	5	16
		6	25	26	27	28	29	30	71	2	3	4	5	6	7	8	9	10	11	12	13	14	15	16	17	18	19	20	21	22	23	—	0	46
		6	24	25	26	27	28	29	30	31	81	2	3	4	5	6	7	8	9	10	11	12	13	14	15	16	17	18	19	20	21	22	1	15
		7	23	24	25	26	27	28	29	30	31	91	2	3	4	5	6	7	8	9	10	11	12	13	14	15	16	17	18	19	20	—	3	45
		8	21	22	23	24	25	26	27	28	29	30	01	2	3	4	5	6	7	8	9	10	11	12	13	14	15	16	17	18	19	20	4	14
		9	21	22	23	24	25	26	27	28	29	30	31	N1	2	3	4	5	6	7	8	9	10	11	12	13	14	15	16	17	18	19	6	44
		10	20	21	22	23	24	25	26	27	28	29	30	D1	2	3	4	5	6	7	8	9	10	11	12	13	14	15	16	17	18	—	1	14
		11	19	20	21	22	23	24	25	26	27	28	29	30	31	11	2	3	4	5	6	7	8	9	10	11	12	13	14	15	16	17	2	43
		12	18	19	20	21	22	23	24	25	26	27	28	29	30	31	21	2	3	4	5	6	7	8	9	10	11	12	13	14	15	16	4	13
乾隆 2 5 庚辰 1760–61	14	1	17	18	19	20	21	22	23	24	25	26	27	28	29	31	2	3	4	5	6	7	8	9	10	11	12	13	14	15	16	—	6	43
		2	17	18	19	20	21	22	23	24	25	26	27	28	29	30	31	41	2	3	4	5	6	7	8	9	10	11	12	13	14	15	0	12
		3	16	17	18	19	20	21	22	23	24	25	26	27	28	29	30	51	2	3	4	5	6	7	8	9	10	11	12	13	14	—	2	42
		4	15	16	17	18	19	20	21	22	23	24	25	26	27	28	29	30	31	61	2	3	4	5	6	7	8	9	10	11	12	—	3	11
		5	13	14	15	16	17	18	19	20	21	22	23	24	25	26	27	28	29	30	71	2	3	4	5	6	7	8	9	10	11	—	4	40
		6	12	13	14	15	16	17	18	19	20	21	22	23	24	25	26	27	28	29	30	31	81	2	3	4	5	6	7	8	9	10	5	9
		7	11	12	13	14	15	16	17	18	19	20	21	22	23	24	25	26	27	28	29	30	31	91	2	3	4	5	6	7	8	—	0	39
		8	9	10	11	12	13	14	15	16	17	18	19	20	21	22	23	24	25	26	27	28	29	30	01	2	3	4	5	6	7	8	1	8
		9	9	10	11	12	13	14	15	16	17	18	19	20	21	22	23	24	25	26	27	28	29	30	31	N1	2	3	4	5	6	7	3	38
		10	8	9	10	11	12	13	14	15	16	17	18	19	20	21	22	23	24	25	26	27	28	29	30	D1	2	3	4	5	6	—	5	8
		11	7	8	9	10	11	12	13	14	15	16	17	18	19	20	21	22	23	24	25	26	27	28	29	30	31	11	2	3	4	5	6	37
		12	6	7	8	9	10	11	12	13	14	15	16	17	18	19	20	21	22	23	24	25	26	27	28	29	30	31	21	2	3	4	1	7

年序 Year	陰曆月序 Moon	陰曆日序 Order of days (Lunar) 1 2 3 4 5	6 7 8 9 10	11 12 13 14 15	16 17 18 19 20	21 22 23 24 25	26 27 28 29 30	星期 Week	干支 Cycle
乾隆 26 1761–62 辛巳	26 1	5 6 7 8 9	10 11 12 13 14	15 16 17 18 19	20 21 22 23 24	25 26 27 28 31	2 3 4 5 6	3	37
	2	7 8 9 10 11	12 13 14 15 16	17 18 19 20 21	22 23 24 25 26	27 28 29 30 31	41 2 3 4 —	5	7
	3	5 6 7 8 9	10 11 12 13 14	15 16 17 18 19	20 21 22 23 24	25 26 27 28 29	30 51 2 3 4	6	36
	4	5 6 7 8 9	10 11 12 13 14	15 16 17 18 19	20 21 22 23 24	25 26 27 28 29	30 31 61 2 —	1	6
	5	3 4 5 6 7	8 9 10 11 12	13 14 15 16 17	18 19 20 21 22	23 24 25 26 27	28 29 30 71 —	2	35
	6	2 3 4 5 6	7 8 9 10 11	12 13 14 15 16	17 18 19 20 21	22 23 24 25 26	27 28 29 30 —	3	4
	7	31 81 2 3 4	5 6 7 8 9	10 11 12 13 14	15 16 17 18 19	20 21 22 23 24	25 26 27 28 29	4	33
	8	30 31 91 2 3	4 5 6 7 8	9 10 11 12 13	14 15 16 17 18	19 20 21 22 23	24 25 26 27 —	6	3
	9	28 29 30 01 2	3 4 5 6 7	8 9 10 11 12	13 14 15 16 17	18 19 20 21 22	23 24 25 26 27	0	32
	10	28 29 30 31 N1	2 3 4 5 6	7 8 9 10 11	12 13 14 15 16	17 18 19 20 21	22 23 24 25 —	2	2
	11	26 27 28 29 30	D1 2 3 4 5	6 7 8 9 10	11 12 13 14 15	16 17 18 19 20	21 22 23 24 25	3	31
	12	26 27 28 29 30	31 11 2 3 4	5 6 7 8 9	10 11 12 13 14	15 16 17 18 19	20 21 22 23 24	5	1
乾隆 27 1762–63 壬午	38 1	25 26 27 28 29	30 31 21 2 3	4 5 6 7 8	9 10 11 12 13	14 15 16 17 18	19 29 21 22 23	0	31
	2	24 25 26 27 28	31 2 3 4 5	6 7 8 9 10	11 12 13 14 15	16 17 18 19 20	21 22 23 24 —	2	1
	3	25 26 27 28 29	30 31 41 2 3	4 5 6 7 8	9 10 11 12 13	14 15 16 17 18	19 20 21 22 23	3	30
	4	24 25 26 27 28	29 30 51 2 3	4 5 6 7 8	9 10 11 12 13	14 15 16 17 18	19 20 21 22 23	5	0
	5	24 25 26 27 28	29 30 31 61 2	3 4 5 6 7	8 9 10 11 12	13 14 15 16 17	18 19 20 21 —	0	30
	5	22 23 24 25 26	27 28 29 30 71	2 3 4 5 6	7 8 9 10 11	12 13 14 15 16	17 18 19 20 —	1	59
	6	21 22 23 24 25	26 27 28 29 30	31 81 2 3 4	5 6 7 8 9	10 11 12 13 14	15 16 17 18 —	2	28
	7	19 20 21 22 23	24 25 26 27 28	29 30 31 91 2	3 4 5 6 7	8 9 10 11 12	13 14 15 16 17	3	57
	8	18 19 20 21 22	23 24 25 26 27	28 29 30 01 2	3 4 5 6 7	8 9 10 11 12	13 14 15 16 —	5	27
	9	17 18 19 20 21	22 23 24 25 26	27 28 29 30 31	N1 2 3 4 5	6 7 8 9 10	11 12 13 14 15	6	56
	10	16 17 18 19 20	21 22 23 24 25	26 27 28 29 30	D1 2 3 4 5	6 7 8 9 10	11 12 13 14 —	1	26
	11	15 16 17 18 19	20 21 22 23 24	25 26 27 28 29	30 31 11 2 3	4 5 6 7 8	9 10 11 12 13	2	55
	12	14 15 16 17 18	19 20 21 22 23	24 25 26 27 28	29 30 31 21 2	3 4 5 6 7	8 9 10 11 12	4	25
乾隆 28 1763–64 癸未	50 1	13 14 15 16 17	18 19 20 21 22	23 24 25 26 27	28 31 2 3 4	5 6 7 8 9	10 11 12 13 14	6	55
	2	15 16 17 18 19	20 21 22 23 24	25 26 27 28 29	30 31 41 2 3	4 5 6 7 8	9 10 11 12 —	1	25
	3	13 14 15 16 17	18 19 20 21 22	23 24 25 26 27	28 29 30 51 2	3 4 5 6 7	8 9 10 11 12	2	54
	4	13 14 15 16 17	18 19 20 21 22	23 24 25 26 27	28 29 30 31 61	2 3 4 5 6	7 8 9 10 —	4	24
	5	11 12 13 14 15	16 17 18 19 20	21 22 23 24 25	26 27 28 29 30	71 2 3 4 5	6 7 8 9 10	5	53
	6	11 12 13 14 15	16 17 18 19 20	21 22 23 24 25	26 27 28 29 30	31 81 2 3 4	5 6 7 8 —	0	23
	7	9 10 11 12 13	14 15 16 17 18	19 20 21 22 23	24 25 26 27 28	29 30 31 91 2	3 4 5 6 —	1	52
	8	7 8 9 10 11	12 13 14 15 16	17 18 19 20 21	22 23 24 25 26	27 28 29 30 01	2 3 4 5 6	2	21
	9	7 8 9 10 11	12 13 14 15 16	17 18 19 20 21	22 23 24 25 26	27 28 29 30 31	N1 2 3 4 —	4	51
	10	5 6 7 8 9	10 11 12 13 14	15 16 17 18 19	20 21 22 23 24	25 26 27 28 29	30 D1 2 3 4	5	20
	11	5 6 7 8 9	10 11 12 13 14	15 16 17 18 19	20 21 22 23 24	25 26 27 28 29	30 31 11 2 —	0	50
	12	3 4 5 6 7	8 9 10 11 12	13 14 15 16 17	18 19 20 21 22	23 24 25 26 27	28 29 30 31 21	1	19
乾隆 29 1764–65 甲申	2 1	2 3 4 5 6	7 8 9 10 11	12 13 14 15 16	17 18 19 20 21	22 23 24 25 26	27 28 29 31 2	3	49
	2	3 4 5 6 7	8 9 10 11 12	13 14 15 16 17	18 19 20 21 22	23 24 25 26 27	28 29 30 31 —	5	19
	3	41 2 3 4 5	6 7 8 9 10	11 12 13 14 15	16 17 18 19 20	21 22 23 24 25	26 27 28 29 30	6	48
	4	51 2 3 4 5	6 7 8 9 10	11 12 13 14 15	16 17 18 19 20	21 22 23 24 25	26 27 28 29 30	1	18
	5	31 61 2 3 4	5 6 7 8 9	10 11 12 13 14	15 16 17 18 19	20 21 22 23 24	25 26 27 28 —	3	48
	6	29 30 71 2 3	4 5 6 7 8	9 10 11 12 13	14 15 16 17 18	19 20 21 22 23	24 25 26 27 28	4	17
	7	29 30 31 81 2	3 4 5 6 7	8 9 10 11 12	13 14 15 16 17	18 19 20 21 22	23 24 25 26 —	6	47
	8	27 28 29 30 31	91 2 3 4 5	6 7 8 9 10	11 12 13 14 15	16 17 18 19 20	21 22 23 24 25	0	16
	9	26 27 28 29 30	01 2 3 4 5	6 7 8 9 10	11 12 13 14 15	16 17 18 19 20	21 22 23 24 —	2	46
	10	25 26 27 28 29	30 31 N1 2 3	4 5 6 7 8	9 10 11 12 13	14 15 16 17 18	19 20 21 22 —	3	15
	11	23 24 25 26 27	28 29 30 D1 2	3 4 5 6 7	8 9 10 11 12	13 14 15 16 17	18 19 20 21 22	4	44
	12	23 24 25 26 27	28 29 30 31 11	2 3 4 5 6	7 8 9 10 11	12 13 14 15 16	17 18 19 20 —	6	14
乾隆 30 1765–66 乙酉	14 1	21 22 23 24 25	26 27 28 29 30	31 21 2 3 4	5 6 7 8 9	10 11 12 13 14	15 16 17 18 19	0	43
	2	20 21 22 23 24	25 26 27 28 31	2 3 4 5 6	7 8 9 10 11	12 13 14 15 16	17 18 19 20 —	2	13
	2	21 22 23 24 25	26 27 28 29 30	31 41 2 3 4	5 6 7 8 9	10 11 12 13 14	15 16 17 18 19	3	42
	3	20 21 22 23 24	25 26 27 28 29	30 51 2 3 4	5 6 7 8 9	10 11 12 13 14	15 16 17 18 19	5	12
	4	20 21 22 23 24	25 26 27 28 29	30 31 61 2 3	4 5 6 7 8	9 10 11 12 13	14 15 16 17 —	0	42
	5	18 19 20 21 22	23 24 25 26 27	28 29 30 71 2	3 4 5 6 7	8 9 10 11 12	13 14 15 16 17	1	11
	6	18 19 20 21 22	23 24 25 26 27	28 29 30 31 81	2 3 4 5 6	7 8 9 10 11	12 13 14 15 —	3	41
	7	16 17 18 19 20	21 22 23 24 25	26 27 28 29 30	31 91 2 3 4	5 6 7 8 9	10 11 12 13 14	4	10
	8	15 16 17 18 19	20 21 22 23 24	25 26 27 28 29	30 01 2 3 4	5 6 7 8 9	10 11 12 13 14	6	40
	9	15 16 17 18 19	20 21 22 23 24	25 26 27 28 29	30 31 N1 2 3	4 5 6 7 8	9 10 11 12 —	1	10
	10	13 14 15 16 17	18 19 20 21 22	23 24 25 26 27	28 29 30 D1 2	3 4 5 6 7	8 9 10 11 —	2	39
	11	12 13 14 15 16	17 18 19 20 21	22 23 24 25 26	27 28 29 30 31	11 2 3 4 5	6 7 8 9 10	3	8
	12	11 12 13 14 15	16 17 18 19 20	21 22 23 24 25	26 27 28 29 30	31 21 2 3 4	5 6 7 8 —	5	38

年序 Year	陰曆月序 Moon	1	2	3	4	5	6	7	8	9	10	11	12	13	14	15	16	17	18	19	20	21	22	23	24	25	26	27	28	29	30	星期 Week	干支 Cycle
乾隆31丙戌 1766–67	26 1	9	10	11	12	13	14	15	16	17	18	19	20	21	22	23	24	25	26	27	28	31	2	3	4	5	6	7	8	9	10	6	7
	2	11	12	13	14	15	16	17	18	19	20	21	22	23	24	25	26	27	28	29	30	31	41	2	3	4	5	6	7	8	—	1	37
	3	9	10	11	12	13	14	15	16	17	18	19	20	21	22	23	24	25	26	27	28	29	30	51	2	3	4	5	6	7	8	2	6
	4	9	10	11	12	13	14	15	16	17	18	19	20	21	22	23	24	25	26	27	28	29	30	31	61	2	3	4	5	6	—	4	36
	5	7	8	9	10	11	12	13	14	15	16	17	18	19	20	21	22	23	24	25	26	27	28	29	30	71	2	3	4	5	6	5	5
	6	7	8	9	10	11	12	13	14	15	16	17	18	19	20	21	22	23	24	25	26	27	28	29	30	31	81	2	3	4	5	0	35
	7	6	7	8	9	10	11	12	13	14	15	16	17	18	19	20	21	22	23	24	25	26	27	28	29	30	31	91	2	3	—	2	5
	8	4	5	6	7	8	9	10	11	12	13	14	15	16	17	18	19	20	21	22	23	24	25	26	27	28	29	30	01	2	3	3	34
	9	4	5	6	7	8	9	10	11	12	13	14	15	16	17	18	19	20	21	22	23	24	25	26	27	28	29	30	31	N1	—	5	4
	10	2	3	4	5	6	7	8	9	10	11	12	13	14	15	16	17	18	19	20	21	22	23	24	25	26	27	28	29	30	D1	6	33
	11	2	3	4	5	6	7	8	9	10	11	12	13	14	15	16	17	18	19	20	21	22	23	24	25	26	27	28	29	30	31	1	3
	12	11	2	3	4	5	6	7	8	9	10	11	12	13	14	15	16	17	18	19	20	21	22	23	24	25	26	27	28	29	—	3	33
乾隆32丁亥 1767–68	38 1	30	31	21	2	3	4	5	6	7	8	9	10	11	12	13	14	15	16	17	18	19	20	21	22	23	24	25	26	27	—	4	2
	2	28	31	2	3	4	5	6	7	8	9	10	11	12	13	14	15	16	17	18	19	20	21	22	23	24	25	26	27	28	29	5	31
	3	30	31	41	2	3	4	5	6	7	8	9	10	11	12	13	14	15	16	17	18	19	20	21	22	23	24	25	26	27	—	0	1
	4	28	29	30	51	2	3	4	5	6	7	8	9	10	11	12	13	14	15	16	17	18	19	20	21	22	23	24	25	26	27	1	30
	5	28	29	30	31	61	2	3	4	5	6	7	8	9	10	11	12	13	14	15	16	17	18	19	20	21	22	23	24	25	—	3	0
	6	26	27	28	29	30	71	2	3	4	5	6	7	8	9	10	11	12	13	14	15	16	17	18	19	20	21	22	23	24	25	4	29
	7	26	27	28	29	30	31	81	2	3	4	5	6	7	8	9	10	11	12	13	14	15	16	17	18	19	20	21	22	23	—	6	59
	7	24	25	26	27	28	29	30	31	91	2	3	4	5	6	7	8	9	10	11	12	13	14	15	16	17	18	19	20	21	22	0	28
	8	23	24	25	26	27	28	29	30	01	2	3	4	5	6	7	8	9	10	11	12	13	14	15	16	17	18	19	20	21	22	2	58
	9	23	24	25	26	27	28	29	30	31	N1	2	3	4	5	6	7	8	9	10	11	12	13	14	15	16	17	18	19	20	—	4	28
	10	21	22	23	24	25	26	27	28	29	30	D1	2	3	4	5	6	7	8	9	10	11	12	13	14	15	16	17	18	19	20	5	57
	11	21	22	23	24	25	26	27	28	29	30	31	11	2	3	4	5	6	7	8	9	10	11	12	13	14	15	16	17	18	19	0	27
	12	20	21	22	23	24	25	26	27	28	29	30	[illegible]	21	2	3	4	5	6	7	8	9	10	11	12	13	14	15	16	17	—	2	57
乾隆33戊子 1768–69	50 1	18	19	20	21	22	23	24	25	26	27	28	29	31	2	3	4	5	6	7	8	9	10	11	12	13	14	15	16	17	—	3	26
	2	18	19	20	21	22	23	24	25	26	27	28	29	30	31	41	2	3	4	5	6	7	8	9	10	11	12	13	14	15	16	4	55
	3	17	18	19	20	21	22	23	24	25	26	27	28	29	30	51	2	3	4	5	6	7	8	9	10	11	12	13	14	15	—	6	25
	4	16	17	18	19	20	21	22	23	24	25	26	27	28	29	30	31	61	2	3	4	5	6	7	8	9	10	11	12	13	14	0	54
	5	15	16	17	18	19	20	21	22	23	24	25	26	27	28	29	30	71	2	3	4	5	6	7	8	9	10	11	12	13	—	2	24
	6	14	15	16	17	18	19	20	21	22	23	24	25	26	27	28	29	30	31	81	2	3	4	5	6	7	8	9	10	11	—	3	53
	7	12	13	14	15	16	17	18	19	20	21	22	23	24	25	26	27	28	29	30	31	91	2	3	4	5	6	7	8	9	10	4	22
	8	11	12	13	14	15	16	17	18	19	20	21	22	23	24	25	26	27	28	29	30	01	2	3	4	5	6	7	8	9	10	6	52
	9	11	12	13	14	15	16	17	18	19	20	21	22	23	24	25	26	27	28	29	30	31	N1	2	3	4	5	6	7	8	—	1	22
	10	9	10	11	12	13	14	15	16	17	18	19	20	21	22	23	24	25	26	27	28	29	30	D1	2	3	4	5	6	7	8	2	51
	11	9	10	11	12	13	14	15	16	17	18	19	20	21	22	23	24	25	26	27	28	29	30	31	11	2	3	4	5	6	7	4	21
	12	8	9	10	11	12	13	14	15	16	17	18	19	20	21	22	23	24	25	26	27	28	29	30	31	21	2	3	4	5	6	6	51
乾隆34己丑 1769–70	2 1	7	8	9	10	11	12	13	14	15	16	17	18	19	20	21	22	23	24	25	26	27	28	31	2	3	4	5	6	7	—	1	21
	2	8	9	10	11	12	13	14	15	16	17	18	19	20	21	22	23	24	25	26	27	28	29	30	31	41	2	3	4	5	6	2	50
	3	7	8	9	10	11	12	13	14	15	16	17	18	19	20	21	22	23	24	25	26	27	28	29	30	51	2	3	4	5	—	4	20
	4	6	7	8	9	10	11	12	13	14	15	16	17	18	19	20	21	22	23	24	25	26	27	28	29	30	31	61	2	3	—	5	49
	5	4	5	6	7	8	9	10	11	12	13	14	15	16	17	18	19	20	21	22	23	24	25	26	27	28	29	30	71	2	—	6	18
	6	3	4	5	6	7	8	9	10	11	12	13	14	15	16	17	18	19	20	21	22	23	24	25	26	27	28	29	30	31	81	0	47
	7	2	3	4	5	6	7	8	9	10	11	12	13	14	15	16	17	18	19	20	21	22	23	24	25	26	27	28	29	30	—	2	17
	8	31	91	2	3	4	5	6	7	8	9	10	11	12	13	14	15	16	17	18	19	20	21	22	23	24	25	26	27	28	29	3	46
	9	30	01	2	3	4	5	6	7	8	9	10	11	12	13	14	15	16	17	18	19	20	21	22	23	24	25	26	27	28	—	5	16
	10	29	30	31	N1	2	3	4	5	6	7	8	9	10	11	12	13	14	15	16	17	18	19	20	21	22	23	24	25	26	27	6	45
	11	28	29	30	D1	2	3	4	5	6	7	8	9	10	11	12	13	14	15	16	17	18	19	20	21	22	23	24	25	26	27	1	15
	12	28	29	30	31	11	2	3	4	5	6	7	8	9	10	11	12	13	14	15	16	17	18	19	20	21	22	23	24	25	26	3	45
乾隆35庚寅 1770–71	14 1	27	28	29	30	31	21	2	3	4	5	6	7	8	9	10	11	12	13	14	15	16	17	18	19	20	21	22	23	24	—	5	15
	2	25	26	27	28	31	2	3	4	5	6	7	8	9	10	11	12	13	14	15	16	17	18	19	20	21	22	23	24	25	26	6	44
	3	27	28	29	30	31	41	2	3	4	5	6	7	8	9	10	11	12	13	14	15	16	17	18	19	20	21	22	23	24	25	1	14
	4	26	27	28	29	30	51	2	3	4	5	6	7	8	9	10	11	12	13	14	15	16	17	18	19	20	21	22	23	24	—	3	44
	5	25	26	27	28	29	30	31	61	2	3	4	5	6	7	8	9	10	11	12	13	14	15	16	17	18	19	20	21	22	—	4	13
	5	23	24	25	26	27	28	29	30	71	2	3	4	5	6	7	8	9	10	11	12	13	14	15	16	17	18	19	20	21	—	5	42
	6	22	23	24	25	26	27	28	29	30	31	81	2	3	4	5	6	7	8	9	10	11	12	13	14	15	16	17	18	19	20	6	11
	7	21	22	23	24	25	26	27	28	29	30	31	91	2	3	4	5	6	7	8	9	10	11	12	13	14	15	16	17	18	—	1	41
	8	19	20	21	22	23	24	25	26	27	28	29	30	01	2	3	4	5	6	7	8	9	10	11	12	13	14	15	16	17	18	2	10
	9	19	20	21	22	23	24	25	26	27	28	29	30	31	N1	2	3	4	5	6	7	8	9	10	11	12	13	14	15	16	—	4	40
	10	17	18	19	20	21	22	23	24	25	26	27	28	29	30	D1	2	3	4	5	6	7	8	9	10	11	12	13	14	15	16	5	9
	11	17	18	19	20	21	22	23	24	25	26	27	28	29	30	31	11	2	3	4	5	6	7	8	9	10	11	12	13	14	15	0	39
	12	16	17	18	19	20	21	22	23	24	25	26	27	28	29	30	31	21	2	3	4	5	6	7	8	9	10	11	12	13	14	2	9

年序 Year	陰曆月序 Moon	陰曆日序 Order of days (Lunar) 1	2	3	4	5	6	7	8	9	10	11	12	13	14	15	16	17	18	19	20	21	22	23	24	25	26	27	28	29	30	星期 Week	干支 Cycle
乾隆36辛卯 1771–72	26 1	15	16	17	18	19	20	21	22	23	24	25	26	27	28	31	2	3	4	5	6	7	8	9	10	11	12	13	14	15	—	4	39
	2	16	17	18	19	20	21	22	23	24	25	26	27	28	29	30	31	41	2	3	4	5	6	7	8	9	10	11	12	13	14	5	8
	3	15	16	17	18	19	20	21	22	23	24	25	26	27	28	29	30	51	2	3	4	5	6	7	8	9	10	11	12	13	—	0	38
	4	14	15	16	17	18	19	20	21	22	23	24	25	26	27	28	29	30	31	61	2	3	4	5	6	7	8	9	10	11	12	1	7
	5	13	14	15	16	17	18	19	20	21	22	23	24	25	26	27	28	29	30	71	2	3	4	5	6	7	8	9	10	11	—	3	37
	6	12	13	14	15	16	17	18	19	20	21	22	23	24	25	26	27	28	29	30	31	81	2	3	4	5	6	7	8	9	—	4	6
	7	10	11	12	13	14	15	16	17	18	19	20	21	22	23	24	25	26	27	28	29	30	31	91	2	3	4	5	6	7	8	5	35
	8	9	10	11	12	13	14	15	16	17	18	19	20	21	22	23	24	25	26	27	28	29	30	01	2	3	4	5	6	7	—	0	5
	9	8	9	10	11	12	13	14	15	16	17	18	19	20	21	22	23	24	25	26	27	28	29	30	31	N1	2	3	4	5	6	1	34
	10	7	8	9	10	11	12	13	14	15	16	17	18	19	20	21	22	23	24	25	26	27	28	29	30	D1	2	3	4	5	—	3	4
	11	6	7	8	9	10	11	12	13	14	15	16	17	18	19	20	21	22	23	24	25	26	27	28	29	30	31	11	2	3	4	4	33
	12	5	6	7	8	9	10	11	12	13	14	15	16	17	18	19	20	21	22	23	24	25	26	27	28	29	30	31	21	2	3	6	3
乾隆37壬辰 1772–73	38 1	4	5	6	7	8	9	10	11	12	13	14	15	16	17	18	19	20	21	22	23	24	25	26	27	28	29	31	2	3	—	1	33
	2	4	5	6	7	8	9	10	11	12	13	14	15	16	17	18	19	20	21	22	23	24	25	26	27	28	29	30	31	41	2	2	2
	3	3	4	5	6	7	8	9	10	11	12	13	14	15	16	17	18	19	20	21	22	23	24	25	26	27	28	29	30	51	2	4	32
	4	3	4	5	6	7	8	9	10	11	12	13	14	15	16	17	18	19	20	21	22	23	24	25	26	27	28	29	30	31	—	6	2
	5	61	2	3	4	5	6	7	8	9	10	11	12	13	14	15	16	17	18	19	20	21	22	23	24	25	26	27	28	29	30	0	31
	6	71	2	3	4	5	6	7	8	9	10	11	12	13	14	15	16	17	18	19	20	21	22	23	24	25	26	27	28	29	—	2	1
	7	30	31	81	2	3	4	5	6	7	8	9	10	11	12	13	14	15	16	17	18	19	20	21	22	23	24	25	26	27	—	3	30
	8	28	29	30	31	91	2	3	4	5	6	7	8	9	10	11	12	13	14	15	16	17	18	19	20	21	22	23	24	25	26	4	59
	9	27	28	29	30	01	2	3	4	5	6	7	8	9	10	11	12	13	14	15	16	17	18	19	20	21	22	23	24	25	—	6	29
	10	26	27	28	29	30	31	N1	2	3	4	5	6	7	8	9	10	11	12	13	14	15	16	17	18	19	20	21	22	23	24	0	58
	11	25	26	27	28	29	30	D1	2	3	4	5	6	7	8	9	10	11	12	13	14	15	16	17	18	19	20	21	22	23	—	2	28
	12	24	25	26	27	28	29	30	31	11	2	3	4	5	6	7	8	9	10	11	12	13	14	15	16	17	18	19	20	21	22	3	57
乾隆38癸巳 1773–74	50 1	23	24	25	26	27	28	29	30	31	21	2	3	4	5	6	7	8	9	10	11	12	13	14	15	16	17	18	19	20	—	5	27
	2	21	22	23	24	25	26	27	28	31	2	3	4	5	6	7	8	9	10	11	12	13	14	15	16	17	18	19	20	21	22	6	56
	3	23	24	25	26	27	28	29	30	31	41	2	3	4	5	6	7	8	9	10	11	12	13	14	15	16	17	18	19	20	21	1	26
	3	22	23	24	25	26	27	28	29	30	51	2	3	4	5	6	7	8	9	10	11	12	13	14	15	16	17	18	19	20	—	3	56
	4	21	22	23	24	25	26	27	28	29	30	31	61	2	3	4	5	6	7	8	9	10	11	12	13	14	15	16	17	18	19	4	25
	5	20	21	22	23	24	25	26	27	28	29	30	71	2	3	4	5	6	7	8	9	10	11	12	13	14	15	16	17	18	19	6	55
	6	20	21	22	23	24	25	26	27	28	29	30	31	81	2	3	4	5	6	7	8	9	10	11	12	13	14	15	16	17	—	1	25
	7	18	19	20	21	22	23	24	25	26	27	28	29	30	31	91	2	3	4	5	6	7	8	9	10	11	12	13	14	15	—	2	54
	8	16	17	18	19	20	21	22	23	24	25	26	27	28	29	30	01	2	3	4	5	6	7	8	9	10	11	12	13	14	15	3	23
	9	16	17	18	19	20	21	22	23	24	25	26	27	28	29	30	31	N1	2	3	4	5	6	7	8	9	10	11	12	13	—	5	53
	10	14	15	16	17	18	19	20	21	22	23	24	25	26	27	28	29	30	D1	2	3	4	5	6	7	8	9	10	11	12	13	6	22
	11	14	15	16	17	18	19	20	21	22	23	24	25	26	27	28	29	30	31	11	2	3	4	5	6	7	8	9	10	11	—	1	52
	12	12	13	14	15	16	17	18	19	20	21	22	23	24	25	26	27	28	29	30	31	21	2	3	4	5	6	7	8	9	10	2	21
乾隆39甲午 1774–75	2 1	11	12	13	14	15	16	17	18	19	20	21	22	23	24	25	26	27	28	31	2	3	4	5	6	7	8	9	10	11	—	4	51
	2	12	13	14	15	16	17	18	19	20	21	22	23	24	25	26	27	28	29	30	31	41	2	3	4	5	6	7	8	9	10	5	20
	3	11	12	13	14	15	16	17	18	19	20	21	22	23	24	25	26	27	28	29	30	51	2	3	4	5	6	7	8	9	—	0	50
	4	10	11	12	13	14	15	16	17	18	19	20	21	22	23	24	25	26	27	28	29	30	31	61	2	3	4	5	6	7	8	1	19
	5	9	10	11	12	13	14	15	16	17	18	19	20	21	22	23	24	25	26	27	28	29	30	71	2	3	4	5	6	7	8	3	49
	6	9	10	11	12	13	14	15	16	17	18	19	20	21	22	23	24	25	26	27	28	29	30	31	81	2	3	4	5	6	—	5	19
	7	7	8	9	10	11	12	13	14	15	16	17	18	19	20	21	22	23	24	25	26	27	28	29	30	31	91	2	3	4	5	6	48
	8	6	7	8	9	10	11	12	13	14	15	16	17	18	19	20	21	22	23	24	25	26	27	28	29	30	01	2	3	4	—	1	18
	9	5	6	7	8	9	10	11	12	13	14	15	16	17	18	19	20	21	22	23	24	25	26	27	28	29	30	31	N1	2	3	2	47
	10	4	5	6	7	8	9	10	11	12	13	14	15	16	17	18	19	20	21	22	23	24	25	26	27	28	29	30	D1	2	—	4	17
	11	3	4	5	6	7	8	9	10	11	12	13	14	15	16	17	18	19	20	21	22	23	24	25	26	27	28	29	30	31	11	5	46
	12	2	3	4	5	6	7	8	9	10	11	12	13	14	15	16	17	18	19	20	21	22	23	24	25	26	27	28	29	30	—	0	16
乾隆40乙未 1775–76	14 1	31	21	2	3	4	5	6	7	8	9	10	11	12	13	14	15	16	17	18	19	20	21	22	23	24	25	26	27	28	31	1	45
	2	2	3	4	5	6	7	8	9	10	11	12	13	14	15	16	17	18	19	20	21	22	23	24	25	26	27	28	29	30	—	3	15
	3	31	41	2	3	4	5	6	7	8	9	10	11	12	13	14	15	16	17	18	19	20	21	22	23	24	25	26	27	28	29	4	44
	4	30	51	2	3	4	5	6	7	8	9	10	11	12	13	14	15	16	17	18	19	20	21	22	23	24	25	26	27	28	—	6	14
	5	29	30	31	61	2	3	4	5	6	7	8	9	10	11	12	13	14	15	16	17	18	19	20	21	22	23	24	25	26	27	0	43
	6	28	29	30	71	2	3	4	5	6	7	8	9	10	11	12	13	14	15	16	17	18	19	20	21	22	23	24	25	26	—	2	13
	7	27	28	29	30	31	81	2	3	4	5	6	7	8	9	10	11	12	13	14	15	16	17	18	19	20	21	22	23	24	25	3	42
	8	26	27	28	29	30	31	91	2	3	4	5	6	7	8	9	10	11	12	13	14	15	16	17	18	19	20	21	22	23	24	5	12
	9	25	26	27	28	29	30	01	2	3	4	5	6	7	8	9	10	11	12	13	14	15	16	17	18	19	20	21	22	23	—	0	42
	10	24	25	26	27	28	29	30	31	N1	2	3	4	5	6	7	8	9	10	11	12	13	14	15	16	17	18	19	20	21	22	1	11
	10	23	24	25	26	27	28	29	30	D1	2	3	4	5	6	7	8	9	10	11	12	13	14	15	16	17	18	19	20	21	—	3	41
	11	22	23	24	25	26	27	28	29	30	31	11	2	3	4	5	6	7	8	9	10	11	12	13	14	15	16	17	18	19	20	4	10
	12	21	22	23	24	25	26	27	28	29	30	31	21	2	3	4	5	6	7	8	9	10	11	12	13	14	15	16	17	18	—	6	40

年序 Year	陰曆月序 Moon	1	2	3	4	5	6	7	8	9	10	11	12	13	14	15	16	17	18	19	20	21	22	23	24	25	26	27	28	29	30	星期 Week	干支 Cycle
乾隆 41 丙申 1776–77	26 1	19	20	21	22	23	24	25	26	27	28	29	31	2	3	4	5	6	7	8	9	10	11	12	13	14	15	16	17	18	19	0	9
	2	20	21	22	23	24	25	26	27	28	29	30	31	41	2	3	4	5	6	7	8	9	10	11	12	13	14	15	16	17	—	2	39
	3	18	19	20	21	22	23	24	25	26	27	28	29	30	51	2	3	4	5	6	7	8	9	10	11	12	13	14	15	16	17	3	8
	4	18	19	20	21	22	23	24	25	26	27	28	29	30	31	61	2	3	4	5	6	7	8	9	10	11	12	13	14	15	—	5	38
	5	16	17	18	19	20	21	22	23	24	25	26	27	28	29	30	71	2	3	4	5	6	7	8	9	10	11	12	13	14	—	6	7
	6	15	16	17	18	19	20	21	22	23	24	25	26	27	28	29	30	31	81	2	3	4	5	6	7	8	9	10	11	12	13	0	36
	7	14	15	16	17	18	19	20	21	22	23	24	25	26	27	28	29	30	31	91	2	3	4	5	6	7	8	9	10	11	12	2	6
	8	13	14	15	16	17	18	19	20	21	22	23	24	25	26	27	28	29	30	01	2	3	4	5	6	7	8	9	10	11	—	4	36
	9	12	13	14	15	16	17	18	19	20	21	22	23	24	25	26	27	28	29	30	31	N1	2	3	4	5	6	7	8	9	10	5	5
	10	11	12	13	14	15	16	17	18	19	20	21	22	23	24	25	26	27	28	29	30	D1	2	3	4	5	6	7	8	9	10	0	35
	11	11	12	13	14	15	16	17	18	19	20	21	22	23	24	25	26	27	28	29	30	31	11	2	3	4	5	6	7	8	—	2	5
	12	9	10	11	12	13	14	15	16	17	18	19	20	21	22	23	24	25	26	27	28	29	30	31	21	2	3	4	5	6	7	3	34
乾隆 42 丁酉 1777–78	38 1	8	9	10	11	12	13	14	15	16	17	18	19	20	21	22	23	24	25	26	27	28	31	2	3	4	5	6	7	8	—	5	4
	2	9	10	11	12	13	14	15	16	17	18	19	20	21	22	23	24	25	26	27	28	29	30	31	41	2	3	4	5	6	7	6	33
	3	8	9	10	11	12	13	14	15	16	17	18	19	20	21	22	23	24	25	26	27	28	29	30	51	2	3	4	5	6	—	1	3
	4	7	8	9	10	11	12	13	14	15	16	17	18	19	20	21	22	23	24	25	26	27	28	29	30	31	61	2	3	4	—	2	32
	5	5	6	7	8	9	10	11	12	13	14	15	16	17	18	19	20	21	22	23	24	25	26	27	28	29	30	71	2	3	4	3	1
	6	5	6	7	8	9	10	11	12	13	14	15	16	17	18	19	20	21	22	23	24	25	26	27	28	29	30	31	81	2	—	5	31
	7	3	4	5	6	7	8	9	10	11	12	13	14	15	16	17	18	19	20	21	22	23	24	25	26	27	28	29	30	31	91	6	0
	8	2	3	4	5	6	7	8	9	10	11	12	13	14	15	16	17	18	19	20	21	22	23	24	25	26	27	28	29	30	—	1	30
	9	01	2	3	4	5	6	7	8	9	10	11	12	13	14	15	16	17	18	19	20	21	22	23	24	25	26	27	28	29	30	2	59
	10	31	N1	2	3	4	5	6	7	8	9	10	11	12	13	14	15	16	17	18	19	20	21	22	23	24	25	26	27	28	29	4	29
	11	30	D1	2	3	4	5	6	7	8	9	10	11	12	13	14	15	16	17	18	19	20	21	22	23	24	25	26	27	28	29	6	59
	12	30	31	11	2	3	4	5	6	7	8	9	10	11	12	13	14	15	16	17	18	19	20	21	22	23	24	25	26	27	—	1	29
乾隆 43 戊戌 1778–79	50 1	28	29	30	31	21	2	3	4	5	6	7	8	9	10	11	12	13	14	15	16	17	18	19	20	21	22	23	24	25	26	2	58
	2	27	28	31	2	3	4	5	6	7	8	9	10	11	12	13	14	15	16	17	18	19	20	21	22	23	24	25	26	27	—	4	28
	3	28	29	30	31	41	2	3	4	5	6	7	8	9	10	11	12	13	14	15	16	17	18	19	20	21	22	23	24	25	26	5	57
	4	27	28	29	30	51	2	3	4	5	6	7	8	9	10	11	12	13	14	15	16	17	18	19	20	21	22	23	24	25	—	0	27
	5	26	27	28	29	30	31	61	2	3	4	5	6	7	8	9	10	11	12	13	14	15	16	17	18	19	20	21	22	23	—	1	56
	6	24	25	26	27	28	29	30	71	2	3	4	5	6	7	8	9	10	11	12	13	14	15	16	17	18	19	20	21	22	23	2	25
	6	24	25	26	27	28	29	30	31	81	2	3	4	5	6	7	8	9	10	11	12	13	14	15	16	17	18	19	20	21	—	4	55
	7	22	23	24	25	26	27	28	29	30	31	91	2	3	4	5	6	7	8	9	10	11	12	13	14	15	16	17	18	19	20	5	24
	8	21	22	23	24	25	26	27	28	29	30	01	2	3	4	5	6	7	8	9	10	11	12	13	14	15	16	17	18	19	—	0	54
	9	20	21	22	23	24	25	26	27	28	29	30	31	N1	2	3	4	5	6	7	8	9	10	11	12	13	14	15	16	17	18	1	23
	10	19	20	21	22	23	24	25	26	27	28	29	30	D1	2	3	4	5	6	7	8	9	10	11	12	13	14	15	16	17	18	3	53
	11	19	20	21	22	23	24	25	26	27	28	29	30	31	11	2	3	4	5	6	7	8	9	10	11	12	13	14	15	16	17	5	23
	12	18	19	20	21	22	23	24	25	26	27	28	29	30	31	21	2	3	4	5	6	7	8	9	10	11	12	13	14	15	—	0	53
乾隆 44 己亥 1779–80	2 1	16	17	18	19	20	21	22	23	24	25	26	27	28	31	2	3	4	5	6	7	8	9	10	11	12	13	14	15	16	17	1	22
	2	18	19	20	21	22	23	24	25	26	27	28	29	30	31	41	2	3	4	5	6	7	8	9	10	11	12	13	14	15	—	3	52
	3	16	17	18	19	20	21	22	23	24	25	26	27	28	29	30	51	2	3	4	5	6	7	8	9	10	11	12	13	14	15	4	21
	4	16	17	18	19	20	21	22	23	24	25	26	27	28	29	30	31	61	2	3	4	5	6	7	8	9	10	11	12	13	—	6	51
	5	14	15	16	17	18	19	20	21	22	23	24	25	26	27	28	29	30	71	2	3	4	5	6	7	8	9	10	11	12	—	0	20
	6	13	14	15	16	17	18	19	20	21	22	23	24	25	26	27	28	29	30	31	81	2	3	4	5	6	7	8	9	10	11	1	49
	7	12	13	14	15	16	17	18	19	20	21	22	23	24	25	26	27	28	29	30	31	91	2	3	4	5	6	7	8	9	—	3	19
	8	10	11	12	13	14	15	16	17	18	19	20	21	22	23	24	25	26	27	28	29	30	01	2	3	4	5	6	7	8	9	4	48
	9	10	11	12	13	14	15	16	17	18	19	20	21	22	23	24	25	26	27	28	29	30	31	N1	2	3	4	5	6	7	—	6	18
	10	8	9	10	11	12	13	14	15	16	17	18	19	20	21	22	23	24	25	26	27	28	29	30	D1	2	3	4	5	6	7	0	47
	11	8	9	10	11	12	13	14	15	16	17	18	19	20	21	22	23	24	25	26	27	28	29	30	31	11	2	3	4	5	6	2	17
	12	7	8	9	10	11	12	13	14	15	16	17	18	19	20	21	22	23	24	25	26	27	28	29	30	31	21	2	3	4	—	4	47
乾隆 45 庚子 1780–81	14 1	5	6	7	8	9	10	11	12	13	14	15	16	17	18	19	20	21	22	23	24	25	26	27	28	29	31	2	3	4	5	5	16
	2	6	7	8	9	10	11	12	13	14	15	16	17	18	19	20	21	22	23	24	25	26	27	28	29	30	31	41	2	3	4	0	46
	3	5	6	7	8	9	10	11	12	13	14	15	16	17	18	19	20	21	22	23	24	25	26	27	28	29	30	51	2	3	—	2	16
	4	4	5	6	7	8	9	10	11	12	13	14	15	16	17	18	19	20	21	22	23	24	25	26	27	28	29	30	31	61	2	3	45
	5	3	4	5	6	7	8	9	10	11	12	13	14	15	16	17	18	19	20	21	22	23	24	25	26	27	28	29	30	71	—	5	15
	6	2	3	4	5	6	7	8	9	10	11	12	13	14	15	16	17	18	19	20	21	22	23	24	25	26	27	28	29	30	—	6	44
	7	31	81	2	3	4	5	6	7	8	9	10	11	12	13	14	15	16	17	18	19	20	21	22	23	24	25	26	27	28	29	0	13
	8	30	31	91	2	3	4	5	6	7	8	9	10	11	12	13	14	15	16	17	18	19	20	21	22	23	24	25	26	27	—	2	43
	9	28	29	30	01	2	3	4	5	6	7	8	9	10	11	12	13	14	15	16	17	18	19	20	21	22	23	24	25	26	27	3	12
	10	28	29	30	31	N1	2	3	4	5	6	7	8	9	10	11	12	13	14	15	16	17	18	19	20	21	22	23	24	25	—	5	42
	11	26	27	28	29	30	D1	2	3	4	5	6	7	8	9	10	11	12	13	14	15	16	17	18	19	20	21	22	23	24	25	6	11
	12	26	27	28	29	30	31	11	2	3	4	5	6	7	8	9	10	11	12	13	14	15	16	17	18	19	20	21	22	23	—	1	41

年序 Year	陰曆月序 Moon	陰曆日序 Order of days (Lunar) 1 2 3 4 5	6 7 8 9 10	11 12 13 14 15	16 17 18 19 20	21 22 23 24 25	26 27 28 29 30	星期 Week	干支 Cycle
乾隆46 辛丑 1781–82	26 1	24 25 26 27 28	29 30 31 21 2	3 4 5 6 7	8 9 10 11 12	13 14 15 16 17	18 19 20 21 22	2	10
	2	23 24 25 26 27	28 31 2 3 4	5 6 7 8 9	10 11 12 13 14	15 16 17 18 19	20 21 22 23 24	4	40
	3	25 26 27 28 29	30 31 41 2 3	4 5 6 7 8	9 10 11 12 13	14 15 16 17 18	19 20 21 22 23	6	10
	4	24 25 26 27 28	29 30 51 2 3	4 5 6 7 8	9 10 11 12 13	14 15 16 17 18	19 20 21 22 —	1	40
	5	23 24 25 26 27	28 29 30 31 61	2 3 4 5 6	7 8 9 10 11	12 13 14 15 16	17 18 19 20 21	2	9
	5	22 23 24 25 26	27 28 29 30 71	2 3 4 5 6	7 8 9 10 11	12 13 14 15 16	17 18 19 20 —	4	39
	6	21 22 23 24 25	26 27 28 29 30	31 81 2 3 4	5 6 7 8 9	10 11 12 13 14	15 16 17 18 —	5	8
	7	19 20 21 22 23	24 25 26 27 28	29 30 31 91 2	3 4 5 6 7	8 9 10 11 12	13 14 15 16 17	6	37
	8	18 19 20 21 22	23 24 25 26 27	28 29 30 01 2	3 4 5 6 7	8 9 10 11 12	13 14 15 16 —	1	7
	9	17 18 19 20 21	22 23 24 25 26	27 28 29 30 31	N1 2 3 4 5	6 7 8 9 10	11 12 13 14 15	2	36
	10	16 17 18 19 20	21 22 23 24 25	26 27 28 29 30	D1 2 3 4 5	6 7 8 9 10	11 12 13 14 —	4	6
	11	15 16 17 18 19	20 21 22 23 24	25 26 27 28 29	30 31 11 2 3	4 5 6 7 8	9 10 11 12 13	5	35
	12	14 15 16 17 18	19 20 21 22 23	24 25 26 27 28	29 30 31 21 2	3 4 5 6 7	8 9 10 11 —	0	5
乾隆47 壬寅 1782–83	38 1	12 13 14 15 16	17 18 19 20 21	22 23 24 25 26	27 28 31 2 3	4 5 6 7 8	9 10 11 12 13	1	34
	2	14 15 16 17 18	19 20 21 22 23	24 25 26 27 28	29 30 31 41 2	3 4 5 6 7	8 9 10 11 12	3	4
	3	13 14 15 16 17	18 19 20 21 22	23 24 25 26 27	28 29 30 51 2	3 4 5 6 7	8 9 10 11 —	5	34
	4	12 13 14 15 16	17 18 19 20 21	22 23 24 25 26	27 28 29 30 31	61 2 3 4 5	6 7 8 9 10	6	3
	5	11 12 13 14 15	16 17 18 19 20	21 22 23 24 25	26 27 28 29 30	71 2 3 4 5	6 7 8 9 —	1	33
	6	10 11 12 13 14	15 16 17 18 19	20 21 22 23 24	25 26 27 28 29	30 31 81 2 3	4 5 6 7 8	2	2
	7	9 10 11 12 13	14 15 16 17 18	19 20 21 22 23	24 25 26 27 28	29 30 31 91 2	3 4 5 6 —	4	32
	8	7 8 9 10 11	12 13 14 15 16	17 18 19 20 21	22 23 24 25 26	27 28 29 30 01	2 3 4 5 6	5	1
	9	7 8 9 10 11	12 13 14 15 16	17 18 19 20 21	22 23 24 25 26	27 28 29 30 31	N1 2 3 4 —	0	31
	10	5 6 7 8 9	10 11 12 13 14	15 16 17 18 19	20 21 22 23 24	25 26 27 28 29	30 D1 2 3 4	1	0
	11	5 6 7 8 9	10 11 12 13 14	15 16 17 18 19	20 21 22 23 24	25 26 27 28 29	30 31 11 2 —	3	30
	12	3 4 5 6 7	8 9 10 11 12	13 14 15 16 17	18 19 20 21 22	23 24 25 26 27	28 29 30 31 21	4	59
乾隆48 癸卯 1783–84	50 1	2 3 4 5 6	7 8 9 10 11	12 13 14 15 16	17 18 19 20 21	22 23 24 25 26	27 28 31 2 —	6	29
	2	3 4 5 6 7	8 9 10 11 12	13 14 15 16 17	18 19 20 21 22	23 24 25 26 27	28 29 30 31 41	0	58
	3	2 3 4 5 6	7 8 9 10 11	12 13 14 15 16	17 18 19 20 21	22 23 24 25 26	27 28 29 30 —	2	28
	4	51 2 3 4 5	6 7 8 9 10	11 12 13 14 15	16 17 18 19 20	21 22 23 24 25	26 27 28 29 30	3	57
	5	31 61 2 3 4	5 6 7 8 9	10 11 12 13 14	15 16 17 18 19	20 21 22 23 24	25 26 27 28 29	5	27
	6	30 71 2 3 4	5 6 7 8 9	10 11 12 13 14	15 16 17 18 19	20 21 22 23 24	25 26 27 28 —	0	57
	7	29 30 31 81 2	3 4 5 6 7	8 9 10 11 12	13 14 15 16 17	18 19 20 21 22	23 24 25 26 27	1	26
	8	28 29 30 31 91	2 3 4 5 6	7 8 9 10 11	12 13 14 15 16	17 18 19 20 21	22 23 24 25 —	3	56
	9	26 27 28 29 30	01 2 3 4 5	6 7 8 9 10	11 12 13 14 15	16 17 18 19 20	21 22 23 24 25	4	25
	10	26 27 28 29 30	31 N1 2 3 4	5 6 7 8 9	10 11 12 13 14	15 16 17 18 19	20 21 22 23 —	6	55
	11	24 25 26 27 28	29 30 D1 2 3	4 5 6 7 8	9 10 11 12 13	14 15 16 17 18	19 20 21 22 23	0	24
	12	24 25 26 27 28	29 30 31 11 2	3 4 5 6 7	8 9 10 11 12	13 14 15 16 17	18 19 20 21 —	2	54
乾隆49 甲辰 1784–85	2 1	22 23 24 25 26	27 28 29 30 31	21 2 3 4 5	6 7 8 9 10	11 12 13 14 15	16 17 18 19 20	3	23
	2	21 22 23 24 25	26 27 28 29 31	2 3 4 5 6	7 8 9 10 11	12 13 14 15 16	17 18 19 20 —	5	53
	3	21 22 23 24 25	26 27 28 29 30	31 41 2 3 4	5 6 7 8 9	10 11 12 13 14	15 16 17 18 19	6	22
	3	20 21 22 23 24	25 26 27 28 29	30 51 2 3 4	5 6 7 8 9	10 11 12 13 14	15 16 17 18 —	1	52
	4	19 20 21 22 23	24 25 26 27 28	29 30 31 61 2	3 4 5 6 7	8 9 10 11 12	13 14 15 16 17	2	21
	5	18 19 20 21 22	23 24 25 26 27	28 29 30 71 2	3 4 5 6 7	8 9 10 11 12	13 14 15 16 —	4	51
	6	17 18 19 20 21	22 23 24 25 26	27 28 29 30 31	81 2 3 4 5	6 7 8 9 10	11 12 13 14 15	5	20
	7	16 17 18 19 20	21 22 23 24 25	26 27 28 29 30	31 91 2 3 4	5 6 7 8 9	10 11 12 13 14	0	50
	8	15 16 17 18 19	20 21 22 23 24	25 26 27 28 29	30 01 2 3 4	5 6 7 8 9	10 11 12 13 —	2	20
	9	14 15 16 17 18	19 20 21 22 23	24 25 26 27 28	29 30 31 N1 2	3 4 5 6 7	8 9 10 11 12	3	49
	10	13 14 15 16 17	18 19 20 21 22	23 24 25 26 27	28 29 30 D1 2	3 4 5 6 7	8 9 10 11 —	5	19
	11	12 13 14 15 16	17 18 19 20 21	22 23 24 25 26	27 28 29 30 31	11 2 3 4 5	6 7 8 9 10	6	48
	12	11 12 13 14 15	16 17 18 19 20	21 22 23 24 25	26 27 28 29 30	31 21 2 3 4	5 6 7 8 —	1	18
乾隆50 乙巳 1785–86	14 1	9 10 11 12 13	14 15 16 17 18	19 20 21 22 23	24 25 26 27 28	31 2 3 4 5	6 7 8 9 10	2	47
	2	11 12 13 14 15	16 17 18 19 20	21 22 23 24 25	26 27 28 29 30	31 41 2 3 4	5 6 7 8 —	4	17
	3	9 10 11 12 13	14 15 16 17 18	19 20 21 22 23	24 25 26 27 28	29 30 51 2 3	4 5 6 7 8	5	46
	4	9 10 11 12 13	14 15 16 17 18	19 20 21 22 23	24 25 26 27 28	29 30 31 61 2	3 4 5 6 —	0	16
	5	7 8 9 10 11	12 13 14 15 16	17 18 19 20 21	22 23 24 25 26	27 28 29 30 71	2 3 4 5 —	1	45
	6	6 7 8 9 10	11 12 13 14 15	16 17 18 19 20	21 22 23 24 25	26 27 28 29 30	31 81 2 3 4	2	14
	7	5 6 7 8 9	10 11 12 13 14	15 16 17 18 19	20 21 22 23 24	25 26 27 28 29	30 31 91 2 3	4	44
	8	4 5 6 7 8	9 10 11 12 13	14 15 16 17 18	19 20 21 22 23	24 25 26 27 28	29 30 01 2 —	6	14
	9	3 4 5 6 7	8 9 10 11 12	13 14 15 16 17	18 19 20 21 22	23 24 25 26 27	28 29 30 31 N1	0	43
	10	2 3 4 5 6	7 8 9 10 11	12 13 14 15 16	17 18 19 20 21	22 23 24 25 26	27 28 29 30 D1	2	13
	11	2 3 4 5 6	7 8 9 10 11	12 13 14 15 16	17 18 19 20 21	22 23 24 25 26	27 28 29 30 —	4	43
	12	31 11 2 3 4	5 6 7 8 9	10 11 12 13 14	15 16 17 18 19	20 21 22 23 24	25 26 27 28 29	5	12

年序 Year	陰曆月序 Moon	1	2	3	4	5	6	7	8	9	10	11	12	13	14	15	16	17	18	19	20	21	22	23	24	25	26	27	28	29	30	星期 Week	干支 Cycle
乾隆51丙午 1786–87	26 1	30	31	21	2	3	4	5	6	7	8	9	10	11	12	13	14	15	16	17	18	19	20	21	22	23	24	25	26	27	—	0	42
	2	28	31	2	3	4	5	6	7	8	9	10	11	12	13	14	15	16	17	18	19	20	21	22	23	24	25	26	27	28	29	1	11
	3	30	31	41	2	3	4	5	6	7	8	9	10	11	12	13	14	15	16	17	18	19	20	21	22	23	24	25	26	27	—	3	41
	4	28	29	30	51	2	3	4	5	6	7	8	9	10	11	12	13	14	15	16	17	18	19	20	21	22	23	24	25	26	—	4	10
	5	27	28	29	30	31	61	2	3	4	5	6	7	8	9	10	11	12	13	14	15	16	17	18	19	20	21	22	23	24	25	5	39
	6	26	27	28	29	30	71	2	3	4	5	6	7	8	9	10	11	12	13	14	15	16	17	18	19	20	21	22	23	24	—	0	9
	7	25	26	27	28	29	30	31	81	2	3	4	5	6	7	8	9	10	11	12	13	14	15	16	17	18	19	20	21	22	23	1	38
	7	24	25	26	27	28	29	30	31	91	2	3	4	5	6	7	8	9	10	11	12	13	14	15	16	17	18	19	20	21	—	3	8
	8	22	23	24	25	26	27	28	29	30	01	2	3	4	5	6	7	8	9	10	11	12	13	14	15	16	17	18	19	20	21	4	37
	9	22	23	24	25	26	27	28	29	30	31	N1	2	3	4	5	6	7	8	9	10	11	12	13	14	15	16	17	18	19	20	6	7
	10	21	22	23	24	25	26	27	28	29	30	D1	2	3	4	5	6	7	8	9	10	11	12	13	14	15	16	17	18	19	20	1	37
	11	21	22	23	24	25	26	27	28	29	30	31	11	2	3	4	5	6	7	8	9	10	11	12	13	14	15	16	17	18	—	3	7
	12	19	20	21	22	23	24	25	26	27	28	29	30	31	21	2	3	4	5	6	7	8	9	10	11	12	13	14	15	16	17	4	36
乾隆52丁未 1787–88	38 1	18	19	20	21	22	23	24	25	26	27	28	31	2	3	4	5	6	7	8	9	10	11	12	13	14	15	16	17	18	—	6	6
	2	19	20	21	22	23	24	25	26	27	28	29	30	31	41	2	3	4	5	6	7	8	9	10	11	12	13	14	15	16	17	0	35
	3	18	19	20	21	22	23	24	25	26	27	28	29	30	51	2	3	4	5	6	7	8	9	10	11	12	13	14	15	16	—	2	5
	4	17	18	19	20	21	22	23	24	25	26	27	28	29	30	31	61	2	3	4	5	6	7	8	9	10	11	12	13	14	—	3	34
	5	15	16	17	18	19	20	21	22	23	24	25	26	27	28	29	30	71	2	3	4	5	6	7	8	9	10	11	12	13	14	4	3
	6	15	16	17	18	19	20	21	22	23	24	25	26	27	28	29	30	31	81	2	3	4	5	6	7	8	9	10	11	12	—	6	33
	7	13	14	15	16	17	18	19	20	21	22	23	24	25	26	27	28	29	30	31	91	2	3	4	5	6	7	8	9	10	11	0	2
	8	12	13	14	15	16	17	18	19	20	21	22	23	24	25	26	27	28	29	30	01	2	3	4	5	6	7	8	9	10	—	2	32
	9	11	12	13	14	15	16	17	18	19	20	21	22	23	24	25	26	27	28	29	30	31	N1	2	3	4	5	6	7	8	9	3	1
	10	10	11	12	13	14	15	16	17	18	19	20	21	22	23	24	25	26	27	28	29	30	D1	2	3	4	5	6	7	8	—	5	31
	11	9	10	11	12	13	14	15	16	17	18	19	20	21	22	23	24	25	26	27	28	29	30	31	11	2	3	4	5	6	7	6	0
	12	8	9	10	11	12	13	14	15	16	17	18	19	20	21	22	23	24	25	26	27	28	29	30	31	21	2	3	4	5	6	1	30
乾隆53戊申 1788–89	50 1	7	8	9	10	11	12	13	14	15	16	17	18	19	20	21	22	23	24	25	26	27	28	29	31	2	3	4	5	6	7	3	0
	2	8	9	10	11	12	13	14	15	16	17	18	19	20	21	22	23	24	25	26	27	28	29	30	31	41	2	3	4	5	—	5	30
	3	6	7	8	9	10	11	12	13	14	15	16	17	18	19	20	21	22	23	24	25	26	27	28	29	30	51	2	3	4	5	6	59
	4	6	7	8	9	10	11	12	13	14	15	16	17	18	19	20	21	22	23	24	25	26	27	28	29	30	31	61	2	3	—	1	29
	5	4	5	6	7	8	9	10	11	12	13	14	15	16	17	18	19	20	21	22	23	24	25	26	27	28	29	30	71	2	3	2	58
	6	4	5	6	7	8	9	10	11	12	13	14	15	16	17	18	19	20	21	22	23	24	25	26	27	28	29	30	31	81	—	4	28
	7	2	3	4	5	6	7	8	9	10	11	12	13	14	15	16	17	18	19	20	21	22	23	24	25	26	27	28	29	30	—	5	57
	8	31	91	2	3	4	5	6	7	8	9	10	11	12	13	14	15	16	17	18	19	20	21	22	23	24	25	26	27	28	—	6	26
	9	29	30	01	2	3	4	5	6	7	8	9	10	11	12	13	14	15	16	17	18	19	20	21	22	23	24	25	26	27	28	0	55
	10	29	30	31	N1	2	3	4	5	6	7	8	9	10	11	12	13	14	15	16	17	18	19	20	21	22	23	24	25	26	27	2	25
	11	28	29	30	D1	2	3	4	5	6	7	8	9	10	11	12	13	14	15	16	17	18	19	20	21	22	23	24	25	26	—	4	55
	12	27	28	29	30	31	11	2	3	4	5	6	7	8	9	10	11	12	13	14	15	16	17	18	19	20	21	22	23	24	25	5	24
乾隆54己酉 1789–90	2 1	26	27	28	29	30	31	21	2	3	4	5	6	7	8	9	10	11	12	13	14	15	16	17	18	19	20	21	22	23	24	0	54
	2	25	26	27	28	31	2	3	4	5	6	7	8	9	10	11	12	13	14	15	16	17	18	19	20	21	22	23	24	25	26	2	24
	3	27	28	29	30	31	41	2	3	4	5	6	7	8	9	10	11	12	13	14	15	16	17	18	19	20	21	22	23	24	—	4	54
	4	25	26	27	28	29	30	51	2	3	4	5	6	7	8	9	10	11	12	13	14	15	16	17	18	19	20	21	22	23	24	5	23
	5	25	26	27	28	29	30	31	61	2	3	4	5	6	7	8	9	10	11	12	13	14	15	16	17	18	19	20	21	22	—	0	53
	5	23	24	25	26	27	28	29	30	71	2	3	4	5	6	7	8	9	10	11	12	13	14	15	16	17	18	19	20	21	—	1	22
	6	22	23	24	25	26	27	28	29	30	31	81	2	3	4	5	6	7	8	9	10	11	12	13	14	15	16	17	18	19	20	2	51
	7	21	22	23	24	25	26	27	28	29	30	31	91	2	3	4	5	6	7	8	9	10	11	12	13	14	15	16	17	18	—	4	21
	8	19	20	21	22	23	24	25	26	27	28	29	30	01	2	3	4	5	6	7	8	9	10	11	12	13	14	15	16	17	18	5	50
	9	19	20	21	22	23	24	25	26	27	28	29	30	31	N1	2	3	4	5	6	7	8	9	10	11	12	13	14	15	16	—	0	20
	10	17	18	19	20	21	22	23	24	25	26	27	28	29	30	D1	2	3	4	5	6	7	8	9	10	11	12	13	14	15	16	1	49
	11	17	18	19	20	21	22	23	24	25	26	27	28	29	30	31	11	2	3	4	5	6	7	8	9	10	11	12	13	14	—	3	19
	12	15	16	17	18	19	20	21	22	23	24	25	26	27	28	29	30	31	21	2	3	4	5	6	7	8	9	10	11	12	13	4	48
乾隆55庚戌 1790–91	14 1	14	15	16	17	18	19	20	21	22	23	24	25	26	27	28	31	2	3	4	5	6	7	8	9	10	11	12	13	14	15	6	18
	2	16	17	18	19	20	21	22	23	24	25	26	27	28	29	30	31	41	2	3	4	5	6	7	8	9	10	11	12	13	—	1	48
	3	14	15	16	17	18	19	20	21	22	23	24	25	26	27	28	29	30	51	2	3	4	5	6	7	8	9	10	11	12	13	2	17
	4	14	15	16	17	18	19	20	21	22	23	24	25	26	27	28	29	30	31	61	2	3	4	5	6	7	8	9	10	11	12	4	47
	5	13	14	15	16	17	18	19	20	21	22	23	24	25	26	27	28	29	30	71	2	3	4	5	6	7	8	9	10	11	—	6	17
	6	12	13	14	15	16	17	18	19	20	21	22	23	24	25	26	27	28	29	30	31	81	2	3	4	5	6	7	8	9	—	0	46
	7	10	11	12	13	14	15	16	17	18	19	20	21	22	23	24	25	26	27	28	29	30	31	91	2	3	4	5	6	7	8	1	15
	8	9	10	11	12	13	14	15	16	17	18	19	20	21	22	23	24	25	26	27	28	29	30	01	2	3	4	5	6	7	—	3	45
	9	8	9	10	11	12	13	14	15	16	17	18	19	20	21	22	23	24	25	26	27	28	29	30	31	N1	2	3	4	5	6	4	14
	10	7	8	9	10	11	12	13	14	15	16	17	18	19	20	21	22	23	24	25	26	27	28	29	30	D1	2	3	4	5	—	6	44
	11	6	7	8	9	10	11	12	13	14	15	16	17	18	19	20	21	22	23	24	25	26	27	28	29	30	31	11	2	3	4	0	13
	12	5	6	7	8	9	10	11	12	13	14	15	16	17	18	19	20	21	22	23	24	25	26	27	28	29	30	31	21	2	—	2	43

年序 Year	陰曆月序 Moon	陰曆日序 Order of days (Lunar) 1 2 3 4 5	6 7 8 9 10	11 12 13 14 15	16 17 18 19 20	21 22 23 24 25	26 27 28 29 30	星期 Week	干支 Cycle
乾隆 56 辛亥 1791–92	**26** 1	3 4 5 6 7	8 9 10 11 12	13 14 15 16 17	18 19 20 21 22	23 24 25 26 27	28 31 2 3 4	3	12
	2	5 6 7 8 9	10 11 12 13 14	15 16 17 18 19	20 21 22 23 24	25 26 27 28 29	30 31 41 2 —	5	42
	3	3 4 5 6 7	8 9 10 11 12	13 14 15 16 17	18 19 20 21 22	23 24 25 26 27	28 29 30 51 2	6	11
	4	3 4 5 6 7	8 9 10 11 12	13 14 15 16 17	18 19 20 21 22	23 24 25 26 27	28 29 30 31 61	1	41
	5	2 3 4 5 6	7 8 9 10 11	12 13 14 15 16	17 18 19 20 21	22 23 24 25 26	27 28 29 30 —	3	11
	6	71 2 3 4 5	6 7 8 9 10	11 12 13 14 15	16 17 18 19 20	21 22 23 24 25	26 27 28 29 30	4	40
	7	31 81 2 3 4	5 6 7 8 9	10 11 12 13 14	15 16 17 18 19	20 21 22 23 24	25 26 27 28 —	6	10
	8	29 30 31 91 2	3 4 5 6 7	8 9 10 11 12	13 14 15 16 17	18 19 20 21 22	23 24 25 26 27	0	39
	9	28 29 30 O1 2	3 4 5 6 7	8 9 10 11 12	13 14 15 16 17	18 19 20 21 22	23 24 25 26 —	2	9
	10	27 28 29 30 31	N1 2 3 4 5	6 7 8 9 10	11 12 13 14 15	16 17 18 19 20	21 22 23 24 25	3	38
	11	26 27 28 29 30	D1 2 3 4 5	6 7 8 9 10	11 12 13 14 15	16 17 18 19 20	21 22 23 24 —	5	8
	12	25 26 27 28 29	30 31 11 2 3	4 5 6 7 8	9 10 11 12 13	14 15 16 17 18	19 20 21 22 23	6	37
乾隆 57 壬子 1792–93	**38** 1	24 25 26 27 28	29 30 31 21 2	3 4 5 6 7	8 9 10 11 12	13 14 15 16 17	18 19 20 21 —	1	7
	2	22 23 24 25 26	27 28 29 31 2	3 4 5 6 7	8 9 10 11 12	13 14 15 16 17	18 19 20 21 22	2	36
	3	23 24 25 26 27	28 29 30 31 41	2 3 4 5 6	7 8 9 10 11	12 13 14 15 16	17 18 19 20 —	4	6
	4	21 22 23 24 25	26 27 28 29 30	51 2 3 4 5	6 7 8 9 10	11 12 13 14 15	16 17 18 19 20	5	35
	4	21 22 23 24 25	26 27 28 29 30	31 61 2 3 4	5 6 7 8 9	10 11 12 13 14	15 16 17 18 —	0	5
	5	19 20 21 22 23	24 25 26 27 28	29 30 71 2 3	4 5 6 7 8	9 10 11 12 13	14 15 16 17 18	1	34
	6	19 20 21 22 23	24 25 26 27 28	29 30 31 81 2	3 4 5 6 7	8 9 10 11 12	13 14 15 16 17	3	4
	7	18 19 20 21 22	23 24 25 26 27	28 29 30 31 91	2 3 4 5 6	7 8 9 10 11	12 13 14 15 —	5	34
	8	16 17 18 19 20	21 22 23 24 25	26 27 28 29 30	O1 2 3 4 5	6 7 8 9 10	11 12 13 14 15	6	3
	9	16 17 18 19 20	21 22 23 24 25	26 27 28 29 30	31 N1 2 3 4	5 6 7 8 9	10 11 12 13 —	1	33
	10	14 15 16 17 18	19 20 21 22 23	24 25 26 27 28	29 30 D1 2 3	4 5 6 7 8	9 10 11 12 13	2	2
	11	14 15 16 17 18	19 20 21 22 23	24 25 26 27 28	29 30 31 11 2	3 4 5 6 7	8 9 10 11 —	4	32
	12	12 13 14 15 16	17 18 19 20 21	22 23 24 25 26	27 28 29 30 31	21 2 3 4 5	6 7 8 9 10	5	1
乾隆 58 癸丑 1793–94	**50** 1	11 12 13 14 15	16 17 18 19 20	21 22 23 24 25	26 27 28 31 2	3 4 5 6 7	8 9 10 11 —	0	31
	2	12 13 14 15 16	17 18 19 20 21	22 23 24 25 26	27 28 29 30 31	41 2 3 4 5	6 7 8 9 10	1	0
	3	11 12 13 14 15	16 17 18 19 20	21 22 23 24 25	26 27 28 29 30	51 2 3 4 5	6 7 8 9 —	3	30
	4	10 11 12 13 14	15 16 17 18 19	20 21 22 23 24	25 26 27 28 29	30 31 61 2 3	4 5 6 7 —	4	59
	5	8 9 10 11 12	13 14 15 16 17	18 19 20 21 22	23 24 25 26 27	28 29 30 71 2	3 4 5 6 7	5	28
	6	8 9 10 11 12	13 14 15 16 17	18 19 20 21 22	23 24 25 26 27	28 29 30 31 81	2 3 4 5 6	0	58
	7	7 8 9 10 11	12 13 14 15 16	17 18 19 20 21	22 23 24 25 26	27 28 29 30 31	91 2 3 4 —	2	28
	8	5 6 7 8 9	10 11 12 13 14	15 16 17 18 19	20 21 22 23 24	25 26 27 28 29	30 O1 2 3 4	3	57
	9	5 6 7 8 9	10 11 12 13 14	15 16 17 18 19	20 21 22 23 24	25 26 27 28 29	30 31 N1 2 3	5	27
	10	4 5 6 7 8	9 10 11 12 13	14 15 16 17 18	19 20 21 22 23	24 25 26 27 28	29 30 D1 2 —	0	57
	11	3 4 5 6 7	8 9 10 11 12	13 14 15 16 17	18 19 20 21 22	23 24 25 26 27	28 29 30 31 11	1	26
	12	2 3 4 5 6	7 8 9 10 11	12 13 14 15 16	17 18 19 20 21	22 23 24 25 26	27 28 29 30 —	3	56
乾隆 59 甲寅 1794–95	**2** 1	31 21 2 3 4	5 6 7 8 9	10 11 12 13 14	15 16 17 18 19	20 21 22 23 24	25 26 27 28 31	4	25
	2	2 3 4 5 6	7 8 9 10 11	12 13 14 15 16	17 18 19 20 21	22 23 24 25 26	27 28 29 30 —	6	55
	3	31 41 2 3 4	5 6 7 8 9	10 11 12 13 14	15 16 17 18 19	20 21 22 23 24	25 26 27 28 —	0	24
	4	29 30 51 2 3	4 5 6 7 8	9 10 11 12 13	14 15 16 17 18	19 20 21 22 23	24 25 26 27 28	1	53
	5	29 30 31 61 2	3 4 5 6 7	8 9 10 11 12	13 14 15 16 17	18 19 20 21 22	23 24 25 26 —	3	23
	6	27 28 29 30 71	2 3 4 5 6	7 8 9 10 11	12 13 14 15 16	17 18 19 20 21	22 23 24 25 26	4	52
	7	27 28 29 30 31	81 2 3 4 5	6 7 8 9 10	11 12 13 14 15	16 17 18 19 20	21 22 23 24 —	6	22
	8	25 26 27 28 29	30 31 91 2 3	4 5 6 7 8	9 10 11 12 13	14 15 16 17 18	19 20 21 22 23	0	51
	9	24 25 26 27 28	29 30 O1 2 3	4 5 6 7 8	9 10 11 12 13	14 15 16 17 18	19 20 21 22 23	2	21
	10	24 25 26 27 28	29 30 31 N1 2	3 4 5 6 7	8 9 10 11 12	13 14 15 16 17	18 19 20 21 22	4	51
	11	23 24 25 26 27	28 29 30 D1 2	3 4 5 6 7	8 9 10 11 12	13 14 15 16 17	18 19 20 21 —	6	21
	12	22 23 24 25 26	27 28 29 30 31	11 2 3 4 5	6 7 8 9 10	11 12 13 14 15	16 17 18 19 20	0	50
乾隆 60 乙卯 1795–96	**14** 1	21 22 23 24 25	26 27 28 29 30	31 21 2 3 4	5 6 7 8 9	10 11 12 13 14	15 16 17 18 —	2	20
	2	19 20 21 22 23	24 25 26 27 28	31 2 3 4 5	6 7 8 9 10	11 12 13 14 15	16 17 18 19 20	3	49
	2	21 22 23 24 25	26 27 28 29 30	31 41 2 3 4	5 6 7 8 9	10 11 12 13 14	15 16 17 18 —	5	19
	3	19 20 21 22 23	24 25 26 27 28	29 30 51 2 3	4 5 6 7 8	9 10 11 12 13	14 15 16 17 —	6	48
	4	18 19 20 21 22	23 24 25 26 27	28 29 30 31 61	2 3 4 5 6	7 8 9 10 11	12 13 14 15 16	0	17
	5	17 18 19 20 21	22 23 24 25 26	27 28 29 30 71	2 3 4 5 6	7 8 9 10 11	12 13 14 15 —	2	47
	6	16 17 18 19 20	21 22 23 24 25	26 27 28 29 30	31 81 2 3 4	5 6 7 8 9	10 11 12 13 14	3	16
	7	15 16 17 18 19	20 21 22 23 24	25 26 27 28 29	30 31 91 2 3	4 5 6 7 8	9 10 11 12 —	5	46
	8	13 14 15 16 17	18 19 20 21 22	23 24 25 26 27	28 29 30 O1 2	3 4 5 6 7	8 9 10 11 12	6	15
	9	13 14 15 16 17	18 19 20 21 22	23 24 25 26 27	28 29 30 31 N1	2 3 4 5 6	7 8 9 10 —	1	45
	10	11 12 13 14 15	16 17 18 19 20	21 22 23 24 25	26 27 28 29 30	D1 2 3 4 5	6 7 8 9 10	2	14
	11	11 12 13 14 15	16 17 18 19 20	21 22 23 24 25	26 27 28 29 30	31 11 2 3 4	5 6 7 8 9	4	44
	12	10 11 12 13 14	15 16 17 18 19	20 21 22 23 24	25 26 27 28 29	30 31 21 2 3	4 5 6 7 8	6	14

年序 Year	陰曆月序 Moon	陰曆日序 Order of days (Lunar) 1 2 3 4 5	6 7 8 9 10	11 12 13 14 15	16 17 18 19 20	21 22 23 24 25	26 27 28 29 30	星期 Week	干支 Cycle
仁宗嘉慶 1 丙辰 1796–97	26 1	9 10 11 12 13	14 15 16 17 18	19 20 21 22 23	24 25 26 27 28	29 31 2 3 4	5 6 7 8 —	1	44
	2	9 10 11 12 13	14 15 16 17 18	19 20 21 22 23	24 25 26 27 28	29 30 31 41 2	3 4 5 6 7	2	13
	3	8 9 10 11 12	13 14 15 16 17	18 19 20 21 22	23 24 25 26 27	28 29 30 51 2	3 4 5 6 —	4	43
	4	7 8 9 10 11	12 13 14 15 16	17 18 19 20 21	22 23 24 25 26	27 28 29 30 31	61 2 3 4 —	5	12
	5	5 6 7 8 9	10 11 12 13 14	15 16 17 18 19	20 21 22 23 24	25 26 27 28 29	30 71 2 3 4	6	41
	6	5 6 7 8 9	10 11 12 13 14	15 16 17 18 19	20 21 22 23 24	25 26 27 28 29	30 31 81 2 —	1	11
	7	3 4 5 6 7	8 9 10 11 12	13 14 15 16 17	18 19 20 21 22	23 24 25 26 27	28 29 30 31 —	2	40
	8	91 2 3 4 5	6 7 8 9 10	11 12 13 14 15	16 17 18 19 20	21 22 23 24 25	26 27 28 29 30	3	9
	9	O1 2 3 4 5	6 7 8 9 10	11 12 13 14 15	16 17 18 19 20	21 22 23 24 25	26 27 28 29 30	5	39
	10	31 N1 2 3 4	5 6 7 8 9	10 11 12 13 14	15 16 17 18 19	20 21 22 23 24	25 26 27 28 —	0	9
	11	29 30 D1 2 3	4 5 6 7 8	9 10 11 12 13	14 15 16 17 18	19 20 21 22 23	24 25 26 27 28	1	38
	12	29 30 31 11 2	3 4 5 6 7	8 9 10 11 12	13 14 15 16 17	18 19 20 21 22	23 24 25 26 27	3	8
嘉慶 2 丁巳 1797–98	38 1	28 29 30 31 21	2 3 4 5 6	7 8 9 10 11	12 13 14 15 16	17 18 19 20 21	22 23 24 25 26	5	38
	2	27 28 31 2 3	4 5 6 7 8	9 10 11 12 13	14 15 16 17 18	19 20 21 22 23	24 25 26 27 —	0	8
	3	28 29 30 31 41	2 3 4 5 6	7 8 9 10 11	12 13 14 15 16	17 18 19 20 21	22 23 24 25 26	1	37
	4	27 28 29 30 51	2 3 4 5 6	7 8 9 10 11	12 13 14 15 16	17 18 19 20 21	22 23 24 25 —	3	7
	5	26 27 28 29 30	31 61 2 3 4	5 6 7 8 9	10 11 12 13 14	15 16 17 18 19	20 21 22 23 24	4	36
	6	25 26 27 28 29	30 71 2 3 4	5 6 7 8 9	10 11 12 13 14	15 16 17 18 19	20 21 22 23 —	6	6
	6	24 25 26 27 28	29 30 31 81 2	3 4 5 6 7	8 9 10 11 12	13 14 15 16 17	18 19 20 21 —	0	35
	7	22 23 24 25 26	27 28 29 30 31	91 2 3 4 5	6 7 8 9 10	11 12 13 14 15	16 17 18 19 —	1	4
	8	20 21 22 23 24	25 26 27 28 29	30 O1 2 3 4	5 6 7 8 9	10 11 12 13 14	15 16 17 18 19	2	33
	9	20 21 22 23 24	25 26 27 28 29	30 31 N1 2 3	4 5 6 7 8	9 10 11 12 13	14 15 16 17 —	4	3
	10	18 19 20 21 22	23 24 25 26 27	28 29 30 D1 2	3 4 5 6 7	8 9 10 11 12	13 14 15 16 17	5	32
	11	18 19 20 21 22	23 24 25 26 27	28 29 30 31 11	2 3 4 5 6	7 8 9 10 11	12 13 14 15 16	0	2
	12	17 18 19 20 21	22 23 24 25 26	27 28 29 30 31	21 2 3 4 5	6 7 8 9 10	11 12 13 14 15	2	32
嘉慶 3 戊午 1798–99	50 1	16 17 18 19 20	21 22 23 24 25	26 27 28 31 2	3 4 5 6 7	8 9 10 11 12	13 14 15 16 —	4	2
	2	17 18 19 20 21	22 23 24 25 26	27 28 29 30 31	41 2 3 4 5	6 7 8 9 10	11 12 13 14 15	5	31
	3	16 17 18 19 20	21 22 23 24 25	26 27 28 29 30	51 2 3 4 5	6 7 8 9 10	11 12 13 14 15	0	1
	4	16 17 18 19 20	21 22 23 24 25	26 27 28 29 30	31 61 2 3 4	5 6 7 8 9	10 11 12 13 —	2	31
	5	14 15 16 17 18	19 20 21 22 23	24 25 26 27 28	29 30 71 2 3	4 5 6 7 8	9 10 11 12 —	3	0
	6	13 14 15 16 17	18 19 20 21 22	23 24 25 26 27	28 29 30 31 81	2 3 4 5 6	7 8 9 10 11	4	29
	7	12 13 14 15 16	17 18 19 20 21	22 23 24 25 26	27 28 29 30 31	91 2 3 4 5	6 7 8 9 —	6	59
	8	10 11 12 13 14	15 16 17 18 19	20 21 22 23 24	25 26 27 28 29	30 O1 2 3 4	5 6 7 8 —	0	28
	9	9 10 11 12 13	14 15 16 17 18	19 20 21 22 23	24 25 26 27 28	29 30 31 N1 2	3 4 5 6 7	1	57
	10	8 9 10 11 12	13 14 15 16 17	18 19 20 21 22	23 24 25 26 27	28 29 30 D1 2	3 4 5 6 —	3	27
	11	7 8 9 10 11	12 13 14 15 16	17 18 19 20 21	22 23 24 25 26	27 28 29 30 31	11 2 3 4 5	4	56
	12	6 7 8 9 10	11 12 13 14 15	16 17 18 19 20	21 22 23 24 25	26 27 28 29 30	31 21 2 3 4	6	26
嘉慶 4 己未 1799–1800	2 1	5 6 7 8 9	10 11 12 13 14	15 16 17 18 19	20 21 22 23 24	25 26 27 28 31	2 3 4 5 —	1	56
	2	6 7 8 9 10	11 12 13 14 15	16 17 18 19 20	21 22 23 24 25	26 27 28 29 30	31 41 2 3 4	2	25
	3	5 6 7 8 9	10 11 12 13 14	15 16 17 18 19	20 21 22 23 24	25 26 27 28 29	30 51 2 3 4	4	55
	4	5 6 7 8 9	10 11 12 13 14	15 16 17 18 19	20 21 22 23 24	25 26 27 28 29	30 31 61 2 —	6	25
	5	3 4 5 6 7	8 9 10 11 12	13 14 15 16 17	18 19 20 21 22	23 24 25 26 27	28 29 30 71 2	0	54
	6	3 4 5 6 7	8 9 10 11 12	13 14 15 16 17	18 19 20 21 22	23 24 25 26 27	28 29 30 31 —	2	24
	7	81 2 3 4 5	6 7 8 9 10	11 12 13 14 15	16 17 18 19 20	21 22 23 24 25	26 27 28 29 30	3	53
	8	31 91 2 3 4	5 6 7 8 9	10 11 12 13 14	15 16 17 18 19	20 21 22 23 24	25 26 27 28 —	5	23
	9	29 30 O1 2 3	4 5 6 7 8	9 10 11 12 13	14 15 16 17 18	19 20 21 22 23	24 25 26 27 28	6	52
	10	29 30 31 N1 2	3 4 5 6 7	8 9 10 11 12	13 14 15 16 17	18 19 20 21 22	23 24 25 26 —	1	22
	11	27 28 29 30 D1	2 3 4 5 6	7 8 9 10 11	12 13 14 15 16	17 18 19 20 21	22 23 24 25 —	2	51
	12	26 27 28 29 30	31 11 2 3 4	5 6 7 8 9	10 11 12 13 14	15 16 17 18 19	20 21 22 23 24	3	20
嘉慶 5 庚申 1800–01	14 1	25 26 27 28 29	30 31 21 2 3	4 5 6 7 8	9 10 11 12 13	14 15 16 17 18	19 20 21 22 23	5	50
	2	24 25 26 27 28	31 2 3 4 5	6 7 8 9 10	11 12 13 14 15	16 17 18 19 20	21 22 23 24 —	0	20
	3	25 26 27 28 29	30 31 41 2 3	4 5 6 7 8	9 10 11 12 13	14 15 16 17 18	19 20 21 22 23	1	49
	4	24 25 26 27 28	29 30 51 2 3	4 5 6 7 8	9 10 11 12 13	14 15 16 17 18	19 20 21 22 23	3	19
	4	24 25 26 27 28	29 30 31 61 2	3 4 5 6 7	8 9 10 11 12	13 14 15 16 17	18 19 20 21 —	5	49
	5	22 23 24 25 26	27 28 29 30 71	2 3 4 5 6	7 8 9 10 11	12 13 14 15 16	17 18 19 20 21	6	18
	6	22 23 24 25 26	27 28 29 30 31	81 2 3 4 5	6 7 8 9 10	11 12 13 14 15	16 17 18 19 —	1	48
	7	20 21 22 23 24	25 26 27 28 29	30 31 91 2 3	4 5 6 7 8	9 10 11 12 13	14 15 16 17 18	2	17
	8	19 20 21 22 23	24 25 26 27 28	29 30 O1 2 3	4 5 6 7 8	9 10 11 12 13	14 15 16 17 —	4	47
	9	18 19 20 21 22	23 24 25 26 27	28 29 30 31 N1	2 3 4 5 6	7 8 9 10 11	12 13 14 15 16	5	16
	10	17 18 19 20 21	22 23 24 25 26	27 28 29 30 D1	2 3 4 5 6	7 8 9 10 11	12 13 14 15 —	0	46
	11	16 17 18 19 20	21 22 23 24 25	26 27 28 29 30	31 11 2 3 4	5 6 7 8 9	10 11 12 13 14	1	15
	12	15 16 17 18 19	20 21 22 23 24	25 26 27 28 29	30 31 21 2 3	4 5 6 7 8	9 10 11 12 —	3	45

年序 Year	陰暦月序 Moon	陰暦日序 Order of days (Lunar) 1 2 3 4 5	6 7 8 9 10	11 12 13 14 15	16 17 18 19 20	21 22 23 24 25	26 27 28 29 30	星期 Week	干支 Cycle
嘉慶6辛酉 1801–02	26 1	13 14 15 16 17	18 19 20 21 22	23 24 25 26 27	28 31 2 3 4	5 6 7 8 9	10 11 12 13 —	4	14
	2	14 15 16 17 18	19 20 21 22 23	24 25 26 27 28	29 30 31 41 2	3 4 5 6 7	8 9 10 11 12	5	43
	3	13 14 15 16 17	18 19 20 21 22	23 24 25 26 27	28 29 30 51 2	3 4 5 6 7	8 9 10 11 12	0	13
	4	13 14 15 16 17	18 19 20 21 22	23 24 25 26 27	28 29 30 31 61	2 3 4 5 6	7 8 9 10 —	2	43
	5	11 12 13 14 15	16 17 18 19 20	21 22 23 24 25	26 27 28 29 30	71 2 3 4 5	6 7 8 9 10	3	12
	6	11 12 13 14 15	16 17 18 19 20	21 22 23 24 25	26 27 28 29 30	31 81 2 3 4	5 6 7 8 —	5	42
	7	9 10 11 12 13	14 15 16 17 18	19 20 21 22 23	24 25 26 27 28	29 30 31 91 2	3 4 5 6 7	6	11
	8	8 9 10 11 12	13 14 15 16 17	18 19 20 21 22	23 24 25 26 27	28 29 30 01 2	3 4 5 6 7	1	41
	9	8 9 10 11 12	13 14 15 16 17	18 19 20 21 22	23 24 25 26 27	28 29 30 31 N1	2 3 4 5 —	3	11
	10	6 7 8 9 10	11 12 13 14 15	16 17 18 19 20	21 22 23 24 25	26 27 28 29 30	D1 2 3 4 5	4	40
	11	6 7 8 9 10	11 12 13 14 15	16 17 18 19 20	21 22 23 24 25	26 27 28 29 30	31 11 2 3 —	6	10
	12	4 5 6 7 8	9 10 11 12 13	14 15 16 17 18	19 20 21 22 23	24 25 26 27 28	29 30 31 21 2	0	39
嘉慶7壬戌 1802–03	38 1	3 4 5 6 7	8 9 10 11 12	13 14 15 16 17	18 19 20 21 22	23 24 25 26 27	28 31 2 3 —	2	9
	2	4 5 6 7 8	9 10 11 12 13	14 15 16 17 18	19 20 21 22 23	24 25 26 27 28	29 30 31 41 —	3	38
	3	2 3 4 5 6	7 8 9 10 11	12 13 14 15 16	17 18 19 20 21	22 23 24 25 26	27 28 29 30 51	4	7
	4	2 3 4 5 6	7 8 9 10 11	12 13 14 15 16	17 18 19 20 21	22 23 24 25 26	27 28 29 30 —	6	37
	5	31 61 2 3 4	5 6 7 8 9	10 11 12 13 14	15 16 17 18 19	20 21 22 23 24	25 26 27 28 29	0	6
	6	30 71 2 3 4	5 6 7 8 9	10 11 12 13 14	15 16 17 18 19	20 21 22 23 24	25 26 27 28 —	2]	36
	7	29 30 31 81 2	3 4 5 6 7	8 9 10 11 12	13 14 15 16 17	18 19 20 21 22	23 24 25 26 27	3	5
	8	28 29 30 31 91	2 3 4 5 6	7 8 9 10 11	12 13 14 15 16	17 18 19 20 21	22 23 24 25 26	5	35
	9	27 28 29 30 01	2 3 4 5 6	7 8 9 10 11	12 13 14 15 16	17 18 19 20 21	22 23 24 25 26	0	5
	10	27 28 29 30 31	N1 2 3 4 5	6 7 8 9 10	11 12 13 14 15	16 17 18 19 20	21 22 23 24 —	2	35
	11	25 26 27 28 29	30 D1 2 3 4	5 6 7 8 9	10 11 12 13 14	15 16 17 18 19	20 21 22 23 24	3	4
	12	25 26 27 28 29	30 31 11 2 3	4 5 6 7 8	9 10 11 12 13	14 15 16 17 18	19 20 21 22 —	5	34
嘉慶8癸亥 1803–04	50 1	23 24 25 26 27	28 29 30 31 21	2 3 4 5 6	7 8 9 10 11	12 13 14 15 16	17 18 19 20 21	6	3
	2	22 23 24 25 26	27 28 31 2 3	4 5 6 7 8	9 10 11 12 13	14 15 16 17 18	19 20 21 22 —	1	33
	2	23 24 25 26 27	28 29 30 31 41	2 3 4 5 6	7 8 9 10 11	12 13 14 15 16	17 18 19 20 —	2	2
	3	21 22 23 24 25	26 27 28 29 30	51 2 3 4 5	6 7 8 9 10	11 12 13 14 15	16 17 18 19 20	3	31
	4	21 22 23 24 25	26 27 28 29 30	31 61 2 3 4	5 6 7 8 9	10 11 12 13 14	15 16 17 18 —	5	1
	5	19 20 21 22 23	24 25 26 27 28	29 30 71 2 3	4 5 6 7 8	9 10 11 12 13	14 15 16 17 18	6	30
	6	19 20 21 22 23	24 25 26 27 28	29 30 31 81 2	3 4 5 6 7	8 9 10 11 12	13 14 15 16 —	1	0
	7	17 18 19 20 21	22 23 24 25 26	27 28 29 30 31	91 2 3 4 5	6 7 8 9 10	11 12 13 14 15	2	29
	8	16 17 18 19 20	21 22 23 24 25	26 27 28 29 30	01 2 3 4 5	6 7 8 9 10	11 12 13 14 15	4	59
	9	16 17 18 19 20	21 22 23 24 25	26 27 28 29 30	31 N1 2 3 4	5 6 7 8 9	10 11 12 13 —	6	29
	10	14 15 16 17 18	19 20 21 22 23	24 25 26 27 28	29 30 D1 2 3	4 5 6 7 8	9 10 11 12 13	0	58
	11	14 15 16 17 18	19 20 21 22 23	24 25 26 27 28	29 30 31 11 2	3 4 5 6 7	8 9 10 11 12	2	28
	12	13 14 15 16 17	18 19 20 21 22	23 24 25 26 27	28 29 30 31 21	2 3 4 5 6	7 8 9 10 —	4	58
嘉慶9甲子 1804–05	2 1	11 12 13 14 15	16 17 18 19 20	21 22 23 24 25	26 27 28 29 31	2 3 4 5 6	7 8 9 10 11	5	27
	2	12 13 14 15 16	17 18 19 20 21	22 23 24 25 26	27 28 29 30 31	41 2 3 4 5	6 7 8 9 —	0	57
	3	10 11 12 13 14	15 16 17 18 19	20 21 22 23 24	25 26 27 28 29	30 51 2 3 4	5 6 7 8 —	1	26
	4	9 10 11 12 13	14 15 16 17 18	19 20 21 22 23	24 25 26 27 28	29 30 31 61 2	3 4 5 6 7	2	55
	5	8 9 10 11 12	13 14 15 16 17	18 19 20 21 22	23 24 25 26 27	28 29 30 71 2	3 4 5 6 —	4	25
	6	7 8 9 10 11	12 13 14 15 16	17 18 19 20 21	22 23 24 25 26	27 28 29 30 31	81 2 3 4 —	5	54
	7	5 6 7 8 9	10 11 12 13 14	15 16 17 18 19	20 21 22 23 24	25 26 27 28 29	30 31 91 2 3	6	23
	8	4 5 6 7 8	9 10 11 12 13	14 15 16 17 18	19 20 21 22 23	24 25 26 27 28	29 30 01 2 3	1	53
	9	4 5 6 7 8	9 10 11 12 13	14 15 16 17 18	19 20 21 22 23	24 25 26 27 28	29 30 31 N1 —	3	23
	10	2 3 4 5 6	7 8 9 10 11	12 13 14 15 16	17 18 19 20 21	22 23 24 25 26	27 28 29 30 D1	4	52
	11	2 3 4 5 6	7 8 9 10 11	12 13 14 15 16	17 18 19 20 21	22 23 24 25 26	27 28 29 30 31	6	22
	12	11 2 3 4 5	6 7 8 9 10	11 12 13 14 15	16 17 18 19 20	21 22 23 24 25	26 27 28 29 30	1	52
嘉慶10乙丑 1805–06	14 1	31 21 2 3 4	5 6 7 8 9	10 11 12 13 14	15 16 17 18 19	20 21 22 23 24	25 26 27 28 —	3	22
	2	31 2 3 4 5	6 7 8 9 10	11 12 13 14 15	16 17 18 19 20	21 22 23 24 25	26 27 28 29 30	4	51
	3	31 41 2 3 4	5 6 7 8 9	10 11 12 13 14	15 16 17 18 19	20 21 22 23 24	25 26 27 28 —	6	21
	4	29 30 51 2 3	4 5 6 7 8	9 10 11 12 13	14 15 16 17 18	19 20 21 22 23	24 25 26 27 28	0	50
	5	29 30 31 61 2	3 4 5 6 7	8 9 10 11 12	13 14 15 16 17	18 19 20 21 22	23 24 25 26 —	2	20
	6	27 28 29 30 71	2 3 4 5 6	7 8 9 10 11	12 13 14 15 16	17 18 19 20 21	22 23 24 25 —	3	49
	6	26 27 28 29 30	31 81 2 3 4	5 6 7 8 9	10 11 12 13 14	15 16 17 18 19	20 21 22 23 —	4	18
	7	24 25 26 27 28	29 30 31 91 2	3 4 5 6 7	8 9 10 11 12	13 14 15 16 17	18 19 20 21 22	5	47
	8	23 24 25 26 27	28 29 30 01 2	3 4 5 6 7	8 9 10 11 12	13 14 15 16 17	18 19 20 21 —	0	17
	9	22 23 24 25 26	27 28 29 30 31	N1 2 3 4 5	6 7 8 9 10	11 12 13 14 15	16 17 18 19 20	1	46
	10	21 22 23 24 25	26 27 28 29 30	D1 2 3 4 5	6 7 8 9 10	11 12 13 14 15	16 17 18 19 20	3	16
	11	21 22 23 24 25	26 27 28 29 30	31 11 2 3 4	5 6 7 8 9	10 11 12 13 14	15 16 17 18 19	5	46
	12	20 21 22 23 24	25 26 27 28 29	30 31 21 2 3	4 5 6 7 8	9 10 11 12 13	14 15 16 17 —	0	16

年序 Year		陰曆月序 Moon	陰曆日序 Order of days (Lunar) 1	2	3	4	5	6	7	8	9	10	11	12	13	14	15	16	17	18	19	20	21	22	23	24	25	26	27	28	29	30	星期 Week	干支 Cycle
嘉慶 11 丙寅 1806–07	26	1	18	19	20	21	22	23	24	25	26	27	28	31	2	3	4	5	6	7	8	9	10	11	12	13	14	15	16	17	18	19	1	45
		2	20	21	22	23	24	25	26	27	28	29	30	31	41	2	3	4	5	6	7	8	9	10	11	12	13	14	15	16	17	18	3	15
		3	19	20	21	22	23	24	25	26	27	28	29	30	51	2	3	4	5	6	7	8	9	10	11	12	13	14	15	16	17	—	5	45
		4	18	19	20	21	22	23	24	25	26	27	28	29	30	31	61	2	3	4	5	6	7	8	9	10	11	12	13	14	15	16	6	14
		5	17	18	19	20	21	22	23	24	25	26	27	28	29	30	71	2	3	4	5	6	7	8	9	10	11	12	13	14	15	—	1	44
		6	16	17	18	19	20	21	22	23	24	25	26	27	28	29	30	31	81	2	3	4	5	6	7	8	9	10	11	12	13	—	2	13
		7	14	15	16	17	18	19	20	21	22	23	24	25	26	27	28	29	30	31	91	2	3	4	5	6	7	8	9	10	11	—	3	42
		8	12	13	14	15	16	17	18	19	20	21	22	23	24	25	26	27	28	29	30	01	2	3	4	5	6	7	8	9	10	11	4	11
		9	12	13	14	15	16	17	18	19	20	21	22	23	24	25	26	27	28	29	30	31	N1	2	3	4	5	6	7	8	9	—	6	41
		10	10	11	12	13	14	15	16	17	18	19	20	21	22	23	24	25	26	27	28	29	30	D1	2	3	4	5	6	7	8	9	0	10
		11	10	11	12	13	14	15	16	17	18	19	20	21	22	23	24	25	26	27	28	29	30	31	11	2	3	4	5	6	7	8	2	40
		12	9	10	11	12	13	14	15	16	17	18	19	20	21	22	23	24	25	26	27	28	29	30	31	21	2	3	4	5	6	—	4	10
嘉慶 12 丁卯 1807–08	38	1	7	8	9	10	11	12	13	14	15	16	17	18	19	20	21	22	23	24	25	26	27	28	31	2	3	4	5	6	7	8	5	39
		2	9	10	11	12	13	14	15	16	17	18	19	20	21	22	23	24	25	26	27	28	29	30	31	41	2	3	4	5	6	7	0	9
		3	8	9	10	11	12	13	14	15	16	17	18	19	20	21	22	23	24	25	26	27	28	29	30	51	2	3	4	5	6	7	2	39
		4	8	9	10	11	12	13	14	15	16	17	18	19	20	21	22	23	24	25	26	27	28	29	30	31	61	2	3	4	5	—	4	9
		5	6	7	8	9	10	11	12	13	14	15	16	17	18	19	20	21	22	23	24	25	26	27	28	29	30	71	2	3	4	—	5	38
		6	5	6	7	8	9	10	11	12	13	14	15	16	17	18	19	20	21	22	23	24	25	26	27	28	29	30	31	81	2	3	6	7
		7	4	5	6	7	8	9	10	11	12	13	14	15	16	17	18	19	20	21	22	23	24	25	26	27	28	29	30	31	91	—	1	37
		8	2	3	4	5	6	7	8	9	10	11	12	13	14	15	16	17	18	19	20	21	22	23	24	25	26	27	28	29	30	—	2	6
		9	01	2	3	4	5	6	7	8	9	10	11	12	13	14	15	16	17	18	19	20	21	22	23	24	25	26	27	28	29	30	3	35
		10	31	N1	2	3	4	5	6	7	8	9	10	11	12	13	14	15	16	17	18	19	20	21	22	23	24	25	26	27	28	—	5	5
		11	29	30	D1	2	3	4	5	6	7	8	9	10	11	12	13	14	15	16	17	18	19	20	21	22	23	24	25	26	27	28	6	34
		12	29	30	31	11	2	3	4	5	6	7	8	9	10	11	12	13	14	15	16	17	18	19	20	21	22	23	24	25	26	27	1	4
嘉慶 13 戊辰 1808–09	50	1	28	29	30	31	21	2	3	4	5	6	7	8	9	10	11	12	13	14	15	16	17	18	19	20	21	22	23	24	25	—	3	34
		2	26	27	28	29	31	2	3	4	5	6	7	8	9	10	11	12	13	14	15	16	17	18	19	20	21	22	23	24	25	26	4	3
		3	27	28	29	30	31	41	2	3	4	5	6	7	8	9	10	11	12	13	14	15	16	17	18	19	20	21	22	23	24	25	6	33
		4	26	27	28	29	30	51	2	3	4	5	6	7	8	9	10	11	12	13	14	15	16	17	18	19	20	21	22	23	24	—	1	3
		5	25	26	27	28	29	30	31	61	2	3	4	5	6	7	8	9	10	11	12	13	14	15	16	17	18	19	20	21	22	23	2	32
		5	24	25	26	27	28	29	30	71	2	3	4	5	6	7	8	9	10	11	12	13	14	15	16	17	18	19	20	21	22	—	4	2
		6	23	24	25	26	27	28	29	30	31	81	2	3	4	5	6	7	8	9	10	11	12	13	14	15	16	17	18	19	20	21	5	31
		7	22	23	24	25	26	27	28	29	30	31	91	2	3	4	5	6	7	8	9	10	11	12	13	14	15	16	17	18	19	—	0	1
		8	20	21	22	23	24	25	26	27	28	29	30	01	2	3	4	5	6	7	8	9	10	11	12	13	14	15	16	17	18	19	1	30
		9	20	21	22	23	24	25	26	27	28	29	30	31	N1	2	3	4	5	6	7	8	9	10	11	12	13	14	15	16	17	—	3	0
		10	18	19	20	21	22	23	24	25	26	27	28	29	30	D1	2	3	4	5	6	7	8	9	10	11	12	13	14	15	16	—	4	29
		11	17	18	19	20	21	22	23	24	25	26	27	28	29	30	31	11	2	3	4	5	6	7	8	9	10	11	12	13	14	15	5	58
		12	16	17	18	19	20	21	22	23	24	25	26	27	28	29	30	31	21	2	3	4	5	6	7	8	9	10	11	12	13	—	0	28
嘉慶 14 己巳 1809–10	2	1	14	15	16	17	18	19	20	21	22	23	24	25	26	27	28	31	2	3	4	5	6	7	8	9	10	11	12	13	14	15	1	57
		2	16	17	18	19	20	21	22	23	24	25	26	27	28	29	30	31	41	2	3	4	5	6	7	8	9	10	11	12	13	14	3	27
		3	15	16	17	18	19	20	21	22	23	24	25	26	27	28	29	30	51	2	3	4	5	6	7	8	9	10	11	12	13	—	5	57
		4	14	15	16	17	18	19	20	21	22	23	24	25	26	27	28	29	30	31	61	2	3	4	5	6	7	8	9	10	11	12	6	26
		5	13	14	15	16	17	18	19	20	21	22	23	24	25	26	27	28	29	30	71	2	3	4	5	6	7	8	9	10	11	12	1	56
		6	13	14	15	16	17	18	19	20	21	22	23	24	25	26	27	28	29	30	31	81	2	3	4	5	6	7	8	9	10	—	3	26
		7	11	12	13	14	15	16	17	18	19	20	21	22	23	24	25	26	27	28	29	30	31	91	2	3	4	5	6	7	8	9	4	55
		8	10	11	12	13	14	15	16	17	18	19	20	21	22	23	24	25	26	27	28	29	30	01	2	3	4	5	6	7	8	—	6	25
		9	9	10	11	12	13	14	15	16	17	18	19	20	21	22	23	24	25	26	27	28	29	30	31	N1	2	3	4	5	6	7	0	54
		10	8	9	10	11	12	13	14	15	16	17	18	19	20	21	22	23	24	25	26	27	28	29	30	D1	2	3	4	5	6	—	2	24
		11	7	8	9	10	11	12	13	14	15	16	17	18	19	20	21	22	23	24	25	26	27	28	29	30	31	11	2	3	4	—	3	53
		12	5	6	7	8	9	10	11	12	13	14	15	16	17	18	19	20	21	22	23	24	25	26	27	28	29	30	31	21	2	3	4	22
嘉慶 15 庚午 1810–11	14	1	4	5	6	7	8	9	10	11	12	13	14	15	16	17	18	19	20	21	22	23	24	25	26	27	28	31	2	3	4	—	6	52
		2	5	6	7	8	9	10	11	12	13	14	15	16	17	18	19	20	21	22	23	24	25	26	27	28	29	30	31	41	2	3	0	21
		3	4	5	6	7	8	9	10	11	12	13	14	15	16	17	18	19	20	21	22	23	24	25	26	27	28	29	30	51	2	—	2	51
		4	3	4	5	6	7	8	9	10	11	12	13	14	15	16	17	18	19	20	21	22	23	24	25	26	27	28	29	30	31	61	3	20
		5	2	3	4	5	6	7	8	9	10	11	12	13	14	15	16	17	18	19	20	21	22	23	24	25	26	27	28	29	30	71	5	50
		6	2	3	4	5	6	7	8	9	10	11	12	13	14	15	16	17	18	19	20	21	22	23	24	25	26	27	28	29	30	—	0	20
		7	31	81	2	3	4	5	6	7	8	9	10	11	12	13	14	15	16	17	18	19	20	21	22	23	24	25	26	27	28	29	1	49
		8	30	31	91	2	3	4	5	6	7	8	9	10	11	12	13	14	15	16	17	18	19	20	21	22	23	24	25	26	27	28	3	19
		9	29	30	01	2	3	4	5	6	7	8	9	10	11	12	13	14	15	16	17	18	19	20	21	22	23	24	25	26	27	—	5	49
		10	28	29	30	31	N1	2	3	4	5	6	7	8	9	10	11	12	13	14	15	16	17	18	19	20	21	22	23	24	25	26	6	18
		11	27	28	29	30	D1	2	3	4	5	6	7	8	9	10	11	12	13	14	15	16	17	18	19	20	21	22	23	24	25	—	1	48
		12	26	27	28	29	30	31	11	2	3	4	5	6	7	8	9	10	11	12	13	14	15	16	17	18	19	20	21	22	23	24	2	17

年序 Year	陰曆月序 Moon	陰曆日序 Order of days (Lunar) 1 2 3 4 5	6 7 8 9 10	11 12 13 14 15	16 17 18 19 20	21 22 23 24 25	26 27 28 29 30	星期 Week	干支 Cycle
嘉慶16辛未 1811–12	26 1	25 26 27 28 29	30 31 21 2 3	4 5 6 7 8	9 10 11 12 13	14 15 16 17 18	19 20 21 22 —	4	47
	2	23 24 25 26 27	28 31 2 3 4	5 6 7 8 9	10 11 12 13 14	15 16 17 18 19	20 21 22 23 —	5	16
	3	24 25 26 27 28	29 30 31 41 2	3 4 5 6 7	8 9 10 11 12	13 14 15 16 17	18 19 20 21 22	6	45
	3	23 24 25 26 27	28 29 30 51 2	3 4 5 6 7	8 9 10 11 12	13 14 15 16 17	18 19 20 21 —	1	15
	4	22 23 24 25 26	27 28 29 30 31	61 2 3 4 5	6 7 8 9 10	11 12 13 14 15	16 17 18 19 20	2	44
	5	21 22 23 24 25	26 27 28 29 30	71 2 3 4 5	6 7 8 9 10	11 12 13 14 15	16 17 18 19 —	4	14
	6	20 21 22 23 24	25 26 27 28 29	30 31 81 2 3	4 5 6 7 8	9 10 11 12 13	14 15 16 17 18	5	43
	7	19 20 21 22 23	24 25 26 27 28	29 30 31 91 2	3 4 5 6 7	8 9 10 11 12	13 14 15 16 17	0	13
	8	18 19 20 21 22	23 24 25 26 27	28 29 30 01 2	3 4 5 6 7	8 9 10 11 12	13 14 15 16 —	2	43
	9	17 18 19 20 21	22 23 24 25 26	27 28 29 30 31	N1 2 3 4 5	6 7 8 9 10	11 12 13 14 15	3	12
	10	16 17 18 19 20	21 22 23 24 25	26 27 28 29 30	D1 2 3 4 5	6 7 8 9 10	11 12 13 14 15	5	42
	11	16 17 18 19 20	21 22 23 24 25	26 27 28 29 30	31 11 2 3 4	5 6 7 8 9	10 11 12 13 —	0	12
	12	14 15 16 17 18	19 20 21 22 23	24 25 26 27 28	29 30 31 21 2	3 4 5 6 7	8 9 10 11 12	1	41
嘉慶17壬申 1812–13	38 1	13 14 15 16 17	18 19 20 21 22	23 24 25 26 27	28 29 31 2 3	4 5 6 7 8	9 10 11 12 —	3	11
	2	13 14 15 16 17	18 19 20 21 22	23 24 25 26 27	28 29 30 31 41	2 3 4 5 6	7 8 9 10 —	4	40
	3	11 12 13 14 15	16 17 18 19 20	21 22 23 24 25	26 27 28 29 30	51 2 3 4 5	6 7 8 9 10	5	9
	4	11 12 13 14 15	16 17 18 19 20	21 22 23 24 25	26 27 28 29 30	31 61 2 3 4	5 6 7 8 —	0	39
	5	9 10 11 12 13	14 15 16 17 18	19 20 21 22 23	24 25 26 27 28	29 30 71 2 3	4 5 6 7 8	1	8
	6	9 10 11 12 13	14 15 16 17 18	19 20 21 22 23	24 25 26 27 28	29 30 31 81 2	3 4 5 6 —	3	38
	7	7 8 9 10 11	12 13 14 15 16	17 18 19 20 21	22 23 24 25 26	27 28 29 30 31	91 2 3 4 5	4	7
	8	6 7 8 9 10	11 12 13 14 15	16 17 18 19 20	21 22 23 24 25	26 27 28 29 30	01 2 3 4 —	6	37
	9	5 6 7 8 9	10 11 12 13 14	15 16 17 18 19	20 21 22 23 24	25 26 27 28 29	30 31 N1 2 3	0	6
	10	4 5 6 7 8	9 10 11 12 13	14 15 16 17 18	19 20 21 22 23	24 25 26 27 28	29 30 D1 2 3	2	36
	11	4 5 6 7 8	9 10 11 12 13	14 15 16 17 18	19 20 21 22 23	24 25 26 27 28	29 30 31 11 2	4	6
	12	3 4 5 6 7	8 9 10 11 12	13 14 15 16 17	18 19 20 21 22	23 24 25 26 27	28 29 30 31 —	6	36
嘉慶18癸酉 1813–14	50 1	21 2 3 4 5	6 7 8 9 10	11 12 13 14 15	16 17 18 19 20	21 22 23 24 25	26 27 28 31 2	0	5
	2	3 4 5 6 7	8 9 10 11 12	13 14 15 16 17	18 19 20 21 22	23 24 25 26 27	28 29 30 31 —	2	35
	3	41 2 3 4 5	6 7 8 9 10	11 12 13 14 15	16 17 18 19 20	21 22 23 24 25	26 27 28 29 30	3	4
	4	51 2 3 4 5	6 7 8 9 10	11 12 13 14 15	16 17 18 19 20	21 22 23 24 25	26 27 28 29 —	5	34
	5	30 31 61 2 3	4 5 6 7 8	9 10 11 12 13	14 15 16 17 18	19 20 21 22 23	24 25 26 27 —	6	3
	6	28 29 30 71 2	3 4 5 6 7	8 9 10 11 12	13 14 15 16 17	18 19 20 21 22	23 24 25 26 —	0	32
	7	27 28 29 30 31	81 2 3 4 5	6 7 8 9 10	11 12 13 14 15	16 17 18 19 20	21 22 23 24 25	1	1
	8	26 27 28 29 30	31 91 2 3 4	5 6 7 8 9	10 11 12 13 14	15 16 17 18 19	20 21 22 23 —	3	31
	9	24 25 26 27 28	29 30 01 2 3	4 5 6 7 8	9 10 11 12 13	14 15 16 17 18	19 20 21 22 23	4	0
	10	24 25 26 27 28	29 30 31 N1 2	3 4 5 6 7	8 9 10 11 12	13 14 15 16 17	18 19 20 21 22	6	30
	11	23 24 25 26 27	28 29 30 D1 2	3 4 5 6 7	8 9 10 11 12	13 14 15 16 17	18 19 20 21 22	1	0
	12	23 24 25 26 27	28 29 30 31 11	2 3 4 5 6	7 8 9 10 11	12 13 14 15 16	17 18 19 20 —	3	30
嘉慶19甲戌 1814–15	2 1	21 22 23 24 25	26 27 28 29 30	31 21 2 3 4	5 6 7 8 9	10 11 12 13 14	15 16 17 18 19	4	59
	2	20 21 22 23 24	25 26 27 28 31	2 3 4 5 6	7 8 9 10 11	12 13 14 15 16	17 18 19 20 21	6	29
	2	22 23 24 25 26	27 28 29 30 31	41 2 3 4 5	6 7 8 9 10	11 12 13 14 15	16 17 18 19 —	1	59
	3	20 21 22 23 24	25 26 27 28 29	30 51 2 3 4	5 6 7 8 9	10 11 12 13 14	15 16 17 18 19	2	28
	4	20 21 22 23 24	25 26 27 28 29	30 31 61 2 3	4 5 6 7 8	9 10 11 12 13	14 15 16 17 —	4	58
	5	18 19 20 21 22	23 24 25 26 27	28 29 30 71 2	3 4 5 6 7	8 9 10 11 12	13 14 15 16 —	5	27
	6	17 18 19 20 21	22 23 24 25 26	27 28 29 30 31	81 2 3 4 5	6 7 8 9 10	11 12 13 14 —	6	56
	7	15 16 17 18 19	20 21 22 23 24	25 26 27 28 29	30 31 91 2 3	4 5 6 7 8	9 10 11 12 13	0	25
	8	14 15 16 17 18	19 20 21 22 23	24 25 26 27 28	29 30 01 2 3	4 5 6 7 8	9 10 11 12 —	2	55
	9	13 14 15 16 17	18 19 20 21 22	23 24 25 26 27	28 29 30 31 N1	2 3 4 5 6	7 8 9 10 11	3	24
	10	12 13 14 15 16	17 18 19 20 21	22 23 24 25 26	27 28 29 30 D1	2 3 4 5 6	7 8 9 10 11	5	54
	11	12 13 14 15 16	17 18 19 20 21	22 23 24 25 26	27 28 29 30 31	11 2 3 4 5	6 7 8 9 —	0	24
	12	10 11 12 13 14	15 16 17 18 19	20 21 22 23 24	25 26 27 28 29	30 31 21 2 3	4 5 6 7 8	1	53
嘉慶20乙亥 1815–16	14 1	9 10 11 12 13	14 15 16 17 18	19 20 21 22 23	24 25 26 27 28	31 2 3 4 5	6 7 8 9 10	3	23
	2	11 12 13 14 15	16 17 18 19 20	21 22 23 24 25	26 27 28 29 30	31 41 2 3 4	5 6 7 8 9	5	53
	3	10 11 12 13 14	15 16 17 18 19	20 21 22 23 24	25 26 27 28 29	30 51 2 3 4	5 6 7 8 —	0	23
	4	9 10 11 12 13	14 15 16 17 18	19 20 21 22 23	24 25 26 27 28	29 30 31 61 2	3 4 5 6 —	1	52
	5	7 8 9 10 11	12 13 14 15 16	17 18 19 20 21	22 23 24 25 26	27 28 29 30 71	2 3 4 5 6	2	21
	6	7 8 9 10 11	12 13 14 15 16	17 18 19 20 21	22 23 24 25 26	27 28 29 30 31	81 2 3 4 —	4	51
	7	5 6 7 8 9	10 11 12 13 14	15 16 17 18 19	20 21 22 23 24	25 26 27 28 29	30 31 91 2 —	5	20
	8	3 4 5 6 7	8 9 10 11 12	13 14 15 16 17	18 19 20 21 22	23 24 25 26 27	28 29 30 01 2	6	49
	9	3 4 5 6 7	8 9 10 11 12	13 14 15 16 17	18 19 20 21 22	23 24 25 26 27	28 29 30 31 —	1	19
	10	N1 2 3 4 5	6 7 8 9 10	11 12 13 14 15	16 17 18 19 20	21 22 23 24 25	26 27 28 29 30	2	48
	11	D1 2 3 4 5	6 7 8 9 10	11 12 13 14 15	16 17 18 19 20	21 22 23 24 25	26 27 28 29 —	4	18
	12	30 31 11 2 3	4 5 6 7 8	9 10 11 12 13	14 15 16 17 18	19 20 21 22 23	24 25 26 27 28	5	47

年序 Year	陰曆月序 Moon	陰曆日序 Order of days (Lunar)																														星期 Week	千支 Cycle
		1	2	3	4	5	6	7	8	9	10	11	12	13	14	15	16	17	18	19	20	21	22	23	24	25	26	27	28	29	30		
嘉慶 21 1816–17 丙子	26 1	29	30	31	21	2	3	4	5	6	7	8	9	10	11	12	13	14	15	16	17	18	19	20	21	22	23	24	25	26	27	0	17
	2	28	29	31	2	3	4	5	6	7	8	9	10	11	12	13	14	15	16	17	18	19	20	21	22	23	24	25	26	27	28	2	47
	3	29	30	31	41	2	3	4	5	6	7	8	9	10	11	12	13	14	15	16	17	18	19	20	21	22	23	24	25	26	—	4	17
	4	27	28	29	30	51	2	3	4	5	6	7	8	9	10	11	12	13	14	15	16	17	18	19	20	21	22	23	24	25	26	5	46
	5	27	28	29	30	31	61	2	3	4	5	6	7	8	9	10	11	12	13	14	15	16	17	18	19	20	21	22	23	24	—	0	16
	6	25	26	27	28	29	30	71	2	3	4	5	6	7	8	9	10	11	12	13	14	15	16	17	18	19	20	21	22	23	24	1	45
	6	25	26	27	28	29	30	31	81	2	3	4	5	6	7	8	9	10	11	12	13	14	15	16	17	18	19	20	21	22	—	3	15
	7	23	24	25	26	27	28	29	30	31	91	2	3	4	5	6	7	8	9	10	11	12	13	14	15	16	17	18	19	20	—	4	44
	8	21	22	23	24	25	26	27	28	29	30	01	2	3	4	5	6	7	8	9	10	11	12	13	14	15	16	17	18	19	20	5	13
	9	21	22	23	24	25	26	27	28	29	30	31	N1	2	3	4	5	6	7	8	9	10	11	12	13	14	15	16	17	18	—	0	43
	10	19	20	21	22	23	24	25	26	27	28	29	30	D1	2	3	4	5	6	7	8	9	10	11	12	13	14	15	16	17	18	1	12
	11	19	20	21	22	23	24	25	26	27	28	29	30	31	11	2	3	4	5	6	7	8	9	10	11	12	13	14	15	16	—	3	42
	12	17	18	19	20	21	22	23	24	25	26	27	28	29	30	31	21	2	3	4	5	6	7	8	9	10	11	12	13	14	15	4	11
嘉慶 22 1817–18 丁丑	38 1	16	17	18	19	20	21	22	23	24	25	26	27	28	31	2	3	4	5	6	7	8	9	10	11	12	13	14	15	16	17	6	41
	2	18	19	20	21	22	23	24	25	26	27	28	29	30	31	41	2	3	4	5	6	7	8	9	10	11	12	13	14	15	—	1	11
	3	16	17	18	19	20	21	22	23	24	25	26	27	28	29	30	51	2	3	4	5	6	7	8	9	10	11	12	13	14	15	2	40
	4	16	17	18	19	20	21	22	23	24	25	26	27	28	29	30	31	61	2	3	4	5	6	7	8	9	10	11	12	13	14	4	10
	5	15	16	17	18	19	20	21	22	23	24	25	26	27	28	29	30	71	2	3	4	5	6	7	8	9	10	11	12	13	—	6	40
	6	14	15	16	17	18	19	20	21	22	23	24	25	26	27	28	29	30	31	81	2	3	4	5	6	7	8	9	10	11	12	0	9
	7	13	14	15	16	17	18	19	20	21	22	23	24	25	26	27	28	29	30	31	91	2	3	4	5	6	7	8	9	10	—	2	39
	8	11	12	13	14	15	16	17	18	19	20	21	22	23	24	25	26	27	28	29	30	01	2	3	4	5	6	7	8	9	10	3	8
	9	11	12	13	14	15	16	17	18	19	20	21	22	23	24	25	26	27	28	29	30	31	N1	2	3	4	5	6	7	8	—	5	38
	10	9	10	11	12	13	14	15	16	17	18	19	20	21	22	23	24	25	26	27	28	29	30	D1	2	3	4	5	6	7	—	6	7
	11	8	9	10	11	12	13	14	15	16	17	18	19	20	21	22	23	24	25	26	27	28	29	30	31	11	2	3	4	5	6	0	36
	12	7	8	9	10	11	12	13	14	15	16	17	18	19	20	21	22	23	24	25	26	27	28	29	30	31	21	2	3	4	—	2	6
嘉慶 23 1818–19 戊寅	50 1	5	6	7	8	9	10	11	12	13	14	15	16	17	18	19	20	21	22	23	24	25	26	27	28	31	2	3	4	5	6	3	35
	2	7	8	9	10	11	12	13	14	15	16	17	18	19	20	21	22	23	24	25	26	27	28	29	30	31	41	2	3	4	—	5	5
	3	5	6	7	8	9	10	11	12	13	14	15	16	17	18	19	20	21	22	23	24	25	26	27	28	29	30	51	2	3	4	6	34
	4	5	6	7	8	9	10	11	12	13	14	15	16	17	18	19	20	21	22	23	24	25	26	27	28	29	30	31	61	2	3	1	4
	5	4	5	6	7	8	9	10	11	12	13	14	15	16	17	18	19	20	21	22	23	24	25	26	27	28	29	30	71	2	—	3	34
	6	3	4	5	6	7	8	9	10	11	12	13	14	15	16	17	18	19	20	21	22	23	24	25	26	27	28	29	30	31	81	4	3
	7	2	3	4	5	6	7	8	9	10	11	12	13	14	15	16	17	18	19	20	21	22	23	24	25	26	27	28	29	30	31	6	33
	8	91	2	3	4	5	6	7	8	9	10	11	12	13	14	15	16	17	18	19	20	21	22	23	24	25	26	27	28	29	—	1	3
	9	30	01	2	3	4	5	6	7	8	9	10	11	12	13	14	15	16	17	18	19	20	21	22	23	24	25	26	27	28	29	2	32
	10	30	31	N1	2	3	4	5	6	7	8	9	10	11	12	13	14	15	16	17	18	19	20	21	22	23	24	25	26	27	—	4	2
	11	28	29	30	D1	2	3	4	5	6	7	8	9	10	11	12	13	14	15	16	17	18	19	20	21	22	23	24	25	26	—	5	31
	12	27	28	29	30	31	11	2	3	4	5	6	7	8	9	10	11	12	13	14	15	16	17	18	19	20	21	22	23	24	25	6	0
嘉慶 24 1819–20 己卯	2 1	26	27	28	29	30	31	21	2	3	4	5	6	7	8	9	10	11	12	13	14	15	16	17	18	19	20	21	22	23	—	1	30
	2	24	25	26	27	28	31	2	3	4	5	6	7	8	9	10	11	12	13	14	15	16	17	18	19	20	21	22	23	24	25	2	59
	3	26	27	28	29	30	31	41	2	3	4	5	6	7	8	9	10	11	12	13	14	15	16	17	18	19	20	21	22	23	—	4	29
	4	24	25	26	27	28	29	30	51	2	3	4	5	6	7	8	9	10	11	12	13	14	15	16	17	18	19	20	21	22	23	5	58
	4	24	25	26	27	28	29	30	31	61	2	3	4	5	6	7	8	9	10	11	12	13	14	15	16	17	18	19	20	21	—	0	28
	5	22	23	24	25	26	27	28	29	30	71	2	3	4	5	6	7	8	9	10	11	12	13	14	15	16	17	18	19	20	21	1	57
	6	22	23	24	25	26	27	28	29	30	31	81	2	3	4	5	6	7	8	9	10	11	12	13	14	15	16	17	18	19	20	3	27
	7	21	22	23	24	25	26	27	28	29	30	31	91	2	3	4	5	6	7	8	9	10	11	12	13	14	15	16	17	18	—	5	57
	8	19	20	21	22	23	24	25	26	27	28	29	30	01	2	3	4	5	6	7	8	9	10	11	12	13	14	15	16	17	18	6	26
	9	19	20	21	22	23	24	25	26	27	28	29	30	31	N1	2	3	4	5	6	7	8	9	10	11	12	13	14	15	16	17	1	56
	10	18	19	20	21	22	23	24	25	26	27	28	29	30	D1	2	3	4	5	6	7	8	9	10	11	12	13	14	15	16	—	3	26
	11	17	18	19	20	21	22	23	24	25	26	27	28	29	30	31	11	2	3	4	5	6	7	8	9	10	11	12	13	14	15	4	55
	12	16	17	18	19	20	21	22	23	24	25	26	27	28	29	30	31	21	2	3	4	5	6	7	8	9	10	11	12	13	—	6	25
嘉慶 25 1820–21 庚辰	14 1	14	15	16	17	18	19	20	21	22	23	24	25	26	27	28	29	31	2	3	4	5	6	7	8	9	10	11	12	13	—	0	54
	2	14	15	16	17	18	19	20	21	22	23	24	25	26	27	28	29	30	31	41	2	3	4	5	6	7	8	9	10	11	12	1	23
	3	13	14	15	16	17	18	19	20	21	22	23	24	25	26	27	28	29	30	51	2	3	4	5	6	7	8	9	10	11	—	3	53
	4	12	13	14	15	16	17	18	19	20	21	22	23	24	25	26	27	28	29	30	31	61	2	3	4	5	6	7	8	9	10	4	22
	5	11	12	13	14	15	16	17	18	19	20	21	22	23	24	25	26	27	28	29	30	71	2	3	4	5	6	7	8	9	—	6	52
	6	10	11	12	13	14	15	16	17	18	19	20	21	22	23	24	25	26	27	28	29	30	31	81	2	3	4	5	6	7	8	0	21
	7	9	10	11	12	13	14	15	16	17	18	19	20	21	22	23	24	25	26	27	28	29	30	31	91	2	3	4	5	6	—	2	51
	8	7	8	9	10	11	12	13	14	15	16	17	18	19	20	21	22	23	24	25	26	27	28	29	30	01	2	3	4	5	6	3	20
	9	7	8	9	10	11	12	13	14	15	16	17	18	19	20	21	22	23	24	25	26	27	28	29	30	31	N1	2	3	4	5	5	50
	10	6	7	8	9	10	11	12	13	14	15	16	17	18	19	20	21	22	23	24	25	26	27	28	29	30	D1	2	3	4	5	0	20
	11	6	7	8	9	10	11	12	13	14	15	16	17	18	19	20	21	22	23	24	25	26	27	28	29	30	31	11	2	3	—	2	50
	12	4	5	6	7	8	9	10	11	12	13	14	15	16	17	18	19	20	21	22	23	24	25	26	27	28	29	30	31	21	2	3	19

年序 Year	陰曆月序 Moon	陰曆日序 Order of days (Lunar) 1 2 3 4 5	6 7 8 9 10	11 12 13 14 15	16 17 18 19 20	21 22 23 24 25	26 27 28 29 30	星期 Week	干支 Cycle
宣宗道光 1 辛巳 1821–22	26 1	3 4 5 6 7	8 9 10 11 12	13 14 15 16 17	18 19 20 21 22	23 24 25 26 27	28 31 2 3 —	5	49
	2	4 5 6 7 8	9 10 11 12 13	14 15 16 17 18	19 20 21 22 23	24 25 26 27 28	29 30 31 41 —	6	18
	3	2 3 4 5 6	7 8 9 10 11	12 13 14 15 16	17 18 19 20 21	22 23 24 25 26	27 28 29 30 51	0	47
	4	2 3 4 5 6	7 8 9 10 11	12 13 14 15 16	17 18 19 20 21	22 23 24 25 26	27 28 29 30 —	2	17
	5	31 61 2 3 4	5 6 7 8 9	10 11 12 13 14	15 16 17 18 19	20 21 22 23 24	25 26 27 28 —	3	46
	6	29 30 71 2 3	4 5 6 7 8	9 10 11 12 13	14 15 16 17 18	19 20 21 22 23	24 25 26 27 28	4	15
	7	29 30 31 81 2	3 4 5 6 7	8 9 10 11 12	13 14 15 16 17	18 19 20 21 22	23 24 25 26 —	6	45
	8	27 28 29 30 31	91 2 3 4 5	6 7 8 9 10	11 12 13 14 15	16 17 18 19 20	21 22 23 24 25	0	14
	9	26 27 28 29 30	01 2 3 4 5	6 7 8 9 10	11 12 13 14 15	16 17 18 19 20	21 22 23 24 25	2	44
	10	26 27 28 29 30	31 N1 2 3 4	5 6 7 8 9	10 11 12 13 14	15 16 17 18 19	20 21 22 23 24	4	14
	11	25 26 27 28 29	30 D1 2 3 4	5 6 7 8 9	10 11 12 13 14	15 16 17 18 19	20 21 22 23 —	6	44
	12	24 25 26 27 28	29 30 31 11 2	3 4 5 6 7	8 9 10 11 12	13 14 15 16 17	18 19 20 21 22	0	13
道光 2 壬午 1822–23	38 1	23 24 25 26 27	28 29 30 31 21	2 3 4 5 6	7 8 9 10 11	12 13 14 15 16	17 18 19 20 21	2	43
	2	22 23 24 25 26	27 28 31 2 3	4 5 6 7 8	9 10 11 12 13	14 15 16 17 18	19 20 21 22 —	4	13
	3	23 24 25 26 27	28 29 30 31 41	2 3 4 5 6	7 8 9 10 11	12 13 14 15 16	17 18 19 20 21	5	42
	3	22 23 24 25 26	27 28 29 30 51	2 3 4 5 6	7 8 9 10 11	12 13 14 15 16	17 18 19 20 —	0	12
	4	21 22 23 24 25	26 27 28 29 30	31 61 2 3 4	5 6 7 8 9	10 11 12 13 14	15 16 17 18 —	1	41
	5	19 20 21 22 23	24 25 26 27 28	29 30 71 2 3	4 5 6 7 8	9 10 11 12 13	14 15 16 17 —	2	10
	6	18 19 20 21 22	23 24 25 26 27	28 29 30 31 81	2 3 4 5 6	7 8 9 10 11	12 13 14 15 16	3	39
	7	17 18 19 20 21	22 23 24 25 26	27 28 29 30 31	91 2 3 4 5	6 7 8 9 10	11 12 13 14 —	5	9
	8	15 16 17 18 19	20 21 22 23 24	25 26 27 28 29	30 01 2 3 4	5 6 7 8 9	10 11 12 13 14	6	38
	9	15 16 17 18 19	20 21 22 23 24	25 26 27 28 29	30 31 N1 2 3	4 5 6 7 8	9 10 11 12 13	1	8
	10	14 15 16 17 18	19 20 21 22 23	24 25 26 27 28	29 30 D1 2 3	4 5 6 7 8	9 10 11 12 —	3	38
	11	13 14 15 16 17	18 19 20 21 22	23 24 25 26 27	28 29 30 31 11	2 3 4 5 6	7 8 9 10 11	4	7
	12	12 13 14 15 16	17 18 19 20 21	22 23 24 25 26	27 28 29 30 31	21 2 3 4 5	6 7 8 9 10	6	37
道光 3 癸未 1823–24	50 1	11 12 13 14 15	16 17 18 19 20	21 22 23 24 25	26 27 28 31 2	3 4 5 6 7	8 9 10 11 12	1	7
	2	13 14 15 16 17	18 19 20 21 22	23 24 25 26 27	28 29 30 31 41	2 3 4 5 6	7 8 9 10 —	3	37
	3	11 12 13 14 15	16 17 18 19 20	21 22 23 24 25	26 27 28 29 30	51 2 3 4 5	6 7 8 9 10	4	6
	4	11 12 13 14 15	16 17 18 19 20	21 22 23 24 25	26 27 28 29 30	31 61 2 3 4	5 6 7 8 —	6	36
	5	9 10 11 12 13	14 15 16 17 18	19 20 21 22 23	24 25 26 27 28	29 30 71 2 3	4 5 6 7 —	0	5
	6	8 9 10 11 12	13 14 15 16 17	18 19 20 21 22	23 24 25 26 27	28 29 30 31 81	2 3 4 5 —	1	34
	7	6 7 8 9 10	11 12 13 14 15	16 17 18 19 20	21 22 23 24 25	26 27 28 29 30	31 91 2 3 4	2	3
	8	5 6 7 8 9	10 11 12 13 14	15 16 17 18 19	20 21 22 23 24	25 26 27 28 29	30 01 2 3 —	4	33
	9	4 5 6 7 8	9 10 11 12 13	14 15 16 17 18	19 20 21 22 23	24 25 26 27 28	29 30 31 N1 2	5	2
	10	3 4 5 6 7	8 9 10 11 12	13 14 15 16 17	18 19 20 21 22	23 24 25 26 27	28 29 30 D1 —	0	32
	11	2 3 4 5 6	7 8 9 10 11	12 13 14 15 16	17 18 19 20 21	22 23 24 25 26	27 28 29 30 31	1	1
	12	11 2 3 4 5	6 7 8 9 10	11 12 13 14 15	16 17 18 19 20	21 22 23 24 25	26 27 28 29 30	3	31
道光 4 甲申 1824–25	2 1	31 21 2 3 4	5 6 7 8 9	10 11 12 13 14	15 16 17 18 19	20 21 22 23 24	25 26 27 28 29	5	1
	2	31 2 3 4 5	6 7 8 9 10	11 12 13 14 15	16 17 18 19 20	21 22 23 24 25	26 27 28 29 —	0	31
	3	30 31 41 2 3	4 5 6 7 8	9 10 11 12 13	14 15 16 17 18	19 20 21 22 23	24 25 26 27 28	1	0
	4	29 30 51 2 3	4 5 6 7 8	9 10 11 12 13	14 15 16 17 18	19 20 21 22 23	24 25 26 27 —	3	30
	5	28 29 30 31 61	2 3 4 5 6	7 8 9 10 11	12 13 14 15 16	17 18 19 20 21	22 23 24 25 26	4	59
	6	27 28 29 30 71	2 3 4 5 6	7 8 9 10 11	12 13 14 15 16	17 18 19 20 21	22 23 24 25 —	6	29
	7	26 27 28 29 30	31 81 2 3 4	5 6 7 8 9	10 11 12 13 14	15 16 17 18 19	20 21 22 23 —	0	58
	7	24 25 26 27 28	29 30 31 91 2	3 4 5 6 7	8 9 10 11 12	13 14 15 16 17	18 19 20 21 22	1	27
	8	23 24 25 26 27	28 29 30 01 2	3 4 5 6 7	8 9 10 11 12	13 14 15 16 17	18 19 20 21 —	3	57
	9	22 23 24 25 26	27 28 29 30 31	N1 2 3 4 5	6 7 8 9 10	11 12 13 14 15	16 17 18 19 20	4	26
	10	21 22 23 24 25	26 27 28 29 30	D1 2 3 4 5	6 7 8 9 10	11 12 13 14 15	16 17 18 19 —	6	56
	11	20 21 22 23 24	25 26 27 28 29	30 31 11 2 3	4 5 6 7 8	9 10 11 12 13	14 15 16 17 18	0	25
	12	19 20 21 22 23	24 25 26 27 28	29 30 31 21 2	3 4 5 6 7	8 9 10 11 12	13 14 15 16 17	2	55
道光 5 乙酉 1825–26	14 1	18 19 20 21 22	23 24 25 26 27	28 31 2 3 4	5 6 7 8 9	10 11 12 13 14	15 16 17 18 19	4	25
	2	20 21 22 23 24	25 26 27 28 29	30 31 41 2 3	4 5 6 7 8	9 10 11 12 13	14 15 16 17 —	6	55
	3	18 19 20 21 22	23 24 25 26 27	28 29 30 51 2	3 4 5 6 7	8 9 10 11 12	13 14 15 16 17	0	24
	4	18 19 20 21 22	23 24 25 26 27	28 29 30 31 61	2 3 4 5 6	7 8 9 10 11	12 13 14 15 —	2	54
	5	16 17 18 19 20	21 22 23 24 25	26 27 28 29 30	71 2 3 4 5	6 7 8 9 10	11 12 13 14 15	3	23
	6	16 17 18 19 20	21 22 23 24 25	26 27 28 29 30	31 81 2 3 4	5 6 7 8 9	10 11 12 13 —	5	53
	7	14 15 16 17 18	19 20 21 22 23	24 25 26 27 28	29 30 31 91 2	3 4 5 6 7	8 9 10 11 —	6	22
	8	12 13 14 15 16	17 18 19 20 21	22 23 24 25 26	27 28 29 30 01	2 3 4 5 6	7 8 9 10 11	0	51
	9	12 13 14 15 16	17 18 19 20 21	22 23 24 25 26	27 28 29 30 31	N1 2 3 4 5	6 7 8 9 —	2	21
	10	10 11 12 13 14	15 16 17 18 19	20 21 22 23 24	25 26 27 28 29	30 D1 2 3 4	5 6 7 8 9	3	50
	11	10 11 12 13 14	15 16 17 18 19	20 21 22 23 24	25 26 27 28 29	30 31 11 2 3	4 5 6 7 —	5	20
	12	8 9 10 11 12	13 14 15 16 17	18 19 20 21 22	23 24 25 26 27	28 29 30 31 21	2 3 4 5 6	6	49

年序 Year	陰曆月序 Moon	陰曆日序 Order of days (Lunar)																														星期 Week	千支 Cycle
		1	2	3	4	5	6	7	8	9	10	11	12	13	14	15	16	17	18	19	20	21	22	23	24	25	26	27	28	29	30		
道光6丙戌 1826–27	26 1	7	8	9	10	11	12	13	14	15	16	17	18	19	20	21	22	23	24	25	26	27	28	31	2	3	4	5	6	7	8	1	19
	2	9	10	11	12	13	14	15	16	17	18	19	20	21	22	23	24	25	26	27	28	29	30	31	41	2	3	4	5	6	—	3	49
	3	7	8	9	10	11	12	13	14	15	16	17	18	19	20	21	22	23	24	25	26	27	28	29	30	51	2	3	4	5	6	4	18
	4	7	8	9	10	11	12	13	14	15	16	17	18	19	20	21	22	23	24	25	26	27	28	29	30	31	61	2	3	4	5	6	48
	5	6	7	8	9	10	11	12	13	14	15	16	17	18	19	20	21	22	23	24	25	26	27	28	29	30	71	2	3	4	—	1	18
	6	5	6	7	8	9	10	11	12	13	14	15	16	17	18	19	20	21	22	23	24	25	26	27	28	29	30	31	81	2	3	2	47
	7	4	5	6	7	8	9	10	11	12	13	14	15	16	17	18	19	20	21	22	23	24	25	26	27	28	29	30	31	91	—	4	17
	8	2	3	4	5	6	7	8	9	10	11	12	13	14	15	16	17	18	19	20	21	22	23	24	25	26	27	28	29	30	—	5	46
	9	01	2	3	4	5	6	7	8	9	10	11	12	13	14	15	16	17	18	19	20	21	22	23	24	25	26	27	28	29	30	6	15
	10	31	N1	2	3	4	5	6	7	8	9	10	11	12	13	14	15	16	17	18	19	20	21	22	23	24	25	26	27	28	—	1	45
	11	29	30	D1	2	3	4	5	6	7	8	9	10	11	12	13	14	15	16	17	18	19	20	21	22	23	24	25	26	27	28	2	14
	12	29	30	31	11	2	3	4	5	6	7	8	9	10	11	12	13	14	15	16	17	18	19	20	21	22	23	24	25	26	—	4	44
道光7丁亥 1827–28	38 1	27	28	29	30	31	21	2	3	4	5	6	7	8	9	10	11	12	13	14	15	16	17	18	19	20	21	22	23	24	25	5	13
	2	26	27	28	31	2	3	4	5	6	7	8	9	10	11	12	13	14	15	16	17	18	19	20	21	22	23	24	25	26	—	0	43
	3	27	28	29	30	31	41	2	3	4	5	6	7	8	9	10	11	12	13	14	15	16	17	18	19	20	21	22	23	24	25	1	12
	4	26	27	28	29	30	51	2	3	4	5	6	7	8	9	10	11	12	13	14	15	16	17	18	19	20	21	22	23	24	25	3	42
	5	26	27	28	29	30	31	61	2	3	4	5	6	7	8	9	10	11	12	13	14	15	16	17	18	19	20	21	22	23	—	5	12
	5	24	25	26	27	28	29	30	71	2	3	4	5	6	7	8	9	10	11	12	13	14	15	16	17	18	19	20	21	22	23	6	41
	6	24	25	26	27	28	29	30	31	81	2	3	4	5	6	7	8	9	10	11	12	13	14	15	16	17	18	19	20	21	—	1	11
	7	22	23	24	25	26	27	28	29	30	31	91	2	3	4	5	6	7	8	9	10	11	12	13	14	15	16	17	18	19	20	2	40
	8	21	22	23	24	25	26	27	28	29	30	01	2	3	4	5	6	7	8	9	10	11	12	13	14	15	16	17	18	19	—	4	10
	9	20	21	22	23	24	25	26	27	28	29	30	31	N1	2	3	4	5	6	7	8	9	10	11	12	13	14	15	16	17	18	5	39
	10	19	20	21	22	23	24	25	26	27	28	29	30	D1	2	3	4	5	6	7	8	9	10	11	12	13	14	15	16	17	—	0	9
	11	18	19	20	21	22	23	24	25	26	27	28	29	30	31	11	2	3	4	5	6	7	8	9	10	11	12	13	14	15	16	1	38
	12	17	18	19	20	21	22	23	24	25	26	27	28	29	30	31	21	2	3	4	5	6	7	8	9	10	11	12	13	14	—	3	8
道光8戊子 1828–29	50 1	15	16	17	18	19	20	21	22	23	24	25	26	27	28	29	31	2	3	4	5	6	7	8	9	10	11	12	13	14	15	4	37
	2	16	17	18	19	20	21	22	23	24	25	26	27	28	29	30	31	41	2	3	4	5	6	7	8	9	10	11	12	13	—	6	7
	3	14	15	16	17	18	19	20	21	22	23	24	25	26	27	28	29	30	51	2	3	4	5	6	7	8	9	10	11	12	13	0	36
	4	14	15	16	17	18	19	20	21	22	23	24	25	26	27	28	29	30	31	61	2	3	4	5	6	7	8	9	10	11	—	2	6
	5	12	13	14	15	16	17	18	19	20	21	22	23	24	25	26	27	28	29	30	71	2	3	4	5	6	7	8	9	10	11	3	35
	6	12	13	14	15	16	17	18	19	20	21	22	23	24	25	26	27	28	29	30	31	81	2	3	4	5	6	7	8	9	10	5	5
	7	11	12	13	14	15	16	17	18	19	20	21	22	23	24	25	26	27	28	29	30	31	91	2	3	4	5	6	7	8	—	0	35
	8	9	10	11	12	13	14	15	16	17	18	19	20	21	22	23	24	25	26	27	28	29	30	01	2	3	4	5	6	7	8	1	4
	9	9	10	11	12	13	14	15	16	17	18	19	20	21	22	23	24	25	26	27	28	29	30	31	N1	2	3	4	5	6	—	3	34
	10	7	8	9	10	11	12	13	14	15	16	17	18	19	20	21	22	23	24	25	26	27	28	29	30	D1	2	3	4	5	6	4	3
	11	7	8	9	10	11	12	13	14	15	16	17	18	19	20	21	22	23	24	25	26	27	28	29	30	31	11	2	3	4	—	6	33
	12	5	6	7	8	9	10	11	12	13	14	15	16	17	18	19	20	21	22	23	24	25	26	27	28	29	30	31	21	2	3	0	2
道光9己丑 1829–30	2 1	4	5	6	7	8	9	10	11	12	13	14	15	16	17	18	19	20	21	22	23	24	25	26	27	28	31	2	3	4	—	2	32
	2	5	6	7	8	9	10	11	12	13	14	15	16	17	18	19	20	21	22	23	24	25	26	27	28	29	30	31	41	2	3	3	1
	3	4	5	6	7	8	9	10	11	12	13	14	15	16	17	18	19	20	21	22	23	24	25	26	27	28	29	30	51	2	—	5	31
	4	3	4	5	6	7	8	9	10	11	12	13	14	15	16	17	18	19	20	21	22	23	24	25	26	27	28	29	30	31	61	6	0
	5	2	3	4	5	6	7	8	9	10	11	12	13	14	15	16	17	18	19	20	21	22	23	24	25	26	27	28	29	30	—	1	30
	6	71	2	3	4	5	6	7	8	9	10	11	12	13	14	15	16	17	18	19	20	21	22	23	24	25	26	27	28	29	30	2	59
	7	31	81	2	3	4	5	6	7	8	9	10	11	12	13	14	15	16	17	18	19	20	21	22	23	24	25	26	27	28	—	4	29
	8	29	30	31	91	2	3	4	5	6	7	8	9	10	11	12	13	14	15	16	17	18	19	20	21	22	23	24	25	26	27	5	58
	9	28	29	30	01	2	3	4	5	6	7	8	9	10	11	12	13	14	15	16	17	18	19	20	21	22	23	24	25	26	27	0	28
	10	28	29	30	31	N1	2	3	4	5	6	7	8	9	10	11	12	13	14	15	16	17	18	19	20	21	22	23	24	25	—	2	58
	11	26	27	28	29	30	D1	2	3	4	5	6	7	8	9	10	11	12	13	14	15	16	17	18	19	20	21	22	23	24	25	3	27
	12	26	27	28	29	30	31	11	2	3	4	5	6	7	8	9	10	11	12	13	14	15	16	17	18	19	20	21	22	23	24	5	57
道光10庚寅 1830–31	14 1	25	26	27	28	29	30	31	21	2	3	4	5	6	7	8	9	10	11	12	13	14	15	16	17	18	19	20	21	22	—	0	27
	2	23	24	25	26	27	28	31	2	3	4	5	6	7	8	9	10	11	12	13	14	15	16	17	18	19	20	21	22	23	—	1	56
	3	24	25	26	27	28	29	30	31	41	2	3	4	5	6	7	8	9	10	11	12	13	14	15	16	17	18	19	20	21	22	2	25
	4	23	24	25	26	27	28	29	30	51	2	3	4	5	6	7	8	9	10	11	12	13	14	15	16	17	18	19	20	21	—	4	55
	4	22	23	24	25	26	27	28	29	30	31	61	2	3	4	5	6	7	8	9	10	11	12	13	14	15	16	17	18	19	—	5	24
	5	20	21	22	23	24	25	26	27	28	29	30	71	2	3	4	5	6	7	8	9	10	11	12	13	14	15	16	17	18	19	6	53
	6	20	21	22	23	24	25	26	27	28	29	30	31	81	2	3	4	5	6	7	8	9	10	11	12	13	14	15	16	17	—	1	23
	7	18	19	20	21	22	23	24	25	26	27	28	29	30	31	91	2	3	4	5	6	7	8	9	10	11	12	13	14	15	16	2	52
	8	17	18	19	20	21	22	23	24	25	26	27	28	29	30	01	2	3	4	5	6	7	8	9	10	11	12	13	14	15	16	4	22
	9	17	18	19	20	21	22	23	24	25	26	27	28	29	30	31	N1	2	3	4	5	6	7	8	9	10	11	12	13	14	—	6	52
	10	15	16	17	18	19	20	21	22	23	24	25	26	27	28	29	30	D1	2	3	4	5	6	7	8	9	10	11	12	13	14	0	21
	11	15	16	17	18	19	20	21	22	23	24	25	26	27	28	29	30	31	11	2	3	4	5	6	7	8	9	10	11	12	13	2	51
	12	14	15	16	17	18	19	20	21	22	23	24	25	26	27	28	29	30	31	21	2	3	4	5	6	7	8	9	10	11	12	4	21

年序 Year	陰曆月序 Moon	陰曆日序 Order of days (Lunar)																														星期 Week	干支 Cycle
		1	2	3	4	5	6	7	8	9	10	11	12	13	14	15	16	17	18	19	20	21	22	23	24	25	26	27	28	29	30		
道光11辛卯 1831–32	26 1	13	14	15	16	17	18	19	20	21	22	23	24	25	26	27	28	31	2	3	4	5	6	7	8	9	10	11	12	13	—	6	51
	2	14	15	16	17	18	19	20	21	22	23	24	25	26	27	28	29	30	31	41	2	3	4	5	6	7	8	9	10	11	—	0	20
	3	12	13	14	15	16	17	18	19	20	21	22	23	24	25	26	27	28	29	30	51	2	3	4	5	6	7	8	9	10	11	1	49
	4	12	13	14	15	16	17	18	19	20	21	22	23	24	25	26	27	28	29	30	31	61	2	3	4	5	6	7	8	9	—	3	19
	5	10	11	12	13	14	15	16	17	18	19	20	21	22	23	24	25	26	27	28	29	30	71	2	3	4	5	6	7	8	—	4	48
	6	9	10	11	12	13	14	15	16	17	18	19	20	21	22	23	24	25	26	27	28	29	30	31	81	2	3	4	5	6	7	5	17
	7	8	9	10	11	12	13	14	15	16	17	18	19	20	21	22	23	24	25	26	27	28	29	30	31	91	2	3	4	5	—	0	47
	8	6	7	8	9	10	11	12	13	14	15	16	17	18	19	20	21	22	23	24	25	26	27	28	29	30	01	2	3	4	5	1	16
	9	6	7	8	9	10	11	12	13	14	15	16	17	18	19	20	21	22	23	24	25	26	27	28	29	30	31	N1	2	3	—	3	46
	10	4	5	6	7	8	9	10	11	12	13	14	15	16	17	18	19	20	21	22	23	24	25	26	27	28	29	30	D1	2	3	4	15
	11	4	5	6	7	8	9	10	11	12	13	14	15	16	17	18	19	20	21	22	23	24	25	26	27	28	29	30	31	11	2	6	45
	12	3	4	5	6	7	8	9	10	11	12	13	14	15	16	17	18	19	20	21	22	23	24	25	26	27	28	29	30	31	21	1	15
道光12壬辰 1832–33	88 1	2	3	4	5	6	7	8	9	10	11	12	13	14	15	16	17	18	19	20	21	22	23	24	25	26	27	28	29	31	—	3	45
	2	2	3	4	5	6	7	8	9	10	11	12	13	14	15	16	17	18	19	20	21	22	23	24	25	26	27	28	29	30	31	4	14
	3	41	2	3	4	5	6	7	8	9	10	11	12	13	14	15	16	17	18	19	20	21	22	23	24	25	26	27	28	29	—	6	44
	4	30	51	2	3	4	5	6	7	8	9	10	11	12	13	14	15	16	17	18	19	20	21	22	23	24	25	26	27	28	29	0	13
	5	30	31	61	2	3	4	5	6	7	8	9	10	11	12	13	14	15	16	17	18	19	20	21	22	23	24	25	26	27	—	2	43
	6	28	29	30	71	2	3	4	5	6	7	8	9	10	11	12	13	14	15	16	17	18	19	20	21	22	23	24	25	26	—	3	12
	7	27	28	29	30	31	81	2	3	4	5	6	7	8	9	10	11	12	13	14	15	16	17	18	19	20	21	22	23	24	25	4	41
	8	26	27	28	29	30	31	91	2	3	4	5	6	7	8	9	10	11	12	13	14	15	16	17	18	19	20	21	22	23	—	6	11
	9	24	25	26	27	28	29	30	01	2	3	4	5	6	7	8	9	10	11	12	13	14	15	16	17	18	19	20	21	22	23	0	40
	9	24	25	26	27	28	29	30	31	N1	2	3	4	5	6	7	8	9	10	11	12	13	14	15	16	17	18	19	20	21	—	2	10
	10	22	23	24	25	26	27	28	29	30	D1	2	3	4	5	6	7	8	9	10	11	12	13	14	15	16	17	18	19	20	21	3	39
	11	22	23	24	25	26	27	28	29	30	31	11	2	3	4	5	6	7	8	9	10	11	12	13	14	15	16	17	18	19	20	5	9
	12	21	22	23	24	25	26	27	28	29	30	31	21	2	3	4	5	6	7	8	9	10	11	12	13	14	15	16	17	18	19	0	39
道光13癸巳 1833–34	50 1	20	21	22	23	24	25	26	27	28	31	2	3	4	5	6	7	8	9	10	11	12	13	14	15	16	17	18	19	20	—	2	9
	2	21	22	23	24	25	26	27	28	29	30	31	41	2	3	4	5	6	7	8	9	10	11	12	13	14	15	16	17	18	19	3	38
	3	20	21	22	23	24	25	26	27	28	29	30	51	2	3	4	5	6	7	8	9	10	11	12	13	14	15	16	17	18	—	5	8
	4	19	20	21	22	23	24	25	26	27	28	29	30	31	61	2	3	4	5	6	7	8	9	10	11	12	13	14	15	16	17	6	37
	5	18	19	20	21	22	23	24	25	26	27	28	29	30	71	2	3	4	5	6	7	8	9	10	11	12	13	14	15	16	—	1	7
	6	17	18	19	20	21	22	23	24	25	26	27	28	29	30	31	81	2	3	4	5	6	7	8	9	10	11	12	13	14	—	2	36
	7	15	16	17	18	19	20	21	22	23	24	25	26	27	28	29	30	31	91	2	3	4	5	6	7	8	9	10	11	12	13	3	5
	8	14	15	16	17	18	19	20	21	22	23	24	25	26	27	28	29	30	01	2	3	4	5	6	7	8	9	10	11	12	—	5	35
	9	13	14	15	16	17	18	19	20	21	22	23	24	25	26	27	28	29	30	31	N1	2	3	4	5	6	7	8	9	10	11	6	4
	10	12	13	14	15	16	17	18	19	20	21	22	23	24	25	26	27	28	29	30	D1	2	3	4	5	6	7	8	9	10	—	1	34
	11	11	12	13	14	15	16	17	18	19	20	21	22	23	24	25	26	27	28	29	30	31	11	2	3	4	5	6	7	8	9	2	3
	12	10	11	12	13	14	15	16	17	18	19	20	21	22	23	24	25	26	27	28	29	30	31	21	2	3	4	5	6	7	8	4	33
道光14甲午 1834–35	2 1	9	10	11	12	13	14	15	16	17	18	19	20	21	22	23	24	25	26	27	28	31	2	3	4	5	6	7	8	9	—	6	3
	2	10	11	12	13	14	15	16	17	18	19	20	21	22	23	24	25	26	27	28	29	30	31	41	2	3	4	5	6	7	8	0	32
	3	9	10	11	12	13	14	15	16	17	18	19	20	21	22	23	24	25	26	27	28	29	30	51	2	3	4	5	6	7	8	2	2
	4	9	10	11	12	13	14	15	16	17	18	19	20	21	22	23	24	25	26	27	28	29	30	31	61	2	3	4	5	6	—	4	32
	5	7	8	9	10	11	12	13	14	15	16	17	18	19	20	21	22	23	24	25	26	27	28	29	30	71	2	3	4	5	6	5	1
	6	7	8	9	10	11	12	13	14	15	16	17	18	19	20	21	22	23	24	25	26	27	28	29	30	31	81	2	3	4	—	0	31
	7	5	6	7	8	9	10	11	12	13	14	15	16	17	18	19	20	21	22	23	24	25	26	27	28	29	30	31	91	2	—	1	0
	8	3	4	5	6	7	8	9	10	11	12	13	14	15	16	17	18	19	20	21	22	23	24	25	26	27	28	29	30	01	2	2	29
	9	3	4	5	6	7	8	9	10	11	12	13	14	15	16	17	18	19	20	21	22	23	24	25	26	27	28	29	30	31	—	4	59
	10	N1	2	3	4	5	6	7	8	9	10	11	12	13	14	15	16	17	18	19	20	21	22	23	24	25	26	27	28	29	30	5	28
	11	D1	2	3	4	5	6	7	8	9	10	11	12	13	14	15	16	17	18	19	20	21	22	23	24	25	26	27	28	29	—	0	58
	12	30	31	11	2	3	4	5	6	7	8	9	10	11	12	13	14	15	16	17	18	19	20	21	22	23	24	25	26	27	28	1	27
道光15乙未 1835–36	14 1	29	30	31	21	2	3	4	5	6	7	8	9	10	11	12	13	14	15	16	17	18	19	20	21	22	23	24	25	26	—	3	57
	2	27	28	31	2	3	4	5	6	7	8	9	10	11	12	13	14	15	16	17	18	19	20	21	22	23	24	25	26	27	28	4	26
	3	29	30	31	41	2	3	4	5	6	7	8	9	10	11	12	13	14	15	16	17	18	19	20	21	22	23	24	25	26	27	6	56
	4	28	29	30	51	2	3	4	5	6	7	8	9	10	11	12	13	14	15	16	17	18	19	20	21	22	23	24	25	26	—	1	26
	5	27	28	29	30	31	61	2	3	4	5	6	7	8	9	10	11	12	13	14	15	16	17	18	19	20	21	22	23	24	25	2	55
	6	26	27	28	29	30	71	2	3	4	5	6	7	8	9	10	11	12	13	14	15	16	17	18	19	20	21	22	23	24	25	4	25
	6	26	27	28	29	30	31	81	2	3	4	5	6	7	8	9	10	11	12	13	14	15	16	17	18	19	20	21	22	23	—	6	55
	7	24	25	26	27	28	29	30	31	91	2	3	4	5	6	7	8	9	10	11	12	13	14	15	16	17	18	19	20	21	—	0	24
	8	22	23	24	25	26	27	28	29	30	01	2	3	4	5	6	7	8	9	10	11	12	13	14	15	16	17	18	19	20	21	1	53
	9	22	23	24	25	26	27	28	29	30	31	N1	2	3	4	5	6	7	8	9	10	11	12	13	14	15	16	17	18	19	—	3	23
	10	20	21	22	23	24	25	26	27	28	29	30	D1	2	3	4	5	6	7	8	9	10	11	12	13	14	15	16	17	18	19	4	52
	11	20	21	22	23	24	25	26	27	28	29	30	31	11	2	3	4	5	6	7	8	9	10	11	12	13	14	15	16	17	—	6	22
	12	18	19	20	21	22	23	24	25	26	27	28	29	30	31	21	2	3	4	5	6	7	8	9	10	11	12	13	14	15	16	0	51

年序 Year	陰曆月序 Moon	1	2	3	4	5	6	7	8	9	10	11	12	13	14	15	16	17	18	19	20	21	22	23	24	25	26	27	28	29	30	星期 Week	干支 Cycle
道光16丙申 1836–37	26 1	17	18	19	20	21	22	23	24	25	26	27	28	29	31	2	3	4	5	6	7	8	9	10	11	12	13	14	15	16	—	2	21
	2	17	18	19	20	21	22	23	24	25	26	27	28	29	30	31	41	2	3	4	5	6	7	8	9	10	11	12	13	14	15	3	50
	3	16	17	18	19	20	21	22	23	24	25	26	27	28	29	30	51	2	3	4	5	6	7	8	9	10	11	12	13	14	—	5	20
	4	15	16	17	18	19	20	21	22	23	24	25	26	27	28	29	30	31	61	2	3	4	5	6	7	8	9	10	11	12	13	6	49
	5	14	15	16	17	18	19	20	21	22	23	24	25	26	27	28	29	30	71	2	3	4	5	6	7	8	9	10	11	12	13	1	19
	6	14	15	16	17	18	19	20	21	22	23	24	25	26	27	28	29	30	31	81	2	3	4	5	6	7	8	9	10	11	—	3	49
	7	12	13	14	15	16	17	18	19	20	21	22	23	24	25	26	27	28	29	30	31	91	2	3	4	5	6	7	8	9	10	4	18
	8	11	12	13	14	15	16	17	18	19	20	21	22	23	24	25	26	27	28	29	30	O1	2	3	4	5	6	7	8	9	—	6	48
	9	10	11	12	13	14	15	16	17	18	19	20	21	22	23	24	25	26	27	28	29	30	31	N1	2	3	4	5	6	7	8	0	17
	10	9	10	11	12	13	14	15	16	17	18	19	20	21	22	23	24	25	26	27	28	29	30	D1	2	3	4	5	6	7	—	2	47
	11	8	9	10	11	12	13	14	15	16	17	18	19	20	21	22	23	24	25	26	27	28	29	30	31	11	2	3	4	5	6	3	16
	12	7	8	9	10	11	12	13	14	15	16	17	18	19	20	21	22	23	24	25	26	27	28	29	30	31	21	2	3	4	—	5	46
道光17丁酉 1837–38	88 1	5	6	7	8	9	10	11	12	13	14	15	16	17	18	19	20	21	22	23	24	25	26	27	28	31	2	3	4	5	6	6	15
	2	7	8	9	10	11	12	13	14	15	16	17	18	19	20	21	22	23	24	25	26	27	28	29	30	31	41	2	3	4	—	1	45
	3	5	6	7	8	9	10	11	12	13	14	15	16	17	18	19	20	21	22	23	24	25	26	27	28	29	30	51	2	3	4	2	14
	4	5	6	7	8	9	10	11	12	13	14	15	16	17	18	19	20	21	22	23	24	25	26	27	28	29	30	31	61	2	—	4	44
	5	3	4	5	6	7	8	9	10	11	12	13	14	15	16	17	18	19	20	21	22	23	24	25	26	27	28	29	30	71	2	5	13
	6	3	4	5	6	7	8	9	10	11	12	13	14	15	16	17	18	19	20	21	22	23	24	25	26	27	28	29	30	31	—	0	43
	7	81	2	3	4	5	6	7	8	9	10	11	12	13	14	15	16	17	18	19	20	21	22	23	24	25	26	27	28	29	30	1	12
	8	31	91	2	3	4	5	6	7	8	9	10	11	12	13	14	15	16	17	18	19	20	21	22	23	24	25	26	27	28	29	3	42
	9	30	O1	2	3	4	5	6	7	8	9	10	11	12	13	14	15	16	17	18	19	20	21	22	23	24	25	26	27	28	—	5	12
	10	29	30	31	N1	2	3	4	5	6	7	8	9	10	11	12	13	14	15	16	17	18	19	20	21	22	23	24	25	26	27	6	41
	11	28	29	30	D1	2	3	4	5	6	7	8	9	10	11	12	13	14	15	16	17	18	19	20	21	22	23	24	25	26	—	1	11
	12	27	28	29	30	31	11	2	3	4	5	6	7	8	9	10	11	12	13	14	15	16	17	18	19	20	21	22	23	24	25	2	40
道光18戊戌 1838–39	50 1	26	27	28	29	30	31	21	2	3	4	5	6	7	8	9	10	11	12	13	14	15	16	17	18	19	20	21	22	23	—	4	10
	2	24	25	26	27	28	31	2	3	4	5	6	7	8	9	10	11	12	13	14	15	16	17	18	19	20	21	22	23	24	25	5	39
	3	26	27	28	29	30	31	41	2	3	4	5	6	7	8	9	10	11	12	13	14	15	16	17	18	19	20	21	22	23	—	0	9
	4	24	25	26	27	28	29	30	51	2	3	4	5	6	7	8	9	10	11	12	13	14	15	16	17	18	19	20	21	22	23	1	38
	4	24	25	26	27	28	29	30	31	61	2	3	4	5	6	7	8	9	10	11	12	13	14	15	16	17	18	19	20	21	—	3	8
	5	22	23	24	25	26	27	28	29	30	71	2	3	4	5	6	7	8	9	10	11	12	13	14	15	16	17	18	19	20	—	4	37
	6	21	22	23	24	25	26	27	28	29	30	31	81	2	3	4	5	6	7	8	9	10	11	12	13	14	15	16	17	18	19	5	6
	7	20	21	22	23	24	25	26	27	28	29	30	31	91	2	3	4	5	6	7	8	9	10	11	12	13	14	15	16	17	18	0	36
	8	19	20	21	22	23	24	25	26	27	28	29	30	O1	2	3	4	5	6	7	8	9	10	11	12	13	14	15	16	17	—	2	6
	9	18	19	20	21	22	23	24	25	26	27	28	29	30	31	N1	2	3	4	5	6	7	8	9	10	11	12	13	14	15	16	3	35
	10	17	18	19	20	21	22	23	24	25	26	27	28	29	30	D1	2	3	4	5	6	7	8	9	10	11	12	13	14	15	16	5	5
	11	17	18	19	20	21	22	23	24	25	26	27	28	29	30	31	11	2	3	4	5	6	7	8	9	10	11	12	13	14	—	0	35
	12	15	16	17	18	19	20	21	22	23	24	25	26	27	28	29	30	31	21	2	3	4	5	6	7	8	9	10	11	12	13	1	4
道光19己亥 1839–40	2 1	14	15	16	17	18	19	20	21	22	23	24	25	26	27	28	31	2	3	4	5	6	7	8	9	10	11	12	13	14	—	3	34
	2	15	16	17	18	19	20	21	22	23	24	25	26	27	28	29	30	31	41	2	3	4	5	6	7	8	9	10	11	12	13	4	3
	3	14	15	16	17	18	19	20	21	22	23	24	25	26	27	28	29	30	51	2	3	4	5	6	7	8	9	10	11	12	—	6	33
	4	13	14	15	16	17	18	19	20	21	22	23	24	25	26	27	28	29	30	31	61	2	3	4	5	6	7	8	9	10	—	0	2
	5	11	12	13	14	15	16	17	18	19	20	21	22	23	24	25	26	27	28	29	30	71	2	3	4	5	6	7	8	9	10	1	31
	6	11	12	13	14	15	16	17	18	19	20	21	22	23	24	25	26	27	28	29	30	31	81	2	3	4	5	6	7	8	—	3	1
	7	9	10	11	12	13	14	15	16	17	18	19	20	21	22	23	24	25	26	27	28	29	30	31	91	2	3	4	5	6	7	4	30
	8	8	9	10	11	12	13	14	15	16	17	18	19	20	21	22	23	24	25	26	27	28	29	30	O1	2	3	4	5	6	—	6	0
	9	7	8	9	10	11	12	13	14	15	16	17	18	19	20	21	22	23	24	25	26	27	28	29	30	31	N1	2	3	4	5	0	29
	10	6	7	8	9	10	11	12	13	14	15	16	17	18	19	20	21	22	23	24	25	26	27	28	29	30	D1	2	3	4	5	2	59
	11	6	7	8	9	10	11	12	13	14	15	16	17	18	19	20	21	22	23	24	25	26	27	28	29	30	31	11	2	3	4	4	29
	12	5	6	7	8	9	10	11	12	13	14	15	16	17	18	19	20	21	22	23	24	25	26	27	28	29	30	31	21	2	—	6	59
道光20庚子 1840–41	14 1	3	4	5	6	7	8	9	10	11	12	13	14	15	16	17	18	19	20	21	22	23	24	25	26	27	28	29	31	2	3	0	28
	2	4	5	6	7	8	9	10	11	12	13	14	15	16	17	18	19	20	21	22	23	24	25	26	27	28	29	30	31	41	—	2	58
	3	2	3	4	5	6	7	8	9	10	11	12	13	14	15	16	17	18	19	20	21	22	23	24	25	26	27	28	29	30	51	3	27
	4	2	3	4	5	6	7	8	9	10	11	12	13	14	15	16	17	18	19	20	21	22	23	24	25	26	27	28	29	30	—	5	57
	5	31	61	2	3	4	5	6	7	8	9	10	11	12	13	14	15	16	17	18	19	20	21	22	23	24	25	26	27	28	—	6	26
	6	29	30	71	2	3	4	5	6	7	8	9	10	11	12	13	14	15	16	17	18	19	20	21	22	23	24	25	26	27	28	0	55
	7	29	30	31	81	2	3	4	5	6	7	8	9	10	11	12	13	14	15	16	17	18	19	20	21	22	23	24	25	26	—	2	25
	8	27	28	29	30	31	91	2	3	4	5	6	7	8	9	10	11	12	13	14	15	16	17	18	19	20	21	22	23	24	25	3	54
	9	26	27	28	29	30	O1	2	3	4	5	6	7	8	9	10	11	12	13	14	15	16	17	18	19	20	21	22	23	24	—	5	24
	10	25	26	27	28	29	30	31	N1	2	3	4	5	6	7	8	9	10	11	12	13	14	15	16	17	18	19	20	21	22	23	6	53
	11	24	25	26	27	28	29	30	D1	2	3	4	5	6	7	8	9	10	11	12	13	14	15	16	17	18	19	20	21	22	23	1	23
	12	24	25	26	27	28	29	30	31	11	2	3	4	5	6	7	8	9	10	11	12	13	14	15	16	17	18	19	20	21	22	3	53

年序 Year	陰曆月序 Moon	1 2 3 4 5	6 7 8 9 10	11 12 13 14 15	16 17 18 19 20	21 22 23 24 25	26 27 28 29 30	星期 Week	干支 Cycle
道光 21 辛丑 1841–42	26 1	23 24 25 26 27	28 29 30 31 21	2 3 4 5 6	7 8 9 10 11	12 13 14 15 16	17 18 19 20 —	5	23
	2	21 22 23 24 25	26 27 28 31 2	3 4 5 6 7	8 9 10 11 12	13 14 15 16 17	18 19 20 21 22	6	52
	3	23 24 25 26 27	28 29 30 31 41	2 3 4 5 6	7 8 9 10 11	12 13 14 15 16	17 18 19 20 —	1	22
	3	21 22 23 24 25	26 27 28 29 30	51 2 3 4 5	6 7 8 9 10	11 12 13 14 15	16 17 18 19 20	2	51
	4	21 22 23 24 25	26 27 28 29 30	31 61 2 3 4	5 6 7 8 9	10 11 12 13 14	15 16 17 18 —	4	21
	5	19 20 21 22 23	24 25 26 27 28	29 30 71 2 3	4 5 6 7 8	9 10 11 12 13	14 15 16 17 —	5	50
	6	18 19 20 21 22	23 24 25 26 27	28 29 30 31 81	2 3 4 5 6	7 8 9 10 11	12 13 14 15 16	6	19
	7	17 18 19 20 21	22 23 24 25 26	27 28 29 30 31	91 2 3 4 5	6 7 8 9 10	11 12 13 14 —	1	49
	8	15 16 17 18 19	20 21 22 23 24	25 26 27 28 29	30 01 2 3 4	5 6 7 8 9	10 11 12 13 14	2	18
	9	15 16 17 18 19	20 21 22 23 24	25 26 27 28 29	30 31 N1 2 3	4 5 6 7 8	9 10 11 12 —	4	48
	10	13 14 15 16 17	18 19 20 21 22	23 24 25 26 27	28 29 30 D1 2	3 4 5 6 7	8 9 10 11 12	5	17
	11	13 14 15 16 17	18 19 20 21 22	23 24 25 26 27	28 29 30 31 11	2 3 4 5 6	7 8 9 10 —	0	47
	12	11 12 13 14 15	16 17 18 19 20	21 22 23 24 25	26 27 28 29 30	31 21 2 3 4	5 6 7 8 9	1	16
道光 22 壬寅 1842–43	38 1	10 11 12 13 14	15 16 17 18 19	20 21 22 23 24	25 26 27 28 31	2 3 4 5 6	7 8 9 10 11	3	46
	2	12 13 14 15 16	17 18 19 20 21	22 23 24 25 26	27 28 29 30 31	41 2 3 4 5	6 7 8 9 10	5	16
	3	11 12 13 14 15	16 17 18 19 20	21 22 23 24 25	26 27 28 29 30	51 2 3 4 5	6 7 8 9 —	0	46
	4	10 11 12 13 14	15 16 17 18 19	20 21 22 23 24	25 26 27 28 29	30 31 61 2 3	4 5 6 7 8	1	15
	5	9 10 11 12 13	14 15 16 17 18	19 20 21 22 23	24 25 26 27 28	29 30 71 2 3	4 5 6 7 —	3	45
	6	8 9 10 11 12	13 14 15 16 17	18 19 20 21 22	23 24 25 26 27	28 29 30 31 81	2 3 4 5 —	4	14
	7	6 7 8 9 10	11 12 13 14 15	16 17 18 19 20	21 22 23 24 25	26 27 28 29 30	31 91 2 3 4	5	43
	8	5 6 7 8 9	10 11 12 13 14	15 16 17 18 19	20 21 22 23 24	25 26 27 28 29	30 01 2 3 —	0	13
	9	4 5 6 7 8	9 10 11 12 13	14 15 16 17 18	19 20 21 22 23	24 25 26 27 28	29 30 31 N1 2	1	42
	10	3 4 5 6 7	8 9 10 11 12	13 14 15 16 17	18 19 20 21 22	23 24 25 26 27	28 29 30 D1 —	3	12
	11	2 3 4 5 6	7 8 9 10 11	12 13 14 15 16	17 18 19 20 21	22 23 24 25 26	27 28 29 30 31	4	41
	12	11 2 3 4 5	6 7 8 9 10	11 12 13 14 15	16 17 18 19 20	21 22 23 24 25	26 27 28 29 —	6	11
道光 23 癸卯 1843–44	50 1	30 31 21 2 3	4 5 6 7 8	9 10 11 12 13	14 15 16 17 18	19 20 21 22 23	24 25 26 27 28	0	40
	2	31 2 3 4 5	6 7 8 9 10	11 12 13 14 15	16 17 18 19 20	21 22 23 24 25	26 27 28 29 30	2	10
	3	31 41 2 3 4	5 6 7 8 9	10 11 12 13 14	15 16 17 18 19	20 21 22 23 24	25 26 27 28 29	4	40
	4	30 51 2 3 4	5 6 7 8 9	10 11 12 13 14	15 16 17 18 19	20 21 22 23 24	25 26 27 28 —	6	10
	5	29 30 31 61 2	3 4 5 6 7	8 9 10 11 12	13 14 15 16 17	18 19 20 21 22	23 24 25 26 27	0	39
	6	28 29 30 71 2	3 4 5 6 7	8 9 10 11 12	13 14 15 16 17	18 19 20 21 22	23 24 25 26 —	2	9
	7	27 28 29 30 31	81 2 3 4 5	6 7 8 9 10	11 12 13 14 15	16 17 18 19 20	21 22 23 24 —	3	38
	7	25 26 27 28 29	30 31 91 2 3	4 5 6 7 8	9 10 11 12 13	14 15 16 17 18	19 20 21 22 23	4	7
	8	24 25 26 27 28	29 30 01 2 3	4 5 6 7 8	9 10 11 12 13	14 15 16 17 18	19 20 21 22 —	6	37
	9	23 24 25 26 27	28 29 30 31 N1	2 3 4 5 6	7 8 9 10 11	12 13 14 15 16	17 18 19 20 21	0	6
	10	22 23 24 25 26	27 28 29 30 D1	2 3 4 5 6	7 8 9 10 11	12 13 14 15 16	17 18 19 20 —	2	36
	11	21 22 23 24 25	26 27 28 29 30	31 11 2 3 4	5 6 7 8 9	10 11 12 13 14	15 16 17 18 19	3	5
	12	20 21 22 23 24	25 26 27 28 29	30 31 21 2 3	4 5 6 7 8	9 10 11 12 13	14 15 16 17 —	5	35
道光 24 甲辰 1844–45	2 1	18 19 20 21 22	23 24 25 26 27	28 29 31 2 3	4 5 6 7 8	9 10 11 12 13	14 15 16 17 18	6	4
	2	19 20 21 22 23	24 25 26 27 28	29 30 31 41 2	3 4 5 6 7	8 9 10 11 12	13 14 15 16 17	1	34
	3	18 19 20 21 22	23 24 25 26 27	28 29 30 51 2	3 4 5 6 7	8 9 10 11 12	13 14 15 16 —	3	4
	4	17 18 19 20 21	22 23 24 25 26	27 28 29 30 31	61 2 3 4 5	6 7 8 9 10	11 12 13 14 15	4	33
	5	16 17 18 19 20	21 22 23 24 25	26 27 28 29 30	71 2 3 4 5	6 7 8 9 10	11 12 13 14 —	6	3
	6	15 16 17 18 19	20 21 22 23 24	25 26 27 28 29	30 31 81 2 3	4 5 6 7 8	9 10 11 12 13	0	32
	7	14 15 16 17 18	19 20 21 22 23	24 25 26 27 28	29 30 31 91 2	3 4 5 6 7	8 9 10 11 —	2	2
	8	12 13 14 15 16	17 18 19 20 21	22 23 24 25 26	27 28 29 30 01	2 3 4 5 6	7 8 9 10 11	3	31
	9	12 13 14 15 16	17 18 19 20 21	22 23 24 25 26	27 28 29 30 31	N1 2 3 4 5	6 7 8 9 —	5	1
	10	10 11 12 13 14	15 16 17 18 19	20 21 22 23 24	25 26 27 28 29	30 D1 2 3 4	5 6 7 8 9	6	30
	11	10 11 12 13 14	15 16 17 18 19	20 21 22 23 24	25 26 27 28 29	30 31 11 2 3	4 5 6 7 —	1	0
	12	8 9 10 11 12	13 14 15 16 17	18 19 20 21 22	23 24 25 26 27	28 29 30 31 21	2 3 4 5 6	2	29
道光 25 乙巳 1845–46	14 1	7 8 9 10 11	12 13 14 15 16	17 18 19 20 21	22 23 24 25 26	27 28 31 2 3	4 5 6 7 —	4	59
	2	8 9 10 11 12	13 14 15 16 17	18 19 20 21 22	23 24 25 26 27	28 29 30 31 41	2 3 4 5 6	5	28
	3	7 8 9 10 11	12 13 14 15 16	17 18 19 20 21	22 23 24 25 26	27 28 29 30 51	2 3 4 5 —	0	58
	4	6 7 8 9 10	11 12 13 14 15	16 17 18 19 20	21 22 23 24 25	26 27 28 29 30	31 61 2 3 4	1	27
	5	5 6 7 8 9	10 11 12 13 14	15 16 17 18 19	20 21 22 23 24	25 26 27 28 29	30 71 2 3 4	3	57
	6	5 6 7 8 9	10 11 12 13 14	15 16 17 18 19	20 21 22 23 24	25 26 27 28 29	30 31 81 2 —	5	27
	7	3 4 5 6 7	8 9 10 11 12	13 14 15 16 17	18 19 20 21 22	23 24 25 26 27	28 29 30 31 91	6	56
	8	2 3 4 5 6	7 8 9 10 11	12 13 14 15 16	17 18 19 20 21	22 23 24 25 26	27 28 29 30 —	1	26
	9	01 2 3 4 5	6 7 8 9 10	11 12 13 14 15	16 17 18 19 20	21 22 23 24 25	26 27 28 29 30	2	55
	10	31 N1 2 3 4	5 6 7 8 9	10 11 12 13 14	15 16 17 18 19	20 21 22 23 24	25 26 27 28 —	4	25
	11	29 30 D1 2 3	4 5 6 7 8	9 10 11 12 13	14 15 16 17 18	19 20 21 22 23	24 25 26 27 28	5	54
	12	29 30 31 11 2	3 4 5 6 7	8 9 10 11 12	13 14 15 16 17	18 19 20 21 22	23 24 25 26 —	0	24

年序 Year		陰曆月序 Moon	陰曆日序 Order of days (Lunar) 1 2 3 4 5	6 7 8 9 10	11 12 13 14 15	16 17 18 19 20	21 22 23 24 25	26 27 28 29 30	星期 Week	干支 Cycle
道光 26 丙午 1846–47	26	1	27 28 29 30 31	21 2 3 4 5	6 7 8 9 10	11 12 13 14 15	16 17 18 19 20	21 22 23 24 25	1	53
		2	26 27 28 31 2	3 4 5 6 7	8 9 10 11 12	13 14 15 16 17	18 19 20 21 22	23 24 25 26 —	3	23
		3	27 28 29 30 31	41 2 3 4 5	6 7 8 9 10	11 12 13 14 15	16 17 18 19 20	21 22 23 24 25	4	52
		4	26 27 28 29 30	51 2 3 4 5	6 7 8 9 10	11 12 13 14 15	16 17 18 19 20	21 22 23 24 —	6	22
		5	25 26 27 28 29	30 31 61 2 3	4 5 6 7 8	9 10 11 12 13	14 15 16 17 18	19 20 21 22 23	0	51
		5	24 25 26 27 28	29 30 71 2 3	4 5 6 7 8	9 10 11 12 13	14 15 16 17 18	19 20 21 22 —	2	21
		6	23 24 25 26 27	28 29 30 31 81	2 3 4 5 6	7 8 9 10 11	12 13 14 15 16	17 18 19 20 21	3	50
		7	22 23 24 25 26	27 28 29 30 31	91 2 3 4 5	6 7 8 9 10	11 12 13 14 15	16 17 18 19 —	5	20
		8	20 21 22 23 24	25 26 27 28 29	30 01 2 3 4	5 6 7 8 9	10 11 12 13 14	15 16 17 18 19	6	49
		9	20 21 22 23 24	25 26 27 28 29	30 31 N1 2 3	4 5 6 7 8	9 10 11 12 13	14 15 16 17 18	1	19
		10	19 20 21 22 23	24 25 26 27 28	29 30 D1 2 3	4 5 6 7 8	9 10 11 12 13	14 15 16 17 —	3	49
		11	18 19 20 21 22	23 24 25 26 27	28 29 30 31 11	2 3 4 5 6	7 8 9 10 11	12 13 14 15 16	4	18
		12	17 18 19 20 21	22 23 24 25 26	27 28 29 30 31	21 2 3 4 5	6 7 8 9 10	11 12 13 14 —	6	48
道光 27 丁未 1847–48	38	1	15 16 17 18 19	20 21 22 23 24	25 26 27 28 31	2 3 4 5 6	7 8 9 10 11	12 13 14 15 16	0	17
		2	17 18 19 20 21	22 23 24 25 26	27 28 29 30 31	41 2 3 4 5	6 7 8 9 10	11 12 13 14 —	2	47
		3	15 16 17 18 19	20 21 22 23 24	25 26 27 28 29	30 51 2 3 4	5 6 7 8 9	10 11 12 13 —	3	16
		4	14 15 16 17 18	19 20 21 22 23	24 25 26 27 28	29 30 31 61 2	3 4 5 6 7	8 9 10 11 12	4	45
		5	13 14 15 16 17	18 19 20 21 22	23 24 25 26 27	28 29 30 71 2	3 4 5 6 7	8 9 10 11 —	6	15
		6	12 13 14 15 16	17 18 19 20 21	22 23 24 25 26	27 28 29 30 31	81 2 3 4 5	6 7 8 9 10	0	44
		7	11 12 13 14 15	16 17 18 19 20	21 22 23 24 25	26 27 28 29 30	31 91 2 3 4	5 6 7 8 —	2	14
		8	9 10 11 12 13	14 15 16 17 18	19 20 21 22 23	24 25 26 27 28	29 30 01 2 3	4 5 6 7 8	3	43
		9	9 10 11 12 13	14 15 16 17 18	19 20 21 22 23	24 25 26 27 28	29 30 31 N1 2	3 4 5 6 7	5	13
		10	8 9 10 11 12	13 14 15 16 17	18 19 20 21 22	23 24 25 26 27	28 29 30 D1 2	3 4 5 6 7	0	43
		11	8 9 10 11 12	13 14 15 16 17	18 19 20 21 22	23 24 25 26 27	28 29 30 31 11	2 3 4 5 —	2	13
		12	6 7 8 9 10	11 12 13 14 15	16 17 18 19 20	21 22 23 24 25	26 27 28 29 30	31 21 2 3 4	3	42
道光 28 戊申 1848–49	50	1	5 6 7 8 9	10 11 12 13 14	15 16 17 18 19	20 21 22 23 24	25 26 27 28 29	31 2 3 4 —	5	12
		2	5 6 7 8 9	10 11 12 13 14	15 16 17 18 19	20 21 22 23 24	25 26 27 28 29	30 31 41 2 3	6	41
		3	4 5 6 7 8	9 10 11 12 13	14 15 16 17 18	19 20 21 22 23	24 25 26 27 28	29 30 51 2 —	1	11
		4	3 4 5 6 7	8 9 10 11 12	13 14 15 16 17	18 19 20 21 22	23 24 25 26 27	28 29 30 31 —	2	40
		5	61 2 3 4 5	6 7 8 9 10	11 12 13 14 15	16 17 18 19 20	21 22 23 24 25	26 27 28 29 30	3	9
		6	71 2 3 4 5	6 7 8 9 10	11 12 13 14 15	16 17 18 19 20	21 22 23 24 25	26 27 28 29 —	5	39
		7	30 31 81 2 3	4 5 6 7 8	9 10 11 12 13	14 15 16 17 18	19 20 21 22 23	24 25 26 27 28	6	8
		8	29 30 31 91 2	3 4 5 6 7	8 9 10 11 12	13 14 15 16 17	18 19 20 21 22	23 24 25 26 —	1	38
		9	27 28 29 30 01	2 3 4 5 6	7 8 9 10 11	12 13 14 15 16	17 18 19 20 21	22 23 24 25 26	2	7
		10	27 28 29 30 31	N1 2 3 4 5	6 7 8 9 10	11 12 13 14 15	16 17 18 19 20	21 22 23 24 25	4	37
		11	26 27 28 29 30	D1 2 3 4 5	6 7 8 9 10	11 12 13 14 15	16 17 18 19 20	21 22 23 24 25	6	7
		12	26 27 28 29 30	31 11 2 3 4	5 6 7 8 9	10 11 12 13 14	15 16 17 18 19	20 21 22 23 —	1	37
道光 29 己酉 1849–50	2	1	24 25 26 27 28	29 30 31 21 2	3 4 5 6 7	8 9 10 11 12	13 14 15 16 17	18 19 20 21 22	2	6
		2	23 24 25 26 27	28 31 2 3 4	5 6 7 8 9	10 11 12 13 14	15 16 17 18 19	20 21 22 23 —	4	36
		3	24 25 26 27 28	29 30 31 41 2	3 4 5 6 7	8 9 10 11 12	13 14 15 16 17	18 19 20 21 22	5	5
		4	23 24 25 26 27	28 29 30 51 2	3 4 5 6 7	8 9 10 11 12	13 14 15 16 17	18 19 20 21 —	0	35
		4	22 23 24 25 26	27 28 29 30 31	61 2 3 4 5	6 7 8 9 10	11 12 13 14 15	16 17 18 19 —	1	4
		5	20 21 22 23 24	25 26 27 28 29	30 71 2 3 4	5 6 7 8 9	10 11 12 13 14	15 16 17 18 19	2	33
		6	20 21 22 23 24	25 26 27 28 29	30 31 81 2 3	4 5 6 7 8	9 10 11 12 13	14 15 16 17 —	4	3
		7	18 19 20 21 22	23 24 25 26 27	28 29 30 31 91	2 3 4 5 6	7 8 9 10 11	12 13 14 15 16	5	32
		8	17 18 19 20 21	22 23 24 25 26	27 28 29 30 01	2 3 4 5 6	7 8 9 10 11	12 13 14 15 —	0	2
		9	16 17 18 19 20	21 22 23 24 25	26 27 28 29 30	31 N1 2 3 4	5 6 7 8 9	10 11 12 13 14	1	31
		10	15 16 17 18 19	20 21 22 23 24	25 26 27 28 29	30 D1 2 3 4	5 6 7 8 9	10 11 12 13 —	3	1
		11	14 15 16 17 18	19 20 21 22 23	24 25 26 27 28	29 30 31 11 2	3 4 5 6 7	8 9 10 11 12	4	30
		12	13 14 15 16 17	18 19 20 21 22	23 24 25 26 27	28 29 30 31 21	2 3 4 5 6	7 8 9 10 11	6	0
道光 30 庚戌 1850–51	14	1	12 13 14 15 16	17 18 19 20 21	22 23 24 25 26	27 28 31 2 3	4 5 6 7 8	9 10 11 12 13	1	30
		2	14 15 16 17 18	19 20 21 22 23	24 25 26 27 28	29 30 31 41 2	3 4 5 6 7	8 9 10 11 —	3	0
		3	12 13 14 15 16	17 18 19 20 21	22 23 24 25 26	27 28 29 30 51	2 3 4 5 6	7 8 9 10 11	4	29
		4	12 13 14 15 16	17 18 19 20 21	22 23 24 25 26	27 28 29 30 31	61 2 3 4 5	6 7 8 9 —	6	59
		5	10 11 12 13 14	15 16 17 18 19	20 21 22 23 24	25 26 27 28 29	30 71 2 3 4	5 6 7 8 —	0	28
		6	9 10 11 12 13	14 15 16 17 18	19 20 21 22 23	24 25 26 27 28	29 30 31 81 2	3 4 5 6 7	1	57
		7	8 9 10 11 12	13 14 15 16 17	18 19 20 21 22	23 24 25 26 27	28 29 30 31 91	2 3 4 5 —	3	27
		8	6 7 8 9 10	11 12 13 14 15	16 17 18 19 20	21 22 23 24 25	26 27 28 29 30	01 2 3 4 —	4	56
		9	5 6 7 8 9	10 11 12 13 14	15 16 17 18 19	20 21 22 23 24	25 26 27 28 29	30 31 N1 2 3	5	25
		10	4 5 6 7 8	9 10 11 12 13	14 15 16 17 18	19 20 21 22 23	24 25 26 27 28	29 30 D1 2 3	0	55
		11	4 5 6 7 8	9 10 11 12 13	14 15 16 17 18	19 20 21 22 23	24 25 26 27 28	29 30 31 11 —	2	25
		12	2 3 4 5 6	7 8 9 10 11	12 13 14 15 16	17 18 19 20 21	22 23 24 25 26	27 28 29 30 31	3	54

年序 Year		陰曆月序 Moon	陰曆日序 Order of days (Lunar)																														星期 Week	干支 Cycle
			1	2	3	4	5	6	7	8	9	10	11	12	13	14	15	16	17	18	19	20	21	22	23	24	25	26	27	28	29	30		
文宗咸豐1辛亥 1851–52	26	1	21	2	3	4	5	6	7	8	9	10	11	12	13	14	15	16	17	18	19	20	21	22	23	24	25	26	27	28	31	2	5	24
		2	3	4	5	6	7	8	9	10	11	12	13	14	15	16	17	18	19	20	21	22	23	24	25	26	27	28	29	30	31	41	0	54
		3	2	3	4	5	6	7	8	9	10	11	12	13	14	15	16	17	18	19	20	21	22	23	24	25	26	27	28	29	30	—	2	24
		4	51	2	3	4	5	6	7	8	9	10	11	12	13	14	15	16	17	18	19	20	21	22	23	24	25	26	27	28	29	30	3	53
		5	31	61	2	3	4	5	6	7	8	9	10	11	12	13	14	15	16	17	18	19	20	21	22	23	24	25	26	27	28	—	5	23
		6	29	30	71	2	3	4	5	6	7	8	9	10	11	12	13	14	15	16	17	18	19	20	21	22	23	24	25	26	27	—	6	52
		7	28	29	30	31	81	2	3	4	5	6	7	8	9	10	11	12	13	14	15	16	17	18	19	20	21	22	23	24	25	26	0	21
		8	27	28	29	30	31	91	2	3	4	5	6	7	8	9	10	11	12	13	14	15	16	17	18	19	20	21	22	23	24	—	2	51
		8	25	26	27	28	29	30	01	2	3	4	5	6	7	8	9	10	11	12	13	14	15	16	17	18	19	20	21	22	23	—	3	20
		9	24	25	26	27	28	29	30	31	N1	2	3	4	5	6	7	8	9	10	11	12	13	14	15	16	17	18	19	20	21	22	4	49
		10	23	24	25	26	27	28	29	30	D1	2	3	4	5	6	7	8	9	10	11	12	13	14	15	16	17	18	19	20	21	—	6	19
		11	22	23	24	25	26	27	28	29	30	31	11	2	3	4	5	6	7	8	9	10	11	12	13	14	15	16	17	18	19	20	0	48
		12	21	22	23	24	25	26	27	28	29	30	31	21	2	3	4	5	6	7	8	9	10	11	12	13	14	15	16	17	18	19	2	18
咸豐2壬子 1852–53	38	1	20	21	22	23	24	25	26	27	28	29	31	2	3	4	5	6	7	8	9	10	11	12	13	14	15	16	17	18	19	20	4	48
		2	21	22	23	24	25	26	27	28	29	30	31	41	2	3	4	5	6	7	8	9	10	11	12	13	14	15	16	17	18	—	6	18
		3	19	20	21	22	23	24	25	26	27	28	29	30	51	2	3	4	5	6	7	8	9	10	11	12	13	14	15	16	17	18	0	47
		4	19	20	21	22	23	24	25	26	27	28	29	30	31	61	2	3	4	5	6	7	8	9	10	11	12	13	14	15	16	17	2	17
		5	18	19	20	21	22	23	24	25	26	27	28	29	30	71	2	3	4	5	6	7	8	9	10	11	12	13	14	15	16	—	4	47
		6	17	18	19	20	21	22	23	24	25	26	27	28	29	30	31	81	2	3	4	5	6	7	8	9	10	11	12	13	14	—	5	16
		7	15	16	17	18	19	20	21	22	23	24	25	26	27	28	29	30	31	91	2	3	4	5	6	7	8	9	10	11	12	13	6	45
		8	14	15	16	17	18	19	20	21	22	23	24	25	26	27	28	29	30	01	2	3	4	5	6	7	8	9	10	11	12	—	1	15
		9	13	14	15	16	17	18	19	20	21	22	23	24	25	26	27	28	29	30	31	N1	2	3	4	5	6	7	8	9	10	11	2	44
		10	12	13	14	15	16	17	18	19	20	21	22	23	24	25	26	27	28	29	30	D1	2	3	4	5	6	7	8	9	10	—	4	14
		11	11	12	13	14	15	16	17	18	19	20	21	22	23	24	25	26	27	28	29	30	31	11	2	3	4	5	6	7	8	—	5	43
		12	9	10	11	12	13	14	15	16	17	18	19	20	21	22	23	24	25	26	27	28	29	30	31	21	2	3	4	5	6	7	6	12
咸豐3癸丑 1853–54	50	1	8	9	10	11	12	13	14	15	16	17	18	19	20	21	22	23	24	25	26	27	28	31	2	3	4	5	6	7	8	9	1	42
		2	10	11	12	13	14	15	16	17	18	19	20	21	22	23	24	25	26	27	28	29	30	31	41	2	3	4	5	6	7	—	3	12
		3	8	9	10	11	12	13	14	15	16	17	18	19	20	21	22	23	24	25	26	27	28	29	30	51	2	3	4	5	6	7	4	41
		4	8	9	10	11	12	13	14	15	16	17	18	19	20	21	22	23	24	25	26	27	28	29	30	31	61	2	3	4	5	6	6	11
		5	7	8	9	10	11	12	13	14	15	16	17	18	19	20	21	22	23	24	25	26	27	28	29	30	71	2	3	4	5	—	1	41
		6	6	7	8	9	10	11	12	13	14	15	16	17	18	19	20	21	22	23	24	25	26	27	28	29	30	31	81	2	3	4	2	10
		7	5	6	7	8	9	10	11	12	13	14	15	16	17	18	19	20	21	22	23	24	25	26	27	28	29	30	31	91	2	—	4	40
		8	3	4	5	6	7	8	9	10	11	12	13	14	15	16	17	18	19	20	21	22	23	24	25	26	27	28	29	30	01	2	5	9
		9	3	4	5	6	7	8	9	10	11	12	13	14	15	16	17	18	19	20	21	22	23	24	25	26	27	28	29	30	31	—	0	39
		10	N1	2	3	4	5	6	7	8	9	10	11	12	13	14	15	16	17	18	19	20	21	22	23	24	25	26	27	28	29	30	1	8
		11	D1	2	3	4	5	6	7	8	9	10	11	12	13	14	15	16	17	18	19	20	21	22	23	24	25	26	27	28	29	—	3	38
		12	30	31	11	2	3	4	5	6	7	8	9	10	11	12	13	14	15	16	17	18	19	20	21	22	23	24	25	26	27	28	4	7
咸豐4甲寅 1854–55	2	1	29	30	31	21	2	3	4	5	6	7	8	9	10	11	12	13	14	15	16	17	18	19	20	21	22	23	24	25	26	—	6	37
		2	27	28	31	2	3	4	5	6	7	8	9	10	11	12	13	14	15	16	17	18	19	20	21	22	23	21	25	26	27	28	0	6
		3	29	30	31	41	2	3	4	5	6	7	8	9	10	11	12	13	14	15	16	17	18	19	20	21	22	23	24	25	26	—	2	36
		4	27	28	29	30	51	2	3	4	5	6	7	8	9	10	11	12	13	14	15	16	17	18	19	20	21	22	23	24	25	26	3	5
		5	27	28	29	30	31	61	2	3	4	5	6	7	8	9	10	11	12	13	14	15	16	17	18	19	20	21	22	23	24	—	5	35
		6	25	26	27	28	29	30	71	2	3	4	5	6	7	8	9	10	11	12	13	14	15	16	17	18	19	20	21	22	23	24	6	4
		7	25	26	27	28	29	30	31	81	2	3	4	5	6	7	8	9	10	11	12	13	14	15	16	17	18	19	20	21	22	23	1	34
		7	24	25	26	27	28	29	30	31	91	2	3	4	5	6	7	8	9	10	11	12	13	14	15	16	17	18	19	20	21	—	3	4
		8	22	23	24	25	26	27	28	29	30	01	2	3	4	5	6	7	8	9	10	11	12	13	14	15	16	17	18	19	20	21	4	33
		9	22	23	24	25	26	27	28	29	30	31	N1	2	3	4	5	6	7	8	9	10	11	12	13	14	15	16	17	18	19	—	6	3
		10	20	21	22	23	24	25	26	27	28	29	30	D1	2	3	4	5	6	7	8	9	10	11	12	13	14	15	16	17	18	19	0	32
		11	20	21	22	23	24	25	26	27	28	29	30	31	11	2	3	4	5	6	7	8	9	10	11	12	13	14	15	16	17	—	2	2
		12	18	19	20	21	22	23	24	25	26	27	28	29	30	31	21	2	3	4	5	6	7	8	9	10	11	12	13	14	15	16	3	31
咸豐5乙卯 1855–56	14	1	17	18	19	20	21	22	23	24	25	26	27	28	31	2	3	4	5	6	7	8	9	10	11	12	13	14	15	16	17	—	5	1
		2	18	19	20	21	22	23	24	25	26	27	28	29	30	31	41	2	3	4	5	6	7	8	9	10	11	12	13	14	15	—	6	30
		3	16	17	18	19	20	21	22	23	24	25	26	27	28	29	30	51	2	3	4	5	6	7	8	9	10	11	12	13	14	15	0	59
		4	16	17	18	19	20	21	22	23	24	25	26	27	28	29	30	31	61	2	3	4	5	6	7	8	9	10	11	12	13	—	2	29
		5	14	15	16	17	18	19	20	21	22	23	24	25	26	27	28	29	30	71	2	3	4	5	6	7	8	9	10	11	12	13	3	58
		6	14	15	16	17	18	19	20	21	22	23	24	25	26	27	28	29	30	31	81	2	3	4	5	6	7	8	9	10	11	12	5	28
		7	13	14	15	16	17	18	19	20	21	22	23	24	25	26	27	28	29	30	31	91	2	3	4	5	6	7	8	9	10	—	0	58
		8	11	12	13	14	15	16	17	18	19	20	21	22	23	24	25	26	27	28	29	30	01	2	3	4	5	6	7	8	9	10	1	27
		9	11	12	13	14	15	16	17	18	19	20	21	22	23	24	25	26	27	28	29	30	31	N1	2	3	4	5	6	7	8	9	3	57
		10	10	11	12	13	14	15	16	17	18	19	20	21	22	23	24	25	26	27	28	29	30	D1	2	3	4	5	6	7	8	—	5	27
		11	9	10	11	12	13	14	15	16	17	18	19	20	21	22	23	24	25	26	27	28	29	30	31	11	2	3	4	5	6	7	6	56
		12	8	9	10	11	12	13	14	15	16	17	18	19	20	21	22	23	24	25	26	27	28	29	30	31	21	2	3	4	5	—	1	26

年序 Year		陰曆月序 Moon	陰曆日序 Order of days (Lunar) 1 2 3 4 5	6 7 8 9 10	11 12 13 14 15	16 17 18 19 20	21 22 23 24 25	26 27 28 29 30	星期 Week	干支 Cycle
咸豐 6 丙辰 1856–57	26	1	6 7 8 9 10	11 12 13 14 15	16 17 18 19 20	21 22 23 24 25	26 27 28 29 31	2 3 4 5 6	2	55
		2	7 8 9 10 11	12 13 14 15 16	17 18 19 20 21	22 23 24 25 26	27 28 29 30 31	41 2 3 4 —	4	25
		3	5 6 7 8 9	10 11 12 13 14	15 16 17 18 19	20 21 22 23 24	25 26 27 28 29	30 51 2 3 —	5	54
		4	4 5 6 7 8	9 10 11 12 13	14 15 16 17 18	19 20 21 22 23	24 25 26 27 28	29 30 31 61 2	6	23
		5	3 4 5 6 7	8 9 10 11 12	13 14 15 16 17	18 19 20 21 22	23 24 25 26 27	28 29 30 71 —	1	53
		6	2 3 4 5 6	7 8 9 10 11	12 13 14 15 16	17 18 19 20 21	22 23 24 25 26	27 28 29 30 31	2	22
		7	81 2 3 4 5	6 7 8 9 10	11 12 13 14 15	16 17 18 19 20	21 22 23 24 25	26 27 28 29 —	4	52
		8	30 31 91 2 3	4 5 6 7 8	9 10 11 12 13	14 15 16 17 18	19 20 21 22 23	24 25 26 27 28	5	21
		9	29 30 01 2 3	4 5 6 7 8	9 10 11 12 13	14 15 16 17 18	19 20 21 22 23	24 25 26 27 28	0	51
		10	29 30 31 N1 2	3 4 5 6 7	8 9 10 11 12	13 14 15 16 17	18 19 20 21 22	23 24 25 26 27	2	21
		11	28 29 30 D1 2	3 4 5 6 7	8 9 10 11 12	13 14 15 16 17	18 19 20 21 22	23 24 25 26 —	4	51
		12	27 28 29 30 31	11 2 3 4 5	6 7 8 9 10	11 12 13 14 15	16 17 18 19 20	21 22 23 24 25	5	20
咸豐 7 丁巳 1857–58	38	1	26 27 28 29 30	31 21 2 3 4	5 6 7 8 9	10 11 12 13 14	15 16 17 18 19	20 21 22 23 —	0	50
		2	24 25 26 27 28	31 2 3 4 5	6 7 8 9 10	11 12 13 14 15	16 17 18 19 20	21 22 23 24 25	1	19
		3	26 27 28 29 30	31 41 2 3 4	5 6 7 8 9	10 11 12 13 14	15 16 17 18 19	20 21 22 23 —	3	49
		4	24 25 26 27 28	29 30 51 2 3	4 5 6 7 8	9 10 11 12 13	14 15 16 17 18	19 20 21 22 —	4	18
		5	23 24 25 26 27	28 29 30 31 61	2 3 4 5 6	7 8 9 10 11	12 13 14 15 16	17 18 19 20 21	5	47
		5	22 23 24 25 26	27 28 29 30 71	2 3 4 5 6	7 8 9 10 11	12 13 14 15 16	17 18 19 20 —	0	17
		6	21 22 23 24 25	26 27 28 29 30	31 81 2 3 4	5 6 7 8 9	10 11 12 13 14	15 16 17 18 19	1	46
		7	20 21 22 23 24	25 26 27 28 29	30 31 91 2 3	4 5 6 7 8	9 10 11 12 13	14 15 16 17 —	3	16
		8	18 19 20 21 22	23 24 25 26 27	28 29 30 01 2	3 4 5 6 7	8 9 10 11 12	13 14 15 16 17	4	45
		9	18 19 20 21 22	23 24 25 26 27	28 29 30 31 N1	2 3 4 5 6	7 8 9 10 11	12 13 14 15 —	6	15
		10	16 17 18 19 20	21 22 23 24 25	26 27 28 29 30	D1 2 3 4 5	6 7 8 9 10	11 12 13 14 15	0	44
		11	16 17 18 19 20	21 22 23 24 25	26 27 28 29 30	31 11 2 3 4	5 6 7 8 9	10 11 12 13 14	2	14
		12	15 16 17 18 19	20 21 22 23 24	25 26 27 28 29	30 31 21 2 3	4 5 6 7 8	9 10 11 12 13	4	44
咸豐 8 戊午 1858–59	50	1	14 15 16 17 18	19 20 21 22 23	24 25 26 27 28	31 2 3 4 5	6 7 8 9 10	11 12 13 14 —	6	14
		2	15 16 17 18 19	20 21 22 23 24	25 26 27 28 29	30 31 41 2 3	4 5 6 7 8	9 10 11 12 13	0	43
		3	14 15 16 17 18	19 20 21 22 23	24 25 26 27 28	29 30 51 2 3	4 5 6 7 8	9 10 11 12 —	2	13
		4	13 14 15 16 17	18 19 20 21 22	23 24 25 26 27	28 29 30 31 61	2 3 4 5 6	7 8 9 10 —	3	42
		5	11 12 13 14 15	16 17 18 19 20	21 22 23 24 25	26 27 28 29 30	71 2 3 4 5	6 7 8 9 10	4	11
		6	11 12 13 14 15	16 17 18 19 20	21 22 23 24 25	26 27 28 29 30	31 81 2 3 4	5 6 7 8 —	6	41
		7	9 10 11 12 13	14 15 16 17 18	19 20 21 22 23	24 25 26 27 28	29 30 31 91 2	3 4 5 6 —	0	10
		8	7 8 9 10 11	12 13 14 15 16	17 18 19 20 21	22 23 24 25 26	27 28 29 30 01	2 3 4 5 6	1	39
		9	7 8 9 10 11	12 13 14 15 16	17 18 19 20 21	22 23 24 25 26	27 28 29 30 31	N1 2 3 4 5	3	9
		10	6 7 8 9 10	11 12 13 14 15	16 17 18 19 20	21 22 23 24 25	26 27 28 29 30	D1 2 3 4 —	5	39
		11	5 6 7 8 9	10 11 12 13 14	15 16 17 18 19	20 21 22 23 24	25 26 27 28 29	30 31 11 2 3	6	8
		12	4 5 6 7 8	9 10 11 12 13	14 15 16 17 18	19 20 21 22 23	24 25 26 27 28	29 30 31 21 2	1	38
咸豐 9 己未 1859–60	2	1	3 4 5 6 7	8 9 10 11 12	13 14 15 16 17	18 19 20 21 22	23 24 25 26 27	28 31 2 3 4	3	8
		2	5 6 7 8 9	10 11 12 13 14	15 16 17 18 19	20 21 22 23 24	25 26 27 28 29	30 31 41 2 —	5	38
		3	3 4 5 6 7	8 9 10 11 12	13 14 15 16 17	18 19 20 21 22	23 24 25 26 27	28 29 30 51 2	6	7
		4	3 4 5 6 7	8 9 10 11 12	13 14 15 16 17	18 19 20 21 22	23 24 25 26 27	28 29 30 31 —	1	37
		5	61 2 3 4 5	6 7 8 9 10	11 12 13 14 15	16 17 18 19 20	21 22 23 24 25	26 27 28 29 —	2	6
		6	30 71 2 3 4	5 6 7 8 9	10 11 12 13 14	15 16 17 18 19	20 21 22 23 24	25 26 27 28 29	3	35
		7	30 31 81 2 3	4 5 6 7 8	9 10 11 12 13	14 15 16 17 18	19 20 21 22 23	24 25 26 27 —	5	5
		8	28 29 30 31 91	2 3 4 5 6	7 8 9 10 11	12 13 14 15 16	17 18 19 20 21	22 23 24 25 —	6	34
		9	26 27 28 29 30	01 2 3 4 5	6 7 8 9 10	11 12 13 14 15	16 17 18 19 20	21 22 23 24 25	0	3
		10	26 27 28 29 30	31 N1 2 3 4	5 6 7 8 9	10 11 12 13 14	15 16 17 18 19	20 21 22 23 —	2	33
		11	24 25 26 27 28	29 30 D1 2 3	4 5 6 7 8	9 10 11 12 13	14 15 16 17 18	19 20 21 22 23	3	2
		12	24 25 26 27 28	29 30 31 11 2	3 4 5 6 7	8 9 10 11 12	13 14 15 16 17	18 19 20 21 22	5	32
咸豐 10 庚申 1860–61	14	1	23 24 25 26 27	28 29 30 31 21	2 3 4 5 6	7 8 9 10 11	12 13 14 15 16	17 18 19 20 21	0	2
		2	22 23 24 25 26	27 28 29 31 2	3 4 5 6 7	8 9 10 11 12	13 14 15 16 17	18 19 20 21 —	2	32
		3	22 23 24 25 26	27 28 29 30 31	41 2 3 4 5	6 7 8 9 10	11 12 13 14 15	16 17 18 19 20	3	1
		3	21 22 23 24 25	26 27 28 29 30	51 2 3 4 5	6 7 8 9 10	11 12 13 14 15	16 17 18 19 20	5	31
		4	21 22 23 24 25	26 27 28 29 30	31 61 2 3 4	5 6 7 8 9	10 11 12 13 14	15 16 17 18 —	0	1
		5	19 20 21 22 23	24 25 26 27 28	29 30 71 2 3	4 5 6 7 8	9 10 11 12 13	14 15 16 17 —	1	30
		6	18 19 20 21 22	23 24 25 26 27	28 29 30 31 81	2 3 4 5 6	7 8 9 10 11	12 13 14 15 16	2	59
		7	17 18 19 20 21	22 23 24 25 26	27 28 29 30 31	91 2 3 4 5	6 7 8 9 10	11 12 13 14 —	4	29
		8	15 16 17 18 19	20 21 22 23 24	25 26 27 28 29	30 01 2 3 4	5 6 7 8 9	10 11 12 13 —	5	58
		9	14 15 16 17 18	19 20 21 22 23	24 25 26 27 28	29 30 31 N1 2	3 4 5 6 7	8 9 10 11 12	6	27
		10	13 14 15 16 17	18 19 20 21 22	23 24 25 26 27	28 29 30 D1 2	3 4 5 6 7	8 9 10 11 —	1	57
		11	12 13 14 15 16	17 18 19 20 21	22 23 24 25 26	27 28 29 30 31	11 2 3 4 5	6 7 8 9 10	2	26
		12	11 12 13 14 15	16 17 18 19 20	21 22 23 24 25	26 27 28 29 30	31 21 2 3 4	5 6 7 8 9	4	56

年序 Year	陰曆月序 Moon	陰曆日序 Order of days (Lunar) 1 2 3 4 5	6 7 8 9 10	11 12 13 14 15	16 17 18 19 20	21 22 23 24 25	26 27 28 29 30	星期 Week	干支 Cycle
成豐 11 辛酉 1861–62	26 1	10 11 12 13 14	15 16 17 18 19	20 21 22 23 24	25 26 27 28 **31**	2 3 4 5 6	7 8 9 10 —	6	26
	2	11 12 13 14 15	16 17 18 19 20	21 22 23 24 25	26 27 28 29 30	31 **41** 2 3 4	5 6 7 8 9	0	55
	3	10 11 12 13 14	15 16 17 18 19	20 21 22 23 24	25 26 27 28 29	30 **51** 2 3 4	5 6 7 8 9	2	25
	4	10 11 12 13 14	15 16 17 18 19	20 21 22 23 24	25 26 27 28 29	30 31 **61** 2 3	4 5 6 7 —	4	55
	5	8 9 10 11 12	13 14 15 16 17	18 19 20 21 22	23 24 25 26 27	28 29 30 **71** 2	3 4 5 6 7	5	24
	6	8 9 10 11 12	13 14 15 16 17	18 19 20 21 22	23 24 25 26 27	28 29 30 31 **81**	2 3 4 5 —	0	54
	7	6 7 8 9 10	11 12 13 14 15	16 17 18 19 20	21 22 23 24 25	26 27 28 29 30	31 **91** 2 3 4	1	23
	8	5 6 7 8 9	10 11 12 13 14	15 16 17 18 19	20 21 22 23 24	25 26 27 28 29	30 **01** 2 3 —	3	53
	9	4 5 6 7 8	9 10 11 12 13	14 15 16 17 18	19 20 21 22 23	24 25 26 27 28	29 30 31 **N1** 2	4	22
	10	3 4 5 6 7	8 9 10 11 12	13 14 15 16 17	18 19 20 21 22	23 24 25 26 27	28 29 30 **D1** —	6	52
	11	2 3 4 5 6	7 8 9 10 11	12 13 14 15 16	17 18 19 20 21	22 23 24 25 26	27 28 29 30 —	0	21
	12	31 **11** 2 3 4	5 6 7 8 9	10 11 12 13 14	15 16 17 18 19	20 21 22 23 24	25 26 27 28 29	1	50
穆宗同治 1 壬戌 1862–63	38 1	30 31 **21** 2 3	4 5 6 7 8	9 10 11 12 13	14 15 16 17 18	19 20 21 22 23	24 25 26 27 28	3	20
	2	**31** 2 3 4 5	6 7 8 9 10	11 12 13 14 15	16 17 18 19 20	21 22 23 24 25	26 27 28 29 —	5	50
	3	30 31 **41** 2 3	4 5 6 7 8	9 10 11 12 13	14 15 16 17 18	19 20 21 22 23	24 25 26 27 28	6	19
	4	29 30 **51** 2 3	4 5 6 7 8	9 10 11 12 13	14 15 16 17 18	19 20 21 22 23	24 25 26 27 —	1	49
	5	28 29 30 31 **61**	2 3 4 5 6	7 8 9 10 11	12 13 14 15 16	17 18 19 20 21	22 23 24 25 26	2	18
	6	27 28 29 30 **71**	2 3 4 5 6	7 8 9 10 11	12 13 14 15 16	17 18 19 20 21	22 23 24 25 26	4	48
	7	27 28 29 30 31	**81** 2 3 4 5	6 7 8 9 10	11 12 13 14 15	16 17 18 19 20	21 22 23 24 —	6	18
	8	25 26 27 28 29	30 31 **91** 2 3	4 5 6 7 8	9 10 11 12 13	14 15 16 17 18	19 20 21 22 23	0	47
	8	24 25 26 27 28	29 30 **01** 2 3	4 5 6 7 8	9 10 11 12 13	14 15 16 17 18	19 20 21 22 —	2	17
	9	23 24 25 26 27	28 29 30 31 **N1**	2 3 4 5 6	7 8 9 10 11	12 13 14 15 16	17 18 19 20 21	3	46
	10	22 23 24 25 26	27 28 29 30 **D1**	2 3 4 5 6	7 8 9 10 11	12 13 14 15 16	17 18 19 20 —	5	16
	11	21 22 23 24 25	26 27 28 29 30	31 **11** 2 3 4	5 6 7 8 9	10 11 12 13 14	15 16 17 18 —	6	45
	12	19 20 21 22 23	24 25 26 27 28	29 30 31 **21** 2	3 4 5 6 7	8 9 10 11 12	13 14 15 16 17	0	14
同治 2 癸亥 1863–64	50 1	18 19 20 21 22	23 24 25 26 27	28 **31** 2 3 4	5 6 7 8 9	10 11 12 13 14	15 16 17 18 —	2	44
	2	19 20 21 22 23	24 25 26 27 28	29 30 31 **41** 2	3 4 5 6 7	8 9 10 11 12	13 14 15 16 17	3	13
	3	18 19 20 21 22	23 24 25 26 27	28 29 30 **51** 2	3 4 5 6 7	8 9 10 11 12	13 14 15 16 17	5	43
	4	18 19 20 21 22	23 24 25 26 27	28 29 30 31 **61**	2 3 4 5 6	7 8 9 10 11	12 13 14 15 —	0	13
	5	16 17 18 19 20	21 22 23 24 25	26 27 28 29 30	**71** 2 3 4 5	6 7 8 9 10	11 12 13 14 15	1	42
	6	16 17 18 19 20	21 22 23 24 25	26 27 28 29 30	31 **81** 2 3 4	5 6 7 8 9	10 11 12 13 —	3	12
	7	14 15 16 17 18	19 20 21 22 23	24 25 26 27 28	29 30 31 **91** 2	3 4 5 6 7	8 9 10 11 12	4	41
	8	13 14 15 16 17	18 19 20 21 22	23 24 25 26 27	28 29 30 **01** 2	3 4 5 6 7	8 9 10 11 12	6	11
	9	13 14 15 16 17	18 19 20 21 22	23 24 25 26 27	28 29 30 31 **N1**	2 3 4 5 6	7 8 9 10 —	1	41
	10	11 12 13 14 15	16 17 18 19 20	21 22 23 24 25	26 27 28 29 30	**D1** 2 3 4 5	6 7 8 9 10	2	10
	11	11 12 13 14 15	16 17 18 19 20	21 22 23 24 25	26 27 28 29 30	31 **11** 2 3 4	5 6 7 8 —	4	40
	12	9 10 11 12 13	14 15 16 17 18	19 20 21 22 23	24 25 26 27 28	29 30 31 **21** 2	3 4 5 6 7	5	9
同治 3 甲子 1864–65	2 1	8 9 10 11 12	13 14 15 16 17	18 19 20 21 22	23 24 25 26 27	28 29 **31** 2 3	4 5 6 7 —	0	39
	2	8 9 10 11 12	13 14 15 16 17	18 19 20 21 22	23 24 25 26 27	28 29 30 31 **41**	2 3 4 5 —	1	8
	3	6 7 8 9 10	11 12 13 14 15	16 17 18 19 20	21 22 23 24 25	26 27 28 29 30	**51** 2 3 4 5	2	37
	4	6 7 8 9 10	11 12 13 14 15	16 17 18 19 20	21 22 23 24 25	26 27 28 29 30	31 **61** 2 3 —	4	7
	5	4 5 6 7 8	9 10 11 12 13	14 15 16 17 18	19 20 21 22 23	24 25 26 27 28	29 30 **71** 2 3	5	36
	6	4 5 6 7 8	9 10 11 12 13	14 15 16 17 18	19 20 21 22 23	24 25 26 27 28	29 30 31 **81** —	0	6
	7	2 3 4 5 6	7 8 9 10 11	12 13 14 15 16	17 18 19 20 21	22 23 24 25 26	27 28 29 30 31	1	35
	8	**91** 2 3 4 5	6 7 8 9 10	11 12 13 14 15	16 17 18 19 20	21 22 23 24 25	26 27 28 29 30	3	5
	9	**01** 2 3 4 5	6 7 8 9 10	11 12 13 14 15	16 17 18 19 20	21 22 23 24 25	26 27 28 29 —	5	35
	10	30 31 **N1** 2 3	4 5 6 7 8	9 10 11 12 13	14 15 16 17 18	19 20 21 22 23	24 25 26 27 28	6	4
	11	29 30 **D1** 2 3	4 5 6 7 8	9 10 11 12 13	14 15 16 17 18	19 20 21 22 23	24 25 26 27 28	1	34
	12	29 30 31 **11** 2	3 4 5 6 7	8 9 10 11 12	13 14 15 16 17	18 19 20 21 22	23 24 25 26 —	3	4
同治 4 乙丑 1865–66	14 1	27 28 29 30 31	**21** 2 3 4 5	6 7 8 9 10	11 12 13 14 15	16 17 18 19 20	21 22 23 24 25	4	33
	2	26 27 28 **31** 2	3 4 5 6 7	8 9 10 11 12	13 14 15 16 17	18 19 20 21 22	23 24 25 26 —	6	3
	3	27 28 29 30 31	**41** 2 3 4 5	6 7 8 9 10	11 12 13 14 15	16 17 18 19 20	21 22 23 24 —	0	32
	4	25 26 27 28 29	30 **51** 2 3 4	5 6 7 8 9	10 11 12 13 14	15 16 17 18 19	20 21 22 23 24	1	1
	5	25 26 27 28 29	30 31 **61** 2 3	4 5 6 7 8	9 10 11 12 13	14 15 16 17 18	19 20 21 22 —	3	31
	5	23 24 25 26 27	28 29 30 **71** 2	3 4 5 6 7	8 9 10 11 12	13 14 15 16 17	18 19 20 21 22	4	0
	6	23 24 25 26 27	28 29 30 31 **81**	2 3 4 5 6	7 8 9 10 11	12 13 14 15 16	17 18 19 20 —	6	30
	7	21 22 23 24 25	26 27 28 29 30	31 **91** 2 3 4	5 6 7 8 9	10 11 12 13 14	15 16 17 18 19	0	59
	8	20 21 22 23 24	25 26 27 28 29	30 **01** 2 3 4	5 6 7 8 9	10 11 12 13 14	15 16 17 18 19	2	29
	9	20 21 22 23 24	25 26 27 28 29	30 31 **N1** 2 3	4 5 6 7 8	9 10 11 12 13	14 15 16 17 —	4	59
	10	18 19 20 21 22	23 24 25 26 27	28 29 30 **D1** 2	3 4 5 6 7	8 9 10 11 12	13 14 15 16 17	5	28
	11	18 19 20 21 22	23 24 25 26 27	28 29 30 31 **11**	2 3 4 5 6	7 8 9 10 11	12 13 14 15 16	0	58
	12	17 18 19 20 21	22 23 24 25 26	27 28 29 30 31	**21** 2 3 4 5	6 7 8 9 10	11 12 13 14 —	2	28

年序 Year	陰曆月序 Moon	陰曆日序 Order of days (Lunar)																														星期 Week	千支 Cycle
		1	2	3	4	5	6	7	8	9	10	11	12	13	14	15	16	17	18	19	20	21	22	23	24	25	26	27	28	29	30		
同治 5 丙寅 1866–67	26 1	15	16	17	18	19	20	21	22	23	24	25	26	27	28	31	2	3	4	5	6	7	8	9	10	11	12	13	14	15	16	3	57
	2	17	18	19	20	21	22	23	24	25	26	27	28	29	30	31	41	2	3	4	5	6	7	8	9	10	11	12	13	14	—	5	27
	3	15	16	17	18	19	20	21	22	23	24	25	26	27	28	29	30	51	2	3	4	5	6	7	8	9	10	11	12	13	—	6	56
	4	14	15	16	17	18	19	20	21	22	23	24	25	26	27	28	29	30	31	61	2	3	4	5	6	7	8	9	10	11	12	0	25
	5	13	14	15	16	17	18	19	20	21	22	23	24	25	26	27	28	29	30	71	2	3	4	5	6	7	8	9	10	11	—	2	55
	6	12	13	14	15	16	17	18	19	20	21	22	23	24	25	26	27	28	29	30	31	81	2	3	4	5	6	7	8	9	—	3	24
	7	10	11	12	13	14	15	16	17	18	19	20	21	22	23	24	25	26	27	28	29	30	31	91	2	3	4	5	6	7	8	4	53
	8	9	10	11	12	13	14	15	16	17	18	19	20	21	22	23	24	25	26	27	28	29	30	O1	2	3	4	5	6	7	8	6	23
	9	9	10	11	12	13	14	15	16	17	18	19	20	21	22	23	24	25	26	27	28	29	30	31	N1	2	3	4	5	6	—	1	53
	10	7	8	9	10	11	12	13	14	15	16	17	18	19	20	21	22	23	24	25	26	27	28	29	30	D1	2	3	4	5	6	2	22
	11	7	8	9	10	11	12	13	14	15	16	17	18	19	20	21	22	23	24	25	26	27	28	29	30	31	11	2	3	4	5	4	52
	12	6	7	8	9	10	11	12	13	14	15	16	17	18	19	20	21	22	23	24	25	26	27	28	29	30	31	21	2	3	4	6	22
同治 6 丁卯 1867–68	38 1	5	6	7	8	9	10	11	12	13	14	15	16	17	18	19	20	21	22	23	24	25	26	27	28	31	2	3	4	5	—	1	52
	2	6	7	8	9	10	11	12	13	14	15	16	17	18	19	20	21	22	23	24	25	26	27	28	29	30	31	41	2	3	4	2	21
	3	5	6	7	8	9	10	11	12	13	14	15	16	17	18	19	20	21	22	23	24	25	26	27	28	29	30	51	2	3	—	4	51
	4	4	5	6	7	8	9	10	11	12	13	14	15	16	17	18	19	20	21	22	23	24	25	26	27	28	29	30	31	61	—	5	20
	5	2	3	4	5	6	7	8	9	10	11	12	13	14	15	16	17	18	19	20	21	22	23	24	25	26	27	28	29	30	71	6	49
	6	2	3	4	5	6	7	8	9	10	11	12	13	14	15	16	17	18	19	20	21	22	23	24	25	26	27	28	29	30	—	1	19
	7	31	81	2	3	4	5	6	7	8	9	10	11	12	13	14	15	16	17	18	19	20	21	22	23	24	25	26	27	28	—	2	48
	8	29	30	31	91	2	3	4	5	6	7	8	9	10	11	12	13	14	15	16	17	18	19	20	21	22	23	24	25	26	27	3	17
	9	28	29	30	O1	2	3	4	5	6	7	8	9	10	11	12	13	14	15	16	17	18	19	20	21	22	23	24	25	26	—	5	47
	10	27	28	29	30	31	N1	2	3	4	5	6	7	8	9	10	11	12	13	14	15	16	17	18	19	20	21	22	23	24	25	6	16
	11	26	27	28	29	30	D1	2	3	4	5	6	7	8	9	10	11	12	13	14	15	16	17	18	19	20	21	22	23	24	25	1	46
	12	26	27	28	29	30	31	11	2	3	4	5	6	7	8	9	10	11	12	13	14	15	16	17	18	19	20	21	22	23	24	3	16
同治 7 戊辰 1868–69	50 1	25	26	27	28	29	30	31	21	2	3	4	5	6	7	8	9	10	11	12	13	14	15	16	17	18	19	20	21	22	—	5	46
	2	23	24	25	26	27	28	29	31	2	3	4	5	6	7	8	9	10	11	12	13	14	15	16	17	18	19	20	21	22	23	6	15
	3	24	25	26	27	28	29	30	31	41	2	3	4	5	6	7	8	9	10	11	12	13	14	15	16	17	18	19	20	21	22	1	45
	4	23	24	25	26	27	28	29	30	51	2	3	4	5	6	7	8	9	10	11	12	13	14	15	16	17	18	19	20	21	—	3	15
	4	22	23	24	25	26	27	28	29	30	31	61	2	3	4	5	6	7	8	9	10	11	12	13	14	15	16	17	18	19	—	4	44
	5	20	21	22	23	24	25	26	27	28	29	30	71	2	3	4	5	6	7	8	9	10	11	12	13	14	15	16	17	18	19	5	13
	6	20	21	22	23	24	25	26	27	28	29	30	31	81	2	3	4	5	6	7	8	9	10	11	12	13	14	15	16	17	—	0	43
	7	18	19	20	21	22	23	24	25	26	27	28	29	30	31	91	2	3	4	5	6	7	8	9	10	11	12	13	14	15	—	1	12
	8	16	17	18	19	20	21	22	23	24	25	26	27	28	29	30	O1	2	3	4	5	6	7	8	9	10	11	12	13	14	15	2	41
	9	16	17	18	19	20	21	22	23	24	25	26	27	28	29	30	31	N1	2	3	4	5	6	7	8	9	10	11	12	13	—	4	11
	10	14	15	16	17	18	19	20	21	22	23	24	25	26	27	28	29	30	D1	2	3	4	5	6	7	8	9	10	11	12	13	5	40
	11	14	15	16	17	18	19	20	21	22	23	24	25	26	27	28	29	30	31	11	2	3	4	5	6	7	8	9	10	11	12	0	10
	12	13	14	15	16	17	18	19	20	21	22	23	24	25	26	27	28	29	30	31	21	2	3	4	5	6	7	8	9	10	—	2	40
同治 8 己巳 1869–70	2 1	11	12	13	14	15	16	17	18	19	20	21	22	23	24	25	26	27	28	31	2	3	4	5	6	7	8	9	10	11	12	3	9
	2	13	14	15	16	17	18	19	20	21	22	23	24	25	26	27	28	29	30	31	41	2	3	4	5	6	7	8	9	10	11	5	39
	3	12	13	14	15	16	17	18	19	20	21	22	23	24	25	26	27	28	29	30	51	2	3	4	5	6	7	8	9	10	11	0	9
	4	12	13	14	15	16	17	18	19	20	21	22	23	24	25	26	27	28	29	30	31	61	2	3	4	5	6	7	8	9	—	2	39
	5	10	11	12	13	14	15	16	17	18	19	20	21	22	23	24	25	26	27	28	29	30	71	2	3	4	5	6	7	8	—	3	8
	6	9	10	11	12	13	14	15	16	17	18	19	20	21	22	23	24	25	26	27	28	29	30	31	81	2	3	4	5	6	7	4	37
	7	8	9	10	11	12	13	14	15	16	17	18	19	20	21	22	23	24	25	26	27	28	29	30	31	91	2	3	4	5	—	6	7
	8	6	7	8	9	10	11	12	13	14	15	16	17	18	19	20	21	22	23	24	25	26	27	28	29	30	O1	2	3	4	—	0	36
	9	5	6	7	8	9	10	11	12	13	14	15	16	17	18	19	20	21	22	23	24	25	26	27	28	29	30	31	N1	2	3	1	5
	10	4	5	6	7	8	9	10	11	12	13	14	15	16	17	18	19	20	21	22	23	24	25	26	27	28	29	30	D1	2	—	3	35
	11	3	4	5	6	7	8	9	10	11	12	13	14	15	16	17	18	19	20	21	22	23	24	25	26	27	28	29	30	31	11	4	4
	12	2	3	4	5	6	7	8	9	10	11	12	13	14	15	16	17	18	19	20	21	22	23	24	25	26	27	28	29	30	—	6	34
同治 9 庚午 1870–71	14 1	31	21	2	3	4	5	6	7	8	9	10	11	12	13	14	15	16	17	18	19	20	21	22	23	24	25	26	27	28	31	0	3
	2	2	3	4	5	6	7	8	9	10	11	12	13	14	15	16	17	18	19	20	21	22	23	24	25	26	27	28	29	30	31	2	33
	3	41	2	3	4	5	6	7	8	9	10	11	12	13	14	15	16	17	18	19	20	21	22	23	24	25	26	27	28	29	30	4	3
	4	51	2	3	4	5	6	7	8	9	10	11	12	13	14	15	16	17	18	19	20	21	22	23	24	25	26	27	28	29	—	6	33
	5	30	31	61	2	3	4	5	6	7	8	9	10	11	12	13	14	15	16	17	18	19	20	21	22	23	24	25	26	27	28	0	2
	6	29	30	71	2	3	4	5	6	7	8	9	10	11	12	13	14	15	16	17	18	19	20	21	22	23	24	25	26	27	—	2	32
	7	28	29	30	31	81	2	3	4	5	6	7	8	9	10	11	12	13	14	15	16	17	18	19	20	21	22	23	24	25	26	3	1
	8	27	28	29	30	31	91	2	3	4	5	6	7	8	9	10	11	12	13	14	15	16	17	18	19	20	21	22	23	24	—	5	31
	9	25	26	27	28	29	30	O1	2	3	4	5	6	7	8	9	10	11	12	13	14	15	16	17	18	19	20	21	22	23	—	6	0
	10	24	25	26	27	28	29	30	31	N1	2	3	4	5	6	7	8	9	10	11	12	13	14	15	16	17	18	19	20	21	22	0	29
	10	23	24	25	26	27	28	29	30	D1	2	3	4	5	6	7	8	9	10	11	12	13	14	15	16	17	18	19	20	21	—	2	59
	11	22	23	24	25	26	27	28	29	30	31	11	2	3	4	5	6	7	8	9	10	11	12	13	14	15	16	17	18	19	20	3	28
	12	21	22	23	24	25	26	27	28	29	30	31	21	2	3	4	5	6	7	8	9	10	11	12	13	14	15	16	17	18	—	5	58

年序 Year	陰曆月序 Moon		陰曆日序 Order of days (Lunar)																														星期 Week	干支 Cycle
			1	2	3	4	5	6	7	8	9	10	11	12	13	14	15	16	17	18	19	20	21	22	23	24	25	26	27	28	29	30		
同治10 1871–72 辛未	26	1	19	20	21	22	23	24	25	26	27	28	31	2	3	4	5	6	7	8	9	10	11	12	13	14	15	16	17	18	19	20	6	27
		2	21	22	23	24	25	26	27	28	29	30	31	41	2	3	4	5	6	7	8	9	10	11	12	13	14	15	16	17	18	19	1	57
		3	20	21	22	23	24	25	26	27	28	29	30	51	2	3	4	5	6	7	8	9	10	11	12	13	14	15	16	17	18	—	3	27
		4	19	20	21	22	23	24	25	26	27	28	29	30	31	61	2	3	4	5	6	7	8	9	10	11	12	13	14	15	16	17	4	56
		5	18	19	20	21	22	23	24	25	26	27	28	29	30	71	2	3	4	5	6	7	8	9	10	11	12	13	14	15	16	17	6	26
		6	18	19	20	21	22	23	24	25	26	27	28	29	30	31	81	2	3	4	5	6	7	8	9	10	11	12	13	14	15	—	1	56
		7	16	17	18	19	20	21	22	23	24	25	26	27	28	29	30	31	91	2	3	4	5	6	7	8	9	10	11	12	13	14	2	25
		8	15	16	17	18	19	20	21	22	23	24	25	26	27	28	29	30	01	2	3	4	5	6	7	8	9	10	11	12	13	—	4	55
		9	14	15	16	17	18	19	20	21	22	23	24	25	26	27	28	29	30	31	N1	2	3	4	5	6	7	8	9	10	11	12	5	24
		10	13	14	15	16	17	18	19	20	21	22	23	24	25	26	27	28	29	30	D1	2	3	4	5	6	7	8	9	10	11	—	0	54
		11	12	13	14	15	16	17	18	19	20	21	22	23	24	25	26	27	28	29	30	31	11	2	3	4	5	6	7	8	9	—	1	23
		12	10	11	12	13	14	15	16	17	18	19	20	21	22	23	24	25	26	27	28	29	30	31	21	2	3	4	5	6	7	8	2	52
同治11 1872–73 壬申	38	1	9	10	11	12	13	14	15	16	17	18	19	20	21	22	23	24	25	26	27	28	29	31	2	3	4	5	6	7	8	—	4	22
		2	9	10	11	12	13	14	15	16	17	18	19	20	21	22	23	24	25	26	27	28	29	30	31	41	2	3	4	5	6	7	5	51
		3	8	9	10	11	12	13	14	15	16	17	18	19	20	21	22	23	24	25	26	27	28	29	30	51	2	3	4	5	6	—	0	21
		4	7	8	9	10	11	12	13	14	15	16	17	18	19	20	21	22	23	24	25	26	27	28	29	30	31	61	2	3	4	5	1	50
		5	6	7	8	9	10	11	12	13	14	15	16	17	18	19	20	21	22	23	24	25	26	27	28	29	30	71	2	3	4	5	3	20
		6	6	7	8	9	10	11	12	13	14	15	16	17	18	19	20	21	22	23	24	25	26	27	28	29	30	31	81	2	3	—	5	50
		7	4	5	6	7	8	9	10	11	12	13	14	15	16	17	18	19	20	21	22	23	24	25	26	27	28	29	30	31	91	2	6	19
		8	3	4	5	6	7	8	9	10	11	12	13	14	15	16	17	18	19	20	21	22	23	24	25	26	27	28	29	30	01	—	1	49
		9	2	3	4	5	6	7	8	9	10	11	12	13	14	15	16	17	18	19	20	21	22	23	24	25	26	27	28	29	30	31	2	18
		10	N1	2	3	4	5	6	7	8	9	10	11	12	13	14	15	16	17	18	19	20	21	22	23	24	25	26	27	28	29	30	4	48
		11	D1	2	3	4	5	6	7	8	9	10	11	12	13	14	15	16	17	18	19	20	21	22	23	24	25	26	27	28	29	—	6	18
		12	30	31	11	2	3	4	5	6	7	8	9	10	11	12	13	14	15	16	17	18	19	20	21	22	23	24	25	26	27	28	0	47
同治12 1873–74 癸酉	50	1	29	30	31	21	2	3	4	5	6	7	8	9	10	11	12	13	14	15	16	17	18	19	20	21	22	23	24	25	26	—	2	17
		2	27	28	31	2	3	4	5	6	7	8	9	10	11	12	13	14	15	16	17	18	19	20	21	22	23	24	25	26	27	—	3	46
		3	28	29	30	31	41	2	3	4	5	6	7	8	9	10	11	12	13	14	15	16	17	18	19	20	21	22	23	24	25	26	4	15
		4	27	28	29	30	51	2	3	4	5	6	7	8	9	10	11	12	13	14	15	16	17	18	19	20	21	22	23	24	25	—	6	45
		5	26	27	28	29	30	31	61	2	3	4	5	6	7	8	9	10	11	12	13	14	15	16	17	18	19	20	21	22	23	24	0	14
		6	25	26	27	28	29	30	71	2	3	4	5	6	7	8	9	10	11	12	13	14	15	16	17	18	19	20	21	22	23	—	2	44
		6	24	25	26	27	28	29	30	31	81	2	3	4	5	6	7	8	9	10	11	12	13	14	15	16	17	18	19	20	21	22	3	13
		7	23	24	25	26	27	28	29	30	31	91	2	3	4	5	6	7	8	9	10	11	12	13	14	15	16	17	18	19	20	21	5	43
		8	22	23	24	25	26	27	28	29	30	01	2	3	4	5	6	7	8	9	10	11	12	13	14	15	16	17	18	19	20	—	0	13
		9	21	22	23	24	25	26	27	28	29	30	31	N1	2	3	4	5	6	7	8	9	10	11	12	13	14	15	16	17	18	19	1	42
		10	20	21	22	23	24	25	26	27	28	29	30	D1	2	3	4	5	6	7	8	9	10	11	12	13	14	15	16	17	18	19	3	12
		11	20	21	22	23	24	25	26	27	28	29	30	31	11	2	3	4	5	6	7	8	9	10	11	12	13	14	15	16	17	—	5	42
		12	18	19	20	21	22	23	24	25	26	27	28	29	30	31	21	2	3	4	5	6	7	8	9	10	11	12	13	14	15	16	6	11
同治13 1874–75 甲戌	2	1	17	18	19	20	21	22	23	24	25	26	27	28	31	2	3	4	5	6	7	8	9	10	11	12	13	14	15	16	17	—	1	41
		2	18	19	20	21	22	23	24	25	26	27	28	29	30	31	41	2	3	4	5	6	7	8	9	10	11	12	13	14	15	—	2	10
		3	16	17	18	19	20	21	22	23	24	25	26	27	28	29	30	51	2	3	4	5	6	7	8	9	10	11	12	13	14	15	3	39
		4	16	17	18	19	20	21	22	23	24	25	26	27	28	29	30	31	61	2	3	4	5	6	7	8	9	10	11	12	13	—	5	9
		5	14	15	16	17	18	19	20	21	22	23	24	25	26	27	28	29	30	71	2	3	4	5	6	7	8	9	10	11	12	13	6	38
		6	14	15	16	17	18	19	20	21	22	23	24	25	26	27	28	29	30	31	81	2	3	4	5	6	7	8	9	10	11	—	1	8
		7	12	13	14	15	16	17	18	19	20	21	22	23	24	25	26	27	28	29	30	31	91	2	3	4	5	6	7	8	9	10	2	37
		8	11	12	13	14	15	16	17	18	19	20	21	22	23	24	25	26	27	28	29	30	01	2	3	4	5	6	7	8	9	—	4	7
		9	10	11	12	13	14	15	16	17	18	19	20	21	22	23	24	25	26	27	28	29	30	31	N1	2	3	4	5	6	7	8	5	36
		10	9	10	11	12	13	14	15	16	17	18	19	20	21	22	23	24	25	26	27	28	29	30	D1	2	3	4	5	6	7	8	0	6
		11	9	10	11	12	13	14	15	16	17	18	19	20	21	22	23	24	25	26	27	28	29	30	31	11	2	3	4	5	6	7	2	36
		12	8	9	10	11	12	13	14	15	16	17	18	19	20	21	22	23	24	25	26	27	28	29	30	31	21	2	3	4	5	—	4	6
德宗光緒1 1875–76 乙亥	14	1	6	7	8	9	10	11	12	13	14	15	16	17	18	19	20	21	22	23	24	25	26	27	28	31	2	3	4	5	6	7	5	35
		2	8	9	10	11	12	13	14	15	16	17	18	19	20	21	22	23	24	25	26	27	28	29	30	31	41	2	3	4	5	—	0	5
		3	6	7	8	9	10	11	12	13	14	15	16	17	18	19	20	21	22	23	24	25	26	27	28	29	30	51	2	3	4	—	1	34
		4	5	6	7	8	9	10	11	12	13	14	15	16	17	18	19	20	21	22	23	24	25	26	27	28	29	30	31	61	2	3	2	3
		5	4	5	6	7	8	9	10	11	12	13	14	15	16	17	18	19	20	21	22	23	24	25	26	27	28	29	30	71	2	—	4	33
		6	3	4	5	6	7	8	9	10	11	12	13	14	15	16	17	18	19	20	21	22	23	24	25	26	27	28	29	30	31	—	5	2
		7	81	2	3	4	5	6	7	8	9	10	11	12	13	14	15	16	17	18	19	20	21	22	23	24	25	26	27	28	29	30	6	31
		8	31	91	2	3	4	5	6	7	8	9	10	11	12	13	14	15	16	17	18	19	20	21	22	23	24	25	26	27	28	—	1	1
		9	29	30	01	2	3	4	5	6	7	8	9	10	11	12	13	14	15	16	17	18	19	20	21	22	23	24	25	26	27	28	2	30
		10	29	30	31	N1	2	3	4	5	6	7	8	9	10	11	12	13	14	15	16	17	18	19	20	21	22	23	24	25	26	27	4	0
		11	28	29	30	D1	2	3	4	5	6	7	8	9	10	11	12	13	14	15	16	17	18	19	20	21	22	23	24	25	26	27	6	30
		12	28	29	30	31	11	2	3	4	5	6	7	8	9	10	11	12	13	14	15	16	17	18	19	20	21	22	23	24	25	—	1	0

年序 Year	陰曆月序 Moon	陰曆日序 Order of days (Lunar) 1–5	6–10	11–15	16–20	21–25	26–30	星期 Week	干支 Cycle
光緒 2 丙子 1876–77	26 1	26 27 28 29 30	31 21 2 3 4	5 6 7 8 9	10 11 12 13 14	15 16 17 18 19	20 21 22 23 24	2	29
	2	25 26 27 28 29	31 2 3 4 5	6 7 8 9 10	11 12 13 14 15	16 17 18 19 20	21 22 23 24 25	4	59
	3	26 27 28 29 30	31 41 2 3 4	5 6 7 8 9	10 11 12 13 14	15 16 17 18 19	20 21 22 23 —	6	29
	4	24 25 26 27 28	29 30 51 2 3	4 5 6 7 8	9 10 11 12 13	14 15 16 17 18	19 20 21 22 —	0	58
	5	23 24 25 26 27	28 29 30 31 61	2 3 4 5 6	7 8 9 10 11	12 13 14 15 16	17 18 19 20 21	1	27
	5	22 23 24 25 26	27 28 29 30 71	2 3 4 5 6	7 8 9 10 11	12 13 14 15 16	17 18 19 20 —	3	57
	6	21 22 23 24 25	26 27 28 29 30	31 81 2 3 4	5 6 7 8 9	10 11 12 13 14	15 16 17 18 —	4	26
	7	19 20 21 22 23	24 25 26 27 28	29 30 31 91 2	3 4 5 6 7	8 9 10 11 12	13 14 15 16 17	5	55
	8	18 19 20 21 22	23 24 25 26 27	28 29 30 01 2	3 4 5 6 7	8 9 10 11 12	13 14 15 16 —	0	25
	9	17 18 19 20 21	22 23 24 25 26	27 28 29 30 31	N1 2 3 4 5	6 7 8 9 10	11 12 13 14 15	1	54
	10	16 17 18 19 20	21 22 23 24 25	26 27 28 29 30	D1 2 3 4 5	6 7 8 9 10	11 12 13 14 15	3	24
	11	16 17 18 19 20	21 22 23 24 25	26 27 28 29 30	31 11 2 3 4	5 6 7 8 9	10 11 12 13 —	5	54
	12	14 15 16 17 18	19 20 21 22 23	24 25 26 27 28	29 30 31 21 2	3 4 5 6 7	8 9 10 11 12	6	23
光緒 3 丁丑 1877–78	38 1	13 14 15 16 17	18 19 20 21 22	23 24 25 26 27	28 31 2 3 4	5 6 7 8 9	10 11 12 13 14	1	53
	2	15 16 17 18 19	20 21 22 23 24	25 26 27 28 29	30 31 41 2 3	4 5 6 7 8	9 10 11 12 13	3	23
	3	14 15 16 17 18	19 20 21 22 23	24 25 26 27 28	29 30 51 2 3	4 5 6 7 8	9 10 11 12 —	5	53
	4	13 14 15 16 17	18 19 20 21 22	23 24 25 26 27	28 29 30 31 61	2 3 4 5 6	7 8 9 10 —	6	22
	5	11 12 13 14 15	16 17 18 19 20	21 22 23 24 25	26 27 28 29 30	71 2 3 4 5	6 7 8 9 10	0	51
	6	11 12 13 14 15	16 17 18 19 20	21 22 23 24 25	26 27 28 29 30	31 81 2 3 4	5 6 7 8 —	2	21
	7	9 10 11 12 13	14 15 16 17 18	19 20 21 22 23	24 25 26 27 28	29 30 31 91 2	3 4 5 6 —	3	50
	8	7 8 9 10 11	12 13 14 15 16	17 18 19 20 21	22 23 24 25 26	27 28 29 30 01	2 3 4 5 6	4	19
	9	7 8 9 10 11	12 13 14 15 16	17 18 19 20 21	22 23 24 25 26	27 28 29 30 31	N1 2 3 4 —	6	49
	10	5 6 7 8 9	10 11 12 13 14	15 16 17 18 19	20 21 22 23 24	25 26 27 28 29	30 D1 2 3 4	0	18
	11	5 6 7 8 9	10 11 12 13 14	15 16 17 18 19	20 21 22 23 24	25 26 27 28 29	30 31 11 2 —	2	48
	12	3 4 5 6 7	8 9 10 11 12	13 14 15 16 17	18 19 20 21 22	23 24 25 26 27	28 29 30 31 21	3	17
光緒 4 戊寅 1878–79	50 1	2 3 4 5 6	7 8 9 10 11	12 13 14 15 16	17 18 19 20 21	22 23 24 25 26	27 28 31 2 3	5	47
	2	4 5 6 7 8	9 10 11 12 13	14 15 16 17 18	19 20 21 22 23	24 25 26 27 [illegible]	29 30 31 41 2	0	17
	3	3 4 5 6 7	8 9 10 11 12	13 14 15 16 17	18 19 20 21 22	23 24 25 26 27	28 29 30 51 —	2	47
	4	2 3 4 5 6	7 8 9 10 11	12 13 14 15 16	17 18 19 20 21	22 23 24 25 26	27 28 29 30 31	3	16
	5	61 2 3 4 5	6 7 8 9 10	11 12 13 14 15	16 17 18 19 20	21 22 23 24 25	26 27 28 29 —	5	46
	6	30 71 2 3 4	5 6 7 8 9	10 11 12 13 14	15 16 17 18 19	20 21 22 23 24	25 26 27 28 29	6	15
	7	30 31 81 2 3	4 5 6 7 8	9 10 11 12 13	14 15 16 17 18	19 20 21 22 23	24 25 26 27 —	1	45
	8	28 29 30 31 91	2 3 4 5 6	7 8 9 10 11	12 13 14 15 16	17 18 19 20 21	22 23 24 25 —	2	14
	9	26 27 28 29 30	01 2 3 4 5	6 7 8 9 10	11 12 13 14 15	16 17 18 19 20	21 22 23 24 25	3	43
	10	26 27 28 29 30	31 N1 2 3 4	5 6 7 8 9	10 11 12 13 14	15 16 17 18 19	20 21 22 23 —	5	13
	11	24 25 26 27 28	29 30 D1 2 3	4 5 6 7 8	9 10 11 12 13	14 15 16 17 18	19 20 21 22 23	6	42
	12	24 25 26 27 28	29 30 31 11 2	3 4 5 6 7	8 9 10 11 12	13 14 15 16 17	18 19 20 21 —	1	12
光緒 5 己卯 1879–80	2 1	22 23 24 25 26	27 28 29 30 31	21 2 3 4 5	6 7 8 9 10	11 12 13 14 15	16 17 18 19 20	2	41
	2	21 22 23 24 25	26 27 28 31 2	3 4 5 6 7	8 9 10 11 12	13 14 15 16 17	18 19 20 21 22	4	11
	3	23 24 25 26 27	28 29 30 31 41	2 3 4 5 6	7 8 9 10 11	12 13 14 15 16	17 18 19 20 —	6	41
	3	21 22 23 24 25	26 27 28 29 30	51 2 3 4 5	6 7 8 9 10	11 12 13 14 15	16 17 18 19 20	0	10
	4	21 22 23 24 25	26 27 28 29 30	31 61 2 3 4	5 6 7 8 9	10 11 12 13 14	15 16 17 18 19	2	40
	5	20 21 22 23 24	25 26 27 28 29	30 71 2 3 4	5 6 7 8 9	10 11 12 13 14	15 16 17 18 —	4	10
	6	19 20 21 22 23	24 25 26 27 28	29 30 31 81 2	3 4 5 6 7	8 9 10 11 12	13 14 15 16 17	5	39
	7	18 19 20 21 22	23 24 25 26 27	28 29 30 31 91	2 3 4 5 6	7 8 9 10 11	12 13 14 15 —	0	9
	8	16 17 18 19 20	21 22 23 24 25	26 27 28 29 30	01 2 3 4 5	6 7 8 9 10	11 12 13 14 —	1	38
	9	15 16 17 18 19	20 21 22 23 24	25 26 27 28 29	30 31 N1 2 3	4 5 6 7 8	9 10 11 12 13	2	7
	10	14 15 16 17 18	19 20 21 22 23	24 25 26 27 28	29 30 D1 2 3	4 5 6 7 8	9 10 11 12 —	4	37
	11	13 14 15 16 17	18 19 20 21 22	23 24 25 26 27	28 29 30 31 11	2 3 4 5 6	7 8 9 10 11	5	6
	12	12 13 14 15 16	17 18 19 20 21	22 23 24 25 26	27 28 29 30 31	21 2 3 4 5	6 7 8 9 —	0	36
光緒 6 庚辰 1880–81	14 1	10 11 12 13 14	15 16 17 18 19	20 21 22 23 24	25 26 27 28 29	31 2 3 4 5	6 7 8 9 10	1	5
	2	11 12 13 14 15	16 17 18 19 20	21 22 23 24 25	26 27 28 29 30	31 41 2 3 4	5 6 7 8 —	3	35
	3	9 10 11 12 13	14 15 16 17 18	19 20 21 22 23	24 25 26 27 28	29 30 51 2 3	4 5 6 7 8	4	4
	4	9 10 11 12 13	14 15 16 17 18	19 20 21 22 23	24 25 26 27 28	29 30 31 61 2	3 4 5 6 7	6	34
	5	8 9 10 11 12	13 14 15 16 17	18 19 20 21 22	23 24 25 26 27	28 29 30 71 2	3 4 5 6 —	1	4
	6	7 8 9 10 11	12 13 14 15 16	17 18 19 20 21	22 23 24 25 26	27 28 29 30 31	81 2 3 4 5	2	33
	7	6 7 8 9 10	11 12 13 14 15	16 17 18 19 20	21 22 23 24 25	26 27 28 29 30	31 91 2 3 4	4	3
	8	5 6 7 8 9	10 11 12 13 14	15 16 17 18 19	20 21 22 23 24	25 26 27 28 29	30 01 2 3 —	6	33
	9	4 5 6 7 8	9 10 11 12 13	14 15 16 17 18	19 20 21 22 23	24 25 26 27 28	29 30 31 N1 2	0	2
	10	3 4 5 6 7	8 9 10 11 12	13 14 15 16 17	18 19 20 21 22	23 24 25 26 27	28 29 30 D1 —	2	32
	11	2 3 4 5 6	7 8 9 10 11	12 13 14 15 16	17 18 19 20 21	22 23 24 25 26	27 28 29 30 —	3	1
	12	31 11 2 3 4	5 6 7 8 9	10 11 12 13 14	15 16 17 18 19	20 21 22 23 24	25 26 27 28 29	4	30

年序 Year	陰暦月序 Moon	陰暦日序 Order of days (Lunar)						星期 Week	干支 Cycle
		1 2 3 4 5	6 7 8 9 10	11 12 13 14 15	16 17 18 19 20	21 22 23 24 25	26 27 28 29 30		
光緒 7 辛巳 1881–82	26 1	30 31 21 2 3	4 5 6 7 8	9 10 11 12 13	14 15 16 17 18	19 20 21 22 23	24 25 26 27 —	6	0
	2	28 31 2 3 4	5 6 7 8 9	10 11 12 13 14	15 16 17 18 19	20 21 22 23 24	25 26 27 28 29	0	29
	3	30 31 41 2 3	4 5 6 7 8	9 10 11 12 13	14 15 16 17 18	19 20 21 22 23	24 25 26 27 —	2	59
	4	28 29 30 51 2	3 4 5 6 7	8 9 10 11 12	13 14 15 16 17	18 19 20 21 22	23 24 25 26 27	3	28
	5	28 29 30 31 61	2 3 4 5 6	7 8 9 10 11	12 13 14 15 16	17 18 19 20 21	22 23 24 25 —	5	58
	6	26 27 28 29 30	71 2 3 4 5	6 7 8 9 10	11 12 13 14 15	16 17 18 19 20	21 22 23 24 25	6	27
	7	26 27 28 29 30	31 81 2 3 4	5 6 7 8 9	10 11 12 13 14	15 16 17 18 19	20 21 22 23 24	1	57
	7	25 26 27 28 29	30 31 91 2 3	4 5 6 7 8	9 10 11 12 13	14 15 16 17 18	19 20 21 22 —	3	27
	8	23 24 25 26 27	28 29 30 01 2	3 4 5 6 7	8 9 10 11 12	13 14 15 16 17	18 19 20 21 22	4	56
	9	23 24 25 26 27	28 29 30 31 N1	2 3 4 5 6	7 8 9 10 11	12 13 14 15 16	17 18 19 20 21	6	26
	10	22 23 24 25 26	27 28 29 30 D1	2 3 4 5 6	7 8 9 10 11	12 13 14 15 16	17 18 19 20 —	1	56
	11	21 22 23 24 25	26 27 28 29 30	31 11 2 3 4	5 6 7 8 9	10 11 12 13 14	15 16 17 18 19	2	25
	12	20 21 22 23 24	25 26 27 28 29	30 31 21 2 3	4 5 6 7 8	9 10 11 12 13	14 15 16 17 —	4	55
光緒 8 壬午 1882–83	38 1	18 19 20 21 22	23 24 25 26 27	28 31 2 3 4	5 6 7 8 9	10 11 12 13 14	15 16 17 18 —	5	24
	2	19 20 21 22 23	24 25 26 27 28	29 30 31 41 2	3 4 5 6 7	8 9 10 11 12	13 14 15 16 17	6	53
	3	18 19 20 21 22	23 24 25 26 27	28 29 30 51 2	3 4 5 6 7	8 9 10 11 12	13 14 15 16 —	1	23
	4	17 18 19 20 21	22 23 24 25 26	27 28 29 30 31	61 2 3 4 5	6 7 8 9 10	11 12 13 14 15	2	52
	5	16 17 18 19 20	21 22 23 24 25	26 27 28 29 30	71 2 3 4 5	6 7 8 9 10	11 12 13 14 —	4	22
	6	15 16 17 18 19	20 21 22 23 24	25 26 27 28 29	30 31 81 2 3	4 5 6 7 8	9 10 11 12 13	5	51
	7	14 15 16 17 18	19 20 21 22 23	24 25 26 27 28	29 30 31 91 2	3 4 5 6 7	8 9 10 11 —	0	21
	8	12 13 14 15 16	17 18 19 20 21	22 23 24 25 26	27 28 29 30 01	2 3 4 5 6	7 8 9 10 11	1	50
	9	12 13 14 15 16	17 18 19 20 21	22 23 24 25 26	27 28 29 30 31	N1 2 3 4 5	6 7 8 9 10	3	20
	10	11 12 13 14 15	16 17 18 19 20	21 22 23 24 25	26 27 28 29 30	D1 2 3 4 5	6 7 8 9 —	5	50
	11	10 11 12 13 14	15 16 17 18 19	20 21 22 23 24	25 26 27 28 29	30 31 11 2 3	4 5 6 7 8	6	19
	12	9 10 11 12 13	14 15 16 17 18	19 20 21 22 23	24 25 26 27 28	29 30 31 21 2	3 4 5 6 7	1	49
光緒 9 癸未 1883–84	50 1	8 9 10 11 12	13 14 15 16 17	18 19 20 21 22	23 24 25 26 27	28 31 2 3 4	5 6 7 8 —	3	19
	2	9 10 11 12 13	14 15 16 17 18	19 20 21 22 23	24 25 26 27 28	29 30 31 41 2	3 4 5 6 —	4	48
	3	7 8 9 10 11	12 13 14 15 16	17 18 19 20 21	22 23 24 25 26	27 28 29 30 51	2 3 4 5 6	5	17
	4	7 8 9 10 11	12 13 14 15 16	17 18 19 20 21	22 23 24 25 26	27 28 29 30 31	61 2 3 4 —	0	47
	5	5 6 7 8 9	10 11 12 13 14	15 16 17 18 19	20 21 22 23 24	25 26 27 28 29	30 71 2 3 —	1	16
	6	4 5 6 7 8	9 10 11 12 13	14 15 16 17 18	19 20 21 22 23	24 25 26 27 28	29 30 31 81 2	2	45
	7	3 4 5 6 7	8 9 10 11 12	13 14 15 16 17	18 19 20 21 22	23 24 25 26 27	28 29 30 31 —	4	15
	8	91 2 3 4 5	6 7 8 9 10	11 12 13 14 15	16 17 18 19 20	21 22 23 24 25	26 27 28 29 30	5	44
	9	01 2 3 4 5	6 7 8 9 10	11 12 13 14 15	16 17 18 19 20	21 22 23 24 25	26 27 28 29 30	0	14
	10	31 N1 2 3 4	5 6 7 8 9	10 11 12 13 14	15 16 17 18 19	20 21 22 23 24	25 26 27 28 29	2	44
	11	30 D1 2 3 4	5 6 7 8 9	10 11 12 13 14	15 16 17 18 19	20 21 22 23 24	25 26 27 28 —	4	14
	12	29 30 31 11 2	3 4 5 6 7	8 9 10 11 12	13 14 15 16 17	18 19 20 21 22	23 24 25 26 27	5	43
光緒 10 甲申 1884–85	2 1	28 29 30 31 21	2 3 4 5 6	7 8 9 10 11	12 13 14 15 16	17 18 19 20 21	22 23 24 25 26	0	13
	2	27 28 29 31 2	3 4 5 6 7	8 9 10 11 12	13 14 15 16 17	18 19 20 21 22	23 24 25 26 —	2	43
	3	27 28 29 30 31	41 2 3 4 5	6 7 8 9 10	11 12 13 14 15	16 17 18 19 20	21 22 23 24 —	3	12
	4	25 26 27 28 29	30 51 2 3 4	5 6 7 8 9	10 11 12 13 14	15 16 17 18 19	20 21 22 23 24	4	41
	5	25 26 27 28 29	30 31 61 2 3	4 5 6 7 8	9 10 11 12 13	14 15 16 17 18	19 20 21 22 —	6	11
	5	23 24 25 26 27	28 29 30 71 2	3 4 5 6 7	8 9 10 11 12	13 14 15 16 17	18 19 20 21 —	0	40
	6	22 23 24 25 26	27 28 29 30 31	81 2 3 4 5	6 7 8 9 10	11 12 13 14 15	16 17 18 19 20	1	9
	7	21 22 23 24 25	26 27 28 29 30	31 91 2 3 4	5 6 7 8 9	10 11 12 13 14	15 16 17 18 —	3	39
	8	19 20 21 22 23	24 25 26 27 28	29 30 01 2 3	4 5 6 7 8	9 10 11 12 13	14 15 16 17 18	4	8
	9	19 20 21 22 23	24 25 26 27 28	29 30 31 N1 2	3 4 5 6 7	8 9 10 11 12	13 14 15 16 17	6	38
	10	18 19 20 21 22	23 24 25 26 27	28 29 30 D1 2	3 4 5 6 7	8 9 10 11 12	13 14 15 16 —	1	8
	11	17 18 19 20 21	22 23 24 25 26	27 28 29 30 31	11 2 3 4 5	6 7 8 9 10	11 12 13 14 15	2	37
	12	16 17 18 19 20	21 22 23 24 25	26 27 28 29 30	31 21 2 3 4	5 6 7 8 9	10 11 12 13 14	4	7
光緒 11 乙酉 1885–86	14 1	15 16 17 18 19	20 21 22 23 24	25 26 27 28 31	2 3 4 5 6	7 8 9 10 11	12 13 14 15 16	6	37
	2	17 18 19 20 21	22 23 24 25 26	27 28 29 30 31	41 2 3 4 5	6 7 8 9 10	11 12 13 14 —	1	7
	3	15 16 17 18 19	20 21 22 23 24	25 26 27 28 29	30 51 2 3 4	5 6 7 8 9	10 11 12 13 —	2	36
	4	14 15 16 17 18	19 20 21 22 23	24 25 26 27 28	29 30 31 61 2	3 4 5 6 7	8 9 10 11 12	3	5
	5	13 14 15 16 17	18 19 20 21 22	23 24 25 26 27	28 29 30 71 2	3 4 5 6 7	8 9 10 11 —	5	35
	6	12 13 14 15 16	17 18 19 20 21	22 23 24 25 26	27 28 29 30 31	81 2 3 4 5	6 7 8 9 —	6	4
	7	10 11 12 13 14	15 16 17 18 19	20 21 22 23 24	25 26 27 28 29	30 31 91 2 3	4 5 6 7 8	0	33
	8	9 10 11 12 13	14 15 16 17 18	19 20 21 22 23	24 25 26 27 28	29 30 01 2 3	4 5 6 7 —	2	3
	9	8 9 10 11 12	13 14 15 16 17	18 19 20 21 22	23 24 25 26 27	28 29 30 31 N1	2 3 4 5 6	3	32
	10	7 8 9 10 11	12 13 14 15 16	17 18 19 20 21	22 23 24 25 26	27 28 29 30 D1	2 3 4 5 —	5	2
	11	6 7 8 9 10	11 12 13 14 15	16 17 18 19 20	21 22 23 24 25	26 27 28 29 30	31 11 2 3 4	6	31
	12	5 6 7 8 9	10 11 12 13 14	15 16 17 18 19	20 21 22 23 24	25 26 27 28 29	30 31 21 2 3	1	1

年序 Year	陰曆月序 Moon	1	2	3	4	5	6	7	8	9	10	11	12	13	14	15	16	17	18	19	20	21	22	23	24	25	26	27	28	29	30	星期 Week	干支 Cycle
光緒12丙戌 1886–87	26 1	4	5	6	7	8	9	10	11	12	13	14	15	16	17	18	19	20	21	22	23	24	25	26	27	28	**31**	2	3	4	5	3	31
	2	6	7	8	9	10	11	12	13	14	15	16	17	18	19	20	21	22	23	24	25	26	27	28	29	30	31	**41**	2	3	—	5	1
	3	4	5	6	7	8	9	10	11	12	13	14	15	16	17	18	19	20	21	22	23	24	25	26	27	28	29	30	**51**	2	3	6	30
	4	4	5	6	7	8	9	10	11	12	13	14	15	16	17	18	19	20	21	22	23	24	25	26	27	28	29	30	31	**61**	—	1	0
	5	2	3	4	5	6	7	8	9	10	11	12	13	14	15	16	17	18	19	20	21	22	23	24	25	26	27	28	29	30	**71**	2	29
	6	2	3	4	5	6	7	8	9	10	11	12	13	14	15	16	17	18	19	20	21	22	23	24	25	26	27	28	29	30	—	4	59
	7	31	**81**	2	3	4	5	6	7	8	9	10	11	12	13	14	15	16	17	18	19	20	21	22	23	24	25	26	27	28	—	5	28
	8	29	30	31	**91**	2	3	4	5	6	7	8	9	10	11	12	13	14	15	16	17	18	19	20	21	22	23	24	25	26	27	6	57
	9	28	29	30	**01**	2	3	4	5	6	7	8	9	10	11	12	13	14	15	16	17	18	19	20	21	22	23	24	25	26	—	1	27
	10	27	28	29	30	31	**N1**	2	3	4	5	6	7	8	9	10	11	12	13	14	15	16	17	18	19	20	21	22	23	24	25	2	56
	11	26	27	28	29	30	**D1**	2	3	4	5	6	7	8	9	10	11	12	13	14	15	16	17	18	19	20	21	22	23	24	—	4	26
	12	25	26	27	28	29	30	31	**11**	2	3	4	5	6	7	8	9	10	11	12	13	14	15	16	17	18	19	20	21	22	23	5	55
光緒13丁亥 1887–88	38 1	24	25	26	27	28	29	30	31	**21**	2	3	4	5	6	7	8	9	10	11	12	13	14	15	16	17	18	19	20	21	22	0	25
	2	23	24	25	26	27	28	**31**	2	3	4	5	6	7	8	9	10	11	12	13	14	15	16	17	18	19	20	21	22	23	24	2	55
	3	25	26	27	28	29	30	31	**41**	2	3	4	5	6	7	8	9	10	11	12	13	14	15	16	17	18	19	20	21	22	—	4	25
	4	23	24	25	26	27	28	29	30	**51**	2	3	4	5	6	7	8	9	10	11	12	13	14	15	16	17	18	19	20	21	22	5	54
	4	23	24	25	26	27	28	29	30	31	**61**	2	3	4	5	6	7	8	9	10	11	12	13	14	15	16	17	18	19	20	—	0	24
	5	21	22	23	24	25	26	27	28	29	30	**71**	2	3	4	5	6	7	8	9	10	11	12	13	14	15	16	17	18	19	20	1	53
	6	21	22	23	24	25	26	27	28	29	30	31	**81**	2	3	4	5	6	7	8	9	10	11	12	13	14	15	16	17	18	—	3	23
	7	19	20	21	22	23	24	25	26	27	28	29	30	31	**91**	2	3	4	5	6	7	8	9	10	11	12	13	14	15	16	—	4	52
	8	17	18	19	20	21	22	23	24	25	26	27	28	29	30	**01**	2	3	4	5	6	7	8	9	10	11	12	13	14	15	16	5	21
	9	17	18	19	20	21	22	23	24	25	26	27	28	29	30	31	**N1**	2	3	4	5	6	7	8	9	10	11	12	13	14	—	0	51
	10	15	16	17	18	19	20	21	22	23	24	25	26	27	28	29	30	**D1**	2	3	4	5	6	7	8	9	10	11	12	13	14	1	20
	11	15	16	17	18	19	20	21	22	23	24	25	26	27	28	29	30	31	**11**	2	3	4	5	6	7	8	9	10	11	12	—	3	50
	12	13	14	15	16	17	18	19	20	21	22	23	24	25	26	27	28	29	30	31	**21**	2	3	4	5	6	7	8	9	10	11	4	19
光緒14戊子 1888–89	50 1	12	13	14	15	16	17	18	19	20	21	22	23	24	25	26	27	28	29	**31**	2	3	4	5	6	7	8	9	10	11	12	6	49
	2	13	14	15	16	17	18	19	20	21	22	23	24	25	26	27	28	29	30	31	**41**	2	3	4	5	6	7	8	9	10	—	1	19
	3	11	12	13	14	15	16	17	18	19	20	21	22	23	24	25	26	27	28	29	30	**51**	2	3	4	5	6	7	8	9	10	2	48
	4	11	12	13	14	15	16	17	18	19	20	21	22	23	24	25	26	27	28	29	30	31	**61**	2	3	4	5	6	7	8	9	4	18
	5	10	11	12	13	14	15	16	17	18	19	20	21	22	23	24	25	26	27	28	29	30	**71**	2	3	4	5	6	7	8	—	6	48
	6	9	10	11	12	13	14	15	16	17	18	19	20	21	22	23	24	25	26	27	28	29	30	31	**81**	2	3	4	5	6	7	0	17
	7	8	9	10	11	12	13	14	15	16	17	18	19	20	21	22	23	24	25	26	27	28	29	30	31	**91**	2	3	4	5	—	2	47
	8	6	7	8	9	10	11	12	13	14	15	16	17	18	19	20	21	22	23	24	25	26	27	28	29	30	**01**	2	3	4	—	3	16
	9	5	6	7	8	9	10	11	12	13	14	15	16	17	18	19	20	21	22	23	24	25	26	27	28	29	30	31	**N1**	2	3	4	45
	10	4	5	6	7	8	9	10	11	12	13	14	15	16	17	18	19	20	21	22	23	24	25	26	27	28	29	30	**D1**	2	—	6	15
	11	3	4	5	6	7	8	9	10	11	12	13	14	15	16	17	18	19	20	21	22	23	24	25	26	27	28	29	30	31	**11**	0	44
	12	2	3	4	5	6	7	8	9	10	11	12	13	14	15	16	17	18	19	20	21	22	23	24	25	26	27	28	29	30	—	2	14
光緒15己丑 1889–90	2 1	31	**21**	2	3	4	5	6	7	8	9	10	11	12	13	14	15	16	17	18	19	20	21	22	23	24	25	26	27	28	**31**	3	43
	2	2	3	4	5	6	7	8	9	10	11	12	13	14	15	16	17	18	19	20	21	22	23	24	25	26	27	28	29	30	—	5	13
	3	31	**41**	2	3	4	5	6	7	8	9	10	11	12	13	14	15	16	17	18	19	20	21	22	23	24	25	26	27	28	29	6	42
	4	30	**51**	2	3	4	5	6	7	8	9	10	11	12	13	14	15	16	17	18	19	20	21	22	23	24	25	26	27	28	29	1	12
	5	30	31	**61**	2	3	4	5	6	7	8	9	10	11	12	13	14	15	16	17	18	19	20	21	22	23	24	25	26	27	—	3	42
	6	28	29	30	**71**	2	3	4	5	6	7	8	9	10	11	12	13	14	15	16	17	18	19	20	21	22	23	24	25	26	27	4	11
	7	28	29	30	31	**81**	2	3	4	5	6	7	8	9	10	11	12	13	14	15	16	17	18	19	20	21	22	23	24	25	—	6	41
	8	26	27	28	29	30	31	**91**	2	3	4	5	6	7	8	9	10	11	12	13	14	15	16	17	18	19	20	21	22	23	24	0	10
	9	25	26	27	28	29	30	**01**	2	3	4	5	6	7	8	9	10	11	12	13	14	15	16	17	18	19	20	21	22	23	—	2	40
	10	24	25	26	27	28	29	30	31	**N1**	2	3	4	5	6	7	8	9	10	11	12	13	14	15	16	17	18	19	20	21	22	3	9
	11	23	24	25	26	27	28	29	30	**D1**	2	3	4	5	6	7	8	9	10	11	12	13	14	15	16	17	18	19	20	21	—	5	39
	12	22	23	24	25	26	27	28	29	30	31	**11**	2	3	4	5	6	7	8	9	10	11	12	13	14	15	16	17	18	19	20	6	8
光緒16庚寅 1890–91	14 1	21	22	23	24	25	26	27	28	29	30	31	**21**	2	3	4	5	6	7	8	9	10	11	12	13	14	15	16	17	18	—	1	38
	2	19	20	21	22	23	24	25	26	27	28	**31**	2	3	4	5	6	7	8	9	10	11	12	13	14	15	16	17	18	19	20	2	7
	2	21	22	23	24	25	26	27	28	29	30	31	**41**	2	3	4	5	6	7	8	9	10	11	12	13	14	15	16	17	18	—	4	37
	3	19	20	21	22	23	24	25	26	27	28	29	30	**51**	2	3	4	5	6	7	8	9	10	11	12	13	14	15	16	17	18	5	6
	4	19	20	21	22	23	24	25	26	27	28	29	30	31	**61**	2	3	4	5	6	7	8	9	10	11	12	13	14	15	16	—	0	36
	5	17	18	19	20	21	22	23	24	25	26	27	28	29	30	**71**	2	3	4	5	6	7	8	9	10	11	12	13	14	15	16	1	5
	6	17	18	19	20	21	22	23	24	25	26	27	28	29	30	31	**81**	2	3	4	5	6	7	8	9	10	11	12	13	14	—	3	35
	7	15	16	17	18	19	20	21	22	23	24	25	26	27	28	29	30	31	**91**	2	3	4	5	6	7	8	9	10	11	12	13	4	4
	8	14	15	16	17	18	19	20	21	22	23	24	25	26	27	28	29	30	**01**	2	3	4	5	6	7	8	9	10	11	12	13	6	34
	9	14	15	16	17	18	19	20	21	22	23	24	25	26	27	28	29	30	31	**N1**	2	3	4	5	6	7	8	9	10	11	—	1	4
	10	12	13	14	15	16	17	18	19	20	21	22	23	24	25	26	27	28	29	30	**D1**	2	3	4	5	6	7	8	9	10	11	2	33
	11	12	13	14	15	16	17	18	19	20	21	22	23	24	25	26	27	28	29	30	31	**11**	2	3	4	5	6	7	8	9	—	4	3
	12	10	11	12	13	14	15	16	17	18	19	20	21	22	23	24	25	26	27	28	29	30	31	**21**	2	3	4	5	6	7	8	5	32

年序 Year		陰曆月序 Moon	陰曆日序 Order of days (Lunar) 1	2	3	4	5	6	7	8	9	10	11	12	13	14	15	16	17	18	19	20	21	22	23	24	25	26	27	28	29	30	星期 Week	干支 Cycle
光緒17辛卯 1891–92	26	1	9	10	11	12	13	14	15	16	17	18	19	20	21	22	23	24	25	26	27	28	**31**	2	3	4	5	6	7	8	9	—	0	2
		2	10	11	12	13	14	15	16	17	18	19	20	21	22	23	24	25	26	27	28	29	30	31	**41**	2	3	4	5	6	7	8	1	31
		3	9	10	11	12	13	14	15	16	17	18	19	20	21	22	23	24	25	26	27	28	29	30	**51**	2	3	4	5	6	7	—	3	1
		4	8	9	10	11	12	13	14	15	16	17	18	19	20	21	22	23	24	25	26	27	28	29	30	31	**61**	2	3	4	5	6	4	30
		5	7	8	9	10	11	12	13	14	15	16	17	18	19	20	21	22	23	24	25	26	27	28	29	30	**71**	2	3	4	5	—	6	0
		6	6	7	8	9	10	11	12	13	14	15	16	17	18	19	20	21	22	23	24	25	26	27	28	29	30	31	**81**	2	3	4	0	29
		7	5	6	7	8	9	10	11	12	13	14	15	16	17	18	19	20	21	22	23	24	25	26	27	28	29	30	31	**91**	2	—	2	59
		8	3	4	5	6	7	8	9	10	11	12	13	14	15	16	17	18	19	20	21	22	23	24	25	26	27	28	29	30	**O1**	2	3	28
		9	3	4	5	6	7	8	9	10	11	12	13	14	15	16	17	18	19	20	21	22	23	24	25	26	27	28	29	30	31	**N1**	5	58
		10	2	3	4	5	6	7	8	9	10	11	12	13	14	15	16	17	18	19	20	21	22	23	24	25	26	27	28	29	30	—	0	28
		11	**D1**	2	3	4	5	6	7	8	9	10	11	12	13	14	15	16	17	18	19	20	21	22	23	24	25	26	27	28	29	30	1	57
		12	31	**11**	2	3	4	5	6	7	8	9	10	11	12	13	14	15	16	17	18	19	20	21	22	23	24	25	26	27	28	29	3	27
光緒18壬辰 1892–93	38	1	30	31	**21**	2	3	4	5	6	7	8	9	10	11	12	13	14	15	16	17	18	19	20	21	22	23	24	25	26	27	—	5	57
		2	28	29	**31**	2	3	4	5	6	7	8	9	10	11	12	13	14	15	16	17	18	19	20	21	22	23	24	25	26	27	—	6	26
		3	28	29	30	31	**41**	2	3	4	5	6	7	8	9	10	11	12	13	14	15	16	17	18	19	20	21	22	23	24	25	26	0	55
		4	27	28	29	30	**51**	2	3	4	5	6	7	8	9	10	11	12	13	14	15	16	17	18	19	20	21	22	23	24	25	—	2	25
		5	26	27	28	29	30	31	**61**	2	3	4	5	6	7	8	9	10	11	12	13	14	15	16	17	18	19	20	21	22	23	—	3	54
		6	24	25	26	27	28	29	30	**71**	2	3	4	5	6	7	8	9	10	11	12	13	14	15	16	17	18	19	20	21	22	23	4	23
		6	24	25	26	27	28	29	30	31	**81**	2	3	4	5	6	7	8	9	10	11	12	13	14	15	16	17	18	19	20	21	—	6	53
		7	22	23	24	25	26	27	28	29	30	31	**91**	2	3	4	5	6	7	8	9	10	11	12	13	14	15	16	17	18	19	20	0	22
		8	21	22	23	24	25	26	27	28	29	30	**O1**	2	3	4	5	6	7	8	9	10	11	12	13	14	15	16	17	18	19	20	2	52
		9	21	22	23	24	25	26	27	28	29	30	31	**N1**	2	3	4	5	6	7	8	9	10	11	12	13	14	15	16	17	18	—	4	22
		10	19	20	21	22	23	24	25	26	27	28	29	30	**D1**	2	3	4	5	6	7	8	9	10	11	12	13	14	15	16	17	18	5	51
		11	19	20	21	22	23	24	25	26	27	28	29	30	31	**11**	2	3	4	5	6	7	8	9	10	11	12	13	14	15	16	17	0	21
		12	18	19	20	21	22	23	24	25	26	27	28	29	30	31	**21**	2	3	4	5	6	7	8	9	10	11	12	13	14	15	16	2	51
光緒19癸巳 1893–94	50	1	17	18	19	20	21	22	23	24	25	26	27	28	**31**	2	3	4	5	6	7	8	9	10	11	12	13	14	15	16	17	—	4	21
		2	18	19	20	21	22	23	24	25	26	27	28	29	30	31	**41**	2	3	4	5	6	7	8	9	10	11	12	13	14	15	—	5	50
		3	16	17	18	19	20	21	22	23	24	25	26	27	28	29	30	**51**	2	3	4	5	6	7	8	9	10	11	12	13	14	15	6	19
		4	16	17	18	19	20	21	22	23	24	25	26	27	28	29	30	31	**61**	2	3	4	5	6	7	8	9	10	11	12	13	—	1	49
		5	14	15	16	17	18	19	20	21	22	23	24	25	26	27	28	29	30	**71**	2	3	4	5	6	7	8	9	10	11	12	—	2	18
		6	13	14	15	16	17	18	19	20	21	22	23	24	25	26	27	28	29	30	31	**81**	2	3	4	5	6	7	8	9	10	11	3	47
		7	12	13	14	15	16	17	18	19	20	21	22	23	24	25	26	27	28	29	30	31	**91**	2	3	4	5	6	7	8	9	—	5	17
		8	10	11	12	13	14	15	16	17	18	19	20	21	22	23	24	25	26	27	28	29	30	**O1**	2	3	4	5	6	7	8	9	6	46
		9	10	11	12	13	14	15	16	17	18	19	20	21	22	23	24	25	26	27	28	29	30	31	**N1**	2	3	4	5	6	7	—	1	16
		10	8	9	10	11	12	13	14	15	16	17	18	19	20	21	22	23	24	25	26	27	28	29	30	**D1**	2	3	4	5	6	7	2	45
		11	8	9	10	11	12	13	14	15	16	17	18	19	20	21	22	23	24	25	26	27	28	29	30	31	**11**	2	3	4	5	6	4	15
		12	7	8	9	10	11	12	13	14	15	16	17	18	19	20	21	22	23	24	25	26	27	28	29	30	31	**21**	2	3	4	5	6	45
光緒20甲午 1894–95	2	1	6	7	8	9	10	11	12	13	14	15	16	17	18	19	20	21	22	23	24	25	26	27	28	**31**	2	3	4	5	6	—	1	15
		2	7	8	9	10	11	12	13	14	15	16	17	18	19	20	21	22	23	24	25	26	27	28	29	30	31	**41**	2	3	4	5	2	44
		3	6	7	8	9	10	11	12	13	14	15	16	17	18	19	20	21	22	23	24	25	26	27	28	29	30	**51**	2	3	4	—	4	14
		4	5	6	7	8	9	10	11	12	13	14	15	16	17	18	19	20	21	22	23	24	25	26	27	28	29	30	31	**61**	2	3	5	43
		5	4	5	6	7	8	9	10	11	12	13	14	15	16	17	18	19	20	21	22	23	24	25	26	27	28	29	30	**71**	2	—	0	13
		6	3	4	5	6	7	8	9	10	11	12	13	14	15	16	17	18	19	20	21	22	23	24	25	26	27	28	29	30	31	—	1	42
		7	**81**	2	3	4	5	6	7	8	9	10	11	12	13	14	15	16	17	18	19	20	21	22	23	24	25	26	27	28	29	30	2	11
		8	31	**91**	2	3	4	5	6	7	8	9	10	11	12	13	14	15	16	17	18	19	20	21	22	23	24	25	26	27	28	—	4	41
		9	29	30	**O1**	2	3	4	5	6	7	8	9	10	11	12	13	14	15	16	17	18	19	20	21	22	23	24	25	26	27	28	5	10
		10	29	30	31	**N1**	2	3	4	5	6	7	8	9	10	11	12	13	14	15	16	17	18	19	20	21	22	23	24	25	26	—	0	40
		11	27	28	29	30	**D1**	2	3	4	5	6	7	8	9	10	11	12	13	14	15	16	17	18	19	20	21	22	23	24	25	26	1	9
		12	27	28	29	30	31	**11**	2	3	4	5	6	7	8	9	10	11	12	13	14	15	16	17	18	19	20	21	22	23	24	25	3	39
光緒21乙未 1895–96	14	1	26	27	28	29	30	31	**21**	2	3	4	5	6	7	8	9	10	11	12	13	14	15	16	17	18	19	20	21	22	23	24	5	9
		2	25	26	27	28	**31**	2	3	4	5	6	7	8	9	10	11	12	13	14	15	16	17	18	19	20	21	22	23	24	25	—	0	39
		3	26	27	28	29	30	31	**41**	2	3	4	5	6	7	8	9	10	11	12	13	14	15	16	17	18	19	20	21	22	23	24	1	8
		4	25	26	27	28	29	30	**51**	2	3	4	5	6	7	8	9	10	11	12	13	14	15	16	17	18	19	20	21	22	23	—	3	38
		5	24	25	26	27	28	29	30	31	**61**	2	3	4	5	6	7	8	9	10	11	12	13	14	15	16	17	18	19	20	21	22	4	7
		5	23	24	25	26	27	28	29	30	**71**	2	3	4	5	6	7	8	9	10	11	12	13	14	15	16	17	18	19	20	21	—	6	37
		6	22	23	24	25	26	27	28	29	30	31	**81**	2	3	4	5	6	7	8	9	10	11	12	13	14	15	16	17	18	19	—	0	6
		7	20	21	22	23	24	25	26	27	28	29	30	31	**91**	2	3	4	5	6	7	8	9	10	11	12	13	14	15	16	17	18	1	35
		8	19	20	21	22	23	24	25	26	27	28	29	30	**O1**	2	3	4	5	6	7	8	9	10	11	12	13	14	15	16	17	—	3	5
		9	18	19	20	21	22	23	24	25	26	27	28	29	30	31	**N1**	2	3	4	5	6	7	8	9	10	11	12	13	14	15	16	4	34
		10	17	18	19	20	21	22	23	24	25	26	27	28	29	30	**D1**	2	3	4	5	6	7	8	9	10	11	12	13	14	15	—	6	4
		11	16	17	18	19	20	21	22	23	24	25	26	27	28	29	30	31	**11**	2	3	4	5	6	7	8	9	10	11	12	13	14	0	33
		12	15	16	17	18	19	20	21	22	23	24	25	26	27	28	29	30	31	**21**	2	3	4	5	6	7	8	9	10	11	12	—	2	3

年序 Year		陰曆月序 Moon	陰曆日序 Order of days (Lunar)																														星期 Week	干支 Cycle
			1	2	3	4	5	6	7	8	9	10	11	12	13	14	15	16	17	18	19	20	21	22	23	24	25	26	27	28	29	30		
光緒22丙申 1896–97	26	1	13	14	15	16	17	18	19	20	21	22	23	24	25	26	27	28	29	31	2	3	4	5	6	7	8	9	10	11	12	13	3	32
		2	14	15	16	17	18	19	20	21	22	23	24	25	26	27	28	29	30	31	41	2	3	4	5	6	7	8	9	10	11	12	5	2
		3	13	14	15	16	17	18	19	20	21	22	23	24	25	26	27	28	29	30	51	2	3	4	5	6	7	8	9	10	11	12	0	32
		4	13	14	15	16	17	18	19	20	21	22	23	24	25	26	27	28	29	30	31	61	2	3	4	5	6	7	8	9	10	—	2	2
		5	11	12	13	14	15	16	17	18	19	20	21	22	23	24	25	26	27	28	29	30	71	2	3	4	5	6	7	8	9	10	3	31
		6	11	12	13	14	15	16	17	18	19	20	21	22	23	24	25	26	27	28	29	30	31	81	2	3	4	5	6	7	8	—	5	1
		7	9	10	11	12	13	14	15	16	17	18	19	20	21	22	23	24	25	26	27	28	29	30	31	91	2	3	4	5	6	—	6	30
		8	7	8	9	10	11	12	13	14	15	16	17	18	19	20	21	22	23	24	25	26	27	28	29	30	O1	2	3	4	5	6	0	59
		9	7	8	9	10	11	12	13	14	15	16	17	18	19	20	21	22	23	24	25	26	27	28	29	30	31	N1	2	3	4	—	2	29
		10	5	6	7	8	9	10	11	12	13	14	15	16	17	18	19	20	21	22	23	24	25	26	27	28	29	30	D1	2	3	4	3	58
		11	5	6	7	8	9	10	11	12	13	14	15	16	17	18	19	20	21	22	23	24	25	26	27	28	29	30	31	11	2	—	5	28
		12	3	4	5	6	7	8	9	10	11	12	13	14	15	16	17	18	19	20	21	22	23	24	25	26	27	28	29	30	31	21	6	57
光緒23丁酉 1897–98	88	1	2	3	4	5	6	7	8	9	10	11	12	13	14	15	16	17	18	19	20	21	22	23	24	25	26	27	28	31	2	—	1	27
		2	3	4	5	6	7	8	9	10	11	12	13	14	15	16	17	18	19	20	21	22	23	24	25	26	27	28	29	30	31	41	2	56
		3	2	3	4	5	6	7	8	9	10	11	12	13	14	15	16	17	18	19	20	21	22	23	24	25	26	27	28	29	30	51	4	26
		4	2	3	4	5	6	7	8	9	10	11	12	13	14	15	16	17	18	19	20	21	22	23	24	25	26	27	28	29	30	—	6	56
		5	31	61	2	3	4	5	6	7	8	9	10	11	12	13	14	15	16	17	18	19	20	21	22	23	24	25	26	27	28	29	0	25
		6	30	71	2	3	4	5	6	7	8	9	10	11	12	13	14	15	16	17	18	19	20	21	22	23	24	25	26	27	28	—	2	55
		7	29	30	31	81	2	3	4	5	6	7	8	9	10	11	12	13	14	15	16	17	18	19	20	21	22	23	24	25	26	27	3	24
		8	28	29	30	31	91	2	3	4	5	6	7	8	9	10	11	12	13	14	15	16	17	18	19	20	21	22	23	24	25	—	5	54
		9	26	27	28	29	30	O1	2	3	4	5	6	7	8	9	10	11	12	13	14	15	16	17	18	19	20	21	22	23	24	25	6	23
		10	26	27	28	29	30	31	N1	2	3	4	5	6	7	8	9	10	11	12	13	14	15	16	17	18	19	20	21	22	23	—	1	53
		11	24	25	26	27	28	29	30	D1	2	3	4	5	6	7	8	9	10	11	12	13	14	15	16	17	18	19	20	21	22	23	2	22
		12	24	25	26	27	28	29	30	31	11	2	3	4	5	6	7	8	9	10	11	12	13	14	15	16	17	18	19	20	21	—	4	52
光緒24戊戌 1898–99	50	1	22	23	24	25	26	27	28	29	30	31	21	2	3	4	5	6	7	8	9	10	11	12	13	14	15	16	17	18	19	20	5	21
		2	21	22	23	24	25	26	27	28	31	2	3	4	5	6	7	8	9	10	11	12	13	14	15	16	17	18	19	20	21	—	0	51
		3	22	23	24	25	26	27	28	29	30	31	41	2	3	4	5	6	7	8	9	10	11	12	13	14	15	16	17	18	19	20	1	20
		3	21	22	23	24	25	26	27	28	29	30	51	2	3	4	5	6	7	8	9	10	11	12	13	14	15	16	17	18	19	—	3	50
		4	20	21	22	23	24	25	26	27	28	29	30	31	61	2	3	4	5	6	7	8	9	10	11	12	13	14	15	16	17	18	4	19
		5	19	20	21	22	23	24	25	26	27	28	29	30	71	2	3	4	5	6	7	8	9	10	11	12	13	14	15	16	17	18	6	49
		6	19	20	21	22	23	24	25	26	27	28	29	30	31	81	2	3	4	5	6	7	8	9	10	11	12	13	14	15	16	—	1	19
		7	17	18	19	20	21	22	23	24	25	26	27	28	29	30	31	91	2	3	4	5	6	7	8	9	10	11	12	13	14	15	2	48
		8	16	17	18	19	20	21	22	23	24	25	26	27	28	29	30	O1	2	3	4	5	6	7	8	9	10	11	12	13	14	—	4	18
		9	15	16	17	18	19	20	21	22	23	24	25	26	27	28	29	30	31	N1	2	3	4	5	6	7	8	9	10	11	12	13	5	47
		10	14	15	16	17	18	19	20	21	22	23	24	25	26	27	28	29	30	D1	2	3	4	5	6	7	8	9	10	11	12	—	0	17
		11	13	14	15	16	17	18	19	20	21	22	23	24	25	26	27	28	29	30	31	11	2	3	4	5	6	7	8	9	10	11	1	46
		12	12	13	14	15	16	17	18	19	20	21	22	23	24	25	26	27	28	29	30	31	21	2	3	4	5	6	7	8	9	—	3	16
光緒25己亥 1899–1900	2	1	10	11	12	13	14	15	16	17	18	19	20	21	22	23	24	25	26	27	28	31	2	3	4	5	6	7	8	9	10	11	4	45
		2	12	13	14	15	16	17	18	19	20	21	22	23	24	25	26	27	28	29	30	31	41	2	3	4	5	6	7	8	9	—	6	15
		3	10	11	12	13	14	15	16	17	18	19	20	21	22	23	24	25	26	27	28	29	30	51	2	3	4	5	6	7	8	9	0	44
		4	10	11	12	13	14	15	16	17	18	19	20	21	22	23	24	25	26	27	28	29	30	31	61	2	3	4	5	6	7	—	2	14
		5	8	9	10	11	12	13	14	15	16	17	18	19	20	21	22	23	24	25	26	27	28	29	30	71	2	3	4	5	6	7	3	43
		6	8	9	10	11	12	13	14	15	16	17	18	19	20	21	22	23	24	25	26	27	28	29	30	31	81	2	3	4	5	—	5	13
		7	6	7	8	9	10	11	12	13	14	15	16	17	18	19	20	21	22	23	24	25	26	27	28	29	30	31	91	2	3	4	6	42
		8	5	6	7	8	9	10	11	12	13	14	15	16	17	18	19	20	21	22	23	24	25	26	27	28	29	30	O1	2	3	4	1	12
		9	5	6	7	8	9	10	11	12	13	14	15	16	17	18	19	20	21	22	23	24	25	26	27	28	29	30	31	N1	2	—	3	42
		10	3	4	5	6	7	8	9	10	11	12	13	14	15	16	17	18	19	20	21	22	23	24	25	26	27	28	29	30	D1	2	4	11
		11	3	4	5	6	7	8	9	10	11	12	13	14	15	16	17	18	19	20	21	22	23	24	25	26	27	28	29	30	31	—	6	41
		12	11	2	3	4	5	6	7	8	9	10	11	12	13	14	15	16	17	18	19	20	21	22	23	24	25	26	27	28	29	30	0	10
光緒26庚子 1900–01	14	1	31	21	2	3	4	5	6	7	8	9	10	11	12	13	14	15	16	17	18	19	20	21	22	23	24	25	26	27	28	—	2	40
		2	31	2	3	4	5	6	7	8	9	10	11	12	13	14	15	16	17	18	19	20	21	22	23	24	25	26	27	28	29	30	3	9
		3	31	41	2	3	4	5	6	7	8	9	10	11	12	13	14	15	16	17	18	19	20	21	22	23	24	25	26	27	28	—	5	39
		4	29	30	51	2	3	4	5	6	7	8	9	10	11	12	13	14	15	16	17	18	19	20	21	22	23	24	25	26	27	—	6	8
		5	28	29	30	31	61	2	3	4	5	6	7	8	9	10	11	12	13	14	15	16	17	18	19	20	21	22	23	24	25	26	0	37
		6	27	28	29	30	71	2	3	4	5	6	7	8	9	10	11	12	13	14	15	16	17	18	19	20	21	22	23	24	25	—	2	7
		7	26	27	28	29	30	31	81	2	3	4	5	6	7	8	9	10	11	12	13	14	15	16	17	18	19	20	21	22	23	24	3	36
		8	25	26	27	28	29	30	31	91	2	3	4	5	6	7	8	9	10	11	12	13	14	15	16	17	18	19	20	21	22	23	5	6
		8	24	25	26	27	28	29	30	O1	2	3	4	5	6	7	8	9	10	11	12	13	14	15	16	17	18	19	20	21	22	—	0	36
		9	23	24	25	26	27	28	29	30	31	N1	2	3	4	5	6	7	8	9	10	11	12	13	14	15	16	17	18	19	20	21	1	5
		10	22	23	24	25	26	27	28	29	30	D1	2	3	4	5	6	7	8	9	10	11	12	13	14	15	16	17	18	19	20	21	3	35
		11	22	23	24	25	26	27	28	29	30	31	11	2	3	4	5	6	7	8	9	10	11	12	13	14	15	16	17	18	19	—	5	5
		12	20	21	22	23	24	25	26	27	28	29	30	31	21	2	3	4	5	6	7	8	9	10	11	12	13	14	15	16	17	18	6	34

年序 Year	陰曆月序 Moon	1	2	3	4	5	6	7	8	9	10	11	12	13	14	15	16	17	18	19	20	21	22	23	24	25	26	27	28	29	30	星期 Week	干支 Cycle
光緒 27 辛丑 1901–02	26 1	19	20	21	22	23	24	25	26	27	28	31	2	3	4	5	6	7	8	9	10	11	12	13	14	15	16	17	18	19	—	1	4
	2	20	21	22	23	24	25	26	27	28	29	30	31	41	2	3	4	5	6	7	8	9	10	11	12	13	14	15	16	17	18	2	33
	3	19	20	21	22	23	24	25	26	27	28	29	30	51	2	3	4	5	6	7	8	9	10	11	12	13	14	15	16	17	—	4	3
	4	18	19	20	21	22	23	24	25	26	27	28	29	30	31	61	2	3	4	5	6	7	8	9	10	11	12	13	14	15	—	5	32
	5	16	17	18	19	20	21	22	23	24	25	26	27	28	29	30	71	2	3	4	5	6	7	8	9	10	11	12	13	14	15	6	1
	6	16	17	18	19	20	21	22	23	24	25	26	27	28	29	30	31	81	2	3	4	5	6	7	8	9	10	11	12	13	—	1	31
	7	14	15	16	17	18	19	20	21	22	23	24	25	26	27	28	29	30	31	91	2	3	4	5	6	7	8	9	10	11	12	2	0
	8	13	14	15	16	17	18	19	20	21	22	23	24	25	26	27	28	29	30	01	2	3	4	5	6	7	8	9	10	11	—	4	30
	9	12	13	14	15	16	17	18	19	20	21	22	23	24	25	26	27	28	29	30	31	N1	2	3	4	5	6	7	8	9	10	5	59
	10	11	12	13	14	15	16	17	18	19	20	21	22	23	24	25	26	27	28	29	30	D1	2	3	4	5	6	7	8	9	10	0	29
	11	11	12	13	14	15	16	17	18	19	20	21	22	23	24	25	26	27	28	29	30	31	11	2	3	4	5	6	7	8	9	2	59
	12	10	11	12	13	14	15	16	17	18	19	20	21	22	23	24	25	26	27	28	29	30	31	21	2	3	4	5	6	7	—	4	29
光緒 28 壬寅 1902–03	38 1	8	9	10	11	12	13	14	15	16	17	18	19	20	21	22	23	24	25	26	27	28	31	2	3	4	5	6	7	8	9	5	58
	2	10	11	12	13	14	15	16	17	18	19	20	21	22	23	24	25	26	27	28	29	30	31	41	2	3	4	5	6	7	—	0	28
	3	8	9	10	11	12	13	14	15	16	17	18	19	20	21	22	23	24	25	26	27	28	29	30	51	2	3	4	5	6	7	1	57
	4	8	9	10	11	12	13	14	15	16	17	18	19	20	21	22	23	24	25	26	27	28	29	30	31	61	2	3	4	5	—	3	27
	5	6	7	8	9	10	11	12	13	14	15	16	17	18	19	20	21	22	23	24	25	26	27	28	29	30	71	2	3	4	—	4	56
	6	5	6	7	8	9	10	11	12	13	14	15	16	17	18	19	20	21	22	23	24	25	26	27	28	29	30	31	81	2	3	5	25
	7	4	5	6	7	8	9	10	11	12	13	14	15	16	17	18	19	20	21	22	23	24	25	26	27	28	29	30	31	91	—	0	55
	8	2	3	4	5	6	7	8	9	10	11	12	13	14	15	16	17	18	19	20	21	22	23	24	25	26	27	28	29	30	01	1	24
	9	2	3	4	5	6	7	8	9	10	11	12	13	14	15	16	17	18	19	20	21	22	23	24	25	26	27	28	29	30	—	3	54
	10	31	N1	2	3	4	5	6	7	8	9	10	11	12	13	14	15	16	17	18	19	20	21	22	23	24	25	26	27	28	29	4	23
	11	30	D1	2	3	4	5	6	7	8	9	10	11	12	13	14	15	16	17	18	19	20	21	22	23	24	25	26	27	28	29	6	53
	12	30	31	11	2	3	4	5	6	7	8	9	10	11	12	13	14	15	16	17	18	19	20	21	22	23	24	25	26	27	28	1	23
光緒 29 癸卯 1903–04	50 1	29	30	31	21	2	3	4	5	6	7	8	9	10	11	12	13	14	15	16	17	18	19	20	21	22	23	24	25	26	—	3	53
	2	27	28	31	2	3	4	5	6	7	8	9	10	11	12	13	14	15	16	17	18	19	20	21	22	23	24	25	26	27	28	4	22
	3	29	30	31	41	2	3	4	5	6	7	8	9	10	11	12	13	14	15	16	17	18	19	20	21	22	23	24	25	26	—	6	52
	4	27	28	29	30	51	2	3	4	5	6	7	8	9	10	11	12	13	14	15	16	17	18	19	20	21	22	23	24	25	26	0	21
	5	27	28	29	30	31	61	2	3	4	5	6	7	8	9	10	11	12	13	14	15	16	17	18	19	20	21	22	23	24	—	2	51
	5	25	26	27	28	29	30	71	2	3	4	5	6	7	8	9	10	11	12	13	14	15	16	17	18	19	20	21	22	23	—	3	20
	6	24	25	26	27	28	29	30	31	81	2	3	4	5	6	7	8	9	10	11	12	13	14	15	16	17	18	19	20	21	22	4	49
	7	23	24	25	26	27	28	29	30	31	91	2	3	4	5	6	7	8	9	10	11	12	13	14	15	16	17	18	19	20	—	6	19
	8	21	22	23	24	25	26	27	28	29	30	01	2	3	4	5	6	7	8	9	10	11	12	13	14	15	16	17	18	19	—	0	48
	9	20	21	22	23	24	25	26	27	28	29	30	31	N1	2	3	4	5	6	7	8	9	10	11	12	13	14	15	16	17	18	1	17
	10	19	20	21	22	23	24	25	26	27	28	29	30	D1	2	3	4	5	6	7	8	9	10	11	12	13	14	15	16	17	18	3	47
	11	19	20	21	22	23	24	25	26	27	28	29	30	31	11	2	3	4	5	6	7	8	9	10	11	12	13	14	15	16	—	5	17
	12	17	18	19	20	21	22	23	24	25	26	27	28	29	30	31	21	2	3	4	5	6	7	8	9	10	11	12	13	14	15	6	46
光緒 30 甲辰 1904–05	2 1	16	17	18	19	20	21	22	23	24	25	26	27	28	29	31	2	3	4	5	6	7	8	9	10	11	12	13	14	15	16	1	16
	2	17	18	19	20	21	22	23	24	25	26	27	28	29	30	31	41	2	3	4	5	6	7	8	9	10	11	12	13	14	15	3	46
	3	16	17	18	19	20	21	22	23	24	25	26	27	28	29	30	51	2	3	4	5	6	7	8	9	10	11	12	13	14	—	5	16
	4	15	16	17	18	19	20	21	22	23	24	25	26	27	28	29	30	31	61	2	3	4	5	6	7	8	9	10	11	12	13	6	45
	5	14	15	16	17	18	19	20	21	22	23	24	25	26	27	28	29	30	71	2	3	4	5	6	7	8	9	10	11	12	—	1	15
	6	13	14	15	16	17	18	19	20	21	22	23	24	25	26	27	28	29	30	31	81	2	3	4	5	6	7	8	9	10	—	2	44
	7	11	12	13	14	15	16	17	18	19	20	21	22	23	24	25	26	27	28	29	30	31	91	2	3	4	5	6	7	8	9	3	13
	8	10	11	12	13	14	15	16	17	18	19	20	21	22	23	24	25	26	27	28	29	30	01	2	3	4	5	6	7	8	—	5	43
	9	9	10	11	12	13	14	15	16	17	18	19	20	21	22	23	24	25	26	27	28	29	30	31	N1	2	3	4	5	6	—	6	12
	10	7	8	9	10	11	12	13	14	15	16	17	18	19	20	21	22	23	24	25	26	27	28	29	30	D1	2	3	4	5	6	0	41
	11	7	8	9	10	11	12	13	14	15	16	17	18	19	20	21	22	23	24	25	26	27	28	29	30	31	11	2	3	4	5	2	11
	12	6	7	8	9	10	11	12	13	14	15	16	17	18	19	20	21	22	23	24	25	26	27	28	29	30	31	21	2	3	—	4	41
光緒 31 乙巳 1905–06	14 1	4	5	6	7	8	9	10	11	12	13	14	15	16	17	18	19	20	21	22	23	24	25	26	27	28	31	2	3	4	5	5	10
	2	6	7	8	9	10	11	12	13	14	15	16	17	18	19	20	21	22	23	24	25	26	27	28	29	30	31	41	2	3	4	0	40
	3	5	6	7	8	9	10	11	12	13	14	15	16	17	18	19	20	21	22	23	24	25	26	27	28	29	30	51	2	3	—	2	10
	4	4	5	6	7	8	9	10	11	12	13	14	15	16	17	18	19	20	21	22	23	24	25	26	27	28	29	30	31	61	2	3	39
	5	3	4	5	6	7	8	9	10	11	12	13	14	15	16	17	18	19	20	21	22	23	24	25	26	27	28	29	30	71	2	5	9
	6	3	4	5	6	7	8	9	10	11	12	13	14	15	16	17	18	19	20	21	22	23	24	25	26	27	28	29	30	31	—	0	39
	7	81	2	3	4	5	6	7	8	9	10	11	12	13	14	15	16	17	18	19	20	21	22	23	24	25	26	27	28	29	—	1	8
	8	30	31	91	2	3	4	5	6	7	8	9	10	11	12	13	14	15	16	17	18	19	20	21	22	23	24	25	26	27	28	2	37
	9	29	30	01	2	3	4	5	6	7	8	9	10	11	12	13	14	15	16	17	18	19	20	21	22	23	24	25	26	27	—	4	7
	10	28	29	30	31	N1	2	3	4	5	6	7	8	9	10	11	12	13	14	15	16	17	18	19	20	21	22	23	24	25	26	5	36
	11	27	28	29	30	D1	2	3	4	5	6	7	8	9	10	11	12	13	14	15	16	17	18	19	20	21	22	23	24	25	—	0	6
	12	26	27	28	29	30	31	11	2	3	4	5	6	7	8	9	10	11	12	13	14	15	16	17	18	19	20	21	22	23	24	1	35

年序 Year	陰曆月序 Moon	1	2	3	4	5	6	7	8	9	10	11	12	13	14	15	16	17	18	19	20	21	22	23	24	25	26	27	28	29	30	星期 Week	干支 Cycle
光緒32丙午 1906–07	26 1	25	26	27	28	29	30	31	21	2	3	4	5	6	7	8	9	10	11	12	13	14	15	16	17	18	19	20	21	22	—	3	5
	2	23	24	25	26	27	28	31	2	3	4	5	6	7	8	9	10	11	12	13	14	15	16	17	18	19	20	21	22	23	24	4	34
	3	25	26	27	28	29	30	31	41	2	3	4	5	6	7	8	9	10	11	12	13	14	15	16	17	18	19	20	21	22	23	6	4
	4	24	25	26	27	28	29	30	51	2	3	4	5	6	7	8	9	10	11	12	13	14	15	16	17	18	19	20	21	22	—	1	34
	4	23	24	25	26	27	28	29	30	31	61	2	3	4	5	6	7	8	9	10	11	12	13	14	15	16	17	18	19	20	21	2	3
	5	22	23	24	25	26	27	28	29	30	71	2	3	4	5	6	7	8	9	10	11	12	13	14	15	16	17	18	19	20	—	4	33
	6	21	22	23	24	25	26	27	28	29	30	31	81	2	3	4	5	6	7	8	9	10	11	12	13	14	15	16	17	18	19	5	2
	7	20	21	22	23	24	25	26	27	28	29	30	31	91	2	3	4	5	6	7	8	9	10	11	12	13	14	15	16	17	—	0	32
	8	18	19	20	21	22	23	24	25	26	27	28	29	30	O1	2	3	4	5	6	7	8	9	10	11	12	13	14	15	16	17	1	1
	9	18	19	20	21	22	23	24	25	26	27	28	29	30	31	N1	2	3	4	5	6	7	8	9	10	11	12	13	14	15	—	3	31
	10	16	17	18	19	20	21	22	23	24	25	26	27	28	29	30	D1	2	3	4	5	6	7	8	9	10	11	12	13	14	15	4	0
	11	16	17	18	19	20	21	22	23	24	25	26	27	28	29	30	31	11	2	3	4	5	6	7	8	9	10	11	12	13	—	6	30
	12	14	15	16	17	18	19	20	21	22	23	24	25	26	27	28	29	30	31	21	2	3	4	5	6	7	8	9	10	11	12	0	59
光緒33丁未 1907–08	38 1	13	14	15	16	17	18	19	20	21	22	23	24	25	26	27	28	31	2	3	4	5	6	7	8	9	10	11	12	13	—	2	29
	2	14	15	16	17	18	19	20	21	22	23	24	25	26	27	28	29	30	31	41	2	3	4	5	6	7	8	9	10	11	12	3	58
	3	13	14	15	16	17	18	19	20	21	22	23	24	25	26	27	28	29	30	51	2	3	4	5	6	7	8	9	10	11	—	5	28
	4	12	13	14	15	16	17	18	19	20	21	22	23	24	25	26	27	28	29	30	31	61	2	3	4	5	6	7	8	9	10	6	57
	5	11	12	13	14	15	16	17	18	19	20	21	22	23	24	25	26	27	28	29	30	71	2	3	4	5	6	7	8	9	—	1	27
	6	10	11	12	13	14	15	16	17	18	19	20	21	22	23	24	25	26	27	28	29	30	31	81	2	3	4	5	6	7	8	2	56
	7	9	10	11	12	13	14	15	16	17	18	19	20	21	22	23	24	25	26	27	28	29	30	31	91	2	3	4	5	6	7	4	26
	8	8	9	10	11	12	13	14	15	16	17	18	19	20	21	22	23	24	25	26	27	28	29	30	O1	2	3	4	5	6	—	6	56
	9	7	8	9	10	11	12	13	14	15	16	17	18	19	20	21	22	23	24	25	26	27	28	29	30	31	N1	2	3	4	5	0	25
	10	6	7	8	9	10	11	12	13	14	15	16	17	18	19	20	21	22	23	24	25	26	27	28	29	30	D1	2	3	4	—	2	55
	11	5	6	7	8	9	10	11	12	13	14	15	16	17	18	19	20	21	22	23	24	25	26	27	28	29	30	31	11	2	3	3	24
	12	4	5	6	7	8	9	10	11	12	13	14	15	16	17	18	19	20	21	22	23	24	25	26	27	28	29	30	31	21	—	5	54
光緒34戊申 1908–09	50 1	2	3	4	5	6	7	8	9	10	11	12	13	14	15	16	17	18	19	20	21	22	23	24	25	26	27	28	29	31	2	6	23
	2	3	4	5	6	7	8	9	10	11	12	13	14	15	16	17	18	19	20	21	22	23	24	25	26	27	28	29	30	31	—	1	53
	3	41	2	3	4	5	6	7	8	9	10	11	12	13	14	15	16	17	18	19	20	21	22	23	24	25	26	27	28	29	—	2	22
	4	30	51	2	3	4	5	6	7	8	9	10	11	12	13	14	15	16	17	18	19	20	21	22	23	24	25	26	27	28	29	3	51
	5	30	31	61	2	3	4	5	6	7	8	9	10	11	12	13	14	15	16	17	18	19	20	21	22	23	24	25	26	27	28	5	21
	6	29	30	71	2	3	4	5	6	7	8	9	10	11	12	13	14	15	16	17	18	19	20	21	22	23	24	25	26	27	—	0	51
	7	28	29	30	31	81	2	3	4	5	6	7	8	9	10	11	12	13	14	15	16	17	18	19	20	21	22	23	24	25	26	1	20
	8	27	28	29	30	31	91	2	3	4	5	6	7	8	9	10	11	12	13	14	15	16	17	18	19	20	21	22	23	24	—	3	50
	9	25	26	27	28	29	30	O1	2	3	4	5	6	7	8	9	10	11	12	13	14	15	16	17	18	19	20	21	22	23	24	4	19
	10	25	26	27	28	29	30	31	N1	2	3	4	5	6	7	8	9	10	11	12	13	14	15	16	17	18	19	20	21	22	23	6	49
	11	24	25	26	27	28	29	30	D1	2	3	4	5	6	7	8	9	10	11	12	13	14	15	16	17	18	19	20	21	22	—	1	19
	12	23	24	25	26	27	28	29	30	31	11	2	3	4	5	6	7	8	9	10	11	12	13	14	15	16	17	18	19	20	21	2	48
遜帝宣統1己酉 1909–10	2 1	22	23	24	25	26	27	28	29	30	31	21	2	3	4	5	6	7	8	9	10	11	12	13	14	15	16	17	18	19	—	4	18
	2	20	21	22	23	24	25	26	27	28	31	2	3	4	5	6	7	8	9	10	11	12	13	14	15	16	17	18	19	20	21	5	47
	2	22	23	24	25	26	27	28	29	30	31	41	2	3	4	5	6	7	8	9	10	11	12	13	14	15	16	17	18	19	—	0	17
	3	20	21	22	23	24	25	26	27	28	29	30	51	2	3	4	5	6	7	8	9	10	11	12	13	14	15	16	17	18	—	1	46
	4	19	20	21	22	23	24	25	26	27	28	29	30	31	61	2	3	4	5	6	7	8	9	10	11	12	13	14	15	16	17	2	15
	5	18	19	20	21	22	23	24	25	26	27	28	29	30	71	2	3	4	5	6	7	8	9	10	11	12	13	14	15	16	—	4	45
	6	17	18	19	20	21	22	23	24	25	26	27	28	29	30	31	81	2	3	4	5	6	7	8	9	10	11	12	13	14	15	5	14
	7	16	17	18	19	20	21	22	23	24	25	26	27	28	29	30	31	91	2	3	4	5	6	7	8	9	10	11	12	13	—	0	44
	8	14	15	16	17	18	19	20	21	22	23	24	25	26	27	28	29	30	O1	2	3	4	5	6	7	8	9	10	11	12	13	1	13
	9	14	15	16	17	18	19	20	21	22	23	24	25	26	27	28	29	30	31	N1	2	3	4	5	6	7	8	9	10	11	12	3	43
	10	13	14	15	16	17	18	19	20	21	22	23	24	25	26	27	28	29	30	D1	2	3	4	5	6	7	8	9	10	11	12	5	13
	11	13	14	15	16	17	18	19	20	21	22	23	24	25	26	27	28	29	30	31	11	2	3	4	5	6	7	8	9	10	—	0	43
	12	11	12	13	14	15	16	17	18	19	20	21	22	23	24	25	26	27	28	29	30	31	21	2	3	4	5	6	7	8	9	1	12
宣統2庚戌 1910–11	14 1	10	11	12	13	14	15	16	17	18	19	20	21	22	23	24	25	26	27	28	31	2	3	4	5	6	7	8	9	10	—	3	42
	2	11	12	13	14	15	16	17	18	19	20	21	22	23	24	25	26	27	28	29	30	31	41	2	3	4	5	6	7	8	9	4	11
	3	10	11	12	13	14	15	16	17	18	19	20	21	22	23	24	25	26	27	28	29	30	51	2	3	4	5	6	7	8	—	6	41
	4	9	10	11	12	13	14	15	16	17	18	19	20	21	22	23	24	25	26	27	28	29	30	31	61	2	3	4	5	6	—	0	10
	5	7	8	9	10	11	12	13	14	15	16	17	18	19	20	21	22	23	24	25	26	27	28	29	30	71	2	3	4	5	6	1	39
	6	7	8	9	10	11	12	13	14	15	16	17	18	19	20	21	22	23	24	25	26	27	28	29	30	31	81	2	3	4	—	3	9
	7	5	6	7	8	9	10	11	12	13	14	15	16	17	18	19	20	21	22	23	24	25	26	27	28	29	30	31	91	2	3	4	38
	8	4	5	6	7	8	9	10	11	12	13	14	15	16	17	18	19	20	21	22	23	24	25	26	27	28	29	30	O1	2	—	6	8
	9	3	4	5	6	7	8	9	10	11	12	13	14	15	16	17	18	19	20	21	22	23	24	25	26	27	28	29	30	31	N1	0	37
	10	2	3	4	5	6	7	8	9	10	11	12	13	14	15	16	17	18	19	20	21	22	23	24	25	26	27	28	29	30	D1	2	7
	11	2	3	4	5	6	7	8	9	10	11	12	13	14	15	16	17	18	19	20	21	22	23	24	25	26	27	28	29	30	31	4	37
	12	11	2	3	4	5	6	7	8	9	10	11	12	13	14	15	16	17	18	19	20	21	22	23	24	25	26	27	28	29	—	6	7

年序 Year	陰曆月序 Moon	陰曆日序 Order of days (Lunar)																														星期 Week	干支 Cycle
		1	2	3	4	5	6	7	8	9	10	11	12	13	14	15	16	17	18	19	20	21	22	23	24	25	26	27	28	29	30		
宣統 3 辛亥 1911–12	26 1	30	31	21	2	3	4	5	6	7	8	9	10	11	12	13	14	15	16	17	18	19	20	21	22	23	24	25	26	27	28	0	36
	2	31	2	3	4	5	6	7	8	9	10	11	12	13	14	15	16	17	18	19	20	21	22	23	24	25	26	27	28	29	—	2	6
	3	30	31	41	2	3	4	5	6	7	8	9	10	11	12	13	14	15	16	17	18	19	20	21	22	23	24	25	26	27	28	3	35
	4	29	30	51	2	3	4	5	6	7	8	9	10	11	12	13	14	15	16	17	18	19	20	21	22	23	24	25	26	27	—	5	5
	5	28	29	30	31	61	2	3	4	5	6	7	8	9	10	11	12	13	14	15	16	17	18	19	20	21	22	23	24	25	—	6	34
	6	26	27	28	29	30	71	2	3	4	5	6	7	8	9	10	11	12	13	14	15	16	17	18	19	20	21	22	23	24	25	0	3
	6	26	27	28	29	30	31	81	2	3	4	5	6	7	8	9	10	11	12	13	14	15	16	17	18	19	20	21	22	23	—	2	33
	7	24	25	26	27	28	29	30	31	91	2	3	4	5	6	7	8	9	10	11	12	13	14	15	16	17	18	19	20	21	—	3	2
	8	22	23	24	25	26	27	28	29	30	01	2	3	4	5	6	7	8	9	10	11	12	13	14	15	16	17	18	19	20	21	4	31
	9	22	23	24	25	26	27	28	29	30	31	N1	2	3	4	5	6	7	8	9	10	11	12	13	14	15	16	17	18	19	20	6	1
	10	21	22	23	24	25	26	27	28	29	30	D1	2	3	4	5	6	7	8	9	10	11	12	13	14	15	16	17	18	19	—	1	31
	11	20	21	22	23	24	25	26	27	28	29	30	31	11	2	3	4	5	6	7	8	9	10	11	12	13	14	15	16	17	18	2	0
	12	19	20	21	22	23	24	25	26	27	28	29	30	31	21	2	3	4	5	6	7	8	9	10	11	12	13	14	15	16	17	4	30
大中華民國 1 壬子 1912–13	38 1	18	19	20	21	22	23	24	25	26	27	28	29	31	2	3	4	5	6	7	8	9	10	11	12	13	14	15	16	17	18	6	0
	2	19	20	21	22	23	24	25	26	27	28	29	30	31	41	2	3	4	5	6	7	8	9	10	11	12	13	14	15	16	—	1	30
	3	17	18	19	20	21	22	23	24	25	26	27	28	29	30	51	2	3	4	5	6	7	8	9	10	11	12	13	14	15	16	2	59
	4	17	18	19	20	21	22	23	24	25	26	27	28	29	30	31	61	2	3	4	5	6	7	8	9	10	11	12	13	14	—	4	29
	5	15	16	17	18	19	20	21	22	23	24	25	26	27	28	29	30	71	2	3	4	5	6	7	8	9	10	11	12	13	—	5	58
	6	14	15	16	17	18	19	20	21	22	23	24	25	26	27	28	29	30	31	81	2	3	4	5	6	7	8	9	10	11	12	6	27
	7	13	14	15	16	17	18	19	20	21	22	23	24	25	26	27	28	29	30	31	91	2	3	4	5	6	7	8	9	10	—	1	57
	8	11	12	13	14	15	16	17	18	19	20	21	22	23	24	25	26	27	28	29	30	01	2	3	4	5	6	7	8	9	—	2	26
	9	10	11	12	13	14	15	16	17	18	19	20	21	22	23	24	25	26	27	28	29	30	31	N1	2	3	4	5	6	7	8	3	55
	10	9	10	11	12	13	14	15	16	17	18	19	20	21	22	23	24	25	26	27	28	29	30	D1	2	3	4	5	6	7	8	5	25
	11	9	10	11	12	13	14	15	16	17	18	19	20	21	22	23	24	25	26	27	28	29	30	31	11	2	3	4	5	6	—	0	55
	12	7	8	9	10	11	12	13	14	15	16	17	18	19	20	21	22	23	24	25	26	27	28	29	30	31	21	2	3	4	5	1	24
民國 2 癸丑 1913–14	50 1	6	7	8	9	10	11	12	13	14	15	16	17	18	19	20	21	22	23	24	25	26	27	28	31	2	3	4	5	6	7	3	54
	2	8	9	10	11	12	13	14	15	16	17	18	19	20	21	22	23	24	25	26	27	28	29	30	31	41	2	3	4	5	6	5	24
	3	7	8	9	10	11	12	13	14	15	16	17	18	19	20	21	22	23	24	25	26	27	28	29	30	51	2	3	4	5	—	0	54
	4	6	7	8	9	10	11	12	13	14	15	16	17	18	19	20	21	22	23	24	25	26	27	28	29	30	31	61	2	3	4	1	23
	5	5	6	7	8	9	10	11	12	13	14	15	16	17	18	19	20	21	22	23	24	25	26	27	28	29	30	71	2	3	—	3	53
	6	4	5	6	7	8	9	10	11	12	13	14	15	16	17	18	19	20	21	22	23	24	25	26	27	28	29	30	31	81	—	4	22
	7	2	3	4	5	6	7	8	9	10	11	12	13	14	15	16	17	18	19	20	21	22	23	24	25	26	27	28	29	30	31	5	51
	8	91	2	3	4	5	6	7	8	9	10	11	12	13	14	15	16	17	18	19	20	21	22	23	24	25	26	27	28	29	—	0	21
	9	30	01	2	3	4	5	6	7	8	9	10	11	12	13	14	15	16	17	18	19	20	21	22	23	24	25	26	27	28	—	1	50
	10	29	30	31	N1	2	3	4	5	6	7	8	9	10	11	12	13	14	15	16	17	18	19	20	21	22	23	24	25	26	27	2	19
	11	28	29	30	D1	2	3	4	5	6	7	8	9	10	11	12	13	14	15	16	17	18	19	20	21	22	23	24	25	26	—	4	49
	12	27	28	29	30	31	11	2	3	4	5	6	7	8	9	10	11	12	13	14	15	16	17	18	19	20	21	22	23	24	25	5	18
民國 3 甲寅 1914–15	2 1	26	27	28	29	30	31	21	2	3	4	5	6	7	8	9	10	11	12	13	14	15	16	17	18	19	20	21	22	23	24	0	48
	2	25	26	27	28	31	2	3	4	5	6	7	8	9	10	11	12	13	14	15	16	17	18	19	20	21	22	23	24	25	26	2	18
	3	27	28	29	30	31	41	2	3	4	5	6	7	8	9	10	11	12	13	14	15	16	17	18	19	20	21	22	23	24	—	4	48
	4	25	26	27	28	29	30	51	2	3	4	5	6	7	8	9	10	11	12	13	14	15	16	17	18	19	20	21	22	23	24	5	17
	5	25	26	27	28	29	30	31	61	2	3	4	5	6	7	8	9	10	11	12	13	14	15	16	17	18	19	20	21	22	—	0	47
	5	23	24	25	26	27	28	29	30	71	2	3	4	5	6	7	8	9	10	11	12	13	14	15	16	17	18	19	20	21	22	1	16
	6	23	24	25	26	27	28	29	30	31	81	2	3	4	5	6	7	8	9	10	11	12	13	14	15	16	17	18	19	20	—	3	46
	7	21	22	23	24	25	26	27	28	29	30	31	91	2	3	4	5	6	7	8	9	10	11	12	13	14	15	16	17	18	19	4	15
	8	20	21	22	23	24	25	26	27	28	29	30	01	2	3	4	5	6	7	8	9	10	11	12	13	14	15	16	17	18	—	6	45
	9	19	20	21	22	23	24	25	26	27	28	29	30	31	N1	2	3	4	5	6	7	8	9	10	11	12	13	14	15	16	—	0	14
	10	17	18	19	20	21	22	23	24	25	26	27	28	29	30	D1	2	3	4	5	6	7	8	9	10	11	12	13	14	15	16	1	43
	11	17	18	19	20	21	22	23	24	25	26	27	28	29	30	31	11	2	3	4	5	6	7	8	9	10	11	12	13	14	—	3	13
	12	15	16	17	18	19	20	21	22	23	24	25	26	27	28	29	30	31	21	2	3	4	5	6	7	8	9	10	11	12	13	4	42
民國 4 乙卯 1915–16	14 1	14	15	16	17	18	19	20	21	22	23	24	25	26	27	28	31	2	3	4	5	6	7	8	9	10	11	12	13	14	15	6	12
	2	16	17	18	19	20	21	22	23	24	25	26	27	28	29	30	31	41	2	3	4	5	6	7	8	9	10	11	12	13	—	1	42
	3	14	15	16	17	18	19	20	21	22	23	24	25	26	27	28	29	30	51	2	3	4	5	6	7	8	9	10	11	12	13	2	11
	4	14	15	16	17	18	19	20	21	22	23	24	25	26	27	28	29	30	31	61	2	3	4	5	6	7	8	9	10	11	12	4	41
	5	13	14	15	16	17	18	19	20	21	22	23	24	25	26	27	28	29	30	71	2	3	4	5	6	7	8	9	10	11	—	6	11
	6	12	13	14	15	16	17	18	19	20	21	22	23	24	25	26	27	28	29	30	31	81	2	3	4	5	6	7	8	9	10	0	40
	7	11	12	13	14	15	16	17	18	19	20	21	22	23	24	25	26	27	28	29	30	31	91	2	3	4	5	6	7	8	—	2	10
	8	9	10	11	12	13	14	15	16	17	18	19	20	21	22	23	24	25	26	27	28	29	30	01	2	3	4	5	6	7	8	3	39
	9	9	10	11	12	13	14	15	16	17	18	19	20	21	22	23	24	25	26	27	28	29	30	31	N1	2	3	4	5	6	—	5	9
	10	7	8	9	10	11	12	13	14	15	16	17	18	19	20	21	22	23	24	25	26	27	28	29	30	D1	2	3	4	5	6	6	38
	11	7	8	9	10	11	12	13	14	15	16	17	18	19	20	21	22	23	24	25	26	27	28	29	30	31	11	2	3	4	—	1	8
	12	5	6	7	8	9	10	11	12	13	14	15	16	17	18	19	20	21	22	23	24	25	26	27	28	29	30	31	21	2	—	2	37

年序 Year	陰曆月序 Moon	1	2	3	4	5	6	7	8	9	10	11	12	13	14	15	16	17	18	19	20	21	22	23	24	25	26	27	28	29	30	星期 Week	干支 Cycle
民國5丙辰 1916–17	26 1	3	4	5	6	7	8	9	10	11	12	13	14	15	16	17	18	19	20	21	22	23	24	25	26	27	28	29	31	2	3	3	6
	2	4	5	6	7	8	9	10	11	12	13	14	15	16	17	18	19	20	21	22	23	24	25	26	27	28	29	30	31	41	2	5	36
	3	3	4	5	6	7	8	9	10	11	12	13	14	15	16	17	18	19	20	21	22	23	24	25	26	27	28	29	30	51	—	0	6
	4	2	3	4	5	6	7	8	9	10	11	12	13	14	15	16	17	18	19	20	21	22	23	24	25	26	27	28	29	30	31	1	35
	5	61	2	3	4	5	6	7	8	9	10	11	12	13	14	15	16	17	18	19	20	21	22	23	24	25	26	27	28	29	—	3	5
	6	30	71	2	3	4	5	6	7	8	9	10	11	12	13	14	15	16	17	18	19	20	21	22	23	24	25	26	27	28	29	4	34
	7	30	31	81	2	3	4	5	6	7	8	9	10	11	12	13	14	15	16	17	18	19	20	21	22	23	24	25	26	27	28	6	4
	8	29	30	31	91	2	3	4	5	6	7	8	9	10	11	12	13	14	15	16	17	18	19	20	21	22	23	24	25	26	—	1	34
	9	27	28	29	30	01	2	3	4	5	6	7	8	9	10	11	12	13	14	15	16	17	18	19	20	21	22	23	24	25	26	2	3
	10	27	28	29	30	31	N1	2	3	4	5	6	7	8	9	10	11	12	13	14	15	16	17	18	19	20	21	22	23	24	—	4	33
	11	25	26	27	28	29	30	D1	2	3	4	5	6	7	8	9	10	11	12	13	14	15	16	17	18	19	20	21	22	23	24	5	2
	12	25	26	27	28	29	30	31	11	2	3	4	5	6	7	8	9	10	11	12	13	14	15	16	17	18	19	20	21	22	—	0	32
民國6丁巳 1917–18	38 1	23	24	25	26	27	28	29	30	31	21	2	3	4	5	6	7	8	9	10	11	12	13	14	15	16	17	18	19	20	21	1	1
	2	22	23	24	25	26	27	28	31	2	3	4	5	6	7	8	9	10	11	12	13	14	15	16	17	18	19	20	21	22	—	3	31
	2	23	24	25	26	27	28	29	30	31	41	2	3	4	5	6	7	8	9	10	11	12	13	14	15	16	17	18	19	20	—	4	0
	3	21	22	23	24	25	26	27	28	29	30	51	2	3	4	5	6	7	8	9	10	11	12	13	14	15	16	17	18	19	20	5	29
	4	21	22	23	24	25	26	27	28	29	30	31	61	2	3	4	5	6	7	8	9	10	11	12	13	14	15	16	17	18	—	0	59
	5	19	20	21	22	23	24	25	26	27	28	29	30	71	2	3	4	5	6	7	8	9	10	11	12	13	14	15	16	17	18	1	28
	6	19	20	21	22	23	24	25	26	27	28	29	30	31	81	2	3	4	5	6	7	8	9	10	11	12	13	14	15	16	17	3	58
	7	18	19	20	21	22	23	24	25	26	27	28	29	30	31	91	2	3	4	5	6	7	8	9	10	11	12	13	14	15	—	5	28
	8	16	17	18	19	20	21	22	23	24	25	26	27	28	29	30	01	2	3	4	5	6	7	8	9	10	11	12	13	14	15	6	57
	9	16	17	18	19	20	21	22	23	24	25	26	27	28	29	30	31	N1	2	3	4	5	6	7	8	9	10	11	12	13	14	1	27
	10	15	16	17	18	19	20	21	22	23	24	25	26	27	28	29	30	D1	2	3	4	5	6	7	8	9	10	11	12	13	—	3	57
	11	14	15	16	17	18	19	20	21	22	23	24	25	26	27	28	29	30	31	11	2	3	4	5	6	7	8	9	10	11	12	4	26
	12	13	14	15	16	17	18	19	20	21	22	23	24	25	26	27	28	29	30	31	21	2	3	4	5	6	7	8	9	10	—	6	56
民國7戊午 1918–19	50 1	11	12	13	14	15	16	17	18	19	20	21	22	23	24	25	26	27	28	31	2	3	4	5	6	7	8	9	10	11	12	0	25
	2	13	14	15	16	17	18	19	20	21	22	23	24	25	26	27	28	29	30	31	41	2	3	4	5	6	7	8	9	10	—	2	55
	3	11	12	13	14	15	16	17	18	19	20	21	22	23	24	25	26	27	28	29	30	51	2	3	4	5	6	7	8	9	—	3	24
	4	10	11	12	13	14	15	16	17	18	19	20	21	22	23	24	25	26	27	28	29	30	31	61	2	3	4	5	6	7	8	4	53
	5	9	10	11	12	13	14	15	16	17	18	19	20	21	22	23	24	25	26	27	28	29	30	71	2	3	4	5	6	7	—	6	23
	6	8	9	10	11	12	13	14	15	16	17	18	19	20	21	22	23	24	25	26	27	28	29	30	31	81	2	3	4	5	6	0	52
	7	7	8	9	10	11	12	13	14	15	16	17	18	19	20	21	22	23	24	25	26	27	28	29	30	31	91	2	3	4	—	2	22
	8	5	6	7	8	9	10	11	12	13	14	15	16	17	18	19	20	21	22	23	24	25	26	27	28	29	30	01	2	3	4	3	51
	9	5	6	7	8	9	10	11	12	13	14	15	16	17	18	19	20	21	22	23	24	25	26	27	28	29	30	31	N1	2	3	5	21
	10	4	5	6	7	8	9	10	11	12	13	14	15	16	17	18	19	20	21	22	23	24	25	26	27	28	29	30	D1	2	—	0	51
	11	3	4	5	6	7	8	9	10	11	12	13	14	15	16	17	18	19	20	21	22	23	24	25	26	27	28	29	30	31	11	1	20
	12	2	3	4	5	6	7	8	9	10	11	12	13	14	15	16	17	18	19	20	21	22	23	24	25	26	27	28	29	30	31	3	50
民國8己未 1919–20	2 1	21	2	3	4	5	6	7	8	9	10	11	12	13	14	15	16	17	18	19	20	21	22	23	24	25	26	27	28	31	—	5	20
	2	2	3	4	5	6	7	8	9	10	11	12	13	14	15	16	17	18	19	20	21	22	23	24	25	26	27	28	29	30	31	6	49
	3	41	2	3	4	5	6	7	8	9	10	11	12	13	14	15	16	17	18	19	20	21	22	23	24	25	26	27	28	29	—	1	19
	4	30	51	2	3	4	5	6	7	8	9	10	11	12	13	14	15	16	17	18	19	20	21	22	23	24	25	26	27	28	—	2	48
	5	29	30	31	61	2	3	4	5	6	7	8	9	10	11	12	13	14	15	16	17	18	19	20	21	22	23	24	25	26	27	3	17
	6	28	29	30	71	2	3	4	5	6	7	8	9	10	11	12	13	14	15	16	17	18	19	20	21	22	23	24	25	26	—	5	47
	7	27	28	29	30	31	81	2	3	4	5	6	7	8	9	10	11	12	13	14	15	16	17	18	19	20	21	22	23	24	—	6	16
	7	25	26	27	28	29	30	31	91	2	3	4	5	6	7	8	9	10	11	12	13	14	15	16	17	18	19	20	21	22	23	0	45
	8	24	25	26	27	28	29	30	01	2	3	4	5	6	7	8	9	10	11	12	13	14	15	16	17	18	19	20	21	22	23	2	15
	9	24	25	26	27	28	29	30	31	N1	2	3	4	5	6	7	8	9	10	11	12	13	14	15	16	17	18	19	20	21	—	4	45
	10	22	23	24	25	26	27	28	29	30	D1	2	3	4	5	6	7	8	9	10	11	12	13	14	15	16	17	18	19	20	21	5	14
	11	22	23	24	25	26	27	28	29	30	31	11	2	3	4	5	6	7	8	9	10	11	12	13	14	15	16	17	18	19	20	0	44
	12	21	22	23	24	25	26	27	28	29	30	31	21	2	3	4	5	6	7	8	9	10	11	12	13	14	15	16	17	18	19	2	14
民國9庚申 1920–21	14 1	20	21	22	23	24	25	26	27	28	29	31	2	3	4	5	6	7	8	9	10	11	12	13	14	15	16	17	18	19	—	4	44
	2	20	21	22	23	24	25	26	27	28	29	30	31	41	2	3	4	5	6	7	8	9	10	11	12	13	14	15	16	17	18	5	13
	3	19	20	21	22	23	24	25	26	27	28	29	30	51	2	3	4	5	6	7	8	9	10	11	12	13	14	15	16	17	—	0	43
	4	18	19	20	21	22	23	24	25	26	27	28	29	30	31	61	2	3	4	5	6	7	8	9	10	11	12	13	14	15	—	1	12
	5	16	17	18	19	20	21	22	23	24	25	26	27	28	29	30	71	2	3	4	5	6	7	8	9	10	11	12	13	14	15	2	41
	6	16	17	18	19	20	21	22	23	24	25	26	27	28	29	30	31	81	2	3	4	5	6	7	8	9	10	11	12	13	—	4	11
	7	14	15	16	17	18	19	20	21	22	23	24	25	26	27	28	29	30	31	91	2	3	4	5	6	7	8	9	10	11	—	5	40
	8	12	13	14	15	16	17	18	19	20	21	22	23	24	25	26	27	28	29	30	01	2	3	4	5	6	7	8	9	10	11	6	9
	9	12	13	14	15	16	17	18	19	20	21	22	23	24	25	26	27	28	29	30	31	N1	2	3	4	5	6	7	8	9	—	1	39
	10	10	11	12	13	14	15	16	17	18	19	20	21	22	23	24	25	26	27	28	29	30	D1	2	3	4	5	6	7	8	9	2	8
	11	10	11	12	13	14	15	16	17	18	19	20	21	22	23	24	25	26	27	28	29	30	31	11	2	3	4	5	6	7	8	4	38
	12	9	10	11	12	13	14	15	16	17	18	19	20	21	22	23	24	25	26	27	28	29	30	31	21	2	3	4	5	6	7	6	8

年序 Year	陰曆月序 Moon	陰曆日序 Order of days (Lunar)																														星期 Week	干支 Cycle
		1	2	3	4	5	6	7	8	9	10	11	12	13	14	15	16	17	18	19	20	21	22	23	24	25	26	27	28	29	30		
民國10辛酉 1921–22	26 1	8	9	10	11	12	13	14	15	16	17	18	19	20	21	22	23	24	25	26	27	28	31	2	3	4	5	6	7	8	9	1	38
	2	10	11	12	13	14	15	16	17	18	19	20	21	22	23	24	25	26	27	28	29	30	31	41	2	3	4	5	6	7	—	3	8
	3	8	9	10	11	12	13	14	15	16	17	18	19	20	21	22	23	24	25	26	27	28	29	30	51	2	3	4	5	6	7	4	37
	4	8	9	10	11	12	13	14	15	16	17	18	19	20	21	22	23	24	25	26	27	28	29	30	31	61	2	3	4	5	—	6	7
	5	6	7	8	9	10	11	12	13	14	15	16	17	18	19	20	21	22	23	24	25	26	27	28	29	30	71	2	3	4	—	0	36
	6	5	6	7	8	9	10	11	12	13	14	15	16	17	18	19	20	21	22	23	24	25	26	27	28	29	30	31	81	2	3	1	5
	7	4	5	6	7	8	9	10	11	12	13	14	15	16	17	18	19	20	21	22	23	24	25	26	27	28	29	30	31	91	—	3	35
	8	2	3	4	5	6	7	8	9	10	11	12	13	14	15	16	17	18	19	20	21	22	23	24	25	26	27	28	29	30	—	4	4
	9	01	2	3	4	5	6	7	8	9	10	11	12	13	14	15	16	17	18	19	20	21	22	23	24	25	26	27	28	29	30	5	33
	10	31	N1	2	3	4	5	6	7	8	9	10	11	12	13	14	15	16	17	18	19	20	21	22	23	24	25	26	27	28	—	0	3
	11	29	30	D1	2	3	4	5	6	7	8	9	10	11	12	13	14	15	16	17	18	19	20	21	22	23	24	25	26	27	28	1	32
	12	29	30	31	11	2	3	4	5	6	7	8	9	10	11	12	13	14	15	16	17	18	19	20	21	22	23	24	25	26	27	3	2
民國11壬戌 1922–23	38 1	28	29	30	31	21	2	3	4	5	6	7	8	9	10	11	12	13	14	15	16	17	18	19	20	21	22	23	24	25	26	5	32
	2	27	28	31	2	3	4	5	6	7	8	9	10	11	12	13	14	15	16	17	18	19	20	21	22	23	24	25	26	27	—	0	2
	3	28	29	30	31	41	2	3	4	5	6	7	8	9	10	11	12	13	14	15	16	17	18	19	20	21	22	23	24	25	26	1	31
	4	27	28	29	30	51	2	3	4	5	6	7	8	9	10	11	12	13	14	15	16	17	18	19	20	21	22	23	24	25	26	3	1
	5	27	28	29	30	31	61	2	3	4	5	6	7	8	9	10	11	12	13	14	15	16	17	18	19	20	21	22	23	24	—	5	31
	5	25	26	27	28	29	30	71	2	3	4	5	6	7	8	9	10	11	12	13	14	15	16	17	18	19	20	21	22	23	—	6	0
	6	24	25	26	27	28	29	30	31	81	2	3	4	5	6	7	8	9	10	11	12	13	14	15	16	17	18	19	20	21	22	0	29
	7	23	24	25	26	27	28	29	30	31	91	2	3	4	5	6	7	8	9	10	11	12	13	14	15	16	17	18	19	20	—	2	59
	8	21	22	23	24	25	26	27	28	29	30	01	2	3	4	5	6	7	8	9	10	11	12	13	14	15	16	17	18	19	—	3	28
	9	20	21	22	23	24	25	26	27	28	29	30	31	N1	2	3	4	5	6	7	8	9	10	11	12	13	14	15	16	17	18	4	57
	10	19	20	21	22	23	24	25	26	27	28	29	30	D1	2	3	4	5	6	7	8	9	10	11	12	13	14	15	16	17	—	6	27
	11	18	19	20	21	22	23	24	25	26	27	28	29	30	31	11	2	3	4	5	6	7	8	9	10	11	12	13	14	15	16	0	56
	12	17	18	19	20	21	22	23	24	25	26	27	28	29	30	31	21	2	3	4	5	6	7	8	9	10	11	12	13	14	15	2	26
民國12癸亥 1923–24	50 1	16	17	18	19	20	21	22	23	24	25	26	27	28	31	2	3	4	5	6	7	8	9	10	11	12	13	14	15	16	—	4	56
	2	17	18	19	20	21	22	23	24	25	26	27	28	29	30	31	41	2	3	4	5	6	7	8	9	10	11	12	13	14	15	5	25
	3	16	17	18	19	20	21	22	23	24	25	26	27	28	29	30	51	2	3	4	5	6	7	8	9	10	11	12	13	14	15	0	55
	4	16	17	18	19	20	21	22	23	24	25	26	27	28	29	30	31	61	2	3	4	5	6	7	8	9	10	11	12	13	—	2	25
	5	14	15	16	17	18	19	20	21	22	23	24	25	26	27	28	29	30	71	2	3	4	5	6	7	8	9	10	11	12	13	3	54
	6	14	15	16	17	18	19	20	21	22	23	24	25	26	27	28	29	30	31	81	2	3	4	5	6	7	8	9	10	11	—	5	24
	7	12	13	14	15	16	17	18	19	20	21	22	23	24	25	26	27	28	29	30	31	91	2	3	4	5	6	7	8	9	10	6	53
	8	11	12	13	14	15	16	17	18	19	20	21	22	23	24	25	26	27	28	29	30	01	2	3	4	5	6	7	8	9	—	1	23
	9	10	11	12	13	14	15	16	17	18	19	20	21	22	23	24	25	26	27	28	29	30	31	N1	2	3	4	5	6	7	—	2	52
	10	8	9	10	11	12	13	14	15	16	17	18	19	20	21	22	23	24	25	26	27	28	29	30	D1	2	3	4	5	6	7	3	21
	11	8	9	10	11	12	13	14	15	16	17	18	19	20	21	22	23	24	25	26	27	28	29	30	31	11	2	3	4	5	—	5	51
	12	6	7	8	9	10	11	12	13	14	15	16	17	18	19	20	21	22	23	24	25	26	27	28	29	30	31	21	2	3	4	6	20
民國13甲子 1924–25	2 1	5	6	7	8	9	10	11	12	13	14	15	16	17	18	19	20	21	22	23	24	25	26	27	28	29	31	2	3	4	—	1	50
	2	5	6	7	8	9	10	11	12	13	14	15	16	17	18	19	20	21	22	23	24	25	26	27	28	29	30	31	41	2	3	2	19
	3	4	5	6	7	8	9	10	11	12	13	14	15	16	17	18	19	20	21	22	23	24	25	26	27	28	29	30	51	2	3	4	49
	4	4	5	6	7	8	9	10	11	12	13	14	15	16	17	18	19	20	21	22	23	24	25	26	27	28	29	30	31	61	—	6	19
	5	2	3	4	5	6	7	8	9	10	11	12	13	14	15	16	17	18	19	20	21	22	23	24	25	26	27	28	29	30	71	0	48
	6	2	3	4	5	6	7	8	9	10	11	12	13	14	15	16	17	18	19	20	21	22	23	24	25	26	27	28	29	30	31	2	18
	7	81	2	3	4	5	6	7	8	9	10	11	12	13	14	15	16	17	18	19	20	21	22	23	24	25	26	27	28	29	—	4	48
	8	30	31	91	2	3	4	5	6	7	8	9	10	11	12	13	14	15	16	17	18	19	20	21	22	23	24	25	26	27	28	5	17
	9	29	30	01	2	3	4	5	6	7	8	9	10	11	12	13	14	15	16	17	18	19	20	21	22	23	24	25	26	27	—	0	47
	10	28	29	30	31	N1	2	3	4	5	6	7	8	9	10	11	12	13	14	15	16	17	18	19	20	21	22	23	24	25	26	1	16
	11	27	28	29	30	D1	2	3	4	5	6	7	8	9	10	11	12	13	14	15	16	17	18	19	20	21	22	23	24	25	—	3	46
	12	26	27	28	29	30	31	11	2	3	4	5	6	7	8	9	10	11	12	13	14	15	16	17	18	19	20	21	22	23	—	4	15
民國14乙丑 1925–26	14 1	24	25	26	27	28	29	30	31	21	2	3	4	5	6	7	8	9	10	11	12	13	14	15	16	17	18	19	20	21	22	5	44
	2	23	24	25	26	27	28	31	2	3	4	5	6	7	8	9	10	11	12	13	14	15	16	17	18	19	20	21	22	23	—	0	14
	3	24	25	26	27	28	29	30	31	41	2	3	4	5	6	7	8	9	10	11	12	13	14	15	16	17	18	19	20	21	22	1	43
	4	23	24	25	26	27	28	29	30	51	2	3	4	5	6	7	8	9	10	11	12	13	14	15	16	17	18	19	20	21	—	3	13
	4	22	23	24	25	26	27	28	29	30	31	61	2	3	4	5	6	7	8	9	10	11	12	13	14	15	16	17	18	19	20	4	42
	5	21	22	23	24	25	26	27	28	29	30	71	2	3	4	5	6	7	8	9	10	11	12	13	14	15	16	17	18	19	20	6	12
	6	21	22	23	24	25	26	27	28	29	30	31	81	2	3	4	5	6	7	8	9	10	11	12	13	14	15	16	17	18	—	1	42
	7	19	20	21	22	23	24	25	26	27	28	29	30	31	91	2	3	4	5	6	7	8	9	10	11	12	13	14	15	16	17	2	11
	8	18	19	20	21	22	23	24	25	26	27	28	29	30	01	2	3	4	5	6	7	8	9	10	11	12	13	14	15	16	17	4	41
	9	18	19	20	21	22	23	24	25	26	27	28	29	30	31	N1	2	3	4	5	6	7	8	9	10	11	12	13	14	15	—	6	11
	10	16	17	18	19	20	21	22	23	24	25	26	27	28	29	30	D1	2	3	4	5	6	7	8	9	10	11	12	13	14	15	0	40
	11	16	17	18	19	20	21	22	23	24	25	26	27	28	29	30	31	11	2	3	4	5	6	7	8	9	10	11	12	13	—	2	10
	12	14	15	16	17	18	19	20	21	22	23	24	25	26	27	28	29	30	31	21	2	3	4	5	6	7	8	9	10	11	12	3	39

年序 Year	陰曆月序 Moon	陰曆日序 Order of days (Lunar) 1	2	3	4	5	6	7	8	9	10	11	12	13	14	15	16	17	18	19	20	21	22	23	24	25	26	27	28	29	30	星期 Week	干支 Cycle
民國 15 丙寅 1926–27	26 1	13	14	15	16	17	18	19	20	21	22	23	24	25	26	27	28	31	2	3	4	5	6	7	8	9	10	11	12	13	—	5	9
	2	14	15	16	17	18	19	20	21	22	23	24	25	26	27	28	29	30	31	41	2	3	4	5	6	7	8	9	10	11	—	6	38
	3	12	13	14	15	16	17	18	19	20	21	22	23	24	25	26	27	28	29	30	51	2	3	4	5	6	7	8	9	10	11	0	7
	4	12	13	14	15	16	17	18	19	20	21	22	23	24	25	26	27	28	29	30	31	61	2	3	4	5	6	7	8	9	—	2	37
	5	10	11	12	13	14	15	16	17	18	19	20	21	22	23	24	25	26	27	28	29	30	71	2	3	4	5	6	7	8	9	3	6
	6	10	11	12	13	14	15	16	17	18	19	20	21	22	23	24	25	26	27	28	29	30	31	81	2	3	4	5	6	7	—	5	36
	7	8	9	10	11	12	13	14	15	16	17	18	19	20	21	22	23	24	25	26	27	28	29	30	31	91	2	3	4	5	6	6	5
	8	7	8	9	10	11	12	13	14	15	16	17	18	19	20	21	22	23	24	25	26	27	28	29	30	O1	2	3	4	5	6	1	35
	9	7	8	9	10	11	12	13	14	15	16	17	18	19	20	21	22	23	24	25	26	27	28	29	30	31	N1	2	3	4	—	3	5
	10	5	6	7	8	9	10	11	12	13	14	15	16	17	18	19	20	21	22	23	24	25	26	27	28	29	30	D1	2	3	4	4	34
	11	5	6	7	8	9	10	11	12	13	14	15	16	17	18	19	20	21	22	23	24	25	26	27	28	29	30	31	11	2	3	6	4
	12	4	5	6	7	8	9	10	11	12	13	14	15	16	17	18	19	20	21	22	23	24	25	26	27	28	29	30	31	21	—	1	34
民國 16 丁卯 1927–28	38 1	2	3	4	5	6	7	8	9	10	11	12	13	14	15	16	17	18	19	20	21	22	23	24	25	26	27	28	31	2	3	2	3
	2	4	5	6	7	8	9	10	11	12	13	14	15	16	17	18	19	20	21	22	23	24	25	26	27	28	29	30	31	41	—	4	33
	3	2	3	4	5	6	7	8	9	10	11	12	13	14	15	16	17	18	19	20	21	22	23	24	25	26	27	28	29	30	—	5	2
	4	51	2	3	4	5	6	7	8	9	10	11	12	13	14	15	16	17	18	19	20	21	22	23	24	25	26	27	28	29	30	6	31
	5	31	61	2	3	4	5	6	7	8	9	10	11	12	13	14	15	16	17	18	19	20	21	22	23	24	25	26	27	28	—	1	1
	6	29	30	71	2	3	4	5	6	7	8	9	10	11	12	13	14	15	16	17	18	19	20	21	22	23	24	25	26	27	28	2	30
	7	29	30	31	81	2	3	4	5	6	7	8	9	10	11	12	13	14	15	16	17	18	19	20	21	22	23	24	25	26	—	4	0
	8	27	28	29	30	31	91	2	3	4	5	6	7	8	9	10	11	12	13	14	15	16	17	18	19	20	21	22	23	24	25	5	29
	9	26	27	28	29	30	O1	2	3	4	5	6	7	8	9	10	11	12	13	14	15	16	17	18	19	20	21	22	23	24	—	0	59
	10	25	26	27	28	29	30	31	N1	2	3	4	5	6	7	8	9	10	11	12	13	14	15	16	17	18	19	20	21	22	23	1	28
	11	24	25	26	27	28	29	30	D1	2	3	4	5	6	7	8	9	10	11	12	13	14	15	16	17	18	19	20	21	22	23	3	58
	12	24	25	26	27	28	29	30	31	11	2	3	4	5	6	7	8	9	10	11	12	13	14	15	16	17	18	19	20	21	22	5	28
民國 17 戊辰 1928–29	50 1	23	24	25	26	27	28	29	30	31	21	2	3	4	5	6	7	8	9	10	11	12	13	14	15	16	17	18	19	20	—	0	58
	2	21	22	23	24	25	26	27	28	29	31	2	3	4	5	6	7	8	9	10	11	12	13	14	15	16	17	18	19	20	21	1	27
	2	22	23	24	25	26	27	28	29	30	31	41	2	3	4	5	6	7	8	9	10	11	12	13	14	15	16	17	18	19	—	3	57
	3	20	21	22	23	24	25	26	27	28	29	30	51	2	3	4	5	6	7	8	9	10	11	12	13	14	15	16	17	18	—	4	26
	4	19	20	21	22	23	24	25	26	27	28	29	30	31	61	2	3	4	5	6	7	8	9	10	11	12	13	14	15	16	17	5	55
	5	18	19	20	21	22	23	24	25	26	27	28	29	30	71	2	3	4	5	6	7	8	9	10	11	12	13	14	15	16	—	0	25
	6	17	18	19	20	21	22	23	24	25	26	27	28	29	30	31	81	2	3	4	5	6	7	8	9	10	11	12	13	14	—	1	54
	7	15	16	17	18	19	20	21	22	23	24	25	26	27	28	29	30	31	91	2	3	4	5	6	7	8	9	10	11	12	13	2	23
	8	14	15	16	17	18	19	20	21	22	23	24	25	26	27	28	29	30	O1	2	3	4	5	6	7	8	9	10	11	12	—	4	53
	9	13	14	15	16	17	18	19	20	21	22	23	24	25	26	27	28	29	30	31	N1	2	3	4	5	6	7	8	9	10	11	5	22
	10	12	13	14	15	16	17	18	19	20	21	22	23	24	25	26	27	28	29	30	D1	2	3	4	5	6	7	8	9	10	11	0	52
	11	12	13	14	15	16	17	18	19	20	21	22	23	24	25	26	27	28	29	30	31	11	2	3	4	5	6	7	8	9	10	2	22
	12	11	12	13	14	15	16	17	18	19	20	21	22	23	24	25	26	27	28	29	30	31	21	2	3	4	5	6	7	8	9	4	52
民國 18 己巳 1929–30	2 1	10	11	12	13	14	15	16	17	18	19	20	21	22	23	24	25	26	27	28	31	2	3	4	5	6	7	8	9	10	—	6	22
	2	11	12	13	14	15	16	17	18	19	20	21	22	23	24	25	26	27	28	29	30	31	41	2	3	4	5	6	7	8	9	0	51
	3	10	11	12	13	14	15	16	17	18	19	20	21	22	23	24	25	26	27	28	29	30	51	2	3	4	5	6	7	8	—	2	21
	4	9	10	11	12	13	14	15	16	17	18	19	20	21	22	23	24	25	26	27	28	29	30	31	61	2	3	4	5	6	—	3	50
	5	7	8	9	10	11	12	13	14	15	16	17	18	19	20	21	22	23	24	25	26	27	28	29	30	71	2	3	4	5	6	4	19
	6	7	8	9	10	11	12	13	14	15	16	17	18	19	20	21	22	23	24	25	26	27	28	29	30	31	81	2	3	4	—	6	49
	7	5	6	7	8	9	10	11	12	13	14	15	16	17	18	19	20	21	22	23	24	25	26	27	28	29	30	31	91	2	—	0	18
	8	3	4	5	6	7	8	9	10	11	12	13	14	15	16	17	18	19	20	21	22	23	24	25	26	27	28	29	30	O1	2	1	47
	9	3	4	5	6	7	8	9	10	11	12	13	14	15	16	17	18	19	20	21	22	23	24	25	26	27	28	29	30	31	—	3	17
	10	N1	2	3	4	5	6	7	8	9	10	11	12	13	14	15	16	17	18	19	20	21	22	23	24	25	26	27	28	29	30	4	46
	11	D1	2	3	4	5	6	7	8	9	10	11	12	13	14	15	16	17	18	19	20	21	22	23	24	25	26	27	28	29	30	6	16
	12	31	11	2	3	4	5	6	7	8	9	10	11	12	13	14	15	16	17	18	19	20	21	22	23	24	25	26	27	28	29	1	46
民國 19 庚午 1930–31	14 1	30	31	21	2	3	4	5	6	7	8	9	10	11	12	13	14	15	16	17	18	19	20	21	22	23	24	25	26	27	—	3	16
	2	28	31	2	3	4	5	6	7	8	9	10	11	12	13	14	15	16	17	18	19	20	21	22	23	24	25	26	27	28	29	4	45
	3	30	31	41	2	3	4	5	6	7	8	9	10	11	12	13	14	15	16	17	18	19	20	21	22	23	24	25	26	27	28	6	15
	4	29	30	51	2	3	4	5	6	7	8	9	10	11	12	13	14	15	16	17	18	19	20	21	22	23	24	25	26	27	—	1	45
	5	28	29	30	31	61	2	3	4	5	6	7	8	9	10	11	12	13	14	15	16	17	18	19	20	21	22	23	24	25	—	2	14
	6	26	27	28	29	30	71	2	3	4	5	6	7	8	9	10	11	12	13	14	15	16	17	18	19	20	21	22	23	24	25	3	43
	6	26	27	28	29	30	31	81	2	3	4	5	6	7	8	9	10	11	12	13	14	15	16	17	18	19	20	21	22	23	—	5	13
	7	24	25	26	27	28	29	30	31	91	2	3	4	5	6	7	8	9	10	11	12	13	14	15	16	17	18	19	20	21	—	6	42
	8	22	23	24	25	26	27	28	29	30	O1	2	3	4	5	6	7	8	9	10	11	12	13	14	15	16	17	18	19	20	21	0	11
	9	22	23	24	25	26	27	28	29	30	31	N1	2	3	4	5	6	7	8	9	10	11	12	13	14	15	16	17	18	19	—	2	41
	10	20	21	22	23	24	25	26	27	28	29	30	D1	2	3	4	5	6	7	8	9	10	11	12	13	14	15	16	17	18	19	3	10
	11	20	21	22	23	24	25	26	27	28	29	30	31	11	2	3	4	5	6	7	8	9	10	11	12	13	14	15	16	17	18	5	40
	12	19	20	21	22	23	24	25	26	27	28	29	30	31	21	2	3	4	5	6	7	8	9	10	11	12	13	14	15	16	—	0	10

年序 Year	陰曆月序 Moon	陰曆日序 Order of days (Lunar)																														星期 Week	干支 Cycle
		1	2	3	4	5	6	7	8	9	10	11	12	13	14	15	16	17	18	19	20	21	22	23	24	25	26	27	28	29	30		
民國 20 辛未 1931–32	26 1	17	18	19	20	21	22	23	24	25	26	27	28	31	2	3	4	5	6	7	8	9	10	11	12	13	14	15	16	17	18	1	39
	2	19	20	21	22	23	24	25	26	27	28	29	30	31	41	2	3	4	5	6	7	8	9	10	11	12	13	14	15	16	17	3	9
	3	18	19	20	21	22	23	24	25	26	27	28	29	30	51	2	3	4	5	6	7	8	9	10	11	12	13	14	15	16	—	5	39
	4	17	18	19	20	21	22	23	24	25	26	27	28	29	30	31	61	2	3	4	5	6	7	8	9	10	11	12	13	14	15	6	8
	5	16	17	18	19	20	21	22	23	24	25	26	27	28	29	30	71	2	3	4	5	6	7	8	9	10	11	12	13	14	—	1	38
	6	15	16	17	18	19	20	21	22	23	24	25	26	27	28	29	30	31	81	2	3	4	5	6	7	8	9	10	11	12	13	2	7
	7	14	15	16	17	18	19	20	21	22	23	24	25	26	27	28	29	30	31	91	2	3	4	5	6	7	8	9	10	11	—	4	37
	8	12	13	14	15	16	17	18	19	20	21	22	23	24	25	26	27	28	29	30	O1	2	3	4	5	6	7	8	9	10	—	5	6
	9	11	12	13	14	15	16	17	18	19	20	21	22	23	24	25	26	27	28	29	30	31	N1	2	3	4	5	6	7	8	9	6	35
	10	10	11	12	13	14	15	16	17	18	19	20	21	22	23	24	25	26	27	28	29	30	D1	2	3	4	5	6	7	8	—	1	5
	11	9	10	11	12	13	14	15	16	17	18	19	20	21	22	23	24	25	26	27	28	29	30	31	11	2	3	4	5	6	7	2	34
	12	8	9	10	11	12	13	14	15	16	17	18	19	20	21	22	23	24	25	26	27	28	29	30	31	21	2	3	4	5	—	4	4
民國 21 壬申 1932–33	38 1	6	7	8	9	10	11	12	13	14	15	16	17	18	19	20	21	22	23	24	25	26	27	28	29	31	2	3	4	5	6	5	33
	2	7	8	9	10	11	12	13	14	15	16	17	18	19	20	21	22	23	24	25	26	27	28	29	30	31	41	2	3	4	5	0	3
	3	6	7	8	9	10	11	12	13	14	15	16	17	18	19	20	21	22	23	24	25	26	27	28	29	30	51	2	3	4	5	2	33
	4	6	7	8	9	10	11	12	13	14	15	16	17	18	19	20	21	22	23	24	25	26	27	28	29	30	31	61	2	3	—	4	3
	5	4	5	6	7	8	9	10	11	12	13	14	15	16	17	18	19	20	21	22	23	24	25	26	27	28	29	30	71	2	3	5	32
	6	4	5	6	7	8	9	10	11	12	13	14	15	16	17	18	19	20	21	22	23	24	25	26	27	28	29	30	31	81	—	0	2
	7	2	3	4	5	6	7	8	9	10	11	12	13	14	15	16	17	18	19	20	21	22	23	24	25	26	27	28	29	30	31	1	31
	8	91	2	3	4	5	6	7	8	9	10	11	12	13	14	15	16	17	18	19	20	21	22	23	24	25	26	27	28	29	—	3	1
	9	30	O1	2	3	4	5	6	7	8	9	10	11	12	13	14	15	16	17	18	19	20	21	22	23	24	25	26	27	28	—	4	30
	10	29	30	31	N1	2	3	4	5	6	7	8	9	10	11	12	13	14	15	16	17	18	19	20	21	22	23	24	25	26	27	5	59
	11	28	29	30	D1	2	3	4	5	6	7	8	9	10	11	12	13	14	15	16	17	18	19	20	21	22	23	24	25	26	—	0	29
	12	27	28	29	30	31	11	2	3	4	5	6	7	8	9	10	11	12	13	14	15	16	17	18	19	20	21	22	23	24	25	1	58
民國 22 癸酉 1933–34	50 1	26	27	28	29	30	31	21	2	3	4	5	6	7	8	9	10	11	12	13	14	15	16	17	18	19	20	21	22	23	—	3	28
	2	24	25	26	27	28	31	2	3	4	5	6	7	8	9	10	11	12	13	14	15	16	17	18	19	20	21	22	23	24	25	4	57
	3	26	27	28	29	30	31	41	2	3	4	5	6	7	8	9	10	11	12	13	14	15	16	17	18	19	20	21	22	23	24	6	27
	4	25	26	27	28	29	30	51	2	3	4	5	6	7	8	9	10	11	12	13	14	15	16	17	18	19	20	21	22	23	—	1	57
	5	24	25	26	27	28	29	30	31	61	2	3	4	5	6	7	8	9	10	11	12	13	14	15	16	17	18	19	20	21	22	2	26
	5	23	24	25	26	27	28	29	30	71	2	3	4	5	6	7	8	9	10	11	12	13	14	15	16	17	18	19	20	21	—	4	56
	6	22	23	24	25	26	27	28	29	30	31	81	2	3	4	5	6	7	8	9	10	11	12	13	14	15	16	17	18	19	20	5	25
	7	21	22	23	24	25	26	27	28	29	30	31	91	2	3	4	5	6	7	8	9	10	11	12	13	14	15	16	17	18	19	0	55
	8	20	21	22	23	24	25	26	27	28	29	30	O1	2	3	4	5	6	7	8	9	10	11	12	13	14	15	16	17	18	—	2	25
	9	19	20	21	22	23	24	25	26	27	28	29	30	31	N1	2	3	4	5	6	7	8	9	10	11	12	13	14	15	16	17	3	54
	10	18	19	20	21	22	23	24	25	26	27	28	29	30	D1	2	3	4	5	6	7	8	9	10	11	12	13	14	15	16	—	5	24
	11	17	18	19	20	21	22	23	24	25	26	27	28	29	30	31	11	2	3	4	5	6	7	8	9	10	11	12	13	14	—	6	53
	12	15	16	17	18	19	20	21	22	23	24	25	26	27	28	29	30	31	21	2	3	4	5	6	7	8	9	10	11	12	13	0	22
民國 23 甲戌 1934–35	2 1	14	15	16	17	18	19	20	21	22	23	24	25	26	27	28	31	2	3	4	5	6	7	8	9	10	11	12	13	14	—	2	52
	2	15	16	17	18	19	20	21	22	23	24	25	26	27	28	29	30	31	41	2	3	4	5	6	7	8	9	10	11	12	13	3	21
	3	14	15	16	17	18	19	20	21	22	23	24	25	26	27	28	29	30	51	2	3	4	5	6	7	8	9	10	11	12	—	5	51
	4	13	14	15	16	17	18	19	20	21	22	23	24	25	26	27	28	29	30	31	61	2	3	4	5	6	7	8	9	10	11	6	20
	5	12	13	14	15	16	17	18	19	20	21	22	23	24	25	26	27	28	29	30	71	2	3	4	5	6	7	8	9	10	11	1	50
	6	12	13	14	15	16	17	18	19	20	21	22	23	24	25	26	27	28	29	30	31	81	2	3	4	5	6	7	8	9	—	3	20
	7	10	11	12	13	14	15	16	17	18	19	20	21	22	23	24	25	26	27	28	29	30	31	91	2	3	4	5	6	7	8	4	49
	8	9	10	11	12	13	14	15	16	17	18	19	20	21	22	23	24	25	26	27	28	29	30	O1	2	3	4	5	6	7	—	6	19
	9	8	9	10	11	12	13	14	15	16	17	18	19	20	21	22	23	24	25	26	27	28	29	30	31	N1	2	3	4	5	6	0	48
	10	7	8	9	10	11	12	13	14	15	16	17	18	19	20	21	22	23	24	25	26	27	28	29	30	D1	2	3	4	5	6	2	18
	11	7	8	9	10	11	12	13	14	15	16	17	18	19	20	21	22	23	24	25	26	27	28	29	30	31	11	2	3	4	—	4	48
	12	5	6	7	8	9	10	11	12	13	14	15	16	17	18	19	20	21	22	23	24	25	26	27	28	29	30	31	21	2	3	5	17
民國 24 乙亥 1935–36	14 1	4	5	6	7	8	9	10	11	12	13	14	15	16	17	18	19	20	21	22	23	24	25	26	27	28	31	2	3	4	—	0	47
	2	5	6	7	8	9	10	11	12	13	14	15	16	17	18	19	20	21	22	23	24	25	26	27	28	29	30	31	41	2	—	1	16
	3	3	4	5	6	7	8	9	10	11	12	13	14	15	16	17	18	19	20	21	22	23	24	25	26	27	28	29	30	51	2	2	45
	4	3	4	5	6	7	8	9	10	11	12	13	14	15	16	17	18	19	20	21	22	23	24	25	26	27	28	29	30	31	—	4	15
	5	61	2	3	4	5	6	7	8	9	10	11	12	13	14	15	16	17	18	19	20	21	22	23	24	25	26	27	28	29	30	5	44
	6	71	2	3	4	5	6	7	8	9	10	11	12	13	14	15	16	17	18	19	20	21	22	23	24	25	26	27	28	29	—	0	14
	7	30	31	81	2	3	4	5	6	7	8	9	10	11	12	13	14	15	16	17	18	19	20	21	22	23	24	25	26	27	28	1	43
	8	29	30	31	91	2	3	4	5	6	7	8	9	10	11	12	13	14	15	16	17	18	19	20	21	22	23	24	25	26	27	3	13
	9	28	29	30	O1	2	3	4	5	6	7	8	9	10	11	12	13	14	15	16	17	18	19	20	21	22	23	24	25	26	—	5	43
	10	27	28	29	30	31	N1	2	3	4	5	6	7	8	9	10	11	12	13	14	15	16	17	18	19	20	21	22	23	24	25	6	12
	11	26	27	28	29	30	D1	2	3	4	5	6	7	8	9	10	11	12	13	14	15	16	17	18	19	20	21	22	23	24	25	1	42
	12	26	27	28	29	30	31	11	2	3	4	5	6	7	8	9	10	11	12	13	14	15	16	17	18	19	20	21	22	23	—	3	12

年序 Year	陰曆月序 Moon	陰曆日序 Order of days (Lunar) 1	2	3	4	5	6	7	8	9	10	11	12	13	14	15	16	17	18	19	20	21	22	23	24	25	26	27	28	29	30	星期 Week	干支 Cycle
民國 25 丙子 1936–37	26 1	24	25	26	27	28	29	30	31	21	2	3	4	5	6	7	8	9	10	11	12	13	14	15	16	17	18	19	20	21	22	4	41
	2	23	24	25	26	27	28	29	31	2	3	4	5	6	7	8	9	10	11	12	13	14	15	16	17	18	19	20	21	22	—	6	11
	3	23	24	25	26	27	28	29	30	31	41	2	3	4	5	6	7	8	9	10	11	12	13	14	15	16	17	18	19	20	—	0	40
	3	21	22	23	24	25	26	27	28	29	30	51	2	3	4	5	6	7	8	9	10	11	12	13	14	15	16	17	18	19	20	1	9
	4	21	22	23	24	25	26	27	28	29	30	31	61	2	3	4	5	6	7	8	9	10	11	12	13	14	15	16	17	18	—	3	39
	5	19	20	21	22	23	24	25	26	27	28	29	30	71	2	3	4	5	6	7	8	9	10	11	12	13	14	15	16	17	—	4	8
	6	18	19	20	21	22	23	24	25	26	27	28	29	30	31	81	2	3	4	5	6	7	8	9	10	11	12	13	14	15	16	5	37
	7	17	18	19	20	21	22	23	24	25	26	27	28	29	30	31	91	2	3	4	5	6	7	8	9	10	11	12	13	14	15	0	7
	8	16	17	18	19	20	21	22	23	24	25	26	27	28	29	30	01	2	3	4	5	6	7	8	9	10	11	12	13	14	—	2	37
	9	15	16	17	18	19	20	21	22	23	24	25	26	27	28	29	30	31	N1	2	3	4	5	6	7	8	9	10	11	12	13	3	6
	10	14	15	16	17	18	19	20	21	22	23	24	25	26	27	28	29	30	D1	2	3	4	5	6	7	8	9	10	11	12	13	5	36
	11	14	15	16	17	18	19	20	21	22	23	24	25	26	27	28	29	30	31	11	2	3	4	5	6	7	8	9	10	11	12	0	6
	12	13	14	15	16	17	18	19	20	21	22	23	24	25	26	27	28	29	30	31	21	2	3	4	5	6	7	8	9	10	—	2	36
民國 26 丁丑 1937–38	38 1	11	12	13	14	15	16	17	18	19	20	21	22	23	24	25	26	27	28	31	2	3	4	5	6	7	8	9	10	11	12	3	5
	2	13	14	15	16	17	18	19	20	21	22	23	24	25	26	27	28	29	30	31	41	2	3	4	5	6	7	8	9	10	—	5	35
	3	11	12	13	14	15	16	17	18	19	20	21	22	23	24	25	26	27	28	29	30	51	2	3	4	5	6	7	8	9	—	6	4
	4	10	11	12	13	14	15	16	17	18	19	20	21	22	23	24	25	26	27	28	29	30	31	61	2	3	4	5	6	7	8	0	33
	5	9	10	11	12	13	14	15	16	17	18	19	20	21	22	23	24	25	26	27	28	29	30	71	2	3	4	5	6	7	—	2	3
	6	8	9	10	11	12	13	14	15	16	17	18	19	20	21	22	23	24	25	26	27	28	29	30	31	81	2	3	4	5	—	3	32
	7	6	7	8	9	10	11	12	13	14	15	16	17	18	19	20	21	22	23	24	25	26	27	28	29	30	31	91	2	3	4	4	1
	8	5	6	7	8	9	10	11	12	13	14	15	16	17	18	19	20	21	22	23	24	25	26	27	28	29	30	01	2	3	—	6	31
	9	4	5	6	7	8	9	10	11	12	13	14	15	16	17	18	19	20	21	22	23	24	25	26	27	28	29	30	31	N1	2	0	0
	10	3	4	5	6	7	8	9	10	11	12	13	14	15	16	17	18	19	20	21	22	23	24	25	26	27	28	29	30	D1	2	2	30
	11	3	4	5	6	7	8	9	10	11	12	13	14	15	16	17	18	19	20	21	22	23	24	25	26	27	28	29	30	31	11	4	0
	12	2	3	4	5	6	7	8	9	10	11	12	13	14	15	16	17	18	19	20	21	22	23	24	25	26	27	28	29	30	—	6	30
民國 27 戊寅 1938–39	50 1	31	21	2	3	4	5	6	7	8	9	10	11	12	13	14	15	16	17	18	19	20	21	22	23	24	25	26	27	28	31	0	59
	2	2	3	4	5	6	7	8	9	10	11	12	13	14	15	16	17	18	19	20	21	22	23	24	25	26	27	28	29	30	31	2	29
	3	41	2	3	4	5	6	7	8	9	10	11	12	13	14	15	16	17	18	19	20	21	22	23	24	25	26	27	28	29	—	4	59
	4	30	51	2	3	4	5	6	7	8	9	10	11	12	13	14	15	16	17	18	19	20	21	22	23	24	25	26	27	28	—	5	28
	5	29	30	31	61	2	3	4	5	6	7	8	9	10	11	12	13	14	15	16	17	18	19	20	21	22	23	24	25	26	27	6	57
	6	28	29	30	71	2	3	4	5	6	7	8	9	10	11	12	13	14	15	16	17	18	19	20	21	22	23	24	25	26	—	1	27
	7	27	28	29	30	31	81	2	3	4	5	6	7	8	9	10	11	12	13	14	15	16	17	18	19	20	21	22	23	24	—	2	56
	7	25	26	27	28	29	30	31	91	2	3	4	5	6	7	8	9	10	11	12	13	14	15	16	17	18	19	20	21	22	23	3	25
	8	24	25	26	27	28	29	30	01	2	3	4	5	6	7	8	9	10	11	12	13	14	15	16	17	18	19	20	21	22	—	5	55
	9	23	24	25	26	27	28	29	30	31	N1	2	3	4	5	6	7	8	9	10	11	12	13	14	15	16	17	18	19	20	21	6	24
	10	22	23	24	25	26	27	28	29	30	D1	2	3	4	5	6	7	8	9	10	11	12	13	14	15	16	17	18	19	20	21	1	54
	11	22	23	24	25	26	27	28	29	30	31	11	2	3	4	5	6	7	8	9	10	11	12	13	14	15	16	17	18	19	—	3	24
	12	20	21	22	23	24	25	26	27	28	29	30	31	21	2	3	4	5	6	7	8	9	10	11	12	13	14	15	16	17	18	4	53
民國 28 己卯 1939–40	2 1	19	20	21	22	23	24	25	26	27	28	31	2	3	4	5	6	7	8	9	10	11	12	13	14	15	16	17	18	19	20	6	23
	2	21	22	23	24	25	26	27	28	29	30	31	41	2	3	4	5	6	7	8	9	10	11	12	13	14	15	16	17	18	19	1	53
	3	20	21	22	23	24	25	26	27	28	29	30	51	2	3	4	5	6	7	8	9	10	11	12	13	14	15	16	17	18	—	3	23
	4	19	20	21	22	23	24	25	26	27	28	29	30	31	61	2	3	4	5	6	7	8	9	10	11	12	13	14	15	16	—	4	52
	5	17	18	19	20	21	22	23	24	25	26	27	28	29	30	71	2	3	4	5	6	7	8	9	10	11	12	13	14	15	16	5	21
	6	17	18	19	20	21	22	23	24	25	26	27	28	29	30	31	81	2	3	4	5	6	7	8	9	10	11	12	13	14	—	0	51
	7	15	16	17	18	19	20	21	22	23	24	25	26	27	28	29	30	31	91	2	3	4	5	6	7	8	9	10	11	12	—	1	20
	8	13	14	15	16	17	18	19	20	21	22	23	24	25	26	27	28	29	30	D1	2	3	4	5	6	7	8	9	10	11	12	2	49
	9	13	14	15	16	17	18	19	20	21	22	23	24	25	26	27	28	29	30	31	N1	2	3	4	5	6	7	8	9	10	—	4	19
	10	11	12	13	14	15	16	17	18	19	20	21	22	23	24	25	26	27	28	29	30	D1	2	3	4	5	6	7	8	9	10	5	48
	11	11	12	13	14	15	16	17	18	19	20	21	22	23	24	25	26	27	28	29	30	31	11	2	3	4	5	6	7	8	—	0	18
	12	9	10	11	12	13	14	15	16	17	18	19	20	21	22	23	24	25	26	27	28	29	30	31	21	2	3	4	5	6	7	1	47
民國 29 庚辰 1940–41	14 1	8	9	10	11	12	13	14	15	16	17	18	19	20	21	22	23	24	25	26	27	28	29	31	2	3	4	5	6	7	8	3	17
	2	9	10	11	12	13	14	15	16	17	18	19	20	21	22	23	24	25	26	27	28	29	30	31	41	2	3	4	5	6	7	5	47
	3	8	9	10	11	12	13	14	15	16	17	18	19	20	21	22	23	24	25	26	27	28	29	30	51	2	3	4	5	6	—	0	17
	4	7	8	9	10	11	12	13	14	15	16	17	18	19	20	21	22	23	24	25	26	27	28	29	30	31	61	2	3	4	5	1	46
	5	6	7	8	9	10	11	12	13	14	15	16	17	18	19	20	21	22	23	24	25	26	27	28	29	30	71	2	3	4	—	3	16
	6	5	6	7	8	9	10	11	12	13	14	15	16	17	18	19	20	21	22	23	24	25	26	27	28	29	30	31	81	2	3	4	45
	7	4	5	6	7	8	9	10	11	12	13	14	15	16	17	18	19	20	21	22	23	24	25	26	27	28	29	30	31	91	—	6	15
	8	2	3	4	5	6	7	8	9	10	11	12	13	14	15	16	17	18	19	20	21	22	23	24	25	26	27	28	29	30	—	0	44
	9	01	2	3	4	5	6	7	8	9	10	11	12	13	14	15	16	17	18	19	20	21	22	23	24	25	26	27	28	29	30	1	13
	10	31	N1	2	3	4	5	6	7	8	9	10	11	12	13	14	15	16	17	18	19	20	21	22	23	24	25	26	27	28	—	3	43
	11	29	30	D1	2	3	4	5	6	7	8	9	10	11	12	13	14	15	16	17	18	19	20	21	22	23	24	25	26	27	28	4	12
	12	29	30	31	11	2	3	4	5	6	7	8	9	10	11	12	13	14	15	16	17	18	19	20	21	22	23	24	25	26	—	6	42

年序 Year	陰曆月序 Moon	1	2	3	4	5	6	7	8	9	10	11	12	13	14	15	16	17	18	19	20	21	22	23	24	25	26	27	28	29	30	星期 Week	干支 Cycle
民國30辛巳 1941–42	26 1	27	28	29	30	31	21	2	3	4	5	6	7	8	9	10	11	12	13	14	15	16	17	18	19	20	21	22	23	24	25	0	11
	2	26	27	28	31	2	3	4	5	6	7	8	9	10	11	12	13	14	15	16	17	18	19	20	21	22	23	24	25	26	27	2	41
	3	28	29	30	31	41	2	3	4	5	6	7	8	9	10	11	12	13	14	15	16	17	18	19	20	21	22	23	24	25	—	4	11
	4	26	27	28	29	30	51	2	3	4	5	6	7	8	9	10	11	12	13	14	15	16	17	18	19	20	21	22	23	24	25	5	40
	5	26	27	28	29	30	31	61	2	3	4	5	6	7	8	9	10	11	12	13	14	15	16	17	18	19	20	21	22	23	24	0	10
	6	25	26	27	28	29	30	71	2	3	4	5	6	7	8	9	10	11	12	13	14	15	16	17	18	19	20	21	22	23	—	2	40
	6	24	25	26	27	28	29	30	31	81	2	3	4	5	6	7	8	9	10	11	12	13	14	15	16	17	18	19	20	21	22	3	9
	7	23	24	25	26	27	28	29	30	31	91	2	3	4	5	6	7	8	9	10	11	12	13	14	15	16	17	18	19	20	—	5	39
	8	21	22	23	24	25	26	27	28	29	30	01	2	3	4	5	6	7	8	9	10	11	12	13	14	15	16	17	18	19	—	6	8
	9	20	21	22	23	24	25	26	27	28	29	30	31	N1	2	3	4	5	6	7	8	9	10	11	12	13	14	15	16	17	18	0	37
	10	19	20	21	22	23	24	25	26	27	28	29	30	D1	2	3	4	5	6	7	8	9	10	11	12	13	14	15	16	17	—	2	7
	11	18	19	20	21	22	23	24	25	26	27	28	29	30	31	11	2	3	4	5	6	7	8	9	10	11	12	13	14	15	16	3	36
	12	17	18	19	20	21	22	23	24	25	26	27	28	29	30	31	21	2	3	4	5	6	7	8	9	10	11	12	13	14	—	5	6
民國31壬午 1942–43	38 1	15	16	17	18	19	20	21	22	23	24	25	26	27	28	31	2	3	4	5	6	7	8	9	10	11	12	13	14	15	16	6	35
	2	17	18	19	20	21	22	23	24	25	26	27	28	29	30	31	41	2	3	4	5	6	7	8	9	10	11	12	13	14	—	1	5
	3	15	16	17	18	19	20	21	22	23	24	25	26	27	28	29	30	51	2	3	4	5	6	7	8	9	10	11	12	13	14	2	34
	4	15	16	17	18	19	20	21	22	23	24	25	26	27	28	29	30	31	61	2	3	4	5	6	7	8	9	10	11	12	13	4	4
	5	14	15	16	17	18	19	20	21	22	23	24	25	26	27	28	29	30	71	2	3	4	5	6	7	8	9	10	11	12	—	6	34
	6	13	14	15	16	17	18	19	20	21	22	23	24	25	26	27	28	29	30	31	81	2	3	4	5	6	7	8	9	10	11	0	3
	7	12	13	14	15	16	17	18	19	20	21	22	23	24	25	26	27	28	29	30	31	91	2	3	4	5	6	7	8	9	—	2	33
	8	10	11	12	13	14	15	16	17	18	19	20	21	22	23	24	25	26	27	28	29	30	01	2	3	4	5	6	7	8	9	3	2
	9	10	11	12	13	14	15	16	17	18	19	20	21	22	23	24	25	26	27	28	29	30	31	N1	2	3	4	5	6	7	—	5	32
	10	8	9	10	11	12	13	14	15	16	17	18	19	20	21	22	23	24	25	26	27	28	29	30	D1	2	3	4	5	6	7	6	1
	11	8	9	10	11	12	13	14	15	16	17	18	19	20	21	22	23	24	25	26	27	28	29	30	31	11	2	3	4	5	—	1	31
	12	6	7	8	9	10	11	12	13	14	15	16	17	18	19	20	21	22	23	24	25	26	27	28	29	30	31	21	2	3	4	2	0
民國32癸未 1943–44	50 1	5	6	7	8	9	10	11	12	13	14	15	16	17	18	19	20	21	22	23	24	25	26	27	28	31	2	3	4	5	—	4	30
	2	6	7	8	9	10	11	12	13	14	15	16	17	18	19	20	21	22	23	24	25	26	27	28	29	30	31	41	2	3	4	5	59
	3	5	6	7	8	9	10	11	12	13	14	15	16	17	18	19	20	21	22	23	24	25	26	27	28	29	30	51	2	3	—	0	29
	4	4	5	6	7	8	9	10	11	12	13	14	15	16	17	18	19	20	21	22	23	24	25	26	27	28	29	30	31	61	2	1	58
	5	3	4	5	6	7	8	9	10	11	12	13	14	15	16	17	18	19	20	21	22	23	24	25	26	27	28	29	30	71	—	3	28
	6	2	3	4	5	6	7	8	9	10	11	12	13	14	15	16	17	18	19	20	21	22	23	24	25	26	27	28	29	30	31	4	57
	7	81	2	3	4	5	6	7	8	9	10	11	12	13	14	15	16	17	18	19	20	21	22	23	24	25	26	27	28	29	30	6	27
	8	31	91	2	3	4	5	6	7	8	9	10	11	12	13	14	15	16	17	18	19	20	21	22	23	24	25	26	27	28	—	1	57
	9	29	30	01	2	3	4	5	6	7	8	9	10	11	12	13	14	15	16	17	18	19	20	21	22	23	24	25	26	27	28	2	26
	10	29	30	31	N1	2	3	4	5	6	7	8	9	10	11	12	13	14	15	16	17	18	19	20	21	22	23	24	25	26	—	4	56
	11	27	28	29	30	D1	2	3	4	5	6	7	8	9	10	11	12	13	14	15	16	17	18	19	20	21	22	23	24	25	26	5	25
	12	27	28	29	30	31	11	2	3	4	5	6	7	8	9	10	11	12	13	14	15	16	17	18	19	20	21	22	23	24	—	0	55
民國33甲申 1944–45	2 1	25	26	27	28	29	30	31	21	2	3	4	5	6	7	8	9	10	11	12	13	14	15	16	17	18	19	20	21	22	23	1	24
	2	24	25	26	27	28	29	31	2	3	4	5	6	7	8	9	10	11	12	13	14	15	16	17	18	19	20	21	22	23	—	3	54
	3	24	25	26	27	28	29	30	31	41	2	3	4	5	6	7	8	9	10	11	12	13	14	15	16	17	18	19	20	21	22	4	23
	4	23	24	25	26	27	28	29	30	51	2	3	4	5	6	7	8	9	10	11	12	13	14	15	16	17	18	19	20	21	—	6	53
	4	22	23	24	25	26	27	28	29	30	31	61	2	3	4	5	6	7	8	9	10	11	12	13	14	15	16	17	18	19	20	0	22
	5	21	22	23	24	25	26	27	28	29	30	71	2	3	4	5	6	7	8	9	10	11	12	13	14	15	16	17	18	19	—	2	52
	6	20	21	22	23	24	25	26	27	28	29	30	31	81	2	3	4	5	6	7	8	9	10	11	12	13	14	15	16	17	18	3	21
	7	19	20	21	22	23	24	25	26	27	28	29	30	31	91	2	3	4	5	6	7	8	9	10	11	12	13	14	15	16	—	5	51
	8	17	18	19	20	21	22	23	24	25	26	27	28	29	30	01	2	3	4	5	6	7	8	9	10	11	12	13	14	15	16	6	20
	9	17	18	19	20	21	22	23	24	25	26	27	28	29	30	31	N1	2	3	4	5	6	7	8	9	10	11	12	13	14	15	1	50
	10	16	17	18	19	20	21	22	23	24	25	26	27	28	29	30	D1	2	3	4	5	6	7	8	9	10	11	12	13	14	—	3	20
	11	15	16	17	18	19	20	21	22	23	24	25	26	27	28	29	30	31	11	2	3	4	5	6	7	8	9	10	11	12	13	4	49
	12	14	15	16	17	18	19	20	21	22	23	24	25	26	27	28	29	30	31	21	2	3	4	5	6	7	8	9	10	11	12	6	19
民國34乙酉 1945–46	14 1	13	14	15	16	17	18	19	20	21	22	23	24	25	26	27	28	31	2	3	4	5	6	7	8	9	10	11	12	13	—	1	49
	2	14	15	16	17	18	19	20	21	22	23	24	25	26	27	28	29	30	31	41	2	3	4	5	6	7	8	9	10	11	—	2	18
	3	12	13	14	15	16	17	18	19	20	21	22	23	24	25	26	27	28	29	30	51	2	3	4	5	6	7	8	9	10	11	3	47
	4	12	13	14	15	16	17	18	19	20	21	22	23	24	25	26	27	28	29	30	31	61	2	3	4	5	6	7	8	9	—	5	17
	5	10	11	12	13	14	15	16	17	18	19	20	21	22	23	24	25	26	27	28	29	30	71	2	3	4	5	6	7	8	—	6	46
	6	9	10	11	12	13	14	15	16	17	18	19	20	21	22	23	24	25	26	27	28	29	30	31	81	2	3	4	5	6	7	0	15
	7	8	9	10	11	12	13	14	15	16	17	18	19	20	21	22	23	24	25	26	27	28	29	30	31	91	2	3	4	5	—	2	45
	8	6	7	8	9	10	11	12	13	14	15	16	17	18	19	20	21	22	23	24	25	26	27	28	29	30	01	2	3	4	5	3	14
	9	6	7	8	9	10	11	12	13	14	15	16	17	18	19	20	21	22	23	24	25	26	27	28	29	30	31	N1	2	3	4	5	44
	10	5	6	7	8	9	10	11	12	13	14	15	16	17	18	19	20	21	22	23	24	25	26	27	28	29	30	D1	2	3	4	0	14
	11	5	6	7	8	9	10	11	12	13	14	15	16	17	18	19	20	21	22	23	24	25	26	27	28	29	30	31	11	2	—	2	44
	12	3	4	5	6	7	8	9	10	11	12	13	14	15	16	17	18	19	20	21	22	23	24	25	26	27	28	29	30	31	21	3	13

年序 Year	陰曆月序 Moon	陰曆日序 Order of days (Lunar)																														星期 Week	干支 Cycle
		1	2	3	4	5	6	7	8	9	10	11	12	13	14	15	16	17	18	19	20	21	22	23	24	25	26	27	28	29	30		
民國35 丙戌 1946–47	26 1	2	3	4	5	6	7	8	9	10	11	12	13	14	15	16	17	18	19	20	21	22	23	24	25	26	27	28	31	2	3	5	43
	2	4	5	6	7	8	9	10	11	12	13	14	15	16	17	18	19	20	21	22	23	24	25	26	27	28	29	30	31	41	—	0	13
	3	2	3	4	5	6	7	8	9	10	11	12	13	14	15	16	17	18	19	20	21	22	23	24	25	26	27	28	29	30	—	1	42
	4	51	2	3	4	5	6	7	8	9	10	11	12	13	14	15	16	17	18	19	20	21	22	23	24	25	26	27	28	29	30	2	11
	5	31	61	2	3	4	5	6	7	8	9	10	11	12	13	14	15	16	17	18	19	20	21	22	23	24	25	26	27	28	—	4	41
	6	29	30	71	2	3	4	5	6	7	8	9	10	11	12	13	14	15	16	17	18	19	20	21	22	23	24	25	26	27	—	5	10
	7	28	29	30	31	81	2	3	4	5	6	7	8	9	10	11	12	13	14	15	16	17	18	19	20	21	22	23	24	25	26	6	39
	8	27	28	29	30	31	91	2	3	4	5	6	7	8	9	10	11	12	13	14	15	16	17	18	19	20	21	22	23	24	—	1	9
	9	25	26	27	28	29	30	01	2	3	4	5	6	7	8	9	10	11	12	13	14	15	16	17	18	19	20	21	22	23	24	2	38
	10	25	26	27	28	29	30	31	N1	2	3	4	5	6	7	8	9	10	11	12	13	14	15	16	17	18	19	20	21	22	23	4	8
	11	24	25	26	27	28	29	30	D1	2	3	4	5	6	7	8	9	10	11	12	13	14	15	16	17	18	19	20	21	22	—	6	38
	12	23	24	25	26	27	28	29	30	31	11	2	3	4	5	6	7	8	9	10	11	12	13	14	15	16	17	18	19	20	21	0	7
民國36 丁亥 1947–48	38 1	22	23	24	25	26	27	28	29	30	31	21	2	3	4	5	6	7	8	9	10	11	12	13	14	15	16	17	18	19	20	2	37
	2	21	22	23	24	25	26	27	28	31	2	3	4	5	6	7	8	9	10	11	12	13	14	15	16	17	18	19	20	21	22	4	7
	2	23	24	25	26	27	28	29	30	31	41	2	3	4	5	6	7	8	9	10	11	12	13	14	15	16	17	18	19	20	—	6	37
	3	21	22	23	24	25	26	27	28	29	30	51	2	3	4	5	6	7	8	9	10	11	12	13	14	15	16	17	18	19	—	0	6
	4	20	21	22	23	24	25	26	27	28	29	30	31	61	2	3	4	5	6	7	8	9	10	11	12	13	14	15	16	17	18	1	35
	5	19	20	21	22	23	24	25	26	27	28	29	30	71	2	3	4	5	6	7	8	9	10	11	12	13	14	15	16	17	—	3	5
	6	18	19	20	21	22	23	24	25	26	27	28	29	30	31	81	2	3	4	5	6	7	8	9	10	11	12	13	14	15	—	4	34
	7	16	17	18	19	20	21	22	23	24	25	26	27	28	29	30	31	91	2	3	4	5	6	7	8	9	10	11	12	13	14	5	3
	8	15	16	17	18	19	20	21	22	23	24	25	26	27	28	29	30	01	2	3	4	5	6	7	8	9	10	11	12	13	—	0	33
	9	14	15	16	17	18	19	20	21	22	23	24	25	26	27	28	29	30	31	N1	2	3	4	5	6	7	8	9	10	11	12	1	2
	10	13	14	15	16	17	18	19	20	21	22	23	24	25	26	27	28	29	30	D1	2	3	4	5	6	7	8	9	10	11	—	3	32
	11	12	13	14	15	16	17	18	19	20	21	22	23	24	25	26	27	28	29	30	31	11	2	3	4	5	6	7	8	9	10	4	1
	12	11	12	13	14	15	16	17	18	19	20	21	22	23	24	25	26	27	28	29	30	31	21	2	3	4	5	6	7	8	9	6	31
民國37 戊子 1948–49	50 1	10	11	12	13	14	15	16	17	18	19	20	21	22	23	24	25	26	27	28	29	31	2	3	4	5	6	7	8	9	10	1	1
	2	11	12	13	14	15	16	17	18	19	20	21	22	23	24	25	26	27	28	29	30	31	41	2	3	4	5	6	7	8	—	3	31
	3	9	10	11	12	13	14	15	16	17	18	19	20	21	22	23	24	25	26	27	28	29	30	51	2	3	4	5	6	7	8	4	0
	4	9	10	11	12	13	14	15	16	17	18	19	20	21	22	23	24	25	26	27	28	29	30	31	61	2	3	4	5	6	—	6	30
	5	7	8	9	10	11	12	13	14	15	16	17	18	19	20	21	22	23	24	25	26	27	28	29	30	71	2	3	4	5	6	0	59
	6	7	8	9	10	11	12	13	14	15	16	17	18	19	20	21	22	23	24	25	26	27	28	29	30	31	81	2	3	4	—	2	29
	7	5	6	7	8	9	10	11	12	13	14	15	16	17	18	19	20	21	22	23	24	25	26	27	28	29	30	31	91	2	—	3	58
	8	3	4	5	6	7	8	9	10	11	12	13	14	15	16	17	18	19	20	21	22	23	24	25	26	27	28	29	30	01	2	4	27
	9	3	4	5	6	7	8	9	10	11	12	13	14	15	16	17	18	19	20	21	22	23	24	25	26	27	28	29	30	31	—	6	57
	10	N1	2	3	4	5	6	7	8	9	10	11	12	13	14	15	16	17	18	19	20	21	22	23	24	25	26	27	28	29	30	0	26
	11	D1	2	3	4	5	6	7	8	9	10	11	12	13	14	15	16	17	18	19	20	21	22	23	24	25	26	27	28	29	—	2	56
	12	30	31	11	2	3	4	5	6	7	8	9	10	11	12	13	14	15	16	17	18	19	20	21	22	23	24	25	26	27	28	3	25
民國38 己丑 1949–50	2 1	29	30	31	21	2	3	4	5	6	7	8	9	10	11	12	13	14	15	16	17	18	19	20	21	22	23	24	25	26	27	5	55
	2	28	31	2	3	4	5	6	7	8	9	10	11	12	13	14	15	16	17	18	19	20	21	22	23	24	25	26	27	28	—	0	25
	3	29	30	31	41	2	3	4	5	6	7	8	9	10	11	12	13	14	15	16	17	18	19	20	21	22	23	24	25	26	27	1	54
	4	28	29	30	51	2	3	4	5	6	7	8	9	10	11	12	13	14	15	16	17	18	19	20	21	22	23	24	25	26	27	3	24
	5	28	29	30	31	61	2	3	4	5	6	7	8	9	10	11	12	13	14	15	16	17	18	19	20	21	22	23	24	25	—	5	54
	6	26	27	28	29	30	71	2	3	4	5	6	7	8	9	10	11	12	13	14	15	16	17	18	19	20	21	22	23	24	25	6	23
	7	26	27	28	29	30	31	81	2	3	4	5	6	7	8	9	10	11	12	13	14	15	16	17	18	19	20	21	22	23	—	1	53
	7	24	25	26	27	28	29	30	31	91	2	3	4	5	6	7	8	9	10	11	12	13	14	15	16	17	18	19	20	21	—	2	22
	8	22	23	24	25	26	27	28	29	30	01	2	3	4	5	6	7	8	9	10	11	12	13	14	15	16	17	18	19	20	21	3	51
	9	22	23	24	25	26	27	28	29	30	31	N1	2	3	4	5	6	7	8	9	10	11	12	13	14	15	16	17	18	19	—	5	21
	10	20	21	22	23	24	25	26	27	28	29	30	D1	2	3	4	5	6	7	8	9	10	11	12	13	14	15	16	17	18	19	6	50
	11	20	21	22	23	24	25	26	27	28	29	30	31	11	2	3	4	5	6	7	8	9	10	11	12	13	14	15	16	17	—	1	20
	12	18	19	20	21	22	23	24	25	26	27	28	29	30	31	21	2	3	4	5	6	7	8	9	10	11	12	13	14	15	16	2	49
民國39 庚寅 1950–51	14 1	17	18	19	20	21	22	23	24	25	26	27	28	31	2	3	4	5	6	7	8	9	10	11	12	13	14	15	16	17	—	4	19
	2	18	19	20	21	22	23	24	25	26	27	28	29	30	31	41	2	3	4	5	6	7	8	9	10	11	12	13	14	15	16	5	48
	3	17	18	19	20	21	22	23	24	25	26	27	28	29	30	51	2	3	4	5	6	7	8	9	10	11	12	13	14	15	16	0	18
	4	17	18	19	20	21	22	23	24	25	26	27	28	29	30	31	61	2	3	4	5	6	7	8	9	10	11	12	13	14	—	2	48
	5	15	16	17	18	19	20	21	22	23	24	25	26	27	28	29	30	71	2	3	4	5	6	7	8	9	10	11	12	13	14	3	17
	6	15	16	17	18	19	20	21	22	23	24	25	26	27	28	29	30	31	81	2	3	4	5	6	7	8	9	10	11	12	13	5	47
	7	14	15	16	17	18	19	20	21	22	23	24	25	26	27	28	29	30	31	91	2	3	4	5	6	7	8	9	10	11	—	0	17
	8	12	13	14	15	16	17	18	19	20	21	22	23	24	25	26	27	28	29	30	01	2	3	4	5	6	7	8	9	10	—	1	46
	9	11	12	13	14	15	16	17	18	19	20	21	22	23	24	25	26	27	28	29	30	31	N1	2	3	4	5	6	7	8	9	2	15
	10	10	11	12	13	14	15	16	17	18	19	20	21	22	23	24	25	26	27	28	29	30	D1	2	3	4	5	6	7	8	—	4	45
	11	9	10	11	12	13	14	15	16	17	18	19	20	21	22	23	24	25	26	27	28	29	30	31	11	2	3	4	5	6	7	5	14
	12	8	9	10	11	12	13	14	15	16	17	18	19	20	21	22	23	24	25	26	27	28	29	30	31	21	2	3	4	5	--	0	44

年序 Year	陰曆月序 Moon	陰曆日序 Order of days (Lunar) 1	2	3	4	5	6	7	8	9	10	11	12	13	14	15	16	17	18	19	20	21	22	23	24	25	26	27	28	29	30	星期 Week	干支 Cycle
民國40辛卯 1951–52	26 1	6	7	8	9	10	11	12	13	14	15	16	17	18	19	20	21	22	23	24	25	26	27	28	31	2	3	4	5	6	7	1	13
	2	8	9	10	11	12	13	14	15	16	17	18	19	20	21	22	23	24	25	26	27	28	29	30	31	41	2	3	4	5	—	3	43
	3	6	7	8	9	10	11	12	13	14	15	16	17	18	19	20	21	22	23	24	25	26	27	28	29	30	51	2	3	4	5	4	12
	4	6	7	8	9	10	11	12	13	14	15	16	17	18	19	20	21	22	23	24	25	26	27	28	29	30	31	61	2	3	4	6	42
	5	5	6	7	8	9	10	11	12	13	14	15	16	17	18	19	20	21	22	23	24	25	26	27	28	29	30	71	2	3	—	1	12
	6	4	5	6	7	8	9	10	11	12	13	14	15	16	17	18	19	20	21	22	23	24	25	26	27	28	29	30	31	81	2	2	41
	7	3	4	5	6	7	8	9	10	11	12	13	14	15	16	17	18	19	20	21	22	23	24	25	26	27	28	29	30	31	—	4	11
	8	91	2	3	4	5	6	7	8	9	10	11	12	13	14	15	16	17	18	19	20	21	22	23	24	25	26	27	28	29	30	5	40
	9	01	2	3	4	5	6	7	8	9	10	11	12	13	14	15	16	17	18	19	20	21	22	23	24	25	26	27	28	29	—	0	10
	10	30	31	N1	2	3	4	5	6	7	8	9	10	11	12	13	14	15	16	17	18	19	20	21	22	23	24	25	26	27	28	1	39
	11	29	30	D1	2	3	4	5	6	7	8	9	10	11	12	13	14	15	16	17	18	19	20	21	22	23	24	25	26	27	—	3	9
	12	28	29	30	31	11	2	3	4	5	6	7	8	9	10	11	12	13	14	15	16	17	18	19	20	21	22	23	24	25	26	4	38
民國41壬辰 1952–53	38 1	27	28	29	30	31	21	2	3	4	5	6	7	8	9	10	11	12	13	14	15	16	17	18	19	20	21	22	23	24	—	6	8
	2	25	26	27	28	29	31	2	3	4	5	6	7	8	9	10	11	12	13	14	15	16	17	18	19	20	21	22	23	24	25	0	37
	3	26	27	28	29	30	31	41	2	3	4	5	6	7	8	9	10	11	12	13	14	15	16	17	18	19	20	21	22	23	—	2	7
	4	24	25	26	27	28	29	30	51	2	3	4	5	6	7	8	9	10	11	12	13	14	15	16	17	18	19	20	21	22	23	3	36
	5	24	25	26	27	28	29	30	31	61	2	3	4	5	6	7	8	9	10	11	12	13	14	15	16	17	18	19	20	21	—	5	6
	5	22	23	24	25	26	27	28	29	30	71	2	3	4	5	6	7	8	9	10	11	12	13	14	15	16	17	18	19	20	21	6	35
	6	22	23	24	25	26	27	28	29	30	31	81	2	3	4	5	6	7	8	9	10	11	12	13	14	15	16	17	18	19	—	1	5
	7	20	21	22	23	24	25	26	27	28	29	30	31	91	2	3	4	5	6	7	8	9	10	11	12	13	14	15	16	17	18	2	34
	8	19	20	21	22	23	24	25	26	27	28	29	30	01	2	3	4	5	6	7	8	9	10	11	12	13	14	15	16	17	18	4	4
	9	19	20	21	22	23	24	25	26	27	28	29	30	31	N1	2	3	4	5	6	7	8	9	10	11	12	13	14	15	16	—	6	34
	10	17	18	19	20	21	22	23	24	25	26	27	28	29	30	D1	2	3	4	5	6	7	8	9	10	11	12	13	14	15	16	0	3
	11	17	18	19	20	21	22	23	24	25	26	27	28	29	30	31	11	2	3	4	5	6	7	8	9	10	11	12	13	14	—	2	33
	12	15	16	17	18	19	20	21	22	23	24	25	26	27	28	29	30	31	21	2	3	4	5	6	7	8	9	10	11	12	13	3	2
民國42癸巳 1953–54	50 1	14	15	16	17	18	19	20	21	22	23	24	25	26	27	28	31	2	3	4	5	6	7	8	9	10	11	12	13	14	—	5	32
	2	15	16	17	18	19	20	21	22	23	24	25	26	27	28	29	30	31	41	2	3	4	5	6	7	8	9	10	11	12	13	6	1
	3	14	15	16	17	18	19	20	21	22	23	24	25	26	27	28	29	30	51	2	3	4	5	6	7	8	9	10	11	12	—	1	31
	4	13	14	15	16	17	18	19	20	21	22	23	24	25	26	27	28	29	30	31	61	2	3	4	5	6	7	8	9	10	—	2	0
	5	11	12	13	14	15	16	17	18	19	20	21	22	23	24	25	26	27	28	29	30	71	2	3	4	5	6	7	8	9	10	3	29
	6	11	12	13	14	15	16	17	18	19	20	21	22	23	24	25	26	27	28	29	30	31	81	2	3	4	5	6	7	8	—	5	59
	7	9	10	11	12	13	14	15	16	17	18	19	20	21	22	23	24	25	26	27	28	29	30	31	91	2	3	4	5	6	7	6	28
	8	8	9	10	11	12	13	14	15	16	17	18	19	20	21	22	23	24	25	26	27	28	29	30	01	2	3	4	5	6	7	1	58
	9	8	9	10	11	12	13	14	15	16	17	18	19	20	21	22	23	24	25	26	27	28	29	30	31	N1	2	3	4	5	6	3	28
	10	7	8	9	10	11	12	13	14	15	16	17	18	19	20	21	22	23	24	25	26	27	28	29	30	D1	2	3	4	5	—	5	58
	11	6	7	8	9	10	11	12	13	14	15	16	17	18	19	20	21	22	23	24	25	26	27	28	29	30	31	11	2	3	4	6	27
	12	5	6	7	8	9	10	11	12	13	14	15	16	17	18	19	20	21	22	23	24	25	26	27	28	29	30	31	21	2	—	1	57
民國43甲午 1954–55	2 1	3	4	5	6	7	8	9	10	11	12	13	14	15	16	17	18	19	20	21	22	23	24	25	26	27	28	31	2	3	4	2	26
	2	5	6	7	8	9	10	11	12	13	14	15	16	17	18	19	20	21	22	23	24	25	26	27	28	29	30	31	41	2	—	4	56
	3	3	4	5	6	7	8	9	10	11	12	13	14	15	16	17	18	19	20	21	22	23	24	25	26	27	28	29	30	51	2	5	25
	4	3	4	5	6	7	8	9	10	11	12	13	14	15	16	17	18	19	20	21	22	23	24	25	26	27	28	29	30	31	—	0	55
	5	61	2	3	4	5	6	7	8	9	10	11	12	13	14	15	16	17	18	19	20	21	22	23	24	25	26	27	28	29	—	1	24
	6	30	71	2	3	4	5	6	7	8	9	10	11	12	13	14	15	16	17	18	19	20	21	22	23	24	25	26	27	28	29	2	53
	7	30	31	81	2	3	4	5	6	7	8	9	10	11	12	13	14	15	16	17	18	19	20	21	22	23	24	25	26	27	—	4	23
	8	28	29	30	31	91	2	3	4	5	6	7	8	9	10	11	12	13	14	15	16	17	18	19	20	21	22	23	24	25	26	5	52
	9	27	28	29	30	01	2	3	4	5	6	7	8	9	10	11	12	13	14	15	16	17	18	19	20	21	22	23	24	25	26	0	22
	10	27	28	29	30	31	N1	2	3	4	5	6	7	8	9	10	11	12	13	14	15	16	17	18	19	20	21	22	23	24	—	2	52
	11	25	26	27	28	29	30	D1	2	3	4	5	6	7	8	9	10	11	12	13	14	15	16	17	18	19	20	21	22	23	24	3	21
	12	25	26	27	28	29	30	31	11	2	3	4	5	6	7	8	9	10	11	12	13	14	15	16	17	18	19	20	21	22	23	5	51
民國44乙未 1955–56	14 1	24	25	26	27	28	29	30	31	21	2	3	4	5	6	7	8	9	10	11	12	13	14	15	16	17	18	19	20	21	—	0	21
	2	22	23	24	25	26	27	28	31	2	3	4	5	6	7	8	9	10	11	12	13	14	15	16	17	18	19	20	21	22	23	1	50
	3	24	25	26	27	28	29	30	31	41	2	3	4	5	6	7	8	9	10	11	12	13	14	15	16	17	18	19	20	21	—	3	20
	3	22	23	24	25	26	27	28	29	30	51	2	3	4	5	6	7	8	9	10	11	12	13	14	15	16	17	18	19	20	21	4	49
	4	22	23	24	25	26	27	28	29	30	31	61	2	3	4	5	6	7	8	9	10	11	12	13	14	15	16	17	18	19	—	6	19
	5	20	21	22	23	24	25	26	27	28	29	30	71	2	3	4	5	6	7	8	9	10	11	12	13	14	15	16	17	18	—	0	48
	6	19	20	21	22	23	24	25	26	27	28	29	30	31	81	2	3	4	5	6	7	8	9	10	11	12	13	14	15	16	17	1	17
	7	18	19	20	21	22	23	24	25	26	27	28	29	30	31	91	2	3	4	5	6	7	8	9	10	11	12	13	14	15	—	3	47
	8	16	17	18	19	20	21	22	23	24	25	26	27	28	29	30	01	2	3	4	5	6	7	8	9	10	11	12	13	14	15	4	16
	9	16	17	18	19	20	21	22	23	24	25	26	27	28	29	30	31	N1	2	3	4	5	6	7	8	9	10	11	12	13	—	6	46
	10	14	15	16	17	18	19	20	21	22	23	24	25	26	27	28	29	30	D1	2	3	4	5	6	7	8	9	10	11	12	13	0	15
	11	14	15	16	17	18	19	20	21	22	23	24	25	26	27	28	29	30	31	11	2	3	4	5	6	7	8	9	10	11	12	2	45
	12	13	14	15	16	17	18	19	20	21	22	23	24	25	26	27	28	29	30	31	21	2	3	4	5	6	7	8	9	10	11	4	15

年序 Year	陰曆月序 Moon	陰曆日序 Order of days (Lunar)																														星期 Week	干支 Cycle
		1	2	3	4	5	6	7	8	9	10	11	12	13	14	15	16	17	18	19	20	21	22	23	24	25	26	27	28	29	30		
民國45 丙申 1956–57	26 1	12	13	14	15	16	17	18	19	20	21	22	23	24	25	26	27	28	29	31	2	3	4	5	6	7	8	9	10	11	—	6	45
	2	12	13	14	15	16	17	18	19	20	21	22	23	24	25	26	27	28	29	30	31	41	2	3	4	5	6	7	8	9	10	0	14
	3	11	12	13	14	15	16	17	18	19	20	21	22	23	24	25	26	27	28	29	30	51	2	3	4	5	6	7	8	9	—	2	44
	4	10	11	12	13	14	15	16	17	18	19	20	21	22	23	24	25	26	27	28	29	30	31	61	2	3	4	5	6	7	8	3	13
	5	9	10	11	12	13	14	15	16	17	18	19	20	21	22	23	24	25	26	27	28	29	30	71	2	3	4	5	6	7	—	5	43
	6	8	9	10	11	12	13	14	15	16	17	18	19	20	21	22	23	24	25	26	27	28	29	30	31	81	2	3	4	5	—	6	12
	7	6	7	8	9	10	11	12	13	14	15	16	17	18	19	20	21	22	23	24	25	26	27	28	29	30	31	91	2	3	4	0	41
	8	5	6	7	8	9	10	11	12	13	14	15	16	17	18	19	20	21	22	23	24	25	26	27	28	29	30	01	2	3	—	2	11
	9	4	5	6	7	8	9	10	11	12	13	14	15	16	17	18	19	20	21	22	23	24	25	26	27	28	29	30	31	N1	2	3	40
	10	3	4	5	6	7	8	9	10	11	12	13	14	15	16	17	18	19	20	21	22	23	24	25	26	27	28	29	30	D1	—	5	10
	11	2	3	4	5	6	7	8	9	10	11	12	13	14	15	16	17	18	19	20	21	22	23	24	25	26	27	28	29	30	31	6	39
	12	11	2	3	4	5	6	7	8	9	10	11	12	13	14	15	16	17	18	19	20	21	22	23	24	25	26	27	28	29	30	1	9
民國46 丁酉 1957–58	38 1	31	21	2	3	4	5	6	7	8	9	10	11	12	13	14	15	16	17	18	19	20	21	22	23	24	25	26	27	28	31	3	39
	2	2	3	4	5	6	7	8	9	10	11	12	13	14	15	16	17	18	19	20	21	22	23	24	25	26	27	28	29	30	—	5	9
	3	31	41	2	3	4	5	6	7	8	9	10	11	12	13	14	15	16	17	18	19	20	21	22	23	24	25	26	27	28	29	6	38
	4	30	51	2	3	4	5	6	7	8	9	10	11	12	13	14	15	16	17	18	19	20	21	22	23	24	25	26	27	28	—	1	8
	5	29	30	31	61	2	3	4	5	6	7	8	9	10	11	12	13	14	15	16	17	18	19	20	21	22	23	24	25	26	27	2	37
	6	28	29	30	71	2	3	4	5	6	7	8	9	10	11	12	13	14	15	16	17	18	19	20	21	22	23	24	25	26	—	4	7
	7	27	28	29	30	31	81	2	3	4	5	6	7	8	9	10	11	12	13	14	15	16	17	18	19	20	21	22	23	24	—	5	36
	8	25	26	27	28	29	30	31	91	2	3	4	5	6	7	8	9	10	11	12	13	14	15	16	17	18	19	20	21	22	23	6	5
	8	24	25	26	27	28	29	30	01	2	3	4	5	6	7	8	9	10	11	12	13	14	15	16	17	18	19	20	21	22	—	1	35
	9	23	24	25	26	27	28	29	30	31	N1	2	3	4	5	6	7	8	9	10	11	12	13	14	15	16	17	18	19	20	21	2	4
	10	22	23	24	25	26	27	28	29	30	D1	2	3	4	5	6	7	8	9	10	11	12	13	14	15	16	17	18	19	20	—	4	34
	11	21	22	23	24	25	26	27	28	29	30	31	11	2	3	4	5	6	7	8	9	10	11	12	13	14	15	16	17	18	19	5	3
	12	20	21	22	23	24	25	26	27	28	29	30	31	21	2	3	4	5	6	7	8	9	10	11	12	13	14	15	16	17	—	0	33
民國47 戊戌 1958–59	50 1	18	19	20	21	22	23	24	25	26	27	28	31	2	3	4	5	6	7	8	9	10	11	12	13	14	15	16	17	18	19	1	2
	2	20	21	22	23	24	25	26	27	28	29	30	31	41	2	3	4	5	6	7	8	9	10	11	12	13	14	15	16	17	18	3	32
	3	19	20	21	22	23	24	25	26	27	28	29	30	51	2	3	4	5	6	7	8	9	10	11	12	13	14	15	16	17	18	5	2
	4	19	20	21	22	23	24	25	26	27	28	29	30	31	61	2	3	4	5	6	7	8	9	10	11	12	13	14	15	16	—	0	32
	5	17	18	19	20	21	22	23	24	25	26	27	28	29	30	71	2	3	4	5	6	7	8	9	10	11	12	13	14	15	16	1	1
	6	17	18	19	20	21	22	23	24	25	26	27	28	29	30	31	81	2	3	4	5	6	7	8	9	10	11	12	13	14	—	3	31
	7	15	16	17	18	19	20	21	22	23	24	25	26	27	28	29	30	31	91	2	3	4	5	6	7	8	9	10	11	12	—	4	0
	8	13	14	15	16	17	18	19	20	21	22	23	24	25	26	27	28	29	30	01	2	3	4	5	6	7	8	9	10	11	12	5	29
	9	13	14	15	16	17	18	19	20	21	22	23	24	25	26	27	28	29	30	31	N1	2	3	4	5	6	7	8	9	10	—	0	59
	10	11	12	13	14	15	16	17	18	19	20	21	22	23	24	25	26	27	28	29	30	D1	2	3	4	5	6	7	8	9	10	1	28
	11	11	12	13	14	15	16	17	18	19	20	21	22	23	24	25	26	27	28	29	30	31	11	2	3	4	5	6	7	8	—	3	58
	12	9	10	11	12	13	14	15	16	17	18	19	20	21	22	23	24	25	26	27	28	29	30	31	21	2	3	4	5	6	7	4	27
民國48 己亥 1959–60	2 1	8	9	10	11	12	13	14	15	16	17	18	19	20	21	22	23	24	25	26	27	28	31	2	3	4	5	6	7	8	—	6	57
	2	9	10	11	12	13	14	15	16	17	18	19	20	21	22	23	24	25	26	27	28	29	30	31	41	2	3	4	5	6	7	0	26
	3	8	9	10	11	12	13	14	15	16	17	18	19	20	21	22	23	24	25	26	27	28	29	30	51	2	3	4	5	6	7	2	56
	4	8	9	10	11	12	13	14	15	16	17	18	19	20	21	22	23	24	25	26	27	28	29	30	31	61	2	3	4	5	—	4	26
	5	6	7	8	9	10	11	12	13	14	15	16	17	18	19	20	21	22	23	24	25	26	27	28	29	30	71	2	3	4	5	5	55
	6	6	7	8	9	10	11	12	13	14	15	16	17	18	19	20	21	22	23	24	25	26	27	28	29	30	31	81	2	3	—	0	25
	7	4	5	6	7	8	9	10	11	12	13	14	15	16	17	18	19	20	21	22	23	24	25	26	27	28	29	30	31	91	2	1	54
	8	3	4	5	6	7	8	9	10	11	12	13	14	15	16	17	18	19	20	21	22	23	24	25	26	27	28	29	30	01	—	3	24
	9	2	3	4	5	6	7	8	9	10	11	12	13	14	15	16	17	18	19	20	21	22	23	24	25	26	27	28	29	30	31	4	53
	10	N1	2	3	4	5	6	7	8	9	10	11	12	13	14	15	16	17	18	19	20	21	22	23	24	25	26	27	28	29	—	6	23
	11	30	D1	2	3	4	5	6	7	8	9	10	11	12	13	14	15	16	17	18	19	20	21	22	23	24	25	26	27	28	29	0	52
	12	30	31	11	2	3	4	5	6	7	8	9	10	11	12	13	14	15	16	17	18	19	20	21	22	23	24	25	26	27	—	2	22
民國49 庚子 1960–61	14 1	28	29	30	31	21	2	3	4	5	6	7	8	9	10	11	12	13	14	15	16	17	18	19	20	21	22	23	24	25	26	3	51
	2	27	28	29	31	2	3	4	5	6	7	8	9	10	11	12	13	14	15	16	17	18	19	20	21	22	23	24	25	26	—	5	21
	3	27	28	29	30	31	41	2	3	4	5	6	7	8	9	10	11	12	13	14	15	16	17	18	19	20	21	22	23	24	25	6	50
	4	26	27	28	29	30	51	2	3	4	5	6	7	8	9	10	11	12	13	14	15	16	17	18	19	20	21	22	23	24	—	1	20
	5	25	26	27	28	29	30	31	61	2	3	4	5	6	7	8	9	10	11	12	13	14	15	16	17	18	19	20	21	22	23	2	49
	6	24	25	26	27	28	29	30	71	2	3	4	5	6	7	8	9	10	11	12	13	14	15	16	17	18	19	20	21	22	23	4	19
	6	24	25	26	27	28	29	30	31	81	2	3	4	5	6	7	8	9	10	11	12	13	14	15	16	17	18	19	20	21	—	6	49
	7	22	23	24	25	26	27	28	29	30	31	91	2	3	4	5	6	7	8	9	10	11	12	13	14	15	16	17	18	19	20	0	18
	8	21	22	23	24	25	26	27	28	29	30	01	2	3	4	5	6	7	8	9	10	11	12	13	14	15	16	17	18	19	—	2	48
	9	20	21	22	23	24	25	26	27	28	29	30	31	N1	2	3	4	5	6	7	8	9	10	11	12	13	14	15	16	17	18	3	17
	10	19	20	21	22	23	24	25	26	27	28	29	30	D1	2	3	4	5	6	7	8	9	10	11	12	13	14	15	16	17	—	5	47
	11	18	19	20	21	22	23	24	25	26	27	28	29	30	31	11	2	3	4	5	6	7	8	9	10	11	12	13	14	15	16	6	16
	12	17	18	19	20	21	22	23	24	25	26	27	28	29	30	31	21	2	3	4	5	6	7	8	9	10	11	12	13	14	—	1	46

年序 Year		陰曆月序 Moon	陰曆日序 Order of days (Lunar)																														星期 Week	干支 Cycle
			1	2	3	4	5	6	7	8	9	10	11	12	13	14	15	16	17	18	19	20	21	22	23	24	25	26	27	28	29	30		
民國 50 辛丑 1961-62	26	1	15	16	17	18	19	20	21	22	23	24	25	26	27	28	31	2	3	4	5	6	7	8	9	10	11	12	13	14	15	16	2	15
		2	17	18	19	20	21	22	23	24	25	26	27	28	29	30	31	41	2	3	4	5	6	7	8	9	10	11	12	13	14	—	4	45
		3	15	16	17	18	19	20	21	22	23	24	25	26	27	28	29	30	51	2	3	4	5	6	7	8	9	10	11	12	13	14	5	14
		4	15	16	17	18	19	20	21	22	23	24	25	26	27	28	29	30	31	61	2	3	4	5	6	7	8	9	10	11	12	—	0	44
		5	13	14	15	16	17	18	19	20	21	22	23	24	25	26	27	28	29	30	71	2	3	4	5	6	7	8	9	10	11	12	1	13
		6	13	14	15	16	17	18	19	20	21	22	23	24	25	26	27	28	29	30	31	81	2	3	4	5	6	7	8	9	10	—	3	43
		7	11	12	13	14	15	16	17	18	19	20	21	22	23	24	25	26	27	28	29	30	31	91	2	3	4	5	6	7	8	9	4	12
		8	10	11	12	13	14	15	16	17	18	19	20	21	22	23	24	25	26	27	28	29	30	01	2	3	4	5	6	7	8	9	6	42
		9	10	11	12	13	14	15	16	17	18	19	20	21	22	23	24	25	26	27	28	29	30	31	N1	2	3	4	5	6	7	—	1	12
		10	8	9	10	11	12	13	14	15	16	17	18	19	20	21	22	23	24	25	26	27	28	29	30	D1	2	3	4	5	6	7	2	41
		11	8	9	10	11	12	13	14	15	16	17	18	19	20	21	22	23	24	25	26	27	28	29	30	31	11	2	3	4	5	—	4	11
		12	6	7	8	9	10	11	12	13	14	15	16	17	18	19	20	21	22	23	24	25	26	27	28	29	30	31	21	2	3	4	5	40
民國 51 壬寅 1962-63	38	1	5	6	7	8	9	10	11	12	13	14	15	16	17	18	19	20	21	22	23	24	25	26	27	28	31	2	3	4	5	—	0	10
		2	6	7	8	9	10	11	12	13	14	15	16	17	18	19	20	21	22	23	24	25	26	27	28	29	30	31	41	2	3	4	1	39
		3	5	6	7	8	9	10	11	12	13	14	15	16	17	18	19	20	21	22	23	24	25	26	27	28	29	30	51	2	3	—	3	9
		4	4	5	6	7	8	9	10	11	12	13	14	15	16	17	18	19	20	21	22	23	24	25	26	27	28	29	30	31	61	—	4	38
		5	2	3	4	5	6	7	8	9	10	11	12	13	14	15	16	17	18	19	20	21	22	23	24	25	26	27	28	29	30	71	5	7
		6	2	3	4	5	6	7	8	9	10	11	12	13	14	15	16	17	18	19	20	21	22	23	24	25	26	27	28	29	30	—	0	37
		7	31	81	2	3	4	5	6	7	8	9	10	11	12	13	14	15	16	17	18	19	20	21	22	23	24	25	26	27	28	29	1	6
		8	30	31	91	2	3	4	5	6	7	8	9	10	11	12	13	14	15	16	17	18	19	20	21	22	23	24	25	26	27	28	3	36
		9	29	30	01	2	3	4	5	6	7	8	9	10	11	12	13	14	15	16	17	18	19	20	21	22	23	24	25	26	27	—	5	6
		10	28	29	30	31	N1	2	3	4	5	6	7	8	9	10	11	12	13	14	15	16	17	18	19	20	21	22	23	24	25	26	6	35
		11	27	28	29	30	D1	2	3	4	5	6	7	8	9	10	11	12	13	14	15	16	17	18	19	20	21	22	23	24	25	26	1	5
		12	27	28	29	30	31	11	2	3	4	5	6	7	8	9	10	11	12	13	14	15	16	17	18	19	20	21	22	23	24	—	3	35
民國 52 癸卯 1963-64	50	1	25	26	27	28	29	30	31	21	2	3	4	5	6	7	8	9	10	11	12	13	14	15	16	17	18	19	20	21	22	23	4	4
		2	24	25	26	27	28	31	2	3	4	5	6	7	8	9	10	11	12	13	14	15	16	17	18	19	20	21	22	23	24	—	6	34
		3	25	26	27	28	29	30	31	41	2	3	4	5	6	7	8	9	10	11	12	13	14	15	16	17	18	19	20	21	22	23	0	3
		4	24	25	26	27	28	29	30	51	2	3	4	5	6	7	8	9	10	11	12	13	14	15	16	17	18	19	20	21	22	—	2	33
		4	23	24	25	26	27	28	29	30	31	61	2	3	4	5	6	7	8	9	10	11	12	13	14	15	16	17	18	19	20	—	3	2
		5	21	22	23	24	25	26	27	28	29	30	71	2	3	4	5	6	7	8	9	10	11	12	13	14	15	16	17	18	19	20	4	31
		6	21	22	23	24	25	26	27	28	29	30	31	81	2	3	4	5	6	7	8	9	10	11	12	13	14	15	16	17	18	—	6	1
		7	19	20	21	22	23	24	25	26	27	28	29	30	31	91	2	3	4	5	6	7	8	9	10	11	12	13	14	15	16	17	0	30
		8	18	19	20	21	22	23	24	25	26	27	28	29	30	01	2	3	4	5	6	7	8	9	10	11	12	13	14	15	16	—	2	0
		9	17	18	19	20	21	22	23	24	25	26	27	28	29	30	31	N1	2	3	4	5	6	7	8	9	10	11	12	13	14	15	3	29
		10	16	17	18	19	20	21	22	23	24	25	26	27	28	29	30	D1	2	3	4	5	6	7	8	9	10	11	12	13	14	15	5	59
		11	16	17	18	19	20	21	22	23	24	25	26	27	28	29	30	31	11	2	3	4	5	6	7	8	9	10	11	12	13	14	0	29
		12	15	16	17	18	19	20	21	22	23	24	25	26	27	28	29	30	31	21	2	3	4	5	6	7	8	9	10	11	12	—	2	59
民國 53 甲辰 1964-65	2	1	13	14	15	16	17	18	19	20	21	22	23	24	25	26	27	28	29	31	2	3	4	5	6	7	8	9	10	11	12	13	3	28
		2	14	15	16	17	18	19	20	21	22	23	24	25	26	27	28	29	30	31	41	2	3	4	5	6	7	8	9	10	11	—	5	58
		3	12	13	14	15	16	17	18	19	20	21	22	23	24	25	26	27	28	29	30	51	2	3	4	5	6	7	8	9	10	11	6	27
		4	12	13	14	15	16	17	18	19	20	21	22	23	24	25	26	27	28	29	30	31	61	2	3	4	5	6	7	8	9	—	1	57
		5	10	11	12	13	14	15	16	17	18	19	20	21	22	23	24	25	26	27	28	29	30	71	2	3	4	5	6	7	8	—	2	26
		6	9	10	11	12	13	14	15	16	17	18	19	20	21	22	23	24	25	26	27	28	29	30	31	81	2	3	4	5	6	7	3	55
		7	8	9	10	11	12	13	14	15	16	17	18	19	20	21	22	23	24	25	26	27	28	29	30	31	91	2	3	4	5	—	5	25
		8	6	7	8	9	10	11	12	13	14	15	16	17	18	19	20	21	22	23	24	25	26	27	28	29	30	01	2	3	4	5	6	54
		9	6	7	8	9	10	11	12	13	14	15	16	17	18	19	20	21	22	23	24	25	26	27	28	29	30	31	N1	2	3	—	1	24
		10	4	5	6	7	8	9	10	11	12	13	14	15	16	17	18	19	20	21	22	23	24	25	26	27	28	29	30	D1	2	3	2	53
		11	4	5	6	7	8	9	10	11	12	13	14	15	16	17	18	19	20	21	22	23	24	25	26	27	28	29	30	31	11	2	4	23
		12	3	4	5	6	7	8	9	10	11	12	13	14	15	16	17	18	19	20	21	22	23	24	25	26	27	28	29	30	31	21	6	53
民國 54 乙巳 1965-66	14	1	2	3	4	5	6	7	8	9	10	11	12	13	14	15	16	17	18	19	20	21	22	23	24	25	26	27	28	31	2	—	1	23
		2	3	4	5	6	7	8	9	10	11	12	13	14	15	16	17	18	19	20	21	22	23	24	25	26	27	28	29	30	31	41	2	52
		3	2	3	4	5	6	7	8	9	10	11	12	13	14	15	16	17	18	19	20	21	22	23	24	25	26	27	28	29	30	—	4	22
		4	51	2	3	4	5	6	7	8	9	10	11	12	13	14	15	16	17	18	19	20	21	22	23	24	25	26	27	28	29	30	5	51
		5	31	61	2	3	4	5	6	7	8	9	10	11	12	13	14	15	16	17	18	19	20	21	22	23	24	25	26	27	28	—	0	21
		6	29	30	71	2	3	4	5	6	7	8	9	10	11	12	13	14	15	16	17	18	19	20	21	22	23	24	25	26	27	—	1	50
		7	28	29	30	31	81	2	3	4	5	6	7	8	9	10	11	12	13	14	15	16	17	18	19	20	21	22	23	24	25	26	2	19
		8	27	28	29	30	31	91	2	3	4	5	6	7	8	9	10	11	12	13	14	15	16	17	18	19	20	21	22	23	24	—	4	49
		9	25	26	27	28	29	30	01	2	3	4	5	6	7	8	9	10	11	12	13	14	15	16	17	18	19	20	21	22	23	—	5	18
		10	24	25	26	27	28	29	30	31	N1	2	3	4	5	6	7	8	9	10	11	12	13	14	15	16	17	18	19	20	21	22	6	47
		11	23	24	25	26	27	28	29	80	D1	2	3	4	5	6	7	8	9	10	11	12	13	14	15	16	17	18	19	20	21	22	1	17
		12	23	24	25	26	27	28	29	30	31	11	2	3	4	5	6	7	8	9	10	11	12	13	14	15	16	17	18	19	20	—	3	47

年序 Year	陰曆月序 Moon	陰曆日序 Order of days (Lunar) 1 2 3 4 5	6 7 8 9 10	11 12 13 14 15	16 17 18 19 20	21 22 23 24 25	26 27 28 29 30	星期 Week	干支 Cycle
民國55丙午 1966–67	26 1	21 22 23 24 25	26 27 28 29 30	31 21 2 3 4	5 6 7 8 9	10 11 12 13 14	15 16 17 18 19	4	16
	2	20 21 22 23 24	25 26 27 28 31	2 3 4 5 6	7 8 9 10 11	12 13 14 15 16	17 18 19 20 21	6	46
	3	22 23 24 25 26	27 28 29 30 31	41 2 3 4 5	6 7 8 9 10	11 12 13 14 15	16 17 18 19 20	1	16
	3	21 22 23 24 25	26 27 28 29 30	51 2 3 4 5	6 7 8 9 10	11 12 13 14 15	16 17 18 19 —	3	46
	4	20 21 22 23 24	25 26 27 28 29	30 31 61 2 3	4 5 6 7 8	9 10 11 12 13	14 15 16 17 18	4	15
	5	19 20 21 22 23	24 25 26 27 28	29 30 71 2 3	4 5 6 7 8	9 10 11 12 13	14 15 16 17 —	6	45
	6	18 19 20 21 22	23 24 25 26 27	28 29 30 31 81	2 3 4 5 6	7 8 9 10 11	12 13 14 15 —	0	14
	7	16 17 18 19 20	21 22 23 24 25	26 27 28 29 30	31 91 2 3 4	5 6 7 8 9	10 11 12 13 14	1	43
	8	15 16 17 18 19	20 21 22 23 24	25 26 27 28 29	30 01 2 3 4	5 6 7 8 9	10 11 12 13 —	3	13
	9	14 15 16 17 18	19 20 21 22 23	24 25 26 27 28	29 30 31 N1 2	3 4 5 6 7	8 9 10 11 —	4	42
	10	12 13 14 15 16	17 18 19 20 21	22 23 24 25 26	27 28 29 30 D1	2 3 4 5 6	7 8 9 10 11	5	11
	11	12 13 14 15 16	17 18 19 20 21	22 23 24 25 26	27 28 29 30 31	11 2 3 4 5	6 7 8 9 10	0	41
	12	11 12 13 14 15	16 17 18 19 20	21 22 23 24 25	26 27 28 29 30	31 21 2 3 4	5 6 7 8 —	2	11
民國56丁未 1967–68	38 1	9 10 11 12 13	14 15 16 17 18	19 20 21 22 23	24 25 26 27 28	31 2 3 4 5	6 7 8 9 10	3	40
	2	11 12 13 14 15	16 17 18 19 20	21 22 23 24 25	26 27 28 29 30	31 41 2 3 4	5 6 7 8 9	5	10
	3	10 11 12 13 14	15 16 17 18 19	20 21 22 23 24	25 26 27 28 29	30 51 2 3 4	5 6 7 8 —	0	40
	4	9 10 11 12 13	14 15 16 17 18	19 20 21 22 23	24 25 26 27 28	29 30 31 61 2	3 4 5 6 7	1	9
	5	8 9 10 11 12	13 14 15 16 17	18 19 20 21 22	23 24 25 26 27	28 29 30 71 2	3 4 5 6 7	3	39
	6	8 9 10 11 12	13 14 15 16 17	18 19 20 21 22	23 24 25 26 27	28 29 30 31 81	2 3 4 5 —	5	9
	7	6 7 8 9 10	11 12 13 14 15	16 17 18 19 20	21 22 23 24 25	26 27 28 29 30	31 91 2 3 —	6	38
	8	4 5 6 7 8	9 10 11 12 13	14 15 16 17 18	19 20 21 22 23	24 25 26 27 28	29 30 01 2 3	0	7
	9	4 5 6 7 8	9 10 11 12 13	14 15 16 17 18	19 20 21 22 23	24 25 26 27 28	29 30 31 N1 —	2	37
	10	2 3 4 5 6	7 8 9 10 11	12 13 14 15 16	17 18 19 20 21	22 23 24 25 26	27 28 29 30 D1	3	6
	11	2 3 4 5 6	7 8 9 10 11	12 13 14 15 16	17 18 19 20 21	22 23 24 25 26	27 28 29 30 —	5	36
	12	31 11 2 3 4	5 6 7 8 9	10 11 12 13 14	15 16 17 18 19	20 21 22 23 24	25 26 27 28 29	6	5
民國57戊申 1968–69	50 1	30 31 21 2 3	4 5 6 7 8	9 10 11 12 13	14 15 16 17 18	19 20 21 22 23	24 25 26 27 —	1	35
	2	28 29 31 2 3	4 5 6 7 8	9 10 11 12 13	14 15 16 17 18	19 20 21 22 23	24 25 26 27 28	2	4
	3	29 30 31 41 2	3 4 5 6 7	8 9 10 11 12	13 14 15 16 17	18 19 20 21 22	23 24 25 26 —	4	34
	4	27 28 29 30 51	2 3 4 5 6	7 8 9 10 11	12 13 14 15 16	17 18 19 20 21	22 23 24 25 26	5	3
	5	27 28 29 30 31	61 2 3 4 5	6 7 8 9 10	11 12 13 14 15	16 17 18 19 20	21 22 23 24 25	0	33
	6	26 27 28 29 30	71 2 3 4 5	6 7 8 9 10	11 12 13 14 15	16 17 18 19 20	21 22 23 24 —	2	3
	7	25 26 27 28 29	30 31 81 2 3	4 5 6 7 8	9 10 11 12 13	14 15 16 17 18	19 20 21 22 23	3	32
	7	24 25 26 27 28	29 30 31 91 2	3 4 5 6 7	8 9 10 11 12	13 14 15 16 17	18 19 20 21 —	5	2
	8	22 23 24 25 26	27 28 29 30 01	2 3 4 5 6	7 8 9 10 11	12 13 14 15 16	17 18 19 20 21	6	31
	9	22 23 24 25 26	27 28 29 30 31	N1 2 3 4 5	6 7 8 9 10	11 12 13 14 15	16 17 18 19 —	1	1
	10	20 21 22 23 24	25 26 27 28 29	30 D1 2 3 4	5 6 7 8 9	10 11 12 13 14	15 16 17 18 19	2	30
	11	20 21 22 23 24	25 26 27 28 29	30 31 11 2 3	4 5 6 7 8	9 10 11 12 13	14 15 16 17 —	4	0
	12	18 19 20 21 22	23 24 25 26 27	28 29 30 31 21	2 3 4 5 6	7 8 9 10 11	12 13 14 15 16	5	29
民國58己酉 1969–70	2 1	17 18 19 20 21	22 23 24 25 26	27 28 31 2 3	4 5 6 7 8	9 10 11 12 13	14 15 16 17 —	0	59
	2	18 19 20 21 22	23 24 25 26 27	28 29 30 31 41	2 3 4 5 6	7 8 9 10 11	12 13 14 15 16	1	28
	3	17 18 19 20 21	22 23 24 25 26	27 28 29 30 51	2 3 4 5 6	7 8 9 10 11	12 13 14 15 —	3	58
	4	16 17 18 19 20	21 22 23 24 25	26 27 28 29 30	31 61 2 3 4	5 6 7 8 9	10 11 12 13 14	4	27
	5	15 16 17 18 19	20 21 22 23 24	25 26 27 28 29	30 71 2 3 4	5 6 7 8 9	10 11 12 13 —	6	57
	6	14 15 16 17 18	19 20 21 22 23	24 25 26 27 28	29 30 31 81 2	3 4 5 6 7	8 9 10 11 12	0	26
	7	13 14 15 16 17	18 19 20 21 22	23 24 25 26 27	28 29 30 31 91	2 3 4 5 6	7 8 9 10 11	2	56
	8	12 13 14 15 16	17 18 19 20 21	22 23 24 25 26	27 28 29 30 01	2 3 4 5 6	7 8 9 10 —	4	26
	9	11 12 13 14 15	16 17 18 19 20	21 22 23 24 25	26 27 28 29 30	31 N1 2 3 4	5 6 7 8 9	5	55
	10	10 11 12 13 14	15 16 17 18 19	20 21 22 23 24	25 26 27 28 29	30 D1 2 3 4	5 6 7 8 —	0	25
	11	9 10 11 12 13	14 15 16 17 18	19 20 21 22 23	24 25 26 27 28	29 30 31 11 2	3 4 5 6 7	1	54
	12	8 9 10 11 12	13 14 15 16 17	18 19 20 21 22	23 24 25 26 27	28 29 30 31 21	2 3 4 5 —	3	24
民國59庚戌 1970–71	14 1	6 7 8 9 10	11 12 13 14 15	16 17 18 19 20	21 22 23 24 25	26 27 28 31 2	3 4 5 6 7	4	53
	2	8 9 10 11 12	13 14 15 16 17	18 19 20 21 22	23 24 25 26 27	28 29 30 31 41	2 3 4 5 —	6	23
	3	6 7 8 9 10	11 12 13 14 15	16 17 18 19 20	21 22 23 24 25	26 27 28 29 30	51 2 3 4 —	0	52
	4	5 6 7 8 9	10 11 12 13 14	15 16 17 18 19	20 21 22 23 24	25 26 27 28 29	30 31 61 2 3	1	21
	5	4 5 6 7 8	9 10 11 12 13	14 15 16 17 18	19 20 21 22 23	24 25 26 27 28	29 30 71 2 —	3	51
	6	3 4 5 6 7	8 9 10 11 12	13 14 15 16 17	18 19 20 21 22	23 24 25 26 27	28 29 30 31 81	4	20
	7	2 3 4 5 6	7 8 9 10 11	12 13 14 15 16	17 18 19 20 21	22 23 24 25 26	27 28 29 30 31	6	50
	8	91 2 3 4 5	6 7 8 9 10	11 12 13 14 15	16 17 18 19 20	21 22 23 24 25	26 27 28 29 —	1	20
	9	30 01 2 3 4	5 6 7 8 9	10 11 12 13 14	15 16 17 18 19	20 21 22 23 24	25 26 27 28 29	2	49
	10	30 31 N1 2 3	4 5 6 7 8	9 10 11 12 13	14 15 16 17 18	19 20 21 22 23	24 25 26 27 28	4	19
	11	29 30 D1 2 3	4 5 6 7 8	9 10 11 12 13	14 15 16 17 18	19 20 21 22 23	24 25 26 27 —	6	49
	12	28 29 30 31 11	2 3 4 5 6	7 8 9 10 11	12 13 14 15 16	17 18 19 20 21	22 23 24 25 26	0	18

年序 Year	陰曆月序 Moon	陰曆日序 Order of days (Lunar)																														星期 Week	干支 Cycle
		1	2	3	4	5	6	7	8	9	10	11	12	13	14	15	16	17	18	19	20	21	22	23	24	25	26	27	28	29	30		
民國60辛亥 1971–72	26 1	27	28	29	30	31	21	2	3	4	5	6	7	8	9	10	11	12	13	14	15	16	17	18	19	20	21	22	23	24	—	2	48
	2	25	26	27	28	31	2	3	4	5	6	7	8	9	10	11	12	13	14	15	16	17	18	19	20	21	22	23	24	25	26	3	17
	3	27	28	29	30	31	41	2	3	4	5	6	7	8	9	10	11	12	13	14	15	16	17	18	19	20	21	22	23	24	—	5	47
	4	25	26	27	28	29	30	51	2	3	4	5	6	7	8	9	10	11	12	13	14	15	16	17	18	19	20	21	22	23	—	6	16
	5	24	25	26	27	28	29	30	31	61	2	3	4	5	6	7	8	9	10	11	12	13	14	15	16	17	18	19	20	21	22	0	45
	5	23	24	25	26	27	28	29	30	71	2	3	4	5	6	7	8	9	10	11	12	13	14	15	16	17	18	19	20	21	—	2	15
	6	22	23	24	25	26	27	28	29	30	31	81	2	3	4	5	6	7	8	9	10	11	12	13	14	15	16	17	18	19	20	3	44
	7	21	22	23	24	25	26	27	28	29	30	31	91	2	3	4	5	6	7	8	9	10	11	12	13	14	15	16	17	18	—	5	14
	8	19	20	21	22	23	24	25	26	27	28	29	30	01	2	3	4	5	6	7	8	9	10	11	12	13	14	15	16	17	18	6	43
	9	19	20	21	22	23	24	25	26	27	28	29	30	31	N1	2	3	4	5	6	7	8	9	10	11	12	13	14	15	16	17	1	13
	10	18	19	20	21	22	23	24	25	26	27	28	29	30	D1	2	3	4	5	6	7	8	9	10	11	12	13	14	15	16	17	3	43
	11	18	19	20	21	22	23	24	25	26	27	28	29	30	31	11	2	3	4	5	6	7	8	9	10	11	12	13	14	15	—	5	13
	12	16	17	18	19	20	21	22	23	24	25	26	27	28	29	30	31	21	2	3	4	5	6	7	8	9	10	11	12	13	14	6	42
民國61壬子 1972–73	38 1	15	16	17	18	19	20	21	22	23	24	25	26	27	28	29	31	2	3	4	5	6	7	8	9	10	11	12	13	14	—	1	12
	2	15	16	17	18	19	20	21	22	23	24	25	26	27	28	29	30	31	41	2	3	4	5	6	7	8	9	10	11	12	13	2	41
	3	14	15	16	17	18	19	20	21	22	23	24	25	26	27	28	29	30	51	2	3	4	5	6	7	8	9	10	11	12	—	4	11
	4	13	14	15	16	17	18	19	20	21	22	23	24	25	26	27	28	29	30	31	61	2	3	4	5	6	7	8	9	10	—	5	40
	5	11	12	13	14	15	16	17	18	19	20	21	22	23	24	25	26	27	28	29	30	71	2	3	4	5	6	7	8	9	10	6	9
	6	11	12	13	14	15	16	17	18	19	20	21	22	23	24	25	26	27	28	29	30	31	81	2	3	4	5	6	7	8	—	1	39
	7	9	10	11	12	13	14	15	16	17	18	19	20	21	22	23	24	25	26	27	28	29	30	31	91	2	3	4	5	6	7	2	8
	8	8	9	10	11	12	13	14	15	16	17	18	19	20	21	22	23	24	25	26	27	28	29	30	01	2	3	4	5	6	—	4	38
	9	7	8	9	10	11	12	13	14	15	16	17	18	19	20	21	22	23	24	25	26	27	28	29	30	31	N1	2	3	4	5	5	7
	10	6	7	8	9	10	11	12	13	14	15	16	17	18	19	20	21	22	23	24	25	26	27	28	29	30	D1	2	3	4	5	0	37
	11	6	7	8	9	10	11	12	13	14	15	16	17	18	19	20	21	22	23	24	25	26	27	28	29	30	31	11	2	3	—	2	7
	12	4	5	6	7	8	9	10	11	12	13	14	15	16	17	18	19	20	21	22	23	24	25	26	27	28	29	30	31	21	2	3	36
民國62癸丑 1973–74	50 1	3	4	5	6	7	8	9	10	11	12	13	14	15	16	17	18	19	20	21	22	23	24	25	26	27	28	31	2	3	4	5	6
	2	5	6	7	8	9	10	11	12	13	14	15	16	17	18	19	20	21	22	23	24	25	26	27	28	29	30	31	41	2	—	0	36
	3	3	4	5	6	7	8	9	10	11	12	13	14	15	16	17	18	19	20	21	22	23	24	25	26	27	28	29	30	51	2	1	5
	4	3	4	5	6	7	8	9	10	11	12	13	14	15	16	17	18	19	20	21	22	23	24	25	26	27	28	29	30	31	—	3	35
	5	61	2	3	4	5	6	7	8	9	10	11	12	13	14	15	16	17	18	19	20	21	22	23	24	25	26	27	28	29	—	4	4
	6	30	71	2	3	4	5	6	7	8	9	10	11	12	13	14	15	16	17	18	19	20	21	22	23	24	25	26	27	28	29	5	33
	7	30	31	81	2	3	4	5	6	7	8	9	10	11	12	13	14	15	16	17	18	19	20	21	22	23	24	25	26	27	—	0	3
	8	28	29	30	31	91	2	3	4	5	6	7	8	9	10	11	12	13	14	15	16	17	18	19	20	21	22	23	24	25	—	1	32
	9	26	27	28	29	30	01	2	3	4	5	6	7	8	9	10	11	12	13	14	15	16	17	18	19	20	21	22	23	24	25	2	1
	10	26	27	28	29	30	31	N1	2	3	4	5	6	7	8	9	10	11	12	13	14	15	16	17	18	19	20	21	22	23	24	4	31
	11	25	26	27	28	29	30	D1	2	3	4	5	6	7	8	9	10	11	12	13	14	15	16	17	18	19	20	21	22	23	—	6	1
	12	24	25	26	27	28	29	30	31	11	2	3	4	5	6	7	8	9	10	11	12	13	14	15	16	17	18	19	20	21	22	0	30
民國63甲寅 1974–75	2 1	23	24	25	26	27	28	29	30	31	21	2	3	4	5	6	7	8	9	10	11	12	13	14	15	16	17	18	19	20	21	2	0
	2	22	23	24	25	26	27	28	31	2	3	4	5	6	7	8	9	10	11	12	13	14	15	16	17	18	19	20	21	22	23	4	30
	3	24	25	26	27	28	29	30	31	41	2	3	4	5	6	7	8	9	10	11	12	13	14	15	16	17	18	19	20	21	—	6	0
	4	22	23	24	25	26	27	28	29	30	51	2	3	4	5	6	7	8	9	10	11	12	13	14	15	16	17	18	19	20	21	0	29
	4	22	23	24	25	26	27	28	29	30	31	61	2	3	4	5	6	7	8	9	10	11	12	13	14	15	16	17	18	19	—	2	59
	5	20	21	22	23	24	25	26	27	28	29	30	71	2	3	4	5	6	7	8	9	10	11	12	13	14	15	16	17	18	—	3	28
	6	19	20	21	22	23	24	25	26	27	28	29	30	31	81	2	3	4	5	6	7	8	9	10	11	12	13	14	15	16	17	4	57
	7	18	19	20	21	22	23	24	25	26	27	28	29	30	31	91	2	3	4	5	6	7	8	9	10	11	12	13	14	15	—	6	27
	8	16	17	18	19	20	21	22	23	24	25	26	27	28	29	30	01	2	3	4	5	6	7	8	9	10	11	12	13	14	—	0	56
	9	15	16	17	18	19	20	21	22	23	24	25	26	27	28	29	30	31	N1	2	3	4	5	6	7	8	9	10	11	12	13	1	25
	10	14	15	16	17	18	19	20	21	22	23	24	25	26	27	28	29	30	D1	2	3	4	5	6	7	8	9	10	11	12	13	3	55
	11	14	15	16	17	18	19	20	21	22	23	24	25	26	27	28	29	30	31	11	2	3	4	5	6	7	8	9	10	11	—	5	25
	12	12	13	14	15	16	17	18	19	20	21	22	23	24	25	26	27	28	29	30	31	21	2	3	4	5	6	7	8	9	10	6	54
民國64乙卯 1975–76	14 1	11	12	13	14	15	16	17	18	19	20	21	22	23	24	25	26	27	28	31	2	3	4	5	6	7	8	9	10	11	12	1	24
	2	13	14	15	16	17	18	19	20	21	22	23	24	25	26	27	28	29	30	31	41	2	3	4	5	6	7	8	9	10	11	3	54
	3	12	13	14	15	16	17	18	19	20	21	22	23	24	25	26	27	28	29	30	51	2	3	4	5	6	7	8	9	10	—	5	24
	4	11	12	13	14	15	16	17	18	19	20	21	22	23	24	25	26	27	28	29	30	31	61	2	3	4	5	6	7	8	9	6	53
	5	10	11	12	13	14	15	16	17	18	19	20	21	22	23	24	25	26	27	28	29	30	71	2	3	4	5	6	7	8	—	1	23
	6	9	10	11	12	13	14	15	16	17	18	19	20	21	22	23	24	25	26	27	28	29	30	31	81	2	3	4	5	6	—	2	52
	7	7	8	9	10	11	12	13	14	15	16	17	18	19	20	21	22	23	24	25	26	27	28	29	30	31	91	2	3	4	5	3	21
	8	6	7	8	9	10	11	12	13	14	15	16	17	18	19	20	21	22	23	24	25	26	27	28	29	30	01	2	3	4	—	5	51
	9	5	6	7	8	9	10	11	12	13	14	15	16	17	18	19	20	21	22	23	24	25	26	27	28	29	30	31	N1	2	—	6	20
	10	3	4	5	6	7	8	9	10	11	12	13	14	15	16	17	18	19	20	21	22	23	24	25	26	27	28	29	30	D1	2	0	49
	11	3	4	5	6	7	8	9	10	11	12	13	14	15	16	17	18	19	20	21	22	23	24	25	26	27	28	29	30	31	—	2	19
	12	11	2	3	4	5	6	7	8	9	10	11	12	13	14	15	16	17	18	19	20	21	22	23	24	25	26	27	28	29	30	3	48

年序 Year	陰曆月序 Moon	1	2	3	4	5	6	7	8	9	10	11	12	13	14	15	16	17	18	19	20	21	22	23	24	25	26	27	28	29	30	星期 Week	干支 Cycle
民國65丙辰 1976–77	26 1	31	21	2	3	4	5	6	7	8	9	10	11	12	13	14	15	16	17	18	19	20	21	22	23	24	25	26	27	28	29	5	18
	2	31	2	3	4	5	6	7	8	9	10	11	12	13	14	15	16	17	18	19	20	21	22	23	24	25	26	27	28	29	30	0	48
	3	31	41	2	3	4	5	6	7	8	9	10	11	12	13	14	15	16	17	18	19	20	21	22	23	24	25	26	27	28	—	2	18
	4	29	30	51	2	3	4	5	6	7	8	9	10	11	12	13	14	15	16	17	18	19	20	21	22	23	24	25	26	27	28	3	47
	5	29	30	31	61	2	3	4	5	6	7	8	9	10	11	12	13	14	15	16	17	18	19	20	21	22	23	24	25	26	—	5	17
	6	27	28	29	30	71	2	3	4	5	6	7	8	9	10	11	12	13	14	15	16	17	18	19	20	21	22	23	24	25	26	6	46
	7	27	28	29	30	31	81	2	3	4	5	6	7	8	9	10	11	12	13	14	15	16	17	18	19	20	21	22	23	24	—	1	16
	8	25	26	27	28	29	30	31	91	2	3	4	5	6	7	8	9	10	11	12	13	14	15	16	17	18	19	20	21	22	23	2	45
	8	24	25	26	27	28	29	30	O1	2	3	4	5	6	7	8	9	10	11	12	13	14	15	16	17	18	19	20	21	22	—	4	15
	9	23	24	25	26	27	28	29	30	31	N1	2	3	4	5	6	7	8	9	10	11	12	13	14	15	16	17	18	19	20	—	5	44
	10	21	22	23	24	25	26	27	28	29	30	D1	2	3	4	5	6	7	8	9	10	11	12	13	14	15	16	17	18	19	20	6	13
	11	21	22	23	24	25	26	27	28	29	30	31	11	2	3	4	5	6	7	8	9	10	11	12	13	14	15	16	17	18	—	1	43
	12	19	20	21	22	23	24	25	26	27	28	29	30	31	21	2	3	4	5	6	7	8	9	10	11	12	13	14	15	16	17	2	12
民國66丁巳 1977–78	38 1	18	19	20	21	22	23	24	25	26	27	28	31	2	3	4	5	6	7	8	9	10	11	12	13	14	15	16	17	18	19	4	42
	2	20	21	22	23	24	25	26	27	28	29	30	31	41	2	3	4	5	6	7	8	9	10	11	12	13	14	15	16	17	—	6	12
	3	18	19	20	21	22	23	24	25	26	27	28	29	30	51	2	3	4	5	6	7	8	9	10	11	12	13	14	15	16	17	0	41
	4	18	19	20	21	22	23	24	25	26	27	28	29	30	31	61	2	3	4	5	6	7	8	9	10	11	12	13	14	15	16	2	11
	5	17	18	19	20	21	22	23	24	25	26	27	28	29	30	71	2	3	4	5	6	7	8	9	10	11	12	13	14	15	—	4	41
	6	16	17	18	19	20	21	22	23	24	25	26	27	28	29	30	31	81	2	3	4	5	6	7	8	9	10	11	12	13	14	5	10
	7	15	16	17	18	19	20	21	22	23	24	25	26	27	28	29	30	31	91	2	3	4	5	6	7	8	9	10	11	12	—	0	40
	8	13	14	15	16	17	18	19	20	21	22	23	24	25	26	27	28	29	30	O1	2	3	4	5	6	7	8	9	10	11	12	1	9
	9	13	14	15	16	17	18	19	20	21	22	23	24	25	26	27	28	29	30	31	N1	2	3	4	5	6	7	8	9	10	—	3	39
	10	11	12	13	14	15	16	17	18	19	20	21	22	23	24	25	26	27	28	29	30	D1	2	3	4	5	6	7	8	9	10	4	8
	11	11	12	13	14	15	16	17	18	19	20	21	22	23	24	25	26	27	28	29	30	31	11	2	3	4	5	6	7	8	—	6	38
	12	9	10	11	12	13	14	15	16	17	18	19	20	21	22	23	24	25	26	27	28	29	30	31	21	2	3	4	5	6	—	0	7
民國67戊午 1978–79	50 1	7	8	9	10	11	12	13	14	15	16	17	18	19	20	21	22	23	24	25	26	27	28	31	2	3	4	5	6	7	8	1	36
	2	9	10	11	12	13	14	15	16	17	18	19	20	21	22	23	24	25	26	27	28	29	30	31	41	2	3	4	5	6	—	3	6
	3	7	8	9	10	11	12	13	14	15	16	17	18	19	20	21	22	23	24	25	26	27	28	29	30	51	2	3	4	5	6	4	35
	4	7	8	9	10	11	12	13	14	15	16	17	18	19	20	21	22	23	24	25	26	27	28	29	30	31	61	2	3	4	5	6	5
	5	6	7	8	9	10	11	12	13	14	15	16	17	18	19	20	21	22	23	24	25	26	27	28	29	30	71	2	3	4	—	1	35
	6	5	6	7	8	9	10	11	12	13	14	15	16	17	18	19	20	21	22	23	24	25	26	27	28	29	30	31	81	2	3	2	4
	7	4	5	6	7	8	9	10	11	12	13	14	15	16	17	18	19	20	21	22	23	24	25	26	27	28	29	30	31	91	—	4	34
	8	2	3	4	5	6	7	8	9	10	11	12	13	14	15	16	17	18	19	20	21	22	23	24	25	26	27	28	29	30	O1	5	3
	9	2	3	4	5	6	7	8	9	10	11	12	13	14	15	16	17	18	19	20	21	22	23	24	25	26	27	28	29	30	31	0	33
	10	N1	2	3	4	5	6	7	8	9	10	11	12	13	14	15	16	17	18	19	20	21	22	23	24	25	26	27	28	29	—	2	3
	11	30	D1	2	3	4	5	6	7	8	9	10	11	12	13	14	15	16	17	18	19	20	21	22	23	24	25	26	27	28	29	3	32
	12	30	31	11	2	3	4	5	6	7	8	9	10	11	12	13	14	15	16	17	18	19	20	21	22	23	24	25	26	27	—	5	2
民國68己未 1979–80	2 1	28	29	30	31	21	2	3	4	5	6	7	8	9	10	11	12	13	14	15	16	17	18	19	20	21	22	23	24	25	26	6	31
	2	27	28	31	2	3	4	5	6	7	8	9	10	11	12	13	14	15	16	17	18	19	20	21	22	23	24	25	26	27	—	1	1
	3	28	29	30	31	41	2	3	4	5	6	7	8	9	10	11	12	13	14	15	16	17	18	19	20	21	22	23	24	25	—	2	30
	4	26	27	28	29	30	51	2	3	4	5	6	7	8	9	10	11	12	13	14	15	16	17	18	19	20	21	22	23	24	25	3	59
	5	26	27	28	29	30	31	61	2	3	4	5	6	7	8	9	10	11	12	13	14	15	16	17	18	19	20	21	22	23	—	5	29
	6	24	25	26	27	28	29	30	71	2	3	4	5	6	7	8	9	10	11	12	13	14	15	16	17	18	19	20	21	22	23	6	58
	6	24	25	26	27	28	29	30	31	81	2	3	4	5	6	7	8	9	10	11	12	13	14	15	16	17	18	19	20	21	22	1	28
	7	23	24	25	26	27	28	29	30	31	91	2	3	4	5	6	7	8	9	10	11	12	13	14	15	16	17	18	19	20	—	3	58
	8	21	22	23	24	25	26	27	28	29	30	O1	2	3	4	5	6	7	8	9	10	11	12	13	14	15	16	17	18	19	20	4	27
	9	21	22	23	24	25	26	27	28	29	30	31	N1	2	3	4	5	6	7	8	9	10	11	12	13	14	15	16	17	18	19	6	57
	10	20	21	22	23	24	25	26	27	28	29	30	D1	2	3	4	5	6	7	8	9	10	11	12	13	14	15	16	17	18	—	1	27
	11	19	20	21	22	23	24	25	26	27	28	29	30	31	11	2	3	4	5	6	7	8	9	10	11	12	13	14	15	16	17	2	56
	12	18	19	20	21	22	23	24	25	26	27	28	29	30	31	21	2	3	4	5	6	7	8	9	10	11	12	13	14	15	—	4	26
民國69庚申 1980–81	14 1	16	17	18	19	20	21	22	23	24	25	26	27	28	29	31	2	3	4	5	6	7	8	9	10	11	12	13	14	15	16	5	55
	2	17	18	19	20	21	22	23	24	25	26	27	28	29	30	31	41	2	3	4	5	6	7	8	9	10	11	12	13	14	—	0	25
	3	15	16	17	18	19	20	21	22	23	24	25	26	27	28	29	30	51	2	3	4	5	6	7	8	9	10	11	12	13	—	1	54
	4	14	15	16	17	18	19	20	21	22	23	24	25	26	27	28	29	30	31	61	2	3	4	5	6	7	8	9	10	11	12	2	23
	5	13	14	15	16	17	18	19	20	21	22	23	24	25	26	27	28	29	30	71	2	3	4	5	6	7	8	9	10	11	—	4	53
	6	12	13	14	15	16	17	18	19	20	21	22	23	24	25	26	27	28	29	30	31	81	2	3	4	5	6	7	8	9	10	5	22
	7	11	12	13	14	15	16	17	18	19	20	21	22	23	24	25	26	27	28	29	30	31	91	2	3	4	5	6	7	8	—	0	52
	8	9	10	11	12	13	14	15	16	17	18	19	20	21	22	23	24	25	26	27	28	29	30	O1	2	3	4	5	6	7	8	1	21
	9	9	10	11	12	13	14	15	16	17	18	19	20	21	22	23	24	25	26	27	28	29	30	31	N1	2	3	4	5	6	7	3	51
	10	8	9	10	11	12	13	14	15	16	17	18	19	20	21	22	23	24	25	26	27	28	29	30	D1	2	3	4	5	6	—	5	21
	11	7	8	9	10	11	12	13	14	15	16	17	18	19	20	21	22	23	24	25	26	27	28	29	30	31	11	2	3	4	5	6	50
	12	6	7	8	9	10	11	12	13	14	15	16	17	18	19	20	21	22	23	24	25	26	27	28	29	30	31	21	2	3	4	1	20

年序 Year	陰曆月序 Moon	1	2	3	4	5	6	7	8	9	10	11	12	13	14	15	16	17	18	19	20	21	22	23	24	25	26	27	28	29	30	星期 Week	干支 Cycle
民國 70 辛酉 1981–82	26 1	5	6	7	8	9	10	11	12	13	14	15	16	17	18	19	20	21	22	23	24	25	26	27	28	31	2	3	4	5	—	3	50
	2	6	7	8	9	10	11	12	13	14	15	16	17	18	19	20	21	22	23	24	25	26	27	28	29	30	31	41	2	3	4	4	19
	3	5	6	7	8	9	10	11	12	13	14	15	16	17	18	19	20	21	22	23	24	25	26	27	28	29	30	51	2	3	—	6	49
	4	4	5	6	7	8	9	10	11	12	13	14	15	16	17	18	19	20	21	22	23	24	25	26	27	28	29	30	31	61	—	0	18
	5	2	3	4	5	6	7	8	9	10	11	12	13	14	15	16	17	18	19	20	21	22	23	24	25	26	27	28	29	30	71	1	47
	6	2	3	4	5	6	7	8	9	10	11	12	13	14	15	16	17	18	19	20	21	22	23	24	25	26	27	28	29	30	—	3	17
	7	31	81	2	3	4	5	6	7	8	9	10	11	12	13	14	15	16	17	18	19	20	21	22	23	24	25	26	27	28	—	4	46
	8	29	30	31	91	2	3	4	5	6	7	8	9	10	11	12	13	14	15	16	17	18	19	20	21	22	23	24	25	26	27	5	15
	9	28	29	30	01	2	3	4	5	6	7	8	9	10	11	12	13	14	15	16	17	18	19	20	21	22	23	24	25	26	27	0	45
	10	28	29	30	31	N1	2	3	4	5	6	7	8	9	10	11	12	13	14	15	16	17	18	19	20	21	22	23	24	25	—	2	15
	11	26	27	28	29	30	D1	2	3	4	5	6	7	8	9	10	11	12	13	14	15	16	17	18	19	20	21	22	23	24	25	3	44
	12	26	27	28	29	30	31	11	2	3	4	5	6	7	8	9	10	11	12	13	14	15	16	17	18	19	20	21	22	23	24	5	14
民國 71 壬戌 1982–83	38 1	25	26	27	28	29	30	31	21	2	3	4	5	6	7	8	9	10	11	12	13	14	15	16	17	18	19	20	21	22	23	0	44
	2	24	25	26	27	28	31	2	3	4	5	6	7	8	9	10	11	12	13	14	15	16	17	18	19	20	21	22	23	24	—	2	14
	3	25	26	27	28	29	30	31	41	2	3	4	5	6	7	8	9	10	11	12	13	14	15	16	17	18	19	20	21	22	23	3	43
	4	24	25	26	27	28	29	30	51	2	3	4	5	6	7	8	9	10	11	12	13	14	15	16	17	18	19	20	21	22	—	5	13
	4	23	24	25	26	27	28	29	30	31	61	2	3	4	5	6	7	8	9	10	11	12	13	14	15	16	17	18	19	20	—	6	42
	5	21	22	23	24	25	26	27	28	29	30	71	2	3	4	5	6	7	8	9	10	11	12	13	14	15	16	17	18	19	20	0	11
	6	21	22	23	24	25	26	27	28	29	30	31	81	2	3	4	5	6	7	8	9	10	11	12	13	14	15	16	17	18	—	2	41
	7	19	20	21	22	23	24	25	26	27	28	29	30	31	91	2	3	4	5	6	7	8	9	10	11	12	13	14	15	16	—	3	10
	8	17	18	19	20	21	22	23	24	25	26	27	28	29	30	01	2	3	4	5	6	7	8	9	10	11	12	13	14	15	16	4	39
	9	17	18	19	20	21	22	23	24	25	26	27	28	29	30	31	N1	2	3	4	5	6	7	8	9	10	11	12	13	14	—	6	9
	10	15	16	17	18	19	20	21	22	23	24	25	26	27	28	29	30	D1	2	3	4	5	6	7	8	9	10	11	12	13	14	0	38
	11	15	16	17	18	19	20	21	22	23	24	25	26	27	28	29	30	31	11	2	3	4	5	6	7	8	9	10	11	12	13	2	8
	12	14	15	16	17	18	19	20	21	22	23	24	25	26	27	28	29	30	31	21	2	3	4	5	6	7	8	9	10	11	12	4	38
民國 72 癸亥 1983–84	50 1	13	14	15	16	17	18	19	20	21	22	23	24	25	26	27	28	31	2	3	4	5	6	7	8	9	10	11	12	13	14	6	8
	2	15	16	17	18	19	20	21	22	23	24	25	26	27	28	29	30	31	41	2	3	4	5	6	7	8	9	10	11	12	—	1	38
	3	13	14	15	16	17	18	19	20	21	22	23	24	25	26	27	28	29	30	51	2	3	4	5	6	7	8	9	10	11	12	2	7
	4	13	14	15	16	17	18	19	20	21	22	23	24	25	26	27	28	29	30	31	61	2	3	4	5	6	7	8	9	10	—	4	37
	5	11	12	13	14	15	16	17	18	19	20	21	22	23	24	25	26	27	28	29	30	71	2	3	4	5	6	7	8	9	—	5	6
	6	10	11	12	13	14	15	16	17	18	19	20	21	22	23	24	25	26	27	28	29	30	31	81	2	3	4	5	6	7	8	6	35
	7	9	10	11	12	13	14	15	16	17	18	19	20	21	22	23	24	25	26	27	28	29	30	31	91	2	3	4	5	6	—	1	5
	8	7	8	9	10	11	12	13	14	15	16	17	18	19	20	21	22	23	24	25	26	27	28	29	30	01	2	3	4	5	—	2	34
	9	6	7	8	9	10	11	12	13	14	15	16	17	18	19	20	21	22	23	24	25	26	27	28	29	30	31	N1	2	3	4	3	3
	10	5	6	7	8	9	10	11	12	13	14	15	16	17	18	19	20	21	22	23	24	25	26	27	28	29	30	D1	2	3	—	5	33
	11	4	5	6	7	8	9	10	11	12	13	14	15	16	17	18	19	20	21	22	23	24	25	26	27	28	29	30	31	11	2	6	2
	12	3	4	5	6	7	8	9	10	11	12	13	14	15	16	17	18	19	20	21	22	23	24	25	26	27	28	29	30	31	21	1	32
民國 73 甲子 1984–85	2 1	2	3	4	5	6	7	8	9	10	11	12	13	14	15	16	17	18	19	20	21	22	23	24	25	26	27	28	29	31	2	3	2
	2	3	4	5	6	7	8	9	10	11	12	13	14	15	16	17	18	19	20	21	22	23	24	25	26	27	28	29	30	31	—	5	32
	3	41	2	3	4	5	6	7	8	9	10	11	12	13	14	15	16	17	18	19	20	21	22	23	24	25	26	27	28	29	30	6	1
	4	51	2	3	4	5	6	7	8	9	10	11	12	13	14	15	16	17	18	19	20	21	22	23	24	25	26	27	28	29	30	1	31
	5	31	61	2	3	4	5	6	7	8	9	10	11	12	13	14	15	16	17	18	19	20	21	22	23	24	25	26	27	28	—	3	1
	6	29	30	71	2	3	4	5	6	7	8	9	10	11	12	13	14	15	16	17	18	19	20	21	22	23	24	25	26	27	—	4	30
	7	28	29	30	31	81	2	3	4	5	6	7	8	9	10	11	12	13	14	15	16	17	18	19	20	21	22	23	24	25	26	5	59
	8	27	28	29	30	31	91	2	3	4	5	6	7	8	9	10	11	12	13	14	15	16	17	18	19	20	21	22	23	24	—	0	29
	9	25	26	27	28	29	30	01	2	3	4	5	6	7	8	9	10	11	12	13	14	15	16	17	18	19	20	21	22	23	—	1	58
	10	24	25	26	27	28	29	30	31	N1	2	3	4	5	6	7	8	9	10	11	12	13	14	15	16	17	18	19	20	21	22	2	27
	10	23	24	25	26	27	28	29	30	D1	2	3	4	5	6	7	8	9	10	11	12	13	14	15	16	17	18	19	20	21	—	4	57
	11	22	23	24	25	26	27	28	29	30	31	11	2	3	4	5	6	7	8	9	10	11	12	13	14	15	16	17	18	19	20	5	26
	12	21	22	23	24	25	26	27	28	29	30	31	21	2	3	4	5	6	7	8	9	10	11	12	13	14	15	16	17	18	19	0	56
民國 74 乙丑 1985–86	14 1	20	21	22	23	24	25	26	27	28	31	2	3	4	5	6	7	8	9	10	11	12	13	14	15	16	17	18	19	20	—	2	26
	2	21	22	23	24	25	26	27	28	29	30	31	41	2	3	4	5	6	7	8	9	10	11	12	13	14	15	16	17	18	19	3	55
	3	20	21	22	23	24	25	26	27	28	29	30	51	2	3	4	5	6	7	8	9	10	11	12	13	14	15	16	17	18	19	5	25
	4	20	21	22	23	24	25	26	27	28	29	30	31	61	2	3	4	5	6	7	8	9	10	11	12	13	14	15	16	17	—	0	55
	5	18	19	20	21	22	23	24	25	26	27	28	29	30	71	2	3	4	5	6	7	8	9	10	11	12	13	14	15	16	17	1	24
	6	18	19	20	21	22	23	24	25	26	27	28	29	30	31	81	2	3	4	5	6	7	8	9	10	11	12	13	14	15	—	3	54
	7	16	17	18	19	20	21	22	23	24	25	26	27	28	29	30	31	91	2	3	4	5	6	7	8	9	10	11	12	13	14	4	23
	8	15	16	17	18	19	20	21	22	23	24	25	26	27	28	29	30	01	2	3	4	5	6	7	8	9	10	11	12	13	—	6	53
	9	14	15	16	17	18	19	20	21	22	23	24	25	26	27	28	29	30	31	N1	2	3	4	5	6	7	8	9	10	11	—	0	22
	10	12	13	14	15	16	17	18	19	20	21	22	23	24	25	26	27	28	29	30	D1	2	3	4	5	6	7	8	9	10	11	1	51
	11	12	13	14	15	16	17	18	19	20	21	22	23	24	25	26	27	28	29	30	31	11	2	3	4	5	6	7	8	9	—	3	21
	12	10	11	12	13	14	15	16	17	18	19	20	21	22	23	24	25	26	27	28	29	30	31	21	2	3	4	5	6	7	8	4	50

年序 Year	陰曆月序 Moon		陰曆日序 Order of days (Lunar)																														星期 Week	干支 Cycle
			1	2	3	4	5	6	7	8	9	10	11	12	13	14	15	16	17	18	19	20	21	22	23	24	25	26	27	28	29	30		
民國 75 丙寅 1986–87	26	1	9	10	11	12	13	14	15	16	17	18	19	20	21	22	23	24	25	26	27	28	31	2	3	4	5	6	7	8	9	—	6	20
		2	10	11	12	13	14	15	16	17	18	19	20	21	22	23	24	25	26	27	28	29	30	31	41	2	3	4	5	6	7	8	0	49
		3	9	10	11	12	13	14	15	16	17	18	19	20	21	22	23	24	25	26	27	28	29	30	51	2	3	4	5	6	7	8	2	19
		4	9	10	11	12	13	14	15	16	17	18	19	20	21	22	23	24	25	26	27	28	29	30	31	61	2	3	4	5	6	—	4	49
		5	7	8	9	10	11	12	13	14	15	16	17	18	19	20	21	22	23	24	25	26	27	28	29	30	71	2	3	4	5	6	5	18
		6	7	8	9	10	11	12	13	14	15	16	17	18	19	20	21	22	23	24	25	26	27	28	29	30	31	81	2	3	4	5	0	48
		7	6	7	8	9	10	11	12	13	14	15	16	17	18	19	20	21	22	23	24	25	26	27	28	29	30	31	91	2	3	—	2	18
		8	4	5	6	7	8	9	10	11	12	13	14	15	16	17	18	19	20	21	22	23	24	25	26	27	28	29	30	01	2	3	3	47
		9	4	5	6	7	8	9	10	11	12	13	14	15	16	17	18	19	20	21	22	23	24	25	26	27	28	29	30	31	N1	—	5	17
		10	2	3	4	5	6	7	8	9	10	11	12	13	14	15	16	17	18	19	20	21	22	23	24	25	26	27	28	29	30	D1	6	46
		11	2	3	4	5	6	7	8	9	10	11	12	13	14	15	16	17	18	19	20	21	22	23	24	25	26	27	28	29	30	—	1	16
		12	31	11	2	3	4	5	6	7	8	9	10	11	12	13	14	15	16	17	18	19	20	21	22	23	24	25	26	27	28	—	2	45
民國 76 丁卯 1987–88	38	1	29	30	31	21	2	3	4	5	6	7	8	9	10	11	12	13	14	15	16	17	18	19	20	21	22	23	24	25	26	27	3	14
		2	28	31	2	3	4	5	6	7	8	9	10	11	12	13	14	15	16	17	18	19	20	21	22	23	24	25	26	27	28	—	5	44
		3	29	30	31	41	2	3	4	5	6	7	8	9	10	11	12	13	14	15	16	17	18	19	20	21	22	23	24	25	26	27	6	13
		4	28	29	30	51	2	3	4	5	6	7	8	9	10	11	12	13	14	15	16	17	18	19	20	21	22	23	24	25	26	—	1	43
		5	27	28	29	30	31	61	2	3	4	5	6	7	8	9	10	11	12	13	14	15	16	17	18	19	20	21	22	23	24	25	2	12
		6	26	27	28	29	30	71	2	3	4	5	6	7	8	9	10	11	12	13	14	15	16	17	18	19	20	21	22	23	24	25	4	42
		6	26	27	28	29	30	31	81	2	3	4	5	6	7	8	9	10	11	12	13	14	15	16	17	18	19	20	21	22	23	—	6	12
		7	24	25	26	27	28	29	30	31	91	2	3	4	5	6	7	8	9	10	11	12	13	14	15	16	17	18	19	20	21	22	0	41
		8	23	24	25	26	27	28	29	30	01	2	3	4	5	6	7	8	9	10	11	12	13	14	15	16	17	18	19	20	21	22	2	11
		9	23	24	25	26	27	28	29	30	31	N1	2	3	4	5	6	7	8	9	10	11	12	13	14	15	16	17	18	19	20	—	4	41
		10	21	22	23	24	25	26	27	28	29	30	D1	2	3	4	5	6	7	8	9	10	11	12	13	14	15	16	17	18	19	20	5	10
		11	21	22	23	24	25	26	27	28	29	30	31	11	2	3	4	5	6	7	8	9	10	11	12	13	14	15	16	17	18	—	0	40
		12	19	20	21	22	23	24	25	26	27	28	29	30	31	21	2	3	4	5	6	7	8	9	10	11	12	13	14	15	16	—	1	9
民國 77 戊辰 1988–89	50	1	17	18	19	20	21	22	23	24	25	26	27	28	29	31	2	3	4	5	6	7	8	9	10	11	12	13	14	15	16	17	2	38
		2	18	19	20	21	22	23	24	25	26	27	28	29	30	31	41	2	3	4	5	6	7	8	9	10	11	12	13	14	15	—	4	8
		3	16	17	18	19	20	21	22	23	24	25	26	27	28	29	30	51	2	3	4	5	6	7	8	9	10	11	12	13	14	15	5	37
		4	16	17	18	19	20	21	22	23	24	25	26	27	28	29	30	31	61	2	3	4	5	6	7	8	9	10	11	12	13	—	0	7
		5	14	15	16	17	18	19	20	21	22	23	24	25	26	27	28	29	30	71	2	3	4	5	6	7	8	9	10	11	12	13	1	36
		6	14	15	16	17	18	19	20	21	22	23	24	25	26	27	28	29	30	31	81	2	3	4	5	6	7	8	9	10	11	—	3	6
		7	12	13	14	15	16	17	18	19	20	21	22	23	24	25	26	27	28	29	30	31	91	2	3	4	5	6	7	8	9	10	4	35
		8	11	12	13	14	15	16	17	18	19	20	21	22	23	24	25	26	27	28	29	30	01	2	3	4	5	6	7	8	9	10	6	5
		9	11	12	13	14	15	16	17	18	19	20	21	22	23	24	25	26	27	28	29	30	31	N1	2	3	4	5	6	7	8	—	1	35
		10	9	10	11	12	13	14	15	16	17	18	19	20	21	22	23	24	25	26	27	28	29	30	D1	2	3	4	5	6	7	8	2	4
		11	9	10	11	12	13	14	15	16	17	18	19	20	21	22	23	24	25	26	27	28	29	30	31	11	2	3	4	5	6	7	4	34
		12	8	9	10	11	12	13	14	15	16	17	18	19	20	21	22	23	24	25	26	27	28	29	30	31	21	2	3	4	5	—	6	4
民國 78 己巳 1989–90	2	1	6	7	8	9	10	11	12	13	14	15	16	17	18	19	20	21	22	23	24	25	26	27	28	31	2	3	4	5	6	7	0	33
		2	8	9	10	11	12	13	14	15	16	17	18	19	20	21	22	23	24	25	26	27	28	29	30	31	41	2	3	4	5	—	2	3
		3	6	7	8	9	10	11	12	13	14	15	16	17	18	19	20	21	22	23	24	25	26	27	28	29	30	51	2	3	4	—	3	32
		4	5	6	7	8	9	10	11	12	13	14	15	16	17	18	19	20	21	22	23	24	25	26	27	28	29	30	31	61	2	3	4	1
		5	4	5	6	7	8	9	10	11	12	13	14	15	16	17	18	19	20	21	22	23	24	25	26	27	28	29	30	71	2	—	6	31
		6	3	4	5	6	7	8	9	10	11	12	13	14	15	16	17	18	19	20	21	22	23	24	25	26	27	28	29	30	31	—	0	0
		7	81	2	3	4	5	6	7	8	9	10	11	12	13	14	15	16	17	18	19	20	21	22	23	24	25	26	27	28	29	30	1	29
		8	31	91	2	3	4	5	6	7	8	9	10	11	12	13	14	15	16	17	18	19	20	21	22	23	24	25	26	27	28	29	3	59
		9	30	01	2	3	4	5	6	7	8	9	10	11	12	13	14	15	16	17	18	19	20	21	22	23	24	25	26	27	28	—	5	29
		10	29	30	31	N1	2	3	4	5	6	7	8	9	10	11	12	13	14	15	16	17	18	19	20	21	22	23	24	25	26	27	6	58
		11	28	29	30	D1	2	3	4	5	6	7	8	9	10	11	12	13	14	15	16	17	18	19	20	21	22	23	24	25	26	27	1	28
		12	28	29	30	31	11	2	3	4	5	6	7	8	9	10	11	12	13	14	15	16	17	18	19	20	21	22	23	24	25	26	3	58
民國 79 庚午 1990–91	14	1	27	28	29	30	31	21	2	3	4	5	6	7	8	9	10	11	12	13	14	15	16	17	18	19	20	21	22	23	24	—	5	28
		2	25	26	27	28	31	2	3	4	5	6	7	8	9	10	11	12	13	14	15	16	17	18	19	20	21	22	23	24	25	26	6	57
		3	27	28	29	30	31	41	2	3	4	5	6	7	8	9	10	11	12	13	14	15	16	17	18	19	20	21	22	23	24	—	1	27
		4	25	26	27	28	29	30	51	2	3	4	5	6	7	8	9	10	11	12	13	14	15	16	17	18	19	20	21	22	23	—	2	56
		5	24	25	26	27	28	29	30	31	61	2	3	4	5	6	7	8	9	10	11	12	13	14	15	16	17	18	19	20	21	22	3	25
		5	23	24	25	26	27	28	29	30	71	2	3	4	5	6	7	8	9	10	11	12	13	14	15	16	17	18	19	20	21	—	5	55
		6	22	23	24	25	26	27	28	29	30	31	81	2	3	4	5	6	7	8	9	10	11	12	13	14	15	16	17	18	19	—	6	24
		7	20	21	22	23	24	25	26	27	28	29	30	31	91	2	3	4	5	6	7	8	9	10	11	12	13	14	15	16	17	18	0	53
		8	19	20	21	22	23	24	25	26	27	28	29	30	01	2	3	4	5	6	7	8	9	10	11	12	13	14	15	16	17	—	2	23
		9	18	19	20	21	22	23	24	25	26	27	28	29	30	31	N1	2	3	4	5	6	7	8	9	10	11	12	13	14	15	16	3	52
		10	17	18	19	20	21	22	23	24	25	26	27	28	29	30	D1	2	3	4	5	6	7	8	9	10	11	12	13	14	15	16	5	22
		11	17	18	19	20	21	22	23	24	25	26	27	28	29	30	31	11	2	3	4	5	6	7	8	9	10	11	12	13	14	15	0	52
		12	16	17	18	19	20	21	22	23	24	25	26	27	28	29	30	31	21	2	3	4	5	6	7	8	9	10	11	12	13	14	2	22

年序 Year	陰曆月序 Moon	陰曆日序 Order of days (Lunar)						星期 Week	干支 Cycle
		1 2 3 4 5	6 7 8 9 10	11 12 13 14 15	16 17 18 19 20	21 22 23 24 25	26 27 28 29 30		
民國 80 辛未 1991–92	26 1	15 16 17 18 19	20 21 22 23 24	25 26 27 28 31	2 3 4 5 6	7 8 9 10 11	12 13 14 15 —	4	52
	2	16 17 18 19 20	21 22 23 24 25	26 27 28 29 30	31 41 2 3 4	5 6 7 8 9	10 11 12 13 14	5	21
	3	15 16 17 18 19	20 21 22 23 24	25 26 27 28 29	30 51 2 3 4	5 6 7 8 9	10 11 12 13 —	0	51
	4	14 15 16 17 18	19 20 21 22 23	24 25 26 27 28	29 30 31 61 2	3 4 5 6 7	8 9 10 11 —	1	20
	5	12 13 14 15 16	17 18 19 20 21	22 23 24 25 26	27 28 29 30 71	2 3 4 5 6	7 8 9 10 11	2	49
	6	12 13 14 15 16	17 18 19 20 21	22 23 24 25 26	27 28 29 30 31	81 2 3 4 5	6 7 8 9 —	4	19
	7	10 11 12 13 14	15 16 17 18 19	20 21 22 23 24	25 26 27 28 29	30 31 91 2 3	4 5 6 7 —	5	48
	8	8 9 10 11 12	13 14 15 16 17	18 19 20 21 22	23 24 25 26 27	28 29 30 O1 2	3 4 5 6 7	6	17
	9	8 9 10 11 12	13 14 15 16 17	18 19 20 21 22	23 24 25 26 27	28 29 30 31 N1	2 3 4 5 —	1	47
	10	6 7 8 9 10	11 12 13 14 15	16 17 18 19 20	21 22 23 24 25	26 27 28 29 30	D1 2 3 4 5	2	16
	11	6 7 8 9 10	11 12 13 14 15	16 17 18 19 20	21 22 23 24 25	26 27 28 29 30	31 11 2 3 4	4	46
	12	5 6 7 8 9	10 11 12 13 14	15 16 17 18 19	20 21 22 23 24	25 26 27 28 29	30 31 21 2 3	6	16
民國 81 壬申 1992–93	38 1	4 5 6 7 8	9 10 11 12 13	14 15 16 17 18	19 20 21 22 23	24 25 26 27 28	29 31 2 3 —	1	46
	2	4 5 6 7 8	9 10 11 12 13	14 15 16 17 18	19 20 21 22 23	24 25 26 27 28	29 30 31 41 2	2	15
	3	3 4 5 6 7	8 9 10 11 12	13 14 15 16 17	18 19 20 21 22	23 24 25 26 27	28 29 30 51 2	4	45
	4	3 4 5 6 7	8 9 10 11 12	13 14 15 16 17	18 19 20 21 22	23 24 25 26 27	28 29 30 31 —	6	15
	5	61 2 3 4 5	6 7 8 9 10	11 12 13 14 15	16 17 18 19 20	21 22 23 24 25	26 27 28 29 —	0	44
	6	30 71 2 3 4	5 6 7 8 9	10 11 12 13 14	15 16 17 18 19	20 21 22 23 24	25 26 27 28 29	1	13
	7	30 31 81 2 3	4 5 6 7 8	9 10 11 12 13	14 15 16 17 18	19 20 21 22 23	24 25 26 27 —	3	43
	8	28 29 30 31 91	2 3 4 5 6	7 8 9 10 11	12 13 14 15 16	17 18 19 20 21	22 23 24 25 —	4	12
	9	26 27 28 29 30	O1 2 3 4 5	6 7 8 9 10	11 12 13 14 15	16 17 18 19 20	21 22 23 24 25	5	41
	10	26 27 28 29 30	31 N1 2 3 4	5 6 7 8 9	10 11 12 13 14	15 16 17 18 19	20 21 22 23 —	0	11
	11	24 25 26 27 28	29 30 D1 2 3	4 5 6 7 8	9 10 11 12 13	14 15 16 17 18	19 20 21 22 23	1	40
	12	24 25 26 27 28	29 30 31 11 2	3 4 5 6 7	8 9 10 11 12	13 14 15 16 17	18 19 20 21 22	3	10
民國 82 癸酉 1993–94	50 1	23 24 25 26 27	28 29 30 31 21	2 3 4 5 6	7 8 9 10 11	12 13 14 15 16	17 18 19 20 —	5	40
	2	21 22 23 24 25	26 27 28 31 2	3 4 5 6 7	8 9 10 11 12	13 14 15 16 17	18 19 20 21 22	6	9
	3	23 24 25 26 27	28 29 30 31 41	2 3 4 5 6	7 8 9 10 11	12 13 14 15 16	17 18 19 20 21	1	39
	3	22 23 24 25 26	27 28 29 30 51	2 3 4 5 6	7 8 9 10 11	12 13 14 15 16	17 18 19 20 —	3	9
	4	21 22 23 24 25	26 27 28 29 30	31 61 2 3 4	5 6 7 8 9	10 11 12 13 14	15 16 17 18 19	4	38
	5	20 21 22 23 24	25 26 27 28 29	30 71 2 3 4	5 6 7 8 9	10 11 12 13 14	15 16 17 18 —	6	8
	6	19 20 21 22 23	24 25 26 27 28	29 30 31 81 2	3 4 5 6 7	8 9 10 11 12	13 14 15 16 17	0	37
	7	18 19 20 21 22	23 24 25 26 27	28 29 30 31 91	2 3 4 5 6	7 8 9 10 11	12 13 14 15 —	2	7
	8	16 17 18 19 20	21 22 23 24 25	26 27 28 29 30	O1 2 3 4 5	6 7 8 9 10	11 12 13 14 —	3	36
	9	15 16 17 18 19	20 21 22 23 24	25 26 27 28 29	30 31 N1 2 3	4 5 6 7 8	9 10 11 12 13	4	5
	10	14 15 16 17 18	19 20 21 22 23	24 25 26 27 28	29 30 D1 2 3	4 5 6 7 8	9 10 11 12 —	6	35
	11	13 14 15 16 17	18 19 20 21 22	23 24 25 26 27	28 29 30 31 11	2 3 4 5 6	7 8 9 10 11	0	4
	12	12 13 14 15 16	17 18 19 20 21	22 23 24 25 26	27 28 29 30 31	21 2 3 4 5	6 7 8 9 —	2	34
民國 83 甲戌 1994–95	2 1	10 11 12 13 14	15 16 17 18 19	20 21 22 23 24	25 26 27 28 31	2 3 4 5 6	7 8 9 10 11	3	3
	2	12 13 14 15 16	17 18 19 20 21	22 23 24 25 26	27 28 29 30 31	41 2 3 4 5	6 7 8 9 10	5	33
	3	11 12 13 14 15	16 17 18 19 20	21 22 23 24 25	26 27 28 29 30	51 2 3 4 5	6 7 8 9 10	0	3
	4	11 12 13 14 15	16 17 18 19 20	21 22 23 24 25	26 27 28 29 30	31 61 2 3 4	5 6 7 8 —	2	33
	5	9 10 11 12 13	14 15 16 17 18	19 20 21 22 23	24 25 26 27 28	29 30 71 2 3	4 5 6 7 8	3	2
	6	9 10 11 12 13	14 15 16 17 18	19 20 21 22 23	24 25 26 27 28	29 30 31 81 2	3 4 5 6 —	5	32
	7	7 8 9 10 11	12 13 14 15 16	17 18 19 20 21	22 23 24 25 26	27 28 29 30 31	91 2 3 4 5	6	1
	8	6 7 8 9 10	11 12 13 14 15	16 17 18 19 20	21 22 23 24 25	26 27 28 29 30	O1 2 3 4 —	1	31
	9	5 6 7 8 9	10 11 12 13 14	15 16 17 18 19	20 21 22 23 24	25 26 27 28 29	30 31 N1 2 —	2	0
	10	3 4 5 6 7	8 9 10 11 12	13 14 15 16 17	18 19 20 21 22	23 24 25 26 27	28 29 30 D1 2	3	29
	11	3 4 5 6 7	8 9 10 11 12	13 14 15 16 17	18 19 20 21 22	23 24 25 26 27	28 29 30 31 —	5	59
	12	11 2 3 4 5	6 7 8 9 10	11 12 13 14 15	16 17 18 19 20	21 22 23 24 25	26 27 28 29 30	6	28
民國 84 乙亥 1995–96	14 1	31 21 2 3 4	5 6 7 8 9	10 11 12 13 14	15 16 17 18 19	20 21 22 23 24	25 26 27 28 —	1	58
	2	31 2 3 4 5	6 7 8 9 10	11 12 13 14 15	16 17 18 19 20	21 22 23 24 25	26 27 28 29 30	2	27
	3	31 41 2 3 4	5 6 7 8 9	10 11 12 13 14	15 16 17 18 19	20 21 22 23 24	25 26 27 28 29	4	57
	4	30 51 2 3 4	5 6 7 8 9	10 11 12 13 14	15 16 17 18 19	20 21 22 23 24	25 26 27 28 —	6	27
	5	29 30 31 61 2	3 4 5 6 7	8 9 10 11 12	13 14 15 16 17	18 19 20 21 22	23 24 25 26 27	0	56
	6	28 29 30 71 2	3 4 5 6 7	8 9 10 11 12	13 14 15 16 17	18 19 20 21 22	23 24 25 26 —	2	26
	7	27 28 29 30 31	81 2 3 4 5	6 7 8 9 10	11 12 13 14 15	16 17 18 19 20	21 22 23 24 25	3	55
	8	26 27 28 29 30	31 91 2 3 4	5 6 7 8 9	10 11 12 13 14	15 16 17 18 19	20 21 22 23 24	5	25
	8	25 26 27 28 29	30 O1 2 3 4	5 6 7 8 9	10 11 12 13 14	15 16 17 18 19	20 21 22 23 —	0	55
	9	24 25 26 27 28	29 30 31 N1 2	3 4 5 6 7	8 9 10 11 12	13 14 15 16 17	18 19 20 21 —	1	24
	10	22 23 24 25 26	27 28 29 30 D1	2 3 4 5 6	7 8 9 10 11	12 13 14 15 16	17 18 19 20 21	2	53
	11	22 23 24 25 26	27 28 29 30 31	11 2 3 4 5	6 7 8 9 10	11 12 13 14 15	16 17 18 19 —	4	23
	12	20 21 22 23 24	25 26 27 28 29	30 31 21 2 3	4 5 6 7 8	9 10 11 12 13	14 15 16 17 18	5	52

年序 Year	陰曆月序 Moon	陰曆日序 Order of days (Lunar)																														星期 Week	干支 Cycle
		1	2	3	4	5	6	7	8	9	10	11	12	13	14	15	16	17	18	19	20	21	22	23	24	25	26	27	28	29	30		
民國 85 丙子 1996–97	26 1	19	20	21	22	23	24	25	26	27	28	29	31	2	3	4	5	6	7	8	9	10	11	12	13	14	15	16	17	18	—	0	22
	2	19	20	21	22	23	24	25	26	27	28	29	30	31	41	2	3	4	5	6	7	8	9	10	11	12	13	14	15	16	17	1	51
	3	18	19	20	21	22	23	24	25	26	27	28	29	30	51	2	3	4	5	6	7	8	9	10	11	12	13	14	15	16	—	3	21
	4	17	18	19	20	21	22	23	24	25	26	27	28	29	30	31	61	2	3	4	5	6	7	8	9	10	11	12	13	14	15	4	50
	5	16	17	18	19	20	21	22	23	24	25	26	27	28	29	30	71	2	3	4	5	6	7	8	9	10	11	12	13	14	15	6	20
	6	16	17	18	19	20	21	22	23	24	25	26	27	28	29	30	31	81	2	3	4	5	6	7	8	9	10	11	12	13	—	1	50
	7	14	15	16	17	18	19	20	21	22	23	24	25	26	27	28	29	30	31	91	2	3	4	5	6	7	8	9	10	11	12	2	19
	8	13	14	15	16	17	18	19	20	21	22	23	24	25	26	27	28	29	30	01	2	3	4	5	6	7	8	9	10	11	—	4	49
	9	12	13	14	15	16	17	18	19	20	21	22	23	24	25	26	27	28	29	30	31	N1	2	3	4	5	6	7	8	9	10	5	18
	10	11	12	13	14	15	16	17	18	19	20	21	22	23	24	25	26	27	28	29	30	D1	2	3	4	5	6	7	8	9	10	0	48
	11	11	12	13	14	15	16	17	18	19	20	21	22	23	24	25	26	27	28	29	30	31	11	2	3	4	5	6	7	8	—	2	18
	12	9	10	11	12	13	14	15	16	17	18	19	20	21	22	23	24	25	26	27	28	29	30	31	21	2	3	4	5	6	—	3	47
民國 86 丁丑 1997–98	38 1	7	8	9	10	11	12	13	14	15	16	17	18	19	20	21	22	23	24	25	26	27	28	31	2	3	4	5	6	7	8	4	16
	2	9	10	11	12	13	14	15	16	17	18	19	20	21	22	23	24	25	26	27	28	29	30	31	41	2	3	4	5	6	—	6	46
	3	7	8	9	10	11	12	13	14	15	16	17	18	19	20	21	22	23	24	25	26	27	28	29	30	51	2	3	4	5	6	0	15
	4	7	8	9	10	11	12	13	14	15	16	17	18	19	20	21	22	23	24	25	26	27	28	29	30	31	61	2	3	4	—	2	45
	5	5	6	7	8	9	10	11	12	13	14	15	16	17	18	19	20	21	22	23	24	25	26	27	28	29	30	71	2	3	4	3	14
	6	5	6	7	8	9	10	11	12	13	14	15	16	17	18	19	20	21	22	23	24	25	26	27	28	29	30	31	81	2	—	5	44
	7	3	4	5	6	7	8	9	10	11	12	13	14	15	16	17	18	19	20	21	22	23	24	25	26	27	28	29	30	31	91	6	13
	8	2	3	4	5	6	7	8	9	10	11	12	13	14	15	16	17	18	19	20	21	22	23	24	25	26	27	28	29	30	01	1	43
	9	2	3	4	5	6	7	8	9	10	11	12	13	14	15	16	17	18	19	20	21	22	23	24	25	26	27	28	29	30	—	3	13
	10	31	N1	2	3	4	5	6	7	8	9	10	11	12	13	14	15	16	17	18	19	20	21	22	23	24	25	26	27	28	29	4	42
	11	30	D1	2	3	4	5	6	7	8	9	10	11	12	13	14	15	16	17	18	19	20	21	22	23	24	25	26	27	28	29	6	12
	12	30	31	11	2	3	4	5	6	7	8	9	10	11	12	13	14	15	16	17	18	19	20	21	22	23	24	25	26	27	—	1	42
民國 87 戊寅 1998–99	50 1	28	29	30	31	21	2	3	4	5	6	7	8	9	10	11	12	13	14	15	16	17	18	19	20	21	22	23	24	25	26	2	11
	2	27	28	31	2	3	4	5	6	7	8	9	10	11	12	13	14	15	16	17	18	19	20	21	22	23	24	25	26	27	—	4	41
	3	28	29	30	31	41	2	3	4	5	6	7	8	9	10	11	12	13	14	15	16	17	18	19	20	21	22	23	24	25	—	5	10
	4	26	27	28	29	30	51	2	3	4	5	6	7	8	9	10	11	12	13	14	15	16	17	18	19	20	21	22	23	24	25	6	39
	5	26	27	28	29	30	31	61	2	3	4	5	6	7	8	9	10	11	12	13	14	15	16	17	18	19	20	21	22	23	—	1	9
	5	24	25	26	27	28	29	30	71	2	3	4	5	6	7	8	9	10	11	12	13	14	15	16	17	18	19	20	21	22	—	2	38
	6	23	24	25	26	27	28	29	30	31	81	2	3	4	5	6	7	8	9	10	11	12	13	14	15	16	17	18	19	20	21	3	7
	7	22	23	24	25	26	27	28	29	30	31	91	2	3	4	5	6	7	8	9	10	11	12	13	14	15	16	17	18	19	20	5	37
	8	21	22	23	24	25	26	27	28	29	30	01	2	3	4	5	6	7	8	9	10	11	12	13	14	15	16	17	18	19	—	0	7
	9	20	21	22	23	24	25	26	27	28	29	30	31	N1	2	3	4	5	6	7	8	9	10	11	12	13	14	15	16	17	18	1	36
	10	19	20	21	22	23	24	25	26	27	28	29	30	D1	2	3	4	5	6	7	8	9	10	11	12	13	14	15	16	17	18	3	6
	11	19	20	21	22	23	24	25	26	27	28	29	30	31	11	2	3	4	5	6	7	8	9	10	11	12	13	14	15	16	—	5	36
	12	17	18	19	20	21	22	23	24	25	26	27	28	29	30	31	21	2	3	4	5	6	7	8	9	10	11	12	13	14	15	6	5
民國 88 己卯 1999–2000	2 1	16	17	18	19	20	21	22	23	24	25	26	27	28	31	2	3	4	5	6	7	8	9	10	11	12	13	14	15	16	17	1	35
	2	18	19	20	21	22	23	24	25	26	27	28	29	30	31	41	2	3	4	5	6	7	8	9	10	11	12	13	14	15	—	3	5
	3	16	17	18	19	20	21	22	23	24	25	26	27	28	29	30	51	2	3	4	5	6	7	8	9	10	11	12	13	14	—	4	34
	4	15	16	17	18	19	20	21	22	23	24	25	26	27	28	29	30	31	61	2	3	4	5	6	7	8	9	10	11	12	13	5	3
	5	14	15	16	17	18	19	20	21	22	23	24	25	26	27	28	29	30	71	2	3	4	5	6	7	8	9	10	11	12	—	0	33
	6	13	14	15	16	17	18	19	20	21	22	23	24	25	26	27	28	29	30	31	81	2	3	4	5	6	7	8	9	10	—	1	2
	7	11	12	13	14	15	16	17	18	19	20	21	22	23	24	25	26	27	28	29	30	31	91	2	3	4	5	6	7	8	9	2	31
	8	10	11	12	13	14	15	16	17	18	19	20	21	22	23	24	25	26	27	28	29	30	01	2	3	4	5	6	7	8	—	4	1
	9	9	10	11	12	13	14	15	16	17	18	19	20	21	22	23	24	25	26	27	28	29	30	31	N1	2	3	4	5	6	7	5	30
	10	8	9	10	11	12	13	14	15	16	17	18	19	20	21	22	23	24	25	26	27	28	29	30	D1	2	3	4	5	6	7	0	0
	11	8	9	10	11	12	13	14	15	16	17	18	19	20	21	22	23	24	25	26	27	28	29	30	31	11	2	3	4	5	6	2	30
	12	7	8	9	10	11	12	13	14	15	16	17	18	19	20	21	22	23	24	25	26	27	28	29	30	31	21	2	3	4	—	4	0
民國 89 庚辰 2000–2001	14 1	5	6	7	8	9	10	11	12	13	14	15	16	17	18	19	20	21	22	23	24	25	26	27	28	29	31	2	3	4	5	5	29
	2	6	7	8	9	10	11	12	13	14	15	16	17	18	19	20	21	22	23	24	25	26	27	28	29	30	31	41	2	3	4	0	59
	3	5	6	7	8	9	10	11	12	13	14	15	16	17	18	19	20	21	22	23	24	25	26	27	28	29	30	51	2	3	—	2	29
	4	4	5	6	7	8	9	10	11	12	13	14	15	16	17	18	19	20	21	22	23	24	25	26	27	28	29	30	31	61	—	3	58
	5	2	3	4	5	6	7	8	9	10	11	12	13	14	15	16	17	18	19	20	21	22	23	24	25	26	27	28	29	30	71	4	27
	6	2	3	4	5	6	7	8	9	10	11	12	13	14	15	16	17	18	19	20	21	22	23	24	25	26	27	28	29	30	—	6	57
	7	31	81	2	3	4	5	6	7	8	9	10	11	12	13	14	15	16	17	18	19	20	21	22	23	24	25	26	27	28	—	0	26
	8	29	30	31	91	2	3	4	5	6	7	8	9	10	11	12	13	14	15	16	17	18	19	20	21	22	23	24	25	26	27	1	55
	9	28	29	30	01	2	3	4	5	3	7	8	9	10	11	12	13	14	15	16	17	18	19	20	21	22	23	24	25	26	—	3	25
	10	27	28	29	30	31	N1	2	3	4	5	6	7	8	9	10	11	12	13	14	15	16	17	18	19	20	21	22	23	24	25	4	54
	11	26	27	28	29	30	D1	2	3	4	5	6	7	8	9	10	11	12	13	14	15	16	17	18	19	20	21	22	23	24	25	6	24
	12	26	27	28	29	30	31	11	2	3	4	5	6	7	8	9	10	11	12	13	14	15	16	17	18	19	20	21	22	23	—	1	54

附　　錄

APPENDIX

表一. 西蜀朔閏與西曆之對照(西曆二二一年至二六四年).

Table 1. Corresponding days of western months to first day of each moon for the period of Hsi Shu Kingdom (221-64 A.D.)

年序 Year					陰曆月序並代表其月首日 Moons and each of which also denoting first day											
					1	2	3	4	5	6	7	8	9	10	11	12
先主	章武	1	—辛丑:	221—22	210	311	410	510	6 8	7 8	8 6	9 5	0 4	N 3	D 2	1 1
	,,	2	—壬寅:	222—23	130	3 1	330	429	528	627 726	825	924	023	N22	D21	120
後主	建興	1	—癸卯:	223—24	218	320	418	518	616	716	814	913	012	N11	D11	1 9
	,,	2	—甲辰:	224—25	2 8	3 8	4 7	5 6	6 5	7 4	8 3	9 1	0 1	030	N29	D28
	,,	3	—乙巳:	225—26	127	225	327 426	525	624	723	822	920	020	N18	D18	116
	,,	4	—丙午:	226—27	215	316	415	514	613	712	811	910	0 9	N 8	D 7	1 6
	,,	5	—丁未:	227—28	2 4	3 6	4 4	5 4	6 2	7 2	731	830	928	028	N27	D26 125
	,,	6	—戊申:	228—29	223	324	422	522	620	720	818	917	016	N15	D14	113
	,,	7	—己酉:	229—30	211	313	412	511	610	7 9	8 8	9 6	0 6	N 4	D 4	1 2
	,,	8	—庚戌:	230—31	2 1	3 2	4 1	430	530	629	728	827	925 025	N23	D23	121
	,,	9	—辛亥:	231—32	220	321	420	519	618	717	816	914	014	N13	D12	111
	,,	10	—壬子:	232—33	2 9	310	4 8	5 8	6 6	7 6	8 4	9 3	0 2	N 1	N30	D30
	,,	11	—癸丑:	233—34	128	227	329	427	527 625	725	823	922	021	N20	D19	118
	,,	12	—甲寅:	234—35	216	318	416	516	615	714	813	911	011	N 9	D 9	1 7
	,,	13	—乙卯:	235—36	2 6	3 7	4 6	5 5	6 4	7 3	8 2	831	930	030	N28	D28
	,,	14	—丙辰:	236—37	126 225	325	424	523	622	721	820	918	018	N16	D16	115
	,,	15	—丁巳:	237—38	213	315	413	513	611	711	8 9	9 8	0 7	N 6	D 5	1 4
	延熙	1	—戊午:	238—39	2 2	3 4	4 2	5 2	6 1	630	730	828	927	026 N25	D24	123
	,,	2	—己未:	239—40	221	323	421	521	619	719	817	916	016	N14	D14	112
	,,	3	—庚申:	240—41	211	311	410	5 9	6 8	7 7	8 6	9 4	0 4	N 2	D 2	1 1
	,,	4	—辛酉:	241—42	130	3 1	330	429	528	627	726 825	923	023	N21	D21	119
	,,	5	—壬戌:	242—43	218	319	418	518	616	716	814	913	012	N11	D10	1 9
	,,	6	—癸亥:	243—44	2 7	3 9	4 7	5 7	6 5	7 5	8 4	9 2	0 2	031	N30	D29
	,,	7	—甲子:	244—45	128	226	327 425	525	623	723	821	920	019	N18	D18	116
	,,	8	—乙丑:	245—46	215	316	415	514	613	712	811	919	019	N 7	D 7	1 5
	,,	9	—丙寅:	246—47	2 4	3 5	4 4	5 4	6 2	7 2	731	830	928	028	N26 D26	124
	,,	10	—丁卯:	247—48	223	324	423	522	621	721	819	918	017	N16	D15	114
	,,	11	—戊辰:	248—49	212	313	411	511	6 9	7 9	8 7	9 6	0 5	N 4	D 4	1 2
	,,	12	—己巳:	249—50	2 1	3 2	4 1	430	530	628	728	826 925	024	N23	D22	121
	,,	13	—庚午:	250—51	220	321	420	519	618	717	816	914	014	N12	D12	110
	,,	14	—辛未:	251—52	2 9	310	4 9	5 8	6 7	7 7	8 5	9 4	0 3	N 2	D 1	D31
	,,	15	—壬申:	252—53	129	228	328	427	526 625	724	823	921	021	N20	D19	118
	,,	16	—癸酉:	253—54	216	318	416	516	614	714	812	911	010	N 9	D 8	1 7
	,,	17	—甲戌:	254—55	2 6	3 7	4 6	5 5	6 4	7 3	8 2	831	930	029	N28	D27
	,,	18	—乙亥:	255—56	126 224	326	424	524	623	722	821	919	019	N17	D17	115
	,,	19	—丙子:	256—57	214	314	413	512	611	710	8 9	9 8	0 7	N 6	D 5	1 4
	,,	20	—丁丑:	257—58	2 2	3 4	4 2	5 2	531	630	729	828	926 026	N24	D24	123
	景耀	1	—戊寅:	258—59	221	323	421	521	619	719	817	916	015	N14	D13	112
	,,	2	—己卯:	259—60	210	312	410	510	6 9	7 8	8 7	9 5	0 5	N 3	D 3	1 1
	,,	3	—庚辰:	260—61	131	229	330	428	528	626	726 825	923	023	N21	D21	119
	,,	4	—辛巳:	261—62	218	319	418	517	616	715	814	912	012	N10	D10	1 9
	,,	5	—壬午:	262—63	217	3 9	4 7	5 7	6 5	7 5	8 3	9 2	0 1	031	N29	D29
	炎興	1	—癸未:	263—64	127	226	328	426 526	624	724	822	921	020	N19	D18	117

表二. 東吳朔閏與西曆之對照(西曆二二二至二八一年).

Table 2. Corresponding days of western months to first day of each moon for the period of Tung Wu Kingdom (222–81 A.D.).

年序 Year					陰曆月序並代表其月首日 Moons and each of which also denoting first day											
					1	2	3	4	5	6	7	8	9	10	11	12
大帝	黄武	1	—壬寅:	222—23	130	3 1	330	429	528	627 726	825	924	023	N22	D21	120
	,,	2	—癸卯:	223—24	218	319	418	517	616	715	814	912	012	N10	D10	1 9
	,,	3	—甲辰:	224—25	2 7	3 8	4 6	5 6	6 4	7 4	8 2	9 1	930	028	N28	D28
	,,	4	—乙巳:	225—26	126	225	327	425 525	623	723	821	920	019	N18	D17	116
	,,	5	—丙午:	226—27	214	316	414	514	612	712	811	9 9	0 9	N 7	D 7	1 5
	,,	6	—丁未:	227—28	2 4	3 5	4 4	5 3	6 2	7 1	731	829	928	027	N26	D26 124
	,,	7	—戊申:	228—29	223	323	422	521	620	719	818	916	016	N14	D14	112
	黄龍	1	—己酉:	229—30	211	312	411	511	6 9	7 9	8 7	9 6	0 5	N 4	D 3	1 2
	,,	2	—庚戌:	230—31	131	3 2	331	430	529	628	728	826 925	024	N23	D22	121
	,,	3	—辛亥:	231—32	219	321	419	519	617	717	815	914	013	N12	D12	110
	嘉禾	1	—壬子:	232—33	2 9	3 9	4 8	5 7	6 6	7 5	8 4	9 2	0 2	031	N30	D29
	,,	2	—癸丑:	233—34	128	226	328	427	526 625	724	823	921	021	N19	D19	117
	,,	3	—甲寅:	234—35	216	317	416	515	614	714	812	911	010	N 9	D 8	1 7
	,,	4	—乙卯:	235—36	2 5	3 7	4 5	5 5	6 3	7 3	8 1	831	929	029	N28	D27
	,,	5	—丙辰:	236—37	126	224 325	423	523	521	721	819	918	017	N16	D15	114
	,,	6	—丁巳:	237—38	212	314	413	512	611	710	8 9	9 7	0 7	N 5	D 5	1 3
	赤烏	1	—戊午:	238—39	2 2	3 3	4 2	5 1	531	630	729	828	926	026 N24	D24	122
	,,	2	—己未:	239—40	221	322	421	520	619	718	817	915	015	N14	D13	112
	,,	3	—庚申:	240—41	210	311	4 9	5 9	6 7	7 7	8 5	9 4	0 3	N 2	D 1	D31
	,,	4	—辛酉:	241—42	129	228	330	428	528	626 726	824	923	022	N21	D20	119
	,,	5	—壬戌:	242—43	217	319	417	517	616	715	814	912	012	N10	D10	1 8
	,,	6	—癸亥:	243—44	2 7	3 8	4 7	5 6	6 5	7 4	8 3	9 1	0 1	031	N29	D29
	,,	7	—甲子:	244—45	127	226	326 425	524	623	722	821	919	019	N17	D17	116
	,,	8	—乙丑:	245—46	214	316	414	514	612	712	810	9 9	0 8	N 7	D 6	1 5
	,,	9	—丙寅:	246—47	2 3	3 5	4 3	5 3	6 2	7 1	731	829	928	027	N26	D25 124
	,,	10	—丁卯:	247—48	222	324	422	522	620	720	818	917	016	N15	D15	113
	,,	11	—戊辰:	248—49	212	312	411	510	6 9	7 8	8 7	9 5	0 5	N 3	D 3	1 1
	,,	12	—己巳:	249—50	131	3 2	331	430	529	628	727	826 924	024	N22	D22	120
	,,	13	—庚午:	250—51	219	320	419	519	617	717	815	914	013	N12	D11	110
	太元	1	—辛未:	251—52	2 8	310	4 8	5 8	6 6	7 6	8 4	9 3	0 3	N 1	D 1	D30
侯官侯	建興	1	—壬申:	252—53	129	227	328	426 526	624	724	822	921	020	N19	D18	117
	,,	2	—癸酉:	253—54	216	317	416	515	614	713	812	910	010	N 8	D 8	1 6
	五鳳	1	—甲戌:	254—55	2 5	3 6	4 5	5 4	6 3	7 3	8 1	831	929	029	N27	D27
	,,	2	—乙亥:	255—56	125 224	325	424	523	622	721	820	919	018	N17	D16	115
	太平	1	—丙子:	256—57	213	314	412	512	610	710	8 8	9 7	0 6	N 5	D 4	1 3
	,,	2	—丁丑:	257—58	2 2	3 3	4 2	5 1	531	629	729	827	926	025 N24	D23	122
景帝	永安	1	—戊寅:	258—59	220	322	420	520	619	718	817	915	015	N13	D13	111
	,,	2	—己卯:	259—60	210	311	410	5 9	6 8	7 7	8 6	9 5	0 4	N 3	D 2	1 1
	,,	3	—庚辰:	260—61	130	229	329	428	527	626	725 824	922	022	N20	D20	119
	,,	4	—辛巳:	261—62	217	319	417	517	615	715	813	912	011	N10	D 9	1 8
	,,	5	—壬午:	262—63	2 6	3 8	4 6	5 6	6 5	7 4	8 3	9 1	0 1	030	N29	D28
	,,	6	—癸未:	263—64	127	225	327 425	525	623	723	822	920	020	N18	D18	116
歸命侯	元興	1	—甲申:	264—65	215	315	414	513	612	711	810	9 8	0 8	N 6	D 6	1 5
	甘露	1	—乙酉:	265—66	2 3	3 5	4 3	5 3	6 1	7 1	730	829	927	027	N25 D25	123
	寶鼎	1	—丙戌:	266—67	222	323	422	522	620	720	818	917	016	N15	D14	113
	,,	2	—丁亥:	267—68	211	313	411	511	6 9	7 9	8 8	9 6	0 6	N 4	D 4	1 2

表二. (續)

Table 2. *Continued.*

年序 Year				陰曆月序並代表其月首日 Moons and each of which also denoting first day											
				1	2	3	4	5	6	7	8	9	10	11	12
寶鼎	3	—戊子:	268—69	2 1	3 1	331	429	529	627	727	825 924	O23	N22	D22	120
建衡	1	—己丑:	269—70	219	320	419	518	617	716	815	913	O13	N11	D11	1 9
,,	2	—庚寅:	270—71	2 8	3 9	4 8	5 8	6 6	7 6	8 4	9 3	O 2	N 1	N30	D30
,,	3	—辛卯:	271—72	128	227	328	427	526 625	725	823	922	O21	N20	D19	118
鳳凰	1	—壬辰:	272—73	216	317	415	515	613	713	814	910	O 9	N 8	D 8	1 6
,,	2	—癸巳:	273—74	2 5	3 6	4 5	5 4	6 3	7 2	8 1	830	929	O28	N27	D26
,,	3	—甲午:	274—75	125 223	325	424	523	622	721	820	918	O18	N16	D16	114
天册	1	—乙未:	275—76	213	314	413	512	611	710	8 9	9 8	O 7	N 6	D 5	1 4
天璽	1	—丙申:	276—77	2 2	3 3	4 1	5 1	530	629	728	827	925	O25 N24	D23	122
天紀	1	—丁酉:	277—78	220	322	420	520	618	718	816	915	O14	N13	D12	111
,,	2	—戊戌:	278—79	2 9	311	410	5 9	6 8	7 7	8 6	9 4	O 4	N 2	D 2	D31
,,	3	—己亥:	279—80	130	228	330	428	528	626	726 825	923	O23	N21	D21	119
,,	4	—庚子:	280—81	218	318	417	516	615	714	813	911	O11	N10	D 9	1 8

表三. 北魏朔閏與西曆之對照(西曆三八六年至五三五年).

Table 3. Corresponding days of western months to first day of each moon for the period of Pei Wei Kingdom (386–535 A.D.).

年序 Year					陰曆月序並代表其月首日 Moons and each of which also denoting first day											
					1	2	3	4	5	6	7	8	9	10	11	12
道武帝	登國	1	—丙戌:	386—87	215	317	415	515	613	713	811	910	010	N 8	D 8	1 6
	,,	2	—丁亥:	387—88	2 5	3 6	4 5	5 4	6 3	7 2	8 1	830	929	028	N27	D27
	,,	3	—戊子:	388—89	125 224	324	423	522	621	720	819	917	017	N15	D15	113
	,,	4	—己丑:	389—90	212	313	412	512	610	710	8 8	9 7	0 6	N 5	D 4	1 3
	,,	5	—庚寅:	390—91	2 1	3 3	4 1	5 1	530	629	728	827	926	025 N24	D23	122
	,,	6	—辛卯:	391—92	220	322	420	520	618	718	816	915	014	N13	D13	111
	,,	7	—壬辰:	392—93	210	310	4 9	5 8	6 7	7 6	8 5	9 3	0 3	N 1	D 1	D30
	,,	8	—癸巳:	393—94	129	227	329	428	527	626	725 824	922	022	N20	D20	118
	,,	9	—甲午:	394—95	217	318	417	516	615	714	813	912	011	N10	D 9	1 8
	,,	10	—乙未:	395—96	2 6	3 8	4 6	5 6	6 4	7 4	8 2	9 1	930	030	N29	D28
	皇始	1	—丙申:	396—97	127	225	326 424	524	622	722	820	919	018	N17	D16	115
	,,	2	—丁酉:	397—98	213	315	414	513	612	711	810	9 8	0 8	N 6	D 6	1 4
	天興	1	—戊戌:	398—99	2 3	3 4	4 3	5 2	6 1	630	730	829	927	027	N25 D25	123
	,,	2	—己亥:	399—400	222	323	422	521	620	719	818	916	016	N15	D14	113
	,,	3	—庚子:	400—01	211	312	410	510	6 8	7 8	8 6	9 5	0 4	N 3	D 2	1 1
	,,	4	—辛丑:	401—02	130	3 1	331	429	529	627	727	825 924	023	N22	D21	120
	,,	5	—壬寅:	402—03	218	320	418	518	616	716	815	913	013	N11	D11	1 9
	,,	6	—癸卯:	403—04	2 8	3 9	4 8	5 7	6 6	7 5	8 4	9 2	0 2	N 1	N30	D30
	天賜	1	—甲辰:	404—05	128	227	327	426	525 624	723	822	920	020	N18	D18	116
	,,	2	—乙巳:	405—06	215	317	415	515	613	713	811	910	0 9	N 7	D 7	1 6
	,,	3	—丙午:	406—07	2 4	3 6	4 4	5 4	6 2	7 2	8 1	830	929	028	N27	D26
	,,	4	—丁未:	407—08	125	223 325	423	523	621	721	810	918	018	N16	D16	114
	,,	5	—戊申:	408—09	213	313	412	511	610	7 9	8 8	9 6	0 6	N 4	D 4	1 2
明元帝	永興	1	—己酉:	409—10	2 1	3 3	4 1	5 1	530	629	728	827	925	025 N23	D23	121
	,,	2	—庚戌:	410—11	220	321	420	519	618	718	816	915	014	N13	D12	111
	,,	3	—辛亥:	411—12	2 9	311	4 9	5 9	6 7	7 7	8 5	9 4	0 4	N 2	D 2	D31
	,,	4	—壬子:	412—13	130	228	329	427	527	625 725	823	922	021	N20	D19	118
	,,	5	—癸丑:	413—14	217	318	417	516	615	714	813	911	011	N 9	D 9	1 7
	神瑞	1	—甲寅:	414—15	2 6	3 7	4 6	5 5	6 4	7 4	8 2	9 1	930	030	N28	D28
	,,	2	—乙卯:	415—16	126	225	326 425	524	623	722	821	920	019	N18	D17	116
	泰常	1	—丙辰:	416—17	214	315	413	513	611	711	8 9	9 8	0 7	N 6	D 5	1 4
	,,	2	—丁巳:	417—18	2 3	3 4	4 3	5 2	6 1	630	730	828	927	026	N25	D24 123
	,,	3	—戊午:	418—19	221	323	421	521.	620	719	818	916	016	N14	D14	112
	,,	4	—己未:	419—20	211	312	411	510	6 9	7 8	8 7	9 6	0 5	N 4	D 3	1 2
	,,	5	—庚申:	420—21	131	3 1	330	429	528	627	726	825 923	023	N21	D21	120
	,,	6	—辛酉:	421—22	218	320	418	518	616	716	814	913	012	N11	D10	1 9
	,,	7	—壬戌:	422—23	2 7	3 9	4 7	5 7	6 6	7 5	8 4	9 2	0 2	031	N30	D29
	,,	8	—癸亥:	423—24	128	226	328	426 526	624	724	823	921	021	N19	D19	117
太武帝	始光	1	—甲子:	424—25	216	316	415	514	613	712	811	9 9	0 9	N 7	D 7	1 6
	,,	2	—乙丑:	425—26	2 4	3 6	4 4	5 4	6 2	7 2	731	830	928	028	N26	D26
	,,	3	—丙寅:	426—27	124 223	324	423	523	621	721	819	918	017	N16	D15	114
	,,	4	—丁卯:	427—28	212	314	412	512	610	710	8 9	9 7	0 7	N 5	D 5	1 3
	神䴥	1	—戊辰:	428—29	2 2	3 2	4 1	430	530	628	728	826	925	024 N23	D23	121
	,,	2	—己巳:	429—30	220	321	420	519	618	717	816	914	014	N12	D12	110
	,,	3	—庚午:	430—31	2 9	311	4 9	5 9	6 7	7 7	8 5	9 4	0 3	N 2	D 1	D31
	,,	4	—辛未:	431—32	129	228	329	428	527	626 726	824	923	022	N21	D20	119

表三. (續)

Table 3. *Continued.*

年序 Year					陰曆月序並代表其月首日 Moons and each of which also denoting first day											
					1	2	3	4	5	6	7	8	9	10	11	12
	延和	1	—壬申:	432—33	217	318	416	516	614	714	812	911	010	N 9	D 9	1 7
	,,	2	—癸酉:	433—34	2 6	3 7	4 6	5 5	6 4	7 3	8 2	831	930	029	N28	D27
	,,	3	—甲戌:	434—35	126	224	326 425	524	623	722	821	919	019	N17	D17	115
	太延	1	—乙亥:	435—36	214	315	414	513	612	712	810	9 9	0 8	N 7	D 6	1 5
	,,	2	—丙子:	436—37	2 3	3 4	4 2	5 2	531	630	729	828	926	026	N25	D24 123
	,,	3	—丁丑:	437—38	221	323	421	521	619	719	817	916	015	N14	D13	112
	,,	4	—戊寅:	438—39	210	312	411	510	6 9	7 8	8 7	9 5	0 5	N 3	D 3	1 1
	,,	5	—己卯:	439—40	131	3 1	331	429	529	628	727	826	924 024	N22	D22	120
	太平眞君	1	—庚辰:	440—41	219	319	418	517	616	715	814	912	012	N11	D10	1 9
	,,	2	—辛巳:	441—42	2 7	3 9	4 7	5 7	6 5	7 5	8 3	9 2	0 1	031	N29	D29
	,,	3	—壬午:	442—43	127	226	328	426	526 624	724	822	921	020	N19	D18	117
	,,	4	—癸未:	443—44	215	317	415	515	614	713	812	910	010	N 8	D 8	1 6
	,,	5	—甲申:	444—45	2 5	3 5	4 4	5 3	6 2	7 1	731	829	928	028	N26	D26
	,,	6	—乙酉:	445—46	124 223	324	423	522	621	720	819	917	017	N15	D15	113
	,,	7	—丙戌:	446—47	212	314	412	512	610	710	8 8	9 7	0 6	N 5	D 4	1 3
	,,	8	—丁亥:	447—48	2 1	3 3	4 1	5 1	531	629	729	827	926	025 N24	D23	122
	,,	9	—戊子:	448—49	220	321	419	519	617	717	815	914	014	N12	D12	110
	,,	10	—己丑:	449—50	2 9	310	4 9	5 8	6 7	7 6	8 5	9 3	0 3	N 1	D 1	D30
	,,	11	—庚寅:	450—51	129	228	329	428	527	626	725 824	922	022	N20	D20	118
	正平	1	—辛卯:	451—52	217	318	417	517	615	715	813	912	011	N10	D 9	1 8
文成帝	興安	1	—壬辰:	452—53	2 6	3 7	4 5	5 5	6 3	7 3	8 1	831	930	029	N28	D27
	,,	2	—癸巳:	453—54	126	224	326	424	524	622 722	820	919	018	N17	D16	115
	興光	1	—甲午:	454—55	214	315	414	513	612	711	810	9 8	0 8	N 6	D 6	1 4
	太安	1	—乙未:	455—56	2 3	3 4	4 3	5 2	6 1	7 1	730	829	927	027	N25	D25
	,,	2	—丙申:	456—57	123	222 322	421	520	619	718	817	916	015	N14	D13	112
	,,	3	—丁酉:	457—58	210	312	410	510	6 8	7 8	8 6	9 5	0 4	N 3	D 2	1 1
	,,	4	—戊戌:	458—59	131	3 1	331	429	529	627	727	825	924	023 N22	D21	120
	,,	5	—己亥:	459—60	218	320	418	518	617	716	815	913	013	N11	D11	1 9
	和平	1	—庚子:	460—61	2 8	3 8	4 7	5 6	6 5	7 4	8 3	9 2	0 1	031	N29	D29
	,,	2	—辛丑:	461—62	127	226	327	426	525	624	723 822	920	020	N18	D18	117
	,,	3	—壬寅:	462—63	215	317	415	515	613	713	811	910	0 9	N 8	D 7	1 6
	,,	4	—癸卯:	463—64	2 4	3 6	4 4	5 4	6 3	7 2	8 1	831	928	028	N27	D26
	,,	5	—甲辰:	464—65	125	223	324	422 522	620	720	819	917	017	N15	D15	113
	,,	6	—乙巳:	465—66	212	313	412	511	610	7 9	8 8	9 6	0 6	N 4	D 4	1 3
獻文帝	天安	1	—丙午:	466—67	2 1	3 3	4 1	5 1	530	629	728	827	925	025	N23	D23
	皇興	1	—丁未:	467—68	121 220	321	420	520	618	718	816	915	014	N13	D12	111
	,,	2	—戊申:	468—69	2 9	310	4 8	5 8	6 6	7 6	8 5	9 3	0 3	N 1	D 1	D30
	,,	3	—己酉:	469—70	129	227	329	427	527	625	725	823	922 021	N20	D20	118
	,,	4	—庚戌:	470—71	217	318	417	516	615	714	813	911	011	N 9	D 9	1 7
孝文帝	延興	1	—辛亥:	471—72	2 6	3 7	4 6	5 6	6 4	7 4	8 2	9 1	930	030	N28	D28
	,,	2	—壬子:	472—73	126	225	325	424	523	622 722	820	919	018	N17	D16	115
	,,	3	—癸丑:	473—74	213	315	413	513	611	711	8 9	9 8	0 7	N 6	D 6	1 4
	,,	4	—甲寅:	474—75	2 3	3 4	4 3	5 2	6 1	630	730	828	927	026	N25	D24
	,,	5	—乙卯:	475—76	123	221	323 422	521	620	719	818	916	016	N14	D14	112
	承明	1	—丙辰:	476—77	211	311	410	5 9	6 8	7 8	8 6	9 5	0 4	N 3	D 2	1 1
	太和	1	—丁巳:	477—78	130	3 1	331	429	528	627	726	825	923	023	N22 D21	120

表三. (續)

Table 3. *Continued.*

年序 Year					陰曆月序並代表其月首日 Moons and each of which also denoting first day											
					1	2	3	4	5	6	7	8	9	10	11	12
	太和	2	—戊午:	478—79	218	320	418	518	616	716	814	913	012	N11	D10	1 9
	,,	3	—己未:	479—80	2 7	3 9	4 8	[illegible]	6 6	7 5	8 4	9 2	0 2	031	N30	D29
	,,	4	—庚申:	480—81	128	226	327	[illegible]	525	624	723 822	920	020	N18	D18	116
	,,	5	—辛酉:	481—82	215	316	415	514	613	712	811	9 9	0 9	N 8	D 7	1 6
	,,	6	—壬戌:	482—83	2 4	3 6	4 4	5 4	6 2	7 2	731	830	928	028	N26	D26
	,,	7	—癸亥:	483—84	124	223	325	423 523	621	721	819	918	017	N16	D15	114
	,,	8	—甲子:	484—85	212	313	411	511	610	7 9	8 8	9 6	0 6	N 4	D 4	1 2
	,,	9	—乙丑:	485—86	2 1	3 2	4 1	430	530	628	728	826	925	025	N23	D23
	,,	10	—丙寅:	486—87	121 220	321	420	519	618	717	816	914	014	N12	D12	110
	,,	11	—丁卯:	487—88	2 9	311	4 9	5 9	6 7	7 7	8 5	9 4	0 3	N 2	D 1	D31
	,,	12	—戊辰:	488—89	129	228	328	427	527	625	725	823	922 021	N20	D19	118
	,,	13	—己巳:	489—90	216	318	416	516	614	714	812	911	011	N 9	D 9	1 7
	,,	14	—庚午:	490—91	2 6	3 7	4 6	5 5	6 4	7 3	8 2	831	930	029	N28	D27
	,,	15	—辛未:	491—92	126	225	325	425	524 623	722	821	919	019	N17	D17	115
	,,	16	—壬申:	492—93	214	314	413	513	611	711	8 9	9 8	0 7	N 6	D 5	1 4
	,,	17	—癸酉:	493—94	2 2	3 4	4 2	5 2	531	630	729	828	927	026	N25	D24
	,,	18	—甲戌:	494—95	123	221 323	421	521	619	719	817	916	015	N14	D13	112
	,,	19	—乙亥:	495—96	211	312	411	510	6 9	7 8	8 7	9 5	0 5	N 3	D 3	1 1
	,,	20	—丙子:	496—97	131	229	330	429	528	627	726	825	923	023	N21 D21	119
	,,	21	—丁丑:	497—98	228	319	418	517	616	715	814	913	012	N11	D10	1 9
	,,	22	—戊寅:	498—99	2 7	3 9	4 7	5 7	6 5	7 5	8 3	9 2	0 1	031	N29	D29
	,,	23	—己卯:	499—500	128	226	328	426	526	624	724	822 921	020	N19	D18	117
宣武帝	景明	1	—庚辰:	500—01	215	315	415	514	613	712	811	9 9	0 9	N 7	D 7	1 5
	,,	2	—辛巳:	501—02	2 4	3 5	4 4	5 3	6 2	7 1	731	830	928	028	N26	D26
	,,	3	—壬午:	502—03	124	223	324	423 522	621	720	819	917	017	N15	D15	114
	,,	4	—癸未:	503—04	212	314	412	512	610	710	8 8	9 7	0 6	N 5	D 4	1 3
	正始	1	—甲申:	504—05	2 1	3 2	4 1	430	530	628	728	826	925	024	N23	D22 121
	,,	2	—乙酉:	505—06	219	321	419	519	617	717	816	914	014	N12	D12	110
	,,	3	—丙戌:	506—07	2 9	310	4 9	5 8	6 7	7 6	8 5	9 3	0 3	N 1	D 1	D31
	,,	4	—丁亥:	507—08	129	228	329	428	527	626	725	824	922 022	N20	D20	118
	永平	1	—戊子:	508—09	217	318	416	516	614	714	812	911	010	N 9	D 8	1 7
	,,	2	—己丑:	509—10	2 5	3 7	4 5	5 5	6 3	7 3	8 2	831	930	029	N28	D27
	,,	3	—庚寅:	510—11	126	224	326	424	524	622 722	820	919	018	N17	D17	115
	,,	4	—辛卯:	511—12	214	315	414	513	612	711	810	9 8	0 8	N 6	D 6	1 4
	延昌	1	—壬辰:	512—13	2 3	3 4	4 2	5 2	531	630	729	828	926	026	N24	D24
	,,	2	—癸巳:	513—14	122	221 322	421	520	619	719	817	916	015	N14	D13	112
	,,	3	—甲午:	514—15	210	312	410	510	6 8	7 8	8 6	9 5	0 4	N 3	D 3	1 1
	,,	4	—乙未:	515—16	131	3 1	331	429	529	627	727	825	924	023 N22	D21	120
孝明帝	熙平	1	—丙申:	516—17	218	319	418	517	616	715	814	912	012	N10	D10	1 8
	,,	2	—丁酉:	517—18	2 7	3 8	4 7	5 6	6 5	7 5	8 3	9 2	0 1	031	N29	D29
	神龜	1	—戊戌:	518—19	127	226	327	426	525	624	723 822	920	020	N19	D18	117
	,,	2	—己亥:	519—20	215	317	415	515	613	713	811	910	0 9	N 8	D 7	1 6
	正光	1	—庚子:	520—21	2 4	3 5	4 4	5 3	6 2	7 1	731	829	928	027	N26	D25
	,,	2	—辛丑:	521—22	124	222	324	422	522 621	720	819	917	017	N15	D15	113
	,,	3	—壬寅:	522—23	212	313	412	511	610	7 9	8 8	9 6	0 6	N 5	D 4	1 3
	,,	4	—癸卯:	523—24	2 1	3 [illegible]	4 1	5 1	530	629	728	827	925	025	N23	D23
	,,	5	—甲辰:	524—25	122	220 32[illegible]	419	519	617	717	815	914	013	N12	D11	110

表三. (續)

Table 3. *Continued.*

年序 Year	陰曆月序並代表其月首日 Moons and each of which also denoting first day											
	1	2	3	4	5	6	7	8	9	10	11	12
孝昌 1 —乙巳: 525—26	2 8	310	4 8	5 8	6 7	7 6	8 5	9 3	0 3	N 1	D 1	D30
,, 2 —丙午: 526—27	129	227	329	427	527	625	725	823	922	022	N20 D20	118
,, 3 —丁未: 527—28	217	318	417	516	615	714	813	911	011	N 9	D 9	1 8
孝莊帝 永安 1 —戊申: 528—29	2 6	3 7	4 5	5 5	6 3	7 3	8 1	831	929	029	N27	D27
,, 2 —己酉: 529—30	125	224	325	424	524	622	722 820	919	018	N17	D16	115
東海王 建明 1 —庚戌: 530—31	213	315	413	513	611	711	8 9	9 8	0 8	N 6	D 6	1 4
安定王 中興 1 —辛亥: 531—32	2 3	3 4	4 3	5 2	6 1	630	730	828	927	026	N25	D25
孝武帝 永熙 1 —壬子: 532—33	123	222	322 421	520	619	718	817	915	015	N13	D13	111
,, 2 —癸丑: 533—34	210	311	410	510	6 8	7 8	8 6	9 5	0 4	N 3	D 2	1 1
,, 3 —甲寅: 534—35	130	3 1	331	429	528	627	726	825	924	023	N22	D21 120

表四. 東魏朔閏與西曆之對照(西曆五三四年至五五一年).

Table 4. Corresponding days of western months to first day of each moon for the period of Tung Wei Kingdom (534-51 A.D.).

年序 Year	陰曆月序並代表其月首日 Moons and each of which also denoting first day											
	1	2	3	4	5	6	7	8	9	10	11	12
孝靜帝 天平 1 —甲寅: 534—35	130	3 1	330	429	528	627	726	825	924	023	N22	D21 120
,, 2 —乙卯: 535—36	218	320	418	518	616	716	814	913	012	N11	D11	1 9
,, 3 —丙辰: 536—37	2 8	3 7	4 7	5 6	6 5	7 4	8 3	9 1	0 1	030	N29	D28
,, 4 —丁巳: 537—38	127	225	327	426	525	624	723	822	920 020	N18	D18	116
元象 1 —戊午: 538—39	215	316	415	514	613	712	811	910	0 9	N 8	D 7	1 6
興和 1 —己未: 539—40	2 4	3 6	4 4	5 4	6 2	7 2	731	830	928	028	N27	D26
,, 2 —庚申: 540—41	125	223	324	422	522 620	720	818	917	016	N15	D14	113
,, 3 —辛酉: 541—42	211	313	412	511	610	7 9	8 8	9 6	0 6	N 4	D 4	1 2
,, 4 —壬戌: 542—43	2 1	3 2	4 1	430	530	628	728	827	925	025	N23	D23
武定 1 —癸亥: 543—44	121 220	321	420	519	618	717	816	914	014	N13	D12	111
,, 2 —甲子: 544—45	2 9	310	4 8	5 8	6 6	7 6	8 4	9 3	0 2	N 1	N30	D30
,, 3 —乙丑: 545—46	128	227	329	427	526	625	725	823	922	021 N20	D19	118
,, 4 —丙寅: 546—47	216	318	416	516	614	714	813	911	011	N 9	D 9	1 7
,, 5 —丁卯: 547—48	2 6	3 7	4 6	5 5	6 4	7 3	8 2	831	930	030	N28	D28
,, 6 —戊辰: 548—49	126	225	325	424	523	622	721 820	918	018	N16	D16	114
,, 7 —己巳: 549—50	213	315	413	513	611	711	8 9	9 8	0 7	N 6	D 5	1 4
,, 8 —庚午: 550—51	2 2	3 4	4 2	5 2	531	630	730	828	927	026	N25	D24

表五. 西魏朔閏與西曆之對照(西曆五三五年至五五七年).

Table 5. Corresponding days of western months to first day of each moon for the period of Hsi Wei Kingdom (535–57 A.D.).

年序 Year					陰曆月序並代表其月首日 Moons and each of which also denoting first day											
					1	2	3	4	5	6	7	8	9	10	11	12
文帝	大統	1	—乙卯:	535—36	218	320	418	518	616	716	814	913	012	N11	D11	1 9
,,		2	—丙辰:	536—37	2 8	3 8	4 7	5 6	6 5	7 4	8 3	9 1	0 1	030	N29	D28
,,		3	—丁巳:	537—38	127	225	327	426	525	624	723	822	920	N18	D18	116
													020			
,,		4	—戊午:	538—39	215	316	415	514	613	712	811	910	0 9	N 8	D 7	1 6
,,		5	—己未:	539—40	2 4	3 6	4 4	5 4	6 2	7 2	731	830	928	028	N27	D26
,,		6	—庚申:	540—41	125	223	324	422	522	720	818	917	016	N15	D14	113
									620							
,,		7	—辛酉:	541—42	211	313	412	511	610	7 9	8 8	9 6	0 6	N 4	D 4	1 2
,,		8	—壬戌:	542—43	2 1	3 2	4 1	430	530	628	728	827	925	025	N23	D23
,,		9	—癸亥:	543—44	121	321	420	519	618	717	816	914	014	N13	D12	111
					220											
,,		10	—甲子:	544—45	2 9	310	4 8	5 8	6 6	7 6	8 4	9 3	0 2	N 1	N30	D30
,,		11	—乙丑:	545—46	128	227	329	427	527	625	725	823	922	021	D19	118
														N20		
,,		12	—丙寅:	546—47	216	318	416	516	614	714	813	911	011	N 9	D 9	1 7
,,		13	—丁卯:	547—48	2 6	3 7	4 6	5 5	6 4	7 3	8 2	831	930	030	N28	D28
,,		14	—戊辰:	548—49	126	225	325	424	523	622	721	918	018	N16	D16	114
											820					
,,		15	—己巳:	549—50	213	315	413	513	611	711	8 9	9 8	0 7	N 6	D 5	1 4
,,		16	—庚午:	550—51	2 2	3 4	4 2	5 2	531	630	730	828	927	026	N25	D24
,,		17	—辛未:	551—52	123	221	323	421	619	719	817	916	016	N14	D14	112
								521								
廢帝		1	—壬申:	552—53	211	311	410	5 9	6 8	7 7	8 6	9 4	0 4	N 2	D 2	D31
,,		2	—癸酉:	553—54	130	3 1	331	429	528	627	726	825	923	023	N21	D21
																119
恭帝		1	—甲戌:	554—55	218	319	418	517	616	716	814	913	012	N11	D10	1 9
,,		2	—乙亥:	555—56	2 7	3 9	4 7	5 7	6 5	7 5	8 3	9 2	0 2	031	N30	D29
,,		3	—丙子:	556—57	128	226	327	425	525	623	723	821	019	N18	D17	116
												920				

表六. 北齊朔閏與西曆之對照(西曆五五〇年至五七八年).

Table 6. Corresponding days of western months to first day of each moon for the period of Pei Ch'i Kingdom (550–78 A.D.).

年序 Year					陰曆月序並代表其月首日 Moons and each of which also denoting first day											
					1	2	3	4	5	6	7	8	9	10	11	12
文宣帝	天保	1	一庚午:	550—51	2 2	3 4	4 2	5 2	531	630	730	828	927	O26	N25	D24
	,,	2	一辛未:	551—52	123	221 323	421	521	619	719	817	916	O15	N14	D14	112
	,,	3	一壬申:	552—53	211	311	410	5 9	6 8	7 7	8 6	9 4	O 4	N 2	D 2	D31
	,,	4	一癸酉:	553—54	130	3 1	330	429	528	627	726	825	923	O23	N21 D21	119
	,,	5	一甲戌:	554—55	218	319	418	517	616	716	814	913	O12	N11	D10	1 9
	,,	6	一乙亥:	555—56	2 7	3 9	4 7	5 7	6 5	7 5	8 3	9 2	O 1	O31	N30	D25
	,,	7	一丙子:	556—57	128	226	327	425	525	623	723	821 920	O19	N18	D17	116
	,,	8	一丁丑:	557—58	215	316	415	514	613	712	811	9 9	O 9	N 7	D 7	1 5
	,,	9	一戊寅:	558—59	2 4	3 5	4 4	5 3	6 2	7 2	731	830	928	O28	N26	D26
	,,	10	一己卯:	559—60	124	223	324	423 522	621	720	819	917	O17	N16	D15	114
孝昭帝	皇建	1	一庚辰:	560—61	212	313	411	511	6 9	7 9	8 7	9 6	O 5	N 4	D 3	1 2
武成帝	太寧	1	一辛巳:	561—62	2 1	3 2	4 1	430	530	628	728	826	925	O24	N23	D22 121
	河清	1	一壬午:	562—63	210	321	419	519	618	717	816	914	O14	N12	D12	110
	,,	2	一癸未:	563—64	2 9	310	4 9	5 8	6 7	7 6	8 5	9 3	O 3	N 2	D 1	D31
	,,	3	一甲申:	564—65	129	228	328	427	526	625	724	823	921 O21	N19	D19	118
後主	天統	1	一乙酉:	565—66	216	318	416	516	614	714	812	911	O10	N 9	D 8	1 7
	,,	2	一丙戌:	566—67	2 5	3 7	4 5	5 5	6 4	7 3	8 2	831	930	O29	N28	D27
	,,	3	一丁亥:	567—68	126	224	326	424	524	622 722	820	919	O19	N17	D17	115
	,,	4	一戊子:	568—69	214	314	413	512	611	710	8 9	9 7	O 7	N 5	D 5	1 4
	,,	5	一己丑:	569—70	2 2	3 4	4 2	5 2	531	630	729	828	926	O26	N24	D24
	武平	1	一庚寅:	570—71	122	221 322	421	521	619	719	817	916	O15	N14	D13	112
	,,	2	一辛卯:	571—72	210	312	410	510	6 8	7 8	8 7	9 5	O 5	N 3	D 3	1 1
	,,	3	一壬辰:	572—73	131	229	330	428	528	626	726	824	923	O22	N21 D21	119
	,,	4	一癸巳:	573—74	218	319	418	517	616	715	814	912	O12	N10	D10	1 8
	,,	5	一甲午:	574—75	2 7	3 8	4 7	5 7	6 5	7 5	8 3	9 2	O 1	O31	N29	D29
	,,	6	一乙未:	575—76	127	226	327	426	525	624	723	822 921	O20	N19	D18	117
安德王	德昌	1	一丙申:	576—77	215	316	414	514	612	712	810	9 9	O 8	N 7	D 7	1 5
幼主	承光	1	一丁酉:	577—78	2 4	3 5	4 4	5 3	6 2	7 1	731	829	928	O27	N26	D25

表七. 北周朔閏與西曆之對照(西曆五五七年至五八一年).

Table 7. Corresponding days of western months to first day of each moon for the period of Pei Chou Kingdom (557–81 A.D.).

年 序 Year					陰曆月序並代表其月首日 Moons and each of which also denoting first day											
					1	2	3	4	5	6	7	8	9	10	11	12
明帝		1	—丁丑:	557—58	215	316	415	514	613	712	811	9 9	0 9	N 7	D 7	1 5
,,		2	—戊寅:	558—59	2 4	3 5	4 4	5 3	6 2	7 2	731	830	928	028	N26	D26
	武成	1	—己卯:	559—60	124	223	324	423	522 621	720	819	918	017	N16	D15	114
	,,	2	—庚辰:	560—61	212	313	411	511	6 9	7 9	8 7	9 6	0 5	N 4	D 3	1 2
武帝	保定	1	—辛巳:	561—62	2 1	3 2	4 1	430	530	628	728	826	925	024	N23	D22
	,,	2	—壬午:	562—63	121 219	321	419	519	618	717	816	914	014	N12	D12	110
	,,	3	—癸未:	563—64	2 9	310	4 9	5 8	6 7	7 6	8 5	9 4	0 3	N 2	D 1	D31
	,,	4	—甲申:	564—65	129	228	328	427	526	625	724	823	921 021	N19	D19	118
	,,	5	—乙酉:	565—66	216	318	416	516	614	714	812	911	010	N 9	D 8	1 7
	天和	1	—丙戌:	566—67	2 6	3 7	4 6	5 5	6 4	7 3	8 2	831	930	029	N28	D27
	,,	2	—丁亥:	567—68	126	225	326	425	524	623	722	821 919	019	N17	D17	115
	,,	3	—戊子:	568—69	214	314	413	513	611	711	8 9	9 8	0 7	N 6	D 5	1 4
	,,	4	—己丑:	569—70	2 2	3 4	4 2	5 2	531	630	729	828	927	026	N25	D24
	,,	5	—庚寅:	570—71	123	221	323	421 521	619	719	817	916	015	N14	D13	112
	,,	6	—辛卯:	571—72	211	312	411	510	6 9	7 8	8 7	9 5	0 5	N 3	D 3	1 1
	建德	1	—壬辰:	572—73	131	229	330	429	528	627	726	825	923	023	N21	D21
	,,	2	—癸巳:	573—74	119 218	319	418	517	616	715	814	913	012	N11	D10	1 9
	,,	3	—甲午:	574—75	2 7	3 9	4 7	5 7	6 5	7 5	8 3	9 2	0 1	031	N30	D29
	,,	4	—乙未:	575—76	128	226	328	426	526	624	723	822	921	020 N19	D18	117
	,,	5	—丙申:	576—77	215	316	415	514	613	712	811	9 9	019	N 7	D 7	1 5
	,,	6	—丁酉:	577—78	2 4	3 5	4 4	5 3	6 2	7 1	731	830	928	028	N26	D26
	宣政	1	—戊戌:	578—79	124	223	324	423	522	621 720	819	917	017	N16	D15	114
靜帝	大象	1	—己亥:	579—80	212	314	412	512	610	710	8 8	9 7	0 6	N 5	D 5	1 3
	,,	2	—庚子:	580—81	2 2	3 2	4 1	430	530	628	728	826	925	024	N23	D22

表八. 隋朔閏與西曆之對照(西曆五八一年至五九〇年)

Table 8. Corresponding days of western months to first day of each moon for the period of Sui Kingdom (581–90 A.D.). After 590 A. D. became Sui Dynasty.

年 序 Year					陰曆月序並代表其月首日 Moons and each of which also denoting first day											
					1	2	3	4	5	6	7	8	9	10	11	12
文帝	開皇	1	—辛丑:	581—82	121	220	321 420	519	618	717	816	914	014	N12	D12	110
	,,	2	—壬寅:	582—83	2 9	310	4 9	5 8	6 7	7 7	8 5	9 4	0 3	N 2	D 1	D31
	,,	3	—癸卯:	583—84	129	228	329	428	527	626	725	824	922	022	N21	D20 119
	,,	4	—甲辰:	584—85	217	317	416	516	614	714	812	911	010	N 9	D 8	1 7
	,,	5	—乙巳:	585—86	2 5	3 7	4 5	5 5	6 3	7 3	8 2	831	930	029	N28	D27
	,,	6	—丙午:	586—87	126	224	326	424	524	622	722	820 919	018	N17	D17	115
	,,	7	—丁未:	587—38	214	315	414	513	612	711	810	9 8	0 8	N 6	D 6	1 4
	,,	8	—戊申:	588—89	2 3	3 3	4 2	5 2	531	630	729	828	926	026	N24	D24
	,,	9	—己酉:	589—90	122	221	322	421 520	619	719	817	916	015	N14	D13	112

表九. 遼朔閏與西曆之對照(西曆九〇七年至一二一二年).

Table 9. Corresponding days of western months to first day of each moon for the period of Liao Kingdom (907-1212 A.D.).

年序 Year					陰曆月序並代表其月首日 Moons and each of which also denoting first day											
					1	2	3	4	5	6	7	8	9	10	11	12
太祖		1	一丁卯:	907—08	215	317	416	515	614	713	812	911	010	N 9	D 8	1 7
,,		2	一戊辰:	908—09	2 5	3 5	4 4	5 3	6 2	7 1	731	830	928	028	N27	D26
,,		3	一己巳:	909—10	125	223	324	423	522	621	720	819 917	017	N16	D16	114
,,		4	一庚午:	910—11	213	314	413	512	610	710	8 8	9 7	0 6	N 5	D 5	1 4
,,		5	一辛未:	911—12	2 2	3 4	4 2	5 2	531	629	728	827	925	025	N24	D24
,,		6	一壬申:	912—13	122	221	322	420	520 618	717	815	914	013	N12	D11	110
,,		7	一癸酉:	913—14	2 9	311	410	5 9	6 7	7 7	8 5	9 3	0 2	N 1	D 1	D30
,,		8	一甲戌:	914—15	129	228	330	428	528	626	726	824	923	022	N20	D20
,,		9	一乙亥:	915—16	118	217 319	417	517	616	715	814	912	012	N10	D 9	1 8
	神册	1	一丙子:	916—17	2 6	3 7	4 5	5 5	6 4	7 3	8 2	831	930	030	N28	D28
	,,	2	一丁丑:	917—18	126	224	326	424	524	622	722	821	919	019 N18	D17	116
	,,	3	一戊寅:	918—19	214	315	414	513	612	711	810	9 8	0 8	N 7	D 6	1 5
	,,	4	一己卯:	919—20	2 4	3 5	4 4	5 3	6 1	630	730	828	927	027	N26	D25
	,,	5	一庚辰:	920—21	124	223	323	422	521	619 718	817	915	015	N14	D13	112
	,,	6	一辛巳:	921—22	211	313	411	511	6 9	7 8	8 6	9 5	0 4	N 3	D 2	1 1
	天贊	1	一壬午:	922—23	131	3 2	331	430	529	628	727	825	924	023	N22	D21
	,,	2	一癸未:	923—24	120	219	320	419 519	617	716	815	913	013	N11	D11	1 9
	,,	3	一甲申:	924—25	2 8	3 8	4 7	5 7	6 5	7 5	8 4	9 2	0 2	031	N29	D29
	,,	4	一乙酉:	925—26	127	226	327	426	525	624	724	822	921	020	N19	D19 117
	天顯	1	一丙戌:	926—27	215	317	415	515	613	713	811	910	010	N 8	D 8	1 7
太宗	,,	2	一丁亥:	927—28	2 5	3 6	4 5	5 4	6 3	7 2	8 1	830	929	029	N27	D27
	,,	3	一戊子:	928—29	126	224	325	423	522	620	720	818 917	017	N15	D15	114
	,,	4	一己丑:	929—30	213	314	413	512	610	7 9	8 8	9 6	0 6	N 4	D 4	1 3
	,,	5	一庚寅:	930—31	2 2	3 3	4 2	5 1	531	629	728	827	925	025	N23	D23
	,,	6	一辛卯:	931—32	122	220	322	421	520 619	718	816	915	014	N12	D12	111
	,,	7	一壬辰:	932—33	2 9	310	4 9	5 9	6 7	7 7	8 5	9 3	0 3	N 1	D 1	D30
	,,	8	一癸巳:	933—34	129	227	329	428	527	626	725	824	922	022	N20	D20
	,,	9	一甲午:	934—35	118 217	318	417	516	615	715	813	912	011	N10	D 9	1 8
	,,	10	一乙未:	935—36	2 6	3 8	4 6	5 6	6 4	7 4	8 2	9 1	0 1	030	N29	D29
	,,	11	一丙申:	936—37	127	225	326	424	524	622	721	820	919	018	N17 D17	115
	,,	12	一丁酉:	937—38	213	315	414	513	611	711	8 9	9 8	0 7	N 6	D 6	1 4
	會同	1	一戊戌:	938—39	2 2	3 4	4 3	5 3	6 1	630	730	828	927	026	N25	D25
	,,	2	一己亥:	939—40	123	222	324	422	522	620	719 818	916	016	N14	D14	112
	,,	3	一庚子:	940—41	211	312	411	510	6 9	7 8	8 6	9 5	0 4	N 3	D 2	1 1
	,,	4	一辛丑:	941—42	130	3 1	331	429	529	628	727	825	924	023	N22	D21
	,,	5	一壬寅:	942—43	120	218	320 418	518	617	716	815	913	013	N11	D11	1 9
	,,	6	一癸卯:	943—44	2 8	3 9	4 8	5 7	6 6	7 5	8 4	9 3	0 2	N 1	N30	D30
	,,	7	一甲辰:	944—45	128	227	327	426	525	623	723	822	920	020	N19	D18 117
	,,	8	一乙巳:	945—46	215	317	415	514	613	712	811	9 9	0 9	N 8	D 8	1 6
	,,	9	一丙午:	946—47	2 5	3 6	4 5	5 4	6 2	7 2	731	830	928	028	N27	D26
世宗	天祿	1	一丁未:	947—48	125	224	325	424	523	621	721 819	917	017	N16	D15	114
	,,	2	一戊申:	948—49	213	314	412	512	610	7 9	8 8	9 6	0 5	N 4	D 4	1 2
	,,	3	一己酉:	949—50	2 1	3 3	4 1	5 1	531	629	728	827	925	025	N23	D23
	,,	4	一庚戌:	950—51	121	220	321	420	520 618	718	816	915	014	N13	D12	111
穆宗	應曆	1	一辛亥:	951—52	2 9	311	4 9	5 9	6 8	7 7	8 6	9 4	0 4	N 2	D 2	D31
	,,	2	一壬子:	952—53	130	228	329	427	527	625	725	823	922	022	N20	D20
	,,	3	一癸丑:	953—54	118 217	318	416	516	614	714	812	911	011	N10	D 9	1 8

表九. (續)

Table 9. *Continued.*

年序 Year					陰曆月序並代表其月首日 Moons and each of which also denoting first day											
					1	2	3	4	5	6	7	8	9	10	11	12
	應曆	4	—甲寅:	954—55	2 6	3 8	4 6	5 5	6 4	7 3	8 2	831	930	030	N28	D28
	,,	5	—乙卯:	955—56	127	225	327	425	524	623	722	820	919 019	N17	D17	116
	,,	6	—丙辰:	956—57	215	315	414	513	611	711	8 9	9 7	0 7	N 6	D 5	1 4
	,,	7	—丁巳:	957—58	2 3	3 5	4 3	5 3	6 1	630	730	828	926	026	N24	D24
	,,	8	—戊午:	958—59	123	222	323	422	521	620	719 818	916	015	N14	D13	112
	,,	9	—己未:	959—60	211	312	411	511	6 9	7 9	8 7	9 6	0 5	N 4	D 3	1 1
	,,	10	—庚申:	960—61	131	3 1	330	429	528	627	727	825	924	023	N22	D21
	,,	11	—辛酉:	961—62	120	218	319 418	517	616	716	814	913	013	N11	D11	1 9
	,,	12	—壬戌:	962—63	2 8	3 9	4 7	5 7	6 5	7 5	8 3	9 2	0 2	031	N30	D30
	,,	13	—癸亥:	963—64	128	227	328	426	526	624	724	822	921	020	N19	D19 118
	,,	14	—甲子:	964—65	216	317	415	514	613	713	811	9 9	0 9	N 7	D 7	1 6
	,,	15	—乙丑:	965—66	2 5	3 6	4 5	5 4	6 2	7 2	731	829	928	027	N26	D26
	,,	16	—丙寅:	966—67	125	223	325	424	523	621	721	819 917	017	N15	D15	114
	,,	17	—丁卯:	967—68	212	314	413	512	611	710	8 9	9 7	0 6	N 5	D 4	1 3
	,,	18	—戊辰:	968—69	2 2	3 2	4 1	430	530	629	728	827	925	025	N23	D22
景宗	保寧	1	—己巳:	969—70	121	219	321	420	519 618	717	816	915	014	N13	D12	111
	,,	2	—庚午:	970—71	2 9	310	4 9	5 8	6 7	7 6	8 5	9 4	0 3	N 2	D 2	D31
	,,	3	—辛未:	971—72	130	228	329	428	527	626	725	824	922	022	N21	D21
	,,	4	—壬申:	972—73	119	218 318	416	516	614	713	812	911	010	N 9	D 9	1 8
	,,	5	—癸酉:	973—74	2 6	3 8	4 6	5 5	6 4	7 3	8 1	831	929	029	N28	D28
	,,	6	—甲戌:	974—75	126	225	327	425	524	623	722	820	919	018 N17	D17	115
	,,	7	—乙亥:	975—76	214	316	414	514	612	712	810	9 8	0 8	N 6	D 6	1 4
	,,	8	—丙子:	976—77	2 3	3 4	4 3	5 2	6 1	630	730	828	926	026	N24	D24
	,,	9	—丁丑:	977—78	122	221	323	421	521	620	719 818	916	016	N14	D13	112
	,,	10	—戊寅:	978—79	210	312	410	510	6 9	7 8	8 7	9 5	0 5	N 4	D 3	1 2
	乾亨	1	—己卯:	979—80	131	3 1	331	429	529	627	727	826	924	024	N24	D22
	,,	2	—庚辰:	980—81	121	219	319 418	517	616	715	814	912	012	N11	D10	1 9
	,,	3	—辛巳:	981—82	2 8	3 9	4 7	5 7	6 5	7 4	8 3	9 1	0 1	031	N30	D29
	,,	4	—壬午:	982—83	128	227	328	426	526	624	723	822	920	020	N19	D18 117
聖宗	統和	1	—癸未:	983—84	216	318	416	515	614	713	811	910	0 9	N 8	D 7	1 6
	,,	2	—甲申:	984—85	2 5	3 6	4 4	5 4	6 2	7 2	731	829	928	027	N26	D25
	,,	3	—乙酉:	985—86	124	223	324	423	523	621	721	819 917	017	N15	D15	113
	,,	4	—丙戌:	986—87	212	313	412	512	610	710	8 8	9 7	0 6	N 5	D 4	1 3
	,,	5	—丁亥:	987—88	2 1	3 3	4 1	5 1	530	629	729	827	926	025	N24	D23
	,,	6	—戊子:	988—89	122	220	321	419	519 617	717	815	914	014	N12	D12	111
	,,	7	—己丑:	989—90	2 9	310	4 9	5 8	6 6	7 6	8 4	9 3	0 3	N 2	D 1	D31
	,,	8	—庚寅:	990—91	130	228	329	428	527	625	725	823	922	022	N20	D20
	,,	9	—辛卯:	991—92	119	218 319	417	517	615	714	813	911	011	N 9	D 9	1 8
	,,	10	—壬辰:	992—93	2 7	3 7	4 6	5 5	6 4	7 3	8 1	831	929	029	N27	D27
	,,	11	—癸巳:	993—94	126	224	326	425	524	623	722	820	919	018 N17	D16	115
	,,	12	—甲午:	994—95	213	315	414	513	612	712	810	9 8	0 8	N 6	D 6	1 4
	,,	13	—乙未:	995—96	2 3	3 4	4 3	5 3	6 1	7 1	730	829	927	027	N25	D25
	,,	14	—丙申:	996—97	123	222	322	421	520	619	718 817	916	015	N14	D13	112
	,,	15	—丁酉:	997—98	210	312	410	510	6 8	7 8	8 6	9 5	0 5	N 3	D 3	1 2
	,,	16	—戊戌:	998—99	131	3 1	331	429	528	627	726	825	924	023	N22	D22
	,,	17	—己亥:	999—1000	120	219	320	419 518	516	716	814	913	012	N11	D11	110

表九. (續)

Table 9. *Continued.*

年序 Year					陰曆月序並代表其月首日 Moons and each of which also denoting first day											
					1	2	3	4	5	6	7	8	9	10	11	12
	統和	18	—庚子:	1000—01	2 8	3 9	4 7	5 7	6 5	7 4	8 3	9 1	0 1	030	N29	D29
	,,	19	—辛丑:	1001—02	127	226	328	426	526	624	723	822	920	019	N18 D18	116
	,,	20	—壬寅:	1002—03	215	317	416	515	614	713	811	910	0 9	N 8	D 7	1 6
	,,	21	—癸卯:	1003—04	2 4	3 6	4 5	5 4	6 3	7 2	8 1	830	929	028	N27	D26
	,,	22	—甲辰:	1004—05	125	223	324	422	522	621	720	819	917 017	N15	D15	113
	,,	23	—乙巳:	1005—06	212	313	412	511	610	7 9	8 8	9 7	0 6	N 5	D 4	1 3
	,,	24	—丙午:	1006—07	2 1	3 3	4 1	430	530	628	728	827	925	025	N24	D23
	,,	25	—丁未:	1007—08	122	220	322	420	519 618	717	816	914	014	N13	D13	111
	,,	26	—戊申:	1008—09	210	310	4 9	5 8	6 6	7 6	8 4	9 3	0 2	N 1	D 1	D30
	,,	27	—己酉:	1009—10	129	228	329	428	527	625	725	823	921	021	N20	D19
	,,	28	—庚戌:	1010—11	118	217 319	417	517	615	714	813	911	010	N 9	D 9	1 7
	,,	20	—辛亥:	1011—12	2 6	3 8	4 6	5 6	6 5	7 4	8 2	9 1	930	029	N28	D28
	開泰	1	—壬子:	1012—13	126	225	326	424	524	622	722	820	919	018 N17	D16	115
	,,	2	—癸丑:	1013—14	213	315	413	513	611	711	810	9 8	0 8	N 6	D 6	1 4
	,,	3	—甲寅:	1014—15	2 3	3 4	4 2	5 2	6 1	630	730	828	927	027	N25	D25
	,,	4	—乙卯:	1015—16	123	222	323	421	521	619	719 817	916	016	N15	D14	113
	,,	5	—丙辰:	1016—17	211	312	410	5 9	6 8	7 7	8 6	9 4	0 4	N 3	D 2	1 1
	,,	6	—丁巳:	1017—18	131	3 1	331	429	528	627	726	824	923	023	N21	D21
	,,	7	—戊午:	1018—19	120	219	320	419 518	616	716	814	912	012	N11	D10	1 9
	,,	8	—己未:	1019—20	2 8	310	4 8	5 8	6 6	7 5	8 4	9 2	0 1	031	N29	D29
	,,	9	—庚申:	1020—21	128	227	327	426	526	624	723	822	920	019	N18	D17 116
	太平	1	—辛酉:	1021—22	215	316	415	515	613	713	811	910	0 9	N 8	D 7	1 5
	,,	2	—壬戌:	1022—23	2 4	3 5	4 5	5 4	6 2	7 2	8 1	830	929	028	N27	D26
	,,	3	—癸亥:	1023—24	125	223	324	423	522	621	721	819	918 018	N16	D16	114
	,,	4	—甲子:	1024—25	213	313	411	511	6 9	7 9	8 7	9 6	0 6	N 4	D 4	1 3
	,,	5	—乙丑:	1025—26	2 1	3 3	4 1	430	530	628	728	826	925	024	N23	D23
	,,	6	—丙寅:	1026—27	122	220	322	420	519 618	717	815	914	013	N12	D12	111
	,,	7	—丁卯:	1027—28	2 9	311	410	5 9	6 7	7 7	8 5	9 3	0 3	N 1	D 1	D31
	,,	8	—戊辰:	1028—29	130	228	329	428	527	625	725	823	921	021	N19	D19
	,,	9	—己巳:	1029—30	118	216	318 417	516	615	714	813	911	010	N 9	D 8	1 7
	,,	10	—庚午:	1030—31	2 5	3 7	4 6	5 5	6 4	7 4	8 2	9 1	930	030	N28	D27
興宗	景福	1	—辛未:	1031—32	126	224	326	425	524	623	722	821	920	019 N18	D17	116
	重熙	1	—壬申:	1032—33	214	314	413	512	611	710	8 9	9 8	0 7	N 6	D 6	1 4
	,,	2	—癸酉:	1033—34	2 3	3 4	4 2	5 2	531	629	729	828	926	026	N25	D25
	,,	3	—甲戌:	1034—35	123	222	323	421	521	619 718	817	916	015	N14	D14	113
	,,	4	—乙亥:	1035—36	211	313	411	510	6 9	7 8	8 6	9 5	0 4	N 3	D 3	1 2
	,,	5	—丙子:	1036—37	131	3 1	331	429	528	627	726	824	923	022	N21	D21
	,,	6	—丁丑:	1037—38	119	218	320	418 518	616	716	814	912	012	N10	D10	1 8
	,,	7	—戊寅:	1038—39	2 7	3 9	4 8	5 7	6 6	7 5	8 4	9 2	0 1	031	N29	D29
	,,	8	—己卯:	1039—40	127	226	328	426	526	625	724	823	921	021	N19	D18 117
	,,	9	—庚辰:	1040—41	215	316	414	514	613	712	811	9 9	0 9	N 8	D 7	1 5
	,,	10	—辛巳:	1041—42	2 4	3 5	4 4	5 3	6 2	7 1	731	830	928	028	N27	D26
	,,	11	—壬午:	1042—43	125	223	324	423	522	620	720	819	917 017	N16	D15	114
	,,	12	—癸未:	1043—44	213	314	412	512	610	7 9	8 8	9 6	0 6	N 5	D 5	1 3
	,,	13	—甲申:	1044—45	2 2	3 3	4 1	430	530	628	727	826	924	024	N23	D22
	,,	14	—乙酉:	1045—46	121	220	322	420	519 618	717	815	914	013	N12	D11	110

表九. (續)

Table 9. *Continued.*

年序 Year					陰曆月序並代表其月首日 Moons and each of which also denoting first day											
					1	2	3	4	5	6	7	8	9	10	11	12
	重熙	15	—丙戌:	1046—47	2 9	311	4 9	5 9	6 7	7 7	8 5	9 3	O 3	N 1	D 1	D30
	,,	16	—丁亥:	1047—48	120	228	329	428	528	626	726	824	922	O22	N20	D20
	,,	17	—戊子:	1048—49	118	317	416	516	614	714	812	911	O10	N 9	D 8	1 7
					217											
	,,	18	—己丑:	1049—50	2 5	3 7	4 5	5 5	6 3	7 3	8 2	831	930	O29	N28	D27
	,,	19	—庚寅:	1050—51	126	224	326	424	524	622	722	820	919	O19	N17	116
															D17	
	,,	20	—辛卯:	1051—52	214	315	414	513	611	711	8 9	9 8	O 8	N 7	D 6	1 5
	,,	21	—壬辰:	1052—53	2 4	3 4	4 2	5 2	531	629	729	827	926	O26	N24	D24
	,,	22	—癸巳:	1053—54	123	222	323	421	521	619	718	915	O15	N13	D13	112
											817					
	,,	23	—甲午:	1054—55	211	312	411	510	6 9	7 8	8 6	9 5	O 4	N 3	D 2	1 1
道宗	淸寧	1	—乙未:	1055—56	131	3 1	331	430	529	628	727	825	924	O23	N22	D21
	,,	2	—丙申:	1056—57	120	218	319	517	616	716	814	912	O12	N10	D10	1 8
							418									
	,,	3	—丁酉:	1057—58	2 7	3 8	4 7	5 7	6 4	7 5	8 3	9 2	O 1	O31	N29	D29
	,,	4	—戊戌:	1058—59	127	226	327	426	525	624	723	822	921	O20	N19	D18
																117
	,,	5	—己亥:	1059—60	215	317	415	514	613	713	811	910	O10	N 8	D 8	1 6
	,,	6	—庚子:	1060—61	2 5	3 5	4 4	5 3	6 1	7 1	730	829	928	O27	N26	D26
	,,	7	—辛丑:	1061—62	124	223	324	423	522	620	720	818	O16	N15	D15	114
												917				
	,,	8	—壬寅:	1062—63	212	314	412	512	610	7 9	8 8	9 6	O 6	N 4	D 4	1 3
	,,	9	—癸卯:	1063—64	2 1	3 3	4 2	5 1	531	629	728	827	925	O24	N23	D23
	,,	10	—甲辰:	1064—65	121	220	321	420	519	618	815	914	O13	N11	D11	110
										717						
	咸雍	1	—乙巳:	1065—66	2 8	310	4 9	5 8	6 7	7 6	8 5	9 4	O 3	N 1	D 1	D30
	,,	2	—丙午:	1066—67	129	227	329	427	527	626	725	824	922	O22	N20	D20
	,,	3	—丁未:	1067—68	118	217	318	516	615	714	813	912	O11	N10	D 9	1 8
							417									
	,,	4	—戊申:	1068—69	2 6	3 7	4 5	5 4	6 3	7 2	8 1	831	929	O29	N28	D27
	,,	5	—己酉:	1069—70	126	224	326	424	523	622	721	820	918	O18	N17	115
															D17	
	,,	6	—庚戌:	1070—71	214	315	414	513	611	711	8 9	9 8	O 7	N 6	D 6	1 4
	,,	7	—辛亥:	1071—72	2 3	3 5	4 3	5 3	6 1	630	730	828	926	O26	N25	D24
	,,	8	—壬子:	1072—73	123	222	323	421	521	619	718	915	O14	N13	D13	111
											817					
	,,	9	—癸丑:	1073—74	210	312	410	510	6 9	7 8	8 6	9 5	O 4	N 2	D 2	D31
	,,	10	—甲寅:	1074—75	130	3 1	330	429	529	627	727	825	924	O23	N22	D21
	大康	1	—乙卯:	1075—76	119	218	320	418	616	716	815	913	O13	N11	D11	1 9
								518								
	,,	2	—丙辰:	1076—77	2 8	3 8	4 6	5 6	6 5	7 4	8 3	9 1	O 1	O31	N29	D29
	,,	3	—丁巳:	1077—78	127	226	327	425	525	623	723	821	920	O20	N19	D18
																117
	,,	4	—戊午:	1078—79	215	317	415	514	613	712	811	9 9	O 8	N 8	D 7	1 6
	,,	5	—己未:	1079—80	2 5	3 6	4 5	5 4	6 2	7 2	731	829	928	O28	N26	D26
	,,	6	—庚申:	1080—81	125	224	324	423	522	620	720	818	O16	N14	D14	113
												916				
	,,	7	—辛酉:	1081—82	212	314	412	512	610	7 9	8 8	9 6	O 5	N 4	D 3	1 2
	,,	8	—壬戌:	1082—83	2 1	3 3	4 1	5 1	530	629	728	827	925	O24	N23	D22
	,,	9	—癸亥:	1083—84	121	220	321	420	520	618	816	915	O14	N13	D12	110
										718						
	,,	10	—甲子:	1084—85	2 9	3 9	4 8	5 8	6 6	7 6	8 4	9 3	O 3	N 1	D 1	D30
	大安	1	—乙丑:	1085—86	120	227	328	427	526	625	725	823	922	O22	N20	D20
	,,	2	—丙寅:	1086—87	118	217	416	516	614	714	812	911	O11	N 9	D 9	1 8
						318										
	,,	3	—丁卯:	1087—88	2 6	3 8	4 6	5 5	6 4	7 3	8 1	831	930	O29	N28	D28
	,,	4	—戊辰:	1088—89	127	225	326	424	523	622	721	819	918	O17	N16	D16
																115
	,,	5	—己巳:	1089—90	213	315	414	513	611	711	8 9	9 7	O 7	N 5	D 5	1 4
	,,	6	—庚午:	1090—91	2 3	3 4	4 3	5 3	6 1	630	730	828	926	O26	N24	D24
	,,	7	—辛未:	1091—92	123	221	323	422	521	620	719	818	O15	N14	D13	112
												916				

表九. (續)

Table 9. *Continued.*

年序 Year					陰曆月序並代表其月首日 Moons and each of which also denoting first day											
					1	2	3	4	5	6	7	8	9	10	11	12
	大安	8	—壬申:	1092—93	210	311	410	5 9	6 8	7 8	8 6	9 5	0 4	N 2	D 2	D31
	,,	9	—癸酉:	1093—94	130	228	330	428	528	627	726	825	924	023	N22	D21
	,,	10	—甲戌:	1094—95	120	218	319	418 517	616	715	814	913	012	N11	D11	1 9
	壽昌	1	—乙亥:	1095—96	2 8	3 9	4 7	5 7	6 5	7 5	8 3	9 2	0 1	031	N30	D30
	,,	2	—丙子:	1096—97	128	227	327	425	525	623	722	821	919	019	N18	D18
	,,	3	—丁丑:	1097—98	116	215 317	415	514	613	712	810	9 9	0 8	N 7	D 7	1 6
	,,	4	—戊寅:	1098—99	2 4	3 6	4 5	5 4	6 2	7 2	731	829	928	027	N26	D26
	,,	5	—己卯:	1099—100	124	223	325	423	523	621	721	819	917 017	N15	D15	113
	,,	6	—庚辰:	1100—01	212	313	412	511	610	7 9	8 8	9 6	0 5	N 4	D 3	1 2
天祚帝	乾統	1	—辛巳:	1101—02	131	3 2	4 1	430	530	628	728	827	925	024	N23	D22
	,,	2	—壬午:	1102—03	121	219	321	419	519	618 717	816	914	014	N13	D12	110
	,,	3	—癸未:	1103—04	2 9	310	4 9	5 8	6 7	7 6	8 5	9 4	0 3	N 2	D 2	D31
	,,	4	—甲申:	1104—05	130	228	328	427	526	624	724	823	921	021	N20	D19
	,,	5	—乙酉:	1105—06	118	217	318 417	516	614	713	812	910	010	N 9	D 9	1 7
	,,	6	—丙戌:	1106—07	2 6	3 8	4 6	5 5	6 4	7 3	8 1	831	929	029	N27	D27
	,,	7	—丁亥:	1107—08	126	225	326	425	524	623	722	820	919	018 N17	D16	115
	,,	8	—戊子:	1108—09	214	315	413	513	611	711	8 9	9 7	0 7	N 5	D 5	1 3
	,,	9	—己丑:	1109—10	2 2	3 4	4 2	5 2	6 1	630	730	828	926	026	N24	D24
	,,	10	—庚寅:	1110—11	122	221	322	421	521	619	719	817 916	015	N14	D13	112
	天慶	1	—辛卯:	1111—12	210	312	410	510	6 8	7 8	8 7	9 5	0 5	N 3	D 3	1 1
	,,	2	—壬辰:	1112—13	131	229	330	428	528	626	726	824	923	023	N21	D21
	,,	3	—癸巳:	1113—14	120	218	319	418 517	615	715	813	912	012	N11	D10	1 9
	,,	4	—甲午:	1114—15	2 8	3 9	4 7	5 7	6 5	7 4	8 3	9 1	0 1	030	N29	D29
	,,	5	—乙未:	1115—16	128	226	328	426	526	624	723	822	920	020	N18	D18
	,,	6	—丙申:	1116—17	117 216	316	415	514	613	712	810	9 9	0 8	N 7	D 6	1 5
	,,	7	—丁酉:	1117—18	2 4	3 5	4 4	5 4	6 2	7 2	731	829	928	027	N26	D25
	,,	8	—戊戌:	1118—19	124	222	324	423	522	621	720	819	917 017	N15	D15	113
	,,	9	—己亥:	1119—20	212	313	412	511	610	710	8 8	9 7	0 6	N 5	D 4	1 3
	,,	10	—庚子:	1120—21	2 1	3 2	331	430	529	628	727	826	925	024	N23	D22
	保大	1	—辛丑:	1121—22	121	219	321	419	518 617	716	815	914	014	N12	D12	110
	,,	2	—壬寅:	1122—23	2 9	310	4 9	5 8	6 6	7 6	8 4	9 3	0 3	N 1	D 1	D31
	,,	3	—癸卯:	1123—24	129	228	329	428	527	625	725	823	922	021	N20	D20
德宗	延慶	1	—甲辰:	1124—25	119	217	318 416	516	614	713	812	910	0 9	N 8	D 8	1 7
	,,	2	—乙巳:	1125—26	2 5	3 7	4 6	5 5	6 4	7 3	8 1	831	929	028	N27	D27
	,,	3	—丙午:	1126—27	125	224	326	425	524	623	722	820	919	018	N16 D16	115
	,,	4	—丁未:	1127—28	213	315	414	513	612	711	810	9 8	0 8	N 6	D 6	1 4
	,,	5	—戊申:	1128—29	2 3	3 3	4 2	5 1	531	630	729	828	926	026	N24	D24
	,,	6	—己酉:	1129—30	122	221	322	420	520	619	718	817 916	015	N14	D13	112
	,,	7	—庚戌:	1130—31	210	312	410	5 9	6 8	7 7	8 6	9 5	0 4	N 3	D 3	1 1
	,,	8	—辛亥:	1131—32	131	3 1	331	429	528	627	726	825	923	023	N22	D22
	,,	9	—壬子:	1132—33	120	219	319	418 517	615	715	813	911	011	N10	D10	1 8
	,,	10	—癸丑:	1133—34	2 7	3 9	4 7	5 7	6 5	7 4	8 3	9 1	930	030	N29	D28
	康國	1	—甲寅:	1134—35	127	226	328	426	526	624	723	822	920	019	N18	D17
	,,	2	—乙卯:	1135—36	116	215 317	415	515	614	713	811	910	0 9	N 7	D 7	1 5
	,,	3	—丙辰:	1136—37	2 4	3 5	4 3	5 3	6 2	7 1	731	829	928	027	N26	D25
	,,	4	—丁巳:	1137—38	123	222	324	422	522	620	720	819	917	017 N15	D15	113

表九. (續)

Table 9. *Continued.*

年序 Year					陰曆月序並代表其月首日 Moons and each of which also denoting first day											
					1	2	3	4	5	6	7	8	9	10	11	12
	康國	5	—戊午:	1138—39	212	313	411	511	6 9	7 9	8 8	9 6	0 6	N 5	D 4	1 3
	,,	6	—己未:	1139—40	2 1	3 3	4 1	430	530	628	728	826	925	025	N24	D23
	,,	7	—庚申:	1140—41	122	220	321	419	518	617 716	815	913	013	N12	D11	110
	,,	8	—辛酉:	1141—42	2 9	310	4 9	5 8	6 7	7 6	8 4	9 2	0 2	N 1	D30	D30
	,,	9	—壬戌:	1142—43	129	228	329	428	527	625	725	823	921	021	N19	D19
	,,	10	—癸亥:	1143—44	118	217	318	417 517	615	714	813	911	010	N 9	D 8	1 7
感天后	咸清	1	—甲子:	1144—45	2 6	3 6	4 5	5 5	6 3	7 3	8 1	831	929	028	N27	D26
	,,	2	—乙丑:	1145—46	125	224	325	424	524	622	722	820	919	018	N16 D16	114
	,,	3	—丙寅:	1146—47	213	314	413	513	611	711	8 9	9 8	0 8	N 6	D 6	1 4
	,,	4	—丁卯:	1147—48	2 2	3 4	4 2	5 2	531	630	729	828	927	026	N25	D25
	,,	5	—戊辰:	1148—49	123	222	322	420	520	618	718	816 915	015	N13	D13	112
	,,	6	—己巳:	1149—50	210	312	410	5 9	6 8	7 7	8 5	9 4	0 4	N 2	D 2	1 1
	,,	7	—庚午:	1150—51	131	3 1	331	429	528	627	726	824	923	022	N21	D21
仁宗	紹興	1	—辛未:	1151—52	120	218	320	419 518	616	716	814	912	012	N10	D10	1 9
	,,	2	—壬申:	1152—53	2 8	3 8	4 7	5 6	6 5	7 4	8 3	9 1	930	030	N28	D28
	,,	3	—癸酉:	1153—54	127	225	327	426	525	624	723	822	920	019	N18	D17 116
	,,	4	—甲戌:	1154—55	214	316	415	514	613	713	811	910	0 9	N 7	D 7	1 5
	,,	5	—乙亥:	1155—56	2 4	3 5	4 4	5 3	6 2	7 2	731	830	928	028	N27	D26
	,,	6	—丙子:	1156—57	124	223	323	422	521	620	719	818	917	016 N15	D15	113
	,,	7	—丁丑:	1157—58	212	313	411	511	6 9	7 8	8 7	9 6	0 5	N 4	D 4	1 3
	,,	8	—戊寅:	1158—59	2 1	3 3	4 1	430	530	628	727	826	924	024	N23	D23
	,,	9	—己卯:	1159—60	121	220	322	420	519	618 717	815	914	013	N12	D12	111
	,,	10	—庚辰:	1160—61	2 9	310	4 9	5 8	6 6	7 6	8 4	9 2	0 2	031	N30	D30
	,,	11	—辛巳:	1161—62	128	227	329	427	527	625	725	823	921	021	N19	D19
	,,	12	—壬午:	1162—63	117	216 318	416	516	615	714	813	911	010	N 9	D 8	1 7
	,,	13	—癸未:	1163—64	2 5	3 7	466	5 5	6 4	7 3	8 2	831	930	029	N28	D27
承天后	崇福	1	—甲申:	1164—65	126	224	325	423	523	621	721	820	918	018	N16 D16	114
	,,	2	—乙酉:	1165—66	213	314	413	512	611	710	8 9	9 7	0 7	N 6	D 5	1 4
	,,	3	—丙戌:	1166—67	2 3	3 4	4 2	5 2	531	629	729	827	926	026	N25	D24
	,,	4	—丁亥:	1167—68	123	222	323	421	521	619	718 817	915	015	N14	D14	112
	,,	5	—戊子:	1168—69	211	312	410	5 9	6 8	7 7	8 5	9 4	0 3	N 1	D 1	D31
	,,	6	—己丑:	1169—70	130	3 1	330	429	528	627	726	824	923	022	N21	D20
	,,	7	—庚寅:	1170—71	119	218	320	418	518 616	716	814	912	012	N10	D10	1 8
	,,	8	—辛卯:	1171—72	2 7	3 9	4 7	5 7	6 6	7 5	8 4	9 2	0 1	031	N29	D29
	,,	9	—壬辰:	1172—73	127	226	326	425	525	623	723	821	920	019	N18	D17
	,,	10	—癸巳:	1173—74	116 214	316	414	514	612	712	811	9 9	0 9	N 7	D 7	1 5
	,,	11	—甲午:	1174—75	2 4	3 5	4 4	5 3	6 1	7 1	731	829	928	028	N26	D26
	,,	12	—乙未:	1175—76	125	223	324	423	522	620	720	818	917 017	N15	D15	114
	,,	13	—丙申:	1176—77	212	313	411	511	6 9	7 8	8 7	9 5	0 5	N 3	D 3	1 2
	,,	14	—丁酉:	1177—78	2 1	3 2	4 1	430	530	628	727	826	924	024	N22	D22
末主	天禧	1	—戊戌:	1178—79	121	220	321	420	519	618 717	815	914	013	N12	D11	110
	,,	2	—己亥:	1179—80	2 9	310	4 9	5 9	6 7	7 7	8 5	9 3	0 3	N 1	D 1	D30
	,,	3	—庚子:	1180—81	129	227	328	427	526	625	724	823	921	021	N19	D19
	,,	4	—辛丑:	1181—82	117	216	317 416	515	614	714	812	911	010	N 9	D 8	1 7
	,,	5	—壬寅:	1182—83	2 5	3 7	4 5	5 5	6 3	7 3	8 1	831	930	029	N28	D27
	,,	6	—癸卯:	1183—84	126	224	326	424	523	622	721	820	919	018	N17 D17	115

表九. (續)

Table 9. *Continued.*

年 序 Year	1	2	3	4	5	6	7	8	9	10	11	12
天禧 7 —甲辰: 1184—85	214	314	413	512	610	710	8 8	9 7	0 6	N 5	D 5	1 4
,, 8 —乙巳: 1185—86	2 2	3 4	4 2	5 2	531	629	729	827	926	025	N24	D24
,, 9 —丙午: 1186—87	123	221	323	421	521	619	718 817	915	014	N13	D13	112
,, 10 —丁未: 1187—88	210	312	411	510	6 9	7 8	8 6	9 5	0 4	N 2	D 2	1 1
,, 11 —戊申: 1188—89	130	229	330	429	528	627	726	824	923	022	N20	D20
,, 12 —己酉: 1189—90	119	217	319	418	517 616	715	814	912	012	N10	D10	1 8
,, 13 —庚戌: 1190—91	2 7	3 8	4 7	5 6	6 5	7 5	8 3	9 2	0 1	031	N29	D29
,, 14 —辛亥: 1191—92	127	226	327	425	525	624	723	822	921	020	N19	D18
,, 15 —壬子: 1192—93	117	215 316	414	513	612	711	810	9 9	0 8	N 7	D 7	1 5
,, 16 —癸丑: 1193—94	2 4	3 5	4 4	5 3	6 1	7 1	730	829	927	027	N26	D26
,, 17 —甲寅: 1194—95	124	223	324	423	522	620	720	818	916	016 N15	D15	113
,, 18 —乙卯: 1195—96	212	314	412	512	610	7 9	8 8	9 6	0 5	N 4	D 4	1 2
,, 19 —丙辰: 1196—97	2 1	3 2	4 1	430	530	628	727	826	924	023	N22	D22
,, 20 —丁巳: 1197—98	120	219	321	419	519	617 717	815	914	013	N11	D11	1 9
,, 21 —戊午: 1198—99	2 8	310	4 8	5 8	6 7	7 6	8 5	9 3	0 3	N 1	N30	D30
,, 22 —己未: 1199—200	128	227	329	427	527	625	725	824	922	022	N20	D20
,, 23 —庚申: 1200—01	118	216 317	415	515	613	713	812	910	010	N 9	D 8	1 7
,, 24 —辛酉: 1201—02	2 5	3 7	4 5	5 4	6 3	7 2	8 1	830	929	029	N28	D27
,, 25 —壬戌: 1202—03	126	224	326	424	523	622	721	819	918	018	N17	D16 115
,, 26 —癸亥: 1203—04	214	315	414	513	611	710	8 9	9 7	0 7	N 6	D 5	1 4
,, 27 —甲子: 1204—05	2 3	3 4	4 2	5 2	531	629	729	827	925	025	N23	D23
,, 28 —乙丑: 1205—06	122	221	322	421	520	619	718	817 915	014	N13	D12	111
,, 29 —丙寅: 1206—07	210	311	410	510	6 8	7 8	8 6	9 5	0 4	N 2	D 2	D31
,, 30 —丁卯: 1207—08	130	3 1	330	429	529	627	727	825	924	023	N22	D21
,, 31 —戊辰: 1208—09	119	218	318	417 517	615	715	813	912	012	N10	D10	1 8
,, 32 —己巳: 1209—10	2 6	3 8	4 6	5 6	6 4	7 4	8 2	9 1	0 1	031	N29	D29
,, 33 —庚午: 1210—11	127	226	327	425	525	623	723	821	920	020	N18	D18
,, 34 —辛未: 1211—12	117	215 317	415	514	613	712	810	9 9	0 9	N 7	D 7	1 6

Header of moon columns: 陰曆月序並代表其月首日 Moons and each of which also denoting first day

表十. 金朔閏與西曆之對照(西曆一一一五年至一二三五年).

Table 10. Corresponding days of western months to first day of each moon for the period of Chin Kingdom (1115–1235 A.D.).

年序 Year					陰曆月序並代表其月首日 Moons and each of which also denoting first day											
					1	2	3	4	5	6	7	8	9	10	11	12
太祖	收國	1	—乙未:	1115—16	128	226	328	426	526	624	723	822	920	020	N18	D18
	,,	2	—丙申:	1116—17	117	316	415	514	613	712	810	9 9	0 8	N 7	D 6	1 5
					216											
	天輔	1	—丁酉:	1117—18	2 4	3 5	4 4	5 4	6 2	7 2	731	829	928	027	N26	D25
	,,	2	—戊戌:	1118—19	124	222	324	423	522	621	720	819	917	N15	D15	113
													017			
	,,	3	—己亥:	1119—20	212	313	412	511	610	710	8 8	9 7	0 6	N 5	D 4	1 3
	,,	4	—庚子:	1120—21	2 1	3 2	331	430	529	628	727	826	925	024	N23	D22
	,,	5	—辛丑:	1121—22	121	219	321	419	518	716	815	914	013	N12	D12	110
									617							
	,,	6	—壬寅:	1122—23	2 9	310	410	5 8	6 6	7 6	8 4	9 3	0 3	N 1	D 1	D31
太宗	天會	1	—癸卯:	1123—24	129	228	329	428	527	625	725	823	922	021	N20	D20
	,,	2	—甲辰:	1124—25	119	217	318	516	614	713	812	910	0 9	N 8	D 8	1 7
							416									
	,,	3	—乙巳:	1125—26	2 5	3 7	4 6	5 5	6 4	7 3	8 1	831	929	028	N27	D27
	,,	4	—丙午:	1126—27	125	224	326	425	524	623	722	820	919	018	N16	115
															D16	
	,,	5	—丁未:	1127—28	213	315	414	513	612	711	810	9 8	0 8	N 6	D 6	1 4
	,,	6	—戊申:	1128—29	2 3	3 3	4 2	5 1	531	630	729	828	926	026	N24	D24
	,,	7	—己酉:	1129—30	122	221	322	421	520	619	718	817	015	N14	D13	112
												916				
	,,	8	—庚戌:	1130—31	210	312	410	5 9	6 8	7 7	8 6	9 5	0 4	N 3	D 3	1 1
	,,	9	—辛亥:	1131—32	131	3 1	331	429	528	627	726	825	923	023	N22	D22
	,,	10	—壬子:	1132—33	120	219	319	418	615	715	813	911	011	N10	D10	1 8
								517								
	,,	11	—癸丑:	1133—34	2 7	3 9	4 7	5 7	6 5	7 4	8 3	9 1	930	030	N29	D28
	,,	12	—甲寅:	1134—35	127	226	328	426	526	624	723	822	920	019	N18	D18
熙宗	,,	13	—乙卯:	1135—36	116	215	415	515	614	713	811	910	0 9	N 7	D 7	1 5
						317										
	,,	14	—丙辰:	1136—37	2 4	3 5	4 3	5 3	6 2	7 1	731	829	928	027	N26	D25
	,,	15	—丁巳:	1137—38	123	222	324	422	522	620	720	819	917	D17	D15	113
														N15		
	天眷	1	—戊午:	1138—39	212	313	411	511	6 9	7 9	8 8	9 6	0 6	N 5	D 4	1 3
	,,	2	—己未:	1139—40	2 1	3 3	4 1	430	530	628	728	826	925	025	N24	D23
	,,	3	—庚申:	1140—41	122	220	321	419	518	617	815	913	013	N12	D11	110
										716						
	皇統	1	—辛酉:	1141—42	2 9	310	4 9	5 8	6 6	7 6	8 4	9 2	0 2	N 1	N30	D30
	,,	2	—壬戌:	1142—43	129	228	329	428	527	625	725	823	921	021	N19	D19
	,,	3	—癸亥:	1143—44	118	217	318	417	615	714	813	911	010	N 9	D 8	1 7
								517								
	,,	4	—甲子:	1144—45	2 6	3 6	4 5	5 5	6 3	7 3	8 1	831	929	028	N27	D26
	,,	5	—乙丑:	1145—46	125	224	325	424	524	622	722	820	919	018	N17	114
															D16	
	,,	6	—丙寅:	1146—47	213	314	413	513	611	711	8 9	9 8	0 8	N 6	D 6	1 4
	,,	7	—丁卯:	1147—48	2 2	3 4	4 3	5 2	531	630	730	828	927	026	N25	D25
	,,	8	—戊辰:	1148—49	123	222	322	420	520	618	718	816	015	N13	D13	112
												915				
海陵王	天德	1	—己巳:	1149—50	210	312	410	5 9	6 8	7 7	8 5	9 4	0 4	N 2	D 2	1 1
	,,	2	—庚午:	1150—51	131	3 1	331	429	528	627	726	824	924	022	N21	D21
	,,	3	—辛未:	1151—52	120	218	320	419	616	716	814	912	012	N10	D10	1 9
								518								
	,,	4	—壬申:	1152—53	2 8	3 8	4 7	5 7	6 5	7 4	8 3	9 1	930	030	N28	D28
	貞元	1	—癸酉:	1153—54	127	225	327	426	525	624	723	822	920	019	N18	D17
																116
	,,	2	—甲戌:	1154—55	214	316	415	514	613	714	811	910	0 9	N 7	D 7	1 5
	,,	3	—乙亥:	1155—56	2 4	3 5	4 4	5 3	6 2	7 2	731	830	929	028	N27	D26
	正隆	1	—丙子:	1156—57	124	223	323	422	521	620	719	818	917	016	D15	113
														N15		
	,,	2	—丁丑:	1157—58	212	313	411	511	6 9	7 8	8 7	9 6	0 5	N 4	D 4	1 3
	,,	3	—戊寅:	1158—59	2 1	3 3	4 1	430	530	628	727	826	924	024	N23	D23
	,,	4	—己卯:	1159—60	121	220	322	420	519	618	815	914	013	N12	D12	111
										717						
	,,	5	—庚辰:	1160—61	2 9	310	4 9	5 8	6 6	7 6	8 4	9 2	0 2	031	N30	D30

表十. (續)

Table 10. *Continued.*

年序 Year					陰曆月序並代表其月首日 Moons and each of which also denoting first day											
					1	2	3	4	5	6	7	8	9	10	11	12
世宗	大定	1	一辛巳:	1161—62	128	227	329	427	527	625	725	823	921	O21	N19	D19
	,,	2	一壬午:	1162—63	117	216 318	416	516	615	714	813	911	O10	N 9	D 8	1 7
	,,	3	一癸未:	1163—64	2 5	3 7	4 6	5 5	6 4	7 3	8 2	9 1	930	O29	N28	D27
	,,	4	一甲申:	1164—65	126	224	325	423	523	621	721	820	918	O18	N16 D16	114
	,,	5	一乙酉:	1165—66	213	314	413	512	611	710	8 9	9 7	O 7	N 6	D 5	1 4
	,,	6	一丙戌:	1166—67	2 3	3 4	4 6	5 2	531	629	729	827	926	O26	N25	D24
	,,	7	一丁亥:	1167—68	123	222	323	421	521	619	718 817	915	O15	N14	D14	112
	,,	8	一戊子:	1168—69	211	312	410	5 9	6 8	7 7	8 5	9 4	O 3	N 2	D 1	D31
	,,	9	一己丑:	1169—70	130	3 1	330	429	528	627	726	824	923	O22	N21	D20
	,,	10	一庚寅:	1170—71	119	218	320	418	518 616	716	814	912	O12	N10	D10	1 8
	,,	11	一辛卯:	1171—72	2 7	3 9	4 7	5 7	6 6	7 5	8 4	9 2	O 1	O31	N29	D29
	,,	12	一壬辰:	1172—73	127	226	326	425	525	623	723	821	920	O19	N18	D17
	,,	13	一癸巳:	1173—74	116 214	316	414	514	612	712	811	9 9	O 9	N 7	D 7	1 5
	,,	14	一甲午:	1174—75	2 4	3 5	4 4	5 3	6 1	7 1	731	829	928	O28	N26	D26
	,,	15	一乙未:	1175—76	125	223	324	423	522	620	720	818	917 O17	N15	D15	114
	,,	16	一丙申:	1176—77	213	313	411	511	6 9	7 8	8 7	9 5	O 5	N 3	D 3	1 2
	,,	17	一丁酉:	1177—78	2 1	3 2	4 1	430	530	628	727	826	924	O24	N22	D22
	,,	18	一戊戌:	1178—79	121	220	321	420	519	618 717	815	914	O13	N11	D11	110
	,,	19	一己亥:	1179—80	2 9	310	4 9	5 9	6 7	7 7	8 5	9 3	O 3	N 1	D 1	D30
	,,	20	一庚子:	1180—81	129	227	328	427	526	625	724	823	921	O21	N19	D19
	,,	21	一辛丑:	1181—82	117	216	317 416	515	614	714	812	911	O10	N 9	D 8	1 7
	,,	22	一壬寅:	1182—83	2 5	3 7	4 5	5 5	6 3	7 3	8 1	831	930	O29	N28	D27
	,,	23	一癸卯:	1183—84	126	224	326	424	523	622	721	820	919	O18	N17 D17	115
	,,	24	一甲辰:	1184—85	214	314	413	512	610	710	8 8	9 7	O 7	N 5	D 5	1 4
	,,	25	一乙巳:	1185—86	2 2	3 4	4 2	5 2	531	629	729	827	926	O25	N24	D24
	,,	26	一丙午:	1186—87	123	221	323	421	521	619	718 817	915	O14	N13	D13	112
	,,	27	一丁未:	1187—88	210	312	411	510	6 9	7 8	8 6	9 5	O 4	N 2	D 2	1 1
	,,	28	一戊申:	1188—89	130	229	330	429	528	627	726	824	923	O22	N20	D20
	,,	29	一己酉:	1189—90	119	217	319	418	517 616	715	814	912	O12	N10	D10	1 8
章宗	明昌	1	一庚戌:	1190—91	2 7	3 8	4 7	5 6	6 5	7 5	8 3	9 2	O 1	O31	N29	D29
	,,	2	一辛亥:	1191—92	127	226	327	425	525	624	723	822	921	O20	N19	D18
	,,	3	一壬子:	1192—93	117	215 316	414	513	612	711	810	9 9	O 8	N 7	D 7	1 5
	,,	4	一癸丑:	1193—94	2 4	3 5	4 4	5 3	6 1	7 1	730	829	927	O27	N26	D26
	,,	5	一甲寅:	1194—95	124	223	324	423	522	620	720	818	916	O16 N15	D15	113
	,,	6	一乙卯:	1195—96	212	314	412	512	611	7 9	8 8	9 6	O 5	N 4	D 4	1 2
	承安	1	一丙辰:	1196—97	2 1	3 2	4 1	430	530	628	727	826	924	O23	N22	D22
	,,	2	一丁巳:	1197—98	120	219	321	419	518	617 717	815	914	O13	N11	D11	1 9
	,,	3	一戊午:	1198—99	2 8	310	4 8	5 8	6 7	7 6	8 5	9 3	O 3	N 1	D 1	D30
	,,	4	一己未:	1199—200	128	227	329	427	527	625	725	824	922	O22	N20	D20
	,,	5	一庚申:	1200—01	118	216 317	415	515	613	713	812	910	O10	N 9	D 8	1 7
	泰和	1	一辛酉:	1201—02	2 5	3 7	4 5	5 4	6 3	7 2	8 1	830	929	O29	N28	D27
	,,	2	一壬戌:	1202—03	126	224	326	424	523	622	721	819	918	O17	N17	D16 115
	,,	3	一癸亥:	1203—04	214	315	414	513	611	711	8 9	9 7	O 7	N 6	D 5	1 4
	,,	4	一甲子:	1204—05	2 3	3 4	4 2	5 2	531	629	729	827	925	O25	N23	D23
	,,	5	一乙丑:	1205—06	122	221	322	421	520	619	718	817 915	O14	N13	D12	111
	,,	6	一丙寅:	1206—07	210	311	410	510	6 8	7 8	8 6	9 5	O 4	N 2	D 2	D31

表十. (續)

Table 10. *Continued.*

年序 Year					陰曆月序並代表其月首日 Moons and each of which also denoting first day											
					1	2	3	4	5	6	7	8	9	10	11	12
	泰和	7	—丁卯:	1207—08	130	3 1	330	429	528	627	727	825	924	O23	N21	D21
	,,	8	—戊辰:	1208—09	119	218	318	417 517	615	715	813	912	O12	N10	D10	1 8
衛紹王	大安	1	—己巳:	1209—10	2 7	3 8	4 6	5 6	6 4	7 4	8 1	9 1	O 1	O30	N29	D29
	,,	2	—庚午:	1210—11	127	226	327	425	525	623	723	821	920	O20	N18	D18
	,,	3	—辛未:	1211—12	117	215 317	415	514	613	712	810	9 9	O 9	N 7	D 7	1 6
	崇慶	1	—壬申:	1212—13	2 5	3 5	4 4	5 3	6 1	7 1	730	828	927	O26	N25	D25
宣宗	貞祐	1	—癸酉:	1213—14	124	222	324	423	522	620	720	818	916 O16	N14	D14	113
	,,	2	—甲戌:	1214—15	212	313	412	511	610	7 9	8 8	9 6	O 5	N 4	D 3	1 2
	,,	3	—乙亥:	1215—16	2 1	3 2	4 1	5 1	530	629	728	827	925	O24	N23	D22
	,,	4	—丙子:	1216—17	121	219	320	419	518	617	716 815	914	O13	N11	D11	1 9
	興定	1	—丁丑:	1217—18	2 8	3 9	4 8	5 7	6 6	7 6	8 4	9 3	O 2	N 1	D 1	D30
	,,	2	—戊寅:	1218—19	128	227	328	427	526	625	724	823	922	O21	N20	D20
	,,	3	—己卯:	1219—20	118	217	318 416	516	614	713	812	911	O10	N 9	D 9	1 8
	,,	4	—庚辰:	1220—21	2 6	3 7	4 5	5 4	6 3	7 2	731	830	928	O28	N27	D27
	,,	5	—辛巳:	1221—22	125	224	326	424	523	622	721	819	918	O17	N16	D16 115
	元光	1	—壬午:	1222—23	213	315	414	513	611	711	8 9	9 7	O 7	N 5	D 5	1 4
	,,	2	—癸未:	1223—24	2 2	3 4	4 3	5 2	6 1	630	730	828	926	O26	N24	D24
哀宗	正大	1	—甲申:	1224—25	122	221	322	420	520	619	718	817 915	O14	N13	D12	111
	,,	2	—乙酉:	1225—26	2 9	311	4 9	5 9	6 8	7 7	8 6	9 4	O 4	N 2	D 2	D31
	,,	3	—丙戌:	1226—27	130	228	330	428	528	626	726	825	923	O23	N21	D21
	,,	4	—丁亥:	1227—28	119	218	319	418	517 616	715	814	912	O12	N11	D10	1 9
	,,	5	—戊子:	1228—29	2 8	3 8	4 6	5 6	6 4	7 3	8 2	831	930	O30	N29	D28
	,,	6	—己丑:	1229—30	127	226	327	425	525	623	722	821	919	O19	N18	D18
	,,	7	—庚寅:	1230—31	116	215 317	415	514	613	712	810	9 9	O 8	N 7	D 6	1 5
	,,	8	—辛卯:	1231—32	2 4	3 6	4 4	5 4	6 2	7 2	731	829	928	O27	N26	D25
	天興	1	—壬辰:	1232—33	124	223	324	422	522	620	720	818	916 O16	N14	D14	112
	,,	2	—癸巳:	1233—34	211	313	411	511	610	7 9	8 7	9 6	O 5	N 4	D 3	1 2
	,,	3	—甲午:	1234—35	131	3 2	331	430	530	628	728	826	925	O24	N23	D22

表十一. 元朔閏與西曆之對照(西曆一二〇六年至一二八〇年).

Table 11. Corresponding days of western months to first day of each moon for the period of Yüan Kingdom (1206-80 A.D.). After 1280 A.D. became Yüan Dynasty.

	年序 Year	陰曆月序並代表其月首日 Moons and each of which also denoting first day											
		1	2	3	4	5	6	7	8	9	10	11	12
太祖	1 —丙寅: 1206—07	210	311	410	510	6 8	7 8	8 6	9 5	0 4	N 2	D 2	D31
,,	2 —丁卯: 1207—08	130	3 1	330	429	529	627	727	825	924	023	N22	D21
,,	3 —戊辰: 1208—09	119	218	318	417 517	615	715	813	912	012	N10	D10	1 8
,,	4 —己巳: 1209—10	2 6	3 8	4 6	5 6	6 4	7 4	8 2	9 1	0 1	030	N29	D29
,,	5 —庚午: 1210—11	127	226	327	425	525	623	723	821	920	020	N18	D18
,,	6 —辛未: 1211—12	117	215 317	415	514	613	712	810	9 9	0 9	N 7	D 7	1 6
,,	7 —壬申: 1212—13	2 5	3 5	4 4	5 3	6 1	7 1	730	828	927	026	N25	D25
,,	8 —癸酉: 1213—14	124	222	324	423	522	620	720	818	916 016	N14	D14	113
,,	9 —甲戌: 1214—15	212	315	412	511	610	7 9	8 8	9 6	0 5	N 4	D 3	1 2
,,	10 —乙亥: 1215—16	2 1	3 2	4 1	5 1	530	629	728	827	925	024	N23	D22
,,	11 —丙子: 1216—17	221	210	320	419	518	617	717 815	914	013	N11	D11	1 9
,,	12 —丁丑: 1217—18	2 8	3 9	4 8	5 7	6 6	7 6	8 4	9 3	0 2	N 1	D 1	D30
,,	13 —戊寅: 1218—19	128	227	328	427	526	625	724	823	922	021	N20	D20
,,	14 —己卯: 1219—20	118	217	318 416	516	614	713	812	911	010	N 9	D 9	1 8
,,	15 —庚辰: 1220—21	2 6	3 7	4 5	5 4	6 3	7 2	731	830	928	028	N27	D27
,,	16 —辛巳: 1221—22	125	224	326	424	523	622	721	819	918	017	N16	D16 115
,,	17 —壬午: 1222—23	213	315	414	513	611	711	8 9	9 7	0 7	N 5	D 5	1 4
,,	18 —癸未: 1223—24	2 3	3 4	4 3	5 2	6 1	630	730	828	926	026	N24	D24
,,	19 —甲申: 1224—25	122	221	322	420	520	619	718	817 915	014	N13	D12	111
,,	20 —乙酉: 1225—26	2 9	311	4 9	5 9	6 8	7 7	8 6	9 4	0 4	N 2	D 2	D31
,,	21 —丙戌: 1226—27	130	228	330	428	528	626	726	825	923	023	N21	D21
,,	22 —丁亥: 1227—28	119	218	319	418	517 616	715	814	912	012	N11	D10	1 9
睿宗	1 —戊子: 1228—29	2 8	3 8	4 6	5 6	6 4	7 3	8 2	831	930	030	N29	D28
太宗	1 —己丑: 1229—30	127	226	327	425	525	623	722	821	919	019	N18	D18
,,	2 —庚寅: 1230—31	116	215 317	415	514	613	712	810	9 9	0 8	N 7	D 6	1 5
,,	3 —辛卯: 1231—32	2 4	3 6	4 4	5 4	6 2	7 2	731	829	928	027	N26	D25
,,	4 —壬辰: 1232—33	124	223	324	422	522	620	720	818	916 016	N14	D14	112
,,	5 —癸巳: 1233—34	211	313	411	511	610	7 9	8 7	9 6	0 5	N 4	D 3	1 2
,,	6 —甲午: 1234—35	131	3 2	331	430	530	628	728	826	925	024	N23	D22
,,	7 —乙未: 1235—36	121	219	321	419	519	617	717 816	914	014	N12	D12	110
,,	8 —丙申: 1236—37	2 9	3 9	4 8	5 7	6 5	7 5	8 4	9 2	0 2	N 1	N30	D30
,,	9 —丁酉: 1237—38	128	227	328	427	526	624	724	822	921	021	N19	D19
,,	10 —戊戌: 1238—39	118	216	318	416 516	614	713	812	910	010	N 8	D 8	1 7
,,	11 —己亥: 1239—40	2 6	3 7	4 6	5 5	6 4	7 3	8 1	830	929	029	N27	D27
,,	12 —庚子: 1240—41	126	225	325	424	523	622	721	819	918	017	N15	D15 114
,,	13 —辛丑: 1241—42	213	314	413	513	611	711	8 9	9 7	0 7	N 5	D 4	1 3
太宗后	1 —壬寅: 1242—43	2 2	3 3	4 2	5 2	531	630	729	828	926	026	N24	D24
,,	2 —癸卯: 1243—44	122	221	322	421	520	619	719	817 916	015	N14	D13	112
,,	3 —甲辰: 1244—45	210	311	4 9	5 9	6 7	7 7	8 5	9 4	0 4	N 2	D 2	D31
,,	4 —乙巳: 1245—46	130	228	330	428	527	626	725	824	923	022	N21	D21
定宗	1 —丙午: 1246—47	119	218	319	418 517	615	715	813	912	011	N10	D10	1 9
,,	2 —丁未: 1247—48	2 7	3 9	4 7	5 7	6 5	7 4	8 3	9 1	0 1	030	N29	D29
,,	3 —戊申: 1248—49	128	226	327	425	525	623	722	821	919	018	N17	D17
定宗后	1 —己酉: 1249—50	116	214 316	415	514	613	712	810	9 9	0 8	N 6	D 6	1 5
,,	2 —庚戌: 1250—51	2 3	3 5	4 4	5 4	6 2	7 1	731	829	928	027	N25	D25
憲宗	1 —辛亥: 1251—52	124	222	324	422	522	621	720	819	917	017 N15	D15	113

表十一. (續)

Table 11. *Continued.*

年序 Year					陰曆月序並代表其月首日 Moons and each of which also denoting first day											
					1	2	3	4	5	6	7	8	9	10	11	12
憲宗		2	—壬子:	1252—53	212	312	411	510	6 9	7 8	8 7	9 6	0 5	N 4	D 3	1 2
,,		3	—癸丑:	1253—54	131	3 1	331	429	529	628	727	826	924	024	N23	D22
,,		4	—甲寅:	1254—55	121	219	321	419	518	617 716	815	914	013	N12	D12	110
,,		5	—乙卯:	1255—56	2 9	310	4 9	5 8	6 6	7 6	8 4	9 3	0 2	N 1	D 1	D31
,,		6	—丙辰:	1256—57	129	228	328	427	526	624	723	822	920	020	N19	D19
,,		7	—丁巳:	1257—58	117	216	318	416 516	614	713	812	910	0 9	N 8	D 8	1 6
,,		8	—戊午:	1258—59	2 5	3 7	4 6	5 5	6 4	7 3	8 1	830	929	028	N27	D26
,,		9	—己未:	1259—60	125	224	326	424	524	622	722	820	919	018	N16 D16	114
世祖	中統	1	—庚申:	1260—61	213	314	412	512	611	710	8 9	9 7	0 7	N 5	D 4	1 3
	,,	2	—辛酉:	1261—62	2 1	3 3	4 1	5 1	531	629	729	828	926	026	N24	D24
	,,	3	—壬戌:	1262—63	122	220	322	420	520	618	718	817	915 015	N14	D13	112
	,,	4	—癸亥:	1263—64	210	312	410	5 9	6 8	7 7	8 6	9 4	0 4	N 3	D 3	1 1
	至元	1	—甲子:	1264—65	131	229	330	428	527	626	725	823	922	022	N21	D20
	,,	2	—乙丑:	1265—66	119	218	319	418	517 615	715	813	911	011	N10	D 9	1 8
	,,	3	—丙寅:	1266—67	2 7	3 9	4 7	5 7	6 5	7 4	8 3	9 1	930	030	N28	D28
	,,	4	—丁卯:	1267—68	127	226	327	426	525	624	723	822	920	019	N 8	D 7
	,,	5	—戊辰:	1268—69	116 215	315	414	514	612	712	810	9 9	0 8	N 6	D 6	1 4
	,,	6	—己巳:	1269—70	2 3	3 5	4 3	5 3	6 2	7 1	731	829	928	027	N25	D25
	,,	7	—庚午:	1270—71	123	222	323	422	522	620	720	818	917	017	N15 D15	113
	,,	8	—辛未:	1271—72	211	313	411	511	6 9	7 9	8 7	9 6	0 6	N 4	D 4	1 3
	,,	9	—壬申:	1272—73	2 1	3 2	331	429	529	627	727	825	924	024	N22	D22
	,,	10	—癸酉:	1273—74	121	219	321	419	518	616 716	814	913	013	N11	D11	110
	,,	11	—甲戌:	1274—75	2 9	310	4 9	5 8	6 6	7 6	8 4	9 2	0 2	031	N30	D30
	,,	12	—乙亥:	1275—76	129	227	329	428	527	625	725	823	921	021	N19	D19
	,,	13	—丙子:	1276—77	128	216	317 416	515	614	713	812	910	0 9	N 8	D 7	1 6
	,,	14	—丁丑:	1277—78	2 5	3 6	4 5	5 5	6 3	7 3	8 1	831	929	028	N27	D26
	,,	15	—戊寅:	1278—79	125	223	325	424	523	622	721	820	919	018	N16 D16	114
	,,	16	—己卯:	1279—80	213	314	413	512	611	711	8 9	9 8	0 7	N 6	D 6	1 4

表十二. 清朔閏與西曆之對照(西曆一六一六年至一六六二年)

Table 12. Corresponding days of western months to first day of each moon for the period of Ch'ing Kingdom (1616–62 A.D.). After 1662 A.D. became Ch'ing Dynasty.

年序 Year					陰曆月序並代表其月首日 Moons and each of which also denoting first day											
					1	2	3	4	5	6	7	8	9	10	11	12
太祖	天命	1	—丙辰:	1616—17	217	318	416	515	614	714	812	911	011	N 9	D 9	1 7
	,,	2	—丁巳:	1617—18	2 6	3 7	4 6	5 5	6 3	7 3	8 1	831	930	029	N28	D28
	,,	3	—戊午:	1618—19	126	225	326	425 524	622	722	820	919	018	N17	D17	116
	,,	4	—己未:	1619—20	214	316	414	514	612	711	810	9 8	0 7	N 6	D 6	1 5
	,,	5	—庚申:	1620—21	2 4	3 4	4 3	5 2	6 1	630	729	828	926	025	N24	D24
	,,	6	—辛酉:	1621—22	122	221 323	422	521	620	719	817	916	015	N13	D13	112
	,,	7	—壬戌:	1622—23	210	312	411	510	6 9	7 8	8 7	9 5	0 5	N 3	D 3	1 1
	,,	8	—癸亥:	1623—24	131	3 1	331	429	529	628	727	826	924	024 N22	D22	120
	,,	9	—甲子:	1624—25	219	319	418	517	616	715	814	913	012	N11	D10	1 9
	,,	10	—乙丑:	1625—26	2 7	3 9	4 7	5 6	6 5	7 4	8 3	9 2	0 1	031	N30	D29
	,,	11	—丙寅:	1626—27	128	226	327	426	525	624 723	822	920	020	N19	D19	117
太宗	天聰	1	—丁卯:	1627—28	216	317	416	515	613	713	811	9 9	0 9	N 8	D 8	1 7
	,,	2	—戊辰:	1628—29	2 5	3 6	4 4	5 4	6 2	7 1	731	829	927	027	N26	D25
	,,	3	—己巳:	1629—30	124	223	325	423 523	621	720	819	917	016	N15	D15	113
	,,	4	—庚午:	1630—31	212	314	413	512	611	710	8 8	9 7	0 6	N 4	D 4	1 2
	,,	5	—辛未:	1631—32	2 1	3 3	4 2	5 1	531	629	729	827	926	025	N23 D23	121
	,,	6	—壬申:	1632—33	220	321	419	519	618	717	816	914	014	N12	D12	110
	,,	7	—癸酉:	1633—34	2 8	310	4 8	5 8	6 7	7 6	8 5	9 3	0 3	N 2	D 1	D31
	,,	8	—甲戌:	1634—35	129	228	329	427	527	625	725	823 922	022	N21	D20	119
	,,	9	—乙亥:	1635—36	217	319	417	516	615	714	813	911	011	N10	D 9	1 8
	崇德	1	—丙子:	1636—37	2 7	3 7	4 6	5 5	6 3	7 3	8 1	830	929	029	N27	D27
	,,	2	—丁丑:	1637—38	126	225	326	425 524	622	722	820	918	018	N16	D16	115
	,,	3	—戊寅:	1638—39	214	316	414	514	612	711	810	9 8	0 7	N 6	D 5	1 4
	,,	4	—己卯:	1639—40	2 3	3 5	4 3	5 3	6 1	7 1	730	829	927	026	N25	D24
	,,	5	—庚辰:	1640—41	123 222	322	421	521	619	719	817	916	015	N13	D13	111
	,,	6	—辛巳:	1641—42	210	311	410	510	6 8	7 8	8 7	9 5	0 5	N 3	D 3	1 1
	,,	7	—壬午:	1642—43	130	3 1	330	429	528	627	727	825	924	024	N22 D22	120
	,,	8	—癸未:	1643—44	219	320	418	518	616	716	814	913	013	N11	D11	110
世祖	順治	1	—甲申:	1644—45	2 8	3 9	4 7	5 6	6 5	7 4	8 2	9 1	0 1	030	N29	D29
	,,	2	—乙酉:	1645—46	128	226	328	426	525	624 723	821	920	019	N18	D18	117
	,,	3	—丙戌:	1646—47	216	317	416	515	613	713	811	9 9	0 9	N 7	D 7	1 6
	,,	4	—丁亥:	1647—48	2 5	3 6	4 5	5 5	6 3	7 2	8 1	830	928	028	N26	D26
	,,	5	—戊子:	1648—49	125	223	324	423 522	621	720	819	917	016	N15	D14	113
	,,	6	—己丑:	1649—50	211	313	412	511	610	710	8 8	9 7	0 6	N 4	D 4	1 2
	,,	7	—庚寅:	1650—51	2 1	3 2	4 1	5 1	530	629	728	827	926	025	N23	D23
	,,	8	—辛卯:	1651—52	121	220 321	420	519	618	717	816	915	014	N13	D13	111
	,,	9	—壬辰:	1652—53	2 9	310	4 8	5 8	6 6	7 6	8 4	9 3	0 3	N 1	D 1	D31
	,,	10	—癸巳:	1653—54	129	228	329	427	527	625 724	823	922	021	N20	D20	118
	,,	11	—甲午:	1654—55	217	319	417	516	615	714	812	911	010	N 9	D 9	1 8
	,,	12	—乙未:	1655—56	2 6	3 8	4 7	5 6	6 4	7 4	8 2	831	930	029	N28	D28
	,,	13	—丙申:	1656—57	126	225	326	424	524 622	722	820	918	018	N16	D16	114
	,,	14	—丁酉:	1657—58	213	315	414	513	612	711	810	9 8	0 7	N 6	D 5	1 4
	,,	15	—戊戌:	1658—59	2 2	3 4	4 3	5 2	6 1	7 1	730	829	927	026	N25	D24
	,,	16	—己亥:	1659—60	123	221	323 421	521	620	719	818	916	016	N14	D14	112
	,,	17	—庚子:	1660—61	211	311	410	5 9	6 8	7 7	8 6	9 5	0 4	N 3	D 2	1 1
	,,	18	—辛丑:	1661—62	130	3 1	330	429	528	626	726 825	923	023	N22	D21	120

表十三. 黄陳二書異點之攷校

Table 13. Mistakes rectified through the study of Wong, Hoang and Ch'en's books.

年序 Year	陰曆月序並代表其月首日 Moons Each of Which Also Denoting First Day	西曆日期 Western Date		干支 Cycle				備攷 Remarks
		黄 Hoang	陳(一) Ch'en (1)	黄 Hoang	陳(一) Ch'en (1)	汪 Wong	陳(二) Ch'en (2)	
更始元年 23 A.D. Keng Shih 1	1	112	111	20. 癸未 Kuei Wei	19. 壬午 Jen Wu	19. 壬午 Jen Wu	19. 壬午 Jen Wu	從陳 Follow Ch'en
永平十一年 68 A.D. Yung P'ing 11	12	112	113	22. 乙酉 Yi Yu	23. 丙戌 Ping Hsü	22. 乙酉 Yi Yu	22. 乙酉 Yi Yu	從黄 Follow Hoang
永平十四年 71 A.D. Yung P'ing 14	7	818	815	7. 庚午 Keng Wu	7. 庚午 Keng Wu	7. 庚午 Keng Wu	7. 庚午 Keng Wu	從陳 Follow Ch'en
建初六年 81 A.D. Chien Ch'u 6	2	228	227	12. 乙亥 Yi Hai	11. 甲戌 Chia Hsü	41. 甲辰 Chia Ch'en	11. 甲戌 Chia Hsü	從黄 Follow Hoang
建初六年 81 A.D. Chien Ch'u 6	4	428	427	11. 甲戌 Chia Hsü	10. 癸酉 Kuei Yu	40. 癸卯 Kuei Mao	10. 癸酉 Kuei Yu	從黄 Follow Hoang
景初元年 237 A.D. Ching Ch'u 1	1	212	213	35. 戊戌 Wu Hsü	36. 己亥 Chi Hai	35. 戊戌 Wu Hsü	36. 己亥 Chi Hai	從陳 Follow Ch'en
景初元年 237 A.D. Ching Ch'u 1	2	314	315	5. 戊辰 Wu Ch'en	6. 己巳 Chi Ssu	5. 戊辰 Wu Ch'en	6. 己巳 Chi Ssu	從陳 Follow Ch'en
景初元年 237 A.D. Ching Ch'u 1	4	412	413	34. 丁酉 Ting Yu	35. 戊戌 Wu Hsü	34. 丁酉 Ting Yu	35. 戊戌 Wu Hsü	從陳 Follow Ch'en
景初元年 237 A.D. Ching Ch'u 1	5	512	513	4. 丁卯 Ting Mao	5. 戊辰 Wu Ch'en	4. 丁卯 Ting Mao	5. 戊辰 Wu Ch'en	從陳 Follow Ch'en
建興二年 314 A.D. Chien Hsing 2	1	2 2	2 1	9. 壬申 Jen Shen	8. 辛未 Hsin Wei	9. 壬申 Jen Shen	8. 辛未 Hsin Wei	從陳 Follow Ch'en
建興二年 314 A.D. Chien Hsing 2	3	4 2	4 1	8. 辛未 Hsin Wei	7. 庚午 Keng Wu	8. 辛未 Hsin Wei	7. 庚午 Keng Wu	從陳 Follow Ch'en
開元四年 716 A.D. K'ai Yüan 4	12	118	117	10. 癸酉 Kuei Yu	9. 壬申 Jen Shen	10. 癸酉 Kuei Yu	9. 壬申 Jen Shen	從黄 Follow Hoang
長慶四年 824 A.D. Ch'ang Ch'ing 4	9	927	926	44. 丁未 Ting Wei	43. 丙午 Ping Wu	44. 丁未 Ting Wei	43. 丙午 Ping Wu	從黄 Follow Hoang
雍熙元年 984 A.D. Yung Hsi 1	11	1126	1125	44. 丁未 Ting Wei	43. 丙午 Ping Wu	44. 丁未 Ting Wei	44. 丁未 Ting Wei	從黄 Follow Hoang
建炎二年 1128 A.D. Chien Yen 2	11	1124	1125	18. 辛巳 Hsin Ssu	19. 壬午 Jen Wu	18. 辛巳 Hsin Ssu	18. 辛巳 Hsin Ssu	從黄 Follow Hoang
至正二十四年 1364 A.D. Chih Cheng 24	10	1025	1026	28. 辛卯 Hsin Mao	28. 辛卯 Hsin Mao	28. 辛卯 Hsin Mao	28. 辛卯 Hsin Mao	從陳 Follow Ch'en
至正二十五年 1365 A.D. Chih Cheng 25	2	222	221	27. 庚寅 Keng Yin	26. 己丑 Chi Ch'ou	56. 己未 Chi Wei	26. 己丑 Chi Ch'ou	從陳 Follow Ch'en
嘉靖十三年 1534 A.D. Chia Ching 13	5	612	611	4. 丁卯 Ting Mao	3. 丙寅 Ping Yin	4. 丁卯 Ting Mao	3. 丙寅 Ping Yin	從黄 Follow Hoang
隆慶二年 1568 A.D. Lung Ch'ing 2	9	920	921	44. 丁未 Ting Wei	44. 丁未 Ting Wei	44. 丁未 Ting Wei	44. 丁未 Ting Wei	從陳 Follow Ch'en
永曆六年 1652 A.D. Yung Li 6	9	10 2	10 3	6. 己巳 Chi Ssu	7. 庚午 Keng Wu	6. 己巳 Chi Ssu	6. 己巳 Chi Ssu	從黄 Follow Hoang
永曆十年 1656 A.D. Yung Li 10	12	114	115	11. 甲戌 Chia Hsü	12. 乙亥 Yi Hai	11. 甲戌 Chia Hsü	11. 甲戌 Chia Hsü	從黄 Follow Hoang
光緒十六年 1890 A.D. Kuang Hsü 16	7	816	815	6. 己巳 Chi Ssu	5. 戊辰 Wu Ch'en	—	5. 戊辰 Wu Ch'en	從陳 Follow Ch'en
民國三年 1914 A.D. Min Kuo 3	10	1118	1117	45. 戊申 Wu Shen	44. 丁未 Ting Wei	—	44. 丁未 Ting Wei	從陳 Follow Ch'en
民國九年 1920 A.D. Min Kuo 9	10	1111	1110	10. 癸酉 Kuei Yu	9. 壬申 Jen Shen	—	9. 壬申 Jen Shen	從陳 Follow Ch'en
民國十三年 1924 A.D. Min Kuo 13	2	3 6	3 5	21. 甲申 Chia Shen	20. 癸未 Kuei Wei	—	20. 癸未 Kuei Wei	從陳 Follow Ch'en
民國十四年 1925 A.D. Min Kuo 14	1	125	124	46. 己酉 Chi Yu	45. 戊申 Wu Shen	—	45. 戊申 Wu Shen	從陳 Follow Ch'en
民國十六年 1927 A.D. Min Kuo 16	10	1026	1025	30. 癸巳 Kuei Ssu	29. 壬辰 Jen Ch'en	—	29. 壬辰 Jen Ch'en	從陳 Follow Ch'en
民國二十二年 1933 A.D. Min Kuo 22	6	723	722	27. 庚寅 Keng Yin	26. 己丑 Chi Ch'ou	—	26. 己丑 Chi Ch'ou	從陳 Follow Ch'en

黄: 黄伯祿, 中西年月通攷; 陳(一): 陳垣, 陳氏中西回史日曆; 汪: 汪曰楨, 歷代長術輯要; 陳(二): 陳垣二十史朔閏表.

Hoang: P. Hoang, Concordance des Chronologies Néoméniques Chinoise et Européenne; Ch'en (1): Ch'en Yüan, Daily calendar for Chinese, European and Mohammedan History; Wong: Wong Yüeh-chen, Li Tai Ch'ang Shu Chi Yao; Ch'en (2): Ch'en Yüan, Erh Shih Shih Shuo Jen Piao

表十四. 歷代帝系(一)

Table 14. Principal dynasties and reigns within the 2000 years, 1–2000 A.D. in chronological order.

國號 Dynasty or Kingdom	帝號 Emperor or Empress	年號 Reign	在位年數 Approx. Years of Reign	某年號元年當西曆年數 Corresponding Western Year to First Year of Reign	頁 Page
西漢 Hsi Han	平帝 P'ing Ti	元始 Yüan Shih	5	1 A.D.	1
	孺子嬰 Ju Tzu Ying	居攝 Chü She	2	6 A.D.	2
		初始 Ch'u Shih	1	8 A.D.	2
	王莽 Wang Mang	始建國 Shih Chien Kuo	5	9 A.D.	2
		天鳳 T'ien Feng	6	14 A.D.	3
		地皇 Ti Huang	3	20 A.D.	4
	淮陽王 Huai Yang Wang	更始 Keng Shih	2	23 A.D.	5
東漢 Tung Han	光武帝 Kuang Wu Ti	建武 Chien Wu	31	25 A.D.	5
		建武中元 Chien Wu Chung Yüan	2	56 A.D.	12
	明帝 Ming Ti	永平 Yung P'ing	18	58 A.D.	12
	章帝 Chang Ti	建初 Chien Ch'u	8	76 A.D.	16
		元和 Yüan Ho	3	84 A.D.	17
		章和 Chang Ho	2	87 A.D.	18
	和帝 Ho Ti	永元 Yung Yüan	16	89 A.D.	18
		元興 Yüan Hsing	1	105 A.D.	21
	殤帝 Shang Ti	延平 Yen P'ing	1	106 A.D.	22
	安帝 An Ti	永初 Yung Ch'u	7	107 A.D.	22
		元初 Yüan Ch'u	6	114 A.D.	23
		永寧 Yung Ning	1	120 A.D.	24
		建光 Chien Kuang	1	121 A.D.	25
		延光 Yen Kuang	4	122 A.D.	25
	順帝 Shun Ti	永建 Yung Chien	6	126 A.D.	26
		陽嘉 Yang Chia	4	132 A.D.	27
		永和 Yung Ho	6	136 A.D.	28
		漢安 Han An	2	142 A.D.	29
		建康 Chien K'ang	1	144 A.D.	29
	沖帝 Ch'ung Ti	永嘉 Yung Chia	1	145 A.D.	29
	質帝 Chih Ti	本初 Pen Ch'u	1	146 A.D.	30
	桓帝 Huan Ti	建和 Chien Ho	3	147 A.D.	30
		和平 Ho P'ing	1	150 A.D.	30
		元嘉 Yüan Chia	2	151 A.D.	31
		永興 Yung Hsing	2	153 A.D.	31
		永壽 Yung Shou	3	155 A.D.	31
		延熹 Yen Hsi	9	158 A.D.	32
		永康 Yung K'ang	1	167 A.D.	34
	靈帝 Ling Ti	建寧 Chien Ning	4	168 A.D.	34
		熹平 Hsi P'ing	6	172 A.D.	35
		光和 Kuang Ho	6	178 A.D.	36
		中平 Chung P'ing	6	184 A.D.	37
	獻帝 Hsien Ti	初平 Ch'u P'ing	4	190 A.D.	38
		興平 Hsing P'ing	2	194 A.D.	39
		建安 Chien An	24	196 A.D.	40
前魏 Ch'ien Wei	文帝 Wen Ti	黃初 Huang Ch'u	7	220 A.D.	44
	明帝 Ming Ti	太和 T'ai Ho	6	227 A.D.	46
		青龍 Ch'ing Lung	4	233 A.D.	47
		景初 Ching Ch'u	3	237 A.D.	48
	少帝 Shao Ti	正始 Cheng Shih	9	240 A.D.	48
		嘉平 Chia P'ing	5	249 A.D.	50
	高貴鄉公 Kao Kuei Hsiang Kung	正元 Cheng Yüan	2	254 A.D.	51
		甘露 Kan Lu	4	256 A.D.	52

表十四. (續)

Table 14. *Continued.*

國號 Dynasty or Kingdom	帝號 Emperor or Empress	年號 Reign	在位年數 Approx. Years of Reign	某年號元年當西曆年數 Corresponding Western Year to First Year of Reign	頁 Page
	元帝 Yüan Ti	景元 Ching Yüan	4	260 A.D.	52
		咸熙 Hsien Hsi	1	264 A.D.	53
西晉 Hsi Chin	武帝 Wu Ti	泰始 T'ai Shih	10	265 A.D.	53
		咸寧 Hsien Ning	5	275 A.D.	55
		太康 T'ai K'ang	10	280 A.D.	56
	惠帝 Hui Ti	永熙 Yung Hsi	1	290 A.D.	58
		元康 Yüan K'ang	9	291 A.D.	59
		永康 Yung K'ang	1	300 A.D.	60
		永寧 Yung Ning	1	301 A.D.	61
		太安 T'ai An	2	302 A.D.	61
		永興 Yung Hsing	2	304 A.D.	61
		光熙 Kuang Hsi	1	306 A.D.	62
	懷帝 Huai Ti	永嘉 Yung Chia	6	307 A.D.	62
	愍帝 Min Ti	建興 Chien Hsing	4	313 A.D.	63
	元帝 Yüan Ti	建武 Chien Wu	1	317 A.D.	64
		太興 T'ai Hsing	4	318 A.D.	64
		永昌 Yung Ch'ang	1	322 A.D.	65
	明帝 Ming Ti	太寧 T'ai Ning	3	323 A.D.	65
	成帝 Ch'eng Ti	咸和 Hsien Ho	9	326 A.D.	66
		咸康 Hsien K'ang	8	335 A.D.	67
	康帝 K'ang Ti	建元 Chien Yüan	2	343 A.D.	69
	穆帝 Mu Ti	永和 Yung Ho	12	345 A.D.	69
		升平 Sheng P'ing	5	357 A.D.	72
	哀帝 Ai Ti	隆和 Lung Ho	1	362 A.D.	73
		興寧 Hsing Ning	3	363 A.D.	73
	海西公 Hai Hsi Kung	太和 T'ai Ho	5	366 A.D.	74
	簡文帝 Chien Wen Ti	咸安 Hsien An	2	371 A.D.	75
	孝武帝 Hsiao Wu Ti	寧康 Ning K'ang	3	373 A.D.	75
		太元 T'ai Yüan	21	376 A.D.	76
	安帝 An Ti	隆安 Lung An	5	397 A.D.	80
		元興 Yüan Hsing	3	402 A.D.	81
		義熙 Yi Hsi	14	405 A.D.	81
	恭帝 Kung Ti	元熙 Yüan Hsi	1	419 A.D.	84
前宋 Ch'ien Sung	武帝 Wu Ti	永初 Yung Ch'u	3	420 A.D.	84
	營陽王 Ying Yang Wang	景平 Ching P'ing	1	423 A.D.	85
	文帝 Wen Ti	元嘉 Yüan Chia	30	424 A.D.	85
	孝武帝 Hsiao Wu Ti	孝建 Hsiao Chien	3	454 A.D.	91
		大明 Ta Ming	8	457 A.D.	92
	明帝 Ming Ti	泰始 T'ai Shih	7	465 A.D.	93
		泰豫 T'ai Yü	1	472 A.D.	95
	蒼梧王 Ts'ang Wu Wang	元徽 Yüan Hui	4	473 A.D.	95
	順帝 Shun Ti	昇明 Sheng Ming	2	477 A.D.	96
南齊 Nan Ch'i	高帝 Kao Ti	建元 Chien Yüan	4	479 A.D.	96
	武帝 Wu Ti	永明 Yung Ming	11	483 A.D.	97
	明帝 Ming Ti	建武 Chien Wu	4	494 A.D.	99
		永泰 Yung T'ai	1	498 A.D.	100
	東昏侯 Tung Hun Hou	永元 Yung Yüan	2	499 A.D.	100
	和帝 Ho Ti	中興 Chung Hsing	1	501 A.D.	101
南梁 Nan Liang	武帝 Wu Ti	天監 T'ien Chien	18	502 A.D.	101
		普通 P'u T'ung	7	520 A.D.	104

表十四. (續)

Table 14. *Continued.*

國號 Dynasty or Kingdom	帝號 Emperor or Empress	年號 Reign	在位年數 Approx. Years of Reign	某年號元年當西曆年數 Corresponding Western Year to First Year of Reign	頁 Page
		大通 Ta T'ung	2	527 A.D.	106
		中大通 Chung Ta T'ung	6	529 A.D.	106
		大同 Ta T'ung	11	535 A.D.	107
		中大同 Chung Ta T'ung	1	546 A.D.	110
		太清 T'ai Ch'ing	3	547 A.D.	110
	簡文帝 Chien Wen Ti	大寶 Ta Pao	1	550 A.D.	110
	豫章王 Yü Chang Wang	天正 T'ien Cheng	1	551 A.D.	111
	元帝 Yüan Ti	承聖 Ch'eng Sheng	3	552 A.D.	111
	敬帝 Ching Ti	紹泰 Shao T'ai	1	555 A.D.	111
		太平 T'ai P'ing	1	556 A.D.	112
陳 Ch'en	武帝 Wu Ti	永定 Yung Ting	3	557 A.D.	112
	文帝 Wen Ti	天嘉 T'ien Chia	6	560 A.D.	112
		天康 T'ien K'ang	1	566 A.D.	114
	臨海王 Lin Hai Wang	光大 Kuang Ta	2	567 A.D.	114
	宣帝 Hsüan Ti	太建 T'ai Chien	14	569 A.D.	114
	後主 Hou Chu	至德 Chih Te	4	583 A.D.	117
		禎明 Chen Ming	3	587 A.D.	118
隋 Sui	文帝 Wen Ti	開皇 K'ai Huang	11	590 A.D.	118
		仁壽 Jen Shou	4	601 A.D.	121
	煬帝 Yang Ti	大業 Ta Yeh	12	605 A.D.	121
	恭帝 Kung Ti	義寧 Yi Ning	1	617 A.D.	124
前唐 Ch'ien T'ang	高祖 Kao Tsu	武德 Wu Te	9	618 A.D.	124
	太宗 T'ai Tsung	貞觀 Chen Kuan	23	627 A.D.	126
	高宗 Kao Tsung	永徽 Yung Hui	6	650 A.D.	130
		顯慶 Hsien Ch'ing	5	656 A.D.	132
		龍朔 Lung Shuo	3	661 A.D.	133
		麟德 Lin Te	2	664 A.D.	133
		乾封 Ch'ien Feng	2	666 A.D.	134
		總章 Tsung Chang	2	668 A.D.	134
		咸亨 Hsien Heng	4	670 A.D.	134
		上元 Shang Yüan	2	674 A.D.	135
		儀鳳 Yi Feng	3	676 A.D.	136
		調露 T'iao Lu	1	679 A.D.	136
		永隆 Yung Lung	1	680 A.D.	136
		開耀 K'ai Yüeh	1	681 A.D.	137
		永淳 Yung Ch'un	1	682 A.D.	137
		弘道 Hung Tao	1	683 A.D.	137
	中宗 Ch'ung Tsung	嗣聖 Szu Sheng	1	684 A.D.	137
	武后 Wu Hou	垂拱 Ch'ui Kung	4	685 A.D.	137
		載初 Tsai Ch'u	1	689 A.D.	138
		天授 T'ien Shou	2	690 A.D.	138
		長壽 Ch'ang Shou	2	692 A.D.	139
		延載 Yen Tsai	1	694 A.D.	139
		天冊萬歲 T'ien Ts'e Wan Sui	1	695 A.D.	139
		萬歲通天 Wan Sui T'ung T'ien	1	696 A.D.	140
		神功 Shen Kung	1	697 A.D.	140
		聖曆 Sheng Li	2	698 A.D.	140
		久視 Chiu Shih	1	700 A.D.	140
		長安 Ch'ang An	4	701 A.D.	141
	中宗 Chung Tsung	神龍 Shen Lung	2	705 A.D.	141

表十四.（續）

Table 14. *Continued.*

國號 Dynasty or Kingdom	帝號 Emperor or Empress	年號 Reign	在位年數 Approx. Years of Reign	某年號元年當西曆年數 Corresponding Western Year to First Year of Reign	頁 Page
		景龍 Ching Lung	3	707 A.D.	142
	睿宗 Jui Tsung	景雲 Ching Yün	2	710 A.D.	142
	玄宗 Hsüan Tsung	先天 Hsien T'ien	1	712 A.D.	143
		開元 K'ai Yüan	29	713 A.D.	143
		天寶 T'ien Pao	14	742 A.D.	149
	肅宗 Su Tsung	至德 Chih Te	2	756 A.D.	152
		乾元 Ch'ien Yüan	2	758 A.D.	152
		上元 Shang Yüan	2	760 A.D.	152
		寶應 Pao Ying	1	762 A.D.	153
	代宗 Tai Tsung	廣德 Kuang Te	2	763 A.D.	153
		永泰 Yung T'ai	1	765 A.D.	153
		大曆 Ta Li	14	766 A.D.	154
	德宗 Te Tsung	建中 Chien Chung	4	780 A.D.	156
		興元 Hsing Yüan	1	784 A.D.	157
		貞元 Chen Yüan	20	785 A.D.	157
	順宗 Shun Tsung	永貞 Yung Chen	1	805 A.D.	161
	憲宗 Hsien Tsung	元和 Yüan Ho	15	806 A.D.	162
	穆宗 Mu Tsung	長慶 Ch'ang Ch'ing	4	821 A.D.	165
	敬宗 Ching Tsung	寶曆 Pao Li	2	825 A.D.	165
	文宗 Wen Tsung	太和 T'ai Ho	9	827 A.D.	166
		開成 K'ai Ch'eng	5	836 A.D.	168
	武宗 Wu Tsung	會昌 Hui Ch'ang	6	841 A.D.	169
	宣宗 Hsüan Tsung	大中 Ta Chung	13	847 A.D.	170
	懿宗 Yi Tsung	咸通 Hsien T'ung	14	860 A.D.	172
	僖宗 Hsi Tsung	乾符 Ch'ien Fu	6	874 A.D.	175
		廣明 Kuang Ming	1	880 A.D.	176
		中和 Chung Ho	4	881 A.D.	177
		光啓 Kuang Ch'i	3	885 A.D.	177
		文德 Wen Te	1	888 A.D.	178
	昭宗 Chao Tsung	龍紀 Lung Chi	1	889 A.D.	178
		大順 Ta Shun	2	890 A.D.	178
		景福 Ching Fu	2	892 A.D.	179
		乾寧 Ch'ien Ning	4	894 A.D.	179
		光化 Kuang Hua	3	898 A.D.	180
		天復 T'ien Fu	3	901 A.D.	181
	哀帝 Ai Ti	天佑 T'ien Yu	3	904 A.D.	181
後梁 Hou Liang	太祖 T'ai Tsu	開平 K'ai P'ing	4	907 A.D.	182
	末帝 Mo Ti	乾化 Ch'ien Hua	4	911 A.D.	183
		貞明 Chen Ming	6	915 A.D.	183
		龍德 Lung Te	2	921 A.D.	185
後唐 Hou T'ang	莊宗 Chuang Tsung	同光 T'ung Kuang	3	923 A.D.	185
	明宗 Ming Tsung	天成 T'ien Ch'eng	4	926 A.D.	186
		長興 Ch'ang Hsing	4	930 A.D.	186
	廢帝 Fei Ti	清泰 Ch'ing T'ai	2	934 A.D.	187
後晉 Hou Chin	高祖 Kao Tsu	天福 T'ien Fu	8	936 A.D.	188
	出帝 Ch'u Ti	開運 K'ai Yün	3	944 A.D.	189
後漢 Hou Han	高祖 Kao Tsu	天福 T'ien Fu	1	947 A.D.	190
	隱帝 Yin Ti	乾佑 Ch'ien Yu	3	948 A.D.	190
後周 Hou Chou	太祖 T'ai Tsu	廣順 Kuang Shun	3	951 A.D.	191
	世宗 Shih Tsung	顯德 Hsien Te	6	954 A.D.	191

表十四. (續)

Table 14. *Continued.*

國號 Dynasty or Kingdom	帝號 Emperor or Empress	年號 Reign	在位年數 Approx. Years of Reign	某年號元年當西曆年數 Corresponding Western Year to First Year of Reign	頁 Page
北宋 Pei Sung	太祖 T'ai Tsu	建隆 Chien Lung	3	960 A.D.	192
		乾德 Ch'ien Te	5	963 A.D.	193
		開寶 K'ai Pao	8	968 A.D.	194
	太宗 T'ai Tsung	太平興國 T'ai P'ing Hsing Kuo	8	976 A.D.	196
		雍熙 Yung Hsi	4	984 A.D.	197
		端拱 Tuan Kung	2	988 A.D.	198
		淳化 Ch'un Hua	5	990 A.D.	198
		至道 Chih Tao	3	995 A.D.	199
	眞宗 Chen Tsung	咸平 Hsien P'ing	6	998 A.D.	200
		景德 Ching Te	4	1004 A.D.	201
		大中祥符 Ta Chung Hsiang Fu	9	1008 A.D.	202
		天禧 T'ien Hsi	5	1017 A.D.	204
		乾興 Ch'ien Hsing	1	1022 A.D.	205
	仁宗 Jen Tsung	天聖 T'ien Sheng	9	1023 A.D.	205
		明道 Ming Tao	2	1032 A.D.	207
		景祐 Ching Yu	4	1034 A.D.	207
		寶元 Pao Yüan	2	1038 A.D.	208
		康定 K'ang Ting	1	1040 A.D.	208
		慶曆 Ch'ing Li	8	1041 A.D.	209
		皇祐 Huang Yu	5	1049 A.D.	210
		至和 Chih Ho	2	1054 A.D.	211
		嘉祐 Chia Yu	8	1056 A.D.	212
	英宗 Ying Tsung	治平 Chih P'ing	4	1064 A.D.	213
	神宗 Shen Tsung	熙寧 Hsi Ning	10	1068 A.D.	214
		元豐 Yüan Feng	8	1078 A.D.	216
	哲宗 Che Tsung	元祐 Yüan Yu	8	1086 A.D.	218
		紹聖 Shao Sheng	4	1094 A.D.	219
		元符 Yüan Fu	3	1098 A.D.	220
	徽宗 Huei Tsung	建中靖國 Chien Chung Ching Kuo	1	1101 A.D.	221
		崇寧 Ch'ung Ning	5	1102 A.D.	221
		大觀 Ta Kuan	4	1107 A.D.	222
		政和 Cheng Ho	7	1111 A.D.	223
		重和 Ch'ung Ho	1	1118 A.D.	224
		宣和 Hsüan Ho	7	1119 A.D.	224
	欽宗 Ch'in Tsung	靖康 Ching K'ang	1	1126 A.D.	226
南宋 Nan Sung	高宗 Kao Tsung	建炎 Chien Yen	4	1127 A.D.	226
		紹興 Shao Hsing	32	1131 A.D.	227
	孝宗 Hsiao Tsung	隆興 Lung Hsing	2	1163 A.D.	233
		乾道 Ch'ien Tao	9	1165 A.D.	233
		淳熙 Ch'un Hsi	16	1174 A.D.	235
	光宗 Kuang Tsung	紹熙 Shao Hsi	5	1190 A.D.	238
	寧宗 Ning Tsung	慶元 Ch'ing Yüan	6	1195 A.D.	239
		嘉泰 Chia T'ai	4	1201 A.D.	241
		開禧 K'ai Hsi	3	1205 A.D.	241
		嘉定 Chia Ting	17	1208 A.D.	242
	理宗 Li Tsung	寶慶 Pao Ch'ing	3	1225 A.D.	245
		紹定 Shao Ting	6	1228 A.D.	246
		端平 Tuan P'ing	3	1234 A.D.	247
		嘉熙 Chia Hsi	4	1237 A.D.	248
		淳祐 Ch'un Yu	12	1241 A.D.	249

表十四.（續）

Table 14. *Continued.*

國號 Dynasty or Kingdom	帝號 Emperor or Empress	年號 Reign	在位年數 Approx. Years of Reign	某年號元年當西暦年數 Corresponding Western Year to First Year of Reign	頁 Page
		寶祐 Pao Yu	6	1253 A.D.	251
		開慶 K'ai Ch'ing	1	1259 A.D.	252
		景定 Ching Ting	5	1260 A.D.	252
	度宗 Tu Tsung	咸淳 Hsien Ch'un	10	1265 A.D.	253
	恭宗 Kung Tsung	德祐 Te Yu	1	1275 A.D.	255
	端宗 Tuan Tsung	景炎 Ching Yen	2	1276 A.D.	256
	昺帝 Ping Ti	祥興 Hsiang Hsing	2	1278 A.D.	256
元 Yüan	世祖 Shih Tsu	至元 Chih Yüan	15	1280 A.D.	256
	成宗 Ch'eng Tsung	元貞 Yüan Chen	2	1295 A.D.	259
		大德 Ta Te	11	1297 A.D.	260
	武宗 Wu Tsung	至大 Chih Ta	4	1308 A.D.	262
	仁宗 Jen Tsung	皇慶 Huang Ch'ing	2	1312 A.D.	263
		延祐 Yen Yu	7	1314 A.D.	263
	英宗 Ying Tsung	至治 Chih Chih	3	1321 A.D.	265
	泰定帝 T'ai Ting Ti	泰定 T'ai Ting	4	1324 A.D.	265
	明宗 Ming Tsung	天曆 T'ien Li	2	1328 A.D.	266
	文宗 Wen Tsung	至順 Chih Shun	3	1330 A.D.	266
	順帝 Shun Ti	元統 Yüan T'ung	2	1333 A.D.	267
		至元 Chih Yüan	6	1335 A.D.	267
		至正 Chih Cheng	27	1341 A.D.	269
明 Ming	太祖 T'ai Tsu	洪武 Hung Wu	31	1368 A.D.	274
	惠帝 Hui Ti	建文 Chien Wen	4	1399 A.D.	280
	成祖 Ch'eng Tsu	永樂 Yung Le	22	1403 A.D.	281
	仁宗 Jen Tsung	洪熙 Hung Hsi	1	1425 A.D.	285
	宣宗 Hsüan Tsung	宣德 Hsüan Te	10	1426 A.D.	286
	英宗 Ying Tsung	正統 Cheng T'ung	14	1436 A.D.	288
	景帝 Ching Ti	景泰 Ching T'ai	7	1450 A.D.	290
	英宗 Ying Tsung	天順 T'ien Shun	8	1457 A.D.	292
	憲宗 Hsien Tsung	成化 Ch'eng Hua	23	1465 A.D.	293
	孝宗 Hsiao Tsung	弘治 Hung Chih	18	1488 A.D.	298
	武宗 Wu Tsung	正德 Cheng Te	16	1506 A.D.	302
	世宗 Shih Tsung	嘉靖 Chia Ching	45	1522 A.D.	305
	穆宗 Mu Tsung	隆慶 Lung Ch'ing	6	1567 A.D.	314
	神宗 Shen Tsung	萬曆 Wan Li	47	1573 A.D.	315
	光宗 Kuang Tsung	泰昌 T'ai Ch'ang	1	1620 A.D.	324
	熹宗 Hsi Tsung	天啓 T'ien Ch'i	7	1621 A.D.	325
	思宗 Szu Tsung	崇禎 Ch'ung Chen	17	1628 A.D.	326
	唐王 T'ang Wang	隆武 Lung Wu	2	1645 A.D.	329
	永明王 Yung Ming Wang	永曆 Yung Li	15	1647 A.D.	330
清 Ch'ing	聖祖 Sheng Tsu	康熙 K'ang Hsi	61	1662 A.D.	333
	世宗 Shih Tsung	雍正 Yung Cheng	13	1723 A.D.	345
	高宗 Kao Tsung	乾隆 Ch'ien Lung	60	1736 A.D.	348
	仁宗 Jen Tsung	嘉慶 Chia Ch'ing	25	1796 A.D.	360
	宣宗 Hsüan Tsung	道光 Tao Kuang	30	1821 A.D.	365
	文宗 Wen Tsung	咸豐 Hsien Feng	11	1851 A.D.	371
	穆宗 Mu Tsung	同治 T'ung Chih	13	1862 A.D.	373
	德宗 Te Tsung	光緒 Kuang Hsü	34	1875 A.D.	375
	遜帝 Hsün Ti	宣統 Hsüan T'ung	3	1909 A.D.	382
中華民國	The Republic of China	民國 Min Kuo		1912 A.D.	383

表十五. 歷代帝系(二)

Table 15. Kingdoms and reigns parallel in time with the principal dynasties in the 2000 years, 1–2000 A.D.

國號 Dynasty or Kingdom	帝號 Emperor or Empress	年號 Reign	在位年數 Approx. Years of Reign	某年號元年當西曆年數 Corresponding Western Year to First Year of Reign	頁 Page
西蜀 Hsi Shu	先主 Hsien Chu	章武 Chang Wu	2	221 A.D.	401
	後主 Hou Chu	建興 Chien Hsing	15	223 A.D.	401
		延熙 Yen Hsi	20	238 A.D.	401
		景耀 Ching Yüeh	5	258 A.D.	401
		炎興 Yen Hsing	1	263 A.D.	401
東吳 Tung Wu	大帝 Ta Ti	黃武 Huang Wu	7	222 A.D.	402
		黃龍 Huang Lung	3	229 A.D.	402
		嘉禾 Chia Ho	6	232 A.D.	402
		赤烏 Ch'ih Wu	13	238 A.D.	402
		太元 T'ai Yüan	1	251 A.D.	402
	候官侯 Hou Kuan Hou	建興 Chien Hsing	2	252 A.D.	402
		五鳳 Wu Feng	2	254 A.D.	402
		太平 T'ai P'ing	2	256 A.D.	402
	景帝 Ching Ti	永安 Yung An	6	258 A.D.	402
	歸命侯 Kui Ming Hou	元興 Yüan Hsing	1	264 A.D.	402
		甘露 Kan Lu	1	265 A.D.	402
		寶鼎 Pao Ting	3	266 A.D.	402
		建衡 Chien Heng	3	269 A.D.	403
		鳳凰 Feng Huang	3	272 A.D.	403
		天冊 T'ien Ts'e	1	275 A.D.	403
		天璽 T'ien Hsi	1	276 A.D.	403
		天紀 T'ien Chi	4	277 A.D.	403
北魏 Pei Wei	道武帝 Tao Wu Ti	登國 Teng Kuo	10	386 A.D.	404
		皇始 Huang Shih	2	396 A.D.	404
		天興 T'ien Hsing	6	398 A.D.	404
		天賜 T'ien Tz'u	5	404 A.D.	404
	明元帝 Ming Yüan Ti	永興 Yung Hsing	5	409 A.D.	404
		神瑞 Shen Jui	2	414 A.D.	404
		泰常 T'ai Ch'ang	8	416 A.D.	404
	太武帝 T'ai Wu Ti	始光 Shih Kuang	4	424 A.D.	404
		神䴥 Shen Chia	4	428 A.D.	404
		延和 Yen Ho	3	432 A.D.	405
		太延 T'ai Yen	5	435 A.D.	405
		太平眞君 T'ai P'ing Chen Chun	11	440 A.D.	405
		正平 Cheng P'ing	1	451 A.D.	405
	文成帝 Wen Ch'eng Ti	興安 Hsing An	2	452 A.D.	405
		興光 Hsing Kuang	1	454 A.D.	405
		太安 T'ai An	5	455 A.D.	405
		和平 Ho P'ing	6	460 A.D.	405
	獻文帝 Hsien Wen Ti	天安 T'ien An	1	466 A.D.	405
		皇興 Huang Hsing	4	467 A.D.	405
	孝文帝 Hsiao Wen Ti	延興 Yen Hsing	5	471 A.D.	405
		承明 Ch'eng Ming	1	476 A.D.	405
		太和 T'ai Ho	23	477 A.D.	405
	宣武帝 Hsüan Wu Ti	景明 Ching Ming	4	500 A.D.	406
		正始 Cheng Shih	4	504 A.D.	406
		永平 Yung P'ing	4	508 A.D.	406
		延昌 Yen Ch'ang	4	512 A.D.	406
	孝明帝 Hsiao Ming Ti	熙平 Hsi P'ing	2	516 A.D.	406
		神龜 Shen Kui	2	518 A.D.	406
		正光 Cheng Kuang	5	520 A.D.	406
		孝昌 Hsiao Ch'ang	3	525 A.D.	407

表十五.（續）

Table 15. *Continued.*

國號 Dynasty or Kingdom	帝號 Emperor or Empress	年號 Reign	在位年數 Approx. Years of Reign	某年號元年當西曆年數 Corresponding Western Year to First Year of Reign	頁 Page
	孝莊帝 Hsiao Chuang Ti	永安 Yung An	2	528 A.D.	407
	東海王 Tung Hai Wang	建明 Chien Ming	1	530 A.D.	407
	安定帝 An Ting Wang	中興 Chung Hsing	1	531 A.D.	407
	孝武帝 Hsiao Wu Ti	永熙 Yung Hsi	3	532 A.D.	407
東魏 Tung Wei	孝靜帝 Hsiao Ching Ti	天平 T'ien P'ing	4	534 A.D.	407
		元象 Yüan Hsiang	1	538 A.D.	407
		興和 Hsing Ho	4	439 A.D.	407
		武定 Wu Ting	8	543 A.D.	407
西魏 Hsi Wei	文帝 Wen Ti	大統 Ta T'ung	17	535 A.D.	408
	廢帝 Fei Ti	,, ,, ,,	2	552 A.D.	408
	恭帝 Kung Ti	,, ,, ,,	3	554 A.D.	408
北齊 Pei Ch'i	文宣帝 Wen Hsüan Ti	天保 T'ien Pao	10	550 A.D.	409
	孝昭帝 Hsiao Chao Ti	皇建 Huang Chien	1	560 A.D.	409
	武成帝 Wu Ch'eng Ti	太寧 T'ai Ning	1	561 A.D.	409
		河清 Ho Ch'ing	3	562 A.D.	409
	後主 Hou Chu	天統 T'ien T'ung	5	565 A.D.	409
		武平 Wu P'ing	6	570 A.D.	409
	安德王 An Te Wang	德昌 Te Ch'ang	1	576 A.D.	409
	幼主 Yu Chu	承光 Ch'eng Kuang	1	577 A.D.	409
北周 Pei Chou	明帝 Ming Ti	— —	2	557 A.D.	410
		武成 Wu Ch'eng	2	559 A.D.	410
	武帝 Wu Ti	保定 Pao Ting	5	561 A.D.	410
		天和 T'ien Ho	6	566 A.D.	410
		建德 Chien Te	6	572 A.D.	410
		宣政 Hsüan Cheng	1	578 A.D.	410
	靜帝 Ching Ti	大象 Ta Hsiang	2	579 A.D.	410
隋 Sui	文帝 Wen Ti	開皇 K'ai Huang	9	581 A.D.	410
遼 Liao	太祖 T'ai Tsu	— —	9	907 A.D.	411
		神冊 Shen Ts'e	6	916 A.D.	411
		天贊 T'ien Tsan	4	922 A.D.	411
		天顯 T'ien Hsien	1	926 A.D.	411
	太宗 T'ai Tsung	,, ,,	11	927 A.D.	411
		會同 Hui T'ung	9	938 A.D.	411
	世宗 Shih Tsung	天祿 T'ien Lu	4	947 A.D.	411
	穆宗 Mu Tsung	應曆 Ying Li	18	951 A.D.	411
	景宗 Ching Tsung	保寧 Pao Ning	10	969 A.D.	412
		乾亨 Ch'ien Heng	4	979 A.D.	412
	聖宗 Sheng Tsung	統和 T'ung Ho	29	983 A.D.	412
		開泰 K'ai T'ai	9	1012 A.D.	413
		太平 T'ai P'ing	10	1021 A.D.	413
	興宗 Hsing Tsung	景福 Ching Fu	1	1031 A.D.	413
		重熙 Ch'ung Hsi	23	1032 A.D.	413
	道宗 Tao Tsung	清寧 Ch'ing Ning	10	1055 A.D.	414
		咸雍 Hsien Yung	10	1065 A.D.	414
		大康 Ta K'ang	10	1075 A.D.	414
		大安 Ta An	10	1085 A.D.	414
		壽昌 Shou Ch'ang	6	1095 A.D.	415
	天祚帝 T'ien Tso Ti	乾統 Ch'ien T'ung	10	1101 A.D.	415

表十五. (續)

Table 15. *Continued.*

國號 Dynasty or Kingdom	帝號 Emperor or Empress	年號 Reign	在位年數 Approx. Years of Reign	某年號元年當西曆年數 Corresponding Western Year to First Year of Reign	頁 Page
		天慶 T'ien Ch'ing	10	1111 A.D.	415
		保大 Pao Ta	3	1121 A.D.	415
	德宗 Te Tsung	延慶 Yen Ch'ing	10	1124 A.D.	415
		康國 K'ang Kuo	10	1134 A.D.	415
	感天后 Kan T'ien Hou	咸清 Hsien Ch'ing	7	1144 A.D.	416
	仁宗 Jen Tsung	紹興 Shao Hsing	13	1151 A.D.	416
	承天后 Ch'eng T'ien Hou	崇福 Ch'ung Fu	14	1164 A.D.	416
	末主 Mo Chu	天禧 T'ien Hsi	34	1178 A.D.	416
金 Chin	太祖 T'ai Tsu	收國 Shou Kuo	2	1115 A.D.	418
		天輔 T'ien Fu	6	1117 A.D.	418
	太宗 T'ai Tsung	天會 T'ien Hui	12	1123 A.D.	418
	熙宗 Hsi Tsung	,, ,, ,,	3	1135 A.D.	418
		天眷 T'ien Chüan	3	1138 A.D.	418
		皇統 Huang T'ung	8	1141 A.D.	418
	海陵王 Hai Ling Wang	天德 T'ien Te	4	1149 A.D.	418
		貞元 Chen Yüan	3	1153 A.D.	418
		正隆 Cheng Lung	5	1156 A.D.	418
	世宗 Shih Tsung	大定 Ta Ting	29	1161 A.D.	419
	章宗 Chang Tsung	明昌 Ming Ch'ang	6	1190 A.D.	419
		承安 Ch'eng An	5	1196 A.D.	419
		泰和 T'ai Ho	8	1201 A.D.	419
	衛紹王 Wei Shao Wang	大安 Ta An	3	1209 A.D.	420
		崇慶 Ch'ung Ch'ing	1	1212 A.D.	420
	宣宗 Hsüan Tsung	貞祐 Chen Yu	4	1213 A.D.	420
		興定 Hsing Ting	5	1217 A.D.	420
		元光 Yuan Kuang	2	1222 A.D.	420
	哀宗 Ai Tsung	正大 Cheng Ta	8	1224 A.D.	420
		天興 T'ien Hsing	3	1232 A.D.	420
元 Yüan	太祖 T'ai Tsu	— —	22	1206 A.D.	421
	睿宗 Jui Tsung	— —	1	1228 A.D.	421
	太宗 T'ai Tsung	— —	13	1229 A.D.	421
	太宗后 T'ai Tsung Hou	— —	4	1242 A.D.	421
	定宗 Ting Tsung	— —	3	1246 A.D.	421
	定宗后 Ting Tsung Hou	— —	2	1249 A.D.	421
	憲宗 Hsien Tsung	— —	9	1251 A.D.	421
	世祖 Shih Tsu	中統 Chung T'ung	4	1260 A.D.	422
		至元 Chih Yüan	16	1264 A.D.	422
清 Ch'ing	太祖 T'ai Tsu	天命 T'ien Ming	11	1616 A.D.	423
	太宗 T'ai Tsung	天聰 T'ien Ts'ung	9	1627 A.D.	423
		崇德 Ch'ung Te	8	1636 A.D.	423
	世祖 Shih Tsu	順治 Shun Chih	18	1644 A.D.	423

表十六. 歷代年號(以羅馬拼音字母爲序)

Table 16. Index for Denominations of Reigns of Dynasties and Kingdoms in Alphabetical Order.

年號 Reign	某年號元年當西曆年數 Corresponding Western Year to First Year of Reign
C	
章和 Chang Ho	87
章武 Chang Wu	221
長安 Ch'ang An	701
長慶 Ch'ang Ch'ing	821
長興 Ch'ang Hsing	930
長壽 Ch'ang Shou	692
貞觀 Chen Kuan	627
禎明 Chen Ming	587
貞明 Chen Ming	915
貞祐 Chen Yu	1213
貞元 Chen Yüan	785
貞元 Chen Yüan	1153
政和 Cheng Ho	1111
正光 Cheng Kuang	520
正隆 Cheng Lung	1156
正平 Cheng P'ing	451
正始 Cheng Shih	240
正始 Cheng Shih	504
正大 Cheng Ta	1224
正德 Cheng Te	1506
正統 Cheng T'ung	1436
正元 Cheng Yüan	254
承安 Ch'eng An	1196
成化 Ch'eng Hua	1465
承光 Ch'eng Kuang	577
承明 Ch'eng Ming	476
承聖 Ch'eng Sheng	552
嘉靖 Chia Ching	1522
嘉慶 Chia Ch'ing	1796
嘉禾 Chia Ho	232
嘉熙 Chia Hsi	1237
嘉平 Chia P'ing	249
嘉泰 Chia T'ai	1201
嘉定 Chia Ting	1208
嘉祐 Chia Yu	1056
建安 Chien An	196
建初 Chien Ch'u	76
建中 Chien Chung	780
建中靖國 Chien Chung Ching Kuo	1101
建衡 Chien Heng	269
建和 Chien Ho	147
建興 Chien Hsing	223
建興 Chien Hsing	252
建興 Chien Hsing	313
建康 Chien K'ang	144
建光 Chien Kuang	121
建隆 Chien Lung	960
建明 Chien Ming	530
建寧 Chien Ning	168
建德 Chien Te	572
建文 Chien Wen	1399
建武 Chien Wu	25
建武 Chien Wu	317
建武 Chien Wu	494
建武中元 Chien Wu Chung Yüan	56
建炎 Chien Yen	1127
建元 Chien Yüan	343
建元 Chien Yüan	479
乾封 Ch'ien Feng	666
乾符 Ch'ien Fu	874
乾亨 Ch'ien Heng	979
乾興 Ch'ien Hsing	1022
乾化 Ch'ien Hua	911
乾隆 Ch'ien Lung	1736
乾寧 Ch'ien Ning	894
乾道 Ch'ien Tao	1165
乾德 Ch'ien Te	963
乾統 Ch'ien T'ung	1101
乾祐 Ch'ien Yu	948
乾元 Ch'ien Yüan	758
至正 Chih Cheng	1341
至治 Chih Chih	1321
至和 Chih Ho	1054
治平 Chih P'ing	1064
至順 Chih Shun	1330
至大 Chih Ta	1308
至道 Chih Tao	995
至德 Chih Te	583
至德 Chih Te	756
至元 Chih Yüan	1264
至元 Chih Yüan	1280
至元 Chih Yüan	1335
赤烏 Ch'ih Wu	238
景初 Ching Ch'u	237
景福 Ching Fu	892
景福 Ching Fu	1031
靖康 Ching K'ang	1126
景龍 Ching Lung	707
景明 Ching Ming	500
景平 Ching P'ing	423
景泰 Ching T'ai	1450
景德 Ching Te	1004
景定 Ching Ting	1260
景炎 Ching Yen	1276
景祐 Ching Yu	1034
景元 Ching Yüan	260
景耀 Ching Yüeh	258
景雲 Ching Yün	710
慶曆 Ch'ing Li	1041
青龍 Ch'ing Lung	233
清寧 Ch'ing Ning	1055
清泰 Ch'ing T'ai	934
慶元 Ch'ing Yüan	1195
久視 Chiu Shih	700
初平 Ch'u P'ing	190
初始 Ch'u Shih	8
垂拱 Ch'ui Kung	685
淳熙 Ch'un Hsi	1174
淳化 Ch'un Hua	990
淳祐 Ch'un Yu	1241
中和 Chung Ho	881
中興 Chung Hsing	501
中興 Chung Hsing	531
中平 Chung P'ing	184
中大通 Chung Ta T'ung	529
中大同 Chung Ta T'ung	546
中統 Chung T'ung	1260
崇禎 Ch'ung Chen	1628
崇慶 Ch'ung Ch'ing	1212
崇福 Ch'ung Fu	1164
重和 Ch'ung Ho	1118

表十六.(續)

Table 16. *Continued.*

年號 Reign	某年號元年當西曆年數 Corresponding Western Year to First Year of Reign
重熙 Ch'ung Hsi	1032
崇寧 Ch'ung Ning	1102
崇德 Ch'ung Te	1636
居攝 Chü She	6
F	
鳳凰 Feng Huang	272
H	
漢安 Han An	142
河清 Ho Ch'ing	562
和平 Ho P'ing	150
和平 Ho P'ing	460
熙寧 Hsi Ning	1068
熹平 Hsi P'ing	172
熙平 Hsi P'ing	516
祥興 Hsiang Hsing	1278
孝昌 Hsiao Ch'ang	525
孝建 Hsiao Chien	454
咸安 Hsien An	371
顯慶 Hsien Ch'ing	656
咸清 Hsien Ch'ing	1144
咸淳 Hsien Ch'un	1265
咸豐 Hsien Feng	1851
咸亨 Hsien Heng	670
咸和 Hsien Ho	326
咸熙 Hsien Hsi	264
咸康 Hsien K'ang	335
咸寧 Hsien Ning	275
咸平 Hsien P'ing	998
顯德 Hsien Te	954
先天 Hsien T'ien	712
咸通 Hsien T'ung	860
咸雍 Hsien Yung	1065
興安 Hsing An	452
興和 Hsing Ho	539
興光 Hsing Kuang	454
興寧 Hsing Ning	363
興平 Hsing P'ing	194
興定 Hsing Ting	1217
興元 Hsing Yüan	784
宣政 Hsüan Cheng	578
宣和 Hsüan Ho	1119
宣德 Hsüan Te	1426
宣統 Hsüan T'ung	1909
皇建 Huang Chien	560
皇慶 Huang Ch'ing	1312
黃初 Huang Ch'u	220
皇興 Huang Hsing	467
黃龍 Huang Lung	229
皇始 Huang Shih	396
皇統 Huang T'ung	1141
黃武 Huang Wu	222
皇祐 Huang Yu	1049
會昌 Hui Ch'ang	841
會同 Hui T'ung	938
弘治 Hung Chih	1488
洪熙 Hung Hsi	1425
弘道 Hung Tao	683
洪武 Hung Wu	1368
J	
仁壽 Jen Shou	601
K	
開成 K'ai Ch'eng	826
開慶 K'ai Ch'ing	1259
開禧 K'ai Hsi	1205
開皇 K'ai Huang	581
開皇 K'ai Huang	590
開寶 K'ai Pao	968
開平 K'ai P'ing	907
開泰 K'ai T'ai	1012
開元 K'ai Yüan	713
開耀 K'ai Yüeh	681
開運 K'ai Yün	944
甘露 Kan Lu	256
甘露 Kan Lu	265
康熙 K'ang Hsi	1662
康國 K'ang Kuo	1134
康定 K'ang Ting	1040
更始 Keng Shih	23
光啓 Kuang Ch'i	885
光和 Kuang Ho	178
光熙 Kuang Hsi	306
光緒 Kuang Hsü	1875
光化 Kuang Hua	898
廣明 Kuang Ming	880
廣順 Kuang Shun	951
光大 Kuang Ta	567
廣德 Kuang Te	763
L	
麟德 Lin Te	664
隆安 Lung An	397
龍紀 Lung Chi	889
隆慶 Lung Ch'ing	1567
隆和 Lung Ho	362
隆興 Lung Hsing	1163
龍朔 Lung Shuo	661
龍德 Lung Te	921
隆武 Lung Wu	1645
M	
民國 Min Kuo	1912
明昌 Ming Ch'ang	1190
明道 Ming Tao	1032

表十六. (續)

Table 16. *Continued.*

年號 Reign	某年號元年當西曆年數 Corresponding Western Year to First Year of Reign
N	
寧康 Ning K‘ang	373
P	
寶慶 Pao Ch‘ing	1225
寶曆 Pao Li	825
保寧 Pao Ning	969
保大 Pao Ta	1121
寶鼎 Pao Ting	266
保定 Pao Ting	561
寶應 Pao Ying	762
寶祐 Pao Yu	1253
寶元 Pao Yüan	1038
本初 Pen Ch‘u	146
普通 Pu T‘ung	520
S	
上元 Shang Yüan	674
上元 Shang Yüan	760
紹熙 Shao Hsi	1190
紹興 Shao Hsing	1131
紹興 Shao Hsing	1151
紹聖 Shao Sheng	1094
紹泰 Shao T‘ai	555
紹定 Shao Ting	1228
神䴥 Shen Chia	428
神瑞 Shen Jui	414
神龜 Shen Kui	518
神功 Shen Kung	697
神龍 Shen Lung	705
神冊 Shen Ts‘e	916
聖曆 Sheng Li	698
昇明 Sheng Ming	477
升平 Sheng P‘ing	357
始建國 Shih Chien Kuo	9
始光 Shih Kuang	424
壽昌 Shou Ch‘ang	684
收國 Shou Kuo	1095
順治 Shun Chih	1115
嗣聖 Szu Sheng	1644
T	
大安 Ta An	1085
大安 Ta An	1209
大中 Ta Chung	847
大中祥符 Ta Chung Hsiang Fu	1008
大象 Ta Hsiang	579
大康 Ta K‘ang	1075
大觀 Ta Kuan	1107
大曆 Ta Li	766
大明 Ta Ming	457
大寶 Ta Pao	550
大順 Ta Shun	890
大德 Ta Te	1297
大定 Ta Ting	1161
大通 Ta T‘ung	527
大同 Ta T‘ung	535
大統 Ta T‘ung	535
大業 Ta Yeh	605
太安 T‘ai An	302
太安 T‘ai An	455
泰常 T‘ai Ch‘ang	416
泰昌 T‘ai Ch‘ang	1620
太建 T‘ai Chien	569
太清 T‘ai Ch‘ing	547
太康 T‘ai K‘ang	280
太和 T‘ai Ho	227
太和 T‘ai Ho	366
太和 T‘ai Ho	477
太和 T‘ai Ho	827
泰和 T‘ai Ho	1201
太興 T‘ai Hsing	318
太平 T‘ai P‘ing	256
太平 T‘ai P‘ing	556
太平 T‘ai P‘ing	1021
太平真君 T‘ai P‘ing Chen Chun	440
太平興國 T‘ai P‘ing Hsing Kuo	976
太寧 T‘ai Ning	323
太寧 T‘ai Ning	561
泰始 T‘ai Shih	265
泰始 T‘ai Shih	465
泰定 T‘ai Ting	1324
太延 T‘ai Yen	435
泰豫 T‘ai Yü	472
太元 T‘ai Yüan	376
太元 T‘ai Yüan	251
道光 Tao Kuang	1821
德昌 Te Ch‘ang	576
德祐 Te Yu	1275
登國 Teng Kuo	386
地皇 Ti Huang	20
調露 T‘iao Lu	679
天安 T‘ien An	466
天正 T‘ien Cheng	551
天成 T‘ien Ch‘eng	926
天紀 T‘ien Chi	277
天啟 T‘ien Ch‘i	1621
天嘉 T‘ien Chia	560
天監 T‘ien Chien	502
天慶 T‘ien Ch‘ing	1111
天眷 T‘ien Chüan	1138
天鳳 T‘ien Feng	14
天復 T‘ien Fu	901
天福 T‘ien Fu	936
天福 T‘ien Fu	947
天輔 T‘ien Fu	1117
天璽 T‘ien Hsi	276
天禧 T‘ien Hsi	1017
天禧 T‘ien Hsi	1178
天顯 T‘ien Hsien	926
天興 T‘ien Hsing	398

表十六. (續)

Table 16. *Continued.*

年號 Reign	某年號元年當西曆年數 Corresponding Western Year to First Year of Reign
天興 T'ien Hsing	1232
天和 T'ien Ho	566
天會 T'ien Hui	1123
天康 T'ien K'ang	566
天厤 T'ien Li	1328
天祿 T'ien Lu	947
天命 T'ien Ming	1616
天保 T'ien Pao	550
天寶 T'ien Pao	742
天平 T'ien P'ing	534
天聖 T'ien Sheng	1023
天授 T'ien Shou	690
天順 T'ien Shun	1457
天賜 T'ien Tz'u	404
天德 T'ien Te	1149
天贊 T'ien Tsan	922
天冊 T'ien Ts'e	275
天冊萬歲 T'ien Ts'e Wan Sui	695
天聰 T'ien Ts'ung	1627
天統 T'ien T'ung	565
天佑 T'ien Yu	904
總章 Tsung Chang	668
載初 Tsai Ch'u	689
端拱 Tuan Kung	988
端平 Tuan P'ing	1234
同治 T'ung Chih	1862
統和 T'ung Ho	983
同光 T'ung Kuang	923
W	
萬厤 Wan Li	1573
萬歲通天 Wan Sui T'ung T'ien	696
文德 Wen Te	888
武成 Wu Ch'eng	559
五鳳 Wu Feng	254
武平 Wu P'ing	570
武德 Wu Te	618
武定 Wu Ting	543
Y	
陽嘉 Yang Chia	132
延昌 Yen Ch'ang	512
延慶 Yen Ch'ing	1124
延和 Yen Ho	432
延熹 Yen Hsi	158
延熙 Yen Hsi	238
炎興 Yen Hsing	263
延興 Yen Hsing	471
延光 Yen Kuang	122
延平 Yen P'ing	106
延載 Yen Tsai	694
延祐 Yen Yu	1314
儀鳳 Yi Feng	676
義熙 Yi Hsi	405
義寧 Yi Ning	617
應厤 Ying Li	951
永安 Yung An	258
永安 Yung An	528
永昌 Yung Ch'ang	322
永貞 Yung Chen	805
雍正 Yung Cheng	1723
永嘉 Yung Chia	145
永嘉 Yung Chia	307
永建 Yung Chien	126
永初 Yung Ch'u	107
永初 Yung Ch'u	420
永淳 Yung Ch'un	682
永和 Yung Ho	136
永和 Yung Ho	345
永熙 Yung Hsi	290
永熙 Yung Hsi	532
雍熙 Yung Hsi	984
永興 Yung Hsing	153
永興 Yung Hsing	304
永興 Yung Hsing	409
永徽 Yung Hui	650
永康 Yung K'ang	167
永康 Yung K'ang	300
永厤 Yung Li	1647
永樂 Yung Lo	1403
永隆 Yung Lung	680
永明 Yung Ming	483
永寧 Yung Ning	120
永寧 Yung Ning	301
永平 Yung P'ing	58
永平 Yung P'ing	508
永壽 Yung Shou	155
永泰 Yung T'ai	498
永泰 Yung T'ai	765
永定 Yung Ting	557
永元 Yung Yüan	89
永元 Yung Yüan	499
元貞 Yüan Chen	1295
元嘉 Yüan Chia	151
元嘉 Yüan Chia	424
元初 Yüan Ch'u	114
元豐 Yüan Feng	1078
元符 Yüan Fu	1098
元和 Yüan Ho	84
元和 Yüan Ho	806
元熙 Yüan Hsi	419
元象 Yüan Hsiang	538
元興 Yüan Hsing	105
元興 Yüan Hsing	402
元興 Yüan Hsing	264
元徽 Yüan Hui	473
元康 Yüan K'ang	291
元光 Yüan Kuang	1222
元始 Yüan Shih	1
元統 Yüan T'ung	1333
元祐 Yüan Yu	1086

表十七. 二十四節氣在西曆上之約期
Table 17. The Approximate Dates of the Twenty Four Solar Terms in the Western Calendar.

節氣 Terms		日期 Dates		
立春	Spring commences	2 月	5 日	5 February
雨水	Spring showers	”	19 日	19 ”
驚蟄	Insects waken	3 月	5 日	5 March
春分	Vernal Equinox	”	21 日	21 ”
清明	Clear and Bright	4 月	5 日	5 April
穀雨	Corn rain	”	20 日	20 ”
立夏	Summer commences	5 月	5 日	5 May
小滿	Corn forms	”	21 日	21 ”
芒種	Corn in ear	6 月	6 日	6 June
夏至	Summer Solstice	”	21 日	21 ”
小暑	Moderate heat	7 月	7 日	7 July
大暑	Great heat	”	23 日	23 ”
立秋	Autumn commences	8 月	7 日	7 August
處暑	Heat breaks up	”	23 日	23 ”
白露	White dew	9 月	8 日	8 September
秋分	Autumnal Equinox	”	23 日	23 ”
寒露	Cold dew	10 月	8 日	8 October
霜降	Frost	”	23 日	23 ”
立冬	Winter commences	11 月	7 日	7 November
小雪	Light snow	”	22 日	22 ”
大雪	Heavy snow	12 月	7 日	7 December
冬至	Winter Solstice	”	22 日	22 ”
小寒	Moderate cold	1 月	6 日	6 January
大寒	Severe cold	”	20 日	20 ”

表十八. 六十干支與其序數
Table 18. The Sixty Sexagenary Cycles and Their Chronological Orders.

1 甲子 Chia Tzu	2 乙丑 Yi Ch'ou	3 丙寅 Ping Yin	4 丁卯 Ting Mao	5 戊辰 Wu Ch'en	6 己巳 Chi Ssu	7 庚午 Keng Wu	8 辛未 Hsin Wei	9 壬申 Jen Shen	10 癸酉 Kuei Yu
11 甲戌 Chia Hsü	12 乙亥 Yi Hai	13 丙子 Ping Tzu	14 丁丑 Ting Ch'ou	15 戊寅 Wu Yin	16 己卯 Chi Maq	17 庚辰 Keng Ch'en	18 辛巳 Hsin Ssu	19 壬午 Jen Wu	20 癸未 Kuei Wei
21 甲申 Chia Shen	22 乙酉 Yi Yu	23 丙戌 Ping Hsü	24 丁亥 Ting Hai	25 戊子 Wu Tzu	26 己丑 Chi Ch'ou	27 庚寅 Keng Yin	28 辛卯 Hsin Mao	29 壬辰 Jen Ch'en	30 癸巳 Kuei Ssu
31 甲午 Chia Wu	32 乙未 Yi Wei	33 丙申 Ping Shen	34 丁酉 Ting Yu	35 戊戌 Wu Hsü	36 己亥 Chi Hai	37 庚子 Keng Tzu	38 辛丑 Hsin Ch'ou	39 壬寅 Jen Yin	40 癸卯 Kuei Mao
41 甲辰 Chia Ch'en	42 乙巳 Yi Ssu	43 丙午 Ping Wu	44 丁未 Ting Wei	45 戊申 Wu Shen	46 己酉 Chi Yu	47 庚戌 Keng Hsü	48 辛亥 Hsin Hai	49 壬子 Jen Tzu	50 癸丑 Kuei Ch'ou
51 甲寅 Chia Yin	52 乙卯 Yi Mao	53 丙辰 Ping Ch'en	54 丁巳 Ting Ssu	55 戊午 Wu Wu	56 己未 Chi Wei	57 庚申 Keng Shen	58 辛酉 Hsin Yu	59 壬戌 Jen Hsü	60,0 癸亥 Kuei Hai